AF380851

Quantenmechanik

Friedhelm Kuypers

Quantenmechanik

Lehr- und Arbeitsbuch

Zweite Auflage

Autor
Professor Dr. Friedhelm Kuypers
OTH Regensburg
FB Informatik und Mathematik
Universitätsstraße 31
93053 Regensburg
Deutschland

2. Auflage 2026

Umschlaggestaltung Wiley

Titelbild Unter Verwendung von Aufnahmen von
© geralt/Pixabay und © NiPlot/Getty Images sowie
© Erhan Ergin / Fotolia.com für die
in der Randspalte verwendeten Symbole

Satz Newgen KnowledgeWorks (P) Ltd., Chennai,
India

Druck und Bindung CPI Group (UK) Ltd, Croydon,
CR0 4YY

**Bibliografische Information
der Deutschen Nationalbibliothek**
Die Deutsche Nationalbibliothek verzeichnet diese
Publikation in der Deutschen Nationalbibliografie;
detaillierte
bibliografische Daten sind im Internet über
<http://dnb.d-nb.de> abrufbar.

Print ISBN 978-3-527-41427-7
ePDF ISBN 978-3-527-84353-4
ePub ISBN 978-3-527-84352-7

Zusatzmaterial für Dozentinnen und Dozenten
erhältlich unter
www.wiley-vch.de/ISBN9783527414277

© 2026 Wiley-VCH GmbH, Boschstraße 12,
69469 Weinheim, Germany

C9783527414277_280126

■ Alle Rechte vorbehalten, einschließlich derer
für Text- und Data-Mining und Training von
Technologien der Künstlichen Intelligenz oder
ähnlichen Technologien.

Kein Teil dieses Buches darf ohne schriftliche
Genehmigung des Verlages in irgendeiner
Form reproduziert oder in eine von Maschinen,
insbesondere von Datenverarbeitungsmaschinen,
verwendbare Sprache übertragen oder
übersetzt werden. Die Wiedergabe von
Warenbezeichnungen, Handelsnamen oder
sonstigen Kennzeichen in diesem Buch berechtigt
nicht zu der Annahme, dass diese von jedermann
frei benutzt werden dürfen. Vielmehr kann es
sich auch dann um eingetragene Warenzeichen
oder sonstige gesetzlich geschützte Kennzeichen
handeln, wenn sie nicht eigens als solche markiert
sind.

**Bevollmächtigte des Herstellers gemäß
EU-Produktsicherheitsverordnung ist die**
WILEY-VCH GmbH, Boschstr. 12, 69469
Weinheim, Germany, e-mail: Product_Safety@
wiley.com.

Der Verlag und die Autoren dieses Werks
haben nach bestem Wissen und Gewissen
gearbeitet, einschließlich einer gründlichen
Überprüfung des Inhalts. Jedoch übernehmen
weder der Verlag noch die Autoren Garantien
oder Gewährleistungen hinsichtlich der
Genauigkeit oder Vollständigkeit des Inhalts
dieses Werks. Insbesondere schließen sie
jegliche ausdrücklichen oder stillschweigenden
Gewährleistungen aus, einschließlich
Gewährleistungen der Handelsüblichkeit oder
Eignung für einen bestimmten Zweck. Es kann
keine Garantie durch Vertriebsmitarbeiter,
schriftliche Verkaufsunterlagen oder
Werbeaussagen übernommen oder erweitert
werden. Der Verweis auf eine Organisation,
Website oder ein Produkt als Quelle für weitere
Informationen impliziert keine Unterstützung
oder Empfehlungen durch den Verlag und die
Autoren. Der Verkauf dieses Werks erfolgt
unter der Voraussetzung, dass der Verlag keine
professionellen Dienstleistungen erbringt.
Die enthaltenen Ratschläge und Strategien
sind möglicherweise nicht für Ihre Situation
geeignet. Konsultieren Sie gegebenenfalls einen
Spezialisten. Leser sollten sich darüber im Klaren
sein, dass die in diesem Werk aufgeführten
Websites zwischen dem Zeitpunkt der Erstellung
und dem Zeitpunkt des Lesens geändert sein
können oder nicht mehr existieren. Weder der
Verlag noch die Autoren haften für entgangene
Gewinne oder sonstige wirtschaftliche
Schäden, einschließlich besonderer, zufälliger,
Folgeschäden oder sonstiger Schäden.

Vorwort

Dieses Buch wurde in erster Linie für Physikstudenten geschrieben, aber auch für Studierende der Chemie, der Mathematik und einiger Ingenieurwissenschaften. Das Studium des Buches setzt Kenntnisse in Analysis und linearer Algebra voraus. Grundkenntnisse der Klassischen Mechanik und der Elektrodynamik sind ebenfalls erforderlich. Auch einfache Einblicke in die Fouriertransformationen und Differentialgleichungen sind angebracht.

Die Quantenmechanik ist wohl das wichtigste Gebiet der Physik. Denn ohne Quantenmechanik sind tiefere Einsichten in die Atom-, Kern- und Elementarteilchenphysik, Optik, Festkörperphysik, physikalische Chemie, Halbleitertechnologie, unmöglich. Seit der Mitte des 20sten Jahrhunderts hat die Quantenmechanik nicht nur für die Grundlagenforschung der Physiker und Chemiker, sondern auch für die moderne Technik eine enorme Bedeutung erhalten: Ohne Quantentheorie wären die meisten technischen Entwicklungen ab der Mitte des 20sten Jahrhunderts undenkbar. Der Transistor wurde zur wichtigsten Erfindung des vergangenen Jahrhunderts gewählt, weil er die Basis aller modernen elektronischen Geräte ist.

Da es bereits viele Bücher und Skripten zur Quantenmechanik gibt, stellt sich natürlich eine Frage: Wodurch unterscheidet sich dieses Lehrbuch von den anderen – abgesehen natürlich von der Stoffauswahl und vor allem vom individuellen Stil des Autors? Ich will kurz die **Besonderheiten dieses Buches** aufzählen, die mir wichtig erscheinen:

- **Beispiele:** Ohne konkrete Beispiele und ohne selber gerechnete Aufgaben lässt sich eine neue Theorie nur schwerlich nachvollziehen und erlernen. Daher sind 92 vollständig gelöste Beispiele eng in den Lehrstoff eingebunden, um neue Aussagen praxisnah, lebendig und illustrativ zu verdeutlichen und um neue Rechenmethoden einzuüben. Natürlich sind die Beispiele am nützlichsten, wenn der Leser die Lösungen eigenständig erarbeitet. Leser mit wenig Zeit sollten wenigstens eine eigene *Lösungsidee* entwickeln und erst danach die Einzelheiten der Lösung im Buch nachlesen.

- **Aufgaben:** 207 Aufgaben am Ende der Kapitel mit *vollständigen Lösungen* am Ende des Buches haben denselben Zweck. Auch sie sind ein wesentlicher Bestandteil dieses Lehrbuches. An zahllosen Stellen wird im Haupttext auf *konkrete Veranschaulichungen*, auf *Beweise* und auf weitere Angaben in den Aufgaben hingewiesen. Wegen ihrer großen Bedeutung werden die Lösungen genauso sorgfältig und detailliert bearbeitet wie der Haupttext. Die Hilfestellungen in den Lösungen sind umfangreich; typische Anfängerfehler werden benannt. Endergebnisse werden in der Regel erläutert.

  Beispiele und Aufgaben, die ich für besonders lehrreich oder für besonders interessant und anregend halte, werden mit einem Schlüssel markiert.

- **Selbststudium:** Zur Entlastung des Haupttextes werden viele Rechnungen und Anwendungen sowie einige nicht zentrale Beweise in die Aufgaben verlagert. Wegen der kompakten Darstellung im Haupttext und wegen der vielen Beispiele und gelösten Aufgaben ist das Buch zum Selbststudium geeignet.

- **Leitgedanken:** In der Quantenmechanik werden häufig umfangreiche Rechnungen durchgeführt, die den Blick des Anfängers auf die eigentliche Physik etwas verschleiern können. Daher geben sog. Leitgedanken am Ende jedes Kapitels einen relativ ausführlichen, meistens mehrere Seiten langen Überblick über die gelernten *physikalischen* Inhalte – mit möglichst wenigen mathematischen Rechnungen. Diese verkürzten Übersichten lassen die Physik bisweilen deutlicher zutage treten und ermöglichen eine schnelle Wiedergabe zentraler Aussagen. Sie eignen sich für *Wiederholungen des Stoffes* und für *schnelle Prüfungsvorbereitungen*.

- **Interpretationen:** Die Quantenmechanik beschreibt einzigartige und oftmals geradezu *aberwitzige Phänomene* – mehr noch als die Relativitätstheorie. Viele zentrale Aussagen sind in der klassischen Physik völlig unbekannt und widersetzen sich hartnäckig jeder Veranschaulichung. Beispiele sind der Messprozess, Austauschkräfte, kovalente Bindungen und vor allem die Verschränkung. Vieles bleibt rätselhaft. Zudem existieren seit Jahrzehnten unterschiedliche Interpretationen nebeneinander. Die Rätsel und die verschiedenen Auslegungen tragen wesentlich zur Faszination und zum Reiz der Quantentheorie bei.

  Der Leser soll und muss natürlich in erster Linie das mathematische und physikalische Handwerk erlernen. Darüber hinaus ist es mir aber auch wichtig, den Leser für diese unvergleichliche Theorie zu begeistern. Die wichtigste Voraussetzung dafür ist sicherlich eine verständliche und klare Beschreibung. Ich will den Leser aber auch motivieren, indem ich das zähe Ringen der Physiker mit ungewöhnlichen Gesetzen und ihre anfänglichen Zweifel schildere. Bei passenden Gelegenheiten gehe ich auf die Eigentümlichkeiten und auf gescheiterte Interpretationsversuche ein.

- **Anwendungen:** Auch Anwendungen wie die Magnetresonanztomographie (MRT), die Quantenkryptographie und die Teleportation sollen für die Quantenmechanik begeistern.

- **Fußnoten:** Fragen, die beim *ersten* Lesen selten auftreten und weiterführende Bemerkungen, die nicht von zentraler Bedeutung sind, werden oft in die Fußnoten verschoben, um den Gedankengang im Haupttext nicht zu unterbrechen.

  In manchen Fußnoten und klein gedruckten Anmerkungen werden kurze Hinweise auf *spätere* Kapitel gegeben, um wichtige Zusammenhänge und Querverbindungen aufzuzeigen. Anfänger können Randnoten und Verweise auf *nachstehenden* Stoff *problemlos überlesen*. Leser, die den Stoff bereits einmal erarbeitet haben und jetzt wiederholen oder vertiefen, können Nutzen ziehen aus Verknüpfungen und Ähnlichkeiten mit weiter hinten stehenden Inhalten und Aussagen.

Das **Flussdiagramm** auf der nächsten Seite zeigt dem Leser, welche Kapitel besonders wichtig und welche weniger wichtig sind. Die grundlegenden Kapitel stehen in der mittleren Spalte und sind fett gedruckt; weniger wichtige Kapitel haben eine gestrichelte Umrandung.

Die **zweite Auflage** wurde *vollständig überarbeitet und erweitert*. Fehler, die mir bekannt sind, wurden beseitigt. Zahllose Formulierungen und Absätze wurden neu formuliert, um die Verständlichkeit zu erhöhen. Folgende Themen sind neu hinzugekommen:

- Abschn. „22.6 Quantenkryptographie mit Verschränkung".
- Abschn. „22.7 Quantenteleportation".
- Kap. „24 Grundlagen der Streutheorie".

Mein ganz besonderer Dank gilt wieder Prof. Dr. B. Braun von der TH Nürnberg. Er hat mir Fehler mitgeteilt, die ihm in der ersten Auflage aufgefallen sind und hat wieder zahlreiche Verbesserungsvorschläge gemacht. Hilfreich waren auch unsere gemeinsamen Gespräche über fachliche Fragen. Ich bedanke mich auch beim Wiley-VCH-Verlag und vor allem bei meinem Lektor Dr. Martin Preuß für die sehr gute und vertrauensvolle Zusammenarbeit.

Ich lade alle Leser herzlich ein, durch Bemerkungen, Anregungen oder auch durch Fragen zur Verbesserung des Buches beizutragen. Meine E-Mail-Adresse lautet:

 friedhelm.kuypers@oth-regensburg.de

Regensburg, im Mai 2025   Friedhelm Kuypers

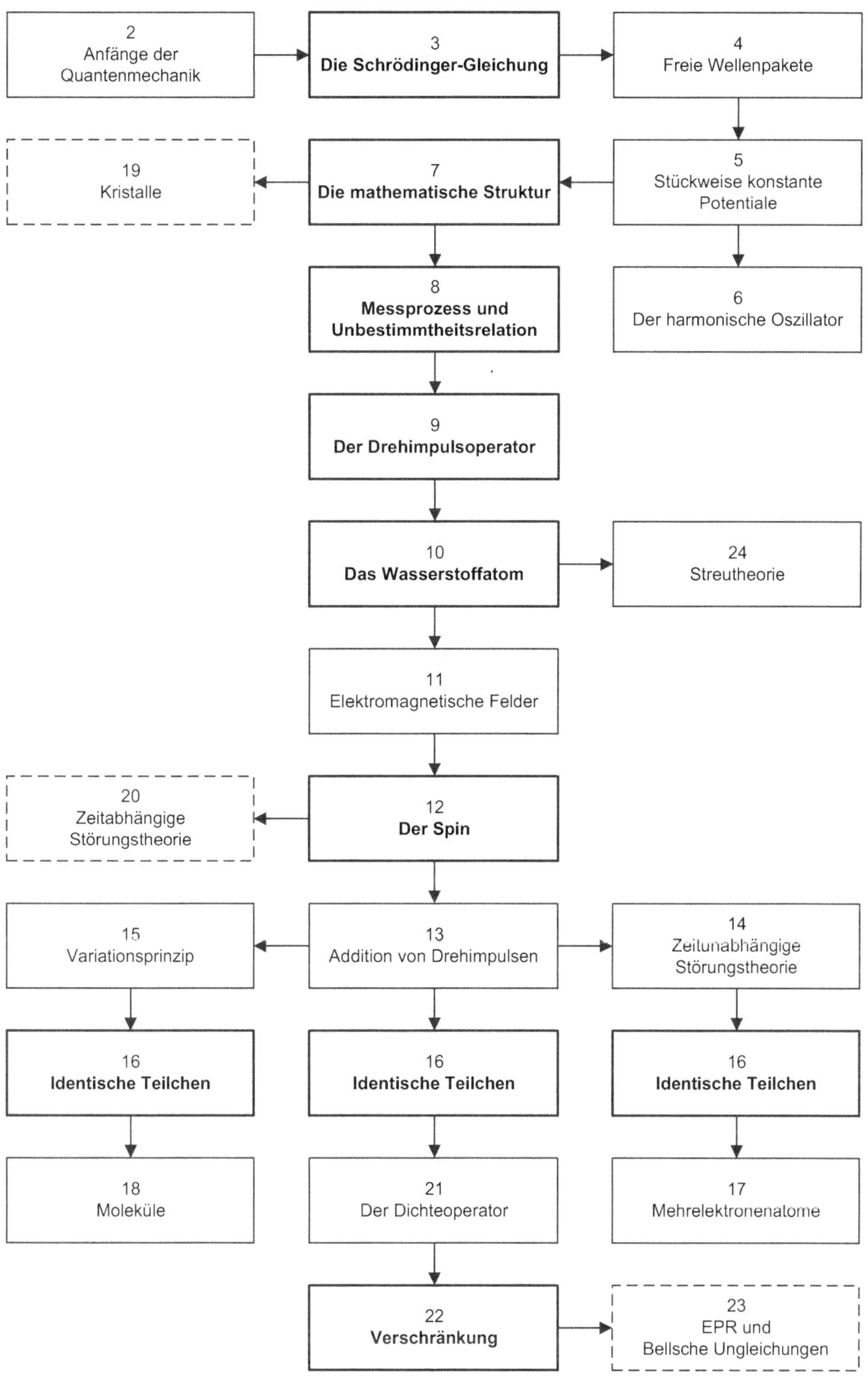

2
Anfänge der Quantenmechanik
3
Die Schrödinger-Gleichung
4
Freie Wellenpakete
19
Kristalle
7
Die mathematische Struktur
5
Stückweise konstante Potentiale
8
Messprozess und Unbestimmtheitsrelation
6
Der harmonische Oszillator
9
Der Drehimpulsoperator
10
Das Wasserstoffatom
24
Streutheorie
11
Elektromagnetische Felder
20
Zeitabhängige Störungstheorie
12
Der Spin
15
Variationsprinzip
13
Addition von Drehimpulsen
14
Zeitunabhängige Störungstheorie
16
Identische Teilchen
16
Identische Teilchen
16
Identische Teilchen
18
Moleküle
21
Der Dichteoperator
17
Mehrelektronenatome
22
Verschränkung
23
EPR und Bellsche Ungleichungen

Inhaltsverzeichnis

23 EPR und Bellsche Ungleichungen 564

24 Grundlagen der Streutheorie 578

Lösungen 602

Literaturverzeichnis 798

Index 799

1 Quantenmechanik und moderne Welt

Die Quantenmechanik wird heute nicht nur für Studierende der Physik, Mathematik und Chemie unterrichtet, sondern auch für Studierende der Nano- und Halbleitertechnologien, der Materialwissenschaften, ... Sie hat Eingang gefunden in die Lehrpläne der Gymnasien. An Technischen Hochschulen und Fachhochschulen werden einführende Kurse gegeben. Das ist bemerkenswert angesichts der Tatsache, dass die Quantenmechanik bis in die 50er Jahre meistens nur in der Grundlagenforschung der Physiker und Chemiker verwendet wurde.

In den letzten zwei Generationen hat die experimentelle Quantenphysik enorme Fortschritte erzielt und neue, ungeahnte Möglichkeiten eröffnet. Zentrale Überlegungen und Ideen, die man früher nur in Gedankenexperimenten hinterfragen oder bestätigen konnte, lassen sich heute in realen Experimenten überprüfen. Man kann *einzelne* Photonen und *einzelne* Teilchen erzeugen und ihr Verhalten beobachten und manipulieren. Die Relevanz der Quantenmechanik für die modernen Technologien ist kaum zu überschätzen und begann vor allem mit dem Transistor (in den 1940er Jahren) und dem Laser (1960). Heute benutzen die meisten modernen Geräte die Gesetze der Quantenmechanik: Computer, Handys, Navigationsgeräte, LCD-Fernseher, LED's, Solaranlagen, Kernspintomographen, ... Die Liste ist nahezu endlos. Der Leser mag sich selber ausdenken, wie die Welt heute wohl ohne elektronische Geräte und ohne Informatiker aussehen würde.

Die Quantenmechanik eröffnet neue Möglichkeiten für die Informationstechnologien. In der *Quanteninformatik* spielen die Überlagerungen und Verschränkungen von Zuständen eine zentrale Rolle. Die bereits in der Praxis eingesetzte Quantenkryptographie deckt jeden Lauschangriff auf die Schlüsselübertragung auf. Die Quantenteleportation überträgt Zustände von einem Quantenobjekt auf ein anderes. In Zukunft sollen Quantencomputer bestimmte Rechenaufgaben viel schneller lösen als klassische Computer.

In den hochentwickelten Industriestaaten beruhen über 30% des Bruttoinlandsproduktes, also des jährlichen Gegenwertes von allen erzeugten Waren und allen erbrachten Dienstleistungen, auf der Quantentheorie. Im 21sten Jahrhundert wurden in der EU und in vielen Ländern milliardenschwere Förderprogramme für die Quantentechnologien aufgelegt. Zwanglos können wir feststellen:

> Mit der Quantenmechanik kann man gute Geschäfte machen und viel Geld verdienen.

Sehr spektakulär, ja fast schon unglaublich sind neue Untersuchungen in der „Quantenbiologie": 2010 behaupteten Wissenschaftler am Berkeley Lab in Kalifornien, stabile *Verschränkungen in biologischen Systemen* entdeckt zu haben. Die Verschränkungen sollen u. a. die hohe Effizienz der Photosynthese ermöglichen, bei der Pflanzen und Bakterien Sonnenenergie in chemische Energie umwandeln. Die Aussage, dass Verschränkungen in biologischen Systemen bei Zimmertemperaturen und zahlreichen Umgebungseinflüssen existieren, ist höchst erstaunlich; denn die Verschränkung gilt in der Regel als eine sehr zerbrechliche und exotische Eigenschaft und kann im

Quantenmechanik: Lehr- und Arbeitsbuch, 2. Auflage. Friedhelm Kuypers.
© 2026 Wiley-VCH GmbH. Published 2026 by Wiley-VCH GmbH.

Labor nur kurzfristig im Ultravakuum und bei Temperaturen in der Nähe des absoluten Nullpunktes bestehen. Beim Quantencomputer ist die Aufrechterhaltung von Verschränkungen ein ganz zentrales Problem.

Trotz aller Zweifel an Verschränkungen in der belebten Natur wird seit einigen Jahren in vielen Labors ernsthaft untersucht, ob die Verschränkung und andere quantenmechanische Effekte eine tragende Rolle in der Biologie spielen.

Vögel nehmen das Magnetfeld der Erde wahr. Auch hier gibt es ernst zu nehmende Hinweise für Quanteneffekte und Verschränkungen im Magnetfeldkompass der Vögel.

Ich hoffe, diese wenigen Erläuterungen wecken die Neugier des Lesers und motivieren ihn für das Studium der einzigartigen und oft absonderlichen Welt der Quanten.

2 Die Anfänge der Quantenmechanik

Am Ende des 19ten Jahrhunderts gehörten die Spektren der Wärmestrahlung und der Atome zu den größten Rätseln der Physik. Es dauerte etwa 30 Jahre, bis man sich nach vielen Irrungen von den Gesetzen der klassischen Physik frei machte und die Probleme mit einer völlig neuartigen Theorie, eben der Quantenmechanik in den Griff bekam. Das erste Drittel des 20ten Jahrhunderts war wohl die aufregendste Zeit in der Physikgeschichte.

Dieses einfache und knapp geschriebene Kapitel beschreibt die wichtigsten Entwicklungen, die in den Jahren 1900 bis 1924 den Aufbau der Quantenmechanik vorbereiteten. Zahlreiche Zitate verdeutlichen das oftmals verzweifelte Ringen der Physiker um die richtige Theorie sowie ihr ungläubiges Staunen angesichts völlig neuer Ideen. Besonders wichtig sind die de-Broglie-Gln. (2.4–1a/b) und das Doppelspalt-Experiment.

2.1 *Plancksches Strahlungsgesetz*: Max Planck konnte das Spektrum der Wärmestrahlung im Jahre 1900 nur durch den bahnbrechenden Kunstgriff erklären, dass die Wärmestrahlung in *diskreten* Portionen abgegeben und absorbiert wird. Dabei entdeckte er das Plancksche Wirkungsquantum h. Dies war die Geburtsstunde der Quantenmechanik.

2.2 *Der Photoeffekt*: 1905 erklärte A. Einstein den Photoeffekt, also die Freisetzung von Elektronen aus bestrahlter Materie. Dabei schlug er anstelle der Planckschen Hypothese, wonach Emission und Absorption der Wände eines Körpers quantisiert sind, vor, dass die Strahlung selbst quantisiert ist, also aus Photonen mit der Energie $E = hf$ besteht.

2.3 *Das Bohrsche Atommodell*: Im Rutherfordschen Atommodell von 1911 laufen die Elektronen um einen positiv geladenen Kern. Nach der klassischen Physik müssten die beschleunigten Elektronen aufgrund von Strahlungsverlusten sehr schnell in den Kern stürzen. 1913 konnte Niels Bohr dieses Problem lösen, indem er den Bahndrehimpuls durch die postulierte Gl. $m_e r v = n h/(2\pi)$ quantisierte und so nur bestimmte, strahlungslose Elektronenbahnen zuließ. Das Modell kann nur das Wasserstoff-Spektrum erklären.

2.4 *Welleneigenschaften der Materie*: Nach der Einsteinschen Deutung des Photoeffektes hat Licht nicht nur Wellen-, sondern auch Teilcheneigenschaften. 1924 vermutete Louis de Broglie, dass Quantenobjekte, die man bis dahin für Teilchen gehalten hatte, umgekehrt auch Welleneigenschaften haben. Danach gilt:

$$E = hf = \hbar\,\omega \qquad p = h/\lambda = \hbar k \tag{2.4–1a/b}$$

2.5 *Der Compton-Effekt*: Compton beschoss nahezu freie Elektronen mit Röntgenstrahlen und bestätigte die Gln. (2.4–1a/b) und die Quantennatur der Röntgenstrahlung.

2.6 *Das Doppelspalt-Experiment*: Alle Quantenobjekte haben zugleich Teilchen- und Welleneigenschaften. Dieser Dualismus zeigt sich im Doppelspalt-Experiment besonders deutlich. Photonen oder Elektronen durchlaufen *als Wellen beide Spalte zugleich und agieren beim punktförmigen Aufschlag auf dem Schirm wie Teilchen*. Ein Interferenzmuster tritt nur auf, wenn der Weg der Elektronen nicht registriert wird. Ortskenntnis und Interferenz schließen einander aus.

Quantenmechanik: Lehr- und Arbeitsbuch, 2. Auflage. Friedhelm Kuypers.
© 2026 Wiley-VCH GmbH. Published 2026 by Wiley-VCH GmbH.

2.1 Plancksches Strahlungsgesetz 1900

Warme Körper geben eine **Wärme-** oder **Temperaturstrahlung** ab, deren spektrale Verteilung und deren gesamte Strahlungsleistung vom Absorptionsgrad der Oberfläche und vor allem von der Temperatur abhängen.

Am einfachsten lässt sich die Strahlung von schwarzen Körpern untersuchen, also von Körpern, die alle von außen einfallende Strahlen vollständig absorbieren und daher nur von ihnen selbst erzeugte Strahlung aussenden. *Die Wärmestrahlung schwarzer Körper hängt nur von der Temperatur ab* und nicht von Materialeigenschaften.

Perfekt schwarze Körper lassen sich nur durch Hohlräume mit einer kleinen Öffnung und einer dunklen inneren Oberfläche realisieren. Sollte ein einfallender Strahl zufällig wieder aus der Öffnung austreten, so hat er nach vielen inneren Reflexionen fast keine Energie mehr. Durch die Öffnung tritt keine reflektierte Fremdstrahlung aus, sondern nur die vom Körper selbst erzeugte Wärmestrahlung.

Ende des 19ten Jahrhunderts maßen Lummer und Pringsheim die Energieverteilung im Spektrum der Wärmestrahlung schwarzer Körper. Sie beheizten die Wände eines Hohlraumes und untersuchten die durch die Öffnung austretende Strahlung. Abb. 2.1–1 zeigt die gemessene spektrale Leistungsdichte Φ_λ. Die Bedeutung von Φ_λ ergibt sich aus folgender Aussage:

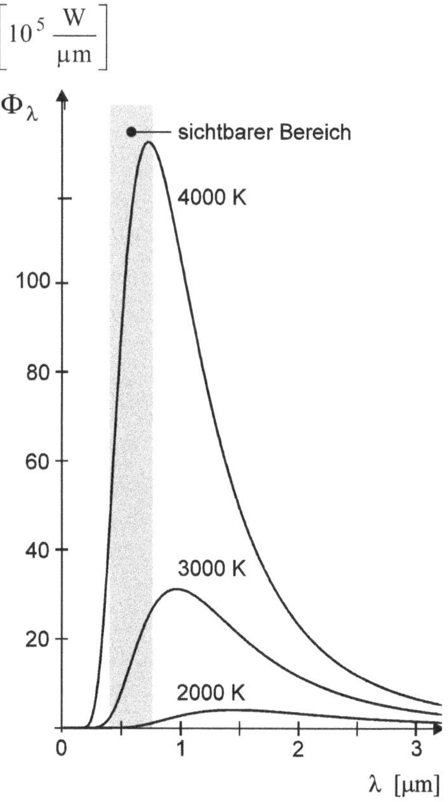

Abb. 2.1–1 λ-Abhängigkeit der spektralen Leistungsdichte eines schwarzen Strahlers bei drei verschiedenen Temperaturen.

$$\Phi_\lambda \, d\lambda = \text{Leistung, die von einer ebenen, } schwarzen \text{ Fläche } A \text{ bei der Temperatur } T \text{ im}$$
$$\text{Wellenlängenbereich } [\lambda, \lambda + d\lambda] \text{ abgestrahlt wird.}$$

Viele Physiker versuchten, die gemessenen Kurven theoretisch zu erklären. Vergeblich. Im Jahre 1900 konnte Max Planck die experimentellen Befunde zunächst nur durch eine *empirisch* gefundene Gl. wiedergeben. Er entdeckte die **Plancksche Strahlungsformel**:

$$\Phi_\lambda = \frac{2\pi hc^2}{\lambda^5} \frac{1}{\exp\left(\dfrac{hc}{\lambda k_{\mathrm B} T}\right) - 1} A \qquad\qquad (2.1\text{--}1)$$

mit der Boltzmann-Konstanten[1]

$k_{\mathrm B} = 1{,}380\,649 \cdot 10^{-23}\,\mathrm{J/K}$ (exakt) $\approx 1{,}381 \cdot 10^{-23}\,\mathrm{J/K}$ und mit

$c = 2{,}997\,924\,58 \cdot 10^8\,\mathrm{m/s}$ (exakt) $\approx 2{,}998 \cdot 10^8\,\mathrm{m/s}$

T = absolute Temperatur A = Fläche des Strahlers

In der Gl. wird das **Plancksche Wirkungsquantum** h als eine neue Naturkonstante eingeführt. Das Wirkungsquantum h hat die Dimension einer Wirkung (Energie · Zeit) und ist *die* zentrale Größe der Quantenmechanik. Die Strahlungsformel (2.1–1) gibt die experimentellen Ergebnisse richtig wieder für den exakten, im November 2018 festgelegten Wert

$$h = 6{,}626\,070\,15 \cdot 10^{-34}\,\mathrm{Js} \text{ (exakt)} \approx 6{,}626 \cdot 10^{-34}\,\mathrm{Js} \qquad\qquad (2.1\text{--}2)$$

Theoretisch konnte Max Planck die Strahlungsformel Gl. (2.1–1) zwei Monate später nur ableiten, indem er sich die Atome der Hohlraumwände als harmonische Oszillatoren vorstellte (soweit war er noch im Rahmen der klassischen Physik) und dann in einer bahnbrechenden *Hypothese* annahm, dass *die Hohlraumwände die Energie nicht kontinuierlich emittieren und absorbieren, sondern nur in Quanten mit der Energie*

$$E = hf \qquad\qquad (2.1\text{--}3)$$

Die ausgetauschten Energien $E = hf$ sind also gequantelt. Die Hypothese sagt nicht, dass das Licht selbst oder die Oszillatoren quantisiert sind, sondern nur, dass der Energieaustausch zwischen Wänden und Strahlung – aufgrund einer unbekannten Gesetzmäßigkeit quantisiert ist. Die Energiepakete mit der Energie hf heißen Lichtteilchen oder **Photonen.**[2]

Die Plancksche Hypothese revolutionierte das Weltbild der Physik und markierte die Geburtsstunde der Quantenmechanik. Allerdings war sie den Physikern anfangs äußerst suspekt; keiner erkannte ihren ernsten Hintergrund. Selbst Max Planck sah diese Hypothese nur als eine Arbeitshypothese, als einen Kunstgriff an. Die Größe h war für ihn nur eine Hilfsgröße; daher der Buchstabe h. Diese ablehnende Einstellung änderte er auch nicht, als

---

[1] Im November 2018 wurden die letzten vier Basiseinheiten Kilogramm, Coulomb, Kelvin und Mol durch Kopplung an die vier Naturkonstanten $h, e_0, k_{\mathrm B}, N_{\mathrm A}$ für alle Ewigkeit festgelegt. Die sieben Naturkonstanten legen die sieben Basiseinheiten Sekunde, Meter, Kilogramm, Coulomb, Kelvin, Mol und Candela eindeutig und für immer unveränderlich fest.

[2] Die relativistischen Photonen kommen in allen Büchern der nicht relativistischen Quantenmechanik vor, weil mit der Polarisation nur eine nicht relativistische Eigenschaft der Photonen behandelt wird.

Albert Einstein 1905 das elektromagnetische Feld selbst quantisierte und den Photoeffekt mit der Einführung von Lichtteilchen und mit der Gl. (2.1–3) erklären konnte.[3]

2.2 Der Photoeffekt 1905

Im Jahre 1887 entdeckte Heinrich Hertz den sog. **Photoeffekt**. *Hertz bestrahlte eine Zinkplatte* (Photokathode) *mit ultraviolettem Licht und beobachtete den Austritt von Elektronen.* Abb. 2.2–1 zeigt einen Versuchsaufbau: Eine metallische Photokathode und eine Anode befinden sich in einem evakuierten Glaskolben und sind mit ungewöhnlicher Polung an eine Spannungsquelle angeschlossen: Der Pluspol ist mit der Kathode und der Minuspol mit der Anode verbunden. Daher erreichen nur diejenigen aus der Kathode herausgeschlagenen Elektronen die Anode und erzeugen einen Strom im Amperemeter A, deren kinetische Energie beim Austritt aus der Kathode mindestens so groß ist wie die potentielle Energie $e_0 U$ im elektrischen Feld. Dabei sind U die angelegte Gegenspannung und

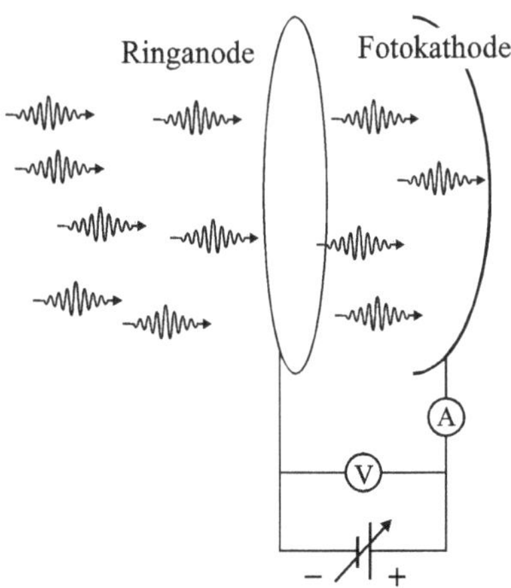

Abb. 2.2–1 Anode und Kathode befinden sich in einem evakuierten Glaskolben.

$$e_0 = 1{,}602\,176\,634 \cdot 10^{-19}\,\mathrm{C}\ (\text{exakt}) \approx 1{,}602 \cdot 10^{-19}\,\mathrm{C}$$

die Elementarladung. Die kleinste Gegenspannung U, bei der kein Strom im Amperemeter gemessen wird, heißt **Bremsspannung** U_B.

---

[3] Max Planck (Nobelpreis 1919) hat nur den Energieaustausch zwischen Oszillatoren und Strahlung diskret angesetzt, wobei er selbst diesen Ansatz als eine formale Angelegenheit ansah, der er keine tiefere physikalische Bedeutung zugestand. Er schrieb über seinen Ansatz: " ...Akt der Verzweiflung..., dass ich unter allen Umständen, koste es was es wolle, ein positives Resultat herbeiführen müsste."

Beachte: Ein quantisierter Energieaustausch zwischen Strahlung und Wänden besagt noch nicht, dass die Strahlung selber quantisiert ist – so wie die schrittweise Entleerung einer Badewanne mit einem Löffel nicht ansagt, dass das Wasser nur in diskreten Löffelportionen existiert. Erst Einstein unterstellte 1905 bei der Erklärung des Photoeffektes (siehe Abschn. 2.2), dass das elektromagnetische Feld selber quantisiert ist.

1985 schrieb der Physiker A. Pais zur Planckschen Hypothese die anerkennenden Sätze: "Daher bestand die einzige Rechtfertigung für die ... Verzweiflungsschritte darin, dass sie ihm das gewünschte Resultat lieferten. Seine Beweisführung war verrückt, doch hatte diese Verrücktheit jene göttliche Qualität, die nur die größten Persönlichkeiten in Zeiten des Übergangs der Wissenschaft geben können. Dadurch wurde Planck, der von Natur aus konservativ eingestellt war, in die Rolle eines Revolutionärs wider Willen gedrängt. Tief im Denken und den Vorurteilen des 19ten Jahrhunderts verwurzelt, vollführte er den ersten gedanklichen Bruch, der die Physik des 20. Jahrhunderts so völlig anders erscheinen lässt als jene der vergangenen Zeit."

Im **Experiment** werden die Intensität und die Frequenz f des (nahezu) monochromatischen Lichtes sowie die Spannung U geändert. Dabei werden folgende Beobachtungen gemacht:

- Sogar bei verschwindender Gegenspannung ($U=0$) setzt die Strahlung bei Frequenzen unterhalb einer bestimmten **Grenzfrequenz** f_G keine Elektronen frei – auch nicht bei langer Bestrahlungszeit oder großer Intensität.
- Die Zahl der pro Sekunde freigesetzten Elektronen steigt mit der Strahlungsintensität.
- Sogar bei sehr schwacher Strahlung werden die ersten Elektronen ohne messbare Zeitverzögerung τ ausgelöst ($\tau < 10^{-9}$ s).
- Die Bremsspannung U_B hängt nicht von der Intensität der Strahlung ab und steigt linear mit der Frequenz f der Strahlung. Mit anderen Worten: *Die kinetische Energie der herausgeschlagenen Elektronen wächst linear mit der Frequenz der Strahlung.*

Die experimentellen Befunde können klassisch nicht erklärt werden. Denn *nach der* **klassischen Theorie** *entziehen die Leitungselektronen im Metall der Strahlung kontinuierlich Energie.* Irgendwann übertrifft die wachsende Elektronenenergie die Austrittsarbeit W_A, die zum Verlassen des Metalls benötigt wird.[4] Daher gibt es keine untere Grenzfrequenz für die Freisetzung von Elektronen. Bei sehr schwachen Intensitäten sollte es allerdings einige Zeit dauern, bis die ersten Elektronen freigesetzt werden. Weiterhin sollte nach der klassischen Theorie die kinetische Energie der abgelösten Elektronen mit der Intensität der Strahlung steigen und nicht von der Frequenz f abhängen.

Beispiel 2.2–1 Klassische Zeitverzögerung

Licht mit der Intensität $I = 1\,\text{W/m}^2$ trifft auf eine Aluminiumplatte, deren Austrittsarbeit $W_A = 4{,}08\,\text{eV} \approx 6{,}5 \cdot 10^{-19}\,\text{J}$ beträgt. Schätze mit der klassischen Theorie die Zeit t ab, die nach Strahlungsbeginn bis zur Freisetzung der ersten Photoelektronen verstreicht?

Hinweis: Den Atomradius nehmen wir typischerweise mit $r = 10^{-10}$ m an.

Lösung:

In der Zeit t muss die Austrittsarbeit auf ein Aluminiumatom eingestrahlt werden:

$$W_A = 1\,\frac{\text{W}}{\text{m}^2} \cdot \pi\, 10^{-20}\,\text{m}^2 \cdot t \approx 3{,}14 \cdot 10^{-20}\,\text{W} \cdot t$$

$$\Rightarrow \quad t \approx \frac{6{,}5 \cdot 10^{-19}\,\text{J}}{3{,}14 \cdot 10^{-20}\,\text{W}} \approx 21\,\text{s}$$

Daher kann nach der klassischen Theorie der Austritt der ersten Elektronen sehr lange dauern – im Widerspruch zu den Experimenten.

---

[4] Die Austrittsarbeit von Zink beträgt $4{,}34\,\text{eV}$. Heute bestehen die Photokathoden meistens aus einem Alkalimetall; hier fällt die Austrittsarbeit von $2{,}2\,\text{eV}$ bei Lithium bis auf $1{,}94\,\text{eV}$ bei Cäsium. (Weitere Erläuterungen zur Austrittsarbeit stehen in Fußnote 6 und am Anfang des Beispiels 5.4–2.)

Übrigens sind die Ionisierungsenergien der Alkalimetalle – sie werden benötigt, um ein Elektron aus einem einzelnen Atom herauszuholen – jeweils etwa doppelt so groß wie W_A.

Im Jahre 1900 hatte Max Planck die Wärmestrahlung erklärt, indem er die Emission und Absorption der Strahlung an den Strahlerwänden nicht kontinuierlich, sondern in Form von Energiequanten unterstellte. Albert Einstein konnte den Photoeffekt im Jahre 1905 erklären, indem er die Plancksche Quantenhypothese erweiterte und annahm, dass *das Licht selbst quantisiert* ist. Nach seiner Meinung ist die Energie des Lichtes nicht kontinuierlich im Raum verteilt, sondern in einzelnen Teilchen konzentriert. Elektromagnetische Strahlung mit der Frequenz f besteht aus Photonen mit der Energie

$$E = hf = \hbar\,\omega$$

mit $\quad h = 6{,}626\,070\,15 \cdot 10^{-34}\,\text{J s (exakt)} \approx 6{,}626 \cdot 10^{-34}\,\text{J s}$ $\qquad\qquad$ (2.2–1)

$\Rightarrow \quad \hbar := \dfrac{h}{2\pi} \approx 1{,}055 \cdot 10^{-34}\,\text{J s}$ $\qquad\qquad$ (2.2–1')

$\hbar$ wird zuweilen „reduziertes Plancksches Wirkungsquantum" genannt.[5] Bei der Absorption gibt ein Photon seine Energie hf vollständig an das getroffene Leitungselektron ab. Wenn diese Energie die Austrittsarbeit W_A übertrifft, verlässt das Elektron die Kathode mit der kinetischen Energie[6]

$$\frac{m_\text{e}}{2}v^2 = hf - W_\text{A}$$

Ein ausgetretenes Elektron kann die negativ geladene Anode nicht erreichen, falls seine kinetische Energie kleiner ist als die potentielle Energie des elektrischen Feldes zwischen Kathode und Anode:

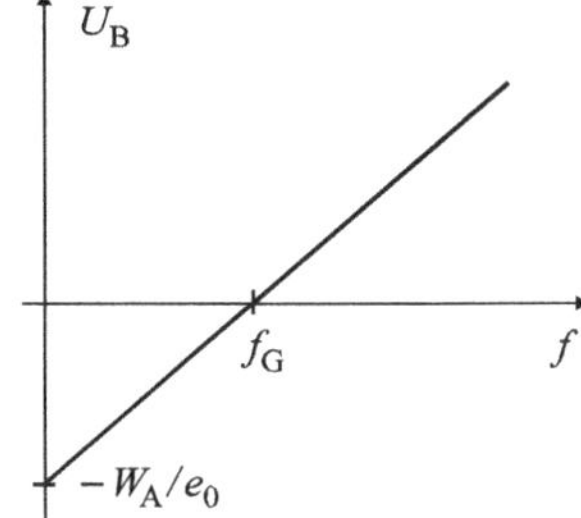

Abb. 2.2–2 Die lineare Funktion $U_\text{B}(f)$ schneidet die Abszisse bei der Grenzfrequenz f_G. Messungen erfolgen nur im Bereich $f \geq f_\text{G}$.

---

[5] Einsteins Interpretation wurde anfangs kaum ernst genommen. Noch 1913 schrieb Planck in einem Gutachten, in dem er Einstein überschwänglich lobte: „Zusammenfassend kann man sagen, dass es unter allen großen Problemen, an denen die moderne Physik so reich ist, kaum eines gibt, zu dem Einstein nicht in bemerkenswerter Weise Stellung genommen hätte. Dass er in seinen Spekulationen auch einmal über das Ziel hinaus geschossen sein mag, wie z. B. in seiner Hypothese der Lichtquanten, wird man ihm nicht allzu schwer anrechnen dürfen. Denn ohne ein Risiko zu wagen, lässt sich auch in der exaktesten Naturwissenschaft keine wirkliche Neuerung einführen." Bis zur Durchführung des Compton-Effektes 1922 glaubten nur wenige Physiker an Lichtquanten.

[6] Für Leser, die sich mit der Fermi-Dirac-Statistik auskennen, gebe ich ergänzende Anmerkungen: Am absoluten Nullpunkt der Temperatur ($T = 0$) sind im Leitungsband eines Metalls alle Energieniveaus bis zur Fermi-Energie E_F voll besetzt und alle Energieniveaus oberhalb von E_F sind leer. (Bei Temperaturen $T > 0$ wird die Fermikante „aufgeweicht" und einige Elektronen haben Energien etwas oberhalb E_F.) *Die Austrittsarbeit W_A eines Metalls ist die Energie, die ein Elektron mindestens aufnehmen muss, um das Metall zu verlassen.* Die Elektronen mit minimaler, erforderlicher Energieaufnahme sitzen an der Fermikante.

Elektronen des Leitungsbandes, deren Energie $E = E_\text{F} - \Delta E$ kleiner ist als E_F ($\Delta E > 0$), müssen die größere Energie $W_\text{A} + \Delta E = V_0 - E_\text{F} + \Delta E$ aufnehmen, um das Metall zu verlassen. Aus diesem Grund haben die ab-

$$\frac{m_e}{2} v^2 = hf - W_A < e_0\,U \tag{2.2-2}$$

Daher gilt für die Bremsspannung, also für die kleinste Spannung, bei der kein Strom fließt:

$$U_B = \frac{h}{e_0} f - \frac{W_A}{e_0} \tag{2.2-3}$$

Die experimentellen Beobachtungen können nun erstaunlich einfach erklärt werden:

- Bei der Grenzfrequenz f_G, die laut Definition bei verschwindender Bremsspannung gemessen wird, ist die Photonenenergie gleich der Austrittsarbeit: $hf_G = W_A$

- Jedes Lichtteilchen (Photon) wird von einem einzelnen Elektron vollständig absorbiert. Daher ist die Zahl der pro Sekunde herausgeschlagenen Elektronen proportional zur Lichtintensität.

- Auch bei schwacher Lichtintensität werden die ersten Elektronen ohne Zeitverlust freigesetzt.

- $U_B(f)$ ist eine lineare Funktion der Frequenz mit der Steigung h/e_0 (siehe Abb. 2.2-2).

Der Photoeffekt ermöglicht die Messung der Austrittsarbeit W_A und des Planckschen Wirkungsquantums h. Dabei wird die lineare Funktion $U_B(f)$ mit Hilfe von mehreren Messpunkten im Bereich $f \geq f_G$ ermittelt (siehe Abb. 2.2-2). Die Steigung $e_0\,\Delta U_B / \Delta f$ ist das Wirkungsquantum h und der Schnittpunkt mit der Ordinate liefert die Austrittsarbeit $W_A = - e_0\,U_B$.

2.3 Das Bohrsche Atommodell 1913

Das von leuchtenden Stoffen ausgehende Licht wurde gegen Ende des 19ten Jahrhunderts mit Brechung an Prismen und mit Interferenz an Gittern genau untersucht. Dabei stellte man fest:

- Glühende Festkörper, leuchtende Flüssigkeiten und stark verdichtete leuchtende Gase senden Licht mit kontinuierlichen Spektren aus.

- Verdünnte, leuchtende Gase senden Linienspektren mit diskreten Farben aus. Die Frequenzen der Linien sind charakteristisch für das emittierende Atom und können daher in der Spektralanalyse zum Nachweis oder zur Identifizierung von Atomen verwendet werden.

1884 entdeckte der Basler Lehrer J. J. Balmer auf empirischem Weg eine Gl. für das Wasserstoffspektrum. J. R. Rydberg und W. Ritz fanden etwas später – ebenfalls *empirisch* – die allgemeinere **Rydberg-Ritz-Gl.** Danach gilt für die Wellenlänge der Spektrallinien

---

gelösten Elektronen verschiedene kinetische Energien; am größten ist die kinetische Energie derjenigen abgelösten Elektronen, die von der Fermikante kommen. Bei der Bremsspannung kommen selbst diese schnellsten Elektronen nicht bis zur Anode.

$$\frac{1}{\lambda} = Ry\left(\frac{1}{m^2} - \frac{1}{n^2}\right) \quad \text{mit} \quad n > m \qquad \text{(nur für Wasserstoffatome)} \qquad (2.3\text{-}1)$$

mit der sog. **Rydberg-Konstanten**

$$Ry = 1{,}097\,373\,156\,850\,8\,(65)\cdot 10^7\,\frac{1}{m} \approx 1{,}097\cdot 10^7\,\frac{1}{m} \qquad (2.3\text{-}2)$$

Die eingeklammerten Ziffern bezeichnen die Unsicherheit in den letzten zwei Stellen. Ry hat die relative Standardunsicherheit $5{,}9\cdot 10^{-12}$ und ist damit – nach dem gyromagnetischen Faktor g des Elektrons (siehe Gl. (12.4–3c) – die *am exaktesten gemessene Naturkonstante.* (Nach Gl. (2.3–19) ist Ry eine Funktion anderer Naturkonstanten.)

Wegen der guten Übereinstimmung der Rydberg-Ritz-Gl. mit experimentellen Ergebnissen suchten die Forscher nach einem Atommodell, das mit der Rydberg-Ritz-Gl. verträglich ist. Man wusste anfangs des 20ten Jahrhunderts, dass der Atomradius etwa $10^{-10}\,m = 0{,}1\,nm$ beträgt und dass Atome Elektronen enthalten, die viel leichter sind als die Atome.

1903 schlug J. J. Thomson, der 1897 die Elektronen entdeckt hatte, ein Atommodell vor, in dem die negativen, ruhenden Elektronen in einer positiven Ladungsverteilung eingebettet sind wie Rosinen in einem Teig (Rosinenkuchen-Modell). Leider konnte das Thomson-Modell die gemessenen Spektren nicht erklären.

In den Jahren 1906 bis 1913 beschossen E. Rutherford und seine Mitarbeiter verschiedene, nur wenige µm dünne Metallfolien mit α-Teilchen. Nach dem Thomsonschen Atommodell sollten die α-Teilchen die Goldatome ohne große Ablenkung durchfliegen, da die atomare Masse laut Thomson homogen in den Atomen verteilt ist.

Rutherford und seine Studenten zählten die Zahl der gestreuten α-Teilchen als Funktion des Ablenkwinkels. Dazu verwendeten sie einen kleinen Szintillationsschirm, der beim Aufschlag eines α-Teilchens kurz aufblitzte und auf einer Kreisbahn um die Metallfolie geschwenkt wurde. Insgesamt mussten einige hunderttausend Blitze registriert werden. Da die α-Teilchen (fast) *ohne Energieverlust* und teilweise um bis zu 180° (Rückwärtsstreuung) abgelenkt wurden, konnten sie nicht an den sehr leichten Elektronen, sondern nur an schweren Teilchen gestreut werden. Im Jahre 1911 konnte Rutherford die Zählraten sehr überzeugend und genau mit seinem **Rutherfordschen Atommodell** erklären:[7]

- Nahezu die gesamte Masse der Atome ist in einem kleinen, positiv geladenen Atomkern mit Radius $r < 4\cdot 10^{-14}\,m$ konzentriert.

- Außerhalb dieses Kerns wirkt nur die Coulombkraft, die vom positiven Kern erzeugt wird und mit $1/r^2$ abfällt (dabei ist r der Abstand zum Mittelpunkt des Atomkerns).

- Der Kern mit der Ladung Ze_0 wird von Z Elektronen auf Kreisbahnen umlaufen mit Radien $r \approx 10^{-10}\,m$.

---

[7] Bei seinen klassischen Berechnungen hatte Rutherford das Glück des Tüchtigen: Für das Coulomb-Potential liefert die klassische Streutheorie dieselben Ergebnisse wie die zuständige, richtige Quantenmechanik.

Der Einfachheit wegen betrachten wir $(Z-1)$-fach ionisierte Atome, die Z Protonen und ein einziges Elektron enthalten. Für das kreisende Elektron sind Coulombkraft und Fliehkraft gleich groß:

$$\frac{1}{4\pi\varepsilon_0}\frac{Ze_0^2}{r^2} = m_e\frac{v^2}{r} \qquad Z = \text{Kernladungszahl} \qquad (2.3\text{-}3)$$

mit der elektrischen Feldkonstanten

$$\varepsilon_0 = \frac{1}{\mu_0\,c^2} \approx 8{,}854\cdot 10^{-12}\,\frac{\text{C}^2}{\text{N}\,\text{m}^2}$$

und mit der Elektronenmasse

$$m_e = 9{,}109\,383\,56\,(11)\cdot 10^{-31}\,\text{kg} \approx 9{,}109\cdot 10^{-31}\,\text{kg} \approx 511\,\text{keV}/c^2$$

$$\Rightarrow \qquad v^2 = \frac{1}{4\pi\varepsilon_0}\frac{Ze_0^2}{m_e\,r} \qquad\qquad (2.3\text{-}4)$$

Die gesamte Energie des Elektrons besteht aus kinetischer und potentieller Energie:

$$E = T + V = \frac{m_e}{2}v^2 - \frac{1}{4\pi\varepsilon_0}\frac{Ze_0^2}{r}$$

Wir setzen v^2 aus Gl. (2.3-4) in diese Gl. ein und erhalten die negative Elektronenenergie

$$E = -\frac{e_0^2}{4\pi\varepsilon_0}\frac{Z}{2r} = \frac{1}{2}V = -T < 0 \qquad\qquad (2.3\text{-}5)$$

Leider hat das Rutherfordsche Atommodell zwei gravierende Probleme:

- Im Rutherfordschen Atommodell sind die Energien nicht quantisiert. Daher sollte das Spektrum der emittierten Strahlung kontinuierlich sein.
- Die kreisenden Elektronen werden zum Mittelpunkt der Kreisbahn beschleunigt. Die Kreisbewegung ist die Überlagerung von zwei orthogonalen, harmonischen Schwingungen. *Nach den Gesetzen der Elektrodynamik strahlen beschleunigte Ladungen elektromagnetische Strahlung ab.* Der Energieverlust müsste nach Gl. (2.3-5) zu einer ständigen Abnahme des Bahnradius r führen, so dass die Elektronen in weniger als $10^{-9}\,$s spiralförmig in den Kern stürzen (siehe Aufgabe 2-5). Dies ist offensichtlich nicht der Fall.

1913 schuf der Niels Bohr das **Bohrsche Atommodell**. Er stellte drei *Postulate* auf:

- Die Elektronen bewegen sich auf bestimmten, sog. **stationären Bahnen** ohne Strahlung.
- Ein Elektron gibt eine elektromagnetische Strahlung mit der Frequenz f ab, wenn es von einer äußeren stationären Bahn mit Radius r_1 auf eine innere stationäre Bahn „springt" mit einem kleineren Radius r_2. Die Energie E der abgestrahlten Welle ist die Energiedifferenz des Elektrons auf beiden Bahnen und beträgt nach Gl. (2.3-5):

$$E = h\,f = E_{\text{Anf}} - E_{\text{End}} = \frac{Ze_0^2}{8\pi\varepsilon_0}\left(\frac{1}{r_2}-\frac{1}{r_1}\right) \qquad \text{mit } Z = \text{Kernladungszahl} \qquad (2.3\text{-}6)$$

- *Der Drehimpuls der Elektronenbahnen ist ein ganzzahliges Vielfaches von $\hbar$:*

$$m_{\mathrm{e}}\, r v = n\,\hbar = n\,\frac{h}{2\pi} \qquad\qquad n = 1,2,3,\dots \tag{2.3-7}$$

Die Zahl n heißt **Quantenzahl**. Sie legt nach den folgenden Gln. (2.3-8/9) den Bahnradius und die Energie der stationären Bahnen fest.

Das dritte Postulat sorgt für die Quantisierung der Bahnradien und der Energie. Wir lösen Gl. (2.3-7) nach v auf, setzen v in die Gl. (2.3-4) ein und erhalten die diskreten Bahnradien:

$$r_n = \frac{4\,\pi\,\varepsilon_0\,\hbar^2}{Z\,e_0^2\,m_{\mathrm{e}}}\, n^2 \sim \frac{n^2}{Z} \qquad\qquad n = 1,2,3,\dots \tag{2.3-8a}$$

Der Radius des Grundzustandes ($n = 1$) des Wasserstoffatoms ($Z = 1$)

$$a_{\mathrm{B}} = r_1 = \frac{4\,\pi\,\varepsilon_0\,\hbar^2}{e_0^2\,m_{\mathrm{e}}} = 5{,}291\,772\,106\,7\,(12)\cdot 10^{-11}\,\mathrm{m} \approx 5{,}292\cdot 10^{-11}\,\mathrm{m} \tag{2.3-8b}$$

ist der sog. **Bohrsche Radius** a_{B}. Er wird bei anderen Autoren oft a oder a_0 genannt. Mit Gl. (2.3-5) – folgt die Energie der n-ten Bahn[8]

$$E_n = -\frac{m_{\mathrm{e}}\,c^2}{2}\left(\frac{Z\,e_0^2}{4\,\pi\,\varepsilon_0\,\hbar\,c}\right)^2 \frac{1}{n^2} \qquad\qquad n = 1,2,3,\dots \tag{2.3-9}$$

Mit der berühmten Sommerfeldschen **Feinstrukturkonstante**, der wichtigsten dimensionslosen Konstanten der ganzen Physik

$$\alpha := \frac{e_0^2}{4\,\pi\,\varepsilon_0\,\hbar\,c} = \frac{\hbar}{m_{\mathrm{e}}\,c}\,\frac{1}{a_{\mathrm{B}}} \approx \frac{1}{137{,}035\,999\,139\,(31)} \approx \frac{1}{137{,}036} \tag{2.3-10}$$

lauten die Bohrschen Energien des Wasserstoffatoms ($Z = 1$)

$$E_n = -\frac{m_{\mathrm{e}}\,c^2}{2}\,\alpha^2\,\frac{1}{n^2} \approx -13{,}6\,\mathrm{eV}\cdot\frac{1}{n^2} \qquad\qquad \text{für Wasserstoff} \tag{2.3-11}$$

Beispiel 2.3-1 Wasserstoffatom

Berechne für ein Elektron auf der n-ten Bahn des Wasserstoffatoms

a) den Radius r_n **b)** die Geschwindigkeit v_n **c)** die Umlaufzeit T_n

---

[8] Abgesehen von kleinsten Abweichungen, die in Abschn. 14.4 berechnet werden, stimmen die Energien in Gl. (2.3-9) mit Messergebnissen überein. In Kap. 9 liefert die Schrödinger-Gl. dieselben Energien.

Im Bohrschen Atommodell sind die Energiequantenzahl n und die Drehimpulsquantenzahl l identisch. In der Quantenmechanik hingegen gibt es hier zwei verschiedenen Quantenzahlen n, l mit $n = 1,2,\dots$ und $l = 0,1,2,\dots n-1$. Die Lösungen der Schrödinger-Gl. des Wasserstoffatoms zeigen: Für die jeweils größten Drehimpulsquantenzahlen $l = n-1$ stimmen die Radien der größten radialen Wahrscheinlichkeitsdichte mit den Radien in Gl. (2.3-8) überein. Der Atomradius wird oft mit $0{,}1\,\mathrm{nm}$ grob abgeschätzt.

Lösung:

a) Der Radius r_1 der innersten Bahn wurde bereits in Gl. (2.3–8b) berechnet:

$$r_1 = a_B \approx 5{,}292 \cdot 10^{-11}\,\text{m} = 0{,}05292\,\text{nm} \qquad\qquad (2.3\text{–}12)$$

Bei anderen, $(Z{-}1)$-fach ionisierten Atomen mit nur einem Elektron ist der Bahnradius indirekt proportional zur Kernladungszahl Z. Nach Gl. (2.3–8) gilt:

$$r_n = n^2 r_1 = n^2 a_B \qquad\qquad (2.3\text{–}13)$$

b) Aus Gl. (2.3–7) folgt

$$v_1 = \frac{\hbar}{m_e\, r_1} = \alpha\, c \approx \frac{c}{137{,}036} = 2{,}189 \cdot 10^6\,\frac{\text{m}}{\text{s}} \qquad\text{sowie}\qquad v_n = \frac{1}{n}\, v_1 \qquad (2.3\text{–}14/15)$$

Im Bohrschen Atommodell ist die Elektronengeschwindigkeit auf der innersten Bahn etwa 0,7% der Lichtgeschwindigkeit. In guter Näherung kann man das Elektron daher als nicht relativistisch ansehen. Extrem kleine relativistische Korrekturen sind aber erforderlich, sobald die Feinstruktur des Wasserstoffspektrums untersucht wird. Wir kommen darauf in Abschnitt „14.4 Feinstruktur des Wasserstoffatoms" zurück.

c) $$T_1 = \frac{2\,\pi\, r_1}{v_1} = \frac{2\,\pi\, a_B^2\, m_e}{\hbar} \approx 1{,}52 \cdot 10^{-16}\,\text{s} \qquad\text{sowie}\qquad T_n = n^3\, T_1 \qquad (2.3\text{–}16/17)$$

Hinweis: Natürlich gilt im Bohrschen Atommodell das dritte Keplersche Gesetz: $T_n^2 \sim r_n^3$

Wenn das Elektron des Wasserstoffatoms ($Z = 1$) oder das *einzige* Elektron, das nach $(Z{-}1)$-facher Ionisierung eines schwereren Elementes (mit Protonenzahl $Z > 1$) übrig geblieben ist, von der n-ten Bahn auf eine kleinere m-te Bahn springt ($n > m$), so strahlt das Atom eine elektromagnetische Welle mit folgender Energie und Wellenlänge λ ab[9]:

$$\Delta E_{n \to m} = E_n - E_m = \frac{hc}{\lambda} = \frac{m_e c^2}{2} \left(\frac{Z\, e_0^2}{4\,\pi\,\varepsilon_0\,\hbar\, c} \right)^{\!2} \left(\frac{1}{m^2} - \frac{1}{n^2} \right) \quad \text{für}\ \ n > m \qquad (2.3\text{–}18)$$

---

[9] Es war völlig unklar, wie man sich diesen Sprung vorstellen sollte. Heisenberg schrieb: „Denn wir berechnen zwar eine Bahn nach der klassischen Newtonschen Mechanik, dann aber geben wir ihr durch die Quantenbedingungen eine Stabilität, die sie nach eben dieser Newtonschen Mechanik nie besitzen dürfte; und wenn das Elektron bei der Strahlung von einer Bahn in die andere springt, so sagen wir lieber gar nichts mehr darüber, ob das Elektron hier Weitsprung oder Hochsprung oder sonst irgendwas Schönes macht. Also muss doch die ganze Vorstellung von der Bahn des Elektrons im Atom Unsinn sein. Aber was dann?" Letztendlich kam Heisenberg zu der Einsicht, dass man nicht nach den Elektronenbahnen fragen darf.

Die moderne, seit den 1970er Jahren entwickelte Dekohärenz-Theorie (siehe Abschn. 22.4) zeigt, dass es keine diskreten Quantensprünge gibt, sondern nur stetige Prozesse, die durch die zeitabhängige Schrödinger-Gl. gesteuert werden und die bei Wechselwirkungen mit den Messgeräten und der Umgebung so extrem schnell ablaufen können, dass sie als Quantensprünge erscheinen.

$$\Rightarrow \quad \frac{1}{\lambda} = Z^2 \, Ry \left(\frac{1}{m^2} - \frac{1}{n^2} \right)$$

mit der Rydberg-Konstanten

$$Ry = \frac{m_e \, c}{2 \, h} \left(\frac{e_0^2}{4 \, \pi \, \varepsilon_0 \, \hbar \, c} \right)^2 \approx 1{,}097 \cdot 10^7 \, \frac{1}{\text{m}} \tag{2.3–19}$$

Hier ist die Rydberg-Konstante keine *neue* Naturkonstante – wie in der Rydberg-Ritz-Gl. (2.3–1) –, sondern eine Funktion bereits bekannter Naturkonstanten.

Das Bohrsche Atommodell kann auch Schwingungs- und Rotationsspektren von Molekülen berechnen, aber nicht die extrem wichtigen Spektren von Atomen mit mehreren Elektronen. Nicht einmal für das zweitleichteste Element Helium (mit nur zwei Elektronen) liefert das Modell ein brauchbares Ergebnis.

Obwohl dem Bohrschen Atommodell völlig falsche und irreführende Vorstellungen von den Zuständen in der Atomhülle zugrunde liegen, hat es den Weg zum Aufbau der Quantenmechanik geebnet. Es hat sich in der Lehre – sowohl in der Schule als auch in Anfängervorlesungen – bis heute gehalten. Die Gründe dürften wohl in erster Linie die große historische Bedeutung an der Nahtstelle zwischen klassischer und Quantenphysik sowie die nur schwer verständlichen Lösungen der Schrödinger-Gl. sein. Viele Physiker bedauern dieses Festhalten an anschaulichen, aber verkehrten Darstellungen; sie befürchten, dass diese unzulänglichen Beschreibungen und der Wunsch, überall anschauliche Bilder zu erhalten, die Fortentwicklung der Physik hemmen.

2.4 Welleneigenschaften der Materie 1924

Albert Einstein hatte 1905 bei der Erklärung des Photoeffektes postuliert, dass das Licht nicht nur Welleneigenschaften, sondern auch Teilcheneigenschaften hat. Danach besteht das Licht aus Lichtteilchen, den sog. **Photonen** mit der Energie

$$E = h \, \nu = \hbar \, \omega \tag{2.2–1}$$

Im Jahre 1924 machte Louis de Broglie in seiner Doktorarbeit den bahnbrechenden Vorschlag, dass *umgekehrt* Quantenobjekte, die bis dahin eindeutig als Teilchen angesehen wurden, auch Welleneigenschaften haben (Nobelpreis 1929). Danach sollte z. B. für Elektronen gelten:

- *Bei der Ausbreitung verhalten sich Elektronen wie Wellen* – sog. **Materiewellen** –, die mehr oder weniger breit verschmiert sind und Interferenz und Beugung zeigen.

- Bei der Wechselwirkung mit Materie reagieren Elektronen *lokal* wie Teilchen und übertragen Energie und Impuls.

De Broglie forderte folgende Zusammenhänge zwischen den beiden mechanischen Größen E, p (p = Impuls) einerseits und den Wellengrößen $\omega = 2\pi / T$, $k = 2\pi / \lambda$ andererseits:

$$E = h f = \hbar \, \omega \tag{2.4–1a}$$

$$p = \frac{h}{\lambda} \underset{\underset{\text{Wellenzahl } k = 2\pi/\lambda}{\uparrow}}{=} \hbar k \tag{2.4–1b}$$

De Broglie konnte die **de-Broglie-Gln.** nicht beweisen, aber teilweise mit Gln. der relativistischen Mechanik plausibel machen.[10] Damit konnte er das Bohrsche Quantenpostulat

$$m_{\mathrm{e}} r v = n \hbar \qquad\qquad n = 1,2,3,\dots \tag{2.3–7}$$

für den Drehimpuls des Elektrons im Wasserstoffatom wunderbar veranschaulichen:

$$2\pi r \underset{\underset{\text{Gl. (2.3–7)}}{\uparrow}}{=} \frac{nh}{m_{\mathrm{e}} v} \underset{\underset{\text{Gl. (2.4–1b)}}{\uparrow}}{=} n\lambda \qquad\qquad n \in \mathbb{N} \tag{2.4–2}$$

Danach ist der *Kreisumfang der Elektronenbahnen ein ganzzahliges Vielfaches der Wellenlänge* (siehe Abb. 2.4–1). Diese Beziehung erinnert an die Bedingung $l = n\lambda/2$ für stehende Wellen auf einer Gitarrensaite mit Länge l.

Elektronen auf Kreisbahnen bilden schwingende elektrische Dipole und sollten nach den Gesetzen der klassischen Elektrodynamik elektromagnetische Wellen abstrahlen. Nach den Vorstellungen von de Broglie bilden die Elektronen aber **stehende Wellen**, die statisch sind und daher keine Energie abstrahlen. So gesehen sind die Bohrschen Postulate nicht mehr so befremdlich.

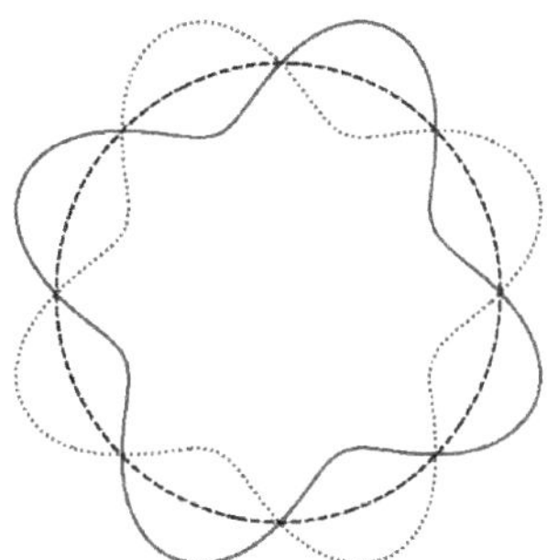

Abb. 2.4–1 Stehende Welle auf einem dünnen Metallring mit dem Umfang 4λ

---

[10] Die Gln. (2.4–1a/b) gelten auch im relativistischen Bereich. Nach der speziellen Relativitätstheorie gilt für die Energie E, den Impuls p und die Ruheenergie $m_0 c^2$ eines massiven, *freien* Teilchens ($V = 0$):

$$E = \sqrt{(m_0 c^2)^2 + (pc)^2}$$

Für Photonen mit verschwindender Ruhemasse $m_0 = 0$ folgt

$$E_{\text{Photon}} = pc \underset{\underset{\text{Quantentheorie}}{\uparrow}}{=} hf \quad \Rightarrow \quad p = h/\lambda$$

Die Vorschläge von de Broglie waren 1924 äußerst gewagt. Die meisten Physiker lehnten die Thesen strikt ab und die Doktorarbeit drohte zu scheitern. Schließlich bat Langevin, ein Mitglied des Prüfungsausschusses der Pariser Sorbonne, Einstein um eine Bewertung. Einstein schrieb nach seiner Begutachtung in einem Brief an Max Born: „Das musst du gelesen haben. Wenn es auch verrückt aussieht, so ist es doch durchaus gediegen". Am Ende wurde die Doktorarbeit wegen Einsteins positiver Bewertung angenommen – zum Glück, denn 5 Jahre später erhielt de Broglie den Nobelpreis.

Auch Max Planck war anfangs sehr erstaunt. Er berichtete später: „Die Kühnheit dieser Idee war so groß – ich muss aufrichtig sagen, dass ich selber auch damals den Kopf schüttelte. Ich erinnere mich sehr gut, dass Herr Lorentz mir damals im vertraulichen Privatgespräch sagte: ‚Diese jungen Leute nehmen es doch gar zu leicht, alte physikalische Begriffe beiseite zu schieben!'"

Beispiel 2.4–1 De-Broglie-Wellenlänge für Tischtennisbälle und Elektronen

Berechne die de-Broglie-Wellenlänge

a) für einen Tischtennisball mit $m = 3\,\mathrm{g}$ und $v = 10\,\mathrm{m/s}$.

b) für ein Elektron, das durch eine Spannung von 54 V beschleunigt wurde.

Lösung:

a) $\quad \lambda = \dfrac{h}{p} = \dfrac{6,63 \cdot 10^{-34}\,\mathrm{Js}}{3 \cdot 10^{-3}\,\mathrm{kg} \cdot 10\,\mathrm{m/s}} = 2,21 \cdot 10^{-32}\,\mathrm{m}$

Diese Wellenlänge ist so unvorstellbar klein, dass man Interferenzen und Beugungen von Tischtennisbällen wohl niemals wird beobachten können. *Der Wellencharakter makroskopischer Teilchen ist also wegen des kleinen Wertes von h nicht messbar und bedeutungslos.*

b) Die Geschwindigkeit des Elektrons ergibt sich aus der Energieerhaltung:

$$\frac{m_\mathrm{e}}{2}\,v^2 = e_0\,U \quad \Rightarrow \quad v = \sqrt{\frac{2\,e_0\,U}{m_\mathrm{e}}} \approx \sqrt{\frac{2 \cdot 1,60 \cdot 10^{-19}\,\mathrm{C} \cdot 54\,\mathrm{V}}{9,11 \cdot 10^{-31}\,\mathrm{kg}}} \approx 4,36 \cdot 10^{6}\,\frac{\mathrm{m}}{\mathrm{s}}$$

$$\Rightarrow \quad \lambda = \frac{h}{p} \approx \frac{6,63 \cdot 10^{-34}\,\mathrm{Js}}{9,11 \cdot 10^{-31}\,\mathrm{kg} \cdot 4,36 \cdot 10^{6}\,\mathrm{m/s}} \approx 1,67 \cdot 10^{-10}\,\mathrm{m} = 0,167\,\mathrm{nm} \qquad (2.4\text{–}3)$$

Nach Gl. (2.3–9) beträgt der kleinste Bahnradius im Wasserstoffatom $0,0529\,\mathrm{nm}$. Die berechnete de-Broglie-Wellenlänge ist also von der Größenordnung eines Atomdurchmessers und der Gitterkonstante in Kristallen. Daher lässt sich die Wellenlänge der Materiewellen von Elektronen nur mit Interferenzen an Kristallen messen.

Warnender Hinweis: Manchmal wird die Wellenlänge der Elektronen falsch berechnet:

$$\lambda \underset{\substack{\uparrow \\ \text{falsch}}}{=} \frac{c}{f} \underset{\substack{\uparrow \\ \text{Gl. (2.2–1)}}}{=} \frac{c\,h}{E} = \frac{c\,h}{e_0\,U} \approx 2,30 \cdot 10^{-8}\,\mathrm{m} \qquad \text{mit} \quad c = 3 \cdot 10^{8}\,\mathrm{m/s}$$

Im Jahr 1927, also nur drei Jahre nach Veröffentlichung der de-Broglieschen Theorie, schossen C. J. Davisson (Nobelpreis 1937) und sein Assistent L. A. Germer Elektronen mit $E = 54\,\mathrm{eV}$ auf einen Nickelkristall, dessen Gitterkonstante $D = 0,215\,\mathrm{nm}$ aus der Röntgenbeugung bekannt war.

Nach Bragg kann man die Streuung an Kristallen als Reflexion an einer Schar von parallelen Gitterebenen (Netzebenen) ansehen.

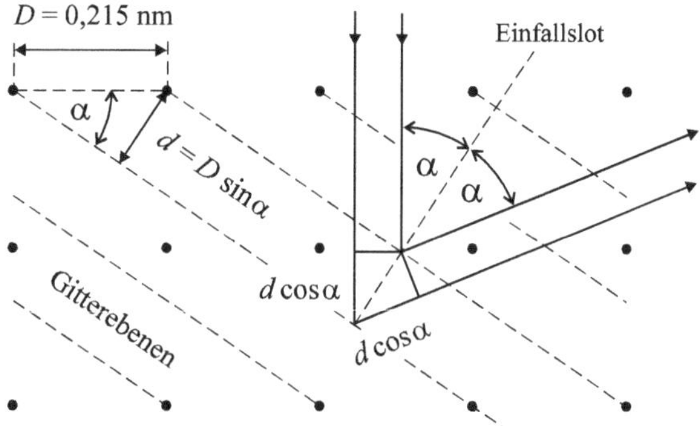

Abb. 2.4–2 Die Intensität der gestreuten Elektronstrahlen ist bei $2\,\alpha = 50°$ maximal. d ist der Abstand der gestrichelt dargestellten Netzebenen.

Die Orte von drei Atomen, die nicht auf einer Geraden liegen, definieren die Netzebene eindeutig. Offensichtlich gibt es verschiedene Netzebenen.

Der Einfallswinkel α ist gleich dem Reflexionswinkel α und jede Gitterebene reflektiert nur einen geringen Anteil der Strahlung, so dass die Gitterebenen wie teildurchlässige Spiegel wirken. Nach Abb. 2.4–2 treten Interferenzmaxima auf, wenn die **Braggsche Bedingung** für den Abstand d der Gitterebenen

$$2\,d\cos\alpha = n\,\lambda \tag{2.4-4}$$

erfüllt ist.

Davisson und Germer maßen die Intensität der gestreuten Elektronen als Funktion des Streuwinkels 2α und beobachteten ein Maximum bei $2\alpha = 50°$. Die Gl. für das Interferenzmaximum erster Ordnung ($n=1$) lautet

$$\lambda = 2\,d\cos\alpha = 2\,D\sin\alpha\cos\alpha = D\sin(2\,\alpha) = 0{,}165\,\mathrm{nm}$$

Die Wellenlänge stimmt auffallend gut mit dem theoretischen Wert in Gl. (2.4–3) überein.

1929 wurde die Welleneigenschaft auch für neutrale Atome und Moleküle experimentell nachgewiesen.

2.5 Der Compton-Effekt 1922

Ein Meilenstein in der Entwicklung der Quantenmechanik waren die Experimente, in denen A. H. Compton 1922 Röntgenstrahlen an Elektronen streute (Nobelpreis 1927). Diese Experimente bewiesen endgültig die bis dahin immer noch umstrittene Einsteinsche These, dass elektromagnetische Strahlung gequantelt ist und daher auch eine Teilchennatur hat.

Bei den Compton-Experimenten trafen Röntgenstrahlen auf Graphit (Kohlenstoff). Im Rahmen der *klassischen Physik* würde man erwarten, dass die locker gebundenen Elektronen des Kohlenstoffs durch das elektrische Feld der Welle in erzwungene Schwingungen versetzt werden, deren Frequenz gleich der Strahlungsfrequenz ist. Die Elektronen würden dann ihrerseits elektromagnetische Strahlung mit derselben Frequenz aussenden.

Diese klassischen Überlegungen widersprechen aber der Quantenmechanik, wonach elektromagnetische Strahlung aus Photonen besteht mit Energie und Impuls

$$E = h\,f \qquad p = h\,/\,\lambda \tag{2.4-1a/b}$$

Ein hochenergetisches Röntgenphoton mit einer Energie im keV-Bereich stößt *elastisch und nicht zentral* gegen ein ruhendes und leicht gebundenes, also fast freies Elektron. Die Viererimpulse vor bzw. nach dem Stoß werden ohne bzw.

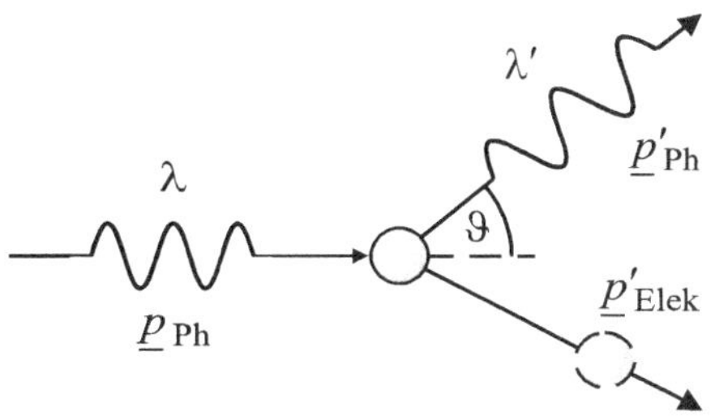

Abb. 2.5–1 Bei der Streuung von Röntgenstrahlung an freien Elektronen geben die Röntgenstrahlen Energie und Impuls an das getroffene Elektron ab.

mit einem schrägen Strich ′ geschrieben. Der **Erhaltungssatz** für den relativistischen **Viererimpuls**

$$\underline{p} = \left(\frac{E}{c}, m(v)\mathbf{v} \right)$$

gilt nicht nur im Mittel, sondern bei jedem einzelnen Prozess exakt. Hier lautet er:

$$\underline{p}_{\,\mathrm{Ph}} + \underline{p}_{\,\mathrm{Elek}} = \underline{p}'_{\,\mathrm{Ph}} + \underline{p}'_{\,\mathrm{Elek}} \qquad\qquad (2.5\text{-}1)$$

Da die gestoßenen Elektronen nicht vermessen wurden und da ihr Viererimpuls im Endergebnis nicht auftreten soll, muss $\underline{p}'_{\mathrm{Elek}}$ in zwei Schritten eliminiert werden:

1) Wir multiplizieren den Erhaltungssatz (2.5-1) mit $\underline{p}'_{\mathrm{Ph}}$ und erhalten mit dem Vierer-Skalarprodukt $\underline{p}'_{\mathrm{Ph}} \cdot \underline{p}'_{\mathrm{Ph}} = 0$ des Photonenimpulses[11]:

$$\underline{p}'_{\,\mathrm{Ph}} \cdot \underline{p}_{\,\mathrm{Ph}} + \underline{p}'_{\,\mathrm{Ph}} \cdot \underline{p}_{\,\mathrm{Elek}} = \underline{p}'_{\,\mathrm{Ph}} \cdot \underline{p}'_{\,\mathrm{Elek}} \qquad\qquad (2.5\text{-}2)$$

2) Wir quadrieren den Erhaltungssatz (2.5-1) und erhalten mit dem Skalarprodukt des Viererimpulses massiver Teilchen $\underline{p}_{\mathrm{Elek}} \cdot \underline{p}_{\mathrm{Elek}} = m_0^2 \, c^2$:

$$\left(\underline{p}_{\,\mathrm{Ph}} + \underline{p}_{\,\mathrm{Elek}} \right)^2 = 0 + 2\,\underline{p}_{\,\mathrm{Ph}} \cdot \underline{p}_{\,\mathrm{Elek}} + \left(m_0\, c \right)^2 =$$

$$= \left(\underline{p}'_{\,\mathrm{Ph}} + \underline{p}'_{\,\mathrm{Elek}} \right)^2 = 0 + 2\,\underline{p}'_{\,\mathrm{Ph}} \cdot \underline{p}'_{\,\mathrm{Elek}} + \left(m_0\, c \right)^2$$

$$\Rightarrow \qquad \underline{p}_{\,\mathrm{Ph}} \cdot \underline{p}_{\,\mathrm{Elek}} = \underline{p}'_{\,\mathrm{Ph}} \cdot \underline{p}'_{\,\mathrm{Elek}} \underset{\underset{\mathrm{Gl.\ (2.5\text{-}2)}}{\uparrow}}{=} \underline{p}'_{\,\mathrm{Ph}} \cdot \underline{p}_{\,\mathrm{Ph}} + \underline{p}'_{\,\mathrm{Ph}} \cdot \underline{p}_{\,\mathrm{Elek}} \qquad (2.5\text{-}3)$$

Dabei ist m_0 die Ruhemasse des Elektrons. Wie gewünscht tritt der Viererimpuls $\underline{p}'_{\mathrm{Elek}}$ der gestoßenen Elektronen in dieser Gl. nicht auf. Einsetzen der Viererimpulse

$$\underline{p}_{\,\mathrm{Elek}} = \left(\frac{E}{c}, \mathbf{p} \right) = \left(\frac{E}{c}, \mathbf{0} \right) = \left(m_0\, c, \mathbf{0} \right)$$

$$\underline{p}_{\,\mathrm{Ph}} = \left(\frac{E}{c}, \mathbf{p} \right) \underset{\underset{\mathrm{Gln.\ (2.4\text{-}1a/b)}}{\uparrow}}{=} \left(\frac{hf}{c}, \frac{hf}{c}, 0, 0 \right)$$

$$\underline{p}'_{\,\mathrm{Ph}} = \left(\frac{hf'}{c}, \frac{hf'}{c} \cos\vartheta, \frac{hf'}{c} \sin\vartheta, 0 \right)$$

in Gl. (2.5-3) führt auf

$$m_0\, h f = \frac{h^2}{c^2}\, f f' \left(1 - \cos\vartheta \right) + m_0\, h f'$$

$$\Rightarrow \qquad \lambda' - \lambda = \frac{h}{m_0\, c} \left(1 - \cos\vartheta \right) \qquad\qquad \text{mit } m_0 = \text{Ruhemasse der Elektronen} \qquad (2.5\text{-}4)$$

---

[11] Das Skalarprodukt von zwei Vierervektoren $\underline{A}, \underline{B}$ lautet $\underline{A} \cdot \underline{B} := A_0 B_0 - A_1 B_1 - A_2 B_2 - A_3 B_3$.

Die Änderung der Wellenlänge hängt nicht von λ ab.

Das Ergebnis (2.5–4) folgt aus den Gln. der relativistischen Mechanik, aus dem *Erhaltungssatz des Viererimpulses* und aus den beiden *de-Broglie-Beziehungen* (2.4–1a/b). Beachte: Bei der Einstein-schen Deutung des Photoeffektes wurde die Impulsbeziehung (2.4–1b) noch nicht verwendet. *Comptons Messungen stimmten mit der Gl. (2.5–4) überein und bestätigten damit beide de-Broglie-Gln.* Compton schrieb: „Die Experimente zeigen überzeugend, dass ein Strahlungsquant sowohl Impuls als auch Energie überträgt."

Wegen der Kleinheit der sog. **Compton-Wellenlänge**

$$\lambda_C = \frac{h}{m_0\, c} \approx 2{,}426 \cdot 10^{-12}\ \mathrm{m} \tag{2.5–5}$$

muss man mit kleiner Wellenlänge (Röntgenstrahlen) arbeiten. Nur dann hat $(\lambda'-\lambda)/\lambda$ einen messbaren Wert. *Der Compton-Effekt beschreibt die wichtigste Wechselwirkung zwischen Materie und energiereichen Photonen* $(100\ \mathrm{keV} < \hbar\omega < 10\ \mathrm{MeV})$.

2.6 Das Doppelspalt-Experiment

Aufgrund der geschilderten Experimente und der de-Broglie-Theorie müssen wir akzeptieren, dass alle Quantenobjekte – wie z. B. Elektronen und Photonen – sowohl Teilchen- als auch Welleneigenschaften haben. Die Doppelnatur spiegelt sich in den Gln.

$$E = \hbar\,\omega \qquad\qquad p = \hbar\,k = \frac{h}{\lambda} \tag{2.4–1a/b}$$

Quantenobjekte verhalten sich manchmal wie Teilchen und manchmal wie Wellen. Der Wellencharakter zeigt sich bei der Ausbreitung und bei Interferenzen. Der Teilchencharakter kommt bei Emission und Absorption zur Geltung; denn nur *ganze* Teilchen werden erzeugt oder geschluckt. Dieser halbklassische „Dualismus Welle-Teilchen" ist nur eine Hilfsvorstellung, die für Anfänger didaktisch hilfreich sein kann, aber im Rahmen der klassischen Physik unerklärbar und falsch ist, da sie mit den völlig *unvereinbaren* Begriffen „Welle" und „Teilchen" und auch mit dem Bahnbegriff arbeitet, der in der Quantentheorie nicht mehr haltbar ist.

Traditionell nennt man Elektronen, Protonen, ... in der Physik meistens „Teilchen", auch wenn die Wellennatur oft im Vordergrund steht bzw. dominiert.

Vor allem das aus der klassischen Wellenlehre bekannte **Doppelspalt-Experiment** zeigt die Probleme, die der Dualismus Welle-Teilchen auslöst. R. Feynman schreibt, dass das Doppelspalt-Experiment „in sich den Kern der Quantenmechanik birgt" und „das *einzige* Geheimnis enthält" (siehe [Feynman], Abschn. 1.1).

Wir wollen das Doppelspalt-Experiment zuerst einmal kurz im **klassischen Rahmen** besprechen und in Gedanken mit Wasserwellen, Schallwellen oder Mikrowellen arbeiten. In unserem Experiment laufen ebene klassische Wellen von links gegen eine Platte, die zwei parallele Spalte hat mit Spaltbreite $b \ll \lambda$ (siehe Abb. 2.6–1). Hinter den Spalten breiten sich zwei kreisförmige Wellen *mit gleicher Phase* in alle Richtungen aus. In großer Entfernung hinter dem Doppelspalt befindet sich ein Schirm, auf dem die Intensität[12] der eintreffenden Wellen gemessen wird. Interferenzmaxima treten auf dem Schirm dort auf, wo der Wegunterschied in Abb. 2.6–1

$$l_1 - l_2 = n\,\lambda$$

ein ganzzahliges Vielfaches von λ ist. Bei einem ungeradzahlig Vielfachen von $\lambda/2$

$$l_1 - l_2 = (2n+1)\lambda\big/2$$

liegen Interferenzminima vor. *Das Interferenzmuster auf dem Schirm besteht – bei Licht – aus parallelen hellen und dunklen Streifen und kann nur durch die Wellentheorie erklärt werden.*

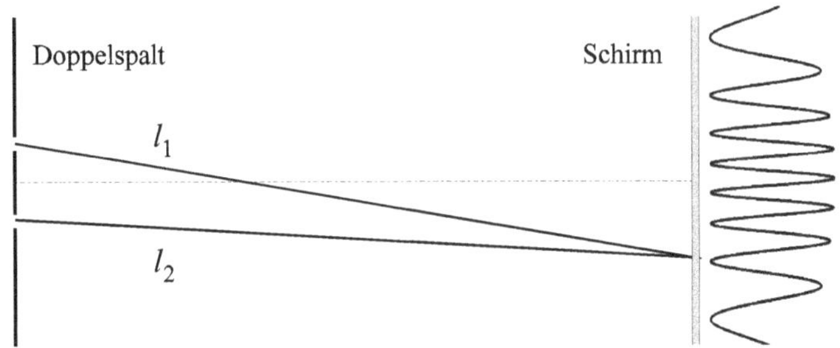

Abb. 2.6–1 Interferenz am Doppelspalt. Ebene Wellen – klassische oder quantenmechanische – laufen von links zum Doppelspalt. Auf dem Schirm treten abwechselnd helle und dunkle Streifen auf.

Wir kommen nun zum Doppelspalt-Experiment mit **Quantenobjekten**. Das Experiment kann mit Photonen und seit den 1960er Jahren mit Elektronen durchgeführt werden[13]. Der Versuchsaufbau sieht genauso aus wie bei den klassischen Wellen: Teilchen fliegen mit ungefähr gleichen Geschwindigkeiten – und daher ungefähr gleichen Wellenlängen – senkrecht von links gegen einen Doppelspalt. (In der Quantenmechanik werden diese Teilchen durch Wellenpakete dargestellt, wobei die Ortsunschärfe der Wellenpakete größer ist als der Spaltabstand (siehe Kap. 4). Spaltabstand und Spaltbreite sind vergleichbar mit der de-Broglie-Wellenlänge der Teilchen. Hinter dem Doppelspalt steht ein Schirm, auf dem die Elektronen beim Aufschlag kleine Lichtblitze

---

[12] Die Intensität I – auch Energiestromdichte genannt – von Wellen ist die Energie, die pro Sekunde durch eine (senkrecht zur Ausbreitungsrichtung orientierte) Fläche mit der Größe $1\,\mathrm{m}^2$ strömt. Die Intensität I hat die Einheit $\mathrm{W/m}^2$ und ist bei klassischen Wellen proportional zum Quadrat der Wellenamplitude A:
$$I \sim A^2$$

[13] Das Doppelspalt-Experiment ist vermutlich das wichtigste Experiment der Physik. Es erhielt 2002 eine ganz besondere Anerkennung: In einer Umfrage der Zeitschrift *Physics World* wurde das Doppelspalt-Experiment mit Elektronen, das C. Jönsson 1960 erstmalig in Tübingen durchführte, zum *schönsten Experiment aller Zeiten* gewählt. (Vorher konnte man das Doppelspalt-Experiment nur mit Photonen ausführen.) Auf einer freitragenden Metallfolie konnte Jönsson mit galvanischen Methoden Spalte erzeugen mit Spaltbreite und Spaltabstand unter $1\,\mathrm{\mu m}$. Die feinen Interferenzmuster wurden stark vergrößert.

erzeugen. Nach einer langen Belichtungszeit, während der mehr als 10^5 Elektronen auf den Schirm prasseln, erhalten wir auf dem Schirmfoto eine *Häufigkeitsverteilung, die nur mit der Interferenz von Wellen erklärt werden kann*; eine andere Erklärung gibt es nicht (siehe die unterste Häufigkeitsverteilung in Abb. 2.6–2).[14]

Aber wie kann das sein? Müsste dann nicht jedes Elektron wie eine klassische Welle zugleich durch beide Spalte laufen? Oder gibt es hier eine unverstandene Wechselwirkung zwischen denjenigen Elektronen, die durch den einen Spalt fliegen, und den Elektronen, die den anderen Weg nehmen? Zum Glück kann man den Gedanken an eine solch mysteriöse Wechselwirkung leicht verwerfen, indem man die Intensität des Elektronenstrahls so stark reduziert, dass zu jeder Zeit nur ein einzelnes Elektron unterwegs ist[15]. Nach dem Einschlag genügend vieler Elektronen zeigt sich wieder die Intensitätsverteilung für Interferenz am Doppelspalt.

Nach Abb. 2.6–2 baut sich das Interferenzmuster mit zunehmender Elektronenzahl langsam auf. Würden die Elektronen ausschließlich Wellenverhalten zeigen, so würde von Anfang an das *vollständige* Interferenzmuster auf dem Schirm erscheinen. Stattdessen werden einzelne, lokal begrenzte Einschläge auf dem Schirm registriert, die für Teilchen charakteristisch sind.[16]

---

[14] Das Doppelspalt-Experiment zeigt, dass man die Welleneigenschaften eines Quantenobjektes nicht mit einer einzelnen Messung an einem einzelnen Teilchen feststellen kann. Man muss immer viele Messungen machen.

[15] Natürlich kann man auch mit einzelnen *Photonen* arbeiten. Sie lassen sich erzeugen, indem man einen schwachen Lichtstrahl durch einige stark abdunkelnde Filter laufen lässt. Diese Methode ist aber unzweckmäßig, weil Bildsensoren und Elektronik Dunkelrauschen zeigen; Photonendetektoren registrieren auch in absoluter Dunkelheit thermische Einflüsse. Zum Glück lassen sich thermisch verursachte Effekte von Photon-Effekten dadurch unterscheiden, dass man mit Photonenquellen arbeitet, die zeitgleich – oder fast zeitgleich – zwei Photonen emittieren. Das erste Photon signalisiert (triggert) die Ankunft des zweiten Photons, mit dem das Ein-Elektron-Experiment durchgeführt wird.

Die wichtigsten zwei Prozesse zur Erzeugung von Photonenpaaren sind:

- *Atomkaskade*: Induzierte Emission kann ein Valenzelektron, das sich in einem angeregten Zustand mit Bahndrehimpuls $l = 0$ befindet, nur über ein Zwischenniveau mit $l = 1$ in den Grundzustand mit $l = 0$ überführen; denn die in Abschn. 20.3 bewiesene Auswahlregel $\Delta l = \pm 1$ verbietet Übergänge mit $\Delta l = 0$. Dabei werden innerhalb weniger Nanosekunden zwei Photonen mit verschiedenen Energien abgestrahlt. Leider ist diese Methode wenig effizient, da die Photonen statistisch verteilt in alle Richtungen abgestrahlt werden.

- *Parametrische Fluoreszenz*: Dieses Verfahren wird in den meisten quantenoptischen Laboren angewendet. Ein Photon erzeugt in einem nichtlinearen Kristall zwei polarisationsverschränkte Photonen. Z. B. erschafft ein ultraviolettes Photon zwei rote Tochterphotonen, deren Energien zwar verschieden sind, deren Energiesumme aber mit der Energie des Ausgangsphotons übereinstimmt. (Verschränkungen werden in Kapitel 22 besprochen.)

[16] 1999 wurde die Interferenz an Gittern auch mit Fulleren-Molekülen C_{60} (Durchmesser $0{,}7\,\mathrm{nm}$) und C_{70} nachgewiesen. Neuerdings wurden auch Interferenzen mit Molekülen nachgewiesen, die aus mehr als 400 Atomen bestehen und deren Masse etwa das 7000-fache der atomaren Masseneinheit ist.

Letztendlich müssen wir in Übereinstimmung mit dem Vorschlag von de Broglie akzeptieren, dass *die Elektronen als Materiewellen beide Spalte zugleich durchlaufen und beim punktförmigen Aufschlag auf dem Schirm wie Teilchen reagieren.* Der Durchgang durch beide Spalte bedeutet:

Der Begriff „Teilchenbahn", der in der klassischen Mechanik eine zentrale Rolle spielt, muss in der Quantenmechanik aufgegeben werden.

Bei Ortsmessungen aber – der Aufschlag auf dem Schirm ist eine Ortsmessung – *agieren Quantenobjekte wie unteilbare Teilchen.*

Wir betrachten nun die drei Häufigkeitsverteilungen in Abb. 2.6–2. Da wir die Aufschlagspunkte der *identisch präparierten* Elektronen auf dem Schirm nicht vorhersagen können, müssen wir mit Wahrscheinlichkeiten argumentieren: *Die Auftreffwahrscheinlichkeit ist proportional zur klassischen Wellenintensität, also proportional zum Quadrat der Amplitude des elektromagnetischen Feldes.*

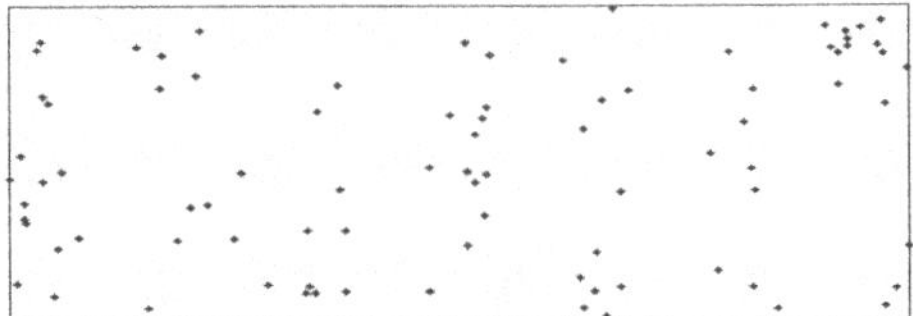

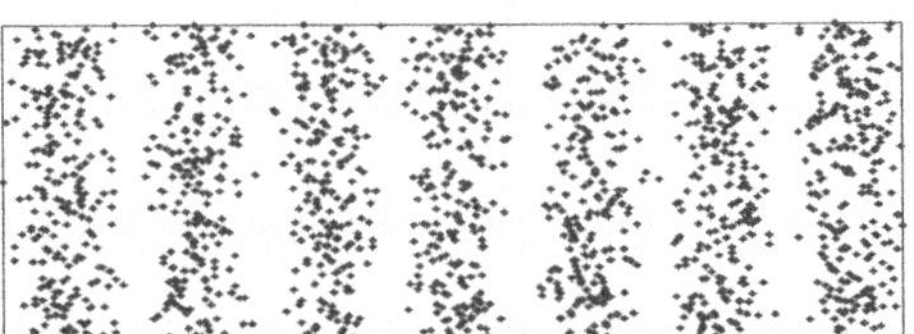

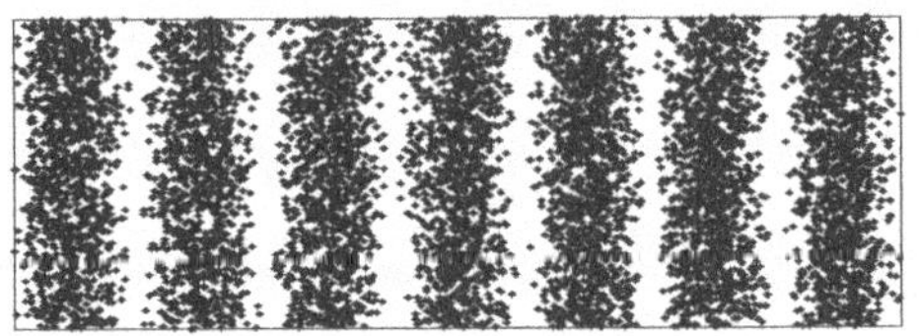

Abb. 2.6–2 Die Zahl der Einschläge nimmt von oben nach unten stark zu. Die unterste Häufigkeitsverteilung stimmt mit dem Intensitätsmuster der klassischen Wellentheorie überein.

Bereits in den 1920er Jahren haben Einstein, Bohr und andere Physiker diskutiert, ob sich das Interferenzmuster ändert, wenn man beobachtet, durch welchen Spalt die Elektronen jeweils fliegen. (In Aufgabe 2–3 wird eine mögliche Messung des Spaltdurchgangs vorgestellt). Diese Frage lässt sich mit folgenden Experimenten beantworten:

- Ein Spalt wird geschlossen, so dass die Elektronen mit Sicherheit durch den anderen Spalt fliegen. Jetzt erscheint auf dem Schirm nach dem Aufschlag unzähliger Elektronen das klassische *Beugungsmuster am Einzelspalt* (siehe Abb. 2.6–3a). Auch hier bestätigt sich die Wellennatur der Elektronen.

  Dieses Verhalten kann nicht durch klassische Stöße zwischen Elektronen und Spalt erklärt werden, da das Beugungsmuster nur von der Breite, nicht aber vom Material oder von der Tiefe des Spaltes abhängt.

- Wir öffnen für eine Zeitspanne T nur einen Spalt und anschließend für dieselbe Zeitspanne T nur den anderen Spalt. Auch jetzt sieht man auf dem Schirm *kein Interferenzmuster*, sondern die *Summe der beiden* – um den Spaltabstand gegeneinander verschobenen – *Beugungsintensitäten*:

$$I = I_1 + I_2$$

In Abb. 2.6–3b werden die beiden Einzel-Intensitäten gestrichelt und ihre Summe als durchgezogene Kurve gezeichnet. Die Intensitätsverteilung ist ganz anders als in Abb. 2.6–1; dort waren die beiden Spalte nicht nacheinander, sondern gleichzeitig offen.

Diese und viele weitere Versuche führen immer wieder zum selben Ergebnis:

Ein Interferenzmuster tritt nur auf, wenn der Weg der Elektronen unbekannt ist. Die Interferenz verschwindet, wenn man den Weg der Elektronen kennt. Ortskenntnis und Interferenz schließen einander aus.

Man kann immer nur einen der beiden Aspekte „Welle" oder „Teilchen" beobachten, aber niemals beide zugleich. Die Erfahrung, dass sich Wellen- und Teilchenbild sowohl ergänzen als auch gegenseitig ausschließen, hat Niels Bohr **Komplementarität** genannt. Ganz allgemein beschreibt eine Komplementarität die Existenz von Begriffen, die sich gegenseitig sowohl ergänzen als auch ausschließen.

1978 stellte A. Wheeler eine überraschende Frage: Was passiert, wenn die Ortsmessung erst dann stattfindet, wenn das Quantenobjekt den Doppelspalt *mit Sicherheit* passiert hat – aber noch nicht auf dem Schirm angekommen ist? Ein Zufallsgenerator entscheidet, ob eine Ortsmessung vorgenommen wird oder nicht. Die Zufallsentscheidung wird aber erst dann getroffen, wenn das Elektron den Doppelspalt mit Sicherheit passiert hat. Auch hier stellt man fest:

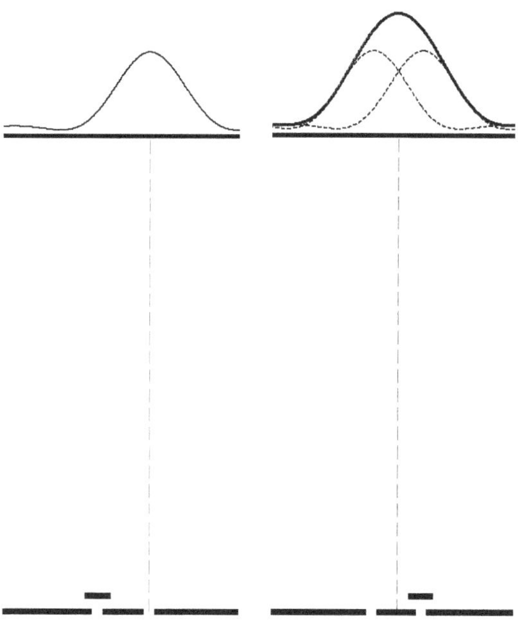

Abb. 2.6–3a (links) Nur der rechte Spalt ist offen.

Abb. 2.6–3b (rechts) Beide Spalte werden nacheinander geöffnet.

- Die Elektronen, an denen *Ortsmessungen vorgenommen wurden, erzeugen insgesamt auf dem Schirm kein Interferenzmuster*, sondern das Muster in Abb. 2.6–3b. Folglich verhält sich jedes gemessene Elektron so, als wenn es nur durch *einen* Spalt geflogen wäre.

- Die Elektronen, an denen *keine Ortsmessungen vorgenommen wurden, erzeugen insgesamt auf dem Schirm das Interferenzmuster* in Abb. 2.6–2. In diesem Fall musste jedes Elektron als Welle durch *beide* Spalte zugleich geflogen sein.

Experimente dieser Art heißen delayed choice experiments oder **Experimente mit verzögerter Wahl**. Sie werden üblicherweise mit Interferometern durchgeführt.[17]

Das Doppelspalt-Experiment weist auf eine exotische, fast schon beunruhigende Besonderheit der Quantenmechanik hin, auf die wir später mehrfach zurückkommen werden. Dazu stellen wir eine *ungeheuerliche* Frage: „Hatte ein Teilchen, dessen Ort gemessen wurde, schon *vor* der Messung den gemessenen Ort?" In der klassischen Mechanik müssen wir eine derart aberwitzige Frage natürlich immer mit „Ja" beantworten. In der Quantenmechanik hingegen ist die Antwort höchst problematisch: Wenn ein Teilchen den gemessenen Ort schon *vor* der Messung hätte, dann hätte es den gemessenen Ort auch *ohne* Messung; denn das Teilchen konnte ja nicht wissen, dass sein Ort demnächst gemessen wird.[18] Das wiederum würde – im krassen Widerspruch zu den Experimenten – bedeuten, dass das Teilchen immer durch einen Spalt und nicht durch beide Spalte zugleich gelaufen ist. Die Lösung dieser Problematik ist mehr als verblüffend und klassisch unfassbar:

Nach einer Ortsmessung dürfen wir nicht behaupten, dass das Teilchen schon vor der Messung am gemessenen Ort war.

Über den Ort, den ein Teilchen vor *einer Ortsmessung hat, können wir keine Aussage machen; wir wissen nur, dass es sich unmittelbar* nach *der Ortsmessung am gemessenen Ort befindet.* Wenn der Ort eines Teilchens hinter einem Spalt gemessen wird, so ermöglicht das Ergebnis der Ortsmessung *keine Rückschlüsse auf den Ort vor der Messung.*[19]

Fazit: *Die Frage, welchen Ort ein Teilchen vor einer Ortsmessung hat, ist sinnlos*, weil sie grundsätzlich nicht beantwortet werden kann – auch später nicht im Rahmen der Quantenmechanik. Vor der Ortsmessung existiert kein Objekt, das auf einem bestimmten Weg von der Quelle zum Schirm

---

[17] Eine Interpretation des Doppelspalt-Experimentes im Rahmen des Dualismus Welle-Teilchen würde aussagen:

- Alle Elektronen, bei denen ein Zufallsgenerator *nach* der Passage des Doppelspaltes eine Ortsmessung veranlasst hat, verhalten sich so, als wenn sie kurz zuvor als Teilchen durch einen Spalt geflogen wären.
- Alle Elektronen ohne Ortsmessung sind als Welle durch *beide* Spalte zugleich geflogen.

Im Rahmen des halbklassischen *Dualismus* sieht das fast so aus, als müsste jedes Elektron nach einer Ortsmessung auf eine rätselhafte, unerklärliche Weise in die Vergangenheit zurückgehen – in die Zeit vor dem Erreichen des Doppelspaltes –, um sich dort für den Flug durch einen der beiden Spalte zu entscheiden. Man erkennt unschwer, dass halbklassische Interpretationen unsinnig sind.

Erst das Kollaps-Postulat in Abschn. 8.1 wird im Rahmen der Quantenmechanik eine Erklärung ohne Rückkehr in die Vergangenheit liefern: Bei der Ortsmessung hinter einem Spalt kollabiert die Wellenfunktion in die Umgebung des Fundortes, also in die Nähe dieses Spaltes; daher verhält sich das Elektron nach der Ortsmessung so, als wenn es vom Fundort der Ortsmessung käme und somit kurz zuvor durch den angrenzenden Spalt geflogen wäre.

[18] Die Quantenwelt hat viele phantastische, klassisch völlig unverständliche Eigenschaften und Eigenheiten. Vorhersagen und Prophezeiungen gehören aber nicht dazu.

[19] In der Optik ist eine analoge Aussage sehr bekannt: Photonen, die ein Polarisationsfilter passieren, haben anschließend die Polarisationsrichtung des Filters. Eine Aussage über den Polarisationszustand der Photonen vor dem Filter ist nicht möglich.

fliegt. Wir werden im nächsten Kapitel 3 sehen, dass die Quantenmechanik das Verhalten der Teilchen mit einer Zustandsfunktion $\psi(\mathbf{r},t)$ beschreibt, die in beiden Spalten ungleich null ist.

1991 stellte O. Scully eine weitere verblüffende Frage: „Kann die Entscheidung von Quantenobjekten, als Teilchen oder als Welle den Doppelspalt zu passieren, *nach* dem Durchlaufen des Doppelspaltes wieder rückgängig gemacht werden?" Diese Frage lässt sich mit Photonen experimentell wie folgt beantworten: Vor jedem Spalt wird ein kleines Polarisationsfilter (kurz Polfilter) aufgestellt; die beiden Polfilter haben senkrecht aufeinander stehende Polarisationsrichtungen (kurz Polrichtungen). An Hand der Polrichtungen der Photonen lässt sich feststellen, durch welches Polfilter und demzufolge durch welchen Spalt die Photonen jeweils geflogen sind. Es überrascht uns (hoffentlich) nicht, dass auf dem Schirm kein Interferenzmuster auftritt.

Jetzt kommt die entscheidende Erweiterung: Hinter dem Doppelspalt wird nun ein größeres, drittes Polfilter aufgestellt, das um 45° gegen die ersten beiden verdreht ist und das von *allen* Photonen getroffen wird, die beide Spalte durchlaufen haben. Wegen $\cos^2(45°) = 0{,}5$ werden 50% der auftreffenden Photonen im Filter absorbiert und die restlichen 50% passieren das Filter mit der Polrichtung des Filters. Wegen der neuen Polrichtung der Photonen kann man nicht mehr feststellen, durch welchen Spalt die Photonen gekommen sind; die durch die ersten beiden Polfilter erzeugte Quanteninformation wurde durch das dritte Polfilter gelöscht. Man spricht deshalb von einer **Quantenradierung**. Wir können uns schon denken, wie es auf dem Schirm aussieht: Nach dem Einbau des dritten Polfilters treten wieder Interferenzen auf. Die Experimente mit Quantenradierern zeigen, dass die *Spuren von Beobachtungen und Messungen vollständig beseitigt werden können.*[20]

Irrtümlich glaubten die Physiker viele Jahrzehnte, dass das Verschwinden der Interferenz bei der Messung des Spaltdurchganges, also bei der Erlangung der sog. **Welcher-Weg-Information** *immer nur* auf die Heisenbergsche Ort-Impuls-Unbestimmtheitsrelation zurückzuführen ist[21]. Denn *eine scharfe Ortsmessung mit einem hochfrequenten Photon vergrößert die Unschärfe des Impulses und verwischt das Interferenzmuster.* Ganz allgemein nahmen die Physiker lange Zeit an, dass das Verschwinden von Interferenzen *immer* – also in *jedem* Experiment – nur mit der Heisenbergschen Unbestimmtheitsrelation erklärt werden kann und muss. Das stellte sich als ein Irrtum heraus:

Seit den 1990er Jahren wurden Experimente durchgeführt, die Welcher-Weg-Informationen ohne merklichen Impulsübertrag auf die gebeugten Teilchen gewannen. In diesen Experimenten kann das Verschwinden der Interferenz nicht mit der Heisenbergschen Orts-Impuls-Unbestimmtheitsrelation erklärt werden.

---

[20] In Abschn. „8.4 Wechselwirkungsfreie Messung" wird das Mach-Zehnder-Interferometer eingeführt. Damit lässt sich die Quantenradierung mit drei Polfiltern sehr bequem und einfach durchführen.

[21] Zur Vermeidung von Missverständnissen, also aus didaktischen Gründen wird in diesem Buch (wie auch anderswo) der Begriff „Unschärferelation" durch „Unbestimmtheitsrelation" ersetzt (Näheres in Kap. 8). Auch Heisenberg hat den Namen „Unbestimmtheitsrelation" oder „Unbestimmtheitsprinzip" bevorzugt.
Der Begriff „Welcher-Weg-Information" ist fraglos sehr unschön, aber in der Literatur weit verbreitet.

Wir werden in Abschn. „22.3 Verschränkung und Interferenz" sehen, dass hier die *Verschränkung für das Verschwinden der Interferenzen verantwortlich ist*. Bei der Erklärung in Abschn. 22.3 wird die Unbestimmtheitsrelation überhaupt nicht benötigt und die winzige Änderung der Wellenfunktionen infolge der Messung des Spaltdurchganges hat keine Folgen.

2.7 Leitgedanken

2.1 Plancksches Strahlungsgesetz

Im Jahre 1900 gelang es Max Planck, die spektrale Strahlungsdichte schwarzer Körper mit der **Planckschen Strahlungsformel**

$$\Phi_\lambda = \frac{2\pi h c^2}{\lambda^5} A \left[e^{\frac{h c}{\lambda k T}} - 1 \right]^{-1} \tag{2.1-1}$$

richtig zu beschreiben. Dabei ist $\Phi_\lambda \, d\lambda$ die Leistung, die von einer schwarzen Fläche A der Temperatur T im Wellenlängenbereich $[\lambda, \lambda + d\lambda]$ abgestrahlt wird.

Die Gl. (2.1-1) gibt die Experimente richtig wieder, wenn das **Plancksche Wirkungsquantum** h den Wert $h \approx 6{,}626 \cdot 10^{-34}$ Js hat. Planck konnte die Strahlungsformel Gl. (2.1-1) nur mit der bahnbrechenden *Hypothese* ableiten, dass der Energieaustausch zwischen den Oszillatoren der Wände und der Strahlung quantisiert ist. (Elektromagnetische Strahlungen selber waren nach Plancks Hypothese i. Allg. nicht quantisiert.) Dabei werden bei einer Strahlung mit der Frequenz f ausschließlich Quanten mit der Energie

$$E = h f \tag{2.1-3}$$

emittiert und absorbiert. Die Energiepakete heißen **Photonen**. Planck hielt seine Hypothese für einen Kunstgriff, den er – nach eigenen Worten – in einem „Akt der Verzweiflung" einführte.

2.2 Der Photoeffekt

Metallplatten geben bei Bestrahlung mit (evtl. ultraviolettem) Licht Elektronen ab. Dabei gelten folgende Gesetzmäßigkeiten:

- Unterhalb einer bestimmten Grenzfrequenz werden keine Elektronen freigesetzt.
- Die Anzahl der pro Sekunde ausgelösten Elektronen steigt linear mit der Intensität der Strahlung.
- Die ausgelösten Elektronen müssen im Versuch eine Gegenspannung U überwinden, bevor sie eine negativ aufgeladene Anode erreichen. Die kleinste Gegenspannung, die das Erreichen der Anode verhindert, heißt Bremsspannung. Die Bremsspannung hängt nicht von der Intensität der Strahlung ab und steigt linear mit der Frequenz f der Strahlung.

Klassische Theorien können diese Befunde nicht erklären. So sollte z. B. nach der klassischen Theorie die kinetische Energie der abgelösten Elektronen mit der Intensität der Strahlung steigen und nicht von der Frequenz f abhängen.

1905 konnte Albert Einstein den Photoeffekt relativ einfach erklären, indem er die Plancksche Quantenhypothese ernst nahm und sogar erweiterte. Einstein sah *die Quantisierung der Energie als eine fundamentale Eigenschaft der elektromagnetischen Strahlung* an; danach besteht elektromagnetische Strahlung der Frequenz f aus Photonen mit der Energie $E = hf = \hbar\omega$.

2.3 Das Bohrsche Atommodell

E. Rutherford und seine Mitarbeiter beschossen wenige µm dünne Metallfolien mit α-Teilchen und zählten die Zahl der gestreuten α-Teilchen als Funktion des Ablenkwinkels ϑ. Da die α-Teilchen nahezu ohne Energieverlust und teilweise um bis zu 180° abgelenkt wurden, konnten sie nicht an den sehr leichten Elektronen, sondern nur an schweren Teilchen gestreut werden. Im Jahre 1911 konnte Rutherford die Zählraten sehr überzeugend mit seinem **Rutherfordschen Atommodell** erklären:

- Nahezu die gesamte Masse der Atome ist in einem kleinen, positiv geladenen Atomkern mit Radius $r < 4 \cdot 10^{-14}$ m konzentriert.

- Außerhalb des positiven Kerns wirkt nur die Coulombkraft, die mit $1/r^2$ abfällt.

- Der Kern mit der Ladung $Z e_0$ wird von Z Elektronen auf Kreisbahnen umlaufen mit Radien $r \leq 10^{-10}$ m.

Der Einfachheit wegen betrachten wir $(Z-1)$-fach ionisierte Atome, die Z Protonen und ein Elektron enthalten. Die Energie der Elektronen besteht aus kinetischer und potentieller Energie:

$$E = T + V = \frac{m_\mathrm{e}}{2} v^2 - \frac{1}{4\pi\varepsilon_0} \frac{Z e_0^2}{r}$$

Für die kreisenden Elektronen sind die Coulombkraft und die Fliehkraft gleich groß:

$$\frac{1}{4\pi\varepsilon_0} \frac{Z e_0^2}{r^2} = m_\mathrm{e} \frac{v^2}{r} \qquad \text{mit der Elektronenmasse } m_\mathrm{e} \approx 9{,}109 \cdot 10^{-31} \text{ kg} \qquad (2.3\text{--}3)$$

Auflösung nach v^2 und Einsetzen in die Gesamtenergie E liefert die negative Elektronenenergie

$$E = -\frac{e_0^2}{4\pi\varepsilon_0} \frac{Z}{2r} = \frac{1}{2} V \qquad\qquad (2.3\text{--}5)$$

Leider sind die Energien im Rutherfordschen Atommodell nicht quantisiert und die beschleunigten Elektronen sollten nach den Gesetzen der Elektrodynamik *elektromagnetische Strahlung abgeben und daher in kürzester Zeit spiralförmig in den Kern stürzen.*

Im Jahre 1913 löste N. Bohr diese Probleme mit seinem **Bohrschen Atommodell**. Er stellte **drei Postulate** auf:

- Die Elektronen bewegen sich auf stationären Bahnen ohne Strahlung.

- Ein Elektron gibt eine elektromagnetische Strahlung ab, wenn es von einer äußeren stationären Bahn auf eine innere stationäre Bahn „springt".

- Der Drehimpuls der Elektronenbahnen ist ein ganzzahliges Vielfaches von $\hbar$:

$$m_\mathrm{e}\, r v = n\, \hbar \qquad\qquad n = 1, 2, 3, \dots \qquad\qquad (2.3\text{--}7)$$

Das dritte Postulat sorgt für die Quantisierung des Bahnradius und der Energie. Die Energie des Elektrons auf der n-ten stationären Bahn errechnet sich für das Wasserstoffatom zu

$$E_n = - \frac{m_e c^2}{2} \left(\frac{e_0^2}{4\pi\varepsilon_0 \, \hbar c} \right)^2 \frac{1}{n^2} \qquad n = 1, 2, 3, \ldots \tag{2.3-9}$$

Leider kann das Bohrsche Atommodell nur das Spektrum von Wasserstoffatomen und wasserstoffähnlichen Atomen – nicht perfekt, aber in sehr guter Näherung – erklären. Erst die Schrödinger-Gl. ermöglicht auch für andere Atome und für Moleküle genaue Berechnungen der Energieniveaus.

2.4 Welleneigenschaften der Materie

Einstein hatte 1905 bei der Erklärung des Photoeffektes postuliert, dass das Licht nicht nur eine Wellen-, sondern auch eine Teilchennatur hat. 1924 machte L. de Broglie den bahnbrechenden Vorschlag, dass *umgekehrt* Quantenobjekte, die man bis dahin für Teilchen gehalten hatte, auch Welleneigenschaften haben. Danach sollte gelten:

- *Bei der Ausbreitung sind Quantenobjekte Wellen* – sog. **Materiewellen** –, die Interferenz und Beugung zeigen.
- Bei der Wechselwirkung mit Materie reagieren Quantenobjekte *lokal* und übertragen Energie und Impuls.

De Broglie forderte (ohne Beweis) folgende Zusammenhange zwischen den beiden mechanischen Größen E, p (p = Impuls) einerseits und den Wellengrößen ω, k andererseits:

$$E = \hbar\,\omega \qquad\qquad p = \frac{h}{\lambda} = \hbar k \tag{2.4-1a/b}$$

1927 konnten Davisson und Germer die Wellennatur von Elektronen beweisen, indem sie einen Nickelkristall mit Elektronen beschossen und die Interferenzmaxima in der Intensität der gestreuten Elektronen auswerteten.

2.5 Der Compton-Effekt

1922 streute A. H. Compton Röntgenstrahlen an freien Elektronen und maß die Wellenlänge λ' der gestreuten Photonen als Funktion des Streuwinkels ϑ. Die elastischen und nicht zentralen Stöße der hochenergetischen Photonen an den ruhenden Elektronen können mit den zwei de-Broglie-Gln.

$$E = h f \qquad p = \frac{h}{\lambda} = \frac{h f}{c} \tag{2.4-1a/b}$$

und dem *relativistischen Erhaltungssatz*

$$\underline{p}_{Ph} + \underline{p}_{Elek} = \underline{p}'_{Ph} + \underline{p}'_{Elek} \tag{2.5-1}$$

des Viererimpulses berechnet werden. Man erhält die Wellenlängenänderung

$$\lambda' - \lambda = \frac{h}{m_0 c}(1 - \cos\vartheta) \tag{2.5-4}$$

Comptons Messungen bestätigten diese Gl. und damit auch beide de-Broglie-Gln.

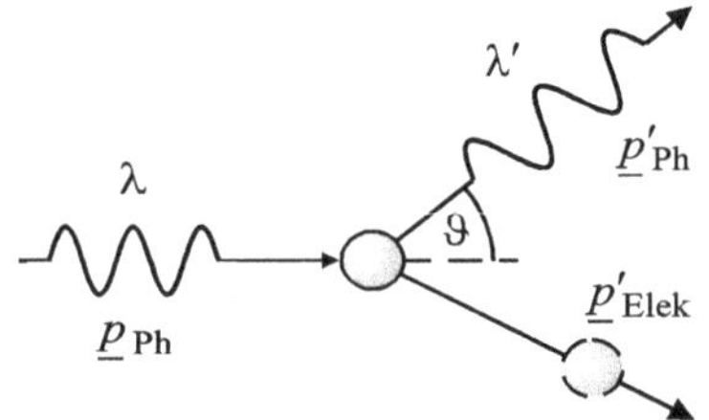

Abb. 2.5–1 Bei der Streuung von Röntgenstrahlung an Elektronen geben die Strahlen Energie und Impuls an das getroffene Elektron ab.

2.6 Das Doppelspalt-Experiment

Das Doppelspalt-Experiment ist das zentrale Experiment der Quantenmechanik und kann mit Photonen oder Teilchen durchgeführt werden. Wir argumentieren mit Elektronen. Hinter dem Doppelspalt steht ein Schirm, auf dem die Elektronen beim Aufschlag kleine Lichtblitze erzeugen. Nach einer langen Belichtungszeit erhalten wir auf dem Schirm eine *Häufigkeitsverteilung, die nur mit der Interferenz von Wellen erklärt werden kann* (siehe die unterste Häufigkeitsverteilung in Abb. 2.6–2). Dieses Ergebnis kann klassisch nicht erklärt werden:

* Wenn die Elektronen klassische Teilchen wären, so gäbe es kein Interferenzmuster.
* Wenn die Elektronen klassische Wellen wären, so würden sie auf dem Schirm keine lokal begrenzten Einschläge erzeugen, sondern von Anfang an das *vollständige* Interferenzmuster erzeugen.

Das Doppelspalt-Experiment lässt sich halbklassisch nur mit dem Vorschlag von de Broglie erklären, wonach alle Quantenobjekte zugleich Wellen- und Teilcheneigenschaften haben. *Die Elektronen durchlaufen als Materiewellen beide Spalte zugleich und werden beim punktförmigen Aufschlag auf dem Schirm als ganze Teilchen registriert.* Bei Ortsmessungen – der Aufschlag auf dem Schirm ist eine Ortsmessung – agieren Quantenobjekte wie unteilbare Teilchen. Weitere Messungen zeigen: *Interferenzmuster treten nur auf, wenn der Weg der Elektronen nicht registriert wird. Die Interferenz verschwindet, wenn man den Weg der Elektronen kennt. Ortskenntnis und Interferenz schließen einander aus.*

Man kann *immer nur einen der beiden Aspekte* „Welle" oder „Teilchen" beobachten. Die Erfahrung, dass *sich Wellen- und Teilchenbild sowohl ergänzen als auch gegenseitig ausschließen*, heißt **Komplementarität**.

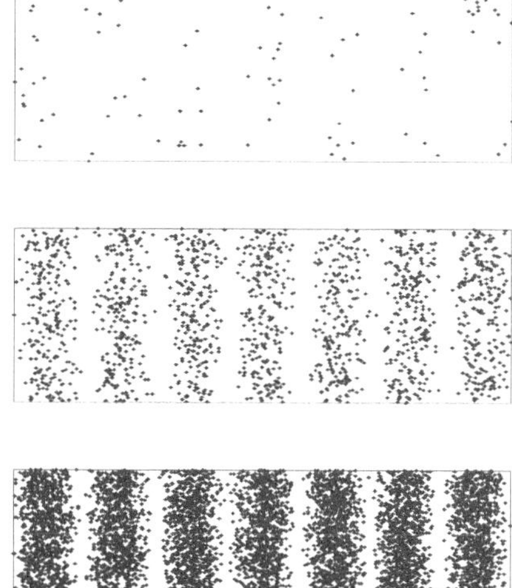

Abb. 2.6–2 Die Zahl der Einschläge nimmt von oben nach unten stark zu. Die unterste Häufigkeitsverteilung stimmt mit dem Intensitätsmuster der klassischen Wellentheorie gut überein.

Unmittelbar nach einer Ortsmessung befindet sich das gemessene Teilchen in der Umgebung des Fundortes. Das Ergebnis der Ortsmessung ermöglicht aber keine Rückschlüsse auf den Ort vor der Ortsmessung.

Wenn ein Teilchen schon *vor* einer Ortsmessung zwangsläufig am gefundenen Ort gewesen wäre, dann wäre es auch *ohne* Ortsmessung schon dort gewesen; denn ein Teilchen kann nicht vorhersehen, dass es gleich gemessen wird. In diesem Fall müsste jedes Teilchen nur durch einen einzelnen Spalt fliegen, so dass auf dem Schirm kein Interferenzmuster entsteht.

Lange Zeit glaubten die Physiker, dass das Verschwinden von Interferenzen *immer* auf die Heisenbergsche Ort-Impuls-Unbestimmtheitsrelation zurückzuführen ist; denn Ortsmessungen mit Photonen übertragen einen Impuls auf das Elektron und ändern damit die Wellenfunktion.

Erst in den letzten Jahrzehnten konnten Experimente durchgeführt werden, in denen Welcher-Weg-Informationen ohne merklichen Impulsübertrag gewonnen wurden. Trotzdem verschwanden auch dabei die Interferenzen.

2.8 Aufgaben

2–1 Mittel Messbarkeit der Bohrschen Elektronenbahnen

Betrachte das Bohrsche Atommodell und bestätige, dass man mit Licht nicht messen kann, in welcher „Bahn" sich ein Elektron befindet.

Hinweis: Die Wellenlänge des eingestrahlten Lichtes muss kleiner sein als der Abstand benachbarter Bahnen.

2–2 Mittel Messbarkeit von Teilchen- und Welleneigenschaften von Photonen

a) Die Teilcheneigenschaft von Photonen kann durch den Stoß mit Elektronen bewiesen werden (Compton-Effekt). Wir nehmen an, dass Änderungen $\Delta\lambda$ der Wellenlänge nur messbar sind für $\Delta\lambda\,/\,\lambda > 10^{-5}$. Zeige, dass man die Teilchennatur von sichtbarem Licht mit dem Compton-Effekt gerade noch nachweisen kann.

b) Zeige, dass die Wellennatur von Gammastrahlung mit $\lambda < 5\cdot 10^{-12}\,$m nicht nachweisbar ist.

Hinweis zu b): Betrachte Interferenzen an Kristallen, deren Atomabstand etwa $1\cdot 10^{-10}\,$m ist.

2–3 Leicht Ortsmessung beim Doppelspalt-Experiment Abb. 2.8–1

Elektronen stoßen – wie in Abb. 2.8–1 dargestellt – direkt nach der Passage des Doppelspaltes elastisch mit Photonen einer Röntgenstrahlung zusammen, welche die Wellenlänge λ haben. Die gestreuten Photonen werden in Detektoren eingefangen. Dabei wird ihre neue Wellenlänge λ' gemessen. Wie kann man den Spalt bestimmen, durch den das getroffene Elektron geflogen ist?

Hinweis: Verwende die Gln. (2.5–4/5) für die Wellenlängenänderung.

2–4 Leicht Nachweis des Photonenimpulses

Ein winziger Spiegel mit dem idealen Reflexionsgrad $R = 100\%$ hat die Masse $m = 1\cdot 10^{-5}\,$kg und hängt in Ruhe an einem dünnen Faden, dessen Masse vernachlässigt werden kann. Spiegel und Faden bilden ein Pendel mit der Länge $l = 1\,$m. Der Spiegel wird von einem horizontalen Laserpuls mit der Leistung $P = 10^{10}\,$W, der Zeitdauer $\Delta t = 10^{-9}\,$s und der Wellenlänge $\lambda = 600\,$nm getroffen. Wie groß ist die seitliche Auslenkung s des Spiegels nach der Bestrahlung?

2–5 Mittel Absturz in den Kern

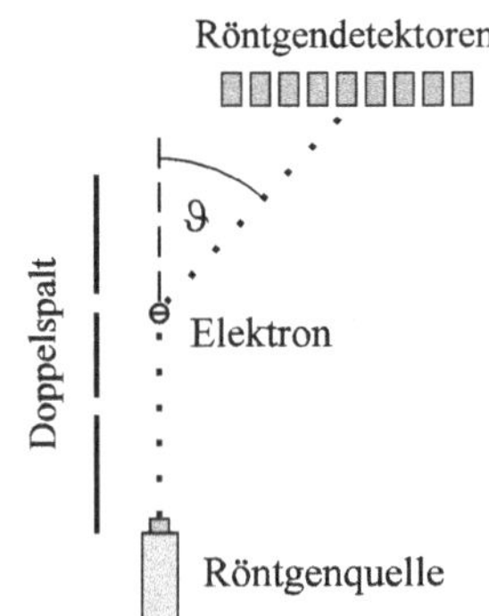

Abb. 2.8–1 Die Photonen stoßen elastisch gegen die Elektronen.

Ein großes Problem des Rutherfordschen Atommodells besteht darin, dass Elektronen auf Kreisbahnen laut klassischer Physik elektromagnetische Strahlung abgeben und deshalb in den Kern stürzen. In dieser Aufgabe soll die Absturzzeit T_A eines Elektrons, das anfangs einen Wasserstoffkern auf der innersten Bahn mit dem Bahnradius $a_B \approx 5{,}29\cdot 10^{-11}\,$m umkreist, näherungsweise und *klassisch* berechnet werden.

Hinweise: **1)** Nach der nicht relativistischen **Larmor-Formel** der klassischen Elektrodynamik strahlt eine beschleunigte Ladung e_0 folgende Leistung in Form elektromagnetischer Wellen ab:

$$P = -\frac{dE}{dt} = \frac{e_0^2}{6\,\pi\,\varepsilon_0\,c^3}\,\left|\ddot{\mathbf{r}}\right|^2 \qquad \text{für} \quad v \ll c \tag{2.8–6}$$

2) Da wir nur an der Größenordnung der Absturzzeit interessiert sind, soll die Beschleunigung $|\ddot{\mathbf{r}}(t)|$ des Elektrons beim Absturz in den Kern der Einfachheit halber grob mit der Zentripetalbeschleunigung auf einer Kreisbahn abgeschätzt werden.

3) Die Zeitableitung der Gesamtenergie in Gl. (2.3–5) führt auf eine Dgl. erster Ordnung für $r(t)$. Löse die Dgl. und berechne damit die Absturzzeit T_A.

3 Die Schrödinger-Gl.

Dieses Kapitel hat einen mittleren Schwierigkeitsgrad und muss natürlich sehr sorgfältig gelesen und erarbeitet werden. Nur Abschn. „3.4 Die Kontinuitätsgl." hat keine überragende Bedeutung.

Klassische Wellen wie Schallwellen und Radiowellen werden durch Wellenfunktionen $\psi(\mathbf{r},t)$ beschrieben. Daher ist es naheliegend, auch Materiewellen durch solche Wellenfunktionen zu beschreiben. Die Wellenfunktionen der Quantenmechanik werden mit der Schrödinger-Gl. berechnet. Man kann die Schrödinger-Gl. nicht im mathematisch strengen Sinn herleiten, sondern höchstens plausibel machen und letztlich nur postulieren.

3.1 *Aufstellung der Schrödinger-Gl.*: Die Schrödinger-Gl. wird aus der Dispersionsgl.

$$\omega(k) = \frac{\hbar k^2}{2\,m} \tag{3.1-5}$$

der Materiewellen „abgeleitet". Dies ist die einfachste und eine der anschaulichsten „Herleitungen". Das Betragsquadrat $|\psi(\mathbf{r},t)|^2$ ist die Wahrscheinlichkeitsdichte des Ortes. $|\psi(\mathbf{r},t)|^2\, d^3r$ ist die Wahrscheinlichkeit, das Teilchen bei einer Ortsmessung in der Umgebung d^3r des Ortes $\mathbf{r}$ zu finden.

Die Lösungen $\psi(\mathbf{r},t)$ der Schrödinger-Gl. beschreiben die Quantenobjekte *vollständig*, enthalten also *alle* Informationen (wenn wir den Spin vorerst außer Acht lassen). Zusätzliche, von Einstein geforderte „verborgene Variablen" gibt es nicht.

3.2 *Stationäre Zustände*: Bei zeitunabhängigen Potentialen $V = V(\mathbf{r})$ führt der Produktansatz

$$\psi(\mathbf{r},t) = e^{-i\,Et/\hbar}\,\psi(\mathbf{r}) \tag{3.2-7}$$

auf die zeitunabhängige Schrödinger-Gl. mit der Lösung $\psi(\mathbf{r})$. Die Lösung (3.2–7) enthält nur *eine* Energie E und ihr Quadrat $|\psi(\mathbf{r},t)|^2$ ist zeitunabhängig.

Die Lösung der zeitunabhängigen Schrödinger-Gl. ist das große mathematische Problem. Sie gelingt i. W. nur bei stückweise konstanten Potentialen, beim harmonischen Oszillator und beim Wasserstoffatom (ohne Feinstruktur).

3.3 *Orts- und Impulsoperator*: Messgrößen werden in der Quantenmechanik durch Operatoren beschrieben: Im Ortsraum wird aus dem Impulsvektor $\mathbf{p}$ der Ableitungs-Operator $\hat{\mathbf{P}} = -i\,\hbar\,\nabla$ und aus dem Ortsvektor $\mathbf{r}$ der Multiplikationsoperator $\hat{\mathbf{R}} = \mathbf{r}$. Anders als Zahlen vertauschen Operatoren in der Regel nicht.

3.4 *Die Kontinuitätsgl.*: Wenn die Wahrscheinlichkeitsdichte $\rho(\mathbf{r},t) := |\psi(\mathbf{r},t)|^2$ irgendwo abnimmt, dann muss sie woanders zunehmen. Daher gibt es eine Wahrscheinlichkeitsstromdichte, die eine Kontinuitätsgl. erfüllt.

Quantenmechanik: Lehr- und Arbeitsbuch, 2. Auflage. Friedhelm Kuypers.
© 2026 Wiley-VCH GmbH. Published 2026 by Wiley-VCH GmbH.

3.1 Aufstellung der Schrödinger-Gl. 1926

Zu Beginn untersuchen wir unendlich lange, monochromatische **klassische Wellen**, die in die positive x-Richtung laufen. Ihre Wellenfunktionen lauten

$$\psi(x,t) = A\cos(kx - \omega t) \tag{3.1--1}$$

Wegen der Periodizität der Kosinusfunktion gilt:

$$\cos(kx - \omega t) = \cos[k(x \pm \lambda) - \omega t] \qquad \Rightarrow \qquad k = \frac{2\pi}{\lambda} = \textbf{Wellenzahl}$$

$$\cos(kx - \omega t) = \cos[kx - \omega(t \pm T)] \qquad \Rightarrow \qquad \omega = \frac{2\pi}{T} = \text{Kreisfrequenz}$$

Mit diesen zwei Ergebnissen lässt sich die bekannte, *lineare* **Dispersionsgl.**[1] *für klassische, elektromagnetische Wellen* im Vakuum aufstellen:

$$\omega(k) = 2\pi f \underset{\substack{\uparrow \\ f = c/\lambda}}{=} \frac{2\pi}{\lambda} c = c\,k \tag{3.1--2}$$

Die zweifachen partiellen Ableitungen der Wellenfunktion lauten:

$$\frac{1}{c^2}\frac{\partial^2 \psi(x,t)}{\partial t^2} = -\frac{\omega^2}{c^2}\,\psi(x,t) \underset{\substack{\uparrow \\ \omega(k) = c\,k}}{=} -k^2\,\psi(x,t) \tag{3.1--3a}$$

$$\frac{\partial^2 \psi(x,t)}{\partial x^2} = -k^2\,\psi(x,t) \tag{3.1--3b}$$

Somit ist die Wellenfunktion (3.1–1) eine Lösung der **klassischen Wellengl.**

$$\frac{1}{c^2}\frac{\partial^2 \psi(x,t)}{\partial t^2} = \frac{\partial^2 \psi(x,t)}{\partial x^2} \tag{3.1--4}$$

Wir kommen nun zu **Materiewellen** und zur Schrödinger-Gl. für *nichtrelativistische, kräftefreie Teilchen* mit Masse m (Potential $V = 0$). Die Energie der Teilchen ist gleich der kinetischen Energie. Mit der de-Broglie-Gl. (2.4–1b) ergibt sich

$$E = \hbar\omega = \frac{m}{2}v^2 \underset{\substack{\uparrow \\ p = mv}}{=} \frac{p^2}{2m} \underset{\substack{\uparrow \\ p = h/\lambda = \hbar k}}{=} \frac{\hbar^2 k^2}{2m} \qquad \text{für Potentiale } V(x) = 0$$

Daraus folgt die *quadratische* **Dispersionsgl. für Materiewellen**:

$$\omega(k) = \frac{\hbar k^2}{2m} \sim k^2 \tag{3.1--5}$$

---

[1] Man spricht von einer Dispersion, wenn die Phasengeschwindigkeit von der Wellenlänge abhängt. Dispersionsgln. beschreiben die Kreisfrequenz $\omega = 2\pi/T$ als Funktion der Wellenzahl $k = 2\pi/\lambda$.

Bei den Materiewellen ist $\omega(k)$ proportional zu k^2, bei elektromagnetischen Wellen proportional zu k. Die quadratische Dispersionsrelation der Materiewellen soll auf die Schrödinger-Gl. führen. Wir versuchen, auch die **Materiewellen** mit einem *reellen* Ansatz zu beschreiben:

$$\psi(x,t) = A\cos(kx - \omega t)$$

Wegen der Zeitableitung $\dot{\psi} \sim \omega \sim k^2$ und der Ortsableitung $\psi' \sim k$ können die partiellen Ableitungen der Kosinusfunktion die Dispersionsrelation (3.1–5) höchstens dann erfüllen, wenn einmal nach der Zeit und zweimal nach dem Ort abgeleitet wird. Dann würden wir Sinusfunktion und Kosinusfunktion erhalten, so dass eine Dgl. nicht zustande kommt.

Wir *müssen* die Wellenfunktion von Materiewellen *komplex* ansetzen:

$$\psi(x,t) = A\, e^{i[kx - \omega(k)t]} \tag{3.1–6}$$

Wir fordern, dass diese Funktion – obwohl nicht normierbar[2] – *eine Lösung der Schrödinger-Gl. ist.* Die *einfache* partielle Zeitableitung und die *zweifache* partielle Ortsableitung lauten:

$$i\hbar\frac{\partial\psi(x,t)}{\partial t} = \hbar\omega\,\psi(x,t) \underset{\underset{\text{Gl. (3.1–5)}}{\uparrow}}{=} \frac{\hbar^2 k^2}{2m}\,\psi(x,t) \tag{3.1–7}$$

$$-\frac{\hbar^2}{2m}\frac{\partial^2\psi(x,t)}{\partial x^2} = \frac{\hbar^2 k^2}{2m}\,\psi(x,t) \tag{3.1–8}$$

Daher erfüllt die komplexe Wellenfunktion (3.1–6) die Dgl.

$$i\hbar\frac{\partial\psi(x,t)}{\partial t} = -\frac{\hbar^2}{2m}\frac{\partial^2\psi(x,t)}{\partial x^2} \tag{3.1–9}$$

Diese Dgl. lässt sich auf drei Dimensionen und auf Teilchen im Potential[3] $V(\mathbf{r},t)$ erweitern. Somit erhalten wir das **erste Postulat**[4]:

---

[2] Die Funktion $\psi(x,t)$ heißt **normierbar** oder **quadratintegrabel**, wenn sie quadratisch integrierbar ist:

$$\int_{-\infty}^{+\infty} |\psi(x,t)|^2\, dx < \infty$$

Wir werden in Abschn. „4.2 Welwlenpakete" sehen, dass kontinuierliche Überlagerungen der Wellen (3.1–6) normierbare und physikalisch sinnvolle Wellenpakete ergeben. *Darauf beruht die große Bedeutung der unendlich langen, monochromatischen Wellen* (3.1–6).

[3] Die potentielle Energie $V(\mathbf{r},t)$ in der Schrödinger-Gl. (3.1–10) „fällt hier vom Himmel", wird also ohne Erklärung eingeführt. Sie lautet beispielsweise für das Elektron im Wasserstoffatom $V(r) = -e_0^2/(4\pi\varepsilon_0 r)$.

In der klassischen Mechanik und in der Quantenmechanik wird meistens nicht zwischen „Potential" und „potentielle Energie" unterschieden. In der Elektrodynamik hingegen unterscheiden sich diese Größen um die elektrische Ladung q; dort lautet die Arbeit bei der Verschiebung einer Ladung q im elektrischen Feld:

$$W_{12} = -q\int_1^2 \mathbf{E}(\mathbf{r})\cdot d\mathbf{r} =: q V_{12} \qquad \text{mit} \qquad V_{12} = \text{Potentialdifferenz.}$$

Die **zeitabhängige Schrödinger-Gl.** für nichtrelativistische Teilchen[5] mit Masse m im Potential $V(\mathbf{r},t)$ lautet:

$$i\,\hbar\,\frac{\partial \psi(\mathbf{r},t)}{\partial t} = \left[-\frac{\hbar^2}{2m}\,\Delta + V(\mathbf{r},t) \right] \psi(\mathbf{r},t) \tag{3.1-10}$$

Diese partielle Dgl. steuert die stetige und deterministische Zeitentwicklung des Quantenobjektes. Δ ist der bekannte **Laplace-Operator**

$$\Delta := \nabla^2 = \frac{\partial^2}{\partial x^2}+\frac{\partial^2}{\partial y^2}+\frac{\partial^2}{\partial z^2} \underset{\underset{\text{Kurzschreibweise}}{\uparrow}}{=} \partial_x^2 + \partial_y^2 + \partial_z^2 \tag{3.1-11}$$

Da die Schrödinger-Gl. von *erster* Ordnung in der Zeit ist, benötigen wir für die Aufstellung der Lösung $\psi(\mathbf{r},t)$ nur die *eine* **Anfangsbedingung** $\psi(\mathbf{r},0)$; wir werden später in zahlreichen Beispielen darauf zurückkommen (siehe die Gln. (4.2–4/5') für freie Teilchen und Beispiel 5.1–3 für gebundene Teilchen).

Die Schrödinger-Gl. ist eine deterministische Gl. Das bedeutet: *Die Anfangsbedingung* $\psi(\mathbf{r},t{=}0)$ *legt die Wellenfunktion* $\psi(\mathbf{r},t)$ *für alle Zeiten eindeutig* fest. *Die Wahrscheinlichkeit kommt erst bei der Interpretation von* $|\psi(\mathbf{r},t)|^2$ *und beim Messprozess ins Spiel.*

Die klassische Wellengl. (3.1–4) ist von *zweiter* Ordnung in der Zeit. Daher benötigt ihre Lösung die zwei Anfangsbedingungen $\psi(x,0)$ und $\dot{\psi}(x,0)$. Das ist plausibel, wenn wir an eine Seilschwingung denken.

Die Lösungen der Schrödinger-Gl. heißen **Wellenfunktionen** oder **Zustandsfunktionen**. Die zeitabhängige Schrödinger-Gl. ist eine *lineare und homogene* Dgl., so dass für die Lösungen das **Superpositionsprinzip** gilt. Das hat sehr weitreichende und großenteils ganz ungewöhnliche Konsequenzen, wie wir später sehen werden. Die lineare Schrödinger-Gl. ist *homogen*, so dass die Lösung nur bis auf einen konstanten Faktor bestimmt ist. Dieser Faktor wird später durch die Normierung in Gl. (3.1–14) festgelegt – bis auf einen konstanten Faktor $c^{i\alpha}$ mit Betrag Eins.

Die Schrödinger-Gl. ist *invariant unter Zeitumkehr*, da mit $\psi(\mathbf{r},t)$ auch $\tilde{\psi}(\mathbf{r},t) = \psi^*(\mathbf{r},-t)$ eine Lösung ist. Bei Bewegungen in Magnetfeldern muss neben der Zeitrichtung auch die Richtung von **B** umgekehrt werden, da Magnetfelder durch elektrische Ströme erzeugt werden. (Wir werden später sehen, dass Messprozesse nicht umkehrbar sind.)

---

[4] Schrödinger hat einen überzeugenderen, aber auch deutlich anspruchsvolleren Weg von der klassischen Mechanik zur Quantenmechanik gewählt. Er ging von der Beobachtung aus, dass es zwischen der geometrischen Optik (Strahlenoptik) einerseits und der klassischen Mechanik – genauer: der Hamilton-Jacobi-Formulierung der klassischen Mechanik – andererseits starke Analogien gibt. Die Strahlenoptik ist für genügend kleine Wellenlängen ein Grenzfall der Wellenoptik.

Schrödinger forderte, dass die *Quantenmechanik in gleicher Beziehung zur klassischen Mechanik steht wie die übergeordnete Wellenlehre zur Strahlenoptik.* So konnte er die zeitunabhängige Schrödinger-Gl. aufstellen (siehe [Kuypers], Kap. 22).

[5] Photonen werden durch die Quantenelektrodynamik beschrieben, relativistische Elektronen durch die Dirac-Gl. In den Büchern der nicht relativistischen Quantenmechanik wird nur die *nicht* relativistische Polarisation der Photonen untersucht.

In der Quantenmechanik kommen nur reelle Potentiale vor. Daraus ergibt sich eine anfangs befremdende Feststellung: Bei reellen Potentialen sind alle Lösungen $\psi(\mathbf{r},t)$ der zeitabhängigen Schrödinger-Gl. *komplex* und können daher nicht gemessen werden.[6] Mithin ist es nicht verwunderlich, dass die *Lösungen* $\psi(\mathbf{r},t)$ keine direkte physikalische Bedeutung haben. Zum großen Glück ist das Betragsquadrat $|\psi(\mathbf{r},t)|^2$ reell. Es wurde anfangs fälschlicherweise – unter anderem auch von Schrödinger – als Maß für die Massen- oder Ladungsdichte der Teilchen interpretiert. Dieser klassische Auslegungsversuch ist aus folgenden vier Gründen nicht haltbar:

- Im Doppelspalt-Experiment würden keine Interferenzen auftreten.

- Nach Beispiel 4.2–1 zerfließen *freie* Wellenfunktionen im Laufe der Zeit sehr schnell, obwohl elektrische Ladungen immer als ganzzahlige Vielfache der Elementarladung e_0 und nicht als Teil davon gemessen werden.

- Die Interpretation von $|\psi(\mathbf{r},t)|^2$ als Massendichte würde bei der Aufspaltung der Wellenfunktion an Potentialstufen und Potentialwällen (siehe die Abschnitte 5.2 bis 5.4) auf eine Spaltung der Teilchen hinauslaufen, die nie beobachtet wurde.

- Würde man Elektronen im klassischen Sinn als verschmierte Teilchen ansehen und $e_0|\psi(\mathbf{r},t)|^2$ als klassische Ladungsdichte interpretieren, so müsste die kontinuierliche Ladungsverteilung der Elektronen in den Wasserstoffatomen zu einer Abstoßung und daher zu einer (nicht beobachteten) Energieerhöhung führen – relativ zu den Energien in Gl. (10.1–24).

Der Göttinger Physiker Max Born führte 1926 die *Wahrscheinlichkeitsinterpretation der Quantenmechanik ein* (Nobelpreis 1954). Er stellte das **zweite Postulat** auf:

Quantenobjekte werden durch Wellenfunktionen $\psi(\mathbf{r},t)$ beschrieben. Das Quadrat

$$|\psi(\mathbf{r},t)|^2 = \psi^*(\mathbf{r},t)\,\psi(\mathbf{r},t) \qquad \text{mit} \qquad \psi^* = \text{konjugiert komplexe Wellenfunktion}$$

ist die **Wahrscheinlichkeitsdichte** des Teilchenortes. Danach ist

$$|\psi(\mathbf{r},t)|^2 d^3r \tag{3.1–12}$$

die Wahrscheinlichkeit, das Teilchen bei einer Ortsmessung im Volumen $dV = d^3r$ in der Umgebung des Ortes $\mathbf{r}$ zu **finden**.

---

[6] Wir kennen komplexe Funktionen auch in anderen Gebieten der Physik und Technik. Elektrische Wechselstromkreise beispielsweise werden mit komplexen Strömen, komplexen Spannungen und mit komplexen Widerständen $i\omega L$ (Spule) und $1/(i\omega C)$ (Kondensator) berechnet. Diese komplexen Größen werden aber nicht eingeführt, weil die physikalischen Größen und Funktionen komplex sind, sondern weil sie die Berechnungen erheblich vereinfachen. Am Ende werden nur die Realteile verwendet.

In der Quantenmechanik ist die Situation ganz anders: Hier *sind* die Wellenfunktionen von Natur aus komplex und daher nicht direkt beobachtbar.

Auch in der klassischen Physik gibt es Größen, die nicht gemessen werden können: In der klassischen Mechanik das Wirkungsintegral $\int L(q,\dot{q},t)\,dt$ und in der Elektrodynamik die Potentiale $\mathbf{A}(\mathbf{r},t)$ und $\Phi(\mathbf{r},t)$.

Da $|\psi(\mathbf{r},t)|^2$ die Wahrscheinlichkeitsdichte ist, heißt die Wellenfunktion $\psi(\mathbf{r},t)$ auch Wahrscheinlichkeitsamplitude. Beachte unbedingt die Formulierung: Das Wort „finden" ist wichtig. Hier wird die Wahrscheinlichkeit genannt, das Teilchen *bei einer Messung im Volumen* dV *zu* **finden**; es wird nicht (!) gesagt, dass $|\psi(\mathbf{r},t)|^2\,d^3r$ die Wahrscheinlichkeit ist, dass das Teilchen im Volumen dV ist; denn eine solche Aussage würde fälschlicherweise nahe legen, dass das Teilchen schon *vor* der Messung mit der Wahrscheinlichkeit $|\psi(\mathbf{r},t)|^2\,d^3r$ im Volumen $dV = d^3r$ ist.

Vor der Ortsmessung hat das Teilchen (meistens) keinen Ort.

Diese – für die klassische Physik geradezu ungeheuerliche – Aussage ergibt sich klar aus dem Doppelspalt-Experiment in Abschn. 2.6: Wenn die Teilchen bereits vor einer Ortsmessung einen Ort hätten, so müsste jedes Teilchen entweder nur durch den einen Spalt oder nur durch den anderen Spalt laufen. Dann würde man die interferenzartige Häufigkeitsverteilung in Abb. 2.6–2 nicht beobachten, sondern die Häufigkeitsverteilung in Abb. 2.6–3b. Letztere tritt ja nur auf, wenn die beiden Spalte nicht gleichzeitig, sondern nacheinander geöffnet werden. *Erst die Ortsmessung lässt die Wellenfunktion auf einen sehr kleinen Raumbereich in der Umgebung des Fundortes zusammenfallen* (kollabieren), so dass wir erst *nach* der Ortsmessung von einem Ort sprechen können.[7]

------

[7] Ich will diese befremdliche Feststellung noch etwas näher erläutern und weise auf drei Punkte hin:

1) Die Aussage „Ein Teilchen hat einen Ort $\mathbf{r}_0$" kann nur gemacht werden, wenn die Wahrscheinlichkeitsdichte $|\psi(\mathbf{r},t)|^2$ in einem sehr kleinen Volumen dV um $\mathbf{r}_0$ konzentriert ist, wenn sie also eine hohe, schmale Spitze bei $\mathbf{r}_0$ hat. (Die Ausdehnungen von dV sollten kaum größer sein als die Ortsungenauigkeit der Messgeräte.) Dann findet man das Teilchen bei einer Ortsmessung mit Sicherheit an der Stelle $\mathbf{r}_0$ oder zumindest in unmittelbarer Umgebung.

2) Wenn aber die Wahrscheinlichkeitsdichte $|\psi(\mathbf{r},t)|^2$ über ein relativ großes Volumen ΔV verteilt ist, dann weiß man nur, dass der Fundort bei Ortsmessungen irgendwo im großen Raumgebiet ΔV liegen wird. In diesem Fall sagt man: „Das Teilchen hat vor der Ortsmessung keinen Ort".

   Beim Doppelspalt-Experiment sind die Wahrscheinlichkeitsdichten der einlaufenden Teilchen über ein Volumen ΔV „verschmiert", dessen Ausdehnungen größer sind als der Spaltabstand. Daher laufen die Elektronen gewissermaßen als Wellen durch beide Spalte zugleich und haben vor und nach dem Doppelspalt keinen Ort.

3) Ich will weiter vorgreifen: Nach Abschn. „8.1 Der Messprozess" ändert sich die Wellenfunktion bei einer Ortsmessung dramatisch und kollabiert (auf unerklärliche Art) in die Umgebung des Fundortes. Die Wahrscheinlichkeitsdichte $|\psi(\mathbf{r},t)|^2$ ist nach der Ortsmessung auf ein sehr kleines Volumen in der engsten Umgebung des Fundortes beschränkt. Daher haben die Teilchen nach einer Ortsmessung einen Ort. Der Fundort ermöglicht aber keine Rückschlüsse auf die Wellenfunktion vor der Messung.

   Mit anderen Worten: Eine weit verteilte Wahrscheinlichkeitsdichte $|\psi(\mathbf{r},t)|^2$ stürzt bei einer Ortsmessung in ein sehr kleines Volumen zusammen, so dass das Teilchen erst nach der Ortsmessung einen Ort hat und nicht schon vorher. Folglich ist es naheliegend, bei der Definition von $|\psi(\mathbf{r},t)|^2\,d^3r$ in Gl. (3.1–12) das Wort „**finden**" zu schreiben. Nebenbei bemerkt: Eine unmittelbar folgende zweite Ortsmessung bestätigt immer den Fundort der ersten Ortsmessung.

   Übrigens: Die starken Änderungen der Wellenfunktionen bei Messungen aller Art sind der Grund dafür, warum Messungen keine Rückschlüsse auf die Wellenfunktionen vor der Messung ermöglichen.

Quantenmechanische Wellenfunktionen interferieren wie klassische Wellenfunktionen; in dieser Hinsicht sind sie vergleichbar. Aber man sollte sich in der Quantenmechanik nicht vorstellen, dass *vor* einer Messung an Stellen mit $|\psi(\mathbf{r},t)|^2 \neq 0$ irgendetwas ist. In der Quantenmechanik ist $|\psi(\mathbf{r},t)|^2$ nur eine Wahrscheinlichkeitsdichte, die eine Aussage über die *Realisierungsmöglichkeiten von zukünftigen Messungen* macht.

Die sog. **Kopenhagener Deutung** der Wellenfunktion bei Gl. (3.1–12) erklärt *zugleich*

- *die wellenartige Ausbreitung* und
- *das teilchenartige Verhalten beim Nachweis der Quantenobjekte.*

Sie überwindet den künstlichen Dualismus Welle-Teilchen – allerdings zu einem hohen Preis: In Abschn. „8.1 Der Messprozess" werden wir sehen, dass wir Messungen durch einen völlig unanschaulichen Kollaps der Wellenfunktion beschreiben müssen.

Wegen der Interpretation von $|\psi|^2$ als Wahrscheinlichkeitsdichte des Ortes ist der **Mittelwert des Ortes** das Integral über den mit der Wahrscheinlichkeitsdichte gewichteten Ort

$$\langle \mathbf{r} \rangle = \int d^3r\, \psi^*(\mathbf{r},t)\, \mathbf{r}\, \psi(\mathbf{r},t) \tag{3.1-13}$$

Der Mittelwert heißt in der Quantenmechanik meistens **Erwartungswert**. Entsprechend lautet der Erwartungswert einer beliebigen Funktion $f(\mathbf{r})$ des Ortes

$$\langle f(\mathbf{r}) \rangle = \int d^3r\, \psi^*(\mathbf{r},t)\, f(\mathbf{r})\, \psi(\mathbf{r},t) \tag{3.1-13'}$$

Der Erwartungswert einer impulsabhängigen Funktion $f(\mathbf{p})$ wird mit Gl. (3.3–8') berechnet.

Das Integral der Wahrscheinlichkeitsdichte über den ganzen Raum muss eins sein, weil das Teilchen mit Sicherheit irgendwo zu finden ist:[8]

$$\int |\psi(\mathbf{r},t)|^2\, d^3r \overset{!}{=} 1 \tag{3.1-14}$$

Alle Wellenfunktionen sind daher auf Eins normiert. Aufgrund dieser Gl. hat die Wellenfunktion $\psi(\mathbf{r},t)$ die Einheit $\mathrm{m}^{-3/2}$. Die Wellenfunktion $\psi(x,t)$ hat die Einheit $\mathrm{m}^{-1/2}$.

Wir vereinbaren für die Zukunft: Integrale ohne Integrationsgrenzen erstrecken sich immer über den ganzen Orts- oder Impulsraum.

In der klassischen Wellenlehre werden Wellenfunktionen u. a. durch die (beliebig wählbare) Amplitude A beschrieben. Die Intensität I – auch Energiestromdichte genannt – ist die Energie, die pro Zeiteinheit durch eine Einheitsfläche strömt. Für alle klassischen Wellen gilt $I \sim A^2$. In der Quantenmechanik hingegen sind die Wellenfunktionen gemäß Gl. (3.1–14) auf eins normiert und haben daher keine (wählbare) Amplitude; der Begriff „Amplitude" kommt in der Quantenmechanik nicht vor.[9]

---

[8] Die triviale Null-Lösung $\psi = 0$ der Schrödinger-Gl. ist auch quadratintegrabel, beschreibt aber einen teilchenlosen Zustand und ist physikalisch uninteressant. Null-Lösungen werden immer außer Acht gelassen.

[9] Hier bietet sich auch noch ein Vergleich mit der klassischen Mechanik an: Die Begriffe „Kraft" und „Drehmoment" spielen eine zentrale Rolle in der Newtonschen Mechanik und im Maschinenbau; sie sind aber unwichtig in der klassischen Lagrangeschen Mechanik und in der klassischen Hamiltonschen Mechanik. Kann es da verwundern, dass der Begriff „Kraft" in der Quantentheorie kaum vorkommt und da-

Nach der Postulierung der Schrödinger-Gl. und der Wahrscheinlichkeitsinterpretation stellen wir ein **drittes Postulat** auf:

Der Zustand eines quantenmechanischen Systems zur Zeit t wird *vollständig* durch die normierte Wellenfunktion $\psi(\mathbf{r},t)$ beschrieben[10]. Die Wellenfunktion enthält alle Informationen über das System.

Nach der Aufstellung der ersten drei Postulate wollen wir kurz innehalten und erneut weltanschauliche Konsequenzen beleuchten: Alle Vorhersagen und Berechnungen der Quantenmechanik werden experimentell aufs Beste bestätigt. Aber die Deutung der Quantenmechanik wird immer noch kontrovers diskutiert. Es gibt etliche konkurrierende Auslegungen. Die **Kopenhagener Interpretation** wird von der ganz überwiegenden Mehrheit der Physiker (und daher auch in diesem Buch) vertreten; es gibt fast keine deutschsprachigen Lehrbücher mit ausführlichen Besprechungen der anderen Interpretationen. Obwohl von Max Born begründet wird sie nach der Kopenhagener Schule um Niels Bohr benannt, weil sie in Kopenhagen von Bohr und Heisenberg weiterentwickelt wurde.

Einstein hat die Wahrscheinlichkeitsinterpretation der Wellenfunktion aus weltanschaulichen Gründen zeitlebens nicht akzeptiert.[11] Zudem konnte oder wollte er nicht akzeptieren, dass man nach einer Ortsmessung *nicht* (!) sagen darf: „Das Teilchen hatte den gemessenen Ort schon vor der Ortsmessung." Nach der Kopenhagener Deutung gilt: *Vor* der Ortsmessung hat ein Teilchen (meistens) keinen Ort.

Dasselbe gilt für andere Messungen: So haben beispielsweise Elektronen, die in z-Richtung die Spinkomponente $+\hbar/2$ haben, in x- und in y-Richtung keine bestimmte Spinrichtung. Denn der Spinzustand $|z,+\rangle$ ist eine Überlagerung der Zustände $|x,\pm\rangle$ bzw. der Zustände $|y,\pm\rangle$ (siehe die Gln. (12.3–11e/d/f) und Aufgabe 12–5). Daher hat ein Elektron im Zustand $|z,+\rangle$ keinen Spin in x- oder in y-Richtung.

Einstein bezweifelte vor allem, dass die Wellenfunktionen *alle* Informationen enthalten. Er war zutiefst überzeugt, dass die Quantenmechanik unvollständig ist, weil **verborgene Variablen** existieren, die mehr Informationen als die Wellenfunktionen enthalten und alle Messgrößen der Quantenobjekte eindeutig festlegen. Da die verborgenen Variablen experimentell

---

her höchstens zweitrangig ist? Auch die Quantenmechanik arbeitet mit Energien und Potentialen und kennt im Grunde keine Kräfte, sondern nur negative Gradienten des Potentials (siehe Gl. (12.2–1).

[10] In Kapitel „12 Der Spin" wird der Spin als weiterer Freiheitsgrad in die Zustandsfunktion eingebaut, indem die Ortswellenfunktion $\psi(\mathbf{r},t)$ und die Spinfunktion miteinander multipliziert werden.

Das dritte Postulat erklärt, warum die Schrödinger-Gl. – anders als die klassische Wellengl. – die erste Zeitableitung der Wellenfunktion enthält und nicht die zweite Zeitableitung. Würde die Schrödinger-Gl. die zweite Zeitableitung der Wellenfunktion enthalten, dann müssten wir – wie z. B. bei den klassischen Seilwellen – die zwei Anfangsbedingungen $\psi(\mathbf{r},t{=}0)$ und $d\psi(\mathbf{r},t)/dt|_{t=0}$ vorgeben. Die Zeitableitung zur Zeit $t=0$ ist aber unnötig, da bereits $\psi(\mathbf{r},t)$ nach dem dritten Postulat alle Informationen enthält.

[11] 1926 schrieb Einstein an seinen Kollegen und Freud M. Born: „Die Quantenmechanik ist sehr achtunggebietend. Aber eine innere Stimme sagt mir, dass das doch nicht der wahre Jacob ist. Die Theorie liefert viel, aber dem Geheimnis des Alten bringt sie uns kaum näher. Jedenfalls bin ich überzeugt, dass *der* nicht würfelt."

und theoretisch nicht ermittelt werden können, müssen die Physiker mit Wahrscheinlichkeiten arbeiten. Einstein forderte, dass die Quantenmechanik „**realistisch**" ist. Das heißt: Jede Messung liefert einen Messwert, der auch schon vor der Messung vorlag – auch wenn er wegen der Unkenntnis der verborgenen Parameter vorher nicht bekannt war. Beachte den Unterschied zur Kopenhagener Deutung, welche besagt:

Vor einer Messung haben die Teilchen keinen Ort; vor einer Messung kennen wir nur die Wahrscheinlichkeit, ein Teilchen bei einer Messung an diesem oder jenem Ort zu finden.

Im Jahre 1964 stellte der irische Physiker John Bell die sog. „Bellschen Ungleichungen" auf. Sie lieferten zum ersten Mal die Möglichkeit, experimentell zu entscheiden, ob es verborgene Variablen gibt oder nicht. Ihre Aussage wurde seit den 1970er Jahren – vor allem durch Polarisationsmessungen an Photonenpaaren – vielfach überprüft. Alle Messergebnisse stehen eindeutig im Einklang mit der Kopenhagener Interpretation und *schließen die Existenz von verborgenen Variablen aus.* (Mehr dazu in Kap. 23)

3.2 Stationäre Zustände

In den meisten Systemen der Quantenmechanik ist das **Potential zeitunabhängig:** $V = V(\mathbf{r})$. Dann lautet die zeitabhängige Schrödinger-Gl.:

$$i\,\hbar\,\frac{\partial \psi(\mathbf{r},t)}{\partial t} = \left[-\frac{\hbar^2}{2m}\Delta + V(\mathbf{r}) \right] \psi(\mathbf{r},t) \tag{3.2--1}$$

mit dem Laplace-Operator $\Delta := \nabla^2 = \partial_x^2 + \partial_y^2 + \partial_z^2$. Der **Produktansatz**

$$\psi(\mathbf{r},t) = \hat{\psi}(\mathbf{r})\,f(t) \tag{3.2--2}$$

der eine rein ortsabhängige und eine rein zeitabhängige Funktion enthält, kann die Dgl. vereinfachen. Dazu setzen wir den Produktansatz (3.2–2) in die Schrödinger-Gl. ein

$$\hat{\psi}(\mathbf{r}) \cdot i\,\hbar\,\frac{df(t)}{dt} = f(t)\left[-\frac{\hbar^2}{2\,m}\Delta + V(\mathbf{r}) \right] \hat{\psi}(\mathbf{r})$$

und dividieren[12] durch $\psi(\mathbf{r},t)$:

---

[12] Der Leser könnte hier einen Einwand vorbringen und fragen: „Ist eine Division erlaubt, wenn die Wellenfunktion Nullstellen hat?" Diese Frage müssen wir nicht beantworten. Wir können folgenden, kessen Standpunkt vertreten: Die Rechnungen und die Division verheimlichen wir und behaupten *am Ende* nur: Wenn $\psi(\mathbf{r})$ die zeitunabhängige Schrödinger-Gl. (3.2–5) löst, dann erfüllt

$$e^{-i\,E\,t/\hbar}\,\psi(\mathbf{r})$$

die zeitabhängige Schrödinger-Gl. (3.2–1) für $V = V(\mathbf{r})$. Der nachträgliche Beweis dieser Aussage ist einfach und enthält keine Division.

$$i\,\hbar\,\frac{1}{f(t)}\frac{df(t)}{dt} = -\frac{\hbar^2}{2\,m}\frac{1}{\hat\psi(\mathbf{r})}\Delta\,\hat\psi(\mathbf{r}) + V(\mathbf{r}) \tag{3.2-3}$$

Die linke Seite enthält nur die Zeit t, die rechte Seite nur den Ortsvektor $\mathbf{r}$. Daher beeinflussen Änderungen der Zeit nicht die rechte Seite und Änderungen des Ortsvektors nicht die linke Seite. Beide Seiten sind folglich gleich einer Konstanten C, die die Dimension der Energie hat und in der Tat auch die Energie E ist.[13]

$$\Rightarrow \qquad i\,\hbar\,\frac{1}{f(t)}\frac{df(t)}{dt} = E \tag{3.2-4}$$

$$\text{und} \qquad -\frac{\hbar^2}{2\,m}\frac{1}{\hat\psi(\mathbf{r})}\Delta\,\hat\psi(\mathbf{r}) + V(\mathbf{r}) = E$$

In Zukunft nehmen wir das Dach $^\wedge$ bei $\hat\psi(\mathbf{r})$ nicht mehr mit. Multiplikation der letzten Gl. mit $\psi(\mathbf{r})$ liefert die **zeitunabhängige Schrödinger-Gl.** – auch stationäre Schrödinger-Gl. genannt:

$$\left[-\frac{\hbar^2}{2\,m}\Delta + V(\mathbf{r})\right]\psi(\mathbf{r}) = E\,\psi(\mathbf{r}) \tag{3.2-5}$$

Die zeitunabhängige Schrödinger-Gl. ist zwar eine lineare Dgl., kann aber wegen der Ortsabhängigkeit des Potentials meistens nicht oder – wenn überhaupt – nur sehr mühsam gelöst werden – abgesehen von den Lösungen in Kap. „5 Stückweise konstante Potentiale".

Bis auf einen Integrationsfaktor, den wir in $\psi(\mathbf{r})$ unterbringen, hat die Dgl. (3.2–4) die Lösung

$$f(t) = \mathrm{e}^{-i\,E\,t/\hbar} \underset{\underset{\text{de Broglie (2.4–1a)}}{\uparrow}}{=} \mathrm{e}^{-i\,\omega\,t} \tag{3.2-6}$$

Durch Einsetzen lässt sich leicht zeigen, dass

$$\psi(\mathbf{r},t) = \mathrm{e}^{-i\,E\,t/\hbar}\,\psi(\mathbf{r}) \tag{3.2-7}$$

die zeitabhängige Schrödinger-Gl. (3.2–1) erfüllt, wenn $\psi(\mathbf{r})$ die zeitunabhängige Schrödinger-Gl. (3.2–5) löst.

Im Folgenden müssen wir immer daran denken, dass die Lösungen $\psi(\mathbf{r})$ der zeitunabhängigen Schrödinger-Gl. zur Energie E immer noch mit der komplexen, zeitabhängigen Exponentialfunktion $f(t)$ zu multiplizieren sind.

Die Zustände in Gl. (3.2–7) heißen **stationäre Zustände**, weil die Wahrscheinlichkeitsdichte $|\psi(\mathbf{r},t)|^2 = |\psi(\mathbf{r})|^2$ nicht von der Zeit abhängt. Für stationäre Zustände gilt:

---

[13] *Später* wird in Gl. (3.3–10) der Hamiltonoperator $\hat H$ eingeführt, der in der Quantenmechanik die Rolle der klassischen Hamiltonfunktion H übernimmt. Wenn die zeitunabhängige Schrödinger-Gl. (3.2–5) nicht $\hat H\,\psi(\mathbf{r}) = C\,\psi(\mathbf{r})$, sondern $\hat H\,\psi(\mathbf{r}) = E\,\psi(\mathbf{r})$ lautet, dann ist der Erwartungswert von $\hat H$ die Energie:

$$\langle\psi\,|\,\hat H\,|\,\psi\rangle = E\,\langle\psi\,|\,\psi\rangle = E$$

- Die Wahrscheinlichkeitsdichte $|\psi(\mathbf{r},t)|^2 = |\psi(\mathbf{r})|^2$ ist zeitunabhängig.

- *Erwartungswerte, Messwahrscheinlichkeiten, Streuungen (Unschärfen) von zeitunabhängigen Messgrößen sind zeitlich konstant.*

Die Zustände der Elektronen in den Atomhüllen sind stationär, so dass wir jetzt verstehen, warum die Elektronen, die im halbklassischen Bohrschen Atommodell den Kern umkreisen und dabei zum Kern hin beschleunigt werden, keine elektromagnetischen Wellen abstrahlen.

Stationäre Zustände haben eine genau festgelegte Energie. Das gilt nicht für Überlagerungen. *Die allgemeine Lösung der zeitabhängigen Schrödinger-Gl. entsteht durch die Superposition stationärer Zustände mit verschiedenen Energien.* Das folgende, einfache Beispiel zeigt, dass *Überlagerungen mit $E_1 \neq E_2$ nicht stationär* sind. Für die Wellenfunktion

$$\psi(\mathbf{r},t) = c_1\,\psi_1(\mathbf{r})\,e^{-iE_1 t/\hbar} + c_2\,\psi_2(\mathbf{r})\,e^{-iE_2 t/\hbar}$$

lautet die Wahrscheinlichkeitsdichte

$$|\psi(\mathbf{r},t)|^2 = |c_1\,\psi_1(\mathbf{r})|^2 + |c_2\,\psi_2(\mathbf{r})|^2 +$$

$$c_1^*c_2\,\psi_1^*(\mathbf{r})\,\psi_2(\mathbf{r})\,e^{i(E_1-E_2)t/\hbar} + c_1 c_2^*\,\psi_1(\mathbf{r})\,\psi_2^*(\mathbf{r})\,e^{-i(E_1-E_2)t/\hbar} =$$

$$= |c_1\,\psi_1(\mathbf{r})|^2 + |c_2\,\psi_2(\mathbf{r})|^2 + 2\,\mathrm{Re}\left[c_1^*c_2\,\psi_1^*(\mathbf{r})\,\psi_2(\mathbf{r})\,e^{i(E_1-E_2)t/\hbar}\right] \qquad (3.2\text{–}8)$$

Im letzten Schritt wurde die Gl. $\underline{z}+\underline{z}^*=2\,\mathrm{Re}(\underline{z})$ ausgenutzt mit $\underline{z} \in \mathbb{C}$. Der letzte Term ist für $E_1 \neq E_2$ zeitabhängig, so dass $|\psi(\mathbf{r},t)|^2$ nicht stationär ist.

Mit Ausnahme von Kap. 20 betrachten wir nur zeit*un*abhängige Potentiale $V(\mathbf{r})$ und lösen daher immer nur die zeitunabhängige Schrödinger-Gl. Ihre Lösung ist das große mathematische oder numerische Problem der Quantenmechanik und wird uns – wenn überhaupt analytisch möglich – in der Regel viel Mühe und Zeit kosten. Der Rest ist relativ einfach und sieht für ein System mit diskreten Energien E_n wie folgt aus: Die Lösungen der zeit*un*abhängigen Schrödinger-Gl.

$$\left[-\frac{\hbar^2}{2m}\Delta + V(\mathbf{r})\right]\psi_n(\mathbf{r}) = E_n\,\psi_n(\mathbf{r}) \qquad (3.2\text{–}9)$$

sollen $\psi_n(\mathbf{r})$ heißen. Dann lautet die n-te Lösung der zeitabhängigen Schrödinger-Gl.

$$\psi_n(\mathbf{r},t) = \psi_n(\mathbf{r})\,e^{-iE_n t/\hbar} \qquad (3.2\text{–}10)$$

Wegen der Linearität und Homogenität der zeitabhängigen Schrödinger-Gl. können die speziellen Lösungen (3.2–10), die zur diskreten Energie E_n gehören, überlagert werden[14]. So entsteht die **allgemeine Lösung**

---

[14] Die Überlagerung (Linearkombination) verschiedener Lösungen $\psi_1(x,t), \psi_2(x,t)$ der zeit*ab*hängigen Schrödinger-Gl. ist wieder eine Lösung der zeit*ab*hängigen Schrödinger-Gl. Aber die Überlagerung verschiedener Lösungen $\psi_1(x), \psi_2(x)$ der zeit*un*abhängigen Schrödinger-Gl. ist *nur* für gleiche Energien $E_1 = E_2$ eine Lösung der zeit*un*abhängigen Schrödinger-Gl., nicht aber für verschiedene Energien $E_1 \neq E_2$.

$$\psi(\mathbf{r},t) = \sum_n c_n \, \psi_n(\mathbf{r}) \, e^{-iE_n t/\hbar} \qquad \text{für diskrete Energiespektren}^{15} \qquad (3.2\text{--}11)$$

Beachte: *Nur die Lösungen* $\psi_n(\mathbf{r})$ *der zeitunabhängigen Schrödinger-Gl.* (3.2–9) *zur Energie* E_n *dürfen mit* $\exp(-iE_n t/\hbar)$ *multipliziert werden.*

Die Wahrscheinlichkeitsdichte ändert sich nicht, wenn $\psi(\mathbf{r},t)$ durch $e^{i\alpha}\,\psi(\mathbf{r},t)$ ersetzt wird mit einer reellen, konstanten Phase α. Daher repräsentieren

$$\psi(\mathbf{r},t) \qquad \text{und} \qquad e^{i\alpha}\,\psi(\mathbf{r},t)$$

denselben Zustand. *Ein konstanter Phasenfaktor* $\exp(i\alpha)$ *vor der Wellenfunktion ist uninteressant.* Hingegen sind Phasenunterschiede zwischen verschiedenen Anteilen einer Wellenfunktion sehr wohl von Bedeutung (siehe dazu die Gln. (3.2–8) und (3.2–12)).

 **Beispiel 3.2–1 Phasendifferenz und Doppelspalt-Experiment**

Die zeitunabhängige Schrödinger-Gl.

$$\left[-\frac{\hbar^2}{2m}\frac{d^2}{dx^2} + V(x) \right] \hat{\psi}(x) = E\,\hat{\psi}(x)$$

soll für die *eine* Energie $E = \hbar\,\omega$ zwei verschiedene, *reelle* Lösungen $\hat{\psi}_1(x), \hat{\psi}_2(x)$ haben; die Energie E sei also zweifach entartet. Wir betrachten den stationären Zustand

$$\psi(x,t) = \psi_1(x,t)\,e^{i\alpha_1} + \psi_2(x,t)\,e^{i\alpha_2} = \left[\hat{\psi}_1(x)\,e^{i\alpha_1} + \hat{\psi}_2(x)\,e^{i\alpha_2} \right] e^{-i\omega t}$$

mit reellen Phasen α_1, α_2.

a) Berechne die Wahrscheinlichkeitsdichte und untersuche, ob eine zeitliche Konstanz der zwei Phasen α_1, α_2 wichtig oder unwichtig ist.

b) Die Phasendifferenz $\alpha_1 - \alpha_2$ soll nun in der Zeit stetig und gleich verteilt zwischen 0 und 2π schwanken. Die zufälligen Schwankungen sind so schnell, dass sie nicht gemessen werden können und wir nur den zeitlichen Mittelwert der Wahrscheinlichkeitsdichte $|\psi|^2$ messen können. Wie groß ist dieser Mittelwert?

Das ist keine Verletzung des Superpositionsprinzips, weil bei verschiedenen Energien zwei *verschiedene* zeit*un*abhängige Schrödinger-Gln. vorliegen, wohingegen die zeit*ab*hängigen Schrödinger-Gln. auch für $E_1 \neq E_2$ dieselben sind.

[15] Wenn die Schrödinger-Gl. zugleich diskrete Energieeigenwerte E_n und kontinuierliche Energieeigenwerte E mit den Eigenfunktionen $\psi_E(\mathbf{r})$ hat, dann lautet die allgemeine Lösung

$$\psi(\mathbf{r},t) = \sum_n c_n\,\psi_n(\mathbf{r})\,e^{-iE_n t/\hbar} + \int dE\,c(E)\,\psi_E(\mathbf{r})\,e^{-iE t/\hbar} \qquad (3.2\text{--}11')$$

Dabei sind c_n beliebige, komplexe Konstanten und $c(E)$ ist eine beliebige, komplexe, energieabhängige Funktion – nur eingeschränkt durch die Bedingung der Normierbarkeit von $\psi(\mathbf{r},t)$.

Das Wasserstoffatom mit $V(r) \sim 1/r$ hat negative, diskrete Energien (gebundenes Elektron) und positive, kontinuierliche Energien (freies Elektron).

c) Was haben diese Ergebnisse mit dem Doppelspalt-Experiment zu tun?

Lösung:

a) Die Wahrscheinlichkeitsdichte beträgt

$$|\psi(x,t)|^2 = \left[\hat{\psi}_1^* \, e^{-i\alpha_1} + \hat{\psi}_2^* \, e^{-i\alpha_2}\right]\left[\hat{\psi}_1 \, e^{i\alpha_1} + \hat{\psi}_2 \, e^{i\alpha_2}\right] \underset{\uparrow}{=}$$

Laut Voraussetzg. sind $\hat{\psi}_1, \hat{\psi}_2$ reell.

$$= |\hat{\psi}_1|^2 + |\hat{\psi}_2|^2 + \left[\hat{\psi}_1 \, e^{-i\alpha_1} \, \hat{\psi}_2 \, e^{i\alpha_2} + \hat{\psi}_1 \, e^{i\alpha_1} \, \hat{\psi}_2 \, e^{-i\alpha_2}\right] =$$

$$= |\hat{\psi}_1(x)|^2 + |\hat{\psi}_2(x)|^2 + 2\,\hat{\psi}_1(x)\,\hat{\psi}_2(x)\cos(\alpha_1 - \alpha_2) \qquad (3.2\text{–}12)$$

Der letzte Term beschreibt eine Interferenz. Sie ist nur messbar, wenn die Phasendifferenz $\alpha_1 - \alpha_2$ zeitlich konstant ist oder nicht zu schnell variiert.

b) Bei stetigen, gleich verteilten Schwankungen der Phasendifferenz im Intervall $[0, 2\pi]$ ist der zeitliche Mittelwert der Kosinusfunktion in Gl. (3.2–12) null:

$$\overline{\cos\left[\alpha_1(t) - \alpha_2(t)\right]} = 0$$

Bei sehr schnellen, nicht messbaren Schwankungen der Phasendifferenz ist der Interferenzterm nicht messbar und es gilt praktisch

$$|\psi(x,t)|^2 = |\hat{\psi}_1(x)|^2 + |\hat{\psi}_2(x)|^2 \qquad (3.2\text{–}13)$$

Die Wahrscheinlichkeitsdichte ist die Summe der beiden einzelnen Wahrscheinlichkeitsdichten.

c) Wenn die beiden Spalten nicht gleichzeitig, sondern nacheinander die gleiche Zeitdauer geöffnet sind, oder wenn jeder der beiden Spalte eine eigene Elektronenquelle bzw. eine eigene Lichtquelle erhält (also zwei inkohärente Quellen), dann besteht zwischen den Quantenobjekten, die durch den einen bzw. durch den anderen Spalt fliegen, keine feste Phasenbeziehung. Daher tritt auf dem Schirm kein Interferenzmuster, sondern wie in Gl. (3.2–13) eine Addition der beiden einzelnen Wahrscheinlichkeitsdichten auf (siehe Abb. 2.6–3a/b).

Nur mit einer einzelnen Teilchenquelle, die beide Spalte beschießt, kann eine zeitlich konstante Phasendifferenz $\alpha_1 - \alpha_2$ erzielt werden, so dass eine Interferenz auftritt, die durch den letzten Term in Gl. (3.2–12) beschrieben wird.

3.3 Orts- und Impulsoperator

Wir haben postuliert, dass $|\psi(\mathbf{r},t)|^2$ die Wahrscheinlichkeitsdichte des Ortes ist und fragen nun nach der Wahrscheinlichkeitsdichte $w(\mathbf{p},t)$ des Impulses. $w(\mathbf{p},t)\,d^3p$ soll die Wahrscheinlichkeit sein, den Teilchenimpuls in d^3p in der Umgebung von $\mathbf{p}$ zu finden. Natürlich muss auch diese Dichtefunktion auf Eins normiert werden, da jede Impulsmessung mit Sicherheit irgendeinen Impuls liefert:

$$\int w(\mathbf{p},t)\,d^3p = 1 \qquad (3.3\text{–}1)$$

Wir schreiben die Wellenfunktion als Fourierintegral[16]

$$\psi(\mathbf{r},t) = \frac{1}{(2\pi\hbar)^{3/2}} \int \tilde{\psi}(\mathbf{p},t)\, e^{i\mathbf{p}\cdot\mathbf{r}/\hbar}\, d^3p \qquad\qquad (3.3\text{–}2)$$

---

[16] *Absolut integrierbare* Funktionen (nicht mit normierbaren, also quadratisch integrierbaren Funktionen zu verwechseln), also Funktionen mit

$$\int_{-\infty}^{+\infty} |f(x)|\, dx < \infty$$

können fouriertransformiert werden:

$$f(x) = \frac{1}{\sqrt{2\pi}} \int_{-\infty}^{+\infty} \tilde{f}(k)\, e^{ikx}\, dk$$

Hinweise: 1) Funktionen, die absolut integrierbar und beschränkt sind, sind auch quadratisch integrierbar, also normierbar. Eine Funktion $f(x)$ heißt beschränkt, wenn es eine positive Konstante c gibt mit $|f(x)| \le c$ für alle x. Die Wellenfunktionen der Quantentheorie sind beschränkt.

2) Bei der Fouriertransformation wird neben der absoluten Integrierbarkeit zusätzlich gefordert, dass die Funktionen $f(x)$ in jedem endlichen Intervall die Dirichletschen Bedingungen erfüllen. Diese Bedingungen sind in der Physik und Technik wohl immer erfüllt.

Die Fouriertransformierte $\tilde{f}(k)$ ergibt sich durch die inverse Fouriertransformation:

$$\tilde{f}(k) = \frac{1}{\sqrt{2\pi}} \int_{-\infty}^{+\infty} f(x)\, e^{-ikx}\, dx$$

Manchmal werden die Vorzeichen in den zwei komplexen Exponentialfunktionen anders gewählt und/oder die Vorfaktoren vor den beiden Integralen werden anders gesetzt – z. B. 1 und $1/(2\pi)$. In jedem Fall ist das Produkt der beiden Vorfaktoren gleich $1/(2\pi)$. Unsere „symmetrische" Wahl hat den Vorteil, dass $f(x)$ und ihre Fouriertransformierte $\tilde{f}(k)$ dieselbe Norm haben:

$$\int_{-\infty}^{+\infty} \left|f(x)\right|^2 dx = \int_{-\infty}^{+\infty} f^*(x)f(x)\, dx = \int_{-\infty}^{+\infty} f^*(x)\left[\frac{1}{\sqrt{2\pi}}\int_{-\infty}^{+\infty}\tilde{f}(k)\,e^{ikx}\,dk\right]dx$$

Nach dem Satz von Fubini kann die Reihenfolge der Integrationen geändert werden:

$$\int_{-\infty}^{+\infty} \left|f(x)\right|^2 dx = \int_{-\infty}^{+\infty} \tilde{f}(k)\left[\frac{1}{\sqrt{2\pi}}\int_{-\infty}^{+\infty} f(x)\,e^{-ikx}\,dx\right]^* dk = \int_{-\infty}^{+\infty} \tilde{f}(k)\,\tilde{f}^*(k)\,dk =$$

$$= \int_{-\infty}^{+\infty} \left|\tilde{f}(k)\right|^2 dk$$

Die Gleichheit der Normen ist der **Parsevalsche Satz** der Fouriertransformation. In den Fourierintegralen der Quantenmechanik ersetzen wir

$$k \;\rightarrow\; p/\hbar \qquad\qquad f(x)\;\rightarrow\;\psi(x,t) \qquad\qquad \tilde{f}(k)\;\rightarrow\;\sqrt{\hbar}\,\tilde{\psi}(p,t)$$

$$\Rightarrow \qquad \psi(x,t) = \frac{1}{\sqrt{2\pi\hbar}} \int_{-\infty}^{+\infty} \tilde{\psi}(p,t)\,e^{ipx/\hbar}\,dp \qquad \tilde{\psi}(p,t) = \frac{1}{\sqrt{2\pi\hbar}} \int_{-\infty}^{+\infty} \psi(x,t)\,e^{-ipx/\hbar}\,dx$$

Der Leser sollte sich diese zwei Gln. gut merken (!), da sie im Folgenden immer wieder vorkommen.

An dieser Stelle fragen Studenten gelegentlich, was man sich unter der Impulswellenfunktion $\tilde{\psi}(\mathbf{p},t)$ vorstellen soll. Wenn sie daran erinnert werden, dass $|\psi(\mathbf{r},t)|^2$ die Wahrscheinlichkeitsdichte des Ortes ist, dann vermuten einige Studenten richtig, dass $|\tilde{\psi}(\mathbf{p},t)|^2$ die Wahrscheinlichkeitsdichte des Impulses ist.

mit der Fouriertransformierten

$$\tilde{\psi}(\mathbf{p},t) = \frac{1}{(2\pi\hbar)^{3/2}} \int \psi(\mathbf{r},t)\, e^{-i\,\mathbf{p}\cdot\mathbf{r}/\hbar}\, d^3r \tag{3.3-3}$$

Die Zeit t ist bei diesen Transformationen nur ein unbeteiligter Parameter.

$\tilde{\psi}(\mathbf{p},t)$ heißt **Impulswellenfunktion** oder aber Wellenfunktion im Impulsraum. Der **Parsevalsche Satz** der Fouriertransformation lautet:

$$1 = \int d^3r \, |\psi(\mathbf{r},t)|^2 = \int d^3p \, |\tilde{\psi}(\mathbf{p},t)|^2$$

Der Vergleich mit Gl. (3.3–1) legt ein **viertes Postulat** nahe:

$$w(\mathbf{p},t) = |\tilde{\psi}(\mathbf{p},t)|^2 = \tilde{\psi}^*(\mathbf{p},t)\, \tilde{\psi}(\mathbf{p},t) \tag{3.3-4}$$

ist die Wahrscheinlichkeitsdichte des Impulses.

Das heißt: $|\tilde{\psi}(\mathbf{p},t)|^2\, d^3p$ ist die Wahrscheinlichkeit, bei einer Impulsmessung zur Zeit t den Impuls im Impulsvolumen d^3p in der Umgebung von $\mathbf{p}$ *zu finden*.[17]

Nebenrechnung: Zur Vorbereitung der folgenden Rechnung wenden wir den **Nablaoperator** ∇ auf die Exponentialfunktion an:

$$\nabla e^{-i\,\mathbf{p}\cdot\mathbf{r}/\hbar} = \left(\mathbf{e}_x \frac{\partial}{\partial x} + \mathbf{e}_y \frac{\partial}{\partial y} + \mathbf{e}_z \frac{\partial}{\partial z} \right) e^{-i(p_x x + p_y y + p_z z)/\hbar} =$$

$$= -\frac{i}{\hbar}(\mathbf{e}_x\, p_x + \mathbf{e}_y\, p_y + \mathbf{e}_z\, p_z)\, e^{-i(p_x x + p_y y + p_z z)/\hbar} =$$

$$= -\frac{i}{\hbar}\, \mathbf{p}\, e^{-i\,\mathbf{p}\cdot\mathbf{r}/\hbar}$$

$$\Rightarrow \qquad -\frac{\hbar}{i} \nabla e^{-i\,\mathbf{p}\cdot\mathbf{r}/\hbar} = \mathbf{p}\, e^{-i\,\mathbf{p}\cdot\mathbf{r}/\hbar} \tag{3.3-5} \blacksquare$$

Der Übersichtlichkeit wegen werden die Wellenfunktionen in den folgenden Gln. ohne Zeit t geschrieben. Nach dem vierten Postulat ist $|\tilde{\psi}(\mathbf{p},t)|^2$ die Wahrscheinlichkeitsdichte des Impulses. Daher lautet der Mittelwert des Impulses *im Impulsraum*

$$\langle \hat{\mathbf{P}} \rangle = \int \tilde{\psi}^*(\mathbf{p})\, \mathbf{p}\, \tilde{\psi}(\mathbf{p})\, d^3p =$$

$$= \int \tilde{\psi}^*(\mathbf{p})\, \mathbf{p} \left[\frac{1}{(2\pi\hbar)^{3/2}} \int \psi(\mathbf{r})\, e^{-i\,\mathbf{p}\cdot\mathbf{r}/\hbar}\, d^3r \right] d^3p \quad \underset{\underset{\text{Reihenfolge der}}{\text{Integrationen ändern}}}{=}$$

---

[17] Das vierte Postulat mag auf den ersten Blick verblüffen. Es gibt aber eindrucksvoll die Symmetrie zwischen Orts- und Impulsraum wieder und überzeugt mit seiner mathematischen Schönheit: $|\psi(\mathbf{r},t)|^2$ ist die Wahrscheinlichkeitsdichte des Ortes. Kann es da überraschen, dass das Betragsquadrat $|\tilde{\psi}(\mathbf{p},t)|^2$ der Impulswellenfunktion die Wahrscheinlichkeitsdichte des Impulses ist?

$$= \int \psi(\mathbf{r}) \left[\frac{1}{(2\pi\hbar)^{3/2}} \int \tilde{\psi}^*(\mathbf{p})\, \mathbf{p}\, e^{-i\mathbf{p}\cdot\mathbf{r}/\hbar}\, d^3p \right] d^3r \quad \underset{\uparrow}{=}$$
$$\text{Gl.}(3.3\text{--}5)$$

$$= \int \psi(\mathbf{r}) \left[\frac{1}{(2\pi\hbar)^{3/2}} \int \tilde{\psi}^*(\mathbf{p}) \left(-\frac{\hbar}{i}\nabla\right) e^{-i\mathbf{p}\cdot\mathbf{r}/\hbar}\, d^3p \right] d^3r \quad \underset{\uparrow}{=}$$
$$\text{Ortsableitung}$$
$$\text{vors Integral}$$

$$= \int \psi(\mathbf{r}) \left(-\frac{\hbar}{i}\nabla\right) \left[\frac{1}{(2\pi\hbar)^{3/2}} \int \tilde{\psi}^*(\mathbf{p})\, e^{-i\mathbf{p}\cdot\mathbf{r}/\hbar}\, d^3p \right] d^3r =$$

$$= \int \psi(\mathbf{r}) \left(-\frac{\hbar}{i}\nabla\right) \psi^*(\mathbf{r})\, d^3r$$

Wir führen eine partielle Integration durch und erhalten wegen des Verschwindens der Wellenfunktion im Unendlichen den Mittelwert des Impulses *im Ortsraum* (jetzt wieder mit Zeitabhängigkeit)

$$\langle\,\hat{\mathbf{P}}\,\rangle = \int \psi^*(\mathbf{r},t) \left(\frac{\hbar}{i}\nabla\right) \psi(\mathbf{r},t)\, d^3r \tag{3.3--6}$$

Daher ist das folgende **fünfte Postulat** nahe liegend, aber nicht beweisbar: In der Quantenmechanik wird der klassische Impulsvektor $\mathbf{p}$ durch den **Impulsoperator im Ortsraum** ersetzt:

$$\hat{\mathbf{P}} = \frac{\hbar}{i}\nabla = \text{Impulsoperator im Ortsraum} \tag{3.3--7}$$

$$\text{mit} \quad \hat{P}_j = \frac{\hbar}{i}\frac{\partial}{\partial x_j} \qquad j = 1,2,3$$

Ich werde Operatoren immer mit einem Dach und in der Regel groß schreiben – mit Ausnahme von Multiplikationsoperatoren, die ich oft klein und ohne Dach schreibe.[18]

Zusammenfassend stellen wir fest: *Der Erwartungswert des Impulses lässt sich sowohl im Impulsraum als auch im Ortsraum berechnen:*

$$\langle\,\hat{\mathbf{P}}\,\rangle = \int \tilde{\psi}^*(\mathbf{p},t)\, \mathbf{p}\, \tilde{\psi}(\mathbf{p},t)\, d^3p = \int \psi^*(\mathbf{r},t) \left(\frac{\hbar}{i}\nabla\right) \psi(\mathbf{r},t)\, d^3r \tag{3.3--8}$$

Die Wellenfunktion bestimmt, welches Integral einfacher zu berechnen ist. Der Erwartungswert einer beliebigen Funktion $f(\mathbf{p})$ des Impulses lautet

$$\langle\, f(\hat{\mathbf{P}})\,\rangle = \int \tilde{\psi}^*(\mathbf{p},t)\, f(\mathbf{p})\, \tilde{\psi}(\mathbf{p},t)\, d^3p = \int \psi^*(\mathbf{r},t)\, f\!\left(\frac{\hbar}{i}\nabla\right) \psi(\mathbf{r},t)\, d^3r \tag{3.3--8'}$$

---

[18] Die Leiteroperatoren des Oszillators (siehe Abschn. 6.2), die Paulimatrizen $\hat{\sigma}_i$ ($i=1,2,3$) und der Dichteoperator $\hat{\rho}$ (siehe Kap. 21) werden allerdings – wie allgemein üblich – immer klein geschrieben.

In allen Erwartungswerten steht der Operator im Impulsraum immer zwischen $\tilde{\psi}^*(\mathbf{p},t)$ und $\tilde{\psi}(\mathbf{p},t)$ und im Ortsraum immer zwischen $\psi^*(\mathbf{r},t)$ und $\psi(\mathbf{r},t)$. Er wirkt immer nur auf die zweite Funktion.

Die Rechnungen der Quantenmechanik können wahlweise im Ortsraum oder im Impulsraum durchgeführt werden. *Wegen der Gesetze der Fouriertransformation kann der Impuls nicht gleichzeitig in beiden Räumen ein einfacher Multiplikationsoperator sein.* Dasselbe gilt für den Ortsoperator (siehe das folgende Beispiel 3.3–1).

Für die Ersetzung des Ortsvektors beim Übergang von der klassischen Mechanik zur Quantenmechanik lautet das **fünfte Postulat, zweiter Teil:**

Der Ortsoperator $\hat{\mathbf{R}} = (\hat{X},\hat{Y},\hat{Z})$ im Ortsraum ist ein einfacher Multiplikationsoperator:

$$\hat{\mathbf{R}}\,\psi(\mathbf{r},t) = \mathbf{r}\,\psi(\mathbf{r},t) \tag{3.3–9}$$

Hinweis: Da der Ortsoperator $\hat{\mathbf{R}} = (\hat{X},\hat{Y},\hat{Z})$ nur ein Multiplikationsoperator ist, werde ich ihn oft als Vektor $\mathbf{r}=(x,y,z)$ schreiben – also ohne Dach und klein.

Ich lege hier eine Pause ein und erinnere an die fünf bisher aufgestellten Postulate:

- Schrödinger-Gl.
- $|\psi(\mathbf{r},t)|^2$ ist die Wahrscheinlichkeitsdichte des Ortes.
- $\psi(\mathbf{r},t)$ enthält alle Informationen.[19]
- $|\tilde{\psi}(\mathbf{p},t)|^2$ ist die Wahrscheinlichkeitsdichte des Impulses.
- Im Ortsraum werden der Impuls durch den Operator $\hat{\mathbf{P}} = -i\,\hbar\nabla$ und der Ort durch den einfachen Multiplikationsoperator $\hat{\mathbf{R}} = \mathbf{r}$ beschrieben. *Operatoren, die Messgrößen beschreiben, heißen* **Observable.**

Weitere Postulate werden erst in Kap. 7 folgen. Die Ersetzung des Impulses, der in der klassischen Mechanik ein Vektor ist, durch einen Differentialoperator ist wohl im Augenblick am schwersten zu verdauen und eine der größten Überraschungen beim Studium der Quantenmechanik. Drei Hinweise sollen die Richtigkeit dieses Schrittes zusätzlich nahelegen (nicht beweisen):

1) Die Anwendung des Impulsoperators auf eine ebene, monochromatische Welle mit Impuls $\mathbf{p}$ liefert nach Gl. (3.3–5):

$$\frac{\hbar}{i}\nabla\,e^{i(\mathbf{p}\cdot\mathbf{r}-Et)/\hbar} = \mathbf{p}\,e^{i(\mathbf{p}\cdot\mathbf{r}-Et)/\hbar}$$

Folglich *sind die ebenen, monochromatischen Wellen Eigenfunktionen des Impulsoperators mit dem Eigenwert* $\mathbf{p}$.

2) In der Newtonschen Mechanik ist $\dot{x}=p_x/m$. In Aufgabe 3–8 wird die Gl.

$$\frac{d}{dt}\langle\,x\,\rangle = \frac{1}{m}\left\langle\frac{\hbar}{i}\frac{d}{dx}\right\rangle \tag{3.6–7}$$

für die Erwartungswerte des Orts- und des Impulsoperators bewiesen.

---

[19] Die Wahrscheinlichkeitsdichte $|\psi(\mathbf{r},t)|^2$ enthält – anders als $\psi(\mathbf{r},t)$ – nicht alle Informationen. $|\psi(\mathbf{r},t)|^2$ sagt nicht, wie die in Gl. (3.3–3) eingeführte Impulswellenfunktion $\tilde{\psi}(\mathbf{p},t)$ aussieht.

3) *In der* klassischen *Hamiltonschen Mechanik* spielt die Hamiltonfunktion die *zentrale Rolle*. Sie ist – in den uns interessierenden Fällen – immer gleich der Energie und lautet (bei verschwindendem Vektorpotential $\mathbf{A}(\mathbf{r},t)=\mathbf{0}$)

$$H = \frac{\mathbf{p}^2}{2m} + V(\mathbf{r})$$

Die Ersetzungen $\mathbf{p} \to \hat{\mathbf{P}} = -i\hbar\nabla$ und $\mathbf{r} \to \hat{\mathbf{R}}$ liefern den **Hamiltonoperator**

$$\hat{H} = \frac{\hat{\mathbf{P}}^2}{2m} + V(\hat{\mathbf{R}}) \tag{3.3--10}$$

Deshalb lässt sich die zeitunabhängige Schrödinger-Gl. ganz einfach aufstellen, indem in der klassischen Hamiltonfunktion der Impuls durch den Impulsoperator ersetzt wird.[20] *Die zeitunabhängige Schrödinger-Gl.*

$$\left[-\frac{\hbar^2}{2m}\Delta + V(\mathbf{r}) \right]\psi(\mathbf{r}) = \left[\frac{\hat{\mathbf{P}}^2}{2m} + V(\hat{\mathbf{R}}) \right]\psi(\mathbf{r}) = E\,\psi(\mathbf{r})$$

ist dann nichts anderes als die Eigenwertgl. des Hamiltonoperators:

$$\hat{H}\,\psi(\mathbf{r}) = E\,\psi(\mathbf{r}) \tag{3.3--11}$$

Wir werden in den Kapiteln 7 und 8 sehen, dass Eigenwertgln. in der Quantenmechanik eine ganz fundamentale Bedeutung haben. Mit dem sog. **Energieoperator**

$$\hat{E} = i\hbar\,\partial/\partial t \tag{3.3--12}$$

kann auch die zeitabhängige Schrödinger-Gl. in einfacher Form geschrieben werden:

$$\hat{H}\,\psi(\mathbf{r},t) = \hat{E}\,\psi(\mathbf{r},t) \tag{3.3--13}$$

Beispiel 3.3–1 Ortsoperator im Impulsraum

a) Schauen wir uns nochmals die „Herleitung" des Impulsoperators an. Ausgangspunkt war der Erwartungswert des Impulses. Er ließ sich anfangs nur mit der Wahrscheinlichkeitsdichte $|\tilde{\psi}(\mathbf{p},t)|^2$ des Impulses berechnen:

$$\langle \hat{\mathbf{P}} \rangle = \int d^3p\; \tilde{\psi}^*(\mathbf{p},t)\, \mathbf{p}\, \tilde{\psi}(\mathbf{p},t)$$

---

[20] So einfach gelingt die Ersetzung allerdings *nur für kartesische Koordinaten*. Ein einfaches Beispiel bestätigt diese Aussage: In Zylinderkoordinaten lautet die Hamiltonfunktion der klassischen Mechanik

$$H = \frac{1}{2m}\left(p_r^2 + \frac{1}{r^2}\,p_\varphi^2 + p_z^2 \right) + V(\mathbf{r})$$

Die naive Anwendung der Ersetzungsregel $\mathbf{p} \to \hat{\mathbf{P}} = -i\hbar\nabla$ würde den (falschen) Hamiltonoperator liefern:

$$\hat{H} = -\frac{\hbar^2}{2m}\left(\frac{\partial^2}{\partial r^2} + \frac{1}{r^2}\frac{\partial^2}{\partial\varphi^2} + \frac{\partial^2}{\partial z^2} \right) + V(\mathbf{r}) = \frac{1}{2m}\left(\hat{P}_r^2 + \frac{1}{r^2}\hat{P}_\varphi^2 + P_z^2 \right) + V(\mathbf{r}) \quad (\textbf{falsch}\,!)$$

Nach Aufgabe 9–2a fehlt der Term $-\hbar^2/(2mr)\,\partial/\partial r$. Man muss die Schrödinger-Gl. in kartesischen Koordinaten aufstellen und dann den Laplace-Operator auf krummlinige Koordinaten transformieren.

Beim Wechsel vom Impulsraum in den Ortsraum konnte der Impuls $\mathbf{p}$ nicht als Vektor überleben; seine Ersetzung durch einen Operator war alternativlos.

Jetzt führen wir eine analoge Rechnung für den Ortsvektor und seinen Operator durch. Im Augenblick können wir den Erwartungswert des Ortes nur im Ortsraum schreiben:

$$\langle \mathbf{r} \rangle = \int \psi^*(\mathbf{r},t)\, \mathbf{r}\, \psi(\mathbf{r},t)\, d^3r$$

Wie lautet der Ortsoperator im Impulsraum?

b) Wie lautet der Erwartungswert von $f(\hat{\mathbf{R}},\hat{\mathbf{P}})$ im Orts- und im Impulsraum?

Lösung:

a) Der Übersichtlichkeit wegen rechnen wir eindimensional und schreiben in den Wellenfunktionen Ort und Zeit nicht mit. Der Mittelwert des Ortsoperators lautet im Ortsraum:

$$\langle \hat{X} \rangle = \int \psi^*\, x\, \psi\, dx = \int \psi^*\, x\, \left[\frac{1}{\sqrt{2\pi\hbar}} \int \tilde{\psi}\, e^{ipx/\hbar}\, dp\right] dx \qquad \underset{\uparrow}{=}$$

Reihenfolge der
Integrationen ändern

$$= \int \tilde{\psi}\, \left[\frac{1}{\sqrt{2\pi\hbar}} \int \psi^*\, x\, e^{ipx/\hbar}\, dx\right] dp =$$

$$= \int \tilde{\psi}\, \left[\frac{1}{\sqrt{2\pi\hbar}} \int \psi^* \left(\frac{\hbar}{i}\frac{\partial}{\partial p}\right) e^{ipx/\hbar}\, dx\right] dp \qquad \underset{\uparrow}{=}$$

Ableitung
vors Integral

$$= \int \tilde{\psi}\, \left(\frac{\hbar}{i}\frac{\partial}{\partial p}\right)\left[\frac{1}{\sqrt{2\pi\hbar}} \int \psi^*\, e^{ipx/\hbar}\, dx\right] dp =$$

$$= \int \tilde{\psi}\, \left(\frac{\hbar}{i}\frac{\partial}{\partial p}\right) \tilde{\psi}^*\, dp \qquad \underset{\uparrow}{=} \qquad \int \tilde{\psi}^* \left(-\frac{\hbar}{i}\frac{\partial}{\partial p}\right) \tilde{\psi}\, dp \qquad (3.3\text{–}14)$$

partielle Integration mit
verschwindenden Randtermen

Mit $\nabla_p := \mathbf{e}_x \dfrac{\partial}{\partial p_x} + \mathbf{e}_y \dfrac{\partial}{\partial p_y} + \mathbf{e}_z \dfrac{\partial}{\partial p_z}$ $\hspace{4cm}$ $(3.3\text{–}15)$

ergibt sich der Ortsoperator im Impulsraum:

$$\hat{\mathbf{R}} = -\frac{\hbar}{i}\, \nabla_p = \text{Ortsoperator im Impulsraum} \qquad (3.3\text{–}16)$$

Bemerkung: Die Aufstellung der Gln. (3.3–7/16 zeigt, dass weder der Impuls- noch der Ortsoperator sowohl im Orts- als auch im Impulsraum reine Multiplikationsoperatoren sein können.

b) $\langle f(\hat{\mathbf{R}},\hat{\mathbf{P}}) \rangle \quad \underset{\uparrow}{=} \quad \int \psi^*(\mathbf{r},t)\, f\!\left(\mathbf{r},\frac{\hbar}{i}\nabla\right) \psi(\mathbf{r},t)\, d^3r =$

im Ortsraum

$$\underset{\uparrow}{=} \quad \int \tilde{\psi}^*(\mathbf{p},t)\, f(i\hbar\nabla_p, \mathbf{p})\, \tilde{\psi}(\mathbf{p},t)\, d^3p$$

im Impulssraum

Die Zuordnung der klassischen Messgrößen zu Operatoren wird **Korrespondenzprinzip** genannt und in Tabelle 3.3–1 zusammengefasst.[21]

Tabelle 3.3–1 Jeder klassischen Messgröße wird ein Operator zugeordnet. Hier stehen Orts- und Impulsoperator im Orts- und im Impulsraum sowie der Energieoperator.

Operator	Ortsraum	Impulsraum
Ortsoperator	$\hat{\mathbf{R}}\,\psi(\mathbf{r},t) = \mathbf{r}\,\psi(\mathbf{r},t)$	$\hat{\mathbf{R}}\,\tilde{\psi}(\mathbf{p},t) = -\dfrac{\hbar}{i}\,\nabla_p\,\tilde{\psi}(\mathbf{p},t)$
Impulsoperator	$\hat{\mathbf{P}}\,\psi(\mathbf{r},t) = \dfrac{\hbar}{i}\,\nabla\,\psi(\mathbf{r},t)$	$\hat{\mathbf{P}}\,\tilde{\psi}(\mathbf{p},t) = \mathbf{p}\,\tilde{\psi}(\mathbf{p},t)$
Energieoperator	$\hat{E} = i\,\hbar\,\dfrac{\partial}{\partial t}$	

Da Operatoren oft nicht vertauschen, ist bei der Anwendung von mehreren Operatoren die Reihenfolge zu beachten. Zwei Operatoren $\hat{A},\hat{B}$ vertauschen genau dann, wenn der **Kommutator**

$$\left[\hat{A},\hat{B}\right] := \hat{A}\,\hat{B} - \hat{B}\,\hat{A} \tag{3.3–17}$$

null ist. Der Kommutator wird uns immer wieder begegnen, weil *die Nicht-Vertauschbarkeit von Operatoren für die Quantenmechanik einschneidende Konsequenzen hat*; dazu gehört unter anderem die Unbestimmtheitsrelation (siehe Abschn. 8.2).

Zwei Operatoren, die nicht vertauschen, heißen **komplementär zueinander** oder **inkompatibel**. *Vertauschbare Operatoren heißen* **kompatibel** oder – seltener – verträglich.[22]

Bedeutsam ist der Kommutator von Orts- und Impulsoperator. Bei seiner Berechnung ist es vorteilhaft, eine Wellenfunktion $\psi(x)$ hinter den Kommutator zu setzen. Es gilt:

$$\hat{P}_x\,\hat{X}\,\psi(x) = \hat{P}_x\,x\,\psi(x) = \frac{\hbar}{i}\,\psi(x) + \frac{\hbar}{i}\,x\,\frac{\partial}{\partial x}\,\psi(x)$$

aber $\quad \hat{X}\,\hat{P}_x\,\psi(x) = \dfrac{\hbar}{i}\,x\,\dfrac{\partial}{\partial x}\,\psi(x)$

Daraus folgt der wichtige Kommutator:

---

[21] In der alten Quantenmechanik besagte das (Bohrsche) Korrespondenzprinzip, dass die *quantenmechanischen Gesetze und Ergebnisse für große Quantenzahlen in die klassischen Gesetze und Ergebnisse übergehen.*

[22] In Aufgabe „3–13 Nicht-Vertauschbarkeit von Polarisationsfiltern" werden die $2\times 2-$ Matrizen aufgestellt, die die Polarisationsfilter von Photonen beschreiben. Die anschauliche und aus der Optik wohl bekannte Nicht-Vertauschbarkeit von Polfiltern wird rechnerisch bewiesen.

$$\left[\hat{P}_x,\hat{X}\right]=\frac{\hbar}{i} \qquad\qquad (3.3\text{--}18)$$

Nach Tabelle 3.3–1 erhalten wir im Impulsraum natürlich den gleichen Kommutator.

Beispiel 3.3–2 Drehimpulsoperator im Ortsraum

a) Beweise die häufig gebrauchte **Produktregel** – auch Leibniz-Regel genannt:

$$\left[\hat{A},\hat{B}\hat{C}\right]=\hat{B}\left[\hat{A},\hat{C}\right]+\left[\hat{A},\hat{B}\right]\hat{C} \qquad\qquad (3.3\text{--}19)$$

b) In der klassischen Mechanik lautet der Drehimpulsvektor $\mathbf{L}=\mathbf{r}\times\mathbf{p}$. Wie lauten die drei Komponenten des Drehimpulsoperators $\hat{\mathbf{L}}$ im Ortsraum?

Berechne in den Teilaufgaben c) bis g) folgende Kommutatoren:

c) $\left[\hat{L}_j,\hat{L}_k\right]$ **d)** $\left[\hat{\mathbf{L}}^2,\hat{L}_j\right]$ **e)** $\left[\hat{L}_j,\hat{X}_k\right]$ und $\left[\hat{L}_j,\hat{P}_k\right]$ **f)** $\left[\hat{L}_j,V(r)\right]$

g) $\left[\hat{L}_j,\hat{\mathbf{P}}^2\right]=-\hbar^2\left[\hat{L}_j,\Delta\right]$

Hinweis: Verwende in der Lösung die **Einsteinsche Summenkonvention**. Danach wird über doppelt auftretende Indices von 1 bis 3 summiert.

Lösung:

a) Der Beweis ist sehr einfach: Die rechte Seite der Gl. (3.3–19) lautet:

$$\hat{B}\,\hat{A}\,\hat{C}-\hat{B}\,\hat{C}\,\hat{A}+\hat{A}\,\hat{B}\,\hat{C}-\hat{B}\,\hat{A}\,\hat{C}=\hat{A}\,\hat{B}\,\hat{C}-\hat{B}\,\hat{C}\,\hat{A}$$

b) Offensichtlich muss gelten: $\hat{\mathbf{L}}=\hat{\mathbf{R}}\times\hat{\mathbf{P}}$. Daraus folgt sofort:

$$L_x=y\,p_z-z\,p_y \quad\rightarrow\quad \hat{L}_x=\frac{\hbar}{i}\left(y\frac{\partial}{\partial z}-z\frac{\partial}{\partial y}\right) \qquad\qquad (3.3\text{--}20\text{a})$$

$$L_y=z\,p_x-x\,p_z \quad\rightarrow\quad \hat{L}_y=\frac{\hbar}{i}\left(z\frac{\partial}{\partial x}-x\frac{\partial}{\partial z}\right) \qquad\qquad (3.3\text{--}20\text{b})$$

$$L_z=x\,p_y-y\,p_x \quad\rightarrow\quad \hat{L}_z=\frac{\hbar}{i}\left(x\frac{\partial}{\partial y}-y\frac{\partial}{\partial x}\right) \qquad\qquad (3.3\text{--}20\text{c})$$

Folglich lauten die drei Komponenten des Drehimpulsoperators:

$$\hat{L}_j=\varepsilon_{jkl}\,\hat{X}_k\,\hat{P}_l \qquad\qquad \text{mit} \qquad \hat{X}_1,\hat{X}_2,\hat{X}_3:=\hat{X},\hat{Y},\hat{Z} \qquad\qquad (3.3\text{--}21)$$

$$\text{mit } \varepsilon_{jkl}:=\begin{cases} 1 & \text{für gerade Permutationen von 1 2 3}\\ -1 & \text{für ungerade Permutationen von 1 2 3}\\ 0 & \text{sonst. Mindestens zwei Indices sind gleich.}\end{cases}$$

In Gl. (3.3–21) wird nach der Summenkonvention über die Indices k,l von 1 bis 3 summiert.

c) Wir führen eine bequeme und häufig verwendete Kurz-Schreibweise ein:

$$\partial_x:=\frac{\partial}{\partial x} \qquad \partial_y:=\frac{\partial}{\partial y} \qquad \partial_z:=\frac{\partial}{\partial z}$$

$$\Rightarrow \quad \hat{L}_x \hat{L}_y - \hat{L}_y \hat{L}_x = -\hbar^2 \left(y\,\partial_z - z\,\partial_y \right)\left(z\,\partial_x - x\,\partial_z \right) + \hbar^2 \left(z\,\partial_x - x\,\partial_z \right)\left(y\,\partial_z - z\,\partial_y \right) =$$

$$= -\hbar^2 \left(y\,\partial_x + y\,z\,\partial_z\partial_x - y\,x\,\partial_z^2 - z^2\,\partial_y\partial_x + x\,z\,\partial_y\partial_z \right) +$$

$$+ \hbar^2 \left(z\,y\,\partial_x\partial_z - z^2\,\partial_x\partial_y - x\,y\,\partial_z^2 + x\,\partial_y + x\,z\,\partial_z\partial_y \right) =$$

$$= \hbar^2 \left(x\,\partial_y - y\,\partial_x \right) = i\,\hbar\,\hat{L}_z$$

Das Ergebnis lässt sich leicht verallgemeinern:

$$\left[\hat{L}_j , \hat{L}_k \right] = i\,\hbar\,\varepsilon_{jkl}\,\hat{L}_l \tag{3.3--22}$$

Hier wird wieder nach der Einsteinschen Summenkonvention über den Index l von 1 bis 3 summiert.

d) Wir behandeln nur den Fall $j = 3$. Nach Gl. (3.3--19) gilt:

$$\left[\hat{L}_1^2 , \hat{L}_3 \right] = \hat{L}_1 \left[\hat{L}_1 , \hat{L}_3 \right] + \left[\hat{L}_1 , \hat{L}_3 \right] \hat{L}_1 = -i\,\hbar \left(\hat{L}_1\hat{L}_2 + \hat{L}_2\hat{L}_1 \right)$$

und $\left[\hat{L}_2^2 , \hat{L}_3 \right] = \hat{L}_2 \left[\hat{L}_2 , \hat{L}_3 \right] + \left[\hat{L}_2 , \hat{L}_3 \right] \hat{L}_2 = i\,\hbar \left(\hat{L}_2\hat{L}_1 + \hat{L}_1\hat{L}_2 \right)$

und $\left[\hat{L}_3^2 , \hat{L}_3 \right] = 0 \qquad \Rightarrow \qquad \left[\hat{\mathbf{L}}^2 , \hat{L}_3 \right] = 0$

$$\Rightarrow \quad \left[\hat{\mathbf{L}}^2 , \hat{L}_j \right] = 0 \tag{3.3--23}$$

Demnach kommutieren $\hat{\mathbf{L}}^2$ *und eine einzelne Komponente von* $\hat{\mathbf{L}}$ *– meist wählt man* $\hat{L}_3 = \hat{L}_z$. Diese Aussage ist wichtig für die Berechnung der Wellenfunktionen des Wasserstoffatoms.

Wir kommen in Kap. „9 Der Drehimpuls" ausführlich auf den Drehimpulsoperator und seine wichtigen Vertauschungsrelationen (3.3--22/23) zurück. Der Drehimpulsoperator gehört zusammen mit Orts-, Impuls-, Spin- und Hamiltonoperator zu den fünf wichtigsten Operatoren der Quantenmechanik.

e) $\quad \left[\hat{L}_j , \hat{X}_k \right] = i\,\hbar\,\varepsilon_{jkl}\,\hat{X}_l \qquad\qquad \left[\hat{L}_j , \hat{P}_k \right] = i\,\hbar\,\varepsilon_{jkl}\,\hat{P}_l \tag{3.3--24a/b}$

Die drei Vertauschungsrelationen (3.3--22/24a/b) haben die gleiche Struktur.

f) Wir berechnen nur

$$\left[\hat{L}_3 , V(r) \right] = \frac{\hbar}{i} \left[x\,\partial_y - y\,\partial_x , V(r) \right] =$$

$$= \frac{\hbar}{i} \left(x\,\frac{\partial V(r)}{\partial y} - y\,\frac{\partial V(r)}{\partial x} \right) = \frac{\hbar}{i}\,\frac{dV(r)}{dr}\left(x\,\frac{\partial r}{\partial y} - y\,\frac{\partial r}{\partial x} \right) = 0 \tag{3.3--25}$$

denn $\partial r / \partial y = y/r$ usw. Daraus folgt allgemein:

$$\left[\hat{L}_j , V(r) \right] = 0 \qquad\qquad j = 1,2,3 \tag{3.3--26}$$

In Kugelkoordinaten gilt nach Gl. (9.3--1c) $\hat{L}_3 = -i\,\hbar\,\partial/\partial\varphi$. Damit ist der Beweis der Gl. (3.3--25) trivial.

g) $\quad \left[\hat{L}_j , \hat{\mathbf{P}}^2 \right] = \hat{P}_k \left[\hat{L}_j , \hat{P}_k \right] + \left[\hat{L}_j , \hat{P}_k \right] \hat{P}_k = i\,\hbar\,\varepsilon_{jkl} \left(\hat{P}_k\hat{P}_l + \hat{P}_l\hat{P}_k \right) \underset{\substack{\uparrow \\ \varepsilon_{jkl}=-\varepsilon_{jlk}}}{=} 0 \tag{3.3--27}$

3.4 Die Kontinuitätsgl.

In der Elektrodynamik lautet ein wichtiger Erhaltungssatz: In jedem Gebiet, über dessen Grenzen keine Ladungen strömen, ist die Summe aller Ladungen konstant. Wenn die Ladungsdichte in einem Gebiet abnimmt, so muss sie folglich in einem anderen Gebiet wachsen. Der Ladungsausgleich erfolgt durch elektrische Ströme. In der Quantenmechanik gibt es eine ähnliche Beziehung. Nach Aufgabe 3–2a ist die *Norm*

$$\int_{-\infty}^{\infty} |\psi(\mathbf{r},t)|^2 \, d^3r \tag{3.4--1}$$

genau dann zeitlich konstant, wenn das Potential $V(\mathbf{r})$ *reell ist.*[23] Wir setzen immer reelle Potentiale voraus, so dass sich die Norm nicht mit der Zeit ändert. Dann gilt: Wenn die Wahrscheinlichkeitsdichte

$$\rho(\mathbf{r},t) := |\psi(\mathbf{r},t)|^2 \tag{3.4--2}$$

irgendwo abnimmt, so muss sie woanders zunehmen. Folglich muss es eine Art Strömung der Wahrscheinlichkeitsdichte geben. Die zeitliche Änderung der Wahrscheinlichkeitsdichte wird durch ihre Zeitableitung beschrieben:

$$\frac{\partial}{\partial t}|\psi|^2 = \left(\frac{\partial}{\partial t}\psi^*\right)\psi + \psi^*\frac{\partial}{\partial t}\psi$$

Wir setzen die zeitabhängige Schrödinger-Gl. mit dem *reellen Potential* $V(\mathbf{r},t)$ ein

$$\frac{\partial}{\partial t}\psi = \frac{i\hbar}{2m}\Delta\psi - \frac{i}{\hbar}V\psi \quad\Rightarrow\quad \frac{\partial}{\partial t}\psi^* = -\frac{i\hbar}{2m}\Delta\psi^* + \frac{i}{\hbar}V\psi^*$$

$$\Rightarrow\quad \frac{\partial\rho}{\partial t} = \frac{\partial}{\partial t}|\psi|^2 = -\frac{i\hbar}{2m}\left(\psi\,\Delta\psi^* - \psi^*\,\Delta\psi\right) = -\frac{i\hbar}{2m}\nabla\cdot\left(\psi\,\nabla\psi^* - \psi^*\,\nabla\psi\right)$$

Wir definieren die sog. **Wahrscheinlichkeitsstromdichte** – kurz **Wahrscheinlichkeitsstrom** genannt[24]:

$$\mathbf{j}(\mathbf{r},t) := \frac{\hbar}{2mi}\left[\psi^*(\mathbf{r},t)\,\nabla\psi(\mathbf{r},t) - \psi(\mathbf{r},t)\,\nabla\psi^*(\mathbf{r},t)\right] = \tag{3.4--3a}$$

$$= \frac{\hbar}{m}\,\mathrm{Im}\left[\psi^*(\mathbf{r},t)\,\nabla\psi(\mathbf{r},t)\right] = \frac{\hbar}{m}\,\mathrm{Re}\left[-i\,\psi^*(\mathbf{r},t)\,\nabla\psi(\mathbf{r},t)\right] \tag{3.4--3b/c}$$

---

[23] Nach Aufgabe 3–2b beschreiben komplexe Potentiale Prozesse mit veränderlichen Teilchenzahlen – also z. B. Teilchenzerfälle.

[24] Für komplexe Zahlen $\underline{z} = x + i\,y$ gilt:

$$\underline{z} - \underline{z}^* = 2\,i\,y = 2\,i\,\mathrm{Re}(\underline{z})$$

In Aufgabe 10–12 wird gezeigt, dass die stationären Orbitale des Wasserstoffatoms eine Teilchenstromdichte $\mathbf{j}_{nlm}(r,\vartheta,\varphi) \sim m\,\mathbf{e}_\varphi$ entlang der „Breitenkreise" liefern. Die Divergenz der Teilchenstromdichte ist null.

Der Wahrscheinlichkeitsstrom hat die Einheit $1/(\mathrm{m}^2\,\mathrm{s})$, ist reell und *physikalisch messbar*. Er verschwindet für Produktfunktionen $\psi(\mathbf{r},t)=f(t)\,\psi(\mathbf{r})$ mit reellem, ortsabhängigem Anteil $\psi(\mathbf{r})$.

Die Gln. (3.4–3) zeigen, dass die *Wellenfunktionen immer stetig sind. Bei unstetigen Wellenfunktionen würden die Wahrscheinlichkeitströme* $\mathbf{j}(\mathbf{r},t)$ *Deltafunktionen enthalten.* Deltafunktionen sind in messbaren Größen nicht erlaubt.

Die Wahrscheinlichkeitsstromdichte erfüllt die **Kontinuitätsgl.**

$$\frac{\partial}{\partial t}\rho(\mathbf{r},t) + \operatorname{div}\mathbf{j}(\mathbf{r},t) = \frac{\partial}{\partial t}\,|\,\psi(\mathbf{r},t)\,|^2 + \operatorname{div}\mathbf{j}(\mathbf{r},t) = 0 \qquad (3.4\text{–}4)$$

Folglich können auch stationäre Zustände mit $\partial_t\,|\psi(\mathbf{r},t)|^2 = 0$ *einen Teilchenstrom und einen elektrischen Strom liefern* mit $\mathbf{j}(\mathbf{r},t)\neq\mathbf{0}$, aber $\operatorname{div}\mathbf{j}(\mathbf{r},t)=0$ (siehe Aufgabe 10–12).

Durch Integration der Kontinuitätsgl. über ein beliebiges Volumen V erhalten wir die Kontinuitätsgl. in bekannter integraler Form:

$$\frac{d}{dt}\int_V |\,\psi(\mathbf{r},t)\,|^2\, d^3r = -\int_V \operatorname{div}\mathbf{j}(\mathbf{r},t)\, d^3r \underset{\substack{\uparrow\\ \text{Gaußscher Satz}}}{=} -\oint_A \mathbf{j}(\mathbf{r},t)\cdot d\mathbf{A} \qquad (3.4\text{–}5)$$

Dabei ist A die geschlossene Oberfläche des Volumens V. Die Zeitableitung des Volumenintegrals ist die Änderung der Aufenthaltswahrscheinlichkeit im Volumen V pro Zeiteinheit. Folglich *ist* $\mathbf{j}(\mathbf{r},t)\cdot d\mathbf{A}$ *die Wahrscheinlichkeit, dass das Teilchen mit der Wellenfunktion* $\psi(\mathbf{r},t)$ *pro Zeiteinheit die Fläche* $d\mathbf{A}$ *an der Stelle* $\mathbf{r}$ *passiert.* Daher trägt die Größe $\mathbf{j}(\mathbf{r},t)$ mit der Einheit $1/(\mathrm{m}^2\,\mathrm{s})$ zu Recht den Namen „Wahrscheinlichkeitsstromdichte".

Wir dürfen uns die zeitliche Entwicklung der Wahrscheinlichkeitsdichte wie die Strömung einer Flüssigkeit vorstellen. Die Strömung hat keine Quellen und keine Senken, so dass die Normierung erhalten bleibt.

Beispiel 3.4–1 Wahrscheinlichkeitsstromdichte einer ebenen Welle

Berechne den Wahrscheinlichkeitsstrom $j(x,t)$ in folgenden Fällen, die aus Kapitel 5 entnommen werden:

a) In Abschn. „5.2 Potentialstufe" läuft die Welle

$$\psi(x,t) = A\,\mathrm{e}^{i(px - Et)/\hbar} \quad \text{für} \quad x < 0 \qquad (3.4\text{–}6)$$

von links gegen die Potentialstufe in Abb. 3.4–1.

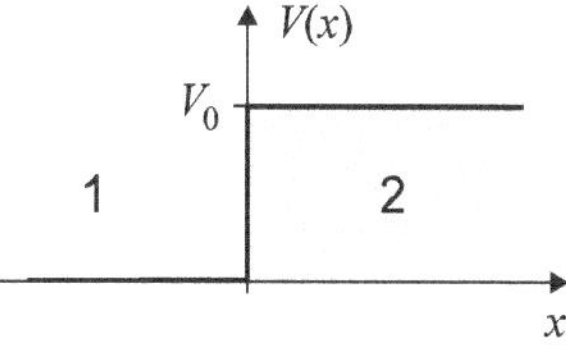

Abb. **3.4–1** Potentialstufe der Höhe V_0.

b) Die einlaufende Welle wird teilweise reflektiert, so dass die (nicht normierbare) Zustandsfunktion für $x < 0$ lautet

$$\psi(x,t) = A\,\mathrm{e}^{i(px - Et)/\hbar} + B\,\mathrm{e}^{i(-px - Et)/\hbar} \qquad A, B \in \mathbb{C} \qquad (3.4\text{–}7)$$

c) Für $E < V_0$ lautet die Wellenfunktion im Innern eines Potentialwalls (siehe Abb. 5.4–1):

$$\psi(x,t) = \left[A\,\mathrm{e}^{kx} + B\,\mathrm{e}^{-kx}\right]\mathrm{e}^{-iEt/\hbar} \qquad A, B \in \mathbb{C} \qquad (3.4\text{–}8a)$$

d) Die *überlagerte* Zustandsfunktion im Tunnel enthält *zwei* Impulse und *zwei* Energien:

$$\psi(x,t) = A_1\, e^{-(p_1 x + i E_1 t)/\hbar} + A_2\, e^{-(p_2 x + i E_1 t)/\hbar} \qquad A_1, A_2 \in \mathbb{C} \tag{3.4–8b}$$

e) Beschreibe den wichtigen Unterschied zwischen den Zustandsfunktionen in den Gln. (3.4–7) und (3.4–8a).

Lösung:

a) $\quad j = |A|^2 \dfrac{p}{m}$ $\hfill$ (3.4–9)

Der Wahrscheinlichkeitsstrom j einer ebenen Welle ist proportional zu $|A|^2$ *und proportional zum Impuls* $p = \hbar k$ *bzw. zur Wellenzahl k.*

b) $\quad \psi^*(x,t) = A^*\, e^{-i(px-Et)/\hbar} + B^*\, e^{i(px-Et)/\hbar}$

$$\frac{\partial}{\partial x}\psi(x,t) = \frac{iA}{\hbar}\, p\, e^{i(px-Et)/\hbar} - \frac{iB}{\hbar}\, p\, e^{-i(px-Et)/\hbar}$$

$$\Rightarrow \quad \psi^* \frac{\partial}{\partial x}\psi = \frac{ip}{\hbar}\left(|A|^2 - |B|^2\right) - \frac{2p}{\hbar}\,\mathrm{Im}\!\left[AB^* e^{2ipx/\hbar}\right]$$

Mit Gl. (3.4–3b) folgt:

$$j = \frac{p}{m}\left(|A|^2 - |B|^2\right) = j_{\mathrm{ein}} - j_{\mathrm{reflex}} \tag{3.4–10}$$

Die Wahrscheinlichkeitsströme der einlaufenden Wellen und der reflektierten Wellen werden voneinander subtrahiert.

c) $\quad j = \dfrac{\hbar k}{m}\,\mathrm{Im}(AB^* - A^*B) = \dfrac{2\hbar k}{m}\,\mathrm{Im}(AB^*)$ $\hfill$ (3.4–11)

Der Wahrscheinlichkeitsstrom j verschwindet genau dann, wenn einer der beiden Koeffizienten A, B null ist oder wenn AB^* reell ist.

d) Mit Gl. (3.4–3b) und mit $\omega_{12} := (E_1 - E_2)/\hbar$ finden wir den Wahrscheinlichkeitsstrom im Tunnel

$$j = -\frac{1}{m}\, e^{-(p_1+p_2)x/\hbar} \cdot \mathrm{Im}\!\left[p_1 A_1 A_2^* e^{-i\omega_{12} t} + p_2 A_1^* A_2\, e^{i\omega_{12} t}\right] \tag{3.4–12}$$

$j(x,t)$ oszilliert in der Zeit und verschwindet im zeitlichen Mittel.

Für $p_2 = -p_1 =: p = \hbar k$

ist $\quad \omega_{12} = 0 \quad \Rightarrow \quad j = -\dfrac{\hbar k}{m}\,\mathrm{Im}\!\left[A_1^* A_2 - A_1 A_2^*\right] = -\dfrac{2\hbar k}{m}\,\mathrm{Im}\!\left[A_1^* A_2\right]$ $\hfill$ (3.4–11')

Für $p_1 = +p_2 =: p = \hbar k$

ist $\quad \omega_{12} = 0 \quad \Rightarrow \quad j = -\dfrac{\hbar k}{m}\, e^{-kx}\,\underbrace{\mathrm{Im}\!\left[A_1 A_2^* + A_1^* A_2\right]}_{=\text{ reell}} = 0$

e) Die Wellenfunktion (3.4–7) beschreibt die Überlagerung von zwei ebenen Wellen mit demselben Impulsbetrag und mit derselben Energie; eine Welle läuft in die positive und die andere in die negative x-Richtung. Die Wellenfunktion ist *nicht normierbar* und hat daher keine direkte physikalische Bedeutung. Ihre große Bedeutung beruht auf ihren einfachen mathematischen Eigenschaften und darauf, dass kontinuierliche Überlagerungen dieser Wellen

$$\psi(x,t) = \frac{1}{\sqrt{2\pi\hbar}} \int\limits_{-\infty}^{\infty} dp \; \tilde{\psi}(p) \; e^{i(px-E(p)t)/\hbar}$$

(sog. Fouriertransformationen) räumlich begrenzte und normierbare Wellenpakete liefern (siehe Kap. „4 Wellenpakete"). Erst normierbare Wellenpakete haben eine physikalische Bedeutung. Die Zustandsfunktion (3.4–8a) beschreibt keine Welle, sondern eine harmonische, zeitliche Schwingung, deren Amplitude x-abhängig ist.

Wir haben nun die Einführung in die Quantenmechanik zu einem ersten Abschluss gebracht und einige grundlegende Ideen und Postulate der Quantenmechanik kennen gelernt. Die wichtigsten Schritte waren die Aufstellung der Schrödinger-Gl., die Interpretation der Wellenfunktion und die Einführung des Impulsoperators. Erst in Kap. „7 Die mathematische Struktur" werden wir den Ausbau der Quantenmechanik wieder aufnehmen und weitere Postulate aufstellen.

Die Postulate der Quantenmechanik sind teilweise sehr sonderbar und geheimnisvoll. Viele widersprechen dem gesunden Menschenverstand. Daher fallen die Postulate der Quantenmechanik viel mehr auf als z. B. die anschaulichen Axiome der Newtonschen Mechanik. Wenn man Axiome und Postulate der Mathematik und Physik und vor allem die Einstellung der Mathematiker und Physiker vergleicht, so fallen einige Unterschiede auf.

In der Mathematik sind Axiome grundlegende Aussagen, die *ohne Beweis angenommen* werden und am Anfang der Theorie stehen. Für viele Mathematiker – u. a. auch für David Hilbert, einen der bedeutendsten Mathematiker des 20sten Jahrhunderts – ist es völlig *belanglos, ob diese Axiome irgendetwas mit der Wirklichkeit zu tun haben.*[25] Axiome müssen nur zwei Bedingungen erfüllen: Sie dürfen keine Widersprüche enthalten und kein Axiom darf aus den anderen Axiomen folgen.

In der Physik hingegen folgen die Axiome aus Experimenten und Beobachtungen. Die aus den Axiomen abgeleiteten Theorien müssen sich dem Experiment als oberstem Richter stellen. Natürlich dürfen sich die physikalischen Axiome nicht widersprechen. Ansonsten aber sind die Physiker mit ihren Benennungen und Anforderungen äußerst großzügig. Einen einheitlichen Namen wie in der Mathematik gibt es nicht: In der Mechanik (17tes Jahrhundert) spricht man von Axiomen, in der Thermodynamik (19tes Jahrhundert) von Hauptsätzen, in der Quantentheorie (20stes Jahrhundert) von Postulaten. Der Wunsch, mit einer Minimalzahl von Postulaten auszukommen, ist in der Physik nicht verbreitet. In [Feynman], Abschn. 5.5 steht ganz generös: "Überzählige wahre Aussagen stören uns nicht." Auch die Auswahl und selbst die Zahl der in der Quantenmechanik genannten Postulate sind nicht einheitlich.

In den nächsten drei Kapiteln 4 bis 6 wenden wir uns den Anwendungen zu und untersuchen einfache quantenmechanische Systeme. Dabei lernen wir ganz *konkret* typische Eigenarten der Quantenwelt wie Quantisierung der Energie, Nullpunktenergie, Tunneleffekt, Unbestimmtheitsrelation sowie Orthonormierung und Vollständigkeit der Lösungen der zeitunabhängigen Schrödinger-Gl. kennen. Kap. 7 wird zeigen, dass diese zentralen, in konkreten Anwendungen gelernten Eigenarten stets und in allen Systemen vorzufinden sind.

---

[25] Mathematiklehrer sollten sich gut überlegen, ob sie diese formale Einstellung an ihre widerwilligen Schüler weitergeben.

3.5 Leitgedanken

3.1 Aufstellung der Schrödinger-Gl.

Die Energie nicht relativistischer, kräftefreier Teilchen lautet

$$E = \hbar\,\omega = \frac{m}{2}\,v^2 = \frac{p^2}{2m} \underset{\underset{p=h/\lambda}{\uparrow}}{=} \frac{\hbar^2 k^2}{2m} \qquad \text{für Potentiale } V(x)=0$$

Daraus folgt die *quadratische* **Dispersionsgl. für Materiewellen**:

$$\omega(k) = \hbar\,k^2/(2m) \sim k^2 \tag{3.1-5}$$

Wegen dieser *quadratischen* Dispersionsrelation haben Materiewellen eine andere Wellengl. als klassische Wellen mit ihren *linearen* Dispersionsgln. $\omega(k)=c\,k \sim k$.

Reelle Funktionen $\psi(x,t) = A\cos(k\,x - \omega t)$ können die Gl. (3.1–5) nicht erfüllen wegen zweifacher Orts- und einfacher Zeitableitung. Daher ist die Wellenfunktion *komplex*:

$$\psi(x,t) = A\,e^{i\,(k\,x - \omega(k)\,t)} = A\,e^{i\,(k\,x - \hbar k^2/(2m)\,t)} \tag{3.1-6}$$

Wir fordern, dass diese Funktion – obwohl nicht normierbar – eine Lösung der Schrödinger-Gl. für nicht relativistische, potentialfreie Teilchen ist. Die Funktion (3.1–6) erfüllt die Dgl.

$$i\,\hbar\,\frac{\partial \psi(x,t)}{\partial t} = -\frac{\hbar^2}{2m}\,\frac{\partial^2 \psi(x,t)}{\partial x^2} \tag{3.1-9}$$

Erweiterung auf drei Dimensionen und auf Teilchen im Potential $V(\mathbf{r},t)$ führt zum **ersten Postulat**:

Die **zeitabhängige Schrödinger-Gl.** für nichtrelativist. Teilchen im Potential $V(\mathbf{r},t)$ lautet:

$$i\,\hbar\,\frac{\partial \psi(\mathbf{r},t)}{\partial t} = \left[-\frac{\hbar^2}{2m}\,\Delta + V(\mathbf{r},t) \right] \psi(\mathbf{r},t) \tag{3.1-10}$$

Diese partielle Dgl. steuert die stetige und deterministische Zeitentwicklung des Quantenobjektes.

Da die Schrödinger-Gl. von *erster* Ordnung in der Zeit ist, benötigen wir für die Aufstellung der Lösung $\psi(\mathbf{r},t)$ nur die *eine* **Anfangsbedingung** $\psi(\mathbf{r},0)$. Die Schrödinger-Gl. ist eine lineare, homogene Dgl., so dass für die Wellenfunktionen das **Superpositionsprinzip** gilt.

In der Quantenmechanik sind die Potentiale reell. Daher sind die Lösungen $\psi(\mathbf{r},t)$ der zeitabhängigen Schrödinger-Gl. *komplex* und können nicht gemessen werden. Die Bedeutung des reellen Quadrates $|\psi(\mathbf{r},t)|^2$ wird durch ein **zweites Postulat** festgelegt:

$$|\psi(\mathbf{r},t)|^2 = \psi^*(\mathbf{r},t)\,\psi(\mathbf{r},t)$$

ist die Wahrscheinlichkeitsdichte für den Teilchenort. Demnach ist

$$|\psi(\mathbf{r},t)|^2 d^3 r \tag{3.1-12}$$

die Wahrscheinlichkeit, das Teilchen bei einer Ortsmessung im Volumen $dV = d^3 r$ in der Umgebung des Ortes $\mathbf{r}$ zu **finden**.

Beachte: $|\psi(\mathbf{r},t)|^2\,dV$ ist bei räumlich ausgedehnten Wahrscheinlichkeitsdichten $|\psi(\mathbf{r},t)|^2$ nicht die Wahrscheinlichkeit, dass das Teilchen im Volumen dV ist. Denn *vor einer Ortsmessung haben Teilchen meistens weitläufige, breit verschmierte Wahrscheinlichkeitsdichten und daher keinen Ort.* Auch beim Doppelspalt-Experiment haben die Quantenobjekte vor der Ortsmessung keinen Ort. *In der Quantenmechanik legen erst Ortsmessungen den Ort fest; denn bei Ortsmessungen kollabiert die Wahrscheinlichkeitsdichte in die enge Umgebung des Fundortes.* Folglich bestätigen unmittelbar nachfolgende Ortsmessungen den vorangehenden Fundort.

Ganz allgemein gilt: Da *quantenmechanische Messungen* (in der Regel) *die Wellenfunktionen dramatisch ändern, ermöglichen Messungen keine Rückschlüsse auf den Zustand vor der Messung.* Es macht wenig Sinn, nach dem Zustand vor einer Messung zu fragen, da eine Messung (in der Regel) einen neuen Zustand erzeugt, der sicher nicht der Zustand vor der Messung ist.

Wegen der Interpretation von $|\psi|^2$ als Wahrscheinlichkeitsdichte ist der **Erwartungswert des Ortes** das Integral über den mit der Wahrscheinlichkeitsdichte gewichteten Ort

$$\langle\,\mathbf{r}\,\rangle = \int d^3r\;\psi^*(\mathbf{r},t)\,\mathbf{r}\,\psi(\mathbf{r},t) \tag{3.1-13}$$

Das Integral der Wahrscheinlichkeitsdichte über den ganzen Raum muss eins sein, weil das Teilchen mit Sicherheit irgendwo zu finden ist:

$$\int |\psi(\mathbf{r},t)|^2\,d^3r \overset{!}{=} 1 \tag{3.1-14}$$

Laut einem **dritten Postulat** wird der Zustand eines quantenmechanischen Systems *vollständig* durch die normierte Wellenfunktion $\psi(\mathbf{r},t)$ beschrieben. *Die Wellenfunktion enthält alle Informationen* über das System. Einstein bezweifelte das dritte Postulat aus weltanschaulichen Gründen. Er war zutiefst überzeugt, dass die Quantenmechanik *unvollständig* ist, weil sog. **verborgene Variablen** existieren, die mehr Informationen als die Wellenfunktionen enthalten und jederzeit *alle Messgrößen der Quantenobjekte eindeutig bestimmen.* Die verborgenen Variablen würden den Teilchenort auch vor den Ortsmessungen beinhalten und daher den Fundort bei Ortsmessungen eindeutig, also ohne Wahrscheinlichkeiten vorhersagen. Da die verborgenen Variablen weder experimentell noch theoretisch ermittelt werden können, müssen die Physiker mit Wahrscheinlichkeiten arbeiten.

1964 stellte J. Bell die sog. „Bellschen Ungleichungen" auf. Ihre Aussage wurde seit den 1970er Jahren vielfach überprüft und *schließt die Existenz verborgener Variablen aus* (siehe Kap. 23).

3.2 Stationäre Zustände

Für zeit*un*abhängige Potentiale $V=V(\mathbf{r})$ wird die zeitabhängige Schrödinger-Gl.

$$i\,\hbar\,\frac{\partial\psi(\mathbf{r},t)}{\partial t} = \left[-\frac{\hbar^2}{2\,m}\,\Delta + V(\mathbf{r})\right]\psi(\mathbf{r},t) \tag{3.2-1}$$

mit dem **Produktansatz**

$$\psi(\mathbf{r},t) = \hat{\psi}(\mathbf{r})\,f(t) \tag{3.2-2}$$

gelöst. Wir setzen den Produktansatz in die Schrödinger-Gl. ein und dividieren durch $\psi(\mathbf{r},t)$:

$$i\,\hbar\,\frac{1}{f(t)}\,\frac{df(t)}{dt} = -\frac{\hbar^2}{2\,m}\,\frac{1}{\hat{\psi}(\mathbf{r})}\,\Delta\,\hat{\psi}(\mathbf{r}) + V(\mathbf{r}) \tag{3.2-3}$$

Die linke Seite enthält nur die Zeit t, die rechte Seite nur den Ortsvektor $\mathbf{r}$. Daher sind beide Seiten gleich einer Konstanten, die die Dimension der Energie hat und auch die Energie E ist.

$$\Rightarrow \quad i\,\hbar\,\frac{1}{f(t)}\,\frac{df(t)}{dt} = E \tag{3.2-4}$$

$$\text{und} \quad -\frac{\hbar^2}{2\,m}\,\frac{1}{\hat{\psi}(\mathbf{r})}\,\Delta\,\hat{\psi}(\mathbf{r}) + V(\mathbf{r}) = E$$

In Zukunft lassen wir das Dach $\wedge$ über der ortsabhängigen Wellenfunktion fallen. Multiplikation der letzten Gl. mit $\psi(\mathbf{r})$ liefert die **zeitunabhängige Schrödinger-Gl.**:

$$\left[-\frac{\hbar^2}{2m}\,\Delta + V(\mathbf{r})\right]\psi(\mathbf{r}) = E\,\psi(\mathbf{r}) \tag{3.2-5}$$

Die Dgl. (3.2–4) hat die komplexe Lösung

$$f(t) \sim \mathrm{e}^{-i\,E\,t/\hbar} = \mathrm{e}^{-i\,\omega t} \tag{3.2-6}$$

Die Zustände

$$\psi(\mathbf{r},t) = \mathrm{e}^{-i\,E\,t/\hbar}\,\psi(\mathbf{r}) \tag{3.2-7}$$

heißen **stationäre Zustände**, weil die Wahrscheinlichkeitsdichte $|\psi(\mathbf{r},t)|^2 = |\psi(\mathbf{r})|^2$ nicht von der Zeit abhängt. Zustände

$$\psi(\mathbf{r},t) = c_1\,\psi_1(\mathbf{r})\,\mathrm{e}^{-i\,E_1\,t/\hbar} + c_2\,\psi_2(\mathbf{r})\,\mathrm{e}^{-i\,E_2\,t/\hbar}$$

die durch die Superposition von Zuständen mit *verschiedenen* Energien zustande kommen, sind *nicht* stationär. Bei gebundenen Zuständen mit diskreten Energien lautet die n-te stationäre Lösung der zeit*ab*hängigen Schrödinger-Gl.

$$\psi_n(\mathbf{r},t) = \psi_n(\mathbf{r})\,\mathrm{e}^{-i\,E_n\,t/\hbar} \tag{3.2-10}$$

Die allgemeine Lösung ist eine Überlagerung:

$$\psi(\mathbf{r},t) = \sum_n c_n\,\psi_n(\mathbf{r})\,\mathrm{e}^{-i\,E_n\,t/\hbar} \tag{3.2-11}$$

3.3 Orts- und Impulsoperator

Die Wahrscheinlichkeitsdichte $w(\mathbf{p},t)$ des Impulses muss auf Eins normiert werden, da jede Impulsmessung mit Sicherheit irgendeinen Impuls liefert:

$$\int w(\mathbf{p},t)\,d^3p \overset{!}{=} 1 \tag{3.3-1}$$

Wir schreiben die Wellenfunktion als Fourierintegral

$$\psi(\mathbf{r},t) = \frac{1}{(2\pi\hbar)^{3/2}}\int \tilde{\psi}(\mathbf{p},t)\,\mathrm{e}^{i\,\mathbf{p}\cdot\mathbf{r}/\hbar}\,d^3p \tag{3.3-2}$$

mit der Fouriertransformierten

$$\tilde{\psi}(\mathbf{p},t) = \frac{1}{(2\pi\hbar)^{3/2}} \int \psi(\mathbf{r},t)\, e^{-i\,\mathbf{p}\cdot\mathbf{r}/\hbar}\, d^3r \tag{3.3-3}$$

Dann lautet der **Parsevalsche Satz** der Fouriertransformation:

$$1 = \int d^3r\, |\psi(\mathbf{r},t)|^2 = \int d^3p\, |\tilde{\psi}(\mathbf{p},t)|^2$$

Ein Vergleich mit Gl. (3.3–1) legt ein **viertes Postulat** nahe:

$$w(\mathbf{p},t) = |\tilde{\psi}(\mathbf{p},t)|^2 = \tilde{\psi}^*(\mathbf{p},t)\,\tilde{\psi}(\mathbf{p},t) \tag{3.3-4}$$

ist die Wahrscheinlichkeitsdichte des Impulses.

Mit $|\tilde{\psi}(\mathbf{p},t)|^2$ wollen wir den Erwartungswert des Impulses im Impulsraum angeben und anschließend mit Fouriertransformationen auf den Ortsraum umrechnen:

$$\langle \hat{\mathbf{P}} \rangle = \int \tilde{\psi}^*(\mathbf{p})\, \mathbf{p}\, \tilde{\psi}(\mathbf{p})\, d^3p =$$

$$= \int \tilde{\psi}^*(\mathbf{p})\, \mathbf{p} \left[\frac{1}{(2\pi\hbar)^{3/2}} \int \psi(\mathbf{r})\, e^{-i\,\mathbf{p}\cdot\mathbf{r}/\hbar}\, d^3r \right] d^3p \qquad \underset{\uparrow}{=}$$
$$\text{Reihenfolge der}$$
$$\text{Integrationen ändern}$$

$$= \int \psi(\mathbf{r}) \left[\frac{1}{(2\pi\hbar)^{3/2}} \int \tilde{\psi}^*(\mathbf{p})\, \mathbf{p}\, e^{-i\,\mathbf{p}\cdot\mathbf{r}/\hbar}\, d^3p \right] d^3r =$$

$$= \int \psi(\mathbf{r}) \left(-\frac{\hbar}{i}\nabla \right) \left[\frac{1}{(2\pi\hbar)^{3/2}} \int \tilde{\psi}^*(\mathbf{p})\, e^{-i\,\mathbf{p}\cdot\mathbf{r}/\hbar}\, d^3p \right] d^3r =$$

$$= \int \psi(\mathbf{r}) \left(-\frac{\hbar}{i}\nabla \right) \psi^*(\mathbf{r})\, d^3r \qquad \underset{\uparrow}{=} \qquad \int \psi^*(\mathbf{r}) \left(\frac{\hbar}{i}\nabla \right) \psi(\mathbf{r})\, d^3r$$
$$\text{partielle Integration}$$

Der klassische Impulsvektor $\mathbf{p}$ wird durch den **Impulsoperator** ersetzt (**fünftes Postulat**):

$$\hat{\mathbf{P}} = \frac{\hbar}{i}\nabla = \text{Impulsoperator im Ortsraum} \tag{3.3-7}$$

Der **Erwartungswert des Impulsoperators** $\hat{\mathbf{P}}$ lässt sich sowohl im Impulsraum als auch im Ortsraum berechnen:

$$\langle \hat{\mathbf{P}} \rangle = \int d^3p\, \tilde{\psi}^*(\mathbf{p},t)\, \mathbf{p}\, \tilde{\psi}(\mathbf{p},t) = \int \psi^*(\mathbf{r},t) \left(\frac{\hbar}{i}\nabla \right) \psi(\mathbf{r},t)\, d^3r \tag{3.3-8}$$

Laut dem **fünften Postulat**, zweiter Teil, wird der Ortsvektor der klassischen Mechanik im Ortsraum einfach durch einen Multiplikationsoperator ersetzt:

$$\hat{\mathbf{R}}\,\psi(\mathbf{r},t) = \mathbf{r}\,\psi(\mathbf{r},t) \tag{3.3-9}$$

Ich werde den Ortsoperator $\hat{\mathbf{R}} = (\hat{X},\hat{Y},\hat{Z})$ oft nur als Vektor $\mathbf{r} = (x,y,z)$ schreiben.

In der klassischen Mechanik lautet die Hamiltonfunktion (bei verschwindendem Vektorpotential $\mathbf{A}(\mathbf{r},t) = \mathbf{0}$)

$$H = \frac{\mathbf{p}^2}{2m} + V(\mathbf{r})$$

Die Ersetzungen $\mathbf{p} \to \hat{\mathbf{P}} = -i\hbar\nabla$ und $\mathbf{r} \to \hat{\mathbf{R}}$ liefern den **Hamiltonoperator**

$$\hat{H} = \frac{\hat{\mathbf{P}}^2}{2m} + V(\hat{\mathbf{R}}) \tag{3.3-10}$$

Die zeitunabhängige Schrödinger-Gl.

$$\left[-\frac{\hbar^2}{2m}\Delta + V(\mathbf{r}) \right]\psi(\mathbf{r}) = \left[\frac{\hat{\mathbf{P}}^2}{2m} + V(\hat{\mathbf{R}}) \right]\psi(\mathbf{r}) = E\,\psi(\mathbf{r})$$

ist die Eigenwertgl. des Hamiltonoperators:

$$\hat{H}\,\psi(\mathbf{r}) = E\,\psi(\mathbf{r}) \tag{3.3-11}$$

Da Operatoren in der Regel nicht vertauschen, ist bei der Anwendung mehrerer Operatoren auf die Reihenfolge zu achten. Zwei Operatoren $\hat{A}, \hat{B}$ vertauschen, wenn der **Kommutator**

$$\left[\hat{A}, \hat{B} \right] := \hat{A}\hat{B} - \hat{B}\hat{A} \tag{3.3-17}$$

null ist. *Die Nicht-Vertauschbarkeit der Operatoren hat sehr weit reichende Konsequenzen.* Besonders bedeutsam ist der Kommutator von Orts- und Impulsoperator.

$$\left[\hat{P}_x, \hat{X} \right] = \frac{\hbar}{i} \tag{3.3-18}$$

3.4 Kontinuitätsgl.

Wenn die Wahrscheinlichkeitsdichte $\rho(\mathbf{r},t) := |\psi(\mathbf{r},t)|^2$ irgendwo abnimmt, so muss sie woanders zunehmen. Daher gibt es eine Art Strömung der Wahrscheinlichkeitsdichte. Die zeitliche Änderung der Wahrscheinlichkeitsdichte wird durch die Zeitableitung beschrieben:

$$\frac{\partial}{\partial t}|\psi|^2 = \left(\frac{\partial}{\partial t}\psi^* \right)\psi + \psi^*\frac{\partial}{\partial t}\psi$$

Mit der zeitabhängigen Schrödinger-Gl. und mit dem *reellen Potential* $V(\mathbf{r},t)$ erhalten wir

$$\frac{\partial}{\partial t}|\psi|^2 = -\frac{i\hbar}{2m}\left(\psi\,\Delta\psi^* - \psi^*\,\Delta\psi \right) = -\frac{i\hbar}{2m}\nabla\left(\psi\,\nabla\psi^* - \psi^*\,\nabla\psi \right)$$

Wir definieren die sog. **Wahrscheinlichkeitsstromdichte**:

$$\mathbf{j}(\mathbf{r},t) := \frac{\hbar}{2mi}\left[\psi^*(\mathbf{r},t)\,\nabla\psi(\mathbf{r},t) - \psi(\mathbf{r},t)\,\nabla\psi^*(\mathbf{r},t) \right] \tag{3.4-3a}$$

$$= \frac{\hbar}{m}\,\mathrm{Im}\left[\psi^*(\mathbf{r},t)\,\nabla\psi(\mathbf{r},t) \right] = \frac{\hbar}{m}\,\mathrm{Re}\left[\frac{1}{i}\psi^*(\mathbf{r},t)\,\nabla\psi(\mathbf{r},t) \right] \tag{3.4-3b/c}$$

Sie erfüllt die **Kontinuitätsgl.**

$$\frac{\partial}{\partial t}\rho(\mathbf{r},t) + \mathrm{div}\,\mathbf{j}(\mathbf{r},t) = 0 \tag{3.4-4}$$

3.6 Aufgaben

3–1 Leicht Abfall im Unendlichen

Wie stark müssen die Funktionen $\psi(x)$ und $\psi(\mathbf{r})$ im Unendlichen mindestens abfallen, um normierbar zu sein?

Hinweise: **1)** Die Frage lässt sich mathematisch nur für bestimmte Funktionenklassen und nicht allgemein beantworten. Wir wollen nur Potenzfunktionen betrachten. **2)** Die in diesem Buch behandelten, normierbaren Wellenfunktionen fallen für $x \to \pm\infty$ exponentiell ab (siehe die Kap. 4, 5, 6, 10).

3–2 Leicht Zeitunabhängigkeit der Norm und Teilchenzerfälle

a) Eine notwendige Bedingung für die Richtigkeit der Schrödinger-Gl. lautet sicherlich: Alle Lösungen $\psi(x,t)$ müssen eine zeitlich konstante Norm haben:

$$\int_{-\infty}^{+\infty} \psi^*(x,t)\,\psi(x,t)\,dx = \text{const} \qquad \text{nur für } \textit{reelle Potentiale } V(x)$$

Beweise die Zeitunabhängigkeit des Integrals für *reelle* Potentiale.

b) Die Instabilität von Zuständen wird durch komplexe Potentiale *phänomenologisch* beschrieben. Es gelte

$$V(\mathbf{r}) = V_0(\mathbf{r}) - i\,\Gamma \qquad \text{mit} \qquad V_0(\mathbf{r}),\Gamma = \text{reell}$$

Zeige: $\quad i\hbar\dfrac{\partial}{\partial t}\Big[\,\psi^*(\mathbf{r},t)\,\psi(\mathbf{r},t)\,\Big] = \dfrac{\hbar}{i}\,\nabla\cdot\mathbf{j}(\mathbf{r},t) - 2\,i\,\Gamma\,\psi^*(\mathbf{r},t)\,\psi(\mathbf{r},t) \qquad \mathbf{j}(\mathbf{r},t) = \text{Wahrscheinlichkeitsstrom}$

c) Zeige: Bei komplexen Potentialen fällt die Aufenthaltswahrscheinlichkeit im $\mathbb{R}^3$ exponentiell:

$$P(t) := \int_{-\infty}^{\infty} |\psi(\mathbf{r},t)|^2\,d^3r = \exp(-\gamma\,t)\,P(0) \qquad \text{Wie groß ist die reelle Konstante } \gamma\,?$$

3–3 Leicht Vertauschungsrelationen

Die Operatoren $\hat{A}$ und $\hat{B}$ sollen mit ihren Kommutatoren vertauschen:

$$[\,\hat{A},[\,\hat{A},\hat{B}\,]\,] = [\,\hat{B},[\,\hat{A},\hat{B}\,]\,] = 0 \tag{3.6–1}$$

Zeige mit vollständiger Induktion unter der Voraussetzung (3.6–1):

$$[\,\hat{A},\hat{B}^n\,] = n\,[\,\hat{A},\hat{B}\,]\,\hat{B}^{n-1} \tag{3.6–2}$$

Hinweis: Unter der Voraussetzung (3.6–1) gilt auch die Baker-Campbell-Hausdorff-Gl.:

$$e^{\hat{A}+\hat{B}} = e^{\hat{A}}\,e^{\hat{B}}\,e^{-[\hat{A},\hat{B}]/2} \qquad \text{wenn} \qquad [\,\hat{A},[\,\hat{A},\hat{B}\,]\,] = [\,\hat{B},[\,\hat{A},\hat{B}\,]\,] = 0$$

Diese Gl. wird in [Pade–1], Kap. 13, Aufgabe 41 bewiesen. Es folgt

$$e^{\hat{A}+\hat{B}} = e^{\hat{A}}\,e^{\hat{B}} \qquad \text{für} \qquad [\,\hat{A},\hat{B}\,] = 0 \tag{3.6–3}$$

3–4 Schwer Zeitabhängige Schrödinger-Gl. im Impulsraum

a) Die Funktionen $f(x), g(x)$ haben die Fouriertransformierten $\tilde{f}(k), \tilde{g}(k)$. Nach dem Faltungssatz ist die *Fouriertransformierte des Produktes* $h(x) := f(x)\,g(x)$ *die Faltung der beiden Fouriertransformierten*:

$$\tilde{h}(k) = \frac{1}{\sqrt{2\pi}} \int_{-\infty}^{+\infty} \tilde{f}\big(k-\bar{k}\big)\,\tilde{g}\big(\bar{k}\big)\,d\bar{k} \tag{3.6–4}$$

Beweise diesen sog. **Faltungssatz**.

b) Stelle mit dem Faltungssatz die zeitabhängige Schrödinger-Gl. im Impulsraum auf.

3–5 Leicht Nicht-relativistische Schrödinger-Gl.

Zeige, dass die Schrödinger-Gl. nicht relativistisch ist mit Hilfe

a) der ebenen Welle $\psi(\mathbf{r},t) = A\,\exp(i\,\mathbf{p}\cdot\mathbf{r}/\hbar - i\,Et/\hbar)$. Die Lösung ist sehr kurz.

b) der Lorentz-Transformationen. Hier ist eine Rechnung unnötig; ein Argument reicht.

3–6 Mittel Erzeugende von räumlichen und zeitlichen Translationen

a) Der **Translationsoperator** $\hat{T}(\mathbf{a})$ erzeugt eine Verschiebung und wird durch folgende Gl. bestimmt:

$$\psi(\mathbf{r}+\mathbf{a}) = \hat{T}(\mathbf{a})\,\psi(\mathbf{r}) = \exp\!\left(\frac{i}{\hbar}\,\mathbf{a}\cdot\hat{\mathbf{P}}\right)\psi(\mathbf{r}) = \sum_{n=0}^{\infty}\frac{1}{n!}\left(\frac{i}{\hbar}\,\mathbf{a}\cdot\hat{\mathbf{P}}\right)^{n}\psi(\mathbf{r}) \qquad (3.6\text{–}5)$$

Beweise diese Gl. Der Operator $\hat{\mathbf{P}}/\hbar$ heißt *Erzeugende der räumlichen Translationen*.

b) Die Wellenfunktion eines Systems sei $\psi(x,t)$. Wie lautet die Wellenfunktion $\psi_{\mathbf{a}}(x,t)$ nach einer Verschiebung des Systems um die Strecke $\mathbf{a}$?

c) Zeige: $\psi(\mathbf{r},t) = \hat{U}(t)\,\psi(\mathbf{r},0) = \exp\!\left(-\frac{i}{\hbar}\hat{H}t\right)\psi(\mathbf{r},0)$ für $V=V(\mathbf{r})$, also für zeit*un*abhäng. $\hat{H}$ (3.6–6a)

$$\psi(\mathbf{r},t) = \hat{U}(t)\,\psi(\mathbf{r},0) =$$
$$= \exp\!\left(-\frac{i}{\hbar}\int_{0}^{t}\hat{H}(t')\,dt'\right)\psi(\mathbf{r},0) \qquad \text{nur für} \qquad \left[\hat{H}(t_1),\hat{H}(t_2)\right] = 0 \;\; \forall t_1,t_2 \qquad (3.6\text{–}6b)$$

$\hat{H}/\hbar$ heißt *Erzeugende der zeitlichen Translation* und der $\hat{U}(t)$ heißt **Zeitentwicklungsoperator.**[26]

d) Zeige: Der Translationsoperator $\hat{T}(\mathbf{a})$ hat den Kommutator

$$\left[\hat{T}(\mathbf{a}),V(\hat{\mathbf{R}})\right]\psi(\mathbf{r}) = \left\{V(\mathbf{r}+\mathbf{a}) - V(\mathbf{r})\right\}\hat{T}(\mathbf{a})\,\psi(\mathbf{r})$$

e) Es gelte: $i\hbar\dfrac{\partial}{\partial t}\psi(\mathbf{r},t) = \hat{H}\psi(\mathbf{r},t)$. Zeige:

Die verschobene Wellenfunktion $\psi(\mathbf{r}+\mathbf{a},t)$ ist genau dann Lösung der Schrödinger-Gl., wenn

$$\left[\hat{H},\hat{\mathbf{P}}\right] = 0$$

3–7 Mittel Erwartungswert des Impulses

a) $\psi(\mathbf{r})$ sei reell. Zeige, dass für ihre Fouriertransformierte gilt: $\tilde{\psi}^{*}(\mathbf{p}) = \tilde{\psi}(-\mathbf{p})$

b) Zeige: Der Erwartungswert $\langle\hat{P}\rangle$ des Impulses verschwindet für *reelle* Wellenfunktionen $\psi(\mathbf{r})$.

3–8 Leicht Einführung des Impulsoperators

Beweise mit der zeitabhängigen Schrödinger-Gl. und mit partiellen Integrationen folgende Gl. für die Erwartungswerte des Orts- und Impulsoperators:

$$\frac{d}{dt}\langle x\rangle = \frac{1}{m}\left\langle\frac{\hbar}{i}\frac{d}{dx}\right\rangle \qquad (3.6\text{–}7)$$

---

[26] In sehr seltenen Fällen vertauschen zeitabhängige Hamiltonoperatoren nicht zu verschiedenen Zeiten. Das ist beispielsweise nach Gl. (11.2–4b) der Fall, wenn sich ein Magnetfeld $\mathbf{B}$ im Laufe der Zeit von der x-Richtung in die y-Richtung dreht; denn $[\hat{L}_1,\hat{L}_2]\neq 0$. In diesem Fall enthält der Zeitentwicklungsoperator $\hat{U}(t)$ einen sog. Zeitordnungsoperator. Ich will aber darauf nicht näher eingehen.

In Aufgabe 9–4 wird die Änderung der Wellenfunktion bei *Drehungen* des Systems berechnet.

3–9 Leicht Zeitabhängige Lösung

Ein Teilchen hat zur Zeit $t = 0$ die Wellenfunktion $\psi(x,0) = c_1\,\psi_1(x) + c_2\,\psi_2(x)$.

Dabei sind die beiden Funktionen $\psi_n(x)$ – mit $n = 1, 2$ – Lösungen der zeitunabhängigen Schrödinger-Gl.

$$\hat{H}\,\psi_n(x) = E_n\,\psi_n(x)$$

Wie lautet die Wellenfunktion $\psi(x,t)$ für spätere Zeiten $t \geq 0$?

3–10 Mittel Mathematische Beschreibung des Doppelspalt-Experimentes

Beschreibe das in Abschn. 2.6 behandelte Doppelspalt-Experiment mathematisch mit Wellenfunktionen und ihren Wahrscheinlichkeitsdichten. Wozu ist die Häufigkeitsverteilung auf dem Schirm proportional, wenn nacheinander beide Spalten *einzeln* geöffnet werden, und wozu, wenn beide Spalten *gleichzeitig* offen sind?

3–11 Mittel Minimum der erlaubten Energien

Zeige, dass die Energie E, also der Eigenwert E in der Schrödinger-Gl.

$$\left[\frac{\hat{P}^2}{2m} + V(\hat{X})\right]|\psi_E\rangle = E\,|\psi_E\rangle$$

nicht unter dem Minimum $V_{\min}$ der potentiellen Energie $V(x)$ liegen kann. Die Ungl. $E < V_{\min}$ ist also bei normierbaren Lösungen unmöglich.

Tipp: Multipliziere die zeitunabhängige Schrödinger-Gl. von links mit $\langle\psi_E|$ und beachte das Vorzeichen von $\langle\psi_E|\hat{P}^2|\psi_E\rangle$.

3–12 Leicht Schrödinger-Gln.

Wie lauten die zeitunabhängigen Schrödinger-Gln.

a) des Wasserstoffatoms H? Der Kern soll im Koordinatenursprung ruhen.

b) des Wasserstoffmoleküls H_2? Ein Atomkern ruht im Koordinatenursprung, der andere bei $\mathbf{R} = \text{const}$.

3–13 Mittel Nicht-Vertauschbarkeit von Polarisationsfiltern Abb. 3.6–1

Ein Beispiel aus der Optik demonstriert die Nicht-Vertauschbarkeit von Operatoren. Zuerst gebe ich einen kurzen Einblick in die Polarisation von Photonen. Ich setze eine oberflächliche, qualitative Kenntnis des Spins voraus.

Vorbetrachtungen:

Klassische elektromagnetische Wellen sollen sich in x-Richtung ausbreiten. Nach Passieren eines in y- oder z-Richtung ausgerichteten Polarisationsfilters (kurz Polfilters) sind die Wellen in y- oder in z-Richtung linear polarisiert, d. h. das elektrische Feld ist parallel zur y- oder parallel zur z-Achse. Rechts- und linkszirkular polarisiertes Licht entsteht durch eine Phasenverschiebung von $\pm 90°$ zwischen y-linear und z-linear polarisiertem Licht. Das elektrische Feld von zirkular polarisiertem Licht lautet somit

$$\mathbf{E}_{\text{zirk}}(x,t) = E_0\left[\mathbf{e}_y\cos(kx - \omega t) \pm \mathbf{e}_z\sin(kx - \omega t)\right] \tag{3.6–8}$$

In der *Quantentheorie* besteht Licht aus Photonen mit Spin 1. Rechts- bzw. linkszirkular polarisiertes Licht enthält Photonen in den Polarisationszuständen (kurz Polzuständen) $|R\rangle$ bzw. $|L\rangle$. *In den zirkular polarisierten Zuständen $|R\rangle$ bzw. $|L\rangle$ zeigen die Photonenspins in bzw. entgegengesetzt zur Flugrichtung.*

Neben den Basiszuständen $|R\rangle, |L\rangle$ gibt es die zwei anderen, bekannten Basiszustände $|y\rangle, |z\rangle$, die y- bzw. z-linear polarisierte Photonen beschreiben. Im zweidimensionalen Hilbertraum der Polzustände lassen sich die Basiszustände wie folgt schreiben:

$$| y \rangle = (1 \quad 0)^{\mathrm{T}} \qquad\qquad | z \rangle = (0 \quad 1)^{\mathrm{T}}$$

In Analogie zur Gl. (3.6–8) lautet die Umrechnung zwischen den beiden Basen:

$$| R \rangle = \frac{1}{\sqrt{2}} \left(| y \rangle + i | z \rangle \right) = \frac{1}{\sqrt{2}} \begin{pmatrix} 1 \\ i \end{pmatrix} \qquad | L \rangle = \frac{1}{\sqrt{2}} \left(| y \rangle - i | z \rangle \right) = \frac{1}{\sqrt{2}} \begin{pmatrix} 1 \\ -i \end{pmatrix} \qquad (3.6\text{–}9a/b)$$

$$\Leftrightarrow \quad | y \rangle = \begin{pmatrix} 1 \\ 0 \end{pmatrix} = \frac{1}{\sqrt{2}} \left(| R \rangle + | L \rangle \right) \qquad | z \rangle = \begin{pmatrix} 0 \\ 1 \end{pmatrix} = -\frac{i}{\sqrt{2}} \left(| R \rangle - | L \rangle \right) \qquad (3.6\text{–}10a/b)$$

Nach den Gln. (3.6–9a/b) durchläuft ein zirkular polarisiertes Photon im Polzustand $| R \rangle$ oder $| L \rangle$ einen in y-Richtung gedrehten Polfilter mit der Wahrscheinlichkeit $1/2$.

Licht, dessen Polrichtung mit der z-Achse den Winkel α einschließt, enthält Photonen im Zustand

$$\sin\alpha \, | y \rangle + \cos\alpha \, | z \rangle = \begin{pmatrix} \sin\alpha \\ \cos\alpha \end{pmatrix} = -\frac{i}{\sqrt{2}} \left(e^{i\alpha} | R \rangle - e^{-i\alpha} | L \rangle \right) \qquad (3.6\text{–}11)$$

Hinweis: Obwohl Photonen Spin-1-Teilchen sind, hat *der Spin von Photonen*, die in x-Richtung fliegen, *nur die zwei x-Komponenten* $\pm\hbar$. Im Gegensatz zu massiven Spin-1-Teilchen kann die x-Komponente des Photonenspins nicht null sein, weil Photonen mit Lichtgeschwindigkeit fliegen. ∎

Nach diesen Vorbetrachtungen kommen wir nun zur eigentlichen Aufgabe: Linear polarisierte Photonen im Polarisationszustand $(\sin\alpha \ \cos\alpha)^{\mathrm{T}}$ fliegen in x-Richtung. Auf der x-Achse stehen hintereinander zwei Polfilter, deren Polachse einmal parallel zur z-Achse ist und einmal mit der z-Achse den Winkel ϑ einschließt.

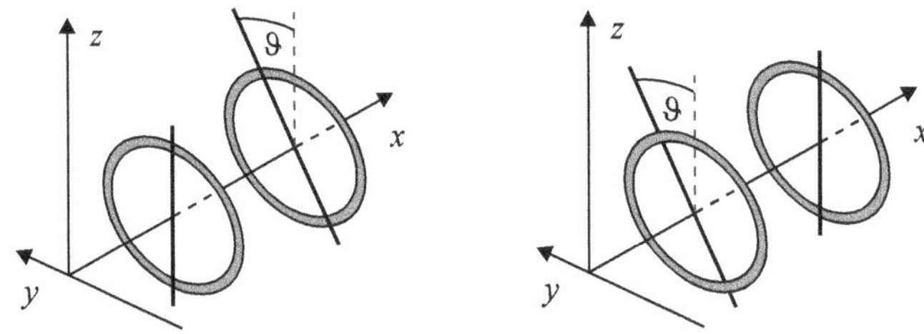

Abb. 3.6–1 Linear polarisierte Photonen fliegen auf der x-Achse durch zwei hintereinanderstehende Polfilter. Die Reihenfolge der Polfilter ist nicht vertauschbar.

a) Polfilter sind lineare Operatoren im zweidimensionalen Hilbertraum der Polzustände und lassen sich daher durch 2×2– Matrizen darstellen. Wie lautet die Polmatrix $\mathbf{A}_{\mathrm{Pol}}(\vartheta)$ eines Polfilters, dessen Polachse mit der z-Achse den Winkel ϑ bildet?

b) Zeige, dass die Polmatrizen der zwei Polfilter in Abb. 3.6–1 nicht vertauschen.

4 Freie Wellenpakete

Auch dieses Kapitel setzt einfache Kenntnisse der Fouriertransformation voraus. Der Schwierigkeitsgrad ist eher gering. Die Abschn. 4.1 und 4.3 sind weniger wichtig.

Nach der Aufstellung der Schrödinger-Gl. in Kapitel 3 untersuchen wir nun eindimensionale *freie* Lösungen ($V(x) = 0$) und lernen den Unterschied zwischen Phasen- und Gruppengeschwindigkeit sowie das Zerfließen freier quantenmechanischer Wellenpakete kennen.

4.1 *Klassische Wellenpakete* *: Endlich viele Überlagerungen von *endlich* vielen harmonischen Wellen liefern unendlich lange, nicht normierbare und daher unphysikalische Wellen. Nur *kontinuierliche* Überlagerungen ergeben normierbare Wellenpakete. Die Phasengeschwindigkeit ist die Geschwindigkeit der einzelnen Wellenberge, die Gruppengeschwindigkeit

$$v_{\mathrm{Gr}} = \frac{d\omega(k)}{dk}\Big|_{k=\bar{k}} \tag{4.1-5}$$

die Geschwindigkeit des Orts-Mittelwertes der Wellenpakete.

4.2 *Wellenpakete freier Quantenobjekte*: Die wechselwirkungsfreie, zeitabhängige Schrödinger-Gl. mit $V = 0$ wird durch harmonische Wellen $\exp[i(\pm k\,x - \omega\,t)]$ gelöst. Diese Lösungen sind trotz ihrer fehlenden Normierbarkeit von großer Bedeutung, da ihre **kontinuierlichen Überlagerungen**

$$\psi(x,t) = \frac{1}{\sqrt{2\pi}} \int_{-\infty}^{+\infty} \tilde{\psi}(k)\, e^{i\left[k\,x - \omega(k)\,t\right]} dk \tag{4.2-4}$$

normierbar sind – für realistische Impulswellenfunktionen $\tilde{\psi}(k)$. Die kontinuierlichen Überlagerungen bilden räumlich eingegrenzte **Wellenpakete** mit kontinuierlichen Verteilungen der Energien $E = (\hbar k)^2/(2m)$ und der Impulse $p = \hbar k$.

Da die Wellenpakete Anteile mit verschiedenen Impulsen $p = \hbar k$ haben, laufen die Wellenpakete im Laufe der Zeit immer weiter auseinander, werden also breiter und (wegen der Normierung) flacher.

4.3 *Interferenz von zwei Wellenpaketen* *: Wir betrachten die Interferenz innerhalb einer Einteilchen-Wellenfunktion, die aus zwei (anfangs benachbarten) Gaußschen Wellenpaketen besteht. Die Wellenpakete laufen einmal in dieselbe Richtung und einmal in entgegengesetzte Richtungen. Es treten typische Interferenzen auf.

4.1 Klassische Wellenpakete *

Wir wiederholen kurz die Theorie klassischer Wellenpakete. Leser, die sich mit Wellenpaketen und der Gruppengeschwindigkeit auskennen, können diesen Abschn. 4.1 problemlos überspringen. Die einfachsten klassischen Wellen sind unendlich lang und monochromatisch, enthalten also nur *eine* Frequenz und *eine* Wellenzahl $k = 2\pi/\lambda$. Bei Ausbreitung in die positive x-Richtung lauten ihre Wellenfunktionen

Quantenmechanik: Lehr- und Arbeitsbuch, 2. Auflage. Friedhelm Kuypers.
© 2026 Wiley-VCH GmbH. Published 2026 by Wiley-VCH GmbH.

$$\psi(x,t) = A\cos(kx - \omega t) \tag{4.1-1}$$

Die Geschwindigkeit, mit der sich eine bestimmte Phase bewegt, heißt **Phasengeschwindigkeit**. Sie beträgt nach Gl. (4.1–1)

$$v_{\mathrm{Ph}} = \frac{\omega}{k} \tag{4.1-2}$$

Wir addieren nun *zwei* monochromatische Wellen mit gleichen Amplituden und verschiedenen Frequenzen. Die Gl.

$$\cos\alpha + \cos\beta = 2\cos\frac{\alpha - \beta}{2}\cos\frac{\alpha + \beta}{2}$$

liefert $\psi(x,t) = A\cos(k_1 x - \omega_1 t) + A\cos(k_2 x - \omega_2 t) =$

$$= 2A\cos\left(\frac{k_1 - k_2}{2}x - \frac{\omega_1 - \omega_2}{2}t\right)\cos\left(\frac{k_1 + k_2}{2}x - \frac{\omega_1 + \omega_2}{2}t\right)$$

Mit $\Delta k := k_1 - k_2 \qquad \Delta\omega := \omega_1 - \omega_2$

und $\bar{k} := \dfrac{k_1 + k_2}{2} \qquad \bar{\omega} := \dfrac{\omega_1 + \omega_2}{2}$

ergibt sich die resultierende Wellenfunktion zu

$$\psi(x,t) = 2A\cos\left(\frac{\Delta k}{2}x - \frac{\Delta\omega}{2}t\right)\cos\left(\bar{k}x - \bar{\omega}t\right) \tag{4.1-3}$$

Die *zweite* Kosinusfunktion beschreibt eine Welle, die mit der mittleren Frequenz $\bar{\omega}$ in die positive x-Richtung läuft. Für ihre Wellenberge gilt:

$$\cos(\bar{k}x - \bar{\omega}t) = 1 \qquad \Leftrightarrow \qquad \bar{k}x - \bar{\omega}t = n\,2\pi$$

$$\Leftrightarrow \qquad x = \frac{\bar{\omega}}{\bar{k}}t + \frac{n\,2\pi}{\bar{k}}$$

Folglich erhalten wir die **Phasengeschwindigkeit**

$$v_{\mathrm{Ph}} = \frac{\bar{\omega}}{\bar{k}} \tag{4.1-4}$$

Die Phasengeschwindigkeit ist die Geschwindigkeit, mit der die relativen Minima und Maxima der durchgezogenen Kurve im unteren Teil der Abb. 4.1–1 laufen. In Abb. 4.1–2 weist der Pfeil auf einen bestimmten Wellenberg; seine Geschwindigkeit ist die Phasengeschwindigkeit.

Die *erste* Kosinusfunktion in Gl. (4.1–3) beschreibt die gestrichelte Einhüllende im unteren Teil der Abb. 4.1-1. *Die Geschwindigkeit der gestrichelten Hüllkurve heißt* **Gruppengeschwindigkeit** v_{Gr}. Die Bedingung für die Maxima der Hüllkurve

$$\frac{\Delta k}{2}x - \frac{\Delta\omega}{2}t = n\,2\pi \qquad \Leftrightarrow \qquad x = \frac{\Delta\omega}{\Delta k}t + \frac{n\,4\pi}{\Delta k}$$

liefert die Gruppengeschwindigkeit

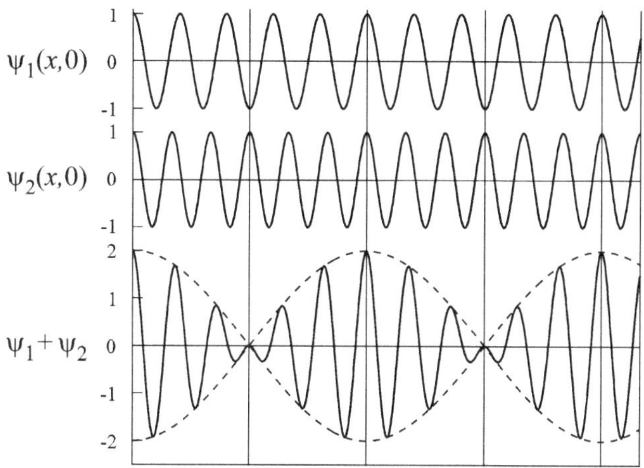

Abb. 4.1-1 Zur Zeit $t = 0$ werden zwei Wellen mit gleicher Amplitude und ungefähr gleichen Frequenzen $\omega_1 \approx \omega_2$ und Wellenzahlen $k_1 \approx k_2$ addiert. Es entsteht eine sog. **Schwebung**.

$$v_{Gr} = \frac{\Delta\omega}{\Delta k} \qquad\qquad (4.1\text{–}5a)$$

Im Limes $\Delta k \to 0$ folgt

$$v_{Gr} = \frac{d\omega}{dk} \qquad\qquad (4.1\text{–}5b)$$

Bisher wurden nur zwei Wellen mit verschiedenen Frequenzen addiert. Durch die Addition *endlich* vieler Wellen entstehen immer unendlich lange und nicht quadratisch integrierbare Wellenfunktionen. Nur *kontinuierliche Überlagerungen der monochromatischen Wellen können begrenzte* **Wellenpakete** – auch „Wellengruppen" genannt – *erzeugen*:

$$\psi(x,t) = \frac{1}{\sqrt{2\pi}} \int\limits_{-\infty}^{+\infty} \tilde{\psi}(k)\, e^{i\left[kx - \omega(k)\,t\right]}\, dk \qquad\qquad (4.1\text{–}6)$$

Die Wellenpakete sind *normierbar*, wenn sie für $x \to \pm\infty$ genügend schnell abfallen. In Verallgemeinerung der Gln. (4.1–5a/b) lautet die Gruppengeschwindigkeit:

$$v_{Gr} = \frac{d\omega(k)}{dk}\bigg|_{k=k_0} \qquad\qquad (4.1\text{–}7)$$

wenn $\tilde{\psi}(k)$ in der Umgebung von k_0 ein ausgeprägtes Maximum hat und sich $\omega(k)$ dort nur langsam ändert.

Beweis der Gl. (4.1–7): Wir betrachten ein Wellenpaket

$$\psi(x,t) = \frac{1}{\sqrt{2\pi}} \int\limits_{-\infty}^{+\infty} \tilde{\psi}(k)\, e^{i\left[kx - \omega(k)\,t\right]}\, dk$$

dessen Fouriertransformierte $\tilde{\psi}(k)$ ein *ausgeprägtes Maximum bei* k_0 hat. Deshalb entwickeln wir $\omega(k)$ an der Stelle k_0 :

$$\omega(k) = \omega(k_0) + (k - k_0)\frac{d\omega(k)}{dk}\bigg|_{k=k_0} + \dots \tag{4.1-8}$$

$$\Rightarrow \quad \psi(x,t) \approx \frac{1}{\sqrt{2\pi}}\, e^{i\left[k_0 x - \omega(k_0)t\right]} \cdot \int\limits_{-\infty}^{+\infty} \tilde{\psi}(k)\, e^{i(k-k_0)\left[x - \omega'(k_0)t\right]}\, dk \tag{4.1-9}$$

Die erste Exponentialfunktion beschreibt eine orts- und zeitabhängige Phase. Sie tritt in der Wahrscheinlichkeitsdichte $|\psi(x,t)|^2$ nicht auf. Die eckige Klammer in der zweiten Exponentialfunktion lässt das Wellenpaket mit der Gruppengeschwindigkeit wandern:

$$v_{\mathrm{Gr}} = \frac{d\omega(k)}{dk}\bigg|_{k=k_0} \tag{4.1-7}$$

Apropos: Das näherungsweise berechnete Wellenpaket (4.1–9) ändert seine Form im Laufe der Zeit nicht, da die Taylorentwicklung (4.1–8) von $\omega(k)$ mit dem linearen Term beendet wurde.

Nach Aufgabe 4–1 ist die Zeitableitung $d\langle x\rangle/dt$ des Orts-Erwartungswertes gleich $d\omega(k_0)/dk$, wenn $|\tilde{\psi}(k)|$ in einer kleinen Umgebung von k_0 konzentriert ist und wenn $d\omega(k)/dk$ in dieser Umgebung nahezu konstant ist. ∎

Die Gruppengeschwindigkeit ist die Geschwindigkeit des gesamten Paketes und daher die Geschwindigkeit, mit der das Paket Informationen überträgt. Genaue Untersuchungen zeigen, dass in der Praxis *immer die Geschwindigkeiten von Wellenpaketen und damit die Gruppengeschwindigkeiten gemessen werden*. Die Ausbreitung von Signalen und Energie erfolgt über Wellenpakete. Nach der speziellen Relativitätstheorie ist die *Gruppengeschwindigkeit höchstens gleich der Vakuumlichtgeschwindigkeit* $c \approx 3\cdot10^8$ m/s. Die Phasengeschwindigkeit kann auch größer als c sein und hat daher keine Bedeutung.[1]

Bei Schallwellen in Luft und elektromagnetischen Wellen im Vakuum sind Phasen- und Gruppengeschwindigkeit gleich groß, weil bei ihnen die Phasengeschwindigkeit v_{Ph} nicht von der Wellenlänge abhängt, so dass $\omega = kc$. Dann gilt:

$$v_{\mathrm{Gr}} = \frac{d\omega}{dk} = c = \frac{\omega}{k} = v_{\mathrm{Ph}} \tag{4.1-10}$$

Wir stellen also fest:

Wenn die Phasengeschwindigkeit v_{Ph} nicht von der Wellenlänge abhängt, wenn also $\omega(k) \sim k$, dann sind Phasen- und Gruppengeschwindigkeit gleich.

Beispiel 4.1–1 Phasen- und Gruppengeschwindigkeit von Wasserwellen

Die Phasengeschwindigkeit von Wasserwellen beträgt bei Wassertiefen, die wesentlich größer sind als die Wellenlänge λ

---

[1] In Aufgabe 4–6 werden Gruppen- und Phasengeschwindigkeit in Hohlleitern berechnet. Letztere ist größer als $c = 3\cdot10^8$ m/s.

$$v_{\mathrm{Ph}} = \frac{g\,T}{2\pi} \qquad \text{mit} \qquad g = \text{Erdbeschleunigung}\,;\quad T = \text{Periode der Wellen}$$

Berechne Phasen- und Gruppengeschwindigkeit als Funktionen von k.

Lösung:

$$v_{\mathrm{Ph}} = \frac{g\,T}{2\pi} = \frac{g}{\omega} = f\,\lambda = \frac{\omega}{k} \qquad \Rightarrow \qquad \omega(k) = \sqrt{g\,k}$$

$$\Rightarrow \quad v_{\mathrm{Ph}} = \frac{\omega}{k} = \sqrt{\frac{g}{k}} \qquad \text{und} \qquad v_{\mathrm{Gr}} = \frac{d\omega}{dk} = \frac{1}{2}\sqrt{\frac{g}{k}} = \frac{1}{2}\,v_{\mathrm{Phase}} \qquad (4.1\text{–}11)$$

Bei Wellen im Wasser mit einer Tiefe $\gg \lambda$ ist die Gruppengeschwindigkeit der Einhüllenden nur halb so groß wie die Phasengeschwindigkeit (siehe Abb. 4.1–2).

Wenn man einen Stein in einen See wirft, so läuft vom Aufschlagpunkt des Steines ein Wellenpaket radial in allen Richtungen davon. Die Wellenberge entstehen an der Hinterseite der Wellenpakete und laufen von dort nach vorne; dabei nimmt ihre Amplitude auf dem Weg zur Mitte des Wellenpaketes zu und fällt im vorderen Teil des Wellenpaketes wieder auf null ab (siehe Abb. 4.1–2). Dieses Verhalten von Wasserwellen lässt sich in der Natur leicht beobachten.

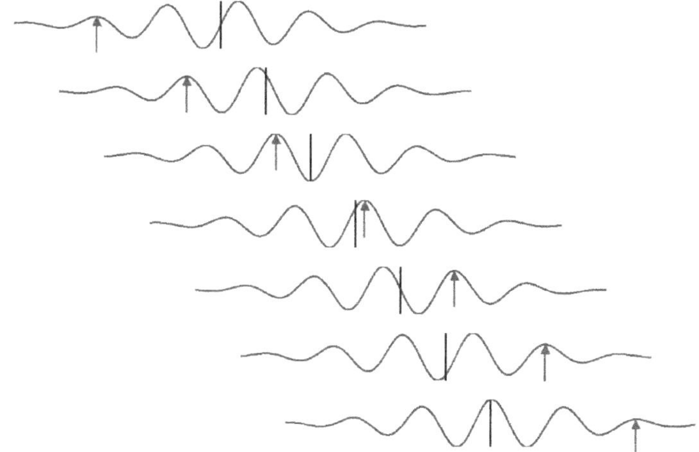

Abb. 4.1–2 Sieben Momentaufnahmen einer nach rechts laufenden **Wasserwelle**. Der vom Pfeil markierte Wellenberg hat eine doppelt so große Geschwindigkeit (Phasengeschwindigkeit) wie der mit einem vertikalen Strich markierte Mittelpunkt des Wellenpaketes (Gruppengeschwindigkeit). Wegen der Kürze des betrachteten Zeitintervalls ist das Zerlaufen des Wellenpaketes nicht erkennbar.

4.2 Wellenpakete freier Quantenobjekte

Wir kommen nun zu den Wellenpaketen freier Quantenobjekte ($V = 0$). Die eindimensionale, zeitunabhängige Schrödinger-Gl.

$$-\frac{\hbar^2}{2m}\,\psi''(x) = E\,\psi(x) \tag{4.2-1}$$

hat für *positive Energien E > 0* [2] die allgemeine Lösung

$$\psi(x) = c_1\,e^{ikx} + c_2\,e^{-ikx} \qquad \text{mit} \qquad k := \sqrt{2mE}\,/\hbar \tag{4.2-2}$$

Mit dem Zeitfaktor $\exp(-iEt/\hbar)$ aus Gl. (3.2–7) finden wir die Wellenfunktion:

$$\psi(x,t) = c_1\,e^{i\left[kx - \omega(k)t\right]} + c_2\,e^{-i\left[kx + \omega(k)t\right]} \tag{4.2-3}$$

mit $\omega(k) = \hbar k^2/(2m)$ *für Materiewellen*. Der erste (zweite) Term in Gl. (4.2–3) beschreibt eine unendlich lange Welle, die in die positive (negative) x-Richtung läuft mit der räumlichen Periode $\lambda = 2\pi/k$. Trotz der fehlenden *Normierbarkeit* haben die harmonischen Wellenfunktionen (4.2–3) eine sehr große Bedeutung. Denn *wegen des Superpositionsprinzips sind alle Überlagerungen der Wellenfunktionen (4.2–3) mit beliebigen, verschiedenen Wellenzahlen k ebenfalls Lösungen der zeitabhängigen Schrödinger-Gl.* Dabei gilt:

Nur durch **kontinuierliche Überlagerungen** der harmonischen Wellenfunktionen (4.2–3) erhalten wir normierbare, räumlich begrenzte Wellenfunktionen, sog. **Wellenpakete.**

Die kontinuierlichen Überlagerungen lassen sich als Fouriertransformation schreiben[3]

$$\psi(x,t) = \frac{1}{\sqrt{2\pi}} \int_{-\infty}^{+\infty} \tilde\psi(k)\,e^{i\left[kx - \omega(k)t\right]}\,dk = \tag{4.2-4}$$

$$= \frac{1}{\sqrt{2\pi}} \int_{-\infty}^{+\infty} \left[\tilde\psi(k)\,e^{-i\omega(k)t}\right] e^{ikx}\,dk$$

$$\text{mit} \qquad \tilde\psi(k)\,e^{-i\omega(k)t} = \frac{1}{\sqrt{2\pi}} \int_{-\infty}^{+\infty} \psi(x,t)\,e^{-ikx}\,dx$$

$$\Rightarrow \qquad \tilde\psi(k) = \frac{1}{\sqrt{2\pi}} \int_{-\infty}^{+\infty} \psi(x,t)\,e^{-i\left[kx - \omega(k)t\right]}\,dx \tag{4.2-5}$$

Die Fouriertransformierte $\tilde\psi(k)$ kann am einfachsten für $t=0$ berechnet werden:

---

[2] In Aufgabe 4–9 wird gezeigt, dass die wechselwirkungsfreie Schrödinger-Gl. (4.2–1) für Energien $E \le 0$ auf keine normierbaren Wellenfunktionen führt, so dass $E > 0$ gelten muss.

[3] Freie Teilchen müssen also durch Wellenpakete beschrieben werden und haben daher – anders als gebundene Teilchen – *keine wohl definierte Energie.*

Die Integrale (4.2–4/5) sind nur für wenige $\tilde\psi(k)$ analytisch lösbar.

$$\tilde{\psi}(k) = \frac{1}{\sqrt{2\pi}} \int_{-\infty}^{+\infty} \psi(x,0)\, e^{-ikx}\, dx \qquad (4.2\text{-}5\text{'})$$

Nach den Gln. (4.2-4/5') wird das **Anfangswertproblem** bei freien Teilchen wie folgt gelöst:

Die Anfangsbedingung $\psi(x,0)$ bestimmt mit Gl. (4.2-5') die Impulswellenfunktion $\tilde{\psi}(k)$ und damit über die Gl. (4.2-4) die Wellenfunktion $\psi(x,t)$ für alle Zeiten t.

In der folgenden Rechnung für das Gaußsche Wellenpaket ist nicht $\psi(x,0)$ gegeben, sondern bereits die Impulswellenfunktion $\tilde{\psi}(k)$.

Wir behandeln das **Gaußsche Wellenpaket,** das wohl in allen Vorlesungen vorkommt, weil es analytisch exakt berechnet werden kann und alle charakteristischen Eigenschaften von Wellenpaketen hat. Die Impulswellenfunktion $\tilde{\psi}(k)$ ist eine normierte Gaußsche Glockenkurve:

$$\tilde{\psi}(k) = \left(\frac{2}{\pi}\right)^{1/4} \sqrt{a}\; e^{-a^2(k-k_0)^2} \qquad \text{mit} \qquad \int_{-\infty}^{\infty} |\tilde{\psi}(k)|^2\, dk = 1 \qquad (4.2\text{-}6)$$

Die Wendepunkte der Impulsverteilung $\tilde{\psi}(k)$ liegen bei $k_0 \pm 1/(2^{1/2}\,a)$ und der Schwerpunkt bei k_0.[4] $\hbar k_0/m$ ist die Gruppengeschwindigkeit des Wellenpaketes. Da die Phasengeschwindigkeit $\hbar k_0/(2m)$ von der Wellenlänge abhängt, zerfließt das Wellenpaket im Laufe der Zeit. Man spricht von **Dispersion**. Die folgenden Rechnungen bestätigen die Aussagen.

Das Wellenpaket zerfließt wie eine Wandergruppe: Kurz nach dem Verlassen des Reisebusses sind noch alle Wanderer dicht zusammen. Mit zunehmender gelaufener Strecke dehnt sich die Gruppe immer mehr in die Länge; vorne laufen die sportlichen Wanderer, hinten die gemächlichen.

Wir setzen $\tilde{\psi}(k)$ in Gl. (4.2-4) ein und erhalten

$$\psi(x,t) = \frac{\sqrt{a}}{2^{1/4}\,\pi^{3/4}} \int_{-\infty}^{+\infty} \exp\left[-a^2(k-k_0)^2 + i\left(kx - \frac{\hbar k^2}{2m}t\right)\right] dk \qquad (4.2\text{-}7)$$

Die Nebenrechnung in der Fußnote[5] und das Gauß-Integral

---

[4] Oft wird anstelle von a der Ausdruck $a/\sqrt{2}$ eingesetzt.

Für $ak_0 \gg 1$ hat die Impulswellenfunktion $\tilde{\psi}(k)$ fast keine Anteile mit $k < 0$. Daher bewegt sich das Gaußsche Wellenpaket für $ak_0 \gg 1$ fast vollständig in die positive x-Richtung.

[5] Der Leser darf direkt von Gl. (4.2-7) nach Gl. (4.2-10) springen oder aber das Integral (4.2-7) mit einem Computer-Algebra-Programm berechnen – z. B. mit dem „Integralrechner" aus dem Internet.

Für fleißige Leser forme ich die Exponentialfunktion in Gl. (4.2-7) mit einer quadratischen Ergänzung um:

$$-a^2(k-k_0)^2 + i\left(kx - \frac{\hbar k^2}{2m}t\right) = -\left(a^2 + i\frac{\hbar t}{2m}\right)k^2 + (2k_0 a^2 + ix)\,k - k_0^2 a^2 =$$

$$\int_{-\infty}^{+\infty} e^{-a^2(k-\bar{k})^2}\, dk = \sqrt{\pi}/a \qquad\qquad \text{für}\quad a > 0 \tag{4.2–8}$$

$$\text{liefern}\quad \psi(x,t) = \frac{1}{(2\pi)^{1/4}\sqrt{a}}\; \frac{1}{\sqrt{1 + i\dfrac{\hbar t}{2a^2 m}}}\; \exp\left[\frac{-\dfrac{x^2}{4} + i\,a^2 k_0\left(x - \dfrac{\hbar k_0}{2m}t\right)}{a^2\left(1 + i\dfrac{\hbar t}{2a^2 m}\right)}\right] \tag{4.2–9}$$

Diese komplizierte Wellenfunktion ist nur zur Zeit $t = 0$ einfach:[6]

$$\psi(x,0) = \frac{1}{(2\pi)^{1/4}\sqrt{a}}\; \exp\left[-\frac{x^2}{4a^2} + i k_0 x\right] \tag{4.2–9'}$$

Die Wahrscheinlichkeitsdichte[7] des freien, Gaußschen Wellenpaketes

$$\left|\psi(x,t)\right|^2 = \frac{1}{\sqrt{2\pi}}\; \frac{1}{\Delta x(t)}\; \exp\left[-\frac{1}{2\{\Delta x(t)\}^2}\left(x - \frac{\hbar k_0}{m}t\right)^2\right] \tag{4.2–10}$$

hat die *zeitlich schnell wachsende Breite*

$$\Delta x(t) = a\sqrt{1 + \left(\frac{\hbar t}{2a^2 m}\right)^2} \quad\underset{\substack{\uparrow\\[2pt]\text{für } t \gg 2a^2 m/\hbar}}{\approx}\quad \frac{\hbar t}{2a m} \tag{4.2–11}$$

Beachte, dass die *aufgestellten Gln. und das schnelle Zerfließen nur gelten, wenn die Teilchen wirklich frei sind und nicht mit der Umgebung wechselwirken.* Diese Forderung ist in der Praxis umso schwerer zu realisieren, je größer die Teilchen sind. Selbst die Wärmestrahlung kann das ungehinderte Zerfließen von Wellenpaketen verhindern. (Näheres dazu in Abschn. 8.1.)

Freie Wellenpakete zerfließen umso schneller, je leichter die Teilchen sind und je kleiner die Anfangsbreite a ist. Die Geschwindigkeit, mit der Wellenpakete zerfließen, ist für große Zeiten indirekt proportional zu $a\,m$ und hängt nicht vom Impuls ab. Für genügend große a oder für genügend große m kann das Zerfließen vernachlässigt werden.

$$= -\left(a^2 + i\frac{\hbar t}{2m}\right)\left(k - \frac{2k_0 a^2 + ix}{2\left(a^2 + i\dfrac{\hbar t}{2m}\right)}\right)^2 + \frac{-\dfrac{x^2}{4} + i a^2 k_0\left(x - \dfrac{\hbar k_0}{2m}t\right)}{a^2 + i\dfrac{\hbar t}{2m}}$$

[6] Nach Aufgabe 4–4b beschreibt der Faktor $\exp(i k_0 x)$ in Gl. (4.2–9') die Verschiebung k_0 im Impulsraum. Zur Zeit $t = 0$ ist das Wellenpaket bei $x = 0$. Nach Aufgabe 4–4a muss die Impulswellenfunktion $\tilde{\psi}(k)$ mit dem Faktor $\exp(-ikx_0)$ multipliziert werden, wenn das Wellenpaket zur Zeit $t = 0$ bei $x = x_0$ starten soll.

[7] Für zwei komplexe Zahlen $\underline{z}_1 = x_1 + i y_1$ und $\underline{z}_2 = x_2 + i y_2$ gilt:

$$\left(\exp\frac{\underline{z}_1}{\underline{z}_2}\right)\left(\exp\frac{\underline{z}_1}{\underline{z}_2}\right)^* = \exp\left(\frac{\underline{z}_1}{\underline{z}_2} + \frac{\underline{z}_1^*}{\underline{z}_2^*}\right) = \exp\frac{\underline{z}_1 \underline{z}_2^* + \underline{z}_1^* \underline{z}_2}{\underline{z}_2 \underline{z}_2^*} = \exp\frac{2x_1 x_2 + 2y_1 y_2}{x_2^2 + y_2^2}$$

Nach Gl. (4.2–10) ist *die Wahrscheinlichkeitsdichte im Ortsraum eine auf Eins normierte Gaußsche Glockenkurve.* Laut runder Klammer in der Exponentialfunktion (4.2–10) ist *die Geschwindigkeit des Gaußschen Wellenpaketes*

$$v = \frac{\hbar k_0}{m} = \frac{p_0}{m}$$

die Teilchengeschwindigkeit v. Natürlich stimmt sie mit der Gruppengeschwindigkeit überein:

$$v_{Gr} \underset{\underset{Gl.\ (4.1\text{–}7)}{\uparrow}}{=} \frac{d\omega(k)}{dk}\bigg|_{k=k_0} = \frac{d}{dk}\frac{\hbar k^2}{2m}\bigg|_{k=k_0} = \frac{\hbar k_0}{m} \tag{4.2–12}$$

Fazit: Die Funktion in Gl (4.2–10) beschreibt ein *freies Gaußsches Wellenpaket, das im Laufe der Zeit zerfließt und sich mit konstanter Geschwindigkeit* $v_{Gr} = p_0/m$ *bewegt.*

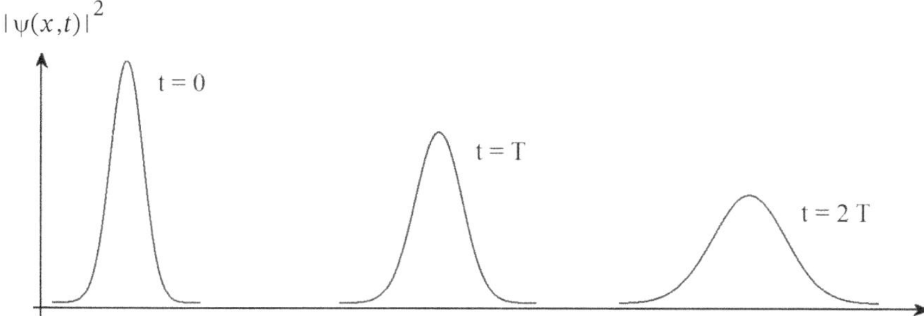

Abb. 4.2–1 Ein Gaußsches Wellenpaket läuft mit konstanter Geschwindigkeit nach rechts und zerfließt dabei unter Beibehaltung seiner Gaußschen Form. *T* ist eine beliebige Zeit.

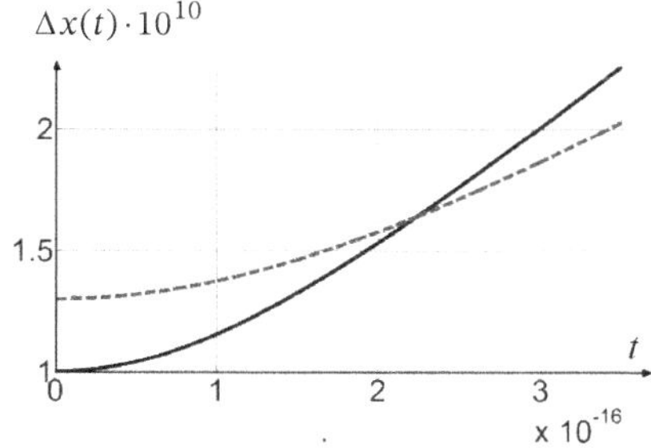

Abb. 4.2–2 $\Delta x(t) \cdot 10^{10}$ für Elektronen mit $a = 1,0 \cdot 10^{-10}$ m und $a = 1,3 \cdot 10^{-10}$ m (gestrichelte Kurve).

Die einzelnen Wellen hingegen pflanzen sich mit den Geschwindigkeiten

$$v_{Ph}(k) = \frac{\omega(k)}{k} = \frac{\hbar k}{2m} \tag{4.2–13a}$$

fort. Die monochromatische Welle mit der größten Amplitude hat die Wellenzahl $k_0 = 2\pi/\lambda_0$ und die Phasengeschwindigkeit

$$v_{\mathrm{Ph}}(k_0) = \frac{\hbar k_0}{2m} = \frac{1}{2}\, v_{\mathrm{Gr}} \qquad\qquad (4.2\text{–}13\mathrm{b})$$

Hier wird nochmals bestätigt, dass die Phasengeschwindigkeit für Wellenpakete keine physikalische Bedeutung hat. Nur für Dispersionsrelationen mit $\omega(k) \sim k$ sind Phasen- und Gruppengeschwindigkeit identisch.

Im Laufe der Zeit zerfließt ein freies, nicht mit der Umwelt wechselwirkendes Wellenpaket sehr schnell: Seine Höhe nimmt ab und seine Breite $\Delta x(t)$ nimmt zu, so dass die Normierung auf eins erhalten bleibt. Das *Zerfließen freier Wellenpakete* kommt nicht nur bei Gaußschen Wellenpaketen vor, sondern ist *ein allgemeines Phänomen*, wenn die Frequenz $\omega(k)$ keine lineare Funktion der Zeit ist. Das Zerfließen des Wellenpaketes ist ein Zerfließen der Wahrscheinlichkeitsdichte, nicht ein Zerfließen des Teilchens.

Anscheinend widerspricht die überaus schnelle Verbreiterung *freier* Wellenpakete den scharf begrenzten Flugbahnen der Elementarteilchen in Nebelkammern und der Elektronen in Kathodenstrahlröhren. Dieser Widerspruch wird durch die Erkenntnis aufgelöst, dass es *in Wirklichkeit über längere Zeiten keine freien Wellenpakete* gibt: Alle Quantenobjekte wechselwirken andauernd mit der Umgebung. In Abschn. „8.1 Der Messprozess" wird erläutert, dass die Wellenpakete bei Ortsmessungen oder Wechselwirkungen mit der Umgebung *in die Nähe des Fundortes zusammenfallen* (*kollabieren*) *und so die Teilchen ständig neu lokalisieren.*

 **Beispiel 4.2–1 Zerfließen freier Wellenpakete**

a) In welcher Zeit t_{D} verdoppelt sich die Breite eines *freien* Gaußschen Wellenpaketes?

b) Warum kann man in Nebelkammern relativ scharfe Bahnen beobachten?

c) In den Elektronenstrahlröhren der alten Schwarz-Weiß-Fernseher wurden die Elektronen durch die Spannung $U \approx 15\,\mathrm{kV}$ beschleunigt. Schätze die Breite Δx der Gaußschen Wellenpakete *freier* Elektronen beim Auftreffen auf dem Bildschirm grob ab.

d) Wieder beschreiben wir ein Elektron durch ein *freies* Gaußsches Wellenpaket und setzen die Anfangsbreite mit $\Delta x(0) = a = 10^{-6}\,\mathrm{m}$ an. Wie groß ist die Breite Δx des Wellenpaketes nach $1 \cdot 10^{-6}\,\mathrm{s}$ und nach $1\,\mathrm{s}$, wenn das Elektron absolut frei ist, also keine Wechselwirkung mit der Umgebung hat?

e) Schrödinger wollte Quantenobjekte als *reine Wellen* interpretieren und die Teilcheneigenschaften auf Wellenpakete zurückführen. Diese *falsche* Interpretation kam ohne den Dualismus Welle-Teilchen aus und verzichtete gänzlich auf die Wahrscheinlichkeitsinterpretation von $|\psi(x,t)|^2$. Widerlege diesen Interpretationsversuch mit den Ergebnissen aus Teil d).

f) Wie groß ist t_{D} für ein makroskopisches Teilchen mit $m = 0{,}1\,\mathrm{g}$ und $a = 2\,\mathrm{mm}$?

Lösung:

a) Nach der Exponentialfunktion in Gl. (4.2–10) verdoppelt sich die Breite eines Gaußschen Wellenpaketes, wenn sich $\Delta x(t)$ in Gl. (4.2–11) verdoppelt. Mit $\Delta x(0) = a$ erhalten wir:

$$\Delta x(t_{\mathrm{D}}) = 2\,a \qquad \Leftrightarrow \qquad 1 + \left(\frac{\hbar\, t_{\mathrm{D}}}{2\,a^2\,m}\right)^2 = 4 \qquad \Leftrightarrow \qquad t_{\mathrm{D}} = \frac{2\sqrt{3}\,a^2\,m}{\hbar} \sim a^2$$

b) Der Zusammenstoß eines Elementarteilchens mit einem Gasmolekül der Nebelkammer ist gewissermaßen eine Ortsmessung, die zu einem Kollaps der Wellenfunktion in die unmittelbare Umgebung des Fundortes führt. Die ständigen Kollapse der Wellenfunktion verhindern eine ungestörte Verbreiterung des Wellenpaketes. Die *Wellenpakete bleiben daher lokalisiert.*

c) Nach dem Ehrenfestschen Theorem (siehe Abschn. 7–3) bewegt sich der Erwartungswert des Ortes von genügend schmalen Wellenpaketen wie ein klassisches Teilchen. Deshalb berechnen wir die Bewegung der Elektronen mit den Gesetzen der klassischen Mechanik. Da wir die Anfangsbreite a des Wellenpaketes nicht gut abschätzen und daher kein genaues Ergebnis erzielen können, rechnen wir der Einfachheit halber nicht relativistisch. Die Endgeschwindigkeit v der Elektronen folgt aus der Energieerhaltung:

$$e_0\,U = \frac{m_\mathrm{e}}{2}\,v^2 \quad \Rightarrow \quad v = \sqrt{2\,e_0\,U/m_\mathrm{e}} \approx 7{,}3 \cdot 10^7 \,\frac{\mathrm{m}}{\mathrm{s}}$$

Auf der restlichen Strecke mit einer geschätzten Länge von etwa $s \approx 0{,}5\,\mathrm{m}$ haben die Elektronen die konstante Geschwindigkeit v. Somit ist die Flugzeit $t_\mathrm{Flug} \approx s/v \approx 6{,}9 \cdot 10^{-9}\,\mathrm{s}$.

In den Elektronenstrahlröhren sind Kollisionen der Elektronen mit Gasmolekülen äußerst unwahrscheinlich, da der Druck in den evakuierten Röhren unter 10^{-9} bar liegt, so dass die mittlere Weglänge der Elektronen zwischen Stößen mit den Gasmolekülen circa hundert mal größer ist als die Flugstrecke $s \approx 0{,}5\,\mathrm{m}$. Die Frage, welchen Einfluss Wechselwirkungen mit den anderen fliegenden Elektronen, mit Photonen der Wärmestrahlung, ... haben, ist ohne nähere Untersuchungen kaum zu beantworten.

Das große Problem ist die Abschätzung der Anfangsbreite $\Delta x(0)=a$ des Wellenpaketes. Für den $\Delta x(0) = a \approx 10^{-8}\,\mathrm{m}$ ergibt sich $\Delta x(6{,}9\,\mathrm{ns}) \approx 0{,}04\,\mathrm{mm}$. Diese Breite liegt unter 10% der Pixelgröße moderner LCD-Fernseher und hat fast keine Bedeutung für die Bildschärfe; die Verbreiterung des Wellenpaketes ist zu vernachlässigen.

d) $\quad \Delta x(1 \cdot 10^{-6}\,\mathrm{s}) \approx 5{,}8 \cdot 10^{-5}\,\mathrm{m} \qquad\qquad \Delta x(1\,\mathrm{s}) \approx 58\,\mathrm{km}$

Innerhalb einer Sekunde würde sich das Wellenpaket eines (wirklich *freien*) Elektrons von $1 \cdot 10^{-6}\,\mathrm{m}$ auf etwa 58 km verbreitern. Zum Vergleich: Ein Elektron, das durch eine Spannung von nur $1\,\mathrm{eV}$ beschleunigt wurde, fliegt in einer Sekunde etwa 593 km weit.

e) Aus der Schrödingerschen Interpretation folgt, dass *freie* Elektronen nach den Ergebnissen in den Teilen c/d) sehr schnell zerfließen und sich auflösen. Das widerspricht allen Experimenten, denn eine wesentliche Eigenschaft der Elektronen – z. B. bei Absorption in Materie – ist ihre Unteilbarkeit.

f) $\quad t_\mathrm{D} \approx 1{,}3 \cdot 10^{25}\,\mathrm{s} \approx 4 \cdot 10^{17}$ Jahre $\approx 3 \cdot 10^7$ Alter des Universums.

Das freie Gaußsche Wellenpaket hat eine endliche Ausdehnung bzw. eine *Ortsstreuung* $\Delta x(t)$. Andererseits besteht das Wellenpaket nach Gl. (4.2-7) aus einer kontinuierlichen Überlagerung von monochromatischen Wellen mit verschiedenen Impulsen $p = \hbar k$. Dies führt zu einer *Impulsstreuung* Δp der Impulswellenfunktion $\tilde{\psi}(p)$.

Wir berechnen nun das Streuungsprodukt $\Delta x\,\Delta p$ des Gaußschen Wellenpaketes und bereiten uns dabei *exemplarisch* auf Abschn. „8.2 Allgemeine Unbestimmtheitsrelation" vor. Zu diesem Zweck muss der Begriff „Streuung" präzise festgelegt werden. Wir betrachten ein Quantenobjekt im *normierten* Zustand $\psi(x)$. Dann lautet der **Mittelwert** oder **Erwartungswert** des Operators $\hat{A}$ im Ortsraum

$$\langle \hat{A} \rangle = \int_{-\infty}^{\infty} \psi^*(x,t)\, \hat{A}\, \psi(x,t)\, dx \qquad (4.2\text{--}14)$$

Zwei einfache Beispiele sind schnell gefunden:

$$\langle \hat{X} \rangle = \int_{-\infty}^{+\infty} x\, |\psi(x,t)|^2\, dx = \int_{-\infty}^{+\infty} \tilde{\psi}^*(p,t) \left(i\hbar \frac{d}{dp} \right) \tilde{\psi}(p,t)\, dp$$

$$\text{und} \quad \langle \hat{P} \rangle = \int_{-\infty}^{+\infty} \psi^*(x,t) \left(\frac{\hbar}{i} \frac{d}{dx} \right) \psi(x,t)\, dx = \int_{-\infty}^{+\infty} p\, |\tilde{\psi}(p,t)|^2\, dp$$

Die **mittlere quadratische Abweichung vom Erwartungswert** $(\Delta A)^2$ wird in der Statistik **Varianz** genannt und lautet:

$$(\Delta A)^2 := \int_{-\infty}^{+\infty} \psi^*(x,t) \left(\hat{A} - \langle \hat{A} \rangle \right)^2 \psi(x,t)\, dx =$$

$$= \langle \hat{A}^2 \rangle - 2\langle \hat{A} \rangle^2 + \langle \hat{A} \rangle^2 = \langle \hat{A}^2 \rangle - \langle \hat{A} \rangle^2 \qquad (4.2\text{--}15)$$

$$\Rightarrow \quad (\Delta x)^2 = \int_{-\infty}^{+\infty} \left(x - \langle x \rangle \right)^2 |\psi(x,t)|^2\, dx$$

$$\text{und} \quad (\Delta p)^2 = \int_{-\infty}^{+\infty} \psi^*(x,t) \left(\frac{\hbar}{i} \frac{d}{dx} - \langle \hat{P} \rangle \right)^2 \psi(x,t)\, dx$$

Im Impulsraum lauten diese Varianzen

$$(\Delta x)^2 = \int_{-\infty}^{+\infty} \tilde{\psi}^*(p,t) \left(i\hbar \frac{\partial}{\partial p} - \langle x \rangle \right)^2 \tilde{\psi}(p,t)\, dp \quad \text{und} \quad (\Delta p)^2 = \int_{-\infty}^{\infty} \left(p - \langle \hat{P} \rangle \right)^2 |\tilde{\psi}(p,t)|^2\, dp$$

Die Wurzel ΔA aus der Varianz heißt in der Mathematik **Standardabweichung**[8] und in der Physik **Unschärfe**, **Unbestimmtheit** oder **Streuung**. *Die Streuung ist die Wurzel aus der mittleren quadratischen Abweichung vom Erwartungswert.*

---

[8] Die Standardabweichung ist ein Maß für die Streuung von Zufallsvariablen x_k in der Umgebung ihres Mittelwertes $\bar{x}$. Im physikalischen Praktikum sind viele Zufallsvariablen – z. B. mit der Stoppuhr gemessene Zeiten – normalverteilt. Für N Messwerte $x_1, x_2, \dots x_N$ wird die *Standardabweichung als die Wurzel aus der mittleren quadratischen Abweichung vom Mittelwert* definiert:

$$\Delta x = \sqrt{\frac{1}{N-1} \sum_{k=1}^{N} \left(x_k - \bar{x} \right)^2} \qquad \text{mit dem Mittelwert} \qquad \bar{x} = \frac{1}{N} \sum_{k=1}^{N} x_k$$

In Gl. (4.2-15) wird die Mittelwertbildung durch die Integration über $\psi^* \psi$ erzielt. Bei normalverteilten Messwerten und für $N \to \infty$ liegen 68,3% der Messwerte im Intervall $\bar{x} \pm \Delta x$.

ΔA wird sehr oft Unschärfe genannt. Ich halte diesen Namen für missverständlich, da ΔA nichts mit ungenauen Messungen und schlechten Messgeräten zu tun hat. So können die experimentell verursachten Ungenauigkeiten bei Orts- und Impulsmessungen viel kleiner sein als Δx oder Δp. Aus dem gleichen Grund werde ich später den gebräuchlichen Namen „Unschärferelation" durch den Begriff „Unbestimmtheitsrelation" ersetzen. Der von mir bevorzugte Name „Streuung" beschreibt die Bedeutung von ΔA am besten:

Messungen an identisch präparierten Teilchen liefern Messwerte, die in der Umgebung von $\langle \hat{A} \rangle$ verstreut sind. ΔA ist ein Maß für die Breite der Streuung.

Erwartungswert und Streuung lassen sich auch im Impulsraum berechnen. Das ist besonders dann ratsam, wenn die Fouriertransformierte $\tilde{\psi}(k)$ gegeben und einfach ist. Erwartungswert und Streuung hängen von der Zustandsfunktion $\psi(x,t)$ ab, so dass man gelegentlich zur Verdeutlichung auch $\langle \hat{A} \rangle_\psi$ und ΔA_ψ schreibt.

Eine positive Ortsstreuung $\Delta x > 0$ bedeutet nicht, dass ein Teilchen im Ort verschmiert ist oder dass die Ortsmessung ungenau ist. Ortsmessungen können – wie alle anderen Messungen auch – im Prinzip beliebig genau durchgeführt werden.

Beispiel 4.2–2 Streuungsprodukt Gaußscher Wellenpakete

a) Berechne zur Zeit $t=0$ die Ortsstreuung Δx des Gaußschen Wellenpaketes

$$\psi(x,0) = \frac{1}{(2\pi)^{1/4}\sqrt{a}}\, e^{-x^2/(4a^2) + ik_0 x}. \tag{4.2-9'}$$

b) Berechne *im Impulsraum* die Streuung Δk für

$$\tilde{\psi}(k) = (2/\pi)^{1/4}\sqrt{a}\, e^{-a^2(k-k_0)^2}. \tag{4.2-6}$$

c) Berechne *im Ortsraum* die Streuung Δp.

d) Wie groß ist das Streuungsprodukt $\Delta x\,\Delta k$ zur Zeit $t=0$?

Hinweis: $\displaystyle\int_{-\infty}^{+\infty} x^2\, e^{-x^2/a^2}\, dx = \frac{\sqrt{\pi}}{2}\, a^3 \qquad$ für $\quad a>0$

Lösung:

a) Zur Zeit $t=0$ ist der Erwartungswert des Ortes null: $\langle \hat{X} \rangle = 0$. Mit Gl. (4.2–15) folgt

$$(\Delta x)^2 = \int_{-\infty}^{+\infty} x^2 |\psi(x,0)|^2\, dx = \frac{1}{\sqrt{2\pi}\,a}\, \frac{\sqrt{\pi}}{2}\left(\sqrt{2}\,a\right)^3 = a^2$$

b) $\displaystyle (\Delta k)^2 = \int_{-\infty}^{+\infty} (k-k_0)^2 |\tilde{\psi}(k)|^2\, dk \underset{\substack{\uparrow \\ \text{Substitution } k:=k-k_0}}{=} \sqrt{\frac{2}{\pi}}\, a \int_{-\infty}^{+\infty} \hat{k}^2\, e^{-2a^2\hat{k}^2}\, d\hat{k} =$

$$= \sqrt{\frac{2}{\pi}}\, a\, \frac{\sqrt{\pi}}{2}\, \frac{1}{\left(\sqrt{2}\,a\right)^3} = \frac{1}{4a^2} \qquad \Rightarrow \qquad \Delta k = \frac{1}{2a}$$

c) Natürlich ist $\langle \hat{P} \rangle = p_0 = \hbar k_0$. Weiterhin gilt:

$$\langle \hat{P}^2 \rangle = \frac{1}{\sqrt{2\pi}\,a} \int_{-\infty}^{+\infty} e^{-x^2/(4a^2) - ik_0 x} \left(-\hbar^2 \frac{d^2}{dx^2} \right) e^{-x^2/(4a^2) + ik_0 x}\, dx =$$

$$= \frac{\hbar^2}{\sqrt{2\pi}\,2a^3} \int_{-\infty}^{+\infty} \left(1 - \frac{x^2}{2a^2} + 2a^2 k_0^2 + 2ik_0 x \right) e^{-x^2/(2a^2)}\, dx = \frac{\hbar^2}{4a^2} + \hbar^2 k_0^2$$

$$\Rightarrow \quad (\Delta p)^2 = \langle \hat{P}^2 \rangle - \langle \hat{P} \rangle^2 = \frac{\hbar^2}{4a^2} = \hbar^2 (\Delta k)^2$$

Die Streuung Δp hängt nicht von der Gruppengeschwindigkeit $\hbar k_0 / m$ ab.

d) $\quad \Delta x\, \Delta k = \dfrac{1}{2} \qquad \Leftrightarrow \qquad \Delta x\, \Delta p = \dfrac{\hbar}{2} \qquad$ zur Zeit $t = 0$ $\qquad\qquad$ (4.2–16)

Da $|\psi(x,t)|^2$ im Laufe der Zeit zerfließt und $\tilde{\psi}(k)$ zeitunabhängig ist, nimmt das Streuungsprodukt $\Delta x\, \Delta k$ im Laufe der Zeit zu. Das Streuungsprodukt hat nur eine *untere* Grenze, keine obere. Zur Zeit $t = 0$ hat das Produkt $\Delta x\, \Delta p$ mit $\hbar/2$ den kleinst möglichen Wert.

Auch der gaußförmige Grundzustand des harmonischen Oszillators in Gl. (6.1–18a) hat das kleinste Streuungsprodukt $\hbar/2$. Nach Aufgabe 8–4 können – müssen aber nicht – nur Gaußsche Wellenpakete (4.2–9') das minimale Streuungsprodukt $\Delta x\, \Delta p = \hbar/2$ annehmen.

Unsere Rechnungen mit freien Gaußschen Wellenpaketen legen nahe, dass die Unbestimmtheitsrelation immer nur mathematische Gründe hat und nicht – wie gelegentlich geglaubt wird – auf Störungen bei Messungen zurückzuführen ist.

Das Ergebnis (4.2–16) kann verallgemeinert werden. Wir lassen die Zeitabhängigkeit außer Acht bzw. wir betrachten die Zeit als einen konstanten Parameter t. In Abschn. „8.2 Allgemeine Unbestimmtheitsrelation" wird *mathematisch* bewiesen, dass für alle Funktionen $\psi(x,t)$ und ihre Fouriertransformierten $\tilde{\psi}(k)$ (siehe die Gln. (4.2–4/5)) das Streuungsprodukt $\Delta x_\psi\, \Delta k_\psi$ größer oder gleich $1/2$ ist:

$$\Delta x_\psi\, \Delta k_\psi \geq \frac{1}{2} \tag{4.2–17}$$

Erst durch die Zuordnung einer Welle zu einem Teilchen, also erst durch die Gl. $p = \hbar k$ kommt die Quantenmechanik mit der **Heisenbergschen Unbestimmtheitsrelation** ins Spiel:

$$\Delta x_\psi\, \Delta p_\psi \geq \frac{\hbar}{2} \tag{4.2–18}$$

Die Ort-Impuls-Unbestimmtheitsrelation hat also einen mathematischen Grund: Es gibt keine Funktion $\psi(x,t)$ mit einem Streuungsprodukt $\Delta x_\psi\, \Delta k_\psi < 1/2$. Wenn wir die Zuständigkeiten von Physik und Mathematik genau voneinander unterscheiden wollen, so können wir feststellen: Die *Physik* sagt uns, dass die Betragsquadrate $|\psi(\mathbf{r},t)|^2$ und $|\tilde{\psi}(\mathbf{p},t)|^2$ Wahrscheinlichkeitsdichten sind. Die *Mathematik* hingegen – genauer gesagt die Theorie der Fouriertransformationen – sorgt dafür, dass für alle Zeiten und für alle Wellenfunktionen die Unbestimmtheitsrelation $\Delta x_\psi\, \Delta p_\psi \geq \hbar/2$ gilt. Je weniger die Ortsmessungen an identisch präparierten Teilchen streuen, desto stärker streuen die Impulsmessungen an diesen Teilchen.

4.3 Interferenz von zwei Wellenpaketen *

Wir untersuchen die Interferenz von zwei Wellenpaketen, die ein *einzelnes, freies Teilchen* beschreiben und auf der x-Achse einmal in die gleiche Richtung und ein anderes Mal in entgegengesetzte Richtungen laufen. (In zwei Dimensionen sind zwei Gaußsche Wellenpakete in einer Einteilchen-Wellenfunktion z. B. beim Doppelspalt-Experiment denkbar.)

Wir betrachten zuerst eine Wellenfunktion $\psi(x,t)$, die eine Überlagerung von zwei Gaußschen Wellenpaketen ist, die anfangs räumlich getrennt sind (siehe Abb. 4.3–1) und beide mit der derselben Gruppengeschwindigkeit $\hbar k_0/m$ in die positive x-Richtung laufen. Im Laufe der Zeit verbreitern sich die zwei Wellenpakete und überlappen immer mehr. Nach Gl. (4.2–6) und Aufgabe 4–4 lautet die Fouriertransformierte:

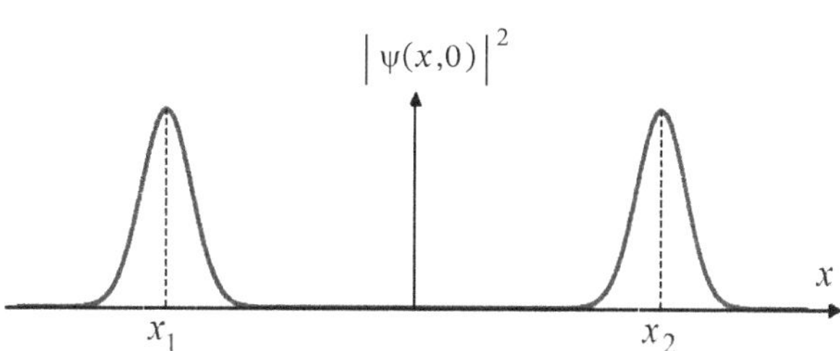

Abb. 4.3–1 Zur Zeit $t = 0$ besteht die Wahrscheinlichkeitsdichte eines einzelnen Teilchens aus zwei Gaußschen Wellenpaketen mit den Schwerpunkten bei x_1, x_2.

$$\tilde{\psi}(k) = \frac{\sqrt{a}}{(2\pi)^{1/4}} \, e^{-a^2(k-k_0)^2} \sum_{n=1}^{2} e^{-ikx_n}$$

$$\Rightarrow \quad \psi(x,t) = \frac{\sqrt{a}}{(2\pi)^{3/4}} \sum_{n=1}^{2} \int_{-\infty}^{+\infty} dk \, \exp\left[-a^2(k-k_0)^2 + i\left\{k(x-x_n) - \frac{\hbar k^2}{2m}t\right\}\right] \tag{4.3-1}$$

Mit Gl. (4.2–9) finden wir:[9]

$$\psi(x,t) = \sum_{n=1}^{2} \frac{1}{(8\pi)^{1/4}\sqrt{f(t)}} \exp\left[\frac{-\dfrac{(x-x_n)^2}{4} + ia^2 k_0\left\{(x-x_n) - \dfrac{\hbar k_0}{2m}t\right\}}{af(t)}\right] \tag{4.3-2}$$

$$\text{mit} \quad f(t) := a\left(1 + i\frac{\hbar t}{2a^2 m}\right) \tag{4.2-11}$$

---

[9] Warnung: Abb. 4.3–1 kann möglicherweise zu folgenden **zwei falschen Annahmen** verleiten:

- *Zwei* Teilchen laufen nach rechts. Diese Vermutung ist falsch, da $\psi(x,t)$ nur *eine* Ortsvariable x hat und daher nur *ein einzelnes* Teilchen beschreibt. Wellenfunktionen für *zwei* Teilchen lauten $\psi(x_1,x_2,t)$.

- Das Teilchen ist *entweder* in der Umgebung von x_1 *oder* von x_2. Auch diese Aussage ist falsch. Dann wären die Interferenzen in den Abbn. 4.3–2/3/4 nicht erklärbar. Richtig ist: Bei einer Ortsmessung zur Zeit $t = 0$ wird das Teilchen mit je 50% Wahrscheinlichkeit in der Umgebung von x_1 bzw. x_2 gefunden.

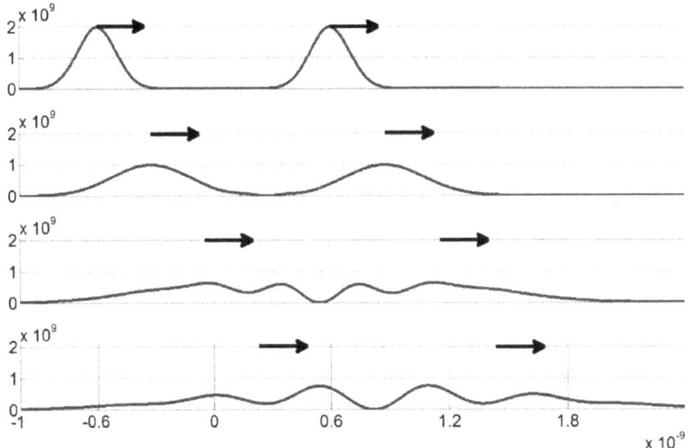

Abb. 4.3–2 Wahrscheinlichkeitsdichte $|\psi(x,t)|^2$ von zwei nach rechts laufenden Gaußschen Wellenpaketen eines einzelnen Teilchens für vier abstandsgleiche Zeitpunkte.

In Abb. 4.3–2 wird die Wahrscheinlichkeitsdichte $|\psi(x,t)|^2$ zu den vier abstandsgleichen Zeitpunkten $n \cdot 3 \cdot 10^{-16}$ s mit $n = 0,1,2,3$ gezeichnet. Die beiden Gaußschen Wellenpakete laufen mit gleicher Geschwindigkeit in die positive x-Richtung, *zerfließen* dabei und interferieren daher im Laufe der Zeit immer stärker.

Zum Schluss betrachten wir in den Abbn. 4.3–3/4 eine Wellenfunktion, die sich aus zwei Gaußschen Wellenpaketen zusammensetzt, die *in entgegengesetzte Richtungen* laufen. Mit $k_1 = k_0$, $k_2 = -k_0$ lautet die Einteilchen-Wellenfunktion nach Gl. (4.3–2)

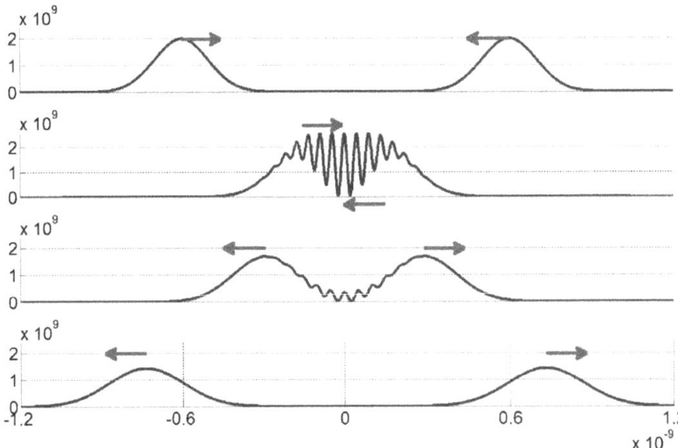

Abb. 4.3–3 Wahrscheinlichkeitsdichte $|\psi(x,t)|^2$ einer Wellenfunktion mit zwei überlagerten Gaußschen Wellenpaketen, die in *entgegengesetzte Richtungen* laufen und kurzzeitig interferieren. Die Kurven wurden zu vier abstandsgleichen Zeitpunkten gezeichnet.

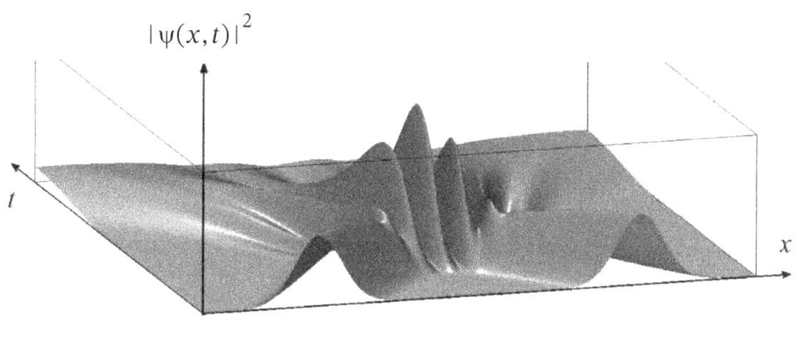

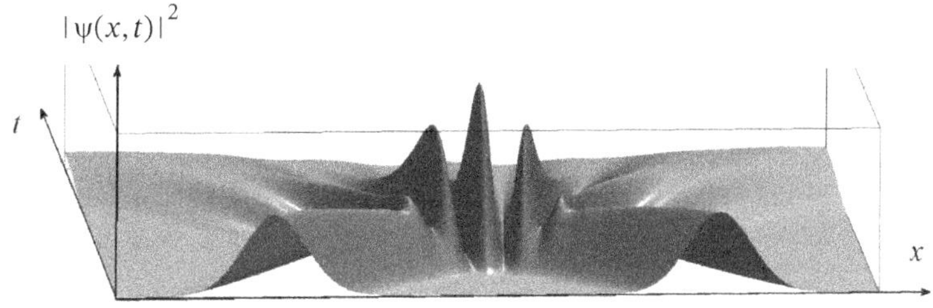

Abb. 4.3-4 Wahrscheinlichkeitsdichte $|\psi(x,t)|^2$ einer Einteilchenfunktion, die aus zwei zerfließenden, in entgegengesetzte Richtungen laufenden Gaußpaketen besteht. Die eine 3D-Darstellung wird aus drei verschiedenen Richtungen aufgenommen.

$$\psi(x,t) = \sum_{n=1}^{2} \frac{1}{(8\pi)^{1/4}\sqrt{f(t)}} \exp\left[\frac{-\dfrac{(x-x_n)^2}{4} + i\,a^2\,k_n\left\{(x-x_n) - \dfrac{\hbar\,k_n}{2m}t\right\}}{a\,f(t)}\right] \tag{4.3-3}$$

Der Unterschied zu Gl. (4.3-2) besteht darin, dass im zweiten Summand k_0 durch $-k_0$ ersetzt wird. Auch hier treten *Interferenzen* auf.

4.4 Leitgedanken

4.1 Klassische Wellenpakete *

Nur *kontinuierliche Überlagerungen von unendlich langen, monochromatischen Wellen liefern normierbare Wellenfunktionen.* Wenn $\tilde{\psi}(k)$ in der Umgebung von k_0 ein ausgeprägtes Maximum hat und sich $\omega(k)$ dort nur langsam ändert, dann lautet die **Gruppengeschwindigkeit**

$$v_{\mathrm{Gr}} = \left.\frac{d\omega(k)}{dk}\right|_{k=k_0} \tag{4.1-7}$$

Abb. 4.1–2 zeigt die Ausbreitung von Wasserwellen bei großer Wassertiefe. Der Unterschied zwischen Phasen- und Gruppengeschwindigkeit ist deutlich erkennbar.

Wenn die Frequenz $\omega(k)$ *proportional zu k ist, wenn also die Phasengeschwindigkeit* v_{Ph} *nicht von der Wellenlänge abhängt, dann sind Phasen- und Gruppengeschwindigkeit gleich.*

4.2 Wellenpakete freier Quantenobjekte

Die eindimensionale, zeitunabhängige Schrödinger-Gl.

$$-\frac{\hbar^2}{2m}\,\psi''(x) = E\,\psi(x) \tag{4.2-1}$$

hat für *positive Energien* $(E > 0)$ die (nicht normierbare) Lösung

$$\psi(x) = c_1\,e^{ikx} + c_2\,e^{-ikx} \qquad \text{mit} \qquad k := \sqrt{2mE/\hbar^2} \tag{4.2-2}$$

$$\Rightarrow \quad \psi(x,t) = c_1\,e^{i\left[kx - \omega(k)\,t\right]} + c_2\,e^{-i\left[kx + \omega(k)\,t\right]} \tag{4.2-3}$$

mit der *Dispersionsgl.* $\omega(k) = \hbar\,k^2/(2m)$ *für Materiewellen.*

Der erste (zweite) Term in Gl. (4.2–3) beschreibt eine unendlich lange, *nicht normierbare* Welle, die in die positive (negative) x-Richtung läuft.

Erst durch kontinuierliche Überlagerungen der unendlich langen Wellen können wir normierbare Wellenpakete erhalten, die Lösungen der zeitabhängigen Schrödinger-Gl. sind.

Diese kontinuierlichen Überlagerungen lassen sich als Fouriertransformation schreiben:

$$\psi(x,t) = \frac{1}{\sqrt{2\pi}} \int_{-\infty}^{+\infty} \tilde{\psi}(k)\,e^{i\left[kx - \omega(k)\,t\right]}\,dk \tag{4.2-4}$$

Die Fouriertransformierte $\tilde{\psi}(k)$ kann besonders einfach aus $\psi(x,0)$ berechnet werden:

$$\tilde{\psi}(k) = \frac{1}{\sqrt{2\pi}} \int_{-\infty}^{+\infty} \psi(x,0)\,e^{-ikx}\,dx \tag{4.2-5}$$

Die beiden Gln. (4.2–4/5) sind die Lösung des **Anfangswertproblems** für freie Teilchen:

Die Anfangsbedingung $\psi(x,0)$ bestimmt die Impulswellenfunktion $\tilde{\psi}(k)$ und damit über die Gl. (4.2–4) die Wellenfunktion $\psi(x,t)$ für alle Zeiten t.

Analytisch berechenbar ist das **Gaußsche Wellenpaket**. Seine Fouriertransformierte

$$\tilde{\psi}(k) = \left(\frac{2}{\pi}\right)^{1/4} \sqrt{a}\; e^{-a^2(k-k_0)^2} \tag{4.2–6}$$

ist ebenfalls gaußverteilt. Der Schwerpunkt der Impulsverteilung $\tilde{\psi}(k)$ liegt bei k_0. $\hbar k_0/m = p_0/m$ ist die Gruppengeschwindigkeit des Wellenpaketes. Da die Phasengeschwindigkeiten $\hbar k/(2m)$ von der Wellenlänge $\lambda = 2\pi/k$ der Wellenanteile abhängen, *zerfließt das Wellenpaket* im Laufe der Zeit. Wir setzen $\tilde{\psi}(k)$ in Gl. (4.2–4) ein und erhalten ...

$$|\psi(x,t)|^2 = \frac{1}{\sqrt{2\pi}}\,\frac{1}{\Delta x(t)}\,\exp\left[-\frac{1}{2\{\Delta x(t)\}^2}\left(x - \frac{\hbar k_0}{m}t\right)^2\right] \tag{4.2–10}$$

Sie hat die schnell wachsende Breite

$$\Delta x(t) = a\,\sqrt{1 + \left(\frac{\hbar t}{2a^2 m}\right)^2} \tag{4.2–11}$$

Nach Gl. (4.2–10) ist *auch die Wahrscheinlichkeitsdichte im Ortsraum eine auf Eins normierte Gaußsche Glockenkurve. Die Geschwindigkeit des Wellenpaketes* $v = \hbar k_0/m = p_0/m$ *ist die Teilchengeschwindigkeit. Natürlich stimmt sie mit der Gruppengeschwindigkeit überein.*

Das Gaußsche Wellenpaket hat eine *Ortsstreuung* Δx und eine *Impulsstreuung* Δp. Die Untersuchung dieser Streuungen erfordert eine genaue Definition des Begriffes „Streuung". Mit dem **Mittelwert** oder **Erwartungswert** des Operators $\hat{A}$

$$\langle \hat{A} \rangle = \int\limits_{-\infty}^{\infty} \psi^*(x,t)\,\hat{A}\,\psi(x,t)\,dx \tag{4.2–14}$$

definieren wir die **Varianz** als *mittlere quadratische Abweichung vom Mittelwert*:

$$(\Delta A)^2 := \int\limits_{-\infty}^{+\infty} \psi(x,t)\left(\hat{A} - \langle \hat{A} \rangle\right)^2 \psi(x,t)\,dx \tag{4.2–15}$$

Die Wurzel ΔA aus der Varianz heißt Standardabweichung, **Streuung** oder **Unschärfe**. Wir verwenden den am wenigsten missverständlichen Namen „Streuung" und nennen $\Delta A \cdot \Delta B$ „Streuungsprodukt". *Die Streuung ist die Wurzel aus der mittleren quadratischen Abweichung vom Mittelwert.* Erwartungswert und Streuung lassen sich auch im Impulsraum berechnen. Das ist besonders dann ratsam, wenn die Fouriertransformierte $\tilde{\psi}(k)$ gegeben und einfach ist.

Die Streuung geht nicht auf die Wechselwirkung mit einer Messapparatur (etwa durch eine Art Rückstoß) *zurück*, sondern hat einen *mathematischen Grund*: In Aufgabe 8–4 wird gezeigt, dass für alle Funktionen $\psi(x)$ und ihre Fouriertransformierten $\tilde{\psi}(k)$ das Streuungsprodukt $\Delta x\,\Delta k$ größer oder gleich $1/2$ ist:

$$\Delta x\,\Delta k \geq 1/2 \qquad \Leftrightarrow \qquad \Delta x\,\Delta p \geq \hbar/2$$

> Nur Gaußverteilungen können – müssen aber nicht – den minimalen Wert $1/2$ annehmen. *Das Streuungsprodukt von Ort und Wellenzahl hat also zuerst einmal nichts mit der Quantentheorie zu tun.* Die entsprechende Ungleichung $\Delta t\,\Delta\omega \geq 1/2$ ist in der Theorie der Signalverarbeitung bekannt: *Je kürzer ein Signal ist, desto breiter ist seine minimale Frequenzstreuung.*

4.5 Aufgaben

4–1 Mittel Geschwindigkeit des Orts-Erwartungswertes

Wir betrachten eine beliebige Wellenfunktion

$$\psi(x,t) = \frac{1}{\sqrt{2\pi}} \int_{-\infty}^{\infty} \tilde\psi(k)\,e^{i\left[kx-\omega(k)t\right]}\,dk \qquad \text{mit} \qquad \tilde\psi(k) = \text{beliebig} \tag{4.2–4}$$

$$\Leftrightarrow \qquad \tilde\psi(k) = \frac{1}{\sqrt{2\pi}} \int_{-\infty}^{\infty} \psi(x,t)\,e^{-i\left[kx-\omega(k)t\right]}\,dx \tag{4.2–5}$$

Berechne den Erwartungswert des Ortes $\langle x\rangle(t)$ und seine Geschwindigkeit. Beweise die exakte Gl.

$$\frac{d}{dt}\langle x\rangle = \int_{-\infty}^{\infty} \frac{d\omega(k)}{dk}\left|\tilde\psi(k)\right|^2 dk$$

Mit einer kurzen Überlegung folgt näherungsweise die Gruppengeschwindigkeit (4.1–7): [10]

$$\frac{d}{dt}\langle x\rangle \approx \left.\frac{d\omega(k)}{dk}\right|_{k=k_0} = v_{\mathrm{Gr}} \qquad \text{Siehe dazu auch Abschn. „7.3 Das Ehrenfestsche Theorem".}$$

Hinweise: Setze im Orts-Erwartungswert $\int \psi^*\,x\,\psi\,dx$ für $\psi(x,t)$ die Fouriertransformation ein, ersetze x durch $-i\partial/\partial k$ und führe eine partielle Integration durch.

4–2 Leicht Energie eines Gaußschen Wellenpaketes

Wir betrachten ein freies Teilchen, dessen Wellenfunktion $\psi(x)$ folgende Fouriertransformierte hat:

$$\tilde\psi(k) = \left(\frac{2}{\pi}\right)^{1/4} \sqrt{a}\; e^{-a^2(k-k_0)^2} \tag{4.2–6}$$

a) Mit welcher Wahrscheinlichkeit liegt ein gemessener Impuls im Intervall $\hbar\cdot[k,k+dk]$?

b) Wie groß ist der Erwartungswert des Impulses?

c) Wie groß ist der Erwartungswert der Energie?

Hinweis: $\qquad \displaystyle\int_{-\infty}^{+\infty} e^{-2a^2x^2}\,dx = \sqrt{\pi/2}\,\frac{1}{a} \qquad\qquad \int_{-\infty}^{+\infty} x^2\,e^{-2a^2x^2}\,dx = \sqrt{\frac{\pi}{32}}\,\frac{1}{a^3}$

---

[10] Da Teilchen vor Ortsmessungen keinen Ort haben und da auch nach Ortsmessungen Streuungen im Ort vorliegen (siehe Abb. 8.2–1), ist eine Teilchengeschwindigkeit als „Zeitableitung des Ortes" in der Quantenmechanik nicht definiert. Diese Aussage ist sinnvoll, da bei der Ausbreitung nicht Teilchen-, sondern Welleneigenschaften dominieren und da der Begriff „Bahn" in der Quantenmechanik nicht existiert.

In [Landau], § 1 ist zu lesen: „ … weil ja der Begriff der Bahnkurve für ein Elektron nicht vorhanden ist. Eine mehr oder weniger glatte Bahnkurve erhält man nur, wenn man den Ort eines Elektrons mit einer geringen Genauigkeit misst, wie zum Beispiel durch die Kondensation eines Dampfes in einer Nebelkammer."

4–3 Mittel Propagator freier Wellenpakete

a) Die Zeitentwicklung eines freien Gaußschen Wellenpaketes lässt sich folgendermaßen beschreiben:

$$\psi(x,t) = \int_{-\infty}^{\infty} G(x-x',t)\, \psi(x',0)\, dx'$$

Wie lautet der sog. **Propagator** $G(x-x',t)$ für freie Wellenpakete?

Bei Kenntnis des Propagators erfordert die Berechnung der Zeitentwicklung $\psi(x,0) \to \psi(x,t)$ nicht mehr die Lösung der Schrödinger-Gl., sondern nur eine Integration über x'.

Hinweise: **1)** $\displaystyle\int_{-\infty}^{\infty} e^{-ix^2}\, dx = \sqrt{\pi/2}\,(1-i) = \sqrt{\pi/i}$.

2) Ganz offensichtlich muss gelten: $G(x-x',0) = \delta(x-x')$.

b) Wie lautet der Propagator $G(x-x',t)$ allgemein für diskrete, nicht entartete Energien E_n ?

4–4 Leicht Fouriertransformation und Verschiebungen im Orts- und Impulsraum

a) Zur Zeit $t=0$ hat ein Wellenpaket die Zustandsfunktion $\psi(x,0)$ mit der Fouriertransformierten $\tilde{\psi}(k)$. Wie lautet die Fouriertransformierte $\tilde{\psi}_{x_0}(k)$ des um x_0 verschobenen Zustandes $\psi(x-x_0,0)$?

b) $\tilde{\psi}(k)$ hat die Fouriertransformierte $\psi(x)$. Wie lautet die Fouriertransformierte von $\tilde{\psi}(k-k_0)$?

4–5 Mittel Berechnung einer Fouriertransformierten Abb. 4.3–1

Zur Zeit $t=0$ ist die Wellenfunktion eine Überlagerung von zwei Gaußschen Wellenpaketen mit demselben mittleren Impuls $p_0 - \hbar k_0$. In Anlehnung an Gl. (4.2–9') lautet die Anfangsbedingung:

$$\psi(x,0) = \frac{1}{(8\pi)^{1/4}\sqrt{a}}\, e^{ik_0 x}\left[\exp\left(-\frac{(x-x_1)^2}{4a^2} \right) + \exp\left(-\frac{(x-x_2)^2}{4a^2} \right) \right] \tag{4.3–1'}$$

Berechne die Fouriertransformierte $\tilde{\psi}(k)$ dieser Funktion.

4–6 Leicht Hohlleiter

Hohlleiter sind metallische Rohre mit meist quadratischem, aber auch mit rundem oder elliptischem Querschnitt. Sie dienen als nahezu verlustfreie Wellenleiter für Mikrowellen von etwa 3 GHz bis 100 GHz. Für Hohlleiter lautet der Zusammenhang zwischen Wellenlänge λ und Frequenz f:

$$\lambda = \frac{c}{\sqrt{f^2 - f_0^2}} \qquad \text{mit} \qquad c = 3\cdot 10^8\,\text{m/s}$$

Verlustarme Übertragungen sind nur oberhalb der unteren Grenzfrequenz f_0 möglich, die von den Querschnitts-Abmessungen des Hohlleiters abhängt.

Berechne die Phasen- und die Gruppengeschwindigkeit im Hohlleiter.

4–7 Leicht Freies Wellenpaket

Ein freies Teilchen hat zur Zeit $t=0$ die normierte Wellenfunktion (siehe Aufgabe 5–13)

$$\psi(x,0) = \sqrt{a}\, e^{-a|x|} \qquad \text{mit} \qquad a > 0$$

a) Berechne $\tilde{\psi}(k)$.   **b)** Berechne $\psi(x,t)$ so weit wie möglich.

Hinweis: $\psi(x,0)$ ist wegen der Unstetigkeit ihrer Ableitung keine realistische Wellenfunktion. Trotzdem wird sie in Übungen gerne verwendet. (Dasselbe gilt auch für wenige andere Aufgaben.)

4–8　Leicht　Phasen- und Gruppengeschwindigkeit von Materiewellen

Masse m und Energie E eines freien Teilchens sind gegeben.

a) Berechne die Materiewellenlänge $\lambda(m,E)$ mit der de-Broglie-Gl. $\lambda = h/p$.

b) Wie groß ist die Phasengeschwindigkeit der Materiewellen?

c) Wie groß ist die Gruppengeschwindigkeit der Materiewellen?

4–9　Leicht　Nicht normierbare Lösung der freien Schrödinger-Gl.

Zeige, dass die wechselwirkungsfreie Schrödinger-Gl. (4.2–1) für nicht-positive Energien $E \leq 0$ keine normierbaren Lösungen hat. Daher sind nicht-positive Energien für freie Teilchen (natürlich) nicht möglich.

4–10　Mittel　Rechteckige Impulsfunktion

Wir betrachten eine Wellenfunktion mit einer rechteckigen Impulsverteilung

$$\tilde{\psi}(k) = \begin{cases} \tilde{\psi}(k_0) & \text{für } \; k_0 - \delta k \leq k \leq k_0 + \delta k \\ 0 & \text{sonst} \end{cases} \tag{4.5–1}$$

und mit einer beliebigen, *nicht unbedingt quadratischen Dispersionsrelation* $\omega(k)$.

a) Entwickle $\omega(k)$ in erster Näherung nach Taylor und berechne in dieser Näherung $\psi(x,t)$.

b) In den Teilen b) und c) der Aufgabe rechnen wir wieder exakt. Wie groß ist die Streuung Δk von $\tilde{\psi}(k)$?

c) Lässt sich die Streuung Δx berechnen? Was bedeutet die Antwort für die Wellenfunktion in Gl. (4.5–1)?

Hinweis: $\tilde{\psi}(k)$ ist wegen ihrer Unstetigkeit keine physikalisch sinnvolle Impulsfunktion; die Unzulässigkeit wird in Teil c) auf andere Art bestätigt. Wir verwenden $\tilde{\psi}(k)$ nur zur Einübung von Rechenmethoden – wie andere Autoren auch.

5 Stückweise konstante Potentiale

Wir behandeln mit Potentialtopf, Potentialstufe und Potentialwall wichtige eindimensionale Systeme, in denen das Potential an höchstens zwei Stellen Sprünge macht und ansonsten konstant ist. Trotz der Einfachheit haben diese Systeme große Bedeutung für die Quantenmechanik. Sie zeigen mit Energiequantisierung, Nullpunktenergie, Tunneleffekt und Unbestimmtheitsrelation typische Quantenphänomene.

Die Berechnungen sind so kurz und einfach, dass die physikalischen Phänomene klar in den Vordergrund treten und nicht wie in anderen Systemen durch lange Lösungen der Schrödinger-Gl. abgedrängt werden.

Der Abschn. 5.3 darf übersprungen und der Abschn. 5.5 schnell überflogen werden.

5.1 *Unendlich tiefer Potentialtopf*: In diesem einfachsten System der Quantenmechanik begegnet uns zum ersten Mal die Quantisierung der Energie bei gebundenen Zuständen und die Nullpunktenergie. Wir machen exemplarisch Bekanntschaft mit den grundlegenden mathematischen Begriffen „orthonormierte Funktionen" und „vollständiges Funktionensystem".

5.2 *Potentialstufe: Unendlich* lange, monofrequente Wellen laufen gegen eine Potentialstufe der Höhe V_0. Reflexions- und Transmissionskoeffizient lassen sich leicht berechnen. Für $E > V_0$ werden die einlaufenden Wellenfunktionen und damit auch die Wahrscheinlichkeitsdichten in einen reflektierten und einen durchlaufenden Anteil aufgespalten. In der klassischen Mechanik gibt es kein vergleichbares Phänomen.

5.3 *Wellenpakete an einer Potentialstufe* *: Mit den Ergebnissen aus Abschnitt 5.2 wird das Verhalten eines *endlich* langen Wellenpaketes an einer Potentialstufe berechnet und graphisch veranschaulicht.

5.4 *Potentialwall und Tunneleffekt*: Einfache Rechnungen führen auf den Tunneleffekt, eine charakteristische und wichtige Eigenart der Quantenmechanik, die kein klassisches Teilchen-Analogon hat. Der α-Zerfall und die Feldemission werden mit dem Tunneleffekt berechnet.

5.5 *Endlich tiefer Potentialtopf*: Wir untersuchen gebundene Zustände mit $E < 0$. Die diskreten Energien müssen graphisch oder numerisch bestimmt werden. Ein flacher Topf hat mindestens einen geraden, gebundenen Zustand. Bei zunehmender Potentialtiefe V_0 kommen abwechselnd ungerade und gerade Wellenfunktionen hinzu.

5.6 *Abschließende Bemerkungen*: Gebundene (bzw. freie) Zustände haben immer diskrete (bzw. kontinuierliche) Energiespektren. Die Lösungen der Schrödinger-Gl. sind für kontinuierliche Energien nicht normierbar; normierbare Wellenfunktionen ergeben sich hier nur durch kontinuierliche Überlagerungen der nicht normierbaren Lösungen.

Für eindimensionale Systeme, deren Potentiale $V(x)$ höchstens endliche Unstetigkeiten haben, gilt: 1) Die Grundzustandsfunktion hat keine Nullstelle und die Grundzustandsenergie ist nicht entartet. 2) Für $V(x) = V(-x)$ ist die Grundzustandsfunktion gerade und die angeregten Zustände sind abwechselnd gerade und ungerade.

Quantenmechanik: Lehr- und Arbeitsbuch, 2. Auflage. Friedhelm Kuypers.
© 2026 Wiley-VCH GmbH. Published 2026 by Wiley-VCH GmbH.

5.1 Unendlich tiefer Potentialtopf

Zu Beginn besprechen wir kurz eine **klassisch** schwingende Gitarrensaite. Die beidseitig fest eingespannte Saite hat ein diskretes Frequenzspektrum, aber wegen beliebiger Schwingungsamplitude keine diskreten Energien.

Beispiel 5.1–1 Schwingende Gitarrensaite

Eine Gitarrensaite ist an beiden Enden bei $x=0$ und $x=L$ fest eingespannt. Ihre stehenden Wellen entstehen durch die Überlagerung von zwei Wellen, die wegen der Reflexionen an den Rändern mit gleichen Amplituden in entgegengesetzte Richtungen laufen:

$$\psi(x,t) = A\cos(k\,x - \omega\,t) + A\cos(k\,x + \omega\,t - \varphi) = 2A\cos\!\left(k\,x - \frac{\varphi}{2}\right)\cos\!\left(\omega\,t - \frac{\varphi}{2}\right)$$

Welche diskreten Frequenzen ω haben die Schwingungen?

Lösung:

Die feste Einspannung bei $x=0$ liefert die erste sog. **Randbedingung**

$$\psi(x=0,t) = 0 \quad \text{für alle } t$$

$$\Leftrightarrow \quad \cos\frac{\varphi}{2} = 0 \quad \Leftrightarrow \quad \frac{\varphi}{2} = (2n+1)\frac{\pi}{2} \qquad n = 0,\pm 1,\pm 2,\dots$$

Für $n = 0$ ergibt sich die einfachste Lösung. Mit $\cos(\alpha - \pi/2) = \sin\alpha$ folgt

$$\psi(x,t) = 2A\sin(k\,x)\sin(\omega t)$$

Die feste Einspannung bei $x=L$ liefert die zweite **Randbedingung**

$$\psi(x=L,t) = 0 \quad \Leftrightarrow \quad \sin(k\,L) = 0$$

$$\Leftrightarrow \quad k\,L = \frac{2\pi}{\lambda}\,L = n\,\pi \qquad n = 1,2,3,\dots$$

Folglich lauten die Wellenlängen und Eigenfrequenzen einer beidseitig eingespannten Saite:

$$\lambda_n = \frac{2L}{n} \qquad n = 1,2,3,\dots$$

$$\Rightarrow \quad f_n = \frac{c}{\lambda_n} = \frac{c}{2L}\,n \qquad n = 1,2,3,\dots$$

Fazit: *Die beiden Randbedingungen führen auf diskrete Frequenzen.* Anders als in der Quantenmechanik folgt daraus aber keine Quantisierung der Energie, da die Energie einer schwingenden Saite proportional zum Quadrat der beliebigen Amplitude ist.

Abb. 5.1–1 zeigt zu neun verschiedenen Zeiten die Überlagerung von Grund- und erster Oberschwingung:

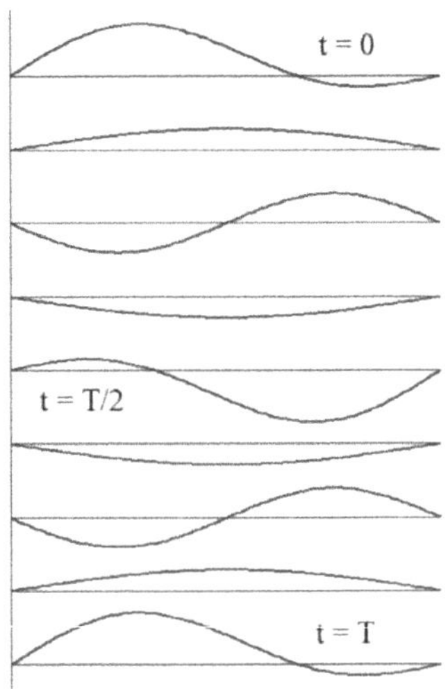

Abb. 5.1–1 Schwingung einer Gitarrensaite mit Grund- und Oberschwingung.

$$\psi(x,t) \sim \sin\!\left(\frac{\pi}{L}x\right)\cos\!\left(\frac{\pi c}{L}t\right) + \sin\!\left(\frac{2\pi}{L}x\right)\cos\!\left(\frac{2\pi c}{L}t\right)$$

Wir kommen nun zur **Quantenmechanik** und untersuchen ein Teilchen in einem Potentialtopf mit unendlich hohen Wänden. Dieses stark vereinfachte System hat folgende Bedeutung:

- Bewegungen und Energien der freien Elektronen in einem Metall können am einfachsten mit dem Modell eines freien Elektronengases in einem unendlich tiefen Potentialtopf abgeschätzt werden. Dabei werden die gegenseitigen Wechselwirkungen der freien Elektronen und äußere Potentiale vernachlässigt.

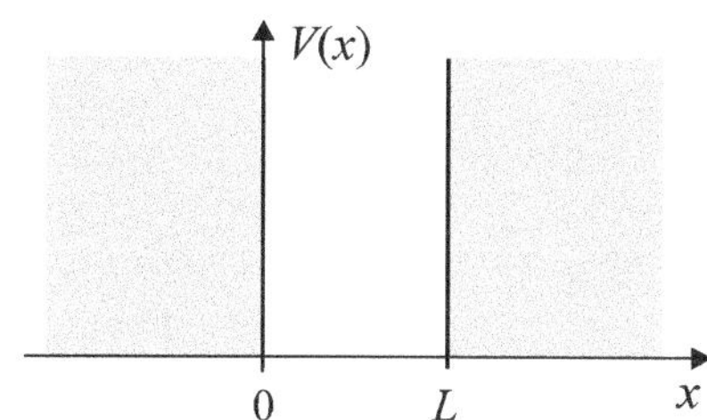

Abb. 5.1–2 Unendlich tiefer Potentialtopf.

Das Modell des freien Elektronengases kann die elektrische und thermische Leitfähigkeit und einige andere Eigenschaften von Metallen gut erklären, nicht aber den wichtigen Unterschied zwischen elektrischen Leitern, Halbleitern und Isolatoren (siehe dazu Kap 19).

- Das Potential ähnelt dem Potential freier Gasmoleküle in einem Behälter.

- Das System hat *typische* und *wichtige Eigenschaften*: Alle Energien sind diskret. Die Wellenfunktionen bilden nach Beispiel 5.1–2 ein vollständiges Orthonormalsystem.

Die zeitunabhängige Schrödinger-Gl. und das Potential lauten

$$-\frac{\hbar^2}{2m}\,\psi''(x) = \left[E - V(x)\right]\psi(x) \tag{5.1–1}$$

$$\text{mit}\quad V(x) = \begin{cases} 0 & \text{für } 0 < x < L \\ \infty & \text{sonst} \end{cases} \tag{5.1\,2}$$

Generell gilt für alle Systeme:[1]

In Bereichen mit unendlich großem Potential ($V = \infty$) ist die Wellenfunktion null: $\psi(x) = 0$.

Beweis: Wir betrachten einen Bereich mit $V = \infty$ und führen einen Widerspruchsbeweis, indem wir $\psi(x) \neq 0$ annehmen. Dann ist $V(x)\,\psi(x)$ im genannten Bereich unendlich und der Erwartungswert des Hamiltonoperators ist nicht definiert. Somit muss $\psi(x) = 0$ gelten.

Eine physikalisch attraktivere und viel anschaulichere Begründung wird in Aufgabe 5–8 gegeben: Danach kann ein Teilchen umso weniger in einen Bereich hinein tunneln, je stärker dort die potentielle Energie die Gesamtenergie übersteigt. ∎

---

[1] Beachte: Wenn das Potential nur in einem einzigen Punkt x_0 unendlich ist wie z. B. bei $V(x) = -\hat{V}\delta(x)$ in Aufgabe 5–13 (hier ist $x_0 = 0$), dann kann $\psi(x_0)$ ungleich null gesetzt werden.

Im Innern des Kastens lautet die Schrödinger-Gl.

$$\psi''(x) = -k^2\,\psi(x) \qquad \text{für} \qquad 0 < x < L$$

$$\text{mit}^2 \quad k := \sqrt{2mE/\hbar^2} > 0 \tag{5.1-3}$$

Die Lösung der Schrödinger-Gl. heißt

$$\psi(x) = A\sin(kx) + B\cos(kx)$$

Die physikalische Forderung, dass die Wahrscheinlichkeitsdichte überall stetig sein soll, führt auf zwei Randbedingungen. Die **erste Randbedingung**[3]

$$\psi(0) = 0 \tag{5.1-4a}$$

liefert $B = 0$. Die **zweite Randbedingung**

$$\psi(L) = 0 \tag{5.1-4b}$$

ist erfüllt für

$$\sin(kL) = 0 \quad \Leftrightarrow \quad kL = n\pi \quad \Leftrightarrow \quad \lambda_n = \frac{2\pi}{k_n} = \frac{2L}{n} \quad \text{mit } n = 1,2,\ldots \tag{5.1-5}$$

Die Breite $L = n\lambda_n/2$ des Potentialtopfes ist ein *ganzzahliges Vielfaches der halben De-Broglie-Wellenlänge* λ_n.

In Aufgabe 5-7 wird gezeigt, dass Lösungen für $E < 0$ beide Randbedingungen nicht erfüllen können. $n < 0$ scheidet wegen $k > 0$ aus (siehe Gl. (5.1-3)). $n = 0$ liefert die teilchenlose Null-Lösung $\psi = 0$.

Wir erhalten also die – jetzt normierten – Lösungen[4]

$$\psi_n(x) = \sqrt{\frac{2}{L}} \begin{cases} \sin\left(\dfrac{n\pi}{L}x\right) & \text{für } 0 < x < L \\[2mm] 0 & \text{sonst} \end{cases} \qquad \text{mit } n = 1, 2, 3, \ldots \tag{5.1-6}$$

---

[2] Wegen $E = \hbar^2 k^2/(2m) = p^2/(2m)$ ist $k = p/\hbar = 2\pi/\lambda$ die Wellenzahl.

[3] Am Anfang des Abschn. „5.2 Potentialstufe" wird allgemein gezeigt: Wellenfunktionen $\psi(x)$ und ihre erste Ableitung $\psi'(x)$ sind überall stetig – mit einer Ausnahme: *An unendlichen Sprungstellen des Potentials ist nur $\psi(x)$ stetig; die erste Ableitung $\psi'(x)$ aber ist dort unstetig.*

Die Unstetigkeit von $\psi'(x)$ bei unendlichen Potentialsprüngen wird in unserem Fall dadurch bestätigt, dass die Schrödinger-Gl. keine Lösung hätte, wenn wir neben $\psi(0) = \psi(L) = 0$ noch $\psi'(0) = \psi'(L) = 0$ fordern würden.

[4] Die Lösungen (5.1-6) sind die einfachsten normierten Lösungen in der Quantenmechanik. Daher werden wir immer wieder in Beispielen und Aufgaben auf sie zurückkommen. *Wegen der zwei unendlich großen Sprünge von V(x) ist die Ableitung $\psi'(x)$ an den beiden Stellen $x = 0$ und $x = L$ unstetig.*

In Zukunft werde ich die Wellenfunktionen nicht mehr so ausführlich darstellen, sondern – wie allgemein üblich – kurz $\psi_n(x) = \sqrt{2/L}\,\sin(n\pi x/L)$ schreiben. Der Leser wird wissen, dass die Wellenfunktionen außerhalb des Intervalls $[0, L]$ verschwinden und an den Rändern nicht differenzierbar sind.

mit den **diskreten Energien**

$$E_n = \frac{\hbar^2 k_n^2}{2m} = \frac{\hbar^2 \pi^2}{2mL^2} n^2 = E_1 n^2 \qquad\qquad \text{mit } n = 1, 2, 3, \dots \qquad (5.1\text{-}7)$$

Die Zahl n heißt **Quantenzahl**. Allgemein sind Quantenzahlen ganze – beim Spin auch halbzahlige – Zahlen, die die diskreten Eigenwerte und Eigenzustände eines Operators nummerieren. Beim unendlich tiefen Potentialtopf sind die Energien proportional zu n^2.

Die Quantisierung der Energie ergab sich aus den beiden Randbedingungen $\psi(0) = \psi(L) = 0$. Wir werden in allen Systemen sehen:

Die Quantisierung der Energie gebundener Zustände folgt immer aus Rand-, Übergangs- oder Normierungsbedingungen.

Dabei können Normierungsbedingungen gewissermaßen als Randbedingungen im Unendlichen angesehen werden. So führt z. B. beim harmonischen Oszillator (in Kap. 6) und beim Wasserstoffatom (in Kap. 10) die Normierungsbedingung sofort auf die Quantisierung der Energie. Dieser unspektakuläre und wenig aufregende Grund mag den Leser enttäuschen, der anfangs vielleicht tiefschürfende Erkenntnisse hinter den diskreten Energien erwartete.

Der Zustand mit der kleinsten Energie wird **Grundzustand** genannt. Er hat die Quantenzahl $n=1$ und die positive **Nullpunktenergie** $E_1 > 0$. Bei der klassischen Saite hingegen hat der Grundzustand (ruhende Saite) die Energie $E=0$. Im Grundzustand ist die Wahrscheinlichkeit, das Teilchen in der Umgebung der Topfmitte zu finden, am größten. Im Randbereich des Topfes findet man das Teilchen nur sehr selten.

Die Energien E_n sind umso größer, je kleiner L ist, je stärker also der den Teilchen zur Verfügung stehende Raum eingeengt ist. Diese Eigenschaft ist allen Quantensystemen gemeinsam und *folgt aus der Unbestimmtheitsrelation von Ort und Impuls.*

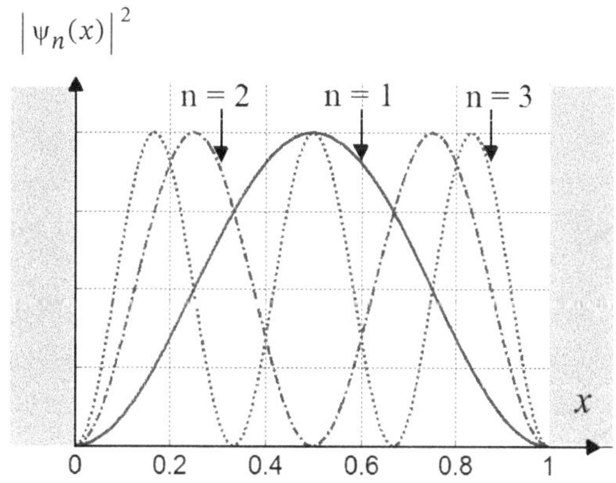

Abb. 5.1–3 Wahrscheinlichkeitsdichten $\psi_n^2(x)$ für die ersten drei Quantenzahlen $n = 1, 2, 3$ und für $L = 1$.

Bemerkungen: 1) Auch die Gitarrensaite in Beispiel 5.1–1 hat diskrete Frequenzen und Wellenzahlen $k = n\,\pi/L$. Die Energie einer schwingenden Saite ist aber proportional zum beliebigen Amplitudenquadrat und daher nicht quantisiert. In der Quantenmechanik gibt es keine Amplitude, sondern stattdessen eine Normierung auf eins.

2) Die Wahrscheinlichkeitsdichten $|\psi_n(x)|^2$ verschwinden an den $n+1$ Stellen rL/n mit $r=0,1,...n$, so dass man dort niemals Teilchen findet. Allein dieses Ergebnis zeigt, dass die klassische Vorstellung von einem Teilchen, das zwischen den Wänden hin und her läuft, für die stationären Wellenfunktionen $\psi_n(x)$ der Quantenmechanik unhaltbar ist. Treffender ist der Vergleich mit einer klassischen, *stehenden Welle*.

Erst die nicht stationären Überlagerungen der Lösungen $\psi_n(x)\exp(-iE_n t/\hbar)$ mit verschiedenen Energien zeigen einen schwingenden Ortserwartungswert $\langle x \rangle$ (siehe Beispiel 5.1–3).

3) Einen Zustand mit verschwindender Energie kann es wegen der Unbestimmtheitsrelation $\Delta x \Delta p \geq \hbar/2$ nicht geben. Denn ein solcher Zustand hätte die verschwindende Impulsstreuung $\Delta p = 0$ sowie (natürlich) $\Delta x \leq L$.

4) Wegen der Unstetigkeiten der Ableitungen $\psi_n'(x)$ an den Potentialrändern sind die Zustandsfunktionen $\psi_n(x)$ in Gl. (5.1–6) keine Eigenfunktionen des kinetischen Energieoperators $\hat{T}=\hat{P}^2/(2m)$. Daher haben die Wellenfunktionen $\psi_n(x)$ die Eigenschaft „kinetische Energie" nicht (mehr dazu in Aufgabe 8–7c).

5) Die Quantisierung ist die bekannteste Eigenart der Quantenmechanik, gilt aber nicht als zentrales Kennzeichen der Quantenmechanik. Vielmehr haben die *Unbestimmtheitsrelation und vor allem die Verschränkung von Zuständen* die Ehre, in erster Linie als *charakteristische Besonderheiten der Quantenmechanik* zu gelten.

Die Zustandsfunktionen (5.1–6) haben zwei sehr angenehme Eigenschaften, die zum Glück auch alle anderen Systeme der Quantenmechanik haben und die von zentraler Bedeutung für den mathematischen Formalismus der Quantenmechanik sind:

Die Zustandsfunktionen sind orthonormiert und bilden ein vollständiges Funktionensystem.

Wir werden darauf ausführlich und ganz allgemein in Kapitel „7 Die mathematische Struktur" eingehen. Das folgende Beispiel gibt eine erste, *exemplarische* Einführung in diese zwei grundlegenden Begriffe.

Beispiel 5.1–2 Orthogonalität und Vollständigkeit

a) Beweise: Die Lösungen (5.1–6) sind **orthonormiert**, also orthogonal und auf eins normiert.

Hinweis: *Das **Skalarprodukt** von zwei komplexen Funktionen* $f_1(x), f_2(x)$ *wird durch das Integral ihres Produktes definiert*:

$$\langle f_1 | f_2 \rangle := \int f_1^*(x)\, f_2(x)\, dx$$

Zwei Funktionen heißen **orthogonal**, wenn ihr Skalarprodukt verschwindet.[5]

---

[5] Das Skalarprodukt auf einem komplexen Vektorraum V ist eine Abb. von $V \times V$ nach $\mathbb{C}$ mit folgenden vier Eigenschaften: 1) $\langle x | \lambda y + \mu z \rangle = \lambda \langle x | y \rangle + \mu \langle x | z \rangle$ für $\forall \lambda, \mu \in \mathbb{C}$

2) $\langle x | y \rangle = \langle y | x \rangle^*$

3) $\langle x | x \rangle \geq 0$ 4) $\langle x | x \rangle = 0 \iff x = 0$

Offensichtlich hat das oben definierte Produkt $\langle f_1 | f_2 \rangle$ diese Eigenschaften.

b) Zeige, dass die Lösungen in Gl. (5.1–6) ein **vollständiges Funktionensystem** bilden.

Hinweis: Laut Definition bilden die Funktionen $f_n(x)$ in einem Vektorraum ein vollständiges Funktionensystem, *wenn sich alle Funktionen $f(x)$ dieses Vektorraumes nach den Funktionen $f_n(x)$ entwickeln lassen:*

$$f(x) = \sum_n c_n\, f_n(x)$$

c) Wie lassen sich die Koeffizienten c_n der vorangehenden Funktionenreihe berechnen?

d) Welche Analogien bestehen mit den Vektoren **a** des N-dimensionalen Vektorraums $\mathbb{R}^N$?

Lösung:

a) Die reellen Funktionen $\psi_n(x)$ sind orthonormiert, weil

$$\int_0^L \psi_n^*(x)\,\psi_m(x)\,dx = \frac{2}{L}\int_0^L \sin\left(\frac{n\pi}{L}x\right)\sin\left(\frac{m\pi}{L}x\right)dx \underset{\substack{\uparrow \\ \text{mathem. Formelsammlg.}}}{=} \delta_{nm} \quad (5.1\text{–}8)$$

mit dem Kroneckersymbol $\delta_{nm} := \begin{cases} 1 & \text{für } n=m \\ 0 & \text{für } n \neq m \end{cases}$

b) Der **Satz von Dirichlet** liefert den Beweis. Er lautet: Die Funktion $f(x)$ genüge im Intervall $(-L, L)$ den beiden Dirichletschen Bedingungen:

- Das Intervall $(-L, L)$ kann in endlich viele Teilintervalle zerlegt werden. in denen $f(x)$ monoton und stetig ist.
- An den Unstetigkeitsstellen x_k von $f(x)$ existieren die links- und rechtsseitigen Grenzwerte.

Dann konvergiert die **Fourierreihe**

$$\frac{a_0}{2} + \sum_{n=1}^{\infty}\left[a_n \cos\left(\frac{n\pi}{L}x\right) + b_n \sin\left(\frac{n\pi}{L}x\right)\right]$$

mit den Fourierkoeffizienten

$$a_n = \frac{1}{\pi}\int_{-L}^{L} f(x)\cos\left(\frac{n\pi}{L}x\right)dx \qquad\qquad b_n = \frac{1}{\pi}\int_{-L}^{L} f(x)\sin\left(\frac{n\pi}{L}x\right)dx$$

und es gilt:

$$\frac{a_0}{2} + \sum_{n=1}^{\infty}\left[a_n \cos\left(\frac{n\pi}{L}x\right) + b_n \sin\left(\frac{n\pi}{L}x\right)\right] = \qquad (5.1\text{–}9\text{a})$$

$$= \begin{cases} f(x) & \text{an den stetigen Stellen } x \text{ von } f(x) \\[2mm] \dfrac{f(x_k+0)+f(x_k-0)}{2} & \text{an den Unstetigkeitsstellen } x_k \text{ von } f(x) \end{cases} \qquad (5.1\text{–}9\text{b})$$

Hinweis: Wenn man $f(x)$ außerhalb des Intervalls $(-L, L)$ periodisch fortsetzt, dann gelten die Aussagen des Dirichletschen Satzes für alle $x \in \mathbb{R}$.

Die Orthogonalität von zwei Funktionen bedeutet nur, dass das Integral ihres Produktes null ist. Der Leser sollte nicht versuchen, sich darunter irgendetwas vorzustellen.

Für stetige, *ungerade* Funktionen $f(x)$, die die beiden Dirichletschen Bedingungen erfüllen, sind alle Fourierkoeffizienten $a_n = 0$ und es gilt

$$f(x) = \sum_{n=1}^{\infty} b_n \sin\left(\frac{n\pi}{L}x\right) \qquad \text{für} \quad x \in (-L, L) \tag{5.1--9c}$$

Wir kommen nun zurück zur Quantenmechanik des Potentialtopfes und setzen – nur in Gedanken – den nicht verschwindenden Anteil der Wellenfunktionen $\psi_n(x)$ (aus dem Intervall $(0, L)$ links vom Koordinatenursprung bis $-L$ fort. Dabei fordern wir, dass die Wellenfunktionen im erweiterten Intervall $(-L, L)$ *ungerade* sind. Durch diese fiktive Ausdehnung wird die Physik im tatsächlichen Intervall $(0, L)$ nicht geändert und die erste Randbedingung $\psi(0) = 0$ wird automatisch erfüllt. Daher beschreibt die Gl. (5.1–9c)

$$f(x) = \sum_{n=1}^{\infty} b_n \sin\left(\frac{n\pi}{L}x\right) \underset{\underset{\text{Gl. (5.1--6)}}{\uparrow}}{=} \sum_{n=1}^{\infty} b_n \sqrt{\frac{L}{2}}\, \psi_n(x) = \sum_{n=1}^{\infty} c_n\, \psi_n(x) \tag{5.1--9c'}$$

jede Wellenfunktion im Intervall $(0, L)$ als Überlagerung der Lösungen $\psi_n(x)$.

c) *Die Fourierkoeffizienten c_n lassen sich wegen der Orthonormierung der Funktionen $\psi_n(x)$ leicht bestimmen: Die Gl. (5.1–9c') wird mit $\psi_m^*(x)$ multipliziert und anschließend werden beide Seiten der Gl. integriert.* Bei Vertauschbarkeit von Reihe und Integral ergibt sich:

$$\int_0^L \psi_m^*(x)\, f(x)\, dx = \sum_{n=1}^{\infty} c_n \int_0^L \psi_m^*(x)\, \psi_n(x)\, dx \underset{\underset{\text{Gl. (5.1--8)}}{\uparrow}}{=} \sum_{n=1}^{\infty} c_n\, \delta_{nm} = c_m \tag{5.1--10}$$

Die Entwicklungskoeffizienten c_n werden immer durch Multiplikation mit der entsprechenden Basisfunktion und durch anschließende Integration – also mit einem Skalarprodukt – bestimmt.

Wir werden immer wieder auf diese *äußerst wichtige Methode* zurückkommen. Der Leser sollte damit unbedingt (!) vertraut sein. Ohne die Orthogonalität (5.1–8) wäre die Bestimmung von c_n äußerst schwierig, wenn nicht gar unmöglich. Zum Glück haben *alle* zeitunabhängigen Schrödinger-Gln. mit diskreten Energien orthogonale Lösungen.

Hinweis: Die Vertauschbarkeit von Reihe und Integral wird in der Physik immer angenommen, müsste aber eigentlich in jedem Fall mathematisch bewiesen werden.

d) N Vektoren $\mathbf{e}_i$ mit den Skalarprodukten $\mathbf{e}_i \cdot \mathbf{e}_k = \delta_{ik}$ heißen orthonormiert. Jeder Vektor $\mathbf{a}$ aus dem $\mathbb{R}^N$ lässt sich als eine Linearkombination der Basisvektoren $\mathbf{e}_i$ schreiben:

$$\mathbf{a} = \sum_{k=1}^{N} c_k\, \mathbf{e}_k$$

Die Orthonormierung $\mathbf{e}_i \cdot \mathbf{e}_k = \delta_{ik}$ der Basisvektoren ermöglicht eine einfache Berechnung der Koeffizienten c_n: Die skalare Multiplikation des Vektors $\mathbf{a}$ mit einem Vektor $\mathbf{e}_n$ liefert:

$$\mathbf{a} \cdot \mathbf{e}_n = \sum_{k=1}^{N} c_k\, \mathbf{e}_k \cdot \mathbf{e}_n = \sum_{k=1}^{N} c_k\, \delta_{kn} = c_n \quad \Rightarrow \quad \mathbf{a} = \sum_{k=1}^{N} (\mathbf{a} \cdot \mathbf{e}_k)\, \mathbf{e}_k$$

Im folgenden Beispiel 5.1–3a stoßen wir *exemplarisch* auf ein immer wiederkehrendes, in Übungsaufgaben beliebtes und elementares Problem der Quantenmechanik: Für $V = V(x)$ soll aus einem Anfangszustand $\psi(x,0)$ die Wellenfunktion $\psi(x,t)$ für spätere Zeiten t ermittelt werden. Für freie Wellenpakete mit kontinuierlich verteilten Energien wurde dieses Problem bereits in Abschn. 4.2 gelöst (siehe nochmals die Gln. (4.2-5') und (4.2-4)). Jetzt betrachten wir gebundene Systeme mit *diskreten Energien*. Hier gilt:

Aus einem Anfangszustand $\psi(x,0)$ wird der Zustand $\psi(x,t)$ für $t > 0$ wie folgt entwickelt:

- Zuerst wird die zeitunabhängige Schrödinger-Gl.

$$\left[-\frac{\hbar^2}{2m} \frac{d^2}{dx^2} + V(x) \right] \psi_n(x) = E_n \, \psi_n(x) \tag{5.1-11}$$

gelöst. Die Berechnung dieser Lösungen ist der mit Abstand schwierigste Teil des Programms und nur für wenige Potentiale analytisch durchführbar. Wir werden in Abschn. „7.2 Die Operatoren der Quantenmechanik" sehen, dass die Lösungen $\psi_n(x)$ immer ein orthogonales, vollständiges Funktionensystem bilden. Bei Entartungen ist eine Orthogonalisierung möglich.

- Der Anfangszustand $\psi(x,0)$ wird nach den Lösungen $\psi_n(x)$ entwickelt:

$$\psi(x,0) = \sum_n c_n \, \psi_n(x) \qquad \text{mit} \qquad c_n = \int_{-\infty}^{\infty} \psi_n^*(x) \, \psi(x,0) \, dx \tag{5.1-12a/b}$$

- Abschließend führt Gl. (3.2-11) auf die gesuchte Zeitentwicklung des Zustandes:

$$\psi(x,t) = \sum_n c_n \, e^{-i E_n t/\hbar} \, \psi_n(x) \tag{5.1-13}$$

Beachte, dass *nur* die Lösungen $\psi_n(x)$ der zeitunabhängigen Schrödinger-Gl. (5.1-11) mit $\exp(-i E_n t/\hbar)$ multipliziert werden dürfen und nicht irgendwelche Funktionen $\psi(x)$. Das geht eindeutig aus Abschn. „3.2 Stationäre Lösungen" hervor und wird gelegentlich übersehen.

Beispiel 5.1-3 Zeitentwicklung im unendlich tiefen Potentialtopf

Der Anfangszustand eines Teilchens im unendlich tiefen Potentialtopf (5.1-2) lautet

$$\psi(x,0) = \frac{1}{\sqrt{2}} \left[\psi_1(x) + \psi_2(x) \right] = \frac{1}{\sqrt{L}} \left[\sin\left(\frac{\pi}{L} x \right) + \sin\left(\frac{2\pi}{L} x \right) \right]$$

a) Berechne die Wellenfunktion $\psi(x,t)$ und die Wahrscheinlichkeitsdichte $|\psi(x,t)|^2$.

b) Berechne den Erwartungswert $\langle x(t) \rangle$ des Ortes und interpretiere das Ergebnis.

Hinweise: $\displaystyle\int_0^L x \, \psi_1^2(x) \, dx = \frac{L}{2}$ (natürlich) $\displaystyle\int_0^L x \, \psi_1(x) \, \psi_2(x) \, dx = -\frac{16 L}{9\pi^2}$

Lösung:

a) Wir haben in Abschn. 3.2 für zeitunabhängige Potentiale $V = V(x)$ gelernt: Die Zeitentwicklung der Wellenfunktionen ergibt sich, indem man die Lösungen $\psi_n(x)$ der zeitunabhängigen Schrödinger-Gl. zur Energie E_n mit $\exp(-i E_n t/\hbar)$ multipliziert:

$$\psi(x,t) = \frac{1}{\sqrt{2}} \left[\psi_1(x) \, e^{-i E_1 t/\hbar} + \psi_2(x) \, e^{-4 i E_1 t/\hbar} \right] \tag{5.1-14}$$

Der Zustand enthält zwei *verschiedene* Energien $E_1, E_2 = 4\,E_1$ und ist daher *nicht stationär*.

Bekanntlich gilt für komplexe Zahlen $\underline{z} = x + i\,y$ die Gl. $\underline{z}^*\underline{z} = x^2 + y^2$. Damit erhalten wir

$$\left|\psi(x,t)\right|^2 = \frac{1}{2}\left[\left\{\psi_1(x)\cos(\omega_1 t) + \psi_2(x)\cos(4\,\omega_1 t)\right\}^2\right] +$$

$$\frac{1}{2}\left[\left\{\psi_1(x)\sin(\omega_1 t) + \psi_2(x)\sin(4\,\omega_1 t)\right\}^2\right] \qquad \text{mit } \omega_k = E_k/\hbar \ (k=1,2)$$

Die Gl. $\cos\alpha \cdot \cos(4\alpha) + \sin\alpha \cdot \sin(4\alpha) = \cos(3\alpha)$ liefert:

$$\left|\psi(x,t)\right|^2 = \frac{1}{L}\left[\sin^2\left(\frac{\pi}{L}x\right) + \sin^2\left(\frac{2\pi}{L}x\right) + 2\sin\left(\frac{\pi}{L}x\right)\sin\left(\frac{2\pi}{L}x\right)\cos(3\omega_1 t)\right]$$

Die Zeitentwicklung ist stetig. Abb. 5.1–4 zeigt zwölf zeitlich abstandsgleiche Momentaufnahmen der Wahrscheinlichkeitsdichte $|\psi(x,t)|^2$ für ein Elektron im Potentialtopf mit der Breite $L = 10^{-10}$ m. Im ersten Bild links oben ist $t = 0$, im letzten Bild rechts unten ist die Zeit $11/8 \cdot$ Periode $= 11/8 \cdot 2\pi/(3\,\omega_1)$.

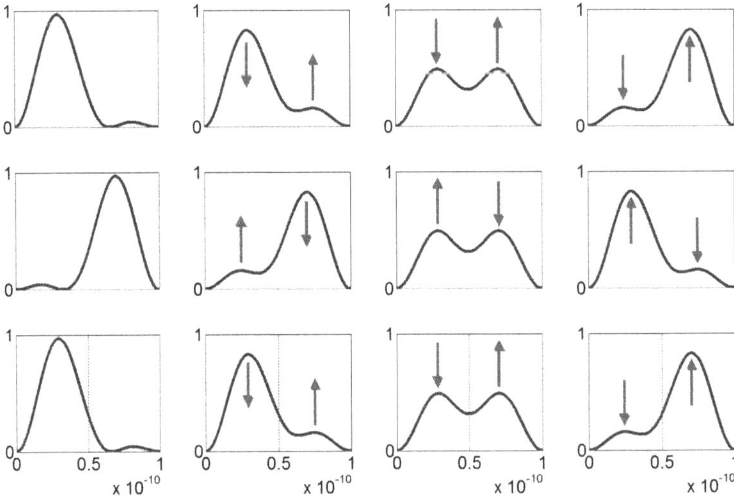

Abb. 5.1–4 Zwölf Momentaufnahmen der Wahrscheinlichkeitsdichte $|\psi(x,t_n)|^2$.

b) Der Erwartungswert des Ortes lautet

$$\left\langle x(t)\right\rangle = \frac{1}{L}\left[\int_0^L x\sin^2\left(\frac{\pi}{L}x\right)dx + \int_0^L x\sin^2\left(\frac{2\pi}{L}x\right)dx\right] +$$

$$\frac{2}{L}\int_0^L x\sin\left(\frac{\pi}{L}x\right)\sin\left(\frac{2\pi}{L}x\right)dx \cdot \cos(3\,\omega_1 t) =$$

$$= \frac{1}{L}\left[\frac{L^2}{4} + \frac{L^2}{4} - \frac{16L^2}{9\pi^2}\cdot\cos(3\omega_1 t)\right] = \frac{L}{2}\left[1 - \frac{32}{9\pi^2}\cos(3\omega_1 t)\right] \qquad (5.1\text{–}15)$$

$$\text{mit} \quad \omega_1 = \frac{E_1}{\hbar} = \frac{\hbar \, \pi^2}{2 m L^2}$$

Der *Erwartungswert* des Ortes schwingt mit der Amplitude

$$A = \frac{16 L}{9 \pi^2} \approx 0{,}180 \, L \tag{5.1-16}$$

und mit der Frequenz $3 \omega_1$ harmonisch um die Mittellage $L/2$ hin und her.

Ein klassisches Teilchen würde zwischen den Wänden gleichförmig mit der Amplitude $L/2$ hin und her laufen. Der Erwartungswert des Ortes des Quantenobjektes hingegen schwingt mit einer kleineren Amplitude, weil die unendlich hohen Potentialwände auf die Enden des Wellenpaketes drücken, so dass der Erwartungswert des Ortes die klassischen Umkehrpunkte nicht erreicht.[6]

Der unendlich tiefe Potentialtopf ist das einfachste Quantensystem; später werden wir oft auf seine Eigenschaften und Lösungen zurückgreifen. Er zeigt bereits exemplarisch wichtige Eigenschaften gebundener Quantensysteme:

- Die Energien sind quantisiert. Die Quantisierung ergibt sich unspektakulär aus Rand- bzw. Stetigkeitsbedingungen. (Normierungsbedingungen kann man als Randbedingungen im Unendlichen auffassen.)
- Die Lösungen $\psi_n(x)$ der Schrödinger-Gl. erfüllen die Unbestimmtheitsrelation $\Delta x \, \Delta p \geq \hbar/2$ (siehe Aufgabe 5–1). Daher ist die kleinste Energie E_1, die sog. Nullpunktenergie positiv.
- Die Lösungen $\psi_n(x)$ sind orthonormiert und bilden ein vollständiges Funktionensystem. Daher kann jede Funktion $\psi(x)$ mit $\psi(0) = \psi(L) = 0$ als Überlagerung der Lösungen geschrieben werden. Die Koeffizienten c_n in der Linearkombination können wegen der Orthonormierung der Lösungen $\psi_n(x)$ mit Skalarprodukten berechnet werden.

Kap. „7 Die mathematische Struktur" zeigt, dass alle gebundenen Systeme diese Eigenschaften haben.

Beispiel 5.1–4 Dreidimensionaler unendlich tiefer Potentialtopf

Ein Teilchen mit Masse m befindet sich im dreidimensionalen Potentialtopf mit

$$V(x,y,z) = \begin{cases} 0 & \text{für } 0 < x < L_1 \ , \ 0 < y < L_2 \ , \ 0 < z < L_3 \\ \infty & \text{sonst} \end{cases}$$

Berechne die Energieniveaus.

Lösung:

Die Schrödinger-Gl. im Potentialinneren

$$-\frac{\hbar^2}{2m} \Delta \, \psi(x,y,z) = E \, \psi(x,y,z)$$

wird durch den **Produktansatz**

$$\psi(x_1,x_2,x_3) = \psi_1(x_1) \, \psi_2(x_2) \, \psi_3(x_3) \qquad \text{mit} \qquad x_1,x_2,x_3 = x,y,z$$

---

[6] Das Ehrenfestsche Theorem $m d^2 \langle x \rangle / dt^2 = -\langle V'(x) \rangle$ (siehe Gl. (7.3–5) in Abschn. 7–3) gilt im unendlich tiefen Potentialtopf nicht, da $V(x)$ unendliche Sprünge hat, so dass $\langle V'(x) \rangle$ nicht definiert ist.

separiert. Nun lautet die Schrödinger-Gl. im Potentialinneren:

$$\psi_1'' \psi_2 \psi_3 + \psi_1 \psi_2'' \psi_3 + \psi_1 \psi_2 \psi_3'' = -\frac{2mE}{\hbar^2} \psi_1 \psi_2 \psi_3$$

Mit der bereits bekannten Abkürzung

$$k := \sqrt{2mE/\hbar^2} > 0 \tag{5.1-17}$$

folgt nach Division durch die Zustandsfunktion $\psi(x_1, x_2, x_3)$

$$\frac{\psi_1''(x_1)}{\psi_1(x_1)} = -\frac{\psi_2''(x_2)}{\psi_2(x_2)} - \frac{\psi_3''(x_3)}{\psi_3(x_3)} - k^2 \tag{5.1-18}$$

Folglich ist die linke Seite eine Konstante, die wir $-k_1^2$ nennen wollen[7]. In gleicher Weise folgt

$$\frac{\psi_2''(x_2)}{\psi_2(x_2)} = \text{const} =: -k_2^2 \qquad \frac{\psi_3''(x_3)}{\psi_3(x_3)} = \text{const} =: -k_3^2$$

Zusammen mit den Gln. (5.1–17/18) erhalten wir

$$k_1^2 + k_2^2 + k_3^2 = k^2 = \frac{2mE}{\hbar^2}$$

Wir erhalten drei gewöhnliche Dgln. zweiter Ordnung:

$$\psi_1''(x_1) = -k_1^2 \psi_1(x_1) \qquad \psi_2''(x_2) = -k_2^2 \psi_2(x_2) \qquad \psi_3''(x_3) = -k_3^2 \psi_3(x_3)$$

Nun geht es weiter wie nach der Gl. (5.1–3). Mit $\mathbf{n} = (n_1, n_2, n_3)$ lautet die gesamte normierte Lösung

$$\psi_{\mathbf{n}}(\mathbf{r}) = \sqrt{\frac{8}{L_1 L_2 L_3}} \sin\left(\frac{n_1 \pi}{L_1} x\right) \sin\left(\frac{n_2 \pi}{L_2} y\right) \sin\left(\frac{n_3 \pi}{L_3} z\right) \tag{5.1-19}$$

mit den diskreten Energien

$$E_{\mathbf{n}} = \frac{\hbar^2}{2m}\left(k_1^2 + k_2^2 + k_3^2\right) = \frac{\hbar^2 \pi^2}{2m}\left(\frac{n_1^2}{L_1^2} + \frac{n_2^2}{L_2^2} + \frac{n_3^2}{L_3^2}\right) \quad \text{mit} \quad n_1, n_2, n_3 \geq 1 \tag{5.1-20}$$

Für einen Würfel mit $L_1 = L_2 = L_3 := L$ ist die Energie entartet. D. h.: Es gibt i. Allg. mehrere Lösungen $\psi_{\mathbf{n}}(\mathbf{r})$ zu einer einzelnen Energie.

---

[7] Die Konstante $-k_1^2$ muss *negativ* sein. Wenn sie $+k_1^2$ hieße und positiv wäre, dann könnte die Lösung $\psi_1(x) = A \exp(k_1 x) + B \exp(-k_1 x)$ der Schrödinger-Gl. *nicht* beide Randbedingungen erfüllen. Aus

$$\psi_1(0) = A + B \overset{!}{=} 0 \qquad \psi_1(L) = A \exp(k_1 L) + B \exp(-k_1 L) \overset{!}{=} 0$$

folgt nämlich entweder $(A = B = 0)$ oder $(B = -A)$ und $k_1 = 0$. In beiden Fällen folgt $\psi_1(x) = 0$. Diese Lösung hat die Norm null, so dass nirgendwo ein Teilchen zu finden ist.

5.2 Potentialstufe

*In der Kern- und Festkörperphysik kommen oft Potentiale vor, die sich an einzelnen Stellen schnell
ändern und dazwischen nahezu konstant sind.* Wenn die Bereiche, in denen sich das Potential ändert, viel kleiner sind als die Wellenlänge des Quantenobjektes, so können die Potentiale durch
Stufenfunktionen approximiert werden. Stückweise konstante Potentiale mit einzelnen, endlichen Sprüngen zeigen trotz ihrer Einfachheit wichtige, reichhaltige und für die Quantenmechanik typische Phänomene.

Allgemein lautet die zeitunabhängige Schrödinger-Gl. für Wellenfunktionen $\psi(x)$:

$$-\frac{\hbar^2}{2m}\,\psi''(x) = \left[\,E - V(x)\,\right]\psi(x) \tag{5.2–1}$$

$V(x)$ soll an der Stelle $x=0$ eine *endliche* Sprungstelle
haben. Da das Potential stückweise definiert wird,
muss die Lösung der Dgl. auch stückweise ermittelt
werden. Die Dgl. sagt uns, wie die beiden Lösungen an
der *endlichen* Sprungstelle zusammengesetzt werden
müssen: Wir wollen einmal annehmen, dass $\psi(x)$ oder
$\psi'(x)$ an der endlichen Sprungstelle des Potentials unstetig ist. Dann wäre die zweite Ableitung $\psi''(x)$ unendlich – im Widerspruch zur *endlichen* rechten Seite
der Dgl. (5.2–1). Folglich ist die Annahme falsch und
wir erhalten das Resultat:[8]

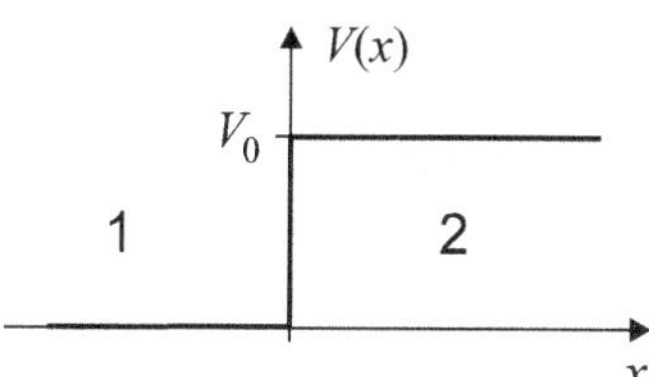

Abb. 5.2–1 Potentialstufe mit
den Gebieten 1 und 2.

Für $V_0 < 0$ liegt eine Potentialklippe vor.

---

[8] Ein mathematischer Beweis ergibt sich durch die Integration der Schrödinger-Gl. (5.2–1) von $-\varepsilon$ bis $+\varepsilon$
und durch den anschließenden Grenzübergang $\varepsilon \to 0$: Dabei erhalten wir

$$\text{einerseits} \quad -\frac{\hbar^2}{2m}\,\lim_{\varepsilon \to 0}\int_{-\varepsilon}^{+\varepsilon}\psi''(x)\,dx = \lim_{\varepsilon \to 0}\int_{-\varepsilon}^{+\varepsilon}\left[\,E - V(x)\,\right]\psi(x)\,dx \underset{\substack{\uparrow\\ \text{für endliche Potentiale}}}{=} 0$$

$$\text{andererseits} \quad -\frac{\hbar^2}{2m}\,\lim_{\varepsilon \to 0}\int_{-\varepsilon}^{+\varepsilon}\psi''(x)\,dx = -\frac{\hbar^2}{2m}\,\lim_{\varepsilon \to 0}\left[\,\psi'(\varepsilon) - \psi'(-\varepsilon)\,\right]$$

Ein Vergleich der beiden rechten Seiten ergibt: Für endliche Potentiale und für endliche Potentialsprünge
ist die Ableitung $\psi'(x)$ stetig. Dann ist auch $\psi(x)$ stetig. Bei *un*endlich großen Potentialsprüngen und bei
deltafunktionsartigen Potentialen $V(x) = \tilde{V}\,\delta(x)$ hingegen ist die Ableitung $\psi'(x)$ unstetig (siehe den unendlichen tiefen Potentialtopf in Abschn. 5.1).

Beim Delta-Potential $V(x) = \tilde{V}\,\delta(x)$ ergeben die oben aufgeführten Gln.

$$-\frac{\hbar^2}{2m}\,\lim_{\varepsilon \to 0}\left[\,\psi'(\varepsilon) - \psi'(-\varepsilon)\,\right] = -\tilde{V}\,\psi(0)$$

Wir kommen auf diese Gl. in Aufgabe 5–13 und in Abschn. „19.2 Energiebänder in Kristallen" zurück.

Zur Erläuterung von Teilaspekten und zur Einübung von Rechenmethoden werden in der Literatur und
auch in diesem Buch vereinzelt einfache, unrealistische Beispiele untersucht, in denen $\psi'(x)$ – trotz endlicher Potentiale – unstetig ist.

Die Wellenfunktion $\psi(x)$ und ihre erste Ableitung $\psi'(x)$ sind überall stetig – mit einer Ausnahme: An unendlichen Sprungstellen des Potentials ist die erste Ableitung $\psi'(x)$ unstetig.[9]

Wir kommen nun zur Potentialstufe mit dem Potential

$$V(x) = \begin{cases} V_0 & \text{für } x \geq 0 \\ 0 & \text{für } x < 0 \end{cases} \qquad (5.2\text{–}2)$$

Das Gebiet mit negativen Koordinaten $x<0$ hat die Nr. **1**, das Gebiet mit positiven Koordinaten $x \geq 0$ hat die Nr. **2** (siehe Abb. 5.2–1). In Abhängigkeit vom Verhältnis E/V_0 müssen wir drei Fälle unterscheiden.

1. Fall : $E > V_0$ Teilweise Reflexion an einer Potentialstufe oder Potentialklippe

In diesem Fall sind *beide Vorzeichen von V_0 möglich*; die Potentialstufe kann also ansteigend oder abfallend sein. Bei $V_0 < 0$ könnte man von einer Potentialklippe sprechen. Mit

$$k_1 := \sqrt{2mE/\hbar^2} \qquad k_2 := \sqrt{2m(E-V_0)/\hbar^2} \qquad (5.2\text{–}3a/b)$$

lauten die Schrödinger-Gln. in den Gebieten 1 und 2

$$\psi_1''(x) -= -k_1^2\,\psi_1(x) \qquad \text{und} \qquad \psi_2''(x) = -k_2^2\,\psi_2(x)$$

Die Lösungen sind bekanntlich:[10]

$$\psi_1(x) = A_1\,e^{ik_1 x} + B_1\,e^{-ik_1 x} \qquad \text{für } x < 0 \qquad (5.2\text{–}4a)$$

$$\psi_2(x) = A_2\,e^{ik_2 x} + \underbrace{B_2\,e^{-ik_2 x}}_{=\,0} \qquad \text{für } x \geq 0 \qquad (5.2\text{–}4b)$$

Bei Berücksichtigung des zeitabhängigen Lösungsanteiles $f(t) = e^{-i\omega t}$, der auf den Produktansatz in Gl. (3.2–2) zurückgeht und der in Gl. (3.2–7) steht, sehen wir: Der erste Beitrag $A_1 \exp(ik_1 x)$ beschreibt eine in die positive x-Richtung laufende Welle usw. Wir betrachten Wellen, die *von links* mit einer Amplitude A_1 einlaufen. Dann dürfen im Gebiet 2 keine Wellen von rechts nach links laufen, so dass $B_2 = 0$.

An der Stelle $x=0$ gibt es zwei **Stetigkeitsbedingungen**:

$$\psi_1(0) = \psi_2(0) \qquad \Rightarrow \qquad A_1 + B_1 = A_2$$

$$\psi_1'(0) = \psi_2'(0) \qquad \Rightarrow \qquad k_1(A_1 - B_1) = k_2\,A_2$$

Division durch A_1 führt auf

---

[9] Die Stetigkeit von $\psi(x)$ und $\psi'(x)$ für endliche Potentiale $V(x)$ ist auch deshalb vernünftig, weil dann der Wahrscheinlichkeitsstrom $j(x,t)$ überall stetig ist.

[10] Die Lösungen in den Gln. (5.2–4a/b) sind unendlich lang und daher nicht normierbar. Trotzdem haben sie eine große Bedeutung, da ihre *kontinuierlichen Überlagerungen normierbare Wellenpakete* ergeben. Davon haben wir bereits in Kapitel „4 Freie Wellenpakete" Gebrauch gemacht.

$$1 + \frac{B_1}{A_1} = \frac{A_2}{A_1} \qquad \text{und} \qquad k_1\left(1 - \frac{B_1}{A_1}\right) = k_2\frac{A_2}{A_1}$$

Aufgrund dieser zwei Gln. können nur die zwei Verhältnisse B_1/A_1 und A_2/A_1 berechnet werden. Diese Aussage ist physikalisch sinnvoll, weil die Amplitude A_1 wegen fehlender Normierbarkeit unbestimmt ist und weil die Schrödinger-Gl. eine lineare homogene Dgl. ist, so dass ein Vielfaches der Lösung wieder eine Lösung darstellt. Daraus folgen die reellen Amplitudenverhältnisse:[11]

$$\frac{B_1}{A_1} = \frac{k_1 - k_2}{k_1 + k_2} \qquad \frac{A_2}{A_1} = \frac{2k_1}{k_1 + k_2} \tag{5.2-5a/b}$$

B_1/A_1 ist reell und kann – je nach Vorzeichen von V_0 – beide Vorzeichen annehmen. Daraus folgt:[12]

- *Für $E > V_0 > 0$ ist $k_1 > k_2$ $\Rightarrow$ $B_1/A_1 > 0$. Daher* tritt bei der teilweisen Reflexion an einer Potentialstufe keine Phasenverschiebung *und daher auch keine Zeitverschiebung auf.*

- *Für $E > 0 > V_0$ ist $k_1 < k_2$ $\Rightarrow$ $B_1/A_1 < 0$. Daher* tritt bei der teilweisen Reflexion an einer Potentialklippe die Phasenverschiebung π auf.

Wegen *Interferenz von einlaufender und reflektierter Welle* hat die Wahrscheinlichkeitsdichte

$$|\psi_1(x)|^2 = |A_1|^2 \left| e^{ik_1 x} + \frac{k_1 - k_2}{k_1 + k_2} e^{-ik_1 x} \right|^2 =$$

$$= |A_1|^2 \frac{4}{(k_1 + k_2)^2} \left[k_1^2 - \left(k_1^2 - k_2^2\right)\sin^2(k_1 x) \right]$$

im Bereich 1 eine – in der klassischen Mechanik unverständliche – harmonische Ortsabhängigkeit. Im Bereich 2 ist die Wahrscheinlichkeitsdichte ortsunabhängig.

Der **Reflexionskoeffizient** R ist die Wahrscheinlichkeit, mit der ein Teilchen reflektiert wird. *R ist der Quotient aus reflektiertem und einfallendem Wahrscheinlichkeitsstrom:*

$$R = \frac{j_{\text{reflex}}}{j_{\text{ein}}} \tag{5.2-6}$$

Nach Gl. (3.4–9) hat die Welle $\psi = A\,e^{i(\pm k\,x - \omega t)}$ den Wahrscheinlichkeitsstrom

---

[11] Für $V_0 > 0$ gilt $k_1 > k_2$ und $A_2 > A_1$. Daher hat die in das Gebiet 2 transmittierende Welle anfangs eine höhere Amplitude als die einlaufende Welle. Das mag auf den ersten Blick überraschen. Entscheidend ist aber, dass der Transmissionskoeffizient T in Gl. (5.2–9) kleiner als Eins ist. Wir werden im nächsten Abschn. „5.3 Wellenpakete an einer Potentialstufe" sehen, dass das transmittierende Wellenpaket anfangs zwar eine größere Höhe hat als das von links einlaufende, dafür aber auch schmaler ist (siehe Abb. 5.3–2).

[12] Die verschiedenen Phasenverschiebungen an Potentialstufe und Potentialklippe sind wichtig für die Resonanzen am Potential*wall* und am endlich tiefen Potentialtopf (siehe die Aufgaben 5-4/5). In der Optik ist die Phasenverschiebung π bei der Reflexion an optisch dichteren Medien wichtig für die Entspiegelung von Brillen,...

$$j = |A|^2 \frac{p}{m} \tag{5.2-7}$$

Daher ist R der Quotient der Amplitudenquadrate von einlaufender und reflektierter Welle:

$$R = \frac{B_1^2}{A_1^2} = \left(\frac{k_1 - k_2}{k_1 + k_2} \right)^2 \tag{5.2-8}$$

Die Quantenobjekte *werden bei* $E > V_0$ *teilweise reflektiert.* Dieses Verhalten ist in der klassischen Mechanik unbekannt, in der klassischen Wellenlehre aber vertraut.[13]

Der **Transmissionskoeffizient** T ist die Wahrscheinlichkeit, mit der ein Teilchen in das Gebiet 2 gelangt. Man könnte nun (fälschlich) vermuten, dass T gleich A_2^2 / A_1^2 lautet. Diese Vermutung ist aus zwei Gründen falsch:

1: Für $V_0 > 0$ würde $T > 1$ gelten. (Natürlich muss $R + T = 1$ gelten.)

2: Es wird nicht berücksichtigt, dass die Teilchen im Gebiet 2 eine andere kinetische Energie $E - V(x)$ und daher auch eine andere Geschwindigkeit als in Gebiet 1 haben.

Der Transmissionskoeffizient ist das Verhältnis der Wahrscheinlichkeitsstromdichten:

$$T = \frac{j_{\text{trans}}}{j_{\text{ein}}} \underset{\text{Gl.(5.2-7)}}{=} \frac{A_2^2}{A_1^2} \frac{p_2}{p_1} = \frac{A_2^2}{A_1^2} \frac{k_2}{k_1} \underset{\text{Gl.(5.2-5b)}}{=} \frac{4 k_1 k_2}{(k_1 + k_2)^2} \tag{5.2-9}$$

---

[13] R hängt nicht von $\hbar$ ab, so dass R nicht verschwindet für den Grenzübergang $\hbar \to 0$ zur klassischen Mechanik. Dieses vermeintliche Problem ist darauf zurückzuführen, dass die Wellenlänge $\lambda = h/p$ nicht kleiner werden kann als die charakteristische Länge des Systems, also nicht kleiner als der Bereich, in dem sich das Potential deutlich ändert. Bei der Potentialstufe (5.2-2) ist die charakteristische Länge null.

Die unstetige Potentialstufe (5.2-2) wird im Grenzübergang $L \to 0$ durch das stetige Potential

$$V_{\text{L}}(x) = \frac{V_0}{1 + \exp(-x/L)}$$

angenähert (siehe die Abb. rechts).

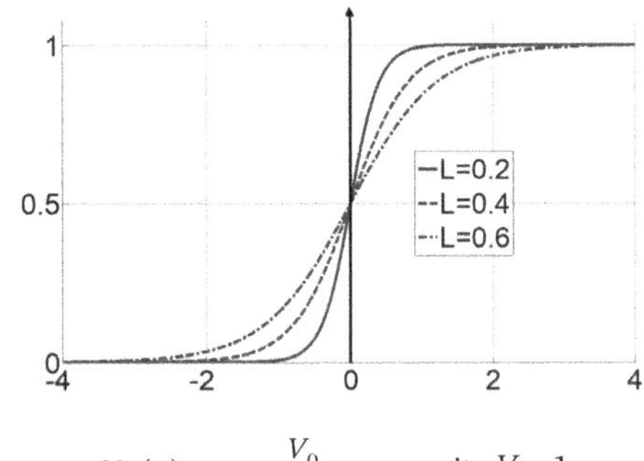

$$V_{\text{L}}(x) = \frac{V_0}{1 + \exp(-x/L)} \quad \text{mit} \quad V_0 = 1.$$

In [Landau], §25, Aufgabe 3 wird gezeigt, dass dieses stetige Potential den Reflexionskoeffizient

$$R_{\text{L}} = \left[\frac{\sinh\{\pi(k_1 - k_2)L\}}{\sinh\{\pi(k_1 + k_2)L\}} \right]^2 = \left[\frac{\sinh\left\{ \frac{\pi}{\hbar} \left(\sqrt{2mE} - \sqrt{2m(E - V_0)} \right) L \right\}}{\sinh\left\{ \frac{\pi}{\hbar} \left(\sqrt{2mE} + \sqrt{2m(E - V_0)} \right) L \right\}} \right]^2 \tag{5.2-8'}$$

liefert. Mit der Regel von de l'Hospital lässt sich zeigen: Für $L \to 0$ geht R_{L} über in R in Gl. (5.2-8).

Mit $\sinh x = (e^x - e^{-x})/2 \approx e^x/2$ (für große x) folgt der korrekte Grenzübergang zur klassischen Physik: Für $\hbar \to 0$ geht $R_{\text{L}} \to 0$.

2. Fall : $E < V_0$ Totalreflexion an einer Potentialstufe

In diesem Fall muss $V_0 > 0$ gelten; die Potentialstufe ist ansteigend. Die Welle soll wieder in die positive x-Richtung einlaufen. Mit den Größen

$$k_1 := \sqrt{2mE/\hbar^2} \qquad k_2 := \sqrt{2m(V_0 - E)/\hbar^2} > 0 \qquad (5.2\text{--}10a/b)$$

lauten die Schrödinger-Gln. in den Gebieten 1 und 2

$$\psi_1''(x) = -k_1^2\,\psi_1(x) \qquad\qquad \psi_2''(x) = k_2^2\,\psi_1(x)$$

mit den Lösungen

$$\psi_1(x) = A_1\,e^{ik_1 x} + B_1\,e^{-ik_1 x} \qquad\qquad \text{für } x < 0 \qquad (5.2\text{--}11a)$$

$$\psi_2(x) = \underbrace{A_2}_{=0}\,e^{k_2 x} + B_2\,e^{-k_2 x} \qquad\qquad \text{für } x \geq 0 \qquad (5.2\text{--}11b)$$

Die Funktion ψ_2 ist nur normierbar für $A_2 = 0$.[14] Die zwei **Stetigkeitsbedingungen** lauten:

$$\psi_1(0) = \psi_2(0) \quad\Rightarrow\quad A_1 + B_1 = B_2 \quad\Leftrightarrow\quad 1 + B_1\big/A_1 = B_2\big/A_1$$

$$\psi_1'(0) = \psi_2'(0) \quad\Rightarrow\quad ik_1(A_1 - B_1) = -k_2 B_2 \quad\Leftrightarrow\quad ik_1\left(1 - \frac{B_1}{A_1}\right) = -k_2\frac{B_2}{A_1}$$

$$\Rightarrow \qquad \frac{B_1}{A_1} = \frac{k_1 - ik_2}{k_1 + ik_2} \qquad\qquad \frac{B_2}{A_1} = \frac{2k_1}{k_1 + ik_2} \qquad (5.2\text{--}12a/b)$$

Folglich lautet der Reflexionskoeffizient

$$R = |B_1/A_1|^2 = 1 \qquad (5.2\text{--}13)$$

Für $E < V_0$ werden alle Teilchen reflektiert. Wegen $|A_1| = |B_1|$ existiert im Bereich 1 eine stehende Welle mit einer verschwindenden Wahrscheinlichkeitsstromdichte:

$$j_1 \underset{\substack{\uparrow \\ \text{Gl. (3.4 10)}}}{=} \frac{p}{m}\left(|A_1|^2 - |B_1|^2\right) = j_{\text{ein}} - j_{\text{reflex}} = 0 \qquad (3.4\text{--}6)$$

Nach Gl. (3.4–11) ist $T = j_{\text{trans}}/j_{\text{ein}} = 0$, denn $\psi_2(x,t)$ beschreibt keine Welle, sondern eine harmonische Schwingung, deren Amplitude exponentiell abfällt. Auch im Bereich 2 ist der Wahrscheinlichkeitsstrom null. Infolge des komplexen Amplitudenverhältnisses B_1/A_1 hat die reflektierte Welle eine Phasenverschiebung. Nach Gl. (5.2–12a) gilt:

---

[14] Die reelle Exponentialfunktion $\exp(k_2 x)$ kann durch keine Maßnahme normiert werden und muss daher – wie auch nahezu alle anderen nicht normierbaren Lösungen – ausgeschlossen werden. Komplexe Exponentialfunktionen $\exp(\pm ikx)$, die sich über ein unendliches Intervall erstrecken, sind ebenfalls nicht normierbar. Trotzdem sind sie zulässig, da ihre *kontinuierlichen Überlagerungen normierbare Wellenpakete* bilden können.

$$\frac{B_1}{A_1} = e^{-2i\varphi} \quad \text{mit} \quad \tan\varphi = \frac{k_2}{k_1} = \sqrt{\frac{V_0 - E}{E}} > 0$$

Mit dem zeitabhängigen Anteil $f(t) = \exp(-i\omega t)$ der Wellenfunktion folgt:

$$\psi_1(x,t) = A_1 \left[e^{i(k_1 x - \omega t)} + e^{-i\left\{ k_1 x + \omega(t + 2\varphi/\omega) \right\}} \right] \tag{5.2-14}$$

Im Bereich 2 dringt die Zustandsfunktion

$$\psi_2(x,t) = B_2\, e^{-k_2 x - i\omega t} \quad\Rightarrow\quad |\psi_2(x,t)|^2 = |B|^2 e^{-2k_2 x} \tag{5.2-15}$$

räumlich gedämpft in den „klassisch verbotenen" Bereich 2 ein (siehe auch Abb. 5.3–3). Daher kann das Teilchen auch für $E < V_0$ hinter der Potentialstufe *gefunden* werden. (Man darf nicht sagen, dass sich das Teilchen mit einer bestimmten Wahrscheinlichkeit hinter der Stufe aufhält.) Hier deutet sich bereits der wichtige Tunneleffekt an, den wir im übernächsten Abschn. 5.4 kennenlernen. Die Reichweite ist kaum größer als $1/k_2$. Dieses Eintauchen verursacht die zeitliche Verzögerung der reflektierten Welle.

Ein Beispiel: Die Wahrscheinlichkeitsdichte $|\psi_2(x)|^2 \sim \exp(-2k_2 x)$ fällt in der Tiefe $\lambda_2/2 = \pi/k_2$ auf $\exp(-2\pi) \approx 1{,}87 \cdot 10^{-3}$. R und T lassen sich mit den Gln. (5.2–3a/b) als Funktion von V_0/E berechnen:

$$R = \left(\frac{1 - \sqrt{1 - V_0/E}}{1 + \sqrt{1 - V_0/E}} \right)^2 \qquad T = 1 - R = 4\frac{\sqrt{1 - V_0/E}}{\left(1 + \sqrt{1 - V_0/E}\right)^2}$$

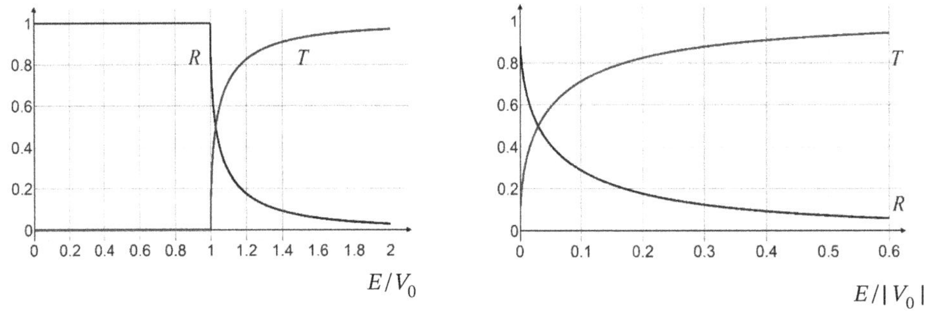

Abb. 5.2–2a Potentialstufe mit $V_0 > 0$ **Abb. 5.2–2b Potentialklippe mit** $V_0 < 0$

Reflexionskoeffizient R und Transmissionskoeffizient T als Funktionen von E/V_0 bzw. von $E/|V_0|$. In der linken Abb. sind die Beträge der Ableitungen von R und T nach E/V_0 an der Stelle $E/V_0 = 1$ unendlich. Das soll uns nicht stören, da unstetige Potentialstufen unrealistisch sind.

3. Fall : $E = V_0 > 0$ Keine physikalische Lösung

Die Schrödinger-Gl. $\psi_2''(x) = 0$ hat die Lösung $\psi_2(x) = a + m x$. Diese Lösung ist nicht normierbar. Die einzige Ausnahme $a = m = 0$ führt über die Stetigkeitsbedingungen auf $\psi_1(x) = 0$. Die gesamte Wellenfunktion hat dann die Norm null, so dass keine Teilchen mit $E = V_0 > 0$ existieren. Diese unsinnige Aussage soll uns nicht stören, da das Potential (5.2–2) unrealistisch ist.

5.3 Wellenpakete an einer Potentialstufe *

Im vorangehenden Abschnitt „5.2 Potentialstufe" ließen wir *unrealistische*, weil unendlich lange, nicht
normierbare Wellen gegen eine Potentialstufe laufen.
Die dabei erzielten Ergebnisse werden nun bei der Betrachtung realistischer Wellenpakete benötigt, die nach
Abschn. 4.2 aus *kontinuierlichen Überlagerungen der
unendlich langen Wellen*

$$\mathrm{e}^{i\left[kx-\omega(k)t\right]}$$

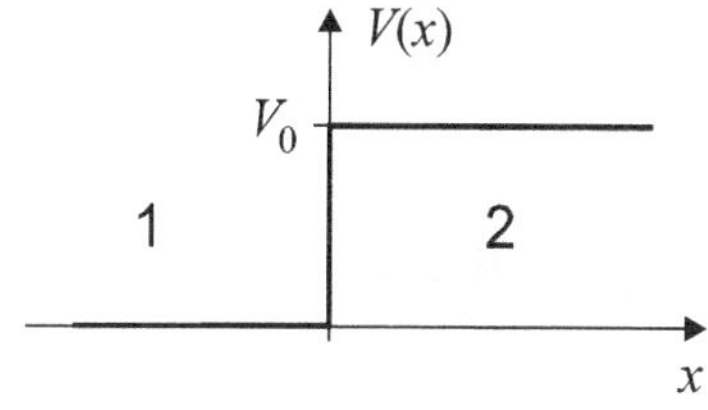

Abb. 5.3–1 Potentialstufe

bestehen. Die folgenden Gln. zeigen nachdrücklich den Nutzen, den die frühere Untersuchung
nicht normierbarer, monochromatischer Wellenfunktionen mit sich bringt.

1. Fall : $E > V_0$ **Teilweise Reflexion an einer Potentialstufe oder Potentialklippe**

In Abschn. 5.2 betrachteten wir unendlich lange, nicht normierbare Wellen. Danach gilt:

$$\psi_1(x) = A_1\left[\mathrm{e}^{ik_1 x} + \frac{k_1 - k_2}{k_1 + k_2}\,\mathrm{e}^{-ik_1 x}\right] \qquad \text{für } x < 0 \tag{5.3–1a}$$

$$\psi_2(x) = A_1\,\frac{2k_1}{k_1 + k_2}\,\mathrm{e}^{ik_2 x} \qquad \text{für } x > 0 \tag{5.3–1b}$$

mit $\quad k_1 := \sqrt{2mE/\hbar^2} \qquad k_2 := \sqrt{2m(E-V_0)/\hbar^2} > 0 \tag{5.3–2}$

Die nicht normierbare Wellenfunktion $\psi_1(x)$ ist nur auf der negativen x-Achse definiert und erhält einen von links einlaufenden Anteil und einen reflektierten Anteil. Das Amplitudenverhält-
nis dieser beiden Anteile folgt aus Gl. (5.3–1a). Auch die transmittierende Wellenfunktion $\psi_2(x)$
ist unendlich lang und nicht normierbar; sie ist nur für $x > 0$ definiert.

Wir ersetzen im Folgenden k_1 durch k und betrachten normierbare, von links einlaufende **Wellenpakete**. Sie entstehen durch *kontinuierliche Überlagerungen der harmonischen, unendlich langen Wellen*

$$\mathrm{e}^{i\left[kx-\omega(k)t\right]}$$

Der Einfachheit wegen sollen alle Wellenanteile *teilweise* reflektiert werden und nur Energien
haben, die größer als V_0 sind:

$$E_{\min} > V_0$$

Somit soll für *alle k* gelten:

$$\frac{\hbar^2 k^2}{2m} > V_0 \qquad \Leftrightarrow \qquad k > \sqrt{2mV_0/\hbar^2} =: k_{\min}$$

$$\Rightarrow \qquad k_2 = \sqrt{2m(E-V_0)/\hbar^2} = \sqrt{k^2 - k_{\min}^2} \tag{5.3–2}$$

Das von links einlaufende Wellenpaket mit der Normierungskonstante A_1 lautet

$$\psi_{\text{Ein}}(x,t) = A_1 \int\limits_{k_{\min}}^{\infty} \tilde{\psi}(k)\, e^{ikx}\, e^{-iE(k)\,t/\hbar}\, dk \qquad\qquad \text{für } x < 0$$

An der Potentialstufe treten Reflexionen und Transmissionen auf – mit den relativen Amplituden, die in Abschn. 5.2 für nicht normierbare Wellen berechnet wurden. Die Amplituden der reflektierten und der transmittierenden Wellenanteile werden durch die Gln. (5.3–1a/b) geliefert. Folglich definieren wir Reflexions- und Transmissionsfunktion:

$$\rho(k) := \frac{B_1}{A_1} = \frac{k-k_2}{k+k_2} = \frac{k - \sqrt{k^2 - k_{\min}^2}}{k + \sqrt{k^2 - k_{\min}^2}}$$

$$\tau(k) := \frac{A_2}{A_1} = \frac{2k}{k+k_2} = \frac{2k}{k + \sqrt{k^2 - k_{\min}^2}}$$

Das reflektierte Wellenpaket entsteht durch eine kontinuierliche Überlagerung aller reflektierten Wellenanteile und lautet

$$\psi_{\text{Reflex}}(x,t) = A_1 \int\limits_{k_{\min}}^{\infty} \tilde{\psi}(k)\, \rho(k)\, e^{-i\left[kx + \omega(k)\,t\right]}\, dk =$$

$$= A_1 \int\limits_{k_{\min}}^{\infty} \tilde{\psi}(k)\, \frac{k - \sqrt{k^2 - k_{\min}^2}}{k + \sqrt{k^2 - k_{\min}^2}}\, e^{-ikx}\, e^{-iE(k)\,t/\hbar}\, dk \qquad \text{für } x < 0$$

Entsprechend lautet das transmittierende Wellenpaket

$$\psi_{\text{Trans}}(x,t) = A_1 \int\limits_{k_{\min}}^{\infty} \tilde{\psi}(k)\, \tau(k)\, e^{ikx}\, e^{-iE(k)\,t/\hbar}\, dk =$$

$$= A_1 \int\limits_{k_{\min}}^{\infty} \tilde{\psi}(k)\, \frac{2k}{k + \sqrt{k^2 - k_{\min}^2}}\, e^{ikx}\, e^{-iE(k)\,t/\hbar}\, dk \qquad \text{für } x < 0$$

$$\text{Mit} \qquad \theta(x) := \begin{cases} 0 & \text{für } x < 0 \\ 1 & \text{für } x \geq 0 \end{cases} \qquad\qquad\qquad (5.3\text{–}3)$$

können wir einlaufendes und transmittierendes (bzw. reflektiertes) Wellenpaket auf die positive (bzw. negative) x-Achse beschränken. Ohne Normierung finden wir:

$$\psi(x,t) = \psi_{\text{Ein}} + \psi_{\text{Reflex}} + \psi_{\text{Trans}} \sim \qquad\qquad\qquad (5.3\text{–}4)$$

$$\sim \theta(-x) \int\limits_{k_{\min}}^{+\infty} \tilde{\psi}(k)\, \exp\left[i\left(kx - \frac{\hbar k^2}{2m}\,t\right)\right] dk +$$

$$+ \Theta(-x) \int_{k_{\min}}^{+\infty} \tilde{\psi}(k) \, \frac{k - \sqrt{k^2 - k_{\min}^2}}{k + \sqrt{k^2 - k_{\min}^2}} \, \exp\left[-i\left(k\,x + \frac{\hbar k^2}{2m}\, t \right) \right] dk \;+$$

$$+ \Theta(+x) \int_{k_{\min}}^{+\infty} \tilde{\psi}(k) \, \frac{2k}{k + \sqrt{k^2 - k_{\min}^2}} \, \exp\left[i\left(\sqrt{k^2 - k_{\min}^2}\; x - \frac{\hbar k^2}{2m}\, t \right) \right] dk$$

Selbst für einfache Impulsfunktionen $\tilde{\psi}(k)$ können die Integrale in ψ_{Reflex} und ψ_{Trans} analytisch nicht berechnet werden. Die Kurven in den Abbn. 5.3–2/3 wurden numerisch für ein einlaufendes Gaußsches Wellenpaket berechnet mit der Impulswellenfunktion $\tilde{\psi}(k) \sim \exp[-a^2(k - k_0)^2]$.

2. Fall : $E < V_0$ Totalreflexion an einer Potentialstufe

Nach den Gln. (5.2–11/12) gilt:

$$\psi_1(x) = A_1 \left[e^{ik_1 x} + \frac{k_1 - ik_2}{k_1 + ik_2}\, e^{-ik_1 x} \right] \qquad \text{für } x < 0 \qquad\qquad (5.3\text{–}5a)$$

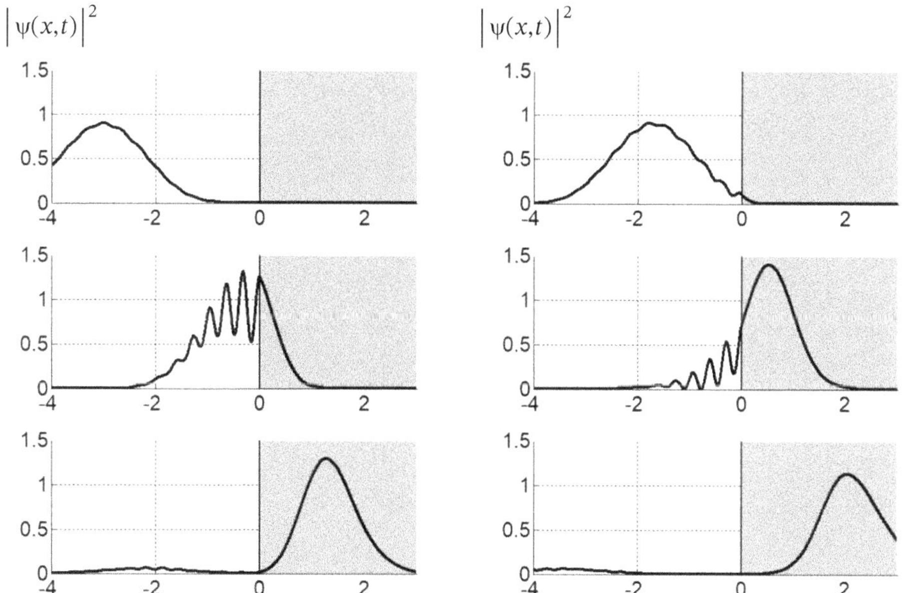

Abb. 5.3–2 Ein unterhalb von $k_{\min}$ abgeschnittenes **Gaußsches Wellenpaket** läuft mit $E_{\min} > V_0$ gegen eine Potentialstufe. Die sechs Fenster zeigen in gleichen Zeitabständen Momentaufnahmen der Wahrscheinlichkeitsdichte $|\psi(x,t)|^2$. *Die Interferenz der einlaufenden und der reflektierten Welle führt zu starken Oszillationen.*

Für $x \leq 0$ ist die Gruppengeschwindigkeit größer als für $x \geq 0$. Das transmittierende Wellenpaket ist anfangs höher und schmaler als das einlaufende Wellenpaket. Die Wellenpakete zerfließen im Laufe der Zeit. Wegen $\rho = \rho(k)$ und $\tau = \tau(k)$ sind der reflektierte und der transmittierte Wellenanteil nur näherungsweise Gaußpakete.

$$\psi_2(x) = A_1 \frac{2k_1}{k_1 + ik_2}\, e^{-k_2 x} \qquad\qquad \text{für } x > 0 \qquad\qquad (5.3\text{–}5b)$$

mit $\quad k_1 := \sqrt{2mE/\hbar^2}\quad$ und $\quad k_2 := \sqrt{2m(V_0 - E)/\hbar^2} > 0$

Wir ersetzen wieder k_1 durch k. Alle Wellenanteile sollen *vollständig* reflektiert werden und daher nur Energien kleiner als V_0 haben: $E_{\max} < V_0$. So muss für alle k gelten:

$$\frac{\hbar^2 k^2}{2m} < V_0 \quad\Leftrightarrow\quad k < \sqrt{2mV_0/\hbar^2} =: k_{\max}$$

Mit $\quad k \pm ik_2 = k \pm i\sqrt{\dfrac{2m}{\hbar^2}V_0 - \dfrac{2m}{\hbar^2}E} = k \pm i\sqrt{k_{\max}^2 - k^2} \qquad\qquad (5.3\text{–}6)$

erhalten wir das – der Einfachheit halber nicht normierte – Wellenpaket:

$$\psi(x,t) = \psi_{\text{Ein}} + \psi_{\text{Reflex}} + \psi_{\text{Trans}} \sim \qquad\qquad (5.3\text{–}7)$$

$$\sim \theta(-x) \int_0^{k_{\max}} \tilde{\psi}(k)\exp\left[i\left(kx - \frac{\hbar k^2}{2m}t \right) \right] dk \;+$$

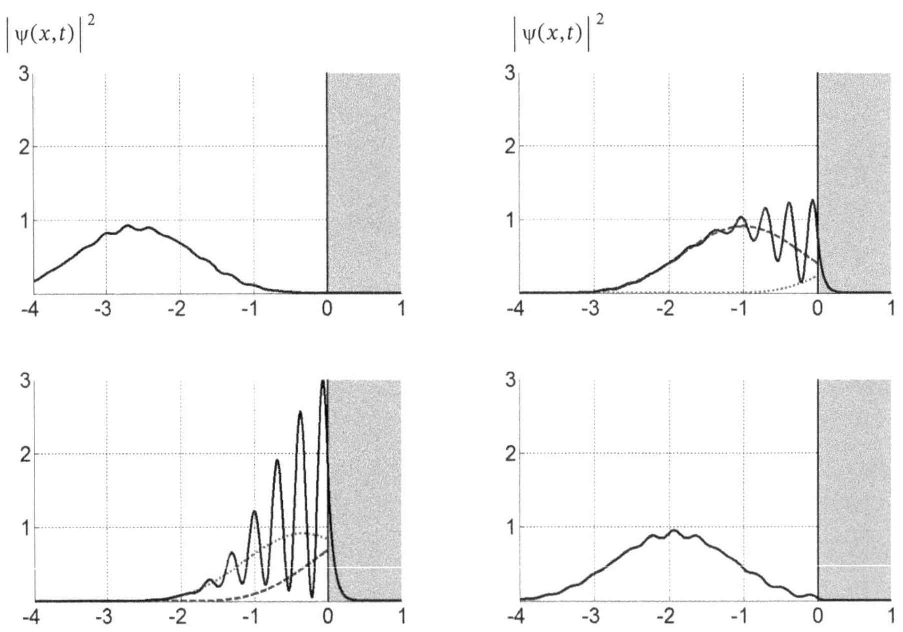

Abb. 5.3–3 Totalreflexion. Ein oberhalb von $k_{\max}$ abgeschnittenes **Gaußsches Wellenpaket** läuft mit $E_{\max} < V_0$ gegen eine Potentialstufe. Die vier Fenster zeigen in gleichen Zeitabständen $|\psi(x,t)|^2$. In den Fenstern Nr. 2 und 3 werden zusätzlich noch die einlaufende (gestrichelt) und die reflektierte (punktiert) Wahrscheinlichkeitsdichte gezeigt.

Die Interferenz der einlaufenden und der reflektierten Welle ergibt starke Oszillationen.

$$+\,\theta(-x)\int_0^{k_{max}}\tilde\psi(k)\,\frac{k-i\sqrt{k_{max}^2-k^2}}{k+i\sqrt{k_{max}^2-k^2}}\,\exp\left[-i\left(k\,x+\frac{\hbar k^2}{2m}\,t\right)\right]dk\,+$$

$$+\,\theta(x)\int_0^{k_{max}}\tilde\psi(k)\,\frac{2k}{k+i\sqrt{k_{max}^2-k^2}}\,\exp\left[-\sqrt{k_{max}^2-k^2}\;x-i\,\frac{\hbar k^2}{2m}\,t\right]dk$$

5.4 Potentialwall und Tunneleffekt

Das Potential lautet

$$V(x)=\begin{cases}V_0 & \text{für } 0\le x\le L\\[2mm] 0 & \text{sonst}\end{cases}\qquad(5.4\text{–}1)$$

Dieses Potential heißt auch **Potentialbarriere** oder **Potentialberg**.

Wir untersuchen hier nur den Fall $0<E<E_0$, der uns mit dem Tunneleffekt bekannt macht.

Streuzustände mit $E\ge V_0$ werden in Aufgabe 5–4 berechnet.

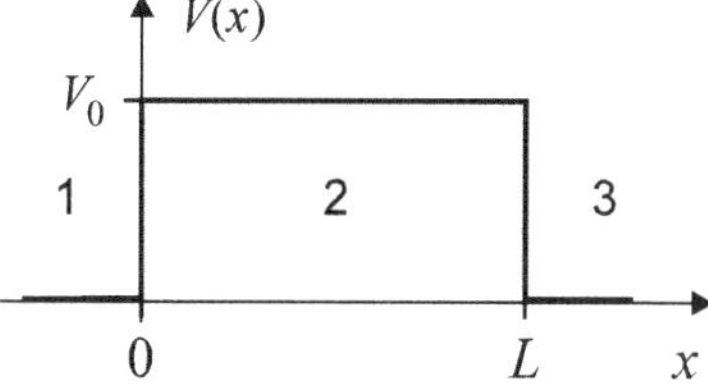

Abb. 5.4–1 Potentialwall mit drei Gebieten 1, 2, 3.

Wir betrachten wieder eine unendlich lange Welle, die von links auf den Wall zuläuft. Dann läuft im Bereich 3 ($x>L$) eine Welle nur in die positive x-Richtung. Mit

$$k_1:=\sqrt{2mE/\hbar^2}\qquad k_2:=\sqrt{2m(V_0-E)/\hbar^2}\;>0\quad\text{mit}\quad 0<E<V_0\qquad(5.4\text{–}2)$$

lauten die Schrödinger-Gln. in den Gebieten 1 bis 3:

$$\psi''_{1/3}=-k_1^2\,\psi_{1/3}\qquad\qquad \psi''_2-k_2^2\,\psi_2$$

mit den Lösungen (für $E<V_0$)

$$\psi_1(x)=A_1\,e^{ik_1x}+B_1\,e^{-ik_1x}\qquad(5.4\text{–}3a)$$

$$\psi_2(x)=A_2\,e^{k_2x}+B_2\,e^{-k_2x}\qquad(5.4\text{–}3b)$$

$$\psi_3(x)=A_3\,e^{ik_1x}\qquad(5.4\text{–}3c)$$

Auch hier ist die Amplitude A_1 unbestimmt, da die Wellenfunktion nicht normierbar ist.

Da das Gebiet 2 nach rechts und links begrenzt ist, wird die Normierbarkeit durch die beiden reellen Exponentialfunktionen in Gl. (5.4–3b) nicht verhindert. Daher dürfen wir weder A_2 noch B_2 von vornherein gleich null setzen.

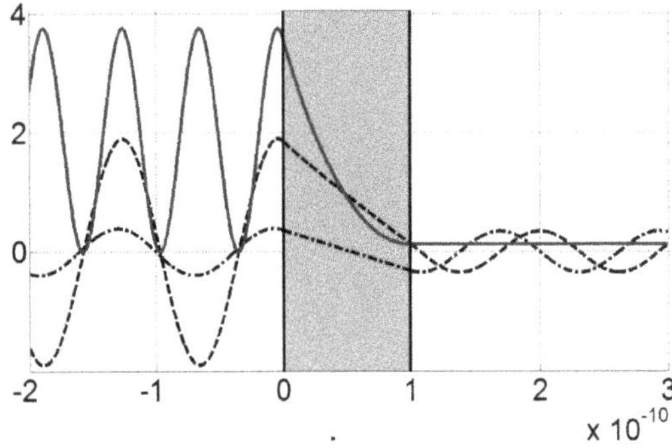

Abb. 5.4-2 Ein Elektron mit $A_1 = 1$ und $E = 0{,}99 \cdot V_0$ tunnelt durch einen Potentialwall mit Breite $L = 10^{-10}$ m und Höhe $V_0 = 1{,}602 \cdot 10^{-17}$ J. Gezeichnet werden $|\psi(x)|^2$ (ausgezogen), $\mathrm{Re}[\psi(x)]$ (gestrichelt) und $\mathrm{Im}[\psi(x)]$ (Strich-Punkt).

In Aufgabe 5–12 wird die ausgezogene Kurve $|\psi(x)|^2$ interpretiert.

Die vier **Stetigkeitsbedingungen** sind:

$$\psi_1(0) = \psi_2(0) \qquad \Rightarrow \qquad A_1 + B_1 = A_2 + B_2$$

$$\psi_1'(0) = \psi_2'(0) \qquad \Rightarrow \qquad i k_1 \left(A_1 - B_1 \right) = k_2 \left(A_2 - B_2 \right)$$

$$\psi_2(L) = \psi_3(L) \qquad \Rightarrow \qquad A_2 \, e^{k_2 L} + B_2 \, e^{-k_2 L} = A_3 \, e^{i k_1 L}$$

$$\psi_2'(L) = \psi_3'(L) \qquad \Rightarrow \qquad k_2 A_2 \, e^{k_2 L} - B_2 \, e^{-k_2 L} = i k_1 A_3 \, e^{i k_1 L}$$

Die vier Stetigkeitsbedingungen legen die vier Verhältnisse B_1/A_1, A_2/A_1, B_2/A_1, A_3/A_1 fest[15] und liefern nach langer, mühsamer Rechnung den **Transmissionskoeffizient**

$$T = \left| \frac{A_3}{A_1} \right|^2 = \frac{1}{1 + V_0^2 \big/ \left[4 E \left(V_0 - E \right) \right] \sinh^2 \left(\sqrt{2 m \left(V_0 - E \right)/\hbar^2} \; L \right)} \qquad \text{für } E < V_0 \qquad (5.4\text{--}4)$$

---

[15] Die Auflösung nach den Amplituden ist ziemlich beschwerlich. Mit der Abkürzung

$$F := \left(k_1 - i k_2 \right)^2 - \left(k_1 + i k_2 \right)^2 \exp\left(2 k_2 L \right)$$

liefert das Algebra-Programm Mathematica:

$$\frac{B_1}{A_1} = \frac{\left(k_1^2 + k_2^2 \right) \sinh\left(k_2 L \right)}{2 i k_1 k_2 \cosh\left(k_2 L \right) + \left(k_1 - k_2 \right)\left(k_1 + k_2 \right) \sinh\left(k_2 L \right)}$$

$$\frac{A_2}{A_1} = \frac{2 k_1 \left(k_1 - i k_2 \right)}{F} \qquad\qquad \frac{B_2}{A_1} = -\frac{2 k_1 \left(k_1 + i k_2 \right) \exp\left(2 k_2 L \right)}{F}$$

$$\frac{A_3}{A_1} = -\frac{4 i k_1 k_2 \exp\left[\left(-i k_1 + k_2 \right) L \right]}{F}$$

Mit $\cosh^2(x) = 1 + \sinh^2(x)$ führt die letzte Gl. auf Gl. (5.4–4). In [Pade–2], Anhang W ist die Berechnung von T vier Seiten lang. Wegen $1 - \cosh(2x) = -2 \sinh^2(x)$ stimmt das Ergebnis dort mit Gl. (5.4–4) überein.

Die Übergänge der Wellenfunktionen an den Sprungstellen des Potentials können mit Matrizen einfacher beschrieben werden (siehe Aufgabe 5–14).

Klassische Teilchen mit Energien $E < V_0$ werden am Potentialwall reflektiert. In der Quantentheorie aber können Teilchen mit $E < V_0$ auch hinter dem Potentialwall gefunden werden. Man sagt: *Die Teilchen tunneln mit der Wahrscheinlichkeit T durch den Potentialwall.* Man nennt diesen (auch in der Technik wichtigen) Effekt **Tunneleffekt**.[16]

Teilchen werden durch normierbare Wellenpakete beschrieben. Da der Transmissionskoeffizient monoton mit der Energie steigt, haben Teilchen, die hinter dem Potentialwall gefunden werden, einen größeren Energie-Erwartungswert als reflektierte Teilchen.

In der klassischen Mechanik ist der Aufenthalt in Bereichen mit $E < V$ unmöglich, weil in diesen Bereichen $E_{\text{kin}} < 0$ wäre. Nähere Erläuterungen zum Tunneleffekt findet der Leser in Aufgabe 8–16.

Nach Gl. (3.4–11) ist der Wahrscheinlichkeitsstrom $j(x,t)$ im Tunnel ungleich null.

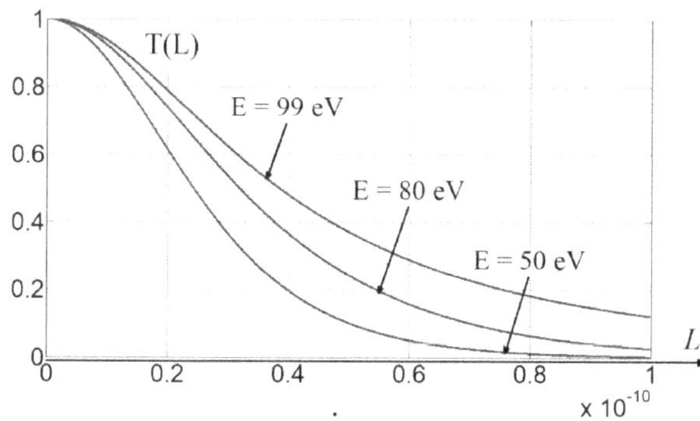

Abb. 5.4–3   Transmissionskoeffizienten $T(L)$ nach Gl. (5.4–4) für drei verschiedene Elektronenenergien E. Hier ist $V_0 = 100\,\text{eV}$.

Für hohe und breite Potentialwälle gilt:

$$k_2 L = \sqrt{2m(V_0 - E)/\hbar^2}\, L \gg 1 \qquad \Leftrightarrow \qquad L \gg \lambda_2$$

Mit der Näherung

$$\sinh x = \frac{1}{2}(e^x - e^{-x}) \underset{\substack{\uparrow \\ \text{für } x \gg 1}}{\approx} \frac{1}{2}e^x$$

folgt aus Gl. (5.4–4): Für *hohe und breite Potentialwälle* ($k_2 L \gg 1$) und für $E < V_0$ lautet der Transmissionskoeffizient ungefähr

$$T \approx \frac{16 E(V_0 - E)}{V_0^2} \exp\left(-\frac{2}{\hbar}\sqrt{2m(V_0 - E)}\, L\right) \quad \text{für } E < V_0 \text{ und } k_2 L \gg 1 \qquad (5.4\text{–}5)$$

Der Transmissionskoeffizient T, also die *Tunnelwahrscheinlichkeit hängt sehr empfindlich von der Breite L des Potentialwalles ab.*

---

[16] Im Grenzübergang $L \to 0$, $V_0 \to \infty$ mit $L V_0 = \text{const} =: \tilde{V}$ nimmt der Potentialwall die Form der Deltafunktion $\tilde{V}\delta(x)$ an mit $\tilde{V} > 0$. Für diesen Grenzübergang gilt:

$$\lim_{L \to 0} T = \lim_{L \to 0} \frac{1}{1 + \dfrac{\tilde{V}}{4EL}\sinh^2\left[\sqrt{\dfrac{2m\tilde{V}}{\hbar^2}}\,L\right]} = \frac{1}{1 + \dfrac{m\tilde{V}^2}{2E\hbar^2}}$$

Der Vorfaktor $16E(V_0-E)/V_0^2$ hat die Größenordnung eins und wird oft einfach gleich eins gesetzt.

Realistische Potentiale $V(x)$ sind stetig. Die *Tunnelwahrscheinlichkeit durch einen Potentialwall, der im Intervall $[a,b]$ größer ist als die Energie, beträgt näherungsweise*

$$T \approx \exp\left(-\frac{2}{\hbar} \int_a^b \sqrt{2m\left[V(x)-E\right]}\; dx \right) \tag{5.4–6}$$

Die Integrationsgrenzen a,b werden mit den Gln. $V(a)=V(b)=E$ bestimmt.

Diese Gl. kann mit der WKB-Näherung, die in diesem Buch nicht behandelt wird, abgeleitet werden.

Eine exakte Berechnung der Tunnelwahrscheinlichkeit ist in der Regel nicht möglich, da die Schrödinger-Gl. in den meisten Fällen nicht exakt gelöst werden kann.

Die Tunnelwahrscheinlichkeit T nimmt mit wachsender Masse m und vor allem mit der Tunnellänge stark ab. Bei der Ersetzung der Elektronenmasse durch die 1840mal größere Protonenmasse fällt die Tunnelwahrscheinlichkeit T auf

$$T^{\sqrt{1840}} \approx T^{43} \qquad (T < 1)$$

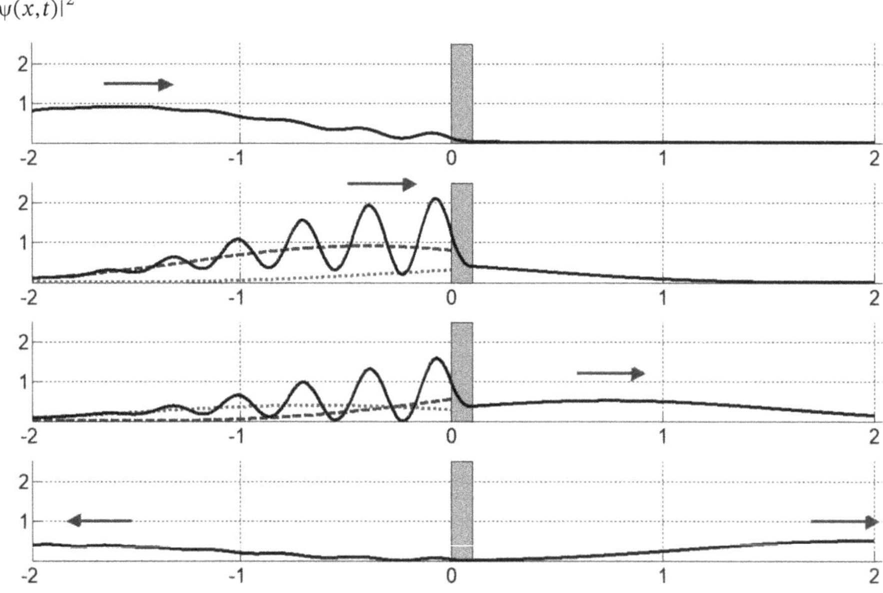

Abb. **5.4–4 Tunnelndes Wellenpaket**. Ein von links einlaufendes Gaußsches Wellenpaket tunnelt teilweise einen Potentialwall, der sich von 0 bis 0,1 erstreckt. Die vier Fenster zeigen in gleichen Zeitabständen die Wahrscheinlichkeitsdichte $|\psi(x,t_n)|^2$. In den Fenstern Nr. 2 und 3 werden zusätzlich die einlaufende (gestrichelt) und die reflektierte (punktiert) Wahrscheinlichkeitsdichte gezeigt.

 **Beispiel 5.4–1 Der α–Zerfall von Atomkernen**

1896 beobachtete Becquerel radioaktive α–, β– und γ–Strahlen. Einige Jahre später entdeckte Rutherford, dass α-Strahlung aus ^{4}He-Atomkernen besteht. Viele schwere Atome sind α-Strahler. Der Radius von Atomkernen

$$R_K \approx R_0\, A^{1/3} \qquad A = \text{Nukleonenzahl}$$

steigt mit wachsender Nukleonenzahl A und liegt unter 10^{-14} m. Vereinfachend nehmen wir an:

1) Der Elternkern besteht aus einem Tochterkern mit der Ladungszahl Z und einem α-Teilchen.

2) Die Wechselwirkung von Tochterkern und α-Teilchen wird durch ein Potential $V(r)$ beschrieben, das im Kerninneren ($r < R_K$) konstant ist und für $r \geq R_K$ ein abstoßendes Coulombpotential ist:

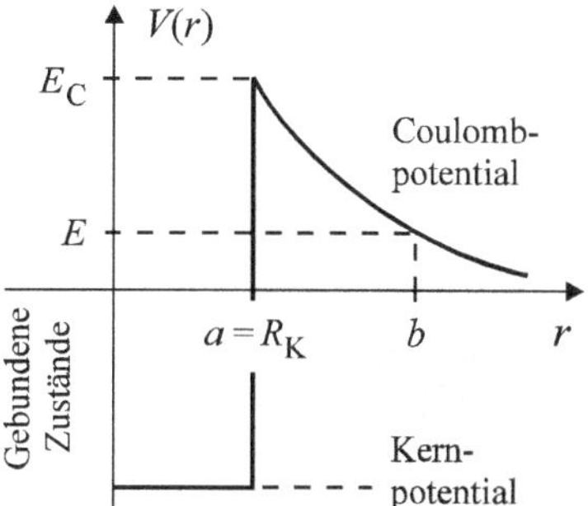

Abb. 5.4–5 Das Potential $V(r)$ für ein α-Teilchen ist innerhalb des Atomkerns gleich dem nahezu konstanten Kernpotential und außerhalb des Kerns gleich dem Coulombpotential.

$$V_C(r) = \frac{1}{4\pi\varepsilon_0}\, \frac{2\,e_0 \cdot Z\,e_0}{r} \qquad \text{mit} \qquad Z\,e_0 = \text{Ladung des Tochterkerns} \qquad (5.4\text{–}7)$$

Das Potential zwischen α-Teilchen und Tochterkern wird in Abb. 5.4–5 vereinfacht dargestellt. Nach klassischer Vorstellung können nur diejenigen α-Teilchen den Kern verlassen, deren Energie größer ist als die Höhe E_C des Coulombwalles. Rutherford stellte aber fest, dass die abgestrahlten α-Teilchen eine deutlich kleinere Energie haben. So beträgt beispielsweise die gemessene Energie der α-Strahlen des häufigsten Uranisotops $^{238}_{92}$U ungefähr $4{,}25\,\text{MeV}$, wohingegen $E_C = V(R_K)$ nach Gl. (5.4–7) über $30\,\text{MeV}$ liegt. Dieser Befund ist klassisch unerklärlich.

1911 entdeckten Geiger und Nuttall, zwei Assistenten von Rutherford, beim Vergleich der α–Zerfälle der verschiedenen radioaktiven Isotope jeweils eines chemischen Elementes folgenden Zusammenhang zwischen der **Zerfallskonstante** $\lambda = \ln(2)/\tau_{1/2}$ (mit $\tau_{1/2}$ = Halbwertszeit) eines α-Strahlers und der Energie E der emittierten α-Teilchen:

$$\ln \lambda = A - \frac{B}{\sqrt{E}} \qquad (5.4\text{–}8)$$

mit A, B = experimentell gemessene Konstanten

Auch dieses experimentelle Ergebnis war klassisch unverständlich.

1928 konnte G. Gamow den α-Zerfall mit dem Tunneleffekt und mit dem in Abb. 5.4–5 dargestellten Potential theoretisch erklären. Seine Arbeit war eine der historisch ersten und wichtigsten Anwendungen des Tunneleffektes.

a) Berechne mit dem vereinfachten Potential in Abb. (5.4–5) die Tunnelwahrscheinlichkeit T für ein α-Teilchen, das sich im Kern als ein gebundenes Teilchen gebildet hat.

b) Bestätige die Geiger-Nuttallsche Gesetz (5.4–8), indem du die Zahl der pro Sekunde auftretenden Stöße des α-Teilchens mit der Wand des Kerns berücksichtigst.

c) Alle 25 derzeit bekannten Uranisotope sind radioaktiv mit Halbwertzeiten zwischen $1\,\mu s$ und $4{,}5\cdot 10^9$ Jahre . Vergleiche die Halbwertszeiten der α–Zerfälle der Uranisotope $^{238}_{92}\mathrm{U}$ und $^{236}_{92}\mathrm{U}$.

Lösung:

a) Die Koordinate a des Tunnelanfangs ist gleich dem Kernradius R_K . Die Koordinate b des Tunnelendes ergibt sich wie folgt: Die Tunnelung erfolgt nur in dem Bereich, in dem $E < V(r)$ ist. Deshalb gilt für die Koordinate b des Tunnelendes:

$$E = V_\mathrm{C}(b) = \frac{1}{4\pi\varepsilon_0}\frac{2e_0\cdot Z\,e_0}{b} \quad\Rightarrow\quad b = \frac{e_0^2}{4\pi\varepsilon_0}\frac{2Z}{E} \tag{5.4–9}$$

Der Exponent G in der Tunnelwahrscheinlichkeit (5.4–6) ergibt sich mit der Fußnote[17] zu:

$$G := -\frac{2}{\hbar}\int_a^b \sqrt{2m_\alpha\left[\frac{1}{4\pi\varepsilon_0}\frac{2Z\,e_0^2}{r} - E\right]}\,dr = -\frac{2\sqrt{2m_\alpha E}}{\hbar}\int_a^b \sqrt{\frac{b}{r} - 1}\,dr =$$

$$= \frac{2\sqrt{2m_\alpha E}}{\hbar}\,b\left[\sqrt{\frac{a}{b} - \frac{a^2}{b^2}} - \arccos\sqrt{\frac{a}{b}}\right]$$

Wenn die Energie E viel kleiner ist als die Höhe des Coulombwalles, wenn also $b \gg a$ gilt, liefert die Taylorentwicklung $\arccos\varepsilon \approx \pi/2 - \varepsilon$ in erster Näherung:

$$G \approx \frac{2\sqrt{2m_\alpha E}}{\hbar}\,b\left[2\sqrt{\frac{a}{b}} - \frac{\pi}{2}\right] \qquad\qquad \text{für } b \gg a$$

Folglich ist die Tunnelwahrscheinlichkeit

$$T \approx \exp\left[\frac{\sqrt{2m_\alpha}\,Z\,e_0^2}{\pi\varepsilon_0\,\hbar}\frac{1}{\sqrt{E}}\left(2\sqrt{\frac{a}{b}} - \frac{\pi}{2}\right)\right] \approx \qquad\qquad \text{für } b \gg a$$

$$\approx \exp\left[\frac{4\sqrt{m_\alpha R_\mathrm{K} Z}\,e_0}{\sqrt{\pi\varepsilon_0}\,\hbar} - \frac{\sqrt{2m_\alpha}\,e_0^2}{2\varepsilon_0\,\hbar}\frac{Z}{\sqrt{E}}\right] =: \exp\left[\beta_1\sqrt{R_\mathrm{K} Z} - \beta_2\frac{Z}{\sqrt{E}}\right] \tag{5.4–10}$$

---

[17]
$$G := -\frac{2\sqrt{2m_\alpha E}}{\hbar}\int_a^b \sqrt{\frac{b}{r} - 1}\,dr \underset{y:=b/r}{=} \frac{2\sqrt{2m_\alpha E}}{\hbar}\,b\int_{b/a}^1 \frac{\sqrt{y-1}}{y^2}\,dy =$$

$$= \frac{2\sqrt{2m_\alpha E}}{\hbar}\,b\left[-\frac{\sqrt{y-1}}{y} + \arctan\sqrt{y-1}\right]\Bigg|_{b/a}^1 =$$

$$= \frac{2\sqrt{2m_\alpha E}}{\hbar}\,b\left[\sqrt{\frac{a}{b} - \frac{a^2}{b^2}} - \arctan\sqrt{\frac{b}{a} - 1}\right] = \frac{2\sqrt{2m_\alpha E}}{\hbar}\,b\left[\sqrt{\frac{a}{b} - \frac{a^2}{b^2}} - \arccos\sqrt{\frac{a}{b}}\right]$$

Genau genommen sind m_α die reduzierte Masse des α-Teilchens und E die Energie der Relativbewegung.

Die *kernunabhängigen* Konstanten lauten mit $m_\alpha = 6{,}6465 \cdot 10^{-27}\,\text{kg}$ und mit $Ze_0 = $ Ladung des Tochterkerns:

$$\beta_1 = \sqrt{\frac{e_0^2}{4\pi\varepsilon_0}}\;\frac{8\sqrt{m_\alpha}}{\hbar} \approx 2{,}97\,\frac{1}{\sqrt{\text{fm}}} \qquad \beta_2 = \frac{e_0^2}{4\pi\varepsilon_0}\;\frac{2\pi\sqrt{2m_\alpha}}{\hbar} \approx 3{,}96\,\sqrt{\text{MeV}} \qquad (5.4\text{–}11\text{a/b})$$

b) Das Zerfallsgesetz radioaktiver Kerne lautet

$$\frac{dN(t)}{dt} = -\lambda\,N(t) \qquad \Leftrightarrow \qquad N(t) = N_0\,\exp(-\lambda\,t)$$

Die **Zerfallskonstante** λ ist die Wahrscheinlichkeit, dass ein Kern in einer Zeiteinheit zerfällt. Mit der Frequenz $f_{\text{Stoß}}$ der Wandstöße, also mit der Zahl der Wandstöße pro Sekunde ergibt sich die Wahrscheinlichkeit, dass der Elternkern in einer Sekunde zerfällt, zu

$$\lambda = f_{\text{Stoß}}\,T = f_{\text{Stoß}}\,\exp\!\left[\beta_1\,\sqrt{R_{\text{K}}\,Z} - \beta_2\,\frac{Z}{\sqrt{E}}\right]$$

$$\Rightarrow \quad \ln\lambda = \ln\!\left(\frac{\ln 2}{\tau_{1/2}}\right) = \beta_1\,\sqrt{R_{\text{K}}\,Z} - \beta_2\,\frac{Z}{\sqrt{E}} + \ln f_{\text{Stoß}} \qquad (5.4\text{–}12)$$

Die Zerfallswahrscheinlichkeit λ hängt sehr stark von der Energie E der α-Teilchen ab. $\beta_2\,Z\,E^{-1/2}$ ändert sich für die verschiedenen Isotope des jeweils untersuchten radioaktiven Elementes ($Z = $ fest) wesentlich stärker als $\ln f_{\text{Stoß}}$. Daher kann $\ln f_{\text{Stoß}}$ als nahezu konstant angesehen werden. Damit ist das Geiger-Nuttallsche Gesetz (5.4–8) erklärt.

Eine kritische Betrachtung des Ergebnisses (5.4–12) ist angebracht, denn das Modell ist grob. Oft wird $f_{\text{Stoß}}$. mit dem Kernradius R_{K} und mit der mittleren, schwer bestimmbaren Geschwindigkeit $\overline{v}_\alpha$ der α-Teilchen abgeschätzt: $f_{\text{Stoß}} \approx \overline{v}_\alpha\,/\,(2\,R_{\text{K}})$.

Außerdem nehme ich – wie üblich – an, dass sich zu jeder Zeit ein α-Teilchen im Mutterkern gebildet hat. Das ist aber nur selten der Fall. Wichtig ist, dass der α-Zerfall durch den Tunneleffekt entsteht und dass Gl. (5.4–12) die richtige Energie-Abhängigkeit der Zerfallswahrscheinlichkeit $\lambda(E)$ beschreibt. Weitere Anmerkungen, Rechnungen und Vergleiche mit Experimenten sind in [Fließbach], Kap. 22 zu finden. Das dort gewählte Beispiel liefert eine bessere Übereinstimmung zwischen Messung und Experiment als unser Beispiel in Teil c).

c) Messungen liefern die Werte

$$^{238}_{92}\text{U} \;\rightarrow\; ^{234}_{90}\text{Th} + {}^{4}_{2}\text{He} + 4{,}25\,\text{MeV} \qquad\qquad \tau_{12} \approx 4{,}5 \cdot 10^9\ \text{Jahre}$$

$$^{236}_{92}\text{U} \;\rightarrow\; ^{232}_{90}\text{Th} + {}^{4}_{2}\text{He} + 4{,}57\,\text{MeV} \qquad\qquad \tau_{12} \approx 23{,}43 \cdot 10^6\ \text{Jahre}$$

Das Verhältnis der gemessenen Halbwertszeiten ist demnach etwa 192 .

In unserer Abschätzung nehmen wir an, dass $f_{\text{Stoß}}$ für beide Isotope etwa gleich ist. Den Unterschied von $\beta_1 (R_{\text{K}}\,Z)^{1/2}$ zwischen den Isotopen können wir vernachlässigen. Dann folgt mit der Ladung $Z = 90$ des Thoriumkerns folgendes Verhältnis der Halbwertszeiten:

$$\exp\!\left[-\beta_2\,Z\left\{\frac{1}{\sqrt{E_{236}}} - \frac{1}{\sqrt{E_{238}}}\right\}\right] \approx \exp\!\left[-3{,}96 \cdot 90\left\{\frac{1}{\sqrt{4{,}57}} - \frac{1}{\sqrt{4{,}25}}\right\}\right] \approx 475$$

Angesichts des groben Modells ist dieses Ergebnis halbwegs akzeptabel.

Beispiel 5.4–2 Feldemission

Es gibt drei einfache Möglichkeiten, freie Elektronen zu erhalten:

- Photoeffekt (siehe Abschnitt „2.2 Der Photoeffekt").
- Glüheffekt (z. B. in Kathodenstrahlröhren).
- Feldemission, die auf dem Tunneleffekt beruht. Die Feldemission wurde 1928 durch A. H. Fowler und L. Nordheim erstmals berechnet.

Zur Erklärung der Feldemission betrachten wir ein Metall vereinfacht als einen endlich tiefen Potentialtopf mit der Höhe V_0, in dem sich die Leitungselektronen frei bewegen können. Der Übergang vom Potentialboden zum konstanten Potential der Umgebung erfolgt in einem Bereich von etwa $0{,}5\,\mathrm{nm}$, so dass wir vereinfacht ein stufenförmiges Potential ansetzen (siehe Abb. 5.4–6, links). Die Elektronen besetzen wegen des Pauli-Verbots sukzessive die extrem dicht liegenden Energiestufen bis zu einer maximalen Energie E_F, die Fermi-Energie heißt. (Exakt gilt diese Aussage nur am absoluten Nullpunkt der Temperatur $T = 0\,\mathrm{K}$.) Die **Austrittsarbeit** ist die kleinste Energie, die benötigt wird, um ein Elektron aus einem ungeladenen Kristall herauszuschlagen, also um ein Elektron herauszuholen, das die Fermi-Energie hat. Die Austrittsarbeit beträgt nach Abb. 5.4–6, links

$$W_A = V_0 - E_F \qquad\qquad (5.4\text{–}13)$$

Die Austrittsarbeit wird beim Photoeffekt durch Photonen geliefert und beim Glüheffekt thermisch erzeugt. Bei der Feldemission hingegen wird keine Austrittsarbeit aufgebracht. Stattdessen wird ein starkes, äußeres elektrisches Feld $\mathcal{E}$ an dem Metall angelegt, so dass das Potential $V(x)$ vereinfacht die Form in Abb. 5.4–6 (rechte Seite) annimmt. Das elektrische Feld macht aus dem Potentialtopf einen Potentialwall, den die Leitungselektronen durchtunneln können. Wir verwenden einen stark vereinfachten, linearen Potential-Ansatz:

$$V(x) = \begin{cases} V_0 - e_0\,\mathcal{E}\cdot(|x| - a) & \text{für } |x| \geq a \\ 0 & \text{sonst} \end{cases} \qquad \mathcal{E} = \text{elektrisches Feld}$$

Berechne die Tunnelwahrscheinlichkeit T.

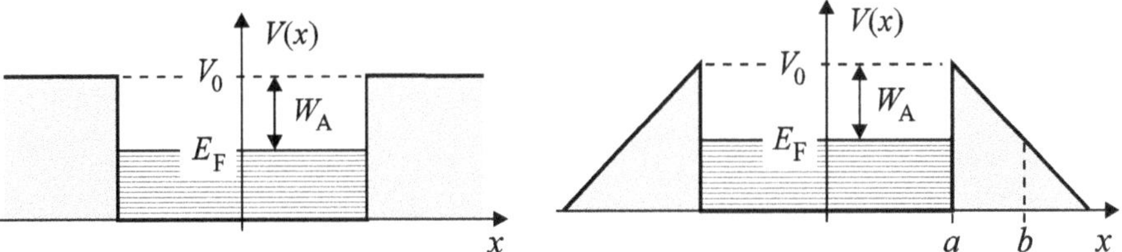

Abb. 5.4–6 Links wird der endliche Potentialtopf dargestellt, in dem sich die freien Leitungselektronen eines Metalls bewegen. Das nahezu kontinuierliche Leitungsband ist bis zur Fermi-Energie E_F voll aufgefüllt. Ein Elektron kann das Metall nur verlassen, wenn seine Energie die potentielle Energie V_0 übertrifft, wenn es also mindestens die Austrittsarbeit $W_A = V_0 - E_F$ aufnimmt (siehe auch Abschn. „2.2 Der Photoeffekt").

Rechts wird ein starkes, homogenes elektrisches Feld $\mathcal{E}$ angelegt. Nun können die Elektronen durch den Potentialwall tunneln. Hier muss keine Austrittsarbeit aufgebracht werden.

Lösung:

Wir betrachten die Tunnelung durch den rechten Potentialberg in Abb. 5.4–6. Die Koordinate b des Tunnelendes wird durch folgende Gl. bestimmt:

$$E_{\mathrm{F}} = V_0 - e_0\,\mathcal{E}\,(b-a) \qquad \Rightarrow \qquad b = a + \frac{V_0 - E_{\mathrm{F}}}{e_0\,\mathcal{E}} = a + \frac{W_{\mathrm{A}}}{e_0\,\mathcal{E}} \tag{5.4--14a/b}$$

$$T \approx \exp\left[-\frac{2\sqrt{2m}}{\hbar} \int_a^b \sqrt{V_0 - e_0\,\mathcal{E}\cdot(x-a) - E_{\mathrm{F}}}\;dx \right] =$$

$$= \exp\left[\frac{4\sqrt{2m}}{3\hbar e_0\,\mathcal{E}} \left\{ V_0 - e_0\,\mathcal{E}\cdot(x-a) - E_{\mathrm{F}} \right\}^{3/2} \Big|_a^b \right] \underset{\uparrow}{=} \quad \text{Gln. (5.4--13/14a)}$$

$$= \exp\left[-\frac{4\sqrt{2m}}{3\hbar e_0\,\mathcal{E}} W_{\mathrm{A}}^{3/2} \right] \approx \exp\left[-6{,}831\cdot10^9\,\frac{\mathrm{V/m}}{\mathcal{E}} \left(\frac{W_{\mathrm{A}}}{\mathrm{eV}} \right)^{3/2} \right] \tag{5.4--15}$$

Bei den meisten Metallen liegt die Austrittsarbeit zwischen 2 eV (Alkalimetalle) und 5 eV. Daher werden große Tunnelwahrscheinlichkeiten nur bei Feldstärken $\mathcal{E} \approx 10^9\,\mathrm{V/m} \ldots 10^{10}\,\mathrm{V/m}$ erreicht. Über der Oberfläche von metallischen Nadelspitzen mit dem Krümmungsradius R_{K} beträgt die elektrische Feldstärke etwa U/R_{K} mit $U =$ angelegte Spannung. Demnach können Spannungen von einigen hundert Volt Elektronen aus Metallspitzen mit einem Krümmungsradius $R_{\mathrm{K}} < 0{,}1\,\mu\mathrm{m}$ herausziehen. So entstehen nahezu punktförmige Elektronenquellen.

Anwendungen des Tunneleffektes:

- Der **α-Zerfall der Atomkerne** kann nur mit dem Tunneleffekt erklärt werden (siehe Beispiel 5.4--1).

- Die **Feldemission** gelingt nur dank des Tunneleffektes (siehe das vorangehende Beispiel 5.4--2). Dabei ziehen starke elektrische Felder Elektronen aus Metallspitzen heraus.

- **Kernfusion in der Sonne.** Im Zentrum der Sonne herrscht eine Temperatur von etwa 16 Millionen Kelvin. Bei diesen hohen Temperaturen sind alle Atome ionisiert. Bei der Bildung von Helium aus Wasserstoff fusionieren in einem ersten Schritt zwei Protonen $^1\mathrm{H}$ (Wasserstoff-Kerne) zu Deuterium:

$$^1\mathrm{H} + {}^1\mathrm{H} \;\rightarrow\; {}^2\mathrm{H} + \mathrm{e}^+ + \nu_{\mathrm{e}} + 0{,}42\,\mathrm{MeV}$$

Das Positron e^+ reagiert mit einem Elektron unter Abstrahlung von zwei hochenergetischen γ-Strahlen: $\mathrm{e}^+ + \mathrm{e}^- \rightarrow 2\gamma + 1{,}02\,\mathrm{MeV}$. Die Fusion der beiden Protonen erfolgt nur bei starker Annäherung der beiden Partner. Diese Annäherung ist wegen der starken Coulomb-Abstoßung nur möglich, weil die Protonen durch den Coulombwall tunneln. Ohne Tunneleffekt gäbe es keine Kernfusion in der Sonne.

- **Chemische Reaktionen.** Normale chemische Reaktionen brauchen thermische Energie zur Überwindung von Potentialbarrieren. Daher steigt die Reaktionsgeschwindigkeit mit der Temperatur. Bei tiefen Temperaturen werden chemische Reaktionen durch den Tunneleffekt dominiert. Das trifft vor allem auf Reaktionen mit dem leichten Wasserstoffatom $^1\mathrm{H}$ zu; denn nach Gl. (5.4--6) steigt die Tunnelwahrscheinlichkeit mit sinkender Masse. Wenn Reaktionen mit $^1\mathrm{H}$ viel schneller ablaufen als mit Deuterium $^2\mathrm{H}$, so ist dies ein deutlicher Hinweis auf einen signifikanten Tunnelbeitrag zur chemischen Reaktion.

- **Optischer Tunneleffekt.** Beim Übergang von einem optisch dichteren in ein optisch dünneres Medium erfolgt eine Totalreflexion, wenn der Einfallswinkel den Grenzwinkel der Totalreflexion überschreitet. Aufgrund des Tunneleffektes dringt das Licht bei der Totalreflexion einige Wellenlängen in das optisch dünnere Medium ein, wobei die Intensität mit zunehmender Eindringtiefe exponentiell abfällt.

Schiebt man ein zweites optisch dichteres Medium sehr nah an das erste heran, so dringt ein kleiner Teil des Lichtes in das zweite Medium ein (siehe Abb. 5.4–7). Das ist der optische Tunneleffekt. Mit Mikrowellen und Paraffinprismen kann der Effekt leicht vorgeführt werden.

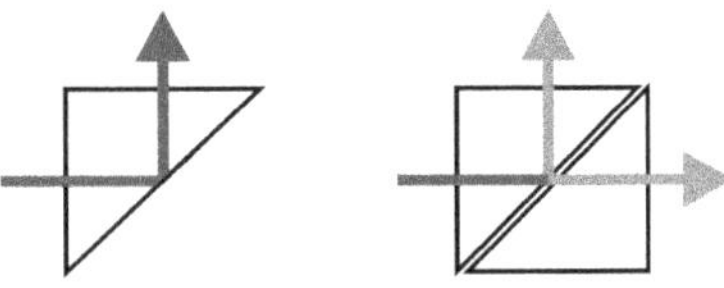

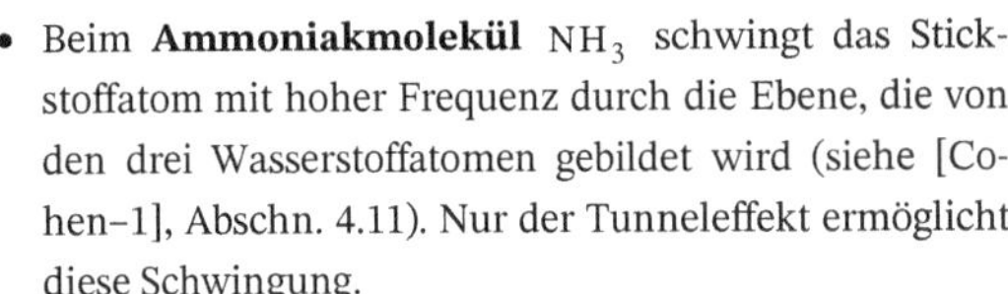

Abb. 5.4–7 Ein Lichtstrahl wird mit zwei benachbarten Prismen aufgeteilt. Der nach rechts laufende Strahl ist umso stärker, je kleiner der Prismen-Abstand ist.

- Beim **Ammoniakmolekül** NH_3 schwingt das Stickstoffatom mit hoher Frequenz durch die Ebene, die von den drei Wasserstoffatomen gebildet wird (siehe [Cohen–1], Abschn. 4.11). Nur der Tunneleffekt ermöglicht diese Schwingung.

- **Tunneleffekt in Oxidschichten.** Wenn man zwei oxidierte Metallplatten aufeinanderlegt, so fließt nach dem Anlegen einer Spannung ein Tunnelstrom durch die beiden nichtleitenden Oxidschichten.

- **Josephson-Effekt.** Er wurde 1962 von Josephson theoretisch vorhergesagt und danach in vielen Experimenten bestätigt. Der Josephson-Effekt beschreibt den Tunnelstrom von Cooper-Paaren zwischen zwei Supraleitern, die durch eine wenige Nanometer dicke, nicht supraleitende Schicht getrennt sind.

- In **Kristallen** sorgt der Tunneleffekt dafür, dass Valenzelektronen nicht in der Umgebung der einzelnen Atome lokalisiert sind, also nicht den einzelnen Atomen, sondern dem Kristall als Ganzes gehören.

- **Flash-Speicher** sind nichtflüchtige Speicher, die ohne Stromversorgung speichern. Sie werden z. B. eingesetzt in USB-Sticks, Speicherkarten von Handys und digitalen Kameras und in Computern anstelle von Festplatten. In den Flash-Speichern tunneln Elektronen durch eine dünne, nichtleitende Oxidschicht.

- **Tunneldioden** besitzen wegen hoher Dotierungen einen sehr schmalen, abrupten pn-Übergang. Daher kann die verbotene Zone durch schnelle Elektronen getunnelt werden. Schon bei Spannungen von wenigen Millivolt setzt die Tunnelung ein. Tunneldioden werden bei sehr hohen Frequenzen (bis zu einigen 10 GHz) als Verstärker und als extrem schnelle Schalter eingesetzt.

- **Rastertunnelmikroskope.** Sie wurden 1981 erfunden (Nobelpreis 1986) und bestehen im Wesentlichen aus einer elektrisch leitenden, sehr spitzen Nadel, die durch ein nasschemisches Ätzverfahren hergestellt wird, sowie aus drei Piezokristallen, die sich beim Anlegen einer Spannung minimal ausdehnen oder zusammenziehen und so die Nadel mit einer Genauigkeit von $1 \cdot 10^{-11}$ m zeilenweise über die ebenfalls elektrisch leitende – oder leitend gemachte – Probe führen. Zwischen der Nadel und der Probe wird eine kleine Spannung angelegt. Bei einem Abstand von wenigen Atomdurchmessern tunneln Elektronen von der Nadel durch den nichtleitenden Spalt zur Probe. Die Piezokristalle führen die Nadel so über die Probe, dass der Tunnelstrom konstant bleibt; er beträgt $1 \cdot 10^{-12}$ A bis $1 \cdot 10^{-8}$ A .

Rastertunnelmikroskope haben trotz der makroskopischen Ausdehnung der Nadelspitze eine *atomare Auflösung*, weil das Ende der Metallspitze wegen der exponentiellen Abhängigkeit des Tunnelstromes vom Abstand Nadelspitze ↔ Probe einen dominanten Beitrag zum Tunnelstrom liefert. Daher können selbst räumliche Strukturen einzelner Moleküle dargestellt werden.

Rasterkraftmikroskope tasten die Oberfläche einer Probe ebenfalls ab. Dabei üben Atome kleinste Anziehungs- und Abstoßungskräfte auf eine winzige Nadelspitze aus, die am Ende einer dünnen Blattfeder befestigt ist. Die Verbiegung der Blattfeder lässt sich mit einem Lichtzeiger sichtbar machen. Da keine Tunnelströme gemessen werden, können auch nichtleitende Proben untersucht werden.

5.5 Endlich tiefer Potentialtopf

Der Potentialtopf – auch *Potentialmulde* genannt –
hat das Potential

$$V(x) = \begin{cases} -V_0 & \text{für } |x| \le a \\ 0 & \text{für } |x| > a \end{cases} \qquad (5.5\text{–}1)$$

mit $V_0 > 0$. Der Potentialtopf ist ein *vereinfachtes
Modell für das Potential kurzreichweitiger Kernkräfte*
(siehe Abb. 5.4–5) *und für das Potential von freien
Elektronen in einem Metall* (siehe den linken Teil
der Abb. 5.4–6).[18]

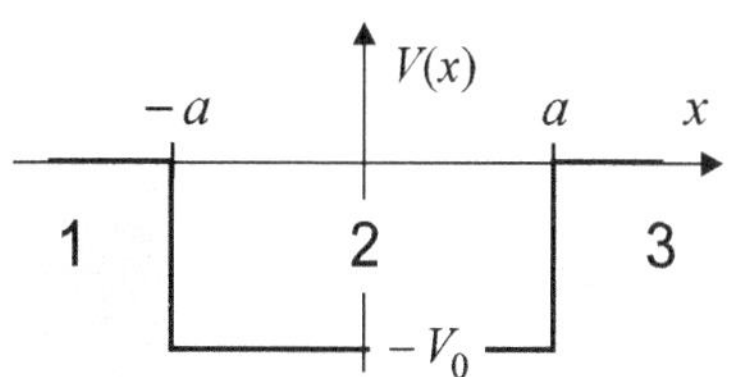

Abb. 5.5–1 Endlich tiefer Potentialtopf

Wir betrachten **gebundene Zustände** mit negativen Energien E:

$$-V_0 < E < 0 \qquad \text{mit} \quad V_0 > 0 \qquad\qquad (5.5\text{–}2)$$

Die Streuzustände mit $E > 0$ werden in Aufgabe 5–5 berechnet.

Die Schrödinger-Gl. lautet:

$$-\frac{\hbar^2}{2m}\,\psi''(x) = \big[E - V(x)\big]\,\psi(x)$$

Mit den Größen

$$k_1 := \sqrt{-2mE/\hbar^2} \qquad k_2 := \sqrt{2m(V_0 + E)/\hbar^2} \qquad (5.5\text{–}3\text{a/b})$$

finden wir in den Gebieten 1, 2 und 3 (siehe Abb. 5.5–1) die Schrödinger-Gln.

$$\psi''_{1/3}(x) = k_1^2\,\psi_{1/3}(x) \qquad\qquad \psi''_2(x) = -k_2^2\,\psi_2(x)$$

mit den *normierbaren* Lösungen

$$\psi_1(x) = A_1\,e^{k_1 x} \qquad\qquad\qquad \text{für } x \le -a \qquad (5.5\text{–}4\text{a})$$

$$\psi_2(x) = A_2\cos(k_2 x) + B_2\sin(k_2 x) \qquad \text{für } -a < x < a \qquad (5.5\text{–}4\text{b})$$

$$\psi_3(x) = B_3\,e^{-k_1 x} \qquad\qquad\qquad \text{für } x \ge a \qquad (5.5\text{–}4\text{c})$$

Die Lösungen fallen nach außen hin exponentiell ab und beschreiben daher normierbare, gebundene Zustände. Für $\psi_2(x)$ haben wir aus Symmetriegründen keinen komplexen Ansatz $\exp(\pm i\,k_2 x)$ gewählt, sondern der Einfachheit halber einen reellen Ansatz mit Sinus und Kosinus; denn die Lösungen sind wegen $V(x) = V(-x)$ entweder gerade oder ungerade.

---

[18] Der endlich tiefe Potentialtopf bringt keine neuartigen physikalischen Erkenntnisse. Seine Stetigkeitsbedingungen sind nur graphisch oder numerisch lösbar. Da die Rechnungen relativ aufwendig sind, darf der eilige Leser die Rechnungen übergehen; er sollte aber die Abbn. 5.5–3/4 interpretieren und den begleitenden Text lesen.

Die vier **Stetigkeitsbedingungen** an den beiden Anschlussstellen lauten:

$$\psi_1(-a) = \psi_2(-a) \qquad \Leftrightarrow \qquad A_1\,e^{-k_1 a} = A_2\cos(k_2 a) - B_2\sin(k_2 a) \tag{5.5--5a}$$

$$\psi_1'(-a) = \psi_2'(-a) \qquad \Leftrightarrow \qquad k_1 A_1\,e^{-k_1 a} = k_2\left[A_2\sin(k_2 a) + B_2\cos(k_2 a)\right] \tag{5.5--5b}$$

$$\psi_3(a) = \psi_2(a) \qquad \Leftrightarrow \qquad B_3\,e^{-k_1 a} = A_2\cos(k_2 a) + B_2\sin(k_2 a) \tag{5.5--5c}$$

$$\psi_3'(a) = \psi_2'(a) \qquad \Leftrightarrow \qquad k_1 B_3\,e^{-k_1 a} = k_2\left[A_2\sin(k_2 a) - B_2\cos(k_2 a)\right] \tag{5.5--5d}$$

Zwei Additionen und zwei Subtraktionen machen die Gln. überschaubarer:

$$\text{b+d:}\quad k_1\left(A_1 + B_3\right)e^{-k_1 a} = 2k_2 A_2\sin(k_2 a) \tag{5.5--6a}$$

$$\text{a+c:}\quad \left(A_1 + B_3\right)e^{-k_1 a} = 2 A_2\cos(k_2 a) \tag{5.5--6b}$$

$$\text{a--c:}\quad \left(A_1 - B_3\right)e^{-k_1 a} = -2 B_2\sin(k_2 a) \tag{5.5--6c}$$

$$\text{b--d:}\quad k_1\left(A_1 - B_3\right)e^{-k_1 a} = 2k_2 B_2\cos(k_2 a) \tag{5.5--6d}$$

A_1 kann aus der Normierung ermittelt werden. Daher stehen für die Berechnung der *drei* Integrationskonstanten A_2, B_2, B_3 *vier* Gln. zur Verfügung. Das *Gleichungssystem* (5.5--6) ist *überbestimmt* und deshalb nur für bestimmte, diskrete Energien lösbar; die Forderung nach Lösbarkeit der Gln. (5.5--6) führt auf die Quantisierung der Energie.

Wir untersuchen nun die vier Gln. (5.5--6a...d) genauer und machen zuerst einmal zwei Annahmen, die zu falschen Ergebnissen führen.

<u>1. Annahme:</u> $A_1 + B_3 = 0$ und zugleich $A_1 - B_3 = 0$

Dann wäre $A_1 = B_3 = 0$ und es würde $A_2 = B_2 = 0$ folgen. Die Lösung $\psi_1(x) = \psi_2(x) = \psi_3(x) = 0$ beschreibt einen teilchenlosen Zustand und ist physikalisch uninteressant. Somit ist die 1. Annahme abwegig: $A_1 + B_3$ und $A_1 - B_3$ dürfen nicht zugleich verschwinden.   ∎

<u>2. Annahme:</u> $A_1 + B_3 \neq 0$ und zugleich $A_1 - B_3 \neq 0$

In diesem Fall ist $\cos(k_2 a) \neq 0$, so dass wir Gl. (5.5--6a) durch Gl. (5.5--6b) sowie Gl. (5.5--6c) durch Gl. (5.5--6d) dividieren dürfen mit den Ergebnissen

$$\frac{\text{Gl. (6a)}}{\text{Gl. (6b)}}\ \Rightarrow\ \tan(k_2 a) = \frac{k_1}{k_2} \qquad\qquad \frac{\text{Gl. (6c)}}{\text{Gl. (6d)}}\ \Rightarrow\ \tan(k_2 a) = -\frac{k_2}{k_1}$$

Diese zwei Gln. können nicht zugleich gelten; auch die zweite Annahme ist falsch.   ∎

Folglich bleiben nur zwei Möglichkeiten: Entweder $A_1 + B_3 = 0$ oder $A_1 - B_3 = 0$.

1. Fall: $A_1 + B_3 \neq 0$ und $A_1 - B_3 = 0 \Leftrightarrow \boldsymbol{A_1 \neq 0}$ und $\boldsymbol{A_1 = B_3}$. Wir teilen Gl. (5.5--6a) durch Gl. (5.5--6b) und erhalten

$$\frac{\text{Gl. (6a)}}{\text{Gl. (6b)}}\ \Rightarrow\ \tan(k_2 a) = \frac{k_1}{k_2} \tag{5.5--7}$$

Mit den Gln. (5.5--3a/b) folgt die Quantisierungsbedingung für die Energie:

$$\tan\left(\sqrt{\frac{2m(V_0+E)}{\hbar^2}}\,a\right) = \sqrt{-\frac{E}{V_0+E}} \qquad \text{mit} \qquad -V_0 < E < 0 \tag{5.5-8}$$

Diese Gl. für die Energie E kann nur numerisch oder graphisch gelöst werden. Bei der graphischen Lösung zeichnet man die linke und rechte Seite der Gl. (5.5–8) als Funktionen der Energie in dasselbe Koordinatensystem (siehe Abb. 5.5–2). Die Energie-Koordinaten der Kurven-Schnittpunkte liefern die diskreten Energien.

Wegen $A_1 - B_3 = 0$ können die beiden Gln. (5.5–6c) und (5.5–6d) nur richtig sein für

$$B_2 = 0 \tag{5.5-9}$$

Daraus folgt die **gerade Lösung**

$$\psi_1(x) = A_1\,e^{k_1 x} \qquad \psi_2(x) = A_2 \cos(k_2 x) \qquad \psi_3(x) = A_1\,e^{-k_1 x} \tag{5.5-10} \ \blacksquare$$

2. Fall: $A_1 + B_3 = 0$ und $A_1 - B_3 \neq 0$ $\Leftrightarrow$ $\boldsymbol{A_1 \neq 0}$ und $\boldsymbol{A_1 = -B_3}$. Wir teilen Gl. (5.5–6c) durch Gl. (5.5–6d):

$$\frac{\text{Gl. (6c)}}{\text{Gl. (6d)}} \quad \Rightarrow \quad \tan(k_2 a) = -\frac{k_2}{k_1} \tag{5.5-11}$$

Mit den Gln. (5.5–3a/b) folgt die Quantisierungsbedingung für die Energie:

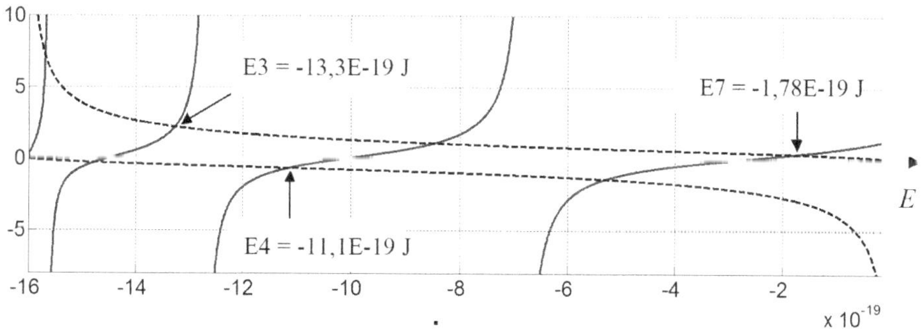

Abb. 5.5–2 Die Schnittpunkte der Kurven bestimmen die sieben diskreten Energien graphisch.

Für Elektronen in einem Potentialtopf mit den Parametern $a = 6{,}4 \cdot 10^{-10}$ m und $V_0 = 16{,}0 \cdot 10^{-19}$ J werden die drei Funktionen

$\tan(k_2 a)$ (als durchgezogene Kurve)

k_1 / k_2 (oberhalb der E-Achse)   und $-k_2 / k_1$ (unterhalb der E-Achse)

als Funktionen der Energie gezeichnet mit $-V_0 \leq E < 0$. Die Abszissenwerte der sieben Schnittpunkte sind die diskreten Energien E_k der Elektronen. Die drei Energien E_3, E_4, E_7 werden abgelesen.

Die beiden gestrichelten Kurven enden rechts bei $E = 0$ und links bei $E = -V_0$, so dass es nur *endlich viele gebundene Zustände* gibt. Da es links auch für sehr kleine V_0 wenigstens einen Schnittpunkt gibt, existiert *zumindest ein gebundener Zustand*.

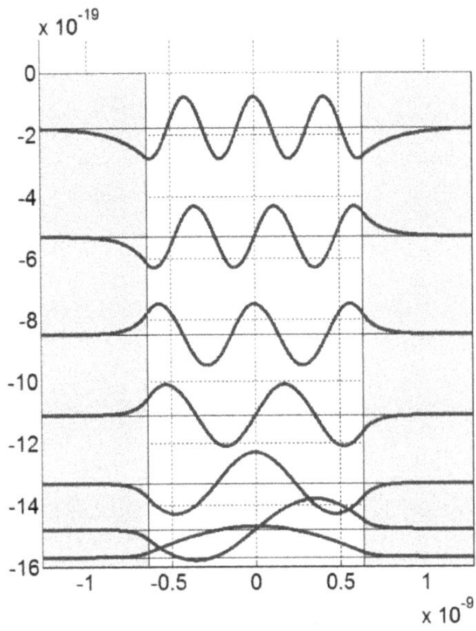

Abb. 5.5–3 Nach Abb. 5.5–2 gibt es sieben diskrete Energien. Die Wellenfunktionen $\psi(x)$ werden auf der Höhe ihrer Energien gezeichnet.

Abb. 5.5–4 Die sieben Wahrscheinlichkeitsdichten $|\psi(x)|^2$ werden auf der Höhe der Energien dargestellt.

$$\tan\left(\sqrt{\frac{2\,m\,(V_0 + E\,)}{\hbar^2}}\;a\right) = -\sqrt{-\frac{V_0 + E}{E}} \qquad \text{mit} \qquad E < 0\,, V_0 > 0 \qquad (5.5\text{–}12)$$

Wegen $A_1 + B_3 = 0$ können die zwei Gln. (5.5–6a/b) nur richtig sein für $A_2 = 0$.

Es folgt die **ungerade Lösung**

$$\psi_1(x) = A_1\,e^{k_1 x} \qquad \psi_2(x) = B_2\,\sin(k_2\,x) \qquad \psi_3(x) = -A_1\,e^{-k_1 x} \qquad (5.5\text{–}13) \quad \blacksquare$$

In Abb. 5.5–3 werden die Wellenfunktionen und in Abb. 5.5–4 die Aufenthaltsdichten $|\psi(x)|^2$ der sieben gebundenen Zustände dargestellt, deren Energien zuvor in Abb. 5.5–2 graphisch bestimmt wurden. Die Zustandsfunktionen haben folgende Eigenschaften:

- Im Bereich $x \in [-a, a]$ oszillieren die Wellenfunktionen harmonisch; außerhalb dieses Bereiches fallen sie exponentiell ab – in Übereinstimmung mit dem Tunneleffekt.

- Je höher die Energieniveaus liegen, desto größer ist die Eindringtiefe in die klassisch verbotenen Bereiche $|x| > a$.

- Die *endliche* Zahl der gebundenen Zustände steigt mit wachsender Potentialtiefe $-V_0$. In einem flachen Potentialtopf existiert *mindestens ein Zustand*. Mit wachsender Potentialtiefe kommen abwechselnd ungerade und gerade Wellenfunktionen hinzu.

Fazit: Auch beim endlich tiefen Potentialtopf *haben die gebundenen Zustände diskrete Energien*, die hier allerdings durch analytisch nicht lösbare Gln. bestimmt werden. Die Quantisierung kam durch die *Überbestimmung* des Gleichungssystems (5.5–6) zustande.

Beispiel 5.5–1 Unendlich tiefer Potentialtopf als Grenzfall

In Abschnitt 5.1 wurden die diskreten Energien im unendlich tiefen Potentialtopf zu

$$E_n = \frac{\hbar^2 \pi^2}{2\,m\,L^2}\, n^2 \qquad n = 1,2,\dots \tag{5.1-7}$$

berechnet. Dabei ist $L = 2a$. Zeige, dass die Gl. (5.1–7) einerseits und die Gln. (5.5–8/12) andererseits auf dasselbe Ergebnis führen, wenn die negative Energie wenig größer ist als $-V_0$:

$$E = -V_0 + \Delta E \qquad \text{mit} \qquad 0 < \Delta E \ll V_0 \approx -E$$

Lösung:

In dem betrachteten Grenzfall liefert Gl. (5.5–8) für die *geraden Lösungen*

$$\sqrt{-E/\Delta E} = \tan\!\left(\sqrt{2\,m\,\Delta E/\hbar^2}\;a\right)$$

Die linke Seite ist sehr groß. Daher muss das Argument in der Tangensfunktion ungefähr ein ungerades Vielfaches von $\pi/2$ sein. Mit $a = L/2$ folgt:

$$\sqrt{2\,m\,\Delta E_n/\hbar^2}\,\frac{L}{2} \approx (2n+1)\,\frac{\pi}{2} \quad\Rightarrow\quad \Delta E_n \approx \frac{\hbar^2 \pi^2}{2\,m\,L^2}(2n+1)^2$$

Für die *ungeraden Lösungen* führt Gl. (5.5–12) auf

$$-\sqrt{-\Delta E/E} = \tan\!\left(\sqrt{2\,m\,\Delta E/\hbar^2}\;a\right)$$

Diesmal ist die linke Seite sehr *klein*. Mit $a = L/2$ folgt

$$\sqrt{2\,m\,\Delta E_n/\hbar^2}\,\frac{L}{2} \approx n\,\pi \quad\Rightarrow\quad \Delta E_n \approx \frac{\hbar^2 \pi^2}{2\,m\,L^2}(2n)^2$$

5.6 Abschließende Bemerkungen

Der unendlich tiefe und der endlich tiefe Potentialtopf (siehe die Abschn. 5.1 und 5.5), der harmonische Oszillator in Kap. 6 und das Wasserstoffatom in Kap. 10 zeigen:

Gebundene Zustände fallen für $|\mathbf{r}| \to \pm\infty$ sehr schnell ab und sind daher immer normierbar. Sie haben aufgrund von Stetigkeitsbedingungen an Rändern oder Übergängen oder aufgrund der Normierungsbedingung **diskrete Energien**.

Wellenfunktionen $\psi_n(x)$ mit diskreten Energien E_n sind wegen ihrer Normierbarkeit Elemente des Hilbertraumes.

Die Schrödinger-Gln. des harmonischen Oszillators und des H-Atoms haben für alle Energien Lösungen; aber diese Lösungen sind nur für diskrete Energien normierbar. In [Feynman], Abschn. 16.6 wird argumentiert, warum wegen der Normierung bei gebundenen Zuständen diskrete Energien zu erwarten sind.

Ungebundene Zustände haben **kontinuierliche Energiespektren**. Für Eigenwerte aus einem kontinuierlichen Spektrum gibt es keine normierbaren Eigenvektoren. Normierbare Lösungen entstehen hier erst durch kontinuierliche Überlagerungen nicht normierbarer Lösungen.

Das kontinuierliche Spektrum ungebundener Teilchen ist verständlich; denn ungebundene Teilchen können sich so weit entfernen, dass sie praktisch frei sind. Freie Teilchen haben nach Abschn. 4.2 kontinuierliche Energiespektren.

Allgemein haben *eindimensionale* Systeme, deren Potentiale $V(x)$ höchstens endliche Unstetigkeitssprünge haben, folgende Eigenschaften:[19]

- Diskrete Energien eindimensionaler Systeme sind nicht entartet.

Das heißt: Zu jeder Energie gibt es nur einen Zustand.

Beweis: Wir arbeiten mit einem indirekten Beweis und nehmen an, dass zur Energie E zwei *verschiedene* Wellenfunktionen $\psi_1(x)$ und $\psi_2(x)$ gehören. Dann gilt:

$$\frac{\psi_1''}{\psi_1} = -\frac{2m}{\hbar^2}\left[E - V(x)\right] = \frac{\psi_2''}{\psi_2} \quad \Leftrightarrow \quad \psi_1''\psi_2 - \psi_2''\psi_1 = 0 = \frac{d}{dt}\left[\psi_1'\psi_2 - \psi_2'\psi_1\right]$$

Eine Integration führt auf

$$\psi_1'\psi_2 - \psi_2'\psi_1 = \text{const}$$

$\psi_1(x)$ und $\psi_2(x)$ verschwinden beide im Unendlichen oder am Rand, so dass die Konstante null ist.[20]

$$\Rightarrow \quad \frac{\psi_1'}{\psi_1} = \frac{\psi_2'}{\psi_2} \quad \Leftrightarrow \quad \frac{d}{dx}\ln\psi_1(x) = \frac{d}{dx}\ln\psi_2(x)$$

Eine zweite Integration ergibt $\psi_1(x) = c\,\psi_2(x)$. Wegen der Normierung der Wellenfunktionen ist $|c| = 1$, so dass wir $\psi_1(x) = \psi_2(x)$ setzen dürfen im Widerspruch zur Annahme. ∎

- *Die Grundzustandsfunktion* $\psi_0(x)$ *hat keinen Knoten* (d. h. keine Nullstelle) und die *Grundzustandsenergie ist nicht entartet*[21]. (Diese zwei Aussagen gelten sogar in mehr als einer Dimension, also auch für $\psi_0 = \psi_0(\mathbf{r})$.)

- **Knotensatz:** Die Wellenfunktion $\psi_n(x)$ des n-ten angeregten Zustandes hat genau n Knoten, d. h. n Nullstellen.[22]

- Zwischen zwei benachbarten Knoten von $\psi_n(x)$ liegt genau ein Knoten von $\psi_{n+1}(x)$.

---

[19] Die hier aufgeführten Sätze werden z. B. in [Reinhardt], Abschnitte 9.3 und 9.4 bewiesen.

[20] Bei der Division durch ψ_1 und durch ψ_2 sind Punkte oder Intervalle auszuschließen, in denen $\psi_1 = 0$ oder $\psi_2 = 0$ gilt. Außerhalb dieser Bereiche wird die Gl. $\psi_1(x) = c\,\psi_2(x)$ bewiesen. Wenn innerhalb der genannten Bereiche nur eine der beiden Wellenfunktionen null und die andere ungleich null wäre, dann würden an den Bereichsrändern unerlaubte Unstetigkeiten auftreten.

[21] Die zweite Aussage folgt aus der ersten Aussage durch einen Widerspruchsbeweis: Wenn es zwei verschiedene Grundzustandsfunktionen $\psi_0(x)$ und $\hat{\psi}_0(x)$ gäbe, dann könnte man zwei Konstanten c_1, c_2 finden, so dass die Grundzustandsfunktion $c_1\psi_0(x) + c_2\hat{\psi}_0(x)$ mindestens einen Knoten hätte.

[22] Die einfachere Aussage, dass alle angeregten Zustände $\psi_n(x)$ (mit $n \geq 1$) mindestens einen Knoten haben, folgt sofort aus der Orthogonalität $\int\psi_0(x)\psi_n(x)\,dx = 0$ und aus der fehlenden Nullstelle von $\psi_0(x)$. Der Knotensatz gilt für die Wellenfunktionen (6.1–17/18) des harmonischen Oszillators. Er gilt aber nicht für die radialen (eindimensionalen) Lösungsanteile $R_{nl}(r)$ der Wellenfunktionen des Wasserstoffatoms, weil $V_{\text{eff}}(r)$ in Gl. (10.1–11) für $r \to 0$ gegen Unendlich geht (siehe die Gln. (10.2–10) und (10.2–15)).

- Für symmetrische Potentiale $V(x) = V(-x)$ ist die Wellenfunktion des Grundzustandes gerade ($\psi_0(x) = \psi_0(-x)$). Die angeregten Zustände sind abwechselnd gerade und ungerade.

In Aufgabe 7–4c wird mit dem Paritätsoperator eine schwächere Aussage bewiesen: Für eindimensionale Systeme mit $V(x) = V(-x)$ sind die Lösungen der zeitunabhängigen Schrödinger-Gl. entweder gerade oder ungerade.

Für Potentiale mit mehr als zwei konstanten Plateaus sind die Rechnungen wegen vieler Übergangsbedingungen lang. In [Greiner], Abschn. 29 wird das Zweizentren-Potential

$$V(x) = \begin{cases} \infty & \text{für } |x| > (l+a)/2 \\ 0 & \text{für } (l-a)/2 < |x| < (l+a)/2 \\ V_0 & \text{für } |x| < (l-a)/2 \end{cases}$$

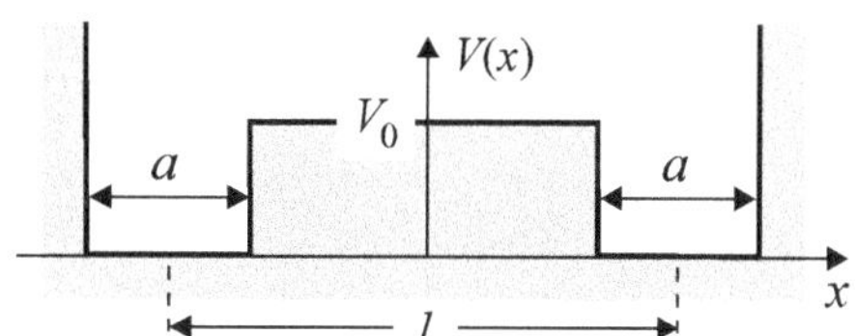

Abb. 5.6–1 Zweizentren-Potential mit unendlich hohen Wänden.

für Energien $E < V_0$ untersucht. Die Rechnungen erstrecken sich über mehr als fünf Seiten. *Wenn sich die beiden Einzeltöpfe mit fester Breite a – ausgehend von $l = \infty$ – annähern (Verkleinerung von l), so spaltet jedes diskrete Energieniveau in ein tiefer und ein höher liegendes Energieniveau auf.* Die Aufspaltung ist darauf zurückzuführen, dass das Teilchen den Potentialwall in der Mitte durchtunneln kann und folglich in beiden Potentialmulden zu finden ist. Daher ist die Aufspaltung der Energieniveaus umso größer, je höher die Niveaus liegen, je dichter sie also unterhalb von V_0 sitzen.

Die Aufspaltung der Energieniveaus erweist sich in Abschn. „19.2 Energiebänder in Kristallen" als wichtig.

Wie sieht es mit anderen Potentialen aus? In der klassischen Physik bilden das homogene Gravitationsfeld und das homogene elektrische Feld (im Plattenkondensator) mit dem *linearen* Potential $V(z) = az$ ($a = $ const) die einfachsten Systeme. Die Schrödinger-Gl.

$$-\frac{\hbar^2}{2m}\,\psi''(z) = (E - az)\,\psi(z)$$

ist zwar linear, hat aber den nicht konstanten Koeffizienten az und ist daher nur schwer lösbar. Mit einer Substitution (siehe Aufgabe 6–3) lässt sich diese Schrödinger-Gl. in die sog. „Airy-Dgl."

$$\psi''(x) - x\,\psi(x) = 0 \tag{5.6–1}$$

überführen. Diese Dgl. wird in Aufgabe 6–2 für ungebundene Systeme und in Aufgabe 6–3 für gebundene Systeme analytisch gelöst – letzteres mit den Airy-Funktionen.

Wir sollten uns also darauf einstellen, dass der rechnerische Aufwand in aller Regel um ein Vielfaches größer ist als in der klassischen Mechanik. Diese unerfreuliche Erkenntnis ist auf den *nicht-konstanten Koeffizient $V(x)$ der linearen Schrödinger-Gl.* zurückzuführen.

5.7 Leitgedanken

5.1 Unendlich tiefer Potentialtopf

Dieses einfachste System der Quantenmechanik ist aus zwei Gründen bedeutend:

- Die Bewegung der freien Elektronen in einem Metall wird näherungsweise mit einem unendlich tiefen Potentialtopf beschrieben.
- Das System hat typische Eigenschaften: Alle Energien sind größer als null und diskret. Die Lösungen der Schrödinger-Gl. bilden ein vollständiges Orthonormalsystem.

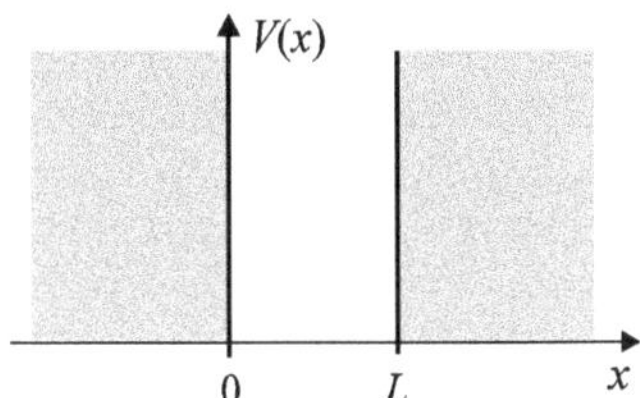

Abb. 5.1–2 Potentialtopf mit unendlich hohen Wänden

Die zeitunabhängige Schrödinger-Gl. lautet

$$-\frac{\hbar^2}{2m}\,\psi''(x) = \left[E - V(x)\right]\psi(x) \qquad \text{mit} \qquad V(x) = \begin{cases} 0 & \text{für } 0 < x < L \\ \infty & \text{sonst} \end{cases} \qquad (5.1\text{–}1/2)$$

Außerhalb des zentralen Bereiches $0 < x < L$ muss $\psi(x) = 0$ gelten; andernfalls wäre $V(x)\,\psi(x)$ im genannten Bereich unendlich und der Erwartungswert des Hamiltonoperators wäre nicht definiert. Im Innern des Kastens lautet die Schrödinger-Gl.

$$\psi''(x) = -k^2\,\psi(x) \qquad \text{mit} \qquad k := \sqrt{2mE/\hbar^2} > 0 \qquad (5.1\text{–}3/4)$$

$$\Rightarrow \qquad \psi(x) = A\sin(kx) + B\cos(kx)$$

Die erste **Randbedingung** $\psi(0) = 0$ führt auf $B = 0$. Die zweite **Randbedingung** $\psi(L) = 0$ ergibt

$$\sin(kL) = 0 \qquad \Leftrightarrow \qquad kL = n\,\pi \qquad \text{mit } n = 1,2,3,.... \qquad (5.1\text{–}5)$$

Wir erhalten also die – jetzt normierten – Lösungen

$$\psi_n(x) = \sqrt{\frac{2}{L}} \begin{cases} \sin\left(\dfrac{n\pi}{L}x\right) & \text{für } 0 < x < L \\ 0 & \text{sonst} \end{cases} \qquad (5.1\text{–}6)$$

mit den **diskreten Energien**

$$E_n = \frac{\hbar^2 k_n^2}{2m} = \frac{\hbar^2\pi^2}{2mL^2}n^2 = E_1 n^2 \qquad \text{mit } n = 1, 2, 3, ... \qquad (5.1\text{–}7)$$

Die Quantisierung der Energie ergab sich aus den beiden Randbedingungen. Der Grundzustand mit $n=1$ hat eine positive **Nullpunktenergie** $E_1 > 0$.

Die Energien E_n sind umso größer, je kleiner L ist, je stärker also der den Teilchen zur Verfügung stehende Raum eingeengt ist. Diese Eigenschaft haben alle Quantensysteme gemeinsam; sie ist eine Folge der Ort-Impuls-Unbestimmtheitsrelation.

Die Zustandsfunktionen (5.1–6) haben zwei allgemeine, sehr wichtige Eigenschaften:

• *Die Zustandsfunktionen* (5.1–6) *sind orthonormiert*:

$$\int_0^L \psi_n^*(x)\,\psi_m(x)\,dx = \delta_{nm} \qquad \text{mit} \qquad \delta_{nm} := \begin{cases} 1 & \text{für } n=m \\ 0 & \text{für } n \neq m \end{cases} \tag{5.1–8}$$

• Die Zustandsfunktionen (5.1–6) bilden ein *vollständiges Orthonormalsystem*; denn alle Funktionen $f(x)$ mit den Randbedingungen $f(0) = f(L) = 0$ können im Intervall $[0,L]$ nach den Lösungen $\psi_n(x)$ entwickelt werden:

$$f(x) = \sum_n c_n\,\psi_n(x) = \sum_n c_n \sqrt{\frac{2}{L}} \sin\left(\frac{n\pi}{L}x\right) \qquad \text{für} \qquad x \in [0,L] \tag{5.1–9}$$

Die Berechnung der Koeffizienten c_n ist wegen der Orthonormierung der Funktionen $\psi_n(x)$ sehr einfach: Die Gl. (5.1–9) wird mit $\psi_m^*(x)$ multipliziert und anschließend wird integriert:

$$\int_0^L \psi_m^*(x)\,f(x)\,dx = \sum_{n=1}^\infty c_n \int_0^L \psi_m^*(x)\,\psi_n(x)\,dx \underset{\substack{\uparrow \\ \text{Gl. (5.1–8)}}}{=} c_m$$

5.2 Potentialstufe

$V(x)$ wird in Abb. 5.2–1 dargestellt. Wenn $\psi(x)$ oder $\psi'(x)$ an der Sprungstelle des Potentials unstetig wäre, dann wäre die zweite Ableitung $\psi''(x)$ unendlich – im Widerspruch zur endlichen rechten Seite der Dgl. (5.2–1). Daraus folgt:

Die Wellenfunktion $\psi(x)$ und ihre erste Ableitung $\psi'(x)$ sind überall stetig – mit einer Ausnahme: An unendlichen Sprungstellen des Potentials ist die erste Ableitung $\psi'(x)$ unstetig.

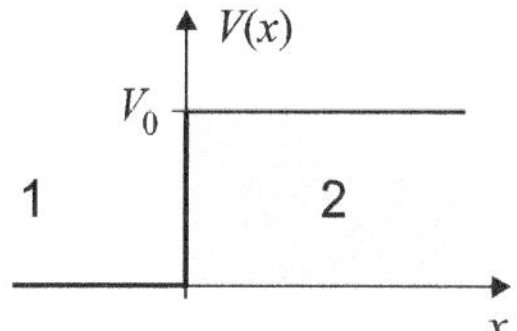

Abb. 5.2–1 Potentialstufe mit den Gebieten 1 und 2.

In Abhängigkeit vom Verhältnis E/V_0 betrachten wir zwei Fälle:

1. Fall : $E > V_0$ Teilweise Reflexion an einer Potentialstufe oder Potentialklippe

In diesem Fall sind beide Vorzeichen von V_0 möglich. Mit

$$k_1 := \sqrt{2mE/\hbar^2} \qquad k_2 := \sqrt{2m(E-V_0)/\hbar^2} \tag{5.2–3a/b}$$

lauten die Schrödinger-Gln. in den Gebieten 1 und 2

$$\psi_1''(x) = -k_1^2\,\psi_1(x) \qquad \text{und} \qquad \psi_2''(x) = -k_2^2\,\psi_2(x)$$

$$\Rightarrow \quad \psi_1(x) = A_1\,e^{ik_1 x} + B_1\,e^{-ik_1 x} \qquad \qquad \text{für } x<0 \tag{5.2–4a}$$

$$\psi_2(x) = A_2\,e^{ik_2 x} + B_2\,e^{-ik_2 x} \quad \text{mit} \quad B_2 = 0 \qquad \text{für } x\geq 0 \tag{5.2–4b}$$

Mit dem Faktor $\exp(-iEt/\hbar)$ sehen wir: Der erste Beitrag $A_1 \exp(ik_1 x)$ beschreibt eine in die positive x-Richtung laufende Welle. Wir betrachten Wellen, die von links mit einer Amplitude A_1 einlaufen. Dann dürfen im Gebiet 2 keine Wellen von rechts nach links laufen, so dass $B_2 = 0$.

Da die Amplitude A_1 wegen der fehlenden Normierbarkeit der Wellen unbestimmbar ist, können wir nur die Verhältnisse B_1/A_1 und A_2/A_1 berechnen. Dafür gibt es zwei **Stetigkeitsbedingungen**:

$$\psi_1(0) = \psi_2(0) \qquad \Rightarrow \qquad A_1 + B_1 = A_2$$

$$\psi_1'(0) = \psi_2'(0) \qquad \Rightarrow \qquad k_1(A_1 - B_1) = k_2 A_2$$

$$\Rightarrow \qquad \frac{B_1}{A_1} = \frac{k_1 - k_2}{k_1 + k_2} \qquad \frac{A_2}{A_1} = \frac{2k_1}{k_1 + k_2} \qquad\qquad (5.2\text{--}5a/b)$$

Der **Reflexionskoeffizient** R ist die Wahrscheinlichkeit, mit der ein Teilchen reflektiert wird, also *der reflektierte dividiert durch den einfallenden Wahrscheinlichkeitsstrom*:

$$R = \frac{j_{\text{reflex}}}{j_{\text{ein}}} \underset{\underset{\text{Gl. (3.4--9)}}{\uparrow}}{=} \frac{B_1^2}{A_1^2} = \left(\frac{k_1 - k_2}{k_1 + k_2}\right)^2 \qquad \text{für } E > V_0 \qquad (5.2\text{--}8)$$

Im Gegensatz zur klassischen Mechanik werden die Teilchen – genauer gesprochen die Wellenfunktionen und damit die Aufenthaltsdichten der Teilchen – *bei $E > V_0$ teilweise reflektiert.* Der **Transmissionskoeffizient** T ist die Wahrscheinlichkeit, dass ein Teilchen ins Gebiet 2 gelangt:

$$T = \frac{j_{\text{trans}}}{j_{\text{ein}}} \underset{\underset{\text{Gl. (3.4--9)}}{\uparrow}}{=} \frac{A_2^2}{A_1^2}\frac{p_2}{p_1} \underset{\underset{p=\hbar k}{\uparrow}}{=} \frac{A_2^2}{A_1^2}\frac{k_2}{k_1} = \frac{4k_1 k_2}{(k_1 + k_2)^2} \qquad \text{für } E > V_0 \qquad (5.2\text{--}9)$$

2. Fall : $E < V_0$ Totalreflexion an einer Potentialstufe

In diesem Fall muss $V_0 > 0$ gelten, so dass die Potentialstufe ansteigt. Mit den Größen

$$k_1 := \sqrt{2mE/\hbar^2} \qquad k_2 := \sqrt{2m(E - V_0)/\hbar^2} > 0 \qquad\qquad (5.2\text{--}10a/b)$$

lauten die Schrödinger-Gln. in den Gebieten 1 und 2

$$\psi_1''(x) = -k_1^2\,\psi_1(x) \qquad\qquad \psi_2''(x) = k_2^2\,\psi_2(x)$$

$$\Rightarrow \qquad \psi_1(x) = A_1\,e^{ik_1 x} + B_1\,e^{-ik_1 x} \qquad \text{für } x < 0 \qquad\qquad (5.2\text{--}11a)$$

$$\psi_2(x) = A_2\,e^{k_2 x} + B_2\,e^{-k_2 x} \qquad \text{für } x \geq 0 \qquad\qquad (5.2\text{--}11b)$$

Die Funktion ψ_2 kann nur normiert werden für $A_2 = 0$. Die zwei **Stetigkeitsbedingungen** für die Wellenfunktion und ihre räumliche Ableitung liefern:

$$\frac{B_1}{A_1} = \frac{k_1 - ik_2}{k_1 + ik_2} \qquad \frac{B_2}{A_1} = \frac{2k_1}{k_1 + ik_2} \qquad\qquad (5.2\text{--}12a/b)$$

$$\Rightarrow \qquad R = |B_1/A_1|^2 = 1 \qquad\qquad (5.2\text{--}13)$$

Alle Teilchen werden reflektiert. Die Wahrscheinlichkeitsstromdichte ist überall null.

5.4 Potentialwall und Tunneleffekt

Wir lassen eine unendlich lange, monochromatische Welle von links gegen den Potentialwall

$$V(x) = \begin{cases} V_0 & \text{für } 0 \le x \le L \\ 0 & \text{sonst} \end{cases} \qquad (5.4\text{–}1)$$

laufen und untersuchen nur den interessanteren Fall $E < V_0$, der den Tunneleffekt aufweist. Die Lösungen der zeitunabhängigen Schrödinger-Gl. in den drei Gebieten 1, 2 und 3 lauten

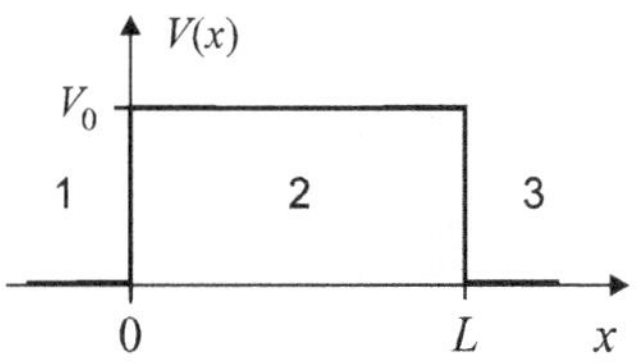

$$\psi_1(x) = A_1\, e^{i k_1 x} + B_1\, e^{-i k_1 x} \qquad (5.4\text{–}3a)$$

$$\psi_2(x) = A_2\, e^{k_2 x} + B_2\, e^{-k_2 x} \qquad (5.4\text{–}3b)$$

$$\psi_3(x) = A_3\, e^{i k_1 x} \qquad (5.4\text{–}3c)$$

Abb. 5.4–1 Potentialwall mit drei Gebieten 1, 2 und 3.

Die Konstante A_1 ist wieder unbestimmbar. Die Verhältnisse der restlichen vier Integrationskonstanten zu A_1 werden durch vier Stetigkeitsbedingungen für $\psi(x)$ und $\psi'(x)$ an den Stellen $x=0$ und $x=L$ bestimmt. Eine mühevolle Auflösung der Gln. liefert den Transmissionskoeffizient

$$T = \left|\frac{A_3}{A_1}\right|^2 = \frac{1}{1 + \dfrac{V_0^2}{4E(V_0-E)}\sinh^2\left(\sqrt{\dfrac{2m(V_0-E)}{\hbar^2}}\,L\right)} \qquad \text{für} \quad E < V_0 \qquad (5.4\text{–}4)$$

Die Teilchen tunneln mit der Wahrscheinlichkeit T durch den Potentialwall (**Tunneleffekt**).

$$\text{Mit}\quad \sinh x = \frac{1}{2}(e^x - e^{-x}) \underset{\substack{\uparrow \\ \text{für } x \gg 1}}{\approx} \frac{1}{2}e^x \quad \text{und mit Gl. (5.4–4)}$$

ergibt sich für *hohe und breite Potentialwälle* $\sqrt{2m(V_0-E)/\hbar^2}\, L = k_2 L \gg 1$ ungefähr

$$T \approx \frac{16E(V_0-E)}{V_0^2}\exp\left(-\frac{2}{\hbar}\sqrt{2m(V_0-E)}\,L\right) \quad \text{für} \quad E < V_0 \quad \text{und} \quad k_2 L \gg 1 \qquad (5.4\text{–}5)$$

Die *Tunnelwahrscheinlichkeit T hängt empfindlich von der Breite L des Potentialwalles ab. Die Tunnelwahrscheinlichkeit durch einen Potentialberg, der im Intervall $[a,b]$ größer ist als die Energie, beträgt näherungsweise*

$$T \approx \exp\left(-\frac{2}{\hbar}\int_a^b \sqrt{2m[V(x)-E]}\,dx\right) \qquad (5.4\text{–}6)$$

Wichtige physikalische Anwendungen des Tunneleffektes sind der α-Zerfall und die Feldemission.

5.5 Endlich tiefer Potentialtopf

Der Potentialtopf hat das Potential

$$V(x) = \begin{cases} -V_0 & \text{für } |x| \le a \\ 0 & \text{für } |x| > a \end{cases}$$

mit $V_0 > 0$. Der Potentialtopf ist ein vereinfachtes Modell für das Potential kurzreichweitiger Kernkräfte und für das Potential von freien Elektronen in einem Metall.

Gebundene Zustände treten nur für $E < 0$ auf. Sie haben *diskrete Energien*, die graphisch oder numerisch bestimmt werden müssen.

Abb. 5.5-3 zeigt die Wahrscheinlichkeitsdichten $|\psi(x)|^2$ von gebundenen Zuständen auf der Höhe der zugehörigen diskreten Energien. Die Zustandsfunktionen oszillieren im klassisch erlaubten Bereich $x \le |a|$ harmonisch; außerhalb dieses Bereiches fallen sie exponentiell ab – in Übereinstimmung mit dem Tunneleffekt. Auch für beliebig flache Potentialtöpfe existiert mindestens ein gebundener Zustand.

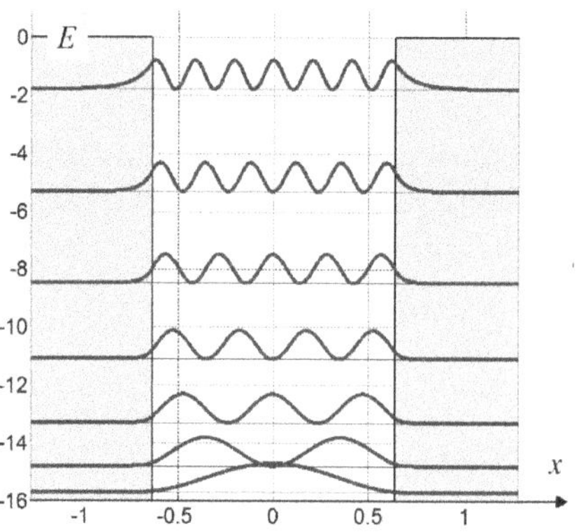

Abb. 5.5-3   Wahrscheinlichkeitsdichten $|\psi(x)|^2$ im endlich tiefen Potentialtopf.

5.8 Aufgaben

Weitere stückweise konstante Potentiale werden auf 19 Seiten in [Pade-2], Anhang W.1 untersucht. Die Rechnungen sind mühsam und liefern i. Allg. keine lohnenswerten Ergebnisse.

5-1 Leicht Streuungsprodukt und Nullpunktenergie im unendlich tiefen Potentialtopf

a) Berechne das Streuungsprodukt $\Delta x_n \Delta p_n$ für die Wellenfunktion $\psi_n(x)$ des unendlich tiefen Topfes.

b) Berechne mit der Unbestimmtheitsrelation $\Delta x \Delta p \ge \hbar/2$ eine untere Grenze für die Nullpunktenergie.

c) Hier betrachten wir ein *klassisches* Teilchen, das im unendlich tiefen Potentialtopf mit konstantem Impulsbetrag $p_0 = \sqrt{2mE}$ hin und her läuft. Wie groß sind die Streuungen Δx und Δp ?

Hinweise: **1)** $\displaystyle \int_0^{n\pi} \sin^2 x\, dx = \frac{\pi}{2} n$ $\displaystyle \int_0^{n\pi} x \sin^2 x\, dx = \frac{\pi^2}{4} n^2$ $\displaystyle \int_0^{n\pi} x^2 \sin^2 x\, dx = \frac{\pi^3}{6} n^3 - \frac{1}{4}\pi n$

2) Die Wellenfunktionen $\psi_n(x)$ in Gl. (5.1–6) sind keine Eigenfunktionen des Impulsoperators und haben daher Impulsstreuungen Δp_n. In Aufgabe 8–7c wird untersucht, warum die Streuungen Δp_n und die damit einhergehenden Streuungen der kinetischen Energien keinen Widerspruch zu den *diskreten* Gesamtenergien bilden.

3) Die Impulswellenfunktionen $\tilde{\psi}_n(p)$ werden in Aufgabe 8–7a berechnet.

5-2 Mittel Zeitentwicklung im unendlich tiefen Potentialtopf

Ein Teilchen in einem unendlich tiefen Potentialtopf hat zur Zeit $t = 0$ die normierte Wellenfunktion

$$\psi(x,0) = \sqrt{\frac{128}{35L}} \sin^4\left(\frac{\pi}{L} x\right) = \sqrt{\frac{2}{35L}} \left[\cos\left(\frac{4\pi}{L} x\right) - 4\cos\left(\frac{2\pi}{L} x\right) + 3 \right] \quad \text{für } 0 \le x \le L$$

a) Berechne $\psi(x,t)$.

Hinweis:
$$\int_0^L \sin\!\left(\frac{k\pi}{L}x\right)\cos\!\left(\frac{m\pi}{L}x\right)dx = \frac{L}{\pi}\,\frac{2k}{k^2-m^2}\begin{cases} 0 & \text{für } k+m=\text{gerade} \\ 1 & \text{für } k+m=\text{ungerade}\end{cases} \tag{5.8-1}$$

$$\Rightarrow \quad \int_0^L \psi(x,0)\cdot\sqrt{\frac{2}{L}}\,\sin\!\left(\frac{k\pi}{L}x\right)dx = \sqrt{\frac{1}{35\,\pi^2}}\,\frac{768}{k\,(k^2-4)\,(k^2-16)}\cdot\begin{cases} 0 & \text{für gerade } k \\ 1 & \text{für ungerade } k\end{cases} \tag{5.8-2}$$

Hinweis: Ich empfehle nicht, die Integrale (5.8–1/2) zu überprüfen; es gibt wichtigere Aufgaben. Der Leser kann ein Algebra-Programm verwenden – z. B. Mathematica, Maple oder den Integralrechner im Internet.

b) Zeichne mit einem Computerprogramm $|\psi(x,t)|^2$ in abstandsgleichen Zeitschritten, um eine Vorstellung von der zeitlichen Entwicklung der Wahrscheinlichkeitsdichte zu erhalten.

5–3 Mittel Wellenpaket läuft gegen eine unendlich hohe Wand

Ein Gaußsches Wellenpaket läuft von links gegen eine unendlich hohe Wand. Das Potential lautet:

$$V(x) = \begin{cases} 0 & \text{für } x<0 \\ \infty & \text{für } x\geq 0\end{cases}$$

Berechne die Wellenfunktion $\psi(x,t)$.

5–4 Mittel Streuzustände mit $E \geq V_0$ am Potentialwall   Abb. 5.8–1

In Abschn. „5.4 Potentialwall und Tunneleffekt" wurde der Potentialwall untersucht für $E < V_0$. Berechne den Transmissionskoeffizienten T nun für

a) $E = V_0$ **b)** $E > V_0$

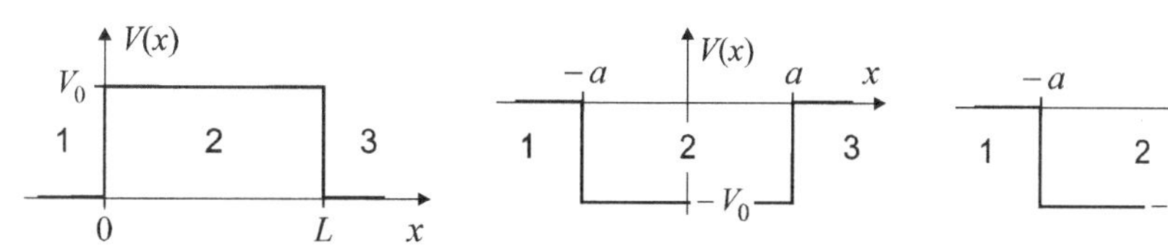

Abb. 5.8–1 Potentialwall   Abb. 5.8–2 Potentialtopf   Abb. 5.8–3 Harte Rückwand

5–5 Mittel Streuzustände mit $E > 0$ am endlich tiefen Potentialtopf   Abb. 5.8–2

In Abschn. „5.5 Endlich tiefer Potentialtopf" wurden die gebundenen Zustände für $E < 0$ berechnet. Jetzt soll $E > 0$ gelten. Berechne den Transmissionskoeffizienten T.

5–6 Mittel StreupShase am endlichen Potentialtopf mit harter Rückwand   Abb. 5.8–3

Eine von links einlaufende Welle wird an einem endlich tiefen Potentialtopf mit harter Rückwand

$$V(x) = \begin{cases} 0 & \text{für } x\leq -a \\ -V_0 & \text{für } -a<x\leq 0 \qquad V_0>0 \\ \infty & \text{für } x>0\end{cases}$$

vollständig reflektiert ($R=1$). Dabei tritt eine Phasenverschiebung auf, die zu berechnen ist.

5–7 Leicht Unendlich tiefer Potentialtopf : Lösungen mit $E < 0$ sind unmöglich   Abb. 5.1–2

Zeige, dass die Schrödinger-Gl. 5.1–1 für den unendlich tiefen Potentialtopf in Gl. (5.1–2) keine Lösung mit $E < 0$ hat, die die beiden Randbedingungen erfüllt.

5-8 Leicht Randbedingung im unendlich tiefen Potentialtopf

In Abschn. 5.1 wurde bei der Untersuchung des unendlich tiefen Potentialtopfes gefordert, dass generell alle Wellenfunktionen in den Bereichen verschwinden ($\psi(x)=0$), in denen das Potential unendlich ist. Begründe diese Bedingung durch Untersuchung eines *endlich tiefen* Potentialtopfes

$$V(x) = \begin{cases} 0 & \text{für } 0 < x < L \\ V_0 > 0 & \text{sonst} \end{cases}$$

Hinweis: Berechne die Wellenfunktion für $x \geq L$ und $E < V_0$ und lass V_0 gegen Unendlich gehen.

5-9 Mittel Unendlich tiefer Potentialtopf mit Stufe Abb. 5.8-4

Ein Teilchen mit Masse m befindet sich im Potential

$$V(x) = \begin{cases} \infty & \text{für } |x| \geq a \\ 0 & \text{für } -a < x < 0 \quad \text{(Bereich 1)} \\ V_0 & \text{für } 0 \leq x < a \quad \text{(Bereich 2)} \end{cases}$$

a) Beantworte *ohne* Lösung der Schrödinger-Gl. folgende Frage: Wo ist für $E > V_0$ die Wahrscheinlichkeitsdichte $|\psi|^2$ des Teilchens größer? Im Bereich 1 oder im Bereich 2 des Potentials?

b) Berechne die diskreten Energien und die Wellenfunktionen für $E > V_0$. Zeichne einige Aufenthaltsdichten und diskutiere die Ergebnisse.

c) Führe dieselben Schritte durch für $E < V_0$.

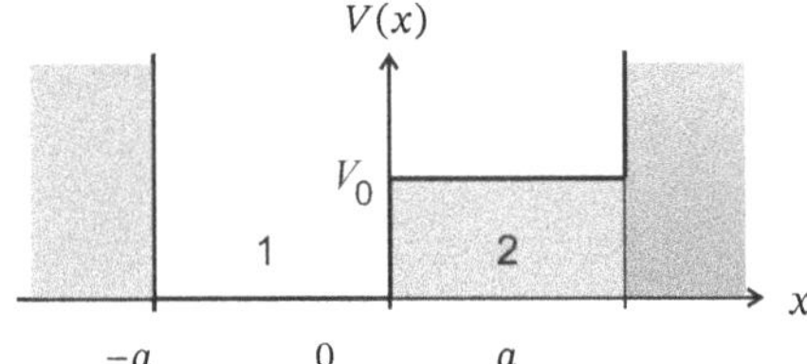

Abb. 5.8-4 Unendlich tiefer Topf mit Stufe.

Hinweis: Die diskreten Energien in b) und c) können nur graphisch oder numerisch berechnet werden.

5-10 Mittel Parabelförmige Startfunktion im unendlich tiefen Potentialtopf Abb. 5.8-5

Ein Teilchen im unendlich tiefen Potentialtopf (5.1-2) hat zur Zeit $t = 0$ die normierte Wellenfunktion

$$\psi(x,0) = \sqrt{\frac{30}{L^5}}\, x\,(L-x) \qquad (5.8\text{-}3)$$

a) Berechne $\psi(x,t)$.

b) $\psi(x,0)$ ähnelt der Wellenfunktion $\psi_0(x)$

Abb. 5.8-5 Die Startfunktion $\psi(x,0)$ ähnelt der gestrichelten Funktion $\psi_0(x)$ des Grundzustandes.

des Grundzustandes. Überlege ohne Rechnung, wie die Zeitentwicklung der Wahrscheinlichkeitsdichte $|\psi(x,t)|^2$ näherungsweise aussieht.

5-11 Mittel Potential ohne Reflexion Abb. 5.8-6/7

Wir betrachten das (unrealistische) Potential (siehe Abb. 5.8-6)

$$V(x) = -\frac{\hbar^2 a^2}{m}\,\frac{1}{\cosh^2(ax)} = -\frac{\hbar^2 a^2}{m}\left(\frac{2}{\exp(ax) + \exp(-ax)}\right)^2 \qquad (5.8\text{-}4)$$

a) Zeige, dass die nicht normierbaren Funktionen

$$\psi_k(x) = A\,\frac{ik - a\,\tanh(ax)}{ik + a}\,\mathrm{e}^{ikx}$$

für alle positiven Energien $E = \hbar^2 k^2/(2m) > 0$ die zeitunabhängige Schrödinger-Gl. lösen.

b) Betrachte die Lösungen für $x \to \pm\infty$ und zeige so, dass *alle* einfallenden Teilchen mit $E>0$ **ohne Reflexion** – nur mit einer Phasenverschiebung – vollständig durchlaufen.

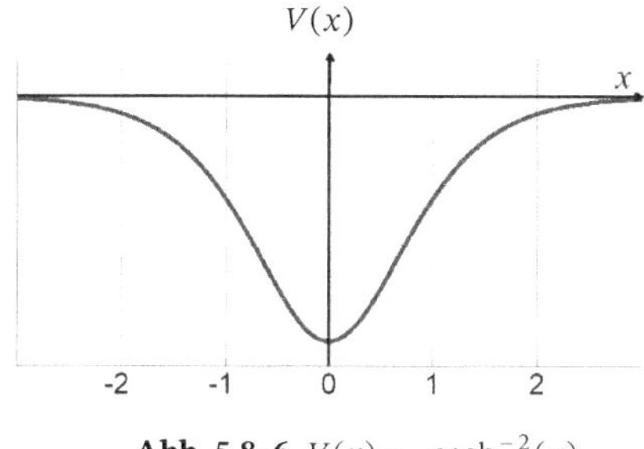

Abb. 5.8–6 $V(x) \sim -\cosh^{-2}(x)$

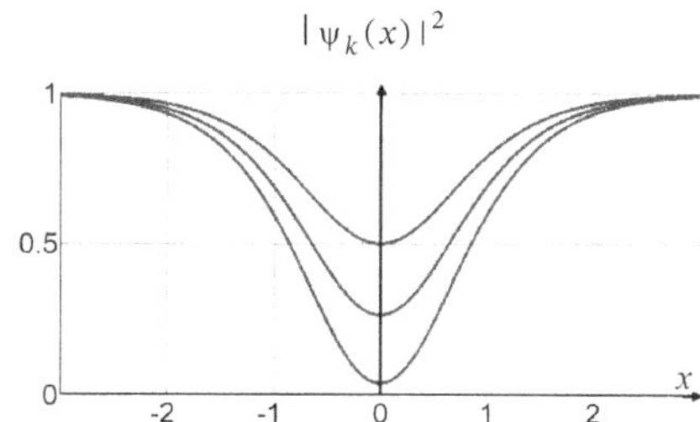

Abb. 5.8–7 Wahrscheinlichkeitsdichten für $k=1$ (oben) $k=0,6$ $k=0,2$ (unten); $a=1$

Hinweise: **1)** Normierbare Wellenpakete ergeben sich (wie üblich) durch kontinuierliche Überlagerungen der nicht normierbaren Funktionen $\psi_k(x)$ (siehe Abb. 1 in der Lösung). **2)** In [Schwabl], Kap. „19 Supersymmetrische Quantentheorie" werden die Funktionen $\psi_k(x)$ in Abschn. 19.2.1 berechnet. In Aufgabe 3.6 in [Schwabl] wird ein Potenzreihenansatz vorgeschlagen.

3) In [Landau], § 23, Aufgabe 5 wird die Schrödinger-Gl. für $E<0$ auf eine hypergeometrische Dgl. zurückgeführt und die endlich vielen, diskreten Energieniveaus werden berechnet. In [Landau], §25, Aufgabe 4 wird der Transmissionskoeffizient für den positiven Potentialberg $V(x)=+V_0/\cosh^2(ax)$ mit $E<V_0$ ermittelt.

5–12 Leicht Interpretation der Abb. 5.4–2

Die in Abb. 5.4–2 eingezeichnete Wahrscheinlichkeitsdichte $|\psi(x)|^2$ zeigt links vom Potentialwall ein oszillierendes Verhalten und ist rechts vom Potentialwall konstant. Erkläre dieses Verhalten.

5–13 Mittel Deltafunktionsartiges Potential

Betrachte den unendlich dünnen, unendlich tiefen– und daher gewiss unrealistischen – Potentialtopf

$$V(x) = -\tilde{V}\,\delta(x) \qquad \tilde{V}>0 \qquad \text{Die positive Konstante } \tilde{V} \text{ hat die Einheit J·m .} \qquad (5.8\text{–}5)$$

a) Untersuche den Fall $E<0$ und berechne die einzige negative Energie und die Wellenfunktion dazu.

   Hinweis: Verwende die Gln. in der ersten Fußnote von Abschn. 5.2.

b) Zeige, dass die in Teil a) berechnete Energie auch aus der Energie des Grundzustandes des endlich tiefen Potentialtopfes (in Abb. 5.5–1) folgt im Grenzübergang

$$V_0 \to \infty \qquad a \to 0 \qquad \text{mit} \qquad V_0 \cdot 2a = \tilde{V} = \text{const}$$

c) Berechne für das Potential (5.8–5) und für $E>0$ den Reflexionskoeffizient R und den Transmissionskoeffizient T einer von links einlaufenden, unendlich langen, monochromatischen Welle.

5–14 Mittel Matrizenformalismus für die Sprungstellen des Potentials

Betrachte nochmals den bereits in Abschn. 5.4 behandelten Potentialwall. Eine monochromatische, unendlich lange Welle läuft von links mit $0<E<V_0$ ein. Beschreibe die vier Stetigkeitsbedingungen an den Sprungstellen des Potentials mit Hilfe von 2×2– Matrizen.

5–15 Leicht Unstetige Anfangsbedingung

In Abschn. 5.2 wird gezeigt, dass Wellenfunktionen immer und überall stetig sind. Hier soll gezeigt werden, zu welchen falschen Ergebnissen die Nichtbeachtung dieser Regel führen kann. Ein Teilchen im unendlich tiefen Potentialtopf (siehe $V(x)$ in Gl. (5.1–2)) hat (versuchsweise) zur Zeit $t=0$ eine normierte, *unstetige* Wellenfunktion:

$$\psi(x,0) = \sqrt{\frac{2}{L}} \begin{cases} 1 & \text{für} \quad L/4 \leq x \leq 3L/4 \\ 0 & \text{sonst} \end{cases}$$

a) Berechne $\psi(x,t)$ so, wie unmittelbar vor Beispiel 5.1–3 angegeben wurde. Die in der Lösung gezeichneten Kurven sind nicht überzeugend.

b) Berechne den Erwartungswert der Energie. Das Ergebnis ist unsinnig.

6 Der harmonische Oszillator

Dieses Kapitel hat einen mittleren Schwierigkeitsgrad.

Der harmonische Oszillator mit dem Potential $V(x) = m\,\omega^2 x^2/2$ hat große praktische Bedeutung, da viele Systeme durch harmonische Oszillatoren beschrieben werden. Dazu gehören u. a. Molekülschwingungen und Schwingungen von Atomen in Festkörpern (Phononen). Die Schrödinger-Gl. des harmonischen Oszillators ist exakt lösbar.[1]

Die Schrödinger-Gl. kann auf zwei völlig verschiedene Arten gelöst werden: Es gibt eine konventionelle, analytische Lösungsmethode mit einem Potenzreihenansatz und eine ungewohnte, aber sehr elegante algebraische Methode, die mit Leiteroperatoren arbeitet und sich später beim Bahndrehimpuls und beim Spin als sehr wichtig herausstellen wird.

6.1 *Lösung mit Potenzreihen*: Die Schrödinger-Gl. wird mit einem Potenzreihen-Ansatz gelöst. Das anschauliche Verfahren kann auch auf andere Systeme angewendet werden – z. B. auf das Coulombpotential des Wasserstoffatoms in Kapitel 10.

Die Lösungen sind nur *normierbar*, wenn die Potenzreihe abbricht. Daraus folgt

$$E_n = (n + 0{,}5)\,\hbar\,\omega \qquad \text{mit} \qquad n = 0, 1, 2, \dots \tag{6.1--14}$$

Die diskreten Energien sind äquidistant und die kleinste Energie, die sog. Nullpunktenergie ist wegen der Ort-Impuls-Unbestimmtheitsrelation größer als null. Die Lösungen der zeitunabhängigen Schrödinger-Gl. bilden vollständige Orthonormalsysteme. Sie sind Produkte der Hermite-Polynome mit Exponentialfunktionen $\exp(-\alpha x^2/2)$.

6.2 *Algebraische Lösung mit Leiteroperatoren*: Wir lernen ein völlig neues Lösungsverfahren von Dgln. kennen: Die schrittweise Anwendung der sog. Leiteroperatoren

$$\hat{a}_{\pm} := \frac{1}{\sqrt{2\hbar m \omega}} \left(m\,\omega\,\hat{X} \mp i\,\hat{P} \right) \tag{6.2--4}$$

auf eine beliebige Wellenfunktion liefert alle anderen Wellenfunktionen. Die Vorteile dieser (anfangs fremdartig erscheinenden) Methode bestehen darin, dass sie die diskreten Energieniveaus ohne Lösung der Schrödinger-Gl. liefert und außerdem die Berechnungen vieler Integrale, in denen die Zustandsfunktionen vorkommen, stark vereinfacht. Zudem spielen Leiteroperatoren eine ganz zentrale Rolle beim Bahndrehimpuls und beim Spin.

6.3 *Schwingende Zustände* *: Der Orts-Erwartungswert beliebiger, instationärer Zustände

$$\psi(x,t) = \sum_{n=0}^{\infty} c_n\,e^{-i\,\omega\,(n + 0{,}5)\,t}\,\psi_n(x) \qquad c_n = \text{beliebig} \tag{6.3--1}$$

schwingt harmonisch *mit der klassischen Frequenz* ω – in Übereinstimmung mit dem Ehrenfestschen Theorem in Abschn. 7.3.

---

[1] Laut Flussdiagramm im Vorwort dürfen eilige Leser dieses Kapitel i. W. auslassen; besonders wichtig sind nur die Kenntnis der diskreten Energien und die sorgfältige Interpretation der Abb. 6.1–1. Der Umgang mit Leiteroperatoren wird in Kapitel „9 Der Drehimpulsoperator" nochmals ausführlich geübt; ein Potenzreihenansatz mit Rekursionsgl. wird in Kap. „10 Das Wasserstoffatom" eingehend behandelt.

Quantenmechanik: Lehr- und Arbeitsbuch, 2. Auflage. Friedhelm Kuypers.
© 2026 Wiley-VCH GmbH. Published 2026 by Wiley-VCH GmbH.

6.1 Lösung mit Potenzreihen

Wir betrachten eindimensionale Quantenoszillatoren, deren Potential bei $x=0$ minimal ist. Die Taylorentwicklung des Potentials lautet

$$V(x) \approx V(0) + x\,V'(0) + \frac{1}{2}\,x^2\,V''(0) + \dots.$$

In allen Problemen treten nur Potentialdifferenzen auf, so dass wir (wie in der klassischen Mechanik) $V(0)=0$ setzen können. Im Minimum verschwindet die erste Ableitung, d. h. $V'(0)=0$. So ergibt sich das parabelförmige Potential des harmonischen Oszillators[2]:

$$V(x) = \frac{1}{2}\,m\,\omega^2 x^2 \qquad \text{mit} \qquad \omega = \sqrt{D/m} \ = \text{klassische Frequenz}$$

Mit parabelförmigen Potentialen lassen sich viele Schwingungen um Gleichgewichtslagen beschreiben – u. a. *Molekülschwingungen* (siehe Aufgabe 6–10) und *Atomschwingungen in Kristallen (Phononen)*. Die zeitunabhängige Schrödinger-Gl. lautet

$$\psi''(x) = -\frac{2m}{\hbar^2}\left[E - \frac{1}{2}\,m\,\omega^2 x^2 \right] \psi(x) \tag{6.1-1}$$

$|\psi(x)|^2$ muss für $x \to \pm\infty$ schnell genug abfallen, damit

$$\int_{-\infty}^{+\infty} |\psi(x)|^2\, dx \overset{!}{<} \infty$$

Wir werden sehen, dass diese Bedingung, die man als „Randbedingung im Unendlichen" ansehen kann, für die Quantisierung der Energie verantwortlich ist. Mit der Abkürzung

$$\alpha := \frac{m\,\omega}{\hbar} \qquad\qquad \text{Einheit: } 1/m^2 \tag{6.1-2}$$

folgt $\quad \psi''(x) + \left[\frac{2mE}{\hbar^2} - \alpha^2 x^2 \right] \psi(x) = 0 \tag{6.1-3}$

Für sehr große $|x|$ – genauer für $\alpha^2 x^2 \gg 2mE/\hbar^2$ bzw. für $m\,\omega^2 x^2/2 \gg E$ – geht die Dgl. näherungsweise über in

$$\psi''(x) - \alpha^2 x^2\,\psi(x) \approx 0 \qquad \text{für} \qquad \alpha^2 x^2 \gg 2mE/\hbar^2$$

Diese Dgl. zweiter Ordnung hat näherungsweise die allgemeine Lösung[3]

$$\psi(x) \underset{\underset{\text{für sehr große } x}{\uparrow}}{\approx} A\,e^{-\alpha x^2/2} + B\,e^{+\alpha x^2/2} \tag{6.1-4}$$

---

[2] Es gibt in der klassischen Mechanik einige Systeme mit $V''(0)=0$. Hier muss die Taylorentwicklung bis zu einer höheren Ordnung fortgesetzt werden. Solche Potentiale führen zu anharmonischen Schwingungen.

[3] Der Beweis, dass die Funktion (6.1-4) die Schrödinger-Gl. für große $|x|$ näherungsweise löst, ist einfach:

$$\psi''(x) = A\,(\alpha^2 x^2 - \alpha)\,e^{-\alpha x^2/2} \underset{\underset{\text{für } x^2 \gg 1/\alpha}{\uparrow}}{\approx} A\,\alpha^2 x^2\,e^{-\alpha x^2/2}$$

Die Forderung nach Normierbarkeit führt auf $B = 0$, so dass

$$\psi(x) \sim e^{-\alpha x^2/2} \qquad \text{für sehr große } x \tag{6.1-4'}$$

Der exponentielle Abfall der Wellenfunktion nach außen ist mit dem Tunneleffekt vereinbar.

Es stellt sich als vorteilhaft heraus, die Näherungslösung (6.1-4') in der Wellenfunktion abzuspalten. Daher wählen wir den **exakten Lösungsansatz**[4]

$$\psi(x) = e^{-\alpha x^2/2} f(x) \tag{6.1-5}$$

Wir leiten diesen Ansatz mit der zunächst noch unbekannten Funktion $f(x)$ zweimal ab

$$\psi''(x) = e^{-\alpha x^2/2} \left[\alpha^2 x^2 f(x) - \alpha f(x) - 2\alpha x f'(x) + f''(x) \right]$$

und setzen $\psi''(x)$ in die Dgl. (6.1-3) ein. Nach Multiplikation mit $\exp(\alpha x^2/2)$ folgt eine **exakte** Dgl. für $f(x)$:

$$f'' - 2\alpha x f' + \left[\frac{2mE}{\hbar^2} - \alpha \right] f = 0 \qquad \text{mit} \quad \alpha := \frac{m\omega}{\hbar} \tag{6.1-6}$$

Es ist vorteilhaft, diese Dgl. auf eine dimensionslose Variable zu transformieren:

$$u := \sqrt{\alpha}\, x \underset{\underset{\text{Gl. (6.1-2)}}{\uparrow}}{=} \sqrt{\frac{m\omega}{\hbar}}\, x \tag{6.1-7}$$

Mit den Definitionen

$$H(u) := f\left(\frac{u}{\sqrt{\alpha}} \right) \qquad \text{und} \qquad g(u) := \frac{u}{\sqrt{\alpha}} \tag{6.1-8}$$

folgt $\quad \dfrac{dH(u)}{du} = \dfrac{d}{du} f\big(g(u)\big) = f'\big(g(u)\big) \cdot g'(u) = f'\left(\dfrac{u}{\sqrt{\alpha}} \right) \dfrac{1}{\sqrt{\alpha}}$

und $\quad H''(u) = f''\left(\dfrac{u}{\sqrt{\alpha}} \right) \dfrac{1}{\alpha}$

Die Dgl. (6.1-6) geht nun über in die sog. **Hermitesche Dgl.**

$$H''(u) - 2u\, H'(u) + \left(\frac{2E}{\hbar\omega} - 1 \right) H(u) = 0 \tag{6.1-9}$$

---

[4] Die Abspaltung asymptotischer Lösungen ist nicht ungewöhnlich und wird auch beim Wasserstoffatom in Abschn. 10.1 vorgenommen. Das einzige Motiv für dieses Vorgehen ist der Erfolg.

Wir machen für $H(u)$ einen **Potenzreihenansatz**[5]

$$H(u) = \sum_{n=0}^{\infty} a_n u^n \qquad (6.1\text{--}10)$$

und setzen die Reihe in die Hermitesche Dgl. ein:

$$\sum_{n=0}^{\infty} \left[(n+1)(n+2) a_{n+2} - 2n a_n + \left(\frac{2E}{\hbar\omega} - 1 \right) a_n \right] u^n = 0$$

Die Funktionen u^n sind linear unabhängig, d. h. die Potenzreihe $\sum_{n=0}^{\infty} c_n u^n$ ist genau dann für *alle u* gleich null, wenn alle Koeffizienten c_n verschwinden. Es folgt:

$$(n+1)(n+2) a_{n+2} = \left[2n - \left(\frac{2E}{\hbar\omega} - 1 \right) \right] a_n$$

$$\Rightarrow \quad a_{n+2} = \frac{2n+1 - \dfrac{2E}{\hbar\omega}}{(n+1)(n+2)} a_n \qquad (6.1\text{--}11)$$

Mit dieser **Rekursionsgl.** lassen sich Schritt für Schritt die geraden Glieder der Potenzreihe aus a_0 und die ungeraden Glieder aus a_1 berechnen. Die allgemeine Lösung

$$H(u) = a_0 + a_2 u^2 + a_4 u^4 + \dots + a_1 u + a_3 u^3 + \dots =: H_{\text{gerade}}(u) + H_{\text{ungerade}}(u)$$

---

[5] Eine *anschauliche* Begründung des Potenzreihenansatzes könnte wie folgt aussehen: Ein Potenzreihenansatz erscheint sinnvoll, da nach dem Satz von Taylor alle Funktionen, die beliebig oft differenzierbar sind und deren Restglied für $n \to \infty$ gegen null geht, in Taylorreihen entwickelt werden können. Diejenigen Funktionen der Physik, die keine Unendlichkeiten haben, erfüllen die Voraussetzungen in aller Regel.

Die **mathematische Theorie der Potenzreihenansätze** besagt: Die Dgl.

$$y''(x) + p(x) y'(x) + q(x) y(x) = f(x) \qquad \text{(Beachte: } y''(x) \text{ hat keinen Vorfaktor.)}$$

sei im Intervall $(-b, b)$ gegeben, wobei die Funktionen $p(x), q(x), f(x)$ in $(-b, b)$ als Potenzreihen dargestellt werden können:

$$p(x) = \sum_{n=0}^{\infty} p_n x^n \qquad q(x) = \sum_{n=0}^{\infty} q_n x^n \qquad f(x) = \sum_{n=0}^{\infty} f_n x^n$$

Dann konvergiert die Potenzreihe

$$y(x) = \sum_{n=0}^{\infty} a_n x^n$$

deren Koeffizienten a_n durch Rekursionsgln. bestimmt werden, im Intervall $(-b, b)$ gegen die Lösung der Dgl. Die beiden Anfangsbedingungen lauten $y(0) = a_0$ und $y'(0) = a_1$.

Wenn die Funktionen $p(x), q(x), f(x)$ Polynome sind, dann konvergiert $y(x)$ auf ganz $\mathbb{R}$.

Übrigens: Ein Potenzreihenansatz für die Ausgangsgl. (6.1–3) ist ungünstig, da er auf die Rekursionsgl.

$$(n+2)(n+1) a_{n+2} + \beta a_n - \alpha^2 a_{n-2} = 0$$

führt, die *drei* Koeffizienten a_{n+2}, a_n, a_{n-2} hat und daher nicht so einfach zu lösen ist (siehe Aufgabe 6-6).

wird wegen der Rekursionsgl. durch die beiden Koeffizienten a_0, a_1 eindeutig bestimmt. Wir werden bald sehen, dass einer dieser beiden Koeffizienten verschwinden muss, damit die Lösung normiert werden kann. Der andere Koeffizient wird durch die Normierung festgelegt.

Zur Zeitersparnis betrachten wir nur die geraden Potenzen von u. Für große n folgt aus Gl. (6.1–11):

$$a_{n+2} \approx \frac{2}{n+2} a_n \qquad \text{für} \quad n \gg 1 \tag{6.1–12}$$

Die Wellenfunktion $\psi(x) = \psi(u/\sqrt{\alpha}) = \exp(-u^2/2)\,H(u)$ ist nur normierbar, wenn die Koeffizienten a_n für große n genügend schnell abfallen. Entscheidend sind also die Koeffizienten a_n für große n. Daher dürfen wir für die Frage nach der Normierbarkeit *vorübergehend* unterstellen, dass die Rekursionsgl. (6.1–12) exakt ist und auch für kleine n gilt. Wir betrachten die Exponentialfunktion

$$\exp(u^2) = \sum_{k=0}^{\infty} \frac{1}{k!} (u^2)^k = \sum_{k=0}^{\infty} \frac{1}{k!} u^{2k}$$

$$\Rightarrow \qquad \frac{a_{2k+2}}{a_{2k}} = \frac{1}{k+1}$$

Mit $n := 2k$ folgt derselbe Quotient wie Gl. (6.1–12):

$$\frac{a_{n+2}}{a_n} = \frac{1}{n/2+1} = \frac{2}{n+2} \qquad n = \text{geradzahlig}$$

Potenzreihen, die für große n die Beziehung (6.1–12) erfüllen, steigen also im Unendlichen mit $\exp(u^2) = \exp(\alpha x^2)$ an. Nach dem Lösungsansatz (6.1–5) würde $\psi(x)$ im Unendlichen wie $\exp(+\alpha x^2/2)$ ansteigen und wäre somit nicht normierbar. Die Normierbarkeit kann *nur* dadurch erreicht werden, dass in der Potenzreihe (6.1–10)

- entweder alle geraden Koeffizienten – beginnend mit $a_0 = 0$ – null sind und die ungeraden Beiträge bei einem bestimmten n abbrechen oder
- alle ungeraden Koeffizienten – beginnend mit $a_1 = 0$ – null sind und die geraden Terme bei einem bestimmten n abbrechen.

(Die geraden und ungeraden Beiträge können nicht zugleich abbrechen, wie die folgende Bedingung zeigt.) Die Abbruchbedingung lautet nach Gl. (6.1–11):

$$2n+1 \overset{!}{=} \frac{2E}{\hbar\omega} \tag{6.1–13}$$

Daraus folgen die diskreten Energien[6]:

$$E_n = \left(n + \frac{1}{2}\right)\hbar\omega \qquad \text{mit} \qquad n = 0, 1, 2, \dots \tag{6.1–14}$$

---

[6] Es ist ungewöhnlich, dass die Quantenzahl n beim harmonischen Oszillator bei null beginnt. In der Regel beginnt die Nummerierung bei $n = 1$ – z. B. beim unendlich tiefen Potentialtopf und beim Wasserstoffatom.

Beachte: *Die Hermitesche Dgl. (6.1–9) ist für alle Energien lösbar. Die Lösungen sind aber nur für die diskreten Energien E_n normierbar. Auch hier folgt die Quantisierung der Energie gebundener Zustände aus der Normierungsbedingung (Randbedingung im Unendlichen).*

Die kleinste Energie $E_0 = \hbar\omega/2$ heißt **Nullpunktenergie**. Nach Aufgabe 8–5a ist die Nullpunktenergie die *kleinste Energie, die mit der Unbestimmtheitsrelation von Ort und Impuls vereinbar ist.* Sie hat einen großen Einfluss auf Materialeigenschaften von Festkörpern bei tiefen Temperaturen – wie z. B. auf die spezifische Wärmekapazität.

Die **Hermite-Polynome**

$$H_n(u) = (-1)^n\, e^{u^2}\, \frac{d^n}{du^n}\, e^{-u^2} \underset{\substack{\uparrow \\ \text{Aufgabe 6–7}}}{=} e^{u^2/2} \left(u - \frac{d}{du} \right)^n e^{-u^2/2} \qquad (6.1\text{–}15)$$

erfüllen die Hermitesche Dgl. (6.1–9) und die Rekursionsformel (6.1–11)[7]. Die höchste Potenz u^n hat den Koeffizient $a_n = 2^n$.

Die ersten sechs Hermite-Polynome lauten:

$$H_0(u)=1 \qquad H_1(u)=2u \qquad H_2(u)=4u^2-2 \qquad H_3(u)=8u^3-12u \qquad (6.1\text{–}16\text{a})$$

$$H_4(u)=16u^4-48u^2+12 \qquad H_5(u)=32u^5-160u^3+120u \qquad (6.1\text{–}16\text{b})$$

Die Hermite-Polynome $H_n(u)$ sind Polynome n-ten Grades und wegen der Symmetrie des Potentials $V(x)=V(-x)$ abwechselnd gerade und ungerade Funktionen. Die Gln. (6.1–5/7/15) liefern die – jetzt auf Eins normierten – Lösungen der zeitunabhängigen Schrödinger-Gl. mit Namen **Hermite-Funktionen**:

$$\psi_n(x) = \frac{1}{\sqrt{n!\,2^n}} \left(\frac{m\omega}{\hbar\pi} \right)^{1/4} e^{-\alpha x^2/2}\, H_n(\sqrt{\alpha}\,x) = \qquad (6.1\text{–}17\text{a})$$

$$= \frac{(-1)^n}{\sqrt{n!\,2^n}} \left(\frac{m\omega}{\hbar\pi} \right)^{1/4} \frac{e^{\alpha x^2/2}}{\alpha^{n/2}} \frac{d^n}{dx^n} e^{-\alpha x^2} \quad \text{mit} \quad \alpha \underset{\substack{\uparrow \\ \text{Gl. (6.1–2)}}}{=} \frac{m\omega}{\hbar} \qquad (6.1\text{–}17\text{b})$$

Die ersten vier Zustandsfunktionen lauten

---

[7] Der Faktor $(-1)^n$ hat keine Bedeutung und wird nur aus Konventionsgründen eingeführt. Die zweite Darstellung der Hermite-Polynome in Aufgabe 6–7 legt die spätere Definition der Leiteroperatoren in Gl. (6.2–4) nahe. Natürlich muss sich der Leser die Gln. (6.1–15/17b) nicht merken.

Die Hermite-Polynome $H_n(u)$ sind Lösungen der Hermiteschen Dgl.

$$H_n''(u) - 2u\,H_n'(u) + 2n\,H_n(u) = 0 \qquad (6.1\text{–}9)$$

und erfüllen bzgl. der Gewichtsfunktion $\exp(-u^2)$ die Orthogonalitätsrelation

$$\int_{-\infty}^{+\infty} \exp(-u^2)\, H_n(u)\, H_m(u)\, du = 2^n\, n!\, \sqrt{\pi}\, \delta_{nm}$$

Die Funktion $\varphi(u) := \exp(-u^2/2)\, H_n(u)$ erfüllt die Dgl. $\quad \varphi''(u) + \left(2n+1-u^2\right)\varphi(u) = 0$.

Die Funktion $\psi(x) := \varphi(\sqrt{\alpha}\,x)$ erfüllt die Dgl. $\quad \dfrac{1}{\alpha}\,\psi''(x) + \left(2n+1-\alpha x^2\right)\psi(x) = 0$. $\qquad (6.1\text{–}3)$

$$\psi_0(x) = \left(\frac{m\omega}{\pi\hbar}\right)^{1/4} \exp\left(-\frac{m\omega}{2\hbar}x^2\right) \tag{6.1-18a}$$

$$\psi_1(x) = \sqrt{2}\left(\frac{m\omega}{\pi\hbar}\right)^{1/4} \exp\left(-\frac{m\omega}{2\hbar}x^2\right)\left[\sqrt{\frac{m\omega}{\hbar}}\,x\right] \tag{6.1-18b}$$

$$\psi_2(x) = \sqrt{\frac{1}{8}}\left(\frac{m\omega}{\pi\hbar}\right)^{1/4} \exp\left(-\frac{m\omega}{2\hbar}x^2\right)\left[4\frac{m\omega}{\hbar}x^2 - 2\right] \tag{6.1-18c}$$

$$\psi_3(x) = \frac{1}{4\sqrt{3}}\left(\frac{m\omega}{\pi\hbar}\right)^{1/4} \exp\left(-\frac{m\omega}{2\hbar}x^2\right)\left[8\left(\frac{m\omega}{\hbar}\right)^{3/2}x^3 - 12\sqrt{\frac{m\omega}{\hbar}}\,x\right] \tag{6.1- 18d}$$

Das genaue Aussehen der Hermite-Polynome (6.1–15) wird uns in Zukunft nicht mehr interessieren – abgesehen von den ersten drei Wellenfunktionenin den Gln. (6.1–18). Nur noch Orthonormierung und Vollständigkeit in den Gln. (6.1–19/20) sind wichtig.

Die Hermite-Funktionen $\psi_n(x)$ fallen exponentiell ab. Sie sind Hermite-Polynome n-ten Grades – multipliziert mit $\exp(-\alpha x^2/2)$:

$$\psi_n(x) = \sum_{k=0}^{n} c_k\, x^k \exp\left(-\frac{\alpha}{2}x^2\right) \qquad \text{mit} \qquad \alpha := \frac{m\omega}{\hbar} \qquad n = 0,1,2,\dots.$$

Wegen des quadratisch ansteigenden Potentials fallen die Zustandsfunktionen mit $\exp(-\alpha x^2/2)$ schneller ab als die Zustandsfunktionen bei stückweise konstanten Potentialen und beim Wasserstoffatom (siehe Gl. (10.2–11)); jene fallen im Wesentlichen mit $\exp(-kx)$ bzw. $\exp(-\kappa r)$.

In der Mathematik wird gezeigt: Die Hermite-Funktionen $\psi_n(x)$ sind **orthonormiert**

$$\int_{-\infty}^{\infty} \psi_n^*(x)\,\psi_m(x)\,dx = \delta_{nm} \tag{6.1-19}$$

und bilden ein vollständiges Funktionensystem mit der **Vollständigkeitsrelation**

$$\sum_{n=0}^{\infty} \psi_n^*(x)\,\psi_n(x') = \delta(x - x') \tag{6.1-20}$$

Daher kann jede normierbare Funktion $\psi(x)$ als Überlagerung der Hermite-Funktionen geschrieben werden:

$$\psi(x) = \sum_{n=1}^{\infty} c_n\,\psi_n(x) \qquad \text{mit} \qquad c_n = \int_{-\infty}^{\infty} \psi_n^*(x)\,\psi(x)\,dx$$

In Abb. 6.1-1 werden die Wahrscheinlichkeitsdichten für die sechs Quantenzahlen $n = 0, 1, 2, 3, 4, 12$ gezeigt. In den klassisch erlaubten Bereichen oszillieren die Wahrscheinlichkeitsdichten $|\psi_n(x)|^2$ und haben wegen des Knotensatzes (siehe Abschn. 5.6) n Nullstellen. Die Nullstellen zeigen, dass das klassische Bild eines hin und her laufenden Teilchens hier nicht brauchbar ist.

Nach Abschn. 6.3 schwingt der Erwartungswert $\langle x \rangle$ jeder Überlagerung der Hermite-Funktionen harmonisch mit der Frequenz ω hin und her. Darüber hinaus wird in Beispiel 6.3-1 gezeigt, dass die Aufenthaltsdichte $|\psi(x,t)|^2$ eines *Gaußschen* Wellenpaketes ohne Formänderung harmonisch im Oszillator hin und her schwingt.

Insgesamt zeigt der harmonische Oszillator folgende typische Eigenschaften:

- *Alle Zustände sind* (natürlich) *gebunden und haben nur diskrete Energien.*

- *Das Streuungsprodukt von Ort und Impuls ist positiv* und lautet nach Beispiel 6.2–2 $\Delta x \, \Delta p = \left(n + 0{,}5 \right) \hbar$

- Die Wellenfunktionen $\psi_n(x)$ dringen geringfügig in den klassisch verbotenen Bereich ein, der hinter den Umkehrpunkten des klassischen Oszillators liegt (Tunneleffekt). Die Quantenobjekte können auch hinter den klassischen Umkehrpunkten *gefunden* werden.

- Für große Quantenzahlen nähern sich die lokalen Mittelwerte der quantenmechanischen Wahrscheinlichkeitsdichten den klassischen, in Abb. 6.1-1 gestrichelt eingezeichneten Wahrscheinlichkeitsdichten. (Letztere werden in Beispiel 6.1-1 berechnet.)[8]

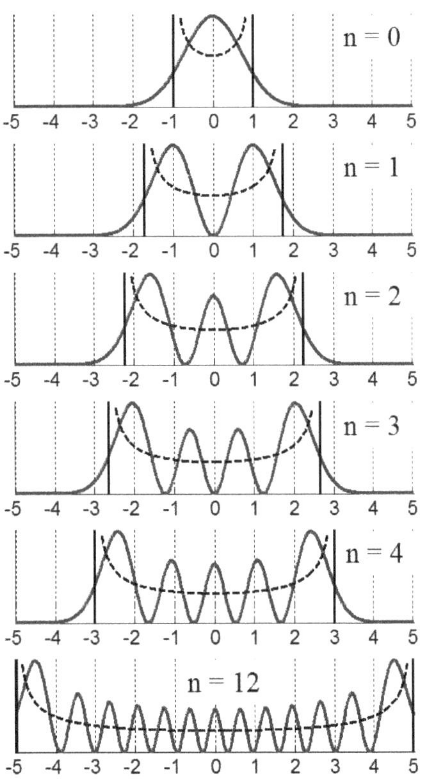

Abb. 6.1–1 Wahrscheinlichkeitsdichten $|\psi_n(x)|^2$. Die gestrichelten Kurven geben die klassische Aufenthaltswahrscheinlichkeit wieder. Die vertikalen Striche markieren die klassischen Umkehrpunkte.

Beispiel 6.1–1 Aufenthaltswahrscheinlichkeit des klassischen Oszillators

Ein *klassischer* harmonischer Oszillator mit den Parametern m, ω und der Energie E schwingt zwischen den Umkehrpunkten hin und her.

Wie lautet die Wahrscheinlichkeitsdichte $P(x)$ des Teilchenortes? $x_U = \pm \sqrt{2E/m}\,/\omega$

---

[8] Eine genauere Argumentation sieht folgendermaßen aus: Ortsmessungen haben eine endliche Auflösung Δx, so dass die *experimentelle* Aufenthaltsdichte in der Quantenmechanik etwa wie folgt lautet:

$$\frac{1}{\Delta x} \int_{x-\Delta x/2}^{x+\Delta x/2} |\psi_n(x)|^2 \, dx$$

Sie stimmt für genügend große Quartenzahlen n mit der klassischen Aufenthaltsdichte überein.

Lösung:

Die Wahrscheinlichkeit, dass sich das Teilchen zu einem zufällig gewählten Zeitpunkt im Intervall $[x - dx/2, x + dx/2]$ befindet, lautet

$$P(x)\,dx = \frac{dt}{T/2} \qquad \text{mit} \qquad dt = \frac{dx}{|v(x)|} = \text{Aufenthaltsdauer im infinitesimalen Intervall}$$

und $T = 2\pi/\omega = $ Schwingungsdauer. Aus dem Energieerhaltungssatz folgt:

$$|v(x)| = \sqrt{\frac{2}{m}\left(E - \frac{1}{2}m\,\omega^2 x^2\right)}$$

$$\Rightarrow \quad P(x)\,dx = \frac{dx}{\sqrt{\dfrac{2}{m}\left(E - \dfrac{1}{2}m\,\omega^2 x^2\right)}}\,\frac{\omega}{\pi} = \frac{1}{\pi}\frac{1}{\sqrt{\dfrac{2E}{m\,\omega^2} - x^2}}\,dx$$

$$\Rightarrow \quad P(x) = \frac{1}{\pi}\frac{1}{\sqrt{x_U^2 - x^2}} \qquad \text{für} \qquad |x| < |x_U| \tag{6.1-21}$$

In Abb. 6.1-1 zeigen die gestrichelten Kurven die klassische Wahrscheinlichkeitsdichte $P(x)$.

Hinweis: Natürlich ist $P(x)$ auf Eins normiert:

$$\int_{-x_U}^{x_U} P(x)\,dx = \frac{1}{\pi}\arcsin\frac{x}{x_U}\Bigg|_{-x_U}^{+x_U} = \frac{1}{\pi}\left[\frac{\pi}{2} - \left(-\frac{\pi}{2}\right)\right] = 1$$

Beispiel 6.1–2 Harmonischer Oszillator im homogenen elektrischen Feld

Berechne die diskreten Energien eines eindimensionalen harmonischen Oszillators, dessen Teilchen die Ladung q hat und sich in einem homogenen elektrischen Feld $\mathcal{E}$ aufhält.

Lösung:

Die Schrödinger-Gl. lautet:

$$-\frac{\hbar^2}{2m}\,\psi''(x) = \left[E - \frac{1}{2}m\,\omega^2 x^2 + q\,\mathcal{E}\,x\right]\psi(x)$$

Mit einer quadratischen Ergänzung folgt

$$-\frac{\hbar^2}{2m}\,\psi''(x) = \left[E - \frac{1}{2}m\,\omega^2\left(x - \frac{q\,\mathcal{E}}{m\,\omega^2}\right)^2 + \frac{q^2\,\mathcal{E}^2}{2m\,\omega^2}\right]\psi(x) \tag{6.1-22}$$

Wir substituieren

$$u := x - \frac{q\,\mathcal{E}}{m\,\omega^2} \qquad \psi(x) = \psi\left(u + \frac{q\,\mathcal{E}}{m\,\omega^2}\right) =: \tilde{\psi}(u) \qquad \tilde{E} := E + q^2\,\mathcal{E}^2/(2m\,\omega^2)$$

$$\Rightarrow \quad -\frac{\hbar^2}{2m}\,\tilde{\psi}''(u) = \left[\tilde{E} - \frac{m\,\omega^2}{2}u^2\right]\tilde{\psi}(u)$$

Diese Dgl. stimmt mit der Dgl. (6.1–1) überein. Daher erhalten wir die Energien

$$E_n = \left(n + \frac{1}{2}\right)\hbar\omega - \frac{q^2\,\mathcal{E}^2}{2m\omega^2} \qquad (6.1\text{–}23)$$

Hinweis: Für den klassischen harmonischen Oszillator im homogenen Schwerefeld gelten vergleichbare Aussagen: In der Gleichgewichtslage hat die Feder die Dehnung mg/D. x sei die Verschiebung aus der gedehnten Gleichgewichtslage. Die potentielle Energie lautet

$$V = \frac{D}{2}\left(\frac{mg}{D} + x\right)^2 - mg\left(\frac{mg}{D} + x\right) = \frac{m}{2}\,\omega^2 x^2 - \frac{m^2 g^2}{2m\,\omega^2}$$

Beispiel 6.1–3 Dreidimensionaler Oszillator

Ein dreidimensionaler Oszillator hat die potentielle Energie

$$V(x_1,x_2,x_3) = \frac{1}{2}\sum_{i=1}^{3} m\,\omega_i^2\,x_i^2 \qquad \text{mit} \qquad x_1,x_2,x_3 := x,y,z \qquad \omega_i = \sqrt{D_i/m}$$

a) Berechne die diskreten Energien.

b) Wie groß ist der Entartungsgrad bei drei gleichen Frequenzen ω_i $(i=1,2,3)$?

Lösung:

a) Die Schrödinger-Gl.

$$-\frac{\hbar^2}{2m}\Delta\,\psi(x_1,x_2,x_3) = \left[E - \frac{1}{2}\sum_{i=1}^{3} m\,\omega_i^2\,x_i^2\right]\psi(x_1,x_2,x_3)$$

wird durch den **Produktansatz**

$$\psi(x_1,x_2,x_3) = \psi_1(x_1)\cdot\psi_2(x_2)\cdot\psi_3(x_3)$$

separiert. Nun lautet die Schrödinger-Gl.:

$$-\frac{\hbar^2}{2m}\left(\psi_1''\,\psi_2\,\psi_3 + \psi_1\,\psi_2''\,\psi_3 + \psi_1\,\psi_2\,\psi_3''\right) = \left[E - \frac{1}{2}\sum_{i=1}^{3} m\,\omega_i^2\,x_i^2\right]\psi_1\,\psi_2\,\psi_3$$

Nach Division durch die Zustandsfunktion $\psi(x_1,x_2,x_3)$ folgt:

$$-\frac{\hbar^2}{2m}\frac{\psi_1''(x_1)}{\psi_1(x_1)} + \frac{1}{2}m\,\omega_1^2 x_1^2 = \frac{\hbar^2}{2m}\left(\frac{\psi_2''(x_2)}{\psi_2(x_2)} + \frac{\psi_3''(x_3)}{\psi_3(x_3)}\right) + E - \sum_{i=2}^{3}\frac{1}{2}m\,\omega_i^2\,x_i^2 \qquad (6.1\text{–}24)$$

Die linke Seite ist eine Konstante, die wir E_1 nennen wollen. Die Schrödinger-Gl.

$$-\frac{\hbar^2}{2m}\psi_1''(x_1) = \left[E_1 - \frac{1}{2}m\,\omega_1^2 x_1^2\right]\psi_1(x_1)$$

stimmt mit der Schrödinger-Gl. (6.1–1) überein. Für x_2,x_3 gelten entsprechende Schrödinger-Gln. mit den Konstanten E_2,E_3. Mit Gl. (6.1–14) und $\mathbf{n} = (n_1,n_2,n_3)$ folgt

$$E_{\mathbf{n}} = \sum_{i=1}^{3}\left(n_i + \frac{1}{2}\right)\hbar\,\omega_i \qquad (6.1\text{–}25)$$

b) Ein Oszillator mit drei gleichen Federkonstanten hat die diskreten Energien

$$E_{\mathbf{n}} = \left(n_1 + n_2 + n_3 + \frac{3}{2} \right) \hbar\,\omega = \left(n + \frac{3}{2} \right) \hbar\,\omega \qquad \text{mit} \qquad n := n_1 + n_2 + n_3$$

Eine gegebene Quantenzahl n lässt sich wie folgt realisieren:

- Für $n_1 = 0$ gibt es insgesamt $n+1$ verschiedene Paare n_2, n_3.
- Für $n_1 = 1$ gibt es insgesamt n verschiedene Paare n_2, n_3.

  $\vdots$
- Für $n_1 = n$ gibt es nur die 1 Möglichkeit $n_2 = n_3 = 0$.

Insgesamt ist die Zahl der Möglichkeiten, also der Entartungsgrad gleich

$$\sum_{i=1}^{n+1} i = \frac{1}{2}(n+1)(n+2) \tag{6.1--26}$$

6.2 Algebraische Lösung mit Leiteroperatoren

In Abschn. 6.1 wurden Energieniveaus und Wellenfunktionen auf konventionelle Art mit einem Potenzreihenansatz ermittelt. Wir wenden uns jetzt einer zweiten Möglichkeit zu, die mit sog. „Leiteroperatoren" arbeitet und viel eleganter und – nach kurzer Eingewöhnung – einfacher und schneller ist. Die Leiteroperatoren liefern die diskreten Energieniveaus ohne Lösung der Schrödinger-Gl. und erleichtern die Berechnung von vielen Integralen erheblich (siehe Beispiel 6.2–2). In der Quantenmechanik sind sie am wichtigsten beim harmonischen Oszillator und vor allem beim Drehimpuls (siehe die Kap. 9 und 12).[9]

Die Schrödinger-Gl. des harmonischen Oszillators lautet

$$\frac{1}{2m}\left[\hat{P}^2 + (m\omega\hat{X})^2\right]\psi(x) = E\,\psi(x) \tag{6.2--1}$$

Mit dem Kommutator von Impuls- und Ortsoperator

$$\left[\hat{P},\hat{X}\right] = \hat{P}\hat{X} - \hat{X}\hat{P} = \frac{\hbar}{i} \tag{6.2--2}$$

lässt sich der Operator in der eckigen Klammer von Gl. (6.2–1) folgendermaßen schreiben:

$$\hat{P}^2 + \left(m\omega\hat{X}\right)^2 = \left(i\hat{P} + m\omega\hat{X}\right)\left(-i\hat{P} + m\omega\hat{X}\right) - m\hbar\omega \tag{6.2--3}$$

Angesichts dieser Gl. definieren wir die einheitslosen **Leiteroperatoren**[10]

---

[9] In [Schwabl], Kap. „19 Supersymmetrische Quantentheorie" wird gezeigt, dass es neben dem harmonischen Oszillator und den Drehimpulsen noch andere Systeme mit algebraischen Lösungen gibt. Kap. 19 ist trotz des Furcht einflößenden Titels nur wenig schwerer als unser Abschn. 6.2. Schwabl berechnet die in Aufgabe „5–11 Potential ohne Reflexionen" angegebenen Wellenfunktionen $\psi_k(x)$ auf einfache Art. Ferner werden die gebundenen Zustände und Energien im Coulombpotential bestimmt.

[10] In Abschn. 7.2 wird der Begriff „hermitesch" eingeführt. Die Leiteroperatoren beschreiben keine messbaren Größen und müssen daher nicht hermitesch sein: $\hat{a}_{\pm}^{\dagger} = \hat{a}_{\mp}$. Denn $i\hat{P} = \hbar\,d/dx$ ist nicht hermitesch.

$$\hat{a}_\pm := \frac{1}{\sqrt{2\hbar m \omega}} \left(m\omega \hat{X} \mp i\hat{P} \right) \qquad (6.2\text{--}4)$$

Umgekehrt lassen sich Orts- und Impulsoperator als Funktionen der Leiteroperatoren schreiben:

$$\hat{X} = \sqrt{\frac{\hbar}{2m\omega}} \left(\hat{a}_+ + \hat{a}_- \right) \qquad \hat{P} = i\sqrt{\frac{\hbar m\omega}{2}} \left(\hat{a}_+ - \hat{a}_- \right) \qquad (6.2\text{--}5a/b)$$

Der Kommutator der Leiteroperatoren ist leicht zu berechnen:

$$\left[\hat{a}_- , \hat{a}_+ \right] = \hat{a}_- \hat{a}_+ - \hat{a}_+ \hat{a}_- = \hat{1} \qquad (6.2\text{--}6)$$

Mit den Leiteroperatoren erhält der **Hamiltonoperator** die Form

$$\hat{H} = \frac{1}{2m} \left[\hat{P}^2 + (m\omega\hat{X})^2 \right] = \hbar\omega \left(\hat{a}_\mp \hat{a}_\pm \mp \frac{1}{2} \right) \qquad (6.2\text{--}7)$$

Die Schrödinger-Gl. lautet

$$\hbar\omega \left(\hat{a}_\mp \hat{a}_\pm \mp \frac{1}{2} \right) \psi(x) = E\,\psi(x)$$

Von entscheidender Bedeutung sind nun die Kommutatoren der Leiteroperatoren und des Hamiltonoperators:

$$\left[\hat{H}, \hat{a}_\pm \right] = \pm \hbar\omega \hat{a}_\pm \qquad (6.2\text{--}8)$$

Bisher sieht die Rechnung noch ziemlich nutzlos aus und der Leser könnte fragen: „Was soll das Ganze?". Aber jetzt kommt die große Überraschung:

$$(\hat{H}\hat{a}_+)\psi \underset{\substack{\uparrow \\ \text{Gl. (6.2–8)}}}{=} \left(\hbar\omega\hat{a}_+ + \hat{a}_+\hat{H} \right)\psi = \hat{a}_+ \left(\hat{H} + \hbar\omega \right)\psi$$

Das bedeutet: Wenn ψ eine Lösung der Schrödinger-Gl. ist ($\hat{H}\psi = E\psi$), so folgt

$$\hat{H}(\hat{a}_+\psi) = (E + \hbar\omega)(\hat{a}_+\psi) \qquad (6.2\text{--}9a)$$

In gleicher Weise lässt sich berechnen:

$$\hat{H}(\hat{a}_-\psi) = (E - \hbar\omega)(\hat{a}_-\psi) \qquad (6.2\text{--}9b)$$

Die Gln. (6.2–9a/b) besagen:

Wenn ψ eine Lösung der Schrödinger-Gl. zur Energie E ist, dann ist $\hat{a}_\pm\psi$ eine neue Lösung zur Energie $E \pm \hbar\omega$:

$$\hat{H}\psi(x) = E\psi(x) \qquad \Rightarrow \qquad \hat{H}(\hat{a}_\pm\psi) = (E \pm \hbar\omega)(\hat{a}_\pm\psi) \qquad (6.2\text{--}9a/b)$$

Wir haben mit den Leiteroperatoren auf rein algebraischem Wege und ohne Lösung der Schrödinger-Gl. bewiesen, dass sich die diskreten Energieniveaus benachbarter Zustände durch das Energiequantum $\hbar\omega$ unterscheiden. Dieses Energiequantum heißt **Phonon**. Die Operatoren $\hat{a}_{\pm}$ vernichten bzw. erzeugen ein Phonon. Daher heißt der Operator $\hat{a}_{-}$ **Vernichtungsoperator** oder – weil er die Energie-Treppe hinab führt – **Absteigeoperator**. Der Operator $\hat{a}_{+}$ heißt **Erzeugungsoperator**[11] oder – weil er die Treppe hinauf führt – **Aufsteigeoperator**.

Wir haben jetzt einen beachtlichen Fortschritt erzielt: Wir müssen nur *eine einzige* Zustandsfunktion, die wir **Startfunktion** nennen, durch Lösen der Schrödinger-Gl. berechnen. *Alle anderen Zustandsfunktionen ergeben sich durch sukzessive Anwendung der Leiteroperatoren auf die Startfunktion*, also im Wesentlichen durch Differenzieren. Dieses Vorgehen führt vor allem dann zu vereinfachten Rechnungen, wenn sich eine Startfunktion *leicht* bestimmen lässt.

Beim Oszillator befindet sich eine einfach zu berechnende Startfunktion am unteren Ende der Energieleiter. Nach Aufgabe 3–11 können normierbare Wellenfunktionen keine Energie unterhalb des Minimums der potentiellen Energie $V(x)$ haben. *Es gibt beim Oszillator kein Teilchen mit $E<0$ und deshalb auch keine normierte Zustandsfunktion mit negativer Energie.* Daher hat der harmonische Oszillator einen Grundzustand ψ_0 mit nicht negativer Energie $E_0 \geq 0$. Dieser Grundzustand sei die Startfunktion. Der *Zustand $\hat{a}_{-}\psi_0$ existiert nicht bzw. hat eine verschwindende Norm.* $\hat{a}_{-}\psi_0$ ist das Nullelement im Hilbertraum mit der Norm null:

$$\hat{a}_{-}\psi_0 = 0$$

$$\Rightarrow \quad \hat{a}_{-}\psi_0 \sim \left(i\hat{P} + m\omega x \right)\psi_0 = \left(\hbar\frac{d}{dx} + m\omega x \right)\psi_0(x) = 0$$

Diese Dgl. erster Ordnung lässt sich mit Separation der Variablen leicht lösen. Die normierte Lösung ist die gesuchte Startfunktion:

$$\psi_0(x) = \left(\frac{m\omega}{\pi\hbar} \right)^{1/4} \exp\left(-\frac{m\omega}{2\hbar}x^2 \right) \qquad \text{mit} \qquad \frac{m\omega}{\hbar} =: \alpha \qquad (6.2\text{–}10)$$

Sie erfüllt die Schrödinger-Gl.:

$$\frac{1}{2m}\left[-\hbar^2\frac{d^2}{dx^2} + (m\omega x)^2 \right]\psi_0(x) = \frac{1}{2}\hbar\omega\,\psi(x)$$

Daher hat der Grundzustand die Energie $\hbar\omega/2$. Mit Gl. (6.2–9a) folgen die Energieniveaus

$$E_n = \left(n + \frac{1}{2} \right)\hbar\omega \qquad \text{mit} \qquad n = 0,1,2,.... \qquad (6.2\text{–}11)$$

---

[11] Die Namen „Leiteroperatoren", „Vernichtungsoperator" und „Erzeugungsoperator" stammen aus der Quantenfeldtheorie. Dort vernichten und erzeugen Leiteroperatoren Photonen.

Die anderen Zustandsfunktionen $\psi_n(x)$ mit $n>0$ müssen nun nicht mehr durch mühsames Lösen einer Dgl. (Schrödinger-Gl.) bestimmt werden, sondern lassen sich einfacher durch wiederholte Anwendung des Erzeugungsoperators ermitteln:

$$\psi_{n+1}(x) = c_n\,\hat{a}_+\,\psi_n(x)$$

Zur Bestimmung der noch unbekannten Konstanten c_n betrachten wir die Funktion $\psi_n(x)$:

$$\hat{H}\,\psi_n(x) \underset{\underset{\text{Gl. (6.2–7)}}{\uparrow}}{=} \hbar\omega\left(\hat{a}_-\hat{a}_+ - \frac{1}{2}\right)\psi_n(x) = E_n\,\psi_n(x) = \hbar\omega\left(n+\frac{1}{2}\right)\psi_n(x)$$

$$\Rightarrow \quad \hat{a}_-\hat{a}_+\,\psi_n(x) = (n+1)\,\psi_n(x)$$

Folglich lautet die Norm des Zustandes $\hat{a}_+\,\psi_n(x)$:

$$\int\limits_{-\infty}^{+\infty}\left[\hat{a}_+\,\psi_n(x)\right]^*\left[\hat{a}_+\,\psi_n(x)\right]dx \underset{\underset{\text{partielle Integration und Gl. (6.2–4)}}{\uparrow}}{=}$$

$$= \int\limits_{-\infty}^{+\infty}\psi_n^*(x)\left[\hat{a}_-\hat{a}_+\,\psi_n(x)\right]dx = (n+1)\int\limits_{-\infty}^{+\infty}\psi_n^*(x)\,\psi_n(x)\,dx = n+1$$

In gleicher Weise ergibt sich für den Zustand $\hat{a}_-\,\psi_n(x)$:

$$\int\limits_{-\infty}^{+\infty}\left[\hat{a}_-\,\psi_n(x)\right]^*\left[\hat{a}_-\,\psi_n(x)\right]dx = \int\limits_{-\infty}^{+\infty}\psi_n^*(x)\left[\hat{a}_+\hat{a}_-\,\psi_n(x)\right]dx \underset{\underset{\text{Gl. (6.2–5)}}{\uparrow}}{=}$$

$$= \int\limits_{-\infty}^{+\infty}\psi_n^*(x)\left[\hat{a}_-\hat{a}_+ - 1\right]\psi_n(x)\,dx = n$$

Daraus folgen – bis auf einen konstanten Phasenfaktor $\exp(i\lambda)$, den wir ohne Einschränkung gleich eins setzen – die Gln.[12]

$$\hat{a}_+\,\psi_n(x) = \sqrt{n+1}\,\psi_{n+1}(x) \qquad\qquad\qquad (6.2\text{–}12a)$$

$$\hat{a}_-\,\psi_n(x) = \sqrt{n}\,\psi_{n-1}(x) \qquad\qquad\qquad (6.2\text{–}12b)$$

Jetzt können wir alle normierbaren Lösungen der Schrödinger-Gl. gewinnen, indem wir den Erzeugungsoperator $\hat{a}_+$ mehrmals auf die Startfunktion $\psi_0(x)$ in Gl. (6.2–10) anwenden:

$$\psi_n(x) = \frac{1}{\sqrt{n!}}\,(\hat{a}_+)^n\,\psi_0(x) \qquad\qquad\qquad (6.2\text{–}13)$$

---

[12] Beachte: $\psi_n(x)$ und $\psi_{n\pm1}(x)$ sind auf eins normiert, nicht aber $\hat{a}_\pm\,\psi_n(x)$.

Der Operator $\hat{N} := \hat{a}_+\hat{a}_-$ hat die Eigenwertgl. $\hat{N}\,\psi_n(x) = \hat{a}_+\sqrt{n}\,\psi_{n-1}(x) = n\,\psi_n(x)$.

Daher ist der Eigenwert n des sog. **Teilchenzahloperators** $\hat{N}$ die Zahl der Phononen im Eigenzustand $\psi_n(x)$.

Die Arbeit mit Leiteroperatoren ist von großer Wichtigkeit und wird uns immer wieder begegnen – vor allem in Kap. „9 Der Drehimpulsoperator" und in Kap. „12 Der Spin".[13] Wir haben hier eine Standardmethode der Quantentheorie, deren Bedeutung kaum zu überschätzen ist.

Beispiel 6.2–1 Eigenschaften der Zustandsfunktionen

a) Zeige, dass die Funktionen $\psi_{2n}(x)$ gerade und die Funktionen $\psi_{2n-1}(x)$ ungerade sind.

Hinweis: Die Gln. (6.1–18) bestätigen diese Aussage für $n=0$ bis $n=3$.

b) Beweise in Worten, dass der Erwartungswert $\langle x \rangle$ des Ortes für alle Zustandsfunktionen $\psi_n(x)$ null ist.

c) Berechne das Integral

$$\int_{-\infty}^{+\infty} \psi_n(x)\, x\, \psi_m(x)\, dx \qquad \text{für beliebige Quantenzahlen } n, m.$$

Lösung:

a) Die Behauptung folgt aus der Startfunktion $\psi_0(x)$ und der Definition des Aufsteigeoperators.

b) Die Funktion $x\,\psi_n^2(x)$ ist ungerade. Daher verschwindet das Integral.

c) Bei der Betrachtung der Funktionen $\psi_n(x)$ in den Gln. (6.1–17a/b) kann der Leser einen gehörigen Schrecken bekommen; die Berechnung des Integrals scheint alles andere als leicht zu sein.

Die Berechnung wird aber überraschend einfach, wenn man den Ortsoperator als Funktion der Leiteroperatoren schreibt. Nach Gl. (6.2–5a) gilt:

$$\int_{-\infty}^{+\infty} \psi_n^*(x)\, x\, \psi_m(x)\, dx = \sqrt{\frac{\hbar}{2m\omega}} \int_{-\infty}^{+\infty} \psi_n^*(x)\left(\hat{a}_- + \hat{a}_+\right)\psi_m(x)\, dx \underset{\underset{\text{Gl. (6.2–12)}}{\uparrow}}{=} \tag{6.2–14}$$

$$= \sqrt{\frac{\hbar}{2m\omega}} \int_{-\infty}^{+\infty} \psi_n^*\left(\sqrt{m}\,\psi_{m-1} + \sqrt{m+1}\,\psi_{m+1}\right) dx =$$

$$\underset{\underset{\substack{\text{Orthogonalität}\\ \text{Gl. (6.1–19)}}}{\uparrow}}{=} \sqrt{\frac{\hbar}{2m\omega}}\left(\sqrt{m}\,\delta_{n\,m-1} + \sqrt{m+1}\,\delta_{n\,m+1}\right) \tag{6.2–15}$$

Beispiel 6.2–2 Streuungsprodukt

a) Berechne mit den Leiteroperatoren die Ortsstreuung Δx der Zustandsfunktionen $\psi_n(x)$.

---

[13] Mit den Gln. (6.1–15) und (6.2–4) zeigt man leicht, dass die Gl. (6.2–13) mit Gl. (6.1–17b) übereinstimmt. Die Funktionen $\psi_n(x)$ umfassen alle möglichen Eigenfunktionen von $\hat{H}$. Wenn es eine zusätzliche Eigenfunktion $\tilde{\psi}_n(x)$ geben würde, so könnte man mit dem Absteigeoperator $\hat{a}_-$ weitere Eigenfunktionen berechnen bis hinab zur „niedrigsten" Eigenfunktion $\tilde{\psi}_0(x)$ mit $\hat{a}_-\tilde{\psi}_0(x)=0$. Die Lösung dieser Dgl. stimmt mit $\psi_0(x)$ in Gl. (6.2–10) überein. Daher gibt es keine weiteren Eigenfunktionen $\tilde{\psi}_n(x)$.

b) Berechne mit dem Impulsoperator in Gl. (6.2–5b) die Impulsstreuung Δp.

c) Wie groß ist das Streuungsprodukt $\Delta x\,\Delta p$ für alle Zustandsfunktionen.

Lösung:

a) Wegen $\langle x \rangle = 0$ müssen wir nach Gl. (4.2–15) nur den Erwartungswert $\langle x^2 \rangle$ berechnen:

$$\int_{-\infty}^{+\infty} \psi_n^*(x)\, x^2\, \psi_n(x)\, dx \underset{\underset{\text{Gl. (6.2–5a)}}{\uparrow}}{=} \frac{\hbar}{2m\omega} \int_{-\infty}^{+\infty} \psi_n^*(x)\,\left(\hat{a}_-^2 + \hat{a}_-\hat{a}_+ + \hat{a}_+\hat{a}_- + \hat{a}_+^2\right) \psi_n(x)\, dx =$$

$$= \frac{\hbar}{2m\omega} \int_{-\infty}^{+\infty} \psi_n \left(\sqrt{n(n-1)}\,\psi_{n-2} + (n+1)\,\psi_n + n\,\psi_n + \sqrt{(n+1)(n+2)}\,\psi_{n+2} \right) dx \underset{\underset{\text{Gl. (6.1–19)}}{\uparrow}}{=}$$

$$= \frac{\hbar}{2m\omega}(2n+1) \tag{6.2–16}$$

$$\Rightarrow \quad \Delta x = \sqrt{\frac{\hbar}{2m\omega}(2n+1)} \tag{6.2–17}$$

b) Mit Gl. (6.2–5b) finden wir:

$$\langle \hat{P} \rangle = i\,\sqrt{\frac{m\hbar\omega}{2}} \int_{-\infty}^{+\infty} \psi_n^*(x)\,\left(\hat{a}_+ - \hat{a}_-\right) \psi_n(x)\, dx \underset{\underset{\text{Gl. (6.1–18)}}{\uparrow}}{=} 0$$

Der Erwartungswert von $\hat{P}^2$ lautet:

$$\langle \hat{P}^2 \rangle = -\frac{m\hbar\omega}{2} \int_{-\infty}^{+\infty} \psi_n^*(x)\,\left(\hat{a}_-^2 - \hat{a}_-\hat{a}_+ - \hat{a}_+\hat{a}_- + \hat{a}_+^2\right) \psi_n(x)\, dx \underset{\underset{\text{Gl. (6.2–12)}}{\uparrow}}{=} \frac{m\hbar\omega}{2}(2n+1)$$

$$\Rightarrow \quad \Delta p = \sqrt{\frac{m}{2}\,\hbar\omega(2n+1)} \tag{6.2–18}$$

c) $\quad \Delta x\,\Delta p = \frac{\hbar}{2}(2n+1) \qquad\qquad n = 0, 1, 2, \dots \tag{6.2–19}$

Das Streuungsprodukt hat für den gaußförmigen Grundzustand ($n = 0$) den (nach der Unbestimmtheitsrelation) kleinsten erlaubten Wert und wächst linear mit der Quantenzahl n. (Nach Aufgabe 8–4 hat nur die Gaußfunktion das minimale Produkt $\Delta x\,\Delta p = \hbar/2$).

Die Streuungen Δx und Δp haben die gleiche Abhängigkeit von n, weil die Schrödinger-Gln. des Oszillators nach Aufgabe 3–4 im Orts- und im Impulsraum gleich sind. Daher sind die Wellenfunktionen im Ortsraum $\psi_n(x)$ und im Impulsraum $\tilde{\psi}_n(p)$ gleich – abgesehen von konstanten Faktoren.

6.3 Schwingende Zustände *

In den beiden Abschnitten 6.1 und 6.2 haben wir nur die *stationären Zustände*

$$\psi_n(x,t) = \mathrm{e}^{-iE_n t/\hbar}\,\psi_n(x) = \mathrm{e}^{-i\omega(n+0,5)t}\,\psi_n(x)$$

berechnet, die nur eine einzelne Energie E_n enthalten. Die Wahrscheinlichkeitsdichte $|\psi_n(x,t)|^2$ dieser stationären Zustände hängt nicht von der Zeit ab und der Erwartungswert $\langle x \rangle$ ist nach Beispiel 6.2–1b null.

Nach Abschn. „3.2 Stationäre Lösungen" liefert erst die Superposition von Wellenfunktionen mit *verschiedenen* Energien Zustände, die nicht stationär sind und daher harmonische Schwingungen in der Potentialmulde beschreiben können. Eine solche Superposition lautet mit *beliebigen* komplexen Koeffizienten c_n

$$\psi(x,t) = \sum_{n=0}^{\infty} c_n\, e^{-i\omega(n+0,5)t}\, \psi_n(x) \qquad\qquad c_n \text{ beliebig} \qquad\qquad (6.3\text{–}1)$$

Dann beträgt der Erwartungswert des Ortes

$$\langle x \rangle = \int_{-\infty}^{+\infty} \psi^*(x,t)\, x\, \psi(x,t)\, dx = \sum_{k,n=0}^{\infty} c_k^* c_n\, e^{-i\omega(n-k)t} \int_{-\infty}^{+\infty} \psi_k(x)\, x\, \psi_n(x)\, dx \underset{\uparrow}{=} \atop{\text{Gl. (6.2–5a)}}$$

$$= \sum_{k,n=0}^{\infty} c_k^* c_n\, e^{-i\omega(n-k)t} \sqrt{\frac{\hbar}{2m\omega}} \int_{-\infty}^{+\infty} \psi_k(x)\,(a_- + a_+)\,\psi_n(x)\, dx =$$

$$= \sqrt{\frac{\hbar}{2m\omega}} \sum_{k,n=0}^{\infty} c_k^* c_n\, e^{-i\omega(n-k)t} \int_{-\infty}^{+\infty} \psi_k \left[\sqrt{n}\,\psi_{n-1} + \sqrt{n+1}\,\psi_{n+1} \right] dx =$$

$$\underset{\langle\psi_k|\psi_n\rangle=\delta_{kn}}{=} \sqrt{\frac{\hbar}{2m\omega}} \left[\sum_{n=1}^{\infty} c_{n-1}^* c_n\, \sqrt{n}\, e^{-i\omega t} + \sum_{n=0}^{\infty} c_{n+1}^* c_n\, \sqrt{n+1}\, e^{i\omega t} \right]$$

Wir ersetzen in der zweiten Reihe den Index n durch $n-1$:

$$\langle x \rangle = \sqrt{\frac{\hbar}{2m\omega}} \sum_{n=1}^{\infty} \sqrt{n}\, \left[c_{n-1}^* c_n\, e^{-i\omega t} + c_n^* c_{n-1}\, e^{i\omega t} \right] =$$

$$= \sqrt{\frac{\hbar}{2m\omega}} \sum_{n=1}^{\infty} \sqrt{n}\, \left[c_{n-1}^* c_n\, e^{-i\omega t} + c_{n-1}\left(c_n\, e^{-i\omega t} \right)^* \right]$$

Für zwei komplexe Zahlen $\underline{z}_1 = r_1 e^{i\varphi_1}$ und $\underline{z}_2 = r_2 e^{i\varphi_2}$ gilt:

$$\underline{z}_1 \underline{z}_2 + (\underline{z}_1 \underline{z}_2)^* = 2\,\mathrm{Re}(\underline{z}_1 \underline{z}_2) = 2\,r_1 r_2 \cos(\varphi_1 + \varphi_2)$$

$$\Rightarrow \qquad \langle x \rangle = 2 \sqrt{\frac{\hbar}{2m\omega}}\, \mathrm{Re}\left[e^{-i\omega t} \sum_{n=1}^{\infty} \sqrt{n}\, c_{n-1}^* c_n \right] =$$

$$= A \cos(\omega t - \delta) \qquad\qquad \text{für beliebige Koeffizienten } c_n \qquad\qquad (6.3\text{–}2)$$

(Amplitude A und Phase δ werden durch die letzte Gl. definiert und sind für uns uninteressant.) *Der Erwartungswert des Ortes eines nicht-stationären, ansonsten aber beliebigen Zustandes $\psi(x,t)$ schwingt harmonisch mit der klassischen Frequenz $\omega = \sqrt{D/m}$* – falls mindestens ein n existiert mit $c_{n-1}^* c_n \neq 0$. Der Ortserwartungswert verhält sich daher wie der

Ort eines klassischen Oszillators – in Übereinstimmung mit dem Ehrenfestschen Theorem in Abschn. 7.3.[14]

Beispiel 6.3-1 Schwingendes Gaußsches Wellenpaket im harmonischen Oszillator

Zur Zeit $t = 0$ befindet sich ein harmonischer Oszillator in dem um die Strecke x_0 verschobenen Grundzustand (6.2-10):

$$\psi(x,0) = \psi_0(x - x_0) \underset{\underset{\text{Gl. (6.2–10)}}{\uparrow}}{=} \left(\frac{\alpha}{\pi}\right)^{1/4} \exp\left[-\frac{\alpha}{2}(x - x_0)^2\right] \quad \text{mit} \quad \alpha \underset{\underset{\text{Gl. (6.1–2)}}{\uparrow}}{=} \frac{m\omega}{\hbar} \tag{6.3-3}$$

Gl. (6.3-2) zeigt, dass die *Erwartungswerte* $\langle x \rangle$ des Ortes für beliebige Überlagerungszustände $\psi(x,t)$ harmonisch schwingen. In diesem Beispiel wird darüber hinaus gezeigt:

Bei Gaußschen Wellenpaketen schwingt nicht nur der Erwartungswert $\langle x \rangle$, sondern auch die Aufenthaltsdichte $|\psi(x,t)|^2$ ohne Formänderung mit der klassischen Frequenz hin und her.

Hinweis: Nach Gl. (6.1-20) sind die Hermite-Funktionen $\psi_n(x)$ vollständig. Daher lässt sich der verschobene Grundzustand $\psi(x,0) = \psi_0(x - x_0)$ nach den (nicht verschobenen) Funktionen $\psi_n(x)$ entwickeln; diese Entwicklung enthält auch den nicht verschobenen Grundzustand $\psi_0(x)$ und lautet nach Aufgabe 6-8a:

$$\psi(x,0) = \left(\frac{\alpha}{\pi}\right)^{1/4} \exp\left[-\frac{\alpha}{2}(x - x_0)^2\right] - \sum_{n=0}^{\infty} \frac{1}{\sqrt{n!\,2^n}} \left(\sqrt{\alpha}\,x_0\right)^n \exp\left[-\frac{\alpha}{4}x_0^2\right] \psi_n(x) \tag{6.3\ 4}$$

a) Wie lautet die Wellenfunktion $\psi(x,t)$?

b) Berechne die Wahrscheinlichkeitsdichte $|\psi(x,t)|^2$ des schwingenden Wellenpaketes.

Lösung:

a) Nach Abschn. 3.2 erhalten wir die Zeitentwicklung, indem wir im Anfangszustand die Lösungen $\psi_n(x)$ der zeitunabhängigen Schrödinger-Gl. mit $\exp(-i\omega_n t)$ multiplizieren:

$$\psi(x,t) = \sum_{n=0}^{\infty} \frac{1}{\sqrt{n!\,2^n}} \left(\sqrt{\alpha}\,x_0\right)^n \exp\left[-\frac{\alpha}{4}x_0^2\right] e^{-i\omega\,(n+0,5)\,t}\,\psi_n(x) = \tag{6.3-4}$$

$$= e^{-i\frac{\omega}{2}t} \sum_{n=0}^{\infty} \frac{1}{\sqrt{n!\,2^n}} \left[\sqrt{\alpha}\,x_0\,e^{-i\omega t}\right]^n \exp\left[-\frac{\alpha}{4}x_0^2\right] \psi_n(x) \tag{6.3-5}$$

b) Gl. (6.3-4) wird in Aufgabe 6-8a bewiesen. Da der Beweis auch für komplexe, zeitabhängige Verschiebungen gültig ist, dürfen wir in Gl. (6.3-4) die Verschiebung x_0 durch die komplexe, zeitabhängige Verschiebung $\underline{x}_0 := x_0 \exp(-i\omega t)$ ersetzen und erhalten anstelle der Gl. (6.3-4)

$$\psi_0(x - \underline{x}_0, 0) = \left(\frac{\alpha}{\pi}\right)^{1/4} \exp\left[-\frac{\alpha}{2}\left(x - x_0\,e^{-i\omega t}\right)^2\right] \underset{\underset{\text{Gl. (6.3–4)}}{\uparrow}}{=}$$

---

[14] Aus Sicht der klassischen Mechanik fällt auf, dass der Erwartungswert $\langle x \rangle$ einer stationären Lösung $\psi_n(x)\exp(-iE_n t/\hbar)$ ruht und erst Überlagerungen (6.3-1) mit verschiedenen Energien E_n schwingen.

$$= \sum_{n=0}^{\infty} \frac{1}{\sqrt{n!\,2^n}} \left[\sqrt{\alpha}\, x_0 \, \mathrm{e}^{-i\omega t} \right]^n \exp\left[-\frac{\alpha}{4} x_0^2 \, \mathrm{e}^{-2i\omega t} \right] \psi_n(x) \qquad \underset{\uparrow}{=}$$

Gl.(6.3–5)

$$= \mathrm{e}^{\,i\frac{\omega}{2}t} \exp\left[-\frac{\alpha}{4} x_0^2 \left(\mathrm{e}^{-2i\omega t} - 1 \right) \right] \psi(x,t) \tag{6.3–6}$$

$$\Rightarrow \quad \psi(x,t) = \left(\frac{\alpha}{\pi}\right)^{1/4} \mathrm{e}^{-i\frac{\omega}{2}t} \exp\left[-\frac{\alpha}{2}\left(x - x_0\,\mathrm{e}^{-i\omega t}\right)^2 + \frac{\alpha}{4} x_0^2 \left(\mathrm{e}^{-2i\omega t} - 1 \right) \right]$$

Mit $\exp(ix) = \cos x + i\sin x$ und mit $2\cos^2 x - 1 = \cos(2x)$ folgt die Wahrscheinlichkeitsdichte

$$\left| \psi(x,t) \right|^2 = \left(\frac{\alpha}{\pi}\right)^{1/2} \exp\left[-\alpha\left\{ x - x_0\cos(\omega t) \right\}^2 \right] \tag{6.3–7}$$

Die Wahrscheinlichkeitsdichte beschreibt ein normiertes Gaußsches Wellenpaket, das – ohne Änderung der Form – mit der Amplitude x_0 *und der klassischen Frequenz* ω *harmonisch schwingt.*

Das Gaußsche Wellenpaket im harmonischen Oszillator zerfließt nicht wie die die freien Wellenpakete in Abschn. „4.2 Wellenpakete". Offensichtlich verhindern die äußeren Potentialanstiege das Zerfließen.

6.4 Leitgedanken

6.1 Lösung mit Potenzreihen

Viele Systeme haben in etwa parabelförmige Potentiale; sie erzeugen Molekülschwingungen und Schwingungen von Atomen in Festkörpern (Phononen). Ihre Schrödinger-Gl. lautet:

$$-\frac{\hbar^2}{2m}\,\psi''(x) = \left[E - \frac{1}{2}\,m\,\omega^2 x^2 \right] \psi(x)$$

Für $m\,\omega^2 x^2/2 \gg E$ kann die Energie E vernachlässigt werden und die Schrödinger-Gl. hat für große x die Näherungslösung

$$\psi(x) \approx \mathrm{e}^{-\alpha x^2/2} \quad \text{mit} \quad \alpha := m\,\omega/\hbar$$

Eine Abspaltung dieser Näherung ergibt den **exakten** Lösungsansatz

$$\psi(x) = \mathrm{e}^{-\alpha x^2/2}\, f(x) \tag{6.1–5}$$

Mit der Substitution $u := \sqrt{\alpha}\,x$ erhält der Ansatz die Form

$$\psi\left(\frac{u}{\sqrt{\alpha}}\right) = \mathrm{e}^{-u^2/2} f\left(\frac{u}{\sqrt{\alpha}}\right) = \mathrm{e}^{-u^2/2} H(u)$$

Einsetzen in die Schrödinger-Gl. liefert für $H(u)$ die Hermitesche Dgl. Der Ansatz

$$H(u) = \sum_{n=0}^{\infty} a_n u^n \tag{6.1–10}$$

führt auf die Rekursionsgl.

$$a_{n+2} = \frac{2n+1-\dfrac{2E}{\hbar\omega}}{(n+1)(n+2)}\, a_n \qquad (6.1\text{–}11)$$

für die Koeffizienten a_n. Danach steigt $H(u)$ für große u wie $e^{u^2} = e^{\alpha x^2}$ an, so dass die Wellenfunktion $\psi(x)$ nach (6.1–5) wie $\exp(\alpha x^2/2)$ wächst und nicht normierbar ist. *Die Normierbarkeit ergibt sich nur durch den Abbruch der Potenzreihe.* Das bedeutet nach Gl. (6.1–11):

$$E_n = \left(n+\frac{1}{2}\right)\hbar\omega \qquad (6.1\text{–}14)$$

Die orthonormierten Zustandsfunktionen enthalten die Hermite-Polynome H_n und lauten

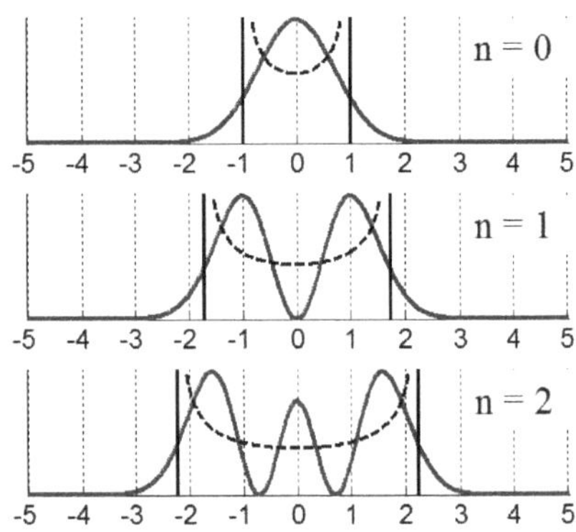

Abb. 6.1–1 Die ersten drei Wahrscheinlichkeitsdichten $|\psi_n(x)|^2$. Die vertikalen Striche markieren die klassischen Umkehrpunkte.

$$\psi_n(x) = \frac{1}{\sqrt{n!\,2^n}}\left(\frac{m\omega}{\hbar\pi}\right)^{1/4} e^{-\alpha x^2/2}\, H_n(\sqrt{\alpha}\,x) = \qquad (6.1\text{–}17a)$$

$$= \frac{(-1)^n}{\sqrt{n!\,2^n}}\left(\frac{m\omega}{\hbar\pi}\right)^{1/4} \frac{e^{\alpha x^2/2}}{\alpha^{n/2}}\frac{d^n}{dx^n} e^{-\alpha x^2} \qquad \text{mit}\quad \alpha = \frac{m\omega}{\hbar} \qquad (6.1\text{–}17b)$$

Die Zustandsfunktionen sind Polynome n-ten Grades – multipliziert mit $\exp(-\alpha x^2/2)$. Der harmonische Oszillator hat *typische Eigenschaften*:

- Die Zustände sind gebunden und haben diskrete Energien. Die Nullpunktenergie ist größer als null.
- Die Wellenfunktionen $\psi_n(x)$ bilden ein vollständiges Orthonormalsystem.
- Das Streuungsprodukt von Ort und Impuls ist nicht kleiner als $\hbar/2$.
- Die Wellenfunktionen $\psi_n(x)$ dringen ein wenig in den „verbotenen Bereich" ein, also in den Bereich hinter den Umkehrpunkten des klassischen Oszillators (Tunneleffekt).

6.2 Algebraische Lösung mit Leiteroperatoren

Leiteroperatoren ermöglichen eine schnelle und elegante Lösung der Schrödinger-Gl. Sie erleichtern die Berechnung von vielen Integralen. Die Leiteroperatoren werden wie folgt definiert:

$$\hat{a}_\pm := \frac{1}{\sqrt{2m\hbar\omega}}\left(m\omega\hat{X} \mp i\hat{P}\right) \qquad (6.2\text{–}4)$$

Die Umkehrung lautet:

$$\hat{X} = \sqrt{\frac{\hbar}{2m\omega}}\,(\hat{a}_+ + \hat{a}_-) \qquad\qquad \hat{P} = i\sqrt{\frac{\hbar m\omega}{2}}\,(\hat{a}_+ - \hat{a}_-) \qquad (6.2\text{–}5a/b)$$

Der Hamiltonoperator

$$\hat{H} = \frac{1}{2m}\left[\hat{P}^2 + (m\,\omega\,\hat{X})^2\right] = \hbar\omega\left(\hat{a}_{\mp}\,\hat{a}_{\pm} \mp \frac{1}{2}\right) \tag{6.2-7}$$

und die Leiteroperatoren haben die (auf den ersten Blick unscheinbaren) Kommutatoren

$$\left[\hat{H}, \hat{a}_{\pm}\right] = \pm\,\hbar\,\omega\,\hat{a}_{\pm} \tag{6.2-8}$$

Damit erhalten wir für die Lösungen ψ der Schrödinger-Gl. $\hat{H}\psi = E\psi$ ein überraschendes und überaus nützliches Ergebnis:

$$\hat{H}(\hat{a}_{\pm}\,\psi) = (E \pm \hbar\omega)(\hat{a}_{\pm}\,\psi) \tag{6.2-9}$$

In Worten: *Die Operatoren $\hat{a}_{\pm}$ überführen eine Lösung ψ mit der Energie E in eine neue, benachbarte Lösung mit der Energie $E \pm \hbar\omega$*:

$$\hat{H}\psi(x) = E\,\psi(x) \quad \Rightarrow \quad \hat{H}(\hat{a}_{\pm}\,\psi) = (E \pm \hbar\omega)(\hat{a}_{\pm}\,\psi)$$

Die Operatoren $\hat{a}_{\pm}$ vernichten bzw. erzeugen je ein Phonon und heißen daher Vernichtungs- und Erzeugungsoperator. Wenn wir nur eine einzige Lösung $\psi_n(x)$, also nur einen einzigen Eigenvektor des Hamiltonoperators zur Energie E_n kennen, dann ergeben sich alle anderen Eigenvektoren durch sukzessive Anwendung der Leiteroperatoren:

$$\hat{a}_+\,\psi_n(x) = \sqrt{n+1}\;\psi_{n+1}(x) \qquad \hat{a}_-\,\psi_n(x) = \sqrt{n}\;\psi_{n-1}(x) \tag{6.2-12a/b}$$

Als Startfunktion wählen wir den Grundzustand $\psi_0(x)$ des Hamiltonoperators. Für ihn gilt:

$$\hat{a}_-\,\psi_0 \sim (i\hat{P} + m\,\omega\,x)\,\psi_0 = \left(\hbar\frac{d}{dx} + m\,\omega\,x\right)\psi_0(x) \overset{!}{=} 0$$

Die normierte, glockenförmige Lösung dieser Dgl. ist die gesuchte Startfunktion:

$$\psi_0(x) = \left(\frac{m\omega}{\pi\hbar}\right)^{1/4}\exp\left(-\frac{m\omega}{2\hbar}x^2\right) \tag{6.2-10}$$

Sie erfüllt die Schrödinger-Gl. mit der Energie $E_0 = \hbar\omega/2$. Die anderen Zustandsfunktionen $\psi_n(x)$ lassen sich einfach durch wiederholte Anwendung des Erzeugungsoperators ermitteln:

$$\psi_n(x) = \frac{1}{\sqrt{n!}}\,(\hat{a}_+)^n\,\psi_0(x) \tag{6.2-13}$$

6.5 Aufgaben

6–1 Mittel Oszillator mit fester Wand   Abb. 6.5–1

Wie lauten die diskreten Energien für ein Teilchen im Potential

$$V(x) = \begin{cases} m\omega^2 x^2/2 & \text{für } x > 0 \\ \infty & \text{für } x \leq 0 \end{cases}$$

Hinweis: Die Lösung erfordert nur eine kurze Überlegung.

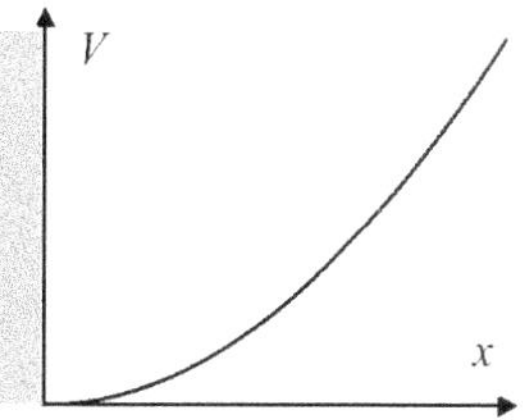

Abb. 6.5–1 Harmonischer Oszillator mit fester Wand.

6-2 Schwer   Lineares Potential: Ungebundene Lösungen

a) Ein Teilchen bewegt sich in einem linearen Potential – z. B. ein Teilchen mit Ladung q in einem konstanten elektrischen Feld $\mathcal{E}$ oder in einem homogenen Schwerefeld:

$$V(x) = q\mathcal{E}x \qquad \text{mit} \quad -\infty < x < +\infty \tag{6.5-1}$$

Löse die zeitabhängige Schrödinger-Gl.

$$i\hbar\frac{\partial}{\partial t}\psi(x,t) = \left[-\frac{\hbar^2}{2m}\frac{d^2}{dx^2} + q\mathcal{E}x\right]\psi(x,t) \tag{6.5-2}$$

Hinweise: Vermutlich sind die Lösungen Wellenpakete, deren Maxima die konstante Beschleunigung $-q\mathcal{E}/m$ in die negative x-Richtung haben. Zudem erwarten wir, dass die Wellenpakete im Laufe der Zeit zerfließen – vergleichbar mit dem Zerfließen *freier* Wellenpakete. Daher gehen wir in zwei Schritten vor:

1) Die Substitutionen

$$z := x + \frac{q\mathcal{E}}{2m}t^2 \quad \text{und} \quad \psi(x,t) = \psi\left(z - \frac{q\mathcal{E}}{2m}t^2, t\right) =: \varphi(z,t) \tag{6.5-3a}$$

führen auf ein neues *Bezugssystem, in dem der Orts-Erwartungswert unbeschleunigt ist.*

2) Leider führt die Substitution (6.5–3a) auf eine sehr komplizierte Schrödinger-Gl. Dann können wir die anfangs aufgestellten Vermutungen wohl nur noch erfüllen, indem wir mit der Substitution

$$\varphi(z,t) = e^{iF(z,t)}\chi(z,t) \tag{6.5-3b}$$

die Phase $F(z,t)$ einführen; Phasenfaktoren ändern die Wahrscheinlichkeitsdichte nicht.

Zeige: Gl. (6.5–3b) führt für

$$F(z,t) = \frac{q^2\mathcal{E}^2}{3m\hbar}t^3 - \frac{q\mathcal{E}z}{\hbar}t \tag{6.5-4}$$

auf die *freie Schrödinger-Gl. von* $\chi(z,t)$, deren normierbare Lösungen zerfließende Wellenpakete sind.

6-3 Mittel   Lineares Potential: Gebundene Lösungen   Abbn. 6.5-2 bis 6.5-5

a) Bringe die Schrödinger-Gl. für das lineare Potential

$$V(x) = q\mathcal{E}x \quad \text{mit} \quad \mathcal{E} = \text{konstantes elektrisches Feld}$$

mit zwei Substitutionen auf die Standard-Form der **Airy-Dgl.**

$$\varphi''(z) - z\,\varphi(z) = 0 \tag{6.5-5}$$

Die zwei Substitutionen lassen alle Parameter $\hbar, m, q, \mathcal{E}, E$ verschwinden.

b) Halber Potentialtrichter (Abb. 6.5–2): Das Potential lautet

$$V(x) = \begin{cases} \infty & \text{für } x \leq 0 \\ q\mathcal{E}x & \text{für } x > 0 \end{cases}$$

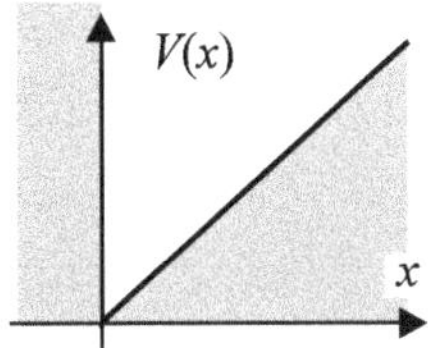

Abb. 6.5–2   Halber Potentialtrichter.

Wie üblich *sorgt die Randbedingung* $\psi(0) = 0$ *für die Diskretisierung der Energie.* Berechne die Energien E_n und die zugehörigen Wellenfunktionen $\psi_n(x)$.

Hinweise: Die Airy-Dgl. (6.5–5) wird durch die zwei Airy-Funktionen Ai(x) und Bi(x) gelöst; ihre Potenzreihen werden in Aufgabe 6–5 entwickelt, sind hier aber nicht wichtig. Die Abb. 6.5–3 zeigt die Graphen der beiden Airy-Funktionen. Für $x > 0$ fällt Ai(x) exponentiell auf null ab und Bi(x) steigt exponentiell an. Für $x < 0$ schwingen Ai(x) und Bi(x), wobei für fallende x die Frequenz steigt und die Amplitude für $x \to -\infty$ wie $x^{-1/4}$ fällt.

Beide Funktionen haben nur auf der negativen x-Achse Nullstellen. Die Nullstellen von Ai(x) sind die einzigen Größen, die wir für die Lösung benötigen. Die ersten fünf Nullstellen von Ai(x) lauten

$$\zeta_{1.\text{null}} \approx -2{,}33811 \qquad \zeta_{2.\text{null}} \approx -4{,}08795 \qquad \zeta_{3.\text{null}} \approx -5{,}52056 \qquad (6.5\text{–}6a/b/c)$$

$$\zeta_{4.\text{null}} \approx -6{,}78671 \qquad \zeta_{5.\text{null}} \approx -7{,}94413 \qquad\qquad\qquad (6.5\text{–}6d/e)$$

Da $\text{Bi}(x)$ für $x \to +\infty$ exponentiell steigt, kommt nur $\text{Ai}(x)$ als Lösung der Airy-Dgl. in Frage.

Unklar ist jetzt nur, wie man mit einer einzelnen Funktion $\text{Ai}(x)$ unendlich viele Lösungen $\psi_n(x)$ mit unendlich vielen Energien E_n erhalten soll. Die Antwort liegt in der Substitution, die in Teil a) der Aufgabe auf die Airy-Dgl. führt und dabei die physikalischen Größen $\hbar, m, q, \mathcal{E}, E$ „verliert". Zum Glück wird sich die Sache als bemerkenswert einfach herausstellen und eine Erklärung liefern, die in der klassischen Mechanik sehr vertraut ist und nur für lineare Potentiale gilt. Lass dich überraschen.

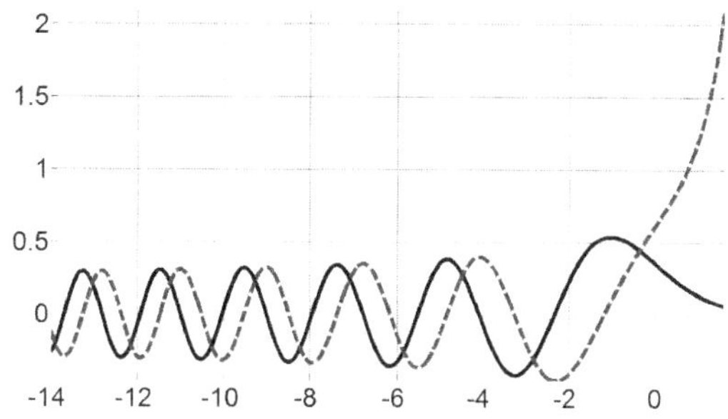

Abb. 6.5–3 Die durchgezogene Kurve stellt $\text{Ai}(x)$ und die gestrichelte Kurve stellt $\text{Bi}(x)$ dar.

c) Potentialtrichter (Abb. 6.5–4): Ein Elektron ist in einem Potentialtrichter eingeschlossen mit

$$V(x) = q\,\mathcal{E}\,|x|$$

Wie lauten die diskreten Energien E_n und die Wellenfunktionen $\psi_n(x)$?

Hinweis: Auf der negativen x-Achse liegen die ersten drei Maxima und Minima von $\text{Ai}(x)$ bei

$$\zeta_{1.\text{Max}} \approx -1{,}01879 \quad \zeta_{2.\text{Max}} \approx -4{,}82010 \quad \zeta_{3.\text{Max}} \approx -7{,}37218$$

$$\zeta_{1.\text{Min}} \approx -3{,}24820 \quad \zeta_{2.\text{Min}} \approx -6{,}16331 \quad \zeta_{3.\text{Min}} \approx -8{,}48849$$

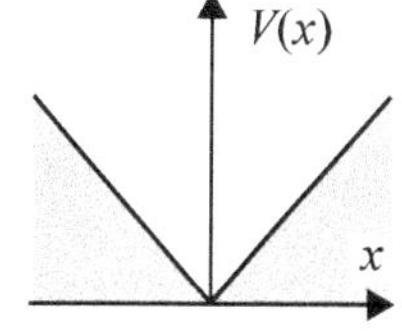

Abb. 6.5–4 Elektron im Potentialtrichter

d) Zwei unendlich hohe Wände (Abb. 6.5–5): Das lineare Potential wird nun auf *beiden* Seiten von unendlich hohen Potentialwällen eingegrenzt:

$$V(x) = \begin{cases} \infty & \text{für } x < 0 \\ q\,\mathcal{E}\,x & \text{für } 0 < x < a \\ \infty & \text{für } x \geq a \end{cases}$$

Welche nur numerisch lösbare Gl. bestimmt die diskreten Energien E_n?

6–4 Mittel Lineares Potential: Impulswellenfunktion

Berechne die Impulswellenfunktion $\tilde{\psi}(k)$ der Airy-Funktion $\text{Ai}(x)$.

Hinweis: Setze die Fourierdarstellung

$$\text{Ai}(x) = \frac{1}{\sqrt{2\pi}} \int_{-\infty}^{+\infty} e^{ikx}\, \tilde{\psi}(k)\, dk$$

in die Schrödinger-Gl. (6.5–5) $\text{Ai}''(x) - x\,\text{Ai}(x) = 0$ ein.

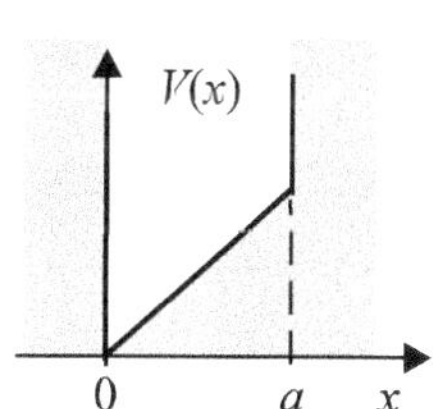

Abb. 6.5–5 Lineares Potential mit zwei unendlich hohen Wänden.

6–5 Mittel Lineares Potential: Potenzreihenansatz

a) Löse die Airy-Dgl.

$$y''(x) - x\,y(x) = 0 \qquad\qquad (6.5\text{–}7)$$

mit einem Potenzreihenansatz.

Hinweis: Die berechnete Potenzreihe lässt sich mit den zwei Gln. 6.1.11 und 6.1.13 aus „*Abramowitz und Stegun: Handbook of Mathematical Functions*" vereinfachen:

$$\Gamma(n+1/3) = \frac{1\cdot 4\cdot 7 \dots (3n-2)}{3^n} \, \Gamma\!\left(\frac{1}{3}\right) \qquad\qquad \Gamma(n+2/3) = \frac{2\cdot 5\cdot 8\cdot 11 \dots (3n-1)}{3^n} \, \Gamma\!\left(\frac{2}{3}\right) \qquad (6.5\text{–}8\text{a/b})$$

b) Die Airy-Dgl. ist eine Dgl. zweiter Ordnung und wird durch die zwei linear unabhängigen **Airy-Funktionen** $\mathrm{Ai}(x)$ und $\mathrm{Bi}(x)$ gelöst. Ihre Reihendarstellungen sind laut Literatur

$$\mathrm{Ai}(x) = \frac{1}{3^{2/3}\,\pi} \sum_{n=0}^{\infty} \frac{1}{n!} \, \Gamma\!\left(\frac{n+1}{3}\right) \left(3^{1/3}x\right)^n \sin\frac{2(n+1)\pi}{3} \qquad (6.5\text{–}9\text{a})$$

$$\mathrm{Bi}(x) = \frac{1}{3^{1/6}\,\pi} \sum_{n=0}^{\infty} \frac{1}{n!} \, \Gamma\!\left(\frac{n+1}{3}\right) \left(3^{1/3}x\right)^n \left| \sin\frac{2(n+1)\pi}{3} \right| \qquad (6.5\text{–}9\text{b})$$

Bringe diese zwei Potenzreihen und die in Teil a) per Ansatz berechnete Potenzreihe in eine Form, die zeigt: Die Potenzreihe in unserer Lösung bildet ein Lösungsfundamentalsystem und die beiden Airy-Funktionen $\mathrm{Ai}(x)$ und $\mathrm{Bi}(x)$ bilden ein anderes, gleichwertiges Lösungsfundamentalsystem.

6–6 Mittel Harmonischer Oszillator: Potenzreihenansatz

Im Haupttext wurde ein Potenzreihenansatz für die Hermitesche Dgl. (6.1–9) aufgestellt. Mache nun einen Potenzreihenansatz für die *Ausgangsdifferentialgl.* des harmonischen Oszillators

$$\psi''(x) + \left(\beta - \alpha^2 x^2\right)\psi(x) = 0 \qquad\qquad \alpha^2, \beta = \text{positive, reelle Zahlen} \qquad (6.1\text{–}3)$$

und untersuche die Rekursionsgl. Sie enthält die *drei* Koeffizienten a_{n+2}, a_n, a_{n-2}.

Das Ziel dieser Aufgabe ist der Nachweis, dass ein Potenzreihenansatz für die Ausgangsdgl. (6.1–3) auf unübersichtliche Rekursionsgln. führt. Beende die Rechnungen, wenn diese Unübersichtlichkeit deutlich wird.

6–7 Leicht Zweite Darstellung der Hermite-Polynome

Offensichtlich gilt für beliebige Funktionen $g(u)$:

$$\left(u - \frac{d}{du}\right)g(u) = -\,\mathrm{e}^{u^2/2}\,\frac{d}{du}\left[\mathrm{e}^{-u^2/2}\,g(u)\right] \qquad \text{oder kurz} \qquad u - \frac{d}{du} = -\,\mathrm{e}^{u^2/2}\,\frac{d}{du}\,\mathrm{e}^{-u^2/2}$$

Zeige mit dieser Gl., dass die Hermite-Polynome in Gl. (6.1–15) auch folgende Darstellung haben:

$$H_n(u) = \mathrm{e}^{u^2/2}\left(u - \frac{d}{du}\right)^n \mathrm{e}^{-u^2/2} \qquad (6.5\text{–}10)$$

Hinweis: Diese Gl. legt die Definition des Erzeugungsoperators $\hat{a}_+$ nahe. Denn nach Gl. (6.1–17a) ist

$$\psi_n(x) \sim \mathrm{e}^{-\alpha x^2/2}\, H_n\!\left(\sqrt{\alpha}\,x\right) = \alpha^{n/2}\underbrace{\left(x - \frac{\hbar}{m\omega}\frac{d}{dx}\right)^n}_{\sim\,\hat{a}_+}\mathrm{e}^{-\alpha x^2/2} \sim \hat{a}_+^{\,n}\,\psi_0(x)$$

6–8 Mittel Schwingendes Gaußsches Wellenpaket im harmonischen Oszillator

a) In der folgenden Gl. wird der um die Strecke x_0 verschobene Grundzustand $\psi_0(x-x_0)$, also ein verschobenes Gaußsches Wellenpaket nach den vollständigen, nicht verschobenen Eigenfunktionen $\psi_n(x)$ des harmonischen Oszillators entwickelt. Beweise die Gl.

$$\psi(x,0) = \psi_0(x-x_0) = \left(\frac{\alpha}{\pi}\right)^{1/4} \exp\left[-\frac{\alpha}{2}(x-x_0)^2\right] = \sum_{n=0}^{\infty} c_n\,\psi_n(x) =$$

$$= \sum_{n=0}^{\infty} \frac{1}{\sqrt{n!\, 2^n}} \left(\sqrt{\alpha}\, x_0 \right)^n \exp\left[-\frac{\alpha}{4} x_0^2 \right] \psi_n(x) \qquad \text{mit} \qquad \alpha := \frac{m\omega}{\hbar} \tag{6.3--4}$$

Hinweis: In [Nolting-1], Aufgabe 4.4.19 wird folgende Gl. bewiesen:

$$\int_{-\infty}^{+\infty} \exp\left[-(x - x_0)^2 \right] H_n(x)\, dx = \sqrt{\pi}\, (2x_0)^n \tag{6.5--11}$$

b) Der Absteigeoperator $\hat{a}_-$ hat zum Eigenwert λ eine Eigenfunktion

$$\psi_{\lambda}^{-}(x) = \sum_{n=0}^{\infty} b_n^{-}\, \psi_n(x) \tag{6.5--12}$$

Wie lautet die Eigenfunktion? Welche Eigenwerte λ sind möglich?

Hinweis: Wegen $\hat{a}_{\pm}^{\dagger} = \hat{a}_{\mp}$ ist der Absteigeoperator $\hat{a}_-$ nicht hermitesch, so dass seine Eigenwerte λ nicht reell sein müssen. Wir werden sehen, dass die Eigenwerte λ beliebige komplexe Zahl sein können.

c) Warum gibt es keine Eigenfunktion des Aufsteigeoperators?

d) Wie lautet die zeitabhängige Wellenfunktion $\psi_{\lambda}^{-}(x,t)$, die zur Zeit $t = 0$ mit der Eigenfunktion $\psi_{\lambda}^{-}(x)$ in Gl. (6.5–12) übereinstimmt? Beweise, dass $\psi_{\lambda}^{-}(x,t)$ für $\lambda = \sqrt{\alpha/2}\, x_0$ das schwingende Gaußpaket in Gl. (6.3–5) beschreibt.

e) Zeige: Das Streuungsprodukt der Zustände $\psi_{\lambda}^{-}(x,t)$ ist für alle λ und alle Zeiten minimal: $\Delta x\, \Delta p = \hbar/2$.

6–9 Mittel   Orts- und Impulsoperator in Matrixdarstellung

Wir verwenden die Hermite-Funktionen $\psi_n(x)$ als Basisfunktionen des Hilbertraumes. Wie lauten der Orts- und der Impulsoperator in (unendlich dimensionaler) Matrixdarstellung bzgl. dieser Basis?

Hinweis: In Aufgabe 21–1c wird allgemein gezeigt werden, dass weder der Orts- noch der Impulsoperator durch *endlich* dimensionale Matrizen beschrieben werden kann. Orts- und Impulsoperator wirken nur in unendlich dimensionalen Hilberträumen.

6–10 Leicht   Schwingung im Clorwasserstoff HCl

In Molekülen schwingen die Atome gegeneinander. In Chlorwasserstoff HCl hat $m\omega^2 = 516{,}3\,\text{N/m}$ einen typischen Wert. Wie groß ist der Abstand der Energieniveaus im Schwingungsspektrum?

Hinweis: Die Schwingungsspektren der Moleküle liegen typischerweise im Infrarotbereich. In Aufgabe 10–9 werden rotierende Moleküle untersucht. Die Rotationsspektren liegen im Mikrowellenbereich.

6–11 Leicht   Numerische Lösung der zeitunabhängigen Schrödinger-Gl.

Die Schrödinger-Gln. des harmonischen Oszillators und des Wasserstoffatoms haben für *alle* Energien eine Lösung. Aber nur für bestimmte, diskrete Energien sind die Lösungen normierbar. In diesen zwei Systemen ist also die Forderung nach Normierbarkeit für die Quantisierung der Energie verantwortlich.

a) Welche Anfangsbedingungen werden für die numerische Lösung der zeitunabhängigen Schrödinger-Gl. des harmonischen Oszillators benötigt?

Hinweis: Nur *eine* Anfangsbedingung ist frei wählbar.

b) Mache Vorschläge, wie man die zeitunabhängige Schrödinger-Gl. (6.1–1) des harmonischen Oszillators mit einem numerischen Verfahren lösen kann. Wie könnte man die diskreten Energien näherungsweise ermitteln?

7 Die mathematische Struktur

Dieses Kapitel hat großenteils einen mittleren Schwierigkeitsgrad. Abschn. 7.2 befasst sich mit den mathematischen Eigenschaften der Operatoren und hat daher eine ganz zentrale Bedeutung.

7.1 *Der Hilbertraum*: Der anschauliche Hilbertraum ist ein vollständiger, komplexer Vektorraum mit Skalarprodukt. Die normierbaren Wellenfunktionen sind Vektoren im Hilbertraum. Das Skalarprodukt von zwei Funktionen lautet im Ortsraum

$$\langle \psi_1 \,|\, \psi_2 \rangle := \int_{-\infty}^{+\infty} \psi_1^*(\mathbf{r})\, \psi_2(\mathbf{r})\, d^3r$$

Der Hilbertraum ermöglicht eine darstellungsunabhängige Formulierung, die keinen Bezug auf eine bestimmte Darstellung der Wellenfunktionen nimmt. Daher müssen wir nicht unbedingt mit Ortswellenfunktionen $\psi(\mathbf{r},t)$ oder mit Impulswellenfunktionen $\tilde{\psi}(\mathbf{p},t)$ arbeiten, sondern können im Rahmen der Dirac-Notation darstellungsunabhängige Vektoren $|\psi\rangle$ verwenden.

7.2 *Die Operatoren der Quantenmechanik*: Messgrößen werden in der Quantenmechanik durch hermitesche Operatoren, sog. Observable beschrieben. Ein Operator $\hat{A}$ wird hermitesch genannt, wenn $\langle \varphi \,|\, \hat{A} \,|\, \psi \rangle = \langle \hat{A}\varphi \,|\, \psi \rangle$ für alle $|\varphi\rangle, |\psi\rangle$. Das ist genau dann der Fall, wenn alle Erwartungswerte $\langle \psi \,|\, \hat{A} \,|\, \psi \rangle$ reell sind.

Die Observablen haben drei äußerst nützliche Eigenschaften:

1) Die Eigenwerte und Erwartungswerte sind reell.

2) Die Eigenvektoren zu verschiedenen Eigenwerten stehen senkrecht aufeinander.

3) Die Eigenvektoren bilden ein vollständiges Orthonormalsystem.

Die dritte Eigenschaft ist von grundlegender Bedeutung für die Messpostulate, kann aber leider nur in endlich dimensionalen Vektorräumen allgemein bewiesen werden. Deshalb postulieren wir, dass die Eigenfunktionen derjenigen hermiteschen Operatoren, die Messgrößen darstellen, vollständig sind, also eine Basis im Hilbertraum bilden.

Von ganz zentraler, kaum zu überschätzender Bedeutung ist folgende Analogie:

Die hermiteschen Operatoren $\hat{A}, \hat{B}$ vertauschen: $[\hat{A}, \hat{B}] = 0$

$\Leftrightarrow$ $\hat{A}, \hat{B}$ haben ein gemeinsames, vollständiges Orthonormalsystem von Eigenvektoren.

7.3 *Das Ehrenfestsche Theorem*: Das Theorem beschreibt die Zeitableitung der Erwartungswerte von zeitabhängigen Operatoren $\hat{A}(t)$ und sagt uns, wann die Zeitentwicklungen von Orts- und Impulserwartungswerten klassisch berechnet werden können.

Quantenmechanik: Lehr- und Arbeitsbuch, 2. Auflage. Friedhelm Kuypers.
© 2026 Wiley-VCH GmbH. Published 2026 by Wiley-VCH GmbH.

7.1 Der Hilbertraum

In den Kapiteln 4 bis 6 untersuchten wir freie Wellenpakete, stückweise konstante Potentiale und den harmonischen Oszillator. Dabei lernten wir konkret wichtige Eigenarten der Quantenmechanik kennen: Quantisierung der Energie gebundener Zustände, Nullpunktenergie, Tunneleffekt, Unbestimmtheitsrelation, Orthonormierung und Vollständigkeit der Wellenfunktionen $\psi_n(x)$. Nun stellen sich *grundlegende Fragen*:

- *Treten diese Ergebnisse nur vereinzelt auf oder handelt es sich um typische Merkmale*, die womöglich in allen Mikrosystemen vorkommen?
- Welche Eigenschaften müssen die Operatoren der Quantenmechanik haben?
- Gibt es neben Ort und Impuls noch andere Messgrößen, die man nicht gleichzeitig messen kann? (Diese Frage wird allgemein erst in Abschn. 8.2 beantwortet.)

Dieses Kapitel beantwortet einige dieser Fragen ganz *allgemein* und ist daher von zentraler Bedeutung für die Quantentheorie. Beim Lesen des Namens „Hilbertraum" denken viele Leser wohl zuerst einmal an abstrakte Räume und schwer verdauliche Mathematik. Zum Glück ist das Gegenteil der Fall: Hilberträume sind sehr anschaulich; der bekannte n-dimensionale $\mathbb{R}^n$ ist ein Hilbertraum.

Wir beginnen mit der Definition des Hilbertraumes. Eine Menge, für deren Elemente $\mathbf{a}, \mathbf{b}, \dots$ *eine Addition und eine Multiplikation mit komplexen Zahlen* $\lambda, \mu, \dots$ existiert, heißt **komplexer Vektorraum** V, wenn er folgende Eigenschaften hat:

Gesetze der Addition:

1. Die Summe von zwei Elementen des Vektorraumes ist ein Element des Vektorraumes.

2. Kommutativität: $\mathbf{a} + \mathbf{b} = \mathbf{b} + \mathbf{a}$ $\qquad \forall\, \mathbf{a}, \mathbf{b} \in V$ $\qquad$ (7.1–1a)

3. Assoziativität: $\mathbf{a} + (\mathbf{b} + \mathbf{c}) = (\mathbf{a} + \mathbf{b}) + \mathbf{c}$ $\qquad \forall\, \mathbf{a}, \mathbf{b}, \mathbf{c} \in V$ $\qquad$ (7.1–1b)

4. Es existiert ein Nullelement $\mathbf{0}$ mit $\mathbf{a} + \mathbf{0} = \mathbf{a}$ $\qquad \forall\, \mathbf{a} \in V$ $\qquad$ (7.1–1c)

5. Es existiert ein inverses Element $-\mathbf{a}$ mit $\mathbf{a} + (-\mathbf{a}) = \mathbf{0}$ $\quad \forall\, \mathbf{a} \in V$ $\qquad$ (7.1–1d)

Gesetze der Multiplikation:

1. Das Produkt $\lambda\,\mathbf{a}$ ist Element des Vektorraumes. $\qquad \forall\, \mathbf{a} \in V \qquad \forall\, \lambda \in \mathbb{C}.$ $\qquad$ (7.1–1e)

2. Assoziativität: $(\lambda\,\mu)\,\mathbf{a} = \lambda\,(\mu\,\mathbf{a})$ $\qquad \forall\, \mathbf{a} \in V \qquad \forall\, \lambda, \mu \in \mathbb{C}$ $\qquad$ (7.1–1f)

3. Distributivgesetze: $\lambda\,(\mathbf{a} + \mathbf{b}) = \lambda\,\mathbf{a} + \lambda\,\mathbf{b}$ $\qquad \forall\, \mathbf{a}, \mathbf{b} \in V \quad \forall\, \lambda \in \mathbb{C}$ $\qquad$ (7.1–1g)

   $\qquad\qquad (\lambda + \mu)\,\mathbf{a} = \lambda\,\mathbf{a} + \mu\,\mathbf{a}$ $\qquad \forall\, \mathbf{a} \in V \quad \forall\, \lambda, \mu \in \mathbb{C}$ $\qquad$ (7.1–1h)

4. $1 \cdot \mathbf{a} = \mathbf{a}$ $\qquad \forall\, \mathbf{a} \in V$ $\qquad$ (7.1–1i)

Ein Vektorraum wird zu einem sog. **Skalarproduktraum** oder **Prä-Hilbertraum**, wenn ein **Skalarprodukt** $\langle\, \mathbf{a} \,|\, \mathbf{b}\,\rangle$ existiert, das zwei Vektoren des Vektorraumes eine komplexe Zahl zuordnet mit folgenden vier Eigenschaften:

1. $\langle\, \mathbf{a} \,|\, \mathbf{b}\,\rangle = \langle\, \mathbf{b} \,|\, \mathbf{a}\,\rangle^*$ $\qquad \forall\, \mathbf{a}, \mathbf{b} \in V$ $\qquad$ (7.1–2a)

2. $\langle\, \mathbf{a} \,|\, \lambda\,\mathbf{b} + \mu\,\mathbf{c}\,\rangle = \lambda\langle\, \mathbf{a} \,|\, \mathbf{b}\,\rangle + \mu\langle\, \mathbf{a} \,|\, \mathbf{c}\,\rangle$ $\qquad \forall\, \mathbf{a}, \mathbf{b}, \mathbf{c} \in V \quad \forall\, \lambda, \mu \in \mathbb{C}$ $\qquad$ (7.1–2b)

3. $\langle\, \mathbf{a}\,|\,\mathbf{a}\,\rangle \geq 0$ $\forall\, \mathbf{a} \in V$ (7.1–2c)

4. $\langle\, \mathbf{a}\,|\,\mathbf{a}\,\rangle = 0 \;\Leftrightarrow\; \mathbf{a} = \mathbf{0}$ $\forall\, \mathbf{a} \in V$ (7.1–2d)

Offensichtlich ist das Skalarprodukt *antilinear im ersten Argument*:

$$\langle\, \lambda\,\mathbf{a}+\mu\,\mathbf{b}\,|\,\mathbf{c}\,\rangle = \langle\, \mathbf{c}\,|\,\lambda\,\mathbf{a}+\mu\,\mathbf{b}\,\rangle^{*} = \lambda^{*}\langle\, \mathbf{c}\,|\,\mathbf{a}\,\rangle^{*} + \mu^{*}\langle\, \mathbf{c}\,|\,\mathbf{b}\,\rangle^{*} =$$
$$= \lambda^{*}\langle\, \mathbf{a}\,|\,\mathbf{c}\,\rangle + \mu^{*}\langle\, \mathbf{b}\,|\,\mathbf{c}\,\rangle \qquad (7.1–2e)$$

Mit dem Skalarprodukt wird eine **Norm** – gelegentlich auch **Länge** genannt – definiert:

$$\|\mathbf{a}\| := \sqrt{\langle\, \mathbf{a}\,|\,\mathbf{a}\,\rangle}$$

Die Bezeichnung $|\,\mathbf{a}\,|$ ist ebenfalls gebräuchlich. In der Mathematik wird gezeigt, dass die Norm zwei Ungleichungen erfüllt:

Schwarzsche Ungleichung : $|\langle\, \mathbf{a}\,|\,\mathbf{b}\,\rangle| \leq \|\mathbf{a}\|\cdot\|\mathbf{b}\|$ (7.1–3a)

Der Betrag des Skalarproduktes von zwei Vektoren ist höchstens gleich dem Produkt der Einzellängen. Im $\mathbb{R}^3$ gilt das Gleichheitszeichen nur bei parallelen und antiparallelen Vektoren.

Dreiecksungleichung : $\|\mathbf{a}+\mathbf{b}\| \leq \|\mathbf{a}\| + \|\mathbf{b}\|$ (7.1–3b)

Die Länge einer Vektorsumme ist höchstens gleich der Summe der Einzellängen. Im $\mathbb{R}^3$ gilt das Gleichheitszeichen nur bei parallelen Vektoren.

Zwei Vektoren $\mathbf{a},\mathbf{b}$ heißen **orthogonal** zueinander, wenn ihr Skalarprodukt verschwindet:

$$\mathbf{a} \perp \mathbf{b} \;\Leftrightarrow\; \langle\, \mathbf{a}\,|\,\mathbf{b}\,\rangle = 0 \qquad (7.1–4)$$

Eine Folge $\mathbf{a}_n$ von Vektoren heißt Cauchy-Folge, wenn es zu jedem $\varepsilon > 0$ eine natürliche Zahl N gibt, so dass für alle $n,m > N$ gilt: $\|\mathbf{a}_n - \mathbf{a}_m\| < \varepsilon$. Wenn die Grenzwerte aller Cauchy-Folgen im Vektorraum liegen, dann heißt der Vektorraum **vollständig**. *Ein vollständiger komplexer Vektorraum mit Skalarprodukt heißt* **Hilbertraum** $\mathcal{H}$.[1]

Damit ist die Definition des Hilbertraumes abgeschlossen und es stellt sich die Frage: Was hat der Hilbertraum mit der Quantenmechanik zu tun? Die normierbaren, d. h. quadratintegrablen Wellenfunktionen erfüllen die in den Gln. (7.1–1a...i) genannten Anforderungen und bilden daher einen Vektorraum. Durch das **Skalarprodukt** von zwei Funktionen $\psi(\mathbf{r},t)$ und $\varphi(\mathbf{r},t)$

$$\int_{-\infty}^{+\infty} \psi^{*}(\mathbf{r},t)\,\varphi(\mathbf{r},t)\,d^{3}r \qquad (7.1–5)$$

wird dieser Vektorraum zu einem Prä-Hilbertraum. Nach dem Satz von Riesz-Fischer ist der Prä-Hilbertraum der normierbaren Funktionen vollständig, d. h. jede Cauchy-Folge normierbarer Funktionen konvergiert gegen eine normierbare Funktion. *Die quadratintegrablen komplexen Wellenfunktionen* $\psi(\mathbf{r},t)$ *bilden daher den Hilbertraum* $\mathcal{H} =: L^{2}(\mathbb{R}^{3})$ *über dem* $\mathbb{R}^3$.

---

[1] Ein Prä-Hilbertraum mit *endlicher* Dimension, also mit endlich vielen linear unabhängigen Basisvektoren, ist immer vollständig und daher immer ein Hilbertraum.

Nicht normierbare Funktionen sind keine Elemente eines Hilbertraumes, weil für sie kein Skalarprodukt existiert.

Im Allg. rechnen wir mit ortsabhängigen Wellenfunktionen $\psi(\mathbf{r},t)$ (Ortsdarstellung). Die Fouriertransformation (3.3–2) und ihre eindeutige Umkehrbarkeit in Gl. (3.3–3) zeigen, dass physikalische Zustände auch durch Impulswellenfunktionen $\tilde{\psi}(\mathbf{p},t)$ dargestellt werden können (Impulsdarstellung). (In Aufgabe 3–4 wird die Schrödinger-Gl. im Impulsraum aufgestellt.) Drittens lassen sich Wellenfunktionen nach den orthogonalen Eigenfunktionen $\psi_n(\mathbf{r})$ eines Operators $\hat{A}$ entwickeln:

$$\psi(\mathbf{r},t) = \sum_n c_n(t)\,\psi_n(\mathbf{r})$$

Bei gegebenen Basisfunktionen $\psi_n(\mathbf{r})$ beschreibt die Menge $\{c_n\}$ der komplexen Koeffizienten den Zustand genauso gut und eindeutig wie die Zustandsfunktion $\psi(\mathbf{r},t)$. Man spricht hier von der **A-Darstellung**. Wenn der Operator $\hat{A}$ der Hamiltonoperator $\hat{H}$ ist, dann sind die Funktionen $\psi_n(\mathbf{r})$ die gebundenen Lösungen der zeit*un*abhängigen Schrödinger-Gl. und die Darstellung heißt **Energiedarstellung**.

Aber nicht nur die Wellenfunktionen, sondern auch die Operatoren der Quantenmechanik lassen sich in verschiedenen Darstellungen beschreiben. In Tabelle 3.3–1 werden der Orts- und der Impulsoperator in der Orts- und in der Impulsdarstellung genannt. Bzgl. einer vollständigen Orthonormalbasis werden lineare Operatoren durch Matrizen beschrieben (siehe Aufgabe 6–9 und die Spinmatrizen in Abschn. 12.3). Die Schrödingersche Wellenmechanik und die Heisenbergsche Matrizenmechanik sind verschiedene Darstellungen derselben Theorie. Ihre Analogie wurde 1926 von Schrödinger bewiesen.

Wir wollen uns jetzt *von diesen speziellen Darstellungen der Wellenfunktionen und der Operatoren frei machen* und die sog. **Dirac-Notation** einführen, die keinen Bezug zu einer Darstellung hat. Die symbolische Dirac-Notation vereinfacht den Schreibaufwand und die Übersichtlichkeit erheblich. Sie *ist unabhängig von der Darstellung*. Die Notation lässt sich mit der koordinaten*un*abhängigen Schreibweise $\mathbf{a}$ eines Vektors vergleichen.[2]

Wellenfunktionen, Skalarprodukte, Matrixelemente und Erwartungswerte werden in der Dirac-Notation wie folgt geschrieben:

Vektoren: $\quad\quad \psi(\mathbf{r}) \;\to\; |\psi\rangle$ $\quad\quad$ Dieser Vektor wird **Ket** genannt.

$\quad\quad\quad\quad\quad \psi^*(\mathbf{r}) \;\to\; |\psi\rangle^{\dagger} = \langle\psi|$ $\quad\quad$ Dieser Vektor wird **Bra** genannt.

Skalarprodukte: $\quad \displaystyle\int \psi_1^*(\mathbf{r})\,\psi_2(\mathbf{r})\,d^3r \quad \to \quad \langle\psi_1|\psi_2\rangle$

Matrixelemente: $\quad \displaystyle\int \psi_1^*(\mathbf{r})\,\hat{A}\,\psi_2(\mathbf{r})\,d^3r \quad \to \quad \langle\psi_1|\hat{A}\psi_2\rangle = \langle\psi_1|\hat{A}|\psi_2\rangle$

Erwartungswerte: $\quad \displaystyle\int \psi^*(\mathbf{r})\,\hat{A}\,\psi(\mathbf{r})\,d^3r \quad \to \quad \langle\psi|\hat{A}|\psi\rangle = \langle\hat{A}\rangle$

---

[2] Ein Vektor $\mathbf{a}$ wird durch drei Koordinaten beschrieben: Z. B. durch kartesische Koordinaten x, y, z oder durch Kugelkoordinaten r, φ, ϑ. Die Arbeit mit der symbolischen Vektor-Schreibweise $\mathbf{a}$ befreit uns von der Wahl eines Koordinatensystems, verringert den Schreibaufwand und vereinfacht alle Rechnungen.

Die Namen Bra und Ket leiten sich aus dem englischen Wort „Bra-c-ket" für Klammer ab. Fragt sich nur, wo das c geblieben ist.[3] Die Physiker kommen in der Praxis gut zurecht, wenn sie nur die Bedeutung der Bras in Skalarprodukten und Matrixelementen kennen. Mathematisch interessierte Leser finden weitere Erläuterungen in der Fußnote.[4]

Die Dirac-Notation hat sich in der Quantenmechanik sehr bewährt. Offensichtlich gilt

$$\langle \psi_1 | \psi_2 \rangle = \langle \psi_2 | \psi_1 \rangle^* \tag{7.1-2a}$$

Oft werden Kets und Bras durch die Quantenzahlen gekennzeichnet, die den Zustand eindeutig festlegen. Zwei Beispiele sind schnell gefunden:

- Die Wellenfunktionen $|n\rangle$ des harmonischen Oszillators werden durch die Quantenzahl n bestimmt.
- Die Wellenfunktionen $|n,l,m\rangle$ des Wasserstoffatoms werden durch die Hauptquantenzahl n, die Drehimpulsquantenzahl l und die magnetische Quantenzahl m festgelegt (ohne Elektronenspin).

---

[3] Die abgekürzte Schreibweise $\langle \hat{A} \rangle$ für den Erwartungswert $\langle \psi | \hat{A} | \psi \rangle$ wird gerne verwendet, obwohl sie nicht die Funktion $|\psi\rangle$ enthält, die den Erwartungswert entscheidend beeinflusst.

[4] Vielleicht wird die Bedeutung von $\langle \psi | = |\psi\rangle^\dagger = |\psi\rangle^{*\,T}$ am besten in der Matrixschreibweise deutlich. Wir betrachten zwei Vektoren in $\mathcal{H}$ (also zwei Wellenfunktionen) in A-Darstellung:

$$|\psi\rangle = \begin{pmatrix} c_1 \\ c_2 \\ \vdots \end{pmatrix} \quad \text{und} \quad |\varphi\rangle = \begin{pmatrix} d_1 \\ d_2 \\ \vdots \end{pmatrix}$$

Ihr Skalarprodukt lautet bekanntlich

$$\sum_n c_n^* d_n = (c_1^*\ c_2^*\ \cdots) \begin{pmatrix} d_1 \\ d_2 \\ \vdots \end{pmatrix} = |\psi\rangle^{*\,T} |\varphi\rangle = |\psi\rangle^\dagger |\varphi\rangle = \langle \psi || \varphi \rangle = \langle \psi | \varphi \rangle$$

Ich gebe noch vier weitere Hinweise:

- Die Reihenfolge von Ket und Bra darf nicht geändert werden. $\langle \varphi | \psi \rangle$ ist ein Skalarprodukt, also eine komplexe Zahl. Hingegen ist $|\psi\rangle \langle \varphi|$ ein Operator, wie die Anwendung auf einen Ket $|\chi\rangle$ zeigt: $(|\psi\rangle \langle \varphi|) |\chi\rangle = \langle \varphi | \chi \rangle |\psi\rangle = \lambda |\psi\rangle$ mit $\lambda = \langle \varphi | \chi \rangle \in \mathbb{C}$.

- $\langle \varphi|$ ist eine lineare Abbildung von $\mathcal{H}$ in $\mathbb{C}$, eine sog. **Linearform** oder **Funktional** . $\langle \varphi|$ angewandt auf einen Vektor $|\psi\rangle \in \mathcal{H}$ ergibt eine komplexe Zahl: $\langle \varphi || \psi \rangle = \langle \varphi | \psi \rangle \in \mathbb{C}$

  In der Ortsdarstellung wird der Bra $\langle \varphi|$ durch die Abbildung

  $$\langle \varphi | \ldots = \int_{-\infty}^{\infty} dx\, \varphi^*(x) \ldots$$

  beschrieben. Dabei steht …. für die Funktion, auf die die lineare Abbildung $\langle \varphi|$ wirkt. Die Menge $\{\langle \varphi|\}$ aller Bras bzw. aller Linearformen bildet einen Vektorraum, den sog. **Dualraum** $\mathcal{H}^*$ von $\mathcal{H}$.

- Es gibt für jedes Funktional $F: \mathcal{H} \to \mathbb{C}$ eine Funktion $|\varphi\rangle \in \mathcal{H}$ mit $F(|\psi\rangle) = \langle \varphi | \psi \rangle$. Also lassen sich alle Funktionale durch Skalarprodukte darstellen (Rieszsches Theorem).

- Im Abschn. 7.2 werden adjungierte Operatoren $\hat{A}^\dagger$ eingeführt. Sie wirken gemäß $\langle \psi | \hat{A} = \langle \hat{A}^\dagger \psi |$ im Dualraum $\mathcal{H}^*$.

Im Folgenden führe ich weitere wichtige Begriffe und Gln. ein – zuerst für Operatoren mit **rein diskreten Spektren**. (Kontinuierliche Spektren werden anschließend behandelt.) Eine abzählbare Menge $\{|\psi_n\rangle\}$ von orthogonalen und auf Eins normierten Funktionen bildet ein sog. **Orthonormalsystem**. Ein Orthonormalsystem heißt **vollständig**, wenn es eine *Basis des Hilbertraumes* $\mathcal{H} = L^2(\mathbb{R}^3)$ *bildet, wenn sich also alle Funktionen* $|\psi\rangle$ *des Hilbertraumes als Linearkombinationen dieser Funktionen schreiben lassen*:

$$|\psi\rangle = \sum_n c_n |\psi_n\rangle \qquad (7.1\text{-}6)$$

Ein vollständiges Orthonormalsystem wird gerne mit **VONS** abgekürzt.

Im Abschn. 7.2 werden wir sehen, dass die *Lösungen der zeitunabhängigen Schrödinger-Gl. ein vollständiges, abzählbares Orthonormalsystem* $\{|\psi_n\rangle\}$ *bilden, wenn es nur gebundene Lösungen gibt und das Energiespektrum daher rein diskret ist*. Das ist im unendlich tiefen Potentialtopf und beim harmonischen Oszillator der Fall. Aber beim Wasserstoffatom bilden die gebundenen Zustände $R_{nl}(r) Y_{lm}(\vartheta,\varphi)$ in Gl. (10.2-9) kein vollständiges System, da auch ungebundene Zustände mit kontinuierlich verteilten, positiven Energien $E > 0$ existieren.

Die Berechnung der Koeffizienten c_n ist *dank der Orthogonalität* der Funktionen $|\psi_n\rangle$ einfach: Die Gl. (7.1-6) wird von links mit $\langle\psi_m|$ multipliziert:

$$\langle\psi_m|\psi\rangle = \sum_n c_n \underbrace{\langle\psi_m|\psi_n\rangle}_{=\,\delta_{mn}} = c_m \qquad (7.1\text{-}7)$$

Einsetzen dieser Beziehung in Gl. (7.1-6) führt auf [5]

$$|\psi\rangle = \sum_n |\psi_n\rangle \langle\psi_n|\psi\rangle \qquad (7.1\text{-}8a)$$

oder mit $|n\rangle := |\psi_n\rangle$ noch kürzer geschrieben

$$|\psi\rangle = \sum_n |n\rangle \langle n|\psi\rangle$$

Da diese Gl. für alle Funktionen $|\psi\rangle$ des Hilbertraumes gilt, stellen wir fest: Ein vollständiges Orthonormalsystem $\{|n\rangle\}$ erfüllt die sog. **Vollständigkeitsrelation**:

$$\hat{1} = \sum_n |n\rangle \langle n| \qquad\qquad \hat{1} = \text{Einheitsoperator} \qquad (7.1\text{-}9a)$$

Gilt umgekehrt die Vollständigkeitsrelation (7.1-9a), so bildet die Menge $\{|n\rangle\}$ eine Basis und alle Vektoren $|\psi\rangle$ lassen sich als Linearkombinationen schreiben. Der Beweis ist nur eine Zeile kurz:

$$|\psi\rangle = \sum_n |n\rangle \langle n|\psi\rangle = \sum_n \langle n|\psi\rangle |n\rangle = \sum_n c_n |n\rangle$$

---

[5] Die Orthonormierung $\langle\psi_m|\psi_n\rangle = \delta_{mn}$ ist außerordentlich nützlich bei der Bestimmung der Koeffizienten c_n der gegebenen Funktion $|\psi\rangle$. Daher sind wir sehr erleichtert, wenn wir im nächsten Abschn. 7.2 erfahren, dass alle Operatoren der Quantenmechanik orthogonale Eigenfunktionen haben. Ohne Orthonormierung wäre die Berechnung der Koeffizienten c_n sehr schwierig, wenn nicht gar unmöglich.

Fazit: Die Vollständigkeitsrelation (7.1–9a) ist eine notwendige und hinreichende Bedingung für die Vollständigkeit des Orthonormalsystems $\{\,|\,n\,\rangle\,\}$, also dafür, dass die orthonormierten Funktionen $|\,n\,\rangle$ eine Basis des Hilbertraumes bilden.

Für viele quantenmechanische Rechnungen ist die Vollständigkeitsrelation (7.1–9a) überaus nützlich; denn der $\hat{1}$– *Operator kann an beliebiger Stelle in eine Gl. eingeschoben* werden. Wir werden häufig von dieser Möglichkeit Gebrauch machen und so viele Rechnungen vereinfachen. Der Leser sollte damit vertraut sein.

Im Ortsraum lautet Gl. (7.1–8a):

$$\psi(\mathbf{r}) = \sum_n \psi_n(\mathbf{r}) \underbrace{\int \psi_n^*(\mathbf{r}')\,\psi(\mathbf{r}')\,d^3r'}_{=\,:\,c_n}$$

Vertauschung von Reihe und Integral führt auf

$$\psi(\mathbf{r}) = \int \psi(\mathbf{r}') \left[\sum_n \psi_n^*(\mathbf{r}')\,\psi_n(\mathbf{r}) \right] d^3r' \tag{7.1–8b}$$

Die eckige Klammer muss für $\mathbf{r}' \ne \mathbf{r}$ verschwinden; andernfalls würde sich $\psi(\mathbf{r})$ an der Stelle $\mathbf{r}$ ändern, wenn sich $\psi(\mathbf{r}')$ an Stellen $\mathbf{r}'$ mit $\mathbf{r}' \ne \mathbf{r}$ ändern würde. Diese Folge ist mit der Beliebigkeit von $\psi(\mathbf{r})$ nicht verträglich. Wegen $\psi(\mathbf{r}) = \int \psi(\mathbf{r}')\,\delta(\mathbf{r} - \mathbf{r}')\,d^3r'$ kann Gl. (7.1–8b) für alle Funktionen $\psi(\mathbf{r})$ nur gelten, wenn

$$\delta(\mathbf{r} - \mathbf{r}') = \sum_n \psi_n^*(\mathbf{r}')\,\psi_n(\mathbf{r}) \tag{7.1–9b}$$

Dies ist die **Vollständigkeitsrelation** im Ortsraum. Die Schreibweise ist nicht so elegant und nicht so leicht zu behalten wie die Dirac-Notation in Gl. (7.1–9a).

Wir kommen nun zu **rein kontinuierlichen Spektren**. Stellvertretend betrachten wir zuerst im Ortsraum den **Impulsoperator** mit der **Impulseigenfunktion**

$$\psi_p(x) = \frac{1}{\sqrt{2\pi\hbar}}\, e^{ipx/\hbar} \tag{7.1–10}$$

Die Eigenwertgl.[6]

$$\hat{P}_x\,\psi_p(x) = \frac{\hbar}{i}\,\frac{\partial}{\partial x}\,\psi_p(x) = p\,\psi_p(x)$$

enthält den kontinuierlichen Eigenwert p. Die Funktionen $\psi_p(x)$ sind wegen $|\psi_p(x)|^2 = 1$ *nicht quadratintegrabel und daher keine Elemente des Hilbertraumes.* Sie heißen daher **uneigentliche Eigenvektoren** oder verallgemeinerte Eigenvektoren. *Trotzdem spielen sie eine tragende Rolle in*

---

[6] Aus der linearen Algebra wissen wir, dass eine Matrix $\hat{A}$ normalerweise die Richtung eines Vektors $\mathbf{x}$ ändert: $\hat{A}\,\mathbf{x} = \mathbf{y}$ mit $\mathbf{y} \ne \lambda\mathbf{x}$ und $\lambda \in \mathbb{C}$. Eine Eigenwertgl. beschreibt eine Abbildung, die die Richtung eines Vektors $\mathbf{x}$ *nicht* ändert: $\hat{A}\,\mathbf{x} = \lambda\,\mathbf{x}$. In der Funktionalanalysis wird der Vektorbegriff auf Funktionen $\psi(x)$ erweitert. Hier ist eine Eigenwertgl. eine Abb., die eine Funktion nicht ändert: $\hat{A}\,\psi(x) = \lambda\,\psi(x)$. $\lambda \in \mathbb{C}$ heißt Eigenwert, $\psi(x)$ heißt Eigenfunktion des Operators $\hat{A}$. Im nächsten Abschn. 7.2 gehen wir ausführlich auf Eigenwertgln. ein.

der Quantenmechanik. Denn nach der Theorie der Fouriertransformationen *kann jede absolut integrierbare* (und genügend gutmütige) *Funktion* $\psi(x)$ *nach den uneigentlichen Eigenfunktionen* $\psi_p(x)$ *entwickelt werden*[7]

$$\psi(x) = \frac{1}{\sqrt{2\pi\hbar}} \int_{-\infty}^{+\infty} \tilde{\psi}(p)\, e^{ipx/\hbar} dp = \int_{-\infty}^{+\infty} \tilde{\psi}(p)\, \psi_p(x)\, dp \qquad (7.1-11a)$$

mit der Fouriertransformierten

$$\tilde{\psi}(p) = \frac{1}{\sqrt{2\pi\hbar}} \int_{-\infty}^{+\infty} \psi(x)\, e^{-ipx/\hbar} dx = \int_{-\infty}^{+\infty} \psi_p^*(x)\, \psi(x)\, dx = \langle\, \psi_p \mid \psi\, \rangle \qquad (7.1-11b)$$

Die Fouriertransformation (7.1–11a) *kann als die kontinuierliche Entwicklung der Wellenfunktion* $\psi(x)$ *nach den Eigenfunktionen* $\psi_p(x)$ *des Impulsoperators angesehen werden.* Mit der (oft gebrauchten) *Fourierdarstellung der Deltafunktion*

$$\frac{1}{2\pi} \int_{-\infty}^{+\infty} dx\, e^{ipx/\hbar} = \delta\!\left(\frac{p}{\hbar}\right) = \hbar\,\delta(p) \qquad (7.1-12)$$

ergeben sich die **Orthogonalitätsrelation der Impulseigenfunktionen**

$$\int_{-\infty}^{+\infty} \psi_{p'}^*(x)\, \psi_p(x)\, dx = \frac{1}{2\pi\hbar} \int_{-\infty}^{+\infty} e^{i(p-p')x/\hbar}\, dx = \delta(p-p') = \langle\, \psi_{p'} \mid \psi_p\, \rangle \qquad (7.1-13)$$

und die **Vollständigkeitsrelation der Impulseigenfunktionen** (vgl. mit Gl. (7.1–9b))

$$\int_{-\infty}^{+\infty} \psi_p^*(x')\, \psi_p(x)\, dp = \frac{1}{2\pi\hbar} \int_{-\infty}^{+\infty} e^{ip(x-x')/\hbar}\, dp = \delta(x-x') \qquad (7.1-14)$$

In der Dirac-Notation werden die Impulseigenfunktionen auch $\mid p\rangle$ geschrieben, so dass ihr Skalarprodukt nach Gl. (7.1–13) $\langle p' \mid p\rangle = \delta(p'-p)$ ist.

Wir kommen zum **Ortsoperator** $\hat{X}$. Auch er hat ein kontinuierliches Spektrum. Die Gl.

$$\hat{X}\,\psi(x) = x\,\psi(x)$$

ist zwar richtig, aber keine Eigenwertgl. (wie bisweilen fälschlich vermutet wird), da x vor $\psi(x)$ *keine* Konstante ist. Die Eigenwertgl. des Ortsoperators

$$\hat{X}\,\psi_{x'}(x) = x'\,\psi_{x'}(x) \qquad (7.1-15)$$

hat den Eigenwert x' und die **Ortseigenfunktion**

$$\psi_{x'}(x) = \delta(x'-x) = \delta(x-x') \qquad (7.1-16)$$

---

[7] Ich erinnere nochmals daran, dass Funktionen, die absolut integrierbar und beschränkt sind, auch quadratisch integrierbar sind. Eine Funktion $f(x)$ heißt beschränkt, wenn es eine Konstante c gibt mit $|f(x)| \le c$ für alle x. Die normierbaren Funktionen der Quantentheorie sind beschränkt.

Eine schöne Wortspielerei lautet: Die uneigentlichen Eigenfunktionen $\psi_p(x)$ sind keine Funktionen *im* Hilbertraum, sondern wegen der Gl. (7.1–11a) Funktionen *für* den Hilbertraum.

Die Ortseigenfunktion ist eine Deltafunktion. Die Deltafunktion hat ein kontinuierliches Spektrum und ist *nicht auf Eins normierbar, also kein Element des Hilbertraumes. Folglich beschreibt die Deltafunktion keinen physikalischen Zustand.* Aber *jede Wellenfunktion kann als kontinuierliche Überlagerung der Ortseigenfunktionen* $\delta(x'-x)$ *dargestellt werden:*

$$\psi(x) = \int_{-\infty}^{+\infty} \delta(x'-x)\,\psi(x')\,dx' \tag{7.1-17}$$

In der darstellungsunabhängigen Dirac-Notation lauten die Ortseigenfunktionen $|x\rangle$.

Bei *diskreten* Spektren haben die Orthogonalitätsrelationen das Kroneckersymbol δ_{nm}. Bei *kontinuierlichen* Spektren ersetzt die Deltafunktion das Kroneckersymbol.

Zum Vergleich schauen wir uns nochmals die entsprechenden Gln. bei diskreten Spektren an:

$$\psi(x) = \sum_n c_n\,\psi_n(x)$$

Offensichtlich muss beim Wechsel von diskreten zu kontinuierlichen Spektren die Summation über den diskreten Index n durch die Integration über den kontinuierlichen Eigenwert ersetzt werden:

$$\sum_n \dots \;\rightarrow\; \int_{-\infty}^{+\infty} dp \dots \quad \text{und} \quad \sum_n c_n \dots \;\rightarrow\; \int_{-\infty}^{+\infty} dp\, \tilde{\psi}(p) \dots \tag{7.1-18}$$

Beispiel 7.1–1 Orts- und Impulsdarstellung

Die Eigenwertgln. der Orts- und Impulseigenfunktionen $|x\rangle$ *und* $|p\rangle$ lauten

$$\hat{X}\,|x\rangle = x\,|x\rangle \qquad \text{und} \qquad \hat{P}\,|p\rangle = p\,|p\rangle$$

Berechne im Ortsraum die folgenden Skalarprodukte und interpretiere die Ergebnisse:

a) $\langle x|\psi\rangle$ und $\langle p|\psi\rangle$.

b) $\langle x|p\rangle$ und $\langle p|x\rangle$.

c) Wie lauten Orthogonalitäts- und Vollständigkeitsrelationen der Orts- und Impulseigenfunktionen?

Lösung:

a) Das Skalarprodukt der Ortseigenfunktion $|x\rangle$ mit der Wellenfunktion $|\psi\rangle$ lautet

$$\langle x|\psi\rangle = \int_{-\infty}^{+\infty} \psi_x^*(x')\,\psi(x')\,dx' = \int_{-\infty}^{+\infty} \delta(x-x')\,\psi(x')\,dx' = \psi(x) \tag{7.1-19a}$$

$$\Rightarrow \quad \langle x|\psi\rangle = \psi(x) = \text{Wellenfunktion im Ortsraum} \tag{7.1-19b}$$

Man spricht hier von der Ortsdarstellung der Wellenfunktion $|\psi\rangle$.

Das Skalarprodukt der Impulseigenfunktion $|p\rangle$ mit der Wellenfunktion $|\psi\rangle$ lautet

$$\langle p|\psi\rangle = \frac{1}{\sqrt{2\pi\hbar}} \int_{-\infty}^{+\infty} \exp\!\left(-i\,p\,x'/\hbar\right)\psi(x')\,dx' = \tilde{\psi}(p) \tag{7.1-20a}$$

$$\Rightarrow \langle p|\psi\rangle = \tilde{\psi}(p) = \text{Wellenfunktion im Impulsraum} \tag{7.1-20b}$$

Hier spricht man von der Impulsdarstellung der Wellenfunktion $|\psi\rangle$.

b) Das Skalarprodukt der Ortseigenfunktion $|x\rangle$ mit der Impulseigenfunktion $|p\rangle$ lautet:

$$\langle x\,|\,p\rangle = \int_{-\infty}^{+\infty} \delta(x-x')\,\frac{1}{\sqrt{2\pi\hbar}}\,e^{ipx'/\hbar}\,dx' = \frac{1}{\sqrt{2\pi\hbar}}\,e^{ipx/\hbar} = \psi_p(x)$$

$$\Rightarrow\quad \langle x\,|\,p\rangle = \frac{1}{\sqrt{2\pi\hbar}}\,e^{ipx/\hbar} = \psi_p(x) = \text{Impulseigenfunktion im Ortsraum} \tag{7.1--21}$$

$$\langle p\,|\,x\rangle = \int_{-\infty}^{+\infty} \frac{1}{\sqrt{2\pi\hbar}}\,e^{-ipx'/\hbar}\,\delta(x-x')\,dx' = \frac{1}{\sqrt{2\pi\hbar}}\,e^{-ipx/\hbar} = \langle x\,|\,p\rangle^{*}$$

$$\Rightarrow\quad \langle p\,|\,x\rangle = \frac{1}{\sqrt{2\pi\hbar}}\,e^{-ipx/\hbar} = \text{Ortseigenfunktion im Impulsraum} \tag{7.1--22}$$

c) Die Orthogonalitätsrelationen der Orts- und Impulseigenfunktionen lauten:

$$\langle x\,|\,x'\rangle = \int_{-\infty}^{+\infty} \delta(x-y)\,\delta(x'-y)\,dy = \delta(x-x') \tag{7.1--23a}$$

$$\langle p\,|\,p'\rangle = \frac{1}{2\pi\hbar}\int_{-\infty}^{+\infty} e^{i(p'-p)x/\hbar}\,dx = \delta(p'-p) \tag{7.1--23b}$$

Die Vollständigkeitsrelationen der Orts- und der Impulseigenfunktionen lauten

$$\int_{-\infty}^{+\infty} |x\rangle\langle x|\,dx = \hat{1} = \text{Einheitsoperator} \tag{7.1--24a}$$

$$\int_{-\infty}^{+\infty} |p\rangle\langle p|\,dp = \hat{1} = \text{Einheitsoperator} \tag{7.1--24b}$$

$$\Rightarrow\quad \psi(x) = \langle x\,|\,\psi\rangle \underset{\substack{\uparrow\\ \text{Gl. (7.1--24b)}}}{=} \int_{-\infty}^{+\infty} \langle x\,|\,p\rangle\langle p\,|\,\psi\rangle\,dp \underset{\substack{\uparrow\\ \text{Gl. (7.1--21)}}}{=} \frac{1}{\sqrt{2\pi\hbar}}\int_{-\infty}^{+\infty} e^{ipx/\hbar}\,\tilde{\psi}(p)\,dp$$

Wir dürfen die Ergebnisse, die wir beim Impuls- und Ortsoperator und ihren kontinuierlichen Spektren gewonnen haben, auf andere Operatoren verallgemeinern:

Eigenfunktionen, die *kontinuierliche Eigenwerte* haben, sind nicht auf Eins, sondern nur auf die Deltafunktion normierbar und gehören daher nicht zum Hilbertraum. Solche Zustände sind physikalisch nicht realisierbar.

Nur ihre kontinuierlichen Überlagerungen liefern auf Eins normierbare, physikalisch mögliche Zustände, die aber immer eine mehr oder weniger große Streuung zeigen.

Abschließend betrachten wir kurz Operatoren $\hat{A}$ mit einem **teilweise diskreten und teilweise kontinuierlichen Spektrum**. Der Hamiltonoperator des Wasserstoffatoms ist ein Beispiel: Ein H-Atom hat gebundene Zustände $|n,l,m\rangle$ mit diskreten, negativen Energien und freie Zustände mit kontinuierlichen, positiven Energien. Hier bilden die eigentlichen Eigenfunktionen $|n,l,m\rangle$ und die uneigentlichen Eigenfunktionen von $\hat{H}$ zusammen ein vollständiges System, nach dem sich jede Wellenfunktion $|\psi\rangle$ entwickeln lässt.

Für einen Operator $\hat{A}$ mit diskretem und kontinuierlichem Spektrum gilt:

$$|\psi\rangle = \sum_n c_n |a_n\rangle + \int da\, c(a) |a\rangle \underset{\text{Kurzschreibweise}}{\overset{\uparrow}{=}} \oint_\lambda c(\lambda) |\lambda\rangle\, d\lambda \qquad (7.1\text{–}25)$$

mit $c_n = \langle a_n | \psi\rangle$ und $c(a) = \langle a | \psi\rangle$

Die Kurzschreibweise deutet an, dass λ sowohl diskrete als auch kontinuierliche Werte durchläuft.

Die **Orthogonalitätsrelationen** sind

$$\langle a_n | a_m\rangle = \delta_{nm} \qquad \langle a | b\rangle = \delta(a-b) \qquad \langle a_n | a\rangle = 0 \qquad (7.1\text{–}26)$$

Die **Vollständigkeitsrelation** lautet in der Dirac-Notation

$$\hat{1} = \sum_n |a_n\rangle\langle a_n| + \int |a\rangle\langle a|\, da = \oint_\lambda |\lambda\rangle\langle\lambda|\, d\lambda \qquad (7.1\text{–}27a)$$

und im Ortsraum

$$\delta(\mathbf{r} - \mathbf{r}') = \sum_n \psi_n^*(\mathbf{r}')\,\psi_n(\mathbf{r}) + \int da\, \psi_a^*(\mathbf{r}')\,\psi_a(\mathbf{r}) \qquad (7.1\text{–}27b)$$

7.2 Die Operatoren der Quantenmechanik

Ein Operator bildet einen Vektor $|\psi\rangle$ des Hilbertraumes auf einen anderen Vektor $|\chi\rangle$ im Hilbertraum ab: $\hat{A}|\psi\rangle = |\chi\rangle$. Die Definitionsbereiche der Operatoren sind so zu wählen, dass ihre Wertebereiche im Hilbertraum enthalten sind ($W_A \subset \mathcal{H}$).[8]

Ein Operator $\hat{A}^\dagger$ mit der Eigenschaft

$$\langle\varphi|\hat{A}|\psi\rangle = \langle\hat{A}^\dagger\varphi|\psi\rangle \qquad \text{für alle Vektorpaare } |\varphi\rangle,\,|\psi\rangle$$

bzw. in Ortsdarstellung

$$\int_{-\infty}^{+\infty} \varphi^*(\mathbf{r})\,\hat{A}\,\psi(\mathbf{r})\, d^3r = \int_{-\infty}^{+\infty} \left(\hat{A}^\dagger\varphi(\mathbf{r})\right)^*\psi(\mathbf{r})\, d^3r$$

wird als der zu $\hat{A}$ **adjungierte Operator** bezeichnet. Dabei ist $\langle\hat{A}^\dagger\varphi|\psi\rangle$ das Skalarprodukt der Vektoren $\hat{A}^\dagger|\varphi\rangle$ und $|\psi\rangle$. Die Anwendung von $\hat{A}$ auf die zweite Funktion ergibt dasselbe Ergebnis wie die Anwendung von $\hat{A}^\dagger$ auf die erste Funktion.

---

[8] Nicht jede normierbare Funktion $\psi(x)$ ist differenzierbar und falls doch, so ist die Ableitung $\psi'(x)$ nicht immer normierbar. Für viele normierbare Funktionen $\psi(x)$ ist $x\psi(x)$ nicht normierbar. Daher gehört nicht jede normierbare Funktion zu den Definitionsbereichen von $\hat{P}$ und $\hat{X}$. Viele Operatoren der Quantenmechanik sind nicht auf dem ganzen Hilbertraum definiert.

Operatoren werden nicht nur durch Abbildungsvorschriften, sondern auch durch Definitionsbereiche definiert. Die verbreitete Nichtbeachtung der Definitionsbereiche hat in der Physik „Tradition", weil sie nur sehr selten zu Problemen führt (siehe Aufgabe 7–12). Ein humorvoller Experimentalphysiker könnte zur Begründung der Nichtbeachtung wohl auch sagen „... weil sich Definitionsbereiche nicht messen lassen."

Der Operator $\hat{A}$ heißt **hermitesch** oder selbstadjungiert, wenn $\hat{A} = \hat{A}^\dagger$ gilt, wenn also für *alle* Vektoren $|\varphi\rangle$ und $|\psi\rangle$ des Hilbertraums gilt:[9]

$$\langle \varphi | \hat{A} | \psi \rangle = \langle \hat{A}\,\varphi | \psi \rangle \qquad \forall\, |\varphi\rangle, |\psi\rangle \in \mathcal{H} \tag{7.2--1a}$$

Im Ortsraum lautet diese Bedingung

$$\int_{-\infty}^{+\infty} \varphi^*(\mathbf{r})\,\hat{A}\,\psi(\mathbf{r})\,d^3r = \int_{-\infty}^{+\infty} \left(\hat{A}\,\varphi(\mathbf{r}) \right)^* \psi(\mathbf{r})\,d^3r$$

Das Skalarprodukt $\langle \varphi | \hat{A}\,\psi \rangle = \langle \hat{A}\,\varphi | \psi \rangle$ *hängt also nicht davon ab, auf welche Funktion der hermitesche Operator* $\hat{A}$ *wirkt.* In Aufgabe 7--5 wird gezeigt:

Ein Operator $\hat{A}$ ist genau dann hermitesch, wenn alle Erwartungswerte reell sind:

$$\hat{A} = \text{hermitesch} \qquad \Leftrightarrow \qquad \langle \psi | \hat{A} | \psi \rangle = \text{reell} \quad \forall\, |\psi\rangle \in \mathcal{H} \tag{7.2--1b}$$

Erwartungswerte sind messbar und daher immer reell.

Wir definieren: Operatoren, die Messgrößen darstellen, heißen **Observable**. Da alle Erwartungswerte als messbare Größen reell sind, sind alle Observablen hermitesche Operatoren.

Leider wird der Begriff „Observable" in der Literatur nicht einheitlich definiert: Mit gutem Recht nennen viele Autoren die *klassischen* Messgrößen „Observable". Die Leiteroperatoren des Oszillators und des Drehimpulses – siehe die Abschn. 6.2 und 9.2 – sind keine Messgrößen. Sie sind nicht hermitesch.

Beispiel 7.2--1 Hermitizität des Impulsoperators

Der Impulsoperator gehört zu den wichtigsten Observablen der Quantenmechanik. Beweise seine Hermitizität im Ortsraum mit einer partiellen Integration.

Lösung:

$$\langle \varphi | \hat{P}_x | \psi \rangle = \frac{\hbar}{i} \int_{-\infty}^{+\infty} \varphi^*(x)\,\frac{\partial}{\partial x}\,\psi(x)\,dx \quad \underset{\text{partielle Integration}}{=}$$

---

[9] In der Mathematik müssen die Definitionsbereiche der Operatoren streng beachtet werden, so dass hermitesche und selbstadjungierte Operatoren verschieden definiert werden: Ein Operator $\hat{A}$ heißt in der Mathematik

- hermitesch, wenn im Durchschnitt $D_A \cap D_{A^\dagger}$ der Definitionsbereiche von $\hat{A}$ und $\hat{A}^\dagger$ gilt $\hat{A} = \hat{A}^\dagger$.

- selbstadjungiert, wenn die Definitionsbereiche von $\hat{A}$ und $\hat{A}^\dagger$ identisch sind ($D_A = D_{A^\dagger}$) und wenn $\hat{A} = \hat{A}^\dagger$.

Daher ist ein selbstadjungierter Operator immer auch hermitesch.

Nach Aufgabe 7--3b gilt für Matrizen: Die adjungierte Matrix $\hat{A}^\dagger$ ist die komplex konjugierte und transponierte Matrix von $\hat{A}$, d. h. $\hat{A}^\dagger = (\hat{A}^T)^*$. Eine Matrix $\hat{A}$ mit den Elementen a_{nm} ist genau dann hermitesch, wenn $a_{nm} = a_{mn}^*$ bzw. $\hat{A} = (\hat{A}^T)^*$ gilt.

$$= \frac{\hbar}{i}\,\varphi^*(x)\,\psi(x)\Big|_{-\infty}^{+\infty} - \frac{\hbar}{i}\int_{-\infty}^{+\infty}\left(\frac{\partial}{\partial x}\,\varphi^*(x)\right)\psi(x)\,dx =$$

$$= \int_{-\infty}^{+\infty}\left(\frac{\hbar}{i}\frac{\partial}{\partial x}\,\varphi(x)\right)^{*}\psi(x)\,dx = \langle\,\hat{P}_x\,\varphi\,|\,\psi\,\rangle$$

Beim vorletzten Gleichheitszeichen wurde ausgenutzt, dass die normierbaren Funktionen $\varphi(x),\psi(x)$ im Unendlichen verschwinden.

Im Impulsraum ist der Beweis der Hermitizität trivial, aber nicht so überzeugend wie hier im Ortsraum. Laut Beweis ist der Ableitungsoperator $\partial/\partial x$ ohne imaginäre Einheit i nicht hermitesch.

Natürlich ist auch der Ortsoperator $\hat{\mathbf{R}}$ hermitesch.

Beispiel 7.2–2 Regeln für hermitesche Operatoren

Beweise folgende, oft benötigte Gln.:

a) $(\hat{A}^\dagger)^\dagger = \hat{A}$ (7.2–2a)

b) $(\hat{A}\hat{B})^\dagger = \hat{B}^\dagger\hat{A}^\dagger$ (Vertauschung der Reihenfolge)[10] (7.2–2b)

c) $(\hat{A}^{-1})^\dagger = (\hat{A}^\dagger)^{-1}$ (7.2 2c)

d) $(i\hat{A})^\dagger = -i\,\hat{A}^\dagger$ (7.2–2d)

e) *Für hermitesche Operatoren* $\hat{A},\hat{B}$ *ist* $i\,[\hat{A},\hat{B}]$ *hermitesch.* (7.2–2e)

f) *Für hermitesche Operatoren* $\hat{A},\hat{B}$ *ist auch der Antikommutator*

$$\{\hat{A},\hat{B}\} := \hat{A}\hat{B} + \hat{B}\hat{A}$$ (7.2–2f)

hermitesch.

Hinweis: Die Aussagen e), f) werden für den Beweis der Unbestimmtheitsrelation gebraucht.

g) Das Produkt $\hat{A}\hat{B}$ von zwei hermiteschen Operatoren $\hat{A},\hat{B}$ ist genau dann hermitesch, wenn $[\hat{A},\hat{B}]=0$ gilt.

h) Wie kann man am einfachsten aus einem nicht hermiteschen Operator $\hat{A}$ einen hermiteschen Operator machen?

Lösung:

a) $\langle\varphi|\hat{A}|\psi\rangle = \langle\hat{A}^\dagger\varphi|\psi\rangle = \langle\psi|\hat{A}^\dagger\varphi\rangle^{*} = \langle(\hat{A}^\dagger)^\dagger\psi|\varphi\rangle^{*} = \langle\varphi|(\hat{A}^\dagger)^\dagger|\psi\rangle$

----

b) $\langle\hat{B}^\dagger\hat{A}^\dagger\varphi|\psi\rangle = \langle\hat{A}^\dagger\varphi|\hat{B}|\psi\rangle = \langle\varphi|\hat{A}\hat{B}|\psi\rangle = \langle(\hat{A}\hat{B})^\dagger\varphi|\psi\rangle$

---

[10] Für die i-te Komponente des Operator-Kreuzproduktes $\hat{\mathbf{A}}\times\hat{\mathbf{B}}$ folgt:

$$\left(\hat{\mathbf{A}}\times\hat{\mathbf{B}}\right)_i^\dagger = \varepsilon_{ijk}\left(\hat{A}_j\hat{B}_k\right)^\dagger = \varepsilon_{ijk}\,\hat{B}_k^\dagger\hat{A}_j^\dagger = -\varepsilon_{ikj}\,\hat{B}_k^\dagger\hat{A}_j^\dagger = -\left(\hat{\mathbf{B}}^\dagger\times\hat{\mathbf{A}}^\dagger\right)_i$$

Daher gilt für hermitesche Vektor-Operatoren: $\left(\hat{\mathbf{A}}\times\hat{\mathbf{B}}\right)^\dagger = -\hat{\mathbf{B}}\times\hat{\mathbf{A}}$

c) $\langle \varphi | \hat{A}^\dagger (\hat{A}^{-1})^\dagger | \psi \rangle \underset{\text{Teil b}}{=} \langle \varphi | (\hat{A}^{-1} \hat{A})^\dagger | \psi \rangle = \langle \varphi | \psi \rangle$

$\Rightarrow \quad A^\dagger (\hat{A}^{-1})^\dagger = \hat{1} \quad \Rightarrow \quad (\hat{A}^{-1})^\dagger = (\hat{A}^\dagger)^{-1}$

---

d) Nach Gl. (7.1–2e) gilt: $\langle \lambda \varphi | \psi \rangle = \lambda^* \langle \varphi | \psi \rangle$ für $\forall \lambda \in \mathbb{C}$. Daraus folgt:

$$\langle \varphi | (i\hat{A})^\dagger | \psi \rangle = \langle (i\hat{A}) \varphi | \psi \rangle \underset{\text{Gl. (7.1–2e)}}{=} -i \langle \hat{A} \varphi | \psi \rangle = -i \langle \varphi | \hat{A}^\dagger | \psi \rangle$$

$\Rightarrow \quad (i\hat{A})^\dagger = -i \hat{A}^\dagger$ \hfill (7.2–2d)

---

e) $(i[\hat{A},\hat{B}])^\dagger \underset{\text{Gl. (7.2–2d)}}{=} -i(\hat{A}\hat{B} - \hat{B}\hat{A})^\dagger = -i(\hat{B}^\dagger \hat{A}^\dagger - \hat{A}^\dagger \hat{B}^\dagger) = i[\hat{A},\hat{B}]$

---

f) $\{\hat{A},\hat{B}\}^\dagger = (\hat{A}\hat{B} + \hat{B}\hat{A})^\dagger = \hat{B}^\dagger \hat{A}^\dagger + \hat{A}^\dagger \hat{B}^\dagger = \hat{B}\hat{A} + \hat{A}\hat{B} = \{\hat{A},\hat{B}\}$

---

g) $(\hat{A}\hat{B})^\dagger = \hat{B}^\dagger \hat{A}^\dagger = \hat{B}\hat{A} \underset{\text{nur für } [\hat{A},\hat{B}] = 0}{=} \hat{A}\hat{B}$

Das Produkt $\hat{A}\hat{B}$ von zwei hermiteschen, kommutierenden Operatoren ist hermitesch. Daraus folgt: Wegen $[\hat{X}_i, \hat{P}_j] = 0$ für $i \neq j$ ist der Drehimpulsoperator $\hat{\mathbf{L}} = \hat{\mathbf{R}} \times \hat{\mathbf{P}}$ hermitesch.

---

h) Der neue Operator $\hat{A} + \hat{A}^\dagger$ ist hermitesch.

Wir wissen aus der Mathematik, dass es Vektoren gibt, die von einem Operator $\hat{A}$ in sich selbst abgebildet werden. Die entsprechenden Gln.

$$\hat{A} | \psi \rangle = a | \psi \rangle \quad \text{mit} \quad a \in \mathbb{C} \tag{7.2–3}$$

heißen **Eigenwertgln.** zum **Eigenwert** a. Der Vektor $| \psi \rangle$ hängt vom Eigenwert a ab und heißt **Eigenvektor** von $\hat{A}$ zum Eigenwert a – auch **Eigenfunktion** oder Eigenzustand genannt[11]. Eigenwerte können diskret oder kontinuierlich verteilte Werte haben. Diskrete Eigenwerte werden in der Regel durch einen ganzzahligen Index n charakterisiert, so dass die Eigenwertgln. im diskreten Fall lauten:

$$\hat{A} | \psi_n \rangle = a_n | \psi_n \rangle \quad \text{mit} \quad a_n \in \mathbb{C} \tag{7.2–3'}$$

Eigenwertgln. haben aus drei Gründen eine tragende *Bedeutung für die Quantenmechanik*:

---

[11] Eigenwertgln. werden in der linearen Algebra ausführlich behandelt. Sie haben in der klassischen Mechanik keine derart zentrale Bedeutung wie in der Quantenmechanik, sollten aber dennoch den Physikern von der Theorie des Starren Körpers gut bekannt sein: Die reellen Eigenwerte und die orthogonalen Eigenvektoren des reellen, symmetrischen und daher hermiteschen Trägheitstensors sind die Hauptträgheitsmomente und die Hauptträgheitsachsen starrer Körper. Sie werden durch die Eigenwertgl. des Trägheitstensors bestimmt. Bei Rotation um eine Hauptträgheitsachse treten keine dynamischen Unwuchtkräfte auf.

- *Die zeitunabhängige Schrödinger-Gl.*

$$\left[-\frac{\hbar^2}{2m} \Delta + V(\mathbf{r}) \right] \psi(\mathbf{r}) = \hat{H} \, \psi(\mathbf{r}) = E \, \psi(\mathbf{r}) \tag{3.2–5}$$

  ist die Eigenwertgl. des Hamiltonoperators $\hat{H}$ zum Eigenwert E.

- Es mögen die Eigenwertgln. (7.2–3') gelten. Nach Abschn. „8.1 Der Messprozess" können bei der Messung von $\hat{A}$ *nur die Eigenwerte a_n gemessen werden* und die Teilchen *gehen bei der Messung von a_n in den zugehörigen Eigenzustand $|\psi_n\rangle$ über.* Daher sind Eigenwerte und Eigenvektoren absolut unverzichtbare Begriffe der Quantenmechanik.

- Wir werden bald sehen: Die Eigenfunktionen von Observablen bilden eine Basis im Hilbertraum.

Die folgenden drei Eigenschaften von Observablen sind von zentraler Bedeutung. Sie gelten *sowohl für diskrete Eigenwerte – ihre Eigenfunktionen sind normierbar – als auch für kontinuierliche Eigenwerte – ihre Eigenfunktionen sind nicht normierbar (uneigentlich).* Die ersten zwei Eigenschaften werden aber nur für diskrete Spektren bewiesen. Die dritte Eigenschaft wird postuliert.

1. Eigenschaft: *Die Erwartungswerte und die Eigenwerte hermitescher Operatoren sind reell.* Die Menge aller Eigenwerte heißt **Spektrum**.

Beweis: Es gilt: $\langle \psi | \hat{A} | \psi \rangle = \langle \hat{A} \psi | \psi \rangle = \langle \psi | \hat{A} | \psi \rangle^*$

Das heißt: Alle Erwartungswerte sind reell.

Wenn $|\psi\rangle$ ein normierter Eigenvektor von $\hat{A}$ ist mit dem Eigenwert a, so gilt:

$$a = \langle \psi | \hat{A} | \psi \rangle = \langle \hat{A} \psi | \psi \rangle = a^*$$

Demnach sind auch die Eigenwerte reell.[12]   ∎

2. Eigenschaft: *Die Eigenvektoren hermitescher Operatoren, die zu verschiedenen Eigenwerten gehören, sind orthogonal. Bei Entartung ist eine Orthogonalisierung möglich.*

Beweis: Wir betrachten zuerst zwei nicht entartete Eigenwerte[13] $a_1 \neq a_2$. Die Eigenwertgln. sind:

$$\hat{A}|\psi_1\rangle = a_1 |\psi_1\rangle \quad \text{und} \quad \hat{A}|\psi_2\rangle = a_2 |\psi_2\rangle \quad \text{mit} \quad a_1 \neq a_2$$

$$\Rightarrow \quad \langle \psi_2 | \hat{A} | \psi_1 \rangle = a_1 \langle \psi_2 | \psi_1 \rangle = \langle \hat{A} \psi_2 | \psi_1 \rangle = a_2 \langle \psi_2 | \psi_1 \rangle$$

$$\Rightarrow \quad (a_2 - a_1)\langle \psi_2 | \psi_1 \rangle = 0 \quad \Rightarrow \quad \langle \psi_2 | \psi_1 \rangle = 0 \quad \text{d. h.} \quad |\psi_1\rangle \perp |\psi_2\rangle$$

---

[12] Beachte: Operatoren mit nur reellen Eigenwerten sind nicht unbedingt hermitesch (siehe Aufgabe 7–11a). Übrigens: $\langle \varphi | \hat{A} | \psi \rangle$ ist für $|\varphi\rangle \neq |\psi\rangle$ i. Allg. komplex. So gilt z. B. für den harmonischen Oszillator:

$$\sqrt{2}\,\langle \psi_{n-1} | \hat{P} | \psi_n \rangle \underset{\text{Gl. (6.2–5b)}}{=} i\sqrt{\hbar m \omega}\,\langle \psi_{n-1} | a_+ - a_- | \psi_n \rangle \underset{\text{Gl. (6.2–12b)}}{=} -i\sqrt{\hbar m \omega n}$$

[13] Der Eigenwert eines Operators heißt **entartet,** wenn es zu diesem Eigenwert mindestens zwei linear unabhängige Eigenvektoren gibt. Die Zahl der linear unabhängigen Eigenvektoren zu einem Eigenwert a heißt **Entartungsgrad**. Die Menge der Eigenvektoren, die zu demselben Eigenwert gehören, bilden einen Unter-Hilbertraum, den sog. **Eigenraum** zum Eigenwert a. Seine Dimension ist der Entartungsgrad.

Wenn ein Eigenwert a_k entartet ist, dann spannen seine Eigenvektoren einen Unterraum $\mathcal{H}_k$ auf, in dem jede Linearkombination ein Eigenvektor zum Eigenwert a_k ist. Mit dem Gram-Schmidtschen Orthogonalisierungsverfahren lassen sich orthogonale Eigenfunktionen im Unterraum bilden[14]. Daher dürfen wir immer davon ausgehen, dass die Eigenfunktionen orthogonal sind. ■

3. Eigenschaft: *Die Eigenvektoren der Observablen*, also der hermiteschen Operatoren, die Messgrößen darstellen, *bilden eine Basis im Hilbertraum.*

Die dritte Eigenschaft lässt sich *allgemein* nur in *endlich* dimensionalen Vektorräumen mathematisch beweisen; sie ist *in unendlich dimensionalen Vektorräumen nicht allgemein bewiesen.*[15] Daher folge ich einem Vorschlag P. Dirac und D. J. Griffiths (siehe [Griffiths], Abschn. 3.3.1) und stelle ein **sechstes Postulat** auf:[16]

Die Eigenfunktionen der Observablen sind vollständig, bilden also eine Basis.

Auch ohne allgemeinen *mathematischen* Beweis sind wir aus *physikalischen* Gründen sicher, dass die Eigenfunktionen jeder Observablen den ganzen Hilbertraum aufspannen. *Denn ohne diese Vollständigkeit wären das siebte und achte Postulat zum Messprozess* (siehe Abschn. 8.1) *unbrauchbar.* Es ist unklar, wie diese zwei zentralen Postulate bei fehlender Vollständigkeit zu erweitern oder zu ändern wären.[17] Überdies ermöglicht die Vollständigkeit der Eigenfunktionen von $\hat{H}$ die Zeitentwicklung der Wellenfunktionen durch die Überlagerung von stationären Lösungen (siehe Gl. (3.2–11)).

Wir fassen die Eigenschaften hermitescher Operatoren für diskrete Spektren zusammen:

- Die Erwartungswerte und die Eigenwerte hermitescher Operatoren sind reell.

- Die Eigenvektoren hermitescher Operatoren, die zu verschiedenen Eigenwerten gehören, sind orthogonal. Bei Entartung ist eine Orthogonalisierung möglich.

- Operatoren, die Messgrößen beschreiben, heißen **Observable**. Sie sind hermitesch. Die Eigenvektoren von Observablen bilden laut Postulat eine Basis des Hilbertraums, also ein vollständiges Orthonormalsystem.

---

[14] Die Funktionen $|\psi_n\rangle$ sollen eine normierte – aber nicht unbedingt orthogonale – Basis des Hilbertraumes bilden. Folgende Gl. bildet rekursiv ein System von orthonormalen Vektoren:

$$|\varphi_k\rangle := |\psi_k\rangle - \sum_{n=1}^{k-1} \frac{\langle \varphi_n | \psi_k \rangle}{\langle \varphi_n | \varphi_n \rangle} |\varphi_n\rangle$$

[15] Nicht für *alle*, aber für *viele* Operatoren lässt sich die Vollständigkeit der Eigenfunktionen auch in unendlich dimensionalen Vektorräumen beweisen:

- Die Wellenfunktionen (5.1–6) des unendlich tiefen Potentialtopfes sind nach Beispiel 5.1–2b vollständig.

- Die Hermite-Funktionen (6.1–17) spannen ebenfalls den ganzen Hilbertraum auf (siehe [Courant]).

- Nach Abschn. 7.1 sind die uneigentlichen Eigenfunktionen des Impuls- und des Ortsoperators vollständig.

[16] In [Cohen-1], Abschn. 2.4.2 wird ein gleichwertiger Vorschlag gemacht: Ein hermitescher Operator wird Observable genannt, wenn er eine Messgröße beschreibt und seine Eigenfunktionen eine Basis bilden.

[17] Hier halte ich mich an die umstrittene Redensart „Es kann nicht sein, was nicht sein darf."

Für Observable mit diskreten Eigenwerten gilt eine äußerst wichtige **Äquivalenz**:

> 1) Die Observablen sind vertauschbar: $[\hat{A}, \hat{B}] = 0$
>
> $\Leftrightarrow$ 2) Die Observablen $\hat{A}$, $\hat{B}$ haben ein gemeinsames, vollständiges Orthogonalsystem von Eigenfunktionen.[18]

Mit anderen Worten: $[\hat{A},\hat{B}] = 0$ $\Leftrightarrow$ Es gibt eine Basis $\{|\psi_n\rangle\}$ im Hilbertraum, deren Elemente $|\psi_n\rangle$ sowohl Eigenfunktionen von $\hat{A}$ als auch Eigenfunktionen von $\hat{B}$ sind.

Beweis 1 $\rightarrow$ 2: Wir beweisen, dass aus der Vertauschbarkeit von zwei Observablen die Gemeinsamkeit ihrer Eigenfunktionen folgt. Dazu nehmen wir eine Fallunterscheidung vor:

1. Mindestens einer der beiden Operatoren $\hat{A},\hat{B}$ hat keine entarteten Eigenwerte. Dies soll der Operator $\hat{A}$ sein. Für eine Eigenfunktion $|\psi_n\rangle$ von $\hat{A}$ gilt:

$$\hat{A}|\psi_n\rangle = a_n|\psi_n\rangle \quad \Rightarrow \quad \hat{A}(\hat{B}|\psi_n\rangle) = \hat{B}\hat{A}|\psi_n\rangle = a_n(\hat{B}|\psi_n\rangle)$$

Folglich ist $\hat{B}|\psi_n\rangle$ ebenfalls Eigenfunktion von $\hat{A}$ zum Eigenwert a_n. Wegen der fehlenden Entartung sind die Eigenfunktionen $|\psi_n\rangle$ und $\hat{B}|\psi_n\rangle$ identisch, d. h. sie stimmen bis auf einen Faktor überein: $\hat{B}|\psi_n\rangle = b_n|\psi_n\rangle$. Folglich ist $|\psi_n\rangle$ auch eine Eigenfunktion von $\hat{B}$ zum Eigenwert b_n. Wenn also keine Entartung vorliegt, so haben kommutierende hermitesche Operatoren dieselben Eigenvektoren.

2. Jetzt sollen *beide* Operatoren $\hat{A},\hat{B}$ entartete Spektren haben. Der Eigenwert a_n von $\hat{A}$ sei g_n–fach entartet, hat also g_n *linear unabhängige* Eigenfunktionen. Dann spannen seine Eigenfunktionen einen g_n–dimensionalen Unterraum $\mathcal{H}_n$ auf und es gilt für $|\psi_n,\alpha\rangle \in \mathcal{H}_n$:

$$\hat{A}|\psi_n,\alpha\rangle = a_n|\psi_n,\alpha\rangle \quad \Rightarrow \quad \hat{A}(\hat{B}|\psi_n,\alpha\rangle) = a_n\hat{B}|\psi_n,\alpha\rangle \qquad \alpha = 1,2,\ldots g_n$$

Folglich ist $\hat{B}|\psi_n,\alpha\rangle$ eine Eigenfunktion von $\hat{A}$ zum Eigenwert a_n, so dass

$$\hat{B}\left|\psi_n,\alpha\right\rangle \in \mathcal{H}_n$$

Folglich führt der hermitesche Operator $\hat{B}$ nicht aus dem Eigenraum $\mathcal{H}_n$ hinaus und kann daher in $\mathcal{H}_n$ diagonalisiert werden. ■

Beweis 2 $\rightarrow$ 1: Wir beweisen die Umkehrung: Operatoren $\hat{A}$, $\hat{B}$, die alle Eigenfunktionen $|\psi_n\rangle$ gemeinsam haben, vertauschen. Es gelte also:

$$\hat{A}|\psi_n\rangle = a_n|\psi_n\rangle \quad \text{und} \quad \hat{B}|\psi_n\rangle = b_n|\psi_n\rangle$$

---

[18] Nicht vertauschbare Operatoren können ein paar gemeinsame Eigenvektoren haben (siehe Aufgabe 9–8c). Aber diese wenigen gemeinsamen Eigenvektoren spannen nicht den ganzen Hilbertraum $\mathcal{H}$, sondern nur einen Teilraum auf. In diesem Teilraum können auch nicht vertauschbare Operatoren gleichzeitig gemessen werden.

Ein Beispiel werden wir in Kap. „9 Der Drehimpuls" kennenlernen: Der Eigenzustand $Y_{00}(\vartheta,\varphi) = (4\pi)^{-1/2}$ der Drehimpulsoperatoren $\hat{\mathbf{L}}^2,\hat{L}_3$ hat die Eigenwerte $l=m=0$ und ist auch Eigenzustand von $\hat{L}_1$ und $\hat{L}_2$, obwohl die drei Operatoren $\hat{L}_1,\hat{L}_2,\hat{L}_3$ nach Gl. (3.3-22) nicht vertauschen. In der Quantenmechanik spielen solche Ausnahmesituationen keine Rolle und werden daher nicht weiter beachtet.

Übrigens: Die entsprechende Formulierung in der linearen Algebra lautet: Zwei hermitesche Matrizen vertauschen genau dann, wenn sie simultan diagonalisierbar sind.

$$\Rightarrow \quad \hat{B}\hat{A}\,|\,\psi_n\,\rangle = \hat{B}\,a_n\,|\,\psi_n\,\rangle = b_n\,a_n\,|\,\psi_n\,\rangle$$

und $\quad \hat{A}\hat{B}\,|\,\psi_n\,\rangle = \hat{A}\,b_n\,|\,\psi_n\,\rangle = a_n\,b_n\,|\,\psi_n\,\rangle$

Folglich vertauschen die Operatoren $\hat{A}$ und $\hat{B}$ bei Anwendung auf die gemeinsamen Eigenfunktionen. Da jede Funktion im Hilbertraum als Linearkombination der gemeinsamen Eigenfunktionen dargestellt werden kann, vertauschen die beiden Operatoren immer. ∎

Beispiel 7.2–3 Gemeinsame Eigenvektoren

Die beiden Operatoren $\hat{A}$ und $\hat{B}$ kommutieren und haben daher alle Eigenvektoren gemeinsam. Was bedeutet das genau? Nehmen wir einmal an, dass die Eigenvektoren des Operators $\hat{A}$ bereits berechnet wurden. Sind diese Eigenvektoren dann auch automatisch Eigenvektoren von $\hat{B}$ oder müssen die *gemeinsamen* Eigenvektoren beider Operatoren noch eigens berechnet werden?

Lösung:

Zwei Fälle sind zu unterscheiden:

1. Fall: Die Eigenwerte von $\hat{A}$ sind nicht entartet.

In diesem Fall sind die Eigenvektoren von $\hat{A}$ eindeutig und müssen daher auch Eigenvektoren von $\hat{B}$ sein.

2. Fall: Die Eigenwerte a_n von $\hat{A}$ sind g_n – fach entartet, so dass gilt:

$$\hat{A}\,|\,\psi_n,\alpha\,\rangle = a_n\,|\,\psi_n,\alpha\,\rangle \quad \text{mit} \quad \alpha = 1,2,\dots g_n$$

Dann sind auch *alle Linearkombinationen*

$$|\,\psi_n\,\rangle = \sum_{\alpha=1}^{g_n} c_\alpha\,|\,\psi_n,\alpha\,\rangle$$

Eigenvektoren von $\hat{A}$ zum Eigenwert a_n. Diese Linearkombinationen spannen einen g_n – dimensionalen Unterraum $\mathcal{H}_n$ auf. In $\mathcal{H}_n$ lassen sich g_n orthonormierte Basisvektoren finden, die auch Eigenvektoren von $\hat{B}$ sind, d. h. $\hat{B}$ lässt sich im Unterraum $\mathcal{H}_n$ diagonalisieren.

Fazit: Im 2. Fall sind evtl. im Entartungsraum $\mathcal{H}_n$ geeignete Orthonormierungen erforderlich.

7.3 Das Ehrenfestsche Theorem

Gelegentlich wird die Bewegung von Teilchen in elektrischen und magnetischen Feldern mit dem zweiten Newtonschen Axiom berechnet. Das Ehrenfestsche Theorem beantwortet die Frage, unter welchen Bedingungen klassische Bahnberechnungen erlaubt sind.

Für Wellenfunktionen $\psi(x,t)$, also für Lösungen der zeitabhängigen Schrödinger-Gl. gilt:

$$i\hbar\frac{d}{dt}\langle\,\hat{A}(t)\,\rangle = \int\left(-i\hbar\frac{d\psi}{dt}\right)^{*}\hat{A}\,\psi\,dx + i\hbar\int\psi^{*}\frac{\partial\hat{A}}{\partial t}\,\psi\,dx + \int\psi^{*}\hat{A}\left(i\hbar\frac{d\psi}{dt}\right)dx =$$

$$= -\int\left(\hat{H}\psi\right)^{*}\hat{A}\,\psi\,dx + i\hbar\int\psi^{*}\frac{\partial\hat{A}}{\partial t}\,\psi\,dx + \int\psi^{*}\hat{A}\left(\hat{H}\psi\right)dx \underset{\hat{H}=\hat{H}^{\dagger}}{=}$$

$$= \left\langle \, [\hat{A},\hat{H}] \, \right\rangle + i\hbar \left\langle \frac{\partial \hat{A}}{\partial t} \right\rangle$$

Diese Gl. ist das **Ehrenfestsche Theorem** (1927):

$$i\hbar \frac{d}{dt} \left\langle \hat{A}(t) \right\rangle = \left\langle \, [\hat{A},\hat{H}] \, \right\rangle + i\hbar \left\langle \frac{\partial \hat{A}}{\partial t} \right\rangle \tag{7.3-1}$$

Zeitunabhängige Operatoren $\hat{A}$, die mit dem Hamiltonoperator $\hat{H}$ vertauschen, heißen – wie in der klassischen Mechanik – „**Erhaltungsgrößen**" oder „**Konstanten der Bewegung**".

Das Ehrenfestsche Theorem beschreibt die Zeitableitung der Erwartungswerte von zeitabhängigen Operatoren $\hat{A}(t)$. *Die Erwartungswerte von Erhaltungsgrößen sind zeitlich konstant.*

Die Kommutatoren entsprechen den Poisson-Klammern $[f,g]$ *der klassischen Mechanik;* denn in der klassischen Mechanik gilt für alle Messgrößen $f(q,p,t)$ die Beziehung (siehe Kuypers], Abschn. 17.1)

$$\frac{df}{dt} = \sum_i \left(\frac{\partial f}{\partial q_i} \frac{\partial H}{\partial p_i} - \frac{\partial f}{\partial p_i} \frac{\partial H}{\partial q_i} \right) + \frac{\partial f}{\partial t} = \left[f,H \right] + \frac{\partial f}{\partial t}$$

Diese klassische Gl. hat die gleiche Form wie das Ehrenfestsche Theorem in Gl. (7.3–1) und wie die Heisenbergsche Bewegungsgl. in Aufgabe 7–2c. Daher ist vereinzelt zu lesen: „Die Erwartungswerte der Operatoren erfüllen die klassischen Gln." Diese Aussage ist mit Vorsicht zu genießen, wie wir bald sehen werden.

Gl. (7.3–1) ähnelt der Heisenbergschen Bewegungsgl. in Aufgabe 7–2c. Daher gilt:

Erhaltungsgrößen $\hat{A}$ sind im Heisenberg-Bild zeitlich konstant.

Beispiel 7.3–1 Die Streuung von Erhaltungsgrößen ist zeitlich konstant

Zeige: Die Streuung $\Delta\hat{A}_\psi$ von zeit*un*abhängigen Operatoren $\hat{A}$, die mit $\hat{H}$ vertauschen, also die Streuung von Erhaltungsgrößen $\hat{A}$ ist für alle Zustände $|\psi\rangle$ konstant.

Lösung:

Mit der Produktregel (3.3–19) folgt aus $[\hat{A},\hat{H}]=0$ auch $[\hat{A}^2,\hat{H}]=0$. Daher gilt:

$$\frac{d}{dt}\left[(\Delta\hat{A}_\psi)^2 \right] \underset{\underset{\text{Gl. (4.2–15)}}{\uparrow}}{=} \frac{d}{dt}\left[\langle\psi|\hat{A}^2|\psi\rangle - \langle\psi|\hat{A}|\psi\rangle^2 \right] \underset{\underset{\text{Gl. (7.3–1)}}{\uparrow}}{=} 0$$

Also sind Erwartungswert und Streuung von Erhaltungsgrößen zeitlich konstant. Wenn ein Zustand $|\psi\rangle$ zur Zeit $t=0$ ein Eigenzustand einer Erhaltungsgröße $\hat{A}$ ist, wenn als $\Delta\hat{A}_\psi=0$ zur Zeit $t=0$, so bleibt der Zustand im Laufe der Zeit ein Eigenzustand (siehe auch Aufgabe 8–8).

$$\text{Mit} \quad \left[\hat{X},\hat{H}\right] = \left[x, -\frac{\hbar^2}{2m}\frac{\partial^2}{\partial x^2} + V(x) \right] = -\frac{\hbar^2}{2m}\left[x, \frac{\partial^2}{\partial x^2} \right] = -\frac{\hbar^2}{2m}\left(-2\frac{\partial}{\partial x} \right)$$

und mit dem Ehrenfestschen Theorem ergibt sich

$$\frac{d}{dt}\langle\,\hat{X}\,\rangle = \frac{1}{i\hbar}\langle\,[\,\hat{X},\hat{H}\,]\,\rangle = \frac{1}{m}\frac{\hbar}{i}\left\langle\frac{\partial}{\partial x}\right\rangle = \frac{1}{m}\langle\,\hat{P}_x\,\rangle$$

bzw. $\qquad \dfrac{d}{dt}\langle\,\hat{\mathbf{R}}\,\rangle = \dfrac{1}{m}\langle\,\hat{\mathbf{P}}\,\rangle \hfill (7.3\text{--}2)$

$\Rightarrow \qquad \dfrac{d^2}{dt^2}\langle\,\hat{\mathbf{R}}\,\rangle = \dfrac{1}{m}\dfrac{d}{dt}\langle\,\hat{\mathbf{P}}\,\rangle \hfill (7.3\text{--}3)$

Mit $\qquad \left[\hat{P}_x,\hat{H}\right] = \left[\hat{P}_x,\,-\dfrac{\hbar^2}{2m}\dfrac{\partial^2}{\partial x^2} + V(x)\right] = \left[\hat{P}_x,V(x)\right] = \dfrac{\hbar}{i}\left(\dfrac{\partial}{\partial x}V(x)\right)$

folgt $\qquad \dfrac{d}{dt}\langle\,\hat{P}_x\,\rangle = \dfrac{1}{i\hbar}\langle\,[\,\hat{P}_x,\hat{H}\,]\,\rangle = -\left\langle\dfrac{\partial V}{\partial x}\right\rangle$

bzw. $\qquad \dfrac{d}{dt}\langle\,\hat{\mathbf{P}}\,\rangle = -\langle\,\nabla V\,\rangle \hfill (7.3\text{--}4)$

Zusammen ergeben die beiden Gln. (7.3–3/4)

$$m\frac{d^2}{dt^2}\langle\,\hat{\mathbf{R}}\,\rangle = -\langle\,\nabla V\,\rangle \hfill (7.3\text{--}5)$$

Gl. (7.3–5) muss – ebenso wie die anderen Gln. – mit Vorsicht und Sorgfalt interpretiert werden: Sie sagt nicht, dass sich die Bewegung des Orts-Erwartungswertes $\langle\hat{\mathbf{R}}\rangle(t)$ einfach mit dem zweiten Newtonschen Axiom berechnen lässt. Denn der Erwartungswert

$$\langle\,\nabla V\,\rangle = \int |\psi(\mathbf{r},t)|^2\,\nabla V(\mathbf{r})\,d^3r$$

hängt nicht nur vom Gradienten $\nabla V(\langle\hat{\mathbf{R}}\rangle)$ an der Stelle $\langle\hat{\mathbf{R}}\rangle$ ab, sondern vom Produkt $|\psi(\mathbf{r},t)|^2\,\nabla V(\mathbf{r})$ im ganzen zur Verfügung stehenden Raum. Das ist verständlich, weil Wellenfunktionen verschmiert und daher nicht in einem Punkt konzentriert sind wie klassische Teilchen. Deshalb ist der Mittelwert von ∇V i. Allg. nicht ∇V am Ortsmittelwert:

$$\langle\,\nabla V\,\rangle \neq \nabla V(\langle\hat{\mathbf{R}}\rangle)$$

Zum Vergleich: In der klassischen Gl. $m\,\ddot{\mathbf{r}} = -\nabla V(\mathbf{r})$ wird die Beschleunigung eines Körpers, der sich an der Stelle $\mathbf{r}$ befindet, nur durch den Gradienten des Potentials an eben dieser Stelle $\mathbf{r}$ festgelegt. Daher erfüllt der Erwartungswert $\langle\hat{\mathbf{R}}\rangle$ nur dann die klassische Bewegungsgl., wenn gilt $\langle\nabla V\rangle = \nabla V(\langle\hat{\mathbf{R}}\rangle)$.

Es gibt aber drei wichtige Ausnahmen, die die Gl. (7.3–5) vereinfachen und „klassisch machen". Wir rechnen der Einfachheit halber wieder eindimensional:

- Für *lineare Potentiale* $V(x) = \alpha\,x$ ist $V'(x) = \text{const} =: \alpha$, so dass

$$m\frac{d^2}{dt^2}\langle\,\hat{X}\,\rangle = -\langle\,V'(x)\,\rangle = -\alpha \hfill (7.3\text{--}6a)$$

Deshalb darf die Bewegung der Orts-Erwartungswerte im Stern-Gerlach-Versuch klassisch berechnet werden (siehe Gl. (12.2–3) und Aufgabe 12–10b).

- Für *quadratische Potentiale* $V(x) = m\omega^2 x^2/2$ gilt

$$m\frac{d^2}{dt^2}\langle \hat{X} \rangle = -\langle V'(x) \rangle \underset{V'(x)=m\omega^2 x}{=} -m\omega^2 \langle \hat{X} \rangle \qquad (7.3\text{–}6b)$$

$$\Rightarrow \quad \langle \hat{X} \rangle = A\cos(\omega t - \delta) \qquad (6.3\text{–}2)$$

Die Dgl. (7.3–6b) entspricht der Dgl. $\ddot{x} = -\omega^2 x$ des klassischen, harmonischen Oszillators. Der Orts-Erwartungswert bewegt sich harmonisch mit der Frequenz ω.

Diese Aussage wurde bereits in Abschn. „6.3 Schwingende Zustände *" bewiesen (siehe Gl. (6.3–2)). Allerdings macht $\langle \hat{X} \rangle$ für stationäre Zustände (sie enthalten nur *eine* Energie) keine Schwingung.

- Für Systeme, deren *Wellenfunktionen in einer Umgebung von* $\langle \hat{X} \rangle$ *konzentriert sind, in der sich die Ableitung* $V'(x)$ *nur wenig ändert* – man nennt solche Systeme oft „Systeme mit räumlich schwach veränderlichen Potentialen" –, gilt:

$$m\frac{d^2}{dt^2}\langle \hat{X} \rangle \underset{Gl.(7.3\text{–}5)}{=} -\int \psi^*(x,t)\left[\frac{d}{dx}V(x)\right]\psi(x,t)\,dx \approx$$

$$\approx -V'(\langle \hat{X} \rangle)\int \psi^*(x,t)\,\psi(x,t)\,dx = -V'(\langle \hat{X} \rangle)$$

Also gilt für Systeme mit räumlich schwach veränderlichen Potentialen:

$$m\frac{d^2}{dt^2}\langle \hat{X} \rangle \approx -\frac{dV}{dx}\Big|_{x=\langle\hat{X}\rangle} = -V'(\langle\hat{X}\rangle) \qquad (7.3\text{–}6c)$$

Hier erfüllt der Orts-Erwartungswert die klassische Dgl. $m\ddot{x} = -V'(x)$. $\langle\hat{X}\rangle(t)$ kann daher näherungsweise klassisch berechnet werden.

Wenn sich Wellenpakete im Laufe der Zeit verbreitern, so wird die Gl. (7.3–6c) eventuell immer schlechter. Die Verbreiterung erfolgt nach Gl. (4.2–11) umso langsamer, je größer die Masse ist. Deshalb lässt sich die Bewegung schwerer Atome oft in guter Näherung klassisch berechnen.

Beispiel 7.3–2 Impuls-, Drehimpuls- und Energieerhaltungssatz

Zeige:

a) In Systemen mit räumlich konstanten Potentialen ist der Impulsoperator eine Erhaltungsgröße.

b) In Systemen mit kugelsymmetrischen Potentialen $V(r)$ ist der Drehimpulsoperator eine Erhaltungsgröße.

c) Zeitunabhängige Hamiltonoperatoren sind Erhaltungsgrößen.

Lösung:

a) Nach Gl. (7.3–4) ist der Erwartungswert $\langle \hat{P} \rangle$ des Impulsoperators eine Erhaltungsgröße für räumlich konstante Potentiale. Das ist der **Impulserhaltungssatz**.

In Aufgabe 7–2d wird gezeigt, dass der Impulsoperator $\hat{P}_H$ im Heisenberg-Bild bei räumlich konstanten Potentialen konstant ist.

b) $\dfrac{d}{dt}\langle \hat{\mathbf{L}} \rangle \underset{\underset{\text{Gl. (7.3–1)}}{\uparrow}}{=} \dfrac{1}{i\hbar}\big\langle [\hat{\mathbf{L}},\hat{H}\,] \big\rangle$ $\hspace{4cm}$ (7.3–7)

Die drei Gln. $[\hat{L}_k,\Delta]=0$ und $[\hat{L}_k,V(r)]=0$ wurden in Beispiel 3.3–2f/g bewiesen. Also gilt:

$$\left[\,\hat{L}_k,\hat{H}\,\right]=\left[\,\hat{L}_k,-\dfrac{\hbar^2}{2m}\Delta+V(r)\,\right]=0 \hspace{3cm} (7.3\text{–}8)$$

Für kugelsymmetrische Potentiale $V(r)$ ist der Erwartungswert des Drehimpulsoperators eine Erhaltungsgröße. Das ist der **Drehimpulserhaltungssatz.**

Nach Aufgabe 7–2d ist der Drehimpulsoperator $\hat{\mathbf{L}}_{\mathrm{H}}$ im Heisenberg-Bild für $V=V(r)$ konstant.

c) $i\hbar\dfrac{d}{dt}\langle \hat{H}(t) \rangle \underset{\underset{\text{Gl. (7.3–1)}}{\uparrow}}{=} i\hbar\left\langle \dfrac{\partial}{\partial t}\hat{H}(t) \right\rangle$

Für zeitunabhängige Hamiltonoperatoren ist der Erwartungswert von $\hat{H}$ konstant. Dies ist der **Energieerhaltungssatz.**

Nach Aufgabe 7–2d ist ein zeitunabhängiger Hamiltonoperator auch im Heisenbergbild konstant.

7.4 Leitgedanken

7.1 Der Hilbertraum

Ein vollständiger Vektorraum mit Skalarprodukt heißt Hilbertraum $\mathcal{H}$. Die normierbaren – d. h. quadratintegrablen – komplexen Wellenfunktionen $\psi(\mathbf{r},t)$ spannen den Hilbertraum $\mathcal{H}=L^2(\mathbb{R}^3)$ auf, wenn das **Skalarprodukt** von zwei Funktionen $\psi_1(\mathbf{r},t)$ und $\psi_2(\mathbf{r},t)$ wie folgt definiert wird:

$$\int_{-\infty}^{+\infty}\psi_1^*(\mathbf{r},t)\,\psi_2(\mathbf{r},t)\,d^3r \hspace{4cm} (7.1\text{–}5)$$

Die in der Quantenmechanik bewährte **Dirac-Notation** ist kurz, übersichtlich und *unabhängig von der Darstellung*. Wir ersetzen wie folgt:

Vektoren: $\hspace{1.5cm}\psi(\mathbf{r},t)\;\rightarrow\;|\psi\rangle\hspace{2cm}$ Dieser Vektor wird „Ket" genannt.

$\hspace{3.3cm}\psi^*(\mathbf{r},t)\;\rightarrow\;|\psi\rangle^{\dagger}=\langle\psi|\hspace{1cm}$ Dieser Vektor wird „Bra" genannt.

Skalarprodukte: $\hspace{1cm}\displaystyle\int\psi_1^*(\mathbf{r},t)\,\psi_2(\mathbf{r},t)\,d^3r\;\rightarrow\;\langle\psi_1|\psi_2\rangle$

Erwartungswerte: $\hspace{1cm}\displaystyle\int\psi^*(\mathbf{r},t)\,\hat{A}\,\psi(\mathbf{r},t)\,d^3r\;\rightarrow\;\langle\psi|\hat{A}|\psi\rangle=:\langle\hat{A}\rangle$

Wir betrachten Systeme mit **diskreten Spektren**. Ein **Orthonormalsystem** $\{\,|\psi_n\rangle\,\}$, also eine abzählbare Menge orthonormierter Funktionen, heißt **vollständig**, wenn sich alle Funktionen des Hilbertraumes als Linearkombinationen dieser Funktionen schreiben lassen:

$$|\psi\rangle = \sum_n c_n |\psi_n\rangle \tag{7.1-6}$$

Die Berechnung der komplexen Koeffizienten c_n ist *dank der Orthonormalität* der Funktionen $|\psi_n\rangle$ einfach: Die Gl. (7.1-6) wird von links mit dem Bra $\langle\psi_m|$ multipliziert:

$$\langle\psi_m|\psi\rangle = \sum_n c_n \underbrace{\langle\psi_m|\psi_n\rangle}_{=\delta_{nm}} = c_m \quad \Rightarrow \quad |\psi\rangle = \sum_n |\psi_n\rangle\langle\psi_n|\psi\rangle \tag{7.1-8a}$$

Diese Gl. gilt für alle Funktionen $|\psi\rangle$ des Hilbertraumes. Daher erfüllt ein vollständiges Orthonormalsystem $\{|\psi_n\rangle\}$ die **Vollständigkeitsrelation**:

$$\hat{1} = \sum_n |\psi_n\rangle\langle\psi_n| \tag{7.1-9a}$$

Der Einheitsoperator $\hat{1}$ darf überall in eine Gl. eingeschoben werden. **Eigenwertgln.**

$$\hat{A}|\psi\rangle = \lambda|\psi\rangle \quad \text{mit} \quad \lambda\in\mathbb{C} \tag{7.2-3}$$

mit dem **Eigenwert** λ und dem **Eigenvektor** $|\psi\rangle$ haben eine *zentrale Bedeutung für die Quantenmechanik*, weil die zeitunabhängige Schrödinger-Gl. eine Eigenwertgl. des Hamiltonoperators ist mit der Energie E als Eigenwert und weil (nach Abschn. 8.1) bei diskreten Spektren nur Eigenwerte gemessen werden können; dabei gehen die Quantensysteme in den entsprechenden Eigenzustand über.

Bei den **kontinuierlichen Spektren** haben wir stellvertretend die Eigenfunktionen

$$\psi_p(x) = \frac{1}{\sqrt{2\pi\hbar}}\, e^{ipx/\hbar} \tag{7.1-14}$$

des Impulsoperators untersucht. Die Eigenwertgl.

$$\frac{\hbar}{i}\frac{\partial}{\partial x}\,\psi_p(x) = p\,\psi_p(x)$$

hat den *kontinuierlichen* Eigenwert p. Die Eigenfunktionen $\psi_p(x)$ sind *nicht normierbar und daher keine Elemente des Hilbertraumes.* Sie heißen **uneigentliche Eigenvektoren**. *Trotzdem spielen sie eine tragende Rolle in der Quantenmechanik; denn nach der Theorie der Fouriertransformationen können absolut integrierbare Funktionen* $\psi(x)$ *nach den Eigenfunktionen* $\psi_p(x)$ *entwickelt werden:*

$$\psi(x) = \frac{1}{\sqrt{2\pi\hbar}}\int_{-\infty}^{+\infty}\tilde{\psi}(p)\,e^{ipx/\hbar}\,dp = \int_{-\infty}^{+\infty}\tilde{\psi}(p)\,\psi_p(x)\,dp \tag{7.1-15a}$$

mit der Impulswellenfunktion (Fouriertransformierten)

$$\tilde{\psi}(p) = \frac{1}{\sqrt{2\pi\hbar}}\int_{-\infty}^{+\infty}\psi(x)\,e^{-ipx/\hbar}\,dx = \int_{-\infty}^{+\infty}\psi(x)\,\psi_p^{*}(x)\,dx \tag{7.1-15b}$$

7.2 Die Operatoren der Quantenmechanik

Der zu $\hat{A}$ **adjungierte Operator** $A^{\dagger}$ wird durch die Gl.

$$\langle\varphi|\hat{A}|\psi\rangle = \langle\hat{A}^{\dagger}\varphi|\psi\rangle \qquad \forall\,|\varphi\rangle,|\psi\rangle \tag{7.2-1}$$

definiert. Wir nennen einen Operator $\hat{A}$ **hermitesch** oder selbstadjungiert, wenn $\hat{A}=\hat{A}^{\dagger}$ gilt, wenn also für alle Vektoren $|\varphi\rangle$ und $|\psi\rangle$ des Hilbertraums gilt:

$$\langle \varphi \,|\, \hat{A} \,|\, \psi \rangle = \langle \hat{A}\,\varphi \,|\, \psi \rangle \qquad \text{bzw.} \qquad \int_{-\infty}^{+\infty} \varphi(x)^* \, \hat{A}\, \psi(x)\, dx = \int_{-\infty}^{+\infty} \left(\hat{A}\, \varphi(x) \right)^* \psi(x)\, dx$$

Nach Aufgabe 7–5 *ist ein Operator $\hat{A}$ genau dann hermitesch, wenn die Erwartungswerte* $\langle \psi \,|\, \hat{A} \,|\, \psi \rangle$ *für alle Wellenfunktionen* $|\,\psi\,\rangle$ *reell sind.* Daher gilt:

Messgrößen werden in der Quantenmechanik durch hermitesche Operatoren, sog. **Observable** beschrieben.

Observable haben drei angenehme und sehr gewichtige Eigenschaften:

1) Die Erwartungswerte und die Eigenwerte hermitescher Operatoren sind reell.

2) Die Eigenvektoren hermitescher Operatoren, die zu verschiedenen Eigenwerten gehören, sind orthogonal. Bei Entartung ist eine Orthogonalisierung möglich.

3) Die Eigenvektoren jeder Observablen spannen den ganzen Hilbertraum auf.

Mathematisch lässt sich die dritte Eigenschaft in unendlich dimensionalen Räumen nur in speziellen Fällen, aber nicht allgemein beweisen. Aus physikalischen Gründen aber muss die dritte Eigenschaft unbedingt für alle Observable, die ja Messgrößen beschreiben, gelten und wird daher **postuliert**. Besonders wichtig ist folgende Äquivalenz:

1) Die Observablen sind vertauschbar: $[\,\hat{A}, \hat{B}\,] = 0$

$\Leftrightarrow$ 2) Die gemeinsamen Eigenfunktionen der Observablen $\hat{A}, \hat{B}$ bilden ein vollständiges Orthonormalsystem. Mit anderen Worten: Es gibt eine Basis $\{|\,\psi_n\rangle\}$ in $\mathcal{H}$, deren Elemente $|\,\psi_n\rangle$ Eigenfunktionen von $\hat{A}$ *und* von $\hat{B}$ sind.

7.3 Das Ehrenfestsche Theorem

Das Ehrenfestsche Theorem

$$i\hbar \frac{d}{dt} \langle \hat{A}(t) \rangle = \left\langle \, [\,\hat{A}, \hat{H}\,] \, \right\rangle + i\hbar \left\langle \frac{\partial \hat{A}}{\partial t} \right\rangle \tag{7.3-1}$$

beschreibt die Zeitentwicklung des Erwartungswertes von Observablen $\hat{A}$. *Alle Erwartungswerte zeitunabhängiger Operatoren $\hat{A}$, die mit dem Hamiltonoperator $\hat{H}$ vertauschen, sind zeitlich konstant.* Solche Operatoren $\hat{A}$ heißen **Erhaltungsgrößen** oder **Konstanten der Bewegung**.

Das Ehrenfestsche Theorem führt auf bekannte Erhaltungssätze:

- In Systemen mit räumlich konstanten Potentialen ist der Impulsoperator eine Erhaltungsgröße.

- In Systemen mit kugelsymmetrischen Potentialen $V(r)$ ist der Drehimpulsoperator eine Erhaltungsgröße.

- Zeitunabhängige Hamiltonoperatoren sind Erhaltungsgrößen.

Für lineare und für quadratische Potentiale bewegt sich der Orts-Erwartungswert exakt klassisch. Wenn die Wellenfunktion in einer kleinen Umgebung von $\langle x \rangle$ konzentriert ist, in der $V'(x)$ nahezu konstant ist, gilt:

$$m \frac{d^2}{dt^2} \langle \hat{X} \rangle \underset{\substack{\uparrow \\ \text{Gl. (7.3–5)}}}{=} - \int \psi^*(x,t)\, V'(x)\, \psi(x,t)\, dx \approx$$

$$\approx -V'\big(\langle x \rangle\big) \int \psi^*(x,t)\, \psi(x,t)\, dx = -V'\big(\langle x \rangle\big) \tag{7.3–6c}$$

Hier erfüllt der Orts-Erwartungswert $\langle x \rangle(t)$ näherungsweise die klassische Dgl. $m\ddot{x} = -V'(x)$.

7.5 Aufgaben

7–1 Mittel Unitäre Operatoren und Symmetrietransformationen

a) Operatoren $\hat{U}$ mit der Eigenschaft $\hat{U}^\dagger = \hat{U}^{-1}$ heißen **unitär**.

Kontinuierliche, parameterabhängige, unitäre Operatoren haben in der Regel die Form[19]

$$\hat{U}(\alpha) = e^{i\alpha\hat{A}} \qquad \text{mit} \qquad \alpha = \text{reeller Parameter} \qquad \hat{A} = \text{hermitescher Operator} \tag{7.5–1}$$

Zeige: Für jeden hermiteschen Operator $\hat{A}$ ist der Operator $\hat{U} = \exp(i\alpha\hat{A})$ unitär, aber *nicht hermitesch*.

b) Zustände und Operatoren ändern sich bei unitären Transformationen wie folgt[20]:

$$|\underline{\psi}\rangle = \hat{U}|\psi\rangle \qquad\qquad \underline{\hat{B}} = \hat{U}\hat{B}\hat{U}^\dagger \tag{7.5–2a/b}$$

Eine Transformation, die durch einen unitären Operator $\hat{U} = \exp(i\alpha\hat{A})$ *erzeugt wird, heißt* **Symmetrietransformation***, wenn der Hamiltonoperator unter ihr invariant ist, wenn also gilt*

$$\hat{U}\hat{H}\hat{U}^\dagger = \hat{H}$$

Beweise das **Noether-Theorem**. Es besagt:

Eine durch den unitären Operator $\hat{U}(\alpha) = \exp(i\alpha\hat{A})$ erzeugte kontinuierliche Transformation ist genau dann eine Symmetrietransformation, lässt also genau dann den Hamiltonoperator invariant, wenn die zeitunabhängige Erzeugende $\hat{A}$ mit dem Hamiltonoperator vertauscht:

$$\hat{U}\hat{H}\hat{U}^\dagger = \hat{H} \quad\Leftrightarrow\quad \big[\hat{A},\hat{H}\big] = 0$$

Hinweis: Das Noether-Theorem gilt auch in der klassischen, Hamiltonschen Mechanik.

c) Beweise die wichtige, oft gebrauchte Äquivalenz der folgenden Aussagen:

1) $\hat{U}$ ist unitär

$\Leftrightarrow$ **2)** $\langle \hat{U}\psi | \hat{U}\varphi \rangle = \langle \psi | \varphi \rangle$ für $\forall |\psi\rangle, |\varphi\rangle$

$\Leftrightarrow$ **3)** $\langle \hat{U}\psi | \hat{U}\psi \rangle = \langle \psi | \psi \rangle$ für $\forall |\psi\rangle$

Das heißt: Alle Skalarprodukte $\langle \psi | \varphi \rangle$ und alle Normen $\|\psi\| = \sqrt{\langle \psi | \psi \rangle}$ sind genau dann unter einer Transformation invariant, wenn die Transformation unitär ist.

d) Beweise, dass *die Quantenmechanik invariant ist unter unitären Transformationen*. Das heißt:

Alle Matrixelemente $\langle \psi | \hat{B} | \varphi \rangle$, *Erwartungswerte und Eigenwerte ändern sich nicht unter unitären Transformationen.* Kommutatoren sind unter unitären Transformationen forminvariant.

e) Beweise: *Die Eigenwerte unitärer Operatoren $\hat{U}$ haben den Betrag Eins und die Eigenvektoren zu verschiedenen Eigenwerten sind orthogonal.*

f) $\{|\psi_n\rangle\}$ und $\{|\underline{\psi}_n\rangle\}$ seien zwei Orthonormalbasen in $\mathcal{H}$. Beweise, dass sich jeder Wechsel von einer Orthonormalbasis zu einer anderen mit einer unitären Transformation $\hat{U}$ erzeugen lässt:

$$|\underline{\psi}_n\rangle = \hat{U}\,|\psi_n\rangle \tag{7.5-3}$$

 **7–2 Mittel Schrödinger-Bild und Heisenberg-Bild**

Im **Schrödinger-Bild**, das nahezu ausschließlich in der Quantenmechanik verwendet wird, sind die *Zustände zeitabhängig und die Operatoren $\hat{A}$ sind* – außer bei seltener *expliziter* Zeitabhängigkeit – *zeitunabhängig*. So sind beispielsweise Orts-, Impuls- und Drehimpulsoperator im Schrödinger-Bild immer zeit*un*abhängig; der Hamiltonoperator ist bei zeit*un*abhängigen Potentialen $V(\mathbf{r})$ ebenfalls zeit*un*abhängig. Das **Heisenberg-Bild** hat die umgekehrte Zeitabhängigkeit: Hier sind die Zustände immer zeit*un*abhängig und stattdessen die Operatoren zeitabhängig – mit Ausnahme der Erhaltungsgrößen und der Projektionsoperatoren. Heisenberg-Bild und Schrödinger-Bild liefern natürlich immer dieselben Ergebnisse.

Hinweise: **1)** Man muss zwischen einer möglichen expliziten Zeitabhängigkeit der Operatoren, die auch im Schrödinger-Bild besteht, und der durch den Hamiltonoperator erzeugten Zeitabhängigkeit unterscheiden.

2) Der **Zeitentwicklungsoperator** $\hat{U}(t)$ wurde bereits in Aufgabe 3–6c aufgestellt; danach gilt für zeitabhängige Hamiltonoperatoren, die zu verschiedenen Zeiten vertauschen, im Schrödinger-Bild

$$\psi(\mathbf{r},t) = \hat{U}(t)\,\psi(\mathbf{r},0) = \exp\!\left(-\frac{i}{\hbar}\int_0^t \hat{H}(t')\,dt'\right)\psi(\mathbf{r},0) \quad \text{wenn} \quad \left[\hat{H}(t_1),\hat{H}(t_2)\right] = 0 \quad \forall t_1,t_2 \tag{7.5-4a}$$

Nach dieser Gl. gilt für explizit zeit*un*abhängige Potentiale $V = V(\mathbf{r})$:

$$\psi(\mathbf{r},t) = \hat{U}(t)\,\psi(\mathbf{r},0) = \exp\!\left(-\frac{i}{\hbar}\hat{H}\,t\right)\psi(\mathbf{r},0) \qquad \text{für} \qquad V = V(\mathbf{r}) \tag{7.5-4b}$$

3) Wenn zeitabhängige Hamiltonoperatoren zu verschiedenen Zeiten nicht vertauschen, erhält der Zeitentwicklungsoperator $\hat{U}(t)$ zusätzlich einen Zeitordnungsoperator. Darauf gehe ich nicht weiter ein.

4) Projektions- und Dichteoperatoren (letztere werden in Kap. 21 eingeführt) bestehen aus Bras und Kets und sind daher im Schrödinger-Bild zeitabhängig, im Heisenberg-Bild aber konstant.

a) In jedem Fall kann die Zeitentwicklung wie folgt geschrieben werden:

$$\psi(\mathbf{r},t) = \hat{U}(t)\,\psi(\mathbf{r},0) \tag{7.5-4c}$$

Beweise ohne Kenntnis des Aussehens von $\hat{U}(t)$ die wichtige Aussage:

Der Zeitentwicklungsoperator $\hat{U}(t)$ ist immer unitär.

b) Alle Erwartungswerte sind messbar und müssen daher im Schrödinger-Bild und im Heisenberg-Bild gleich groß sein. Beweise, dass die zeitabhängigen Operatoren $\hat{A}_{\mathrm{H}}(t)$ im Heisenberg-Bild wie folgt lauten:

$$\hat{A}_{\mathrm{H}}(t) = \hat{U}^{\dagger}(t)\,\hat{A}_{\mathrm{S}}(t)\,\hat{U}(t) \tag{7.5-5}$$

c) Beweise die **Heisenbergsche Bewegungsgl.:**

$$\frac{d\hat{A}_{\mathrm{H}}(t)}{dt} = \frac{1}{i\hbar}\left[\hat{A}_{\mathrm{H}}(t),\hat{H}(t)\right] + \left(\frac{\partial \hat{A}_{\mathrm{S}}(t)}{\partial t}\right)_{\mathrm{H}} \tag{7.5-6}$$

mit $\left(\dfrac{\partial \hat{A}_S(t)}{\partial t}\right)_H := \hat{U}^\dagger(t)\left(\dfrac{\partial \hat{A}_S(t)}{\partial t}\right)\hat{U}(t)$

Die Heisenbergsche Bewegungsgl. tritt an die Stelle der Schrödinger-Gl. und steuert die Zeitentwicklung. Sie hat die gleiche Form wie das Ehrenfestsche Theorem (7.3–1).

d) Welche **Erhaltungssätze** folgen aus der Heisenbergschen Bewegungsgl.?

7–3 Mittel Spektraldarstellung von Operatoren

Der hermitesche Operator $\hat{A}$ habe nur diskrete, nicht entartete Eigenwerte a_n. Seine Eigenvektoren $|a_n\rangle$ bilden ein vollständiges Orthonormalsystem und spannen daher einen Hilbertraum auf.

a) Zeige, dass sich jeder lineare Operator $\hat{B}$ bzgl. der Basis $\{|a_n\rangle\}$ darstellen lässt als [21]

$$\hat{B} = \sum_{m,n} b_{mn}\,|a_m\rangle\langle a_n|\quad\text{mit den Matrixelementen}\quad b_{mn} = \langle a_m|\hat{B}|a_n\rangle \tag{7.5–7a}$$

Man kann also lineare Operatoren aus Eigenzuständen eines hermiteschen Operators $\hat{A}$ aufbauen. Die Darstellung heißt **Spektraldarstellung**.

b) Wie lauten die Matrixelemente $b^\dagger_{nm}$ der adjungierten Matrix $\hat{B}^\dagger$?

c) Zeige: Die Spektraldarstellung der Observablen $\hat{A}$ lautet in der Basis $\{|a_n\rangle\}$ ihrer Eigenzustände

$$\hat{A} = \sum_n a_n\,|a_n\rangle\langle a_n| \tag{7.5–7b}$$

Diese Spektraldarstellung drückt den Operator $\hat{A}$ durch seine Eigenwerte und seine Eigenvektoren aus. [22]

d) Wie lautet die *Matrix*darstellung des linearen Operators $\hat{A}$ in der eigenen Basis $\{|a_n\rangle\}$?

e) Wie lautet die Spektraldarstellung von $\hat{A}$, wenn jeder Eigenwert a_n g_n–fach entartet ist, wenn also zu jedem Eigenwert a_n die Eigenvektoren $|a_n,\alpha\rangle$ gehören mit $\alpha = 1,2,\ldots g_n$?

Hinweis: Der Einfachheit halber nehmen wir an, dass die g_n Eigenvektoren $|a_n,\alpha\rangle$ zum Eigenwert a_n bereits orthogonalisiert wurden.

7–4 Mittel Paritätsoperator

Wir betrachten *eindimensionale Systeme* und definieren den **Paritätsoperator** – gelegentlich auch Spiegelungsoperator genannt – durch die Gl.

$$\hat{\Pi}\,\psi(x) = \psi(-x)\quad\text{für alle Wellenfunktionen }\psi(x) \tag{7.5–8}$$

a) Zeige, dass der Paritätsoperator $\hat{\Pi}$ *hermitesch* und *unitär* ist, dass also

$$\hat{\Pi}^\dagger = \hat{\Pi} = \hat{\Pi}^{-1} \tag{7.5–9}$$

Hinweis: Ein Operator $\hat{B}$ heißt unitär, wenn $\hat{B}^\dagger = \hat{B}^{-1}$ gilt. Nach Aufgabe 7–1e haben die Eigenwerte unitärer Operatoren den Betrag Eins.

b) Welche Eigenwerte und Eigenfunktionen hat der Paritätsoperator?

c) Beweise folgende Aussagen: Paritätsoperator und Hamiltonoperator kommutieren für symmetrische Potentiale $V(x) = V(-x)$, also $[\hat{\Pi},\hat{H}] = 0$ und haben daher ein gemeinsames System von Eigenvektoren.

Daher gilt *für symmetrische Potentiale*:

- Bei nicht entarteten Energien sind die Lösungen der zeitunabhängigen Schrödinger-Gl. entweder gerade oder ungerade. Bei entarteten Energien kann man gerade oder ungerade Eigenfunktionen von $\hat{H}$ bilden.

- Man sagt: Gerade (ungerade) Funktionen haben eine positive (negative) **Parität**. *Die Lösungen* $\psi(x,t)$ *ändern ihre Parität im Laufe der Zeit nicht.* Mit anderen Worten:

  Für symmetrische Potentiale $V(x) = V(-x)$ ist die Parität eine Erhaltungsgröße.[23]

d) Was hat das Alles mit dem harmonischen Oszillator zu tun?

e) Zeige mit den beiden Projektionsoperatoren $\hat{P}_\pm = \left(\hat{1} \pm \hat{\Pi} \right)/2$, dass jede Wellenfunktion in eine Summe aus einer geraden und einer ungeraden Funktion zerlegt werden kann.

f) Ein Operator $\hat{A}$ heißt ungerader Operator, wenn $\hat{\Pi}\,\hat{A}\,\hat{\Pi}^\dagger = -\hat{A}$ gilt. Orts- und Impulsoperatoren sind ungerade Operatoren.

Sei $\hat{A}$ ein ungerader Operator und $|\psi_1\rangle, |\psi_2\rangle$ seien Eigenvektoren von $\hat{\Pi}$ mit derselben Parität. Zeige: Unter diesen Voraussetzungen gilt: $\langle \psi_1 | \hat{A} | \psi_2 \rangle = 0$. (Wir benötigen diese Aussage in Abschn. 20.3.)

7–5 Mittel Notwendige und hinreichende Bedingung für Hermitizität

Nach Abschn. 7.2 heißt ein Operator $\hat{A}$ hermitesch, wenn für *alle* Vektoren $|\varphi\rangle, |\psi\rangle$ des Hilbertraums gilt:

$$\langle \varphi | \hat{A} | \psi \rangle = \langle \hat{A}\,\varphi | \psi \rangle \qquad \forall\ |\varphi\rangle, |\psi\rangle \tag{7.5–10a}$$

Beweise: Ein Operator $\hat{A}$ ist genau dann hermitesch, wenn die Erwartungswerte $\langle \psi | \hat{A} | \psi \rangle$ für alle Wellenfunktionen $|\psi\rangle$ reell sind:

$$\langle \psi | \hat{A} | \psi \rangle = \langle \psi | \hat{A} | \psi \rangle^* = \langle \hat{A}\,\psi | \psi \rangle \qquad \forall\ |\psi\rangle \tag{7.5–10b}$$

Auf den ersten Blick ist die Voraussetzung für Hermitezität in Gl. (7.5–10b) schwächer als in Gl. (7.5–10a). Der Beweis zeigt aber, dass die Gln. (7.5–10a/b) gleichwertig sind.

> Hinweis: Berechne $\langle \varphi + \lambda\psi | \hat{A} | \varphi + \lambda\psi \rangle$ mit $\lambda \in \mathbb{C}$ und setze am Ende $\lambda = 1$ und $\lambda = -i$.

> Bedenke: Ein Operator, der nur reelle Erwartungswerte hat, ist hermitesch. Aber ein Operator, der nur reelle Eigenwerte hat, ist nicht immer hermitesch (siehe die $3 \times 3 -$ Matrix in Aufgabe 7–11a). Denn ein nicht hermitescher Operator mit reellen Eigenwerten hat nicht unbedingt orthogonale Eigenfunktionen und die Eigenfunktionen spannen nicht immer den ganzen Hilbertraum auf (siehe den Hinweis in der Lösung von Aufgabe 7–11a).

Übrigens: Man kann zeigen: $\langle \psi | \hat{A} | \psi \rangle = \langle \psi | \hat{B} | \psi \rangle \ \ \forall |\psi\rangle \quad \Leftrightarrow \quad \hat{A} = \hat{B}$

7–6 Leicht Vertauschung von Operatoren

a) Beweise die Jacobi-Identität:

$$\left[\hat{A}, \left[\hat{B}, \hat{C} \right] \right] + \left[\hat{B}, \left[\hat{C}, \hat{A} \right] \right] + \left[\hat{C}, \left[\hat{A}, \hat{B} \right] \right] = 0$$

In der klassischen Mechanik gilt für Poisson-Klammern dieselbe Beziehung ([Kuypers], Aufgabe 17–1).

b) Folgt aus $\left[\hat{A}, \hat{B} \right] = 0$ und $\left[\hat{B}, \hat{C} \right] = 0$ die Beziehung $\left[\hat{A}, \hat{C} \right] = 0$? Ist die Vertauschbarkeit also transitiv?

7–7 Leicht Simultane Diagonalisierung von zwei Operatoren

In einem dreidimensionalen Hilbertraum haben die Operatoren $\hat{A}, \hat{B}$ die Matrixdarstellungen

$$\hat{A} = \begin{pmatrix} 1 & 0 & 0 \\ 0 & -1 & 0 \\ 0 & 0 & -1 \end{pmatrix} \qquad \hat{B} = \begin{pmatrix} 1 & 0 & 0 \\ 0 & 0 & 1 \\ 0 & 1 & 0 \end{pmatrix}$$

a) Sind $\hat{A}, \hat{B}$ hermitesch?

b) Zeige, dass $\hat{A}, \hat{B}$ kommutieren und stelle die drei gemeinsamen Eigenvektoren auf.

7-8 Leicht Leiteroperatoren des harmonischen Oszillators

In Abschnitt „6.2 Leiteroperatoren" wurden die Leiteroperatoren des harmonischen Oszillators eingeführt. Sie werden durch folgende zwei Gln. gekennzeichnet:

$$\hat{a}_{-}\,\psi_n(x) = \sqrt{n}\,\psi_{n-1}(x) \qquad \hat{a}_{+}\,\psi_n(x) = \sqrt{n+1}\,\psi_{n+1}(x) \tag{6.2-7}$$

Zeige mit diesen zwei Gln., dass $\hat{a}_{+}$ der adjungierte Operator zu $\hat{a}_{-}$ ist: $\hat{a}_{+} = \hat{a}_{-}^{\dagger}$

7-9 Leicht Nicht vertauschbare Matrizen mit einigen gemeinsamen Eigenvektoren

Zeige an einem konkreten Beispiel, dass nicht vertauschbare Matrizen einige gemeinsame Eigenvektoren haben können, die aber nie den ganzen Hilbertraum, sondern immer nur einen Unterraum aufspannen.

7-10 Mittel Hermitesche Operatoren und unitäre Operatoren sind linear

Zeige: Alle hermiteschen und alle unitären Operatoren $\hat{A}$ sind linear, d. h.:

$$\hat{A}\left(\lambda_1 \,|\,\varphi_1\rangle + \lambda_2\,|\,\varphi_2\rangle\right) = \lambda_1\,\hat{A}\,|\,\varphi_1\rangle + \lambda_2\,\hat{A}\,|\,\varphi_2\rangle \qquad \text{für alle } \lambda_i \in \mathbb{C}\,,\,|\,\varphi_i\rangle \in \mathcal{H} \qquad i = 1,2$$

Hinweise: **1)** Operatoren $\hat{A}$ heißen nach Aufgabe 7-1 unitär, wenn $\hat{A}^{\dagger} = \hat{A}^{-1}$.

2) Die Menge $\{|\,\psi_n\rangle\}$ sei eine Orthonormalbasis in $\mathcal{H}$. Der Einheitsoperator

$$\hat{1} = \sum_n |\,\psi_n\rangle\langle\,\psi_n\,| \quad \text{kann überall eingefügt werden.}$$

7-11 Leicht Eigenwerte und Eigenvektoren von Matrizen

Dieses Beispiel soll zeigen, wie man Eigenwerte und Eigenvektoren von quadratischen Matrizen berechnet.

a) Berechne die nicht entarteten Eigenwerte und die Eigenvektoren der *nicht hermiteschen* Matrix

$$\hat{A} = \begin{pmatrix} 1 & 0 & 0 \\ -1 & 3 & 0 \\ 0 & -3 & 0 \end{pmatrix}$$

Hinweise: **1)** Die drei Eigenvektoren stehen nicht senkrecht aufeinander.

2) Da die drei Eigenwerte $0, 3, 1$ reell sind, ist die vereinzelt in der Literatur vorzufindende Aussage „Operatoren mit ausschließlich reellen Eigenwerten sind hermitesch" falsch. Richtig aber ist nach Aufgabe 7-5: „Ein Operator $\hat{A}$ ist genau dann hermitesch, wenn die Erwartungswerte $\langle\psi\,|\,\hat{A}\,|\,\psi\rangle$ für alle Wellenfunktionen $|\,\psi\rangle$ reell sind."

b) Berechne die entarteten Eigenwerte und die Eigenvektoren der hermiteschen Matrix

$$\hat{B} = \begin{pmatrix} 0 & 1 & 1 \\ 1 & 0 & 1 \\ 1 & 1 & 0 \end{pmatrix}$$

7-12 Leicht Nicht alle normierbaren Funktionen verschwinden im Unendlichen Abb. 7.5-1

In Beispiel 7.2-1 wird argumentiert: Normierbare Funktionen $\psi(x)$ verschwinden im Unendlichen, so dass die bei der partiellen Integration auftretenden Randterme $-i\hbar\,\varphi^{*}(\pm\infty)\,\psi(\pm\infty)$ verschwinden. Nun gibt es aber normierbare Funktionen, die im Unendlichen *nicht* verschwinden. Ein Beispiel ist die aus Dreiecken bestehende Funktion in Abb. 7.5-1. Die Dreiecke mit den oberen Koordinaten $(n,1)$ haben an der Basis die Breite $2/n^2$.

Die Fläche unter der Funktion ist $\sum_{n=2}^{\infty} 1/n^2 = \pi^2/6 - 1 < \infty$. Dann ist die Fläche unter dem Quadrat der Funktion erst recht endlich. Daraus folgt die Normierbarkeit.

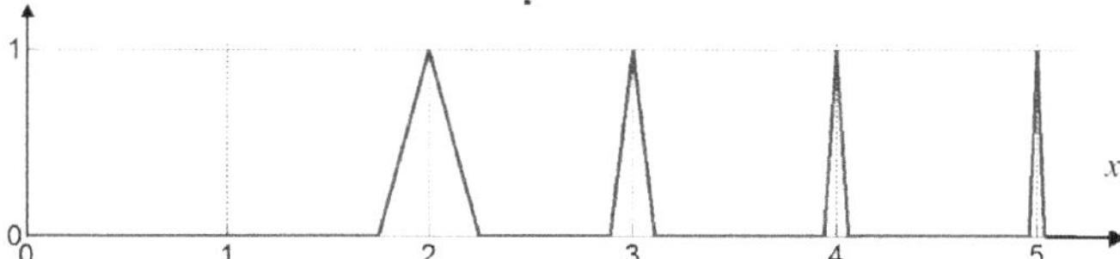

Abb. 7.5–1 Die Funktion ist quadratisch integrierbar, geht aber für $x \to +\infty$ nicht gegen Null.

Gilt die Aussage, dass normierbare Funktionen der Quantenmechanik im Unendlichen verschwinden, trotzdem? [23]

---

[19] Das **Theorem von Stone** besagt: Zu unitären Operatoren $\hat{U}(\alpha)$ mit kontinuierlichem Parameter α mit

$$\hat{U}(\alpha_1 + \alpha_2) = \hat{U}(\alpha_1)\,\hat{U}(\alpha_2)$$

existiert immer ein hermitescher Operator $\hat{A}$ mit $\hat{U}(\alpha) = \exp(i\alpha\,\hat{A})$. $\hat{A}$ heißt **Erzeugende** der Transformation. Unitäre Operatoren sind in der Quantenmechanik sehr wichtig. Zu ihnen gehören der Translationsoperator $\hat{T}(\mathbf{a}) = \exp(i\,\mathbf{a}\cdot\hat{\mathbf{P}}/\hbar)$, der Rotationsoperator $R_z(\alpha) = \exp(-i\alpha\hat{L}_z/\hbar)$ und der Zeitentwicklungsoperator.

[20] Die Transformationen (7.5–2a/b) sind aus der linearen Algebra bekannt. Sie lassen sich wie folgt von rechts nach links interpretieren: $\hat{U}^{\dagger} = \hat{U}^{-1}$ transformiert in die alten Zustände $|\psi\rangle$. Nach der Ausführung von $\hat{B}$ transformiert $\hat{U}$ zurück in die neuen Zustände $|\underline{\psi}\rangle$.

[21] Das Produkt $|\psi\rangle\langle\varphi|$ heißt **dyadisches Produkt**. *Dyadische Produkte sind Operatoren*, wie man leicht sieht, wenn man sie auf Wellenfunktionen $|\chi\rangle$ anwendet. Das Produkt eines Spalten- mit einem Zeilenvektor ist ein dyadisches Produkt (Matrix):

$$\begin{pmatrix} a_1 \\ \vdots \\ a_n \end{pmatrix} \cdot \begin{pmatrix} b_1 & b_2 & .... & b_n \end{pmatrix} = \begin{pmatrix} a_1 b_1 & \cdots & a_1 b_n \\ \vdots & \ddots & \vdots \\ a_n b_1 & \cdots & a_n b_n \end{pmatrix}$$

Umgekehrt ist das Produkt eines Zeilen- mit einem Spaltenvektor ein Skalarprodukt.

[22] Umgekehrt gilt für alle VONS $\{|a_n\rangle\}$ und für alle reellen Zahlen a_n: Gl. (7.5–7b) definiert einen hermiteschen Operator. Allerdings stellen vermutlich nicht alle hermiteschen Operatoren eine Observable, also eine messbare physikalische Größe dar.

[23] Das Noether-Theorem der klassischen Mechanik (siehe [Kuypers], Abschn. 7.3) besagt: *Kontinuierliche Transformationen, die die Lagrangefunktion nicht ändern oder höchstens in Form eines additiven Terms $dF(q,t)/dt$ ändern, führen auf Erhaltungsgrößen.* Die Aufgabe 7–4c zeigt, dass in der Quantenmechanik darüber hinaus auch die Invarianzen unter *diskreten* Transformationen auf Erhaltungsgrößen hinweisen.

8 Messprozess und Unbestimmtheitsrelation

Dieses Kapitel hat einen leicht gehobenen Schwierigkeitsgrad. Die ersten beiden Abschn. 8.1 und 8.2 sind von größter Bedeutung für das Verständnis der Quantenmechanik und müssen daher sorgfältig bearbeitet werden.

8.1 *Der Messprozess*: Wir betrachten einen Operator $\hat{A}$ mit den Eigenwertgln.

$$\hat{A} \, |\psi_n\rangle = a_n \, |\psi_n\rangle \qquad \text{mit diskreten, nicht entarteten Eigenwerten } a_n$$

Für die Messung des Operators $\hat{A}$ an einem Teilchen im Überlagerungszustand

$$|\psi\rangle = \sum_n c_n \, |\psi_n\rangle = \sum_n \langle \psi_n \, | \, \psi \rangle \, |\psi_n\rangle$$

gelten zwei Postulate:

1) Es können *nur die Eigenwerte* a_n des Operators gemessen werden. Die Wahrscheinlichkeit für den Messwert a_n beträgt $|c_n|^2 = |\langle \psi_n | \psi \rangle|^2$.

2) Bei der Messung des Eigenwertes a_n kollabiert das System in den Eigenzustand $|\psi_n\rangle$. Der Kollaps ist ein pragmatisches Rezept, eine Rechenvorschrift, die alle Beobachtungen richtig wiedergibt, die aber die Schrödinger-Gl. kurzzeitig außer Kraft setzt.

Bei der Messung kontinuierlicher Spektren kollabiert die Wellenfunktion laut Postulat in die Umgebung des Messwertes.

Nur kommutierende Observable $\hat{A}, \hat{B}$ können gleichzeitig gemessen werden. Das bedeutet: Nur bei kommutierenden Observablen $\hat{A}, \hat{B}$ kann die Reihenfolge der Messungen vertauscht werden ohne Änderung der Ergebnisse.

8.2 *Allgemeine Unbestimmtheitsrelation*: Die Unbestimmtheitsrelation wird *rein mathematisch* aus der Hermitizität der Operatoren und aus der Schwarzschen Ungl. abgeleitet:

$$\Delta A_\psi \, \Delta B_\psi \geq \frac{1}{2} |\langle \, \psi \, | \, [\hat{A}, \hat{B}] \, | \, \psi \rangle|$$

Für ein System im Zustand $|\psi\rangle$ ist das Streuungsprodukt der Observablen $\hat{A}$ und $\hat{B}$ mindestens halb so groß wie der Betrag des Erwartungswertes des Kommutators $[\hat{A}, \hat{B}]$ in diesem Zustand.

Die wichtigsten nicht kommutierenden Operatoren sind der Orts- und der Impulsoperator sowie die Komponenten des Drehimpulsoperators. Für erstere gilt $\Delta x \, \Delta p \geq \hbar/2$.

8.3 *Unbestimmtheitsrelation für Energie und Zeit*: Die Relation $\Delta E \, \Delta t \geq \hbar/2$ hat viele bekannte Anwendungen, kann aber leider nur für konkrete Fälle, nicht aber allgemein bewiesen werden, weil die Zeit kein Operator, sondern ein Parameter ist. Δt ist in jedem Fall eine Zeitdauer, keine Unschärfe der Zeit.

Zwei wichtige Aussagen lauten: **1)** Die natürliche Linienbreite eines Spektrums exponentiell zerfallender, angeregter Zustand ist $\hbar/\tau$ mit $\tau =$ Lebensdauer. **2)** Für eine Energiemessung mit der Genauigkeit ΔE wird mindestens die Zeit $\Delta t \approx \hbar/(2\Delta E)$ benötigt.

8.4 *Wechselwirkungsfreie Messung* *: Ein Gegenstand – in diesem Fall eine Bombe – kann mit Photonen und einem Mach-Zehnder-Interferometer detektiert werden, ohne dass der Gegenstand

Quantenmechanik: Lehr- und Arbeitsbuch, 2. Auflage. Friedhelm Kuypers.
© 2026 Wiley-VCH GmbH. Published 2026 by Wiley-VCH GmbH.

auch nur von einem einzigen Photon getroffen wird. Die Quantentheorie ermöglicht Sehen in absoluter Dunkelheit.

8.5 *Interpretationsprobleme*: Die Anhänger der Kopenhagener Quantenmechanik halten Messprozesse für makroskopische Prozesse und glauben, dass Untersuchungen der Wechselwirkungen zwischen Quantenobjekten, Messgeräten und Umgebung völlig aussichtslos sind. Diese Einstellung sorgt letztlich für zwei große Interpretationsprobleme:

1) Das Kollaps-Postulat beschreibt zwar Messergebnisse richtig, ist aber nur ein pragmatisches Rezept. Der Kollaps ist in diesem Rezept ein unstetiger, unerklärlicher Vorgang, der die stetige, durch die Schrödinger-Gl. gesteuerte Zeitentwicklung kurzfristig außer Kraft setzt.

2) Die Überlagerung von Zuständen ist ein zentrales Merkmal der Quantenmechanik, wurde aber noch nie bei makroskopischen Körpern beobachtet, obwohl die Quantenmechanik nach Einschätzung der meisten Physiker die klassische Mechanik umfasst. Schrödinger hat das Superpositionsprinzip auf klassische Körper übertragen und kam so zu einer Katze, die zugleich lebend *und* tot ist.

8.1 Der Messprozess

Wir untersuchen die Messung von Observablen $\hat{A}$ mit **diskreten, nicht entarteten Eigenwerten** a_n.[1] Jede Zustandsfunktion $|\psi\rangle$ kann nach den Eigenvektoren $|\psi_n\rangle$ des hermiteschen Operators $\hat{A}$ entwickelt werden:

$$|\psi\rangle = \sum_n c_n |\psi_n\rangle \qquad \Leftrightarrow \qquad \langle\psi| = \sum_n c_n^* \langle\psi_n| \tag{7.1-6}$$

mit $\quad c_n = \langle\psi_n|\psi\rangle \;\Leftrightarrow\; c_n^* = \langle\psi|\psi_n\rangle$ (7.1-7)

Daher lautet der Erwartungswert des Operators $\hat{A}$ im Zustand $|\psi\rangle$[2]

$$\langle\psi|\hat{A}|\psi\rangle = \sum_{n,m} \langle c_n\psi_n|\hat{A}|c_m\psi_m\rangle = \sum_{n,m} a_m\, c_n^* c_m \underbrace{\langle\psi_n|\psi_m\rangle}_{=\,\delta_{nm}} =$$

$$= \sum_n a_n c_n^* c_n = \sum_n a_n |c_n|^2 \tag{8.1-1}$$

mit $\quad \langle\psi|\psi\rangle = \sum_n |c_n|^2 = 1$ (8.1-2)

---

[1] Die Messung diskreter, *entarteter* Spektren wird in Aufgabe 8–6, die Messung kontinuierlicher Spektren wird am Ende dieses Abschn. 8.1 behandelt.

[2] Wir untersuchen das Werfen eines gezinkten Würfels. Seien $p(n)$ die sechs (evtl. verschieden großen) Wahrscheinlichkeiten, die Augenzahl n zu erhalten. Dann gilt:

$$\sum_{n=1}^{6} p(n) = 1 \qquad \sum_{n=1}^{6} n\,p(n) = \text{mittlere gewürfelte Augenzahl}$$

Diese zwei Gln. ähneln den Gln. (8.1–1/2). Daher ist es nicht ganz unplausibel, $|c_n|^2$ als Wahrscheinlichkeit für die Messung des Eigenwertes a_n zu postulieren.

Ausgehend von den beiden Gln. (8.1–1/2) können wir ein **siebtes Postulat** (für diskrete, nicht entartete Spektren) aufstellen:

Die normierte Wellenfunktion $|\psi\rangle$ kann als Überlagerung der Eigenzuständen $|\psi_n\rangle$ des Operators $\hat{A}$ geschrieben werden:

$$|\psi\rangle = \sum_n c_n |\psi_n\rangle \qquad \text{mit} \qquad \hat{A}|\psi_n\rangle = a_n |\psi_n\rangle$$

Die diskreten Eigenwerte a_n von $\hat{A}$ seien nicht entartet. Dann gilt:

Bei der Messung der Observablen $\hat{A}$ können nur Eigenwerte a_n der Observablen gemessen werden. Die Wahrscheinlichkeit für den Messwert a_n beträgt

$$|c_n|^2 = |\langle \psi_n | \psi \rangle|^2 \tag{8.1–3}$$

So liefern beispielsweise Energiemessungen in der Atomphysik nur die diskreten Energien der Atomhülle. Drehimpulsmessungen liefern nur die diskreten Drehimpulsquantenzahlen. Gl. (8.1–1) ist nun wie folgt zu interpretierten: Der Mittelwert ist die Summe über die möglichen Messwerte, gewichtet mit den Wahrscheinlichkeiten ihrer Messung.[3]

Wir stellen nun eine **Forderung** auf, die (hoffentlich) plausibel, aber nicht beweisbar ist:

Wird eine Messung mit dem Messwert a_n *sofort* wiederholt, so muss die erneute, unmittelbar nachfolgende Messung *mit Sicherheit* dasselbe Ergebnis haben.

Ohne diese Sicherheit wären Messungen sinnlos. Experimente bestätigen diese Forderung – z. B. mit zwei hintereinander stehenden Polarisationsfiltern mit gleichen Polarisationsrichtungen.

Aus dieser plausiblen (aber mathematisch nicht beweisbaren) Forderung und dem siebten Postulat folgt zwingend ein **achtes Postulat** (hier wieder für diskrete, nicht entartete Spektren):

Wenn bei einer Observablen $\hat{A}$ der diskrete, nicht entartete Wert a_n gemessen wird, dann befindet sich das System unmittelbar nach der Messung im entsprechenden Eigenzustand $|\psi_n\rangle$ des Operators $\hat{A}$.

---

[3] In der Quantentheorie tritt der Zufall erst bei den Messungen auf und hat wenig zu tun mit dem alltäglichen Zufall. *Der Zufall im Alltag ist durch unser Unwissen begründet.* Beim Würfeln können wir nur deshalb vom Zufall sprechen, weil wir die Anfangsbedingungen (Ort, Geschwindigkeit und Winkelgeschwindigkeit) des Würfels, die Verunreinigungen auf dem Tisch, Luftbewegungen, ... nicht genau kennen. Ein Zufall im Alltag, der bei exakter Kenntnis aller Umstände entfällt, heißt **subjektiver Zufall**.

Der Zufall in der Quantentheorie ist von ganz anderer Natur. Hier haben Messergebnisse keine verborgene Ursache. Es gibt keinen Grund, warum ein Atomkern nach 0,3 s und ein anderer, identischer Kern erst nach 0,47 s zerfällt oder warum ein Photon einen Polarisator durchläuft und ein anderes Photon im selben Zustand nicht. Der Zufall beruht nicht auf Unwissen, sondern auf einer *grundsätzlichen Beschränkung* des Wissens, das eine Wellenfunktion bereitstellt. Wegen des Fehlens objektiver Gründe spricht man in der Quantenmechanik vom **objektiven Zufall**.

Die *sofortige Wiederholbarkeit* einer Messung ist bei klassischen und quantenmechanischen Messungen gleich. Aber gibt es einen gravierenden Unterschied: Bei klassischen Messungen war das System schon vor der ersten Messung im gemessenen Zustand. Bei quantenmechanischen Messungen hingegen war das System vor der ersten Messung (in der Regel) in einem Überlagerungszustand. Daraus ergibt sich eine Erkenntnis von größter Wichtigkeit:

Eine quantenmechanische Messung ändert den Zustand des Systems in der Regel dramatisch und macht daher keine Aussage über den Zustand *vor* der Messung.

Polarisationsmessungen bekräftigen die Postulate: Ein z-linear polarisiertes Photon läuft in x-Richtung in einen Polarisationsfilter (kurz Polfilter) ein, dessen Polrichtung z' mit der z-Achse den Winkel ϑ bildet. Nach Gl. (3.6–4) in Aufgabe 3–13 lautet der Polzustand

$$|z\rangle = \cos\vartheta\,|z'\rangle + \sin\vartheta\,|y'\rangle$$

Das Polfilter lässt das Photon mit der Wahrscheinlichkeit $\cos^2\vartheta$ passieren. Hinter dem Filter hat das Photon den Zustand $|z'\rangle$ und der Zustand $|z\rangle$ vor dem Polfilter lässt sich nachträglich nicht mehr bestimmen.

Eine quantenmechanische Messung überführt das System in einen neu präparierten Zustand (abgesehen von Messungen an Eigenzuständen), *der immer ein Eigenzustand der gemessenen Observablen ist* (bei diskreten Spektren). Der ursprüngliche, vor der Messung vorliegende Zustandsvektor *beschreibt nur Möglichkeiten* und bestimmt die Wahrscheinlichkeiten $|c_n|^2 = |\langle\psi_n|\psi\rangle|^2$, mit denen die Eigenwerte a_n **gefunden** werden.[4] Insofern beschreibt die Schrödinger-Gl. die Zeitentwicklung von Möglichkeiten.

Wenn man das Ergebnis einer Messung mit Sicherheit vorhersagen kann, wenn sich also das zu messende System schon vor der Messung in einem Eigenzustand von $\hat{A}$ befindet, dann sagt man, dass das System die **Eigenschaft** *A hat.* Ein Teilchen in einem Eigenzustand des quadrierten Drehimpulsoperators $\hat{L}^2$ (siehe Beispiel 3.3–2) hat die Eigenschaft Drehimpuls. Aber ein Teilchen in einem Überlagerungszustand von Drehimpuls-Eigenfunktionen hat keinen bestimmten Drehimpuls und hat daher die Eigenschaft Drehimpuls nicht.

Die drängende Frage, warum gerade der Wert a_n gemessen wird bzw. wie die Auswahl zustande kommt, kann bis heute nicht beantwortet werden. Die ebenfalls naheliegende Frage „Was nützt eine Messung, wenn der Zustand vor der Messung nicht zu ermitteln ist?" ist

---

[4] In [Landau], § 7 steht: „Bzgl. der Vergangenheit verifiziert der Messprozess die Wahrscheinlichkeiten für die verschiedenen möglichen Ergebnisse. ... Für die Zukunft schafft er einen neuen Zustand. ... Die Tatsache, dass der Messprozess nicht umkehrbar ist, bringt ... die Eigenschaft, dass *die beiden Zeitrichtungen physikalisch nicht äquivalent sind, d. h. es entsteht eine Unterscheidung von Zukunft und Vergangenheit.*"

Gelegentlich wird gesagt, dass die Streuung der Messwerte auf Störungen des Systems durch den Messprozess, also auf unkontrollierbare Wechselwirkungen mit dem Messgerät zurückzuführen ist. Das trifft nicht zu. Die Streuung von Messwerten geht auf die Wellenfunktion zurück, ist also innere Eigenschaft des Systems.

In Abschn. 8.2 wird die allgemeine Unbestimmtheitsrelation nur mit der Hermitizität der Observablen und der Schwarzschen Ungleichung rein mathematisch ableitet.

in der Quantentheorie angesichts der Wahrscheinlichkeitsinterpretation nicht erlaubt und nicht sinnvoll; denn $|c_n|^2$ ist nicht die Wahrscheinlichkeit, dass ein Teilchen vor der Messung von $\hat{A}$ im Zustand $|\psi_n\rangle$ ist, sondern vielmehr die Wahrscheinlichkeit, das Teilchen bei der Messung im Zustand $|\psi_n\rangle$ zu **finden**.[5] Mehr sagt die Wellenfunktion nicht aus und daher ist die gestellte Frage unpassend. Mit anderen Worten:

Eine Zustandsfunktion beschreibt nur die Wahrscheinlichkeiten der Ergebnisse in *zukünftigen* Messungen.

Die Zustandsänderung bei der Messung von $\hat{A}$

$$|\psi\rangle = \sum_k c_k |\psi_k\rangle \quad \overset{\text{Messprozess}}{\longrightarrow} \quad |\psi_n\rangle \tag{8.1-4}$$

heißt **Kollaps** oder **Reduktion der Wellenfunktion**.

Beachte: Der Kollaps ist **kein physikalischer Prozess**, sondern eine Rechenvorschrift, ein einfaches **pragmatisches Rezept**, das das Endergebnis eines postulierten und nicht weiter erklärbaren Ablaufes *zutreffend* beschreibt. Der Kollaps setzt die stetige, durch die Schrödinger-Gl. gesteuerte Zeitentwicklung vorübergehend außer Kraft. Man spricht vom **Messproblem** der Quantenmechanik.

Der Kollaps der Wellenfunktion beschreibt die Ergebnisse aller Experimente richtig und wird daher (wohl auch in Zukunft) unverzichtbar bleiben und als eine effektive Beschreibung der Messungen überleben.[6]

In nahezu allen Vorlesungen und Büchern wird diese simple Rechenvorschrift verwendet.

---

[5] Eine vergleichbare Aussage haben wir bereits in Abschn. 3.1 für *kontinuierliche* Ortsmessungen gemacht: $|\psi(x,t)|^2$ ist nicht die Wahrscheinlichkeitsdichte dafür, dass ein Teilchen am Ort x ist, sondern die Wahrscheinlichkeitsdichte dafür, ein Teilchen bei einer Ortsmessung zur Zeit t am Ort x zu **finden**.

[6] In Abschn. 8–5 werde ich auf das Messproblem zurückkommen und kurz die weitgehend anerkannte, seit 1970 entwickelte Dekohärenz-Theorie antippen. Danach gibt es keinen unstetigen Kollaps, sondern nur einen stetigen, aber *extrem schnellen Zerfall der Interferenzfähigkeiten* (Dekohärenz), der *durch die* – bei der Messung auftretende – *Wechselwirkung mit der Umgebung zustande kommt* und vollständig durch die Quantentheorie erklärt werden kann. Da die Standardquantenmechanik Wechselwirkungen mit der Umgebung kategorisch meidet, bleibt das Kollaps-Postulat in der Kopenhagener Interpretation unergründlich und schleierhaft, obwohl es alle Messergebnisse korrekt wiedergibt.

Weitere Erläuterungen und stark vereinfachte Rechnungen stehen in Kap. 22. Derzeit ist die Dekohärenz-Theorie noch nicht voll ausgereift; ihre Berechnungen sind schwierig und beschränken sich auf einfache Modellsysteme. Sie wird daher in den meisten Lehrbüchern (noch?) nicht oder nur am Rand behandelt.

Die Standardquantenmechanik legt nahe, dass der *Kollaps* bei der Ortsmessung *augenblicklich erfolgen muss*. Zur Begründung dieser Aussage betrachten wir das normierte Wellenpaket eines freien, ruhenden Elektrons mit einer breiten Aufenthaltsdichte $|\psi(x)|^2$, die sich etwa von $0\,\text{m}$ bis nach $0{,}5\,\text{m}$ erstreckt. Wir nehmen an, dass das Elektron bei einer Ortsmessung zur Zeit $t=0$ bei $x_1=0{,}1\,\text{m}$ gefunden wird und dass sich die Information über den Fund mit Lichtgeschwindigkeit ausbreitet. Dann würde es $1\,\text{ns}$ dauern, bis die Information bei $x_2=0{,}4\,\text{m}$ eingetroffen ist. Folglich könnte das Elektron in dem Zeitintervall $[\,0\,\text{s},1\,\text{ns}\,]$, also bis

Übrigens bestätigt das Kollaps-Postulat eine wichtige, frühere Aussage: Nach einer Messung und dem dabei erfolgten Kollaps sind keine Rückschlüsse auf die Wellenfunktion vor der Messung möglich.

Für die Messung von *zwei* Observablen ist folgende Aussage von zentraler Bedeutung und wird oft benötigt: Nach Abschn. 7.2 gilt für hermitesche Operatoren $\hat{A}, \hat{B}$ die Äquivalenz:

1) Die Observablen, also hermiteschen Operatoren sind vertauschbar $\left[\hat{A}, \hat{B}\right] = 0$

$\Leftrightarrow$ 2) Die Observablen $\hat{A}, \hat{B}$ haben ein gemeinsames, vollständiges Orthonormalsystem von Eigenvektoren.

Beispiel 8.1–1 Messung von zwei kommutierenden Observablen

Die Operatoren $\hat{A}, \hat{B}$ *vertauschen miteinander* und haben diskrete, *nicht entartete* Eigenwerte. Daher existieren *gemeinsame* orthonormierte Eigenvektoren $|\psi_n\rangle$ mit den Eigenwertgln.

$$\hat{A} \,|\,\psi_n\rangle = a_n \,|\,\psi_n\rangle \qquad \hat{B} \,|\,\psi_n\rangle = b_n \,|\,\psi_n\rangle$$

Anfangs befindet sich das betrachtete Quantenobjekt im normierten Zustand

$$|\psi\rangle = \sum_n c_n \,|\,\psi_n\rangle$$

a) In einer ersten Messung wird die Observable $\hat{A}$ gemessen. Wie groß ist die Wahrscheinlichkeit $p(a_n)$ für den Messwert a_n und wie lautet der Zustand nach der ersten Messung?

In einer direkt nachfolgenden Messung wird die Observable $\hat{B}$ gemessen. Wie groß ist die Wahrscheinlichkeit für einen Messwert b_m und wie lautet der Zustand nach dieser zweiten Messung?

b) Wir betrachten nochmals das Teilchen im Ausgangszustand $|\psi\rangle$ und messen nun in umgekehrter Reihenfolge, also zuerst $\hat{B}$ und danach $\hat{A}$. Auch hier ist der zeitliche Abstand zwischen den beiden Messungen so klein, dass die Zeitentwicklung der Zustände in der Zwischenzeit vernachlässigt werden kann. Welche Ergebnisse erhält man nun?

---

zum Eintreffen der Fundinformation zusätzlich ein zweites Mal bei $x_2 = 0{,}4\,\text{m}$ gefunden werden; somit wären aus einem Elektron plötzlich zwei Elektronen geworden. Die Quantenmechanik zeigt zwar viele phantastische und im Alltag völlig ungewohnte Eigenschaften, aber eine Teilchenvermehrung – vergleichbar mit der wundersamen Brotvermehrung im Neuen Testament – ist nicht dabei.

Das angesprochene Problem lässt sich nur lösen, wenn der Kollaps ungeheuer schnell oder gar momentan erfolgt.

Beachte aber: Die Vorstellung, dass die Wellenfunktion bei einer Ortsmessung in einer schnellen Bewegung auf einen kleinen Raumbereich in der Umgebung des Fundortes zusammen*fällt*, ist unzulässig, weil sich hier keine Energie und auch sonst Nichts von A nach B bewegt. *Der Kollaps eliminiert nur Möglichkeiten für zukünftige Messungen und dafür gibt es in der Physik keine Minimalzeit.* Daher ist der Eindruck, dass der Kollaps eine irgendwie geartete, überlichtschnelle Strömung oder Bewegung beinhaltet, untauglich – obwohl das Auftreten einer Überlichtgeschwindigkeit hier zu keiner Verletzung der speziellen Relativitätstheorie führen würde. Denn *mit dem Kollaps können keine Informationen übertragen werden.* Die Relativitätstheorie sagt nur, dass *Informationen* (und damit auch Materie, auf die man Nachrichten drucken kann) nicht schneller als mit $c = 3 \cdot 10^8\,\text{m/s}$ übermittelt werden können.

Lösung:

a) Die Wahrscheinlichkeit, den Wert a_n zu messen, beträgt

$$p(a_n) = |c_n|^2 = |\langle \psi_n | \psi \rangle|^2$$

Nach der Messung des Eigenwertes a_n befindet sich das Teilchen im Eigenzustand $| \psi_n \rangle$. Die anschließende Messung der Observablen $\hat{B}$ liefert *mit Sicherheit* den Messwert b_n. Der Zustand des Systems wird bei der zweiten Messung nicht geändert.

b) Man findet den Messwert b_n mit der Wahrscheinlichkeit $|c_n|^2$. Danach ist das Teilchen im Eigenzustand $| \psi_n \rangle$. Die anschließende Messung von $\hat{A}$ liefert mit Sicherheit den Messwert a_n. Dabei ändert sich der Zustand nicht mehr. Offensichtlich *hat die Reihenfolge der beiden Messungen keinen Einfluss auf die Ergebnisse.*

Fazit: Die Reihenfolge der Messungen von zwei kommutierenden Observablen mit diskreten Eigenwerten hat keinen Einfluss auf die Ergebnisse, weil die zweite Messung den Zustand nicht mehr ändert, den eine erste, nicht entartete Messung aufgebaut hat. Daher bleiben die Informationen, die die erste Messung geliefert hat, bei der zweiten Messung erhalten. Die Vertauschbarkeit der Reihenfolge der Messungen beruht auf den gemeinsamen Eigenfunktionen der beiden gemessenen Operatoren.

Da die Reihenfolge, in der zwei kommutierende Observablen gemessen werden, ohne Änderung der Ergebnisse geändert werden kann, sagt man:

Kommutierende Observable sind **„gleichzeitig messbar"**.

Der Begriff „Gleichzeitige Messbarkeit" darf nicht wörtlich genommen werden, sondern weist auf die Vertauschbarkeit der Messungen hin, falls $[\hat{A}, \hat{B}] = 0$. Auch bei diskreten, *entarteten* Spektren kann die Reihenfolge der Messungen kommutierender Observabler ohne Ergebnisänderung gewechselt werden.

Beispiel 8.1–2 Messung von zwei nicht kommutierenden Observablen

Wir betrachten in einem zweidimensionalen Hilbertraum zwei hermitesche Matrizen:

$$\hat{A} = \begin{pmatrix} 0 & 1 \\ 1 & 0 \end{pmatrix} \qquad \hat{B} = \begin{pmatrix} 0 & -i \\ i & 0 \end{pmatrix} \qquad \text{mit} \qquad [\hat{A}, \hat{B}] = 2i \begin{pmatrix} 1 & 0 \\ 0 & -1 \end{pmatrix}$$

Die Matrizen $\hat{A}, \hat{B}$ vertauschen nicht und haben daher keine gemeinsamen Eigenvektoren. Die Matrix $\hat{A}$ hat die folgenden beiden Eigenvektoren $|a_k\rangle$ und Eigenwerte a_k ($k = 1, 2$):

$$|a_1\rangle = \frac{1}{\sqrt{2}} (1\ \ 1)^T \quad \text{mit} \quad a_1 = 1 \qquad \text{und} \qquad |a_2\rangle = \frac{1}{\sqrt{2}} (1\ {-1})^T \quad \text{mit} \quad a_2 = -1$$

Die Matrix $\hat{B}$ hat zwei *andere* Eigenvektoren mit den Eigenwerten b_k [7]:

---

[7] Da $\hat{B}$ hermitesch ist, stehen die beiden Eigenvektoren $|b_1\rangle, |b_2\rangle$ senkrecht aufeinander:

$$\langle b_1 | b_2 \rangle = \frac{1}{2} (1\ \ {-i}) \cdot \begin{pmatrix} 1 \\ -i \end{pmatrix} = \frac{1 - 1}{2} = 0$$

$$|b_1\rangle = \frac{1}{\sqrt{2}}(1 \ i)^\mathrm{T} \quad \text{mit} \quad b_1 = 1 \qquad \text{und} \qquad |b_2\rangle = \frac{1}{\sqrt{2}}(1 \ -i)^\mathrm{T} \quad \text{mit} \quad b_2 = -1$$

Das System soll sich anfangs im folgenden Zustand befinden:

$$|\psi\rangle = \frac{1}{3}|a_1\rangle + \frac{\sqrt{8}}{3}|a_2\rangle = \frac{1}{3\sqrt{2}}\begin{pmatrix} 1+\sqrt{8} \\ 1-\sqrt{8} \end{pmatrix} \tag{8.1-5}$$

a) Wie groß ist die gesamte Wahrscheinlichkeit, bei der Messung von $\hat{A}$ den Wert $a_1 = 1$ und bei der unmittelbar anschließenden Messung von $\hat{B}$ den Wert $b_1 = 1$ zu erhalten? Wie lautet die Wellenfunktion nach diesen beiden Messungen?

b) Wir beginnen wieder mit dem Zustand $|\psi\rangle$ und messen nun in umgekehrter Reihenfolge, also zuerst $\hat{B}$ und dann unmittelbar danach $\hat{A}$. Wie groß ist nun die Wahrscheinlichkeit für die Messwerte $b_1 = 1$ und $a_1 = 1$? In welchem Zustand ist das System nach den Messungen?

Lösung:

a) Nach Gl. (8.1–3) wird der Eigenwert $a_1 = 1$ mit der Wahrscheinlichkeit $|\langle a_1|\psi\rangle|^2 = 1/9$ gemessen. Nach der Messung ist das System im Zustand $|a_1\rangle$.

Die Wahrscheinlichkeit, bei der anschließenden B-Messung den Wert $b_1 = 1$ zu finden, ist nach Gl. (8.1–3) das *Betragsquadrat des Skalarproduktes aus den vor und nach der Messung vorliegenden Zustandsvektoren*:

$$\langle a_1|b_1\rangle = \frac{1}{\sqrt{2}}(1 \ 1)\cdot\frac{1}{\sqrt{2}}\begin{pmatrix} 1 \\ i \end{pmatrix} = \frac{1}{2}(1+i) \quad \Rightarrow \quad \left|\langle a_1|b_1\rangle\right|^2 = \frac{1}{2}$$

Folglich wird der Eigenwert $b_1 = 1$ mit der Wahrscheinlichkeit $1/2$ gemessen. Die gesamte Wahrscheinlichkeit ist $1/9 \cdot 1/2 = \mathbf{1/18}$ und das System ist am Ende im **Zustand** $|b_1\rangle$.

b) $\displaystyle \langle b_1|\psi\rangle = \frac{1}{\sqrt{2}}\left(1 \ -i\right)\cdot\frac{1}{3\sqrt{2}}\begin{pmatrix} 1+\sqrt{8} \\ 1-\sqrt{8} \end{pmatrix} = \frac{1}{6}\left[1+\sqrt{8}-i\left(1-\sqrt{8}\right)\right]$

$$\Rightarrow \quad |\langle b_1|\psi\rangle|^2 = \frac{18}{36} = \frac{1}{2}$$

Das Betragsquadrat des zweiten Skalarproduktes wurde bereits im Teil a) berechnet:

$$|\langle a_1|b_1\rangle|^2 = \frac{1}{2}$$

Die ganze Wahrscheinlichkeit ist $1/2 \cdot 1/2 = \mathbf{1/4}$ und das System ist am Ende im **Zustand** $|a_1\rangle$.

Wir sehen: *Bei der Vertauschung der Reihenfolge der Messungen von zwei inkompatiblen Observablen ergeben sich verschiedene Wahrscheinlichkeiten und am Ende auch noch verschiedene Zustände.*

Hinweise: **1)** In Beispiel 8.2–2 wird die Nichtvertauschbarkeit von Orts- und Impulsmessung untersucht.

2) Polarisationsfilter mit verschiedenen Polarisationsrichtungen sind nicht vertauschbar. In Aufgabe 3–13 werden die Operatoren der Polarisationsfilter berechnet und ihre Nichtvertauschbarkeit bewiesen.

Warnung vor einem häufigen Fehler: Vergiss die Komplex-Konjugation im Bra $\langle b_1|$ nicht! (Siehe dazu die Gln. (7.1–2a/e).)

Fazit: Die Reihenfolge der Messungen von zwei nicht kommutierenden Observablen beeinflusst die Ergebnisse. Bei der jeweils zweiten Messung wird der Zustand, den die erste Messung aufgebaut hat, zerstört. Daher verliert die Information der ersten Messung ihren Sinn und wird daher für die Zukunft des Quantenobjekts mehr oder weniger bedeutungslos.

Die Nichtvertauschbarkeit der Reihenfolge der Messungen geht auf die verschiedenen Eigenfunktionen der beiden gemessenen Operatoren zurück.

Da die Reihenfolge, in der zwei nicht kommutierende Observablen gemessen werden, nicht vertauscht werden kann ohne Änderung der Ergebnisse, sagt man:

Nicht kommutierende Observable sind „**nicht gleichzeitig messbar**".[8]

Am Schluss betrachten wir die Messung von Observablen mit **kontinuierlichen, nicht entarteten Spektren**. Bei der Messung einer Observablen $\hat{A}$ mit *kontinuierlichem Spektrum* kollabiert die Wellenfunktion nicht in einen Eigenzustand, weil Eigenzustände mit kontinuierlichen Spektren nicht normierbar und daher keine physikalisch realisierbaren Zustände sind. Vielmehr können wir das **achte Postulat** für *kontinuierliche Spektren* wie folgt erweitern:

Bei der Messung *kontinuierlicher Spektren* kollabiert die Wellenfunktion in eine kontinuierliche Überlagerung der Eigenzustände, deren Eigenwerte in einer Umgebung des Messwertes liegen. Die Breite der Umgebung hängt von der Messgenauigkeit ab.

Für Orts- und Impulsmessungen gilt:

- Bei einer Ortsmessung kollabiert die Ortswellenfunktion in die Umgebung des Fundortes (siehe Abb. 8.2–1 im nächsten Abschn. 8.2). Nur so ist sichergestellt, dass eine unmittelbar nachfolgende, zweite Ortsmessung den Fundort der ersten Messung bestätigt oder zumindest ein Ergebnis in der unmittelbaren Umgebung des ersten Fundortes liefert.
- Bei einer Impulsmessung kollabiert die Impulswellenfunktion $\tilde{\psi}(p)$ in die Umgebung des gefundenen Impulses (siehe ebenfalls Abb. 8.2–1).

Beispiel 8.1–3 Messung im kontinuierlichen Impulsspektrum

Zur Zeit $t = 0$ lautet die normierte Wellenfunktion eines freien Teilchens mit Masse m:

$$\psi(x,0) = 2\,a^{3/2} \begin{cases} x\,e^{-ax} & \text{für } x \geq 0 \\ 0 & \text{für } x < 0 \end{cases} \qquad \text{mit} \qquad a > 0$$

---

[8] Wir haben in Abschn. 7.2 festgestellt, dass (in seltenen Ausnahmefällen) nicht vertauschbare Observable wenige gemeinsame Eigenvektoren haben, die nicht den ganzen Hilbertraum, sondern nur einen Teilraum aufspannen. Nur in diesem Teilraum sind nicht vertauschbare Observable gleichzeitig messbar (siehe Aufgabe 9–8c).

Mit welcher Wahrscheinlichkeit $\mathcal{P}$ wird bei einer Impulsmessung zur Zeit $t = 0$ ein Wert im Intervall $[-\hbar a, \hbar a]$ gemessen?

Lösung:

Wir müssen zuerst die Impulswellenfunktion (Fouriertransformierte) berechnen:

$$\tilde{\psi}(p) = \frac{2a^{3/2}}{\sqrt{2\pi\hbar}} \int_0^\infty x \exp\left[-\left(i\frac{p}{\hbar} + a\right)x\right] dx \underset{\substack{\uparrow \\ \text{partielle Integration}}}{=} \frac{2a^{3/2}}{\sqrt{2\pi\hbar}} \frac{\hbar^2}{(ip + \hbar a)^2}$$

$$\Rightarrow \quad |\tilde{\psi}(p)|^2 = \frac{2(a\hbar)^3}{\pi} \frac{1}{\left[p^2 + (\hbar a)^2\right]^2}$$

$$\Rightarrow \quad \mathcal{P} = \frac{2(a\hbar)^3}{\pi} \int_{-\hbar a}^{\hbar a} \frac{dp}{\left[p^2 + (\hbar a)^2\right]^2} = \frac{\pi + 2}{2\pi} \approx 0{,}818$$

Zustandsänderungen werden durch Operatoren hervorgerufen und der Kollaps ist eine Zustandsänderung. *Bei diskreten, nicht entarteten Spektren lässt sich der Kollaps auf den Zustand* $|n\rangle$ *sehr einfach mit folgendem Operator beschreiben*

$$\hat{P}_n = |n\rangle\langle n| \qquad \text{mit} \qquad \langle n|n\rangle = 1 \tag{8.1-6}$$

$$\Rightarrow \quad \hat{P}_n|\psi\rangle = |n\rangle\langle n| \sum_k c_k |k\rangle \underset{\substack{\uparrow \\ \langle n|k\rangle = \delta_{nk}}}{=} c_n |n\rangle \tag{8.1-7}$$

Der Vektor $c_n |n\rangle$ muss natürlich noch durch Streichen des Koeffizienten c_n auf Eins *normiert* werden; erst $|n\rangle$ ist der neue, normierte Zustandsvektor nach der Messung. Wegen Gl. (8.1–7) heißt das achte Postulat gelegentlich auch Projektionspostulat.

Der Operator $\hat{P}_n = |n\rangle\langle n|$ schneidet aus jedem Zustandsvektor den Anteil heraus, der die Richtung von $|n\rangle$ hat. Der Projektionsoperator $\hat{P}_n$ erfüllt wegen der Normierung von $|n\rangle$ die Gl.

$$\hat{P}_n^2 = |n\rangle \underbrace{\langle n|n\rangle}_{=1} \langle n| = \hat{P}_n \tag{8.1-8}$$

Eine zweite identische Projektion ändert also nichts mehr – so wie eine Messung, die unmittelbar auf eine identische vorangehende Messung folgt, keine Zustandsänderung bewirkt.

Operatoren, die die Gl. (8.1–8) erfüllen, heißen **Projektionsoperatoren** oder einfach **Projektoren**.[9] Ein zu $\hat{P}$ inverser Operator $\hat{P}^{-1}$ existiert nicht; das entspricht der physikalischen Aussage, dass eine Messung ein irreversibler Vorgang ist, der nicht rückgängig gemacht werden kann. Wegen

$$\hat{P}_n^\dagger = \left(|n\rangle\langle n|\right)^\dagger = \left(\langle n|\right)^\dagger \left(|n\rangle\right)^\dagger = |n\rangle\langle n| = \hat{P}_n$$

sind Projektionsoperatoren *hermitesch.*

---

[9] Nach Aufgabe 8–6 wird auch der Kollaps bei diskreten, *entarteten* Spektren durch Projektoren beschrieben.

Bilden die orthonormierten Vektoren $|1\rangle,....|m\rangle$ einen Unterraum in $\mathcal{H}$, dann projiziert

$$\hat{P} = \sum_{k=1}^{m} |k\rangle\langle k|$$

jeden Vektor auf diesen m-dimensionalen Unterraum. Auch hier gilt $\hat{P}^2 = \hat{P}$.

Beispiel 8.1–4 Eigenwerte und Messwahrscheinlichkeiten

a) Welche Eigenwerte λ haben die Projektionsoperatoren?

b) Der Zustand $|\psi\rangle = \Sigma_k\, c_k\,|k\rangle$ ist eine Überlagerung der Eigenfunktionen $|k\rangle$ des Operators $\hat{A}$. Schreibe die Wahrscheinlichkeit, bei einer Messung von $\hat{A}$ den Eigenwert a_n zu finden, mit einem Projektionsoperator.

Lösung:

a) Die Eigenwertgl. lautet

$$\hat{P}\,|\varphi\rangle = \lambda\,|\varphi\rangle \quad \underset{\underset{\text{Gl. (8.1–8)}}{\uparrow}}{=} \quad \hat{P}^2\,|\varphi\rangle = \lambda\,\hat{P}\,|\varphi\rangle = \lambda^2\,|\varphi\rangle \quad\Rightarrow\quad \lambda = 0 \ \text{ oder } \ \lambda = 1$$

Der Eigenwert $\lambda = 1$ ist nur für den Projektionsoperator in Gl. (8.1–6) nicht entartet.

b) Die Wahrscheinlichkeit für den Messwert a_n beträgt nach Gl. (8.1–3)

$$|c_n|^2 = |\langle n|\psi\rangle|^2 = \langle\psi|n\rangle\langle n|\psi\rangle = \langle\psi|\hat{P}_n|\psi\rangle \tag{8.1–9}$$

Daher gilt: Für ein Teilchen im Zustand $|\psi\rangle$ ist die Wahrscheinlichkeit für den Messwert a_n gleich dem Erwartungswert $\langle\psi|\hat{P}_n|\psi\rangle$ des Projektionsoperators $\hat{P}_n = |n\rangle\langle n|$.

Abschließend will ich noch kurz eine wichtige Frage beantworten: Wie viele verschiedene *kommutierende* Observable müssen gemessen werden, damit ihre Eigenwerte (also die Messwerte) den Zustand, den das Quantenobjekt nach den Messungen einnimmt, eindeutig festlegen? Wenn der zuerst gemessene Operator $\hat{A}$ keine entarteten Eigenwerte hat, dann kennzeichnet jeder Eigenwert a_n eindeutig seinen Eigenvektor $|n\rangle$. In diesem Fall legt die Messung eines Eigenwertes den Zustand des Systems eindeutig fest.

Ist aber der gemessene Eigenwert g_n–fach entartet, gehören also zum Eigenwert a_n mindestens zwei Eigenvektoren ($g_n \geq 2$), dann ist der Zustand des Systems nach der Messung von $\hat{A}$ nicht eindeutig festgelegt; man weiß nur, dass die Zustandsfunktion in einem g_n–dimensionalen Unterraum liegt. In diesem Fall nehmen wir eine weitere Observable $\hat{B}$ hinzu, die mit $\hat{A}$ kommutiert.[10] Die gemeinsamen Eigenvektoren von $\hat{A},\hat{B}$ bilden eine Basis $\{|n,m\rangle\}$ im Hilbertraum mit den Eigenwertgln.

$$\hat{A}\,|n,m\rangle = a_n\,|n,m\rangle \qquad \hat{B}\,|n,m\rangle = b_m\,|n,m\rangle$$

---

[10] Natürlich muss $\hat{B}$ mit $\hat{A}$ kommutieren, damit die $\hat{B}$–Messung den Zustand, der sich bei der vorangehenden $\hat{A}$–Messung eingestellt hat, nicht derart zerstört, dass er anschließend nicht mehr ein Eigenzustand von $\hat{A}$ ist. (Siehe dazu auch Aufgabe „8-6 Messung diskreter, entarteter Spektren".)

Ist nun (mindestens) ein Paar a_n, b_m von Eigenwerten entartet, gibt es also zu (mindestens) einem Eigenwertpaar verschiedene Eigenvektoren $|n,m\rangle$, so holen wir einen weiteren Operator $\hat{C}$, der mit den ersten beiden Operatoren $\hat{A}, \hat{B}$ vertauscht. Die gemeinsamen Eigenvektoren von $\hat{A}, \hat{B}, \hat{C}$ bilden eine Basis $\{|n,m,k\rangle\}$ im Hilbertraum mit den Eigenwertgln.

$$\hat{A}\,|\,n,m,k\rangle = a_n\,|\,n,m,k\rangle \qquad \hat{B}\,|\,n,m,k\rangle = b_m\,|\,n,m,k\rangle$$

$$\hat{C}\,|\,n,m,k\rangle = c_k\,|\,n,m,k\rangle$$

Wir ziehen solange weitere, kommutierende Operatoren hinzu, bis jeder Satz von Eigenwerten $a_n, b_m, c_k, \dots$ eindeutig einen einzigen Eigenvektor $|n,m,k,\dots\rangle$ hat, bis also keine Entartung mehr vorliegt. Dann heißt die Menge der kommutierenden Operatoren $\hat{A}, \hat{B}, \hat{C}, \dots$ **vollständiger Satz kommutierender Operatoren** – kurz **vSkO**. Die Eigenfunktionen werden durch ihre Eigenwerte $a_n, b_m, c_k, \dots$ eindeutig bestimmt. *Die Messwerte eines vSkO legen den Zustand des untersuchten Quantenobjektes eindeutig fest.*

Bekannt sind vor allem folgende drei vSkO:

- Die drei Operatoren $\hat{H}, \hat{\mathbf{L}}^2, \hat{L}_3$ des Wasserstoffatoms bilden den geläufigsten vSkO (siehe Abschn. 10.1). Die drei Indices n, l, m der Eigenfunktionen $\psi_{nlm}(r, \vartheta, \varphi)$ sind die Hauptquantenzahl n mit $n \geq 1$, die Drehimpulsquantenzahl l mit $0 \leq l \leq n-1$ und die magnetische Quantenzahl m mit $-l \leq m \leq l$. (Der Spin wird hier nicht beachtet.)

- Die Funktionen $\exp(i\,\mathbf{p}\cdot\mathbf{r}/\hbar)$ sind die (nicht normierbaren, also uneigentlichen) Eigenfunktionen des Impulsoperators $\hat{\mathbf{P}}$ mit dem kontinuierlichen Eigenwert $\mathbf{p}$ (siehe Gl. (7.1–10)). Drei gemessene Impulskomponenten p_1, p_2, p_3 eines Teilchens legen die Wellenfunktion eindeutig zu $\exp(i\,\mathbf{p}\cdot\mathbf{r}/\hbar)$ fest. Folglich bilden die drei Operatoren $\hat{P}_1, \hat{P}_2, \hat{P}_3$ einen vSkO (siehe auch [Landau], § 15).

- Auch die drei Komponenten $\hat{X}_k$ des Ortsoperators $\hat{\mathbf{R}}$ bilden einen vSkO. Die Deltafunktionen sind die Ortseigenfunktionen (siehe die Gln. (7.1–15/16)).

8.2 Allgemeine Unbestimmtheitsrelation

Erwartungswert und Streuung wurden bereits in den Gln. (4.2–14/15) definiert. In den Kapiteln 4, 5 und 6 wurden verschiedentlich Streuungen in Beispielen und Aufgaben berechnet. Gleichwohl erinnere ich nochmals an den **Erwartungswert** des Operators $\hat{A}$

$$\langle \hat{A} \rangle = \langle \psi\,|\,\hat{A}\,|\,\psi \rangle = \int_{-\infty}^{+\infty} \psi^*(x,t)\,\hat{A}\,\psi(x,t)\,dx \tag{8.2–1}$$

und an die **Streuung** ΔA, die auch Standardabweichung oder **Unschärfe** heißt. Sie ist die *Wurzel aus der mittleren quadratischen Abweichung vom Erwartungswert:*

$$(\Delta A)^2 = \left\langle \left(\hat{A} - \langle \hat{A} \rangle\right)^2 \right\rangle = \int_{-\infty}^{+\infty} \psi^*(x,t)\left(\hat{A} - \langle \hat{A} \rangle\right)^2 \psi(x,t)\,dx =$$

$$= \langle \hat{A}^2 \rangle - 2\langle \hat{A} \rangle^2 + \langle \hat{A} \rangle^2 = \langle \hat{A}^2 \rangle - \langle \hat{A} \rangle^2 \tag{8.2–2}$$

Oft ist der Erwartungswert $\langle \hat{A} \rangle$ null. Dann lautet das Quadrat der Streuung[11]

$$(\Delta A)^2 = \langle \hat{A}^2 \rangle \quad \text{wenn} \quad \langle \hat{A} \rangle = 0 \tag{8.2-3}$$

Die Streuung ΔA lässt sich messen, indem die Observable $\hat{A}$ an vielen, identisch präparierten Teilchen – also an Teilchen mit derselben Wellenfunktion $|\psi\rangle$ – gemessen wird.[12]

Bei einer einzelnen Messung beschreibt die Streuung ΔA den Bereich in der Umgebung von $\langle \hat{A} \rangle$, in dem der Messwert zu erwarten ist. Beachte: Die Streuung ΔA hat nichts mit der Genauigkeit einer einzelnen Messung bzw. mit der Genauigkeit des Messgerätes zu tun. Auch bei großer Streuung können die einzelnen Messungen – im Prinzip – beliebig genau sein.

Wir leiten nun die allgemeine Unbestimmtheitsrelation ab für zwei **hermitesche** Observablen $\hat{A} = \hat{A}^\dagger$ und $\hat{B} = \hat{B}^\dagger$. Nach der **Schwarzschen Ungl.** (7.1–3a) gilt für alle (nicht unbedingt normierten) Zustände $|\psi_1\rangle$ und $|\psi_2\rangle$:

$$\langle \psi_1 | \psi_1 \rangle \langle \psi_2 | \psi_2 \rangle \geq \left| \langle \psi_1 | \psi_2 \rangle \right|^2 \tag{8.2-4}$$

Mit $\quad |\psi_1\rangle := \hat{A}|\psi\rangle \quad$ und $\quad |\psi_2\rangle := \hat{B}|\psi\rangle \qquad |\psi\rangle = \text{normiert} \tag{8.2-5}$

folgt: $\langle \hat{A}\psi | \hat{A}\psi \rangle \langle \hat{B}\psi | \hat{B}\psi \rangle = \langle \psi | \hat{A}^2 | \psi \rangle \langle \psi | \hat{B}^2 | \psi \rangle \geq \left| \langle \hat{A}\psi | \hat{B}\psi \rangle \right|^2 =$

$$= \left| \langle \psi | \hat{A}\hat{B} | \psi \rangle \right|^2 = \left| \frac{1}{2} \langle \psi | \hat{A}\hat{B} + \hat{B}\hat{A} | \psi \rangle - \frac{i}{2} \langle \psi | i(\hat{A}\hat{B} - \hat{B}\hat{A}) | \psi \rangle \right|^2 \tag{8.2-6}$$

Die Richtigkeit der letzten Gl. ist offensichtlich; ihr Zweck ergibt sich erst in den folgenden Zeilen.

Nach Beispiel (7.2–2e/f) sind die beiden Operatoren

$$\hat{A}\hat{B} + \hat{B}\hat{A} =: \left\{ \hat{A}, \hat{B} \right\} \quad \text{sowie} \quad i(\hat{A}\hat{B} - \hat{B}\hat{A}) = i\left[\hat{A}, \hat{B} \right]$$

hermitesch, so dass ihre Erwartungswerte

$$\langle \psi | \hat{A}\hat{B} + \hat{B}\hat{A} | \psi \rangle \quad \text{und} \quad \langle \psi | i(\hat{A}\hat{B} - \hat{B}\hat{A}) | \psi \rangle$$

reell sind. Das bedeutet für Gl. (8.2–6):

$$\langle \psi | \hat{A}^2 | \psi \rangle \langle \psi | \hat{B}^2 | \psi \rangle \geq \left| \frac{1}{2} \underbrace{\langle \psi | \hat{A}\hat{B} + \hat{B}\hat{A} | \psi \rangle}_{= \text{ reell } =\, :x} - \frac{1}{2} i \underbrace{\langle \psi | i(\hat{A}\hat{B} - \hat{B}\hat{A}) | \psi \rangle}_{= \text{ imaginär } =\, :iy} \right|^2$$

---

[11] Bereits in Abschn. 4.2 habe ich gesagt, dass ich den gebräuchlicheren Namen „Unschärfe" für missverständlich halte – wie Heisenberg auch. Daher verwende ich den Namen „Streuung". Vor allem aber beschreibt dieser Name die Bedeutung von ΔA am besten: *Viele Messungen an identisch präparierten Teilchen ergeben Messwerte, die in der Umgebung von $\langle \hat{A} \rangle$ verstreut sind.* ΔA ist ein Maß für die Breite der Verteilung.

[12] Der Begriff „identische Präparation" muss sich nur auf den Teil der Wellenfunktion beziehen, der die Messungen von $\hat{A}$ beeinflusst. Bei einer Orts- und Impulsmessung beispielsweise können die identisch präparierten Teilchen verschiedene Spinzustände haben, wenn der Spin keinen Einfluss auf die Messungen hat.

Für komplexe Zahlen $\underline{z} = x + i\,y$ ist $|\underline{z}|^2 \geq y^2$. Somit folgt

$$\langle\,\psi\,|\,\hat{A}^2\,|\,\psi\,\rangle\,\langle\,\psi\,|\,\hat{B}^2\,|\,\psi\,\rangle \geq \left|\frac{1}{2}\langle\,\psi\,|\,[\hat{A},\hat{B}]\,|\,\psi\,\rangle\right|^2 \tag{8.2-7}$$

Wir ersetzen nun die Operatoren $\hat{A}, \hat{B}$ durch die (ebenfalls hermiteschen) Operatoren

$$\hat{A} - \langle\psi|\hat{A}|\psi\rangle \quad,\quad \hat{B} - \langle\psi|\hat{B}|\psi\rangle.$$

Bei dieser Ersetzung wird der Kommutator – anders als der Antikommutator – nicht geändert und wir erhalten[13]

$$\langle\,\psi\,|\,(\hat{A} - \langle\hat{A}\rangle)^2\,|\,\psi\,\rangle\,\langle\,\psi\,|\,(\hat{B} - \langle\hat{B}\rangle)^2\,|\,\psi\,\rangle =$$

$$(\Delta A_\psi)^2\,(\Delta B_\psi)^2 \geq \frac{1}{4}\left|\langle\,\psi\,|\,[\hat{A},\hat{B}]\,|\,\psi\,\rangle\right|^2$$

Wir erhalten die **allgemeine Unbestimmtheitsrelation**[14] oder allgemeine Unschärferelation:

$$\Delta A_\psi\,\Delta B_\psi \geq \frac{1}{2}\left|\left\langle\,\psi\,\left|\,\left[\hat{A},\hat{B}\right]\,\right|\,\psi\,\right\rangle\right| \tag{8.2-8}$$

Für jeden Zustand $|\psi\rangle$ ist das Streuungsprodukt $\Delta A_\psi \cdot \Delta B_\psi$ (Produkt der Standardabweichungen) mindestens halb so groß wie der Betrag des Erwartungswertes des Kommutators $[\hat{A},\hat{B}]$ in diesem Zustand $|\psi\rangle$.

Die beiden Streuungen ΔA_ψ und ΔB_ψ beziehen sich auf *eine* Wellenfunktion $|\psi\rangle$.

Beachte: Die Unbestimmtheitsrelation wurde *mathematisch aus der Hermitizität der Observablen und aus der* Schwarzschen *Ungleichung hergeleitet. Das Minimum des Streuungsproduktes hat also nur mathematische Gründe.*

Bereits in Abschn. „4.2 Wellenpakete" haben wir gelernt, dass die Unbestimmtheitsrelation $\Delta x\,\Delta k \geq 1/2$ rein *mathematisch* aus der Theorie der Fouriertransformationen folgt. Aus der Theorie der Signalverarbeitung wissen wir: Je kürzer die zeitliche Dauer eines Signals $f(t)$ ist, desto größer ist die minimale Bandbreite und umgekehrt.

---

[13] Natürlich kann man in Gl. (8.2-6) zusätzlich auch den ersten Term mit dem Antikommutator $\{\hat{A},\hat{B}\} := \hat{A}\hat{B} + \hat{B}\hat{A}$ stehen lassen und dadurch eine verschärfte Form erhalten:

$$(\Delta A_\psi)^2\,(\Delta B_\psi)^2 \geq \frac{1}{4}\left|\left\langle\psi\left|\left[\hat{A},\hat{B}\right]\right|\psi\right\rangle\right|^2 + \frac{1}{4}\left(\left\langle\psi\left|\{\hat{A},\hat{B}\}\right|\psi\right\rangle - 2\langle\hat{A}\rangle\langle\hat{B}\rangle\right)^2$$

Diese Ungl. wurde erstmals 1929 von E. Schrödinger eingeführt. Sie hat aber keine Bedeutung für die Quantenmechanik, da die runde Klammer bei den meisten Messungen verschwindet. (Siehe auch Aufgabe 8-4).

[14] Das Absolutzeichen in Gl. (8.2-8) ist nötig, da der Erwartungswert aller Kommutatoren rein imaginär ist (siehe z. B. Gl. (8.2-9)). Der Beweis dieser Aussage folgt aus den beiden Aussagen, dass – erstens – die Erwartungswerte hermitescher Operatoren reell sind und dass – zweitens – der Kommutator $i\,[\hat{A},\hat{B}]$ hermitesch ist für hermitesche Operatoren $\hat{A}, \hat{B}$. (Die letzte Behauptung wurde in Beispiel (7.2-2e) bewiesen.)

Für *freie* Teilchen ist $[\hat{H},\hat{P}] = 0$, so dass genügend lange, *freie* Wellenpakete beliebig kleine Streuungen sowohl der Energie als auch (zugleich) des Impulses haben können. Daher konnten bei der Berechnung des Compton-Effektes in Abschn. 2.5 scharfe Viererimpulse $\underline{p} = (E/c, m(v)\,\mathbf{v})$ unterstellt werden.

Für das Streuungsprodukt von Ort und Impuls folgt die bekannte Beziehung:

$$\Delta x_\psi \,\Delta p_\psi \geq \frac{1}{2}\left|\,\langle\,\psi\,|\,[\hat{X},\hat{P}]\,|\,\psi\,\rangle\,\right| = \frac{1}{2}\,|\langle i\hbar\rangle| = \frac{\hbar}{2} \tag{8.2–9}$$

Da $[\hat{X},\hat{P}] = i\hbar$ kein Operator, sondern nur eine Zahl – streng genommen ein Vielfaches $i\hbar\hat{1}$ des Einheitsoperators $\hat{1}$, den wir immer durch die Zahl 1 ersetzen können – ist, hängt die untere Schranke von $\Delta x\,\Delta p_x$ nicht vom Systemzustand ab. Die Unmöglichkeit, Ort und Impuls gleichzeitig exakt anzugeben, zeigt erneut, dass der Begriff „Bahn", die in der Klassischen Mechanik die Kenntnis von Ort und Impuls erfordert, in der Quantenmechanik keinen Platz hat.[15]

Die Unbestimmtheitsrelation (8.2–9) wird gerne benutzt, um die kleinste Energie gebundener Systeme abzuschätzen (siehe Aufgabe 8–5).

Bei einer positiven Ortsstreuung $\Delta x > 0$ sind die Teilchen nicht unscharf, verschmiert oder aufgebläht und die einzelnen Ortsmessungen sind nicht unbedingt unscharf oder ungenau. Vielmehr besagt eine positive Ortsstreuung $\Delta x > 0$:

- *Viele Ortsmessungen an identisch präparierten Teilchen*, also an Teilchen im selben Zustand $|\psi\rangle$ *liefern unterschiedliche Fundorte*, die *in der Umgebung von* $\langle x\rangle$ *streuen.*

- *Vor einer Ortsmessung dürfen wir erwarten, dass der Fundort am ehesten im Intervall* $[\langle x\rangle - \Delta x, \langle x\rangle + \Delta x]$ *liegt.* Daher halte ich den üblichen Namen „Unschärferelation" für missverständlich und bevorzuge – wie Heisenberg – den Namen „Unbestimmtheitsrelation". Diese Bezeichnung entspricht dem englischen Namen „Uncertainty relation" (Uncertainty: Unsicherheit, Ungewissheit).

Gl. (8.2–8) macht nur eine Aussage über das *Produkt* der Streuungen, wobei sich beide Streuungen auf denselben Zustand $|\psi\rangle$ zur selben Zeit beziehen. Eine *einzelne* Streuung ΔA_ψ oder ΔB_ψ wird durch die Gl. (8.2–8) nicht nach unten beschränkt. Daher kann man z. B. einen Teilchenstrahl präparieren mit Teilchen, deren Impulswellenfunktionen sich alle in einer *beliebig kleinen* Umgebung eines bestimmten Impulses konzentrieren.

---

[15] Die Unbestimmtheitsrelation $\Delta x\,\Delta p \geq \hbar/2$ wurde 1927 von Heisenberg aufgestellt (Nobelpreis 1932). Dazu untersuchte er u. a. die Ortsmessung eines Elektrons mit einem Mikroskop. Die Herleitung von Heisenberg war nicht mathematisch begründet und Δx wurde nicht genau definiert, sondern grob als „mittlerer Fehler bei der Messung von x" beschrieben. Heisenberg war damals noch der Ansicht, dass die untere Grenze des Unschärfeproduktes $\Delta x\,\Delta p$ auf den Messprozess zurückzuführen ist – im scharfen Widerspruch zu N. Bohr, der zwar die Richtigkeit der Aussage $\Delta x\,\Delta p \geq \hbar/2$ bejahte, aber die Struktur der Quantenmechanik dafür verantwortlich machte. Die Diskussionen über die strittige Interpretation waren nach Heisenbergs Angaben so unangenehm und heftig, dass er (Heisenberg) sogar einmal in Tränen ausgebrochen ist.

1927 bewies Kennard die Gl. (8.2–9) mit der Fouriertransformation, wobei Δx als Standardabweichung definiert wurde. Der mathematische Beweis enthielt keine Messungen und zeigte daher, dass Bohr recht hatte und Heisenberg irrte. Danach verwendete auch Heisenberg die Gl. (8.2–9) als „exakte mathematische Formulierung" der Unbestimmtheitsrelation. 1929 bewies Robertson die allgemeine Unbestimmtheitsrelation (8.2–8).

Beispiel 8.2–1 Streuungen von Ort und Impuls

a) Der Ort eines Elektrons ist bis auf $\Delta x = 10\,\mathrm{nm}$ bekannt. Wie groß ist dann die Mindeststreuung Δv der Geschwindigkeit?

b) Der Ort einer Kugel mit der Masse $m = 1\,\mathrm{g}$ ist bis auf 10 nm genau bekannt. Wie groß ist hier die Streuung der Geschwindigkeit mindestens?

Lösung:

a) $$\Delta v \geq \frac{1}{m_\mathrm{e}} \frac{\hbar}{2} \frac{1}{\Delta x} \approx \frac{1}{9{,}11 \cdot 10^{-31}\,\mathrm{kg}} \frac{1{,}05 \cdot 10^{-34}\,\mathrm{Js}}{2} \frac{1}{10^{-8}\,\mathrm{m}} \approx 5{,}8\,\frac{\mathrm{km}}{\mathrm{s}}$$

In der Welt der Atome sind die Streuungen von großer Bedeutung.

b) $$\Delta v \geq \frac{1}{0{,}001\,\mathrm{kg}} \frac{1{,}05 \cdot 10^{-34}\,\mathrm{Js}}{2} \frac{1}{10^{-8}\,\mathrm{m}} \approx 5{,}3 \cdot 10^{-24}\,\frac{\mathrm{m}}{\mathrm{s}}$$

Die Unbestimmtheitsrelation ist für makroskopische Körper praktisch bedeutungslos.

Beispiel 8.2–2 Nichtvertauschbarkeit von Orts- und Impulsmessung

Wir untersuchen (nach Beispiel 8.1–2 zum zweiten Mal) die Nichtvertauschbarkeit der Reihenfolge von Messungen. Die *Größe* von Streuungen und Streuungsprodukten wird hier nicht berechnet.

a) Untersuche in Gedanken $2 \cdot 10^6$ *identisch präparierte* Teilchen im Zustand $|\psi\rangle$. Messe bei den ersten 10^6 Teilchen den Ort und bei den letzten 10^6 Teilchen den Impuls. Erörtere das Ergebnis.

b) Nun werden nacheinander drei Messungen an einem *einzelnen* Teilchen im Zustand $|\psi\rangle$ vorgenommen: Nacheinander werden mit *großer Genauigkeit* der Ort, dann der Impuls und abschließend wieder der Ort des Teilchens gemessen. Erörtere die Orts- und Impulsstreuungen nach den einzelnen Messungen und interpretiere die Ergebnisse.

c) Jetzt wird die Reihenfolge der Messungen an dem einzelnen Teilchen im Zustand $|\psi\rangle$ umgekehrt: Zuerst wird der Impuls und dann der Ort gemessen. Wie unterscheiden sich die Ergebnisse in den Teilen b) und c)?

In den Teilen b) und c) soll der zeitliche Abstand zwischen den Messungen so klein sein, dass die zeitliche Entwicklung der Zustände zwischen den drei bzw. zwei Messungen vernachlässigt werden kann.

Lösung:

a) Bei den 10^6 Ortsmessungen ergibt sich eine Verteilung (Streuung Δx_ψ) der Messwerte (Fundorte), die durch die Aufenthaltsdichte $|\psi(x,t)|^2$ beschrieben wird. Bei Gaußschen Wellenpaketen liegen 68,3% der Fundorte im Intervall $\langle x \rangle \pm \Delta x$. Für die Impulsmessungen an den restlichen 10^6 Teilchen gelten entsprechende Aussagen im Impulsraum.

Die Ungl. $\Delta x_\psi \, \Delta p_\psi \geq \hbar/2$ wird bestätigt. Die $2 \cdot 10^6$ Messungen zeigen, dass die Unbestimmtheitsrelation nicht durch gegenseitige Störungen der Orts- und Impulsmessungen verursacht wird.

b) Ortsmessung: Wir betrachten jetzt ein einzelnes Teilchen und nennen die Streuungen *vor* der ersten Ortsmessung $(\Delta x)_0$ und $(\Delta p)_0$. Natürlich gilt $(\Delta x)_0 \, (\Delta p)_0 \geq \hbar/2$.

Bei der Ortsmessung kollabiert die Ortswellenfunktion $\psi(x,t)$ in ein kleines Intervall in der Umgebung des Fundortes x_1 und erhält eine neue, kleine Ortsstreuung $(\Delta x)_1$. Dieser Kollaps wurde in Abschn. 8.1 postuliert, weil eine (hier nicht durchgeführte) unmittelbar anschließende, erneute Ortsmessung (zumindest näherungsweise) dasselbe Ergebnis liefern muss. (Sonst wären Ortsmessungen sinnlos.) Der Kollaps von $\psi(x,t)$ bei der Ortsmessung hat also *physikalische* Ursachen.

Infolge des Kollapses im Ortsraum weitet sich – aus rein *mathematischen* Gründen (siehe die Theorie der Fouriertransformationen) – die Impulswellenfunktion $\tilde{\psi}(p,t)$ *augenblicklich* über einen großen Impulsbereich aus und nimmt deshalb eine große Impulsstreuung $(\Delta p)_1$ an. Denn die Theorie der Fouriertransformationen erfordert auch für den neuen Zustand die Unbestimmtheitsrelation $(\Delta x)_1 (\Delta p)_1 \geq \hbar/2$.[16]

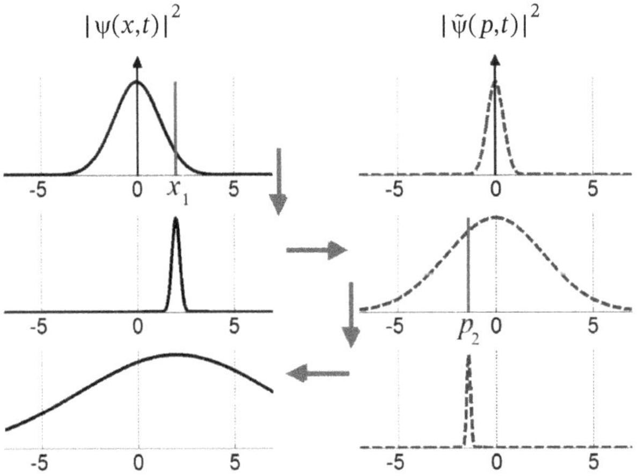

Abb. 8.2-1 Die linke Spalte zeigt drei Aufenthaltsdichten $|\psi(x,t)|^2$, die rechte Spalte die drei zugehörigen Impulsdichten $|\tilde{\psi}(p,t)|^2$. Bei der Ortsmessung mit dem Fundort x_1 kollabiert die Ortswellenfunktion in die Umgebung des Fundortes und die Impulswellenfunktion weitet sich wegen $\Delta x\,\Delta p \geq \hbar/2$ aus. Die erste (zweite) Reihe zeigt die Dichtefunktionen vor (nach) der Ortsmessung.

Bei der anschließenden Impulsmessung kollabiert die Impulswellenfunktion in die Umgebung des gemessenen Impulses p_2 und die Ortswellenfunktion breitet sich instantan aus. Die dritte Reihe zeigt die zwei Dichtefunktionen nach der Impulsmessung.

Impulsmessung: Bei der nachfolgenden präzisen Impulsmessung an demselben Teilchen kollabiert die Impulswellenfunktion $\tilde{\psi}(p,t)$ in ein kleines Impulsintervall in der Umgebung des gemessenen Impulses p_2. Dabei weitet sich die Ortswellenfunktion $\psi(x,t)$ instantan über einen großen Bereich aus, so dass $(\Delta x)_2 (\Delta p)_2 \geq \hbar/2$.

---

[16] Die Unbestimmtheitsrelation macht keine Aussage zum Produkt $(\Delta x)_0 (\Delta p)_1$, dessen beide Faktoren (wegen ihrer verschiedenen Indices 0 und 1) zu *zwei verschiedenen* Wellenfunktionen gehören. Es kann sehr wohl gelten $(\Delta x)_0 (\Delta p)_1 < \hbar/2$, denn hier stehen die Streuungen in *zwei verschiedenen* Zuständen. Hingegen enthält Gl. (8.2–8) nur die *eine* Wellenfunktion $|\psi\rangle$.

Erneute Ortsmessung: Bei der zweiten Ortsmessung wird das Teilchen wegen der großen Ortsstreuung Δx_2 evtl. weit weg vom ersten Fundort x_1 gefunden. Deshalb hat die vorangehende Impulsmessung die Ortskenntnis, die die erste Ortsmessung lieferte, bedeutungslos gemacht.

Fazit: Genaue Ortsmessungen präparieren (nach dem achten Postulat) Zustände mit kleiner Ortsstreuung in der Umgebung des Fundortes x_1; dabei weitet sich die Impulswellenfunktion (aus mathematischen Gründen) stark aus. Eine nachfolgende präzise Impulsmessung lässt die Impulswellenfunktion kollabieren und verbreitert daher die Ortswellenfunktion augenblicklich sehr stark. Folglich ist der alte Fundort x_1 bedeutungslos geworden und eine erneute Ortsmessung kann Fundorte weit weg von x_1 finden.

Zwei präzise Ortsmessungen, zwischen denen eine genaue Impulsmessung liegt, liefern in der Regel völlig verschiedene Fundorte. Eine Impulsmessung macht das Ergebnis einer vorangehenden Ortsmessung bedeutungslos und umgekehrt.

c) Nach der Impuls- und der anschließenden Ortsmessung ist die Ortswellenfunktion schmal und die Impulswellenfunktion weit gestreckt – umgekehrt wie in Teil b) nach den ersten beiden Messungen. Nach der Ortsmessung ist das Ergebnis der vorangehenden Impulsmessung sinnlos.

Die Teile b) und c) des Beispiels zeigen: Die Reihenfolge von Orts- und Impulsmessung an einem einzelnen Teilchen darf nicht geändert werden.

 **Beispiel 8.2–3 Energie- und Impulsmessungen am harmonischen Oszillator**

Bei der Energiemessung am harmonischen Oszillator erhalten wir den Messwert $E_0 = \hbar\,\omega/2$.

a) In welchem Zustand befindet sich der Oszillator nach der Energiemessung?

b) Zeige: Bei einer anschließenden Impulsmessung lassen sich Impulse messen mit

$$p > \sqrt{2\,m\,E_0} \qquad \Leftrightarrow \qquad \frac{p^2}{2\,m} > E_0$$

Wie ist dieses (klassisch unverständliche) Ergebnis zu bewerten?

c) Abschließend messen wir nochmals die Energie. Kann man Messwerte E_n finden mit $E_n > E_0$?

Lösung:

a) Nach der ersten **Energiemessung** mit dem Ergebnis E_0 ist der Oszillator im Grundzustand

$$\psi_0(x) = \left(\frac{m\,\omega}{\pi\,\hbar}\right)^{1/4} \exp\left(-\frac{m\,\omega}{2\,\hbar}x^2\right) \tag{6.1–18a}$$

Die Impulswellenfunktion des Grundzustandes lautet

$$\tilde\psi_0(p) = \left(\frac{\hbar}{m\,\omega\,\pi}\right)^{1/4} \exp\left(-\frac{p^2}{2\,m\,\omega\,\hbar}\right)$$

Der Hamiltonoperator des harmonischen Oszillators hat nicht verschwindende Kommutatoren mit den Operatoren $\hat T$ und $\hat V$ der kinetischen und der potentiellen Energie:

$$\left[\hat H,\hat T\right] = \left[\hat H,\hat P^2/(2m)\right] \neq 0 \qquad \left[\hat H, V(x)\right] \neq 0$$

Der Grundzustand ist eine Eigenfunktion des Hamiltonoperators, aber keine Eigenfunktion der Operatoren $\hat{T} := \hat{P}^2 / (2m)$ *und* $\hat{V} = V(x)$. *Daher hat der Grundzustand keine fest definierten Zahlenwerte der kinetischen Energie T und der potentiellen Energie V.* Folglich ist die – in der klassischen Mechanik geläufige – Aussage, dass die Energie die Summe aus kinetischer und potentieller Energie ist, in der Quantenmechanik unangebracht. *Eine Addition ist natürlich für die Operatoren* ($\hat{H} = \hat{T} + \hat{V}$) *und ihre Erwartungswerte erlaubt, nicht für die Zahlenwerte* ($E \neq T + V$).

Generell gilt: Ein Zustand $| \psi \rangle$, der kein Eigenzustand $| a_n \rangle$ von $\hat{A}$ ist ($\Delta A_\psi \neq 0$), hat keinen bestimmten Wert von $\hat{A}$. Man sagt: *Ein solcher Zustand hat die Eigenschaft A nicht.* Daher hat kein Zustand zugleich beide Eigenschaften „Ort" und „Impuls".

b) Bei der anschließenden **Impulsmessung** am Grundzustand ist $\tilde{\psi}_0^2(p)\, dp$ die Wahrscheinlichkeit, den Impuls im Intervall $[\,p, p+dp\,]$ zu messen. Die Wahrscheinlichkeit, einen Impulsbetrag oberhalb von $p_{\min} := (2\, m\, E_0)^{1/2}$ zu finden, ist

$$2 \cdot \int_{p_{\min}}^{\infty} \tilde{\psi}_0^2(p)\, dp = 2 \left(\frac{\hbar}{m\,\omega\,\pi} \right)^{1/2} \int_{p_{\min}}^{\infty} \exp\left(-\frac{p^2}{m\,\omega\,\hbar} \right) dp$$

Der Faktor 2 vor dem ersten Integral berücksichtigt, dass p auch kleiner als $-p_{\min}$ sein darf.

(Die Gaußfunktion hat keine elementare Stammfunktion.) Wegen des positiven Integranden ist das Integral positiv und es gibt eine endliche Wahrscheinlichkeit, am Grundzustand $\psi_0(x)$, der eine Eigenfunktion von $\hat{H}$, aber nicht von $\hat{P}$ ist, einen Impuls p zu messen mit

$$|p| > \sqrt{2\,m\,E_0} \qquad \Leftrightarrow \qquad \frac{p^2}{2\,m} > E_0 = \frac{\hbar}{2}\,\omega$$

Das Ergebnis ist klassisch unverständlich und mag anfangs überraschen, ist aber bei näherer Betrachtung und richtiger quantenmechanischer Interpretation nicht kritisch: Bei der Impulsmessung kollabiert die anfängliche Impulswellenfunktion $\tilde{\psi}_0(p)$ in die Umgebung des Messwertes. Der Kollaps wird durch die Wechselwirkung zwischen Oszillator und Messgerät erzeugt. *Die neue Wellenfunktion ist eine kontinuierliche Überlagerung von Impulseigenfunktionen* $\exp(i\,p\,x/\hbar)$:

$$\psi(x) = \frac{1}{\sqrt{2\pi\hbar}} \int_{-\infty}^{+\infty} \tilde{\psi}(p)\, e^{i\,p\,x/\hbar}\, dp = \sum_{n=0}^{\infty} c_n\, \psi_n(x) \qquad \text{mit} \qquad \hat{H}\,\psi_n(x) = E_n\,\psi_n(x)$$

Dabei ist *$\tilde{\psi}(p)$ in der Umgebung des gemessenen Impulses besonders groß.*

Der Überlagerungszustand $\psi(x)$ *ist keine Eigenfunktion von* $\hat{H}$ *und hat daher keine wohl definierte Energie; die Impulsmessung macht das Ergebnis* E_0 *der vorangehenden Energiemessung bedeutungslos.* Die neue Wellenfunktion liefert nur Wahrscheinlichkeiten für die zukünftige, in Teil c) bevorstehende Energiemessung.

c) Bei der abschließenden **Energiemessung** können nur die Eigenwerte $E_n = \hbar\,\omega\,(n + 1/2)$ des Hamiltonoperators gemessen werden mit den Wahrscheinlichkeiten

$$p_n = \left| \langle \psi_n | \psi \rangle \right|^2 = |c_n|^2 \tag{8.1-3}$$

Die Wellenfunktion ändert sich erneut und kollabiert in den Eigenzustand $\psi_n(x)$ der gemessenen Energie E_n. Der neue Zustand $\psi_n(x)$ ist kein Eigenzustand des Impulsoperators und hat deshalb keinen bestimmten Impuls. Das Ergebnis der vorangehenden Impulsmessung ist jetzt hinfällig.

Offensichtlich können wir nach der Impulsmessung Energien messen, die größer sind als die Energie des zu Beginn vorliegenden Grundzustandes: $E_n > E_0$. *Die Energiezufuhr erfolgt während der Messungen durch Wechselwirkungen mit den Messgeräten.*

Beispiel 8.2–4 Interpretation der Unbestimmtheitsrelation

a) Kann die rechte Seite $|\langle \psi | [\hat{A},\hat{B}] | \psi \rangle |$ der Gl. (8.2–8) auch für $[\hat{A},\hat{B}] \neq 0$ verschwinden? Welche Bedeutung hat die Unbestimmtheitsrelation in diesem Fall?

b) Ist die gelegentlich geäußerte Aussage, dass das Streuungsprodukt von zwei nicht kommutierenden Operatoren *immer* größer als null ist, richtig?

c) Zeige mit einem Widerspruchsbeweis: *Zwei hermitesche Operatoren mit dem Kommutator*

$$\left[\hat{A},\hat{B}\right] = c \neq 0 \qquad \text{mit} \qquad c = \text{konstante Zahl} \tag{8.2–10}$$

haben nur nicht normierbare Eigenfunktionen.[17] Dies gilt z. B. für den Orts- und Impulsoperator mit der Vertauschungsrelation $[\hat{X},\hat{P}_x] = i\hbar$.

Gl. (8.2–10) kann nicht durch endlich dimensionale, hermitesche Matrizen verwirklicht werden, da solche Matrizen normierbare Eigenfunktionen haben. *Daher können Ortsoperator und Impulsoperator nicht durch endlich dimensionale Matrizen dargestellt werden. Orts- und Impulsoperator wirken nur in unendlich dimensionalen Hilберträumen.*

d) Zeige mit der Berechnung der Spur $\mathrm{Sp}([\hat{A},\hat{B}])$, dass lineare Operatoren $\hat{A},\hat{B}$ die Vertauschungsrelation (8.2–10) nicht in *endlich* dimensionalen Vektorräumen erfüllen können.

Lösung:

a) Die rechte Seite der Gl. (8.2–8) verschwindet, wenn die Wellenfunktion $| \psi \rangle$ eine Eigenfunktion von $\hat{A}$ oder $\hat{B}$ ist. Zum Beweis betrachten wir den Eigenzustand $| \psi_n \rangle$ des Operators $\hat{A}$. $| \psi_n \rangle$ hat die verschwindende Streuung $\Delta A = 0$ und es gilt:

$$\langle \psi_n | \hat{A}\hat{B} - \hat{B}\hat{A} | \psi_n \rangle \underset{\underset{a_n\,=\,\text{reell}}{\uparrow}}{=} (a_n - a_n)\langle \psi_n | \hat{B} | \psi_n \rangle = 0 \quad \Rightarrow \quad \Delta A\,\Delta B = 0 \cdot \Delta B \geq 0$$

Folglich ist eine Aussage zur Streuung ΔB nicht möglich. *Für ein Teilchen in einem Eigenzustand von $\hat{A}$ oder $\hat{B}$ ist die Unbestimmtheitsrelation (8.2–8) nichtssagend.*

b) Die Aussage ist i. Allg. falsch; denn wenn die Wellenfunktion $| \psi \rangle$ eine Eigenfunktion von $\hat{A}$ bzw. von $\hat{B}$ ist, dann gilt $\Delta A_\psi = 0$ bzw. $\Delta B_\psi = 0$. In diesem Fall verschwindet auch der Erwartungswert des Kommutators auf der rechten Seite der Gl. (8.2–8).

Hingegen gilt die Aussage für den Orts- und Impulsoperator immer: Weil der Kommutator $[\hat{X},\hat{P}]$ eine Zahl – in Strenge ein Vielfaches des Einheitsoperators $\hat{1}$ – ist, hängt die untere Schranke von $\Delta x\,\Delta p_x$ nicht vom Zustand ab und ist daher immer größer als null.

c) Wir betrachten zwei hermitesche Operatoren $\hat{A},\hat{B}$ mit dem Kommutator $[\hat{A},\hat{B}] = c$. Wir nehmen an, dass der Operator $\hat{A}$ *normierte* Eigenfunktionen hat mit den Eigenwertgln.

---

[17] Die Aussage gilt nur für *hermitesche* Operatoren. Die nicht hermiteschen Leiteroperatoren des harmonischen Oszillators haben nach Gl. (6.2–6) den Kommutator $[\hat{a}_-,\hat{a}_+] = \hat{1}$. Nach Aufgabe 6–8b hat der nicht hermitesche Absteigeoperator $\hat{a}_-$ normierte Eigenfunktionen.

$$\hat{A} \mid \psi_n \rangle = a_n \mid \psi_n \rangle \qquad (8.2\text{--}11)$$

Dann gilt einerseits wegen $\hat{A}^\dagger = \hat{A}$

$$\langle \psi_n \mid [\hat{A}, \hat{B}] \mid \psi_n \rangle = \langle \hat{A}\,\psi_n \mid \hat{B}\,\psi_n \rangle - \langle \psi_n \mid \hat{B}\,\hat{A} \mid \psi_n \rangle =$$

$$= (a_n^* - a_n) \langle \psi_n \mid \hat{B} \mid \psi_n \rangle \underset{\underset{a_n \,=\, \text{reell}}{\uparrow}}{=} 0 \qquad (8.2\text{--}12)$$

und andererseits

$$\langle \psi_n \mid [\hat{A}, \hat{B}] \mid \psi_n \rangle = \langle \psi_n \mid c \mid \psi_n \rangle = c \neq 0 \qquad (8.2\text{--}13)$$

Der Widerspruch zwischen den Gln. (8.2–12/13) widerlegt die Annahme. Somit hat der Operator $\hat{A}$ keine normierbaren, sondern nur *nicht normierbare* Eigenfunktionen $\mid \psi_n \rangle$. *Für nicht normierbare Funktionen* $\mid \psi_n \rangle$ *existieren keine Norm* $\langle \psi_n \mid \psi_n \rangle^{1/2}$, *keine Matrixelemente* $\langle \psi_m \mid \hat{A} \mid \psi_n \rangle$ *und auch keine Streuung.*

Hinweis: Auch der Drehimpulsoperator $\hat{L}_3 = -i\hbar\,\partial/\partial\varphi$ in Gl. 9.3–1c und der Multiplikationsoperator $\hat{\Phi} = \varphi$ des Winkels φ haben die Vertauschungsrelation (8.2–10). Hier sind die Eigenfunktionen aber normierbar. Die Lösung des angeblichen Widerspruchs steht in Aufgabe 9–12.

d) In einem N-dimensionalen Vektorraum werden lineare Operatoren durch Matrizen dargestellt. Die Spur einer Matrix ist als Summe ihrer Diagonalelemente definiert. Also gilt einerseits

$$\mathrm{Sp}\big([\hat{A}, \hat{B}]\big) = \sum_{m,n=1}^{N} \big(A_{mn} B_{nm} - B_{mn} A_{nm} \big) = 0$$

und andererseits $\mathrm{Sp}(c\,\hat{1}) = cN \neq 0$. Diese beiden Gln. sind nur verträglich für $c = 0$, also bei Vertauschbarkeit von $\hat{A}, \hat{B}$.

8.3 Unbestimmtheitsrelation für Energie und Zeit

In der relativistischen klassischen Mechanik haben der Zeit-Orts-Vierervektor und der Energie-Impuls-Vierervektor

$$\underline{x} = (ct, \mathbf{r}) \quad \text{und} \quad \underline{p} = (E/c, \mathbf{p})$$

eine zentrale Bedeutung. Die Unbestimmtheitsrelation $\Delta x\,\Delta p \geq \hbar/2$ der räumlichen Komponenten lässt *vermuten*, dass es auch für die ersten beiden Komponenten, also für Energie und Zeit eine vergleichbare Unbestimmtheitsrelation gibt; *mutmaßlich* lautet sie

$$\Delta E\,\Delta t \geq \frac{\hbar}{2} \qquad (8.3\text{--}1)$$

In der Tat ist diese Gl. korrekt; aber es gibt zwei schwerwiegende Einwände: Hier wurde kein strenger Beweis erbracht, sondern nur auf eine naheliegende Möglichkeit hingewiesen. Zudem sagen die vorangehenden Überlegungen nicht, was denn eigentlich mit Δt gemeint ist.

Wir versuchen, einen anderen, naiven Beweis aufzustellen: Nach Gl. (3.3–12) lautet der Energieoperator $\hat{E} = i\hbar\, \partial/\partial t$. Wenn wir nun den Fehler machen, die Zeit t in der Quantenmechanik durch einen Multiplikations-Operator $\hat{Z}$ zu ersetzen (Z für Zeit), so folgt

$$\left[\hat{E}, \hat{Z}\right] = i\hbar \qquad\qquad (\text{ Unzulässig ! })$$

Mit Gl. (8.2–8) finden wir wieder die Unbestimmtheitsrelation (8.3–1) für Energie und Zeit. Leider ist auch diese Herleitung falsch, weil *die Zeit ein Parameter ist*, den eine makroskopische Armbanduhr anzeigt. Ein Teilchen hat keine Zeit, wohl aber eine Energie oder einen Drehimpuls. *Die Zeit wird in der Quantenmechanik nicht durch einen Operator ersetzt.* Pauli hat gezeigt, dass die Existenz eines hermiteschen Zeitoperators zu Widersprüchen in der Quantenmechanik führen würde[18]. Damit ist auch der zweite Beweisversuch gescheitert.

Leider gibt es *keinen strengen, allgemeinen Beweis der Unbestimmtheitsrelation* (8.3–1). *Die Untersuchungen bauen auf Beispielen auf.* Sogar die bedeutendsten Physiker sind sich nicht immer einig, wie die Begriffe ΔE *und* Δt zu interpretieren sind.

Die Gl. (8.3–1) ist also nur formal richtig; sie benötigt immer eine geeignete Interpretation von ΔE und Δt. Wir werden bald sehen, dass Δt je nach untersuchtem Beispiel verschiedene Bedeutungen haben kann: Die Durchgangszeit eines wandernden Wellenpaketes durch ein Messgerät, das Zeitintervall einer relevanten Systemänderung, die Lebensdauer eines angeregten Zustandes, die vom Experimentator gewählte Messdauer, ...

Zur Vermeidung häufiger Missverständnisse betone ich:

- Δt ist immer eine Zeitdauer, also keine Streuung einer Anzahl von Zeitmessungen.
- Energien können beliebig genau gemessen werden, wenn nur die Messzeit genügend groß ist (siehe Abschn. 20.2).
- Nach dem Ehrenfestschen Theorem bleiben die Erwartungswerte $\langle \psi | \hat{H} | \psi \rangle$ für zeitunabhängige Hamiltonoperatoren erhalten (siehe Beispiel 7.3–2c).
- In der Quantenmechanik gelten die Erhaltungssätze für Energie und Impuls. Davon wurde in Abschn. „2.5 Der Compton-Effekt" gebraucht gemacht.

Beispiel 8.3–1 Energie-Zeit-Unbestimmtheit eines freien Wellenpaketes

Leite die Energie-Zeit-Unbestimmtheitsrelation für ein freies, wanderndes Wellenpaket aus der Ort-Impuls-Unbestimmtheitsrelation ab. Verwende dabei folgende Abschätzung: Die Messung irgendeiner Größe des Wellenpaketes – das kann, muss aber nicht die Energie oder die Energieverteilung sein – dauert die *Durchgangszeit* Δt des Wellenpaketes durch das Messgerät.

---

[18] Pauli arbeitete mit einem Widerspruchsbeweis: Er setze die Gl. $\left[\hat{H}, \hat{Z}\right] = i\hbar$ voraus und nahm an, dass der Zeitoperator $\hat{Z}$ ein kontinuierliches Spektrum von $-\infty$ bis $+\infty$ hat. Aus diesen zwei Annahmen konnte er ableiten, dass dann auch das Spektrum von $\hat{H}$ kontinuierlich ist und von $-\infty$ bis $+\infty$ reicht. Dieses Ergebnis ist falsch, da viele Systeme diskrete Energien haben und da alle Systeme einen Grundzustand und damit eine endliche Energie $E_0 > -\infty$ haben.

Wegen fehlender formaler Beweise können ΔE, Δt nicht als wohl definierte Streuungen hermitescher Operatoren angesehen werden. Daher sind die Deutungen von ΔE, Δt nicht einheitlich und teilweise strittig.

Lösung:

Laut Angabe können wir für ein Wellenpaket der Breite Δx ansetzen:

$$\Delta t \approx \frac{\Delta x}{v_{\mathrm{Gr}}} \qquad \text{mit} \qquad v_{\mathrm{Gr}} = \frac{d\omega}{dk} = \text{Gruppengeschwindigkeit}$$

Die Energiestreuung (Standardabweichung der Energie) lautet

$$\Delta E = \frac{dE}{dp}\,\Delta p = \frac{d\omega}{dk}\,\Delta p = v_{\mathrm{Gr}}\,\Delta p \quad \Rightarrow \quad \Delta E\,\Delta t \approx \Delta x\,\Delta p \geq \frac{\hbar}{2} \tag{8.3-2}$$

Beachte: Δt ist eine Durchgangszeit bzw. eine Messdauer, keine Streuung, keine Unschärfe.

Gl. (8.3–2) gilt für Messungen aller Art am Wellenpaket, also nicht nur für Energiemessungen.

Alle Messungen an Wellenpaketen mit der Energieunschärfe ΔE benötigen mindestens die Zeit $\hbar/(2\,\Delta E)$.

Das Ergebnis ist plausibel: Je kleiner die Durchgangszeit Δt ist, desto geringer ist die Ortsstreuung Δx und desto breiter sind nach der Theorie der Fouriertransformationen die Impulsstreuung und damit auch die Energiestreuung ΔE des Wellenpaketes.

Leider hält diese Rückführung der Energie-Zeit-Unbestimmtheitsrelation auf die Orts-Impuls-Unbestimmtheitsrelation einer ernsthaften Kritik nicht stand. So wird z. B. die Durchgangszeit nicht genau definiert und die Erweiterung auf Systeme mit potentieller Energie ist unklar.

Wir stellen nun eine umfassendere Version der Energie-Zeit-Unbestimmtheitsrelation vor (siehe [Mandelstam]). Dabei wird das Intervall Δt, das zuvor in der Gl. $\Delta t = \Delta x / v_{\mathrm{Gr}}$ mit Δx definiert wurde, mit den Streuungen ΔA aller Observablen $\hat{A}$ verknüpft. Ausgangspunkte sind die Unbestimmtheitsrelation

$$\Delta A_\psi\,\Delta B_\psi \geq \frac{1}{2}\left|\left\langle\psi\left|\left[\hat{A},\hat{B}\right]\right|\psi\right\rangle\right| \tag{8.2-8}$$

und das Ehrenfestsche Theorem

$$i\hbar\frac{d}{dt}\left\langle\psi(t)\,|\,\hat{A}(t)\,|\,\psi(t)\right\rangle = \left\langle\psi\left|\left[\hat{A},\hat{H}\right]\right|\psi\right\rangle + i\hbar\left\langle\psi\left|\frac{\partial}{\partial t}\hat{A}(t)\right|\psi\right\rangle \tag{7.3-1}$$

Der Operator $\hat{B}$ in Gl. (8.2–8) wird nun durch den Hamiltonoperator $\hat{H}$ ersetzt. Die Operatoren $\hat{A},\hat{H}$ seien *zeitunabhängig*. (Diese Voraussetzung ist fast immer erfüllt.) Dann gilt

$$\Delta A_\psi\,\Delta H_\psi \underset{\underset{\text{Gl. (8.2–8)}}{\uparrow}}{\geq} \frac{1}{2}\left|\left\langle\psi\left|\left[\hat{A},\hat{H}\right]\right|\psi\right\rangle\right| \underset{\underset{\text{Gl. (7.3–1) mit } \partial\hat{A}/\partial t=0}{\uparrow}}{=}$$

$$= \frac{\hbar}{2}\left|\frac{d}{dt}\left\langle\psi(t)\left|\hat{A}\right|\psi(t)\right\rangle\right| \underset{\underset{\text{Neue Schreibweise}}{\uparrow}}{=} \frac{\hbar}{2}\left|\frac{d}{dt}\left\langle\psi\left|\hat{A}\right|\psi\right\rangle(t)\right|$$

Also führen die allgemeine Unbestimmtheitsrelation (8.2–8) und das Ehrenfestsche Theorem durch einfaches Ineinandereinsetzen direkt auf die Ungl. (siehe auch Aufgabe 8–3)

$$\Delta A_\psi\,\Delta H_\psi \geq \frac{\hbar}{2}\left|\frac{d}{dt}\left\langle\psi\left|\hat{A}\right|\psi\right\rangle(t)\right| \qquad \text{für zeitunabhängiges } \hat{A} \tag{8.3-3}$$

Wir müssen nun ein Zeitintervall Δt in diese Gl. einbringen. Dazu integrieren wir die Gl. von t bis $t+\Delta t$ – wobei Δt derzeit noch unbekannt ist. Dabei beachten wir die zeitliche Konstanz von ΔH_ψ [19] und bedenken, dass das Integral über den Betrag einer Funktion nicht kleiner ist als der Betrag des Integrals der Funktion.

Mit der zeitlich gemittelten Streuung von $\hat{A}$

$$\overline{\Delta A_\psi} = \frac{1}{\Delta t} \int_t^{t+\Delta t} \Delta A_\psi(t')\,dt' \qquad \text{(Hier ist } \Delta t \text{ noch unbestimmt.)}$$

erhalten wir[20]

$$\overline{\Delta A_\psi}\,\Delta H_\psi\,\Delta t \geq \frac{\hbar}{2} \int_t^{t+\Delta t} \left| \frac{d}{dt}\langle \psi \mid \hat{A} \mid \psi \rangle(t') \right| dt' \geq \frac{\hbar}{2} \left| \int_t^{t+\Delta t} \frac{d}{dt}\langle \psi \mid \hat{A} \mid \psi \rangle(t')\,dt' \right| =$$

$$= \frac{\hbar}{2} \left| \langle \hat{A} \rangle(t+\Delta t) - \langle \hat{A} \rangle(t) \right| \tag{8.3-4}$$

$$\Rightarrow \quad \Delta H_\psi\,\Delta t \geq \frac{\hbar}{2} \frac{\left| \langle \hat{A} \rangle(t+\Delta t) - \langle \hat{A} \rangle(t) \right|}{\overline{\Delta A_\psi}} \tag{8.3-5}$$

für $\overline{\Delta A_\psi} \neq 0$ und für nicht zeitabhängige Operatoren $\hat{A}, \hat{H}$

Abschließend müssen wir die (derzeit völlig unbestimmte) Zeitdauer Δt sinnvoll festlegen. Eine Änderung von $\langle \hat{A} \rangle(t)$ kann in der Regel erst dann festgestellt werden, wenn sich $\langle \hat{A} \rangle$ überschlägig um die Standardabweichung ΔA_ψ ändert. Aus diesem Grund wird die Zeitdauer Δt jetzt als die Zeitdauer Δt_A definiert, *in der sich der zeitabhängige Erwartungswert* $\langle \psi \mid \hat{A} \mid \psi \rangle(t)$ *um die zeitlich gemittelte Standardabweichung* $\overline{\Delta A_\psi}$ *ändert*:

$$\langle \hat{A} \rangle(t+\Delta t_A) - \langle \hat{A} \rangle(t) = \overline{\Delta A_\psi} \tag{8.3-6}$$

Das bedeutet: *Bei einer Messung von* $\langle \hat{A} \rangle$ *braucht man schätzungsweise die Zeit* Δt_A , *um eine Änderung von* $\langle \hat{A} \rangle(t)$ *festzustellen*. Natürlich hängt Δt_A vom Operator $\hat{A}$ und vom Zustand $\mid \psi \rangle$ ab. Wie üblich bezeichnen wir die Streuung ΔH_ψ mit ΔE und erhalten

$$\Delta E\,\Delta t_A \geq \frac{\hbar}{2} \tag{8.3-7}$$

Das Zeitintervall Δt_A ist umso größer, je kleiner die Energiestreuung ΔE ist. Wenn sich der Erwartungswert nur einer einzigen Observablen $\hat{A}$ schnell ändert, dann ist die Energiestreuung ΔE groß.

---

[19] Der Erwartungswert $\langle \hat{H} \rangle$ und die Streuung $\sqrt{\langle \hat{H}^2 \rangle - \langle \hat{H} \rangle^2}$ der Energie sind nach dem Ehrenfestschen Theorem (7.3-1) in *allen* Systemen mit zeit*un*abhängigen Hamiltonoperatoren zeit*un*abhängig.

[20] Wenn der Erwartungswert $\langle \hat{A} \rangle$ zeitunabhängig ist, dann verschwindet die rechte Seite der Gl. (8.3-5) und die folgenden Rechnungen sind bedeutungslos; denn Streuungen sind laut Definition nie negativ, so dass die Ungl. $\Delta H_\psi\,\Delta t \geq 0$ immer erfüllt und daher völlig nutzlos ist.

Beispiel 8.3–2 Energie-Zeit-Unbestimmtheit für ein freies Gaußsches Wellenpaket

Der allgemeine Operator $\hat{A}$ sei nun der Ortsoperator $\hat{X}$. Bestätige Gl. (8.3–7) für das (in Abschn. 4.2 untersuchte) freie Gaußsche Wellenpaket in Gl. (4.2–9).

Lösung:

Nach Beispiel 4.2–2b und nach Gl. (4.2–11) sind die Streuungen im Impuls- und im Ortsraum

$$\Delta k = \frac{1}{2a} \quad \text{und} \quad \Delta x(t) = a \sqrt{1 + \left(\frac{\hbar t}{2a^2 m}\right)^2}$$

Daher ist die Energiestreuung

$$\Delta E = \frac{\partial E}{\partial k}\, \Delta k = \frac{\hbar^2 k_0}{m} \frac{1}{2a} \tag{8.3–8}$$

Die Zeitdauer, in der sich der Erwartungswert des Ortes des Wellenpaketes um die Ortsstreuung $\Delta x(t)$ verschiebt, ist

$$\Delta t_{\mathrm{X}} = \frac{\Delta x(t)}{v_{\mathrm{Gr}}} \underset{\underset{\mathrm{Gl.\,(4.2–12)}}{\uparrow}}{=} a \sqrt{1 + \left(\frac{\hbar t}{2a^2 m}\right)^2}\, \frac{m}{\hbar k_0} \tag{8.3–9}$$

Daher ist das Produkt aus der Energiestreuung ΔE und der Zeitdauer Δt_{X}, in der sich der Erwartungswert des Wellenpaket-Ortes um die Ortsstreuung $\Delta x(t)$ verschiebt, gleich

$$\Delta E\, \Delta t_{\mathrm{X}} = \frac{\hbar^2 k_0}{2ma} \cdot a \sqrt{1 + \left(\frac{\hbar t}{2a^2 m}\right)^2}\, \frac{m}{\hbar k_0} = \frac{\hbar}{2} \sqrt{1 + \left(\frac{\hbar t}{2a^2 m}\right)^2} \geq \frac{\hbar}{2}$$

Gl. (8.3–7) hängt vom Operator $\hat{A}$ ab. Wir machen uns von der Wahl der Observablen unabhängig, indem wir Δt – also ohne Index A – als die *kürzeste aller Zeitdauern* Δt_{A} definieren: $\Delta t := \min\{\Delta t_{\mathrm{A}} : \forall \hat{A}\}$. Daher ist $\hbar/(2\Delta t)$ nicht größer als die Energiestreuung ΔE.

Wir erhalten die gewünschte **Energie-Zeit-Unbestimmtheitsrelation:**

$$\Delta E\, \Delta t \geq \frac{\hbar}{2} \tag{8.3–1}$$

Δt ist die kleinste Zeit, in der sich der Erwartungswert mindestens *einer* Observablen $\hat{A}$ um ihre gemittelte Streuung $\overline{\Delta A_\psi}$ ändert. Die Observable, deren Erwartungswert sich am schnellsten ändert, liefert die beste Abschätzung für die Energiestreuung Δt.

Grob lässt sich sagen: Wenn sich der Erwartungswert auch nur einer einzelnen Observablen schnell ändert, dann ist die Energiestreuung groß.

Nach Abschn. 20.2 gilt die Gl. (8.3–1) auch für die Energiemessung atomarer Energieniveaus. Dabei hat Δt eine andere Bedeutung als in den vorangehenden Rechnungen: Δt ist dort kein charakteristisches Zeitintervall des Systems, sondern vielmehr eine von außen durch den Experimentator vorgegebene Messzeit.

Das folgende Beispiel ist eine wichtige Anwendung und zeigt, dass *die natürliche Linienbreite* $\Delta E = \hbar/\tau$ *der Spektrallinien* exponentiell zerfallender Zustände *durch die endliche*

Lebensdauer τ der angeregten Atomzustände verursacht wird. Dabei ist ΔE der Energiebereich, in dem das Energie- bzw. das Frequenzspektrum auf die Hälfte abfällt. τ ist die
mittlere Besetzungszeit und zugleich die Standardabweichung der Besetzungszeit.

 **Beispiel 8.3–3 Linienbreite der Spektrallinien**

Eine wichtige Konsequenz der Energie-Zeit-Unbestimmtheitsrelation ist die Verbreiterung der
Spektrallinien aufgrund der Lebensdauer τ angeregter Zustände. Vor der Abstrahlung hat das
emittierte Photon für seine „Energiemessung" im Mittel nur die Zeitdauer τ zur Verfügung. Die
folgende Rechnung ist rein *phänomenologisch*, ohne Quantenmechanik, ohne abgestrahlte Photonen und ohne Vakuumfluktuationen.

a) Ein angeregter, instabiler Zustand sei zur Zeit $t = 0$ besetzt. Die Wahrscheinlichkeit, den
angeregten Zustand zu einer späteren Zeit $t > 0$ besetzt vorzufinden, ist

$$P(t) = e^{-t/\tau} \tag{8.3-10}$$

Nach dieser Gl. ist τ das Zeitintervall, in dem die Besetzungswahrscheinlichkeit auf $1/e \approx 0{,}368$
abfällt. Zeige, dass τ sowohl die mittlere Besetzungszeit als auch die Streuung der Besetzungszeit des angeregten Zustandes ist. *Die mittlere Besetzungszeit τ heißt* **Lebensdauer** *des Niveaus.*

$$\tau = \text{Lebensdauer} = \text{Streuung } \Delta t \text{ der Besetzungszeit}$$

Bei den meisten ungestörten, angeregten Atomen liegt die Lebensdauer im Bereich von $10^{-8}\,\mathrm{s}$
bis $10^{-7}\,\mathrm{s}$. Bei wenigen Atomen ist sie bis zu etwa $10^{-3}\,\mathrm{s}$ groß.

b) Die Amplitude eines abgestrahlten elektromagnetischen Feldes fällt exponentiell:

$$A(t) = A_0 \exp\left(-\frac{\Gamma}{2}t\right) e^{i\omega_0 t} \qquad \text{mit} \qquad \frac{\Gamma}{2} := \frac{1}{\tau} \tag{8.3-11}$$

Berechne die Fouriertransformierte $\tilde{A}(\omega)$ von $A(t)$ und die **Spektralverteilung** $|\tilde{A}(\omega)|^2$.

c) Zeige: Γ ist die volle Halbwertsbreite der Spektrallinie, also die Breite, innerhalb der die
Spektralverteilung größer ist als der halbe Maximalwert.

d) Berechne für $\tau = 10^{-8}\,\mathrm{s}$ die unteren Grenzen der Energiestreuung ΔE und der relativen
Wellenlängenstreuung $\Delta\lambda/\lambda$ für $\lambda = 500\,\mathrm{nm}$. (Die Dopplerverbreiterung wird nicht beachtet.)

e) Schätze für Zimmertemperaturen die Doppler-Verbreiterung im Spektrum eines Stickstoff-
gases ab und vergleiche sie mit der natürlichen Linienbreite.

Lösung:

a) Die Wahrscheinlichkeit, die Lebenszeit zwischen t und $t + dt$ liegt, beträgt

$$dP(t) = P(t) - P(t+dt) = -\frac{dP(t)}{dt}\,dt = e^{-t/\tau}\,\frac{dt}{\tau}$$

Die mittlere Lebenszeit – Lebensdauer genannt – lautet daher

$$\int_0^\infty t\,e^{-t/\tau}\,\frac{dt}{\tau} = \tau \tag{8.3-12a}$$

$$\Rightarrow \quad (\Delta t)^2 = \int_0^\infty (t-\tau)^2\,e^{-t/\tau}\,\frac{dt}{\tau} = \tau^2 \tag{8.3-12b}$$

Die Streuung Δt der Besetzungszeit ist die mittlere Lebenszeit.

b) $\tilde{A}(\omega) = \dfrac{1}{\sqrt{2\pi}} \displaystyle\int_0^{\infty} A(t)\, e^{-i\omega t}\, dt = \dfrac{A_0}{\sqrt{2\pi}} \int_0^{\infty} \exp\left[\left\{-\dfrac{\Gamma}{2} + i(\omega_0 - \omega)\right\} t\right] dt =$

$$= \frac{A_0}{\sqrt{2\pi}}\, \frac{1}{\dfrac{\Gamma}{2} + i(\omega - \omega_0)} \tag{8.3-13}$$

Daher lautet die Spektralverteilung

$$|\tilde{A}(\omega)|^2 = \frac{A_0^2}{2\pi}\, \frac{1}{(\omega - \omega_0)^2 + \left(\dfrac{\Gamma}{2}\right)^2} \tag{8.3-14}$$

mit $\dfrac{\Gamma}{2} \underset{\underset{\text{Gl. (8.3-11)}}{\uparrow}}{=} \dfrac{1}{\tau} = \dfrac{1}{\text{Lebensdauer}}$

$|\tilde{A}(\omega)|^2$ heißt **Lorentz-Kurve** oder Breit-Wigner-Funktion. *Sie ist das Frequenzspektrum einer Spektrallinie, die durch die endliche Lebensdauer des angeregten Zustandes verbreitert wird.*

c) Für die Halbwertsbreite gilt:

$$\frac{1}{\left(\omega_{\text{halb}} - \omega_0\right)^2 + \left(\dfrac{\Gamma}{2}\right)^2} \overset{!}{=} \frac{1}{2\left(\dfrac{\Gamma}{2}\right)^2} \qquad \Rightarrow \qquad \omega_{\text{halb}} = \omega_0 \pm \frac{\Gamma}{2}$$

Die volle Halbwertsbreite ist $\Gamma = 2/\tau$. Die Energiebreite

$$\hbar\,\frac{\Gamma}{2} = \frac{\hbar}{\tau} \tag{8.3-15}$$

heißt auch **natürliche Linienbreite**. Sie ist umso kleiner, je länger die angeregten Zustände existieren.

Bemerkung: In Kapitel 4 wurden freie Wellenpakete (4.2-4) untersucht, die aus kontinuierlichen Überlagerungen von Impulseigenfunktionen bestehen und daher keinen einzelnen, bestimmten Impuls, sondern eine Impulsverteilung und eine Energieverteilung haben.

Die Zustände freier Photonen sind ebenfalls Überlagerungen von Energieeigenfunktionen. Daher hat ein einzelnes Photon – wie ein einzelnes, freies, massives Teilchen – keine feste Energie, sondern eine Energieverteilung. Je kurzlebiger ein angeregter Zustand ist, desto breiter sind seine Energieverteilung und die Energieverteilung des abgestrahlten Photons. Wegen der Energieerhaltung sind die Energieverteilungen eines kurzzeitig angeregten Atoms und des von ihm emittierten Photons gleich (siehe [Messiah-1], Abschn. 4.2.5).

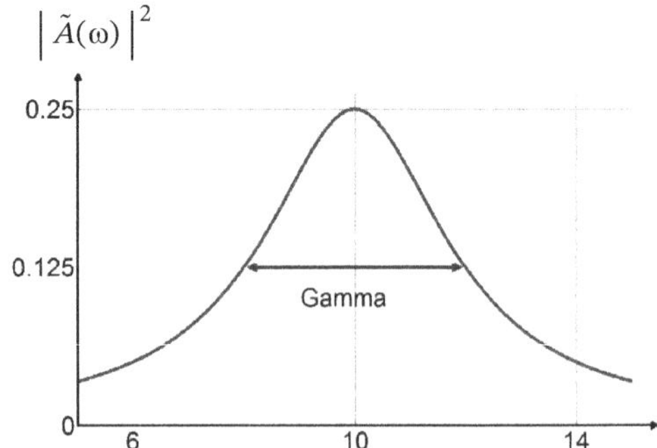

Abb. 8.3–1 Die Lorentz-Kurve $|\tilde{A}(\omega)|^2$ beschreibt das Frequenzspektrum einer durch die endliche Lebensdauer verbreiterten Spektrallinie.

Wie üblich ermöglicht eine – theoretisch beliebig präzise – Energiemessung des Photons keine Rückschlüsse auf die Energieverteilung *vor* der Messung.

d) $\Delta E \geq \dfrac{\hbar}{2\,\tau} \approx 5{,}3 \cdot 10^{-27}\,\mathrm{J} \approx 3{,}3 \cdot 10^{-8}\,\mathrm{eV}$ $\hspace{3cm}$ (8.3–16)

Die natürliche Linienbreite der Atomspektren ist extrem klein und im Experiment kaum auflösbar. Für die lebensdauerbedingten Streuungen folgt für $\tau = 10^{-8}\,\mathrm{s}$ und $\lambda = 500\,\mathrm{nm}$:

$$\frac{\Delta\omega}{\omega} = \frac{\Delta E}{E} = \frac{\Delta E}{hf} \geq \frac{\hbar}{2\tau}\frac{\lambda}{hc} = \frac{\lambda}{4\pi c}\frac{1}{\tau} \approx 1{,}3 \cdot 10^{-8} \qquad (8.3\text{–}17)$$

e) Sei ω_0 die Frequenz der Spektrallinie eines ruhenden Atoms. Wenn das Atom sich mit der Geschwindigkeit $\pm v$ relativ zum Empfänger bewegt, dann misst der Empfänger die Frequenz

$$\omega = \sqrt{\frac{1 \pm v/c}{1 \mp v/c}}\;\omega_0 \underset{\underset{v \ll c}{\uparrow}}{\approx} \left(1 \pm \frac{v}{c}\right)\omega_0 \qquad (8.3\text{–}18)$$

Bei $20\,^{\circ}\mathrm{C}$ ist die mittlere Geschwindigkeit der Stickstoffmoleküle in der Luft etwa $500\,\mathrm{m/s}$.

$$\Rightarrow \quad \frac{\Delta\omega_{\mathrm{Doppler}}}{\omega_0} := \left|\frac{\omega - \omega_0}{\omega_0}\right| \approx \frac{v}{c} = 1{,}\overline{6} \cdot 10^{-6} \qquad (8.3\text{–}19)$$

Die Gln. (8.3–17/19) zeigen:

Die natürliche Linienbreite ist etwa zwei Zehnerpotenzen kleiner als Dopplerbreite und wird vollständig von der Dopplerbreite überdeckt.

8.4 Wechselwirkungsfreie Messung * 1993

Stellen Sie sich bitte vor: In der letzten Nacht hat ein Terrorist unbemerkt eine Bombe in einem Quantenoptik-Labor deponiert und heute Morgen die Polizei davon in Kenntnis gesetzt. Dabei nannte er den Ort der Bombe und gab den warnenden Hinweis, dass die Bombe äußerst empfindliche Sensoren hat, die die Bombe beim Empfang nur eines einzigen Photons und auch bei kleinsten anderen Einwirkungen zur Detonation bringen. Daher sieht die Polizei keine Möglichkeit, die Angaben des Anrufers zu überprüfen, also die Existenz der Bombe zerstörungsfrei nachzuweisen oder zu widerlegen. Denn alle bekannten klassischen Messungen können nur die Antwort „Es ist keine Bombe vorhanden" oder (nach der Detonation) die makabre Antwort „Es *war* eine Bombe vorhanden" liefern, nicht aber die Antwort „Es ist (noch) eine Bombe vorhanden".

Ein Physiker des Labors erfährt, dass die Bombe im Arm eines Mach-Zehnder-Interferometers abgelegt wurde und behauptet daraufhin, dass er die Existenz der Bombe mit Photonen überprüfen kann, ohne dass die Bombe auch nur von einem einzigen Photon getroffen wird. Auf ungläubige Nachfragen hin beteuert er ausdrücklich, dass er die Anwesenheit bzw. Abwesenheit der Bombe in perfekter, absoluter Dunkelheit erkennen kann, so dass die Sensoren nicht ansprechen und keine Detonation erfolgt.

Die Aussage des Physikers ist auf den ersten Blick überraschend; denn immer wieder haben wir gelernt, dass Messungen in der Quantenmechanik – anders als klassische Messungen – nicht vernachlässigbare Störungen verursachen. Die wunderliche Aussage, dass die Existenz der Bombe (nahezu) wechselwirkungsfrei detektiert werden kann, ist darauf zurückzuführen, dass der geistreiche Aufbau des Experimentes das Eintreffen von Photonen am Ort der Bombe (zumindest theoretisch) mit beliebig großer Wahrscheinlichkeit verhindert und trotzdem die „Sichtung" gewährleistet (siehe vor allem auch Aufgabe „8–17 Sicherer Bombennachweis").

Wir wollen nun klären, ob der Physiker ein seriöses Angebot macht oder besser in eine Ausnüchterungszelle gesteckt werden muss. Dazu müssen wir uns zuerst mit dem **Mach-Zehnder-Interferometer** – kurz **MZI** – vertraut machen (siehe Abb. 8.4–1). Ein Lichtstrahl wird in einem ersten Strahlteiler in zwei gleich helle Teilstrahlen zerlegt, die auf *verschiedenen Wegen* zu einem zweiten Strahlteiler laufen und danach *interferieren*.

Das Mach-Zehnder-Interferometer in Abb. 8.4–1 besteht aus zwei Spiegeln und zwei Strahlteilern. Die Strahlteiler sind Glasplatten, die auf einer Seite eine hauchdünne, im Vakuum aufgedampfte, dielektrische Beschichtung haben. Die Strahlteiler lassen die eine Hälfte eines einfallenden Strahles durch und reflektieren die andere Hälfte. (Absorptionen werden vernachlässigt.) Links unten strahlt ein Laser kohärentes Licht ein, rechts oben stehen zwei Photonendetektoren.

An Spiegeln und Strahlteilern treten folgende Phasensprünge auf:
- Bei der Reflexion an einem Spiegel erfolgt ein Phasensprung π.
- Beim Durchlaufen eines Strahlteilers erfolgt kein Phasensprung.

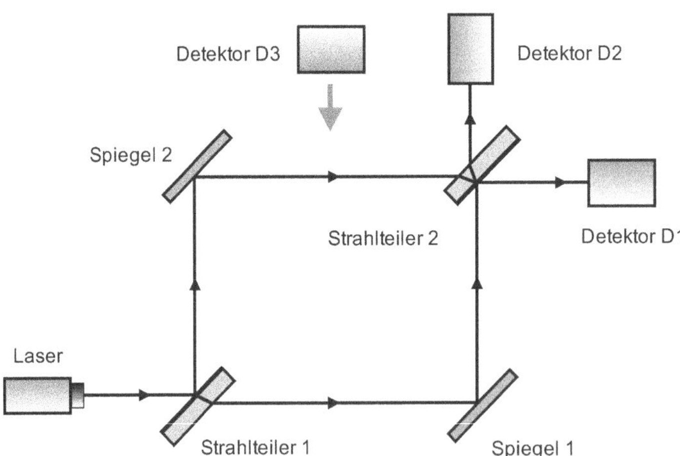

Abb. 8.4–1 Das **Mach-Zehnder-Interferometer** (MZI) enthält zwei Spiegel und zwei Strahlteiler. Die zwei Schichten, die auf die beiden Strahlteiler aufgedampft wurden, sind dick eingezeichnet. Bei gleicher unterer und oberer Weglänge spricht der Detektor D1 immer an und der Detektor D2 nie.

Nach dem Einschieben des Detektors D3 in den oberen Strahlengang kann der Ort des Photons im Interferometer gemessen werden. Wie beim Doppelspalt-Experiment zerstört die Ortsmessung die Interferenz. Nun sprechen die Detektoren D1 und D2 je mit 25% Wahrscheinlichkeit an.

- Bei der Reflexion an einem Strahlteiler sind zwei Fälle zu unterscheiden:

  1) Wenn die aufgedampfte Schicht auf der Seite des einfallenden Strahls liegt, erfolgt bei der Reflexion ein Phasensprung π (siehe Strahlteiler 1 in Abb. 8.4–1).

  2) Wenn die Schicht gegenüber der Seite des einfallenden Strahls liegt, erfolgt bei der Reflexion kein Phasensprung.

Der experimentelle Befund lautet: Wenn die zwei optischen Weglängen auf den beiden Interferometer-Armen gleich lang sind (das gilt im Folgenden immer), dann läuft das vom Laser eingestrahlte *Licht vollständig in den Detektor* D1; *der obere Detektor* D2 *spricht nie an.*

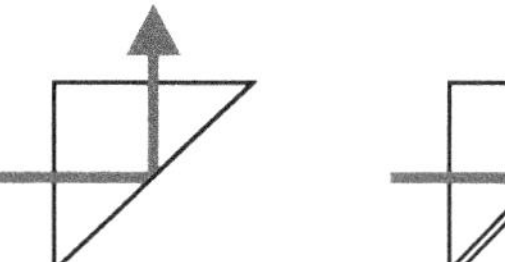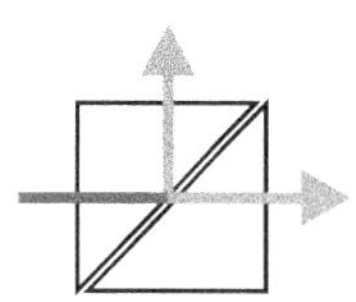

Abb. 8.4–2 Das linke Bild zeigt die Totalreflexion bei einem einzelnen Prisma. Ein Strahlteiler kann auch aus zwei, mit einem hauchdünnen Kitt verklebten Prismen bestehen (siehe Aufgabe 8–14). Mittels Tunneleffekt läuft ein Teil der Photonen geradlinig durch.

Beweis: Mit den kurz zuvor genannten Phasensprüngen an Spiegeln und Strahlteilern erhalten wir im Rahmen der **klassischen Wellentheorie** folgende Phasenverschiebungen:

Wir betrachten zuerst die beiden Strahlengänge **zum Detektor D1**:

- Der untere Weg über den Spiegel 1 enthält (an den Bauteilen) folgende Phasenverschiebungen:
  - Phasenverschiebung $\Delta\varphi$ im Strahlteiler 1.[21]
  - Phasenverschiebung π bei der Reflexion am Spiegel 1.
  - Phasenverschiebung π bei der Reflexion am Strahlteiler 2.

  Summe der Phasenverschiebungen auf dem unteren Weg zum Detektor D1: $2\pi + \Delta\varphi$.(8.4–1a)

- Der obere Weg über den Spiegel 2 enthält folgende Phasenverschiebungen:
  - Phasenverschiebung π bei der Reflexion am Strahlteiler 1.
  - Phasenverschiebung π bei der Reflexion am Spiegel 2.
  - Phasenverschiebung $\Delta\varphi$ im Strahlteiler 2.

  Summe der Phasenverschiebungen auf dem oberen Weg zum Detektor D1: $2\pi + \Delta\varphi$. (8.4–1b)

Fazit: *Auf dem Weg zum Detektor* D1 *sind die Phasenverschiebungen auf beiden Interferometer-Armen gleich groß.* Daher erfolgt vor *Detektor* D1 *eine konstruktive Interferenz.* Der Detektor D1 nimmt das gesamte vom Laser abgestrahlte Licht auf.

Dieses Ergebnis ist einleuchtend, da die Strahlen auf dem Weg zu Detektor D1 auf beiden Interferometer-Armen die gleichen Bedingungen vorfinden: Die Strahlen durchlaufen unten und oben je einen Strahlteiler und werden je einmal an einem Spiegel und an einem Strahlteiler reflektiert.

Nun betrachten wir die beiden Strahlengänge **zum Detektor D2**:

- Der untere Weg über den Spiegel 1 enthält folgende Phasenverschiebungen:
  - Phasenverschiebung $\Delta\varphi$ im Strahlteiler 1.
  - Phasenverschiebung π bei der Reflexion am Spiegel 1.
  - Phasenverschiebung $\Delta\varphi$ im Strahlteiler 2.

  Summe der Phasenverschiebungen auf dem unteren Weg zum Detektor D2: $2\Delta\varphi + \pi$ (8.4–2a)

---

[21] Die Phasenverschiebung $\Delta\varphi$ hängt von der Brechzahl n des Glases und von der Weglänge s im Strahlteiler ab und lautet $\Delta\varphi = 2\pi \cdot n\, s/\lambda_{\text{Vakuum}} = 2\pi \cdot s/\lambda_{\text{Glas}}$.

- Der obere Weg über den Spiegel 2 enthält folgende Phasenverschiebungen:
  - Phasenverschiebung π bei der Reflexion am Strahlteiler 1.
  - Phasenverschiebung π bei der Reflexion am Spiegel 2.
  - Keine Phasenverschiebung bei der Reflexion im Strahlteiler 2.
  - Phasenverschiebung $2\Delta\varphi$ beim zweifachen Durchgang des Strahlteilers 2.

  Summe der Phasenverschiebungen auf dem oberen Weg zum Detektor D2: $2\Delta\varphi + 2\pi$ (8.4–2b)

Fazit: *Auf dem Weg zum Detektor D2 unterscheiden sich die Phasenverschiebungen auf den zwei Interferometer-Armen um* π. Somit interferieren die Strahlen vor Detektor D2 destruktiv.[22] ∎

Wir schwächen nun die Intensität des Laserstrahls so weit ab, dass zu jeder Zeit immer nur ein Photon im MZI unterwegs ist. Die folgende **quantentheoretische Berechnung** beschreibt die Photonenzustände grob vereinfachend nur durch die Ausbreitungsrichtungen horizontal und vertikal – abgekürzt ho und ve – und durch die Vorzeichen $\pm$. Der Phasensprung π ändert das Vorzeichen. Die *kontinuierlichen* Phasenänderungen infolge der zurückgelegten Wege sind auf beiden Interferometer-Armen gleich groß und werden daher nicht mitgezählt – auch $\Delta\varphi$ nicht. St und Sp sind die Abkürzungen für *St*rahlteiler und *Sp*iegel. Die Halbierung der Intensität im Strahlteiler wird durch den Faktor $1/\sqrt{2}$ in der Wellenfunktion beschrieben.

Strahlteiler 1 spaltet die von links einlaufende Wellenfunktion $|\,\text{ein}\rangle$ in zwei Anteile auf:

$$\left|\,\text{ein}\,\right\rangle = \left|\,\text{ho}\,\right\rangle \quad \underset{\text{St 1}}{\rightarrow} \quad \frac{1}{\sqrt{2}}\left(\left|\,\text{ho}\,\right\rangle - \left|\,\text{ve}\,\right\rangle\right)$$

Wir verfolgen zuerst den Teilstrahl $|\,\text{ho}\rangle$ auf dem unteren Weg zu den zwei Detektoren:

$$\frac{1}{\sqrt{2}}\left|\,\text{ho}\,\right\rangle \quad \underset{\text{Sp 1}}{\rightarrow} \quad -\frac{1}{\sqrt{2}}\left|\,\text{ve}\,\right\rangle \quad \underset{\text{St 2}}{\rightarrow} \quad \frac{1}{2}\left(\underset{\text{nach D1}}{\left|\,\text{ho}\,\right\rangle} - \underset{\text{nach D2}}{\left|\,\text{ve}\,\right\rangle}\right) \tag{8.4–3}$$

Jetzt verfolgen wir den Teilstrahl $-|\,\text{ve}\rangle$ auf dem oberen Weg zu zwei Detektoren:

$$-\frac{1}{\sqrt{2}}\left|\,\text{ve}\,\right\rangle \quad \underset{\text{Sp 2}}{\rightarrow} \quad \frac{1}{\sqrt{2}}\left|\,\text{ho}\,\right\rangle \quad \underset{\text{St 2}}{\rightarrow} \quad \frac{1}{2}\left(\underset{\text{nach D1}}{\left|\,\text{ho}\,\right\rangle} + \underset{\text{nach D2}}{\left|\,\text{ve}\,\right\rangle}\right) \tag{8.4–4}$$

---

[22] Wir sehen, dass die Interferenzexperimente mit dem MZI klassisch erklärt werden können, wenn gleichzeitig immer ungeheuer viele Photonen unterwegs sind, wenn also das Licht eine „normale" Intensität hat.

Wenn aber zu jeder Zeit höchstens ein einziges Photon unterwegs ist, so können die Messergebnisse nicht klassisch, sondern nur mit der Quantentheorie des Lichtes erklärt werden. Nur die Quantentheorie zeigt, dass einzelne Photonen mit sich selbst interferieren können. 1986 gelang das erste Interferenzexperiment am MZI mit *einzelnen Photonen*.

Beim Doppelspalt-Experiment gelten dieselben Aussagen für Licht mit „normaler" Intensität und für einzelne Photonen. Auch hier können Experimente mit einzelnen Photonen nur durch die Quantentheorie gedeutet werden.

Nach den Gln. (8.4–3/4) ist der *Zustand vor Detektor* D1 *insgesamt gleich dem Anfangszustand* $|ho\rangle$. *Alle Photonen gelangen zum Detektor* D1. *Detektor* D2 *spricht nie an* – wie bei klassischen Wellen.

Die beiden Detektoren tauschen ihre Rolle, wenn sich die Wegstrecken auf den beiden Interferometer-Armen um $(2m+1)\lambda/2$ unterscheiden mit $m \in \mathbb{Z}$.

Die Analogie mit dem Doppelspalt-Experiment wird besonders deutlich, wenn man einen Detektor D3 in den oberen Strahlengang zwischen Spiegel 2 und Strahlteiler 2 einschiebt. Dann wird die Hälfte der Photonen in Detektor D3 registriert (und absorbiert) und jeweils ein Viertel kommt zu den Detektoren D1 und D2. *Die Ortsmessung* bzw. die Kenntnis des Weges, den das Photon genommen hat, *zerstört die Interferenz in den Detektoren* D1 *und* D2.

Jetzt können wir endlich erklären, wie die Existenz der Bombe mit einer gewissen Wahrscheinlichkeit zerstörungsfrei aufgedeckt werden kann: Ein in das MZI geschicktes Photon bringt die Bombe, die (anstelle des Detektors D3) zwischen Spiegel 2 und Strahlteiler 2 liegt, mit 50% Wahrscheinlichkeit zur Detonation, wird mit 25% Wahrscheinlichkeit im Detektor D1 registriert – dann ist keine Aussage möglich – und gelangt mit den restlichen 25% Wahrscheinlichkeit in den Detektor D2; nur im letzten Fall können wir mit Sicherheit sagen „Es liegt eine Bombe im Labor". Wenn man die nichtssagenden Messungen, in denen das Photon im Detektor D1 landet, verwirft und ein neues Photon in das MZI schickt – solange, bis die Bombe detoniert oder Detektor D2 anspricht –, so erfolgt mit 66,7% Wahrscheinlichkeit eine Detonation und mit 33,3% Wahrscheinlichkeit wird die Existenz der Bombe zerstörungsfrei nachgewiesen; denn $\sum_{n=1}^{\infty} 0{,}25^n = 1/3$. Wenn sehr viele, nacheinander verschickte Photonen immer nur im Detektor D1 landen, dann ist höchstwahrscheinlich keine Bombe vorhanden.

33,3% sind nicht viel, aber besser als nichts. Mit einem höheren experimentellen Aufwand können wir fast mit Sicherheit nachweisen, ob eine Bombe vorhanden ist oder nicht – im ersten Fall nahezu ohne Sprengungsrisiko (siehe Aufgabe 8–17 und [Pade-1], Anhang L).[23]

Mit einer Pockelszelle[24] können auch leicht **Experimente mit verzögerter Wahl** durchgeführt werden. Die Pockelszelle ersetzt den Detektor D3 und wird durch einen Zufallsgenerator auf durchlässig oder undurchlässig geschaltet – aber erst, nachdem das einzelne Photon den Strahlteiler 1 mit Sicherheit passiert hat. Bei durchsichtiger Pockelszelle treten in den Detektoren D1 und D2 Interferenzen auf, bei undurchsichtiger nicht. Auch hier ist die Ähnlichkeit zum Doppelspalt-Experiment markant.

---

[23] Die populärwissenschaftliche Fachzeitschrift *New Scientist* hat die zerstörungsfreie Entdeckung der Bombe als eines der „Sieben Weltwunder der Quantentheorie" ausgewählt (in Anlehnung an die „Sieben Weltwunder der Antike"). Die auserkorenen Wunder sind:
1) Welle-Teilchen-Dualismus (Kap. 2)   2) Superpositionsprinzip   3) Casimir-Effekt (Wikipedia)
4) Bombentest (Abschn. 8.4)   5) Verschränkung (Abschn. 22.1) 6) Aharonov-Bohm-Effekt (Abschn. 11.3)
7) Supraflüssigkeiten und Supraleiter

[24] Pockelszellen sind sehr schnelle elektrooptische Lichtschalter, die innerhalb von wenigen Nanosekunden die Polarisationsrichtung drehen und in Kombination mit einem polarisationsabhängigen Strahlteiler von durchsichtig auf undurchsichtig und umgekehrt geschaltet werden können.

8.5 Interpretationsprobleme

Die Quantenmechanik gibt bis heute alle Messungen aufs genaueste wieder. *Handwerklich funktioniert die Quantenmechanik bestens* und kaum ein Physiker bezweifelt die Richtigkeit des Formalismus. Eine physikalische Theorie soll aber aus Sicht der meisten Physiker mehr sein als eine Ansammlung von Rechenvorschriften zur Vorhersage experimenteller Ergebnisse oder zum Bau technischer Geräte. Sie soll auch unser physikalisches Weltbild erweitern. Aber bei der Interpretation und bei den zwei gewichtigen Fragen, wie der Kollaps der Wellenfunktion abläuft und warum Superpositionszustände nicht bei makroskopischen Körpern beobachtet werden, versagt die Kopenhagener Quantenmechanik – auch Standardquantenmechanik genannt. *Der Grund für die Nichtlösbarkeit dieser Probleme im Rahmen der Standardquantenmechanik ist die Nichtbeachtung der Wechselwirkungen mit der Umgebung.*

Die jahrzehntelange Außerachtlassung der Umgebung ist aus folgenden Gründen verständlich:
- Bohr und seine Anhänger waren der Meinung, dass sich Messgeräte und die Umgebung nur makroskopisch beschreiben lassen. Daher hielten sie die Untersuchung des Messprozesses für aussichtslos.
- Jahrzehntelang haben sich die Physiker auf Atome, Moleküle, Festkörper, Laser ... konzentriert. Hier hat sich die Standardquantenmechanik mustergültig bewährt und sorgte für viele Nobelpreise.
- In allen klassischen Theorien werden Einwirkungen von außen erfolgreich vernachlässigt.
- Ein entscheidender Punkt kommt noch hinzu: Ohne die sog. Verschränkung, die ein zentrales, quantenmechanisches Phänomen darstellt und erst in Kapitel „22 Verschränkung" behandelt wird, können die zwei oben gestellten Fragen nicht beantwortet werden. Die Verschränkung ist aber erst in den letzten Jahrzehnten, vor allem mit dem Aufkommen der Quanteninformation und mit den ersten Experimenten zum Dekohärenzverlauf, in das Zentrum des Interesses gerückt.

Kurzum: Ohne Beachtung der Wechselwirkungen mit der Umgebung und ohne Verschränkung kann die Quantenmechanik das Fehlen von Superpositionszuständen bei makroskopischen Körpern nicht erklären und behilft sich bei den Messprozessen mit dem geheimnisvollen, undurchsichtigen **Kollaps-Postulat**. Dieses Postulat ist nichts anderes als ein *Rezept*, eine *Rechenanleitung*, die *die Schrödinger-Gl. kurzzeitig ersetzt*. Die berechtigte Frage, was beim Messen eigentlich passiert, wurde von Bohr und seinen Anhängern bewusst ignoriert und bleibt in der Standardquantenmechanik bis heute unbeantwortet.

Das Kollaps-Postulat wird aber wegen seiner
- *Einfachheit* und wegen der
- *Richtigkeit seiner Ergebnisse*

wohl auch in Zukunft eine nahezu unverzichtbare Rolle spielen. Dennoch ist bei der Einführung in das Kollaps-Postulat ein mahnender Vermerk angebracht, dass der *Kollaps kein fundamentaler, physikalischer Vorgang ist, sondern nur eine Rechenvorschrift, die die Schrödinger-Gl. vorübergehend außer Kraft setzt*. Zudem kann kurz auf die Dekohärenz-Theorie hingewiesen werden, die ohne Kollaps auskommt (siehe Abschn. 22.4).

Wir wollen nun das Fehlen makroskopischer Superpositionen aus Sicht der Standardquantenmechanik etwas genauer unter die Lupe nehmen. **Superpositionen** sind in der Quantenmechanik sinnvoll und unentbehrlich für die Beschreibung von Interferenzen, aber für makroskopische Körper absurd. Zur Verdeutlichung des Widerspruchs zwischen klassischer Physik und Quantentheorie besprechen wir zunächst einmal ein *makroskopisches* System und betrachten als Messgröße die *Farbe F* der Socken eines gewissen Herrn Huber. Herr Huber hat je ein Paar roter, grüner und blauer Socken und wählt jeden Morgen zufällig ein Paar aus. Vor unserem morgendlichen Treffen kann ich nur sagen: Die Socken von Herrn Huber sind heute mit je 33,3% Wahrscheinlichkeit rot, grün oder blau. Wenn ich Herrn Huber dann treffe, kann ich die Sockenfarbe sehen (messen). *Natürlich hatten die Socken die gesichtete Farbe schon vor unserem Treffen, also schon vor der Messung.* Diese Aussage ist äußerst banal, beleuchtet aber einen bedeutenden Unterschied zwischen Messungen in der Makro- und Mikrowelt.

In der Quantentheorie hingegen sieht die Sache anders aus: Wir betrachten in Gedanken fiktive, *mikroskopische* Quantensocken. Ihre Farbe wird durch einen Farboperator $\hat{F}$ gemessen, dessen drei orthonormierte Eigenvektoren $|\,\text{rot}\,\rangle, |\,\text{grün}\,\rangle, |\,\text{blau}\,\rangle$ einen dreidimensionalen Hilbertraum aufspannen [25]. Da bei einer Farbmessung jede der drei Farben mit gleicher Wahrscheinlichkeit gefunden wird, lautet der Farbzustand vor der Messung:

$$|\,\psi_f\,\rangle = \frac{1}{\sqrt{3}}\Big(\,|\,\text{rot}\,\rangle + |\,\text{grün}\,\rangle + |\,\text{blau}\,\rangle\,\Big)$$

Auf keinen Fall darf die Wellenfunktion $|\,\psi_f\,\rangle$ klassisch interpretiert werden, also nicht in dem Sinne, dass die Quantensocken mit je 33,3% Wahrscheinlichkeit rot, grün oder blau sind. Vielmehr lautet die richtige quantenmechanische Aussage: Eine Farbmessung überführt den Zustandsvektor $|\,\psi_f\,\rangle$ mit je 33,3% Wahrscheinlichkeit in den roten, grünen oder blauen Eigenvektor mit der entsprechenden Farbe als Messwert. Erst die Messung erzeugt die Farbe. Man könnte auch sagen: *Messungen in der Quantenwelt ermitteln nicht einen bereits vorher bestehenden Zustand* (wie in der klassischen Physik), *sondern präparieren einen neuen Zustand.* Er ist ein Eigenzustand des Operators (bei diskreten Spektren).

Vergleichbare Aussagen gelten auch für die **Interferenz am Doppelspalt** (siehe Abb. 2.6–3). Solange keine Ortsmessung durchgeführt wird, *verhält sich das Quantenobjekt wie eine Welle und läuft durch beide Spalten zugleich. Die Wellenfunktion besteht aus der Überlagerung*

$$\psi(\mathbf{r}) = \frac{1}{\sqrt{2}}\Big[\,\psi_{\text{re}}(\mathbf{r}) + \psi_{\text{li}}(\mathbf{r})\,\Big] \tag{8.5–1}$$

$$\Rightarrow\ |\,\psi(\mathbf{r})\,|^2 = \frac{1}{2}\Big[\,|\,\psi_{\text{re}}(\mathbf{r})\,|^2 + |\,\psi_{\text{li}}(\mathbf{r})\,|^2 + \psi_{\text{re}}^{*}(\mathbf{r})\,\psi_{\text{li}}(\mathbf{r}) + \psi_{\text{li}}^{*}(\mathbf{r})\,\psi_{\text{re}}(\mathbf{r})\,\Big] \neq \tag{8.5–2a}$$

$$\neq \frac{1}{2}\Big[\,|\,\psi_{\text{re}}(\mathbf{r})\,|^2 + |\,\psi_{\text{li}}(\mathbf{r})\,|^2\,\Big] \tag{8.5–2b}$$

Die letzten zwei Terme in (8.5–2a) beschreiben die Interferenz, da jeder von ihnen sowohl die Wellenfunktion $\psi_{\text{re}}(\mathbf{r})$ hinter dem rechten Spalt als auch die Wellenfunktion $\psi_{\text{li}}(\mathbf{r})$ hinter dem linken Spalt enthält.

Wir dürfen nicht sagen: „Das Elektron fliegt mit je 50% Wahrscheinlichkeit durch den einen bzw. durch den anderen Spalt". Denn so kann das Interferenzmuster auf dem Schirm

---

[25] $\hat{F}$ könnte auch die z-Komponente $\hat{S}_3$ des Spinoperators $\hat{\mathbf{S}}$ eines Spin-1-Teilchens sein (siehe Kap. 12).

nicht erklärt werden. *Erst die Ortsmessung erzeugt den Ort; vor der Ortsmessung haben die Elektronen keinen Ort.* Man kann das fast mit einem Gedicht vergleichen: Ohne Leser ist ein Gedicht eine nutzlose Ansammlung von Buchstaben. Erst das Lesen (die Messung) gibt den Buchstaben einen Sinn.[26]

1935 übertrug Schrödinger – wie Einstein ein hartnäckiger Gegner der Standardquantenmechanik – in einem Gedankenmodell *die Superpositionen sehr anschaulich von der Quantenwelt in die klassische Welt.* Dabei stellte er eines der bekanntesten *Gedankenmodelle* der Physik vor mit dem Namen „**Schrödingers Katze**". So konnte er eindringlich zeigen, dass der Übergang von der Quantenmechanik zur klassischen Mechanik sehr heikel ist.

Wir setzen in Gedanken eine Katze in eine Kiste und verschließen den Deckel. In der Kiste befindet sich eine „Höllenmaschine" mit einem einzelnen Atom, dessen instabiler Kern in der nächsten Stunde mit einer Wahrscheinlichkeit von 50% radioaktiv zerfällt. Ein Geigerzähler registriert den Zerfall und setzt daraufhin Giftgas frei, das die Katze sofort tötet.

Nach einer Stunde wird der Deckel wieder geöffnet. *Nach* dem Öffnen des Deckels finden wir die Katze mit je 50% Wahrscheinlichkeit lebend bzw. tot vor. Hier gibt es keine Widersprüche zwischen Quantenmechanik und klassischer Physik.

Aber *vor* dem Öffnen des Deckels sind die klassische und die quantenmechanische Darstellung unvereinbar. Da die Katze beim Aufmachen gleichwahrscheinlich lebend oder tot vorgefunden wird, ist der quantenmechanische Zustand der Katze unmittelbar vor dem Aufsperren ein *Überlagerungszustand*[27]

$$| \psi_{\text{Katze}} \rangle = \frac{1}{\sqrt{2}} \left(| \text{lebend} \rangle + | \text{tot} \rangle \right) \qquad (8.5\text{–}3)$$

Wenn eine solche Superposition für makroskopische Katzen möglich wäre, dann könnten wir nicht ausschließen, dass es irgendeine Messung oder Beobachtung gibt, die Interferenzen zwischen lebender und toter Katze zeigt. Ja noch unfassbarer: In [Audretsch-1], Abschn. 15.2.2 wird sogar behauptet, dass man in diesem Fall „tote Katzen zum Leben erwecken" könnte.

Die Unvereinbarkeit von klassischer Mechanik und Standardquantenmechanik ist problematisch, weil die klassische Mechanik nach Meinung der meisten Physiker ein Teil der

---

[26] Der deutsche Dichter *Christian Morgenstern* (1871 – 1914) war bekannt für seine komische Lyrik. Sein Gedicht *Der Meilenstein* gibt die Interpretation der Kopenhagener Schule angemessen wieder:

Der Meilenstein

Tief im dunklen Walde steht er,	Seltsam ist und schier zum Lachen,	Ja, noch weiter vorgestellt:
und auf ihm mit schwarzer Farbe,	dass es diesen Text nicht gibt,	Was wohl ist er ungesehen?
dass des Wandrers Geist nicht darbe:	wenn es keinem Blick beliebt,	Ein uns völlig fremd Geschehen.
Dreiundzwanzig Kilometer.	ihn durch sich zu Text zu machen.	Erst das Auge schaut die Welt.

[27] Der Zustand in Gl. (8.5–3) reicht – in Anbetracht unserer derzeit noch beschränkten Kenntnisse – für die augenblickliche Diskussion völlig aus. Genau genommen ist er aber nicht korrekt; denn das *System kann nicht in zwei unabhängige Teile getrennt werden, da die Zustände von Atom und Katze miteinander verflochten sind*: Wenn sich der Zustand des Atomkerns ändert, so ändert sich zwangsläufig auch der Zustand der Katze. Diese Verflechtung wird erst in Kap. „22 Verschränkung" besprochen.

Quantenmechanik ist. Warum macht die Quantenmechanik Aussagen, die man nicht in die klassische Physik übertragen kann? Warum erlauben Messungen in der klassischen Physik Rückschlüsse auf den Zustand vor der Messung, quantenmechanische Messungen aber nicht?[28]

Überlagerungen von Zuständen und die damit einhergehenden Interferenzen sind also ein großes Problem für den Übergang von der Quantenmechanik zur klassischen Mechanik. Überlagerungen von Zuständen gibt es für Quantenobjekte und für klassische Wellen, nicht aber für makroskopische Körper. Daher stellt sich die Frage: Warum werden in der klassischen Mechanik keine Superpositionen beobachtet? Gibt es sie nicht oder zerfallen sie so schnell, dass sie nicht entdeckt werden können? Der Zerfall der Überlagerung und der damit einhergehende Verlust der Interferenzfähigkeit heißen **Dekohärenz**.

Die meisten Physiker glauben, dass die seit 1970 entwickelte, schwierige **Dekohärenz-Theorie** die geschilderten Probleme lösen und die Kopenhagener Quantenmechanik in dieser Frage korrigieren kann. *Die Dekohärenz-Theorie enthält keinen Kollaps der Wellenfunktion, sondern beweist mit den Gesetzen der Quantentheorie den stetigen, aber sehr rasanten zeitlichen Zerfall von Überlagerungszuständen unter dem Einfluss der Umgebung.* Die Dekohärenz-Zeit ist indirekt proportional zur Masse m des betrachteten Objektes.

In der Dekohärenz-Theorie *spielt die sog. Verschränkung von Quantenobjekt, Messgerät und Umgebung eine entscheidende Rolle. Nach der Dekohärenz-Theorie können quantenmechanische Superpositionen nicht nur bei einer Messung, sondern auch schon vorher kontinuierlich, aber extrem schnell infolge der Umgebungseinflüsse zerfallen.* So kann z. B. die Wechselwirkung eines Quantenobjektes mit einem Photon der Wärmestrahlung als eine Messung angesehen werden, da das gestreute Photon Informationen über den Teilchenzustand mitnimmt. Vermeintliche Quantensprünge und die Lokalisierung von Quantenobjekten sind Ergebnisse der schnellen, aber stetigen Dekohärenzabläufe, die vor 1970 übersehen wurden. Die schnelle Dekohärenz hat dieselben Ergebnisse wie der Kollaps der Wellenfunktion, so dass das Kollaps-Postulat der Standardquantenmechanik wenigstens ein zuverlässiges Rezept darstellt. (Nähere Erläuterungen stehen in Abschn. „22.4 Dekohärenz".)

8.6 Leitgedanken

8.1 Der Messprozess

Die Observable $\hat{A}$ habe ein diskretes, nicht entartetes Spektrum. Jede Wellenfunktion $|\psi\rangle$ kann nach den Eigenvektoren $|\psi_n\rangle$ des Operators $\hat{A}$ entwickelt werden:

---

[28] Wenn man die Gesetze der Quantenmechanik sorglos in die Makrowelt übertragen könnte, dann wären „sportliche" Autofahrer erfreut und könnten zur Polizei sagen: „Sie haben bei mir eine Geschwindigkeitsüberschreitung gemessen? Was soll's? Das bedeutet ja nicht, dass ich schon *vor* der Messung zu schnell war."

$$| \psi \rangle = \sum_n c_n | \psi_n \rangle \qquad \text{mit} \qquad c_n = \langle \psi_n | \psi \rangle \qquad (8.1\text{-}6/7)$$

$$\Rightarrow \quad \langle \psi | \hat{A} | \psi \rangle = \sum_{n,m} \langle c_n \psi_n | \hat{A} | c_m \psi_m \rangle = \sum_{n,m} a_m \, c_n^* \, c_m \, \langle \psi_n | \psi_m \rangle =$$

$$= \sum_n a_n \, c_n^* \, c_n = \sum_n a_n \, | c_n |^2 \qquad (8.1\text{-}1)$$

$$\text{mit} \quad \langle \psi | \psi \rangle = \sum_n | c_n |^2 = 1 \qquad (8.1\text{-}2)$$

Aufgrund der letzten zwei Gln. können wir für Messungen ein neues **Postulat** aufstellen:

Bei der Messung der Observablen $\hat{A}$ können nur Eigenwerte a_n der Observablen gemessen werden. Die Wahrscheinlichkeit, einen nicht entarteten Messwert a_n zu erhalten, beträgt

$$| c_n |^2 = | \langle \psi_n | \psi \rangle |^2 \qquad (8.5\text{-}3)$$

Danach lässt sich die Wahrscheinlichkeit für den Messwert a_n berechnen, indem man entweder die Wellenfunktion $| \psi \rangle$ nach den Eigenfunktionen $| \psi_n \rangle$ des gemessenen Operators $\hat{A}$ entwickelt oder indem man (einfacher) das Betragsquadrat des Skalarproduktes $\langle \psi_n | \psi \rangle$ berechnet.

Wird eine Messung *sofort* wiederholt, so sollte die erneute Messung *mit Sicherheit* dasselbe Ergebnis haben. Andernfalls wäre das Ergebnis einer Messung unbrauchbar. Daher **postulieren** wir:

Wenn bei einer Observablen $\hat{A}$ mit diskretem, nicht entartetem Spektrum der Eigenwert a_n gemessen wird, dann befindet sich das System unmittelbar nach der Messung im entsprechenden Eigenzustand $| \psi_n \rangle$ des Operators $\hat{A}$.

Eine Messung erkennt einen Zustand nicht, sondern präpariert einen neuen Zustand, der (bei diskreten Spektren) *immer ein Eigenzustand der gemessenen Observablen ist.* Der ursprüngliche, vor der Messung vorliegende Zustand bestimmt nur die Wahrscheinlichkeit $| c_n |^2 = | \langle \psi_n | \psi \rangle |^2$ für die Messung des Eigenwertes a_n.

Beim Messprozess tritt also ein **Kollaps der Wellenfunktion** ein:

$$| \psi \rangle = \sum_k c_k | \psi_k \rangle \quad \overset{\text{Messprozess}}{\longrightarrow} \quad | \psi_n \rangle \qquad (8.5\text{-}15)$$

Der Kollaps ist kein physikalischer Vorgang, sondern nur ein **pragmatisches Rezept**, eine mysteriöse **Rechenvorschrift**, die nicht näher hinterfragt wird. *Der Kollaps beschreibt die Ergebnisse von Messungen sehr einfach und immer zutreffend.* Der Kollaps setzt die stetige, durch die Schrödinger-Gl. gesteuerte Zeitentwicklung kurzzeitig außer Kraft.

Der **Impulsoperator** hat ein **kontinuierliches Spektrum** mit nicht normierbaren Eigenfunktionen

$$\psi_p(x) = \frac{1}{\sqrt{2 \pi \hbar}} \, e^{i p x / \hbar} \qquad (8.5\text{-}10)$$

Bei Messungen einer Observablen mit kontinuierlichem Spektrum kollabiert die Wellenfunktion nicht in einen Eigenzustand, weil *Eigenzustände zu kontinuierlichen Spektren nicht normierbar und daher physikalisch nicht realisierbar sind.*

Bei der Messung *kontinuierlicher Spektren* kollabiert die Wellenfunktion in eine kontinuierliche, normierbare Überlagerung von den Eigenzuständen, deren Eigenwerte in einer schmalen Umgebung des Messwertes liegen.

Nur kommutierende Operatoren $\hat{A}, \hat{B}$ sind *gleichzeitig messbar*. D. h.: Die Reihenfolge der Messungen von $\hat{A}$ und $\hat{B}$ an einem einzelnen Teilchen kann geändert werden ohne Änderung der Messergebnisse. Der Grund für die Vertauschbarkeit der Reihenfolge der zwei Messungen ist die Gemeinsamkeit aller Eigenvektoren kommutierender Operatoren.

Eine Mindestmenge kommutierender Operatoren $\hat{A}, \hat{B}, \hat{C}, \dots$, deren Eigenwerte $a_n, b_m, c_k, \dots$ eindeutig einen Zustand $|n, m, k, \dots\rangle$ festlegen, heißt **vollständiger Satz kommutierender Operatoren** – kurz **vSkO**. Die Eigenfunktionen werden durch die Eigenwerte $a_n, b_m, c_k, \dots$ des vSkO eindeutig bestimmt.

8.2 Allgemeine Unbestimmtheitsrelation

Für die Formulierung der Unbestimmtheitsrelation werden der **Erwartungswert**

$$\langle \hat{A} \rangle = \langle \psi | \hat{A} | \psi \rangle = \int_{-\infty}^{\infty} \psi^*(x)\, \hat{A}\, \psi(x)\, dx \tag{8.2-1}$$

und die **Streuung** ΔA – auch Unschärfe oder Standardabweichung genannt – benötigt mit

$$(\Delta A)^2 = \left\langle (\hat{A} - \langle A \rangle)^2 \right\rangle = \int_{-\infty}^{\infty} \psi^*(x)\, (\hat{A} - \langle A \rangle)^2\, \psi(x)\, dx =$$

$$= \langle \hat{A}^2 \rangle - \langle \hat{A} \rangle^2 \tag{8.2-2}$$

Die Streuung ΔA ist die Wurzel aus der mittleren quadratischen Abweichung vom Erwartungswert. Nach der allgemeinen **Unbestimmtheitsrelation**

$$\Delta A_\psi\, \Delta B_\psi \geq \frac{1}{2} \left| \left\langle \psi \,\middle|\, \left[\hat{A}, \hat{B} \right] \,\middle|\, \psi \right\rangle \right| \tag{8.2-8}$$

gilt für zwei Operatoren $\hat{A}, \hat{B}$: Im Zustand $|\psi\rangle$ ist das Produkt der Streuungen mindestens halb so groß wie der Betrag des Erwartungswertes des Kommutators in diesem Zustand $|\psi\rangle$.

Gl. (8.2–8) wird mathematisch nur mit der Hermitizität der beiden Operatoren $\hat{A}, \hat{B}$ und mit der Schwarzschen Ungl. bewiesen. Der mathematische Beweis zeigt, dass die *Unbestimmtheitsrelation nichts mit dem Messprozess zu tun hat*, sondern eine innere Eigenschaft der Wellenfunktionen ist.

Eine positive Streuung $\Delta A > 0$ sagt nicht, dass die Messungen der Observablen $\hat{A}$ unscharf sind oder das Messgerät ungenau arbeitet; auch für $\Delta A > 0$ können Messungen von $\hat{A}$ im Prinzip beliebig genau sein. Vielmehr besagt $\Delta A > 0$, dass *viele Messungen von $\hat{A}$ an identisch präparierten Teilchen*, also an Teilchen im selben Zustand $|\psi\rangle$, *unterschiedliche Messergebnisse liefern, die in der Umgebung des Mittelwertes $\langle \hat{A} \rangle$ über einen Bereich der Größenordnung ΔA streuen.* Alternativ kann man auch sagen: *Vor einer Messung von $\hat{A}$ wissen wir nur*, dass das Messergebnis am ehesten im Intervall $\langle \hat{A} \rangle \pm \Delta A$ liegen wird.

Für das Streuungsprodukt von Ort und Impuls folgt aus Gl. (8.2–8) die bekannte Beziehung

$$\Delta x\, \Delta p_x \geq \frac{1}{2} \left| \left\langle [\hat{X}, \hat{P}_x] \right\rangle \right| = \frac{1}{2} \left| \left\langle \psi \,\middle|\, i\hbar \,\middle|\, \psi \right\rangle \right| = \frac{\hbar}{2} \tag{8.2-9}$$

Dieses Ergebnis folgt bereits aus der Theorie der Fouriertransformationen; danach gibt es keine Wellenfunktion, die sowohl im Orts- als auch im Impulsraum beliebig schmal ist. Es ist grundsätzlich unmöglich, Ort und Impuls eines Teilchens gleichzeitig mit unbegrenzter Genauigkeit anzugeben. Die Messung des Ortes sorgt dafür, dass die Wellenfunktion $\psi(\mathbf{r},t)$ in die Umgebung der Fundstelle kollabiert; die Mathematik ist dann dafür verantwortlich, dass sich die Fouriertransformierte $\tilde{\psi}(\mathbf{p},t)$ beim Kollaps so stark ausbreitet, dass die Ungl. (8.2–9) auch nach der Messung gilt.

8.3 Unbestimmtheitsrelation für Energie und Zeit

Auch für die Energie und die Zeit existiert eine untere Grenze ihres Streuungsproduktes:

$$\Delta E\,\Delta t \geq \frac{\hbar}{2} \tag{8.3–1}$$

ΔE ist die Streuung der Energie; Δt *ist immer eine Zeitdauer, aber keine Streuung, keine Unschärfe.* Da die Zeit nur ein Parameter ist, für den es keinen Operator gibt, existiert kein strenger Beweis für die Ungleichung (8.3–1).

Drei spezielle Aussagen sind besonders wichtig:

- Eine Energiemessung mit der Genauigkeit ΔE benötigt mindestens die Zeit $\Delta t \approx \hbar/(2\Delta E)$. Je kürzer die Energiemessung ist, desto größer ist ihr minimaler, unvermeidbarer Fehler.
- Die zeitliche Entwicklung eines Systems mit zeitunabhängigen Operatoren läuft umso langsamer ab, je kleiner die Streuung der Energie ist.
- Die natürliche Linienbreite $\hbar/\tau$ der Spektrallinien geht auf die endliche Lebensdauer τ der angeregten Zustände zurück.

8.7 Aufgaben

8-1 Leicht Messungen im zweidimensionalen Hilbertraum Abbn. 8.7–1/2

In einem zweidimen. Hilbertraum haben die nicht vertauschenden Operatoren $\hat{A}, \hat{B}$ die Eigenwertgln.

$$\hat{A}\,|a_n\rangle = a_n\,|a_n\rangle \qquad\qquad \hat{B}\,|b_n\rangle = b_n\,|b_n\rangle \qquad\qquad n = 1, 2$$

Die Basen $\{|a_n\rangle\}$ und $\{|b_n\rangle\}$ spannen den Hilbertraum auf und beschreiben innere Zustände. Es gilt:

$$|b_1\rangle = \frac{1}{5}\left(3|a_1\rangle + 4|a_2\rangle\right) \qquad\qquad |b_2\rangle = \frac{1}{5}\left(4|a_1\rangle - 3|a_2\rangle\right) \tag{8.7–1a}$$

$$\Leftrightarrow \qquad |a_1\rangle = \frac{1}{5}\left(3|b_1\rangle + 4|b_2\rangle\right) \qquad\qquad |a_2\rangle = \frac{1}{5}\left(4|b_1\rangle - 3|b_2\rangle\right) \tag{8.7–1b}$$

a) Wir betrachten Abb. 8.7–1: Teilchen im Zustand $|a_1\rangle$ laufen in ein Messgerät B ein. Die an den zwei Ausgängen von B herauskommenden Strahlen werden *ohne Änderung ihrer inneren Zustände* $|b_1\rangle, |b_2\rangle$ räumlich getrennt und gelangen zu zwei Messgeräten A. Welche Eigenwerte a_n werden an den insgesamt vier Ausgängen mit welchen Wahrscheinlichkeiten $P(a_n)$ gemessen?

b) Wir betrachten nun Abb. 8.7–2: Nach der $\hat{B}$–Messung werden die zwei Teilstrahlen *ohne Änderung ihrer inneren Zustände* $|b_1\rangle, |b_2\rangle$ wieder zusammengeführt und in A erneut gemessen. Welche Eigenwerte a_n werden an den zwei Ausgängen mit welchen Wahrscheinlichkeiten gemessen?

Hinweis: Die inneren Zustände können z. B. Eigenfunktionen der Spinkomponenten in verschiedenen Raumrichtungen sein. In Aufgabe „12–17 Messungen an Spinzuständen" wird eine vergleichbare Fragestellung *eingehender* und ganz konkret für die Spinoperatoren $\hat{S}_2, \hat{S}_3$ und ihre Eigenvektoren untersucht.

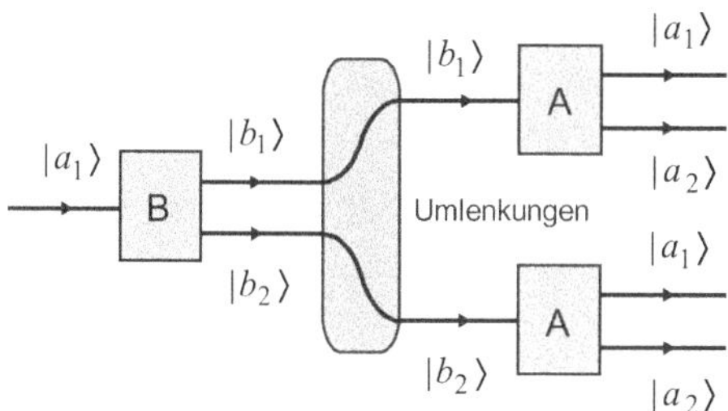

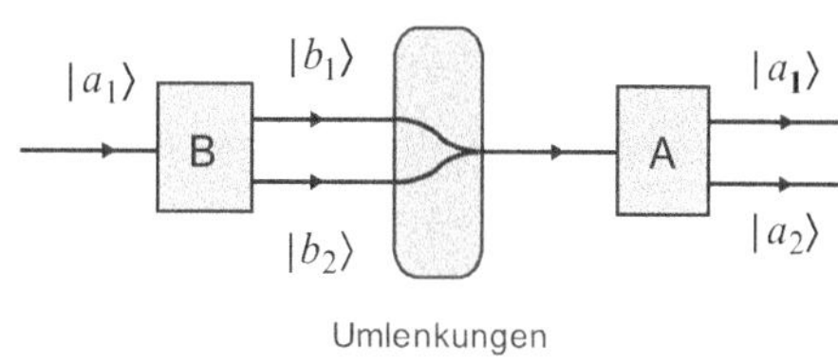

Abb. 8.7–1 Versuchsaufbau für die Messung in Aufgabe 8–1a.

Abb. 8.7–2 Versuchsaufbau für die Messung in Aufgabe 8–1b.

8–2 Mittel Verheimlichte Messung in der Zwischenzeit

Der Hamiltonoperator $\hat{H}$ und eine Observable $\hat{A}$ haben die Eigenwertgln.

$$\hat{H}\,|\psi_n\rangle = E_n\,|\psi_n\rangle \qquad \hat{A}\,|a_n\rangle = a_n\,|a_n\rangle \qquad \text{mit diskreten, nicht entarteten Eigenwerten.}$$

Es ist nicht bekannt, ob die beiden Operatoren $\hat{H}, \hat{A}$ kommutieren. Zur Zeit $t = 0$ ist das System im Zustand

$$|\psi(t{=}0)\rangle = \sum_n c_n\,|\psi_n\rangle = \sum_n \langle\psi_n|\psi(t{=}0)\rangle\,|\psi_n\rangle$$

Zur Zeit $t > 0$ wird die Observable $\hat{A}$ gemessen. Hängt die Wahrscheinlichkeit $p(a_k, t)$ für die Messung des Eigenwertes a_k davon ab, ob die Observable $\hat{A}$ bereits vorher zur Zeit t' heimlich und unbemerkt gemessen wurde mit $0 < t' < t$?

Hinweise: 1) Anders als in den Beispielen 8.1–1/2 und 8.2–2 ist hier der zeitliche Abstand $t - t'$ zwischen den zwei A-Messungen so groß, dass die zeitliche Entwicklung der Zustände nicht zu vernachlässigen ist.

2) Wegen der Heimlichkeit der ersten A-Messung zur Zeit t' ist das Ergebnis der Messung nicht bekannt.

8–3 Mittel Unbestimmtheitsrelation im unendlich tiefen Potentialtopf

Ein Teilchen im unendlich tiefen Potentialtopf befindet sich im Überlagerungszustand

$$\psi(x,t) = \frac{1}{\sqrt{L}}\left[\mathrm{e}^{-iE_1 t/\hbar}\sin(\pi x/L) + \mathrm{e}^{-iE_2 t/\hbar}\sin(2\pi x/L)\right] \tag{5.1–14}$$

Beweise für $\hat{A} = \hat{X}$ die Gl. (8.3–3):

$$\Delta X_\psi\,\Delta H_\psi \geq \frac{\hbar}{2}\left|\frac{d}{dt}\langle\psi|\,x\,|\psi\rangle(t)\right| \tag{8.7–2}$$

Hinweis: Einige Gln. können aus Beispiel 5.1–3 entnommen werden.

8–4 Mittel Minimales Streuungsprodukt für Ort und Impuls

Beim Beweis der allgemeinen Unbestimmtheitsrelation (8.2–8) wurde an zwei Stellen – in Gl. (8.2–4) und in Gl. (8.2–7) – ein Ungleichheitszeichen $\geq$ eingesetzt. Das Streuungsprodukt ist minimal, wenn an diesen beiden Stellen anstelle des Ungleichheitszeichens ein Gleichheitszeichen steht.

a) Zeige: Das Streuungsprodukt $\Delta A_\psi\,\Delta B_\psi$ ist minimal für

$$\hat{B}\,|\psi\rangle = i\lambda\,\hat{A}\,|\psi\rangle \qquad \text{mit} \qquad \lambda \in \mathbb{R} \tag{8.7–3}$$

b) Wie lautet die vorangehende Dgl. (8.7–3) für den Orts- und Impulsoperator? Zeige, dass das Gaußsche Wellenpaket (4.2–9) *nur* zur Zeit $t = 0$ das minimale Streuungsprodukt $\Delta x \Delta p = \hbar/2$ einnimmt.

c) Löse die Dgl. (8.7–3) für $\hat{A} = \hat{X} - \langle x \rangle$ und $\hat{B} = -i\hbar\, d/dx - \langle \hat{P} \rangle$. Zeige: *Nur die Gaußfunktionen* $\exp[-x^2/(4a^2) + ik_0 x]$ *haben das kleinste Streuungsprodukt* $\Delta x \Delta p = \hbar/2$.

8–5 Mittel Unbestimmtheitsrelation und minimale Energie von Oszillator und H-Atom

a) Schätze mit der Gl. $\langle \hat{A}^2 \rangle = (\Delta A)^2 + \langle \hat{A} \rangle^2$ $\qquad\qquad$ (8.2–2)

und mit der Unbestimmtheitsrelation $\Delta x\, \Delta p \geq \hbar/2$ die Nullpunktenergie des harmonischen Oszillators ab.

b) Zeige mit dem Kommutator $[r, \hat{H}]$ und mit der Unbestimmtheitsrelation, dass der Erwartungswert des radialen Impulsoperators $\hat{P}_r$ (siehe die Gln. (10.1–4/5) im H-Atom verschwindet: $\langle \hat{P}_r \rangle = 0$.

c) Schätze mit Gl. (8.2–2) und $\langle \hat{P}_r \rangle = 0$ die Grundzustandsenergie des Wasserstoffatoms ab.

Hinweis: Die Lösung der Teile b) und c) erfordert die Kenntnis der Kap. 9 und 10.

8–6 Mittel Messung diskreter, entarteter Spektren

Die Eigenwerte a_n des Operators $\hat{A}$ sind g_n–fach entartet, d. h. zum Eigenwert a_n gibt es g_n orthonormierte Eigenvektoren mit der Eigenwertgl.

$$\hat{A}\,|\psi_n, \alpha\rangle = a_n\,|\psi_n, \alpha\rangle \qquad \text{mit dem Entartungszähler} \qquad \alpha = 1, 2, \ldots g_n$$

a) Berechne Normquadrat $\langle \psi | \psi \rangle$ und Erwartungswert $\langle \psi | \hat{A} | \psi \rangle$ für den normierten Zustand

$$|\psi\rangle = \sum_n \sum_{\alpha=1}^{g_n} c_{n\alpha}\,|\psi_n, \alpha\rangle \qquad\qquad (8.7–4)$$

b) Stelle zwei sinnvolle Postulate zum Messprozess auf, die von den Ergebnissen in Teil a) der Lösung ausgehen und für nicht entartete Spektren mit dem im Haupttext aufgestellten Postulaten Nr. 7 und Nr. 8 (in Abschn. 8.1) übereinstimmen.

8–7 Mittel Wahrscheinlichkeitsdichte des Impulses freier Teilchen

a) Berechne die Impulswellenfunktionen $\tilde{\psi}_n(p)$ und die Wahrscheinlichkeitsdichten $|\tilde{\psi}_n(p)|^2$ für *freie* Teilchen (Potential $V(x) = 0$), deren orthonormierte Wellenfunktionen zur Zeit $t = 0$ lauten

$$\psi_n(x,0) = \sqrt{\frac{2}{L}} \cdot \begin{cases} \sin\left(\dfrac{n\pi}{L}x\right) & \text{für} \quad 0 < x < L \\[2mm] 0 & \text{sonst} \end{cases} \qquad n = 1,2,3,\ldots \qquad (8.7–5)$$

Hinweis: Wegen der unstetigen Ableitungen $\psi'_n(x,0)$ bei $x = 0$ und bei $x = L$ sind die Wellenfunktionen (8.7–5) streng genommen nicht zulässig, werden aber trotzdem für Übungen gerne verwendet. Dieser Mangel ist für unsere Überlegungen unerheblich. Änderungen der Wellenfunktionen könnten die Stetigkeit liefern, würden aber die Rechnungen erheblich erschweren ohne wesentliche Änderung der zentralen Ergebnisse.

b) Berechne die Wellenfunktionen $\psi_n(x,t)$ für $t \geq 0$ und zeige, dass die freien Wellenpakete im Laufe der Zeit zerfließen. Zeichne dazu – falls Zeit und Interesse bestehen – mit einem Programm Wahrscheinlichkeitsdichten $|\psi_n(x,t)|^2$ für verschiedene Zeiten.

c) Im *Innern* des unendlich tiefen Potentialtopfes ist das Potential null, so dass man (unüberlegt) vermuten könnte, dass der Operator $\hat{T} = \hat{P}^2/(2m)$ der kinetischen Energie gleich dem Hamiltonoperator $\hat{H}$ ist. Das kann aber nicht sein, da $\hat{H}$ die *diskreten* Eigenwerte E_n in Gl. (5.1–7) hat, wohingegen (nach Teil a) dieser Aufgabe) $\hat{P}$ und damit auch $\hat{T} = \hat{P}^2/(2m)$ *kontinuierliche* Spektren haben.

Wie sieht die Lösung dieses Problems aus?

8–8 Mittel Bedingung für verschwindende Streuung

Sei $\hat{A}$ ein hermitescher Operator mit diskreten, nicht entarteten Eigenwerten. Zeige: *Die Streuung ΔA ist genau dann null, wenn das System in einem Eigenzustand von $\hat{A}$ ist.* Dazu gebe ich noch zwei Anmerkungen:

- Zwei Streuungen ΔA_ψ und ΔB_ψ verschwinden beide genau dann, wenn der Zustand $|\psi\rangle$ eine Eigenfunktion von $\hat{A}$ und von $\hat{B}$ ist.
- Da die Eigenfunktionen von $\hat{P}$ und $\hat{X}$ nicht normierbar sind und daher nicht zum Hilbertraum gehören, *sind physikalische Zustände weder Eigenfunktionen von $\hat{P}$ noch von $\hat{X}$. Alle physikalischen Zustände haben eine Impuls- und eine Ortsstreuung*; Zustände mit $\Delta p = 0$ oder $\Delta x = 0$ sind nicht realisierbar.

8–9 Leicht Streuungsprodukt von Energie und (Ort oder Impuls)

Berechne für den allgemeinen Hamiltonoperator

$$\hat{H} = -\frac{\hbar^2}{2m}\frac{d^2}{dx^2} + V(x)$$

die unteren Schranken der folgenden Streuungsprodukte:

a) $\Delta x\, \Delta E$. Zeige: Der Erwartungswert des Impulses von räumlich beschränkten ($\Delta x < \infty$), stationären Zuständen ist immer null.

b) $\Delta p\, \Delta E$.

8–10 Mittel Projektionsoperator oder nicht?

a) $|\alpha\rangle$ und $|\beta\rangle$ seien zwei beliebige, normierte Funktionen im Hilbertraum. Ist $\hat{A} := |\alpha\rangle\langle\beta|$ ein Operator? Zeige: $\hat{A} := |\alpha\rangle\langle\beta|$ ist genau dann ein Projektionsoperator, wenn $|\alpha\rangle = |\beta\rangle$.

b) Wie lautet $\hat{A}^\dagger = (|\alpha\rangle\langle\beta|)^\dagger$. Wann ist $\hat{A}$ hermitesch?

c) Die Menge $\{|\psi_n\rangle\}$ sei ein VONS. Für welche Koeffizienten c_n ist der Operator $\hat{A} = \sum_n c_n |\psi_n\rangle\langle\psi_n|$ ein Projektionsoperator?

8–11 Mittel Entwicklung nach Orts- und Impulseigenfunktionen

a) Wie lauten die Entwicklungen der Wellenfunktion $\psi(x)$ nach den (nicht normierbaren) Ortseigenfunktionen $\psi_\xi(x) = \delta(\xi - x)$ und nach den (ebenfalls nicht normierbaren) Impulseigenfunktionen $\psi_p(x) = \exp(ipx/\hbar)/\sqrt{2\pi\hbar}$?

b) Wie lassen sich das zweite und das vierte Postulat (siehe die Abschn. 3.1 und 3.3), die die Bedeutung von $|\psi(x,t)|^2$ und $|\tilde{\psi}(p,t)|^2$ festlegen, zu einem einzigen Postulat zusammenfassen?

8–12 Schwer Freie Quantenperle auf einem Ring: Verletzung der Unbestimmtheitsrelation?

Eine wechselwirkungsfreie Quantenperle mit Masse m bewegt sich frei auf einem Ring mit dem Radius R und dem Umfang $L = 2\pi R$, so dass $0 \le x \le L$.

Hinweis: Die vergleichbare, aber erweiterte Aufgabe 11–2 verwendet den Winkel φ mit $0 \le \varphi \le 2\pi$. Das ist hier noch nicht möglich, da der Operator Δ erst in Aufgabe 9–2 in Polarkoordinaten berechnet wird.

a) Berechne die diskreten Energien E_n und die Wellenfunktionen $\psi_n(x)$. Berücksichtige dabei die zwei Übergangsbedingungen $\psi_n(0) = \psi_n(L)$ und $\psi'_n(0) = \psi'_n(L)$.

b) Ist die normierte Funktion

$$\psi(x) = \frac{2}{\sqrt{L}} \begin{cases} \sin(2\pi x/L) & \text{für} \quad 0 \le x \le L/2 \\ 0 & \text{für} \quad L/2 \le x \le L \end{cases}$$

eine denkbare Wellenfunktion?

c) Die Unschärfe ΔP_x des Grundzustandes $\psi_0(x)$ ist null. Laut Unbestimmtheitsrelation sollte gelten:

$$0 = \Delta P_x \, \Delta X \overset{?}{\geq} \frac{1}{2}\left| \langle \psi_0 | [\hat{P}_x, \hat{X}] | \psi_0 \rangle \right| = \frac{\hbar}{2}$$

Ist die Unbestimmtheitsrelation (8.2–8) für den Grundzustand $\psi_0(x)$ verletzt? Zeige, dass die Unbestimmtheitsrelation hier nicht angewendet werden darf, weil die Funktionen $\chi_n(x) := \hat{X}\,\psi_n(x)$ keine Elemente des Hilbertraumes sind und weil $\hat{P}_x = -i\,\hbar\,\partial_x$ für diese Funktionen nicht hermitesch ist.

8–13 Mittel Mach-Zehnder-Interferometer mit zwei verschiedenen Strahlteilern

a) In die Arme des MZI in Abb. 8.5–1 werden zwei drehbare Polarisationsfilter (kurz Polfilter) gesetzt. Wie sprechen die beiden Detektoren D1 und D2 in Abhängigkeit von den Richtungen der beiden Polfilter an?

b) Das MZI in Abb. 8.5–1 enthält nun zwei neue Strahlteiler mit verschiedenen Reflexionsgraden R_1, R_2 und verschiedenen Transmissionsgraden T_1, T_2. R_1 ist gegeben. Wie groß müssen R_2, T_2 sein, damit der Detektor D2 nicht anspricht?

Hinweis: R (bzw. T) sind definiert als das Verhältnis von reflektierter (bzw. durchgelassener) Intensität zur einfallenden Intensität. Wegen vernachlässigter Absorption und Energieerhaltung gilt:

$$R_1 + T_1 = 1 = R_2 + T_2\,.$$

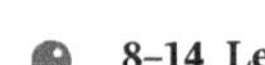

8–14 Leicht Mach-Zehnder-Interferometer mit Prismen-Strahlteilern Abb. 8.7–3

Bei der Reflexion an Prismen-Strahlteilern (siehe Abb. 8.4–2) tritt der *Phasensprung* $\pi/2$ auf. Zeige, dass der Detektor 2 in Abb. 8.7–3 bei zwei gleich langen Interferometer-Armen kein einziges Photon empfängt.

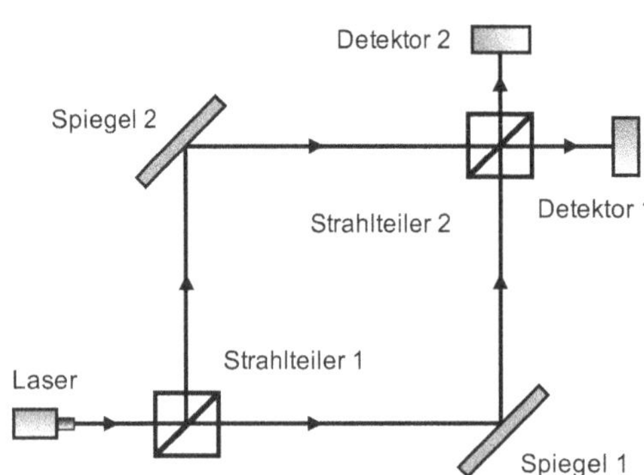

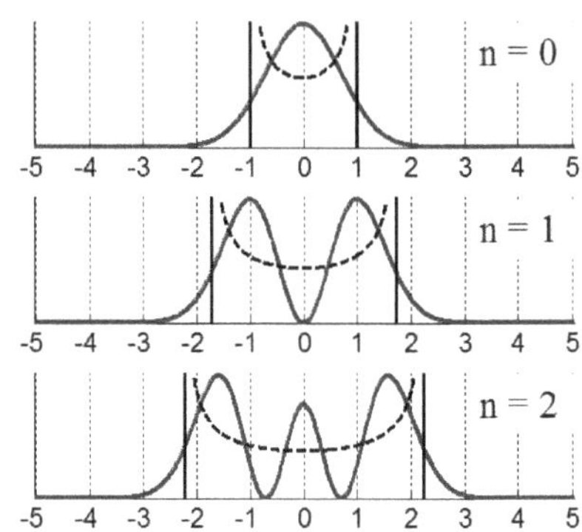

Abb. 8.7–3 Mach-Zehnder-Interferometer mit zwei Prismen-Strahlteilern (vgl. mit Abb. 8.5–2).

Abb. 8.7–4 Wahrscheinlichkeitsdichten $|\psi_n(x)|^2$ des harmonischen Oszillators. Die vertikalen Striche markieren die klassischen Umkehrpunkte.

8–15 Mittel Schrödinger-Gl. in der A-Darstellung

Die zeit*un*abhängige Observable $\hat{A}$ hat die Eigenwertgln. $\hat{A}|n\rangle = a_n|n\rangle$ mit diskreten, nicht entarteten Eigenwerten a_n. Jede Wellenfunktion kann als Überlagerung der Eigenfunktionen dargestellt werden:

$$|\psi(t)\rangle = \sum_n c_n(t)\,|n\rangle \qquad \text{mit} \qquad c_n(t) = \langle n|\psi(t)\rangle \tag{8.7–6a/b}$$

a) Zeige: Die Zeitableitung der Gl. (8.7–6) führt auf folgendes System gekoppelter, linearer Dgln. für die Koeffizienten $c_n(t)$:

$$i\hbar\frac{d}{dt}c_n(t) = \sum_m h_{nm}\,c_m(t) \qquad \text{mit} \qquad h_{nm} := \langle n|\hat{H}|m\rangle$$

Dieses System gekoppelter Dgln. heißt **Schrödinger-Gl. in der A-Darstellung**.

b) Zur Zeit $t = 0$ wird bei einer Messung von $\hat{A}$ der Messwert a_k gefunden, d. h. $c_n(0) = \delta_{nk}$. Unter welcher Bedingung bleibt das System im Laufe der Zeit im Eigenzustand $|k\rangle$?

8–16 Mittel Tunneleffekt & Energiebilanz Abb. 8.7–4

Abb. 8.7–4 zeigt drei Wahrscheinlichkeitsdichten des harmonischen Oszillators. Die Tunnelung in die klassisch verbotenen Bereiche mit $E < V(x)$ ist augenscheinlich.

Wie ist die Tunnelung quantenmechanisch zu bewerten? Kann sie im Rahmen der Quantenmechanik widerspruchsfrei erklärt werden, oder ist sie auch hier unbegreiflich?

Hinweise: **1)** Wellenfunktionen, die keine Eigenfunktionen von $\hat{A}$ sind, haben die Eigenschaft A nicht.

2) Die Ungl. $\psi_n(x) \neq 0$ in einer Gegend mit $E < V(x)$ besagt nur, dass das Teilchen bei einer Ortsmessung im Tunnel gefunden werden kann, nicht aber, dass es schon zuvor im Tunnel ist.

8–17 Schwer Sicherer Bombennachweis Abb. 8.7–5

Bereits in Abschn. „8–5 Wechselwirkungsfreie Messung" wurde gezeigt, wie sich die Anwesenheit einer Bombe, die im Arm eines MZI abgelegt wurde und deren empfindliche Sensoren beim Empfang nur eines Photons die sofortige Sprengung auslösen, mit 33% Wahrscheinlichkeit zerstörungsfrei nachweisen lässt.

Wir wollen nun zeigen: Mit einem erweiterten MZI, das mit bemerkenswerter Kreativität erstmalig in den 1990er Jahren vorgeschlagen und experimentell realisiert wurde, kann die Anwesenheit bzw. Abwesenheit der Bombe (in der Theorie) fast ohne Sprengungs-Risiko nahezu sicher detektiert werden. Der Versuchsaufbau in Abb. 8.7–5 enthält folgende Komponenten:

- Zwei Polarisationsstrahlteiler (englisch: Polarizing Beam Splitter). Ein Pol-Strahlteiler besteht aus zwei miteinander verkitteten Prismen. Auf der diagonalen Innenfläche (Hypotenuse) befindet sich eine dielektrische Beschichtung, die vertikal (horizontal) polarisiertes Licht transmittiert (reflektiert).

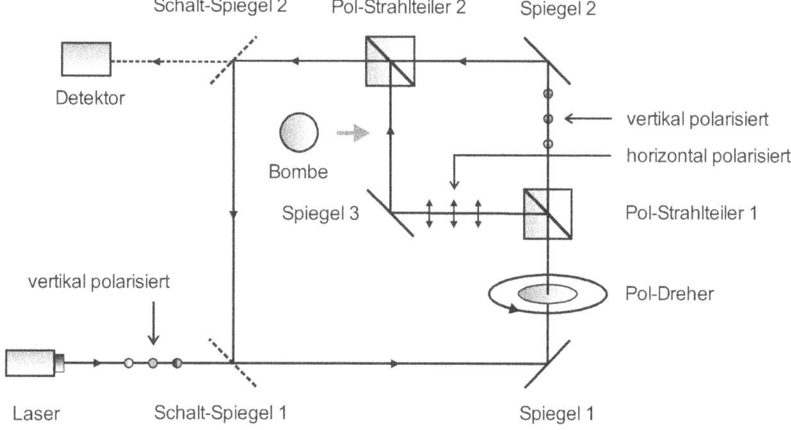

Abb. 8.7–5 Ein erweitertes Mach-Zehnder-Interferometer (kurz MZI) kann die Anwesenheit oder Abwesenheit einer Bombe nahezu zerstörungsfrei mit fast 100%iger Sicherheit detektieren.

Zwei Schalt-Spiegel können innerhalb von wenigen Nanosekunden auf durchlässig und undurchlässig geschaltet werden.

- Dazu gibt es noch drei „normale" Spiegel mit den Nrn. 1 bis 3.
- Ein Polarisationsdreher (kurz Pol-Dreher) enthält ein optisch aktives Medium (z. B. Quarz), das die Polarisationsrichtung von durchlaufendem Licht ohne Intensitätsverlust kontinuierlich dreht. Der Drehwinkel ϑ ist proportional zur Weglänge des Lichtes in dem optisch aktiven Medium.

Der Laser strahlt links unten vertikal polarisierte Photonen ein. Der Schalt-Spiegel 1 wird kurz auf durchsichtig geschaltet, so dass ein einzelnes Photon ins erweiterte MZI gelangt. Der Pol-Rotator dreht die Polarisationsrichtung des Photons *verlustfrei* um den kleinen Winkel $\vartheta = \pi/(2N)$ mit einer beliebigen, natürlichen Zahl $N \gg 1$. Rechtzeitig vor dem Ende des N-ten Photonen-Umlaufs wird der Schalt-Spiegel 2 auf durchlässig geschaltet und das Photon gelangt in den Detektor, der den Pol-Zustand des Photons misst.

Zeige: *Ohne* Bombe gelangt das Photon nach N Umläufen mit Sicherheit und mit *horizontaler* Polarisation in den Detektor. *Mit* einer Bombe oberhalb von Spiegel 3 gelangt das Photon für *große* Umlaufszahlen N nahezu mit Sicherheit und mit *vertikaler* Polarisation in den Detektor. Die Wahrscheinlichkeit einer unerwünschten Sprengung beträgt für $N \gg 1$ nur etwa $\pi^2/(4N)$.

9 Der Drehimpulsoperator

Die fünf wichtigsten Operatoren der Quantenmechanik sind Orts-, Impuls-, Hamilton-, Bahndreh-impuls- und Spinoperator. Daher muss dieses Kapitel 9 sorgfältig gelesen werden. Es hat ein mittleres Niveau.

Der Drehimpulsoperator $\hat{L}$ ist unentbehrlich bei der Berechnung der Spektren von Atomen, Molekülen und Atomkernen. Auch der Spin wird durch Drehimpulsoperatoren beschrieben. Wir berechnen hier alle Eigenwerte der Bahndrehimpuls- und der Spinoperatoren sowie die Eigenfunktionen des Bahndrehimpulsoperators. (Auf den Spin und seine Eigenfunktionen werde ich erst in Kap. 12 eingehen.)

9.1 *Einführung und Motivation*: Der Hamiltonoperator eines Teilchens im Zentralfeld wird aus der klassischen Hamiltonfunktion abgeleitet. Er lautet

$$\hat{H} = \frac{\hat{P}_r^2}{2m} + \frac{1}{2mr^2}\,\hat{\mathbf{L}}^2 + V(r)$$

$\hat{H}$ vertauscht mit den Drehimpulsoperatoren $\hat{\mathbf{L}}^2, \hat{L}_3$. Die drei Operatoren $\hat{H}, \hat{\mathbf{L}}^2, \hat{L}_3$ bilden einen vollständigen Satz kommutierender Observablen (vSkO) und haben gemeinsame Eigenfunktionen.

9.2 *Eigenwerte des Drehimpulsoperators*: Wir leiten den Drehimpulsoperator $\hat{L}$ aus dem Drehimpulsvektor $\mathbf{L}$ der klassischen Mechanik ab. Die Drehimpulsoperatoren $\hat{\mathbf{L}}^2, \hat{L}_3$ vertauschen und haben daher gemeinsame Eigenvektoren. Das Spektrum dieser beiden Operatoren wird – mit zwei Leiteroperatoren – rein algebraisch mit ihren Vertauschungsrelationen berechnet.

Das Quadrat $\hat{\mathbf{L}}^2$ des Drehimpulsoperators hat die Eigenwerte $\hbar^2 l(l+1)$, wobei die Quantenzahl l ganz- oder halbzahlig und nicht negativ ist. $\hat{L}_3$ hat die Eigenwerte $\hbar m$ mit $m = -l, -l+1, \ldots +l$.

9.3 *Eigenfunktionen des Bahndrehimpulsoperators*: In Aufgabe 9–3 werden die Differentialoperatoren $\hat{\mathbf{L}}^2, \hat{L}_3$ in Kugelkoordinaten aufgestellt. Ihre Eigenfunktionen werden schrittweise – ausgehend von einer Startfunktion – mit einem Leiteroperator ermittelt. Die Startfunktion ist irgendeine Eigenfunktion der Operatoren $\hat{\mathbf{L}}^2, \hat{L}_3$ – am besten eine solche, die möglichst einfach bestimmt werden kann.

9.1 Einführung und Motivation*

In der klassischen Mechanik lautet die Hamiltonfunktion eines Teilchens mit Masse m im ruhenden Zentralfeld (z. B. beim Wasserstoffatom)

$$H = \frac{\mathbf{p}^2}{2m} + V(r) \qquad \text{mit} \qquad \mathbf{p} = m\mathbf{v} \tag{9.1–1}$$

Quantenmechanik: Lehr- und Arbeitsbuch, 2. Auflage. Friedhelm Kuypers.
© 2026 Wiley-VCH GmbH. Published 2026 by Wiley-VCH GmbH.

Die kinetische Energie kann in einen radialen und einen winkelabhängigen Anteil zerlegt werden. Mit $(\mathbf{a} \times \mathbf{b})^2 = \mathbf{a}^2 \mathbf{b}^2 - (\mathbf{a} \cdot \mathbf{b})^2$ finden wir das Quadrat des klassischen Drehimpulses:

$$\mathbf{L}^2 = (\mathbf{r} \times \mathbf{p})^2 = \mathbf{r}^2 \mathbf{p}^2 - (\mathbf{r} \cdot \mathbf{p})^2 = r^2 \mathbf{p}^2 - r^2 p_r^2 \qquad \text{(wobei } \mathbf{p}^2 = p^2\text{)}$$

mit der radialen Impulskomponente

$$p_r := \frac{1}{r} \mathbf{r} \cdot \mathbf{p} \quad \Rightarrow \quad \mathbf{p}^2 = p_r^2 + \frac{1}{r^2} \mathbf{L}^2 \tag{9.1--2}$$

Folglich lautet die klassische Hamiltonfunktion eines Teilchens im Zentralfeld:

$$H = \frac{p_r^2}{2m} + \frac{1}{2mr^2} \mathbf{L}^2 + V(r) \tag{9.1--3}$$

Laut Kap. „10 Das Wasserstoffatom" hat der Hamiltonoperator $\hat{H}$ eines Teilchens im Zentralfeld die entsprechende Form:

$$\hat{H} = \frac{\hat{P}_r^2}{2m} + \frac{1}{2mr^2} \hat{\mathbf{L}}^2 + V(r)$$

(Das Quadrat des Radialimpulses $\hat{P}_r^2$ wird in Beispiel 10.1–1 berechnet.) Wegen

$$\left[\hat{L}_j, \hat{\mathbf{L}}^2 \right] = 0 \qquad \left[\hat{L}_j, V(r) \right] = 0 \qquad \left[\hat{L}_j, \hat{\mathbf{P}}^2 \right] = 0 \qquad j = 1,2,3 \tag{3.3--23/26/27}$$

bilden die drei Operatoren $\hat{H}, \hat{\mathbf{L}}^2, \hat{L}_3$ *einen vollständigen Satz kommutierender Operatoren.* Wir werden in Abschn. 9.3 sehen, dass die sog. Kugelflächenfunktionen $Y_{lm}(\vartheta, \varphi)$ die gemeinsamen Eigenfunktionen von $\hat{\mathbf{L}}^2, \hat{L}_3$ sind. Daher lässt sich die Schrödinger-Gl. des Wasserstoffatoms in Kap. 10 mit folgendem Produktansatz lösen:

$$\psi_{lm}(r, \vartheta, \varphi) = R(r) \, Y_{lm}(\vartheta, \varphi)$$

Diese einführenden Erläuterungen sollten eine genügend starke Motivation für die Beschäftigung mit dem Drehimpuls sein. In Abschn. 9.2 berechnen wir die Eigenwerte von $\hat{\mathbf{L}}^2, \hat{L}_3$ *algebraisch.* In Abschnitt 9.3 ermitteln wir die Eigenfunktionen von $\hat{\mathbf{L}}^2, \hat{L}_3$. Eigenwerte und Eigenfunktionen werden immer wieder gebraucht – erstmals in Kap. 10.

9.2 Eigenwerte des Drehimpulsoperators

Beim Übergang von der klassischen Mechanik zur Quantenmechanik werden der Ortsvektor $\mathbf{r}$ durch den Multiplikationsoperator $\hat{\mathbf{R}} = \mathbf{r}$ und der Impuls $\mathbf{p}$ durch den Differentialoperator $\hat{\mathbf{P}} = -i\hbar \nabla$ ersetzt. Auf die entsprechende Art werden die drei kartesischen Komponenten des Drehimpulsoperators aus den Komponenten des klassischen Drehimpulsvektors abgeleitet (siehe Beispiel 3.3–2b):

$$\hat{L}_1 = \hat{Y}\hat{P}_3 - \hat{Z}\hat{P}_2 = \frac{\hbar}{i} \left(y \frac{\partial}{\partial z} - z \frac{\partial}{\partial y} \right) \tag{9.2--1a}$$

$$\hat{L}_2 = \hat{Z}\hat{P}_1 - \hat{X}\hat{P}_3 = \frac{\hbar}{i}\left(z\frac{\partial}{\partial x} - x\frac{\partial}{\partial z} \right) \tag{9.2--1b}$$

$$\hat{L}_3 = \hat{X}\hat{P}_2 - \hat{Y}\hat{P}_1 = \frac{\hbar}{i}\left(x\frac{\partial}{\partial y} - y\frac{\partial}{\partial x} \right) \tag{9.2--1c}$$

Mit der *Einsteinschen Summenkonvention*, wonach über doppelt auftretende Indices von 1 bis 3 summiert wird, folgt in Kurzform

$$\hat{L}_j = \varepsilon_{jkl}\hat{X}_k\hat{P}_l \qquad \text{mit} \qquad \hat{X}_1,\hat{X}_2,\hat{X}_3 := \hat{X},\hat{Y},\hat{Z} \tag{9.2--1d}$$

mit dem vollständig antisymmetrischen Tensor (auch Levi-Civita-Symbol genannt)

$$\varepsilon_{jkl} := \begin{cases} 1 & \text{für gerade Permutationen von 1 2 3} \\ -1 & \text{für ungerade Permutationen von 1 2 3} \\ 0 & \text{sonst. Mindestens zwei Indices sind gleich.} \end{cases}$$

Es gilt also: $\varepsilon_{123} = \varepsilon_{231} = \varepsilon_{312} = 1$ und $\varepsilon_{132} = \varepsilon_{213} = \varepsilon_{321} = -1$. Nach Beispiel 7.2--2g ist der *Drehimpulsoperator hermitesch*. Mit der Produktformel

$$\left[\hat{A},\hat{B}\hat{C}\right] = \hat{B}\left[\hat{A},\hat{C}\right] + \left[\hat{A},\hat{B}\right]\hat{C} \tag{3.3--19}$$

wurden die folgenden wichtigen Vertauschungsrelationen in Beispiel 3.3--2 bewiesen:

$$\left[\hat{L}_j,\hat{L}_k\right] = i\hbar\,\varepsilon_{jkl}\,\hat{L}_l \tag{9.2--2a}$$

$$\left[\hat{L}_j,\hat{\mathbf{L}}^2\right] = \left[\hat{L}_j,\hat{L}_1^2 + \hat{L}_2^2 + \hat{L}_3^2\right] = 0 \tag{9.2--2b}$$

$$\left[\hat{L}_j,\hat{X}_k\right] = i\hbar\,\varepsilon_{jkl}\,\hat{X}_l \qquad \left[\hat{L}_j,\hat{P}_k\right] = i\hbar\,\varepsilon_{jkl}\,\hat{P}_l \tag{9.2--3a/b}$$

$$\left[\hat{L}_j,r\right] = 0 \qquad \left[\hat{L}_j,V(r)\right] = 0 \tag{9.2--3c/d}$$

$$\left[\hat{L}_j,\hat{\mathbf{P}}^2\right] = -\hbar^2\left[\hat{L}_j,\Delta\right] = 0 \tag{9.2--3e}$$

Wegen $\left[\hat{L}_j,\dfrac{1}{2m}\hat{\mathbf{P}}^2 + V(r)\right] = \left[\hat{L}_j,\hat{H}\right] = 0$

ist der *Drehimpuls in allen Systemen mit kugelsymmetrischen Potentialen $V(r)$ eine Erhaltungsgröße* (siehe Gl. (7.3--1)).

Beispiel 9.2--1 Eigenzustand von $\hat{L}_3$

In allen Eigenzuständen von $\hat{L}_3$ verschwinden die Erwartungswerte $\langle \hat{X}_k \rangle$, $\langle \hat{P}_k \rangle$ und $\langle \hat{L}_k \rangle$ für $k = 1,2$. Beweise diese Aussage mit der Unbestimmtheitsrelation.

Lösung:

Nach der Unbestimmtheitsrelation (8.2–8) gilt z. B. für den Operator $\hat{X}_1$:

$$\Delta L_3\,\Delta x_1 \geq \frac{1}{2}\left|\left\langle\,[\hat{L}_3,\hat{X}_1]\,\right\rangle\right| = \frac{1}{2}\left|\left\langle\,i\hbar\hat{X}_2\,\right\rangle\right| = \frac{\hbar}{2}\left|\left\langle\,\hat{X}_2\,\right\rangle\right|$$

Für die Eigenzustände von $\hat{L}_3$ ist $\Delta L_3 = 0$. Daraus folgt $\langle\,\hat{X}_2\,\rangle = 0$. Die anderen Beweise sind analog.

Nach Gl. (9.2–2a) *vertauschen verschiedene Drehimpulskomponenten nicht. Sie haben keine gemeinsamen Eigenfunktionen und können nicht gleichzeitig gemessen werden.* Der quadrierte Drehimpulsoperator $\hat{\mathbf{L}}^2$ ist nach Beispiel (7.2–2g) hermitesch und vertauscht nach Gl. (9.2–2b) mit jeder Drehimpulskomponente $\hat{L}_k$.

Daher haben $\hat{\mathbf{L}}^2$ und eine einzelne Drehimpulskomponente $\hat{L}_k$ gemeinsame Eigenfunktionen und sind gleichzeitig messbar.

Üblicherweise wählt man $\hat{\mathbf{L}}^2$ und $\hat{L}_3$ als kommutierendes Pärchen[1]. Wenn eine Richtung des Systems ausgezeichnet ist – z. B. durch ein äußeres Magnetfeld $\mathbf{B} = B\,\mathbf{e}_3$ –, dann legen wir die z-Achse in diese Richtung. Die beiden restlichen Drehimpulskomponenten $\hat{L}_1$, $\hat{L}_2$ haben bzgl. der Eigenfunktionen von $\hat{\mathbf{L}}^2, \hat{L}_3$ positive Streuungen (siehe Aufgabe 9–8b).

Die reellen Eigenwerte von $\hat{L}_3$ nennen wir $\hbar m$[2]. Die reellen Eigenwerte von $\hat{\mathbf{L}}^2$ sind – wie wir gleich beweisen werden – nicht negativ und sollen (aus später ersichtlichen Gründen der Zweckmäßigkeit) $\hbar^2 l\,(l+1)$ heißen. Da m und l *vorerst beliebige* reelle Zahlen sind mit $l(l+1) \geq 0$, erfolgt durch die Benennung $\hbar m$ und $\hbar^2 l\,(l+1)$ keine Einschränkung der Eigenwerte. Wir vereinbaren $l \geq 0$.

Die Eigenwertgln. für die gemeinsamen Eigenfunktionen $|\,l,m\,\rangle$ lauten demnach

$$\hat{L}_3\,|\,l,m\,\rangle = \hbar m\,|\,l,m\,\rangle \qquad\qquad m \in \mathbb{R} \qquad\qquad\qquad (9.2\text{–}4a)$$

$$\hat{\mathbf{L}}^2\,|\,l,m\,\rangle = \hbar^2 l\,(l+1)\,|\,l,m\,\rangle \qquad\quad l(l+1) \in \mathbb{R} \quad\;\; l(l+1) \geq 0 \qquad (9.2\text{–}4b)$$

Die folgende algebraische Berechnung der Eigenwerte setzt nur die Hermitizität des Drehimpulsoperators und die Vertauschungsrelationen (9.2–2a) *voraus; die anderen benötigten Gln. folgen daraus.* Es ist überraschend und bemerkenswert, dass sich alle Eigenwerte mit

---

[1] Diese Wahl hat folgenden Hintergrund: Wegen der Transformationsgln. (siehe Abb. 9.3–1)

$$x = r\,\sin\vartheta\,\cos\varphi \qquad y = r\,\sin\vartheta\,\sin\varphi \qquad z = r\,\cos\vartheta$$

von Kugelkoordinaten auf kartesische Koordinaten ist die z-Achse in Kugelkoordinaten ausgezeichnet und in Kugelkoordinaten ist die Observable $\hat{L}_3$ viel einfacher als $\hat{L}_1, \hat{L}_2$ (vergleiche die drei Gln. 9.3–1a/b/c)).

[2] Unglücklicherweise haben die Quantenzahl m und die Masse m dasselbe Formelzeichen. Ich will aber an diesen Buchstaben festhalten, da sie allgemein üblich sind und eine Verwechslung kaum zu befürchten ist. Übrigens: Die Größen l,m werden oft als Eigenwerte von $\hat{\mathbf{L}}^2, \hat{L}_3$ bezeichnet, obwohl genau genommen nur $\hbar^2 l(l+1)$ und $\hbar m$ Eigenwerte sind.

so wenigen Voraussetzungen berechnen lassen. Ganz allgemein kann man sogar feststellen, dass *alle* hermiteschen Operatoren mit den Vertauschungsrelationen (9.2–2a) das im Folgenden berechnete Eigenwertspektrum haben. Jeder hermitesche Vektoroperator mit den Vertauschungsrelationen (9.2–2a) wird daher Drehimpuls genannt.

Beispiel 9.2–1 Eigenwerte

Zeige: Die Eigenwerte $\hbar^2 l(l+1)$ sind reell und nicht negativ.

Lösung:

$$\hat{\mathbf{L}}^2 = \sum_{k=1}^{3} \hat{L}_k^2$$

ist hermitesch. Daher ist $l(l+1)$ reell. Weiterhin gilt:

$$\langle\, l,m \mid \hat{L}_k^2 \mid l,m \,\rangle = \langle\, \hat{L}_k\,(l,m) \mid \hat{L}_k \mid l,m \,\rangle = \lVert\, \hat{L}_k \mid l,m \,\rangle \rVert^2 \geq 0$$

Das Ungleichheitszeichen am Ende dieser Gln. folgt aus der Forderung $\langle \psi \mid \psi \rangle \overset{!}{\geq} 0$, die in Gl. (7.1–2c) an Skalarprodukte bzw. an die Norm gestellt wurde.

$$\Rightarrow \quad \langle\, l,m \mid \hat{L}_1^2 + \hat{L}_2^2 + \hat{L}_3^2 \mid l,m \,\rangle = \langle\, l,m \mid \hat{\mathbf{L}}^2 \mid l,m \,\rangle = \hbar^2 l\,(l+1) \geq 0$$

Mithin ist $l\,(l+1)$ reell und nicht negativ. Dann ist nach Aufgabe 9–10 auch l reell. Wir können alle reellen, nicht negativen Eigenwerte $\hbar^2 l(l+1)$ durch *reelle, nicht negative l* realisieren: $l \geq 0$. (Später werden wir erfahren, dass *m* und *l* beide ganzzahlig oder beide halbzahlig sind.)

Für die weiter gehende, detaillierte Berechnung der Spektren von $\hat{\mathbf{L}}^2, \hat{L}_3$ machen wir einen überraschenden, in der klassischen Physik unbekannten Schritt: Wie bereits beim harmonischen Oszillator in Abschn. „6.2 Leiteroperatoren" führen wir auch hier mit

$$\hat{L}_\pm := \hat{L}_1 \pm i\,\hat{L}_2 \tag{9.2–5}$$

zwei Operatoren ein, die aus bald erkennbaren Gründen **Leiteroperatoren** heißen. Der Operator $\hat{L}_+$ wird Aufsteigeoperator, der Operator $\hat{L}_-$ wird Absteigeoperator genannt. Die beiden Leiteroperatoren werden die Berechnung der Eigenwerte und Eigenfunktionen von $\hat{L}_3$ und $\hat{\mathbf{L}}^2$ ganz erheblich vereinfachen. Die Frage „Warum werden die Leiteroperatoren definiert und wozu dienen die folgenden Rechnungen?" kann erst später zufrieden stellend beantwortet werden und soll uns im Augenblick nicht beschäftigen.

Leiteroperatoren beschreiben *keine messbaren Größen und sind nicht hermitesch.* Es gilt:

$$\hat{L}_\pm^\dagger = \hat{L}_\mp$$

Die Gln. (9.2–2) und (9.2–5) liefern die zwei wichtigen Vertauschungsrelationen:[3]

$$\left[\hat{L}_3, \hat{L}_\pm \right] = \pm\,\hbar\,\hat{L}_\pm \tag{9.2–6}$$

---

[3] Der Kommutator in Gl. (9.2–6) hat die gleiche Form wie der Kommutator für den Hamiltonoperators $\hat{H}$ des harmonischen Oszillators in Gl. (6.2–8): $\left[\hat{H}, \hat{a}_\pm \right] = \pm\,\hbar\,\omega\,\hat{a}_\pm$

$$\left[\hat{\mathbf{L}}^2,\hat{L}_{\pm}\right]=0 \tag{9.2-7}$$

Außerdem gilt:

$$\hat{L}_+\hat{L}_- = (\hat{L}_1+i\,\hat{L}_2)(\hat{L}_1-i\,\hat{L}_2) = \hat{L}_1^2+\hat{L}_2^2 - i\left[\hat{L}_1,\hat{L}_2\right] = \hat{\mathbf{L}}^2-\hat{L}_3^2+\hbar\,\hat{L}_3$$

$$\Rightarrow \quad \hat{\mathbf{L}}^2 = \hat{L}_+\hat{L}_- + \hat{L}_3^2 - \hbar\,\hat{L}_3 = \hat{L}_-\hat{L}_+ + \hat{L}_3^2 + \hbar\,\hat{L}_3 \tag{9.2-8}$$

bzw.

$$\hat{L}_\pm\hat{L}_\mp = \hat{\mathbf{L}}^2 - \hat{L}_3^2 \pm \hbar\,\hat{L}_3 \tag{9.2-9}$$

Die unscheinbaren Gln. (9.2–6/7) führen zu einem erstaunlichen Ergebnis:

$$\hat{L}_3\,\hat{L}_\pm\,|\,l,m\,\rangle = (\hat{L}_\pm\,\hat{L}_3 \pm \hbar\,\hat{L}_\pm)\,|\,l,m\,\rangle = \hbar\,(m\pm1)\,\hat{L}_\pm\,|\,l,m\,\rangle \tag{9.2-10a}$$

Demnach ist $\hat{L}_\pm\,|\,l,m\,\rangle$ *eine Eigenfunktion von* $\hat{L}_3$ *zum Eigenwert* $\hbar\,(m\pm1)$. Weiter gilt

$$\hat{\mathbf{L}}^2\,\hat{L}_\pm\,|\,l,m\,\rangle = \hat{L}_\pm\,\hat{\mathbf{L}}^2\,|\,l,m\,\rangle = \hbar^2\,l\,(l+1)\,\hat{L}_\pm\,|\,l,m\,\rangle \qquad l\geq 0 \tag{9.2-10b}$$

Demnach ist $\hat{L}_\pm\,|\,l,m\,\rangle$ *eine Eigenfunktion von* $\hat{\mathbf{L}}^2$ *zum Eigenwert* $\hbar^2\,l\,(l+1)$.

Folglich gilt für *alle* Eigenfunktionen $|\,l,m\,\rangle$ der Operatoren $\hat{\mathbf{L}}^2,\hat{L}_3$: Die Leiteroperatoren $\hat{L}_\pm$ ändern den Eigenwert von $\hat{L}_3$ um $\pm\hbar$ und lassen den Eigenwert von $\hat{\mathbf{L}}^2$ unverändert[4]. Die beiden Gln. (9.2–10a/b) lassen sich wie folgt zusammenfassen:

$$\hat{L}_\pm\,|\,l,m\,\rangle = c^{(\pm)}_{l\,m}\,|\,l,m\pm1\,\rangle \tag{9.2-10c}$$

Beachte, dass zwar $|\,l,m\,\rangle$ und $|\,l,m\pm1\,\rangle$, nicht aber $\hat{L}_\pm|\,l,m\,\rangle$ auf eins normiert sind.

Die *Beträge* der Koeffizienten $c^{(\pm)}_{l\,m}$ lassen sich leicht berechnen, indem wir jede Seite der Gl. (9.2–10c) skalar mit sich selbst multiplizieren:

$$\left|c^{(\pm)}_{lm}\right|^2 = \left\|\hat{L}_\pm\,|\,l,m\,\rangle\right\|^2 = \langle\,\hat{L}_\pm\,(l,m)\,|\,\hat{L}_\pm\,|\,l,m\,\rangle \underset{\substack{\uparrow\\ \hat{L}_\pm^\dagger=\hat{L}_\mp}}{=} \langle\,l,m\,|\,\hat{L}_\mp\,\hat{L}_\pm\,|\,l,m\,\rangle \underset{\substack{\uparrow\\ \text{Gl.(9.2–9)}}}{=}$$

$$= \langle\,l,m\,|\,\hat{\mathbf{L}}^2-\hat{L}_3^2 \mp \hbar\,\hat{L}_3\,|\,l,m\,\rangle = \hbar^2\left[\,l\,(l+1)-m\,(m\pm1)\,\right] \geq 0 \tag{9.2-11}$$

Diese Gl. liefert den *Betrag* der zwei Funktionen $\hat{L}_\pm|\,l,m\,\rangle$. Die Phase ist unbestimmt und kann wie bei allen Wellenfunktionen willkürlich festgelegt werden. Wir entscheiden uns für die einfachste und überall gebräuchliche Wahl (Condon-Shortley-Konvention):

---

[4] Dieser Befund wird uns bald ungeahnte Möglichkeiten eröffnen: Wenn zu einer gegebenen Drehimpulsquantenzahl l eine einzelne Eigenfunktion $|\,l,m\,\rangle$ bekannt ist, so lassen sich alle anderen Eigenfunktionen (mit anderen Quantenzahlen m) durch sukzessive Anwendung der Leiteroperatoren auf $|\,l,m\,\rangle$ gewinnen. Daher ahnen wir vielleicht, welche große Bedeutung die Leiteroperatoren für den Drehimpuls haben.

$$\hat{L}_{\pm}\,|\,l,m\,\rangle = \hbar\,\sqrt{l\,(l+1)-m\,(m\pm1)}\;|\,l,m\pm1\,\rangle \tag{9.2-12}$$

Nach Gl. (9.2–11) ist m bei gegebenem l nach oben und unten beschränkt. Der kleinste Wert $m_{\min}$ und der größte Wert $m_{\max}$ von m lassen sich mit den Leiteroperatoren berechnen: *Ein Teilchen mit der Quantenzahl* $m_{\max}+1$ *gibt es nicht* und kann daher nirgendwo gefunden werden. Folglich muss die Wellenfunktion $|\,l,m_{\max}+1\,\rangle$ eine verschwindende Norm haben und $\hat{L}_{+}\,|\,l,m_{\max}\,\rangle$ muss das Nullelement des Hilbertraumes ergeben:

$$\hat{L}_{+}\,|\,l,m_{\max}\,\rangle = 0$$

$$\Rightarrow \quad 0 = \left\|\,\hat{L}_{+}\,|\,l,m_{\max}\,\rangle\,\right\|^{2} \underset{\underset{\hat{L}_{+}^{\dagger}=\hat{L}_{-}}{\uparrow}}{=} \langle\,l,m_{\max}\,|\,\hat{L}_{-}\hat{L}_{+}\,|\,l,m_{\max}\,\rangle \underset{\underset{\text{Gl. (9.2–9)}}{\uparrow}}{=}$$

$$= \langle\,l,m_{\max}\,|\,\hat{\mathbf{L}}^{2}-\hat{L}_{3}^{2}-\hbar\,\hat{L}_{3}\,|\,l,m_{\max}\,\rangle =$$

$$= \hbar^{2}\left[\,l\,(l+1)-m_{\max}\,(m_{\max}+1)\,\right] = 0 \tag{9.2-13}$$

$$\Rightarrow \quad m_{\max} = l \tag{9.2-14a}$$

Analog finden wir:

$$0 = \left\|\,\hat{L}_{-}\,|\,l,m_{\min}\,\rangle\,\right\|^{2} = \hbar^{2}\left[\,l\,(l+1)+m_{\min}\,(-m_{\min}+1)\,\right] = 0$$

$$\Rightarrow \quad m_{\min} = -l \tag{9.2-14b}$$

Nach Gl. (9.2–10a) haben benachbarte Eigenwerte von $\hat{L}_{3}$ den Abstand $\hbar$; kleinere Abstände gibt es nicht. (Würde es kleinere Abstände geben, dann würde die wiederholte Anwendung des Aufsteigeoperators auf eine „geeignete" Funktion einen höchsten Zustand mit $m_{\max}\neq l$ ergeben.) Da sich also die m-Werte um ganze Zahlen unterscheiden, gibt es eine natürliche Zahl k mit folgender Eigenschaft: Die k-fache Anwendung des Operators $\hat{L}_{+}$ auf $|\,l,-l\,\rangle$ liefert die Eigenfunktion $|\,l,m_{\max}\,\rangle = |\,l,+l\,\rangle$:

$$(\hat{L}_{+})^{k}\,\big|\,l,-l\,\big\rangle = c\,\big|\,l,+l\,\big\rangle$$

$$\Rightarrow \quad -l+k = +l \quad \Rightarrow \quad l = k/2$$

Die **Drehimpulsquantenzahl** l und die Quantenzahl m sind *halbzahlig oder ganzzahlig*. **Fazit:** *Alleine die Vertauschungsrelationen* (9.2–2a), *also alleine die algebraischen Eigenschaften des Drehimpulsoperators liefern* – zusammen mit der Hermitizität des Drehimpulsoperators – *die Spektren von* $\hat{\mathbf{L}}^{2}$ *und* $\hat{L}_{3}$:

$$\hat{\mathbf{L}}^{2}\,|\,l,m\,\rangle = \hbar^{2}\,l(l+1)|\,l,m\,\rangle \tag{9.2-15}$$

mit $\quad l = 0,1,2,3,\dots.\quad$ oder $\quad l = \dfrac{1}{2},\dfrac{3}{2},\dfrac{5}{2},\dots.$

$$\hat{L}_{3}\,|\,l,m\,\rangle = \hbar\,m\,|\,l,m\,\rangle \qquad \text{mit} \qquad m = -l,-l+1,\dots.l-1,l \tag{9.2-16}$$

Abb. 9.2–1 zeigt für $l=2$ eine *halbklassische* Darstellung des Drehimpulsspektrums: Die Pfeile stellen den Drehimpulsvektor dar und haben die Länge $\hbar\sqrt{l(l+1)} = \hbar\sqrt{6}$.

Die L_3–Komponente hat die Werte $\hbar m$ mit $m=0,\pm 1,\pm 2$. *Der Betrag des Drehimpulses ist größer als die maximale z-Komponente*:

$$\hbar\sqrt{l(l+1)} > \hbar\, m_{\mathrm{max}} = \hbar\, l \quad \text{für} \quad l>0 \qquad (9.2\text{--}17)$$

Der Drehimpuls kann also nicht in die z-Richtung zeigen. Würde der Drehimpuls in die z-Richtung zeigen, dann wären seine x- und y-Komponenten null und alle drei Drehimpulskomponenten hätten fälschlicherweise keine Streuung:

$$\Delta L_1 = \Delta L_2 = \Delta L_3 = 0 \qquad \text{(falsch für } l>0 \text{)}$$

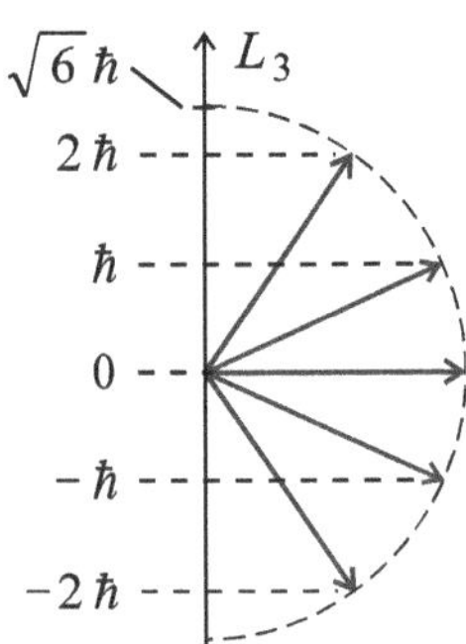

Abb. 9.2–1 Halbklassische Darstellung des Drehimpulsspektrums für $l = 2$.

Dies wäre für $l>0$ ein Widerspruch zur Unbestimmtheitsrelation:

$$\Delta L_1 \Delta L_2 \underset{\substack{\uparrow \\ \text{Gl. (8.2–8)}}}{\geq} \frac{1}{2}\left|\left\langle\left[\hat{L}_1,\hat{L}_2\right]\right\rangle\right| = \frac{\hbar}{2}\left|\left\langle\hat{L}_3\right\rangle\right| \underset{\substack{\uparrow \\ \text{für } m \neq 0}}{>} 0 \qquad (9.2\text{--}18)$$

Die Unbestimmtheitsrelation verlangt also, dass die Streuungen ΔL_1 *und* ΔL_2 *größer als null sind für* $m \neq 0$. Für $m=0$ macht die Ungl. (9.2–18) keine brauchbare Aussage.

In Aufgabe 9–8b wird die Gl. $\Delta L_1 = \Delta L_2 = \hbar\sqrt{l(l+1)-m^2}/\sqrt{2}$ bewiesen für den Zustand $f(r)Y_{l\,m}(\vartheta,\varphi)$.

Die Auszeichnung der z-Achse widerspricht nicht der Isotropie des Raumes, denn die Richtung der z-Achse ist beliebig wählbar. Erst äußere Felder oder Messgeräte zeichnen eine Richtung im Raum aus und heben die Isotropie des Raumes auf.

Im nächsten Abschn. 9.3 werden wir sehen, dass *der Bahndrehimpuls nur ganzzahlige Quantenzahlen l hat*. Halbzahlige Drehimpulse werden aber auch realisiert: **Fermionen** – dazu gehören Elektronen, Protonen, Neutronen, Neutrinos, ^{3}He–Kerne,.... haben einen halbzahligen Spin. (Der Spin ist eine Art Eigendrehimpuls und wird in Kap. 12 eingeführt.) **Bosonen** – dazu gehören π–Mesonen, α–Teilchen, ^{16}O–Kerne, ... – haben einen ganzzahligen Spin. (In Kap. „16 Identische Teilchen" werden Fermionen und Bosonen näher besprochen.)

9.3 Eigenfunktionen des Bahndrehimpulsoperators

Im vorangehenden Abschn. 9.2 wurden die diskreten Eigenwerte der Operatoren $\hat{\mathbf{L}}^2, \hat{L}_3$ berechnet. Über die Eigenfunktionen wurde bisher noch Nichts gesagt.

In Aufgabe 9–3 werden die drei kartesischen Komponenten $\hat{L}_k$ des Drehimpulsoperators in Kugelkoordinaten berechnet mit dem Ergebnis:

$$\hat{L}_1 = \frac{\hbar}{i}\left(-\sin\varphi\,\frac{\partial}{\partial\vartheta} - \cos\varphi\cot\vartheta\,\frac{\partial}{\partial\varphi}\right) \qquad (9.3\text{–}1a)$$

$$\hat{L}_2 = \frac{\hbar}{i}\left(\cos\varphi\,\frac{\partial}{\partial\vartheta} - \sin\varphi\cot\vartheta\,\frac{\partial}{\partial\varphi}\right) \qquad (9.3\text{–}1b)$$

$$\hat{L}_3 = \frac{\hbar}{i}\,\frac{\partial}{\partial\varphi} \qquad (9.3\text{–}1c)$$

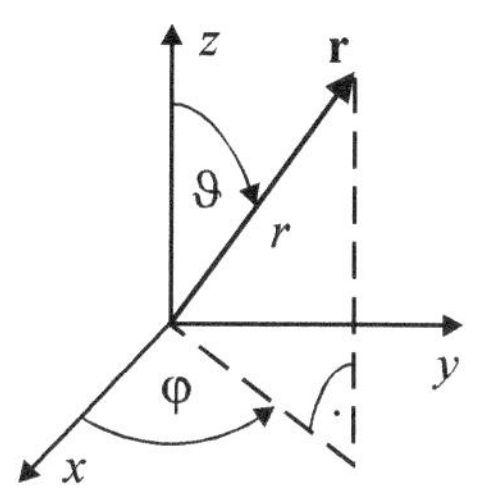

Abb. 9.3–1 Der Ortsvektor **r** mit den Kugelkoordinaten r,ϑ,φ.

$$\Rightarrow\qquad \hat{\mathbf{L}} = \frac{\hbar}{i}\,\mathbf{r}\times\nabla =$$

$$= \frac{\hbar}{i}\left[\begin{pmatrix}-\sin\varphi\\ \cos\varphi\\ 0\end{pmatrix}\frac{\partial}{\partial\vartheta} - \cot\vartheta\begin{pmatrix}\cos\varphi\\ \sin\varphi\\ -\tan\vartheta\end{pmatrix}\frac{\partial}{\partial\varphi}\right] \qquad (9.3\text{–}1d)$$

Die drei Gln. (9.3–1) liefern den quadrierten Drehimpulsoperator $\hat{\mathbf{L}}^2 = \hat{L}_1^2 + \hat{L}_2^2 + \hat{L}_3^2$:

$$\hat{\mathbf{L}}^2 = -\hbar^2\left[\frac{1}{\sin\vartheta}\,\frac{\partial}{\partial\vartheta}\left(\sin\vartheta\,\frac{\partial}{\partial\vartheta}\right) + \frac{1}{\sin^2\vartheta}\,\frac{\partial^2}{\partial\varphi^2}\right] \qquad (9.3\text{–}2)$$

$\hat{\mathbf{L}}^2$ und $\hat{L}_3$ wirken nur auf den Winkelanteil der Wellenfunktionen, so dass ihre Eigenfunktionen nur von den zwei Kugelkoordinaten ϑ,φ abhängen. Die Eigenfunktionen $|l,m\rangle$ werden im Ortsraum $Y_{lm}(\vartheta,\varphi)$ genannt. Nach den Gln. (9.2–15/16) lauten die Eigenwertgln.

$$\hat{\mathbf{L}}^2 Y_{lm}(\vartheta,\varphi) = -\hbar^2\left[\frac{1}{\sin\vartheta}\,\frac{\partial}{\partial\vartheta}\left(\sin\vartheta\,\frac{\partial}{\partial\vartheta}\right) + \frac{1}{\sin^2\vartheta}\,\frac{\partial^2}{\partial\varphi^2}\right]Y_{lm}(\vartheta,\varphi) =$$

$$= \hbar^2\, l\,(l+1)\, Y_{lm}(\vartheta,\phi) \qquad (9.3\text{–}3a)$$

$$\hat{L}_3 Y_{lm}(\vartheta,\varphi) = \frac{\hbar}{i}\,\frac{\partial}{\partial\varphi}\, Y_{lm}(\vartheta,\varphi) = \hbar\, m\, Y_{lm}(\vartheta,\varphi) \qquad (9.3\text{–}3b)$$

Wir können einen **Produktansatz** für die Eigenfunktionen $Y_{lm}(\vartheta,\varphi)$ machen:

$$Y_{lm}(\vartheta,\varphi) = \theta_{lm}(\vartheta)\,\Phi_m(\varphi) \qquad (9.3\text{–}4)$$

Der Produktansatz wird in Gl. (9.3–3b) eingesetzt:

$$\frac{\hbar}{i}\,\frac{\partial\Phi_m(\varphi)}{\partial\varphi} = \hbar\, m\,\Phi_m(\varphi)$$

mit der Lösung

$$\Phi_m(\varphi) = e^{i\,m\,\varphi} \qquad (9.3\text{–}5)$$

Die Integrationskonstante c in der allgemeinen Lösung $\Phi_m(\varphi) = c\exp(im\varphi)$ kommt zu $\theta_{lm}(\vartheta)$.

Da (r,ϑ,φ) und $(r,\vartheta,\varphi+2\pi)$ denselben Raumpunkt darstellen, ist die Lösung für ganzzahlige (halbzahlige) m eindeutig (zweideutig). Die Funktionen $\Phi_m(\varphi)$ sollen **eindeutig** sein, so dass

$$e^{im\varphi} \overset{!}{=} e^{im(\varphi+2\pi)}$$

gelten muss. Folglich muss die sog. **magnetische Quantenzahl** m *ganzzahlig* sein – nicht halbzahlig.[5] Dann ist nach Abschnitt 9.2 die Drehimpulsquantenzahl l *eine natürliche Zahl*: $l = 0,1,2,\ldots$

Die Funktionen $\theta_{lm}(\vartheta)$ erfüllen nach Gl. (9.3–3a) die Dgln.

$$-\hbar^2 \left[\frac{1}{\sin\vartheta}\frac{\partial}{\partial\vartheta}\left(\sin\vartheta\,\frac{\partial}{\partial\vartheta}\right) - \frac{m^2}{\sin^2\vartheta}\right]\theta_{lm}(\vartheta) = \hbar^2\, l(l+1)\,\theta_{lm}(\vartheta)$$

Wegen $m = -l,\ldots l-1,l$ sind dies – für eine gegebene Quantenzahl l – insgesamt $2l+1$ Dgln. Zu unserer großen Erleichterung müssen wir die kompliziert aussehenden Dgln. nicht alle lösen; wir können den Arbeitsaufwand beträchtlich reduzieren, wenn wir – wie beim harmonischen Oszillator in Abschnitt 6.2 und wie im vorangehenden Abschn. 9.2 – eine in der klassischen Physik unbekannte Methode anwenden und mit den **Leiteroperatoren** (jetzt in Kugelkoordinaten)

$$\hat{L}_\pm = \hat{L}_1 \pm i\hat{L}_2 = \hbar\, e^{\pm i\varphi}\left(\pm\frac{\partial}{\partial\vartheta} + i\cot\vartheta\,\frac{\partial}{\partial\varphi}\right) \tag{9.3–6}$$

arbeiten. Auch hier müssen wir nur *eine einzige* Zustandsfunktion – die wir in Abschn. 6.2 **Startfunktion** nannten – durch Lösen einer einzelnen Dgl. berechnen. *Alle anderen Zustandsfunktionen ergeben sich mit Gl. (9.2–12) durch sukzessive Anwendung der Leiteroperatoren auf die Startfunktion.* Dieses Vorgehen vereinfacht die Rechnungen vor allem deshalb, weil sich eine Startfunktion überraschend *leicht* berechnen lässt.

Wir berechnen eine Startfunktion am oberen Ende der L_3 – Leiter. Wegen $m_{\max} = l$ gibt es keine Teilchen mit einer Wellenfunktion $Y_{l\,l+1}(\vartheta,\varphi)$, so dass $Y_{l\,l+1}(\vartheta,\varphi)$ die Norm null hat bzw. nicht existiert (siehe auch Gl. (9.2–12)). Folglich gilt:

$$\hat{L}_+ Y_{ll}(\vartheta,\varphi) = \hbar\, e^{i\varphi}\left(\frac{\partial}{\partial\vartheta} + i\cot\vartheta\,\frac{\partial}{\partial\varphi}\right)\theta_{ll}(\vartheta)\, e^{il\varphi} = 0$$

$$\Rightarrow \quad e^{i(l+1)\varphi}\left(\frac{d}{d\vartheta} - l\cot\vartheta\right)\theta_{ll}(\vartheta) = 0$$

---

[5] Die Forderung nach Eindeutigkeit wird in den meisten Lehrbüchern gestellt, folgt aber nicht aus den Grundprinzipien der Quantenmechanik und ist daher streng genommen nicht zulässig. Zusätzliche Begründungen sind erforderlich, die sich aus der Ortsdarstellung $\hat{\mathbf{L}} = \hat{\mathbf{R}} \times \hat{\mathbf{P}}$ ergeben. In Aufgabe „9–7 Gibt es halbzahlige Bahndrehimpulse?" stehen weitere Anmerkungen dazu.

Die Lösung dieser Dgl. ist einfach[6]:

$$\theta_{ll}(\vartheta) = c_l \sin^l\vartheta \tag{9.3-7}$$

Die Normierungskonstanten c_l ergeben sich (bis auf die Phase) aus der Normierung

$$1 \overset{!}{=} \int_0^{2\pi}\int_0^\pi Y_{ll}^*(\vartheta,\varphi)\,Y_{ll}(\vartheta,\varphi)\sin\vartheta\,d\vartheta\,d\varphi = |c_l|^2\,2\pi\int_0^\pi \sin^{2l+1}\vartheta\,d\vartheta$$

zu $\qquad c_l = \dfrac{1}{2^l\,l!}\sqrt{\dfrac{(2l+1)!}{4\pi}}$

Wir wenden nun den Vernichtungsoperator $\hat{L}_-$ insgesamt $(l-m)$-fach auf $Y_{ll}\sim\sin^l\vartheta\,e^{il\varphi}$ an und erhalten mit Aufgabe 9–11 (ohne Normierungsfaktoren)

$$Y_{lm}(\vartheta,\varphi)\sim\hat{L}_-^{\,l-m}\,Y_{ll}(\vartheta,\varphi)\sim\frac{\hbar^{l-m}}{\sin^m\vartheta}\left(\frac{d}{d\cos\vartheta}\right)^{l-m}(1-\cos^2\vartheta)^l\,e^{im\varphi} \tag{9.3-8}$$

Gl. (9.3–8) liefert zusammen mit der Normierung die **Kugelflächenfunktionen** (kürzer auch „**Kugelfunktionen**" genannt):

$$Y_{lm}(\vartheta,\varphi) = (-1)^m\sqrt{\frac{2l+1}{4\pi}\frac{(l-m)!}{(l+m)!}}\;P_{lm}(\cos\vartheta)\,e^{im\varphi} \tag{9.3-9}$$

Dabei sind

$$P_{lm}(\cos\vartheta) = (-1)^{l+m}\frac{(l+m)!}{(l-m)!}\frac{1}{2^l\,l!}(1-\cos^2\vartheta)^{-m/2}\left(\frac{d}{d\cos\vartheta}\right)^{l-m}(1-\cos^2\vartheta)^l \tag{9.3-10}$$

die **zugeordneten Legendre-Polynome**[7] mit dem oft gewählten Phasenfaktor $(-1)^{l+m}$.

Zusammenfassend erhalten wir folgendes Ergebnis:

---

[6] Zur Vereinfachung setzen wir $f(\vartheta) := \theta_{ll}(\vartheta)$. Dann führt die Separation der Variablen auf

$$\frac{df}{f} = l\cot\vartheta\,d\vartheta \qquad\Rightarrow\qquad \int_{f(\vartheta_0)}^{f(\vartheta)}\frac{d\hat{f}}{\hat{f}} = l\int_{\vartheta_0}^\vartheta\cot\vartheta'\,d\vartheta'$$

$$\Rightarrow\qquad \ln\frac{f(\vartheta)}{f(\vartheta_0)} = l\ln\frac{\sin\vartheta}{\sin\vartheta_0} = \ln\frac{\sin^l\vartheta}{\sin^l\vartheta_0} \qquad\Rightarrow\qquad f(\vartheta) = c_l\sin^l\vartheta$$

[7] Nach den Gln. (9.3–3a) erfüllen die zugeordneten Legendre-Polynome die Dgl.

$$\left[\sin\vartheta\frac{d}{d\vartheta}\left(\sin\vartheta\frac{d}{d\vartheta}\right)+l(l+1)\sin^2\vartheta-m^2\right]P_{lm}(\cos\vartheta) = 0$$

Die zugeordneten Legendre-Polynome (9.3–10) können in eine oft gebrauchte Form umgerechnet werden:

$$P_{lm}(\cos\vartheta) = \frac{(-1)^l}{2^l\,l!}(1-\cos^2\vartheta)^{\frac{m}{2}}\left(\frac{d}{d\cos\vartheta}\right)^{l+m}(1-\cos^2\vartheta)^l \tag{9.3-10'}$$

Für die Spezialfälle $m=0,\pm1$ kann die Richtigkeit der Umrechnung *leicht* bestätigt werden.

Die Eigenwertgln.

$$\hat{L}^2 Y_{lm}(\vartheta,\varphi) = \hbar^2 \, l \, (l+1) \, Y_{lm}(\vartheta,\phi) \tag{9.3-11}$$

$$\hat{L}_3 Y_{lm}(\vartheta,\varphi) = \hbar \, m \, Y_{lm}(\vartheta,\varphi) \tag{9.3-12}$$

haben die *Kugelflächenfunktionen* $Y_{lm}(\vartheta,\varphi)$ als Eigenfunktionen mit

$$l = 0,1,2,\dots \qquad\qquad m = -l, -l-1, \dots\dots l-1, l \tag{9.3-13}$$

Jeder Eigenwert $\hbar^2 l(l+1)$ von $\hat{L}^2$ ist $(2l+1)$-fach entartet wegen $-l \le m \le l$.

Wegen der **Orthogonalitätsrelation**[8]

$$\int\limits_0^{2\pi} d\varphi \int\limits_0^{\pi} d\vartheta \, \sin\vartheta \, Y_{lm}^{*}(\vartheta,\varphi) \, Y_{l'm'}(\vartheta,\varphi) = \delta_{ll'}\,\delta_{mm'} \tag{9.3-14}$$

und der **Vollständigkeitsrelation**

$$\sum_{l=0}^{\infty} \sum_{m=-l}^{l} Y_{lm}^{*}(\vartheta,\varphi)\, Y_{lm}(\vartheta',\varphi') = \frac{1}{\sin\vartheta}\, \delta(\vartheta - \vartheta')\, \delta(\varphi - \varphi') \tag{9.3-15}$$

bilden die *Kugelflächenfunktionen ein vollständiges Orthonormalsystem auf der Einheitsku-gel* (vgl. mit Gl. (7.1–9b)). Daher kann jede normierbare Funktion $f(\vartheta,\varphi)$ auf der Einheits-kugel nach den Kugelfunktionen entwickelt werden (Multipolentwicklung):

$$f(\vartheta,\varphi) = \sum_{l=0}^{\infty} \sum_{m=-l}^{l} c_{lm}\, Y_{lm}(\vartheta,\varphi) \tag{9.3-16}$$

mit $\quad c_{lm} = \int\limits_0^{2\pi} d\varphi \int\limits_0^{\pi} d\vartheta \, \sin\vartheta \, Y_{lm}^{*}(\vartheta,\varphi) \, f(\vartheta,\varphi)$

Beim Wasserstoffatom werden wir noch die folgende (hier nicht bewiesene) Gl. benötigen:

$$\sum_{m=-l}^{l} \left| Y_{m}(\vartheta,\varphi) \right|^2 = \frac{2l+1}{4\pi} \tag{9.3-17}$$

Die Parität der Kugelfunktionen beschreibt ihr Verhalten bei einer **Raumspiegelung**

$$\mathbf{r} = (r,\vartheta,\varphi) \quad\rightarrow\quad -\mathbf{r} = (r,\pi-\vartheta,\varphi+\pi)$$

Die Kugelflächenfunktionen sind Eigenfunktionen des Paritätsoperators $\hat{\Pi}$, der in Auf-gabe 7–4 eingeführt wurde:

$$\hat{\Pi}\, Y_{lm}(\vartheta,\varphi) = Y_{lm}(\pi-\vartheta,\pi+\varphi) = (-1)^{l}\, Y_{lm}(\vartheta,\varphi) \tag{9.3-18}$$

Beweis: Bei der Raumspiegelung treten folgende Änderungen auf:

$$\sin\vartheta \rightarrow \sin\vartheta \quad ; \quad \cos\vartheta \rightarrow -\cos\vartheta \quad ; \quad \exp(im\varphi) \rightarrow (-1)^{m} \exp(im\varphi)$$

---

[8] $\sin\vartheta$ kommt vom Oberflächenelement $dA = r \sin\vartheta \, d\varphi \cdot r \, d\vartheta$ auf der Kugel mit Radius r.

Mit Gl. (9.3–13) folgt sofort Gl. (9.3–18).

Mit den Gln. (9.3–18) folgen in Abschn. 20.3 die Auswahlregeln der elektrischen Dipolstrahlung. ∎

Die ersten zehn Kugelflächenfunktionen lauten

$$Y_{00} = \sqrt{\frac{1}{4\pi}} \tag{9.3-19a}$$

$$Y_{10} = \sqrt{\frac{3}{4\pi}}\cos\vartheta \qquad\qquad Y_{1\pm1} = \mp\sqrt{\frac{3}{8\pi}}\sin\vartheta\, e^{\pm i\varphi} \tag{9.3-19b/c}$$

$$Y_{20} = \sqrt{\frac{5}{16\pi}}\left(3\cos^2\vartheta - 1\right) \qquad Y_{2\pm1} = \mp\sqrt{\frac{15}{8\pi}}\sin\vartheta\cos\vartheta\, e^{\pm i\varphi} \tag{9.3-19d/e}$$

$$Y_{2\pm2} = \sqrt{\frac{15}{32\pi}}\sin^2\vartheta\, e^{\pm i2\varphi} \tag{9.3-19f}$$

$$Y_{30} = \sqrt{\frac{7}{16\pi}}\left(5\cos^3\vartheta - 3\cos\vartheta\right) \qquad Y_{3\pm1} = \mp\sqrt{\frac{21}{64\pi}}\sin\vartheta\left(5\cos^2\vartheta - 1\right) e^{\pm i\varphi} \tag{9.3-19g/h}$$

$$Y_{3\pm2} = \sqrt{\frac{105}{32\pi}}\sin^2\vartheta\cos\vartheta\, e^{\pm i2\varphi} \qquad Y_{3\pm3} = \mp\sqrt{\frac{35}{64\pi}}\sin^3\vartheta\, e^{\pm i3\varphi} \tag{9.3-19i/j}$$

Hinweise: **1)** Die Gln. (9.3–19) bestätigen die allgemeine Beziehung $Y_{l-m}(\vartheta,\varphi) = (-1)^m Y_{lm}^*(\vartheta,\varphi)$.

2) $Y_{00} = \sqrt{1/(4\pi)}$ ist als einzige Kugelfunktion eine Eigenfunktion von allen drei Komponenten $\hat{L}_1, \hat{L}_2, \hat{L}_3$ und daher auch von $\hat{\mathbf{L}}^2$; der gemeinsame Eigenwert ist null. Das ist offensichtlich kein Widerspruch zu dem Satz

„Die zwei Observablen $\hat{A}, \hat{B}$ vertauschen genau dann, wenn sie *alle* Eigenfunktionen gemeinsam haben."

3) In Abb. 10.2–4 werden die Kugelflächenfunktionen in Polardiagrammen dargestellt.

Im Folgenden werden wir in erster Linie die Eigenwertgln. von $\hat{\mathbf{L}}^2, \hat{L}_3$ und die Orthogonalitätsrelationen (9.3–14) benötigen. Sehr wichtig sind auch die Leiteroperatoren, auf die wir in Kap. „12 Der Spin" zurückkommen werden. Das genaue Aussehen der Kugelflächenfunktionen in den Gln. (9.3–9/10) wird uns in Zukunft nicht mehr interessieren – abgesehen von den ersten Kugelflächenfunktionen in den Gln. (9.3–19).

9.4 Leitgedanken

9.2 Eigenwerte des Drehimpulsoperators

Der Drehimpulsoperator mit den drei Komponenten

$$\hat{L}_j = \varepsilon_{jkl}\,\hat{X}_k\,\hat{P}_l \qquad\text{mit}\qquad \hat{X}_1,\hat{X}_2,\hat{X}_3 := \hat{X},\hat{Y},\hat{Z} \tag{9.2-1d}$$

hat die Vertauschungsrelationen

$$\left[\hat{L}_j,\hat{L}_k\right] = i\,\hbar\,\varepsilon_{jkl}\,\hat{L}_l \tag{9.2-2a}©$$

$$\left[\hat{L}_j,\hat{\mathbf{L}}^2\right] = \left[\hat{L}_j,\hat{L}_1^2+\hat{L}_2^2+\hat{L}_3^2\right] = 0 \tag{9.2-2b}$$

$\hat{\mathbf{L}}^2$ *und eine einzelne Drehimpulskomponente* $\hat{L}_j$ *vertauschen und haben daher gemeinsame Eigenfunktionen.* I. Allg. wählt man $\hat{\mathbf{L}}^2$ und $\hat{L}_3$ als kommutierendes Pärchen.

Bei der Berechnung der **Eigenwerte** von $\hat{\mathbf{L}}^2,\hat{L}_3$ werden *nur die Vertauschungsrelationen* (9.2–2a), *also nur die algebraischen Eigenschaften des Drehimpulsoperators vorausgesetzt. Alle* hermiteschen Operatoren mit den Vertauschungsrelationen (9.2–2a) haben dasselbe Spektrum.

Die reellen Eigenwerte von $\hat{L}_3$ sollen $\hbar\,m$ und die reellen, nicht negativen Eigenwerte von $\hat{\mathbf{L}}^2$ sollen $\hbar^2 l\,(l+1)$ heißen. Dann lauten die Eigenwertgln. für die gemeinsamen Eigenfunktionen

$$\hat{L}_3\,|\,l,m\rangle = \hbar\,m\,|\,l,m\rangle \qquad\qquad m\in\mathbb{R} \tag{9.2-4a}$$

$$\hat{\mathbf{L}}^2\,|\,l,m\rangle = \hbar^2 l\,(l+1)\,|\,l,m\rangle \qquad\qquad l\,(l+1)\in\mathbb{R} \qquad l\,(l+1)\geq 0 \tag{9.2-4b}$$

Wie beim harmonischen Oszillator führen wir auch hier Leiteroperatoren ein:

$$\hat{L}_\pm := \hat{L}_1 \pm i\hat{L}_2 \tag{9.2-5}$$

Mit den Vertauschungsrelationen (9.2–2a) folgt:

$$\left[\hat{L}_3,\hat{L}_\pm\right] = \pm\hbar\,\hat{L}_\pm \qquad\qquad \left[\hat{\mathbf{L}}^2,\hat{L}_\pm\right] = 0 \tag{9.2-6/7}$$

Diese Kommutatoren führen zu einem erstaunlichen Ergebnis:

$$\hat{L}_3\,\hat{L}_\pm\,|\,l,m\rangle = (\hat{L}_\pm\,\hat{L}_3 \pm \hbar\,\hat{L}_\pm)\,|\,l,m\rangle = \hbar\,(m\pm 1)\,\hat{L}_\pm\,|\,l,m\rangle \tag{9.2-10a}$$

Demnach ist $\hat{L}_\pm\,|\,l,m\rangle$ eine Eigenfunktion von $\hat{L}_3$ zum Eigenwert $\hbar\,(m\pm 1)$. Weiterhin gilt

$$\hat{\mathbf{L}}^2\,\hat{L}_\pm\,|\,l,m\rangle = \hat{L}_\pm\,\hat{\mathbf{L}}^2\,|\,l,m\rangle = \hbar^2 l\,(l+1)\,\hat{L}_\pm\,|\,l,m\rangle \qquad\qquad l\geq 0 \tag{9.2-10b}$$

Demnach ist $\hat{L}_\pm\,|\,l,m\rangle$ eine Eigenfunktion von $\hat{\mathbf{L}}^2$ zum Eigenwert $\hbar^2 l\,(l+1)$.

Die Gln. (9.2–10a/b) besagen, dass *die Leiteroperatoren* $\hat{L}_\pm$ *den Eigenwert von* $\hat{L}_3$ *um* $\pm\hbar$ *ändern und den Eigenwert von* $\hat{\mathbf{L}}^2$ *unverändert lassen.*

$$\hat{L}_\pm\,|\,l,m\rangle = \hbar\,\sqrt{l\,(l+1)-m\,(m\pm 1)}\,\,|\,l,m\pm 1\rangle \tag{9.2-12}$$

Mit den Leiteroperatoren lassen sich die Quantenzahlen l,m berechnen. Wir finden:

$$\hat{\mathbf{L}}^2\,|\,l,m\rangle = \hbar^2 l\,(l+1)\,|\,l,m\rangle \quad\text{mit}\quad l=0,1,2,3,\dots \text{ oder } l=\frac{1}{2},\frac{3}{2},\frac{5}{2},\dots \tag{9.2-16}$$

$$\hat{L}_3\,|\,l,m\rangle = \hbar\,m\,|\,l,m\rangle \qquad\qquad \text{mit}\quad m = -l,-l+1,\dots l-1,l \tag{9.2-17}$$

Die Quantenzahlen l,m sind also beide ganzzahlig oder beide halbzahlig.

9.3 Eigenfunktionen des Drehimpulsoperators

Die Eigenwertgln. der kommutierenden Operatoren $\hat{\mathbf{L}}^2$ und $\hat{L}_3$ lauten in Kugelkoordinaten:

$$\hat{\mathbf{L}}^2 Y_{lm}(\vartheta,\varphi) = -\hbar^2 \left[\frac{1}{\sin\vartheta} \frac{\partial}{\partial\vartheta} \left(\sin\vartheta \frac{\partial}{\partial\vartheta} \right) + \frac{1}{\sin^2\vartheta} \frac{\partial^2}{\partial\varphi^2} \right] Y_{lm}(\vartheta,\varphi) =$$

$$= \hbar^2\, l(l+1)\, Y_{lm}(\vartheta,\varphi) \tag{9.3-3a}$$

$$\hat{L}_3\, Y_{lm}(\vartheta,\varphi) = \frac{\hbar}{i} \frac{\partial}{\partial\varphi} Y_{lm}(\vartheta,\varphi) = \hbar\, m\, Y_{lm}(\vartheta,\varphi) \tag{9.3-3b}$$

Der **Produktansatz**

$$Y_{lm}(\vartheta,\varphi) = \theta_{lm}(\vartheta)\, \Phi_m(\varphi) \tag{9.3-4}$$

überführt die Eigenwertgl. (9.3–3b) in die einfache Dgl.

$$\frac{\hbar}{i} \frac{\partial \Phi_m(\varphi)}{\partial\varphi} = \hbar\, m\, \Phi_m(\varphi) \quad \Rightarrow \quad \Phi_m(\varphi) = e^{im\varphi} \tag{9.3-5}$$

Wegen der **Eindeutigkeitsbedingung** $e^{im\varphi} = e^{im(\varphi+2\pi)}$ muss die magnetische Quantenzahl *m ganzzahlig* sein. Dann ist auch die Drehimpulsquantenzahl *l ganzzahlig*: $l = 0,1,2,3,\dots$. (Die halbzahligen Quantenzahlen $1/2,3/2,5/2\dots$ tauchen erst in Kap. „12 Der Spin" wieder auf.)

Für die Funktionen $\theta_{lm}(\vartheta)$ gelten nach Gl. (9.3–3a) die Dgln.

$$-\hbar^2 \left[\frac{1}{\sin\vartheta} \frac{\partial}{\partial\vartheta} \left(\sin\vartheta \frac{\partial}{\partial\vartheta} \right) - \frac{m^2}{\sin^2\vartheta} \right] \theta_{lm}(\vartheta) = \hbar^2\, l(l+1)\, \theta_{lm}(\vartheta) \quad \text{mit} \quad m = -l,\dots+l$$

Für eine gegebene Quantenzahl l können diese $2l+1$ Dgln. schnell gelöst werden, indem die Leiteroperatoren sukzessiv auf eine bemerkenswert einfache Startfunktion angewendet werden. Für die Funktion $Y_{ll}(\vartheta,\varphi)$ mit der *größten* Quantenzahl $m = l$ gilt:

$$\hat{L}_+ Y_{ll}(\vartheta,\varphi) = \hbar\, e^{i\varphi} \left(\frac{\partial}{\partial\vartheta} + i\cot\vartheta \frac{\partial}{\partial\varphi} \right) \theta_{ll}(\vartheta)\, e^{il\varphi} = 0$$

$$\Rightarrow \quad e^{i(l+1)\varphi} \left(\frac{d}{d\vartheta} - l\cot\vartheta \right) \theta_{ll}(\vartheta) = 0$$

$$\Rightarrow \quad \theta_{ll}(\vartheta) = c_l \sin^l\vartheta \quad\quad\quad \text{mit} \quad\quad c_l = \text{const} \tag{9.3-7}$$

Wir wenden den Vernichtungsoperator $\hat{L}_-$ insgesamt $(l-m)$–fach auf $Y_{ll} \sim \sin^l\vartheta$ an und erhalten (ohne Normierungsfaktoren)

$$Y_{lm}(\vartheta,\varphi) \sim \hat{L}_-^{\,l-m}\, Y_{ll}(\vartheta,\varphi) \sim \frac{\hbar^{l-m}}{\sin^m\vartheta} \left(\frac{d}{d\cos\vartheta} \right)^{l-m} (1-\cos^2\vartheta)^l\, e^{im\varphi} \tag{9.3-8}$$

Die Kugelflächenfunktionen $Y_{lm}(\vartheta,\varphi)$ bilden ein vollständiges Orthonormalsystem. Sie haben die einfache φ–Abhängigkeit $\exp(im\varphi)$.

9.5 Aufgaben

9–1 Mittel Gradient in Kugelkoordinaten

Zeige, dass der Gradient – auch Nabla-Operator genannt – in Kugelkoordinaten wie folgt lautet:

$$\nabla = \mathbf{e}_r \frac{\partial}{\partial r} + \mathbf{e}_\vartheta \frac{1}{r}\frac{\partial}{\partial \vartheta} + \mathbf{e}_\varphi \frac{1}{r\sin\vartheta}\frac{\partial}{\partial \varphi} = \left(\frac{\partial}{\partial r} \;,\; \frac{1}{r}\frac{\partial}{\partial \vartheta} \;,\; \frac{1}{r\sin\vartheta}\frac{\partial}{\partial \varphi} \right)^{\mathrm{T}}$$

mit den drei Einheitsvektoren

$$\mathbf{e}_r = \begin{pmatrix} \cos\varphi\,\sin\vartheta \\ \sin\varphi\,\sin\vartheta \\ \cos\vartheta \end{pmatrix} \qquad \mathbf{e}_\vartheta = \begin{pmatrix} \cos\varphi\,\cos\vartheta \\ \sin\varphi\,\cos\vartheta \\ -\sin\vartheta \end{pmatrix} \qquad \mathbf{e}_\varphi = \begin{pmatrix} -\sin\varphi \\ \cos\varphi \\ 0 \end{pmatrix}$$

Hinweis: Berechne die partiellen Ableitungen der Funktion $f[r(x,y,z),\vartheta(x,y,z),\varphi(x,y)]$ nach x,y,z

9–2 Mittel Klassische, schwingende Membran einer Trommel

a) In kartesischen Koordinaten lautet die klassische Wellengl. für eine schwingende Membran

$$\left(\frac{\partial^2}{\partial x^2} + \frac{\partial^2}{\partial y^2} - \frac{1}{c^2}\frac{\partial^2}{\partial t^2} \right)\psi(x,y,t) = 0$$

Leite daraus die Wellengl.

$$\left(\frac{\partial^2}{\partial r^2} + \frac{1}{r}\frac{\partial}{\partial r} + \frac{1}{r^2}\frac{\partial^2}{\partial \varphi^2} - \frac{1}{c^2}\frac{\partial^2}{\partial t^2} \right)\psi(r,\varphi,t) = 0 \tag{9.5–1}$$

in Polarkoordinaten r,φ ab, die bei festen, kreisrunden Einspannungen (Trommel) verwendet wird.

Hinweis: Berechne die partiellen Ableitungen der Funktion $f[r(x,y),\varphi(x,y)]$ nach x,y.

b) Löse die Dgl. (9.5–1) mit zwei Produktansätzen. Der zeit- und der winkelabhängige Teil der Wellenfunktion haben sehr einfache Lösungen. Der radiale Teil der Wellengl. wird durch Bessel-Funktionen gelöst, zu denen man im Internet viele und ausgereifte Unterlagen findet, um die wir uns aber nicht weiter kümmern wollen.

9–3 Mittel Drehimpulsoperator in Kugelkoordinaten

Beweise die drei Gln. (9.3–1a/b/c).

Hinweis: Berechne die partiellen Ableitungen der Funktion $f[r(x,y,z),\vartheta(x,y,z),\varphi(x,y)]$ nach x,y,z.

9–4 Mittel Erzeugende von Drehungen

In Aufgabe 3–6 wurde die Änderung der Wellenfunktion bei räumlichen Verschiebungen berechnet. Nun soll die Änderung der Wellenfunktion bei Drehungen ermittelt werden.

Vorbemerkungen: Wir drehen $\mathbf{r}$ um die z-Achse mit dem Drehwinkel α. Bei Drehungen im Gegenuhrzeigersinn ist $\alpha > 0$. Der neue, gedrehte Ortsvektor $\tilde{\mathbf{r}}$ wird mit der Drehmatrix $D_3(\alpha)$ berechnet:

$$\tilde{\mathbf{r}} = \begin{pmatrix} \tilde{x} \\ \tilde{y} \\ \tilde{z} \end{pmatrix} = D_3(\alpha)\begin{pmatrix} x \\ y \\ z \end{pmatrix} = \begin{pmatrix} \cos\alpha & -\sin\alpha & 0 \\ \sin\alpha & \cos\alpha & 0 \\ 0 & 0 & 1 \end{pmatrix}\begin{pmatrix} x \\ y \\ z \end{pmatrix} = \begin{pmatrix} x\cos\alpha - y\sin\alpha \\ y\cos\alpha + x\sin\alpha \\ z \end{pmatrix} \tag{9.5–2a}$$

Für infinitesimale Drehwinkel $d\alpha$ folgt:

$$\tilde{\mathbf{r}} = \begin{pmatrix} \tilde{x} \\ \tilde{y} \\ \tilde{z} \end{pmatrix} = \begin{pmatrix} x - y\,d\alpha \\ y + x\,d\alpha \\ z \end{pmatrix} = D_3(d\alpha) \begin{pmatrix} x \\ y \\ z \end{pmatrix} \tag{9.5–2b}$$

a) Bei einer Drehung des Systems um die z-Achse mit dem *infinitesimalen* Drehwinkel $d\alpha$ geht die Wellenfunktion $\psi(\mathbf{r})$ über in

$$\tilde{\psi}(\mathbf{r}) = \psi\left[D_3^{-1}(d\alpha)\,\mathbf{r} \right] = \psi\left[D_3(-d\alpha)\,\mathbf{r} \right] = \psi\left[\begin{pmatrix} x + y\,d\alpha \\ y - x\,d\alpha \\ z \end{pmatrix} \right] \tag{9.5–3}$$

Zeige: $\tilde{\psi}(\mathbf{r}) = \left(1 - i\,d\alpha\,\hat{L}_3/\hbar\right)\psi(\mathbf{r}) =: \hat{R}_3(d\alpha)\,\psi(\mathbf{r})$ $\hspace{2cm}$ (9.5–4a)

b) Nun wird das System mit einem *endlichen* Drehwinkel α um die z-Achse gedreht. Beweise, dass die normierte Wellenfunktion des gedrehten Systems wie folgt lautet:

$$\tilde{\psi}(\mathbf{r}) = \hat{R}_3(\alpha)\,\psi(\mathbf{r}) = e^{-i\alpha\,\hat{L}_3/\hbar}\,\psi(\mathbf{r}) \tag{9.5–4b}$$

Der Operator $\hat{L}_3/\hbar$ heißt **Erzeugende der Drehungen** *um die z-Achse* und der Operator $\exp(-i\alpha\,\hat{L}_3/\hbar)$ wird **Rotationsoperator** genannt.

Hinweis: Eine einzelne Drehung um die z-Achse mit dem Winkel $\alpha + d\alpha$ entspricht zwei hintereinander ausgeführten Drehungen mit den Winkeln α und $d\alpha$. Daher gilt:

$$\hat{R}_3(\alpha + d\alpha) = \hat{R}_3(\alpha)\,\hat{R}_3(d\alpha) = \hat{R}_3(\alpha)\,(1 - i\,d\alpha\,\hat{L}_3/\hbar)$$

Stelle damit die Dgl. $d\hat{R}_3(\alpha)/d\alpha = = -i\,\hat{L}_3\,\hat{R}_3(\alpha)/\hbar$ auf und löse sie.

9–5 Leicht   Allgemeine Leiteroperatoren

Zeige: Zwei Operatoren $\hat{\Lambda}_\pm$ sind Leiteroperatoren bzgl. des Operators $\hat{A}$, wenn gilt:

$$\left[\hat{A}, \hat{\Lambda}_\pm\right] = \pm\lambda\,\hat{\Lambda}_\pm \qquad \text{mit} \qquad \lambda \in \mathbb{R} \tag{9.5–5}$$

Hinweis: Diese Kommutatoren haben die gleiche Form wie die Kommutatoren (6.2–8) beim harmonischen Oszillator und die Kommutatoren (9.2–6) des Drehimpulsoperators.

Wie groß ist die Differenz zwischen benachbarten Eigenwerten des Operators $\hat{A}$?

9–6 Leicht   Vertauschung mit der dritten Komponente des Drehimpulses

Der Operator $\hat{A}$ soll mit zwei beliebigen Komponenten des Drehimpulsoperators $\hat{\mathbf{L}}$ vertauschen.

a) Beweise, dass $\hat{A}$ dann mit allen drei Komponenten von $\hat{\mathbf{L}}$ vertauscht.

b) Nenne ein Beispiel für $\hat{A}$.

c) Zeige mit einem Widerspruchsbeweis, dass mindestens ein Eigenwert von $\hat{A}$ entartet ist.

9–7 Mittel   Gibt es halbzahlige Bahndrehimpulse?

Im Haupttext wurde kurz nach der Gl. (9.3–5) die Eindeutigkeitsforderung $e^{im\varphi} \overset{!}{=} e^{im(\varphi+2\pi)}$ an die Kugelflächenfunktionen gestellt. Diese eingängige Forderung wird üblicherweise für den Beweis der Ganzzahligkeit von l, m formuliert und wurde von mir wegen ihrer Einfachheit übernommen.

Leider gibt es gegen diese Begründung berechtigte Einwände, wie schon W. Pauli gezeigt hat. Zwar muss $|\psi|^2$ stetig und eindeutig sein, nicht aber notwendigerweise die Wellenfunktion. Die Ganzzahligkeit des *Bahn*drehimpulses kann nicht aus den Vertauschungsrelationen (9.2–2a) abgeleitet werden; weitere Argumente sind erforderlich (siehe [Noack]).

In dieser Aufgabe werden *einfache* Hinweise auf die Ganzzahligkeit der Bahndrehimpuls-Quantenzahlen l,m gesucht.

a) Ist $\hat{L}_3 = -i\hbar\,\partial/\partial\varphi$ für halbzahlige magnetische Quantenzahlen hermitesch?.

b) In Anlehnung an [Sakurai], Abschn. 3.6, Seite 204f wollen wir hier einen einfachen Anhaltspunkt für die Ganzzahligkeit der Quantenzahlen l,m aufstellen. Zu diesem Zweck nehmen wir beispielsweise an, dass die Bahndrehimpuls-Quantenzahlen $l=1/2\,;m=\pm1/2$ und die zwei Kugelflächenfunktionen $Y_{1/2\,\pm1/2}(\vartheta,\varphi)$ existieren.

Berechne diese zwei Kugelflächenfunktionen mit den Leiteroperatoren $\hat{L}_\pm$ und suche Unstimmigkeiten und Singularitäten.

9–8 Mittel Erwartungswerte, Streuungen, Messwerte

Ein Quantenobjekt befindet sich im Zustand $\psi(\mathbf{r}) = f(r)\,Y_{lm}(\vartheta,\varphi)$.

a) Zeige, dass der Erwartungswert $\langle l,m\,|\,\hat{L}_1\,|\,l,m\rangle$ verschwindet.

b) Beweise: $\Delta L_1 = \Delta L_2 = \hbar\,\sqrt{l\,(l+1) - m^2}\Big/\sqrt{2} \geq 0$

c) Gibt es Zustände, in denen die nicht vertauschbaren Observablen $\hat{L}_1, \hat{L}_2, \hat{L}_3$ gleichzeitig scharf messbar sind?

9–9 Mittel Matrixdarstellung des Drehimpulsoperators

An einem Quantenobjekt wurde bei einer Messung des Operators $\hat{\mathbf{L}}^2$ der Eigenwert $2\hbar^2$ gemessen.

a) In welchem Überlagerungszustand befindet sich das Quantenobjekt nach dieser Messung? (Dieser Zustand ist nicht in allen Einzelheiten bekannt.)

b) Berechne die Matrixdarstellung der sechs Operatoren $\hat{\mathbf{L}}^2, \hat{L}_\pm, \hat{L}_k$ bzgl. der drei Eigenzustände von $\hat{L}_3$:

$$Y_{11} = |z,1,1\rangle = (1\ 0\ 0)^{\mathrm{T}} \qquad Y_{1\,0} = |z,1,0\rangle = (0\ 1\ 0)^{\mathrm{T}} \qquad Y_{1\,-1} = |z,1,-1\rangle = (0\ 0\ 1)^{\mathrm{T}}$$

Hinweis: Der Deutlichkeit halber enthalten die Eigenzustände $|z,1,m\rangle$ von $\hat{L}_3$ den Buchstaben z, um sie von den Eigenzuständen der Operatoren $\hat{L}_1, \hat{L}_2$ zu unterscheiden.

c) Eine anschließende Messung von $\hat{L}_3$ liefert den Messwert $+\hbar$. Welche Messwerte können mit welchen Wahrscheinlichkeiten bei einer darauf folgenden Messung von $\hat{L}_1$ auftreten?

9–10 Leicht Die Drehimpulsquantenzahl l ist reell

Es gelte: $l(l+1)$ ist reell und größer oder gleich null. Zeige: Dann ist auch l reell.

9–11 Leicht Beweis der Gl. (9.3–8) mit vollständiger Induktion

Beweise mit vollständiger Induktion die Gl. (9.3–8) (ohne Beachtung der Normierung)

$$Y_{lm}(\vartheta,\varphi) \sim \hat{L}_-^{\,l-m}\,Y_{ll}(\vartheta,\varphi) \sim \frac{\hbar^{l-m}}{\sin^m\vartheta}\left(\frac{d}{d\cos\vartheta}\right)^{l-m}(1-\cos^2\vartheta)^l\,e^{im\varphi} \tag{9.3–8}$$

9–12 Mittel Probleme aufgrund mathematischer Sorglosigkeit

In der Quantenmechanik gibt es einige befremdliche, zum Glück nebensächliche mathematische Probleme, die darauf zurückzuführen sind, dass die Definitionsbereiche der Operatoren von uns Physikern oft nicht beachtet werden. Diese Nachlässigkeit basiert wohl vor allem darauf, dass die Definitionsbereiche für das Verständnis der Quantenmechanik sowie für die Untersuchung realistischer Beispiele meistens ohne Bedeutung sind.

a) Ein Problem lautet folgendermaßen: Nach Beispiel 8.2–4c haben zwei hermitesche Operatoren $\hat{A}, \hat{B}$ mit dem Kommutator $[\hat{A}, \hat{B}] = c \neq 0$ (c = konstante Zahl) *nicht normierbare* Eigenfunktionen. (Das bekannteste Beispiel für einen solchen Kommutator liefern der Orts- und der Impulsoperator.)

Für die z-Komponente $\hat{L}_3 = -i\hbar\,\partial/\partial\varphi$ des Drehimpulsoperators und den „Winkeloperator" $\hat{\phi}:=\varphi$ gilt

$$\left[\hat{L}_3,\hat{\phi}\right] = \left[\frac{\hbar}{i}\frac{\partial}{\partial\varphi},\varphi\right] = \frac{\hbar}{i} \tag{9.5-6}$$

(Dieser Kommutator stimmt mit dem Kommutator $[\hat{P}_x,\hat{X}] = -i\hbar$ überein.) Die Eigenfunktionen $\psi_m(\varphi) = \exp(im\varphi)/\sqrt{2\pi}$ des Drehimpulsoperators $\hat{L}_3$ sind aber normierbar. Wie lautet die Lösung dieses Problems?

b) Ein zweites Problem lautet: Nach der Unbestimmtheitsrelation sollte gelten:

$$\Delta L_3\,\Delta\phi \geq \frac{1}{2}\left|\left\langle\psi\left|\left[\hat{L}_3,\hat{\phi}\right]\right|\psi\right\rangle\right| \underset{\underset{\text{Gl. (9.5–6)}}{\uparrow}}{=} \frac{\hbar}{2} \tag{9.5-7}$$

Die Eigenfunktionen $\psi_m(\varphi) = e^{im\varphi}/\sqrt{2\pi}$ haben eine feste z-Komponente des Drehimpulses, so dass $\Delta L_3 = 0$. Dann müsste $\Delta\phi$ nach Gl. (9.5–7) unendlich sein. Das ist wegen $0 \leq \varphi \leq 2\pi$ unmöglich.

9–13 Leicht   Kommutator Bahndrehimpuls-Coulombpotential

Beweise für zwei Teilchen mit den Drehimpulsoperatoren $\hat{\mathbf{L}}_1,\hat{\mathbf{L}}_2$ folgende Gleichungen:

$$\left[\frac{1}{|\mathbf{r}_1-\mathbf{r}_2|},\hat{\mathbf{L}}_1\right] = -\left[\frac{1}{|\mathbf{r}_1-\mathbf{r}_2|},\hat{\mathbf{L}}_2\right] \neq 0 \tag{9.5-8a}$$

$$\Rightarrow\qquad \left[\frac{1}{|\mathbf{r}_1-\mathbf{r}_2|},\hat{\mathbf{L}}_1+\hat{\mathbf{L}}_2\right] = 0 \tag{9.5-8b}$$

10 Das Wasserstoffatom

Die Berechnung der Energieniveaus des Wasserstoffatoms ist eine der wichtigsten Aufgaben der Quantenmechanik. Das Niveau der Rechnungen ist eher klein. Im Vergleich zum Zentralkraftproblem der *klassischen* Mechanik ist der rechnerische Aufwand allerdings erheblich.

Die eingehende Beschäftigung mit dem Drehimpuls im vorangehenden Kap. 9 macht sich jetzt voll bezahlt, da die Kugelflächenfunktionen $Y_{lm}(\vartheta,\varphi)$ die winkelabhängigen Anteile der Wasserstoff-Wellenfunktionen sind.

Das Potential enthält nur das Coulombpotential; Korrekturen werden erst in Abschn. „14.4 Feinstruktur des Wasserstoffatoms" mit der Störungstheorie berechnet. Da der Hamiltonoperator mit $\hat{\mathbf{L}}^2, \hat{L}_3$ vertauscht, reduziert sich die Schrödinger-Gl. sehr schnell auf eine gewöhnliche Dgl. für den Radius r.

10.1 *Spektrum des Wasserstoffatoms*: Der Hamiltonoperator wird in Kugelkoordinaten aufgestellt. Der Produktansatz $\psi_{lm}(r,\vartheta,\varphi) = R(r)\,Y_{lm}(\vartheta,\varphi)$ enthält die in Abschn. 9.3 berechneten Kugelflächenfunktionen $Y_{lm}(\vartheta,\varphi)$ und führt sofort auf eine gewöhnliche Dgl. für die Radiallösung $R(r)$. Eine Potenzreihe für $R(r)$ ist nur normierbar, wenn sie abbricht, also ein Polynom ist. Der Abbruch der Potenzreihe führt zur Quantisierung der Energie. Man findet die Balmer-Formel

$$E_n = -\frac{m_e\,c^2}{2}\left(\frac{e_0^2}{4\,\pi\,\varepsilon_0\,\hbar\,c}\right)^2\frac{1}{n^2} \approx -13{,}6\text{ eV}\,\frac{1}{n^2} \qquad n = 1,2,3,\ldots.$$

10.2 *Wellenfunktionen des Wasserstoffatoms*: Die Radiallösungen $R(r)$ der Schrödinger-Gl. werden mit der Potenzreihe aus Abschn. 10.1 ermittelt, die auf eine Rekursionsgl. für ihre Entwicklungskoeffizienten führt. Die Radiallösungen hängen von der Hauptquantenzahl n und der Drehimpulsquantenzahl l ab und sind das Produkt der Exponentialfunktion $e^{-\kappa r}$ mit einem Polynom $(n-1)$-ten Grades.

10.1 Spektrum des Wasserstoffatoms

Nach Gl. (9.1–3) lautet die *klassische* Hamiltonfunktion eines Teilchens im Zentralfeld

$$H = \frac{p_r^2}{2m_e} + \frac{1}{2\,m_e\,r^2}\mathbf{L}^2 + V(r) \qquad \text{mit} \qquad m_e = \text{Elektronenmasse} \tag{10.1–1}$$

Dabei ist $p_r = \mathbf{r}\cdot\mathbf{p}/r$ der klassische Radialimpuls. Für den Hamiltonoperator $\hat{H}$ benötigen wir den Laplace-Operator in Kugelkoordinaten. Laut Formelsammlung gilt:

$$\Delta = \frac{\partial^2}{\partial r^2} + \frac{2}{r}\frac{\partial}{\partial r} + \frac{1}{r^2}\left[\frac{1}{\sin\vartheta}\frac{\partial}{\partial\vartheta}\left(\sin\vartheta\frac{\partial}{\partial\vartheta}\right) + \frac{1}{\sin^2\vartheta}\frac{\partial^2}{\partial\varphi^2}\right]$$

Quantenmechanik: Lehr- und Arbeitsbuch, 2. Auflage. Friedhelm Kuypers.
© 2026 Wiley-VCH GmbH. Published 2026 by Wiley-VCH GmbH.

Mit Gl. (9.3–2) folgt [1]:

$$\Delta = \frac{\partial^2}{\partial r^2} + \frac{2}{r}\frac{\partial}{\partial r} - \frac{1}{\hbar^2}\frac{1}{r^2}\hat{\mathbf{L}}^2 = \frac{1}{r}\frac{\partial^2}{\partial r^2}r - \frac{1}{\hbar^2}\frac{1}{r^2}\hat{\mathbf{L}}^2 \tag{10.1-2}$$

$$\Rightarrow \quad \hat{H} = -\frac{\hbar^2}{2m_{\mathrm{e}}}\Delta + V(r) = -\frac{\hbar^2}{2m_{\mathrm{e}}}\frac{1}{r}\frac{\partial^2}{\partial r^2}r + \frac{1}{2m_{\mathrm{e}}\,r^2}\hat{\mathbf{L}}^2 + V(r) \tag{10.1-3}$$

Um Verwechslungen zwischen der Masse und der magnetischen Quantenzahl m auszuschließen, nennen wir die Elektronenmasse in diesem Kapitel m_{e}.

Nach den Gln. (3.3–23/26/27) *vertauschen die drei Operatoren* $\hat{H}, \hat{\mathbf{L}}^2, \hat{L}_3$ *und bilden einen vollständigen Satz kommutierender Operatoren* – solange wir den Spin außer Acht lassen.

Beispiel 10.1–1 Radialimpuls

Dieses Beispiel, das der eilige Leser überspringen darf, belegt, dass der erste Term auf der rechten Seite der Gl. (10.1–3) proportional zum Quadrat des radialen Impulsoperators $\hat{P}_r$ ist.

Der Leser erwartet vielleicht, dass der Operator des klassischen Radialimpulses

$$p_r = \frac{1}{r}\,\mathbf{r}\cdot\mathbf{p} \tag{9.1-2}$$

wie folgt lautet:

$$\hat{P}_{\mathrm{n.h.}} = \frac{\hbar}{i}\frac{\partial}{\partial r} \qquad (\textbf{falsch, da } \underline{\text{n}}\text{icht } \underline{\text{h}}\text{ermitesch !})$$

a) Zeige, dass dieser Operator nicht hermitesch ist; denn der adjungierte Operator ist

$$\hat{P}_{\mathrm{n.h.}}^{\dagger} = \frac{\hbar}{i}\frac{\partial}{\partial r} + \frac{\hbar}{i}\frac{2}{r}$$

Hinweis: Berechne $\displaystyle\int_0^{\infty} dr\, r^2\, \varphi^*(r)\,\frac{\hbar}{i}\frac{\partial}{\partial r}\,\psi(r)$

r^2 im Integral geht auf das Volumenelement $dV = r\,d\vartheta \cdot r\sin\vartheta\,d\varphi \cdot dr$ zurück.

b) Wie erhält man mit $\hat{P}_{\mathrm{n.h.}}$ und $\hat{P}_{\mathrm{n.h.}}^{\dagger}$ einen *hermiteschen* Operator $\hat{P}_r$ des Radialimpulses?

c) Berechne den Hamiltonoperator mit $\hat{P}_r^2$.

d) Wie lautet der Kommutator $\left[\hat{P}_r, r\right]$?

---

[1] In den Aufgaben 9–1 und 9–3 werden Gradient und Drehimpulsoperator in Kugelkoordinaten berechnet. In Aufgabe 9–2a wird der zweidimensionale Laplace-Operator $\Delta = \partial_x^2 + \partial_y^2$ in Polarkoordinaten aufgestellt. Wegen $[\hat{H},\Delta] \neq 0$ und $[\hat{H},V(r)] \neq 0$ haben

$$\hat{T} = -\hbar^2\Delta/(2m_{\mathrm{e}}) \quad ; \quad \hat{V} = V(r) \quad ; \quad \hat{H} = \hat{T} + \hat{V}$$

keine gemeinsamen Eigenfunktionen. Die Wellenfunktionen sind keine Eigenfunktionen des kinetischen Energieoperators $\hat{T}$ und des potentiellen Energieoperators $\hat{V}$. Daher haben die Elektronen zwar eine Gesamtenergie, aber keinen kinetischen und keinen potentiellen Energiewert – vergleichbar mit den Teilchen, die hinter dem Doppelspalt keinen Ort haben. Man darf nur die Operatoren $\hat{T}$ und $\hat{V}$ addieren, aber nicht Energiewerte. (Siehe auch Aufgabe 8–7.)

Lösung:

a) Mit einer partiellen Integration finden wir:

$$\int_0^\infty dr\, r^2\, \varphi^*(r)\,\frac{\hbar}{i}\,\frac{\partial}{\partial r}\,\psi(r) = \left[r^2\,\varphi^*(r)\,\frac{\hbar}{i}\,\psi(r)\right]\Bigg|_0^\infty - \int_0^\infty dr\,\frac{\hbar}{i}\,\frac{\partial}{\partial r}\left[r^2\,\varphi^*(r)\right]\psi(r) =$$

$$= -\int_0^\infty dr\,\frac{\hbar}{i}\left[2r\,\varphi^*(r) + r^2\,\frac{\partial}{\partial r}\,\varphi^*(r)\right]\psi(r) = \int_0^\infty dr\, r^2\left[\left(\frac{\hbar}{i}\,\frac{2}{r} + \frac{\hbar}{i}\,\frac{\partial}{\partial r}\right)^*\varphi^*(r)\right]\psi(r)$$

b) Man erhält aus einem nicht hermiteschen Operator am einfachsten einen hermiteschen Operator, indem man den Operator und seinen adjungierten Operator addiert. Also gilt hier:

$$\hat{P}_r = \frac{1}{2}\left(\hat{P}_{\text{n.h.}} + \hat{P}_{\text{n.h.}}^\dagger\right) = \frac{\hbar}{i}\left(\frac{\partial}{\partial r} + \frac{1}{r}\right) = \frac{\hbar}{i}\,\frac{1}{r}\,\frac{\partial}{\partial r}\,r \tag{10.1–4}$$

$\hat{P}_r$ ist aber nur hermitesch für Funktionen $\psi(r)$ mit $r\,\psi(r)\to 0$ für $r\to 0$ und für $r\to\infty$. Denn nur dann verschwindet in Teil a) der ausintegrierte Term an den Stellen $r=0$ und $r\to\infty$.

c)
$$\hat{P}_r^2 = -\hbar^2\left(\frac{\partial^2}{\partial r^2} + \frac{2}{r}\,\frac{\partial}{\partial r}\right) = -\hbar^2\,\frac{1}{r}\,\frac{\partial^2}{\partial r^2}\,r = -\frac{\hbar^2}{r^2}\,\frac{\partial}{\partial r}\left(r^2\,\frac{\partial}{\partial r}\right) \tag{10.1–5}$$

$$\to\quad \hat{H} = \frac{1}{2m_{\text{e}}}\,\hat{P}_r^2 + \frac{1}{2m_{\text{e}}\,r^2}\,\hat{\mathbf{L}}^2 + V(r)$$

d) $\left[\hat{P}_r, r\right] = -i\,\hbar$

Der Kommutator hat die gleiche Form wie $[\hat{P}_x, \hat{X}] = -i\,\hbar$.

Die zeitunabhängige Schrödinger-Gl. für ein Teilchen mit Masse m_{e} im ruhenden Zentralfeld lautet in Kugelkoordinaten:

$$\left[-\frac{\hbar^2}{2m_{\text{e}}}\,\frac{1}{r}\,\frac{\partial^2}{\partial r^2}\,r + \frac{1}{2m_{\text{e}}\,r^2}\,\hat{\mathbf{L}}^2 + V(r)\right]\psi(r,\vartheta,\varphi) = E\,\psi(r,\vartheta,\varphi) \tag{10.1–6}$$

Die Winkelabhängigkeit steckt nur im Quadrat $\hat{\mathbf{L}}^2$ des Drehimpulsoperators, dessen Eigenwerte $\hbar^2 l(l+1)$ und Eigenfunktionen $Y_{lm}(\vartheta,\varphi)$ in Kap. „9 Der Drehimpuls" berechnet wurden. Daher müssen wir nur noch die Radialabhängigkeit untersuchen.

Mit dem **Produktansatz**

$$\psi_{lm}(r,\vartheta,\varphi) = R(r)\,Y_{lm}(\vartheta,\varphi) \tag{10.1–7}$$

erhalten wir die gewöhnliche, nur vom Radius abhängige Dgl.

$$\left[-\frac{\hbar^2}{2m_{\text{e}}}\,\frac{1}{r}\,\frac{d^2}{dr^2}\,r + \frac{\hbar^2 l(l+1)}{2m_{\text{e}}\,r^2} + V(r)\right] R(r) = E\,R(r) \tag{10.1–8}$$

Da die magnetische Quantenzahl m – nicht zu verwechseln mit der Elektronenmasse m_{e} – nicht in dieser Dgl. auftritt, *hängen in allen Zentralfeldern Energie und die Radialfunktion $R(r)$ nicht von der magnetischen Quantenzahl m ab.* Der naheliegende Ansatz

$$R(r) = \frac{f(r)}{r} \qquad (10.1\text{–}9)$$

führt nach Multiplikation mit r auf die **radiale Schrödinger-Gl.**[2]

$$\left[-\frac{\hbar^2}{2\,m_e} \frac{d^2}{dr^2} + \frac{\hbar^2\, l(l+1)}{2\,m_e\, r^2} + V(r) \right] f(r) = E\, f(r) \qquad m_e = \text{Masse} \qquad (10.1\text{–}10)$$

Wir sehen: Der geschickt gewählte Ansatz (10.1–9) hat die Faktoren $1/r$ und r im ersten Term der Dgl. (10.1–8) eliminiert. Die Dgl. (10.1–10) ist eine eindimensionale Schrödinger-Gl. mit dem effektiven Potential[3]

$$V_{\mathrm{eff}}(r) := \frac{\hbar^2\, l(l+1)}{2\,m_e\, r^2} + V(r) \qquad (10.1\text{–}11)$$

Bis hier gelten die Rechnungen für alle Zentralpotentiale $V(r)$. Wir wenden uns nun dem *Wasserstoffatom* und *wasserstoffähnlichen Atomen* zu mit dem Coulombpotential

$$V(r) = -\frac{Z\, e_0^2}{4\,\pi\,\varepsilon_0} \frac{1}{r} \qquad (10.1\text{–}12)$$

Bei wasserstoffähnlichen Atomen ist Z die Kernladungszahl eines Atoms, das $(Z-1)$-fach ionisiert ist und daher zwar Z Protonen, aber nur ein einziges Elektron enthält.[4]

Es ist vorteilhaft, vor der Lösung der Dgl. (10.1–10) **zwei Grenzfälle** zu betrachten:

1) $r \to 0$ **und** $l > 0$: Im Grenzübergang $r \to 0$ ist das Zentrifugalpotential für $l > 0$ viel größer als das Coulombpotential, so dass die Dgl. für kleine Radien näherungsweise lautet

$$-\frac{\hbar^2}{2\,m_e} \left[\frac{d^2}{dr^2} - \frac{l(l+1)}{r^2} \right] f(r) = 0 \qquad \text{für} \quad r \to 0$$

mit der allgemeinen Lösung

---

[2] Die ausführliche Beschäftigung mit dem Drehimpuls und den Kugelflächenfunktionen in Kap. 9 macht sich jetzt vollauf bezahlt: Mit einem einfachen Produktansatz und fast ohne Rechnung wird aus einer dreidimensionalen, partiellen Dgl. (10.1–6) die radiale, gewöhnliche Dgl. (10.1–10) für den Radius r. Die Wellenfunktionen aller Systeme mit einem kugelsymmetrischen Potential $V(r)$ enthalten die Kugelflächenfunktionen.

[3] Auch in der klassischen Mechanik der Zentralkraftbewegungen tritt das effektive Potential auf

$$V_{\mathrm{eff}}(r) = p_\varphi^2 / (2m r^2) + V(r)$$

mit dem Drehimpuls $p_\varphi = m r^2 \dot{\varphi}$ der ebenen Bewegung. Der erste Term beschreibt das „Zentrifugalpotential".

[4] Da die Protonenmasse $m_P \approx 1{,}673 \cdot 10^{-27}$ kg etwa 1840 mal größer ist als die Masse $m_e \approx 9{,}109 \cdot 10^{-31}$ kg, dürfen wir beim Wasserstoffatom und bei wasserstoffähnlichen Atomen den Atomkern als ruhend annehmen. Bei genauerer Rechnung ist zu berücksichtigen, dass sich das Elektron und der Kern mit der Masse m_K um ihren gemeinsamen Schwerpunkt bewegen. Dann müssen wir die Elektronenmasse m_e – wie bereits in der klassischen Mechanik – durch die reduzierte Masse $m_e\, m_K / (m_e + m_K)$ ersetzen.

$$f(r) = A\, r^{l+1} + B\, r^{-l} \tag{10.1-13a}$$

Die zweite Lösung $B\, r^{-l}$ führt auf $R(r) = f(r)/r = B\, r^{-l-1}$ für $r \to 0$. Wegen

$$R^2(r)\, dV = B^2\, r^{-2l-2}\, r^2\, dr \cdot \sin\vartheta\, d\vartheta\, d\varphi \sim r^{-2l}\, dr$$

verhindert die zweite Lösung die Normierbarkeit für $l > 0$. So verbleibt nur die Lösung[5]

$$f(r) = A\, r^{l+1} \qquad\qquad \text{für}\quad r \to 0 \qquad (10.1\text{-}13b) \;\blacksquare$$

2) $r \to \infty$: Im Grenzübergang $r \to \infty$ ist $V_{\text{eff}}(r)$ zu vernachlässigen.

$$\Rightarrow \qquad -\frac{\hbar^2}{2\, m_{\text{e}}}\, f''(r) = E\, f(r) \qquad\qquad \text{für}\quad r \to \infty$$

Die gebundenen Zustände des Wasserstoffatoms haben negative Energien $E < 0$. Mit

$$\kappa := \sqrt{-2\, m_{\text{e}}\, E\, /\, \hbar^2} = \sqrt{2\, m_{\text{e}}\, |E|\, /\, \hbar^2} \tag{10.1-14}$$

erhalten wir die allgemeine Lösung

$$f(r) = C\, \mathrm{e}^{-\kappa r} + D\, \mathrm{e}^{\kappa r} \tag{10.1-15a}$$

Wegen der Normierung ist die Lösung $D\mathrm{e}^{\kappa r}$ zu verwerfen, Daher verbleibt für $r \to \infty$ nur

$$f(r) = C\, \mathrm{e}^{-\kappa r} \qquad\qquad \text{für}\quad r \to \infty \qquad (10.1\text{-}15b) \;\blacksquare$$

Der folgende **exakte Ansatz** *wird durch die Einfachheit der Rekursionsgl. (10.1–20) motiviert. Er berücksichtigt das asymptotische Verhalten in den beiden Gln. (10.1–13b/15b):*

$$f(r) = r^{l+1}\mathrm{e}^{-\kappa r}u(r) \qquad \Rightarrow \qquad R(r) \underset{\substack{\uparrow \\ \text{Gl. (10.1-9)}}}{=} r^{l}\,\mathrm{e}^{-\kappa r}u(r) \tag{10.1-16}$$

Die mit $-2m_{\text{e}}/\hbar^2$ multiplizierte Dgl. (10.1–10) lautet nun

$$\left[\frac{d^2}{dr^2} - \frac{l(l+1)}{r^2} - \frac{2\, m_{\text{e}}}{\hbar^2}\, V(r) \right] r^{l+1}\mathrm{e}^{-\kappa r}u(r) = \kappa^2\, r^{l+1}\, \mathrm{e}^{-\kappa r}u(r)$$

Sie führt über die mühsame Berechnung vieler Ableitungen auf die Dgl. für $u(r)$

$$r\, u''(r) + 2\,(l+1-\kappa r)\, u'(r) + \left[\frac{Z e_0^2}{4\pi\varepsilon_0}\, \frac{2\, m_{\text{e}}}{\hbar^2} - 2\,\kappa\,(l+1) \right] u(r) = 0 \tag{10.1-17}$$

---

[5] Den Grenzfall $r \to 0$ und $l = 0$ müssen wir nicht betrachten, da die zwei hier untersuchten Grenzfälle nur eine Motivation, aber keine Voraussetzung für den *exakten* Ansatz (10.1–16) sind. Niemand verlangt, *alle* Grenzfälle zu betrachten. Natürlich darf man den Ansatz (10.1–16) auch direkt nach Gl. (10.1–12) ansetzen, also völlig unmotiviert vom Himmel fallen lassen.

Übrigens: Die Gl. $f(r) = A r^{l+1} \Leftrightarrow R(r) = A r^{l}$ (für $r \to 0$) sorgt dafür, dass die in Gleichung (10.2–12) definierte radiale Wahrscheinlichkeitsdichte $p_{nl}(r) := r^2 R_{nl}^2(r)$ immer im Koordinatenursprung verschwindet (für $\forall n, l$) (siehe die Abbn. (10.2–1/2).

$u(r)$ wird als **Potenzreihe**[6] angesetzt:

$$u(r) = \sum_{k=0}^{\infty} a_k\, r^k \tag{10.1–18}$$

Wir setzen diese Reihe in die Dgl. ein und erhalten mit der Gl.

$$\frac{Z e_0^2}{4\pi\varepsilon_0}\,\frac{2m_e}{\hbar^2} \underset{\underset{\text{Gl. (2.3–8b)}}{\uparrow}}{=} \frac{2Z}{a_B}$$

die Beziehung

$$\sum_{k=1}^{\infty} k(k-1)\,a_k\,r^{k-1} + 2(l+1)\sum_{k=1}^{\infty} k\,a_k\,r^{k-1} - 2\kappa\sum_{k=0}^{\infty} k\,a_k\,r^k +$$

$$+\left[\,2Z/a_B - 2\kappa(l+1)\,\right]\sum_{k=0}^{\infty} a_k\,r^k = 0 \tag{10.1–19}$$

Wir setzen in den ersten zwei Reihen $k':=k-1$ und starten die zwei Summationen bei $k'=0$. Anschließend lassen wir den Strich bei k' weg und erhalten

$$\sum_{k=0}^{\infty}\left[(k+1)k + 2(l+1)(k+1)\right]a_{k+1}\,r^k + \sum_{k=0}^{\infty}\left[-2\kappa k + 2Z/a_B - 2\kappa(l+1)\right]a_k\,r^k = 0$$

Wir vergleichen die Koeffizienten der Terme mit r^k:

$$\left[k(k+1) + 2(l+1)(k+1)\right]a_{k+1} - \left[2\kappa k - 2Z/a_B + 2\kappa(l+1)\right]a_k = 0$$

$$\Rightarrow \quad a_{k+1} = \frac{2\kappa(k+l+1) - 2Z/a_B}{(k+1)(k+2l+2)}\,a_k \tag{10.1–20}$$

Mit dieser **Rekursionsgl.** lassen sich die Koeffizienten a_k Schritt für Schritt aus a_0 berechnen[7]. a_0 ergibt sich aus der Normierung. Für große k folgt:

---

[6] Ich erinnere an die Fußnote zum Potenzreihenansatz (6.1–10) beim harmonischen Oszillator.

Die Umrechnung der Dgl. (10.1–10) in die Dgl. (10.1–17) ist zwar einfach, aber wegen der vielen Ableitungen im letzten Rechenschritt ermüdend. Daher stellt sich die Frage: Warum wurde nicht schon für die Lösung $f(r)$ der Dgl. (10.1–10) ein Potenzreihenansatz aufgestellt? Die Antworten lauten:

- Ein Potenzreihenansatz für die Ausgangsgl. (10.1–10) führt auf eine Dreier-Rekursionsgl. mit drei Koeffizienten a_k, a_{k+1}, a_{k+2} (dies sieht man der Dgl. (10.1–10) sofort an). Dreier-Rekursionsgln. sind aber mühsam zu bearbeiten (siehe Aufgabe 6–6).

- Auch der Ansatz $f(r) = r^{l+1}\,\bar{u}(r)$ – also ohne $e^{-\kappa r}$ – führt auf eine Dreier-Rekursionsgl.

- Der Ansatz $f(r) = e^{-\kappa r} w(r)$ – also ohne r^{l+1} – führt auf eine Dgl., die durch den Produktansatz

$$w(r) = r^{l+1}\sum_{k=0}^{\infty} a_k r^k$$

gelöst wird; die Potenzreihe beginnt also erst bei r^{l+1}.

[7] Die Rekursionsgl. (10.1–20) zeigt, dass der Potenzreihenansatz hier – anders als beim harmonischen Oszillator – nur eine einzige Lösung der Diffentialgl. (10.1–17) und damit nur eine einzige Lösung der radialen

$$\frac{a_{k+1}}{a_k} \approx \frac{2\kappa}{k+1} \qquad \text{für} \quad k \gg 1 \qquad\qquad (10.1\text{–}21)$$

Die Lösung $R(r)$ der radialen Schrödinger-Gl. (10.1–10) ist nur normierbar, wenn die Koeffizienten a_k für große k genügend schnell abfallen. Entscheidend sind also die Koeffizienten a_k für große k. Daher dürfen wir für die Frage nach der Normierbarkeit *vorübergehend* unterstellen, dass die Rekursionsgl. (10.1–21) exakt ist und auch für kleine k gilt. Unter dieser Annahme folgt:

$$a_1 = 2\,\kappa\,a_0 \qquad a_2 = \frac{2\kappa}{2}\,a_1 = \frac{(2\kappa)^2}{2}\,a_0 \qquad a_3 = \frac{2\kappa}{3}\,a_2 = \frac{(2\kappa)^3}{3!}\,a_0 \qquad \dots$$

$$\Rightarrow \qquad a_k = \frac{(2\kappa)^k}{k!}\,a_0$$

$$\Rightarrow \qquad u(r) = a_0 \sum_{k=0}^{\infty} \frac{(2\kappa)^k}{k!}\,r^k = a_0 \sum_{k=0}^{\infty} \frac{1}{k!}(2\kappa r)^k = a_0\,\mathrm{e}^{2\kappa r}$$

$$\Rightarrow \qquad R(r) \underset{\substack{\uparrow \\ \text{Gl. (10.1–9)}}}{=} \frac{f(r)}{r} \underset{\substack{\uparrow \\ \text{Gl. (10.1–16)}}}{=} \frac{1}{r}\,r^{l+1}\,\mathrm{e}^{-\kappa r}\,u(r) = a_0\,r^l\,\mathrm{e}^{+\kappa r}$$

Folglich ist die radiale Lösung $R(r)$ nur dann normierbar, wenn die Potenzreihe (10.1–18) *abbricht,* wenn also eine sog. „radiale Quantenzahl" $k_{\max} \geq 0$ existiert, so dass *alle Koeffizienten a_k für $k > k_{\max}$ null sind*; dann ist die Funktion $u(r)$ ein Polynom $k_{\max}$–ten Grades und gewährleistet zusammen mit $r^l\,\mathrm{e}^{-\kappa r}$ die Normierbarkeit. Das ist nach Gl. (10.1–20) genau dann der Fall, wenn

$$2\,\kappa\,(k_{\max}+l+1) = \frac{2Z}{a_{\mathrm{B}}} \quad \Leftrightarrow \quad 2\sqrt{-\frac{2\,m_{\mathrm{e}}\,E}{\hbar^2}}\,(k_{\max}+l+1) = \frac{Z\,e_0^2}{4\,\pi\,\varepsilon_0}\,\frac{2\,m_{\mathrm{e}}}{\hbar^2} \qquad (10.1\text{–}22)$$

Mit der **Hauptquantenzahl** – auch Energiequantenzahl genannt[8]

$$n := k_{\max}+l+1 \qquad\qquad \text{mit} \qquad k_{\max}=0,1,2,\dots \qquad\qquad (10.1\text{–}23)$$

und mit der Abkürzung für κ (siehe Gl. (10.1–14)) folgen die *diskreten Energien des Wasserstoffatoms* ($Z=1$) und der wasserstoffähnlichen Atome ($Z>1$) aus den Gln. (10.1–22) und (10.1–23):[9]

Schrödinger-Gl. (10.1–10) liefert. Die zweite (von der ersten linear unabhängige) Lösung fällt der Forderung nach Normierbarkeit zum Opfer.

[8] In Zukunft wird $k_{\max}$ nicht mehr auftreten, sondern stattdessen $n-(l+1)$. (Siehe die Gln. (10.2-3/4).)

[9] Beachte: Die zeitunabhängige Schrödinger-Gl. hat für *alle* Energien eine Lösung, nicht nur für die diskreten Energien in Gl. (10.1–24). Aber nur für die *diskreten* Energien in Gl. (10.1–24) sind die Lösungen normierbar. *Die Normierungsbedingung ist also für die Quantisierung der Energie verantwortlich.*

Die Quantisierung der Energien läutete eine Revolution in der Physik ein und ist wohl die bekannteste (aber keine zentrale) Eigenart der Quantenmechanik. Angesichts dieser Bekanntheit kann die Rückführung der Quantisierung auf eine banale, völlig unspektakuläre Forderung nach Normierbarkeit fast schon als enttäuschend bezeichnet werden. Physikstudenten, die hinter der Quantisierung tiefgehende Einblicke in die Geheimnisse der Natur erwarteten, können ein wenig ernüchtert werden.

$$E_n = -\frac{m_e c^2}{2} \left(\frac{Z e_0^2}{4\pi\varepsilon_0 \hbar c} \right)^2 \frac{1}{n^2} =$$

$$= -\frac{m_e c^2}{2} \alpha^2 \frac{Z^2}{n^2} = -\frac{\hbar^2}{2 m_e a_B^2} \frac{Z^2}{n^2} \qquad n = 1,2,3,\dots \tag{10.1-24}$$

Dabei sind

$$\alpha := \frac{e_0^2}{4\pi\varepsilon_0 \hbar c} \approx \frac{1}{137{,}036} \approx \frac{1}{137} \tag{10.1-25}$$

die **Feinstrukturkonstante**, auf die wir in Abschn. „14.4 Feinstruktur des Wasserstoffatoms" zurückkommen, und

$$a_B := \left(\frac{e_0^2}{4\pi\varepsilon_0} \right)^{-1} \frac{\hbar^2}{m_e} = \frac{1}{\alpha} \frac{\hbar}{m_e c} \approx 0{,}0529\,\text{nm} \tag{10.1-26}$$

der **Bohrsche Radius**.

Die Gl. (10.1–24) heißt „Balmer-Formel" oder „Bohrsche Formel" und stimmt mit Gl. (2.3–9) im Bohrschen Atommodell überein. Allerdings sind im Bohrschen Atommodell die Hauptquantenzahl n und die Drehimpulsquantenzahl l gleich: $n = l$. In der Lösung der Schrödinger-Gl. hingegen gilt $l = 0,1,\dots n-1$.

Die berechneten Energien E_n stimmen in sehr guter Näherung, aber nicht exakt mit den Ergebnissen präziser Messungen überein. Die fehlende Genauigkeit darf uns nicht überraschen, da wir nur das Coulombpotential zwischen Kern und Elektron berücksichtigt haben, nicht aber andere Effekte wie z. B. relativistische Korrekturen und die Spin-Bahn-Kopplung. Wir werden in Abschn. 14.4 genauere Rechnungen vornehmen.

Der Grundzustand des Wasserstoffatoms hat die Hauptquantenzahl $n = 1$ und die Energie

$$E_1 = -\frac{m_e c^2}{2} \left(\frac{e_0^2}{4\pi\varepsilon_0 \hbar c} \right)^2 \approx$$

$$\approx -\left\{ \begin{array}{ll} 13{,}5983\,\text{eV} & \text{für die reduzierte Elektronenmasse} \\ 13{,}6057\,\text{eV} & \text{für die} \qquad\qquad \text{Elektronenmasse} \end{array} \right\} \approx -13{,}6\,\text{eV} \tag{10.1-27}$$

Der Unterschied der beiden Energien beträgt nur 0,054%.

Beim Übergang von einem Zustand mit der Hauptquantenzahl n_1 in einen neuen Zustand mit der kleineren Hauptquantenzahl n_2 wird ein Photon abgestrahlt mit der Energie

$$E = \hbar\omega = E_{n_1} - E_{n_2} = \frac{m_e c^2}{2} \left(\frac{Z e_0^2}{4\pi\varepsilon_0 \hbar c} \right)^2 \left(\frac{1}{n_2^2} - \frac{1}{n_1^2} \right) \quad \text{mit} \quad n_1 > n_2 \tag{10.1-28}$$

Ein Satz von Übergängen mit fester Quantenzahl n_2 und verschiedenen Quantenzahlen n_1 heißt Spektralserie. Die Balmer-Serie mit $n_2 = 2$ und $n_1 > 2$ liegt im sichtbaren Bereich. Die in (10.1–14) definierte Größe κ wird im Abschn. 10.2 benötigt und lautet nun:

$$\kappa := \sqrt{-\frac{2 m_e E_n}{\hbar^2}} = \frac{m_e Z e_0^2}{4 \pi \varepsilon_0 \hbar^2} \frac{1}{n} = \frac{Z}{n} \frac{1}{a_B} \qquad (10.1\text{–}29)$$

Beispiel 10.1–2 Entartung der Energie

Die berechnete Energie E_n hängt nur von der – in Gl. (10.1–23) definierten – Hauptquantenzahl $n := k_{max} + l + 1$ und nicht von den Quantenzahlen l, m ab. Wie oft ist die Energie E_n entartet?

Lösung

Nach Gl. (10.1–23) kann die Drehimpulsquantenzahl l die Werte $0, 1, 2, \ldots n - 1$ annehmen. Zu jeder Drehimpulsquantenzahl l existieren $2l + 1$ magnetische Quantenzahlen m. Daher beträgt der Entartungsgrad der Energie (bei Nichtbeachtung des Spins)[10]

$$\sum_{l=0}^{n-1} (2l + 1) = 2 \frac{n(n-1)}{2} + n = n^2$$

Bei Berücksichtigung des Spins, den wir in Kap. 12 kennen lernen, ist die Entartung $2n^2$.

Die Energien des Wasserstoffatoms sind also $2n^2$–fach entartet. Die Energie hängt nicht von der magnetischen Quantenzahl m ab, weil der Eigenwert $\hbar^2 l(l+1)$ von $\hat{L}^2$ und daher auch die Dgl. (10.1–10) nicht von m abhängen. Da der Produktansatz (10.1–7) für alle Systeme mit einem Zentralpotential $V(r)$ zur radialen Dgl. (10.1–10) führt, gilt ganz offensichtlich:

Für alle Zentralpotentiale $V(r)$ sind die Energieniveaus unabhängig von der magnetischen Quantenzahl m.

Auch in Atomen mit mehreren Elektronen sind die Energieniveaus unabhängig von der magnetischen Quantenzahl m – es sei denn, die Kugelsymmetrie wird durch äußere Felder aufgehoben. Die Unabhängigkeit der Energie von der Drehimpulsquantenzahl l – auch **Nebenquantenzahl** genannt – ist aber eine Besonderheit des Potentials $V(r) \sim 1/r$ und kann auf den Lenzschen Operator zurückgeführt werden, der bereits aus der klassischen Mechanik bekannt ist (siehe [Kuypers], Abschn. 2.3 und Aufgabe 11–7).

---

[10] Die Antwort auf die Frage „Welcher der drei Zustände mit $R_{21} Y_{10}, R_{21} Y_{1\pm 1}$ wird als erster besetzt?" lautet: „*Ohne äußere Beeinflussung gibt es keine Vorzugsrichtung*, so dass alle drei Zustände zugleich mit gleicher Wahrscheinlichkeit besetzt werden."

10.2 Wellenfunktionen des Wasserstoffatoms

Wir berechnen nun die radiale Wellenfunktion $R(r)$ mit der Rekursionsgl. (10.1–20). Mit der Gl. (10.1–29)

$$\kappa = \frac{Z}{n}\frac{1}{a_{\mathrm{B}}} \qquad \begin{aligned} &\text{mit } Z = \text{Kernladungszahl der wasserstoffähnlichen Atome} \\ &\text{und } a_{\mathrm{B}} \approx 5{,}29 \cdot 10^{-11}\,\mathrm{m} = \text{Bohrscher Radius} \end{aligned} \qquad (10.2\text{–}1)$$

lässt sich die Rekursionsgl. (10.1–20) leicht umformen in

$$a_k = -2\,\frac{Z}{n}\frac{1}{a_{\mathrm{B}}}\,\frac{n-l-k}{k\,(k+2l+1)}\,a_{k-1} = -2\,\kappa\,\frac{n-l-k}{k\,(k+2l+1)}\,a_{k-1} =$$

$$= (-2\,\kappa)^2\,\frac{n-l-k}{k\,(k+2l+1)}\,\frac{n-l-(k-1)}{(k-1)(k-1+2l+1)}\,a_{k-2} = \dots\dots$$

$$= (-2\,\kappa)^k\,\frac{n-l-k}{k\,(k+2l+1)}\,\frac{n-l-(k-1)}{(k-1)(k-1+2l+1)}\,\dots\dots\,\frac{n-l-1}{1(1+2l+1)}\,a_0$$

$$\Rightarrow \qquad a_k = (-2\,\kappa)^k\,\frac{(n-l-1)!}{(n-l-k-1)!}\,\frac{1}{k!}\,\frac{(2l+1)!}{(k+2l+1)!}\,a_0 \qquad (10.2\text{–}2)$$

Produkt der Zähler   Produkt der Nenner

Dabei wurde im letzten Schritt ausgenutzt, dass z. B. $7\cdot8\cdot9\cdot10 = 10!\,/\,6!$ gilt. Laut den Erläuterungen zu Gl. (10.1–22) ist $a_{k_{\max}}$ mit $k_{\max} = n-(l+1)$ der höchste, nicht verschwindende Koeffizient der Potenzreihe (10.1–18). Daraus folgt – abgesehen von dem k-unabhängigen Faktor $(n-l-1)!\,(2l+1)!$, den wir als Teil des Normierungsfaktors ansehen:

$$u(r) \sim \sum_{k=0}^{n-(l+1)} \frac{(-2\,\kappa\,r)^k}{(n-l-k-1)!}\,\frac{1}{k!}\,\frac{1}{(k+2l+1)!}\,a_0 \qquad (10.2\text{–}3)$$

Mit den Gln. (10.1–9/16) erhalten wir die Radialfunktionen, denen wir zur Verdeutlichung noch die zwei Indices n,l geben:

$$R_{nl}(r) \sim \mathrm{e}^{-\kappa r}\,r^l \cdot \sum_{k=0}^{n-(l+1)} \frac{(-2\,\kappa r)^k}{(n-l-k-1)!}\,\frac{1}{k!}\,\frac{1}{(k+2l+1)!} \qquad (10.2\text{–}4)$$

Die obere Summationsgrenze ist die in Gl. (10.1–22/23) eingeführte radiale Quantenzahl $k_{\max} = n-(l+1) \geq 0$. Die Koeffizienten a_k verschwinden für $k > k_{\max}$.

Mit Ausnahme der Normierungskonstante haben wir die radialen Wellenfunktionen $R_{nl}(r)$ nun vollständig bestimmt. Abschließend wollen wir das berechnete Polynom (10.2–3) durch eine bekannte Funktion ausdrücken. Dann können wir die Polynome benennen und vor allem können wir in der Literatur ihre Eigenschaften studieren und so u. a. auch die Normierungskonstante erhalten. (Im Internet findet man schnell viele gute Artikel zu speziellen Funktionen: Vorlesungsskripten, Seminarvorträge, Diplom-, Bachelor- und Masterarbeiten, ...)

Die Radialfunktionen in Gl. (10.2–3) lassen sich durch die **zugeordneten Laguerre-Polynome** beschreiben: [11]

$$L_n^m(\rho) = \frac{e^\rho \, \rho^{-m}}{n!} \frac{d^n}{d\rho^n}\left(\rho^{n+m}\, e^{-\rho}\right) = \sum_{k=0}^n \binom{m+n}{m+k} \frac{1}{k!} (-\rho)^k \tag{10.2–5}$$

(Die zweite Gl. wird in Aufgabe 10–1a bewiesen.) Sie sind *Polynome n-ten Grades*. Mit

$$L_{n-l-1}^{2l+1}(2\kappa r) = \sum_{k=0}^{n-(l+1)} \binom{n+l}{k+2l+1} \frac{1}{k!} (-2\kappa r)^k =$$

$$= (n+l)! \sum_{k=0}^{n-(l+1)} \frac{(-2\kappa r)^k}{(n-l-k-1)!} \frac{1}{k!} \frac{1}{(k+2l+1)!}$$

ergeben sich die Wellenfunktionen des Wasserstoffatoms zu

$$\psi_{nlm}(r,\vartheta,\varphi) = R_{nl}(r)\, Y_{lm}(\vartheta,\varphi) = \tag{10.2–9a}$$

$$= c_{nl} (2\kappa r)^l\, e^{-\kappa r}\, L_{n-l-1}^{2l+1}(2\kappa r)\, Y_{lm}(\vartheta,\varphi) \tag{10.2–9b}$$

Die mühsam zu berechnenden Normierungsfaktoren entnehmen wir der Literatur:

$$c_{nl} = \sqrt{4\kappa^3 \frac{(n-l-1)!}{n\,(n+l)!}} \qquad \text{mit} \qquad \kappa = \frac{Z}{n}\frac{1}{a_B}$$

Für kleine Radien r ist $R_{nl}(r) \sim r^l$. Dies ist auf die Zentrifugalbarriere (siehe Gl. 10.1–11)

---

[11] Leider ist die Definition der Laguerre-Polynome und der zugeordneten Laguerre-Polynome in der Literatur nicht einheitlich. Viele Autoren verwenden folgende Definition (beachte die Tilde ~)

$$\tilde{L}_n^m(\rho) = \frac{d^m}{d\rho^m}\left[e^\rho \frac{d^n}{d\rho^n}\left(\rho^n e^{-\rho}\right)\right] = \sum_{k=0}^{n-m} (-1)^m \frac{(n!)^2}{(k+m)!\,k!\,(n-k-m)!} (-\rho)^k \tag{10.2–6}$$

(Die zweite Gl. wird in Aufgabe 10–1b bewiesen.) Es handelt sich um Polynome $n-m-$ten Grades. Mit den Gln. (10.2–5) und (10.2–6) lässt sich folgende Beziehung leicht und schnell beweisen (siehe Aufgabe 10–1c):

$$\tilde{L}_{n+m}^m(\rho) = (-1)^m (n+m)!\, L_n^m(\rho) \qquad \text{(rechte Seite ohne Tilde)} \tag{10.2–7}$$

$$\Rightarrow \qquad \tilde{L}_{n+l}^{2l+1}(\rho) = (-1)^{2l+1} (n+l)!\, L_{n-l-1}^{2l+1}(\rho)$$

Der Faktor $(-1)^{-m}$ ist natürlich für uns bedeutungslos und wird daher in der nächsten Gl. nicht mehr mitgenommen. Mit dieser Definition lautet die Wellenfunktion

$$\psi_{nlm}(r,\vartheta,\varphi) = \frac{c_{nl}}{(n+l)!} (2\kappa r)^l\, e^{-\kappa r}\, \tilde{L}_{n+l}^{2l+1}(2\kappa r)\, Y_{lm}(\vartheta,\varphi) \tag{10.2–8}$$

Der rechte Index der zugeordneten Laguerre-Polynome lautet in Gl. (10.2–9) $n-l-1$, hier aber $n+l$. Die Koeffizienten c_{nl} sind Normierungskonstanten.

$$V_{\text{Barriere}}(r) = \frac{\hbar^2 \, l\,(l+1)}{2\,m_{\text{e}}\,r^2}$$

zurückzuführen und daher (klassisch) leicht verständlich: *Je größer die Drehimpulsquantenzahl l ist, desto kleiner ist die Wahrscheinlichkeitsdichte in Kernnähe.*

Die Gl. $R_{nl}(r) \sim r^l$ (für kleine r) hat zwei wichtige Konsequenzen:

- Die **Hyperfeinstruktur** der Atome, die wir in diesem Buch nicht näher behandeln, wird durch die Wechselwirkung zwischen den magnetischen Momenten der Elektronen und der Atomkerne verursacht. Im sehr kleinen Kernvolumen sind in erster Linie nur die Radialfunktionen $R_{n0}(r)$ mit verschwindender Drehimpulsquantenzahl $l = 0$ ungleich null.

- Radioaktive Kerne sind instabil und zerfallen durch α-, β- oder γ-Strahlung oder durch einen **Elektroneneinfang** spontan in neue Elemente. Beim Elektroneneinfang verschmilzt ein Proton des Atomkerns mit einem Elektron, das sich auf einem s-Orbital ($l = 0$) bewegt und daher eine relativ große Aufenthaltsdichte im Atomkern hat. Dabei entstehen ein Neutron sowie ein Neutrino, das die beim Massenverlust frei werdende Energie abführt:

$$p + e^- \rightarrow n + \nu_{\text{e}}$$

Beispiele sind $^{7}_{4}\text{Be} \rightarrow {}^{7}_{3}\text{Li} + \nu_{\text{e}}$ und $^{40}_{19}\text{K} \rightarrow {}^{40}_{18}\text{Ar} + \nu_{\text{e}}$.

Da die eingefangenen Elektronen meistens aus der K-Schale ($n=1, l=0$) stammen, spricht man auch von K-Einfang. Die Lücke in der K-Schale wird durch ein Elektron aus einer höheren Schale gefüllt.

Die zeitabhängigen Lösungen der zeitabhängigen Schrödinger-Gl.

$$\psi_{nlm}(r,\vartheta,\varphi,t) = R_{nl}(r)\, Y_{lm}(\vartheta,\varphi)\, e^{-i\,E_n\,t/\hbar}$$

sind stationär. Wegen der *Zeitunabhängigkeit der Aufenthaltsdichte* $|\psi_{nlm}(r,\vartheta,\varphi,t)|^2$ *strahlen die Elektronen in stationären Zuständen keine elektromagnetischen Wellen ab.* Damit ist das (in Abschn. 2.3 beschriebene) Hauptproblem des Rutherfordschen Atommodells automatisch gelöst.

Die ersten sechs radialen Wellenfunktionen lauten mit $\kappa = Z/(n\,a_{\text{B}})$:

$$n=1:\quad R_{10}(r) = 2\,\kappa^{3/2}\,e^{-\kappa r} \qquad\qquad \text{mit}\quad \kappa = Z/a_{\text{B}} \qquad (10.2\text{--}10a)$$

$$n=2:\quad R_{20}(r) = 2\,\kappa^{3/2}\,(1-\kappa r)\,e^{-\kappa r} \qquad \text{mit}\quad \kappa = Z/(2a_{\text{B}}) \qquad (10.2\text{--}10b)$$

$$R_{21}(r) = \frac{2}{\sqrt{3}}\,\kappa^{3/2}\,\kappa r\,e^{-\kappa r} \qquad\qquad \text{mit}\quad \kappa = Z/(2a_{\text{B}}) \qquad (10.2\text{--}10c)$$

$$n=3:\quad R_{30}(r) = 2\,\kappa^{3/2}\left(1 - 2\kappa r + \frac{2}{3}(\kappa r)^2\right)e^{-\kappa r} \quad \text{mit}\quad \kappa = Z/(3a_{\text{B}}) \qquad (10.2\text{--}10d)$$

$$R_{31}(r) = \frac{4\sqrt{2}}{3}\,\kappa^{3/2}\left(\kappa r - \frac{1}{2}(\kappa r)^2\right)e^{-\kappa r} \qquad \text{mit}\quad \kappa = Z/(3a_{\mathrm{B}}) \tag{10.2-10e}$$

$$R_{32}(r) = \frac{2\sqrt{2}}{3\sqrt{5}}\,\kappa^{3/2}\,(\kappa r)^2\,e^{-\kappa r} \qquad \text{mit}\quad \kappa = Z/(3a_{\mathrm{B}}) \tag{10.2-10f}$$

Natürlich muss sich der Leser das Aussehen (10.2–5) der zugeordneten Laguerre-Polynome nicht merken; wir werden diese Gl. in Zukunft nicht mehr brauchen – abgesehen von den Gln. (10.2–10), die in einigen Beispielen und Aufgaben vorkommen. Besonders wichtig ist die häufig benötigte Gl. (10.2–9a). Darüber hinaus sollte der Leser nur wissen:

Die radiale Funktion $R_{nl}(r)$ ist das Produkt aus der Exponentialfunktion $e^{-\kappa r}$ und einem Polynom in κr vom Grad $n-1$:

$$R_{nl}(r) = \sum_{k=0}^{n-1} c_k \cdot (\kappa r)^k\, e^{-\kappa r} \qquad \text{mit}\quad \kappa = \frac{Z}{n}\frac{1}{a_{\mathrm{B}}} \qquad n = 1,2,3,\dots \tag{10.2-11}$$

Im Folgenden benötigen wir das infinitesimale Volumen

$$d^3r = dr\cdot r\, d\vartheta \cdot r\sin\vartheta\, d\varphi = r^2\, dr\, d\Omega$$

in Kugelkoordinaten. Dabei ist der infinitesimale Raumwinkel $d\Omega = \sin\vartheta\, d\vartheta\, d\varphi$ eine infinitesimale Fläche auf der Einheitskugel – vergleichbar mit der infinitesimalen Bogenlänge $d\varphi$ auf dem Einheitskreis.

Die radialen Funktionen $R_{nl}(r)$ sind nur dann für verschiedene Hauptquantenzahlen n orthogonal, wenn die Drehimpulsquantenzahlen l gleich sind:

$$\int_0^\infty r^2 R_{nl}(r)\, R_{n'l}(r)\, dr = \delta_{nn'}$$

Die Funktionen $R_{nl}(r)$ sind nicht orthogonal für verschiedene l. (So zeigen z. B. die Gln. (10.2–10a/c) sofort, dass die Funktionen $R_{10}(r)$ und $R_{21}(r)$ nicht orthogonal sind.) Die fehlende Orthogonalität ist darauf zurückzuführen, dass die radialen Funktionen $R_{nl}(r)$ für verschiedene l verschiedene Dgln. (10.1–8) erfüllen müssen.

Abschließend schauen wir noch einige Eigenschaften der Wellenfunktionen an. Die **Orthogonalitätsrelation** für die Wellenfunktionen lautet

$$\int_0^\infty dr\, r^2 \int_0^{2\pi} d\varphi \int_0^\pi d\vartheta \sin\vartheta\, R_{nl}(r)\, Y_{lm}^*(\vartheta,\varphi)\, R_{n'l'}(r)\, Y_{l'm'}(\vartheta,\varphi) =$$

$$= \underbrace{\int_0^\infty dr\, r^2 R_{nl}(r) R_{n'l'}(r)}_{=\,\delta_{nn'}\ \text{nur für } l=l'} \cdot \underbrace{\int_0^{2\pi} d\varphi \int_0^\pi d\vartheta\, \sin\vartheta\, Y_{lm}^*(\vartheta,\varphi)\, Y_{l'm'}(\vartheta,\varphi)}_{=\,\delta_{ll'}\,\delta_{mm'}\ \text{nach Gl. (9.3–14)}} = \delta_{nn'}\,\delta_{ll'}\,\delta_{mm'}$$

Die Wellenfunktionen $\psi_{nlm}(r,\vartheta,\varphi) = R_{nl}(r)\, Y_{lm}(\vartheta,\varphi)$ bilden **kein vollständiges System**, da für das H-Atom auch Streuzustände mit positiver Energie $E > 0$ existieren.

Die Wahrscheinlichkeit, das Elektron im Volumen $d^3r = r^2\,dr\,\sin\vartheta\,d\vartheta\,d\varphi$ zu finden, lautet

$$|\psi_{nlm}(r,\vartheta,\varphi)|^2 d^3r = |R_{nl}(r)|^2 r^2\,dr \cdot |Y_{lm}(\vartheta,\varphi)|^2 \sin\vartheta\,d\vartheta \cdot d\varphi$$

Die Integration über die Kugeloberfläche ergibt mit der Orthogonalität der Kugelfunktionen (siehe Gl. (9.3–14))

$$|R_{nl}(r)|^2 r^2\,dr \cdot \int\limits_0^\pi \sin\vartheta\,d\vartheta \int\limits_0^{2\pi} |Y_{lm}(\vartheta,\varphi)|^2\,d\varphi = |R_{nl}(r)|^2 r^2\,dr$$

Dies ist die *Wahrscheinlichkeit, das Elektron in einer dünnen Kugelschale zwischen r und r+dr anzutreffen.* Das Produkt

$$p_{nl}(r) := r^2 R_{nl}^2(r) \tag{10.2–12}$$

heißt daher **radiale Wahrscheinlichkeitsdichte**. Der Erwartungswert von r^k beträgt

$$\langle r^k \rangle = \int\limits_0^\infty r^{2+k} R_{nl}^2(r)\,dr \tag{10.2–13a}$$

Einige Erwartungswerte benötigen wir in Kapitel „14 Zeitunabhängige Störungstheorie":

$$\langle r \rangle = \frac{a_\mathrm{B}}{2Z}\left[3n^2 - l(l+1)\right] \qquad \langle r^2 \rangle = \frac{a_\mathrm{B}^2 n^2}{2Z^2}\left[5n^2 + 1 - 3l(l+1)\right] \tag{10.2–13b/c}$$

$$\left\langle \frac{1}{r} \right\rangle = \frac{Z}{a_\mathrm{B} n^2} \qquad \left\langle \frac{1}{r^2} \right\rangle = \frac{Z^2}{a_\mathrm{B}^2 n^3}\frac{1}{l+1/2} \quad ^{12} \tag{10.2–13d/e}$$

$$\left\langle \frac{1}{r^3} \right\rangle = \frac{Z^3}{a_\mathrm{B}^3 n^3}\frac{1}{l(l+1/2)(l+1)} \qquad \text{für} \quad l>0 \tag{10.2–13f}$$

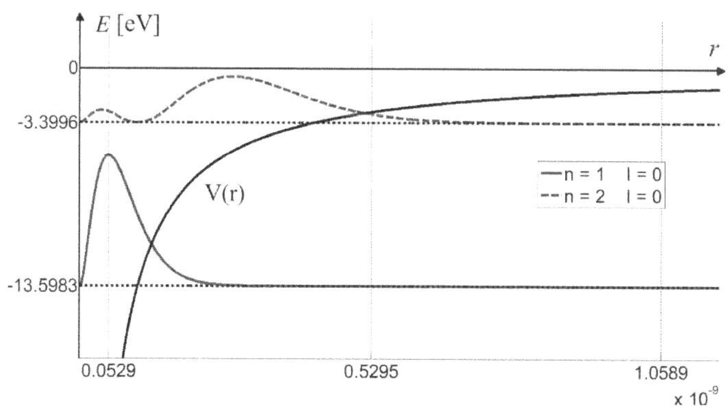

Abb. 10.2–1a Potential $V(r)$ und zwei radiale Wahrscheinlichkeitsdichten $p_{nl}(r) = r^2 R_{nl}^2(r)$ für $l = 0$. Die Wahrscheinlichkeitsdichten werden auf der Höhe der ihrer Energien gezeichnet.

---

[12] Die Gln. (10.2–13d/e) werden in der Aufgabe 10–11c/d sehr einfach mit dem (zuvor in Aufgabe 10–11a bewiesenen) Hellmann-Feynman-Theorem berechnet. Siehe auch [Griffiths], Aufgabe 6.33.

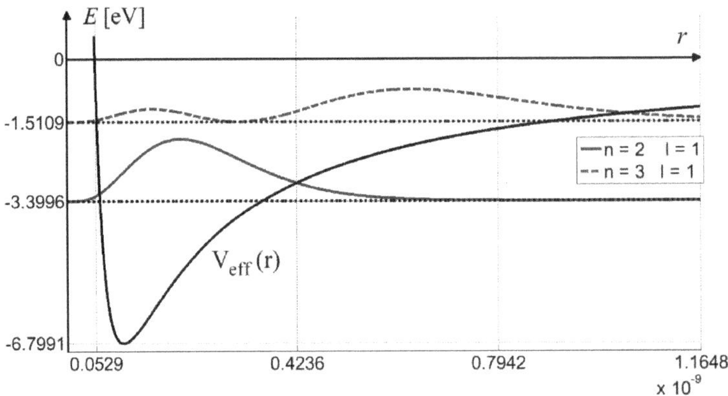

Abb. 10.2–1b Effektives Potential $V_{\text{eff}}(r)$ und zwei radiale Wahrscheinlichkeitsdichten $p_{nl}(r) = r^2 R_{nl}^2(r)$ für $l = 1$. Auch hier zeigt sich der Tunneleffekt.

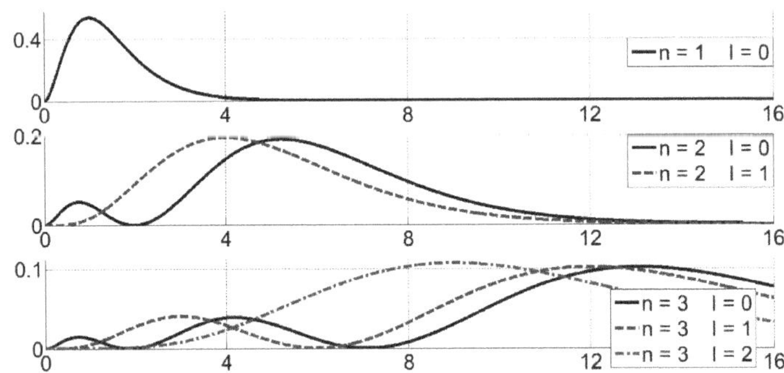

Abb. 10.2–2 Radiale Wahrscheinlichkeitsdichten $p_{nl}(r) = r^2 R_{nl}^2(r)$. Auf der Abszisse ist r in Einheiten von a_B aufgetragen.

Beispiel 10.2–1 Abschirmung des Kerns

Ein Wasserstoffatom befindet sich im Grundzustand $\psi_{100}(r)$. $\phi(r)$ sei das Coulombpotential, das der Wasserstoffkern und die Wahrscheinlichkeitsdichte des Elektrons zusammen erzeugen. Berechne $\phi(r)$ mit dem Gaußschen Satz $\oint \mathbf{E}(\mathbf{r}) \cdot d\mathbf{A} = Q_{\text{innen}}/\varepsilon_0$.

Lösung:

Wegen $Y_{00} = 1/\sqrt{4\pi}$ ist die Aufenthaltsdichte des Elektrons im Grundzustand kugelsymmetrisch. Der Erwartungswert der Elektronladung innerhalb einer Kugel mit Radius r beträgt

$$\overline{q(r)} \underset{\underset{\text{Gl. (10.2–12)}}{\uparrow}}{=} -e_0 \int_0^r p_{10}(r')\,dr' = -e_0 \int_0^r r'^2 R_{10}^2(r')\,dr' \underset{\underset{\text{Gl. (10.2–10a)}}{\uparrow}}{=}$$

$$= -e_0\, 4\,\kappa^3 \int_0^r r'^2 e^{-2\kappa r'}\,dr' = -e_0 + 2e_0\left[(\kappa r)^2 + \kappa r + \frac{1}{2}\right] e^{-2\kappa r}$$

Natürlich ist $\overline{q(r)}$ negativ mit $\overline{q(0)}=0$ und $\overline{q(\infty)}=-e_0$. Der Gaußsche Satz für das gesamte kugelsymmetrische elektrische Feld, das vom Atomkern und vom Elektron erzeugt wird, lautet:

$$E(r)\cdot 4\,\pi\,r^2 = \frac{e_0}{\varepsilon_0} + \frac{\overline{q(r)}}{\varepsilon_0} = \frac{2\,e_0}{\varepsilon_0}\left[(\kappa r)^2 + \kappa r + \frac{1}{2}\right]\mathrm{e}^{-2\kappa r}$$

$$\Rightarrow\quad E(r) = \frac{e_0}{2\,\pi\,\varepsilon_0}\left[\kappa^2 + \frac{\kappa}{r} + \frac{1}{2\,r^2}\right]\mathrm{e}^{-2\kappa r}$$

$$\Rightarrow\quad \varphi(r) = -\int_\infty^r E(r')\,dr' = \frac{e_0}{4\,\pi\,\varepsilon_0}\left[\kappa + \frac{1}{r}\right]\mathrm{e}^{-2\kappa r} \qquad (10.2\text{--}14)$$

Für $r \ll 1/\kappa$ ergibt sich erwartungsgemäß das durch den Kern erzeugte Coulombpotential.

Besonders einfach und interessant sind die **Zustände mit der höchsten Drehimpulsquantenzahl** $l = n-1$. Nach Gsl. (10.2–5) sind die zugeordneten Laguerre-Polynome $L_0^{2n-1}(\rho) = 1$.

$$\Rightarrow\quad R_{n\,n-1}(r) = \sqrt{4\kappa^3\,\frac{1}{n\,(2n-1)!}}\,(2\kappa r)^{n-1}\mathrm{e}^{-\kappa r} \qquad (10.2\text{--}15)$$

Die radiale Wahrscheinlichkeitsdichte

$$p_{n\,n-1}(r) = r^2\,R^2_{n\,n-1}(r) \sim r^{2n}\,\mathrm{e}^{-2\kappa r}$$

hat für $r>0$ keine Nullstelle. Der Radius der *max*imalen Wahrscheinlichkeitsdichte folgt durch Nullsetzen der Ableitung:

$$\frac{dp_{n\,n-1}(r)}{dr} \sim 2\,r^{2n-1}\,\mathrm{e}^{-2\kappa r}\,(n-\kappa r) \overset{!}{=} 0$$

$$\Rightarrow\quad r_{\max} = \frac{n}{\kappa} \underset{\substack{\uparrow\\ \text{Gl. (10.2--1)}}}{=} a_\mathrm{B}\,\frac{n^2}{Z} \approx 0{,}529\cdot 10^{-10}\,\mathrm{m}\cdot\frac{n^2}{Z} \qquad \text{für}\quad l = n-1 \qquad (10.2\text{--}16)$$

Für $l = n-1$ stimmen bei den wasserstoffähnlichen Atomen die Radien $r_{\max}$ der größten radialen Wahrscheinlichkeitsdichte mit den Radien des Bohrschen Atommodells überein (siehe Gl. (2.3–8)). Oft wird der **Atomradius** als der Radius der größten Wahrscheinlichkeitsdichte in der äußeren Schale definiert. Die Atomradien verschiedener Atome unterscheiden sich höchstens um den Faktor 10. *Grob können alle Atomradien mit* $0{,}1\,\mathrm{nm}$ *angesetzt werden.*[13]

Abschließend stellen wir die **Winkelabhängigkeit der Wahrscheinlichkeitsdichte** graphisch dar. Die φ- und die ϑ-Abhängigkeit der Wahrscheinlichkeitsdichte sehen wie folgt aus:

---

[13] Der Atomradius kann auch als Radius einer Kugel definiert werden, die einen festen Anteil aller Elektronen „enthält". Helium ist das kleinste Atom mit dem Atomradius $R_\mathrm{He} \approx 0{,}03\,\mathrm{nm}$. Das Alkalimetall Cäsium (Cs) an der gegenüberliegenden Ecke des Periodensystems ist – abgesehen von dem sehr kurzlebigen, radioaktiven Francium – das größte Atom mit $R_\mathrm{Cs} \approx 0{,}3\,\mathrm{nm}$. Uran als schwerstes natürlich vorkommendes Element hat den empirischen Atomradius $R_\mathrm{U} \approx 0{,}18\,\mathrm{nm}$.

1) φ-Abhängigkeit: Wegen

$$Y_{lm}(\vartheta,\varphi) = \theta_{lm}(\vartheta)\,e^{im\varphi} \qquad\qquad (9.3\text{-}10)$$

hängt $|Y_{lm}(\vartheta,\varphi)|^2$ nicht vom Winkel φ ab.

2) ϑ-Abhängigkeit: Die ϑ-Abhängigkeit der Aufenthaltsdichte kann in einem Polardiagramm dargestellt werden
(siehe Abb. 10.2–3). Im Polardiagramm hängt der Abstand
$s(\vartheta)$ der Kurvenpunkte vom Koordinatenursprung nur
vom Winkel ϑ ab und ist proportional zur winkelabhängigen Wahrscheinlichkeitsdichte:

$$s(\vartheta) \sim \left|\,Y_{lm}(\vartheta,\varphi)\,\right|^2 = \left|\,\theta_{lm}(\vartheta)\,\right|^2$$

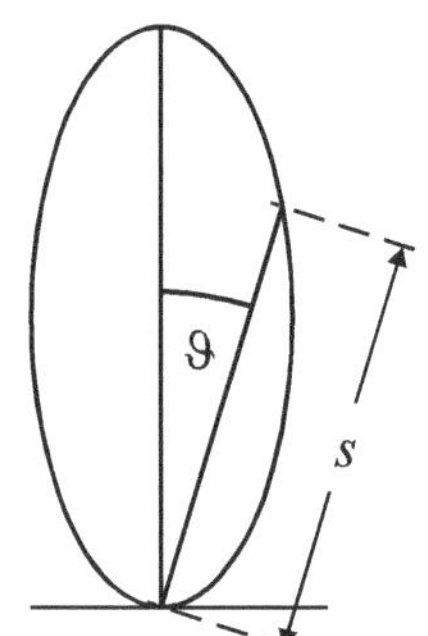

Abb. 10.2–3 Der Abstand $s(\vartheta)$ der Kurvenpunkte vom Koordinatenursprsung ist proportional zu $|\,Y_{lm}(\vartheta,\varphi)\,|^2$.

In Abb. 10.2–4 sind die Polardiagramme für die ersten
vier Drehimpulsquantenzahlen $l=0$ bis $l=3$ gezeichnet.
Die x-Achse (z-Achse) zeigt in der Papierebene nach rechts (nach oben). Wegen der φ-
Unabhängigkeit sind die Darstellungen *rotationssymmetrisch zur z-Achse*. Für $m=0$
(und $l>0$) konzentrieren sich die Graphen in der Nähe der vertikalen z-Achse, für
$m=\pm l$ (und $l>0$) in der Nähe der x,y-Ebene. Das ist plausibel, da ein Elektron mit der
größten z-Komponente $\pm\hbar l$ des Drehimpulses in der klassischen Mechanik auf einer
Bahn in der x,y-Ebene läuft.

*Die Länge der Keulen ist proportional zur Wahrscheinlichkeit, das Elektron unter dem ent-
sprechenden Winkel ϑ zu finden.* Die Länge der Keulen hat – im Gegensatz zum ersten An-
schein – nichts mit der radialen Wahrscheinlichkeitsdichte $p_{nl}(r)$ zu tun hat. Die radiale
Abhängigkeit der Wahrscheinlichkeitsdichte wird durch die Abbn. 10.2–1/2 wiedergegeben.

Bei der Betrachtung der Abb. 10.2–4 stellt sich die Frage, warum es für ein kugelsymmetrisches Potential Zustände gibt, die nicht kugelsymmetrisch sind. Die Antwort lautet: Die
Energieniveaus des Wasserstoffatoms hängen – auch bei der Berücksichtigung der Feinstruktur in Abschn. 14.4 – nicht von der magnetischen Quantenzahl m ab. Daher *werden
bei gegebenen Quantenzahlen n,l alle 2l+1 Zustände mit $m=-l,\ldots l$ gleich wahrscheinlich
besetzt.* Wegen der Winkelunabhängigkeit der Summe

$$\sum_{m=-l}^{l} |\,Y_{lm}(\vartheta,\varphi)\,|^2 = \frac{2l+1}{4\pi} \;\leftarrow\; \text{winkelunabhängig} \qquad\qquad (10.2\text{-}17)$$

hängt die *Wahrscheinlichkeitsdichte der Wellenfunktion des Elektrons nicht von den Winkeln
ϑ,φ ab und ist kugelförmig.* Das ist aufgrund der Isotropie des Raumes selbstverständlich.
Die Kugelsymmetrie wird erst durch äußere Einflüsse aufgehoben – durch äußere elektrische und magnetische Felder und durch andere Atome in der Umgebung.

Die Wahrscheinlichkeitsdichte des ersten p-Orbitals $R_{n1}(r)\,Y_{10}(\vartheta,\varphi)$ (mit $l=1,m=0$) ähnelt nach Abb. 10.2–4 zwei Kugeln mit Mittelpunkten auf der z-Achse; sie hat (wegen der
Rotationssymmetrie um die z-Achse) eine ganz andere Form als die beiden restlichen
p-Orbitale $R_{n1}(r)\,Y_{1\pm1}(\vartheta,\varphi)$ (mit $l=1,m=\pm1$), deren Aufenthaltsdichten ringförmig
(torusförmig) aussehen mit der Symmetrieachse auf der z-Achse.

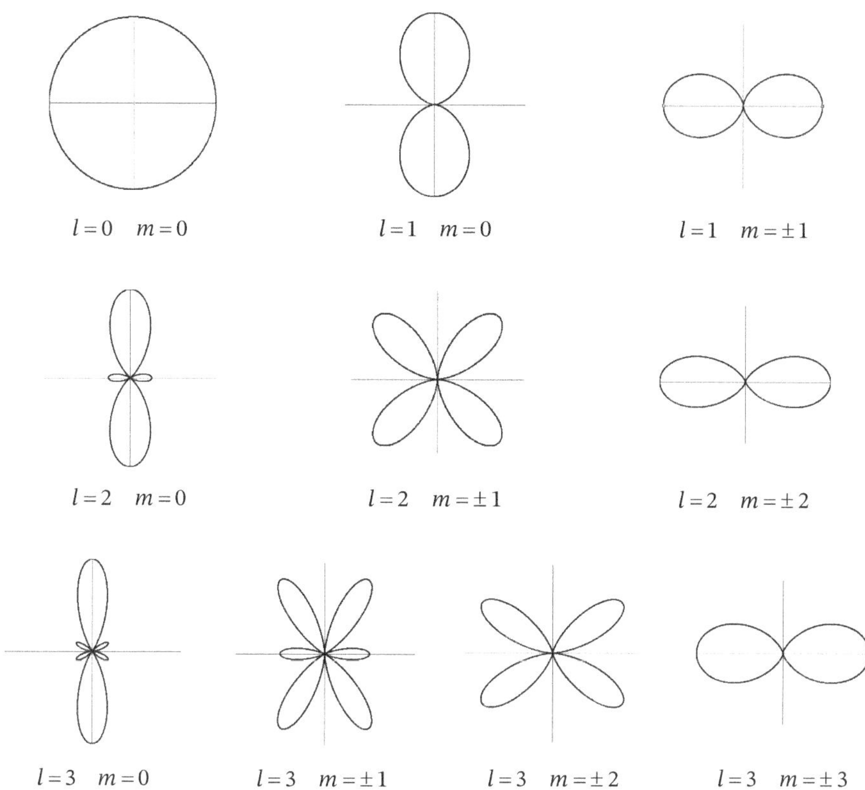

Abb. 10.2–4 Polardiagramme. Der Abstand der Kurven vom Koordinatenursprung ist proportional zu $\mid Y_{lm}(\vartheta,\varphi)\mid^2 = \mid\Theta_{lm}(\vartheta)\mid^2$ der Kugelflächenfunktionen. Wegen der Unabhängigkeit vom Winkel φ sind die Darstellungen rotationssymmetrisch um die vertikale z-Achse, die in der Papierebene nach oben zeigt.

MatLab zeichnet die linke untere Kurve mit $l=3; m=0$ mit folgenden zwei Befehlen:

```
x − 0 : 0.001 : 2*pi  ;  polar( x , ( 5 * cos(x − pi/2).^3 − 3 * cos(x − pi/2) ).^2 )
```

Abschließend will ich kurz auf drei Fragen eingehen, die sich bei der Betrachtung der drei p-Orbitale (mit $l=1; m=0,\pm1$) in Abb. 10.2–4 ergeben. Die Fragen lauten:

- Warum erhalten wir in Abb. 10.2–4 nicht drei p-Orbitale, die – abgesehen von ihren verschiedenen Ausrichtungen – völlig gleich aussehen? Die Isotropie des Raumes sollte doch zu drei gleich geformten Wahrscheinlichkeitsdichten führen, die senkrecht aufeinander stehen.

- In Vorlesungen und Büchern werden meistens nur die Eigenfunktionen der zwei kommutierenden Operatoren $\hat{\mathbf{L}}^2, \hat{L}_3$ untersucht. Wie sehen die Eigenfunktionen der vertauschenden Operatoren $\hat{\mathbf{L}}^2, \hat{L}_1$ und $\hat{\mathbf{L}}^2, \hat{L}_2$ aus?

- Wie bilden die Kugelfunktionen bekannte chemische Verbindungen – z. B. die tetraedische Verbindung in Methan CH_4 (siehe Abb. 18.3–3)? Die Abb. 10.2–4 gibt hier keine direkte, leicht erkennbare Antwort.

Die Beantwortung der ersten beiden Fragen ist einfach: Mit zwei Überlagerungen von $Y_{1\pm1}(\vartheta,\varphi)$ ergeben sich drei **p-Orbitale** mit gleichem Aussehen, aber verschiedenen Ausrichtungen:[14]

$$\psi_{p_x} := -\frac{1}{\sqrt{2}} R_{n1}(r)\left[Y_{1+1}-Y_{1-1}\right] = R_{n1}(r)\sqrt{3/(4\pi)}\,\sin\vartheta\,\cos\varphi \qquad (10.2\text{–}18a)$$

$$\psi_{p_y} := \frac{i}{\sqrt{2}} R_{n1}(r)\left[Y_{1+1}+Y_{1-1}\right] = R_{n1}(r)\sqrt{3/(4\pi)}\,\sin\vartheta\,\sin\varphi \qquad (10.2\text{–}18b)$$

$$\psi_{p_z} := R_{n1}(r)\,Y_{10}(\vartheta,\varphi) = R_{n1}(r)\sqrt{3/(4\pi)}\,\cos\vartheta \qquad (10.2\text{–}18c)$$

Diese sog. p_x-, p_y-, p_z-Orbitale erfüllen – wie erwartet – folgende Eigenwert-Gln.:

$$\hat{L}_1\,\psi_{p_x}=0 \qquad \hat{L}_2\,\psi_{p_y}=0 \qquad \hat{L}_3\,\psi_{p_z}=0 \qquad (10.2\text{–}19a/b/c)$$

Natürlich sind die drei Orbitale auch Eigenfunktionen von $\hat{\mathbf{L}}^2$ zum Eigenwert $2\hbar^2$. Nach Abb. 10.2–5 *sehen die Orbitale gleich aus, stehen aber senkrecht aufeinander.*

Damit sind die ersten zwei oben gestellten Fragen geklärt. Die dritte Frage wird erst in Abschn. „18.3 Hybridorbitale" beantwortet.

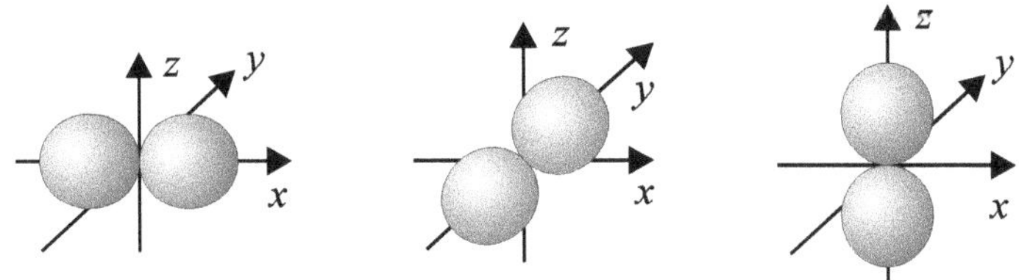

Abb. 10.2–5 Wir sehen von links nach rechts die Einhüllenden der p_x-, p_y-, p_z-Orbitale. Alle drei p-Orbitale haben die gleiche Form, aber verschiedene Ausrichtungen.

Ein kleines Beispiel (näheres in Abschn. 18.3): Die Molekülbindung in Wasser H_2O zeigt die Wichtigkeit der drei p-Orbitale in den Gln. (10.2–18a/b/c): Sauerstoff hat die Elektronenkonfiguration[15]

$$[\text{He}](2s)^2(2p_x)^2(2p_y)(2p_z)$$

(Die Zahl 2 im Exponenten ist die Elektronenzahl im zugehörigen Orbital.) Die beiden ungepaarten Elektronen im p_y- und im p_z-Orbital bilden mit den $1s$-Elektronen der beiden Wasserstoffatome je ein Elektronpaar. Da das $2p_y$-Orbital und das $2p_z$-Orbital senkrecht aufeinander stehen, vermuten wir im Wassermolekül einen Bindungswinkel von 90°. Die Wassermoleküle sind elektrische Dipole. Die gegenseitige Abstoßung der beiden H^+-Ionen verschiebt die Orbitale, so dass der Bindungswinkel 104,45° ist.

---

[14] Die Produkte $\sin\vartheta\,\cos\varphi$ und $\sin\vartheta\,\sin\varphi$ in den zwei Gln. (10.2–18a/b) kommen auch in den Gln.

$$x=r\sin\vartheta\,\cos\varphi \qquad y=r\sin\vartheta\,\sin\varphi$$

vor, die von Kugelkoordinaten auf kartesische Koordinaten transformieren (siehe Fußnote 1 in Abschn. 9.2)

[15] Natürlich hat Sauerstoff mit gleichen Wahrscheinlichkeiten die Elektronenkonfigurationen

$$[\text{He}](2s)^2(2p_x)(2p_y)^2(2p_z) \quad \text{und} \quad [\text{He}](2s)^2(2p_x)(2p_y)(2p_z)^2.$$

10.3 Leitgedanken

10.1 Spektrum des Wasserstoffatoms

Die zeitunabhängige Schrödinger-Gl. für das Elektron lautet:

$$\left[-\frac{\hbar^2}{2m_e}\frac{1}{r}\frac{\partial^2}{\partial r^2}r + \frac{1}{2m_e r^2}\hat{\mathbf{L}}^2 + V(r) \right]\psi(r,\vartheta,\varphi) = E\,\psi(r,\vartheta,\varphi) \tag{10.1–6}$$

Der **Produktansatz**

$$\psi(r,\vartheta,\varphi) = R(r)\,Y_{lm}(\vartheta,\varphi) \tag{10.1–7}$$

führt auf die gewöhnliche, nur vom Radius r abhängige Dgl.

$$\left[-\frac{\hbar^2}{2m_e}\frac{1}{r}\frac{d^2}{dr^2}r + \frac{\hbar^2 l(l+1)}{2m_e r^2} + V(r) \right]R(r) = E\,R(r) \tag{10.1–8}$$

Der naheliegende Ansatz

$$R(r) = \frac{f(r)}{r} \tag{10.1–9}$$

und die Multiplikation der Dgl. mit r liefern die radiale Schrödinger-Gl.

$$\left[-\frac{\hbar^2}{2m_e}\frac{d^2}{dr^2} + \frac{\hbar^2 l(l+1)}{2m_e r^2} + V(r) \right]f(r) = E\,f(r) \qquad m_e = \text{Elektronenmasse} \tag{10.1–10}$$

mit dem effektiven Potential

$$V_{\text{eff}}(r) := \frac{\hbar^2 l(l+1)}{2m_c r^2} + V(r) = \frac{\hbar^2 l(l+1)}{2m_c r^2} - \frac{Z e_0^2}{4\pi\varepsilon_0}\frac{1}{r} \tag{10.1–11}$$

Die zwei Lösungen

1) $f(r) = A\,r^{l+1}$ für den Grenzfall $r \to 0$ und

2) $f(r) = C\,e^{-\kappa r}$ für den Grenzfall $r \to \infty$ mit $\kappa := \sqrt{-2m_e E/\hbar^2}$ (10.1–14)

werden abgespalten und führen zu dem folgenden **exakten Ansatz**:

$$f(r) = r^{l+1}e^{-\kappa r}u(r) \tag{10.1–16}$$

$$\Rightarrow \quad r\,u''(r) + 2(l+1-\kappa r)\,u'(r) + \left[\frac{Z e_0^2}{4\pi\varepsilon_0}\frac{2m_e}{\hbar^2} - 2\kappa(l+1) \right]u(r) = 0 \tag{10.1–17}$$

$u(r)$ wird als **Potenzreihe** angesetzt:

$$u(r) = \sum_{k=0}^{\infty} a_k\,r^k \tag{10.1–18}$$

Wir setzen die Reihe in (10.1–17) ein und vergleichen die Koeffizienten der Terme mit r^k.

Mit $\quad \dfrac{Z\,e_0^2}{4\,\pi\,\varepsilon_0}\,\dfrac{2\,m_{\mathrm e}}{\hbar^2} = \dfrac{2\,Z}{a_{\mathrm B}}$ $\qquad$ Einheit $= \dfrac{1}{\mathrm m}$ $\hfill$ (10.1–19)

folgt die **Rekursionsgl.**

$$a_{k+1} = \frac{2\kappa\,(k+l+1) - 2Z/a_{\mathrm B}}{(k+1)\,(k+2l+2)}\,a_k \tag{10.1–20}$$

Damit lassen sich alle Koeffizienten a_k sukzessive aus a_0 berechnen. a_0 wird durch die Normierung festgelegt. Für große k folgt:

$$\frac{a_{k+1}}{a_k} \approx \frac{2\kappa}{k+1} \qquad \text{für} \quad k \gg 1 \tag{10.1–21}$$

Die Lösung $R(r)$ der Dgl. (10.1–8) ist nur normierbar, wenn die Koeffizienten a_k genügend schnell abfallen. Für die Frage nach der Normierbarkeit dürfen wir *vorübergehend* voraussetzen, dass die Rekursionsgl. (10.1–21) exakt ist und auch für kleine k gilt.

$$\Rightarrow \quad a_k = \frac{(2\kappa)^k}{k!}\,a_0 \quad \Rightarrow \quad u(r) = a_0 \sum_{k=0}^{\infty} \frac{(2\kappa)^k}{k!}\,r^k = a_0\,\mathrm e^{2\kappa r}$$

$$\Rightarrow \quad R(r) = \frac{f(r)}{r} = \frac{1}{r}\,r^{l+1}\,\mathrm e^{-\kappa r}\,u(r) = a_0\,r^l\,\mathrm e^{+\kappa r} \quad \text{(Unter der gemachten Annahme)}$$

Folglich ist die Lösung $R(r)$ nur dann normierbar, wenn die Potenzreihe (10.1–18) *für $u(r)$ abbricht.* Aus der Abbruchbedingung folgen die *diskreten Energien* des Wasserstoffatoms ($Z = 1$) und der wasserstoffähnlichen Atome ($Z > 1$):

$$E_n = -\frac{m_{\mathrm e}\,c^2}{2}\left(\frac{Z\,e_0^2}{4\pi\varepsilon_0\,\hbar c}\right)^2 \frac{1}{n^2} = -\frac{m_{\mathrm e}\,c^2}{2}\,\alpha^2\,\frac{Z^2}{n^2} \approx -13{,}6\,\mathrm{eV}\cdot\frac{Z^2}{n^2} \qquad n = 1,2,\dots \tag{10.1–24}$$

Dabei ist $\alpha := \dfrac{e_0^2}{4\pi\varepsilon_0\,h\,c} \approx \dfrac{1}{137{,}036} \approx \dfrac{1}{137}$ die sog. Feinstrukturkonstante. $\hfill$ (10.1–25)

Die berechneten Energien des Wasserstoffatoms haben – bei Berücksichtigung des Spins – den Entartungsgrad $2n^2$. Die Unabhängigkeit der Energien von der magnetischen Quantenzahl m gilt für alle Zentralpotentiale $V(r)$. Die Unabhängigkeit der Energie von der Drehimpulsquantenzahl l ist eine Besonderheit der Potentiale $V(r) \sim 1/r$ und $V(r) \sim r^2$ (siehe Aufgabe 10–6).

10.2 Wellenfunktionen des Wasserstoffatoms

Mit der Rekursionsgl. (10.1–20) und mit der Abbruchbedingung (10.1–22) folgen die Radialfunktionen. Sie lassen sich durch die **zugeordneten Laguerre-Polynome**

$$L_n^m(\rho) = \frac{\mathrm e^\rho\,\rho^{-m}}{n!}\,\frac{d^n}{d\rho^n}\left(\rho^{n+m}\,\mathrm e^{-\rho}\right) = \sum_{k=0}^{n} \binom{m+n}{m+k}\frac{1}{k!}(-\rho)^k \tag{10.2–5}$$

beschreiben. Das genaue Aussehen dieser zugeordneten Laguerre-Polynome ist nicht wichtig. Der Leser sollte sich nur merken, dass die Funktion $R_{nl}(r)$ *das Produkt aus der Exponentialfunktion* $\exp(-\kappa r)$ *und einem Polynom in* κr *vom Grad* $n-1$ ist. Somit lauten die Wellenfunktionen des Wasserstoffatoms

$$\psi_{nlm}(r,\vartheta,\varphi) = R_{nl}(r)\,Y_{lm}(\vartheta,\varphi) =$$

$$= c_{nl}\,(2\kappa r)^l\,e^{-\kappa r}\,L_{n-l-1}^{2l+1}(2\kappa r)\,Y_{lm}(\vartheta,\varphi) \tag{10.2-9}$$

Die Energieniveaus des Wasserstoffatoms hängen – auch bei der Berücksichtigung der Feinstruktur – nicht von der magnetischen Quantenzahl m ab. Daher *werden bei gegebenen Quantenzahlen n,l alle $2l+1$ Zustände gleich wahrscheinlich besetzt.* Wegen

$$\sum_{m=-l}^{l}|Y_{lm}(\vartheta,\varphi)|^2 = \frac{2l+1}{4\pi} \tag{8.3-24}$$

hängt die Wahrscheinlichkeitsdichte des Elektrons nicht von den Winkeln ϑ,φ ab und ist kugelförmig. Das ist aufgrund der Isotropie des Raumes selbstverständlich.

Die radiale Wahrscheinlichkeitsdichte

$$p_{nl}(r) = r^2\,R_{nl}^2(r) \tag{10.2-12}$$

liefert die Wahrscheinlichkeit $p_{nl}(r)\,dr$, das Elektron in der dünnen Kugelschale zwischen r und $r+dr$ anzutreffen. Daher lautet der Erwartungswert für die k-te Potenz des Radius:

$$\langle r^k \rangle = \int_0^\infty r^{2+k}\,R_{nl}^2(r)\,dr \tag{10.2-13a}$$

Für kleine Radien gilt:

$$R_{nl}(r) \sim r^l \quad \Rightarrow \quad p(r) = r^2\,R_{nl}^2(r) \sim r^{2l+2} \qquad \text{für kleine } r$$

Je größer die Drehimpulsquantenzahl l ist, desto kleiner ist die radiale Wahrscheinlichkeitsdichte in Kernnähe (siehe Abb. 10.2–2).

10.4 Aufgaben

10-1 Leicht Beweis der Gln. (10.2-5/6/7)

Beweise folgende drei Gln.

a)
$$\frac{e^{\rho}\,\rho^{-m}}{n!}\,\frac{d^n}{d\rho^n}\left(\rho^{n+m}\,e^{-\rho}\right) = \sum_{k=0}^{n}\binom{m+n}{m+k}\frac{1}{k!}(-\rho)^k \tag{10.2-5}$$

Hinweis: Benutze die Leipnizsche Produktregel, die an den Binomischen Satz erinnert:

$$\frac{d^n}{dx^n}\left(f(x)\,g(x)\right) = \sum_{k=0}^{n}\binom{n}{k}f^{(n-k)}(x)\,g^{(k)}(x) \quad \text{mit} \quad g^{(k)}(x) = k\text{-te Ableitung von } g(x)$$

b) $\dfrac{d^m}{d\rho^m}\left[e^{\rho}\,\dfrac{d^n}{d\rho^n}\left(\rho^n\,e^{-\rho}\right)\right] = \displaystyle\sum_{k=0}^{n-m}(-1)^m\,\frac{(n!)^2}{(k+m)!\,k!\,(n-k-m)!}(-\rho)^k$

c) $\tilde{L}_{n+m}^{m}(\rho) = (-1)^m\,(n+m)!\,L_n^m(\rho)$ $\hspace{2cm}$ (10.2-7)

10–2 Mittel Coulombpotential vor unendlich hoher Wand

Wie lauten die diskreten, negativen Energien der *gebundenen* Zustände eines *eindimensionalen* Systems mit dem Potential

$$V(x) = \begin{cases} -\gamma/x \ \text{für} \ x > 0 \\ \infty \ \ \text{für} \ x \le 0 \end{cases} \qquad \text{mit} \ \ \gamma > 0$$

a) Bestimme die Energien *ohne Rechnung* – nur mit den Ergebnissen der Abschn. 10.1 und 10.2.

b) Berechne die Energien mit einem Potenzreihenansatz. Berücksichtige dabei durch den Ansatz $\psi(x) = e^{-kx} u(x)$ das asymptotische Verhalten für große x. (Dieser Ansatz ist vergleichbar mit Gl. (10.1–16)).

10–3 Leicht Energieentartung bei rotationssymmetrischen Potentialen

a) Für Systeme mit rotationssymmetrischen Potentialen $V(r)$ gilt nach den Gln. (3.3–26/27):

$$\left[\hat{H}, \hat{L}_{\pm} \right] = 0 \tag{10.4–1}$$

Beweise mit dieser Gl., dass die Energieeigenwerte aller Hamiltonoperatoren mit rotationssymmetrischem Potential $V(r)$ nicht von der magnetischen Quantenzahl m abhängen.

b) Zeige: Energien sind entartet, wenn es zwei *Erhaltungsgrößen* $\hat{A}, \hat{B}$ gibt mit $\left[\hat{A}, \hat{B} \right] \ne 0$. Nenne ein Beispiel.

10–4 Leicht Radiale Unschärfe

Berechne mit den Gln. (10.2–13) die radiale Unschärfe Δr des Elektrons im Zustand $\psi_{n\,n-1\,m}(r,\vartheta,\varphi)$.

10–5 Mittel Freies Teilchen im unendlich tiefen, isotropen Potentialtopf

In Abschnitt 5.1 wurde ein *eindimensionaler*, unendlich tiefer Potentialtopf als einfachstes quantenmechanisches System untersucht. Nun befindet sich ein Teilchen mit Masse m in einem *dreidimensionalen, kugelsymmetrischen*, unendlich tiefen Potentialtopf mit Radius R_0. Das Potential lautet somit

$$V(r) = \begin{cases} 0 \ \ \ \text{für} \ 0 \le r < R_0 \\ \infty \ \ \text{für} \ r \ge R_0 \end{cases} \tag{10.4–2}$$

Berechne die Energien und die Wellenfunktionen

a) für eine verschwindende Drehimpulsquantenzahl $l = 0$.

b) für beliebige Drehimpulsquantenzahlen l.

> Hinweise: **1)** Die Schrödinger-Gl. in Teil b) wird durch die sphärischen Bessel-Funktionen gelöst – nicht zu verwechseln mit den Bessel-Funktionen.
>
> **2)** In dieser Aufgabe wird häufig gefordert, dass die Wellenfunktion nirgendwo unendlich sein darf. Diese Forderung kann aber nicht aus der Quantenmechanik abgeleitet werden; denn das zweite Postulat der Quantenmechanik verlangt lediglich die Normierbarkeit der Wellenfunktionen.
>
> Zum Glück können wir auf diese Forderung verzichten; denn nach Beispiel 10.1–1b sind der Radialimpuls $\hat{P}_r$ und der Hamiltonoperator auf ihrem Definitionsbereich nur hermitesch, wenn $r \psi(r) \to 0$ für $r \to 0$.

10–6 Mittel Dreidimensionaler, isotroper, harmonischer Oszillator

In Beispiel 6.1–4 wurden die diskreten Energien eines dreidimensionalen Oszillators mit dem Potential

$$V = \frac{1}{2} m \omega^2 \left(x^2 + y^2 + z^2 \right) = \frac{1}{2} m \omega^2 r^2$$

in *kartesischen* Koordinaten berechnet mit dem Ergebnis $E_n = (n + 3/2) \hbar \omega$.

Berechne die diskreten Energien des *drei*dimensionalen harmonischen Oszillators in *Kugelkoordinaten* r, ϑ, φ.

10-7 Mittel Zweidimensionaler, isotroper, harmonischer Oszillator

a) Stelle die Dgl. des *zwei*dimensionalen, isotropen harmonischen Oszillators in Polarkoordinaten r, φ auf. Verwende dabei die Ergebnisse der Aufgabe „9–2 Klassische, schwingende Membran einer Trommel".

b) Führe einen Produktansatz ein. Wie lautet die eindimensionale, radiale Dgl? (Diese Dgl. wird nicht gelöst.)

10-8 Mittel Energieniveaus im kugelsymmetrischen Potential

Bestimme die Energieniveaus eines Elektrons mit Masse m_e in dem kugelsymmetrischen Potential

$$V(r) = \frac{a}{r^2} - \frac{b}{r} \quad \text{mit} \quad a, b > 0$$

Hinweis: Hier muss die Schrödinger-Gl. nicht gelöst werden. Vielmehr sind nur Analogien zum Wasserstoffatom auszuwerten. Daher ist die Rechnung sehr kurz.

10-9 Mittel Rotierende Moleküle

Eine starre Hantel ist ein gutes Modell für die Beschreibung der Rotation von Molekülen, die nur aus zwei gleich schweren Atomen bestehen und die Bindungslänge (Abstand der Atomkerne) R haben.

a) Stelle in Kugelkoordinaten den Hamiltonoperator für die Rotation von Molekülen auf, die aus zwei gleich schweren Atomen mit jeweiliger Masse m_A zusammengesetzt sind.

b) Welche diskreten Eigenwerte und welche Eigenfunktionen hat der Hamiltonoperator der Rotation?

c) Zur Zeit t befindet sich eine Hantel im Zustand $\psi(\vartheta, \varphi) = A\,(\cos^2 \vartheta + \sin \vartheta \cos \vartheta \cos \varphi)$.

Mit welchen Wahrscheinlichkeiten werden bei einer Energiemessung welche Rotationsenergien gefunden?

d) Berechne die reduzierte Masse und die Rotationsenergien von Iodwasserstoff-Molekülen $^1\text{H}-^{127}\text{I}$. Die Bindungslänge (Abstand der Atomkerne) beträgt $R \approx 0{,}16\,\text{nm}$.

> Hinweis: *Rotationsspektren treten nur bei Molekülen auf, die ein permanentes Dipolmoment besitzen.* Daher haben Moleküle mit zwei gleichen Atomen kein Rotationsspektrum.

e) Wir wollen nun annehmen, dass sich die Hantel aus Teil a) nur um die z-Achse drehen kann. Wie lauten nun Hamiltonoperator, Energien, Wellenfunktionen und Entartungen?

> Hinweis: Rotationsspektren liegen im Mikrowellenbereich. In Aufgabe 6–10 wird die *Schwingung von* Molekülen untersucht. Schwingungsspektren liegen im Infrarotbereich.

10-10 Leicht Komplexe Wellenfunktionen bei reellem Potential

In Abschn. „3.2 Stationäre Zustände" wurde gesagt, dass die Lösungen der zeit*un*abhängigen Schrödinger-Gl. für reelle Potentiale immer reell gewählt werden können. Warum sind dann die Wasserstoff-Funktionen

$$\psi_{nlm}(r, \vartheta, \varphi) = R_{nl}(r)\,Y_{lm}\,\vartheta, \varphi) \sim \exp(i\,m\,\varphi)$$

komplex?

10-11 Mittel Hellmann-Feynman-Theorem

Der Hamiltonoperator $\hat{H}_\lambda$ soll von einem Parameter λ abhängen. Dann hängen auch die Eigenwerte $E_{n\lambda}$ und die Eigenfunktionen $|n_\lambda\rangle$ von λ ab und die Eigenwertgln. lauten

$$\hat{H}_\lambda\,|n_\lambda\rangle = E_{n\lambda}\,|n_\lambda\rangle \tag{10.4–3}$$

a) Beweise das Hellmann-Feynman-Theorem

$$\frac{dE_{n\lambda}}{d\lambda} = \left\langle n_\lambda\,\Big|\,\frac{d}{d\lambda}\hat{H}_\lambda\,\Big|\,n_\lambda\right\rangle \tag{10.4–4}$$

Danach ist die Ableitung der Energie nach dem Parameter λ der Erwartungswert der Ableitung des Hamiltonoperators nach dem Parameter λ im Eigenzustand $|n_\lambda\rangle$.

Hinweis: Leite den Erwartungswert des Hamiltonoperators nach λ ab.

b) Berechne für den harmonischen Oszillator den Erwartungswert $\langle \psi_n \,|\, x^2 \,|\, \psi_n \rangle$.

Hinweis: In Beispiel 6.2–2 wurde der Erwartungswert viel mühsamer mit den Leiteroperatoren berechnet.

c) Berechne für das H-Atom den Erwartungswert $\langle n,l,m \,|\, r^{-1} \,|\, n,l,m \rangle$.   (Siehe Gl. (10.2–13d).)

d) Berechne für das H-Atom den Erwartungswert $\langle n,l,m \,|\, r^{-2} \,|\, n,l,m \rangle$.   (Siehe Gl. (10.2–13e).)

10-12 Mittel Wahrscheinlichkeitsstrom im Wasserstoffatom

a) Berechne mit dem Gradienten in Kugelkoordinaten (siehe Aufgabe 9-1) die Wahrscheinlichkeitsstromdichte $\mathbf{j}_{nlm}(r,\vartheta,\varphi)$ für ein Wasserstoffatom im stationären Zustand

$$\psi_{nlm}(r,\vartheta,\varphi) = R_{nl}(r)\, Y_{lm}(\vartheta,\varphi) \underset{\underset{\text{Gl.}(9.3-4/5)}{\uparrow}}{=} R_{nl}(r)\, \Theta_{lm}(\vartheta)\, e^{im\varphi}$$

b) Beweise: $\nabla \cdot \mathbf{j}_{nlm} = 0$

11 Elektromagnetische Felder

Dieses Kapitel hat ein mittleres Niveau – abgesehen vom schwierigen Abschn. 11.3. Geladene Teilchen in elektromagnetischen Feldern sind eine wichtige Anwendung der Quantentheorie.

11.1 *Hamiltonoperator und Eichinvarianz:* In der *klassischen* Elektrodynamik wird die Hamiltonfunktion mit einer minimalen Kopplung aus der freien Hamiltonfunktion abgeleitet. Ersetzen des Impulses durch den Impulsoperator liefert den Hamiltonoperator für geladene Teilchen in elektromagnetischen Feldern. Er enthält die Potentiale $\mathbf{A}, \Phi$, nicht aber die Felder $\mathbf{E}, \mathbf{B}$.

Die zeitabhängige Schrödinger-Gl. ist invariant unter Eichtransformationen.

11.2 *Homogene Magnetfelder:* Wir beschränken uns auf homogene Magnetfelder $\mathbf{B}$, da die im Labor erzeugten Magnetfelder innerhalb atomarer Dimensionen nahezu konstant sind. Der Hamiltonoperator

$$\hat{H} = -\frac{\hbar^2}{2m}\Delta - \frac{q}{2m}\hat{\mathbf{L}}\cdot\mathbf{B} = -\frac{\hbar^2}{2m}\Delta - \hat{\boldsymbol{\mu}}\cdot\mathbf{B}$$

enthält den Bahndrehimpulsoperator $\hat{\mathbf{L}}$ bzw. den Operator $\hat{\boldsymbol{\mu}}$ des magnetischen Momentes der Teilchenbahn.

11.3 *Der Aharonov-Bohm-Effekt* *: In der Quantenmechanik wird die Phase der Wellenfunktionen geladener Teilchen auch in Raumgebieten verschoben, in denen die Felder $\mathbf{E}, \mathbf{B}$ verschwinden, die Potentiale $\mathbf{A}, \Phi$ aber nicht. Dies führt beim Doppelspalt-Experiment zu einer Verschiebung der Interferenzlinien.

11.1 Hamiltonoperator und Eichinvarianz

Laut **klassischer Elektrodynamik** lassen sich elektrisches Feld $\mathbf{E}$ und magnetisches Feld $\mathbf{B}$ mit einem **Vektorpotential A** und einem **skalaren Potential** Φ schreiben:

$$\mathbf{E}(\mathbf{r},t) = -\nabla\Phi(\mathbf{r},t) - \frac{\partial\mathbf{A}(\mathbf{r},t)}{\partial t} \qquad \mathbf{B}(\mathbf{r},t) = \nabla\times\mathbf{A}(\mathbf{r},t) \tag{11.1-1}$$

Die Potentiale $\mathbf{A}(\mathbf{r},t)$ und $\Phi(\mathbf{r},t)$ sind *nicht eindeutig bestimmt*, weil die Felder $\mathbf{E}, \mathbf{B}$ in den Gln. (11.1–1) invariant sind unter den **Eichtransformationen**

$$\mathbf{A}(\mathbf{r},t) \to \mathbf{A}(\mathbf{r},t) + \nabla\chi(\mathbf{r},t) \qquad \Phi(\mathbf{r},t) \to \Phi(\mathbf{r},t) - \frac{\partial}{\partial t}\chi(\mathbf{r},t) \tag{11.1-2a/b}$$

Dabei ist die **Eichfunktion** $\chi(\mathbf{r},t)$ eine beliebige skalare, differenzierbare Funktion. Der Beweis der **Eichinvarianz** der Felder $\mathbf{E}, \mathbf{B}$ ist wegen $\nabla\times\nabla\chi(\mathbf{r},t) = \mathbf{0}$ sehr einfach. Die Ausnutzung der Eichinvarianz ermöglicht oft eine Vereinfachung der Potentiale $\mathbf{A}(\mathbf{r},t)$ und $\Phi(\mathbf{r},t)$.

Quantenmechanik: Lehr- und Arbeitsbuch, 2. Auflage. Friedhelm Kuypers.
© 2026 Wiley-VCH GmbH. Published 2026 by Wiley-VCH GmbH.

Nach Aufgabe 11–3 lautet die *klassische* Hamiltonfunktion geladener Teilchen in elektromagnetischen Feldern[1]

$$H = \frac{1}{2m} (\mathbf{p} - q\mathbf{A})^2 + q\Phi \qquad\qquad q = \text{Ladung} \qquad\qquad (11.1\text{–}3)$$

Wir kommen zur **Quantenmechanik**. Wir behandeln das elektromagnetische Feld weiterhin *klassisch* und *ersetzen den kanonischen Impuls* $\mathbf{p}$ *durch den Impulsoperator* $-i\hbar\nabla$. Mit Gl. (11.1–3) folgt der Hamiltonoperator eines spinlosen Teilchens mit Ladung q zu[2]

$$\hat{H} = \frac{1}{2m} \left(\frac{\hbar}{i} \nabla - q\mathbf{A} \right)^2 + q\Phi \qquad\qquad (11.1\text{–}4)$$

Zusätzlich kann der Hamiltonoperator noch ein Potential $V(\mathbf{r})$ enthalten, das eine weitere Wechselwirkung beschreibt. Ein solches Potential kommt in diesem Kapitel nicht vor und wird daher nie geschrieben.

Da der Impulsoperator $-i\hbar\nabla$ und das Vektorpotential $\mathbf{A}(\mathbf{r},t)$ nicht vertauschen, gilt

$$\left(\frac{\hbar}{i}\nabla - q\mathbf{A} \right)^2 \psi = -\hbar^2 \Delta\psi - \frac{\hbar q}{i} (\nabla\cdot\mathbf{A} + \mathbf{A}\cdot\nabla)\,\psi + q^2\mathbf{A}^2\,\psi \qquad\qquad (11.1\text{–}5)$$

mit $\qquad \nabla\cdot\mathbf{A}\,\psi = \psi\,\nabla\cdot\mathbf{A} + \mathbf{A}\cdot\nabla\,\psi \qquad\quad \underset{\uparrow}{=} \qquad\quad \mathbf{A}\cdot\nabla\,\psi$
$$\text{Coulomb-Eichung } \nabla\cdot\mathbf{A} = 0$$

Daher lautet der Hamiltonoperator eines geladenen Teilchens im elektromagnetischen Feld

$$\hat{H} = -\frac{\hbar^2}{2m}\Delta - \frac{q}{m}\mathbf{A}\cdot\hat{\mathbf{P}} + \frac{q^2}{2m}\mathbf{A}^2 + q\Phi \qquad \text{für} \qquad \nabla\cdot\mathbf{A} = 0 \qquad (11.1\text{–}6)$$

Der Hamiltonoperator (11.1–4) bzw. (11.1–6) enthält *nicht* die elektrischen und magnetischen Felder $\mathbf{E}, \mathbf{B}$, sondern die Potentiale $\mathbf{A}, \Phi$. Daher stellt sich die Frage: Ist die Schrödinger-Gl. eichinvariant oder nicht? Der folgende Satz gibt die Antwort:

---

[1] Gl. (11.1–3) lässt sich am besten wie folgt behalten: Der Impuls $\mathbf{p}$ der freien Hamiltonfunktion wird durch $\mathbf{p} - q\mathbf{A}$ ersetzt und $q\Phi$ addiert. Die große Bedeutung dieser sog. **minimalen Kopplung** des elektromagnetischen Feldes liegt vor allem darin, dass auch in der Theorie der Elementarteilchen Eichfelder in ähnlicher Weise an die freie Theorie angeknüpft werden.

Bei Teilchen in elektromagnetischen Feldern muss zwischen dem – aus der klassischen Mechanik bekannten – kanonischen Impuls $\mathbf{p} = m\mathbf{v} + q\mathbf{A}$ und dem kinematischen Impuls $m\mathbf{v}$ unterschieden werden. Die de-Broglie-Gl. enthält den kanonischen Impuls:

$$\lambda = \frac{h}{p} = \frac{h}{|\mathbf{p}|} = \frac{h}{|m\mathbf{v} + q\mathbf{A}|}$$

Der kanonische Impuls $\mathbf{p}$ *wird in der Quantenmechanik durch den Impulsoperator* $-i\hbar\nabla$ *ersetzt.*

[2] Die Potentiale $\Phi(\mathbf{r},t)$ und $\mathbf{A}(\mathbf{r},t)$ sind einfache Multiplikationsoperatoren. Das elektromagnetische Feld wird hier nicht quantisiert, obwohl es streng genommen erforderlich ist. Eine Quantisierung des elektromagnetischen Feldes wird in der Quantenfeldtheorie vorgenommen.

Die zeitabhängige Schrödinger-Gl.

$$i\hbar\frac{\partial\psi}{\partial t}=\left[\frac{1}{2m}\left(\frac{\hbar}{i}\nabla-q\mathbf{A}\right)^2+q\,\Phi\right]\psi \tag{11.1-7}$$

ist invariant unter den **Eichtransformationen**

$$\mathbf{A}(\mathbf{r},t)\ \rightarrow\ \hat{\mathbf{A}}(\mathbf{r},t)=\mathbf{A}(\mathbf{r},t)+\nabla\chi(\mathbf{r},t) \tag{11.1-8a}$$

$$\Phi(\mathbf{r},t)\ \rightarrow\ \hat{\Phi}(\mathbf{r},t)=\Phi(\mathbf{r},t)-\frac{\partial}{\partial t}\chi(\mathbf{r},t) \tag{11.1-8b}$$

$$\psi(\mathbf{r},t)\ \rightarrow\ \hat{\psi}(\mathbf{r},t)=\exp\left[i\frac{q}{\hbar}\chi(\mathbf{r},t)\right]\psi(\mathbf{r},t) \tag{11.1-8c}$$

Die Wellenfunktion ändert nur ihre Phase, so dass sich die Dichte $|\psi(\mathbf{r},t)|^2$ bei den Eichtransformationen nicht ändert. Auch die (in Aufgabe 11–5 berechnete) Wahrscheinlichkeitsstromdichte ist unter Eichtransformation invariant.

Wir müssen nun folgende Aussage beweisen: Die Wellenfunktion $\psi(\mathbf{r},t)$ erfüllt die Dgl.

$$i\hbar\frac{\partial\psi}{\partial t}=\left[\frac{1}{2m}\left(\frac{\hbar}{i}\nabla-q\mathbf{A}\right)^2+q\,\Phi\right]\psi \tag{11.1-7}$$

genau dann, wenn die Wellenfunktion $\hat{\psi}(\mathbf{r},t)$ folgende Dgl. erfüllt:

$$i\hbar\frac{\partial\hat{\psi}}{\partial t}=\left[\frac{1}{2m}\left(\frac{\hbar}{i}\nabla-q\hat{\mathbf{A}}\right)^2+q\,\hat{\Phi}\right]\hat{\psi} \tag{11.1-9}$$

Beweis: Wir berechnen mit Produkt- und Kettenregel die linke und die rechte Seite der Dgl. (11.1–9) und erhalten die Ausgangs-Dgl. (11.1–7). Die linke Seite der Dgl. (11.1–9) lautet

$$i\hbar\frac{\partial\hat{\psi}}{\partial t}=i\hbar\frac{\partial}{\partial t}\left[\exp\left\{i\frac{q}{\hbar}\chi(\mathbf{r},t)\right\}\psi(\mathbf{r},t)\right]=$$

$$=i\hbar\exp\left[i\frac{q}{\hbar}\chi(\mathbf{r},t)\right]\cdot\left[i\frac{q}{\hbar}\psi\frac{\partial\chi}{\partial t}+\frac{\partial\psi}{\partial t}\right]=\exp\left[i\frac{q}{\hbar}\chi(\mathbf{r},t)\right]\cdot\left[-q\,\psi\frac{\partial\chi}{\partial t}+i\hbar\frac{\partial\psi}{\partial t}\right]$$

Auf der rechten Seite der Dgl. (11.1–9) berechnen wir zuerst den Ausdruck

$$\left(\frac{\hbar}{i}\nabla-q\hat{\mathbf{A}}\right)\hat{\psi}=\left(\frac{\hbar}{i}\nabla-q\mathbf{A}-q\,(\nabla\chi)\right)\exp\left[i\frac{q}{\hbar}\chi(\mathbf{r},t)\right]\psi=$$

$$=\exp\left[i\frac{q}{\hbar}\chi(\mathbf{r},t)\right]\cdot\left(\cancel{q\,(\nabla\chi)}+\frac{\hbar}{i}\nabla-q\mathbf{A}-\cancel{q\,(\nabla\chi)}\right)\psi \tag{11.1-10}$$

$$\Rightarrow\quad\left(\frac{\hbar}{i}\nabla-q\hat{\mathbf{A}}\right)^2\hat{\psi}=\left(\frac{\hbar}{i}\nabla-q\mathbf{A}-q\,(\nabla\chi)\right)^2\exp\left[i\frac{q}{\hbar}\chi(\mathbf{r},t)\right]\psi\ \underset{\underset{\text{Gl.(11.1–10)}}{\uparrow}}{=}$$

$$=\left(\frac{\hbar}{i}\nabla-q\mathbf{A}-q\,(\nabla\chi)\right)\exp\left[i\frac{q}{\hbar}\chi(\mathbf{r},t)\right]\cdot\left(\frac{\hbar}{i}\nabla-q\mathbf{A}\right)\psi\ \underset{\underset{\text{Gl.(11.1–10)}}{\uparrow}}{=}$$

$$= \exp\left[i\,\frac{q}{\hbar}\,\chi(\mathbf{r},t) \right] \cdot \left(\frac{\hbar}{i}\,\nabla - q\,\mathbf{A} \right)^2 \psi$$

Daher lautet die rechte Seite der Dgl. (11.1–9) insgesamt

$$\exp\left[i\,\frac{q}{\hbar}\,\chi(\mathbf{r},t) \right] \cdot \left[\frac{1}{2m}\left(\frac{\hbar}{i}\,\nabla - q\,\mathbf{A} \right)^2 + q\,\Phi(\mathbf{r},t) - q\,\frac{\partial\chi}{\partial t} \right]\psi$$

Folglich ist die Dgl. (11.1–9) genau dann erfüllt, wenn die Dgl. (11.1–7) gilt.   ∎

Messbare Größen wie Erwartungswerte, Wahrscheinlichkeitsdichten, Energien, elektrische und magnetische Felder werden durch Eichtransformationen nicht geändert.

11.2 Homogene Magnetfelder

Wir beschränken uns auf homogene Magnetfelder, da *die im Labor erzeugten Magnetfelder innerhalb atomarer Dimensionen nahezu konstant sind.* Spinlose Teilchen mit Ladung q bewegen sich in zeitunabhängigen Magnetfeldern $\mathbf{B} = \text{const}$. Dabei soll das elektrische Feld verschwinden: $\mathbf{E} = \mathbf{0}$. Die Aufgabe hat viele wichtige Anwendungen.

Ein homogenes, zeitunabhängiges Magnetfeld $\mathbf{B} = \text{const}$ und ein verschwindendes elektrisches Feld $\mathbf{E} = \mathbf{0}$ lassen sich nach Gl. (11.1–1) durch folgende Potentiale realisieren:[3]

$$\mathbf{A}(\mathbf{r}) = -\frac{1}{2}\,\mathbf{r}\times\mathbf{B} \qquad\qquad \Phi = 0 \qquad\qquad\qquad (11.2\text{–}1)$$

Daraus folgen wegen der Homogenität des Magnetfeldes $\mathbf{B}$ die zwei Gln. [4]

$$\mathbf{A}\cdot\nabla\psi = -\frac{1}{2}\left(\mathbf{r}\times\mathbf{B}\right)\cdot\nabla\psi = \frac{1}{2}\left(\mathbf{r}\times\nabla\right)\cdot\mathbf{B}\,\psi = \frac{i}{2\hbar}\,\hat{\mathbf{L}}\cdot\mathbf{B}\,\psi \qquad (11.2\text{–}2)$$

und $\quad \mathbf{A}^2 = \frac{1}{4}\left(\mathbf{r}\times\mathbf{B}\right)^2 = \frac{1}{4}\left[\mathbf{r}^2\,\mathbf{B}^2 - \left(\mathbf{r}\cdot\mathbf{B}\right)^2\right] = \frac{1}{4}\,r^2 B^2 \sin^2\vartheta \qquad (11.2\text{–}3)$

Dabei ist ϑ der Winkel zwischen $\mathbf{r}$ und $\mathbf{B}$.

Mit Gl. (11.1–6) folgt der Hamiltonoperator

$$\hat{H} = -\frac{\hbar^2}{2m}\,\Delta - \frac{q}{2m}\,\hat{\mathbf{L}}\cdot\mathbf{B} + \frac{q^2}{8m}\,r^2 B^2 \sin^2\vartheta \qquad \text{für}\quad \mathbf{B}(\mathbf{r}) = \mathbf{B} \qquad (11.2\text{–}4\text{a})$$

---

[3] Der Beweis ist einfach: $\displaystyle \nabla\times\mathbf{A} = -\frac{1}{2}\nabla\times(\mathbf{r}\times\mathbf{B}) = -\frac{1}{2}\begin{pmatrix}\partial_x\\\partial_y\\\partial_z\end{pmatrix}\times\begin{pmatrix}y B_z - z B_y\\ z B_x - x B_z\\ x B_y - y B_x\end{pmatrix} = \begin{pmatrix}B_x\\ B_y\\ B_z\end{pmatrix}$

Die Gl. (11.2–1) liefert für homogene Magnetfelder automatisch die **Coulomb-Eichung**:
$$\nabla\cdot\mathbf{A} = -\frac{1}{2}\nabla\cdot\left(\mathbf{r}\times\mathbf{B}\right) = -\frac{1}{2}\,\varepsilon_{jkl}\,\partial_j\,x_k\,B_l = 0$$

[4] Bei der Vertauschung von zwei Vektoren ändert das Spatprodukt $(\mathbf{a}\times\mathbf{b})\cdot\mathbf{c}$ das Vorzeichen. Eine zyklische Vertauschung ändert das Spatprodukt nicht.

für spinlose Teilchen in zeitunabhängigen, **homogenen Magnetfeldern** und für $E=0$ [5].

Beispiel 11.2–1 Größenvergleiche

Schätze für Elektronen in Atomen folgende Größenverhältnisse grob ab:

a) $\dfrac{e_0^2}{8\,m_e}\left\langle r^2 B^2 \sin^2\vartheta\right\rangle \Big/ \dfrac{e_0}{2\,m_e}\left\langle \hat{\mathbf{L}}\cdot\mathbf{B}\right\rangle$ Zähler und Nenner wurden Gl. (11.2–4a) entnommen.

b) $\dfrac{e_0}{2\,m_e}\left\langle \hat{\mathbf{L}}\cdot\mathbf{B}\right\rangle \Big/ 13{,}6\,\text{eV}$ Der Nenner ist der Betrag der Grundzustandsenergie des H-Atoms.

Lösung:

a) In grober Näherung setzen wir $\left\langle \hat{\mathbf{L}}\right\rangle \approx \hbar$ und den Bahnradius gleich dem Bohrschen Radius $a_B \approx 5{,}29\cdot 10^{-11}\,\text{m}$. Dann folgt:

$$\frac{e_0^2\left\langle r^2 B^2 \sin^2\vartheta\right\rangle /(8\,m_e)}{e_0\left\langle \hat{\mathbf{L}}\cdot\mathbf{B}\right\rangle/(2\,m_e)} \approx \frac{e_0^2\,a_B^2\,B^2}{4\,e_0\,\hbar\,B} = \frac{e_0\,a_B^2}{4\,\hbar}\,B \approx 1{,}06\cdot 10^{-6}\,B\,\frac{1}{\text{T}}$$

Im Labor sind Magnetfelder B kaum größer als 100 T, so dass in Gl. (11.2–4a) der in B quadratische Term in der Regel vernachlässigt werden kann. An der Oberfläche von Neutronensternen hingegen existieren gigantische Magnetfelder mit bis zu $10^8\,\text{T}$. Atome werden dort zu länglichen Zigarren verformt. Hier können die in B quadratischen Terme nicht vernachlässigt werden.

Zwei Hinweise:

1) Der in $\mathbf{B}$ lineare Term

$$-\frac{q}{2\,m_e}\left\langle \hat{\mathbf{L}}\cdot\mathbf{B}\right\rangle \approx \frac{e_0\,\hbar}{2\,m_e}\,B \approx 5{,}7884\cdot 10^{-5}\,\frac{B}{\text{T}}\,\text{eV}$$

geht auf die Wechselwirkung *permanenter, atomarer, magnetischer Momente* mit äußeren Magnetfeldern $\mathbf{B}$ zurück. Dabei ist $\mu_B = e_0\,\hbar/(2\,m_e)$ das sog. Bohrsche Magneton. Wegen $-q=e_0>0$ wird der Term minimal, wenn sich der Bahndrehimpuls $\mathbf{L}$ antiparallel zum Magnetfeld $\mathbf{B}$ ausrichtet. Folglich stellt sich das magnetische Moment $\boldsymbol{\mu} = -e_0\,\mathbf{L}/(2\,m_e)$ (siehe Gl. (11.2–7)) parallel zu $\mathbf{B}$ ein. Man spricht von **Paramagnetismus**.

2) Der in $\mathbf{B}$ quadratische Term ist für den **Diamagnetismus** verantwortlich. Diamagnetische Stoffe haben – anders als paramagnetische Stoffe – *keine permanenten atomaren Momente*. Vielmehr induzieren die äußeren Magnetfelder $\mathbf{B}$ atomare Kreisströme und damit magnetische Momente, die proportional zu B und nach der Lenzschen Regel entgegengesetzt zu $\mathbf{B}$ sind. Daher werden diamagnetische Stoffe – im Gegensatz zu paramagnetischen Stoffen – von Magneten abgestoßen. Die Wechselwirkung dieser induzierten magnetischen Momente mit einem äußeren Magnetfeld ist nochmals proportional zu B, so dass insgesamt der Faktor B^2 in der Wechselwirkung auftritt.

b) $\dfrac{e_0}{2\,m_e}\left\langle \hat{\mathbf{L}}\cdot\mathbf{B}\right\rangle \Big/ 13{,}6\,\text{eV} \approx \dfrac{e_0\,\hbar/(2\,m_e)}{13{,}6\,\text{eV}}\,B \approx 4{,}2\cdot 10^{-6}\,\frac{B}{\text{T}}$

---

[5] Nach Abschn. „12.4 Magnetisches Moment des Spins" lässt sich der Teilchenspin berücksichtigen, indem $\hat{\mathbf{L}}\cdot\mathbf{B}$ durch $(\hat{\mathbf{L}}+2\hat{\mathbf{S}})\cdot\mathbf{B}$ ersetzt wird mit $\hat{\mathbf{S}}$ = Spinoperator.

Daher können Magnetfelder im Labor atomare Energieniveaus nur sehr wenig verschieben. *Qualitativ* aber ändern äußere Magnetfelder die Atomspektren deutlich durch Aufspaltung der Energieniveaus (siehe Abschn. „14.5 Der Zeeman-Effekt").

Nach der Abschätzung im vorangehenden Beispiel gilt für spinlose Teilchen in zeitunabhängigen, *homogenen Magnetfeldern* und ohne elektrische Felder in guter Näherung:

$$\hat{H} = -\frac{\hbar^2}{2m}\Delta - \frac{q}{2m}\,\hat{\mathbf{L}}\cdot\mathbf{B} \qquad (11.2\text{–}4b)$$

Abschließend fragen wir nach der **anschaulichen Bedeutung** von $q\,\hat{\mathbf{L}}\cdot\mathbf{B}/(2m)$. In der *klassischen Elektrodynamik* ist das magnetische Moment $\boldsymbol{\mu}$ ein Maß für die Stärke magnetischer Dipole und ist wichtig für den Magnetismus in Materie. Oft wird das magnetische Moment $\boldsymbol{\mu}$ bei der Berechnung des Drehmomentes $\mathbf{N}$ eingeführt, das homogene Magnetfelder $\mathbf{B}$ auf stromdurchflossene Leiterschleifen ausüben (z. B. in Elektromotoren). Der Betrag μ des magnetischen Moments einer ebenen, vom Strom I durchflossenen Leiterschleife wird wie folgt definiert:

$$\mu := I\,A \qquad \text{mit } A = \text{von der ebenen Leiterschleife umschlossene Fläche} \qquad (11.2\text{–}5)$$

Ein Teilchen mit Masse m und Ladung q auf einer Kreisbahn mit Radius r und Umlaufzeit T erzeugt ein magnetisches Moment mit dem Betrag

$$\mu \underset{\substack{\uparrow \\ \text{Gl. (11.2–5)}}}{=} I\,A = \frac{q}{T}\,\pi\,r^2 = \frac{q}{2}\,\omega\,r^2 \underset{\substack{\uparrow \\ L = m\,\omega\,r^2}}{=} \frac{q}{2m}\,L \qquad (11.2\text{–}6)$$

Laut Definition zeigen der Vektor $\boldsymbol{\mu}$ und der Bahndrehimpuls $\mathbf{L}$ für positive (negative) Ladungen q in die gleiche (entgegen gesetzte) Richtung. Daher lautet das *klassische magnetische Moment eines Teilchens mit Ladung q und Masse m auf einer Kreisbahn*[6]:

$$\boldsymbol{\mu} = \frac{q}{2m}\,\mathbf{L} \qquad (11.2\text{–}7)$$

Mit der Lorentzkraft $d\mathbf{F} = I\,d\mathbf{l}\times\mathbf{B}$ auf ein Leiterelement $d\mathbf{l}$ der infinitesimalen Länge dl findet man das Drehmoment eines homogenen Magnetfeldes $\mathbf{B}$ auf einen magnetischen Dipol:

$$\mathbf{N} = \boldsymbol{\mu}\times\mathbf{B} \qquad \Rightarrow \qquad N = \mu\,B\sin\vartheta \qquad (11.2\text{–}8)$$

mit $\vartheta = $ Winkel zwischen magnetischem Moment und Magnetfeld

Integration des Drehmomentes in Gl. (11.2–8) über den Winkel liefert die potentielle Energie eines magnetischen Dipols im homogenen Magnetfeld:

$$V(\vartheta) - V(0) = \int_0^\vartheta N(\vartheta')\,d\vartheta' = -\mu\,B\cos\vartheta'\Big|_0^\vartheta$$

$$\Rightarrow \qquad V(\vartheta) = -\mu\,B\cos\vartheta = -\boldsymbol{\mu}\cdot\mathbf{B}$$

---

[6] In Aufgabe 11–4a wird die z-Komponente von $\boldsymbol{\mu}$ mit dem Wahrscheinlichkeitsstrom $\mathbf{j}_{nlm}(r,\vartheta,\varphi)$ berechnet.

Mit Gl. (11.2–7) folgt die potentielle Energie eines klassischen Teilchens mit Ladung q

$$V = -\boldsymbol{\mu} \cdot \mathbf{B} = -\frac{q}{2m}\,\mathbf{L} \cdot \mathbf{B} \qquad\qquad (11.2\text{–}9)$$

Diese klassische Betrachtung kann unverändert auf die Quantenmechanik übertragen werden. *Daher ist der zweite Term im Hamiltonoperator* (11.2–4a/b) *die Wechselwirkungsenergie zwischen dem äußeren, homogenen Magnetfeld* $\mathbf{B}$ *und dem magnetischen Moment* $\boldsymbol{\mu}$ des Bahndrehimpulses:

$$\hat{H} = -\frac{\hbar^2}{2\,m}\,\Delta - \hat{\boldsymbol{\mu}} \cdot \mathbf{B} \qquad\qquad (11.2\text{–}4c)$$

11.3 Der Aharonov-Bohm-Effekt * 1959

Wir beginnen mit der **klassischen Elektrodynamik**. Elektrische und magnetische Felder werden mit einem Vektorpotential $\mathbf{A}$ und einem skalaren Potential Φ beschrieben:

$$\mathbf{E}(\mathbf{r},t) = -\nabla\Phi(\mathbf{r},t) - \frac{\partial \mathbf{A}(\mathbf{r},t)}{\partial t} \qquad\qquad \mathbf{B}(\mathbf{r},t) = \nabla \times \mathbf{A}(\mathbf{r},t) \qquad (11.3\text{–}1a/b)$$

Obwohl die Potentiale $\mathbf{A}, \Phi$ in der klassischen Hamiltonfunktion und im Hamiltonoperator auftreten, werden sie aus folgenden drei Gründen meistens nur als mathematische Hilfsgrößen angesehen, welche die Rechnungen vereinfachen:

- *Die Potentiale können nicht direkt gemessen werden.*

- Da die **Eichtransformationen**

$$\mathbf{A}(\mathbf{r},t) \rightarrow \mathbf{A}(\mathbf{r},t) + \nabla\chi(\mathbf{r},t) \qquad\qquad \Phi(\mathbf{r},t) \rightarrow \Phi(\mathbf{r},t) - \frac{\partial}{\partial t}\chi(\mathbf{r},t) \qquad (11.3\text{–}2a/b)$$

  die Felder $\mathbf{E}$ und $\mathbf{B}$ nicht ändern, sind die *Potentiale* $\mathbf{A}, \Phi$ *nicht eindeutig bestimmt.*

- Die Potentiale treten nicht in den Maxwellgln. und auch nicht in der üblichen Form des Faradayschen Induktionsgesetzes auf. Die fundamentalen Gln. der klassischen Elektrodynamik lassen sich mit elektrischen und magnetischen Feldern formulieren.

Das folgende Beispiel zeigt, dass es Gebiete geben kann, in denen das Magnetfeld $\mathbf{B} = \nabla \times \mathbf{A} = 0$ verschwindet, obwohl dort ein wirbelfreies Vektorfeld $\mathbf{A} \neq 0$ existiert.

Beispiel 11.3–1 Vektorpotential einer sehr langen Spule

Die Symmetrieachse einer sehr langen, stromdurchflossenen Spule mit Radius R_Spule liegt auf der z-Achse. Bekanntlich ist das Magnetfeld der langen Spule im Innern (nahezu) homogen und außerhalb der Spule (fast) null. Wir schließen die Spule an eine Wechselspannung an und legen in der x,y-Ebene um die Spule eine Leiterschleife, die eine Fläche A umfasst.

Außerhalb einer unendlich langen Spule ist das Vektorfeld $\mathbf{A}$ *ungleich null, obwohl das Magnetfeld* $\mathbf{B} = \nabla \times \mathbf{A}$ *dort verschwindet.*

Berechne die im Leiter induzierte Spannung mit dem Vektorpotential $\mathbf{A}(\mathbf{r},t)$.

Hinweis: Nach der klassischen Elektrodynamik lautet das Vektorpotential außerhalb der Spule

$$\mathbf{A}(\mathbf{r},t) = \frac{\phi_M(t)}{2\pi}\frac{1}{r^2}\left(-y \quad x \quad 0\right)^T = \frac{\phi_M(t)}{2\pi}\frac{1}{r}\,\mathbf{e}_\varphi \qquad \text{für} \qquad r > R_{\text{Spule}} \qquad (11.3\text{-}3)$$

mit $\phi_M(t) = B_{\text{innen}}(t)\,\pi R_{\text{Spule}}^2 =$ magnetischer Fluss in der Spule und mit dem Einheitsvektor

$$\mathbf{e}_\varphi = \frac{1}{r}\left(-y \quad x \quad 0\right)^T \qquad\qquad (11.3\text{-}4)$$

Lösung:

Nach dem Faradayschen Induktionsgesetz wird in der Leiterschleife die Spannung

$$U_{\text{ind}}(t) = -\frac{d\phi_M(t)}{dt} = -\frac{d}{dt}\iint_A \mathbf{B}(\mathbf{r},t)\cdot d\mathbf{A} = -\left[\frac{d}{dt}B_{\text{innen}}(t)\right]\pi R_{\text{Spule}}^2 \qquad (11.3\text{-}5)$$

induziert. Erstaunlicherweise wird folgende (eigentlich naheliegende) Frage nur selten gestellt: „Am Ort der Leiterschleife existiert kein Magnetfeld. Wie kann da eine Spannung induziert werden?" Diese Frage lässt sich mit dem Vektorpotential $\mathbf{A}$ wie folgt beantworten:

$$\iint_A \mathbf{B}(\mathbf{r},t)\cdot d\mathbf{A} = \iint_A \left[\nabla\times\mathbf{A}(\mathbf{r},t)\right]\cdot d\mathbf{A} \underset{\substack{\uparrow\\ \text{Satz von Stokes}}}{=} \oint_{\partial A} \mathbf{A}(\mathbf{r},t)\cdot d\mathbf{r} \qquad (11.3\text{-}6)$$

$$\Rightarrow \quad U_{\text{ind}}(t) = -\frac{d}{dt}\oint_{\partial A} \mathbf{A}(\mathbf{r},t)\cdot d\mathbf{r} \qquad\qquad (11.3\text{-}7)$$

Dabei erfolgt die Linienintegration über den Rand ∂A der vom Leiter umschlossenen Fläche A. Wegen der Eichinvarianz von $\mathbf{B}$ ändert sich U_{ind} nicht unter der Eichtransformation (11.3–2a).

Wir kommen nun zur **Quantenmechanik**. Im Hamiltonoperator

$$\hat{H} = \frac{1}{2m}\left(\frac{\hbar}{i}\nabla - q\mathbf{A}\right)^2 + q\Phi \qquad\qquad (11.1\text{-}4)$$

treten nicht die Felder $\mathbf{E}$ und $\mathbf{B}$, sondern die Potentiale $\mathbf{A},\Phi$ auf. Nach Abschn. 11.1 ist die Quantenmechanik invariant unter der Eichtransformation

$$\mathbf{A}(\mathbf{r},t) \rightarrow \mathbf{A}(\mathbf{r},t) + \nabla\chi(\mathbf{r},t) \qquad \Phi(\mathbf{r},t) \rightarrow \Phi(\mathbf{r},t) - \frac{\partial}{\partial t}\chi(\mathbf{r},t) \qquad (11.3\text{-}8a/b)$$

$$\psi(\mathbf{r},t) \rightarrow \exp\left[i\frac{q}{\hbar}\chi(\mathbf{r},t)\right]\psi(\mathbf{r},t) \qquad\qquad (11.3\text{-}8c)$$

Wir betrachten nun eine sehr lange, von Gleichstrom durchflossene Spule auf der z-Achse. Alle Teilchen sollen sich in der x,y-Ebene außerhalb der Spule bewegen, also in Gebieten mit $\mathbf{B}(\mathbf{r}) = \nabla\times\mathbf{A}(\mathbf{r}) = \mathbf{0}$, aber $\mathbf{A}(\mathbf{r}) \neq \mathbf{0}$. Alle Linienintegrale werden in der x,y-Ebene ausgeführt. Die folgenden Wellenfunktionen $\psi_A(\mathbf{r},t)$ (mit Vektorpotential $\mathbf{A}$) und $\psi_0(\mathbf{r},t)$ (ohne $\mathbf{A}$) müssen wir im Einzelnen nicht kennen.

Im Außengebiet der stromdurchflossenen Spule lautet die zeitabhängige Schrödinger-Gl.

$$i\hbar\,\frac{\partial \psi_A(\mathbf{r},t)}{\partial t} = \frac{1}{2m}\left(\frac{\hbar}{i}\nabla - q\mathbf{A}(\mathbf{r})\right)^2 \psi_A(\mathbf{r},t) \qquad \text{mit} \qquad \mathbf{A} \neq \mathbf{0} \tag{11.3-9a}$$

Wir definieren nun mit einem Linienintegral eine Funktion $\chi(\mathbf{r})$, die als Eichfunktion dienen soll:

$$\chi(\mathbf{r}) := -\int_{\mathbf{r}_0}^{\mathbf{r}} \mathbf{A}(\mathbf{r}')\cdot d\mathbf{r}' \qquad \Leftrightarrow \qquad \nabla\chi(\mathbf{r}) = -\mathbf{A}(\mathbf{r}) \tag{11.3-10}$$

Wegen $\mathbf{B} = \nabla\times\mathbf{A}(\mathbf{r}) = \mathbf{0}$ (außerhalb der Spule) ist das Linienintegral für alle Wege gleich groß, die auf *derselben Seite* der Spule von $\mathbf{r}_0$ nach $\mathbf{r}$ laufen, zwischen denen also kein Magnetfeld und daher keine Spule liegt.[7] Das wegunabhängige Linienintegral hängt von der oberen Integrationsgrenze $\mathbf{r}$ ab und ist daher ein skalares Feld $\chi(\mathbf{r})$, das als Eichfunktion verwendet werden kann. Die Eichtransformation

$$\mathbf{A}(\mathbf{r}) \;\rightarrow\; \mathbf{A}(\mathbf{r}) + \nabla\chi(\mathbf{r}) = \mathbf{0} \tag{11.3-8a}$$

lässt das Vektorpotential verschwinden. Daher erfüllt die neue Wellenfunktion, die mit der Eichtransformation (11.1–8c) berechnet wird

$$\psi_0(\mathbf{r},t) = \exp\!\left[i\frac{q}{\hbar}\chi(\mathbf{r})\right]\psi_A(\mathbf{r},t) = \exp\!\left[\underbrace{-i\frac{q}{\hbar}\int_{\mathbf{r}_0}^{\mathbf{r}}\mathbf{A}(\mathbf{r}')\cdot d\mathbf{r}'}_{\text{Phase }\Delta\alpha(\mathbf{r})}\right]\psi_A(\mathbf{r},t) \tag{11.3-11}$$

die potentialfreie Schrödinger-Gl., also die Schrödinger-Gl. ohne Vektorpotential $\mathbf{A}$:

$$i\hbar\,\frac{\partial \psi_0(\mathbf{r},t)}{\partial t} = -\frac{\hbar^2}{2m}\Delta\psi_0(\mathbf{r},t) \qquad \text{mit} \qquad \mathbf{A} = \mathbf{0} \tag{11.3-9b}$$

---

[7] In der Mathematik wird ein *einfach zusammenhängendes Gebiet* Υ im $\mathbb{R}^3$ als ein Gebiet definiert, in dem zwei beliebige Punkte durch einen Weg in Υ verbunden werden können und in dem jeder geschlossene Weg auf einen Punkt zusammengezogen werden kann. (Das Gebiet in der x,y-Ebene *außerhalb* der Spule ist wegen der Verletzung der zweiten Bedingung nicht einfach zusammenhängend.) Ein bekannter Satz der Vektoranalysis sagt: Für *alle* geschlossenen Wege in einem einfach zusammenhängenden Gebiet Υ verschwindet das Wegintegral

$$\oint \mathbf{A}(\mathbf{r}')\cdot d\mathbf{r}'$$

genau dann, wenn *überall* in Υ gilt $\nabla\times\mathbf{A} = \mathbf{0}$. Das bedeutet für uns: *Das Wegintegral über* $\mathbf{A}$ *verschwindet für alle geschlossenen Wege, die keine Spule umschließen*: Daher ist das Linienintegral

$$\int_{\mathbf{r}_0}^{\mathbf{r}} \mathbf{A}(\mathbf{r}')\cdot d\mathbf{r}'$$

für zwei verschiedene Integrationswege von $\mathbf{r}_0$ nach $\mathbf{r}$ gleich groß, wenn zwischen den zwei Wegen kein Magnetfeld liegt, wenn die beiden Integrationswege also auf derselben Seite der Spule liegen. *Ein wegunabhängiges Linienintegral hängt nur von den Integrationsgrenzen ab.* Daher liefert das Integral in (11.3–10) eine Funktion $\chi(\mathbf{r})$.

Nach Gl. (11.3–13) ändert sich das Linienintegral $\chi(\mathbf{r})$ um die Konstante $q\phi_M/\hbar$, wenn der Integrationsweg auf der *anderen* Seite der Spule von $\mathbf{r}_0$ nach $\mathbf{r}$ verläuft.

Nach Gl. (11.3–11) unterscheiden sich die zwei Wellenfunktionen $\psi_A(\mathbf{r},t)$ und $\psi_0(\mathbf{r},t)$, die die Schrödinger-Gln. (11.3–9a/b) einmal mit und einmal ohne Vektorpotential $\mathbf{A}$ erfüllen, nur durch eine ortsabhängige Phase $\Delta\alpha(\mathbf{r})$. Somit gilt:

> **Wirbelfreie Vektorpotentiale $\mathbf{A} \neq \mathbf{0}$ mit $\mathbf{B} = \nabla \times \mathbf{A} = \mathbf{0}$ beeinflussen die ortsabhängige Phase der Wellenfunktionen.**

Der besprochene Effekt heißt **Aharonov-Bohm-Effekt** (1959). Er besagt: In der Quantenmechanik *verschiebt ein Vektorpotential $\mathbf{A}(\mathbf{r}) \neq \mathbf{0}$ die ortsabhängige Phase der Wellenfunktion eines geladenen Teilchens auch dort, wo $\mathbf{B}$* (und/oder $\mathbf{E}$) *verschwinden*. In der Quantenmechanik werden *geladene Teilchen durch Potentiale beeinflusst*.

Wir untersuchen nun das **Experiment** in Abb. 11.3–1: Elektronen laufen durch einen Doppelspalt und erzeugen auf dem Schirm ein Interferenzmuster. Parallel zu den Spalten steht eine sehr *lange* Spule. Die Elektronen kommen nicht in die Nähe der Spule. *Außerhalb der langen Spule ist das Magnetfeld (nahezu) null, das Vektorpotential aber nicht.* Die zwei Wege C_1 und C_2 beginnen im Punkte $\mathbf{r}_0$ – in der Elektronenquelle oder irgendwo zwischen Elektronenquelle und Doppelspalt – und enden in irgendeinem Punkt $\mathbf{r}$ auf dem Schirm. Sie umfassen die Spule und bilden den Rand der grau markierten Fläche A.

Wenn kein Strom durch die Spule fließt, dann nennen wir den Phasenunterschied zwischen den zwei „Strahlen" 1 und 2, also zwischen den zwei Wellenfunktionen, die durch die Spalte 1 und 2 laufen, im Punkt $\mathbf{r}$ auf dem Schirm

$$\Delta\varphi_0(\mathbf{r}) \qquad \text{Der Index 0 deutet an, dass Spulenstrom und Magnetfeld null sind.}$$

$\Delta\varphi_0(\mathbf{r})$ ist auf die zwei verschieden langen Wege zurückzuführen. Nach dem Einschalten des Magnetfeldes ändern sich die zwei Phasen auf den zwei Wegen C_k nach Gl. (11.3–11) um

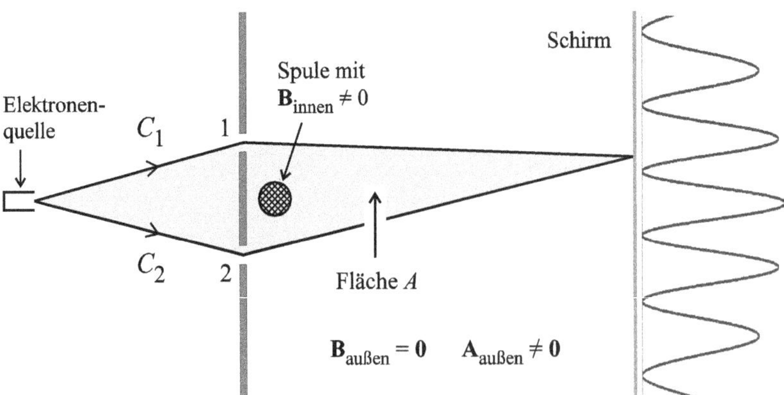

Abb. 11.3–1 Eine lange, stromdurchflossene Spule steht senkrecht auf der gezeichneten Ebene. Das Vektorpotential $\mathbf{A}_{\text{außen}}$ außerhalb der Spule ändert die Phasendifferenz zwischen den beiden Anteilen der Wellenfunktion, die durch Spalt 1 und Spalt 2 gehen. Daher verschiebt sich das Interferenzmuster auf dem Schirm nach oben bzw. nach unten bei einer Änderung des Spulenstromes.

$$\Delta\varphi_{C_k} = \frac{q}{\hbar} \int_{C_k} \mathbf{A}(\mathbf{r}') \cdot d\mathbf{r}' \qquad \text{mit} \qquad k = 1,2$$

Folglich ändert das Magnetfeld die Phasendifferenz der beiden „Strahlen" im Punkt $\mathbf{r}$ um

$$\Delta\varphi_{C_1 - C_2} = \frac{q}{\hbar} \int_{C_1 - C_2} \mathbf{A}(\mathbf{r}') \cdot d\mathbf{r}'$$

Nach dem Integralsatz von Stokes gilt: [8]

$$\oint \mathbf{A}(\mathbf{r}') \cdot d\mathbf{r}' = \oint_{C_1 - C_2} \mathbf{A}(\mathbf{r}) \cdot d\mathbf{r} \underset{\text{Stokes}}{=} \iint_A (\nabla \times \mathbf{A}) \cdot d\mathbf{A} = \iint_A \mathbf{B} \cdot d\mathbf{A} = \phi_M \tag{11.3--12}$$

$$\Rightarrow \qquad \Delta\varphi_{C_1 - C_2} = \frac{q}{\hbar} \phi_M \tag{11.3--13}$$

Diese Phasendifferenz ist proportional zum Spulenstrom und geht auf den von den zwei Wegen C_1, C_2 umschlossenen magnetischen Fluss ϕ_M zurück.

Insgesamt lautet die Phasendifferenz der zwei „Strahlen" im Punkt $\mathbf{r}$

$$\Delta\varphi_0(\mathbf{r}) + \Delta\varphi_{C_1 - C_2} = \Delta\varphi_0(\mathbf{r}) + \frac{q}{\hbar} \phi_M$$

Der magnetische Fluss ϕ_M verschiebt das Interferenzmuster auf dem Schirm in Abb. 11.3--1. Die spezielle Flussänderung $\Delta\phi_M = \pi\hbar/q \approx 2{,}06 \cdot 10^{-14}\,\mathrm{Tm}^2$ führt zu einer Vertauschung der Interferenzminima und -maxima auf dem Schirm. Daher lassen sich mit dem Aharonov-Bohm-Effekt sehr schwache magnetische Flussunterschiede und Flussänderungen messen.

Ein Experiment aus dem Jahr 1986 bewies den Aharonov-Bohm-Effekt eindeutig: Hier wurde die lange Spule zu einer Ringspule verbogen, so dass der Spulendraht auf einer Art Rettungsring (Torus) aufgewickelt war. Als zusätzliche Sicherheit diente ein supraleitender Niobmantel, der die ganze Spule umschloss und unter die kritische Temperatur $T_c = 9{,}25\,\mathrm{K}$ von Niob gekühlt wurde. Der Meißner-Effekt verhinderte die Ausbreitung (andernfalls nicht ganz vermeidbarer) kleinster Magnetfelder in die Umgebung. Eine äußere Umhüllung aus Kupfer vereitelte das Eindringen von Elektronen in die Ringspule, also in den Bereich mit $\mathbf{B} \neq \mathbf{0}$.

Der Aharonov-Bohm-Effekt ist ein rein quantenmechanischer Effekt, der klassisch nicht erklärt werden kann. Er stützt den Standpunkt, dass die Potentiale $\mathbf{A}, \Phi$ in der Quantenmechanik keine mathematischen Hilfsgrößen, sondern physikalische Größen sind, denen eine reale Bedeutung zukommt.

In Aufgabe 11--2 wird gezeigt, dass auch Energien durch Magnetfelder beeinflusst werden können, die am Teilchenort verschwinden.

Neben dem beschriebenen magnetischen Aharonov-Bohm-Effekt gibt es noch einen – schwerer nachweisbaren – elektrischen Aharonov-Bohm-Effekt: Die Phasendifferenz der Wellenfunktionen geladener Teilchen wird geändert, wenn die Teilchen durch Gebiete laufen, in denen das elektrische Feld $\mathbf{E}$ verschwindet und die skalaren Potentiale Φ verschieden sind.

---

[8] Der Integralsatz von Stokes lautet: Für stetig differenzierbare Vektorfelder $\mathbf{F}(\mathbf{r})$ gilt:

$$\mathrm{s}\int_A (\nabla \times \mathbf{F}) \cdot d\mathbf{A} = \oint_{\partial A} \mathbf{F} \cdot d\mathbf{r} \qquad \text{mit} \qquad \partial A = \text{Rand der nicht geschlossenen Fläche } A.$$

11.4   Leitgedanken

11.1 Hamiltonoperator und Eichinvarianz

In der klassischen Elektrodynamik lassen sich elektrisches Feld $\mathbf{E}$ und magnetisches Feld $\mathbf{B}$ mit einem **Vektorpotential A** und einem **skalaren Potential** Φ schreiben:

$$\mathbf{E}(\mathbf{r},t) = -\nabla \Phi(\mathbf{r},t) - \frac{\partial \mathbf{A}(\mathbf{r},t)}{\partial t} \qquad \mathbf{B}(\mathbf{r},t) = \nabla \times \mathbf{A}(\mathbf{r},t) \qquad (11.1\text{-}1)$$

Die Felder $\mathbf{E}, \mathbf{B}$ sind invariant unter den **Eichtransformationen**

$$\mathbf{A}(\mathbf{r},t) \to \mathbf{A}(\mathbf{r},t) + \nabla \chi(\mathbf{r},t) \qquad \Phi(\mathbf{r},t) \to \Phi(\mathbf{r},t) - \frac{\partial}{\partial t} \chi(\mathbf{r},t) \qquad (11.1\text{-}2\text{a/b})$$

Die **Eichfunktion** $\chi(\mathbf{r},t)$ ist eine beliebige skalare, differenzierbare Funktion.

Die klassische Hamiltonfunktion geladener Teilchen in elektromagnetischen Feldern lautet

$$H = \frac{1}{2m}\left(\mathbf{p} - q\mathbf{A}\right)^2 + q\Phi \qquad\qquad q = \text{Ladung} \qquad (11.1\text{-}3)$$

In der Quantenmechanik wird der kanonische Impuls $\mathbf{p}$ durch $-i\hbar\nabla$ ersetzt. Daher lautet der Hamiltonoperator eines spinlosen Teilchens im elektromagnetischen Feld

$$\hat{H} = \frac{1}{2m}\left(\frac{\hbar}{i}\nabla - q\mathbf{A}\right)^2 + q\Phi \qquad (11.1\text{-}4)$$

Da der Impulsoperator $-i\hbar\nabla$ und das Vektorpotential $\mathbf{A}(\mathbf{r},t)$ nicht vertauschen, gilt

$$\left(\frac{\hbar}{i}\nabla - q\mathbf{A}\right)^2 \psi = -\hbar^2 \Delta\psi - \frac{\hbar q}{i}\left(\nabla\cdot\mathbf{A} + \mathbf{A}\cdot\nabla\right)\psi + q^2\mathbf{A}^2\psi \qquad (11.1\text{-}5)$$

Mit der aus der Elektrodynamik bekannten **Coulomb-Eichung** $\nabla\cdot\mathbf{A} = 0$ erhalten wir

$$\hat{H} = -\frac{\hbar^2}{2m}\Delta + i\frac{q\hbar}{m}\mathbf{A}\cdot\nabla + \frac{q^2}{2m}\mathbf{A}^2 + q\Phi \qquad \text{für}\ \ \nabla\cdot\mathbf{A} = 0 \qquad (11.1\text{-}6)$$

Der Hamiltonoperator (11.1-4/6) enthält *nicht* die Felder $\mathbf{E}, \mathbf{B}$, sondern die Potentiale $\mathbf{A}, \Phi$. Daher sind in der Quantenmechanik die Potentiale $\mathbf{A}, \Phi$ die zentralen Größen.

Die zeitabhängige Schrödinger-Gl.

$$i\hbar\frac{\partial\psi}{\partial t} = \left[\frac{1}{2m}\left(\frac{\hbar}{i}\nabla - q\mathbf{A}\right)^2 + q\Phi\right]\psi \qquad (11.1\text{-}7)$$

ist invariant unter den **Eichtransformationen**

$$\mathbf{A}(\mathbf{r},t) \to \hat{\mathbf{A}}(\mathbf{r},t) = \mathbf{A}(\mathbf{r},t) + \nabla\chi(\mathbf{r},t) \qquad (11.1\text{-}8\text{a})$$

$$\Phi(\mathbf{r},t) \to \hat{\Phi}(\mathbf{r},t) = \Phi(\mathbf{r},t) - \frac{\partial}{\partial t}\chi(\mathbf{r},t) \qquad (11.1\text{-}8\text{b})$$

$$\psi(\mathbf{r},t) \to \hat{\psi}(\mathbf{r},t) = \exp\left[i\frac{q}{\hbar}\chi(\mathbf{r},t)\right]\psi(\mathbf{r},t) \qquad (11.1\text{-}8\text{c})$$

Messbare Größen wie Erwartungswerte, Aufenthaltswahrscheinlichkeiten, Energien, elektrische und magnetische Felder werden durch Eichtransformationen nicht geändert.

11.2 Homogene Magnetfelder

Wir betrachten Teilchen mit Ladung q in *homogenen Magnetfeldern* $\mathbf{B}(\mathbf{r}) = \mathbf{B}$ und verschwindenden elektrischen Feldern $\mathbf{E} = \mathbf{0}$. (Die im Labor erzeugten Magnetfelder sind innerhalb atomarer Dimensionen nahezu konstant.) Diese Felder lassen sich durch Potentiale realisieren:

$$\Phi = 0 \qquad \mathbf{A}(\mathbf{r}) = -\frac{1}{2}\,\mathbf{r} \times \mathbf{B} \quad \Rightarrow \quad \nabla \cdot \mathbf{A} = 0 \tag{11.2-1}$$

$$\Rightarrow \qquad \mathbf{A} \cdot \nabla \psi = -\frac{1}{2}\,(\mathbf{r} \times \mathbf{B}) \cdot \nabla \psi = \frac{1}{2}\,(\mathbf{r} \times \nabla) \cdot \mathbf{B}\,\psi = \frac{i}{2\hbar}\,\hat{\mathbf{L}} \cdot \mathbf{B}\,\psi \tag{11.2-2}$$

$$\text{und} \quad \mathbf{A}^2 = \frac{1}{4}\,(\mathbf{r} \times \mathbf{B})^2 = \frac{1}{4}\left[\mathbf{r}^2\,\mathbf{B}^2 - (\mathbf{r} \cdot \mathbf{B})^2\right] \tag{11.2-3}$$

Damit führt der Hamiltonoperator (11.1–6) auf

$$\hat{H} = -\frac{\hbar^2}{2m}\,\Delta - \frac{q}{2m}\,\hat{\mathbf{L}} \cdot \mathbf{B} + \frac{q^2}{8m}\left[\mathbf{r}^2\,\mathbf{B}^2 - (\mathbf{r} \cdot \mathbf{B})^2\right] \tag{11.2-4a}$$

für spinlose Teilchen in *homogenen Magnetfeldern* und $\mathbf{E} = \mathbf{0}$.

Die anschauliche Bedeutung von $q\,\hat{\mathbf{L}} \cdot \mathbf{B}/(2m)$ ergibt sich aus dem magnetischen Moment μ einer ebenen, vom Strom I durchflossenen Leiterschleife. Es beträgt

$$\mu := IA \qquad A = \text{Fläche, die von der ebenen Leiterschleife umschlossen wird.} \tag{11.2-5}$$

Ein Teilchen mit Masse m und Ladung q auf einer Kreisbahn mit Radius r und Umlaufzeit T erzeugt ein magnetisches Moment mit dem Betrag

$$\mu \underset{\substack{\uparrow \\ \text{Gl. (11.2-5)}}}{=} IA = \frac{q}{T}\,\pi\,r^2 = \frac{q}{2}\,\omega\,r^2 \underset{\substack{\uparrow \\ L = m\,\omega\,r^2}}{=} \frac{q}{2m}\,L \tag{11.2-6}$$

μ und der Bahndrehimpuls $\mathbf{L}$ zeigen für positive (negative) Ladungen q in die gleiche (entgegengesetzte) Richtung. Das *klassische magnetische Moment eines Elektrons auf einer Kreisbahn ist*s

$$\mu = \frac{q}{2m}\,\mathbf{L} = -\frac{e_0}{2m}\,\mathbf{L} \qquad \text{mit} \quad e_0 \approx 1{,}602 \cdot 10^{-19}\,\text{C} \tag{11.2-7}$$

Die potentielle Energie eines Teilchens mit Ladung q und Masse m im Magnetfeld ist

$$V = -\mu \cdot \mathbf{B} = -\frac{q}{2m}\,\mathbf{L} \cdot \mathbf{B} \tag{11.2-9}$$

Daher ist der zweite Term im Hamiltonoperator (11.4–4a) die Wechselwirkungsenergie zwischen dem äußeren Magnetfeld $\mathbf{B}$ und dem magnetischen Moment μ des Bahndrehimpulses.

$$\hat{H} = -\frac{\hbar^2}{2m}\,\Delta - \hat{\mu} \cdot \mathbf{B} \qquad \text{Terme mit } \mathbf{B}^2 \text{ vernachlässigt.} \tag{11.2-4c}$$

11.5 Aufgaben

11-1 Schwer Landau-Niveaus

Ein Teilchen mit Ladung q und Masse m_0 bewegt sich in einem homogenen Magnetfeld $\mathbf{B} = B\,\mathbf{e}_z$.

a) Wie lautet $\mathbf{r}^2\mathbf{B}^2 - (\mathbf{r}\cdot\mathbf{B})^2$ in Zylinderkoordinaten ρ,φ,z ?

b) Berechne die diskreten Energien und die Wellenfunktionen $\psi(\rho,\varphi,z)$ in Zylinderkoordinaten.

> Hinweise: **1)** Verwende den *vollständigen* Hamiltonoperator (11.2–4a) – einschließlich der Terme, die proportional zu B^2 sind. **2)** In Aufgabe 9–2a wird der Laplace-Operator in Polarkoordinaten berechnet.
> **3)** Setze einen Produktansatz mit den drei Zylinderkoordinaten ρ,φ,z an und führe anschließend die dimensionslose Variable $\xi := qB/(2\hbar)\rho^2$ ein. **4)** Löse die Dgl. für den radialen Anteil $R(\rho)$ der Wellenfunktion wie beim Wasserstoffatom in Abschn. 10.1.
> **5)** Die Schrödinger-Gl. lässt sich auch in kartesischen Koordinaten lösen ([Landau], §112 und [Reinhardt], Abschn. 23.4). Dabei kommt man zur Schrödinger-Gl. des harmonischen Oszillators.

11-2 Mittel Kreisbahn um eine lange, stromdurchflossene Spule

In Aufgabe „8–12 Freie Quantenperle auf einem Ring" werden Wellenfunktionen und Energien eines potentialfreien Quantenteilchens untersucht, das sich auf einem Ring mit Umfang $L=2\pi R$ bewegt. Die Umfangs-Koordinate x ist beschränkt: $0\le x\le L$. Nach Aufgabe 8–12 lauten Wellenfunktionen und Energien:

$$\psi_n(x) - \frac{1}{\sqrt{L}}\,e^{\pm i\,2\,\pi\,n\,x/L} \qquad \underset{\varphi\,:=\,2\pi x/L}{\Rightarrow} \qquad \psi_n(\varphi) = \frac{1}{\sqrt{2\pi}}\,e^{\pm i\,n\,\varphi} \tag{11.5–1a}$$

$$E_n = \frac{\hbar^2}{2mR^2}\,n^2 \qquad \text{mit} \qquad n = 0,\pm 1,\pm 2,\ldots \tag{11.5–1b}$$

Auf die Symmetrieachse des Ringes wird eine lange, stromdurchflossene Spule gestellt, deren Radius kleiner ist als der Ringradius R: $R_{\text{Spule}} < R$. Die Spulenachse läuft durch den Mittelpunkt der Kreisbahn.

a) Wie lautet die zeitunabhängige Schrödinger-Gl. für das Quantenteilchen mit Masse m und Ladung q ?

b) Löse die lineare Schrödinger-Gl. für den Winkel φ und berechne die diskreten Energien.

11-3 Mittel Hamiltonfunktion für Ladungen im elektromagnetischen Feld

Die klassische Hamiltonfunktion geladener Teilchen in elektromagnetischen Feldern lautet

$$H = \frac{1}{2m}(\mathbf{p} - q\mathbf{A})^2 + q\,\Phi \qquad\qquad q = \text{Ladung} \tag{11.1–3}$$

Bestätige diese Gl. durch den Nachweis, dass die klassischen Hamiltonschen Gln. die Bewegungsgl. liefern:

$$m\,\ddot{\mathbf{r}} = q\,\mathbf{E} + q\,(\mathbf{v}\times\mathbf{B})$$

11-4 Mittel Magnetisches Moment eines Orbitals im H-Atom

a) Im Abschn. 11.2 wurde das magnetische Moment μ einer *Punktladung* auf einer Kreisbahn berechnet. Aber in der Quantenmechanik wird das Elektron im Wasserstoffatom nicht durch eine Punktladung, sondern durch eine Wahrscheinlichkeitsdichte $|\psi_{nlm}(r,\vartheta,\varphi)|^2$ beschrieben mit einem räumlich verschmierten Wahrscheinlichkeitsstrom $\mathbf{j}_{nlm}(r,\vartheta,\varphi)$. Teilchenbahnen gibt es in der Quantenmechanik nicht.

Berechne das magnetische Moment μ mit dem Wahrscheinlichkeitsstrom $\mathbf{j}_{nlm}(r,\vartheta,\varphi)$ aus Aufgabe 10–12a.

b) Nach den klassischen Gln. (2.3–16/17) beträgt die Periode der n-*ten* Bahn im Bohrschen Atommodell

$$T_n = 2\pi\,a_{\text{B}}^2\,m_{\text{e}}\,n^3/\hbar \tag{11.5–2}$$

Lässt sich diese Gl. mit dem Wahrscheinlichkeitsstrom $\mathbf{j}_{nlm}(r,\vartheta,\varphi)$ bestätigen?

Hinweis: $\displaystyle\int_0^{\pi}\theta_{lm}^2(\vartheta)\,\frac{d\vartheta}{\sin\vartheta}=\frac{2l+1}{4\pi}\frac{(l-m)!}{(l+m)!}\int_0^{\pi}P_{lm}^2(\cos\vartheta)\,\frac{d\vartheta}{\sin\vartheta}=\frac{2l+1}{4\pi}\frac{1}{m}$

Die Funktionen $\Theta_{lm}(\vartheta)$ wurden in Gl. (9.3–4) durch den Ansatz $Y_{lm}(\vartheta,\varphi)=\Theta_{lm}(\vartheta)\,\Phi_m(\varphi)$ eingeführt.

11–5 Leicht Wahrscheinlichkeitsstromdichte in Magnetfeldern

Berechne allgemein die Wahrscheinlichkeitsstromdichte $\mathbf{j}(\mathbf{r},t)$ in Magnetfeldern.

12 Der Spin

Dieses Kapitel ist sehr wichtig und hat großenteils ein niedriges Niveau. Der Spin hat wegen des Pauli-Verbots einen grundlegenden Einfluss auf den Aufbau der Materie und ist für das Verständnis der Mikrowelt unerlässlich.

Nach Abschnitt „9.2 Eigenwerte des Drehimpulsoperators" hat der Drehimpulsoperator halbzahlige und ganzzahlige Drehimpulsquantenzahlen l. Halbzahlige Drehimpulsquantenzahlen treten nur beim Spin auf.

12.1 *Einführung*: Wir erinnern uns an den *klassischen* Bahn- und Eigendrehimpuls.

12.2 *Der Stern-Gerlach-Versuch*: Inhomogene Magnetfelder $\mathbf{B}$ üben die Kraft $\mathbf{F} = \nabla(\boldsymbol{\mu} \cdot \mathbf{B})$ auf magnetische Dipole mit dem magnetischen Moment $\boldsymbol{\mu}$ aus.

Im Stern-Gerlach-Versuch teilt ein inhomogenes Magnetfeld einen Strahl mit elektrisch neutralen Silberatomen (heute meist mit Alkaliatomen) in zwei Teilstrahlen auf. Wegen der *geraden* Anzahl der Teilstrahlen wird das magnetische Moment der Silberatome nicht durch einen (immer ganzzahligen) Bahndrehimpuls erzeugt, sondern durch eine „Art inneren Drehimpuls", den sog. Spin. Der Spin beschreibt keine Drehung im Raum und hat daher kein klassisches Analogon.

12.3 *Spin-1/2-Teilchen*: Der Spin von Spin-1/2-Teilchen (Elektronen, Protonen, Neutronen, ...) hat nur zwei Einstellmöglichkeiten. Daher werden Spin-1/2-Zustände durch zweidimensionale Vektoren beschrieben. Die drei Spinoperatoren $\hat{S}_k$ sind 2×2 – Matrizen mit den Eigenwerten $\pm \hbar/2$ und haben laut Postulat die gleichen Vertauschungsrelationen wie die Bahndrehimpulsoperatoren. Der Spin hat manchmal Ähnlichkeit mit dem klassischen Eigendrehimpuls.

12.4 *Das magnetische Moment des Spins*: Aus drei Gründen hat der Spin eine fundamentale Bedeutung für die Quantentheorie:

1) Das magnetische Moment $\boldsymbol{\mu}$ von Teilchen und somit ihre Wechselwirkung mit Magnetfeldern sind proportional zum Teilchenspin.

2) Die Größe des Spins entscheidet nach Kapitel 16 darüber, ob die Wellenfunktionen identischer Teilchen unter Teilchenvertauschungen symmetrisch oder antisymmetrisch sind. Bei halbzahligen Spins gilt das Pauli-Verbot. Ohne dieses Verbot würden sich alle Elektronen nicht angeregter Atome in der innersten Schale versammeln.

3) Die magnetischen Spinmomente sind für den Ferromagnetismus verantwortlich.

12.5 *Wellenfunktionen mit Spin*: Die Ortswellenfunktionen $\psi(\mathbf{r}, t)$ und die zweidimensionalen Spinvektoren werden zu Spinorwellenfunktionen zusammengefasst. Die allgemeine Spinorwellenfunktion ist eine Überlagerung mit den beiden Eigenvektoren $(1\ 0)^{\mathrm{T}}$ und $(0\ 1)^{\mathrm{T}}$ der z-Komponente $\hat{S}_3$ des Spinoperators:

$$\psi_+(\mathbf{r}, t) \begin{pmatrix} 1 \\ 0 \end{pmatrix} + \psi_-(\mathbf{r}, t) \begin{pmatrix} 0 \\ 1 \end{pmatrix} = \begin{pmatrix} \psi_+(\mathbf{r}, t) \\ \psi_-(\mathbf{r}, t) \end{pmatrix}$$

Quantenmechanik: Lehr- und Arbeitsbuch, 2. Auflage. Friedhelm Kuypers.
© 2026 Wiley-VCH GmbH. Published 2026 by Wiley-VCH GmbH.

12.1 Einführung

In der klassischen Mechanik kennt man den Bahndrehimpuls $\mathbf{L} = \mathbf{r} \times \mathbf{p}$ und den Eigendrehimpuls $\mathbf{L} = \mathbf{I}\omega$ (mit $\mathbf{I}$ = Trägheitstensor). Der Bahndrehimpuls beschreibt die Bewegung der Erde um die Sonne und der Eigendrehimpuls die Drehung der Erde um die eigene Achse. Eine vergleichbare Situation findet man in der Quantenmechanik. Der Bahndrehimpulsoperator wurde in Kap. „9 Der Drehimpulsoperator" untersucht; seine Eigenwertgln. lauten

$$\hat{\mathbf{L}}^2 Y_{lm}(\vartheta,\varphi) = \hbar^2 \, l(l+1) Y_{lm}(\vartheta,\varphi) \tag{9.3-9a}$$

$$\hat{L}_3 Y_{lm}(\vartheta,\varphi) = \hbar m \, Y_{lm}(\vartheta,\varphi) \tag{9.3-9b}$$

Daneben gibt es in der Quantenwelt noch einen anderen Drehimpuls, den **Spin**. Der Name wurde von Pauli vorgeschlagen und kommt vom englischen Wort „spin" für Drehung, Drall. Der Spin wird oft halbklassisch mit dem Eigendrehimpuls makroskopischer Körper verglichen, obwohl er in der Quantenmechanik keine Bewegung im Raum beschreibt. Dennoch ist dieser halbklassische Vergleich oft hilfreich, da sich der Spin häufig ähnlich verhält wie der klassische Eigendrehimpuls. Das darf aber nicht darüber hinwegtäuschen, dass der Spin im Grunde genommen eine abstrakte, in der klassischen Mechanik völlig unbekannte Größe ist. Zum Glück können wir sehr einfach mit ihm rechnen und es genügt, wenn wir uns unter dem Spin so etwas wie einen „inneren Drehimpuls" vorstellen.

12.2 Der Stern-Gerlach-Versuch 1922

Nach Abschn. „11.2 Homogene Magnetfelder" ist das **klassische** magnetische Moment eines Teilchens mit Ladung q, Masse m_e und Bahndrehimpuls $\mathbf{L}$,

$$\mu = \frac{q}{2 m_e} \mathbf{L} \tag{11.2-7}$$

In einem homogenen Magnetfeld ist die potentielle Energie dieses Teilchens

$$V = -\mu \cdot \mathbf{B} = -\frac{q}{2 m_e} \mathbf{L} \cdot \mathbf{B} \tag{11.2-9}$$

Daher gilt für Elektronen mit $q = -e_0$ und Masse m_e

$$V = \frac{e_0}{2 m_e} \mathbf{L} \cdot \mathbf{B} \tag{10.2-9'}$$

Ein *inhomogenes* Magnetfeld übt auf einen magnetischen Dipol nicht nur ein Drehmoment, sondern zusätzlich auch noch eine Kraft aus, die – wie üblich – gleich dem negativen Gradienten der potentiellen Energie ist:

$$\mathbf{F} = -\nabla V = \nabla(\mu \cdot \mathbf{B}) \tag{12.2-1}$$

1922 führten Stern und Gerlach an der Uni Frankfurt einen Versuch durch, der zu den grundlegenden Versuchen der Quantenmechanik gehört und in vielen fortgeschrittenen Physikpraktika durchgeführt wird – heute oft mit Kaliumatomen (Nobelpreis 1943 für Otto Stern). 1922 war das Bohrsche Atommodell noch aktuell und die Bohrsche Quantisierungsbedingung (2.3–7) lieferte diskrete Bahndrehimpulse $n\hbar$ mit der positiven Hauptquantenzahl $n \in \mathbb{N}$. Der Spin war noch unbekannt.

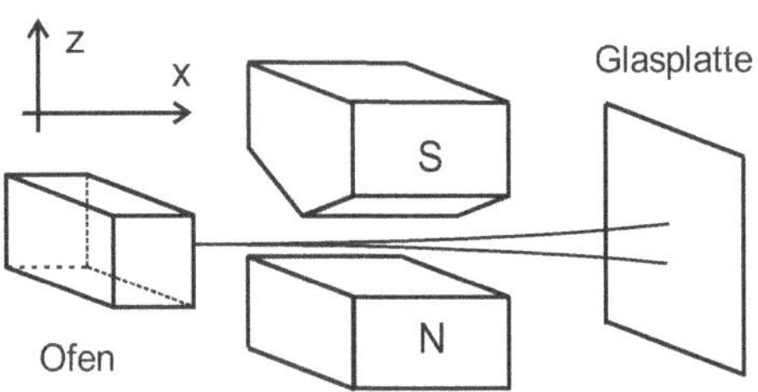

Abb. 12.2–1 Ein inhomogenes Magnetfeld teilt den Atomstrahl in zwei diskrete Teilstrahlen auf.

In einem evakuierten Ofen verdampften Stern und Gerlach Silber mit der Elektronenkonfiguration $[\text{Kr}](4d)^{10}(5s)$ und ließen die Atome dann mit $v \approx 500\,\text{m/s}$ in x-Richtung durch die beiden Polschuhe eines Magneten fliegen (siehe Abb. 12.2–1).[1] Das Magnetfeld zwischen einem keil- und einem wannenartigen Polschuh war in x-Richtung homogen und in y- und in z-Richtung inhomogen. In erster Näherung gilt:

$$\mathbf{B} = \left(B_0 + \frac{\partial B_z}{\partial z}z \right)\mathbf{e}_z + \frac{\partial B_y}{\partial y}y\,\mathbf{e}_y \qquad \text{mit} \qquad B_0 \gg \frac{\partial B_z}{\partial z}z \,,\, \frac{\partial B_y}{\partial y}y \tag{12.2–2}$$

Da die Divergenz des Magnetfeldes verschwindet, kann $\mathbf{B}$ nicht nur in z-Richtung inhomogen sein, sondern muss zusätzlich auch in y-Richtung inhomogen sein:

$$0 = \nabla \cdot \mathbf{B} = \underbrace{\frac{\partial B_x}{\partial x}}_{=\,0} + \frac{\partial B_y}{\partial y} + \frac{\partial B_z}{\partial z} \qquad \Rightarrow \qquad \frac{\partial B_y}{\partial y} = -\frac{\partial B_z}{\partial z}$$

$$\Rightarrow \qquad \mathbf{B} = \left(B_0 + \frac{\partial B_z}{\partial z}z \right)\mathbf{e}_z - \frac{\partial B_z}{\partial z}y\,\mathbf{e}_y$$

Durch die Inhomogenität des Magnetfeldes wurde der Strahl in z-Richtung in zwei Teilstrahlen gespalten[2]. Da keine Coulombkräfte und keine Lorentzkräfte auf die elektrisch neutralen Silberatome wirken, kann die Aufspaltung des Strahles nach Gl. (12.2–1) nur durch die Kraft

---

[1] Silber wurde wohl vor allem wegen der leichten Nachweisbarkeit verwendet: Es schlug sich hinter dem Magnet auf einer Glasplatte nieder und wurde auf Fotografien nach mehrstündiger Belichtung sichtbar.

Aus Sicht der (vier Jahre später aufgestellten) Quantenmechanik kommt ein zweiter Grund hinzu: Mit der relativen Atommasse 107,87 sind Silberatome recht schwer, so dass sich ihre freien Wellenpakete nach Gl. (4.2–11) innerhalb der Apparatur kaum verbreitern. *Nach dem Ehrenfestschen Theorem* können wir die *Bewegung der schweren Silberatome in guter Näherung klassisch berechnen.*

[2] Wegen der Zusammenstöße der Silberatome im Strahl waren die Strahlen anfangs stark verschmiert. Die Aufspaltung in zwei Teilstrahlen wurde erst deutlich, als die Strahlintensität sehr weit herabgesetzt wurde.

$$\mathbf{F} = \nabla(\boldsymbol{\mu} \cdot \mathbf{B}) = \nabla\left[\left(B_0 + \frac{\partial B_z}{\partial z}\, z\right)\mu_z - \frac{\partial B_z}{\partial z}\, y\,\mu_y\right] = \frac{\partial B_z}{\partial z}\left(\mu_z\,\mathbf{e}_z - \mu_y\,\mathbf{e}_y\right) \qquad (12.2\text{–}3)$$

des inhomogenen Magnetfeldes auf das **magnetische Dipolmoment** $\boldsymbol{\mu}$ der Silberatome hervorgerufen werden. Das Dipolmoment $\boldsymbol{\mu}$ wird nahezu ausschließlich durch Elektronen erzeugt.[3] Wir werden in Beispiel 12.4–1 sehen, dass der Erwartungswert des Elektronenspins und daher auch der Erwartungswert des magnetischen Momentes wegen $B_0 \gg z\,\partial B_z/\partial z$ um die z-Achse präzediert (mit einer Frequenz im Gigahertz-Bereich), so dass der zeitliche Mittelwert von μ_y verschwindet. Die zeitlich gemittelte Kraft des Magnetfeldes auf die Silberatome beträgt daher

$$\mathbf{F} = \frac{\partial B_z}{\partial z}\, \mu_z\,\mathbf{e}_z \qquad (12.2\text{–}4)$$

Nach diesen klassischen Betrachtungen gehen wir nun zur **Quantenmechanik** über und *nehmen versuchsweise an*, dass das Dipolmoment $\boldsymbol{\mu}$ der Silberatome nur durch den Bahndrehimpuls der Elektronen mit Quantenzahl l verursacht wird. Dann misst der Stern-Gerlach-Versuch die Observable $\hat{L}_3$ mit den diskreten Eigenwerten $\hbar m$ bzw. er misst die z-Komponente des magnetischen Momentes $\boldsymbol{\mu}$ mit den möglichen Messwerten

$$\mu_z \underset{\substack{\uparrow \\ \text{Gl. (11.2–7)}}}{=} \frac{e_0}{2\, m_\mathrm{e}}\, \hbar\, m = m\,\mu_\mathrm{B} \qquad \text{mit} \qquad m = -l, \dots +l \qquad (12.2\text{–}5)$$

Dabei ist

$$\mu_\mathrm{B} = \frac{e_0\,\hbar}{2\, m_\mathrm{e}} \approx 9{,}274\,009\,994(57)\cdot 10^{-24}\,\frac{\mathrm{J}}{\mathrm{T}} \approx 5{,}788\cdot 10^{-5}\,\frac{\mathrm{eV}}{\mathrm{T}} \qquad (12.2\text{–}6)$$

das **Bohrsche Magneton**. Da die magnetische Quantenzahl m insgesamt $2l+1$ Werte annehmen kann, müsste der Silberatom-Strahl bei Richtigkeit der gerade gemachten Annahme bei $l=0$ nicht aufspalten und bei $l>0$ in eine *ungerade* Anzahl von Teilstrahlen aufspalten. Die experimentelle Beobachtung von *zwei* Teilstrahlen widerlegt die Annahme. Folglich wird das magnetische Dipolmoment der Silberatome *nicht* durch Bahndrehimpulse erzeugt.

Die Auswertung des Stern-Gerlach-Experimentes erfordert eine genaue Kenntnis der Schalenstruktur von Silber. Daher führten T. E. Phipps und J. B. Taylor 1927 ein entsprechendes Experiment mit Wasserstoffatomen im Grundzustand durch ($n = 1$, $l = 0$). Auch sie beobachteten eine Aufspaltung in zwei Teilstrahlen und beseitigten die letzten Zweifel an der Existenz einer „inneren Quantenzahl", die nur zwei Werte annehmen kann.

---

[3] *Die magnetischen Momente sind indirekt proportional zu den Teilchenmassen* und daher für Protonen und Neutronen viel kleiner als für Elektronen. Für die Nukleonen wird das **Kernmagneton** zugrunde gelegt:

$$\mu_\mathrm{K} := \frac{e_0\,\hbar}{2 m_\mathrm{P}} \approx 5{,}051\cdot 10^{-27}\,\frac{\mathrm{J}}{\mathrm{T}} \approx 3{,}152\cdot 10^{-8}\,\frac{\mathrm{eV}}{\mathrm{T}} \qquad \text{mit} \qquad m_\mathrm{P} = \text{Protonenmasse}$$

Stern-Gerlach-Versuche mit hoher Auflösung zeigen eine vom Atomkern verursachte Feinstruktur der Linien.

12.3 Spin-1/2-Teilchen

Am Anfang der 1920er Jahre gab es folgende experimentelle Hinweise auf einen inneren Freiheitsgrad der Elektronen mit zwei Einstellmöglichkeiten:

- Im Stern-Gerlach-Versuch (1922) wurden Strahlen mit Silberatomen im Grundzustand in inhomogenen Magnetfeldern in *zwei* Teilstrahlen aufgeteilt.
- Atomare Energieniveaus mit Bahndrehimpuls ($l > 0$) sind in sehr dicht beieinander liegende *Dubletts* aufgespalten (siehe Feinstruktur des Wasserstoffatoms in Gl. (14.4–14)).
- 1896 entdeckte Zeeman, dass äußere Magnetfelder die Energieniveaus des Wasserstoffatoms und der Alkaliatome Li, Na, K, ... in eine *gerade* Zahl von Niveaus aufspaltet. (Anomaler Zeeman-Effekt. Siehe Abschn. 14.5.)
- 1921 mutmaßte Compton aufgrund der Eigenschaften ferromagnetischer Stoffe, dass die Elektronen ein inneres magnetisches Moment haben – unabhängig vom Bahndrehimpuls.

Anfang bis Mitte der 1920er Jahre war die Zeit also reif für die theoretische Einführung einer *inneren Quantenzahl, die nur zwei Werte annehmen kann.*[4] Die große Frage lautete: Welcher Operator mit welchen *zwei Eigenwerten* kommt dafür in Frage?

Nun kommen endlich die Ergebnisse aus Abschn. „9.2 Eigenwerte des Drehimpulsoperators" voll zur Geltung: Die Kommutatoren des Drehimpulsoperators

$$\left[\hat{L}_j, \hat{L}_k \right] = i\,\hbar\,\varepsilon_{jkn}\,\hat{L}_n \tag{9.2–2a}$$

lassen auch halbzahlige Quantenzahlen l,m zu – ein Ergebnis, das wir in Abschn. 9.2 nicht verstanden und verlegen unter den Teppich gekehrt haben. Jetzt aber können wir erfreut feststellen, dass auch die halbzahligen, bisher unverstandenen Quantenzahlen $l = 1/2$ und $m = \pm 1/2$ eine Bedeutung haben: Die vermutete innere Quantenzahl der Elektronen mit zwei Einstellmöglichkeiten könnte eine Art innerer Drehimpuls – **Spin** genannt – sein mit der *halbzahligen* Spinquantenzahl $s = 1/2$ [5]. Da sich innerer Drehimpuls und Bahndrehimpuls oft ähnlich verhalten, stellen wir ein **neuntes Postulat** auf:

---

[4] 1924 schlug W. Pauli vor, den Elektronen im Atom *eine Quantenzahl* zuzuschreiben, *die nur zwei Werte annehmen kann.* Eine mechanische Interpretation im Sinne eines sich drehenden Elektrons hatte er dabei aber nicht im Sinn; den Namen „Spin" führte er erst 1927 ein.

1925 vermuteten die Studenten Goudsmit und Uhlenbeck, dass Elektronen einen Eigendrehimpuls mit Drehimpulsquantenzahl $1/2$ haben. Dieser Gedanke war damals äußerst gewagt: Wenn das Elektron einen Eigendrehimpuls – gemäß klassischen Vorstellungen – durch Drehung um die eigene Achse aufbauen will, dann muss der Elektronendurchmesser viel zu groß sein oder die Geschwindigkeit am Rand muss die Lichtgeschwindigkeit um ein Vielfaches übertreffen (siehe Aufgabe 12–9b). Erschrocken angesichts ihrer großen Kühnheit wollten Goudsmit und Uhlenbeck die Veröffentlichung ihrer Idee noch zurückziehen, wurden aber von ihrem Institutsleiter Ehrenfest daran gehindert mit den Worten: „Sie sind noch jung. Sie können sich eine Dummheit leisten."

[5] Nicht alle Teilchen haben den Spin $1/2$. Wir nennen einige Teilchen und ihren Spin s:

Der **Spinoperator** $\hat{\mathbf{S}}$ hat dieselben Kommutatoren wie der Bahndrehimpulsoperator $\hat{\mathbf{L}}$:

$$\left[\hat{S}_j,\hat{S}_k\right]=i\hbar\varepsilon_{jkl}\,\hat{S}_l \tag{12.3–1}$$

Wegen der Gleichheit der Vertauschungsrelationen (9.2–2a) und (12.3–1) haben $\hat{\mathbf{S}}^2$ und $\hat{S}_3$ die Eigenwerte $\hbar^2 s\,(s+1)$ und $\hbar m_s$, wobei s halb- oder ganzzahlig ist und m_s in ganzzahligen Schritten von $-s$ bis $+s$ läuft.

Zwischen Bahndrehimpuls und Spin bestehen folgende Gemeinsamkeiten und Unterschiede:

- Bahndrehimpuls und Spin haben dieselben Vertauschungsregeln und verhalten sich oft ähnlich. Damit sind ihre Ähnlichkeiten aber auch schon erschöpft.

- Bahndrehimpulsoperatoren sind Differentialoperatoren im Ortsraum, deren Eigenvektoren die Kugelfunktionen $Y_{lm}(\vartheta,\varphi)$ sind. Für den Elektronenspin hingegen gibt es keine Ortsdarstellung. Der Spin der Elektronen muss durch $2\times2-$ Matrizen beschrieben werden, deren Eigenvektoren zweidimensionale Spaltenvektoren sind.

- Die Bahndrehimpulsquantenzahl l kann durch äußere Einflüsse geändert werden; die Spinquantenzahl s hingegen verkörpert – wie Ladung und Masse – eine innere Eigenschaft der Teilchen und ist unveränderlich.

- Elektronen haben die *feste* Spinquantenzahl $s=1/2$. Es gibt für den Spin keine großen Quantenzahlen und daher keinen Übergang zur klassischen Mechanik. Der Spin ist ein reines Quantenphänomen.

- Der Spin hat – anders als Bahndrehimpuls, Ladung, Masse, … – kein makroskopisches Analogon. Er wird nicht durch eine Drehung im Raum verursacht und ist folglich eine abstrakte Größe, die man nicht anschaulich verstehen, aber mathematisch korrekt und sehr einfach beschreiben kann. Der Spin wird „künstlich" in die Quantenmechanik eingeführt und findet erst im Rahmen der Dirac-Theorie,

---

$s = 0$: Die drei π-Mesonen (Pionen), die vier K-Mesonen (Kaonen), das Higgs-Teilchen.

$s = 1/2$: Elektron, Proton, Neutron, die sechs Quarks. Wegen der überragenden Bedeutung von Elektronen, aber auch von Protonen und Neutronen behandeln die Lehrbücher der Quantenmechanik nahezu ausschließlich nur Spin-1/2-Teilchen – abgesehen von den einfachen spinlosen Teilchen.

$s = 1$: Photon, die acht Gluonen, die zwei W-Bosonen, das Z-Boson.

$s = 3/2$: Die vier Delta-Baryonen.

$s = 2$: Das hypothetische Graviton vermittelt die gravitative Wechselwirkung.

Übrigens: Fast immer haben alle mathematischen Lösungen einer Gl. eine physikalische Bedeutung. Das gilt bereits bei klassischen, gleichförmig beschleunigten Bewegungen: Beide Lösungen quadratischer Gln. sind physikalisch sinnvoll. In der Quantenmechanik kennen wir drei Bestätigungen dieses Standpunktes:

- Ganzzahlige und halbzahlige Drehimpulse kommen vor – letztere allerdings nicht als Bahndrehimpulse.

- Nach Abschn. 16.2 müssen identische Teilchen durch Wellenfunktionen beschrieben werden, die unter Teilchenvertauschungen entweder symmetrisch oder antisymmetrisch sind. Diese beiden Möglichkeiten werden durch Bosonen bzw. Fermionen realisiert.

- Die relativistische Dirac-Gl. hat Lösungen mit positiven und negativen Energien. Früher glaubte man, dass die Teilchen mit negativen Energien den Dirac-See füllen. Heute deutet die Feynman-Stückelberg-Interpretation Teilchen mit $E<0$ als Antiteilchen mit $E>0$ und umgekehrter Ladung, die *rückwärts in der Zeit laufen*. Demnach entspricht die Wellenfunktion eines Elektrons mit $E<0$ der Wellenfunktion eines Positrons mit $E>0$, das sich in einem gespiegelten Raum rückwärts in der Zeit bewegt.

einer relativistischen Quantenmechanik für Teilchen mit Spin $s=1/2$, eine natürliche Erklärung. *Der Spin ist also ein relativistischer Effekt.*

Nach dem Stern-Gerlach-Versuch kann die z-Komponente des Elektronenspins nur zwei Werte annehmen. Daher wird $\hat{S}_3$ durch eine 2×2–Matrix dargestellt. Aus Symmetriegründen trifft dieselbe Aussage natürlich auch auf die beiden anderen Operatoren $\hat{S}_1, \hat{S}_2$ zu.

$\hat{S}_3$ hat zwei orthogonale Eigenvektoren, die **spin-up** und **spin-down** heißen und durch Kets

$$|z,+\rangle \qquad |z,-\rangle$$

oder durch zweizeilige Spaltenvektoren dargestellt werden können:[6]

$$\begin{pmatrix} 1 \\ 0 \end{pmatrix} \qquad \begin{pmatrix} 0 \\ 1 \end{pmatrix} \tag{12.3-2}$$

Wir werden diese zwei Eigenvektoren im Folgenden als Basisvektoren ansehen. Der allgemeine Spinzustand kann als ein zweizeiliger Vektor, als sog. **Spinor** im komplexen Spin-Hilbertraum $\mathbb{C}^2$ geschrieben werden

$$|\chi\rangle = \begin{pmatrix} \alpha \\ \beta \end{pmatrix} = \alpha \begin{pmatrix} 1 \\ 0 \end{pmatrix} + \beta \begin{pmatrix} 0 \\ 1 \end{pmatrix} \tag{12.3-3}$$

mit der Normierungsbedingung $|\alpha|^2 + |\beta|^2 = 1$. $|\alpha|^2$ bzw. $|\beta|^2$ sind die Wahrscheinlichkeiten, bei der Messung von $\hat{S}_3$ die Messwerte $+\hbar/2$ bzw. $-\hbar/2$ zu erhalten.[7]

Die Basisvektoren (12.3-2) spannen einen zweidimensionalen Hilbertraum auf. Die Spinoperatoren sind daher 2×2–Matrizen . Die beiden Eigenwertgln. des Operators $\hat{S}_3$ lauten:

$$\hat{S}_3 \begin{pmatrix} 1 \\ 0 \end{pmatrix} = \frac{\hbar}{2} \begin{pmatrix} 1 \\ 0 \end{pmatrix} \qquad \hat{S}_3 \begin{pmatrix} 0 \\ 1 \end{pmatrix} = -\frac{\hbar}{2} \begin{pmatrix} 0 \\ 1 \end{pmatrix}$$

$$\Rightarrow \quad \hat{S}_3 = \frac{\hbar}{2} \begin{pmatrix} 1 & 0 \\ 0 & -1 \end{pmatrix} \tag{12.3-4}$$

Wegen $[\hat{S}^2, \hat{S}_3] = 0$ haben $\hat{S}^2$ und $\hat{S}_3$ gemeinsame Eigenvektoren. Die Eigenwertgln. des Operators $\hat{S}^2$ lauten (analog zu den Gln. (9.2-15))

---

[6] Der Buchstabe z in den beiden Kets deutet darauf hin, dass diese Kets Eigenvektoren von $\hat{S}_z = \hat{S}_3$ sind. Viele Autoren nennen diese Eigenvektoren einfach nur $|+\rangle$ und $|-\rangle$ oder auch $|\uparrow\rangle$ und $|\downarrow\rangle$. Gl. (12.3-4) bestätigt einen bekannten Satz der linearen Algebra: Diagonalisierbare Matrizen sind in der Basis ihrer Eigenvektoren diagonal mit den Eigenwerten als Diagonalelemente.

Natürlich hätten wir die zwei Eigenvektoren $|z,\pm\rangle$ auch durch zwei andere zweizeilige, orthogonale Spaltenvektoren beschreiben können. Dann hätten die weiter unten stehenden Leiteroperatoren und die Pauli-Matrizen andere, unübersichtlichere Formen.

[7] Der bra lautet: $\langle\chi| = |\chi\rangle^\dagger = (\alpha^* \ \beta^*)$.

$$\hat{\mathbf{S}}^2 \begin{pmatrix} 1 \\ 0 \end{pmatrix} = \hbar^2 \frac{1}{2}\left(\frac{1}{2}+1\right)\begin{pmatrix} 1 \\ 0 \end{pmatrix} = \frac{3\hbar^2}{4}\begin{pmatrix} 1 \\ 0 \end{pmatrix}$$

$$\text{und}\quad \hat{\mathbf{S}}^2 \begin{pmatrix} 0 \\ 1 \end{pmatrix} = \hbar^2 \frac{1}{2}\left(\frac{1}{2}+1\right)\begin{pmatrix} 0 \\ 1 \end{pmatrix} = \frac{3\hbar^2}{4}\begin{pmatrix} 0 \\ 1 \end{pmatrix}$$

$$\Rightarrow\quad \hat{\mathbf{S}}^2 = \frac{3\hbar^2}{4}\begin{pmatrix} 1 & 0 \\ 0 & 1 \end{pmatrix} = \frac{3\hbar^2}{4}\,\hat{1} \tag{12.3--5}$$

Wir berechnen die Operatoren $\hat{S}_1, \hat{S}_2$ durch Anwendung der **Leiteroperatoren**[8]

$$\hat{S}_\pm := \hat{S}_1 \pm i\hat{S}_2 \quad\Leftrightarrow\quad \hat{S}_1 = \frac{1}{2}\left(\hat{S}_+ + \hat{S}_-\right) \quad \hat{S}_2 = \frac{1}{2i}\left(\hat{S}_+ - \hat{S}_-\right) \tag{12.3--6}$$

auf den Spin-up- und den Spin-down-Zustand und erhalten:

$$\hat{S}_+ = \hbar \begin{pmatrix} 0 & 1 \\ 0 & 0 \end{pmatrix} \qquad\qquad \hat{S}_- = \hbar \begin{pmatrix} 0 & 0 \\ 1 & 0 \end{pmatrix} \tag{12.3--7}$$

$$\Rightarrow\quad \hat{S}_1 = \frac{\hbar}{2}\begin{pmatrix} 0 & 1 \\ 1 & 0 \end{pmatrix} \qquad\qquad \hat{S}_2 = \frac{\hbar}{2}\begin{pmatrix} 0 & -i \\ i & 0 \end{pmatrix} \tag{12.3--8}$$

Beweis: Zuerst bestimmen wir die Norm:

$$\left\|\hat{S}_\pm |z,\mp\rangle\right\|^2 \underset{\substack{= \\ \hat{S}_\pm^\dagger = \hat{S}_\mp}}{=} \left\langle z,\mp \left| \hat{S}_\mp \hat{S}_\pm \right| z,\mp\right\rangle \underset{\text{Vgl. mit den Gln. (9.2--9)}}{=}$$

$$= \left\langle z,\mp \left| \hat{\mathbf{S}}^2 - \hat{S}_3^2 \mp \hbar\hat{S}_3 \right| z,\mp\right\rangle = \hbar^2\left(\frac{3}{4} - \frac{1}{4} + \frac{1}{2}\right) = \hbar^2$$

Somit ist $\hat{S}_\pm |z,+\rangle = \hbar |z,\pm\rangle$ (vgl. mit Gl. (9.2--12)) und wir finden:

$$\hat{S}_+ \begin{pmatrix} 1 \\ 0 \end{pmatrix} = \begin{pmatrix} 0 \\ 0 \end{pmatrix} \qquad\qquad \hat{S}_+ \begin{pmatrix} 0 \\ 1 \end{pmatrix} = \hbar \begin{pmatrix} 1 \\ 0 \end{pmatrix}$$

$$\text{sowie}\quad \hat{S}_- \begin{pmatrix} 0 \\ 1 \end{pmatrix} = \begin{pmatrix} 0 \\ 0 \end{pmatrix} \qquad\qquad \hat{S}_- \begin{pmatrix} 1 \\ 0 \end{pmatrix} = \hbar \begin{pmatrix} 0 \\ 1 \end{pmatrix}$$

Daraus folgen die Gln. (12.3--7). ∎

---

[8] Die Leiteroperatoren sind nicht hermitesch. Vielmehr gilt: $\hat{S}_\pm^\dagger = \hat{S}_\mp$.

Nach Abschn. 7.2 werden die *klassischen Messgrößen* durch hermitesche Operatoren ersetzt, weil die Hermitizität (nach Aufgabe 7--5) eine notwendige und hinreichende Bedingung dafür ist, dass alle Erwartungswerte reell sind. Zu den Leiteroperatoren gibt es aber keine klassischen Messgrößen, so dass Leiteroperatoren nicht hermitesch sein müssen.

Da der Faktor $\hbar/2$ in allen drei Komponenten des Spinoperator $\hat{\mathbf{S}}$ auftritt, arbeitet man lieber mit den drei (hermiteschen) **Pauli-Matrizen** – auch Paulische Spinmatrizen genannt.[9] Sie werden definiert durch die Gln.

$$\hat{S}_j =: \frac{\hbar}{2}\,\hat{\sigma}_j \qquad\qquad j=1,2,3$$

bzw.

$$\hat{\mathbf{S}} =: \frac{\hbar}{2}\,\hat{\boldsymbol{\sigma}} \tag{12.3-9}$$

Die Gln. (12.3–4/8) ergeben dann

$$\hat{\sigma}_1 = \begin{pmatrix} 0 & 1 \\ 1 & 0 \end{pmatrix} \qquad \hat{\sigma}_2 = \begin{pmatrix} 0 & -i \\ i & 0 \end{pmatrix} \qquad \hat{\sigma}_3 = \begin{pmatrix} 1 & 0 \\ 0 & -1 \end{pmatrix} \tag{12.3-10}$$

Die Pauli-Matrizen haben die Eigenwerte ± 1.

(Weitere Gln. für die Pauli-Matrizen stehen in Aufgabe 12–7.) Die Eigenvektoren der Pauli-Matrizen $\hat{\sigma}_k$ und der Spinmatrizen $\hat{S}_k$ lassen sich leicht berechnen und werden in vielen Aufgaben gebraucht:

$$|x,+\rangle = \frac{1}{\sqrt{2}}\begin{pmatrix} 1 \\ 1 \end{pmatrix} \qquad\qquad |x,-\rangle = \frac{1}{\sqrt{2}}\begin{pmatrix} 1 \\ -1 \end{pmatrix} \tag{12.3-11a}$$

$$|y,+\rangle = \frac{1}{\sqrt{2}}\begin{pmatrix} 1 \\ i \end{pmatrix} \qquad\qquad |y,-\rangle = \frac{1}{\sqrt{2}}\begin{pmatrix} 1 \\ -i \end{pmatrix} \tag{12.3-11b}$$

$$|z,+\rangle = \begin{pmatrix} 1 \\ 0 \end{pmatrix} \qquad\qquad |z,-\rangle = \begin{pmatrix} 0 \\ 1 \end{pmatrix} \tag{12.3-11c}$$

Daraus folgen die oft benutzten Beziehungen

$$|z,\pm\rangle = \frac{1}{\sqrt{2}}\left(|x,+\rangle \pm |x,-\rangle \right) \tag{12.3-11d}$$

und $\quad |z,+\rangle = \dfrac{1}{\sqrt{2}}\left(|y,+\rangle + |y,-\rangle \right) \qquad |z,-\rangle = \dfrac{1}{\sqrt{2}\,i}\left(|y,+\rangle - |y,-\rangle \right) \qquad$ (12.3–11e/f)

Aus den Gln. (12.3–1/9) folgen die Vertauschungsrelationen der Pauli-Matrizen:

$$\left[\hat{\sigma}_j,\hat{\sigma}_k\right] = 2\,i\,\varepsilon_{jkl}\,\hat{\sigma}_l \tag{12.3-12}$$

---

[9] Der Einfachheit halber werden die Pauli-Matrizen oft „Spinmatrizen" und ihre Eigenwerte „Spins" genannt. Aus dem Zusammenhang sollte hervorgehen, ob damit die Matrizen $\hat{S}_k$ oder $\hat{\sigma}_k$ gemeint sind.

Die folgenden zwei Beispiele sind wichtig für das Verständnis des Messprozesses. Aufeinander folgende Messungen von zwei (evtl. nicht kommutierenden) Observablen lassen sich am verständlichsten mit den einfachen Spinmatrizen erklären. (Zwei sehr ähnliche Beispiele wurden bereits in Abschn. „8.1 Der Messprozess" besprochen.)

 **Beispiel 12.3–1 Messung von zwei kommutierenden Observablen**

Wir betrachten in einem zweidimensionalen Hilbertraum zwei hermitesche Matrizen:

$$\hat{A} = \hat{\sigma}_1 = \begin{pmatrix} 0 & 1 \\ 1 & 0 \end{pmatrix} \qquad \hat{B} = \begin{pmatrix} 1 & 1 \\ 1 & 1 \end{pmatrix} \qquad \text{mit} \qquad \left[\hat{A}, \hat{B} \right] = 0$$

Die Matrizen $\hat{A}, \hat{B}$ vertauschen und haben zwei gemeinsame, orthogonale Eigenvektoren:

$$|a_1\rangle = |b_1\rangle = \frac{1}{\sqrt{2}} \begin{pmatrix} 1 \\ 1 \end{pmatrix} \qquad \text{mit den Eigenwerten} \qquad a_1 = 1 \qquad b_1 = 2 \qquad (12.3\text{–}13a)$$

$$\text{und } |a_2\rangle = |b_2\rangle = \frac{1}{\sqrt{2}} \begin{pmatrix} 1 \\ -1 \end{pmatrix} \qquad \text{mit den Eigenwerten} \qquad a_2 = -1 \qquad b_2 = 0 \qquad (12.3\text{–}13b)$$

a) Ein System befindet sich im normierten Zustand

$$|\chi\rangle = \frac{1}{3} |a_1\rangle + \frac{\sqrt{8}}{3} |a_2\rangle \qquad (12.3\text{–}14)$$

Welche Messwerte treten bei der Messung von $\hat{A}$ mit welchen Wahrscheinlichkeiten auf?

b) Wie groß ist die gesamte Wahrscheinlichkeit, bei der Messung von $\hat{A}$ den Wert $a_1 = 1$ und bei der unmittelbar anschließenden Messung von $\hat{B}$ den Wert $b_2 = 2$ zu erhalten? Wie lautet die Wellenfunktion nach diesen beiden Messungen?

c) Wir beginnen wieder mit dem Zustand $|\chi\rangle$ und messen dieses Mal in umgekehrter Reihenfolge, also zuerst $\hat{B}$ und dann $\hat{A}$. Wie groß ist nun die Wahrscheinlichkeit, die Messwerte $b_1 = 2$ und anschließend $a_1 = 1$ zu finden? In welchen Zustand ist das System nach den beiden Messungen?

Lösung:

a) Mit den Wahrscheinlichkeiten $1/9$ und $8/9$ werden die Werte $a_1 = 1$ und $a_2 = -1$ gemessen.

b) Nach der Messung des Eigenwertes $a_1 = 1$ ist das System im Zustand $|a_1\rangle = |b_1\rangle$. Die Messung der Observablen $\hat{B}$ liefert *mit Sicherheit* den Eigenwert $b_1 = 2$. (Der Eigenwert $b_2 = 0$ wird in keinem Fall gemessen.) Die gesamte Wahrscheinlichkeit für diese beiden Ergebnisse beträgt **1/9**. Am Ende befindet sich das System immer noch im Zustand $|a_1\rangle = |b_1\rangle$.

c) Wir erhalten dieselbe Gesamtwahrscheinlichkeit **1/9** und nach der zweiten Messung denselben Zustand $|a_1\rangle = |b_1\rangle$.

Das vorangehende Beispiel 12.3–1 bestätigt das bereits in Abschn. 8.1 aufgestellte

Fazit: Die Reihenfolge der Messungen von zwei kommutierenden Observablen hat keinen Einfluss auf die Ergebnisse und die zweite Messung ändert den Zustand, den eine erste Messung mit nicht entarteten Eigenwerten aufgebaut hat, nicht mehr. Daher gehen die Informationen, die die erste Messung geliefert hat, bei der zweiten Messung nicht verloren.

Man sagt: Kommutierende Observable sind **„gleichzeitig messbar"**.

Beispiel 12.3–2 Messung von zwei nicht kommutierenden Observablen

Wir untersuchen an Hand der beiden *nicht kommutierenden* Pauli-Matrizen $\hat{\sigma}_2, \hat{\sigma}_3$ dieselben Fragen, die wir im vorangehenden Beispiel für zwei *kommutierende* Operatoren gelöst haben. Die Ortsabhängigkeit der Wellenfunktionen lassen wir wieder außer Acht.

Wasserstoffatome im Grundzustand ($n=1; l=0$) fliegen auf der x-Achse nacheinander durch mehrere Stern-Gerlach-Magnete, die um die x-Achse gedreht werden können. Ihr Spinzustand vor dem Einflug in den ersten Magnet ist

$$| \chi \rangle = \begin{pmatrix} \alpha \\ \beta \end{pmatrix} = \alpha \, | z, + \rangle + \beta \, | z, - \rangle \qquad \text{mit} \qquad |\alpha|^2 + |\beta|^2 = 1$$

a) Der erste Stern-Gerlach-Magnet ist in z-Richtung ausgerichtet. Wie groß ist die Wahrscheinlichkeit $p(z,+1)$, für die Pauli-Matrix $\hat{\sigma}_3$ den Eigenwert $+1$ zu messen und wie lautet der Zustand nach der ersten Messung?

b) Hinter dem ersten Magnet steht ein zweiter Stern-Gerlach-Magnet, der in die y-Richtung ausgerichtet ist. Wie groß sind unter der Bedingung, dass die vorangehende $\hat{\sigma}_3$–Messung den Eigenwert $+1$ lieferte, die bedingten Wahrscheinlichkeiten $p(y, \pm 1 | z, +1)$, bei der Messung der Pauli-Matrix $\hat{\sigma}_2$ den Eigenwert ± 1 zu finden und wie lautet der Zustand $| \chi_{32} \rangle$ danach?

c) Welche Messwerte treten auf, falls in einer dritten Messung erneut der Operator $\hat{\sigma}_2$ oder der Operator $\hat{\sigma}_3$ gemessen wird?

d) Wir betrachten erneut das System im Ausgangszustand $| \chi \rangle$ mit $\alpha = 3/5$, $\beta = i \cdot 4/5$. Wir messen in umgekehrter Reihenfolge zuerst $\hat{\sigma}_2$ und dann $\hat{\sigma}_3$. Wie groß ist die Wahrscheinlichkeit, in beiden Messungen den Eigenwert $+1$ zu erhalten und wie lautet der Zustand am Ende?

Lösung:

a) Die Wahrscheinlichkeit, für $\hat{\sigma}_3$ den Eigenwert $+1$ zu messen, ist $p(z,+1) = |\alpha|^2$. Danach ist das Wasserstoffatom im Zustand

$$| \chi_3 \rangle = | z, + \rangle = \begin{pmatrix} 1 \\ 0 \end{pmatrix}$$

Nach der Messung von $\hat{\sigma}_3$ „erinnert" sich das Atom nicht an den Zustand vor der $\hat{\sigma}_3$ – Messung.

b) Nach Gl. (8.1–3) lässt sich die Wahrscheinlichkeit für einen Messwert sehr einfach mit dem Skalarprodukt berechnen:

$$p\big(y, \pm 1 | z, +1\big) = \big| \langle y, \pm | \chi_3 \rangle \big|^2 = \left| \frac{1}{\sqrt{2}} (1 \ \mp i) \begin{pmatrix} 1 \\ 0 \end{pmatrix} \right|^2 = \frac{1}{2}$$

Beachte die Komplexkonjugation im Bra $\langle y, \pm |$.

Die bedingte Wahrscheinlichkeit, mit beiden Magneten jeweils den Eigenwert $+1$ zu messen, beträgt also $|\alpha|^2/2$. Nach der zweiten Messung mit dem Messwert ± 1 ist das Atom im Zustand

$$|\chi_{32}\rangle = |y,\pm\rangle = \frac{1}{\sqrt{2}}\begin{pmatrix} 1 \\ \pm i \end{pmatrix}$$

c) Falls man in einer dritten Messung nochmals den Operator $\hat{\sigma}_2$ misst, so erhält man mit Sicherheit denselben Messwert wie zuvor und der Zustand des Atoms ändert sich nicht.

Falls man aber in der dritten Messung mit einem in z-Richtung ausgerichteten Magneten erneut den Operator $\hat{\sigma}_3$ misst, so lauten die Wahrscheinlichkeiten, die Messwerte ± 1 zu finden (mit den neuen Zuständen $|z,\pm 1\rangle$):

$$\left| \langle z,+ \,|\, y,\pm \rangle \right|^2 = \left| (1 \ \ 0) \frac{1}{\sqrt{2}} \begin{pmatrix} 1 \\ \pm i \end{pmatrix} \right|^2 = \frac{1}{2} \tag{12.3--15a}$$

$$\text{und} \ \ \left| \langle z,- \,|\, y,\pm \rangle \right|^2 = \left| (0 \ \ 1) \frac{1}{\sqrt{2}} \begin{pmatrix} 1 \\ \pm i \end{pmatrix} \right|^2 = \frac{1}{2} \tag{12.3--15b}$$

d) Die Wahrscheinlichkeit, bei der $\hat{\sigma}_2-$Messung den Eigenwert ± 1 zu finden, lautet

$$\left| \langle y,\pm \,|\, \chi \rangle \right|^2 = \left| \frac{1}{\sqrt{2}} \left(1 \ \ \mp i \right) \cdot \frac{1}{5} \begin{pmatrix} 3 \\ 4i \end{pmatrix} \right|^2 = \frac{1}{50} (3 \pm 4)^2 = \begin{cases} 0{,}98 \\ 0{,}02 \end{cases}$$

Die Wahrscheinlichkeit der anschließenden $\hat{\sigma}_3-$Messung wurde in Gl. (12.3–15a) berechnet.

Endergebnis: Die Wahrscheinlichkeit, in beiden aufeinander folgenden Messungen den Eigenwert $+1$ zu messen, beträgt $0{,}98 \cdot 0{,}5 = 0{,}49$. Das ist ein anderes Ergebnis als in Teil b) des Beispiels; dort erhielten wir mit $\alpha = 3/5$ die Wahrscheinlichkeit $9/25 \cdot 0{,}5 = 0{,}18$.

Unmittelbar nach den beiden Messungen in Teil d) befindet sich das Teilchen im Zustand $|z,+\rangle$. Dieser Zustand stimmt nicht mit dem Endzustand in Teil b) des Beispiels überein.

Auch dieses Beispiel 12.3–2 bestätigt das bereits in Abschn. 8.1 aufgestellte

Fazit: Bei der Messung von zwei nicht kommutierenden Observablen hängen die Ergebnisse von der Reihenfolge der Messungen ab. Bei der zweiten Messung wird der Zustand, den die erste Messung aufgebaut hat, geändert. Daher verlieren die Informationen der ersten Messung ihre Gültigkeit und werden für die Zukunft des Quantenobjekts bedeutungslos.

Nicht kommutierende Observable sind „**nicht gleichzeitig messbar**".

12.4 Magnetisches Moment des Spins

Im Abschn. 12.3 haben wir nur die Spinmatrizen, ihre Eigenwerte und Eigenvektoren berechnet. Die physikalische Bedeutung des Spins wurde bislang nur angedeutet und rückt jetzt in den Vordergrund. Die Wichtigkeit des Spins beruht vor allem auf drei Säulen:

- Nach Kap. 16 entscheidet die Größe des Spins darüber, ob die Wellenfunktionen identischer Teilchen unter Teilchenvertauschungen symmetrisch oder antisymmetrisch sind. *Bei halbzahligen Spins gilt das Pauli-Verbot*, das einen ganz entscheidenden Einfluss auf den Aufbau des Periodensystems hat.

- Wir werden bald sehen, dass das magnetische Moment μ von Teilchen und seine Wechselwirkung mit Magnetfeldern vom Teilchenspin abhängen. *Über diese Wechselwirkung geht der Spin in den Hamiltonoperator ein.*

- Die magnetischen Spinmomente sind für den Ferromagnetismus verantwortlich.

Zwischen dem Bahndrehimpulsoperator $\hat{\mathbf{L}}$ eines Elektrons und dem Operator $\hat{\mu}$ des dadurch verursachten magnetischen Momentes besteht der Zusammenhang

$$\hat{\mu}_{\text{Bahn}} \underset{\text{Gl. (11.2–7)}}{=} -\frac{e_0}{2\,m_{\text{e}}}\,\hat{\mathbf{L}} \tag{12.4–1}$$

Für das magnetische Moment des Spins gilt eine ähnliche Beziehung[10]:

$$\hat{\mu}_{\text{Spin}} = -g\,\frac{e_0}{2\,m_{\text{e}}}\,\hat{\mathbf{S}} \tag{12.4–2}$$

Der sog. **Landé-Faktor** oder **gyromagnetische Faktor** g – oft auch einfach **g-Faktor** genannt – kann mit der nichtrelativistischen Quantenmechanik nicht ermittelt werden. Das ist verständlich, da wir den Spin zuvor künstlich eingeführt haben.[11] Aber die Dirac-Theorie, die relativistische Quantentheorie für Spin-1/2-Teilchen, gibt den guten Wert

$$g_{\text{Elektron, Dirac}} = 2,0 \tag{12.4–3a}$$

---

[10] Der Zusammenhang $\mu = q\mathbf{L}/(2m)$ zwischen *Bahn*drehimpuls $\mathbf{L}$ und magnetischem Moment μ wurde in Abschn. 11.2 im Rahmen der klassischen Physik aufgestellt. Da der Spin kein klassisches Analogon hat, müssen wir die Gl. (12.4–2) aus den Experimenten ableiten oder auf die relativistische Dirac-Theorie verweisen, die die Gl. (12.4–2) beinhaltet und den (fast) korrekten gyromagnetischen Faktor $g = 2$ liefert.

[11] Obwohl der Spin keine mechanische Eigendrehung im Raum beschreibt, kann er gelegentlich wie ein mechanischer Drehimpuls agieren und sogar – überraschend – den Drehimpuls-Erhaltungssatz für makroskopische Körper sicherstellen. Dies zeigt der **Einstein-de-Haas-Effekt** aus dem Jahre 1915. 1915 dachte noch Niemand an den Spin und der Magnetismus wurde nach einem Postulat von Ampère (1822) auf mikroskopische Ringströme zurückgeführt.

1913 wurden im Bohrschen Atommodell Kreisbahnen der Elektronen postuliert. Die naheliegende Vermutung, dass die umlaufenden Elektronen die Ampèreschen Ringströme erzeugen, sollte mit dem Einstein-de-Haas-Versuch bestätigt werden: Ein Weicheisenstab hängt in einer senkrecht stehenden, von Wechselstrom durchflossenen Spule an einem dünnen Torsionsfaden. Da die Drehung von Faden und Stab sehr klein ist, wird das Drehpendel mit seiner Resonanzfrequenz angeregt und am Faden ein kleiner Spiegel für einen Lichtzeiger angebracht.

Das wechselnde, vertikale Magnetfeld der ruhenden Spule verursacht eine ständige Ummagnetisierung des Stabes. Dabei klappen die atomaren magnetischen Momente und damit auch die atomaren Drehimpulse des Stabes ständig im Takt des Wechselstromes um und richten sich abwechselnd parallel und antiparallel zur vertikalen z-Achse aus. Wegen der Erhaltung der vertikalen Komponente des Gesamt-Drehimpulses gerät der Stab in Drehung und wegen des Wechselstroms sogar in eine Dreh-Schwingung. Die damaligen Messwerte für den g-Faktor lagen zwischen 1,02 und 1,45 und waren daher so schlecht, dass de-Haas und Einstein aus den Messwerten den erwünschten Wert $g = 1$ ableiteten und damit die Ampèresche Theorie als bestätigt ansahen. Heute wissen wir, dass der Ferromagnetismus durch die magnetischen Momente der Spins erzeugt wird und der Einstein-de-Haas-Effekt bestätigt bei genauen Messungen $g \approx 2$.

Die Quantenelektrodynamik liefert den besseren Wert

$$g_{\text{Elektron,QED}} = 2{,}002\,319\,304\,8(8) \tag{12.4–3b}$$

Hoch präzise (g-2)-Experimente (in Worten: g minus zwei Experimente) ergeben

$$g_{\text{Elektron,gemessen}} = 2{,}002\,319\,304\,361\,82(52) \tag{12.4–3c}$$

Die eingeklammerten Ziffern 8 und 52 bezeichnen die Unsicherheit in der letzten bzw. in den letzten zwei Stellen. Theoretischer und gemessener Wert stimmen innerhalb der Unsicherheiten überein.[12]

Der Wechselwirkungsoperator für Elektronen in homogenen Magnetfeldern **B** lautet nach Gl. (11.2–9)

$$\hat{V} = -\hat{\boldsymbol{\mu}}_{\text{Bahn}} \cdot \mathbf{B} \begin{pmatrix} 1 & 0 \\ 0 & 1 \end{pmatrix} - \hat{\boldsymbol{\mu}}_{\text{Spin}} \cdot \mathbf{B} = \frac{e_0}{2\,m_{\text{e}}} \left[\hat{\mathbf{L}} \cdot \mathbf{B} \begin{pmatrix} 1 & 0 \\ 0 & 1 \end{pmatrix} + 2\,\hat{\mathbf{S}} \cdot \mathbf{B} \right] \tag{12.4–4}$$

Für den häufigen Fall $\mathbf{B} = B\,\mathbf{e}_z$ folgt mit Gl. (9.3–1c)

$$\hat{V} = \frac{e_0\,B}{2\,m_{\text{e}}} \left[\frac{\hbar}{i} \frac{\partial}{\partial\varphi} \begin{pmatrix} 1 & 0 \\ 0 & 1 \end{pmatrix} + \hbar \begin{pmatrix} 1 & 0 \\ 0 & -1 \end{pmatrix} \right] \tag{12.4–4’}$$

Die Energien der beiden Spinzustände $|z,\pm\rangle$ unterscheiden sich im homogenen Magnetfeld $\mathbf{B} = B\mathbf{e}_z$ um

$$\frac{e_0\,B}{2\,m_{\text{e}}} 2\hbar = \frac{e_0\,\hbar}{m_{\text{e}}} B \tag{12.4–5}$$

Andere Elementarteilchen haben andere Landé-Faktoren. Experimente liefern die Werte

$$g_{\text{Proton}} = 5{,}585\,694\,702(17) \qquad\qquad g_{\text{Neutron}} \approx -3{,}826\,085\,45(90)$$

Das elektrisch neutrale Neutron hat wegen seiner inneren Ladungsverteilung ein magnetisches Moment. Die g Faktoren von Proton und Neutron weisen darauf hin, dass diese Teilchen aus geladenen Teilchen (Quarks) zusammengesetzt sind.

Die magnetischen Momente sind indirekt proportional zur Masse der Teilchen. Der Bruch $e_0/(2m)$ ist bei Protonen und Neutronen etwa 1840 mal kleiner als bei Elektronen.

Wir werden auf die Wechselwirkung zwischen Spin und Magnetfeld bei der Spin-Bahn-Kopplung in Abschn. 14.4 und beim Zeeman-Effekt in Abschn. 14.5 zurückkommen.

Beispiel 12.4–1 Spinpräzession im homogenen Magnetfeld

In diesem Beispiel wird die Präzession des Erwartungswertes des Elektronenspins im homogenen Magnetfeld berechnet. Diese Präzession gleicht der nutationsfreien Präzession eines klassischen Kreisels im homogenen Schwerefeld (siehe [Kuypers], Beispiel 12.6–1). Daher stellt man sich gelegentlich

---

[12] Mit dem sog. „gyromagnetischen Verhältnis"

$$\gamma := g\frac{q}{2m} = \begin{cases} q/(2m) & \text{für den Bahndrehimpuls } (g=1) \\ q/m & \text{für den Spin } (g=2) \end{cases}$$

lassen sich die Gln. (12.4–1/2) kurz schreiben: $\quad \hat{\boldsymbol{\mu}}_{\text{Bahn}} = \gamma\,\hat{\mathbf{L}} \qquad\qquad \hat{\boldsymbol{\mu}}_{\text{Spin}} = \gamma\,\hat{\mathbf{S}} \tag{12.4–1’/2’}$

Teilchen mit Spin und magnetischem Moment als *kleine, rotierende* Stabmagnete vor, deren Energie von der Ausrichtung im Magnetfeld abhängt. Dieses behelfsweise, klassische Bild ist aber – wie bereits früher betont – streng gssenommen nicht korrekt.

Ein Wasserstoffatom im Grundzustand befindet sich im *homogenen* Magnetfeld $\mathbf{B} = B\mathbf{e}_z$. Wegen $l = 0$ ist $\hat{\mathbf{L}} \cdot \mathbf{B}\,\psi_{100}(r) = B\hat{L}_3\,\psi_{100}(r) = 0$, so dass die Ortsabhängigkeit der Wellenfunktion durch $\mathbf{B}$ nicht geändert und daher außer Acht gelassen wird.

Der Anfangszustand des Elektronenspins sei

$$|\chi(0)\rangle = \begin{pmatrix} \alpha(0) \\ \beta(0) \end{pmatrix} \qquad \text{mit reellen Koeffizienten } \alpha(0), \beta(0) \qquad (12.4\text{--}6)$$

Wegen der Normierung $|\alpha(0)|^2 + |\beta(0)|^2 = 1$ lässt sich der Anfangszustand schreiben als[13]

$$|\chi(0)\rangle = \begin{pmatrix} \cos(\vartheta/2) \\ \sin(\vartheta/2) \end{pmatrix} \qquad\qquad (12.4\text{--}6')$$

a) Berechne $|\chi(t)\rangle = \begin{pmatrix} \alpha(t) \\ \beta(t) \end{pmatrix}$.

b) Wie groß ist die Energiedifferenz ΔE der beiden Spinzustände $|z, \pm\rangle$?

c) Berechne die Zeitentwicklung der Erwartungswerte der Komponenten des Spinoperators.

d) Interpretiere die Ergebnisse.

Lösung:

a) Der Operator der Wechselwirkungsenergie zwischen dem magnetischen Moment des Elektronenspins und dem äußeren Magnetfeld lautet nach Gl. (12.4–4)

$$\hat{H}_{\text{Spin}} = -\hat{\boldsymbol{\mu}}_{\text{Spin}} \cdot \mathbf{B} = g\,\frac{e_0}{2m_e}\,\hat{\mathbf{S}} \cdot \mathbf{B} \underset{\underset{g=2}{\uparrow}}{=} \frac{e_0\,\hbar}{2m_e}\,\hat{\boldsymbol{\sigma}} \cdot \mathbf{B} = \frac{e_0\,\hbar B}{2m_e} \begin{pmatrix} 1 & 0 \\ 0 & -1 \end{pmatrix} \qquad (12.4\text{--}7)$$

Zur Abkürzung definieren wir die **Larmor-Frequenz**

$$\omega_{\text{L}} := \frac{e_0\,B}{2m_e} \approx 8{,}8 \cdot 10^{10}\,\frac{\text{rad}}{\text{s}}\,\frac{B}{\text{T}} \qquad (1\text{ T} = 1\text{ Tesla}) \qquad (12.4\text{--}8)$$

Sie ist halb so groß wie die Zyklotronfrequenz $e_0\,B/m_e$ und liegt für Elektronen in sehr starken Magnetfeldern im THz-Bereich. Die zeitabhängige Schrödinger-Gl. des Spins besteht aus zwei linearen, nicht gekoppelten Dgln. für $\alpha(t), \beta(t)$:

$$i\hbar\,\frac{d}{dt}\,|\chi(t)\rangle = i\hbar\,\frac{d}{dt} \begin{pmatrix} \alpha(t) \\ \beta(t) \end{pmatrix} = \frac{e_0\,\hbar B}{2m_e} \begin{pmatrix} 1 & 0 \\ 0 & -1 \end{pmatrix} \begin{pmatrix} \alpha(t) \\ \beta(t) \end{pmatrix} = \hbar\,\omega_{\text{L}} \begin{pmatrix} \alpha(t) \\ -\beta(t) \end{pmatrix} \qquad (12.4\text{--}9)$$

$$\Rightarrow \quad |\chi(t)\rangle = \begin{pmatrix} \alpha(t) \\ \beta(t) \end{pmatrix} = \begin{pmatrix} e^{-i\,\omega_{\text{L}}\,t}\,\cos(\vartheta/2) \\ e^{+i\,\omega_{\text{L}}\,t}\,\sin(\vartheta/2) \end{pmatrix} \qquad (12.4\text{--}10)$$

---

[13] Die *Zulässigkeit* der Gl. (12.4–6') ergibt sich aus der Normierung. Aber der *Grund* für die Aufstellung dieser Gl. und damit die Bedeutung des Winkels ϑ werden erst in der Lösung verständlich.

$|\chi(t)\rangle$ *ist eine Überlagerung von Spin-up- und Spin-Down-Zustand* mit den Energien $\pm\hbar\omega_L$.

$$|\langle z,+|\chi(t)\rangle|^2 = |\alpha(t)|^2 = |\alpha(0)|^2$$

und $\quad|\langle z,-|\chi(t)\rangle|^2 = |\beta(t)|^2 = |\beta(0)|^2$

sind die zwei Wahrscheinlichkeiten, den Elektronenspin bei einer Messung von $\hat{S}_3$ im Zustand $|z,+\rangle$ bzw. $|z,-\rangle$ vorzufinden. Wegen der Zeit*un*abhängigkeit dieser Wahrscheinlichkeiten klappt der Elektronenspin nicht zwischen den Zuständen $|z,\pm\rangle$ hoch und runter.[14]

b) Die zeitunabhängige Schrödinger-Gl.

$$\hat{H}_{\mathrm{Spin}}\begin{pmatrix}\alpha\\\beta\end{pmatrix} = \frac{e_0\,\hbar}{2\,m_e}\,\hat{\boldsymbol{\sigma}}\cdot\mathbf{B}\begin{pmatrix}\alpha\\\beta\end{pmatrix} = \hbar\,\omega_L\begin{pmatrix}1&0\\0&-1\end{pmatrix}\begin{pmatrix}\alpha\\\beta\end{pmatrix} = \hbar\,\omega_L\begin{pmatrix}\alpha\\-\beta\end{pmatrix} = E\begin{pmatrix}\alpha\\-\beta\end{pmatrix}$$

hat die beiden Lösungen $|z,\pm\rangle$ mit den Energien $\pm\hbar\,\omega_L$. Ihre Energiedifferenz lautet

$$\Delta E = 2\,\hbar\,\omega_L = \frac{e_0\,\hbar\,B}{m_e} \qquad\text{für}\quad g=2 \tag{12.4–11}$$

c) Der Erwartungswert von $\hat{S}_1$ ist

$$\langle\hat{S}_1\rangle = \begin{pmatrix}\alpha^*(t)&\beta^*(t)\end{pmatrix}\cdot\frac{\hbar}{2}\begin{pmatrix}0&1\\1&0\end{pmatrix}\cdot\begin{pmatrix}\alpha(t)\\\beta(t)\end{pmatrix} = \frac{\hbar}{2}\left(\alpha^*(t)\,\beta(t) + \beta^*(t)\,\alpha(t)\right)$$

Achtung: Die Komplexkonjugation im Zeilenvektor (bzw. im Bra) wird oft vergessen.

Mit $\cos(\vartheta/2)\sin(\vartheta/2) = 1/2\cdot\sin\vartheta$ folgt

$$\langle\hat{S}_1\rangle = \frac{\hbar}{2}\sin\vartheta\,\cos(2\omega_L\,t) \tag{12.4–12a}$$

Weiterhin finden wir in gleicher Weise

$$\langle\hat{S}_2\rangle = \frac{\hbar}{2}\sin\vartheta\,\sin(2\omega_L\,t) \tag{12.4–12b}$$

$$\langle\hat{S}_3\rangle = \begin{pmatrix}\alpha^*(t)&\beta^*(t)\end{pmatrix}\cdot\frac{\hbar}{2}\begin{pmatrix}1&0\\0&-1\end{pmatrix}\cdot\begin{pmatrix}\alpha(t)\\\beta(t)\end{pmatrix} = \frac{\hbar}{2}\left(\alpha^*(t)\,\alpha(t) - \beta^*(t)\,\beta(t)\right)$$

Mit $\cos^2(\vartheta/2) - \sin^2(\vartheta/2) = \cos\vartheta$ ergibt sich

$$\langle\hat{S}_3\rangle = \frac{\hbar}{2}\cos\vartheta \tag{12.4–12c}$$

$\hat{S}_3$ ist eine Erhaltungsgröße wegen $[\hat{H},\hat{S}_3]=0$. Insgesamt erhalten wir:

$$\langle\hat{\mathbf{S}}\rangle = \frac{\hbar}{2}\begin{pmatrix}\sin\vartheta\,\cos(2\omega_L\,t)\\\sin\vartheta\,\sin(2\omega_L\,t)\\\cos\vartheta\end{pmatrix} \tag{12.4–13}$$

d) Nach Gl. (12.4–13) *präzediert der Spin-Erwartungswert* $\langle\hat{\mathbf{S}}\rangle$ *mit der doppelten Larmor-Frequenz* $2\omega_L$ – also mit der Zyklotronfrequenz $e_0\,B/m_e$ – *auf einem Kreiskegel mit dem konstanten Öffnungswinkel ϑ um das homogene, zeitunabhängige Magnetfeld* $\mathbf{B}=B\,\mathbf{e}_z$. $2\hbar\,\omega_L$ ist die Energiedifferenz ΔE der beiden Spinzustände $|z,\pm\rangle$. Der Erwartungswert des Spins verhält

---

[14] Nach Aufgabe 12–12 treten aber Umklapp-Prozesse zwischen den zwei Zuständen $|x,\pm\rangle$ und zwischen den zwei Zuständen $|y,\pm\rangle$ auf. Die Frequenz der Umklapp-Prozesse ist $2\omega_L$.

sich im homogenen Magnetfeld wie ein klassischer, symmetrischer Kreisel im homogenen Schwerefeld – abgesehen von der fehlenden Nutation.

Wir verstehen jetzt, warum die Silberatome beim Stern-Gerlach-Versuch nicht in y-Richtung abgelenkt werden: Das zeitliche Mittel des schnell schwankenden Erwartungswertes $\langle \hat{S}_2 \rangle$ und damit auch das zeitliche Mittel des Erwartungswertes $\langle \mu_y \rangle$ verschwinden (siehe die Gln. (12.2–3/4).)

In Aufgabe 12–11 wird die Spinpräzession im homogenen Magnetfeld $\mathbf{B} = B\mathbf{e}_z$ mit dem Ehrenfestschen Theorem berechnet. Nach Aufgabe „12–14 Spinresonanz und MRT" klappen oszillierende Magnetfelder, die senkrecht auf einem homogenen, zeitunabhängigen Magnetfeld stehen, den Spin periodisch in der Zeit um.

12.5 Wellenfunktionen mit Spin

Die Wellenfunktionen $\psi(\mathbf{r},t)$ müssen nun zu zweikomponentigen Wellenfunktionen, sog. **Spinorwellenfunktionen** erweitert werden, die im Hilbertraum $\mathcal{H} = L^2(\mathbb{R}^3) \otimes \mathbb{C}^2$ liegen. Wenn zwischen Ort und Spin keine Wechselwirkung auftritt, wenn also der Hamiltonoperator $\hat{H}$ aus einem Summand besteht, der nur Orts-, Impuls- und Bahndrehimpulsoperatoren enthält, und aus einem zweiten Summand, der nur Spinoperatoren hat, dann ist die Spinorwellenfunktion ein **Tensorprodukt** (direktes Produkt) aus einem Orts- und einem Spinzustand:

$$| \psi \rangle = \psi(\mathbf{r},t) \otimes \chi(t) \underset{\underset{\text{Kurzschreibweise}}{\uparrow}}{=} \psi(\mathbf{r},t)\,\chi(t) \tag{12.5–1a}$$

Das Tensorprodukt ist das Produkt von zwei Zuständen aus *zwei verschiedenen Hilberträumen*, nämlich dem Bahn-Hilbertraum und dem Spin-Hilbertraum.

Bei einer Wechselwirkung zwischen Ort und Spin ist eine *allgemeine* Spinorwellenfunktion anzusetzen. Sie ist eine Linearkombination:

$$| \psi \rangle = \psi_+(\mathbf{r},t) \begin{pmatrix} 1 \\ 0 \end{pmatrix} + \psi_-(\mathbf{r},t) \begin{pmatrix} 0 \\ 1 \end{pmatrix} = \begin{pmatrix} \psi_+(\mathbf{r},t) \\ \psi_-(\mathbf{r},t) \end{pmatrix} \tag{12.5–1b}$$

Das Skalarprodukt der Spinorwellenfunktionen lautet

$$\langle \varphi | \psi \rangle = \int d^3r \, \left(\varphi_+^*(\mathbf{r},t) \quad \varphi_-^*(\mathbf{r},t) \right) \begin{pmatrix} \psi_+(\mathbf{r},t) \\ \psi_-(\mathbf{r},t) \end{pmatrix} =$$
$$= \int d^3r \left[\varphi_+^*(\mathbf{r},t)\,\psi_+(\mathbf{r},t) + \varphi_-^*(\mathbf{r},t)\,\psi_-(\mathbf{r},t) \right] \tag{12.5–2}$$

Die Wahrscheinlichkeitsdichte

$$| \psi(\mathbf{r},t) |^2 = | \psi_+(\mathbf{r},t) |^2 + | \psi_-(\mathbf{r},t) |^2 \tag{12.5–3}$$

führt auf die Normierungsbedingung

$$\| \psi \|^2 = \langle \psi \mid \psi \rangle = \int d^3r \left[\mid \psi_+(\mathbf{r},t) \mid^2 + \mid \psi_-(\mathbf{r},t) \mid^2 \right] \stackrel{!}{=} 1 \qquad (12.5\text{--}3\text{'})$$

Die zeitabhängige Schrödinger-Gl. für Elektronen im *homogenen* Magnetfeld $\mathbf{B}$ und im Potential $V(\mathbf{r},t)$ lautet nach Gl. (12.4–4)

$$i\hbar \begin{pmatrix} \dot{\psi}_+(\mathbf{r},t) \\ \dot{\psi}_-(\mathbf{r},t) \end{pmatrix} = \left[\left(-\frac{\hbar^2 \Delta}{2\,m_\mathrm{e}} + V(\mathbf{r},t) + \frac{e_0}{2\,m_\mathrm{e}}\,\hat{\mathbf{L}}\cdot\mathbf{B} \right) \begin{pmatrix} 1 & 0 \\ 0 & 1 \end{pmatrix} + \frac{e_0}{m_\mathrm{e}}\,\hat{\mathbf{S}}\cdot\mathbf{B} \right] \begin{pmatrix} \psi_+(\mathbf{r},t) \\ \psi_-(\mathbf{r},t) \end{pmatrix} \qquad (12.5\text{--}4)$$

In dieser sog. **Pauli-Gl.** werden kleinere Beiträge vernachlässigt – wie z. B. die Spin-Bahn-Kopplung und der Diamagnetismus, der proportional zu B^2 ist (siehe Beispiel 11.2–1).

Beispiel 12.5–1 Wahrscheinlichkeiten

Ein Elektron befindet sich im normierten Spinzustand

$$\mid \psi_\mathrm{Anf} \rangle = \begin{pmatrix} \psi_+(\mathbf{r},t) \\ \psi_-(\mathbf{r},t) \end{pmatrix}$$

Nenne die Bedeutung der folgenden drei Ausdrücke:

a) $\mid \psi_+(\mathbf{r},t) \mid^2 d^3r$ $\qquad\qquad\qquad\qquad\qquad\qquad\qquad\qquad$ (12.5–5a)

b) $\left[\mid \psi_+(\mathbf{r},t) \mid^2 + \mid \psi_-(\mathbf{r},t) \mid^2 \right] d^3r$ $\qquad$ **c)** $\int d^3r \mid \psi_+(\mathbf{r},t) \mid^2$ $\qquad$ (12.5–5b/c)

d) Wie groß ist die Wahrscheinlichkeit, das Elektron im Zustand $\mid\psi_\mathrm{Anf}\rangle$ bei einer Ortsmessung an der Stelle $\mathbf{r}$ im Volumen d^3r zu finden und bei einer Messung von $\hat{S}_1$ den Eigenwert $+\hbar/2$ zu finden?

e) Wie lautet die Spinorwellenfunktion, nachdem am Zustand $\mid\psi_\mathrm{Anf}\rangle$ der Spin in positiver x-Richtung gemessen wurde?

Lösung:

a) Wahrscheinlichkeit, das Elektron bei einer Ortsmessung zur Zeit t an der Stelle $\mathbf{r}$ im Volumen d^3r zu finden und bei einer Messung von $\hat{S}_3$ den Messwert $+\hbar/2$ zu erhalten.

b) Wahrscheinlichkeit, das Elektron zur Zeit t an der Stelle $\mathbf{r}$ im Volumen d^3r zu finden – mit irgendeinem Spin.

c) Wahrscheinlichkeit, dass das Elektron irgendwo im Spin-up-Zustand zu finden.

d) Nach Gl. (12.3–11a) lauten die Eigenvektoren von $\hat{S}_1$ zu den Eigenwerten $\pm\hbar/2$

$$\mid x, \pm \rangle = \frac{1}{\sqrt{2}} \begin{pmatrix} 1 \\ \pm 1 \end{pmatrix}$$

Nach Gl. (8.1–3) müssen wir folgendes Skalarprodukt im Spinraum berechnen:

$$\langle x,+ \mid \psi_\mathrm{Anf} \rangle = \frac{1}{\sqrt{2}} \begin{pmatrix} 1 & 1 \end{pmatrix} \cdot \begin{pmatrix} \psi_+(\mathbf{r},t) \\ \psi_-(\mathbf{r},t) \end{pmatrix} = \frac{1}{\sqrt{2}} \left[\psi_+(\mathbf{r},t) + \psi_-(\mathbf{r},t) \right]$$

Die gefragte Wahrscheinlichkeit ist das Betragsquadrat des Skalarproduktes mal d^3r:

$$\left|\langle x,+|\psi_{\mathrm{Anf}}\rangle\right|^2 d^3r = \frac{1}{2}\left|\psi_+(\mathbf{r},t)+\psi_-(\mathbf{r},t)\right|^2 d^3r$$

e) Wir schreiben $|\psi_{\mathrm{Anf}}\rangle$ als Linearkombination der beiden Eigenvektoren $|x,\pm\rangle$ von $\hat{S}_1$:

$$|\psi_{\mathrm{Anf}}\rangle = \begin{pmatrix}\psi_+(\mathbf{r},t)\\ \psi_-(\mathbf{r},t)\end{pmatrix} = \frac{\psi_+(\mathbf{r},t)+\psi_-(\mathbf{r},t)}{\sqrt{2}}\frac{1}{\sqrt{2}}\begin{pmatrix}1\\1\end{pmatrix} + \frac{\psi_+(\mathbf{r},t)-\psi_-(\mathbf{r},t)}{\sqrt{2}}\frac{1}{\sqrt{2}}\begin{pmatrix}1\\-1\end{pmatrix}$$

Daher lautet die Wellenfunktion nach der Spinmessung:

$$|\psi_{\mathrm{End}}\rangle = \frac{\psi_+(\mathbf{r},t)+\psi_-(\mathbf{r},t)}{\sqrt{2}}\frac{1}{\sqrt{2}}\begin{pmatrix}1\\1\end{pmatrix} = \frac{\psi_+(\mathbf{r},t)+\psi_-(\mathbf{r},t)}{\sqrt{2}}|x,+\rangle \tag{12.5-6}$$

Impulsoperator und Pauli-Matrizen wirken folgendermaßen auf einen Spinor:

$$\frac{\hbar}{i}\nabla\psi = \frac{\hbar}{i}\begin{pmatrix}\nabla\psi_+(\mathbf{r},t)\\ \nabla\psi_-(\mathbf{r},t)\end{pmatrix} \tag{12.5-7}$$

und $\quad \hat{\sigma}_1\psi = \begin{pmatrix}\psi_-(\mathbf{r},t)\\ \psi_+(\mathbf{r},t)\end{pmatrix} \qquad \hat{\sigma}_2\psi = \begin{pmatrix}-i\,\psi_-(\mathbf{r},t)\\ i\,\psi_+(\mathbf{r},t)\end{pmatrix} \qquad \hat{\sigma}_3\psi = \begin{pmatrix}\psi_+(\mathbf{r},t)\\ -\psi_-(\mathbf{r},t)\end{pmatrix} \tag{12.5-8}$

Daraus errechnen wir den Erwartungswert für die drei Spinkomponenten:

$$\langle\psi|\hat{S}_1|\psi\rangle = \int d^3r\,\big(\psi_+^*(\mathbf{r},t)\quad \psi_-^*(\mathbf{r},t)\big)\cdot\frac{\hbar}{2}\begin{pmatrix}0&1\\1&0\end{pmatrix}\cdot\begin{pmatrix}\psi_+(\mathbf{r},t)\\ \psi_-(\mathbf{r},t)\end{pmatrix} =$$

$$= \frac{\hbar}{2}\int d^3r\left[\psi_+^*(\mathbf{r},t)\,\psi_-(\mathbf{r},t)+\psi_-^*(\mathbf{r},t)\,\psi_+(\mathbf{r},t)\right] \tag{12.5-9a}$$

$$\langle\psi|\hat{S}_2|\psi\rangle = -i\frac{\hbar}{2}\int d^3r\left[\psi_+^*(\mathbf{r},t)\,\psi_-(\mathbf{r},t)-\psi_-^*(\mathbf{r},t)\,\psi_+(\mathbf{r},t)\right] \tag{12.5-9b}$$

$$\langle\psi|\hat{S}_3|\psi\rangle = \frac{\hbar}{2}\int d^3r\left[|\psi_+(\mathbf{r},t)|^2-|\psi_-(\mathbf{r},t)|^2\right] \tag{12.5-9c}$$

Natürlich sind alle drei Erwartungswerte reell. Der Beweis ist für die letzte Gl. trivial und ergibt sich für die ersten beiden Gln. aus den einfachen Gesetzen für komplexe Zahlen.

12.6 Leitgedanken

12.2 Der Stern-Gerlach-Versuch

Ein Strahl mit Silber- oder Alkaliatomen im Grundzustand wird in einem inhomogenen Magnetfeld in *zwei* Teilstrahlen aufgespalten. Auf die elektrisch neutralen Atome wirkt aber weder eine Coulomb- noch eine Lorentzkraft. Die Aufspaltung kann nur durch die Kraft des inhomogenen Magnetfeldes auf ein magnetisches Moment μ verursacht werden. Ein klassisches, geladenes Teilchen mit Bahndrehimpuls $\mathbf{L}$ hat im Magnetfeld $\mathbf{B}$ die potentielle Energie

$$V = -\boldsymbol{\mu} \cdot \mathbf{B} = -\frac{q}{2m}\,\mathbf{L} \cdot \mathbf{B} \tag{11.2-9}$$

Ein *inhomogenes* Magnetfeld übt auf einen magnetischen Dipol nicht nur ein Drehmoment, sondern zusätzlich auch noch eine Kraft aus, die wie üblich gleich dem negativen Gradienten der potentiellen Energie ist: $\mathbf{F} = -\nabla V = \nabla(\boldsymbol{\mu} \cdot \mathbf{B})$. Das inhomogene Magnetfeld lautet in erster Näherung:

$$\mathbf{B} \approx \left(B_0 + \frac{\partial B_z}{\partial z}\,z \right) \mathbf{e}_z - \frac{\partial B_z}{\partial z}\,y\,\mathbf{e}_y \tag{12.2-2}$$

Wegen der schnellen Rotation des Spin-Erwartungswertes um die z-Achse ist die y-Komponente von $\mathbf{B}$ bedeutungslos. Daher beträgt die zeitlich gemittelte Kraft des Magnetfeldes auf die Atome

$$\mathbf{F} = -\nabla V = \nabla(\boldsymbol{\mu} \cdot \mathbf{B}) \approx \nabla\left[\left(B_0 + \frac{\partial B_z}{\partial z}\,z \right) \mu_z \right] = \frac{\partial B_z}{\partial z}\,\mu_z \mathbf{e}_z \tag{12.2-4}$$

Wenn das magnetische Moment $\boldsymbol{\mu}$ durch den Bahndrehimpuls der Elektronen mit Quantenzahl l verursacht würde, dann würde der Stern-Gerlach-Versuch die Observable $\hat{L}_3$ mit den diskreten Eigenwerten $\hbar m$ messen, so dass μ_z folgende $2l+1$ Werte annehmen würde:

$$\mu_z \underset{\underset{\text{Gl. (11.2-7)}}{\uparrow}}{=} \frac{e_0}{2m_e}\,\hbar m = m\,\mu_B \qquad \text{mit} \qquad m = -l, \ldots +l \tag{12.2-5}$$

Wegen der *zweifachen* Aufspaltung im Stern-Gerlach-Versuch kann das magnetische Moment nicht durch den Bahndrehimpuls erklärt werden.

12.3 Spin-1/2-Teilchen

Neben dem Stern-Gerlach-Versuch gab es am Anfang der 1920er Jahre weitere Hinweise auf einen inneren Freiheitsgrad der Elektronen mit zwei Einstellmöglichkeiten. Wir vermuten, dass hier eine Art „innerer Drehimpuls" – **Spin** genannt – vorliegt mit der Spinquantenzahl $s=1/2$. Der **Spinoperator** $\hat{\mathbf{S}}$ hat laut **Postulat** dieselben Vertauschungsrelationen wie der Bahndrehimpulsoperator $\hat{\mathbf{L}}$:

$$\left[\hat{S}_j, \hat{S}_k \right] = i\,\hbar\,\varepsilon_{jkn}\,\hat{S}_n \tag{12.3-1}$$

Der hermitesche Spinoperator $\hat{S}_3$ kann durch eine Matrix in einem zweidimensionalen Hilbertraum dargestellt werden. Wenn man die Eigenvektoren von $\hat{S}_3$ als Basisvektoren verwendet, dann ist $\hat{S}_3$ diagonal und die Diagonalelemente sind die Eigenwerte:

$$\hat{S}_3 = \frac{\hbar}{2} \begin{pmatrix} 1 & 0 \\ 0 & -1 \end{pmatrix} \tag{12.3-4}$$

Ihre beiden Eigenvektoren mit Namen **Spin-up-Zustand** und **Spin-down-Zustand** lauten

$$|z,+\rangle := \begin{pmatrix} 1 \\ 0 \end{pmatrix} \qquad |z,-\rangle := \begin{pmatrix} 0 \\ 1 \end{pmatrix} \tag{12.3-2}$$

Jeder zweizeilige Vektor kann als sog. **Spinor** geschrieben werden

$$|\chi\rangle = \begin{pmatrix} \alpha \\ \beta \end{pmatrix} = \alpha \begin{pmatrix} 1 \\ 0 \end{pmatrix} + \beta \begin{pmatrix} 0 \\ 1 \end{pmatrix} \qquad \text{mit} \qquad |\alpha|^2 + |\beta|^2 = 1 \qquad (12.3\text{--}3)$$

Die Operatoren $\hat{S}_1, \hat{S}_2$ werden mit den Leiteroperatoren $\hat{S}_\pm := \hat{S}_1 \pm i\hat{S}_2$ berechnet. Die **Pauli-Matrizen** $\hat{\sigma}_k := 2\hat{S}_k/\hbar$ enthalten den Faktor $\hbar/2$ nicht und lauten

$$\hat{\sigma}_1 = \begin{pmatrix} 0 & 1 \\ 1 & 0 \end{pmatrix} \qquad \hat{\sigma}_2 = \begin{pmatrix} 0 & -i \\ i & 0 \end{pmatrix} \qquad \hat{\sigma}_3 = \begin{pmatrix} 1 & 0 \\ 0 & -1 \end{pmatrix} \qquad (12.3\text{--}10)$$

Die Pauli-Matrizen haben die Eigenwerte ± 1 und die Eigenvektoren

$$|x,+\rangle = \frac{1}{\sqrt{2}} \begin{pmatrix} 1 \\ 1 \end{pmatrix} \qquad\qquad |x,-\rangle = \frac{1}{\sqrt{2}} \begin{pmatrix} 1 \\ -1 \end{pmatrix} \qquad (12.3\text{--}11a)$$

$$|y,+\rangle = \frac{1}{\sqrt{2}} \begin{pmatrix} 1 \\ i \end{pmatrix} \qquad\qquad |y,-\rangle = \frac{1}{\sqrt{2}} \begin{pmatrix} 1 \\ -i \end{pmatrix} \qquad (12.3\text{--}11b)$$

$$|z,+\rangle = \begin{pmatrix} 1 \\ 0 \end{pmatrix} \qquad\qquad |z,-\rangle = \begin{pmatrix} 0 \\ 1 \end{pmatrix} \qquad (12.3\text{--}11c)$$

12.4 Magnetisches Moment des Spins

Die physikalische Bedeutung des Spins basiert auf folgenden Fakten:

- Die Größe des Spins entscheidet nach Kapitel 16, ob die Wellenfunktionen identischer Teilchen unter Teilchenvertauschungen symmetrisch oder antisymmetrisch sind. *Bei halbzahligen Spins gilt das Pauli-Verbot*, welches überhaupt erst das Periodensystem ermöglicht.

- Das magnetische Moment μ und seine Wechselwirkung mit Magnetfeldern hängen vom Bahndrehimpuls und vom Teilchenspin ab. Daher *geht der Spin in viele Hamiltonoperatoren ein.*

- Die magnetischen Spinmomente sind für den Ferromagnetismus verantwortlich.

Zwischen dem Bahndrehimpulsoperator $\hat{\mathbf{L}}$ eines Elektrons und dem Operator $\hat{\boldsymbol{\mu}}$ des dadurch verursachten magnetischen Momentes besteht der Zusammenhang

$$\hat{\boldsymbol{\mu}}_{\text{Bahn}} = -\frac{e_0}{2m_e} \hat{\mathbf{L}} \qquad \text{mit} \qquad e_0 \approx 1{,}602 \cdot 10^{-19}\,\text{C} \qquad m_e \approx 9{,}109 \cdot 10^{-31}\,\text{kg} \qquad (12.4\text{--}1)$$

Für das magnetische Moment des Spins gilt eine ähnliche Beziehung:

$$\hat{\boldsymbol{\mu}}_{\text{Spin}} = -g\frac{e_0}{2m_e} \hat{\mathbf{S}} \qquad\qquad (12.4\text{--}2)$$

Der **Landé-Faktor** oder **gyromagnetische Faktor** g hat für Elektronen etwa den Wert 2,00.

Der Wechselwirkungsoperator für Elektronen in homogenen Magnetfeldern lautet

$$\hat{V} = -\hat{\boldsymbol{\mu}}_{\text{Bahn}} \cdot \mathbf{B} \begin{pmatrix} 1 & 0 \\ 0 & 1 \end{pmatrix} - \hat{\boldsymbol{\mu}}_{\text{Spin}} \cdot \mathbf{B} = \frac{e_0}{2m_e} \left[\hat{\mathbf{L}} \cdot \mathbf{B} \begin{pmatrix} 1 & 0 \\ 0 & 1 \end{pmatrix} + 2\hat{\mathbf{S}} \cdot \mathbf{B} \right] \qquad (12.4\text{--}4)$$

In homogenen, zeitunabhängigen Magnetfeldern präzediert der Erwartungswert des Elektronenspins mit der doppelten Larmor-Frequenz $e_0 B/m_e$ um das Magnetfeld – vergleichbar mit der nutationsfreien Präzession eines schweren Kreisels im homogenen Schwerefeld.

12.5 Wellenfunktionen mit Spin

Wenn zwischen Spin einerseits und Ort und Impuls andererseits keine Wechselwirkung auftritt, dann ist die Spinorwellenfunktion ein direktes Produkt von Raum- und Spinanteil:

$$|\psi\rangle = \psi(\mathbf{r},t)\,\chi(t) \qquad \text{mit dem zweidimensionalen Spinor } \chi \qquad (12.5\text{--}1a)$$

Bei einer Wechselwirkung zwischen Ort und Spin ist eine *allgemeine* Spinorwellenfunktion anzusetzen. Sie ist eine Linearkombination:

$$|\psi\rangle = \psi_+(\mathbf{r},t)\begin{pmatrix}1\\0\end{pmatrix} + \psi_-(\mathbf{r},t)\begin{pmatrix}0\\1\end{pmatrix} = \begin{pmatrix}\psi_+(\mathbf{r},t)\\\psi_-(\mathbf{r},t)\end{pmatrix} \qquad (12.5\text{--}1b)$$

Das Skalarprodukt der Spinorwellenfunktionen lautet

$$\langle\varphi|\psi\rangle = \int d^3r\,\left(\varphi_+^*(\mathbf{r},t)\quad \varphi_-^*(\mathbf{r},t)\right)\begin{pmatrix}\psi_+(\mathbf{r},t)\\\psi_-(\mathbf{r},t)\end{pmatrix} =$$

$$= \int d^3r\left[\varphi_+^*(\mathbf{r},t)\,\psi_+(\mathbf{r},t) + \varphi_-^*(\mathbf{r},t)\,\psi_-(\mathbf{r},t)\right] \qquad (12.5\text{--}2)$$

Die Wahrscheinlichkeitsdichte ist

$$\rho(\mathbf{r},t) = |\psi_+(\mathbf{r},t)|^2 + |\psi_-(\mathbf{r},t)|^2 \qquad (12.5\text{--}3a)$$

12.7 Aufgaben

12–1 Leicht Gl. für Pauli-Matrizen

a) $\mathbf{a}$ und $\mathbf{b}$ seien zwei Vektoren im $\mathbb{R}^3$. Beweise die Gl.

$$(\hat{\boldsymbol\sigma}\cdot\mathbf{a})(\hat{\boldsymbol\sigma}\cdot\mathbf{b}) = (\mathbf{a}\cdot\mathbf{b})\,\hat{1} + i\,\hat{\boldsymbol\sigma}\cdot(\mathbf{a}\times\mathbf{b}) \qquad \text{mit} \qquad \hat{1} = \begin{pmatrix}1 & 0\\0 & 1\end{pmatrix}$$

Hinweis: Verwende die in Aufgabe 12–7a bewiesene Gl. (12.7–2d) $\hat{\sigma}_j\hat{\sigma}_k = \delta_{jk}\,\hat{1} + i\,\varepsilon_{jkl}\,\hat{\sigma}_l$.

b) Wie lautet die allgemeine, hermitesche 2×2–Matrix $\hat{A}$ mit Spur 1? Schreibe diese Matrix mit der Einheitsmatrix $\hat{1}$ und den drei Paulimatrizen.

c) Beweise für zwei beliebige Einheitsvektoren $\mathbf{n},\mathbf{u}$ die Vertauschungsrelation $[\hat{\boldsymbol\sigma}\cdot\mathbf{n},\hat{\boldsymbol\sigma}\cdot\mathbf{u}] = 2i\,(\mathbf{n}\times\mathbf{u})\cdot\hat{\boldsymbol\sigma}$.

12–2 Mittel Spinmessungen in beliebigen Richtungen

Im Haupttext wurde der Stern-Gerlach-Magnet parallel zur z-Achse ausgerichtet; Spins wurden also nur in z-Richtung gemessen.

Bei den Bellschen Ungleichungen in Abschn. 23.2 werden Spinmessungen in beliebigen Richtungen ausgeführt. Wichtige, erforderliche Vorarbeiten werden hier geleistet.

a) Zeige mit den Rotationsoperatoren, dass $\mathbf{n}\cdot\hat{\boldsymbol\sigma} = \sum_{k=1}^{3} n_k\,\hat{\sigma}_k$

der Spinoperator in Richtung des Einheitsvektors $\mathbf{n} = (\sin\vartheta\cos\varphi\,,\,\sin\vartheta\sin\varphi\,,\,\cos\vartheta)^{\mathrm{T}}$ ist.

Hinweise: Der Rotationsoperator (vergleiche mit Gleichung (9.5–4b))

$$\hat{R}_2(\vartheta) = \exp\!\left(-\frac{i}{\hbar}\,\vartheta\,\hat{S}_2\right) = \exp\!\left(-i\frac{\vartheta}{2}\,\hat{\sigma}_2\right)$$

führt eine Drehung im Spinraum um die y-Achse mit dem Drehwinkel ϑ durch. Berechne

$$\hat{R}_3(\varphi)\,\hat{R}_2(\vartheta)\,\hat{\sigma}_3\,\left(\hat{R}_3(\varphi)\,\hat{R}_2(\vartheta)\right)^{-1} = \hat{R}_3(\varphi)\,\hat{R}_2(\vartheta)\,\hat{\sigma}_3\,\hat{R}_2(-\vartheta)\,\hat{R}_3(-\varphi)$$

b) Berechne die Eigenwerte und Eigenvektoren $|\,\mathbf{n},\pm\,\rangle$ des Spinoperators $\mathbf{n}\cdot\hat{\boldsymbol{\sigma}}$. Dabei zeigt sich: *Der Elektronenspin kann in jeder beliebigen Richtung nur die beiden Werte* $\pm\hbar/2$ *annehmen* – natürlich!

c) An einem Spin-1/2-Teilchen im Zustand $|z,+\rangle$ oder $|z,-\rangle$ wird der Spinoperator $\mathbf{n}\cdot\hat{\mathbf{S}}$ gemessen. Zeige: Die Wahrscheinlichkeiten für den Messwert $+\hbar/2$ lauten

$$p_{\pm}(\vartheta\,;+\hbar/2) = \frac{1}{2}\,(1\pm\cos\vartheta) = \begin{cases} \cos^2(\vartheta/2) & \text{für Teilchen im gemessenen Zustand } |z,+\rangle \\[4pt] \sin^2(\vartheta/2) & \text{für Teilchen im gemessenen Zustand } |z,-\rangle \end{cases} \qquad (12.7\text{–}1)$$

d) Nach Gl. (12.3–3) lautet der allgemeine Spinzustand

$$|\chi\rangle = \begin{pmatrix} \alpha \\ \beta \end{pmatrix} = \alpha\begin{pmatrix} 1 \\ 0 \end{pmatrix} + \beta\begin{pmatrix} 0 \\ 1 \end{pmatrix} \qquad \text{mit} \qquad \alpha,\beta \in \mathbb{C}$$

Wie lassen sich Teilchen in diesem allgemeinen Zustand mit einem Stern-Gerlach-Magnet praparieren?

12–3 Mittel Messungen eines allgemeinen Spinzustandes

Der normierte Spinzustand eines Elektrons ist

$$|\chi\rangle = (1 \quad 1-i)^{\mathrm{T}}/\sqrt{3}$$

Mit welcher Wahrscheinlichkeit erhält man die Eigenwerte $\pm\hbar/2$

a) bei der Messung der x-Komponente des Spins?   **b)** bei der Messung der z-Komponente des Spins?

c) Wie groß ist der Erwartungswert von $\hat{S}_1$?   **d)** Wie groß ist der Erwartungswert von $\hat{S}_3$?

12–4 Mittel Summe von zwei Hermiteschen Operatoren

Die Spinmatrizen sind hermitesche Operatoren.   **a)** Ist die Summe $\hat{S}_1+\hat{S}_3$ ebenfalls hermitesch?

b) Gibt es eine Observable, der man den Operator $\hat{S}_1+\hat{S}_3$ zuordnen könnte?

Hinweis: Benutze die Ergebnisse der Aufgabe 12–2a.

12–5 Leicht Unbestimmtheitsrelation für Spinzustände

Ein Elektron befindet sich im Spinzustand $|z,+\rangle$. Bestätige folgende Ungl. ohne Unbestimmtheitsrelation

$$(\Delta S_1)\,(\Delta S_2) \geq \frac{1}{2}\left|\left\langle z,+\,\right|\left[\hat{S}_1,\hat{S}_2\right]|z,+\rangle\right|$$

12–6 Leicht Spin-1-Matrizen

Berechne die Spinmatrizen $\hat{S}_1,\hat{S}_2,\hat{S}_3$ für Spin-1-Teilchen.

12–7 Leicht Vertauschungsrelationen der Pauli-Matrizen

a) Beweise die folgenden Gln. für die hermiteschen Pauli-Matrizen:

$$\hat{\sigma}_1\,\hat{\sigma}_2 = -\hat{\sigma}_2\,\hat{\sigma}_1 = i\,\hat{\sigma}_3 \qquad \text{und zyklisch} \qquad\qquad (12.7\text{–}2a)$$

$$\hat{\sigma}_1^2 = \hat{\sigma}_2^2 = \hat{\sigma}_3^2 = \hat{1} \qquad \text{mit } \hat{1} = \text{Einheitsmatrix} \qquad\qquad (12.7\text{–}2b)$$

Wegen der Gln. (12.7–2b) sind die Pauli-Matrizen nicht nur hermitesch, sondern auch unitär.

Aus Gleichung (12.7–2a) folgt das Verschwinden des Antikommutators:

$$\{\hat{\sigma}_1,\hat{\sigma}_2\} := \hat{\sigma}_1\,\hat{\sigma}_2 + \hat{\sigma}_2\,\hat{\sigma}_1 = 0 \qquad \text{und zyklisch} \tag{12.7–2c}$$

Die Gln. (12.7–2a/b) lassen sich wie folgt zusammenfassen:

$$\hat{\sigma}_k\,\hat{\sigma}_l = \delta_{kl}\,\hat{1} + i\,\varepsilon_{klj}\,\hat{\sigma}_j \tag{12.7–2d}$$

b) Beweise weiterhin:

$$\left[\hat{\boldsymbol{\sigma}}^2,\hat{\sigma}_3\right] = \left[3\cdot\hat{1},\hat{\sigma}_3\right] = 0 \tag{12.7–2e}$$

Folglich haben $\hat{\boldsymbol{\sigma}}^2$ und $\hat{\sigma}_3$ die gemeinsamen Eigenvektoren $|z,\pm\rangle$.

12–8 Leicht Vollständigkeitsrelation der Spin-Eigenfunktionen

Beweise mit Gl. (7.1–9a), dass die zwei Eigenfunktionen jeder Pauli-Matrix jeweils ein vollständiges Orthonormalsystem bilden.

12–9 Leicht Klassischer Elektronenradius und Elektronenspin

a) In Experimenten zeigen Elektronen keine Ausdehnung und keinen inneren Aufbau. Die experimentelle Obergrenze für ein denkbares *elektrisches* Dipolmoment, das durch eine räumliche Trennung von positiven und negativen Ladungen entsteht, liegt unter $9\cdot10^{-31}\,\text{m}\cdot e_0$. Die experimentelle Obergrenze des Elektronenradius liegt unter $10^{-18}\,\text{m}$. Elektronen können daher in Experimenten als **punktförmig** angesehen werden.

Trotzdem wird der Elektronenradius R_e oft klassisch abgeschätzt: Elektrische Felder $\mathcal{E}(\mathbf{r})$ haben laut Elektrodynamik die Energiedichte $w(\mathbf{r}) = \varepsilon_0\,\mathcal{E}^2(\mathbf{r})/2$. Die gesamte Energie E des elektrischen Feldes $\mathcal{E}$ eines Elektrons ist das Volumenintegral von $w(\mathbf{r})$, das sich von R_e bis Unendlich erstreckt. Nach der Speziellen Relativitätstheorie kann E gleich $m_e\,c^2$ gesetzt werden. Welchen Wert für R_e liefert diese Überlegung?

b) 1925 vermuteten die Studenten Goudsmith und Uhlenbeck, dass Elektronen einen Eigendrehimpuls mit Drehimpulsquantenzahl $\hbar/2$ haben. Mit welcher Geschwindigkeit $v_{\text{Äqua}}$ müsste der „Äquator" von kugelförmigen Elektronen rotieren, wenn diese Vorstellung richtig wäre? Verwende den in Teil a) geschätzten Elektronenradius.

c) Zeige: Der g-Faktor einer klassischen, rotierenden, dünnwandigen Hohlkugel mit Radius R, Masse m, Trägheitsmoment $I = 2mR^2/3$ und mit homogener Oberflächenladungsdichte ist eins: $g = 1$.

12–10 Leicht Messung des magnetischen Momentes von Kaliumatomen

a) Ein Stern-Gerlach-Versuch wird mit Kaliumatomen durchgeführt. Kaliumatome sind Alkaliatome und haben – wie Silberatome – nur ein Elektron in der äußeren Schale. Ihre relative Atommasse ist 39,1.

Das Magnetfeld hat auf einer Länge von $l_1 = 4{,}0\,\text{cm}$ den Gradient $\partial B_z/\partial z = 1{,}5\,\text{T}/\text{mm}$ und die Kaliumatome haben eine Geschwindigkeit von $v = 700\,\text{m}/\text{s}$. In der Entfernung $l_2 = 3{,}0\,\text{cm}$ hinter dem Ende des Magneten wird auf dem Schirm der Abstand $\Delta z \approx 1{,}9\,\text{mm}$ der Schwerpunkte der zwei Kalium-Teilstrahlen gemessen.

Berechne die Ablenkung der Kaliumatome *klassisch* und ermittle so ihr magnetisches Moment.

b) Warum ist die *klassische* Berechnung der Teilchenbahn in Teil a) erlaubt?

c) Kann der Stern-Gerlach-Versuch mit geladenen Teilchen, z. B. mit Elektronen durchgeführt werden?

12-11 Mittel Spinpräzession im homogenen Magnetfeld

In Beispiel 12.4–1 wurde die Spinpräzession im Magnetfeld $\mathbf{B} = B\,\mathbf{e}_z$ berechnet mit dem Ergebnis

$$\langle\hat{\mathbf{S}}\rangle = \frac{\hbar}{2}\begin{pmatrix} \sin\vartheta\,\cos(2\omega_{\mathrm L}\,t) \\ \sin\vartheta\,\sin(2\omega_{\mathrm L}\,t) \\ \cos\vartheta \end{pmatrix} \qquad \text{mit} \qquad \omega_{\mathrm L} = \frac{e_0\,B}{2\,m_{\mathrm e}} \tag{12.4–13/8}$$

Berechne die Bewegung des Spinerwartungswertes nun mit dem Ehrenfestschen Theorem (7.3–1).

Hinweis: Denke an die Lorentzkraft.

12-12 Mittel Umklapp-Prozesse in x- und y-Richtung

In Beispiel 12.4–1 wurde die Präzession des Spin-Erwartungswertes eines Elektrons im homogenen, zeitunabhängigen Magnetfeld $\mathbf{B} = B\,\mathbf{e}_z$ untersucht. Die Zeitentwicklung des Spinors lautet

$$|\chi(t)\rangle = \begin{pmatrix} \alpha(t) \\ \beta(t) \end{pmatrix} = \begin{pmatrix} \exp(-i\,\omega_{\mathrm L}\,t)\,\cos(\vartheta/2) \\ \exp(+i\,\omega_{\mathrm L}\,t)\,\sin(\vartheta/2) \end{pmatrix} \qquad \text{mit} \qquad \omega_{\mathrm L} = \frac{e_0\,B}{2\,m_{\mathrm e}} \tag{12.4–10/8}$$

Berechne die Wahrscheinlichkeiten, den Elektronenspin

a) bei einer Messung von $\hat{S}_1$ in den Zuständen $|x,\pm\rangle$ vorzufinden.

a) bei einer Messung von $\hat{S}_2$ in den Zuständen $|y,\pm\rangle$ vorzufinden.

12-13 Mittel Elektronenspin im homogenen, zeitabhängigen Magnetfeld

In Beispiel 12.4–1 wurde die Spinpräzession in einem homogenen, zeit*un*abhängigen Magnetfeld $\mathbf{B} = B\,\mathbf{e}_z$ untersucht. Nun berechnen wir die Spinbewegung eines Elektrons ohne Bahndrehimpuls ($l=0$) in dem homogenen, zeitabhängigen Magnetfeld

$$\mathbf{B}(t) = B_0\,\cos(\omega\,t)\,\mathbf{e}_z$$

a) Wie lautet die zeitabhängige Schrödinger-Gl. für den Spinor $|\chi(t)\rangle = \big(\alpha(t)\ \ \beta(t)\big)^{\mathrm T}$?

Hinweis: Neben der Spin-Magnetfeld-Wechselwirkung werden keine weiteren Wechselwirkungen betrachtet.

b) Löse die zeitabhängige Schrödinger-Gl. für die Anfangsbedingung $|\chi(0)\rangle = \big(\cos(\vartheta/2)\ \ \sin(\vartheta/2)\big)^{\mathrm T}$.

c) Berechne die Erwartungswerte $\langle\hat{S}_1\rangle$ und $\langle\hat{S}_2\rangle$.

12-14 Mittel Spinresonanz und MRT   Abb. 12.7–1

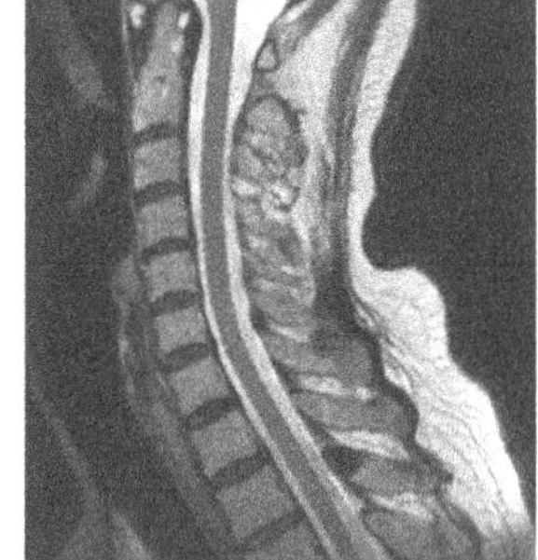

Abb. 12.7–1 MRT-Aufnahme einer Halswirbelsäule

Nach Beispiel 12.4–1 präzediert der Spin-Erwartungswert $\langle\hat{\mathbf{S}}\rangle$ eines geladenen Spin–1/2–Teilchens im homogenen, statischen Magnetfeld $\mathbf{B}_0 = B_0\,\mathbf{e}_z$ um das Magnetfeld. Die Besetzungswahrscheinlichkeiten der beiden Spinzustände $|z,\pm\rangle$ sind konstant. Auch bei den zeitabhängigen Magnetfeldern $\mathbf{B}(t) = B_0\,\cos(\omega t)\,\mathbf{e}_z$ erfolgen keine Umklapp-Prozesse zwischen den Spin-up- und Spin-down-Zuständen (siehe Gl. (1) in der Lösung von Aufgabe 12–13).

In Magnetresonanztomographen hingegen werden die Spins von Wasserstoffkernen, also von Protonen umgeklappt, so dass sich die Besetzungswahrscheinlichkeiten der Spinzustände $|z,\pm\rangle$ ständig ändern. Dazu wird zusätzlich zum statischen Magnetfeld $\mathbf{B}_0 = B_0\,\mathbf{e}_z$ ein hochfrequentes, *zirkular polarisiertes* elektromagnetisches Feld *in z-Richtung* eingestrahlt mit einer Frequenz ω im THz-Bereich. Das gesamte Magnetfeld ist

$$\mathbf{B}(t) = B_0\,\mathbf{e}_z + B_{\mathrm{HF}}\big[\mathbf{e}_x\,\cos(\omega t) + \mathbf{e}_y\,\sin(\omega t)\big] \tag{12.7–3}$$

Die Energiedifferenz der beiden Spineinstellungen $|z,\pm\rangle$ im Magnetfeld $\mathbf{B}_0$ beträgt nach Gl. (12.4–5)

$$\Delta E = g\,\frac{e_0\,\hbar}{2m}\,B_0 \tag{12.7–4}$$

Hinweis: Neben der Spin-Magnetfeld-Wechselwirkung betrachten wir keine weiteren Wechselwirkungen. In der Medizin sind $B_0 \approx 1{,}5\,\mathrm{T}\ldots 3\,\mathrm{T}$ und $B_{\mathrm{HF}} \approx 10^{-2}\,\mathrm{T}$.

a) Stelle mit dem Potential in Gl. 12.4–4 die zeitabhängige Schrödinger-Gl. auf für den Spinor

$$|\chi(t)\rangle = \big(\alpha(t)\ \ \beta(t)\big)^{\mathsf{T}}$$

b) Leite aus der in Teil a) aufgestellten Schrödinger-Gl. für den Spinor $|\chi(t)\rangle$ die Dgl.

$$\ddot{\beta} = \frac{g\,e_0}{4m}\left[\omega\,B_0 - \frac{g\,e_0}{4m}\left(B_0^2 + B_{\mathrm{HF}}^2\right)\right]\beta + i\,\omega\,\dot{\beta}$$

für $\beta(t)$ ab. Berechne $\beta(t)$ mit dem Ansatz $\beta(t) = \exp(i\omega_0\,t)$ für die Anfangsbedingung

$$|\chi(0)\rangle = \big(\alpha(0)\ \ \beta(0)\big)^{\mathsf{T}} = \big(1\ \ 0\big)^{\mathsf{T}}$$

c) Wie groß ist die Übergangswahrscheinlichkeit $|\beta(t)|^2$? Diskutiere das Ergebnis.

Anwendung: In statischen Magnetfeldern $\mathbf{B}_0$ können magnetische Wechselfelder $\mathbf{B}_{\mathrm{HF}}(t)$ die Spins von Atomkernen harmonisch auf und ab klappen. Diese sog. **Rabi-Oszillationen** sind ein dauernder Wechsel zwischen Energieabsorption aus dem elektromagnetischen Strahlungsfeld und Emission. Wenn die Energie $\hbar\omega$ der eingestrahlten Photonen gleich der Energiedifferenz (12.7–4) der beiden Spineinstellungen im statischen Magnetfeld $\mathbf{B}_0$ ist, dann klappen die Kernspins *vollständig* um.

In der **Magnetresonanztomographie** (kurz **MRT**), die auch **Kernspintomographie** genannt wird, werden Hochfrequenzspulen nur so kurzzeitig eingeschaltet, senden also derart **kurze Pulse** aus, dass die Spins der Wasserstoffkerne in den angeregten Zustand hochklappen. Nach dem Hochklappen werden die Hochfrequenzspulen abgeschaltet, so dass die fluktuierenden Magnetfelder der Umgebung die Protonenspins wieder in den Grundzustand kippen lassen. Die Abklingzeit hängt sehr empfindlich von der Dynamik und der Dichte der benachbarten Kerne ab und ermöglicht Rückschlüsse auf das benachbarte biologische Gewebe (Tumoren, Fett, Muskeln, …).

d) In einem **Kernspinresonanz**-Experiment wird der gyromagnetische Faktor g von Protonen gemessen. Bei $B_0 = 1\,\mathrm{T}$ und bei der Hochfrequenz $\omega_{\mathrm{Res}} = 2{,}68 \cdot 10^8\,\mathrm{Hz}$ tritt eine Resonanz auf, d. h. dem Hochfrequenzfeld wird besonders viel Energie entzogen. Wie groß ist g?

12–15 Leicht Extremales Streuungsprodukt

Für welche Spinzustände $|\chi\rangle = (\alpha\ \ \beta)^{\mathsf{T}}$, also für welche α,β ist die untere Grenze

$$\frac{1}{2}\left|\langle\chi|\left[\hat{\sigma}_1,\hat{\sigma}_2\right]|\chi\rangle\right|$$

des Streuungsproduktes $\Delta\sigma_1\,\Delta\sigma_2$ minimal bzw. maximal?

Hinweis: Die untere Grenze wird durch die Unbestimmtheitsrelation festgelegt.

12–16 Mittel Präparation von zwei Strahlen mit Silberatomen

Ein Strahl mit Silberatomen fliegt in x-Richtung. Über die Vorgeschichte ist Nichts bekannt. Wir benötigen zwei getrennte Silber-Strahlen: In dem ersten bzw. dem zweiten Strahl sollen alle Silberatome den Spinzustand $|y,+\rangle$ bzw. $|y,-\rangle$ haben. Beide Strahlen sollen möglichst gleich stark sein, also in langer Zeit etwa gleich viele Silberatome führen.

Schlage einen einfachen Aufbau vor, der die beiden gleich starken Silberstrahlen erzeugt.

12–17 Mittel Messungen an Spinzuständen   Abb. 12.7–2a/b

Vereinbarung: Wir nennen Stern-Gerlach-Magnete, die in y- bzw. z-Richtung orientiert sind, kurz y- bzw. z-SG-Magnete. In den Abbn. 12.7–2a/b werden sie noch kürzer mit Y und Z bezeichnet.

In den Abbn. 12.7–2a/b sollen die *Spinzustände durch die magnetischen Umlenkungen nicht geändert werden*. In Teil c) der Aufgabe wird die experimentelle Realisierung der Umlenkungen untersucht.

a) Abb. 12.7–2a: Ein Strahl mit Silberatomen im Spinzustand $z+ := |z,+\rangle$ läuft von links in einen y-SG-Magnet ein. Danach laufen die Teilchen mit den Spinzuständen $y\pm := |y,\pm\rangle$ jeweils in einen z-SG-Magnet ein. Wie viele Prozent der links einfallenden Silberatome werden hinter den vier Ausgängen detektiert?

b) Abb. 12.7–2b: Hier werden die beiden Teilstrahlen mit den Zuständen $|y,\pm\rangle$ zusammengeführt und fallen anschließend in einen einzelnen z-SG-Magnet. Wie viele Prozent der links einfallenden Silberatome werden rechts hinter den zwei Ausgängen gefunden?

c) Wie lassen sich die magnetischen Umlenkungen in Abb. 12.7–2b experimentell realisieren? Beachte, dass die Spinzustände laut Voraussetzung bei den Umlenkungen nicht geändert werden dürfen.

d) Gibt es Analogien zum Doppelspalt-Experiment aus Abschn. 2.6?

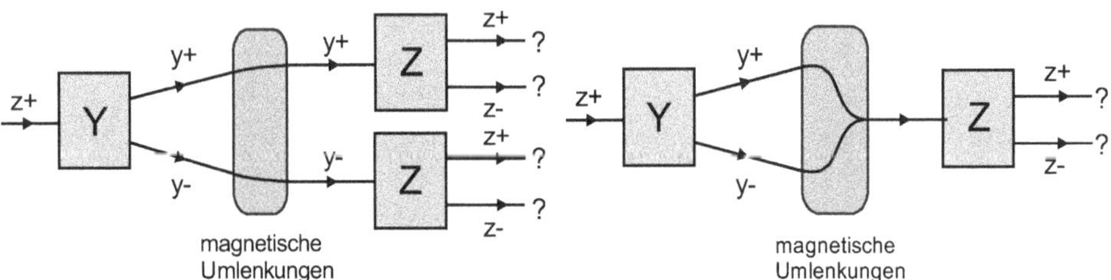

Abb. 12.7–2a Silberatome im Spinzustand $|y,+\rangle$ bzw. $|y,-\rangle$ laufen in den oberen bzw. unteren z-SG-Magnet ein.

Abb. 12.7–2b Die Strahlen werden ohne Änderung der Spinzustände zusammengeführt und gelangen in einen einzelnen z-SG-Magnet.

13 Addition von Drehimpulsen

Dieses Kapitel gehört erfahrungsgemäß zu den schwierigen und leider auch langweiligeren Kapiteln der Quantenmechanik. Aber da müssen wir durch. Eine Ausnahme ist der Abschn. 13.2; er ist kurz, relativ einfach und ansprechend. Er führt die Singulett- und Triplettzustände des Spins ein, die ganz unverzichtbar sind für das Verständnis der Quantenmechanik und der Chemie. Singulett- und Triplettzustände werden später in mehreren Kapiteln gebraucht.

13.1 *Einführung und Motivation*: Hier soll motiviert werden, warum Drehimpulse addiert und warum vor allem Eigenfunktionen des Gesamt-Drehimpulsoperators aufgestellt werden.

13.2 *Addition von zwei Spins mit* $s = 1/2$: Die Addition von zwei Spins – z. B. im Heliumatom und im Wasserstoffmolekül – liefert drei Triplettzustände $|1\,m\rangle$ mit Gesamtspin 1 und $m = 0, \pm 1$ sowie einen Singulettzustand $|0\,0\rangle$ mit Gesamtspin null. Diese Spinzustände von Elektronenpaaren haben eine zentrale Bedeutung für Atomhüllen und Moleküle. Die Triplettzustände sind unter Teilchenvertauschung symmetrisch; der Singulettzustand ist unter Teilchenvertauschung antisymmetrisch. Diese Symmetrieeigenschaften sind für die Zustandsfunktionen identischer Teilchen entscheidend.

Singulett- und Triplettzustände sind in den Kapiteln 16 – 18 und 22 – 23 unentbehrlich.

13.3 *Addition von Bahndrehimpuls und Spin*: Bahndrehimpuls und Spin eines Teilchens werden addiert. Die Eigenzustände des Gesamtdrehimpulses werden bei der Spin-Bahn-Kopplung in Abschn. 14.4 und beim Zeeman-Effekt in Abschn. 14.5 benötigt.

13.4 *Allgemeine Addition von zwei Drehimpulsen*: Die allgemeine Addition verwendet die sog. Clebsch-Gordan-Koeffizienten.

13.1 Einführung und Motivation *

In den folgenden Kapiteln arbeiten wir oft mit Eigenfunktionen von Gesamt-Drehimpulsoperatoren. Gesamtdrehimpulse können z. B. gebildet werden durch die Addition von zwei Teilchenspins oder durch die Addition von Bahndrehimpuls und Spin eines Teilchens.

Ich will hier an Hand der Spin-Bahn-Kopplung die Drehimpulsaddition von Bahndrehimpuls und Spin motivieren. Bahndrehimpuls- und Spinoperatoren wirken in verschiedenen Hilberträumen und vertauschen deshalb. Folglich bilden die vier Operatoren $\hat{\mathbf{L}}^2, \hat{L}_3, \hat{\mathbf{S}}^2, \hat{S}_3$ einen vollständigen Satz kommutierender Operatoren (ohne Beachtung der Radialabhängigkeit) mit den gemeinsamen Eigenfunktionen

$$|l, m_l, \tfrac{1}{2}, m_s\rangle := |l, m_l\rangle \otimes |\tfrac{1}{2}, m_s\rangle \underset{\underset{\text{Kurzschreibweise}}{\uparrow}}{=} |l, m_l\rangle\,|\tfrac{1}{2}, m_s\rangle \qquad (13.1\text{--}1)$$

Quantenmechanik: Lehr- und Arbeitsbuch, 2. Auflage. Friedhelm Kuypers.
© 2026 Wiley-VCH GmbH. Published 2026 by Wiley-VCH GmbH.

In Abschn. 14.4 wird die **Feinstruktur** des Wasserstoffatoms untersucht. Der Hamilton-operator enthält die Spin-Bahn-Kopplung mit dem Operator $\hat{\mathbf{S}}\cdot\hat{\mathbf{L}}$. Wegen der Kommutatoren[1]

$$\left[\hat{L}_3,\hat{\mathbf{S}}\cdot\hat{\mathbf{L}}\right]\neq 0 \quad\text{und}\quad \left[\hat{S}_3,\hat{\mathbf{S}}\cdot\hat{\mathbf{L}}\right]\neq 0 \qquad (13.1\text{--}2\mathrm{a/b})$$

haben $\hat{L}_3,\hat{S}_3$ einerseits und $\hat{\mathbf{S}}\cdot\hat{\mathbf{L}}$ andererseits keine gemeinsamen Eigenfunktionen. Folglich sind die Basisvektoren $|l,m_l,1/2,m_s\rangle$ in Gl. (13.1–1) *keine Eigenvektoren von* $\hat{\mathbf{S}}\cdot\hat{\mathbf{L}}$ *und* $\hat{H}$. Dieser Mangel verschwindet bei der Addition von Bahndrehimpuls und Spin. Denn

$$\hat{\mathbf{J}}=\hat{\mathbf{L}}+\hat{\mathbf{S}} \qquad (13.1\text{--}3)$$

ist wegen der Vertauschungsrelationen $\left[\hat{J}_j,\hat{J}_k\right]=i\,\varepsilon_{jkl}\,\hat{J}_l$ ebenfalls ein Drehimpulsoperator. Aus den Vertauschungsrelationen in Aufgabe 13–3 folgt:

- *Auch die vier Operatoren $\hat{\mathbf{J}}^2,\hat{J}_3,\hat{\mathbf{L}}^2,\hat{\mathbf{S}}^2$ bilden einen vollständigen Satz kommutierender Operatoren mit den neuen, gemeinsamen Eigenfunktionen*

$$|j,m_j,l,\tfrac{1}{2}\rangle \quad\text{mit}\quad j=l\pm\tfrac{1}{2} \qquad (13.1\text{--}4)$$

- Wegen $\hat{\mathbf{S}}\cdot\hat{\mathbf{L}}-(\hat{\mathbf{J}}^2\;\hat{\mathbf{L}}^2-\hat{\mathbf{S}}^2)/2$ sind die Vektoren $|j,m_j,l,\tfrac{1}{2}\rangle$ Eigenvektoren von $\hat{\mathbf{S}}\cdot\hat{\mathbf{L}}$.

Deshalb sind die Funktionen $|j,m_j,l,1/2\rangle$ *Eigenfunktionen des Hamiltonoperators* mit Spin-Bahn-Kopplung. Das ist ein entscheidender Vorteil bei der Störungsrechnung.

13.2 Addition von zwei Spins mit *s* = ½

Die Addition von zwei Spins ist die einfachste Drehimpulsaddition. Da wir nur mit den z-Komponenten der Spinoperatoren und ihren Eigenvektoren arbeiten, schreiben wir anstelle von $|z,\pm\rangle$ ab sofort nur noch $|\pm\rangle$. Die Spinoperatoren $\hat{\mathbf{S}}_{(1)}$ und $\hat{\mathbf{S}}_{(2)}$ wirken auf die Spinzustände des ersten und zweiten Teilchens. Wegen der Wirkung auf *verschiedene* Teilchen vertauschen sie:

$$\left[\hat{S}_{(1)j},\hat{S}_{(2)k}\right]=0 \qquad j,k=1,2,3 \qquad (13.2\text{--}1)$$

Die vier kommutierenden Spinoperatoren

$$\hat{\mathbf{S}}^2_{(1)},\hat{S}_{(1)3},\hat{\mathbf{S}}^2_{(2)},\hat{S}_{(2)3}$$

haben die vier Eigenfunktionen[2]

---

[1] In Aufgabe 13–3 werden alle Vertauschungsrelationen bewiesen. Außerdem wird noch gezeigt, dass

$$\left[\hat{\mathbf{J}}^2,\hat{L}_3\right]\neq 0 \qquad \left[\hat{\mathbf{J}}^2,\hat{S}_3\right]\neq 0 \quad\text{mit}\quad \hat{\mathbf{J}}=\hat{\mathbf{L}}+\hat{\mathbf{S}}$$

[2] Die vier Eigenfunktionen sind Tensorprodukte, die ausführlich wie folgt geschrieben werden

$$|++\rangle=|+\rangle_1\otimes|+\rangle_2 \qquad |+-\rangle=|+\rangle_1\otimes|-\rangle_2 \qquad \text{usw.}$$

$$|++\rangle = |+\rangle_1 |+\rangle_2 \qquad |+-\rangle = |+\rangle_1 |-\rangle_2$$

$$|-+\rangle = |-\rangle_1 |+\rangle_2 \qquad |--\rangle = |-\rangle_1 |-\rangle_2$$

Der Operator

$$\hat{\mathbf{S}} = \hat{\mathbf{S}}_{(1)} + \hat{\mathbf{S}}_{(2)} \underset{\underset{\text{ausführlich}}{\uparrow}}{=} \hat{\mathbf{S}}_{(1)} \otimes \hat{1}_{(2)} + \hat{1}_{(1)} \otimes \hat{\mathbf{S}}_{(2)} \tag{13.2-2}$$

erfüllt die bekannten Vertauschungsrelationen des Drehimpulses

$$\left[\hat{S}_j, \hat{S}_k \right] = i\,\hbar\,\varepsilon_{jkl}\,\hat{S}_l \qquad \text{(Summation über den doppelt auftretenden Index } l\text{)} \tag{13.2-3}$$

und ist daher ebenfalls ein Spinoperator – nämlich der *Operator des Gesamtspins*. Die z-Komponente $\hat{S}_3 = \hat{S}_{(1)\,3} + \hat{S}_{(2)\,3}$ hat die vier Eigenwertgln.

$$\hat{S}_3 |++\rangle = \left(\hat{S}_{(1)3} |+\rangle_1 \right) |+\rangle_2 + |+\rangle_1 \left(\hat{S}_{(2)3} |+\rangle_2 \right) = \hbar |++\rangle \tag{13.2-4a}$$

$$\hat{S}_3 |+-\rangle = 0 \qquad \hat{S}_3 |-+\rangle = 0 \tag{13.2-4b/c}$$

$$\hat{S}_3 |--\rangle = -\hbar |--\rangle \tag{13.2-4c}$$

Wie erwartet hat $\hat{S}_3$ die Eigenwerte $\pm\hbar$ und null – letzteren allerdings *zweimal*. Man kann aus den zwei Eigenvektoren $|+-\rangle$ und $|-+\rangle$ zwei orthonormierte Linearkombinationen

$$\frac{1}{\sqrt{2}} \left(|+-\rangle \pm |-+\rangle \right)$$

bilden; vermutlich beschreibt die eine Linearkombination den Zustand mit den Gesamt-Spinquantenzahlen $s=1$ und $m=0$ und die andere Linearkombination den Zustand mit $s=m=0$. Zum Beweis dieser Vermutung benutzen wir wieder unseren *Standardtrick* und berechnen die erste Linearkombination mit dem Erzeugungsoperator:

$$\hat{S}_+ |--\rangle = \left(\hat{S}_{(1)+} + \hat{S}_{(2)+} \right) |--\rangle =$$

$$= \left(\hat{S}_{(1)+} |-\rangle_1 \right) |-\rangle_2 + |-\rangle_1 \left(\hat{S}_{(2)+} |-\rangle_2 \right) =$$

$$= \hbar |+\rangle_1 |-\rangle_2 + |-\rangle_1 \hbar |+\rangle_2 = \hbar \left(|+-\rangle + |-+\rangle \right) \tag{13.2-5}$$

Die Gln. (siehe den Beweis in Aufgabe 13-7)

$$\hat{\mathbf{S}}^2 \left(|+-\rangle + |-+\rangle \right) = 2\hbar^2 \left(|+-\rangle + |-+\rangle \right) \tag{13.2-6a}$$

und $\hat{S}_3 \left(|+-\rangle + |-+\rangle \right) = 0$ $\hspace{6cm}$ (13.2-6b)

bestätigen, dass $|+-\rangle + |-+\rangle$ der (noch unnormierte) Eigenzustand $|10\rangle$ ist. Insgesamt erhalten wir für den Gesamtspin $s=1$ die drei orthonormierten Zustände $|1\,m\rangle$:

$$|11\rangle = |++\rangle \tag{13.2-7a}$$

$$|1\,0\rangle = \frac{1}{\sqrt{2}}\Big(|+-\rangle + |-+\rangle\Big) \tag{13.2-7b}$$

$$|1\,-1\rangle = |--\rangle \tag{13.2-7c}$$

Diese drei sog. **Triplettzustände** *sind Eigenzustände der Operatoren* $\hat{\mathbf{S}}^2, \hat{S}_3$ mit den Eigenwertgln.

$$\hat{\mathbf{S}}^2|1\,m\rangle = \hbar^2\cdot 1\cdot(1+1)|1\,m\rangle = 2\hbar^2|1\,m\rangle$$

$$\hat{S}_3|1\,m\rangle = \hbar\,m|1\,m\rangle$$

Der sog. **Singulettzustand** mit $s=m=0$ muss senkrecht auf $|1\,0\rangle$ stehen (siehe Aufgabe 13–1) und lautet daher

$$|0\,0\rangle = \frac{1}{\sqrt{2}}\Big(|+-\rangle - |-+\rangle\Big) \tag{13.2-8}$$

Seine Eigenwertgln. lauten natürlich

$$\hat{\mathbf{S}}^2|0\,0\rangle = \hat{S}_3|0\,0\rangle = 0$$

Bei Vertauschung der beiden Teilchen $(1) \leftrightarrow (2)$ ändert der Singulettzustand das Vorzeichen, die Triplettzustände nicht. D. h.: *Der Singulettzustand ist antisymmetrisch, die drei Triplettzustände sind symmetrisch unter Teilchenvertauschung.* Diese einfachen Vertauschungseigenschaften werden sich später als extrem wichtig erweisen.

Zusammenfassung:

- Die vier Spinoperatoren

$$\hat{\mathbf{S}}^2_{(1)}, \hat{S}_{(1)3}, \hat{\mathbf{S}}^2_{(2)}, \hat{S}_{(2)3} \tag{13.2-9}$$

  bilden einen vollständigen Satz kommutierender Operatoren mit den vier gemeinsamen Eigenfunktionen $|++\rangle$, $|+-\rangle$, $|-+\rangle$, $|--\rangle$.

- *Auch die vier Spinoperatoren*

$$\hat{\mathbf{S}}^2, \hat{S}_3, \hat{\mathbf{S}}^2_{(1)}, \hat{\mathbf{S}}^2_{(2)} \tag{13.2-10}$$

  bilden einen vollständigen Satz kommutierender Operatoren mit den drei Triplettzuständen $|1\,m\rangle$ *und dem Singulettzustand* $|0\,0\rangle$ *als gemeinsame Eigenfunktionen.*

- Wir haben in den Gln. (13.2–7/8) die Eigenzustände des zweiten Operatoren-Satzes (13.2–10) nach den Eigenzuständen des ersten Operatoren-Satzes (13.2–9) entwickelt.

Beispiel 13.2–1 Spin-1-Teilchen und Spin-2-Teilchen

In diesem Beispiel betrachten wir ein Teilchen Nr. 1 mit der Spinquantenzahl $s=1$ und ein Teilchen Nr. 2 mit $s=2$. Die Rechnungen sind ähnlich wie im Haupttext.

a) Die beiden Teilchen bilden den Spinzustand $|s, m_s\rangle = |3\,1\rangle$ mit den Quantenzahlen $s=3$ und $m_s=1$ des Gesamtspins. Wie groß ist die Wahrscheinlichkeit, dass eine Messung der z-Komponente des Spin-1-Teilchens den Wert null liefert?

b) Nun bilden die beiden Teilchen den Spinzustand $|s, m_s\rangle = |2\,2\rangle$ mit Gesamtspin $s=2$ und $m_s=2$. Wie groß ist nun die oben gefragte Wahrscheinlichkeit?

Lösung:

a) Wir konstruieren den aktuellen Zustand $|3\,1\rangle$ des Systems, indem wir den Vernichtungsoperator $\hat{S}_- = \hat{S}_{(1)-} + \hat{S}_{(2)-}$ zweimal auf die „Startfunktion"

$$|3\,3\rangle = |1\,1\rangle_1 |2\,2\rangle_2 \tag{13.2-11}$$

anwenden. Mit der Gl.

$$\hat{L}_\pm \,|l,m\rangle = \hbar \sqrt{l(l+1) - m(m\pm 1)}\ |l,m\pm 1\rangle \tag{9.2-12}$$

die nicht nur für den Bahndrehimpuls, sondern wegen identischer Vertauschungsrelationen auch für den Spin gilt, finden wir für die linke Seite der Gl. (13.2-11)

$$\hat{S}_-\left[\hat{S}_-\,|3\,3\rangle\right] = \hat{S}_-\left[\sqrt{6}\,\hbar\,|3\,2\rangle\right] = \sqrt{60}\,\hbar^2\,|3\,1\rangle \tag{13.2-12}$$

und für die rechte Seite

$$
\left(\hat{S}_{(1)-} + \hat{S}_{(2)-}\right)\left[\left(\hat{S}_{(1)-} + \hat{S}_{(2)-}\right)|1\,1\rangle_1 |2\,2\rangle_2\right] =
$$
$$
= \left(\hat{S}_{(1)-} + \hat{S}_{(2)-}\right)\underbrace{\left[\sqrt{2}\,\hbar\,|1\,0\rangle_1 |2\,2\rangle_2 + 2\hbar\,|1\,1\rangle_1 |2\,1\rangle_2\right]}_{\sim\,|3\,2\rangle} =
$$
$$
= \hbar^2\left[2\,|1\,{-}1\rangle_1 |2\,2\rangle_2 + 4\sqrt{2}\,|1\,0\rangle_1 |2\,1\rangle_2 + 2\sqrt{6}\,|1\,1\rangle_1 |2\,0\rangle_2\right] \tag{13.2-13}
$$

Die beiden Gln. (13.2-12/13) liefern den normierten Zustand des Spinsystems:

$$|3\,1\rangle = \sqrt{1/15}\,|1\,{-}1\rangle_1 |2\,2\rangle_2 + \sqrt{8/15}\,|1\,0\rangle_1 |2\,1\rangle_2 + \sqrt{6/15}\,|1\,1\rangle_1 |2\,0\rangle_2$$

Die Wahrscheinlichkeit, bei einer Messung von $\hat{S}_{(1)3}$ den Wert null zu erhalten, beträgt $8/15$.

b) Der Zustand $|2\,2\rangle$ ist senkrecht zum (jetzt normierten) Zustand (siehe Gl. (13.2-13))

$$|3\,2\rangle = \sqrt{\frac{1}{3}}\,|1\,0\rangle_1 |2\,2\rangle_2 + \sqrt{\frac{2}{3}}\,|1\,1\rangle_1 |2\,1\rangle_2$$

$$\Rightarrow\ |2\,2\rangle = \sqrt{\frac{2}{3}}\,|1\,0\rangle_1 |2\,2\rangle_2 - \sqrt{\frac{1}{3}}\,|1\,1\rangle_1 |2\,1\rangle_2$$

Die gefragte Wahrscheinlichkeit ist $2/3$.

13.3 Addition von Bahndrehimpuls und Spin

Für die Atom- und Kernphysik ist die Addition von Bahndrehimpuls und Spin eines Teilchens sehr wichtig. Die Addition von Bahndrehimpuls und Elektronenspin wird bei der Spin-Bahn-Kopplung gebraucht (siehe Abschn. 14.4).

Der Gesamtdrehimpuls eines Teilchens

$$\hat{\mathbf{J}} = \hat{\mathbf{L}} + \hat{\mathbf{S}} \tag{13.3-1}$$

erfüllt die bekannten Vertauschungsrelationen

$$\left[\hat{J}_j,\hat{J}_k\right] = i\,\hbar\,\varepsilon_{jkl}\,\hat{J}_l \tag{13.3-2}$$

Die Produktzustände aus Kugelflächenfunktionen $|l,m_l\rangle$ und Spinzuständen $|\pm\rangle$

$$|l,m_l\rangle\,|\pm\rangle \tag{13.3-3}$$

sind *gemeinsame Eigenzustände der vier kommutierenden Operatoren* $\hat{\mathbf{L}}^2, \hat{L}_3, \hat{\mathbf{S}}^2, \hat{S}_3$. Sie sind auch Eigenfunktionen von $\hat{J}_3$, aber nicht von $\hat{\mathbf{J}}^2$ (siehe Aufgabe 13–3d/e).

Aber auch die vier Operatoren

$$\hat{\mathbf{J}}^2, \hat{J}_3, \hat{\mathbf{L}}^2, \hat{\mathbf{S}}^2 \tag{13.3-4}$$

kommutieren (siehe die Gln. (13.6–2a/b)) und haben daher *gemeinsame Eigenfunktionen*

$$|j,m_j,l,s\rangle = |j,m_j,l,\tfrac{1}{2}\rangle$$

Wir wollen diese Eigenfunktionen als Linearkombinationen der zuerst genannten $2(2l+1)$ Produktzustände $|l,m_l\rangle\,|\pm\rangle$ berechnen. Dabei hilft uns der Leiteroperator $\hat{J}_-$.

Für ein gegebenes $l>0$ existieren offensichtlich nur die beiden Gesamt-Drehimpulsquantenzahlen $j=l\pm 1/2$. Für $l=0$ ist $j=s$. Der Eigenvektor für die größten Quantenzahlen $j=l+1/2$ und $m_j=l+1/2$ kann nur

$$|j,m_j,l,s\rangle = |l+\tfrac{1}{2},l+\tfrac{1}{2},l,\tfrac{1}{2}\rangle = |l,l\rangle\,|+\rangle$$

lauten; andere Möglichkeiten gibt es nicht (siehe das folgende Beispiel).

Beispiel 13.3–1 Produktzustände als Eigenzustände von $\hat{\mathbf{J}}^2$

Für welche Quantenzahl m_l ist der Produktzustand $|l,m_l\rangle\,|+\rangle$ ein Eigenzustand von $\hat{\mathbf{J}}^2$?

Lösung:

Analog zur Gl. (1) in der Lösung von Aufgabe 13–7 gilt:

$$\hat{\mathbf{J}}^2 = \hat{\mathbf{L}}^2 + \hat{\mathbf{S}}^2 + 2\hat{L}_3\hat{S}_3 + \hat{L}_+\hat{S}_- + \hat{L}_-\hat{S}_+ \tag{13.3-5}$$

Mit $\hat{L}_\pm|l,m_l\rangle = \hbar\sqrt{l(l+1)-m_l(m_l\pm 1)}\,|l,m_l\pm 1\rangle$ folgt $(9.2\text{–}12)$

$$\hat{\mathbf{J}}^2|l,m_l\rangle\,|+\rangle \underset{\substack{\uparrow \\ \text{Gl. (9.2–12)}}}{=} \hbar^2\left[l(l+1)+\tfrac{1}{2}\tfrac{3}{2}+2m_l\tfrac{1}{2}\right]|l,m_l\rangle\,|+\rangle +$$

$$\hbar^2\sqrt{l(l+1)-m_l(m_l+1)}\,\sqrt{\tfrac{3}{4}-\tfrac{1}{2}\left(-\tfrac{1}{2}\right)}\,|l,m_l+1\rangle\,|-\rangle + 0$$

Der Zustand $|l,m_l\rangle\,|+\rangle$ ist nur für $m_l=l$ ein Eigenzustand von $\hat{\mathbf{J}}^2$.

Wir berechnen nun für eine gegebene Quantenzahl $l>0$ und für die größte Gesamt-Drehimpulsquantenzahl $j=l+1/2$ die anderen Eigenzustände

$$\left| l+\tfrac{1}{2}, m_j, l, \tfrac{1}{2} \right\rangle \qquad \text{mit} \qquad m_j = l+\tfrac{1}{2}, l-\tfrac{1}{2}, \dots, -\left(l+\tfrac{1}{2}\right)$$

Dazu greifen wir wieder auf unsere bewährte *Standardmethode* zurück und wenden den Absteigeoperator $\hat{J}_-$ wiederholt auf die **Startfunktion** $|l,l\rangle\,|+\rangle$ an. Dabei laufen wir die Leiter der $\hat{J}_3$ – Eigenwerte von oben ($m_j = l+1/2$) nach unten ($m_j = -l-1/2$) herunter:

$$\hat{J}_-\left| l+\tfrac{1}{2}, l+\tfrac{1}{2}, l, \tfrac{1}{2} \right\rangle = \left(\hat{L}_- + \hat{S}_-\right)|l,l\rangle\,|+\rangle \underset{\underset{\text{Gl. (9.2–12)}}{\uparrow}}{=}$$

$$= \hbar\sqrt{l(l+1)-l(l-1)}\;|l,l-1\rangle\,|+\rangle + \hbar\,|l,l\rangle\,|-\rangle =$$

$$= \hbar\sqrt{2l}\;|l,l-1\rangle\,|+\rangle + \hbar\,|l,l\rangle\,|-\rangle$$

Der erste *neue* (jetzt normierte) Eigenzustand mit $m_j = l-1/2$ ergibt sich also zu

$$\left| l+\tfrac{1}{2}, l-\tfrac{1}{2}, l, \tfrac{1}{2} \right\rangle = \sqrt{\frac{2l}{2l+1}}\;\underbrace{|l,\,l-1\rangle}_{=\,m_l}\,|+\rangle + \sqrt{\frac{1}{2l+1}}\;\underbrace{|l,l\rangle}_{=\,m_l}\,|-\rangle \qquad (13.3\text{–}6)$$

Weitere Anwendungen von $\hat{J}_-$ liefern *alle* Eigenzustände der Operatoren $\hat{\mathbf{J}}^2, \hat{J}_3, \hat{\mathbf{L}}^2, \hat{\mathbf{S}}^2$ für die größte Gesamt-Drehimpulsquantenzahl $j=l+1/2$ und für $m_j = l+0{,}5, \dots, -(l+0{,}5)$:

$$\left| l+\tfrac{1}{2}, m_j, l, \tfrac{1}{2} \right\rangle = \sqrt{\frac{l+m_j+\tfrac{1}{2}}{2l+1}}\;\underbrace{\left| l, m_j-\tfrac{1}{2} \right\rangle}_{=\,m_l}\,|+\rangle + \sqrt{\frac{l-m_j+\tfrac{1}{2}}{2l+1}}\;\underbrace{\left| l, m_j+\tfrac{1}{2} \right\rangle}_{=\,m_l}\,|-\rangle \qquad (13.3\text{–}7a)$$

$$\text{mit} \qquad m_j = l+\tfrac{1}{2}, l-\tfrac{1}{2}, \dots, -\left(l+\tfrac{1}{2}\right) \qquad\qquad (13.3\text{–}7b)$$

und mit der Forderung $|l, \pm(l+1)\rangle = 0$. Damit sind *alle* normierten Eigenvektoren für $j=l+1/2$ aufgelistet.

In der Gl. (13.3–7a) wird nur über die Quantenzahlen von $\hat{L}_3$ und $\hat{S}_3$ summiert. Das ist unumgänglich, wenn die neuen Funktionen $|l+1/2, m_j, l, 1/2\rangle$ u. a. Eigenfunktionen der Operatoren $\hat{\mathbf{L}}^2, \hat{\mathbf{S}}^2$ sein sollen.

Wir haben in Abschn. 7.2 gelernt, dass die Eigenfunktionen von hermiteschen Operatoren für verschiedene Eigenwerte senkrecht aufeinander stehen. Daher sind die Eigenzustände der Operatoren $\hat{\mathbf{J}}^2, \hat{J}_3, \hat{\mathbf{L}}^2, \hat{\mathbf{S}}^2$ für die zweite, mögliche Gesamt-Drehimpulsquantenzahl $j=l-1/2$ orthogonal zu den Zuständen (13.3–7a) und lauten daher[3]:

---

[3] Für die Vektoren im $\mathbb{R}^3$ gilt eine analoge Aussage: Für orthonormierte Vektoren $\mathbf{a}, \mathbf{b}$ stehen die beiden Vektoren $c_1\mathbf{a}+c_2\mathbf{b}$ und $-c_2\mathbf{a}+c_1\mathbf{b}$ senkrecht aufeinander.

Natürlich haben die Basen $\{|l,m_l\rangle|\pm\rangle\}$ und $\{|j,m_j,l,1/2\rangle\}$ dieselbe Dimension. Sie lautet für eine gegebene Drehimpulsquantenzahl l

$$(2l+1)\cdot\left(2\cdot\tfrac{1}{2}+1\right) = 2(2l+1) = \underbrace{2\left(l+\tfrac{1}{2}\right)+1}_{\text{für } j=l+1/2} + \underbrace{2\left(l-\tfrac{1}{2}\right)+1}_{\text{für } j=l-1/2}$$

$$\left| l-\tfrac{1}{2},m_j,l,\tfrac{1}{2}\right\rangle = -\sqrt{\frac{l-m_j+\tfrac{1}{2}}{2l+1}}\;\underbrace{\left| l,m_j-\tfrac{1}{2}\right\rangle}_{=\,m_l}|+\rangle + \sqrt{\frac{l+m_j+\tfrac{1}{2}}{2l+1}}\;\underbrace{\left| l,m_j+\tfrac{1}{2}\right\rangle}_{=\,m_l}|-\rangle \qquad (13.3\text{–}8a)$$

mit $\quad m_j = l-\tfrac{1}{2}, l-\tfrac{3}{2}, \dots -\left(l-\tfrac{1}{2}\right)$ $\qquad\qquad\qquad\qquad\qquad\qquad (13.3\text{–}8b)$

Die Eigenwertgln. sind

$$\hat{\mathbf{J}}^2 \left| l-\tfrac{1}{2},m_j,l,\tfrac{1}{2}\right\rangle = \hbar^2 \left(l-\tfrac{1}{2}\right)\left(l+\tfrac{1}{2}\right)\left| l-\tfrac{1}{2},m_j,l,\tfrac{1}{2}\right\rangle$$

und $\quad \hat{J}_3 \left| l-\tfrac{1}{2},m_j,l,\tfrac{1}{2}\right\rangle = \hbar m_j \left| l-\tfrac{1}{2},m_j,l,\tfrac{1}{2}\right\rangle$

Zusammenfassung:

- Die vier Drehimpulsoperatoren

$$\hat{\mathbf{L}}^2, \hat{L}_3, \hat{\mathbf{S}}^2, \hat{S}_3 \qquad\qquad\qquad\qquad\qquad\qquad\qquad\qquad (13.3\text{–}9)$$

  kommutieren und haben die gemeinsamen Eigenfunktionen $|l,m_l\rangle\,|\pm\rangle$.

- Die vier Operatoren

$$\hat{\mathbf{J}}^2, \hat{J}_3, \hat{\mathbf{L}}^2, \hat{\mathbf{S}}^2 \qquad\qquad\qquad\qquad\qquad\qquad\qquad\qquad (13.3\text{–}4)$$

  kommutieren ebenfalls und haben die gemeinsamen Eigenfunktionen

$$\left| j,m_j,l,\tfrac{1}{2}\right\rangle = \left| l\pm\tfrac{1}{2},m_j,l,\tfrac{1}{2}\right\rangle =$$

$$= \pm\sqrt{\frac{l\pm m_j+\tfrac{1}{2}}{2l+1}}\;\underbrace{\left| l,m_j-\tfrac{1}{2}\right\rangle}_{=\,m_l}|+\rangle + \sqrt{\frac{l\mp m_j+\tfrac{1}{2}}{2l+1}}\;\underbrace{\left| l,m_j+\tfrac{1}{2}\right\rangle}_{=\,m_l}|-\rangle$$

mit $\quad m_j = l\pm\tfrac{1}{2}, \dots, -\left(l\pm\tfrac{1}{2}\right)$ $\qquad\qquad\qquad\qquad\qquad (13.3\text{–}7b/8b)$

Dabei wird für $m_j \pm 0{,}5 = \pm(l+1)$ gefordert: $|l,m_j\pm0{,}5\rangle = 0$. Zudem ist $l>0$.

- Wir entwickelten in den Gln. (13.3–7/8) die Eigenzustände $|l\pm1/2,m_j,l,1/2\rangle$ des zweiten Operatoren-Satzes $\hat{\mathbf{J}}^2, \hat{J}_3, \hat{\mathbf{L}}^2, \hat{\mathbf{S}}^2$ nach den Eigenzuständen $|l,m_l\rangle\,|\pm\rangle$ des ersten Operatoren-Satzes $\hat{\mathbf{L}}^2, \hat{L}_3, \hat{\mathbf{S}}^2, \hat{S}_3$.

Beispiel 13.3–2 Wasserstoffatom

Ein Wasserstoffatom mit dem Elektron im spin-down-Zustand hat die Wellenfunktion

$$\psi_{210}(r,\vartheta,\varphi)|-\rangle = R_{21}(r)\,Y_{10}(\vartheta,\varphi)|-\rangle$$

Mit welchen Wahrscheinlichkeiten werden welche Werte von $\hat{\mathbf{J}}^2$ gemessen?

Lösung:

Wir wenden den Aufsteigeoperator auf den Zustand mit dem kleinsten Eigenwert von $\hat{J}_3$ an:

$$\hat{J}_+\left|\frac{3}{2},-\frac{3}{2},1,\frac{1}{2}\right\rangle = \left(\hat{L}_+\,|\,1,-1\rangle\right)|-\rangle + |\,1,-1\rangle\,\hat{S}_+\,|-\rangle =$$

$$= \hbar\sqrt{2}\,|\,1,0\rangle\,|-\rangle + \hbar\,|\,1,-1\rangle\,|+\rangle$$

Die Normierung liefert den Zustand

$$\left|\frac{3}{2},-\frac{1}{2},1,\frac{1}{2}\right\rangle = \frac{1}{\sqrt{3}}\left(\sqrt{2}\,|\,1,0\,\rangle\,|-\rangle + |\,1,-1\rangle\,|+\rangle\right)$$

Orthogonal dazu ist der Zustand

$$\left|\frac{1}{2},-\frac{1}{2},1,\frac{1}{2}\right\rangle = \frac{1}{\sqrt{3}}\left(-|\,1,0\,\rangle\,|-\rangle + \sqrt{2}\,|\,1,-1\rangle\,|+\rangle\right)$$

Die letzten beiden Gln. werden nun nach $|1,0\rangle\,|-\rangle$ aufgelöst. Nach einer Normierung folgt:

$$\psi_{210}(r,\vartheta,\varphi)|-\rangle \triangleq |1,0\rangle\,|-\rangle = \frac{1}{\sqrt{3}}\left(\sqrt{2}\left|\frac{3}{2},-\frac{1}{2},1,\frac{1}{2}\right\rangle - \left|\frac{1}{2},-\frac{1}{2},1,\frac{1}{2}\right\rangle\right)$$

Die Messung des Gesamtdrehimpuls-Quadrates $\hat{\mathbf{J}}^2$ liefert den Wert $3/2\cdot5/2\,\hbar^2$ mit der Wahrscheinlichkeit $2/3$ und den Wert $1/2\cdot3/2\,\hbar^2$ mit der Wahrscheinlichkeit $1/3$.

13.4 Allgemeine Addition von zwei Drehimpulsen

Für zwei Teilchen addieren wir die Drehimpulsoperatoren $\hat{\mathbf{J}}_{(1)}, \hat{\mathbf{J}}_{(2)}$, die Bahndrehimpuls- und/oder Spinoperatoren enthalten können, zu einem Gesamt-Drehimpulsoperator

$$\hat{\mathbf{J}} = \hat{\mathbf{J}}_{(1)} + \hat{\mathbf{J}}_{(2)}$$

Im Hilbertraum der Zweiteilchenzustände sind *zwei Basen gebräuchlich*:

- Die Tensorprodukte

$$|j_1,m_1,j_2,m_2\rangle = |j_1,m_1\rangle_1 \otimes |j_2,m_2\rangle_2 \underset{\text{kurz}}{=} |j_1,m_1\rangle_1\,|j_2,m_2\rangle_2$$

sind Eigenfunktionen der vier kommutierenden Operatoren $\hat{\mathbf{J}}^2_{(1)}, \hat{J}_{(1)3}, \hat{\mathbf{J}}^2_{(2)}, \hat{J}_{(2)3}$.

- Die Zustände $|j,m_j,j_1,j_2\rangle$ sind Eigenfunktionen der kommutierenden Operatoren

$$\hat{\mathbf{J}}^2, \hat{J}_3, \hat{\mathbf{J}}^2_{(1)}, \hat{\mathbf{J}}^2_{(2)}$$

Die Zustände $|j,m_j,j_1,j_2\rangle$ bilden eine neue, oft gebrauchte Basis und können als Linearkombinationen der alten Basisvektoren $|j_1,m_1,j_2,m_2\rangle$ geschrieben werden

$$|j,m_j,j_1,j_2\rangle = \sum_{\substack{m_1 \\ m_2=m_j-m_1}} \langle\,j_1,m_1,j_2,m_2\,|\,j,m_j,j_1,j_2\,\rangle\,|j_1,m_1,j_2,m_2\rangle \qquad (13.4\text{--}1)$$

mit den sog. **Clebsch-Gordan-Koeffizienten**

$$C^{\,j_1\ \ j_2\ \ j}_{\,m_1\,m_2\,m_j} := \langle\,j_1,m_1,j_2,m_2\,|\,j,m_j,j_1,j_2\,\rangle \qquad (13.4\text{--}2)$$

Beachte zwei Besonderheiten in den Linearkombinationen (13.4–1):

- Die Summation erfolgt *nur* über die Quantenzahlen m_1, m_2 der Ausgangs-Drehimpulsoperatoren $\hat{J}_{(1)3}, \hat{J}_{(2)3}$ und nicht über die Quantenzahlen j_1, j_2. Das ist unumgänglich, wenn die neuen Funktionen $|\, j, m, j_1, j_2\, \rangle$ auch Eigenfunktionen der Ausgangsoperatoren $\hat{\mathbf{J}}^2_{(1)}, \hat{\mathbf{J}}^2_{(2)}$ sein sollen.

- Die Bedingung $m_j = m_1 + m_2$ garantiert, dass die neuen Funktionen Eigenfunktionen von $\hat{J}_3$ sind.

In einigen Lehrbüchern stehen kleinere Tabellen mit Clebsch-Gordan-Koeffizienten. Allgemein gilt (siehe den umfangreichen Beweis in [Cohen-1], Abschn. 10.3):

Bei der Addition von zwei Drehimpulsen mit den Drehimpulsquantenzahlen j_1, j_2 liegt der Gesamtdrehimpuls j im Bereich

$$j_1 + j_2\, ,\ j_1 + j_2 - 1\, ,\, \dots\, |j_1 - j_2| + 1\, ,\, |j_1 - j_2| \tag{13.4–3a}$$

und die magnetische Gesamt-Quantenzahl m im Bereich

$$j, j-1, \dots - j+1, -j \tag{13.4–3b}$$

Der Hilbertraum, der bei gegebenen j_1, j_2 von den Eigenvektoren (13.4–1) aufgespannt wird, hat die Dimension

$$\sum_{j=|j_1 - j_2|}^{j_1 + j_2} (2j+1) = (2j_1 + 1)(2j_2 + 1)$$

Die Clebsch-Gordan-Koeffizienten lassen sich ausgehend vom höchsten Zustand auf der Drehimpulsleiter

$$|(j_1 + j_2),(j_1 + j_2), j_1, j_2\rangle = |j_1, j_1, j_2, j_2\rangle = |j_1, j_1\rangle_1\, |j_2, j_2\rangle_2$$

mit dem Absteigeoperator $\hat{J}_-$ berechnen (siehe Beispiel 13.4–1 und Aufgabe 13–5).

Beispiel 13.4–1 Spin-½- und Spin-1-Teilchen

Ein Spin-1/2-Teilchen und ein Spin-1-Teilchen bilden zusammen ein Quantenobjekt.

a) Berechne die Eigenfunktion $|\,\frac{1}{2}, \frac{1}{2}, \frac{1}{2}, 1\,\rangle$ von $\hat{\mathbf{S}}^2, \hat{S}_3, \hat{\mathbf{S}}^2_{(1)}, \hat{\mathbf{S}}^2_{(2)}$.

b) Berechne die Wahrscheinlichkeit, in diesem Zustand am zweiten Teilchen $m_2 = 1$ zu messen?

Lösung:

a) Die Spinzustände spannen einen Hilbertraum auf mit den sechs Basisfunktionen

$$\left|\tfrac{1}{2}, m_1\right\rangle_1 |1, m_2\rangle_2 \qquad \text{mit} \qquad m_1 = \pm\tfrac{1}{2} \quad m_2 = 0, \pm 1$$

Der Zustand mit der größten z-Komponente des Gesamtdrehimpulses lautet

$$|s, m, s_1, s_2\rangle = \left|\tfrac{3}{2}, \tfrac{3}{2}, \tfrac{1}{2}, 1\right\rangle = \left|\tfrac{1}{2}, \tfrac{1}{2}\right\rangle_1 |1,1\rangle_2$$

Der nächste Schritt ist (hoffentlich) mittlerweile sehr vertraut: Der Absteigeoperator liefert

$$\hat{S}_- \left|\tfrac{3}{2}, \tfrac{3}{2}, \tfrac{1}{2}, 1\right\rangle = \hat{S}_{(1)-} \left|\tfrac{1}{2}, \tfrac{1}{2}\right\rangle_1 |1,1\rangle_2 + \left|\tfrac{1}{2}, \tfrac{1}{2}\right\rangle_1 \hat{S}_{(2)-} |1,1\rangle_2 =$$

$$= \hbar \left| \tfrac{1}{2}, -\tfrac{1}{2} \right\rangle_1 \left| 1,1 \right\rangle_2 + \left| \tfrac{1}{2}, \tfrac{1}{2} \right\rangle_1 \hbar \sqrt{2} \left| 1,0 \right\rangle_2$$

Nach einer Normierung erhalten wir den Zustand

$$\left| \tfrac{3}{2}, \tfrac{1}{2}, \tfrac{1}{2}, 1 \right\rangle = \frac{1}{\sqrt{3}} \left(\left| \tfrac{1}{2}, -\tfrac{1}{2} \right\rangle_1 \left| 1,1 \right\rangle_2 + \sqrt{2} \left| \tfrac{1}{2}, \tfrac{1}{2} \right\rangle_1 \left| 1,0 \right\rangle_2 \right)$$

Die gesuchte Eigenfunktion steht orthogonal auf der berechneten Funktion und lautet daher

$$\left| \tfrac{1}{2}, \tfrac{1}{2}, \tfrac{1}{2}, 1 \right\rangle = \frac{1}{\sqrt{3}} \left(-\sqrt{2} \left| \tfrac{1}{2}, -\tfrac{1}{2} \right\rangle_1 \left| 1,1 \right\rangle_2 + \left| \tfrac{1}{2}, \tfrac{1}{2} \right\rangle_1 \left| 1,0 \right\rangle_2 \right)$$

b) Die gesuchte Wahrscheinlichkeit ist $2/3$.

13.5 Leitgedanken

13.1 Einführung und Motivation

Die Operatoren $\hat{\mathbf{L}}^2, \hat{L}_3, \hat{\mathbf{S}}^2, \hat{S}_3$ bilden ein vollständiges System kommutierender Operatoren (kurz vSkO) im Hilbertraum der Spin-1/2-Teilchen. Auch die vier Operatoren $\hat{\mathbf{J}}^2, \hat{J}_3, \hat{\mathbf{L}}^2, \hat{\mathbf{S}}^2$ (mit $\hat{\mathbf{J}} = \hat{\mathbf{L}} + \hat{\mathbf{S}}$) sind ein vSkO. Daher bilden die Mengen $\{\,|l,m\rangle\,|\pm\rangle\,\}$ und $\{\,|\,j,m_j,l,1/2\rangle\,\}$ jeweils vollständige Orthonormalsysteme. Die Eigenfunktionen $|\,j,m_j,l,1/2\rangle$ der Operatoren $\hat{\mathbf{J}}^2, \hat{J}_3, \hat{\mathbf{L}}^2, \hat{\mathbf{S}}^2$ lassen sich durch Linearkombinationen der Eigenfunktionen $|l,m\rangle\,|\pm\rangle$ konstruieren.

In Abschn. 14.4 wird die Spin-Bahn-Kopplung im Wasserstoffatom behandelt. Hier enthält $\hat{H}$ den Wechselwirkungsoperator $\hat{\mathbf{L}} \cdot \hat{\mathbf{S}} / r^3$. Wegen $[\hat{L}_3, \hat{\mathbf{S}} \cdot \hat{\mathbf{L}}] \neq 0$ und $[\hat{S}_3, \hat{\mathbf{S}} \cdot \hat{\mathbf{L}}] \neq 0$ haben $\hat{L}_3, \hat{S}_3$ einerseits und $\hat{\mathbf{S}} \cdot \hat{\mathbf{L}}$ andererseits keine gemeinsamen Eigenvektoren. Zum Glück vertauscht $\hat{\mathbf{J}} = \hat{\mathbf{L}} + \hat{\mathbf{S}}$ wegen $\hat{\mathbf{S}} \cdot \hat{\mathbf{L}} = (\hat{\mathbf{J}}^2 - \hat{\mathbf{L}}^2 - \hat{\mathbf{S}}^2)/2$ mit $\hat{H}$. Daher kommutieren die Operatoren

$$\hat{\mathbf{J}}^2, \hat{J}_3, \hat{\mathbf{L}}^2, \hat{\mathbf{S}}^2 \quad \text{und} \quad \hat{\mathbf{L}} \cdot \hat{\mathbf{S}} / r^3, \hat{H}$$

und haben die gemeinsamen Eigenfunktionen $|\,j,m_j,l,1/2\rangle$. Mit diesen Eigenfunktionen ist der Operator $\hat{\mathbf{L}} \cdot \hat{\mathbf{S}} / r^3$ der Spin-Bahn-Kopplung diagonal und die Störungstheorie in Kap. 14 einfach.

13.2 Addition von zwei Spins mit s = ½

Wir betrachten zwei Spin-1/2-Teilchen ($s = 1/2$). Die Spinoperatoren $\hat{\mathbf{S}}_{(k)}$ ($k = 1, 2$) wirken auf den Spinor des k-ten Teilchens und sind 2×2– Matrizen. Der Operator des Gesamtspins

$$\hat{\mathbf{S}} = \hat{\mathbf{S}}_{(1)} + \hat{\mathbf{S}}_{(2)} \tag{13.2–2}$$

erfüllt die bekannten Vertauschungsrelationen des Drehimpulses

$$\left[\hat{S}_j, \hat{S}_k \right] = i\,\hbar\,\varepsilon_{jkl}\,\hat{S}_l \tag{13.2–3}$$

Wie gewohnt erhält man die gemeinsamen Eigenzustände von $\hat{\mathbf{S}}^2$ und $\hat{S}_3$, indem man den Aufsteigeoperator $\hat{S}_+ = \hat{S}_{(1)+} + \hat{S}_{(2)+}$ zweimal auf den untersten Zustand

$$| --\rangle = |-\rangle_1 \, |-\rangle_2$$

der Spinleiter anwendet. So findet man für den Gesamtspin $s=1$ die drei Eigenzustände $|1m\rangle$:

$$|11\rangle = |++\rangle \tag{13.2-7a}$$

$$|10\rangle = \frac{1}{\sqrt{2}}\Big(|+-\rangle + |-+\rangle\Big) \tag{13.2-7b}$$

$$|1-1\rangle = |--\rangle \tag{13.2-7c}$$

Diese **Triplettzustände** $|1\,m\rangle$ sind Eigenzustände der Gesamt-Spinoperatoren $\hat{S}^2, \hat{S}_3$ mit den Eigenwerten $2\hbar^2$ und $m\hbar$. Der **Singulettzustand** mit $s=m=0$ steht senkrecht auf $|10\rangle$:

$$|0\,0\rangle = \frac{1}{\sqrt{2}}\Big(|+-\rangle - |-+\rangle\Big) \tag{13.2-8}$$

13.3 Addition von Bahndrehimpuls und Spin

Der Gesamtdrehimpuls von Teilchen mit Spin $s=1/2$

$$\hat{\mathbf{J}} = \hat{\mathbf{L}} + \hat{\mathbf{S}} \tag{13.3-1}$$

erfüllt die bekannten Vertauschungsrelationen

$$\left[\hat{J}_j , \hat{J}_k\right] = i\hbar\, \varepsilon_{jkl}\, \hat{J}_l \tag{13.3-2}$$

Die Produktzustände $|l,m\rangle|\pm\rangle$ sind gemeinsame Eigenzustände der kommutierenden Operatoren $\hat{\mathbf{L}}^2, \hat{L}_3, \hat{\mathbf{S}}^2, \hat{S}_3$ und bilden ein vSkO. Sie sind auch Eigenfunktionen von $\hat{J}_3$, nicht von $\hat{\mathbf{J}}^2$. Die gemeinsamen Eigenzustände

$$\left| j, m_j, l, \tfrac{1}{2}\right\rangle \qquad \text{für beliebige Bahn-Drehimpusquantenzahlen } l$$

der vier *kommutierenden* Operatoren $\hat{\mathbf{J}}^2, \hat{J}_3, \hat{\mathbf{L}}^2, \hat{\mathbf{S}}^2$ sind Linearkombinationen der Produktzustände $|l,m\rangle|\pm\rangle$ mit $m \pm 1/2 = m_j$. Für ein gegebenes $l>0$ existieren offensichtlich nur die beiden Gesamt-Drehimpulsquantenzahlen $j = l \pm 1/2$. Der Eigenvektor für die größten Quantenzahlen $j = m_j = l + 1/2$ kann nur

$$\left| l+\tfrac{1}{2}, l+\tfrac{1}{2}, l, \tfrac{1}{2}\right\rangle = |l,l\rangle|+\rangle$$

lauten. Die anderen Zustände mit der größten Gesamt-Drehimpulsquantenzahl $j = l+1/2 \geq m_j$

$$\left| l+\tfrac{1}{2}, m_j, l, \tfrac{1}{2}\right\rangle \qquad \text{mit} \qquad m_j = l+\frac{1}{2}, l-\frac{1}{2}, \dots - \left(l+\frac{1}{2}\right)$$

ergeben sich wie gewohnt durch wiederholte Anwendung des Absteigeoperator $\hat{J}_-$ auf die Startfunktion $|l+1/2, l+1/2, l, 1/2\rangle = |l,l\rangle|+\rangle$. Man erhält auf diese Art

$$\left| l+\tfrac{1}{2}, m_j, l, \tfrac{1}{2}\right\rangle = \sqrt{\frac{l+m_j+\frac{1}{2}}{2l+1}}\,\left| l\, m_j - \tfrac{1}{2}\right\rangle|+\rangle + \sqrt{\frac{l-m_j+\frac{1}{2}}{2l+1}}\,\left| l\, m_j + \tfrac{1}{2}\right\rangle|-\rangle \tag{13.3-7a}$$

mit $\quad m_j = l+\frac{1}{2}, l-\frac{1}{2}, \dots - \left(l+\frac{1}{2}\right)$ \hfill (13.3-7b)

und mit der Forderung $|l\,m_j\rangle = 0$ für $m_j = \pm(l+1)$. Damit sind *alle* normierten Eigenvektoren für $j = l+1/2$ aufgelistet.

Die Eigenzustände der Operatoren $\hat{\mathbf{J}}^2, \hat{J}_3, \hat{\mathbf{L}}^2, \hat{\mathbf{S}}^2$ für die andere mögliche Gesamt-Drehimpulsquantenzahl $j = l - 1/2$ sind orthogonal zu den Zuständen in der Gl. (13.3–7a) und lauten daher:

$$\left| l - \tfrac{1}{2}, m_j, l, \tfrac{1}{2} \right\rangle = -\sqrt{\frac{l - m_j + \tfrac{1}{2}}{2l + 1}} \left| l\, m_j - \tfrac{1}{2} \right\rangle |+\rangle + \sqrt{\frac{l + m_j + \tfrac{1}{2}}{2l + 1}} \left| l\, m_j + \tfrac{1}{2} \right\rangle |-\rangle \qquad (13.3\text{–}8a)$$

$$\text{mit} \quad m_j = l - \tfrac{1}{2}, l - \tfrac{3}{2}, \dots - \left(l - \tfrac{1}{2} \right) \qquad\qquad\qquad (13.3\text{–}8b)$$

13.4 Allgemeine Addition von zwei Drehimpulsen

Wir addieren die Drehimpulsoperatoren von zwei Teilchen zu einem Gesamtoperator

$$\hat{\mathbf{J}} = \hat{\mathbf{J}}_{(1)} + \hat{\mathbf{J}}_{(2)}$$

Die Produktzustände

$$| j_1, m_1, j_2, m_2 \rangle = | j_1, m_1 \rangle_1 \, | j_2, m_2 \rangle_2$$

sind Eigenfunktionen der vier kommutierenden Operatoren $\hat{\mathbf{J}}^2_{(1)}, \hat{J}_{(1)3}, \hat{\mathbf{J}}^2_{(2)}, \hat{J}_{(2)3}$. Geeignete Linearkombinationen bilden die Eigenfunktionen der kommutierenden Operatoren

$$\hat{\mathbf{J}}^2, \hat{J}_3, \hat{\mathbf{J}}^2_{(1)}, \hat{\mathbf{J}}^2_{(2)}$$

Die neuen Eigenfunktionen lauten wegen $m_2 = m_j - m_1$:

$$| j, m_j, j_1, j_2 \rangle = \sum_{\substack{m_1 \\ m_2 = m_j - m_1}} \langle j_1, m_1, j_2, m_2 | j, m_j, j_1, j_2 \rangle \, | j_1, m_1, j_2, m_2 \rangle \qquad (13.4\text{–}1)$$

mit den sog. **Clebsch-Gordan-Koeffizienten**

$$C^{\,j_1 \;\; j_2 \;\; j}_{m_1 \, m_2 \, m_j} := \langle j_1, m_1, j_2, m_2 | j, m_j, j_1, j_2 \rangle \qquad\qquad (13.4\text{–}2)$$

Bei der Addition von zwei Drehimpulsen mit den Drehimpulsquantenzahlen j_1, j_2 liegt der Gesamtdrehimpuls j im Bereich

$$j_1 + j_2, \, j_1 + j_2 - 1, \, \dots \, |j_1 - j_2| + 1, \, |j_1 - j_2| \qquad\qquad (13.4\text{–}3a)$$

und die magnetische Quantenzahl m im Bereich $j, j - 1, \dots - j + 1, -j$.

13.6 Aufgaben

13-1 Leicht Orthogonalität von Singulett- und Triplettzustand

a) Zeige *mit Worten* (also ohne Rechnung), dass der Singulettzustand $|0\,0\rangle$ und der mittlere Triplettzustand $|1\,0\rangle$ senkrecht aufeinander stehen müssen.

b) Zeige *rechnerisch*, dass der Singulettzustand $|0\,0\rangle$ in Gl. (13.2–8) und der mittlere Triplettzustand $|1\,0\rangle$ in Gl. (13.2–7b) in der Tat senkrecht aufeinander stehen.

13-2 Leicht Spin von Baryonen und Atomkernen

a) Baryonen sind schwere Teilchen, die aus je drei Quarks bestehen. Quarks haben den Spin $1/2$. So werden z. B. Protonen und Neutronen jeweils aus drei Quarks gebildet. Welchen Spin können die Baryonen haben?

b) Bei welchen Nukleonenzahlen ist der Gesamtspin von Atomkernen halb- bzw. ganzzahlig?

13-3 Leicht Kommutatoren der Drehimpulsoperatoren

Beweise folgende Vertauschungsrelationen:

---

a) Die ersten sechs Kommutatoren enthalten das Operatorprodukt $\hat{\mathbf{S}}\cdot\hat{\mathbf{L}}$.

$$\left[\hat{L}_3,\hat{\mathbf{S}}\cdot\hat{\mathbf{L}}\right]\ne 0 \qquad \left[\hat{S}_3,\hat{\mathbf{S}}\cdot\hat{\mathbf{L}}\right]\ne 0 \tag{13.6-1a/b}$$

b) $$\left[\hat{J}_3,\hat{\mathbf{S}}\cdot\hat{\mathbf{L}}\right]=\left[\hat{L}_3+\hat{S}_3,\hat{\mathbf{S}}\cdot\hat{\mathbf{L}}\right]=0 \tag{13.6-1c}$$

c) $$\left[\hat{\mathbf{L}}^2,\hat{\mathbf{S}}\cdot\hat{\mathbf{L}}\right]=\left[\hat{\mathbf{S}}^2,\hat{\mathbf{S}}\cdot\hat{\mathbf{L}}\right]=\left[\hat{\mathbf{J}}^2,\hat{\mathbf{S}}\cdot\hat{\mathbf{L}}\right]=0 \tag{13.6-1d/e/f}$$

Bemerkung: Aufgrund der vorangehenden Gln. vertauscht der Hamiltonoperator des Wasserstoffatoms mit Spin-Bahn-Kopplung – siehe Gleichung (14.4–9) – weder mit dem Bahndrehimpulsoperator $\hat{\mathbf{L}}$ noch mit dem Spinoperator $\hat{\mathbf{S}}$, wohl aber mit dem Operator $\hat{\mathbf{J}}=\hat{\mathbf{L}}+\hat{\mathbf{S}}$. Daher sind im Wasserstoffatom mit Spin-Bahn-Kopplung weder $\hat{\mathbf{L}}$ noch $\hat{\mathbf{S}}$ Erhaltungsgrößen; nur $\hat{\mathbf{J}}=\hat{\mathbf{L}}+\hat{\mathbf{S}}$ ist eine Erhaltungsgröße.

---

d) Die folgenden vier Kommutatoren enthalten das Quadrat des Gesamt-Drehimpulsoperators $\hat{\mathbf{J}}=\hat{\mathbf{L}}+\hat{\mathbf{S}}$:

$$\left[\hat{\mathbf{J}}^2,\hat{\mathbf{L}}^2\right]=\left[\hat{\mathbf{J}}^2,\hat{\mathbf{S}}^2\right]=0 \qquad \text{mit} \qquad \hat{\mathbf{J}}=\hat{\mathbf{L}}+\hat{\mathbf{S}} \tag{13.6-2a/b}$$

Die Gln. $\left[\hat{J}_3,\hat{\mathbf{L}}^2\right]=\left[\hat{J}_3,\hat{\mathbf{S}}^2\right]=0$ sind trivial. $\tag{13.6-2c/d}$

c) $$\left[\hat{\mathbf{J}}^2,\hat{L}_3\right]\ne 0 \qquad \left[\hat{\mathbf{J}}^2,\hat{S}_3\right]\ne 0 \tag{13.6-2e/f}$$

---

f) Der letzte Kommutator enthält das Quadrat des Gesamtspins $\hat{\mathbf{S}}_{(1)}+\hat{\mathbf{S}}_{(2)}$ von zwei Teilchen:

$$\left[(\hat{\mathbf{S}}_{(1)}+\hat{\mathbf{S}}_{(2)})^2,\hat{S}_{(1)3}\right]=\left[\hat{\mathbf{S}}^2,\hat{S}_{(1)3}\right]\ne 0 \tag{13.6-3}$$

13-4 Leicht Messung des Gesamtspins

Zwei unterscheidbare Spin-1/2-Teilchen haben den Spin-Zustand $|z,+\rangle_1|z,-\rangle_2$. Zeige, dass die Messung von $\hat{\mathbf{S}}^2=(\hat{\mathbf{S}}_{(1)}+\hat{\mathbf{S}}_{(2)})^2$ mit gleicher Wahrscheinlichkeit die Messwerte null und $2\hbar^2$ liefert.

13-5 Leicht Addition von zwei Bahndrehimpulsen mit $l_1=l_2=1$

Wir betrachten ein Zweiteilchensystem mit den zwei Bahndrehimpulsen $l_1=l_2=1$. Das Quadrat $\hat{\mathbf{L}}^2$ des Gesamtdrehimpulsoperators $\hat{\mathbf{L}}=\hat{\mathbf{L}}_{(1)}+\hat{\mathbf{L}}_{(2)}$ hat die Eigenwerte $l=0,1,2$.

Konstruiere die neun Eigenvektoren $|l,m,1,1\rangle$ der kommutierenden Operatoren $\hat{\mathbf{L}}^2,\hat{L}_3,\hat{\mathbf{L}}_{(1)}^2,\hat{\mathbf{L}}_{(2)}^2$ in der gegebenen Basis $\{|1,m\rangle_1|1,n\rangle_2\}$ mit $m,n=0,\pm 1$.

13-6 Mittel Wasserstoffatom im gemischten Zustand

Das Elektron eines Wasserstoffatoms befindet sich im gemischten Zustand

$$R_{31}(r)\left[\frac{4}{5}Y_{11}(\vartheta,\varphi)\left|\tfrac{1}{2}\ -\tfrac{1}{2}\right\rangle+\frac{3}{5}Y_{10}(\vartheta,\varphi)\left|\tfrac{1}{2}\ \tfrac{1}{2}\right\rangle\right]$$

Mit welchen Wahrscheinlichkeiten misst man welche Werte

a) der z-Komponente $\hat{S}_3$ des Spins?   **b)** des Quadrates $\hat{\mathbf{J}}^2$ des Gesamtdrehimpulses $\hat{\mathbf{J}}=\hat{\mathbf{L}}+\hat{\mathbf{S}}$?

13-7 Leicht Beweis der Gl. (13.2-6a)

Beweise $\hat{\mathbf{S}}^2\left(|+-\rangle+|-+\rangle\right)=2\hbar^2\left(|+-\rangle+|-+\rangle\right)$ mit $\hat{\mathbf{S}}=\hat{\mathbf{S}}_{(1)}+\hat{\mathbf{S}}_{(2)}$ $\tag{13.2-6a}$

14 Zeitunabhängige Störungstheorie

Die Störungstheorie wird in der Praxis oft gebraucht und in allen Vorlesungen behandelt. Die Abschn. 14.3 bis 14.5 sind etwas schwieriger als die meisten Abschn. dieses Buches.

Energien und Zustandsfunktionen von Systemen, deren Schrödinger-Gln. nicht exakt lösbar sind, sich aber nur wenig von exakt lösbaren Schrödinger-Gln. unterscheiden, werden mit Reihenentwicklungen in guter Näherung berechnet.

14.1 *Einführung*: Die gegenseitige Wechselwirkung der Elektronen in Atomen, die Feinstruktur, van-der-Waals-Kräfte, anomaler Zeeman-Effekt, Stark-Effekt, ... lassen sich nur mit Näherungsmethoden berechnen. Die Störungstheorie ist die wichtigste Näherungsmethode.

14.2 *Störung nicht entarteter Niveaus*: Die Eigenwerte und Eigenfunktionen des Hamiltonoperators werden als Potenzreihen eines Parameters λ geschrieben. Energien und Zustandsfunktionen werden dann mit steigender Potenz von λ Schritt für Schritt berechnet. Schon die erste Korrektur der Energie liefert häufig gute Ergebnisse.

14.3 *Störung entarteter Niveaus*: Bei g_n-facher Entartung der „ungestörten" Energie $E_n^{(0)}$ bleibt der Rechenaufwand der ersten Korrektur $E_n^{(1)}$ relativ klein, wenn die Störmatrix $\mathbf{H}^{(1)}$ diagonal ist.

14.4 *Feinstruktur des Wasserstoffatoms*: In Kap. „10 Das Wasserstoffatom" wurde nur das Coulombpotential $V(r) \sim 1/r$ berücksichtigt. Genauere Berechnungen der Energieniveaus berücksichtigen auch die relativistische Korrektur der kinetischen Energie, die Spin-Bahn-Kopplung sowie den Darwin-Term und liefern die Feinstruktur der Spektrallinien.

14.5 *Der Zeeman-Effekt*: Äußere Magnetfelder spalten die Spektrallinien von Atomen auf. Der normale Zeeman-Effekt beschreibt die Aufspaltungen bei Atomen ohne Gesamtspin. Die Energien des Wasserstoffatoms werden ohne Störungstheorie berechnet.

Beim anomalen Zeeman-Effekt ist der Gesamtspin ungleich null. Die Niveaus werden mit der Störungstheorie in erster Näherung berechnet.

14.1 Einführung

In Physik und Technik gibt es nur wenige exakt lösbare Gln. Die Schrödinger-Gl. ist analytisch lösbar für stückweise konstante Potentiale (Kap. 5), lineares Potential (Aufgaben 6–2 bis 6–5), quadratisches Potential (Kap. 6), Coulombpotential (Kap. 10). Wenige weitere Potentiale mit analytisch lösbaren Schrödinger-Gln. – wie z. B. in Aufgabe 5–11 – sind kaum bekannt und haben keine Relevanz.

Wenn exakte Lösungen unmöglich sind, muss man auf numerische Lösungen oder Näherungslösungen zurückgreifen. Für zeit*un*abhängige Potentiale $V = V(\mathbf{r})$ liefert die zeit*un*abhängige Störungstheorie in der Regel gute Ergebnisse, falls sich der Hamiltonoperator

Quantenmechanik: Lehr- und Arbeitsbuch, 2. Auflage. Friedhelm Kuypers.
© 2026 Wiley-VCH GmbH. Published 2026 by Wiley-VCH GmbH.

des Systems nur wenig von einem „ungestörten" Hamiltonoperator $\hat{H}^{(0)}$ unterscheidet, dessen Schrödinger-Gl. exakt lösbar ist.

Die gegenseitige Wechselwirkung der Elektronen in Atomen, die Feinstruktur, van-der-Waals-Kräfte, ... lassen sich nur mit Näherungsmethoden berechnen. Die wichtigste (aber nicht einzige) Näherungsmethode ist die Störungstheorie – u. a. auch deshalb, weil sie dem Denken und der Arbeitsweise der Physiker entgegenkommt. Gewöhnlich untersuchen Wissenschaftler zuerst grundlegende Phänomene, indem sie kleinere „Störungen" außer Acht lassen. Erst danach werden Details schrittweise erforscht und die kleinen Störungen einbezogen.

14.2 Störung nicht entarteter Niveaus

In den meisten Lehrbüchern hat dieser Abschn. den Namen „Nicht entartete Störungstheorie". Der hier gewählte Name gibt aber den Gültigkeitsbereich treffender wieder – wie wir gleich sehen werden.

In der zeitunabhängigen Störungstheorie[1] müssen fünf Voraussetzungen erfüllt sein:

- Der *zeitunabhängige Hamiltonoperator* setzt sich aus einem „ungestörten" Anteil $\hat{H}^{(0)}$ und einer *kleinen* Störung $\lambda\,\hat{H}^{(1)}$ (mit $0 \leq \lambda \leq 1$) zusammen[2]:

$$\hat{H}(\lambda) = \hat{H}^{(0)} + \lambda\,\hat{H}^{(1)} \tag{14.2-1}$$

Der Parameter λ hat *keine physikalische Bedeutung*. Er wird nur eingeführt, um die Eigenwerte und Eigenfunktionen von $\hat{H}$ in *Potenzreihen* von λ zu entwickeln. Für $\lambda = 0$ ist die Störung ausgeschaltet, für $\lambda = 1$ ist sie voll eingeschaltet. Am Ende der Rechnung wird $\lambda = 1$ gesetzt.

- Die Schrödinger-Gl. des ungestörten Hamiltonoperators $\hat{H}^{(0)}$

$$\hat{H}^{(0)} \,|\, n^{(0)} \rangle = E_n^{(0)} \,|\, n^{(0)} \rangle \tag{14.2-2}$$

ist *exakt lösbar*; die Eigenfunktionen und Eigenwerte von $\hat{H}^{(0)}$ sind genau bekannt.

---

[1] Die zeitunabhängige Störungsrechnung der Quantentheorie hat große Ähnlichkeit mit der Störungsrechnung der klassischen Mechanik, die für die Berechnung der Planetenbahnen im 19ten Jahrhundert entwickelt wurde (siehe [Kuypers], Abschn. 14.2). In der Quantenmechanik ist die Störungsrechnung nicht geeignet für Atome mit drei und mehr Elektronen und nicht für Moleküle. Hier verwendet man die Hartree-Fock-Methode (siehe Abschn. 17.2) und die Dichtefunktionaltheorie, für deren Entwicklung W. Kohn 1998 den Nobelpreis der Chemie erhielt.

[2] Nach Gl. (14.2–8) ist eine Störung klein, wenn die Matrixelemente des Störoperators $\hat{H}^{(1)}$ in den ungestörten Zuständen viel kleiner sind als die Abstände der Energieniveaus:

$$|\langle k^{(0)} | \hat{H}^{(1)} | n^{(0)} \rangle| \ll |E_n^{(0)} - E_k^{(0)}|$$

Diese Ungl. ist eine notwendige (leider keine hinreichende) Bedingung für die Konvergenz der Störungsreihen.

- Die Eigenwerte $E_n^{(0)}$ bilden ein **diskretes Spektrum**, so dass gebundene Zustände betrachtet werden. (Bei kontinuierlichen Spektren werden die Summen durch Integrale ersetzt.)

- Die Eigenfunktionen $|n(\lambda)\rangle$ und die Eigenwerte $E_n(\lambda)$ des gestörten Hamiltonoperators $\hat{H}(\lambda)$ hängen sicherlich von λ ab. Wir nehmen daher – in Anlehnung an Taylorreihen – zuversichtlich an, dass sie sich als Potenzreihen des Parameters λ darstellen lassen[3]:

$$|n\rangle = |n^{(0)}\rangle + \lambda |n^{(1)}\rangle + \lambda^2 |n^{(2)}\rangle + \dots \qquad (14.2\text{–}3a)$$

$$E_n = E_n^{(0)} + \lambda E_n^{(1)} + \lambda^2 E_n^{(2)} + \dots \qquad (14.2\text{–}3b)$$

- Bei der nicht entarteten Störungstheorie müssen wir zusätzlich verlangen, dass die Energie $E_n^{(0)}$, deren Korrektur wir berechnen wollen, nicht entartet ist. Alle anderen Energien $E_k^{(0)}$ (mit $k \neq n$) dürfen entartet sein. Beim Wasserstoffatom erfüllt nur der Grundzustand ($n = 1$) diese Bedingung.

Diese letzte Forderung entfällt im nächsten Abschn. „14.3 Störung entarteter Niveaus". Der Einfachheit halber werden wir in den folgenden Rechnungen annehmen, dass *keine* Energie $E_k^{(0)}$ entartet ist. Die Ergebnisse bei entarteten Energien $E_k^{(0)}$ (mit $k \neq n$) werden aber genannt; dabei wird auch auf die entsprechenden Rechnungen in Aufgabe 14–10 verwiesen.

Im Folgenden berechnen wir immer die Korrekturen eines nicht entarteten, ungestörten Eigenwertes $E_n^{(0)}$ und die Korrekturen seines Eigenvektors. Die Näherungslösungen werden Schritt für Schritt entwickelt – beginnend mit der ungestörten Lösung. Dazu setzen wir die Potenzreihen (14.2–3a/b) in die zeitunabhängige Schrödinger-Gl.

$$\hat{H}|n\rangle = \left(\hat{H}^{(0)} + \lambda \hat{H}^{(1)}\right)|n\rangle = E_n|n\rangle$$

ein und ordnen die Terme nach Potenzen von λ:

$$\hat{H}^{(0)}|n^{(0)}\rangle + \lambda\left[\hat{H}^{(0)}|n^{(1)}\rangle + \hat{H}^{(1)}|n^{(0)}\rangle\right] + \lambda^2\left[\hat{H}^{(0)}|n^{(2)}\rangle + \hat{H}^{(1)}|n^{(1)}\rangle\right] + \dots =$$

$$= E_n^{(0)}|n^{(0)}\rangle + \lambda\left[E_n^{(0)}|n^{(1)}\rangle + E_n^{(1)}|n^{(0)}\rangle\right] +$$

$$+ \lambda^2\left[E_n^{(0)}|n^{(2)}\rangle + E_n^{(1)}|n^{(1)}\rangle + E_n^{(2)}|n^{(0)}\rangle\right] + \dots$$

---

[3] Diese Annahme ist heikel, denn in den meisten Anwendungen wurde die Konvergenz der beiden Reihen (14.2–3a/b) mathematisch nicht bewiesen; es gibt sogar Potenzreihen mit bewiesener Divergenz. Zum Glück liefern die ersten Näherungen der Störungstheorie – auch bei nachgewiesener Divergenz – meistens sehr gute Ergebnisse und nur darauf kommt es in der Praxis an.

Leider gibt es bedeutende Aufgaben, in denen die Störungstheorie bereits in der ersten Näherung keine brauchbaren Verbesserungen liefert. So können beispielsweise die Energieniveaus von Atomen mit mehr als zwei Elektronen mit der Störungstheorie nicht gut berechnet werden, weil die Störung der Elektron-Elektron-Wechselwirkung zu groß ist.

Apropos: Die Zahlen in den hoch gesetzten runden Klammern geben die Ordnung der Näherung an. So sind z. B. $|n^{(0)}\rangle$ die Lösung in nullter Näherung und $|n^{(1)}\rangle$ die erste Korrektur.

Diese Gl. gilt genau dann für alle Parameter λ*, wenn die einzelnen Beiträge mit jeder Potenz von* λ *auf beiden Seiten der Gl. gleich groß sind.* Das bedeutet:

$$\lambda^0: \quad \left(\hat{H}^{(0)} - E_n^{(0)}\right) | n^{(0)} \rangle = 0 \tag{14.2-4a}$$

$$\lambda^1: \quad \left(\hat{H}^{(0)} - E_n^{(0)}\right) | n^{(1)} \rangle = \left(E_n^{(1)} - \hat{H}^{(1)}\right) | n^{(0)} \rangle \tag{14.2-4b}$$

$$\lambda^2: \quad \left(\hat{H}^{(0)} - E_n^{(0)}\right) | n^{(2)} \rangle = \left(E_n^{(1)} - \hat{H}^{(1)}\right) | n^{(1)} \rangle + E_n^{(2)} | n^{(0)} \rangle \tag{14.2-4c}$$

$$\lambda^3: \quad \left(\hat{H}^{(0)} - E_n^{(0)}\right) | n^{(3)} \rangle = \left(E_n^{(1)} - \hat{H}^{(1)}\right) | n^{(2)} \rangle + E_n^{(2)} | n^{(1)} \rangle + E_n^{(3)} | n^{(0)} \rangle \tag{14.2-4d}$$

usw.[4] ....

Dieses Gleichungssystem lässt sich (bei Konvergenz) sukzessive von oben nach unten bis zu jeder gewünschten Genauigkeit lösen.

0. Näherung: Die erste Gl. (14.2–4a) ist die ungestörte Schrödinger-Gl., die laut Voraussetzung exakt lösbar ist.

1. Näherung: Zur Berechnung der ersten Energiekorrektur $E_n^{(1)}$ setzen wir den schon häufig verwendeten *Standardtrick* ein und multiplizieren die Gl. (14.2–4b) mit dem bra $\langle n^{(0)} |$:

$$\langle n^{(0)} | \hat{H}^{(0)} - E_n^{(0)} | n^{(1)} \rangle = \langle n^{(0)} | E_n^{(1)} - \hat{H}^{(1)} | n^{(0)} \rangle \tag{14.2-5}$$

Wegen der Hermitizität von $\hat{H}^{(0)}$ verschwindet die linke Seite dieser Gl., so dass die (vorerst unbekannte) Funktion $| n^{(1)} \rangle$ entfällt. Wir erhalten die *erste Korrektur der Energie* zu[5]

$$E_n^{(1)} = \langle n^{(0)} | \hat{H}^{(1)} | n^{(0)} \rangle \qquad \text{für nicht entartete Energien } E_n^{(0)} \tag{14.2-6}$$

Die erste Korrektur der Energie ist der Erwartungswert des Störterms $\hat{H}^{(1)}$ *im ungestörten Zustand* $| n^{(0)} \rangle$. Diese Gl. ist eine der am häufigsten gebrauchten Gln. der Quantenmechanik. Die Energiekorrektur $E_n^{(1)}$ ist nur dann signifikant, wenn die Wahrscheinlichkeitsdichte $| \psi_n^{(0)}(\mathbf{r}) |^2$ und die Störung $\hat{H}^{(1)}$ in gleichen Raumgebieten relativ groß sind. Das Vorzeichen der ersten Korrektur $E_n^{(1)}$ wird durch das Vorzeichen von $\hat{H}^{(1)}$ bestimmt.

Wir berechnen nun mit der Gl. (14.2–5) die erste Korrektur $| n^{(1)} \rangle$ der Zustandsfunktion. Da die ungestörten Zustandsfunktionen $| n^{(0)} \rangle$ als Eigenfunktionen des hermiteschen Operators $\hat{H}^{(0)}$ ein vollständiges Orthonormalsystem bilden, können wir schreiben

---

[4] Bis hier gelten alle Gln. sowohl für entartete als auch für nicht entartete Ausgangsenergien $E_n^{(0)}$.

[5] Am Anfang des Abschn. „15.1 Das Variationsprinzip" wird gezeigt, dass die in erster Näherung berechnete Energie des Grundzustandes

$$\langle n^{(0)} | \hat{H}^{(0)} + \hat{H}^{(1)} | n^{(0)} \rangle = E_n^{(0)} + E_n^{(1)}$$

für *alle* Funktionen $| n^{(0)} \rangle$ nicht kleiner ist als die tatsächliche Energie des Grundzustandes. (Für die angeregten Zustände gibt es i. Allg. keine vergleichbare Aussage.)

$$| n^{(1)} \rangle = \sum_{\substack{k \\ k \neq n}} c_{nk} | k^{(0)} \rangle \qquad (14.2\text{-}7)$$

Dabei durften wir den n-ten Beitrag $c_{nn} | n^{(0)} \rangle$ aus dem folgenden Grund fortlassen: Wenn $| n^{(1)} \rangle$ eine Lösung der Gl. (14.2–4b) ist, dann löst – wegen Gl. (14.2–4a) – auch die Funktion $| n^{(1)} \rangle + c_{nn} | n^{(0)} \rangle$ die Gl. (14.2–4b) für beliebige Koeffizienten c_{nn}. Daher kann die ungestörte Zustandsfunktion $| n^{(0)} \rangle$ in $| n^{(1)} \rangle$ fehlen.

Dann gilt $\langle n^{(1)} | n^{(0)} \rangle = 0$. Ohne diese Ausschließung würde in der nächsten Gl. ein unbestimmbarer Koeffizient c_{nn} vorkommen und Gl. (14.2–8) würde eine Division durch null enthalten.

Wir setzen Gl. (14.2–7) in die Gl. (14.2–4b) ein und erhalten

$$\left(\hat{H}^{(0)} - E_n^{(0)} \right) \sum_{\substack{k \\ k \neq n}} c_{nk} | k^{(0)} \rangle = \sum_{\substack{k \\ k \neq n}} \left(E_k^{(0)} - E_n^{(0)} \right) c_{nk} | k^{(0)} \rangle =$$

$$= \left(E_n^{(1)} - \hat{H}^{(1)} \right) | n^{(0)} \rangle \qquad (14.2\text{-}5')$$

Bei der Berechnung der ersten Energiekorrektur $E_n^{(1)}$ in Gl. (14.2–6) haben wir die Gl. (14.2–4b) auf $| n^{(0)} \rangle$ projiziert, d. h. mit $\langle n^{(0)} |$ multipliziert. Nun wollen wir der Gl. (14.2–4b) die restlichen Informationen entlocken und projizieren daher die entsprechende, soeben aufgestellte Gl. (14.2–5') auf die übrigen Zustandsvektoren $| j^{(0)} \rangle$ mit $j \neq n$. Multiplikation der Gl. (14.2–5') mit dem bra $\langle j^{(0)} |$ führt (für $j \neq n$) auf

$$\left(E_j^{(0)} - E_n^{(0)} \right) c_{nj} = - \langle j^{(0)} | \hat{H}^{(1)} | n^{(0)} \rangle$$

$$\Rightarrow \; c_{nj} = - \frac{\langle j^{(0)} | \hat{H}^{(1)} | n^{(0)} \rangle}{E_j^{(0)} - E_n^{(0)}} \quad \text{mit} \quad j \neq n$$

Einsetzen in Gl. (14.2–7) liefert die *erste Korrektur der Zustandsfunktion*[6]

$$| n^{(1)} \rangle = \sum_{\substack{k \\ k \neq n}} \frac{\langle k^{(0)} | \hat{H}^{(1)} | n^{(0)} \rangle}{E_n^{(0)} - E_k^{(0)}} | k^{(0)} \rangle \qquad \begin{array}{l} \text{für nicht entartete} \\ \text{Energien } E_n^{(0)}, E_k^{(0)} \end{array} \qquad (14.2\text{-}8)$$

Die erste Korrektur des Zustandsvektors ist eine Überlagerung aller anderen ungestörten Zustände. Die Störung mischt dem ungestörten Zustand andere ungestörte Zustände bei. Die ungestörten Zustandsfunktionen $| k^{(0)} \rangle$ gehen umso stärker in die Summe ein, je größer die Matrixelemente der Störung zwischen $| k^{(0)} \rangle$ und $| n^{(0)} \rangle$ sind und je näher ihre Energien $E_k^{(0)}$ bei der Ausgangsenergie $E_n^{(0)}$ liegen. In erster Näherung lautet die Zustandsfunktion bei nicht entarteten Energien $E_n^{(0)}, E_k^{(0)}$ und bei $\lambda = 1$:

---

[6] Wenn die Energien $E_k^{(0)}$ (mit $k \neq n$) g_k–fach entartet sind, dann gilt nach Aufgabe 14–10:

$$| n^{(1)} \rangle = \sum_{\substack{k \\ k \neq n}} \sum_{\alpha = 1}^{g_k} \frac{\langle k_\alpha^{(0)} | \hat{H}^{(1)} | n^{(0)} \rangle}{E_n^{(0)} - E_k^{(0)}} | k_\alpha^{(0)} \rangle \qquad \text{für nicht entartete Energien } E_n^{(0)} \qquad (14.2\text{-}8')$$

$$|n\rangle \underset{\underset{\text{Gl.(14.2–3a)}}{\uparrow}}{\approx} |n^{(0)}\rangle + \sum_{\substack{k \\ k \neq n}} \frac{\langle k^{(0)} | \hat{H}^{(1)} | n^{(0)} \rangle}{E_n^{(0)} - E_k^{(0)}} |k^{(0)}\rangle$$

Nach dieser Gl. ist eine Störung klein, wenn die Matrixelemente $\langle k^{(0)} | \hat{H}^{(1)} | n^{(0)} \rangle$ viel kleiner sind als die Differenzen $E_n^{(0)} - E_k^{(0)}$ der ungestörten Energien. $|n\rangle$ ist nicht normiert.

Damit ist die Störungsrechnung in erster Näherung fertig. Meistens ist die erste Näherung der Energie gut, während die erste Näherung der Zustandsfunktion gelegentlich enttäuscht.

2. Näherung: Abschließend berechnen wir noch die zweite Korrektur $E_n^{(2)}$ der Energie durch Multiplikation der Gl. (14.2–4c) mit dem bra $\langle n^{(0)} |$:

$$\langle n^{(0)} | \hat{H}^{(0)} - E_n^{(0)} | n^{(2)} \rangle = \langle n^{(0)} | E_n^{(1)} - \hat{H}^{(1)} | n^{(1)} \rangle + E_n^{(2)}$$

Nach Gl. (14.2–7) ist $\langle n^{(0)} | E_n^{(1)} | n^{(1)} \rangle = 0$.

Wegen der Hermitizität von $\hat{H}^{(0)}$ ist die linke Seite null. Mit Gl. (14.2–8) folgt die *zweite Korrektur der Energie*: [7]

$$E_n^{(2)} = \langle n^{(0)} | \hat{H}^{(1)} | n^{(1)} \rangle = \sum_{\substack{k \\ k \neq n}} \frac{|\langle k^{(0)} | \hat{H}^{(1)} | n^{(0)} \rangle|^2}{E_n^{(0)} - E_k^{(0)}} \quad \begin{array}{l} \text{für nicht entartete} \\ \text{Energien } E_n^{(0)}, E_k^{(0)} \end{array} \quad (14.2\text{–}9)$$

Für den Grundzustand ist die zweite Energiekorrektur für alle Störungen negativ.

Insgesamt lauten die Energien in zweiter Näherung (wegen $\lambda = 1$):

$$E_n = E_n^{(0)} + \langle n^{(0)} | \hat{H}^{(1)} | n^{(0)} \rangle + \sum_{\substack{k \neq n}} \frac{|\langle k^{(0)} | \hat{H}^{(1)} | n^{(0)} \rangle|^2}{E_n^{(0)} - E_k^{(0)}} \quad \begin{array}{l} \text{für nicht entartete} \\ \text{Energien } E_n^{(0)}, E_k^{(0)} \end{array} \quad (14.2\text{–}10)$$

Leider lassen sich die Konvergenz der Störungsreihen und die Güte der ersten und zweiten Näherung in der Regel kaum abschätzen. Man darf jedoch erwarten, dass die zweite Näherung umso besser ist, je kleiner die Beträge der Verhältnisse

$$\frac{|\langle k^{(0)} | \hat{H}^{(1)} | n^{(0)} \rangle|^2}{E_n^{(0)} - E_k^{(0)}} \tag{14.2–11}$$

---

[7] Wenn die Energien $E_k^{(0)}$ (mit $k \neq n$) g_k–fach entartet sind, dann gilt nach Aufgabe 14–10:

$$E_n^{(2)} = \langle n^{(0)} | \hat{H}^{(1)} | n^{(1)} \rangle = \sum_{\substack{k \\ k \neq n}} \sum_{\alpha = 1}^{g_k} \frac{\left|\langle k_\alpha^{(0)} | \hat{H}^{(1)} | n^{(0)} \rangle\right|^2}{E_n^{(0)} - E_k^{(0)}} \quad \begin{array}{l} \text{für nicht entartete} \\ \text{Energien } E_n^{(0)} \end{array} \quad (14.2\text{–}9\text{'})$$

sind, die aus den quadrierten Matrixelementen der Störoperators und den Energiedifferenzen der nullten Näherung gebildet werden.

In [Landau], §38 werden in den Aufgaben 1 und 2 die äußerst verwickelte zweite Korrektur $|n^{(2)}\rangle$ der Zustandsfunktion und die ebenfalls sehr komplizierte dritte Korrektur $E_n^{(3)}$ der Energie angegeben. Allerdings werden die dritte und erst recht die noch höheren Energiekorrekturen in der Praxis kaum eingesetzt. Denn eine Störung, die in zweiter Näherung nur unzureichend berechnet werden kann, ist so groß, dass die Störungsrechnung und die Konvergenz der Reihen (14.2–3a/b) fragwürdig sind.

Beispiel 14.2–1 Störung im unendlich tiefen Potentialtopf

In Abschn. 5.1 wurde der unendlich tiefe Potentialtopf behandelt mit dem Potential

$$V^{(0)}(x) = \begin{cases} 0 & \text{für } 0 < x < L \\ \infty & \text{sonst} \end{cases} \qquad (5.1\text{-}2)$$

Die exakten Wellenfunktionen und die exakten Energien lauten:

$$\psi_n^{(0)}(x) = \sqrt{\frac{2}{L}}\,\sin\!\left(\frac{n\pi}{L}\,x\right) \qquad (5.1\text{-}6)$$

$$E_n^{(0)} = \frac{\hbar^2 k_n^2}{2m} = \frac{\hbar^2 \pi^2}{2mL^2}\,n^2 = E_1\,n^2$$

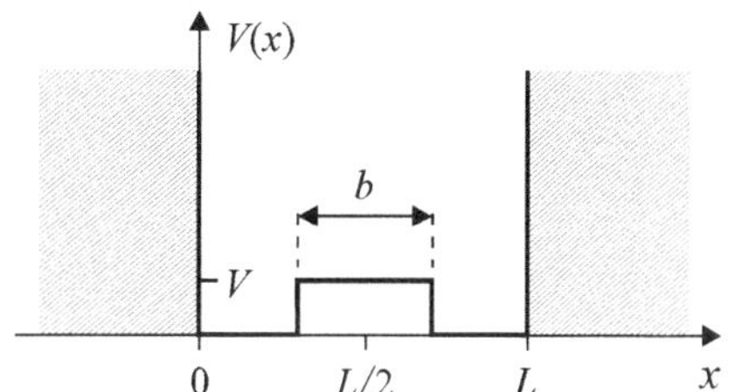

Abb. 14.2–1 Potentialtopf mit unendlich hohen Wänden und einem kleinen Wall als Störung.

mit $n = 1, 2, 3, \dots$ (Für die Störungsrechnung wird der Index $^{(0)}$ hier neu hinzugefügt.) Wir setzen nun im Zentrum einen kleinen Potentialwall als Störung ein, so dass

$$\hat{H} = \hat{H}^{(0)} + \hat{H}^{(1)} = -\frac{\hbar^2}{2m}\frac{d^2}{dx^2} + V^{(0)}(x) + \hat{H}^{(1)}(x)$$

$$\text{mit } \hat{H}^{(1)} = \begin{cases} V & \text{für } \dfrac{L-b}{2} \le x \le \dfrac{L+b}{2} \\ 0 & \text{sonst} \end{cases} \qquad \text{(Siehe Abb. 14.2–1)}$$

Berechne die Energien in erster Näherung.

Lösung:

Nach Gl. (14.2–6) lautet die erste Korrektur der Energie:

$$E_n^{(1)} = \left\langle n^{(0)} \mid \hat{H}^{(1)} \mid n^{(0)} \right\rangle = \frac{2}{L}V \int\limits_{\frac{L-b}{2}}^{\frac{L+b}{2}} \sin^2\!\left(\frac{n\pi}{L}\,x\right) dx =$$

$$= \frac{2}{L}V\left[\frac{1}{2}x - \frac{L}{4n\pi}\sin\!\left(\frac{2n\pi}{L}\,x\right)\right]\Bigg|_{\frac{L-b}{2}}^{\frac{L+b}{2}} = V\left[\frac{b}{L} - \frac{1}{n\pi}(-1)^n \sin\!\left(n\pi\,\frac{b}{L}\right)\right]$$

Für $b = L$ liefert schon die erste Näherung das exakte Ergebnis $E_n^{(1)} = V$. In diesem Fall verschwindet die zweite Korrektur $E_n^{(2)}$ wegen der Orthogonalität der Funktionen $\psi_n^{(0)}(x)$.

Für $n \gg 1$ erhalten wir die plausible Näherung $E_n^{(1)} = V\,b/L$.

Für $n\,\pi\,b \ll L$ folgt

$$E_n^{(1)} \approx V\,\frac{b}{L}\left[\,1-(-1)^n\,\right] = V\,\frac{2b}{L}\begin{cases} 0 & \text{für gerade } n \\ 1 & \text{für ungerade } n \end{cases} \qquad \text{für } \quad n\,\pi\,b \ll L \quad (14.2\text{-}12)$$

Das Ergebnis $E_n^{(1)} \approx 0$ für *gerade* n und *schmale* Potentialwälle ist plausibel, da die Wellenfunktionen $\psi_n^{(0)}(x)$ für gerade n in der Mitte des Potentialwalls einen Nulldurchgang haben.

Die Energien lauten in erster Näherung

$$E_n \approx E_n^{(0)} + \lambda\,E_n^{(1)} \underset{\underset{\lambda\,=\,1}{\uparrow}}{=} \frac{\hbar^2\,\pi^2}{2\,m\,L^2}\,n^2 + V\left[\frac{b}{L} - \frac{1}{n\,\pi}(-1)^n \sin\!\left(n\,\pi\,\frac{b}{L}\right)\right]$$

Beispiel 14.2–2 Harmonischer Oszillator im elektrischen Feld

In Beispiel 6.1–2 wurde der harmonische Oszillator im homogenen elektrischen Feld $\mathcal{E}$ berechnet. Mit einer Substitution der Ortsvariablen wurden die diskreten Energien *exakt* berechnet:

$$E_n = \left(n+\frac{1}{2}\right)\hbar\,\omega - \frac{q^2\,\mathcal{E}^2}{2\,m\,\omega^2} \qquad (6.1\text{-}23)$$

In diesem Beispiel wird das elektrische Potential als Störung angesehen:

$$\hat{H}^{(1)} = q\,\mathcal{E}\,x$$

Berechne die Energien in zweiter Näherung.

Hinweis: Berechne die Integrale mit den Leiteroperatoren des harmonischen Oszillators

$$\hat{a}_\pm = \frac{1}{\sqrt{2\hbar m \omega}}\,(\mp i\hat{P} + m\omega x) \qquad \Rightarrow \qquad x = \sqrt{\frac{\hbar}{2\,m\,\omega}}\,(\hat{a}_- + \hat{a}_+) \qquad (6.2\text{-}4)$$

und verwende die Gln.

$$\hat{a}_+\,\psi_n(x) = \sqrt{n+1}\,\psi_{n+1}(x) \qquad\qquad \hat{a}_-\,\psi_n(x) = \sqrt{n}\,\psi_{n-1}(x) \qquad (6.2\text{-}12a/b)$$

Lösung:

$$E_n^{(1)} = \langle\,n^{(0)}\,|\,\hat{H}^{(1)}\,|\,n^{(0)}\,\rangle = \sqrt{\frac{\hbar}{2\,m\,\omega}}\,q\,\mathcal{E}\,\Big\langle\,\psi_n\,\Big|\,\hat{a}_- + \hat{a}_+\,\Big|\,\psi_n\,\Big\rangle = 0$$

Die erste Korrektur verschwindet. Mit Gl. (14.2–9) berechnen wir die zweite Korrektur:

$$E_n^{(2)} = \sum_{k\neq n}\frac{|\langle\,k^{(0)}\,|\,\hat{H}^{(1)}\,|\,n^{(0)}\,\rangle|^2}{E_n^{(0)} - E_k^{(0)}} = \frac{\hbar}{2\,m\,\omega}(q\mathcal{E})^2 \sum_{k\neq n}\frac{|\langle\,\psi_k\,|\,\hat{a}_- + \hat{a}_+\,|\,\psi_n\,\rangle|^2}{E_n^{(0)} - E_k^{(0)}} =$$

$$= \frac{\hbar}{2\,m\,\omega}(q\mathcal{E})^2 \sum_{k\neq n}\frac{n\,\delta_{k\,n-1} + (n+1)\,\delta_{k\,n+1}}{E_n^{(0)} - E_k^{(0)}} =$$

$$= \frac{\hbar}{2\,m\,\omega}(q\mathcal{E})^2 \left[\frac{n}{E_n^{(0)} - E_{n-1}^{(0)}} + \frac{n+1}{E_n^{(0)} - E_{n+1}^{(0)}}\right] = -\frac{(q\mathcal{E})^2}{2\,m\,\omega^2}$$

Die zweite Näherung liefert bereits die exakten Energien. Man kann zeigen, dass alle Korrekturen in höherer Ordnung verschwinden.

14.3 Störung entarteter Niveaus

In den meisten Lehrbüchern hat dieser Abschn. den Namen „Entartete Störungstheorie".

Für eine g_n-fach entartete Ausgangsenergie $E_n^{(0)}$ scheitert die nicht entartete Störungstheorie bereits an Gl. (14.2–6): Welchen Eigenzustand zum entarteten Eigenwert $E_n^{(0)}$ sollen wir denn in diese Gl. einsetzen?

Ich werde – wie die meisten anderen Autoren auch – für eine g_n-fach entartete Energie $E_n^{(0)}$ nur die *erste* Korrektur dieser Energie und keine Korrektur der Wellenfunktion berechnen. Zum Eigenwert $E_n^{(0)}$ existieren also g_n verschiedene Eigenvektoren[8]:

$$\hat{H}^{(0)} \, | \, n_\alpha^{(0)} \rangle = E_n^{(0)} \, | \, n_\alpha^{(0)} \rangle \qquad \text{mit} \qquad \alpha = 1, 2, \dots g_n \tag{14.3–1}$$

Die Eigenvektoren $| \, n_\alpha^{(0)} \rangle$ sind orthonormierte – evtl. wurden sie orthogonalisiert –, ansonsten aber *willkürlich gewählte Eigenvektoren von* $\hat{H}^{(0)}$. Sie bilden eine beliebige *orthonormierte Basis* im g_n - *dimensionalen* Unterraum $\mathcal{H}_n^{(0)}$. Daher gilt $\langle n_\alpha^{(0)} | n_\beta^{(0)} \rangle = \delta_{\alpha\beta}$.

Die nullte Näherung der Zustandsfunktion zur Energie $E_n^{(0)}$ lässt sich als Überlagerung

$$| \, n^{(0)} \rangle = \sum_{\beta=1}^{g_n} c_\beta \, | \, n_\beta^{(0)} \rangle \qquad \text{mit} \qquad c_\beta \in \mathbb{C} \tag{14.3–2}$$

schreiben mit vorerst noch unbekannten komplexen Koeffizienten c_β.[9]

Ausgangspunkt unserer Rechnungen ist wieder die Gl. (14.2–4b):

$$\lambda^1: \quad \left(\hat{H}^{(0)} - E_n^{(0)} \right) | \, n^{(1)} \rangle = \left(E_n^{(1)} - \hat{H}^{(1)} \right) | \, n^{(0)} \rangle \tag{14.2–4b}$$

Multiplikation dieser Gl. mit dem bra $\langle n_\alpha^{(0)} |$ führt auf

$$\langle \, n_\alpha^{(0)} \, | \, \hat{H}^{(0)} - E_n^{(0)} \, | \, n^{(1)} \rangle = \langle \, n_\alpha^{(0)} \, | \, E_n^{(1)} - \hat{H}^{(1)} \, | \, n^{(0)} \rangle$$

Wegen der Hermitizität von $\hat{H}^{(0)}$ ist die linke Seite der Gl. null, so dass – wie schon im vorangehenden Abschn. 14.2 – die unbekannte Funktion $| \, n^{(1)} \rangle$ wegfällt; übrigbleibt

$$\langle \, n_\alpha^{(0)} \, | \, \hat{H}^{(1)} \, | \, n^{(0)} \rangle = \langle \, n_\alpha^{(0)} \, | \, E_n^{(1)} \, | \, n^{(0)} \rangle$$

---

[8] Die Entartungszähler α und (später auch) β nummerieren die Eigenvektoren, die zu ein und demselben Eigenwert $E_n^{(0)}$ gehören. Griechische Buchstaben laufen immer von 1 bis zum Entartungsgrad g_n.

Ein Entartungszähler α kann auch einen Satz von mehreren Quantenzahlen repräsentieren wie z. B. die Drehimpulsquantenzahlen l, m beim Wasserstoffatom. (Siehe dazu Abschn. „14.4 Feinstruktur des Wasserstoffatoms" und auch die Gln. (4a) bis (4d) in der Lösung der Aufgabe „14–4 Der Stark-Effekt".)

[9] Beachte die Schreibweise: $| \, n^{(0)} \rangle$ enthält keinen Entartungszähler α.

Die Koeffizienten c_β werden mit der Eigenwertgl. (14.3–3) bzw. (14.3–4) berechnet, nachdem zuvor die Energiekorrekturen $E_n^{(1)}$ mit der charakteristischen Gl. (14.3–5) ermittelt wurden. In der Regel wird die Entartung der Energie $E_n^{(0)}$ in erster Näherung aufgehoben und man erhält g_n leicht unterschiedliche Energien. Jede dieser (nicht mehr entarteten) Energien hat ihre eigene Koeffizientenmenge $\{ c_\beta \}$.

Wir setzen die Zustandsfunktion $|n^{(0)}\rangle$ nullter Näherung (14.3-2) in diese Gl. ein und erhalten die **Eigenwertgl.**

$$\sum_{\beta=1}^{g_n} \langle n_\alpha^{(0)} | \hat{H}^{(1)} | n_\beta^{(0)} \rangle\, c_\beta = E_n^{(1)} c_\alpha \qquad \text{mit} \quad \alpha = 1, 2, \dots g_n \qquad (14.3\text{-}3)$$

Wir definieren nun die $g_n \times g_n$-**Störmatrix** $\mathbf{H}^{(1)}$ durch ihre g_n^2 Matrixelemente[10]

$$h_{\alpha\beta}^{(1)} := \langle n_\alpha^{(0)} | \hat{H}^{(1)} | n_\beta^{(0)} \rangle \qquad \text{mit} \quad \alpha, \beta = 1, 2, \dots g_n$$

Dann lautet die Eigenwertgl.

$$\sum_{\beta=1}^{g_n} h_{\alpha\beta}^{(1)}\, c_\beta = E_n^{(1)} c_\alpha \qquad \text{mit} \quad \alpha, \beta = 1, 2, \dots g_n$$

Mit dem Spaltenvektor $\mathbf{c} = (c_1, c_2, \dots, c_{g_n})^\mathsf{T}$ erhält die *Eigenwertgl. im Unterraum* $\mathcal{H}_n^{(0)}$ die verkürzte Form

$$\mathbf{H}^{(1)} \mathbf{c} = E_n^{(1)} \mathbf{c} \qquad (14.3\text{-}4)$$

Die Energiekorrekturen $E_n^{(1)}$ sind die Eigenwerte dieses Gleichungssystems.

Gl. (14.3-4) ist ein lineares Gleichungssystem für die g_n Koeffizienten c_α. Es hat laut linearer Algebra *genau dann* nichttriviale Lösungen ($c_\alpha \neq 0$ für mindestens ein α), wenn seine $g_n \times g_n$-Determinante verschwindet:

$$\det\left(\mathbf{H}^{(1)} - E_n^{(1)} \mathbf{1} \right) = 0 \qquad \text{mit} \quad \mathbf{1} = \text{Einheitsmatrix} \qquad (14.3\text{-}5)$$

Dabei hat die Matrix $\mathbf{H}^{(1)}$ bzgl. der *ungestörten* Funktionen $|n_\alpha^{(0)}\rangle$ die Matrixelemente

$$h_{\alpha\beta}^{(1)} = \langle n_\alpha^{(0)} | \hat{H}^{(1)} | n_\beta^{(0)} \rangle \qquad \text{mit} \quad \alpha, \beta = 1, 2, \dots g_n \qquad (14.3\text{-}6)$$

Ausgeschrieben lautet die Gl. (14.3-5):

$$\begin{vmatrix} h_{11}^{(1)} - E_n^{(1)} & h_{12}^{(1)} & \cdots & h_{1g_n}^{(1)} \\[4pt] h_{21}^{(1)} & h_{22}^{(1)} - E_n^{(1)} & \cdots & h_{2g_n}^{(1)} \\[4pt] \vdots & \cdots & \ddots & \vdots \\[4pt] h_{g_n 1}^{(1)} & \cdots & \cdots & h_{g_n g_n}^{(1)} - E_n^{(1)} \end{vmatrix} = 0 \qquad (14.3\text{-}5\text{'})$$

Gl. (14.3-5) heißt **charakteristische Gl.** oder **Säkulargl.** Sie liefert die Energiekorrekturen $E_n^{(1)}$. I. Allg. liefert die Säkulargl. g_n verschiedene Energiekorrekturen $E_n^{(1)}$, so dass *die Entartung der nullten Ordnung meistens* (zumindest teilweise) *aufgehoben wird*.

---

[10] Die Störmatrix $\mathbf{H}^{(1)}$ wird gleichsam aus der großen Matrix, die den Operator $\hat{H}^{(1)}$ in der Basis *aller* ungestörten Eigenfunktionen darstellt, herausgeschnitten. $\mathbf{H}^{(1)}$ wirkt nur im g_n-dimensionalen Unterraum $\mathcal{H}_n^{(0)}$, der zum entarteten Eigenwert $E_n^{(0)}$ gehört. Die Elemente der Matrix $\mathbf{H}^{(1)}$ hängen von den beliebig gewählten Basisvektoren $|n_\alpha^{(0)}\rangle$ ab, ihre Eigenwerte und Eigenvektoren natürlich nicht.

Für jede berechnete Energiekorrektur $E_n^{(1)}$ wird die zugehörige Koeffizientenmenge $\{c_1, c_2, \ldots c_{g_n}\}$ mit der Eigenwertgl. (14.3-3) bestimmt. Für jede Energiekorrektur bzw. für jede Koeffizientenmenge beschreibt (14.3-2) eine wahre Wellenfunktion in *nullter* Näherung.

In [Landau], §39 werden in Aufgabe 2 die zweite Korrektur $E_n^{(2)}$ der Energie und die erste Korrektur $|n^{(1)}\rangle$ der Zustandsfunktion berechnet.

Beispiel 14.3–1 Zweifache Entartung

In diesem Beispiel ist die ungestörte Energie $E_n^{(0)}$ zweifach entartet: $g_n = 2$.

a) Berechne allgemein die beiden Lösungen $E_{n\pm}^{(1)}$ der quadratischen charakteristischen Gl.

b) Wie lauten die Energien $E_{n\pm}^{(1)}$ für diagonale Matrizen $\mathbf{H}^{(1)}$?

Lösung:

a) Die charakteristische Gl. lautet:

$$\begin{vmatrix} h_{11}^{(1)} - E_n^{(1)} & h_{12}^{(1)} \\ h_{21}^{(1)} & h_{22}^{(1)} - E_n^{(1)} \end{vmatrix} = 0 \tag{14.3-7}$$

$$\Rightarrow \quad E_{n\pm}^{(1)} = \frac{1}{2}\left[h_{11}^{(1)} + h_{22}^{(1)} \pm \sqrt{\left(h_{11}^{(1)} - h_{22}^{(1)}\right)^2 + 4\left|h_{12}^{(1)}\right|^2} \right] \quad \text{für} \quad g_n = 2 \tag{14.3-8}$$

Die erste Energiekorrektur ist bereits bei nur zweifacher Entartung nicht ganz einfach.[11]

b) Mit $h_{21}^{(1)} = h_{12}^{(1)} = 0$ folgt die einfache Lösung:

$$E_{n+}^{(1)} = h_{11}^{(1)} \qquad E_{n-}^{(1)} = h_{22}^{(1)} \tag{14.3-9}$$

---

[11] Die beiden Koeffizientenpaare $\{c_{1+}, c_{2+}\}$ und $\{c_{1-}, c_{2-}\}$, die zu den zwei Energien $E_{n\pm}^{(1)}$ gehören, werden in [Landau], §39, Aufgabe 1 berechnet und lauten

$$c_{1\pm} = \sqrt{\frac{h_{12}^{(1)}}{2\left|h_{12}^{(1)}\right|}\left[1 \pm \frac{h_{11}^{(1)} - h_{22}^{(1)}}{\hbar\omega^{(1)}}\right]} \qquad c_{2\pm} = \pm\sqrt{\frac{h_{21}^{(1)}}{2\left|h_{12}^{(1)}\right|}\left[1 \mp \frac{h_{11}^{(1)} - h_{22}^{(1)}}{\hbar\omega^{(1)}}\right]}$$

mit $\quad \hbar\omega^{(1)} := E_{n+}^{(1)} - E_{n-}^{(1)} = \sqrt{\left(h_{11}^{(1)} - h_{22}^{(1)}\right)^2 + 4\left|h_{12}^{(1)}\right|^2}$

Die Gln. $|n_\pm^{(0)}\rangle = \sum_{\beta=1}^{2} c_{\beta\pm} |n_\beta^{(0)}\rangle$

beschreiben in nullter Näherung die zwei tatsächlichen Wellenfunktionen, die nach Aufhebung der Entartung zu den zwei benachbarten Energien gehören. (Landau spricht hier von den **„richtigen Funktionen"** – im Gegensatz zu den „willkürlich gewählten Eigenfunktionen" $|n_\alpha^{(0)}\rangle$. (Siehe auch die Aufgaben 14–4c und 16–2b.)

Die genannten Gln. lassen erahnen, wie umfangreich die Gln. bereits bei nur zweifacher Entartung der ungestörten Energie $E_n^{(0)}$ werden, wenn mehr als die ersten Energiekorrekturen $E_{n\pm}^{(1)}$ zu berechnen ist.

Die Energiekorrekturen $E_n^{(1)}$ lassen sich mühelos mit der charakteristischen Gl. (14.3–5) berechnen, wenn $\mathbf{H}^{(1)}$ diagonal ist; dann sind die g_n Diagonalelemente von $\mathbf{H}^{(1)}$ die gesuchten Energiekorrekturen $E_n^{(1)}$.

Die Matrix $\mathbf{H}^{(1)}$ *ist wegen* $h_{\alpha\beta}^{(1)} = h_{\beta\alpha}^{(1)*}$ *hermitesch und daher immer diagonalisierbar* (siehe Aufgabe 7–3b).[12] Da eine Diagonalisierung die charakteristische Gl. (14.3–5) erheblich vereinfacht, lautet die allgemeine

Empfehlung: Bilde aus den g_n ungestörten Eigenvektoren $|n_\alpha^{(0)}\rangle$ orthonormierte Linearkombinationen, die Eigenvektoren der Matrix $\mathbf{H}^{(1)}$ sind und daher $\mathbf{H}^{(1)}$ diagonalisieren.

Mit anderen Worten: Überlagere die g_n ungestörten Eigenvektoren $|n_\alpha^{(0)}\rangle$, die den Unterraum $\mathcal{H}_n^{(0)}$ aufspannen, zu orthonormierten Eigenvektoren der $g_n \times g_n$ – Matrix $\mathbf{H}^{(1)}$. Bei der Berechnung der Feinstruktur in Abschn. 14.4 wird dieser Rat befolgt und die Störung $\hat{\mathbf{S}} \cdot \hat{\mathbf{L}}/r^3$ wird im Unterraum $\mathcal{H}_n^{(0)}$ diagonalisiert.

Für die Diagonalisierung des Störoperators $\hat{H}^{(1)}$ kann es sehr vorteilhaft sein, wenn man eine Observable $\hat{A}$ kennt, die mit $\hat{H}^{(0)}$ und $\hat{H}^{(1)}$ kommutiert und die ein diskretes, nicht entartetes Spektrum mit bekannten Eigenvektoren hat. Unter diesen Voraussetzungen gilt laut dem folgenden Beispiel: Die Eigenvektoren von $\hat{A}$ sind dann auch Eigenvektoren von $\hat{H}^{(0)}$ und $\hat{H}^{(1)}$ und diagonalisieren daher $\hat{H}^{(1)}$.

Beispiel 14.3–2 Diagonalisierung von $\mathbf{H}^{(1)}$

Wir betrachten einen hermiteschen Operator $\hat{A}$ mit folgenden drei Eigenschaften:

- Die diskreten Eigenwerte a_n von $\hat{A}$ sind nicht entartet.

- Die Eigenvektoren $|\psi_n\rangle$ von $\hat{A}$ sind bekannt.

- $\hat{A}$ kommutiert mit $\hat{H}^{(0)}$ und $\hat{H}^{(1)}$:

$$\left[\hat{A}, \hat{H}^{(0)}\right] = \left[\hat{A}, \hat{H}^{(1)}\right] = 0 \tag{14.3–10}$$

Argumentiere, warum die Matrix $\mathbf{H}^{(1)}$ bzgl. der Eigenfunktionen $|\psi_n\rangle$ von $\hat{A}$ diagonal ist.

Lösung:

Da das Spektrum von $\hat{A}$ nicht entartet ist, sind die Eigenfunktionen $|\psi_n\rangle$ von $\hat{A}$ eindeutig (siehe Beispiel 7.2–3); jeder Eigenwert hat nur eine Eigenfunktion. Wegen der verschwindenden Kommutatoren in Gl. (14.3–10) sind diese Eigenfunktionen $|\psi_n\rangle$ auch Eigenfunktionen von $\hat{H}^{(0)}$ und $\hat{H}^{(1)}$. Daher ist die Matrix $\mathbf{H}^{(1)}$ bzgl. der Basisvektoren $|\psi_n\rangle$ diagonal.

In den zwei folgenden Abschnitten üben wir die Störungsrechnung intensiv und untersuchen die Feinstruktur des Wasserstoffatoms und den Zeeman-Effekt. Auch in späteren Kapiteln werden wir wiederholt auf die Störungsrechnung zurückkommen.

---

[12] Bei dieser Diagonalisierung bleibt die ungestörte Matrix $\mathbf{H}^{(0)}$ mit den g_n^2 Matrixelementen

$$h_{\alpha\beta}^{(0)} := \langle n_\alpha^{(0)} | \hat{H}^{(0)} | n_\beta^{(0)} \rangle = E_n^{(0)} \delta_{\alpha\beta} \qquad \text{mit} \qquad \alpha, \beta = 1, 2, \dots g_n$$

diagonal, da sie proportional zur $g_n \times g_n$ - Einheitsmatrix $\mathbf{1}$ ist.

14.4 Feinstruktur des Wasserstoffatoms

In Abschn. 10.1 wurden die Energien des Wasserstoffatoms mit dem Hamiltonoperator

$$\hat{H}^{(0)} = -\frac{\hbar^2}{2\,m_e}\Delta + V(r) = -\frac{\hbar^2}{2\,m_e}\frac{1}{r}\frac{\partial^2}{\partial r^2}r + \frac{1}{2\,m_e\,r^2}\hat{\mathbf{L}}^2 - \frac{e_0^2}{4\pi\varepsilon_0}\frac{1}{r} \tag{10.1--3}$$

berechnet. Da nur das Coulombpotential berücksichtigt wird, sind die Energien lediglich in nullter Näherung richtig. Mit der Sommerfeldschen **Feinstrukturkonstante**

$$\alpha := \frac{e_0^2}{4\pi\varepsilon_0\,\hbar\,c} = \frac{\hbar}{m_e\,c}\frac{1}{a_B} \approx \frac{1}{137{,}035999139(31)} \approx \frac{1}{137{,}036} \tag{14.4--1}$$

lauten die Energien des Wasserstoffatoms in nullter Näherung

$$E_n^{(0)} = -\frac{m_e\,c^2}{2}\alpha^2\frac{1}{n^2} \approx -13{,}6\,\text{eV}\cdot\frac{1}{n^2} \tag{14.4--2}$$

Die Feinstrukturkonstante α, deren ungefähre Größe $1/137$ man sich merken sollte, ist die wichtigste dimensionslose Konstante der Physik, da sie die wichtigsten Naturkonstanten aus der Elektrodynamik (e_0, ε_0), der Relativitätstheorie (c) und der Quantenmechanik ($\hbar$) enthält. (Die magnetische Feldkonstante lautet $\mu_0 = 1/(\varepsilon_0\,c^2)$.)

Der Hamiltonoperator in Gl. (10.1–3) ist nicht vollständig; etliche Korrekturen und Beiträge fehlen. Die drei wichtigsten sind:

- Die relativistische Korrektur der kinetischen Energie.
- Die Spin-Bahn-Kopplung.
- Der Darwin-Term.

Die drei Effekte, die in der relativistischen Dirac-Theorie bereits enthalten sind (siehe Aufgabe 14–3), erzeugen insgesamt Energieverschiebungen der Größenordnungen

$$\alpha^2 E_n^{(0)} \approx 5\cdot 10^{-5}\cdot E_n^{(0)} < 10^{-3}\,\text{eV} \tag{14.4--3}$$

Im Folgenden berechnen wir die **Feinstruktur** des H-Atoms in erster Näherung.

Relativistische Korrektur der kinetischen Energie

Nach dem Bohrschen Atommodell ist die Geschwindigkeit der Elektronen auf der innersten Bahn etwa 0,7 % der Lichtgeschwindigkeit (siehe Gl. (2.3–14)). Der Lorentz-Faktor beträgt $\gamma \approx 1{,}000\,025$. Daher erwarten wir nur kleine relativistische Korrekturen.

Mit der Ruhemasse m_e des Elektrons[13] und mit dem *relativistischen* Impuls

---

[13] In relativistischen Theorien kann die Mitbewegung des Protons – anders als in nichtrelativistischen Theorien – nicht durch eine reduzierte Masse $m_e\,m_P/(m_e+m_P)$ berücksichtigt werden. Die Dirac-Theorie kennt kein äquivalentes Einkörperproblem wegen der verschiedenen Eigenzeiten von Elektron und Proton. Daher werden wir im Folgenden das Proton als unendlich schwer und folglich als ruhend ansehen.

$$\mathbf{p} = m_e(v)\,\mathbf{v} = \frac{m_e}{\sqrt{1-(v/c)^2}}\,\mathbf{v} \tag{14.4-4}$$

lautet die relativistische kinetische Energie

$$T = E - m_e\,c^2 = \frac{m_e}{\sqrt{1-(v/c)^2}}\,c^2 - m_e\,c^2 \underset{\substack{\uparrow \\ \text{Gl.}(14.4-4)}}{=} \sqrt{(m_e\,c^2)^2 + (\mathbf{p}\,c)^2} - m_e\,c^2$$

Dabei ist $\mathbf{p}$ nicht der klassische Impuls $m\mathbf{v}$, sondern der relativistische Impuls in Gl. (14.4-4), der durch den Impulsoperator $-i\hbar\nabla$ ersetzt wird.

In nicht-relativistischer Näherung, also für

$$|\mathbf{p}| \ll m_e\,c \quad \Leftrightarrow \quad v \ll c$$

folgt in etwa

$$T = m_e\,c^2\sqrt{1+\left(\frac{\mathbf{p}}{m_e\,c}\right)^2} - m_e\,c^2 \underset{\substack{\uparrow \\ \sqrt{1+\varepsilon}\,\approx\,1+\varepsilon/2-\varepsilon^2/8}}{\approx}$$

$$\approx m_e\,c^2\left[1+\frac{1}{2}\left(\frac{\mathbf{p}}{m_e\,c}\right)^2 - \frac{1}{8}\left(\frac{\mathbf{p}}{m_e\,c}\right)^4\right] - m_e\,c^2 = \frac{\mathbf{p}^2}{2\,m_e} - \frac{1}{8}\frac{\mathbf{p}^4}{m_e^3\,c^2}$$

Der zweite Beitrag ist die Störung. Da auch der relativistische Impuls $\mathbf{p}=m_e(v)\,\mathbf{v}$ in Gl. (14.4-4) in der Quantentheorie durch den Impulsoperator $\hat{\mathbf{P}}=-i\hbar\nabla$ ersetzt wird[14], liefert die relativistische Energiekorrektur den Störoperator

$$\hat{H}_{\text{rel}}^{(1)} = -\frac{1}{8}\frac{\hat{\mathbf{P}}^4}{m_e^3\,c^2} = -\frac{1}{2\,m_e\,c^2}\left(\frac{\hat{\mathbf{P}}^2}{2\,m_e}\right)^2 \underset{\substack{\uparrow \\ \text{Gl.}(10.1-3)}}{=}$$

$$= -\frac{1}{2\,m_e\,c^2}\left(\hat{H}^{(0)} + \frac{e_0^2}{4\pi\varepsilon_0}\frac{1}{r}\right)^2 \tag{14.4-5}$$

In nullter Näherung lauten die Wellenfunktionen des Wasserstoffatoms nach Abschn. 10.2

$$\psi_{nlm}^{(0)}(r,\vartheta,\varphi) = R_{nl}^{(0)}(r)\,Y_{lm}(\vartheta,\varphi) \tag{10.2-9}$$

---

[14] Wenn man die Operatoren $E \to i\hbar\,\partial/\partial t$ und $\mathbf{p} \to -i\hbar\nabla$ in die relativistische Energieformel

$$E^2 = (mc^2)^2 + (\mathbf{p}\,c)^2$$

einsetzt, so erhält man die **Klein-Gordon-Gl.**, die relativistische Gl. für freie Teilchen mit Spin null:

$$\left[\frac{1}{c^2}\frac{\partial^2}{\partial t^2} - \Delta + \left(\frac{mc}{\hbar}\right)^2\right]\psi(\mathbf{r},t) = 0$$

Die Energie $E_n^{(0)}$ des Wasserstoffs hängt nicht von den Quantenzahlen l, m ab. Daher werden die Entartungszähler α und β in den Matrixelementen $h_{\alpha\beta}^{(1)}$ (siehe Gl. (14.3–6)) durch die Pärchen l, m und l', m' ersetzt. Die Matrixelemente des Störoperators lauten[15]:

$$
h_{(lm)(l'm')}^{(1)} \underset{\substack{\uparrow \\ \text{Gl. (14.4–5)}}}{\widetilde{}} \left\langle \psi_{nlm}^{(0)} \left| \left(\hat{H}^{(0)} + \frac{e_0^2}{4\pi\varepsilon_0} \frac{1}{r} \right)^2 \right| \psi_{nl'm'}^{(0)} \right\rangle =
$$

$$
= \left\langle R_{nl}^{(0)} Y_{lm} \left| \left(E_n^{(0)} + \frac{e_0^2}{4\pi\varepsilon_0} \frac{1}{r} \right)^2 \right| R_{nl'}^{(0)} Y_{l'm'} \right\rangle =
$$

$$
= \left\langle R_{nl}^{(0)} \left| \left(E_n^{(0)} + \frac{e_0^2}{4\pi\varepsilon_0} \frac{1}{r} \right)^2 \right| R_{nl'}^{(0)} \right\rangle \cdot \delta_{ll'} \, \delta_{mm'} \tag{14.4–6}
$$

$$
\text{mit} \qquad E_n^{(0)} = -\frac{m_e c^2}{2} \left(\frac{e_0^2}{4\pi\varepsilon_0 \hbar c} \right)^2 \frac{1}{n^2} = -\frac{\hbar^2}{2 m_e a_B^2} \frac{1}{n^2} \approx -13{,}6 \, \frac{\text{eV}}{n^2} \tag{10.1–24}
$$

Die Matrixelemente verschwinden für $l \neq l'$ und für $m \neq m'$. Deswegen ist die Matrix $\mathbf{H}_{\text{rel}}^{(1)}$ in der Basis $\{\psi_{nlm}^{(0)}(r, \vartheta, \varphi)\}$ **diagonal** und die charakteristische Gl. (14.3–5) ist einfach zu lösen. Wir erhalten in erster Näherung die relativistischen Energiekorrekturen

$$
E_n^{(1)}{}_{\text{rel}} = -\frac{1}{2m_e c^2} \left\langle \psi_{nlm}^{(0)} \left| \left(\hat{H}^{(0)} + \frac{e_0^2}{4\pi\varepsilon_0} \frac{1}{r} \right)^2 \right| \psi_{nlm}^{(0)} \right\rangle =
$$

$$
= -\frac{1}{2m_e c^2} \left[E_n^{(0)2} + 2 E_n^{(0)} \frac{e_0^2}{4\pi\varepsilon_0} \left\langle \frac{1}{r} \right\rangle + \left(\frac{e_0^2}{4\pi\varepsilon_0} \right)^2 \left\langle \frac{1}{r^2} \right\rangle \right]
$$

Mit den Gln. (10.2–13d/e) folgt

$$
E_n^{(1)}{}_{\text{rel}} = E_n^{(0)} \frac{\alpha^2}{n^2} \left[\frac{n}{l+1/2} - \frac{3}{4} \right] \tag{14.4–7}
$$

Die relativistische Energiekorrektur des Wasserstoffatoms fällt mit steigenden Quantenzahlen n, l. Das ist im Bohrschen Atommodell plausibel, weil die Elektronengeschwindigkeit dort proportional zu $1/n$ ist, wobei n und l im Bohrschen Atommodell identisch sind (siehe Gl. (2.3–15)).

Spin-Bahn-Kopplung

Im Bezugssystem des Elektrons umkreist das Proton im Bohrschen Atommodell das Elektron. Das umlaufende Proton wirkt wie ein klassischer Ringstrom mit der Stromstärke

---

[15] Das Quadrat des Operators kann mit der binomischen Formel ausgewertet werden, da (wegen der Hermitizität von $\hat{H}^{(0)}$) die Reihenfolge von $\hat{H}^{(0)}$ und $1/r$ *innerhalb* der Matrixelemente keine Rolle spielt.

$$I = \frac{e_0}{T} = \frac{e_0\, v}{2\pi r} \qquad \text{mit} \qquad T = \text{Umlaufdauer} \quad [16]$$

Nach dem Gesetz von Biot-Savart ist das Magnetfeld im Mittelpunkt des Ringstromes

$$B = \frac{\mu_0\, I}{2r} = \frac{\mu_0}{4\pi}\,\frac{e_0\, v}{r^2}$$

Mit dem Drehimpuls $L = m_e\, r v$ und dem Zusammenhang $c = (\varepsilon_0\,\mu_0)^{-1/2}$ zwischen der Lichtgeschwindigkeit einerseits und dem Produkt von elektrischer und magnetischer Feldkonstante andererseits finden wir das Magnetfeld im Mittelpunkt der Kreisbahn:

$$\mathbf{B} = \frac{e_0}{4\pi\varepsilon_0}\,\frac{1}{m_e\, c^2}\,\frac{\mathbf{L}}{r^3} \tag{14.4-8}$$

Dieses Magnetfeld wechselwirkt mit dem magnetischen Moment

$$\boldsymbol{\mu}_{\text{Spin}} \underset{\substack{\uparrow \\ \text{Gl. (12.4–2/3)}}}{=} -\frac{e_0}{m_e}\,\mathbf{S}$$

des Elektronenspins. Mit Gl. (12.4–4) erhalten wir die potentielle Energie

$$V = -\boldsymbol{\mu}_{\text{Spin}} \cdot \mathbf{B} = \frac{e_0^2}{4\pi\varepsilon_0}\,\frac{1}{m_e^2\, c^2}\,\frac{\mathbf{S}\cdot\mathbf{L}}{r^3} \qquad \text{(Nicht korrekt!)}$$

Leider ist dieses Ergebnis um den Faktor 2 zu groß, weil wir von dem nicht inertialen Bezugssystem des Elektrons ausgegangen sind. Eine nicht einfache Rechnung führt auf die exakte potentielle Energie und liefert den Störoperator der **Spin-Bahn-Kopplung**

$$\hat{H}_{\text{SL}}^{(1)} = \frac{e_0^2}{8\pi\varepsilon_0}\,\frac{1}{m_e^2\, c^2}\,\frac{\hat{\mathbf{S}}\cdot\hat{\mathbf{L}}}{r^3} \tag{14.4-9}$$

Die Schrödinger-Gl. ist nur wegen der *radialen* $1/r^3$– Abhängigkeit nicht exakt lösbar. Wegen der Gln. (13.6–1a-f) sind $\hat{\mathbf{L}}, \hat{\mathbf{S}}$ keine Erhaltungsgrößen, sondern nur $\hat{\mathbf{J}} = \hat{\mathbf{L}} + \hat{\mathbf{S}}$.

Nach Abschn. 14.3 sind die ersten Energiekorrekturen $E_n^{(1)}$ entarteter Niveaus Lösungen der charakteristischen Gl.

$$\det\!\left(\mathbf{H}_{\text{SL}}^{(1)} - E_n^{(1)}\,\mathbf{1} \right) = 0 \tag{14.3-5}$$

Diese Gl. lässt sich einfach lösen, wenn die Matrix $\mathbf{H}_{\text{SL}}^{(1)}$ diagonal ist. Wegen

$$\left[\hat{L}_3, \hat{\mathbf{S}}\cdot\hat{\mathbf{L}} \right] \neq 0 \qquad \left[\hat{S}_3, \hat{\mathbf{S}}\cdot\hat{\mathbf{L}} \right] \neq 0 \qquad \text{(siehe Aufgabe 12–3a)}$$

sind die Spinorwellenfunktionen $|l,m\rangle\,|1/2, s_3\rangle$ keine Eigenfunktionen von $\hat{H}_{\text{SL}}^{(1)}$ und die Matrix $\mathbf{H}_{\text{SL}}^{(1)}$ ist bzgl. dieser Wellenfunktionen *nicht diagonal*.

---

[16] Das Bezugssystem des Elektrons ist kein Inertialsystem. Daher sind die folgenden Berechnungen nur bis auf einen Faktor 2 richtig. Trotzdem will ich – wie auch viele andere Autoren – die Rechnung weiterführen, weil sie die Struktur des Endergebnisses (14.4–9) relativ einfach erklärt.

Aber zum Glück sind die Eigenfunktionen $|j,m_j,l,s\rangle$ – siehe die Gln. (13.3–7/8) – der Operatoren $\hat{\mathbf{J}}^2,\hat{J}_3,\hat{\mathbf{L}}^2,\hat{\mathbf{S}}^2$ *Eigenfunktionen des ungestörten Hamiltonoperators* $\hat{H}^{(0)}$, des relativistischen Störoperators $\hat{H}^{(1)}_{\text{rel}}$ und auch des Operators

$$\hat{\mathbf{S}}\cdot\hat{\mathbf{L}} \underset{\underset{\hat{\mathbf{J}}^2=(\hat{\mathbf{L}}+\hat{\mathbf{S}})^2}{\uparrow}}{=} \frac{1}{2}(\hat{\mathbf{J}}^2-\hat{\mathbf{L}}^2-\hat{\mathbf{S}}^2)$$

Daher ist $\mathbf{H}^{(1)}_{\text{SL}}$ *in den Funktionen* $|j,m_j,l,s\rangle$ **diagonal**.

Wenn in Gl. (14.3–6) die Entartungszähler α,β durch die Pärchen $(j\,m_j\,l)$ und $(j'm_j'\,l')$ ersetzt werden, so erhält man – ohne genaue Kenntnis der Funktionen $|j,m_j,l,s\rangle$ – die Matrixelemente des Störoperators:

$$h^{(1)}_{(j\,m_j\,l)(j'm_j'\,l')} \sim \left\langle j,m_j,l,\tfrac{1}{2}\,\Big|\,\hat{\mathbf{S}}\cdot\hat{\mathbf{L}}\,\Big|\,j',m_j',l',\tfrac{1}{2}\right\rangle =$$

$$= \frac{1}{2}\left\langle j,m_j,l,\tfrac{1}{2}\,\Big|\,\hat{\mathbf{J}}^2-\hat{\mathbf{L}}^2-\hat{\mathbf{S}}^2\,\Big|\,j',m_j',l',\tfrac{1}{2}\right\rangle =$$

$$= \delta_{jj'}\,\delta_{m_j\,m_j'}\,\delta_{ll'}\,\frac{\hbar^2}{2}\Big[j(j+1)-l(l+1)-3/4\Big] \quad \text{mit} \quad j=\Big|l\pm\tfrac{1}{2}\Big|$$

Wegen der drei Kroneckersymbole ist die Matrix $\mathbf{H}^{(1)}_{\text{SL}}$ diagonal.

$$\Rightarrow \quad E^{(1)}_{n\,\text{SL}} = \frac{e_0^2}{8\pi\varepsilon_0}\frac{1}{m_e^2\,c^2}\langle r^{-3}\rangle\,\frac{\hbar^2}{2}\Big[j(j+1)-l(l+1)-3/4\Big] =$$

$$= \frac{e_0^2}{8\pi\varepsilon_0}\frac{1}{m_e^2\,c^2}\langle r^{-3}\rangle\,\frac{\hbar^2}{2}\begin{cases} l & \text{für } j=l+\tfrac{1}{2} \\ -l-1 & \text{für } j=l-\tfrac{1}{2} \end{cases}$$

Wir machen nun eine Fallunterscheidung:

1) $l > 0$: Wir setzen für $l>0$ die Gl. (10.2–13f)

$$\langle r^{-3}\rangle = \frac{1}{a_{\text{B}}^3\,n^3}\frac{1}{l(l+1/2)(l+1)} \qquad \text{für} \quad l>0 \qquad\qquad (10.2\ 13f)$$

ein und erhalten *für die Spin-Bahn-Kopplung mit* $l>0$ *in erster Näherung*:

$$E^{(1)}_{n\,\text{SL}} = -E^{(0)}_n\,\frac{\alpha^2}{2n}\frac{1}{l(l+1/2)(l+1)}\Big[j(j+1)-l(l+1)-3/4\Big] \qquad (14.4\text{–}10a)$$

Mit $j=l\pm1/2$ folgt

$$E^{(1)}_{n\,\text{SL}} = -E^{(0)}_n\,\frac{\alpha^2}{2n}\frac{1}{l(l+1/2)(l+1)}\cdot\begin{cases} l & \text{für } j=l+\tfrac{1}{2} \\ -l-1 & \text{für } j=l-\tfrac{1}{2} \end{cases} \quad \text{für } l>0 \qquad (14.4\text{–}10a')$$

Wie die relativistische Korrektur in Gl. (14.4–7) ist auch diese Korrektur der Energieniveaus im Wasserstoffatom proportional zu α^2.

Zwei Beispiele:

H-Atom: Für den $2p$-Zustand des H-Atoms ($l = 1$) beträgt die Energieverschiebung (siehe Abb. 14.4–1)

$$E_{2\,\mathrm{SL}}^{(1)} \approx 1{,}5 \cdot 10^{-5}\,\mathrm{eV} \quad \text{für} \quad j = 3/2$$

bzw. $\quad E_{2\,\mathrm{SL}}^{(1)} \approx -3 \cdot 10^{-5}\,\mathrm{eV} \quad \text{für} \quad j = 1/2$

Natrium-Atom: Die gelbe Natrium-D-Linie ist die lichtstärkste Spektrallinie von Natrium. Sie entsteht beim Übergang des einzigen Valenzelektrons vom $3p$-Zustand in den $3s$-Grundzustand. Die LS-Kopplung spaltet den $3p$-Zustand in zwei nahe benachbarte Zustände mit $j = 1/2$ und $j = 3/2$ auf. Daher besteht die D-Linie aus zwei Spektrallinien mit den Wellenlängen $\lambda_1 = 588{,}9950\,\mathrm{nm}$ und $\lambda_2 = 589{,}5924\,\mathrm{nm}$.

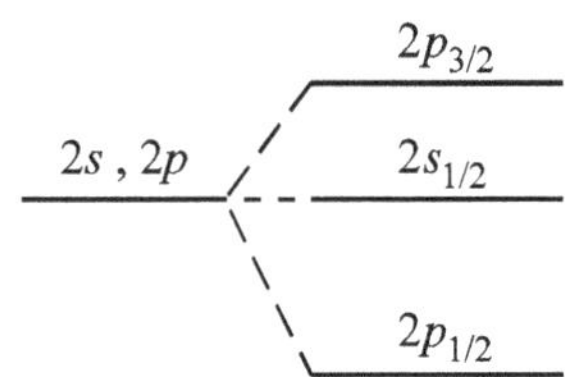

Abb. 14.4–1 Aufspaltung von Wasserstoff-Niveaus durch die SL-Kopplung. Im oberen Zweig ist $j = 3/2$, im unteren ist $j = 1/2$. Für $l = 0$ ist die Energieverschiebung null.

Die vergleichbaren spektralen Aufspaltungen bei den anderen Alkalimetallen waren am Anfang der 1920er Jahre ein Indiz für die Existenz einer inneren Quantenzahl mit zwei Freiheitsgraden (Spin).

2) $l = 0$: Für $l = 0$ ist $j = 1/2$, so dass in Gl. (14.4–10a') die obere Zeile hinter der geschweiften Klammer gilt und die *mathematisch* unbestimmte Division $0/0$ auftritt. Weil aus *physikalischen* Gründen ohne Bahndrehimpuls keine Spin-Bahn-Kopplung auftritt, *ist die Energiekorrektur $E_{n\,\mathrm{SL}}^{(1)} = 0$ für $l = 0$*:

$$E_{n\,\mathrm{SL}}^{(1)} = 0 \qquad \text{für} \qquad l = 0 \tag{14.4–10b}$$

Darwin-Term

Auch der Darwin-Term

$$\hat{H}_{\mathrm{DT}}^{(1)} = \frac{e_0^2}{4\,\pi\,\varepsilon_0}\,\frac{\pi\,\hbar^2}{2\,m_{\mathrm{e}}^2\,c^2}\,\delta^{(3)}(\mathbf{r}) \tag{14.4–11}$$

folgt aus der Dirac-Gl. Er lässt sich schwer veranschaulichen und geht auf die Schwankung des Elektronenortes über eine Compton-Wellenlänge $h/(m_0\,c)$ zurück. Wegen

$$R_{nl}(r) \sim r^l \qquad \text{für kleine } r \tag{10.2–4}$$

und wegen der Deltafunktion $\delta^{(3)}(\mathbf{r})$ ergeben nur die Zustände mit dem Bahndrehimpuls $l = 0$ einen Beitrag zur Darwinschen Energiekorrektur:

$$E_{n\,\mathrm{DT}}^{(1)} = \frac{e_0^2}{4\,\pi\,\varepsilon_0}\,\frac{\pi\,\hbar^2}{2m_{\mathrm{e}}^2\,c^2}\,\big|\,\psi_{n00}(0,\vartheta,\varphi)\,\big|^2 \tag{14.4–12}$$

Mit $\quad \psi_{n00}(0,\vartheta,\varphi) = R_{n0}(0)\,Y_{00}(\vartheta,\varphi) \underset{r=0}{=} 2\left(\dfrac{\alpha\,m_{\mathrm{e}}\,c}{n\,\hbar}\right)^{3/2}\dfrac{1}{\sqrt{4\pi}}$

folgt $\quad E_{n\,\mathrm{DT}}^{(1)} = -E_n^{(0)}\,\dfrac{\alpha^2}{n}\,\delta_{l0} \tag{14.4–13}$

Wir addieren die Terme in den Gln. (14.4–7/10a/b) und (14.4–13) und erhalten:

Die **gesamte Feinstruktur** – bestehend aus relativistischer Korrektur der kinetischen Energie, Spin-Bahn-Kopplung und Darwin-Term – liefert in erster Näherung folgende Energien des Wasserstoffatoms:

$$E_{nj} = -\frac{m_e c^2}{2}\,\alpha^2\,\frac{1}{n^2}\left[1 - \frac{\alpha^2}{n^2}\left(\frac{3}{4} - \frac{n}{j+\frac{1}{2}}\right)\right] = E_n^{(0)}\left[1 - \frac{\alpha^2}{n^2}\left(\frac{3}{4} - \frac{n}{j+\frac{1}{2}}\right)\right]$$

$$\text{mit } j = \begin{cases} l \pm 1/2 & \text{für } l>0 \\ 1/2 & \text{für } l = 0 \end{cases} \qquad\qquad (14.4\text{-}14)$$

Der Term in der runden Klammer ist wegen $j+1/2 \leq n$ für alle n,j negativ.

Die relativen Energiekorrekturen der Feinstruktur sind proportional zu $\alpha^2 \approx 5{,}3 \cdot 10^{-5}$. *Die Feinstruktur hängt nur noch von n und j ab und nicht mehr von l. Sie senkt alle Energieniveaus ab und spaltet die Niveaus mit $l>0$ in zwei benachbarte Niveaus auf. Für $l=0$ tritt keine Aufspaltung auf* (siehe Abb. 14.4-2).

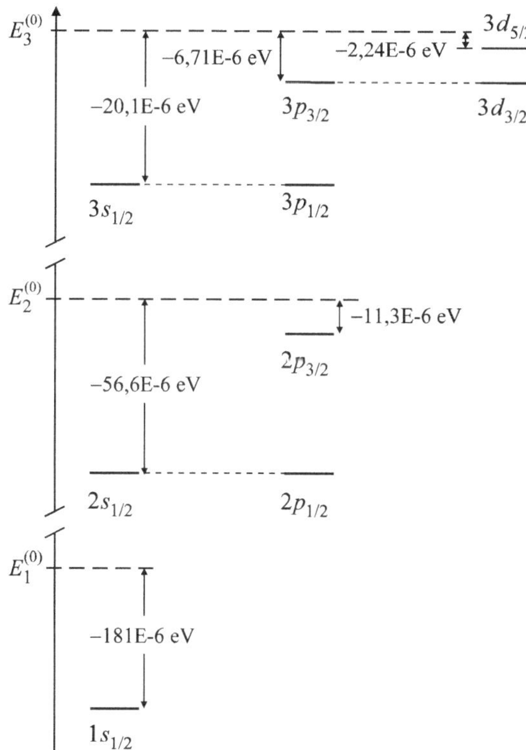

Abb. 14.4–2 Die gesamte Feinstruktur *senkt die Energieniveaus der atomaren Wasserstoffzustände* $n L_j$ und hängt nur von n und j ab. Die Energieaufspaltungen wurden mit Gl. (14.4-14) berechnet.

$E_n^{(0)}$ (n = Hauptquantenzahl) sind die nullten Näherungen. Die Zustände $n s_{1/2}$ und $n p_{1/2}$ haben dieselben Energien. Die drei übereinander liegenden Energiebereiche sind verschieden stark skaliert.

In Abb. 14.4–2 werden die Aufspaltungen der drei untersten Energieniveaus des Wasserstoffs dargestellt.

Es gibt noch weitere, deutliche kleinere Korrekturen, die wir nicht berechnen:

Lambshift: Nach Gl. (14.4–14) hängen die Energieniveaus der Wasserstoffatome nur von n und $j = l \pm 1/2$ ab; daher haben das $2s_{1/2}$–Niveau mit $n=2$; $l=0$; $j=1/2$ und das $2p_{1/2}$–Niveau in der Feinstruktur die gleiche Höhe. Die Dirac-Theorie bestätigt diese Entartung. 1947 aber entdeckte Lamb, dass die Wasserstoffniveaus $2s_{1/2}$ und das $2p_{1/2}$ trotz gleicher Quantenzahlen $n=2$; $j=1/2$ geringfügig verschiedene Energien haben. Die relativen Energiekorrekturen des Lambshifts sind proportional zu α^5/n^3. Der Lambshift wird durch Vakuumfluktuationen erzeugt und kann daher nur durch die Quantenelektrodynamik erklärt werden.

2) Hyperfeinstruktur: Sie geht auf die Wechselwirkung zwischen den Elektronen und dem magnetischen Moment des Kerns zurück (siehe [Cohen-2], Abschn. 12.2.2). Die magnetischen Momente der Spins sind nach Gl. (12.4–2) indirekt proportional zur Masse. Wegen $m_K/m_e > 1800$ (mit $m_K = $ Kernmasse) sind die Energieverschiebungen bei der Hyperfeinstruktur etwa um drei Zehnerpotenzen kleiner als bei der Feinstruktur. Die Messungen der Hyperfeinstruktur sind bis auf 12 Stellen genau und gehören zu den genauesten Messungen der Physik.

Im Grundzustand des Wasserstoffatoms können sich die Spins von Elektron und Proton zu einem Gesamtspin $F=0$ oder $F=1$ addieren. Beim Spin-Flip von parallelen Spinzuständen zu antiparallelen Spinzuständen wird Strahlung emittiert mit $f \approx 1,420\,\mathrm{GHz}$ und $\lambda \approx 21,12\,\mathrm{cm}$. Mit der Messung der Intensität, der Doppler-Verschiebung und der Doppler Verbreiterung dieser bekannten **21-cm-Linie** des Wasserstoffs untersuchen die Astronomen Dichteverteilung, Geschwindigkeit und Temperatur interstellarer Wasserstoffwolken.

Die Übergänge zwischen den Hyperfeinstrukturzuständen werden in **Atomuhren** ausgenutzt und erzeugen Strahlungen im Frequenzbereich der Radio- und Mikrowellen. 1967 wurde eine Sekunde als das $9,192\,631\,770 \cdot 10^9$–fache der Periodendauer der Strahlung definiert, die beim Übergang zwischen den beiden Hyperfeinstrukturniveaus des Grundzustandes des Isotops $^{133}_{55}\mathrm{Cs}$ auftritt.

3) Endlicher Kerndurchmesser: Der Kerndurchmesser ist für noch kleinere Verschiebungen der Energieniveaus verantwortlich; für die s-Niveaus ($l=0$) ist die Korrektur am größten und liegt unter $1 \cdot 10^{-8}\,\mathrm{eV}$ (siehe Aufgabe 14–7).

14.5 Der Zeeman-Effekt

1896 zeigte P. Zeeman in Experimenten, dass die *Spektrallinien von Atomen durch äußere Magnetfelder aufgespalten* werden (Nobelpreis 1902). Je nach Atom ist die Zahl der Aufspaltungen gerade oder ungerade.

Auch in diesem Abschn. 14.5 beschränken sich die Rechnungen auf das Wasserstoffatom. Das zeigen die aufgestellten Hamiltonoperatoren. Das Verhalten schwerer Atome wird aber gelegentlich im Text erwähnt.

Normaler Zeeman-Effekt

H. A. Lorentz hat den normalen Zeeman-Effekt 1899 klassisch erklärt (Nobelpreis 1902); daher spricht man auch vom klassischen Zeeman-Effekt. Wir arbeiten hier natürlich im Rahmen der Quantenmechanik und betrachten Wasserstoffatome in homogenen Magnetfeldern $\mathbf{B} = B\,\mathbf{e}_z$. *Beim normalen Zeeman-Effekt werden der Spin und damit auch die Spin-Bahn-Kopplung vernachlässigt.*

Der Hamiltonoperator des Wasserstoffatoms lautet nach Gl. (11.2–4a) *bei Vernachlässigung der drei Feinstruktur-Beiträge und der in B quadratischen Terme* sowie bei *Nichtbeachtung des Elektronenspins*

$$\hat{H} = -\frac{\hbar^2}{2\,m_\mathrm{e}}\Delta - \frac{e_0^2}{4\,\pi\,\varepsilon_0}\frac{1}{r} + \frac{e_0\,B}{2\,m_\mathrm{e}}\hat{L}_3 \qquad \text{Ohne Spin; Ohne Feinstruktur} \qquad (14.5\text{–}1)$$

Wegen $\hat{L}_3 Y_{l m_l} = \hbar m_l Y_{l m_l}$ sind die Eigenfunktionen von $\hat{H}^{(0)}$

$$\psi_{n l m_l}(r,\vartheta,\varphi) = R_{n l}(r)\,Y_{l m_l}(\vartheta,\varphi) \qquad\qquad (10.2\text{–}9)$$

auch Eigenfunktionen des Hamiltonoperators $\hat{H}$.[17] Eine Störungsrechnung ist daher nicht erforderlich. Das Magnetfeld $\mathbf{B} = B\,\mathbf{e}_z$ verschiebt die Energieniveaus um

$$\Delta E_{m_l} = \frac{e_0\,B}{2\,m_\mathrm{e}}\hbar m_l \qquad \text{für} \quad \mathbf{B} = B\,\mathbf{e}_z \qquad \text{Ohne Spin ; Ohne Feinstruktur} \qquad (14.5\text{–}2)$$

mit der magnetischen Quantenzahl $m_l = -l, -l+1, \ldots, +l$

Nach dieser Rechnung, die *ohne Spin* durchgeführt wurde, würde das Magnetfeld die Energieniveaus des Wasserstoffatoms in $(2l+1)$ äquidistante Niveaus aufspalten, also in eine *ungerade* Anzahl von Niveaus. Aber dieses Ergebnis widerspricht den Experimenten mit Wasserstoffatomen: In H-Atomen spalten die Energieniveaus in äußeren Magnetfeldern in eine *gerade* Zahl neuer Niveaus auf. Das deutet auf einen halbzahligen Drehimpuls, nämlich den Spin hin, den wir hier noch nicht beachtet haben.

In Übereinstimmung mit unserer Rechnung, die ja den Spin nicht berücksichtigte, ist *nur bei Atomen ohne Gesamtspin die Zahl der Aufspaltungen ungerade.* Dazu gehören u. a. die Edelgase und die Erdalkalimetalle Be, Mg, Ca, Sr, ... Letztere stehen in der zweiten Gruppe des Periodensystems und haben zwei Elektronen in der äußeren Schale mit Gesamtspin null ($s=0$). Die beiden Elektronen bilden also einen *Singulettzustand*

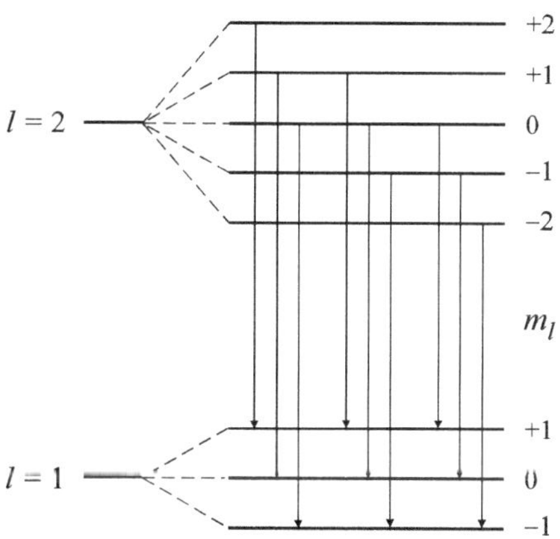

Abb. 14.5–1 Aufspaltung der Singulettzustände (Gesamtspin $s=0$) mit $l=1$ und $l=2$ beim normalen Zeeman-Effekt. Die Auswahlregeln $\Delta l = \pm 1$ und $\Delta m_l = 0, \pm 1$ ermöglichen neun Übergänge.

---

[17] Die Quantenzahl m wird durch m_l ersetzt, um im Folgenden Verwechslungen mit der Elektronenmasse m_e und mit den Quantenzahlen m_j, m_s auszuschließen. Gl. (14.5–2) zeigt, warum der Eigenwert m_l des Operators $\hat{L}_3$ **magnetische Quantenzahl** heißt.

$$|00\rangle = \frac{1}{\sqrt{2}}\Big(|+-\rangle - |-+\rangle\Big)\tag{13.2-8}$$

Der normale Zeeman-Effekt beschreibt die Aufspaltungen bei Atomen ohne Gesamtspin.

Anomaler Zeeman-Effekt

Beim anomalen Zeeman-Effekt (nicht anormaler Zeeman-Effekt) ist der *Gesamtspin ungleich null. Der anomale Zeeman-Effekt berücksichtigt den Spin* und die Spin-Bahn-Kopplung. Der gesamte Hamiltonoperator des H-Atoms lautet

$$\hat{H} = \frac{\hat{\mathbf{P}}^2}{2m_{\mathrm{e}}} - \frac{e_0^2}{4\pi\varepsilon_0}\frac{1}{r} + \hat{H}_{\mathrm{SL}} + \frac{e_0\,B}{2m_{\mathrm{e}}}\left(\hat{L}_3 + 2\hat{S}_3\right)\tag{14.5-3}$$

mit dem in Abschn. 14.4 aufgestellten Operator der Spin-Bahn-Kopplung

$$\hat{H}_{\mathrm{SL}} = \frac{e_0^2}{8\pi\varepsilon_0}\frac{1}{m_{\mathrm{e}}^2\,c^2}\frac{\hat{\mathbf{S}}\cdot\hat{\mathbf{L}}}{r^3}\tag{14.4-9}$$

Der g-Faktor $g=2$ des Elektrons wurde berücksichtigt. Wir unterscheiden drei Fälle:

1) Schwaches Magnetfeld $\Leftrightarrow$ Spin-Bahn-Kopplung $>>$ Störung durch das Magnetfeld
Diese Bedingung ist normalerweise erfüllt, da die meisten im Labor erzeugten Magnetfelder viel schwächer sind als die inneren Magnetfelder im Atom. Wir sehen

$$\hat{H}^{(0)}_{\mathrm{mit\,SL}} = \frac{\hat{\mathbf{P}}^2}{2m_{\mathrm{e}}} - \frac{e_0^2}{4\pi\varepsilon_0}\frac{1}{r} + \hat{H}_{\mathrm{SL}}\tag{14.5-4}$$

als ungestörten Hamiltonoperator an und

$$\hat{H}^{(1)}_{\mathrm{B}} = \frac{e_0\,B}{2m_{\mathrm{e}}}\left(\hat{L}_3 + 2\hat{S}_3\right) \underset{\substack{\uparrow\\ \hat{\mathbf{J}}=\hat{\mathbf{L}}+\hat{\mathbf{S}}}}{=} \frac{e_0\,B}{2m_{\mathrm{e}}}\left(\hat{J}_3 + \hat{S}_3\right)\tag{14.5-5}$$

als kleine Störung. In Abschn. 14.2 wurden fünf Voraussetzungen der Störungsrechnung aufgezählt; nach der zweiten Voraussetzung müssen die exakten Eigenfunktionen von $\hat{H}^{(0)}_{\mathrm{mit\,SL}}$

$$\tilde{R}^{(0)}_{nj}(r)\left|j,m_j,l,\tfrac{1}{2}\right\rangle \underset{\substack{\uparrow\\ j=l\pm1/2}}{=} \tilde{R}^{(0)}_{nj}(r)\left|l\pm\tfrac{1}{2},m_j,l,\tfrac{1}{2}\right\rangle \qquad \text{mit}\quad l>0$$

bekannt sein.[18] Wegen $\hat{H}^{(1)}_{\mathrm{SL}}\sim r^{-3}$ können die Radialfunktionen $\tilde{R}^{(0)}_{nj}(r)$ nicht exakt berechnet werden. Zum Glück ist diese Unmöglichkeit in unserem speziellen Fall nicht tragisch und wir können so tun, als ob die Radialfunktionen bekannt wären: Denn der Störoperator $\hat{H}^{(1)}_{\mathrm{B}}\sim\hat{J}_3+\hat{S}_3$ hat keine radiale Abhängigkeit, so dass *die Energiekorrekturen nicht von den unbekannten Radialfunktionen abhängen.* Die Radialfunktionen fallen wegen ihrer Orthonormierung in allen Matrixelementen $\langle\ldots|\hat{J}_3+\hat{S}_3|\ldots\rangle$ heraus.

---

[18] Wegen der Spin-Bahn-Kopplung ist $l>0$. Für $l=0$ gibt es keine Spin-Bahn-Kopplung.

Nach Gl. (14.4–10a) hängen die Eigenwerte des ungestörten Hamiltonoperators $\hat{H}^{(0)}_{\text{mit SL}}$ infolge der Spin-Bahn-Kopplung von den Quantenzahlen l, j ab und sind *nur bzgl.* m_j *entartet*. Die Matrixelemente der Störung lauten:

$$h^{(1)}_{\text{B } m'_j m_j} = \frac{e_0 B}{2 m_e} \left\langle j, m'_j, l, \tfrac{1}{2} \,\middle|\, \hat{J}_3 + \hat{S}_3 \,\middle|\, j, m_j, l, \tfrac{1}{2} \right\rangle =$$

$$= \frac{e_0 B}{2 m_e} \left[\hbar m_j \, \delta_{m'_j m_j} + \left\langle j, m'_j, l, \tfrac{1}{2} \,\middle|\, \hat{S}_3 \,\middle|\, j, m_j, l, \tfrac{1}{2} \right\rangle \right] \quad \text{mit} \quad j = l \pm \tfrac{1}{2}$$

Die Eigenfunktionen von $\hat{\mathbf{J}}^2, \hat{J}_3, \hat{\mathbf{L}}^2, \hat{\mathbf{S}}^2$ lauten nach den Gln. (13.3–7a/8a):

$$\left| l \pm \tfrac{1}{2}, m_j, l, \tfrac{1}{2} \right\rangle = \pm \sqrt{\frac{l \pm m_j + \tfrac{1}{2}}{2l+1}} \, Y_{l\, m_j - \frac{1}{2}} \cdot \left| + \right\rangle + \sqrt{\frac{l \mp m_j + \tfrac{1}{2}}{2l+1}} \, Y_{l\, m_j + \frac{1}{2}} \cdot \left| - \right\rangle$$

$$\Rightarrow \quad \hat{S}_3 \left| l \pm \tfrac{1}{2}, m_j, l, \tfrac{1}{2} \right\rangle = \frac{\hbar}{2} \left[\pm \sqrt{\frac{l \pm m_j + \tfrac{1}{2}}{2l+1}} \, Y_{l\, m_j - \frac{1}{2}} \cdot \left| + \right\rangle - \sqrt{\frac{l \mp m_j + \tfrac{1}{2}}{2l+1}} \, Y_{l\, m_j + \frac{1}{2}} \cdot \left| - \right\rangle \right]$$

Erwartungsgemäß sind die Funktionen $| l \pm 1/2, m_j, l, 1/2 \rangle$ keine Eigenfunktionen von $\hat{S}_3$ (siehe Gl. (13.6–2f)). Mit den beiden zuvor genannten Eigenfunktionen folgt:

$$\left\langle l \pm \tfrac{1}{2}, m'_j, l, \tfrac{1}{2} \,\middle|\, \hat{S}_3 \,\middle|\, l \pm \tfrac{1}{2}, m_j, l, \tfrac{1}{2} \right\rangle =$$

$$= \frac{\hbar}{2} \frac{1}{2l+1} \left[l \pm m_j + \tfrac{1}{2} - \left(l \mp m_j + \tfrac{1}{2} \right) \right] \cdot \delta_{m'_j m_j} = \pm \frac{\hbar m_j}{2l+1} \cdot \delta_{m'_j m_j}$$

Zusammen mit Gl. (14.5–5) ergibt sich

$$h^{(1)}_{\text{B } m'_i m_i} = \frac{e_0 B}{2 m_c} \, \hbar m_j \left(1 \pm \frac{1}{2l+1} \right) \delta_{m'_j m_j}$$

Folglich verschieben schwache äußere Magnetfelder $\mathbf{B} = B\, \mathbf{e}_z$ die Niveaus der *Wasserstoffatome* in erster Näherung um

$$\Delta E^{(1)}_{l\, m_j} = \left(1 \pm \frac{1}{2l+1} \right) \frac{e_0 B}{2 m_e} \, \hbar m_j = \qquad \text{für schwache äußere Magnetfelder}$$

$$= \left(1 + \frac{j(j+1) - l(l+1) + s(s+1)}{2j(j+1)} \right) \frac{e_0 B}{2 m_e} \, \hbar m_j \quad \text{für} \quad j = l \pm \tfrac{1}{2} \qquad (14.5\text{–}6)$$

$$\text{mit} \quad m_j = -\left(l \pm \tfrac{1}{2} \right), \dots, +\left(l \pm \tfrac{1}{2} \right)$$

Jedes Energieniveau wird in eine gerade Zahl von Niveaus aufgespalten. Anders als beim normalen Zeeman-Effekt hängt die Größe der Verschiebung von der Drehimpulsquantenzahl l ab. Der Term in der runden Klammer in Gl. (14.5–6) heißt **Lande-Faktor** g_j.

Für ein Teilchen mit Spin $s = 0$ ist $j = l$ und der Lande-Faktor ist eins. In diesem Fall beschreibt die Gl. (14.5–6) die Energieverschiebung (14.5–2) des normalen Zeeman-Effektes.

Für Atome mit mehreren Valenzelektronen mit Gesamtdrehimpulsen L, S und J gilt:

$$\Delta E^{(1)} = \left(1 + \frac{J(J+1) - L(L+1) + S(S+1)}{2J(J+1)} \right) \frac{e_0\, B}{2\, m_e}\, \hbar\, m_J$$

2) Starkes Magnetfeld $\Leftrightarrow$ Spin-Bahn-Kopplung $<<$ Störung durch das Magnetfeld

Der Zeeman-Effekt für *starke* äußere Magnetfelder wird nach seinen Entdeckern auch **Paschen-Back-Effekt** genannt. Hier deuten wir

$$\hat{H}^{(0)}_{\text{mit B}} = \frac{\hat{\mathbf{P}}^2}{2\, m_e} - \frac{e_0^2}{4\pi\,\varepsilon_0}\frac{1}{r} + \frac{e_0\, B}{2\, m_e}\left(\hat{L}_3 + 2\,\hat{S}_3 \right) \tag{14.5–7}$$

als ungestörten Hamiltonoperator und den Operator der Spin-Bahn-Kopplung

$$\hat{H}^{(1)}_{\text{SL}} = \frac{e_0^2}{8\pi\,\varepsilon_0}\frac{1}{m_e^2\, c^2}\frac{\hat{\mathbf{S}}\cdot\hat{\mathbf{L}}}{r^3} \tag{14.4–9}$$

als Störung. Der ungestörte Hamiltonoperator $\hat{H}^{(0)}_{\text{mit B}}$ hat die exakten Eigenfunktionen

$$|\, n,l,m_l,\tfrac{1}{2},m_s \,\rangle := R_{nl}(r)\, Y_{lm_l}(\vartheta,\varphi)\,|\pm\rangle \qquad m_l, m_s = \text{Quantenzahlen von } \hat{L}_3, \hat{S}_3$$

mit den exakten Energien

$$\tilde{E}^{(0)}_n = -\frac{m_e\, c^2}{2}\left(\frac{Z\, e_0^2}{4\pi\,\varepsilon_0\,\hbar c} \right)^2 \frac{1}{n^2} + \frac{e_0\, B}{2\, m_e}\,\hbar\,(m_l + 2\, m_s) \qquad \text{Starkes Magnetfeld} \tag{14.5–8}$$

Wir berechnen jetzt in erster Näherung die Energiekorrektur der Spin-Bahn-Kopplung. Da die ungestörten Energien $\tilde{E}^{(0)}_n$ *nur in der Drehimpulsquantenzahl l entartet* sind, müssen wir nach den Gln. (14.3–5/6) die Matrixelemente bzgl. der ungestörten Zustände $|\,l,m_l,1/2,m_s\,\rangle = |\,l,m_l\rangle \otimes |1/2,m_s\rangle$ berechnen:

$$\langle\, n,l',m_l,\tfrac{1}{2},m_s\,|\ \hat{\mathbf{S}}\cdot\hat{\mathbf{L}}\,/\,r^3\ |\ n,l,m_l,\tfrac{1}{2},m_s\,\rangle \qquad [19]$$

Mit $\quad \hat{L}_1 = \dfrac{1}{2}\left(\hat{L}_+ + \hat{L}_-\right)\quad$ und $\quad \hat{L}_2 = \dfrac{1}{2i}\left(\hat{L}_+ - \hat{L}_-\right)\qquad$ (Analog $\hat{S}_1, \hat{S}_2$)

---

[19] Bei der Untersuchung der Spin-Bahn-Kopplung in Abschn. 14.4 wurden die Matrixelemente

$$h^{(1)}_{(j'\,m'_j\,l')(j\,m_j\,l)} \sim \langle\, j',m'_j,l',\tfrac{1}{2}\ |\ \hat{\mathbf{S}}\cdot\hat{\mathbf{L}}\ |\ j,m_j,l,\tfrac{1}{2}\,\rangle \tag{14.5–9}$$

untersucht, weil die ungestörten Energien $E^{(0)}_n$ dort nur von der Hauptquantenzahl n abhängen und daher $2n^2$–fach entartet sind. Bei der aktuellen Untersuchung hingegen liegt nach Gl. (14.5–8) nur eine Entartung in l vor, so dass die zu untersuchenden Matrixelemente einfacher sind:

$$h^{(1)}_{l'l} \sim \langle\, l',m_l,\tfrac{1}{2},m_s\ |\ \hat{\mathbf{S}}\cdot\hat{\mathbf{L}}\ |\ l,m_l,\tfrac{1}{2},m_s\,\rangle$$

Außerdem dürfen wir hier die Matrixelemente (14.5–9) nicht verwenden, da die Zustände $|\,j,m_j,l,1/2\,\rangle$ wegen Gl. (13.6–2e/f) keine Eigenzustände des ungestörten Hamiltonoperators (14.5–7) sind.

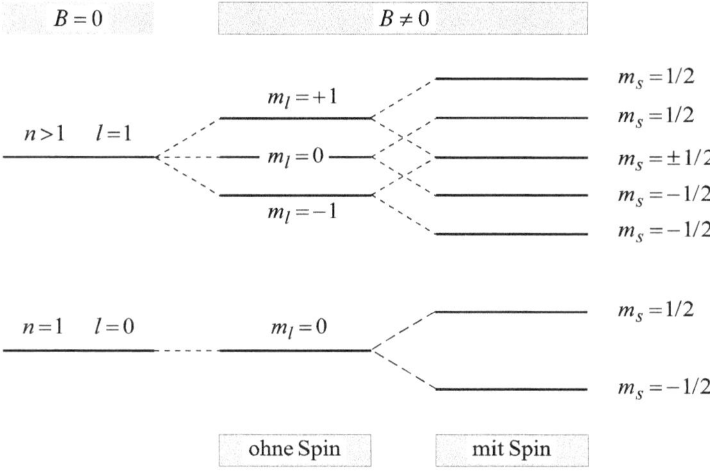

Abb. 14.5–2 Aufspaltung von zwei Niveaus des H-Atoms im starken äußeren Magnetfeld.
2. Spalte: Der normale Zeeman-Effekt berücksichtigt den Spin nicht. Die Aufspaltung wird
exakt durch Gl. (14.5–2) beschrieben.
3. Spalte: Der anomale Zeeman-Effekt berücksichtigt den Spin. Bei starken Magnetfeldern
wird die Aufspaltung durch Gl. (14.5–8) in nullter Näherung beschrieben.

folgt $\langle \hat{S}_1 \hat{L}_1 \rangle = \langle \hat{S}_2 \hat{L}_2 \rangle = 0$

Mit $| l, m_l, \frac{1}{2}, m_s \rangle := Y_{l m_l}(\vartheta, \varphi) | \pm \rangle$ errechnen wir schließlich:

$$\left\langle n, l', m_l, \tfrac{1}{2}, m_s \left| \hat{\mathbf{S}} \cdot \hat{\mathbf{L}} / r^3 \right| n, l, m_l, \tfrac{1}{2}, m_s \right\rangle =$$

$$= \left\langle r^{-3} \right\rangle \left\langle l, m_l, \tfrac{1}{2}, m_s \left| \hat{S}_3 \hat{L}_3 \right| l, m_l, \tfrac{1}{2}, m_s \right\rangle \delta_{ll'} = \left\langle r^{-3} \right\rangle \hbar^2 m_l m_s \, \delta_{ll'} \qquad (14.5\text{--}10)$$

$$\Rightarrow \quad \Delta E^{(1)}_{m_l m_s} = \frac{e_0^2}{8 \pi \varepsilon_0} \frac{1}{m_e^2 c^2} \left\langle n, l, m_l, \tfrac{1}{2}, m_s \left| \hat{\mathbf{S}} \cdot \hat{\mathbf{L}} / r^3 \right| n, l, m_l, \tfrac{1}{2}, m_s \right\rangle \underset{\substack{\uparrow \\ \text{Gl. (10.2–13f)}}}{=}$$

$$= - E_n^{(0)} \frac{\alpha^2}{n} \frac{m_l m_s}{l(l+1/2)(l+1)} \qquad (14.5\text{--}11)$$

In Anwesenheit starker äußerer Magnetfelder und Berücksichtigung der Spin-Bahn-Kopplung lauten die Energieniveaus des Wasserstoffatoms in erster Näherung

$$E_{n l m_l m_s} \approx E_n^{(0)} \left[1 - \frac{\alpha^2}{n} \frac{m_l m_s}{l(l+1/2)(l+1)} \right] + \frac{e_0 B}{2 m_e} \hbar (m_l + 2 m_s) \qquad (14.5\text{--}12)$$

3) Mittleres Magnetfeld $\Leftrightarrow$ Spin-Bahn-Kopplung $\approx$ Störung durch das Magnetfeld

Das Magnetfeld liegt zwischen den beiden zuvor genannten Grenzfällen. Hier deuten wir

$$\hat{H}^{(0)} = \frac{\hat{\mathbf{P}}^2}{2\,m_{\mathrm{e}}} - \frac{e_0^2}{4\,\pi\,\varepsilon_0}\,\frac{1}{r}$$

als ungestörten Hamiltonoperator und

$$\hat{H}^{(1)} = \frac{e_0^2}{8\,\pi\,\varepsilon_0}\,\frac{1}{m_{\mathrm{e}}^2\,c^2}\,\frac{\hat{\mathbf{S}}\cdot\hat{\mathbf{L}}}{r^3} + \frac{e_0\,B}{2\,m_{\mathrm{e}}}\left(\hat{L}_3 + 2\,\hat{S}_3\right)$$

als Störung. In diesem Fall müssen Linearkombinationen der Funktionen $|\,l \pm 1/2, m_j, l, 1/2\,\rangle$ aufgestellt werden, für die der Störoperator diagonal ist. (Siehe [Griffiths], Abschn. 6.4.3 und [Schwabl], Abschn. 14.1.3.)

Auch äußere *elektrische* Felder spalten die Energieniveaus der Atome auf. Ihr Einfluss auf die Energieniveaus wird durch den **Stark-Effekt** beschrieben (siehe Aufgabe 14–4).

14.6 Leitgedanken

14.2 Störung nicht entarteter Niveaus

Für die zeit*un*abhängige Störungstheorie gelten folgende Voraussetzungen:

- Der zeit*un*abhängige Hamiltonoperator setzt sich aus einem „ungestörten" Anteil $\hat{H}^{(0)}$ und einer *kleinen* Störung $\lambda\,\hat{H}^{(1)}$ (mit $0 \le \lambda \le 1$) zusammen:

$$\hat{H}(\lambda) = \hat{H}^{(0)} + \lambda\,\hat{H}^{(1)} \tag{14.2–1}$$

- Die Schrödinger-Gl. des ungestörten Hamiltonoperators $\hat{H}^{(0)}$

$$\hat{H}^{(0)}\,|\,n^{(0)}\,\rangle = E_n^{(0)}\,|\,n^{(0)}\,\rangle \tag{14.2–2}$$

  ist *exakt lösbar*.

- Die Eigenwerte $E_n^{(0)}$ bilden ein diskretes Spektrum. Die Energie $E_n^{(0)}$, deren Korrektur wir berechnen wollen, ist nicht entartet. (Alle anderen Energien dürfen entartet sein.)

- Eigenfunktionen $|\,n(\lambda)\,\rangle$ und Eigenwerte $E_n(\lambda)$ des gestörten Hamiltonoperators $\hat{H}(\lambda)$ hängen von λ ab. Daher nehmen wir optimistisch an, dass sie sich als Potenzreihen von λ darstellen lassen:

$$|\,n\,\rangle = |\,n^{(0)}\,\rangle + \lambda\,|\,n^{(1)}\,\rangle + \lambda^2\,|\,n^{(2)}\,\rangle + \dots \tag{14.2–3a}$$

$$E_n = E_n^{(0)} + \lambda\,E_n^{(1)} + \lambda^2\,E_n^{(2)} + \dots \tag{14.2–3b}$$

Wir setzen diese beiden Potenzreihen in die Schrödinger-Gl. ein. *Die so entstehende Gl. gilt genau dann für alle Parameter λ, wenn die Koeffizienten jeder Potenz von λ einzeln verschwinden:*

$$\lambda^0: \quad \left(\hat{H}^{(0)} - E_n^{(0)}\right)|\,n^{(0)}\,\rangle = 0 \tag{14.2–4a}$$

$$\lambda^1: \quad \left(\hat{H}^{(0)} - E_n^{(0)}\right)|\,n^{(1)}\,\rangle = \left(E_n^{(1)} - \hat{H}^{(1)}\right)|\,n^{(0)}\,\rangle \tag{14.2–4b}$$

usw. ....

Die erste Gl. (14.2–4a) ist die ungestörte, laut Voraussetzung exakt lösbare Schrödinger-Gl.

1. Näherung: zweite Gl. (14.2–4b) wird mit dem Bra $\langle n^{(0)} |$ multipliziert:

$$\langle n^{(0)} | \hat{H}^{(0)} - E_n^{(0)} | n^{(1)} \rangle = \langle n^{(0)} | E_n^{(1)} - \hat{H}^{(1)} | n^{(0)} \rangle \qquad 14$$

Wegen der Hermitizität von $\hat{H}^{(0)}$ verschwindet linke Seite Die *erste Korrektur der Energie*

$$E_n^{(1)} = \langle n^{(0)} | \hat{H}^{(1)} | n^{(0)} \rangle \qquad \text{für nicht entartete Energien } E_n^{(0)} \qquad (14.2\text{–}6)$$

ist der Erwartungswert des Störterms $\hat{H}^{(1)}$ *im ungestörten Zustand* $| n^{(0)} \rangle$.

Wir berechnen nun mit Gl. (14.2–4b) die erste Korrektur $| n^{(1)} \rangle$ der Wellenfunktion. Wegen der Vollständigkeit der ungestörten Zustandsfunktionen $| n^{(0)} \rangle$ können wir die erste Korrektur $| n^{(1)} \rangle$ als Linearkombination schreiben:

$$| n^{(1)} \rangle = \sum_{k \neq n} c_{nk} | k^{(0)} \rangle \qquad (14.2\text{–}7)$$

Wir setzen Gl. (14.2–7) in die Gl. (14.2–4b) ein:

$$\left(\hat{H}^{(1)} - E_n^{(1)} \right) | n^{(0)} \rangle = - \left(\hat{H}^{(0)} - E_n^{(0)} \right) \sum_{k \neq n} c_{nk} | k^{(0)} \rangle =$$

$$= - \sum_{k \neq n} c_{nk} \left(E_k^{(0)} - E_n^{(0)} \right) | k^{(0)} \rangle \qquad (14.2\text{–}5')$$

Multiplikation mit dem bra $\langle j^{(0)} |$ (mit $j \neq n$) führt auf

$$\langle j^{(0)} | \hat{H}^{(1)} | n^{(0)} \rangle = - c_{nj} \left[E_j^{(0)} - E_n^{(0)} \right] \quad \Rightarrow \quad c_{nj} = - \frac{\langle j^{(0)} | \hat{H}^{(1)} | n^{(0)} \rangle}{E_j^{(0)} - E_n^{(0)}}$$

Daher lautet die *erste Korrektur der Zustandsfunktion*

$$| n^{(1)} \rangle = \sum_{k \neq n} \frac{\langle k^{(0)} | \hat{H}^{(1)} | n^{(0)} \rangle}{E_n^{(0)} - E_k^{(0)}} | k^{(0)} \rangle \qquad \text{für nicht entartete Energien } E_n^{(0)} \qquad (14.2\text{–}8)$$

14.3 Störung entarteter Niveaus

Wir berechnen die erste Korrektur einer g_n–fach entarteten Energie $E_n^{(0)}$. Die zeitunabhängige Schrödinger-Gl. lautet in nullter Näherung

$$\hat{H}^{(0)} | n_\alpha^{(0)} \rangle = E_n^{(0)} | n_\alpha^{(0)} \rangle \qquad \text{mit} \qquad \alpha = 1, 2, \dots g_n \qquad (14.3\text{–}1)$$

Wir schreiben die *nullte Näherung* der Wellenfunktion zur Energie $E_n^{(0)}$ als Überlagerung

$$| n^{(0)} \rangle = \sum_{\beta = 1}^{g_n} c_\beta | n_\beta^{(0)} \rangle \qquad \text{mit} \qquad c_\beta \in \mathbb{C} \qquad (14.3\text{–}2)$$

mit vorerst unbestimmten Koeffizienten c_β. Aus Gl. (14.2–4b) folgt

$$\langle n_\alpha^{(0)} | \hat{H}^{(1)} | n^{(0)} \rangle = E_n^{(1)} \langle n_\alpha^{(0)} | n^{(0)} \rangle$$

Wir setzen die nullte Näherung (14.3–2) ein und erhalten die **Eigenwertgl.**

$$\sum_{\beta=1}^{g_n} \langle n_\alpha^{(0)} \mid \hat{H}^{(1)} \mid n_\beta^{(0)} \rangle\, c_\beta = E_n^{(1)} c_\alpha \quad \text{mit} \quad \alpha = 1, 2, \dots g_n \tag{14.3–3}$$

Mit den Elementen der $g_n \times g_n$ – Matrix $\mathbf{H}^{(1)}$

$$h_{\alpha\beta}^{(1)} := \langle n_\alpha^{(0)} \mid \hat{H}^{(1)} \mid n_\beta^{(0)} \rangle \quad \text{mit} \quad \alpha, \beta = 1, 2, \dots g_n$$

und mit dem Vektor $\mathbf{c} = (c_1 \; c_2 \; \dots \; c_{g_n})^{\mathrm{T}}$ ergibt sich die *Eigenwertgl.* in verkürzter Form:

$$\mathbf{H}^{(1)} \mathbf{c} = E_n^{(1)} \mathbf{c} \tag{14.3–4}$$

Dieses lineare Gleichungssystem hat *genau dann* nicht-triviale Lösungen, wenn

$$\det\!\left(\mathbf{H}^{(1)} - E_n^{(1)} \mathbf{1} \right) = 0 \tag{14.3–5}$$

Gl. (14.3–5) heißt **charakteristische Gl.** und ist vom Grade g_n in $E_n^{(1)}$.

Die Matrix $\mathbf{H}^{(1)}$ ist hermitesch und daher *immer diagonalisierbar*. Für diagonale Matrizen $\mathbf{H}^{(1)}$ sind die Diagonalelemente die gesuchten Energiekorrekturen $E_n^{(1)}$.

Zur Vereinfachung der Rechnung sollte man immer die *Matrix* $\mathbf{H}^{(1)}$ *diagonalisieren*, d. h. die g_n Lösungen $\mid n_\alpha^{(0)} \rangle$ der ungestörten Schrödinger-Gl. im Unterraum $\mathcal{H}_n^{(0)}$ derart zu neuen, or-thonormierten Basisvektoren überlagern, dass $\mathbf{H}^{(1)}$ diagonal ist.

14.4 Feinstruktur des Wasserstoffatoms

Relativistische Korrektur der kinetischen Energie

Mit einer Taylorentwicklung der relativistische, kinet Energie ergibt sich die Störung.

$$\Rightarrow \quad \hat{H}_{\mathrm{rel}}^{(1)} = -\frac{1}{8} \frac{\hat{\mathbf{P}}^4}{m_e^3 c^2} = -\frac{1}{2 m_e c^2} \left(\frac{\hat{\mathbf{P}}^2}{2 m_e} \right)^2 = -\frac{1}{2 m_e c^2} \left(\hat{H}^{(0)} + \frac{e_0^2}{4 \pi \varepsilon_0} \frac{1}{r} \right)^2 \tag{14.4–5}$$

Die Matrixelemente des Störoperators ergeben sich mit den Wasserstoffzuständen (10.2–9):

$$h_{(lm)(l'm')}^{(1)} = -\frac{1}{2 m_e c^2} \left\langle \psi_{nlm}^{(0)} \left| \left(\hat{H}^{(0)} + \frac{e_0^2}{4 \pi \varepsilon_0} \frac{1}{r} \right)^2 \right| \psi_{nl'm'}^{(0)} \right\rangle =$$

$$= -\frac{1}{2 m_e c^2} \left\langle R_{nl}^{(0)}(r) \left| \left(E_n^{(0)} + \frac{e_0^2}{4 \pi \varepsilon_0} \frac{1}{r} \right)^2 \right| R_{nl}^{(0)}(r) \right\rangle \cdot \delta_{ll'} \, \delta_{mm'} \tag{14.4–6}$$

Wegen $\delta_{ll'} \, \delta_{mm'}$ ist $\mathbf{H}^{(1)}$ *diagonal* und die **charakteristische Gl.** (14.3–5) einfach zu lösen:

$$E_{n \, \mathrm{rel}}^{(1)} = -\frac{1}{2 m_e c^2} \left[E_n^{(0)\,2} + 2 E_n^{(0)} \frac{e_0^2}{4 \pi \varepsilon_0} \left\langle \frac{1}{r} \right\rangle + \left(\frac{e_0^2}{4 \pi \varepsilon_0} \right)^2 \left\langle \frac{1}{r^2} \right\rangle \right] \underset{\underset{\text{Gln. (10.2–13d/e)}}{\uparrow}}{=}$$

$$= E_n^{(0)} \frac{\alpha^2}{n^2} \left[\frac{n}{l + 1/2} - \frac{3}{4} \right] \tag{14.4–7}$$

Spin-Bahn-Kopplung

Die Spin-Bahn-Kopplung beschreibt die Wechselwirkung zwischen dem magnetischen Moment des Elektrons und dem durch das Proton erzeugten Magnetfeld. Der Wechselwirkungsoperator der Spin-Bahn-Kopplung errechnet sich zu

$$\hat{H}_{\mathrm{SL}}^{(1)} = \frac{e_0^2}{8\pi\varepsilon_0}\,\frac{1}{m_e^2\,c^2}\,\frac{\hat{\mathbf{S}}\cdot\hat{\mathbf{L}}}{r^3} \tag{14.4-9}$$

Die ersten Energiekorrekturen $E_n^{(1)}$ sind Lösungen der charakteristischen Gl.

$$\det\!\left(\mathbf{H}_{\mathrm{SL}}^{(1)} - E_n^{(1)}\mathbf{1}\right) = 0 \tag{14.3-5}$$

Wegen $\hat{\mathbf{S}}\cdot\hat{\mathbf{L}} = \left(\hat{\mathbf{J}}^2 - \hat{\mathbf{L}}^2 - \hat{\mathbf{S}}^2\right)/2$ ist die Matrix $\mathbf{H}_{\mathrm{SL}}^{(1)}$ diagonal in den Eigenfunktionen $|j,m_j,l,1/2\rangle$ der Operatoren $\hat{\mathbf{J}}^2, \hat{J}_3, \hat{\mathbf{L}}^2, \hat{\mathbf{S}}^2$. Die Matrixelemente des Störoperators lauten

$$h_{(j\,m_j\,l)\,(j'\,m_j'\,l')}^{(1)} \sim \left\langle j,m_j,l,\tfrac{1}{2}\,\middle|\,\hat{\mathbf{S}}\cdot\hat{\mathbf{L}}\,\middle|\,j',m_j',l',\tfrac{1}{2}\right\rangle =$$

$$= \delta_{jj'}\,\delta_{m_j m_j'}\,\delta_{ll'}\,\frac{\hbar^2}{2}\left[j(j+1) - l(l+1) - 3/4\right] \quad \text{mit}\quad j = \left|l\pm\tfrac{1}{2}\right|$$

$$\Rightarrow \quad E_{n\,\mathrm{SL}}^{(1)} = \frac{e_0^2}{8\pi\varepsilon_0}\,\frac{1}{m_e^2\,c^2}\left\langle\frac{1}{r^3}\right\rangle\frac{\hbar^2}{2}\left[j(j+1) - l(l+1) - 3/4\right] =$$

$$= \frac{e_0^2}{8\pi\varepsilon_0}\,\frac{1}{m_e^2\,c^2}\left\langle\frac{1}{r^3}\right\rangle\frac{\hbar^2}{2}\begin{cases} l & \text{für } j = l+1/2 \\ -l-1 & \text{für } j = l-1/2 \end{cases}$$

Mit $\langle 1/r^3\rangle$ in Gl. (10.2–13f) folgt für $l > 0$

$$E_{n\,\mathrm{SL}}^{(1)} = -E_n^{(0)}\,\frac{\alpha^2}{2n}\,\frac{1}{l\,(l+1/2)\,(l+1)}\cdot\begin{cases} l & \text{für } j = l+1/2 \\ -l-1 & \text{für } j = l-1/2 \end{cases} \quad \text{für}\quad l>0 \tag{14.4-10a}$$

Für $l>0$ spalten die Energieniveaus in zwei Niveaus auf. (Für $l=0$ tritt wegen des fehlenden Bahndrehimpulses keine Spin-Bahn-Kopplung auf.) Die **gesamte Feinstruktur** – bestehend aus relativistischer Korrektur, Spin-Bahn-Kopplung und Darwin-Term – liefert in erster Näherung folgende Energien im Wasserstoffatom:

$$E_{nj} = -\frac{m_e c^2}{2}\,\alpha^2\,\frac{1}{n^2}\left[1 - \frac{\alpha^2}{n^2}\left(\frac{3}{4} - \frac{n}{j+\frac{1}{2}}\right)\right] \quad \text{mit}\quad j = \begin{cases} l\pm 1/2 & \text{für } l>0 \\ 1/2 & \text{für } l=0 \end{cases} \tag{14.4-14}$$

Die Feinstruktur hängt nicht nur von der Hauptquantenzahl n, sondern auch noch von j ab. Alle Energieniveaus werden abgesenkt und spalten in Dubletts auf – mit Ausnahme des s-Niveaus.

14.5 Der Zeeman-Effekt

Die Spektrallinien von Atomen werden durch äußere Magnetfelder aufgespalten.

Normaler Zeeman-Effekt

Wir betrachten Wasserstoffatome in homogenen Magnetfeldern $\mathbf{B} = B\,\mathbf{e}_z$. Der Hamiltonoperator des Elektrons lautet nach Gl. (11.2–4a) bei Nichtbeachtung des Spins und bei Vernachlässigung der in B quadratischen Terme

$$\hat{H} = -\frac{\hbar^2}{2\,m_{\mathrm{e}}}\,\Delta - \frac{e_0^2}{4\,\pi\,\varepsilon_0}\,\frac{1}{r} + \frac{e_0\,B}{2\,m_{\mathrm{e}}}\,\hat{L}_3 \quad \text{für} \quad \mathbf{B} = B\,\mathbf{e}_z \quad \text{Ohne Spin ; Ohne Feinstruktur}$$

Für diesen Hamiltonoperator lösen die Wasserstoff-Wellenfunktionen $R_{nl}(r)\,Y_{lm_l}(\vartheta,\varphi)$ in Gl. (10.2–9) die Schrödinger-Gl. exakt, so dass die Energieniveaus wie folgt verschoben werden:

$$\Delta E_{m_l} = \frac{e_0\,B}{2\,m_{\mathrm{e}}}\,\hbar\,m_l \quad \text{für} \quad \mathbf{B} = B\,\mathbf{e}_z \quad \text{Ohne Spin; Ohne Feinstruktur} \tag{14.5-1}$$

Nach dieser Rechnung, die den Elektronenspin nicht beachtet, würde jedes Niveau der H-Atome in eine ungerade Zahl äquidistanter Niveaus aufspalten. Die Experimente liefern aber eine *gerade* Zahl neuer Niveaus. Das deutet auf den halbzahligen Spin hin.

Anomaler Zeeman-Effekt

Beim anomalen Zeeman-Effekt ist der *Gesamtspin ungleich null*. *Spin* und Spin-Bahn-Kopplung werden berücksichtigt. Der gesamte Hamiltonoperator lautet

$$\hat{H} = \frac{\hat{\mathbf{P}}^2}{2\,m_{\mathrm{e}}} - \frac{e_0^2}{4\,\pi\,\varepsilon_0}\,\frac{1}{r} + \hat{H}_{\mathrm{SL}} + \frac{e_0\,B}{2\,m_{\mathrm{e}}}\,\left(\hat{L}_3 + 2\,\hat{S}_3\right) \tag{14.5-3}$$

$$\text{mit} \quad \hat{H}_{\mathrm{SL}} = \frac{e_0^2}{8\,\pi\,\varepsilon_0}\,\frac{1}{m_{\mathrm{e}}^2\,c^2}\,\frac{\hat{\mathbf{S}}\cdot\hat{\mathbf{L}}}{r^3} \tag{14.4-9}$$

Wir betrachten nur die beiden extremen Fälle:

1) Schwaches Magnetfeld $\Leftrightarrow$ Spin-Bahn-Kopplung $\gg$ Störung durch Magnetfeld

Ungestörter Hamiltonoperator und Störoperator lauten:

$$\hat{H}^{(0)}_{\mathrm{mit\,SL}} = \frac{\hat{\mathbf{P}}^2}{2\,m_{\mathrm{e}}} - \frac{e_0^2}{4\,\pi\,\varepsilon_0}\,\frac{1}{r} + \hat{H}_{\mathrm{SL}} \tag{14.5-3}$$

$$\hat{H}^{(1)}_{\mathrm{B}} = \frac{e_0\,B}{2\,m_{\mathrm{e}}}\,\left(\hat{L}_3 + 2\,\hat{S}_3\right) = \frac{e_0\,B}{2\,m_{\mathrm{e}}}\,\left(\hat{J}_3 + \hat{S}_3\right) \tag{14.5-4}$$

Wir müssen die Radialfunktionen $\tilde{R}^{(0)}_{nj}(r)$ der „ungestörten" Eigenfunktionen von $\hat{H}^{(0)}_{\mathrm{mit\,SL}}$

$$\tilde{R}^{(0)}_{nj}(r)\,\big|\,j,m_j,l,\tfrac{1}{2}\big\rangle \qquad \text{mit } l > 0 \text{ wegen der Spin-Bahn-Kopplung}$$

nicht kennen. Denn der Störoperator $\hat{H}^{(1)}_{\mathrm{B}}$ enthält keine radiale Abhängigkeit, so dass die *orthonormierten* Funktionen $\tilde{R}^{(0)}_{ni}(r)$ in allen Matrixelementen $\langle\,\ldots|\,\hat{J}_3 + \hat{S}_3\,|\ldots\rangle$ herausfallen:

$$h^{(1)}_{\mathrm{B}\,m_j'\,m_j} = \frac{e_0\,B}{2\,m_{\mathrm{e}}}\,\Big\langle\, j{=}l{\pm}\tfrac{1}{2},m_j',l,\tfrac{1}{2}\,\Big|\,\hat{J}_3 + \hat{S}_3\,\Big|\,j{=}l{\pm}\tfrac{1}{2},m_j,l,\tfrac{1}{2}\,\Big\rangle =$$

$$= \frac{e_0\,B}{2\,m_{\mathrm{e}}}\,\left[\,\hbar\,m_j\,\delta_{m_j'\,m_j} + \Big\langle\, j,m_j',l,\tfrac{1}{2}\,\Big|\,\hat{S}_3\,\Big|\,j,m_j,l,\tfrac{1}{2}\,\Big\rangle\right]$$

$$\text{mit} \quad \Big\langle\, l{\pm}\tfrac{1}{2},m_j',l,\tfrac{1}{2}\,\Big|\,\hat{S}_3\,\Big|\,l{\pm}\tfrac{1}{2},m_j,l,\tfrac{1}{2}\,\Big\rangle \underset{\underset{\text{Gln. (12.3–7/8)}}{\uparrow}}{=}$$

$$= \frac{\hbar}{2}\,\frac{1}{2l+1}\,\left[\,l \pm m_j + \tfrac{1}{2} - \left(l \mp m_j + \tfrac{1}{2}\right)\right]\cdot\delta_{m_j'\,m_j} = \pm\,\frac{\hbar\,m_j}{2l+1}\cdot\delta_{m_j'\,m_j}$$

Folglich verschiebt das Magnetfeld die Niveaus der Wasserstoffatome in erster Näherung um

$$\Delta E^{(1)}_{l\,m_j} = \left(1 \pm \frac{1}{2l+1}\right) \frac{e_0\,B}{2\,m_e}\,\hbar\,m_j \quad \text{für} \quad j = l \pm \frac{1}{2} \quad \text{und für schwache Magnetfelder} \quad (14.5\text{-}5)$$

$$\text{mit} \quad m_j = -l \mp 0{,}5\,,\,\dots\,l \pm 0{,}5$$

Jedes Energieniveau wird in eine gerade Zahl von Niveaus aufgespalten.

2) Starkes Magnetfeld $\Leftrightarrow$ Spin-Bahn-Kopplung $<<$ Störung durch Magnetfeld

Der Zeeman-Effekt für *starke* Magnetfelder heißt auch **Paschen-Back-Effekt**. Hier gilt:

$$\hat{H}^{(0)} = \frac{\hat{\mathbf{P}}^2}{2\,m_e} - \frac{e_0^2}{4\,\pi\,\varepsilon_0}\,\frac{1}{r} + \frac{e_0\,B}{2\,m_e}\left(\hat{L}_3 + 2\,\hat{S}_3\right)$$

$$\text{und} \quad \hat{H}^{(1)}_{SL} = \frac{e_0^2}{8\,\pi\,\varepsilon_0}\,\frac{1}{m_e^2\,c^2}\,\frac{\hat{\mathbf{S}}\cdot\hat{\mathbf{L}}}{r^3} \qquad\qquad (14.4\text{-}9)$$

In nullter Näherung lauten die Energien ohne Berücksichtigung der Spin-Bahn-Kopplung:

$$E_n^{(0)} = -\frac{m_e}{2}\left(\frac{Z\,e_0^2}{4\,\pi\,\varepsilon_0\,\hbar}\right)^2 \frac{1}{n^2} + \frac{e_0\,B}{2\,m_e}\,\hbar\left(m_l + 2\,m_s\right) \qquad (14.5\text{-}6)$$

Für $m_s = 0$ erhalten wir die Energieaufspaltung (14.5-1) des normalen Zeeman-Effektes.

14.7 Aufgaben

14–1 Mittel Anharmonischer Oszillator   Abb. 14.7–1

Zuerst einige Bemerkungen zur *klassischen* Mechanik: Ein anharmonischer Oszillator mit dem Potential

$$V(x) = \frac{1}{2}\,m\,\omega^2\,x^2 + \lambda\,\gamma\,x^3 \qquad (14.7\text{-}1)$$

schwingt mit einer amplitudenabhängigen Frequenz periodisch, aber nicht harmonisch – falls E kleiner ist als das relative Maximum von $V(x)$. Die anharmonische Schwingung kann nur mit Näherungsmethoden wie z. B. mit der klassischen Störungstheorie berechnet werden (siehe [Kuypers], Kapitel „14 Nichtlineare Schwingungen").

Nun zur Quantentheorie: Der Hamiltonoperator lautet

$$\hat{H} = \hat{H}^{(0)} + \lambda\,\hat{H}^{(1)} = -\frac{\hbar^2}{2m}\,\frac{d^2}{dx^2} + \frac{1}{2}\,m\,\omega^2\,x^2 + \lambda\,\gamma\,x^3$$

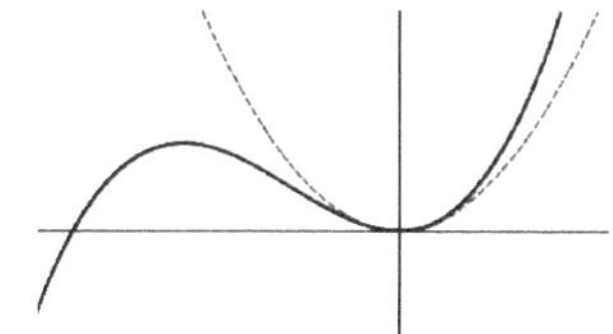

Abb. 14.7–1 Zwei Potentiale:

$$V(x) \sim x^2 \quad \text{und} \quad V(x) \sim x^2 + 0{,}25\,x^3$$

a) Berechne die Energien in zweiter Näherung.

b) Berechne die Zustandsfunktionen in erster Näherung.

   Hinweise: **1)** Arbeite mit den Leiteroperatoren aus Abschn. 6.2.

   2) Für $\gamma > 0$ bzw. $\gamma < 0$ hat das Potential auf der linken bzw. rechten Seite eine Barriere. Wegen der Tunnelung durch die Barriere sind für $\gamma \neq 0$ *alle Teilchen ungebunden und das Spektrum ist kontinuierlich.* Die Störung ändert das Spektrum dramatisch.

Für die Energien E_n, die mit der Störungstheorie für kleine $|\gamma|$ berechnet werden, haben die Wellenfunktionen große, dominante Aufenthaltsdichten im Potentialinnern und sehr kleine Aufenthaltsdichten auf dem abfallenden Potentialhang; sie beschreiben quasistationäre Zustände, bei denen die Teilchen lange Zeit im Potentialtopf bleiben (siehe [Blochinzew], §66). Für andere Energien aus dem Energiekontinuum sind die Aufenthaltswahrscheinlichkeiten im Potentialinneren viel kleiner.

Wir nehmen an, dass $|\gamma|$ und die Energie so klein sind, dass die Tunnelung sehr langsam erfolgt und die Zustände in der Umgebung des Koordinatenursprungs quasistationär sind. Diese Annahme ist vor allem deshalb gerechtfertigt, weil realistische Oszillatoren hohe Barrieren haben und keinen merklichen Tunneleffekt zeigen.

14-2 Mittel Unendlich tiefer Potentialtopf mit deltafunktionsartiger Störung

Wir setzen in den unendlich tiefen Potentialtopf, der in Abschn. 5.1 behandelt wurde, den Störterm

$$\hat{H}^{(1)} = \tilde{V}\,\delta\!\left(x - \frac{L}{2}\right) \quad \text{ein, der eine Deltafunktion in der Topfmitte beschreibt.}$$

a) Berechne die erste Korrektur $E_n^{(1)}$ aller Energien.

b) Berechne die zweite Korrektur $E_1^{(2)}$ der Energie des Grundzustandes.

c) Berechne die ersten drei Beiträge der ersten Näherung $\psi_1^{(1)}(x)$ des Grundzustandes.

14-3 Leicht Feinstruktur in der Dirac-Theorie

Die relativistische Dirac-Gl. liefert für das $1/r$ – Potential des Wasserstoffatoms *exakt* die Energien

$$E_{nj} = mc^2\left[1 + \alpha^2\left\{n - j - \frac{1}{2} + \sqrt{(j+1/2)^2 - \alpha^2}\right\}^{-2}\right]^{-1/2} - mc^2$$

Zeige, dass eine Taylorentwicklung bis zur zweiten Ordnung in α^2 die Gl. (14.4–14) ergibt.

14-4 Mittel Der Stark-Effekt Abb. 14.7–2

1913 entdeckte J. Stark den nach ihm benannten Stark-Effekt (Nobelpreis 1919), der das elektrische Analogon zum Zeeman-Effekt ist. Danach werden die *Spektrallinien in äußeren elektrischen Feldern verschoben und aufgespalten*. Die Verschiebung ist beim Wasserstoff in den angeregten Zuständen proportional zum elektrischen Feld $\mathcal{E}$ (linearer Stark-Effekt), beim Wasserstoff im Grundzustand und bei den anderen Atomen proportional zu $\mathcal{E}^2$ (quadratischer Stark-Effekt). Wir berechnen die Energiekorrektur nur für Wasserstoff.

In Experimenten sind elektrische Feldstärken kaum größer als $10^7\,\text{V/m}$, wohingegen ein Proton im Abstand eines Bohrschen Radius a_B ein elektrisches Feld mit der Stärke

$$\mathcal{E} = \frac{e_0}{4\pi\varepsilon_0}\,\frac{1}{a_\text{B}^2} \approx 5\cdot 10^{11}\,\frac{\text{V}}{\text{m}}$$

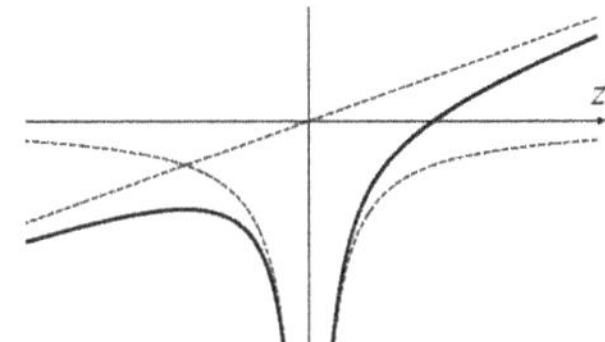

Abb. 14.7–2 Potential beim Stark-Effekt. Wie in Aufgabe 14–1 soll die linke Barriere so langsam durchtunnelt werden, dass die Zustände quasistationär sind.

erzeugt. Daher dürfen wir das homogene elektrische Feld, das in z-Richtung von außen angelegt wird, als kleine Störung ansehen. Der Störterm errechnet sich mit Gl (9.3–19b) zu

$$\hat{H}^{(1)} = e_0\,\mathcal{E}z = e_0\,\mathcal{E}r\cos\vartheta = e_0\,\mathcal{E}r\sqrt{\frac{4\pi}{3}}\,Y_{10}(\vartheta) \quad \dots \tag{14.7-2}$$

Der Spin wird außer Acht gelassen, da $\hat{H}^{(1)}$ nicht auf den Spin wirkt.

a) Quadratischer Stark-Effekt: Zeige, dass die Energieverschiebung des nicht entarteten Grundzustandes $|1,0,0\rangle$ des Wasserstoffatoms in erster Näherung null und in zweiter Näherung proportional zu $\mathcal{E}^2$ ist.

b) Linearer Stark-Effekt: Berechne die Energieverschiebungen des ersten angeregten Wasserstoffniveaus, das vier Zustände $|2,l,m\rangle$ hat und daher *vierfach entartet* ist.

c) Wie lauten in nullter Näherung die „richtigen Funktionen", die nach teilweiser Aufhebung der Entartung zu den benachbarten Energien gehören? (Der Begriff „richtige Funktion" wird in Beispiel 14.3–1a erläutert.)

14–5 Leicht Wasserstoffähnliche Atome – Vergleich von exakter und genäherter Lösung

Untersuche ein wasserstoffähnliches Atom, das Z Protonen und ein Elektron hat. Berechne einmal exakt und einmal mit der Störungstheorie die Energieänderung des Elektrons im Grundzustand, wenn die Kernladungszahl um 1 erhöht wird.

14–6 Mittel Harmonischer Oszillator mit quadratischer Störung

Wir fügen in den Hamiltonoperator des harmonischen Oszillators einen *quadratischen* „Störterm" ein:

$$\hat{H} = \hat{H}^{(0)} + \lambda\,\hat{H}^{(1)} = -\frac{\hbar^2}{2m}\frac{\partial^2}{\partial x^2} + \frac{1}{2}m\,\omega_1^2\,x^2 + \lambda\,\frac{1}{2}m\,\omega_2^2\,x^2$$

Nach Gl. (6.1–14) lauten die Energien (für $\lambda=1$) *exakt*

$$E_n = \hbar\omega\,(n+1/2) \qquad \text{mit} \qquad \omega = \sqrt{\omega_1^2 + \omega_2^2}$$

Trotz der Kenntnis dieses exakten Ergebnisses wollen wir zur Übung die Energien mit der Störungsrechnung in zweiter Ordnung berechnen.

Hinweise: 1) Arbeite mit den Leiteroperatoren in Gl. (6.2–4) und (6.2–5a).

2) Exakt bekannte Ergebnisse werden häufig mit Ergebnissen der Störungsrechnung verglichen, um die Störungstheorie besser einschätzen zu können und um Übung und Erfahrungen zu sammeln.

14–7 Mittel Einfluss endlicher Kernausdehnung auf Energieniveaus des Wasserstoffatoms

Wir betrachten zuerst in der klassischen Elektrodynamik eine homogen geladene Kugel mit Ladung Q und Radius R_0. Der Mittelpunkt der Kugel ruht im Koordinatenursprung.

Berechne **a)** das elektrische Feld   **b)** das Potential – jedes Mal innerhalb und außerhalb der Kugel.

c) Wir kommen nun zur Quantenmechanik und nehmen an, dass der Kern des Wasserstoffatoms (Proton) eine homogen geladene Kugel mit Radius $R_0 \approx 0{,}88\cdot10^{-15}$ m und mit Gesamtladung $Q=e_0$ ist. Die endliche Kernausdehnung beeinflusst in erster Linie Elektronenzustände mit $l=0$, da sie die größte Aufenthaltswahrscheinlichkeit im winzigen Kern haben; Elektronenzustände mit $l>0$ haben wegen des Zentrifugalpotentials in Gl. (10.1–11) wesentlich kleinere Aufenthaltswahrscheinlichkeiten im Kern.

Berechne in erster Näherung die durch die endliche Kernausdehnung verursachte Energiekorrektur des Grundzustandes. Mit diesem sog. **Volumeneffekt** lässt sich die innere Struktur der Atomkerne untersuchen.

Hinweise: **1)** Der Protonenradius R_0 lässt sich auf zwei Arten messen:
- Die Aufenthaltswahrscheinlichkeit des Elektrons im Proton beeinflusst die Energieniveaus des Wasserstoffatoms geringfügig. Mit der Absorption von Laserstrahlung kann die Energiedifferenz zwischen dem $2\,{}^2\mathrm{S}_{1/2}$– und dem $2\,{}^2\mathrm{P}_{1/2}$–Niveau sehr genau gemessen werden (siehe die spektroskopische Notation in Gl. (17.2–1)). Damit lässt sich R_0 bestimmen.
- Protonen werden mit hochenergetischen Elektronen beschossen. Die Bahnablenkung lässt auf den Radius R_0 schließen.

2) Nach aktuellen Messungen mit Elektronen beträgt der Protonenradius $R_0 \approx (0{,}88\pm0{,}01)\cdot10^{-15}$ m.

14–8 Mittel Quantenperle auf einem Ring

Nach den Gln. (3/4) in der Lösung der Aufgabe „8–12 Freie Quantenperle auf einem Ring" hat eine wechselwirkungsfreie „Quantenperle", die sich frei auf einem Ring mit dem Umfang L bewegt – daher $0 \leq x \leq L$ – die Energieniveaus und Wellenfunktionen

$$E_n = \frac{2\pi^2\hbar^2}{mL^2}\, n^2 \qquad \psi_n(x) = \frac{1}{\sqrt{L}}\, \mathrm{e}^{\pm i\, 2\pi\, n\, x/L} \qquad n = 0, +1, +2, \dots$$

Berechne die erste Korrektur $E_n^{(1)}$ der Energien für den kleinen Störoperator

$$\hat{H}^{(1)} = V_0\, \exp\!\left[-(x-L/2)^2/a^2\right] \quad \text{mit} \quad a \ll L$$

14–9 Mittel Wasserstoffatom mit Störterm

Im Wasserstoffatom kommt zum Coulombpotential das Störpotential

$$\hat{H}^{(1)} = \frac{\hbar^2}{2m_\mathrm{e}\, r^2}\, \gamma \quad \text{mit} \quad \gamma \ll 1$$

hinzu. Berechne die Energieniveaus in erster Näherung mit der Störungstheorie.

14–10 Mittel Störung nicht entarteter Niveaus bei Entartung der anderen Niveaus

Wie sind die Rechnungen in Abschn. 14.2 zu ändern, wenn die Energien $E_k^{(0)}$ der anderen Niveaus ($k \neq n$) entartet sind?

15 Variationsprinzip

Dieses Kapitel ist das kürzeste und einfachste Kapitel des ganzen Buches. Die einfache Erklärung und der Beweis des Variationsprinzips sind zusammen nur etwa eine Seite lang. Mit dem Variationsprinzip werden wir die Grundzustandsenergie der Wasserstoffmoleküle berechnen und einen Einblick gewinnen in die Bedeutung des Pauli-Prinzips für Atombau und Molekülbildung.

15.1 *Das Variationsprinzip*: Mit dem einfach anwendbaren Variationsprinzip lässt sich eine obere Schranke für die Energie des Grundzustandes berechnen. Diese Schranke liegt umso näher bei der exakten Energie des Grundzustandes, je mehr eine mit Erfahrung und Intuition erratene Testfunktion der tatsächlichen Funktion des Grundzustandes ähnelt.

Die Kunst besteht darin, eine $\underline{\text{T}}$estfunktion $|\psi_T(\alpha_1,\alpha_2,\alpha_3,...)\rangle$ zu finden, die möglichst gut mit der Grundzustandsfunktion übereinstimmt, so dass der Erwartungswert $\langle\psi_T|\hat{H}|\psi_T\rangle$ für geeignete Variationsparameter α_k möglichst klein ist.

15.1 Das Variationsprinzip

Mit dem **Ritzschen Variationsprinzip** lässt sich eine *obere Schranke der exakten Energie E_0 des Grundzustandes* berechnen. Mehr als diese Schranke liefert das Variationsprinzip i. Allg. nicht. Das Variationsprinzip hat also in der Regel nur diese einzige Anwendung. Auch weiß man nicht, wie stark die berechnete obere Schranke von E_0 abweicht. Trotz dieser ziemlich mickrigen Einsatzmöglichkeiten wird das Variationsprinzip in nahezu allen Vorlesungen und Büchern der Quantenmechanik behandelt. Es ist verständlich und einfach anwendbar. Zudem liefert es häufig schnelle und überraschend gute Resultate:

- In Beispiel 15.1–1 wird die Grundzustandsenergie eines Teilchens in einem linearen Potentialtrichter $V(x)\sim|x|$ nur knapp 1% zu hoch abgeschätzt.

- Die in Aufgabe 17–4 berechnete Energie des Grundzustandes von He ist nur 2% zu hoch.

- Eine obere Schranke der Grundzustandsenergie kann entscheiden, ob ein Molekül stabil ist oder nicht. In Abschn. 18.1 schätzt die Variationsrechnung die Grundzustandsenergie des ionisierten Wasserstoffmoleküls H_2^+ mit höchstens $-15,36\,\text{eV}$ ab, so dass die Bindungsenergie mindestens $(15,36-13,6)\,\text{eV} = 1,76\,\text{eV}$ beträgt. Somit sind H_2^+-Molekül-Ionen stabil – eine Aussage, die nicht trivial ist.

- Das Variationsprinzip hebt die *physikalische Ursache der kovalenten Bindung von Molekülen deutlich hervor* (siehe Abschn. „18.2 Das Wasserstoffmolekül").

Das Variationsprinzip beruht auf folgender Aussage: *Der Erwartungswert des Hamiltonoperators ist für alle normierten Funktionen $|\psi\rangle$ größer oder zumindest gleich der exakten Energie E_0 des Grundzustandes:*

Quantenmechanik: Lehr- und Arbeitsbuch, 2. Auflage. Friedhelm Kuypers.
© 2026 Wiley-VCH GmbH. Published 2026 by Wiley-VCH GmbH.

$$\langle \psi \mid \hat{H} \mid \psi \rangle \geq E_0 \qquad \text{für } \textit{alle} \text{ normierten Funktionen } \mid\psi\rangle \qquad (15.1\text{--}1)$$

Beweis: Der Einfachheit halber beweisen wir die Aussage nur für den Fall, dass die exakten, nicht bekannten Energien diskret und nicht entartet sind mit $E_m < E_n$ für $m < n$. Dann können *alle* Wellenfunktionen $\mid\psi\rangle$ als Linearkombinationen der *unbekannten, exakten*, orthonormierten Eigenfunktionen $\mid\psi_n\rangle$ des Hamiltonoperators dargestellt werden, wobei $\mid\psi_0\rangle$ der (unbekannte) exakte Grundzustand ist:

$$\mid\psi\rangle = \sum_{n=0} c_n \mid\psi_n\rangle \qquad (15.1\text{--}2)$$

$$\text{mit} \quad 1 = \langle\psi\mid\psi\rangle = \sum_{k,n=0} c_k^* c_n \underbrace{\langle\psi_k\mid\psi_n\rangle}_{=\,\delta_{kn}} = \sum_{n=0} \mid c_n\mid^2 \qquad (15.1\text{--}3)$$

$$\Rightarrow \quad \langle\psi\mid\hat{H}\mid\psi\rangle = \sum_{k,n=0} c_k^* c_n \langle\psi_k\mid\hat{H}\mid\psi_n\rangle = \sum_{n=0} E_n \mid c_n\mid^2 \underset{\underset{E_n \geq E_0}{\uparrow}}{\geq}$$

$$\geq E_0 \sum_{n=0} \mid c_n\mid^2 = E_0$$

Bemerkungen: Die exakten Eigenfunktionen $\mid\psi_n\rangle$ sind *unbekannt*; andernfalls würden wir das Variationsprinzip nicht brauchen. In Aufgabe 15–5 wird der Beweis für *entartete*, diskrete Energien erbracht.
Wenn der Hamiltonoperator nur ein (bzw. zusätzlich ein) kontinuierliches Spektrum hat, dann müssen die Summen in den Gln. (15.1–2/3) durch Integrale ersetzt (bzw. ergänzt) werden.   ∎

Offensichtlich erhalten wir genau dann die exakte Energie E_0 des Grundzustandes, wenn $\mid\psi\rangle$ der exakte Grundzustand ist, wenn also $\mid\psi\rangle = \mid\psi_0\rangle$. Darüber hinaus zeigt der Beweis: *Die obere Schranke $\langle\psi\mid\hat{H}\mid\psi\rangle$ liegt umso näher bei der gesuchten Energie E_0, je besser die Funktion $\mid\psi\rangle$ mit der exakten Funktion des Grundzustandes übereinstimmt.*

Wir müssen uns aber eingestehen, dass wir nie wissen, wie weit unser Schätzwert über der exakten Grundzustandsenergie liegt.

Die Aussage in Gl. (15.1–1) legt folgende Näherungsmethode nahe: Wir wählen eine **Testfunktion** $\mid\psi_T(\alpha_1,\alpha_2,\alpha_3,...)\rangle$, die möglichst gut mit der vermuteten, unbekannten Funktion des Grundzustandes übereinstimmt und von einem oder mehreren Variationsparametern α_k abhängt.[1] Die Parameter werden so gewählt, dass der Erwartungswert

$$\langle\psi_T(\alpha_1,\alpha_2,\alpha_3,...)\mid \hat{H} \mid \psi_T(\alpha_1,\alpha_2,\alpha_3,...)\rangle$$

minimal wird. Das Verschwinden der ersten Ableitungen

$$\frac{\partial}{\partial\alpha_k}\langle\psi_T(\alpha_1,\alpha_2,\alpha_3,...)\mid \hat{H} \mid \psi_T(\alpha_1,\alpha_2,\alpha_3,...)\rangle = 0$$

---

[1] Die Variationsrechnung liefert oft sogar dann gute Ergebnisse für die Grundzustandsenergie, wenn die Testfunktion schlecht gewählt wurde (siehe dazu Aufgabe 15–6). Aber das Ergebnis der Berechnung *anderer* physikalischer Größen, die von der Testfunktion abhängen, ist mit Vorsicht und Skepsis zu betrachten.

ist eine notwendige Bedingung für einen Extremwert.[2] Bei identischen Teilchen sollte die Testfunktion nach Kapitel 16 (anti)symmetrisch unter Teilchenvertauschungen sein.

Beispiel 15.1–1   Energie des Grundzustandes im Potentialtrichter

Ein Elektron befindet sich in einem linearen Potentialtrichter mit

$$V(x) = 1{,}602 \cdot 10^{-9}\,\mathrm{N} \cdot |x|$$

In Aufgabe 6–3c wird die *exakte* Energie des Grundzustandes $E_0 \approx 1{,}59\,\mathrm{eV}$ *mühsam* mit *Airy-Funktionen* berechnet. Abb. 15.1–1 zeigt den Potentialtrichter und die ersten vier in Aufgabe 6–3c ermittelten, *exakten* Eigenfunktionen $\psi_n(x)$ des Hamiltonoperators auf der Höhe der diskreten Energien.

Wir wollen hier mit einem viel *geringeren Aufwand* die Energie des Grundzustandes nach oben abschätzen. Nach Abb. 15.1–1 ähnelt die exakte Airy-Funktion $\psi_0(x)$ des Grundzustandes einer Gauß-Funktion. Wir verwenden die *normierte* Testfunktion

$$\psi_T(\alpha,x) = (2\alpha/\pi)^{1/4}\, e^{-\alpha x^2}$$

Berechne eine obere Schranke für die Energie des Grundzustandes.

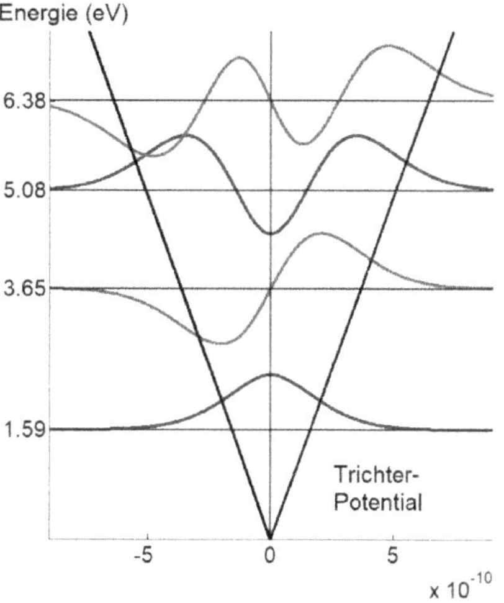

Abb. 15.1–1   Die ersten vier exakten Eigenfunktionen $\psi_n(x)$ der Elektronen im Potentialtrichter. Das elektrische Feld beträgt $\mathcal{E} = 10^{10}\,\mathrm{V/m}$.

Lösung:

Für die Testfunktion lauten die Erwartungswerte der kinetischen und der potentiellen Energie:

$$\langle \psi_T | \hat{T} | \psi_T \rangle = -\frac{\hbar^2}{2m}\left(\frac{2\alpha}{\pi}\right)^{1/2} \int_{-\infty}^{\infty} dx\, e^{-\alpha x^2}\frac{d^2}{d^2 x}\, e^{-\alpha x^2} = \frac{\hbar^2 \alpha}{2m}$$

---

[2] Eine hinreichende Bedingung lautet: Für Funktionen $f(x_1, x_2, \dots x_n)$ gilt: Verschwinden alle n partiellen Ableitungen $\partial f(\hat{P})/\partial x_i = 0$ ($i = 1, \dots n$) in einem Punkt $\hat{P} = (\hat{x}_1, \dots \hat{x}_n)$ und ist die quadratische Form

$$Q(y_1, y_2, \dots y_n) = \sum_{k,l=1}^{n} \frac{\partial^2 f(\hat{P})}{\partial x_k\, \partial x_l}\, y_k y_l$$

positiv (negativ) definit, dann hat die Funktion f im Punkt $\hat{P}$ ein relatives Minimum (Maximum). Die quadratische Form Q ist positiv (negativ) definit, wenn sie für alle $y_1, y_2, \dots y_n \in \mathbb{R}^n \setminus \{0, \dots 0\}$ positiv (negativ) ist.

In der Praxis rechnen Physiker (und Ingenieure) die Form Q – bzw. die zweite Ableitung einer Funktion $f(x)$ – nur sehr selten aus, da ihnen die Erfahrung in der Regel sagt, ob ein Maximum oder Minimum vorliegt. Wir schließen uns aus Bequemlichkeit dieser Tradition an. Die Aussage, dass wir eine obere Grenze für die Energie des Grundzustandes erhalten, bleibt in jedem Fall richtig – unabhängig von den Eigenschaften von Q.

$$\langle \psi_T \mid \hat{V} \mid \psi_T \rangle = 2 \cdot 1{,}602 \cdot 10^{-9}\,\mathrm{N} \cdot \left(\frac{2\alpha}{\pi} \right)^{1/2} \int\limits_0^\infty dx\, x\, e^{-2\alpha x^2} =$$

$$= 2 \cdot 1{,}602 \cdot 10^{-9}\,\mathrm{N} \cdot \left(\frac{2\alpha}{\pi} \right)^{1/2} \frac{1}{4\alpha}$$

$$\Rightarrow \quad \langle \psi_T \mid \hat{H} \mid \psi_T \rangle = \frac{\hbar^2 \alpha}{2m} + 0{,}801 \cdot 10^{-9}\,\mathrm{N} \cdot \left(\frac{2}{\pi} \right)^{1/2} \frac{1}{\sqrt{\alpha}} \tag{15.1-4}$$

Wir leiten nach α ab, setzen die Ableitung gleich null, lösen nach α auf und erhalten

$$\alpha = \left[\frac{m}{\hbar^2} \cdot 0{,}801 \cdot 10^{-9}\,\mathrm{N} \cdot \sqrt{2/\pi} \right]^{2/3} \approx 1{,}40 \cdot 10^{19}\,\frac{1}{\mathrm{m}^2}$$

Wir setzen diesen Wert von α in Gl. (15.1–4) ein und erhalten die obere Schranke

$$\langle \psi_{GZ} \mid \hat{H} \mid \psi_{GZ} \rangle \approx 1{,}60\,\mathrm{eV} \geq E_0$$

Ein Vergleich mit der in Aufgabe 6–3c exakt berechneten Energie $E_0 \approx 1{,}59\,\mathrm{eV}$ zeigt, dass der Wert auffallend gut ist. Das ist nicht überraschend, weil die gewählte Testfunktion große Ähnlichkeit mit der exakten, in Abb. 15.1–1 dargestellten Airy-Funktion $\psi_0(x)$ des Grundzustandes hat.

Beispiel 15.1–2 Variationsprinzip für den ersten angeregten Zustand

a) Wir können auch eine obere Schranke für die Energie E_1 des ersten *angeregten* Zustandes berechnen, falls wir (in seltenen Fällen) eine Testfunktion $\mid \psi_T \rangle$ kennen, die orthogonal zum *exakten* (aber i. Allg. unbekannten) Grundzustand $\mid \psi_0 \rangle$ ist:

$$\langle \psi_T \mid \psi_0 \rangle = 0 \tag{15.1-5}$$

Für diese Testfunktionen ist der Erwartungswert der Energie nicht kleiner als die exakte (unbekannte) Energie des ersten angeregten Zustandes:

$$\langle \psi_T \mid \hat{H} \mid \psi_T \rangle \geq E_1 \qquad \text{für alle Testfunktionen mit } \langle \psi_T \mid \psi_0 \rangle = 0 \tag{15.1-6}$$

Beweise Gl. (15.1–6).

Hinweis: Der *exakte* Grundzustand ist in aller Regel bei der Anwendung des Variationsprinzips nicht bekannt, so dass die Orthogonalität in Gl. (15.1–5) nur selten nachweisbar ist. Zum Glück gibt es wichtige Ausnahmen: Nach Abschn. 5.6 ist die Wellenfunktion $\mid \psi_0 \rangle$ eindimensionaler Systeme mit symmetrischen Potentialen $V(x) = V(-x)$, die keine unendlichen Sprünge haben, gerade. In diesen Fällen steht jede ungerade Testfunktion senkrecht auf dem exakten, aber unbekannten Grundzustand $\mid \psi_0 \rangle$ und die Voraussetzung in Gl. (15.1–5) ist gegeben.

b) Berechne mit der ungeraden, normierten Testfunktion

$$\psi_T(\alpha, x) = \left(\frac{32\,\alpha^3}{\pi} \right)^{1/4} x\, e^{-\alpha x^2} \tag{15.1-7}$$

eine obere Schranke für die Energie E_1 des ersten angeregten Zustandes des harmonischen Oszillators. Diese ungerade Testfunktion steht senkrecht auf dem geraden Grundzustand.

Lösung:

a) *Alle* Testfunktionen $|\psi_T\rangle$ können als Linearkombinationen der orthonormierten *exakten,* aber nicht bekannten Eigenfunktionen $|\psi_n\rangle$ des Hamiltonoperators dargestellt werden:

$$|\psi_T\rangle = \sum_{n=0}^{\infty} c_n |\psi_n\rangle \qquad (15.1\text{-}2)$$

Die verwendete Testfunktion soll nach Gl. (15.1–5) orthogonal zum *exakten* Grundzustand $|\psi_0\rangle$ sein. Daher ist $c_0 = 0$ und die Reihe beginnt erst bei $n = 1$:

$$|\psi_T\rangle = \sum_{n=1}^{\infty} c_n |\psi_n\rangle \qquad \text{mit} \qquad \langle \psi_T | \psi_T \rangle = \sum_{n=1}^{\infty} |c_n|^2 = 1 \qquad (15.1\text{-}8)$$

$$\Rightarrow \quad \langle \psi_T | \hat{H} | \psi_T \rangle = \sum_{k,n=1}^{\infty} c_k^* c_n \langle \psi_k | \hat{H} | \psi_n \rangle = \sum_{n=1}^{\infty} E_n |c_n|^2 \underset{E_n \geq E_1}{\geq} E_1$$

Hinweis: Im Prinzip kann das Variationsprinzip auch auf höhere angeregte Zustände erweitert werden, falls man immer neue Orthogonalitätsbedingungen angeben kann.

b) Die Erwartungswerte der kinetischen und der potentiellen Energien lauten:

$$\langle \psi_T | \hat{T} | \psi_T \rangle = \left(\frac{32\,\alpha^3}{\pi} \right)^{1/2} \int_{-\infty}^{\infty} dx \; x\, \mathrm{e}^{-\alpha x^2} \left(-\frac{\hbar^2}{2m} \frac{d^2}{d^2 x} \right) \left[x\, \mathrm{e}^{-\alpha x^2} \right] =$$

$$= -\frac{\hbar^2}{m} \left(\frac{8\,\alpha^3}{\pi} \right)^{1/2} \int_{-\infty}^{\infty} dx \; x \left(4\,\alpha^2 x^3 - 6\,\alpha\, x \right) \mathrm{e}^{-2\alpha x^2} = \frac{3\hbar^2 \alpha}{2m}$$

$$\langle \psi_T | \hat{V} | \psi_T \rangle = \frac{D}{2} \left(\frac{32\,\alpha^3}{\pi} \right)^{1/2} \int_{-\infty}^{\infty} dx \; x^4 \, \mathrm{e}^{-2\alpha x^2} = \frac{3D}{8\alpha}$$

$$\Rightarrow \quad \langle \psi_T | \hat{H} | \psi_T \rangle = \frac{3\hbar^2 \alpha}{2m} + \frac{3D}{8\alpha}$$

Der Testparameter α ist so zu bestimmen, dass $\langle \hat{H} \rangle$ minimal ist. Daher leiten wir $\langle \hat{H} \rangle$ nach α ab, setzen die Ableitung gleich null und erhalten

$$\alpha = \frac{m\omega}{2\hbar} \quad \Rightarrow \quad \langle \hat{H} \rangle = \frac{3}{2}\,\hbar\,\omega \geq E_1$$

$3\hbar\omega/2$ ist die exakte Energie des ersten angeregten Zustandes, weil die Testfunktion (15.1–7) mit der exakten Funktion (6.1–18b) übereinstimmt.

Es gibt noch einen weiteren Vorteil der Variationsrechnung: Wenn die Testfunktion

$$\psi_T(\alpha_1, \alpha_2, ..., x) = \sum_{n=0} \alpha_n\, \varphi_n(x)$$

nach irgendeiner vollständigen orthonormierten Basis $\{|\varphi_n\rangle\}$ des Hilbertraumes entwickelt wird, so liefert die Variation der Entwicklungskoeffizienten α_n im Erwartungswert

$$\langle \psi_T | \hat{H} | \psi_T \rangle = \sum_{n,m=0} \alpha_n^* \alpha_m \langle \varphi_n | \hat{H} | \varphi_m \rangle$$

die Energie und damit auch die Wellenfunktion des Grundzustandes. *Diese Variationsmethode kann zur numerischen Lösung der Schrödinger-Gl. eingesetzt werden.*

15.2 Leitgedanken

15.1 Das Variationsprinzip

Das Ritzsche Variationsprinzip kann im Wesentlichen nur *eine obere Schranke der exakten Energie E_0 des Grundzustandes* berechnen. Es gilt: *Der Erwartungswert des Hamiltonoperators ist für alle normierten Funktionen $|\psi\rangle$ größer oder zumindest gleich der exakten Energie des Grundzustandes:*

$$\langle \psi | \hat{H} | \psi \rangle \geq E_0 \qquad \text{für } \textit{alle} \text{ normierten Funktionen } |\psi\rangle \qquad (15.1\text{-}1)$$

Der **Beweis** ist für diskrete und nicht entartete Energien kurz. *Sämtliche* Funktionen $|\psi\rangle$ des Hilbertraumes können als Linearkombinationen der (unbekannten) *exakten* Eigenfunktionen $|\psi_n\rangle$ des Hamiltonoperators dargestellt werden, wobei $|\psi_0\rangle$ der exakte, unbekannte Grundzustand ist. Daher gilt:

$$\langle \psi | \hat{H} | \psi \rangle = \sum_{k,n=0} c_k^* c_n \langle \psi_k | \hat{H} | \psi_n \rangle = \sum_{n=0} E_n |c_n|^2 \underset{E_n \geq E_0}{\geq} E_0 \qquad \blacksquare$$

Der Beweis zeigt, dass *die obere Schranke umso näher bei der exakten Energie des* Grundzustandes *liegt,* je *besser die Funktion $|\psi\rangle$ mit der exakten Funktion des Grundzustandes übereinstimmt.*

Wir wissen aber nicht, wie weit unser Schätzwert über der exakten Grundzustandsenergie liegt.

Beim Variationsverfahren wird eine **Testfunktion** $|\psi_T(\alpha_1, \alpha_2, \alpha_3, ...)\rangle$ gewählt, die möglichst gut mit der vermuteten, unbekannten Grundfunktion übereinstimmt und von einem oder mehreren Variationsparametern α_k abhängt. Die Variationsparameter werden so gewählt, dass der Erwartungswert

$$\langle \psi_T(\alpha_1, \alpha_2, ...) | \hat{H} | \psi_T(\alpha_1, \alpha_2, ...) \rangle$$

minimal wird. Eine notwendige Bedingung ist das Verschwinden der ersten Ableitungen:

$$\frac{\partial}{\partial \alpha_k} \langle \psi_T(\alpha_1, \alpha_2, ...) | \hat{H} | \psi_T(\alpha_1, \alpha_2, ...) \rangle = 0$$

15.3 Aufgaben

15-1 Leicht Grundzustand des Wasserstoffatoms

Schätze die Energie des Grundzustandes von Wasserstoff ab. Verwende die normierten Testfunktionen

a) $\psi_T(\alpha, r) = c\, e^{-\alpha r/a_B}$ Hinweis: $\displaystyle\int_0^\infty dr\, r^n\, e^{-r/a} = n!\, a^{n+1}$

b) $\psi_T(\alpha, r) = \left(\dfrac{2\alpha}{\pi}\right)^{3/4} e^{-\alpha r^2}$

15–2 Leicht   Unendlich tiefer Potentialtopf   Abb. 15.3–1

a) Schätze mit der normierten Testfunktion

$$\psi_T(x) = \sqrt{30/L^5}\; x\,(L-x) \tag{15.3–1}$$

die Energie des Grundzustandes im unendlich tiefen Potential

$$V(x) = \begin{cases} 0 & \text{für } 0<x<L \\ \infty & \text{sonst} \end{cases} \tag{5.1–2}$$

Hinweis: Die Testfunktion enthält kein α, so dass die Ableitung nach α entfällt.

b) Schätze mit der normierten Testfunktion

$$\psi_T(x,\alpha) = \sqrt{\frac{(1+1/\alpha)\,(2+1/\alpha)}{4L^{2\alpha+1}}}\;\left(L^\alpha - |x|^\alpha\right) \tag{15.3–2}$$

die Energie des Grundzustandes im unendlich tiefen, doppelt so breiten, symmetrischen Potential

$$V(x) = \begin{cases} 0 & \text{für } 0<|x|<L \\ \infty & \text{sonst} \end{cases}$$

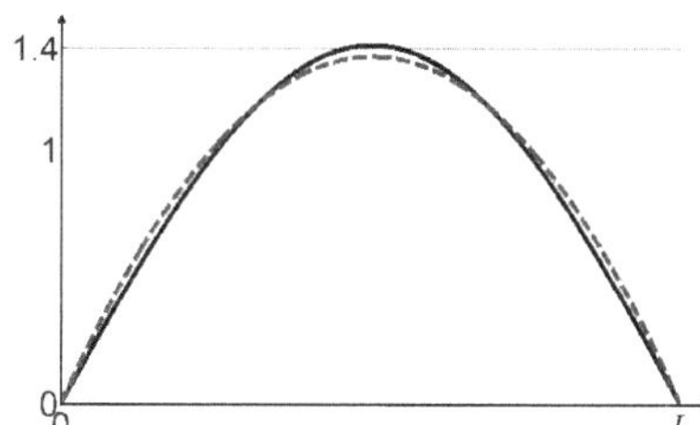

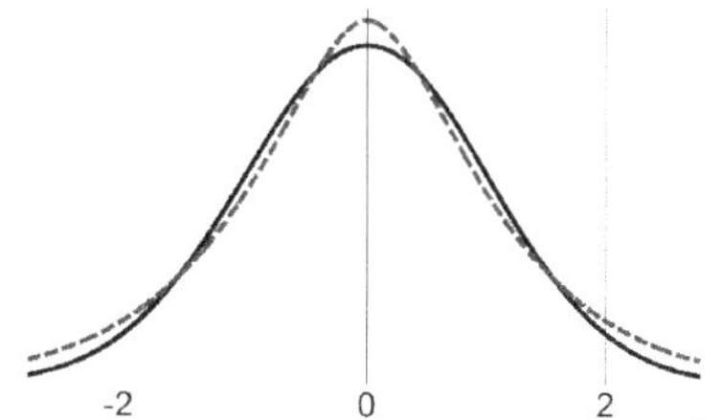

Abb. 15.3–1 Die (gestrichelte) Testfunktion (15.3–1) und die (durchgezogene) exakte Lösung in Gl. (5.1–6) stimmen nahezu überein.

Abb. 15.3–2 Die (gestrichelte) Testfunktion und die (durchgezogene) exakte Grundzustandsfunktion sind ähnlich.

15–3 Leicht   Grundzustand des harmonischen Oszillators   Abb. 15.3–2

Berechne mit den normierten, *differenzierbaren* Testfunktionen

a) $\psi_T(\alpha,x) = \sqrt{\dfrac{2\alpha}{5}}\,\left(1+\alpha\,|x|\,\right)\mathrm{e}^{-\alpha|x|}$ **b)** $\psi_T(\alpha,x) = \dfrac{4}{\sqrt{5\pi}}\,\alpha^{7/4}\,\dfrac{1}{(x^2+\alpha)^2}$ $\alpha>0$

eine obere Schranke für die Energie des Grundzustandes des harmonischen Oszillators.

15–4 Leicht   Harmonischer Oszillator mit fester Wand   Abb. 15.3–3

In Aufgabe 6–1 wurden die Energien für ein Teilchen im Potential

$$V(x) = \begin{cases} \dfrac{m}{2}\,\omega^2 x^2 & \text{für } x>0 \\ \infty & \text{für } x\leq 0 \end{cases}$$

mit einer kurzen Überlegung *exakt* ermittelt. Schätze nun die Energie des Grundzustandes ab mit der normierten Testfunktion

$$\psi_T(\alpha,x) = \frac{2}{\alpha^{3/2}} \begin{cases} x\,e^{-x/\alpha} & \text{für } x>0 \\ 0 & \text{für } x\leq 0 \end{cases}$$

Diese Testfunktion erfüllt die Randbedingung $\psi_T(\alpha,0)=0$.

15–5 Mittel Beweis der Gl. 15.1–1 für entartete Energien

Beweise Gl. 15.1–1 für diskrete, *entartete* Energien.

15–6 Mittel Vergleich der Abweichungen in der Testfunktion und in der Energie

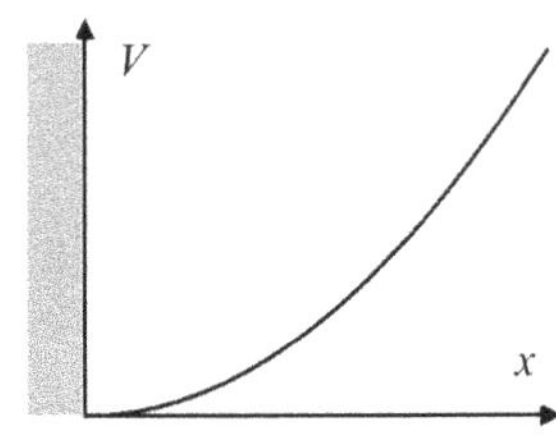

Abb. 15.3–3 Oszillator mit fester Wand.

Sei $|\psi_0\rangle$ der exakte, aber unbekannte Grundzustand eines Systems mit der exakten, aber unbekannten Energie E_0. Zeige, dass kleine „Abweichungen" der Testfunktion

$$|\psi_T(\lambda)\rangle = |\psi_0\rangle + \lambda|\varphi\rangle \qquad \text{mit} \qquad \lambda \ll 1$$

nur einen Fehler zweiter Ordnung ($\mathcal{O}(\lambda^2)$) in der abgeschätzten Energie des Grundzustandes zur Folge haben. Daher liegt die berechnete, obere Schranke oft viel näher bei E_0 als es die Testfunktion vermuten lässt.

Hinweise: **1)** Wegen der Normierung von $|\psi_0\rangle$ ist die Testfunktion $|\psi_T(\lambda)\rangle$ nicht auf eins normiert.

2) Da $|\varphi\rangle$ beliebig ist, kann λ ohne Beschränkung der Allgemeinheit reell gewählt werden.

16 Identische Teilchen

Dieses mittelschwere Kapitel ist sehr wichtig. Systeme mit identischen Teilchen haben verwunderliche und in der klassischen Physik völlig unbekannte Eigenschaften, die von immenser Bedeutung sind. Die Antisymmetrie fermionischer Wellenfunktionen unter Teilchenvertauschungen und das daraus folgende Pauli-Verbot haben einen entscheidenden Einfluss auf den Aufbau der Materie. Ohne Antisymmetrie der Wellenfunktion gäbe es kein Periodensystem der Elemente und keine Elektronenpaarbindung in Molekülen.

16.1 *Unterscheidbare Teilchen*: Unterscheidbare, nicht miteinander wechselwirkende Teilchen lassen sich durch Produkte von Einteilchen-Zuständen beschreiben. Dabei ist jedem Teilchen eindeutig ein Satz α_k von Quantenzahlen zugeordnet. Die Produktfunktionen bilden eine orthonormierte Basis im N-Teilchen-Hilbertraum.

16.2 *Identische Teilchen*: Identische Teilchen sind in der Quantenmechanik ununterscheidbar. Operatoren und Wahrscheinlichkeitsdichten ändern sich beim Austausch identischer Teilchen nicht. Die identischen Teilchen eines Systems haben an allen beteiligten Quantensätzen den gleichen Anteil („Perfekter Kommunismus").

Die Vertauschungsoperatoren $\hat{P}_{mn}$ vertauschen das m-te und das n-te Teilchen und haben wegen $\hat{P}_{mn}^2 = \hat{1}$ die Eigenwerte $\lambda = \pm 1$. Die Zustandsfunktionen identischer Teilchen sind unter der Vertauschung des m-ten und des n-ten Teilchens entweder für alle Nrn. m,n symmetrisch ($\lambda = 1$) oder für alle Nrn. m,n antisymmetrisch ($\lambda = -1$).

Laut Postulat sind die Zustandsfunktionen von Fermionen (Bosonen) antisymmetrisch (symmetrisch) unter Teilchenvertauschungen. Daraus folgt das wichtige Pauli-Verbot: Zwei identische Fermionen können nicht denselben Zustand besetzen.

16.3 *Symmetrisierung und Antisymmetrisierung*: Da die Produktfunktionen eine Basis im N-Teilchen-Hilbertraum bilden, lassen sich alle N-Teilchen-Zustände als Überlagerungen von Produktfunktionen schreiben. Sie werden mit Permutationsoperatoren $\hat{P}$ (anti)symmetrisiert. In der (anti)symmetrischen Wellenfunktion

$$\psi_{kl}^{\pm}(x_1, x_2) = \frac{1}{\sqrt{2}} \left[\psi_k(x_1)\psi_l(x_2) \pm \psi_l(x_1)\psi_k(x_2) \right] \qquad k \neq l$$

von zwei identischen Teilchen besetzt jedes Teilchen sowohl den Zustand $\psi_k(x)$ als auch den Zustand $\psi_l(x)$. Deshalb treten häufig Austauschintegrale wie etwa

$$\int x\,\psi_k(x)\,\psi_l(x)\,dx \qquad \text{mit} \qquad k \neq l$$

auf. Austauschintegrale enthalten zwei *verschiedene* Funktionen $\psi_k(x)$ und $\psi_l(x)$. Sie kommen in der klassischen Physik nicht vor und können daher nicht veranschaulicht werden. Rein quantenmechanische, klassisch nicht verständliche Effekte wie z. B. die Atombindung (kovalente Bindung) in Molekülen sind auf Austauschintegrale und damit letztlich auf die Antisymmetrie der Wellenfunktion unter Elektronenvertauschungen zurückzuführen.

Quantenmechanik: Lehr- und Arbeitsbuch, 2. Auflage. Friedhelm Kuypers.
© 2026 Wiley-VCH GmbH. Published 2026 by Wiley-VCH GmbH.

16.1 Unterscheidbare Teilchen

Die einfachsten N-Teilchensysteme bestehen aus N unterscheidbaren Teilchen, die *nicht miteinander wechselwirken*. Wegen fehlender gegenseitiger Wechselwirkungen ist der Hamiltonoperator die Summe von N Einteilchen-Hamiltonoperatoren und lautet:

$$\hat{H}(\hat{\mathbf{R}}_1,\hat{\mathbf{P}}_1;....\hat{\mathbf{R}}_N,\hat{\mathbf{P}}_N) = \sum_{n=1}^{N} \hat{H}_n(\hat{\mathbf{R}}_n,\hat{\mathbf{P}}_n) \qquad \text{(Ohne Spin)} \qquad (16.1\text{-}1)$$

Im Folgenden kürzen wir die *Eigenwerte eines vollständigen Satzes kommutierender Operatoren* (vSkO) mit α ab. α ist also ein Satz von Eigenwerten oder Quantenzahlen, die eine Einteilchen-Wellenfunktion eindeutig festlegen. Beim Wasserstoffatom steht α für die Quantenzahlen $\alpha = n,l,m$. Beim harmonischen Oszillator steht α für die Quantenzahl n.

Die Schrödinger-Gl. von nicht miteinander wechselwirkenden Teilchen

$$\sum_{n=1}^{N} \left[-\frac{\hbar^2}{2m_n}\Delta_n + V_n(\hat{\mathbf{R}}_n) \right] \psi(\mathbf{r}_1,\alpha_1;....\mathbf{r}_N,\alpha_N) = E\,\psi(\mathbf{r}_1,\alpha_1;....\mathbf{r}_N,\alpha_N)$$

wird durch den **Produktansatz** – er ist ein **Tensorprodukt** oder direktes Produkt –

$$\psi(\mathbf{r}_1,\alpha_1;....\mathbf{r}_N,\alpha_N) = \prod_{n=1}^{N} \psi(\mathbf{r}_n,\alpha_n) \qquad (16.1\text{-}2)$$

in *N Einteilchen-Schrödinger-Gln.* überführt

$$\left[-\frac{\hbar^2}{2m_n}\Delta_n + V_n(\mathbf{r}_n) \right] \psi(\mathbf{r}_n,\alpha_n) = E_n\,\psi(\mathbf{r}_n,\alpha_n) \qquad n = 1,2,...N \qquad (16.1\text{-}3)$$

mit $\quad \sum_{n=1}^{N} E_n = E \qquad\qquad\qquad\qquad\qquad\qquad\qquad\qquad\qquad\qquad (16.1\text{-}4)$

Der Produktansatz (16.1–2) berücksichtigt, dass die Lösung der n-ten Einteilchen-Schrödinger-Gl. eindeutig durch die Menge $\{\alpha_n\}$ der Eigenwerte eines vSkO festgelegt wird.[1]

Die Produktfunktionen (16.1–2) sind aus Einteilchen-Zuständen zusammengesetzt und bilden eine **orthonormierte Basis im Produktraum** $\mathcal{H}_N = \mathcal{H}^{(1)} \otimes ... \otimes \mathcal{H}^{(N)}$ – auch **Tensorraum** genannt – des N-Teilchensystems. Daher können *alle* N-Teilchen-Zustandsfunktionen als Überlagerungen der Produktfunktionen

$$\psi(\mathbf{r}_1,\mathbf{r}_2....\mathbf{r}_N) = \sum_{\alpha_1....\alpha_N} c_{\alpha_1...\alpha_N} \prod_{n=1}^{N} \psi(\mathbf{r}_n,\alpha_n) \qquad c_{\alpha_1...\alpha_N} \in \mathbb{C} \qquad (16.1\text{-}5)$$

---

[1] Oft wird das Formelzeichen α_n als Index direkt hinter ψ gesetzt: $\psi(\mathbf{r}_n,\alpha_n) = \psi_{\alpha_n}(\mathbf{r}_n)$. Beispiele sind die Wellenfunktionen $\psi_{nlm}(r,\vartheta,\varphi)$ des Wasserstoffatoms und die Wellenfunktionen $\psi_n(x)$ des harmonischen Oszillators.

Nur zur Klarstellung: $\psi(\mathbf{r},\alpha_1)$ und $\psi(\mathbf{r},\alpha_2)$ sind für $\alpha_1 \neq \alpha_2$ verschiedene Funktionen – so wie $\psi_0(x)$ und $\psi_1(x)$ beim harmonischen Oszillator verschiedene Funktionen sind.

dargestellt werden – *auch für identische, wechselwirkende Teilchen.*[2]

Bei wechselwirkenden Teilchen ist der Hamiltonoperator keine Summe von Einteilchen-Hamiltonoperatoren. Hier ist die Wellenfunktion keine Produktfunktion, kann aber als Überlagerung (16.1–5) von Produktfunktionen geschrieben werden.

16.2 Identische Teilchen

In der Quantenmechanik werden zwei Teilchen „identisch" genannt, wenn sie in allen *unveränderlichen*, nicht dynamischen Eigenschaften wie Masse, Ladung, Spin, magnetisches Moment, ... gleich sind. In der klassischen Mechanik lassen sich identische Teilchen unterscheiden, indem man sie nummeriert oder farblich markiert oder auf ihren Bahnen verfolgt. Das ist in der Welt der Quanten nicht möglich. Elektronen lassen sich nicht markieren und sie können bei Überschneidung ihrer Aufenthaltsdichten nicht verfolgt werden (siehe Abb. 16.2–1). Daher stellen wir ein **zehntes Postulat** auf:[3]

---

[2] Die Produktzustände bilden also eine Basis des Hilbertraumes $\mathcal{H}_N$. Natürlich gibt es *andere Basisvektoren des* Hilbertraumes $\mathcal{H}_N$, *die keine Produktfunktionen sind.* Ich nenne zwei bekannte Beispiele:

- Bei der Addition von zwei Drehimpulsen wird oft nicht mit den Produktzuständen $|j_1,m_1\rangle\,|j_2,m_2\rangle$ gearbeitet; stattdessen verwendet man häufig die Eigenfunktionen $|j,m,j_1,j_2\rangle$ als Basiszustände (siehe Kap. 13). Dabei ist $\hat{\mathbf{J}} = \hat{\mathbf{J}}_{(1)} + \hat{\mathbf{J}}_{(2)}$ der Gesamt-Drehimpulsoperator.
- Zweiteilchen-Systeme mit $V = V(|\mathbf{r}_1 - \mathbf{r}_2|)$ lassen sich (wie in der klassischen Mechanik) auf die Schwerpunktkoordinate $\mathbf{R}$ und auf die Relativkoordinate $\mathbf{r} = \mathbf{r}_1 - \mathbf{r}_2$ transformieren (siehe [Nolting-2], Abschn. 6.2.5).

[3] Ich greife hier ein wenig vor und mache einige Anmerkungen, die erst später in Beispiel 16.3–4 bewiesen werden: Es gibt zwei Sonderfälle, in denen das Postulat bedeutungslos ist, weil identische Teilchen in diesen zwei Fällen trotz ihrer Ununterscheidbarkeit wie verschiedene Teilchen behandelt werden dürfen. Sie können dann auseinandergehalten und auf ihren Bahnen verfolgt werden. Die zwei Sonderfälle sind:

- Zwei identische Teilchen 1 und 2, die anfangs weit voneinander entfernt sind, bleiben *mindestens solange identifizierbar, wie sich ihre Wellenpakete nicht überlappen.* Solange kann man nach einer Messung sagen, ob Teilchen 1 oder Teilchen 2 gemessen wurde.
- Zwei identische Teilchen, deren Zustände Eigenzustände einer Observablen $\hat{A}$ sind mit verschiedenen Eigenwerten $a_n \neq a_k$, können auch während und nach Überlappungen wiedererkannt werden, falls ihre Zustände Eigenzustände von $\hat{A}$ mit den Eigenwerten a_n, a_k bleiben. (Dann bleibt die Orthogonalität der Zustände erhalten.) Ich nenne zwei Beispiele:
  1) Zwei H-Atome in den Zuständen $\psi_{nlm}(r,\vartheta,\varphi)$ und $\psi_{n'l'm'}(r,\vartheta,\varphi)$ mit $l \neq l'$ können jederzeit wiedererkannt werden, wenn sich die Drehimpulsquantenzahlen $l \neq l'$ im Laufe der Zeit nicht ändern und nicht ausgetauscht werden. In diesem Fall identifizieren Messungen von $\hat{\mathbf{L}}^2$ die zwei Atome eindeutig.
  2) Ein Elektron im Spin-up- und ein anderes Elektron im Spin-down-Zustand können eindeutig wiedererkannt werden, wenn sich ihre orthogonalen Spinzustände nicht ändern. Zwei unveränderliche z-Komponenten des Spins spielen gleichsam dieselbe Rolle wie die unveränderlichen Eigenschaften Masse m, Ladung q, Spin s.

Übrigens: Elektrische Wechselwirkungen sind nur in der relativistischen Quantenmechanik spinabhängig.

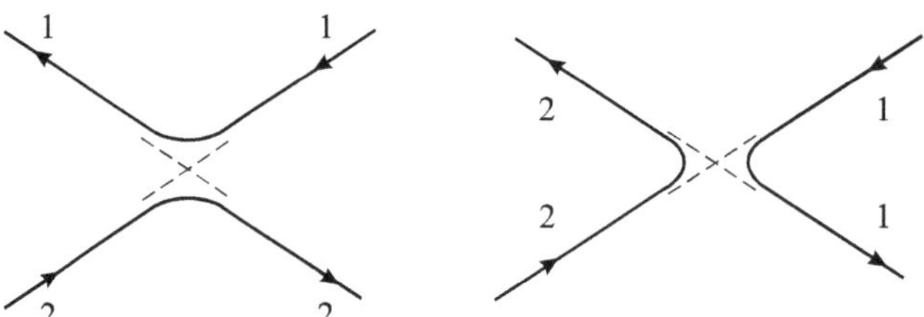

Abb. 16.2–1 Aus didaktischen Gründen werden hier die „Bahnen" von zwei streuenden Elektronen klassisch dargestellt. Quantenmechanisch können die Elektronen auseinandergehalten werden, solange ihre Wellenpakete nicht überlappen. Nach der Überlappung können die Teilchen eindeutig identifiziert werden, wenn sie anfangs orthogonale Spinzustände haben und spinabhängige Wechselwirkungen vernachlässigbar sind.[4] Dann lässt sich nach der Streuung feststellen, ob ein gefundenes Elektron das Elektron 1 oder das Elektron 2 ist.

Richtigstellung: Wie bereits oft erwähnt, gibt es in der Quantenmechanik keine Bahnen. Elektronen werden durch Wellenpakete dargestellt. Nach der Streuung können die Elektronen in Wellenpaketen gefunden werden, deren Mittelpunkte in den Massenschwerpunkten liegen.

Identische Teilchen sind nicht unterscheidbar.

Diese Aussage ist für viele Physiker so selbstverständlich, dass sie die Aussage nicht als Postulat ansehen.

So unscheinbar das zehnte Postulat auch aussieht, so ungeheuer massiv sind seine Auswirkungen. Hier kommt der bekannte Spruch „Kleine Ursache, große Wirkung" voll zur Geltung. *Da es eine Ununterscheidbarkeit in der klassischen Physik nicht gibt, müssen wir mit neuartigen, bisher unbekannten und erstaunlichen Folgen und Phänomenen rechnen.* In der Tat: Wir werden nicht enttäuscht werden. Bemerkenswerte und wichtige Folgen des zehnten Postulates sind u. a. die Atombindung in Molekülen und das Pauli-Prinzip, das das Periodensystem überhaupt erst ermöglicht. Symmetrie und Antisymmetrie (unter Teilchenvertauschungen) der Zustandsfunktionen sorgen dafür, dass sogar wechselwirkungsfreie, identische Teilchen nicht unabhängig voneinander sind (siehe die Beispiele 16.3–2 und 16.3–3 sowie Aufgabe 16–11).

Wegen der Ununterscheidbarkeit identischer Teilchen darf kein Operator und darf keine Wellenfunktion ein einzelnes Teilchen unter mehreren identischen Teilchen herausstellen. *Daher darf sich keine Observable $\hat{A}$ (auch nicht der Hamiltonoperator) sowie keine Wahrscheinlichkeitsdichte beim Austausch identischer Teilchen ändern*; andernfalls wären

---

Das Beispiel 16.3–4 wird zeigen: In diesen zwei Sonderfällen ist die später eingeführte (Anti)Symmetrisierung der Wellenfunktionen überflüssig; sie kann – muss aber nicht – der Einfachheit halber entfallen. Denn in diesen Fällen hat die (Anti)Symmetrie keinen Einfluss auf die Rechnungen und die Ergebnisse.

[4] Die Frage, warum *nicht-orthogonale Wellenfunktionen* die eindeutige Wiedererkennbarkeit identischer Teilchen verhindern, wird in Abschn. „22.2 No-Cloning-Theorem" beantwortet. Dort wird gezeigt: *Messungen können höchstens orthogonale Zustände eindeutig unterscheiden.* Zwei nicht orthogonale Zustände enthalten mindestens einen einzelnen Eigenvektor von $\hat{A}$ *gemeinsam* und können daher bei der Messung von $\hat{A}$ gleiche Messwerte liefern, so dass die beiden Zustände nicht sicher zu unterscheiden sind.

die Teilchen ja unterscheidbar. Demnach gelten für alle m,n (mit $m \neq n$) mit der Abkürzung m für $\hat{\mathbf{R}}_m , \hat{\mathbf{P}}_m , \hat{\mathbf{S}}_m$ die drei Gln.:

$$\hat{A}(1,...m,...n,...N) = \hat{A}(1,...n,...m,...N) \tag{16.2-1a}$$

$$\hat{H}(1,...m,...n,...N) = \hat{H}(1,...n,...m,...N) \tag{16.2-1b}$$

$$|\psi(...\mathbf{r}_m ,\alpha_m ;...\mathbf{r}_n ,\alpha_n ;...)|^2 = |\psi(...\mathbf{r}_n ,\alpha_m ;...\mathbf{r}_m ,\alpha_n ;...)|^2 \tag{16.2-1c}$$

Operatoren, die sich unter Teilchenvertauschungen nicht ändern, werden **symmetrisch** genannt.[5] Da wir nur die Ortsvektoren $\mathbf{r}_k$ und nicht die Quantensätze α_k des k-ten Teilchens in den Wellenfunktionen vertauschen, können wir zukünftig eine Kurzschreibweise ohne Quantensätze verwenden. Kurz geschrieben lautet die Gl. (16.2-1c)

$$|\psi(...\mathbf{r}_m ,...\mathbf{r}_n ,...)|^2 = |\psi(...\mathbf{r}_n ,...\mathbf{r}_m ,...)|^2 \tag{16.2-1c'}$$

Die folgenden Überlegungen lassen sich mit Vertauschungsoperatoren wesentlich vereinfachen. Der **Vertauschungsoperator** $\hat{P}_{mn}$ – auch Transpositionsoperator genannt – vertauscht die zwei Teilchen mit den Nrn. m und n:[6]

$$\hat{P}_{mn} \psi(...\mathbf{r}_m ...\mathbf{r}_n ...) = \psi(...\mathbf{r}_n ...\mathbf{r}_m ...) \tag{16.2-2}$$

Wie vereinbart bleiben die Quantensätze α_m ,α_n bei der Vertauschung der Ortsvektoren stehen.

Aus der Invarianz aller Observablen $\hat{A}$ unter Vertauschungen identischer Teilchen folgt:

Bei identischen Teilchen kommutieren alle Vertauschungsoperatoren mit allen Operatoren $\hat{A}$ – insbesondere auch mit dem Hamiltonoperator $\hat{H}$:

$$\left[\hat{P}_{mn} , \hat{H}(...m,...n,...) \right] = 0 \qquad \forall\, m,n \tag{16.2-3}$$

---

[5] Ein System aus drei identischen Teilchen hat z. B. *symmetrische Operatoren* für den Ort des Schwerpunktes, den Gesamtimpuls und für die Coulombenergie:

$$\hat{\mathbf{R}}_S = \frac{\hat{\mathbf{R}}_1 + \hat{\mathbf{R}}_2 + \hat{\mathbf{R}}_3}{3} \qquad \hat{\mathbf{P}}_{ges} = \hat{\mathbf{P}}_1 + \hat{\mathbf{P}}_2 + \hat{\mathbf{P}}_3 \qquad \hat{V} = \frac{q^2}{4\pi\varepsilon_0}\left(\frac{1}{|\mathbf{R}_1 - \mathbf{R}_2|} + \frac{1}{|\mathbf{R}_1 - \mathbf{R}_3|} + \frac{1}{|\mathbf{R}_2 - \mathbf{R}_3|} \right)$$

In Systemen aus identischen Teilchen kann zwar der Ort eines einzelnen Teilchens gemessen werden; der gemessene Ort kann aber keinem bestimmten Teilchen zugeordnet werden.

Natürlich ist die rechte Wahrscheinlichkeitsdichte in Gl. (16.2-1c) gleich $|\psi(...\mathbf{r}_m ,\alpha_n ;...\mathbf{r}_n ,\alpha_m ;...)|^2$; denn hier wurde nur die Reihenfolge der Quantensätze geändert. Es spielt keine Rolle, ob in einer Wellenfunktion die Ortsvektoren $\mathbf{r}_m$ oder die Quantensätze α_m vertauscht werden. Wichtig ist nur, welcher Quantensatz bei welchem Ortsvektor, also bei welchem Teilchen steht.

[6] Nach Aufgabe 16-3 gilt:

- $\hat{P}_{ik}$ und $\hat{P}_{im}$ ($k \neq m$) mit einem *gleichen* Index – in diesem Fall i – *kommutieren nicht*: $[\hat{P}_{ik}, \hat{P}_{im}] \neq 0$
- Vertauschungsoperatoren sind *hermitesch* und *unitär*: $\hat{P}_{nm} = \hat{P}_{mn} = \hat{P}_{mn}^{\dagger} = \hat{P}_{mn}^{-1}$.

In Abschn. 16.3 wird der Permutationsoperator eingeführt. Er kann auch mehr als zwei Teilchen vertauschen und ist daher eine Verallgemeinerung des Vertauschungsoperators.

Beweis: Im Beweis wird nur Gl. (16.2–1b), also nur die Invarianz des Hamiltonoperators unter der Vertauschung identischer Teilchen vorausgesetzt. Für alle Funktionen $\psi(\dots \mathbf{r}_m, \dots \mathbf{r}_n, \dots)$ gilt:

$$\hat{P}_{mn}\, \hat{H}(\dots m, \dots n, \dots)\, \psi(\dots \mathbf{r}_m, \dots \mathbf{r}_n, \dots) =$$

$$= \hat{H}(\dots n, \dots m, \dots)\, \psi(\dots \mathbf{r}_n, \dots \mathbf{r}_m, \dots) =$$

$$= \hat{H}(\dots n, \dots m, \dots)\, \hat{P}_{mn}\, \psi(\dots \mathbf{r}_m, \dots \mathbf{r}_n, \dots) \qquad \underset{\uparrow}{=}$$

$$\text{Gl. (16.2--1b)}$$

$$= \hat{H}(\dots m, \dots n, \dots)\, \hat{P}_{mn}\, \psi(\dots \mathbf{r}_m, \dots \mathbf{r}_n, \dots)$$

In Aufgabe 16–3d wird gezeigt, dass bei *unterscheidbaren* Teilchen $\hat{P}_{mn}$ und $\hat{H}$ *nicht* vertauschen. ∎

Wegen der Vertauschungsrelation (16.2–3) gilt für identische Teilchen:

> Für identische Teilchen haben der Hamiltonoperator und jeder Vertauschungsoperator jeweils ein gemeinsames, vollständiges Orthogonalsystem von Eigenfunktionen.[7]

Die **Eigenwertgln. der Vertauschungsoperatoren** lauten:

$$\hat{P}_{mn}\, \psi(\dots \mathbf{r}_m, \dots \mathbf{r}_n, \dots) = \psi(\dots \mathbf{r}_n, \dots \mathbf{r}_m, \dots) = \lambda_{mn}\, \psi(\dots \mathbf{r}_m, \dots \mathbf{r}_n, \dots) \tag{16.2--4}$$

Zwei aufeinander folgende, gleiche Vertauschungen führen auf den Ausgangszustand zurück:

$$\hat{P}_{mn}^{2} = \hat{1} \qquad\qquad \text{für alle } m, n$$

Somit haben die Vertauschungsoperatoren $\hat{P}_{mn}$ die zwei Eigenwerte ± 1:

$$\lambda_{mn} = \pm 1 \tag{16.2--5}$$

Beispiel 16.2–1 Zwei identische, wechselwirkungsfreie Teilchen im Potentialtopf

Zwei spinlose, identische, *nicht untereinander wechselwirkende* Teilchen befinden sich im unendlich tiefen Potentialtopf

$$V(x_1, x_2) = \begin{cases} 0 & \text{für } 0 < x_1, x_2 < L \\ \infty & \text{sonst} \end{cases}$$

Nenne zwei Wellenfunktionen $\psi_{kl}^{\pm}(x_1, x_2)$ mit den zwei Eigenwerten $\lambda_{12} = \pm 1$ von $\hat{P}_{12}$.

Hinweis: Im unendlich tiefen Potentialtopf lauten die Einteilchen-Wellenfunktionen

$$\psi_k(x) = \sqrt{\frac{2}{L}}\, \sin\!\left(\frac{k\pi}{L}\, x\right) \qquad\qquad \text{mit der Quantenzahl } k = 1, 2, 3, \dots \tag{5.1--6}$$

---

[7] Nach Aufgabe 16–3 gilt $[\hat{P}_{ik}, \hat{P}_{im}] \neq 0$. Daher hat jeder einzelne Vertauschungsoperator $\hat{P}_{ik}$ zusammen mit dem Hamiltonoperator ein eigenes, gemeinsames, vollständiges Orthonormalsystem. Verschiedene Vertauschungsoperatoren $\hat{P}_{ik}$ haben zusammen mit dem Hamiltonoperator *verschiedene*, gemeinsame, vollständige Orthonormalsysteme von Eigenfunktionen.

Erst in den Unterräumen der (anti)symmetrischen Wellenfunktionen, die bei mehr als zwei Teilchen nicht den ganzen Hilbertraum $\mathcal{H}_N$ aufspannen, haben *alle* Vertauschungsoperatoren und der Hamiltonoperator ein *einziges* gemeinsames, vollständiges System von Eigenfunktionen (siehe Aufgabe 16–9).

Lösung:

Im **ersten Schritt** muss die zeitunabhängige Schrödinger-Gl. im Potentialinneren

$$-\frac{\hbar^2}{2m}\left(\frac{d^2}{dx_1^2}+\frac{d^2}{dx_2^2}\right)\psi(x_1,x_2)=E\,\psi(x_1,x_2) \qquad \text{für} \qquad 0<x_1,x_2<L$$

gelöst werden. *Da die beiden Teilchen nicht miteinander wechselwirken, ist der Produktansatz* $\psi(x_1,x_2)=\varphi(x_1)\,\chi(x_2)$ *möglich.* Er führt auf

$$-\frac{\hbar^2}{2m}\,\varphi''(x_1)\,\chi(x_2)-\frac{\hbar^2}{2m}\,\varphi(x_1)\,\chi''(x_2)=E\,\varphi(x_1)\,\chi(x_2)$$

Wir dividieren durch das Produkt $\varphi(x_1)\,\chi(x_2)$:

$$-\frac{\hbar^2}{2m}\,\frac{\varphi''(x_1)}{\varphi(x_1)}=\frac{\hbar^2}{2m}\,\frac{\chi''(x_2)}{\chi(x_2)}+E \qquad \text{für} \qquad 0<x_1,x_2<L$$

Die linke Seite ist unabhängig von x_2, die rechte Seite ist unabhängig von x_1. Daher sind beide Seiten gleich einer Konstanten. Mit den vier Randbedingungen

$$\varphi(0)=\varphi(L)=0 \qquad\qquad \chi(0)=\chi(L)=0$$

erhalten wir die normierten Lösungen

$$\varphi(x_1)=\sqrt{\frac{2}{L}}\,\sin\!\left(\frac{k\pi}{L}x_1\right) \qquad\qquad \chi(x_2)=\sqrt{\frac{2}{L}}\,\sin\!\left(\frac{l\pi}{L}x_2\right)$$

$$\Rightarrow \quad \psi(x_1,x_2)=\frac{2}{L}\,\sin\!\left(\frac{k\pi}{L}x_1\right)\sin\!\left(\frac{l\pi}{L}x_2\right)$$

Im **zweiten Schritt** müssen wir nun – nach der Lösung der Schrödinger-Gl. – die berechnete Zweiteilchen-Wellenfunktion (anti)symmetrisieren. Für $k\neq l$ haben nur folgende zwei Wellenfunktionen die zwei Eigenwerte $\lambda_{12}=\pm1$:[8]

$$\psi_{kl}^{+}(x_1,x_2)=\frac{1}{\sqrt{2}}\left[\frac{2}{L}\,\sin\!\left(\frac{k\pi}{L}x_1\right)\sin\!\left(\frac{l\pi}{L}x_2\right)\pm\frac{2}{L}\,\sin\!\left(\frac{k\pi}{L}x_2\right)\sin\!\left(\frac{l\pi}{L}x_1\right)\right] \qquad (16.2\text{-}6)$$

In der Gl. (16.2-6) sind die *Quantenzahlen* k,l *nicht mehr einem einzelnen Teilchen, sondern der Gemeinschaft beider Teilchen zugeordnet. Jedes Teilchen hat den gleichen Anteil an beiden Quantenzahlen* $k\neq l$.

Bei identischen Teilchen und verschiedenen Quantenzahlen ist nur der Zustand des Gesamtsystems definiert; die einzelnen Teilchen haben keine eigenen Zustände.

---

[8] Nebenbei überprüfen wir kurz die Normierung und erhalten mit den Orthogonalitätsrelationen (5.1–8):

$$\int_0^L \psi_{kl}^{\pm\,2}(x_1,x_2)\,dx_1\,dx_2=\frac{1}{2}\frac{2}{L}\int_0^L\sin^2\!\left(\frac{k\pi}{L}x_1\right)dx_1\cdot\frac{2}{L}\int_0^L\sin^2\!\left(\frac{l\pi}{L}x_2\right)dx_2+$$

$$\frac{1}{2}\frac{2}{L}\int_0^L\sin^2\!\left(\frac{l\pi}{L}x_1\right)dx_1\cdot\frac{2}{L}\int_0^L\sin^2\!\left(\frac{k\pi}{L}x_2\right)dx_2=2\,\frac{1}{2}=1$$

Offensichtlich sind die zwei Wellenfunktionen in Gl. (16.2–6) Eigenfunktionen von $\hat{P}_{12}$:

$$\hat{P}_{12}\,\psi_{kl}^{\pm}(x_1,x_2) = \frac{\sqrt{2}}{L}\left[\sin\left(\frac{k\pi}{L}x_2\right)\sin\left(\frac{l\pi}{L}x_1\right) \pm \sin\left(\frac{k\pi}{L}x_1\right)\sin\left(\frac{l\pi}{L}x_2\right)\right] =$$

$$= \pm\,\psi_{kl}^{\pm}(x_1,x_2) \tag{16.2–7}$$

Für $k = l$ gibt es keine Wellenfunktion mit $\lambda = -1$ (Pauli-Verbot) und die Wellenfunktion mit $\lambda = +1$ lautet:

$$\psi_{kk}^{+}(x_1,x_2) := \frac{2}{L}\sin\left(\frac{k\pi}{L}x_1\right)\sin\left(\frac{k\pi}{L}x_2\right) \tag{16.2–8}$$

Wegen der Ununterscheidbarkeit der Teilchen haben alle Vertauschungsoperatoren für eine gegebene Wellenfunktion denselben Eigenwert λ:[9]

$$\lambda_{mn} = \lambda \qquad \text{für alle Teilchen-Nummern } m, n$$

Es kommt nicht vor, dass bei einer Wellenfunktion z. B. $\hat{P}_{12}$ den Eigenwert $\lambda_{12} = +1$ und $\hat{P}_{34}$ den anderen Eigenwert $\lambda_{34} = -1$ hat. Daher *ist jede Wellenfunktion* unter *allen* Vertauschungen *identischer Teilchen entweder symmetrisch oder antisymmetrisch*.

Zustände mit dem Eigenwert $\lambda = +1$ heißen **symmetrisch,** Zustände mit dem Eigenwert $\lambda = 1$ heißen **antisymmetrisch** (unter Teilchenvertauschung). Nach Aufgabe 16–3e sind symmetrische und antisymmetrische Wellenfunktionen orthogonal zueinander.

Die entscheidende Frage lautet: Welche Möglichkeit ist in der Natur realisiert? Aufgrund aller Beobachtungen und Experimente müssen wir (im Rahmen der Quantenmechanik) ein **elftes Postulat** aufstellen, das sog. **Spin-Statistik-Postulat** [10]:

Identische Teilchen mit halbzahligem Spin ($s = 1/2, 3/2, ...$) werden durch antisymmetrische Wellenfunktionen beschrieben. Bei der Vertauschung von zwei identischen Teilchen ändern die Wellenfunktionen das Vorzeichen. Dieser erste Teil des Spin-Statistik-Postulats wird **Pauli-Prinzip** genannt.[11]

---

[9] In [Landau], §61 steht: „Besitzt irgendein Teilchenpaar die Eigenschaft, sagen wir, durch symmetrische Wellenfunktionen beschrieben zu werden, dann hat auch jedes andere solche Teilchenpaar dieselbe Eigenschaft; das ist unmittelbar evident, weil die Teilchen gleichartig sind."

[10] In [Cohen–2], Abschn. 14.3.1 ist zu lesen: „Mit Hilfe des *Spin-Statistik-Theorems*, das in der Quantenfeldtheorie bewiesen wird, kann man diese Regel als Folge sehr allgemeiner Hypothesen auffassen, die sich auch als falsch herausstellen können: Die Entdeckung eines Bosons mit halbzahligem Spin ... bleibt möglich." Nach Ansicht der Autoren sind auch kompliziertere Symmetrieeigenschaften für gewisse Teilchen nicht ausgeschlossen.

[11] Das Pauli-Prinzip darf nicht mit dem Pauli-Effekt verwechselt werden. W. Pauli war theoretischer Physiker und hatte nach eigenen Worten keine Ahnung von Experimentalphysik. Bei den wenigen Experimenten, bei denen er anwesend war, gingen oft Geräte aus rätselhaften Gründen kaputt. Kollegen führten diesen Tatbestand spöttisch auf den sog. Pauli-Effekt zurück: Danach können sich Wolfgang Pauli und ein intaktes physikalisches Gerät niemals zur selben Zeit im selben Labor befinden. Deshalb soll Pauli bei Otto Stern (bekannt vom Stern-Gerlach-Versuch) sogar Labor-Verbot erhalten haben (?). Einmal wurde im Labor ein Gerät unerwartet defekt – in Abwesenheit von Pauli. Später stellte sich dann heraus, dass Pauli zur fraglichen Zeit in der Straßenbahn am Labor vorbeigefahren ist.

Identische Teilchen mit ganzzahligem Spin ($s = 0, 1, 2 ..$) werden durch symmetrische Wellenfunktionen beschrieben. Teilchenvertauschungen ändern die Wellenfunktionen nicht.

Das Spin-Statistik-Postulat gilt nicht nur für elementare Teilchen, sondern auch für zusammengesetzte Teilchen, falls die internen Bewegungen und die Spins der einzelnen Bausteine keine Bedeutung haben. Bei zusammengesetzten Teilchen ist der Spin die resultierende Summe der Einzelspins.

Teilchen mit halbzahligem Spin heißen **Fermionen.** *Die elementaren Bausteine der Materie sind Fermionen.* Zu ihnen gehören Elektronen, Protonen, Neutronen, Myonen, Neutrinos, Quarks. Atomkerne mit ungerader Nukleonenzahl sind ebenfalls Fermionen, wenn sie als fest gebundene Einheiten und nicht als zusammengesetzte Teilchen angesehen werden können.

Teilchen mit ganzzahligem Spin heißen **Bosonen.** *Die Austauschteilchen* – auch Wechselwirkungsteilchen genannt – *sind Bosonen.* Sie *vermitteln die Wechselwirkung zwischen den Bausteinen*, indem sie von einem Baustein (Fermion) zum anderen wechseln. Photonen erzeugen die elektromagnetische Wechselwirkung, Z- und W-Bosonen die schwache, Gluonen die starke Wechselwirkung. Fest gebundene Atomkerne mit gerader Nukleonenzahl sind ebenfalls Bosonen. Das im Jahre 2012 entdeckte Higgs-Teilchen hat keinen Spin und ist ein Boson.

Beispiel 16.2–2 H-Atom

Zeige, dass das Wasserstoffatom ein Boson ist, solange es als eine Einheit behandelt werden kann.

Lösung:

Wir betrachten zwei Wasserstoffatome mit einer gemeinsamen Wellenfunktion $\psi(E_1, P_1, E_2, P_2)$. E steht für Elektron und P für Proton. Die Vertauschung von zwei identischen, zusammengesetzten Teilchen – hier von zwei H–Atomen – entspricht der Vertauschung aller Elementarteilchen des einen Teilchens mit denen des anderen Teilchens. Für den Austausch der zwei Elektronen gilt:

$$\psi(E_1, P_1, E_2, P_2) = -\psi(E_2, P_1, E_1, P_2)$$

Beim anschließenden Austausch der beiden Protonen erfolgt ein zweiter Vorzeichenwechsel:

$$-\psi(E_2, P_1, E_1, P_2) = \psi(E_2, P_2, E_1, P_1) = (-1)^2 \psi(E_1, P_1, E_2, P_2)$$

Daher ist das Wasserstoffatom ^{1}H ein Boson mit Gesamtspin null oder eins. ^{3}He ist ein Fermion, ^{4}He ein Boson. Deshalb ist ^{4}He bei tiefen Temperaturen gut komprimierbar, ^{3}He aber nicht. Es ist *höchst erstaunlich und sehr bemerkenswert, dass ein Neutron eine makroskopische Eigenschaft von Helium derart dramatisch ändert.* Allgemein gilt: *Teilchen, die aus einer geraden (ungeraden) Anzahl Fermionen bestehen, sind Bosonen (Fermionen).*

Wichtig ist, dass die zusammengesetzten Teilchen jeweils als eine Einheit agieren; sie müssen so stark gebunden sein, dass sich ihre inneren Zustände – dazu gehören auch die inneren, relativen Spineinstellungen – nicht ändern. Zwei α-Teilchen, die in großer Entfernung aneinander vorbeifliegen, sind als zwei Bosonen zu betrachten. Bei dichtem Vorbeiflug von zwei α-Teilchen mit hoher Energie können z. B. zwei Neutronen ausgetauscht werden; in diesem Fall können die α-Teilchen nicht als einheitliche Teilchen behandelt werden.

Aus dem Pauli-Prinzip folgt sofort das äußerst wichtige **Pauli-Verbot**, das auch Paulisches **Ausschließungsprinzip** genannt wird (1925): [12]

Zwei identische Fermionen können nicht dieselbe Zustandsfunktion haben.

Der **Beweis** ist einfach: Aus zwei gleichen Zustandsfunktionen $\psi_k(x_1)$ und $\psi_k(x_2)$ kann keine Zweiteilchen-Wellenfunktion gebildet werden, die antisymmetrisch unter der Vertauschung der zwei Teilchen ist. ∎

In der spielerischen Aufgabe 17–3 wird kurz und oberflächlich diskutiert, wie eine Welt wohl ohne Pauli-Verbot aussehen würde.

Das Pauli-Verbot hat eine fundamentale Bedeutung für den Aufbau der Atome. Es verhindert den Kollaps der Atomhülle auf die innerste Schale; ohne Pauli-Verbot gäbe es kein Periodensystem. Wegen des Pauli-Verbotes kann z. B. die innerste Schale in Atomen mit $n = 1$, $l = m = 0$ maximal nur zwei Elektronen aufnehmen; dabei sind die beiden Spins im antisymmetrischen Singulettzustand (13.2–8) mit Gesamtspin $s = 0$.

Bedenke aber: Nach Beispiel 16.3–4 ist die *(Anti)Symmetrie der Wellenfunktion für weit voneinander entfernte Teilchen und für Teilchen in orthogonalen, zeitlich unveränderlichen Zuständen praktisch bedeutungslos.* In diesen Fällen kann auf die (Anti)Symmetrisierung – z. B. der Wellenfunktionen eines Elektrons in Hamburg und eines zweiten Elektrons in München – verzichtet werden. Die im nächsten Absatz 16.3 eingeführten Austauschintegrale verschwinden in diesen Fällen.

16.3 Symmetrisierung und Antisymmetrisierung

Wie bereits erläutert bilden die Produktfunktionen (Tensorprodukte)

$$\psi(\mathbf{r}_1,\alpha_1 ; \mathbf{r}_2,\alpha_2 ; \dots \mathbf{r}_N,\alpha_N) = \prod_{n=1}^{N} \psi(\mathbf{r}_n,\alpha_n) \tag{16.1–2}$$

aus Einteilchen-Wellenfunktionen eine **Basis im Hilbertraum** $\mathcal{H}_N = \mathcal{H}^{(1)} \otimes \dots \otimes \mathcal{H}^{(N)}$ der N-Teilchensysteme. Dabei ist $\mathcal{H}^{(n)}$ der Hilbertraum der Wellenfunktionen des n-ten Teilchens und die Funktionen $\psi(\mathbf{r}_n,\alpha_n)$ sind Lösungen der Einteilchen-Schrödinger-Gl.; der Quantensatz α_n enthält die Eigenwerte eines vollständigen Satzes kommutierender Operatoren (vSkO). Durch Überlagerungen dieser Produktfunktionen können alle Wellenfunktionen – auch (anti)symmetrische – aufgebaut werden.

In diesem Abschn. werden hauptsächlich Produktfunktionen (anti)symmetrisiert. Die große Bedeutung der Produktfunktionen ist vor allem darauf zurückzuführen, dass *sie viele Mehrteilchensysteme näherungsweise beschreiben können und dass sie Ausgangspunkt wichtiger Näherungsverfahren sind.* In der Störungsrechnung wird die *gegenseitige* Wechselwirkung der Teilchen in nullter Näherung vernachlässigt, so dass ein Produktansatz

---

[12] Pauli hat das Ausschließungsprinzip erstmals 1925 zur Erklärung des Periodensystems postuliert, also ein Jahr vor der Aufstellung der Schrödinger-Gl.

auf Einteilchen-Schrödinger-Gln. führt mit Einteilchen-Funktionen als Lösungen. In den höheren Näherungen baut man auf diesen Einteilchen-Lösungen auf. Die Arbeit mit Einteilchen-Funktionen und ihren Produkten wird sich bei der Untersuchung der Mehrelektronenatome (in Kap. 17) und des Wasserstoffmoleküls (in Kap. 18) bewähren.

Im Folgenden gehen wir der Reihe nach die drei möglichen Mehrteilchensysteme durch. In allen drei Fällen können – müssen aber nicht – die Mehrteilchen-Wellenfunktionen aus Einteilchen-Wellenfunktionen zusammengesetzt werden.

1. Fall: N unterscheidbare Teilchen. Dieser einfache Fall wurde bereits in Abschn. 16.1 behandelt und wird hier kurz wiederholt: Die Zustandsfunktionen von nicht miteinander wechselwirkenden Teilchen sind Produkte von Einteilchen-Zuständen bzw. können als Überlagerungen dieser Produkte dargestellt werden. Produktfunktionen sind oft zweckmäßige erste Näherungen bei der Untersuchung von Vielteilchensystemen.

Sobald gegenseitige Wechselwirkungen der Teilchen ins Spiel kommen, sind N-Teilchen-Zustandsfunktionen nicht mehr reine Produktfunktionen. Da die Produktfunktionen (16.1–2) *orthonormierte Basisfunktionen in* $\mathcal{H}_N$ *sind, können die Wellenfunktionen wechselwirkender Teilchen als Überlagerungen der Produktfunktionen dargestellt werden:*

$$\psi(\mathbf{r}_1, \mathbf{r}_2, \ldots \mathbf{r}_N) = \sum_{\alpha_1, \ldots \alpha_N} c_{\alpha_1 \ldots \alpha_N} \prod_{n=1}^{N} \psi(\mathbf{r}_n, \alpha_n) \tag{16.3–1}$$

2. Fall: N identische Bosonen. Für die Bildung symmetrischer Zustandsfunktionen benötigen wir **Permutationsoperatoren** $\hat{P}$. *Permutationsoperatoren können zwei oder mehr als zwei Teilchen vertauschen* und sind daher Verallgemeinerungen der Vertauschungsoperatoren $\hat{P}_{mn}$. Permutationsoperatoren können als Produkt von Vertauschungsoperatoren geschrieben werden und sind daher ebenfalls unitär:

$$\hat{P} = \hat{P}_{ij}\,\hat{P}_{kl}\,\hat{P}_{mn}\ldots . \tag{16.3–2}$$

Diese Darstellung ist nicht eindeutig. Man kann aber zeigen, dass die Anzahl p der Vertauschungsoperatoren in Gl. (16.3–2) eindeutig entweder gerade oder ungerade ist. Bei gerader (ungerader) Anzahl p von Vertauschungen heißt die Permutation „gerade" („ungerade") und man definiert

$$\text{sign}(\hat{P}) := (-1)^p = \pm 1 \tag{16.3–3}$$

Natürlich bilden auch hier die Produktfunktionen

$$\psi(\mathbf{r}_1, \alpha_1\,; \mathbf{r}_2, \alpha_2\,; \ldots \mathbf{r}_N, \alpha_N) = \prod_{n=1}^{N} \psi(\mathbf{r}_n, \alpha_n) \tag{16.1–2}$$

aus Einteilchen-Wellenfunktionen eine **Basis im Hilbertraum** $\mathcal{H}_N = \mathcal{H}^{(1)} \otimes \ldots \otimes \mathcal{H}^{(N)}$. Deshalb können wir – müssen aber nicht – die allgemeinen Lösungen der N-Teilchen-Schrödinger-Gl. als Linearkombinationen von ihnen schreiben (wie in Abschn. 16.1):

$$\psi(\mathbf{r}_1, \mathbf{r}_2, \ldots \mathbf{r}_N) = \sum_{\alpha_1, \ldots \alpha_N} c_{\alpha_1 \ldots \alpha_N} \prod_{n=1}^{N} \psi(\mathbf{r}_n, \alpha_n) \tag{16.3–1}$$

Diese (unsymmetrischen) Lösungen der Schrödinger-Gl. sind noch keine Wellenfunktionen für identische Bosonen; sie müssen noch durch die Summation über *alle* $N!$ Teilchenpermutationen symmetrisiert werden:

$$\psi^+(\mathbf{r}_1,...\mathbf{r}_N) = \frac{1}{\sqrt{N!}} \sum_P \hat{P}\, \psi(\mathbf{r}_1,\mathbf{r}_2,....\,\mathbf{r}_N) =$$

$$= \frac{1}{\sqrt{N!}} \sum_P \hat{P} \sum_{\alpha_1,...\alpha_N} c_{\alpha_1...\alpha_N} \prod_{n=1}^{N} \psi(\mathbf{r}_n,\alpha_n) \tag{16.3--4a}$$

Hier werden *alle* Teilchen vertauscht – auch solche, die denselben Quantensatz α_n haben. Mit den symmetrischen, orthonormierten Basisfunktionen des Unterraums $\mathcal{H}_N^+$ [13]

$$\psi_{\alpha_1...\alpha_N}^+(\mathbf{r}_1,...\mathbf{r}_N) := \frac{1}{\sqrt{N!}} \sum_P \hat{P} \prod_{n=1}^{N} \psi(\mathbf{r}_n,\alpha_n)$$

erhalten die symmetrischen Wellenfunktionen die Form

$$\psi^+(\mathbf{r}_1,...\mathbf{r}_N) = \sum_{\alpha_1,...\alpha_N} c_{\alpha_1...\alpha_N}\, \psi_{\alpha_1...\alpha_N}^+(\mathbf{r}_1,...\mathbf{r}_N) \tag{16.3--4b}$$

In den symmetrisierten Produktfunktionen stehen die Quantensätze α_n nicht mehr neben den Ortsvektoren $\mathbf{r}_n$, weil jeder einzelne Quantensatz in gleicher Weise allen N identischen Teilchen zukommt.

Beispiel 16.3–1 Drei identische, nicht wechselwirkende Bosonen

Drei identische, wechselwirkungsfreie Bosonen ohne Spin sind einmal im Zustand ψ_1 und zweimal im Zustand ψ_2. Wie lautet die Wellenfunktion?

Lösung:

In der Wellenfunktion wird nur über die drei Permutationen summiert, die verschiedene Beiträge liefern:

---

[13] In der Gl. (16.3–4a) werden *alle* Teilchen vertauscht – auch solche, die denselben Quantensatz α_n haben. Statt der Summation über *alle* Teilchenvertauschungen wird oft nur über diejenigen Permutationen summiert, die *verschiedene* Beiträge liefern. Dann werden nur Teilchen mit verschiedenen Quantensätzen α_n untereinander vertauscht. Wenn der Quantensatz α_n insgesamt N_n (mit $n=1,...N$) mal auftritt, dann können die symmetrisierten Produktfunktionen auch in folgender Form dargestellt werden:

$$\psi_{\alpha_1...\alpha_N}^+(\mathbf{r}_1,...\mathbf{r}_N) =$$

$$= \sqrt{\frac{N_1!\,N_2!...}{N!}} \sum_{P_{\text{ungleich}}} \hat{P}\, \psi(\mathbf{r}_1,\alpha_1)...\,\psi(\mathbf{r}_{N_1},\alpha_1) \cdot \psi(\mathbf{r}_{N_1+1},\alpha_2)...\,\psi(\mathbf{r}_{N_1+N_2},\alpha_2)\cdot .... \tag{16.3--4'}$$

Die Summe der ungleichen Permutationen enthält $N!/(N_1!\,N_2!...)$ Summanden.

Hinweise: **1)** N verschiedene Objekte lassen sich in $N!$ verschiedenen Reihenfolgen anordnen.

2) Für N Objekte, die k Gruppen enthalten mit je $N_1,N_2,...N_k$ identischen Objekten, ist die Zahl der unterscheidbaren Permutationen

$$\frac{N!}{N_1!\,N_2!...N_k!} \qquad \text{mit} \qquad \sum_{i=1}^{k} N_i = N$$

$$\psi_{122}^{+}(\mathbf{r}_1,\mathbf{r}_2,\mathbf{r}_3) = \frac{1}{\sqrt{3}}\Big[\psi_1(\mathbf{r}_1)\,\psi_2(\mathbf{r}_2)\,\psi_2(\mathbf{r}_3) + \psi_2(\mathbf{r}_1)\,\psi_1(\mathbf{r}_2)\,\psi_2(\mathbf{r}_3) +$$
$$\psi_2(\mathbf{r}_1)\,\psi_2(\mathbf{r}_2)\,\psi_1(\mathbf{r}_3)\Big]$$

3. Fall: N identische Fermionen. Wir können die Gln. (16.3–4a/b) übernehmen – mit einer kleinen, aber entscheidenden Änderung: Mit der Zahl p der Transpositionen $\hat{P}_{mn}$, aus denen der Permutationsoperator $\hat{P}$ gemäß Gl. (16.3–2) gebildet wird, und mit dem Vorzeichen $(-1)^p$ stellen wir die Antisymmetrie der fermionischen Wellenfunktionen sicher.

Die Permutationen der Produktfunktionen und die Vorzeichen $(-1)^p$ liefern antisymmetrische Wellenfunktionen:

$$\psi_{\alpha_1\ldots\alpha_N}^{-}(\mathbf{r}_1,\ldots\mathbf{r}_N) = \frac{1}{\sqrt{N!}}\sum_P (-1)^p\,\hat{P}\prod_{n=1}^{N}\psi(\mathbf{r}_n,\alpha_n) \qquad (16.3\text{–}5a)$$

Die Wellenfunktionen (16.3–5a) lassen sich als sog. **Slater-Determinanten** schreiben:

$$\psi_{\alpha_1\ldots\alpha_N}^{-}(\mathbf{r}_1,\ldots\mathbf{r}_N) = \frac{1}{\sqrt{N!}}\begin{vmatrix} \psi(\mathbf{r}_1,\alpha_1) & \cdots & \psi(\mathbf{r}_N,\alpha_1) \\ \vdots & & \vdots \\ \psi(\mathbf{r}_1,\alpha_N) & \cdots & \psi(\mathbf{r}_N,\alpha_N) \end{vmatrix} \qquad (16.3\text{–}5b)$$

Slater-Determinanten sind **orthonormierte, antisymmetrische Basisvektoren** des Unterraums $\mathcal{H}_N^{-}$ der antisymmetrischen Wellenfunktionen.

Der Vorfaktor $1/\sqrt{N!}$ normiert die Wellenfunktion auf Eins, weil die Determinante aus $N!$ orthonormierten Summanden besteht. Sowohl die Vertauschung von zwei Zeilen (entspricht der Vertauschung von zwei Quantensätzen) als auch die Vertauschung von zwei Spalten (entspricht der Vertauschung von zwei Fermionen) ändert laut linearer Algebra das Vorzeichen der Zustandsfunktion, so dass eine vollständige Antisymmetrie vorliegt.

Bei Messungen kann jedes Teilchen in jedem der N beteiligten Quantensätze α_k gefunden werden. Daher darf man auf keinen Fall sagen: „Das erste Teilchen hat den Quantensatz α_1". Diese Aussage ist mit der Ununterscheidbarkeit der Teilchen nicht vereinbar. Das Wort „erste" setzt eine Nummerierung voraus, die bei identischen Teilchen nicht möglich ist. Man darf aber sagen: „Bei einer Messung wird irgendein Teilchen im Quantensatz α_1 gefunden, ein anderes Teilchen im Quantensatz α_2 usw."[14]

---

[14] Trotzdem spricht man aus didaktischen oder buchhalterischen Gründen oft von bestimmten identischen Teilchen und nimmt eine Nummerierung vor. Beispielsweise redet man von den Valenzelektronen, also den Elektronen der äußeren Schale, obwohl *alle* Elektronen eines Atoms die gleichen Aufenthaltsdichten haben und obwohl sich kein Elektron nur in der K- oder nur in der L-Schale aufhält. Entscheidend ist, dass Messergebnisse, also Skalarprodukte, Erwartungswerte, Eigenwerte, … nicht von der Nummerierung abhängen.

In Aufgabe 17–4b wird mit der Slater-Determinante eine Testfunktion für das Lithiumatom aufgestellt.

Die Überlagerungen der antisymmetrischen Funktionen (16.3–5a oder b)

$$\psi^-(\mathbf{r}_1,\dots \mathbf{r}_N) = \sum_{\alpha_1,\dots\,\alpha_N} c_{\alpha_1\dots\,\alpha_N}\,\psi^-_{\alpha_1\dots\,\alpha_N}(\mathbf{r}_1,\mathbf{r}_2,\dots \mathbf{r}_N) \qquad (16.3\text{–}6a)$$

beschreiben alle antisymmetrischen Wellenfunktionen und daher auch alle Zustandsfunktionen untereinander wechselwirkender Fermionen. Bei der Überlagerung wird über alle möglichen Kombinationen der N Quantensätze α_n summiert.

Folglich können Überlagerungen der Slater-Determinanten

$$\psi^-(\mathbf{r}_1,\mathbf{r}_2,\dots \mathbf{r}_N) = \frac{1}{\sqrt{N!}} \sum_{\alpha_1,\dots\,\alpha_N} c_{\alpha_1\dots\,\alpha_N} \begin{vmatrix} \psi(\mathbf{r}_1,\alpha_1) & \cdots & \psi(\mathbf{r}_N,\alpha_1) \\ \vdots & & \vdots \\ \psi(\mathbf{r}_1,\alpha_N) & \cdots & \psi(\mathbf{r}_N,\alpha_N) \end{vmatrix} \qquad (16.3\text{–}6b)$$

alle antisymmetrischen Wellenfunktionen darstellen und daher auch alle Zustandsfunktionen von N Fermionen beschreiben, die untereinander wechselwirken. Die Antisymmetrie der einzelnen Summanden überträgt sich auf die gesamte Wellenfunktion.

Eine antisymmetrische Wellenfunktion muss nicht unbedingt mit einer Slater-Determinante gebildet werden. Auch andere Antisymmetrien sind möglich. In Abschn. 17.1 wird die Wellenfunktion von Helium ohne Slater-Determinante antisymmetrisiert, indem sie einen symmetrischen Ortsanteil und einen antisymmetrischen Spinanteil (Singulettzustand) erhält oder umgekehrt. In Abschn. 18.2 werden Testfunktionen für das Wasserstoffmolekül mit symmetrischem Ortsanteil und antisymmetrischem Singulettzustand angesetzt.

Zwei wichtige Konsequenzen der Antisymmetrie lassen sich leicht aus der Slater-Determinante ableiten. Erstens: Wenn ein Zustand zweimal auftritt (also zweimal mit denselben Quantenzahlen – z. B. $\alpha_1 = \alpha_N$), so sind zwei Zeilen gleich und die Determinante verschwindet in Übereinstimmung mit dem Pauli-Verbot. Zweitens:

Die Slater-Determinante mischt alle Einteilchen-Zustände gleich stark mit allen identischen Fermionen und sorgt somit dafür, dass die auftretenden Quantensätze $\alpha_1,\dots\alpha_N$ allen identischen Teilchen in gleicher Weise zukommen.

Pathetisch könnte man sagen: Identische Teilchen praktizieren den *perfekten Kommunismus*. (Zum Glück sind Menschen keine identischen Wesen. Vielleicht gelingt der Kommunismus deshalb bei uns nicht so recht.) *Bei identischen Teilchen kann man nicht sagen, dass bestimmte Quantensätze bestimmten Teilchen zugeordnet sind.* Fragen nach dem Ort oder den Quantenzahlen eines *einzelnen, bestimmten* Teilchens sind daher unzulässig.

Im folgenden Beispiel untersuchen wir zwei bewegungslose, identische Teilchen, die durch zwei ruhende, gegeneinander versetzte Gaußsche Wellenpakete beschrieben werden. Die zwei identischen Teilchen wechselwirken weder mit der Außenwelt noch untereinander, sind also *absolut wechselwirkungsfrei*. Die Rechnung liefert ein nahezu unglaubliches Ergebnis: Der Erwartungswert der Gesamtenergie der beiden ruhenden, identischen Teilchen hängt – trotz der fehlenden Wechselwirkung – von ihrem Abstand ab.

Beispiel 16.3–2 Energie von zwei wechselwirkungsfreien, identischen Teilchen

Zwei normierte Gaußsche Wellenpakete, deren Mittelpunkte an den Stellen s_1, s_2 mit $s_1 \neq s_2$ ruhen, beschreiben jeweils ein Teilchen und lauten nach Gl. (4.2–9) mit $k_0 = 0$:

$$\psi_n(x,t) = \frac{1}{(2\pi)^{1/4}\sqrt{a}}\,\frac{1}{\sqrt{1+i\dfrac{\hbar t}{2a^2 m}}}\,\exp\left[\dfrac{-\dfrac{(x-s_n)^2}{4}}{a^2\left(1+i\dfrac{\hbar t}{2a^2 m}\right)}\right] \qquad \begin{array}{c} n=1,2 \\ s_1 \neq s_2 \end{array} \qquad (16.3\text{–}7)$$

Die Wellenpakete zerfließen im Laufe der Zeit (siehe Abb. 4.2–1).

Wir betrachten zwei *identische* Spin-0-Bosonen bzw. zwei *identische* Spin-1/2-Fermionen (jeweils mit Masse m); letztere befinden sich in einem symmetrischen Triplettzustand $|1,m\rangle$, der im Folgenden nicht beachtet wird. *Die zwei Teilchen wechselwirken weder mit der Außenwelt noch untereinander.* Ihre (anti)symmetrische Ortswellenfunktion lautet

$$\Psi_{\pm}(x_1,x_2,t) = N\left[\psi_1(x_1,t)\,\psi_2(x_2,t) \pm \psi_2(x_1,t)\,\psi_1(x_2,t)\right] \qquad (16.3\text{–}8)$$

a) Berechne die abstandsabhängige Normierungskonstante $N=N(s_2-s_1)$.

b) Der Hamiltonoperator der zwei freien Teilchen ist

$$\hat{H} = \frac{1}{2m}\hat{P}_1^{\,2} + \frac{1}{2m}\hat{P}_2^{\,2}$$

Berechne die Erwartungswerte der Gesamtenergie $\langle E\rangle_{\pm} = \langle\Psi_{\pm}|\hat{H}|\Psi_{\pm}\rangle$ der Einfachheit halber zur Zeit $t=0$. (Natürlich hängen die Erwartungswerte der Gesamtenergie nicht von der Zeit ab.)

c) Zeichne $\langle E\rangle_{\pm}(s_2-s_1)$ als Funktion des Teilchenabstandes $|s_2-s_1|$ und interpretiere das Ergebnis. Bei zwei identischen – nicht bei zwei verschiedenen – Teilchen erleben wir eine große Überraschung:

Trotz der Wechselwirkungsfreiheit der beiden Teilchen hängen die Erwartungswerte $\langle E\rangle_{\pm}$ der Gesamtenergie vom Abstand $|s_2-s_1|$ der zwei Gaußpakete und auch davon ab, ob die zwei Teilchen identische Bosonen oder identische Fermionen sind.

Hinweise: **1)** Wenn wir zu dem Zähler im Exponenten der Gl. (16.3–7) noch $ia^2 k_0[x-\hbar k_0 t/(2m)]$ hinzufügen, so bewegt sich das Wellenpaket mit der Geschwindigkeit $\hbar k_0/m$ (siehe Gl. (4.2–9). Die Erweiterung liefert aber sehr lange, unhandliche Integrale und Ergebnisse, die ich vermeiden möchte.

2) Der Einfachheit halber schreibe ich $\psi(x)$ anstelle von $\psi(x,t=0)$.

$$\int_{-\infty}^{+\infty}\psi_1^*(x)\,\psi_2(x)\,dx = \exp\left[-(s_2-s_1)^2/(8a^2)\right]$$

$$\int_{-\infty}^{+\infty}\psi_1^*(x)\,\psi_2''(x)\,dx = \int_{-\infty}^{+\infty}\psi_2^*(x)\,\psi_1''(x)\,dx = \frac{1}{4a^2}\left[\frac{(s_2-s_1)^2}{4a^2}-1\right]\exp\left[-\frac{(s_2-s_1)^2}{8a^2}\right]$$

$$\Rightarrow \quad \int_{-\infty}^{+\infty}\psi_1^*(x)\,\psi_1''(x)\,dx = \int_{-\infty}^{+\infty}\psi_2^*(x)\,\psi_2''(x)\,dx = -1/(4a^2)$$

Lösung:

a) $\displaystyle N = \frac{1}{\sqrt{2}}\left[1\pm\left(\int_{-\infty}^{+\infty}\psi_1(x)\,\psi_2(x)\,dx\right)^2\right]^{-1/2} = \frac{1}{\sqrt{2}}\left[1\pm\exp\{-(s_2-s_1)^2/(4a^2)\}\right]^{-1/2}$

Die Normierungskonstante N hängt wegen $\langle\psi_1|\psi_2\rangle\neq 0$ vom Teilchenabstand $|s_2-s_1|$ ab und geht für $|s_2-s_1| \gg a$ erwartungsgemäß gegen $1/\sqrt{2}$.

b) Mit den angegebenen Integralen finden wir die Energie-Erwartungswerte für Bosonen (Vorzeichen $+$) und für Fermionen (Vorzeichen $-$) zur Zeit $t = 0$:

$$\langle E \rangle_\pm = -\frac{\hbar^2}{2m} \left\langle \Psi_\pm \left| \partial^2/\partial x_1^2 + \partial^2/\partial x_2^2 \right| \Psi_\pm \right\rangle =$$

$$= -\frac{2\hbar^2 N^2}{m} \left[\underbrace{\int_{-\infty}^{+\infty} \psi_1^*(x)\,\psi_1''(x)\,dx}_{=\,-1/(4a^2)} \cdot \underbrace{\int_{-\infty}^{+\infty} \psi_2^*(x)\,\psi_2(x)\,dx}_{=\,1} \right] \tag{16.3-9a}$$

$$\mp \frac{2\hbar^2 N^2}{m} \left[\underbrace{\int_{-\infty}^{+\infty} \psi_2^*(x)\,\psi_1''(x)\,dx}_{\text{Austauschintegral}} \cdot \underbrace{\int_{-\infty}^{+\infty} \psi_1^*(x)\,\psi_2(x)\,dx}_{\text{Überlappungsintegral} \ne 0} \right] = \tag{16.3-9b}$$

$$= \frac{\hbar^2}{4ma^2} \cdot \frac{1 \pm \left(1 - \dfrac{(s_2-s_1)^2}{4a^2}\right)\exp\left(-\dfrac{(s_2-s_1)^2}{4a^2}\right)}{1 \pm \exp\left(-\dfrac{(s_2-s_1)^2}{4a^2}\right)} \tag{16.3-9c}$$

Das sog **Austauschintegral**

$$\int_{-\infty}^{+\infty} \psi_2^*(x)\,\psi_1''(x)\,dx \tag{16.3-10}$$

enthält die zwei *verschiedenen* Wellenfunktionen $\psi_1(x), \psi_2(x)$ und kann daher nicht klassisch als Erwartungswert des Operators der kinetischen Energie interpretiert werden. [15]

> Allgemein enthalten Austauschintegrale verschiedene Funktionen (hier $\psi_1(x)$, $\psi_2(x)$) und können daher klassisch weder erklärt noch veranschaulicht werden. Verschiedene Funktionen in einem Integral sind darauf zurückzuführen, dass sich jedes Teilchen infolge der (Anti)Symmetrie der Wellenfunktion sowohl im Zustand ψ_1 als auch im Zustand ψ_2 befindet.

c) Abb. 16.3–1 zeigt die Abstandsabhängigkeit des Energieerwartungswertes $\langle \Psi_\pm | \hat{H} | \Psi_\pm \rangle$ von zwei identischen, nicht wechselwirkenden Teilchen, deren Wellenfunktion $\Psi_\pm(x_1, x_2, t)$ aus nicht orthogonalen Einteilchen-Wellenfunktionen (hier: Gaußpaketen) besteht. Wir sehen:

- Für große Abstände $|s_2 - s_1| \gg a$ haben die Wellenpakete insgesamt (natürlich!) die doppelte Energie $\hbar^2/(4ma^2)$ eines einzelnen, ruhenden, zerfließenden Wellenpaketes (siehe Aufgabe 4–2c und setze dort $k_0 = 0$). Wie erwartet gilt:

> Die Identität der Teilchen spielt keine Rolle, wenn sich die Wellenpakete nicht überlappen; in diesem Fall können die Teilchen eindeutig identifiziert werden. Die (Anti)Symmetrisierung der Wellenfunktion ist für nicht überlappende Wellenpakete (für $|s_2 - s_1| \gg a$) überflüssig.

---

[15] Der Erwartungswert der Gesamtenergie hängt vom Teilchenabstand $|s_2 - s_1|$ ab, weil die beiden Gaußpakete überlappen, so dass ihr Skalarprodukt $\langle \psi_1 | \psi_2 \rangle$ nicht verschwindet und die Teilchen nicht unterscheidbar sind. (Das Skalarprodukt in Gl. (16.3–9b) heißt „Überlappungsintegral.)

- Der Energieerwartungswert $\langle E \rangle_-$ wechselwirkungsfreier, identischer, ruhender Fermionen im Triplettzustand fällt mit wachsender Entfernung. Man kann sagen: *Zwei wechselwirkungsfreie, identische Fermionen mit parallelem Spin stoßen sich gegenseitig ab.*

- Der Energieerwartungswert $\langle E \rangle_+$ von wechselwirkungsfreien, identischen, ruhenden Spin-0-Bosonen und Fermionen im Singulettzustand hat für kleine Abstände ein Minimum.

Ich betone nochmals: Die Abstandsabhängigkeit des Energieerwartungswertes kann klassisch nicht erklärt und nicht veranschaulicht werden, da sie durch die (Anti)Symmetrie der Wellenfunktion $\Psi_\pm$ verursacht wird, die auf die Ununterscheidbarkeit identischer Teilchen zurückgeht.

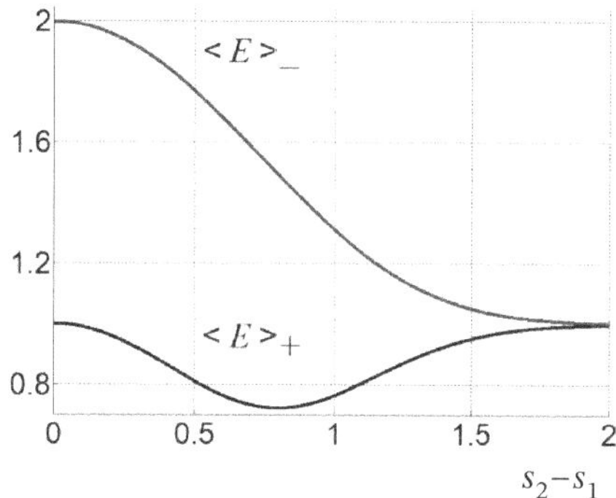

Abb. 16.3–1 $\langle E \rangle_\pm (s_2 - s_1) \cdot 4ma^2/\hbar^2$ für zwei identische, wechselwirkungsfreie Fermionen im Triplettzustand bzw. für zwei identische, wechselwirkungsfreie, spinlose Bosonen mit $a = 2^{-1/2}$ und $0 \leq s_2 - s_1 \leq 2$.

Hinweis: Natürlich können die Rechnungen auch im Impulsraum durchgeführt werden. Die zwei Fouriertransformierten der Funktionen $\psi_n(x,t)$ in Gl. (16.3–7) lauten nach Gl. (4.2–6) und Aufgabe 4–4a

$$\tilde{\psi}_n(k) = \left(\frac{2}{\pi}\right)^{1/4} \sqrt{a}\, e^{-a^2 k^2}\, e^{-i k s_n}$$

Mit diesen zwei Funktionen erhalten wir auch im Impulsraum den Erwartungswert $\langle E \rangle_\pm$.

Das nächste Beispiel ist genauso spektakulär. Es untersucht das einfachste *Vielteilchen*-System, den unendlich tiefen Potentialtopf mit *zwei nicht untereinander wechselwirkenden*, unterscheidbaren oder nicht unterscheidbaren Teilchen.

Auch hier lernt der Leser ein überraschendes Phänomen kennen, das sich mit der klassischen Physik nicht erklären lässt und das weitreichende Folgen für die Physik und die Chemie hat: Der Erwartungswert des Abstandsquadrates $(x_1 - x_2)^2$ der zwei wechselwirkungsfreien Teilchen hängt davon ab, ob diese Teilchen unterscheidbar sind oder ob es sich um zwei identische Bosonen oder um zwei identische Fermionen handelt.

Beispiel 16.3–3 Mittleres Abstandsquadrat von zwei wechselwirkungsfreien Teilchen

Zwei Teilchen *ohne gegenseitige Wechselwirkung* sind im unendlich tiefen Potentialtopf

$$V(x) = \begin{cases} 0 & \text{für } 0 < x < L \\ \infty & \text{sonst} \end{cases}$$

eingeschlossen. Berechne den Erwartungswert des Abstandsquadrates

$$\langle \psi_{kl} | (x_1 - x_2)^2 | \psi_{kl} \rangle \qquad k,l = \text{Quantenzahlen des unendlich tiefen Potentialtopfes}$$

a) für zwei *unterscheidbare*, ungeladene Spin-0-Bosonen.

b) für zwei *identische*, ungeladene Spin-0-Bosonen bzw. für zwei *identische*, ungeladene Spin-1/2-Fermionen.

Wir werden verwundert feststellen, dass die *Erwartungswerte des Abstandsquadrates* $(x_1 - x_2)^2$ *in allen drei Fällen verschieden* sind, obwohl die jeweils zwei Teilchen *nicht miteinander wechselwirken*. Der Grund ist die fehlende Symmetrie der Wellenfunktion bei unterscheidbaren Teilchen und die (Anti)Symmetrie bei identischen Teilchen.

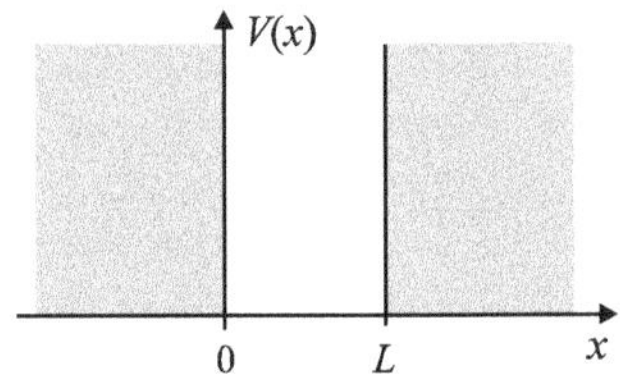

Abb. 16.3–2 Zwei *wechselwirkungsfreie* Teilchen im Potentialtopf mit unendlich hohen Wänden.

Lösung:

Folgender Ausdruck ist zu berechnen:

$$\left\langle \psi_{kl} \,\middle|\, (x_1 - x_2)^2 \,\middle|\, \psi_{kl} \right\rangle = \left\langle \psi_{kl} \,\middle|\, x_1^2 + x_2^2 - 2\,x_1 x_2 \,\middle|\, \psi_{kl} \right\rangle \tag{16.3–11}$$

a) Zwei unterscheidbare Teilchen: Wegen der fehlenden gegenseitigen Wechselwirkung ist die Wellenfunktion ein Produkt:

$$\psi_{kl}(x_1,x_2) = \psi_k(x_1)\,\psi_l(x_2) = \frac{2}{L}\,\sin\!\left(\frac{k\pi}{L}x_1\right)\sin\!\left(\frac{l\pi}{L}x_2\right)$$

$$\Rightarrow \left\langle \psi_{kl} \,\middle|\, x_1^2 \,\middle|\, \psi_{kl} \right\rangle = \frac{2}{L}\int_0^L x_1^2\,\sin^2\!\left(\frac{k\pi}{L}x_1\right)dx_1 \cdot \underbrace{\frac{2}{L}\int_0^L \sin^2\!\left(\frac{l\pi}{L}x_2\right)dx_2}_{=\,1\ \text{wegen Normierung}} \quad \overset{\uparrow}{=}\ \text{Gl. (1) in Aufgabe 16–1a}$$

$$= L^2\left(\frac{1}{3} - \frac{1}{2\pi^2}\frac{1}{k^2}\right)$$

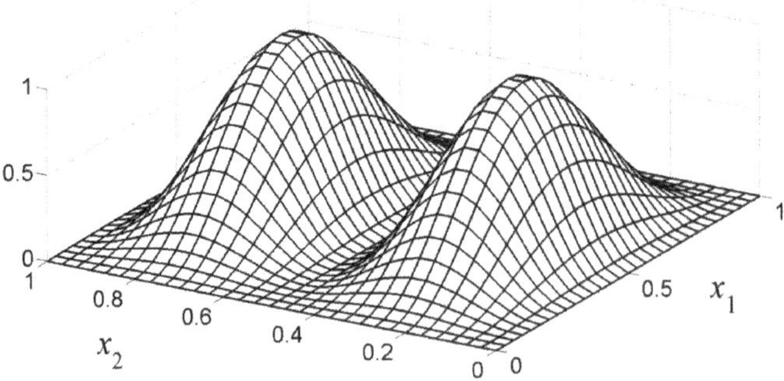

Abb. 16.3–3a Wahrscheinlichkeitsdichte von **zwei unterscheidbaren Teilchen** für $k = 1\,;\, l = 2$:

$$\left|\,\psi_{12}(x_1,x_2)\,\right|^2 = \frac{4}{L^2}\left|\,\sin\!\left(\frac{\pi}{L}x_1\right)\sin\!\left(\frac{2\pi}{L}x_2\right)\right|^2$$

Auf der Diagonalen, die von rechts unten nach links oben verläuft, also von $(0,0)$ nach $(1,1)$ ist $x_1 = x_2$. Die Breite des Potentialtopfes ist hier und in den folgenden Abbn. $L = 1$.

Bei zwei unterscheidbaren Teilchen ist $|\,\psi_{12}(x_1,x_2)|^2\,dx_1\,dx_2$ die Wahrscheinlichkeit, bei zwei Ortsmessungen das erste Teilchen in dx_1 und das zweite Teilchen in dx_2 zu finden.

Mit $2\langle\psi_{kl}|x_1 x_2|\psi_{kl}\rangle = 2\langle\psi_k|x_1|\psi_k\rangle\langle\psi_l|x_2|\psi_l\rangle = 2\langle x_1\rangle\langle x_2\rangle = 2\dfrac{L}{2}\dfrac{L}{2} = \dfrac{L^2}{2}$

und $\langle\psi_{kl}|x_2^2|\psi_{kl}\rangle = L^2\left(\dfrac{1}{3} - \dfrac{1}{2\pi^2}\dfrac{1}{l^2}\right)$

folgt für **zwei unterscheidbare Teilchen**

$$\langle(x_1 - x_2)^2\rangle = L^2\left[\frac{1}{6} - \frac{1}{2\pi^2}\left(\frac{1}{k^2} + \frac{1}{l^2}\right)\right] \tag{16.3-12}$$

b) Zwei identische Teilchen: Die zwei identischen Teilchen sind entweder zwei identische Spin-0-Bosonen oder aber zwei identische Neutronen im Singulett- oder im Triplettzustand. Die Spinzustände werden im Folgenden nicht mitgeschrieben.

Der Ortsteil der Zustandsfunktion der zwei identischen Teilchen lautet nach Beispiel (16.2–1)

für $k \neq l:$ $\quad \psi_{kl}^{\pm}(x_1,x_2) = \dfrac{1}{\sqrt{2}}\left[\psi_k(x_1)\psi_l(x_2) \pm \psi_l(x_1)\psi_k(x_2)\right]$ $\tag{16.3-13a}$

für $k = l:$ $\quad \psi_{kk}(x_1,x_2) = \psi_k(x_1)\psi_k(x_2)$ $\tag{16.3-13b}$

Der Zustand ψ_{kk} kann von Bosonen und von Neutronen im Singulettzustand besetzt werden.

Nach Gl. (1) in der Lösung von Aufgabe 16–1a gilt:

$$\langle\psi_{kl}^{\pm}|x_1^2|\psi_{kl}^{\pm}\rangle = \frac{1}{2}\int\limits_0^L\int\limits_0^L x_1^2\left[\psi_k(x_1)\psi_l(x_2) \pm \psi_l(x_1)\psi_k(x_2)\right]^2 dx_1\,dx_2 =$$

$$= \langle\psi_{kl}^{\pm}|x_2^2|\psi_{kl}^{\pm}\rangle = L^2\left[\frac{1}{3} - \frac{1}{4\pi^2}\left(\frac{1}{k^2} + \frac{1}{l^2}\right)\right] \tag{16.3-14}$$

Diese Gl. gilt auch für $k = l$. Nach Gl. (2) in Aufgabe 16–1b gilt für $k \neq l$:

$$2\langle\psi_{kl}^{\pm}|x_1 x_2|\psi_{kl}^{\pm}\rangle = \frac{L^2}{2} \pm 2\underbrace{\int\limits_0^L x_1\,\psi_k(x_1)\,\psi_l(x_1)\,dx_1}_{\text{Austauschintegral}} \cdot \underbrace{\int\limits_0^L x_2\,\psi_k(x_2)\,\psi_l(x_2)\,dx_2}_{\text{Austauschintegral}} =$$

$$= \frac{L^2}{2} \pm \frac{128\,L^2}{\pi^4}\frac{(k\,l)^2}{(k^2 - l^2)^4}\begin{cases} 1 & \text{für } k+l = \text{ungerade} \\ 0 & \text{für } k+l = \text{gerade} \end{cases} \tag{16.3-15}$$

Diese Gl. gilt auch für $k = l \Rightarrow k + l = \text{gerade}$. In diesem Fall verbleibt nur $L^2/2$.

Insgesamt erhalten wir für **zwei identische Teilchen**

$$\langle\psi_{kl}^{\pm}|(x_1 - x_2)^2|\psi_{kl}^{\pm}\rangle = \underbrace{L^2\left[\frac{1}{6} - \frac{1}{2\pi^2}\left(\frac{1}{k^2} + \frac{1}{l^2}\right)\right]}_{\text{für 2 unterscheidbare Teilchen}} \mp$$

$$L^2\frac{128}{\pi^4}\frac{(k\,l)^2}{(k^2 - l^2)^4}\begin{cases} 1 \text{ für } k+l = \text{ungerade} \\ 0 \text{ für } k+l = \text{gerade} \end{cases} \tag{16.3-16}$$

Das negative Vorzeichen vor $L^2\,128/\pi^4$ gilt für zwei identische Spin-0-Bosonen oder für zwei Neutronen im Singulettzustand. Das positive Vorzeichen gilt für zwei Neutronen im Triplettzustand.

Für $k+l=$ ungerade ist der Erwartungswert des quadrierten Teilchenabstandes für zwei identische, wechselwirkungsfreie Spin-0-Bosonen und für zwei Neutronen im Singulettzustand kleiner als für zwei unterscheidbare, wechselwirkungsfreie Teilchen. Der letzte, mit $L^2 128/\pi^4$ beginnende Term in Gl. (16.3–16) kommt bei unterscheidbaren Teilchen nicht vor. Er ist das *Produkt*

$$2 \int_0^L x_1\, \psi_k(x_1)\, \psi_l(x_1)\, dx_1 \cdot \int_0^L x_2\, \psi_k(x_2)\, \psi_l(x_2)\, dx_2 =$$

$$= L^2\, \frac{128}{\pi^4}\, \frac{(kl)^2}{(k^2-l^2)^4} \begin{cases} 1 \text{ für } k+l=\text{ungerade} \\ 0 \text{ für } k+l=\text{gerade} \end{cases} \quad \text{mit} \quad k \neq l \qquad (16.3\text{–}17)$$

von zwei sog. **Austauschintegralen.** *Austauschintegrale enthalten wegen der Ununterscheidbarkeit der Teilchen zwei verschiedene* Funktionen ($k \neq l$) *und können klassisch weder erklärt noch veranschaulicht werden. In unserem Fall enthält jedes Integral zugleich beide Funktionen* ψ_k *und* ψ_l, *weil sich jedes Teilchen infolge der (Anti)Symmetrie der Wellenfunktion sowohl im Zustand* ψ_k *als auch im Zustand* ψ_l *befindet.* (Alle anderen Integrale in der Rechnung mit nicht verschwindenden Beiträgen enthalten entweder nur ψ_k oder nur ψ_l.)

Zahlenbeispiel: Für $k=1$ und $l=2$ beträgt der mittlere Abstand

$$\sqrt{\left\langle (x_1-x_2)^2 \right\rangle} \approx \begin{cases} 0{,}20\,L & \text{für ident. Spin-0-Bosonen und Neutronen im Singulettzustand} \\ 0{,}32\,L & \text{für unterscheidbare Teilchen} \\ 0{,}41\,L & \text{für Neutronen im Triplettzustand} \end{cases}$$

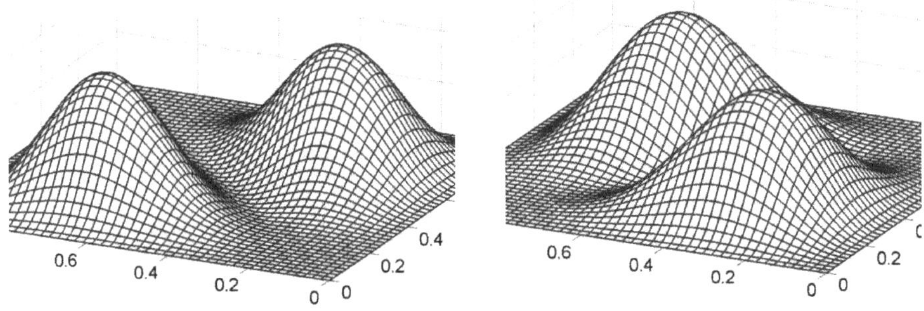

Abb. 16.3–3b Wahrscheinlichkeitsdichte von **zwei Neutronen** – links im Triplettzustand des Spins und rechts im Singulettzustand des Spins mit $k=1; l=2$. Die Wahrscheinlichkeitsdichten der beiden Wellenfunktionen lauten

$$\left| \psi_{12}^{\pm}(x_1,x_2) \right|^2 = \frac{2}{L^2} \left| \sin\left(\frac{1\pi}{L} x_1\right) \sin\left(\frac{2\pi}{L} x_2\right) \pm \sin\left(\frac{2\pi}{L} x_1\right) \sin\left(\frac{1\pi}{L} x_2\right) \right|^2$$

Auf der Diagonalen, die von rechts unten nach links oben verläuft, ist $x_1 = x_2$. Hier ist die Wahrscheinlichkeitsdichte $|\psi_{12}^-(x_1,x_2)|^2$ des Triplettzustandes null, so dass das mittlere Abstandsquadrat relativ groß ist.

Zwei identische Fermionen im symmetrischen Triplettzustand bzw. im antisymmetrischen Singulettzustand des Spins (also mit antisymmetrischer bzw. symmetrischer Ortswellenfunktion) haben für $k+l=$ ungerade ein vergrößertes bzw. verkleinertes mittleres Abstandsquadrat. Die

Ununterscheidbarkeit der beiden Fermionen hat einen deutlichen Einfluss auf das System, obwohl die beiden Fermionen nicht miteinander wechselwirken.

Dieses Ergebnis kann mit dem Pauli-Verbot verdeutlicht werden: *Im Triplettzustand haben die beiden Fermionen* (hier Neutronen) *parallelen Spin und gehen sich daher aus dem Wege, haben also einen größeren mittleren Abstand als im Singulettzustand mit antiparallelen Spins.*

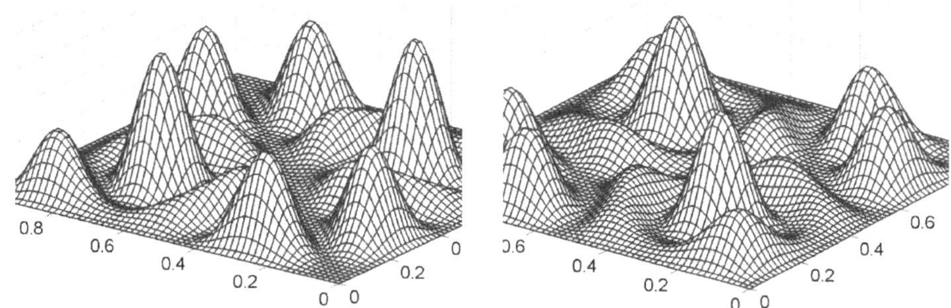

Abb. 16.3–3c Hier sehen wir noch die Wahrscheinlichkeitsdichten $|\psi_{25}(x_1,x_2)|^2$ von zwei Neutronen – links im Triplettzustand und rechts im Singulettzustand mit $k = 2 \,;\, l = 5$. Offensichtlich ist der mittlere Elektronenabstand im Singulettzustand kleiner.

In Aufgabe 16–10 wird ein vergleichbares Ergebnis erzielt für zwei untereinander nicht wechselwirkende Teilchen im Potential eines eindimensionalen harmonischen Oszillators.

Das vorangehende Beispiel zeigt: Im unendlich tiefen Potentialtopf haben zwei nicht untereinander wechselwirkende Spin-1/2-Fermionen (mit $k + l =$ ungerade) im Singulettzustand einen kleineren und im Triplettzustand einen größeren mittleren Abstand als zwei unterscheidbare Teilchen – obwohl die zwei Teilchen nicht wechselwirken. Die (Anti)Symmetrie der Wellenfunktion hat hier die gleiche Wirkung wie eine anziehende bzw. abstoßende Kraft, so dass man von einer **Austauschkraft** spricht.

Anziehung und Abstoßung von zwei identischen, nicht miteinander wechselwirkenden Teilchen werden durch die (Anti)Symmetrie des Ortsteiles der Wellenfunktion und damit letztendlich durch die Ununterscheidbarkeit der Teilchen verursacht und sind rein quantenmechanische Phänomene. Sie haben kein klassisches Analogon.

Die neu gewonnenen Erkenntnisse werden durch folgende, sehr kurze Rechnung bestätigt: Die (anti)symmetrische Zweiteilchen-Funktion ohne Spin

$$\Psi_{\pm}(\mathbf{r}_1,\mathbf{r}_2) = \frac{1}{\sqrt{2}}\Big[\,\psi(\mathbf{r}_1)\,\varphi(\mathbf{r}_2) \pm \varphi(\mathbf{r}_1)\,\psi(\mathbf{r}_2)\,\Big] \tag{16.3–18}$$

hat die Wahrscheinlichkeitsdichte

$$|\Psi_{\pm}(\mathbf{r}_1,\mathbf{r}_2)|^2 = \frac{1}{2}\Big[\,|\psi(\mathbf{r}_1)|^2\,|\varphi(\mathbf{r}_2)|^2 + |\varphi(\mathbf{r}_1)|^2\,|\psi(\mathbf{r}_2)|^2\,\Big] \pm$$

$$\mathrm{Re}\Big[\,\psi(\mathbf{r}_1)\,\varphi(\mathbf{r}_2)\,\varphi^*(\mathbf{r}_1)\,\psi^*(\mathbf{r}_2)\,\Big] \tag{16.3–19}$$

Für die antisymmetrische Funktion Ψ_-, die z. B. zwei Elektronen im (symmetrischen) Triplettzustand beschreibt, verschwindet die Wahrscheinlichkeitsdichte $|\Psi_-(\mathbf{r}_1,\mathbf{r}_2)|^2$ für $\mathbf{r}_1 = \mathbf{r}_2$. Zwei Elektronen im Triplettzustand vermeiden den Aufenthalt an benachbarten Orten. Umgekehrt halten sich Elektronen im (antisymmetrischen) Singulettzustand bevorzugt an benachbarten Orten auf. Diese klassisch unverständlichen Eigenschaften gehen auf die sog. Austausch-Wahrscheinlichkeitsdichte (in der zweiten Zeile der Gl. (16.3–19)) zurück.

Die Austausch-Wahrscheinlichkeitsdichte ist bedeutungslos, wenn die zwei Teilchen so weit voneinander entfernt sind, dass sich ihre Wellenfunktionen $\psi(\mathbf{r})$ und $\varphi(\mathbf{r})$ nicht überlappen. In diesem Fall sind alle Austauschintegrale null und eine (Anti)Symmetrisierung der Gesamtwellenfunktion ist überflüssig.

In Abschn. 18.2 werden wir das Wasserstoffmolekül H_2 untersuchen. Mit dem vorangehenden Beispiel 16.3–3 können wir bereits jetzt erfolgreich mutmaßen (noch nicht beweisen), warum die zwei Elektronen eine erhöhte Aufenthaltsdichte zwischen den H-Atomen haben: Wenn die beiden Elektronenspins den antisymmetrischen Singulettzustand $|0\,0\rangle$ einnehmen, dann muss der Ortsteil der gemeinsamen Wellenfunktion symmetrisch unter Teilchenvertauschung sein und deshalb zwangsläufig zu einer Erhöhung der Aufenthaltsdichte der Elektronen zwischen den Atomen führen. Damit haben wir eine erste Vorstellung über Atombindungen gewonnen: Vermutlich verursachen die Antisymmetrie der Wellenfunktion und damit letztlich die Ununterscheidbarkeit der Elektronen die erhöhte Aufenthaltsdichte der Elektronen zwischen den Atomen. *Die erhöhte Konzentration der zwei Valenzelektronen zwischen den Atomen wird als ihre Aufteilung auf beide Atome interpretiert, so dass jedes Atom eine Edelgaskonfiguration in der äußeren Schale einnimmt.* Damit ist auch die in der Chemie bekannte Edelgasregel erklärt.[16]

Man nennt man diese Bindung Atombindung. Gebräuchlich sind auch die Namen Elektronenpaarbindung und kovalente Bindung. (Näheres dazu in Kapitel „18 Moleküle".)

Diese Vermutungen müssen wir noch in Kapitel „18 Moleküle" beweisen, indem wir dort die Energien, die im vorangehenden Beispiel 16.3–3 wegen der fehlenden Wechselwirkungen nicht berücksichtigt wurden, berechnen und zeigen, dass die Wellenfunktionen mit dem Singulettzustand die kleinste Energie haben und daher die Bindung herstellen.

Das folgende, nicht ganz einfache, aber sehr empfehlenswerte Beispiel soll unter anderem die wichtige Frage klären, wann die (Anti)Symmetrie der Wellenfunktionen unnötig ist. Das Beispiel wird die Anmerkungen bestätigen, die in Fußnote 3 am Anfang des Abschn. 16.2 gemacht wurden.

 **Beispiel 16.3–4 Verzicht auf die (Anti)Symmetrisierung**

a) Zeige mit dem sehr schnellen, meistens exponentiellen Abfall der Wellenfunktionen für $x \to \pm\infty$, dass die (Anti)Symmetrisierung der Wellenfunktionen von zwei identischen Teilchen überflüssig ist, wenn sich die beteiligten Wellenfunktionen nicht überlappen. Denn in diesem Fall verschwinden die Austauschintegrale.

---

[16] Mit Ausnahme des Heliums haben alle Edelgase Ne, Ar, Kr, Xe, Rn acht Elektronen in der äußeren Unterschale (Valenzschale). Die **Edelgasregel** besagt, dass die Atome anderer Elemente diese Edelgaskonfiguration anstreben. Dazu nehmen die Atome in Ionenbindungen Elektronen vollständig auf oder geben sie vollständig ab; in Atombindungen hingegen teilen die Atome Elektronen untereinander auf.

b) Wir betrachten die Streuung von zwei Elektronen, die zur Zeit $t=0$ noch weit voneinander entfernt sind und mit den Impulsen $\pm\mathbf{p}$ aufeinander zufliegen (siehe Abb. 16.3–4). Wir sind unaufmerksam und vergessen fälschlicherweise den Spin. Der antisymmetrische Zwei-Elektronenzustand lautet

$$| \Psi(t=0)\rangle_{12} = \frac{1}{\sqrt{2}}\Big[\,|1,\mathbf{p};2,-\mathbf{p}\rangle - |1,-\mathbf{p};2,\mathbf{p}\rangle\,\Big] = \qquad \text{(ohne den vergessenen Spin)}$$

$$= \frac{1}{\sqrt{2}}\,(\hat{1}-\hat{P}_{12})\,|1,\mathbf{p};2,-\mathbf{p}\rangle \qquad\qquad (16.3\text{–}20)$$

Nach Aufgabe 7–2a steuert ein unitärer Operator $\hat{U}(t)$, den wir nicht hier kennen müssen, die Zeitentwicklung. Wir müssen nur wissen, dass $\hat{U}(t)$ den Hamiltonoperator als einzigen Operator enthält. Daher lautet der antisymmetrische Zwei-Elektronenzustand zur Zeit t

$$| \Psi(t)\rangle_{12} = \hat{U}(t)\,| \Psi(t=0)\rangle_{12} = \hat{U}(t)\,\frac{1}{\sqrt{2}}\,(\hat{1}-\hat{P}_{12})\,|1,\mathbf{p};2,-\mathbf{p}\rangle$$

Berechne die Wahrscheinlichkeitsamplitude dafür, die zwei Elektronen nach der Streuung mit den zwei Impulsen $\tilde{\mathbf{p}},-\tilde{\mathbf{p}}$ vorzufinden.

Hinweis: Vertausche $\hat{U}(t)$ mit $(\hat{1}-\hat{P}_{12})$ und berechne $_{12}\langle 1,2;\tilde{\mathbf{p}},-\tilde{\mathbf{p}}\,|\,\Psi(t)\rangle_{12}$.

c) Wir betrachten nochmals die in Teil b) beschriebene Elektronenstreuung und korrigieren unseren Fehler: Jetzt berücksichtigen wir den Elektronenspin durch die Spinzustände $|z,\pm\rangle_1$, $|z,\pm\rangle_2$. Ein Elektron ist im Spin-up- und das andere Elektron im Spin-down-Zustand. Wir nehmen an, dass spinabhängige Kräfte vernachlässigt werden können, so dass sich die *Spinzustände bei der Streuung nicht ändern*. Berechne erneut die Wahrscheinlichkeitsamplitude dafür, die zwei Elektronen nach der Streuung mit den zwei Impulsen $\tilde{\mathbf{p}},-\tilde{\mathbf{p}}$ vorzufinden.

Lösung:

a) Das vorangehende Beispiel 16.3–3 zeigte, dass die (Anti)Symmetrie der Wellenfunktionen auf Austauschintegrale – z. B. von der Form (siehe Gl. (16.3–15))

$$I = \int x\,\psi_k(x)\,\psi_l(x)\,dx \qquad\qquad (16.3\text{–}14')$$

führt. Alle Wellenfunktionen – von gebundenen und auch von freien Zuständen – fallen wegen der Normierbarkeit nach außen hin stark ab. (Meist ist der Abfall exponentiell wie in den Kap. 4, 5, 6 und 10). Wir betrachten zwei bei $x=0$ und bei $x=L$ konzentrierte Wellenpakete:

$$\psi_k(x) \sim \exp(-\alpha x^2) \qquad\qquad \psi_l(x) \sim \exp\big[-\alpha(x-L)^2\big]$$

$$\Rightarrow \quad \psi_k(x)\,\psi_l(x) \sim \exp\big[-\alpha\{x^2+(x-L)^2\}\big] \sim \exp(-\alpha L^2) \qquad\qquad (16.3\text{–}21)$$

Daher sind Austauschintegrale für große Teilchenentfernungen L praktisch null. Folglich gilt:

Die Ununterscheidbarkeit identischer Teilchen kann ignoriert werden, wenn die Wellenfunktionen praktisch nicht überlappen. Identische Teilchen können bei Nichtüberlappung der Wellenfunktionen wie verschiedene Teilchen behandelt werden. Für sie ist das Pauli-Prinzip bedeutungslos; die (Anti)Symmetrisierung der Wellenfunktionen kann entfallen.

Dieses Resultat ist nicht nur erfreulich, sondern auch einsichtig: *Teilchen, deren Wellenfunktionen nicht überlappen, können auf ihrem Weg verfolgt und jederzeit identifiziert werden*, so dass es praktisch keine Rolle spielt, ob die Teilchen identisch sind oder nicht.

b) Nach Gl. (16.2–3) vertauschen $\hat{P}_{12}$ und $\hat{H}$. Daher vertauschen auch $\hat{P}_{12}$ und $\hat{U}(t)$.

$$\Rightarrow \quad |\Psi(t)\rangle_{12} = \frac{1}{\sqrt{2}} (\hat{1} - \hat{P}_{12})\, \hat{U}(t)\, |1,\mathbf{p};2,-\mathbf{p}\rangle$$

Folglich lautet die gefragte Wahrscheinlichkeitsamplitude

$$_{12}\langle 1,2;\tilde{\mathbf{p}},-\tilde{\mathbf{p}} \mid \Psi(t)\rangle_{12} = \langle \frac{1}{\sqrt{2}} (\hat{1} - \hat{P}_{12})\, 1,\tilde{\mathbf{p}};2,-\tilde{\mathbf{p}} \mid \Psi(t)\rangle_{12} =$$

$$= \langle 1,\tilde{\mathbf{p}};2,-\tilde{\mathbf{p}} \mid \frac{1}{\sqrt{2}} (\hat{1} - \hat{P}_{12}^{\dagger})\, \frac{1}{\sqrt{2}} (\hat{1} - \hat{P}_{12})\, \hat{U}(t)\, |1,\mathbf{p};2,-\mathbf{p}\rangle$$

Mit $\hat{P}_{12}^{\dagger} = \hat{P}_{12}$ und $\hat{P}_{12}^{2} = \hat{1}$ folgt $(\hat{1} - \hat{P}_{12}^{\dagger})(\hat{1} - \hat{P}_{12}) = 2(\hat{1} - \hat{P}_{12})$. Dann lautet die Wahrscheinlichkeitsamplitude

$$\langle 1,\tilde{\mathbf{p}};2,-\tilde{\mathbf{p}} \mid (\hat{1} - \hat{P}_{12})\, \hat{U}(t)\, |1,\mathbf{p};2,-\mathbf{p}\rangle = \tag{16.3–22a}$$

$$= \langle 1,\tilde{\mathbf{p}};2,-\tilde{\mathbf{p}} \mid \hat{U}(t)\, |1,\mathbf{p};2,-\mathbf{p}\rangle - \langle 1,-\tilde{\mathbf{p}};2,\tilde{\mathbf{p}} \mid \hat{U}(t)\, |1,\mathbf{p};2,-\mathbf{p}\rangle \tag{16.3–22b}$$

Diese beiden Terme beschreiben die beiden Streuungen in Abb. 16.3‑4.

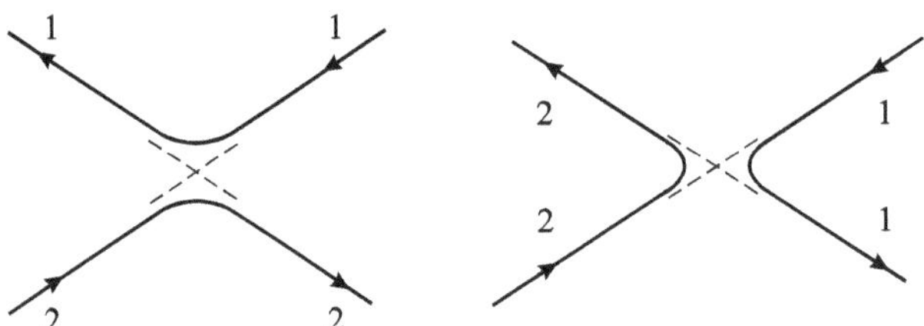

Abb. 16.3–4 Die „Bahnen" von zwei streuenden Elektronen werden *klassisch* dargestellt.

c) Mit $|+-\rangle := |z,+\rangle_1 \otimes |z,-\rangle_2$ lautet der Zustand der zwei Elektronen zur Zeit $t=0$

$$|\Psi(t=0)\rangle_{12} = \frac{1}{\sqrt{2}} (\hat{1} - \hat{P}_{12})\, |1,\mathbf{p};2,-\mathbf{p}\rangle \otimes |+-\rangle$$

Jetzt ist die gesuchte Wahrscheinlichkeitsamplitude nach Gl. (16.3–22a)

$$\left(\langle +-| \otimes \langle 1,\tilde{\mathbf{p}};2,-\tilde{\mathbf{p}}| \right) (\hat{1} - \hat{P}_{12})\, \hat{U}(t) \left(|1,\mathbf{p};2,-\mathbf{p}\rangle \otimes |+-\rangle \right) \underset{\langle +-|-+\rangle = 0}{\overset{\uparrow}{=}}$$

$$= \left(\langle +-| \otimes \langle 1,\tilde{\mathbf{p}};2,-\tilde{\mathbf{p}}| \right) \hat{U}(t) \left(|1,\mathbf{p};2,-\mathbf{p}\rangle \otimes |+-\rangle \right) =$$

$$= \langle 1,\tilde{\mathbf{p}};2,-\tilde{\mathbf{p}} \mid \hat{U}(t)\, |1,\mathbf{p};2,-\mathbf{p}\rangle \tag{16.3–23}$$

Hier hat der Vertauschungsoperator $\hat{P}_{12}$ keine Wirkung wegen der Unterscheidbarkeit der zwei Teilchen, die auf die Orthogonalität der beiden zeitlich unveränderlichen Spinzustände $|+-\rangle$ *und* $|-+\rangle$ *zurückgeht. Die Antisymmetrisierung der Wellenfunktion ist unnötig.* Wir erhalten dasselbe Ergebnis, wenn wir von vorne herein beide Teilchen als *verschieden* ansehen.

Die (Anti)Symmetrisierung der Wellenfunktion von zwei identischen Teilchen ist überflüssig, wenn die Teilchen orthogonale, nicht veränderliche Spinzustände haben.[17]

In unserem Fall ergibt sich die Bedeutungslosigkeit der (Anti)Symmetrie daraus, dass wir zwei Elektronen, die sich in gleichbleibenden, aber verschiedenen Spinzuständen befinden, jederzeit an Hand ihrer unveränderlichen Spinstellungen auseinanderhalten und identifizieren können – so, als wären sie verschiedene Teilchen.

Die zwei orthogonalen, *gleichbleibenden*, also *unveränderlichen* Spinzustände spielen gewissermaßen dieselbe Rolle wie die nicht dynamischen Eigenschaften Masse m, Ladung q, Spin s, ... , die am Anfang des Abschn. 16.2 genannt wurden. Bei dieser Betrachtung „unterscheiden" sich die zwei Elektronen in der Eigenschaft m_S und sind daher gleichsam „verschieden". So gesehen sind unsere Ergebnisse verständlich.

16.4 Leitgedanken

16.1 Unterscheidbare Teilchen

Die Schrödinger-Gl. von N *unterscheidbaren*, *nicht wechselwirkenden* Teilchen wird durch den Produktansatz

$$\psi(\mathbf{r}_1,\alpha_1,.... \, \mathbf{r}_N,\alpha_N) = \prod_{n=1}^{N} \psi(\mathbf{r}_n,\alpha_n) \tag{16.1-2}$$

gelöst. Hier hat jedes Teilchen eindeutig einen *eigenen*, *vollständigen* Satz α_n von Quantenzahlen. Die Produktfunktionen (16.1–2) sind aus Einteilchen-Zuständen zusammengesetzt und bilden eine orthonormierte Basis im Produktraum $\mathcal{H}_N = \mathcal{H}^{(1)} \otimes ... \otimes \mathcal{H}^{(N)}$ des N-Teilchensystems. Daher lassen sich *alle* N-Teilchen-Zustände als Überlagerungen der Produktfunktionen schreiben:

$$\psi(\mathbf{r}_1,\mathbf{r}_2 .... \, \mathbf{r}_N) = \sum_{\alpha_1,...\alpha_N} c_{\alpha_1...\alpha_N} \prod_{n=1}^{N} \psi(\mathbf{r}_n,\alpha_n) \tag{16.1-5}$$

16.2 Identische Teilchen

In der Quantenmechanik sind identische Teilchen laut Postulat ununterscheidbar. Der Hamiltonoperator und auch alle anderen Operatoren $\hat{A}$ ändern sich beim Austausch identischer Teilchen nicht:

---

[17] Das in Abschn. 22.2 behandelte No-Cloning-Theorem erklärt, warum die Zustände *orthogonal* sein müssen, wenn eine (Anti)Symmetrie der Wellenfunktion identischer Teilchen überflüssig sein soll. Nach dem No-Cloning-Theorem können nur *orthogonale* Zustände fehlerfrei kopiert und daher mit Sicherheit unterschieden werden. Nur die sichere Unterscheidung der unveränderlichen, *orthogonalen* Zustände ermöglicht eine verlässliche Bahnverfolgung und bricht die Ununterscheidbarkeit der Teilchen auf.

Zur Veranschaulichung des Theorems betrachten wir der Einfachheit halber einen Operator $\hat{A}$ mit diskreten, nicht entarteten Eigenwerten. Nicht orthogonale Zustände enthalten mindestens einen Eigenvektor von $\hat{A}$ *gemeinsam* und können daher durch Messungen von $\hat{A}$ nicht sicher unterschieden werden.

$$\hat{H}(1,\ldots m,\ldots n,\ldots N) = \hat{H}(1,\ldots n,\ldots m,\ldots N) \qquad \text{für alle } m, n \qquad\qquad (16.2\text{–}1a)$$

$$\hat{A}(1,\ldots m,\ldots n,\ldots N) = \hat{A}(1,\ldots n,\ldots m,\ldots N) \qquad \text{für alle } m, n \qquad\qquad (16.2\text{–}1b)$$

mit der Abkürzung m für $\hat{\mathbf{R}}_m, \hat{\mathbf{P}}_m, \hat{\mathbf{S}}_m$. Der hermitesche **Vertauschungsoperator** $\hat{P}_{mn}$ tauscht die zwei Teilchen mit den Nrn. m und n:

$$\hat{P}_{mn}\,\psi(\ldots \mathbf{r}_m,\ldots \mathbf{r}_n,\ldots) = \psi(\ldots,\mathbf{r}_n,\ldots \mathbf{r}_m,\ldots) \qquad\qquad (16.2\text{–}2)$$

$\hat{P}_{mn}$ versetzt das m-te (n-te) Teilchen in den Quantenzustand des n-ten (m-ten) Teilchens. Für identische Teilchen kommutiert der Hamiltonoperator mit jedem Vertauschungsoperator:

$$\left[\,\hat{P}_{mn},\hat{H}(\ldots m,\ldots n,\ldots)\,\right] = 0 \qquad \textit{nur für identische } \text{Teilchen} \qquad\qquad (16.2\text{–}3)$$

Daher haben der Hamiltonoperator und jeder Vertauschungsoperator je ein eigenes, gemeinsames, vollständiges Orthonormalsystem von Eigenfunktionen. Die Eigenwertgln. von $\hat{P}_{mn}$ lauten

$$\hat{P}_{mn}\,\psi(\ldots \mathbf{r}_m,\ldots \mathbf{r}_n,\ldots) = \psi(\ldots \mathbf{r}_n,\ldots \mathbf{r}_m,\ldots) = \lambda_{mn}\,\psi(\ldots \mathbf{r}_m,\ldots \mathbf{r}_n,\ldots) \qquad\qquad (16.2\text{–}2)$$

Wegen $(\hat{P}_{mn})^2 = \hat{1}$ gilt $\lambda_{mn} = \pm 1$. Wegen der Gleichartigkeit identischer Teilchen haben alle Vertauschoperatoren für eine gegebene Wellenfunktion denselben Eigenwert: $\lambda_{mn} = \lambda$.

Aufgrund aller Beobachtungen und Experimente müssen wir **postulieren**:

Identische Teilchen mit halbzahligem Spin ($s = 1/2, 3/2, \ldots$) werden durch antisymmetrische Wellenfunktionen beschrieben. Identische Teilchen mit ganzzahligem Spin ($s = 0, 1, 2\ldots$) haben symmetrische Wellenfunktionen.

Teilchen mit halbzahligem (ganzzahligem) Spin heißen Fermionen (Bosonen). Aus dem Postulat folgt sofort das äußerst wichtige **Pauli-Verbot**:

Zwei identische Fermionen können nicht denselben Zustand besetzen.

Das Pauli-Verbot macht sich gewissermaßen aus Stetigkeitsgründen schon bemerkbar, wenn sich zwei identische Teilchen in gleichen Zuständen stark annähern (siehe Abb. 16.3–1).

16.3 Symmetrisierung und Antisymmetrisierung

Die Produktfunktionen (16.1–2) bilden eine orthonormierte Basis im Hilbertraum der N-Teilchen-Systeme. Für nicht untereinander wechselwirkende Teilchen wird die Schrödinger-Gl. durch diese Produktfunktionen gelöst. Für *identische*, nicht untereinander wechselwirkende **Fermionen** kann die Antisymmetrie der Produktfunktionen mit **Slater-Determinanten** realisiert werden:

$$\psi^{-}_{\alpha_1\ldots\alpha_N}(\mathbf{r}_1,\ldots \mathbf{r}_N) = \frac{1}{\sqrt{N!}}\begin{vmatrix} \psi(\mathbf{r}_1,\alpha_1) & \cdots & \psi(\mathbf{r}_N,\alpha_1) \\ \vdots & & \vdots \\ \psi(\mathbf{r}_1,\alpha_N) & \cdots & \psi(\mathbf{r}_N,\alpha_N) \end{vmatrix} \qquad\qquad (16.3\text{–}5b)$$

Auf der linken Seite stehen die Quantensätze α_k nicht mehr direkt neben den Ortsvektoren, weil die Quantensätze nicht mehr einem einzelnen Teilchen zugeordnet sind. Vielmehr *hat jedes Teilchen einen gleichen Anteil an allen Quantensätzen*. Wenn ein und derselbe Zustand zweimal auftritt (z. B. $\alpha_1 = \alpha_N$), so sind zwei Zeilen gleich und die Determinante verschwindet.

Slater-Determinanten setzen sich aus *N Einteilchen-Funktionen* zusammen. Der Ansatz, Mehrteilchensysteme mit optimierten Einteilchen-Wellenfunktionen zu beschreiben, ist in der Atom- und Molekülphysik gängig und vielversprechend (siehe die Hartree-Methode in Abschn. 17.3).

Die Slater-Determinanten sind Basisfunktionen des antisymmetrischen Unterraumes $\mathcal{H}_N^-$. Daher können die Überlagerungen der Slater-Determinanten

$$\psi^-\left(\mathbf{r}_1,\mathbf{r}_2,.....\,\mathbf{r}_N\right) = \frac{1}{\sqrt{N!}} \sum_{\alpha_1,...\,\alpha_N} c_{\alpha_1...\,\alpha_N} \begin{vmatrix} \psi(\mathbf{r}_1,\alpha_1) & \cdots & \psi(\mathbf{r}_N,\alpha_1) \\ \vdots & & \vdots \\ \psi(\mathbf{r}_1,\alpha_N) & \cdots & \psi(\mathbf{r}_N,\alpha_N) \end{vmatrix} \qquad (16.3\text{-}6b)$$

alle antisymmetrischen Wellenfunktionen und daher auch alle Zustände von N untereinander wechselwirkenden Fermionen beschreiben.

In Beispiel 16.3–2 untersuchten wir zwei *wechselwirkungsfreie*, identische, ruhende Teilchen, die durch Gaußfunktionen beschrieben werden. Obwohl die zwei identischen Teilchen nicht miteinander wechselwirken, *hängen die Erwartungswerte* $\langle E\rangle_\pm$ *der Gesamtenergie vom Abstand* $|s_2 - s_1|$ *der zwei Gaußpakete und auch davon ab, ob die zwei Teilchen Bosonen oder Fermionen sind.* Der Grund ist die (Anti)Symmetrie der Gesamtwellenfunktion $\Psi_\pm(x_1,x_2,t)$ und damit letztendlich die Ununterscheidbarkeit der zwei Teilchen.

Beispiel 16.3–3 untersucht das mittlere Abstandsquadrat $\langle (x_1-x_2)^2 \rangle$ von zwei *wechselwirkungsfreien* Teilchen im unendlich tiefen Potentialtopf. Bei identischen Teilchen treten **Austauschintegrale** $\int x\,\psi_k(x)\,\psi_l(x)\,dx$ auf. Austauschintegrale enthalten zwei *verschiedene* Funktionen $\psi_k(x)$ und $\psi_l(x)$, weil die identischen Teilchen an beiden Quantenzahlen k,l Anteil haben und sich daher zugleich in beiden Zuständen $\psi_k(x)$ und $\psi_l(x)$ befinden. Diese Integrale lassen sich klassisch weder erklären noch veranschaulichen. Sie *gehen auf die (Anti)Symmetrie des Ortsteiles der Wellenfunktion zurück* und bewirken, dass zwei *identische, wechselwirkungsfreie* Spin-1/2-Teilchen (mit $k + l =$ ungerade) im Singulettzustand einen kleineren und im Triplettzustand einen größeren mittleren Abstand haben als zwei unterscheidbare Teilchen – *obwohl keine Kräfte zwischen den Teilchen auftreten.* Die (Anti)Symmetrie der Wellenfunktion hat also die gleiche Wirkung wie eine anziehende bzw. eine abstoßende Kraft; deshalb spricht man von einer **Austauschkraft**.

Die Ununterscheidbarkeit identischer Teilchen ist bedeutungslos, wenn sich die Aufenthaltsdichten nicht überlappen oder wenn die Zustände verschiedene, gleich bleibende Quantenzahlen haben, die jederzeit die Wiedererkennbarkeit der Teilchen garantieren. Eine (Anti)Symmetrisierung der Gesamtwellenfunktion ist in diesen zwei Fällen nicht erforderlich.

16.5 Aufgaben

16–1 Mittel Berechnung von drei Integralen in Beispiel 16.3–3

Berechne für die normierten Funktionen

$$\psi_{kl}^{\pm}(x_1,x_2) = \frac{\sqrt{2}}{L}\left[\sin\left(\frac{k\pi}{L}x_1\right)\sin\left(\frac{l\pi}{L}x_2\right) \pm \sin\left(\frac{l\pi}{L}x_1\right)\sin\left(\frac{k\pi}{L}x_2\right)\right] \quad \text{mit} \quad k\neq l \qquad (16.5\text{-}1)$$

und für $\psi_{kk}(x_1,x_2) = \dfrac{2}{L}\sin\left(\dfrac{k\pi}{L}x_1\right)\sin\left(\dfrac{k\pi}{L}x_2\right)$ $\qquad\qquad\qquad\qquad\qquad (16.5\text{-}2)$

die Integrale

a) $\langle \psi_{kl}^{\pm} | x_1^2 | \psi_{kl}^{\pm} \rangle$ **b)** $2\langle \psi_{kl}^{\pm} | x_1 x_2 | \psi_{kl}^{\pm} \rangle$

Hinweis: Verwende die folgenden zwei Integrale:

1) $\dfrac{2}{L} \displaystyle\int_0^L x \sin^2\!\left(\dfrac{k\pi}{L} x \right) dx = \langle x \rangle = \dfrac{L}{2}$ (Natürlich !)

2) Für $k \neq l$ gilt:

$$\frac{2}{L} \int_0^L x \sin\!\left(\frac{k\pi}{L} x \right) \sin\!\left(\frac{l\pi}{L} x \right) dx = \frac{1}{L} \int_0^L x \left[\cos\!\left(\frac{k-l}{L} \pi x \right) - \cos\!\left(\frac{k+l}{L} \pi x \right) \right] dx =$$

$$= \frac{L}{\pi^2} \left[(-1)^{k+l} - 1 \right] \left[\frac{1}{(k-l)^2} - \frac{1}{(k+l)^2} \right] = -\frac{8L}{\pi^2} \frac{kl}{(k^2-l^2)^2} \begin{cases} 1 & \text{für } k+l = \text{ungerade} \\ 0 & \text{für } k+l = \text{gerade} \end{cases}$$

Diese Integrale lassen sich am einfachsten mit einem Computer-Algebra-Programm ermitteln.

16–2 Mittel Störungsrechnung für zwei Teilchen mit Delta-Potential

Zwei Teilchen sind im unendlich tiefen Potentialtopf (5.1–2) der Breite L gefangen. Die gegenseitige Wechselwirkung der Teilchen wird durch ein deltaartiges Potential beschrieben:

$$\hat{H}^{(1)}(x_1, x_2) = \tilde{V}\, \delta(x_1 - x_2) \qquad\qquad \tilde{V} \text{ hat die Einheit J·m .}$$

Berechne mit der Störungstheorie die erste Korrektur der Energie für zwei

a) unterscheidbare Teilchen (mit gleichen Massen m) im Grundzustand mit nicht entarteter Energie.

b) unterscheidbare Teilchen (mit gleichen Massen m) im ersten angeregten Zustand mit entartetem Spektrum.

c) identische Spin-0-Bosonen im Grundzustand und im ersten angeregten Zustand.

Hinweis: *Orthonormierte* Wellenfunktionen und Energien eines Einzelteilchens lauten nach Abschn. 5.1:

$$\psi_n(x) = \sqrt{\frac{2}{L}} \sin\!\left(\frac{n\pi}{L} x \right) \qquad E_n = \frac{\hbar^2 \pi^2}{2mL^2} n^2 = E_1\, n^2 \qquad n = 1, 2, 3, \dots. \qquad (5.1\text{–}6/7)$$

16–3 Mittel Eigenschaften der Vertauschungsoperatoren

a) Zeige für Teilchenzahl $N>2$: Die Vertauschungsoperatoren $\hat{P}_{ik}$ und $\hat{P}_{im}$ ($k \neq m$) mit einem *gleichen* Index – in diesem Fall i – *kommutieren nicht*: $[\hat{P}_{ik}, \hat{P}_{im}] \neq 0$

Hinweis: Da die Vertauschungsoperatoren für $N>2$ nicht kommutieren, haben sie kein gemeinsames, vollständiges System von Eigenvektoren. Weiterhin gilt für $N>2$: $\mathcal{H}_N \neq \mathcal{H}_N^+ \oplus \mathcal{H}_N^-$

b) Zeige: Die Vertauschungsoperatoren $\hat{P}_{km}$ sind *hermitesch* und haben daher reelle Eigenwerte.

Hinweise: **1)** Die Zustände $\psi(\dots \mathbf{r}_k, \alpha_k; \dots \mathbf{r}_m, \alpha_m; \dots) = |\dots k, \alpha_k; \dots m, \alpha_m; \dots\rangle$ sollen eine Basis im Zustandsraum von N identischen Teilchen bilden. Berechne die Matrixelemente von $\hat{P}_{km}$.

2) Da nach Teil a) nicht alle Vertauschungsoperatoren miteinander kommutieren, sind Permutationsoperatoren, die *mehr* als zwei Teilchen vertauschen und sich nach Gl. (16.3–2) als Produkt von Vertauschungsoperatoren schreiben lassen, nicht notwendig hermitesch (siehe Beispiel 7.2–2g).

c) Beweise, dass die Vertauschungsoperatoren *unitär* sind, dass also $\hat{P}_{km}^\dagger \hat{P}_{km} = \hat{1}$. Insgesamt gilt also:

$$\hat{P}_{mk} \underset{\substack{\uparrow \\ \text{trivial}}}{=} \hat{P}_{km} = \hat{P}_{km}^\dagger = \hat{P}_{km}^{-1} \qquad\qquad (16.5\text{–}3)$$

d) Zeige an einem Beispiel, dass bei *unterscheidbaren* Teilchen $\hat{H}$ und $\hat{P}_{km}$ nicht vertauschen:

$$\left[\hat{P}_{km},\hat{H}(\ldots k,\ldots m,\ldots)\right] \neq 0 \qquad \text{für } \textit{unterscheidbare} \text{ Teilchen}$$

e) Zeige, dass symmetrische und antisymmetrische Wellenfunktionen orthogonal zueinander sind.

f) Beweise die Gl. $\langle \psi^{+} | \hat{A} | \psi^{-} \rangle = 0$ für alle symmetrischen Operatoren $\hat{A}$, also für alle Operatoren, die sich unter Teilchenvertauschungen nicht ändern, und für alle (anti)symmetrischen Wellenfunktionen $|\psi^{\pm}\rangle$.

16–4 Mittel Einmal (anti)symmetrisch, immer (anti)symmetrisch

Zeige für explizit zeit*un*abhängige Systeme, also für $V = V(\mathbf{r})$, dass eine Wellenfunktion

$$\psi_{\alpha_1 \ldots \alpha_N}(\mathbf{r}_1, \ldots \mathbf{r}_N, t)$$

die zur Zeit $t = 0$ symmetrisch bzw. antisymmetrisch ist, immer symmetrisch bzw. antisymmetrisch bleibt. *Die Symmetrie eines Zustandes ändert sich nicht im Laufe der Zeit.* (Das gilt natürlich auch für $V = V(\mathbf{r},t)$. Siehe den Beweis in [Nolting-2], Aufgabe 8.2.1.)

Hinweis: Arbeite mit Gl. (7.5–4b) in Aufgabe 7–2:

$$\psi(\mathbf{r},t) = \hat{U}(t)\,\psi(\mathbf{r},0) = e^{-i\hat{H}t/\hbar}\,\psi(\mathbf{r},0) \qquad \text{für} \qquad V = V(\mathbf{r}) \qquad (7.5\text{–}4b)$$

16–5 Schwer Energie-Erwartungswert von *N* wechselwirkenden, identischen Fermionen

Ein System enthält N identische Spin-1/2-Teilchen, die in einem symmetrischen, zeitlich unveränderlichen Spinzustand sind, den wir nicht mitführen. Der Hamiltonoperator ist eine Summe aus Einteilchen-Hamiltonoperatoren $\hat{H}(k)$ und aus Zweiteilchen-Hamiltonoperatoren $\hat{H}(k,l)$, die eine gegenseitige, spinunabhängige Wechselwirkung beschreiben:

$$\hat{H}(1,2,\ldots N) = \sum_{k=1}^{N} \hat{H}(k) + \frac{1}{2}\sum_{k,l=1}^{N} \hat{H}(k,l) \qquad \text{mit} \qquad \hat{H}(k,k) = \hat{0}$$

Dabei ist k (und entsprechend l) die Abkürzung für die Operatoren $\hat{\mathbf{R}}_k, \hat{\mathbf{P}}_k$.

Berechne den Erwartungswert $\langle \Psi^{-} | \hat{H}(1,2,\ldots N) | \Psi^{-} \rangle$ der Energie für die Wellenfunktion

$$|\Psi^{-}\rangle := \psi^{-}_{\alpha_1 \ldots \alpha_N}(\mathbf{r}_1, \ldots \mathbf{r}_N) = \sqrt{\frac{1}{N!}}\sum_{P}(-1)^{p}\,\hat{P}\prod_{i=1}^{N}\psi(\mathbf{r}_i,\alpha_i) \qquad (16.3\text{–}5a)$$

Außer der Orthonormierung $\langle \psi(\mathbf{r}_i,\alpha_m) | \psi(\mathbf{r}_i,\alpha_n)\rangle = \delta_{mn}$ wissen wir nichts über die Wellenfunktionen.

16–6 Leicht Wellenfunktion für drei identische Teilchen

Wie setzt sich die Wellenfunktion für **a)** drei identische Fermionen **b)** drei identische Bosonen aus den drei Einteilchen-Wellenfunktionen $\psi_{\alpha_1}(\mathbf{r}), \psi_{\alpha_2}(\mathbf{r}), \psi_{\alpha_3}(\mathbf{r})$ zusammen?

c) In den folgenden Kapiteln 17 und 18 werden wir die Wellenfunktionen von Mehrelektronen-Systemen als Produkt von Bahn- und Spin-Anteil beschreiben, wobei ein Anteil symmetrisch und der andere Anteil antisymmetrisch unter Teilchenvertauschung ist (siehe die z. B. die Gln. (17.1–4/6/7) oder (18.2–3/7)). Kann man die Wellenfunktion immer als Produkt von Bahn- und Spin-Anteil schreiben?

16–7 Mittel Bedeutung von Wahrscheinlichkeitsdichten

Welche Bedeutung haben die folgenden zwei Ausdrücke für identische Teilchen?

a) $|\psi_{\alpha_1 \ldots \alpha_N}(\mathbf{r}_1,\mathbf{r}_2,\ldots \mathbf{r}_N)|^{2}$ $\qquad$ **b)** $\left[\int d^{3}r_2 \ldots \int d^{3}r_N\, |\psi_{\alpha_1 \ldots \alpha_N}(\mathbf{r}_1,\mathbf{r}_2,\ldots \mathbf{r}_N)|^{2}\right]\cdot d^{3}r_1$

c) Wie lautet das Skalarprodukt von zwei N-Teilchen-Funktionen ψ und φ?

16–8 Schwer Freies Elektronengas Abb. 16.5–1

In einem Metall verlassen in jedem Atom ein bis drei Valenzelektronen die Elektronenhülle und bewegen sich danach im ganzen Festkörper. Das einfachste Modell beschreibt die abgelösten Elektronen als freie Elektronen, die weder mit den Atomrümpfen noch mit den anderen abgelösten Elektronen wechselwirken und sich daher in einem *dreidimensionalen, unendlich tiefen Potentialtopf* bewegen (siehe Beispiel 5.1–4). Dieses Modell erinnert an ein klassisches, ideales Gas. Es kann trotz seiner Einfachheit einige Eigenschaften von Metallen erklären.

a) In einem *ein*dimensionalen, unendlich tiefen Potentialtopf mit Breite L befinden sich N nicht wechselwirkende Fermionen. Wie groß ist ihre Gesamtenergie im Grundzustand?

> Hinweis: Bei einer sehr großen Teilchenzahl N dürfen wir N als gerade annehmen.

b) Gegeben ist eine *sehr große*, reelle Zahl $R \gg 10^3$. Berechne näherungsweise die riesige Anzahl N_{Tripel} der positiven, ganzzahligen Zahlentripel n_1, n_2, $n_3 \geq 1$, die folgende Bedingung erfüllen:

$$n_1^2 + n_2^2 + n_3^2 \leq R^2 \qquad (16.5\text{–}4)$$

> Hinweis: Betrachte ein dreidimensionales Gitter mit den Achsen n_1, n_2, n_3. Der Abstand der Gitterpunkte ist eins. Dann ist die große Zahl der Gitterpunkte, welche die Bedingung (16.5–4) erfüllen, in etwa gleich dem Volumen eines Kugeloktanten (der achte Teil einer Kugel) mit Radius R.

c) In einem *drei*dimensionalen, unendlich tiefen Potentialtopf mit drei gleichen Ausdehnungen L befinden sich N_{Fermion} nicht wechselwirkende Spin-1/2-Fermionen. Wie groß ist ihre Gesamtenergie E_{ges} im Grundzustand?

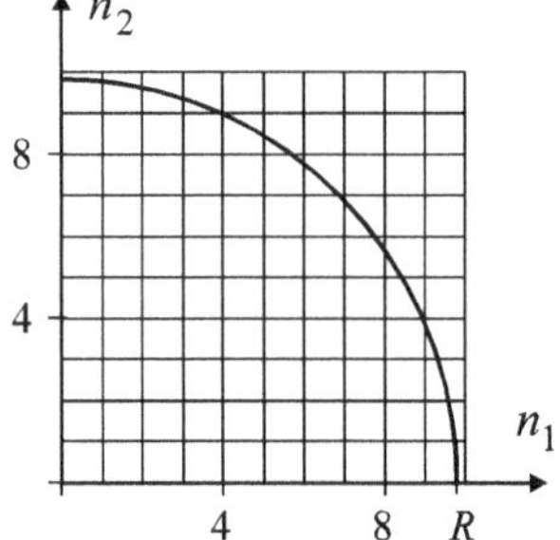

Abb. 16.5–1 Das Problem aus Aufgabe 16–8b wird hier im zweidimensionalen **n**-Raum veranschaulicht. Für große R ist die Zahl der Gitterpunkte (mit Abstand eins) im Viertelkreis ungefähr gleich der Fläche $\pi R^2 / 4$ des Viertelkreises.

d) Berechne den **Entartungsdruck** $p_{\text{Ent}} = -\partial E_{\text{ges}} / \partial V$. Er spielt eine große Rolle in der Sonnenphysik.
Hinweis: Der Entartungsdruck lässt sich aus der klassischen Thermodynamik ableiten: Die kleine Verringerung dV eines Gasvolumens erfordert die Arbeit $dW = -p\, dV$. Nach dem ersten Hauptsatz der Thermodynamik kommt diese am Gas geleistete Arbeit der inneren Energie zugute:

$$dE = -p\, dV \quad \Rightarrow \quad p = -\frac{\partial E}{\partial V} \qquad (16.5\text{–}5)$$

e) Wie groß ist die sog. **Fermi-Energie** E_{F}, also die größte Energie, die ein Elektron in einem Elektronengas haben kann, das sich als Ganzes im Grundzustand befindet und aus N wechselwirkungsfreien Elektronen in einem dreidimensionalen, unendlich tiefen Potentialtopf mit Volumen L^3 besteht?

16–9 Mittel Eigenfunktionen von Vertauschungsoperatoren und Hamiltonoperator

Die (anti)symmetrischen Wellenfunktionen spannen im Hilbertraum die Unterräume $\mathcal{H}_N^+$ bzw. $\mathcal{H}_N^-$ auf. Nur für Zweiteilchensysteme bilden die Unterräume $\mathcal{H}_2^+$ und $\mathcal{H}_2^-$ den ganzen Hilbertraum: $\mathcal{H}_2 = \mathcal{H}_2^+ \oplus \mathcal{H}_2^-$. Denn jede Zweiteilchen-Wellenfunktion kann als eine Summe aus einer symmetrischen und einer antisymmetrischen Wellenfunktion geschrieben werden:

$$\psi(\mathbf{r}_1, \mathbf{r}_2) = \frac{\hat{1} + \hat{P}_{12}}{2}\, \psi(\mathbf{r}_1, \mathbf{r}_2) + \frac{\hat{1} - \hat{P}_{12}}{2}\, \psi(\mathbf{r}_1, \mathbf{r}_2) \qquad (16.5\text{–}6)$$

Für Systeme mit $N \geq 3$ spannen die Unterräume $\mathcal{H}_N^+$ und $\mathcal{H}_N^-$ nicht den ganzen Hilbertraum $\mathcal{H}_N$ auf:

$$\mathcal{H}_N \neq \mathcal{H}_N^+ \oplus \mathcal{H}_N^- \qquad \text{für } N \geq 3 \tag{16.5-7}$$

(Ein konkreter Beweis für $N = 3$ wird dem Leser überlassen.) Nach Gl. (16.2–3) kommutieren bei identischen Teilchen alle Vertauschungsoperatoren $\hat{P}_{mn}$ mit dem Hamiltonoperator: $\left[\hat{P}_{mn}, \hat{H}(\dots m, \dots n, \dots) \right] = 0$. Deshalb könnte man vermuten (?), dass *alle* Vertauschungsoperatoren und der Hamiltonoperator ein vollständiges, gemeinsames System von Eigenfunktionen haben. Aber diese Annahme widerspricht der Ungl. (16.5–7). Wo liegt der Fehler? Hinweis: Beachte Aufgabe 16–3a.

16–10 Mittel Mittleres Abstandsquadrat im harmonischen Oszillator

Zwei *untereinander nicht wechselwirkende* Teilchen mit gleichen Massen befinden sich im Potential

$$V(x_1, x_2) = m\,\omega^2 \left(x_1^2 + x_2^2 \right) \big/ 2$$

eines eindimensionalen harmonischen Oszillators. Ihre Wellenfunktionen

$$\psi_{kl}(x_1, x_2) = \psi_k^{(1)}(x_1)\,\psi_l^{(2)}(x_2) \quad \text{und} \quad \psi_{kl}^{\pm}(x_1, x_2) = \left[\psi_k^{(1)}(x_1)\,\psi_l^{(2)}(x_2) \pm \psi_l^{(1)}(x_1)\,\psi_k^{(2)}(x_2) \right] \big/ \sqrt{2}$$

enthalten die Ein-Teilchenwellenfunktionen $\psi_k(x)$ und $\psi_l(x)$ des eindimensionalen harmonischen Oszillators. Berechne das mittlere Abstandsquadrat $\langle (x_1 - x_2)^2 \rangle$ für zwei

a) gleich schwere, unterscheidbare Teilchen   **b)** identische Spin-0-Bosonen   **c)** Neutronen.

16–11 Leicht Energien von zwei wechselwirkungsfreien Teilchen im Potentialtopf

Zwei Teilchen *ohne gegenseitige Wechselwirkungen* sitzen im unendlich tiefen Potentialtopf

$$V(x) = \begin{cases} 0 & \text{für } 0 < x < L \\ \infty & \text{sonst} \end{cases}$$

der bereits in Abschn. 5.1 und vor allem in Beispiel 16.3–3 untersucht wurde.

Nenne die Ortsanteile des Grundzustandes und des ersten angeregten Zustandes und berechne die Energien

a) für zwei unterscheidbare, spinlose Teilchen mit gleichen Massen.

b) für zwei identische, spinlose Bosonen oder für zwei Neutronen im Singulettzustand.

c) für zwei Neutronen im Triplettzustand.

17 Mehrelektronenatome

Dieses Kapitel hat ein mittleres Niveau und behandelt Atome mit mehr als einem Elektron. Die Schrödinger-Gln. von Atomen mit mehr als einem Elektron sind analytisch nicht lösbar. Wir werden deshalb die Energieniveaus des Heliumatoms in erster Näherung mit der Störungstheorie berechnen und die Hartree-Methode als wichtiges Näherungsverfahren vorstellen.

17.1 *Das Heliumatom*: Wir behandeln die Elektron-Elektron-Wechselwirkung als Störung und berechnen die Energie des Grundzustandes mit der Störungsrechnung in erster Näherung. Der Fehler beträgt etwa 5%.

Wegen der Antisymmetrie der Wellenfunktion hängt die Energie der angeregten Zustände vom Spinzustand der beiden Elektronen ab und enthält eine klassisch nicht bekannte Austauschenergie.

17.2 *Das Periodensystem* *: Der Aufbau des Periodensystems und die Edelgaskonfiguration werden kurz erläutert.

17.3 *Die Hartree-Methode*: Die Energieniveaus und Wellenfunktionen von Mehrelektronenatomen werden iterativ mit Einteilchen-Schrödinger-Gln. berechnet. In der iterativen Hartree-Methode wird das effektive Potential des i-ten Elektrons durch räumliche Mittelungen der Potentiale gebildet, die von den Ladungsdichten $e_0 |\psi_k(\mathbf{r}_k)|^2$ der anderen $Z-1$ Elektronen erzeugt werden. Dabei sind $\psi_k(\mathbf{r}_k)$ die im vorangehenden Iterationsschritt berechneten Wellenfunktionen.

Bei Atomen mit vielen gefüllten und daher kugelsymmetrischen Unterschalen kann man die Hartree-Potentiale über den Raumwinkel Ω integrieren und erhält somit ein kugelsymmetrisches effektives Potential $V_i^{\mathrm{H}}(r_i)$ für das i-te Elektron ($i=1,\dots Z$). In dieser sog. Zentralfeldnäherung sind die numerischen Berechnungen wesentlich schneller und die Schalenstruktur bleibt sichtbar.

17.1 Das Heliumatom

Helium ist das einfachste Mehrelektronenatom und nach Wasserstoff das zweithäufigste Element im Universum. Helium wird hauptsächlich aus Erdgas gewonnen, das je nach Vorkommen bis zu 16 Volumenprozente Helium enthält. Heliumatome sind die kleinsten Atome. Helium hat unter allen Elementen die größte Ionisierungsenergie (24,587 eV) und ist – wie auch die anderen Edelgase – chemisch äußerst reaktionsträge; Heliumatome gehen keine stabilen chemischen Verbindungen ein, auch nicht untereinander. Als einziges Element kann Helium nur unter hohen Drücken verflüssigt werden.

Wir berechnen mit der **Störungsrechnung** die Energieniveaus in erster Näherung. Wegen $m_{\mathrm{Kern}} \approx 7300 \cdot m_{\mathrm{e}}$ wird der Atomkern als ruhend angesehen. Wir vernachlässigen die Feinstruktur. Trotzdem *haben die Spins der zwei Elektronen wegen der Antisymmetrie der*

Quantenmechanik: Lehr- und Arbeitsbuch, 2. Auflage. Friedhelm Kuypers.
© 2026 Wiley-VCH GmbH. Published 2026 by Wiley-VCH GmbH.

Wellenfunktionen einen großen Einfluss auf die Energieniveaus und auf die Wellenfunktionen. Der Hamiltonoperator lautet

$$\hat{H} = \left(-\frac{\hbar^2}{2\,m_e}\Delta_1 - \frac{1}{4\pi\varepsilon_0}\frac{2\,e_0^2}{r_1} \right) +$$

$$\left(-\frac{\hbar^2}{2\,m_e}\Delta_2 - \frac{1}{4\pi\varepsilon_0}\frac{2\,e_0^2}{r_2} \right) +$$

$$\frac{1}{4\pi\varepsilon_0}\frac{e_0^2}{|\mathbf{r}_1 - \mathbf{r}_2|} =$$

$$= \hat{H}_1^{(0)} + \hat{H}_2^{(0)} + \hat{V}_{12} \qquad (17.1\text{-}1)$$

$\hat{H}_i^{(0)}$ sind die Hamiltonoperatoren der beiden Elektronen und $\hat{V}_{12}$ ist der Wechselwirkungsoperator.

Die Schrödinger-Gl.

$$\left(\hat{H}_1^{(0)} + \hat{H}_2^{(0)} + \hat{V}_{12} \right) \psi(\mathbf{r}_1,\mathbf{r}_2) = E\,\psi(\mathbf{r}_1,\mathbf{r}_2)$$

Tabelle 17.1–1 Energien des Heliumatoms *in nullter Näherung*, also ohne Elektron-Elektron-Wechselwirkung.

n_1	n_2	$E^{(0)}_{n_1 n_2}$ [eV]
1	1	– 108,8
1	2	– 68,0
⋮	⋮	⋮
1	∞	– 54,4
2	2	– 27,2
2	3	– 19,6
⋮	⋮	⋮
2	∞	– 13,6

ist nicht exakt lösbar, so dass wir die Störungstheorie benutzen mit dem Störoperator $\hat{V}_{12}$.

In **nullter Näherung** hängt die Energie der beiden Elektronen nur von ihren Hauptquantenzahlen n_1, n_2 ab und lautet

$$E^{(0)}_{n_1;n_2} = E_{n_1} + E_{n_2} \underset{\underset{\text{Gl.(10.1–24)}}{\uparrow}}{=} -\frac{m_e c^2}{2}\left(\frac{2\,e_0^2}{4\pi\varepsilon_0\,\hbar c} \right)^2 \left(\frac{1}{n_1^2} + \frac{1}{n_2^2} \right) =$$

$$\approx -4\cdot 13,6\,\text{eV}\cdot\left(\frac{1}{n_1^2} + \frac{1}{n_2^2} \right) \qquad n_1, n_2 = 1,2,3,\ldots \qquad (17.1\text{-}2)$$

Der Faktor 4 ist die quadrierte Kernladungszahl $Z=2$.

Die Energie des Grundzustandes mit $n_1 = n_2 = 1$ beträgt in nullter Näherung

$$E^{(0)}_{1;1} = -108,8\,\text{eV} \qquad (17.1\text{-}3a)$$

Der experimentelle Wert[1]

$$E_{1;1\,\text{exp}} = -79,005\,\text{eV} \qquad (17.1\text{-}3b)$$

weicht davon stark ab. Das schlechte Ergebnis ist nicht erstaunlich, da die gegenseitige Abstoßung der Elektronen nicht berücksichtigt wurde; sie liefert einen deutlichen, positiven Beitrag zur Energie.

---

[1] Die Energie des Grundzustandes wird mit den Ionisierungsenergien gemessen: Die Energie für die erste Ionisierung He $\rightarrow$ He$^+$ wird zu $I_1 = 24{,}587\,388\,80\,(15)\,\text{eV}$ *gemessen*. Die Energie für die zweite Ionisierung wird *berechnet* zu $I_2 = 54{,}417\,7650\,(3)\,\text{eV}$. Daher ist $E_{1;1\,\text{exp}} = -I_1 - I_2 = -79{,}0051538\,\text{eV}$.

Eine bemerkenswerte und auch richtige Aussage macht die Grafik 17.1–1 trotzdem: Die Zustände mit $n_1 = 2$ und $n_2 \geq 2$, in denen *beide* Elektronen auf höheren Niveaus sitzen, haben größere Energien als der einfach ionisierte Zustand mit $n_1 = 1$ und $n_2 = \infty$.[2] Infolgedessen *sitzt in den stabilen gebundenen Zuständen immer ein Elektron in der untersten Schale* mit $n_1 = 1$ oder $n_2 = 1$. In den folgenden Untersuchungen ist immer mindestens ein Elektron im Grundzustand $|n,l,m\rangle = |1,0,0\rangle$.

Da der Hamiltonoperator (17.1–1) keine spinabhängigen Wechselwirkungen enthält, können die Wellenfunktionen als Produktfunktionen mit einem orts- und einem spinabhängigen Faktor geschrieben werden. (siehe z. B. die Gln. (17.1–4/6/7)). Von dieser wichtigen Erkenntnis werden wir immer wieder Gebrauch machen.

Hinweis: Die Wellenfunktionen wären auch dann Produktzustände mit einem orts- und einem spinabhängigen Faktor, wenn der Hamiltonoperator die Summe aus einem rein orts- und einem rein spinabhängigen Teil wäre.

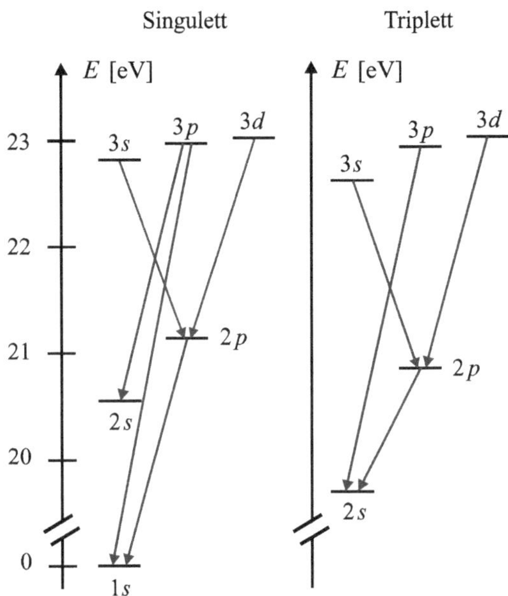

Abb. 17.1–1 Gemessene Energieniveaus von Helium. Hier sind die Übergänge eingezeichnet, die die Auswahlregel $\Delta l = \pm 1$ erfüllen (siehe Abschn. 20.3) Bei der Angabe der Niveaus wird der Zustand $1s$ weggelassen, so dass z. B. $2s \triangleq (1s)(2s)$.

Die Triplettzustände haben einen größeren mittleren Elektronenabstand als die Singulettzustände und liegen daher energetisch tiefer.

Zwischen Singulett- und Triplettzustand finden wegen der Auswahlregel $\Delta s = 0$ (fast) keine Übergänge statt.

Nach dem Pauli-Prinzip ist die Wellenfunktion der beiden Elektronen antisymmetrisch. Wir erhalten antisymmetrische Wellenfunktionen, indem wir symmetrische Ortswellenfunktionen mit antisymmetrischen Spinfunktionen (Singulettzuständen) multiplizieren oder umgekehrt. Da Singulett- und Triplettzustände verschiedene Energieniveaus haben und da zwischen diesen Zuständen (bei Vernachlässigung spinabhängiger Wechselwirkungen) nach der Auswahlregel $\Delta s = 0$ (siehe Abschn. 20.3) so gut wie keine Strahlungsübergänge stattfinden, *verhält sich Helium spektroskopisch wie eine Mischung aus zwei unterschiedlichen Teilchen*. In der Tat glaubten die Spektroskopiker früher, dass Helium aus

---

[2] Wegen der Existenz von gebundenen, angeregten Zuständen mit Energien oberhalb der Ionisierungsenergie können angeregte Zustände mit $n_1 > 1$ und $n_2 > 1$ – z. B. die Zustände $(2s)^2$ oder $(2s)(2p)$ – in ein freies Elektron und ein einfach ionisiertes Heliumatom He^+ zerfallen, wobei das freie Elektron die überschüssige Energie mitnimmt. Man nennt diesen Prozess **Autoionisation**. Die Autoionisation wird also nicht durch äußere Prozesse hervorgerufen, sondern durch eine Umverteilung der inneren Energien.

dem sog. „Parahelium" und dem sog. „Orthohelium" besteht.[3] Die Chemiker verwenden diese merkwürdigen, eigentlich überholten Namen heute nicht mehr und sprechen zweckmäßig von Helium im Singulett- und Helium im Triplettzustand.

Helium im Singulettzustand (auch **Parahelium** genannt): *Die Ortsfunktion ist symmetrisch und die Spinfunktion antisymmetrisch.*

Nach Abschn. „13.2 Addition von zwei Spins" ist der Singulettzustand des Spins

$$| 0\,0 \rangle = \frac{1}{\sqrt{2}} \left(| + - \rangle - | - + \rangle \right) \tag{12.2--8}$$

antisymmetrisch und hat den Gesamtspin null ($s = 0$). Die Ortsfunktion muss daher symmetrisch sein. Der Grundzustand von Helium im Singulettzustand ist in nullter Näherung

$$| \psi^{(0)}_{100;100} \rangle_{\text{Singu}} = \psi_{100}(\mathbf{r}_1)\,\psi_{100}(\mathbf{r}_2)\,| 0\,0 \rangle \tag{17.1--4}$$

mit $\quad \psi_{100}(\mathbf{r}) = R_{10}(r)\,Y_{00}(\vartheta,\varphi) = \frac{1}{\sqrt{\pi}} \left(\frac{2}{a_{\text{B}}} \right)^{3/2} e^{-2\,r/a_{\text{B}}} \tag{17.1--5}$

Die Zahl 2 in der Exponentialfunktion geht auf die Kernladungszahl $Z = 2$ zurück. Der Zeeman-Effekt bestätigt experimentell, dass der Grundzustand von Helium ein Singulettzustand ist; denn das Energieniveau des Grundzustandes spaltet in einem äußeren Magnetfeld nicht auf.

Die angeregten Zustände haben in nullter Näherung die Wellenfunktionen (mit $n > 1$)

$$| \psi^{(0)}_{nlm;100} \rangle_{\text{Singu}} = \frac{1}{\sqrt{2}} \left[\psi_{nlm}(\mathbf{r}_1)\,\psi_{100}(\mathbf{r}_2) + \psi_{100}(\mathbf{r}_1)\,\psi_{nlm}(\mathbf{r}_2) \right] | 0\,0 \rangle \tag{17.1--6}$$

mit den in Abschn. 10.2 berechneten Zuständen $\psi_{nlm}(\mathbf{r}) = R_{nl}(r)\,Y_{lm}(\vartheta,\varphi)$.

Helium im Triplettzustand (auch **Orthohelium** genannt): *Die Ortsfunktion ist antisymmetrisch und die Spinfunktion symmetrisch.*

Nach Abschn. 13.2 sind die **Triplettzustände** des Spins

$$| 1\,1 \rangle = | + + \rangle \qquad\qquad | 1\,{-1} \rangle = | - - \rangle \tag{11.2--7a/c}$$

$$| 1\,0 \rangle = \frac{1}{\sqrt{2}} \left(| + - \rangle + | - + \rangle \right) \tag{11.2--7b}$$

symmetrisch. Daher muss die Ortsfunktion antisymmetrisch sein. Beim Helium im Triplettzustand lauten die angeregten Zustände in nullter Näherung (mit $n > 1$)[4]

---

[3] Hier stellt sich die Frage, warum die Spektroskopiker z. B. Neon nicht in „Paraneon" und „Orthoneon" unterteilen. (Dies sind hier ausgedachte Phantasienamen) Der Grund liegt darin, dass die Spin-Bahn-Kopplung mit zunehmender Ordnungszahl Z steigt, so dass die Wellenfunktionen immer schlechter in einen orts- und einen spinabhängigen Teil faktorisiert werden können – wie noch in den Gln. (17.1–4/6) für das leichte Heliumatom. Daher weicht die Spin-Bahn-Kopplung das sog „Interkombinationsverbot" $\Delta s = 0$ mit wachsender Elektronenzahl Z immer mehr auf.

[4] Auch die beiden (mit $\sqrt{2}$ multiplizierten) Slater-Determinanten

$$| \psi_{nlm;100}^{(0)} \rangle_{\text{Tripl}} = \frac{1}{\sqrt{2}} \left[\psi_{nlm}(\mathbf{r}_1)\, \psi_{100}(\mathbf{r}_2) - \psi_{100}(\mathbf{r}_1)\, \psi_{nlm}(\mathbf{r}_2) \right] | 1\, m_s \rangle \qquad (17.1\text{-}7)$$

Beispiel 17.1–1 Energien und Entartungsgrade in nullter Näherung

Wie groß sind in *nullter* Näherung die Energie und der Entartungsgrad von Helium

a) im Grundzustand?   **b)** in den angeregten Zuständen mit der kleinsten Energie?

Lösung:

a) Der Grundzustand

$$| \psi_{100;100}^{(0)} \rangle_{\text{Singu}} = \psi_{100}(\mathbf{r}_1)\, \psi_{100}(\mathbf{r}_2)\, | 0\ 0 \rangle \qquad (17.1\text{-}4)$$

hat in nullter Näherung die Energie $E_{11}^{(0)} = -108{,}8\,\text{eV}$. Es gibt keine Entartung.

b) Die angeregten Zustände mit der niedrigsten Energie $E_{21}^{(0)} = -68{,}0\,\text{eV}$ lauten

$$| \psi_{2lm;100}^{(0)} \rangle_{\text{Singu}} = \frac{1}{\sqrt{2}} \left(\psi_{2lm}(\mathbf{r}_1)\, \psi_{100}(\mathbf{r}_2) + \psi_{100}(\mathbf{r}_1)\, \psi_{2lm}(\mathbf{r}_2) \right) | 0\ 0 \rangle \qquad (17.1\text{-}6)$$

mit dem Entartungsgrad 4 ($l = m = 0$ sowie $l = 1, m = 0, \pm 1$)

$$\text{und } | \psi_{2lm;100}^{(0)} \rangle_{\text{Tripl}} - \frac{1}{\sqrt{2}} \left(\psi_{2lm}(\mathbf{r}_1)\, \psi_{100}(\mathbf{r}_2) - \psi_{100}(\mathbf{r}_1)\, \psi_{2lm}(\mathbf{r}_2) \right) | 1\, m_s \rangle \qquad (17.1\text{-}7)$$

mit dem Entartungsgrad $3 \cdot 4 = 12$. Die Energie $E_{21}^{(0)}$ ist in *nullter* Näherung **16fach entartet**.

Wir untersuchen die **Elektron-Elektron-Wechselwirkung** mit der **Störungsrechnung**. Allerdings ist die Störungsrechnung hier etwas heikel, da die Störung nach den Gln. (17.1–3a/b) nicht klein ist. Aber wir wollen optimistisch sein und erwarten daher eine Verbesserung des Ergebnisses. Die erste Energiekorrektur des **Grundzustandes** (17.1–4) lautet nach Gl. (14.2–6)

$$\begin{vmatrix} \psi_{100}(\mathbf{r}_1)\, |+\rangle_1 & \psi_{100}(\mathbf{r}_2)\, |+\rangle_2 \\ \psi_{nlm}(\mathbf{r}_1)\, |-\rangle_1 & \psi_{nlm}(\mathbf{r}_2)\, |-\rangle_2 \end{vmatrix} =$$

$$= \psi_{100}(\mathbf{r}_1)\, \psi_{nlm}(\mathbf{r}_2)\, |+\rangle_1 |-\rangle_2 - \psi_{nlm}(\mathbf{r}_1)\, \psi_{100}(\mathbf{r}_2)\, |-\rangle_1 |+\rangle_2$$

$$\text{und } \begin{vmatrix} \psi_{100}(\mathbf{r}_1)\, |-\rangle_1 & \psi_{100}(\mathbf{r}_2)\, |-\rangle_2 \\ \psi_{nlm}(\mathbf{r}_1)\, |+\rangle_1 & \psi_{nlm}(\mathbf{r}_2)\, |+\rangle_2 \end{vmatrix} =$$

$$= \psi_{100}(\mathbf{r}_1)\, \psi_{nlm}(\mathbf{r}_2)\, |-\rangle_1 |+\rangle_2 - \psi_{nlm}(\mathbf{r}_1)\, \psi_{100}(\mathbf{r}_2)\, |+\rangle_1 |-\rangle_2$$

sind antisymmetrisch und erfüllen daher das Pauli-Verbot; sie sind also zulässige Wellenfunktionen. (Ferner gibt es zwei weitere Slater-Determinanten, in denen beide Teilchen im Spin-up-Zustand bzw. beide Teilchen im Spin-down-Zustand sind.) In den Slater-Determinanten ist der Störoperator $\hat{V}_{12} \sim 1/|\mathbf{r}_1 - \mathbf{r}_2|$, der nicht auf die Spinanteile der Zustände wirkt, aber nicht diagonal, so dass diese Zustände für die etwas später vorgeführte, entartete Störungstheorie ungeeignet sind. In den Zuständen (17.1–6/7) hingegen ist $\hat{V}_{12}$ nach Fußnote 5 diagonal.

$$E^{(1)}_{100;100} = \langle \, \psi_{100} \mid \langle \, \psi_{100} \mid \hat{V}_{12} \mid \psi_{100} \, \rangle \mid \psi_{100} \, \rangle \underset{\underset{\text{Gl. (17.1–1)}}{\uparrow}}{=}$$

$$= \frac{e_0^2}{4\,\pi\,\varepsilon_0} \int d^3 r_1 \int d^3 r_2 \mid \psi_{100}(\mathbf{r}_1) \mid^2 \frac{1}{\mid \mathbf{r}_1 - \mathbf{r}_2 \mid} \mid \psi_{100}(\mathbf{r}_2) \mid^2 = \tag{17.1–8a}$$

$$= \frac{e_0^2}{4\,\pi\,\varepsilon_0} \frac{1}{\pi^2} \left(\frac{2}{a_{\mathrm{B}}} \right)^6 \int d^3 r_1 \int d^3 r_2 \, e^{-4\,(r_1 + r_2)/a_{\mathrm{B}}} \frac{1}{\mid \mathbf{r}_1 - \mathbf{r}_2 \mid} \tag{17.1–8b}$$

$$\underset{\underset{\text{Aufgabe 17–1}}{\uparrow}}{=} \frac{e_0^2}{4\,\pi\,\varepsilon_0} \frac{5}{4\,a_{\mathrm{B}}} \approx 34{,}0 \,\mathrm{eV}$$

Die Energiekorrektur ist positiv, da sich die beiden Elektronen gegenseitig abstoßen. Daher lautet die Energie des Helium-Grundzustandes in erster Näherung der Störungstheorie

$$E^{(0)}_{100;100} + E^{(1)}_{100;100} = (-108{,}8 + 34{,}0)\,\mathrm{eV} = -74{,}8\,\mathrm{eV} \approx E_{1;1\,\mathrm{exp}} = -79{,}005\,\mathrm{eV}$$

Nun berechnen wir die erste Energiekorrektur der **angeregten Zustände** (17.1–6/7). Auch die angeregten Zustände zerfallen in zwei Niveaugruppen mit Para- und Orthozuständen, also mit symmetrischen und antisymmetrischen Ortsfunktionen. Nach Beispiel 17.1–1 sind die Energien in nullter Näherung $4n^2$–fach entartet. Zum Glück sind der Störoperator $\hat{V}_{12}$ und seine Matrix – siehe Gl. (14.3–6) – diagonal in den angeregten Zuständen (17.1–6/7) der nullten Näherung.[5] Daher gilt:

$$E^{(1)}_{nlm;100} = {}_{\text{Singu/Tripl}} \langle \, \psi^{(0)}_{nlm;100} \mid \hat{V}_{12} \mid \psi^{(0)}_{nlm;100} \, \rangle_{\text{Singu/Tripl}} =$$

$$= \frac{e_0^2}{4\,\pi\,\varepsilon_0} \int d^3 r_1 \int d^3 r_2 \frac{1}{2} \left| \, \psi_{nlm}(\mathbf{r}_1)\,\psi_{100}(\mathbf{r}_2) \pm \psi_{100}(\mathbf{r}_1)\,\psi_{nlm}(\mathbf{r}_2) \, \right|^2 \frac{1}{\mid \mathbf{r}_1 - \mathbf{r}_2 \mid} =$$

$$- \frac{e_0^2}{4\,\pi\,\varepsilon_0} \int d^3 r_1 \int d^3 r_2 \frac{\left| \, \psi_{nlm}(\mathbf{r}_1) \, \right|^2 \left| \, \psi_{100}(\mathbf{r}_2) \, \right|^2}{\mid \mathbf{r}_1 - \mathbf{r}_2 \mid} \pm$$

---

[5] Triplettzustände und Singulettzustand sind orthogonal und werden nicht durch $\hat{V}_{12}$ beeinflusst. Daher ist die Diagonalität von $\hat{V}_{12}$ nur bzgl. der Quantenzahlen l,m zu zeigen. Der Beweis für m lautet (mit Aufgabe 9–13):

$$\langle \, \psi^{(0)}_{nlm;100} \mid \hat{V}_{12}\,\hat{L}_3 \mid \psi^{(0)}_{nl'm';100} \, \rangle = \hbar m' \langle \, \psi^{(0)}_{nlm;100} \mid \hat{V}_{12} \mid \psi^{(0)}_{nl'm';100} \, \rangle \underset{\underset{\left[\hat{L}_3,\hat{V}_{12}\right] = \left[\hat{L}_{(1)3} + \hat{L}_{(2)3},\hat{V}_{12}\right] = 0}{\uparrow}}{=}$$

$$= \langle \, \psi^{(0)}_{nlm;100} \mid \hat{L}_3\,\hat{V}_{12} \mid \psi^{(0)}_{nl'm';100} \, \rangle = \hbar m \langle \, \psi^{(0)}_{nlm;100} \mid \hat{V}_{12} \mid \psi^{(0)}_{nl'm';100} \, \rangle$$

$$\Rightarrow \quad \langle \, \psi^{(0)}_{nlm;100} \mid \hat{V}_{12} \mid \psi^{(0)}_{nl'm';100} \, \rangle = 0 \quad \text{für} \quad m \neq m'$$

Wegen $\hat{\mathbf{L}}^2 \mid \psi^{(0)}_{nlm;100} \rangle = \left(\hat{\mathbf{L}}_{(1)}^2 + 2\,\hat{\mathbf{L}}_{(1)} \cdot \hat{\mathbf{L}}_{(2)} + \hat{\mathbf{L}}_{(2)}^2 \right) \mid \psi^{(0)}_{nlm;100} \rangle = \hbar^2 l(l+1) \mid \psi^{(0)}_{nlm;100} \rangle$

und wegen $\left[\hat{\mathbf{L}}^2, \hat{V}_{12} \right] = 0$ ist der Beweis für die fehlende Entartung in l analog.

$$\frac{e_0^2}{4\pi\varepsilon_0} \int d^3r_1 \int d^3r_2 \; \frac{\psi_{nlm}^*(\mathbf{r}_1)\,\psi_{100}(\mathbf{r}_1)\,\psi_{100}^*(\mathbf{r}_2)\,\psi_{nlm}(\mathbf{r}_2)}{|\,\mathbf{r}_1 - \mathbf{r}_2\,|} =:$$

$$=: C_{nl} + \begin{cases} + A_{nl} & \text{für Singulettzustände} \\[2mm] - A_{nl} & \text{für Triplettzustände} \end{cases} \qquad \text{mit} \quad A_{nl}, C_{nl} > 0 \qquad (17.1\text{-}9)$$

Die *beiden Integrale hängen von* n, l, *nicht aber von der magnetischen Quantenzahl* m *ab* und werden in [Pade–2], Anhang N berechnet. Es gilt:

$$C_{20} = \frac{e_0^2}{4\pi\varepsilon_0}\frac{17}{81}\frac{2}{a_0} \approx 11{,}42\,\text{eV} \qquad A_{20} = \frac{e_0^2}{4\pi\varepsilon_0}\frac{16}{729}\frac{2}{a_0} \approx 1{,}19\,\text{eV} \qquad (17.1\text{-}10\text{a/b})$$

$$C_{21} = \frac{e_0^2}{4\pi\varepsilon_0}\frac{59}{243}\frac{2}{a_0} \approx 13{,}22\,\text{eV} \qquad A_{21} = \frac{e_0^2}{4\pi\varepsilon_0}\frac{112}{6561}\frac{2}{a_0} \approx 0{,}93\,\text{eV} \qquad (17.1\text{-}10\text{c/d})$$

Die erste Energie

$$C_{nl} := \frac{e_0^2}{4\pi\varepsilon_0} \int d^3r_1 \int d^3r_2 \; \frac{\left|\,\psi_{nlm}(\mathbf{r}_1)\,\right|^2 \left|\,\psi_{100}(\mathbf{r}_2)\,\right|^2}{|\,\mathbf{r}_1 - \mathbf{r}_2\,|}$$

heißt **Coulombenergie**. Sie beschreibt die elektrostatische Wechselwirkung der beiden Ladungsdichten $e_0\,|\psi_{nlm}(\mathbf{r}_1)|^2$ und $e_0\,|\psi_{100}(\mathbf{r}_2)|^2$. Die Coulombenergie ist klassisch verständlich, positiv und hat *für unterscheidbare Teilchen dieselbe Form*. Die zweite Energie

$$A_{nl} := \frac{e_0^2}{4\pi\varepsilon_0} \int d^3r_1 \int d^3r_2 \; \frac{\psi_{nlm}^*(\mathbf{r}_1)\,\psi_{100}(\mathbf{r}_1)\,\psi_{100}^*(\mathbf{r}_2)\,\psi_{nlm}(\mathbf{r}_2)}{|\,\mathbf{r}_1 - \mathbf{r}_2\,|}$$

ist die *klassisch nicht verständliche* **Austauschenergie.** *Sie geht auf das Pauli-Prinzip zurück und kommt dadurch zustande, dass sich jedes Elektron sowohl im Grundzustand* ψ_{100} *als auch im angeregten Zustand* ψ_{nlm} *befindet.* Die Austauschenergie A_{nl} hängt entscheidend von der Überlappung der Funktionen ψ_{nlm} und ψ_{100} ab und hebt die (in nullter Näherung existierende) Entartung von Singulett- und Triplettzuständen auf.

Wegen $A_{nl} > 0$ liegen die *Energieniveaus des Heliums im Triplettzustand etwas tiefer als im Singulettzustand.* Das ist ein Beispiel für eine der **Hundschen Regeln**: *Bei ansonsten identischen Quantenzahlen haben die Zustände mit dem größten Spin die kleinste Energie.* Diese Aussage lässt sich für das Heliumatom leicht veranschaulichen: Im Triplettzustand ist die Spinfunktion symmetrisch und die Ortswellenfunktion antisymmetrisch. Daher gilt:

$$|\,\psi_{nlm;100\,\text{Triplett}}^{(0)}(\mathbf{r}_1,\mathbf{r}_2)\,|^2 \ll |\,\psi_{nlm;100\,\text{Singulett}}^{(0)}(\mathbf{r}_1,\mathbf{r}_2)\,|^2 \quad \text{für} \quad \mathbf{r}_1 \approx \mathbf{r}_2$$

(Siehe auch die Abbn. 16.3–3b/c.) Bei einem antisymmetrischen Ortsanteil der Wellenfunktion sind die beiden Elektronen im zeitlichen Mittel weiter voneinander entfernt als bei einem symmetrischen Ortsteil der Wellenfunktion; dadurch wird die *Überdeckung der beiden Elektronenwolken verringert.* Man könnte auch sagen: *Nach dem Pauli-Prinzip gehen sich Elektronen mit parallelen Spins aus dem Weg.* Dies hat für den Triplettzustand zwei Konsequenzen:

- Die positive potentielle Energie der abstoßenden Elektron-Elektron-Wechselwirkung ist kleiner als im Singulettzustand.

- Jedes Elektron kann den Kern schlechter gegenüber dem anderen Elektron abschirmen, so dass jedes Elektron eine größere Kernladung sieht und daher eine kleinere potentielle Energie im Coulombfeld des Kerns hat.

Obwohl der Spin nicht im Störpotential $\hat{V}_{12}$ auftritt, hängen die Energieniveaus über die (Anti-)Symmetrie der Ortswellenfunktion vom Spin ab. *Wegen des Pauli-Prinzips wirkt das Störpotential $\hat{V}_{12}$ so, als ob es spinabhängig wäre.* Nach den Gln. (17.1–10b/d) übertreffen die durch das Störpotential verursachten spinabhängigen Energieverschiebungen die durch die Feinstruktur verursachten Verschiebungen um mehrere Größenordnungen (siehe Abschn. „14.4 Feinstruktur des Wasserstoffatoms".) *Erst die Austauschkräfte können die Elektronenspins in Ferromagneten ausrichten und sind daher für den Ferromagnetismus zuständig.*

Die Störungsrechnung in erster Näherung liefert für die angeregten Zustände schlechtere Energiekorrekturen als für den Grundzustand. Störungsrechnungen in zweiter Näherung sind extrem schwierig.

17.2 Das Periodensystem *

Ich erinnere kurz an den Aufbau des Periodensystems und an einige zentrale Begriffe.

Die horizontalen Reihen im Periodensystem heißen **Perioden**. Die erste Periode enthält nur die zwei Elemente Wasserstoff H und Helium He. Die übrigen Perioden beginnen mit einem Alkalimetall und enden mit einem Edelgas. Die vertikalen Spalten im Periodensystem heißen Familien oder **Gruppen**. Ihre Elemente ähneln sich chemisch und physikalisch. Die erste Periode enthält die Alkalimetalle, die achte Periode die Edelgase.

Aus historischen Gründen verwenden Physiker und Chemiker folgende Bezeichnungen:

- **Schale:** *Alle Elektronen mit derselben Hauptquantenzahl n bilden eine Schale* (manchmal auch **Hauptschale** genannt). Der Namen der Schalen hängen von der Hauptquantenzahl n ab:

$$n = 1 : \text{K-Schale} \qquad n = 2: \text{L-Schale} \qquad n = 3: \text{M-Schale}$$
$$n = 4 : \text{N-Schale} \qquad n = 5: \text{O-Schale} \qquad n = 6: \text{P-Schale}$$

  Nach Beispiel 10.1–2 enthält eine Schale höchstens $2n^2$ Elektronen. Die in Abschn. 10.1 berechneten Energieniveaus des Wasserstoffatoms sind $2n^2$-fach entartet. Diese Energie-Entartung wird bei Mehrelektronenatomen hauptsächlich durch die Elektron-Elektron-Wechselwirkung und durch die teilweise Abschirmung des Kerns aufgehoben: Zustände mit gleicher Hauptquantenzahl n, aber verschiedenen Drehimpulsquantenzahlen l haben verschiedene Energieniveaus. Die Entartung bzgl. der magnetischen Quantenzahl m bleibt erhalten. Elektronen in der äußeren Schale heißen **Valenzelektronen.**

- **Unterschale:** *Alle Elektronen mit derselben Hauptquantenzahl n und derselben Drehimpulsquantenzahl l bilden eine Unterschale* – auch **Teilschale** genannt. Unterschalen werden also durch die Quantenzahlen n,l gekennzeichnet. Wegen $l=0,1,2,...n-1$ hat eine Schale mit der Hauptquantenzahl n insgesamt n Unterschalen. Sie heißen s-, p-, d-, f-Unterschale für $l=0,1,2,3$. Danach geht es alphabetisch weiter mit der g-Unterschale usw. So enthält z. B. die M-Schale eine $3s$-, eine $3p$- und eine $3d$-Unterschale mit $l=0,1,2$.

  Eine Unterschale enthält maximal $2 \cdot (2l+1)$ Elektronen. Die Wahrscheinlichkeitsdichte einer gefüllten Unterschale ist winkelunabhängig. Für Wasserstoffatome folgt diese Aussage aus der Gl.

$$\sum\nolimits_{m=-l}^{l} \left| Y_{lm}(\vartheta,\varphi) \right|^2 = \frac{2l+1}{4\pi} \leftarrow \text{winkelunabhängig} \tag{9.3--17}$$

Gefüllte Unterschalen sind kugelsymmetrisch und haben weder einen Gesamtspin noch einen Gesamt-bahndrehimpuls.

- **Orbital:** *Die Wellenfunktionen bzw. Aufenthaltsbereiche der Elektronen in der Atomhülle werden Orbitale genannt.* Der Name Orbital soll darauf hinweisen, dass es hier auf die Wahrscheinlichkeitsdichte ankommt und dass der klassische Name „Orbit" in der Quantenmechanik unpassend ist.[6] *Jedes Orbital* wird durch die drei Quantenzahlen n,l,m gekennzeichnet und *kann maximal zwei Elektronen aufnehmen.*

- **Elektronenkonfiguration:** Die Verteilung der Elektronen in der Elektronenhülle heißt Elektronenkonfiguration. Sie ist wichtig für die chemischen Eigenschaften der Elemente. Chlor z. B. steht in der dritten Periode und hat die Elektronenkonfiguration $[\text{Ne}](3s)^2(3p)^5$. Demnach hat Chlor die Elektronenkonfiguration des Neons plus 2 Elektronen mit den Quantenzahlen $n=3, l=0$ plus fünf Elektronen mit den Quantenzahlen $n=3, l=1$. Die Exponenten sind die Elektronenzahlen in der entsprechenden Unterschale.

Allgemein sind die Elemente besonders stabil, die in der äußeren Schale die Elektronenkonfiguration $s^2 p^6$ *haben,* also zwei Elektronen mit $l=0$ und sechs Elektronen mit $l=1$ enthalten. Dann sind die beiden Unterschalen mit den kleinsten Drehimpulsquantenzahlen $l-0,1$ gefüllt. Die fünf Edelgase Ne, Ar, Kr, Xe, Rn haben diese sog. **Edelgaskonfiguration** (siehe Tabelle 17.2--1). Das stabile Edelgas Helium hat nur zwei Elektronen und bildet daher mit der Elektronenkonfiguration $(1s)^2$ eine Ausnahme. *Nur die Elemente* He *und* Ne *haben maximal gefüllte Hauptschalen.* Ab der dritten Periode, also ab Argon sind nicht mehr alle Hauptschalen der Edelgase maximal mit Elektronen gefüllt; ihre Unterschalen sind entweder leer oder vollständig gefüllt.

Edelgase sind chemisch träge. Daher gehen Edelgase nicht gerne eine Elektronenpaarbindung ein, teilen also nicht gerne ein Elektron mit einem anderen Atom. *Die nächsten Elemente im Periodensystem*, die Alkaliatome Li, Na, K, ... *haben zusätzlich ein Elektron in der nächst höheren Schale mit einer deutlich höheren Energie.*

Weil es energetisch günstiger ist, füllen die Elemente K und Ca am Anfang der vierten Periode ($n=4$) zunächst die $4s-$ Unterschale mit zwei Elektronen auf, bevor die folgenden zehn Übergangselemente Sc, Ti, ... Cu, Zn die $3d-$ Unterschale mit zehn Elektronen besetzen (siehe Tabelle 17.2--1). Das Phänomen wiederholt sich in den höheren Perioden. Dieses Auffüllmuster ist bereits aus klassischer Sicht verständlich, da die s-Elektronen keinen Drehimpuls und daher eine relativ große Aufenthaltsdichte in Kernnähe haben. *In Kernnähe wird der Kern schlechter durch die anderen Elektronen abgeschirmt, so dass die potentielle Energie fällt.* Elektronen mit großem Bahndrehimpuls hingegen halten sich wegen der Fliehkräfte eher in großer Entfernung zum Kern auf, so dass die inneren Elektronen den Kern teilweise abschirmen können.

---

[6] Nach Aufgabe 10--4 ist die radiale Unschärfe $\Delta r/\langle r \rangle$ der Wellenfunktionen $R_{nl}(r)$ des Wasserstoffs so groß, dass wir nicht mehr von Elektronen*bahnen* sprechen können; diese Aussage gilt natürlich auch für alle anderen Atome. Aus diesem Grund wird der Begriff „Elektronenbahn" durch den Begriff „Orbital" ersetzt.

Tabelle 17.2–1 Elektronenkonfiguration der ersten 36 Elemente. Die Exponenten in der vierten Spalte sind die Elektronenzahlen in der jeweiligen Unterschale. *Nur die zwei leichtesten Edelgase Helium und Neon haben gefüllte Hauptschalen. Die anderen Edelgase haben lediglich gefüllte Unterschalen.*

Beim Edelgas Argon ist die $3d$-Unterschale mit $n=3, l=2$ leer. Sie wird bis zum nächsten Edelgas Krypton gefüllt. Bei Krypton sind die $4d$-Unterschale ($n=4, l=2$) und die $4f$-Unterschale ($n=4, l=3$) leer. Die $4d$–Unterschale wird bis zum nächsten Edelgas Xenon aufgefüllt, die $4f$-Unterschale bis zum Edelgas Radon.

Auffallend ist die Konfiguration von Kupfer ($Z=29$): Die $4s$-Unterschale gibt ein Elektron an die $3d$-Unterschale ab. Dieser Austausch wird beim nächsten Element Zn rückgängig gemacht.

1	H	Wasserstoff	$(1s)$	$^2S_{1/2}$
2	He	Helium	$(1s)^2$	$^1S_0$
3	Li	Lithium	$(1s)^2 (2s)$	$^2S_{1/2}$
4	Be	Beryllium	$(1s)^2 (2s)^2$	$^1S_0$
5	B	Bor	$(1s)^2 (2s)^2 (2p)$	$^2P_{1/2}$
6	C	Kohlenstoff	$(1s)^2 (2s)^2 (2p)^2$	$^3P_0$
7	N	Stickstoff	$(1s)^2 (2s)^2 (2p)^3$	$^4S_{3/2}$
8	O	Sauerstoff	$(1s)^2 (2s)^2 (2p)^4$	$^3P_2$
9	F	Fluor	$(1s)^2 (2s)^2 (2p)^5$	$^2P_{3/2}$
10	Ne	Neon	$(1s)^2 (2s)^2 (2p)^6$	$^1S_0$
11	Na	Natrium	$(1s)^2 (2s)^2 (2p)^6 (3s)$	$^2S_{1/2}$
12	Mg	Magnesium	$(1s)^2 (2s)^2 (2p)^6 (3s)^2$	$^1S_0$
13	Al	Aluminium	$(1s)^2 (2s)^2 (2p)^6 (3s)^2 (3p)$	$^2P_{1/2}$
14	Si	Silizium	$(1s)^2 (2s)^2 (2p)^6 (3s)^2 (3p)^2$	$^3P_0$
15	P	Phosphor	$(1s)^2 (2s)^2 (2p)^6 (3s)^2 (3p)^3$	$^4S_{3/2}$
16	S	Schwefel	$(1s)^2 (2s)^2 (2p)^6 (3s)^2 (3p)^4$	$^3P_2$
17	Cl	Chlor	$(1s)^2 (2s)^2 (2p)^6 (3s)^2 (3p)^5$	$^2P_{3/2}$
17	Ar	Argon	$(1s)^2 (2s)^2 (2p)^6 (3s)^2 (3p)^6$	$^1S_0$
19	K	Kalium	$(1s)^2 (2s)^2 (2p)^6 (3s)^2 (3p)^6 (4s)$	$^2S_{1/2}$
20	Ca	Calcium	$(1s)^2 (2s)^2 (2p)^6 (3s)^2 (3p)^6 (4s)^2$	$^1S_0$
21	Sc	Scandium	$(1s)^2 (2s)^2 (2p)^6 (3s)^2 (3p)^6 (4s)^2 (3d)$	$^2D_{3/2}$
22	Ti	Titan	$(1s)^2 (2s)^2 (2p)^6 (3s)^2 (3p)^6 (4s)^2 (3d)^2$	$^3F_2$
23	V	Vanadium	$(1s)^2 (2s)^2 (2p)^6 (3s)^2 (3p)^6 (4s)^2 (3d)^3$	$^4F_{3/2}$
24	Cr	Chrom	$(1s)^2 (2s)^2 (2p)^6 (3s)^2 (3p)^6 (4s)^2 (3d)^4$	$^7S_3$
25	Mn	Mangan	$(1s)^2 (2s)^2 (2p)^6 (3s)^2 (3p)^6 (4s)^2 (3d)^5$	$^6S_{5/2}$
26	Fe	Eisen	$(1s)^2 (2s)^2 (2p)^6 (3s)^2 (3p)^6 (4s)^2 (3d)^6$	$^5D_4$
27	Co	Kobalt	$(1s)^2 (2s)^2 (2p)^6 (3s)^2 (3p)^6 (4s)^2 (3d)^7$	$^4F_{9/2}$
28	Ni	Nickel	$(1s)^2 (2s)^2 (2p)^6 (3s)^2 (3p)^6 (4s)^2 (3d)^8$	$^3F_4$
29	Cu	Kupfer	$(1s)^2 (2s)^2 (2p)^6 (3s)^2 (3p)^6 (4s)(3d)^{10}$	$^2S_{1/2}$
30	Zn	Zink	$(1s)^2 (2s)^2 (2p)^6 (3s)^2 (3p)^6 (4s)^2 (3d)^{10}$	$^1S_0$
31	Ga	Gallium	$(1s)^2 (2s)^2 (2p)^6 (3s)^2 (3p)^6 (4s)^2 (3d)^{10} (4p)$	$^2P_{1/2}$
32	Ge	Germanium	$(1s)^2 (2s)^2 (2p)^6 (3s)^2 (3p)^6 (4s)^2 (3d)^{10} (4p)^2$	$^3P_0$
33	As	Arsen	$(1s)^2 (2s)^2 (2p)^6 (3s)^2 (3p)^6 (4s)^2 (3d)^{10} (4p)^3$	$^4S_{3/2}$
34	Se	Selen	$(1s)^2 (2s)^2 (2p)^6 (3s)^2 (3p)^6 (4s)^2 (3d)^{10} (4p)^4$	$^3P_2$
35	Br	Brom	$(1s)^2 (2s)^2 (2p)^6 (3s)^2 (3p)^6 (4s)^2 (3d)^{10} (4p)^5$	$^2P_{3/2}$
36	Kr	Krypton	$(1s)^2 (2s)^2 (2p)^6 (3s)^2 (3p)^6 (4s)^2 (3d)^{10} (4p)^6$	$^1S_0$

Messungen und numerische Rechnungen liefern (abgesehen von einigen Ausnahmen) folgende Reihenfolge der Energien E_{nl}:

$$E_{1s} \;<\; E_{2s} < E_{2p} \;<\; E_{3s} < E_{3p} \;<\; E_{4s} < E_{3d} < E_{4p} \;<$$

$$<\; E_{5s} < E_{4d} < E_{5p} \;<\; E_{6s} < E_{4f} < E_{5d} < E_{6p} \;<\; E_{7s} < E_{5f} < E_{6d} < E_{7p}$$

Damit lässt sich der Aufbau des Periodensystems erklären – mit wenigen Sonderfällen. Die Elemente mit teilweise gefüllten d-Schalen heißen **Übergangselemente** oder Übergangsmetalle. Ihr chemisches Verhalten wird durch die Elektronen in der äußeren s-Schale bestimmt. Daher sind die *Übergangselemente chemisch ähnlich* und können in Kristallen leicht untereinander ausgetauscht werden. Die Elemente mit teilweise gefüllten $4f$-, $5f$-Teilschalen werden **Seltene Erden** genannt. (Diese Bezeichnungen sind aber nicht einheitlich.)

Für die Spektroskopie sind die *Gesamt*quantenzahlen L, S, J eines Zustandes besonders wichtig. Mit diesen Quantenzahlen und den Auswahlregeln (siehe Abschn. 20.3) können die erlaubten Emissionen und Absorptionen von Photonen bestimmt werden. Die Quantenzahlen atomarer Zustände werden durch die **spektroskopische Notation** gegeben:

$$^{2S+1}L_J \tag{17.2-1}$$

mit L = Buchstabe für den *gesamten* Bahndrehimpuls aller Elektronen im Atom.

       S = Quantenzahl des *gesamten* Spins aller Elektronen. $2S+1$ ist die Spin-Multiplizität.

       J = Quantenzahl des *gesamten* Drehimpulses (Bahndrehimpuls plus Spin) aller Elektronen

S und J stehen für Zahlen, L für einen Buchstaben.

Beispiel 17.2–2 Elektronenkonfiguration des Kohlenstoffs

a) Nach Tabelle 17.2–1 haben freie Kohlenstoffatome die Elektronenkonfiguration $[\mathrm{He}](2s)^2(2p)^2$. Was lässt sich daraus ablesen?

b) Lies in der Lösung, warum Kohlenstoff nicht zweiwertig ist (wie die Elektronenkonfiguration $[\mathrm{He}](2s)^2(2p)^2$ nahelegt), sondern vierwertig.

c) Was sagt die spektroskopische Kohlenstoff-Notation $^3P_0$ aus?

Lösung:

a) Laut Elektronenkonfiguration $[\mathrm{He}](2s)^2(2p)^2$ hat Kohlenstoff

- zwei Elektronen in der K-Schale mit $n=1, l=0$. Die Spins sind im Singulettzustand.
- zwei Elektronen in der L-Schale mit $n=2, l=0$. Die Spins sind im Singulettzustand.
- zwei Elektronen in der L-Schale mit $n=2, l=1$. Die Spins können im Singulett- oder im Triplettzustand sein.

Die Elektronenkonfiguration $(1s)^2(2s)^2(2p)^2$ ermöglicht folgende Gesamt-Quantenzahlen:

$$L = 0\,;1\,;2 \qquad S = 0\,;1 \qquad J = 0\,;1\,;2\,;3$$

b) Die Elektronenkonfiguration von Kohlenstoff lautet $[\mathrm{He}](2s)^2(2p)^2$. Da nur die zwei Elektronen in der $2p$-Unterschale ungepaart sind, sollte man annehmen, dass Kohlenstoff zweiwertig ist. Das ist aber – mit Ausnahme von wenigen Verbindungen – nicht richtig. Der Grund besteht darin, dass die Energieniveaus der $2s$-Unterschale nur unwesentlich tiefer liegen als die

Niveaus der $2p$-Unterschale. Daher kann in Kohlenstoff-Molekülen eines der beiden $2s$-Elektronen mit einer kleinen Energieaufnahme in einen unbesetzten $2p$-Zustand gehoben werden. Die Konfiguration $[\mathrm{He}](2s)(2p)^3$ hat vier ungepaarte Elektronen und ist daher vierwertig. Der Energieaufwand für den Übergang $[\mathrm{He}](2s)^2(2p)^2 \to [\mathrm{He}](2s)(2p)^3$ wird durch die Energiegewinne der dadurch ermöglichten Molekülbindungen mehr als ausgeglichen. Diese Erkenntnis ist von größter Wichtigkeit für die organische Chemie. (Weitere Erklärungen stehen in Abschn. „18.3 Hybridorbitale".)

c) Laut spektroskopischer Notation gilt: $L=1$ $S=1$ $J=0$

17.3 Die Hartree-Methode

Die Schrödinger-Gln. von Atomen mit zwei oder mehr Elektronen sind nicht exakt lösbar. *Leider ist die Störungstheorie für die Berechnung von Atomen mit mehr als zwei Elektronen ($Z \geq 3$) nicht brauchbar, da die Störung – in diesem Fall die Elektron-Elektron-Wechselwirkung – zu stark ist*[7]; beim Heliumatom erhielten wir gerade noch brauchbare Lösungen.

Graphische Darstellungen der Wahrscheinlichkeitsdichten, die mit aufwendigen und zuverlässigen numerischen Näherungsrechnungen ermittelt werden, lassen immer noch eine *Struktur aus Schalen und Unterschalen* erkennen. Das ist nicht unerwartet, da gefüllte Unterschalen eine kugelsymmetrische Ladungsverteilung haben. Da also *selbst große Atome noch eine Schalenstruktur zeigen*, sind viele Begriffe, die beim Wasserstoffatom eingeführt wurden, bei Mehrelektronenatomen weiterhin zweckmäßig und in Gebrauch.

Die bekanntesten *numerischen* Methoden sind die **Hartree-Methode** (1928) und die daraus weiter entwickelte Hartree-Fock-Methode (1930). Diese *iterativen Verfahren geben die Schalenstruktur nicht auf*, liefern sehr gute Ergebnisse und sind physikalisch verständlich. Ihre Fehler sind meistens kleiner als 5%.

Ausgangspunkt ist die Schrödinger-Gl. für Atome mit Z Elektronen (bei Vernachlässigung der Spins, der Kernbewegung und anderer kleinster Effekte):

$$\left[\sum_{i=1}^{Z}\left(-\frac{\hbar^2 \Delta_i}{2m_\mathrm{e}} - \frac{Z e_0^2}{4\pi\varepsilon_0}\frac{1}{r_i}\right) + \frac{e_0^2}{4\pi\varepsilon_0}\sum_{\substack{i,k=1\\i>k}}^{Z}\frac{1}{|\mathbf{r}_i-\mathbf{r}_k|}\right]\psi(\mathbf{r}_1,....\,\mathbf{r}_Z) = E\,\psi(\mathbf{r}_1,....\,\mathbf{r}_Z)$$

$$(17.3-1)$$

---

[7] Gl. (17.3–1) ermöglicht eine Abschätzung. Die Doppelsumme enthält $Z(Z-1)/2$ Beiträge. Wir nehmen an, dass der mittlere Abstand zwischen den Elektronen in etwa so groß ist wie der mittlere Abstand der Elektronen zum Kern. Dann ergibt sich folgende grobe Schätzung für das Verhältnis der mittleren Potentiale:

$$\frac{\overline{V}_{\text{Elektron-Elektron}}}{\overline{V}_{\text{Elektron-Kern}}} \approx \frac{e_0^2}{e_0 \cdot Z e_0}\frac{Z(Z-1)/2}{Z} = \frac{Z-1}{2Z} \qquad (17.3-2)$$

Für Helium ist das Verhältnis $1/4$, für große Atome fast $1/2$. Besonders bei großen Atomen ist die Elektron-Elektron-Wechselwirkung sehr wirksam. Zudem schirmen die inneren Elektronen den Kern so stark ab, dass die Valenzelektronen nur einen kleinen Bruchteil der Kernladung „sehen".

Die partielle Dgl. lässt sich nur numerisch lösen. Wegen $i > k$ wird die Wechselwirkung zwischen dem i-ten und dem k-ten Elektron nicht doppelt gezählt. (Die Bedingung $i > k$ lässt sich auch durch den Faktor $1/2$ vor einer Doppelsumme mit $i \neq k$ ersetzen.)

Wir nehmen an, dass sich die Wechselwirkung des i-ten Elektrons mit den restlichen $Z-1$ Elektronen näherungsweise durch das effektive **Hartree-Potential**[8]

$$V_i^H(\mathbf{r}_i) = \frac{e_0}{4\pi\varepsilon_0} \sum_{\substack{k=1 \\ k \neq i}}^{Z} \int d^3 r_k \frac{e_0 \mid \psi_k(\mathbf{r}_k) \mid^2}{\mid \mathbf{r}_i - \mathbf{r}_k \mid} \qquad i = 1, 2, \dots Z \qquad (17.3\text{--}3)$$

beschreiben lässt. Dabei ist $\psi_k(\mathbf{r}_k)$ die Einteilchen-Wellenfunktion des k-ten Elektrons, die iterativ entwickelt wird – wie nach Gl. (17.3–4) beschrieben. *Wir gehen also davon aus, dass sich jedes Elektron in einem effektiven, zeitunabhängigen Potential bewegt, das von den restlichen $Z-1$ Elektronen erzeugt wird.*

Da in der Summe k nicht gleich i sein darf, haben die Elektronen verschiedene Hartree-Potentiale. Das Hartree-Potential $V_i^H(\mathbf{r}_i)$ hängt von den $Z-1$ Wellenfunktionen der restlichen Elektronen ab und *bestimmt die Bewegung des i-ten Elektrons in einem räumlich gemittelten, von den $Z-1$ übrigen Elektronen erzeugten Feld. ... Mit dem Hartree-Potential erhalten wir für jedes Elektron die* **Hartree-Gl.**, die eine **Einteilchen-Schrödinger-Gl.** ist:

$$\left(-\frac{\hbar^2}{2m_e} \Delta_i - \frac{Z e_0^2}{4\pi\varepsilon_0} \frac{1}{r_i} + V_i^H(\mathbf{r}_i) \right) \psi_i(\mathbf{r}_i) = E_i \psi_i(\mathbf{r}_i) \qquad i = 1, 2, \dots Z \qquad (17.3\text{--}4)$$

Die Berechnung erfolgt **iterativ**, d. h. Schritt für Schritt:

- In nullter Näherung wird die Elektron-Elektron-Wechselwirkung, also die Doppelsumme in Gl. (17.3–1) nicht berücksichtigt und wir haben das **Schalenmodell** in einfachster Form. Das Modell liefert bereits wesentliche Merkmale des Atomaufbaus und des Periodensystems. Die Lösung der Schrödinger-Gl. (17.3–1) – ohne Doppelsumme – ist eine **Produktfunktion** mit den ungestörten Einteilchen-Ortsfunktionen (10.2–9) des Wasserstoffatoms:

$$\psi(\mathbf{r}_1, \mathbf{r}_2, \dots \mathbf{r}_Z) = \prod_{k=1}^{Z} \psi_{n_k l_k m_k}(\mathbf{r}_k) = \prod_{k=1}^{Z} R_{n_k l_k}(r_k) Y_{l_k m_k}(\vartheta_k, \varphi_k)$$

Die Einteilchen-Ortsfunktionen des Wasserstoffatoms *müssen wegen des Pauli-Verbotes verschieden sein.* Sie werden in die Gln. (17.3–3) eingesetzt und liefern eine erste Näherung für die Z Hartree-Potentiale.

---

[8] In der klassischen Elektrodynamik ist die potentielle Energie einer Ladung q an der Stelle $\mathbf{r}$ im elektrostatischen Feld einer kontinuierlichen Ladungsverteilung mit der Ladungsdichte $\rho(\mathbf{r}')$

$$V(\mathbf{r}) = \frac{q}{4\pi\varepsilon_0} \int d^3 r' \frac{\rho(\mathbf{r}')}{\mid \mathbf{r} - \mathbf{r}' \mid} \qquad (17.3\text{--}2)$$

In der Quantenmechanik ersetzt der Ausdruck $e_0 \mid \psi(\mathbf{r}') \mid^2$ die klassische Ladungsdichte $\rho(\mathbf{r}')$.
Nur in nullter Näherung ist $\psi_k(\mathbf{r}_k)$ die Wellenfunktion (10.2–9) $\psi_{n_k l_k m_k}(\mathbf{r}_k)$ des Wasserstoffatoms.

- Mit diesen Z Potentialen werden die Z Einteilchen-Schrödinger-Gln. (17.3–4) gelöst.

- Die neuen Einteilchen-Wellenfunktionen werden in die Gln. (17.3–3) eingesetzt und liefern eine verbesserte, zweite Näherung für die Z Hartree-Potentiale.

- Mit den verbesserten Potentialen werden die Z Schrödinger-Gln. (17.3–4) erneut gelöst.

Die (hoffentlich konvergente) Iteration wird solange fortgesetzt, bis sich zwei aufeinander folgende Lösungen nur noch wenig unterscheiden. Natürlich ist das Endergebnis der Iterationen nicht die exakte Lösung der Schrödinger-Gl. (17.3–1): Die Hartree-Methode liefert eine – bestenfalls optimierte – *Produktfunktion aus Einteilchen-Wellenfunktionen*, nicht aber eine Überlagerung von Produktfunktionen, die wegen der gegenseitigen Wechselwirkung der Elektronen für exakte Wellenfunktionen unumgänglich ist. Zudem beschreiben die Z Hartree-Potentiale (17.3–3) nicht genau das Potential im Hamiltonoperator (17.3–1).

Die Fehler sind meistens kleiner als 5%. Natürlich können die schwierigen und umfangreichen Berechnungen nur mit sehr schnellen Computern durchgeführt werden.

Da Produktfunktionen nicht antisymmetrisch unter Elektronenvertauschungen sind, *verletzt die Hartree-Methode das Pauli-Prinzip*. Daher *fehlt die Austauschwechselwirkung*. (Erst die weiter hinten vorgestellte Hartree-Fock-Methode erfüllt das Pauli-Prinzip.) *Das Pauli-Verbot wird aber eingehalten, da die Quantenzahlen aller Z Einteilchen-Wellenfunktionen verschieden gewählt werden müssen* – bei Anrechnung der Spinquantenzahl m_S.

Mit der Hauptquantenzahl n_i des i-ten Elektrons ergibt sich die gesamte Energie zu

$$E = -\frac{m_e c^2}{2}\left(\frac{Z e_0^2}{4\pi\varepsilon_0 \hbar c}\right)^2 \sum_{i=1}^{Z}\frac{1}{n_i^2} + \frac{e_0^2}{4\pi\varepsilon_0}\sum_{\substack{i,k=1\\i>k}}^{Z}\iint d^3 r_i\, d^3 r_k \frac{|\psi_k(\mathbf{r}_k)|^2\,|\psi_i(\mathbf{r}_i)|^2}{|\mathbf{r}_i - \mathbf{r}_k|}$$

Die numerischen Rechnungen lassen sich erheblich vereinfachen, wenn man mit kugelsymmetrischen Hartree-Potentialen

$$V_i^{\mathrm{H}}(r_i) = \frac{1}{4\pi}\int V_i^{\mathrm{H}}(\mathbf{r}_i)\, d\Omega_i = \frac{1}{4\pi}\int_0^{2\pi}\int_0^{\pi} V_i^{\mathrm{H}}\left(r_i,\vartheta_i,\varphi_i\right)\sin\vartheta_i\, d\vartheta_i\, d\varphi_i \qquad (17.3\text{–}5)$$

arbeitet, die durch eine *zusätzliche Mittelung über den Raumwinkel* entstehen. Diese Vereinfachung heißt **Zentralfeldnäherung**. Sie ist vor allem bei Atomen mit vielen gefüllten und daher kugelsymmetrischen Unterschalen sinnvoll.

Die Zentralfeldnäherung arbeitet mit kugelsymmetrischen Potentialen $V_i^{\mathrm{H}}(r_i)$. Daher bleibt die bereits vom Wasserstoffatom bekannte Schalenstruktur erhalten. Denn die Lösungen der Einteilchen-Dgln. (17.3–4) hängen von den drei Quantenzahlen n_i, l_i, m_i ab und enthalten die Kugelfunktionen $Y_{l_i m_i}(\vartheta_i,\varphi_i)$:

$$\psi_{n_i l_i m_i}(\mathbf{r}_i) = \psi_{n_i l_i m_i}(r_i,\vartheta_i,\varphi_i) = \tilde{R}_{n_i l_i}(r_i)\, Y_{l_i m_i}(\vartheta_i,\varphi_i) \qquad (17.3\text{–}6)$$

Deswegen können wir in der Zentralfeldnäherung weiterhin von s-, p-, d-...Orbitalen reden. Da die Hartree-Potentiale $V_i^{\mathrm{H}}(r_i)$ *keine* $1/r$–*Potentiale* sind, müssen die radialen

Funktionen $\tilde{R}_{n\,l}(r)$ numerisch berechnet werden. *Die Energieniveaus sind wegen der Rotationssymmetrie weiterhin unabhängig von der magnetischen Quantenzahl m, nicht aber unabhängig von der Drehimpulsquantenzahl l.*

Die Ergebnisse der Hartree-Methode sind alleine schon deshalb nicht einwandfrei, weil die Wellenfunktionen Produkte von Einteilchenfunktionen sind und daher unter Teilchenvertauschungen *nicht antisymmetrisch* sind. Deshalb *fehlen die Austauschwechselwirkungen.* Die **Hartree-Fock-Methode** ist eine Erweiterung der Hartree-Methode. Der einfache Produktansatz für die nullte Näherung der Hartree-Methode

$$\psi(\mathbf{r}_1,\ldots\mathbf{r}_Z)=\prod_{i=1}^{Z}\psi_{n_i\,l_i\,m_i}(\mathbf{r}_i)$$

wird durch eine Slater-Determinante ersetzt, die auch nur Einteilchen-Funktionen hat:

$$\psi^{-}(\mathbf{r}_1,\ldots\mathbf{r}_Z)=\frac{1}{\sqrt{Z!}}\begin{vmatrix}\psi_{n_1\,l_1\,m_1\,m_{s_1}}(\mathbf{r}_1) & \cdots & \psi_{n_1\,l_1\,m_1\,m_{s_1}}(\mathbf{r}_Z)\\ \vdots & & \vdots\\ \psi_{n_Z\,l_Z\,m_Z\,m_{s_Z}}(\mathbf{r}_1) & \cdots & \psi_{n_Z\,l_Z\,m_Z\,m_{s_Z}}(\mathbf{r}_Z)\end{vmatrix}$$

wobei jetzt auch m_{s_i} = z-Komponente des Spins des i-ten Elektrons mitgenommen wird. Anstelle der Hartree Gl. (17.3 4) tritt die (hier nicht bewiesene) **Hartree-Fock-Gl.:**

$$\left(-\frac{\hbar^2}{2m_{\mathrm{e}}}\Delta_i-\frac{Ze_0^2}{4\pi\varepsilon_0}\frac{1}{r_i}+\underbrace{\sum_{\substack{k=1\\k\neq i}}^{Z}V_{kk}(\mathbf{r}_i)}_{=V_i^{\mathrm{H}}(\mathbf{r}_i)}\right)\psi_i(\mathbf{r}_i)-\sum_{\substack{k=1\\k\neq i}}^{Z}V_{ki}(\mathbf{r}_i)\,\psi_k(\mathbf{r}_i)\,\delta_{m_{s_i}\,m_{s_k}}=E_i\,\psi_i(\mathbf{r}_i) \tag{17.3-7}$$

$$\text{mit}\quad V_{ki}(\mathbf{r}_i):=\frac{e_0}{4\pi\varepsilon_0}\int\frac{e_0\,\psi_k^{*}(\mathbf{r}')\,\psi_i(\mathbf{r}')}{|\mathbf{r}_i-\mathbf{r}'|}\,d^3r' \tag{17.3-8}$$

Die Hartree-Fock-Gl. (17.3–7) unterscheidet sich von der Hartree-Gl. (17.3–4) durch die zweite Summe, die *energiesenkende* **Austauschintegrale** enthält und wegen des Kroneckersymbols *nur Wechselwirkungen zwischen Elektronen mit parallelen Spins* beschreibt.[9] Wir wollen darauf nicht näher eingehen, da iterative Verfahren nur numerisch bearbeitet werden können und da bereits die Hartree- Methode eine physikalische Vorstellung der Methodik liefert.

Hartree- und Hartree-Fock-Methode haben zwei Vorteile:

- Die Methoden sind anschaulich und geben die charakteristischen Eigenschaften der Mehrelektronen-Atome wieder. In der Zentralfeldnäherung lassen sich die Orbitale weiterhin mit den Quantenzahlen n,l (bzw. $s,p,d,\ldots$) und m beschreiben.

---

[9] Eigentlich sind die Hartree- und die Hartree-Fock-Methoden Variationsmethoden, die aber nicht Parameter α, sondern Einteilchen-Wellenfunktionen variieren. *Daher sind die berechneten Energien Obergrenzen für die wahren Energien.* Im Hartree-Verfahren sind die Gln. (17.3–3/4) plausibel, so dass ich auf ihre Herleitung im Rahmen der Variationstheorie verzichte. Ausführlichere Erklärungen und Beweise finden sich in [Nolting–2], Abschn. 7.1.3 und 8.4.1 sowie in [Schwabl], Abschn. 13.3.

- Es müssen nur *Einteilchen*-Schrödinger-Gln. (17.3–4) bzw. (17.3–7) gelöst werden.

Die Hartree-Fock-Methode ist derzeit eine verbreitete Methode für die Berechnung der Energieniveaus und Wellenfunktionen der Mehrelektronenatome. Sie liefert recht *genaue und zuverlässige numerische Lösungen. Die graphische Darstellung ihrer radialen Wahrscheinlichkeitsdichte lässt die Schalenstruktur deutlich erkennen.* Die berechneten Energien sind kleiner und damit nach dem Variationsprinzip besser als die mit dem Hartree-Verfahren berechneten Energien. Die Hartree-Fock-Methode wird auch in der Molekülorbitaltheorie angewendet.

Tabelle 17.3–1 Die mit der Hartree-Fock-Methode berechneten Grundzustandsenergien stimmen gut mit den experimentellen Werten überein. Die Fehler liegen deutlich unter 2%.

Atom	$E_{\mathrm{H-F}}\,[\mathrm{eV}]$	$E_{\mathrm{exakt}}\,[\mathrm{eV}]$
He	$-77{,}8$	$-79{,}0$
Be	-396	-399
Ne	-3497	-3507

17.4   Leitgedanken

17.1 Das Heliumatom

In nullter Näherung der Störungsrechnung ist die Energie der beiden Elektronen

$$E^{(0)}_{n_1 n_2} = E_{n_1} + E_{n_2} \underset{\substack{\uparrow \\ \mathrm{Gl.(10.1-24)}}}{=} -\frac{m_e\, c^2}{2}\left(\frac{2\,e_0^2}{4\pi\varepsilon_0\,h\,c}\right)^2\left(\frac{1}{n_1^2}+\frac{1}{n_2^2}\right)=$$

$$\sim -4\cdot 13{,}6\,\mathrm{eV}\cdot\left(\frac{1}{n_1^2}+\frac{1}{n_2^2}\right)\qquad n_1, n_2 = 1, 2, 3, \ldots \qquad (17.1\text{–}9)$$

Die Energie des Grundzustandes mit $n_1 = n_2 = 1$ beträgt in nullter Näherung $E^{(0)}_{11} = -108{,}8\,\mathrm{eV}$ und weicht von dem experimentellen Wert $E_{1:1\,\mathrm{exp}} = -79{,}005\,\mathrm{eV}$ stark ab, da die gegenseitige Abstoßung der Elektronen nicht berücksichtigt wird.

Da der Hamiltonoperator (17.1–1) keine spinabhängigen Wechselwirkungen enthält, können die Wellenfunktionen als Produktfunktionen mit einem orts- und einem spinabhängigen Faktor geschrieben werden. Eine Produktfunktion ist unter Elektronenvertauschung antisymmetrisch, wenn die Ortswellenfunktion symmetrisch und die Spinfunktion antisymmetrisch ist oder umgekehrt.

Helium im **Singulettzustand** *des Spins*

$$|0\,0\rangle = \big(|+-\rangle - |-+\rangle\big)\big/\sqrt{2}$$

hat den Gesamtspin null ($s = 0$) *und eine Wellenfunktion mit symmetrischem Ortsteil.* Der antisymmetrische Grundzustand lautet in nullter Näherung

$$| \psi^{(0)}_{100;100} \rangle_{\mathrm{Para}} = \psi_{100}(\mathbf{r}_1) \, \psi_{100}(\mathbf{r}_2) \, |0\,0\rangle \qquad (17.1\text{-}4)$$

Die angeregten Wellenfunktionen im Singulettzustand lauten in nullter Näherung (mit $n > 1$)

$$| \psi^{(0)}_{nlm;100} \rangle_{\mathrm{Para}} = \frac{1}{\sqrt{2}} \left[\psi_{nlm}(\mathbf{r}_1) \, \psi_{100}(\mathbf{r}_2) + \psi_{100}(\mathbf{r}_1) \, \psi_{nlm}(\mathbf{r}_2) \right] |0\,0\rangle \qquad (17.1\text{-}6)$$

mit den in Abschn. 10.2 berechneten Wasserstoff-Zuständen $\psi_{nlm}(\mathbf{r}) = R_{nl}(r) \, Y_{lm}(\vartheta, \varphi)$.

Helium in einem **Triplettzustand** *des Spins*

$$|1\,1\rangle = |++\rangle \qquad |1\,0\rangle = \big(|+-\rangle + |-+\rangle\big)\big/\sqrt{2} \qquad |1\,{-}1\rangle = |--\rangle$$

hat den Gesamtspin $s = 1$ mit $m_s = 0, \pm 1$. Die angeregten Wellenfunktionen im Triplettzustand lauten in nullter Näherung (mit $n > 1$)

$$| \psi^{(0)}_{nlm;100} \rangle_{\mathrm{Ortho}} = \frac{1}{\sqrt{2}} \left[\psi_{nlm}(\mathbf{r}_1) \, \psi_{100}(\mathbf{r}_2) - \psi_{100}(\mathbf{r}_1) \, \psi_{nlm}(\mathbf{r}_2) \right] |1\,m_s\rangle \qquad (17.1\text{-}7)$$

Mit der **Störungsrechnung** errechnet sich die erste Energiekorrektur des nicht entarteten Grundzustandes (17.1-4) zu

$$E^{(1)}_{100;100} = \frac{e_0^2}{4\pi\varepsilon_0} \int d^3 r_1 \int d^3 r_2 \, \psi_{100}^2(\mathbf{r}_1) \, \frac{1}{|\mathbf{r}_1 - \mathbf{r}_2|} \, \psi_{100}^2(\mathbf{r}_2) =$$

$$= \frac{e_0^2}{4\pi\varepsilon_0} \frac{1}{\pi^2} \left(\frac{2}{a_{\mathrm{B}}} \right)^6 \int d^3 r_1 \int d^3 r_2 \, \exp\left[-\frac{4}{a_{\mathrm{B}}}\left(r_1 + r_2 \right) \right] \frac{1}{|\mathbf{r}_1 - \mathbf{r}_2|} \approx 34\,\mathrm{eV}$$

Das Doppelintegral beschreibt die elektrostatische Wechselwirkung der beiden kugelsymmetrischen Ladungswolken $e_0 |\psi_{100}(\mathbf{r}_1)|^2$ und $e_0 |\psi_{100}(\mathbf{r}_2)|^2$ und ist klassisch verständlich. Die Energiekorrektur ist wegen der Abstoßung der Elektronen positiv. In erster Näherung lautet die Energie des Helium-Grundzustandes

$$E^{(0)}_{11} + E^{(1)}_{100;100} \approx \big(-108{,}8 + 34{,}0 \big)\,\mathrm{eV} = -74{,}8\,\mathrm{eV} \approx E_{1;1\,\mathrm{exp}} = -79{,}005\,\mathrm{eV}$$

Die erste Energiekorrektur der *angeregten* Zustände (17.1-6/7) ist ebenfalls einfach zu berechnen, da der Störoperator wegen der Spinanteile in den Zuständen (17.1-6/7) der nullten Näherung diagonal ist. Daher gilt:

$$E^{(1)}_{nlm;100} = \frac{e_0^2}{4\pi\varepsilon_0} \int d^3 r_1 \int d^3 r_2 \, \frac{1}{2} \frac{\left| \psi_{nlm}(\mathbf{r}_1)\psi_{100}(\mathbf{r}_2) \pm \psi_{100}(\mathbf{r}_1)\psi_{nlm}(\mathbf{r}_2) \right|^2}{|\mathbf{r}_1 - \mathbf{r}_2|} =$$

$$= \frac{e_0^2}{4\pi\varepsilon_0} \int d^3 r_1 \int d^3 r_2 \, \frac{|\psi_{nlm}(\mathbf{r}_1)|^2 \, |\psi_{100}(\mathbf{r}_2)|^2}{|\mathbf{r}_1 - \mathbf{r}_2|} \pm$$

$$\frac{e_0^2}{4\pi\varepsilon_0} \int d^3 r_1 \int d^3 r_2 \, \frac{\psi^*_{nlm}(\mathbf{r}_1)\psi_{100}(\mathbf{r}_1)\,\psi^*_{100}(\mathbf{r}_2)\psi_{nlm}(\mathbf{r}_2)}{|\mathbf{r}_1 - \mathbf{r}_2|}$$

Das erste Doppelintegral liefert die **Coulombenergie**. Sie beschreibt die elektrostatische Wechselwirkung der beiden Ladungswolken $e_0 |\psi_{nlm}(\mathbf{r}_1)|^2$ und $e_0 |\psi_{100}(\mathbf{r}_2)|^2$ und ist klassisch interpretierbar. Sie ist offensichtlich positiv und hat für unterscheidbare Teilchen dieselbe Form.

Die zweite Energie ist die *klassisch unverständliche* **Austauschenergie**. *Sie entsteht, weil sich jedes Elektron sowohl im Grundzustand* ψ_{100} *als auch im angeregten Zustand* ψ_{nlm} *befindet.*

17.3 Die Hartree-Methode

Leider ist die Störungsrechnung für Atome mit mehr als zwei Elektronen nicht brauchbar, da die Störung – in diesem Fall die Elektron-Elektron-Wechselwirkung – zu stark ist; beim Heliumatom erhielten wir gerade noch brauchbare Ergebnisse. Wir führen deshalb ein **iteratives Verfahren** ein. Die Schrödinger-Gl. lautet für Atome mit Z Elektronen (ohne Feinstruktur)

$$\left[\sum_{i=1}^{Z} \left(-\frac{\hbar^2 \Delta_i}{2m_e} - \frac{Z e_0^2}{4\pi\varepsilon_0} \frac{1}{r_i} \right) + \frac{e_0^2}{4\pi\varepsilon_0} \sum_{\substack{i,k=1 \\ i>k}}^{Z} \frac{1}{|\mathbf{r}_i - \mathbf{r}_k|} \right] \psi(\mathbf{r}_1, \dots \mathbf{r}_Z) = E\,\psi(\mathbf{r}_1, \dots \mathbf{r}_Z)$$

Wir nehmen nun an, dass sich die Wechselwirkung des i-ten Elektrons mit den restlichen $Z-1$ Elektronen näherungsweise durch das **Hartree-Potential**

$$V_i^{\mathrm{H}}(\mathbf{r}_i) = \frac{e_0}{4\pi\varepsilon_0} \sum_{\substack{k=1 \\ k\neq i}}^{Z} \int d^3 r_k \, \frac{e_0 \left| \psi_k(\mathbf{r}_k) \right|^2}{|\mathbf{r}_i - \mathbf{r}_k|} \tag{17.3–3}$$

beschreiben lässt. *Das Hartree-Potential entsteht durch eine räumliche Mittelung* der Potentiale, die von den „Ladungsdichten" $e_0 \left| \psi_k(\mathbf{r}_k) \right|^2$ der anderen $Z-1$ Elektronen erzeugt werden. Das Potential $V_i^{\mathrm{H}}(\mathbf{r}_i)$ des i-ten Elektrons hängt von den $Z-1$ Wellenfunktionen der restlichen Elektronen ab. Mit Hilfe des Hartree-Potentials erhalten wir für jedes Elektron die **Einteilchen-Schrödinger-Gl.**

$$\left(-\frac{\hbar^2}{2m_e} \Delta_i - \frac{Z e_0^2}{4\pi\varepsilon_0} \frac{1}{r_i} + V_i^{\mathrm{H}}(\mathbf{r}_i) \right) \psi_i(\mathbf{r}_i) = E_i\,\psi_i(\mathbf{r}_i) \qquad i=1,2,\dots Z \tag{17.3–4}$$

Die Berechnung erfolgt **iterativ**. Zuerst werden die ungestörten Wasserstoff-Wellenfunktionen in Gl. (17.3–3) eingesetzt; so wird eine erste Näherung der Hartree-Potentiale ermittelt. Mit diesen Potentialen werden die Z Einteilchen-Schrödinger-Gln. (17.3–4) gelöst. Die neuen Wellenfunktionen werden in Gl. (17.3–3) eingesetzt und liefern eine zweite, bessere Näherung für die Hartree-Potentiale usw.

Das kugelsymmetrische Hartree-Potential

$$V_i^{\mathrm{H}}(r_i) = \frac{1}{4\pi} \int d\Omega_i \, V_i^{\mathrm{H}}(\mathbf{r}_i) \tag{17.3–5}$$

entsteht durch eine zusätzliche Mittelung über den Raumwinkel und vereinfacht die Rechnungen erheblich. Man spricht von einer **Zentralfeldnäherung**. *In der Zentralfeldnäherung mit Potentialen* $V_i^{\mathrm{H}}(r_i)$ *bleibt die vom Wasserstoffatom bekannte Schalenstruktur vollkommen bestehen.* Die Lösungen der Einteilchen-Dgln. (17.3–4) haben nun die Form.

$$\psi_{n_i\,l_i\,m_i}(\mathbf{r}_i) = \tilde{R}_{n_i\,l_i}(r_i)\, Y_{l_i\,m_i}(\vartheta_i, \varphi_i) \tag{17.3–6}$$

Leider sind die berechneten Wellenfunktionen Produkte von Einteilchenfunktionen, also *nicht antisymmetrisch* unter Teilchenvertauschungen; sie verletzen daher das Pauli-Prinzip. (Das Pauli-Verbot wird aber eingehalten, da alle Z Einteilchen-Wellenfunktionen verschieden sind.)

> Deshalb *fehlen die Austauschwechselwirkungen*. Die **Hartree-Fock-Methode** ist eine Erweiterung der Hartree-Methode. Sie arbeitet nicht mit einfachen Produktfunktionen, sondern mit Slater-Determinanten. Daher treten Austauschterme automatisch auf.

17.5 Aufgaben

17-1 Mittel Berechnung des Integrals in (17.1–8)   Abb. 17.5–1

Berechne das Integral

$$\int d^3r_2 \int d^3r_1 \, e^{-4\,(r_1+r_2)/a_B} \, \frac{1}{|\mathbf{r}_1 - \mathbf{r}_2|}$$

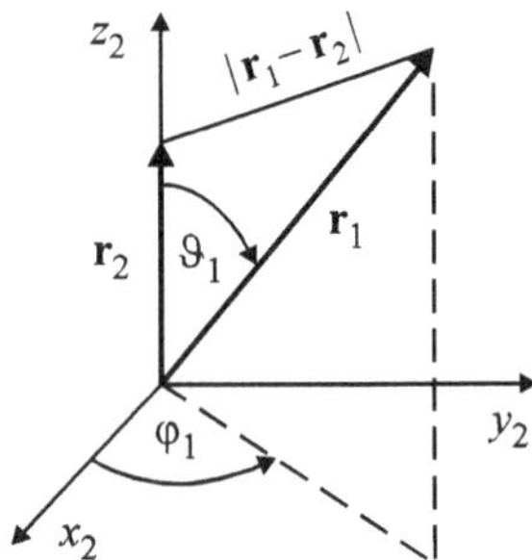

Abb. 17.5–1 Der Ortsvektor $\mathbf{r}_2$ liegt auf der z_2 – Achse.

Hinweis: Der Abstand $|\mathbf{r}_1 - \mathbf{r}_2|$ ergibt sich aus dem Kosinussatz. Führe mit dem infinitesimalen Volumenelement

$$d^3r_1 = dr_1 \cdot r_1 \, d\vartheta_1 \cdot r_1 \sin\vartheta_1 \, d\varphi_1$$

zuerst die Integration über $\mathbf{r}_1$ in der Reihenfolge $\varphi_1, \vartheta_1, r_1$ aus und lege dabei den (festen) Ortsvektor $\mathbf{r}_2$ auf die z_2 – Achse.

17-2 Mittel Energieniveaus in Atomen

a) Lithium ^{3}Li mit der Elektronenkonfiguration $[\text{He}](2s)$ hat eine Ionisierungsenergie von $5,4\,\text{eV}$. Wie groß ist die Abschirmung der Kernladung durch die zwei Elektronen der K-Schale? Schätze die Kernladungszahl Z^* ab, die das Valenzelektron der $2s$-Schale sieht.

b) Bor ^{5}B hat die Elektronkonfiguration $[\text{He}](2s)^2(2p)$. Zeige mit dem Operator der Spin-Bahn-Kopplung

$$\hat{H}_{SL} = \frac{e_0^2}{8\,\pi\,\varepsilon_0} \frac{1}{m_e^2\,c^2} \frac{\hat{\mathbf{S}}\cdot\hat{\mathbf{L}}}{r^3} \tag{13.4–9}$$

warum der Gesamtdrehimpuls der L-Schale nicht $J=3/2$, sondern $J=1/2$ ist. Die spektroskopische Benennung von Bor lautet also $^2\text{P}_{1/2}$.

17-3 Mittel Wie sähe die Welt ohne Pauli-Verbot aus?

Pauli hat das Symmetriepostulat und damit auch das Pauli-Verbot aus der Quantenfeldtheorie abgeleitet. Eine Welt ohne Pauli-Verbot wäre daher eine Welt mit völlig anderen physikalischen Gesetzen – eine Welt, die wir uns nicht einmal im Entferntesten vorstellen können. Wir nehmen uns die Zeit für eine kleine, theoretische Spielerei und betrachten eine fiktive Welt, in der das Pauli-Verbot nicht gilt.

a) Was würde aus dem Periodensystem und den chemischen Eigenschaften der Elemente werden?

b) Was bleibt von den Atomkernen übrig? Diskutiere die dramatischen Änderungen in der Kernphysik. Benutze dazu das einfache Potentialtopf-Modell der Atomkerne, das am Anfang der Lösung kurz vorgestellt wird.

17-4 Mittel Variationsrechnung für den Grundzustand von Helium und Lithium

a) Berechne mit dem Variationsprinzip eine obere Schranke für die Energie des Helium-Grundzustandes. Gehe dabei von der Vorstellung aus, dass jedes der beiden Elektronen eine negative Ladungswolke erzeugt, die den Kern gegenüber dem anderen Elektron teilweise abschirmt, so dass jedes Elektron nicht die volle

Kernladungszahl $Z=2$, sondern eine kleinere Kernladungszahl $\tilde{Z}<2$ sieht, die als Variationsparameter dient: $\alpha=\tilde{Z}$

Arbeite mit der sehr einfachen Testfunktion

$$\psi_T(\tilde{Z},r_1,r_2) = \psi_{100}(\tilde{Z},r_1)\,\psi_{100}(\tilde{Z},r_2) = \frac{\tilde{Z}^3}{\pi\,a_B^3}\,e^{-\tilde{Z}(r_1+r_2)/a_B} \qquad (17.5\text{--}1)$$

Diese Testfunktion beschreibt zwei Elektronen, die sich im Feld einer ruhenden Punktladung $\tilde{Z}e_0$ bewegen und dabei nicht untereinander wechselwirken. Der antisymmetrische Singulettzustand $|0\,0\rangle$ des Spins wird nicht beachtet.

Hinweise: **1)** In Abschn. 17.1 wurde die Energie des Grundzustandes in erster Näherung der Störungstheorie zu $-74{,}8\,\text{eV}$ berechnet. Das in der Lösung berechnete Variationsergebnis $-77{,}5\,\text{eV}$ stimmt viel besser dem experimentell gemessenen Wert $-79{,}005\,\text{eV}$ überein.

2) Bereits 1929 konnte E. Hylleraas die Ionisierungsenergie von Helium mit einer zehn-parametrigen Testfunktion mit einer Genauigkeit von etwa 0,5% berechnen. Dieses überzeugende Ergebnis war einer der ersten Erfolge der Quantenmechanik bei der Berechnung von Mehrelektronenatomen.

b) Lithium hat im Grundzustand zwei Elektronen in der K-Schale und ein Elektron in der L-Schale. Nenne eine sinnvolle Testfunktion mit Hilfe der Slater-Determinante, die zwei Variationsparameter α_1,α_2 und die Spinzustände der drei Elektronen enthalten soll.

Hinweis: Der erste Variationsparameter soll die beiden gleichen Kernladungen $\alpha_1=\tilde{Z}_1=\tilde{Z}_2$ sein, die die zwei Elektronen in der K-Schale „sehen"; der zweite Variationsparameter soll die Kernladung $\alpha_2=\tilde{Z}_2$ sein, die das Elektron in der L-Schale „sieht". Die Verschiedenheit der teilweise abgeschirmten Kernladungen für die K-Elektronen und das L-Elektron berücksichtigt, dass das äußere Elektron stärker als die beiden inneren Elektronen vor der Kernladung abgeschirmt wird.

18 Moleküle

Auch dieses Kapitel hat ein mittleres Niveau. Die Schrödinger-Gln. von Molekülen können analytisch nicht gelöst werden. Wir werden deshalb die zwei einfachsten Moleküle – das ionisierte und das neutrale Wasserstoffmolekül – mit der Variationsrechnung untersuchen. Das Hauptaugenmerk liegt auf dem qualitativen Verständnis der kovalenten Bindung in Molekülen – auch Atombindung oder Elektronenpaarbindung genannt.

18.1 *Das ionisierte Wasserstoffmolekül* H_2^+ : Das Wasserstoffmolekül-Ion ist das einfachste Molekül. Mit der Variationsrechnung und einer Testfunktion, die eine Überlagerung von zwei, die Protonen umhüllenden Grundzuständen des Wasserstoffatoms ist, wird eine obere Grenze für die Grundzustandsenergie des Ions berechnet. Ein klassisch unverständliches Austauschintegral ist darauf zurückzuführen, dass das Elektron mit gleicher Wahrscheinlichkeit beide Protonen umläuft.

18.2 *Das Wasserstoffmolekül* H_2 : Auch das Wasserstoffmolekül wird mit einer Variationsrechnung untersucht. Für die Testfunktion ψ_T werden zwei Ansätze gewählt:

1) Molekülorbitaltheorie: Produkt der Molekülorbitale, die bei H_2^+ verwendet wurden.

2) Valenzbindungstheorie: Überlagerung der Produkte von zwei Atomorbitalen.

Die beiden Ansätze beweisen die Bindung, obwohl die Bindungsenergie um 34% bzw. 44% zu klein geschätzt wird. Die Abstände der Kerne werden recht gut berechnet.

18.3 *Hybridorbitale* *: In Methan (CH_4) überlagern sich ein $2s$- Orbital und die drei $2p$- Orbitale zu vier tetraedischen Hybridorbitalen, die in die vier Ecken eines regulären Tetraeders zeigen.

18.4 *Van-der-Waals-Kräfte* *: Die sehr schwachen van-der-Waals-Kräfte machen sich bei größeren Atomabständen bemerkbar, wenn die Elektron-Wellenfunktionen nicht mehr überlappen, so dass keine kovalenten Bindungen auftreten. Wir ersetzen in der klassischen Dipol-Dipol-Wechselwirkung die Ortsvektoren der Elektronen durch Ortsoperatoren. Der Operator der Dipol-Dipol-Wechselwirkung ist der Störterm in einer Näherungsrechnung und liefert für zwei Wasserstoffatome im Grundzustand eine anziehende van-der-Waals-Kraft proportional zu $1/R^7$.

18.1 Das ionisierte Wasserstoffmolekül

In Molekülen treten *Atombindungen* – auch *kovalente, homöopolare* oder *Elektronenpaarbindungen* genannt – auf sowie zusätzlich ionische Bindungen, deren Stärke von der Differenz der Elektronegativitäten der beteiligten Atome abhängt[1]. Nur in Molekülen mit

---

[1] Die Elektronegativität ist ein relatives Maß für die Stärke, mit der ein Atom in einer chemischen Bindung Elektronen an sich zieht. In der Regel nimmt die Elektronegativität im Periodensystem von links nach rechts

Quantenmechanik: Lehr- und Arbeitsbuch, 2. Auflage. Friedhelm Kuypers.
© 2026 Wiley-VCH GmbH. Published 2026 by Wiley-VCH GmbH.

identischen Atomen ist die Bindung rein kovalent. Während ionische Bindungen klassisch durch Coulombkräfte erklärt werden können und daher bereits vor der Quantenmechanik erfolgreich bearbeitet wurden[2], sind kovalente Bindungen ein rein quantenmechanisches Phänomen. *Die kovalente Bindung entsteht durch mindestens ein Elektronenpaar – daher auch der Name Elektronenpaarbindung –, dessen zwei Elektronen sich verstärkt zwischen den beteiligten Atomen aufhalten.*[3]

Ein einfaches Beispiel einer Atombindung liefert das Wasserstoffmolekül H_2. Die wichtigsten Eigenschaften der Atombindung zeigen sich aber schon im einfacheren Wasserstoffmolekül-Ion H_2^+. Wir werden sehen, dass ein *einzelnes Elektron zwei Protonen zusammenhalten kann.*[4]

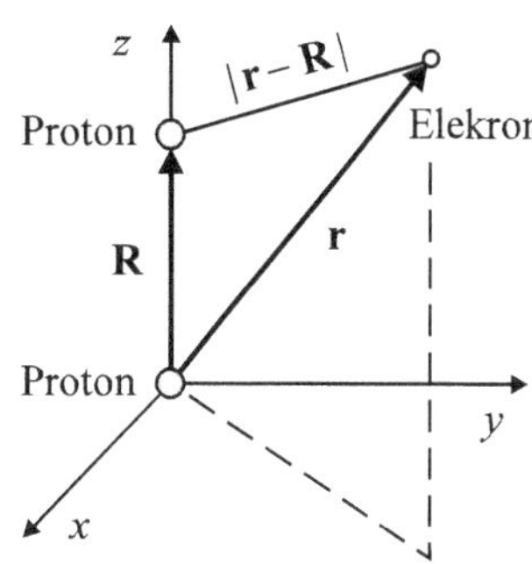

Abb. 18.1–1 Zwei Protonen auf der z-Achse und ein Elektron.

Das Wasserstoffmolekül-Ion H_2^+ besteht aus zwei Protonen und einem einzelnen Elektron. Wir setzen voraus, dass ein Proton im Koordinatenursprung und das andere Proton an der Stelle $\mathbf{R} = R\mathbf{e}_z$ *ruht*. Wir berücksichtigen die Proton-Proton-Wechselwirkung erst im fünften Absatz nach Gl. (18.1–6) (siehe auch Abb. 18.1–3).

---

zu und von oben nach unten ab. Letzteres ist in erster Linie darauf zurückzuführen, dass die Anziehungskraft des Kerns auf die äußeren Elektronen mit wachsender Ordnungszahl Z kleiner wird. Metalle haben eine kleine Elektronegativität und geben Elektronen eher ab; Nichtmetalle nehmen Elektronen gerne auf.

Die ionische Bindung liegt in den meisten Salzen vor und bildet in erster Linie aus Ionen aufgebaute Kristalle, daneben aber auch einzelne Moleküle. Das Standardbeispiel ist NaCl (Natriumchlorid oder Kochsalz). Bei der Annäherung der beiden Atome wird der Übergang des Na-3s-Elektrons zum Cl-Atom energetisch begünstigt.

[2] Allerdings können elektrostatische Kräfte alleine kein stabiles Gleichgewicht garantieren. Daher musste man in den Ionenbindungen vor der Einführung der Quantenmechanik zusätzlich zu den anziehenden Coulombkräften weitere Kräfte einführen, die empirisch mit α/r^{n+1} angesetzt wurden ($\alpha > 0$). Diese klassisch nicht erklärbaren Kräfte stoßen die Ionen bei kleinen Abständen ab.

[3] Eine Ausnahme bildet das Wasserstoffmolekül-Ion. Hier teilen sich beide Kerne (Protonen) das *eine* Elektron, so dass zwar eine kovalente Bindung vorliegt, der Name Elektronen*paar*bindung aber irreführend ist.

[4] Genauso erstaunlich ist die Stabilität eines negativ geladenen Wasserstoffatoms H^-, das ein Proton und zwei Elektronen enthält. In [Griffiths], Aufgabe 7.18 zeigt eine drei Seiten lange Rechnung, dass die Testfunktion

$$\psi_T(\mathbf{r}_1, \mathbf{r}_2) = A\left[\psi_1(r_1)\psi_2(r_2) + \psi_2(r_1)\psi_1(r_2)\right]|0\,0\rangle$$

mit $\quad \psi_1(r) = \sqrt{\dfrac{Z_1^3}{\pi a_B^3}}\, e^{-Z_1 r/a_B} \qquad \psi_2(r) = \sqrt{\dfrac{Z_2^3}{\pi a_B^3}}\, e^{-Z_2 r/a_B} \qquad$ (Vgl. mit Gl. (10.2–10a).)

für die Variationsparameter $Z_1 = 1{,}0392$, $Z_2 = 0{,}2832$ den Erwartungswert $\langle \psi_T | \hat{H} | \psi_T \rangle = -13{,}92\,\text{eV} < -13{,}6\,\text{eV}$ liefert. Die Bindungsenergie beträgt also mindestens $0{,}32\,\text{eV}$. Angeregte Zustände gibt es nicht.

Das Wasserstoffmolekül-Ion und das (elektrisch neutrale) Wasserstoffmolekül H_2 werden in den meisten Lehrbüchern mit der Variationsrechnung untersucht. Die Variationsrechnung hat den großen Vorteil, dass sie bei nicht allzu großem Aufwand die physikalische Ursache der kovalenten Bindung deutlich herausarbeitet: *Die Identität der beiden Protonen führt zu Austauschintegralen, die verschiedene Wellenfunktionen enthalten.* Zwar kann die Variationsrechnung die Bindung beweisen, aber bei vertretbarem Aufwand die Größe der Bindungsenergien nur leidlich berechnen.

Für *zwei ruhende Protonen* lautet die Schrödinger-Gl. für das einzige Elektron[5]

$$\hat{H}\,\psi(\mathbf{r}) = \left[-\frac{\hbar^2}{2m_e}\Delta - \frac{e_0^2}{4\pi\varepsilon_0}\left(\frac{1}{r} + \frac{1}{|\mathbf{r}-\mathbf{R}|} \right) \right]\psi(\mathbf{r}) = E\,\psi(\mathbf{r}) \qquad (18.1\text{--}1)$$

Sie ist in elliptischen Koordinaten für alle R exakt lösbar[6]. Wir wollen aber einen einfacheren Weg gehen und mit der **Variationsrechnung** eine *obere Schranke für die Energie des Grundzustandes* berechnen; dabei werden wir auch den Gleichgewichtsabstand der Protonen näherungsweise bestimmen. Wenn die obere Energieschranke kleiner ist als die Energie $-13{,}6\,\mathrm{eV}$ des Grundzustandes des Wasserstoffatoms, dann ist die Bindung bewiesen.

Wegen der Identität der beiden Protonen befindet sich das Elektron mit gleicher Wahrscheinlichkeit in der Umgebung beider Protonen. Wir nehmen der Einfachheit halber an, dass das Elektron in der Umgebung jedes Protons im Grundzustand

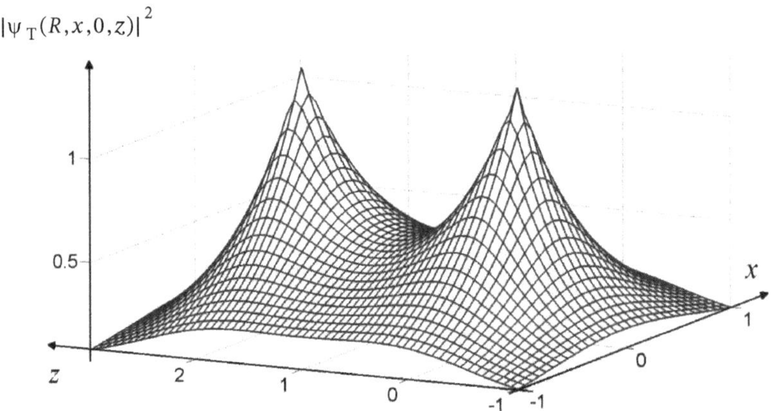

Abb. 18.1–2 Wahrscheinlichkeitsdichte $|\psi_T(R,x,y=0,z)|^2$ der Testfunktion (18.1–3) über der x,z-Ebene mit dem gemessenen Kernabstand $R = 0{,}102\,\mathrm{nm} \approx 1{,}9\,a_B$. x und z sind in Einheiten von a_B aufgetragen. *Die Erhöhung der Aufenthaltsdichte zwischen den Kernen ist der Grund für die Molekülbindung.*

---

[5] Da der Protonenabstand R vorläufig konstant ist, können wir die Proton-Proton-Wechselwirkung vorerst außer Acht lassen.

[6] In der klassischen Mechanik beschreibt das vergleichbare Zweizentrenproblem die Bewegung eines Körpers im Gravitationsfeld von zwei weiteren, *ruhenden* Körpern. Die Bewegung kann nur mit der Hamilton-Jacobi-Theorie und mit elliptischen Koordinaten exakt berechnet werden (siehe [Kuypers], Aufgabe 21–5).

$$\psi_{100}(r) = \frac{1}{\sqrt{\pi a_{\mathrm{B}}^3}}\, e^{-r/a_{\mathrm{B}}} \qquad (18.1\text{-}2)$$

des einfachen Wasserstoffatoms ist. Daher wählen wir als **Testfunktion** für den Grundzustand eine *Überlagerung der zwei atomaren Grundzustände* (18.1-2), *die in den Umgebungen der beiden Kerne konzentriert sind*:

$$\psi_{\mathrm{T}}(\mathbf{R},\mathbf{r}) = A\left[\psi_{100}(r) + \psi_{100}(\,|\,\mathbf{r}-\mathbf{R}\,|\,)\right] \qquad (18.1\text{-}3)$$

Die beiden Grundzustände haben dieselbe Gewichtung, weil das *Elektron mit gleicher Wahrscheinlichkeit in der Umgebung der beiden Kerne gefunden wird.* $\alpha = R =$ Protonenabstand ist der Variationsparameter. Die Testfunktion liefert eine *erhöhte Wahrscheinlichkeitsdichte des Elektrons zwischen den Protonen* (siehe Abb. 18.1-2). Die Normierungskonstante A folgt aus der Normierung:

$$\frac{1}{A^2} = \int d^3r\,|\,\psi_{100}(r) + \psi_{100}(\,|\,\mathbf{r}-\mathbf{R}\,|\,)\,|^2 =$$

$$= 2 + 2\int d^3r\,\psi_{100}(r)\,\psi_{100}(\,|\,\mathbf{r}-\mathbf{R}\,|\,) =$$

$$= 2 + \frac{2}{\pi a_{\mathrm{B}}^3}\int d^3r\, e^{-r/a_{\mathrm{B}}}\, e^{-|\,\mathbf{r}-\mathbf{R}\,|/a_{\mathrm{B}}} =: 2\,(1+S) \qquad (18.1\text{-}4)$$

$$\Leftrightarrow \qquad A = \frac{1}{\sqrt{2\,(1+S)}} \qquad (18.1\text{-}4')$$

Das sog. Überlappungsintegral S beschreibt die Überlappung der beiden Grundzustandsfunktionen in Gl. (18.1-3). Es wird in Aufgabe 18-1 berechnet mit dem Ergebnis

$$S = \left[1 + \left(\frac{R}{a_{\mathrm{B}}}\right) + \frac{1}{3}\left(\frac{R}{a_{\mathrm{B}}}\right)^2\right] e^{-R/a_{\mathrm{B}}} \qquad (18.1\ 5)$$

Kontrolle: Dieses Ergebnis ist offensichtlich richtig für $R \to 0$ und für $R \to \infty$.

Wir können nun den Erwartungswert des Hamiltonoperators berechnen. In einem ersten Schritt wenden wir den Hamiltonoperator auf die Testfunktion an. Mit $E_1 = -13{,}6\,\mathrm{eV}$ gilt

$$\hat{H}\,\psi_{\mathrm{T}} = \left[-\frac{\hbar^2}{2m_{\mathrm{e}}}\Delta - \frac{e_0^2}{4\pi\varepsilon_0}\left(\frac{1}{r} + \frac{1}{|\,\mathbf{r}-\mathbf{R}\,|}\right)\right] A\,\psi_{100}(r)\ +$$

$$\left[-\frac{\hbar^2}{2m_{\mathrm{e}}}\Delta - \frac{e_0^2}{4\pi\varepsilon_0}\left(\frac{1}{r} + \frac{1}{|\,\mathbf{r}-\mathbf{R}\,|}\right)\right] A\,\psi_{100}(\,|\,\mathbf{r}-\mathbf{R}\,|\,) =$$

$$= E_1\, A\,\psi_{100}(r) - \frac{e_0^2}{4\pi\varepsilon_0}\frac{1}{|\,\mathbf{r}-\mathbf{R}\,|}\, A\,\psi_{100}(r)\ +$$

$$E_1 A\,\psi_{100}(|\mathbf{r}-\mathbf{R}|) - \frac{e_0^2}{4\pi\varepsilon_0}\frac{1}{r}A\,\psi_{100}(|\mathbf{r}-\mathbf{R}|) =$$

$$= E_1\psi_T - \frac{e_0^2}{4\pi\varepsilon_0}A\left[\frac{\psi_{100}(r)}{|\mathbf{r}-\mathbf{R}|} + \frac{\psi_{100}(|\mathbf{r}-\mathbf{R}|)}{r}\right] = \hat{H}\,\psi_T$$

Jetzt berechnen wir den Erwartungswert der Energie:

$$\langle\psi_T\,|\,\hat{H}\,|\,\psi_T\rangle = -13{,}6\,\mathrm{eV} -$$

$$\frac{A^2 e_0^2}{4\pi\varepsilon_0}\left[\langle\ \psi_{100}(r)\ \,|\,\frac{1}{|\mathbf{r}-\mathbf{R}|}\,|\,\psi_{100}(r)\rangle + \langle\ \psi_{100}(r)\ \,|\,\frac{1}{r}\,|\,\psi_{100}(|\mathbf{r}-\mathbf{R}|)\rangle\right] -$$

$$\frac{A^2 e_0^2}{4\pi\varepsilon_0}\left[\langle\psi_{100}(|\mathbf{r}-\mathbf{R}|)|\,\frac{1}{|\mathbf{r}-\mathbf{R}|}\,|\,\psi_{100}(r)\rangle + \langle\psi_{100}(|\mathbf{r}-\mathbf{R}|)|\frac{1}{r}|\,\psi_{100}(|\mathbf{r}-\mathbf{R}|)\rangle\right]$$

Das erste und das vierte Matrixelement sowie das zweite und das dritte Matrixelement stimmen jeweils überein. Das ergibt sich aus der Substitution $\hat{\mathbf{r}} := \mathbf{r}-\mathbf{R}$ und der Symmetrie $\mathbf{R} \leftrightarrow -\mathbf{R}$. (Die Symmetrie besteht, weil es egal ist, ob das zweite Proton bei $\mathbf{R}=R\mathbf{e}_z$ oder bei $\mathbf{R}=-R\mathbf{e}_z$ ruht.)

$$\Rightarrow\ \langle\psi_T\,|\,\hat{H}\,|\,\psi_T\rangle = -13{,}6\,\mathrm{eV} - 2A^2\frac{e_0^2}{4\pi\varepsilon_0}\langle\psi_{100}(r)\,|\,\frac{1}{|\mathbf{r}-\mathbf{R}|}\,|\,\psi_{100}(r)\rangle -$$

$$2A^2\frac{e_0^2}{4\pi\varepsilon_0}\langle\psi_{100}(r)\,|\,\frac{1}{r}\,|\,\psi_{100}(|\mathbf{r}-\mathbf{R}|)\rangle \qquad (18.1\text{-}6)$$

Die drei Terme in diesem Erwartungswert haben folgende Bedeutungen:

- $-13{,}6\,\mathrm{eV}$ ist die Grundzustandsenergie eines Wasserstoffatoms und berücksichtigt somit die potentielle Energie des Elektrons im Coulombfeld eines einzelnen Protons.

- Der zweite Term – ohne A^2 – ist die zweifache potentielle Energie der Ladungsdichte $e_0\psi_{100}^2(r)$ des Elektrons, das den Kern im Koordinatenursprung umkreist, im Coulombfeld des anderen Kerns, der sich an der Stelle $\mathbf{R}$ befindet. Der zweite Term beschreibt also zweimal die Wechselwirkung der Elektronenwolke, die ein Proton umhüllt, mit dem anderen Proton.

- Der dritte Term – ebenfalls ohne A^2 – ist wieder ein *klassisch nicht verständliches* **Austauschintegral**. Man kann es interpretieren als Überlappungsintegral der beiden Wellenfunktionen, die in den Umgebungen der beiden Kerne konzentriert sind, gewichtet mit $1/r$. *Das Austauschintegral berücksichtigt, dass das Elektron mit gleicher Wahrscheinlichkeit beide Protonen umläuft.* Das Austauschintegral und S in Gl. (18.1–5) bestimmen ganz entscheidend die Bindungsstärke.

Wir verschieben die Berechnung der beiden Integrale und die Zusammenfassung aller Terme ans Ende dieses Abschn. 18.1 und in die Aufgabe 18–2. Wir schauen uns sogleich die ausgezogene, untere Kurve in Abb. 18.1–3 an. Sie zeigt den Erwartungswert der gesamten Energie in der Einheit eV – einschließlich der bisher nicht berücksichtigten potentiellen Energie der Proton-Proton-Wechselwirkung – als Funktion des Proton-Proton-Abstandes

R. Das Minimum der Kurve liegt unterhalb von $E_1 = -13,6\,\mathrm{eV}$ *und beweist daher die Bindung der drei Teilchen.* Das einzelne Elektron hält zwei Protonen zusammen. Die Bindung ist **kovalent**, *da sich die beiden Protonen das Elektron teilen.*

Laut Abb. 18.1–3 liefert die Variationsrechnung einen Schätzwert für den Protonenabstand und eine obere Grenze für die Energie und damit eine untere Grenze für die Bindungsenergie – das ist die Differenz zur Grundzustandsenergie E_1 eines Wasserstoffatoms:

$$R_{\mathrm{Var}} \approx 1{,}32 \cdot 10^{-10}\,\mathrm{m} \qquad (18.1\text{-}7a)$$

$$E_{\mathrm{Var}} \approx 1{,}76\,\mathrm{eV} \qquad (18.1\text{-}7b)$$

Die experimentellen Werte lauten

$$R_{\mathrm{exp}} \approx 1{,}02 \cdot 10^{-10}\,\mathrm{m} \qquad (18.1\text{-}8a)$$

$$E_{\mathrm{exp}} \approx 2{,}8\,\mathrm{eV} \qquad (18.1\text{-}8b)$$

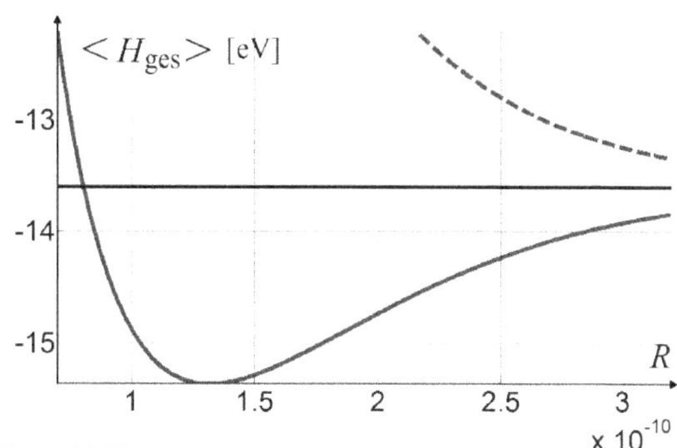

Abb. 18.1–3 Die untere Kurve zeigt den Erwartungswert des Hamiltonoperators – einschließlich des Potentials der Proton-Proton-Wechselwirkung – für die Testfunktion (18.1–3). Sie hat bei $R_{\mathrm{Var}} \approx 1{,}32 \cdot 10^{-10}\,\mathrm{m}$ das Minimum $-15{,}36\,\mathrm{eV}$ und beschreibt für $R < R_{\mathrm{Var}}$ eine starke Abstoßung.

Wenn wir in der Testfunktion (18.1–3) das Pluszeichen zwischen den beiden Funktionen durch ein Minuszeichen ersetzen, so ergibt sich die gestrichelte Kurve.

Die untere Grenze E_{Var} liegt recht weit vom experimentellen Wert entfernt. Das soll uns nicht weiter stören, da wir vor allem den Grund für die Bindung in Form des Austauschintegrals kennen lernen wollten.[7]

Abschließend werten wir Gl. (18.1–6) aus. Die beiden Integrale werden in Aufgabe 18–2 berechnet:

$$I_1 := \left\langle \psi_{100}(r) \,\Big|\, \frac{1}{|\mathbf{r}-\mathbf{R}|} \,\Big|\, \psi_{100}(r) \right\rangle = \frac{1}{R} - \left(\frac{1}{a_{\mathrm{B}}} + \frac{1}{R} \right) e^{-2R/a_{\mathrm{B}}} \qquad (18.1\text{-}9a)$$

$$I_2 := \left\langle \psi_{100}(r) \,\Big|\, \frac{1}{r} \,\Big|\, \psi_{100}(|\mathbf{r}-\mathbf{R}|) \right\rangle = \left(\frac{1}{a_{\mathrm{B}}} + \frac{R}{a_{\mathrm{B}}^2} \right) e^{-2R/a_{\mathrm{B}}} \qquad (18.1\text{-}9b)$$

Mit $E_1 = -e_0^2/(4\pi\varepsilon_0 \cdot 2a_{\mathrm{B}})$ und mit der (bisher nicht berücksichtigten) potentiellen Energie der Proton-Proton-Wechselwirkung $E_{\mathrm{PP}} = e_0^2/(4\pi\varepsilon_0 R) = -2a_{\mathrm{B}} E_1/R$ erhalten wir den Erwartungswert der Energie, der in Abb. 18.1–3 als Funktion des Protonenabstandes R gezeichnet wird:

---

[7] Bisher wurde nur der Abstand R der beiden Atomkerne variiert. Wenn in der Einelektron-Wellenfunktion

$$\psi_{100}(r) = \frac{1}{\sqrt{\pi a_{\mathrm{B}}^3}}\, e^{-r/a_{\mathrm{B}}} \qquad (18.1\text{-}2)$$

der Bohrsche Radius a_{B} durch einen Parameter a ersetzt wird und wenn neben R auch a variiert wird, so ergibt sich für $a \approx 0{,}81 \cdot a_{\mathrm{B}}$ eine gute Übereinstimmung mit gemessenen Werten.

$$\langle \psi_T \mid \hat{H}_{\text{gesamt}} \mid \psi_T \rangle = \langle \psi_T \mid \hat{H} \mid \psi_T \rangle + E_{\text{PP}} = \left(1 + 2\,a_B \frac{I_1 + I_2}{1 + S} - \frac{2\,a_B}{R}\right) E_1 \tag{18.1-10}$$

Wenn wir in Gl. (18.1–3) das Pluszeichen zwischen den beiden Funktionen durch ein Minuszeichen ersetzen, so wird die Wahrscheinlichkeitsdichte des Elektrons zwischen den Kernen sehr klein und in der vorangehenden Gl. müssen die beiden Pluszeichen vor I_2 und S durch Minuszeichen ersetzt werden. Dann erhalten wir die gestrichelte, monoton fallende Kurve in Abb. 18.1–3. Hier deutet sich keine Bindung an.

18.2 Das Wasserstoffmolekül

Auch beim elektrisch neutralen Wasserstoffmolekül wollen wir mit der **Variationsrechnung** eine obere Grenze für die *Energie des Grundzustandes* abschätzen. Erneut kommt es uns in erster Linie nicht auf die Genauigkeit der Ergebnisse an, sondern vielmehr auf das physikalische Verständnis der kovalenten Bindung. Wir setzen wieder voraus, dass ein Proton im Koordinatenursprung und das andere Proton an der Stelle $\mathbf{R} = R\,\mathbf{e}_z$ ruht.

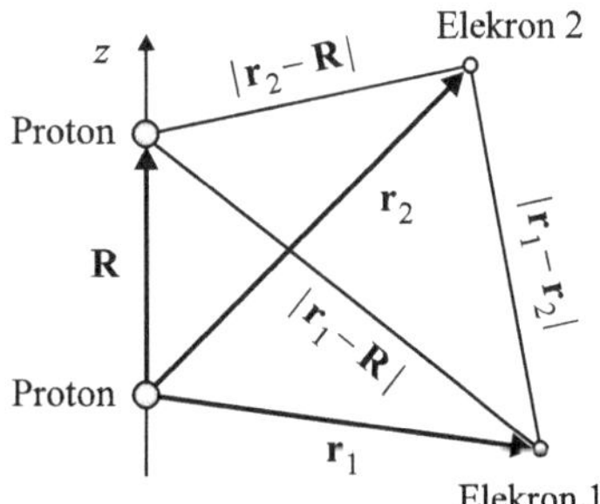

Abb. 18.2–1 Wasserstoffmolekül

Da die beiden Kerne etwa 1840 mal schwerer sind als die beiden Elektronen, kann die Bewegung der Kerne vernachlässigt werden. Auch die Feinstruktur und andere kleine Effekte werden vernachlässigt. Wegen der nicht berücksichtigten Spinwechselwirkungen sind die Wellenfunktionen Produkte aus ortsabhängigen und spinabhängigen Wellenfunktionen. Die Genauigkeit der Rechnung hängt wieder von der Testfunktion ab. In der Chemie sind folgende zwei Bindungstheorien gebräuchlich, die hier zu ähnlichen Ergebnissen führen.

1. Molekülorbitaltheorie – kurz **MO-Theorie**

Ein Molekülorbital ist eine über das Molekül ausgedehnte Wellenfunktion eines einzelnen Elektrons und ist eine Linearkombination aus Atomorbitalen.

Der Hamiltonoperator lässt sich in der Form

$$\hat{H} = \hat{H}_1 + \hat{H}_2 + \frac{e_0^2}{4\pi\varepsilon_0}\left(\frac{1}{\mid \mathbf{r}_1 - \mathbf{r}_2 \mid} - \frac{1}{R}\right) \tag{18.2-1}$$

schreiben. Dabei stimmen die zwei Hamiltonoperatoren ($k = 1,2$)

$$\hat{H}_k = -\frac{\hbar^2}{2\,m_e}\Delta_k - \frac{e_0^2}{4\pi\varepsilon_0}\left(\frac{1}{r_k} + \frac{1}{\mid \mathbf{r}_k - \mathbf{R} \mid}\right) + \frac{e_0^2}{4\pi\varepsilon_0}\frac{1}{R} \tag{18.2-2}$$

mit dem Hamiltonoperator des H_2^+ – Molekül-Ions überein – zuzüglich der potentiellen Energie der Proton-Proton-Wechselwirkung. (Die sonderbar anmutende Zerlegung von $\hat{H}$ wird in Gl. (18.2–4) verständlich werden.) Daher wählen wir als **Testfunktion** für den Grundzustand das Produkt der H_2^+ – Testfunktionen (18.1–3), also das **Produkt von Molekülorbitalen**:

$$\psi_T^+(R,\mathbf{r}_1,\mathbf{r}_2)=A^2\left[\psi_{100}(r_1)+\psi_{100}(|\mathbf{r}_1-\mathbf{R}|)\right]\cdot\left[\psi_{100}(r_2)+\psi_{100}(|\mathbf{r}_2-\mathbf{R}|)\right]\cdot|00\rangle$$

$$\underbrace{\phantom{\psi_{100}(r_1)+\psi_{100}(|\mathbf{r}_1-\mathbf{R}|)}}_{\text{Molekülorbital eines Elektrons}}\quad\underbrace{\phantom{\psi_{100}(r_2)+\psi_{100}(|\mathbf{r}_2-\mathbf{R}|)}}_{\text{Molekülorbital des anderen Elektrons}}\tag{18.2–3}$$

$$\text{mit}\quad A=\frac{1}{\sqrt{2(1+S)}}\quad\text{und}\quad S(R)=\left[1+\frac{R}{a_B}+\frac{1}{3}\left(\frac{R}{a_B}\right)^2\right]e^{-R/a_B}\tag{18.1–4/5}$$

$$\text{und}\quad |00\rangle=\frac{1}{\sqrt{2}}\left(|+-\rangle-|-+\rangle\right)=\text{antisymmetrischer Singulett-Zustand des Spins}\tag{13.2–8}$$

Hinweis: Allgemein ist die Produktschreibweise mit Orts- und Spinanteil immer möglich, wenn das Potential im Hamiltonoperator aus Beiträgen (Summanden) besteht, die nur ortsabhängig oder nur spinabhängig sind.

Die Testfunktion (18.2–3) geht von der Vorstellung aus, dass sich jedes Elektron – unabhängig vom anderen Elektron – im ganzen Molekül bewegt. *Jeder Kern enthält in seiner Umgebung zugleich beide Elektronen*. Die einfache Testfunktion berücksichtigt keinerlei Wechselwirkung zwischen den zwei Elektronen; jedes Elektron bewegt sich unabhängig vom anderen Elektron. Nach der Testfunktion (18.2–3) können beide Elektronen bei Ortsmessungen häufig in der Umgebung desselben Kerns gefunden werden.[8]

Der Erwartungswert des Hamiltonoperators berechnet sich wie folgt:

$$\langle\psi_T^+|\hat{H}|\psi_T^+\rangle=\left\langle\psi_T^+\left|\hat{H}_1+\hat{H}_2+\frac{e_0^2}{4\pi\varepsilon_0}\left(\frac{1}{|\mathbf{r}_1-\mathbf{r}_2|}-\frac{1}{R}\right)\right|\psi_T^+\right\rangle=$$

$$=2E_+(R)+\frac{e_0^2}{4\pi\varepsilon_0}\left\langle\psi_T^+\left|\frac{1}{|\mathbf{r}_1-\mathbf{r}_2|}\right|\psi_T^+\right\rangle-\frac{e_0^2}{4\pi\varepsilon_0}\frac{1}{R}\tag{18.2–4}$$

Dabei ist $E_+(R)$ der in Gl. (18.1–6) berechnete Erwartungswert der Energie des H_2^+ – Molekül-Ions im Grundzustand. Wir wollen das Integral in Gl. (18.2–4) nicht ausrechnen und nur das Endergebnis untersuchen. Für die Testfunktion (18.2–3) liefert die Variationsrechnung folgendes Ergebnis: Der Erwartungswert ist minimal für folgenden Proton-Proton-Abstand mit folgender Bindungsenergie

$$R_{\text{Var}}\approx0{,}85\cdot10^{-10}\,\text{m}\quad\text{und}\quad E_{\text{Var}}\approx2{,}68\,\text{eV}\tag{18.2–5a/b}$$

Die experimentellen Werte lauten

$$R_{\text{exp}}\approx0{,}75\cdot10^{-10}\,\text{m}\quad\text{und}\quad E_{\text{exp}}\approx4{,}75\,\text{eV}.\tag{18.2–6a/b}$$

---

[8] Die ebenfalls denkbare Testfunktion

$$\psi_T^-\sim\left[\psi_{100}(r_1)-\psi_{100}(|\mathbf{r}_1-\mathbf{R}|)\right]\left[\psi_{100}(r_2)+\psi_{100}(|\mathbf{r}_2-\mathbf{R}|)\right]\cdot|1m_s\rangle-$$

$$\left[\psi_{100}(r_2)-\psi_{100}(|\mathbf{r}_2-\mathbf{R}|)\right]\left[\psi_{100}(r_1)+\psi_{100}(|\mathbf{r}_1-\mathbf{R}|)\right]\cdot|1m_s\rangle$$

mit den Spins im symmetrischen Triplettzustand liefert größere Energien.

Die positive Bindungsenergie beweist die Bindung der Wasserstoffatome. Der berechnete Kernabstand ist bei einem Fehler von 13% recht brauchbar. Leider liegt die berechnete Bindungsenergie 44% unter dem experimentellen Wert. Das kann nicht überraschen, weil die Testfunktion nicht allzu überzeugend ist. Sie wurde gewählt, weil uns – mit Ausnahme der weiter unten beschriebenen Testfunktion (18.2–7) – keine weitere, überschaubare Funktion einfällt.

Zwei Mängel der Testfunktion (18.2–3) sind offensichtlich:

- Für sehr kleine Kernabstände R ist die Testfunktion näherungsweise das Produkt von zwei Grundzuständen des Wasserstoffatoms. Das ist angesichts der Elektron-Elektron-Abstoßung unrealistisch.

- Für sehr große Kernabstände zeigt sich ebenfalls eine Schwäche: Die Testfunktion (18.2–3) lässt sich ausmultiplizieren und ist proportional zu

$$\psi_{100}(r_1)\,\psi_{100}(\,|\,\mathbf{r}_2 - \mathbf{R}\,|\,) + \psi_{100}(\,|\,\mathbf{r}_1 - \mathbf{R}\,|\,)\,\psi_{100}(r_2) +$$

$$\psi_{100}(r_1)\,\psi_{100}(r_2) + \psi_{100}(\,|\,\mathbf{r}_1 - \mathbf{R}\,|\,)\,\psi_{100}(\,|\,\mathbf{r}_2 - \mathbf{R}\,|\,)$$

In den ersten beiden Produkten wird jeder Kern von einer einzelnen Elektronenwolke umhüllt. Das ist in Ordnung. Im dritten (vierten) Produkt aber wird der erste (zweite) Kern jeweils von *zwei* Elektronenwolken umgeben, während der andere Kern keine Elektronenhülle hat. Daher sind das dritte und vierte Produkt umso unrealistischer, je größer der Kernabstand R ist.

Da die vier Produkte gleich stark gewichtet sind, sollte (laut unserer Testfunktion) das H_2–Molekül bei großen Kernabständen mit gleichen Wahrscheinlichkeiten entweder in zwei neutrale Wasserstoffatome zerfallen oder in ein H^-–Atom und ein Proton. Letzteres ist natürlich praktisch ausgeschlossen.

2. Valenzbindungstheorie – kurz **VB-Theorie**

Die Valenzbindungstheorie wurde 1927 (also bereits ein Jahr nach Veröffentlichung der Schrödinger-Gl.) von W. **Heitler** und F. **London** vorgestellt. Sie ebnete den Weg für das Verständnis molekularer Verbindungen, wird aber heute bei der Berechnung molekularer Strukturen nicht so oft verwendet wie die MO-Theorie. Die Testfunktion wird als *Überlagerung von zwei Produkten von Atomorbitalen* angesetzt:

$$\psi_{\mathrm{T}}^{+} = A\left[\psi_{100}(r_1)\,\psi_{100}(\,|\,\mathbf{r}_2 - \mathbf{R}\,|\,) + \psi_{100}(\,|\,\mathbf{r}_1 - \mathbf{R}\,|\,)\,\psi_{100}(r_2)\right]\cdot|\,00\,\rangle \tag{18.2–7}$$

mit $\quad A = 1/\sqrt{2\,(1 + S^2)}$

Nach dieser Testfunktion *enthält jeder Kern nur ein einzelnes Elektron in seiner Umgebung.* Die zwei Elektronen gehen sich aus dem Weg und bei Ortsmessungen werden beide Elektronen nur selten in der Umgebung desselben Kerns gefunden. Wegen der kleinen potentiellen Energie der Elektron-Elektron-Wechselwirkung erwarten wir in der VB-Theorie eine kleinere Grundzustandsenergie als in der MO-Theorie.

Die Testfunktion (18.2–7) ist eine Überlagerung von Produkten aus Atomorbitalen; die Testfunktion Gl. (18.2–3) hingegen ist umgekehrt ein Produkt von Überlagerungen von Atomorbitalen.

Für kleine Kernabstände R hat diese Funktion ebenfalls den bereits oben beschriebenen Mangel. Für große Kernabstände werden zwei getrennte Wasserstoffatome beschrieben.

Eine analytische Berechnung des Energie-Erwartungswertes ist möglich. Natürlich treten auch hier **Austauschintegrale** auf. Sogar ein Doppel-Austauschintegral kommt vor:

$$\int d^3r_1 \int d^3r_2 \; \psi_{100}(r_1)\,\psi_{100}(\,|\mathbf{r}_1 - \mathbf{R}|\,)\,\frac{1}{|\mathbf{r}_1 - \mathbf{r}_2|}\,\psi_{100}(r_2)\,\psi_{100}(\,|\mathbf{r}_2 - \mathbf{R}|\,)$$

Die Integrationen sind mühsam und das Ergebnis ist unübersichtlich; es enthält mit der Exponential-Integral-Funktion Ei(x) eine wenig bekannte, spezielle Funktion. Dank

$$\langle\, \psi_T^+ \,|\, \hat{H} \,|\, \psi_T^+ \,\rangle < 2\,E_1 = -\,2\cdot 13{,}6\,\text{eV}$$

ist der *Singulettzustand stabil.* Die Berechnung des Energie-Erwartungswertes liefert für den Zustand ψ_T^+ den Radius und die Bindungsenergie

$$R_{\text{Var}}^+ \approx 0{,}87\cdot 10^{-10}\,\text{m} \qquad\qquad E_{\text{Var}}^+ \approx 3{,}14\,\text{eV} \tag{18.2–8a/b}$$

Die Bindungsenergie ist etwas besser als die zuvor berechnete Energie in Gl. (18.2–5b). Im Allgemeinen aber – vor allem für kompliziertere Moleküle – ist die MO-Theorie der VB-Theorie vorzuziehen.

Ebenfalls denkbar ist der Triplettzustand

$$\psi_T^- = A\left[\,\psi_{100}(r_1)\,\psi_{100}(\,|\mathbf{r}_2 - \mathbf{R}|\,) - \psi_{100}(\,|\mathbf{r}_1 - \mathbf{R}|\,)\,\psi_{100}(r_2)\,\right]\cdot|\,1\,m_s\,\rangle \tag{18.2–9}$$

$$\text{mit}\qquad A = \frac{1}{\sqrt{2\,(1 - S^2)}}$$

Er enthält einen antisymmetrischen räumlichen Anteil und liefert daher eine geringe Wahrscheinlichkeitsdichte der Elektronen zwischen den Kernen.[9] *Der Triplettzustand ist wegen*

$$E_{\text{Var}}^- = \langle\, \psi_T^- \,|\, \hat{H} \,|\, \psi_T^- \,\rangle > 2\,E_1 = -\,2\cdot 13{,}6\,\text{eV}$$

instabil. Ein Vergleich mit dem Singulettzustand in Gl. (18.2–7) zeigt: *Der Gesamtspin bzw. die beiden Spinrichtungen relativ zueinander beeinflussen die Bindung, obwohl der Spin nicht in den Hamiltonoperator eingeht.* Die Beispiele 16.3–2/3 haben uns bereits auf diese Erkenntnis vorbereitet.

Die verschiedenen Niveaus des Singulettzustandes einerseits und der Triplettzustände andererseits sind auf Austauschintegrale zurückzuführen. Die Austauschenergien sind viel größer als die Energieverschiebungen, die durch die magnetischen Momente der Elektronenspins verursacht werden.

---

[9] Genau in der Mitte zwischen den beiden Kernen ist die Aufenthaltsdichte $|\psi_T^-|^2$ des Triplettzustandes null.

Fazit: Bei der Paarung der beiden Elektronen zu einem Singulettzustand ist der Ortsteil der Wellenfunktion symmetrisch, so dass zwischen den Kernen eine konstruktive Interferenz der beiden Wellenfunktionen auftritt. Die erhöhte Wahrscheinlichkeitsdichte der Elektronen zwischen den Kernen führt zur Bindung[10].

Die Erwartungswerte des Hamiltonoperators für die zwei Testfunktionen $\psi_T^{\pm}$ in den Gln. (18.2–7/9) liefern Kurven, die den Kurven in Abb. 18.1–3 ähneln.

Abschließend nenne ich noch kurz drei weitere denkbare Testfunktionen und zähle die Ergebnisse auf:

1) Ansatz ohne Antisymmetrie: Anfangs arbeiteten Heitler und London mit dem einfachen Ansatz

$$\psi_T = A\,\psi_{100}(r_1)\,\psi_{100}(|\mathbf{r}_2 - \mathbf{R}|)$$

der das Pauli-Prinzip (Antisymmetrie der Wellenfunktion) nicht beachtet. Sie erhielten die viel zu kleine Bindungsenergie $E_{Var} \approx 0{,}25\,\mathrm{eV}$. *Das Fehlen der Austauschenergie macht sich also dramatisch bemerkbar.*

2) Variation des Bohrschen Radius: 1928 variierte S. C. Wang nicht nur den Abstand R der beiden Atomkerne, sondern auch den Bohrschen Radius a_B in der Wellenfunktion

$$\psi_{100}(r) = \mathrm{e}^{-r/a_B}\Big/\sqrt{\pi a_B^3} \tag{18.1–2}$$

Er erhielt die verbesserte Bindungsenergie $E_{Var} \approx 3{,}78\,\mathrm{eV}$ (Zum Vergleich: $E_{exp} \approx 4{,}75\,\mathrm{eV}$).

3) 13 Parameter: 1933 lieferte eine Testfunktion mit insgesamt 13 zu variierenden Parametern die sehr überzeugenden Werte $R_{Var} \approx 0{,}74 \cdot 10^{-10}\,\mathrm{m}$ und $E_{Var} \approx 4{,}72\,\mathrm{eV}$. Die gemessenen Werte $R_{exp} \approx 0{,}75 \cdot 10^{-10}\,\mathrm{m}$ und $E_{exp} \approx 4{,}75\,\mathrm{eV}$ sind nahezu identisch. Diese Zahlen waren ein deutliches Indiz dafür, dass die Quantentheorie Molekülbindungen richtig beschreibt. (Siehe auch [Gasioro], Anhang 14-C und [Schwabl], Abschn. 15.4.)

18.3 Hybridorbitale *

Die Polardiagramme in der Abb. 10.2–4 zeigen die quadrierten Kugelflächenfunktionen $|Y_{lm}(\vartheta,\varphi)|^2$ und damit die Winkelabhängigkeit der Orbitale des Wasserstoffatoms. Leider

---

[10] Ein geläufiges Argument für die Energieabsenkung lautet: „Die Erhöhung der Aufenthaltsdichte der Elektronen zwischen den Kernen lässt die Elektron-Kern-Wechselwirkung zunehmen und führt zu einer *Abnahme* der potentiellen Energie." Leider greift dieses Argument zu kurz, da es weitere, hier nicht genannte Einflüsse auf die Energie gibt wie z. B. die Zunahme der gegenseitigen potentiellen Energie bei Annäherung der beiden Elektronen. Wie andere Autoren will ich der Einfachheit halber die Bindung auf die erhöhte Elektron-Kern-Wechselwirkung zurückführen.

Übrigens hat der Chemiker G. N. Lewis die Theorie der Elektronenpaarbindung und die Oktett-Theorie bereits 1916, 10 Jahre vor Aufstellung der Schrödinger-Gl., entwickelt. Er erkannte erstmals, dass bei vielen Bindungen ein Elektronenpaar auf zwei Atome aufgeteilt wird, damit jedes Atom acht Elektronen in der äußeren Schale erhält. Er schrieb: „Nach meiner Ansicht besteht die chemische Bindung darin, dass zwei derartig gekoppelte Elektronen zwischen zwei Atomzentren liegen und *gleichzeitig den Schalen beider Atome angehören.*"

Leider gilt die Oktett-Regel, wonach Atome acht Außenelektronen anstreben, streng nur für die Elemente der zweiten Periode. Einen Beweis für die Oktett-Theorie konnte Lewis natürlich nicht erbringen. Das ist nur im Rahmen der Quantenmechanik möglich.

zeigen diese Diagramme aber nicht, wie die Molekülorbitale chemischer Verbindungen zustande kommen. Hier helfen Überlagerungen der Atomorbitale weiter.

Exemplarisch untersuchen wir die tetraedische Molekülbindung in **Methan** CH_4[11]. Dazu benötigen wir die drei in Abschn. 10.2 eingeführten p-Orbitale ($l = 1$)

$$\psi_{p_x} := -\frac{1}{\sqrt{2}} R_{n1}(r)\left[Y_{1+1} - Y_{1-1}\right] = R_{n1}(r)\sqrt{\frac{3}{4\pi}}\,\sin\vartheta\,\cos\varphi \tag{18.3-1a}$$

$$\psi_{p_y} := \frac{i}{\sqrt{2}} R_{n1}(r)\left[Y_{1+1} + Y_{1-1}\right] = R_{n1}(r)\sqrt{\frac{3}{4\pi}}\,\sin\vartheta\,\sin\varphi \tag{18.3-1b}$$

$$\psi_{p_z} := R_{n1}(r)\,Y_{10}(\vartheta,\varphi) = R_{n1}(r)\sqrt{\frac{3}{4\pi}}\,\cos\vartheta \tag{18.3-1c}$$

Diese Orbitale sind *Eigenfunktionen der drei Komponenten* $\hat{L}_1, \hat{L}_2, \hat{L}_3$ *des Drehimpulsoperators* $\hat{\mathbf{L}}$ *zum Eigenwert null* (siehe die Gln. (10.2-19a/b/c). Nach Abb. 18.3-1 sind diese drei Orbitale rotationssymmetrisch bzgl. der drei kartesischen Achsen und haben – abgesehen von ihren Ausrichtungen – *die gleiche Form*.

Freie Kohlenstoffatome haben die Elektronenkonfiguration $[He](2s)^2(2p_x)(2p_y)$ im Grundzustand. Wegen der zwei ungepaarten p-Elektronen wird man Zweiwertigkeit vermuten. In der Tat gibt es zweiwertige Kohlenstoffverbindungen wie z. B. Kohlenmonoxid CO. Die meisten zweiwertigen Kohlenstoffverbindungen sind aber instabil und treten meist nur als kurzzeitige Zwischenprodukte in chemischen Reaktionen auf.

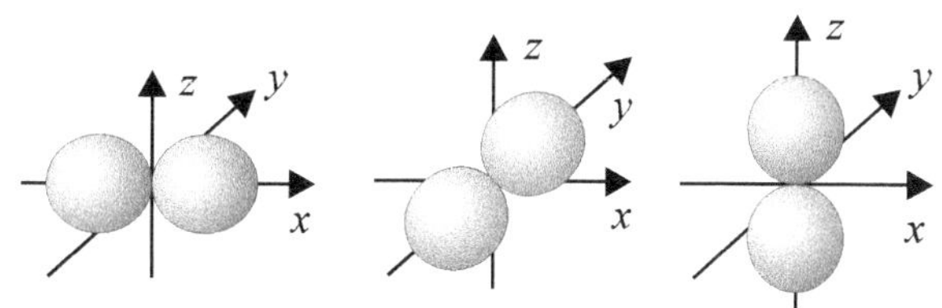

Abb. 18.3-1 Einhüllende der p_x-, p_y-, p_z-Orbitale in den Gln. (18.3-1a/b/c). Alle drei Orbitale haben die gleiche Form, aber verschiedene Ausrichtungen.

---

[11] Ein Tetraeder hat vier dreieckige Seitenflächen, ein regulärer Tetraeder vier *gleichseitige*, dreieckige Seitenflächen. Ein regulärer Tetraeder kann so in einen Würfel gesetzt werden, dass seine sechs Kanten die Diagonalen der sechs Würfelflächen sind. Die Verbindungsstrecken zwischen dem Tetraedermittelpunkt und zwei beliebigen Ecken schließen den sog. Tetraederwinkel $\arccos(-1/3) \approx 109,47°$ ein (siehe den Beweis in Aufgabe 18-3). Dieser Winkel spielt eine wichtige Rolle in der Chemie des Methanmoleküls.

Die Abb. 18.3-2 stellt ein Methanmolekül dar. Die vier Wasserstoffatome sitzen in den Ecken eines Tetraeders. Das Kohlenstoffatom wird in der Mitte hellgrau angedeutet.

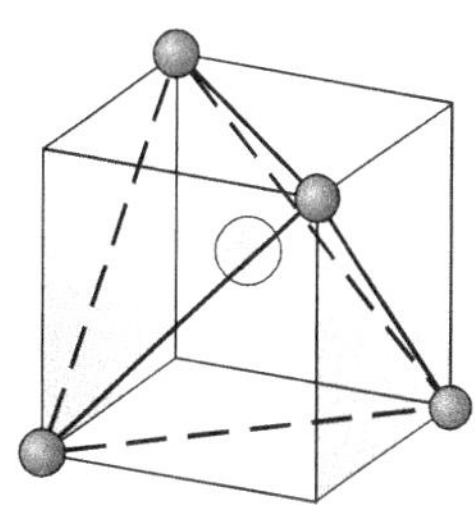

Abb. 18.3-2 Tetraeder

Die organische Chemie kennt fast nur vierwertigen Kohlenstoff wie beispielsweise in Methan CH_4. (Auch Diamant wird durch vierwertigen Kohlenstoff gebildet.) Kohlenstoff wird vierwertig, wenn bei einer sog. „Promotion" ein $2s$-Elektron in ein leeres, energetisch höher gelegenes $2p$-Orbital gehoben wird. Dann können die vier ungepaarten Elektronen der L-Schale vier Bindungen eingehen; der Energiegewinn bei der Molekülbildung übertrifft die Promotionsenergie. Die Elektronenkonfiguration $[He](2s)(2p_x)(2p_y)(2p_z)$ lässt drei energetisch gleiche, senkrecht aufeinander stehende Bindungen und zusätzlich eine vom $2s$-Elektron ausgehende Bindung erwarten. Diese Vermutung widerspricht aber den vier gleichwertigen tetraedischen Bindungen in Methan. Der Chemiker L. Pauling hat 1931 gezeigt, dass die vier Überlagerungen

$$sp_{(1)}^3 = \frac{1}{2}\left(s + p_x + p_y + p_z\right) \qquad sp_{(2)}^3 = \frac{1}{2}\left(s + p_x - p_y - p_z\right) \qquad (18.3\text{–}2a/b)$$

$$sp_{(3)}^3 = \frac{1}{2}\left(s - p_x + p_y - p_z\right) \qquad sp_{(4)}^3 = \frac{1}{2}\left(s - p_x - p_y + p_z\right) \qquad (18.3\text{–}2c/d)$$

des $2s$-Orbitals mit den drei $2p_x$-, $2p_y$- und $2p_z$-Orbitalen *vier gleich aussehende* (sp^3)-*Orbitale bilden*. Diese vier sog. **Hybridorbitale** zeigen *in die vier Ecken eines regulären Tetraeders* und sind energetisch gleichwertig (siehe Abb. 18.3–3).[12] Sie strecken sich weit nach außen und richten sich so aus, dass sie möglichst weit voneinander entfernt sind. Deshalb überlagern sie sich leicht mit den Orbitalen anderer Atome und bilden vier gleichwertige Bindungen.

Fazit: Die vier Elektronen der L-Schale haben bei *freien* Kohlenstoffatomen die Konfiguration $(2s)^2(2p)^2$ und nehmen in *Bindungen* meistens die vier Zustände in den Gln. (18.3–2a...d) ein.

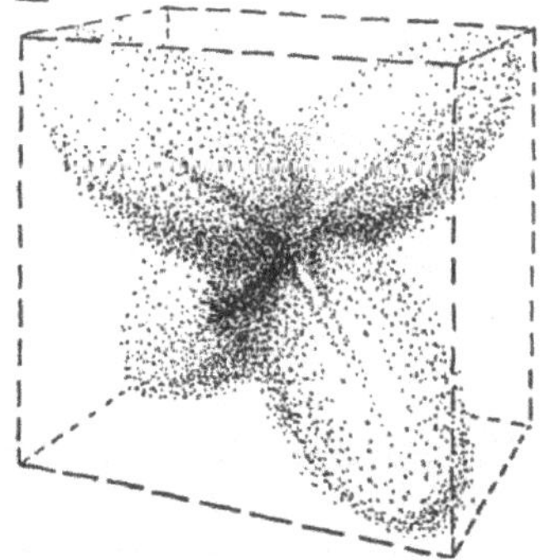

Abb. 18.3–3 Vier tetraedische Kohlenstoff-(sp^3)–Hybridorbitale. Mit Genehmigung von John Wiley & Sons.

Stickstoff hat im Grundzustand die Elektronenkonfiguration $[He](2s)^2(2p)^3$. Die drei Valenzelektronen in der $2p$-Unterschale haben die Ortszustände in den Gln. (18.3–1a/b/c). Die drei Richtungen mit den größten Aufenthaltsdichten stehen senkrecht aufeinander. Im NH_3–Molekül (Ammoniak) sind die Winkel zwischen den drei NH-Richtungen nicht 90° (wie erwartet), sondern wegen der gegenseitigen Abstoßung der H-Atome etwa 107,8°.

Das NH_3–Molekül hat die Form einer dreiseitigen Pyramide, wobei das N-Atom auf der Spitze sitzt und die drei H-Atome die Grundfläche bilden.

---

[12] Allgemein bezeichnet der Begriff „Hybrid" etwas Vermischtes, Gebündeltes oder Gekreuztes. In der KFZ-Technik sind Hybridautos Fahrzeuge mit zwei verschiedenen Antrieben (Verbrennungsmotor und Elektromotor). In der Biologie sind Hybride Mischlinge aus einer Kreuzung von zwei verschiedenen Gattungen.

18.4 Van-der-Waals-Kräfte *

Wenn der Abstand zwischen den Atomen so groß ist, dass sich die *Orbitale praktisch nicht überlappen* und die Elektronen daher nicht von einem Atom zum anderen Atom wechseln, dann treten keine ionischen und keine kovalenten Bindungen auf. Hier machen sich die sehr schwachen Van-der-Waals-Kräfte bemerkbar, die in erster Linie durch *Dipol-Dipol-Wechselwirkungen* zustande kommen und nur quantenmechanisch berechnet werden können. Die Van-der-Waals-Kräfte fallen nicht exponentiell, sondern (für zwei H-Atome im Grundzustand) mit $1/r^7$ ab (r = Abstand der beiden Atomkerne) und reichen daher für atomare Verhältnisse relativ weit. Die $1/r^7$ – Abhängigkeit gilt in folgenden Grenzen:

- Der Abstand der Teilchen ist kleiner als 10^{-7} m (siehe die Erläuterungen zu Gl. (18.4–5)).

- Der Abstand ist so groß, dass die *Elektronenwolken verschiedener Teilchen nicht überlappen. Daher muss das Pauli-Prinzip nicht beachtet werden.*

Die van-der-Waals-Kräfte sind u. a. verantwortlich für die

- Oberflächenspannung

- Adsorption, d. h. die Anlagerung von Stoffen an festen Körpern,

- *Edelgaskristalle.* Die Kristallbildung der sechs Edelgase He, Ne, Ar, Kr, Xe, Rn bei tiefen Temperaturen erfolgt nur durch die schwache van-der-Waals-Kraft. Edelgaskristalle haben daher eine kleine mechanische Härte und sehr niedrige Schmelztemperaturen; sie liegen zwischen $-248{,}6\,°C$ (Neon) und $-71\,°C$ (Radon). Helium kristallisiert erst bei $0{,}95\,K$ und $p = 25\,bar$.

- Haftkraft von Gekofüßen: *Gekos* können ohne Klebstoff und ohne Saugnäpfe senkrechte Flächen – selbst glatte Spiegel – hochlaufen und sogar kopfüber unter der Decke laufen. Die Unterseiten ihrer Füße enthalten unzählige feinste Härchen, die von winzigen van-der-Waals-Kräften an den Wänden festgehalten werden. Wegen der riesigen Zahl der Härchen entstehen große Kontaktflächen.

Die Van-der-Waals-Kräfte haben eine große Bedeutung für die physikalische Chemie. Sie sind mit verantwortlich für die Unterschiede zwischen idealen und realen Gasen.

Wir stellen zuerst die *klassische* Hamiltonfunktion von zwei elektrischen Dipolen auf, die weit voneinander entfernt sind, und ersetzen dann die Ortskoordinaten durch Operatoren. Der Einfachheit halber betrachten wir zwei **Wasserstoffatome** A und B, die so weit voneinander entfernt sind, dass sich *ihre Elektronenwolken nicht überlappen.* Die Ortsvektoren der beiden Protonen und der beiden Elektronen sind in Abb. 18.4–1 eingezeichnet. Der Kern A liegt im Koordinatenursprung und der Kern B hat den Ortsvektor $\mathbf{R} = R\,\mathbf{e}_z$. Nach Aufgabe 18–4 lautet die klassische Wechselwirkungsenergie zwischen den beiden weit voneinander entfernten Dipolen näherungsweise

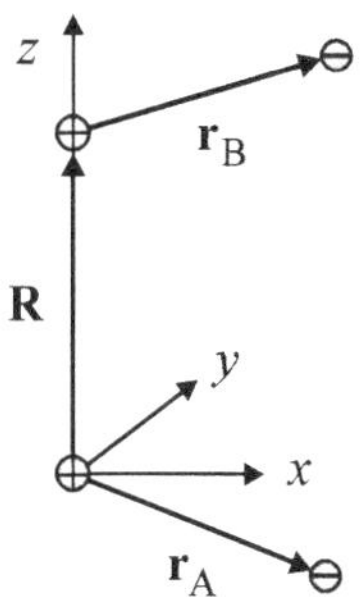

Abb. 18.4–1   Zwei Dipole A und B mit den Ladungen $\pm e_0$. Jeder Dipol besteht aus einem Proton (auf der z-Achse) und einem Elektron.

$$V \approx \frac{e_0^2}{4\pi\varepsilon_0} \frac{x_A\, x_B + y_A\, y_B - 2\, z_A\, z_B}{R^3} \qquad \text{für} \qquad R \gg |\mathbf{r}_A|, |\mathbf{r}_B| \tag{18.4-1}$$

Wir gehen jetzt von der klassischen Elektrodynamik zur **Quantenmechanik** über und berechnen die Energie der Dipol-Dipol-Wechselwirkung mit der **Störungsrechnung** in zweiter Näherung. Wegen der *fehlenden gegenseitigen Überlappung der beiden Elektronenwolken muss die Wellenfunktion der beiden Elektronen nicht antisymmetrisiert werden* (siehe Beispiel 16.3–4). Der ungestörte Hamiltonoperator der beiden Elektronen

$$\hat{H}^{(0)} = \hat{H}_A^{(0)} + \hat{H}_B^{(0)} = -\frac{\hbar^2}{2m}\Delta_A - \frac{e_0^2}{4\pi\varepsilon_0}\frac{1}{r_A} - \frac{\hbar^2}{2m}\Delta_B - \frac{e_0^2}{4\pi\varepsilon_0}\frac{1}{r_B}$$

hat die Eigenwertgl.

$$\hat{H}^{(0)}\,|n,l,m\rangle_A\,|n',l',m'\rangle_B = \left(E_n^{(0)} + E_{n'}^{(0)}\right)|n,l,m\rangle_A\,|n',l',m'\rangle_B$$

Dabei konzentriert sich die Wellenfunktion $|n,l,m\rangle_A$ im Atom A und die Wellenfunktion $|n',l',m'\rangle_B$ im Atom B. Wir erhalten den Störterm $\hat{H}^{(1)}$, indem wir die sechs Ortsvariablen $x_A, \dots z_B$ in Gl. (18.4–1) durch Multiplikationsoperatoren ersetzen. Da wir die *Atomkerne* der Einfachheit halber als *unendlich schwer und ruhend* ansehen, ist der Abstand R der beiden Protonen keine Observable, sondern ein Parameter. Folglich lautet der Störterm

$$\hat{H}^{(1)} \approx \frac{e_0^2}{4\pi\varepsilon_0}\frac{1}{R^3}\left(\hat{X}_A\,\hat{X}_B + \hat{Y}_A\,\hat{Y}_B - 2\,\hat{Z}_A\,\hat{Z}_B\right) \tag{18.4-2}$$

Wir setzen im Folgenden voraus, dass *beide Wasserstoffatome im Grundzustand* sind. Nach Gl. (14.2–6) enthält die erste Korrektur der nicht entarteten Energie den Term

$$_A\langle 1,0,0\,|\,x_A\,|\,1,0,0\rangle_A \cdot {}_B\langle 1,0,0\,|\,x_B\,|\,1,0,0\rangle_B = 0\cdot 0 = 0$$

sowie zwei weitere Terme, in denen x_A, x_B durch y_A, y_B und z_A, z_B ersetzt werden. Jeder dieser drei Beiträge verschwindet, da die Wellenfunktion $|1,0,0\rangle$ des Grundzustandes rotationssymmetrisch ist, so dass der Erwartungswert des Ortsoperators verschwindet. Dann folgt:

$$E_1^{(1)} = 0 \tag{18.4-3a}$$

Die zweite Korrektur der Energie enthält nach Gl. (14.2–9) Terme der Art

$$\sum_{\substack{n,l,m \\ n',l',m'}} \frac{\left|\dfrac{1}{R^3}\,{}_A\langle n,l,m\,|\,x_A\,|\,1,0,0\rangle_A \cdot {}_B\langle n',l',m'\,|\,x_B\,|\,1,0,0\rangle_B\right|^2}{2E_1^{(0)} - E_n^{(0)} - E_{n'}^{(0)}} \qquad \text{mit}\ \ n,n' \geq 2 \tag{18.4-4}$$

In zwei weiteren Termen werden x_A, x_B durch y_A, y_B und z_A, z_B ersetzt. Gemäß den Vorschriften in Abschn. 14.2 wird der Summand mit $n = n' = 1$ ausgeschlossen (die Notwendigkeit des Ausschlusses erkennt man bereits daran, dass für $n = n' = 1$ der Nenner verschwindet). Die Summanden, in denen entweder *nur* $n = 1$ ist oder *nur* $n' = 1$ ist, verschwinden, da einer der beiden Produkte im Zähler verschwindet und der Nenner kleiner als null ist. Also können wir $n, n' \geq 2$ rechts neben die Summe schreiben.

In der Summe sind wegen der negativen Nenner alle Summanden negativ und proportional zu $1/R^6$. Wir erhalten das wichtige Ergebnis:

$$E_1^{(2)} = -\frac{c}{R^6} \qquad \text{mit} \qquad c > 0 \tag{18.4-3b}$$

Für zwei Wasserstoffatome im Grundzustand sind die Van-der-Waals-Kräfte immer anziehend und fallen mit $1/R^7$ ab. Dabei müssen die Abstände der Atome so groß sein, dass sich die Elektronenwolken nicht überlagern.

Eine genaue Auswertung der Mehrfachsumme in Gl. (18.4-4) liefert[13]

$$E_1^{(2)} = -\frac{e_0^2}{4\,\pi\,\varepsilon_0}\,\frac{6{,}47 \cdot a_B^5}{R^6} \tag{18.4-5}$$

Wir haben in unseren Rechnungen eine elektro*statische* Wechselwirkung vorausgesetzt. Das ist nicht korrekt, weil elektromagnetische Wechselwirkungen durch den Austausch von Photonen erfolgen, die eine sehr kleine, aber endliche Laufzeit zwischen den beiden Atomen haben. Unsere Rechnungen sind nur gültig, wenn die Laufzeit der Photonen deutlich kleiner ist als die Perioden des Spektrums:

$$\frac{2R}{c} \ll \frac{2\,\pi\,\hbar}{E_n - E_1} \qquad \Rightarrow \qquad R \ll 10^{-7}\,\text{m} \tag{18.4-6}$$

Bei Beachtung der Laufzeit fällt die Wechselwirkungsenergie bei größeren Atomabständen mit $1/R^7$.

Wenn sich ein Wasserstoffatom im Grundzustand und das andere Wasserstoffatom im ersten angeregten Zustand befindet ($n = 2$), dann ist die Energie (ohne Beachtung der Spins) achtfach entartet und die entartete Störungstheorie liefert bereits in *erster* Näherung Korrekturen. Die Wechselwirkungsenergie fällt nicht mit $1/R^6$, sondern mit $1/R^3$. Außerdem kann die Wechselwirkung beide Vorzeichen haben, so dass Anziehung und Abstoßung auftreten.

18.5 Leitgedanken

18.1 Das ionisierte Wasserstoffmolekül H_2^+

Ein Proton ruht im Koordinatenursprung und das andere Proton an der Stelle $\mathbf{R} = R\,\mathbf{e}_z$. Spinabhängige Wechselwirkungen werden vernachlässigt. Mit einer **Variationsrechnung**, die den Protonenabstand R als Variationsparameter α enthält, können wir Protonenabstand R und Grundzustandsenergie grob abschätzen. Wir stellen zwei Forderungen an die Testfunktion:

- Die Testfunktion soll die Physik deutlich abbilden und zugleich möglichst einfach sein.

---

[13] In [Cohen–2], Abschn. 11.6.2 und in [Schwabl], Abschn. 15.6 wird die Gl. Gl. (18.4-4) näherungsweise berechnet. Dabei ergibt sich die Zahl 6 an Stelle der Zahl 6,47.

In [Cohen–2], Abschn. 11.6.2 hilft eine „dynamische" Interpretation beim anschaulichen Verständnis der Van-der-Waals-Kräfte. In Gl. (11.122) wird der Grundzustand in erster Näherung angegeben.

- Wegen der Identität der beiden Protonen muss sich das Elektron mit gleicher Wahrscheinlichkeit in den Umgebungen beider Protonen aufhalten.

Die weiter unten folgende, einfache Testfunktion (18.1–3) enthält die zwei Grundzustände des einfachen Wasserstoffatoms

$$\psi_{100}(r) = \frac{1}{\sqrt{\pi a_{\mathrm{B}}^3}}\, e^{-r/a_{\mathrm{B}}} \qquad\qquad (18.1\text{–}2)$$

und erfüllt die zwei genannten Forderungen:

$$\psi_{\mathrm{T}}(R,\mathbf{r}) = A\left[\psi_{100}(r) + \psi_{100}(\,|\,\mathbf{r}-\mathbf{R}\,|\,)\right] \qquad A = \text{Normierungskonstante} \qquad (18.1\text{–}3)$$

Zwischen den beiden Protonen addieren sich die beiden Grundzustandsfunktionen ψ_{100}, so dass die *Wahrscheinlichkeitsdichte des Elektrons zwischen den Protonen besonders groß* ist. Es gilt:

$$\hat{H}\psi_{\mathrm{T}} = \left[-\frac{\hbar^2}{2m_{\mathrm{e}}}\Delta - \frac{e_0^2}{4\pi\varepsilon_0}\left(\frac{1}{r} + \frac{1}{|\,\mathbf{r}-\mathbf{R}\,|}\right)\right] A\left[\psi_{100}(r) + \psi_{100}(\,|\,\mathbf{r}-\mathbf{R}\,|\,)\right] =$$

$$= E_1\,\psi_{\mathrm{T}} - \frac{e_0^2}{4\pi\varepsilon_0}\,A\left[\frac{\psi_{100}(r)}{|\,\mathbf{r}-\mathbf{R}\,|} + \frac{\psi_{100}(\,|\,\mathbf{r}-\mathbf{R}\,|\,)}{r}\right]$$

$$\Rightarrow \quad \langle\psi_{\mathrm{T}}\,|\,\hat{H}\,|\,\psi_{\mathrm{T}}\rangle = E_1 - 2\,A^2\,\frac{e_0^2}{4\pi\varepsilon_0}\,\langle\psi_{100}(r)\,|\,\frac{1}{|\,\mathbf{r}-\mathbf{R}\,|}\,|\,\psi_{100}(r)\rangle -$$

$$2\,A^2\,\frac{e_0^2}{4\pi\varepsilon_0}\,\langle\psi_{100}(r)\,|\,\frac{1}{r}\,|\,\psi_{100}(\,|\,\mathbf{r}-\mathbf{R}\,|\,)\rangle \qquad (18.1\text{–}6)$$

$E_1 = -13{,}6\,\mathrm{eV}$ ist die Grundzustandsenergie eines einzelnen Wasserstoffatoms und berücksichtigt somit die potentielle Energie des Elektrons im Coulombfeld „seines" Protons. Der zweite Term – ohne A^2 – beschreibt zweimal die Wechselwirkung der Elektronenwolke, die ein Proton umhüllt, mit dem anderen Proton. Auch sie ist klassisch begreiflich.

Der dritte Term ist ein *klassisch nicht verständliches* **Austauschintegral**. *Es berücksichtigt, dass das Elektron gleichwahrscheinlich beide Protonen umläuft.*

Die untere Kurve in Abb. 18.1–3 zeigt den Erwartungswert der gesamten Energie in der Einheit eV als Funktion des Proton-Proton-Abstandes R – einschließlich der bisher nicht berücksichtigten potentiellen Energie der Proton-Proton-Wechselwirkung. *Das Minimum der Kurve liegt unterhalb von* $E_1 = -13{,}6\,\mathrm{eV}$ *und beweist daher die Bindung der drei Teilchen.* Die Bindung ist **kovalent**, da sich die beiden Protonen das Elektron teilen.

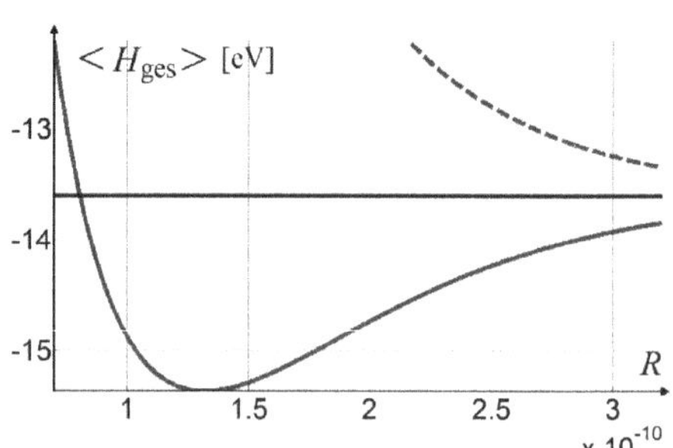

Abb. 18.1–3 Die untere Kurve zeigt den Erwartungswert des Hamiltonoperators für die Testfunktion (18.1–3). Sie hat bei $R \approx 1{,}32\cdot 10^{-10}\,\mathrm{m}$ das Minimum $-15{,}36\,\mathrm{eV}$.

18.2 Das Wasserstoffmolekül H_2

Wir führen erneut eine **Variationsrechnung** für die *Energie des Grundzustandes* durch. Die zwei Protonen sollen im Koordinatenursprung und an der Stelle $\mathbf{R} = R\,\mathbf{e}_z$ *ruhen*.

Die folgenden zwei gebräuchlichen Theorien liefern ähnliche Ergebnisse:

1. Molekülorbital-Theorie. Der Hamiltonoperator lässt sich in der Form

$$\hat{H} = \hat{H}_1 + \hat{H}_2 + \frac{e_0^2}{4\pi\varepsilon_0}\left(\frac{1}{|\mathbf{r}_1 - \mathbf{r}_2|} - \frac{1}{R}\right) \tag{18.2-1)}$$

schreiben. Dabei stimmen die zwei Hamiltonoperatoren ($k = 1,2$)

$$\hat{H}_k = -\frac{\hbar^2}{2m_e}\Delta_k - \frac{e_0^2}{4\pi\varepsilon_0}\left(\frac{1}{r_k} + \frac{1}{|\mathbf{r}_k - \mathbf{R}|}\right) + \frac{e_0^2}{4\pi\varepsilon_0}\frac{1}{R} \tag{18.2-2}$$

mit dem Hamiltonoperator des H_2^+ – Molekül-Ions überein – zuzüglich der potentiellen Energie der Proton-Proton-Wechselwirkung. Daher wählen wir als **Testfunktion** für den Grundzustand des Wasserstoffmoleküls das *Produkt der* H_2^+ *– Testfunktionen* (18.1–3), also das *Produkt von Molekülorbitalen*:

$$\psi_T(R,\mathbf{r}_1,\mathbf{r}_2) = A^2\left[\psi_{100}(r_1) + \psi_{100}(|\mathbf{r}_1 - \mathbf{R}|)\right] \cdot \left[\psi_{100}(r_2) + \psi_{100}(|\mathbf{r}_2 - \mathbf{R}|)\right] \cdot |00\rangle$$

Beide Elektronen befinden sich in einem Überlagerungszustand, der durch die Grundzustände von zwei isolierten Wasserstoffatomen gebildet wird. Der Energie-Erwartungswert lautet

$$\langle \psi_T | \hat{H} | \psi_T \rangle = \left\langle \psi_T \left| \hat{H}_1 + \hat{H}_2 + \frac{e_0^2}{4\pi\varepsilon_0}\left(\frac{1}{|\mathbf{r}_1 - \mathbf{r}_2|} - \frac{1}{R}\right) \right| \psi_T \right\rangle =$$

$$= 2E_+(R) + \frac{e_0^2}{4\pi\varepsilon_0}\left\langle \psi_T \left| \frac{1}{|\mathbf{r}_1 - \mathbf{r}_2|} \right| \psi_T \right\rangle - \frac{e_0^2}{4\pi\varepsilon_0}\frac{1}{R} \tag{18.2-4}$$

Dabei ist $E_+(R)$ der in Gl. (18.1–6) berechnete Erwartungswert der Energie des H_2^+– Molekül-Ions im Grundzustand. Der Erwartungswert in Gl. (18.2–4) ist minimal für den Proton-Proton-Abstand

$$R_{\mathrm{Var}} \approx 0{,}85 \cdot 10^{-10}\,\mathrm{m} \qquad \text{mit der Bindungsenergie} \qquad E_{\mathrm{Var}} \approx 2{,}68\,\mathrm{eV} \tag{18.2-5a/b}$$

Die experimentellen Werte lauten

$$R_{\mathrm{exp}} \approx 0{,}75 \cdot 10^{-10}\,\mathrm{m} \qquad\qquad \text{und} \qquad\qquad E_{\mathrm{exp}} \approx 4{,}75\,\mathrm{eV} \tag{18.2-6a/b}$$

Damit ist die Bindung der Wasserstoffatome bewiesen. Der berechnete Kernabstand hat einen Fehler von 13%, die berechnete Bindungsenergie einen Fehler von 44%.

2. Valenzbindungstheorie. Hier werden *zwei Produkte von Atomorbitalen addiert*:

$$\psi_T^+ = A\left[\psi_{100}(r_1)\,\psi_{100}(|\mathbf{r}_2 - \mathbf{R}|) + \psi_{100}(|\mathbf{r}_1 - \mathbf{R}|)\,\psi_{100}(r_2)\right] \cdot |00\rangle \tag{18.2-7}$$

Die beschwerliche Berechnung des Energie-Erwartungswertes liefert für den Zustand ψ_T^+

$$R_{\mathrm{Var}} \approx 0{,}87 \cdot 10^{-10}\,\mathrm{m} \qquad\qquad E_{\mathrm{Var}} \approx 3{,}14\,\mathrm{eV} \tag{18.4-8a/b}$$

18.3 Hybridorbitale *

Kohlenstoff hat im Grundzustand die Elektronen-konfiguration $[\mathrm{He}](2s)^2(2p_x)(2p_y)$. Dabei kennzeichnen p_x, p_y, p_z die am Ende des Abschn. 10.2 eingeführten p-Orbitale. Wegen der zwei ungepaarten p-Elektronen wird man Zweiwertigkeit vermuten. In der Tat gibt es zweiwertige Kohlenstoffverbindungen – z. B. CO. *Die organische Chemie kennt aber fast nur vierwertigen Kohlenstoff* wie beispielsweise in Methan. Kohlenstoff wird vierwertig, wenn bei einer sog. Promotion ein $2s$-Elektron in das leere, energetisch höher gelegene $2p_z$-Orbital gehoben wird. Dann können die vier ungepaarten Elektronen der L-Schale vier Bindungen eingehen, wobei der Energiegewinn bei der Molekülbildung die Promotionsenergie übertrifft. Die neue Konfiguration $[\mathrm{He}](2s)(2p_x)(2p_y)(2p_z)$ lässt drei energetisch gleiche, senkrecht aufeinander stehende

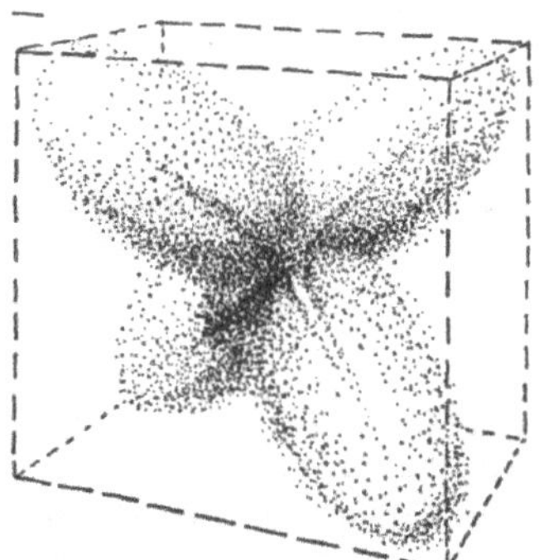

Abb. 18.3–3   Vier tetraedische Kohlenstoff-Hybridorbitale.

Bindungen und zusätzlich eine vom $2s$-Elektron ausgehende Bindung erwarten. Diese Vermutung widerspricht aber den *vier gleichwertigen tetraedischen Bindungen* in Methan. Der Chemiker L. Pauling hat 1931 gezeigt, dass die Überlagerungen

$$sp^3_{(1)} = \frac{1}{2}(s + p_x + p_y + p_z) \qquad sp^3_{(2)} = \frac{1}{2}(s + p_x - p_y - p_z) \qquad (18.3\text{–}2\text{a/b})$$

$$sp^3_{(3)} = \frac{1}{2}(s - p_x + p_y - p_z) \qquad sp^3_{(4)} = \frac{1}{2}(s - p_x - p_y + p_z) \qquad (18.3\text{–}2\text{c/d})$$

des $2s$-Orbitals mit den drei p_x-, p_y- und p_z-Orbitalen *vier gleich aussehende* (sp^3)-*Orbitale bilden, die in die vier Ecken eines regulären Tetraeders zeigen* und **Hybridorbitale** *heißen* (siehe Abb. 18.3–3). Sie strecken sich weit nach außen und richten sich so aus, dass sie möglichst weit voneinander entfernt sind. Sie überlagern sie sich leicht mit den Orbitalen anderer Atome und bilden vier gleichwertige Bindungen.

Ganz allgemein werden bei einer Hybridisierung n Atomorbitale zu n gleich aussehenden Molekülorbitalen überlagert.

18.4 Van-der-Waals-Kräfte *

Wenn der Abstand zwischen den Atomen so groß ist, dass sich die *Elektron-Wellenfunktionen nicht überlappen*, dann treten keine ionischen und keine kovalenten Bindungen auf. Hier machen sich die sehr schwachen Van-der-Waals-Kräfte bemerkbar, die in erster Linie durch *Dipol-Dipol-Wechselwirkungen* zustande kommen.

Wir betrachten in Abb. 18.4–1 zwei Dipole A und B mit den Ladungen $\pm e_0$. Da die beiden Dipole (Wasserstoffatome mit Proton und Elektron) elektrisch neutral sind, *ist die Dipol-Dipol-Wechselwirkung bei nicht überlappenden Wellenfunktionen die dominante Wechselwirkung*. Ihre klassische, potentielle Energie beträgt für $R \gg |\mathbf{r}_A|, |\mathbf{r}_B|$ (siehe Aufgabe 18–4)

$$V \approx \frac{e_0^2}{4\pi\varepsilon_0} \, \frac{x_A x_B + y_A y_B - 2 z_A z_B}{R^3} \qquad (18.4\text{–}1)$$

In der Quantenmechanik werden die *Ortsvektoren durch Operatoren* ersetzt. Die Energie der Dipol-Dipol-Wechselwirkung wird mit der **Störungsrechnung** in zweiter Näherung berechnet. Wegen der fehlenden gegenseitigen Überlappung der beiden Elektronenwolken muss die gemeinsame Wellenfunktion der beiden Elektronen nicht antisymmetrisiert werden. Der ungestörte Hamiltonoperator der Elektronen

$$\hat{H}^{(0)} = \hat{H}_A^{(0)} + \hat{H}_B^{(0)} = -\frac{\hbar^2}{2m}\Delta_A - \frac{e_0^2}{4\pi\varepsilon_0}\frac{1}{r_A} - \frac{\hbar^2}{2m}\Delta_B - \frac{e_0^2}{4\pi\varepsilon_0}\frac{1}{r_B}$$

hat die Eigenwertgl.

$$\hat{H}^{(0)} \, |n,l,m\rangle_A \, |n',l',m'\rangle_B = \left(E_n^{(0)} + E_{n'}^{(0)}\right) |n,l,m\rangle_A \, |n',l',m'\rangle_B$$

Wir erhalten den Störterm $\hat{H}^{(1)}$, indem wir die sechs Ortsvariablen $x_A,\ldots z_B$ in Gl. (18.4–1) durch Multiplikationsoperatoren ersetzen. Da wir die Atomkerne als ruhend ansehen, ist der Abstand R der beiden Protonen keine Observable, sondern ein Parameter. Folglich lautet der Störoperator

$$\hat{H}^{(1)} \approx \frac{e_0^2}{4\pi\varepsilon_0} \, \frac{\hat{X}_A \hat{X}_B + \hat{Y}_A \hat{Y}_B - 2\hat{Z}_A \hat{Z}_B}{R^3} \qquad (18.4\text{–}2)$$

Die beiden Wasserstoffatome sollen im Grundzustand sein ($n = 1$). Nach Gl. (14.2–6) enthält die erste Korrektur der nicht entarteten Energie u. a. den Term

$$_A\langle 1,0,0| \, x_A \, |1,0,0\rangle_A \cdot {}_B\langle 1,0,0| \, x_B \, |1,0,0\rangle_B = 0 \cdot 0 = 0$$

sowie zwei weitere, analoge Terme mit y_A, y_B und z_A, z_B. Diese Beiträge verschwinden, da die Erwartungswerte des Ortes in den kugelsymmetrischen Grundzuständen null sind. Also ist $E_1^{(1)} = 0$.

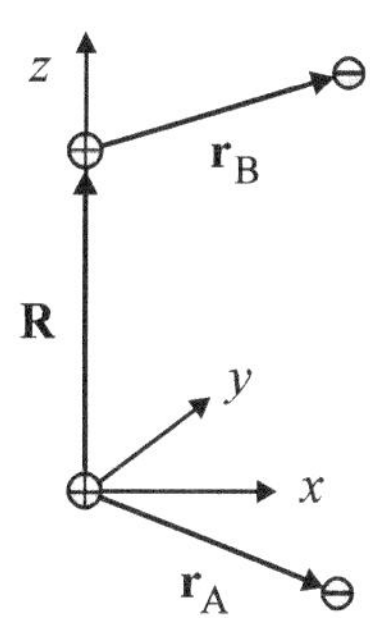

Abb. 18.4 1 Zwei Dipole A und B.

Die zweite Korrektur der Grundzustands-Energie enthält nach Gl. (14.2–9) drei Terme der Art

$$\sum_{\substack{n,l,m \\ n',l',m'}} \frac{\left| \dfrac{1}{R^3} \, {}_A\langle n,l,m| \, x_A \, |1,0,0\rangle_A \cdot {}_B\langle n',l',m'| \, x_B \, |1,0,0\rangle_B \right|^2}{2 E_1^{(0)} - E_n^{(0)} - E_{n'}^{(0)}} \quad \text{mit} \quad n, n' \geq 2 \qquad (18.4\text{–}4)$$

Diese Terme sind negativ und proportional zu R^{-6}, so dass $E_1^{(2)} = -c\,R^{-6}$ mit $c > 0$.

Für zwei Wasserstoffatome im Grundzustand ($n = 1$) *sind die Van-der-Waals-Kräfte anziehend und fallen mit* $1/R^7$ *ab.* Dabei müssen die Abstände der Atome so groß sein, dass sich die Elektronenwolken nicht überlagern.

18.6 Aufgaben

18–1 Mittel Berechnung des Überlappungsintegrals in Gl. (18.1–4)

Berechne das U̲berlappungsintegral

$$S := \frac{1}{\pi a_B^3} \int d^3 r \, e^{-r/a_B} \, e^{-|\mathbf{r}-\mathbf{R}|/a_B} \tag{18.1-4}$$

18–2 Mittel Berechnung der Integrale in Gl. (18.1–6)

Berechne die beiden Integrale

a) $\quad I_1 := \langle \psi_{100}(r) | \dfrac{1}{|\mathbf{r}-\mathbf{R}|} | \psi_{100}(r) \rangle$

b) $\quad I_2 := \langle \psi_{100}(r) | \dfrac{1}{r} | \psi_{100}(|\mathbf{r}-\mathbf{R}|) \rangle \tag{18.1-6}$

18–3 Leicht Berechnung des Tetraederwinkels

Berechne mit Abb. 18.3–2 den Tetraederwinkel eines regulären Tetraeders.

18–4 Leicht Wechselwirkungsenergie von zwei elektrischen Dipolen   Abb. 18.6–1

Betrachte die zwei Dipole A‚B in Abb. 18.6–1. Nach der klassischen Elektrodynamik beträgt ihre gegenseitige Wechselwirkungsenergie

$$V = \frac{e_0^2}{4\pi\varepsilon_0}\left(\frac{1}{R} + \frac{1}{|\mathbf{R}+\mathbf{r}_B-\mathbf{r}_A|} - \frac{1}{|\mathbf{R}-\mathbf{r}_A|} - \frac{1}{|\mathbf{R}+\mathbf{r}_B|} \right) \tag{18.6-1}$$

Hinweis: Die zwei dipolinternen Wechselwirkungen, die proportional zu $1/|\mathbf{r}_A|$ und $1/|\mathbf{r}_B|$ sind, fehlen in der gegenseitigen Wechselwirkungsenergie.

Leite daraus für $R \gg |\mathbf{r}_A|, |\mathbf{r}_B|$ folgende potentielle Energie ab

$$V \approx \frac{e_0^2}{4\pi\varepsilon_0} \frac{x_A x_B + y_A y_B - 2 z_A z_B}{R^3} \tag{18.4-1}$$

Hinweis: $(1\pm\varepsilon)^{-1/2} \approx 1 \mp \dfrac{1}{2}\varepsilon + \dfrac{1\cdot 3}{2\cdot 4}\varepsilon^2 \quad$ für $\quad \varepsilon \ll 1 \tag{18.6-2}$

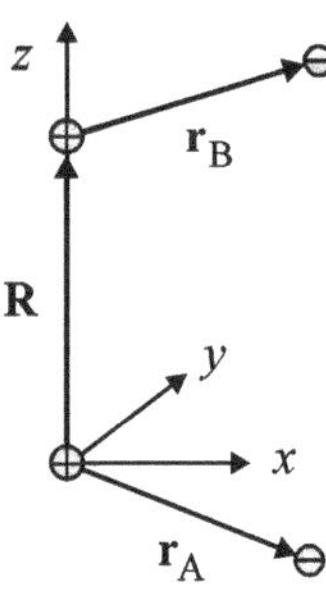

Abb. 18.6–1 Zwei Dipole A und B mit den Ladungen $\pm e_0$

19 Bändermodell der Kristalle

Dieses Kapitel hat ein höheres Niveau und beweist mit dem Bloch-Theorem, dass periodische Potentiale zu (nahezu) kontinuierlichen Energiebändern führen.

19.1 *Klassische Frequenzaufspaltung*: Bereits in der klassischen Mechanik wird die Frequenz harmonischer Oszillatoren durch die Kopplung mit anderen Oszillatoren aufgespalten. Bei fehlender Entartung haben N gekoppelte, harmonische Oszillatoren N verschiedene Frequenzen.

19.2 *Energiebänder in Kristallen*: Kristalle sind periodisch aufgebaut und haben daher periodische Potentiale. Wir stellen für periodische, eindimensionale Potentiale $V(x) = V(x+a)$ das Bloch-Theorem auf, wonach sich die Zustandsfunktionen benachbarter Zellen nur durch eine konstante Phase unterscheiden. Die Periodizität alleine bestimmt in überraschend starkem Maß die qualitativen Eigenschaften der Energieniveaus.

Mit einem einfachen periodischen Modell, einem sog. Dirac-Kamm können wir qualitativ erklären, wie die Energiebänder in Kristallen zustande kommen. Die Bänderstruktur entscheidet darüber, ob ein Kristall ein elektrischer Isolator, ein Halbleiter oder ein Metall ist.

19.1 Klassische Frequenzaufspaltung

Weit voneinander entfernte Atome haben diskrete Energieniveaus, die wir für das Wasserstoffatom relativ genau und für das Heliumatom in erster Näherung störungstheoretisch berechnet haben. Diese Energieniveaus spalten auf, wenn die Atome dicht zusammengeschoben werden und daher elektrostatisch wechselwirken. Dieses grundlegende und für uns äußerst wichtige Phänomen tritt bereits in der **klassischen Mechanik** auf: Ein einzelner ungedämpfter, harmonischer Oszillator hat dort die Eigenfrequenz

$$\omega_0 = \sqrt{D/m}$$

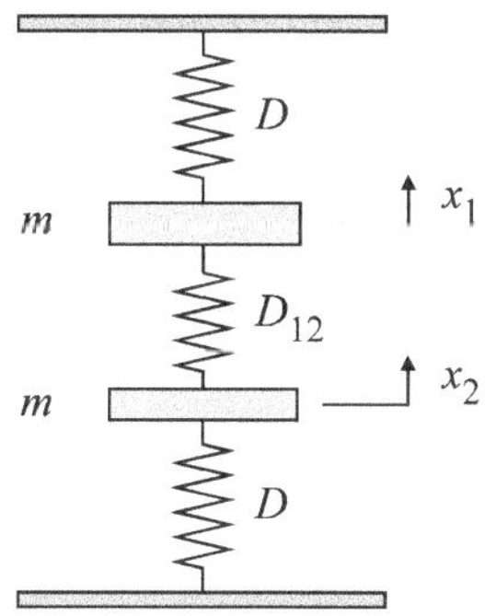

Zwei gekoppelte Oszillatoren (siehe Abb. 19.1–1) haben zwei anschauliche *Fundamentalschwingungen mit zwei verschiedenen Frequenzen* (siehe [Kuypers], Beispiel 13.2–1):

Abb. 19.1–1 Zwei gekoppelte Oszillatoren haben zwei Eigenfrequenzen.

Gleichsinnige Schwingung: $x_1(t) = x_2(t)$ mit $\omega_1 = \omega_0 = \sqrt{D/m}$

Gegensinnige Schwingung: $x_1(t) = -x_2(t)$ mit $\omega_2 = \sqrt{(D + 2D_{12})/m}$

Quantenmechanik: Lehr- und Arbeitsbuch, 2. Auflage. Friedhelm Kuypers.
© 2026 Wiley-VCH GmbH. Published 2026 by Wiley-VCH GmbH.

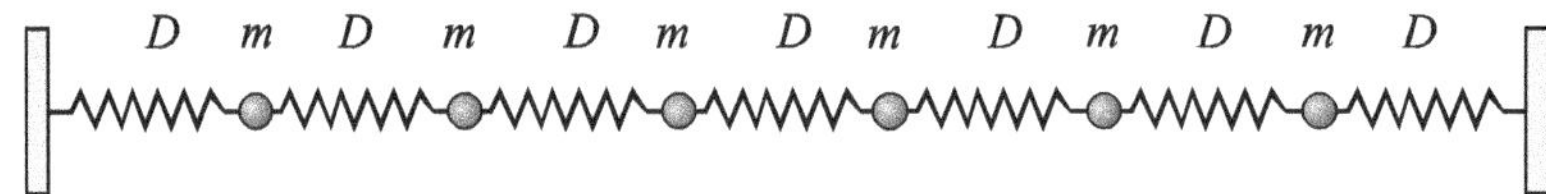

Abb. 19.1–2 Kettenschwinger mit sechs gleichen Massen und sechs verschiedenen Eigenfrequenzen.

Die allgemeine Schwingung ist eine Überlagerung der beiden Fundamentalschwingungen und enthält daher die *zwei* Frequenzen ω_1 und ω_2.

Durch die Kopplung spaltet die *eine* Eigenfrequenz ω_0 in *zwei* benachbarte Eigenfrequenzen auf. Der Frequenzunterschied $\omega_2 - \omega_1$ nimmt mit der Stärke der Kopplung – hier mit der Federkonstanten D_{12} – zu.

Mit zunehmender Zahl der gekoppelten Schwinger wächst die Zahl der Eigenfrequenzen. Ein Kettenschwinger mit N gleichen Massen und $N+1$ gleichen Federn, der zwischen zwei ruhenden Wänden eingespannt ist (siehe Abb. 19.1–2), hat N verschiedene Eigenfrequenzen (siehe [Kuypers], Abschn. 13.3)

$$\omega_k = 2\omega_0 \sin\frac{\pi k}{2(N+1)} \qquad k = 1,2,\dots N$$

Für sehr große N bilden diese N Frequenzen praktisch ein kontinuierliches Energieband.

19.2 Energiebänder in Kristallen

Wir kommen nun zur Quantenmechanik und beobachten bei den Kristallen eine vergleichbare Niveauaufspaltung:

Bei der Kopplung von dicht gepackten Atomen spaltet jedes Energieniveau, das ein isoliertes Atom hat, in unzählige Energieniveaus auf. Diese Niveaus liegen extrem dicht und bilden daher (nahezu) kontinuierliche Energiebänder.

Beim Zusammenschieben von N anfangs isolierten Atomen zu einem Kristall wird aus jedem atomaren Energieniveau ein nahezu kontinuierliches Energieband, das (bei Beachtung des Spins) mit maximal $2N$ Elektronen gefüllt werden kann.

Der Abstand der Energieniveaus ist um viele Größenordnungen kleiner als die thermische Energie $3kT/2$ der Leitungselektronen, die bei Zimmertemperatur etwa $0{,}04\,\mathrm{eV}$ beträgt.

Die Elektronen in der äußeren Schale der Atomhülle bewegen sich in den energetisch höheren Energiebändern; sie sind schwächer an ihren Kern gebunden und wechselwirken stärker mit den anderen Atomen als die Elektronen der inneren Schalen. Daher *steigt die Breite der Energiebänder mit zunehmender Energie* – vergleichbar mit der klassischen Aussage, dass der Frequenzunterschied der beiden Fundamentalschwingungen $\omega_2 - \omega_1$ mit D_{12} zunimmt.

Wir wollen die kristallinen Energiebänder mit einem *einfachen Modell qualitativ* erklären. Die folgenden Rechnungen haben nur das Ziel, die Energieaufspaltung im Rahmen der Quantentheorie zu ermitteln und so die Bänderstruktur im Prinzip zu bestätigen. *Quantitativ* zutreffende Ergebnisse dürfen wir nicht erwarten; so finden wir z. B. keine Hinweise auf die häufig auftretende Überschneidung benachbarter Bänder.

Kristalle enthalten eine extrem große Zahl N von Atomen ($N \approx 6 \cdot 10^{23}$), die in einem dreidimensionalen, *periodischen Gitter* angeordnet sind. Der Zustand eines Elektrons wird durch die Wechselwirkung mit allen ruhenden Kernen und durch die gemittelte Wechselwirkung mit allen anderen Elektronen bestimmt; man spricht von der Ein-Elektron-Näherung. Wegen des periodischen Aufbaus der Kristalle befinden sich die Elektronen in einem periodischen Potential mit der Periode **a**:

$$V(\mathbf{r}+\mathbf{a})=V(\mathbf{r}) \tag{19.2--1a}$$

Aus Gründen der Einfachheit untersuchen wir keine dreidimensionalen Kristalle, sondern beschränken uns auf *eindimensionale lineare Ketten* mit periodisch angeordneten Atomen. Die *qualitativen* Ergebnisse, vor allem die Begründungen der Energiebänder werden dadurch nicht berührt. Das Potential ist periodisch mit der Periode a:

$$V(x+a)=V(x) \tag{19.2--1b}$$

Das genaue Aussehen des Potentials ist nicht entscheidend; denn die *Periodizität alleine bestimmt in überraschend starkem Maß die qualitativen Eigenschaften der Energieniveaus.*

Wir nennen die Bereiche zwischen benachbarten Atomen **Zellen**. In jeder Zelle ist die Schrödinger-Gl. identisch und hat daher in jeder Zelle die gleiche Lösung – mit Ausnahme der zwei Integrationskonstanten. An den Zellenrändern sind $\psi(x)$ und $\psi'(x)$ bei *endlichen* Potentialen stetig. Die Zahl der Anschlussbedingungen an den Zellenrändern ist doppelt so groß wie die Zahl N der Atome. In dieser schwierigen Lage kommt uns das **Bloch-Theorem** (1929) zu Hilfe[1]. Es wird im Beispiel 19.2–1 bewiesen und besagt:

Für alle periodischen Potentiale $V(x+a)=V(x)$ haben die Lösungen $\psi(x)$ der zeitunabhängigen Schrödinger-Gl. die Form

$$\psi(x+a)=e^{iKa}\psi(x) \qquad \text{mit} \qquad 0 \le K < 2\pi/a \tag{19.2--2}$$

Danach unterscheiden sich die Zustandsfunktionen benachbarter Zellen nur um die konstante Phase Ka.[2]

---

[1] Die zeit*un*abhängige Schrödinger-Gl. für periodische Potentiale heißt in der Mathematik Hillsche Dgl. Das Bloch-Theorem ist ein Spezialfall des Floquet-Theorems.

[2] Eine alternative, sehr oft verwendete Formulierung des Bloch-Theorems lautet: Für periodische Potentiale $V(x+a)=V(x)$ hat die Lösung $\psi(x)$ der zeitunabhängigen Schrödinger-Gl. die Form

$$\psi(x)=e^{iKx}u(x) \qquad \text{mit} \qquad u(x+a)=u(x) \tag{19.2--2'}$$

Danach ist die Wellenfunktion das Produkt aus einer ebenen Welle $\exp(iKx)$ mit einer Funktion $u(x)$, die die Periode a des Gitters hat. Entscheidend ist die Periodizität von $u(x)$. Die Äquivalenz der Formulierungen in den Gln. (19.2–2/2') wird in Aufgabe 19–1 bewiesen. Der Beweis zeigt nebenbei, dass die Gln. (19.2–2/2') (natürlich) denselben Parameter K enthalten.

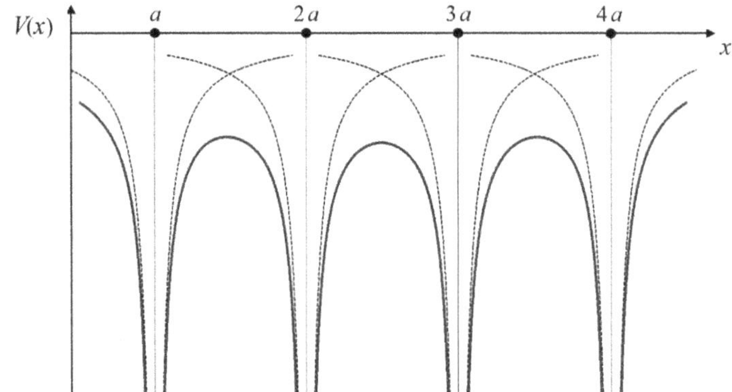

Abb. 19.2–1 Dargestellt wird das gesamte Potential

$$V(x) = -\frac{Z e_0^2}{4\pi\varepsilon_0} \sum\nolimits_{n=1}^{4} \frac{1}{|x - na|}$$

von vier punktförmigen Atomkernen an den Stellen na ($n=1,2,3,4$) auf der x-Achse. Die dünnen, gestrichelten Kurven stellen die Potentiale der einzelnen Atomkerne dar.

Bei endlicher Kernausdehnung hat das Potential nach Aufgabe 14–7 *keine Singularitäten.*

Die Valenzelektronen können durch die Potentialbarrieren zwischen den Atomen tunneln und sich daher im ganzen Kristall bewegen.

Beachte, dass das Bloch-Theorem Gl. (19.2–2) nicht die Stetigkeiten von $\psi(x)$ und (bei endlichen Potentialen) von $\psi'(x)$ an den Zellenrändern garantiert. Die zwei Stetigkeiten (Anschlussbedingungen) an den Zellenrändern müssen eigens aufgestellt und ausgewertet werden. Das Bloch-Theorem zusammen mit den zwei Anschlussbedingungen führt auf die Energiebänder.

Der vorerst unbekannte, konstante Parameter K mit der Einheit 1/m heißt Gitterwellenzahl. Nach Gl. (19.2–2) ist die *Aufenthaltsdichte in jeder Zelle gleich groß:*

$$|\psi(x+a)|^2 = |\psi(x)|^2 \tag{19.2–3}$$

Die Periodizität des Potentials geht auf die Aufenthaltsdichte über. Das ist einleuchtend.

Das erfreuliche Fazit lautet: *Wir müssen nur die Schrödinger-Gl. in einer Zelle lösen und anschließend insgesamt nur zwei Anschlussbedingungen an einem Rand dieser einzelnen Zelle auswerten* – nicht an den Rändern aller Zellen. Die Anschlussbedingungen an den unzähligen anderen Zellrändern sind dann wegen des Bloch-Theorems automatisch erfüllt. Darin liegt der große Nutzen des Bloch-Theorems.

Beispiel 19.2–1 Beweis des Bloch-Theorems

Ein eindimensionales System habe das periodische Potential $V(x)=V(x+a)$.

a) Der **Translationsoperator** $\hat{T}(a)$ wird durch die Gl.

$$\hat{T}(a)\,\psi(x) = \psi(x+a) \tag{19.2–4}$$

definiert. Berechne $\hat{T}(a)$ mit der Taylorentwicklung von $\psi(x+a)$ und beweise, dass $\hat{T}(a)$ *für periodische Potentiale mit dem Hamiltonoperator vertauscht.*

b) Beweise, dass der Translationsoperator für Potentiale mit Periode a die Eigenwerte

$$e^{iKa} \qquad \text{mit} \qquad 0 \le K < 2\pi/a \tag{19.2-5}$$

hat. (Die genaue Größe der Konstanten K wird sich in Gl. (19.2-8) aus der Periodizität ergeben.)

Lösung:

$$\textbf{a)} \quad \psi(x+a) \underset{\text{Taylor}}{=} \sum_{j=0}^{\infty} \frac{1}{j!}\, a^j\, \psi^{(j)}(x) = \sum_{j=0}^{\infty} \frac{1}{j!} \left(\frac{i}{\hbar}\, a\, \hat{P}_x \right)^j \psi(x) = e^{i a \hat{P}_x/\hbar}\, \psi(x)$$

$$\Rightarrow \quad \hat{T}(a) = e^{i a \hat{P}_x/\hbar} \tag{19.2-6}$$

$\hat{T}(a)$ enthält nur den Impuls $\hat{P}_x$ und kommutiert daher mit dem Operator $\hat{P}_x^2/(2m)$ der kinetischen Energie. Deshalb ist nur der Kommutator mit der potentiellen Energie zu berechnen:

$$\left[\hat{T}(a), V(x) \right] \psi(x) = \hat{T}(a)\left\{ V(x)\psi(x) \right\} - V(x)\, \hat{T}(a)\, \psi(x) =$$

$$= V(x+a)\, \psi(x+a) - V(x)\, \psi(x+a) \underset{V(x+a)=V(x)}{=} 0 \qquad \text{für alle } \psi(x)$$

$$\Rightarrow \quad \left[\hat{T}(a), \hat{H}(x,\hat{P}) \right] = 0 \qquad \text{für} \qquad V(x) = V(x+a)$$

b) Wegen $[\hat{T}(a), \hat{H}(x,\hat{P})] = 0$ *haben der Hamiltonoperator und der Translationsoperator bei periodischen Potentialen ein gemeinsames, vollständiges System von Eigenfunktionen* $\psi(x)$. Diese Eigenfunktionen sind Lösungen der zeitunabhängigen Schrödinger-Gl. Die Eigenwertgl. für $\hat{T}(a)$ lautet

$$\hat{T}(a)\, \psi(x) = \lambda(a)\, \psi(x)$$

Nach Gl. (19.2-6) gilt $\hat{T}^{\dagger}(a)\, \hat{T}(a) = \hat{T}(a)\, \hat{T}^{\dagger}(a) = \hat{1}$. Der Translationsoperator ist also unitär Nach Aufgabe 7–1e haben die Eigenwerte unitärer Operatoren den Betrag Eins, so dass gilt:

$$\lambda(a) = e^{iKa} \qquad \text{mit} \qquad K \in \mathbb{R}$$

$$\Rightarrow \quad \psi(x+a) = \hat{T}(a)\, \psi(x) = e^{iKa}\, \psi(x) \tag{19.2-2}$$

Damit ist das Bloch-Theorem bewiesen.

(Die Frage, ob und – wenn ja – in welcher Form K von a abhängt, wird in Gl. (19.2-8) beantwortet werden.) Da K und $K + 2\pi/a$ denselben Eigenwert liefern, können wir K auf das Intervall $0 \le K < 2\pi/a$ beschränken. Damit lauten die Eigenwerte von $\hat{T}(a)$

$$\lambda(a) = e^{iKa} \qquad \text{mit} \qquad 0 \le K < 2\pi/a \tag{19.2-7}$$

Mit dem Bloch-Theorem im Rücken können wir uns nun zuversichtlich einer eindimensionalen Kette mit N periodisch angeordneten Atomen zuwenden. An den beiden Kettenrändern endet die Periodizität. Wegen der ungeheuren Größe von N spielen die Randeffekte eine vernachlässigbare Rolle. Wir können die Periodizität sogar exakt einhalten, indem wir die Kette zu einem Ring verbiegen, der auf seinem Umfang N Teilchen trägt. Nach einer Umrundung des Ringes soll sich die Wellenfunktion wiederholen:

$$\psi(x+Na) \underset{\substack{\uparrow \\ \text{Gl. (19.2-2)}}}{=} e^{iKNa}\,\psi(x) \overset{!}{=} \psi(x) \quad\Rightarrow\quad KNa = 2\pi n$$

$$\Rightarrow \quad K = \frac{2\pi}{a}\frac{n}{N} \quad \text{mit} \quad n \underset{\substack{\uparrow \\ \text{wegen } 0\,\le K<2\,\pi/a}}{=} 0,1,2,\dots N-1 \tag{19.2-8}$$

Die Zahl der diskreten, äquidistanten K-Werte ist also gleich der Zahl N der Zellen und damit gleich der Teilchenzahl N.[3] Für riesige Zahlen N sind die erlaubten K-Werte extrem dicht.

Wir betrachten jetzt das denkbar einfachste Potential mit Periode a. Es besteht aus einer langen Reihe von N Deltafunktionen, einem sog. **Dirac-Kamm** (siehe Abb. 19.2–2):

$$V(x) = \tilde{V}\sum_{j=-1}^{N-2}\delta(x-ja) \tag{19.2-9}$$

Die Konstante $\tilde{V}>0$ hat die Einheit [J m]

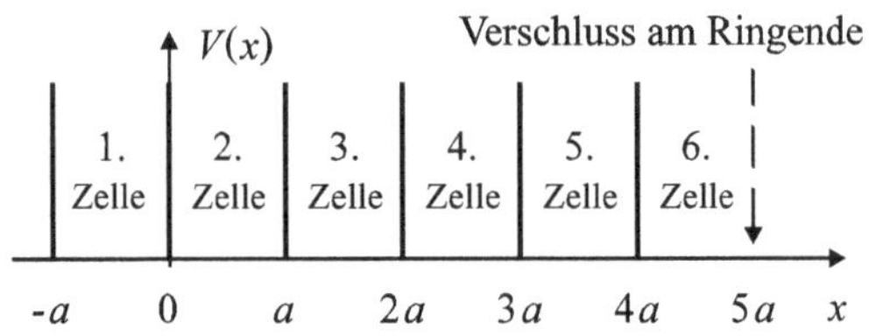

Abb. 19.2–2   Ein kleiner Dirac-Kamm mit $N=6$ Dirac Spitzen und sechs Zellen.

Die ersten zwei Zellen liegen links und rechts neben dem Koordinatenursprung. Daher können wir die Anschlussbedingungen bequem im Koordinatenursprung formulieren.[4]

Natürlich ist dieses Potential unrealistisch. Aber es hat den großen Vorteil, dass die Lösung der Schrödinger-Gln. in jeder Zelle trivial ist und dass – anders als in Aufgabe „19-3 Periodisches Kastenpotential" – innerhalb der Zellen keine Anschlussbedingungen existieren.

---

[3] n wird auf den Bereich $0\le n\le N-1$ beschränkt, weil sich $\exp(iKa)$ für $n\ge N$ wiederholt.

[4] Ein Dirac-Kamm mit negativen Zinken $\tilde{V}<0$ wird in Aufgabe 19-2 untersucht. Die Rechnungen hier im Haupttext für $\tilde{V}>0$ und in der Lösung von Aufgabe 19-2 sind sehr ähnlich, aber das Ergebnis ist für $\tilde{V}<0$ wenig interessant, da nur ein einziges Energieband existiert (das ist nach Aufgabe 5-13a plausibel).

Die Leser, denen der Dirac-Kamm allzu exotisch erscheint, finden in Aufgabe 19-3 das periodische Kastenpotential (siehe die Abb. rechts). Die Rechnungen sind vergleichbar, aber beschwerlicher, da vier Anschlussbedingungen existieren: Zwei innerhalb und zwei am Rande einer Zelle. Die Ergebnisse ähneln den Ergebnissen für den Dirac-Kamm. Diese Ähnlichkeit bestätigt, dass die Bänderstruktur in erster Linie durch die Periodizität des Potentials bestimmt wird.

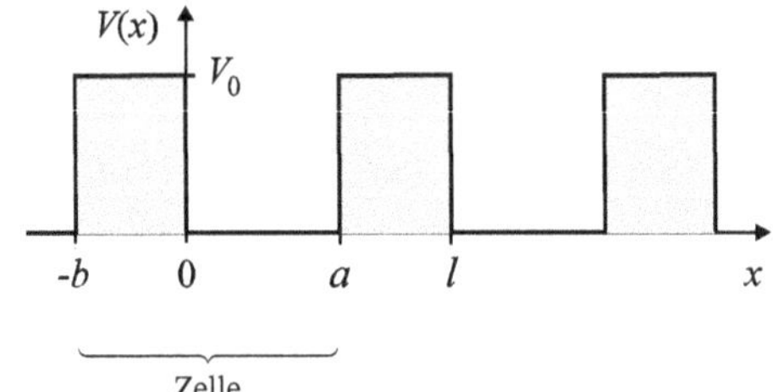

Periodisches Kastenpotential (siehe Aufgabe 19-3)

Der Dirac-Kamm ist in Büchern und Vorlesungen beliebt. Für andere, realistischere periodische Potentiale ergeben sich qualitativ vergleichbare Ergebnisse – nur eben mühsamer.

Mit $\quad k := \sqrt{2mE / \hbar^2}$ $\qquad\qquad$ (19.2–10)

haben die N identischen Schrödinger-Gln. innerhalb der N Zellen

$$-\frac{\hbar^2}{2m}\,\psi_n''(x) = E\,\psi_n(x) \qquad\qquad 1 \leq n \leq N$$

die allgemeinen Lösungen (immer mit $-a < x < 0$)

1. Zelle: $\psi_1(x) = A_1 \sin(kx) + B_1 \cos(kx)$ $\qquad\qquad$ (19.2–11a)

2. Zelle:[5] $\psi_2(x+a) = A_2 \sin\{k(x+a)\} + B_2 \cos\{k(x+a)\}$ $\qquad \underset{\uparrow}{=}$

$$\text{Bloch-Theorem (19.2–2)}$$

$$= e^{iKa}\Big[A_1 \sin(kx) + B_1 \cos(kx) \Big] \qquad\qquad (19.2\text{–}11\text{b})$$

***n.* Zelle:** $\psi_n\{x+(n-1)a\} = A_n \sin[k\{x+(n-1)a\}] + B_n \cos[k\{x+(n-1)a\}]$ $\quad \underset{\uparrow}{=}$

$$\text{Bloch-Theorem}$$

$$= e^{iK(n-1)a}\Big[A_1 \sin(kx) + B_1 \cos(kx) \Big] \qquad\qquad (19.2\text{–}11\text{c})$$

Wegen des Bloch-Theorems müssen wir für die Lösungen in N Zellen *nicht* $2N$ Integrationskonstanten A_n, B_n berechnen, sondern nur die *zwei* ersten Integrationskonstanten A_1, B_1.

Die weiteren Schritte sind bekannt und liegen nun klar vor uns:

- Wir stellen die zwei Anschlussbedingungen (19.2–12) und (19.2–14) an der Stelle $x = 0$ auf. Die zwei Gln. bilden ein Gleichungssystem zur Bestimmung von A_1, B_1.

- Das Gleichungssystem hat genau dann nicht triviale Lösungen A_1, B_1, wenn die Koeffizientendeterminante null ist. Das Verschwinden der Koeffizientendeterminante in Gl. (19.2–16) wird auf diskrete Energien führen und damit die Energiebänder der Kristalle liefern.

Wenden wir uns also den zwei Anschlussbedingungen bei $x = 0$ zu. Die Stetigkeit der Wellenfunktion bei $x = 0$ liefert die **erste Anschlussbedingung**:

---

[5] Mit der Substitution $\hat{x} := x + a$ lässt sich Gl. (19.2–11b) auch wie folgt schreiben:

$$\psi_2(\hat{x}) = e^{iKa}\Big[A_1 \sin\{k(\hat{x}-a)\} + B_1 \cos\{k(\hat{x}-a)\} \Big] \qquad\qquad (19.2\text{–}11\text{b}')$$

mit $\quad 0 < \hat{x} < a$.

Übrigens: Der Index n an der Wellenfunktion $\psi_n(x)$ beschreibt hier – anders als bei den Wellenfunktionen des harmonischen Oszillators in Kap. 6 – nicht verschiedene Wellenfunktionen, sondern nur das Aussehen der einen Wellenfunktion in der n-ten Zelle. (Das entspricht der Schreibweise in den Abschn. 5.2–5.5.)

$$\lim_{\varepsilon \to 0} \psi_1(-\varepsilon) = \lim_{\varepsilon \to 0} \psi_2(\varepsilon) \tag{19.2-12}$$

In Gl. (19.2-11a) ist x durch $-\varepsilon$ und in Gl. (19.2-11b') – siehe Fußnote 5 – ist $\hat{x}$ durch ε zu ersetzen.

$$\Rightarrow \qquad B_1 = e^{iKa}\left[-A_1\sin(ka) + B_1\cos(ka)\right] \tag{19.2-13}$$

Infolge des unendlich hohen Potentials an der Stelle $x=0$ ist die erste Ableitung der Wellenfunktion bei $x=0$ nicht stetig. Ich wiederhole den Beweis aus dem Abschn. 5.2 und integriere die Schrödinger-Gl. von $-\varepsilon$ bis $+\varepsilon$; danach geht ε gegen null:

$$-\frac{\hbar^2}{2m}\cdot\lim_{\varepsilon \to 0}\int_{-\varepsilon}^{\varepsilon}\psi''_{1/2}(x)\,dx + \lim_{\varepsilon \to 0}\int_{-\varepsilon}^{\varepsilon}\tilde{V}\delta(x)\,\psi_{1/2}(x)\,dx = E\cdot\lim_{\varepsilon \to 0}\int_{-\varepsilon}^{\varepsilon}\psi_{1/2}(x)\,dx$$

Dabei gilt $\psi_{1/2}(x) = \psi_1(x)$ für $x<0$ und $\psi_{1/2}(x) = \psi_2(x)$ für $x>0$.

$$\Rightarrow \qquad -\frac{\hbar^2}{2m}\lim_{\varepsilon \to 0}\left[\psi'_2(\varepsilon) - \psi'_1(-\varepsilon)\right] + \tilde{V}\psi_1(0) = 0$$

$$\Rightarrow \qquad \lim_{\varepsilon \to 0}\left[\psi'_2(\varepsilon) - \psi'_1(-\varepsilon)\right] = \frac{2m}{\hbar^2}\tilde{V}\psi_1(0)$$

Somit lautet die **zweite Anschlussbedingung**:

$$e^{iKa}k\left[A_1\cos(ka) + B_1\sin(ka)\right] - A_1 k = \frac{2m}{\hbar^2}\tilde{V}B_1 \tag{19.2-14}$$

Die zwei Anschlussbedingungen sind ein Gleichungssystem zur Bestimmung von A_1, B_1:

$$\begin{pmatrix} -\sin(ka)e^{iKa} & \cos(ka)e^{iKa} - 1 \\ k\cos(ka)e^{iKa} - k & k\sin(ka)e^{iKa} - \frac{2m}{\hbar^2}\tilde{V} \end{pmatrix}\begin{pmatrix} A_1 \\ B_1 \end{pmatrix} = \begin{pmatrix} 0 \\ 0 \end{pmatrix}$$

Dieses homogene, lineare Gleichungssystem hat genau dann nicht triviale Lösungen $A_1, B_1 \neq 0$, wenn die Koeffizientendeterminante null ist[6]. Nach Multiplikation der Determinante mit $\exp(-2iKa)/k$ folgt:

$$\left(e^{-iKa}\right)^2 - 2\left[\cos(ka) + \frac{m\tilde{V}}{\hbar^2 k}\sin(ka)\right]e^{-iKa} + 1 = \tag{19.2-15}$$

$$= \left[\cos(Ka) - i\sin(Ka)\right]^2 - 2\left[\cos(ka) + \frac{m\tilde{V}}{\hbar^2 k}\sin(ka)\right]\left[\cos(Ka) - i\sin(Ka)\right] + 1 = 0$$

---

[6] Genau genommen bestimmt das *homogene*, lineare Gleichungssystem nur das Verhältnis A_1/B_1. Uns interessieren aber nur die diskreten Werte von k und nicht dieses Verhältnis.

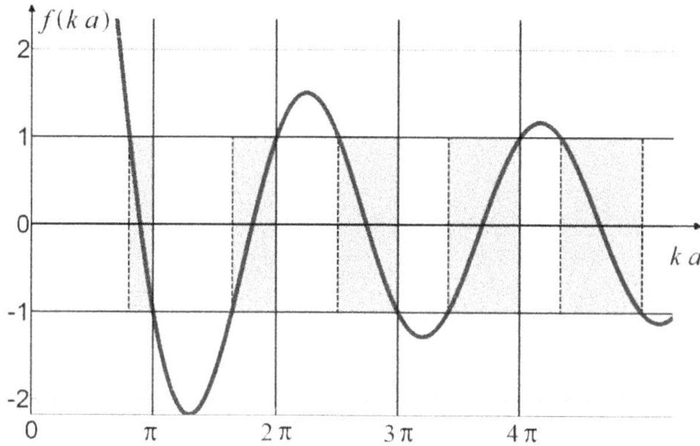

Abb. 19.2–3 Hier wird die in Gl. (19.2–16) definierte Funktion $f(ka)$ für $ma\tilde{V}/\hbar^2 = 8$ gezeichnet. Die erlaubten Energiebänder sind grau markiert.

Sowohl der Real- als auch der Imaginärteil dieser Gl. führen auf [7]

$$\cos(Ka) = \cos(ka) + \frac{ma\tilde{V}}{\hbar^2}\,\frac{\sin(ka)}{ka} =: f(ka) \tag{19.2-16}$$

mit $\quad k := \sqrt{2mE/\hbar^2}\quad$ und $\quad Ka = 2\pi\dfrac{n}{N}\quad n = 0,1,2,\dots N-1 \tag{19.2-10/8}$

Bei anderen periodischen Potentialen erhält man andere Gln.; die qualitativen Eigenschaften sind aber immer gleich (siehe Aufgabe „19–3 Periodisches Kastenpotential").

Da die linke Seite $\cos(Ka)$ nur zwischen −1 und +1 liegen kann, sind nur die Werte von k erlaubt, bei denen auch die rechte Seite der Gl. (19.2–16) zwischen −1 und +1 liegt. In Abb. 19.2–3 liegen die erlaubten k-Werte in den grau markierten Bereichen. Die Gl. (19.2–16) liefert die erlaubten Werte von k und damit über Gl. (19.2–10) die erlaubten Energiebereiche, die **Energiebänder** heißen.

Da N im Bereich von $6\cdot10^{23}$ liegt, hat $\cos(Ka) = \cos(2\pi n/N)$ (mit $0 \le n \le N-1$) zwischen −1 und +1 ungeheuer viele, benachbarte Werte, so dass Gl. (19.2–16) extrem dicht liegende k-Werte und Energien $E = \hbar^2 k^2/(2m)$ liefert. Demnach ist das *Energiespektrum innerhalb eines Bandes praktisch kontinuierlich.*

Die Energiebereiche, in denen der Betrag der rechten Seite der Gl. (19.2–16) größer als eins ist, sind verboten und heißen **Energielücken**. *Die Existenz von praktisch kontinuierlichen Energiebändern mit Energielücken dazwischen ist kennzeichnend für periodische Potentiale.*

---

[7] Für alle Werte von $ma\tilde{V}/\hbar^2$ fallen die Beträge der relativen Minima und Maxima von $f(ka)$ mit wachsendem ka; sie bleiben aber wegen $a\sin x + b\cos x = (a^2 + b^2)^{1/2}\sin(x + \varphi)$ immer größer als eins.

Beispiel 19.2–2 Zahl der Energieniveaus im Energieband

a) Wie viele Energieniveaus liegen in jedem Energieband?

b) Wo liegen die oberen Kanten der Energiebänder?

c) In Abb. 19.2–3 wird $f(ka)$ gezeichnet für $m\tilde{V}a/\hbar^2 = 8$. In welchem Energiebereich liegt das erste Energieband?

Lösung:

a) $K = 2\pi n/(Na)$ mit $n = 0,1,\dots N-1$ hat insgesamt N verschiedene Werte. Daher gilt

- für ungerade N: $\cos(Ka)$ hat $(N+1)/2 \approx N/2$ verschiedene Werte im Intervall $[-1,+1]$.

- für gerade N: $\cos(Ka)$ hat $(N+2)/2 \approx N/2$ verschiedene Werte im Intervall $[-1,+1]$.

(Für kleine, einstellige N können diese zwei Aussagen leicht bestätigt werden.) In jedem Energieband gehört zu jedem Wert von $\cos(Ka)$ ein Wert von k und daher eine Energie $E = \hbar^2 k^2/(2m)$. Daher *liegen in jedem Energieband* (ungefähr) $N/2$ *nahe benachbarte, diskrete Energiewerte. Bei Beachtung der zweifachen Entartung der Energien* (siehe den Beweis in Aufgabe 19-1b) *und bei Beachtung des Spins folgt:*

Jedes Energieband kann höchstens $2N$ Elektronen aufnehmen.

b) Wegen $\sin(j\pi) = 0$ und $\cos(j\pi) = \pm 1$ (für ganzzahlige j) liegen die oberen Kanten der erlaubten Bänder – in der Spektroskopie Bandenköpfe genannt – bei $ka = j\pi$ ($j = 1,2,3,\dots$). Folglich lauten die Energien der Bandenköpfe

$$E_j = \frac{\hbar^2 k_j^2}{2m} = \frac{\hbar^2 \pi^2}{2ma^2} j^2 \qquad\qquad (19.2\text{–}17)$$

c) Laut Abb. 19.2–3 liegt das erste (grau markierte) erlaubte Energieband etwa im Bereich

$$2{,}5 \le ka = \sqrt{2mE/\hbar^2}\, a \le \pi$$

$$\Rightarrow\quad \frac{6{,}25}{\pi^2}\frac{\hbar^2 \pi^2}{2ma^2} \le E \le \frac{\hbar^2 \pi^2}{2ma^2} \qquad \text{für das erste Energieband und für } \frac{m\tilde{V}a}{\hbar^2} = 8$$

Zusammenfassend stellen wir fest:

- Die Energiebänder folgen aus dem Bloch-Theorem, wonach sich die Wellenfunktionen in benachbarten Zellen um $\exp(\pm iKa)$ unterscheiden, und aus den beiden Anschlussbedingungen (19.2–13/14).

- Bei der Kristallisation weitet sich jedes einzelne, atomare Energieniveau zu einem Energieband auf. Umgekehrt rücken die dichten Energieniveaus eines Energiebandes zu einem einzelnen, atomaren Energieniveau zusammen, wenn der Kristall (in Gedanken) langsam auseinandergezogen wird und sich die N Atome voneinander entfernen; dabei wächst die Periode a des Potentials.

Das oberste, am absoluten Nullpunkt der Temperatur vollständig mit Elektronen besetzte Band heißt **Valenzband**. Das darüber liegende Energieband heißt **Leitungsband**. Das Leitungsband ist gar nicht oder höchstens teilweise mit Elektronen besetzt.

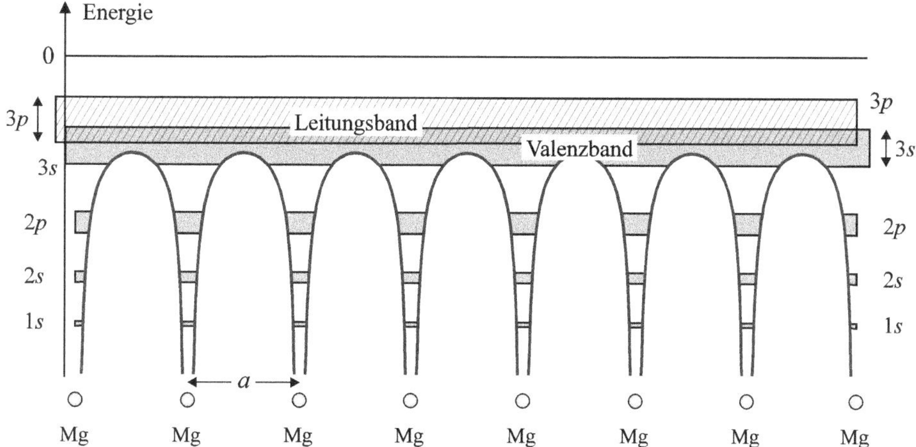

Abb. 19.2–4 Bänderstruktur von Magnesium. Die Coulombpotentiale der Atomkerne überlagern sich zu dem dargestellten periodischen Potential, das bereits in Abb. 19.2–1 für vier Atomkerne dargestellt wurde. Die Elektronenkonfiguration von **Magnesium** lautet $[\mathrm{Ne}](3s)^2$. Das $3s$-Valenzband ist daher vollständig gefüllt, überlappt aber mit dem $3p$-Leitungsband. Daher ist Mg ein guter elektrischer Leiter. Die Energien im Leitungsband liegen über dem Maximum der periodischen potentiellen Energie, so dass sich die Elektronen im Leitungsband frei im Kristall bewegen können – ohne Tunneleffekt.

Im Hinblick auf die elektrische Leitfähigkeit werden Kristalle in drei Klassen eingeteilt:

Isolatoren oder **Nichtleiter:** Am absoluten Nullpunkt der Temperatur ($T = 0\,\mathrm{K}$) ist das *Leitungsband unbesetzt* und wird durch eine relativ große, verbotene Lücke – **Bandlücke** genannt – vom darunter liegenden Valenzband getrennt. Bei Isolatoren ist die Bandlücke größer als $4\,\mathrm{eV}$. Wärme, Licht und elektrische Felder können die Valenzelektronen nicht über diese große Lücke heben. Innerhalb des Valenzbandes können sich die Elektronen wegen des Pauli-Verbotes nicht bewegen. Zu den Nichtleitern gehören die meisten Salze, viele Kohlenstoffverbindungen und viele Kunststoffe, Glas, Diamant ...

Halbleiter: Auch bei Halbleitern ist das *Leitungsband* am absoluten Nullpunkt der Temperatur *unbesetzt*. Allerdings *ist die Bandlücke relativ klein, so dass die Valenzelektronen durch Wärme* ($T > 0\,\mathrm{K}$) *und Licht ins Leitungsband gehoben werden können*. Die Breite der Bandlücke liegt etwa zwischen $0{,}1\,\mathrm{eV}$ und zirka $4\,\mathrm{eV}$. Im Silizium-Kristall beträgt die Bandlücke $1{,}1\,\mathrm{eV}$, im Germanium-Kristall $0{,}7\,\mathrm{eV}$. Die elektrische Leitfähigkeit hängt sehr stark von der Temperatur ab. Dicht über dem absoluten Nullpunkt ist das Leitungsband nahezu leer, so dass die Leitfähigkeit fast verschwindet. Mit steigender Temperatur steigt die thermische Energie $3kT/2$ und befördert immer mehr Elektronen über die Bandlücke ins Leitungsband; *die Leitfähigkeit steigt mit wachsender Temperatur*. Zu den Halbleitern gehören Bor, Silizium, Germanium, Arsen, Selen, Antimon, Tellur.

Metalle: Im Periodensystem sind alle Elemente, die links von den Halbleitern stehen, Metalle – mit Ausnahme des Wasserstoffs. Bezüglich der elektrischen Leitfähigkeit sind bei Metallen zwei Fälle zu unterscheiden:

1. Fall: *Das Leitungsband ist teilweise besetzt.* Beispiele lassen sich im Periodensystem schnell finden: Die ersten drei Alkalimetalle Li, Na und K haben folgende Elektronenkonfigurationen:

$$\mathrm{Li:[He]}(2s) \quad \mathrm{Na:[Ne]}(3s) \quad \mathrm{K:[Ar]}(4s)$$

Die äußeren Unterschalen der Alkalimetalle und damit auch die Leitungsbänder sind nur halb besetzt, so dass die Alkalimetalle gute elektrische Leiter sind.

2. Fall: *Das Valenzband und das Leitungsband überschneiden sich.* Das Erdalkalimetall Mg steht in der zweiten Gruppe des Periodensystems und hat die Elektronenkonfiguration $\mathrm{[Ne]}(3s)^2$. Das volle *3s-Valenzband* überlappt mit dem leeren 3p-Leitungsband; daher ist auch Mg ein guter elektrischer Leiter (siehe Abb. 19.2–4). Bei den meisten Metallen überlappen die äußersten Bänder.

In beiden Fällen entnehmen die Leitungselektronen einem äußeren, angelegten elektrischen Feld etwas Energie, welche die Elektronenenergie geringfügig auf ein unbesetztes Energieniveau anhebt; hier können sich die Elektronen bewegen und einen elektrischen Strom führen.

19.3 Leitgedanken

19.1 Klassische Frequenzaufspaltung

Bereits in der klassischen Mechanik wird die Eigenfrequenz harmonischer Oszillatoren durch die Kopplung mit anderen Oszillatoren aufgespalten.

19.2 Energiebänder in Kristallen

Isolierte Atome haben diskrete Energieniveaus. *Jedes dieser atomaren Energieniveaus spaltet in zahlreiche, dicht liegende Niveaus auf, wenn in einem Kristall unzählige Atome dicht zusammenrücken und daher elektrostatisch wechselwirken.* Der Abstand der einzelnen Energieniveaus ist um viele Größenordnungen kleiner als die thermische Energie $3kT/2$ der Leitungselektronen, die bei Zimmertemperatur etwa $0{,}04\,\mathrm{eV}$ beträgt. *Die Niveaus bilden daher (nahezu) kontinuierliche Energiebänder.*

Kristalle enthalten pauschal $N \approx 6{\cdot}10^{23}$ Atome, die in einem dreidimensionalen, *periodischen Gitter* angeordnet sind. Die Wechselwirkung eines Elektrons am Ort $\mathbf{r}$ mit allen anderen Elektronen und mit allen Kernen wird durch ein periodisches Potential $V(\mathbf{r})$ beschrieben. Aus Gründen der Einfachheit betrachten wir *lineare Ketten* mit der Periode a:

$$V(x+a) = V(x) \tag{19.2–1b}$$

Das genaue Aussehen des Potentials ist nicht entscheidend. Bereiche auf der x-Achse mit der Länge a heißen **Zellen**. Jede Zelle hat dieselbe Schrödinger-Gl. Die Zahl der Anschlussbedingungen an den Rändern der Zellen – Stetigkeit von $\psi(x)$ und (bei endlichen Potentialen) von $\psi'(x)$ – ist doppelt so groß wie die Zahl N der regelmäßig angeordneten Atome. Hier hilft das **Bloch-Theorem:**

Für alle periodischen Potentiale $V(x+a)=V(x)$ erfüllen die Lösungen $\psi(x)$ der zeitunabhängigen Schrödinger-Gl. die Beziehung

$$\psi(x+a)=e^{iKa}\,\psi(x) \qquad \text{mit} \qquad 0\leq K<2\pi/a \qquad (19.2\text{–}4)$$

Nach dem Bloch-Theorem unterscheiden sich die Zustandsfunktionen in benachbarten Zellen nur um $\exp(iKa)$ *bzw. um die konstante Phase* Ka. Daher müssen wir jetzt nur noch die Schrödinger-Gl. in einer einzigen Zelle lösen und anschließend *insgesamt* nur *zwei* Übergangsbedingungen an *einem* Rand dieser Zelle auswerten. Die Übergangsbedingungen an den unzähligen anderen Zellrändern sind dann automatisch erfüllt.

Mit dem Bloch-Theorem untersuchen wir eine eindimensionale Kette mit N periodisch angeordneten Atomen. Wir können die Periodizität exakt einhalten, indem wir die Kette zu einem Ring verbiegen, der auf seinem Umfang N Teilchen trägt. Nach einer Umrundung des Ringes soll sich die Wellenfunktion wiederholen:

$$e^{iKNa}\,\psi(x) = \psi(x+Na)\overset{!}{=}\psi(x) \qquad \Rightarrow \qquad KNa=2\pi n$$

$$\Rightarrow \qquad K=\frac{2\pi}{a}\,\frac{n}{N} \qquad \text{mit} \qquad n=0,1,2,....N-1 \qquad (19.2\text{–}8)$$

Eine lange Reihe von Deltafunktionen, der sog. **Dirac-Kamm** bildet das einfachste periodische Potential:

$$V(x)=\tilde{V}\sum_{j=-1}^{N-2}\delta(x-ja) \qquad \text{mit positivem, reellem } \tilde{V} \quad [\,\mathrm{Jm}\,] \qquad (19.2\text{–}9)$$

In der ersten Zelle $-a<x<0$ links neben dem Koordinatenursprung hat die Schrödinger-Gl.

$$-\frac{\hbar^2}{2m}\,\psi_1''(x)=E\,\psi_1(x) \qquad \text{für } -a<x<0 \qquad \text{und für } E>0$$

die allgemeine Lösung

$$\psi_1(x) = A_1\sin(kx)+B_1\cos(kx) \qquad \text{für } -a<x<0 \qquad (19.2\text{–}11\mathrm{a})$$

$$\text{mit} \qquad k:=\sqrt{2mE/\hbar^2} \qquad (19.2\text{–}10)$$

Nach dem *Bloch-Theorem* lautet die Lösung für die zweite Zelle

$$\psi_2(x)=e^{iKa}\left[A_1\sin\big\{k(x-a)\big\}+B_1\cos\big\{k(x-a)\big\}\right] \qquad \text{für } 0<x<a \qquad (19.2\text{–}11\mathrm{b}\text{‘})$$

Die Gln. (19.2–11a/b‘) beschreiben die Wellenfunktion in den zwei Zellen, die links und rechts vom Koordinatenursprung liegen. Die Lösung in der Zelle rechts vom Koordinatenursprung wurde mit dem Bloch-Theorem aus der Lösung in der Zelle links vom Koordinatenursprung abgeleitet. Die beiden Wellenfunktionen links und rechts vom Koordinatenursprung sind bis auf die Phasenverschiebung Ka identisch, erfüllen aber noch nicht die zwei Anschlussbedingungen bei $x=0$.

Die geforderte Stetigkeit bei $x=0$ ist die **erste Anschlussbedingung**:

$$e^{iKa}\left[-A_1\sin(ka)+B_1\cos(ka)\right]=B_1 \qquad (19.2\text{–}12)$$

Die **zweite Anschlussbedingung** ergibt sich durch Integration der Schrödinger-Gl. über x von $-\varepsilon$ bis $+\varepsilon$ und anschließenden Grenzübergang $\varepsilon \to 0$:

$$\mathrm{e}^{iKa} k \left[A_1 \cos(ka) + B_1 \sin(ka) \right] - A_1 k = \frac{2m}{\hbar^2} \tilde{V} B_1 \tag{19.2-14}$$

Die beiden Anschlussbedingungen bilden ein lineares, homogenes Gleichungssystem zur Bestimmung von A_1, B_1. Es hat laut Linearer Algebra genau dann nicht-triviale Lösungen $A_1, B_1 \neq 0$, wenn die Koeffizienten-Determinante null ist. Daraus folgt:

$$\cos(Ka) = \cos(ka) + \frac{ma\tilde{V}}{\hbar^2} \frac{\sin(ka)}{ka} =: f(ka) \tag{19.2-16}$$

$$\text{mit} \quad K = \frac{2\pi n}{Na} \qquad n = 0,1,2,\dots N-1 \tag{19.2-8}$$

Bei anderen periodischen Potentialen erhält man andere, aber qualitativ ähnliche Gln. Das periodische Kastenpotential in Aufgabe 19–3 bestätigt diese überraschende Aussage.

Infolge der Gl. (19.2 8) hat $\cos(Ka)$ in jedem Energieband etwa $N/2$ verschiedene Werte zwischen -1 und $+1$. k kann nur solche Werte haben, bei denen auch die rechte Seite der Gl. (19.2–16) zwischen -1 und $+1$ liegt. Die entsprechenden Energien bilden die **Energiebänder**. Jedes Energieband enthält $N/2$ diskrete Energieniveaus,

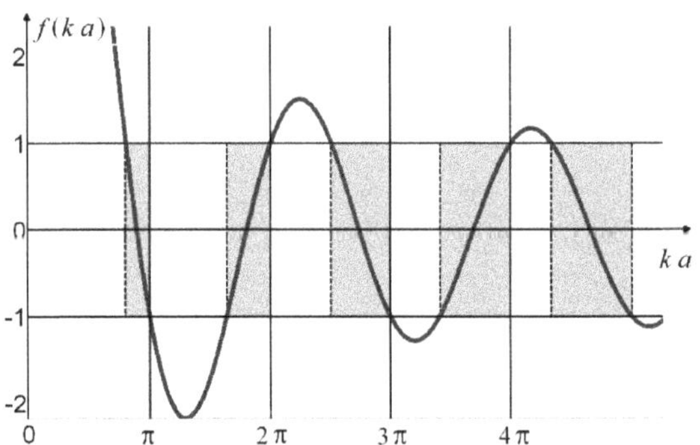

Abb. 19.2–3 Hier wird die in Gl. (19.2–16) definierte Funktion $f(ka)$ gezeichnet. Nur die Werte ka sind erlaubt, bei denen die Kurve $f(ka)$ zwischen -1 und +1 liegt.

die nach Aufgabe 19–1b jeweils *zweifach entartet* sind. Bei Beachtung dieser zweifachen Energieentartung und des Spins folgt:

Jedes Energieband kann höchstens $2N$ Elektronen aufnehmen.

In Abb. 19.2–3 liegen die erlaubten k-Werte in den grau markierten Bereichen. Die oberen Kanten der erlaubten Bänder liegen genau bei $k = n\pi/a$.

Die Energiebereiche, in denen der Betrag der rechten Seite der Gl. (19.2–16) größer als Eins ist, sind *verboten* und werden **Energielücken** oder **Bandlücken** genannt. Für Energien aus den Energielücken gibt es keine Lösungen der Schrödinger-Gl., die das Bloch-Theorem und die Anschlussbedingungen erfüllen. Mit zunehmenden k-Werten und daher mit zunehmender Energie werden die Energielücken immer schmaler und die Energiebänder breiter.

Das energetisch *höchste Energieband, das am absoluten Nullpunkt der Temperatur vollständig mit Elektronen besetzt ist*, heißt **Valenzband**. Darüber liegt das **Leitungsband**, *das am absoluten Nullpunkt der Temperatur nicht oder höchstens teilweise mit Elektronen besetzt ist*. Im Hinblick auf die elektrische Leitfähigkeit werden Kristalle in drei Klassen eingeteilt:

Isolatoren oder **Nichtleiter:** *Isolatoren haben* am absoluten Nullpunkt der Temperatur $(T = 0\,\mathrm{K})$ *ein leeres Leitungsband. Es wird durch eine relativ große Bandlücke vom Valenzband getrennt.* Wärme, Licht und elektrische Felder können die Valenzelektronen nicht über diese große Lücke ins Leitungsband heben.

Halbleiter: *Auch hier ist das Leitungsband am absoluten Nullpunkt der Temperatur leer.* Allerdings *ist die Bandlücke zum Valenzband relativ klein, so dass die Valenzelektronen durch Wärme* $(T > 0\,\mathrm{K})$ *und Licht ins Leitungsband gehoben werden können.* Mit steigender Temperatur steigt die thermische Energie $3\,k\,T/2$ und immer mehr Elektronen springen über die Bandlücke und gelangen ins Leitungsband; *die Leitfähigkeit steigt mit wachsender Temperatur.*

Metalle: Bei Metallen sind zwei Fälle zu unterscheiden:

* *Das Leitungsband ist teilweise besetzt.* Beispiele sind die Alkalimetalle Li, Na, K, Rb, Cs, Fr.

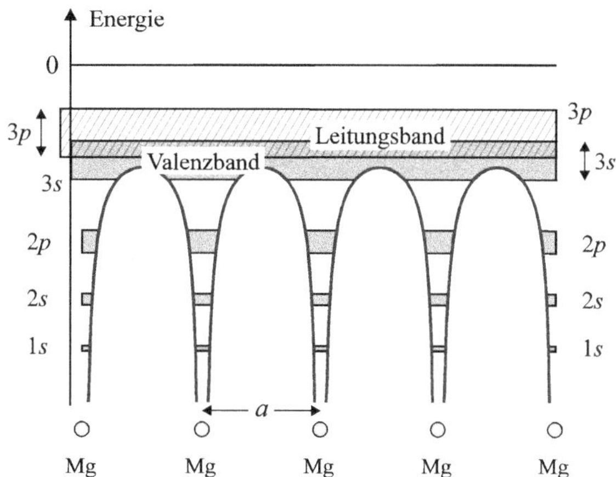

Abb. 19.2–4 Bänderstruktur von Magnesium. Die Elektronenkonfiguration von Magnesium lautet $[\,\mathrm{Ne}\,](3s)^2$. Das vollständig gefüllte 3s-Valenzband überlappt mit dem 3p-Leitungsband. Daher ist Mg ein guter elektrischer Leiter.

* *Das Leitungsband ist leer, überschneidet sich aber mit dem Valenzband.* Das Erdalkalimetall Mg hat die Elektronenkonfiguration $[\,\mathrm{Ne}\,](3s)^2$. Das gefüllte 3s-Valenzband überlappt aber mit dem leeren 3p-Leitungsband; daher ist auch Mg ein guter elektrischer Leiter. Bei den meisten Metallen überlappen die äußersten Bänder.

19.4 Aufgaben

19–1 Mittel Äquivalenz der zwei Formulierungen des Bloch-Theorems

a) Beweise die Äquivalenz der beiden Formulierungen des Bloch-Theorems in den Gln. (19.2–2/2').

b) Beweise mit der Gl. $\psi_K(x+a) = \mathrm{e}^{\,i\,K\,a}\,\psi_K(x)$, dass die Wellenfunktionen $\psi_K(x)$ für verschiedene K orthogonal zueinander sind. (Zur Verdeutlichung wurde der Index K an die Wellenfunktion gesetzt.) Daraus folgt für lineare Ketten mit N Atomen im periodischen Potential (bei Nichtbeachtung des Elektronenspins):

Jedes Energieband hat N orthogonale Wellenfunktionen $\psi_K(x)$. Nach Beispiel 19.2–2 hat jedes Energieband $N/2$ Energieniveaus. Daher *ist jedes Energieniveau in einem Energieband zweifach entartet.*

19-2 Mittel Dirac-Kamm mit negativen Kammspitzen

Untersuche den Dirac-Kamm mit den *negativen* Kammspitzen

$$V(x)=\tilde{V}\sum_{j=-1}^{N-2}\delta(x-ja)\qquad\text{mit }\textit{negativem},\text{ reellem }\tilde{V}<0\qquad(19.2\text{-}9')$$

und stelle eine Gl. auf, die die Bänderstruktur der Energieniveaus erklärt und mit Gl. (19.2–16) vergleichbar ist.

Hinweis: Untersuche die beiden Fälle $E>0$ und $E<0$. Verwende die Rechnung in Abschn. 19.2 als Vorlage.

19-3 Mittel Periodisches Kastenpotential Abb. 19.4–1

Das bekannte **Kronig-Penney-Modell** hat ein periodisches Kastenpotential

$$V(x) = \begin{cases} V_0 & \text{für}\quad nl-b < x \le nl \\ 0 & \text{sonst} \end{cases}\qquad\text{mit}\quad l = a+b$$

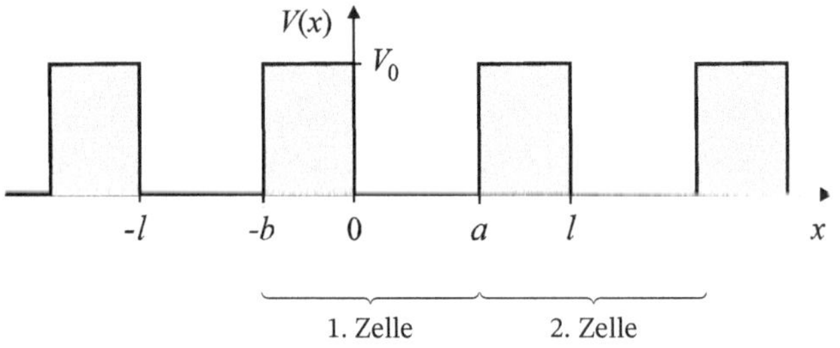

Abb. 19.4–1 Periodisches Kastenpotential

Berechne die Energiebänder.

Hinweise: **1)** Die Struktur des Endergebnisses ist vergleichbar mit der Struktur der Gl. (19.2–16).
2) Sehr oft wird das Modell mit dem Dirac-Kamm in Gl. (19.2–9) „Kronig-Penney-Modell" genannt.

20 Zeitabhängige Störungstheorie

Dieses Kapitel ist schwieriger. Wichtig sind in erster Linie Absorption und induzierte Emission von Photonen sowie die Auswahlregeln elektromagnetischer Dipolübergänge.

20.1 *Allgemeine Störungsentwicklung*: Der Hamiltonoperator $\hat{H}(t) = \hat{H}^{(0)} + \lambda\,\hat{H}^{(1)}(t)$ besteht aus einem dominanten, zeitunabhängigen Teil $\hat{H}^{(0)}$, dessen lösbare Schrödinger-Gl. $\hat{H}^{(0)}\,|n\rangle = E_n\,|n\rangle$ diskrete, nicht entartete Energien E_n enthält, und aus einer kleinen, zeitabhängigen Störung $\lambda\,H^{(1)}(t)$. Wir setzen den allgemeinen Überlagerungszustand

$$|\psi(t)\rangle = \sum_n c_n(t)\,e^{-i\,E_n\,t/\hbar}\,|n\rangle$$

und den Potenzreihenansatz

$$c_n(t) = c_n^{(0)}(t) + \lambda\,c_n^{(1)}(t) + \lambda^2\,c_n^{(2)}(t) + \dots.$$

in die zeitabhängige Schrödinger-Gl. ein und erhalten eine Rekursionsgl. für $c_n^{(k)}(t)$, die Schritt für Schritt gelöst werden kann. Wir berechnen die Übergangswahrscheinlichkeit $P_{a\to b}(t,\omega)$, also die Wahrscheinlichkeit, dass ein Teilchen, das zur Zeit $t=0$ im ungestörten Zustand $|a\rangle$ ist, zur späteren Zeit $t>0$ im ungestörten Zustand $|b\rangle$ gefunden wird.

20.2 *Absorption und induzierte Emission*: Bei der Einstrahlung von Licht hat die Übergangswahrscheinlichkeit $P_{a\to b}(t,\omega)$ ihr Maximum bei der Strahlungsfrequenz $\omega = \omega_b - \omega_a$ und wird mit zunehmender Bestrahlungszeit immer schmaler im Frequenzbereich. Daher lässt sich die Energiedifferenz $E_b - E_a$ von Ausgangs- und Endzustand des bestrahlten Atoms mit zunehmender Messzeit immer genauer messen.

20.3 *Auswahlregeln für elektrische Dipolübergänge*: Für die (im optischen Bereich dominanten) elektrischen Dipolübergänge gelten folgende Auswahlregeln:

$$\Delta l = \pm 1 \qquad \Delta m_j = 0, \pm 1$$

20.4 *Spontane Emission und Einsteinkoeffizienten*: Im thermodynamischen Gleichgewicht absorbieren und emittieren Atome, die einer elektromagnetischen Strahlung ausgesetzt sind, pro Zeiteinheit gleich viele Photonen. Mit der Gleichheit von Absorptions- und Emissionsrate und mit dem Planckschen Strahlungsgesetz werden zwei wichtige Beziehungen zwischen den drei Einsteinkoeffizienten abgeleitet. Damit lässt sich auch die spontane Emission im Rahmen der Quantenmechanik behandeln, obwohl die spontane Emission eine durch Vakuumfluktuationen des elektromagnetischen Feldes induzierte Emission ist und daher eigentlich erst durch die Quantenelektrodynamik erklärt wird.

20.5 *Plötzliche Parameteränderung* *: Systeme mit analytisch lösbaren Schrödinger-Gln. und mit diskreten, nicht entarteten Energien werden einer plötzlichen Parameteränderung unterworfen. Wir berechnen die Wahrscheinlichkeit, das System nach der Parameteränderung in einem Eigenzustand des neuen Hamiltonoperators zu finden.

Quantenmechanik: Lehr- und Arbeitsbuch, 2. Auflage. Friedhelm Kuypers.
© 2026 Wiley-VCH GmbH. Published 2026 by Wiley-VCH GmbH.

20.1 Allgemeine Störungsentwicklung

Bisher wurden nur Systeme mit zeit*un*abhängigen Potentialen $V(\mathbf{r})$ und daher mit zeit*un*abhängigen Hamiltonoperatoren untersucht. Daher konnte die zeitabhängige Schrödinger-Gl. *immer* mit dem **Produktansatz**

$$\psi(\mathbf{r},t) = e^{-iEt/\hbar}\,\psi(\mathbf{r}) \tag{3.2-2/6}$$

in die zeitunabhängige Schrödinger-Gl. überführt werden (siehe Abschn. 3.2).

Ein Produktansatz für die Trennung von Ort und Zeit ist bei zeitabhängigen Potentialen $V(\mathbf{r},t)$ nicht möglich. Nur in sehr seltenen Fällen kann die Schrödinger-Gl. mit zeitabhängigem Potential analytisch gelöst werden. Lösungen sind vor allem in niedrig dimensionalen Hilberträumen möglich (siehe die Aufgaben 12–13, „12–14 Spinresonanz und MRT" und 20–3). Daher sind bei zeitabhängigen Hamiltonoperatoren in der Regel Störungsrechnungen erforderlich.

Es gibt in der Quantentheorie zwei verschiedene Störungstheorien:

- In Kap. 14 werden zeit*un*abhängige Störungen untersucht. Sie verursachen Verschiebungen der (zeitlich konstanten) Energien und Änderungen der Zustandsfunktionen.

- *Bei zeitabhängigen Störungen*, die meist durch äußere Felder verursacht werden, existieren keine stationären Zustände und die Energien sind zeitlich nicht konstant. Daher werden keine Energiekorrekturen und keine zeitlich veränderlichen Zustände ermittelt. Vielmehr werden die *Wahrscheinlichkeiten für Übergänge zwischen den zeitunabhängigen Eigenfunktionen des ungestörten Hamiltonoperators $\hat{H}^{(0)}$ berechnet. Die wichtigste Aufgabe der zeitabhängigen Störungstheorie ist die Berechnung der Übergangswahrscheinlichkeiten bei Absorption und Emission elektromagnetischer Strahlung.*

Im Folgenden müssen zwei Voraussetzungen gelten:

- Der Hamiltonoperator

$$\hat{H}(t) = \hat{H}^{(0)} + \lambda\,\hat{H}^{(1)}(t) \tag{20.1-1}$$

besteht aus einem dominanten, zeit*un*abhängigen Anteil $\hat{H}^{(0)}$ und einem *kleinen*, zeitabhängigen Störterm $\lambda\,\hat{H}^{(1)}(t)$. Der Parameter λ, der am Ende der Rechnung gleich eins gesetzt wird, hat keine physikalische Bedeutung, ermöglicht aber in Gl. (20.1–10) einen Potenzreihen-Ansatz in λ.

- Die ungestörte, zeit*un*abhängige Schrödinger-Gl.

$$\hat{H}^{(0)}\psi_n(\mathbf{r}) = E_n\,\psi_n(\mathbf{r}) \qquad \text{bzw.} \qquad \hat{H}^{(0)}\,|n\rangle = E_n\,|n\rangle \tag{20.1-2}$$

ist *analytisch exakt lösbar*. Der Einfachheit wegen sollen die Energien E_n diskret und nicht entartet sein. Die orthonormierten, zeitunabhängigen Eigenfunktionen von $\hat{H}^{(0)}$ heißen **ungestörte Eigenfunktionen** $\psi_n(\mathbf{r}) \stackrel{\wedge}{=} |n\rangle$.

Wegen der Hermitizität von $\hat{H}^{(0)}$ spannen die Eigenfunktionen $\psi_n(\mathbf{r})$ den ganzen Hilbertraum auf. *Ohne* zeitabhängige Störung ($\lambda = 0$) ist jede normierbare Wellenfunktion eine Überlagerung der ungestörten Eigenfunktionen:

$$\psi(\mathbf{r},t) = \sum_n c_n \, e^{-i E_n t/\hbar} \, \psi_n(\mathbf{r}) \qquad \text{für} \quad \lambda = 0 \qquad\qquad (20.1\text{-}3)$$

mit zeit*un*abhängigen Koeffizienten c_n. Auch *mit* zeitabhängiger Störung können die Wellenfunktionen zu jedem Zeitpunkt als Überlagerung geschrieben werden; allerdings sind die Koeffizienten c_ns zu jedem Zeitpunkt anders. Für zeitabhängige Störungen lassen sich die Wellenfunktionen daher in der Form

$$\psi(\mathbf{r},t) = \sum_n c_n(t) \, e^{-i E_n t/\hbar} \, \psi_n(\mathbf{r}) \qquad \text{für beliebige } \lambda \qquad\qquad (20.1\text{-}4)$$

bzw. $\quad |\psi(t)\rangle = \sum_n c_n(t) \, e^{-i E_n t/\hbar} \, |n\rangle \qquad \text{für beliebige } \lambda \qquad\qquad (20.1\text{-}5)$

schreiben mit *zeitabhängigen Koeffizienten* $c_n(t)$. Die Exponentialfunktionen in Gl. (20.1‑5) beschreiben nur die durch $\hat{H}^{(0)}$ verursachte Zeitentwicklung.

Anders als in der zeitunabhängigen Störungstheorie (siehe Kap. 14) ist es hier nicht sinnvoll, die sich ständig ändernden Eigenwerte (Energien) von $\hat{H}(t)$ zu bestimmen. Stattdessen lautet die Frage: Wenn das System zur Zeit $t = 0$ im *ungestörten Anfangszustand* $|a\rangle$ ist, wie groß ist dann die Wahrscheinlichkeit, das System zu einer späteren Zeit im ungestörten Endzustand $|\,b>$ zu **finden**? Kurzum: Wir suchen die Wahrscheinlichkeit, dass die Störung einen **Übergang von $|\,a>$ nach $|\,b>$** verursacht.[1]

Zur Beantwortung der Frage wird die Gl. (20.1‑5) in die Schrödinger-Gl. eingesetzt:

$$i\hbar \frac{\partial}{\partial t} |\psi(t)\rangle = \left[\, \hat{H}^{(0)} + \lambda\, \hat{H}^{(1)}(t) \,\right] |\psi(t)\rangle \qquad\qquad (20.1\text{-}6)$$

$$\Rightarrow \qquad i\hbar \sum_n \frac{dc_n(t)}{dt} \, e^{-i E_n t/\hbar} |n\rangle = \sum_n c_n(t)\, e^{-i E_n t/\hbar}\, \lambda\, \hat{H}^{(1)}(t)|n\rangle$$

Wir multiplizieren die Gl. mit dem ungestörten Bra $\langle b\,|$. Mit den Gln. $\langle b\,|\,n\rangle = \delta_{bn}$, mit den *Frequenzdifferenzen der ungestörten Zustände*

$$\omega_{bn} := \frac{E_b - E_n}{\hbar} \qquad\qquad (20.1\text{-}7)$$

und mit den Matrixelementen des Störoperators – gebildet mit den ungestörten, zeit*un*abhängigen Eigenfunktionen von $\hat{H}^{(0)}$

$$h_{bn}^{(1)}(t) := \langle b\,|\,\hat{H}^{(1)}(t)|n\rangle \qquad\qquad (20.1\text{-}8)$$

folgen die **exakten Dgln.**

$$i\hbar \frac{dc_b(t)}{dt} = \lambda \sum_n e^{i\omega_{bn} t}\, h_{bn}^{(1)}(t)\, c_n(t) \qquad \text{für alle } b \qquad\qquad (20.1\text{-}9)$$

für die Koeffizienten $c_n(t)$.

---

[1] Im Folgenden lautet der Anfangszustand immer $\psi_a(\mathbf{r}) = |a\rangle$ und der **Endzustand** lautet immer $\psi_b(\mathbf{r}) = |b\rangle$. Wir betrachten also stets Übergänge von $|a\rangle$ nach $|b\rangle$. Die Energien E_a, E_b, E_n und die Zustände $|a\rangle, |b\rangle, |n\rangle$ sind immer Eigenwerte und Eigenzustände des ungestörten Hamiltonoperators $\hat{H}^{(0)}$.

Die **exakten** Gln. (20.1–9) bilden ein – oft unendlich großes – System gekoppelter linearer Dgln. erster Ordnung in t und sind wegen der zeitabhängigen Koeffizienten $h_{bn}^{(1)}(t)$ nur in wenigen Fällen exakt lösbar. Die Kopplung zwischen den Koeffizienten $c_n(t)$ wird durch den Störoperator $\hat{H}^{(1)}(t)$ erzeugt. Bisher wurde noch keine Näherung durchgeführt.

Die Koeffizienten $c_n(t)$ hängen von der Stärke der Störung und damit von λ ab. Wir nehmen an, dass sie sich als **Potenzreihen** des Parameters λ darstellen lassen (vergleichbar mit den Potenzreihen (14.2–3a/b)):

$$c_n(t) = c_n^{(0)}(t) + \lambda\, c_n^{(1)}(t) + \lambda^2\, c_n^{(2)}(t) + \dots \qquad (20.1\text{–}10)$$

Wir setzen (20.1–10) in die exakten Dgln. (20.1–9) ein. *Die so aufgestellten Gln. gelten genau dann für alle Parameter λ, wenn die Koeffizienten jeder Potenz von λ einzeln verschwinden:*

$$\lambda^0:\quad i\,\hbar\,\frac{dc_b^{(0)}(t)}{dt} = 0 \quad\Rightarrow\quad c_b^{(0)}(t) = c_b^{(0)}(0) \qquad\text{für alle } b \qquad (20.1\text{–}11a)$$

In nullter Näherung greift der Störoperator $\hat{H}^{(1)}(t)$ noch nicht ein; die Zeitentwicklung wird nur durch die Exponentialfunktionen in den Gln. (20.1–4/5) beschrieben; die Koeffizienten c_n sind konstant.

$$\lambda^1:\quad i\,h\,\frac{dc_h^{(1)}(t)}{dt} = \sum_n e^{i\,\omega_{bn}t}\, h_{bn}^{(1)}(t)\, c_n^{(0)}(t) \qquad (20.1\ 11b)$$

$$\lambda^2:\quad i\,\hbar\,\frac{dc_b^{(2)}(t)}{dt} = \sum_n e^{i\,\omega_{bn}t}\, h_{bn}^{(1)}(t)\, c_n^{(1)}(t) \qquad (20.1\text{–}11c)$$

usw. Zusammenfassend erhalten wir folgende zwei Gln.:

$$c_b^{(0)}(t) = c_b^{(0)}(0) \qquad\qquad\text{für } \forall b \qquad (20.1\text{–}12a)$$

und für $k \geq 1$ die **Rekursionsgl.**

$$i\,\hbar\,\frac{dc_b^{(k)}(t)}{dt} = \sum_n e^{i\,\omega_{bn}t}\, h_{bn}^{(1)}(t)\, c_n^{(k-1)}(t) \qquad\text{für } \forall b \text{ s und } k \geq 1 \qquad (20.1\text{–}12b)$$

Die Summation über n macht die Rekursionsgln. sehr umfangreich und verhindert oft ihre exakte Lösbarkeit. Für die weiteren Rechnungen wählen wir die **Anfangsbedingung**, die bereits auf der vorangehenden Seite angekündigt wurde; sie lässt die Summation in Gl. (20.1–12b) in erster Näherung (siehe die Gln. (20.1–15a/b)) zusammenbrechen. Zur Zeit $t = 0$ soll sich das Quantenobjekt im *ungestörten* Eigenzustand $|a\rangle$ befinden:

$$c_n(0) \underset{\underset{\text{Gl. (20.1–10)}}{\uparrow}}{=} c_n^{(0)}(0) + \lambda\, c_n^{(1)}(0) + \lambda^2\, c_n^{(2)}(0) + \dots \overset{!}{=} \delta_{na} \quad\text{für } n = 1,2,\dots\ \forall \lambda \quad (20.1\text{–}13a)$$

In der Praxis lässt sich diese Anfangsbedingung wohl am ehesten realisieren, indem man die Störung erst zur Zeit $t = 0$ einschaltet. Beim Einschalten ändert sich der Hamiltonoperator möglicherweise unstetig; er bleibt aber *endlich*, so dass die Wellenfunktion beim Einschalten stetig ist.

Aufgrund der zur Zeit $t = 0$ vorgegebenen Anfangsbedingung kann die Störung natürlich auch früher zu einer Zeit $t < 0$ eingeschaltet werden.

Die Anfangsbedingung ist erfüllt, wenn sie voll auf die nullte Näherung übertragen wird:

$$c_n^{(0)}(0) = \delta_{na} \qquad\qquad c_n^{(k)}(0) = 0 \quad \text{für} \quad k > 0 \tag{20.1-13b}$$

Die Anfangsbedingungen gehen in die nullte Näherung ein.[2] Die Gln. (20.1–12a/b) liefern die nullte und die erste Näherung (höhere Näherungen betrachten wir nicht):

$$c_b^{(0)}(t) = c_b^{(0)}(0) = \delta_{ba} \qquad\qquad\qquad \text{für alle } b \tag{20.1-14}$$

$$i\hbar \frac{dc_b^{(1)}(t)}{dt} = \sum_n e^{i\omega_{bn}t}\, h_{bn}^{(1)}(t)\, c_n^{(0)}(t) \quad \underset{\underset{\text{Gl. (20.1–14)}}{\uparrow}}{=}$$

$$= e^{i\omega_{ba}t}\, h_{ba}^{(1)}(t) \qquad\qquad\qquad \text{für alle } b$$

Insgesamt folgen in nullter und in erster Näherung die Lösungen der Dgln. (20.1–12)[3]:

$$c_b^{(0)}(t) = c_b^{(0)}(0) = \delta_{ba} \tag{20.1-15a}$$

$$c_b^{(1)}(t) = \frac{1}{i\hbar} \int_0^t dt'\, e^{i\omega_{ba}t'}\, h_{ba}^{(1)}(t') \tag{20.1-15b}$$

$$\text{mit} \qquad \omega_{ba} := \frac{E_b - E_a}{\hbar} \qquad\qquad h_{ba}^{(1)}(t) := \langle b\,|\,\hat{H}^{(1)}(t)\,|\,a \rangle$$

Die Gln. gelten für alle Endzustände $|b\rangle$ und für die Anfangsbedingungen $c_n(0) = \delta_{na}$.

Wie versprochen tritt die Summation über n nicht mehr auf. Die Ungl. $|c_b^{(1)}(t)| \ll 1$ ist eine notwendige Bedingung für die Zuverlässigkeit der ersten Näherung.

In aller Regel arbeitet man nur in erster Näherung, da die zweite Näherung Summationen über n enthält und daher viel mühsamer zu berechnen ist:

$$c_b^{(2)}(t) = \frac{1}{i\hbar} \sum_n \int_0^t dt'\, e^{i\omega_{bn}t'}\, h_{bn}^{(1)}(t')\, c_n^{(1)}(t') \quad \underset{\underset{\text{Gl. (20.1–15b)}}{\uparrow}}{=} \tag{20.1-15c}$$

$$= -\frac{1}{\hbar^2} \sum_n \int_0^t dt'\, e^{i\omega_{bn}t'}\, h_{bn}^{(1)}(t') \int_0^{t'} dt''\, e^{i\omega_{na}t''}\, h_{na}^{(1)}(t'')$$

---

[2] Alternativ lassen sich die Gln. (20.1–13b) wie folgt beweisen: Da die Gln. (20.1–13a) für alle Werte von λ gelten, muss jeder Koeffizient in der Entwicklung (20.1–13a) die Gln. (20.1–13b) erfüllen.

[3] *In 1. Näherung* lauten die zeitabhängigen Koeffizienten $c_n(t)$ für die Anfangsbedingungen $c_n(0) = \delta_{na}$:

$$c_n(t) \approx c_n^{(0)}(t) + c_n^{(1)}(t) = \delta_{na} + \frac{1}{i\hbar} \int_0^t dt'\, e^{i\omega_{na}t'}\, h_{na}^{(1)}(t') \tag{20.1-14}$$

Die zeitabhängige Lösung der Schrödinger-Gl. lautet für $|\psi(0)\rangle = |a\rangle$ in erster Näherung ($\lambda = 1$)

$$|\psi(t)\rangle \underset{\underset{\text{Gl. (20.1–5)}}{\uparrow}}{=} \sum_n c_n(t)\, e^{-i\omega_n t}\, |n\rangle \approx$$

$$\approx \underbrace{c_a^{(0)}(t)}_{=\,1}\, e^{-i\omega_a t}\, |a\rangle + \sum_n c_n^{(1)}(t)\, e^{-i\omega_n t}\, |n\rangle$$

Die zweite Näherung ist in der Regel nur dann wichtig, wenn in Gl. (20.1–15b) das Matrixelement $h_{ba}^{(1)}(t')$ zwischen Anfangs- und Endzustand verschwindet.

Jetzt endlich können wir mit Gl. (8.1–3) die Wahrscheinlichkeit für einen induzierten Übergang vom stationären Anfangszustand $|a\rangle$ in einen (verschiedenen) stationären Endzustand $|b\rangle$ berechnen. Für ein Teilchen im allgemeinen Überlagerungszustand $|\psi(t)\rangle$ (siehe Gl. (20.1–5)) ist

$$|\langle b|\psi(t)\rangle|^2 = |c_b(t)|^2 \tag{20.1–16}$$

die Wahrscheinlichkeit, das Teilchen bei einer Energiemessung zur Zeit t im ungestörten Eigenzustand $|b\rangle$ vorzufinden. Diese Wahrscheinlichkeit ist für den Anfangszustand $|\psi(0)\rangle = |a\rangle$ in erster Näherung

$$P_{a\to b}(t) = |c_b(t)|^2 = |c_b^{(0)}(t) + \lambda\, c_b^{(1)}(t) + \lambda^2\, c_b^{(2)}(t) + \dots|^2 \underset{\substack{\uparrow\\ \lambda=1}}{\approx}$$

$$\underset{\substack{\uparrow\\ \text{weil } |a\rangle \neq |b\rangle}}{\approx} |c_b^{(1)}(t)|^2 \tag{20.1–17}$$

Wegen $|\psi(0)\rangle = |a\rangle \neq |b\rangle$ heißt $P_{a\to b}$ **Übergangswahrscheinlichkeit** von $|a\rangle$ nach $|b\rangle$. Die Übergänge $a\to b$ beschreiben im folgenden Abschn. 20.2 die Absorption und die induzierte Emission elektromagnetischer Strahlung durch Atome.

Beispiel 20.1–1 Störterm mit glockenförmiger Zeitabhängigkeit

Ein eindimensionaler harmonischer Oszillator mit einem geladenen Teilchen befindet sich im Grundzustand $|0\rangle$ smit der Energie $E_0 = \hbar\omega/2$. Zur Zeit $t = 0$ wird ein homogenes, zeitabhängiges elektrisches Feld parallel zur x-Achse eingeschaltet. Das Feld ist zur Zeit $t = 0$ nahezu null und wächst anfangs, bis es zur Zeit T sein Maximum erreicht. Dann fällt es wieder auf null:

$$\hat{H}^{(1)}(t) = e_0\, x\, \mathcal{E} \exp\left[-\frac{(t-T)^2}{\tau^2}\right] \quad \text{mit} \quad T \gg \tau \quad \text{und} \quad t \geq 0 \tag{20.1–18}$$

$\hat{H}^{(1)}(t)$ ist eine Gaußsche Glockenkurve mit dem Maximum $e_0\, x\, \mathcal{E}$ zur Zeit $t = T$.

Wie groß ist in erster Näherung die Wahrscheinlichkeit $P_{0\to b}(t)$, den harmonischen Oszillator bei einer Energiemessung zur Zeit $t > 2\,T$ im Zustand $|b\rangle$ zu finden? ($b = 1, 2, \dots$)
Hinweis: Am Anfang und am Ende, also für $t = 0$ und $t > 2\,T$ ist der Störoperator nahezu null.

Lösung:

Nach Gl. (20.1–15b) gilt

$$c_b^{(1)}(t) = \frac{e_0\,\mathcal{E}}{i\,\hbar}\, \langle b|x|0\rangle \cdot \int_0^t dt'\, \exp\left[i\,\omega\left(b + \frac{1}{2} - \frac{1}{2}\right)t' - \frac{(t'-T)^2}{\tau^2}\right] \tag{20.1–19}$$

$\langle b|x|0\rangle$ lässt sich mit den Leiteroperatoren des harmonischen Oszillators schnell berechnen:

$$\langle b|x|0\rangle = \langle b|\hat{X}|0\rangle \underset{\substack{\uparrow\\ \text{Gl. (6.2–5a)}}}{=} \sqrt{\frac{\hbar}{2m\,\omega}}\, \langle b|\hat{a}_+ + \hat{a}_-|0\rangle = \sqrt{\frac{\hbar}{2m\,\omega}}\, \delta_{b1} \tag{20.1–20}$$

Wegen δ_{b1} wird nur der erste angeregte Zustand $|b\rangle = |1\rangle$ besetzt.

Hinweis: Wegen $\hat{X} \sim \hat{a}_+ + \hat{a}_-$ erhalten wir für beliebige ungestörte Anfangszustände $\mid a \rangle$ eine allgemeine *Auswahlregel*: Homogene elektrische Felder liefern beim harmonischen Oszillator nur Übergänge zwischen benachbarten Zuständen, d. h. $\Delta n = \pm 1$ (siehe Aufgabe 20-4).

Das Zeitintegral in Gl. (20.1–19) lässt sich mit dem Residuensatz berechnen. Man erhält

$$P_{0 \to b}(t) \approx \mid c_b^{(1)}(t) \mid^2 \approx \frac{\pi e_0^2 \, \mathcal{E}^2}{2 m \hbar \omega} \, \tau^2 \, e^{-\omega^2 \tau^2 / 2} \cdot \delta_{b1} \quad \text{für } t > 2T \gg \tau \tag{20.1–21}$$

Das Ergebnis zeigt zwei Eigenarten, die sich verallgemeinern lassen:

1) Für genügend kleine τ, also bei einer nur kurz andauernden Änderung des elektrischen Feldes ist die Übergangswahrscheinlichkeit $P_{0 \to 1}$ nach Abklingen der Störung fast null.

Bei kurzzeitigen, aber endlich großen Störungen treten in Systemen mit diskreten, nicht entarteten Spektren kaum Übergänge in andere Zustände auf.

2) Für große τ, also bei sehr langsamer Veränderung des elektrischen Feldes fällt die Wahrscheinlichkeit, das nicht entartete System nach dem Verschwinden der Störung ($t > 2T \gg \tau$) in einem neuen Zustand zu finden, nahezu exponentiell mit τ ab. Langsame Änderungen, die in einem großen Zeitintervall $\Delta t \gg 1 / \mid \omega_{ab} \mid$ ablaufen, heißen „**adiabatisch**".

Das wird durch den **Adiabatensatz** (siehe [Griffiths], Abschn. 10.1.2) bestätigt. Er besagt:

Bei einer sehr langsamen Änderung eines Hamiltonoperators mit diskretem, nicht entartetem Spektrum bleibt ein System, das anfangs im n-ten Eigenzustand des Hamiltonoperators war, in guter Näherung im n-ten, sich mit der Zeit langsam ändernden Eigenzustand.

Beispiel: Ein Teilchen im unendlich tiefen Potentialtopf befindet sich zur Zeit $t = 0$ im Zustand

$$\psi_n(x) = \sqrt{2/L} \, \sin\left(\frac{n \pi}{L} x \right)$$

Wenn sich die Breite L des Potentialtopfes *langsam* auf $2L$ erhöht, dann bleibt das Teilchen mit großer Wahrscheinlichkeit im n-ten Eigenzustand, der am Ende der adiabatischen Änderung wie folgt lautet:

$$\psi_n(x) = \sqrt{\frac{2}{2L}} \, \sin\left(\frac{n \pi}{2L} x \right) \qquad \text{(abgesehen von einem Phasenfaktor.}$$
$$\text{Siehe [Griffiths], Abschn. 10.1.1.)}$$

20.2 Absorption und induzierte Emission

Absorption und Emission elektromagnetischer Strahlung sind die wichtigste Anwendung der zeitabhängigen Störungstheorie. Auch hier müssen wir das Integral

$$c_b^{(1)}(t) = \frac{1}{i\hbar} \int_0^t dt' \, e^{i \omega_{ba} t'} \, h_{ba}^{(1)}(t') \qquad \text{für } \mid b \rangle \neq \mid a \rangle \tag{20.1–15b}$$

berechnen mit den Matrixelementen

$$h_{ba}^{(1)}(t) := \langle b \mid \hat{H}^{(1)}(t) \mid a \rangle \tag{20.1–8}$$

Die Zeitintegration in Gl. (20.1–15b) ist einfach bei harmonisch zeitabhängigen Störungen. Die Wechselwirkung der Elektronen mit einem Strahlungsfeld wird durch Störoperatoren $\hat{H}^{(1)}(t)$ beschrieben. Leider können wir das **Strahlungsfeld** nur **klassisch** behandeln, da seine Quantisierung nicht Thema der Quantenmechanik ist. Die folgenden Ergebnisse sind aber plausibel und korrekt.

Nach Abschn. 11.1 ist der Hamiltonoperator der Ladung q im elektromagnetischen Feld

$$\hat{H} = \frac{1}{2m}\left(\frac{\hbar}{i}\nabla - q\mathbf{A}\right)^2 + q\,\Phi + V =$$

$$= \frac{\hat{\mathbf{P}}^2}{2m} + V - \underbrace{\frac{q}{2m}\left(\hat{\mathbf{P}}\cdot\mathbf{A} + \mathbf{A}\cdot\hat{\mathbf{P}}\right) + \frac{q^2}{2m}\mathbf{A}^2 + q\Phi}_{=\hat{H}^{(1)}(t)} = \hat{H}^{(0)} + \hat{H}^{(1)}(t) \qquad (11.1\text{--}4)$$

Mit der **Coulomb-Eichung**

$$\nabla\cdot\mathbf{A} = 0$$

und mit $\mathbf{A}^2 \approx 0$ (bei gebräuchlichen Feldstärken)

sowie mit der Ladung $q = -e_0$ folgt der Störoperator des elektromagnetischen Feldes:

$$\hat{H}^{(1)}(t) = \frac{e_0}{m}\,\mathbf{A}(\mathbf{r},t)\cdot\hat{\mathbf{P}} + q\,\Phi(\mathbf{r},t) \qquad (20.2\text{--}1)$$

(Diese Gl. stimmt mit Gl. (11.1–6) überein.) Wir betrachten im Folgenden eine *klassische, ebene, elektromagnetische Welle, die in die positive x-Richtung läuft und in z-Richtung linear polarisiert ist. Das elektrische und das magnetische Feld stehen senkrecht aufeinander und schwingen in Phase,* so dass

$$\mathbf{E}(x,t) = E(x,t)\,\mathbf{e}_z \qquad\qquad \mathbf{B}(x,t) = B(x,t)\,\mathbf{e}_y$$

Diese Felder lassen sich durch folgende Potentiale beschreiben:[4]

$$\Phi(\mathbf{r},t) = 0 \qquad \mathbf{A}(\mathbf{r},t) = \mathbf{A}(x,t) = A_0\,\mathbf{e}_z\cos(k\,x - \omega\,t) \qquad (20.2\text{--}3)$$

$$\Rightarrow \qquad \hat{H}^{(1)}(t) = \frac{e_0}{m}\,\mathbf{A}\cdot\hat{\mathbf{P}} = \frac{e_0}{m}A_0\,\hat{P}_z\cos(k\,x - \omega\,t) \qquad (20.2\text{--}4)$$

Im Bereich eines Atoms ist x von der Größenordnung des Bohrschen Radius $a_\mathrm{B} \approx 5{,}29\cdot 10^{-11}\,\mathrm{m}$, so dass im optischen Bereich

$$k\,x \approx \frac{2\pi}{\lambda_{\mathrm{Licht}}}\,a_\mathrm{B} \approx \frac{2\pi}{500\cdot 10^{-9}\,\mathrm{m}}\cdot 5{,}29\cdot 10^{-11}\,\mathrm{m} \approx 6{,}6\cdot 10^{-4}$$

---

[4] Mit Gl. (11.1–1) ist der Beweis einfach und kurz:

$$\mathbf{E}(x,t) = -\underbrace{\nabla\Phi(\mathbf{r},t)}_{=\,0} - \frac{\partial\mathbf{A}(x,t)}{\partial t} = -\omega A_0\,\mathbf{e}_z\sin(k\,x - \omega\,t)\ \parallel\ \mathbf{e}_z \qquad (20.2\text{--}2a)$$

$$\mathbf{B}(x,t) = \nabla\times\mathbf{A}(x,t) = k A_0\,\mathbf{e}_y\sin(k\,x - \omega\,t)\ \parallel\ \mathbf{e}_y \qquad (20.2\text{--}2b)$$

mit $\omega A_0 = \mathcal{E}_0$ und $k A_0 = \mathcal{B}_0$ \qquad\qquad (20.2–2c/d)

$\mathcal{E}_0$ und $\mathcal{B}_0$ sind die Amplituden des elektrischen und magnetischen Feldes mit $\mathcal{E}_0 = c\mathcal{B}_0$.

sehr klein ist. Aus diesem Grund können wir im optischen Teil des Spektrums in erster Näherung $kx \approx 0$ setzen und erhalten

$$\cos(kx - \omega t) = \cos(kx)\cos(\omega t) + \sin(kx)\sin(\omega t) \approx \cos(\omega t) \tag{20.2-5}$$

Damit erhalten wir den Störoperator des elektromagnetischen Feldes zu

$$\hat{H}^{(1)}(t) \approx \frac{e_0}{m} A_0 \, \hat{P}_z \cos(\omega t) \qquad \text{für} \qquad kx \ll 1 \tag{20.2-6}$$

für eine z-linear polarisierte Welle, Coulomb-Eichung $\nabla \cdot \mathbf{A} = 0$. $\mathbf{A}^2$ wird vernachlässigt.

Diese sog. **elektrische Dipolnäherung** *vernachlässigt die räumliche Variation der optischen Strahlung im Bereich der winzigen Atomhülle.*[5] Mit anderen Worten: *Das Strahlungsfeld wird wie ein räumlich homogenes, in der Zeit harmonisch variierendes Feld behandelt.*

Der Name „elektrische Dipolnäherung" wird verständlich, wenn das Matrixelement $\langle b | \hat{P}_z | a \rangle$ durch $\langle b | \hat{Z} | a \rangle$ ersetzt wird. Dazu berechnen wir den Kommutator

$$\left[\hat{Z}, \hat{H}^{(0)} \right] \psi = \left[\hat{Z}, \frac{\hat{\mathbf{P}}^2}{2m} + \Phi(\mathbf{r}) \right] \psi = -\frac{\hbar^2}{2m} \left(z \frac{\partial^2}{\partial z^2} \psi - \frac{\partial^2}{\partial z^2} \{ z\,\psi \} \right) =$$

$$= \frac{\hbar^2}{m} \frac{\partial \psi}{\partial z} = \frac{i\hbar}{m} \hat{P}_z \, \psi$$

$$\Rightarrow \qquad \langle b | \hat{H}^{(1)}(t) | a \rangle \underset{\substack{\uparrow \\ \text{Gl. (20.2-6)}}}{=} \frac{e_0}{m} A_0 \langle b | \hat{P}_z | a \rangle \cos(\omega t) =$$

$$= \frac{e_0}{m} A_0 \frac{m}{i\hbar} \langle b | \left[\hat{Z}, \hat{H}^{(0)} \right] | a \rangle \cos(\omega t)$$

Mit $\qquad \hat{H}^{(0)} | a \rangle = \hbar \omega_a | a \rangle \qquad$ und $\qquad \hat{H}^{(0)} | b \rangle = \hbar \omega_b | b \rangle$

sowie $\omega_{ba} := \omega_b - \omega_a$ $\hfill$ (20.2-7)

folgt $\quad \langle b | \hat{H}^{(1)}(t) | a \rangle = i A_0 \omega_{ba} \langle b | e_0 \hat{Z} | a \rangle \cos(\omega t) =$

$$= i \langle b | \hat{H}^{(Z)} | a \rangle \frac{e^{i\omega t} + e^{-i\omega t}}{2} =$$

$$= i \, h_{ba}^{(Z)} \frac{e^{i\omega t} + e^{-i\omega t}}{2} \tag{20.2-8}$$

---

[5] Bei Röntgenstrahlung ist auch die zweite Näherung mitzunehmen, so dass

$$\cos(kx - \omega t) = \cos(kx)\cos(\omega t) + \sin(kx)\sin(\omega t) \approx \cos(\omega t) + kx\sin(\omega t)$$

Es treten magnetische Dipol- und elektrische Quadrupolübergänge auf, die allerdings im optischen Spektrum sehr selten sind. Siehe [Cohen–2], Abschn. 13.4.1 und [Griffiths], Aufgabe 9–21.

Übrigens: Wir arbeiten mit $\cos(\omega t)$ und nicht mit $\sin(\omega t)$, damit wir für $\omega \to 0$ eine *nicht verschwindende* konstante Störung erhalten.

mit $\quad \hat{H}^{(Z)} := A_0\,\omega_{ba}\,e_0\,\hat{Z} = \dfrac{\omega_{ba}}{\omega}\,\mathcal{E}_0\,e_0\,\hat{Z}$ $\hfill$ (20.2–9)

und $\quad h^{(Z)}_{ba} \underset{\underset{\text{Gl. (20.1–8)}}{\uparrow}}{=} \langle b|\,\hat{H}^{(Z)}\,|a\rangle$

Für den Übergang von einem ungestörten Anfangszustand $|a\rangle$ in einen verschiedenen, ungestörten Endzustand $|b\rangle$ erhalten wir mit Gl. (20.1–15b):

$$c^{(1)}_b(t) = \frac{1}{2\,\hbar}\,h^{(Z)}_{ba}\int_0^t dt'\left[e^{\,i\,(\omega_{ba}+\,\omega)\,t'} + e^{\,i\,(\omega_{ba}-\,\omega)\,t'}\right] =$$

$$= \frac{1}{2\,\hbar}\,h^{(Z)}_{ba}\left[\frac{e^{\,i\,(\omega_{ba}+\,\omega)\,t}-1}{i\,(\omega_{ba}+\omega)} + \frac{e^{\,i\,(\omega_{ba}-\,\omega)\,t}-1}{i\,(\omega_{ba}-\omega)}\right] \hfill (20.2\text{–}10)$$

Die Übergangswahrscheinlichkeit $P_{a\to b}(t,\omega)$ ist proportional zum Betragsquadrat der eckigen Klammer und daher lang und unhandlich. Zum Glück ist einer der zwei Terme in der eckigen Klammer – je nach Vorzeichen der Frequenzdifferenz ω_{ba} – immer *vernachlässigbar*. Wegen $\omega \geq 0$ gilt:

- **Absorption:** Für $\omega_{ba} > 0$ nimmt das System Energie auf. Der Anfangszustand $|a\rangle$ liegt energetisch tiefer als der Endzustand $|b\rangle$. Bei der Absorption von Strahlung ist der zweite Term in der eckigen Klammer für $\omega_{ba}-\omega \approx 0$ viel größer als der erste Term. Mit $\omega_{ba} = |\omega_{ba}|$ gilt für die Absorption:

$$c^{(1)}_b(t) \approx \frac{1}{2\,\hbar}\,h^{(Z)}_{ba}\,\frac{e^{\,i\,(|\omega_{ba}|-\omega)\,t}-1}{i\,(|\omega_{ba}|-\omega)} \hfill (20.2\text{–}11a)$$

- **Induzierte Emission:** Für $\omega_{ba} < 0$ gibt das System Energie ab. Hier liegt der Anfangszustand $|a\rangle$ energetisch höher als der Endzustand $|b\rangle$. Bei der Emission ist der erste Term für $\omega_{ba}+\omega \approx 0$ viel größer als der zweite Term, so dass der zweite Term entfallen kann. Für die induzierte Emission gilt

$$c^{(1)}_b(t) \approx \frac{1}{2\,\hbar}\,h^{(Z)}_{ba}\,\frac{e^{\,i\,(\omega_{ba}+\,\omega)\,t}-1}{i\,(\omega_{ba}+\omega)}\;\underset{\underset{\omega_{ba}=-|\omega_{ba}|}{\uparrow}}{=}$$

$$= \frac{1}{2\,\hbar}\,h^{(Z)}_{ba}\,\frac{e^{-\,i\,(|\omega_{ba}|-\omega)\,t}-1}{-\,i\,(|\omega_{ba}|-\omega)} \hfill (20.2\text{–}11b)$$

Die Ergebnisse in den Gln. (20.2–11a/b) stimmen überein – abgesehen von den zwei belanglosen Vorzeichen in der Exponentialfunktion und im Nenner; diese beiden Vorzeichen verschwinden bei der Bildung des Absolutquadrates in Gl. (20.2–12). Daher können wir für Absorption und für induzierte Emission mit Gl. (20.2–11a) arbeiten.

Mit $\quad e^{\,i\,\alpha}-1 = e^{\,i\,\alpha/2}\left[e^{\,i\,\alpha/2} - e^{-\,i\,\alpha/2}\right] = e^{\,i\,\alpha/2}\,2\,i\,\sin(\alpha/2)$

folgt

$$c_b^{(1)}(t) \approx \frac{1}{\hbar} \langle b | \hat{H}^{(Z)} | a \rangle \; \frac{\sin\left[(|\omega_{ba}| - \omega) \, t/2 \right]}{|\omega_{ba}| - \omega} \; e^{i(|\omega_{ba}| - \omega) t/2}$$

Für Störungen (20.2–6) mit der Frequenz ω lautet die Wahrscheinlichkeit, das gestörte Teilchen, das zur Zeit $t = 0$ im Zustand $|a\rangle$ ist, zur späteren Zeit $t \geq 0$ im verschiedenen Zustand $|b\rangle$ vorzufinden, in erster Näherung

$$P_{a \to b}(t,\omega) \approx \left| c_b^{(1)}(t) \right|^2 \approx \frac{1}{\hbar^2} \left| h_{ba}^{(Z)} \right|^2 \; \frac{\sin^2\left[(|\omega_{ba}| - \omega) \, \frac{t}{2} \right]}{(|\omega_{ba}| - \omega)^2} \qquad (20.2\text{–}12)$$

mit $\quad \hat{H}^{(Z)} := A_0 \, \omega_{ba} \, e_0 \, \hat{Z} = \dfrac{\omega_{ba}}{\omega} \, \mathcal{E}_0 \, e_0 \, \hat{Z}$

$$h_{ba}^{(Z)} := \langle b | \hat{H}^{(Z)} | a \rangle = \frac{\omega_{ba}}{\omega} \, \mathcal{E}_0 \, e_0 \, \langle b | \hat{Z} | a \rangle \qquad (20.2\text{–}9)$$

$$\omega_{ba} := \omega_b - \omega_a \qquad \text{und} \qquad |a\rangle \neq |b\rangle \qquad (20.2\text{–}13)$$

Die Übergangswahrscheinlichkeit hat vier Eigenschaften, von denen die ersten drei wichtig sind. Die vierte, unbefriedigende Eigenschaft beruht auf unrealistischen Annahmen und kann durch eine realistische Nachbesserung beseitigt werden (siehe später).

1. Gleichheit von Absorptions- und Emissionswahrscheinlichkeit. *Für elektromagnetische Felder sind die Absorption und die induzierte Emission* – auch *stimulierte Emission* genannt – *gleich wahrscheinlich:*

$$P_{a \to b}(t,\omega) = P_{b \to a}(t,\omega) \qquad (20.2\text{–}14)$$

Diese Eigenschaft ist von zentraler Bedeutung für den Laser und erklärt, warum optisch gepumpte Laser mindestens drei Energieniveaus benötigen. Bei nur zwei Energieniveaus können sogar starke Pumpleistungen, bei denen die spontane Emission vernachlässigt werden kann, höchstens 50% der Elektronen in das angeregte Niveau heben.

2. Frequenzabhängigkeit der Übergangswahrscheinlichkeit. Abb. 20.2–1 zeigt zur Zeit t die Frequenzabhängigkeit von $P_{a \to b}(\omega)$. Der Einfachheit halber betrachte ich jetzt (unter Punkt 2) nur Absorptionen mit $\omega_{ba} > 0$. Dann lautet die Übergangswahrscheinlichkeit als Funktion der Frequenz ω der elektromagnetischen Strahlung:

$$P_{a \to b}(\omega) \sim \frac{\sin^2\left[(\omega_{ba} - \omega) \, t/2 \right]}{(\omega_{ba} - \omega)^2} \qquad \text{mit } \omega_{ba} > 0 \qquad (20.2\text{–}12')$$

Das Maximum liegt bei $\omega = \omega_{ba}$. Man spricht von **Resonanz**. Die meisten Übergänge treten in einem Frequenzbereich auf, dessen Breite nach Abb. 20.2–1 *großzügig* abgeschätzt wird zu

$$2 \, \Delta\omega \approx \frac{4\pi}{t} \qquad (20.2\text{–}15)$$

Je größer das Zeitintervall $[0, t]$ ist, in dem das System der Strahlung ausgesetzt ist, desto näher muss die Strahlungsfrequenz ω bei $\omega_{ba} = \omega_b - \omega_a$ liegen, um eine große Übergangswahrscheinlichkeit zu erzielen.

Mit zunehmender Bestrahlungszeit t wird $P_{a \to b}(\omega)$ immer schmaler, so dass sich ω_{ba} immer genauer bestimmen lässt.[6]

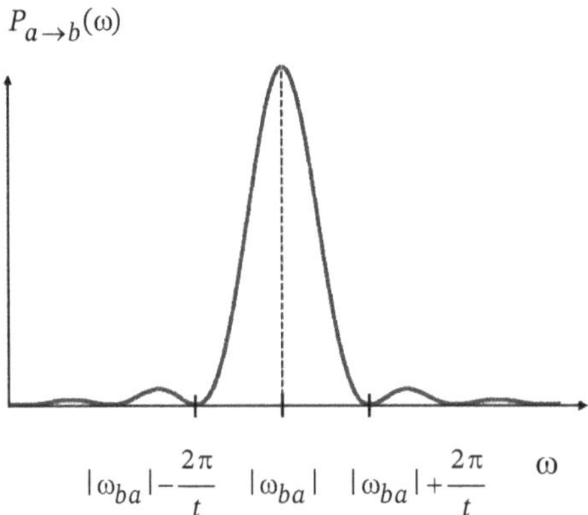

Abb. 20.2-1 Monochromatische Strahlung.

$P_{a \to b}(\omega)$ als **Funktion der Strahlungsfrequenz** ω. Die Zeit t ist fest und $\omega_{ba} := \omega_b - \omega_a$. Die Frequenzunschärfe ist indirekt proportional zur Bestrahlungszeit t.

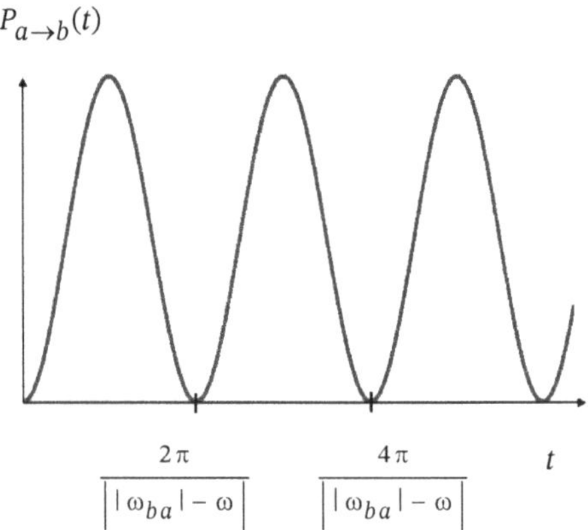

Abb. 20.2-2 Monochromatische Strahlung.

$P_{a \to b}(t)$ als **Funktion der Zeit** mit $\omega \neq |\omega_{ba}|$. Das System oszilliert und kehrt immer wieder in den Ausgangszustand zurück.

Die Energiedifferenz $E_{ba} := E_b - E_a$ zweier Niveaus in einem Atom lässt sich folgendermaßen messen: Wir bestrahlen das Atom mit der elektromagnetischen Welle eines durchstimmbaren Lasers mit sehr schmaler Linienbreite. Die Frequenz ω wird solange variiert, bis die Resonanzfrequenz $\omega_{ba} := \omega_b - \omega_a$ durch Messung der maximalen Absorption gefunden wird. *Die Bestrahlungsdauer t, die wir vorübergehend Δt nennen wollen, ist die* Zeitdauer der Laserbestrahlung bei der Resonanzfrequenz und damit *gewissermaßen die Messzeit.* Die Unschärfe der gemessenen Energiedifferenz E_{ba} kann nach Gl. (20.2–15) etwa mit

---

[6] *Die Energieerhaltung gilt auch in der Quantentheorie streng* – also auch bei Absorption und induzierter Emission von Strahlung. (Die Energieerhaltung wurde z. B. in Abschn. „2.5 Der Compton-Effekt" ausgenutzt.) *Wegen der Energieerhaltung sind Übergänge von* $|a\rangle$ *nach* $|b\rangle$ *nur möglich, wenn die erforderliche Frequenz* $\omega_{ba} = E_{ba}/\hbar$ *in der Strahlung vorkommt.*

Daher mag es verwundern, dass auch für $\omega \neq \omega_{ba}$ eine Übergangswahrscheinlichkeit existiert. Dieses Problem wird in der Aufgabe „20–6 Fourierspektrum bei zeitlicher Begrenzung" gelöst, indem das Frequenzspektrum einer zeitlich begrenzten Schwingung berechnet und interpretiert wird. Dabei wird die – aus der Theorie der Fouriertransformationen bekannte – Tatsache bestätigt, dass zeitlich begrenzte Schwingungen $\exp(i\omega t)$ ein *kontinuierliches Frequenzspektrum in der Umgebung von* ω haben.

Der Zustand eines einzelnen Photons ist eine Überlagerung von Energieeigenfunktionen und hat daher keine feste Energie, sondern eine Energieverteilung – wie die Wellenpakete freier Quantenobjekte (siehe Abschn. 4.2). Die klassische Linienbreite eines Spektrums wird durch die Photonenzustände wiedergegeben (siehe [Messiah-1], Abschn. 4.2.5).

$$\Delta E_{ba} = \hbar\,\Delta\omega \approx \frac{2\,\pi\,\hbar}{\Delta t}$$

veranschlagt werden. *Dabei ist Δt die Bestrahlungszeit,* also die Messzeit der geschilderten Energiemessung.

Die grob abgeschätzte Gl.

$$\Delta E_{ba}\,\Delta t \approx 2\,\pi\,\hbar \tag{20.2-16}$$

besagt, dass die Energiedifferenz bei einer Messzeit Δt nur mit der Genauigkeit $2\pi\hbar/\Delta t$ gemessen werden kann.

Gl. (20.2–16) beschreibt die **Energie-Zeit-Unbestimmtheitsrelation** *für Absorption und induzierte Emission elektromagnetischer Strahlung* (siehe auch Abschn. „8.3 Unbestimmtheitsrelation für Energie und Zeit" und dort Beispiel 8.3–3).

3. Oszillation der Übergangswahrscheinlichkeit. Wegen $\sin^2(\alpha/2) = (1-\cos\alpha)/2$ und nach Abb. 20.2-2 oszilliert die Übergangswahrscheinlichkeit in der Zeit mit der Frequenz $||\omega_{ba}| - \omega|$ harmonisch und hat zu den Zeiten $t_n = (2n+1)\,\pi/(|\omega_{ba}|-\omega)$ das Maximum $P_{\max} = |h_{ba}^{(Z)}|^2 / [\hbar^2(|\omega_{ba}|-\omega)^2]$. Natürlich muss das Maximum viel kleiner sein als eins, da die Störungen laut Annahme klein sein sollen.

Solche **Rabi-Oszillationen** treten auch in *exakt* lösbaren Systemen mit nur zwei Energieniveaus auf und *beruhen nicht auf Ungenauigkeiten der Störungsrechnung.* Dabei treten sogar vollständige Übergänge zwischen den zwei Zuständen auf. Rabi-Oszillationen spielen in der Praxis eine große Rolle; die *exakten* Lösungen in Aufgabe „12–14 Spinresonanz und MRT" und in Aufgabe 20–3 beschreiben Rabi-Oszillationen.

In [Cohen–2], Abschn. 13.7 wird gezeigt: Wenn Teilchen in einem diskreten Anfangszustand $|a\rangle$ bei Bestrahlung in ein *Kontinuum* von Endzuständen $|b\rangle$ übergehen können, so entleeren sich die Anfangszustände exponentiell mit der Zeit. Die Teilchen kehren nicht mehr in den Anfangszustand zurück.

4. Maximum der Übergangswahrscheinlichkeit. $P_{a\,\to\,b}(\omega)$ in Abb. 20.2-1 hat ihr Maximum bei der Frequenz $\omega = |\omega_{ba}|$. Das Maximum[7] der Übergangswahrscheinlichkeit

$$P_{\max}(t) = \lim_{\omega\to|\omega_{ba}|} P_{a\to b}(t,\omega) = \frac{1}{4\hbar^2}|h_{ba}^{(Z)}|^2 t^2 \tag{20.2-17}$$

wächst (in erster Näherung) quadratisch in der Zeit. Das ist unerfreulich, denn es wird spätestens dann unbrauchbar, wenn sich die Wahrscheinlichkeit mit wachsender Zeit der eins nähert. *Die erste Näherung ist nur gut für*

$$t \ll \frac{2\,\hbar}{|\langle b|\hat{H}^{(Z)}|a\rangle|} \qquad \text{mit} \qquad \hat{H}^{(Z)} := A_0\,\omega_{ba}\,e_0\,\hat{Z} \tag{20.2-18}$$

Der quadratische, zeitliche Anstieg von $P_{\max}$ ist auf die zwei unrealistischen Annahmen zurückzuführen, dass erstens das eingestrahlte elektromagnetische Feld streng monochromatisch ist, und dass zweitens die Energieniveaus der Atome ganz bestimmte Werte haben. In Wirklichkeit gibt es keine monochromatische

---

[7] Zweimalige Anwendung der de l'Hospitalschen Regel liefert: $\displaystyle\lim_{\omega\to 0}\,\sin^2(\omega\,t)\big/\omega^2 = t^2$

Strahlung und alle Niveaus haben aufgrund ihrer endlichen Lebensdauer und der Dopplerverbreiterung eine endliche Breite (siehe Beispiel „8.3–3 Linienbreite der Spektrallinien"). Daher muss uns der quadratische zeitliche Anstieg von $P_{\max}(t)$ nicht beunruhigen.

In [Griffiths], Abschn. 13.4.3 wird gezeigt, dass die Proportionalität $P_{\max}(t) \sim t^2$ verschwindet, wenn über die Frequenzen ω einer nicht monochromatischen Strahlung integriert wird. Dann ist die Fläche unter der Funktion $P_{a \to b}(\omega)$ proportional zur Zeit t und nicht proportional zu t^2.

Beispiel 20.2–1 Absorption von z-linear polarisierter, monochromatischer Strahlung

Ein Wasserstoffatom im Grundzustand $|\, n\, l\, m\, \rangle = |\,100\,\rangle$ wird einer z-linear polarisierten, monochromatischen Strahlung ausgesetzt. In der elektrischen Dipolnäherung lautet der Störoperator

$$\hat{H}^{(Z)}(t) = A_0\, \omega_{ba}\, e_0\, \hat{Z} \cos(\omega t) \tag{20.2–9}$$

a) Wie groß ist bei der Absorption die Übergangswahrscheinlichkeit in die ersten vier angeregten Zustände $|\,2\, l\, m\,\rangle$?

b) Wie groß ist die Übergangswahrscheinlichkeit $|\,2lm\rangle \to |\,100\,\rangle$ in den Grundzustand?

Lösung:

a) Nach Gl. (10.2–9) lauten die Wellenfunktionen des Wasserstoffatoms

$$\psi_{nlm}(r,\vartheta,\varphi) = R_{nl}(r)\, Y_{lm}(\vartheta,\varphi)$$

Mit $z = r \cos\vartheta = r\,\sqrt{4\pi/3}\, Y_{10}(\vartheta,\varphi)$ und mit der Orthogonalität $\langle Y_{lm} | Y_{l'm'}\rangle = \delta_{ll'}\,\delta_{mm'}$ in Gl. (9.3–14) sieht man sofort, dass *alle Übergangs-Matrixelemente verschwinden außer*

$$\langle 1,0,0\, |\, r \cos\vartheta\, |\, 2,1,0 \rangle =$$

$$= \left\langle \frac{1}{\sqrt{\pi a_{\mathrm{B}}^3}}\, \mathrm{e}^{-r/a_{\mathrm{B}}} \,\middle|\, r\,\sqrt{4\pi/3}\, Y_{10} \,\middle|\, \frac{1}{\sqrt{24\, a_{\mathrm{B}}^3}}\, \frac{r}{a_{\mathrm{B}}}\, \mathrm{e}^{-r/(2a_{\mathrm{B}})}\, Y_{10} \right\rangle =$$

$$= \frac{1}{3\sqrt{2}\, a_{\mathrm{B}}^4} \int\limits_0^\infty dr\, r^4\, \mathrm{e}^{-3r/(2a_{\mathrm{B}})} = \frac{2^8}{\sqrt{2}\, 3^5}\, a_{\mathrm{B}} \approx 0{,}745\, a_{\mathrm{B}} \tag{20.2–19}$$

$$\Rightarrow\quad P_{100 \to 210} \underset{\substack{\approx \\ \uparrow \\ \text{Gln. (20.2–12)}}}{} \frac{1}{4\,\hbar^2}\, (0{,}745\, a_{\mathrm{B}}\, e_0\, A_0\, \omega_{21})^2\; \frac{\sin^2\!\left[\dfrac{\omega_{21} - \omega}{2}\, t\right]}{(\omega_{21} - \omega)^2/4} \tag{20.2–20}$$

$$\text{mit}\quad \omega_{21} \underset{\substack{= \\ \uparrow \\ \text{Gl.(10.1–24)}}}{} \frac{m\, c^2}{2\,\hbar} \left(\frac{Z\, e_0^2}{4\pi\varepsilon_0\, \hbar c}\right)^2 \left(\frac{1}{1} - \frac{1}{4}\right) > 0$$

Das Wasserstoffatom entnimmt die Energie $\hbar\omega_{21}$ dem wechselnden elektromagnetischen Feld. Beim Übergang $100 \to 210$ erhöht sich der Bahndrehimpuls l um $+1$ und die magnetische Quantenzahl m bleibt unverändert. (Die Auswahlregeln (20.3–3/5) erlauben das Ergebnis.)

Nach den Auswahlregeln (20.3–3/5) treten auch die Übergänge $100 \to 21\pm1$ (also $\Delta m = \pm1$) auf. Diese Übergänge werden durch y-linear polarisierte Strahlung ermöglicht. Hier lautet der Störoperator

$$\hat{H}^{(Y)}(t) \sim \hat{Y}\cos(\omega t) = r\sin(\vartheta)\sin(\varphi)\cos(\omega t) \underset{\uparrow}{=} r\sqrt{2\pi/3}\, i\,(Y_{1\,-1}+Y_{1\,1})\cos(\omega t)$$
$$\text{Gl. (9.3-19c)}$$

$$\Rightarrow\quad \langle 1,0,0\,|\,\hat{Y}\,|\,2,1,\pm1\rangle = -i\,\frac{2^7}{3^5}\,a_{\mathrm{B}}$$

Die Rechnung zeigt auch sofort, dass Übergänge in Zustände mit $l\geq 2$ an den Orthogonalitätsrelationen der Kugelflächenfunktionen scheitern.

b) Wir erhalten exakt dasselbe Ergebnis wie in Teil a) dieses Beispiels, da in Gl. (20.2-12) der Betrag $|\omega_{ba}|$ steht.

Abschließend nenne ich ohne Beweis noch eine wichtige Gl.: *Für inkohärente, nicht-monochromatische, unpolarisierte, aus allen Richtungen einfallende Strahlung lautet* die Übergangsrate, also *die Übergangswahrscheinlichkeit pro Zeiteinheit* vom Anfangszustand $|a\rangle$ in den Zustand $|b\rangle$:

$$\Gamma_{a\to b} \approx \frac{\pi e_0^2}{3\,\varepsilon_0\,\hbar^2}\,\rho(|\omega_{ba}|)\left(|\langle b|x|a\rangle|^2 + |\langle b|y|a\rangle|^2 + |\langle b|z|a\rangle|^2\right) \tag{20.2-21}$$

Dabei ist $\rho(\omega)$ die spektrale Energiedichte mit der Einheit $\mathrm{Js/m^3}$ und $\rho(\omega)\,d\omega$ ist die räumliche Energiedichte des Strahlungsfeldes in dem Frequenzintervall $[\omega,\omega+d\omega]$.

20.3 Auswahlregeln für elektrische Dipolübergänge

Im Abschn. 20.2 haben wir die zeitabhängige Störung durch eine in z-Richtung linear polarisierte, klassische elektromagnetische Strahlung berechnet. Für die Übergangswahrscheinlichkeit von einem ungestörten Anfangszustand $|a\rangle$ in einen ungestörten Endzustand $|b\rangle$ gilt in der elektrischen Dipolnäherung, die im optischen Bereich dominiert:

$$P_{a\to b}(t,\omega) \sim |\langle b|e_0\,z|a\rangle|^2$$

Wenn das elektrische Feld in die Richtung eines beliebigen Einheitsvektors $\mathbf{n}$ zeigt, dann muss $e_0\,z$ durch $e_0\,\mathbf{n}\cdot\mathbf{r}$ ersetzt werden. Emission und Absorption von Strahlung tritt in der Dipolnäherung nur auf, wenn die Matrixelemente

$$\langle b|e_0\,\mathbf{n}\cdot\mathbf{r}|a\rangle \tag{20.3-1}$$

ungleich null sind. Daher wollen wir diese Matrixelemente jetzt untersuchen. Mit

$$\mathbf{r} = r\begin{pmatrix} \sin\vartheta\,\cos\varphi \\ \sin\vartheta\,\sin\varphi \\ \cos\vartheta \end{pmatrix}$$

folgt $\quad \mathbf{n}\cdot\mathbf{r} = r\left(n_x\,\sin\vartheta\,\cos\varphi + n_y\,\sin\vartheta\,\sin\varphi + n_z\,\cos\vartheta\right)$

Nach den Gln. (9.3-19b/c) gilt für die Kugelflächenfunktionen $Y_{lm}(\vartheta,\varphi)$:

$$\sin\vartheta\,\cos\varphi \sim Y_{1\,1}-Y_{1\,-1} \qquad \sin\vartheta\,\sin\varphi \sim Y_{1\,1}+Y_{1\,-1} \qquad \cos\vartheta \sim Y_{1\,0} \tag{8.3-26a/b/c}$$

Daher enthält $\mathbf{n} \cdot \mathbf{r}$ die drei Kugelflächenfunktionen $Y_{1k}(\vartheta,\varphi)$ mit $k=0,\pm1$.

Wir betrachten der Einfachheit wegen *nur wasserstoffähnliche Atome* mit den Wellenfunktionen $\psi_{nlm}(r,\vartheta,\varphi) = R_{nl}(r)\,Y_{lm}(\vartheta,\varphi)$. Die alles entscheidende Winkelabhängigkeit der Matrixelemente lautet

$$\int\limits_0^\pi d\vartheta \, \sin\vartheta \int\limits_0^{2\pi} d\varphi \, Y^*_{l_b m_b}(\vartheta,\varphi) \, Y_{1k}(\vartheta,\varphi) \, Y_{l_a m_a}(\vartheta,\varphi) \quad \text{mit} \quad k=0,\pm1 \tag{20.3--2}$$

Nach Gl. (9.3--13) beschreibt $e^{im\varphi}$ die φ--Abhängigkeit von $Y_{lm}(\vartheta,\varphi)$. Wegen der Ganzzahligkeit von $-m_b+k+m_a$ liefert die einfache Integration über den Winkel φ

$$\int\limits_0^{2\pi} d\varphi \, e^{i(-m_b+k+m_a)\varphi} = \begin{cases} 2\pi & \text{für} \quad -m_b+k+m_a = 0 \\ 0 & \text{für} \quad -m_b+k+m_a \neq 0 \end{cases} \quad \text{mit} \quad k=0,\pm1$$

Somit sind nur Matrixelemente ungleich null, in denen $k = m_b - m_a$ gilt. Mit $k=0,\pm1$ finden wir die **erste Auswahlregel** für elektrische Dipolübergänge:

Strahlungsübergänge treten in der elektrischen Dipolnäherung nur auf für

$$\Delta m = m_b - m_a = 0, \pm1 \tag{20.3--3}$$

Bei Übergängen mit $\Delta m = 0$ bzw. $\Delta m = \pm1$ sind die Photonen linear bzw. zirkular polarisiert. Bei linear polarisierten Photonen ist der Erwartungswert der z-Komponente des Spins null; zirkular polarisierte Photonen haben einen Spin mit der z-Komponente $\pm\hbar$ (siehe Aufgabe 3--13).

Die Integration über den Winkel ϑ liefert eine zweite Auswahlregel. Für den relativ einfachen Übergang in einen Endzustand mit $l_b = 0$ erhalten wir wegen $Y_{00}=\text{const}$

$$\int\limits_0^\pi d\vartheta \, \sin\vartheta \int\limits_0^{2\pi} d\varphi \, Y_{1k}(\vartheta,\varphi) \, Y_{l_a m_a}(\vartheta,\varphi) \underset{\substack{\uparrow \\ \text{Orthogonalität Gl. (9.3--14)}}}{=} \delta_{1 l_a}\,\delta_{k m_a}$$

Somit können Endzustände $|n_b,0,0\rangle$ nur von den Zuständen $|n_a,1,m_a\rangle$ aus erreicht werden (mit $m_a = 0,\pm1$); die Drehimpulsquantenzahl l ändert sich also von eins nach null. Umgekehrt können die Ausgangszustände $|n_a,0,0\rangle$ in der Dipolnäherung nur auf die Endzustände $|n_b,1,m_b\rangle$ führen; hier erhöht sich l um eine Einheit.

Schwerer ist die ϑ--Integration in Gl. (20.3--2) für $l_a \geq 1$ und $l_b \geq 1$. Zum Glück können wir ohne Gln. und nur mit den Kenntnissen aus Kap. „13 Addition von Drehimpulsen" arbeiten. *Photonen sind Bosonen mit dem Spin $\hbar$*. Aus den Gesetzen der Drehimpuls-Addition folgt: Wenn der Ausgangszustand $|a\rangle$ den Drehimpuls l_a hat, dann muss der Endzustand $|b\rangle$ nach Absorption oder Emission des Photons den Drehimpuls $l_a + \Delta l$ haben mit $\Delta l = 0,\pm1$. Das ist aber nicht ganz richtig:

Laut folgendem Beispiel sind Übergänge mit $\Delta l=0$ nicht möglich, obwohl sie laut Drehimpulserhaltung denkbar wären.

Beispiel 20.3–1 Paritätsoperator und zweite Auswahlregel

Hinweis: In Aufgabe 7–4 wird der Paritätsoperator $\hat{\Pi}$ durch die Gl. $\hat{\Pi}\,\psi(\mathbf{r}) = \psi(-\mathbf{r})$ eingeführt. Er ist nach Teil a) der Aufgabe 7–4 hermitesch und unitär:

$$\hat{\Pi} = \hat{\Pi}^{\dagger} = \hat{\Pi}^{-1} \tag{20.3–4}$$

Beweise mit diesen Gln., dass die Matrixelemente

$$\langle\, b \,|\, e_0\,\mathbf{n}\cdot\mathbf{r}\,|\, a \,\rangle \tag{20.3–1}$$

für die Wasserstoffzustände $|a\rangle = |n_a, l_a, m_a\rangle$ und $|b\rangle = |n_b, l_b, m_b\rangle$ nur ungleich null sind, wenn sich die beiden Drehimpulsquantenzahlen l_a, l_b um eine ungerade Zahl unterscheiden.

Hinweis: Die Kugelfunktionen verhalten sich bei Raumspiegelungen wie folgt:

$$\hat{\Pi}\, Y_{lm}(\vartheta,\varphi) = Y_{lm}(\pi - \vartheta, \pi + \varphi) = (-1)^{l}\, Y_{lm}(\vartheta,\varphi) \tag{9.3–19}$$

Lösung:

Der Ortsoperator $\mathbf{r}$ ist ein ungerader Operator, so dass nach Aufgabe 7–4f gilt: $\hat{\Pi}\,\mathbf{r}\,\hat{\Pi}^{\dagger} = -\mathbf{r}$. Mit $\hat{\Pi} = \hat{\Pi}^{\dagger}$ folgt

$$\Rightarrow\ \langle\, b \,|\, \mathbf{r} \,|\, a \,\rangle = -\langle\, b \,|\, \hat{\Pi}\,\mathbf{r}\,\hat{\Pi}\,|\, a \,\rangle = -\langle\, \hat{\Pi}\, b \,|\, \mathbf{r} \,|\, \hat{\Pi}\, a \,\rangle \underset{\underset{\text{Gl.(9.3–18)}}{\uparrow}}{=}$$

$$= (-1)\cdot(-1)^{\,l_a + l_b}\,\langle\, b \,|\, \mathbf{r} \,|\, a \,\rangle$$

Deshalb ist die Übergangswahrscheinlichkeit höchstens dann ungleich null, wenn $(-1)\cdot(-1)^{\,l_a + l_b} = +1$, wenn also eine der beiden Drehimpulsquantenzahlen l_a, l_b gerade und die andere ungerade ist. Somit scheidet $\Delta l = 0$ aus.

Hinweis: Der Beweis zeigt ganz allgemein: Matrixelemente von ungeraden Operatoren, die zwei Zustände mit gleicher Parität enthalten, verschwinden.

Die Überlegungen zur Drehimpulserhaltung und Beispiel 20.3–1 führen zusammen auf die **zweite Auswahlregel** für elektrische Dipolübergänge :

Strahlungsübergänge treten in der elektrischen Dipolnäherung nur auf für

$$\Delta l = l_b - l_a = \pm 1 \tag{20.3–5}$$

Wegen dieser Auswahlregel ist z. B. der einfache Dipolübergang $1s \to 2s$ im Wasserstoffatom nicht erlaubt.

Da der elektrische Dipoloperator $e_0\,\mathbf{n}\cdot\hat{\mathbf{R}}$ keinen Spinoperator enthält, treten in der elektrischen Dipolnäherung keine Spin-Flips auf: $\Delta m_s = 0$.

Die Auswahlregeln schränken Übergänge in Strahlungsfeldern stark ein. Ein Wasserstoffatom kann in der Dipolnäherung nicht direkt von einem angeregten Zustand mit Bahndrehimpuls $l_a \geq 2$ in den Grundzustand $|100\rangle$ fallen, der keinen Bahndrehimpuls hat. Der Übergang muss schrittweise über Zwischenzustände erfolgen – beispielsweise

$$3d\ \to\ 2p\ \to\ 1s$$

Für die Hauptquantenzahl n existiert keine Auswahlregel; n kann sich beliebig ändern.

Übergänge, die die Auswahlregeln nicht erfüllen, heißen **verbotene Übergänge**. Diese Bezeichnung ist aber unvorteilhaft, da auch verbotene Übergänge möglich sind, allerdings mit viel kleineren Wahrscheinlichkeiten. Wenn die Funktion $\cos(kx-\omega t)$ nicht in nullter Näherung (Dipolnäherung) durch $\cos(\omega t)$ ersetzt wird, sondern in erster Näherung durch

$$\cos(kx-\omega t) = \cos(kx)\cos(\omega t) + \sin(kx)\sin(\omega t) \approx \cos(\omega t) + kx\,\sin(\omega t)$$

so ergeben sich elektrische Quadrupolübergänge und magnetische Dipolübergänge. Sie verletzen die genannten Auswahlregeln, sind aber um den Faktor $Z\alpha$ (mit Z = Kernladungszahl und $\alpha \approx 1/137$ = Feinstrukturkonstante) schwächer als die elektrischen Dipolübergänge.

Bei Berücksichtigung der Spin-Bahn-Kopplung $f(r)\,\hat{\mathbf{S}}\cdot\hat{\mathbf{L}}$ werden nach Abschn. „14.4 Feinstruktur des Wasserstoffatoms" die Zustände

$$| \, j, m_j, l, 1/2 \, \rangle \qquad \text{mit} \qquad j = |\, l \pm 1/2\,|$$

verwendet. Dabei ist $j = |\,l\pm 1/2\,|$ die Quantenzahl des Drehimpulsoperators $\hat{\mathbf{J}} = \hat{\mathbf{L}} + \hat{\mathbf{S}}$. Die Auswahlregeln für elektrische Dipolübergänge ergeben sich aus den Matrixelementen

$$\langle\, j_b, m_{j_b}, l_b, 1/2 \,|\, \mathbf{r} \,|\, j_a, m_{j_a}, l_a, 1/2 \,\rangle$$

von $\mathbf{r}$ in der $|\,j, m_j, l, 1/2\,\rangle$-Basis. Die Auswahlregeln elektrischer Dipolübergänge ergeben sich insgesamt zu

$$\Delta j = 0, \pm 1 \qquad \Delta l = \pm 1 \qquad \Delta m_j = 0, \pm 1 \tag{20.3-6}$$

Eine Ausnahme: Ein elektrischer Dipolübergang mit $\Delta j = 0$ ist für $j_a = j_b = 0$ verboten.

Für Mehrelektronenatome lassen sich die Regeln (20.3–6) verallgemeinern.

20.4 Spontane Emission und Einsteinkoeffizienten

Im Abschn. 20.2 wurden die Absorption und die stimulierte Emission von elektromagnetischer Strahlung untersucht, wobei *das elektromagnetische Feld als klassisches Feld behandelt wurde*. Dagegen kann die spontane Emission, bei der ein Atom *ohne sichtbare äußere Einwirkung* von einem angeregten Zustand in einen Zustand mit kleinerer Energie übergeht, mit den Methoden der Quantenmechanik nicht begründet werden. *Erst die Quantenelektrodynamik kann die spontane Emission als Folge immer vorhandener Vakuumfluktuationen erklären.*[8]

Dennoch gelang es A. Einstein 1916 *unter Verwendung des Planckschen Strahlungsgesetzes und des Boltzmann-Faktors*, eine Beziehung zwischen Absorption und induzierter Emission einerseits und spontaner Emission andererseits herzuleiten. Nur mit dieser Beziehung

---

[8] In [Münster], Abschn. 20.1 wird die Quantisierung des elektromagnetischen Feldes kurz und anschaulich besprochen. So kann die spontane Emission berechnet und auch – in Umkehrung der Einsteinschen Rechnung – das Plancksche Strahlungsgesetz abgeleitet werden.

können wir in Gl. (20.4–7b) die Übergangsrate A_{21} der spontanen Emission und in Beispiel 20.4–2 die Lebensdauer angeregter, spontan zerfallender Wasserstoffzustände berechnen.

Es ist üblich, die von Einstein eingeführten Formelzeichen beizubehalten. Wir betrachten eine große Anzahl identischer Atome, die einer Strahlung mit der **spektralen Energiedichte** $\rho(\omega)$ ausgesetzt sind. $\rho(\omega)$ *ist die Energie des elektromagnetischen Feldes pro Volumeneinheit und pro Frequenzeinheit* (Einheit $\mathrm{Js/m^3}$). Der Einfachheit halber betrachten wir nur *zwei* Energieniveaus der Atome. Die Atome können also nur den Grundzustand $|1\rangle$ und einen einzigen angeregten Zustand $|2\rangle$ besetzen. Die positive Energiedifferenz dieser beiden Zustände ist $\hbar\omega_{21} = \hbar(\omega_2 - \omega_1) > 0$. Da die Zustände $|1\rangle$ bzw. $|2\rangle$ in den folgenden Rechnungen immer der Grund- bzw. der angeregte Zustand sind, müssen wir nicht – wie in Abschn. 20.2 – mit dem Betrag der Frequenzdifferenz arbeiten.

Es gibt drei mögliche Übergänge zwischen den beiden Zuständen:

1. Absorption: *Ein Atom im Grundzustand absorbiert ein Photon des elektromagnetischen Feldes.* Die Zahl der Atome, die pro Zeiteinheit ein Photon der Energie $\hbar\omega_{21}$ absorbieren und vom Grundzustand $|1\rangle$ in den angeregten Zustand $|2\rangle$ übergehen, ist proportional zur Zahl N_1 der Atome im Grundzustand und proportional zur spektralen Energiedichte $\rho(\omega_{21})$ der Strahlung bei dieser Frequenz ω_{21}:

$$\frac{dN_1^{\text{Absorp.}}}{dt} = N_1\, B_{12}\, \rho(\omega_{21}) \qquad \text{für die Absorption} \qquad (20.4\text{–}1a)$$

B_{12} hat die Einheit m/kg und heißt **Einsteinkoeffizient für Absorption**. Das Produkt

$$B_{12}\, \rho(\omega_{21}) = \Gamma_{1\to 2}$$

ist die **Übergangsrate** vom Grundzustand $|1\rangle$ in den angeregten Zustand $|2\rangle$, also die Übergangswahrscheinlichkeit pro Zeiteinheit.

2. Induzierte Emission: *Ein angeregtes Atom wird durch ein vorbeilaufendes Photon in den Grundzustand überführt und strahlt dabei ein Photon der Energie* $\hbar\omega_{21}$ *ab.* Die Zahl der Atome, die pro Zeiteinheit durch induzierte Emission vom angeregten Zustand $|2\rangle$ in den Grundzustand $|1\rangle$ wechseln, ist (ähnlich wie in Gl. (20.4–1a))

$$\frac{dN_2^{\text{ind. Em.}}}{dt} = - N_2\, B_{21}\, \rho(\omega_{21}) \qquad \text{für die induzierte Emission} \qquad (20.4\text{–}1b)$$

B_{21} hat ebenfalls die Einheit m/kg und heißt **Einsteinkoeffizient für induzierte Emission**. Das Produkt

$$B_{21}\, \rho(\omega_{21}) = \Gamma_{2\to 1} \qquad\qquad \text{mit } \omega_{21} := (\omega_2 - \omega_1)$$

ist die **Übergangsrate** $\Gamma_{2\to 1}$ der induzierten Emission vom angeregten Zustand $|2\rangle$ in den Grundzustand $|1\rangle$.

Man kann mit der Quantenelektrodynamik (Quantenmechanik des elektromagnetischen Feldes) zeigen, dass das eingestrahlte Photon und das neu entstehende Photon nicht nur gleiche Frequenz, sondern auch gleiche Phase, gleiche Fortpflanzungsrichtung und gleiche Polarisationsrichtung haben. *Das eingestrahlte Photon und das induzierte Photon sind identisch. Bei der stimulierten Emission erstellt das Atom eine Kopie des vorbeilaufenden Photons.* Der Laser erzeugt durch induzierte Emission eine **kohärente Strahlung**.

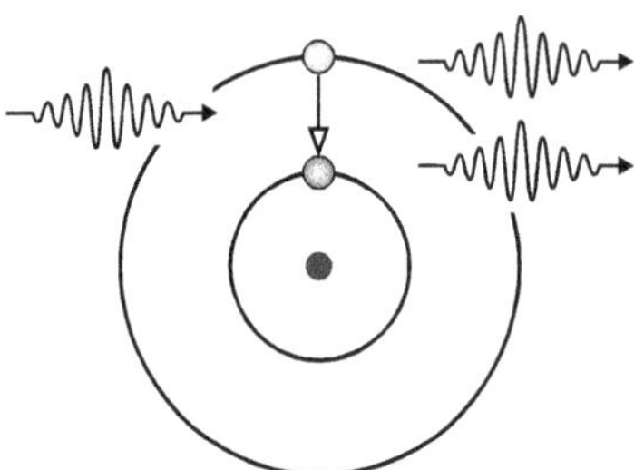 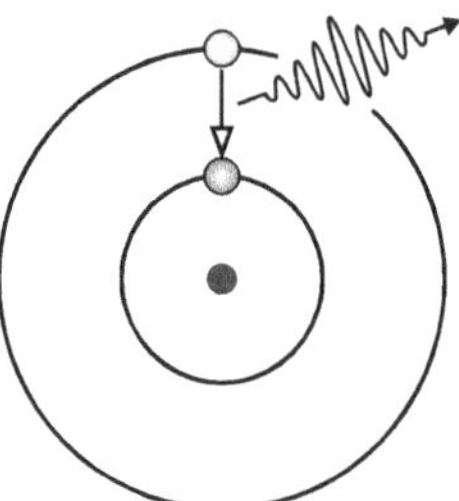

Abb. 20.4–1 Bei der induzierten Emission regt ein vorbeilaufendes Photon die Emission eines identischen Photons an.

Abb. 20.4–2 Bei der spontanen Emission wird ein Photon unvorhersehbar und ohne sichtbare äußere Einwirkung abgestrahlt.

3. Spontane Emission: *Ein angeregtes Atom strahlt spontan und ohne sichtbare äußere Beeinflussung ein Photon der Energie* $\hbar\omega_{21}$ *ab*. Phase, Polarisation und Flugrichtung des neuen Photons sind zufällig. Für die spontane Emission gilt:

$$\frac{dN_2^{\text{spon. Em.}}}{dt} = -N_2\, A_{21} \qquad \text{für die spontane Emission} \qquad (20.4\text{–}1c)$$

A_{21} hat die Einheit 1/ s und heißt **Einsteinkoeffizient für spontane Emission**. A_{21} ist die **Übergangsrate** $\Gamma_{2\to 1}$ der spontanen Emission vom angeregten Zustand $|2\rangle$ in den Grundzustand $|1\rangle$.

Die spontane Emission ist auf den ersten Blick erstaunlich. Warum soll ein angeregtes, ungestörtes Atom im Vakuum ein Photon abgeben? Schließlich ist der angeregte, ungestörte Zustand eine stationäre Lösung der Schrödinger-Gl. In der Tat würde ein Atom für immer im angeregten Zustand bleiben, wenn es keine äußere Einwirkung gäbe. Aber laut Quantenelektrodynamik treten *im leeren Raum Vakuumfluktuationen des elektromagnetischen Feldes auf.* Sie lösen spontane Emissionen aus. Insofern ist die *spontane Emission eine durch Vakuumfluktuationen induzierte Emission.*

Es ist bemerkenswert, dass wir jetzt die spontane Emission nur mit dem Planckschen Strahlungsgesetz und mit dem Boltzmann-Faktor berechnen können, also ohne Kenntnis der Vakuumfluktuationen. Die kurze und relativ einfache Herleitung sieht folgendermaßen aus: *Im thermodynamischen Gleichgewicht* bei einer Temperatur T sind die beiden Teilchenzahlen N_1, N_2 konstant, so dass die *Absorptionsrate gleich der Summe der beiden Emissionsraten* ist:

$$N_1 B_{12}\, \rho(\omega_{21}) = N_2 B_{21}\, \rho(\omega_{21}) + N_2 A_{21} \qquad (20.4\text{–}2)$$

$$\Rightarrow \quad \frac{N_2}{N_1} = \frac{B_{12}\, \rho(\omega_{21})}{B_{21}\, \rho(\omega_{21}) + A_{21}} \qquad \text{mit } \omega_{21} = \omega_2 - \omega_1 > 0 \qquad (20.4\text{–}3)$$

Andererseits wissen wir aus der statistischen Mechanik, dass die Zahl der Atome, die bei der Temperatur T ein Niveau mit Energie E besetzen, proportional ist zum **Boltzmann-Faktor**

$$e^{-E/(k_B T)} \qquad \text{mit der Boltzmann-Konstanten} \quad k_B = 1{,}380\,649 \cdot 10^{-23}\, \text{J/K} \quad \text{(exakt)}$$

$$\Rightarrow \quad \frac{N_2}{N_1} = \frac{g_2\, e^{-E_2/(k_B T)}}{g_1\, e^{-E_1/(k_B T)}} = \frac{g_2}{g_1}\, e^{-\hbar \omega_{21}/(k_B T)} \tag{20.4--4}$$

mit $\quad g_j =$ Entartungsgrad des j-ten Energieniveaus $\qquad j = 1, 2$

Wir setzen Gl. (20.4–4) in (20.4–3) ein und lösen nach der spektralen Energiedichte auf mit dem Ergebnis:

$$\rho(\omega_{21}) = \frac{A_{21}}{B_{12}\, \dfrac{g_1}{g_2}\, e^{\hbar \omega_{21}/(k_B T)} - B_{21}} \qquad \text{im thermodynam. Gleichgewicht} \tag{20.4--5}$$

Nach dem **Planckschen Strahlungsgesetz** lautet die spektrale Energiedichte im thermischen Gleichgewicht bei der Temperatur T

$$\rho(\omega_{21}) = \frac{\hbar\, \omega_{21}^3}{\pi^2 c^3 \left(e^{\hbar \omega_{21}/(k_B T)} - 1 \right)} \tag{20.4--6}$$

Die letzten beiden Gln. haben eine ähnliche Struktur. Ein Vergleich liefert *für das thermische Gleichgewicht* die wichtigen Beziehungen zwischen den Einsteinkoeffizienten:[9]

$$g_1\, B_{12} = g_2\, B_{21} \tag{20.4--7a}$$

$$\text{und} \quad A_{21} = \frac{\hbar\, \omega_{21}^3}{\pi^2 c^3}\, B_{21} = \frac{8\pi\hbar}{\lambda_{21}^3}\, B_{21} \tag{20.4--7b}$$

Für gleiche Entartungsgrade $g_1 = g_2$ *der beiden Energieniveaus sind die Einsteinkoeffizienten für Absorption und induzierte Emission gleich:*

$$B_{12} = B_{21} \qquad \text{für} \qquad g_1 = g_2 \tag{20.4--8}$$

Das ist nichts Neues: Nach Gl. 20.2–12 sind die Übergangswahrscheinlichkeiten für Absorption und induzierte Emission gleich.

Da die beiden Einsteinkoeffizienten B_{12}, B_{21} frequenzunabhängig sind, ist der *Einsteinkoeffizient* A_{21} *für die spontane Emission proportional zur dritten Potenz der Frequenz* ω_{21} *der abgestrahlten Photonen.* Daher sind Laser im fernen UV- und im Röntgenbereich nur schwer zu realisieren.

Die Übergangsrate $\Gamma_{2 \to 1} = B_{21}\, \rho(\omega_{21})$ der induzierten Emission ist nach Gl. (20.2–21)

---

[9] Die Gln. (20.4–7a/b) ergibt sich auch durch eine Taylorentwicklung der Exponentialfunktionen in den Gln. (20.4–5/6) für $\hbar \omega_{21} \ll k_B T$.

$$B_{21}\,\rho(\omega_{21}) \approx \frac{\pi\,e_0^2}{3\,\varepsilon_0\,\hbar^2}\,\rho(\omega_{21})\left(|\langle 2|x|1\rangle|^2 + |\langle 2|y|1\rangle|^2 + |\langle b|z|1\rangle|^2\right) \qquad (20.2\text{-}21)$$

Daher lautet der **Einsteinkoeffizient für spontane Emission**

$$A_{21} = \frac{e_0^2\,\omega_{21}^3}{3\pi\varepsilon_0\,\hbar\,c^3}\left(|\langle 2|x|1\rangle|^2 + |\langle 2|y|1\rangle|^2 + |\langle b|z|1\rangle|^2\right) \qquad (20.4\text{-}9)$$

Beispiel 20.4–1 Verhältnis von spontaner und induzierter Emissionsrate

Wir setzen Atome im Innern eines schwarzen Körpers, der die Raumtemperatur $T = 300\,\mathrm{K}$ bzw. die Glühbirnen-Temperatur $T = 3000\,\mathrm{K}$ hat, der Hohlraumstrahlung aus. Wie groß ist in den bestrahlten Atomen das Verhältnis von spontaner zu induzierter Emissionsrate bei der Wellenlänge $\lambda = 600$ nm bzw. $f = c/\lambda = 5 \cdot 10^{14}$ Hz (oranges Licht)?

Lösung:

Nach den Gln. (20.4–1b/c) ist das Verhältnis von spontaner und induzierter Emissionsrate

$$\frac{dN_2^{\text{spon. Em.}}}{dt} \Big/ \frac{dN_2^{\text{ind. Em.}}}{dt} = \frac{N_2\,A_{21}}{N_2\,B_{21}\,\rho(\omega_{21})} \underset{\underset{\text{Gl. (20.4--7b)}}{\uparrow}}{=} \frac{\hbar\,\omega_{12}^3}{\pi^2\,c^3}\frac{1}{\rho(\omega_{21})} \underset{\underset{\text{Gl. (20.4--6)}}{\uparrow}}{=}$$

$$= e^{\hbar\,\omega_{21}/(k_B T)} - 1 \quad \underset{\underset{\omega_{21}=2\pi\cdot 5\cdot 10^{14}/\text{s}}{\approx}}{} \quad \begin{cases} e^{80} - 1 \\ e^{8} - 1 \end{cases} \approx \begin{cases} 5{,}5 \cdot 10^{34} & \text{für } T = 300 \text{ K} \\ 3{,}0 \cdot 10^{3} & \text{für } T = 3000 \text{ K} \end{cases}$$

In Atomen, die von thermischen Lichtquellen bestrahlt werden, ist die induzierte Emission viel kleiner als die spontane Emission. In Lasern hingegen übersteigt die induzierte Emissionsrate die spontane Emissionsrate, weil das Pumpen das thermische Gleichgewicht zerstört und eine Besetzungsinversion aufbaut. Daher ist der Boltzmann-Faktor beim Laser nicht mehr anwendbar und die Gln. (20.4–7) gelten nicht.

Beispiel 20.4–2 Lebensdauern der angeregten Wasserstoff-Zustände $|2, l, m\rangle$

a) Angeregte Zustände $|2\rangle$ sollen *nur* durch spontane Emissionen in den Grundzustand $|1\rangle$ zerfallen. Zeige, dass $1/A_{21}$ die Lebensdauer τ der angeregten Zustände ist:

$$\tau = 1/A_{21} \qquad\qquad \text{für rein spontane Zerfälle} \qquad (20.4\text{-}10)$$

b) Ein angeregter Zustand $|K\rangle$ kann nur durch spontane Emissionen in mehrere Zustände $|1\rangle$, $|2\rangle$, ... $|n\rangle$ mit kleineren Energien zerfallen. Die Übergangsraten A_{K1}, A_{K2}, ... A_{Kn} sind gegeben. Wie groß ist die Lebensdauer des angeregten Zustandes $|K\rangle$?

c) Wie groß sind die vier Lebensdauern τ der vier angeregten Wasserstoffzustände $|2, l, m\rangle$, wenn diese nur durch spontane Emissionen in den Grundzustand übergehen können?

Lösung:

a) Die Dgl. für die spontane Emission lautet

$$\frac{dN_2^{\text{spon. Em.}}}{dt} = -A_{21}\,N_2 \qquad\qquad (20.4\text{-}1c)$$

$$\Rightarrow \quad N_2(t) = N_2(0)\, e^{-A_{21}t}$$

Ein Vergleich mit der Gl. (8.3–10) in Beispiel (8.3–3) beweist die Gl. $\tau = 1/A_{21}$.

b) In diesem Fall lautet die Dgl. für die spontane Emission

$$\frac{dN_K^{\text{spon. Em.}}}{dt} = -N_K \sum_{i=1}^{n} A_{Ki} \quad \Rightarrow \quad \tau = \frac{1}{\sum_{i=i}^{n} A_{Ki}} \tag{20.4–11}$$

c) Nach den Gln. (20.2–21) und (20.4–9) müssen die Matrixelemente $\langle 1,0,0 \,|\, \hat{A} \,|\, 2,l,m \rangle$ berechnet werden mit $\hat{A} = \hat{X}$, $\hat{A} = \hat{Y}$ und $\hat{A} = \hat{Z}$.

Der Operator $\hat{Z}$ hat nur ein einziges nicht verschwindendes Matrixelement[10]:

$$\langle 1,0,0 \,|\, z \,|\, 2,1,0 \rangle \underset{\substack{\uparrow \\ \text{Gl. (20.2–19)}}}{=} \frac{2^7}{3^5}\sqrt{2}\, a_{\text{B}} \tag{20.4–12}$$

Die nicht verschwindenden Matrixelemente von $\hat{X}$ und $\hat{Y}$ lauten:

$$\langle 1,0,0 \,|\, x \,|\, 2,1,\pm 1 \rangle = \mp \frac{2^7}{3^5} a_{\text{B}} \qquad \langle 1,0,0 \,|\, y \,|\, 2,1,\pm 1 \rangle \underset{\substack{\uparrow \\ \text{Gl. (20.7–1c)}}}{=} -i\frac{2^7}{3^5} a_{\text{B}} \tag{20.4–13}$$

Nach Gl. (20.4–9) sind die drei nicht verschwindenden Einsteinkoeffizienten $A_{(2,1,m) \to (1,0,0)}$ der spontanen Emission für alle drei $m = 0, \pm 1$ gleich groß (wie in Aufgabe 20–1) und lauten

$$A_{(2,1,m) \to (1,0,0)} = \frac{e_0^2\, \omega_{21}^3}{3\,\pi\,\varepsilon_0\,\hbar\, c^3} \cdot \frac{2^{15}}{3^{10}}\, a_{\text{B}}^2$$

Mit $\omega_{21} = \dfrac{E_2 - E_1}{\hbar} = -\dfrac{3 E_1}{4\hbar} > 0$

folgt $A_{(2,1,m) \to (1,0,0)} = -\dfrac{e_0^2\, E_1^3}{\pi\,\varepsilon_0\,\hbar^4 c^3}\, \dfrac{2^9}{3^8}\, a_{\text{B}}^2 = 6{,}26 \cdot 10^8\, \dfrac{1}{\text{s}}$ $\tag{20.4–14}$

Die drei Zustände $|\,2, 1, m\,\rangle$ haben bei rein spontaner Emission dieselben Lebensdauern $\tau \approx 1/6{,}26 \cdot 10^{-8}\,\text{s} \approx 1{,}60\,\text{ns}$. Der Zustand $|2, 0, 0\rangle$ kann wegen der Auswahlregel $\Delta l = \pm 1$ in Gl. (20.3–5) nicht spontan und auch nicht durch induzierte Emission in den Grundzustand übergehen – wohl aber durch Stöße.

20.5 Plötzliche Parameteränderung *

Die normale Störungsrechnung in den Abschn. 20.1 und 20.2 untersucht zeitabhängige Störungen, die *beliebig lange* dauern, und berechnet die Übergangswahrscheinlichkeiten zwischen den *ungestörten* Zuständen. Jetzt ist die Situation ganz anders: Jetzt erfährt das

---

[10] Nach der zweiten Auswahlregel (20.3–5) existiert kein Übergang $|2,0,0\rangle \to |1,0,0\rangle$, so dass gilt $\langle 1,0,0 | z | 2,0,0 \rangle = 0$. Nach Gl. (20.7–1a) in Aufgabe 20–8 verschwinden auch die zwei Matrixelemente $\langle 1,0,0 | z | 2,1,\pm 1 \rangle = 0$. In Aufgabe 20–8 stehen weitere Matrixelemente.

System eine schlagartige, einmalige Änderung, wobei die Schrödinger-Gl. *vorher und nachher* **exakt** gelöst werden kann. *Eine Störungsrechnung ist daher nicht erforderlich.*

Das System kann z. B. ein wasserstoffähnliches Atom mit einem Elektron und mindestens drei Protonen und zwei Neutronen sein, dessen Kern plötzlich einen α-Zerfall erleidet. Abgesehen von Feinheiten (Feinstruktur, ...) sind die beiden Schrödinger-Gln. vorher und nachher – sie unterscheiden sich nur durch die Kernladungszahl Z – exakt lösbar. Dabei hat jeder der beiden Hamiltonoperatoren seine eigenen Eigenwerte und Eigenfunktionen. Die Frage lautet: Mit welcher Wahrscheinlichkeit findet man das eine Elektron, dessen Zustand vor dem α-Zerfall bekannt war, nach dem Zerfall in einem bestimmten Eigenzustand des neuen Hamiltonoperators?

Unser System unterliegt bis zur Zeit $t = 0$ einem zeit*un*abhängigen Hamiltonoperator $\hat{H}^{(0)}$. Die zeit*un*abhängige Schrödinger-Gl.

$$\hat{H}^{(0)}\,|\,n\,\rangle = E_n\,|\,n\,\rangle \qquad\qquad \text{für } t \le 0 \qquad\qquad (20.5\text{–}1)$$

ist **exakt lösbar.** Wir müssen voraussetzen, dass *die Energien E_n diskret und nicht entartet sind.* Das System ist zur Zeit $t = 0$ im Zustand

$$|\,\psi(0)\,\rangle = \sum_n c_n\,|\,n\,\rangle \qquad\qquad \text{für } t = 0$$

In einem sehr kleinen Zeitintervall $[\,0,\tau_S\,]$ wird das System rasend schnell geändert – z. B. durch eine einmalige, schlagartige Parameterverschiebung oder durch eine blitzschnelle Zuschaltung eines zeit*un*abhängigen Potentials. Nach Ausführung der Zuschaltung liegt ab der Zeit τ_S ein *neuer* zeit*un*abhängiger Hamiltonoperator vor mit der neuen, wiederum **exakt lösbaren** Schrödinger-Gl.

$$\hat{H}^{(0)}_{\text{neu}}\,|\,n_{\text{neu}}\,\rangle = E_{n;\text{neu}}\,|\,n_{\text{neu}}\,\rangle \qquad\qquad \text{für } t > \tau_S \qquad\qquad (20.5\text{–}2)$$

Die Änderung erfolgt so schnell, dass das System während der Änderung kaum reagieren kann und zur Zeit τ_S immer noch im Ausgangszustand $|\,\psi(0)\,\rangle$ *ist.* (Bereits in Beispiel 20.1–1 wurde exemplarisch gezeigt, dass sich die Wellenfunktion bei sehr kurzfristigen Störungen (fast) nicht ändert.) $|\,\psi(0)\,\rangle$ *ist also der Anfangszustand für die Zeitentwicklung im neuen System* und lässt sich natürlich auch nach den Eigenfunktionen $|\,n_{\text{neu}}\,\rangle$ des neuen Hamiltonoperators entwickeln:

$$|\,\psi_{\text{neu}}(0)\,\rangle = |\,\psi(0)\,\rangle = \sum_n c_{n;\text{neu}}\,|\,n_{\text{neu}}\,\rangle = \sum_n \langle\,n_{\text{neu}}\,|\,\psi(0)\,\rangle\,|\,n_{\text{neu}}\,\rangle$$

$$\Rightarrow \qquad |\,\psi_{\text{neu}}(t)\,\rangle = \sum_n \langle\,n_{\text{neu}}\,|\,\psi(0)\,\rangle\,e^{-iE_{n;\text{neu}}\,t/\hbar}\,|\,n_{\text{neu}}\,\rangle \qquad \text{für } t \ge \tau_S \qquad (20.5\text{–}3)$$

Daher ist die Wahrscheinlichkeit, das System nach der plötzlichen Systemänderung im neuen Eigenzustand $|\,n_{\text{neu}}\,\rangle$ zu finden, bei *diskreten, nicht entarteten Energien*

$$P_{\psi \to n;\text{neu}} = |\langle\,n_{\text{neu}}\,|\,\psi(0)\,\rangle|^2 \qquad\qquad (20.5\text{–}4)$$

Beispiel 20.5–1 α-Zerfall in wasserstoffähnlichen Atomen

In einem wasserstoffähnlichen Atom mit Kernladungszahl $Z \geq 3$ tritt plötzlich ein α-Zerfall ein. Wie groß ist die Wahrscheinlichkeit $P_{0 \to 0}$, dass das Elektron im Grundzustand bleibt?

Lösung:

Die Grundzustandsfunktion lautet

$$\psi_{100}(r,\vartheta,\varphi) = = \frac{1}{\sqrt{\pi}} \kappa^{3/2} \, e^{-\kappa r} \qquad \text{mit} \qquad \kappa = Z/a_B$$

$$\Rightarrow \quad P_{0 \to 0} = \frac{Z^3 (Z-2)^3}{\pi^2 a_B^6} \left| 4\pi \int_0^\infty dr \, r^2 \exp\left(-\frac{2(Z-1)}{a_B} r \right) \right|^2$$

(Der Faktor 4π ergibt sich aus den Winkelintegrationen über φ, ϑ.) Mit der Substitution $u := 2(Z-1)\,r/a_B$ folgt

$$P_{0 \to 0} = \frac{Z^3 (Z-2)^3}{(Z-1)^6} < 1 \, P_{0 \to 0}$$

$P_{0 \to 0}$ hat für $Z = 3$ den minimalen Wert 0,42 und geht mit wachsendem Z gegen eins.

Beispiel 20.5–2 Harmonischer Oszillator mit plötzlich geänderter Federkonstante D

Ein harmonischer Oszillator befindet sich im Grundzustand $|\,0\,\rangle$ Zur Zeit $t = 0$ verschiebt sich die Federkonstante sprunghaft von D nach D_{neu}. Dabei ändert sich ω nach ω_{neu}. Wie groß ist die Wahrscheinlichkeit $P_{0 \to 0}$, den Oszillator anschließend im neuen Grundzustand zu finden?

Lösung:

Vor der schlagartigen Änderung lautet der Grundzustand

$$\psi_0(x) = \left(\frac{m\omega}{\pi\hbar} \right)^{1/4} \exp\left(-\frac{m\omega}{2\hbar} x^2 \right) \qquad \text{mit} \qquad \omega = \sqrt{\frac{D}{m}} \qquad (6.1\text{–}18a)$$

$$\Rightarrow \quad P_{0 \to 0} = \frac{m}{\pi\hbar} \sqrt{\omega\,\omega_{neu}} \left| \int_{-\infty}^\infty dx \, \exp\left[-\frac{m}{2\hbar}(\omega + \omega_{neu}) x^2 \right] \right|^2$$

Mit der Substitution $z := \sqrt{m(\omega + \omega_{neu})/(2\hbar)}\; x$ folgt

$$P_{0 \to 0} = \frac{2}{\pi} \frac{\sqrt{\omega\,\omega_{neu}}}{\omega + \omega_{neu}} \left| \int_{-\infty}^\infty dz \, e^{-z^2} \right|^2 = 2 \frac{\sqrt{\omega\,\omega_{neu}}}{\omega + \omega_{neu}} \leq 1$$

Die vorgestellten Rechnungen gelten *nicht bei kontinuierlichen Spektren, da die Schaltzeit τ_S in diesem Fall nicht vernachlässigt werden kann*, weil Übergänge in einem Kontinuum beliebig schnell erfolgen. Die Wahrscheinlichkeit in Gl. (20.5–4) ist in diesem Fall nicht korrekt.

20.6 Leitgedanken

20.1 Allgemeine Störungsentwicklung

Der Hamiltonoperator $\hat{H}(t) = \hat{H}^{(0)} + \lambda\,\hat{H}^{(1)}(t)$ besteht aus einem zeitunabhängigen Teil $\hat{H}^{(0)}$, dessen ungestörte Eigenfunktionen $|n\rangle$ und nicht entarteten Energien E_n analytisch berechnet werden können, und aus einem kleinen zeitabhängigen Anteil $\lambda\,\hat{H}^{(1)}(t)$ mit $0 \le \lambda \le 1$. Jede Wellenfunktion lässt sich als Überlagerung der ungestörten Eigenfunktionen $|n\rangle$ darstellen:

$$|\psi(t)\rangle = \sum_n c_n(t)\,c_n\,e^{-iE_n t/\hbar}\,|n\rangle \tag{20.1-5}$$

mit zeitabhängigen Koeffizienten $c_n(t)$. Wir setzen die Überlagerung (20.1–5) in die zeitabhängige Schrödinger-Gl. ein und erhalten

$$i\hbar\sum_n \frac{dc_n(t)}{dt}\,e^{-iE_n t/\hbar}\,|n\rangle = \sum_n c_n(t)\,e^{-iE_n t/\hbar}\,\lambda\,\hat{H}^{(1)}(t)\,|n\rangle$$

Multiplikation mit dem ungestörten Bra $\langle\,b\,|$ liefert mit

$$\omega_{bn} := (E_b - E_n)/\hbar \qquad h^{(1)}_{bn}(t) := \langle\,b\,|\,\hat{H}^{(1)}\,|\,n\,\rangle \tag{20.1-7/8}$$

die **exakten Dgln.**

$$i\hbar\frac{dc_b(t)}{dt} = \lambda\sum_n e^{i\,\omega_{bn}t}\,h^{(1)}_{bn}(t)\,c_n(t) \qquad\qquad \text{für alle } b \tag{20.1-9}$$

Dies ist ein – oft *unendlich* großes – System gekoppelter linearer Dgln. erster Ordnung in t. Wir nehmen an, dass sich die Koeffizienten als **Potenzreihen** des Parameters λ darstellen lassen:

$$c_n(t) = c_n^{(0)}(t) + \lambda\,c_n^{(1)}(t) + \lambda^2\,c_n^{(2)}(t) + \dots \tag{20.1-10}$$

Die Potenzreihe (20.1–10) wird in die Dgln. (20.1–9) eingesetzt. *Die so aufgestellte Gln. gelten genau dann für alle Parameter λ, wenn die Koeffizienten jeder Potenz von λ einzeln verschwinden:*

$$\lambda^0: \quad i\hbar\frac{dc_b^{(0)}(t)}{dt} = 0 \qquad\qquad \text{für alle } b \tag{20.1-11a}$$

$$\lambda^1: \quad i\hbar\frac{dc_b^{(1)}(t)}{dt} = \sum_n e^{i\,\omega_{bn}t}\,h^{(1)}_{bn}(t)\,c_n^{(0)}(t) \qquad\qquad \text{für alle } b \tag{20.1-11b}$$

usw. Zum Glück lässt folgende **Anfangsbedingung** die Summation über n in der ersten Näherung zusammenbrechen: Zur Zeit $t = 0$ soll sich das Quantenobjekt im *ungestörten* Eigenzustand $|\psi(0)\rangle = |a\rangle$ befinden. Das bedeutet nach Gl. (20.1–10):

$$c_n(0) = c_n^{(0)}(0) + \lambda\,c_n^{(1)}(0) + \lambda^2\,c_n^{(2)}(0) + \dots \overset{!}{=} \delta_{na} \quad \text{für} \quad n = 1, 2, \dots \quad \forall\,\lambda$$

Da diese Gln. für *alle* λ gelten, gehen die Anfangsbedingungen wie folgt in die Korrekturen ein:

$$c_n^{(0)}(0) = \delta_{na} \qquad c_n^{(k)}(0) = 0 \quad \text{für} \quad k > 0 \tag{20.1-13}$$

Mit den verschwindenden Ableitungen $\dot{c}_b^{(0)} = 0$ in Gl. (20.1–11a) folgt

$$c_n^{(0)}(t) = \delta_{na} \quad \text{bzw.} \quad c_b^{(0)}(t) = \delta_{ba} \qquad\qquad \text{für alle } n \text{ bzw. } b \tag{20.1-14}$$

$$i\,\hbar\,\frac{dc_b^{(1)}(t)}{dt} = \sum_n e^{i\,\omega_{bn}t}\,h_{bn}^{(1)}(t)\,c_n^{(0)}(t) \quad\underset{\underset{\text{Gl. (20.2-14)}}{\uparrow}}{=}$$

$$= e^{i\,\omega_{ba}t}\,h_{ba}^{(1)}(t) \qquad\qquad \text{für alle } b$$

Somit ergeben sich in nullter und in erster Näherung die Lösungen der Dgln. (20.1-11):

$$c_b^{(0)}(t) = c_b^{(0)}(0) = \delta_{ba} \tag{20.1-15a}$$

$$c_b^{(1)}(t) = \frac{1}{i\,\hbar}\int_0^t dt'\,e^{i\,\omega_{ba}t'}\,h_{ba}^{(1)}(t') \qquad \text{mit}\qquad h_{ba}^{(1)}(t):=\langle\,b\,|\,\hat{H}^{(1)}(t)\,|\,a\,\rangle \tag{20.1-15b}$$

für alle b und für die Anfangsbedingung $|\psi(0)\rangle = |a\rangle$. Dabei ist $\omega_{ba}:=(E_b-E_a)/\hbar$

Zur Zeit t und für $|\,b\,\rangle \neq |\,a\,\rangle$ lautet die **Übergangswahrscheinlichkeit** von $|a\rangle$ nach $|b\rangle$

$$P_{a\to b}(t) = \Big|\,\langle\,b\,|\,\psi(0)\rangle\,\Big|^2 = \Big|\,c_b(t)\,\Big|^2 =$$

$$= \Big|\,c_b^{(0)}(t) + \lambda\,c_b^{(1)}(t) + \lambda^2\,c_b^{(2)}(t) + \dots.\,\Big|^2 \quad\underset{\underset{1.\,\text{Näherung und }\lambda=1}{\uparrow}}{\approx}\quad \Big|\,c_b^{(1)}(t)\,\Big|^2$$

20.2 Absorption und induzierte Emission

Die Wechselwirkung der Elektronen mit einem Strahlungsfeld wird durch zeitabhängige Störoperatoren $\hat{H}^{(1)}(t)$ beschrieben. Eine *klassisch beschriebene*, z-linear polarisierte, elektromagnetische Welle soll in die positive x-Richtung laufen. Sie lässt sich durch die Potentiale

$$\Phi(\mathbf{r},t)=0 \qquad \mathbf{A}(\mathbf{r},t)=\mathbf{A}(x,t)=A_0\,\mathbf{e}_z\cos(kx-\omega t) \quad\Rightarrow\quad \nabla\cdot\mathbf{A}=0 \tag{20.2-3}$$

beschreiben. Nach Abschn. 10.1 lautet der Hamiltonoperator eines Teilchens mit Ladung q in einem elektromagnetischen Feld *allgemein*

$$\hat{H} = \frac{1}{2m}\left(\frac{\hbar}{i}\nabla - q\,\mathbf{A}\right)^2 + V = \underbrace{\frac{\hat{\mathbf{P}}^2}{2m} + V}_{=\hat{H}^{(0)}} \underbrace{-\frac{q}{2m}\left(\hat{\mathbf{P}}\cdot\mathbf{A} + \mathbf{A}\cdot\hat{\mathbf{P}}\right) + \frac{q^2}{2m}\mathbf{A}^2}_{=\hat{H}^{(1)}(t)} \tag{10.1-4}$$

Wegen der **Coulomb-Eichung** $\nabla\cdot\mathbf{A}=0$ und wegen der Vernachlässigung des quadratischen Terms mit $\mathbf{A}^2$ erhalten wir für Elektronen mit der Ladung $q=-e_0$

$$\hat{H}^{(1)}(t) = \frac{e_0}{m}\,\mathbf{A}\cdot\hat{\mathbf{P}} \quad\underset{\underset{\text{Gl. (20.2-3)}}{\uparrow}}{=}\quad \frac{e_0}{m}\,A_0\,\hat{P}_z\cos(kx-\omega t) \tag{20.2-4}$$

Im optischen Bereich der elektromagnetischen Strahlung ist $kx \approx 2\pi/\lambda_{\text{Licht}}\,a_{\text{B}} \approx 6{,}6\cdot10^{-4}$ sehr klein, so dass $\cos(kx-\omega t) \approx \cos(\omega t)$.

$$\Rightarrow\quad \hat{H}^{(1)}(t) \approx \frac{e_0}{m}\,A_0\,\hat{P}_z\cos(\omega t) \qquad \text{für} \qquad kx \ll 1 \tag{20.2-6}$$

Diese **elektrische Dipolnäherung** *vernachlässigt die räumliche Variation der optischen Strahlung im Bereich der winzigen Atomhülle.* Wir ersetzen das Matrixelement $\langle\,b\,|\hat{P}_z\,|a\,\rangle$ durch das Matrixelement $\langle\,b\,|\hat{Z}\,|a\,\rangle$ des Ortsoperators:

$$\langle\,b\,|\,\hat{H}^{(1)}\,|\,a\,\rangle = i\,A_0\,\omega_{ba}\,\langle\,b\,|\,e_0\,\hat{Z}\,|\,a\,\rangle\cos(\omega t) =$$

$$= i \langle b | \hat{H}^{(Z)} | a \rangle \; \frac{e^{i\omega t} + e^{-i\omega t}}{2} = i \, h_{ba}^{(Z)} \; \frac{e^{i\omega t} + e^{-i\omega t}}{2}$$

mit $\quad \hat{H}^{(Z)} := A_0 \, \omega_{ba} \, e_0 \, \hat{Z} \qquad \omega_{ba} := (E_b - E_a)/\hbar$ $\qquad\qquad$ (20.2–9)

Für den Übergang von $|a\rangle$ nach $|b\rangle$ folgt mit Gl. (20.1–15b) und $\lambda = 1$:

$$c_b^{(1)}(t) = \frac{1}{2\hbar} \, h_{ba}^{(Z)} \int_0^t dt' \left[e^{i(\omega_{ba}+\omega)\,t'} + e^{i(\omega_{ba}-\omega)\,t'} \right] =$$

$$= \frac{1}{2\hbar} \, h_{ba}^{(Z)} \left[\frac{e^{i(\omega_{ba}+\omega)\,t} - 1}{i(\omega_{ba}+\omega)} + \frac{e^{i(\omega_{ba}-\omega)\,t} - 1}{i(\omega_{ba}-\omega)} \right] \qquad (20.2{-}10)$$

Wegen $\omega \geq 0$ gilt für die beiden Terme in der letzten eckigen Klammer dieser Gl.:

- **Absorption:** Für $\omega \approx \omega_{ba} > 0$ ist der zweite Term in der eckigen Klammer viel größer als der erste Term, so dass der erste Term vernachlässigt werden kann.

- **Induzierte Emission:** Für $\omega \approx -\omega_{ba} > 0$ der erste Term viel größer als der zweite Term, so dass der zweite Term entfallen kann.

Wir können immer ω_{ba} durch $|\omega_{ba}|$ ersetzen und erhalten die Übergangswahrscheinlichkeit. Für Störungen (20.6–6) mit der Frequenz ω lautet die Wahrscheinlichkeit, das gestörte Teilchen, das zur Zeit $t = 0$ im Zustand $|a\rangle$ ist, zur späteren Zeit $t \geq 0$ im verschiedenen Zustand $|b\rangle$ vorzufinden, in erster Näherung

$$P_{a \to b}(t,\omega) \approx \left| c_b^{(1)}(t) \right|^2 \approx \frac{1}{\hbar^2} \left| h_{ba}^{(Z)} \right|^2 \frac{\sin^2\left[(|\omega_{ba}| - \omega)\,\frac{t}{2} \right]}{(|\omega_{ba}| - \omega)^2} \qquad (20.2{-}12)$$

mit $\quad \hat{H}^{(Z)} := A_0 \, \omega_{ba} \, e_0 \, \hat{Z}$ $\qquad\qquad\qquad\qquad\qquad\qquad\qquad$ (20.2–9)

und $\quad \omega_{ba} := \omega_b - \omega_a \qquad$ und $\qquad |a\rangle \neq |b\rangle$ $\qquad\qquad\qquad\qquad$ (20.2–13)

Die Übergangswahrscheinlichkeit bei monochromatischen Störungen hat drei wichtige Eigenschaften:

1. *Für elektromagnetische Störfelder sind die Absorption und die induzierte Emission* – auch *stimulierte Emission* genannt – *gleich wahrscheinlich*:

$$P_{a \to b}(t,\omega) = P_{b \to a}(t,\omega) \qquad\qquad\qquad\qquad (20.2{-}14)$$

2. Die Breite des Hauptmaximums der frequenzabhängigen Übergangswahrscheinlichkeit $P_{a \to b}(\omega)$ ist *indirekt* proportional zu der Zeit t, die die Störung bereits existiert, und kann nach Abb. (20.2–1) *großzügig* abgeschätzt werden mit

$$2\,\Delta\omega \approx \frac{4\pi}{t} \qquad\qquad\qquad\qquad\qquad\qquad\qquad (20.2{-}15)$$

Mit zunehmender Bestrahlungszeit t wird $P_{a \to b}(\omega)$ immer schmaler, so dass sich ω_{ab} immer genauer bestimmen lässt.

Die Energiedifferenz $E_{ba} := E_b - E_a$ von zwei atomaren Niveaus lässt sich mit einem durchstimmbaren Laser messen: Die Laserfrequenz ω wird solange variiert, bis die Resonanzfrequenz $\omega_{ba} := \omega_b - \omega_a$ durch Messung der maximalen Absorption gefunden wird – mit der Unsicherheit

$$\Delta\omega_{ba} \approx 2\pi/t \quad \Leftrightarrow \quad \Delta E_{ba} \approx 2\pi\hbar/t.$$

Wir können die *Strahlungszeit t mit der Messzeit* Δt *gleichsetzen.* Δt *ist also ein Zeitintervall und nicht irgendeine Unschärfe der Zeit.* Es folgt

$$\Delta E_{ba}\, \Delta t \approx h \tag{20.2–16}$$

Dies ist die **Energie-Zeit-Unbestimmtheitsrelation** für Absorption und induzierte Emission.

3. Nach Abb. 20.2–2 *oszilliert die Übergangswahrscheinlichkeit* zwischen den Zuständen $|a\rangle \leftrightarrow |b\rangle$ für $\omega \neq |\omega_{ba}|$ mit der Frequenz $||\omega_{ba}| - \omega|$ und *fällt dabei immer wieder auf null ab.* Das System kehrt immer wieder in den Anfangszustand $|a\rangle$ zurück. Solche **Rabi-Oszillationen** treten auch in *exakt* lösbaren Systemen mit zwei Energieniveaus auf.

20.3 Auswahlregeln für elektrische Dipolübergänge

Wir betrachten *wasserstoffähnliche Atome.* Das elektrische Feld der linear polarisierten Strahlung zeigt in die Richtung eines Einheitsvektors **n**. Dann gilt in der elektrischen Dipolnäherung:

$$P_{a\to b}(t,\omega) \sim |\langle b|e_0\, \mathbf{n}\cdot\mathbf{r}|a\rangle|^2 \tag{20.3–1}$$

mit $\quad \mathbf{n}\cdot\mathbf{r} = r\left(n_x\, \sin\vartheta\, \cos\varphi + n_y\, \sin\vartheta\, \sin\varphi + n_z\, \cos\vartheta\right)$

Wegen $\quad \sin\vartheta\, \cos\varphi \sim Y_{11} - Y_{1-1} \quad\quad \sin\vartheta\, \sin\varphi \sim Y_{11} + Y_{1-1} \quad\quad \cos\vartheta \sim Y_{10} \quad\quad$ (8.3–26a/b/c)

enthält $\mathbf{n}\cdot\mathbf{r}$ die drei Kugelflächenfunktionen $Y_{1m}(\vartheta,\varphi) \sim e^{im\varphi}$ mit $m = 0, \pm 1$. Daher gilt:

$$P_{a\to b}(t,\omega) \sim |\langle b|e_0\, \mathbf{n}\cdot\mathbf{r}|a\rangle|^2 \sim \int_0^{2\pi} d\varphi\, e^{i(-m_b + m + m_a)\varphi} = \begin{cases} 2\pi & \text{für } -m_b + m + m_a = 0 \\ 0 & \text{für } -m_b + m + m_a \neq 0 \end{cases}$$

Mit $m = 0, \pm 1$ finden wir die die **erste Auswahlregel** für elektrische Dipolübergänge.

Strahlungsübergänge treten in der elektrischen Dipolnäherung nur auf für
$$\Delta m = m_b - m_a = 0, \pm 1 \tag{20.3–3}$$

Wegen des Photonenspins $\hbar$ kann sich der Drehimpuls eines Atoms bei der Emission bzw. Absorption eines Photons höchstens um $\Delta l = 0, \pm 1$ ändern. Mit dem Paritätsoperator lässt sich zeigen: Übergänge mit $\Delta l = 0$ sind nicht möglich, obwohl sie laut Drehimpulserhaltung denkbar wären. Somit gilt:

Strahlungsübergänge treten in der elektrischen Dipolnäherung nur auf für
$$\Delta l = l_b - l_a = \pm 1 \tag{20.3–5}$$

Übergänge, die die Auswahlregeln nicht erfüllen, heißen **verbotene Übergänge**. Sie werden nur durch elektrische Quadrupol- und magnetische Dipolübergänge realisiert, die um den Faktor $Z\,\alpha$ (mit Z = Kernladungszahl und $\alpha \approx 1/137$) schwächer sind als die elektrischen Dipolübergänge.

20.4 Spontane Emission und Einsteinkoeffizienten

Die spontane Emission, bei der ein Atom *ohne sichtbare äußere Einwirkung* von einem angeregten Zustand in einen Zustand mit kleinerer Energie übergeht, kann nur durch *die Quantenelektrodynamik als Folge immer vorhandener Vakuumfluktuationen erklärt werden.*

1916 konnte A. Einstein *unter Verwendung des Planckschen Strahlungsgesetzes und des Boltzmann-Faktors* eine Beziehung zwischen Absorption und induzierter Emission einerseits und spontaner Emission andererseits herleiten. Nur mit dieser Beziehung können wir die Übergangsrate der spontanen Emission und die Lebensdauer angeregter, spontan zerfallender Atomzustände im Rahmen der Quantenmechanik berechnen.

20.7 Aufgaben

20–1 Mittel Lebensdauer des angeregten Wasserstoff-Zustandes $|3,0,0\rangle$

Wie lang ist die Lebensdauer des angeregten Wasserstoffzustandes $|n,l,m\rangle = |3,0,0\rangle$, wenn nur spontane Emissionen berücksichtigt werden?

Hinweis: Nach Beispiel 20.4–2b addieren sich die Einsteinkoeffizienten A_{Ki} bei mehreren Zerfallskanälen.

20–2 Vernachlässigbarkeit der Spin-Magnetfeld-Kopplung

Nach Gl. (12.4–4) lautet der Wechselwirkungsoperator des Elektronenspins mit einem äußeren Magnetfeld

$$\hat{V}_{\mathrm{B}} = \frac{e_0}{m_{\mathrm{e}}}\,\hat{\mathbf{S}}\cdot\mathbf{B} \tag{12.4–4}$$

Schätze für den optischen Bereich des elektromagnetischen Spektrums kurz und grob ab, dass die Matrixelemente von $\hat{V}_{\mathrm{B}}$ viel kleiner sind als die Matrixelemente des Operators

$$\hat{H}^{(Z)} = A_0\,\omega_{ba}\,e_0\,\hat{Z} = \frac{\omega_{ba}}{\omega}\,\mathcal{E}_0\,e_0\,\hat{Z} \qquad \text{in den Gln. (20.2–9/12).}$$

20–3 Mittel Vergleich von exakter und genäherter Lösung

Schrödinger-Gln. mit zeitabhängigen Potentialen können nur selten exakt gelöst werden. Das folgende Beispiel ist eine – allerdings sehr einfache – Ausnahme in einem (nur) *zweidimensionalen* Hilbertraum. Der ungestörte Hamiltonoperator $\hat{H}^{(0)}$ hat zwei bekannte Eigenzustände $|n\rangle$ mit Eigenwerten E_n:

$$\hat{H}^{(0)}|n\rangle = E_n\,|n\rangle \qquad n=1,2$$

Das zeitabhängige Störpotential hat bzgl. dieser Eigenzustände die Form

$$\hat{H}^{(1)}(t) = \hbar\,\omega_0 \begin{pmatrix} 0 & e^{i\omega t} \\ e^{-i\omega t} & 0 \end{pmatrix}$$

Zur Zeit $t=0$ befindet sich das System im ersten Zustand: $|\psi(0)\rangle = |1\rangle$.

a) Berechne die *exakte* Übergangswahrscheinlichkeit $P_{1\to 2}(t) = |c_2(t)|^2$ mit den exakten Dgln. (20.1–9).

b) Berechne die Übergangswahrscheinlichkeit in erster Näherung mit der Gl. (20.1–15b) und vergleiche sie mit der exakten Lösung in Teil a) der Aufgabe.

20–4 Leicht Auswahlregeln des harmonischen Oszillators

Ein eindimensionaler harmonischer Oszillator mit einem geladenen Teilchen wird einem homogenen, zeitunabhängigen elektrischen Feld $\mathcal{E}$ ausgesetzt, das zur Zeit $t=0$ eingeschaltet wird und parallel zur x-Achse ist. Beweise die Auswahlregel $\Delta n = \pm 1$.   ($n = 0,1,2,\dots$ = Quantenzahl des Oszillators)

> Hinweis: Wegen dieser Auswahlregel kann der Oszillator nur die Energie $\hbar\omega$ absorbieren oder emittieren. Vielfache dieser Energie können weder absorbiert noch emittiert werden.

20–5 Mittel Unendlich tiefer Potentialtopf mit zwei verschiedenen Störungen   **Abb. 20.7–1/2**

In Abschn. 5.1 haben wir den Potentialtopf mit unendlich hohen Wänden untersucht mit den Lösungen

$$\psi_n(x) = \sqrt{\frac{2}{L}}\,\sin\!\left(\frac{n\pi}{L}\,x\right)$$

und den diskreten Energien

$$E_n = \frac{\hbar^2\pi^2}{2mL^2}\,n^2 = E_1\,n^2 \quad \text{mit} \quad n \geq 1$$

a) Der Boden des Topfes wird ab der Zeit $t=0$ in wippende Bewegung versetzt mit der zeitabhängigen Störung

$$\hat{H}^{(1)}(t) = \tilde{V}\cdot\left(x - \frac{L}{2}\right)\sin(\omega t)$$

Zur Zeit $t=0$ befindet sich das System im Grundzustand $\psi_1(x)$. Wie groß ist zur Zeit $t>0$ die Wahrscheinlichkeit $P_{1\to n}(t)$ des Übergangs in den n-ten Zustand $\psi_n(x)$?

Hinweis: $\displaystyle \frac{2}{L}\int_0^L x\,\sin\!\left(\frac{n\pi}{L}\,x\right)\sin\!\left(\frac{\pi}{L}\,x\right)dx =$

$$= -\frac{8L}{\pi^2}\,\frac{n}{(n^2-1)^2}\begin{cases} 1 & \text{für } n = \text{gerade} \\ 0 & \text{für } n = \text{ungerade}\end{cases}$$

b) Betrachte nun einen unendlich tiefen Potentialtopf mit einem flachen, in vertikaler Richtung bewegtem Boden:

$$V(x,t) = \begin{cases} V_0\,f(t) & \text{für } 0 < x < L \\ \infty & \text{sonst}\end{cases}$$

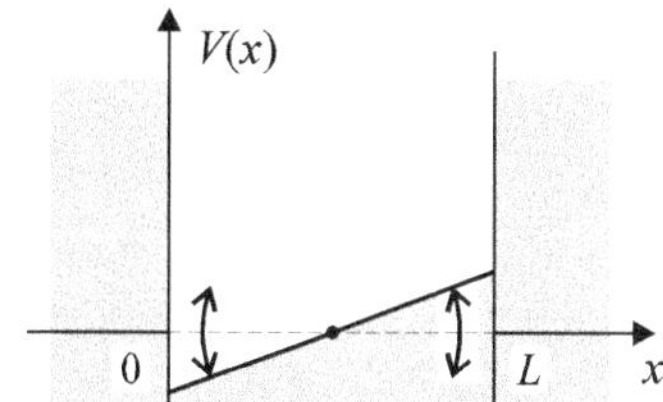

Abb. 20.7–1 Ein wippender Potentialboden zwischen unendlich hohen Potentialwänden.

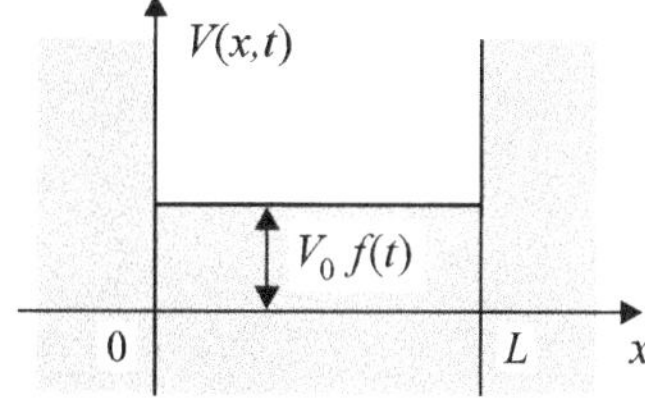

Abb. 20.7–2 Der ebene, horizontale Potentialboden wird vertikal bewegt.

Wie groß ist die Übergangswahrscheinlichkeit zwischen zwei ungestörten Zuständen $|a\rangle$ und $|b\rangle$?

20–6 Mittel Fourierspektrum bei zeitlicher Begrenzung

Ein System befindet sich zur Zeit $t=0$ im ungestörten Anfangszustand $|a\rangle$ und wird durch einen zeitabhängigen Operator $\hat{H}^{(1)}(t) \sim \exp(i\omega t)$ beeinflusst. Nach Gl. (20.2–12) ist die Wahrscheinlichkeit, das System infolge der Störung zur Zeit t_E in einem ungestörten Endzustand $|b\rangle$ vorzufinden, in erster Näherung

$$P_{a\to b}(t_E,\omega) \approx |c_b^{(1)}(t_E)|^2 \sim \frac{\sin^2\!\left[(\omega_{ba}-\omega)\,t_E/2\right]}{(\omega_{ba}-\omega)^2} \qquad \text{mit} \quad \omega_{ba} > 0 \qquad (20.2\text{–}12)$$

In dieser Aufgabe wird die naheliegende Frage beantwortet, warum der Störoperator nach Abb. 20.2–1 auch dann Absorptionen $|a\rangle \to |b\rangle$ verursacht, wenn seine Strahlungsfrequenz ω nicht mit der Frequenz $\omega_{ba} > 0$, die laut *Energieerhaltungssatz* für den Übergang $|a\rangle \to |b\rangle$ nötig ist, übereinstimmt.

Wir untersuchen das Frequenzspektrum der zeitlich begrenzten Schwingung

$$f(t) = A\,e^{i\,\omega\,t} \cdot \begin{cases} 1 & \text{für} \quad 0 \le t \le t_{\mathrm{E}} \\ 0 & \text{sonst} \end{cases} \tag{20.7-1}$$

Berechne das Quadrat $|\tilde{f}(\Omega)|^{2}$ der Fouriertransformierten $\tilde{f}(\Omega)$ von $f(t)$ und diskutiere den Zusammenhang mit Gl. (20.2-12) und mit Abb. 20.2-1. Beantworte die oben genannte Frage.

20-7 Schwer Vorbeiflug eines schweren, geladenen Teilchens

Ein schweres, spinloses Teilchen mit Ladung e_{0} fliegt mit konstanter Geschwindigkeit $\mathbf{v}_{0}$ im Abstand s an einem Wasserstoffatom im Anfangszustand $|a\rangle$ vorbei. Das Wasserstoffatom ruht im Koordinatenursprung. In dieser Aufgabe soll die Wahrscheinlichkeit $P_{a \to b}$ berechnet werden, mit der das Wasserstoff-Elektron im Laufe des Vorbeifluges in den Zustand $|b\rangle$ wechselt.

a) Stelle das Potential $V(t)=\hat{H}^{(1)}(t)$ der Coulomb-Wechselwirkung in erster Näherung auf, wenn der kleinste Abstand s der beiden Teilchen viel größer ist als der Durchmesser des Wasserstoffatoms. Welches Integral über die Zeit ist zu berechnen?

b) Kann die Größe s/v_{0} als die effektive Stosszeit T_{St} interpretiert werden? Argumentiere mit Worten, also ohne Rechnung, wie groß $P_{a \to b}$ ungefähr ist für $s/v_{0} \gg 1/\omega_{ba}$.

c) Berechne das Zeitintegral der Übergangswahrscheinlichkeit $P_{a \to b}$ für den Spezialfall $s/v_{0} \ll 1/\omega_{ba}$.

20-8 Leicht Weitere „Auswahlregeln" der elektrischen Dipolstrahlung

a) Beweise folgende Gl. für die Matrixelemente bzgl. der Wasserstoffzustände $|n,l,m\rangle$:

$$\langle n',l',m' | z | n,l,m \rangle = 0 \quad \text{für} \quad m' \ne m \tag{20.7-1a}$$

b) Beweise folgende zwei Gln. – wieder für die Matrixelemente bzgl. der Wasserstoffzustände $|n,l,m\rangle$:

$$\langle n',l',m'| y | n,l,m \rangle = -i\,(m'-m)\,\langle n',l',m'| x | n,l,m \rangle \tag{20.7-1b}$$

$$\langle n',l',m'| x | n,l,m \rangle = i\,(m'-m)\,\langle n',l',m'| y | n,l,m \rangle \tag{20.7-1c}$$

Hinweis zu a) und b): Berechne die Matrixelemente der Kommutatoren $[\hat{L}_{3},z]=0$, $[\hat{L}_{3},x]$ und $[\hat{L}_{3},y]$. Zeige mit den Gln. (20.7-1b/c):

$$\langle n',l',m'| x | n,l,m \rangle = 0 = \langle n',l',m'| y | n,l,m \rangle \quad \text{für} \quad m' \ne m \pm 1 \tag{20.7-1d/e}$$

21 Der Dichteoperator

Dieses Kapitel ist schwieriger und auch etwas abstrakt.

Bisher sind wir stets davon ausgegangen, dass der Zustand eines Systems bekannt ist und durch eine Wellenfunktion vollständig beschrieben wird. Der Dichteoperator ermöglicht erstmals auch die Darstellung von Systemen, die nicht in allen Details, also nur unvollständig bekannt sind und daher nicht durch Wellenfunktionen wiedergegeben werden können – z. B. nach einer unvollständigen Präparation.

Der Dichteoperator ermöglicht eine einfache Unterscheidung zwischen reinen, interferenzfähigen Zuständen und gemischten Zuständen. Leser mit Interesse am Abschn. „22.4 Dekohärenz" müssen sich mit dem Dichteoperator auskennen. Darüber hinaus ist der Dichteoperator von größter Bedeutung für die Quantenstatistik.

21.2 *Der Dichteoperator reiner Gesamtheiten*: Da die Phasen aller Wellenfunktionen bedeutungslos sind, kann ein Zustand $|\alpha\rangle$ auch durch den Projektionsoperator $\hat{\rho} := |\alpha\rangle\langle\alpha|$ beschrieben werden. $\hat{\rho}$ heißt Dichteoperator. Mit ihm lassen sich der Erwartungswert $\langle\alpha|\hat{A}|\alpha\rangle$ und die Wahrscheinlichkeit, einen Eigenwert a_n von $\hat{A}$ zu messen, durch Spurbildung berechnen.

21.2 *Der Dichteoperator gemischter Gesamtheiten*: Eine gemischte Gesamtheit ist definiert als eine Menge von Systemen oder Teilchen, die sich mit den *klassischen* Wahrscheinlichkeiten p_i in verschiedenen Zuständen $|\alpha_i\rangle$ befinden. (Die Zustände $|\alpha_i\rangle$ müssen weder orthogonal noch vollständig sein.) Gemischte Gesamtheiten können nicht durch Wellenfunktionen, sondern nur durch Dichteoperatoren beschrieben werden; darauf beruht in erster Linie die große Bedeutung der Dichteoperatoren. Auch hier werden Erwartungswerte und Messwahrscheinlichkeiten durch Spurbildung berechnet.

21.1 Der Dichteoperator reiner Gesamtheiten

Bisher haben wir nur sog. reine Zustände betrachtet. Ein **reiner Zustand** *wird durch eine normierte Funktion* $|\alpha\rangle$ *im Hilbertraum beschrieben* und kann durch die Messung aller Observablen eines vollständigen Satzes kommutierender Operatoren (kurz vSkO) eindeutig festgelegt werden. Eine **reine Gesamtheit** *ist definiert als eine Menge von Systemen oder Teilchen, die sich alle im selben Zustand* $|\alpha\rangle$ *befinden.*

Reine Zustände enthalten die quantenmechanisch maximal mögliche Information über ein System, liefern also eine im Rahmen der Quantenmechanik *vollständige Information*. Trotzdem streuen die Messwerte – außer bei Messungen an Eigenfunktionen. Wahrscheinlichkeiten und Streuungen der Messwerte sind nicht auf mangelnde Kenntnis des Systems zurückzuführen (wie in der klassischen Physik), sondern auf die Wahrscheinlichkeitsinterpretation der Quantenmechanik.

Quantenmechanik: Lehr- und Arbeitsbuch, 2. Auflage. Friedhelm Kuypers.
© 2026 Wiley-VCH GmbH. Published 2026 by Wiley-VCH GmbH.

Da die Wellenfunktionen $|\alpha\rangle$ und $\exp(i\,\delta)\,|\alpha\rangle$ (mit einer reellen, konstanten Phase δ) denselben Zustand darstellen, da also der Phasenfaktor $\exp(i\,\delta)$ bedeutungslos ist, lässt sich ein reiner Zustand $|\alpha\rangle$ auch durch den sog. **Dichteoperator**

$$\hat{\rho} := |\alpha\rangle\,\langle\alpha| \qquad\qquad (21.1\text{--}1)$$

der ein Projektionsoperator ist und in dem sich der Phasenfaktor heraus kürzt, beschreiben. Mit dem Dichteoperator lassen sich die Erwartungswerte $\langle\alpha|\hat{A}|\alpha\rangle$ über eine Spurbildung leicht berechnen[1]. Für jede vollständige Orthonormalbasis $\{|n\rangle\}$ gilt:

$$\mathrm{Sp}(\hat{\rho}\hat{A}) = \sum_n \Big\langle n\,\big|\,(|\alpha\rangle\langle\alpha|\hat{A}\,)\,\big|\,n\Big\rangle = \sum_n \langle\alpha\,|\,\hat{A}\,|\,n\rangle\langle n|\alpha\rangle =$$

$$= \langle\alpha\,|\,\hat{A}\,|\,\alpha\rangle = \langle\hat{A}\rangle \qquad\qquad (21.1\text{--}2)$$

Mit dem Dichteoperator können auch Messwahrscheinlichkeiten berechnet werden. Dazu betrachten wir einen Operator $\hat{A}$ mit diskreten, nicht entarteten Eigenwerten a_n und mit den Eigenwertgln. $\hat{A}|n\rangle = a_n\,|n\rangle$. Wir entwickeln die Zustandsfunktion nach den Eigenzuständen

$$|\alpha\rangle = \sum_n c_n\,|n\rangle$$

Mit dem Projektionsoperator $\hat{P}_k = |k\rangle\langle k|$ auf den k-ten Eigenzustand erhalten wir die Wahrscheinlichkeit, bei einer Messung von $\hat{A}$ den Eigenwert a_k zu finden:[2]

$$\mathrm{Sp}(\hat{\rho}\,\hat{P}_k) = \sum_n \Big\langle n\,\big|\,(|\alpha\rangle\langle\alpha|)\,(|k\rangle\langle k|)\,\big|\,n\Big\rangle = \sum_n \langle k|n\rangle\langle n|\alpha\rangle\langle\alpha|k\rangle =$$

$$= \big|\langle k|\alpha\rangle\big|^2 = p(a_k) = |c_k|^2 \qquad\qquad (21.1\text{--}3)$$

21.2 Der Dichteoperator gemischter Gesamtheiten

Eine Teilchenmenge kann nicht durch eine Zustandsfunktion beschrieben werden, ist also nur unzureichend bekannt, wenn

- die Präparation der Teilchen unvollständig ist   oder wenn
- Teilchen, die verschiedene reine Zustände haben, gemischt (zusammengebracht) werden.

---

[1] Die Spur (englisch trace; daher oft $\mathrm{Tr}(\hat{A})$ geschrieben) eines Operators $\hat{A}$ ist laut Definition die Summe der Diagonalelemente von $\hat{A}$. Sie lautet bzgl. einer orthonormierten Basis $\{|n\rangle\}$:

$$\mathrm{Sp}(\hat{A}) := \sum\nolimits_n \langle n|\hat{A}|n\rangle$$

Nach Aufgabe 21-1 *hängt die Spur nicht von der Orthonormalbasis* $\{|n\rangle\}$ *ab.* Das muss natürlich so sein, da Erwartungswerte und Messwahrscheinlichkeiten nicht von der verwendeten Basis abhängen dürfen.

[2] Gl. (21.1–3) ist plausibel; denn nach Beispiel (8.1–4) ist die Wahrscheinlichkeit, bei einer Messung von $\hat{A}$ den Eigenwert a_k zu erhalten, der Erwartungswert $\langle\alpha|\hat{P}_k|\alpha\rangle = \mathrm{Sp}(\hat{\rho}\,\hat{P}_k)$ des Projektionsoperators $\hat{P}_k$.

Eine **gemischte Gesamtheit** ist definiert als eine *Menge von Systemen oder Teilchen, die sich mit den klassischen Wahrscheinlichkeiten* p_i *in verschiedenen Zuständen* $|\alpha_i\rangle$ *befinden.* So können beispielsweise in einem Elektronenstrahl 70% der Elektronen im Spinzustand $|z,+\rangle$ und 30% im Zustand $|x,-\rangle$ sein. Beachte, dass *die beiden Zustände nicht orthogonal sind:* $\langle z,+|x,-\rangle \neq 0$. Oft sagt man, dass sich Teilchen einer gemischten Gesamtheit in einem sog. **gemischten Zustand** befinden.

Häufig werden die Zustände $|\alpha_i\rangle$ einer gemischten Gesamtheit so präpariert, dass sie *nicht orthogonal* zueinander sind: $\langle \alpha_i|\alpha_k\rangle \neq 0$ für $i \neq k$. Die Zahl der verschiedenen Zustände $|\alpha_i\rangle$ in einer gemischten Gesamtheit ist normalerweise nicht gleich der Dimension des Hilbertraumes; somit bilden die Zustände $|\alpha_i\rangle$ i. Allg. keine Basis des Hilbertraums.[3] Insgesamt stellen wir also fest:

Die normierten Zustände $|\alpha_i\rangle$ einer gemischten Gesamtheit müssen weder orthogonal noch vollständig sein.

Gemischte Gesamtheiten enthalten *unvollständige Informationen* und liefern daher *lückenhafte Kenntnisse.* Man weiß – wie bereits gesagt – lediglich, dass *die Teilchen einer gemischten Gesamtheit mit den klassischen Wahrscheinlichkeiten* p_i *in reinen Zuständen* $|\alpha_i\rangle$ *sind* mit

$$0 \leq p_i \leq 1 \qquad \text{und} \qquad \sum_i p_i = 1 \qquad\qquad p_i = \text{zeitunabhängig} \qquad (21.2\text{--}1\text{a/b})$$

Eine gemischte Gesamtheit lässt sich durch die Menge $\{|\alpha_i\rangle, p_i\}$ beschreiben.

Gemischte Zustände lassen sich nicht durch Wellenfunktionen im Hilbertraum, sondern nur mit Dichteoperatoren beschreiben. Wir werden bald sehen: Dichteoperatoren ermöglichen die einfache Unterscheidung zwischen reinen und gemischten Zuständen.

 **Beispiel 21.2–1 Verschiedene Arten von Wahrscheinlichkeiten**

Wir betrachten einen Elektronenstrahl, in dem 50% der Elektronen im spin-up-Zustand $|z,+\rangle$ und 50% im spin-down-Zustand $|z,-\rangle$ sind. Somit befindet sich ein beliebig ausgewähltes Elektron mit der (klassischen) Wahrscheinlichkeit $p_+ = 0{,}5$ im Zustand $|z,+\rangle$ und mit der (klassischen) Wahrscheinlichkeit $p_- = 0{,}5$ im Zustand $|z,-\rangle$. Jedes Elektron des Strahls hat – auch schon *vor* einer Spinmessung – einen bestimmten Spinzustand; wir wissen nur nicht, welchen.

a) Kann die gemischte Gesamtheit der Elektronen durch eine Wellenfunktion beschrieben werden?

b) Wie groß ist für den Elektronenstrahl der Erwartungswert einer Observablen $\hat{A}$? Welche zwei völlig verschiedenen Arten von Wahrscheinlichkeiten treten im Ergebnis auf?

---

[3] Wir vereinbaren: Griechisch benannte, normierte Zustände $|\alpha_i\rangle$ sind nicht notwendig orthogonal oder vollständig. Hingegen bilden lateinisch benannte Zustände $|n\rangle$ immer eine Orthonormalbasis $\{|n\rangle\}$. Eine Orthogonalität der Zustände $|\alpha_i\rangle$ wird beim Beweis der zwei zentralen Gln. (21.2–6/7) nicht gebraucht. (siehe dazu auch [Nolting–1], Aufgabe 3.3.12).

Lösung:

a) Wie bereits erwähnt kann eine gemischte Gesamtheit nicht durch einen Vektor im Hilbertraum beschrieben werden. Betrachten wir beispielsweise den reinen Überlagerungszustand

$$\frac{1}{\sqrt{2}}\left[\,|\,z,+\rangle + |\,z,-\rangle\,\right] = \frac{1}{\sqrt{2}}\begin{pmatrix} 1 \\ 1 \end{pmatrix} = |\,x,+\rangle$$

Eine Messung von $\hat{S}_3$ an diesem Zustand liefert mit je 50% Wahrscheinlichkeit die Messwerte $\pm\hbar/2$. Dieselben Wahrscheinlichkeiten treten bei $\hat{S}_3$-Messungen am anfangs beschriebenen Elektronenstrahl auf. So weit, so gut. *Aber* eine Messung von $\hat{S}_1$ am Zustand $|\,x,+\rangle$ liefert mit Sicherheit den Messwert $+\hbar/2$. Im Unterschied dazu liefern $\hat{S}_1$-Messungen am Elektronenstrahl mit je 50% Wahrscheinlichkeit die Messwerte $\pm\hbar/2$. Daher kann der Zustand $|\,x,+\rangle$ den Elektronenstrahl nicht beschreiben.

b) Nach den Gesetzen der *klassischen* Wahrscheinlichkeitsrechnung ist der Mittelwert einer Observablen $\hat{A}$ eine mit den Wahrscheinlichkeiten $p_{\pm}$ gewichtete Summe über die *quantenmechanischen* Einzelmittelwerte:

$$\langle\,\hat{A}\,\rangle = p_+ \langle\,z,+\,|\,\hat{A}\,|\,z,+\rangle + p_- \langle\,z,-\,|\,\hat{A}\,|\,z,-\,\rangle \tag{21.2–2}$$

Diese Gl. enthält zugleich klassische Wahrscheinlichkeiten $p_{\pm}$ und quantenmechanische Wahrscheinlichkeiten in Form der Erwartungswerte $\langle\,z,\pm\,|\,\hat{A}\,|\,z,\pm\,\rangle$.

Wir müssen den Formalismus der Quantenmechanik bei unvollständigen Informationen derart erweitern, dass auch die lückenhaften Kenntnisse von gemischten Gesamtheiten möglichst weit reichende Aussagen liefern. Wir wissen bereits, dass *gemischte Gesamtheiten nicht durch eine Wellenfunktion beschrieben werden können*. Wir wissen nur, dass sich das Teilchen mit der Wahrscheinlichkeit p_1 im reinen Zustand $|\,\alpha_1\rangle$, mit der Wahrscheinlichkeit p_2 im reinen Zustand $|\,\alpha_2\rangle$, ... befindet. Offensichtlich lautet der Erwartungswert einer Observablen $\hat{A}$ in Verallgemeinerung der Gl. (21.2–2)

$$\langle\,\hat{A}\,\rangle = \sum_i p_i \langle\,\alpha_i\,|\,\hat{A}\,|\,\alpha_i\,\rangle \tag{21.2–3}$$

In dieser Gl. treten nebeneinander *zwei verschiedene Arten von Wahrscheinlichkeiten* auf:

- Die Summation über die Zustände $|\,\alpha_i\rangle$ ist eine *klassische Mittelwertbildung* mit den Wahrscheinlichkeiten p_i, also eine Mittelwertbildung, die auf die lückenhaften Systemkenntnisse zurückzuführen ist. Diese Mittelwertbildung tritt auch in der klassischen statistischen Mechanik auf.

- Die Erwartungswerte $\langle\,\alpha_i\,|\,\hat{A}\,|\,\alpha_i\,\rangle$ hingegen gehen auf die Postulate des Messprozesses zurück und sind spezifisch quantenmechanische Größen. Sie treten auch bei maximal möglicher Kenntnis des Systems auf, also auch bei reinen Zuständen.

Die quantenmechanische Wahrscheinlichkeit kann auf keine Weise überwunden werden.

Landau und von Neumann haben um 1930 für gemischte (und natürlich auch für reine) Gesamtheiten den **Dichteoperator** – auch **statistischer Operator** genannt – eingeführt:

$$\hat{\rho} := \sum_i p_i \,|\,\alpha_i\,\rangle\,\langle\,\alpha_i\,| \qquad \text{mit} \qquad \sum_i p_i = 1 \qquad p_i = \text{zeitunabhängig} \tag{21.2–4}$$

p_i ist die bereits zuvor eingeführte klassische, zeitunabhängige Wahrscheinlichkeit, dass sich ein zufällig aus der Teilchenmenge gewähltes Teilchen im Zustand $|\alpha_i\rangle$ befindet; dabei gelten die Gln. (21.2–1a/b). Die Wahrscheinlichkeiten p_i hängen von der Präparation oder den zuvor durchgeführten Messungen, also allgemein von der Vorgeschichte des Systems ab. Der Dichteoperator gemischter Zustände ist nicht mehr ein Projektionsoperator (wie bei den reinen Zuständen), sondern eine gewichtete Summe von Projektionsoperatoren.

Beispiel 21.2–2 Zustand nach unvollständiger Filterung

Wir betrachten einen Strahl von Wasserstoffatomen. Wir wissen nur, dass jedes Atom in einem reinen Zustand $|n,l,m\rangle$ ist, wissen aber nicht, welches Atom in welchem Zustand ist. Ein Filter lässt nur Wasserstoffatome im niedrigsten angeregten Zustand ($n=2$) und mit dem Eigenwert $2\hbar^2$ von $\hat{\mathbf{L}}^2$ passieren. Wie lässt sich die Gesamtheit der gefilterten Atome – ohne Spin – beschreiben?

Lösung:

Vor und hinter dem Filter sind die Wasserstoffatome in einem gemischten Zustand. Wegen $n=2$ und $l=1$ werden die Wasserstoffatome hinter dem Filter durch den Dichteoperator

$$\hat{\rho} = \sum_{m=-1}^{+1} p_m \,|2,1,m\rangle\langle 2,1,m| \qquad \text{mit} \qquad \sum_{m=-1}^{+1} p_m = 1 \tag{21.2–5}$$

beschrieben. Die drei Wahrscheinlichkeiten p_m hängen von der unbekannten *Vorgeschichte* ab. Nur wenn eine einzelne Wahrscheinlichkeit p_m eins und daher die beiden anderen null sind, liegt ein reiner Zustand vor.

Der Erwartungswert einer Observablen $\hat{A}$ lässt sich mit dem Dichteoperator über eine Spurbildung leicht berechnen. Es gilt:

$$\langle\hat{A}\rangle = \mathrm{Sp}(\hat{\rho}\hat{A}) \tag{21.2–6}$$

Hinweis: In Aufgabe 21–10 wird diese Gl. für Zweiteilchensysteme bewiesen.

Der **Beweis** ist einfach: Wir betrachten wieder eine gemischte Gesamtheit, die durch den Dichteoperator (21.2–4) beschrieben wird, so dass sich ein beliebig ausgewähltes Teilchen mit der Wahrscheinlichkeit p_i im Zustand $|\alpha_i\rangle$ befindet. Für jede orthonormierte Basis $\{|n\rangle\}$ gilt:

$$\langle\hat{A}\rangle = \sum_i p_i\langle\alpha_i|\hat{A}|\alpha_i\rangle = \sum_i\sum_n p_i\langle\alpha_i|\hat{A}|n\rangle\langle n|\alpha_i\rangle =$$
$$= \sum_n\sum_i p_i\langle n|\alpha_i\rangle\langle\alpha_i|\hat{A}|n\rangle \underset{\underset{\text{Gl. (21.2–4)}}{\uparrow}}{=} \mathrm{Sp}(\hat{\rho}\hat{A})$$

Beachte: In der Summe über i werden die Zustände $|\alpha_i\rangle$ der gemischten Gesamtheit durchlaufen; aber die Summation über n durchläuft die (endlich oder unendlich vielen) Basisvektoren des Hilbertraumes. ∎

Wir wählen nun ein Teilchen zufällig aus einer gemischten Gesamtheit, die durch den Dichteoperator $\hat{\rho}$ in Gl. (21.2–4) beschrieben wird. Die Wahrscheinlichkeit, bei der Messung der Observablen $\hat{A}$ an diesem zufällig gewählten Teilchen den Eigenwert a_k zu finden beträgt

$$p(a_k) = \mathrm{Sp}(\hat{\rho}\hat{P}_k) \qquad \text{mit} \qquad \hat{P}_k = |k\rangle\langle k| \tag{21.2–7}$$

Auch hier ist der **Beweis** nicht schwer[4]: Mit den Eigenvektoren $|n\rangle$ von $\hat{A}$ gilt:

$$\mathrm{Sp}(\hat{\rho}\hat{P}_k) = \sum_n \langle n|\hat{\rho}\hat{P}_k|n\rangle \underset{\substack{\uparrow \\ \mathrm{Gl.\ (21.2–4)}}}{=} \sum_n \sum_i p_i \langle n|(|\alpha_i\rangle\langle\alpha_i|)(|k\rangle\langle k|)|n\rangle =$$

$$= \sum_n \sum_i p_i \langle n|\alpha_i\rangle\langle\alpha_i|k\rangle \underbrace{\langle k|n\rangle}_{=\delta_{kn}} = \sum_i p_i \left|\langle\alpha_i|k\rangle\right|^2 \tag{21.2–8}$$

Eine Interpretation der letzten Summe sieht wie folgt aus:

- p_i ist die Wahrscheinlichkeit, dass ein zufällig aus der Teilchenmenge gezogenes Teilchen im Zustand $|\alpha_i\rangle$ ist.

- $|\langle\alpha_i|k\rangle|^2$ ist nach Gl. (8.1–3) die Wahrscheinlichkeit, an einem Teilchen im Zustand $|\alpha_i\rangle$ den Eigenwert a_k zu messen.

- Die Summation über i liefert dann die Wahrscheinlichkeit, bei der Messung von $\hat{A}$ an einem zufällig gewählten Teilchen den Eigenwert a_k zu finden. ∎

Ein **alternativer Beweis** ist ebenfalls einfach:

$$p(a_k) \underset{\substack{\uparrow \\ \mathrm{Gl.\ (8.1–3)}}}{=} \sum_i p_i |\langle k|\alpha_i\rangle|^2 = \sum_i p_i \langle\alpha_i|k\rangle\langle k|\alpha_i\rangle =$$

$$= \sum_i p_i \langle\alpha_i|\hat{P}_k|\alpha_i\rangle \underset{\substack{\uparrow \\ \mathrm{Gl.\ (21.2–3)}}}{=} \langle\hat{P}_k\rangle \underset{\substack{\uparrow \\ \mathrm{Gl.\ (21.2–6)}}}{=} \mathrm{Sp}(\hat{\rho}\hat{P}_k)$$

Der alternative Beweis beruht auf dem Umstand, dass *für ein Teilchen im Zustand $|\alpha_i\rangle$ die Wahrscheinlichkeit für den Messwert a_k gleich dem Erwartungswert $\langle\alpha_i|\hat{P}_k|\alpha_i\rangle$ des Projektionsoperators $\hat{P}_k$ ist.* (Diese Aussage kennen wir bereits aus Beispiel 8.1–4, Gl. (8.1–9).) ∎

Nach den Gln. (21.2–6/7) lassen sich Erwartungswerte und Wahrscheinlichkeiten mit dem Dichteoperator berechnen. *Der Dichteoperator liefert alle physikalischen Aussagen, die aus einem System herausgeholt werden können – für reine und auch für gemischte Zustände.*

Dichteoperatoren haben weitere wichtige **Eigenschaften**:

1) *Dichteoperatoren sind hermitesch:*

$$\hat{\rho} = \hat{\rho}^{\dagger} \tag{21.2–9a}$$

2) *Die Spur der Dichteoperatoren ist Eins:*

$$\mathrm{Sp}(\hat{\rho}) = 1 \tag{21.2–9b}$$

3) $\quad \mathrm{Sp}(\hat{\rho}^2) \le 1 \tag{21.2–9c}$

4) $\quad \hat{\rho}^2 = \hat{\rho} \;\Leftrightarrow\; \mathrm{Sp}(\hat{\rho}^2) = 1 \;\Leftrightarrow\; \hat{\rho}$ beschreibt einen reinen Zustand $\tag{21.2–9d}$

5) $\quad \hat{\rho}^2 \ne \hat{\rho} \;\Leftrightarrow\; \mathrm{Sp}(\hat{\rho}^2) < 1 \;\Leftrightarrow\; \hat{\rho}$ beschreibt einen gemischten Zustand $\tag{21.2–9e}$

---

[4] In Aufgabe 21-6 wird gezeigt, dass $\mathrm{Sp}(\hat{\rho}|x\rangle\langle x|)$ und $\mathrm{Sp}(\hat{\rho}|p\rangle\langle p|)$ Wahrscheinlichkeits*dichten* ergeben.

6) In den Gln. (21.2–12b/c) wird die hermitesche und daher diagonalisierbare Dichte*matrix* $\hat{\rho}$ eingeführt. Nach Aufgabe 21–3 beschreibt $\hat{\rho}$ genau dann einen reinen Zustand, wenn die diagonalisierte Dichtematrix $\hat{\rho}$ nur einen einzigen nicht verschwindenden Diagonalterm enthält.

Mit den Gln. (21.2–9d/e) *lässt sich einfach beurteilen, ob der Dichteoperator einen reinen Zustand oder aber* – nach einer unvollständigen Präparation oder einer Mischung reiner Zustände – *einen gemischten Zustand beschreibt.* Insofern sind die Gln. (21.2–9d/e) von großer Wichtigkeit. Wir werden vor allem in Abschn. 22.4 auf sie zurückkommen.

Beweise: In den folgenden Beweisen bildet die Menge $\{|n\rangle\}$ ein beliebiges VONS.

Zu 1): Für alle Zustände $|\varphi\rangle, |\psi\rangle$ gilt:

$$\langle\varphi|\hat{\rho}|\psi\rangle \underset{\substack{\uparrow \\ \text{Gl. (21.2–4)}}}{=} \sum_i p_i \langle\varphi|\alpha_i\rangle\langle\alpha_i|\psi\rangle = \sum_i p_i \left(\langle\psi|\alpha_i\rangle\langle\alpha_i|\varphi\rangle\right)^* =$$

$$= \langle\psi|\hat{\rho}|\varphi\rangle^* = \langle\hat{\rho}\,\varphi|\psi\rangle$$

Der Dichteoperator ist hermitesch, hat demnach reelle Eigenwerte, orthogonale Eigenvektoren und lässt sich immer auf Diagonalform bringen.

Hinweis: Die Hermitizität von $\hat{\rho}$ folgt auch aus der Feststellung, dass die Wahrscheinlichkeiten p_i reell sind und dass die einzelnen Projektionsoperatoren $|\alpha_i\rangle\langle\alpha_i|$ nach Aufgabe 8–10b hermitesch sind. ∎

Zu 2): $\mathrm{Sp}(\hat{\rho}) = \sum_n \sum_i p_i \langle n|\alpha_i\rangle\langle\alpha_i|n\rangle = \sum_n \sum_i p_i \langle\alpha_i|n\rangle\langle n|\alpha_i\rangle \underset{\substack{\uparrow \\ \langle\alpha_i|\alpha_i\rangle=1}}{=}$

$$= \sum_i p_i = 1$$

Hinweis: Ein kürzerer, alternativer Beweis lautet: $\mathrm{Sp}(\hat{\rho}) = \mathrm{Sp}(\hat{\rho}\,\hat{1}) \underset{\substack{\uparrow \\ \text{Gl. (21.2–6)}}}{=} \langle\hat{1}\rangle = 1$ ∎

Zu 3): $\mathrm{Sp}(\hat{\rho}^2) = \sum_n \sum_{i,j} p_i\, p_j \langle n|\alpha_i\rangle\langle\alpha_i|\alpha_j\rangle\langle\alpha_j|n\rangle = \sum_{i,j} p_i\, p_j \underbrace{|\langle\alpha_i|\alpha_j\rangle|^2}_{\leq 1} \leq$

$$\leq \sum_{i,j} p_i\, p_j = \sum_i p_i \cdot \sum_j p_j = 1\cdot 1$$

Hinweise: **1)** Das Ungleichheitszeichen $\leq$ folgt aus der Schwarz'schen Ungl. (7.1–3a).

2) Die Zustände $|\alpha_i\rangle, |\alpha_j\rangle$ sind normiert, aber nicht unbedingt orthogonal.

3) Für orthonormierte Zustände $|\alpha_i\rangle, |\alpha_j\rangle$ mit $\langle\alpha_i|\alpha_j\rangle = \delta_{ij}$ gilt: $\mathrm{Sp}(\hat{\rho}^2) = \sum_i p_i^2 \leq 1$. ∎

Zu 4): $\hat{\rho}^2 = \left(\sum_i p_i |\alpha_i\rangle\langle\alpha_i|\right) \cdot \left(\sum_j p_j |\alpha_j\rangle\langle\alpha_j|\right) = \sum_{i,j} p_i\, p_j \langle\alpha_i|\alpha_j\rangle\, |\alpha_i\rangle\langle\alpha_j|$

Daher gilt $\hat{\rho}^2 = \hat{\rho}$ genau dann, wenn nur eine einzige Wahrscheinlichkeit p_i ungleich null ist, also genau dann, wenn $\hat{\rho}$ einen reinen Zustand beschreibt. (Diese Wahrscheinlichkeit ist $p_i = 1$.)

Der vorangehende Beweis zu Punkt 3) zeigt, dass $\mathrm{Sp}(\hat{\rho}^2)$ genau dann gleich $1 = \mathrm{Sp}(\hat{\rho})$ ist, wenn nur eine einzige Wahrscheinlichkeit p_i ungleich null ist. In diesem Fall ist $p_i = 1$ und

$$\hat{\rho} = |\alpha_i\rangle\langle\alpha_i| \qquad \Leftrightarrow \qquad \hat{\rho}\ \text{beschreibt einen reinen Zustand}\ |\alpha_i\rangle \qquad ∎$$

Zu 5): Die Aussage 4) ist äquivalent zu

$$\hat{\rho}^2 \neq \hat{\rho} \quad \Leftrightarrow \quad \mathrm{Sp}(\hat{\rho}^2) \neq 1 \quad \Leftrightarrow \quad \hat{\rho}\ \text{beschreibt \textbf{keinen} reinen Zustand}$$

Mit der Aussage 3) folgt Aussage 5). ∎

Bekanntlich kann jeder lineare Operator in einem *vollständigen Orthonormalsystem* $\{|n\rangle\}$ als Matrix geschrieben werden. Mit den Entwicklungen

$$|\alpha_i\rangle = \sum_n c_{in} |n\rangle \qquad \text{mit} \qquad c_{in} = \langle n|\alpha_i\rangle \quad \text{und} \quad \sum_n |c_{in}|^2 = 1 \qquad (21.2\text{-}10\text{a/b})$$

lässt sich der Dichteoperator

$$\hat{\rho} = \sum_i p_i |\alpha_i\rangle\langle\alpha_i| = \sum_i p_i \sum_{m,n} c_{im} c_{in}^* |m\rangle\langle n| \qquad (21.2\text{-}11)$$

als **Dichtematrix** darstellen:

$$\hat{\rho} = \sum_i p_i |\alpha_i\rangle\langle\alpha_i| = \sum_i p_i \begin{pmatrix} c_{i1} \\ c_{i2} \\ \vdots \end{pmatrix} \cdot \begin{pmatrix} c_{i1}^* & c_{i2}^* & \cdots \end{pmatrix} = \qquad (21.2\text{-}12\text{a})$$

$$= \sum_i p_i \begin{pmatrix} |c_{i1}|^2 & c_{i1}\,c_{i2}^* & \cdots \\ c_{i2}\,c_{i1}^* & |c_{i2}|^2 & \cdots \\ \cdots & \vdots & \ddots \end{pmatrix} \qquad \text{mit} \quad c_{in} = \langle n|\alpha_i\rangle \qquad (21.2\text{-}12\text{b})$$

Die einzelnen Elemente bzgl. des vollständigen Orthonormalsystems $\{|n\rangle\}$ lauten

$$\hat{\rho}_{kl} = \langle k|\hat{\rho}|l\rangle = \sum_i p_i \sum_{m,n} c_{im} c_{in}^* \langle k|m\rangle\langle n|l\rangle =$$

$$= \sum_i p_i\, c_{ik}\, c_{il}^* \qquad (21.2\text{-}12\text{c})$$

Wegen $\hat{\rho}_{kl} = \hat{\rho}_{lk}^*$ ist die Dichtematrix hermitesch. Daher sind (nach Abschn. 7.2) ihre Eigenwerte reell und ihre Eigenvektoren bilden ein vollständiges Orthonormalsystem.

Wir können nun die **physikalische Bedeutung der Dichtematrix** und ihrer Elemente erklären. Für diagonalisierte und auch für nicht diagonalisierte Dichtematrizen lauten die bzgl. der Orthonormalbasis $\{|n\rangle\}$ berechneten *reellen Diagonalelemente*:

$$\hat{\rho}_{nn} \underset{\text{Gl. }(21.2\text{-}12\text{c})}{=} \sum_i p_i\,|c_{in}|^2 \underset{\text{Gl. }(21.2\text{-}10\text{b})}{=}$$

$$= \sum_i \underbrace{p_i}_{\substack{\text{statistischer} \\ \text{Zufall}}} \cdot \underbrace{|\langle n|\alpha_i\rangle|^2}_{\substack{\text{quantenmech. Zufall} \\ \text{im Messprozess}}} \underset{\text{Gl. }(21.2\text{-}8)}{=}$$

$$= \mathrm{Sp}(\hat{\rho}\,\hat{P}_n) = p(a_n) \qquad (21.2\text{-}13)$$

Wenn die orthonormierten Zustände $|n\rangle$ *Eigenzustände von* $\hat{A}$ *sind, dann ist* $\hat{\rho}_{nn}$ *die Wahrscheinlichkeit, bei einer Messung von* $\hat{A}$ *an einer durch* $\hat{\rho}$ *beschriebenen Gesamtheit den Eigenwert* a_n *zu finden.* Daher sagt man: $\hat{\rho}_{nn}$ ist die *Besetzungswahrscheinlichkeit* des Zustandes $|n\rangle$. Somit ist $\mathrm{Sp}(\hat{\rho}) = 1$ (in Übereinstimmung mit Gl. (21.2–9b)). Es folgt:

$$0 \leq \hat{\rho}_{nn} \leq 1 \qquad (21.2\text{-}14)$$

Multiplikation mit der Zahl der Messungen liefert die Zahl der Teilchen, die sich im Zustand $|n\rangle$ befinden. Daher heißen die Diagonalelemente $\hat{\rho}_{nn}$ **Populationen**.

Die (in der Regel komplexen) *Nichtdiagonalelemente*

$$\hat{\rho}_{kl} = \sum_i p_i\, c_{ik}\, c_{il}^* \qquad \text{mit } k \neq l$$

beschreiben Interferenzen der Basiszustände $|k\rangle$ *und* $|l\rangle$, nach denen die Zustände in Gl. (21.2–10a) entwickelt werden (siehe das folgende Beispiel 21.2–3). Daher heißen die Nichtdiagonalelemente der Dichtematrix **Interferenzterme** oder auch **Kohärenzterme**.[5]

Beispiel 21.2–3 Dichtematrix für reine und für gemischte Gesamtheiten

Die Elektronen einer gemischten Gesamtheit sind mit den Wahrscheinlichkeiten $p_\pm$ in den Eigenzuständen $|z,\pm\rangle$ des Spinoperators $\hat{S}_3$.

a) Wie lauten Dichteoperator und Dichtematrix $\hat{\rho}_{\text{Misch}}$ für die Basisvektoren $|z,\pm\rangle$?

b) Wie lauten Dichteoperator und Dichtematrix $\hat{\rho}_{\text{Misch}}$ für die Basisvektoren $|x,\pm\rangle$?

c) Beweise, dass die Dichtematrix $\hat{\rho}_{\text{Misch}}$ einen gemischten Zustand beschreibt.

d) Nun sind Elektronen im reinen Zustand

$$|\alpha\rangle = \frac{1}{\sqrt{2}}\Big(|z,+\rangle + |z,-\rangle\Big) \underset{\underset{\text{Gl. (12.3–11a)}}{\uparrow}}{=} |x,+\rangle$$

Berechne Dichteoperator und Dichtematrix $\hat{\rho}_{\text{Rein}}$ für die Basisvektoren $|z,\pm\rangle$ und für die Basisvektoren $|x,\pm\rangle$.

e) Beweise, dass die in Teil d) berechnete Dichtematrix $\hat{\rho}_{\text{Rein}}$ einen reinen Zustand beschreibt.

f) Die hermiteschen Dichtematrizen können auf Diagonalform transformiert werden. Hier stellt sich eine Frage: Wie groß ist (vermutlich) in Diagonalform die Zahl der nicht verschwindenden Diagonalelemente bei reinen und bei gemischten Gesamtheiten?

Lösung:

a) Der Dichteoperator lautet nach Gl. (21.2–4)

$$\hat{\rho}_{\text{Misch}} = p_+\,|z,+\rangle\langle z,+| + p_-\,|z,-\rangle\langle z,-| \tag{21.2–15a}$$

Die Dichtematrix lautet in den Basisvektoren $|z,\pm\rangle$

$$\hat{\rho}_{\text{Misch};z} \underset{\underset{\text{Gl.\,(21.2–12b)}}{\uparrow}}{=} p_+ \begin{pmatrix} 1 \\ 0 \end{pmatrix}(1 \quad 0) + p_- \begin{pmatrix} 0 \\ 1 \end{pmatrix}(0 \quad 1) = \begin{pmatrix} p_+ & 0 \\ 0 & p_- \end{pmatrix}_z \tag{21.2–15b}$$

b) Wegen $|z,\pm\rangle = \dfrac{1}{\sqrt{2}}\Big(|x,+\rangle \pm |x,-\rangle\Big)$ \hfill (11.3–11d)

---

[5] Da die hermitesche Dichtematrix – je nach Basis – diagonal oder nicht diagonal sein kann, ist das Auftreten von Interferenztermen basisabhängig und gibt keinen Hinweis auf einen reinen Zustand. (Die Mischung oder Reinheit eines Zustandes hängt natürlich nicht von der Basis ab.) Nur ein diagonalisierter Dichteoperator $\hat{\rho}^{\text{diag}}$ gibt nach Aufgabe „21–3 Zahl der Diagonalelemente" eine gesicherte Auskunft: Ein Zustand ist genau dann rein, wenn nur ein einziges Diagonalelement im diagonalisierten Dichteoperator $\hat{\rho}^{\text{diag}}$ ungleich null ist.

lauten die Zustände $|z,\pm\rangle$ in den Basisvektoren $|x,\pm\rangle$

$$|z,\pm\rangle = \frac{1}{\sqrt{2}}\begin{pmatrix} 1 \\ \pm 1 \end{pmatrix}$$

$$\Rightarrow \quad \hat{\rho}_{\text{Misch},x} \underset{\substack{\uparrow \\ \text{Gl. (21.2--12b)}}}{=} \frac{1}{2}\left[p_+ \begin{pmatrix} 1 \\ 1 \end{pmatrix}(1 \quad 1) + p_- \begin{pmatrix} 1 \\ -1 \end{pmatrix}(1 \quad -1) \right] =$$

$$= \frac{1}{2}\begin{pmatrix} p_+ + p_- & p_+ - p_- \\ p_+ - p_- & p_+ + p_- \end{pmatrix}_x \qquad\qquad (21.2\text{--}15\text{c})$$

In der x-Basis ist unsere Dichtematrix nicht diagonal, sondern voll besetzt.[6]

c) Nach Gl. (21.2–15b) gilt für die Basisvektoren $|z,\pm\rangle$:

$$\hat{\rho}^2_{\text{Misch};z} = \begin{pmatrix} p_+^2 & 0 \\ 0 & p_-^2 \end{pmatrix}_z \neq \hat{\rho}_{\text{Misch};z} \qquad\qquad \text{Sp}(\hat{\rho}^2_{\text{Misch};z}) = p_+^2 + p_-^2 < 1$$

Jede dieser zwei Gln. zeigt, dass die Dichtematrix $\hat{\rho}_{\text{Misch}}$ eine gemischte Gesamtheit beschreibt.

Hinweis: Für die Basisvektoren $|x,\pm\rangle$ gilt:

$$\hat{\rho}^2_{\text{Misch};x} = \frac{1}{2}\begin{pmatrix} p_+^2 + p_-^2 & p_+^2 - p_-^2 \\ p_+^2 - p_-^2 & p_+^2 + p_-^2 \end{pmatrix}_x \neq \hat{\rho}_{\text{Misch};x}$$

d) $\quad \hat{\rho}_{\text{Rein}} = |\alpha\rangle\langle\alpha| = \frac{1}{2}\big(|z,+\rangle + |z,-\rangle\big)\big(\langle z,+| + \langle z,-|\big) = |x,+\rangle\langle x,+| \qquad (21.2\text{--}16\text{a})$

Daher lautet die Dichtematrix für die Basisvektoren $|z,\pm\rangle$

$$\hat{\rho}_{\text{Rein};z} \underset{\substack{\uparrow \\ \text{Gl. (21.2--12a/b)}}}{=} \frac{1}{2}\begin{pmatrix} 1 \\ 1 \end{pmatrix}(1 \quad 1) = \frac{1}{2}\begin{pmatrix} 1 & 1 \\ 1 & 1 \end{pmatrix}_z \qquad\qquad (21.2\text{--}16\text{b})$$

und für die Basisvektforen $|x,\pm\rangle$

$$\hat{\rho}_{\text{Rein};x} = \begin{pmatrix} 1 \\ 0 \end{pmatrix}(1 \quad 0) = \begin{pmatrix} 1 & 0 \\ 0 & 0 \end{pmatrix}_x \qquad\qquad (21.2\text{--}16\text{c})$$

e) $\quad \hat{\rho}^2_{\text{Rein};z} = \frac{1}{2}\begin{pmatrix} 1 & 1 \\ 1 & 1 \end{pmatrix} = \hat{\rho}_{\text{Rein};z} \qquad\qquad \text{Sp}\big(\hat{\rho}^2_{\text{Rein};z}\big) = 1$

Jede dieser zwei Gln. beweist, dass die Dichtematrix $\hat{\rho}_{\text{Rein},z}$ einen reinen Zustand beschreibt.

---

[6] Nach Aufgabe 7–1f wird der Wechsel von einer Orthonormalbasis zu einer anderen Orthonormalbasis immer durch unitäre Operatoren $\hat{U}$ beschrieben. Die unitäre Transformation von der Basis $\{|z,\pm\rangle\}$ zur Basis $\{|x,\pm\rangle\}$ wird durch die unitäre Matrix

$$\hat{U} = \frac{1}{\sqrt{2}}\begin{pmatrix} 1 & 1 \\ 1 & -1 \end{pmatrix} \quad \text{beschrieben. Daher gilt: } \hat{\rho}_{\text{Misch},x} = \hat{U}^\dagger\, \hat{\rho}_{\text{Misch},z}\, \hat{U}\,.$$

f) Die Antwort wird durch einen Vergleich der Gln. (21.2–15b) und (21.2–16c) nahegelegt und lautet (vermutlich): *In der Diagonalform* enthalten die Dichtematrizen

- reiner Zustände genau ein einziges Diagonalelement, das ungleich null ist
- gemischter Gesamtheiten mindestens zwei Diagonalelemente, die ungleich null sind.

(Allgemein wird diese Vermutung in Aufgabe 21–3 bewiesen.) In der Diagonalform ermöglichen Dichtematrizen daher eine prompte Unterscheidung zwischen reinen und gemischten Zuständen. Dichtematrizen reiner und gemischter Zustände können zusätzlich Nichtdiagonalelemente enthalten (siehe die Gln. (21.2–15c/16b).

Wir berechnen noch die Erwartungswerte einer Observablen $\hat{A}$ im gemischten und im reinen Zustand. Mit den Abkürzungen $|\pm\rangle := |z,\pm\rangle$ ergibt sich:

$$\left\langle \hat{A} \right\rangle_{\mathrm{Misch}} = \mathrm{Sp}(\hat{\rho}_{\mathrm{Misch}}\,\hat{A}) = \langle +|\,\hat{\rho}_{\mathrm{Misch}}\,\hat{A}\,|+\rangle + \langle -|\,\hat{\rho}_{\mathrm{Misch}}\,\hat{A}\,|-\rangle \underset{\uparrow}{=}$$

$$\text{Gl. (21.2–15a)}$$

$$= \langle +|\left(p_+\,|+\rangle\langle +| + p_-\,|-\rangle\langle -| \right)\hat{A}\,|+\rangle +$$

$$\langle -|\left(p_+\,|+\rangle\langle +| + p_-\,|-\rangle\langle -| \right)\hat{A}\,|-\rangle =$$

$$= p_+\,\langle +|\hat{A}|+\rangle + p_-\,\langle -|\hat{A}|-\rangle \qquad \text{mit}\quad |\pm\rangle := |z,\pm\rangle \qquad (21.2–17)$$

In gemischten Gesamtheiten treten keine Interferenzen auf.

Hingegen treten in reinen Zuständen sehr wohl Interferenzen auf. Nach Gl. (21.2–16a) gilt:

$$\langle \hat{A}\rangle_{\mathrm{Rein}} = \mathrm{Sp}(\hat{\rho}_{\mathrm{Rein}}\,\hat{A}) = \left\langle +\left| \tfrac{1}{2}\left(|+\rangle + |-\rangle \right)\right.\right\rangle \left(\langle +| + \langle -|\right)\hat{A}\left.\left| +\right.\right\rangle +$$

$$\left\langle -\left| \tfrac{1}{2}\left(|+\rangle + |-\rangle \right)\right.\right\rangle \left(\langle +| + \langle -|\right)\hat{A}\left.\left| -\right.\right\rangle =$$

$$= \frac{1}{2}\left(\langle +|\hat{A}|+\rangle + \langle -|\hat{A}|+\rangle + \langle +|\hat{A}|-\rangle + \langle -|\hat{A}|-\rangle \right) \qquad (21.2–18)$$

Der zweite und der dritte Term beschreiben *Interferenzen der Zustände* $|\pm\rangle := |z,\pm\rangle$.

Beispiel 21.2–4 Einmal rein (gemischt), immer rein (gemischt)

Zeige, dass die *stetige, durch die Schrödinger-Gl. gesteuerte Zeitentwicklung nicht von einem reinen Zustand in einen gemischten Zustand oder umgekehrt führen kann.*

Lösung:

Nach den Gln. (21.2–9d/e) ist zu beweisen, dass sich $\mathrm{Sp}(\hat{\rho}^2(t))$ im Laufe der Zeit nicht ändert. Nach Aufgabe 7–2a wird die stetige Zeitentwicklung durch unitäre Operatoren $\hat{U}(t)$ gesteuert:

$$\psi(\mathbf{r},t) = \hat{U}(t)\,\psi(\mathbf{r},0) \qquad \text{mit} \qquad \hat{U}^\dagger(t) = \hat{U}^{-1}(t)$$

$$\Rightarrow \quad \hat{\rho}(t) = \hat{U}(t)\,\hat{\rho}(0)\,\hat{U}^\dagger(t)$$

$$\Rightarrow \quad \mathrm{Sp}(\hat{\rho}^2(t)) = \mathrm{Sp}\left(\hat{U}(t)\,\hat{\rho}(0)\,\hat{U}^\dagger(t)\cdot\hat{U}(t)\,\hat{\rho}(0)\,\hat{U}^\dagger(t) \right) \underset{\uparrow}{=} \mathrm{Sp}\left(\hat{U}(t)\,\hat{\rho}^2(0)\,\hat{U}^\dagger(t) \right) =$$

$$\hat{U}^\dagger(t) = \hat{U}^{-1}(t)$$

$$\underset{\uparrow}{=} \mathrm{Sp}\left(\hat{U}^\dagger(t)\,\hat{U}(t)\,\hat{\rho}^2(0) \right) = \mathrm{Sp}(\hat{\rho}^2(0))$$

$$\text{Gl. (21.4–1)}$$

21.3 Leitgedanken

21.1 Der Dichteoperator reiner Gesamtheiten

Da die Wellenfunktionen $|\alpha\rangle$ und $e^{i\delta}|\alpha\rangle$ (δ = reelle Konstante) denselben Zustand beschreiben, können (reine) Zustände auch durch den sog. **Dichteoperator**

$$\hat{\rho} := |\alpha\rangle\langle\alpha| \tag{21.1-1}$$

beschrieben werden. Mit einer Spurbildung lassen sich Erwartungswerte und Messwahrscheinlichkeiten berechnen:

$$\langle\alpha|\hat{A}|\alpha\rangle = \mathrm{Sp}(\hat{\rho}\hat{A}) \qquad p(a_k) = \mathrm{Sp}(\hat{\rho}\hat{P}_k) \quad \text{mit} \quad \hat{P}_k = |k\rangle\langle k| \tag{21.1-2/3}$$

21.2 Der Dichteoperator gemischter Gesamtheiten

Der Dichteoperator ermöglicht eine Unterscheidung zwischen reinen, interferenzfähigen Zuständen und gemischten Zuständen. Er wird vor allem für den Abschn. „22.4 Dekohärenz" benötigt und spielt darüber hinaus eine zentrale Rolle in der Quantenstatistik.

Eine gemischte Gesamtheit ist eine Menge von Teilchen, die sich mit den *klassischen Wahrscheinlichkeiten* p_i in den Zuständen $|\alpha_i\rangle$ befinden. Die normierten Zustände $|\alpha_i\rangle$ müssen weder orthogonal noch vollständig sein. Beispielsweise können 60% der Teilchen eines Strahls im Spinzustand $|z,+\rangle$ und die restlichen 40% im Zustand $|x,+\rangle$ sein. *Gemischte Zustände können nicht durch Wellenfunktionen, sondern müssen durch Dichteoperatoren beschrieben werden*:

$$\hat{\rho} := \sum_i p_i |\alpha_i\rangle\langle\alpha_i| \qquad \text{mit} \qquad \sum_i p_i = 1 \tag{21.2-4}$$

Hier gelten folgende zwei Gln. für Erwartungswerte und Messwahrscheinlichkeiten:

$$\langle\alpha|\hat{A}|\alpha\rangle = \mathrm{Sp}(\hat{\rho}\hat{A}) \qquad p(a_k) = \mathrm{Sp}(\hat{\rho}\hat{P}_k) \tag{21.2-6/7}$$

Beweis: $\langle\hat{A}\rangle = \sum_i p_i \langle\alpha_i|\hat{A}|\alpha_i\rangle = \sum_i \sum_n p_i \langle\alpha_i|\hat{A}|n\rangle\langle n|\alpha_i\rangle =$

$$= \sum_n \sum_i p_i \langle n|\alpha_i\rangle\langle\alpha_i|\hat{A}|n\rangle = \mathrm{Sp}(\hat{\rho}\hat{A})$$

Bei der Summation über i werden die Zustände $|\alpha_i\rangle$ der gemischten Gesamtheit durchlaufen; die Summe über n erstreckt sich über die Basisvektoren $|n\rangle$ des Hilbertraumes. ∎

Die Dichteoperatoren haben folgende Eigenschaften:

$$\hat{\rho} = \hat{\rho}^\dagger \qquad \mathrm{Sp}(\hat{\rho}) = 1 \qquad \mathrm{Sp}(\hat{\rho}^2) \leq 1 \tag{21.2-9a/b/c}$$

$$\hat{\rho}^2 = \hat{\rho} \quad \Leftrightarrow \quad \mathrm{Sp}(\hat{\rho}^2) = 1 \quad \Leftrightarrow \quad \hat{\rho} \text{ beschreibt einen reinen Zustand} \tag{21.2-9d}$$

$$\hat{\rho}^2 \neq \hat{\rho} \quad \Leftrightarrow \quad \mathrm{Sp}(\hat{\rho}^2) < 1 \quad \Leftrightarrow \quad \hat{\rho} \text{ beschreibt einen gemischten Zustand} \tag{21.2-9e}$$

Mit den Entwicklungen

$$|\alpha_i\rangle = \sum_n c_{in} |n\rangle \qquad \text{mit} \qquad c_{in} = \langle n|\alpha_i\rangle \quad \text{und} \quad \sum_n |c_{in}|^2 = 1 \tag{21.2-10a/b}$$

lässt sich der Dichteoperator

$$\hat{\rho} = \sum_i p_i |\alpha_i\rangle\langle\alpha_i| = \sum_i p_i \sum_{m,n} c_{im} c_{in}^* |m\rangle\langle n| \tag{21.3--19}$$

als **Dichtematrix** darstellen:

$$\hat{\rho} = \sum_i p_i |\alpha_i\rangle\langle\alpha_i| = \sum_i p_i \begin{pmatrix} c_{i1} \\ c_{i2} \\ \vdots \end{pmatrix} \cdot \begin{pmatrix} c_{i1}^* & c_{i2}^* & \cdots \end{pmatrix}$$

Die reellen Diagonalelemente

$$\hat{\rho}_{nn} = \sum_i p_i |c_{in}|^2 = \sum_i \underbrace{p_i}_{\substack{\text{statistischer} \\ \text{Zufall}}} \cdot \underbrace{\left|\langle n|\alpha_i\rangle\right|^2}_{\substack{\text{quantenmech. Zufall} \\ \text{im Messprozess}}} \underset{\substack{\uparrow \\ \text{Gl. (21.2--4)}}}{=} \mathrm{Sp}(\hat{\rho}\,\hat{P}_n) = p(a_n)$$

heißen **Populationen**. Die komplexen Nichtdiagonalelemente $\hat{\rho}_{kl}$ (mit $k \neq l$) *beschreiben Interferenzen zwischen den Basiszuständen* $|k\rangle$ *und* $|l\rangle$ und heißen daher **Interferenzterme**.

21.4 Aufgaben

21–1 Mittel Basisunabhängigkeit der Spur

a) Zeige, dass die Spur

$$\mathrm{Sp}(\hat{A}) := \sum_n \langle u_n | \hat{A} | u_n \rangle$$

eines Operators $\hat{A}$ nicht vom verwendeten Orthonormalsystem $\{|u_n\rangle\}$ abhängt.

b) Beweise, dass die Spur invariant ist unter Vertauschungen von zwei beliebigen Operatoren $\hat{A}, \hat{B}$.

$$\mathrm{Sp}(\hat{A}\hat{B}) = \mathrm{Sp}(\hat{B}\hat{A}) \tag{21.4--1}$$

Auch unter zyklischer Vertauschung in einem Produkt von mehr als zwei Operatoren ist die Spur invariant.

c) Die Eigenwerte a_n des Operators $\hat{A}$ sind g_n–fach entartet. Wie groß ist $\mathrm{Sp}(\hat{A})$ in der Basis von $\hat{A}$?

21–2 Mittel Phasenfluktuationen löschen die Interferenzterme

Wir betrachten einen zweidimensionalen Hilbertraum mit den orthonormierten Basisvektoren $|1\rangle, |2\rangle$. Dieser Hilbertraum kann z. B. der Spinraum von Spin-1/2-Fermionen sein.

a) Ein System befindet sich im Überlagerungszustand

$$|\psi\rangle = c_1 |1\rangle + c_2 |2\rangle = e^{i\gamma} \left[|c_1|\cdot|1\rangle + e^{i\delta} |c_2|\cdot|2\rangle \right]$$

Die beiden reellen Phasen γ, δ sind zeitlich konstant. Wie lautet die Dichtematrix?

b) Nun ist die Phase $\delta = \delta(t)$ zeitabhängig und fluktuiert schnell und gleich verteilt zwischen 0 und 2π. Wie lautet die Dichtematrix im zeitlichen Mittel?

c) Wie lautet die Dichtematrix einer gemischten Gesamtheit, deren Teilchen sich mit den Wahrscheinlichkeiten p_1, p_2 in den Zuständen $|1\rangle, |2\rangle$ befinden?

21-3 Mittel Zahl der Diagonalelemente der Dichtematrix

Beispiel 21.2–3f lässt vermuten, dass die Dichtematrizen *in Diagonalform* bei reinen Zuständen genau ein einziges nicht verschwindendes Diagonalelement und bei gemischten Zuständen mindestens zwei nicht verschwindende Diagonalelemente haben. Beweise diese Vermutungen allgemein.

21-4 Mittel Verschiedene Gesamtheiten mit ein und derselben Dichtematrix

a) Eine gemischte Gesamtheit hat die Spinzustände (Wkt. $\hat{=}$ Wahrscheinlichkeit)

$$|\chi_1\rangle = \frac{1}{\sqrt{5}}(2\ 1)^{\mathrm{T}} \quad \text{mit der Wkt.} \quad p_1 = 5/8 \qquad |\chi_2\rangle = (0\ i)^{\mathrm{T}} \quad \text{mit der Wkt.} \quad p_2 = 1/8$$

$$|\chi_3\rangle = -\frac{i}{\sqrt{2}}(1\ -1)^{\mathrm{T}} \quad \text{mit der Wkt.} \quad p_3 = 2/8$$

Wie lautet die Dichtematrix $\hat{\rho}_\chi$?

b) Eine zweite gemischte Gesamtheit hat andere Spinzustände mit anderen Wktn.:

$$|\varphi_1\rangle = (1\ 0)^{\mathrm{T}} \quad \text{mit der Wkt.} \quad p_1 = 1/4 \qquad |\varphi_2\rangle = \frac{1}{\sqrt{2}}(1\ 1)^{\mathrm{T}} \quad \text{mit der Wkt.} \quad p_2 = 1/2$$

$$|\varphi_3\rangle = \frac{1}{\sqrt{2}}(-1\ 1)^{\mathrm{T}} \quad \text{mit der Wkt.} \quad p_3 = 1/4$$

Wie lautet die Dichtematrix $\hat{\rho}_\varphi$?

Hinweis: In den Teilaufgaben a), b) wird dieselbe Basis im komplexen Spin-Hilbertraum $\mathbb{C}^2$ verwendet.

c) Welche Schlüsse ziehst du aus der Übereinstimmung $\hat{\rho}_\chi = \hat{\rho}_\varphi$? Veranschauliche die Ergebnisse mit Photonen.

d) Wie lautet die Dichtematrix in der Spektraldarstellung? (Siehe Aufgabe 7–3c, Gl. (7.5–7b)).

21-5 Mittel Bestimmung einer 2×2– Dichtematrix mit drei Erwartungswerten

In einem zweidimensionalen Spinraum werden drei hermitesche Operatoren durch folgende Matrizen dargestellt:

$$\hat{A} = \begin{pmatrix} 3 & 2 \\ 2 & 3 \end{pmatrix} \qquad \hat{B} = \begin{pmatrix} 2 & i \\ -i & 2 \end{pmatrix} \qquad \hat{C} = \begin{pmatrix} 1 & 0 \\ 0 & 3 \end{pmatrix}$$

An einem präparierten Ensemble werden folgende Erwartungswerte gemessen:

$$\langle \hat{A} \rangle = 4 \qquad \langle \hat{B} \rangle = 1,5 \qquad \langle \hat{C} \rangle = 2$$

a) Wie lautet die Dichtematrix des präparierten Systems?

Hinweis: Nach Aufgabe 12–1b lässt sich $\hat{\rho}$ (wie jede hermitesche 2×2– Matrix mit Spur Eins) in der Form

$$\hat{\rho} = (\hat{1} + \mathbf{a} \cdot \hat{\boldsymbol{\sigma}})/2 \quad \text{mit den drei Pauli-Matrizen } \hat{\sigma}_k \tag{21.4–2}$$

darstellen. Die Komponenten a_k des Vektors $\mathbf{a}$ lassen sich mit den drei Erwartungswerten berechnen.

b) Ist der präparierte Zustand rein oder gemischt?

21-6 Mittel Dichteoperator und kontinuierliche Spektren

Wir betrachten mit $\hat{X}$ und $\hat{P}$ zwei Operatoren mit *kontinuierlichen* Spektren. In Abschn. 7.1 wurden die Ortseigenfunktion zum Eigenwert x mit $|x\rangle$ und die Impulseigenfunktion zum Eigenwert p mit $|p\rangle$ bezeichnet. $|x\rangle\langle x|$ und $|p\rangle\langle p|$ sind Projektionsoperatoren. Welche Bedeutung haben $\mathrm{Sp}(\hat{\rho}|x\rangle\langle x|)$ und $\mathrm{Sp}(\hat{\rho}|p\rangle\langle p|)$?

Hinweis: Beachte die Gln. (7.1–19/20).

21-7 Leicht Reine Gesamtheit

Die beiden Spinzustände $|z,\pm\rangle$ von Elektronen sollen die diskreten Energien E_1 und E_2 haben. Zur Zeit $t=0$ haben die Elektronen den Spinor

$$\chi(0) = c_1 \begin{pmatrix} 1 \\ 0 \end{pmatrix} + c_2 \begin{pmatrix} 0 \\ 1 \end{pmatrix} \qquad \text{mit} \qquad |c_1|^2 + |c_2|^2 = 1$$

a) Wie lautet die Dichtematrix des Elektronenspins zur Zeit t ?

b) Beweise mit der Dichtematrix, dass zur Zeit t (natürlich) immer noch ein reiner Zustand vorliegt.

21-8 Leicht Messung am Spinzustand

Der Spinzustand von Elektronen wird bzgl. der Eigenvektoren des Spinoperators $\hat{S}_3$ durch die Dichtematrix

$$\hat{\rho} = a \begin{pmatrix} 1 \\ 0 \end{pmatrix} (1\ \ 0) + b \begin{pmatrix} 0 \\ 1 \end{pmatrix} (0\ \ 1) = \begin{pmatrix} a & 0 \\ 0 & b \end{pmatrix} \qquad \text{mit} \qquad a+b=1$$

beschrieben.

a) Liegt ein reiner Zustand oder ein gemischter Zustand vor?

b) Wie groß ist die Wahrscheinlichkeit, bei einer Messung von $\hat{S}_1$ die Eigenwerte $\pm\hbar/2$ zu finden?

21-9 Mittel Zeitliche Entwicklung des Dichteoperators

a) Beweise die **Von-Neumann-Gl.**

$$\frac{d}{dt}\hat{\rho} = -\frac{i}{\hbar}\left[\hat{H},\hat{\rho}\right] \tag{21.4-3}$$

Diese Dgl. steuert die Zeitentwicklung des Dichteoperators. Für zeit*un*abhängige Hamiltonoperatoren lautet die allgemeine Lösung der Von-Neumann-Gl.

$$\hat{\rho}(t) = e^{-i\hat{H}t/\hbar}\,\hat{\rho}(0)\,e^{i\hat{H}t/\hbar} \qquad \text{für zeit\textit{un}abhängige Hamiltonoperatoren} \tag{21.4-4}$$

b) Die Lösungen der Schrödinger-Gl. $\hat{H}|n\rangle = E_n|n\rangle$ bilden die Orthonormalbasis $\{|n\rangle\}$. Berechne für zeit-*un*abhängige Hamiltonoperatoren die Zeitentwicklung der Elemente $\hat{\rho}_{kl}(t)$ bzgl. der Basis $\{|n\rangle\}$.

21-10 Leicht Dichteoperator eines Zweiteilchensystems

Der allgemeine Zustand eines Zweiteilchensystems lautet

$$|\Psi\rangle = \sum_{m,n} c_{mn}|m\rangle_1|n\rangle_2 = \sum_{m,n} c_{mn}|m,n\rangle$$

Dabei sind $\{|m\rangle_1\}$ und $\{|n\rangle_2\}$ VONS des ersten bzw. zweiten Teilchens und $|m,n\rangle := |m\rangle_1|n\rangle_2$ ist das direkte Produkt (Tensorprodukt) der Basisfunktionen des ersten und zweiten Teilchens.

a) Wie lautet der Dichteoperator $\hat{\rho}$ zum Zustand $|\Psi\rangle$?

b) Beweise, dass die Gl. (21.2-6) $\langle\Psi|\hat{A}|\Psi\rangle = \mathrm{Sp}(\hat{\rho}\hat{A})$ auch für *Zwei*teilchensysteme gilt.

21-11 Mittel Messtechnische Unterscheidung zwischen reinen und gemischten Zuständen

In diesem Beispiel wird an Hand von Photonen und Spin-1/2-Teilchen untersucht, ob und – wenn ja – wie sich reine und gemischte Zustände mit Messungen unterscheiden lassen.

a) Der Polarisationszustand (kurz Polzustand) $|\nearrow\rangle = \cos\vartheta\,|x\rangle + \sin\vartheta\,|y\rangle$ beschreibt linear polarisierte Photonen, die in z-Richtung laufen und deren Polarisationsachse mit der x-Achse den Winkel ϑ einschließt. Welche Messungen können diesen linear polarisierten, reinen Zustand von gemischten Polzuständen unterscheiden?

b) Wie lässt sich in Messungen der allgemeine, reine Spinzustand von Spin-1/2-Teilchen

$$|\chi\rangle = c_1 |z,+\rangle + c_2 |z,-\rangle$$

von gemischten Spinzuständen unterscheiden?

Hinweis: Verwende die in Aufgabe 12–2b berechneten Eigenfunktionen $|\mathbf{n},\pm\rangle$ des Spinoperators $\mathbf{n}\cdot\hat{\mathbf{S}}$ in der Richtung des Einheitsvektors $\mathbf{n} = (\sin\vartheta\cos\varphi, \sin\vartheta\sin\varphi, \cos\vartheta)^{\mathsf{T}}$.

21–12 Mittel Änderung der Dichteoperatoren bei Messungen

Bemerkung: In den drei Teilaufgaben 21–12a/b/c werden reine Zustände gemessen; in Teilaufgabe 21–12d wird ein gemischter Zustand gemessen.

a) An einem Teilchen im anfänglichen, reinen Zustand

$$|\psi\rangle_{\text{Anf}} = \sum_n \sum_{\alpha=1}^{g_n} c_{n\alpha} |n,\alpha\rangle$$

wird $\hat{A}$ gemessen. Die Eigenwertgln. $\hat{A}|n,\alpha\rangle = a_n |n,\alpha\rangle$ enthalten g_n – fach entartete Eigenwerte.

Wie lautet der Projektionsoperator $\hat{P}_n$ auf den g_n - dimensionalen Eigenraum $\mathcal{H}_n$, der durch die Eigenvektoren $|n,\alpha\rangle$ zum Eigenwert a_n aufgespannt wird (mit $\alpha=1,\ldots g_n$)?

b) Der Operator $\hat{A}$ wird am reinen Zustand $|\psi\rangle_{\text{Anf}}$ gemessen. Zeige, dass der Dichteoperator des Teilchens nach der Messung des entarteten Messwertes a_n wie folgt lautet:

$$\hat{\rho}_{\text{End}} = \frac{1}{p_n}\hat{P}_n\,\hat{\rho}_{\text{Anf}}\,\hat{P}_n = \frac{1}{p_n}\hat{P}_n\,|\psi\rangle_{\text{Anf}}\,{}_{\text{Anf}}\langle\psi|\,\hat{P}_n \tag{21.4–5}$$

mit p_n = Wahrscheinlichkeit, den Eigenwert a_n zu messen (siehe Gl. (4) in Aufgabe 8–6).

Projektionsoperatoren beschreiben gemäß Gl. (21.4–5) die Änderungen der Dichteoperatoren bei Messungen.

Bemerkung: Gl. (21.4–5) erinnert an die Gl. (7.5–2b), obwohl der durch Projektionsoperatoren beschriebene Kollaps der Wellenfunktion keine unitäre Transformation ist und obwohl $\hat{P}^{-1}$ natürlich nicht existiert.

c) Zeige: Nach der Messung des entarteten Messwertes a_n liegt ein reiner Zustand vor.

d) Messung an einem gemischten Zustand: Wir betrachten ein statistisches Gemisch mit dem Dichteoperator $\hat{\rho}_{\text{Anf}} = \sum_k p_k |k\rangle\langle k|$. Der Einfachheit halber sollen die Eigenwertgln. $\hat{A}|n\rangle = a_n|n\rangle$ jetzt keine entarteten Eigenwerte a_n enthalten. Alle Teilchen fliegen in ein Filter hinein, das nur die Teilchen im Zustand $|n\rangle$ passieren lässt. Wie lautet der Dichteoperator der Teilchenmenge nach der Filterung?

22 Verschränkung

Das Kapitel hat einen höheren Schwierigkeitsgrad. Es bildet wegen seiner faszinierenden Inhalte und wegen vieler moderner Anwendungen die Krönung der Quantenmechanik.

22.1 *Verschränkung*: Die Verschränkung ist wohl das wunderlichste und seltsamste Phänomen der Physik. Sie ist eine ganz zentrale Eigenart der Quantentheorie und wird in modernen Anwendungen eingesetzt: Quantencomputer, Quantenkryptographie, Quantenteleportation, ...

Bei einer Verschränkung bilden zwei oder mehr Teilchen ein eng verknotetes Gesamtsystem. Nicht die einzelnen Teilchen, sondern nur das Gesamtsystem hat eine eigene Wellenfunktion. Die Messung an einem Teilchen ändert *ohne Zeitverzögerung* den Zustand des gesamten Systems – selbst dann, wenn die Teilchen Lichtjahre voneinander entfernt sind.

22.2 *No-Cloning-Theorem*: Nicht-orthogonale Zustände können nicht fehlerfrei kopiert werden. Das No-Cloning-Theorem wird im Rahmen der nichtrelativistischen Quantenmechanik bewiesen und stellt sicher, dass überlichtschnelle Kommunikation unmöglich ist.

22.3 *Verschränkung und Doppelspalt-Experiment*: Beim Doppelspalt-Experiment treten bei Ortsmessungen keine Interferenzen auf. In vielen Fällen – z. B. bei Ortsmessungen mit Photonen – kann die Ort-Impuls-Unbestimmtheitsrelation das Verschwinden der Interferenzen begründen. 1991 wurde erstmals ein Experiment vorgeschlagen, in dem das Fehlen von Interferenzen nicht mit einer Unbestimmtheitsrelation erklärt werden kann, sondern *nur* mit einer Verschränkung zwischen dem durchfliegenden Teilchen und zwei Hohlraumresonatoren, die vor den Spalten stehen und den Teilchenort speichern.

22.4 *Die Dekohärenz-Theorie* *: Nach der alten Kopenhagener Quantenmechanik können makroskopische Messungen nicht mit der Quantenmechanik beschrieben werden, sondern müssen mit der klassischen Physik behandelt werden.

Die zentrale Idee der Dekohärenz-Theorie (seit 1970) ist die Einbeziehung der Wechselwirkungen des Quantenobjektes mit dem Messgerät und vor allem mit der Umgebung. Diese Wechselwirkungen versetzen das Gesamtsystems TMU aus <u>T</u>eilchen, <u>M</u>essgerät und <u>U</u>mgebung in einen verschränkten Zustand. Bei Nichtbeobachtung der Umgebung verhält sich das Teilsystem TM so, als wenn es einen gemischten Zustand hätte. Die Wechselwirkung mit der Umgebung und die Nichtbeachtung der Umgebung zerstören die Interferenzfähigkeit innerhalb des Teilsystems TM; man spricht von Dekohärenz.

22.5 *Quantenkryptographie ohne Verschränkung* *: Es gibt mehrere Verfahren, die mit oder ohne Verschränkung von Photonen arbeiten. Das bekannte BB84-Protokoll verwendet nicht verschränkte Photonen, die mit zufällig gewählten Polarisationsrichtungen ($\oplus$ oder $\otimes$) abgestrahlt werden. Da die Messung eines Photons die unbekannte Polrichtung mit 50% Wahrscheinlichkeit ändert, wird ein Lauschangriff auf die Schlüsselübertragung nahezu mit Sicherheit bemerkt. Nach der Beobachtung eines Lauschangriffes wird solange ein neuer Schlüssel übertragen, bis eine Abhörung ausgeschlossen werden kann.

22.6 *Quantenkryptographie mit Verschränkung* *: Das Eckert-Protokoll arbeitet mit polarisationsverschränkten Photonen oder mit spinverschränkten Fermionen. Wir untersuchen Fermio-

Quantenmechanik: Lehr- und Arbeitsbuch, 2. Auflage. Friedhelm Kuypers.
© 2026 Wiley-VCH GmbH. Published 2026 by Wiley-VCH GmbH.

nen im verschränkten Singulettzustand, die von einer Quelle aus nach Alice und Bob geschickt werden. Vor jeder Spinmessung wählen Alice und Bob zufällig und unabhängig voneinander die Richtungswinkel α, β ihrer Spinmessungen unter je drei vorgegebenen Winkeln. Die antikorrelierten Messwerte, die bei gleichen Richtungen $\alpha = \beta$ gefunden werden, ergeben den geheimen Schlüssel. Die Messwerte, die bei verschiedenen Richtungen $\alpha \neq \beta$ gefunden werden, ermöglichen mit den Bellschen-Ungln. die Aufdeckung von Lauschangriffen.

22.7 *Quantenteleportation* *: Bei der Quantenteleportation wird – anders als beim Raumschiff Enterprise – keine Materie, sondern nur der Zustand eines Teilchens 1 bei Alice auf ein anderes Teilchen 3 bei Bob übertragen. In einer Quelle werden zwei Teilchen 2 und 3 verschränkt. Teilchen 2 wird zu Alice, Teilchen 3 zu Bob geschickt. Mit einer sog. Bell-Messung an den nicht verschränkten, bei Alice vorliegenden Teilchen 1 und 2 und mit einer klassischen 2-Bit-Nachricht an Bob wird der Zustand von Teilchen 1 an Bobs Teilchen 3 übertragen. Der übertragene Zustand ist weder Alice noch Bob bekannt.

22.1 Verschränkung

Die Verschränkung (englisch entanglement) von Quantenobjekten spielt eine entscheidende Rolle in vielen modernen Anwendungen der Quantenmechanik. Die Verschränkung ist ein oder sogar das zentrale Merkmal der Quantenmechanik. Wegen der augenblicklichen Übertragung der Korrelationen der Messergebnisse ist die Verschränkung wohl das rätselhafteste und faszinierendste Phänomen der ganzen Physik.[1]

Die zwei Standardbeispiele verschränkter Zustände traten bereits bei der Addition von zwei Spins in Abschn. 13.2 auf: Der mittlere Triplettzustand

$$|10\rangle = \frac{|+-\rangle + |-+\rangle}{\sqrt{2}} \qquad (13.2\text{–}7\text{b})$$

und der Singulettzustand

$$|00\rangle = \frac{|+-\rangle - |-+\rangle}{\sqrt{2}} \qquad (13.2\text{–}8)$$

sind verschränkte Zustände.

---

[1] Eine fiktive Geschichte zeigt, wie absurd eine Verschränkung im Alltag wäre: Zwei Würfelspieler sitzen in verschiedenen Zimmern und können nicht miteinander kommunizieren. Ein Schiedsrichter verschränkt zwei Würfel durch gemeinsames Schütteln in einem Zauberbecher und gibt jedem Spieler einen Würfel. Die Spieler werfen ihren Würfel und notieren die gefallene Zahl auf einem Notizzettel; beim Werfen wird die Verschränkung aufgehoben. Anschließend verschränkt der Schiedsrichter durch Schütteln im magischen Becher die Würfel erneut und gibt sie an die Spieler zurück. Die Spieler werfen, schreiben die Zahl auf usw.

Nach dem letzten Durchgang kommen die Spieler zusammen und betrachten ihre zwei Notizzettel: Auf jedem Zettel sind die Zahlen zufällig verteilt, aber – und das ist die große Überraschung – auf beiden Zetteln identisch. Offensichtlich haben beide Würfel Zufallszahlen generiert, aber in genau gleicher Reihenfolge.

Beachte: Die Verschränkung der Würfel kann nur mit der Betrachtung *beider* Notizzettel erkannt werden.

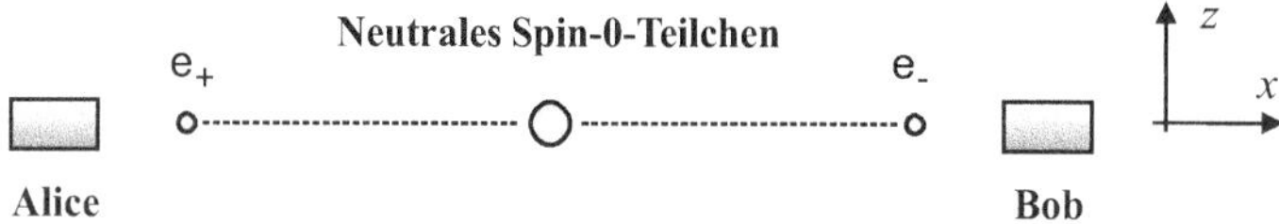

Abb. 22.1–1 Zerfall eines ruhenden, neutralen Spin-0-Teilchens in Elektron und Positron. Wegen der Drehimpulserhaltung sind die Spins der beiden Fermionen im Singulettzustand.

Dieser Versuch spielt eine zentrale Rolle bei der Untersuchung des EPR-Paradoxons in Kap 23.

Der Singulettzustand tritt z. B. beim Zerfall eines ruhenden, spinlosen und elektrisch neutralen Teilchens in Elektron und Positron auf. Die beiden neuen Teilchen fliegen mit gleichem Impulsbetrag in entgegengesetzte Richtungen davon (siehe Abb. 22.1–1). Wegen der *Drehimpulserhaltung* sind ihre Spins im verschränkten Singulettzustand

$$|0\,0\rangle = \frac{|z,+\rangle_{e^+}\,|z,-\rangle_{e^-} - |z,-\rangle_{e^+}\,|z,+\rangle_{e^-}}{\sqrt{2}} \tag{22.1–1}$$

Zwei Beobachter – meistens Alice und Bob genannt – messen die z-Komponenten der Spins. Alice und Bob sollen sehr weit von der Quelle entfernt sein, aber nicht unbedingt gleich weit. Aus didaktischen Gründen soll Alice der Teilchenquelle näher sein als Bob und daher früher messen. Wenn Alice – mit 50% Wahrscheinlichkeit – beim Positron Spin-up misst, dann misst Bob wegen Drehimpulserhaltung beim zugehörigen Elektron mit Sicherheit Spin-down.

Theoretisch lässt sich diese Messung folgendermaßen beschreiben: Vor der Messung haben die beiden Teilchen die Eigenschaft „Spin" nicht; denn der Singulettzustand $|0\,0\rangle$ beschreibt nur den Spin des *Gesamt*systems. Die Messung löst die Verschränkung auf und beide Teilchen – nicht nur das gemessene Teilchen – gelangen in einen Einteilchenzustand. Der Projektionsoperator $\hat{P} = |z,+\rangle_{e^+}\,{}_{e^+}\langle z,+|$ beschreibt die Auflösung der Verschränkung:

$$\hat{P}\,|0\,0\rangle = \left(|z,+\rangle_{e^+}\,{}_{e^+}\langle z,+|\right) \frac{|z,+\rangle_{e^+}\,|z,-\rangle_{e^-} - |z,-\rangle_{e^+}\,|z,+\rangle_{e^-}}{\sqrt{2}}$$

$$= \frac{1}{\sqrt{2}}|z,+\rangle_{e^+}\,|z,-\rangle_{e^-} \quad\underset{\text{Normierung}}{\overrightarrow{}}\quad |z,+\rangle_{e^+}\,|z,-\rangle_{e^-} \tag{22.1–2}$$

Wir sehen: *Bei der Messung eines einzelnen Teilchens kollabiert der Zustand des Gesamtsystems in einen Produktzustand von Einteilchenfunktionen.* Produktfunktionen beschreiben unabhängige, nicht miteinander wechselwirkende Teilchen.

Das Ergebnis der Aliceschen Positronenmessung muss *ohne Zeitverzögerung* – selbst über Lichtjahre hinweg – bei Bob ankommen und dort das Ergebnis der Elektronenmessung festlegen. Der Grund dafür ist einfach: Sollte die Ausbreitung des Messergebnisses eine positive Zeit benötigen, so könnte Bob in dieser Zeit mit 50% Wahrscheinlichkeit denselben Spinzustand wie Alice messen. Dann würden Elektron und Positron *beide* Spin-up oder *beide* Spin-down zeigen – im scharfen Widerspruch zur Drehimpulserhaltung.

Beachte: Die unendliche Ausbreitungsgeschwindigkeit der zufällig gefundenen Messergebnisse ist kein Widerspruch zur Speziellen Relativitätstheorie. Laut Relativitätstheorie bewegen sich Materie und Energie höchstens mit Lichtgeschwindigkeit. Da Informationsübertragungen an Materie- oder Energietransport gebunden sind, *können sich Informationen nicht mit Überlichtgeschwindigkeit ausbreiten.*[2]

Da Alice keinen Einfluss auf ihre Messwerte hat, kann sie mit Hilfe der Korrelation der Messwerte keine (überlichtschnellen) Informationen an Bob schicken, so dass keine Verletzung der Relativitätstheorie vorliegt.[3] Bob findet bei vielen Messungen etwa je 50% der Elektronen im Spin-up- bzw. im Spin-down-Zustand vor – unabhängig davon, ob Alice zuvor die entsprechenden Positronen gemessen hat oder nicht. *Bob kann auf keine Art feststellen, ob Alice zuvor Messungen durchgeführt hat oder nicht.* Erst bei gemeinsamer Sichtung ihrer Messtabellen können Alice und Bob die Verschränkung erkennen.

Nach diesen Vorbetrachtungen können wir die Verschränkung allgemein definieren:

Der Zustand eines Mehrteilchensystems heißt verschränkt, wenn er nicht als Produktfunktion, sondern nur als Superposition von Produktfunktionen aus Einteilchenzuständen geschrieben werden kann.[4]

Das Standardbeispiel $|0\,0\rangle$ zeigt uns bereits die Eigenschaften verschränkter Zustände:

- *Verschränkte Teilchen haben keinen eigenen Zustand und keine eigene Eigenschaft. Bei einer Verschränkung ist nur der Zustand des Gesamtsystems bekannt.*[5]

- Auch Teilchen, die aus verschiedenen Quellen kommen und zu keiner Zeit miteinander wechselwirkten, können verschränkt werden (siehe den Verschränkungsaustausch am Ende von Abschn. 22.7).

---

[2] Die Unmöglichkeit überlichtschneller Signalübertragungen ergibt sich folgendermaßen: Für zwei raumartig getrennte Ereignisse A und B gibt es Bezugssysteme, in denen sich A *früher* als B ereignet, und andere Bezugssysteme, in denen sich umgekehrt A *später* ereignet als B. Daher kann eines der beiden Ereignisse nicht Ursache des anderen Ereignisses sein; es existiert keine kausale Verbindung zwischen A und B.

[3] Ein denkbares, raffiniert ersonnenes Schlupfloch wird durch das No-Cloning-Theorem verstopft, das im folgenden Abschn. 22.2 behandelt wird.

[4] Verschränkte Zustände beruhen auf dem Superpositionsprinzip und unterstreichen erneut die zentrale Bedeutung der Überlagerung von Zuständen.

In Kapitel „16 Identische Teilchen" haben wir oft Überlagerungen von Produktzuständen aufgestellt (z. B. in der Slater-Determinante oder in den Spinzuständen $|0\,0\rangle$ und $|1\,0\rangle$). Verschränkte Zustände kommen also sehr oft vor. 1935 führte Schrödinger den Namen „Verschränkung" ein und ebenfalls 1935 schrieben Einstein et al. eine berühmte Veröffentlichung zum EPR-Paradoxon (siehe Abschn. 23.1), in der sie sehr kritisch auf die Tragweite und die Problematik der Verschränkung eingingen. Trotzdem rückte die Verschränkung erst in den letzten Jahrzehnten mit dem Aufkommen der Quanteninformationstechnik dauerhaft ins Zentrum der Aufmerksamkeit.

[5] Wir haben bereits früher gelernt (siehe z. B. Aufgabe 8–7c), dass ein Teilchen die Eigenschaft A nicht hat, wenn seine Wellenfunktion keine Eigenfunktion von $\hat{A}$ ist, so dass $\Delta A > 0$ gilt. Hier kommt es noch dicker: In verschränkten Systemen haben die einzelnen Teilchen nicht einmal einen eigenen Zustand.

- *Verschränkte Teilchen sind nicht eigenständige Quantenobjekte*, sondern bilden eine *Einheit* – egal wie groß ihr Abstand ist.[6]

- *Jede Messung ist letzten Endes eine Messung am Gesamtsystem, nicht an einem einzelnen Teilchen. Denn die Änderung eines Teilchenzustandes wirkt sich sofort auf den Gesamtzustand aus.* In Abb. 22.1-1 kommt das Ergebnis einer Spinmessung augenblicklich beim verschränkten Partner an – egal wie weit der Partner entfernt ist.

- *Eine Messung mit nicht entarteten Messwerten an einem verschränkten Teilchen hebt eine Verschränkung i. Allg. sofort auf und trennt die verschränkten Teilchen.*[7]

- *Ein verschränkter Zustand ist nicht auf ein kleines Raumgebiet beschränkt*, sondern erstreckt sich über alle beteiligten Systeme, die beliebig weit voneinander entfernt sein dürfen. Alle Experimente deuten darauf hin, dass Verschränkungen bei zunehmender Entfernung der beiden Teilchen weder geschwächt noch aufgehoben werden.

- Wir betrachten nur „*maximal* verschränkte" Zustände – wie z.B. den Singulettzustand (22.1-1); wenn Alice Spin-up misst, dann misst Bob mit 100% Wahrscheinlichkeit Spin-down. Neue theoretische Untersuchungen beweisen, dass *maximal verschränkte Zustände nicht in realistischen Umgebungen existieren können*. Zum Glück schließen die Untersuchungen die Existenz von schwächer verschränkten Zuständen nicht aus; hier würde Bob z.B. nur mit 80% Wahrscheinlichkeit Spin-down messen.

- Quantenzustände sind genau dann verschränkt, wenn die Messergebnisse korreliert (statistisch nicht unabhängig) sind. Man spricht von **Quantenkorrelationen**. Kurzum:

$$\text{\textit{Teilchen sind verschränkt}} \Leftrightarrow \text{\textit{Messergebnisse sind korreliert.}}$$

Bei korrelierten Messergebnissen ist die Wahrscheinlichkeit für ein bestimmtes Ereignispaar nicht das Produkt der Einzel-Wahrscheinlichkeiten. Die Wahrscheinlichkeit, das Positron oder unabhängig davon das Elektron in Abb. 22.1-1 im Spin-up-Zustand vorzufinden, ist jeweils $1/2$. Die Wahrscheinlichkeit, beide Teilchen im Spin-up-Zustand vorzufinden, ist aber nicht $1/4$, sondern null.

Beispiel 22.1-1 Bedingung für Verschränkung

a) Wir betrachten Zweiteilchensysteme in einem Hilbertraum mit den orthonormierten Basisvektoren $|n\rangle_1 |m\rangle_2$. (Die Indices $1,2$ sind die beiden Teilchennummern.) Unter welcher Bedingung ist der allgemeine Zweiteilchenzustand

$$|\Psi\rangle = \sum_{n,m} d_{nm} |n\rangle_1 |m\rangle_2 \tag{22.1-3}$$

ein verschränkter Zustand? Mit anderen Worten: Wann kann der Zweiteilchenzustand nicht als Produkt $|\psi\rangle_1 |\varphi\rangle_2$ von zwei Einteilchenzuständen geschrieben werden?

---

[6] Man kann sagen: „Das Ganze ist mehr ist als die Summe seiner Teile". Diese Vorstellung heißt in der Philosophie Ganzheitlichkeit oder Holismus.

[7] Es gibt auch Messungen, die Verschränkungen erhalten. Das ist beispielsweise der Fall bei der *Orts*messung (ohne Magnetfelder) an einem Zweiteilchensystem mit der Wellenfunktion

$$\psi(\mathbf{r}_1,\mathbf{r}_2) = \varphi(\mathbf{r}_1)\chi(\mathbf{r}_2)|00\rangle$$

Da nur der Spin verschränkt ist, kann nur eine Spinmessung die Verschränkung aufheben.

b) Zeige, dass der Singulett- und der mittlere Triplettzustand des Spins verschränkt sind.

c) Ist der Spinzustand

$$|\Psi\rangle = \frac{1}{2}\left(|++\rangle - |--\rangle + |+-\rangle - |-+\rangle\right)$$

verschränkt oder nicht verschränkt?

Lösung:

a) Der allgemeine Zweiteilchen-Zustand

$$|\Psi\rangle = \sum_{n,m} d_{nm}\,|n\rangle_1\,|m\rangle_2$$

ist genau dann ein Produktzustand

$$|\Psi\rangle = |\psi\rangle_1\,|\varphi\rangle_2 = \left(\sum_n b_n\,|n\rangle_1\right)\left(\sum_m c_m\,|m\rangle_2\right) = \sum_{n,m} b_n\,c_m\,|n\rangle_1\,|m\rangle_2$$

wenn alle Koeffizienten d_{nm} faktorisiert werden können:

$$d_{nm} = b_n\,c_m \quad \forall\, m,n \qquad \text{mit} \qquad \sum_n |b_n|^2 = 1 \quad \text{und} \quad \sum_m |c_m|^2 = 1$$

Ein Zweiteilchen-Zustand

$$|\Psi\rangle = \sum_{n,m} d_{nm}\,|n\rangle_1\,|m\rangle_2$$

ist genau dann kein verschränkter Zustand, wenn alle Koeffizienten d_{nm} faktorisiert werden können:

$$d_{nm} = b_n\,c_m \qquad \forall\, n,m \tag{22.1-4}$$

b) Wir schreiben den Singulettzustand $|0\,0\rangle$ und den Triplettzustand $|1\,0\rangle$ in der Form

$$\frac{1}{\sqrt{2}}\left(|1\rangle_1\,|2\rangle_2 \pm |2\rangle_1\,|1\rangle_2\right) \qquad \text{mit} \qquad |1\rangle := |z,+\rangle \quad |2\rangle := |z,-\rangle$$

Wir führen einen Widerspruchsbeweis und nehmen an, dass die Bedingung (22.1–4) erfüllt ist.

$$\Rightarrow \quad d_{11} = d_{22} = 0 \qquad\qquad \Rightarrow \qquad b_1 c_1 = b_2 c_2 = 0 \tag{22.1-5a}$$

$$d_{12} = \pm\,d_{21} = 1/\sqrt{2} \qquad \Rightarrow \qquad b_1 c_2 = \pm\,b_2\,c_1 = 1/\sqrt{2} \tag{22.1-5b}$$

Gl. (22.1–5a) verlangt $c_1 = 0$ oder $b_1 = 0$. Damit ist Gl (22.1–5b) nicht erfüllbar, so dass die beiden Zustände verschränkt sind.

c) $\quad d_{11} = -d_{22} = d_{12} = -d_{21} = 1/2$

Dann ist die Gln. (22.1–4) erfüllt für

$$b_1 = -b_2 = 1/\sqrt{2} \qquad c_1 = c_2 = 1/\sqrt{2}$$

Der Zustand $|\Psi\rangle$ ist nicht verschränkt und lässt sich daher als Produktfunktion schreiben:

$$\Rightarrow \quad |\Psi\rangle = \frac{1}{\sqrt{2}}\left(|+\rangle_1 - |-\rangle_1\right)\frac{1}{\sqrt{2}}\left(|+\rangle_2 + |-\rangle_2\right)$$

Beispiel 22.1–2 Messung verschränkter Zustände

Zwei unterscheidbare Spin-1/2-Fermionen sind im Singulett- oder im mittleren Triplettzustand

$$| \Psi_{\text{Anf}} \rangle = \frac{1}{\sqrt{2}} \left(|z,+\rangle_1 |z,-\rangle_2 \pm |z,-\rangle_1 |z,+\rangle_2 \right) \underset{\underset{\text{kurz geschrieben}}{\uparrow}}{=} \frac{1}{\sqrt{2}} \left(|+ -\rangle \pm |- +\rangle \right)$$

a) Wie lautet der Zustand, nachdem die z-Komponente des Spins des ersten Teilchens zu $+\hbar/2$ gemessen wurde und wie groß ist die Wahrscheinlichkeit für diesen Messwert?

b) Wie lautet der Zustand, nachdem (nicht die z-, sondern) die x-Komponente des Spins des ersten Teilchens zu $+\hbar/2$ gemessen wurde und wie groß ist die Wahrscheinlichkeit für diesen Messwert?

c) Wie groß ist die Wahrscheinlichkeit, dass bei der Messung am Zustand $|\psi_{\text{Anf}}\rangle$ die x-Komponenten der Spins *beider* Teilchen zu $+\hbar/2$ gemessen werden?

Lösung:

a) Nach Abschn. „8.1 Der Messprozess" *wird der Kollaps der Wellenfunktionen bei Messungen durch Projektionsoperatoren beschrieben.* In unserem Fall lautet der Projektionsoperator

$$\hat{P}_{1z+} = |z,+\rangle_{1\,1}\langle z,+| \otimes \hat{1}_2 \underset{\underset{\text{kurz geschrieben}}{\uparrow}}{=} |z,+\rangle_{1\,1}\langle z,+| \qquad (22.1\text{–}6)$$

Hinweis: $\hat{1}_2$ ist der Einheitsoperator im Spinraum des zweiten Teilchens. In Tensorprodukten werden Einheitsoperatoren meistens nicht mitgeschrieben.

$$\Rightarrow \quad \hat{P}_{1z+} | \Psi_{\text{Anf}} \rangle = \left(|z,+\rangle_{1\,1}\langle z,+| \right) \frac{1}{\sqrt{2}} \left(|+ -\rangle \pm |- +\rangle \right) =$$

$$= \frac{1}{\sqrt{2}} |z,+\rangle_1 |z,-\rangle_2 \underset{\text{Normierung}}{\rightarrow} |z,+\rangle_1 |z,-\rangle_2 = |+ -\rangle =: | \Psi_{\text{a End}} \rangle \qquad (22.1\text{–}7)$$

Die Messung der Spinkomponente eines Teilchens legt auch die Spinkomponente des anderen Teilchens augenblicklich fest und löst die Verschränkung auf. Die Messung am ersten Teilchen ist in Wirklichkeit eine Messung am gesamten verschränkten Zweiteilchensystem. Diese Aussage ist charakteristisch für Messungen an verschränkten Teilchen.

Die Wahrscheinlichkeit, den Eigenwert $+\hbar/2$ zu messen, lautet nach Gl. (8.1–3)

$$\left| \langle \Psi_{\text{a End}} | \Psi_{\text{Anf}} \rangle \right|^2 = \left| \langle + -| \frac{1}{\sqrt{2}} \left(|+ -\rangle \pm |- +\rangle \right) \right|^2 = \frac{1}{2} \qquad (22.1\text{–}8)$$

Die Wahrscheinlichkeit, die z-Komponente des Spins des ersten Teilchens zu $-\hbar/2$ zu messen, ist natürlich ebenfalls 1/2.

b) $\qquad \hat{P}_{1x+} = |x,+\rangle_{1\,1}\langle x,+| \otimes \hat{1}_2 \underset{\underset{\text{kurz}}{\uparrow}}{=} |x,+\rangle_{1\,1}\langle x,+| \qquad (22.1\text{–}9)$

Wir wenden $\hat{P}_{1x+}$ zuerst auf den **Singulettzustand** $|0\,0\rangle$ an. Nach Aufgabe 22–2a *ist der Singulettzustand in jeder Richtung ein Singulettzustand*: $|0\,0\rangle_z = -|0\,0\rangle_x = i\,|0\,0\rangle_y$. Daher gilt:

$$\hat{P}_{1x+} | \Psi_{\text{Anf}} \rangle = \left(|x,+\rangle_{1\,1}\langle x,+| \right) \frac{-1}{\sqrt{2}} \left(|x,+\rangle_1 |x,-\rangle_2 - |x,-\rangle_1 |x,+\rangle_2 \right) =$$

$$= -\frac{1}{\sqrt{2}} \left(\frac{1}{\sqrt{2}} |x,+\rangle_1 |x,-\rangle_2 - 0 \right)$$

Fazit: Bei der Messung der Observablen $\hat{S}_{(1)1}$ am Singulettzustand kollabiert der Zustand in den (jetzt normierten) Eigenzustand (ohne den unwichtigen Phasenfaktor -1)

$$|\Psi_{b\,End}\rangle = |x,+\rangle_1 |x,-\rangle_2 \tag{22.1-10}$$

zum Eigenwert $+\hbar/2$. Die gesuchte Wahrscheinlichkeit ist $|\langle \Psi_{b\,End} | \Psi_{Anf}\rangle|^2 = 1/2$.

Wir nehmen jetzt den **Triplettzustand** $|1\,0\rangle_z$ als Anfangszustand. Nach Gl. (2a) in Aufgabe 22–2b gilt:

$$|\Psi_{Anf}\rangle = |1\,0\rangle_z = \frac{1}{\sqrt{2}}\left[|x,+\rangle_1 |x,+\rangle_2 - |x,-\rangle_1 |x,-\rangle_2\right]$$

Bei Messungen der x-Komponenten des Spins zeigen *beide* Spins in die positive x-Richtung oder – mit gleicher Wahrscheinlichkeit – in die negative x-Richtung.

$$\Rightarrow \quad \hat{P}_{1x+}|\Psi_{Anf}\rangle = \left(|x,+\rangle_1 \, {}_1\langle x,+|\right) \frac{1}{\sqrt{2}}\left(|x,+\rangle_1 |x,+\rangle_2 - |x,-\rangle_1 |x,-\rangle_2\right) =$$

$$= \frac{1}{\sqrt{2}}\left(\frac{1}{\sqrt{2}}|x,+\rangle_1 |x,+\rangle_2 + 0\right)$$

Fazit: Bei der Messung der Observablen $\hat{S}_{(1)1}$ mit dem Messwert $+\hbar/2$ kollabiert der Zustand in den Eigenzustand

$$|\Psi_{b\,End}\rangle = |x,+\rangle_1 |x,+\rangle_2 \quad \text{mit der Wahrscheinlichkeit} \quad |\langle \Psi_{b\,End} | \Psi_{Anf}\rangle|^2 = 1/2.$$

c) Wegen $|x,+\rangle = \left(|z,+\rangle + |z,-\rangle\right)/\sqrt{2}$ lautet der Endzustand nach beiden Messungen

$$|\Psi_{c\,End}\rangle = |x,+\rangle_1 |x,+\rangle_2 = \frac{1}{\sqrt{2}}\left(|z,+\rangle_1 + |z,-\rangle_1\right) \cdot \frac{1}{\sqrt{2}}\left(|z,+\rangle_2 + |z,-\rangle_2\right) =$$

$$= \frac{1}{2}\left(|++\rangle + |+-\rangle + |-+\rangle + |--\rangle\right)$$

Die Messwahrscheinlichkeit beträgt

$$\left|\langle \Psi_{c\,End} | \Psi_{Anf}\rangle\right|^2 = \left|\frac{1}{2}\left(\langle ++| + \langle +-| + \langle -+| + \langle --|\right) \cdot \frac{1}{\sqrt{2}}\left(|+-\rangle \pm |-+\rangle\right)\right|^2 =$$

$$= \frac{1}{2}\begin{cases} 1 & \text{für den Triplettzustand } |1\,0\rangle \\ 0 & \text{für den Singulettzustand } |0\,0\rangle \end{cases} \tag{22.1-11}$$

Die verschwindende Wahrscheinlichkeit für den Singulettzustand ist verständlich, da der Singulettzustand (und nur der Singulettzustand) nach Aufgabe 22–2a in jeder Richtung ein Singulettzustand ist und seine zwei Anteile jeweils einmal Spin-up und einmal Spin-down enthalten.

Für den Triplettzustand $|1\,0\rangle$ gibt es noch die Wahrscheinlichkeit $1/2$, bei den Messungen der x-Komponenten der Spins beider Teilchen zweimal den Eigenwert $-\hbar/2$ zu finden.

22.2 No-Cloning-Theorem 1982

Das einfach zu beweisende No-Cloning-Theorem ist eine Grundlage der Quantenkryptographie (siehe die Abschn. 22.5 und 22.6) und verhindert, dass die Quantenmechanik überlichtschnelle Kommunikation ermöglicht. Das Theorem behauptet, dass sich Quantenzustände nicht fehlerfrei vervielfältigen (kopieren bzw. klonen) lassen. Genauer: Nicht-orthogonale Zustände können nicht fehlerfrei auf andere Teilchen übertragen werden.

Wir kommen auf das Experiment in Abb. 22.1–1 zurück. Alice und etwas später Bob messen jeweils eine Komponente des Spins des Fermions, das bei ihnen ankommt. *Alice kann ihre Messwerte nicht beeinflussen und ist daher nicht imstande, Bob Nachrichten mit Überlichtgeschwindigkeit zu schicken.*

Die Unmöglichkeit überlichtschneller Kommunikation wird in der Speziellen Relativitätstheorie bewiesen und ist seit über 100 Jahren eherner Grundsatz der Physik. Daher waren einige Physiker beunruhigt, als Nick Herbert im Jahre 1982 ein – auf den ersten Blick überzeugendes – Gedankenexperiment vorschlug, das mit verschränkten Teilchen und mit einem Quantenkopierer überlichtschnelle Kommunikation ermöglichen sollte. Herberts einfacher Vorschlag lautete sinngemäß: Alice und Bob verabreden, dass Alice jeden Tag um 12^{00} Uhr eine digitale Kurznachricht mit nur einem Bit an Bob schickt: Wenn Alice eine „1" bzw. eine „0" an Bob schicken will, dann misst sie die z- bzw. die x-Komponente des Spins des Positrons, das um 12^{00} Uhr bei ihr ankommt. Bob empfängt etwas später das zugehörige Elektron in einem der Zustände $|z,\pm\rangle$ bzw. in einem der Zustände $|x,\pm\rangle$. Bob kopiert den ankommenden Spinzustand eine Million mal und misst anschließend an allen kopierten Spinzuständen immer nur die z-Komponente (nicht die x-Komponente). Dann gilt:

- Wenn er immer denselben Wert misst – egal ob $+\hbar/2$ oder $-\hbar/2$ –, dann hat Alice ihm das Bit „1" geschickt.

- Wenn er ungefähr gleich oft beide Spinkomponenten $\pm\hbar/2$ misst, dann hat Alice ihm das Bit „0" geschickt.

Da Nachrichtenübermittlungen mit Überlichtgeschwindigkeit im scharfen Widerspruch zur Speziellen Relativitätstheorie stehen, muss der Vorschlag von Herbert einen Fehler enthalten. Das folgende Beispiel soll in die Lösung des geschilderten Problems einführen.

Beispiel 22.2–1 Nicht orthogonale Zustände sind nicht sicher unterscheidbar

a) Wir kennen zwei verschiedene Zustände $|\chi\rangle, |\varphi\rangle$ und wissen, dass sich ein System in einem der zwei bekannten Zustände $|\chi\rangle, |\varphi\rangle$ befindet; wir wissen aber nicht, in welchem Zustand. Lassen sich diese beiden Zustände durch die Messung einer Observablen $\hat{A}$ sicher unterscheiden? Kann man also durch eine Messung von $\hat{A}$ feststellen, in welchem der zwei Zustände das System ist?

Hinweise: **1)** Die Observable $\hat{A}$ habe die Eigenwertgln.

$$\hat{A}|\psi_n\rangle = a_n|\psi_n\rangle \quad \text{mit } \textit{nicht entarteten } \text{Eigenwerten } a_n.$$

Die verschiedenen Zustände $|\chi\rangle, |\varphi\rangle$ können nach den Eigenfunktionen $|\psi_n\rangle$ der Observablen $\hat{A}$ entwickelt werden, wobei uns alle Koeffizienten b_n, c_n *bekannt* sind:

$$|\chi\rangle = \sum_n b_n |\psi_n\rangle \qquad |\varphi\rangle = \sum_n c_n |\psi_n\rangle \qquad\qquad\qquad (22.2\text{--}1a/b)$$

2) Observable mit entarteten Eigenwerten werden in Aufgabe 22–4 untersucht.

b) Alice will Bob mit Photonen, die in den orthogonalen Richtungen $|\nearrow\rangle, |\searrow\rangle$ (kurz $\otimes$) polarisiert sind, eine längere, lichtschnelle Nachricht senden. Sie wählt folgende Zuordnung der Bits $0, 1$ zu den zwei Polarisationsrichtungen (kurz Pol-Richtungen):

$$1 \mathrel{\hat=} |\nearrow\rangle \qquad 0 \mathrel{\hat=} |\searrow\rangle$$

Mit anderen Worten: Wenn Alice eine 1 bzw. eine 0 übermitteln will, dann strahlt sie ein Photon mit der Pol-Richtung $\nearrow$ bzw. $\searrow$ ab.

Bob empfängt die abgestrahlten Photonen. Wenn er die Pol-Richtungen, mit denen Alice arbeitet, kennen würde, dann könnte er die Nachricht vollständig und fehlerfrei lesen. Aber leider hat Bob die Pol-Richtungen, mit denen Alice arbeitet, vergessen. Was kann er tun, wenn er seine Vergesslichkeit nicht zugeben will und daher nicht bei Alice nachfragen möchte?

c) Alice behauptet gegenüber Bob, dass sie die Nachrichten mit linear polarisierten Photonen auch so übertragen kann, dass Bob den Inhalt mit Sicherheit nicht lesen kann. Hat sie Recht?

Lösung:

a) Eine $\hat A$– Messung am Zustand $|\chi\rangle$ und eine $\hat A$– Messung am Zustand $|\varphi\rangle$ können unmöglich denselben Messwert liefern, falls für alle n gilt:

$$b_n = 0 \quad \text{oder} \quad c_n = 0 \quad \Leftrightarrow \quad b_n c_n = 0 \quad \text{für } \forall\, n \qquad\qquad (22.2\text{--}2)$$

Wenn $\hat A$– Messungen an $|\chi\rangle$ mit Sicherheit immer andere Messwerte liefern als $\hat A$– Messungen an $|\varphi\rangle$, wenn also $b_n c_n = 0$ für $\forall n$, dann unterscheidet die Messung der Observablen $\hat A$ immer zwischen den zwei bekannten Zuständen $|\chi\rangle, |\varphi\rangle$. Mit dem Skalarprodukt

$$\langle\chi|\varphi\rangle = \sum_{n,m} b_n^* c_m \langle\psi_n|\psi_m\rangle = \sum_n b_n^* c_n \quad \text{und mit} \quad b_n c_n = 0 \ \ \forall n$$

folgt (bei sicherer Unterscheidbarkeit) die Orthogonalität: $\langle\chi|\varphi\rangle = 0$.

Kurzum: Wenn es eine Observable $\hat A$ gibt, die bei jeder Messung sicher zwischen den Zuständen $|\chi\rangle, |\varphi\rangle$ unterscheidet, dann sind diese zwei Zustände orthogonal: $\langle\chi|\varphi\rangle = 0$. Nach den Gesetzen der Logik lautet eine äquivalente Aussage:

$$\langle\chi|\varphi\rangle \neq 0 \ \Rightarrow \ \text{Keine Messung kann sicher zwischen } |\chi\rangle, |\varphi\rangle \text{ unterscheiden.} \quad (22.2\text{--}3)$$

Denn die Messung eines Eigenwertes a_l, dessen Eigenfunktion $|\psi_l\rangle$ in beiden Entwicklungen (22.2–1a/b) vorkommt, ermöglicht keine Unterscheidung von $|\chi\rangle$ und $|\varphi\rangle$.

Da nicht-orthogonale Zustände $|\chi\rangle, |\varphi\rangle$ nicht bei jeder Messung (nicht bei jedem Messwert) sicher unterscheidbar sind, lassen sich unbekannte Zustände, die ja orthogonal oder nicht orthogonal sein können, i. Allg. nicht unterscheiden.

Übrigens: Die zwei *orthogonalen* Zustände

$$|\chi\rangle = \frac{1}{\sqrt 2}\left(|\psi_1\rangle + |\psi_2\rangle\right) \quad \text{und} \quad |\varphi\rangle = \frac{1}{\sqrt 2}\left(|\psi_1\rangle - |\psi_2\rangle\right)$$

zeigen, dass folgende Aussage im Allgemeinen **falsch** ist:

$$\langle\chi|\varphi\rangle = 0 \ \Rightarrow \ \text{Die Zustände lassen sich mit der Messung eines } \textit{beliebigen}\ \text{Operators } \hat A \text{ unterscheiden.}$$

(Diese falsche Aussage ist nicht zu (22.2–3) äquivalent.) Denn $\hat{A}$ – Messungen an $|\chi\rangle$ und an $|\varphi\rangle$ liefern mit je 50%er Wahrscheinlichkeit die Messwerte a_1 und a_2. Folglich können orthogonale Zustände nicht unbedingt mit der Messung einer *beliebigen* Observablen unterschieden werden.

Allerdings lassen sich die zwei orthogonalen Zustände $|\chi\rangle \sim |\psi_1\rangle + |\psi_2\rangle$ und $|\varphi\rangle \sim |\psi_1\rangle - |\psi_2\rangle$ mit der Messung einer speziellen Observablen $\hat{B}$ unterscheiden, wenn $|\chi\rangle, |\varphi\rangle$ Eigenzustände von $\hat{B}$ sind mit nicht entarteten Eigenwerten.

b) Bob muss anfangs eine beliebige Basis der Polarisationszustände – kurz Pol-Basis – aussuchen und wählt willkürlich die naheliegende Pol-Basis $|\leftrightarrow\rangle, |\updownarrow\rangle$ (kurz $\oplus$ oder in anderen Büchern auch H/V-Basis genannt). Wegen $\cos^2(45°) = \sin^2(45°) = 1/2$ misst er bei jedem Photon das von Alice vorgesehene Bit 0 oder 1 nur mit 50% Wahrscheinlichkeit richtig. An der Unlesbarkeit der Nachricht erkennt er bereits nach dem Empfang einiger dutzend Photonen, dass seine Pol-Basis nicht mit der von Alice gewählten Pol-Basis übereinstimmen kann. Daher dreht er die Pol-Richtung um wenige Grad, versucht die Nachricht erneut zu lesen, ... Schließlich kann er den Rest des Textes nach einer Drehung um $+45°$ oder um $-45°$ fehlerfrei lesen – jetzt ohne Zustandsänderung der gemessenen Photonen.

c) Alice verwendet zusätzlich eine zweite Pol-Basis $|\leftrightarrow\rangle, |\updownarrow\rangle$ (kurz $\oplus$) mit den Zuordnungen

$$1 \triangleq |\leftrightarrow\rangle \qquad 0 \triangleq |\updownarrow\rangle$$

Vor jedem Photon wählt sie zufällig eine der beiden Pol-Basen, also entweder $\oplus$ oder $\otimes$. Bob kann die gesendete Nachricht nicht fehlerfrei lesen – es sei denn, dass Bob die jeweils gewählte Pol-Basis kennt. (Wir werden in Abschn. „22.5 Quantenkryptographie ohne Verschränkung *" auf diese Erkenntnis zurückkommen.)

Nach diesen (hoffentlich anschaulichen) Vorbemerkungen kommen wir auf das von N. Herbert 1982 skizzierte Problem zurück. Es wurde im selben Jahr durch das **No-Cloning-Theorem** gelöst. Das Theorem besagt:

Nicht-orthogonale Zustände und damit auch unbekannte Zustände können nicht auf andere Teilchen kopiert werden. Nur Zustände, die untereinander orthogonal sind, können vervielfältigt werden.

Beweis des No-Cloning-Theorems: Das Theorem lässt sich auf zwei Arten überraschend kurz und einfach beweisen. Der erste Beweis arbeitet mit der Linearität der Kopieroperatoren (siehe [Griffiths], Abschn. 12.3). Der zweite Beweis, den ich jetzt vorführe, geht von der Unitarität der Kopieroperatoren aus.

Da sich Skalarprodukte und Wahrscheinlichkeiten bei Kopien nicht ändern dürfen, ist der *Kopieroperator* $\hat{U}$ nach Aufgabe 7–1c *unitär*: $\hat{U}^\dagger = \hat{U}^{-1}$. Mit Ausnahme dieser unitären Eigenschaft müssen wir $\hat{U}$ nicht weiter kennen. (Diese Feststellung ist sicherlich erfreulich und ermutigend.)

Wir führen einen Widerspruchsbeweis und nehmen an, dass $\hat{U}$ zwei normierte Teilchenzustände $|\psi\rangle, |\varphi\rangle$ auf einen beliebigen Anfangszustand $|i\rangle$, der einem leeren Blatt Papier entspricht, kopieren kann (i steht für initial):

$$\hat{U}|\psi\rangle|i\rangle = |\psi\rangle|\psi\rangle \qquad \text{und} \qquad \hat{U}|\varphi\rangle|i\rangle = |\varphi\rangle|\varphi\rangle \tag{22.2–4a/b}$$

Nach Abschn. 7.1 gilt $\langle\psi| = |\psi\rangle^\dagger$. Somit ergibt sich:

$$(\hat{U}|\psi\rangle|i\rangle)^\dagger (\hat{U}|\varphi\rangle|i\rangle) \underset{\substack{\uparrow \\ \text{Gl. (7.2–2b)}}}{=} (|\psi\rangle|i\rangle)^\dagger \hat{U}^\dagger \hat{U} (|\varphi\rangle|i\rangle) \underset{\substack{\uparrow \\ \langle i|i\rangle=1 \text{ und } \hat{U}^\dagger\hat{U}=\hat{1}}}{=}$$

$$= \langle\psi|\varphi\rangle \qquad\qquad (22.2\text{–}5a)$$

Andererseits gilt:

$$(\hat{U}|\psi\rangle|i\rangle)^\dagger (\hat{U}|\varphi\rangle|i\rangle) = (|\psi\rangle|\psi\rangle)^\dagger (|\varphi\rangle|\varphi\rangle) =$$

$$= \langle\psi|\varphi\rangle\langle\psi|\varphi\rangle \qquad\qquad (22.2\text{–}5b)$$

Ein Vergleich der Gln. (22.2–5a/b) liefert

$$\langle\psi|\varphi\rangle = \langle\psi|\varphi\rangle\langle\psi|\varphi\rangle \qquad\qquad (22.2\text{–}6)$$

Diese Gl. hat nur die Lösungen $|\psi\rangle = |\varphi\rangle$ und $\langle\psi|\varphi\rangle = 0$. Folglich kann ein Verfahren, das den Zustand $|\psi\rangle$ kopieren kann, *höchstens* noch Zustände $|\varphi\rangle$ kopieren, die orthogonal zu $|\psi\rangle$ sind.

Beachte: *Es wurde nur bewiesen, dass Zustände, die weder identisch noch orthogonal sind, nicht* von einem Apparat bzw. nicht von einem unitären Operator $\hat{U}$ *kopiert werden können.* Die Frage, ob sich identische oder orthogonale Zustände vervielfältigen lassen, wird durch unseren Beweis nicht beantwortet. Zum Glück liefert die Praxis eine klare Antwort: Die Kopie z. B. von Spin-up- und (den dazu orthogonalen) Spin-down-Zuständen funktioniert zuverlässig.

Übrigens: Die Frage, inwieweit unbekannte Zustände *fehlerbehaftet* kopiert werden können, ist viel schwerer zu beantworten. Die Antwort ist z. B. wichtig für die Quanteninformatik. ■

Das No-Cloning-Theorem ist der Grund für die Undurchführbarkeit des Vorschlages von N. Herbert: $\langle z,\pm|x,\pm\rangle \neq 0$. In Abschn. „22.5 Quantenkryptographie ohne Verschränkung *" wird die *Unmöglichkeit, eine Kopie unbekannter Quantenzustände anzufertigen, konkret* bestätigt und ausgenutzt. Das BB84-Protokoll der Quantenkryptographie arbeitet mit zwei *nicht orthogonalen* Polarisations-Basen; daher kann ein Spion die übertragenen Dateien nicht exakt kopieren.

Das No-Cloning-Theorem hat eine grundlegende Bedeutung für die Quantenkryptographie: Es *verhindert, dass ein Spion ein aufgefangenes Quantensignal* (in diesem Fall den Schlüssel) *fehlerfrei kopieren kann.* Anfangs befürchtete man, dass aus dem gleichen Grund Fehlerkorrektur-Verfahren in der Quanteninformationstheorie unmöglich sind; später entdeckte man aber Auswege aus diesem (angeblichen) Dilemma.

Das No-Cloning-Theorem rettet die Spezielle Relativitätstheorie, obwohl das Theorem und sein Beweis im Rahmen der *nicht relativistischen* Quantenmechanik bleiben. Das ist sehr bemerkenswert und war nicht zu erwarten, weil die nicht relativistische *klassische* Mechanik überlichtschnelle Kommunikation zulässt.

Laser kopieren einzelne Photonen mit stimulierter Emission (siehe Abschn. 20.4). Dies ist aber kein Widerspruch zum No-Cloning-Theorem, da der Laser nur identische Zustände kopiert.

22.3 Verschränkung und Doppelspalt-Experiment

Überlagerungszustände mit fester Phasenbeziehung heißen kohärent und zeigen Interferenzen. Die Auflösung fester Phasenbeziehungen führt zum Verlust der Interferenzfähigkeit und heißt **Dekohärenz**. Dieser Begriff wird im Rest des Kapitels 22 eine entscheidende Rolle spielen.

Wir kommen zurück zum Doppelspalt-Experiment. Viele Jahrzehnte glaubten die Physiker, dass nur die Ort-Impuls-Unbestimmtheitsrelation für das Verschwinden der Interferenz bei Ortsmessungen verantwortlich ist. Daher fand ein Gedankenexperiment, das Scully, Englert und Walther 1991 vorstellten, große Beachtung.[8] Die drei Autoren schlugen ein Experiment vor, in dem die Ortsmessungen die Wellenfunktionen so wenig ändern, dass das Verschwinden der Interferenz auf keinen Fall durch eine Unbestimmtheitsrelation erklärt werden kann.

Das Gedankenexperiment wird in Abb. 22.3–1 dargestellt. Cäsium- oder Rubidiumatome werden verdampft und fliegen dann als Wellenpakete durch einen kreuzenden Laserstrahl, der die Atome in Rydberg-Zustände[9] versetzt mit Hauptquantenzahlen n im hohen zweistelligen Bereich.

Anschließend läuft jedes Wellenpaket zugleich in zwei leere Mikrowellen-Hohlraumresonatoren hinein, die vor zwei Spalten stehen.[10] Emissionen der Atome, deren Frequenz mit der

---

[8] Siehe [Scully]. Es dauerte einige Jahre, bis leicht abgewandelte Experimente die theoretischen Erwartungen bestätigen konnten. Siehe [Dürr-1] und [Dürr-2]. Weitere Erläuterungen stehen in [Lüth] sowie in [Audretsch-1] und [Audretsch-2], Abschn. 2.3.

[9] Atome, in denen ein Elektron – vorzugsweise das äußere Elektron eines Alkaliatoms – eine Hauptquantenzahl $n \gg 7$ hat, heißen **Rydberg-Atome**; n kann größer als 100 sein. Das weit außen vorzufindende Elektron hat bei großer Drehimpulsquantenzahl $l < n-1$ eine sehr kleine Wahrscheinlichkeitsdichte in der Umgebung der inneren Elektronen. Daher sind Rydberg-Atome wasserstoffähnlich mit

$$\text{Energien} \quad E_n \approx -13,6\,\text{eV} \cdot n^{-2} \quad \text{und} \quad \text{Radien} \quad r_n \approx 0,529 \cdot 10^{-10}\,\text{m} \cdot n^2 \qquad (10.1\text{–}24/10.2\text{–}16)$$

Wegen der extrem dicht liegenden Energieniveaus reicht die Wellenlänge emittierter Photonen bis in den Millimeter- und Zentimeterbereich. Das ist der Grund für ihren Einsatz in der Hohlraum-Quantenelektrodynamik.

Aufgrund ihrer extrem kleinen Bindungsenergien sind Rydberg-Atome nur im Hochvakuum stabil.

[10] **Hohlraumresonatoren** sind innen verspiegelte Hohlräume mit Reflexionsgraden bis zu 99,9999%. Auf die gläsernen Wände werden bis zu 40 dielektrische Schichten aufgedampft. Bei geeigneten Brechzahlen und Schichtdicken interferieren die reflektierten Strahlen konstruktiv. So kann Licht mehrere 10^5 mal reflektiert werden. Bei einer Resonatorlänge l können im Inneren – wie auf einer fest eingespannten Gitarrensaite – stehende elektromagnetische Wellen erzeugt werden mit Wellenlängen

$$\lambda_n = 2l/n \quad \Leftrightarrow \quad f_n = c/\lambda_n = cn/(2l) \qquad n = 1,2,3,.. \qquad (22.3\text{–}1)$$

Die Wechselwirkung zwischen angeregten Atomen und Hohlraumresonatoren wird durch die Quantenelektrodynamik (kurz QED) beschrieben. Denn angeregte Atome gehen nicht von alleine in einen Zustand mit kleinerer Energie über. Vielmehr *regen erst die Vakuumfluktuationen, die in der QED berechnet*

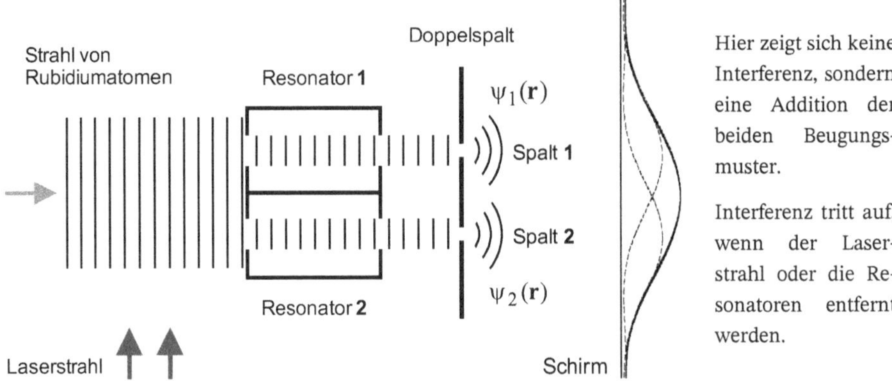

Abb. 22.3–1 Die Cäsium- oder Rubidiumatome werden durch einen kreuzenden Laserstrahl in hochangeregte Rydberg-Zustände versetzt. Anschließend laufen ihre Wellenpakete durch zwei Mikrowellen-Hohlraumresonatoren. Dort emittiert jedes angeregte Atom in einem der beiden Hohlräume ein energiearmes Photon im Mikrowellenbereich. Die Nr. des Resonators (1 oder 2), der das Mikrowellen-Photon aufnimmt, ist gleich der Nr. des Spaltes, durch den das Atom fliegt.

Die emissionsbedingte Änderung der Wellenfunktion ist so minimal, dass sie das Verschwinden der Interferenz auf keinen Fall erklären kann. Die Rechnung im Haupttext zeigt, dass *die Verschränkung des Atoms mit den zwei Hohlräumen für das Verschwinden der Interferenz verantwortlich ist.*

Hohlraum-Resonanzfrequenz übereinstimmt, werden stark erhöht. Bei geeigneter Größe der Resonatoren und passender Verweildauer der Atome emittiert jedes Atom mit Sicherheit genau ein Photon in einem der beiden Hohlräume. Die Nr. des Hohlraumes mit dem emittierten Photon ist gleich der Nr. des durchflogenen Spaltes und liefert die Welcher-Weg-Information. So entsteht eine **Verschränkung** *zwischen dem Atom und den zwei Hohlräumen.* Wegen der Kenntnis des Spaltdurchganges ist auf dem Schirm kein Interferenzmuster zu sehen, sondern eine Addition von zwei Beugungsmustern – wie in Abb. 2.6–3b und in Abb. 22.3–1.

Zur Erklärung dieser experimentellen Befunde betrachten wir ein einzelnes Atom und nennen die Zustandsfunktion des k-ten Hohlraums ($k = 1, 2$)

$$|\chi_k^{(0)}\rangle \quad \text{bzw.} \quad |\chi_k^{(1)}\rangle, \text{ wenn der } k\text{-te Hohlraum kein bzw. ein Photon enthält.}$$

---

werden, die spontanen Emissionen an. Reflektierende Hohlraumwände fördern Vakuumfluktuationen und damit auch spontane Emissionen für die Wellenlängen λ_n in Gl. (22.3–1). Vakuumfluktuationen mit den Wellenlängen, die nicht in den Hohlraum „passen", werden unterdrückt und können folglich weniger oder gar keine spontanen Emissionen auslösen. Die sog. Strahlungs- oder Emissionsunterdrückung wurde 1985 erstmals nachgewiesen.

Hohlraumresonatoren können spontane Emissionen verstärken oder – bei Verletzung der Gl. (22.3–1) – schwächen oder sogar ganz unterdrücken, so dass Atome sogar unbegrenzt lange in angeregten Zuständen bleiben.

Außerdem sei $\psi_k(\mathbf{r})$ (mit $k=1,2$) die Wellenfunktion des Atoms hinter dem k-ten Spalt, wenn der andere Spalt geschlossen ist. Die verschränkte Zustandsfunktion des zusammengesetzten Systems aus Atom und Hohlraumresonatoren lautet nach der Passage der zwei Hohlräume und der Spalte

$$\Psi(\mathbf{r}) = \frac{1}{\sqrt{2}} \left[\psi_1(\mathbf{r}) \,|\, \chi_1^{(1)} \rangle \,|\, \chi_2^{(0)} \rangle + \psi_2(\mathbf{r}) \,|\, \chi_1^{(0)} \rangle \,|\, \chi_2^{(1)} \rangle \right] \tag{22.3–2a}$$

Die beiden Hohlräume und das hindurch geflogene Atom sind miteinander verschränkt.

Der Atomzustand alleine ist unbestimmt – ein typisches Merkmal verschränkter Zustände. Mit den Abkürzungen

$$|1\rangle := |\, \chi_1^{(1)} \rangle \,|\, \chi_2^{(0)} \rangle \qquad\qquad |2\rangle := |\, \chi_1^{(0)} \rangle \,|\, \chi_2^{(1)} \rangle$$

lautet der *verschränkte Zustand* in gekürzter Form

$$\Psi(\mathbf{r}) = \frac{1}{\sqrt{2}} \left[\psi_1(\mathbf{r})\,|1\rangle + \psi_2(\mathbf{r})\,|2\rangle \right] \tag{22.3–2b}$$

Da das emittierte Photon entweder im Hohlraum 1 oder im Hohlraum 2 ist, sind die Hohlraumzustände mit Sicherheit zu unterscheiden und nach Beispiel 22.2–1a orthogonal:

$$\langle i\,|\,k \rangle = \delta_{ik} \qquad\qquad i,k = 1,2 \tag{22.3–3}$$

Mit Ausnahme der Orthogonalität müssen wir nichts über die Hohlraumzustände $|i\rangle$ *wissen. Auch die Rubidium- bzw. Cäsium-Wellenfunktionen* $\psi_k(\mathbf{r})$ *sind* in den folgenden Rechnungen *unbekannt*. Wir erhalten die Wahrscheinlichkeitsdichte

$$|\Psi(\mathbf{r})|^2 = \frac{1}{2} \left[|\psi_1(\mathbf{r})|^2 \underbrace{\langle 1\,|\,1 \rangle}_{=1} + |\psi_2(\mathbf{r})|^2 \underbrace{\langle 2\,|\,2 \rangle}_{=1} \right] +$$

$$\frac{1}{2} \left[\psi_1^*(\mathbf{r})\,\psi_2(\mathbf{r}) \underbrace{\langle 1\,|\,2 \rangle}_{=0} + \psi_1(\mathbf{r})\,\psi_2^*(\mathbf{r}) \underbrace{\langle 2\,|\,1 \rangle}_{=0} \right] =$$

$$= \frac{1}{2} \left[|\psi_1(\mathbf{r})|^2 + |\psi_2(\mathbf{r})|^2 \right] \tag{22.3–4}$$

In der Wahrscheinlichkeitsdichte $|\Psi(\mathbf{r})|^2$ *verschwinden die Interferenzterme* $\psi_1^*(\mathbf{r})\,\psi_2(\mathbf{r})$ und $\psi_1(\mathbf{r})\,\psi_2^*(\mathbf{r})$ *wegen der Orthogonalität der Hohlraumzustände* $|1\rangle, |2\rangle$. Es ist sehr bemerkenswert, dass das Interferenzmuster auf dem Schirm verschwindet, obwohl die zwei Wellenfunktionen $\psi_1(\mathbf{r}), \psi_2(\mathbf{r})$ hinter dem ersten und zweiten Spalt nicht gemessen und nicht geändert wurden. Das bekräftigt erneut die Fremdartigkeit der Verschränkung.

Wir kommen zu dem Fazit:

Das in einem Hohlraumresonator gespeicherte Photon liefert die Welcher-Weg-Information. Die Verschränkung des Atoms mit den beiden Hohlraumresonatoren hebt die Interferenzfähigkeit auf, führt also zu einer Dekohärenz. Die Verschränkung ist dafür verantwortlich, dass die Wahrscheinlichkeitsdichte $|\Psi(\mathbf{r})|^2$ keine Interferenzterme enthält.[11]

Genaue Rechnungen zeigen uns, dass die Zustandsänderung eines relativ schweren Rubidiumatoms bei der Emission eines impuls- und energiearmen Mikrowellen-Photons viel zu klein ist, um das Interferenzmuster zu verwischen. Daher kann das Verschwinden der Interferenz *nicht* auf die Unbestimmtheitsrelation von Ort und Impuls zurückgeführt werden. Diese Feststellung wird durch die vorangehende Rechnung bestätigt; wir haben das Verschwinden der Interferenzen ohne Impulsübertragungen und ohne Unbestimmtheiten bewiesen.

Auch bei dem üblichen, in Abschn. 2.6 beschriebenen *Doppelspalt-Experiment entsteht bei der Ortsmessung eine Verschränkung zwischen dem Teilchen und dem Messgerät.* In Abb. 2.8–1 ist das Messgerät ein Photon und die Zustände von Photon und Teilchen werden miteinander verschränkt. Die Verschränkung zwischen Teilchen und Photon wird aber beim Doppelspalt-Experiment nicht unbedingt gebraucht, um das Verschwinden der Interferenz zu erklären; denn die Ort-Impuls-Unbestimmtheit liefert eine viel einfachere Begründung: Die Ortsmessung mit Photonen ist umso genauer, je kleiner die Wellenlänge $\lambda = h/p$ ist. Daraus resultiert eine große Impulsunschärfe, welche zur Auslöschung der Interferenz führt.

Ganz anders sieht die Situation in Abb. 22.3–1 aus: Der Impuls-Rückstoß bei der Emission eines Mikrowellen-Photons in einem der beiden Hohlräume ist viel zu klein, um das Verschwinden der Interferenz zu erklären. Der von Scully et al. gemachte Vorschlag ist ja gerade deshalb so vorzüglich, weil sich der Spaltdurchgang mit sehr niederenergetischen Mikrowellen-Photonen (im Frequenzbereich einiger Gigahertz) eindeutig detektieren lässt.

Fassen wir nochmals zusammen: Das Gesamtsystem aus Atom und zwei Hohlräumen wird *vor* Erreichen der Hohlräume durch den Produktzustand

$$\Psi_{\mathrm{Anf}}(\mathbf{r}) = \psi(\mathbf{r})\,|\,\chi_1^{(0)}\,\rangle\,|\,\chi_2^{(0)}\,\rangle$$

beschrieben. *Er wandelt sich bei der Passage der Hohlräume in den verschränkten Zustand*

$$\Psi(\mathbf{r}) = \frac{1}{\sqrt{2}}\left[\psi_1(\mathbf{r})\,|\,\chi_1^{(1)}\,\rangle\,|\,\chi_2^{(0)}\,\rangle + \psi_2(\mathbf{r})\,|\,\chi_1^{(0)}\,\rangle\,|\,\chi_2^{(1)}\,\rangle\right] \tag{22.3–5}$$

mit $\psi_k(\mathbf{r})$ = Wellenfunktion des Atoms hinter dem k-ten Spalt, wenn der andere Spalt zu ist.

Die *Verschränkung des Atoms mit den beiden Hohlraumresonatoren liefert einerseits die Welcher-Weg-Information und hebt andererseits die Interferenzfähigkeit auf, führt also zu einer Dekohärenz. Die Interferenzfähigkeit ist aber nicht völlig verloren, sondern in den Korrelationen zwischen den Hohlraumzuständen und dem Atomzustand gespeichert.* Diese

---

[11] Das Verschwinden der Interferenz erfordert nicht, dass ein Messgerät den Ort des Photons in einem der beiden Hohlräume feststellt, und erst recht nicht, dass ein Physiker den Ort registriert. Es reicht bereits, dass der Ort irgendwo gespeichert ist und bei Bedarf abgelesen werden kann. Bereits die Emission des niederfrequenten Photons in einem der beiden Hohlräume ist die Ortsmessung.

Korrelationen können nicht mit Messungen nur am Atom und auch nicht mit Messungen nur an den zwei Hohlräumen aufgespürt werden, sondern nur durch Messungen am Gesamtsystem – wie bei den zwei Würfelspielern, die in Fußnote 1 in Abschn. 22.1 genannt wurden.

Wir haben in Abschn. 22.1 gelernt, dass die Möglichkeit, *mit Messungen an einem Teilsystem den Zustand des Gesamtsystems zu ändern*, ein zentrales Merkmal verschränkter Zustände ist. Diese zentrale Eigenart der Quantenmechanik werden wir nun ausnutzen und zu einem höchst erstaunlichen Ergebnis kommen, zur sog. Quantenradierung. Wenn es uns nach der Passage des Doppelspaltes mit geeigneten Messungen irgendwie gelingen würde, die zum Schirm fliegenden, mit den Hohlräumen verschränkten Atome entweder in den Zustand

$$\psi_+(\mathbf{r}) := \frac{1}{\sqrt{2}}\Big[\psi_1(\mathbf{r}) + \psi_2(\mathbf{r})\Big] \tag{22.3–6a}$$

$$\text{oder} \quad \psi_-(\mathbf{r}) := \frac{1}{\sqrt{2}}\Big[\psi_1(\mathbf{r}) - \psi_2(\mathbf{r})\Big] \tag{22.3–6b}$$

zu versetzen, dann würden wir Interferenz erhalten. Denn jeder der beiden Atomzustände $\psi_\pm(\mathbf{r})$ ist für sich alleine interferenzfähig. Unser Plan lautet also: *Wir bringen die Atomzustände durch Messungen der Hohlraumzustände entweder in die gewünschte Form* (22.3–6a) *oder* (22.3–6b).[12] Dazu definieren wir zwei neue, orthogonale Hohlraumzustände

$$|\pm\rangle := \frac{1}{\sqrt{2}}\Big[|1\rangle \pm |2\rangle\Big] \tag{22.3–7}$$

$$\text{mit} \quad |1\rangle := |\chi_1^{(1)}\rangle\,|\chi_2^{(0)}\rangle \qquad\qquad |2\rangle := |\chi_1^{(0)}\rangle\,|\chi_2^{(1)}\rangle$$

Die zwei Zustände $|\pm\rangle$ *enthalten keine Welcher-Weg-Information*, da Hohlraummessungen an diesen Zuständen das emittierte Photon mit gleichen Wahrscheinlichkeiten (je 50%) im ersten und im zweiten Hohlraum finden.

Unser abwegig erscheinender Plan lässt sich realisieren, weil sich der verschränkte Zustand $\Psi(\mathbf{r})$ mit den Hohlraumzuständen $|\pm\rangle$ folgendermaßen umschreiben lässt:

$$\Psi(\mathbf{r}) \underset{\substack{\uparrow \\ \text{Gl. (22.3–5)}}}{=} \frac{1}{\sqrt{2}}\Big[\psi_1(\mathbf{r})|1\rangle + \psi_2(\mathbf{r})|2\rangle\Big] = \tag{22.3–8a}$$

$$= \frac{1}{\sqrt{2}}\Big[\psi_+(\mathbf{r})|+\rangle + \psi_-(\mathbf{r})|-\rangle\Big] \tag{22.3–8b}$$

Der entscheidende Unterschied zwischen den zwei Gln. (22.3–8a/b) lautet wie folgt:

---

[12] Es kommt häufiger vor, dass ein System A mit einem zweiten System B verschränkt wird, um den Zustand von A durch geeignete Messungen am Zweitsystem B in eine gewünschte Form zu bringen. Auch diese Handhabe verdeutlicht die Fremdartigkeit der Verschränkung.

Obwohl: Im Alltag kann man sich (humorvoll) eine vergleichbare Situation vorstellen: Wenn Sie das Verhalten des verstockten Nachbarn nicht ändern können, dann sollten Sie es einmal über seine Frau versuchen.

- Keiner der zwei Atomzustände $\psi_1(\mathbf{r}), \psi_2(\mathbf{r})$ kann für sich alleine das Interferenzmuster in Abb. 2.6–1 bzw. in Abb. 2.6–2 erzeugen (siehe Gl. (22.3–4). Die Hohlraumzustände $|1\rangle, |2\rangle$ zeigen, durch welchen Spalt das Atom geflogen ist.

- Jeder der zwei Atomzustände $\psi_\pm(\mathbf{r})$ ist für sich alleine interferenzfähig ist. Die Hohlraumzustände $|\pm\rangle$ enthalten keine Welcher-Weg-Information.

Jetzt sind wir gedanklich in der Lage, nach dem Flug der Atome durch den Doppelspalt die *Interferenz durch Löschen der anfangs aufgestellten Welcher-Weg-Information wiederherzustellen*. Man nennt diesen Vorgang **Quantenradierung**. Dazu nehmen wir an, dass die zwei Hohlraumzustände $|\pm\rangle$ Eigenzustände einer Observablen $\hat{Q}$ sind mit den zwei Eigenwerten q_+ und q_-. (Wie eine solche Observable $\hat{Q}$ aussieht und wie sie praktisch zu messen ist, soll uns nicht interessieren, da es hier nur auf die grundlegende Idee ankommt.)

Nach dem Flug jedes Atoms durch den Doppelspalt messen wir die Observable $\hat{Q}$ an den Hohlräumen. Der Gesamtzustand (22.3–8b) geht nach der Messung

$$\text{von } q_+ \text{ in den Zustand } \quad \Psi_+(\mathbf{r}) = \psi_+(\mathbf{r}) |+\rangle = \frac{1}{\sqrt{2}} \Big[\psi_1(\mathbf{r}) + \psi_2(\mathbf{r}) \Big] |+\rangle \qquad (22.3\text{–}9a)$$

$$\text{von } q_- \text{ in den Zustand } \quad \Psi_-(\mathbf{r}) = \psi_-(\mathbf{r}) |-\rangle = \frac{1}{\sqrt{2}} \Big[\psi_1(\mathbf{r}) - \psi_2(\mathbf{r}) \Big] |-\rangle \qquad (22.3\text{–}9b)$$

über. Die beiden Produktzustände $\Psi_\pm(\mathbf{r})$ zeigen keine Verschränkung zwischen dem Atom einerseits und den zwei Hohlraumzuständen andererseits. Wie bereits oben erwähnt enthalten die zwei Zustände $|\pm\rangle$ keine Welcher-Weg-Information. Das weitere Vorgehen ist nicht überraschend: Wir nehmen eine *Selektion der Atome* vor und lassen entweder nur die Atome, bei denen der Eigenwert q_+ gemessen wurde, oder aber nur die Atome, bei denen der Eigenwert q_- gemessen wurde, zum Schirm fliegen. Alle Atome mit dem jeweils anderen Eigenwert werden weggefangen. So entsteht auf dem Schirm eine Interferenz.[13] Beachte, dass insgesamt Handlungen am *Gesamt*system vorgenommen werden. Aktionen an einem Teilsystem können nachträglich keine Interferenzen wiederherstellen.[14]

---

[13] In Abschn. „2.6 Das Doppelspalt-Experiment" wurden Experimente mit *verzögerter Wahl* besprochen. Da sich diese Experimente im Rahmen des *halbklassischen* Dualismus Welle-Teilchen nicht stichhaltig erklären lassen, denken einige Autoren (vor allem in populärwissenschaftlichen Werken) an eine absurde *Rückkehr in die Vergangenheit*, in eine Zeit vor der Passage des Doppelspaltes; zu dieser frühen Zeit soll sich das Quantenobjekt dann für die teilchenartige Passage eines Spaltes oder für die wellenartige Passage beider Spalte entscheiden.

Die Quantenmechanik und das Kollapspostulat, demzufolge eine Wellenfunktion bei Ortsmessungen in die Umgebung des Fundortes, in diesem Fall in die Umgebung eines Spaltes zusammenfällt, macht die Rückkehr in die Vergangenheit überflüssig. Auch die oben geschilderten Messungen der Observablen $\hat{Q}$ und die Selektion „ungeeigneter" Teilchen stellen gottlob keinen Eingriff in die Vergangenheit dar.

[14] Die Quantenradierung kann beliebig weit in die Zukunft verschoben werden – sogar bis zu einer Zeit *nach* den Einschlägen aller Teilchen auf dem Schirm: Dazu misst man bei jedem einzelnen Elektron die Koordinate der Einschlagstelle auf dem Schirm und speichert diese Koordinate zusammen mit dem Messwert q_+ bzw. q_-, der kurz zuvor bei der Messung von $\hat{Q}$ an den Hohlräumen gefunden wurde. Nach dem Einschlag sehr vieler Elektronen zeigen die gespeicherten Einschlagkoordinaten derjenigen Teilchen, die nach ihrer

Beispiel 22.3–1 Quantenradierung

Die horizontale Wand, die die beiden Hohlräume in Abb. 22.3–1 voneinander trennt und oben und unten hochwertig verspiegelt ist, soll durch einen Photodetektor ersetzt werden, der die beiden Hohlräume ebenfalls voneinander trennt. Bei der Absorption eines Photons geht der Detektorzustand vom Grundzustand $|D_0\rangle$ in einen angeregten Zustand $|D_1\rangle$ über. Der Detektor kann aber nicht feststellen, ob das absorbierte Photon von oben oder von unten kam. Auch der Detektor enthält an der Ober- und Unterseite zwei hochwertige Spiegel, die jetzt aber – und das ist neu – in kürzester Zeit von Reflexion auf Transmission umgeschaltet werden können. Bei Transmission wird das Photon im Detektor hinter dem Spiegel absorbiert und die Welcher-Weg-Information geht verloren.

a) Kann hier eine Quantenradierung durchgeführt werden und – wenn ja – wie sehen die entsprechenden Gln. aus?

b) Wie sieht die Situation aus, wenn der Detektor unterscheiden kann, ob das absorbierte Photon von **o**ben oder **u**nten kam? Der angeregte Detektorzustand soll dann $|D_{1o}\rangle$ bzw. $|D_{1u}\rangle$ heißen. Wegen der Unterscheidbarkeit der zwei Detektorzustände gilt $\langle D_{1o}|D_{1u}\rangle = 0$

Lösung:

a) Lange nach dem Durchgang eines Atoms durch den Doppelspalt, aber noch vor dem Einschlag auf dem Schirm werden die beiden Spiegel oberhalb und unterhalb des Photodetektors auf durchlässig geschaltet. Dadurch werden die beiden Hohlraumresonatoren überflüssig. (Wir hätten dieselbe Situation, wenn die beiden Resonatoren von vornherein niemals vorhanden gewesen wären oder wenn kein Laserlicht eingestrahlt worden wäre.)

Bei der Absorption des Photons wird die Welcher-Weg-Information gelöscht und der Zustand

$$\Psi(\mathbf{r}) \underset{\underset{\text{Gl. (22.3–5)}}{\uparrow}}{=} \frac{1}{\sqrt{2}}\left[\psi_1(\mathbf{r})\,|\,\chi_1^{(1)}\rangle\,|\,\chi_2^{(0)}\rangle + \psi_2(\mathbf{r})\,|\,\chi_1^{(0)}\rangle\,|\,\chi_2^{(1)}\rangle\right]|D_0\rangle$$

der das Atom mit den Hohlräumen verschränkt, geht in den Produktzustand

$$\Psi(\mathbf{r}) = \frac{1}{\sqrt{2}}\left[\psi_1(\mathbf{r}) + \psi_2(\mathbf{r})\right]|\,\chi_1^{(0)}\rangle\,|\,\chi_2^{(0)}\rangle\,|D_1\rangle \quad \underset{\underset{\text{Gl. (22.3–6a)}}{\uparrow}}{=:} \quad \psi_+(\mathbf{r})\,|\,\chi_{12}^{(0)}\rangle\,|D_1\rangle$$

über. Wir erhalten die Wahrscheinlichkeitsdichte

$$\Rightarrow\ |\Psi(\mathbf{r})|^2 = |\psi_+(\mathbf{r})|^2 \underbrace{\langle\chi_{12}^{(0)}\,|\,\chi_{12}^{(0)}\rangle}_{=1}\ \underbrace{\langle D_1\,|\,D_1\rangle}_{=1} =$$

$$= \frac{1}{2}\left[|\psi_1(\mathbf{r})|^2 + |\psi_2(\mathbf{r})|^2 + \psi_1^*(\mathbf{r})\,\psi_2(\mathbf{r}) + \psi_1(\mathbf{r})\,\psi_2^*(\mathbf{r})\right]$$

Die letzten zwei Beiträge beschreiben die Interferenz, die durch den Verlust der Welcher-Weg-Information ermöglicht wurde.

Hohlraumdurchquerung den Messwert q_+ „hinterlassen" haben, eine interferenzartige Häufigkeitsverteilung auf dem Schirm. Die Teilchen, zu denen der Messwert q_- gehört, liefern eine verschobene, interferenzartige Häufigkeitsverteilung.

Die Summe der beiden Verteilungen ergibt eine gleichmäßige Häufigkeitsverteilung ohne Interferenzen.

b) Nach der Absorption des Photons lautet der Gesamtzustand

$$\Psi(\mathbf{r}) \underset{\substack{\uparrow \\ \text{Gl. (22.3–5)}}}{=} \frac{1}{\sqrt{2}}\left[\psi_1(\mathbf{r})\,|\,\chi_1^{(1)}\,\rangle\,|\,\chi_2^{(0)}\,\rangle\,|\,D_{1\mathrm{o}}\,\rangle + \psi_2(\mathbf{r})\,|\,\chi_1^{(0)}\,\rangle\,|\,\chi_2^{(1)}\,\rangle\,|\,D_{1\mathrm{u}}\,\rangle\right]$$

$$\Rightarrow \quad |\Psi(\mathbf{r})|^2 = \frac{1}{2}\left[\,|\,\psi_1(\mathbf{r})\,|^2 + |\,\psi_2(\mathbf{r})\,\rangle^2\right]$$

22.4 Die Dekohärenz-Theorie *

Die Dekohärenz ist der Übergang von einem interferenzfähigen Überlagerungszustand in einen nicht interferenzfähigen Zustand. Die meisten Physiker glauben, dass die Dekohärenz-Theorie zwei tiefgreifende Fragen beantworten kann, die vor 1970 ungelöst waren:

- Wie lässt sich der abrupte Kollaps der Wellenfunktion, der bei Messprozessen auftritt, durch extrem schnelle, aber *kontinuierliche* Vorgänge ersetzen, die durch die Schrödinger-Gl. gesteuert werden?

- Warum zeigen makroskopische Körper keine Interferenzen?

Ich will in diesem Abschn. versuchen, erste, einfache Einblicke in die Dekohärenz-Theorie zu geben. Dabei muss ich von drei Voraussetzungen ausgehen, die der Standardquantenmechanik fremd sind:

- *Der entscheidende Punkt der Dekohärenz-Theorie ist die Einbeziehung der Umgebung. Die Wechselwirkungen zwischen Teilchen, Messgerät und Umgebung werden berücksichtigt.*

- **M**essgerät M und **U**mgebung U werden nicht als klassische, sondern als quantenmechanische Systeme behandelt mit *Basisfunktionen* $|\,M_n\,\rangle, |\,U_n\,\rangle$, *die bis auf ihre Orthonormierung völlig unbekannt sind.*

  Die Anhänger der traditionellen Kopenhagener Quantenmechanik hingegen waren und sind der Meinung, dass Messgeräte klassische und nicht quantenmechanisch beschreibbare Systeme sind. Demnach können makroskopische Messprozesse nicht mit der Quantenmechanik untersucht werden.

- *Auch die Messungen unterliegen der Schrödinger-Gl.*

Vorerst lassen wir die Umgebung außer Acht und betrachten nur ein **T**eilchen T und sein **M**essgerät M. Die abzählbaren Mengen $\{|\,\psi_n\,\rangle\}$ und $\{|\,M_n\,\rangle\}$ sind Basen in den Hilberträumen von T und M. Die Zustände $|\,M_n\,\rangle$ des Messgerätes zeigen eindeutig die Zustände $|\,\psi_n\,\rangle$ des Teilchens an und sind wegen ihrer Unterscheidbarkeit nach Gl. (22.2–3) orthogonal: $\langle\,M_n\,|\,M_m\,\rangle = \delta_{nm}$. Vor ihrer ersten gegenseitigen Wechselwirkung sollen T und M in den Zuständen $|\,\psi_n\,\rangle$ und $|\,M_0\,\rangle$ sein. Die Wechselwirkung zwischen T und M erzeugt den Übergang

$$|\,\Psi\,\rangle_{\mathrm{TM}}^{\text{vor WW}} = |\,\psi_n\,\rangle\,|\,M_0\,\rangle \quad \overset{\text{Wechselwirkung}}{\longrightarrow} \quad |\,\Psi\,\rangle_{\mathrm{TM}} = |\,\psi_n\,\rangle\,|\,M_n\,\rangle$$

Der Übergang unterliegt den Gesetzen der Quantenmechanik und wird daher durch die Schrödinger-Gl. gesteuert. *Wegen der Linearität der Schrödinger-Gl.* ergibt sich für einen Überlagerungszustand des Teilchens folgender Übergang:

$$|\,\Psi\,\rangle_{\mathrm{TM}}^{\text{vor WW}} = \left(\sum_n c_n|\,\psi_n\,\rangle\right)|\,M_0\,\rangle \quad \overset{\text{Wechselwirkung}}{\longrightarrow} \quad |\,\Psi\,\rangle_{\mathrm{TM}} = \sum_n c_n|\,\psi_n\,\rangle\,|\,M_n\,\rangle$$

$$\Rightarrow \quad \hat{\rho}_{\mathrm{TM}} = |\Psi\rangle_{\mathrm{TM}}{}_{\mathrm{TM}}\langle\Psi| = \sum_{n,k} c_n c_k^* |\psi_n\rangle |M_n\rangle \langle\psi_k|\langle M_k| \quad (=\hat{\rho}_{\mathrm{TM}}^2)$$

Leider müssen wir nach diesen wenigen Zeilen bereits ein Scheitern unserer Überlegungen akzeptieren: Der verschränkte Zustand $|\Psi\rangle_{\mathrm{TM}}$ des Systems TM ist absolut unbrauchbar; denn er enthält eine Überlagerung mit Zeigerzuständen und ist interferenzfähig, obwohl Interferenzen noch nie bei makroskopischen Messgeräten gesehen wurden.

Was nun? Wenn man mit den Rechnungen nicht weiterkommt, dann ist es erfahrungsgemäß oft sinnvoll, zu überlegen, wo man denn hin will. Unser Ziel ist ein Dichteoperator der Form

$$\hat{\rho}_{\mathrm{gesucht}} = \sum_n |c_n|^2 |\psi_n\rangle |M_n\rangle \langle\psi_n|\langle M_n|$$

Er beschreibt wegen

$$\hat{\rho}_{\mathrm{gesucht}}^2 = \sum_n |c_n|^4 |\psi_n\rangle |M_n\rangle \langle\psi_n|\langle M_n| \neq \hat{\rho}_{\mathrm{gesucht}}$$

ein *gemischtes System* TM *ohne Überlagerungen und ohne Interferenzen*. Ein gemischtes System TM mit dem Dichteoperator $\hat{\rho}_{\mathrm{gesucht}}$ befindet sich in einem *wohl definierten, aber uns nicht bekannten Zustand* $|\psi_k\rangle|M_k\rangle$. Die Wahrscheinlichkeit, beim Ablesen des Messgerätes die Zeigerstellung $|M_k\rangle$ zu sehen, ergibt sich mit Gl. (21.2–7) und mit dem Projektionsoperator $\hat{P}_k = |\psi_k\rangle|M_k\rangle\langle\psi_k|\langle M_k|$ zu

$$\mathrm{Sp}_{\mathrm{TM}}(\hat{\rho}_{\mathrm{gesucht}}\,\hat{P}_k)$$

Dabei müssen wir *zwei Spuren berechnen*: Eine Spur über die Basisfunktionen des Teilchens und eine Spur über die Basisfunktionen des Messgerätes (siehe auch Aufgabe 21–10b). Mit der Abkürzung $|m,l\rangle := |\psi_m\rangle|M_l\rangle$ finden wir:

$$\mathrm{Sp}_{\mathrm{TM}}\left(\hat{\rho}_{\mathrm{gesucht}}\,\hat{P}_k\right) = \sum_{r,s} \left\langle r,s \left| \left(\underbrace{\sum_n |c_n|^2 |n,n\rangle\langle n,n|}_{\hat{\rho}_{\mathrm{gesucht}}} \underbrace{|k,k\rangle\langle k,k|}_{\hat{P}_k} \right) \right| r,s \right\rangle = |c_k|^2$$

Einen Dichteoperator der gewünschten Form $\hat{\rho}_{\mathrm{gesucht}}$ werden wir erhalten, wenn wir die Umgebung und ihre Wechselwirkung mit Teilchen und Messgerät in die Rechnungen einbeziehen. *Die Beachtung der Umgebung ist die zentrale Idee der Dekohärenz-Theorie.*[15]

Fangen wir also nochmals von vorne an. Zu Beginn ist der Zustand des Gesamtsystems TMU aus **T**eilchen, **M**essgerät und **U**mgebung ist ein Produktzustand:

$$|\Psi\rangle_{\mathrm{TM}}^{\mathrm{vor\,WW}} = \left(\sum_n c_n |\psi_n\rangle \right) |M_0\rangle |U_0\rangle \tag{22.4–1}$$

---

[15] Der Grundgedanke, dass die Umgebung mit einbezogen werden muss, hat etwa 50 Jahre auf sich warten lassen, weil zuvor die Beschäftigung mit der Umgebung in der Kopenhagener Quantenmechanik mehr oder minder mit einem Tabu belegt war, und wohl auch deshalb, weil die Dekohärenz-Theorie schwierig ist.

Die ständig vorhandenen Wechselwirkungen innerhalb von TMU (Licht, Teilchenkollisionen, Wärmestrahlung, ...) überführen den Produktzustand (22.4–1) des Gesamtsystems TMU in einen verschränkten Zustand:

$$| \Psi \rangle^{\text{vor der WW}}_{\text{TMU}} \quad \xrightarrow{\text{Wechselwirkung}} \quad | \Psi \rangle_{\text{TMU}} = \sum_n c_n | \psi_n \rangle | M_n \rangle | U_n \rangle \qquad (22.4\text{–}2)$$

Der durch die Wechselwirkungen entstandene Zustand $| \Psi \rangle_{\text{TMU}}$ ist ein reiner Gesamtzustand, der T, M und U miteinander *verschränkt* und Interferenzen aufweist. Wir werden sehen, dass diese Verschränkung der Ausgangspunkt für die Entstehung der gesuchten Dekohärenz ist.

Das folgende Beispiel liefert eine vielversprechende und belastbare Vermutung: *Bei Nichtbeachtung der Umgebung U verhält sich das Teilsystem TM alleine so, als wäre es in einem gemischten und nicht interferenzfähigen Zustand* [16]. Ich empfehle, das folgende Beispiel gründlich zu bearbeiten. Ein gutes Verständnis ist Voraussetzung für das Verstehen der weiteren Rechnungen. Der Dichteoperator hat eine zentrale Bedeutung für den Messprozess, für die Verschränkung und die Dekohärenz.

Beispiel 22.4–1 Reduzierter Dichteoperator

Ein System besteht aus zwei nicht identischen Teilchen. $\{| \psi_m \rangle_1 \}$ und $\{| \varphi_n \rangle_2 \}$ sind die Orthonormalbasen des ersten bzw. zweiten Teilchens. *Verschränkte* Zweiteilchen-Zustände lauten allgemein [17]

$$| \Psi \rangle = \sum_{m,n} c_{mn} | \psi_m \rangle_1 | \varphi_n \rangle_2 \quad \underset{\substack{\uparrow \\ \text{abgekürzt}}}{=:} \quad \sum_{m,n} c_{mn} | m,n \rangle \quad \text{mit} \quad \sum_{m,n} | c_{mn} |^2 = 1 \qquad (22.4\text{–}3)$$

Dann lautet der Dichteoperator des Zweiteilchensystems allgemein

$$\hat{\rho}_{(1,2)} = | \Psi \rangle \langle \Psi | = \sum_{m,n,k,l} c_{mn} \, c_{kl}^* | m,n \rangle \langle k,l |$$

Aus irgendwelchen Gründen interessieren wir uns nicht für das zweite Teilchen oder wir haben keine Informationen über das zweite Teilchen, obwohl beide Teilchen miteinander verschränkt sind. Daher soll die Observable $\hat{A}$ – wie auch alle anderen Observablen – nur am ersten Teilchen gemessen werden und folglich nur auf die Zustände des ersten Teilchens wirken: $\hat{A} = \hat{A}_{(1)} \otimes \hat{1}_{(2)}$. In abgekürzter Form schreiben wir $\hat{A} = \hat{A}_{(1)}$. Die Eigenwertgln. $\hat{A}_{(1)} | \psi_m \rangle_1 = a_m | \psi_m \rangle_1$ haben nicht entartete Eigenwerte a_m.

a) Berechne den Erwartungswert $\langle \Psi | \hat{A}_{(1)} | \Psi \rangle$ mit dem sog. **reduzierten Dichteoperator**

$$\hat{\rho}_{(1)\,\text{redu}} := \text{Sp}_2 (\hat{\rho}_{(1,2)}) = \sum_n {}_2\langle \varphi_n | \hat{\rho}_{(1,2)} | \varphi_n \rangle_2 \qquad (22.4\text{–}4)$$

---

[16] Ich betone nochmals: Das Teilsystem TM *verhält sich* so, als wenn es einen eigenen, gemischten Zustand hätte. In Wirklichkeit gehört TM zum verschränkten Gesamtsystem TMU und hat daher keinen eigenen Zustand. Nur das verschränkte Gesamtsystem TMU hat einen Zustand, nämlich den Zustand $| \Psi \rangle_{\text{TMU}}$.

[17] Nach Beispiel 22.1–1a bilden die Zustände (22.4–3) genau dann einen Produktzustand aus zwei Einteilchen-Zuständen, sind also genau dann nicht verschränkt, wenn $c_{mn} = d_m e_n$ für alle m,n.

*Der reduzierte Dichteoperator wird als **Teilspur** von $\hat{\rho}_{(1,2)}$ über die Basiszustände $\{|\varphi_n\rangle_2\}$ des zweiten Teilchens definiert. Er ist ein Dichteoperator im Hilbertraum des ersten Teilchens.* (Im Englischen heißt die Teilspur „trace over unobservables", kurz „TOU"). Die Spurbildung entspricht einer Mittelung über die ungemessenen Zustände von Teilchen 2.

b) Berechne mit dem reduzierten Dichteoperator die Wahrscheinlichkeit, bei einer Messung des Operators $\hat{A}_{(1)}$ am Zustand $|\Psi\rangle$ den Eigenwert a_i zu finden.

c) Wann gilt $\hat{\rho}^2_{(1)\,\text{redu}} \neq \hat{\rho}_{(1)\,\text{redu}}$? Interpretiere das auffällige und wichtige Ergebnis sorgfältig.

Lösung:

a)
$$\langle \Psi | \hat{A}_{(1)} | \Psi \rangle \underset{\substack{\uparrow \\ \text{Gl. (21.2--6)}}}{=} \text{Sp}\left(\hat{\rho}_{(1,2)} \hat{A}_{(1)}\right) = \sum_{m,n} \langle m,n | \hat{\rho}_{(1,2)} \hat{A}_{(1)} | m,n \rangle =$$

$$= \sum_m {}_1\langle \psi_m | \sum_n {}_2\langle \varphi_n | \hat{\rho}_{(1,2)} | \varphi_n \rangle_2 \hat{A}_{(1)} | \psi_m \rangle_1 =$$

$$= \sum_m {}_1\langle \psi_m | \hat{\rho}_{(1)\,\text{redu}} \hat{A}_{(1)} | \psi_m \rangle_1 = \text{Sp}_1\left(\hat{\rho}_{(1)\,\text{redu}} \hat{A}_{(1)}\right) \qquad (22.4\text{--}5a)$$

b) Wir ersetzen in Gl. (22.4–5a) $\hat{A}_{(1)}$ durch den Projektionsoperator $\hat{P}_{(1)i} = |\psi_i\rangle_1 {}_1\langle \psi_i|$:

$$p(a_i) \underset{\substack{\uparrow \\ \text{Gl. (21.2--7)}}}{=} \text{Sp}\left(\hat{\rho}_{(1,2)} \hat{P}_{(1)i}\right) = \sum_{m,n} \langle m,n | \hat{\rho}_{(1,2)} \hat{P}_{(1)i} | m,n \rangle =$$

$$= \sum_m {}_1\langle \psi_m | \hat{\rho}_{(1)\,\text{redu}} \hat{P}_{(1)i} | \psi_m \rangle_1 = \text{Sp}_1\left(\hat{\rho}_{(1)\,\text{redu}} \hat{P}_{(1)i}\right) = \sum_n |c_{in}|^2 \quad (22.4\text{--}5b)$$

Die Gln. (22.4–4) und (22.4–5a/b) besagen:

$\hat{\rho}_{(1)\,\text{redu}}$ ist ein Dichteoperator im Hilbertraum von Teilchen 1. $\hat{\rho}_{(1)\,\text{redu}}$ beschreibt alle Messungen, die nur an Teilchen 1 erfolgen. Teilchen 1 für sich alleine verhält sich so, als wenn es einen eigenen Zustand hätte, obwohl Teilsysteme in verschränkten Gesamtsystemen niemals eigene Zustände haben.

c) Für den allgemeinen Zweiteilchen-Zustand (22.4–3) lautet der reduzierte Dichteoperator

$$\hat{\rho}_{(1)\,\text{redu}} := \text{Sp}_2\left(\hat{\rho}_{(1,2)}\right) = \sum_l {}_2\langle \varphi_l | \hat{\rho}_{(1,2)} | \varphi_l \rangle_2 =$$

$$= \sum_l {}_2\left\langle \varphi_l \left| \left(\sum_{m,n} c_{mn} |m,n\rangle \right) \left(\sum_{i,j} c_{ij}^* \langle i,j| \right) \right| \varphi_l \right\rangle_2 =$$

$$= \sum_l \left(\sum_m c_{ml} |\psi_m\rangle_1 \right) \left(\sum_i c_{il}^* {}_1\langle \psi_i| \right)$$

Also lautet der reduzierte Dichteoperator für ein Zweiteilchen-System im Zustand (22.4–3)

$$\hat{\rho}_{(1)\,\text{redu}} = \sum_l \sum_{m,i} c_{ml} c_{il}^* |\psi_m\rangle_1 {}_1\langle \psi_i| \qquad (22.4\text{--}6)$$

$$\Rightarrow \quad \hat{\rho}^2_{(1)\,\text{redu}} = \left(\sum_l \sum_{m,i} c_{ml} c_{il}^* |\psi_m\rangle_1 {}_1\langle \psi_i| \right) \left(\sum_k \sum_{n,j} c_{nk} c_{jk}^* |\psi_n\rangle_1 {}_1\langle \psi_j| \right) =$$

$$= \left(\sum_l \sum_{m,i} c_{ml}\, c_{il}^* \,|\psi_m\rangle_1 \right) \left(\sum_k \sum_j c_{ik}\, c_{jk}^* \,{}_1\langle \psi_j |\right) =$$

$$= \sum_{m,i,j} \left(\sum_l c_{ml}\, c_{il}^* \right) \left(\sum_k c_{ik}\, c_{jk}^* \right) |\psi_m\rangle_1 \,{}_1\langle \psi_j | \qquad (22.4\text{--}7)$$

$$\Rightarrow \quad \hat{\rho}^2_{(1)\,\text{redu}} \neq \hat{\rho}_{(1)\,\text{redu}} \qquad \text{für verschränkte Zustände } |\Psi\rangle \qquad (22.4\text{--}8)$$

Daher ist die reduzierte Dichtematrix $\hat{\rho}_{(1)\,\text{redu}}$ die Dichtematrix eines *gemischten* Einteilchen-Zustandes – vorausgesetzt, dass das zugrunde liegende Zweiteilchensystem verschränkt ist, dass also Faktorisierungen $c_{mn} = d_m\, e_n$ nicht für alle m,n möglich sind.

Die Teilspur über die Basis $\{\,|\varphi_l\rangle_2\,\}$ des zweiten Teilchens ist eine Reduktion auf den Hilbertraum des ersten Teilchens und führt zum Verlust der Korrelationen der Zweiteilchenzustände.

Die Teilspur in Gl. (22.4–4) macht aus dem Dichteoperator $\hat{\rho}_{(1.2)}$ eines verschränkten Zweiteilchen-Systems den Dichteoperator $\hat{\rho}_{(1)\,\text{redu}}$ eines *gemischten* Einteilchen-Systems. Wegen

$$\hat{\rho}^2_{(1)\,\text{redu}} \neq \hat{\rho}_{(1)\,\text{redu}}$$

verhält sich das Teilsystem 1 bei Messungen an ihm (unter Nichtbeachtung des zweiten Teilchens) so, als wäre es in einem gemischten Zustand.

Bei der Nicht-Beachtung von Teilchen 2 sind die Interferenzen zwar noch (im Gesamtsystem) vorhanden, aber bei Messungen *nur* an Teilchen 1 nicht wirksam und nicht erkennbar. Joos äußerte dazu den absurd klingenden Satz: „Die Interferenzen existieren noch, aber sie sind nicht mehr da.“

Da sich alle Messungen an Teilchen 1 mit dem reduzierten Dichteoperator beschreiben lassen, wird gelegentlich formuliert: „*Teilchen 1 ist im Zustand* $\hat{\rho}_{(1)\,\text{redu}}$.“

Die Berechnung der Teilspur ist von zentraler Bedeutung für die Dekohärenz-Theorie. Später werden wir eine Teilspur über die nicht beobachteten Umgebungszustände bilden.

Ich betone nochmals: Bei Nichtbeachtung von Teilchen 2 verhält sich Teilchen 1 so, als ob es einen eigenen Zustand hätte – nämlich einen gemischten Zustand. Genau genommen hat Teilchen 1 keinen eigenen Zustand, da Teilchen 1 Mitglied eines verschränkten Gesamtsystems ist. Wie bei allen verschränkten Teilchen hat nur das Gesamtsystem einen Zustand (22.4–3), nicht aber die einzelnen miteinander verschränkten Teilchen.

Übrigens: Die Bildung der Teilspur kann natürlich nicht umgekehrt werden; denn es gibt unendlich viele Zweiteilchensysteme mit demselben reduzierten Dichteoperator (siehe auch Aufgabe 21–4).

Beispiel 22.4–2 Erkennt Alice alleine die Verschränkung der Elektron-Positron-Paare?

Wir betrachten noch mal den Versuch in Abb. 22.1–1 und nehmen an, dass Alice nicht mit Bob kommuniziert und kein Interesse an den Zuständen der Elektronen bei Bob hat.

Beweise: Obwohl jedes Elektron-Positron-Paar im verschränkten Spin-Singulettzustand ist, verhalten sich die Positronen für Alice, die nichts von den Elektronen wissen will, so, als wären sie in einem gemischten Zustand und als hätte jedes Positron bereits vor der Messung einen definierten, aber unbekannten Spinzustand.

Lösung:

Wir müssen den reduzierten Dichteoperator berechnen. Nach Gl. (22.1–1) lautet der verschränkte Spinzustand der Elektron-Positron-Paare

$$\frac{1}{\sqrt{2}}\left(\,|z,+\rangle_{e^+}\,|z,-\rangle_{e^-} - |z,-\rangle_{e^+}\,|z,+\rangle_{e^-}\right) \underset{\text{abgekürzt}}{=} \frac{1}{\sqrt{2}}\left(\,|+-\rangle - |-+\rangle\,\right)$$

In den abgekürzten Kets und Bras gilt das erste (zweite) Vorzeichen für die Positronen (Elektronen).

$$\Rightarrow \quad \hat{\rho}_{(+-)} = \frac{1}{2}\left(\,|+-\rangle\langle +-| - |+-\rangle\langle -+| - |-+\rangle\langle +-| + |-+\rangle\langle -+|\,\right) = \hat{\rho}^2_{(+-)}$$

$$\Rightarrow \quad \hat{\rho}_{(+)\,\text{redu}} = \frac{1}{2}\left(\,|+\rangle_{e^+}{}_{e^+}\langle +| + |-\rangle_{e^+}{}_{e^+}\langle -|\,\right) \underset{\text{kurz}}{=} \frac{1}{2}\left(\,|+\rangle\langle +| + |-\rangle\langle -|\,\right) \neq \hat{\rho}^2_{(+)\,\text{redu}}$$

Der reduzierte Dichteoperator beschreibt einen gemischten Spinzustand der Positronen. Die Spins der Positronen verhalten sich so, als wenn *vor* den Messungen, die Alice durchführt, je 50% der Positronen einen Spin-up- und 50% einen Spin-down-Zustand haben. Wir wissen nur nicht, welchen Spinzustand jedes Positron hat.

Man kann auch sagen: Die Behauptung, dass die Positronen einen gemischten Zustand haben, kann nicht mit Messungen, die die Elektronen ignorieren, widerlegt werden.

Bei Spinmessungen in *beliebigen* Richtungen erhält Alice immer mit je 50% Wahrscheinlichkeit die beiden Messwerte $\pm\hbar/2$ (siehe Aufgabe 22–2).

Ohne Bob hat Alice alleine keine Möglichkeit, die Verschränkung der Positronen mit den Elektronen festzustellen. Dazu braucht sie immer auch die Messergebnisse von Bob.

Generell gilt: Die Verschränkung von zwei Teilchen lässt sich niemals am Verhalten eines einzelnen Teilchens erkennen. Denn die Verschränkung wird nur durch den Zustand des Gesamtsystems beschrieben und offenbart sich nur durch Korrelationen der Messergebnisse.

Ich fasse die wesentlichen Erkenntnisse aus den zwei letzten Beispielen zusammen:

- Wir gehen von einem Zweiteilchensystem im *verschränkten* Zustand (22.4–3) aus.

- Wegen $\langle\Psi|\hat{A}_{(1)}|\Psi\rangle = \mathrm{Sp}_1\!\left(\hat{\rho}_{(1)\,\text{redu}}\,\hat{A}_{(1)}\right)$ und $p(a_k) = \mathrm{Sp}_1\!\left(\hat{\rho}_{(1)\,\text{redu}}\,\hat{P}_{(1)\,k}\right)$

  kann der reduzierte Dichteoperator alle Messungen am ersten Teilchen beschreiben, solange Teilchen 2 keine Beachtung findet.

- Wegen $\hat{\rho}^2_{(1)\,\text{redu}} \neq \hat{\rho}_{(1)\,\text{redu}}$ beschreibt der reduzierte Dichteoperator ein Einteilchensystem im *gemischten* Zustand. Das erste Teilchen *alleine* – also ohne Beachtung von Teilchen 2 – verhält sich so, als ob es einen eigenen, gemischten Zustand hätte.

Wir kommen zurück auf unser System TMU aus **T**eilchen T, **M**essgerät M und **U**mgebung U und betrachten ein Teilchen im (noch ungemessenen, anfänglichen) Überlagerungszustand $\sum c_n|\psi_n\rangle$. *Die Wechselwirkungen zwischen T, M und U überführen das Gesamtsystem in den* (bereits früher genannten) *verschränkten, interferenzfähigen Gesamtzustand:*

$$| \Psi \rangle_{\text{TMU}}^{\text{vor der WW}} \xrightarrow{\text{Wechselwirkung}} | \Psi \rangle_{\text{TMU}} = \sum_n c_n | \psi_n \rangle | M_n \rangle | U_n \rangle \qquad (22.4\text{–}2)$$

Beachte: Bisher wurde noch keine Messung durchgeführt. Die Messung wird erst später vorgenommen (siehe Gl. (22.4–11).

$$\Rightarrow \quad \hat{\rho}_{\text{TMU}} = | \Psi \rangle_{\text{TMU}} \; _{\text{TMU}}\langle \Psi | =$$

$$= \sum_{n,m} c_n c_m^* | \psi_n \rangle | M_n \rangle | U_n \rangle \langle \psi_m | \langle M_m | \langle U_m | \qquad (22.4\text{–}9)$$

Die Gl. $\hat{\rho}_{\text{TMU}}^2 = \hat{\rho}_{\text{TMU}}$ bestätigt den reinen Zustand des Gesamtsystems.

Der Aufbau des Zustandes $| \Psi \rangle_{\text{TMU}}$ *lässt sich durch die Schrödinger-Gl. mit geeigneter Wechselwirkung beschreiben.* Aufgrund der Erkenntnisse aus den letzten zwei Beispielen 22.4–1/2 ist das weitere Vorgehen klar erkennbar und einleuchtend: Wir wollen und können die Umgebung nicht beobachten und bilden deshalb im Dichteoperator $\hat{\rho}_{\text{TMU}}$ die Teilspur über die Umgebungszustände $| U_n \rangle$. Dabei verliert das Teilsystem TM seine Verbindungen mit der Umgebung. Bei Nichtbeachtung der Umgebung verhält sich TM so, als ob es in einem (von uns nachdrücklich gewünschten) gemischten Zustand wäre. *Die Spurbildung über die Umgebungszustände führt zur* **Dekohärenz** *des Teilsystems TM.*

Die Spur über die Umgebungszustände liefert den reduzierten Dichteoperator[18]

$$\hat{\rho}_{\text{TM redu}} = \sum_k \langle U_k | \hat{\rho}_{\text{TMU}} | U_k \rangle =$$

$$= \sum_k \sum_{n,m} c_n c_m^* \langle U_k | U_n \rangle | \psi_n \rangle | M_n \rangle \langle \psi_m | \langle M_m | \langle U_m | U_k \rangle$$

Die Umgebungszustände $| U_n \rangle$ sind i. Allg. nicht orthogonal, weil sie durch den Übergang in Gl. (22.4–2), also durch die Wechselwirkung zwischen T, M und U festgelegt werden; die hier auftretenden Umgebungszustände hängen also z. B. vom Teilchen T, vom Messgerät M und vom Messprozess ab. Rechnungen an einfachen Modellen zeigen aber, dass *die Wechselwirkungen von T, M und U nach extrem kurzen Dekohärenz-Zeiten* t_{D} *zur Orthogonalisierung der Umgebungszustände* führen:

$$\langle U_k | U_n \rangle \xrightarrow[t_{\text{D}}]{} \delta_{kn}$$

---

[18] Der reduzierte Dichteoperator $\hat{\rho}_{\text{TM redu}}$ in (22.4–10), der aus dem Dichteoperator $\hat{\rho}_{\text{TMU}}$ des Gesamtsystems durch die Teilspur über die Umgebungszustände entsteht, ist nicht gleich dem reinen Dichteoperator

$$\hat{\rho}_{\text{TM}} = | \Psi \rangle_{\text{TM}} \; _{\text{TM}}\langle \Psi | = \sum_{n,m} c_n c_m^* | \psi_n \rangle | M_n \rangle \langle \psi_m | \langle M_m | = \hat{\rho}_{\text{TM}}^2$$

der sich ohne Kopplung des Teilsystems TM an die Umgebung ergibt:

$$\hat{\rho}_{\text{TM redu}} \neq \hat{\rho}_{\text{TM}}$$

Obwohl beide Dichteoperatoren dasselbe System TM aus Teilchen und Messgerät beschreiben, liefern die Ankopplung an die Umgebung und die anschließende Spurbildung über die Umgebungszustände einen anderen Dichteoperator als eine von vornherein fehlende und daher nirgendwo auftauchende Umgebung.

$$\Rightarrow \quad \hat{\rho}_{\text{TM redu}} = \sum_n |c_n|^2 |\psi_n\rangle |M_n\rangle \langle\psi_n| \langle M_n| \qquad (22.4\text{–}10)$$

Ich wiederhole: Die Orthogonalisierung der Umgebungszustände und damit die Dekohärenz dauern ein sehr kleines Zeitintervall. Die reduzierte Dichtematrix (22.4–10) stellt sich erst nach einer gewissen Zeit t_{D} ein (siehe auch [Rebhan], Abschn. 10.5).[19]

Wegen $\hat{\rho}^2_{\text{TM redu}} \neq \hat{\rho}_{\text{TM redu}}$ verhält sich das Teilsystem TM bei Nichtbeachtung von U so, als ob es einen gemischten Zustand hätte. Ein Vergleich der Gln. (21.2–4) und (22.4–10) zeigt: $|c_k|^2$ ist die *klassische Wahrscheinlichkeit*, dass *Teilchen und Messgerät vor Ablesen des Messgerätes in einem unbekannten, aber definierten Produktzustand* $|\psi_k\rangle|M_k\rangle$ *sind*.

Der gemischte Zustand von TM vor der Ablesung ist wie folgt klassisch interpretierbar: N gemischte Systeme TM, die durch $\hat{\rho}_{\text{TM redu}}$ beschrieben werden, verhalten sich so wie

- $N|c_1|^2$ Systeme im Zustand $|\psi_1\rangle|M_1\rangle$

- $N|c_2|^2$ Systeme im Zustand $|\psi_2\rangle|M_2\rangle$ ....

- $N|c_n|^2$ Systeme im Zustand $|\psi_n\rangle|M_n\rangle$ ....

Die N Systeme im gemischten Zustand sind vergleichbar mit N Molekülen eines klassischen Gases: Ihre N Orte und N Impulse sind *vor* den Messungen bestimmt, aber nicht bekannt.

Jetzt kommen wir endlich zum Ablesen des Messgerätes. Die Wahrscheinlichkeit, bei einer Messung die Zeigerstellung $|M_k\rangle$ zu sehen und damit den Teilchenzustand $|\psi_k\rangle$ zu messen, ergibt sich mit dem Projektionsoperator $\hat{P}_k$ und mit Gl. (21.2–7) zu

$$\text{Sp}_{\text{TM}}\left(\hat{\rho}_{\text{TM redu}}\,\hat{P}_k\right) = \text{Sp}_{\text{TM}}\left(\hat{\rho}_{\text{TM redu}}\,|\psi_k\rangle|M_k\rangle\langle\psi_k|\langle M_k|\right) =$$

$$= \sum_{i,j} \langle\psi_i|\langle M_j|\left(\hat{\rho}_{\text{TM redu}}\,|\psi_k\rangle|M_k\rangle\langle\psi_k|\langle M_k|\right)|\psi_i\rangle|M_j\rangle =$$

$$= \langle\psi_k|\langle M_k|\hat{\rho}_{\text{TM redu}}\,|\psi_k\rangle|M_k\rangle \underset{\substack{\uparrow \\ \text{Gl. (22.4–10)}}}{=} |c_k|^2 \qquad (22.4\text{–}11)$$

Beim Ablesen der Zeigerstellung $|M_k\rangle$ können wir auf den Teilchenzustand $|\psi_k\rangle$ schließen. Beim Ablesen ändert sich der Zustand des Systems TM nicht: TM war schon vorher im Zustand $|\psi_k\rangle|M_k\rangle$. Wir haben es nur nicht gewusst. Erst nach der Ablesung wissen wir es.

---

[19] Beim Doppelspalt-Experiment tritt keine Dekohärenz auf. Denn das Experiment findet im Hochvakuum statt, so dass die meisten Elektronen nicht mit der Umgebung wechselwirken und bis zum Aufschlag auf dem Schirm, also bis zur Messung im Überlagerungszustand $\psi_1(\mathbf{r})+\psi_2(\mathbf{r})$ bleiben. *Nur isolierte Systeme können Superpositionen und Verschränkungen über längere Zeit aufrechterhalten.*

Beispiel 22.4–3 Schrödingers Katze

Wir kommen jetzt nochmals auf Schrödingers Katze zurück, die wir in Abschn. 8.5 kennen gelernt haben. Das radioaktive Atom ist das untersuchte Teilchen und *die Katze ist gewissermaßen das makroskopische Messgerät* mit den zwei „Zeigerstellungen" lebendig und tot. Die Kiste übernimmt die Rolle der Umgebung. Wie lautet zur Zeit t der reduzierte Dichteoperator für das Teilsystem AK aus **A**tom und **K**atze? In welchem Zustand ist die makroskopische Katze?

Lösung:

Da die Zustände der Kiste (Umgebung) nicht beachtet werden, bilden wir die Teilspur über die Kistenzustände (Umgebungszustände) und erhalten – in Übereinstimmung mit Gl. (22.4–10) – einen gemischten, reduzierten Dichteoperator:

$$\hat{\rho}_{\text{AK redu}} = |c_1|^2 \left[\, |\text{nicht zerfallen}\rangle \, |\text{lebendig}\rangle \, \langle \text{nicht zerfallen} | \langle \text{lebendig} | \, \right] +$$

$$|c_2|^2 \left[\, |\text{zerfallen}\rangle \, |\text{tot}\rangle \, \langle \text{zerfallen} | \langle \text{tot} | \, \right] \qquad (22.4\text{–}12)$$

mit $|c_1|^2 + |c_2|^2 = 1$

Wegen $\hat{\rho}_{\text{AK redu}}^2 \neq \hat{\rho}_{\text{AK redu}}$ beschreibt der reduzierte Dichteoperator das *gemischte* Teilsystem AK, das keine Interferenzen aufweist. Die Katze ist – auch vor dem Öffnen des Deckels und im Einklang mit der klassischen Physik – *entweder* lebendig *oder* tot, *nicht* aber lebendig *und* tot. Die Wechselwirkung mit der Umgebung (Kiste) hat alle Interferenzen unterdrückt. Das Öffnen der Kiste ändert den Zustand des Teilsystems Atom-Katze nicht. Nach dem Öffnen wissen wir nur, ob die Katze jetzt lebt und daher auch schon unmittelbar vor dem Öffnen lebte.

Wir haben jetzt einen ersten Eindruck davon bekommen, warum der Kollaps der Wellenfunktionen ein stark vereinfachtes, aber korrektes Rezept ist: Die Wechselwirkungen mit der Umgebung und die Nichtbeachtung der Umgebungszustände führen zu einem reduzierten Dichteoperator und sorgen dafür, dass sich Teilchen und ihre Messgeräte so verhalten, als wären sie schon vor der Messung in unmessbar kurzen Zeiten in klassische, gemischte Zustände übergegangen. Daher werden makroskopische Körper niemals in Überlagerungszuständen gesehen. Das Kollaps-Postulat wird also im Rahmen der Dekohärenz-Theorie erklärt und ist dort kein Postulat.

Abschließend will ich auf zwei weitere, wichtige Fragen nur ganz kurz und andeutungsweise eingehen:

1) Wie groß sind die **Dekohärenz-Zeiten** τ_{D}, also die Zeiten, in denen sich die Umgebungszustände orthogonalisieren und infolgedessen eine Dekohärenz auftritt? Modellrechnungen zeigen:

$$\tau_{\text{D}} \sim \frac{1}{mT} \qquad m = \text{Masse} \qquad T = \text{absolute Temperatur} \qquad (22.4\text{–}13)$$

Überlagerungszustände reagieren umso empfindlicher auf äußere Störungen und gehen umso schneller in klassische Zustände über, je schwerer die Objekte sind. Massive Objekte, die sich nie perfekt gegen die Umgebung abschotten lassen, bleiben nur für unmessbar kurze Zeiten in Überlagerungszuständen. Zudem läuft die Dekohärenz umso schneller ab, je besser die Umgebung die überlagerten Quantenzustände mit Hilfe der Wechselwirkungen unterscheiden kann.

2) *Welche* **Endzustände** ergeben sich bei den Dekohärenzen? Hier zeigen Modellrechnungen: *Die Wechselwirkungen mit der Umgebung führen zu stabilen, gegen Umgebungseinflüsse unempfindlichen, makroskopischen Zuständen.* Mit anderen Worten: Die klassischen Zustände sind genau die Zustände, die

unter Umgebungseinflüssen stabil bleiben. Die klassischen Zustände sind meistens lokalisierte Ortszustände und nicht etwa die delokalisierten Eigenzustände des Hamiltonoperators, mit denen wir in
der Quantenmechanik so oft arbeiten. Die Auswahl robuster, makroskopischer Zustände heißt Super-
selektion.

*Leider kann auch die Dekohärenz-Theorie die Wahrscheinlichkeiten, mit denen einzelne Werte gemessen wer-
den, nicht erklären.* Die Wahrscheinlichkeiten beim Messprozess bleiben also in der Dekohärenz-Theorie
erhalten.

Aus zwei Gründen wird die Dekohärenz-Theorie erst seit 1970 und verstärkt seit den 1990er Jahren studiert:

- Dekohärenz wurde erstmals 1996 von S. Haroche nachgewiesen (Nobelpreis 2012). Sein Experiment zeigt,
  wie sich klassische, makroskopische Zustände aus quantenmechanischen Überlagerungszuständen entwickeln. Seitdem wurden Dekohärenz-Experimente vielfach durchgeführt.

- Die Dekohärenz ist ein zentrales Problem bei der Planung von Quantencomputern. Derzeit wird erforscht, wie man – bei bekannten Umgebungszuständen und bekannter Wechselwirkung mit der Umgebung – Verschränkungen mit quantenmechanischen Fehlerkorrekturverfahren genügend lange aufrechterhalten kann.

22.5 Quantenkryptographie ohne Verschränkung * 1984

Die Quantenkryptographie ist nicht nur wegen ihrer Anwendung, sondern auch deshalb so interessant, weil sie auf den Postulaten des Messprozesses und auf dem No-Cloning-Theorem basiert. Zudem kommt sie in der hier geschilderten, theoretischen Form, die sich nicht um die Fehler bei der technischen Umsetzung kümmert, fast ohne mathematische Formeln aus.

Alice will eine geheime Nachricht an Bob schicken. Zuerst muss ein geheimer Schlüssel vereinbart werden, der nur Alice und Bob bekannt ist und der nur einmal eingesetzt werden darf. Erst danach kann der verschlüsselte Text z. B. über eine öffentliche Telefonleitung – für jeden einsehbar –

Tabelle 22.5–1 Verschlüsselung eines binären Textes.
Die Gln. $0+0=0 \quad 0+1=1 \quad 1+1=0$
ergeben $x+0+0=x \qquad x+1+1=x$
Die zweimalige Addition des Schlüssels (modulo 2) auf den Binärtext reproduziert den Binärtext.

Text	aber
Binärtext	00001 00010 00101 10010
Geheimer Schlüssel	10100 01110 10001 01011
Verschlüsselter Text	10101 01100 10100 11001
Geheimer Schlüssel	10100 01110 10001 01011
Binärtext	00001 00010 00101 10010

übertragen werden. Für den Austausch des geheimen Schlüssels gibt es mehrere Verfahren. Am bekanntesten sind folgende zwei Verfahren: Das BB84-Protokoll wurde 1984 von Ch. Benett und G. Brassert eingeführt. Es ist das einfachste und älteste aller Protokolle und arbeitet mit der Übertragung von einzelnen, linear polarisierten Photonen. Das technisch aufwendigere Ekert-Protokoll von 1991 hingegen arbeitet mit polarisationsverschränkten Photonen oder Fermionen im Singulettzustand (siehe Abschn. 22.6). In beiden Verfahren *können Alice und Bob feststellen, ob die Schlüsselübertragung abgehört wurde oder nicht.* Nach der Entdeckung einer Abhörung wird der Schlüssel verworfen und neu ausgewürfelt.

Wir besprechen die *Grundidee* des häufig eingesetzten **BB84-Protokolls** und lassen in der Praxis auftretende Fehler (Ausfall einzelner Photonen, Rauschen, fehlerhafte Registrierung, ...) der Einfachheit halber außer Acht. Zuerst nehmen wir an, dass die Schlüsselübertragung nicht abgehört wird (siehe Tabelle 22.5–2). Alice sendet einzelne, linear polarisierte Photonen an Bob. Mit den Photonen soll ein geheimer Schlüssel festgelegt werden. Zu Beginn vereinbaren Alice und Bob den Startzeitpunkt, die Länge der Übertragung und den zeitlichen Abstand der Photonenabstrahlungen. Zudem werden für die Polarisationszustände zwei verschiedene Pol-Basen gewählt:

1: $\oplus$ oder H/V-Basis: Die Vektoren $|\leftrightarrow\rangle, |\updownarrow\rangle$ der ersten Pol-Basis beschreiben horizontal und vertikal linear polarisierte Photonen.

2: $\otimes$ oder $\times$–Basis: Die Vektoren $|\nearrow\rangle, |\nwarrow\rangle$ der zweiten Pol-Basis beschreiben rechtsdiagonal und linksdiagonal linear polarisierte Photonen.

Die vier Basisvektoren beschreiben die Polarisationsrichtungen (kurz Pol-Richtungen) der abgestrahlten Photonen. Die beiden Pol-Basen sind um $45°$ gegeneinander gedreht. Es gilt:

$$|\nearrow\rangle = \frac{1}{\sqrt{2}}\left(|\leftrightarrow\rangle + |\updownarrow\rangle\right) \qquad |\nwarrow\rangle = \frac{1}{\sqrt{2}}\left(-|\leftrightarrow\rangle + |\updownarrow\rangle\right) \tag{22.5–1}$$

Die horizontalen/vertikalen Polarisationszustände sind nicht orthogonal zu den diagonalen Zuständen. Beispielsweise ist $\langle \leftrightarrow | \nearrow \rangle = 1/\sqrt{2}$.

Die Zuordnung der Bits 0 und 1 zu den vier möglichen Pol-Richtungen muss zwischen Alice und Bob abgesprochen werden, darf öffentlich bekannt sein und könnte z. B. lauten

Tabelle 22.5–2 In dieser Tabelle wird **kein Lauschangriff** betrachtet.
Alice würfelt zehn Pol-Basen (1. Zeile) und zehn Bits (2. Zeile), die im Schlüssel stehen sollen. Daraufhin sendet sie zehn Photonen an Bob mit den Pol-Richtungen in der 3. Zeile.

Auch Bob würfelt zehn Pol-Basen (4.Zeile). In der 5. Zeile stehen die Bits, die Bob den empfangenen Photonen entnehmen kann. Nur wenn die Pol-Basen von Alice und Bob zufällig gleich sind (grau markierte Spalte), misst Bob zwingend das von Alice gewürfelte Bit 0 oder 1.

Die Pol-Basen in den hellen Spalten sind verschieden, so dass Bob nicht mit Sicherheit die richtigen Bits erfassen kann, die Alice hier für den Schlüssel vorschlägt. Nach der Streichung der Übertragungen mit verschiedenen Pol-Basen (helle Spalten) liefern die Bits in den grauen Spalten den endgültigen Schlüssel 0 0 1 0 1 1.

Von Alice gewürfelte Pol-Basen	$\oplus$	$\otimes$	$\oplus$	$\oplus$	$\otimes$	$\oplus$	$\otimes$	$\otimes$	$\oplus$	$\otimes$
Von Alice gewürfelte Bits	1	1	0	0	0	1	0	0	1	1
Pol-Richtungen abgestr. Photonen	$\leftrightarrow$	$\nearrow$	$\updownarrow$	$\updownarrow$	$\nwarrow$	$\leftrightarrow$	$\nwarrow$	$\nwarrow$	$\leftrightarrow$	$\nearrow$
Von Bob gewürfelte Pol-Basen	$\otimes$	$\oplus$	$\oplus$	$\otimes$	$\otimes$	$\oplus$	$\otimes$	$\oplus$	$\oplus$	$\otimes$
Mögliche, von Bob gemessene Bits	0 1	0 1	0	0 1	0	1	0	0 1	1	1
Tatsächlich von Bob gemessene Bits	0	1	0	1	0	1	0	0	1	1

In Basis $\oplus$: $1 \,\hat{=}\, |\leftrightarrow\rangle$ $0 \,\hat{=}\, |\updownarrow\rangle$ In Basis $\otimes$: $1 \,\hat{=}\, |\nearrow\rangle$ $0 \,\hat{=}\, |\nwarrow\rangle$

Vor jeder einzelnen Photonenabstrahlung wählt Alice zufällig eine der beiden Pol-Basen.[20] Anschließend würfelt sie einen Bit 0 oder 1, der im Schlüssel stehen soll. Wenn sie zufällig die Pol-Basis $\otimes$ und zufällig den Wert 1 gewürfelt hat, so strahlt sie ein Photon mit der Pol-Richtung $\nearrow$ ab; die Pol-Richtung kann mit einem Polarisationsdreher eingestellt werden. Bob kann die von Alice gewählte Pol-Basis nicht erfassen und würfelt selber die Pol-Basis aus, mit der sein Polarisator das ankommende Photon misst.[21] Mit 50% Wahrscheinlichkeit wählt Bob dieselbe Pol-Basis wie Alice und erhält dann mit Sicherheit das Bit, das Alice gewürfelt hat und für den Schlüssel vorschlägt; nur solch ein gesicherter Bit kommt später in den Schlüssel. Mit 50% Wahrscheinlichkeit wählt Bob die andere, nicht von Alice gewählte Pol-Basis und erhält dann mit je 50% Wahrscheinlichkeit das richtige/falsche Bit (siehe Tabelle 22.5–2); diese unsicheren Bits werden am Ende verworfen.

Nach dem Ende der Übertragung informieren sich Bob und Alice (öffentlich) gegenseitig, mit welchen Pol-Basen sie gearbeitet haben. (Die Bits 0,1 bleiben geheim.) Anschließend entfernen Alice und Bob alle Bits, die mit verschiedenen Pol-Richtungen von Alice präpariert und von Bob gemessen wurden. Die restlichen Bits liefern insgesamt den fehlerfreien Schlüssel.

Jetzt unterstellen wir, dass sich Alice und Bob gegen einen **Lauschangriff** schützen müssen. Der Schutz besteht aber nicht in der Verhinderung von Lauschangriffen, sondern in deren sicheren Entdeckung; nach einer Entdeckung wird der alte Schlüssel verworfen und ein neuer Schlüsselaustausch gestartet. Eine Spionin – allgemein Eve genannt – fängt die von Alice abgestrahlten Photonen ab, analysiert sie mit einem Polarisationsstrahlteiler und schickt sie anschließend weiter nach Bob. Wir rechnen mit dem Schlimmsten und unterstellen, dass Eve die zwei von Alice und Bob verwendeten Pol-Basen $\oplus$ und $\otimes$ kennt. Das No-Cloning-Theorem, aber auch einfache Überlegungen zeigen, dass Eve die Pol-Richtungen der eingefangenen Photonen nicht mit Sicherheit ermitteln kann. Folglich würfelt sie ebenfalls ihre Pol-Basen aus und misst in 50% der Fälle mit der falschen Pol-Basis; in diesem Fall ändert Eve den *Polarisationszustand des Photons* und schickt ein Photon mit falscher Pol-Richtung an Bob weiter (siehe die 1., 4., 5., 7. und 10. Spalte in Tabelle 22.5-3).

Anfangs können Alice und Bob den Lauschangriff noch nicht erkennen und beginnen mit dem in Tabelle 22.5–2 beschriebenen Verfahren; dabei werden zuerst wieder die Schlüsselbits gezogen, bei deren Übertragung Alice und Bob dieselben Pol-Basen gewürfelt haben (die sechs ausgewählten Schlüsselbits stehen in den grauen Feldern der letzten Zeile der Tabelle 22.5–2).

---

[20] Nach Beispiel 22.5–1d dürfen weder Alice noch Bob noch Eve mit einer einzigen, festen Pol-Basis arbeiten.

[21] Es gibt zwei Arten von Polarisatoren: 1) Absorbierende Polarisatoren – oft Polarisationsfilter oder kurz Polarisatoren genannt – haben nur einen Ausgang, aus dem linear polarisierte Photonen mit der gewünschten Pol-Richtung herausfliegen. Photonen mit dazu senkrechter Pol-Richtung werden absorbiert.

2) Polarisatoren mit zwei Ausgängen liefern zwei linear polarisierte Strahlen mit senkrecht aufeinander stehenden Pol-Richtungen. Hier kommen **Polarisationsstrahlteiler** (siehe Aufgabe 8–17) oder doppelbrechende Kristalle (Stichwort: ordentlicher und außerordentlicher Strahl) in Frage. Wegen fehlender Absorption sind diese Polarisatoren auch bei höheren Strahlleistungen einsetzbar. Bob und (später) Eve verwenden diesen Polarisatoren-Typ und zwei Detektoren hinter den beiden Ausgängen.

Tabelle 22.5–3 In dieser Tabelle hört Eve die Schlüsselübertragung ab.

Alice sendet Bob zehn Photonen mit gewürfelten Pol-Richtungen. In den grau markierten Spalten haben Alice und Bob per Zufall dieselben Pol-Basen gewürfelt; trotzdem stimmen die drei fett umrandeten Bits in der zweiten und letzten Zeile nicht überein. An dieser fehlenden Übereinstimmung erkennen Alice und Bob, dass die Übertragung des Schlüssels abgehört wurde. Sie müssen eine erneute Schlüsselübertragung durchführen und überprüfen.

Von Alice gewürfelte Pol-Basen	⊕	⊗	⊕	⊕	⊗	⊕	⊗	⊗	⊕	⊗
Von Alice gewürfelte Bits	1	1	0	0	**0**	1	**0**	0	1	**1**
Pol-Richtungen abgestr. Photonen	↔	↗	↕	↕	↘	↔	↖	↘	↔	↗
Von Eve gewürfelte Pol-Basen	⊗	⊗	⊕	⊗	⊕	⊕	⊕	⊗	⊕	⊕
Mögliche, von Eve gemessene Bits	0/1	1	0	0/1	0/1	1	0/1	0	1	0/1
Tatsächlich von Eve gemessene Bits	0	1	0	1	0	1	0	0	1	1
Von Bob gewürfelte Pol-Basen	⊗	⊕	⊕	⊗	⊗	⊕	⊗	⊕	⊕	⊗
Mögliche, von Bob gemessene Bits	0	0/1	0	1	0/1	1	0/1	0/1	1	0/1
Tatsächlich von Bob gemessene Bits	0	1	0	1	**1**	1	**1**	0	1	**0**

Erst danach untersuchen Alice und Bob, ob die Schlüsselübertragung belauscht wurde. Dazu müssen sie einen – zuvor abgesprochenen, öffentlich nicht bekannten – Teil des vorab gezogenen Schlüssels opfern und sich gegenseitig öffentlich zuschicken. Wenn sie Abweichungen feststellen, die auf die durch Eve verursachten Zustandsänderungen zurückzuführen sind (siehe die fett umrandeten Dualzahlen in Tabelle 22.5–3), dann verwerfen sie den Schlüssel. Andernfalls verwenden sie den nicht preisgegebenen Teil des Schlüssels.[22]

Beispiel 22.5–1 Warum werden die Pol-Basen von Alice, Bob und Eve ausgewürfelt?

a) Ist eine sichere Schlüsselübertragung mit nur einer einzigen Pol-Basis möglich?

b) Wie groß ist bei der Schlüsselübertragung – rein theoretisch – die Wahrscheinlichkeit, dass ein Lauschangriff auf N Photonen, bei deren Übertragung Alice und Bob zufällig jeweils dieselbe Pol-Basis wählten, nicht bemerkt werden kann?

---

[22] In [Pade-1], Kap. 10 und vor allem in Anhang P wird diese Überprüfung, die bei Berücksichtigung unvermeidbarer technischer Fehler nicht einfach ist, eingehender besprochen.

c) Durch den Vergleich ihres ausgetauschten Schlüsselanteils können Alice und Bob nicht nur feststellen, ob sie belauscht wurden, sondern sie können auch noch abschätzen, wie viele Photonen K abgefangen und belauscht wurden. Wie sieht das Ergebnis ihrer Abschätzung aus?

d) Warum würfeln Alice, Bob und Eve die von ihnen verwendete Pol-Basis $\oplus$ oder $\otimes$ aus? Warum arbeitet nicht wenigstens eine der drei Personen mit einer einzelnen, festen Pol-Basis?

Lösung:

a) Wir nehmen an, dass Alice und Bob nachlässig sind und nur mit der Pol-Basis $\oplus$ arbeiten. Wenn Eve wüsste, dass Alice und Bob mit nur einer einzigen Pol-Basis arbeiten, dann wird sie mit 50% Wahrscheinlichkeit dieselbe, unveränderte Pol-Basis wählen und in diesem Fall den Schlüssel fehlerfrei und unmerkbar abhören.

b) Wir berechnen zuerst die Wahrscheinlichkeit, dass der Lauschangriff auf das erste Photon nicht festgestellt werden kann. Dabei haben Alice und Bob dieselbe Pol-Basis gewählt, weil Photonen mit verschiedenen Pol-Basen laut Voraussetzung verworfen werden. Es gibt zwei Fälle, in denen Abhören nicht festzustellen ist:

1. Alice und Eve würfeln zufällig dieselbe Pol-Basis. Die Wahrscheinlichkeit dafür ist $1/2$.

2. Alice und Eve würfeln zufällig verschiedene Pol-Basen (Wahrscheinlichkeit = $1/2$). Die Pol-Basen von Alice und Bob sind laut Voraussetzung gleich. Dann misst Bob mit einer Wahrscheinlichkeit von 50% dieselbe Dualzahl wie Alice.

Das erste und das zweite Ereignis sind unvereinbar und können nicht gleichzeitig eintreten. Daher ist die Wahrscheinlichkeit, dass das Abhören des ersten Photons nicht zu erkennen ist

$$p(1) = \frac{1}{2} + \frac{1}{2} \cdot \frac{1}{2} = 0,75 \tag{22.5–2a}$$

Die Wahrscheinlichkeit, dass der Lauschangriff auf N Photonen leider nicht festgestellt werden kann, ist

$$p(N) = 0,75^{N} \tag{22.5–2b}$$

Wegen $p(100) \approx 1,01 \cdot 10^{-12,5}$ und $p(1000) \approx 1,2 \cdot 10^{-125}$ ist unbemerktes Abhören laut Theorie (nahezu) unmöglich – außer bei sehr kleinen Datensätzen mit $N \ll 10^{3}$.

c) Die Wahrscheinlichkeit, dass das Abhören eines bestimmten Photons bemerkt wird, ist nach Gl. (22.5–2a) gleich $1/4$. Somit hinterlässt der Lauschangriff auf K Photonen im Mittel $K/4$ Fehler (siehe die fett umrandeten Zahlen in der letzten Zeile der Tabelle 22.5–3) – immer vorausgesetzt, dass wir mit einer idealen, fehlerfreien Technik arbeiten.

d) Wenn nur Alice oder nur Bob mit einer einzelnen Pol-Basis (entweder $\oplus$ oder $\otimes$) arbeiten würde, dann müssten Alice und Bob nach der ersten Prüfung nur diejenigen Schlüsselzahlen übriglassen, die mit dieser einen Pol-Basis übertragen wurden. Damit liegt dieselbe Situation vor, wie wenn sowohl Alice als auch Bob von vorneherein mit einer gemeinsamen, feststehenden Pol-Basis arbeiten würden. Der Rest der Antwort steht in Teil a) dieses Beispiels.

Wenn Eve nur eine einzige, feste Pol-Basis verwenden würde, dann würden Alice und Bob bei der Suche nach einem evtl. Lauschangriff leicht feststellen, dass bei der einen gemeinsamen Pol-Basis ihre Bits zu 100% und bei der anderen gemeinsamen Basis nur zu 50% übereinstimmen. Das würde die Erkennung der Spionage sehr vereinfachen – auch bei Beachtung von Hardwarefehlern.

Fazit: Wenn Alice oder Bob eine feste Pol-Basis verwendet, dann ist ein erfolgreicher und unmerklicher Lauschangriff möglich. Wenn Eve mit einer einzigen Pol-Basis arbeitet, dann ist die Entdeckung der Spionage sehr vereinfacht.

Die Quantenkryptographie beruht auf physikalischen Gesetzen und nicht auf Annahmen über die Leistungsfähigkeit von Computern und Algorithmen. Das ist ihr großer Vorteil gegenüber der klassischen, mathematischen Kryptographie. Bedauerlicherweise arbeitet die Quantenkryptographie in der Praxis nicht so perfekt wie die Theorie vermuten lässt. Die technische Umsetzung bereitet einige Probleme: 1) Sehr oft wird ein Bit nicht durch ein einziges Photon, sondern durch mehrere Photonen übertragen. Bei k Photonen kann Eve unbemerkt bis zu $k-1$ Photonen abfangen und die (bzw. das) restliche(n) Photon(en) unbehindert weiterfliegen lassen. Hier ist der Lauschangriff nicht erkennbar. 2) Das störende Rauschen in Sende- und Empfangsanlagen führt zu Fehlregistrierungen. 3) Die Nachweiswahrscheinlichkeit einzelner Photonen liegt weit unter 100%. 4) In Glasfaserkabeln kann die Polarisation geändert werden. ..... Zur Korrektur der unvermeidbaren Hardware-Fehler werden klassische Fehlerkorrektur-Verfahren eingesetzt, die die Quantenkryptographie verbessern.

In wenigen kommerziellen Systemen haben Forscher bereits erfolgreiche Lauschangriffe auf die Hardware durchgeführt, ohne eine Spur zu hinterlassen.

Wegen Zusammenstößen mit Atomen ist die Übertragungsreichweite beschränkt, wenn die Photonen durch die Luft oder durch Glasfaserkabel geschickt werden. In Glasfaserkabeln sind Übertragungsdistanzen weit oberhalb von 100 km nur schwer realisierbar. Für die Zukunft wird der Einsatz von Satelliten angestrebt und stark verkleinerte Geräte sollen eines Tages sogar in Smartphones passen. Derzeit arbeiten Quantenkryptosysteme schon vereinzelt bei Banken, Behörden und Firmen.

22.6 Quantenkryptographie mit Verschränkung * 1991

In diesem Abschn. wird das Eckert-Protokoll vorgestellt, das eine Quantenkryptographie mit polarisationsverschränkten Photonen oder spinverschränkten Fermionen ermöglicht. Obwohl verschränkte Photonen wegen ihrer großen Reichweite experimentelle Vorteile bieten, untersuche ich hier nur Fermionen und komme erneut auf das Experiment in Abb. 22.6–1 zurück: Eine Quelle emittiert Paare mit Spin-1/2-Teilchen im Singulettzustand $|0\,0\rangle$. Die Teilchen fliegen auf der x-Achse davon. Alice und Bob messen den Spin ‚ihres' Teilchens jeweils mit einem Stern-Gerlach-Magnet (kurz SG-Magnet). Die Ausrichtungen der zwei SG-Magnete in der y,z-Ebene werden durch die Winkel α,β beschrieben (siehe Abb. 22.6–1). Vor der Ankunft jedes Teilchens wählen Alice den Winkel α und Bob den Winkel β zufällig und unabhängig voneinander. Alice und Bob haben jeweils folgende drei Wahlmöglichkeiten:

Alice wählt zufällig unter den drei Winkeln $\alpha = 0°$; $45°$; $90°$

Bob wählt zufällig unter den drei Winkeln $\beta =$ $45°$; $90°$; $135°$

Nur die zwei Winkel 45° und 90° kommen sowohl bei Alice als auch bei Bob vor. Die Wahrscheinlichkeit, dass Alice und Bob zufällig denselben Winkel würfeln ($\alpha = \beta$), ist $2/9$.

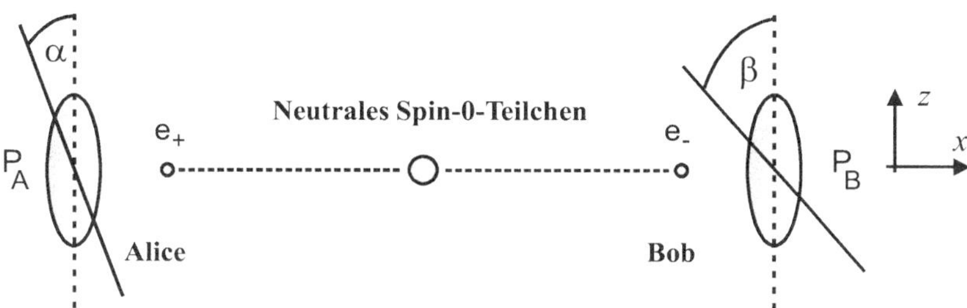

Abb. 22.6–1 Zwei Fermionen im Singulettzustand $|0\,0\rangle$ treffen bei Alice und Bob auf die SG-Magnete P_A und P_B, deren Ausrichtungen in der y,z-Ebene durch die Winkel α,β beschrieben werden.

Nach Aufgabe 12–2a lauten die Spinoperatoren für die vier Winkel:

$$\hat{\sigma}_3 =: \hat{A} \quad \text{für } \alpha = 0° \qquad \frac{1}{\sqrt{2}}(\hat{\sigma}_2 + \hat{\sigma}_3) =: \hat{B} \quad \text{für } \alpha = \beta = 45° \tag{22.6–1a}$$

$$\hat{\sigma}_2 =: \hat{C} \quad \text{für } \alpha = \beta = 90° \qquad \frac{1}{\sqrt{2}}(\hat{\sigma}_2 - \hat{\sigma}_3) =: \hat{D} \quad \text{für } \beta = 135° \tag{22.6–1b}$$

Diese Spinoperatoren haben nach Aufgabe 12–2b nur die Eigenwerte ± 1. Diese Eigenwerte werden von Alice und Bob gemessen: $+1$ bei spin-up und -1 bei spin-down – relativ zur jeweiligen Ausrichtung der SG-Magnete.

Nach Abschluss der Messungen *informieren sich Alice und Bob gegenseitig* (z. B. telefonisch), *mit welchen Winkeln* α *bzw.* β *sie die einzelnen Messungen durchgeführt haben.* (Die Messwerte ± 1 bleiben natürlich geheim.) Mit diesen Informationen teilt jeder seine Messwerte in zwei Gruppen auf:

- **Gruppe 1:** Die erste Gruppe enthält alle Messwerte ± 1, die mit gleichen Orientierungen $\alpha = \beta$ gemessen wurden. Bei fehlendem Lauschangriff sind die Messwerte *antikorreliert:* Wenn Alice $+1$ gemessen hat, dann hat Bob -1 gemessen und umgekehrt. *Die Messwerte aus Gruppe 1 liefern den geheimen Schlüssel.*

- **Gruppe 2:** Die zweite Gruppe enthält alle Messwerte ± 1, die mit verschiedenen Orientierungen $\alpha \neq \beta$ gefunden wurden. Ein unerlaubter Lauschangriff von Eve überführt den Singulettzustand immer in einen Produktzustand. *Daher können Alice und Bob – wie wir bald sehen werden – mit den Messwerten aus Gruppe 2 feststellen, ob die Schlüsselübertragung (Übertragung der Fermionenspins) belauscht wurde oder nicht.*

Natürlich werden Messungen, in denen aufgrund eines Fehlers oder einer unerwünschten Absorption nur ein Partner ein Teilchen empfängt, verworfen.

Anschließend teilen sich Alice und Bob gegenseitig (möglicherweise öffentlich) ihre Messwerte aus Gruppe 2 mit. Mit diesen Messwerten lässt sich ein unerlaubter Lauschangriff wie folgt detektieren: Mit den vier Observablen $\hat{A}, \hat{B}, \hat{C}, \hat{D}$ in Gl. (22.6–1a/b) wird folgende Summe von Operatorprodukten gebildet:

$$\hat{F} := \hat{A}_{(1)}\hat{B}_{(2)} + \hat{B}_{(1)}\hat{C}_{(2)} + \hat{C}_{(1)}\hat{D}_{(2)} - \hat{A}_{(1)}\hat{D}_{(2)} \tag{22.6–2}$$

Die in Klammern gesetzten Indizes (1) und (2) geben die Nr. der Person an, auf dessen Teilchen der Spinoperator wirkt: (1) steht für Alice, (2) steht für Bob. Kurz geschrieben: $\hat{F} := \hat{A}\hat{B} + \hat{B}\hat{C} + \hat{C}\hat{D} - \hat{A}\hat{D}$.

$\hat{F}$ wurde von Clauser, Horne, Shimony und Holt bei der Formulierung einer sog. Bellschen-Ungl. eingeführt. Beachte das Minuszeichen vor dem letzten Beitrag $\hat{A}_{(1)}\hat{D}_{(2)}$.

Wenn kein Lauschangriff erfolgt und die Teilchenpaare daher im Singulettzustand bei Alice und Bob ankommen, so lautet der Erwartungswert von $\hat{F}$ – oft S genannt:

$$S := \langle 00|\hat{F}|00\rangle = \langle 00|\hat{A}_{(1)}\hat{B}_{(2)}|00\rangle + \langle 00|\hat{B}_{(1)}\hat{C}_{(2)}|00\rangle +$$

$$\langle 00|\hat{C}_{(1)}\hat{D}_{(2)}|00\rangle - \langle 00|\hat{A}_{(1)}\hat{D}_{(2)}|00\rangle \tag{22.6–3}$$

Dieser Erwartungswert lässt sich mit Gl. (23.4–2), die bereits jetzt (also auch ohne Studium des nächsten Kapitels 23) bewiesen werden kann, leicht berechnen:

$$\langle 00|\hat{F}|00\rangle = -\cos(45° - 0°) - \cos(90° - 45°) - \cos(135° - 90°) + \cos(0° - 135°) =$$

$$= -2\sqrt{2} \tag{22.6–4}$$

Wenn aber Eve einen Lauschangriff auf die Fermionenpaare durchführt, so werden die Singulettzustände in Produktzustände überführt und die Verschränkungen zerstört. Man kann (in einer schwierigeren Rechnung) zeigen, dass für jede Strategie von Eve gilt:

$$-2 \leq \langle 00|\hat{F}|00\rangle \leq 2 \tag{22.6–5}$$

Der große Unterschied der zwei Erwartungswerte in den Gln. (22.6–4/5) ermöglicht eine Aufdeckung von Lauschangriffen. Da die vier Spinoperatoren $\hat{A}, \hat{B}, \hat{C}, \hat{D}$ in den Gln. (22.6–1a/b) nur die Eigenwerte ± 1 haben und daher nur die Messwerte ± 1 liefern, kann das Produkt der zwei Messwerte, die Alice und Bob bei jedem Teilchenpaar finden, nur ± 1 sein. Folglich kann der Mittelwert von $\hat{F}$ wie folgt sehr einfach aus den experimentell ermittelten Messwerten berechnet werden: Sei N_{+-} die Zahl der Messungen, bei denen Alice spin-up und Bob spin-down gemessen haben, so dass das Produkt ihrer Messwerte -1 ist. Die Zahlen N_{-+}, N_{++}, N_{--} werden entsprechend definiert. Dann gilt:

$$\langle \hat{F} \rangle_{\text{Exp.}} = \frac{N_{++} + N_{--} - N_{+-} - N_{-+}}{N_{++} + N_{--} + N_{+-} + N_{-+}}$$

Der Vergleich dieser Zählung mit den Gln. (22.6–4/5) sagt, ob ein Lauschangriff erfolgte oder nicht.

22.7 Quantenteleportation * 1993

Die Begriffe ‚Teleportation' und ‚Beamen' sind aus der Fernsehserie ‚Raumschiff Enterprise' und aus anderen Science-Fiction-Sendungen und -Romanen bekannt. Hier wandelt der Teleporter, der anderswo auch Transmitter heißt, materielle Körper – vorzugsweise Personen – in ein energetisches Muster um, das lichtschnell in das Zielgebiet abgestrahlt und dort in Materie zurückverwandelt wird. Im Raumschiff Enterprise erfolgt das Beamen mit fiktiven ‚Heisenberg-Kompensatoren'. Die Nachfrage, wie diese Geräte eigentlich funktionieren, wurde vom technischen Stab der Star-Trek-Serie einmal mit „Sehr gut. Danke der Nachfrage" beantwortet.

Im Gegensatz dazu beschreibt die hier untersuchte Quantenteleportation – kurz Teleportation genannt – nur die lichtschnelle Übertragung des Quantenzustandes eines Teilchens 1 auf ein anderes Teilchen 3, aber keinen Transport von Materie.

Bei der Teleportation spielt die Verschränkung eine zentrale Rolle, wie wir gleich sehen werden.

Teilchen 1 verliert den Anfangszustand, so dass keine Kopie angefertigt wird; der unbekannte Anfangszustand von Teilchen 1 wird im Einklang mit dem No-Cloning-Theorem nicht vervielfältigt, sondern nur übertragen.

Die Teleportation ist ein wichtiger Baustein der Quanteninformatik.

1993 war der erstmalige theoretische Beweis, dass Teleportationen von Quantenzuständen realisierbar sind, sehr überraschend. Auf den ersten Blick scheint eine Teleportation in der Quantenmechanik unmöglich zu sein. *Denn Messungen an einem Einzelteilchen können den Zustand des Teilchens, der* vor *der Messung vorlag, nicht ermitteln.* ... Die Wellenfunktion wird bei einer Messung verändert (Kollaps der Wellenfunktion). Beachte aber: *Bei der Teleportation wird der übermittelte Zustand nicht gemessen und muss den beteiligten Physikern nicht bekannt sein.* Seit 1997 werden Teleportationen in vielen Laboren erfolgreich durchgeführt.

Vor der Einführung in die Teleportation müssen wir einige einfache Vorarbeiten leisten. In diesem Abschn. 22.7 kommen nur die Eigenzustände $|z,\pm\rangle$ von $\hat{S}_3$ und ihre Überlagerungen vor. Daher kürze ich die Spin-Zustände des k-ten Teilchens wie folgt ab:

$$|\pm\rangle_k := |z,\pm\rangle_k$$

Die vier Produktfunktionen (Tensorprodukte)

$$|++\rangle_{kl} := |+\rangle_k |+\rangle_l \qquad |+-\rangle_{kl} := |+\rangle_k |-\rangle_l \qquad (22.7\text{–}1\text{a})$$

$$|-+\rangle_{kl} := |-\rangle_k |+\rangle_l \qquad |--\rangle_{kl} := |-\rangle_k |-\rangle_l \qquad (22.7\text{–}1\text{b})$$

bilden eine Basis im Spin-Hilbertraum der zwei Teilchen mit den Nrn. k und l. Für die Teleportation wird aber nicht diese Produktbasis, sondern eine andere Basis, die sog. **Bell-Basis** gebraucht. Sie besteht aus folgenden vier verschränkten, orthonormierten **Bell-Zuständen**[23]

---

[23] Die Bell-Zustände sind nach dem irischen Physikers John Bell benannt. Der Grund für die Einführung der Bell-Zustände wird erst mit Gl. (22.7–6) einsichtig.

Die verschränkten Zustände $|\Psi^\pm\rangle_{12}$ sind der Singulettzustand $|0\,0\rangle$ und der Triplettzustand $|1\,0\rangle$. Die verschränkten Zustände $|\Phi^\pm\rangle_{12}$ sind Überlagerungen der zwei restlichen Triplettzustände $|1\,{\pm}1\rangle$. In Übereinstimmung mit der Literatur habe ich hier die gebräuchlichen Benennungen $|\Psi^\pm\rangle_{12}, |\Phi^\pm\rangle_{12}$ gewählt.

Wegen der Gln.

$$\hat{\sigma}_1|\pm\rangle = |\mp\rangle \qquad \hat{\sigma}_2|\pm\rangle = \pm i|\mp\rangle \qquad \hat{\sigma}_3|\pm\rangle = \pm|\pm\rangle$$

kann jeder Bell-Zustand mit den drei Pauli-Matrizen, die nur auf ein Teilchen wirken, in jeden anderen Bell-Zustand überführt werden. So wirken die Pauli-Matrizen auf das k-te Teilchen im Zustand $|\Psi^\pm\rangle_{kl}$ wie folgt:

$$|\Psi^{\pm}\rangle_{kl} := \frac{1}{\sqrt{2}}\left(|+-\rangle_{kl} \pm |-+\rangle_{kl}\right) \tag{22.7--2a}$$

$$\text{und}\quad |\Phi^{\pm}\rangle_{kl} := \frac{1}{\sqrt{2}}\left(|++\rangle_{kl} \pm |--\rangle_{kl}\right) \tag{22.7--2b}$$

Umgekehrt lautet die Auflösung nach den Produktzuständen

$$\left.\begin{array}{l}|++\rangle_{kl}\\ |--\rangle_{kl}\end{array}\right\} = \frac{1}{\sqrt{2}}\left(\Phi^{+}_{kl} \pm \Phi^{-}_{kl}\right) \qquad \left.\begin{array}{l}|+-\rangle_{kl}\\ |-+\rangle_{kl}\end{array}\right\} = \frac{1}{\sqrt{2}}\left(\Psi^{+}_{kl} \pm \Psi^{-}_{kl}\right) \tag{22.7--3a/b}$$

Wenn jedes der zwei Fermionen mit den Nrn. k und l durch einen eigenen, in z-Richtung gedrehten Stern-Gerlach-Magnet läuft, so kollabieren ihre Spinzustände in einen der vier Produktzustände in Gl. (22.7--1a/b). Also sind Messungen, die in Produktzustände führen, einfach auszuführen und einfach zu beschreiben.

Hingegen sind **Bell-Messungen**, *die einen Kollaps in einen der vier Bell-Zustände verursachen*, experimentell schwer durchzuführen, aber grundlegend für die Teleportation. Die Messanordnung ist kompliziert, schwer zu erfinden und wird daher in diesem Buch nicht beschrieben (siehe [Audretsch--2], Abschn. 9.2).

In Worten lassen sich die einzelnen Schritte bei einer Teleportation an Hand der Abb. 22.7--1 wie folgt kurz beschreiben:

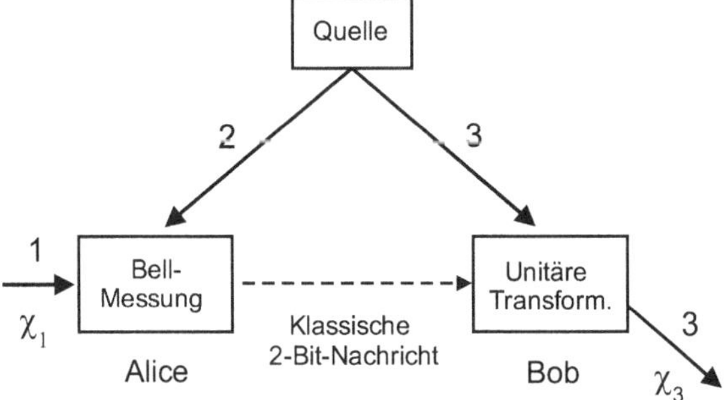

Abb. 22.7--1 Eine Quelle sendet zwei Fermionen 2 und 3 im Singulettzustand. Alice macht eine Bell-Messung an ihren nicht verschränkten Teilchen 1 und 2. Mit einer klassischen Nachricht und einer darauf abgestimmten unitären Transformation versetzt Bob sein Teilchen 3 in den Anfangszustand $|\chi\rangle$ von Teilchen 1.

1. Alice hat ein Teilchen 1 im Spinzustand $|\chi\rangle = (a\ b)^{\mathrm{T}}$, der auf das Teilchen 3 bei Bob übertragen werden soll.

2. Eine Quelle verschränkt zwei Fermionen 2 und 3 im Singulettzustand $|\Psi^{-}\rangle_{23} := |0\,0\rangle$ des Spins und schickt Teilchen 2 an Alice und Teilchen 3 an Bob.

3. Alice misst die nicht verschränkten Fermionen 1 und 2 in der Bell-Basis. Wegen der Verschränkung ändert sich dabei auch der Zustand des entfernten Teilchens 3.

$$\hat{\sigma}_{(k)1}|\Psi^{\pm}\rangle_{kl} = \pm|\Phi^{\pm}\rangle_{kl} \qquad \hat{\sigma}_{(k)2}|\Psi^{\pm}\rangle_{kl} = \mp i|\Phi^{\mp}\rangle_{kl} \qquad \hat{\sigma}_{(k)3}|\Psi^{\pm}\rangle_{kl} = |\Psi^{\mp}\rangle_{kl}$$

$$\hat{\sigma}_{(k)1}|\Phi^{\pm}\rangle_{kl} = \pm|\Psi^{\pm}\rangle_{kl} \qquad \hat{\sigma}_{(k)2}|\Phi^{\pm}\rangle_{kl} = \pm i|\Psi^{\mp}\rangle_{kl} \qquad \hat{\sigma}_{(k)3}|\Phi^{\pm}\rangle_{kl} = |\Phi^{\mp}\rangle_{kl}$$

Die Bell-Zustände sind Eigenfunktionen der zwei Produkt-Operatoren $\hat{\sigma}_{(k)1}\hat{\sigma}_{(l)1}$ und $\hat{\sigma}_{(k)3}\hat{\sigma}_{(l)3}$ mit den Eigenwerten ± 1.

4. In einer 2-Bit-Nachricht teilt Alice Bob mit, welchen Bell-Zustand sie gemessen hat.

5. In Abhängigkeit von der erhaltenen, klassischen 2-Bit-Nachricht führt Bob eine unitäre Transformation am Zustand seines Teilchens 3 durch und überführt es dabei in den Zustand $|\chi\rangle_3$, den Teilchen 1 anfangs hatte.

Fazit: Der Anfangszustand $|\chi\rangle = (a\ b)^{\mathsf{T}}$ mit unendlich vielen, möglichen Koeffizienten a, b wird mit einer Nachricht, die nur zwei Bits enthält, auf ein anderes Teilchen übertragen.

Nach dieser Vorbetrachtung wenden wir uns nun endlich der theoretischen Beschreibung der Teleportation zu. Zu Beginn hat Alice ein Teilchen 1 im allgemeinen Spinzustand

$$|\chi\rangle_1 = a\,|+\rangle_1 + b\,|-\rangle_1 = \begin{pmatrix} a \\ b \end{pmatrix}_1 \qquad \text{mit} \qquad a^2 + b^2 = 1 \tag{22.7-4}$$

Alice muss den Zustand, also die Koeffizienten a,b weder jetzt noch später kennen. Auch Bob wird den Zustand $|\chi\rangle_3$ später nicht kennen. Eine Quelle liefert die Fermionen 2 und 3 im verschränkten Singulettzustand

$$|\Psi^-\rangle_{23} = \frac{1}{\sqrt{2}}\left(|+-\rangle_{23} - |-+\rangle_{23}\right)$$

Der Gesamtzustand der drei Teilchen lautet vor Alice's Messung

$$|\Xi\rangle_{123} = \left(a\,|+\rangle_1 + b\,|-\rangle_1\right)|\Psi^-\rangle_{23} =$$

$$= \frac{a}{\sqrt{2}}\left[|++-\rangle_{123} - |+-+\rangle_{123}\right] + \frac{b}{\sqrt{2}}\left[|-+-\rangle_{123} - |--+\rangle_{123}\right] \tag{22.7-5}$$

Alice's Bell-Messung verschränkt die Teilchen 1 und 2 und überführt sie in einen der vier Bell-Zustände $|\Psi^\pm\rangle_{12}, |\Phi^\pm\rangle_{12}$. Daher müssen wir den Anfangszustand $|\Xi\rangle_{123}$ in die Bell-Basis umrechnen. Mit den Gln. (22.7–3a/b) erhalten wir

$$|\Xi\rangle_{123} = \frac{1}{2}\left[|\Psi^-\rangle_{12}\left(-a\,|+\rangle_3 - b\,|-\rangle_3\right) + |\Psi^+\rangle_{12}\left(-a\,|+\rangle_3 + b\,|-\rangle_3\right)\right] +$$

$$+ \frac{1}{2}\left[|\Phi^-\rangle_{12}\left(+b\,|+\rangle_3 + a\,|-\rangle_3\right) + |\Phi^+\rangle_{12}\left(-b\,|+\rangle_3 + a\,|-\rangle_3\right)\right]$$

Für eine bessere Übersichtlichkeit schreibe ich die Zustände von Teilchen 3 als zweizeilige Spinoren:

$$|\Xi\rangle_{123} = \frac{1}{2}\left[|\Psi^-\rangle_{12}\begin{pmatrix} -a \\ -b \end{pmatrix}_3 + |\Psi^+\rangle_{12}\begin{pmatrix} -a \\ +b \end{pmatrix}_3\right] +$$

$$+ \frac{1}{2}\left[|\Phi^-\rangle_{12}\begin{pmatrix} +b \\ +a \end{pmatrix}_3 + |\Phi^+\rangle_{12}\begin{pmatrix} -b \\ +a \end{pmatrix}_3\right] \tag{22.7-6}$$

Bisher haben wir nur den anfänglichen Dreiteilchen-Zustand $|\Xi\rangle_{123} = |\chi\rangle_1|\Psi^-\rangle_{23}$ in die Bell-Basis der Teilchen 1 und 2 umgerechnet.

Nun führt Alice eine Bell-Messung an ihren Teilchen 1 und 2 durch. (Beachte: Alice muss die Koeffizienten a,b nicht kennen.) Bei dieser Bell-Messung verliert Teilchen 1 seinen Zustand $|\chi\rangle_1$. Nach Gl. (22.7–6) findet Alice jeden der vier orthonormierten Bell-Zustände mit gleicher Wahrscheinlichkeit 1/4. Bei der Messung wird der Zustand von Bobs Teilchen 3 ebenfalls geändert. Die Tabelle 22.7–1 interpretiert Gl. (22.7–6) und präsentiert die vier möglichen Messergebnisse: In der linken Spalte stehen die vier, von Alice auffindbaren Bell-Zustände und rechts daneben der sich jeweils ergebende Spinor von Teilchen 3.

Tabelle 22.7–1 Nach Gl. Gl. (22.7–6) findet Alice bei der Bell-Messung ihre Teilchen 1 und 2 mit der gleichen Wahrscheinlichkeit 1/4 in einem der vier eingetragenen Bell-Zustände $|\Psi^\pm\rangle_{12}, |\Phi^\pm\rangle_{12}$. Das Teilchen 3 bei Bob geht in den rechts daneben stehenden Zustand über. Dieser Zustand lässt sich mit dem Einheitsoperator $\hat{1}$ oder mit einer Pauli-Matrix $\hat{\sigma}_k$ in den Anfangszustand $|\chi\rangle$ von Teilchen 1 überführen.

Hinweise: **1)** Nach Aufgabe 12–7a gilt: $\hat{\sigma}_k^2 = \hat{1} \iff \hat{\sigma}_k = \hat{\sigma}_k^{-1} = \hat{\sigma}_k^\dagger \qquad k = 1,2,3$

2) Nach Aufgabe 12–2 führen die unitären Rotationsoperatoren $\exp(-i\,\vartheta\,\hat{\sigma}_k/2)$ Drehungen im Spinraum mit dem Drehwinkel ϑ durch. Für $\vartheta = \pi$ gilt: $\exp(-i\,\pi\,\hat{\sigma}_k/2) = -i\,\hat{\sigma}_k$

Zustand der Teilchen 1 und 2 bei Alice	Zustand von Bobs Teilchen 3
$\displaystyle |\Psi^-\rangle_{12} = \frac{1}{\sqrt{2}}\left(|+-\rangle_{12} - |-+\rangle_{12}\right)$	$\displaystyle \begin{pmatrix} -a \\ -b \end{pmatrix}_3 \quad \text{mit} \quad \hat{1}\begin{pmatrix} -a \\ -b \end{pmatrix}_3 = -|\chi\rangle_3$
$\displaystyle |\Psi^+\rangle_{12} = \frac{1}{\sqrt{2}}\left(|+-\rangle_{12} + |-+\rangle_{12}\right)$	$\displaystyle \begin{pmatrix} -a \\ +b \end{pmatrix}_3 \quad \text{mit} \quad \begin{pmatrix} 1 & 0 \\ 0 & -1 \end{pmatrix}\begin{pmatrix} -a \\ +b \end{pmatrix}_3 = -|\chi\rangle_3$
$\displaystyle |\Phi^-\rangle_{12} = \frac{1}{\sqrt{2}}\left(|++\rangle_{12} - |--\rangle_{12}\right)$	$\displaystyle \begin{pmatrix} +b \\ +a \end{pmatrix}_3 \quad \text{mit} \quad \begin{pmatrix} 0 & 1 \\ 1 & 0 \end{pmatrix}\begin{pmatrix} +b \\ +a \end{pmatrix}_3 = |\chi\rangle_3$
$\displaystyle |\Phi^+\rangle_{12} = \frac{1}{\sqrt{2}}\left(|++\rangle_{12} + |--\rangle_{12}\right)$	$\displaystyle \begin{pmatrix} -b \\ +a \end{pmatrix}_3 \quad \text{mit} \quad \begin{pmatrix} 0 & -i \\ i & 0 \end{pmatrix}\begin{pmatrix} -b \\ +a \end{pmatrix}_3 = -i|\chi\rangle_3$

Bisher, also ohne klassische Nachricht von Alice, weiß Bob nur, dass der Spinor seines Fermions 3 – nach Alice's Bell-Messung – die zwei unbekannten Koeffizienten a,b des Anfangszustandes (22.7–4) enthält – vertauscht oder nicht vertauscht, mit oder ohne Vorzeichenumkehr. Weiter weiß er, dass er diesen Spinor mit einer unitären Transformation in den Anfangszustand $|\chi\rangle$ des Teilchens 1 übertragen kann. Nur die klassische 2-Bit-Nachricht von Alice sagt Bob, welche der vier gegebenen Transformationen Teilchen 3 in den Zustand $|\chi\rangle_3$ überführt.

Bobs Spinor kann durch eine unitäre Transformation, die durch den Einheitsoperator oder eine Pauli-Matrix durchgeführt wird, in den Anfangszustand $|\chi\rangle$ von Teilchen 1 überführt werden. Dazu muss Alice eine klassische Nachricht – z. B. übers Handy – an Bob schicken, in der sie das Ergebnis ihrer Messung mit einer ganzen Zahl von 1 bis 4 mitteilt. Wenn

Alice an Bob z. B. die Zahl 4 übermittelt, dann muss Bob den Spinor seines Teilchens 3 mit der Pauli-Matrix $\hat{\sigma}_2$ multiplizieren. (Ein Vorfaktor vom Betrage eins ist irrelevant.)

Fazit: *Der Anfangszustand $|\chi\rangle$ mit unendlich vielen, möglichen Werten der zwei Koeffizienten a,b wird mit einer klassischen Nachricht, die nur zwei Bits* (für die Zahlen 1, 2, 3 oder 4) *enthält, auf ein anderes Teilchen übertragen.*

Eine weitere interessante und für die Praxis wichtige Anwendung der Verschränkung ist der **Verschränkungsaustausch.** *Durch einen Verschränkungsaustausch werden zwei Teilchen ohne gegenseitige Wechselwirkung miteinander verschränkt.* Eine Möglichkeit sieht folgendermaßen aus (siehe Abb. 22.7–2): Eine Quelle 1 sendet zwei Teilchen 1 und 2 im verschränkten Zustand $|\Psi^-\rangle_{12}$ aus. Eine zweite Quelle 2 sendet zwei weitere Teilchen 3 und 4 ebenfalls im verschränkten Zustand $|\Psi^-\rangle_{34}$ aus. Die zwei, jeweils verschränkten Teilchenpaare 1↔2 und 3↔4 haben die 4-Teilchen-Wellenfunktion

$$
|\Psi^-\rangle_{12}\otimes|\Psi^-\rangle_{34} \;\underset{\text{Gl. (22.7–2a)}}{=}\; \frac{1}{2}\Big(|+-\rangle_{12}-|-+\rangle_{12}\Big)\otimes\Big(|+-\rangle_{34}-|-+\rangle_{34}\Big) \;\underset{\text{Gl. (22.7–3a/b)}}{=}
$$

$$
=\frac{1}{2}\Big(|\Psi^+\rangle_{14}|\Psi^+\rangle_{23}-|\Psi^-\rangle_{14}|\Psi^-\rangle_{23}\Big)-
$$

$$
\frac{1}{2}\Big(|\Phi^+\rangle_{14}|\Phi^+\rangle_{23}-|\Phi^-\rangle_{14}|\Phi^-\rangle_{23}\Big) \tag{22.7–7}
$$

Die Teilchen 1 und 4 fliegen auseinander, die Teilchen 2 und 3 gelangen zu Alice. Alice führt eine Bell-Messung an den Teilchen 2 und 3 durch, die aus zwei verschiedenen Quellen stammen. Dabei gehen nach Gl. (22.7–7) – mit gleicher Wahrscheinlichkeit 1/4 –

- die Teilchen 2 und 3 in einen der vier Bell-Zustände $|\Psi^\pm\rangle_{23},|\Phi^\pm\rangle_{23}$ über und
- die Teilchen 1 und 4 in denselben   Bell-Zustand $|\Psi^\pm\rangle_{14},|\Phi^\pm\rangle_{14}$.

Dieser Prozess beschreibt keine Teleportation, sondern eine *wechselwirkungsfreie Verschränkung* der zwei (evtl. weit voneinander entfernten) Teilchen 1 und 4.

Übrigens: Verschränkungen lassen sich auch zwischen verschiedenen Quantenobjekten bilden – z. B. zwischen Photonen und Atomen. Dadurch können Schnittstellen zwischen Kanälen mit photonischer Quantenkommunikation und atomaren Quantenspeichern hergestellt werden.

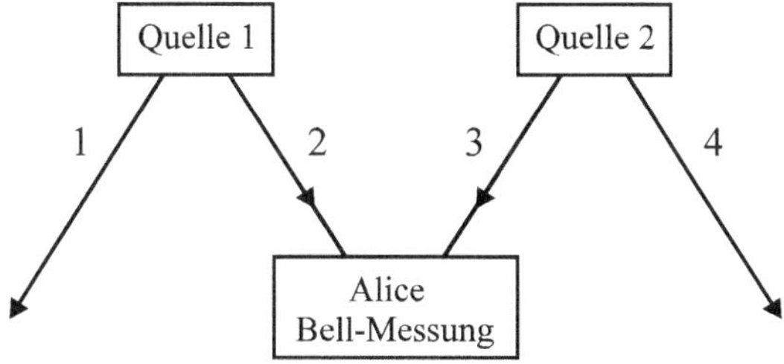

Abb. 22.7–2 Quelle 1 schickt das Teilchenpaar 1↔2 im verschränkten Zustand $|\Psi^-\rangle_{12}$ ab. Quelle 2 erzeugt das Teilchenpaar 3↔4 in demselben verschränkten Zustand $|\Psi^-\rangle_{34}$. Alice führt an den Teilchen 2 und 3 Bell-Messungen durch und verschränkt dadurch die (evtl. weit voneinander entfernten) Teilchen 1 und 4. Dabei wechselwirken die Teilchen 1 und 4 nicht miteinander.

Haben Sie jetzt nach dem Studium von Quantenkryptographie, No-Cloning-Theorem, Teleportation, Quantenverschränkung etwas Geschmack an den Verrücktheiten der Quantenmechanik gefunden? Wenn ja: Die Quantenmechanik hat noch mehr zu bieten. Ich zähle nur kurz einige weitere „Besonderheiten" auf:

- **Quanten-Zeno-Effekt:**[24] Die Observable $\hat{A}$ habe diskrete Eigenwerte. Das betrachtete System sei zur Zeit $t=0$ in einem Eigenzustand $|a_n\rangle$ von $\hat{A}$. Dann gilt: Kurz aufeinander folgende Messungen von $\hat{A}$ frieren die zeitliche Entwicklung eines Systems ein; die Kollapse, die in kurzen Zeitabständen erfolgen, zwingen das Teilchen mit großer Wahrscheinlichkeit immer wieder in den Ausgangszustand $|a_n\rangle$ zurück (siehe [Audretsch–2], Abschn. 2.3.1).

- **No-Deleting-Theorem:** Wir betrachten zwei *unbekannte Kopien eines* Quantenzustandes. Das Theorem sagt, dass es unmöglich ist, eine der beiden unbekannten Kopien zu löschen und die andere zu erhalten.

  Hinweis: Wenn Alice einen Quantenzustand kennt, dann kann sie ihn sooft herstellen oder kopieren, wie sie will. Sie kann auch eine bekannte Kopie löschen und die anderen bekannten Kopien beibehalten. Bob aber kann von zwei Kopien, die er von Alice erhalten hat, nicht eine löschen, d. h. ändern, und die andere intakt lassen, wenn er den Quantenzustand nicht kennt.

  Das No-Cloning-Theorem und das No-Deleting-Theorem deuten auf die Erhaltung von Quanteninformationen hin. Die beiden Theoreme haben eine große Bedeutung für Quantenkommunikation und Quantencomputer.

- **No-Hiding-Theorem:** (2007) Quanteninformationen gehen nie verloren. Wenn sie in einem System durch Dekohärenzen verloren gehen, dann wandern sie in die Umgebung. Im Prinzip können sie durch Transformationen wiederhergestellt werden, die nur im Hilbertraum der Umgebung wirken.

22.8 Leitgedanken

22.1 Verschränkung

Die Verschränkung spielt eine wichtige Rolle in modernen Anwendungen (Quantencomputer, Quantenkryptographie, ...). Sie ist ein zentrales Merkmal der Quantenmechanik. Die bekanntesten verschränkten Zustände sind der Singulett- und der mittlere Triplettzustand des Spins:

$$|00\rangle = (|+-\rangle - |-+\rangle)/\sqrt{2} \qquad |10\rangle = (|+-\rangle + |-+\rangle)/\sqrt{2}$$

Der Singulettzustand tritt beim Zerfall eines ruhenden, spinlosen und elektrisch neutralen Teilchens in Elektron und Positron auf (siehe Abb. 22.1–1). Alice und Bob sind weit voneinander entfernt und messen die z-Komponenten der Spins. Wenn Alice am Positron den Eigenwert $+\hbar/2$ misst, so löst die Messung die Verschränkung wie folgt auf:

$$\frac{1}{\sqrt{2}}\left(|z,+\rangle_{e^+}|z,-\rangle_{e^-} - |z,-\rangle_{e^+}|z,+\rangle_{e^-}\right) \;\rightarrow\; |z,+\rangle_{e^+}|z,-\rangle_{e^-}$$

---

[24] Im Paradoxon „Achilles und die Schildkröte" argumentiert der griechische Philosoph Zenon (490 bis 430 v. Chr.), dass Achilles eine Schildkröte niemals einholen kann – trotz 12facher Geschwindigkeit. Sein Fehler war: Er konnte sich nicht vorstellen, dass die im Paradoxon auftretende, unendliche geometrische Zeit-Reihe einen endlichen Grenzwert hat.

Wegen der Drehimpulserhaltung kommt das Ergebnis der Positronenmessung *ohne Zeitverzögerung* bei Bob an und legt dort das Ergebnis der Spinmessung am Elektron fest.

Die überlichtschnelle Übertragung der Messergebnisse ist aber kein Widerspruch zur Relativitätstheorie; denn Alice hat keinen Einfluss auf ihre Messwerte und kann daher auf diese Art keine Nachricht an Bob schicken. Bob kann noch nicht einmal feststellen, ob Alice kurz zuvor gemessen hat oder nicht.

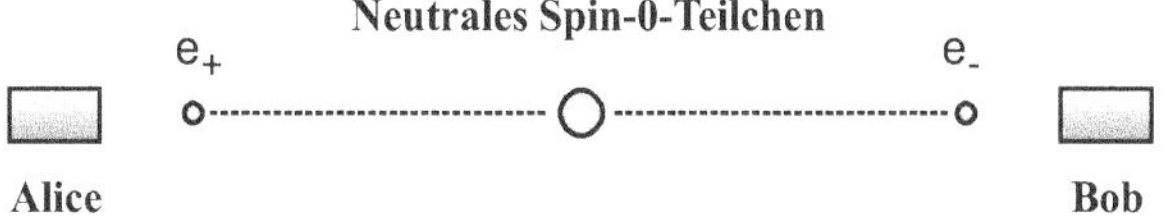

Abb. 22.1–1 Zerfall eines ruhenden, neutralen Spin-0-Teilchens in Elektron und Positron.

Ein Mehrteilchenzustand heißt *verschränkt, wenn er nicht als Produktfunktion von Einteilchenzuständen, sondern nur als Überlagerung von Produktfunktionen geschrieben werden kann.* Verschränkte Zustände haben charakteristische Eigenschaften:

- *Verschränkte Teilchen haben keinen eigenen Zustand. Bei einer Verschränkung ist nur der Zustand des Gesamtsystems bekannt.* Demzufolge sind verschränkte Teilchen keine eigenständigen Quantenobjekte, sondern bilden eine Einheit – unabhängig von ihrem Abstand.

- *Jede Messung ist letzten Endes eine Messung am Gesamtsystem, nicht an einem einzelnen Teilchen. Denn die Änderung eines Teilzustandes wirkt sich sofort auf den Gesamtzustand aus.*

- *Ein verschränkter Zustand ist nicht auf ein kleines Raumgebiet beschränkt.*

- *Zwei oder mehr Quantenobjekte sind genau dann verschränkt, wenn die Ergebnisse von Messungen an den Quantenobjekten korreliert, also statistisch nicht unabhängig sind.*

22.2 No-Cloning-Theorem

Das **No-Cloning-Theorem** aus dem Jahr 1982 besagt:

Nicht-orthogonale Quantenzustände können nicht fehlerfrei kopiert werden.

Die Aussage ist nicht unplausibel, da zwei nicht orthogonale Zustände ($\langle \chi | \varphi \rangle \neq 0$)

$$|\chi\rangle = \sum_n b_n |\psi_n\rangle \qquad |\varphi\rangle = \sum_n c_n |\psi_n\rangle$$

die nach den Eigenfunktionen $|\psi_n\rangle$ einer Observablen $\hat{A}$ entwickelt werden, mindestens eine gemeinsame Eigenfunktion $|\psi_k\rangle$ enthalten. Daher kann eine Messung von $\hat{A}$ mit dem Messwert a_k nicht zwischen den zwei Zuständen $|\chi\rangle, |\varphi\rangle$ unterscheiden.

Beliebige, unbekannte Zustände, die ja nicht orthogonal sein müssen, lassen sich nicht korrekt kopieren. Das No-Cloning-Theorem rettet die Spezielle Relativitätstheorie, obwohl das Theorem und sein Beweis im Rahmen der *nicht relativistischen* Quantenmechanik bleiben. In der Quantenkryptographie verhindert das No-Cloning-Theorem, *dass ein Spion ein aufgefangenes Quantensignal* (den Schlüssel) *fehlerfrei kopieren kann.*

22.3 Verschränkung und Doppelspalt-Experiment

1991 wurde ein verfeinertes Doppelspalt-Experiment vorgeschlagen, in dem die Welcher-Weg-Information ohne merkliche Änderung des Zustandes der durchlaufenden Atome gewonnen wird. Das Fehlen des Interferenzmusters auf dem Schirm kann hier nicht mit der Orts-Impuls-Unbestimmtheitsrelation, sondern nur mit einer Verschränkung erklärt werden.

In dem Experiment durchqueren schwere Alkaliatome mit einem hoch angeregten Valenzelektron zwei verspiegelte Hohlraumresonatoren, bevor sie durch die beiden dahinter angeordneten Spalte fliegen. Bei geeigneter Resonatorlänge l emittiert jedes Atom in einem der beiden Hohlräume genau ein Photon mit einer Wellenlänge $\lambda = 2l/n$ ($n = 1,2,3,...$). Die Gl. $l = n\lambda/2$ ist die klassische Bedingung für eine stehende Welle.

Mit den Zustandsfunktionen der beiden Hohlräume

$$|\chi_k^{(0)}\rangle \text{ bzw. } |\chi_k^{(1)}\rangle\text{, wenn der } k\text{-te Hohlraum kein bzw. ein Photon enthält. } k = 1,2$$

und $\quad |1\rangle := |\chi_1^{(1)}\rangle\,|\chi_2^{(0)}\rangle \qquad\qquad |2\rangle := |\chi_1^{(0)}\rangle\,|\chi_2^{(1)}\rangle$

erhalten wir nach der Passage der zwei Hohlräume und der zwei Spalte die verschränkte Zustandsfunktion des zusammengesetzten Systems aus Atom und Hohlraumresonatoren:

$$\Psi(\mathbf{r}) = \frac{1}{\sqrt{2}}\Big[\,\psi_1(\mathbf{r})\,|1\rangle + \psi_2(\mathbf{r})\,|2\rangle\,\Big] \tag{22.3–2b}$$

Die beiden Hohlräume und das hindurch geflogene Atom sind miteinander verschränkt.

Da sich das emittierte Photon nur in einem der beiden Hohlräume befindet, sind die Hohlraumzustände mit Sicherheit zu unterscheiden und nach dem No-Cloning-Theorem orthogonal: $\langle i\,|\,j\rangle = \delta_{ij}$ mit $i,j = 1,2$. Die Wahrscheinlichkeitsdichte lautet

$$|\Psi(\mathbf{r})|^2 = \frac{1}{2}\Big[\,|\psi_1(\mathbf{r})|^2\,\underbrace{\langle 1\,|\,1\rangle}_{=1} + |\psi_2(\mathbf{r})|^2\,\underbrace{\langle 2\,|\,2\rangle}_{=1}\,\Big] +$$

$$\frac{1}{2}\Big[\,\psi_1^*(\mathbf{r})\,\psi_2(\mathbf{r})\,\underbrace{\langle 1\,|\,2\rangle}_{=0} + \psi_1(\mathbf{r})\,\psi_2^*(\mathbf{r})\,\underbrace{\langle 2\,|\,1\rangle}_{=0}\,\Big] = \frac{1}{2}\Big[\,|\psi_1(\mathbf{r})|^2 + |\psi_2(\mathbf{r})|^2\,\Big]$$

Die Interferenzterme $\psi_1^*(\mathbf{r})\psi_2(\mathbf{r})$ *und* $\psi_1(\mathbf{r})\,\psi_2^*(\mathbf{r})$ *verschwinden wegen der Orthogonalität der Hohlraumzustände* $|1\rangle, |2\rangle$. Es ist auffallend, dass das Interferenzmuster auf dem Schirm verschwindet, obwohl die zwei Wellenfunktionen $\psi_1(\mathbf{r})$, $\psi_2(\mathbf{r})$ hinter den zwei Spalten nicht gemessen wurden. Das erhärtet nochmals die Eigenartigkeit der Verschränkung.

22.4 Die Dekohärenz-Theorie *

Überlagerungszustände mit fester Phasenbeziehung heißen kohärent und zeigen Interferenzen. Die Auflösung fester Phasenbeziehungen führt zum Verlust der Interferenzfähigkeit und heißt Dekohärenz. *Bei Messungen wird die Dekohärenz, d. h. der Übergang von reinen Zuständen in gemischte Zustände durch Umgebungseinflüsse ausgelöst, die in der alten Kopenhagener Quantentheorie konsequent außer Acht gelassen werden.* Dabei spielt die Verschränkung von Objekt, Messgerät und Umgebung eine entscheidende Rolle. *Ohne Verschränkungen gibt es keine Dekohärenz. Dekohärenzen werden durch die Schrödinger-Gl. gesteuert. Sie erfolgen stetig, aber extrem schnell und sind dafür verantwortlich, dass Überlagerungszustände makroskopischer Körper nicht beobachtet werden.* Die Dekohärenz-Zeit ist indirekt proportional zur Teilchenmasse, so dass makroskopische Körper nie in einem Überlagerungszustand beobachtet werden. Schrödingers Katze ist entweder lebendig oder tot, niemals aber beides zugleich.

Laut alter Standardquantenmechanik kollabiert der Zustand eines Teilchens bei der Messung einer Observablen $\hat{A}$ mit diskretem Spektrum *abrupt und unter Verletzung der Schrödinger-Gl.* in einen Eigenzustand von $\hat{A}$ (siehe Abschn. 8.1). Nach der Dekohärenz-Theorie hingegen sorgt nicht die Ablesung des Messgerätes, sondern schon vorher die ständige Wechselwirkung zwischen Teilchen, Messgerät und Umgebung (durch Teilchenstöße, Wärmestrahlung, kosmische Hintergrundstrahlung, ...) dafür, dass sich Teilchen und Messgerät – bei Nichtbeobachtung der Umgebung – so verhalten, als wenn sie einen gemischten Zustand hätten – vergleichbar mit dem gemischten Zustand der Moleküle eines klassischen Gases.

Zur Einführung in die Dekohärenz betrachten wir ein Zweiteilchensystem im verschränkten Zustand

$$| \Psi \rangle = \sum_{m,n} c_{mn} | \psi_m \rangle_1 | \varphi_n \rangle_2 = \sum_{m,n} c_{mn} | m,n \rangle \tag{22.4-3}$$

und mit dem Dichteoperator $\hat{\rho}_{(1,2)} = | \Psi \rangle \langle \Psi |$. Aus irgendwelchen Gründen sind wir am zweiten Teilchen nicht interessiert und messen die Observable $\hat{A}$ nur am ersten Teilchen: $\hat{A} = \hat{A}_{(1)} \otimes \hat{1}_2 =: \hat{A}_{(1)}$. Durch die Spurbildung über die Basis $\{ | \varphi_n \rangle_2 \}$ des zweiten Teilchens entsteht der **reduzierte Dichteoperator**

$$\hat{\rho}_{(1)\,\mathrm{redu}} := \mathrm{Sp}_2 \left(\hat{\rho}_{(1,2)} \right) = \mathrm{Sp}_2 \left(| \Psi \rangle \langle \Psi | \right) = \sum_n {}_2\langle \varphi_n | \hat{\rho}_{(1,2)} | \varphi_n \rangle_2 \tag{22.4-4}$$

Mit dem reduzierten Dichteoperator lassen sich für Operatoren $\hat{A}_{(1)}$, die nur auf die Zustände des ersten Teilchens wirken, alle Erwartungswerte und alle Messwahrscheinlichkeiten berechnen. Wegen

$$\hat{\rho}^2_{(1)\,\mathrm{redu}} \neq \hat{\rho}_{(1)\,\mathrm{redu}}$$

beschreibt der reduzierte Dichteoperator einen *gemischten*, nicht interferenzfähigen Zustand des ersten Teilchens.

Fazit: Das Gesamtsystem aus beiden Teilchen sei im interferenzfähigen, verschränkten Zustand (22.4 –3), der (wie jeder verschränkte Zustand) einem einzelnen Teilchen keinen eigenen Zustand zugesteht. Dann verhält sich das erste Teilchen allein – bei Nichtbeachtung des zweiten Teilchens – so, als wäre es in einem gemischten Zustand.

Die Teilspur über $\{ | \varphi_n \rangle_2 \}$, die auf die Nichtbeachtung des zweiten Teilsystems zurückgeht, hat alle Korrelationen zwischen den beiden verschränkten Teilchen verschluckt.

Der Versuch in Abb. 22.1–1 bestätigt die Aussage: Wenn Alice keinen Kontakt mit Bob hat und die Elektronen außer Acht lässt, dann verhält sich jedes Positron so, als ob es einen wohl definierten, aber unbekannten Spinzustand hätte. Alice misst je 50% der Positronen im Spin-up- bzw. im Spin-down-Zustand; sie alleine hat keine Möglichkeit, die Verschränkung zu erkennen. Die Teilspur über die Elektronenspins unterdrückt alle Korrelationen zwischen Positronen und Elektronen.

Zur mathematischen Erklärung betrachten wir nun ein Gesamtsystem TMU aus Teilchen, Messgerät und Umgebung und lassen anfangs noch keine Wechselwirkungen zwischen Teilchen, Messgerät und Umgebung zu. Dann ist der Zustand des Gesamtsystems TMU aus Teilchen, Messgerät und Umgebung ein Produktzustand:

$$| \Psi \rangle^{\mathrm{vor\ der\ WW}}_{\mathrm{TMU}} \left(\sum_n c_n | \psi_n \rangle \right) | M_0 \rangle | U_0 \rangle \tag{22.4-1}$$

Die ständig vorhandenen Wechselwirkungen innerhalb von TMU (Licht, Teilchenkollisionen, Wärmestrahlung, ...) überführen den Produktzustand (22.8-7) in einen verschränkten Zustand:

$$|\Psi\rangle_{TMU}^{\text{vor der WW}} \quad \xrightarrow{\text{Wechselwirkung}} \quad |\Psi\rangle_{TMU} = \sum_n c_n |\psi_n\rangle |M_n\rangle |U_n\rangle \qquad (22.4\text{-}2)$$

Ohne Verschränkung gibt es keine Dekohärenz. Die Zustandsfunktion von TMU darf auf keinen Fall eine Produktfunktion sein. Der Dichteoperator des verschränkten Zustandes (22.4-2) lautet

$$\hat{\rho}_{TMU} = |\Psi\rangle_{TMU} \, {}_{TMU}\langle\Psi| = \sum_{n,m} c_n c_m^* |\psi_n\rangle |M_n\rangle |U_n\rangle \langle U_m| \langle M_m| \langle\psi_m| \qquad (22.4\text{-}9)$$

Die Gl. $\hat{\rho}_{TMU}^2 = \hat{\rho}_{TMU}$ bestätigt den reinen Zustand des Gesamtsystems. Modellrechnungen zeigen: Die Umgebungszustände $|U_n\rangle$ orthogonalisieren aufgrund der Wechselwirkungen von U mit T und M in extrem kurzen Dekohärenz-Zeiten:

$$\langle U_k | U_l\rangle = \delta_{kl}\,.$$

Wegen der Nichtbeobachtung der Umgebung bilden wir die Spur über die Umgebungszustände. Dabei erhalten wir den reduzierten Dichteoperator

$$\hat{\rho}_{TM\,redu} = \sum_k \langle U_k | \hat{\rho}_{TMU} | U_k\rangle =$$

$$= \sum_k \sum_{n,m} c_n c_m^* \langle U_k | U_n\rangle |\psi_n\rangle |M_n\rangle \langle M_m| \langle\psi_m| \langle U_m | U_k\rangle \quad \underset{\langle U_k|U_n\rangle = \delta_{kn}}{\overset{=}{\uparrow}}$$

$$= \sum_n |c_n|^2 |\psi_n\rangle |M_n\rangle \langle M_n| \langle\psi_n| \qquad (22.4\text{-}10)$$

$\hat{\rho}_{TM\,redu}$ ist ein Dichteoperator im Hilbertraum des Teilsystems TM aus Teilchen und Messgerät.

Wegen $\hat{\rho}_{TM\,redu}^2 \neq \hat{\rho}_{TM\,redu}$ verhält sich das Teilsystem TM (wegen der gegenseitigen Wechselwirkungen in TMU und wegen der Nichtbeachtung der Umgebung) bereits vor dem Ablesen des Messgerätes so, als ob es einen gemischten Zustand hätte. Das bedeutet: N gemischte Systeme TM, die durch $\hat{\rho}_{TM\,redu}$ beschrieben werden, verhalten sich so wie

$$N|c_1|^2 \text{ Systeme im Zustand } |\psi_1\rangle |M_1\rangle \quad .... \quad N|c_n|^2 \text{ Systeme im Zustand } |\psi_n\rangle |M_n\rangle \quad ....$$

N Systeme im gemischten Zustand sind vergleichbar mit N Molekülen eines klassischen Gases: Ihre Orte und Impulse sind *vor* den Messungen bestimmt und wohl definiert, aber unbekannt.

Die Wahrscheinlichkeit, bei einer **Messung** die Zeigerstellung $|M_k\rangle$ zu sehen und damit den Teilchenzustand $|\psi_k\rangle$ zu finden, folgt mit Projektionsoperator $\hat{P}_k$ und mit Gl. (21.2-7) zu

$$\text{Sp}_{TM}\left(\hat{\rho}_{TM\,redu}\,\hat{P}_k\right) = \text{Sp}_{TM}\left(\hat{\rho}_{TM\,redu}\,|\psi_k\rangle |M_k\rangle \langle M_k| \langle\psi_k|\right) = |c_k|^2 \qquad (22.4\text{-}13)$$

Beim Ablesen der Zeigerstellung $|M_k\rangle$ ändert sich der Zustand des Systems TM nicht: TM war schon vorher im Zustand $|\psi_k\rangle |M_k\rangle$. Wir haben es nur nicht gewusst. Erst nach der Ablesung wissen wir es.

Damit ist das Problem mit Schrödingers Katze gelöst: Wegen der ständigen Wechselwirkungen mit der Kiste (Umgebung) und wegen unserer Nichtbeachtung der Kistenzustände verhält sich das Teilsystem AK aus Atom und Katze (Messgerät) vor dem Ablesen des Messgerätes (Öffnen der Kiste) so, als ob es einen gemischten Zustand hätte. Daher ist die Katze nach der Dekohärenz-Theorie unmittelbar vor dem Öffnen mit je 50% Wahrscheinlichkeit entweder lebendig oder tot, aber nie lebendig *und* tot.

22.9 Aufgaben

22-1 Leicht Produktzustand

a) Ein Zweiteilchen-System befindet sich zur Zeit $t = 0$ in einem Produktzustand. *Produktzustände sind nicht verschränkt.* Aber die Überlagerungen von Produktzuständen sind verschränkte Zustände. Unter welchen Bedingungen bleibt ein Produktzustand bei der zeitlichen Entwicklung ein Produktzustand?

b) Zwei *verschiedene* Fermionen befinden sich im Spinzustand $|z,+\rangle_1 |z,-\rangle_2$. Am ersten Teilchen wird die x-Komponente des Spins zu $+\hbar/2$ gemessen. Wie lautet der gemeinsame Spinzustand danach und mit welcher Wahrscheinlichkeit wird anschließend die x-Komponente des zweiten Spins zu $+\hbar/2$ gemessen?

 ### 22-2 Mittel Singulettzustand in allen Richtungen

a) Zeige, dass der Singulettzustand

$$|0\,0\rangle = \frac{1}{\sqrt{2}} \Big[\, |+-\rangle - |-+\rangle \,\Big] \underset{\substack{\uparrow \\ \text{ausführlich}}}{=} \frac{1}{\sqrt{2}} \Big[\, |z,+\rangle_1 \, |z,-\rangle_2 - |z,-\rangle_1 \, |z,+\rangle_2 \,\Big] \qquad (13.2\text{–}8)$$

auch bzgl. der x-Richtung und der y-Richtung ein Singulettzustand ist. Zeige also z. B.:

$$|0\,0\rangle_z = \frac{1}{\sqrt{2}} \Big[\, |z,+\rangle_1 \, |z,-\rangle_2 - |z,-\rangle_1 \, |z,+\rangle_2 \,\Big] =$$

$$= -\frac{1}{\sqrt{2}} \Big[\, |x,+\rangle_1 \, |x,-\rangle_2 - |x,-\rangle_1 \, |x,+\rangle_2 \,\Big] =: -|0\,0\rangle_x$$

Ein Singulettzustand ist also in jeder Richtung ein Singulettzustand.

b) Gelten entsprechende Aussagen auch für die drei Triplettzustände (13.2–7)?

c) Zeige mit Gl. (8.2–8), dass man das Ergebnis in Teil b) auch mit der Unbestimmtheitsrelation für $\Delta S_1 \Delta S_2$ und einem Widerspruchsbeweise erhalten kann. Dabei sind $\hat{S}_1, \hat{S}_2$ die ersten zwei Komponenten des Gesamt-Spinoperators $\hat{\mathbf{S}} = \hat{\mathbf{S}}_{(1)} + \hat{\mathbf{S}}_{(2)}$ (siehe Gl. (13.2–2)).

d) Ein ruhendes, elektrisch neutrales Spin-0-Boson zerfällt in ein Elektron und ein Positron, die in entgegengesetzte Richtungen davonfliegen (siehe Abb. 22.1–1). Wegen der Drehimpulserhaltung sind die beiden Fermionen im Singulettzustand $|0\,0\rangle$. Nach einer sehr langen Flugstrecke passiert jedes Teilchen einen Stern-Gerlach-Magnet, der *parallel zur y-Achse ausgerichtet* ist (kurz y-SG-Magnet).

In großer Entfernung – noch vor Erreichen der y-SG-Magnete – wechselwirken die beiden Teilchen praktisch nicht mehr miteinander. Wir stellen uns jetzt dumm und nehmen (irrtümlich) an, dass der Spinzustand der beiden Teilchen spätestens dann – aber noch vor Erreichen der Magnete – festgelegt ist; beispielsweise

$$|z,+\rangle_1 \, |z,-\rangle_2 \qquad (22.9\text{–}1)$$

Diese Spinfunktion ist eine Produktfunktion von zwei Spinoren; eine Verschränkung besteht hier nicht.

Mit dem Spinzustand (22.9–1) fliegen die beiden Teilchen in die zwei y-SG-Magnete. Welche Messergebnisse können die Magnete liefern mit welchen Wahrscheinlichkeiten? Zu welchen unsinnigen Schlussfolgerungen führen die Rechnungen? Ist die gemachte Annahme, dass eine Verschränkung von alleine verschwindet, zulässig?

22-3 Leicht   Klassische Socken und Quantensocken

Herr Schmid hat ein Paar blaue und ein Paar schwarze Socken. Jeden Morgen wählt er zufällig ein Paar aus und zieht es an. Das andere Paar bleibt im Schrank. Wenn seine Sekretärin Frau Huber am Arbeitsplatz an ihm blaue bzw. schwarze Strümpfe sieht, dann weiß sie sofort, dass Frau Schmid im Schrank schwarze bzw. blaue Strümpfe finden wird oder schon gefunden hat. Was sind die Unterschiede zwischen dieser klassischen Korrelation und der quantenmechanischen Verschränkung?

22-4 Mittel   Nicht orthogonale Zustände sind nicht sicher unterscheidbar

In Beispiel 22.2-1 wird die Nichtunterscheidbarkeit nicht orthogonaler Zustände nur für Observable mit nicht entarteten Eigenwerten bewiesen. In dieser Aufgabe wird der Beweis auf entartete Eigenwerte erweitert.

Wir kennen zwei Zustände $|\chi\rangle, |\varphi\rangle$ eines Systems und wissen, dass sich das System in einem der beiden Zustände befindet; wir wissen aber nicht, in welchem Zustand. Lassen sich diese beiden Zustände durch die Messung einer Observablen $\hat{A}$, die diskrete, entartete Eigenwerte hat, sicher unterscheiden?

Hinweise: **1)** Die Observable $\hat{A}$ habe Eigenwertgln. mit g_n–fach *entarteten* Eigenwerten a_n:

$$\hat{A}|\psi_n,\alpha\rangle = a_n|\psi_n,\alpha\rangle \qquad \alpha = 1,\ldots g_n$$

Die Zustände $|\chi\rangle, |\varphi\rangle$ lassen sich nach den Eigenfunktionen $|\psi_n,\alpha\rangle$ entwickeln:

$$|\chi\rangle = \sum_n \sum_{\alpha=1}^{g_n} b_{n\alpha}|\psi_n,\alpha\rangle \qquad |\varphi\rangle = \sum_n \sum_{\alpha=1}^{g_n} c_{n\alpha}|\psi_n,\alpha\rangle$$

2) Die Menge $\{|\psi_n,\alpha\rangle \,|\, \alpha=1,\ldots g_n\}$ der Eigenvektoren, die zum g_n–fach entarteten Eigenwert a_n gehören, spannen einen g_n–dimensionalen Untervektorraum, den sog. Eigenraum $\mathcal{H}_n$ auf.

22-5 Mittel   Selektive und nicht selektive Messungen

Wir betrachten ein Ensemble von Systemen mit je zwei unterscheidbaren Teilchen im reinen Zustand

$$|\Psi\rangle = \sum_{m,n} c_{mn}|\psi_m\rangle_1 |\varphi_n\rangle_2 \quad =: \underset{\underset{\text{abgekürzt}}{\uparrow}}{} \sum_{m,n} c_{mn}|m,n\rangle \tag{22.6-9}$$

Die Gln. $\hat{A}_{(1)}|\psi_m\rangle_1 = a_m|\psi_m\rangle_1$ und $\hat{B}_{(2)}|\varphi_m\rangle_2 = b_m|\varphi_m\rangle_2$ haben *nicht entartete Eigenwerte* a_m, b_m.

a) Wir führen an den Zuständen $|\Psi\rangle$ des Ensembles sog. **selektive Messungen** von $\hat{A}_{(1)}$ durch. D. h.: Wir behalten am Ende nur diejenigen Zweiteilchen-Systeme, deren $\hat{A}_{(1)}$–Messungen den bestimmten Messwert a_m lieferten.[25] Die Zweiteilchen-Systeme mit anderen Messwerten $a_k \neq a_m$ werden nicht beachtet oder aussortiert. (Die Teilchen mit der Nr. 2 werden nicht gemessen.)

Wie lautet nach den selektiven Messungen der normierte Zustand $|\Psi_m^{\text{End}}\rangle$ des neuen, verkleinerten Ensembles und wie groß ist die Wahrscheinlichkeit, bei der $\hat{A}_{(1)}$–Messung am Zustand $|\Psi\rangle$ den Messwert a_m zu finden?

---

[25] Beispielsweise liegt beim Stern-Gerlach-Versuch in Abb. 12.2-1 eine selektive Messung vor, wenn man nur die Teilchen behält und weiter untersucht, die im Spinzustand $|z,+\rangle$ sind.

Hinweis: Oft lohnt es sich, die Doppelsumme in der Wellenfunktion in zwei Einzelsummen zu zerlegen:

$$| \Psi \rangle = \sum_{m,n} c_{mn} | \psi_m \rangle_1 | \varphi_n \rangle_2 = \sum_m | \psi_m \rangle_1 | u_m \rangle_2 = \sum_m | m, u_m \rangle \qquad (22.9\text{-}2)$$

$$\text{mit} \quad | u_m \rangle_2 := \sum_n c_{mn} | \varphi_n \rangle_2 \qquad (22.9\text{-}3)$$

Der Überlagerungszustand $| u_m \rangle_2$ des zweiten Teilchens heißt „**relativer Zustand** zu $| \psi_m \rangle_1$". Relative Zustände sind *weder normiert noch orthogonal*. Ihre Zahl ist auch nicht unbedingt gleich der Dimension des Hilbertraumes des zweiten Teilchens.

Der Dichteoperator der reinen Zweiteilchen-Gesamtheit erhält mit $| u_m \rangle_2$ eine einfache Form:

$$\hat{\rho}_{(1,2)} = | \Psi \rangle \langle \Psi | = \sum_{m,n} \sum_{\hat{m},\hat{n}} c_{mn} c_{\hat{m}\hat{n}}^* | m,n \rangle \langle \hat{m},\hat{n} | = \qquad (22.9\text{-}4a)$$

$$= \sum_{m,\hat{m}} | m, u_m \rangle \langle \hat{m}, u_{\hat{m}} | \qquad (22.9\text{-}4b)$$

b) Nun werden am Zustand $| \Psi \rangle$ nacheinander zwei selektive Messungen durchgeführt: Zuerst wird der Operator $\hat{A}_{(1)}$ am ersten Teilsystem mit dem Ergebnis a_m gemessen. Danach wird der Operator $\hat{B}_{(2)}$ am zweiten Teilsystem mit dem Ergebnis b_k gemessen. Welchen Zustand haben die Zweiteilchensysteme nach den (jeweils zwei) selektiven Messungen mit den Messwerten a_m, b_k? Ist die Reihenfolge der selektiven Messungen vertauschbar?

c) Jetzt führen wir mit dem Operator $\hat{A}_{(1)}$ **nicht selektive Messungen** durch. D. h.: *Alle* gemessenen Zweiteilchen-Systeme werden nach ihrer $\hat{A}_{(1)}$ – Messung wieder zusammengeführt – unabhängig von den Messergebnissen. Wie lautet der Dichteoperator am Ende?

22–6 Mittel Messung an polarisationsverschränkten Photonen

Zwei auf der z-Achse auseinanderlaufende Photonen haben verschiedene Frequenzen und sind daher unterscheidbar. Sie befinden sich im verschränkten Polarisationszustand

$$| \Psi \rangle = \frac{1}{\sqrt{2}} \Big[| R \rangle_1 \otimes | L \rangle_2 - | L \rangle_1 \otimes | R \rangle_2 \Big] \underset{\underset{\text{abgekürzt}}{\uparrow}}{=} \frac{1}{\sqrt{2}} \Big[| R,L \rangle - | L,R \rangle \Big]$$

$| R \rangle, | L \rangle$ beschreiben rechts- und linkszirkular polarisierte Photonen. Photon 1 läuft durch einen in x-Richtung gedrehten Polarisator. Wie lautet der Zustand des Zwei-Photon-Systems danach?

22–7 Leicht Reduzierter Dichteoperator

Wir haben für das Doppelspalt-Experiment in Abb. 22.3–1 die Überlagerungszustände

$$\psi_{\pm}(\mathbf{r}) := \Big[\psi_1(\mathbf{r}) \pm \psi_2(\mathbf{r}) \Big] / \sqrt{2} \qquad \text{für das Atom} \qquad (22.3\text{-}6a/b)$$

$$\text{und} \quad | \pm \rangle := \Big[| 1 \rangle \pm | 2 \rangle \Big] / \sqrt{2} \qquad \text{für die zwei Hohlräume} \qquad (22.3\text{-}7)$$

definiert. Nach der Passage des Doppelspaltes ließ sich der verschränkte Gesamtzustand, der durch die Wechselwirkung zwischen dem Atom und den Hohlräumen entstand, auf zwei Arten schreiben:

$$\Psi(\mathbf{r}) = \frac{1}{\sqrt{2}} \big(\psi_1(\mathbf{r}) | 1 \rangle + \psi_2(\mathbf{r}) | 2 \rangle \big) = \frac{1}{\sqrt{2}} \big(\psi_+(\mathbf{r}) | + \rangle + \psi_-(\mathbf{r}) | - \rangle \big) \qquad (22.3\text{-}8a/b)$$

Berechne den reduzierten Dichteoperator durch Spurbildung über die beiden orthogonalen Hohlraumzustände $| \pm \rangle$, die in Gl. (22.3–7) definiert wurden.

23 EPR und Bellsche Ungleichungen

Dieses Kapitel hat einen höheren Schwierigkeitsgrad. Das Thema „EPR und Bellsche Ungln." wird in vielen Lehrbüchern angesprochen. Trotzdem hat es für Anwendungen keine Bedeutung, sondern soll in erster Linie die alte, von Einstein nachdrücklich vertretene Ansicht widerlegen, dass es in der Quantenmechanik verborgene Variablen gibt. Leider hatte niemand, auch Einstein nicht, irgendeine Vorstellung von den Eigenschaften der verborgenen Variablen; sie konnten weder berechnet noch gemessen werden.

Da die verborgenen Variablen nach Einsteins Auffassung von vorneherein alle Zustände eindeutig festlegen, sind die Wahrscheinlichkeiten, die bei Messungen auftreten, *klassische* Wahrscheinlichkeiten – wie in der Statistischen Mechanik.

23.1 *Das EPR-Paradoxon*: Einstein, Podolski und Rosen veröffentlichten 1935 den wohl berühmtesten Artikel der Physikgeschichte, in dem sie innere Widersprüche der Quantenmechanik aufzeigen und die Existenz verborgener Variablen beweisen wollten. In einer vereinfachten Variante wird der Zerfall eines elektrisch neutralen Spin-0-Bosons in ein Elektron und ein Positron untersucht. Wegen der Drehimpulserhaltung sind Elektron und Positron im verschränkten Singulettzustand und wegen Drehimpulserhaltung müssen sich Korrelationen der Ergebnisse von Spinmessungen mit unendlich großen Geschwindigkeiten ausbreiten. Zur Vermeidung dieser – von Einstein so genannten – „spukhaften Fernwirkung" schlugen EPR die Existenz verborgener Variablen vor.

23.2 *Die Bellschen Ungleichungen*: Etwa drei Jahrzehnte glaubten die meisten Physiker, dass die Existenz verborgener Variablen weder bewiesen noch widerlegt werden kann. 1964 gelang J. Bell eine überraschende Glanzleistung: Er stellte einfache, klassische Ungleichungen auf, deren experimentelle Überprüfungen seit den 1970er Jahren die Existenz verborgener Variablen ausschließen.

23.1 Das EPR-Paradoxon 1935

Nach Abschn. 22.1 besteht die große Problematik verschränkter Zustände darin, dass das Ergebnis der Messung an einem Teilchen *augenblicklich* beim anderen verschränkten Teilchen ankommt – auch über Lichtjahre hinweg. *Die Korrelationen der Messergebnisse breiten sich mit unendlich großer Geschwindigkeit aus.* Natürlich sind unendlich hohe Geschwindigkeiten rätselhaft und unheimlich – selbst dann, wenn sie wie hier *keine Informationen* übertragen und daher die *Spezielle Relativitätstheorie nicht verletzen*. Einstein gehörte wohl anfangs der 1930er Jahre zu den ersten Physikern, die diese Problematik sehr ernst nahmen. Er konnte sich mit Überlichtgeschwindigkeiten aller Art nie anfreunden und sprach in diesem Zusammenhang von „spukhafter Fernwirkung" („spooky action at a distance"). 1935 veröffentlichten Einstein und seine Assistenten Podolski und Rosen (daher die gebräuchliche Abkürzung **EPR**) ein Gedanken-

Quantenmechanik: Lehr- und Arbeitsbuch, 2. Auflage. Friedhelm Kuypers.
© 2026 Wiley-VCH GmbH. Published 2026 by Wiley-VCH GmbH.

experiment, das die Existenz **verborgener Variablen** nachweisen sollte. *Die drei Autoren bezweifelten nicht die Richtigkeit der Quantenmechanik, sondern wollten nur ihre Unvollständigkeit aufzeigen.*

Wir diskutieren eine abgewandelte und klarere Variante von D. Bohm (1952), die in der Literatur allgemein bevorzugt wird und den verschränkten Singulettzustand (23.1–1) verwendet: Ein ruhendes, ungeladenes Spin-0-Teilchen zerfällt in ein Elektron und ein Positron, die auf der y-Achse auseinanderfliegen (siehe Abb. 23.1–1). Wegen der Drehimpulserhaltung sind Elektron und Positron im verschränkten Singulettzustand, der nach Aufgabe 22–2a in jeder Richtung ein Singulettzustand ist:

$$|0\,0\rangle = \frac{1}{\sqrt{2}}\left(|z,+\rangle_{e^+}|z,-\rangle_{e^-} - |z,-\rangle_{e^+}|z,+\rangle_{e^-}\right) \tag{23.1–1}$$

Alice und Bob messen mit Stern-Gerlach-Magneten (kurz SG-Magneten) P_A und P_B, die unabhängig voneinander um die y-Achse gedreht werden können, die Spinkomponenten $\pm\hbar/2$ in Richtung der Einheitsvektoren

$$\mathbf{a} = (\sin\alpha, 0, \cos\alpha)^T \qquad \mathbf{b} = (\sin\beta, 0, \cos\beta)^T$$

Die Winkel α, β werden durch einen Zufallsgenerator eingestellt, nachdem sich die beiden Fermionen mit Sicherheit so weit voneinander entfernt haben, dass sie praktisch nicht mehr wechselwirken. Die Messungen von Alice und Bob haben immer eine raumartige vierdimensionale Entfernung und können sich daher *nicht durch Lichtsignale gegenseitig beeinflussen.*

Wir betrachten vorerst den einfachsten Fall: $\alpha=\beta=0$. Wenn Alice bei der Messung der z-Komponente des Positronenspins den Wert $+\hbar/2$ erhalten hat, ist das Positron im Spinzustand $|z,+\rangle_{e^+}$. Wegen der Drehimpulserhaltung ist das zugehörige Elektron bei Bob im Spinzustand $|z,-\rangle_{e^-}$. *Die Messung des Positronenspins legt die Spinrichtung des Elektrons fest.* Da die Messung am Elektron außerhalb des Lichtkegels, der von der Spinmessung am Positron ausgeht, liegt und daher durch die Messung am Positron nicht beeinflusst wird, *muss das Elektron* – nach Einsteins fester Überzeugung – *schon vorher im Zustand* $|z,-\rangle_{e^-}$ *gewesen sein.*[1] Daraus folgert Einstein: Die beiden Teilchen führen das Ergebnis der Messungen in Form verborgener Variablen schon vor den Messungen mit sich. Somit ist die Kopenhagener Quantenmechanik unvollständig und muss durch verborgene Variablen ergänzt werden. Nach Einsteins Vorstellung werden die verborgenden Variablen irgendwie dem Elektron und dem Positron beim Zerfall des Bosons mitgegeben und enthalten eine Art Vorschrift oder Anweisung, wie die späteren Messergebnisse ausfallen müssen. Die

---

[1] Kurz gesagt lautet eine zentrale Forderung von Einstein: Wenn der Zustand oder eine Eigenschaft eines Teilchens mit Sicherheit vorausgesagt werden kann, ohne das Teilchen zu beeinflussen, dann *besitzt* das Teilchen den Zustand bzw. die Eigenschaft schon vor bzw. unabhängig von einer Messung (siehe auch Beispiel 23.1–2).

Apropos: Ohne Überlegung könnte man auf die (**falsche**) Idee kommen, dass beide Teilchen vor der Messung im Produktzustand $|z,+\rangle_{e^-}|z,-\rangle_{e^+}$ waren, wenn Alice $+\hbar/2$ misst. Dieser Produktzustand verletzt aber die Drehimpulserhaltung, wenn Alice und Bob nicht in z-, sondern in x-Richtung messen, wenn also (in Abb. 23.1–1) $\alpha=\beta=90°$ gilt; denn in diesem Fall messen Alice und Bob mit 25% Wahrscheinlichkeit beide den Wert $+\hbar/2$ und mit 25% Wahrscheinlichkeit beide den Wert $-\hbar/2$.

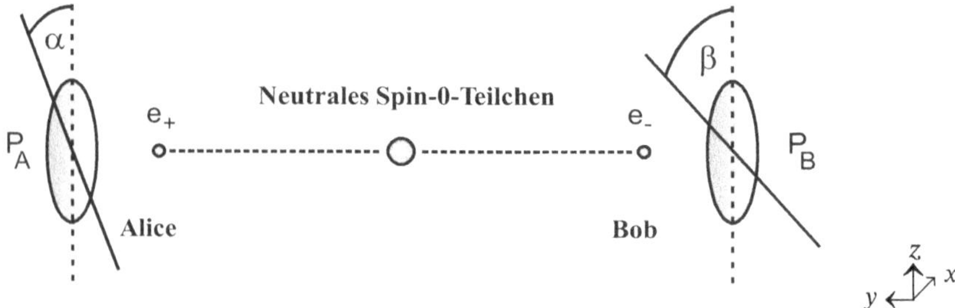

Abb. 23.1–1 Elektron und Positron werden von einem ruhenden, elektrisch neutralen Spin-0-Boson emittiert und fliegen im Singulettzustand auf der y-Achse in entgegengesetzte Richtungen davon. Sie treffen bei Alice und Bob auf die SG-Magnete P_A und P_B, die mit den Winkeln α, β um die y-Achse gedreht wurden.

verbleibende Unbestimmtheit beruht nur auf unserer Unkenntnis der verborgenen Variablen. Leider kann sich bis heute niemand – Einstein eingeschlossen – vorstellen, wie diese Variablen aussehen und wie man sie berechnen und messen kann (daher „verborgen").

Der entscheidende Unterschied zwischen der Einsteinschen und der Kopenhagener Interpretation besteht darin, dass der Spin nach EPR bereits *vor* den Messungen festgelegt ist – auch wenn wir ihn nicht kennen. Das ist dieselbe Situation wie in der klassischen, statistischen Mechanik, wo Orte und Geschwindigkeiten aller Teilchen zwar unbekannt, aber *real* sind.

Experimentell konnte die Existenz verborgener Variablen erst ab den 1970er Jahren mit den Bellschen Ungleichungen widerlegt werden. Bevor wir darauf im nächsten Abschn. 23.2 eingehen, wollen wir noch kurz die Wahrscheinlichkeiten für den allgemeinen Fall ermitteln, dass Alice und Bob die beiden Spins nicht in z-Richtung messen, sondern in Richtung der beliebigen Einheitsvektoren

$$\mathbf{a} = (\sin\alpha, 0, \cos\alpha)^{\mathrm{T}} \qquad \mathbf{b} = (\sin\beta, 0, \cos\beta)^{\mathrm{T}}$$

die mit der z-Achse die Winkel α und β einschließen (siehe Abb. 23.1–1). Bobs Messung am Elektron liegt außerhalb des Lichtkegels, der von der Spinmessung am Positron ausgeht. Die Wahrscheinlichkeiten werden bei der Untersuchung der Bellschen Ungleichungen im nächsten Abschn. 23.2 benötigt.

Zunächst soll $\alpha=0$ gelten; β ist beliebig. Die Wahrscheinlichkeit, mit der Alice den Messwert $+\hbar/2$ erhält, ist $1/2$. Bei der Messung wird die Verschränkung zwischen den beiden Fermionen aufgehoben und das Elektron geht in den Spinzustand $|z,-\rangle_{e^-}$ über. Die Wahrscheinlichkeit, dass Bob am Spinzustand $|z,-\rangle_{e^-}$ in der Richtung β ebenfalls den Wert $+\hbar/2$ findet, ist nach Gl. (7) in Aufgabe „12–2 Spinmessungen in beliebigen Richtungen"

$$p\left(\beta, +\frac{\hbar}{2}\,\middle|\,\alpha=0, +\frac{\hbar}{2}\right) = \frac{1}{2}\left(1 - \cos\beta\right) = \sin^2\left(\frac{\beta}{2}\right) \tag{23.1-2}$$

Bemerkungen: **1)** Die angegebene Wahrscheinlichkeit gilt unter der Bedingung, dass Alice zuvor mit dem Winkel $\alpha = 0$ den Wert $+\hbar/2$ gemessen hat. Diese sog. „bedingte Wahrscheinlichkeit" wird durch den senkrechten Strich in $p(\dots | \dots)$ gekennzeichnet. **2)** Die Richtigkeit der Gl. (23.1–2) ist für die vier Spezialfälle $\beta = 0, \pm\pi/2, \pi$ leicht zu überprüfen.

Wir betrachten nun den allgemeinen Fall: Beide Winkel α, β sind beliebig. Die Wahrscheinlichkeit, dass *beide* Messungen den Wert $+\hbar/2$ liefern, ist das Produkt

$$p(\alpha, + / \beta, +) = \frac{1}{2} \cdot \frac{1}{2} \left[1 - \cos(\alpha - \beta) \right] = \frac{1}{2} \sin^2\left(\frac{\alpha - \beta}{2} \right) \tag{23.1–3a}$$

Der erste Faktor $1/2$ ist darauf zurückzuführen, dass der Singulettzustand in jeder Richtung ein Singulettzustand ist (siehe Aufgabe 22–2a). $0,5 \cdot \sin^2\left[(\alpha - \beta)/2\right]$ ist die Wahrscheinlichkeit, dass bei der Messung am Singulettzustand sowohl Alice mit der beliebig gewählten Richtung α als auch Bob mit der ebenfalls frei gewählten Richtung β den Spin $+\hbar/2$ messen.

Die Wahrscheinlichkeit, dass Alice in der Richtung α den Eigenwert $+\hbar/2$ und Bob in der Richtung β den Eigenwert $-\hbar/2$ misst, beträgt

$$p(\alpha, + / \beta, -) = \frac{1}{2} \cos^2\left(\frac{\alpha - \beta}{2} \right) \tag{23.1–3b}$$

Beispiel 23.1–1 Kann Bob den Orientierungswinkel α von P_A ermitteln?

Alice misst mit einem unbeweglichen Analysator P_A den Spin unzähliger Positronen in der festen Richtung α. Kann Bob mit Messungen, die raumartige vierdimensionale Entfernungen zu allen Messungen von Alice haben, irgendwie – z. B. mit Variation des Winkels β – feststellen, mit welchem festen Winkel α Alice zuvor gemessen hat?

Lösung:

Die (bedingte) Wahrscheinlichkeit, dass Bob bei einer Messung mit dem Winkel β den Eigenwert $+\hbar/2$ erhält, hängt vom Messwert, den Alice zuvor unter dem Winkel α erhalten hat, ab und ist

$$p(\beta, + | \alpha, +) \underset{\substack{\uparrow \\ \text{Gl. (23.1–2)}}}{=} \sin^2\left(\frac{\alpha - \beta}{2} \right) \quad \text{wenn Alice } +\hbar/2 \text{ gemessen hat} \tag{23.1–3a'}$$

$$\text{bzw. } p(\beta, + | \alpha, -) = \cos^2\left(\frac{\alpha - \beta}{2} \right) \quad \text{wenn Alice } -\hbar/2 \text{ gemessen hat} \tag{23.1–3b'}$$

Da Alice (für jeden Winkel α) die beiden Messwerte $\pm\hbar/2$ mit gleichen Wahrscheinlichkeiten $1/2$ findet und da Bob ihre Messwerte nicht kennt, kann Bob nur sagen: „Ich erhalte für jeden Winkel β den Messwert $+\hbar/2$ mit der Wahrscheinlichkeit

$$\frac{1}{2} \sin^2\left(\frac{\alpha - \beta}{2} \right) + \frac{1}{2} \cos^2\left(\frac{\alpha - \beta}{2} \right) = \frac{1}{2}$$

Diese Wahrscheinlichkeit hängt nicht von dem festen Winkel α ab, mit dem Alice ihre Messungen durchführt. Bob hat also keine Möglichkeit, den Orientierungswinkel α bei raumartiger Entfernung zu ermitteln. Das ist verständlich; denn andernfalls könnte Alice mit Hilfe der von ihr gewählten Winkel α überlichtschnelle Signale an Bob schicken.

Beispiel 23.1–2 Wie erklärt Einstein zwei scharfe Spinkomponenten?

Wir betrachten erneut das Experiment in Abb. 23.1–1 mit $\alpha=\beta=0$. Wenn Alice am Positron $\hat{S}_3$ mit dem Ergebnis $+\hbar/2$ messen würde, dann wäre das Elektron anschließend im Zustand $|z,-\rangle_{e-}$. Wenn Alice stattdessen $\hat{S}_1$ messen würde (wieder mit dem Ergebnis $+\hbar/2$), dann wäre das Elektron im Zustand $|x,-\rangle_{e-}$. Einstein folgert: Da die z- und die x-Komponente des Elektronenspins mit Sicherheit vorausgesagt werden können, ohne das Elektron zu beeinflussen, besitzt das Elektron *zwei wohl bestimmte, scharfe Spinkomponenten* bereits vor und daher auch unabhängig von Messungen.

Warum darf Einstein zwei *scharfe* Spinkomponenten fordern, die laut (mathematisch bewiesener) Unbestimmtheitsrelation in der Kopenhagener Quantenmechanik nicht möglich sind?

Lösung:

Wegen $[\hat{S}_3,\hat{S}_1]=i\hbar\hat{S}_2$ haben $\hat{S}_1,\hat{S}_3$ kein gemeinsames, vollständiges System von Eigenfunktionen (siehe Abschn. 7.2 und die Gln. (12.3–11)). Daher können die Wellenfunktionen keine wohl definierten Werte von *beiden* Spinkomponenten beschreiben. Ganz allgemein gilt: Für $[\hat{A},\hat{B}]\neq 0$ kann eine Wellenfunktion keine scharfen Werte der beiden Observablen $\hat{A},\hat{B}$ liefern. Also ist für $[\hat{A},\hat{B}]\neq 0$ immer $\Delta A\neq 0$ oder $\Delta B\neq 0$.

Natürlich bestreitet Einstein diese mathematisch bewiesenen Aussagen nicht. Aber nach seiner festen Überzeugung ist das dritte Postulat, wonach die Wellenfunktionen *alle* Informationen über ein Quantenobjekt enthalten, falsch. *Laut Einstein ist die Quantenmechanik unvollständig und muss durch verborgene Variable erweitert werden.* Die verborgenen Variablen – nicht die Wellenfunktionen – sollen *alle* Spinkomponenten bereits vor den Messungen eindeutig festlegen.

23.2 Die Bellschen Ungleichungen 1964

In der Veröffentlichung von 1935 wollte Einstein die Unvollständigkeit der Quantenmechanik und die Existenz von verborgenen Variablen nachweisen; die Richtigkeit der quantenmechanischen Gln. hat er nie bezweifelt. Dabei ging er auf Grund seines *Weltbildes* von folgenden zwei Vorstellungen aus, die in der klassischen Physik selbstverständlich sind, deren Gültigkeit in der Quantenmechanik aber damals weder bewiesen noch widerlegt werden konnte:

- **Lokalität:** Physikalische Einflüsse aller Art können höchstens mit Lichtgeschwindigkeit übertragen werden. Demnach darf der von Bob gemessene Spin bei raumartiger Entfernung nicht davon abhängen, welchen Spin Alice kurz zuvor gemessen hat.
- **Realismus:** Eine Theorie wird realistisch genannt, wenn die *Realität unabhängig von Beobachtern ist*. Danach lesen alle Messungen Eigenschaften ab, die bereits *vor* den Messungen vorlagen. Laut Realismus stehen die Ergebnisse aller Messungen bereits vorher fest (z. B. wegen der Existenz verborgender Variablen).
  In einer realistischen Theorie haben physikalische Objekte auch *ohne* Messungen und somit auch *vor* den Messungen reale, definierte Eigenschaften. Demzufolge werden die Spinrichtungen der beiden Fermionen bereits beim Zerfall des Bosons irgendwie, auf

völlig unbekannte Weise eingestellt und sind somit schon *vor* Erreichen der Stern-Gerlach-Magnete (kurz SG-Magnete) *eindeutig bestimmt.* Messungen beseitigen nur unsere Unkenntnis und machen den Zustand bekannt, der bereits vorher eindeutig vorlag.

Der Realismus steht in der klassischen Physik außer Frage, ist aber nach Meinung der meisten Physiker in der Quantenmechanik nicht erfüllt, da eine Observable nach ihrer Auffassung erst durch eine Messung einen Wert erhält. Im Doppelspalt-Experiment haben die Teilchen vor einer Ortsmessung keinen Ort. Hätten die Teilchen bereits *vor* einer Ortsmessung einen Ort, dann hätten sie auch *ohne* Ortsmessung einen Ort und würden nur durch einen Spalt fliegen, nicht durch beide Spalte. Dann gäbe es aber keine Interferenz.

Wenn beide Eigenschaften erfüllt werden, spricht man von **lokalem Realismus.** Die klassische Physik ist lokal und realistisch. *Eine Einsteinsche Quantenmechanik, also eine Quantenmechanik mit verborgenen Variablen ist ebenfalls lokal und realistisch.* Denn die verborgenen Variablen legen alle Teilcheneigenschaften – unabhängig von Messungen – eindeutig fest und benötigen daher keine Korrelationsübertragungen von Messergebnissen. *Hingegen ist die Quantenmechanik nach Kopenhagener Interpretation weder lokal noch realistisch.*

Bis in die 1960er Jahre konnte die Existenz verborgener Variablen experimentell weder bewiesen noch widerlegt werden. In den Augen vieler Wissenschaftler war das Problem der verborgenen Variablen ein Problem der Naturphilosophie. 1964 gelang John Bell ein unverhofftes Meisterstück: Er stellte *klassische Ungleichungen* auf, die eine experimentelle Entscheidung für oder gegen den lokalen Realismus ermöglichten.

Vorübergehend verlassen wir die Quantenmechanik und interessieren uns nur für klassische Mengen mit Elementen, deren drei binäre Variablen (binäre Variable haben nur zwei Werte) drei **klassische Bedingungen** erfüllen:

1) Die zwei Werte jeder Variablen *schließen einander aus, sind also unvereinbar.*

2) Die Werte sind *fest vorgegeben* und wohl definiert (Realitätsprinzip).

3) *Die Werte sind voneinander unabhängig und ändern sich im Laufe der Zeit nicht* (Lokalitätsprinzip).[2]

Wir wollen z. B. die Einwohner Deutschlands durch folgende drei binäre Variablen A, B, C charakterisieren:

---

[2] In der Quantenmechanik lässt sich zu diesen drei Bedingungen Folgendes sagen:

1. Bedingung: Sie ist in der Quantenmechanik erfüllt; die Messwerte $\pm\hbar/2$ schließen sich gegenseitig aus.

Nach Einsteins Weltbild – nicht aber nach der Kopenhagener Interpretation – sind die beiden restlichen Bedingungen ebenfalls in der Quantenmechanik erfüllt:

2. Bedingung: Einstein glaubte an den Realismus und war überzeugt, dass die Spinrichtungen der beiden Fermionen zu allen Zeiten – auch *ohne* Messungen und deshalb auch *vor* den Messungen – wohl definiert sind. Das aber widerspricht der Kopenhagener Quantenmechanik, wonach die Teilchen vor den Messungen einen Singulettzustand (Superposition) einnahmen und nicht das Produkt von zwei Eigenzuständen.

3. Bedingung: Einstein glaubte, dass sich die Spinmessungen an den zwei Teilchen bei raumartiger Entfernung nicht gegenseitig beeinflussen.

Variable A = Haarfarbe: + steht für „dunkelhaarig",   − für „hellhaarig".

Variable B = Augenfarbe: + steht für „blauäugig",   − für „nicht blauäugig"

Variabel C = Händigkeit: + steht für „linkshändig", − für „rechtshändig"

Natürlich erfüllen die Variablen A, B, C die drei zuvor genannten klassischen Bedingungen. Wir suchen nun N_0 **Ehepaare** aus, bei denen alle drei Variablen bei der Frau und ihrem Mann entgegengesetzte Vorzeichen haben („Gegensätze ziehen sich an") – so wie die zwei Spins in Abb. 23.1–1 (bei $\alpha = \beta$) entgegengesetzte Richtungen haben. Mit diesen Paaren arbeiten wir im Folgenden; sie entsprechen den gemessenen Fermionenpaaren.

Ein Beispiel: Wenn die Frau den Variablenwert A:+ hat, dann hat ihr Mann den Variablenwert A:− , ist also hellhaarig. Das entspricht den Vorzeichen bei der Spinmessung: Wenn Alice beim Winkel α den Eigenwert $+\hbar/2$ misst, dann würde Bob beim gleichen Winkel $\beta = \alpha$ den „entgegengesetzten" Eigenwert $-\hbar/2$ messen.

Die drei Variablen A, B, C haben die acht Vorzeichen-Kombinationen in Tabelle 23.2–1. Die Zahl n_i (mit $i = 1, 2, \dots 8$) in der dritten Spalte der Tabelle ist die Zahl der Ehepaare mit den Vorzeichen-Kombinationen in der i-ten Zeile.

Tabelle 23.2–1 Die erste und die zweite Spalte enthalten die acht möglichen Vorzeichen-Kombinationen der Variablen A,B,C der Frauen und ihrer Männer. Die dritte Spalte zeigt die Zahl n_i der Paare mit den entsprechenden Variablen-Vorzeichen ±.

Die Vorzeichen ± der drei binären Variablen A,B,C entsprechen den Eigenwerten $\pm\hbar/2$ bei den von Alice und Bob durchgeführten Spinmessungen.

Variablenwerte der Frau	Variablenwerte ihres Mannes	Zahl der Paare
$A{:}+,B{:}+,C{:}+$	$A{:}-,B{:}-,C{:}-$	n_1
$A{:}+,B{:}+,C{:}-$	$A{:}-,B{:}-,C{,}+$	n_2
$A{:}+,B{:}-,C{:}+$	$A{:}-,B{:}+,C{:}-$	n_3
$A{:}+,B{:}-,C{:}-$	$A{:}-,B{:}+,C{:}+$	n_4
$A{:}-,B{:}+,C{:}+$	$A{:}+,B{:}-,C{:}-$	n_5
$A{:}-,B{:}+,C{:}-$	$A{:}+,B{:}-,C{:}+$	n_6
$A{:}-,B{:}-,C{:}+$	$A{:}+,B{:}+,C{:}-$	n_7
$A{:}-,B{:}-,C{:}-$	$A{:}+,B{:}+,C{:}+$	n_8

Wir fragen bei *jedem* Paar beide Partner nach zwei verschiedenen, *zufällig ausgesuchten* Variablen, also nach A,B oder nach A,C oder nach B,C. Dabei wird die Frau (der Mann) nach der ersten (zweiten) genannten Variablen gefragt. Dies entspricht den Spinmessungen von Alice und Bob, die mit zwei verschiedenen, zufällig ausgewählten Spinrichtungen erfolgen.[3] Wir definieren $N(V1{:}\pm;V2{:}\pm)$ als die Zahl der Paare, bei denen die Frau zufällig

---

[3] Die zwei bei Frau und Mann erfragten Variablen A,B oder A,C oder B,C sind natürlich verschieden. Denn wenn Frau und Mann nach derselben Variablen befragt würden, dann wäre ja die zweite Frage überflüssig.

nach der Variable V1 gefragt wird mit der Antwort ± und der Mann zufällig nach der Variable V2 gefragt wird mit der Antwort ±. So ist z. B. $N(A:+;C:+)$ die Zahl der Paare, in denen die Frau zufällig nach der Haarfarbe gefragt wird mit der Antwort „dunkelhaarig" und der Mann zufällig nach der Händigkeit gefragt wird mit der Antwort „linkshändig".

Für die Zahlen der Paare n_i in der dritten Spalte der Tabelle gilt:

$$N(A:+;C:+)=n_2+n_4 \qquad N(A:+;B:+)=n_3+n_4 \qquad (23.2\text{--}1a/b)$$

$$N(B:+;C:+)=n_2+n_6 \qquad\qquad\qquad\qquad\qquad (23.2\text{--}1c)$$

$$\Rightarrow \quad N(A:+;C:+)=n_2+n_4 \le (n_3+n_4)+(n_2+n_6)=N(A:+;B:+)+N(B:+;C:+)$$

Division durch die große Zahl aller Paare ergibt eine Aussage über Wahrscheinlichkeiten:

$$p(A:+;C:+) \le p(A:+;B:+)+p(B:+;C:+) \qquad\qquad (23.2\text{--}2)$$

Ausgeschrieben gilt also: Die Zahl der Paare mit dunkelhaarigen, rechtshändigen Frauen ist nicht größer als
– die Zahl der Paare mit dunkelhaarigen, nicht blauäugigen Frauen plus
– die Zahl der Paare mit blauäugigen, rechtshändigen Frauen.

Die Gl. (23.2–2) ist *eine* Form der **Bellschen Ungleichungen**. (Es gibt es noch andere Formen der Bellschen Ungln. Siehe Aufgabe 23–1a für Photonen.)

Wir kommen nun zurück zur **Einsteinschen Quantenmechanik** und zum Experiment in Abb. 23.1–1. Wir *unterstellen die Existenz verborgener Variablen*, so dass die drei zuvor genannten *klassischen Bedingungen auch in der Quantenmechanik gelten*. Für alle Messungen werden drei verschiedene Winkel fest und unverändert vereinbart (z. B. $\alpha = 0°$, $\beta = 30°$, $\gamma = 60°$). Die zwei SG-Magnete können nur um diese Winkel gedreht werden.

Vor jeder Messung wählen Alice und Bob unmittelbar vor dem Eintreffen der zwei Fermionen zufällig und unabhängig unter den drei festgelegten Winkeln zwei verschiedene Winkel aus (z. B. α und γ), um die ihr/sein SG-Magnet gedreht werden soll. In vielen Messungen ermitteln Alice und Bob die Wahrscheinlichkeiten der Messwerte $\pm\hbar/2$ für die drei Winkelpaare α, β oder α, γ oder β, γ.

Da sowohl die klassischen Variablen A,B,C als auch die Spinkomponenten die drei klassischen Bedingungen 1) Unvereinbarkeit der Messwerte, 2) Realität, 3) Lokalität erfüllen, bestehen folgende Analogien:

$$p(A:+;C:+) \quad \leftrightarrow \quad p(\alpha,+/\gamma,+) \qquad\qquad (23.2\text{--}3a)$$

$$p(A:+;B:+) \quad \leftrightarrow \quad p(\alpha,+/\beta,+) \qquad\qquad (23.2\text{--}3b)$$

$$p(B:+;C:+) \quad \leftrightarrow \quad p(\beta,+/\gamma,+) \qquad\qquad (23.2\text{--}3c)$$

Den drei gewählten Variablen A,B,C entsprechen drei fest vereinbarte Richtungen der Spinmessungen; z. B. 0°, 30°, 60°. Mit anderen Worten: Die Frage nach der klassischen Variablen B entspricht der Frage nach dem Ergebnis der Spinmessung mit dem zweiten, vereinbarten Winkel 30°.

Somit müssen die Spin-Wahrscheinlichkeiten in den Gln. (23.2–3a/b/c) die Bellsche Ungl. (23.2–2) erfüllen – falls verborgene Variablen existieren:

$$p(\alpha,+ / \gamma,+) \le p(\alpha,+ / \beta,+) + p(\beta,+ / \gamma,+) \tag{23.2–4}$$

Nach Gl. (23.1–3a) gilt:

$$p(\alpha,+ / \gamma,+) = \frac{1}{2}\sin^2\left(\frac{\alpha-\gamma}{2}\right) \qquad p(\alpha,+ / \beta,+) = \frac{1}{2}\sin^2\left(\frac{\alpha-\beta}{2}\right)$$

$$p(\beta,+ / \gamma,+) = \frac{1}{2}\sin^2\left(\frac{\beta-\gamma}{2}\right)$$

$$\Rightarrow \quad \sin^2\left(\frac{\alpha-\gamma}{2}\right) \le \sin^2\left(\frac{\alpha-\beta}{2}\right) + \sin^2\left(\frac{\beta-\gamma}{2}\right) \tag{23.2–5}$$

Wegen der Rotationssymmetrie um die y-Achse (Flugrichtung) können wir $\alpha=0$ setzen:

$$\sin^2\left(\frac{\gamma}{2}\right) \le \sin^2\left(\frac{\beta}{2}\right) + \sin^2\left(\frac{\beta-\gamma}{2}\right) \qquad \text{mit} \qquad 0 \le \beta, \gamma \le \pi \tag{23.2–6}$$

Hinweis: Für Messungen am Singulettzustand ist

- $0{,}5 \cdot \sin^2(\gamma/2)$ die Wahrscheinlichkeit, dass sowohl Alice für ihren Winkel $\alpha = 0°$ als auch Bob für seinen Winkel γ Spin-Up messen.
- $0{,}5 \cdot \sin^2[(\beta-\gamma)/2]$ die Wahrscheinlichkeit, dass sowohl Alice für ihren Winkel β als auch Bob für seinen Winkel γ Spin-Up messen.

Die **Bellsche Ungl.** (23.2–6) gilt für eine Quantenmechanik mit verborgenen Variablen. Sie ist aber z. B. für $\beta = \pi/3$ und $\gamma = 2\cdot\pi/3$ **nicht erfüllt:**

$$\sin^2\frac{\pi}{3} = 0{,}75 \nleq \sin^2\frac{\pi}{6} + \sin^2\left(-\frac{\pi}{6}\right) = 0{,}5$$

Die Abb. 23.2–1 bestätigt diese Aussage. Daher *existieren keine verborgenen Variablen.*

Seit den 1970er Jahren wurden viele Experimente durchgeführt – zumeist mit der Messung polarisationsverschränkter Photonenpaare (siehe Aufgabe 23–1). *Die Resultate der Messungen sind in Übereinstimmung mit der Standardquantenmechanik und machen der Theorie der verborgenen Variablen den Garaus.* Einstein wäre wahrscheinlich geschockt; denn jetzt müsste er fassungslos erkennen, dass die Berechnungen der Kopenhagener Quantenmechanik und die Existenz von verborgenen Variablen unvereinbar sind.

Das Scheitern des lokalen Realismus verlangt, in der Quantentheorie den Realismus oder die Lokalität oder gar beide aufzugeben. Die Kopenhagener Interpretation ist hier am radikalsten und leugnet sowohl den Realismus als auch die Lokalität.

Übrigens: In der Quantenmechanik erfüllen alle Systeme, deren Zustände Produktfunktionen und daher nicht verschränkt sind, die Bellschen Ungln.

Die Verschränkung ist die Ursache der Verletzung der Bellschen Ungln.

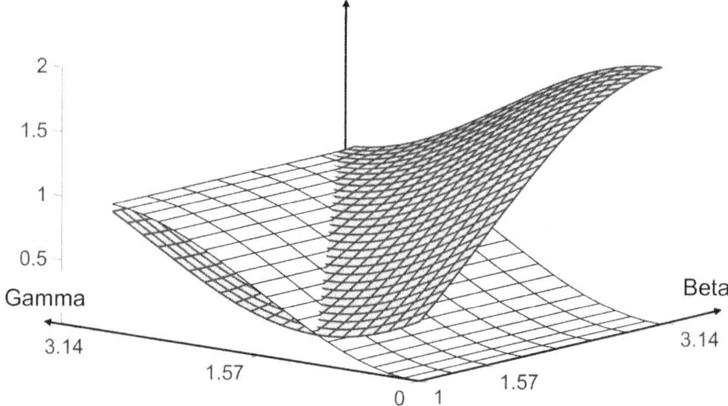

Abb. 23.2–1 Die linke Seite der Gl. (23.2–6) wird als Funktion von γ und die rechte Seite der Gl. (23.2–6) wird als Funktion von β,γ über der Beta-Gamma-Ebene gezeichnet. Offensichtlich wird die Ungl. (23.2–6) im linken Bereich der Abb. verletzt.

1981 machten A. Aspect (Nobelpreis 2022) et. al. in Paris ein Experiment mit verschränkten Photonenpaaren (Phys. Rev. Letters (1982), S. 91-94). Die Photonen wurden in Atomkaskaden in entgegengesetzte Richtungen abgestrahlt und hatten den Zustand (23.4–1) in Aufgabe 23–1. Die Polarisation der Photonen wurde mit zwei Polarisationsstrahlteilern erfasst. Bei jedem Photonenpaar wurden die Ausrichtungen der zwei Strahlteiler *so spät* (per Zufall) festgelegt, dass vor den Messungen keine Informationen über die Ausrichtungen ausgetaucht werden konnten.

Das Experiment war viel genauer als die älteren Experimente und überzeugte die meisten Zweifler. Aspect et al. zogen folgende Bilanz: „Unsere Ergebnisse, die mit den Vorhersagen der Quantenmechanik vorzüglich übereinstimmen, verletzen die verallgemeinerten Bellschen Ungleichungen auf eklatante Weise und schließen damit die gesamte Klasse realistischer, lokaler Theorien als unzulässig aus." Da die anspruchsvollen Experimente nach Meinung einiger Skeptiker noch (äußerst unwahrscheinliche und sehr bizarr anmutende) Schlupflöcher enthalten, ist die Theorie der verborgenen Variablen für sehr wenige, hartnäckige Zweifler immer noch nicht gestorben.

Interessierte Leser finden weitere Erläuterungen und Rechnungen in [Griffiths], Abschn. 12.1 und 12.2, in [Rebhan], Abschn. 10.3, in [Schmüser], Abschn. 9.2 und in [Schwabl], Abschn. 20.4.

23.3 Leitgedanken

23.1 Das EPR-Paradoxon

Alice und Bob messen die Spinrichtungen von zwei Fermionen, die sich im Singulettzustand des Spins befinden und auf der y-Achse auseinanderfliegen. Zuerst messen Alice und Bob bei $\alpha=\beta=0$ die z-Komponente des Spins. Wenn Alice beim Positron den Eigenwert $+\hbar/2$ findet, dann muss Bob am Elektron den Eigenwert $-\hbar/2$ finden – auch bei einer *raumartigen* vierdimensionalen Entfernung der beiden Messungen. Die *Korrelationen der Messergebnisse müssen sich mit unendlich großer Geschwindigkeit ausbreiten*; andernfalls wäre in dem Zeitintervall, in dem ein Lichtsignal das Ergebnis der Alice'schen Messung nach Bob überbringt, eine Verletzung der Drehimpulserhaltung möglich.

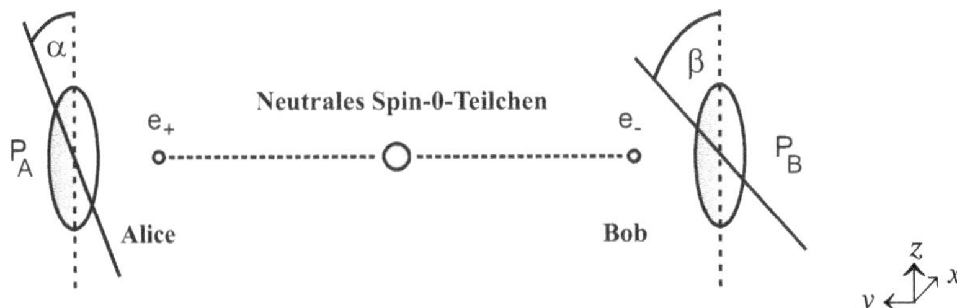

Abb. 23.1–1 Ein ruhendes Spin-0-Boson zerfällt in ein Elektron und ein Positron, die im Singulettzustand in entgegen gesetzte Richtungen auf der y-Achse davonfliegen. Die Orientierungen der Stern-Gerlach-Magnete (kurz SG-Magnete) P_A und P_B werden durch die Winkel α und β festgelegt.

Die unendlich große Korrelationsgeschwindigkeit ermöglicht keine überlichtschnelle Kommunikation und widerspricht daher nicht der Speziellen Relativitätstheorie. Trotzdem konnte sich Einstein nicht mit ihr anfreunden und publizierte 1935 einen berühmten Artikel, in dem er die Existenz verborgener Variablen beweisen wollte. Verborgene Variable werden nach Einsteins Vorstellung irgendwie (Genaueres weiß keiner) dem Elektron und dem Positron beim Zerfall des Bosons mitgegeben und enthalten irgendeine Vorschrift oder Anweisung, die die späteren Messergebnisse eindeutig festlegen. Die Unbestimmtheit der Messergebnisse ist klassisch, weil sie nur auf unserer Unkenntnis der verborgenen Variablen beruht.

Der entscheidende Unterschied zwischen der Einsteinschen und der Kopenhagener Interpretation besteht darin, dass der Spin nach EPR bereits *vor* den Messungen festgelegt ist – auch wenn wir ihn nicht kennen. Das ist dieselbe Situation wie in der klassischen, statistischen Mechanik, wo Orte und Geschwindigkeiten aller Teilchen zwar unbekannt, aber genau bestimmt, also real sind. Experimentell konnte die Existenz verborgener Variablen mit den Bellschen Ungln. seit den 1970er Jahren ausgeschlossen werden.

23.2 Die Bellschen Ungleichungen

In der Veröffentlichung von 1935 wollte Einstein die Unvollständigkeit der Quantenmechanik und die Existenz von verborgenen Variablen nachweisen; die Richtigkeit der quantenmechanischen Gln. hat er nie bezweifelt. Dabei ging er auf Grund seines Weltbildes von zwei Grundsätzen aus:

- **Lokalität:** Physikalische Einflüsse aller Art können höchstens mit Lichtgeschwindigkeit übertragen werden. Demnach darf die von Bob gemessene Spinkomponente nicht davon abhängen, welche Spinkomponente Alice kurz zuvor gemessen hat.

- **Realismus:** Eine Theorie wird realistisch genannt, wenn die Realität unabhängig von Beobachtern ist. Danach lesen alle Messungen Eigenschaften ab, die bereits vor den Messungen vorlagen. In der Standardquantenmechanik ist der Realismus nicht erfüllt, da eine Observable erst durch eine Messung einen Wert erhält. Im Doppelspalt-Experiment haben die Teilchen vor einer Ortsmessung keinen Ort. Im Gegensatz dazu ist eine Einsteinsche Quantenmechanik, also eine Quantenmechanik mit verborgenen Variablen lokal und realistisch.

1964 stellte J. Bell klassische Ungleichungen auf, die eine experimentelle Entscheidung für oder gegen den lokalen Realismus ermöglichten.

Vorübergehend verlassen wir die Quantenmechanik und interessieren uns nur für klassische Mengen mit Elementen, deren drei binäre Variablen drei **klassische Bedingungen** erfüllen:

1) Die zwei Werte jeder Variablen *schließen einander aus, sind also unvereinbar.*

2) Die Werte sind *fest vorgegeben* und wohl definiert (Realität).

3) *Die Werte sind voneinander unabhängig und ändern sich im Laufe der Zeit nicht* (Lokalität).

Wir charakterisieren Personen durch drei binäre, klassische Variablen A, B, C und untersuchen nur die Ehepaare, in denen jeweils die drei Variablen der Frau und ihres Mannes entgegengesetzte Vorzeichen haben („Gegensätze ziehen sich an."). Ein Beispiel: Wenn die Frau die Variablenwerte A:+ ; B:– ; C:– hat, dann hat ihr Mann die Variablenwerte A:– ; B:+ ; C:+ .

Die drei Variablen A, B, C haben nur die 8 Vorzeichen-Kombinationen in Tabelle 23.2–1. Die Zahl n_i (mit $i = 1, 2, ... 8$) in der i-ten Zeile und dritten Spalte der Tabelle ist die Zahl der Ehepaare mit den Vorzeichen-Kombinationen in der i-ten Zeile.

Wir fragen bei jedem Paar jeden Ehepartner nach nur *einer einzigen* Variable: Entweder A oder B oder C – so wie Alice und Bob jeweils nur mit einem einzigen Winkel α oder β oder γ messen können. Wir nennen z. B. die Zahl der Paare, in denen die Frau dunkelhaarig und ihr Mann linkshändisch ist $N(A:+;C:+)$. Für die Zahlen der Paare n_i in der dritten Spalte der Tabelle 23.2–1 gilt:

$$N(A:+;C:+) = n_2 + n_4 \qquad N(A:+;B:+) = n_3 + n_4 \qquad \text{(23.2–1a/b)}$$

$$N(B:+;C:+) = n_2 + n_6 \qquad\qquad \text{(23.2–1c)}$$

$$\Rightarrow \quad N(A:+;C:+) = n_2 + n_4 \le (n_3 + n_4) + (n_2 + n_6) = N(A:+;B:+) + N(B:+;C:+)$$

Division durch die große Zahl aller Paare ergibt eine Aussage über Wahrscheinlichkeiten:

$$p(A:+;C:+) \le p(A:+;B:+) + p(B:+;C:+) \qquad \text{(23.2–2)}$$

Die Gl. (23.2–2) ist *eine* Form der **Bellschen Ungleichungen**.

Wir kommen nun zurück zur **Einsteinschen Quantenmechanik** und zum Experiment in Abb. 23.1–1. Wir *unterstellen die Existenz verborgener Variablen*, so dass die drei klassischen Bedingungen gelten. Zu Beginn werden die beiden SG-Magnete in z-Richtung gedreht und für alle Messungen werden drei verschiedene Winkel α, β, γ fest und unverändert vereinbart (z. B. $\alpha = 0°, \beta = 30°, \gamma = 60°$). Danach wählen Alice und Bob bei jeder Messung zufällig und unabhängig voneinander, um welchen Winkel α, β oder γ ihr/sein SG-Magnet gedreht werden soll. Messungen mit zufällig gleichen Winkeln werden ignoriert. Jedes Winkelpaar α, β oder α, γ oder β, γ wird mit gleicher Wahrscheinlichkeit 1/3 gewählt. In vielen Messungen ermitteln Alice und Bob die Wahrscheinlichkeiten der Messwerte $\pm\hbar/2$ für die drei Winkelpaare.

Die drei klassischen Variablen A, B, C mit den Vorzeichen $\pm$ entsprechen den drei Winkeln α, β, γ mit den Messwerten $\pm\hbar/2$. Es bestehen folgende Analogien:

$$p(A:+;C:+) \leftrightarrow p(\alpha,+/\gamma,+) \qquad p(A:+;B:+) \leftrightarrow p(\alpha,+/\beta,+) \qquad \text{(23.2–3a/b)}$$

$$p(B:+;C:+) \leftrightarrow p(\beta,+/\gamma,+) \tag{23.2–3c}$$

Die Wahrscheinlichkeiten in den Gln. (23.2–3) müssen die **Bellsche Ungl.** (23.2–2) erfüllen:

$$p(\alpha,+/\gamma,+) \leq p(\alpha,+/\beta,+) + p(\beta,+/\gamma,+) \tag{23.3–7}$$

Nach Gl. (23.1–3a) gilt:

$$p(\alpha,+/\gamma,+) = \frac{1}{2}\sin^2\left(\frac{\alpha-\gamma}{2}\right) \qquad p(\alpha,+/\beta,+) = \frac{1}{2}\sin^2\left(\frac{\alpha-\beta}{2}\right)$$

$$p(\beta,+/\gamma,+) = \frac{1}{2}\sin^2\left(\frac{\beta-\gamma}{2}\right)$$

Wegen der Rotationssymmetrie um die y-Achse (Flugrichtung) dürfen wir $\alpha = 0$ setzen:

$$\sin^2\left(\frac{\gamma}{2}\right) \leq \sin^2\left(\frac{\beta}{2}\right) + \sin^2\left(\frac{\beta-\gamma}{2}\right) \qquad \text{mit} \qquad 0 \leq \beta, \gamma \leq \pi \tag{23.2–6}$$

Diese Ungl. (23.2–6) ist *nicht* für alle Winkel erfüllt (siehe Abb. 23.2–1). Daher sind die (auch von Einstein nicht bestrittenen) Berechnungen der Kopenhagener Quantenmechanik und die Existenz von verborgenen Variablen unvereinbar. Seit den 1970er Jahren widerlegen immer genauere Messungen die Existenz verborgener Variablen.

Jede Messung an einem verschränkten System ist eine Messung an allen verschränkten Partnern und die Änderung eines Teilchenzustandes wirkt sich ohne Zeitverzögerung auf den Gesamtzustand aus. Die von Einstein sog. „spukhafte Fernwirkung" existiert tatsächlich.

23.4 Aufgaben

23-1 Schwer   Bellsche Ungleichung und Korrelationsfunktion für Photonen

Bei einer induzierten Emission strahlt ein angeregtes Calciumatom über ein Zwischenniveau zwei Photonen ab (Atomkaskade), die bei Polarisationsmessungen beide y-linear oder beide z-linear polarisiert vorgefunden werden. Folglich lautet der verschränkte Polarisationszustand der zwei auf der x-Achse fliegenden (gleichzeitig emittierten) Photonen

$$\frac{1}{\sqrt{2}}\left(|y\rangle_1|y\rangle_2 - |z\rangle_1|z\rangle_2\right) \underset{\substack{\uparrow \\ \text{Gln. (3.6–9a/b)}}}{=} \frac{1}{\sqrt{2}}\left(|R\rangle_1|R\rangle_2 + |L\rangle_1|L\rangle_2\right) \tag{23.4–1}$$

$|y\rangle$ ist in ein y-linear polarisierter Zustand und $|R\rangle$ ist ein rechtszirkular polarisierter Zustand.

In dieser Aufgabe betrachten wir viele angeregte Calciumatome, die im Koordinatenursprung ruhen. Nach und nach fallen die Atome über die genannte Atomkaskade in den Grundzustand. Alice und Bob registrieren die Photonen, die auf der positiven und negativen x-Achse davonfliegen. Beide verwenden je einen Polarisator, der anfangs in z-Richtung ausgerichtet ist; hinter jedem Polarisator steht ein Detektor. Vor Beginn der Messungen werden drei Winkel α, β, γ fest und unveränderlich vereinbart.

Vor jeder Messung drehen Alice und Bob jeweils ihren Polarisator um einen Winkel α, β oder γ (vergleiche mit Abb. 23.1–1) Wenn der Detektor anspricht bzw. nicht anspricht, soll das Messergebnis +1 bzw. –1 lauten.

a) Stelle ein (oder gar zwei) Bellsche Ungleichungen für Photonen auf und beweise ihre Verletzung.

Hinweis: Der Singulettzustand von zwei verschränkten Spin-1/2-Teilchen

$$|0\,0\rangle = \frac{1}{\sqrt{2}}\left(|z,+\rangle_1\,|z,-\rangle_2 - |z,-\rangle_1\,|z,+\rangle_2 \right) \tag{23.1-1}$$

und der Polarisationszustand (23.4–1) von zwei verschränkten Photonen unterscheiden sich in einem wichtigen Punkt: Im Singulettzustand (23.1–1) haben die zwei Teilchen in jedem Term entgegen gesetzte Spinrichtungen, wohingegen die zwei Photonen in jedem Term die gleiche Polarisation haben. Daher muss die Bellsche Ungl. für Paare mit *identischen Zwillingen* (anstelle der Ehepaare) neu aufgestellt werden.

b) Auch hier untersuchen wir die Polarisationsmessungen von Photonenpaaren. Zeige mit klassischen Überlegungen, dass die Korrelationsfunktion, also der Erwartungswert des Produktes der Messergebnisse von Alice und Bob $\cos[2(\beta-\alpha)]$ lautet. Hier geht – anders als in der folgenden Gl. (23.4–2) – die *zweifache* Winkeldifferenz ein.

 **23–2 Mittel Korrelationsfunktion für Spin-1/2-Teilchen**

Alice und Bob führen das EPR-Experiment in Abb. 23.1–1 durch.

- Alice misst den Positronenspin $\hat{S}_{(1)\mathbf{a}}$ in Richtung eines Einheitsvektors $\mathbf{a} = (\sin\alpha, 0, \cos\alpha)^{\mathrm{T}}$.
- Bob misst den Elektronenspin $\hat{S}_{(2)\mathbf{b}}$ in Richtung eines anderen Einheitsvektors $\mathbf{b} = (\sin\beta, 0, \cos\beta)^{\mathrm{T}}$.

Nach Aufgabe 12–2 ist $\mathbf{n}\cdot\hat{\mathbf{S}}$ *der Spinoperator in Richtung des Einheitsvektors* $\mathbf{n}$.

Zeige: Im Zustand $|0\,0\rangle$ lautet *der Erwartungswert des Produktes der zwei Spinoperatoren*

$$\langle 0\,0|\,\hat{S}_{(1)\mathbf{a}}\,\hat{S}_{(2)\mathbf{b}}\,|0\,0\rangle = -\left(\frac{\hbar}{2}\right)^2 \cos(\alpha-\beta) \underset{\underset{\text{Gl. (23.1–3a)}}{\uparrow}}{=} \left(\frac{\hbar}{2}\right)^2\left[4p(\alpha,+\,/\,\beta,+) - 1 \right] \tag{23.4-2}$$

Die in Klammern gesetzten Indizes $_{(1)}$ und $_{(2)}$ rechts unten an den Spinoperatoren $\hat{S}$ geben die Nr. des Fermions an, auf dessen Zustand der Spinoperator wirkt.

Der Erwartungswert des Produktes $\hat{S}_{(1)\mathbf{a}}\,\hat{S}_{(2)\mathbf{b}}$ *der beiden Spinoperatoren im Singulettzustand* $|00\rangle$ *heißt* **Korrelationsfunktion** der Messwerte. Sie beschreibt – wie der Name … sagt – die Korrelation der Messergebnisse von Alice und Bob.

Daraus folgt die Wahrscheinlichkeit $p(\alpha,+\,/\,\beta,+)$, dass Alice und Bob den positiven Wert $+\hbar/2$ messen:

$$p(\alpha,+\,/\,\beta,+) = \frac{1}{4}\left[\left(\frac{2}{\hbar}\right)^2 \langle 0\,0|\,\hat{S}_{(1)\mathbf{a}}\,\hat{S}_{(2)\mathbf{b}}\,|0\,0\rangle + 1 \right] \tag{23.4-3}$$

Diese Gl. wird für die rechnerische Aussswertung der EPR-Experimente verwendet. Da Alice und Bob nur die Eigenwerte $+\hbar/2$ und $-\hbar/2$ messen, ist das Produkt der beiden gemessenen Spins bei jeder Messung $+\hbar^2/4$ oder $-\hbar^2/4$. Der Erwartungswert $(2/\hbar)^2\langle 0\,0|\hat{S}_{(1)\mathbf{a}}\,\hat{S}_{(2)\mathbf{b}}|0\,0\rangle$ wird daher mit unzähligen Additionen von $+1$ und -1 ermittelt.

Hinweise: Beginne mit $\alpha=0$ und berechne zuerst $\hat{S}_{(2)\mathbf{b}}\,|0\,0\rangle$ und danach $\hat{S}_{(1)3}\,\hat{S}_{(2)\mathbf{b}}\,|0\,0\rangle$.

24 Grundlagen der Streutheorie

Dieses Kapitel ist schwieriger und für viele Studierende weniger interessant, da es einige nicht schwere, aber ermüdende Berechnungen enthält und da es keine neuen, grundlegenden Erkenntnisse liefert. Die Streutheorie ist vor allem in der Hochenergiephysik von großer Bedeutung. In den Streuexperimenten werden Teilchenstrahlen auf ein Target geschossen und die Richtungsverteilung und die Eigenschaften der gestreuten Teilchen werden untersucht. Die Experimente liefern Informationen über Wechselwirkungen zwischen den Reaktionspartnern und über den Aufbau der Materie (z. B. in Kristallen). Streuexperimente führten zum Rutherfordschen Atommodell (siehe Abschn. 2.3).

Wir beschränken uns auf elastische Streuungen, also Streuungen, die die Teilchen und ihre inneren Strukturen nicht ändern.

24.1 *Der Wirkungsquerschnitt*: Wir lassen ebene Wellen e^{ikz} gegen ein Potential $V(r)$ laufen, das für $r \to \infty$ schneller als $1/r$ abfällt. Laut Sommerfeldscher Ausstrahlungsbedingung lautet die auslaufende Welle im Fernfeld des Streupotentials

$$\psi_{\text{frei}} + \psi_{\text{gestr}} \underset{r \to \infty}{=} e^{ikr\cos\vartheta} + f(\vartheta)\frac{e^{ikr}}{r} \qquad k = \sqrt{2mE}\,/\hbar \qquad (24.1\text{–}5)$$

Die Streuamplitude $f(\vartheta)$ enthält alle Informationen, die nach der Streuung zugänglich sind. Der differentielle Wirkungsquerschnitt $d\sigma/d\Omega$ wird definiert als Zahl der Teilchen, die in einem Raumwinkel $d\Omega$ auslaufen, dividiert durch $d\Omega$ und dividiert durch die Zahl der Teilchen, die pro m^2 einlaufen. Mit den ein- und auslaufenden Wahrscheinlichkeitsströmen finden wir

$$\frac{d\sigma}{d\Omega} = |f(\vartheta)|^2 \qquad (24.1\text{–}9)$$

24.2 *Partialwellenanalyse*: Die Entwicklung der Streuamplitude nach den Legendre-Polynomen $P_l(\cos\vartheta)$ liefert den Wirkungsquerschnitt als Funktion der Partialwellenamplituden $a_l(k)$. Anschließend werden die Streuphasen $\delta_l(k)$ eingeführt. Da das Streupotential für $r \to \infty$ praktisch null ist, wird die *freie* Schrödinger-Gl. mit den sphärischen Bessel- und Neumann-Funktionen exakt gelöst und dann für $r \to \infty$ in eine Form gebracht, die einen Vergleich mit der Sommerfeldschen Abstrahlungsbedingung ermöglicht. Die Gleichheit der Strukturen liefert den totalen Wirkungsquerschnitt als Funktion der Streuphasen $\delta_l(k)$.

24.3 *Bornsche Näherung*: Mit der Greenfunktion des Operators $\Delta + k^2$ folgt die Integralgl.

$$\psi(\mathbf{r}) = e^{ikr\cos\vartheta} + \frac{2m}{\hbar^2} \int d^3r'\, G(\mathbf{r} - \mathbf{r}')\, V(\mathbf{r}')\, \psi(\mathbf{r}') \qquad (24.3\text{–}2)$$

für die Wellenfunktion $\psi(\mathbf{r})$. Diese Gl. lässt sich meistens nur numerisch oder iterativ lösen. In einer Iteration baut sich die Bornsche Reihe für $\psi(\mathbf{r})$ Schritt für Schritt auf.

Hinweis: Der Abschn. „24.3 Bornsche Näherung" kann gelesen werden ohne Kenntnisse des Abschn. „24.2 Partialwellenanalyse".

Quantenmechanik: Lehr- und Arbeitsbuch, 2. Auflage. Friedhelm Kuypers.
© 2026 Wiley-VCH GmbH. Published 2026 by Wiley-VCH GmbH.

24.1 Der Wirkungsquerschnitt

Der Einfachheit wegen gehen wir von folgenden, üblichen Voraussetzungen aus:

- Die Streuungen sind **elastisch**, d. h. die Teilchen und ihre inneren Strukturen ändern sich nicht. Die Summe der kinetischen Energien der Reaktionspartner ist vor und nach den Streuungen gleich groß. Die Potentiale sind reell und beschreiben daher nur elastische Streuungen.

- Die Potentiale $V(r)$ sind **kugelsymmetrisch** und fallen für $r \rightarrow \infty$ schneller als $1/r$ ab:

$$\lim_{r \to \infty} r\, V(r) = 0 \qquad\qquad (24.1\text{–}1)$$

Man sagt: Potentiale, die für $r \rightarrow \infty$ schneller als $1/r$ abfallen, haben eine **endliche Reichweite**.

Das Coulombpotential erfüllt die Gl. (24.1–1) nicht. Daher erfordert die exakte Berechnung des Wirkungsquerschnitts für das Coulombpotential eigene Untersuchungen (siehe [Scheck], Abschn. 2.3.2).

- Die Teilchen haben keinen Spin bzw. Spineinflüsse werden vernachlässigt.

- Das Target ist so dünn, dass nacheinander folgende Mehrfachstreuungen vernachlässigt werden können.

- Der einfallende Strahl ist seitlich begrenzt. Der Detektor hinter dem Target liegt außerhalb dieses Strahls und registriert daher nur gestreute Teilchen. (Dann lässt sich der Wirkungsquerschnitt in Vorwärtsrichtung ($\vartheta = 0$) nicht messen und muss durch Extrapolation bestimmt werden.)

- Die Dichte der einlaufenden Teilchen ist so gering, dass gegenseitige Wechselwirkungen der einlaufenden Teilchen vernachlässigbar sind.

Die ein- und auslaufenden Streuteilchen müssten eigentlich durch normierbare Wellenpakete beschrieben werden, die durch das Streuzentrum laufen (siehe Abb. 24.1–1 und Aufgabe 24–8). Wegen des Superpositionsprinzips dürfen wir – wie in den Abschn. „5.2 Potentialstufe" und „5.4 Potentialwall" – auf die Normierbarkeit verzichten und mit stationären, unendlich ausgedehnten Wellen arbeiten, die ein festes k und eine feste Energie $\hbar^2 k^2/(2m)$ haben.

Die Detektoren sind in allen Experimenten weit weg vom Streuzentrum aufgestellt, also in Gebieten, in denen das Streupotential praktisch verschwindet. Daher sind wir grundsätzlich nur an dem Aussehen der (nahezu freien) Wellenfunktionen in großer Entfernung vom Streuzentrum interessiert.

Unser Desinteresse an der Kenntnis der Wellenfunktionen im zentralen Bereich des Streupotentials ist erfreulich, da die Wellenfunktionen dort nicht gemessen werden können.

Wir untersuchen die Streuung zunächst auf eine *intuitive*, einfache Art. In großer Entfernung zum Streuzentrum sind die Teilchen wegen Gl. (24.1–1) *praktisch wechselwirkungsfrei*. Daher können die einlaufenden Teilchen und die nicht gestreuten, auslaufenden Teilchen durch eine **ebene Welle** beschrieben werden, die in z-Richtung laufen soll:

$$\psi_{\text{eben}}(x) = e^{ikz} = e^{ikr\cos\vartheta} \qquad \text{mit} \qquad k = \sqrt{\frac{2mE}{\hbar^2}} \quad E > 0 \qquad (24.1\text{–}2)$$

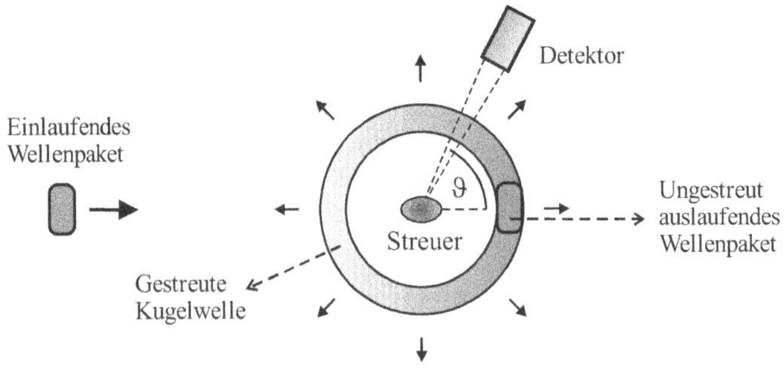

Abb. 24.1–1 Ein Wellenpaket läuft von links auf den Streuer zu, der im Koordinatenursprung ruht. Nach der Streuung läuft ein ungestreutes Wellenpaket nach rechts weiter und ein gestreutes, kugelförmiges Wellenpaket wandert in alle Richtungen.

Der seitlich aufgestellte Detektor registriert nur die gestreute Kugelwelle, so dass wir die – nur für kleine ϑ auftretende – Interferenz zwischen dem ebenen, ungestreut auslaufenden Wellenpaket und dem kugelförmigen, gestreuten Wellenpaket nicht beachten müssen. Diese destruktive Interferenz sorgt dafür, dass die Normierung und die gesamte Teilchenzahl erhalten bleiben.

Bemerkung: $\exp[i(kz-\omega t)]$ beschreibt eine ebene, in die positive z-Richtung laufende Welle. Wie früher vereinbart wird der zeitabhängige Faktor $\exp[-i\omega t]$ i. Allg. nicht mitgeschrieben.

Der Wahrscheinlichkeitsstrom dieser ebenen Welle lautet

$$\mathbf{j}_{\text{eben}} \underset{\substack{\uparrow \\ \text{Gl. (3.4–3c)}}}{=} \frac{\hbar}{m} \operatorname{Re}\left[\frac{1}{i}\,\psi_{\text{eben}}^* \,\mathbf{e}_z\frac{d}{dz}\,\psi_{\text{eben}}\right] \underset{\substack{\uparrow \\ \text{Gl. (3.4–9)}}}{=} \frac{\hbar k}{m}\mathbf{e}_z = \frac{p}{m}\mathbf{e}_z \qquad (24.1\text{–}3)$$

Auch die gestreuten Teilchen sind in großer Entfernung zum Target praktisch kräftefrei. Die Wellenfunktion ψ_{streu} der gestreuten, auslaufenden Teilchen kann nicht vom Polarwinkel φ abhängen, da wegen $V=V(r)$ eine Symmetrie gegenüber Drehungen um die Richtung des einfallenden Teilchens, also gegenüber Drehungen um die z-Achse vorliegt. Außerdem muss $|\psi_{\text{streu}}|$ in großer Entfernung proportional zu $1/r$ sein, da die Wahrscheinlichkeit, dass ein weit entfernter Detektor ein gestreutes Teilchen im gegebenen Raumwinkel $d\Omega = \sin\vartheta\,d\vartheta\cdot d\varphi$ findet, nicht von der Entfernung r zum Target abhängt. Daher lautet die gestreute (nicht normierbare) Wellenfunktion[1]:

$$\psi_{\text{streu}}(\vartheta,r) \underset{\substack{\uparrow \\ r\to\infty}}{=} f(\vartheta)\frac{e^{ikr}}{r} \qquad (24.1\text{–}4)$$

Die sog. **Streuamplitude** $f(\vartheta)$ ist komplex und beschreibt die ϑ-Abhängigkeit der auslaufenden Kugelwelle. *$f(\vartheta)$ enthält die gesamte zugängliche Information über das Streupotential $V(r)$.*

---

[1] Wie in vielen Lehrbüchern wird die Gl. (24.1–4) hier zuerst einmal mit Argumenten *intuitiv* aufgestellt. Erst das folgende Beispiel 24.1–1 beweist die Gl. (24.1–4) nachträglich. Später wird die Gl. (24.1–4) in Beispiel 24.3–1b mathematisch mit der Greenfunktion des Operators $\Delta+k^2$ hergeleitet.

Fazit: Für genügend große Zeiten nach der Streuung besteht die Wellenfunktion aus einem ungestreuten, transmittierenden, ebenen Anteil und aus einem gestreuten Anteil. Insgesamt lautet die Wellenfunktion *in großer Entfernung zum Target* [2]

$$\Psi_{\text{eben}} + \Psi_{\text{streu}} \underset{r \to \infty}{=} e^{ikz} + f(\vartheta)\frac{e^{ikr}}{r} \tag{24.1-5}$$

Diese Gl. ist die **Sommerfeldsche Ausstrahlungsbedingung**.

Beispiel 24.1–1 Wann ist die Wellenfunktion (24.1–5) eine Lösung der Schrödinger-Gl.?

Zeige, dass das Potential $V(r)$ für große r stärker als $1/r$ abfallen muss, dass also

$$\lim_{r \to \infty} r\, V(r) = 0 \tag{24.1-1}$$

gelten muss, damit die Wellenfunktion in Gl. (24.1–5) die Schrödinger-Gl.

$$\left[-\frac{\hbar^2}{2m}\Delta + V(r)\right]\left(\Psi_{\text{eben}} + \Psi_{\text{streu}}\right) = E\left(\Psi_{\text{eben}} + \Psi_{\text{streu}}\right) = \frac{\hbar^2 k^2}{2m}\left(\Psi_{\text{eben}} + \Psi_{\text{streu}}\right)$$

für große r näherungsweise löst.

Lösung:

Zuerst einmal gilt:

$$\Delta e^{ikz} = -k^2 e^{ikz}$$

Mit den Gln. (10.1–2) und (9.3–3a) ergibt sich

$$\Delta\left[f(\vartheta)\frac{e^{ikr}}{r}\right] = f(\vartheta)\left[\frac{\partial^2}{\partial r^2} + \frac{2}{r}\frac{\partial}{\partial r}\right]\frac{e^{ikr}}{r} + \frac{e^{ikr}}{r}\frac{1}{r^2}\frac{1}{\sin\vartheta}\frac{\partial}{\partial\vartheta}\left(\sin\vartheta\frac{\partial}{\partial\vartheta}\right)f(\vartheta) =$$

$$= -k^2 f(\vartheta)\frac{e^{ikr}}{r} + O(r^{-3}) \tag{24.1-6}$$

$$\Rightarrow \left[-\frac{\hbar^2\Delta}{2m} + V(r)\right]\left[e^{ikz} + f(\vartheta)\frac{e^{ikr}}{r}\right] =$$

$$\left[\frac{\hbar^2 k^2}{2m} + V(r)\right]\left[e^{ikz} + f(\vartheta)\frac{e^{ikr}}{r}\right] + O(r^{-3})$$

Wegen der Konstanz der Wellenzahl k ist diese Gl. nur dann näherungsweise eine Schrödinger-Gl., also eine Eigenwertgl. des Hamiltonoperators, wenn der Eigenwert – das ist der Wert der vorletzten eckigen Klammer – näherungsweise *konstant* ist; denn Eigenwerte sind *immer konstant*. Der Eigenwert ist ungefähr konstant, wenn $V(r)$ vernachlässigt werden kann. Wir betrachten daher die vorletzte eckige Klammer genauer: Für $r \to \infty$ kann $V(r)$ gegenüber $\hbar^2 k^2/(2m)$ vernachlässigt werden, wenn der größte Beitrag $V(r)e^{ikz}$ mit Potential viel kleiner ist als der

---

[2] Natürlich hängt die Streuamplitude auch von der Energie $\hbar^2 k^2/(2m)$ der einlaufenden Teilchen und daher von k ab: $f = f(\vartheta, k)$. Es ist aber in den meisten Fällen üblich, einfach $f(\vartheta)$ zu schreiben.

kleinste Beitrag $\sim k^2 f(\vartheta)\, e^{ikr}/r$ ohne Potential. Das ist der Fall, wenn $V(r)$ für $r\to\infty$ schneller als $1/r$ abfällt. Dann gilt näherungsweise die Schrödinger-Gl.:

$$\left[-\frac{\hbar^2 \Delta}{2m}+V(r)\right]\left[e^{ikz}+f(\vartheta)\frac{e^{ikr}}{r}\right] \underset{\underset{\text{große } r}{\uparrow}}{\approx} \frac{\hbar^2 k^2}{2m}\left[e^{ikz}+f(\vartheta)\frac{e^{ikr}}{r}\right]$$

Wegen des Terms $O(r^{-3})$ in Gl. (24.1–6) gilt: Die ϑ-abhängige Kugelwelle $f(\vartheta)\exp(ikr)/r$ ist auch für freie Teilchen ($V(r)=0$) nur für große Radien r eine angenäherte Lösung der Schrödinger-Gl.

Nur für $V(r)=0$ und (zugleich) $f(\vartheta)=\text{const}$ ist die ϑ-unabhängige Kugelwelle $\exp(ikr)/r$ eine exakte Lösung der Schrödinger-Gl. für alle Radien r.

Beispiel 24.1–2 Wahrscheinlichkeitsstrom einer auslaufenden Kugelwelle

Wie groß ist der Wahrscheinlichkeitsstrom $\mathbf{j}_{\text{streu}}(\vartheta,r)$ der auslaufenden Kugelwelle (24.1–4)?

Lösung:

Die Wahrscheinlichkeitsstromdichte wurde in Abschn. „3.4 Die Kontinuitätsgl." eingeführt.

$$\mathbf{j}_{\text{streu}} \underset{\underset{\text{Gl. (3.4–3c)}}{\uparrow}}{=} \frac{\hbar}{m}\,\text{Re}\left[\frac{1}{i}\,\psi^{*}_{\text{streu}}\,\nabla\,\psi_{\text{streu}}\right] \underset{\underset{\text{Aufgabe 9–1}}{\uparrow}}{=}$$

$$= \frac{\hbar}{m}\,\text{Re}\left[\frac{1}{i}\,\psi^{*}_{\text{streu}}\left(\mathbf{e}_r\frac{\partial}{\partial r}+\mathbf{e}_\vartheta\frac{1}{r}\frac{\partial}{\partial\vartheta}+\mathbf{e}_\varphi\frac{1}{r\sin\vartheta}\frac{\partial}{\partial\varphi}\right)\psi_{\text{streu}}\right]$$

Mit $\quad\mathbf{e}_r\dfrac{\partial}{\partial r}f(\vartheta)\dfrac{e^{ikr}}{r}=\mathbf{e}_r\left(ik-\dfrac{1}{r}\right)f(\vartheta)\dfrac{e^{ikr}}{r}\qquad\mathbf{e}_\vartheta\dfrac{1}{r}\dfrac{\partial}{\partial\vartheta}f(\vartheta)\dfrac{e^{ikr}}{r}=\mathbf{e}_\vartheta f'(\vartheta)\dfrac{e^{ikr}}{r^2}$

folgt $\quad\mathbf{j}_{\text{streu}}(\vartheta,r)=\dfrac{\hbar k}{m}\dfrac{|f(\vartheta)|^2}{r^2}\mathbf{e}_r+\dfrac{\hbar}{m}\dfrac{1}{r^3}\text{Im}\left[f^{*}(\vartheta)\,f'(\vartheta)\right]\mathbf{e}_\vartheta$

Für große Radien r ist der letzte Term vernachlässigbar und der *Wahrscheinlichkeitsstrom der Kugelwelle* $f(\vartheta)\,e^{ikr}/r$ *ist für große Radien* r *radial*:

$$\mathbf{j}_{\text{streu}}(\vartheta,r)\underset{\underset{r\to\infty}{\uparrow}}{=}\frac{\hbar k}{m}\frac{|f(\vartheta)|^2}{r^2}\mathbf{e}_r \tag{24.1–7}$$

Für die ϑ-unabhängige Kugelfunktionen $\psi(r)=f\,e^{ikr}/r$ (also für $f(\vartheta)=\text{const}$) gilt die Gl. (24.1–7) für alle Radien r exakt.

Wir definieren und berechnen den differentiellen Wirkungsquerschnitt $d\sigma/d\Omega$, weil er die einzige sinnvolle Größe ist, die bei elastischen Streuungen gemessen werden kann und weil er die Verbindung zwischen Messungen und Rechnungen liefert. Dazu benötigen wir die allgemeine Gl. des Wahrscheinlichkeitsstroms:

$$\mathbf{j}(\mathbf{r},t)=\frac{\hbar}{2mi}\left[\psi^{*}(\mathbf{r},t)\,\nabla\,\psi(\mathbf{r},t)-\psi(\mathbf{r},t)\,\nabla\,\psi^{*}(\mathbf{r},t)\right] \tag{3.4–3a}$$

$\mathbf{j}(\mathbf{r},t)$ ist die Wahrscheinlichkeit, dass das Teilchen mit der Wellenfunktion $\psi(\mathbf{r},t)$ pro Sekunde durch die Flächeneinheit an der Stelle $\mathbf{r}$ läuft. $\mathbf{j}(\mathbf{r},t)$ hat die Einheit $1/(\text{m}^2\,\text{s})$. Daher ist $\mathbf{j}(\mathbf{r},t)\cdot d\mathbf{A}$ *die Wahrscheinlichkeit, dass das Teilchen mit der Wellenfunktion* $\psi(\mathbf{r},t)$ *pro Sekunde die Fläche* $d\mathbf{A}$ *an der Stelle* $\mathbf{r}$ *passiert.* In unserem Fall ist

$$j_{\text{streu}}(\vartheta,r)\cdot r^2 d\Omega \underset{\underset{\text{Gl. (24.1-7)}}{\uparrow}}{=} \frac{\hbar k}{m}\,|f(\vartheta)|^2\,d\Omega \qquad \text{für}\ \ r\to\infty \qquad (24.1\text{-}8)$$

die Wahrscheinlichkeit, dass das gestreute Teilchen weit weg vom Streuzentrum (großes r) in den Raumwinkel $d\Omega = \sin\vartheta\,d\vartheta\,d\varphi$ gestreut und dort vom Detektor erfasst wird.[3]

Der **differentielle Wirkungsquerschnitt** $d\sigma/d\Omega$ – auch **differentieller Streuquerschnitt** genannt – wird in der Quantenmechanik genauso wie in der Klassischen Mechanik definiert (siehe [Kuypers], Abschn. 11.6). Laut Definition ist der differentielle Wirkungsquerschnitt $d\sigma/d\Omega$ die *Zahl der Teilchen, die pro Sekunde in einem Raumwinkel* $d\Omega$ *auslaufen, dividiert durch* $d\Omega$ *und dividiert durch die Zahl der Teilchen, die pro Sekunde pro* m^2 *einlaufen:*

$$\frac{d\sigma}{d\Omega} := \frac{1}{d\Omega}\,\frac{\text{Zahl der Teilchen, die pro Sek. in den Raumwinkel } d\Omega \text{ gestreut werden}}{\text{Zahl der Teilchen, die pro Sek. und pro } \text{m}^2 \text{ einlaufen}} =$$

$$= \frac{1}{d\Omega}\,\frac{j_{\text{streu}}\cdot r^2\,d\Omega}{j_{\text{eben}}} \underset{\underset{\text{Gln. (24.1-3/8)}}{\uparrow}}{=} |f(\vartheta)|^2 \qquad (24.1\text{-}9)$$

Mit einem Detektor, der die Teilchen zählt, die in den Raumwinkel $d\Omega$ fliegen, *kann der differentielle Wirkungsquerschnitt* $|f(\vartheta)|^2$ *leicht gemessen werden.* Die Messungen müssen bei verschiedenen Streuwinkeln ϑ und auch bei verschiedenen Energien $\hbar^2 k^2/(2m)$ durchgeführt werden. (In der Literatur wird oft in Kurzform $f(\vartheta)$ anstelle von $f(\vartheta,k)$ geschrieben.) Danach sucht man – gestützt auf Modellvorstellungen – ein Potential $V(r,a_1,a_2,...)$, das von anfangs unbekannten Parametern $a_1,a_2,...$ abhängt. Mit diesem Potential berechnet man den differentiellen Wirkungsquerschnitt $d\sigma/d\Omega = |f(\vartheta)|^2$ und bestimmt die anfangs noch unbekannten Parameter so, dass berechneter und gemessener Wirkungsquerschnitt möglichst gut übereinstimmen. Leider kann *das Potential* $V(r)$ *nicht eindeutig aus* $|f(\vartheta,k)|^2$ *ermittelt werden.* Umgekehrt aber gibt es zu jedem Potential $V(r)$ eindeutig eine Streuamplitude.

Der **totale Wirkungsquerschnitt** ist laut Definition das Integral des differentiellen Wirkungsquerschnittes über alle Raumwinkel:

$$\sigma_{\text{tot}} := \int |f(\vartheta)|^2\,d\Omega \underset{\underset{d\Omega = \sin\vartheta\,d\vartheta\,d\varphi}{\uparrow}}{=} 2\pi \int_0^\pi |f(\vartheta)|^2 \sin\vartheta\,d\vartheta \qquad (24.1\text{-}10)$$

Nach den Gln. (24.1-9/10) ist das Betragsquadrat $|f(\vartheta)|^2$ der Streuamplitude eine grundlegende Größe der Streutheorie. $f(\vartheta)$ wird *eindeutig* durch das Potential $V(r)$ bestimmt;

---

[3] Bei Zwei-Teilchen-Streuungen sind r der Abstand der zwei streuenden Teilchen, m die reduzierte Masse

$$m = m_1 m_2/(m_1 + m_2)$$

und ϑ der Streuwinkel im Schwerpunktsystem.

die Berechnung ist analytisch oder numerisch. Wichtiger ist die umgekehrte Aufgabe, nämlich die Herleitung des Potentials $V(r)$ aus $|f(\vartheta)|^2$. Leider ist diese Aufgabe – wie bereits gesagt – *nicht eindeutig lösbar.*

24.2 Partialwellenanalyse

Nach Gl. (24.1-9) ist der differentielle Streuquerschnitt gleich $|f(\vartheta)|^2$. Das ist nicht unplausibel, da nur die Streuamplitude $f(\vartheta)$ Informationen über das Streupotential $V(r)$ enthält. Außerdem ist $|f(\vartheta)|^2$ reell und hat die richtige Einheit m^2. In diesem Abschn. 24.2 soll die Streuamplitude $f(\vartheta)$ mit Partialwellenamplituden $a_l(k)$ und mit anschaulichen Streuphasen $\delta_l(k)$ berechnet werden.

Zuerst führe ich die Partialwellenamplituden ein, indem ich die Streuamplitude $f(\vartheta)$ nach den *vollständigen* **Legendre-Polynomen**[4]

$$P_l(\cos\vartheta) := P_{l0}(\cos\vartheta) = \sqrt{\frac{4\pi}{2l+1}}\, Y_{l0}(\vartheta) \tag{24.2-1}$$

entwickle. Der mathematische Ansatz lautet:[5]

$$f(\vartheta,k) = \frac{1}{k}\sum_{l=0}^{\infty}(2l+1)\,a_l(k)\,P_l(\cos\vartheta) \tag{24.2-2}$$

Die komplexen Entwicklungskoeffizienten $a_l(k)$ heißen **Partialwellenamplituden**. Der Faktor $1/k$ gibt die Einheit wieder. Er ist Konvention – ebenso wie die Faktoren $(2l+1)$, die die späteren Rechnungen vereinfachen. Die Streuamplitude $f(\vartheta,k)$ und die Partialwellenamplituden $a_l(k)$ hängen von der Wellenzahl k ab, weil der Streuquerschnitt von der Energie $E = \hbar^2 k^2/(2m)$ abhängt.

Die Streuamplitude $f(\vartheta,k)$ und damit die Partialwellenamplituden $a_l(k)$ enthalten alle Informationen, die die Streuungen über das Potential $V(r)$ liefern. Wenn wir alle $a_l(k)$ kennen, dann kennen wir $f(\vartheta,k)$ und damit den Wirkungsquerschnitt.

Wegen des Ansatzes (24.2-2) ist der totale Streuquerschnitt eine Funktion der Partialwellenamplituden $a_l(k)$:

---

[4] Die **Orthogonalitätsrelation** und die **Vollständigkeitsrelation** der Legendre-Polynome lauten:

$$\int_{-1}^{+1} dz\, P_l(z) P_n(z) = \frac{2}{2l+1}\delta_{ln} \qquad \sum_{l=0}^{\infty}\frac{2l+1}{2}\,P_l(z)\,P_l(z') = \delta(z-z')$$

[5] Anmerkung zum Ansatz (24.2-2): Wenn $f(\vartheta)$ nur von ϑ abhängen *würde*, also nicht von k, dann könnte man wegen der Vollständigkeit der Legendre-Polynome schreiben (vgl. z. B. mit den Gln. (7.1–6/7)).

$$f(\vartheta) = \sum_{l=0}^{\infty} a_l\, P_l(\cos\vartheta) \qquad \text{mit konstanten Entwicklungskoeffizienten } a_l$$

Da aber $f(\vartheta,k)$ auch von k abhängt, gibt es für jeden festen k-Wert einen anderen Satz $\{a_l(k)\}$ von Entwicklungskoeffizienten und Gl. (24.2-2) folgt.

$$\sigma_{\text{tot}} \underset{\underset{\text{Gl. (24.1–10)}}{\uparrow}}{=} \frac{1}{k^2} \sum_{l,l'=0}^{\infty} (2l+1)(2l'+1)\, a_l^*(k)\, a_{l'}(k) \int d\Omega\, P_l^*(\cos\vartheta)\, P_{l'}(\cos\vartheta) =$$

$$= \frac{1}{k^2} \sum_{l,l'=0}^{\infty} (2l+1)(2l'+1)\, a_l^*(k)\, a_{l'}(k) \int_0^{2\pi} d\varphi \int_{-1}^{1} d(\cos\vartheta)\, P_l^*(\cos\vartheta)\, P_{l'}(\cos\vartheta)$$

Mit der Orthogonalitätsrelation der reellen Legendre-Polynome folgt

$$\sigma_{\text{tot}} = \frac{4\pi}{k^2} \sum_{l=0}^{\infty} (2l+1)\, |a_l^2(k)|^2 \tag{24.2–3}$$

Die Gl. liefert den totalen Streuquerschnitt als Funktion der Partialwellenamplituden. Anstelle der *einen* Streuamplitude $f(k,\vartheta)$ in Gl. (24.1–10) sind nun *unendlich viele* Partialwellenamplituden $a_l(k)$ zu berechnen. Daher ist die Gl. (24.2–3) nur nützlich, wenn die ersten Summanden dominieren, so dass die Reihe abgebrochen werden kann. Dies ist der Fall für kleine Energien und/oder für sehr kurzreichweitige Potentiale.

Bisher trat die Schrödinger-Gl. noch nicht auf. In diesem Abschn. 24.2 wurden lediglich die Partialwellenamplituden $a_l(k)$ eingeführt, indem die Streuamplitude $f(\vartheta)$ in Gl. (24.2–2) nach den *vollständigen* Legendre-Polynomen $P_l(\cos\vartheta)$ entwickelt wurde.

Jetzt sollen die anschaulichen Streuphasen $\delta_l(k)$

- durch die Lösung der *freien* Schrödinger-Gl. und
- durch die Anpassung dieser Lösung an die Sommerfeldsche Ausstrahlungsbedingung

eingeführt werden (Im Folgenden deutet der hoch gesetzte Index $^{(0)}$ das verschwindende Potential an.) Der Produktansatz

$$\psi_l^{(0)}(r,\vartheta) = R_l^{(0)}(r)\, P_l(\cos\vartheta) = R_l^{(0)}(r) \sqrt{\frac{4\pi}{2l+1}}\, Y_{l0}(\vartheta)$$

und die Substitution

$$\rho := kr \quad \text{und} \quad R_l^{(0)}(r) = R_l^{(0)}(\rho/k) =: \tilde{R}_l^{(0)}(\rho)$$

führen mit Gl. (10.1–2), die den Laplace-Operator in Kugelkoordinaten liefert, auf die **freie Schrödinger-Gl.**

$$\left[\frac{d^2}{d\rho^2} + \frac{2}{\rho}\frac{d}{d\rho} - \frac{1}{\hbar^2}\frac{\hat{\mathbf{L}}^2}{\rho^2} + 1 \right] \tilde{R}_l^{(0)}(\rho)\, P_l(\cos\vartheta) = 0 \tag{24.2–4}$$

Mit $\hat{\mathbf{L}}^2 P_l(\cos\vartheta) = \hbar^2 l(l+1) P_l(\cos\vartheta)$ folgt

$$\left[\frac{d^2}{d\rho^2} + \frac{2}{\rho}\frac{d}{d\rho} - \frac{l(l+1)}{\rho^2} + 1 \right] \tilde{R}_l^{(0)}(\rho) = 0 \tag{24.2–5}$$

Diese sog. **Besselsche Differentialgleichung** wird *exakt* gelöst durch die sphärischen Bessel-Funktionen $j_l(\rho)$ und die sphärischen Neumann-Funktionen $n_l(\rho)$ (siehe die Aufgaben 24–2/3)

$$j_l(\rho) = (-\rho)^l \left(\frac{1}{\rho} \frac{d}{d\rho} \right)^l \frac{\sin\rho}{\rho} \qquad\qquad n_l(\rho) = -(-\rho)^l \left(\frac{1}{\rho} \frac{d}{d\rho} \right)^l \frac{\cos\rho}{\rho} \qquad (24.2\text{–}6a/b)$$

sowie durch die sphärischen Hankel-Funktionen

$$h_l^{(\pm)}(\rho) = (-\rho)^l \left(\frac{1}{\rho} \frac{d}{d\rho} \right)^l \frac{e^{\pm i\rho}}{\rho} = \pm i \left[j_l(\rho) \pm i n_l(\rho) \right] \qquad (24.2\text{–}6c)$$

Beispiel 24.2–1 Streuung an einer harten Kugel

In diesem Beispiel kommen wir nochmals auf die Partialwellenamplituden $a_l(k)$ zurück. Dabei brauchen wir die Gln. (24.2–5) und (24.2–6c).

Berechne den totalen Wirkungsquerschnitt σ_{tot} des harten Potentialberges

$$V(r) = \begin{cases} \infty & \text{für } r \le R_0 \\ 0 & \text{für } r > R_0 \end{cases}$$

Dieses Potential beschreibt in einfachster Form niederenergetische Teilchenstreuungen an Atomkernen mit Radius R_0. (Siehe auch Aufgabe „24–7 Streuung an einer weichen Kugel".)

Tipp: Setze die Rayleigh-Gl. (24.5–1a) (siehe den Beweis in Aufgabe 24–1) und die Entwicklung (24.2–2) von $f(\vartheta)$ in die Sommerfeldsche Ausstrahlungsbedingung (24.1–5) ein und betrachte den asymptotischen Grenzfall $r \to \infty$. Die Partialwellenamplituden $a_l(k)$ werden durch die Stetigkeitsbedingung auf dem Rand $r = R_0$ des Potentialberges festgelegt.

Lösung:

Wir setzen die exakte Rayleigh-Gl.

$$e^{ikz} = e^{ikr\cos\vartheta} = \sum_{l=0}^{\infty} i^l (2l+1)\, j_l(kr)\, P_l(\cos\vartheta) \qquad (24.5\text{–}1a)$$

und die Entwicklung (24.2–2) von $f(\vartheta)$ in die Ausstrahlungsbedingung (24.1–5) ein:

$$\Psi_{\mathrm{eben}} + \Psi_{\mathrm{streu}} \underset{r\to\infty}{=} e^{ikr\cos\vartheta} + f(\vartheta)\frac{e^{ikr}}{r} = \qquad (24.1\text{–}5)$$

$$= \underbrace{\sum_{l=0}^{\infty} i^l (2l+1)\, j_l(kr)\, P_l(\cos\vartheta)}_{\exp(ikz) = \exp(ikr\cos\vartheta)} + \underbrace{\frac{1}{k} \sum_{l=0}^{\infty} (2l+1)\, a_l(k)\, P_l(\cos\vartheta)\, \frac{e^{ikr}}{r}}_{=f(\vartheta)} \qquad (24.2\text{–}7a)$$

Wegen (siehe Aufgabe 24–3)

$$h_l^{(+)}(\rho) := (-\rho)^l \left(\frac{1}{\rho} \frac{d}{d\rho} \right)^l \frac{e^{i\rho}}{\rho} \underset{\rho \gg 1}{\approx} \frac{1}{\rho} e^{i(\rho - l\pi/2)} = (-i)^l \frac{e^{i\rho}}{\rho} \qquad (24.5\text{–}9b)$$

lässt sich die *Sommerfeldsche Ausstrahlungsbedingung* wie folgt schreiben:

$$\Psi_{\mathrm{eben}} + \Psi_{\mathrm{streu}} \underset{r\to\infty}{=} \sum_{l=0}^{\infty} i^l (2l+1) \left[j_l(kr) + a_l(k)\, h_l^{(+)}(kr) \right] P_l(\cos\vartheta) \qquad (24.2\text{–}7b)$$

Diese Gl. (24.2–7b) hat für $r \to \infty$ die *Struktur der Sommerfeldschen Ausstrahlungsbedingung*.[6]

Für $r \leq R_0$ ist das Potential der harten Kugel unendlich, so dass die Wellenfunktion dort verschwindet (siehe Abschn. 5.1). Die Partialwellenamplituden $a_l(k)$ werden durch die **Stetigkeitsbedingung** auf der Kugeloberfläche

$$\psi(r=R_0,\vartheta) = \sum_{l=0}^{\infty} i^l (2l+1) \left[j_l(kR_0) + a_l(k)\, h_l^{(+)}(kR_0) \right] P_l(\cos\vartheta) \overset{!}{=} 0$$

festgelegt. Wegen der Orthogonalität der Legendre-Polynome (siehe die Gln. (24.2–1) und (9.3–14)) ist jeder einzelne Summand null.

$$\Rightarrow \quad a_l(k) = -\frac{j_l(kR_0)}{h_l^{(+)}(kR_0)} \tag{24.2–8}$$

Somit erhalten wir den totalen Wirkungsquerschnitt der harten Kugel zu

$$\sigma_{\text{tot}} \underset{\substack{\uparrow \\ \text{Gl. (24.2–3)}}}{=} \frac{4\pi}{k^2} \sum_{l=0}^{\infty} (2l+1)\, |a_l^2(k)|^2 = \frac{4\pi}{k^2} \sum_{l=0}^{\infty} (2l+1) \left| \frac{j_l(kR_0)}{h_l^{(+)}(kR_0)} \right|^2 \tag{24.2–9}$$

Leider ist diese exakte Lösung unhandlich. Daher untersuchen wir zwei Grenzfälle:

1) Niederenergetische Streuung mit $kR_0 \ll 1 \Leftrightarrow \lambda \gg R_0$. Die de-Broglie-Wellenlänge λ ist viel größer als der Radius der harten Kugel. Mit den Gln. (24.5–6a/9a) in Aufgabe 24–3 und

$$(2l+1)!! = \frac{(2l+1)!}{(2l)!!} = (2l+1)\frac{(2l)!}{2^l\, l!} \quad \text{und} \quad (2l-1)!! = \frac{(2l+1)!!}{2l+1} = \frac{1}{2l+1}\frac{(2l)!}{2^l\, l!}$$

folgt $\sigma_{\text{tot}} \underset{\substack{\uparrow \\ \text{für } kR_0 \ll 1}}{\approx} \dfrac{4\pi}{k^2} \sum_{l=0}^{\infty} \dfrac{1}{2l+1} \left[\dfrac{2^l\, l!}{(2l)!} \right]^4 (kR_0)^{4l+2} \tag{24.2–10}$

Wegen $kR_0 \ll 1$ dominiert der erste Summand mit $l=0$. Folglich gilt näherungsweise

$$\sigma_{\text{tot}} \underset{\substack{\uparrow \\ \text{für } kR_0 \ll 1}}{\approx} 4\pi R_0^2 \tag{24.2–11}$$

Der Wirkungsquerschnitt der harten Kugel ist bei der niederenergetischen Streuung *viermal* größer als der *klassische* Wirkungsquerschnitt πR_0^2, der mit der geometrischen Querschnittsfläche übereinstimmt (siehe [Kuypers], Beispiel 11.6–2). Die niederenergetischen Wellen „tasten" wegen $\lambda \gg R_0$ die ganze Kugeloberfläche $4\pi R_0^2$ „ab".

2) Hochenergetische Streuung mit $kR_0 \gg 1 \Leftrightarrow \lambda \ll R_0$. Mit den Gln. (24.5–7a/9b) folgt

$$\sigma_{\text{tot}} \underset{\substack{\uparrow \\ \text{für } kR_0 \gg 1}}{\approx} \frac{4\pi}{k^2} \sum_{l=0}^{\infty} (2l+1)\sin^2\!\left(kR_0 - l\pi/2\right) \underset{\substack{\uparrow \\ \text{[21], Abschn. 9.2.2}}}{\approx} 2\pi R_0^2$$

---

[6] Das Auftreten von $h_l^{(+)}(kr)$ ist plausibel, da unter den vier sphärischen Funktionen (24.2–6a/b/c) nur $h_l^{(+)}(kr)$ im Fernfeld eine auslaufende Kugelwelle beschreiben (siehe Aufgabe 24–3b).

Das Potential ist in der Lösung bisher noch nicht vorgekommen. Die $a_l(k)$ und damit auch $f(\vartheta,k)$ werden erst durch das Potential festgelegt – in unserem Fall durch die Stetigkeitsbedingung bei $r = R_0$.

Da σ_{tot} doppelt so groß ist wie der klassische Wirkungsquerschnitt einer harten Kugel, wirken quantenmechanische Effekte hier auch für sehr kleine Wellenlängen des gestreuten Teilchens. Das ist darauf zurückzuführen, dass sich das Potential bei $r=R_0$ unstetig ändert und nicht stetig in einem Intervall, das größer ist als λ (vgl. mit Fußnote 13 in Abschn. 5.2).

Wir kommen zurück auf die freie Schrödinger-Gl. (24.2–4). Ihre (φ-unabhängige, ansonsten) *allgemeine*, *exakte* Lösung ist eine *Überlagerung* mit Produkten von den sphärischen Funktionen (24.2–6) und den Legendre-Polynomen $P_l(\cos\vartheta)$. Es ist zweckmäßig, mit den sphärischen Bessel- und Neumann-Funktionen und nicht – wie in Gl. (24.2–7b) – mit den Hankel-Funktionen zu arbeiten. Mit den Entwicklungskoeffizienten $d_l(k), e_l(k)$ lässt sich die Überlagerung folgendermaßen schreiben und asymptotisch entwickeln:

$$\psi^{(0)}(r,\vartheta) = \sum_{l=0}^{\infty} \Big[d_l(k)\, j_l(kr) - e_l(k)\, n_l(kr) \Big] P_l(\cos\vartheta) \quad \underset{\underset{\text{Gln. (24.5–7a/b)}}{\uparrow}}{=} \quad \tag{24.2–12a}$$

$$\underset{\underset{r\to\infty}{\uparrow}}{=} \quad \frac{1}{kr} \sum_{l=0}^{\infty} \left[d_l(k) \sin\!\left(kr - l\frac{\pi}{2} \right) + e_l(k) \cos\!\left(kr - l\frac{\pi}{2} \right) \right] P_l(\cos\vartheta) =$$

$$\underset{\underset{\text{math. Formel}}{\uparrow}}{=} \quad \frac{1}{kr} \sum_{l=0}^{\infty} c_l(k) \sin\!\left(kr - l\frac{\pi}{2} + \delta_l(k) \right) P_l(\cos\vartheta) \tag{24.2–12b}$$

$$\text{mit} \qquad \tan\delta_l(k) = \frac{e_l(k)}{d_l(k)} \tag{24.2–13}$$

Die Phase $\delta_l(k)$ heißt **Streuphase** der Partialwelle mit Drehimpuls l.[7]

---

[7] Die Gl. $c_l(k) = \sqrt{d_l^2(k) + e_l^2(k)}$ steht ebenfalls in der Formelsammlung, ist aber für uns uninteressant.

Die physikalische Bedeutung der Streuphasen ergibt sich durch den Vergleich von zwei Potentialen:

1) Das erste Potential ist *überall* exakt null: $V(r) = 0 \quad \forall r$

Für kleine r sind die sphärischen Besselfunktionen proportional zu r^l; die sphärischen Neumann- und Hankel-Funktionen hingegen sind für kleine r proportional zu $1/r^{l+1}$. Daher ist die freie Wellenfunktion $\psi^{(0)}(r,\vartheta)$ in Gl. (24.2–12a) genau dann für $r\to 0$ *regulär*, enthält also genau dann keine Singularität, wenn alle $e_l(k)$ und damit alle Streuphasen $\delta_l(k)$ verschwinden. Daher lautet die allgemeine, überall reguläre Lösung der freien Schrödinger-Gl.

$$\psi^{(0)}_{\text{reg}}(r,\vartheta) \quad \underset{\underset{\text{für alle } r}{\uparrow}}{=} \quad \sum_{l=0}^{\infty} d_l(k)\, j_l(kr)\, P_l(\cos\vartheta) \quad \underset{\underset{r\to\infty}{\uparrow}}{=} \quad \frac{1}{kr} \sum_{l=0}^{\infty} d_l(k) \sin\!\left(kr - l\frac{\pi}{2} \right) P_l(\cos\vartheta) \tag{24.2–14}$$

2) Das zweite Potential hat eine endliche Reichweite und verschwindet daher praktisch nur im Fernfeld:

$$V(r) \to 0 \quad \text{nur für} \quad r\to\infty$$

Nur im Nahfeld ist $V(r) \neq 0$ und die Wellenfunktion ist hier meistens unbekannt.

Im Fernfeld, wo das Potential praktisch verschwindet, lautet die Wellenfunktion:

$$\psi^{(0)}(r,\vartheta) \quad \underset{\underset{r\to\infty}{\uparrow}}{=} \quad \frac{1}{kr} \sum_{l=0}^{\infty} c_l(k) \sin\!\left(kr - l\frac{\pi}{2} + \delta_l(k) \right) P_l(\cos\vartheta) \tag{24.2–12b}$$

Mit $e^{\pm i l \pi/2} = (\pm i)^l$ und $\sin\beta = (e^{i\beta} - e^{-i\beta})/(2i)$ folgt

$$\psi^{(0)}(r,\vartheta) \underset{\substack{\uparrow \\ r \to \infty}}{=} \frac{e^{+ikr}}{2ikr} \sum_{l=0}^{\infty} c_l(k)\,(-i)^l\,e^{+i\delta_l}\,P_l(\cos\vartheta)$$

$$- \frac{e^{-ikr}}{2ikr} \sum_{l=0}^{\infty} c_l(k)\,(+i)^l\,e^{-i\delta_l}\,P_l(\cos\vartheta) \qquad \text{für} \quad V(r)=0 \qquad (24.2\text{--}15)$$

Damit haben wir ein erstes Ziel erreicht, nämlich die Aufstellung der *allgemeinen, φ-un-abhängigen, exakten Lösung der potentialfreien Schrödinger-Gl. ($V(r)=0$) und den Grenz-übergang $r\to\infty$.*

Die Aufstellung der Wellenfunktion (24.2–15) enthält die Sommerfeldsche Ausstrahlungsbedingung nicht. Daher erfüllt die asymptotische, freie Lösung (24.2–15) die Ausstrahlungsbedingung nur für ganz bestimmte Koeffizienten $c_l(k)$, die im Folgenden berechnet werden (siehe das Ergebnis in Gl. (24.2–17)).

Natürlich muss die Wellenfunktion (24.2–15) die Ausstrahlungsbedingung

$$\psi_{\text{eben}} + \psi_{\text{streu}} \underset{\substack{\uparrow \\ r \to \infty}}{=} e^{ikz} + f(\vartheta)\frac{e^{ikr}}{r} \qquad (24.1\text{--}5)$$

wiedergeben, sich also im Fernfeld aus einer ebenen Welle und einer gestreuten Kugel-welle zusammensetzen. Daher bringe ich die Ausstrahlungsbedingung (24.1–5) in eine Form, die einen Vergleich mit Gl. (24.2–15) ermöglicht: Ich setze die Rayleigh-Gl.

$$e^{ikz} = e^{ikr\cos\vartheta} = \sum_{l=0}^{\infty} i^l\,(2l+1)\,j_l(kr)\,P_l(\cos\vartheta) \underset{\substack{\uparrow \\ \text{Gl. (24.5–7a)}}}{=} \qquad (24.5\text{--}1a)$$

$$\underset{\substack{\uparrow \\ r \to \infty}}{=} \sum_{l=0}^{\infty} (2l+1)\frac{i^l}{kr}\frac{e^{i(kr-l\pi/2)} - e^{-i(kr-l\pi/2)}}{2i}\,P_l(\cos\vartheta) \qquad (24.5\text{--}2)$$

in die Sommerfeldsche Ausstrahlungsbedingung ein und erhalte mit $e^{\pm i l \pi/2} = (\pm i)^l$:

$$\psi_{\text{eben}} + \psi_{\text{streu}} \underset{\substack{\uparrow \\ r \to \infty}}{=} \underbrace{\sum_{l=0}^{\infty} (2l+1)\left[-\frac{e^{-ikr}}{2ikr}(-1)^l + \frac{e^{+ikr}}{2ikr}\right]P_l(\cos\vartheta)}_{= \exp(ikr\cos\vartheta)} +$$

$$+ f(\vartheta,k)\frac{e^{+ikr}}{r} \qquad (24.2\text{--}16)$$

Diese Gl. wird mit der freien Lösung (24.2–15) verglichen. Zuerst einmal müssen die Terme mit einlaufenden Kugelwellen $\sim\exp(-ikr)/r$ (sie treten in der Rayleigh-Gl., aber nicht im Experiment auf) in beiden Gln. übereinstimmen. Daraus folgen die Entwick-lungskoeffizienten

---

Der Vergleich der Gln. (24.2–14/12b) zeigt: *Die $\delta_l(k)$ sind Phasenverschiebungen, die das Potential im Fernfeld gegenüber den überall wechselwirkungsfreien, regulären Lösungen (24.2–14) erzeugt.* Die Phasen-verschiebungen sind die einzigen Wirkungen des Potentials im Fernbereich und daher anschaulich.

$$c_l(k) = i^l (2l+1)\, e^{i\,\delta_l(k)} \tag{24.2-17}$$

Der Vergleich der restlichen Anteile in den Gln. (24.2-15) und (24.2-16) führt mit $e^{-il\pi/2} = (-i)^l$ auf die Bedingung

$$\frac{1}{2ik} \sum_{l=0}^{\infty} (2l+1)\, P_l(\cos\vartheta) + f(\vartheta) \overset{!}{=} \frac{1}{2ik} \sum_{l=0}^{\infty} (2l+1)\, e^{2i\delta_l}\, P_l(\cos\vartheta)$$

$$= \frac{1}{2ik} \sum_{l=0}^{\infty} (2l+1) \left[1 + \left(e^{2i\delta_l} - 1 \right) \right] P_l(\cos\vartheta)$$

$$\Rightarrow \quad f(\vartheta) = \frac{1}{k} \sum_{l=0}^{\infty} (2l+1)\, \frac{e^{2i\delta_l} - 1}{2i}\, P_l(\cos\vartheta) =$$

$$= \frac{1}{k} \sum_{l=0}^{\infty} (2l+1)\, e^{i\delta_l} \sin\delta_l\, P_l(\cos\vartheta) \tag{24.2-18}$$

Die Streuphasen enthalten die ganze Information über die Streuung. Der Vergleich mit der Reihe (24.2-2) liefert die Beziehung zwischen Partialwellenamplituden und Streuphasen:

$$a_l(k) = e^{i\,\delta_l(k)} \sin\delta_l(k) \tag{24.2-19}$$

Bei der sog. s-Wellenstreuung ist nur $\delta_0(k) \neq 0$, so dass $f(\vartheta)$ nicht vom Winkel ϑ abhängt.

Wir haben jetzt insgesamt drei Gln. für den totalen Wirkungsquerschnitt:

$$\sigma_{\text{tot}} \underset{\substack{\uparrow \\ \text{Gl. (24.1-10)}}}{=} \int |f(\vartheta)|^2\, d\Omega \underset{\substack{\uparrow \\ \text{Gl. (24.2-3)}}}{=} \frac{4\pi}{k^2} \sum_{l=0}^{\infty} (2l+1)\, |a_l^2(k)|^2 = \tag{24.2-20a/b}$$

$$\underset{\substack{\uparrow \\ \text{Gl. (24.2-19)}}}{=} \frac{4\pi}{k^2} \sum_{l=0}^{\infty} (2l+1)\, \sin^2\delta_l(k) \tag{24.2-20c}$$

Das Zentrifugalpotential $\hbar^2 l(l+1)/(2mr^2)$ bewirkt, dass die Wahrscheinlichkeitsdichte der Wellenfunktion in der Nähe des Streupotentials mit wachsender Drehimpulsquantenzahl l abnimmt. Daher erwarten wir, dass die zwei Reihen in den Gln. (24.2-20b/c) schnell konvergieren. In der Praxis muss man für Potentiale mit sehr kurzer Reichweite nur die ersten Summanden oder sogar nur den ersten Summand ($l=0$) berechnen. Nur in diesem Fall ist die Berechnung des Wirkungsquerschnittes mit den Partialwellenamplituden oder mit den Streuphasen sinnvoll.

Mit $P_l(\cos\vartheta = 1) = 1$ folgt aus den Gln. (24.2-19/20c)

$$\sigma_{\text{tot}} = \frac{4\pi}{k}\, \text{Im}\, f(0) \tag{24.2-21}$$

Diese Gl. heißt **optisches Theorem**.

Die bisher durchgeführten Rechnungen enthalten zwar die Sommerfeldsche Ausstrahlungsbedingung, aber noch kein konkretes Streupotential $V(r)$ mit endlicher Reichweite. Daher sind die physikalischen Größen $\sigma_{\text{tot}}, a_l(k), \delta_l(k)$ bisher noch unbestimmt.

Das Ziel der Streutheorie ist letztendlich die Aufstellung des Potentials $V(r)$. Zu diesem Zweck misst man den differentiellen Wirkungsquerschnitt $d\sigma/d\Omega$ mit verschiedenen Energien $E = \hbar^2 k^2/(2m)$ (und natürlich mit verschiedenen Winkeln ϑ) und bestimmt die Streuphasen, die den gemessenen Wirkungsquerschnitt liefern. Anschließend sucht man – ausgehend von einem theoretischen Modell – ein Potential, das die ermittelten Streuphasen $\delta_l(k)$ ergibt. Leider kann *das Potential $V(r)$ nicht eindeutig aus $|f(\vartheta,k)|^2$ bestimmt werden*. Umgekehrt existiert zu jedem Potential $V(r)$ eindeutig ein Wirkungsquerschnitt.

24.3 Bornsche Näherung

Dieser Abschn. 24.3 kann auch gelesen werden ohne Kenntnisse des vorangehenden Abschn. 24.2.

Im letzten Abschn. 24.2 wurde die Partialwellenanalyse für kugelsymmetrische Potentiale $V(r)$ entwickelt. Leider verliert die Methode für nicht-kugelsymmetrische Potentiale $V(\mathbf{r})$ ihre Durchsichtigkeit und Eleganz und wird schwierig und aufwendig.

Diesen Nachteil haben die Bornsche Reihe und die Bornsche Näherung nicht. Sie gelten auch für nicht-kugelsymmetrische Potentiale $V(\mathbf{r})$. Ihre Schwachstelle liegt darin, dass sie nur in erster Näherung übersichtlich und praktikabel ist. Zum Glück lässt sich die erste Bornsche Näherung sehr einfach berechnen.

Ausgangspunkt ist die lineare Schrödinger-Gl.

$$\left(\Delta + k^2\right)\psi(\mathbf{r}) = \frac{2m}{\hbar^2} V(\mathbf{r})\,\psi(\mathbf{r}) =: \rho(\mathbf{r}) \quad \text{mit} \quad k^2 = \frac{2mE}{\hbar^2} > 0 \tag{24.3-1}$$

Wir können die rechte Seite formal als eine Inhomogenität $\rho(\mathbf{r}) := 2m\,V(\mathbf{r})\,\psi(\mathbf{r})/\hbar^2$ ansehen. Die ebene Welle $e^{ikr\cos\vartheta}$ ist eine Lösung der homogenen Gl. mit $V(\mathbf{r}) = 0$ bzw. $\rho(\mathbf{r}) = 0$. Eine inhomogene Lösung lässt sich mit der **Greenfunktion** $G(\mathbf{r} - \mathbf{r}')$ ermitteln:[8]

$$\psi(\mathbf{r}) = \frac{2m}{\hbar^2} \int d^3 r'\, G(\mathbf{r} - \mathbf{r}')\, V(\mathbf{r}')\, \psi(\mathbf{r}') \tag{24.3-2}$$

Diese Gl. ist eine **Integralgleichung**, weil die unbekannte Funktion $\psi(\mathbf{r})$ in einem Integral steht, so dass die Gl. nicht einfach nach $\psi(\mathbf{r})$ aufgelöst werden kann. Die Greenfunktion wird durch die Dgl.

$$\left(\Delta + k^2\right) G(\mathbf{r} - \mathbf{r}') = \delta(\mathbf{r} - \mathbf{r}') \tag{24.3-3}$$

bestimmt, die eine Deltafunktion als Inhomogenität hat. Nach Aufgabe 24–4 lautet die Greenfunktion des Operators $(\Delta + k^2)$ für auslaufende Kugelwellen

$$G(\mathbf{r} - \mathbf{r}') = -\frac{1}{4\pi} \frac{e^{ik|\mathbf{r} - \mathbf{r}'|}}{|\mathbf{r} - \mathbf{r}'|} \tag{24.3-4}$$

---

[8] Die Deltafunktion und die Greenfunktionen werden sehr ausführlich in [Kuypers], Kap. 15 behandelt. Vor allem aber sind diese Funktionen aus der Elektrodynamik bekannt. In [Kuypers], Kap. 15 und in den Vorlesungen zur Elektrodynamik werden Greenfunktionen mit Fouriertransformationen und dem Residuensatz berechnet.

Die Lösung der Schrödinger-Gl. lautet nun *exakt*

$$\psi(\mathbf{r}) = e^{i k r \cos\vartheta} - \frac{m}{2\pi\hbar^2} \int d^3r' \frac{e^{i k |\mathbf{r}-\mathbf{r}'|}}{|\mathbf{r}-\mathbf{r}'|} V(\mathbf{r}') \psi(\mathbf{r}') \tag{24.3-5}$$

Diese *Integralgl.* heißt **Lippmann-Schwinger-Gl.** Ihre Lösung ist nicht trivial, da die gesuchte Wellenfunktion $\psi(\mathbf{r})$ auch unter dem Integral steht. Die **Randbedingung** (Kugelwelle für $r\to\infty$) wird durch die Greenfunktion (24.3–4) automatisch garantiert.

Beispiel 24.3–1 Die Greenfunktion liefert die Wellenfunktion

a) Zeige, dass $\psi(\mathbf{r})$ in Gl. (24.3–5) die Schrödinger-Gl. für beliebige Potentiale *exakt* erfüllt.

b) Ersetze die zwei Beträge $|\mathbf{r}-\mathbf{r}'|$ in der Greenfunktion (24.3–4) für $r \gg r'$ durch zwei Näherungen und zeige damit, dass die Lösung der Schrödinger-Gl. (24.3–5) in großer Entfernung $r\to\infty$ die Sommerfeldsche Ausstrahlungsbedingung erfüllt.

Lösung:

a) Wir wenden den Operator $(\Delta + k^2)$ auf $\psi(\mathbf{r})$ in Gl. (24.3–5) an. Der Operator darf in das Integral verschoben werden, weil die Ableitung auf $\mathbf{r}$ wirkt und die Integration über $\mathbf{r}'$ erfolgt:

$$(\Delta + k^2)\psi(\mathbf{r}) = 0 - \frac{-4\pi m}{2\pi\hbar^2} \int d^3r' \, (\Delta + k^2)\, G(\mathbf{r}-\mathbf{r}')\, V(\mathbf{r}')\, \psi(\mathbf{r}') =$$

$$= \frac{2m}{\hbar^2} \int d^3r' \, \delta(\mathbf{r}-\mathbf{r}')\, V(\mathbf{r}')\, \psi(\mathbf{r}') = \frac{2m}{\hbar^2} V(\mathbf{r})\, \psi(\mathbf{r})$$

$$\Rightarrow \left(-\frac{\hbar^2}{2m}\Delta + V(\mathbf{r}) \right)\psi(\mathbf{r}) = \frac{\hbar^2 k^2}{2m}\,\psi(\mathbf{r}) = E\,\psi(\mathbf{r})$$

b) Für $r \gg r'$ ist die erste Näherung im Nenner der Greenfunktion sehr einfach:

$$\frac{1}{|\mathbf{r}-\mathbf{r}'|} \approx \frac{1}{r} \qquad \text{für} \quad r \gg r' \tag{24.3-6a}$$

Die zweite Näherung in der Exponentialfunktion ist aufwendiger:

$$|\mathbf{r}-\mathbf{r}'| = \sqrt{r^2 + r'^2 - 2\mathbf{r}\cdot\mathbf{r}'} \underset{\underset{r \gg r'}{\uparrow}}{\approx} r\sqrt{1 - 2\mathbf{r}\cdot\mathbf{r}'/r^2} \approx r - \frac{\mathbf{r}\cdot\mathbf{r}'}{r} \qquad r \gg r' \tag{24.3-6b}$$

$$\Rightarrow \quad G(\mathbf{r}-\mathbf{r}') = -\frac{1}{4\pi}\frac{e^{i k |\mathbf{r}-\mathbf{r}'|}}{|\mathbf{r}-\mathbf{r}'|} \underset{\underset{r\to\infty}{\uparrow}}{=} -\frac{1}{4\pi}\frac{e^{i k r}}{r} e^{-i k \,\mathbf{r}\cdot\mathbf{r}'/r}$$

Mit den Gln. (24.3–5) und (24.3–6a/b) folgt

$$\psi(\mathbf{r}) \underset{\underset{r\to\infty}{\uparrow}}{=} e^{i k r \cos\vartheta} - \frac{m}{2\pi\hbar^2}\frac{e^{i k r}}{r}\int d^3r' \, e^{-i k \,\mathbf{r}\cdot\mathbf{r}'/r}\, V(\mathbf{r}')\,\psi(\mathbf{r}') \tag{24.3-7}$$

Ein Vergleich der Gl. (24.3–7) mit der Ausstrahlungsbedingung (24.1–5) ergibt

$$f(\vartheta,\varphi) \underset{\underset{r\to\infty}{\uparrow}}{=} -\frac{m}{2\pi\hbar^2}\int d^3r' \, e^{-i k \,\mathbf{r}\cdot\mathbf{r}'/r}\, V(\mathbf{r}')\,\psi(\mathbf{r}') \tag{24.3-8}$$

Die Gln. (24.3–7/8) beschreiben die Sommerfeldsche Ausstrahlungsbedingung. Ihre zwei Integrale hängen nicht von $r=|\mathbf{r}|$ ab, sondern nur von den Polarwinkeln ϑ,φ des Ortsvektors $\mathbf{r}$.

Wir kommen zurück zur Lippmann-Schwinger-Gl.

$$\psi(\mathbf{r}) = e^{i k r \cos\vartheta} - \frac{m}{2\pi\hbar^2} \int d^3 r' \frac{e^{i k |\mathbf{r}-\mathbf{r}'|}}{|\mathbf{r}-\mathbf{r}'|} V(\mathbf{r}') \psi(\mathbf{r}') \tag{24.3–5}$$

Diese Integralgl. lässt sich meistens nur numerisch oder iterativ lösen. In der **Iteration** ersetzen wir in der vorangehenden Gl. (24.3–5) $\mathbf{r}$ durch $\mathbf{r}'$, ϑ durch ϑ' und $\mathbf{r}'$ durch $\mathbf{r}''$:

$$\psi(\mathbf{r}') = e^{i k r' \cos\vartheta'} - \frac{m}{2\pi\hbar^2} \int d^3 r'' \frac{e^{i k |\mathbf{r}'-\mathbf{r}''|}}{|\mathbf{r}'-\mathbf{r}''|} V(\mathbf{r}'') \psi(\mathbf{r}'') \tag{24.3–9}$$

Wir setzen die rechte Seite dieser Gl. in den Integranden der Gl. (24.3–5) ein:

$$\psi(\mathbf{r}) = e^{i k r \cos\vartheta} - \frac{m}{2\pi\hbar^2} \int d^3 r' \frac{e^{i k |\mathbf{r}-\mathbf{r}'|}}{|\mathbf{r}-\mathbf{r}'|} V(\mathbf{r}') e^{i k r' \cos\vartheta'} +$$

$$+ \left(\frac{m}{2\pi\hbar^2}\right)^2 \int d^3 r' \int d^3 r'' \frac{e^{i k |\mathbf{r}-\mathbf{r}'|}}{|\mathbf{r}-\mathbf{r}'|} V(\mathbf{r}') \frac{e^{i k |\mathbf{r}'-\mathbf{r}''|}}{|\mathbf{r}'-\mathbf{r}''|} V(\mathbf{r}'') \psi(\mathbf{r}'') \tag{24.3–10a}$$

Die ersten zwei Terme können berechnet werden; der dritte Term enthält $\psi(\mathbf{r}'')$ und ist daher unbekannt. Im nächsten Schritt ersetzen wir in der Gl. (24.3–9) $\mathbf{r}'$ durch $\mathbf{r}''$, ϑ' durch ϑ'' sowie $\mathbf{r}''$ durch $\mathbf{r}'''$ und setzen $\psi(\mathbf{r}'')$ in die Integralgl. (24.3–10a) ein:

$$\psi(\mathbf{r}) = e^{i k r \cos\vartheta} - \frac{m}{2\pi\hbar^2} \int d^3 r' \frac{e^{i k |\mathbf{r}-\mathbf{r}'|}}{|\mathbf{r}-\mathbf{r}'|} V(\mathbf{r}') e^{i k r' \cos\vartheta'} + \tag{24.3–10b}$$

$$\left(\frac{m}{2\pi\hbar^2}\right)^2 \int d^3 r' \int d^3 r'' \frac{e^{i k |\mathbf{r}-\mathbf{r}'|}}{|\mathbf{r}-\mathbf{r}'|} V(\mathbf{r}') \frac{e^{i k |\mathbf{r}'-\mathbf{r}''|}}{|\mathbf{r}'-\mathbf{r}''|} V(\mathbf{r}'') e^{i k r'' \cos\vartheta''} -$$

$$\left(\frac{m}{2\pi\hbar^2}\right)^3 \int d^3 r' \int d^3 r'' \int d^3 r''' \frac{e^{i k |\mathbf{r}-\mathbf{r}'|}}{|\mathbf{r}-\mathbf{r}'|} V(\mathbf{r}') \frac{e^{i k |\mathbf{r}'-\mathbf{r}''|}}{|\mathbf{r}'-\mathbf{r}''|} V(\mathbf{r}'') \frac{e^{i k |\mathbf{r}''-\mathbf{r}'''|}}{|\mathbf{r}''-\mathbf{r}'''|} V(\mathbf{r}''') \psi(\mathbf{r}''')$$

So baut sich die **Bornsche Reihe** der Streuwellenfunktion Schritt für Schritt auf. Bei jedem Schritt kommt eine weitere Potenz des Potentials hinzu. Die Reihe konvergiert für genügend kleine Potentiale. (Sie konvergiert aber nicht für alle Potentiale.)

Wenn diese Reihe für $\psi(\mathbf{r})$ in (24.3–8) eingesetzt wird, so entsteht die Bornsche Reihe für die Streuamplitude $f(\vartheta,\varphi)$. *In der Praxis wird nur erste Bornsche Näherung benutzt, indem $\psi(\mathbf{r}')$ in der Gl. (24.3–8) durch die ebene Welle* $\exp(i k r' \cos\vartheta')$ *ersetzt wird:*

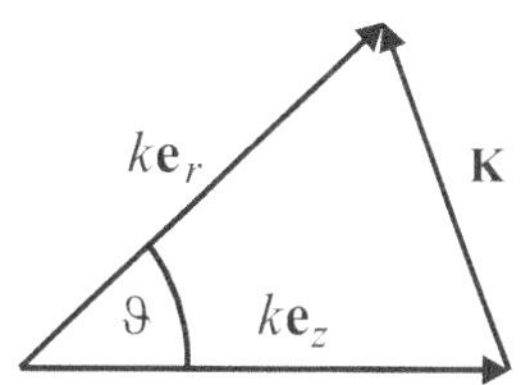

Abb. 24.3–1 $k\,\mathbf{e}_z$ ist parallel zur Einfallsrichtung.
$k\,\mathbf{e}_r = k\,\mathbf{r}/r$ zeigt zum Detektor.

$$f^{(1)}(\vartheta,\varphi) = -\frac{m}{2\pi\hbar^2} \int d^3 r' \, e^{-i k \mathbf{r}\cdot\mathbf{r}'/r} \, e^{i k r' \cos\vartheta'} \, V(\mathbf{r}') =$$

$$= -\frac{m}{2\pi\hbar^2} \int d^3 r' \, e^{-i k \mathbf{r}'\cdot(\mathbf{e}_r - \mathbf{e}_z)} \, V(\mathbf{r}') \quad \text{mit} \quad \mathbf{e}_r = \mathbf{r}/r$$

Bei dem elastischen Stoß ändert sich der Impulsbetrag $\hbar k$ des gestreuten Teilchens nicht, aber die Impulsrichtung. Mit dem **Impulsübertrag** (siehe Abb. 24.3–1)

$$\hbar \mathbf{K} := \hbar k \left(\mathbf{e}_r - \mathbf{e}_z \right)$$

auf das in z-Richtung einlaufende Teilchen folgt

$$f^{(1)}(\vartheta,\varphi) = - \frac{m}{2\pi\hbar^2} \int d^3 r'\, \mathrm{e}^{-i\,\mathbf{K}\cdot\mathbf{r}'} \, V(\mathbf{r}') = - \frac{m}{\hbar^2} \sqrt{2\pi}\; \tilde{V}(\mathbf{K}) \tag{24.3–11}$$

Diese Approximation heißt **erste Bornsche Näherung**. In erster Näherung ist die Streuamplitude proportional zur Fouriertransformierten $\tilde{V}(\mathbf{K})$ des Potentials $V(\mathbf{r})$.

Im Folgenden beschränke ich mich der Einfachheit wegen auf *kugelsymmetrische Potentiale $V(r)$*. Mit den Gln.

$$\mathbf{K} = k \left(\mathbf{e}_r - \mathbf{e}_z \right) \qquad\qquad K \underset{\substack{\uparrow \\ \text{Kosinussatz für Abb. 24.3–1}}}{=} 2k\sin\frac{\vartheta}{2} \tag{24.3–12}$$

und mit dem Winkel $\gamma' = \sphericalangle(\mathbf{K},\mathbf{r}')$ ergibt sich aus Gl. (24.3–11):

$$\begin{aligned}
f^{(1)}(\vartheta) &= - \frac{m}{\hbar^2} \int_0^\infty dr'\, r'^2\, V(r') \int_0^\pi d\gamma' \sin\gamma'\, \mathrm{e}^{-i\,K r'\cos\gamma'} \underset{\substack{\uparrow \\ u := \cos\gamma'}}{=} \\[2ex]
&= - \frac{m}{\hbar^2} \int_0^\infty dr'\, r'^2\, V(r') \int_{-1}^{+1} du\, \mathrm{e}^{-i\,K r' u} = \\[2ex]
&= - \frac{2m}{\hbar^2} \frac{1}{K} \int_0^\infty dr'\, r'\, V(r') \sin(K r') \qquad \text{mit} \qquad K = 2k\sin\frac{\vartheta}{2}
\end{aligned} \tag{24.3–13}$$

Für kugelsymmetrische Potentiale $V(r)$ hängt die Streuamplitude nur vom Betrag K des Impulsübertrages ab. Leider ist $f^{(1)}(\vartheta)$ reell und verletzt daher das optische Theorem (24.2–22). Die Abschätzung des Gültigkeitsbereiches der ersten Bornschen Näherung ist schwierig. (In [Nolting-2], Abschn. 9.3.2 wird argumentiert, dass die Näherung für große Teilchenenergien viel besser ist als für kleine Energien.)

Beispiel 24.3–3 Streuung am Yukawa-Potential

Das Yukawa-Potential (1935)

$$V(r) = - \frac{\alpha}{r}\, \mathrm{e}^{-m c r/\hbar} = - \frac{\alpha}{r}\, \mathrm{e}^{-r/R_0} \qquad \text{mit} \qquad R_0 := \frac{\hbar}{m c}$$

beschreibt die Kernkräfte durch den Austausch von π-Mesonen (Pionen) mit Masse $m > 0$.

Bemerkung: Hätte das Photon eine Masse, so würde das Yukawa-Potential an die Stelle des Coulombpotentials treten.

a) Berechne die Streuamplitude $f^{(1)}(\vartheta)$ in erster Bornscher Näherung.

b) Für $m \to 0$ geht das Yukawa-Potential in das Coulombpotential $V(r) = -\alpha/r$ über. Wie lautet der differentielle Wirkungsquerschnitt $d\sigma^{(1)}/d\Omega$ für den eigentlich *nicht erlaubten* Grenzübergang $m \to 0$?

Lösung:

a) Nach Gl. (24.3–13) gilt:

$$f^{(1)}(\vartheta) = -\frac{2m\alpha}{\hbar^2}\,\frac{1}{K}\int_0^\infty dr'\,\mathrm{e}^{-r'/R_0}\,\sin(Kr') =$$

$$= -\frac{2m\alpha}{\hbar^2}\,\frac{R_0^2}{1+R_0^2 K^2}\underset{\underset{\text{Gl. (24.3–12)}}{\uparrow}}{=} -\frac{2m\alpha}{\hbar^2}\,\frac{R_0^2}{1+4k^2 R_0^2 \sin^2(\vartheta/2)}$$

Der differentielle Streuquerschnitt $|f^{(1)}(\vartheta)|^2$ ist (zumindest in erster Näherung) eine fallende Funktion des Streuwinkels ϑ und eine fallende Funktion der Wellenzahl k und der Energie. Er hängt nicht vom Vorzeichen des Potentials ab.

b) Wir setzen $\alpha = q_1 q_2 /(4\pi\varepsilon_0)$ und erhalten im Grenzübergang $m \to 0$ bzw. $R_0 \to 0$

$$\frac{d\sigma^{(1)}}{d\Omega}\underset{\underset{\text{Gl. (24.1–9)}}{\uparrow}}{=}\left|f^{(1)}(\vartheta)\right|^2 = \left(\frac{q_1 q_2}{4\pi\varepsilon_0}\right)^2\frac{1}{16E^2}\frac{1}{\sin^4(\vartheta/2)} \tag{24.3–14}$$

Es ist erstaunlich, dass dieser in der ersten Bornschen Näherung berechnete **Rutherfordsche Wirkungsquerschnitt** durch die **exakte** quantenmechanische Rechnung bestätigt wird (siehe [Scheck], Abschn. 2.3.2). Er stimmt rein *zufällig* auch genau mit dem klassisch berechneten differentiellen Wirkungsquerschnitt überein (siehe [Kuypers], Beispiel 11.6–1). Die zweite Bornsche Näherung geht für $m \to 0$ gegen unendlich.

Der totale Wirkungsquerschnitt des Coulombpotentials ist unendlich, da der differentielle Wirkungsquerschnitt in Vorwärtsrichtung divergiert. Dieses Ergebnis ist eine Folge der unendlich großen Reichweite des Coulombpotentials; das Coulombpotential erfüllt die Bedingung (24.1–1) nicht.

24.4 Leitgedanken

24.1 Der Wirkungsquerschnitt

Wir betrachten elastische Streuungen in kugelsymmetrischen Potentialen $V(r)$. Die Potentiale dürfen nur eine endliche Reichweite haben, müssen also für $r \to \infty$ schneller als $1/r$ abfallen:

$$\lim_{r\to\infty} r\,V(r) = 0 \tag{24.1–1}$$

In großer Entfernung zum Streuzentrum sind die Teilchen wegen Gl. (24.1–1) *praktisch wechselwirkungsfrei* und haben die Energie $E = \hbar^2 k^2/(2m)$. In großer Entfernung zum Streuzentrum enthält die Wellenfunktion sowohl ebene, nicht gestreute als auch gestreute, in radiale Richtungen auslaufende Anteile und lautet daher

$$\psi_{\text{eben}} + \psi_{\text{streu}}\underset{\underset{r\to\infty}{\uparrow}}{=} \mathrm{e}^{ikz} + f(\vartheta)\frac{\mathrm{e}^{ikr}}{r} = \mathrm{e}^{ikr\cos\vartheta} + f(\vartheta)\frac{\mathrm{e}^{ikr}}{r} \tag{24.1–5}$$

Diese Gl. ist die **Sommerfeldsche Ausstrahlungsbedingung**. Die komplexe **Streuamplitude** $f(\vartheta)$ beschreibt die ϑ-Abhängigkeit der auslaufenden Kugelwelle und *enthält die gesamte zugängliche Information über das Streupotential* $V(r)$.

Der **differentielle Wirkungsquerschnitt** $d\sigma/d\Omega$ ist die einzige Größe, die bei elastischen Streuungen eine sinnvolle Verbindung zwischen Messungen und Rechnungen bildet. Sie ist laut Definition die *Zahl der Teilchen, die pro Sekunde in einem Raumwinkel* $d\Omega$ *auslaufen, dividiert durch* $d\Omega$ *und dividiert durch die Zahl der Teilchen, die pro Sekunde pro* m^2 *einlaufen:*

$$\frac{d\sigma}{d\Omega} := \frac{1}{d\Omega}\,\frac{j_{\mathrm{streu}} \cdot r^2 d\Omega}{j_{\mathrm{eben}}} = |\,f(\vartheta)\,|^2 \tag{24.1-9}$$

$d\sigma/d\Omega$ kann mit einem Detektor, der die einfallende Teilchendichte und die im Raumwinkel $d\Omega$ auslaufenden Teilchen zählt, leicht gemessen werden. *In der Theorie werden dann* – ausgehend von Modellvorstellungen – *Potentiale gesucht, die die gemessenen, differentiellen Wirkungsquerschnitte* $d\sigma/d\Omega = |\,f(\vartheta,k)\,|^2$ *wiedergeben.*

Der **totale Wirkungsquerschnitt** ist laut Definition das Integral des differentiellen Wirkungsquerschnittes über den vollen Raumwinkel 4π:

$$\sigma_{\mathrm{tot}} := \int |f(\vartheta)|^2\, d\Omega \underset{\substack{\uparrow \\ d\Omega = \sin\vartheta\, d\vartheta\, d\varphi}}{=} 2\pi \int_0^\pi |f(\vartheta)|^2 \sin\vartheta\, d\vartheta \tag{24.1-10}$$

24.2 Partialwellenanalyse

Die Streuamplitude $f(\vartheta,k)$ wird nach den vollständigen Legendre-Polynomen $P_l(\cos\vartheta)$ entwickelt:

$$f(\vartheta,k) = \frac{1}{k} \sum_{l=0}^{\infty} (2l+1)\, a_l(k)\, P_l(\cos\vartheta) \tag{24.2-2}$$

Die Entwicklungskoeffizienten $a_l(k)$ sind die sog. **Partialwellenamplituden**. Sie werden durch das Streupotential $V(r)$ bestimmt. Mit der Orthogonalität der Legendre-Polynome folgt

$$\sigma_{\mathrm{tot}} = \int |f(\vartheta)|^2 d\Omega = \frac{4\pi}{k^2} \sum_{l=0}^{\infty} (2l+1)\, |a_l^2(k)|^2 \tag{24.2-3}$$

Da das Streupotential $V(r)$ für $r \to \infty$ praktisch verschwindet, interessieren wir uns für die wechselwirkungsfreie Schrödinger-Gl. Ihre allgemeine, exakte (φ-unabhängige) Lösung lautet

$$\psi^{(0)}(r,\vartheta) = \sum_{l=0}^{\infty} \Big[d_l(k)\, j_l(kr) - e_l(k)\, n_l(kr) \Big] P_l(\cos\vartheta) \underset{\substack{\uparrow \\ r \to \infty}}{=}$$

$$\underset{\substack{\uparrow \\ r \to \infty}}{=} \frac{1}{kr} \sum_{l=0}^{\infty} \Big[d_l(k)\sin\Big(kr - l\frac{\pi}{2}\Big) + e_l(k)\cos\Big(kr - l\frac{\pi}{2}\Big)\Big] P_l(\cos\vartheta) =$$

$$= \frac{1}{kr} \sum_{l=0}^{\infty} c_l(k)\sin\Big(kr - l\frac{\pi}{2} + \delta_l(k)\Big) P_l(\cos\vartheta) = \tag{24.2-13}$$

$$= \frac{e^{+ikr}}{2ikr} \sum_{l=0}^{\infty} c_l(k)\,(-i)^l\, e^{+i\delta_l}\, P_l(\cos\vartheta)$$

$$- \frac{e^{-ikr}}{2ikr} \sum_{l=0}^{\infty} c_l(k)\,(+i)^l\, e^{-i\delta_l}\, P_l(\cos\vartheta) \tag{24.2-15}$$

$$\text{mit}\quad \tan\delta_l(k) = \frac{e_l(k)}{d_l(k)} \tag{24.2-14}$$

Die Streuphasen $\delta_l(k)$ beschreiben im Fernfeld des Potentials die Phasendifferenzen zwischen den gestreuten Kugelwellen und *regulären* Lösungen der überall *wechselwirkungsfreien* Schrödinger-Gl. ($V(r)=0\ \forall\, r$). *Die Phasenverschiebungen $\delta_l(k)$ sind die einzigen Wirkungen des Potentials im Fernbereich.*

Mit der Rayleigh-Gl. (24.5–1a) wird die Sommerfeldsche Ausstrahlungsbedingung (24.1–5) in eine Form gebracht, die die gleiche Struktur hat wie die wechselwirkungsfreie Fernfeld-Lösung (24.2–15). Die Gleichheit der Strukturen ermöglicht die Bestimmung der Partialwellenamplituden $a_l(k)$:

$$a_l(k) = e^{i\delta_l(k)} \sin\delta_l(k) \tag{24.2-20}$$

Mit Gl. (24.2–3) folgt:

$$\sigma_{\text{tot}} = \frac{4\pi}{k^2} \sum_{l=0}^{\infty} (2l+1)\,\sin^2\delta_l(k) \tag{24.2-21c}$$

In der Praxis muss man für kurzreichweitige Potentiale nur die ersten Summanden oder gar nur den ersten Summand berechnen.

Das Ziel der Streutheorie ist letztendlich die Aufstellung eines passenden Potentials $V(r)$. Zu diesem Zweck misst man den differentiellen Wirkungsquerschnitt $d\sigma/d\Omega$ mit verschiedenen Energien $E=\hbar^2 k^2/(2m)$ und ermittelt damit die Streuphasen. Anschließend sucht man ein Potential, das die ermittelten Streuphasen $\delta_l(k)$ ergibt. Leider kann *das Potential $V(r)$ nicht eindeutig aus $|f(\vartheta,k)|^2$ bestimmt werden.* Umgekehrt existiert zu jedem Potential $V(r)$ eindeutig ein Wirkungsquerschnitt.

24.3 Bornsche Näherung

Die lineare Schrödinger-Gl.

$$(\Delta + k^2)\,\psi(\mathbf{r}) = \frac{2m}{\hbar^2} V(\mathbf{r})\,\psi(\mathbf{r}) =: \rho(\mathbf{r}) \quad \text{mit} \quad k^2 = \frac{2mE}{\hbar^2} > 0 \tag{24.3-1}$$

hat die formale Inhomogenität $\rho(\mathbf{r}) := 2m\,V(\mathbf{r})\,\psi(\mathbf{r})/\hbar^2$. Das Potential $V(\mathbf{r})$ muss nicht kugelsymmetrisch sein. Die ebene Welle $e^{ikr\cos\vartheta}$ ist eine einfache, homogene Lösung ($V(\mathbf{r})=0$). Aus der Elektrodynamik wissen wir, dass sich eine inhomogene Lösung mit der **Greenfunktion** $G(\mathbf{r}-\mathbf{r}')$ ermitteln lässt:

$$\psi(\mathbf{r}) = \int d^3r'\, G(\mathbf{r}-\mathbf{r}')\,\rho(\mathbf{r}') = \frac{2m}{\hbar^2} \int d^3r'\, G(\mathbf{r}-\mathbf{r}')\,V(\mathbf{r}')\,\psi(\mathbf{r}') \tag{24.3-2}$$

Die Greenfunktion ist eine Lösung der Dgl.

$$(\Delta + k^2)\, G(\mathbf{r} - \mathbf{r}') = \delta(\mathbf{r} - \mathbf{r}') \tag{24.3-3}$$

und lautet nach Aufgabe 24–4

$$G(\mathbf{r} - \mathbf{r}') = -\frac{1}{4\pi}\,\frac{e^{i k |\mathbf{r} - \mathbf{r}'|}}{|\mathbf{r} - \mathbf{r}'|} \tag{24.3-4}$$

Die korrekte Wellenfunktion ergibt sich aus der Integralgl.

$$\psi(\mathbf{r}) = e^{i k r \cos\vartheta} - \frac{m}{2\pi\hbar^2} \int d^3 r'\, \frac{e^{i k |\mathbf{r} - \mathbf{r}'|}}{|\mathbf{r} - \mathbf{r}'|}\, V(\mathbf{r}')\, \psi(\mathbf{r}') \tag{24.3-5}$$

Diese sog. **Lippmann-Schwinger-Gl.** lässt sich meist nur numerisch oder iterativ lösen. Im ersten Schritt ersetzen wir in der Gl. (24.3–5) $\mathbf{r}$ durch $\mathbf{r}'$, ϑ durch ϑ' und $\mathbf{r}'$ durch $\mathbf{r}''$

$$\psi(\mathbf{r}') = e^{i k r' \cos\vartheta'} - \frac{m}{2\pi\hbar^2} \int d^3 r''\, \frac{e^{i k |\mathbf{r}' - \mathbf{r}''|}}{|\mathbf{r}' - \mathbf{r}''|}\, V(\mathbf{r}'')\, \psi(\mathbf{r}'') \tag{24.3-9}$$

und setzen die rechte Seite dieser Gl. in den Integrand der Gl. (24.3–5) ein:

$$\psi(\mathbf{r}) = e^{i k r \cos\vartheta} - \frac{m}{2\pi\hbar^2} \int d^3 r'\, \frac{e^{i k |\mathbf{r} - \mathbf{r}'|}}{|\mathbf{r} - \mathbf{r}'|}\, V(\mathbf{r}')\, e^{i k r' \cos\vartheta'} +$$

$$+ \left(\frac{m}{2\pi\hbar^2}\right)^2 \int d^3 r' \int d^3 r''\, \frac{e^{i k |\mathbf{r} - \mathbf{r}'|}}{|\mathbf{r} - \mathbf{r}'|}\, V(\mathbf{r}')\, \frac{e^{i k |\mathbf{r}' - \mathbf{r}''|}}{|\mathbf{r}' - \mathbf{r}''|}\, V(\mathbf{r}'')\, \psi(\mathbf{r}'') \tag{24.3-10a}$$

Die Iteration lässt sich beliebig weit fortsetzen. Dabei baut sich die **Bornsche Reihe** der Wellenfunktion Schritt für Schritt auf. Bei jedem Schritt kommt eine weitere Potenz des Potentials hinzu. Wenn diese Reihe für $\psi(\mathbf{r})$ in die Gl.

$$f(\vartheta,\varphi) \underset{r\to\infty}{=} -\frac{m}{2\pi\hbar^2} \int d^3 r'\, e^{-i k\, \mathbf{r}\cdot\mathbf{r}'/r}\, V(\mathbf{r}')\, \psi(\mathbf{r}') \tag{24.3-8}$$

eingesetzt wird, so entsteht die **Bornsche Reihe** für die Streuamplitude $f(\vartheta,\varphi)$. *In der Praxis wird nur erste Bornsche Näherung benutzt, indem* $\psi(\mathbf{r}')$ *in der Gl. (24.3–8) durch die ebene Welle* $\exp(i k r' \cos\vartheta')$ *ersetzt wird:*

$$f^{(1)}(\vartheta,\varphi) \approx -\frac{m}{2\pi\hbar^2} \int d^3 r'\, e^{-i k\, \mathbf{r}\cdot\mathbf{r}'/r}\, e^{i k r' \cos\vartheta}\, V(\mathbf{r}') =$$

$$= -\frac{m}{2\pi\hbar^2} \int d^3 r'\, \exp\!\left[-i k\, \mathbf{r}'\cdot(\mathbf{e}_r - \mathbf{e}_z)\right] V(\mathbf{r}')$$

Mit dem **Impulsübertrag** $\hbar\,\mathbf{K} := \hbar\,k\,(\mathbf{e}_r - \mathbf{e}_z)$ auf das in z-Richtung einlaufende Teilchen folgt

$$f^{(1)}(\vartheta,\varphi) = -\frac{m}{2\pi\hbar^2} \int d^3 r'\, e^{-i\,\mathbf{K}\cdot\mathbf{r}'}\, V(\mathbf{r}') = -\frac{m}{\hbar^2}\sqrt{2\pi}\; \tilde{V}(\mathbf{K}) \tag{24.3-11}$$

Diese Approximation heißt **erste Bornsche Näherung**. In erster Näherung ist die Streuamplitude proportional zur Fouriertransformierten $\tilde{V}(\mathbf{K})$ des Potentials $V(\mathbf{r})$.

24.5 Aufgaben

24–1 Mittel Entwicklung der ebenen Wellen nach Kugelwellen

Die Wellenfunktion $e^{ikz} = e^{ikr\cos\vartheta}$ freier Teilchen, die in die z-Richtung laufen, kann nach den Funktionen $j_l(kr)Y_{l0}(\vartheta)$ entwickelt werden. Beweise die wichtige, exakte **Rayleigh-Gl.**

$$e^{ikz} = e^{ikr\cos\vartheta} = \sum_{l=0}^{\infty} i^l\,(2l+1)\,j_l(kr)\,P_l(\cos\vartheta) = \tag{24.5–1a}$$

$$= \sum_{l=0}^{\infty} i^l\,\sqrt{4\pi\,(2l+1)}\,j_l(kr)\,Y_{l0}(\vartheta) \tag{24.5–1b}$$

Dabei sind $j_l(\rho)$ die sphärischen Bessel-Funktionen, die in den zwei Aufgaben 24–2/3 vorgestellt werden. Nach Gl. (24.5–1) *hat die ebene Welle* $\exp(ikz)$ *mit dem Impuls* $\mathbf{p}=\hbar\mathbf{k}$ *alle denkbaren Bahndrehimpulse.*

Hinweise: **1)** Für $kr \gg 1$ folgt mit Gl. (24.5–7a):

$$e^{ikz} = e^{ikr\cos\vartheta} \underset{\underset{kr\gg 1}{\uparrow}}{\approx} \sum_{l=0}^{\infty} (2l+1)\,\frac{i^l}{kr}\,\frac{e^{i(kr-l\pi/2)} - e^{-i(kr-l\pi/2)}}{2i}\,P_l(\cos\vartheta) \tag{24.5–2}$$

Asymptotisch $r \to \infty$ ist die ebene Welle eine Überlagerung von aus- und einlaufenden Kugelwellen.

2) Der Beweis ist trickreich. Daher reicht es, nur die fertige Lösung am Ende des Buches zu verstehen.

24–2 Mittel Lösung der freien Schrödinger-Gl.

Zeige: Die allgemeine Lösung der wechselwirkungsfreien Schrödinger-Gl. (also $V(r) = 0$) mit der Energie $E = \hbar^2 k^2 /(2m) > 0$ und mit den Drehimpulsquantenzahlen l,m lautet

$$\psi_{lm}(r,\vartheta) = R_l(r)\,Y_{lm}(\vartheta,\varphi) = \left[A\,j_l(kr) + B\,n_l(kr)\right]Y_{lm}(\vartheta,\varphi) \tag{24.5–3}$$

mit den **sphärischen Bessel-Funktionen** l-ter Ordnung[9]

$$j_l(\rho) = (-\rho)^l \left(\frac{1}{\rho}\frac{d}{d\rho}\right)^l \frac{\sin\rho}{\rho} \qquad \text{mit} \quad \rho := kr \tag{24.5–4a}$$

und mit den **sphärischen Neumann-Funktionen** l-ter Ordnung

$$n_l(\rho) = -(-\rho)^l \left(\frac{1}{\rho}\frac{d}{d\rho}\right)^l \frac{\cos\rho}{\rho} \qquad \text{mit} \quad \rho := kr \tag{24.5–4b}$$

Tipp: Löse die freie Schrödinger-Gl. in Kugelkoordinaten.

Hinweis: Die **Orthogonalitätsrelationen** der sphärischen Bessel- und Neumann-Funktionen lauten

$$\int_0^{\infty} dr\, r^2\, j_l(kr)\, j_l(k'r) = \int_0^{\infty} dr\, r^2\, n_l(kr)\, n_l(k'r) = \frac{\pi}{2kk'}\,\delta(k-k') \tag{24.5–5}$$

Die sphärischen Bessel- und Neumann-Funktionen sind also orthogonal, aber nicht auf 1 normierbar.

---

[9] Die sphärischen Bessel- und die sphärischen Neumann-Funktionen können nach den Gln. (24.5–4a/b) in geschlossener Form geschrieben werden. Sie dürfen nicht mit den Bessel-Funktionen und den Neumann-Funktionen verwechselt werden, die in Aufgabe 9–2 stehen und durch Reihen – und durch Integrale – dargestellt werden. Die sphärischen Bessel- und Neumann-Funktionen lassen sich mit Auf- und Absteigeoperatoren berechnen ([Schwindt], Abschn. 7.4).

24-3 Mittel Asymptotisches Verhalten der sphärischen Bessel- und Neumann-Funktionen

In dieser Aufgabe wird das asymptotische Verhalten der sphärischen Bessel-Funktionen $j_l(\rho)$ und der sphärischen Neumann-Funktionen $n_l(\rho)$, die in den Gln. (24.5–4a/b) der Aufgabe 24–2 definiert werden, untersucht.

a) Zeige[10]:
$$j_l(\rho) \underset{\underset{\rho \ll 1}{\uparrow}}{\approx} \frac{\rho^l}{(2l+1)!!} = \frac{\rho^l}{1 \cdot 3 \cdot 5 \cdot \ldots \cdot (2l+1)} \qquad \text{für } \rho \ll 1 \qquad (24.5\text{–}6a)$$

$$n_l(\rho) \underset{\underset{\rho \ll 1}{\uparrow}}{\approx} -\frac{|2l-1|!!}{\rho^{l+1}} \qquad \text{für } \rho \ll 1 \qquad (24.5\text{–}6b)$$

Tipp: Entwickle $\sin\rho/\rho$ in eine Taylorreihe.

Hinweis: Wegen $(-1)!! = 1$ gilt: $|2l-1|!! = (2l-1)!!$ – auch für $l=0$.

b) Zeige:
$$j_l(\rho) \underset{\underset{\rho \gg 1}{\uparrow}}{\approx} \frac{1}{\rho} \sin\left(\rho - l\frac{\pi}{2}\right) \qquad \text{für } \rho \gg 1 \qquad (24.5\text{–}7a)$$

$$n_l(\rho) \underset{\underset{\rho \gg 1}{\uparrow}}{\approx} -\frac{1}{\rho} \cos\left(\rho - l\frac{\pi}{2}\right) \qquad \text{für } \rho \gg 1 \qquad (24.5\text{–}7b)$$

Tipp: Berücksichtige bei jeder Ableitung in Gl. (24.5–4a) nur den führenden Beitrag in der Quotientenregel.

Bemerkung Die **sphärischen Hankel-Funktionen**

$$h_l^{(\pm)}(\rho) := (-\rho)^l \left(\frac{1}{\rho}\frac{d}{d\rho}\right)^l \frac{e^{\pm i\rho}}{\rho} = -n_l(\rho) \pm i\,j_l(\rho) = \pm i\left[j_l(\rho) \pm i\,n_l(\rho) \right] \qquad (24.5\text{–}8)$$

haben nach den Gln. (24.5–6/7) das asymptotische Verhalten

$$h_l^{(\pm)}(\rho) \underset{\underset{\rho \ll 1}{\uparrow}}{\approx} -n_l(\rho) \approx \frac{|2l-1|!!}{\rho^{l+1}} \qquad \text{für } \rho \ll 1 \qquad (24.5\text{–}9a)$$

$$h_l^{(\pm)}(\rho) \underset{\underset{\rho \gg 1}{\uparrow}}{\approx} \frac{1}{\rho} e^{\pm i(\rho - l\pi/2)} \qquad \text{für } \rho \gg 1 \qquad (24.5\text{–}9b)$$

24-4 Schwer Greenfunktion der Schrödinger-Gl.

Berechne die Greenfunktion $G(\mathbf{r} - \mathbf{r}')$ der Schrödinger-Gl.

$$(\Delta + k^2)\,\psi(\mathbf{r}) = \frac{2m}{\hbar^2}\,V(\mathbf{r})\,\psi(\mathbf{r}) \qquad \text{mit} \qquad k^2 = \frac{2mE}{\hbar^2}$$

Hinweis: Setze die Fourierintegrale der Greenfunktion und der Deltafunktion

---

[10] Die Doppelfakultät wird rekursiv definiert:

$$0!! = 1 \qquad 1!! = 1 \qquad n!! = n\left[(n-2)!!\right] \quad \text{für} \quad n \geq 2$$

Die Doppelfakultät oder doppelte Fakultät ist also für gerade (bzw. ungerade) n das Produkt aller natürlichen, geraden (bzw. ungeraden) Zahlen, die kleiner oder gleich n sind. So gilt:

$$6!! = 6 \cdot 4 \cdot 2 = 48 \qquad 7!! = 7 \cdot 5 \cdot 3 = 105$$

$$G(\mathbf{r} - \mathbf{r}') = \frac{1}{(2\pi)^{3/2}} \int\int \tilde{G}(\mathbf{q})\, e^{i\,\mathbf{q}\cdot(\mathbf{r}-\mathbf{r}')}\, d\mathbf{q}$$

$$\delta(\mathbf{r} - \mathbf{r}') = \frac{1}{(2\pi)^{3}} \int\int e^{i\,\mathbf{q}\cdot(\mathbf{r}-\mathbf{r}')}\, d\mathbf{q}$$

in die Gl. $(\Delta + k^2)\, G(\mathbf{r} - \mathbf{r}') = \delta(\mathbf{r} - \mathbf{r}')$ ein und vergleiche die Integranden. So ergibt sich für $G(\mathbf{r} - \mathbf{r}')$ ein Integral über $\mathbf{q}$. Wechsle zu Kugelkoordinaten q, ϑ, φ mit der q_3–Achse in die Richtung von $\mathbf{r} - \mathbf{r}'$. Berechne zuletzt das Integral über q mit dem Residuensatz.

24–5 Mittel Streuung am Wasserstoffatom

Wir betrachten Wasserstoffatome im Grundzustand.

a) Wie lautet das Potential $V(r)$, das der Atomkern und die Elektronenschale erzeugen?

Bemerkung: Anders als in Aufgabe 14–7 wird der Atomkern hier als punktförmig angesehen.

b) Berechne in erster Bornscher Näherung die Streuamplitude $f(\vartheta,k)$ der Einzelstreuung von Elektronen an den Wasserstoffatomen.

c) Berechne den totalen Wirkungsquerschnitt.

d) Warum müssen die Wellenfunktionen der zwei beteiligten Elektronen nicht antisymmetrisiert werden?

Hinweis: In Teilaufgabe 24–5d und auch in der folgenden Aufgabe 24–6 sind elementare Kenntnisse des Kapitels „16 Identische Teilchen" erforderlich.

24–6 Mittel Elektron-Elektron-Streuung

Berechne im Schwerpunktsystem den differentiellen Wirkungsquerschnitt der Elektron-Elektron-Streuung. Die Elektronen haben einmal die gleiche und einmal unterschiedliche Spinstellungen, die durch die Elektron-Elektron-Wechselwirkung nicht beeinflusst werden. Wir können nicht unterscheiden, ob die Elektronen um einen Winkel ϑ oder um einen Winkel $\pi - \vartheta$ gestreut werden (siehe die Abbn. 16.2–1 und 24.1–1).

Hinweise: 1) $f(\vartheta)$ sei gegeben. 2) Beachte eventuell die Antisymmetrisierung der Wellenfunktion.

24–7 Leicht Streuung an einer weichen Kugel

Berechne in erster Bornscher Näherung den totalen Wirkungsquerschnitt $\sigma_{\text{tot}}^{(1)}$ der Streuung an einer weichen Kugel mit dem Potential

$$V(r) = \begin{cases} V_0 & \text{für } r \le R_0 \\ 0 & \text{für } r > R_0 \end{cases}$$

Bemerkung: Die Streuung an einer *harten* Kugel wird in Beispiel 24.2–1 mit der Partialwellenanalyse untersucht.

24–8 Leicht Beispiel eines normierten Wellenpaketes

Nenne eine denkbare, normierte Wellenfunktion $\psi(\mathbf{r},t)$ eines Wellenpaketes, das in die positive z-Richtung mit der Gruppengeschwindigkeit $\hbar k_0 /m$ auf ein Streuzentrum zuläuft.

Lösungen

Lösungen: 2 Die Anfänge der Quantenmechanik

2–1 Messbarkeit der Bohrschen Elektronenbahnen

Im Bohrschen Atommodell beträgt der Radius der n-ten Bahn nach den Gln. (2.3–12/13):

$$r_n = 5{,}29 \cdot 10^{-11}\,\text{m} \cdot n^2$$

Die Wellenlänge λ des eingestrahlten Lichtes muss kleiner sein als der Abstand

$$r_n - r_{n-1} = 5{,}29 \cdot 10^{-11}\,\text{m} \cdot (2\,n - 1)$$

benachbarter Bahnen. Die Energie der eingestrahlten Photonen beträgt:

$$E = h\,f = h\frac{c}{\lambda} > \frac{h\,c}{r_n - r_{n-1}} \approx \frac{23460}{2n-1}\,\text{eV}$$

Die benötigte Photonenenergie ist viel größer, als die Bindungsenergie der Elektronen, die im Bereich von wenigen eV liegt. Das vom Photon getroffene Elektron würde aus dem Atom herausgeschlagen, so dass eine Vermessung der Bahnen unmöglich ist. *In der Quantenmechanik verliert der Bahnbegriff seine Daseinsberechtigung.*

2–2 Messbarkeit von Teilchen- und Welleneigenschaften

a) Für den Compton-Effekt gilt nach den Gln. (2.5–4/5)

$$\lambda' - \lambda = \frac{h}{m_0 c}(1 - \cos\vartheta) \approx 2{,}426 \cdot 10^{-12}\,\text{m} \cdot (1 - \cos\vartheta) \tag{2.5–4/5}$$

$$\Rightarrow \quad \underset{\substack{\uparrow \\ \text{max. für } \vartheta = \pi}}{\frac{\lambda' - \lambda}{\lambda}} \approx \frac{2 \cdot 2{,}426 \cdot 10^{-12}\,\text{m}}{\lambda} \overset{!}{>} 10^{-5} \quad \Rightarrow \quad \lambda < 5 \cdot 10^{-7}\,\text{m} = 500\,\text{nm}$$

Die Teilcheneigenschaften von sichtbarem Licht können mit dem Compton-Effekt gerade noch gemessen werden, nicht aber die Teilcheneigenschaften von Mikro- oder Radiowellen.

b) Welleneigenschaften werden durch Interferenz- oder Beugungsexperimente nachgewiesen. Dabei darf die Wellenlänge nicht viel kleiner sein als der Gitterabstand. Der Atomabstand in Kristallen liegt in der Größenordnung von $1 \cdot 10^{-10}\,\text{m} = 0{,}1\,\text{nm}$. Daher ist die Welleneigenschaft von Gammastrahlung nicht nachweisbar. Die Welleneigenschaft der Röntgenstrahlung mit $10^{-8}\,\text{m} < \lambda < 10^{-12}\,\text{m}$ hingegen ist nachweisbar.

2–3 Ortsmessung beim Doppelspalt-Experiment

Beim Compton-Effekt ändert sich die Wellenlänge nach Gl. (2.5–4) um

$$\lambda' - \lambda = \frac{h}{m_0 c}(1 - \cos\vartheta) \approx 2,426 \cdot 10^{-12}\,\text{m} \cdot (1 - \cos\vartheta) \qquad m_0 = \text{Ruhemasse der Elektronen}$$

$$\Rightarrow \qquad \vartheta = \arccos\left(1 - \frac{\lambda' - \lambda}{2,426 \cdot 10^{-12}\,\text{m}}\right)$$

Mit dem Winkel ϑ und der Position des ansprechenden Photonendetektors kann die Lage des Spaltes bestimmt werden, durch den das Elektron geflogen ist.

Wenn die Wellenlänge λ der Strahlung zu groß wird (siehe dazu die Erläuterungen direkt nach Gl. (2.5–5)), so lässt sich nicht mehr feststellen, durch welches Loch die Elektronen geflogen sind und das Interferenzmuster auf dem Bildschirm ähnelt dem Muster, das sich ohne Röntgenquelle einstellt.

Apropos: Bei geladenen Teilchen könnte man auch um jeden Spalt eine Leiterschleife legen und den Teilchendurchgang am induzierten Strom erkennen.

2–4 Nachweis des Photonenimpulses

Die Zahl der Photonen beträgt $N = 10\,\text{J}/(h c/\lambda)$. Ihr gesamter Impuls $p_{\text{ges}} = N h/\lambda = 10\,\text{J}/c$ stößt den Spiegel mit der Geschwindigkeit $v = 2 p_{\text{ges}}/m = 20\,\text{J}/(m c) = 6,\overline{6}\,\text{mm/s}$ an; der Faktor 2 ist auf die *Total*reflexion zurückzuführen. Laut Energieerhaltungssatz schwingt der Spiegel auf die Höhe $h = v^2/(2g) \approx 2,27\,\mu\text{m}$ hoch. Mit $h = l(1 - \cos\varphi)$ berechnet sich der Ausschlagwinkel des Pendels zu $\varphi = \arccos(1 - h/l) \approx 0,12\,\text{Grad}$. Daher ist $s = l\sin\varphi \approx 2,1\,\text{mm}$.

2–5 Absturz in den Kern

Die negative Zeitableitung der Gesamtenergie $E = -e_0^2/(8\pi\varepsilon_0 r)$ des Elektrons ist gleich der abgestrahlten Leistung:

$$-\frac{dE}{dt} = -\frac{e_0^2}{8\pi\varepsilon_0}\frac{1}{r^2}\frac{dr}{dt} \overset{!}{=} \frac{e_0^2}{6\pi\varepsilon_0 c^3}|\ddot{\mathbf{r}}|^2 \approx \frac{e_0^2}{6\pi\varepsilon_0 c^3}\left(\frac{v^2}{r}\right)^2 \qquad \underset{\text{Kräftegleichgewicht in Gl. (2.3–3)}}{\approx\uparrow}$$

$$= \frac{e_0^2}{6\pi\varepsilon_0 c^3}\left(\frac{e_0^2}{4\pi\varepsilon_0 m_\text{e} r^2}\right)^2$$

Variablentrennung und Integration führen auf

$$\int_{a_\text{B}}^{R_{\text{Kern}}} r^2\,dr = -\frac{4}{3c^3}\left(\frac{e_0^2}{4\pi\varepsilon_0 m_\text{e}}\right)^2 \int_0^{T_\text{A}} dt$$

Wegen $R_{\text{Kern}} \ll a_\text{B}$ können wir den Kernradius gleich null setzen und erhalten näherungsweise

$$T_\text{A} \approx 4 c^3\left(\frac{\pi\varepsilon_0 m_\text{e}}{e_0^2}\right)^2 a_\text{B}^3 \approx 1,6 \cdot 10^{-11}\,\text{s}$$

Lösungen: 3 Die Schrödinger-Gl.

3–1 Abfall im Unendlichen

In einer Raumdimension muss $\psi(x)$ im Unendlichen stärker als $1/x^{1/2}$ abfallen. Denn für

$$\psi(x) \sim 1/x^{1/2+\varepsilon/2} \qquad \text{mit} \qquad \varepsilon > 0 \tag{1}$$

gilt: $\quad \int |\psi(x)|^2\, dx \sim \int \frac{1}{x^{1+\varepsilon}}\, dx = -\frac{1}{\varepsilon}\frac{1}{x^{\varepsilon}}$

In drei Dimensionen verwenden wir Kugelkoordinaten: Wegen $dV = dr \cdot r\, d\vartheta \cdot r \sin\vartheta\, d\varphi \sim r^2\, dr$ muss $\psi(r,\vartheta,\varphi)$ im Unendlichen stärker als $1/r^{3/2}$ abfallen. Für

$$\psi(r,\vartheta,\varphi) \sim 1/r^{3/2+\varepsilon/2} \qquad \text{mit} \qquad \varepsilon > 0 \tag{2}$$

folgt: $\quad \int |\psi(r,\vartheta,\varphi)|^2\, r^2\, dr \sim \int \frac{1}{r^{1+\varepsilon}}\, dr = -\frac{1}{\varepsilon}\frac{1}{r^{\varepsilon}}$

Hinweis: $\psi^2(x) = 1/[x \ln^2(x)]$ hat die Stammfunktion $-1/\ln(x)$ und ist daher im Unendlichen integrierbar. Nach der Regel von de l'Hospital geht $1/[x\ln^2(x)]$ für $x \to \infty$ langsamer gegen Null als $x^{-1-\varepsilon}$. Daher gilt das Ergebnis in Gl. (1) nur für Potenzfunktionen.

3–2 Zeitunabhängigkeit der Norm und Teilchenzerfälle

a) Der Beweis folgt natürlich sofort aus Teil c) dieser Aufgabe. Er soll aber hier eigenständig im $\mathbb{R}^1$ vorgeführt werden. Dazu berechnen wir die Zeitableitung des Integrals:

$$\frac{d}{dt} \int_{-\infty}^{+\infty} \psi^*(x,t)\,\psi(x,t)\, dx = \int_{-\infty}^{+\infty}\left[\left(\frac{\partial}{\partial t}\psi^*\right)\psi + \psi^*\left(\frac{\partial}{\partial t}\psi\right)\right] dx \tag{1}$$

Vor dem Integral steht die *totale* Zeitableitung, da das Integral – wenn überhaupt – nur von der Zeit abhängen kann. Innerhalb des Integrals steht die partielle Zeitableitung, da die Wellenfunktion von x und von t abhängt. Wir setzen die zeitabhängige Schrödinger-Gl. und ihre komplex konjugierte Gl.

$$i\hbar\frac{\partial}{\partial t}\psi(x,t) = \left(-\frac{\hbar^2}{2m}\Delta + V(x,t)\right)\psi(x,t) \qquad \text{mit} \qquad \Delta = \frac{\partial^2}{\partial x^2} \tag{2a}$$

$$-i\hbar\frac{\partial}{\partial t}\psi^*(x,t) = \left(-\frac{\hbar^2}{2m}\Delta + V(x,t)\right)\psi^*(x,t) \tag{2b}$$

in die Gl. (1) ein und erhalten:

$$\frac{d}{dt}\int_{-\infty}^{+\infty} |\psi(x,t)|^2\, dx = -\frac{1}{i\hbar}\int_{-\infty}^{+\infty}\left[\psi\left(-\frac{\hbar^2}{2m}\Delta + V\right)\psi^* - \psi^*\left(-\frac{\hbar^2}{2m}\Delta + V\right)\psi\right] dx =$$

$$= -\frac{i\hbar}{2m}\int_{-\infty}^{+\infty}\left[\psi\Delta\psi^* - \psi^*\Delta\psi\right] dx$$

Wir führen in jedem der beiden Summanden eine partielle Integration durch und berücksichtigen das Verschwinden der Randterme im Unendlichen:

$$\frac{d}{dt}\int_{-\infty}^{+\infty}|\psi(x,t)|^2\,dx = \frac{i\hbar}{2m}\int_{-\infty}^{+\infty}\left[\left(\frac{\partial\psi}{\partial x}\right)\left(\frac{\partial\psi^*}{\partial x}\right) - \left(\frac{\partial\psi^*}{\partial x}\right)\left(\frac{\partial\psi}{\partial x}\right)\right]dx = 0$$

Hinweis: Die Schrödinger-Gl. hat zwar nichts mit der Normierung der Wellenfunktionen zu tun, garantiert aber die Zeitunabhängigkeit der Norm.

b) Die zeitabhängige Schrödinger-Gl. lautet

$$i\hbar\frac{\partial}{\partial t}\psi(\mathbf{r},t) = \left[-\frac{\hbar^2}{2m}\Delta + V_0(\mathbf{r}) - i\,\Gamma\right]\psi(\mathbf{r},t) \tag{3a}$$

$$\Rightarrow\qquad -i\hbar\frac{\partial}{\partial t}\psi^*(\mathbf{r},t) = \left[-\frac{\hbar^2}{2m}\Delta + V_0(\mathbf{r}) + i\,\Gamma\right]\psi^*(\mathbf{r},t) \tag{3b}$$

Multiplikation der Gl. (3a) mit ψ^* und der Gl. (3b) mit ψ und anschließende Subtraktion liefern

$$i\hbar\frac{\partial}{\partial t}\left(\psi^*\psi\right) = -\frac{\hbar^2}{2m}\nabla\left(\psi^*\nabla\psi - \psi\nabla\psi^*\right) - 2i\,\Gamma\,\psi^*\psi = \frac{\hbar}{i}\nabla\cdot\mathbf{j}(\mathbf{r},t) - 2i\,\Gamma\,\psi^*\psi \tag{4}$$

c) Integration der Gl. (4) über den ganzen Raum liefert mit dem Gaußschen Satz

$$\int_V \operatorname{div}\mathbf{f}(\mathbf{r})\,d^3r = \int_V \nabla\cdot\mathbf{f}(\mathbf{r})\,d^3r = \oint_A \mathbf{f}(\mathbf{r})\cdot d\mathbf{A} \qquad\text{mit}\qquad A = \text{Oberfläche von } V \tag{5}$$

und mit dem genügend schnellen Abfall des Wahrscheinlichkeitsstromes im Unendlichen, also mit dem Verschwinden des Oberflächenintegrals von $\mathbf{j}(\mathbf{r},t)$ im Unendlichen

$$\frac{d}{dt}P(t) = \frac{d}{dt}\int_{-\infty}^{+\infty}\psi^*\psi\,d^3r \underset{\underset{\text{Gl. (4)}}{\uparrow}}{=} \int_{-\infty}^{+\infty}\left[-\nabla\cdot\mathbf{j}(\mathbf{r},t) - \frac{2\Gamma}{\hbar}\psi^*(\mathbf{r},t)\,\psi(\mathbf{r},t)\right]d^3r \underset{\underset{\text{Gl. (5)}}{\uparrow}}{=}$$

$$= -\frac{2\Gamma}{\hbar}\int_{-\infty}^{+\infty}\psi^*\psi\,d^3r = -\frac{2\Gamma}{\hbar}P(t) \qquad\Rightarrow\qquad P(t) = \mathrm{e}^{-2\Gamma t/\hbar}P(0)$$

$$\Rightarrow\qquad \gamma = \frac{2\Gamma}{\hbar}$$

3–3 Vertauschungsrelationen

Wir beweisen die Aussage mit einer vollständigen Induktion. Für $n = 1$ ist die Aussage offensichtlich richtig. Wir führen nun den Induktionsschritt von n auf $n + 1$ durch:

$$\left[\hat{A},\hat{B}^{n+1}\right] = \hat{A}\hat{B}^{n+1} - \hat{B}\hat{A}\hat{B}^n + \hat{B}\hat{A}\hat{B}^n - \hat{B}^{n+1}\hat{A} \underset{\underset{\text{Gln.}(3.6-1/2)}{\uparrow}}{=}$$

$$= \left[\hat{A},\hat{B}\right]\hat{B}^n + \hat{B}\left[\hat{A},\hat{B}^n\right] = \left[\hat{A},\hat{B}\right]\hat{B}^n + n\left[\hat{A},\hat{B}\right]\hat{B}^n = (n+1)\left[\hat{A},\hat{B}\right]\hat{B}^n$$

3–4 Zeitabhängige Schrödinger-Gl. im Impulsraum

a) Die Fouriertransformierte des Produktes $h(x) := f(x)\,g(x)$ lautet:

$$\tilde{h}(k) = \frac{1}{\sqrt{2\pi}} \int\limits_{-\infty}^{\infty} dx \, f(x)\, g(x)\, e^{-ikx} = \frac{1}{\sqrt{2\pi}} \int\limits_{-\infty}^{\infty} dx \, f(x)\, e^{-ikx} \underbrace{\frac{1}{\sqrt{2\pi}} \int\limits_{-\infty}^{\infty} d\hat{k}\, \tilde{g}(\hat{k})\, e^{i\hat{k}x}}_{=\,g(x)} =$$

$$= \frac{1}{\sqrt{2\pi}} \int\limits_{-\infty}^{\infty} d\hat{k}\, \tilde{g}(\hat{k}) \underbrace{\frac{1}{\sqrt{2\pi}} \int\limits_{-\infty}^{\infty} dx \, f(x)\, e^{-i(k-\hat{k})x}}_{=\,\tilde{f}(k-\hat{k})} = \frac{1}{\sqrt{2\pi}} \int\limits_{-\infty}^{\infty} d\hat{k}\, \tilde{f}(k-\hat{k})\, \tilde{g}(\hat{k})$$

b) Mit der Fouriertransformation

$$\psi(x,t) = \frac{1}{\sqrt{2\pi\hbar}} \int\limits_{-\infty}^{\infty} e^{ipx/\hbar}\, \tilde{\psi}(p,t)\, dp$$

folgt:
$$\left[i\hbar\,\frac{\partial}{\partial t} + \frac{\hbar^2}{2m}\,\frac{\partial^2}{\partial x^2} \right] \psi(x,t) = \frac{1}{\sqrt{2\pi\hbar}} \int\limits_{-\infty}^{\infty} e^{ipx/\hbar} \left[i\hbar\,\frac{\partial}{\partial t} - \frac{p^2}{2m} \right] \tilde{\psi}(p,t)\, dp$$

Nach dem Faltungssatz gilt:

$$V(x)\,\psi(x,t) = \frac{1}{2\pi\hbar} \int\limits_{-\infty}^{\infty} dp \, e^{ipx/\hbar} \int\limits_{-\infty}^{\infty} \tilde{V}(p-\hat{p})\, \tilde{\psi}(\hat{p},t)\, d\hat{p}$$

$$\Rightarrow \quad \int\limits_{-\infty}^{\infty} e^{ipx/\hbar} \left[i\hbar\,\frac{\partial}{\partial t}\, \tilde{\psi}(p,t) - \frac{p^2}{2m}\, \tilde{\psi}(p,t) - \frac{1}{\sqrt{2\pi\hbar}} \int\limits_{-\infty}^{\infty} \tilde{V}(p-\hat{p})\, \tilde{\psi}(\hat{p},t)\, d\hat{p} \right] dp = 0$$

Damit folgt die **zeitabhängige Schrödinger-Gl. im Impulsraum**:

$$i\hbar\,\frac{\partial}{\partial t}\, \tilde{\psi}(p,t) = \frac{p^2}{2m}\, \tilde{\psi}(p,t) + \frac{1}{\sqrt{2\pi\hbar}} \int\limits_{-\infty}^{\infty} \tilde{V}(p-\hat{p})\, \tilde{\psi}(\hat{p},t)\, d\hat{p} \tag{1a}$$

Dies ist eine Integro-Differentialgl. für die Impulswellenfunktion $\tilde{\psi}(p,t)$. Für stationäre Zustände

$$\tilde{\psi}(p,t) = \tilde{\psi}(p)\, e^{-iEt/\hbar}$$

erhalten wir die zeit*un*abhängige Schrödingergl. im Impulsraum:

$$E\,\tilde{\psi}(p) = \frac{p^2}{2m}\, \tilde{\psi}(p) + \frac{1}{\sqrt{2\pi\hbar}} \int\limits_{-\infty}^{\infty} \tilde{V}(p-\hat{p})\, \tilde{\psi}(\hat{p})\, d\hat{p} \qquad \text{für stationäre Zustände} \tag{2}$$

Dies ist eine Integralgl., also eine Gl., in der die unbekannte Funktion $\tilde{\psi}(p)$ in einem Integral steht.

Abschließend wollen wir die zeitabhängige Schrödinger-Gl. (1a) im Impulsraum in eine zweite, wahrscheinlich anschaulichere Form bringen, die ebenfalls in der Literatur oft genannt wird. Dazu setzen wir die inverse Fouriertransformation

$$\tilde{V}(p-\hat{p}) = \frac{1}{\sqrt{2\pi\hbar}} \int\limits_{-\infty}^{\infty} dx \, e^{-i(p-\hat{p})x/\hbar}\, V(x)$$

und
$$\text{und} \quad e^{-i(p-\hat{p})x/\hbar}\, V(x) \underset{\underset{\text{Taylorentwicklg.}}{\uparrow}}{=} \left[\sum_{n=0}^{\infty} \frac{1}{n!}\, V^{(n)}(0)\, x^n \right] e^{-i(p-\hat{p})x/\hbar} =$$

$$= \left[\sum_{n=0}^{\infty} \frac{1}{n!} V^{(n)}(0) \left(-\frac{\hbar}{i} \frac{\partial}{\partial p} \right)^n \right] \mathrm{e}^{-i(p-\bar{p})x/\hbar} = V\left(-\frac{\hbar}{i} \frac{\partial}{\partial p} \right) \mathrm{e}^{-i(p-\bar{p})x/\hbar} \tag{3}$$

in den Potentialterm der Integro-Dgl. (1a) ein:

$$\frac{1}{\sqrt{2\pi\hbar}} \int_{-\infty}^{\infty} d\bar{p}\ \tilde{\psi}(\bar{p},t)\ \tilde{V}(p-\bar{p}) = \frac{1}{2\pi\hbar} \int_{-\infty}^{\infty} d\bar{p}\ \tilde{\psi}(\bar{p},t) \underbrace{\int_{-\infty}^{\infty} dx\ \mathrm{e}^{-i(p-\bar{p})x/\hbar}\ V(x)}_{= \sqrt{2\pi\hbar}\ \tilde{V}(p-\bar{p})} \underset{\uparrow}{=}\ \mathrm{Gl.}(3)$$

$$= \frac{1}{2\pi\hbar} \int_{-\infty}^{\infty} d\bar{p}\ \tilde{\psi}(\bar{p},t) \int_{-\infty}^{\infty} dx\ V\left(-\frac{\hbar}{i} \frac{\partial}{\partial p} \right) \mathrm{e}^{-i(p-\bar{p})x/\hbar}$$

Da über $\bar{p}$ und nicht über p integriert wird, dürfen wir $V(...)$ vor die zwei Integrale setzen:

$$V\left(-\frac{\hbar}{i} \frac{\partial}{\partial p} \right) \int_{-\infty}^{\infty} d\bar{p}\ \tilde{\psi}(\bar{p},t) \underbrace{\frac{1}{2\pi\hbar} \int_{-\infty}^{\infty} dx\ \mathrm{e}^{-i(p-\bar{p})x/\hbar}}_{= \delta(p-\bar{p})} = V\left(-\frac{\hbar}{i} \frac{\partial}{\partial p} \right) \tilde{\psi}(p,t)$$

Daher lautet die **zeitabhängige Schrödinger-Gl. im Impulsraum** in einer alternativen Form:

$$i\hbar \frac{\partial}{\partial t} \tilde{\psi}(p,t) = \left[\frac{p^2}{2m} + V\left(-\frac{\hbar}{i} \frac{\partial}{\partial p} \right) \right] \tilde{\psi}(p,t) \tag{1b}$$

Nur für lineare Potentiale ist die Schrödinger-Gl. im Impulsraum einfacher zu lösen als im Ortsraum (siehe Aufgabe „6–4 Lineares Potential: Schrödinger-Gl. im Impulsraum"). Für den harmonischen Oszillator haben die Schrödinger-Gl. im Ortsraum und die Schrödinger-Gl. (1b) im Impulsraum

$$i\hbar \frac{\partial}{\partial t} \tilde{\psi}(p,t) = \frac{p^2}{2m} \tilde{\psi}(p,t) - \frac{m}{2} \omega^2 \hbar^2\ \tilde{\psi}''(p,t) \tag{4}$$

dieselbe Struktur. *Daher haben die Wellenfunktionen – nur – des harmonischen Oszillators im Orts- und im Impulsraum die gleiche Form.* Nach [Cohen–1], Abschn. 5.8.1 gilt für den harmonischen Oszillator:

$$\tilde{\psi}_n(p) = (-i)^n \frac{1}{\sqrt{\alpha\hbar}}\ \psi_n\left(x = \frac{p}{\alpha\hbar} \right) \qquad \text{mit} \qquad \alpha := \frac{m\omega}{\hbar}$$

Danach sind die Hermite-Funktionen, die in Kapitel „6 Der harmonische Oszillator" eingeführt werden, Eigenfunktionen der Fouriertransformation mit den Eigenwerten $(-i)^n/(\alpha\hbar)^{1/2}$. (Hinweis: Die Fouriertransformationen können als lineare Operatoren gedeutet werden.)

Für alle anderen Systeme dürfte die Schrödinger-Gl. im Ortsraum einfacher sein als im Impulsraum, da in diesen Systemen d^2/dx^2 ein einfacherer Differentialoperator ist als $V(i\hbar\,\partial/\partial p)$.

3–5 Nicht-relativistische Schrödinger-Gl.

a) Wenn man die Wellenfunktion $\psi(\mathbf{r},t) = A \exp(i\,\mathbf{p}\cdot\mathbf{r}/\hbar - iEt/\hbar)$ in die freie, zeitabhängige Schrödinger-Gl. einsetzt, folgt die nicht relativistische Energie-Impuls-Beziehung $E = p^2/(2m)$.

b) Die Schrödinger-Gl. ist von *erster* Ordnung in der Zeit und von *zweiter* Ordnung im Ort. Daher ist sie unter Lorentz-Transformationen nicht invariant.

3–6 Erzeugende von räumlichen und zeitlichen Translationen

a) Mit der Taylorentwicklung der Wellenfunktion erhalten wir

$$\psi(\mathbf{r}+\mathbf{a},t) = \sum_{n=0}^{\infty} \frac{1}{n!} \left(\mathbf{a}\cdot\nabla\right)^n \psi(\mathbf{r},t) = e^{i\,\mathbf{a}\cdot\hat{\mathbf{P}}/\hbar}\,\psi(\mathbf{r},t) =: \hat{T}(\mathbf{a})\,\psi(\mathbf{r},t) \tag{1}$$

b) $\quad \psi_{\mathbf{a}}(\mathbf{r},t) = \psi(\mathbf{r}-\mathbf{a},t) = e^{-i\,\mathbf{a}\cdot\hat{\mathbf{P}}/\hbar}\,\psi(\mathbf{r},t)$

c) $\quad \psi(\mathbf{r},t) \underset{\underset{\text{Taylor}}{\uparrow}}{=} \sum_{n=0}^{\infty}\frac{1}{n!}\,t^n\left(\frac{\partial}{\partial t}\right)^n \psi(\mathbf{r},t)\Big|_{t=0} = \sum_{n=0}^{\infty}\frac{1}{n!}\left(\frac{t}{i\hbar}\right)^n\left(i\hbar\frac{\partial}{\partial t}\right)^n \psi(\mathbf{r},t)\Big|_{t=0} =$

$$\underset{\underset{\text{nur für } V=V(\mathbf{r})}{\uparrow}}{=} \sum_{n=0}^{\infty}\frac{1}{n!}\left(\frac{t}{i\hbar}\right)^n \hat{H}^n\,\psi(\mathbf{r},0) = e^{-i\hat{H}t/\hbar}\,\psi(\mathbf{r},0) \tag{2}$$

Hinweis: Im vorletzten Schritt musste vorausgesetzt werden, dass das Potential und damit auch der Hamiltonoperator nicht explizit von der Zeit abhängen: $\partial_t\,\hat{H} = 0$. Nur dann gilt beispielsweise:

$$\left(i\hbar\frac{\partial}{\partial t}\right)^2 \psi(\mathbf{r},t) \underset{\underset{\text{zeitabh. Schröd-Gl.}}{\uparrow}}{=} i\hbar\frac{\partial}{\partial t}\Big[\hat{H}\,\psi(\mathbf{r},t)\Big] \underset{\underset{V=V(\mathbf{r})}{\uparrow}}{=} \hat{H}\,i\hbar\frac{\partial}{\partial t}\,\psi(\mathbf{r},t) = \hat{H}^2\,\psi(\mathbf{r},t)$$

Die Operatoren $i\hbar\,\partial/\partial t$ und $\hat{H}$ sind nur „gleich", wenn sie auf Lösungen der zeitabhängigen Schrödinger-Gl. angewendet werden. Sie liefern verschiedene Ergebnisse bei Anwendung auf beliebige Funktionen. Nachträglich lässt sich einfach beweisen, dass $\psi(\mathbf{r},t)$ in Gl. (2) die Schrödinger-Gl. erfüllt:

$$i\hbar\frac{\partial}{\partial t}\,\psi(\mathbf{r},t) = i\hbar\frac{\partial}{\partial t}\,e^{-i\hat{H}t/\hbar}\,\psi(\mathbf{r},0) = H\,\psi(\mathbf{r},t) \quad \text{für zeitunabhängige } \hat{H}$$

Für zeitabhängige Hamiltonoperatoren, die für beliebige Zeiten t_1, t_2 vertauschen, gilt:

$$i\hbar\frac{\partial}{\partial t}\,\psi(\mathbf{r},t) = i\hbar\frac{\partial}{\partial t}\,\exp\left(-\frac{i}{\hbar}\int_0^t \hat{H}(t')\,dt'\right)\psi(\mathbf{r},0) = \hat{H}(t)\,\psi(\mathbf{r},t) \quad \text{für}\quad \big[\hat{H}(t_1),\hat{H}(t_2)\big]=0$$

d) $\quad \Big[\hat{T}(\mathbf{a}),V(\hat{\mathbf{R}})\Big]\psi(\mathbf{r}) = \hat{T}(\mathbf{a})\,V(\hat{\mathbf{R}})\,\psi(\mathbf{r}) - V(\hat{\mathbf{R}})\,\hat{T}(\mathbf{a})\,\psi(\mathbf{r}) =$

$$= V(\mathbf{r}+\mathbf{a})\,\psi(\mathbf{r}+\mathbf{a}) - V(\mathbf{r})\,\psi(\mathbf{r}+\mathbf{a}) = \big\{V(\mathbf{r}+\mathbf{a})-V(\mathbf{r})\big\}\,\hat{T}(\mathbf{a})\,\psi(\mathbf{r}) \tag{3}$$

Hinweis: Diese Gl. lässt sich auch (mühsam) mit der Leipniz-Regel der Analysis beweisen.

e) $\quad i\hbar\frac{\partial}{\partial t}\,\psi(\mathbf{r}+\mathbf{a},t) = i\hbar\frac{\partial}{\partial t}\,\hat{T}(\mathbf{a})\,\psi(\mathbf{r},t) = i\hbar\,\hat{T}(\mathbf{a})\,\frac{\partial}{\partial t}\,\psi(\mathbf{r},t) = \hat{T}(\mathbf{a})\,\hat{H}\,\psi(\mathbf{r},t)$

Die rechte Seite ist genau dann gleich $\hat{H}\psi(\mathbf{r}+\mathbf{a},t)$, wenn der Kommutator

$$\Big[\hat{T}(\mathbf{a}),\hat{H}\Big] = \Big[\hat{T}(\mathbf{a}),V(\hat{\mathbf{R}})\Big] \underset{\underset{\text{Gl. (3)}}{\uparrow}}{=} \big\{V(\mathbf{r}+\mathbf{a})-V(\mathbf{r})\big\}\,\hat{T}(\mathbf{a}) \tag{4}$$

verschwindet. Da $\mathbf{a}$ ein beliebiger Vektor ist, verschwindet der Kommutator in Gl. (4) genau dann, wenn das Potential $V(\mathbf{r})$ konstant ist. Das ist dann und nur dann der Fall, wenn

$$\big[\hat{H},\hat{\mathbf{P}}\big] = \big[V(\hat{\mathbf{R}}),\hat{\mathbf{P}}\big] = i\hbar\,\nabla V(\mathbf{r}) = 0$$

Fazit: $\psi(\mathbf{r}+\mathbf{a},t) = \text{Lösung der S-Gl.} \;\Leftrightarrow\; V = \text{ortsunabhängig} \;\Leftrightarrow\; \hat{\mathbf{P}} = \text{Erhaltungsgröße}$

In Abschn. 7.3 werden wir definieren: *Zeitunabhängige Observablen, die mit dem Hamiltonoperator vertauschen, heißen Erhaltungsgrößen.* Daher haben wir soeben gezeigt: Eine verschobene Wellenfunktion bleibt eine Lösung der Schrödinger-Gl. dann und nur dann, wenn das Potential nicht ortsabhängig ist. Das ist genau dann der Fall, wenn der Impulsoperator eine Erhaltungsgröße ist.

3–7 Erwartungswert des Impulses

a) Nach Gl. (3.3–3) gilt:

$$\tilde{\psi}^{*}(\mathbf{p}) = \frac{1}{(2\pi\hbar)^{3/2}} \int \underbrace{\psi^{*}(\mathbf{r})}_{=\psi(\mathbf{r})}\, e^{i\,\mathbf{p}\cdot\mathbf{r}/\hbar}\, d^3r = \tilde{\psi}(-\mathbf{p}) \tag{1}$$

b) $\quad \langle \hat{\mathbf{P}} \rangle = \int d^3p\, \tilde{\psi}^{*}(\mathbf{p})\, \mathbf{p}\, \tilde{\psi}(\mathbf{p}) \underset{\underset{\text{Gl. (1)}}{\uparrow}}{=} \int d^3p\, \mathbf{p}\, \underbrace{\tilde{\psi}(-\mathbf{p})\, \tilde{\psi}(\mathbf{p})}_{\text{gerade Funktion}} = 0$

3–8 Einführung des Impulsoperators

$$\frac{d}{dt}\langle x \rangle = \int_{-\infty}^{\infty} \left[\frac{\partial \psi^{*}}{\partial t}\, x\, \psi + \psi^{*}\, x\, \frac{\partial \psi}{\partial t} \right] dx$$

Bemerkung: x wird nicht nach der Zeit abgeleitet, da $\hat{X}=x$ ein einfacher Multiplikationsoperator ist und – anders als in der klassischen Mechanik – keine Bahn $x(t)$. Man kann auch sagen: x ist eine Integrationsvariable.

Mit den beiden zeitabhängigen Schrödinger-Gln.

$$\frac{\partial}{\partial t}\psi(x,t) = -\frac{\hbar}{2mi}\,\psi''(x,t) + \frac{1}{i\hbar}\,V(x)\,\psi(x,t) \tag{1a}$$

und $\quad \dfrac{\partial}{\partial t}\psi^{*}(x,t) = \dfrac{\hbar}{2mi}\,\psi^{*\prime\prime}(x,t) - \dfrac{1}{i\hbar}\,V(x)\,\psi^{*}(x,t) \tag{1b}$

folgt $\quad \dfrac{d}{dt}\langle x \rangle = \displaystyle\int_{-\infty}^{\infty}\left[\left(\dfrac{\hbar}{2mi}\,\psi^{*\prime\prime} - \dfrac{1}{i\hbar}\,V\,\psi^{*}\right) x\,\psi + \psi^{*}\,x\left(-\dfrac{\hbar}{2mi}\,\psi'' + \dfrac{1}{i\hbar}\,V\,\psi\right)\right] dx =$

$$= +\frac{\hbar}{2mi}\int_{-\infty}^{\infty}\left[\psi^{*\prime\prime}(x\,\psi) - (\psi^{*}x)\,\psi''\right] dx \underset{\underset{\text{partielle Integration}}{\uparrow}}{=} \tag{2}$$

$$= -\frac{\hbar}{2mi}\int_{-\infty}^{\infty}\left[\psi^{*\prime}\psi + \psi^{*\prime}x\,\psi' - \psi^{*}\psi' - \psi'^{*}x\,\psi'\right] dx \underset{\underset{\text{partielle Integration}}{\uparrow}}{=}$$

$$= -\frac{\hbar}{2mi}\int_{-\infty}^{\infty}\left[-\psi^{*}\psi' - \psi^{*}\psi'\right] dx = \frac{1}{m}\int_{-\infty}^{\infty}\psi^{*}\left(\frac{\hbar}{i}\frac{d}{dx}\right)\psi\, dx = \frac{1}{m}\langle \hat{P}\rangle \tag{3}$$

Bemerkungen: **1)** Auf ähnlich Art lässt sich mit der Schrödinger-Gl. zeigen:

$$\frac{d}{dt}\langle \hat{P}\rangle = \left\langle -\frac{\partial V}{\partial x}\right\rangle \tag{4}$$

2) Da der Ortserwartungswert $\langle x \rangle$ reell ist, ist der Impulserwartungswert nach Gl. (3) ebenfalls immer reell ist.

3) Wenn wir für $\psi(x,t)$ die Wellenfunktion (5.1–14) in Beispiel 5.1–3

$$\psi(x,t) = \frac{1}{\sqrt{L}}\left[\sin\left(\frac{\pi}{L}x\right)e^{-iE_1t/\hbar} + \sin\left(\frac{2\pi}{L}x\right)e^{-4iE_1t/\hbar}\right] \cdot \begin{cases} 1 & \text{für } 0 < x < L \\ 0 & \text{sonst} \end{cases} \tag{5}$$

einsetzen und von 0 bis L integrieren, so sind die zwei partiellen Integrationen in den Gln. (2) und (3) trotz der fehlenden Differenzierbarkeit von $\psi(x,t)$ in $x=0$ und $x=L$ erlaubt und Gl. (3) liefert die richtige Zeitentwicklung $d\langle x(t)\rangle/dt = 16L\,\omega_1\sin(3\,\omega_1 t)/(3\pi^2)$ in Gl. (5.1–15).[1] Der Grund liegt darin, dass sich die zwei Sinusfunktionen in Gl. (5) z. B. auf das Intervall $[-L,2L]$ ausweiten lassen ohne Änderung der Integrale. Dann ist die stetige Differenzierbarkeit in $[0,L]$ gegeben und partielle Integrationen sind problemlos.

3–9 Zeitabhängige Lösung

Nach Gl. (3.2–11) lautet die Lösung

$$\psi(x,t) = \sum_{n=1}^{2} c_n\, e^{-iE_n t/\hbar}\,\psi_n(x)$$

3–10 Mathematische Beschreibung des Doppelspalt-Experimentes

Wenn der linke Spalt abgedeckt ist (siehe Abb. 2.6–3a), dann hat ein Elektron nach der Passage des rechten Spaltes die Wellenfunktion $\psi_{re}(\mathbf{r})$. Umgekehrt hat ein Elektron (bei Abdeckung des rechten Spaltes) nach der Passage des linken Spaltes die Wellenfunktion $\psi_{li}(\mathbf{r})$.

Wenn jeder Spalt *einzeln* für die Zeit T geöffnet wird, so ist die Häufigkeitsverteilung auf dem Schirm nach der Zeit $2T$ die Summe von zwei Häufigkeitsverteilungen (siehe die durchgezogene Kurve in Abb. 2.6–3b):

$$|\psi_{re}(\mathbf{r})|^2 + |\psi_{li}(\mathbf{r})|^2 \tag{1}$$

Wenn aber beide Spalten *zugleich* für ein Zeitintervall T geöffnet sind, so ist die Wellenfunktion hinter den zwei Spalten eine Überlagerung:

$$\psi(\mathbf{r}) = \frac{1}{\sqrt{2}}\left[\psi_{re}(\mathbf{r}) + \psi_{li}(\mathbf{r})\right] \tag{2}$$

Jetzt ist die Häufigkeitsverteilung auf dem Schirm proportional zu

$$|\psi(\mathbf{r})|^2 = \frac{1}{2}\left[\psi_{re}^*(\mathbf{r}) + \psi_{li}^*(\mathbf{r})\right]\left[\psi_{re}(\mathbf{r}) + \psi_{li}(\mathbf{r})\right] =$$

$$= \frac{1}{2}|\psi_{re}(\mathbf{r})|^2 + \frac{1}{2}|\psi_{li}(\mathbf{r})|^2 + \frac{1}{2}\left[\psi_{re}^*(\mathbf{r})\psi_{li}(\mathbf{r}) + \psi_{re}(\mathbf{r})\psi_{li}^*(\mathbf{r})\right] \tag{3}$$

Die zwei Terme in der letzten eckigen Klammer der Gl. (3) beschreiben die Interferenz, denn sie enthalten beide sowohl $\psi_{re}(\mathbf{r})$ *als auch* $\psi_{li}(\mathbf{r})$. In Gl. (1) werden die beiden Wellenfunktionen zuerst quadriert und dann werden die Betragsquadrate summiert; in Gl. (1) treten keine Interferenzen auf. In Gl. (3) hingegen werden *umgekehrt* zuerst die Wellenfunktionen addiert und dann wird ihre Überlagerung quadriert.

---

[1] Laut Analysis gilt: Wenn die Funktionen $u(x), v(x)$ im Intervall $[a,b]$ stetig differenzierbar sind, gilt

$$\int_a^b u'(x)\,v(x)\,dx = u(x)\,v(x)\Big|_a^b - \int_a^b u(x)\,v'(x)\,dx$$

Bei einer Ortsmessung kollabiert die Wellenfunktion in die Umgebung des Fundortes. Diese Erkenntnis führt zu folgender Aussage: Wenn bei zwei geöffneten Spalten ein Elektron hinter dem rechten Spalt detektiert wird, dann kollabiert die Wellenfunktion in Gl. (2):

$$\psi(\mathbf{r}) = \frac{1}{\sqrt{2}}\left[\,\psi_{\text{re}}(\mathbf{r}) + \psi_{\text{li}}(\mathbf{r})\,\right] \qquad \xrightarrow[\text{Kollaps der Wellenfunktion}]{} \qquad \widehat{\psi}_{\text{re}}(\mathbf{r}) \tag{4}$$

Dann erzeugt die Gesamtheit der Elektronen, die hinter dem rechten Spalt gemessen werden, auf dem Schirm die in Abb. 2.6–3a dargestellte Häufigkeitsverteilung.

3–11 Minimum der erlaubten Energien

Die zeitunabhängige Schrödinger-Gl. wird von links mit $\langle\psi_{\text{E}}|$ multipliziert:

$$\frac{1}{2m}\left\langle\psi_{\text{E}}\,\middle|\,\hat{P}^2\,\middle|\,\psi_{\text{E}}\right\rangle + \left\langle\psi_{\text{E}}\,\middle|\,V(\hat{X})\,\middle|\,\psi_{\text{E}}\right\rangle = E$$

Der hermitesche Impulsoperator $\hat{P}$ hat reelle Eigenwerte, so dass die Eigenwerte von $\hat{P}^2$ null oder größer als null sind. Daher ist $\langle\psi_{\text{E}}\,|\,\hat{P}^2\,|\,\psi_{\text{E}}\rangle \geq 0$.

$$\Rightarrow \quad E \geq \left\langle\psi_{\text{E}}\,\middle|\,V(\hat{X})\,\middle|\,\psi_{\text{E}}\right\rangle \geq V_{\min}\left\langle\psi_{\text{E}}\,|\,\psi_{\text{E}}\right\rangle = V_{\min}$$

3–12 Schrödinger-Gln.

a)
$$i\hbar\frac{\partial}{\partial t}\psi(\mathbf{r},t) = \left[-\frac{\hbar^2}{2m}\Delta - \frac{e_0^2}{4\pi\varepsilon_0}\frac{1}{r}\right]\psi(\mathbf{r},t) = \hat{H}\,\psi(\mathbf{r},t)$$

b) Mit den Ortsvektoren $\mathbf{r}_1, \mathbf{r}_2$ der beiden Elektronen lautet der Hamiltonoperator

$$\hat{H} = -\frac{\hbar^2}{2m}\left[\Delta_1 + \Delta_2\right] - \frac{e_0^2}{4\pi\varepsilon_0}\left(\frac{1}{r_1} + \frac{1}{|\mathbf{r}_1 - \mathbf{R}|} + \frac{1}{r_2} + \frac{1}{|\mathbf{r}_2 - \mathbf{R}|}\right) +$$

$$\frac{e_0^2}{4\pi\varepsilon_0}\frac{1}{|\mathbf{r}_1 - \mathbf{r}_2|} + \underbrace{\frac{e_0^2}{4\pi\varepsilon_0}\frac{1}{R}}_{=\,\text{constant}}$$

mit $\quad i\hbar\dfrac{\partial}{\partial t}\psi(\mathbf{r}_1,\mathbf{r}_2,t) = \hat{H}\psi(\mathbf{r}_1,\mathbf{r}_2,t)$

Der vorletzte (letzte) Term beschreibt die Wechselwirkung der beiden Elektronen (Kerne).

3–13 Nicht-Vertauschbarkeit von Polarisationsfiltern

a) Photonen im Zustand $\sin\alpha\,|y\rangle + \cos\alpha\,|z\rangle$ passieren das Polfilter mit dem Richtungswinkel ϑ mit der Wahrscheinlichkeit $\cos^2(\vartheta-\alpha)$. Die Wellenfunktion wird also um den Faktor $\cos(\vartheta-\alpha)$ geschwächt. Hinter dem Filter bildet die Polrichtung der Photonen mit der z-Achse den Winkel ϑ.

$$\Rightarrow \quad \mathbf{A}_{\text{Pol}}(\vartheta)\begin{pmatrix}\sin\alpha\\\cos\alpha\end{pmatrix} = \begin{pmatrix}a_{11} & a_{12}\\a_{21} & a_{22}\end{pmatrix}\begin{pmatrix}\sin\alpha\\\cos\alpha\end{pmatrix} = \begin{pmatrix}a_{11}\sin\alpha + a_{12}\cos\alpha\\a_{21}\sin\alpha + a_{22}\cos\alpha\end{pmatrix} =$$

$$= \cos(\vartheta-\alpha)\begin{pmatrix}\sin\vartheta\\\cos\vartheta\end{pmatrix} \tag{1}$$

Wir setzen in Gl. (1) einmal $\alpha = 0$ und einmal $\alpha = \pi/2$ und erhalten die hermitesche Polmatrix

$$\mathbf{A}_{\mathrm{Pol}}(\vartheta) = \begin{pmatrix} \sin^2\vartheta & \sin\vartheta\cos\vartheta \\ \sin\vartheta\cos\vartheta & \cos^2\vartheta \end{pmatrix} \tag{2}$$

$\mathbf{A}_{\mathrm{Pol}}(\vartheta)$ hat zwei orthonormierte Eigenfunktionen: $(\sin\vartheta \ \ \cos\vartheta)^{\mathsf{T}}$ mit dem Eigenwert $+1$ und $(-\cos\vartheta \ \ \sin\vartheta)^{\mathsf{T}}$ mit dem Eigenwert 0.

b)
$$\mathbf{A}_{\mathrm{Pol}}(\vartheta)\,\mathbf{A}_{\mathrm{Pol}}(0) = \begin{pmatrix} \sin^2\vartheta & \sin\vartheta\cos\vartheta \\ \sin\vartheta\cos\vartheta & \cos^2\vartheta \end{pmatrix}\begin{pmatrix} 0 & 0 \\ 0 & 1 \end{pmatrix} = \begin{pmatrix} 0 & \sin\vartheta\cos\vartheta \\ 0 & \cos^2\vartheta \end{pmatrix}$$

$$\mathbf{A}_{\mathrm{Pol}}(0)\,\mathbf{A}_{\mathrm{Pol}}(\vartheta) = \begin{pmatrix} 0 & 0 \\ 0 & 1 \end{pmatrix}\begin{pmatrix} \sin^2\vartheta & \sin\vartheta\cos\vartheta \\ \sin\vartheta\cos\vartheta & \cos^2\vartheta \end{pmatrix} = \begin{pmatrix} 0 & 0 \\ \sin\vartheta\cos\vartheta & \cos^2\vartheta \end{pmatrix}$$

Die beiden Polmatrizen vertauschen nur für $\vartheta = 0$, $\vartheta = \pi$ und für $\vartheta = \pi/2$. Das ist plausibel.

Die beiden verschiedenen Reihenfolgen der Polfilter in Abb. 3.6–1 haben folgende Wirkung auf einfliegende Photonen im Polarisationszustand $(\sin\alpha \ \ \cos\alpha)^{\mathsf{T}}$:

$$\mathbf{A}_{\mathrm{Pol}}(\vartheta)\,\mathbf{A}_{\mathrm{Pol}}(0)\begin{pmatrix} \sin\alpha \\ \cos\alpha \end{pmatrix} = \cos\vartheta\cos\alpha\begin{pmatrix} \sin\vartheta \\ \cos\vartheta \end{pmatrix}$$

und
$$\mathbf{A}_{\mathrm{Pol}}(0)\,\mathbf{A}_{\mathrm{Pol}}(\vartheta)\begin{pmatrix} \sin\alpha \\ \cos\alpha \end{pmatrix} = \cos\vartheta\cos(\vartheta-\alpha)\begin{pmatrix} 0 \\ 1 \end{pmatrix}$$

Lösungen: 4 Freie Wellenpakete

4–1 Geschwindigkeit des Orts-Erwartungswertes

$$\langle x \rangle = \int_{-\infty}^{\infty} \psi^*(x,t)\, x \underbrace{\frac{1}{\sqrt{2\pi}} \int_{-\infty}^{\infty} \tilde{\psi}(k)\, e^{i\{kx-\omega(k)t\}}\, dk}_{=\,\psi(x,t)\ \text{nach Gl. (4.2-4)}} dx =$$

$$= \int_{-\infty}^{\infty} \psi^*(x,t)\, \frac{1}{\sqrt{2\pi}} \int_{-\infty}^{\infty} \tilde{\psi}(k)\, e^{-i\omega(k)t}\, \frac{1}{i}\frac{\partial}{\partial k} e^{ikx}\, dk\, dx \qquad \underset{\underset{\text{partielle Integration}}{\uparrow}}{=}$$

$$= -\int_{-\infty}^{\infty} \psi^*(x,t)\, \frac{1}{\sqrt{2\pi}} \int_{-\infty}^{\infty} e^{ikx}\, \frac{1}{i}\frac{\partial}{\partial k}\left[\tilde{\psi}(k)\, e^{-i\omega(k)t}\right] dk\, dx =$$

$$= \int_{-\infty}^{\infty} i\frac{\partial}{\partial k}\left[\tilde{\psi}(k)\, e^{-i\omega(k)t}\right] \underbrace{\frac{1}{\sqrt{2\pi}} \int_{-\infty}^{\infty} \psi^*(x,t)\, e^{ikx}\, dx}_{=\,\tilde{\psi}^*(k)\, \exp\{i\omega(k)t\}\ \text{nach Gl. (4.2–5)}} dk =$$

$$= \int_{-\infty}^{\infty} \tilde{\psi}^*(k)\, i\, \frac{d\tilde{\psi}(k)}{dk}\, dk + t \int_{-\infty}^{\infty} \frac{d\omega(k)}{dk}\, |\tilde{\psi}(k)|^2\, dk$$

$$\Rightarrow \qquad \frac{d}{dt}\langle x \rangle = \int_{-\infty}^{\infty} \frac{d\omega(k)}{dk}\, |\tilde{\psi}(k)|^2\, dk \tag{1}$$

Wenn $|\tilde{\psi}(k)|$ in einer (evtl. kleinen) Umgebung von k_0 konzentriert ist und wenn $d\omega(k)/dk$ in dieser Umgebung nahezu konstant ist, so folgt

$$\frac{d}{dt}\langle x \rangle \approx \frac{d\omega(k)}{dk}\Big|_{k=k_0} \cdot \int_{-\infty}^{\infty} |\tilde{\psi}(k)|^2\, dk \qquad \underset{\underset{\text{Parsevalscher Satz}}{\uparrow}}{=} \qquad \frac{d\omega(k)}{dk}\Big|_{k=k_0} = v_{\text{Gr}} \tag{4.1–7}$$

4–2 Energie eines Gaußschen Wellenpaketes

a) $\qquad |\tilde{\psi}(k)|^2\, dk = (2/\pi)^{1/2}\, a\, e^{-2a^2(k-k_0)^2}\, dk$

ist die Wahrscheinlichkeit, dass die gemessene Wellenzahl im Intervall $[k, k+dk]$ liegt. Mit derselben Wahrscheinlichkeit liegt der gemessene Impuls im Intervall $\hbar \cdot [k, k+dk]$.

b) $\qquad$ Wir berechnen den Erwartungswert natürlich im Impulsraum:

$$\langle \hat{P} \rangle = \langle \hbar k \rangle = \int_{-\infty}^{+\infty} \hbar k\, |\tilde{\psi}(k)|^2\, dk \quad \underset{\underset{\tilde{k}\,:=\,k-k_0}{\uparrow}}{=} \quad (2/\pi)^{1/2}\, a\hbar \int_{-\infty}^{\infty} (\tilde{k}+k_0)\, e^{-2a^2\tilde{k}^2}\, d\tilde{k} = \hbar k_0$$

c) $$\langle E \rangle = \langle \tilde{\psi}(k) \mid \frac{\hbar^2 k^2}{2m} \mid \tilde{\psi}(k) \rangle = \frac{\hbar^2}{2m} \left(\frac{2}{\pi} \right)^{1/2} a \int\limits_{-\infty}^{\infty} k^2 \, e^{-2a^2(k-k_0)^2} \, dk =$$

$$= \frac{\hbar^2}{\sqrt{2\pi}} \frac{a}{m} \int\limits_{-\infty}^{+\infty} (\tilde{k}+k_0)^2 \, e^{-2a^2 \tilde{k}^2} \, d\tilde{k} = \frac{\hbar^2}{\sqrt{2\pi}} \frac{a}{m} \left[\frac{\sqrt{\pi}}{4\sqrt{2}} \frac{1}{a^3} + k_0^2 \frac{\sqrt{\pi}}{\sqrt{2}} \frac{1}{a} \right] =$$

$$= \frac{\hbar^2 k_0^2}{2m} + \frac{\hbar^2}{8m} \frac{1}{a^2} = \frac{\hbar^2}{2m} \left(k_0^2 + \frac{1}{4a^2} \right)$$

Der Energieerwartungswert $\langle E \rangle$ ist größer als $\hbar^2 k_0^2/(2m)$, weil die Energie keine lineare, sondern eine quadratische Funktion von k ist. Auch für ruhende Wellenpakete ($k_0 = 0$) ist $\langle E \rangle$ größer als null, weil die Wellenpakete zerfließen.

In Beispiel 16.3–2 wird der gesamte Energieerwartungswert $\langle E \rangle$ von zwei *identischen*, wechselwirkungsfreien Fermionen bzw. Bosonen berechnet, die durch Gaußsche Wellenpakete beschrieben werden. Trotz der Wechselwirkungsfreiheit hängt $\langle E \rangle$ dort vom Abstand der beiden Gaußschen Wellenpakete ab.

4–3 Propagator freier Wellenpakete

a) $$\psi(x,t) \underset{\substack{\uparrow \\ \text{Gl.}(4.2-4)}}{=} \frac{1}{\sqrt{2\pi}} \int\limits_{-\infty}^{\infty} dk \, \tilde{\psi}(k) \, e^{-i\omega(k)t} \, e^{ikx} \quad \underset{\substack{\uparrow \\ \text{Gl.}(4.2-5')}}{=}$$

$$= \frac{1}{2\pi} \int\limits_{-\infty}^{\infty} dk \int\limits_{-\infty}^{\infty} dx' \, \psi(x',0) \, e^{-ikx'} \, e^{-i\omega(k)t} \, e^{ikx}$$

$$\Rightarrow \quad G(x-x',t) = \frac{1}{2\pi} \int\limits_{-\infty}^{\infty} dk \, \exp\left[i \left\{ k(x-x') - \frac{\hbar k^2}{2m} t \right\} \right]$$

$$\Rightarrow \quad G(x-x',0) = \delta(x-x') \qquad \text{für} \qquad t=0 \tag{1a}$$

Für $t > 0$ führen wir eine quadratische Ergänzung durch und erhalten:

$$G(x-x',t) = \frac{1}{2\pi} \exp\left[i \frac{m}{2\hbar t}(x-x')^2 \right] \int\limits_{-\infty}^{\infty} dk \, \exp\left[-i \left(\sqrt{\frac{m}{2\hbar t}}(x-x') - \sqrt{\frac{\hbar t}{2m}} \, k \right)^2 \right] =$$

$$= \frac{1}{2\pi} \exp\left[i \frac{m}{2\hbar t}(x-x')^2 \right] \sqrt{\frac{2m}{\hbar t}} \int\limits_{-\infty}^{\infty} d\hat{k} \, e^{-i\hat{k}^2} =$$

$$= \sqrt{\frac{m}{2\pi i \hbar t}} \, \exp\left[i \frac{m}{2\hbar t}(x-x')^2 \right] \qquad \text{für} \qquad t > 0 \tag{1b}$$

(b) $$\psi(x,t) = \sum_n c_n \, \psi_n(x) \, e^{-iE_n t/\hbar} = \sum_n \int \psi_n^*(x') \, \psi(x',0) \, dx' \, \psi_n(x) \, e^{-iE_n t/\hbar} =$$

$$= \int \underbrace{\sum_n \psi_n^*(x') \, \psi_n(x) \, e^{-iE_n t/\hbar}}_{= \, G(x-x',t)} \psi(x',0) \, dx' \tag{2}$$

4–4 Fouriertransformation und Verschiebungen im Orts- und Impulsraum

a)
$$\tilde{\psi}_{x_0}(k) = \frac{1}{\sqrt{2\pi}} \int\limits_{-\infty}^{\infty} \psi(x-x_0,0)\, e^{-ikx}\, dx \qquad \overset{=}{\underset{\hat{x}\,:=\,x-x_0}{\uparrow}}$$

$$= \frac{1}{\sqrt{2\pi}} \int\limits_{-\infty}^{\infty} \psi(\hat{x},0)\, e^{-ik(\hat{x}+x_0)}\, d\hat{x} = e^{-ikx_0}\, \tilde{\psi}(k) \tag{1}$$

Eine Verschiebung x_0 der Ortswellenfunktion in die positive x-Richtung wird im Impulsraum durch den Faktor $\exp(-i\,k\,x_0)$ beschrieben.

Gl. (1) ergibt sich auch aus dem Translationsoperator $\hat{T}(-\mathbf{a}) = \exp(-i\,\mathbf{a}\cdot\hat{\mathbf{P}}/\hbar)$ (siehe Gl. (3.6–5) in Aufgabe 3–6a). Er gilt auch im Impulsraum mit $\hat{\mathbf{P}} = \mathbf{p} = $ Multiplikationsoperator.

b)
$$\psi_{k_0}(x) = \frac{1}{\sqrt{2\pi}} \int\limits_{-\infty}^{\infty} dk\; e^{ikx}\, \tilde{\psi}(k-k_0) \qquad \overset{=}{\underset{\hat{k}\,:=\,k-k_0}{\uparrow}}$$

$$= \frac{1}{\sqrt{2\pi}} \int\limits_{-\infty}^{\infty} d\hat{k}\; e^{i(\hat{k}+k_0)x}\, \tilde{\psi}(\hat{k}) = e^{ik_0x}\, \psi(x) \tag{2}$$

Eine Verschiebung k_0 der Impulswellenfunktion in die positive k-Richtung wird im Ortsraum durch den Faktor $\exp(i\,k_0\,x)$ beschrieben.

Die Gln. (1/2) heißen **Verschiebungssatz** der Fouriertransformation.

4–5 Berechnung einer Fouriertransformierten

Wir berechnen nur die Fouriertransformierte des ersten Anteiles

$$\psi_1(x,0) = \frac{1}{(8\pi)^{1/4}\,\sqrt{a}}\, e^{ik_0x}\, e^{-(x-x_1)^2/(4a^2)}$$

der Wellenfunktion. Mit $A := 1\big/\big[(32\pi^3)^{1/4}\sqrt{a}\,\big]$ ergibt sich:

$$\tilde{\psi}_1(k) = A \int\limits_{-\infty}^{\infty} dx\, \exp\!\left[i(k_0-k)\,x - \frac{(x-x_1)^2}{4a^2} \right] =$$

$$= A \int\limits_{-\infty}^{\infty} dx\, \exp\!\left[-\frac{1}{4a^2}\Big\{ x^2 - \underbrace{\big[\, 2x_1 + 4ia^2(k_0-k) \,\big]}_{=:z}x + x_1^2 \Big\} \right] =$$

$$= A \int\limits_{-\infty}^{\infty} dx\, \exp\!\left[-\frac{1}{4a^2}\Big\{ (x-z/2)^2 - (z/2)^2 + x_1^2 \Big\} \right] \qquad \overset{=}{\underset{\hat{x}\,:=\,x-z/2}{\uparrow}}$$

$$= A \exp\!\left[-\frac{1}{4a^2}\big\{ -(z/2)^2 + x_1^2 \big\} \right] \cdot \int\limits_{-\infty}^{\infty} d\hat{x}\, e^{-\hat{x}^2/(4a^2)} =$$

$$= \frac{\sqrt{a}}{(2\pi)^{1/4}}\, \exp\!\left[i(k_0-k)\,x_1 - a^2(k_0-k)^2 \right] \tag{1}$$

Der konstante Phasenfaktor $\exp(i k_0 x_1)$ ist uninteressant. Für $x_1 = 0$ ergibt sich Gl. (4.2–6).

Der Faktor $\exp(-i k x_1)$ beschreibt nach Aufgabe 4–4a die Verschiebung x_1 im Ortsraum in die positive x-Richtung. Die Auswechslung $x_1 \to x_2$ liefert $\tilde{\psi}_2(k)$.

4–6 Hohlleiter

$$v_{\text{Ph}} = f\,\lambda = \frac{c}{\sqrt{1-(f_0/f)^2}} > c = 3\cdot 10^8\,\frac{\text{m}}{\text{s}} \qquad \Rightarrow \qquad f = \sqrt{f_0^2 + (c/\lambda)^2} \tag{1}$$

$$\Rightarrow \quad 2\pi f(k) = \omega(k) = \sqrt{\omega_0^2 + c^2\,(2\pi/\lambda)^2} \underset{\substack{\uparrow\\ k=2\pi/\lambda}}{=} \sqrt{\omega_0^2 + c^2 k^2}$$

$$\Rightarrow \quad v_{\text{Gr}} = \frac{d\omega(k)}{dk} = \frac{c^2 k}{\sqrt{\omega_0^2 + c^2 k^2}} = \frac{c}{\sqrt{1+\left[\omega_0/(c\,k)\right]^2}} = \frac{c}{\sqrt{1+\left[f_0\,\lambda/c\right]^2}} =$$

$$= \sqrt{1-(f_0/f)^2}\; c < c$$

4–7 Freies Wellenpaket

a)
$$\tilde{\psi}(k) = \sqrt{\frac{a}{2\pi}}\int_{-\infty}^{\infty} e^{-a|x|}\, e^{-ikx}\, dx =$$

$$= \sqrt{\frac{a}{2\pi}}\left[\int_{-\infty}^{0} e^{ax}\, e^{-ikx}\, dx + \int_{0}^{\infty} e^{-ax}\, e^{-ikx}\, dx\right] =$$

$$= \sqrt{\frac{a}{2\pi}}\left[\frac{1}{a-ik} - \frac{-1}{a+ik}\right] = \sqrt{\frac{a}{2\pi}}\,\frac{2a}{k^2+a^2}$$

b)
$$\psi(x,t) = \frac{a^{3/2}}{\pi}\int_{-\infty}^{\infty}\frac{dk}{k^2+a^2}\exp\left[i\left(kx - \frac{\hbar k^2}{2m}t\right)\right] \underset{\substack{\uparrow\\ \text{quadrat. Ergänzung}}}{=}$$

$$= \frac{a^{3/2}}{\pi}\exp\left[i\,\frac{m}{2\hbar t}x^2\right]\cdot\int_{-\infty}^{\infty}\frac{dk}{k^2+a^2}\exp\left[-i\left(\sqrt{\frac{\hbar t}{2m}}\,k - \sqrt{\frac{m}{2\hbar t}}\,x\right)^2\right]$$

Eine analytische Lösung dieses Integral ist mir nicht bekannt.

4–8 Phasen- und Gruppengeschwindigkeit von Materiewellen

a)
$$E = \frac{p^2}{2m} \quad \Rightarrow \quad p = \sqrt{2mE} \quad \Rightarrow \quad \lambda = \frac{h}{p} = \frac{h}{\sqrt{2mE}}$$

Eine alternative Berechnung sieht wie folgt aus: Nach Gl. (4.2–13b) gilt $v_{\text{Phase}} = v/2$. Damit ergibt sich:

$$\lambda = \frac{v}{2}\frac{1}{f} = \frac{p}{2m}\frac{h}{E} = \frac{\sqrt{2mE}}{2m}\frac{h}{E} = \frac{h}{\sqrt{2mE}}$$

Warnung: Gelegentlich wird die Phasengeschwindigkeit der Materiewellen fälschlicherweise nicht gleich $v/2$, sondern gleich der Lichtgeschwindigkeit c gesetzt. Daraus folgt das falsche Ergebnis:

$$E = hf \quad \Rightarrow \quad \lambda \underset{\substack{\uparrow \\ \text{falsch}}}{=} \frac{c}{f} = \frac{ch}{E} \qquad \textbf{(falsch!)}$$

b)
$$\omega = \frac{E}{\hbar} = \frac{m}{2\hbar} v^2 \underset{\substack{\uparrow \\ p = mv}}{=} \frac{p^2}{2m\hbar} \underset{\substack{\uparrow \\ p = h/\lambda = \hbar k}}{=} \frac{\hbar k^2}{2m} \tag{1}$$

Wegen $\omega = \omega(k)$ zeigen die Materiewellen bereits im Vakuum eine Dispersion.

$$\Rightarrow \quad v_{\text{Phase}} \underset{\substack{\uparrow \\ \text{Gl. (4.1–2)}}}{=} \frac{\omega}{k} = \frac{\hbar k}{2m} = \frac{1}{2}\frac{p}{m} = \frac{v}{2} \tag{2}$$

Die Phasengeschwindigkeit der Materiewellen ist gleich der halben Teilchengeschwindigkeit $v/2$. Deshalb hat die Phasengeschwindigkeit keine direkte physikalische Bedeutung.

c)
$$v_{\text{Gr}} \underset{\substack{\uparrow \\ \text{Gl.(4.1–5)}}}{=} \frac{d\omega(k)}{dk} \underset{\substack{\uparrow \\ \text{Gl.(1)}}}{=} \frac{\hbar k}{m} = \frac{p}{m} = v \tag{3}$$

Die Gruppengeschwindigkeit der Materiewellen ist gleich der Teilchengeschwindigkeit v.

4–9 Nicht normierbare Lösung der freien Schrödinger-Gl.

Die freie Schrödinger-Gl. (4.2–1) hat für negative Energien $E < 0$ die Lösung

$$\psi(x) = c_1 e^{\kappa x} + c_2 e^{-\kappa x} \quad \text{mit} \quad \kappa := \frac{\sqrt{-2mE}}{\hbar} > 0 \quad \text{für} \quad E < 0$$

Diese Lösung ist nicht normierbar und kann auf keine Art, auch nicht durch Überlagerungen normierbar gemacht werden. Sie scheidet daher aus physikalischen Gründen aus.

Für $E = 0$ ist $\psi(x) = a + mx$ die Lösung der freien Schrödinger-Gl. Sie ist nur normierbar für $a = m = 0 \Leftrightarrow \psi(x) = 0$ und beschreibt daher einen teilchenfreien Zustand. Folglich bleibt (natürlich) nur $E > 0$ übrig. (Aufgabe 3–11 liefert dieselbe Aussage.)

4–10 Rechteckige Impulsfunktion

a)
$$\omega(k) \approx \omega(k_0) + (k - k_0) \frac{d\omega}{dk}\bigg|_{k = k_0} \tag{1}$$

Hier und im Folgenden wird die Ableitung nach k immer an der Stelle k_0 ausgeführt. Mit $\omega_0 := \omega(k_0)$ folgt

$$\psi(x,t) \approx \frac{\tilde{\psi}(k_0)}{\sqrt{2\pi}} \int_{k_0 - \delta k}^{k_0 + \delta k} \exp\left[i\left(kx - \left\{\omega_0 + (k - k_0)\frac{d\omega}{dk}\right\}t\right)\right] dk =$$

$$= \frac{\tilde{\psi}(k_0)}{\sqrt{2\pi}} \exp\left[-i\left(\omega_0 - k_0\frac{d\omega}{dk}\right)t\right] \cdot \frac{1}{i\left(x - \frac{d\omega}{dk}t\right)} \exp\left[i\left(x - \frac{d\omega}{dk}t\right)k\right]\Bigg|_{k_0 + \delta k}^{k_0 + \delta k} =$$

$$= \frac{\tilde{\psi}(k_0)}{\sqrt{2\pi}}\, 2\,\delta k\, e^{\,i(k_0 x - \omega_0 t)}\, \frac{\sin\left[\left(x - \dfrac{d\omega}{dk}\,t\right)\delta k\right]}{\left(x - \dfrac{d\omega}{dk}\,t\right)\delta k} \tag{2}$$

Das Argument der Exponentialfunktion ist die Phase der Welle.[1] Daher gilt:

$$v_{\text{Phase}} = \omega_0 / k_0 \tag{3}$$

$$v_{\text{Gr}} = \left.\frac{d\omega}{dk}\right|_{k=k_0} \tag{4}$$

Das Wellenpaket zerfließt nur deshalb nicht im Laufe der Zeit, weil die Taylorentwicklung in Gl. (1) nach der ersten Näherung abgebrochen wurde. Wird die zweite Näherung berücksichtigt und ist die zweite Ableitung $d^2\omega(k)/dk^2$ ungleich null, so zerfließt das Wellenpaket im Laufe der Zeit. Das stimmt mit der Aussage überein, dass *Wellenpakete nicht zerfließen, wenn* $\omega(k)$ *eine lineare Funktion der Wellenzahl k ist.*

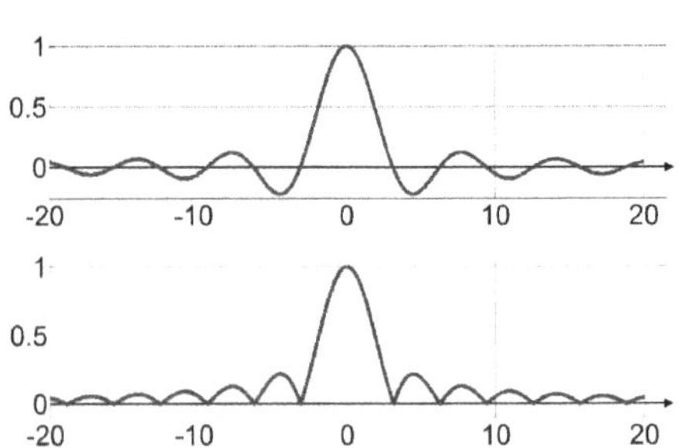

Abb. 1 Oben wird $\sin(\alpha)/\alpha$ und unten wird $[\sin(\alpha)/\alpha]^2$ dargestellt.

b) Die Streuung Δk von $\tilde{\psi}(k)$ ist leicht zu berechnen:

$$(\Delta k)^2 = \int_{-\infty}^{\infty} (k - k_0)^2\, \tilde{\psi}^2(k)\, dk = \tilde{\psi}^2(k_0) \int_{-\delta k}^{+\delta k} k^2\, dk = \frac{2}{3}\, \tilde{\psi}^2(k_0)(\delta k)^3$$

c) Die Streuung Δx divergiert, da $x\,\psi(x,t)$ nicht normierbar ist. Demnach gehört $\psi(x,t)$ nicht zum Definitionsbereich des Ortsoperators $\hat{X}$. *Es gibt also Funktionen, die normierbar sind, aber nicht zum Definitionsbereich einer Observablen gehören und daher physikalisch nicht sinnvoll sind –* wie in unserem Fall die Wellenfunktion (4.5–1). Auch im Impulsraum scheitert die Rechnung, weil das Streuungsquadrat (Varianz)

$$(\Delta x)^2 \underset{\substack{\uparrow \\ \text{Gl. (4.2–15)}}}{=} \int_{-\infty}^{\infty} dp\, \tilde{\psi}^*(p/\hbar)\left(i\hbar\frac{\partial}{\partial p}\right)^2 \tilde{\psi}(p/\hbar) = \hbar \int_{-\infty}^{\infty} dk\, \tilde{\psi}^*(k)\left(i\frac{\partial}{\partial k}\right)^2 \tilde{\psi}(k)$$

die zweifache Ableitung der unstetigen Funktion $\tilde{\psi}(k)$ enthält. Allgemein gilt: Δx ist unendlich, wenn $\tilde{\psi}(k)$ unstetig ist. Δp ist unendlich, wenn $\psi(x,0)$ unstetig ist.

In Abschn. 5.2 werden wir allgemein sehen: *Realistische Wellenfunktionen* $\psi(x,t)$ *und ebenso realistische Impulswellenfunktionen* $\tilde{\psi}(p,t)$ *sind immer stetig.*

---

[1] Nach der de l'Hospitalschen Regel geht der Kardinalsinus $\mathrm{sinc}(ax) := \sin(ax)/(ax)$ für $a \to 0$ gegen eins. Der Kardinalsinus spielt eine große Rolle in der digitalen Signalverarbeitung und bei der Beugung am Spalt. Daher heißt die Funktion auch „**Spaltfunktion**".

Lösungen: 5 Stückweise konstante Potentiale

5–1 Streuungsprodukt und Nullpunktenergie im unendlich tiefen Potentialtopf

a)
$$(\Delta x_n)^2 \underset{\underset{\text{Gl. (4.2–15)}}{\uparrow}}{=} \int (x - \langle x \rangle)^2 \, |\psi_n(x,t)|^2 \, dx$$

Der Mittelwert des Ortes ergibt sich sofort – auch ohne Rechnung – aus Abb. 5.1–3: $\langle x \rangle = L/2$.

$$\Rightarrow \quad (\Delta x_n)^2 = \int_0^L \left(x - \frac{L}{2} \right)^2 \frac{2}{L} \sin^2\left(\frac{n\pi}{L} x \right) dx \underset{\underset{\text{Substitution } y := n\pi x/L}{\uparrow}}{=}$$

$$= \frac{2L^2}{n\pi} \int_0^{n\pi} \left(\frac{1}{n\pi} y - \frac{1}{2} \right)^2 \sin^2 y \, dy =$$

$$= \frac{2L^2}{n\pi} \left[\frac{\pi}{6} n - \frac{1}{4\pi n} - \frac{\pi}{4} n + \frac{1}{8} \pi n \right] = \frac{2L^2}{n\pi} \left[\frac{\pi}{24} n - \frac{1}{4\pi n} \right]$$

$$\Rightarrow \quad \Delta x_n = \frac{L}{2} \sqrt{ \frac{1}{3} - \frac{2}{(\pi n)^2} } \qquad \langle p_n \rangle = \int_0^L \psi_n^*(x) \, \frac{\hbar}{i} \frac{d}{dx} \psi_n(x) \, dx = 0 \qquad (1/2)$$

Das letzte Gleichheitszeichen folgt aus der Rechts-Links-Symmetrie des Potentialtopfes oder auch aus der Orthogonalität von sin und cos oder auch aus Aufgabe 3–7b.

$$\Rightarrow \quad (\Delta p_n)^2 \underset{\underset{\text{Gl. (4.2–15)}}{\uparrow}}{=} \langle \hat{P}^2 \rangle = \frac{2}{L} \int_0^L \sin\left(\frac{n\pi}{L} x \right) \left(-\hbar^2 \frac{d^2}{dx^2} \right) \sin\left(\frac{n\pi}{L} x \right) dx =$$

$$= \frac{2(\pi\hbar n)^2}{L^3} \int_0^L \sin^2\left(\frac{n\pi}{L} x \right) dx = \left(\frac{\pi\hbar}{L} n \right)^2$$

$$\Rightarrow \quad \Delta p_n = \frac{\pi\hbar}{L} n \underset{\underset{\text{Gl. (5.1–7)}}{\uparrow}}{=} \sqrt{2mE_n} \quad [1] \qquad (3)$$

$$\Rightarrow \quad \Delta x_n \, \Delta p_n \underset{\underset{\text{Gln. (1/3)}}{\uparrow}}{=} \frac{\hbar}{2} \sqrt{ \frac{(\pi n)^2}{3} - 2 } > \frac{\hbar}{2} \qquad (4)$$

Wie üblich ist das Unbestimmtheitsprodukt im Grundzustand am kleinsten: $\Delta p_1 \, \Delta x_1 \approx 1{,}14 \cdot \hbar/2$

b) Aus Symmetriegründen ist $\langle \psi_1 | \hat{P} | \psi_1 \rangle = 0$. Es folgt:

$$E_1 = \frac{1}{2m} \langle \psi_1 | \hat{P}^2 | \psi_1 \rangle \underset{\underset{\text{Gl. (4.2–15)}}{\uparrow}}{=} \frac{1}{2m} (\Delta p_1)^2 \underset{\underset{\Delta p\,\Delta x \geq \hbar/2}{\uparrow}}{\geq} \frac{1}{2m} \frac{\hbar^2}{4(\Delta x_1)^2} \underset{\underset{\Delta x < L/2}{\uparrow}}{\geq} \frac{\hbar^2}{2mL^2}$$

---

[1] Die Impulsstreuungen Δp_n lassen sich mit den Energien $E_n = \hbar^2 \pi^2 n^2 / (2mL^2)$ schneller berechnen:

$$E_n = \frac{\hbar^2 \pi^2}{2mL^2} n^2 = \langle \psi_n | \hat{H} | \psi_n \rangle = \frac{1}{2m} \langle \psi_n | \hat{P}^2 | \psi_n \rangle \underset{\underset{\text{Gl. (4.2–15)}}{\uparrow}}{=} \frac{1}{2m} (\Delta p_n)^2$$

Die exakte Nullpunktenergie E_1 in Gl. (5.1–7) ist um den Faktor $\pi^2 \approx 10$ größer. Der Grund für unsere schlechte Abschätzung ist, dass wir die Impulsstreuung mit $(\Delta p_1) \geq \hbar/(2\,\Delta x_1) > \hbar/L$ um den Faktor $1/\pi$ zu klein veranschlagt haben, wie der Vergleich mit der exakten Gl. (3) zeigt. Trotzdem konnten wir den wichtigen Beweis erbringen, dass *alleine schon die Ort-Impuls-Unbestimmtheitsrelation dafür verantwortlich ist, dass die Nullpunktenergie größer als null ist.*

c) Die Wahrscheinlichkeit, das *klassische* Teilchen im Intervall $[x, x+dx]$ zu finden, ist dx/L. Daher ist die klassische Wahrscheinlichkeitsdichte $p(x) = 1/L$.

$$\Rightarrow \qquad \langle x \rangle_{\text{klass}} = \int_0^L x\,p(x)\,dx = \frac{L}{2} \qquad \langle x^2 \rangle_{\text{klass}} = \int_0^L x^2\,p(x)\,dx = \frac{L^2}{3}$$

$$\Rightarrow \qquad \Delta x_{\text{klass}} = L/\sqrt{12}$$

Offensichtlich gilt für den Impuls:

$$\langle p \rangle_{\text{klass}} = 0 \qquad \langle p^2 \rangle_{\text{klass}} = p_0^2 \qquad \Rightarrow \qquad \Delta p_{\text{klass}} = p_0$$

5–2 Zeitentwicklung im unendlich tiefen Potentialtopf

a) Wir entwickeln $\psi(x,0)$ nach den Lösungen $\psi_n(x)$ der zeitunabhängigen Schrödinger-Gl.:

$$\psi(x,0) = \sqrt{\frac{2}{35L}}\left[\cos\left(\frac{4\pi}{L}x\right) - 4\cos\left(\frac{2\pi}{L}x\right) + 3 \right] = \sum_{n=1}^{\infty} c_n\,\psi_n(x) \qquad (1)$$

Zur Bestimmung der Koeffizienten c_n wird diese Gl. mit $\psi_k(x)$ multipliziert und anschließend wird über x von 0 bis L integriert. Mit den Gln. (5.8–1/2) folgt

$$\int_0^L \psi(x,0)\cdot\sqrt{\frac{2}{L}}\sin\left(\frac{k\pi}{L}x\right)dx = \sqrt{\frac{1}{35\pi^2}}\,\frac{768}{k\,(k^2-4)\,(k^2-16)}\cdot\begin{cases} 0 & \text{für gerade } k \\ 1 & \text{für ungerade } k \end{cases} =$$

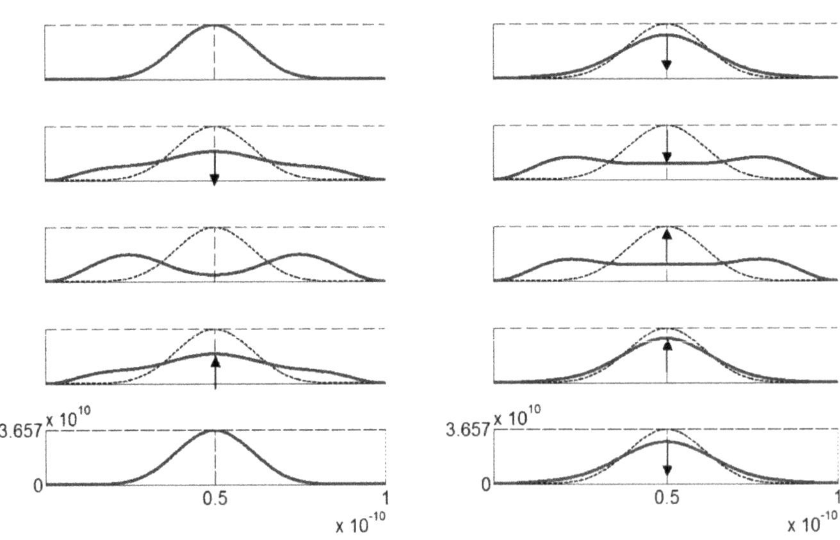

Abb. 1 Wahrscheinlichkeitsdichte $|\psi(x,t_n)|^2$ für zehn abstandsgleiche Zeitschritte. Die Bilder wurden für Elektronen gerechnet mit Potentialbreite $L = 10^{-10}\,\text{m}$.

$$= \sum_{n=1}^{\infty} c_n \int_0^L \psi_n(x)\,\psi_k(x)\,dx = c_k$$

Zuletzt wurde die Orthonormierung der Wellenfunktionen nach Gl. (5.1–8) ausgenutzt.

$$\Rightarrow \qquad \psi(x,0) = \sum_{n=1}^{\infty} \underbrace{\sqrt{\frac{1}{35\pi^2}} \frac{768}{(2n-1)\left[(2n-1)^2-4\right]\left[(2n-1)^2-16\right]}}_{=\,c_{2n-1}} \cdot \underbrace{\sqrt{\frac{2}{L}}\,\sin\left[(2n-1)\frac{\pi}{L}x\right]}_{=\,\psi_{2n-1}(x)}$$

$$\Rightarrow \qquad \psi(x,t) = \sum_{n=1}^{\infty} c_{2n-1}\,\psi_{2n-1}(x)\,e^{-iE_{2n-1}t/\hbar}$$

Die Reihe wird durch die ersten beiden Terme dominiert mit $c_1/c_3 = 2{,}\bar{3}$.

b) Die Abb. 1 zeigt die Zeitentwicklung der Aufenthaltswahrscheinlichkeit in zehn äquidistanten Zeitschritten. Anders als in Beispiel 5.1–3 bewegt sich der Erwartungswert $\langle x \rangle = L/2$ nicht.

5–3 Wellenpaket läuft gegen eine unendlich hohe Wand

Mit $k = \sqrt{2mE/\hbar^2}$ ergibt sich die Lösung der zeitunabhängigen Schrödinger-Gl. zu

$$\psi(x) = A\,e^{ikx} + B\,e^{-ikx}$$

Die Randbedingung $\psi(0,t) = 0 \Leftrightarrow B = -A$ führt auf

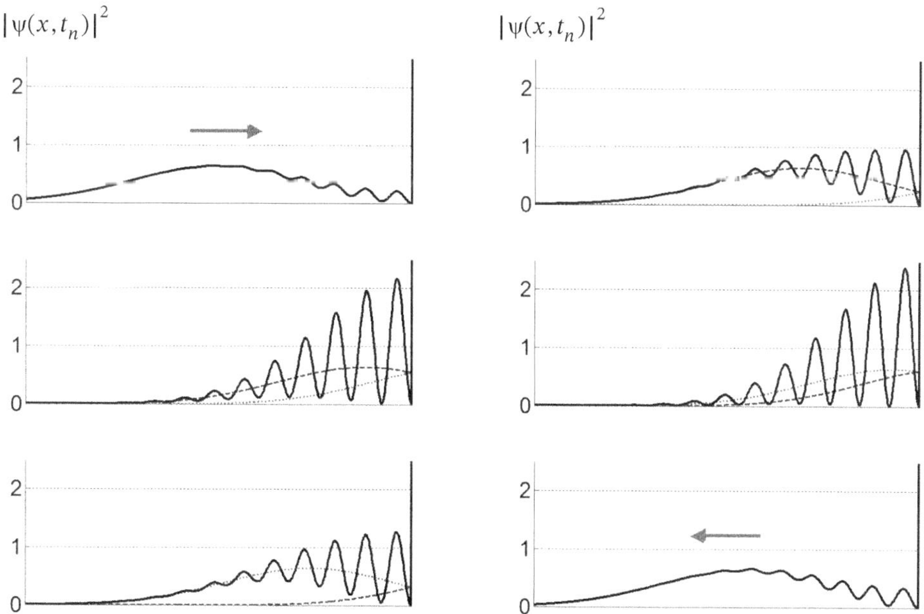

Abb. 1 Sechs Wahrscheinlichkeitsdichten $|\psi(x,t_n)|^2$ eines von links kommenden, an einem unendlich hohen Potential reflektierten **Gauß-Paketes**. Die Interferenz der einlaufenden (in den Fenstern 2 bis 5 gestrichelt) und der reflektierten Welle (punktiert) erzeugt Oszillationen. Die x-Achse geht von -4 bis 0.

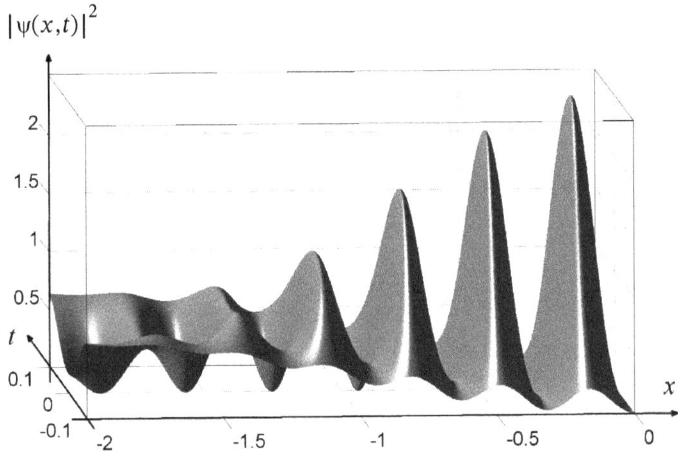

Abb. 2 Wir sehen hier dasselbe Gaußsche Wellenpaket wie in Abb. 1 – allerdings dreidimensional. Die x-Achse reicht hier nur von –2 bis 0, die t-Achse von –0,1 bis 0,1 .

$$\psi(x) - A\left(e^{ikx} - e^{-ikx}\right) = 2\,i\,A\,\sin(kx) \qquad \text{für} \qquad x \geq 0$$

$$\Rightarrow \qquad \psi(x,t) = 2\,i\,A\,\sin(kx)\,\exp\left(-i\,\frac{\hbar k^2}{2m}t\right) =$$

$$= A\,\exp\left[i\left(kx - \frac{\hbar k^2}{2m}t\right)\right] - A\,\exp\left[i\left(-kx - \frac{\hbar k^2}{2m}t\right)\right] \tag{1}$$

Die stationäre Lösung ist eine stehende Welle, die durch die Überlagerung von zwei *unendlich langen, monochromatischen Wellen* aufgebaut wird, die in die positive bzw. negative x-Richtung laufen. Nach der ersten Zeile in Gl. (1) ist die Aufenthaltsdichte der stehenden Welle zeit*un*abhängig:

$$|\psi(x,t)|^2 = 4A^2\,\sin^2(kx) \qquad \text{für eine monochromatische, stehende Welle}$$

Die Abbn. 1 und 2 zeigen ein **Gaußsches Wellenpaket**, das durch eine *kontinuierliche Überlagerung* monochromatischer, unendlich langer Wellen gebildet wird. Es wird am unendlich hohen Potential vollständig reflektiert.

5–4 Streuzustände mit $E \geq V_0$ am Potentialwall

a) Für $E = V_0$ lautet die Lösung der Schrödinger-Gl. in den drei Gebieten:

$$\psi_1(x) = A_1\,e^{ik_1 x} + B_1\,e^{-ik_1 x} \qquad \psi_2(x) = A_2 + B_2\,x \qquad \psi_3(x) = A_3\,e^{ik_1 x}$$

Die vier Stetigkeitsbedingungen sind:

$$\psi_1(0) = \psi_2(0) \qquad \Leftrightarrow \qquad A_1 + B_1 = A_2$$

$$\psi_1'(0) = \psi_2'(0) \qquad \Leftrightarrow \qquad ik_1\left(A_1 - B_1\right) = B_2$$

$$\psi_2(L) = \psi_3(L) \qquad \Leftrightarrow \qquad A_2 + B_2\,L = A_3\,e^{ik_1 L}$$

$$\psi'_2(L) = \psi'_3(L) \quad \Leftrightarrow \quad B_2 = i\,k_1\,A_3\,e^{ik_1 L}$$

$$\Rightarrow \quad T = \left|\frac{A_3}{A_1}\right|^2 = \frac{1}{1 + \dfrac{2mE}{\hbar^2}\left(\dfrac{L}{2}\right)^2} \quad \text{für} \quad E = V_0 \tag{1}$$

Dieses Ergebnis folgt auch aus Gl. (5.4–4) im Grenzübergang $E \to V_0$.

b) Nun sei $\mathbf{E > V_0}$. V_0 kann beide Vorzeichen haben: Für $V_0 > 0$ liegt ein Potentialwall, für $V_0 < 0$ ein endlich tiefer Potentialtopf vor. Mit den Abkürzungen

$$k_1 := \sqrt{2mE/\hbar^2} \qquad k_2 := \sqrt{2m(E - V_0)/\hbar^2} \;>\; 0 \quad \text{mit} \quad E > V_0 \tag{2a/b}$$

lauten die Schrödinger-Gln. in den Gebieten 1 bis 3:

$$\psi''_{1/3} = -k_1^2\,\psi_{1/3} \qquad\qquad \psi''_2 = -k_2^2\,\psi_2 \tag{3a/b}$$

mit den Lösungen (für $E > V_0$)

$$\psi_1(x) = A_1\,e^{ik_1 x} + B_1\,e^{-ik_1 x} \qquad\qquad \psi_2(x) = A_2\,e^{ik_2 x} + B_2\,e^{-ik_2 x} \tag{4a/b}$$

$$\psi_3(x) = A_3\,e^{ik_1 x} \tag{4c}$$

Diese Gln. entsprechen den Gln. in Abschn. 5.4. Daher können wir die Gln. (1) bis (4) vergessen und stattdessen mit den unveränderten Gln. in Abschn. 5.4 arbeiten; dabei wird k_2 jetzt natürlich komplex. Mit der Beziehung $\sinh(ix) = i\sin(x)$ für alle reellen x folgt aus Gl. (5.4–4)

$$T = \left|\frac{A_3}{A_1}\right|^2 = \frac{1}{1 + \dfrac{V_0^2}{4E(E - V_0)}\sin^2\!\left(\sqrt{\dfrac{2m(E - V_0)}{\hbar^2}}\,L\right)} \quad \text{für} \quad E > V_0 \tag{2}$$

Für $\quad |k_2|\,L = n\,\pi \quad \Leftrightarrow \quad L = n\,\lambda_2/2 \quad\quad (n = 1, 2, 3, \ldots) \tag{3}$

ist der Transmissionskoeffizient T gleich Eins. Mit anderen Worten: *Wenn die Breite L des Potentialwalls ein ganzzahliges Vielfaches der halben Wellenlänge beträgt, dann ist der Potentialwall für*

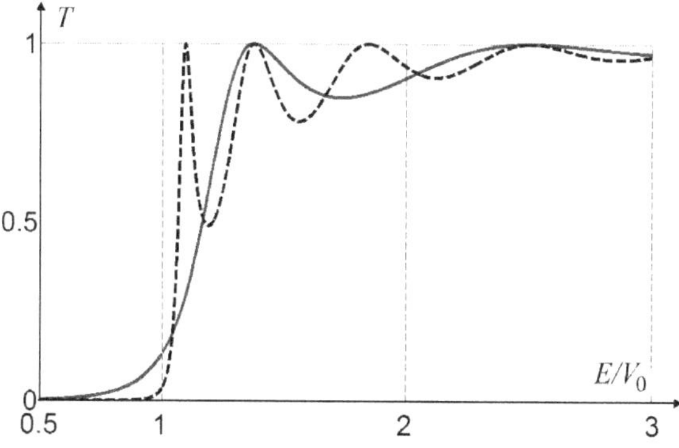

Abb. 1 $T(E/V_0)$ am **Potentialwall** für Elektronen. $V_0 = 100\,\text{eV}$.

$L = 1 \cdot 10^{-10}\,\text{m}$ (durchgezogene Kurve) $L = 2 \cdot 10^{-10}\,\text{m}$ (gestrichelte Kurve)

$E > V_0$ *völlig durchlässig*. Die Maxima von T heißen **Resonanzen** (siehe auch Aufgabe 5–5) und man spricht von Transmissionsresonanz. Die Resonanzen lassen sich leicht erklären: Nach den Erläuterungen, die unmittelbar hinter den Gln. (5.2–5a/b) stehen, tritt bei der teilweisen Reflexion an einer Potentialstufe – also hier am *Anfang* des Potentialwalles – keine Phasenverschiebung auf. Hingegen tritt bei der Reflexion an einer Potentialklippe – also hier am *Ende* des Potentialwalles – die Phasenverschiebung π auf. Daher haben die bei $x = 0$ und bei $x = L$ reflektierten Wellen im Bereich $x < 0$ den Phasenunterschied

$$\pi + 2\pi\,\frac{2L}{\lambda_2} \underset{\substack{\uparrow \\ \text{Gl. (3)}}}{=} (2n+1)\,\pi \qquad\qquad n = 1, 2, 3, \ldots$$

und löschen sich somit gegenseitig aus. Die Transmission ist vollständig.

Ein vergleichbares Phänomen ist in der Strahlenoptik bekannt: Störende Reflexionen an Brillen und Bildschirmen lassen sich durch dünne, aufgedampfte Schichten minimieren.

5–5 Streuzustände mit $E > 0$ am endlich tiefen Potentialtopf

Mit $\quad k_1 := \sqrt{2mE/\hbar^2} \qquad k_2 := \sqrt{2m(V_0 + E)/\hbar^2}$

finden wir in den Gebieten 1, 2 und 3 die Schrödinger-Gln.

$$\psi''_{1/3}(x) = -k_1^2\,\psi_{1/3}(x) \qquad\qquad \psi''_2(x) = -k_2^2\,\psi_2(x)$$

mit den Lösungen

$$\psi_1(x) = A_1 e^{ik_1 x} + B_1 e^{-ik_1 x}$$

$$\psi_2(x) = A_2 \cos(k_2 x) + B_2 \sin(k_2 x) \qquad \psi_3(x) = B_3\, e^{ik_1 x}$$

Die vier Stetigkeitsbedingungen an den beiden Anschlussstellen lauten:

$$\psi_1(-a) = \psi_2(-a) \;\Leftrightarrow\; A_1 e^{-ik_1 a} + B_1 e^{ik_1 a} = A_2 \cos(k_2 a) - B_2 \sin(k_2 a) \tag{1a}$$

$$\psi'_1(-a) = \psi'_2(-a) \;\Leftrightarrow\; ik_1 A_1 e^{-ik_1 a} - ik_1 B_1 e^{ik_1 a} = k_2 A_2 \sin(k_2 a) + k_2 B_2 \cos(k_2 a) \tag{1b}$$

$$\psi_2(a) = \psi_3(a) \;\Leftrightarrow\; A_2 \cos(k_2 a) + B_2 \sin(k_2 a) = B_3 e^{ik_1 a} \tag{1c}$$

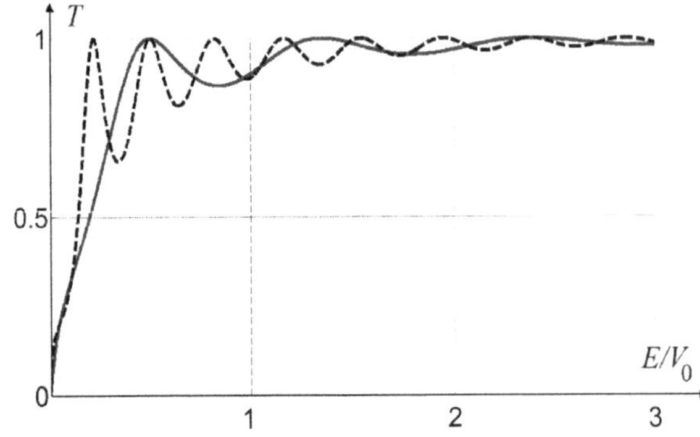

Abb. 1 $T(E/V_0)$ am **endlich tiefen Potentialtopf** für Elektronen. $V_0 = 100\,\text{eV}$.

$a = 1{,}0 \cdot 10^{-10}\,\text{m}$ (durchgezogene Kurve) $a = 2{,}5 \cdot 10^{-10}\,\text{m}$ (gestrichelte Kurve)

$$\psi'_2(a) = \psi'_3(a) \qquad \Leftrightarrow \qquad i k_1 B_3 e^{i k_1 a} = -k_2 A_2 \sin(k_2 a) + k_2 B_2 \cos(k_2 a) \qquad (1d)$$

Aus diesen Gln. folgt nach ermüdender und uninteressanter Rechnung

$$T = \frac{1}{1 + \dfrac{V_0^2}{4\,E\,(E+V_0)} \sin^2\left(\sqrt{\dfrac{2m\,(V_0+E)}{\hbar^2}}\,2a\right)} \qquad (2)$$

Bemerkung: Bei der Vertauschung $V_0 \leftrightarrow -V_0$ erhalten wir Gl. (5) in Aufgabe 5–4b.

Der Transmissionskoeffizient T ist gleich Eins, wenn der Sinus verschwindet. Das ist der Fall für

$$\sqrt{\frac{2m\,(V_0+E)}{\hbar^2}} \cdot 2a = k_2\,2a = \frac{2\pi}{\lambda_2}\,2a \overset{!}{=} n\,\pi \qquad \Leftrightarrow \qquad 2a = n\,\frac{\lambda_2}{2} \qquad n=1,2,3,\dots.$$

Diese Gl. entspricht exakt der Gl. (3) am Ende der vorangehenden Aufgabe 5–4. Die Erklärung der Maxima von T, die auch hier **Resonanzen** heißen, steht am Ende der Aufgabe 5–4. Die Resonanzen werden mit wachsender Potentialbreite $2a$ immer ausgeprägter (siehe auch Aufgabe 5–4b).

5–6 Streuphase am endlichen Potentialtopf mit harter Rückwand

Mit $\quad k_1 := \sqrt{2mE/\hbar^2} \qquad k_2 := \sqrt{2m\,(E+V_0)/\hbar^2} \qquad\qquad E > 0 \qquad V_0 > 0$

lauten die Schrödinger-Gln. in beiden Gebieten 1 und 2:s

$$\psi''_1(x) = -k_1^2\,\psi_1(x) \qquad\qquad \psi''_2(x) = -k_2^2\,\psi_2(x) \qquad (1a/b)$$

Die Lösung der Dgl. (1a) lautet:

$$\psi_1(x) = A_1\,e^{i k_1 x} + B_1\,e^{-i k_1 x} \qquad \text{für} \qquad x \le -a$$

Wegen der Totalreflexion ist $|A_1| = |B_1|$, so dass wir $B_1 = -A_1 \exp(2 i \delta)$ setzen dürfen.

$$\rightarrow \qquad \psi_1(x) = A_1\left[e^{i k_1 x} - e^{-i(k_1 x - 2\delta)}\right] = A_1 e^{i\delta}\left[e^{i(k_1 x - \delta)} - e^{-i(k_1 x - \delta)}\right] =$$

$$= 2 i A_1 e^{i\delta} \sin(k_1 x - \delta) \qquad \text{für} \qquad x \le -a \qquad (2a)$$

Die Dgl. (1b) führt mit der Randbedingung $\psi_2(0) = 0$ auf die Lösung im Gebiet 2:

$$\psi_2(x) = A_2 \sin(k_2 x) \qquad \text{für} \qquad -a < x \le 0 \qquad (2b)$$

Die zwei Stetigkeitsbedingungen bei $x = -a$ lauten:

$$\psi_1(-a) = \psi_2(-a) \quad \Rightarrow \quad -2 i A_1 e^{i\delta} \sin(k_1 a + \delta) = -A_2 \sin(k_2 a) \qquad (3)$$

$$\psi'_1(-a) = \psi'_2(-a) \quad \Rightarrow \quad 2 i A_1 k_1 e^{i\delta} \cos(k_1 a + \delta) = k_2 A_2 \cos(k_2 a) \qquad (4)$$

Wir teilen Gl. (3) durch Gl. (4):

$$\tan(k_1 a + \delta) = \frac{k_1}{k_2} \tan(k_2 a) \quad \Rightarrow \quad \delta = \arctan\left[\frac{k_1}{k_2} \tan(k_2 a)\right] - k_1 a$$

In [Griffiths], Aufgabe 2.39 wird das hier behandelte Potential für $V_0 = 32\,\hbar^2/(ma^2)$ untersucht. Dafür existieren drei gebundene Zustände. Das Teilchen im energiereichsten gebundenen Zustand ($E<0$) wird mit 54,2% Wahrscheinlichkeit links vom Topf, also im klassisch verbotenen Bereich gefunden.

5–7 Unendlich tiefer Potentialtopf: Lösungen mit $E < 0$ sind unmöglich

Mit $k^2 := 2m\,|E|\,/\hbar^2 = -2mE/\hbar^2$ lautet die Schrödinger-Gl.:

$$\psi''(x) = k^2\,\psi(x) \qquad \Rightarrow \qquad \psi(x) = A\,e^{kx} + B\,e^{-kx}$$

Die erste Randbedingung $\psi(0) = 0$ liefert $B = -A$.

$$\Rightarrow \qquad \psi(x) = A\left(e^{kx} - e^{-kx}\right) = 2A\,\sinh(kx)$$

Sinus hyperbolicus verschwindet nur für $x = 0$. Die 2. Randbedingung $\psi(L) = 0$ ist unerfüllbar.

Hinweis: Die Lösung bestätigt die Aussage in Aufgabe 3–11, wonach es in keinem System eine normierbare Wellenfunktion gibt mit einer Energie, die unterhalb des Minimums der potentiellen Energie liegt.

5–8 Randbedingung im unendlich tiefen Potentialtopf

Die zeitunabhängige Schrödinger-Gl.

$$-\frac{\hbar^2}{2m}\,\psi''(x) = \left[E - V(x)\right]\psi(x) \qquad \text{mit} \qquad V(x) = \begin{cases} 0 & \text{für } 0 < x < L \\ V_0 > 0 & \text{sonst} \end{cases}$$

hat für $x > L$ und $E < V_0$ die Lösung

$$\psi(x) = A\,e^{-\kappa x} + \underbrace{B\,e^{\kappa x}}_{=\,0} \qquad \text{mit} \qquad \kappa = \sqrt{2m(V_0 - E)/\hbar^2} \qquad \text{für } x > L$$

Die Lösung ist nur für $B = 0$ normierbar. Für $V_0 \to \infty$ geht $\kappa \to \infty$, so dass $\psi(x) \to 0$ für $x > L$. Daher kann ein Teilchen nicht in einen unendlich hohen Potentialbereich hinein tunneln.

5–9 Unendlich tiefer Potentialtopf mit Stufe

a) Ein klassisches Teilchen mit $E > V_0$ bewegt sich im Bereich 2 langsamer als im Bereich 1 und hält sich daher im Bereich 2 länger auf als im Bereich 1. Daher erwarten wir, dass die mittlere Wahrscheinlichkeitsdichte des Quantenobjektes im Bereich 2 größer ist als im Bereich 1. Die beiden Aufenthaltsdichten unterscheiden sich umso mehr, je näher die Teilchenenergie bei V_0 liegt.

b) Für $E > V_0$ lautet die Schrödinger-Gl. in den Gebieten 1/2 :s

$$\psi_{1/2}''(x) = -k_{1/2}^2\,\psi_{1/2}(x)$$

mit $k_1 := \sqrt{2mE/\hbar^2}$ (1a)

und $k_2 := \sqrt{2m(E - V_0)/\hbar^2}$ (1b)

Für $x = \pm a$ verschwinden die Wellenfunktionen und lassen sich daher wie folgt schreiben:

$$\psi_1(x) = A\,\sin\!\left[k_1(x+a)\right] \quad \text{für } -a \le x \le 0 \quad (2a)$$

$$\psi_2(x) = B\,\sin\!\left[k_2(x-a)\right] \quad \text{für } 0 \le x \le a \quad (2b)$$

An der Stelle $x = 0$ gelten die zwei bekannten Stetigkeitsbedingungen:

$$\psi_1(0) = \psi_2(0)$$

$$\Rightarrow \qquad A\,\sin(k_1 a) = -B\,\sin(k_2 a) \qquad (3a)$$

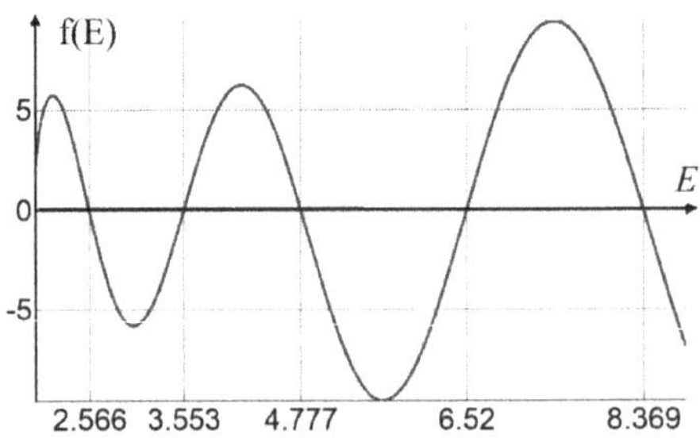

Abb. 1 Die Nullstellen der Funktion $f(E)$ in Gl. (4') liefern hier die ersten fünf diskreten Energien E_n für $E > V_0$. Die E-Achse beginnt bei $V_0 = 2$. Folgende Werte wurden verwendet:

$$\hbar = 1{,}055 \qquad m = 9{,}109 \qquad a = 1 \qquad V_0 = 2$$

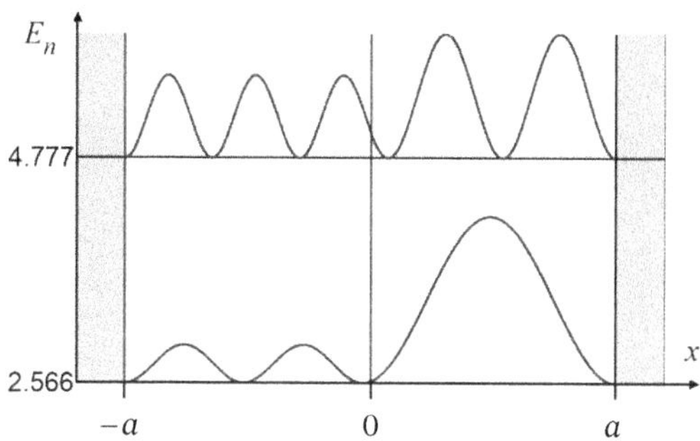

Abb. 2 Für $E > V_0$ werden die Aufenthaltsdichten $|\psi_3(x)|^2$ und $|\psi_5(x)|^2$ auf der Höhe der dritten und fünften diskreten Energie gezeichnet. Sie liegen beide oberhalb von $V_0 = 2$. Die erste und die zweite diskrete Energie sind kleiner als $V_0 = 2$ (siehe Abb. 3).

In Übereinstimmung mit klassischen Ergebnissen unterscheiden sich die Aufenthaltsdichten in den Bereichen 1 und 2 umso mehr, je näher die diskrete Energie E_n bei $V_0 = 2$ liegt.

$$\psi_1'(0) = \psi_2'(0)$$

$$\Rightarrow \quad A k_1 \cos(k_1 a) = B k_2 \cos(k_2 a) \tag{3b}$$

Wir lösen Gl. (3b) nach B auf, setzen B in Gl. (3a) ein und erhalten für $E > V_0$

$$k_2 \cos(k_2 a) \sin(k_1 a) + k_1 \cos(k_1 a) \sin(k_2 a) = 0 \tag{4}$$

Gl. (4) ist unabhängig von A, B. Gl. (4) *bestimmt die diskreten Energien* E_n und kann nur *numerisch* oder *graphisch* gelöst werden. Dazu schreiben wir k_1 und k_2 mit den Gln. (1a/b) als Funktionen der Energie E und lösen die Gl.

$$f(E) := k_2(E) \cos\left[k_2(E) a \right] \sin\left[k_1(E) a \right] + k_1(E) \cos\left[k_1(E) a \right] \sin\left[k_2(E) a \right] = 0 \tag{4'}$$

Die Kurve $f(E)$ in Abb. 1 liefert die ersten fünf diskreten Energien $E_n > V_0$. Damit lassen sich k_1, k_2 sowie $B = -A \sin(k_1 a)/\sin(k_2 a)$ berechnen. Abb. 2 zeigt die Aufenthaltsdichten der zwei Wellenfunktionen mit der ersten und der dritten Energie oberhalb von V_0.

c) Für $E < V_0$ lautet die Schrödinger-Gl. im Gebiet 2:

$$\psi_2''(x) = k_2^2 \psi_2(x) \quad \text{mit} \quad k_2 := \sqrt{2m(V_0 - E)/\hbar^2} \tag{5a/b}$$

$$\Rightarrow \quad \psi_1(x) = A \sin\left[k_1(x+a) \right] \qquad \text{für} \quad -a \leq x \leq 0 \tag{6a}$$

$$\psi_2(x) = B \cosh(k_2 x) + C \sinh(k_2 x) \qquad \text{für} \quad 0 \leq x \leq a \tag{6b}$$

An der Stelle $x = 0$ gelten wieder die zwei bekannten Stetigkeitsbedingungen. Zudem muss die Wellenfunktion an der Stelle $x = a$ verschwinden:

$$\psi_1(0) = \psi_2(0) \quad \Rightarrow \quad A \sin(k_1 a) - B = 0 \tag{7a}$$

$$\psi_1'(0) = \psi_2'(0) \quad \Rightarrow \quad A k_1 \cos(k_1 a) - C k_2 = 0 \tag{7b}$$

$$\psi_2(a) = 0 \quad \Rightarrow \quad B \cosh(k_2 a) + C \sinh(k_2 a) = 0 \tag{7c}$$

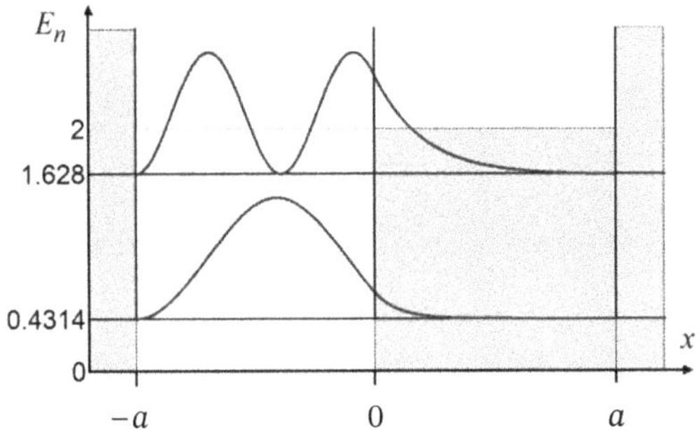

Abb. 3 Für $E < V_0$ werden die Aufenthaltsdichten $|\psi_1(x)|^2$ und $|\psi_2(x)|^2$ auf der Höhe der beiden einzigen diskreten Energien gezeichnet, die unterhalb von $V_0 = 2$ liegen.

Die Teilchen können umso weiter in den (klassisch verbotenen) Bereich $0 < x < a$ hinein tunneln, je näher die diskrete Energie E_n bei $V_0 = 2$ liegt.

Dieses lineare Gleichungssystem für die drei Koeffizienten A, B, C hat genau dann nicht triviale Lösungen, wenn die Koeffizientendeterminante D verschwindet:

$$D = \begin{vmatrix} \sin(k_1 a) & -1 & 0 \\ k_1 \cos(k_1 a) & 0 & -k_2 \\ 0 & \cosh(k_2 a) & \sinh(k_2 a) \end{vmatrix} = 0$$

$$\Leftrightarrow \quad k_2 \cosh(k_2 a)\sin(k_1 a) + k_1 \cos(k_1 a)\sinh(k_2 a) = 0 \tag{8}$$

Die Ähnlichkeit mit Gl. (4) ist auffallend. *Auch Gl. (8)* *liefert die diskreten Energien* E_n und kann nur *numerisch* oder *graphisch* gelöst werden. Dazu schreiben wir k_1 und k_2 mit den Gln. (1b/5b) als Funktionen der Energie E und lösen die Gl. (8). Es gibt nur zwei Zustände mit $E < V_0$.

5–10 Parabelförmige Startfunktion im unendlich tiefen Potentialtopf

a)
$$\psi(x,t) = \sum_{n=1}^{\infty} c_n \, \psi_n(x) \, e^{-iE_n t/\hbar}$$

mit
$$c_n = \int_0^L \sqrt{\frac{30}{L^5}}\, x(L-x) \sqrt{\frac{2}{L}} \sin\left(\frac{n\pi}{L}x\right) dx = \dots = \frac{8\sqrt{15}}{(n\pi)^3}\begin{cases} 1 & \text{für ungerade } n \\ 0 & \text{für gerade } n \end{cases}$$

$$\Rightarrow \quad \psi(x,t) = \frac{8}{\pi^3}\sqrt{\frac{30}{L}} \sum_{n=1}^{\infty} \frac{1}{(2n-1)^3} \sin\left[\frac{(2n-1)\pi}{L}x\right] \exp\left[-i\frac{\hbar\pi^2}{2mL^2}(2n-1)^2 t\right] \tag{1}$$

b) Die Reihe in Gl. (1) fällt mit wachsender Quantenzahl n sehr schnell ab. So gilt: $c_3/c_1 = 1/27$. Daher ist die Wellenfunktion ungefähr gleich der Wellenfunktion des ersten Terms, also ungefähr gleich der Grundzustandsfunktion. Folglich ist die Wellenfunktion *nahezu stationär*, die Aufenthaltsdichte ändert sich im Laufe der Zeit nur unmerklich.

5–11 Potential ohne Reflexion

a) Die zweite Ableitung der Wellenfunktion

$$\psi_k(x) = A\,\frac{ik - a\,\tanh(a\,x)}{ik + a}\,e^{ikx} \qquad \text{mit} \qquad k = \sqrt{2mE/\hbar^2}$$

$$\text{lautet} \quad \psi_k''(x) = -\left(k^2 + \frac{2a^2}{\cosh^2(ax)}\right)\psi_k(x)$$

Daher erfüllen die Funktionen $\psi_k(x)$ die Schrödinger-Gl. *für alle positiven Energien*:

$$\left[-\frac{\hbar^2}{2m}\frac{\partial^2}{\partial x^2} + V(x)\right]\psi_k(x) = \frac{\hbar^2 k^2}{2m}\,\psi_k(x) = E\,\psi_k(x)$$

Die Funktionen $\psi_k(x)$ sind nicht normierbar. Wie in Abschn. „4.2 Wellenpakete freier Quanten-objekte" ergeben sich *normierbare Wellenpakete auch hier durch kontinuierliche Überlagerungen*. Abb. 1 zeigt, dass sich das (dick gezeichnete) Wellenpaket im reflexionsfreien Potential ähnlich bewegt wie das (dünn gezeichnete, kleinere) *wechselwirkungsfreie* Gaußsche Wellenpaket. Ein Sachverhalt, der bereits in Abschn. 4.2 erwähnt und an Hand einer Wandergruppe veranschaulicht

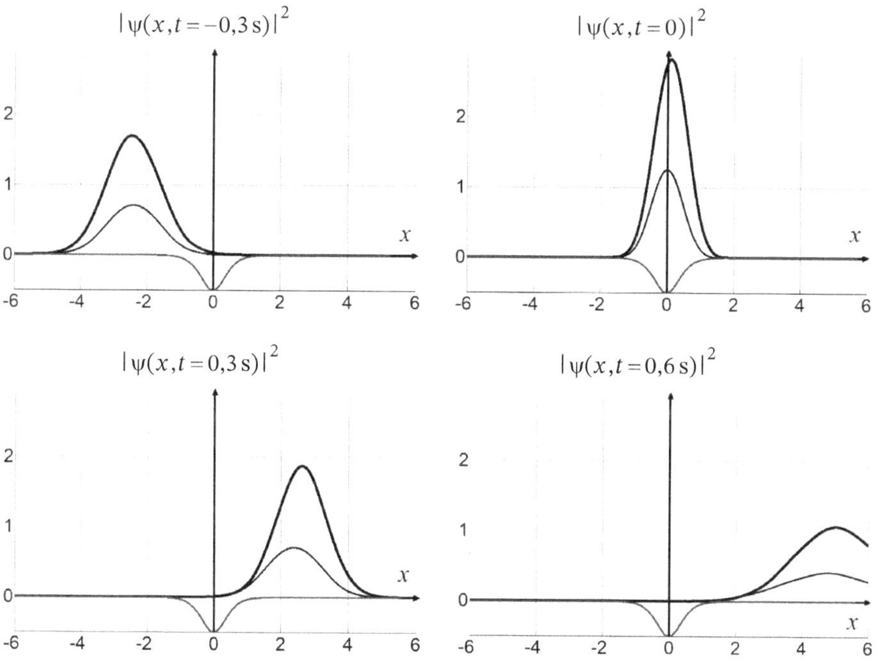

Abb. 1 Zu vier abstandsgleichen Zeiten t_n werden die Wahrscheinlichkeitsdichten $|\psi(x,t_n)|^2$ des von links einlaufenden Wellenpaketes

$$\psi(x,t_n) = \int_{0,1}^{7,9} \frac{ik - 2\,\tanh(2x)}{ik+2}\,\exp\!\left[-0,2\,(k-4)^2\right]\exp\!\left[i\left(kx - \frac{\hbar k^2}{2m}t_n\right)\right]dk \tag{1}$$

(dick) gezeichnet. Zum Vergleich wird zusätzlich die Zeitentwicklung eines *freien* Gaußschen Wellenpaketes (kleiner und dünner) dargestellt; hier ist der lange Bruch am Anfang es Integranden in Gl. (1) gleich eins. Die Streuung Δx ist in Übereinstimmung mit den Ergebnissen in Abschn. „4.2 Wellenpakete freier Quantenobjekte" zur Zeit $t=0$ am kleinsten.

Auf der negativen Ordinate ist auch noch das Potential $V(x) \sim -\cosh^{-2}(2x)$ zu sehen.

wurde, wird hier ebenfalls bestätigt: Für negative Zeiten $t < 0$ nimmt die Paketbreite im Laufe der Zeit ab und die Pakethöhe zu.

b) Für $x \to \pm\infty$ geht $\tanh(ax) \to \pm 1$. Daher lauten die Wellenfunktionen „weit draußen" – bis auf einen belanglosen konstanten Phasenfaktor:

$$\psi_k(x,t) \approx A\,\frac{ik \mp a}{ik + a}\,e^{i(kx - \omega t)} \quad \text{für} \quad x \to \pm\infty$$

Für $x \to -\infty$ beschreibt $\psi_k(x,t) \approx A\exp[i(kx - \omega t)]$ eine von links einlaufende, ebene Welle; eine reflektierte Welle tritt für $x \to -\infty$ nicht auf. Für $x \to +\infty$ ergibt sich eine um eine Phase α verschobene Wellenfunktion $\psi_k(x,t) \approx A\exp[i(kx - \omega t + \alpha)]$

Für *alle* Energien ist der Reflexionskoeffizient $R = 0$ und der Transmissionskoeffizient $T = 1$. Im Unterschied dazu ist der Transmissionskoeffizient T am Potentialwall (siehe Aufgabe 5–4) und am endlich tiefen Potentialtopf (siehe Aufgabe 5–5) nur für ganz bestimmte, diskrete Energien gleich eins.

5–12 Interpretation der Abb. 5.4–2

Links vom Potentialwall treten wegen des großen Reflexionskoeffizienten $R \approx 0,9$ starke Interferenzen der einlaufenden und der reflektierten Welle auf. Es bildet sich nahezu eine stehende Welle aus.

Rechts vom Potentialwall läuft die ebene Welle $\psi_3(x,t) = A_3 \exp[i(k_1 x - \omega_1 t)]$ mit *konstanter* Wahrscheinlichkeitsdichte $|\psi_3(x,t)|^2 = |A_3|^2$ nach rechts.

5–13 Deltafunktionsartiges Potential

a) Gebundener Zustand: Für $E < 0$ lautet die Schrödinger-Gl.

$$-\frac{\hbar^2}{2m}\,\psi''(x) - \tilde{V}\,\delta(x)\,\psi(x) = E\,\psi(x) \quad \text{mit} \quad E < 0,\ \tilde{V} > 0 \tag{1}$$

Für den Bereich $x < 0$ folgt

$$\psi''(x) = k^2\,\psi(x) \quad \text{mit} \quad k := \sqrt{-2mE/\hbar^2} > 0 \tag{2/3}$$

$$\Rightarrow \quad \psi(x) = A\,e^{kx} + B\,e^{-kx}$$

Diese Wellenfunktion ist nur für $B = 0$ normierbar.

$$\Rightarrow \quad \psi(x) = A\,e^{kx} \quad \text{für} \quad x < 0$$

Für den Bereich $x > 0$ erhalten wir in gleicher Weise

$$\psi(x) = C\,e^{-kx} \quad \text{für} \quad x > 0$$

Nach der **ersten Übergangsbedingung** ist die Wellenfunktion an der Stelle $x = 0$ stetig. Daraus folgt $A = C$. Zusammenfassend folgt die Lösung

$$\psi(x) = A\,e^{-k|x|} \quad \text{für alle } x \tag{4}$$

Bis jetzt ist die Deltafunktion noch nicht vorgekommen. Sie macht sich erst in der folgenden, zweiten Übergangsbedingung bemerkbar.

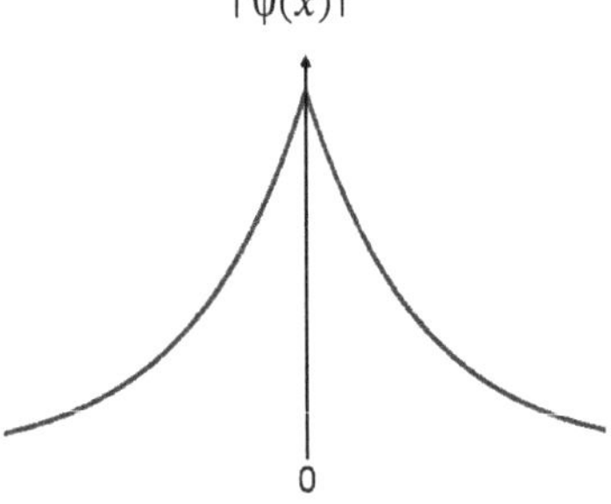

Abb. 1 Für das Potential $V(x) = -\tilde{V}\delta(x)$ (mit $\tilde{V} > 0$) gibt es für $E < 0$ nur einen einzigen gebundenen Zustand.

Der gebundene Zustand hat diskrete Energien. Die Diskretisierung folgt aus der **zweiten Über-gangsbedingung** an der Stelle $x = 0$. Die Bedingung ergibt sich durch die Integration der zeitunabhängigen Schrödinger-Gl. von $x = -\varepsilon$ bis $x = +\varepsilon$ und einen anschließenden Grenzübergang $\varepsilon \to 0$ (siehe die erste Fußnote in Abschn. 5.2):

$$-\frac{\hbar^2}{2m} \lim_{\varepsilon \to 0} \int_{-\varepsilon}^{\varepsilon} \psi''(x)\, dx = -\frac{\hbar^2}{2m} \lim_{\varepsilon \to 0} \left[\psi'(\varepsilon) - \psi'(-\varepsilon)\right] \underset{\underset{\text{Gl.(4)}}{\uparrow}}{=} \frac{\hbar^2}{2m} 2k\,\psi(0) =$$

$$= \lim_{\varepsilon \to 0} \int_{-\varepsilon}^{\varepsilon} \left[E - V(x)\right] \psi(x)\, dx \underset{\underset{V(x) = -\tilde{V}\delta(x)}{\uparrow}}{=} \tilde{V}\,\psi(0) \tag{5}$$

$$\Rightarrow \quad k = \frac{m}{\hbar^2}\tilde{V} \quad \Rightarrow \quad E \underset{\underset{\text{Gl.(3)}}{\uparrow}}{=} -\frac{\hbar^2 k^2}{2m} = -\frac{m\tilde{V}^2}{2\hbar^2} \tag{6}$$

Für $E < 0$ gibt es also nur *einen einzigen gebundenen Zustand* mit der (jetzt normierten) Funktion

$$\psi(x) = \frac{\sqrt{m\tilde{V}}}{\hbar}\, e^{-m\tilde{V}|x|/\hbar^2} \quad \text{mit der Energie} \quad E = -\frac{m\tilde{V}^2}{2\hbar^2} \tag{7/6}$$

Der Zustand tunnelt in den verbotenen Bereich $x \neq 0$ mit $E < V(x) = 0$ hinein – und zwar umso stärker, je kleiner das Produkt $m\tilde{V}$ ist.

> Bemerkung: In [Griffiths], Aufgabe 2.50 wird das bewegte deltafunktionsartige Potential
> $$V(x) = -\tilde{V}\,\delta(x - vt)$$
> kurz untersucht. Durch Berechnen der einmaligen Zeitableitung und der zweimaligen Ortsableitung wird dort bewiesen, dass die zeitabhängige Schrödinger-Gl. die exakte Lösung
> $$\psi(x,t) = \frac{\sqrt{m\tilde{V}}}{\hbar}\, e^{-m\tilde{V}|x - vt|/\hbar^2}\, e^{-i[\{E + mv^2/2\}t - mvx]/\hbar} \quad \text{mit} \quad E = -m\tilde{V}^2/(2\hbar^2)$$
> hat. Der letzte Term $imvx/\hbar = ipx/\hbar = ikx$ in der zweiten Exponentialfunktion wird in Aufgabe 4–4b erklärt. (Dieses System gehört zu den wenigen Systemen, in denen die zeitabhängige Schrödinger-Gl. für *zeitabhängige* Potentiale exakt gelöst werden kann.) Natürlich gilt in Anlehnung an Gl. (7):
> $$|\psi(x,t)|^2 = \frac{m\tilde{V}}{\hbar^2}\, e^{-2m\tilde{V}|x - vt|/\hbar^2}$$

b) In einem endlich tiefen Potentialtopf gilt für die geraden Lösungen

$$\tan\left(\sqrt{\frac{2m(V_0 + E)}{\hbar^2}}\, a\right) = \sqrt{-\frac{E}{V_0 + E}} \quad \text{mit} \quad E < 0,\, V_0 > 0 \tag{5.5–8}$$

Für $V_0 \to \infty$ mit $V_0 \cdot 2a = \text{const}$ gehen beide Seiten gegen null und es folgt für große V_0

$$\sqrt{\frac{2mV_0}{\hbar^2}}\, a = \sqrt{-\frac{E}{V_0}} \quad \Rightarrow \quad E = -\frac{m}{2\hbar^2}(V_0 \cdot 2a)^2 = -\frac{m\tilde{V}}{2\hbar^2}$$

c) Streuzustand: Für $E > 0$ betrachten wir eine von links einlaufende Welle, die teilweise reflektiert wird und teilweise das Deltapotential durchdringt. Die Schrödinger-Gl. lautet

$$\psi''(x) = -k^2 \psi(x) \quad \text{mit} \quad k := \sqrt{2mE/\hbar^2} > 0$$

$$\Rightarrow \quad \psi(x) = \begin{cases} A_1 e^{ikx} + B_1 e^{-ikx} & \text{für} \quad x < 0 \\ A_2 e^{ikx} & \text{für} \quad x > 0 \end{cases} \tag{8}$$

Dabei wird eine von rechts einlaufende Welle ausgeschlossen. Die Stetigkeit bei $x = 0$ erfordert

$$A_1 + B_1 = A_2 \tag{9}$$

Die zweite Übergangsbedingung in Gl. (5) führt auf

$$ik\left[A_2 - (A_1 B_1)\right] = -\frac{2m}{\hbar^2} \tilde{V} A_2 \tag{10}$$

Die Gln. (9/10) liefern den Reflexions- und den Transmissionskoeffizient:

$$R = \frac{B_1^2}{A_1^2} = \frac{1}{1 + \dfrac{2\hbar^2 E}{m\tilde{V}^2}} \quad \Rightarrow \quad T = 1 - R = \frac{1}{1 + \dfrac{m\tilde{V}^2}{2\hbar^2 E}} \tag{11}$$

5–14 Matrizenformalismus für die Sprungstellen des Potentials

$$k_1 := \sqrt{2mE/\hbar^2} \qquad k_2 := \sqrt{2m(V_0 - E)/\hbar^2} > 0 \qquad \text{mit} \qquad 0 < E < V_0 \tag{5.4–2}$$

Die vier Stetigkeitsbedingungen an den Stellen $x=0$ und $x=L$ in Abschn. 5.4

$$A_1 + B_1 = A_2 + B_2 \qquad\qquad ik_1(A_1 - B_1) = k_2(A_2 - B_2) \tag{1a}$$

$$A_2 e^{k_2 L} + B_2 e^{-k_2 L} = A_3 e^{ik_1 L} \qquad k_2\left(A_2 e^{k_2 L} - B_2 e^{-k_2 L}\right) = ik_1 A_3 e^{ik_1 L} \tag{1b}$$

lauten in Matrixform

$$\begin{pmatrix} 1 & 1 \\ ik_1 & -ik_1 \end{pmatrix}\begin{pmatrix} A_1 \\ B_1 \end{pmatrix} = \begin{pmatrix} 1 & 1 \\ k_2 & -k_2 \end{pmatrix}\begin{pmatrix} A_2 \\ B_2 \end{pmatrix} \tag{2a}$$

und
$$\begin{pmatrix} e^{k_2 L} & e^{-k_2 L} \\ k_2 e^{k_2 L} & -k_2 e^{-k_2 L} \end{pmatrix}\begin{pmatrix} A_2 \\ B_2 \end{pmatrix} = \begin{pmatrix} e^{ik_1 L} & e^{-ik_1 L} \\ ik_1 e^{ik_1 L} & -ik_1 e^{-ik_1 L} \end{pmatrix}\begin{pmatrix} A_3 \\ 0 \end{pmatrix} \tag{2b}$$

Mit den Matrizen

$$\mathbf{M}(k,L) := \begin{pmatrix} e^{kL} & e^{-kL} \\ k e^{kL} & -k e^{-kL} \end{pmatrix} \quad \Leftrightarrow \quad \mathbf{M}^{-1}(k,L) = \frac{1}{2k}\begin{pmatrix} k e^{-kL} & e^{-kL} \\ k e^{kL} & -e^{kL} \end{pmatrix} \tag{3}$$

und $\quad \mathbf{S}(k_1, k_2, L) := \mathbf{M}^{-1}(k_1, L)\,\mathbf{M}(k_2, L) =$

$$= \frac{1}{2k_1}\begin{pmatrix} (k_1 + k_2) e^{(k_2 - k_1)L} & (k_1 - k_2) e^{-(k_1 + k_2)L} \\ (k_1 - k_2) e^{(k_1 + k_2)L} & (k_1 + k_2) e^{(k_1 - k_2)L} \end{pmatrix} \tag{4}$$

lassen sich die vier Stetigkeitsbedingungen kurz wie folgt schreiben:

$$\begin{pmatrix} A_1 \\ B_1 \end{pmatrix} = \mathbf{S}(ik_1, k_2, 0)\begin{pmatrix} A_2 \\ B_2 \end{pmatrix} \quad \text{und} \quad \begin{pmatrix} A_2 \\ B_2 \end{pmatrix} = \mathbf{S}(k_2, ik_1, L)\begin{pmatrix} A_3 \\ 0 \end{pmatrix} \tag{4a/b}$$

Man erkennt unschwer, wie diese Gln. bei weiteren Potentialwällen zu erweitern sind. Die Gl.

$$\begin{pmatrix} A_1 \\ B_1 \end{pmatrix} = \mathbf{S}(ik_1,k_2,0)\,\mathbf{S}(k_2,ik_1,L)\begin{pmatrix} A_3 \\ 0 \end{pmatrix} \tag{5}$$

liefert die Amplitudenverhältnisse A_3/A_1 für die auslaufenden Wellen und B_1/A_1 für die reflektierten Wellen und durch Quadrierung den Transmissions- und den Reflexionskoeffizient:

$$\frac{A_3}{A_1} = \frac{1}{\big[\mathbf{S}(ik_1,k_2,0)\,\mathbf{S}(k_2,ik_1,L)\big]_{11}}$$

und $$\frac{B_1}{A_1} = \big[\mathbf{S}(ik_1,k_2,0)\,\mathbf{S}(k_2,ik_1,L)\big]_{21}\frac{A_3}{A_1} = \frac{\big[\mathbf{S}(ik_1,k_2,0)\,\mathbf{S}(k_2,ik_1,L)\big]_{21}}{\big[\mathbf{S}(ik_1,k_2,0)\,\mathbf{S}(k_2,ik_1,L)\big]_{11}}$$

5–15 Unstetige Anfangsbedingung

a) $$\psi(x,t) = \sum_{n=1}^{\infty} c_n\,\psi_n(x)\,e^{-iE_n t/\hbar} \underset{\substack{\uparrow \\ \text{Gl. (5.1–6)}}}{=} \sqrt{\frac{2}{L}}\sum_{n=1}^{\infty} c_n\,\sin\!\left(\frac{n\pi}{L}x\right)e^{-iE_n t/\hbar} \tag{1}$$

mit $$c_n = \frac{2}{L}\int_{L/4}^{3L/4}\sin\!\left(\frac{n\pi}{L}x\right)dx = -\frac{2}{\pi n}\left(\cos\frac{3n\pi}{4} - \cos\frac{n\pi}{4}\right) \tag{2}$$

Zur Kontrolle kann man nachrechnen, dass die Normierungsbedingung $\sum_{n=1}^{\infty}|c_n|^2 = 1$ erfüllt wird.

Die Koeffizienten c_n fallen mit $1/n$ – wie bei *allen* Fourierreihen periodischer, *unstetiger* Funktionen. Daher ist die Konvergenz in Gl. (1) schlecht. In Abb. (1) werden sechs Wahrscheinlichkeitsdichten $|\psi(x,t_i)|^2$ für sechs abstandsgleiche Zeiten dargestellt von $t_1 = 0$ bis $t_6 = 2\pi\hbar/E_1$. Dabei wird die Reihe in Gl. (1) durch eine Summe ersetzt mit $n = 1 \dots 10^4$. Leider sehen die Wahrscheinlichkeitsdichten nicht vertrauenerweckend aus.

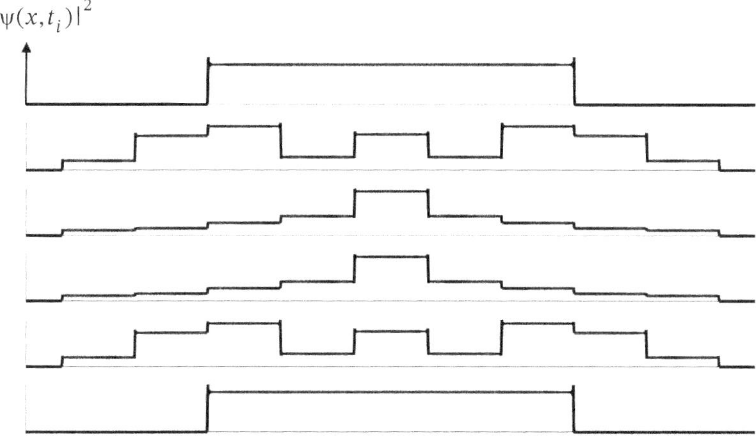

Abb. 1 Wahrscheinlichkeitsdichten $|\psi(x,t_i)|^2$ zu sechs abstandsgleichen Zeiten t_i. Sie wurden berechnet mit den Gln. (1) und (2). Die letzte Kurve wurde für die Zeit $t_6 = 2\pi\hbar/E_1$ gezeichnet. Die Kurven sind nicht vertrauenerweckend.

b)
$$\langle \hat{H} \rangle = \sum_{n=1}^{\infty} |c_n|^2 E_n = \sum_{n=1}^{\infty} \left[\frac{2}{\pi n} \left(\cos\frac{3n\pi}{4} - \cos\frac{n\pi}{4} \right) \right]^2 \frac{\hbar^2 \pi^2}{2\,m\,L^2} n^2 =$$

$$= \frac{2\hbar^2}{m\,L^2} \sum_{n=1}^{\infty} \left(\cos\frac{3n\pi}{4} - \cos\frac{n\pi}{4} \right)^2$$

Diese Reihe divergiert wegen der nicht-negativen Summanden. Denn die Summanden mit ungeraden n bzw. geraden n sind zwei bzw. null. Also erhöht sich die Summe bei jedem zweiten Summanden um zwei.

Lösungen: 6 Der harmonische Oszillator

6–1 Harmonischer Oszillator mit fester Wand

Das für $x \leq 0$ unendlich hohe Potential erfordert die Randbedingung $\psi(0)=0$. Nach den Gln. (6.1–16/17) und nach Abb. 6.1–1 erfüllen die „normalen" Oszillatoren mit dem Potential $m\omega^2 x^2/2$ diese Randbedingung nur für die *ungeraden Lösungen* mit $n = 2m-1$ (mit $m=1,2,..$). Daher lauten die gesuchten Energien des „halben Oszillators"

$$E_m = \left(2m - 1 + \frac{1}{2}\right)\hbar\omega = \left(2m - \frac{1}{2}\right)\hbar\omega \qquad \text{mit} \quad m = 1,2,3,...$$

6–2 Lineares Potential: Ungebundene Lösungen

Die vorgeschlagene Substitution

$$z := x + \frac{q\mathcal{E}}{2m}t^2 \tag{1}$$

wird in die Wellenfunktion $\psi(x,t)$ eingesetzt und liefert

$$\psi(x,t) = \psi\left(z - \frac{q\mathcal{E}}{2m}t^2, t\right) =: \varphi(z,t)$$

$$\Rightarrow \quad \frac{\partial\psi(x,t)}{\partial t} = \frac{\partial\varphi(z,t)}{\partial z}\frac{\partial z}{\partial t} + \frac{\partial\varphi(z,t)}{\partial t} = \varphi'(z,t)\frac{q\mathcal{E}}{m}t + \frac{\partial\varphi(z,t)}{\partial t} \tag{2a}$$

$$\text{sowie} \quad \frac{\partial\psi(x,t)}{\partial x} = \frac{\partial\varphi(z,t)}{\partial z}\frac{\partial z}{\partial x} = \frac{\partial\varphi(z,t)}{\partial z} = \varphi'(z,t) \quad \Rightarrow \quad \psi''(x,t) = \varphi''(z,t) \tag{2b}$$

Mit den Gln. (2a/b) geht die zeitabhängige Schrödinger-Gl. (6.5–2) über in

$$i\hbar\frac{\partial}{\partial t}\varphi(z,t) = \left[-\frac{\hbar^2}{2m}\frac{\partial^2}{\partial z^2} + q\mathcal{E}\left(z - \frac{q\mathcal{E}}{2m}t^2\right) - i\hbar\frac{q\mathcal{E}}{m}t\frac{\partial}{\partial z}\right]\psi(z,t) \tag{3}$$

Wir führen nun die vorgeschlagene *Phasenverschiebung* $\varphi(z,t) = \exp\{iF(z,t)\}\chi(z,t)$ durch.

$$\text{Mit} \quad \frac{\partial^2\varphi}{\partial z^2} = \frac{\partial}{\partial z}\left[iF'\chi + \chi'\right]e^{iF} =$$

$$= \left[iF''\chi + iF'\chi' + \chi''\right]e^{iF} + \left[iF'\chi + \chi'\right]iF'e^{iF}$$

erhalten wir nach Kürzung von $\exp(iF)$ die Schrödinger-Gl.

$$i\hbar\frac{\partial\chi}{\partial t} = -\frac{\hbar^2}{2m}\chi'' - i\hbar\left[\frac{\hbar}{m}F' + \frac{q\mathcal{E}}{m}t\right]\chi' +$$

$$\left[\hbar\frac{\partial F}{\partial t} - \frac{i\hbar^2}{2m}F'' + \frac{\hbar^2}{2m}(F')^2 + q\mathcal{E}\left(z - \frac{q\mathcal{E}}{2m}t^2\right) + \frac{q\mathcal{E}\hbar}{m}F't\right]\chi$$

Wir erhalten die bekannte Schrödinger-Gl. freier Teilchen, wenn die beiden eckigen Klammern verschwinden. Die erste eckige Klammer vor χ' ist null für

$$F(z,t) = -\frac{q\mathcal{E}}{\hbar}\,t\,z + f(t)$$

Wir setzen die zweite eckige Klammer gleich null:

$$-q\mathcal{E}z + \hbar\frac{\partial f}{\partial t} + \frac{\hbar^2}{2m}\left(\frac{q\mathcal{E}}{\hbar}t\right)^2 + q\mathcal{E}\left(z - \frac{q\mathcal{E}}{2m}t^2\right) - \frac{(q\mathcal{E})^2}{m}t^2 \overset{!}{=} 0$$

$$\Rightarrow \quad F(z,t) = -\frac{q\mathcal{E}}{\hbar}\,t\,z + \frac{(q\mathcal{E})^2}{3m\hbar}\,t^3 \tag{4}$$

Somit erhalten wir das Endergebnis:

$$\varphi(z,t) = \exp\left\{iF(z,t)\right\}\chi(z,t) = \exp\left[i\left\{\frac{(q\mathcal{E})^2}{3m\hbar}t^3 - \frac{q\mathcal{E}}{\hbar}t\,z\right\}\right]\chi(z,t) \tag{5}$$

$$\text{mit}\quad i\hbar\frac{\partial\chi(z,t)}{\partial t} = -\frac{\hbar^2}{2m}\chi''(z,t) \tag{6}$$

Die einfache, leider nicht normierbare Lösung der freien Schrödinger-Gl. (6) lautet bekanntlich

$$\chi(z,t) = c_1\,e^{i(kz-\omega t)} + c_2\,e^{-i(kz+\omega t)}\quad\text{mit}\quad \omega(k) = \frac{E}{\hbar} = \frac{\hbar k^2}{2m}$$

Zur Verringerung des Schreibaufwandes betrachten wir nur die in positive z-Richtung laufende Lösung ($c_2 = 0$). Wegen ihrer fehlenden Normierbarkeit können wir $c_1 = 1$ setzen:

$$\varphi(z,t) = \exp\left[i\left(-\frac{q\mathcal{E}}{\hbar}t\,z + \frac{(q\mathcal{E})^2}{3m\hbar}t^3\right)\right]\exp\left[i\left(kz - \frac{\hbar k^2}{2m}t\right)\right] =:$$

$$=: e^{ig(z,t)}\exp\left[i\left(kz - \frac{\hbar k^2}{2m}t\right)\right]$$

Auch hier liefern *kontinuierliche Überlagerungen* normierbare Wellenpakete. Wie in Abschn. „4.2 Wellenpakete freier Quantenobjekte" wählen wir ein **Gaußsches Wellenpaket**:

$$\tilde{\varphi}(k) = (2/\pi)^{1/4}\sqrt{a}\,e^{-a^2(k-k_0)^2} \tag{4.2-6}$$

$$\Rightarrow\quad \varphi(z,t) = e^{ig(z,t)}\frac{\sqrt{a}}{2^{1/4}\pi^{3/4}}\int_{-\infty}^{+\infty}\exp\left[-a^2(k-k_0)^2 + i\left(kz - \frac{\hbar k^2}{2m}t\right)\right]dk \tag{4.2-7'}$$

Mit den Gln. (4.2–7) und (4.2–10) erhalten wir sofort (ohne Rechnungen)

$$|\varphi(z,t)|^2 = \frac{1}{\sqrt{2\pi}}\frac{1}{\Delta z(t)}\exp\left[-\frac{1}{2\{\Delta z(t)\}^2}\left(z - \frac{\hbar k_0}{m}t\right)^2\right] \tag{4.2-10'}$$

$$\Rightarrow\quad |\psi(x,t)|^2 \underset{\underset{\text{Gl. (1)}}{\uparrow}}{=} \frac{1}{\sqrt{2\pi}}\frac{1}{\Delta x(t)}\exp\left[-\frac{1}{2\{\Delta x(t)\}^2}\left(x + \frac{q\mathcal{E}}{2m}t^2 - \frac{\hbar k_0}{m}t\right)^2\right]$$

$$\text{mit}\quad \Delta x(t) = a\sqrt{1 + \left(\frac{\hbar t}{2a^2 m}\right)^2} \tag{4.2-11}$$

Das Ergebnis beschreibt ein *Gaußsches Wellenpaket*, das zerfließt und dessen Maximum die konstante Beschleunigung $-q\mathcal{E}/m$ in die negative x-Richtung hat. Die Schnelligkeit, mit der das Wellenpaket zerfließt, wird nicht durch das elektrische Feld beeinflusst.

6–3 Lineares Potential: Gebundene Lösungen

a) Die zeitunabhängige Schrödinger-Gl. lautet für positive x

$$\left[-\frac{\hbar^2}{2m}\frac{d^2}{dx^2} + q\mathcal{E}x - E\right]\psi(x) = 0 \qquad \text{für } x > 0 \qquad \mathcal{E} = \text{elektrisches Feld} \qquad (1)$$

Die zwei Substitutionen

$$z := \left(\frac{2mq\mathcal{E}}{\hbar^2}\right)^{1/3}\left(x - \frac{E}{q\mathcal{E}}\right) \qquad (2)$$

$$\varphi(z) = \varphi\left[\left(\frac{2mq\mathcal{E}}{\hbar^2}\right)^{1/3}\left(x - \frac{E}{q\mathcal{E}}\right)\right] := \psi(x)$$

liefern mit $d^2z/dx^2 = 0$ und mit der Kettenregel

$$\psi'(x) = \frac{\varphi(z)}{dz}\frac{dz}{dx} = \varphi'(z)\cdot\left(\frac{2mq\mathcal{E}}{\hbar^2}\right)^{1/3}$$

$$\psi''(x) = \varphi''(z)\left(\frac{dz}{dx}\right)^2 = \varphi''(z)\cdot\left(\frac{2mq\mathcal{E}}{\hbar^2}\right)^{2/3}$$

$$\Rightarrow \qquad \frac{d^2}{dz^2}\varphi(z) - z\,\varphi(z) = 0 \qquad (3)$$

b) Halber Potentialtrichter: Die zweite Airy-Funktion Bi(x) ist nach Abb. 6.5–3 nicht normierbar. Die normierbare Lösung der Dgl. (3) enthält daher nur Ai(z):

$$\varphi(z) = \text{Ai}(z) = \text{Ai}\left[\left(\frac{2mq\mathcal{E}}{\hbar^2}\right)^{1/3}\left(x - \frac{E}{q\mathcal{E}}\right)\right] \qquad (4)$$

Die **Randbedingung** $\psi(0) = 0$ lautet nun:

$$\psi(0) = \text{Ai}\left[\left(\frac{2mq\mathcal{E}}{\hbar^2}\right)^{1/3}\left(0 - \frac{E}{q\mathcal{E}}\right)\right] = 0$$

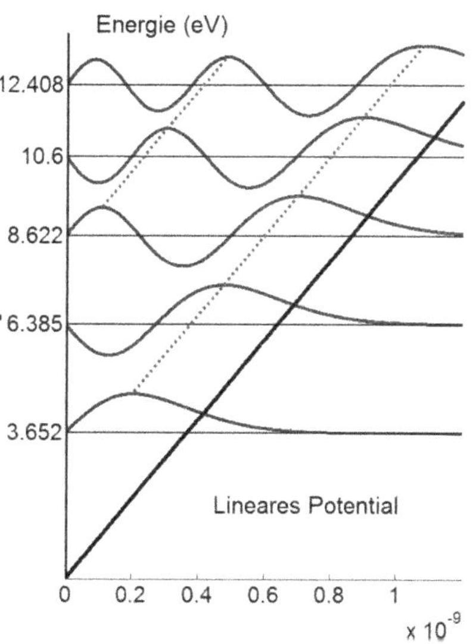

Abb. 1 Elektronen im elektrischen Feld $\mathcal{E} = 10^{10}$ V/m eines **halben Potentialtrichters**. Die punktierten Geraden, die die relativen Maxima verbinden, sollen zeigen, dass sich *die Funktionen* $\psi_n(x)$ *nur durch seitliche Verschiebungen unterscheiden.*

Diese Gl. ist genau dann erfüllt, wenn das Argument der Airy-Funktion eine Nullstelle $\zeta_{n.\text{null}}$ ist:

$$-\left(\frac{2mq\mathcal{E}}{\hbar^2}\right)^{1/3}\frac{E_n}{q\mathcal{E}} = \zeta_{n.\text{null}}$$

Die ersten fünf Nullstellen werden in der Aufgabenstellung in den Gln. (6.5–6a...e) aufgezählt. Daraus folgen die ersten fünf diskreten Energien

$$E_n = -\left(\frac{\hbar^2}{2m}\right)^{1/3} \left(q\,\mathcal{E}\right)^{2/3} \zeta_{n.\,\text{null}} \tag{5}$$

Für die Parameter

$$\mathcal{E} = 1\cdot 10^{10}\,\text{V/m} \qquad m = m_\text{e} = 9{,}109\cdot 10^{-31}\,\text{kg} \qquad q = |\,e_0\,| = 1{,}602\cdot 10^{-19}\,\text{C} \tag{6}$$

betragen die ersten drei Energien

$$E_1 \approx 3{,}65\,\text{eV} \qquad E_2 \approx 6{,}38\,\text{eV} \qquad E_3 \approx 8{,}62\,\text{eV}$$

Wir setzen die diskreten Energien in Gl. (4) ein und erhalten die Wellenfunktionen

$$\psi_n(x) = \text{Ai}\left[\left(\frac{2mq\mathcal{E}}{\hbar^2}\right)^{1/3}\left\{x - \frac{E_n}{q\mathcal{E}}\right\}\right] = \qquad n = 1, 2, \ldots \qquad x > 0 \tag{7a}$$

$$= \text{Ai}\left[\left(\frac{2mq\mathcal{E}}{\hbar^2}\right)^{1/3}\left\{x + \left(\frac{\hbar^2}{2mq\mathcal{E}}\right)^{1/3}\zeta_{n.\,\text{null}}\right\}\right] \qquad x > 0 \tag{7b}$$

Die Wellenfunktionen $\psi_n(x)$ unterscheiden sich untereinander nur durch Verschiebungen auf der x-Achse. Die Verschiebungen sind die klassischen Umkehrpunkte $x_\text{U} = E_n/(q\mathcal{E})$.

(Abb. 1 und besonders Abb. 2 verdeutlichen diese Aussage.) *Diese Verschiebungen sind nicht erstaunlich, wenn wir an den klassischen, freien Fall denken*: Zwei Steine, die aus den Höhen h_1 und h_2 (mit $h_1 > h_2$) mit gleicher Anfangsgeschwindigkeit zu Boden fallen, bewegen sich auf der ersten Teilstrecke mit der Länge h_2 völlig gleich.

Die in den Abbn. 1 und 2 gezeigten Wellenfunktionen $\psi_n(x)$ erfüllen zwei zentrale Erwartungen:

- Für $V(x) = q\mathcal{E}x > E$, also im klassisch verbotenen Bereich, fallen die Lösungen gemäß dem Tunneleffekt sehr schnell auf null ab.
- Bei großen Energien zeigen die Wellenfunktionen im klassisch erlaubten Bereich viele „Schwingungen". Bei gegebener Energie wird die Wellenlänge mit wachsender Koordinate x und daher mit steigendem Potential größer, so dass der Impuls $p = h/\lambda$ fällt.

c) Potentialtrichter: Nach Abschn. 5.6 gilt: Für symmetrische Potentiale $V(x) = V(-x)$ ist die Wellenfunktion des Grundzustandes gerade ($\psi_0(x) = \psi_0(-x)$) und die angeregten Zustände sind abwechselnd gerade und ungerade.

In unserem Fall ergeben sich die **ungeraden Wellenfunktionen** ganz einfach, indem man die Lösungen (7a/b) ungerade auf die negative x-Achse ausweitet. *Gl. (5) liefert die Energien der ungeraden Lösungen.*

Wir betrachten im Folgenden die **geraden Wellenfunktionen**. Die beiden Teillösungen links und rechts vom Koordinatenursprung

$$\psi_\text{li}(x) = \text{Ai}\left[\left(\frac{2mq\mathcal{E}}{\hbar^2}\right)^{1/3}\left(-x - \frac{E}{q\mathcal{E}}\right)\right] \qquad \text{für } x \leq 0 \tag{8a}$$

$$\psi_\text{re}(x) = \text{Ai}\left[\left(\frac{2mq\mathcal{E}}{\hbar^2}\right)^{1/3}\left(+x - \frac{E}{q\mathcal{E}}\right)\right] \qquad \text{für } x > 0 \tag{8b}$$

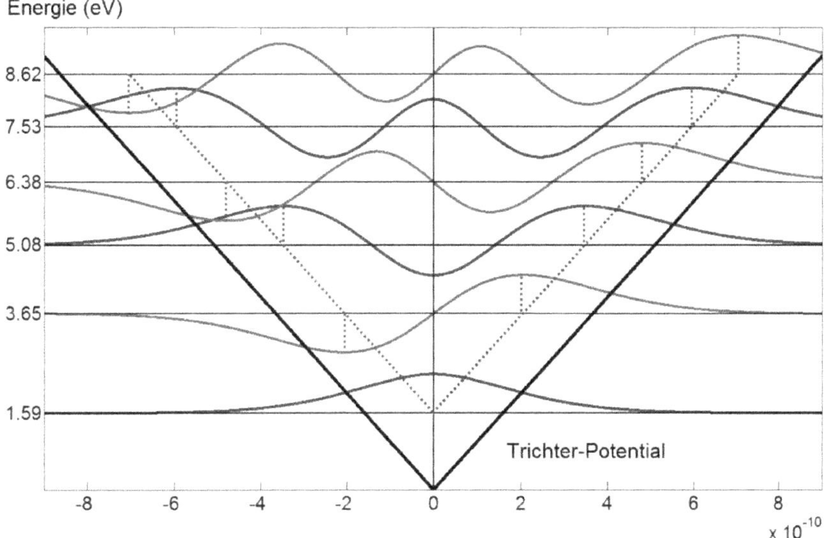

Abb. 2 Die ersten drei geraden und ersten drei ungeraden Wellenfunktionen $\psi_n(x)$ für Elektronen im **Potentialtrichter** mit $\mathcal{E} = 10^{10}$ V/m. Die zwei schräg verlaufenden, gepunkteten Geraden zeigen, dass sich *die Funktionen* $\psi_n(x)$ *nur durch seitliche Verschiebungen unterscheiden, die proportional zu den Energien der Wellenfunktionen sind.* Die drei ungeraden Wellenfunktionen ergeben sich durch Antisymmetrisierung der Wellenfunktionen in Abb. 1.

bilden zusammen gerade Wellenfunktionen. Die beiden **Randbedingungen**

$$\psi_{1i}(0) = \psi_{re}(0) \qquad \text{und} \qquad \psi'_{1i}(0) = \psi'_{re}(0)$$

können nach Abb. 6.5–3 nur erfüllt werden, wenn im Koordinatenursprung je zwei identische relative Maxima oder je zwei identische relative Minima zusammen treffen. Das Argument der Airy-Funktion muss gleich der Koordinate $\zeta_{n.\text{Extrem}}$ eines relativen Extremums sein:

$$\left(\frac{2mq\mathcal{E}}{\hbar^2} \right)^{1/3} \left(0 - \frac{E_n}{q\mathcal{E}} \right) = \zeta_{n.\text{Extrem}}$$

Daraus folgen die *Energien der geraden Lösungen* zu

$$E_n = - \left(\frac{\hbar^2}{2m} \right)^{1/3} \left(q\mathcal{E} \right)^{2/3} \zeta_{n.\text{Extrem}} \qquad \text{für gerade Lösungen} \tag{9}$$

Die ersten vier Energien betragen für die in Gl. (6) genannten Parameter

$$E_1 \approx 1{,}59\,\text{eV} \qquad E_2 \approx 5{,}07\,\text{eV} \qquad E_3 \approx 7{,}53\,\text{eV} \qquad E_4 \approx 9{,}62\,\text{eV}$$

Wir setzen diese diskreten Energien in die Gln. (8a/b) ein und erhalten die Wellenfunktionen.

d) Zwei unendlich hohe Wände: Die Lösung enthält wegen der Normierbarkeit im *endlichen* Intervall $[0, a]$ nun auch die zweite Airy-Funktion Bi(x):

$$\varphi(z) = c_1 \, \text{Ai}(z) + c_2 \, \text{Bi}(z) \tag{8}$$

Mit den zwei Abkürzungen

$$\lambda_0 := \left(\frac{2mq\mathcal{E}}{\hbar^2}\right)^{1/3}\left(0 - \frac{E}{q\mathcal{E}}\right) \qquad \lambda_a := \left(\frac{2mq\mathcal{E}}{\hbar^2}\right)^{1/3}\left(a - \frac{E}{q\mathcal{E}}\right)$$

lauten die zwei **Randbedingungen**

$$c_1\,\mathrm{Ai}(\lambda_0) + c_2\,\mathrm{Bi}(\lambda_0) = 0 \qquad \text{und} \qquad c_1\,\mathrm{Ai}(\lambda_a) + c_2\,\mathrm{Bi}(\lambda_a) = 0$$

Dieses Gleichungssystem für die Berechnung der beiden Koeffizienten c_1, c_2 hat genau dann nicht-triviale Lösungen (wenigstens ein Koeffizient ist ungleich null), wenn die Koeffizientendeterminante verschwindet:

$$\begin{bmatrix} \mathrm{Ai}(\lambda_0) & \mathrm{Bi}(\lambda_0) \\ \mathrm{Ai}(\lambda_a) & \mathrm{Bi}(\lambda_a) \end{bmatrix} = 0 \qquad \Rightarrow \qquad \mathrm{Ai}(\lambda_0)\,\mathrm{Bi}(\lambda_a) - \mathrm{Ai}(\lambda_a)\,\mathrm{Bi}(\lambda_0) = 0$$

Diese Gl. bestimmt die diskreten Energien. Sie kann wohl nur numerisch gelöst werden.

6–4 Lineares Potential: Schrödinger-Gl. im Impulsraum

Für die in der Aufgabenstellung genannte Integraldarstellung lautet die zweite Ableitung:

$$\mathrm{Ai}''(x) = -\frac{1}{\sqrt{2\pi}}\int_{-\infty}^{+\infty} k^2 e^{ikx}\,\tilde{\psi}(k)\,dk$$

und $\quad x\,\mathrm{Ai}(x) = \dfrac{1}{\sqrt{2\pi}}\displaystyle\int_{-\infty}^{+\infty}\tilde{\psi}(k)\,\dfrac{1}{i}\,\dfrac{d}{dk}\,e^{ikx}\,dk \underset{\substack{\uparrow \\ \text{partielle Integration}}}{=} \dfrac{1}{\sqrt{2\pi}}\displaystyle\int_{-\infty}^{+\infty} e^{ikx}\,i\,\dfrac{d}{dk}\,\tilde{\psi}(k)\,dk$

Mit diesen zwei Gln. führt die Airy-Dgl. $\mathrm{Ai}''(x) - x\,\mathrm{Ai}(x) = 0$ auf

$$\Rightarrow \qquad -k^2\,\tilde{\psi}(k) = i\,\tilde{\psi}'(k) \qquad \Rightarrow \qquad \tilde{\psi}(k) \sim e^{ik^3/3}$$

$$\Rightarrow \qquad \mathrm{Ai}(x) = \frac{1}{\sqrt{\pi}}\int_{-\infty}^{+\infty}\exp\left[i\left(kx + \frac{k^3}{3}\right)\right]dk = \sqrt{2/\pi}\int_0^{+\infty}\cos\left(kx + \frac{k^3}{3}\right)dk \tag{1}$$

$\tilde{\psi}(k)$ und (nach dem Parsevalschen Satz) $\mathrm{Ai}(x)$ sind nicht normierbar. Die anspruchsvolle Berechnung des Integrals in Gl. (1) wird vorgeführt in [Landau], mathematische Ergänzungen, §b.

6–5 Lineares Potential: Potenzreihenansatz

a) $\quad y(x) = \displaystyle\sum_{n=0}^{\infty} a_n\,x^n \qquad \Rightarrow \qquad \sum_{n=2}^{\infty} n(n-1)\,a_n\,x^{n-2} - \sum_{n=0}^{\infty} a_n\,x^{n+1} = 0$

$$\Rightarrow \qquad 2a_2 + \sum_{n=0}^{\infty} x^{n+1}\left[(n+3)(n+2)\,a_{n+3} - a_n\right] = 0$$

Da die Potenzfunktionen x^n linear unabhängig sind, ist diese Gl. genau dann erfüllt, wenn

$$a_2 = 0 \qquad\qquad a_{n+3} = \frac{1}{(n+2)(n+3)}\,a_n \qquad \text{mit} \qquad n = 0,1,2,\dots.$$

Die ersten beiden Koeffizienten a_0 und a_1 sind frei. Die nächsten 8 Koeffizienten lauten:

$$a_2 = 0 \qquad\qquad a_3 = \frac{1}{2\cdot 3}\,a_0 \qquad\qquad a_4 = \frac{1}{3\cdot 4}\,a_1$$

$$a_5 = 0 \qquad a_6 = \frac{1}{2\cdot 3}\frac{1}{5\cdot 6}\,a_0 \qquad\qquad a_7 = \frac{1}{3\cdot 4}\frac{1}{6\cdot 7}\,a_1$$

$$a_8 = 0 \qquad a_9 = \frac{1}{2\cdot 3}\frac{1}{5\cdot 6}\frac{1}{8\cdot 9}\,a_0 \qquad\qquad a_{10} = \frac{1}{3\cdot 4}\frac{1}{6\cdot 7}\frac{1}{9\cdot 10}\,a_1$$

Allgemein folgt für $n = 0,1,2,\dots$

$$a_{2+3n} = 0$$

$$a_{3+3n} = \frac{1}{2\cdot 3}\frac{1}{5\cdot 6}\frac{1}{8\cdot 9}\,\cdots\,\frac{1}{(2+3n)\,(3+3n)}\,a_0 = \frac{1\cdot 4\cdot 7\cdots\cdots(1+3n)}{(3+3n)!}\,a_0$$

$$a_{4+3n} = \frac{1}{3\cdot 4}\frac{1}{6\cdot 7}\frac{1}{9\cdot 10}\,\cdots\,\frac{1}{(3+3n)\,(4+3n)}\,a_1 = \frac{2\cdot 5\cdot 8\cdots\cdots(2+3n)}{(4+3n)!}\,a_1$$

$$\Rightarrow \qquad y(x) = a_0\left[1 + \sum_{n=0}^{\infty}\frac{1\cdot 4\cdot 7\cdots\cdots(1+3n)}{(3+3n)!}\,x^{3+3n}\right] + a_1\left[x + \sum_{n=0}^{\infty}\frac{2\cdot 5\cdot 8\cdots\cdots(2+3n)}{(4+3n)!}\,x^{4+3n}\right]$$

Wir ersetzen in den Gln. (6.5–8a/b) n durch $n+1$ und erhalten

$$\frac{\Gamma[(n+1)+1/3]}{\Gamma[1/3]} = \frac{1\cdot 4\cdot 7\cdots\cdots[3(n+1)-2]}{3^{n+1}} = \frac{1\cdot 4\cdot 7\cdots\cdots(1+3n)}{(3+3n)!}\frac{(3+3n)!}{3^{n+1}}$$

$$\frac{\Gamma[(n+1)+2/3]}{\Gamma[2/3]} = \frac{2\cdot 5\cdot 8\cdots\cdots[3(n+1)-1]}{3^{n+1}} = \frac{2\cdot 5\cdot 8\cdots\cdots(2+3n)}{(4+3n)!}\frac{(4+3n)!}{3^{n+1}}$$

$$\Rightarrow \qquad y(x) = a_0\left[1 + \sum_{n=0}^{\infty}\frac{\Gamma[(n+1)+1/3]}{\Gamma[1/3]}\frac{1}{[3(n+1)]!}\left(3^{1/3}x\right)^{3(n+1)}\right] +$$

$$a_1\left[x + \sum_{n=0}^{\infty}\frac{\Gamma[(n+1)+2/3]}{\Gamma[2/3]}\frac{1}{[3(n+1)+1]!}\frac{1}{3^{1/3}}\left(3^{1/3}x\right)^{3(n+1)+1}\right] =$$

$$= a_0\cdot\sum_{n=0}^{\infty}\frac{\Gamma(n+1/3)}{\Gamma(1/3)}\frac{\left(3^{1/3}x\right)^{3n}}{n!} + a_1\cdot\frac{1}{3^{1/3}}\sum_{n=0}^{\infty}\frac{\Gamma(n+2/3)}{\Gamma(2/3)}\frac{\left(3^{1/3}x\right)^{3n+1}}{(3n+1)!} \qquad (1)$$

Die beiden Koeffizienten a_0, a_1 sind die Integrationskonstanten der Airy-Dgl.

b) Mit $\sin\dfrac{2(n+1)\,\pi}{3} = \dfrac{\sqrt{3}}{2}\begin{cases} 0 & \text{für} \quad n = 2+3m \quad \text{mit} \quad m = \quad 0,1,2,3,\dots \\ 1 & \text{für} \quad n = 3+3m \quad \text{mit} \quad m = -1,0,1,2,3,\dots \\ -1 & \text{für} \quad n = 4+3m \quad \text{mit} \quad m = -1,0,1,2,3,\dots \end{cases}$

geht die in der Aufgabenstellung genannte Funktion Ai(x) über in

$$\mathrm{Ai}(x) = \frac{\Gamma(1/3)}{2\pi\,3^{1/6}}\sum_{n=0}^{\infty}\frac{\Gamma(n+1/3)}{\Gamma(1/3)}\frac{\left(3^{1/3}x\right)^{3n}}{(3n)!} - \frac{\Gamma(2/3)}{2\pi\,3^{1/6}}\sum_{n=0}^{\infty}\frac{\Gamma(n+2/3)}{\Gamma(2/3)}\frac{\left(3^{1/3}x\right)^{3n+1}}{(3n+1)!} \qquad (2)$$

Bi(x) stimmt bis auf einen Vorfaktor und ein Pluszeichen vor der zweiten Reihe mit Ai(x) überein. Die Airy-Dgl. ist eine lineare, homogene Dgl. zweiter Ordnung. Der Lösungsraum ist ein Vektorraum der Dimension 2. Die Potenzreihe in Gl. (1) bildet ein Lösungsfundamentalsystem, die beiden Airy-Funktionen Ai(x) und Bi(x) sind ein anderes, gleichwertiges Lösungsfundamentalsystem.

6–6 Harmonischer Oszillator: Potenzreihenansatz

Der Potenzreihenansatz $\psi(x) = \sum_{n=0}^{\infty} a_n\, x^n$ führt auf

$$\sum_{n=0}^{\infty} \left[(n+1)(n+2)\, a_{n+2} + \beta\, a_n \right] x^n - \alpha^2 \sum_{n=2}^{\infty} a_{n-2}\, x^n = 0 \tag{1}$$

Daraus folgen die **drei Rekursionsgln.**

$$2\, a_2 + \beta\, a_0 = 0 \qquad\qquad 6\, a_3 + \beta\, a_1 = 0 \tag{2a/b}$$

und $\quad (n+1)(n+2)\, a_{n+2} + \beta\, a_n - \alpha^2 a_{n-2} = 0 \qquad$ für $\qquad n = 2,3,4,\dots.$ $\tag{3}$

Die Anfangsbedingungen lauten:

$$a_0 = \psi(0) \qquad a_1 = \psi'(0) \tag{4}$$

Ich empfehle, die folgenden, mühsamen Rechnungen nicht selber durchzuführen, sondern nur die Ergebnisse in den Gln. (5) und (6) kurz anzuschauen und danach den Text hinter Gl. (6d) zu lesen.

Nach den Gln. (2a) und (3) gilt für **gerade n**:

$n = 0$: $\quad 2\, a_2 + \beta\, a_0 = 0 \qquad\qquad\qquad\qquad \Rightarrow \quad a_2 = -\dfrac{\beta}{2!}\, a_0$ $\tag{5a}$

$n = 2$: $\quad 3 \cdot 4\, a_4 - \alpha^2 a_0 + \beta\left(-\dfrac{\beta}{2!}\, a_0 \right) = 0 \qquad \Rightarrow \quad a_4 = \dfrac{\beta^2 + 2!\,\alpha^2}{4!}\, a_0$ $\tag{5b}$

$n = 4$: $\quad 30\, a_6 - \alpha^2\left(-\dfrac{\beta}{2!}\, a_0 \right) + \beta\, \dfrac{\beta^2 + 2!\,\alpha^2}{4!}\, a_0 = 0 \quad \Rightarrow \quad a_6 = -\dfrac{\beta^3 + \left(2! + \dfrac{4!}{2!} \right)\alpha^2 \beta}{6!}\, a_0$ $\tag{5c}$

$n = 6$: $\quad 7 \cdot 8\, a_8 - \alpha^2 a_4 + \beta\, a_6 = 0 \quad \Rightarrow \quad a_8 = \dfrac{\beta^4 + \left(2! + \dfrac{4!}{2!} + \dfrac{6!}{4!} \right)\alpha^2 \beta^2 + \dfrac{2!\,6!}{4!}\,\alpha^4}{8!}\, a_0$ $\tag{5d}$

usw. *Die Koeffizienten a_n mit geraden n sind proportional zu a_0* und haben wechselnde Vorzeichen. Nach Gln. (2b) und (3) gilt für **ungerade n**:

$n = 1$: $\quad 2 \cdot 3\, a_3 + \beta\, a_1 = 0 \qquad\qquad\qquad\qquad \Rightarrow \quad a_3 = -\dfrac{\beta}{3!}\, a_1$ $\tag{6a}$

$n = 3$: $\quad 4 \cdot 5\, a_5 - \alpha^2 a_1 + \beta\left(-\dfrac{\beta}{3!}\, a_1 \right) = 0 \qquad \Rightarrow \quad a_5 = \dfrac{\beta^2 + 3!\,\alpha^2}{5!}\, a_1$ $\tag{6b}$

$n = 5$: $\quad 6 \cdot 7\, a_7 - \alpha^2\left(-\dfrac{\beta}{3!}\, a_1 \right) + \beta\, \dfrac{\beta^2 + 3!\,\alpha^2}{5!}\, a_1 = 0 \quad \Rightarrow \quad a_7 = -\dfrac{\beta^3 + \left(3! + \dfrac{5!}{3!} \right)\alpha^2 \beta}{7!}\, a_1$ $\tag{6c}$

$n = 7$: $\quad 8 \cdot 9\, a_9 - \alpha^2 a_5 + \beta\, a_7 = 0 \quad \Rightarrow \quad a_9 = \dfrac{\beta^4 + \left(3! + \dfrac{5!}{3!} + \dfrac{7!}{5!} \right)\alpha^2 \beta^2 + \dfrac{3!\,7!}{5!}\,\alpha^4}{9!}\, a_1$ $\tag{6d}$

usw. *Die Koeffizienten a_n mit ungeraden n sind proportional zu a_1* und haben ebenfalls wechselnde Vorzeichen. Die Gln. (5) und (6) haben zwar eine Systematik, sind aber etwas verwickelt.

Wir müssen hier nicht weiter rechnen, da wir gezeigt haben, dass Rekursionsgln. mit drei Koeffizienten a_{n-2}, a_n, a_{n+2} zu komplizierten Rechnungen führen können. Die fehlenden Aufgaben –

Untersuchung der Normierbarkeit, Aufstellung einer Abbruchbedingung und die daraus folgende Quantisierung der Energie – sind nicht so einfach wie in Abschn. 6.1.

6–7 Zweite Darstellung der Hermite-Polynome

$$\left(u - \frac{d}{du}\right) g(u) = -\,e^{u^2/2}\,\frac{d}{du}\left[\,e^{-u^2/2}\,g(u)\right] \;\Rightarrow\; \left(u - \frac{d}{du}\right) e^{-u^2/2} = -\,e^{u^2/2}\,\frac{d}{du}\,e^{-u^2}$$

$$\Rightarrow \quad \left(u - \frac{d}{du}\right)^{2} e^{-u^2/2} = \left(u - \frac{d}{du}\right)\left(-\,e^{u^2/2}\,\frac{d}{du}\,e^{-u^2}\right) =$$

$$= (-1)^2\,e^{u^2/2}\,\frac{d^2}{du^2}\,e^{-u^2} \qquad \text{usw.}$$

6–8 Schwingendes Gaußsches Wellenpaket im harmonischen Oszillator

a) Nach Gl. (6.1–19) sind die Hermite-Funktionen $\psi_n(x)$ orthonormiert. Daraus folgt

$$c_n = (\alpha/\pi)^{1/4} \int\limits_{-\infty}^{\infty} e^{-\alpha(x-x_0)^2/2}\,\psi_n(x)\,dx \qquad \underset{\uparrow}{=}$$
$$\text{Gl. (6.1–17a)}$$

$$= (\alpha/\pi)^{1/2}\,\frac{1}{\sqrt{n!\,2^n}} \int\limits_{-\infty}^{\infty} e^{-\alpha(x-x_0)^2/2}\,e^{-\alpha x^2/2}\,H_n\!\left(\sqrt{\alpha}\,x\right) dx =$$

$$= (\alpha/\pi)^{1/2}\,\frac{1}{\sqrt{n!\,2^n}}\,e^{-\alpha x_0^2/4} \int\limits_{-\infty}^{\infty} e^{-\alpha(x-x_0/2)^2}\,H_n\!\left(\sqrt{\alpha}\,x\right) dx$$

Mit den Substitutionen $y := \sqrt{\alpha}\,x = \sqrt{m\omega/\hbar}\,x$ und $y_0 := \sqrt{\alpha}\,x_0$ finden wir

$$c_n = \frac{1}{\sqrt{\pi}}\,\frac{1}{\sqrt{n!\,2^n}}\,e^{-\alpha x_0^2/4} \int\limits_{-\infty}^{\infty} e^{-(y-y_0/2)^2}\,H_n(y)\,dy \qquad \underset{\uparrow}{=}$$
$$\text{Gl. (6.5–11)}$$

$$= \frac{1}{\sqrt{n!\,2^n}}\,e^{-\alpha x_0^2/4}\,\left(\sqrt{\alpha}\,x_0\right)^n$$

b) Die Eigenwertgl. des Absteigeoperators zum beliebigen Eigenwert λ lautet:

$$\hat{a}_-\,\psi_\lambda^-(x) = \sum_{n=0}^{\infty} b_n^-\,\hat{a}_-\,\psi_n(x) \quad \underset{\uparrow}{=} \quad \sum_{n=1}^{\infty} \sqrt{n}\,b_n^-\,\psi_{n-1}(x) =$$
$$\text{Gl.(6.2–12b)}$$

$$= \sum_{n=0}^{\infty} \sqrt{n+1}\,b_{n+1}^-\,\psi_n(x) \overset{!}{=} \lambda \sum_{n=0}^{\infty} b_n^-\,\psi_n(x) \tag{2}$$

Daraus folgt die Rekursionsgl.

$$b_{n+1}^- = \frac{\lambda}{\sqrt{n+1}}\,b_n^- = \frac{\lambda^{n+1}}{\sqrt{(n+1)!}}\,b_0^- \quad \Rightarrow \quad b_n^- = \frac{\lambda^n}{\sqrt{n!}}\,b_0^-$$

$$\Rightarrow \quad \psi_\lambda^-(x) = b_0^- \sum_{n=0}^{\infty} \frac{\lambda^n}{\sqrt{n!}}\,\psi_n(x) \qquad \text{mit}\ \ \lambda \in \mathbb{C}$$

Wir normieren die Funktion auf Eins:

$$1 \overset{!}{=} \langle \psi_{\overline{\lambda}}^-(x)|\psi_{\overline{\lambda}}^-(x)\rangle = |b_0^-|^2 \sum_{k,n=1}^{\infty} \frac{\lambda^{*k}\lambda^n}{\sqrt{k!\,n!}} \underbrace{\langle \psi_k|\psi_n\rangle}_{=\,\delta_{kn}} =$$

$$= |b_0^-|^2 \sum_{n=1}^{\infty} \frac{|\lambda|^{2n}}{n!} = |b_0^-|^2\, e^{|\lambda|^2}$$

Folglich lautet die normierte **Eigenfunktion des Absteigeoperators** zum Eigenwert λ

$$\psi_{\overline{\lambda}}^-(x) = e^{-|\lambda|^2/2} \sum_{n=0}^{\infty} \frac{\lambda^n}{\sqrt{n!}}\, \psi_n(x) \tag{3}$$

Der Absteigeoperator $\hat{a}_-$ hat alle komplexen Zahlen λ als Eigenwerte. Für $\lambda = 0$ erhalten wir den speziellen Zustand $\psi_0^-(x) = \psi_0(x)$.

Hinweis: Die Eigenfunktionen $\psi_{\overline{\lambda}}^-(x)$ stehen *nicht orthogonal* aufeinander:

$$\langle \psi_{\overline{\lambda}}^- | \psi_{\overline{\kappa}}^- \rangle = e^{-(|\lambda|^2+|\kappa|^2)/2} \sum_{n=0}^{\infty} \frac{\lambda^{*n}\kappa^n}{n!} =$$

$$= e^{-(|\lambda|^2+|\kappa|^2)/2 + \lambda^*\kappa} \neq \delta(\lambda - \kappa)$$

$$\Rightarrow \quad |\langle \psi_{\overline{\lambda}}^- | \psi_{\overline{\kappa}}^- \rangle|^2 = e^{-|\lambda|^2 - |\kappa|^2 + \lambda^*\kappa + \lambda\kappa^*} = e^{-|\lambda-\kappa|^2}$$

Das Skalarprodukt der Eigenfunktionen des Absteigeoperators ist immer ungleich null. *Da der Absteigeoperator nicht hermitesch ist, durften wir keine reellen Eigenwerte und keine Orthogonalität der Eigenfunktionen erwarten.* Die Eigenfunktionen $\psi_{\overline{\lambda}}^-(x)$ bilden aber eine vollständige Basis in $\mathcal{H}$. Das können wir hier nicht zeigen.

c) Der Aufsteigeoperator hat keine Eigenfunktion, da der Zustand $\psi_n(x)$ mit dem kleinsten Index n durch den Aufsteigeoperator beseitigt wird. Die Leiteroperatoren $\hat{a}_\pm$ haben also vollständig verschiedene Spektren: Der Absteigeoperator $\hat{a}_-$ hat sämtliche komplexen Zahlen λ als Eigenwerte; der Aufsteigeoperator $\hat{a}_+$ hat überhaupt keinen Eigenwert.

$$\textbf{d)} \quad \psi_{\overline{\lambda}}^-(x,t) = e^{-|\lambda|^2/2} \sum_{n=0}^{\infty} \frac{\lambda^n}{\sqrt{n!}}\, e^{-i\omega(n+0,5)t}\, \psi_n(x) =$$

$$= e^{-|\lambda|^2/2}\, e^{-i\omega t/2} \cdot \sum_{n=0}^{\infty} \frac{1}{\sqrt{n!}} \left[\lambda\, e^{-i\omega t}\right]^n \psi_n(x)$$

Der Faktor $\exp(-i\omega t/2)$ ist ohne Bedeutung. Der Vergleich mit Gl. (3) zeigt: $\psi_{\overline{\lambda}}^-(x,t)$ ist eine Eigenfunktion des Absteigeoperators zum *zeitabhängigen Eigenwert* $\lambda_t := \lambda \exp(-i\omega t)$.

Für $\lambda = \sqrt{\alpha/2}\, x_0$ stimmt $\psi_{\overline{\lambda}}^-(x,t)$ mit dem schwingenden Gaußpaket $\psi(x,t)$ in Gl. (6.3–5) überein.

$$\textbf{e)} \quad \langle \psi_{\overline{\lambda}}^- | \hat{X} | \psi_{\overline{\lambda}}^- \rangle \underset{\substack{\uparrow \\ \text{Gl.(6.2–5a)}}}{=} \sqrt{\frac{\hbar}{2m\omega}}\, \langle \psi_{\overline{\lambda}}^- | \hat{a}_+ + \hat{a}_- | \psi_{\overline{\lambda}}^- \rangle =$$

$$= \sqrt{\frac{\hbar}{2m\omega}} \left[\langle \hat{a}_-\,\psi_{\overline{\lambda}}^- | \psi_{\overline{\lambda}}^- \rangle + \langle \psi_{\overline{\lambda}}^- | \hat{a}_-\,\psi_{\overline{\lambda}}^- \rangle\right] = \sqrt{\frac{\hbar}{2m\omega}}\, (\lambda_t^* + \lambda_t)$$

Weiter $\langle \psi_\lambda^- | \hat{X}^2 | \psi_\lambda^- \rangle \underset{\substack{\uparrow \\ \text{Gl.}(6.2-5a)}}{=} \dfrac{\hbar}{2m\omega} \langle \psi_\lambda^- | \hat{a}_+^2 + \hat{a}_-^2 + \hat{a}_+ \hat{a}_- + \hat{a}_- \hat{a}_+ | \psi_\lambda^- \rangle \underset{\substack{\uparrow \\ \hat{a}_-\hat{a}_+ = \hat{1} + \hat{a}_+\hat{a}_-}}{=}$

$$= \dfrac{\hbar}{2m\omega} \langle \psi_\lambda^- | \hat{a}_+^2 + \hat{a}_-^2 + 2\,\hat{a}_+\hat{a}_- + \hat{1} | \psi_\lambda^- \rangle$$

$$= \dfrac{\hbar}{2m\omega} \left[(\lambda_t^*)^2 + (\lambda_t)^2 + 2\lambda_t^* \lambda_t + 1 \right] = \dfrac{\hbar}{2m\omega} \left[1 + (\lambda_t^* + \lambda_t)^2 \right]$$

$$\Rightarrow \quad (\Delta x)^2 \underset{\substack{\uparrow \\ \text{Gl.}\,(4.2-15)}}{=} \dfrac{\hbar}{2m\omega} \tag{4}$$

In gleicher Weise berechnet man mit den Gln. (6.2–5b)

$$(\Delta p)^2 = \dfrac{\hbar m\omega}{2} \qquad \Rightarrow \qquad \Delta x\, \Delta p = \dfrac{\hbar}{2} \tag{5}$$

6–9 Orts- und Impulsoperator in Matrixdarstellung

Mit $\quad \hat{X} = \sqrt{\dfrac{\hbar}{2m\omega}} (\hat{a}_+ + \hat{a}_-) \qquad\qquad \hat{P} = i\sqrt{\dfrac{\hbar m\omega}{2}} (\hat{a}_+ - \hat{a}_-) \qquad$ (6.2–5a/b)

und $\quad \hat{a}_+\, \psi_n(x) = \sqrt{n+1}\; \psi_{n+1}(x) \qquad\qquad \hat{a}_-\, \psi_n(x) = \sqrt{n}\; \psi_{n-1}(x) \qquad$ (6.2–12a/b)

ist die Lösung des Problems nicht allzu schwer:

$$\langle \psi_n | \hat{X} | \psi_m \rangle = \sqrt{\dfrac{\hbar}{2m\omega}}\; \langle \psi_n | \hat{a}_+ + \hat{a}_- | \psi_m \rangle = \sqrt{\dfrac{\hbar}{2m\omega}}\; \left(\sqrt{m+1}\; \delta_{n\,m+1} + \sqrt{m}\; \delta_{n\,m-1} \right)$$

$$\Rightarrow \quad \hat{X} = \sqrt{\dfrac{\hbar}{2m\omega}} \begin{pmatrix} 0 & \sqrt{1} & 0 & 0 & \cdots \\ \sqrt{1} & 0 & \sqrt{2} & 0 & \cdots \\ 0 & \sqrt{2} & 0 & \sqrt{3} & \cdots \\ 0 & 0 & \sqrt{3} & 0 & \cdots \\ \vdots & \vdots & \vdots & \vdots & \ddots \end{pmatrix} \tag{1}$$

Die Matrix $\hat{X}$ hat abzählbar unendlich viele Zeilen und Spalten. Sie ist reell, symmetrisch und daher nach Abschn. „7.2 Die Operatoren der Quantenmechanik" hermitesch.

In gleicher Weise berechnet man den Impulsoperator in Matrixdarstellung:

$$\langle \psi_n | \hat{P} | \psi_m \rangle = i\sqrt{\dfrac{\hbar m\omega}{2}}\; \langle \psi_n | \hat{a}_+ - \hat{a}_- | \psi_m \rangle = i\sqrt{\dfrac{\hbar m\omega}{2}}\; \left(\sqrt{m+1}\; \delta_{n\,m+1} - \sqrt{m}\; \delta_{n\,m-1} \right)$$

$$\Rightarrow \quad \hat{P} = i\sqrt{\dfrac{\hbar m\omega}{2}} \begin{pmatrix} 0 & -\sqrt{1} & 0 & 0 & \cdots \\ \sqrt{1} & 0 & -\sqrt{2} & 0 & \cdots \\ 0 & \sqrt{2} & 0 & -\sqrt{3} & \cdots \\ 0 & 0 & \sqrt{3} & 0 & \cdots \\ \vdots & \vdots & \vdots & \vdots & \ddots \end{pmatrix} \tag{2}$$

Wie erwartet lautet der Kommutator von Orts- und Impulsmatrix

$$\left[\hat{P}, \hat{X} \right] = -i\,\hbar\,\hat{1} \qquad \text{mit} \qquad \hat{1} = \text{abzählbar unendlich dimensionale Einheitsmatrix}$$

Die abzählbar unendlich dimensionale Matrix $\hat{P}$ ist imaginär, antisymmetrisch und daher nach Abschnitt 7.2 hermitesch.

1925 hat Heisenberg seine Matrizenmechanik mit solchen Matrizen aufgestellt. Schrödinger bewies dann als erster die Gleichwertigkeit der Matrizenmechanik mit der Schrödingerschen Wellenmechanik.

6–10 Schwingung im Clorwasserstoff HCl

^{35}Cl – Atome sind 35mal schwerer als H-Atome, so dass wir die Chloratome in der Schwingung in guter Näherung als ruhend ansehen können. Mit der Protonmasse $m_P \approx 1{,}673 \cdot 10^{-27}$ kg folgt

$$\omega = \sqrt{\frac{516{,}3\,\text{N/m}}{1{,}67 \cdot 10^{-27}\,\text{kg}}} \approx 5{,}56 \cdot 10^{14}\,\frac{1}{\text{s}}$$

Daher ist der Abstand benachbarter Energieniveaus $\Delta E = \hbar\,\omega \approx 5{,}86 \cdot 10^{-20}$ J $\approx 0{,}37$ eV . Dies entspricht einer Energie von $35{,}3\,\text{kJ/mol}$ und ist chemisch durchaus bedeutsam. Beim Übergang von einem Energieniveau auf das darunter liegende Niveau wird ein Photon abgestrahlt mit der Wellenlänge $\lambda \approx 3{,}39\,\mu\text{m}$ (**Mittleres Infrarot**).

6–11 Numerische Lösung der zeitunabhängigen Schrödinger-Gl.

a) Die zeitunabhängige Schrödinger-Gl. ist – wie die Bewegungsgl. der klassischen Mechanik – eine gewöhnliche Dgl. zweiter Ordnung. In der klassischen Mechanik werden die Anfangsbedingungen $x(t_0)$ und $\dot{x}(t_0)$ benötigt. Folglich *erfordert die Lösung einer zeitunabhängigen Schrödinger-Gl. die Anfangsbedingungen* $\psi(x_0)$ *und* $\psi'(x_0)$. Allerdings tritt beim harmonischen Oszillator ein Sonderfall auf: *Nur* eine *Anfangsbedingung ist frei wählbar.* Denn der Potenzreihenansatz (6.1–10) zeigt, dass die Lösungen nur dann normierbar sein können,

- wenn entweder der Koeffizient $a_0 = 0$ ist. Dann verschwinden nach der Rekursionsgl. (6.1–11) alle geraden Koeffizienten $a_{2n} = 0$ und die Lösung ist ungerade.
- oder wenn der Koeffizient $a_1 = 0$ ist. Dann verschwinden nach der Rekursionsgl. (6.1–11) alle ungeraden Koeffizienten $a_{2n+1} = 0$ und die Lösung ist gerade.

Laut Abschn. 5.6 ist für symmetrische Potentiale $V(x) = V(-x)$ die Wellenfunktion des Grundzustandes gerade und die angeregten Zustände sind abwechselnd gerade und ungerade. Eine gerade oder ungerade Funktion lässt sich bei der numerischen Integration am einfachsten erreichen, indem man die Anfangsbedingungen bei $x = 0$ angibt:

- Die Anfangsbedingungen $\psi(0) \neq 0$ und $\psi'(0) = 0$ liefern gerade Lösungen.
- Die Anfangsbedingungen $\psi(0) = 0$ und $\psi'(0) \neq 0$ liefern ungerade Lösungen.

In Abb. 1 sind die zwei Kurven in der mittleren Spalte augenscheinlich normierbar. Wahrscheinlich laufen die vier anderen Kurven (in der ersten und dritten Spalte) für $x \to +\infty$ gegen $\pm\infty$ und sind daher wohl nicht normierbar.

Die Betrachtung der Kurven liefert natürlich nur einen Hinweis, aber keinen Beweis der Normierbarkeit oder Nichtnormierbarkeit.

b) Das sog. **Shooting-Verfahren** ist eine, sehr einfache, aber wenig effiziente numerische Lösungsmethode: Man errät die Energie oder bestimmt die Energie näherungsweise mit der Störungsrechnung (siehe Kapitel 14). Für diese Energie wird die Schrödinger-Gl. numerisch gelöst. Anschließend wird die Energie solange geändert, bis die numerische Lösung normierbar aussieht.

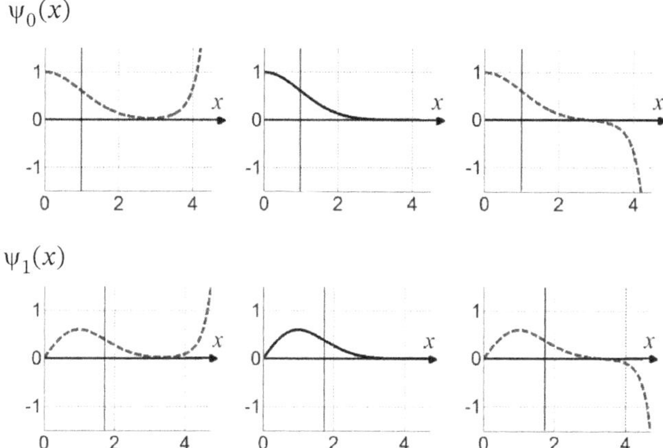

Abb. 1 Der Grundzustand $\psi_0(x)$ (obere Reihe) und der erste angeregte Zustand $\psi_1(x)$ (untere Reihe) des harmonischen Oszillators wurden numerisch berechnet für die Parameter $m = \omega = \hbar = 1$. Die Schrödinger-Gl. $-\psi''(x) + x^2\,\psi(x) = 2E\,\psi(x)$ wurde mit MatLab gelöst für die Energien und Anfangsbedingungen

$E = 0{,}499 \quad E = 0{,}500 \quad E = 0{,}501 \quad \psi(0) = 1 \quad \psi'(0) = 0$ (Obere Reihe von links nach rechts)

$E = 1{,}499 \quad E = 1{,}500 \quad E = 1{,}501 \quad \psi(0) = 0 \quad \psi'(0) = 1$ (Untere Reihe von links nach rechts)

Vermutlich sind nur die Lösungen in der mittleren Spalte normierbar.

Wir haben die zeitunabhängigen Schrödinger-Gln. des harmonischen Oszillators, des endlich tiefen Potentialtopfes und des Potentialtrichters in Abb. 6.5–4 numerisch mit dem MatLab-Verfahren ode45 und mit dem Numerov-Algorithmus berechnet. Wegen $V(x) = V(-x)$ haben die drei Systeme abwechselnd gerade und ungerade Lösungen $\psi_n(x)$.

Beide numerischen Methoden liefern fast identische Ergebnisse; allerdings ist der Numerov-Algorithmus, der speziell für Dgln. $\psi''(x) + A(x)\,\psi(x) = 0$ des Schrödinger-Typs entwickelt wurde, mindestens zehnmal schneller als das Runge-Kutta-Verfahren von 4/5-ter Ordnung. In allen drei Fällen sind die numerischen Lösungen für nicht zu große $|x|$ deckungsgleich mit den analytischen Lösungen. Aber für größere $|x|$ – hier also tief in den Tunnelbereichen mit $E < V(x)$ – sind die numerischen Lösungen instabil und gehen für wachsende $|x|$ schnell nach $\pm\infty$.

Beachte, dass die diskreten Energien gebundener Zustände extrem genau bestimmt werden müssen. Je genauer die diskreten Energien berechnet werden, desto größer ist der Bereich auf der x-Achse, der noch keine Divergenz der numerisch berechneten Wellenfunktionen aufweist.

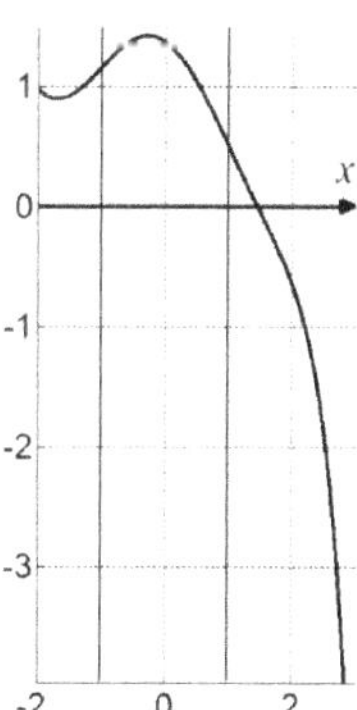

Abb. 2 Beim harmonischen Oszillator liefern die Anfangsbedingungen

$\psi(x = -2) = 1 \quad \psi'(x = -2) = -0{,}7$

für $E = 0{,}5$ eine Funktion, die weder gerade noch ungerade ist. Sie ist wohl nicht normierbar ist.

Lösungen: 7 Die mathematische Struktur

7-1 Unitäre Operatoren und Symmetrietransformationen

a)
$$\hat{U} = e^{i\alpha\hat{A}} = \sum_{k=0}^{\infty} \frac{1}{k!}(i\alpha\hat{A})^k \tag{1}$$

$$\Rightarrow \quad \hat{U}^\dagger = \left[e^{i\alpha\hat{A}}\right]^\dagger \underset{\underset{\text{Gl. (7.2–2d)}}{\uparrow}}{=} \sum_{k=0}^{\infty} \frac{1}{k!}(-i\alpha\hat{A}^\dagger)^k \underset{\underset{\hat{A}=\hat{A}^\dagger}{\uparrow}}{=} e^{-i\alpha\hat{A}} \neq \hat{U}$$

Nach Gl. (3.6–3) in Aufgabe 3–3 gilt:

$$e^{i\alpha\hat{A}}\, e^{-i\alpha\hat{A}} = e^{i\alpha(\hat{A}-\hat{A})} = \hat{1} \quad \Rightarrow \quad \hat{U}\hat{U}^\dagger = \hat{1} \quad \Rightarrow \quad \hat{U}^\dagger = \hat{U}^{-1}.$$

b)
$$\hat{U}\hat{H}\hat{U}^\dagger = \hat{H} \quad \Leftrightarrow \quad \hat{U}\hat{H}\hat{U}^\dagger\hat{U} = \hat{U}\hat{H} = \hat{H}\hat{U} \quad \Leftrightarrow \quad \left[\hat{U},\hat{H}\right] = 0$$

$$\Leftrightarrow \quad \left[e^{i\alpha\hat{A}},\hat{H}\right] = \sum_{n=0}^{\infty} \frac{1}{n!}(i\alpha)^n \left[\hat{A}^n,\hat{H}\right] = 0 \qquad \forall\,\alpha\in\mathbb{R}$$

$$\Leftrightarrow \quad \left[\hat{A}^n,\hat{H}\right] = 0 \quad \forall\,n\in\mathbb{N} \quad \Leftrightarrow \quad \left[\hat{A},\hat{H}\right] = 0$$

Denn mit der Produktregel (3.3–19) folgt aus $[\hat{A},\hat{H}] = 0$ sofort $[\hat{A}^n,\hat{H}] = 0 \ \ \forall\,n$.

----

c) Wir beweisen zuerst „**1** $\Rightarrow$ **2** $\Rightarrow$ **3**": Die Gl. $\hat{U}^\dagger = \hat{U}^{-1}$ führt auf

$$\langle\psi\,|\,\varphi\rangle = \langle\psi\,|\,\hat{U}^\dagger\hat{U}\,|\,\varphi\rangle = \langle\hat{U}\psi\,|\,\hat{U}\varphi\rangle \quad \text{für alle } |\psi\rangle, |\varphi\rangle \tag{2}$$

$$\Rightarrow \quad \langle\psi\,|\,\psi\rangle = \langle\psi\,|\,\hat{U}^\dagger\hat{U}\,|\,\psi\rangle = \langle\hat{U}\psi\,|\,\hat{U}\psi\rangle \quad \text{für alle } |\psi\rangle \qquad\qquad \blacksquare$$

Wir beweisen „**2** $\Rightarrow$ **1**": Wir zeigen, dass aus Gl. (2) die Formel $\hat{U}^\dagger = \hat{U}^{-1}$ folgt. Dazu entwickeln wir die Funktionen $|\psi\rangle, |\varphi\rangle$ nach orthonormierten Basisfunktionen $|m\rangle$:

$$|\psi\rangle = \sum_m a_m |m\rangle \qquad |\varphi\rangle = \sum_n b_n |n\rangle$$

$$\Rightarrow \quad \langle\psi\,|\,\varphi\rangle = \sum_m a_m^* b_m \tag{3a}$$

und
$$\langle\psi\,|\,\hat{U}^\dagger\hat{U}\,|\,\varphi\rangle = \sum_{k,l} \langle\psi\,|\,k\rangle \langle k\,|\,\hat{U}^\dagger\hat{U}\,|\,l\rangle \langle l\,|\,\varphi\rangle =$$

$$= \sum_{k,l}\sum_{m,n} a_m^* b_n \underbrace{\langle m\,|\,k\rangle}_{=\,\delta_{mk}} (\hat{U}^\dagger\hat{U})_{kl} \underbrace{\langle l\,|\,n\rangle}_{=\,\delta_{ln}} = \sum_{k,l} a_k^* b_l (\hat{U}^\dagger\hat{U})_{kl} \tag{3b}$$

Zusammen liefern die Gln. (2/3a/3b)

$$\langle\psi\,|\,\varphi\rangle = \sum_m a_m^* b_m = \sum_{k,l} a_k^* (\hat{U}^\dagger\hat{U})_{kl}\, b_l \tag{4}$$

Wir setzen die geeignet gewählten Koeffizienten $a_m = \delta_{\alpha m}$ und $b_m = \delta_{\beta m}$ in Gl. (4) ein:

$$\langle \psi | \varphi \rangle = \delta_{\alpha \beta} = \left(\hat{U}^\dagger \hat{U} \right)_{\alpha \beta} \quad \Rightarrow \quad \hat{U}^\dagger \hat{U} = \hat{1} \quad \Rightarrow \quad \hat{U}^\dagger = \hat{U}^{-1} \qquad \blacksquare \quad (5)$$

Wir beweisen „**3 $\Rightarrow$ 2**": Im Folgenden ist λ eine beliebige, komplexe Zahl. Dann gilt:

$$\langle \psi + \lambda \varphi | \psi + \lambda \varphi \rangle = \langle \psi | \psi \rangle + |\lambda|^2 \langle \varphi | \varphi \rangle + 2 \operatorname{Re}(\lambda \langle \psi | \varphi \rangle) \quad \underset{\underset{\text{Voraussetzung 3}}{\uparrow}}{=}$$

$$= \langle \hat{U}(\psi + \lambda \varphi) | \hat{U}(\psi + \lambda \varphi) \rangle = \underbrace{\langle \hat{U} \psi | \hat{U} \psi \rangle}_{= \langle \psi | \psi \rangle} + |\lambda|^2 \underbrace{\langle \hat{U} \varphi | \hat{U} \varphi \rangle}_{= \langle \varphi | \varphi \rangle} + 2 \operatorname{Re}(\lambda \langle \hat{U} \psi | \hat{U} \varphi \rangle)$$

$$\Rightarrow \quad \operatorname{Re}(\lambda \langle \psi | \varphi \rangle) = \operatorname{Re}(\lambda \langle \hat{U} \psi | \hat{U} \varphi \rangle) \quad \text{für} \quad \forall \lambda \in \mathbb{C}$$

Für $\lambda = 1$ bzw. für $\lambda = i$ folgt die Gleichheit der Realteile bzw. der Imaginärteile von $\langle \psi | \varphi \rangle$ und $\langle \hat{U} \psi | \hat{U} \varphi \rangle$. Daraus folgt: $\langle \hat{U} \psi | \hat{U} \varphi \rangle = \langle \psi | \varphi \rangle$ für $\forall | \psi \rangle, | \varphi \rangle$. $\qquad \blacksquare$

----

d) Auch Matrixelemente sind – wie Skalarprodukte – invariant unter unitären Transformationen; denn es gilt:

$$\langle \underline{\psi} | \underline{\hat{B}} | \underline{\varphi} \rangle = \langle \hat{U} \psi | \hat{U} \hat{B} \hat{U}^\dagger | \hat{U} \varphi \rangle = \langle \psi | \hat{U}^\dagger \hat{U} \, \hat{B} \, \hat{U}^\dagger \hat{U} | \varphi \rangle = \langle \psi | \hat{B} | \varphi \rangle$$

Die Eigenwertgln. mögen $\hat{B} | \psi_n \rangle = b_n | \psi_n \rangle$ lauten. Dann ändern sich die Eigenwerte nicht:

$$\underline{\hat{B}} | \underline{\psi}_n \rangle = \hat{U} \hat{B} \hat{U}^\dagger | \hat{U} \psi_n \rangle = \hat{U} \hat{B} | \psi_n \rangle = b_n \, \hat{U} | \psi_n \rangle = b_n | \underline{\psi}_n \rangle$$

Der Kommutator der beiden Operatoren $\hat{B}, \hat{C}$ soll $[\hat{B}, \hat{C}] =: \hat{D}$ lauten. Daraus folgt:

$$\left[\underline{\hat{B}}, \underline{\hat{C}} \right] = \underline{\hat{B}} \, \underline{\hat{C}} - \underline{\hat{C}} \, \underline{\hat{B}} = \hat{U} \hat{B} \hat{U}^\dagger \hat{U} \hat{C} \hat{U}^\dagger - \hat{U} \hat{C} \hat{U}^\dagger \hat{U} \hat{B} \hat{U}^\dagger =$$

$$= \hat{U} \hat{B} \hat{C} \hat{U}^\dagger - \hat{U} \hat{C} \hat{B} \hat{U}^\dagger = \hat{U} [\hat{B}, \hat{C}] \hat{U}^\dagger = \hat{U} \hat{D} \hat{U}^\dagger = \underline{\hat{D}} \tag{6}$$

e) Die Eigenfunktionen $| \psi_n \rangle$ in den Eigenwertgln $\hat{U} | \psi_n \rangle = u_n | \psi_n \rangle$ sollen normiert sein. (Ihre Orthogonalität ist noch zu beweisen.)

$$\Rightarrow \quad \langle \psi_k | \psi_n \rangle = \langle \psi_k | \hat{U}^\dagger \hat{U} | \psi_n \rangle = \langle \hat{U} \psi_k | \hat{U} | \psi_n \rangle = u_k^* u_n \langle \psi_k | \psi_n \rangle \tag{7}$$

Für $k = n$ ergibt sich $u_n^* u_n = |u_n|^2 = 1$. Die Eigenwerte u_n haben also den Betrag Eins.

Für $k \neq n$ seien die Eigenwerte u_k und u_n verschieden: $u_k = e^{i \alpha_k}$ und $u_n = e^{i \alpha_n}$ mit $\alpha_k - \alpha_n \neq 2 \pi m$ mit $m \in \mathbb{Z}$. Dann folgt:

$$u_k^* u_n = e^{i(\alpha_n - \alpha_k)} \neq 1 \quad \Rightarrow \quad \langle \psi_k | \psi_n \rangle \underset{\underset{\text{Gl. (7)}}{\uparrow}}{=} 0 \quad \text{für} \quad k \neq n$$

f) Behauptung: $\hat{U} := \sum_k | \underline{\psi}_k \rangle \langle \psi_k |$ transformiert von $\{ | \psi_n \rangle \}$ zur neuen Basis $\{ | \underline{\psi}_n \rangle \}$.

Beweis: $\hat{U} | \psi_n \rangle = \sum_k | \underline{\psi}_k \rangle \langle \psi_k | \psi_n \rangle = | \underline{\psi}_n \rangle \quad \forall n \qquad \blacksquare$

Behauptung: Der Operator $\hat{U} := \sum_k | \underline{\psi}_k \rangle \langle \psi_k |$ ist unitär.

Beweis: $\hat{U}^{\dagger}\hat{U} = \sum_{k,l}\left(|\psi_k\rangle\langle\psi_k|\right)^{\dagger}|\underline{\psi}_l\rangle\langle\psi_l| = \sum_{k,l}|\psi_k\rangle\langle\underline{\psi}_k||\underline{\psi}_l\rangle\langle\psi_l| = \sum_k|\psi_k\rangle\langle\psi_k| = \hat{1}$

7–2 Schrödinger-Bild und Heisenberg-Bild

a) Nach Aufgabe 3–2 ist die Norm der Wellenfunktionen zeitunabhängig. *Wegen dieser Normerhaltung ist der Zeitentwicklungsoperator* $\hat{U}(t)$ *nach Aufgabe 7–1c unitär:*

$$\hat{U}^{\dagger}(t) = \hat{U}^{-1}(t) \tag{1}$$

b) Nach Gl. (7.5–4c) gilt:

$$\langle\psi(\mathbf{r},t)|\hat{A}_{\mathrm{S}}(t)|\psi(\mathbf{r},t)\rangle = \langle\hat{U}(t)\,\psi(\mathbf{r},0)|\hat{A}_{\mathrm{S}}(t)|\hat{U}(t)\,\psi(\mathbf{r},0)\rangle =$$

$$= \langle\psi(\mathbf{r},0)|\hat{U}^{\dagger}(t)\,\hat{A}_{\mathrm{S}}(t)\,\hat{U}(t)|\psi(\mathbf{r},0)\rangle \tag{2}$$

In der letzten Gl. wurde die Zeitentwicklung von der Wellenfunktion ψ auf den (evtl. explizit zeitabhängigen) Operator $\hat{A}_{\mathrm{S}}(t)$ übertragen. Der Operator lautet daher im Heisenberg-Bild

$$\hat{A}_{\mathrm{H}}(t) = \hat{U}^{\dagger}(t)\,\hat{A}_{\mathrm{S}}(t)\,\hat{U}(t) \tag{3}$$

Explizit zeitunabhängige Hamiltonoperatoren und explizit zeitabhängige Hamiltonoperatoren, die für verschiedene Zeiten vertauschen (für die also $[\hat{H}(t_1),\hat{H}(t_2)]=0$ gilt für $\forall t_1,t_2$), sind nach den Gln. (3) und (7.5–4a/b) im Schrödinger- und im Heisenberg-Bild gleich: $\hat{H}_{\mathrm{H}}=\hat{H}_{\mathrm{S}}$; hier müssen wir den Index H oder S nicht mitschreiben. Ein explizit *zeitunabhängiger* Hamiltonoperator ist auch im Heisenberg-Bild zeit*un*abhängig.

c) Wir setzen die Gl. $\psi(\mathbf{r},t)=\hat{U}(t)\,\psi(\mathbf{r},0)$ in die zeitabhängige Schrödinger-Gl. ein und erhalten:

$$i\hbar\frac{\partial}{\partial t}\psi(\mathbf{r},t) = i\hbar\left(\frac{d\hat{U}(t)}{dt}\right)\psi(\mathbf{r},0) = \hat{H}_{\mathrm{S}}(t)\,\psi(\mathbf{r},t) = \hat{H}_{\mathrm{S}}(t)\,\hat{U}(t)\,\psi(\mathbf{r},0)$$

$$\Rightarrow \quad \frac{d\hat{U}}{dt} = \frac{1}{i\hbar}\hat{H}_{\mathrm{S}}\,\hat{U} \quad\text{und}\quad \frac{d\hat{U}^{\dagger}}{dt} = \frac{i}{\hbar}\left(\hat{H}_{\mathrm{S}}\,\hat{U}\right)^{\dagger} \underset{\underset{\text{Gl. (7.2–2b)}}{\uparrow}}{=} \frac{i}{\hbar}\hat{U}^{\dagger}\hat{H}_{\mathrm{S}} \tag{4a/b}$$

$$\Rightarrow \quad \frac{d}{dt}\hat{A}_{\mathrm{H}}(t) \underset{\underset{\text{Gl. (3)}}{\uparrow}}{=} \frac{d\hat{U}^{\dagger}}{dt}\hat{A}_{\mathrm{S}}(t)\,\hat{U} + \hat{U}^{\dagger}\left(\frac{\partial\hat{A}_{\mathrm{S}}(t)}{\partial t}\right)\hat{U} + \hat{U}^{\dagger}\hat{A}_{\mathrm{S}}(t)\frac{d\hat{U}}{dt} \underset{\underset{\text{Gln. (4a/b)}}{\uparrow}}{=}$$

$$= \frac{i}{\hbar}\left[\hat{U}^{\dagger}\hat{H}_{\mathrm{S}}(t)\,\hat{A}_{\mathrm{S}}(t)\,\hat{U} - \hat{U}^{\dagger}\hat{A}_{\mathrm{S}}(t)\,\hat{H}_{\mathrm{S}}(t)\,\hat{U}\right] + \hat{U}^{\dagger}\left(\frac{\partial\hat{A}_{\mathrm{S}}(t)}{\partial t}\right)\hat{U}$$

Wir schieben zweimal den Einheitsoperator $\hat{1}=\hat{U}\hat{U}^{\dagger}$ ein und erhalten

$$\frac{d}{dt}\hat{A}_{\mathrm{H}}(t) = \frac{i}{\hbar}\left[\hat{U}^{\dagger}\hat{H}_{\mathrm{S}}(t)\,\hat{U}\hat{U}^{\dagger}\hat{A}_{\mathrm{S}}(t)\,\hat{U} - \hat{U}^{\dagger}\hat{A}_{\mathrm{S}}(t)\,\hat{U}\hat{U}^{\dagger}\hat{H}_{\mathrm{S}}(t)\,\hat{U}\right] + \hat{U}^{\dagger}\left(\frac{\partial\hat{A}_{\mathrm{S}}(t)}{\partial t}\right)\hat{U} =$$

$$= \frac{i}{\hbar}\left[\hat{H}_{\mathrm{H}}(t),\hat{A}_{\mathrm{H}}(t)\right] + \left(\frac{\partial\hat{A}_{\mathrm{S}}(t)}{\partial t}\right)_{\mathrm{H}}$$

mit $\quad \left(\dfrac{\partial\hat{A}_{\mathrm{S}}(t)}{\partial t}\right)_{\mathrm{H}} := \hat{U}^{\dagger}(t)\left(\dfrac{\partial\hat{A}_{\mathrm{S}}(t)}{\partial t}\right)\hat{U}(t) \tag{5}$

$$\Rightarrow \qquad \frac{d\hat{A}_{\mathrm{H}}(t)}{dt} = \frac{1}{i\hbar}\left[\hat{A}_{\mathrm{H}}(t), \hat{H}(t)\right] + \left(\frac{\partial\hat{A}_{\mathrm{S}}(t)}{\partial t}\right)_{\mathrm{H}} \tag{6}$$

Die Dgl. (6) für $\hat{A}_{\mathrm{H}}(t)$ heißt **Heisenbergsche Bewegungsgl.** Sie ist eine Bewegungsgl. für die Operatoren und *beschreibt* – anstelle der Schrödinger-Gl. – *die zeitliche Entwicklung des Systems*. Die Anfangsbedingung lautet $A_{\mathrm{H}}(0) = A_{\mathrm{S}}(0)$.

Da im Heisenberg-Bild nur die Observablen $\hat{A}_{\mathrm{H}}(t)$ und nicht die Wellenfunktionen von der Zeit abhängen, ist die *Heisenbergsche Bewegungsgl.* (6) *äquivalent zum Ehrenfestschen Theorem*

$$i\hbar\frac{d}{dt}\left\langle \hat{A}(t)\right\rangle = \left\langle\left[\hat{A},\hat{H}\right]\right\rangle + i\hbar\left\langle\frac{\partial}{\partial t}\hat{A}(t)\right\rangle \tag{7.3-1}$$

d) Wenn der Operator $\hat{A}_{\mathrm{S}}$ im Schrödinger-Bild nicht zeitabhängig ist, dann verschwindet die partielle Zeitableitung $(\partial\hat{A}_{\mathrm{S}}(t)/\partial t)_{\mathrm{H}}$ nach Gl. (5). Demnach stellen wir fest:

Laut Definition in Abschn. „7.3 Das Ehrenfestsche Theorem" sind Erhaltungsgrößen Operatoren, die nicht explizit von der Zeit abhängen und mit $\hat{H}$ vertauschen. Nach Gl. (6) sind Erhaltungsgrößen *im Heisenberg-Bild konstant*. Auch ihre Erwartungswerte sind konstant.

Daraus folgen die Erhaltungssätze für Impuls, Drehimpuls und Energie.

Impulserhaltungssatz: Für Systeme mit konstanten Potentialen $V(\mathbf{r}) = V_0$ gilt

$$\frac{1}{i\hbar}\left[\hat{\mathbf{P}},\hat{H}\right] = -\nabla V(\mathbf{r}) = 0$$

Für Systeme mit konstanten Potentialen, also für translationsinvariante Systeme ist der Impulsoperator $\hat{\mathbf{P}}_{\mathrm{H}}$ auch im Heisenberg-Bild konstant. Dann ist auch der Erwartungswert des Impulses konstant.

Im Schrödinger-Bild sind Impuls- und Drehimpulsoperator ohnehin zeitunabhängig.

Drehimpulserhaltungssatz: Für Systeme mit kugelsymmetrischen Potentialen $V(r)$ gilt

$$\left[\hat{L}_k,\hat{H}\right] \underset{\substack{\uparrow \\ \text{Gl. }(3.3-27)}}{=} \left[\hat{L}_k,V(r)\right] \underset{\substack{\uparrow \\ \text{Gl. }(3.3-26)}}{=} 0$$

Für Systeme mit kugelsymmetrischen Potentialen $V(r)$ ist der Drehimpulsoperator $\hat{\mathbf{L}}_{\mathrm{H}}$ auch im Heisenberg-Bild konstant. Dann ist auch der Erwartungswert des Drehimpulsoperators konstant.

Der tiefschürfende Zusammenhang zwischen Symmetrien und Erhaltungsgrößen wird Noether-Theorem genannt und oft schon in der klassischen Mechanik allgemein behandelt (siehe [Kuypers], Abschn. 7.3).

Energieerhaltungssatz: Hier folgt sofort:

Für Systeme mit zeitunabhängigen Potentialen $V = V(\mathbf{r})$ ist der Hamiltonoperator $\hat{H}_{\mathrm{H}}$ auch im Heisenberg-Bild konstant und es gilt $\hat{H}_{\mathrm{H}} = \hat{H}_{\mathrm{S}}$.

7–3 Spektraldarstellung von Operatoren

a) Wir multiplizieren $\hat{B}$ von rechts und links mit dem Einheitsoperator $\hat{1} = \sum_n |n\rangle\langle n|$:

$$\hat{B} = \left(\sum_m |a_m\rangle\langle a_m| \right) \hat{B} \left(\sum_n |a_n\rangle\langle a_n| \right) = \sum_{m,n} b_{mn} |a_m\rangle\langle a_n| \tag{1}$$

mit den **Matrixelementen** zwischen den Zuständen $|a_m\rangle$ und $|a_n\rangle$

$$b_{mn} = \langle a_m | \hat{B} | a_n\rangle \tag{2}$$

b) $\quad b^*_{mn} = \langle a_m | \hat{B} | a_n\rangle^* = \langle \hat{B}^\dagger a_m | a_n\rangle^* = \langle a_n | \hat{B}^\dagger | a_m\rangle = b^\dagger_{nm} \quad\Rightarrow\quad \hat{B}^\dagger = \left(\hat{B}^{\mathrm{T}}\right)^*$

Die adjungierte Matrix $\hat{B}^\dagger$ *ist die komplex konjugierte und transponierte Matrix von* $\hat{B}$. Daher ist eine Matrix $\hat{B}$ *genau dann hermitesch, wenn* $b_{nm} = b^*_{mn}$ *bzw. wenn* $\hat{B} = (\hat{B}^{\mathrm{T}})^*$ *gilt.*

Bei reellen Matrizen sind die Begriffe „hermitesch" und „symmetrisch" gleich. In der klassischen Mechanik sind die bekannten Trägheitstensoren $\hat{I}$ starrer Körper reelle, symmetrische Matrizen: $\hat{I}^{\mathrm{T}} = \hat{I}$. Sie sind hermitesch und haben reelle Eigenwerte – die sog. Hauptträgheitsmomente – und orthogonale Eigenvektoren – die sog. Hauptträgheitsachsen (siehe [Kuypers], Abschn. 12.2).

c) Wegen $\langle a_m | \hat{A} | a_n\rangle = a_n \delta_{mn}$ folgt aus den Gln. (1/2)

$$\hat{A} = \sum_n a_n |a_n\rangle\langle a_n| \tag{3}$$

d) Der Operator $\hat{A}$ ist in der Basis $|a_1\rangle = (1\ 0\ 0..)^{\mathrm{T}}$, $|a_2\rangle = (0\ 1\ 0\ )^{\mathrm{T}}$ ..... diagonal:

$$\hat{A} = \begin{pmatrix} a_1 & 0 & \cdots \\ 0 & a_2 & \cdots \\ \vdots & \vdots & \ddots \end{pmatrix}$$

e)
$$\hat{A} = \underbrace{\left(\sum_m \sum_{\alpha=1}^{g_m} |a_m,\alpha\rangle\langle a_m,\alpha| \right)}_{=\hat{1}} \hat{A} \underbrace{\left(\sum_n \sum_{\beta=1}^{g_n} |a_n,\beta\rangle\langle a_n,\beta| \right)}_{=\hat{1}} =$$

$$= \sum_{m,n} a_n \sum_{\alpha=1}^{g_m} \sum_{\beta=1}^{g_n} |a_m,\alpha\rangle \underbrace{\langle a_m,\alpha|a_n,\beta\rangle}_{\delta_{mn}\delta_{\alpha\beta}} \langle a_n,\beta| = \sum_m \sum_{\alpha=1}^{g_m} a_m |a_m,\alpha\rangle\langle a_m,\alpha| \tag{4}$$

7–4 Paritätsoperator

a) Wir beweisen die Gl. $\langle\psi|\hat{\Pi}|\varphi\rangle = \langle\hat{\Pi}\psi|\varphi\rangle$ in der Ortsdarstellung:

$$\langle\psi|\hat{\Pi}|\varphi\rangle = \int_{-\infty}^{\infty} \psi^*(x)\,\varphi(-x)\,dx \underset{\substack{\uparrow \\ \tilde{x}:=-x}}{=} -\int_{\infty}^{-\infty} \psi^*(-\tilde{x})\,\varphi(\tilde{x})\,d\tilde{x} =$$

$$= \int_{-\infty}^{\infty} \psi^*(-\tilde{x})\,\varphi(\tilde{x})\,d\tilde{x} = \langle\Pi\psi|\varphi\rangle \qquad \text{für alle Wellenfunktionen } \psi(x),\,\varphi(x)$$

$$\Rightarrow \quad \hat{\Pi}^\dagger = \hat{\Pi} \tag{1}$$

Die unitäre Eigenschaft ist ebenfalls leicht zu beweisen; für alle Wellenfunktionen $\psi(x)$ gilt

$$\hat{\Pi}^\dagger \hat{\Pi}\,\psi(x) \underset{\substack{\uparrow \\ \text{Gl. (1)}}}{=} \hat{\Pi}\left[\Pi\psi(x)\right] = \hat{\Pi}\,\psi(-x) = \psi(x) \quad\Rightarrow\quad \hat{\Pi}^\dagger\hat{\Pi} = \hat{1} \tag{2}$$

Fazit: $\quad \hat{\Pi}^{\dagger} = \hat{\Pi} = \hat{\Pi}^{-1}$ $\hfill (3)$

b) Wegen $\hat{\Pi}^2 = \hat{1}$ hat der Paritätsoperator nur die beiden Eigenwerte ± 1 mit jeweils unendlich hohem Entartungsgrad. Die Eigenwerte heißen Paritätsquantenzahlen. *Die Eigenfunktionen von* $\hat{\Pi}$ *sind gerade* – d. h. $\psi(-x) = \psi(x)$ – *oder ungerade* – d. h. $\psi(-x) = -\psi(x)$. Man sagt: Die Eigenfunktionen von $\hat{\Pi}$ haben eine positive bzw. eine negative **Parität**.

c) Da der Operator der kinetischen Energie die *zweite* Ortsableitung enthält, da also

$$\frac{d^2}{d(-x)^2} = \frac{d^2}{dx^2}$$

und da das Potential symmetrisch ist, gilt

$$\hat{\Pi}\,\hat{H}\,\psi(x) = \hat{H}\,\psi(-x) = \hat{H}\,\hat{\Pi}\,\psi(x) \qquad \text{für alle Wellenfunktionen } \psi(x)$$

$$\Rightarrow \qquad \left[\,\hat{\Pi},\hat{H}\,\right] = 0 \quad \text{für symmetrische Potentiale } V(x) = V(-x) \hfill (4)$$

Die Vertauschbarkeit von $\hat{H}$ und $\hat{\Pi}$ liefert folgende Aussagen:

- $\hat{\Pi}$ und $\hat{H}$ haben für symmetrische Potentiale ein gemeinsames, vollständiges System von Eigenfunktionen. Nach Abschn. 5.6 sind die *Energien eindimensionaler Systeme*, deren Potentiale höchstens endliche Unstetigkeiten haben, *nicht entartet*. Dann sind die Eigenfunktionen eindeutig – bis auf einen belanglosen, konstanten Phasenfaktor $\exp(i\alpha)$. Die gemeinsamen Eigenfunktionen haben die Paritätsquantenzahlen ± 1, sind also gerade oder ungerade. Daraus folgt:

Bei symmetrischen Potentialen $V(x) = V(-x)$ ohne unendliche Unstetigkeiten *sind alle Lösungen der zeitunabhängigen Schrödinger-Gl. entweder gerade oder ungerade.*

Die Wellenfunktionen (6.1–17) des harmonischen Oszillators (Hermite-Funktionen) und die Wellenfunktionen (5.5–10/13) des endlich tiefen Potentialtopfes bestätigen diese Behauptung.

Nach Abschn. 5.6 gilt für alle eindimensionalen Systeme, deren Potential höchstens *endlich* große Unstetigkeiten hat: Die Wellenfunktion des Grundzustandes hat keine Knoten, d. h. keine Nullstellen und die Wellenfunktion des n-ten angeregten Zustandes hat genau n Knoten (n Nullstellen). Daher gilt für eindimensionale Systeme mit symmetrischen Potentialen (ohne unendliche Sprünge): *Die Wellenfunktion des Grundzustandes ist gerade* ($\psi_0(x) = \psi_0(-x)$) *und alle angeregten Zustände sind abwechselnd ungerade und gerade Funktionen.*

- Für symmetrische und explizit zeit*un*abhängige Potentiale $V(x) = V(-x)$ lautet die Lösung der zeitabhängigen Schrödinger-Gl. $i\hbar\,\dot{\psi}(x,t) = \hat{H}\,\psi(x,t)$ wie folgt:

$$\psi(x,t) = e^{-i\hat{H}t/\hbar}\,\psi(x,0) = \sum_{k=0}^{\infty} \frac{1}{k!}\left(-\frac{i}{\hbar}\hat{H}t\right)^k \psi(x,0) \hfill (7.8\text{–}4)$$

$$\Rightarrow \quad \hat{\Pi}\,\psi(x,t) = \hat{\Pi}\,e^{-i\hat{H}t/\hbar}\,\psi(x,0) \underset{\uparrow}{=} e^{-i\hat{H}t/\hbar}\,\hat{\Pi}\,\psi(x,0)$$
$$\text{Gl. (4)}$$

Somit *haben* $\psi(x,t)$ *und* $\psi(x,0)$ *dieselbe Parität. Für* $V(x) = V(-x)$ *ändert sich die Parität der Wellenfunktion im Laufe der Zeit nicht.*

d) Beim harmonischen Oszillator ist das Potential symmetrisch und die Energien sind nicht entartet. Daher sind die Wellenfunktionen $\psi_n(x)$ abwechselnd gerade oder ungerade. Für die Hermite-Polynome gilt:

$$H_n(-x) = (-1)^n H_n(x) \qquad \underset{\text{Gl. (6.1–17a)}}{\Rightarrow} \qquad \psi_n(-x) = (-1)^n \psi_n(x) \qquad (5)$$

Daher enthält der Potenzreihenansatz (6.1–10) des harmonischen Oszillators entweder nur gerade Koeffizienten a_n – beginnend mit a_0 – oder nur ungerade Koeffizienten – beginnend mit a_1.

e) Offensichtlich gilt für alle Funktionen $\psi(x)$:

$$\psi_+(x) := \hat{P}_+ \, \psi(x) = \left[\psi(x) + \psi(-x)\right]/2 = \text{gerade Funktion}$$

und $\quad \psi_-(x) := \hat{P}_- \, \psi(x) = \left[\psi(x) - \psi(-x)\right]/2 = \text{ungerade Funktion}$

Die Eigenfunktionen des hermiteschen Paritätsoperators $\hat{\Pi}$, also die geraden und die ungeraden Funktionen, spannen den ganzen Hilbertraum auf. Denn es gilt:

$$|\psi\rangle = \hat{1}\,|\psi\rangle = \left(\hat{P}_+ + \hat{P}_-\right)|\psi\rangle = |\psi\rangle_+ + |\psi\rangle_-$$

Daher kann jede Wellenfunktion $|\psi\rangle$ in eine Summe aus einer geraden Funktion $|\psi\rangle_+ = \hat{P}_+ |\psi\rangle$ und einer ungeraden Funktion $|\psi\rangle_- = \hat{P}_- |\psi\rangle$ zerlegt werden.

f) $\qquad \langle \psi_1 | \hat{A} | \psi_2 \rangle = \langle \hat{\Pi}\,\psi_1 | \hat{A} | \hat{\Pi}\,\psi_2 \rangle = \langle \psi_1 | \hat{\Pi}^\dagger \hat{A}\,\hat{\Pi} | \psi_2 \rangle = -\langle \psi_1 | \hat{A} | \psi_2 \rangle$

$\Rightarrow \qquad \langle \psi_1 | \hat{A} | \psi_2 \rangle = 0$

7–5 Notwendige und hinreichende Bedingung für Hermitizität

Laut Abschn. 7.2 haben hermitesche Operatoren nur reelle Erwartungswerte. Daher müssen wir lediglich die Umkehrung beweisen und nehmen an, dass der Operator $\hat{A}$ für alle Wellenfunktionen, also auch für die Wellenfunktion $|\varphi\rangle + \lambda\,|\psi\rangle$ reelle Erwartungswerte hat:

$$\langle \varphi + \lambda\psi | \hat{A} | \varphi + \lambda\psi \rangle = \underbrace{\langle \varphi | \hat{A} | \varphi \rangle}_{=\,\text{reell}} + |\lambda|^2 \underbrace{\langle \psi | \hat{A} | \psi \rangle}_{=\,\text{reell}} + \lambda^* \langle \psi | \hat{A} | \varphi \rangle + \lambda \langle \varphi | \hat{A} | \psi \rangle = \text{reell}$$

$$\Rightarrow \qquad \lambda^* \langle \psi | \hat{A} | \varphi \rangle + \lambda \langle \varphi | \hat{A} | \psi \rangle = \text{reell} \qquad (1)$$

Für $\lambda = -i$ folgt aus Gl. (1): $i\langle \psi | \hat{A} | \varphi \rangle - i\langle \varphi | \hat{A} | \psi \rangle = \text{reell} = -i\langle \psi | \hat{A} | \varphi \rangle^* + i\langle \varphi | \hat{A} | \psi \rangle^*$

Wir klammern i aus und erhalten:

$$\langle \psi | \hat{A} | \varphi \rangle - \langle \varphi | \hat{A} | \psi \rangle = -\langle \psi | \hat{A} | \varphi \rangle^* + \langle \varphi | \hat{A} | \psi \rangle^* \qquad (2)$$

Für $\lambda = 1$ folgt aus Gl. (1): $\langle \psi | \hat{A} | \varphi \rangle + \langle \varphi | \hat{A} | \psi \rangle = \text{reell} = \langle \psi | \hat{A} | \varphi \rangle^* + \langle \varphi | \hat{A} | \psi \rangle^* \qquad (3)$

Addition der beiden Gln. (2) und (3) ergibt für alle $|\varphi\rangle, |\psi\rangle$

$$2\langle \psi | \hat{A} | \varphi \rangle = 2\langle \varphi | \hat{A} | \psi \rangle^* = 2\langle \hat{A}\,\psi | \varphi \rangle$$

Folglich ist $\hat{A}$ hermitesch.

7-6 Vertauschung von Operatoren

a) $\left[\hat{A},\left[\hat{B},\hat{C}\right]\right]=\left[\hat{A},\hat{B}\hat{C}\right]-\left[\hat{A},\hat{C}\hat{B}\right]$ $\underset{\uparrow}{=}$

Gl. (3.3–19)

$$=\hat{B}\left[\hat{A},\hat{C}\right]+\left[\hat{A},\hat{B}\right]\hat{C}-\hat{C}\left[\hat{A},\hat{B}\right]-\left[\hat{A},\hat{C}\right]\hat{B}=-\left[\hat{B},\left[\hat{C},\hat{A}\right]\right]-\left[\hat{C},\left[\hat{A},\hat{B}\right]\right]$$

b) I. Allg. lautet die Antwort „Nein". Denn nach den Gln. (3.3–22/23) gilt:

$$\left[\hat{L}_1,\hat{\mathbf{L}}^2\right]=0 \qquad \left[\hat{L}_2,\hat{\mathbf{L}}^2\right]=0 \qquad \left[\hat{L}_1,\hat{L}_2\right]=i\,\hbar\,\hat{L}_3 \neq 0$$

Wir können die Antwort mit dem – am Ende des Abschn. 7.3 bewiesenen – Satz *„Zwei hermitesche Operatoren vertauschen genau dann, wenn sie ein gemeinsames, vollständiges System von Eigenvektoren haben"* noch *genauer* formulieren, wenn wir zwei Fälle unterscheiden:

1. Fall: Das Spektrum von $\hat{B}$ ist nicht entartet. Dann sind die Eigenvektoren von $\hat{B}$ eindeutig. Diese Eigenvektoren müssen auch Eigenvektoren von $\hat{A}$ und $\hat{C}$ sein. Folglich sind die Eigenvektoren von $\hat{A}$ und $\hat{C}$ gleich. Somit folgt $\left[\hat{A},\hat{C}\right]=0$.

Fazit: Wenn das Spektrum von $\hat{B}$ nicht entartet ist, dann lautet die Antwort „Ja".

> Hinweis: Nach Abschn. „9.2 Eigenwerte des Drehimpulsoperators" haben die Eigenwerte $\hbar^2 l(l+1)$ von $\hat{\mathbf{L}}^2$ die Entartung $2l+1$.

2. Fall: Die Eigenwerte b_k von $\hat{B}$ sind g_k–fach entartet. Die Eigenwertgln. des Operators $\hat{B}$ lauten

$$\hat{B}\,|k,\alpha\rangle = b_k\,|k,\alpha\rangle \qquad \text{mit} \qquad \alpha = 1,2,\dots g_k$$

Alle Überlagerungen (Linearkombinationen)

$$\sum_{\alpha=1}^{g_k} c_\alpha\,|k,\alpha\rangle$$

sind ebenfalls Eigenvektoren von $\hat{B}$. Wegen $\left[\hat{A},\hat{B}\right]=0$ gibt es spezielle Überlagerungen

$$\sum_{\alpha=1}^{'\,g_k} c_{A\alpha}\,|k,\alpha\rangle$$

die auch Eigenvektoren des Operators $\hat{A}$ sind. Wegen $\left[\hat{B},\hat{C}\right]=0$ gibt es (womöglich andere) spezielle Überlagerungen

$$\sum_{\alpha=1}^{g_k} c_{C\alpha}\,|k,\alpha\rangle$$

die auch Eigenvektoren des Operators $\hat{C}$ sind. Wenn die Koeffizienten $c_{A\alpha}$ und $c_{C\alpha}$ (für mindestens ein α) verschieden sind, dann sind die Eigenvektoren von $\hat{A}$ und $\hat{C}$ verschieden. Dann folgt $\left[\hat{A},\hat{C}\right]\neq 0$. Hier lautet die Antwort also „Nein".

7-7 Simultane Diagonalisierung von zwei Operatoren

a) Die beiden Matrizen sind reell und symmetrisch. Daher sind sie nach Aufgabe 7–3b hermitesch.

b) $\hat{A}\hat{B}=\hat{B}\hat{A}$ ist leicht nachzurechnen. Wir berechnen nun die drei Eigenwerte λ_k der Matrix $\hat{A}$ mit der charakteristischen Gl.:

$$\begin{vmatrix} 1-\lambda & 0 & 0 \\ 0 & -1-\lambda & 0 \\ 0 & 0 & -1-\lambda \end{vmatrix} \overset{!}{=} 0 \quad \Rightarrow \quad \lambda_1 = 1 \quad \lambda_2 = \lambda_3 = -1$$

Die drei Eigenwertgln.

$$\begin{pmatrix} 1 & 0 & 0 \\ 0 & -1 & 0 \\ 0 & 0 & -1 \end{pmatrix} \begin{pmatrix} c_1 \\ c_2 \\ c_3 \end{pmatrix} = \lambda_k \begin{pmatrix} c_1 \\ c_2 \\ c_3 \end{pmatrix} \qquad k = 1, 2, 3$$

liefern die drei orthonormierten Eigenvektoren des hermiteschen Operators $\hat{A}$:

$$|a_1\rangle = (1\ 0\ 0)^\mathsf{T} \qquad |a_2\rangle = (0\ 1\ 0)^\mathsf{T} \qquad |a_3\rangle = (0\ 0\ 1)^\mathsf{T}$$

Da der Eigenwert -1 zweifach entartet ist, sind auch beliebige Linearkombinationen von $|a_2\rangle$ und $|a_3\rangle$ Eigenvektoren von $\hat{A}$ zum Eigenwert -1.

Die Matrix $\hat{B}$ hat die Eigenwerte $\lambda_1 = \lambda_2 = 1; \lambda_3 = -1$ mit drei orthonormierten Eigenvektoren

$$|b_1\rangle = (1\ 0\ 0)^\mathsf{T} \qquad |b_2\rangle = \frac{1}{\sqrt{2}} (0\ 1\ 1)^\mathsf{T} \qquad |b_3\rangle = \frac{1}{\sqrt{2}} (0\ 1\ -1)^\mathsf{T} \tag{1}$$

Die drei Eigenvektoren $|b_k\rangle$ in Gl. (1) sind die gemeinsamen Eigenvektoren von $\hat{A}$ und $\hat{B}$.

7–8 Leiteroperatoren des harmonischen Oszillators

Mit der Dirac-Notation $|n\rangle = \psi_n(x)$ erhalten wir folgende Matrixelemente:

$$\langle \hat{a}_-^\dagger m | n \rangle = \langle m | \hat{a}_- | n \rangle = \sqrt{n}\, \langle m | n-1 \rangle = \sqrt{n}\, \delta_{m\,n-1}$$

$$\langle \hat{a}_+ m | n \rangle = \sqrt{m+1}\, \langle m+1 | n \rangle = \sqrt{m+1}\, \delta_{m+1\,n} = \sqrt{n}\, \delta_{m\,n-1}$$

7–9 Nicht vertauschbare Matrizen mit einigen gemeinsamen Eigenvektoren

Seien $\hat{A}, \hat{B}$ zwei nicht vertauschbare, hermitesche $n \times n-$ Matrizen mit den Elementen a_{kl} und b_{kl}. Dann sind die beiden $(n+1) \times (n+1)-$ Matrizen

$$\underline{\hat{A}} := \begin{pmatrix} a_{11} & \cdots & a_{1n} & 0 \\ \vdots & \ddots & \vdots & \vdots \\ a_{n1} & \cdots & a_{nn} & 0 \\ 0 & \cdots & 0 & 1 \end{pmatrix} \qquad \underline{\hat{B}} := \begin{pmatrix} b_{11} & \cdots & b_{1n} & 0 \\ \vdots & \ddots & \vdots & \vdots \\ b_{n1} & \cdots & b_{nn} & 0 \\ 0 & \cdots & 0 & 1 \end{pmatrix}$$

ebenfalls hermitesch und inkompatibel. Sie haben den gemeinsamen Eigenvektor $(0\ \cdots\ 0\ 1)^\mathsf{T}$.

Das bekannteste Beispiel sind die in Kap. 9 eingeführten Drehimpulsoperatoren: Die Operatoren $\hat{L}_1, \hat{L}_2$ vertauschen nicht, haben aber die Kugelfunktion $Y_{00}(\vartheta, \varphi) = 1/\sqrt{4\pi}$ als gemeinsame Eigenfunktion mit dem Eigenwert null.

7–10 Hermitesche Operatoren und unitäre Operatoren sind linear

Für hermitesche Operatoren $\hat{A}$ gilt $\hat{A}^\dagger = \hat{A}$; für unitäre Operatoren gilt $\hat{A}^\dagger = \hat{A}^{-1}$. Daher existieren für hermitesche Operatoren und für unitäre Operatoren adjungierte Operatoren $\hat{A}^\dagger$.

Wir definieren $|\varphi\rangle := \lambda_1 |\varphi_1\rangle + \lambda_2 |\varphi_2\rangle$ und schieben den Operator $\sum_n |\psi_n\rangle\langle\psi_n| = \hat{1}$ ein:

$$\Rightarrow \quad \hat{A}|\varphi\rangle = \sum_n |\psi_n\rangle\langle\psi_n|\hat{A}|\varphi\rangle = \sum_n |\psi_n\rangle\langle\hat{A}^\dagger\psi_n|\varphi\rangle =$$

$$= \sum_n |\psi_n\rangle\langle\hat{A}^\dagger\psi_n|\left(\lambda_1|\varphi_1\rangle + \lambda_2|\varphi_2\rangle\right)$$

$$= \lambda_1 \sum_n |\psi_n\rangle\langle\psi_n|\hat{A}|\varphi_1\rangle + \lambda_2 \sum_n |\psi_n\rangle\langle\psi_n|\hat{A}|\varphi_2\rangle = \lambda_1 \hat{A}|\varphi_1\rangle + \lambda_2 \hat{A}|\varphi_2\rangle$$

Mit dem Einschub des identischen Operators $\hat{1}$ konnte die Linearität von $\hat{A}$ auf die Linearität des Skalarproduktes zurückgeführt werden.

7–11 Eigenwerte und Eigenvektoren von Matrizen

a) Die Eigenwertgl.

$$\begin{pmatrix} 1 & 0 & 0 \\ -1 & 3 & 0 \\ 0 & -3 & 0 \end{pmatrix} \begin{pmatrix} e_1 \\ e_2 \\ e_3 \end{pmatrix} = \lambda \begin{pmatrix} e_1 \\ e_2 \\ e_3 \end{pmatrix} \tag{1}$$

ist ein Gleichungssystem zur Bestimmung der Koeffizienten e_1, e_2, e_3. *Sie hat genau dann nichttriviale Lösungen* (d. h. wenigstens eine Komponente e_i ist ungleich null), *wenn die Determinante*

$$\begin{vmatrix} 1-\lambda & 0 & 0 \\ -1 & 3-\lambda & 0 \\ 0 & -3 & -\lambda \end{vmatrix} = -\lambda(3-\lambda)(1-\lambda) \overset{!}{=} 0 \tag{2}$$

verschwindet. Diese Gl. heißt **charakteristische Gl.** Die Eigenwerte lauten

$$\lambda_1 = 0 \qquad \lambda_2 = 3 \qquad \lambda_3 = 1$$

Wir erhalten den Eigenvektor $\mathbf{E}_1$ zum ersten Eigenwert, indem wir $\lambda_1 = 0$ in Gl. (1) einsetzen:

$$\begin{pmatrix} 1 & 0 & 0 \\ -1 & 3 & 0 \\ 0 & -3 & 0 \end{pmatrix} \begin{pmatrix} e_1 \\ e_2 \\ e_3 \end{pmatrix} = \begin{pmatrix} 0 \\ 0 \\ 0 \end{pmatrix} \quad \Rightarrow \quad \mathbf{E}_1 = \begin{pmatrix} 0 \\ 0 \\ 1 \end{pmatrix} \qquad \text{mit} \quad \lambda_1 = 0 \tag{3a}$$

Die Eigenwertgl. (1) liefert zum zweiten Eigenwert $\lambda_2 = 3$ den Eigenvektor

$$\mathbf{E}_2 = \frac{1}{\sqrt{2}}(0 \ 1 \ -1)^\mathsf{T} \quad \text{mit} \quad \lambda_2 = 3 \tag{3b}$$

Für den dritten und letzten Eigenwert $\lambda_3 = 1$ lautet die Eigenwertgl.

$$\begin{pmatrix} 0 & 0 & 0 \\ -1 & 2 & 0 \\ 0 & -3 & -1 \end{pmatrix} \begin{pmatrix} e_1 \\ e_2 \\ e_3 \end{pmatrix} = \begin{pmatrix} 0 \\ 0 \\ 0 \end{pmatrix}$$

Dieses Gleichungssystem enthält drei unbekannte Koeffizienten e_i, aber nur zwei Gln. Daher dürfen wir eine Unbekannte beliebig wählen, z. B. $e_3 = \alpha$. Es folgt

$$\mathbf{E}_3 = -\frac{\alpha}{3}(2 \ 1 \ -3)^\mathsf{T} \underset{\substack{\uparrow \\ \text{Normierung}}}{=} \frac{1}{\sqrt{14}}(2 \ 1 \ -3)^\mathsf{T} \quad \text{mit} \quad \lambda_3 = 1 \tag{3c}$$

$\hat{A}$ ist nicht hermitesch. Daher ist es verständlich, dass *die drei Eigenvektoren* $\mathbf{E}_k$ ($k=1,2,3$) *nicht senkrecht aufeinander stehen*. Zudem haben nicht hermitesche Operatoren oft komplexe Eigenwerte.

Hinweis: Die nicht hermitesche Matrix

$$\hat{A} = \begin{pmatrix} 1 & 1 & 0 \\ 0 & 1 & 0 \\ 0 & 0 & 1 \end{pmatrix} \text{ hat einen entarteten Eigenwert 1 mit zwei Eigenvektoren } \begin{pmatrix} 0 \\ 0 \\ 1 \end{pmatrix} \text{ und } \begin{pmatrix} 1 \\ 0 \\ 0 \end{pmatrix}.$$

Die Eigenvektoren spannen nicht den ganzen $\mathbb{R}^3$ auf, sondern nur den $\mathbb{R}^2$.

b) Die charakteristische Gl. lautet

$$\begin{vmatrix} -\lambda & 1 & 1 \\ 1 & -\lambda & 1 \\ 1 & 1 & -\lambda \end{vmatrix} = -\lambda^3 + 3\lambda + 2 = (\lambda+1)\left(-\lambda^2 + \lambda + 2\right) \overset{!}{=} 0 \;\Rightarrow\; \lambda_{1/2} = -1 \quad \lambda_3 = 2$$

Wir setzen den entarteten Eigenwert $\lambda_{1/2} = -1$ in die Eigenwertgl. ein

$$\begin{pmatrix} 0 & 1 & 1 \\ 1 & 0 & 1 \\ 1 & 1 & 0 \end{pmatrix} \begin{pmatrix} e_1 \\ e_2 \\ e_3 \end{pmatrix} = - \begin{pmatrix} e_1 \\ e_2 \\ e_3 \end{pmatrix}$$

und erhalten *dreimal dieselbe Gl.* $e_1 + e_2 + e_3 = 0$. Daher können zwei Komponenten e_i nach Wunsch gewählt werden. Wir wählen $e_1 = \alpha$ und $e_2 = \beta$. Dann folgt $e_3 = -\alpha - \beta$ und somit

$$\mathbf{E}_{1/2} = \frac{1}{\sqrt{2\left(\alpha^2 + \beta^2 - \alpha\beta\right)}} \begin{pmatrix} \alpha \\ \beta \\ -\alpha - \beta \end{pmatrix} \sim \alpha \begin{pmatrix} 1 \\ 0 \\ -1 \end{pmatrix} + \beta \begin{pmatrix} 0 \\ 1 \\ -1 \end{pmatrix} \qquad \text{mit} \qquad \lambda_{1/2} = -1$$

Offensichtlich spannen diese Eigenvektoren einen zweidimensionalen Vektorraum auf. Wir erhalten zwei orthonormierte Eigenvektoren durch die (willkürliche) Wahl $\alpha = 1, \beta = 1$ und $\alpha = 1, \beta = -1$:

$$\Rightarrow \quad \mathbf{E}_1 = (1 \quad 1 \quad -2)^\mathsf{T} / \sqrt{6} \quad \text{und} \quad \mathbf{E}_2 = (1 \quad -1 \quad 0)^\mathsf{T} / \sqrt{2} \qquad \text{mit} \qquad \lambda_{1/2} = -1$$

Der dritte normierte Eigenvektor errechnet sich zu

$$\mathbf{E}_3 = (1 \quad 1 \quad 1)^\mathsf{T} / \sqrt{3} \qquad\qquad\qquad \text{mit} \qquad \lambda_3 = 2$$

7–12 Nicht alle normierbaren Funktionen verschwinden im Unendlichen

Bereits auf den ersten Blick sieht das geschilderte Problem nicht dramatisch aus, weil die in Frage kommenden, kritischen Funktionen keine realistischen Funktionen der Physik sind; die in Abb. 7.5–1 dargestellte Funktion kommt sicherlich nirgendwo in der Quantenmechanik vor.

Normierbare Funktionen, bei denen in Beispiel 7.2–1 die Differenz der Randterme im Unendlichen nicht verschwindet, gehören nicht zum Definitionsbereich des Impulsoperators. Andernfalls wäre der Impulsoperator nicht hermitesch.

Lösungen: 8 Messprozess und Unbestimmtheitsrelation

8–1 Messungen im zweidimensionalen Hilbertraum

a) Ein einzelnes, von links einlaufendes Teilchen wird durch ein Wellenpaket beschrieben, dass im Messgerät B in zwei Teil-Wellenpakete zerlegt wird mit den inneren Zuständen $|b_1\rangle$ (oben) und $|b_2\rangle$ (unten). Die beiden Teil-Wellenpakete werden soweit umgelenkt, dass sie sich praktisch nicht mehr überlappen; daher sind die inneren Zustände an den Eingängen der zwei Messgeräte A eindeutig festgelegt. Somit würde z. B. eine (zusätzliche) Messung der Observablen $\hat{B}$ vor dem Eingang des oberen A-Messgerätes mit Sicherheit den Wert b_1 liefern.

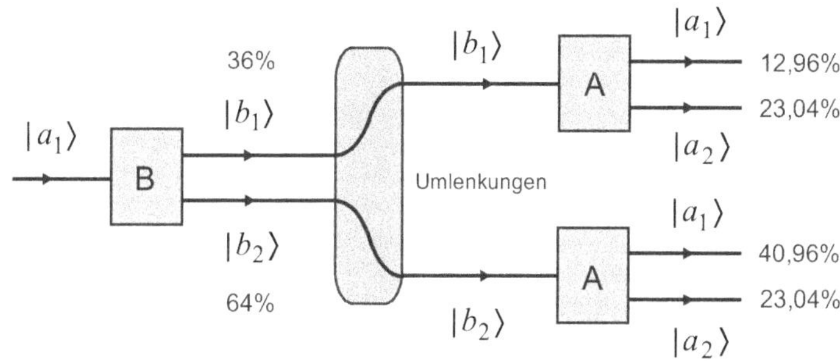

Abb. 1 Nach den Umlenkungen überlappen die zwei Teil-Wellenpakete, die zusammen ein *einzelnes* Teilchen beschreiben, nicht mehr. Daher sind die inneren Zustände an den Eingängen der zwei Messgeräte A eindeutig festgelegt.

Die einleitende Messung der Observablen $\hat{B}$ liefert den ersten Eigenwert b_1 mit der Wahrscheinlichkeit $p(b_1) = 9/25 \stackrel{\wedge}{=} 36\%$. Anschließend wird bei der Messung von $\hat{A}$ im oberen Gerät A, also unter der Voraussetzung, dass zuvor b_1 gemessen wurde,

- der Eigenwert a_1 mit der bedingten Wahrscheinlichkeit $p(a_1 | b_1) = 9/25 \stackrel{\wedge}{=} 36\%$ gefunden.[1]

- der Eigenwert a_2 mit der bedingten Wahrscheinlichkeit $p(a_2 | b_1) = 16/25 \stackrel{\wedge}{=} 64\%$ gefunden.

Bei der anfänglichen Messung der Observablen $\hat{B}$ wird der zweite Eigenwert b_2 mit der Wahrscheinlichkeit $p(b_2) = 16/25 \stackrel{\wedge}{=} 64\%$ gefunden. Danach wird bei der Messung von $\hat{A}$ im unteren Gerät A, also unter der Voraussetzung, dass zuvor b_2 gemessen wurde,

- der Eigenwert a_1 mit der bedingten Wahrscheinlichkeit $p(a_1 | b_2) = 16/25 \stackrel{\wedge}{=} 64\%$ gefunden.

- der Eigenwert a_2 mit der bedingten Wahrscheinlichkeit $p(a_2 | b_2) = 9/25 \stackrel{\wedge}{=} 36\%$ gefunden.

Folglich ist die Wahrscheinlichkeit, am Ende den Eigenwert a_1 zu messen, gleich

$$P(a_1) = p(b_1)\,p(a_1 | b_1) + p(b_2)\,p(a_1 | b_2) = \frac{9}{25}\frac{9}{25} + \frac{16}{25}\frac{16}{25} = 0{,}1296 + 0{,}4096 \stackrel{\wedge}{=} 53{,}92\% \qquad (1)$$

Die Wahrscheinlichkeit, am Ende den Eigenwert a_2 zu messen, beträgt

---

[1] $p(a_1 | b_1)$ ist die sog. bedingte Wahrscheinlichkeit, dass a_1 gemessen wird, falls zuvor b_1 gemessen wurde.

$$P(a_2) = p(b_1)\,p(a_2|b_1) + p(b_2)\,p(a_2|b_2) = \frac{9}{25}\frac{16}{25} + \frac{16}{25}\frac{9}{25} = 0{,}2304 + 0{,}2304 \triangleq 46{,}08\% \quad (2)$$

b) Ein Hinweis: *Bei den magnetischen Umlenkungen in Abb. 2 werden jeweils die zwei Teil-Wellenpakete, die zusammen ein einzelnes Teilchen beschreiben, zusammengeführt. Es werden keine Teilchen zusammengebracht.* Die Umlenkungen beeinflussen die inneren Zustände nicht.

Die inneren Zustände der zwei Teil-Wellenpakete werden auf ihrem Weg von B nach A nicht gemessen, so dass am Eingang von A *keine Welcher-Weg-Information und damit auch keine Information über den Ausgang der* $\hat{B}$*–Messung vorliegt*; die $\hat{B}$–Messung ist am Eingang von A gegenstandslos, als hätte sie nie stattgefunden. Durch die magnetischen Umlenkungen werden die zwei Teil-Wellenpakete wieder zusammengeführt und die Zustände $|b_1\rangle$ und $|b_2\rangle$ *interferieren* zum Anfangszustand $|a_1\rangle$. *Diese Überlagerung ist vergleichbar mit der Überlagerung der beiden Teilstrahlen im MZI* (siehe Abschn. „8.4 Wechselwirkungsfreie Messung). Daraus folgt

$$P(a_1) = 1 \triangleq 100\% \quad (3)$$

Die Wahrscheinlichkeiten $P(a_1)$ in den Gln. (1) und (2) unterscheiden sich hiervon, weil die Messung in Abb. 1 keine Interferenz der räumlich getrennten Teil-Wellenpakete mit den inneren Zuständen $|b_1\rangle$ und $|b_2\rangle$ zulässt.

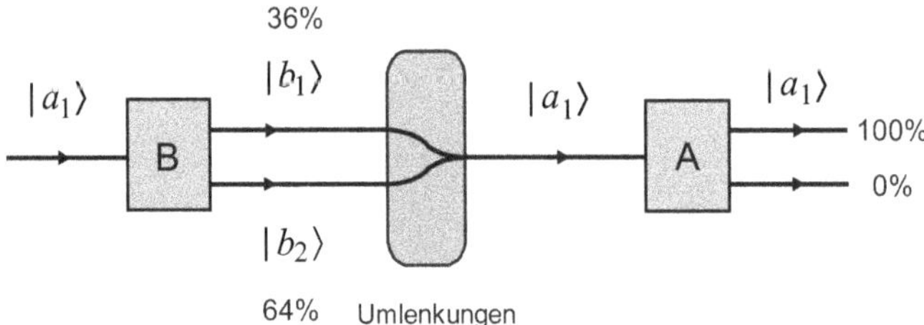

Abb. 2 Für jedes einzelne Teilchen werden die zwei Ausgangsstrahlen des Messgerätes B wieder zusammengeführt – ohne Messung der inneren Zustände. Am Eingang von A liegt keine Welcher-Weg-Information vor. Die zusammengeführten Teilstrahlen interferieren zum Anfangszustand $|a_1\rangle$.

8–2 Verheimlichte Messung in der Zwischenzeit

Wir berechnen zuerst die Wahrscheinlichkeit $p(a_k,t)$ für den Fall, dass $\hat{A}$ zur Zeit t das erste Mal gemessen wird. Die Wellenfunktion lautet direkt *vor* der <u>1. Messung</u>

$$|\psi(t)\rangle_{\text{vor 1. M.}} = \sum_n c_n |\psi_n\rangle\, e^{-i\omega_n t} \qquad \text{mit} \qquad c_n = \langle \psi_n | \psi(t{=}0)\rangle \quad (1)$$

$$\Rightarrow \quad p(a_k,t) = \left| \langle a_k | \psi(t)\rangle_{\text{vor 1. M.}} \right|^2 = \left| \sum_n c_n \langle a_k | \psi_n\rangle\, e^{-i\omega_n t} \right|^2 \quad \text{(allgemein)} \quad (2a)$$

Für $[\hat{A},\hat{H}] = 0$ haben $\hat{A}$ und $\hat{H}$ alle Eigenvektoren gemeinsam: $|\psi_n\rangle = |a_n\rangle$. Hier gilt:

$$p(a_k,t) = \left| \langle a_k | \psi(t)\rangle_{\text{vor 1. M.}} \right|^2 = \left| \sum_n c_n \langle \psi_k | \psi_n\rangle\, e^{-i\omega_n t} \right|^2 = |c_k|^2 \quad \text{(für } [\hat{A},\hat{H}]=0 \text{)} \quad (2b)$$

Jetzt betrachten wir den Fall, dass die erste A-Messung bereits in einer Übergangsphase zur Zeit t' erfolgt mit $0 < t' < t$. Die Wahrscheinlichkeit, zur Zeit t' den Wert a_l zu messen, ist nach Gl. (2)

$$p(a_l,t') = \left| \langle a_l | \psi(t')\rangle_{\text{vor 1. M.}} \right|^2 = \left| \sum_n c_n \langle a_l | \psi_n\rangle\, e^{-i\omega_n t'} \right|^2 \quad (3)$$

Unmittelbar nach der Messung von a_l lautet die Wellenfunktion

$$|\psi(t'+0)\rangle = |a_l\rangle = \sum_m \langle \psi_m | a_l \rangle | \psi_m \rangle$$

Für $t > t'$ lautet die Wellenfunktion nach der Messung von a_l, die zur Zeit t' erfolgte:

$$|\psi(t)\rangle_{\text{nach 1. M.}} = \sum_m \langle \psi_m | a_l \rangle | \psi_m \rangle\, e^{-i\omega_m(t-t')} \tag{4}$$

Das Ergebnis der ersten A-Messung wird verheimlicht. Daher muss bei der Berechnung der Wahrscheinlichkeit, zur Zeit t bei der zweiten A-Messung den Eigenwert a_k zu finden, über die möglichen Ergebnisse der ersten Messung summiert werden (siehe zum Vergleich die einfachere Aufgabe 8–1a):

$$p(a_k, t \,|\, \textstyle\sum_l a_l, t') = \sum_l p(a_l, t') \cdot \Big| \langle a_k | \psi(t)\rangle_{\text{nach 1. M.}} \Big|^2 \underset{\substack{\uparrow \\ \text{Gl. (4)}}}{=} \tag{5a}$$

$$= \sum_l p(a_l, t') \cdot \Big| \sum_m \langle \psi_m | a_l \rangle \langle a_k | \psi_m \rangle\, e^{-i\omega_m(t-t')} \Big|^2 \neq \tag{5b}$$

$$\neq p(a_k, t) = \Big| \langle a_k | \psi(t)\rangle_{\text{vor 1. M.}} \Big|^2 \underset{\substack{\uparrow \\ \text{Gl. (2a)}}}{=} \Big| \sum_n c_n \langle a_k | \psi_n \rangle\, e^{-i\omega_n t} \Big|^2 \tag{2a}$$

Der Grund für die Ungl. $p(a_k, t \,|\, \sum a_l, t') \neq p(a_k, t)$ liegt darin, dass die Wellenfunktion $|\psi(t'=0)\rangle$ *keine Interferenzen der Eigenfunktionen* $|a_m\rangle$ enthält. Nach einer Zwischenmessung mit dem Resultat a_l tritt ja nur die *eine* Eigenfunktion $|a_l\rangle$ auf und nicht mehrere Eigenfunktionen.

Es gibt eine Ausnahme der Ungl. $p(a_k, t \,|\, \sum a_l, t') \neq p(a_k, t)$:

Für $[\hat{A}, \hat{H}] = 0$ haben $\hat{A}$ und $\hat{H}$ dieselben Eigenvektoren: $|a_m\rangle = |\psi_m\rangle$. Daraus folgt für $[\hat{A}, \hat{H}] = 0$:

$$p(a_k, t \,|\, \textstyle\sum a_l, t') \underset{\substack{\uparrow \\ \text{Gl. (5b)}}}{=} \sum_l p(a_l, t') \cdot \Big| \sum_m \langle \psi_m | \psi_l \rangle \langle \psi_k | \psi_m \rangle\, e^{-i\omega_m(t-t')} \Big|^2 =$$

$$= \sum_l p(a_l, t') \cdot \Big| \sum_m \delta_{ml}\,\delta_{km}\, e^{-i\omega_m(t-t')} \Big|^2 =$$

$$= \sum_l p(a_l, t')\, \delta_{kl} = p(a_k, t') = |c_k|^2 \qquad \text{für} \qquad [\hat{A}, \hat{H}] = 0 \tag{5c}$$

Für $[\hat{A}, \hat{H}] = 0$ stimmen die Ergebnisse in den Gln. (2b/5c) überein.

Fazit: Die Observable $\hat{A}$ soll zur Zeit t gemessen werden. Die Messergebnisse und Messwahrscheinlichkeiten werden durch eine vorangehende Messung dieser Observablen $\hat{A}$ genau dann nicht geändert, wenn $[\hat{A}, \hat{H}] = 0$ gilt. Das ist einleuchtend, weil das System für $[\hat{A}, \hat{H}] = 0$ nach der Messung des Eigenwertes a_l *im stationären Zustand* $|a_l\rangle \exp(-i\omega_l t) = |\psi_l\rangle \exp(-i\omega_l t)$ ist und bleibt.

8–3 Unbestimmtheitsrelation im unendlich tiefen Potentialtopf

Das Quadrat der Energiestreuung lautet nach Gl. (8.2–2)

$$(\Delta H_\psi)^2 = (\Delta E)^2 = \langle \psi | \hat{H}^2 | \psi \rangle - \langle \psi | \hat{H} | \psi \rangle^2 =$$

$$= \frac{1}{2}\left(E_1^2 + E_2^2\right) - \frac{1}{4}\left(E_1 + E_2\right)^2 = \frac{1}{4}\left(E_2 - E_1\right)^2 = \frac{1}{4}\left(3\hbar\omega_1\right)^2 \tag{1}$$

mit $\omega_1 = \hbar\pi^2/(2mL^2)$.

$$\langle\psi|x|\psi\rangle \underset{\underset{\text{Gl.(5.1-15)}}{\uparrow}}{=} \frac{L}{2}\left[1 - \frac{32}{9\pi^2}\cos(3\omega_1 t)\right]$$

$$\Rightarrow \quad \frac{d}{dt}\langle\psi|x|\psi\rangle = \frac{16L}{3\pi^2}\omega_1\sin(3\omega_1 t) \tag{2}$$

Der Erwartungswert von $\hat{X}^2$ ergibt sich nach einiger Rechnung zu

$$\langle\psi|x^2|\psi\rangle = \frac{L^2}{2}\left[\frac{2}{3} - \frac{5}{8\pi^2} - \frac{32}{9\pi^2}\cos(3\omega_1 t)\right]$$

$$\Rightarrow \quad (\Delta X_\psi)^2 = \langle x^2\rangle - \langle x\rangle^2 = \frac{L^2}{4}\left[\frac{1}{3} - \frac{5}{4\pi^2} - \left(\frac{32}{9\pi^2}\right)^2\cos^2(3\omega_1 t)\right] \tag{3}$$

Die Gln. (1/3) liefern

$$(\Delta H_\psi)^2(\Delta X_\psi)^2 = \frac{9L^2}{16}(\hbar\omega_1)^2\left[\frac{1}{3} - \frac{5}{4\pi^2} - \left(\frac{32}{9\pi^2}\right)^2\cos^2(3\omega_1 t)\right] \tag{4}$$

Man kann leicht zeigen, dass die Ungleichung (8.7–2) in der Aufgabenstellung für alle Zeiten t gilt:

$$\frac{9L^2}{16}(\hbar\omega_1)^2\left[\frac{1}{3} - \frac{5}{4\pi^2} - \left(\frac{32}{9\pi^2}\right)^2\cos^2(3\omega_1 t)\right] \geq \left(\frac{\hbar}{2}\frac{16L}{3\pi^2}\omega_1\right)^2\sin^2(3\omega_1 t)$$

$$\Leftrightarrow \quad \underbrace{\frac{1}{3} - \frac{5}{4\pi^2}}_{\approx\,0{,}21} - \cancel{\left(\frac{32}{9\pi^2}\right)^2\cos^2(3\omega_1 t)} \geq \underbrace{\left(\frac{32}{9\pi^2}\right)^2}_{\approx\,0{,}13}\left[1 - \cancel{\cos^2(3\omega_1 t)}\right]$$

8–4 Minimales Streuungsprodukt für Ort und Impuls

a) In Gl. (8.2–4) gilt das Gleichheitszeichen, wenn folgende Bedingung gilt:

$$|\psi_2\rangle = \underline{z}|\psi_1\rangle \qquad \text{mit} \qquad \underline{z}\in\mathbb{C}$$

Mit den in Gl. (8.2–5) eingeführten Definitionen

$$|\psi_1\rangle := \hat{A}|\psi\rangle \qquad \text{und} \qquad |\psi_2\rangle := \hat{B}|\psi\rangle \qquad\qquad |\psi\rangle = \text{normiert}$$

lautet die Bedingung

$$\hat{B}|\psi\rangle = \underline{z}\,\hat{A}|\psi\rangle \tag{1}$$

In Gl. (8.2–7) wurde der Erwartungswert $\langle\psi|\hat{A}\hat{B} + \hat{B}\hat{A}|\psi\rangle$ des Antikommutators nicht weiter berücksichtigt; das führte zu einem zweiten $\geq$–Zeichen. Hier gilt das Gleichheitszeichen für

$$\langle\psi|\hat{A}\hat{B} + \hat{B}\hat{A}|\psi\rangle \underset{\underset{\text{Gl. (1)}}{\uparrow}}{=} (\underline{z}+\underline{z}^*)\langle\hat{A}\psi|\hat{A}\psi\rangle = 0 \quad \Leftrightarrow \quad \underline{z} = i\lambda \quad \text{mit} \quad \lambda\in\mathbb{R}$$

Folglich gilt in der Gl. (8.2–8) das Gleichheitszeichen, wenn gilt:

$$\hat{B}|\psi\rangle = i\lambda\,\hat{A}|\psi\rangle \qquad \text{mit} \qquad \lambda\in\mathbb{R} \tag{2a}$$

b) Für $\hat{A} = \hat{X} - \langle \hat{X} \rangle$ und $\hat{B} = -i\hbar\, d/dx - \langle \hat{P} \rangle$ lautet die Gl. (2a):

$$\left[\frac{\hbar}{i}\frac{d}{dx} - \langle \hat{P} \rangle \right] \psi(x,t) = i\lambda \left[x - \langle x \rangle \right] \psi(x,t) \qquad \lambda \in \mathbb{R} \tag{2b}$$

Wir setzen die Wellenfunktion des freien, wandernden Gauß-Paketes

$$\psi(x,t) \sim \exp\left[\frac{-\dfrac{x^2}{4} + i\, a^2 k_0 \left(x - \dfrac{\hbar k_0}{2m} t \right)}{\left(\Delta x(t) \right)^2} \right] \quad \text{mit} \quad \left(\Delta x(t) \right)^2 := a^2 \left(1 + \frac{i\hbar t}{2a^2 m} \right) \tag{4.2-9}$$

in die Dgl. (2b) ein und erhalten die Gl.

$$\left[\frac{i\hbar}{2\left(\Delta x(t) \right)^2} x + \frac{a^2 \hbar k_0}{\left(\Delta x(t) \right)^2} - \hbar k_0 \right] \psi(x,t) = i\lambda \left[x - \frac{\hbar k_0}{m} t \right] \psi(x,t) \tag{3}$$

Diese Bestimmungsgl. für λ hat nur zur Zeit $t = 0$ eine Lösung; sie lautet $\lambda = \hbar/(2a^2)$. Folglich hat das freie, wandernde Gaußpaket nur zur Zeit $t = 0$ das kleinste Orts-Impuls-Streuungsprodukt.

c) Wir lösen die umgestellte Dgl. (2b)

$$\psi'(x,t) = -\frac{\lambda}{\hbar} x\, \psi(x,t) + \frac{1}{\hbar} \left(\lambda \langle x \rangle + i \langle \hat{P} \rangle \right) \psi(x,t) \tag{2b}$$

durch Trennung (Separation) der Variablen ψ und x:

$$\int\limits_{\psi(0,t)}^{\psi(x,t)} \frac{d\psi}{\psi} = \frac{1}{\hbar} \int\limits_{0}^{x} \left(-\lambda\, x' + \lambda \langle x \rangle + i \langle \hat{P} \rangle \right) dx'$$

$$\Rightarrow \qquad \psi(x,t) = \psi(0,t) \exp\left[-\frac{\lambda}{2\hbar} x^2 + \frac{1}{\hbar} \left(\lambda \langle x \rangle + i \langle \hat{P} \rangle \right) x \right] \underset{\substack{\uparrow \\ k_0 := \langle \hat{P} \rangle / \hbar}}{=}$$

$$= \psi(0,t) \exp\left[-\frac{\lambda}{2\hbar} \left(x - \langle x \rangle \right)^2 + i k_0 x \right] \exp\left[\frac{\lambda}{2\hbar} \langle x \rangle^2 \right] \tag{4}$$

Beachte: Die Funktion $\psi(x,t)$ ist eine Lösung der Dgl. (2b), aber keine Lösung der zeitabhängigen Schrödinger-Gl. und daher keine Wellenfunktion. Sie muss aber normiert sein, damit die Gln. (8.2–1/2) den Erwartungswert und die Streuung beschreiben.

Der ortsunabhängige Vorfaktor $\psi(0,t)$ hat keinen Einfluss auf die Orts- und Impulsstreuung der normierten Funktion $\psi(x,t)$. Gl. (4) beschreibt eine Gaußfunktion, die die Dgl. (2b) erfüllt und daher das minimale Streuungsprodukt $\Delta x\, \Delta p = \hbar/2$ hat.

8–5 Unbestimmtheitsrelation und minimale Energien von Oszillator und H-Atom

a) Der (hier unbekannte) Grundzustand $| \psi_0 \rangle$ ist ein Eigenzustand des Hamiltonoperators. Die Nullpunktenergie E_0 ist daher Erwartungswert des Hamiltonoperators:

$$E_0 = \langle \psi_0 | \hat{H} | \psi_0 \rangle = \frac{\langle \hat{P}^2 \rangle}{2m} + \frac{D}{2} \langle \hat{X}^2 \rangle \underset{\substack{\uparrow \\ \text{Gl. (8.2–2) und } \langle \hat{P} \rangle = \langle \hat{X} \rangle = 0}}{=} \frac{(\Delta p)^2}{2m} + \frac{D}{2} (\Delta x)^2 \geq$$

$$\underset{\underset{\Delta x \geq \hbar/(2\Delta p)}{\uparrow}}{\geq} \quad \frac{(\Delta p)^2}{2m} + \frac{D\hbar^2}{8(\Delta p)^2} =: E_{\min}(\Delta p)$$

Wir nehmen an, dass die Nullpunktenergie die kleinste Energie ist, die die Unbestimmtheitsrelation zulässt. Daher leiten wir $E_{\min}$ nach Δp ab und setzen die Ableitung gleich null:

$$\frac{\partial E_{\min}}{\partial(\Delta p)} = \frac{\Delta p}{m} - \frac{D\hbar^2}{4(\Delta p)^3} \overset{!}{=} 0 \quad \Rightarrow \quad (\Delta p)^2 = \frac{\hbar}{2}\sqrt{Dm}$$

$$\Rightarrow \quad E_0 \geq \frac{\hbar}{2}\omega \qquad \text{(Die zweite Ableitung } E''_{\min} \text{ ist größer als null.)} \qquad (1)$$

Fazit: Die *positive* Nullpunktenergie $\hbar\omega/2$ des harmonischen Oszillators geht letztendlich auf die Orts-Impuls-Unbestimmtheitsrelation zurück. *Eine Nullpunktenergie unterhalb von $\hbar\omega/2$ lässt die Unbestimmtheitsrelation nicht zu.*

b) $\quad [r,\hat{H}] \underset{\underset{\text{Gln. (10.1–5/6)}}{\uparrow}}{=} \left[r, \frac{\hat{P}_r^2}{2m_e} + \frac{\hat{\mathbf{L}}^2}{2m_e r^2} + V(r)\right] = \left[r, \frac{\hat{P}_r^2}{2m_e}\right] = i\frac{\hbar}{m_e}\hat{P}_r \qquad (2)$

Die Zustände $\psi_{nlm}(r,\vartheta,\varphi)$ des H-Atoms haben eine wohl definierte Energie ($\Delta E_\psi = 0$).

$$\Delta r_\psi \Delta E_\psi = \Delta r_\psi \cdot 0 \underset{\underset{\text{Gl. (8.2–8)}}{\uparrow}}{\geq} \frac{1}{2}\left|\left\langle \psi_{nlm}\left|[r,\hat{H}]\right|\psi_{nlm}\right\rangle\right| \underset{\underset{\text{Gl. (2)}}{\uparrow}}{=}$$

$$= \frac{\hbar}{2m_e}\left|\left\langle\psi_{nlm}\left|\hat{P}_r\right|\psi_{nlm}\right\rangle\right| \quad \Rightarrow \quad \left\langle\psi_{nlm}\left|\hat{P}_r\right|\psi_{nlm}\right\rangle = 0 \qquad (3)$$

Folglich verschwindet der Erwartungswert des radialen Impulsoperators $\hat{P}_r$ im Wasserstoffatom. Das ist nicht verwunderlich, da das Elektron weder die Atomhülle verlässt noch in den Kern stürzt.

c) In Teil a) konnten wir eine *exakte* Rechnung durchführen, weil sich die Erwartungswerte der kinetischen und der potentiellen Energie mit Hilfe der Gl. $\langle\hat{A}^2\rangle = (\Delta A)^2 + \langle\hat{A}\rangle^2$ *exakt* durch Orts- und Impulsstreuungen ausdrücken ließen. Ein solcher Glücksfall tritt beim Wasserstoffatom nicht auf. Nach den Gln. (10.1–5/6) gilt für den Grundzustand ($n=1; l=0$)

$$E_0 = \langle\psi_{100}|\hat{H}|\psi_{100}\rangle = \frac{1}{2m_e}\langle\psi_{100}|\hat{P}_r^2|\psi_{100}\rangle - \frac{e_0^2}{4\pi\varepsilon_0}\langle\psi_{100}|r^{-1}|\psi_{100}\rangle =$$

$$\underset{\underset{\text{Gl. (8.2–2) und Gl. (3)}}{\uparrow}}{=} \frac{1}{2m_e}(\Delta p_r)^2 - \frac{e_0^2}{4\pi\varepsilon_0}\langle r^{-1}\rangle$$

Nun stellt sich die Frage, ob wir (zumindest näherungsweise) $\langle 1/r\rangle \approx 1/\Delta r$ setzen dürfen. Da wir kein genaues Ergebnis erwarten und nichts Besseres wissen, bejahen wir die Frage. Wegen $[\hat{P}_r, r] = -i\hbar$ dürfen wir $\Delta p_r \Delta r \approx \hbar \Leftrightarrow 1/\Delta r \approx \Delta p_r/\hbar$ abschätzen und erhalten

$$E_0 \approx \frac{\hbar^2}{2m_e}\frac{1}{(\Delta r)^2} - \frac{e_0^2}{4\pi\varepsilon_0}\frac{1}{\Delta r} \quad \Rightarrow \quad \frac{\partial E_0}{\partial(\Delta r)} \approx -\frac{\hbar^2}{m_e}\frac{1}{(\Delta r)^3} + \frac{e_0^2}{4\pi\varepsilon_0}\frac{1}{(\Delta r)^2} \overset{!}{=} 0$$

$$\Rightarrow \quad \Delta r \approx \frac{4\pi\varepsilon_0\hbar^2}{e_0^2 m_e} = a_B \approx 0,0529\,\text{nm} \quad \Rightarrow \quad E_0 \approx -\frac{m_e c^2}{2}\left(\frac{e_0^2}{4\pi\varepsilon_0\hbar c}\right)^2 \approx -13,6\,\text{eV} \qquad (3)$$

und $\quad \dfrac{1}{\langle 1/r \rangle} \approx \Delta r \approx \dfrac{\hbar}{\Delta p_r} = \dfrac{4\pi\varepsilon_0\,\hbar^2}{e_0^2\,m_{\mathrm e}} = a_{\mathrm B} \approx 0,0529\,\mathrm{nm}$ $\hfill$ (4)

Es ist erstaunlich, dass sich die Energie des Grundzustandes ohne Wellenfunktion, nur mit der Unbestimmtheitsrelation so gut abschätzen lässt. Wir verstehen jetzt, warum sich Atome nur sehr schwer komprimieren lassen. Bei einem kleineren Atomradius wäre die potentielle Energie zwar kleiner, aber die Unbestimmtheitsrelation würde die kinetische Energie noch stärker erhöhen.

Zum Vergleich: Nach Gl. (1) in Aufgabe 10–4 und nach Gl. (10.2–13d) gilt für $l = n-1$ *exakt*

$$\Delta r \cdot \left\langle \frac{1}{r} \right\rangle = \sqrt{\frac{1}{2n^2}\,(n+0,5)} \underset{n=1}{=} \frac{\sqrt{3}}{2} \approx 0,87 \qquad \text{für} \qquad n=1$$

Die Ergebnisse in den Gln. (3/4) sind also Glückstreffer. Natürlich darf der Leser vermuten, dass der Autor geschummelt hat und die Gln. $\langle 1/r \rangle \approx 1/\Delta r \approx \Delta p_r/\hbar$ so angepasst hat, dass die Gln. (3/4) herauskommen. Trotzdem ist folgende, qualitative Aussage richtig: Die Unbestimmtheitsrelation $\Delta p_r\,\Delta r \geq \hbar/2$ verhindert den Absturz des Elektrons in den Kern – ein Schicksal, das für klassische Körper ohne Drehimpuls unausweichlich ist.

Bemerkung: Wenn wir oben $\Delta p_r\,\Delta r \geq \hbar/2 \;\Leftrightarrow\; \Delta p_r \geq \hbar/(2\,\Delta r)$ setzen, so folgt

$$E_0 \geq \frac{\hbar^2}{8m_{\mathrm e}}\,\frac{1}{(\Delta r)^2} - \frac{e_0^2}{4\pi\varepsilon_0}\,\frac{1}{\Delta r} \quad\Rightarrow\quad \Delta r = \frac{\pi\varepsilon_0\,\hbar^2}{e_0^2\,m_{\mathrm e}} \quad\Rightarrow\quad E_0 \geq -4\cdot 13{,}6\,\mathrm{eV}$$

8–6 Messung diskreter, entarteter Spektren

a) $\qquad \langle \psi \,|\, \psi \rangle = \displaystyle\sum_{n} \sum_{\alpha=1}^{g_n} |c_{n\alpha}|^2 \overset{!}{=} 1$ $\hfill$ (1)

$$\langle \psi \,|\, \hat A \,|\, \psi \rangle = \sum_{n,m} \sum_{\alpha=1}^{g_n} \sum_{\beta=1}^{g_m} c_{n\alpha}^{*}\, c_{m\beta}\, \langle \psi_n,\alpha \,|\, \hat A \,|\, \psi_m,\beta \rangle =$$

$$= \sum_{n,m} \sum_{\alpha=1}^{g_n} \sum_{\beta=1}^{g_m} c_{n\alpha}^{*}\, c_{m\beta}\, a_m\, \underbrace{\langle \psi_n,\alpha \,|\, \psi_m,\beta \rangle}_{=\,\delta_{nm}\,\delta_{\alpha\beta}} = \sum_{n} \sum_{\alpha=1}^{g_n} a_n\, |c_{n\alpha}|^2$$ $\hfill$ (2)

b) Wegen der Gln. (1/2) können wir das **siebte Postulat** für Operatoren $\hat A$ mit *diskreten, entarteten Spektren* wie folgt formulieren: Bei der Messung des Operators $\hat A$ an einem System im Zustand

$$|\psi\rangle = \sum_{n} \sum_{\alpha=1}^{g_n} c_{n\alpha}\, |\psi_n,\alpha\rangle$$ $\hfill$ (3)

werden nur Eigenwerte a_n gemessen. *Die Wahrscheinlichkeit für den Messwert a_n beträgt*

$$\sum_{\alpha=1}^{g_n} |\langle \psi_n,\alpha \,|\, \psi \rangle|^2 = \sum_{\alpha=1}^{g_n} |c_{n\alpha}|^2$$ $\hfill$ (4)

Nach Gl. (1) ist die Summe aller Wahrscheinlichkeiten gleich Eins.

Nach der Messung des Eigenwertes a_n befindet sich das System laut dem **achten Postulat** im (neu normierten) Eigenzustand

$$|\psi\rangle_{\text{nach}} = \sum_{\alpha=1}^{g_n} c_{n\alpha} |\psi_n,\alpha\rangle \bigg/ \sqrt{\sum_{\alpha=1}^{g_n} |c_{n\alpha}|^2} \qquad (5)$$

Der Zustand ist die Projektion des Ausgangszustandes $|\psi\rangle$ auf den g_n-dimensionalen Eigenraum des Eigenwertes a_n. Die Messung zeichnet keinen Vektor $|\psi_n,\alpha\rangle$ in diesem Eigenraum aus.

8-7 Wahrscheinlichkeitsdichten des Impulses freier Teilchen

a) Die Impulswellenfunktionen der *freien* Teilchen berechnen sich mit Fouriertransformationen:

$$\tilde{\psi}_n(p) = \frac{1}{\sqrt{2\pi\hbar}} \int_0^L e^{-ipx/\hbar} \sqrt{\frac{2}{L}} \sin\left(\frac{n\pi}{L}x\right) dx =$$

$$= \frac{1}{\sqrt{\pi\hbar L}} \frac{1}{2i} \left[\frac{\exp\left[-i\left(\dfrac{p}{\hbar} - \dfrac{n\pi}{L}\right)L\right] - 1}{-i\left(\dfrac{p}{\hbar} - \dfrac{n\pi}{L}\right)} - \frac{\exp\left[-i\left(\dfrac{p}{\hbar} + \dfrac{n\pi}{L}\right)L\right] - 1}{-i\left(\dfrac{p}{\hbar} + \dfrac{n\pi}{L}\right)} \right] =$$

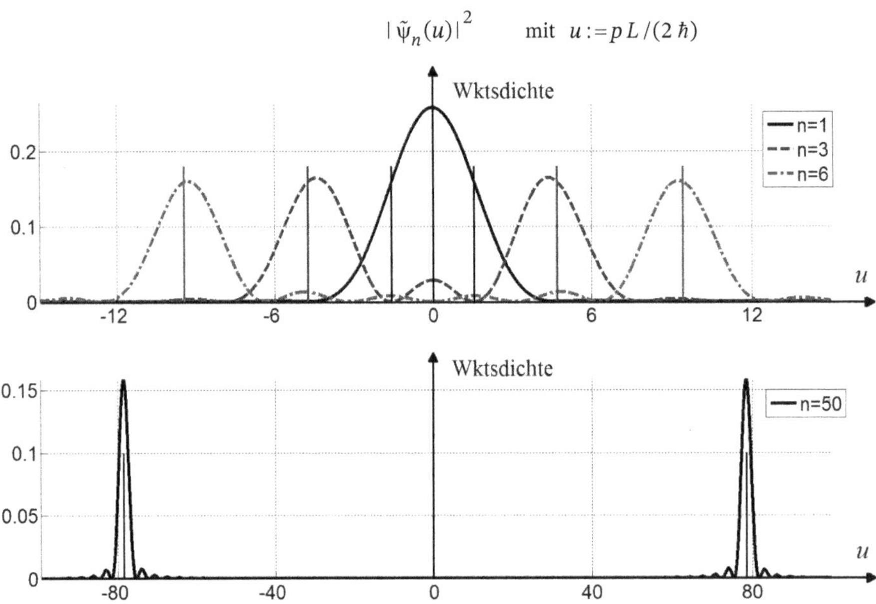

Abb. 1 Hier werden für freie Teilchen im Anfangszustand $\psi_n(x,0)$ vier Wahrscheinlichkeitsdichten $|\tilde{\psi}_n(u)|^2$ des Impulses dargestellt für $n = 1,3,6,50$.

Die Impulse werden in Einheiten von $2\hbar/L$ aufgetragen; daher wird $u := pL/(2\hbar)$ auf der Abszisse dargestellt. Die vertikalen, geraden Striche markieren die „Impulswerte"

$$\pm\sqrt{2mE_n} = \pm\frac{\pi\hbar}{L}n \quad \Leftrightarrow \quad u_n = \pm\frac{\pi}{2}n \qquad \text{mit} \qquad n = 1,3,6,50.$$

E_n sind die diskreten Energien im unendlich tiefen Potentialtopf. Mit wachsender Quantenzahl n rücken die Maxima von $|\tilde{\psi}_n(u)|^2$ immer näher an die diskreten Werte $\pm\pi n/2$ heran.

$$= \frac{1}{\sqrt{\pi \hbar L}} \left[1 - (-1)^n \cdot e^{-i\,pL/\hbar} \right] \frac{\pi L \hbar^2 n}{(n\pi\hbar)^2 - (pL)^2} \qquad (1)$$

Gl. (1) lässt sich mit dem Internet-Programm „Integralrechner" schnell und einfach überprüfen.

Mit $\quad \left| 1 \pm \exp(i\,\alpha) \right|^2 = 2\,(1 \pm \cos\alpha) = 4 \begin{cases} \cos^2(\alpha/2) \\[4pt] \sin^2(\alpha/2) \end{cases}$

erhalten wir die zeitunabhängigen, *kontinuierlichen Wahrscheinlichkeitsdichten des Impulses*:

$$\left| \tilde{\psi}_n(p) \right|^2 = \frac{4Ln^2}{\pi^3 \hbar} \frac{1}{\left[n^2 - \left(\dfrac{pL}{\pi\hbar} \right)^2 \right]^2} \begin{cases} \cos^2\left(\dfrac{pL}{2\hbar} \right) & \text{für ungerade } n \\[12pt] \sin^2\left(\dfrac{pL}{2\hbar} \right) & \text{für gerade } n \end{cases} \qquad (2)$$

$\left| \tilde{\psi}_n(p) \right|^2 dp$ ist die Wahrscheinlichkeit, den Impuls bei einer Messung im Intervall $[\,p, p+dp\,]$ zu finden. In Abb. 1 wird $\left| \tilde{\psi}_n(u) \right|^2$ mit $u := pL/(2\hbar)$ für $n = 1, 3, 6, 50$ dargestellt.

Die Impulse freier Teilchen mit den anfänglichen Wellenfunktionen $\psi_n(x,0)$ haben kontinuierliche Spektren. Die Impulsstreuungen

$$\Delta p_n = \pi\hbar n / L$$

werden in Aufgabe 5–1 berechnet; sie sind indirekt proportional zur Ausgangsbreite L und verschwinden daher nur für $L \to \infty$. Für $n = 1$ wird der Impuls am ehesten in der Umgebung von $p = 0$ gefunden.

Nach Abb. 1 liegen die Maxima von $\left| \tilde{\psi}_n(p) \right|^2$ für $n \gg 1$ in der Nähe der *diskreten* „Impulswerte" $\pm\sqrt{2mE_n} = \pm n\pi\hbar/L$, wobei E_n die diskreten Energien des unendlich tiefen Potentialtopfes sind (siehe Gl. (5.1–7)). [2] Diese Impulswerte werden in Abb. 1 durch vertikale, gerade Striche markiert.

b) Mit den Impulswellenfunktionen $\tilde{\psi}_n(p)$ in Gl. (1) finden wir

$$\psi_n(x,t) = \frac{1}{\sqrt{2\pi\hbar}} \int\limits_{-\infty}^{+\infty} \tilde{\psi}_n(p)\, e^{i\,[\,px - E(p)\,t\,]/\hbar}\, dp = \qquad (4.2\text{–}4)$$

$$= \sqrt{\frac{L}{2}}\, \hbar n \int\limits_{-\infty}^{+\infty} \frac{1 - (-1)^n \cdot e^{-i\,pL/\hbar}}{(n\pi\hbar)^2 - (pL)^2} \exp\!\left[\frac{i}{\hbar} \left\{ px - \frac{p^2}{2m} t \right\} \right] dp \qquad (3)$$

Mit Gl. (3) werden die Aufenthaltsdichten $|\psi_1(x,t)|^2$ und $|\psi_2(x,t)|^2$ numerisch berechnet und in den Abbn. 2a/b zu den Zeiten $t = 0$ und (jeweils darunter) $t = 0{,}4 \cdot m_e L^2/(\hbar\pi)$ dargestellt.

Die Abbn. 2a/b bestätigen, dass die Aufenthaltsdichten $|\psi_n(x,t)|^2$ *freier Teilchen im Laufe der Zeit zerfließen*. Diese erwartete Eigenschaft ist auf das kontinuierliche Impulsspektrum und auf die Dispersion der Materiewellen zurückzuführen.

---

[2] Der „Impulswert" $\sqrt{2mE_n}$ hat die Einheit eines Impulses, ist aber nicht der Impuls eines Teilchens im unendlich tiefen Potentialtopf. Die Wellenfunktionen (5.1–6) sind keine Eigenfunktionen von $\hat{P}$, so dass die Teilchen die Eigenschaft „Impuls" nicht haben. Sie haben die Impulsstreuungen $\Delta p_n = \pi\hbar n/L$.

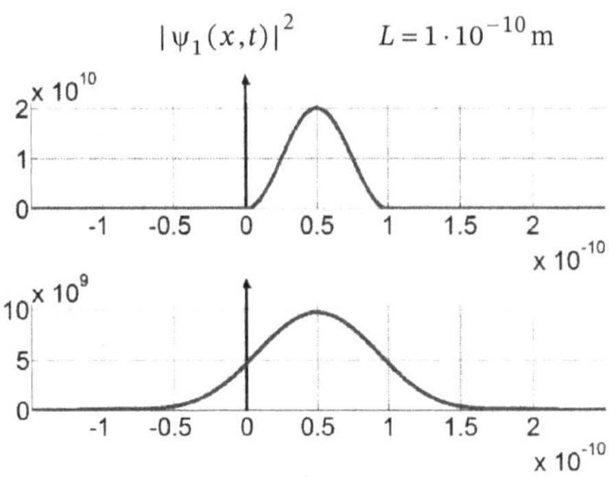

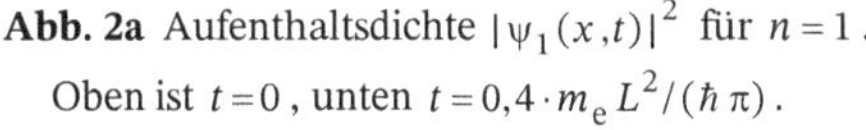

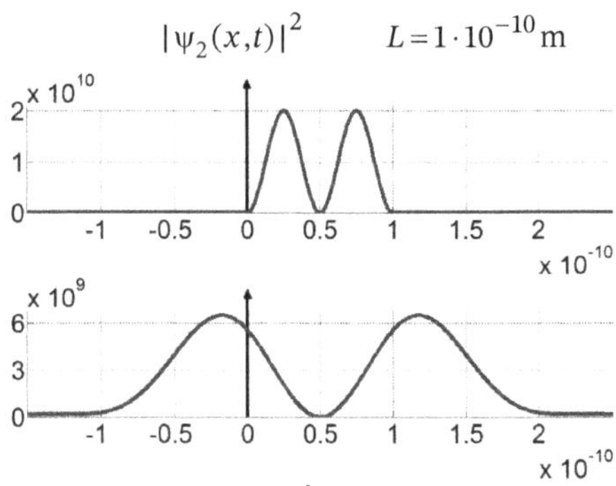

Abb. 2a Aufenthaltsdichte $|\psi_1(x,t)|^2$ für $n=1$. Oben ist $t=0$, unten $t=0{,}4\cdot m_{\mathrm{e}}\,L^2/(\hbar\,\pi)$.

Abb. 2b Aufenthaltsdichte $|\psi_2(x,t)|^2$ für $n=2$. Oben ist $t=0$, unten $t=0{,}4\cdot m_{\mathrm{e}}\,L^2/(\hbar\,\pi)$.

c) Mit Ausnahme der freien Systeme, die in Kapitel 4 untersucht wurden, haben alle Systeme ortsabhängige Potentiale $V(x)$. Im unendlich tiefen Potentialtopf ist die potentielle Energie nur im Innern des Topfes null. Wir müssen aber stets das *ganze* Potential betrachten und dazu gehören auch die Sprünge bei $x=0$ und $x=L$ sowie die unendlichen Werte außerhalb des Topfes. Deshalb ist das Potential des Potentialtopfes ortsabhängig, so dass $\hat{V}(x)$ *und* $\hat{H}$ *nicht kommutieren und keine gemeinsamen Eigenfunktionen haben*. Keine zwei der drei Operatoren $\hat{T},\hat{V},\hat{H}$ vertauschen:

$$\left[\hat{T},\hat{V}\right]\neq 0 \qquad \left[\hat{T},\hat{H}\right]\neq 0 \qquad \left[\hat{V},\hat{H}\right]\neq 0$$

Für ortsabhängige Potentiale haben die drei Operatoren $\hat{T},\hat{V},\hat{H}$ keine gemeinsamen Eigenfunktionen. Daher haben die Eigenfunktionen von $\hat{H}$, also die Wellenfunktionen mit wohl definierten Gesamtenergien, weder eine wohl definierte kinetische Energie noch eine wohl definierte potentielle Energie.[3] In ortsabhängigen Potentialen $V(x)$ haben die Eigenfunktionen von $\hat{H}$ die Eigenschaften „kinetische Energie" und „potentielle Energie" nicht.

Nach der Unbestimmtheitsrelation können Ort und Impuls nicht gleichzeitig scharf gemessen werden. Daher lässt sich die Gesamtenergie in der Quantenmechanik nicht messen durch Messungen von kinetischer und potentieller Energie und anschließende Addition. Die erste Messung zerstört die Eigenfunktion von $\hat{H}$ und die zweite Messung zerstört den Zustand, der sich bei der ersten Messung gebildet hat.

Die Aussage „Die Gesamtenergie ist die Summe aus kinetischer und potentieller Energie" ist nur in der klassischen Mechanik richtig, nicht aber in der Quantenmechanik.

In der Quantenmechanik können nicht die Energiewerte, sondern nur die Operatoren – und damit auch die Erwartungswerte – addiert werden:

$$\hat{H}=\hat{T}+\hat{V}=-\frac{\hbar^2}{2m}\Delta+V(\mathbf{r})$$

In Aufgabe 8–16 kommen wir zu vergleichbaren Ergebnissen.

---

[3] Man sagt: Ein Teilchen hat die Eigenschaft A genau dann, wenn es in einem Eigenzustand von $\hat{A}$ ist, so dass die Messung von $\hat{A}$ mit Sicherheit den Eigenwert liefert und dabei den Zustand nicht ändert. In diesem Fall hat das Teilchen den gemessenen Zustand auch schon *vor* der Messung von $\hat{A}$.

8-8 Bedingung für verschwindende Streuung

Die Eigenwertgln. lauten $\hat{A}\,|\psi_n\rangle = a_n\,|\psi_n\rangle$. Das System sei im Zustand

$$|\psi\rangle = \sum_n c_n\,|\psi_n\rangle \qquad \text{mit} \qquad \sum_n |c_n|^2 = 1 \tag{1/2}$$

$$\Rightarrow \qquad (\Delta A)^2_\psi \underset{\text{Gl.(8.2-2)}}{=} \langle\psi|\,\hat{A}^2\,|\psi\rangle - \langle\psi|\,\hat{A}\,|\psi\rangle^2 = \sum_n |c_n|^2\,a_n^2 - \left(\sum_n |c_n|^2\,a_n\right)^2 \underset{\text{Gl.(2)}}{=}$$

$$v \qquad = \sum_{n,m} |c_n|^2\,|c_m|^2\,a_n\,(a_n - a_m)$$

Die Doppelsumme ändert sich nicht bei Vertauschung der Indices n,m :

$$(\Delta A)^2_\psi = \frac{1}{2}\sum_{n,m} |c_n|^2\,|c_m|^2\,a_n\,(a_n - a_m) + \frac{1}{2}\sum_{n,m} |c_m|^2\,|c_n|^2\,a_m\,(a_m - a_n) =$$

$$= \frac{1}{2}\sum_{n,m} |c_n|^2\,|c_m|^2\,(a_n - a_m)^2$$

Nun ist $(a_n - a_m)^2 > 0$ für $n \neq m$. Daher verschwindet die Varianz $(\Delta A)^2_\psi$ genau dann, wenn nur ein einziger Koeffizient c_k ungleich null ist, wenn also die Wellenfunktion eine Eigenfunktion $|\psi_k\rangle$ von $\hat{A}$ ist. Daher können zwei Observable $\hat{A},\hat{B}$ nur dann gleichzeitig scharf gemessen werden ($\Delta\hat{A}_\psi = 0$ und $\Delta\hat{B}_\psi = 0$), wenn die Wellenfunktion $|\psi\rangle$ sowohl ein Eigenzustand von $\hat{A}$ als auch von $\hat{B}$ ist. (Natürlich war dieses Ergebnis zu erwarten.)

8-9 Streuungsprodukt von Energie und (Ort oder Impuls)

a) $\quad [x,\hat{H}] = \left[x,\dfrac{\hat{P}_x^2}{2m}\right] = i\dfrac{\hbar}{m}\hat{P}_x$

Mit der allgemeinen Unbestimmtheitsrelation

$$\Delta A_\psi\,\Delta B_\psi \geq \frac{1}{2}\left|\langle\psi|\,[\hat{A},\hat{B}]\,|\psi\rangle\right| \tag{8.2-8}$$

folgt: $\quad \Delta x_\psi\,\Delta E_\psi \geq \dfrac{\hbar}{2m}\left|\langle\psi|\,\hat{P}_x\,|\psi\rangle\right|$ $\qquad\qquad$ (1)

Stationäre Zustände enthalten nach Abschn. 3.2 nur eine Energie, so dass $\Delta E = 0$. Aus Gl. (1) folgt:

$$\Delta x_\psi \cdot 0 \geq \frac{\hbar}{2m}|\langle\psi|\,\hat{P}_x\,|\psi\rangle| \quad \Rightarrow \quad \langle\psi|\,\hat{P}_x\,|\psi\rangle = 0$$

Folglich ist der Erwartungswert des Impulses von räumlich beschränkten ($\Delta x_\psi < \infty$), stationären ($\Delta E = 0$) Zuständen immer null.

b) $\quad [\hat{P}_x,\hat{H}] = \left[\dfrac{\hbar}{i}\dfrac{d}{dx},V(x)\right] = \dfrac{\hbar}{i}\dfrac{dV}{dx} \quad \Rightarrow \quad \Delta p_\psi\,\Delta E_\psi \geq \dfrac{\hbar}{2}\langle\psi|V'|\psi\rangle$ $\quad$ (2)

Für nicht konstante Potentiale $V'(x) \neq 0$ ist $\Delta p_\psi\,\Delta E_\psi$ i. Allg. größer als null.

8-10 Projektionsoperator oder nicht?

a) $\hat{A}$ ist ein Operator, denn $\hat{A}\,|\psi\rangle = |\alpha\rangle\langle\beta|\psi\rangle = c\,|\alpha\rangle$ (mit $c \in \mathbb{C}$) ist ein Vektor im Hilbertraum.

Der Operator $\hat{A} = |\alpha\rangle\langle\beta|$ mit den beiden normierten Funktionen $|\alpha\rangle,|\beta\rangle$ ist genau dann ein Projektionsoperator, wenn $\hat{A} = \hat{A}^2 \Leftrightarrow \langle\alpha|\beta\rangle = 1 \Leftrightarrow |\alpha\rangle = |\beta\rangle$.

b) Für alle Funktionen $|\varphi\rangle, |\psi\rangle$ gilt nach Gl. (7.1–2a):

$$\langle\varphi|\hat{A}|\psi\rangle = \langle\varphi|\alpha\rangle\langle\beta|\psi\rangle = \left(\langle\psi|\beta\rangle\langle\alpha|\varphi\rangle\right)^*$$

Andererseits gilt:

$$\langle\varphi|\hat{A}|\psi\rangle = \langle\hat{A}^\dagger\varphi|\psi\rangle = \langle\psi|\hat{A}^\dagger\varphi\rangle^*$$

$$\Rightarrow \quad (|\alpha\rangle\langle\beta|)^\dagger = \hat{A}^\dagger = |\beta\rangle\langle\alpha| \tag{2}$$

Daher ist $\hat{A} = |\alpha\rangle\langle\beta|$ genau dann hermitesch, wenn $|\alpha\rangle = |\beta\rangle$ gilt. Genau dann ist auch $\hat{A} = \hat{A}^2$.

c) $\qquad \hat{A}^2 = \sum_{n,m} c_n\, c_m\, |\psi_n\rangle\langle\psi_n|\psi_m\rangle\langle\psi_m| = \sum_n c_n^2\, |\psi_n\rangle\langle\psi_n|$

Daher gilt $\hat{A}^2 = \hat{A}$ dann und nur dann, wenn $c_n = c_n^2$ für alle n, wenn also jeder der Koeffizienten c_n entweder null oder eins ist.

8–11 Entwicklung nach Orts- und Impulseigenfunktionen

a) Die Wellenfunktion $\psi(x)$ lässt sich als kontinuierliche Überlagerung der Ortseigenzustände

$$\psi_\xi(x) = \delta(\xi - x) \tag{7.1–16}$$

darstellen: $\quad \psi(x) = \displaystyle\int_{-\infty}^{\infty} c_\xi\, \psi_\xi(x)\, d\xi = \int_{-\infty}^{\infty} \psi(\xi)\, \delta(\xi - x)\, d\xi \tag{1}$

Die Entwicklungskoeffizienten c_ξ sind die Ortswellenfunktionen $\psi(\xi)$.

Kontinuierliche Überlagerungen der Impulseigenzustände beschreiben Fouriertransformationen:

$$\psi(x) = \int_{-\infty}^{\infty} c_p\, \psi_p(x)\, dp = \frac{1}{\sqrt{2\pi\hbar}} \int_{-\infty}^{\infty} \tilde{\psi}(p)\, e^{ipx/\hbar}\, dp \tag{2}$$

Die Entwicklungskoeffizienten c_p sind die Impulswellenfunktionen $\tilde{\psi}(p)$.

b) Die Eigenwertgln. $\hat{A}\,\psi_a(x) = a\,\psi_a(x)$ der Observablen $\hat{A}$ sollen kontinuierliche Eigenwerte a und nicht normierbare Eigenfunktionen $\psi_a(x)$ haben. Die Orthogonalitätsrelation und die Vollständigkeitsrelation lauten:

$$\int_{-\infty}^{\infty} \psi_{a'}^*(x)\, \psi_a(x)\, dx = \delta(a - a') \qquad\qquad \int_{-\infty}^{\infty} \psi_a^*(x')\, \psi_a(x)\, da = \delta(x - x')$$

Die kontinuierliche Entwicklung

$$\psi(x) = \int_{-\infty}^{\infty} c_a\, \psi_a(x)\, da \tag{3}$$

der Wellenfunktion $\psi(x)$ nach den Eigenfunktionen $\psi_a(x)$ ist eine *Verallgemeinerung* der Gln. (1/2). Daher lassen sich das zweite und das vierte Postulat durch ein einzelnes **Postulat** ersetzen:

Die Observable $\hat{A}$ habe die Eigenwertgln.

$$\hat{A}\,\psi_a(x) = a\,\psi_a(x) \quad \text{mit kontinuierlichen Eigenwerten } a.$$

Das Absolutquadrat des Entwicklungskoeffizienten c_a der Wellenfunktion

$$\psi(x) = \int_{-\infty}^{+\infty} c_a\, \psi_a(x)\, da$$

ist eine Wahrscheinlichkeitsdichte. $|c_a|^2\, da$ ist die Wahrscheinlichkeit, bei der Messung des kontinuierlichen Spektrums von $\hat{A}$ einen Messwert im Intervall $[\,a, a+da\,]$ zu finden.

8–12 Freie Quantenperle auf einem Ring: Verletzung der Unbestimmtheitsrelation

a)
$$\hat{H}\,\psi(x) = -\frac{\hbar^2}{2m}\frac{\partial^2}{\partial x^2}\,\psi(x) = E\,\psi(x) \qquad \text{mit} \quad x = \text{Bogenlänge}$$

$$\Rightarrow \qquad \psi(x) = A\,\cos(k\,x) + B\,\sin(k\,x) \qquad \text{mit} \quad k := \sqrt{2mE}\,/\hbar$$

Die Wellenfunktionen sollen eindeutig sein, so dass gelten muss:

$$\psi(0) = \psi(L) \qquad \Rightarrow \qquad A = A\,\cos(k\,L) + B\,\sin(k\,L) \tag{1a}$$

und $\qquad \psi'(0) = \psi'(L) \qquad \Rightarrow \qquad k\,B = k\,\big[-A\,\sin(k\,L) + B\cos(k\,L)\big]$ $\hfill\text{(1b)}$

Wir lösen die zwei Gln. (1a) und (1/b) nach B/A auf:

$$\text{Gl. (1a)} \;\Rightarrow\; \frac{B}{A} = \frac{1-\cos(k\,L)}{\sin(k\,L)} \qquad\qquad \text{Gl. (1b)} \;\Rightarrow\; \frac{B}{A} = -\frac{\sin(k\,L)}{1-\cos(k\,L)}$$

$$\Rightarrow \qquad \big[1-\cos(k\,L)\big]^2 = -\sin^2(k\,L) \qquad \Rightarrow \qquad 1-\cos(k\,L) = 0$$

$$\Rightarrow \qquad \cos(k\,L) = 1 \qquad \Rightarrow \qquad k = \frac{2\pi}{L}\,n \qquad\qquad \text{mit} \qquad n = 0,1,2,\dots \tag{2}$$

Bemerkung: Für $\cos(k\,L) = 1$ ist $\sin(k\,L) = 0$ und die Richtigkeit der Gln. (1a/b) ist offenkundig.

Wegen $k := \sqrt{2mE}\,/\hbar \geq 0$ darf die Quantenzahl n nicht negativ sein.

$$\Rightarrow \qquad E_n = \frac{2\pi^2\hbar^2}{mL^2}\,n^2 \qquad\qquad \text{mit} \qquad n = 0,1,2,\dots \tag{3}$$

Die *orthonormierten* Eigenfunktionen des Hamiltonoperators lauten

$$\psi_0(x) = \sqrt{\frac{1}{L}} \tag{4a}$$

und $\qquad \psi_n(x) = \sqrt{\dfrac{2}{L}}\,\cos\!\left(\dfrac{2\pi n}{L}x\right) \qquad$ und $\qquad \psi_n(x) = \sqrt{\dfrac{2}{L}}\,\sin\!\left(\dfrac{2\pi n}{L}x\right) \qquad n = 1,2,\dots$ $\hfill\text{(4b)}$

Die Energie $E_0 = 0$ des Grundzustandes ($n = 0$) ist nicht entartet, die Energien der angeregten Zustände ($n \geq 1$) sind zweifach entartet.

Die allgemeine Lösung der zeitabhängigen Schrödinger-Gl. ist eine Überlagerung und lässt sich in Anlehnung an die Theorie der Fourierreihen schreiben als

$$\psi(x,t) = \frac{a_0}{2} + \sum_{n=1}^{\infty}\left[\left\{a_n\cos\!\left(\frac{2\pi n}{L}x\right) + b_n\sin\!\left(\frac{2\pi n}{L}x\right)\right\}e^{-iE_n t/\hbar}\right] \tag{5}$$

b) Die Ableitung $\psi'(x)$ ist unstetig. Daher ist die Funktion $\psi(x)$ keine zulässige Wellenfunktion.

c) Für den normierten Grundzustand $\psi_0(x) = 1/\sqrt{L}$ gilt:

$$\langle \psi_0 | \hat{P}_x | \psi_0 \rangle = 0 \qquad\qquad \langle \psi_0 | \hat{P}_x^2 | \psi_0 \rangle = 0 \qquad \Rightarrow \qquad (\Delta P_x)_{\psi_0} = 0$$

und $\qquad \langle \psi_0 | x | \psi_0 \rangle = \dfrac{1}{L}\displaystyle\int_0^L x\,dx = \dfrac{L}{2} \qquad\qquad \langle \psi_0 | x^2 | \psi_0 \rangle = \dfrac{1}{3}L^2 \qquad \Rightarrow \qquad (\Delta X)_{\psi_0} = \dfrac{L}{\sqrt{12}}$

$$\Rightarrow \quad 0 = (\Delta P_x)_{\psi_0} (\Delta X)_{\psi_0} \underset{\underset{\text{Gl. (8.2-8) ?}}{\uparrow}}{\geq} \frac{1}{2}\left|\langle \psi_0 | [\hat{P}_x, \hat{X}] | \psi_0 \rangle\right| = \frac{\hbar}{2} \qquad (?) \qquad\qquad (7)$$

Anscheinend ist die Unbestimmtheitsrelation (8.2-8) verletzt. Richtig ist aber, dass die Unbestimmtheitsrelation hier nicht angewendet werden darf, weil die Funktion $\chi_0(x) := \hat{X}\psi_0(x) = x/L^{0,5}$ die Übergangsbedingung $\chi_0(0) = \chi_0(L)$ nicht erfüllt und daher kein Element des Hilbertraumes der Quantenperle ist.

Im Beweis der allgemeinen Unbestimmtheitsrelation in Abschn. 8.2 wird vorausgesetzt, dass nicht nur die Funktion $|\psi\rangle$ Element des Hilbertraumes ist, sondern auch die Funktionen $\hat{A}|\psi\rangle$ und $\hat{B}|\psi\rangle$.

Zudem ist die Observable $\hat{P}_x$ für die Funktionen $\chi_n(x) = x\,\psi_n(x) \sim x\cos(2\pi n x/L)$ wegen $\chi_n(0) \neq \chi_n(L)$ nicht hermitesch. (Die Hermitizität der Operatoren ist eine Voraussetzung für die Herleitung der Unbestimmtheitsrelation (8.2-8).) Das Fehlen der Hermitizität wird durch die Rechnung in Beispiel 7.2-1 verdeutlicht: Nach der partiellen Integration fällt die Differenz der beiden Randterme nicht weg: $-i\hbar\left[\chi_n^*(L)\chi_n(L) - \chi_n^*(0)\chi_n(0)\right] \neq 0$

8–13 Mach-Zehnder-Interferometer mit zwei verschiedenen Strahlteilern

a) Zwei in die *gleiche* (beliebige) Richtung gedrehte Polfilter liefern keine Weginformation. Daher spricht Detektor 1 immer an und Detektor 2 nie. Allerdings wird die Hälfte der Photonen in den Polfiltern absorbiert. Zwei Polfilter mit *senkrecht* aufeinander stehenden Polarisationsrichtungen liefern volle Weginformationen, so dass die Interferenzfähigkeit verloren geht und beide Detektoren gleich häufig ansprechen.

b) Auf dem unteren Weg über Spiegel 1 entwickelt sich der Zustand auf dem Weg zu D2 wie folgt:

$$|\text{ho}\rangle \underset{\underset{\text{St 1}}{\uparrow}}{\rightarrow} \sqrt{T_1}\,|\text{ho}\rangle \underset{\underset{\text{Sp 1}}{\uparrow}}{\rightarrow} -\sqrt{T_1}\,|\text{ve}\rangle \underset{\underset{\text{St 2}}{\uparrow}}{\rightarrow} -\sqrt{T_1 T_2}\,|\text{ve}\rangle$$

Auf dem oberen Weg über Spiegel 2 entwickelt sich der Zustand auf dem Weg zu D2 wie folgt:

$$|\text{ho}\rangle \underset{\underset{\text{St 1}}{\uparrow}}{\rightarrow} -\sqrt{R_1}\,|\text{ve}\rangle \underset{\underset{\text{Sp 2}}{\uparrow}}{\rightarrow} \sqrt{R_1}\,|\text{ho}\rangle \underset{\underset{\text{St 2}}{\uparrow}}{\rightarrow} \sqrt{R_1 R_2}\,|\text{ve}\rangle$$

Der Detektor 2 spricht genau dann nicht an, wenn

$$-\sqrt{T_1 T_2}\,|\text{ve}\rangle + \sqrt{R_1 R_2}\,|\text{ve}\rangle = 0$$

$$\Leftrightarrow \quad T_1 T_2 \overset{!}{=} R_1 R_2 = (1-T_1)(1-T_2) = 1 - T_1 - T_2 + T_1 T_2$$

$$\Leftrightarrow \quad T_1 + T_2 = 1 \quad \Leftrightarrow \quad T_2 = 1 - T_1 = R_1 \quad \Leftrightarrow \quad R_2 = 1 - T_2 = T_1$$

8–14 Mach-Zehnder-Interferometer mit Prismen-Strahlteilern

Wir verfolgen hier – anders als im Haupttext – die Wellenfunktion eines horizontal einlaufenden Photons *als Ganzes* und betrachten nicht mehr getrennt die Entwicklungen auf beiden Interferometer-Armen. Die *ganze* Wellenfunktion entwickelt sich *ohne Bombe* wie folgt:

$$|\text{ho}\rangle \underset{\underset{\text{St 1}}{\uparrow}}{\rightarrow} \frac{1}{\sqrt{2}}\left(|\text{ho}\rangle + i\,|\text{ve}\rangle\right) \underset{\underset{\text{Sp 1 \& Sp 2}}{\uparrow}}{\rightarrow} -\frac{1}{\sqrt{2}}\left(|\text{ve}\rangle + i\,|\text{ho}\rangle\right)$$

$$\underset{\underset{\text{St 2}}{\uparrow}}{\rightarrow} \quad -\frac{1}{\sqrt{2}}\left[\frac{1}{\sqrt{2}}\left(|\,\text{ve}\rangle + i\,|\,\text{ho}\rangle\right) + \frac{i}{\sqrt{2}}\left(|\,\text{ho}\rangle + i\,|\,\text{ve}\rangle\right)\right] = -i\,|\,\text{ho}\rangle$$

Mit Bombe bleibt die erste dieser zwei Zeilen gleich und die zweite Zeile ändert sich in

$$\underset{\underset{\text{St 2}}{\uparrow}}{\rightarrow} \quad -\frac{1}{\sqrt{2}}\left[\frac{1}{\sqrt{2}}\left(|\,\text{ve}\rangle + i\,|\,\text{ho}\rangle\right) + 0\right] = -\frac{1}{2}\left(|\,\text{ve}\rangle + i\,|\,\text{ho}\rangle\right)$$

Mit Bombe sprechen die beiden Detektoren mit gleichen Wahrscheinlichkeiten an.

8–15 Schrödinger-Gl. in der A-Darstellung

a) Die Zeitableitung der Gl. (8.7–6b) führt auf

$$\frac{d}{dt}\,c_n(t) = \langle n\,|\,d\psi(t)/dt\,\rangle = \frac{1}{i\hbar}\,\langle n\,|\,\hat{H}\,|\,\psi(t)\rangle = \frac{1}{i\hbar}\sum_m \underbrace{\langle n\,|\,\hat{H}\,|\,m\rangle}_{=:\,h_{nm}}\,\underbrace{\langle m\,|\,\psi(t)\rangle}_{=\,c_m(t)}$$

$$\Rightarrow \quad i\hbar\frac{d}{dt}\,c_n(t) = \sum_m h_{nm}\,c_m(t) \qquad \text{mit} \qquad h_{nm} := \langle n\,|\,\hat{H}\,|\,m\rangle \tag{1}$$

bzw. in Matrixdarstellung

$$i\hbar\frac{d}{dt}\begin{pmatrix} c_1(t) \\ c_2(t) \\ \vdots \end{pmatrix} = \begin{pmatrix} h_{11} & h_{12} & \cdots \\ h_{21} & h_{22} & \cdots \\ \cdots & \cdots & \ddots \end{pmatrix}\begin{pmatrix} c_1(t) \\ c_2(t) \\ \vdots \end{pmatrix} \tag{1'}$$

Dieses System gekoppelter, linearer Dgln. heißt **Schrödinger-Gl. in der A-Darstellung**. Mit ihr werden die Wahrscheinlichkeitsamplituden $c_n(t)$ und damit der Zustand $|\psi(t)\rangle$ in der **A-Darstellung** (8.7–6) berechnet. Die Berechnung erfordert die Kenntnis der Matrixelemente h_{nm}.

b) Wenn der zeit*un*abhängige Operator $\hat{A}$ eine Erhaltungsgröße ist, wenn also $[\hat{A},\hat{H}]=0$ gilt, dann sind die Eigenfunktionen $|n\rangle$ von $\hat{A}$ auch Eigenfunktionen von $\hat{H}$. Dann folgen aus den gekoppelten Dgln. (1) die entkoppelten Dgln.

$$\frac{d}{dt}\,c_n(t) = \frac{1}{i\hbar}\sum_m \langle n\,|\,E_m\,|\,m\rangle\,c_m(t) = -\frac{i}{\hbar}\,E_n\,c_n(t)$$

$$\Rightarrow \quad c_n(t) = c_n(0)\,\mathrm{e}^{-iE_n t/\hbar} \quad \Rightarrow \quad |c_n(t)|^2 = \text{const}$$

Fazit: *Wenn der zeitunabhängige Operator $\hat{A}$ eine Erhaltungsgröße ist, wenn also $[\hat{A},\hat{H}]=0$ gilt, dann bleibt ein Eigenzustand von $\hat{A}$ im Laufe der Zeit erhalten.*

Hinweis: Es gibt noch zwei alternative Beweise, die ohne Schrödinger-Gl. in der A-Darstellung auskommen:

2. Beweis: Für zeit*un*abhängige Hamiltonoperatoren lautet die Zeitentwicklung einer Wellenfunktion (siehe Gl. (3.6–6a) in Aufgabe 3–6d):

$$|\psi(t)\rangle = \exp(-i\hat{H}t/\hbar)\,|\psi(0)\rangle \qquad \text{nur für } V = V(x)\text{, also nur für zeitunabhängiges } \hat{H}$$

Das bedeutet für $|\psi(0)\rangle = |k\rangle$:

$$\hat{A}\,|\psi(t)\rangle = \hat{A}\exp(-i\hat{H}t/\hbar)\,|\psi(0)\rangle \underset{\underset{[\hat{A},\hat{H}]=0}{\uparrow}}{=} \exp(-i\hat{H}t/\hbar)\,\hat{A}\,|\psi(0)\rangle =$$

$$= \exp(-i\hat{H}t/\hbar)\,\hat{A}\,|k\rangle = a_k\exp(-i\hat{H}t/\hbar)\,|\psi(0)\rangle = a_k\,|\psi(t)\rangle$$

Also bleibt $|\psi(t)\rangle$ die Eigenfunktion von $\hat{A}$ zum Eigenwert a_k.

3. Beweis: Wegen $|\psi(0)\rangle = |k\rangle$ verschwindet die Streuung von $\hat{A}$ zur Zeit $t = 0$. Nach Beispiel 7.3–1 ist die Streuung von Erhaltungsgrößen zeitlich konstant. In Aufgabe 8–8 wird gezeigt, dass eine Streuung ΔA genau dann null ist, wenn das System in einem Eigenzustand von $\hat{A}$ ist.

8–16 Tunneleffekt und Energiebilanz

Wegen $\left[\hat{H},\hat{P}\right] \neq 0$ und $\left[\hat{H},\hat{T}\right] = \left[\hat{H},\hat{P}^2/(2m)\right] \neq 0$

und $\left[\hat{H},\hat{X}\right] \neq 0$ und $\left[\hat{H},\hat{V}\right] \neq 0$ mit $\hat{V} := V(\hat{X})$

hat der Hamiltonoperator $\hat{H}$ des harmonischen Oszillators keine gemeinsamen Eigenfunktionen mit den Operatoren $\hat{P},\hat{T}$ und ebenso keine gemeinsamen Eigenfunktionen mit den Operatoren $\hat{X},\hat{V}$.

Die Hermite-Funktionen $\psi_n(x)$ in Gl. (6.1–17) sind weder Eigenfunktionen des kinetischen Energieoperators $\hat{T}$ noch Eigenfunktionen von $\hat{V}$. Wenn an vielen gleich präparierten Teilchen mit den Wellenfunktionen $\psi_n(x)$ entweder $\hat{T}$ oder $\hat{V}$ gemessen wird, dann streuen sowohl die gemessenen kinetischen als auch die gemessenen potentiellen Energien. Daher haben die Wellenfunktionen $\psi_n(x)$ *weder einen wohl bestimmten Zahlenwert der kinetischen Energie noch einen wohl definierten Wert der potentiellen Energie.* Man sagt: *Ein Teilchen im Eigenzustand $\psi_n(x)$ von $\hat{H}$ hat die Eigenschaften ‚kinetische Energie' und ‚potentielle Energie' nicht.*

Wegen $\left[\hat{T},\hat{V}\right] \neq 0$ können kinetische und potentielle Energie nicht gleichzeitig gemessen werden. Eine Messung eines der beiden Energieoperatoren zerstört die Wellenfunktion, die sich bei einer unmittelbar vorangehenden Messung des anderen Energieoperators gebildet hat.

Die Gesamtenergie lässt sich nicht messen durch Messung der kinetischen Energie und Messung der potentiellen Energie und anschließende Addition der Messwerte.

Nur die *Operatoren* und ihre Erwartungswerte dürfen addiert werden (siehe z. B. $\hat{H} = \hat{T} + \hat{V}$ in der Schrödinger-Gl.); *die Zahlenwerte bzw. Messwerte dürfen nicht zu $T + V$ addiert werden.*

Wegen $\left[\hat{T},\hat{X}\right] \neq 0$ können Ort und kinetische Energie nicht gleichzeitig gemessen werden. Teilchen können nicht gleichzeitig die zwei Eigenschaften ‚Ort' und ‚kinetische Energie' haben.

Der Befund, dass die Wellenfunktion in Gebieten mit $E < V(x)$ ungleich null ist, besagt nicht, dass sich Teilchen in klassisch verbotenen Gebieten aufhalten. Der Befund besagt nur: Bei Ortsmessungen können Teilchen in Gebieten mit $E < V(x)$, also im Tunnel **gefunden** werden.

Bei Messungen der Gesamtenergie ändern sich die Wellenfunktionen $\psi_n(x)$ nicht, da sie Eigenfunktionen von $\hat{H}$ sind. Daher sind für uns nur Messungen von Ort, kinetischer und potentieller Energie an Teilchen im Zustand $\psi_n(x)$ interessant.

Ortsmessung: Bei Ortsmessungen kann das Teilchen mit sehr kleiner Wahrscheinlichkeit im Tunnel gefunden werden. *Dabei kollabiert die Wellenfunktion in die Umgebung des Fundortes.* Die neue Wellenfunktion kann als Überlagerung der vollständigen Eigenfunktionen $\psi_n(x)$ von $\hat{H}$ dargestellt werden; die zugehörige Impulswellenfunktion $\tilde{\psi}(p)$ ist breit.

Nach einer Ortsmessung hat die Wellenfunktion zwar (näherungsweise) *die zwei Eigenschaften ‚Ort'
und ‚potentielle Energie', nicht aber die drei Eigenschaften ‚Impuls', ‚kinetische Energie' und ‚Gesamtenergie'.* In [Landau], §18 ist zu lesen: „Wenn durch einen Messprozess ein Teilchen in einem
gewissen Raumpunkt lokalisiert wird, dann wird im Ergebnis dieses Prozesses der Zustand des
Teilchens so gestört, dass es letztlich überhaupt keine bestimmte kinetische Energie mehr hat."

Bei einer anschließenden Messung der Gesamtenergie mit dem Ergebnis E_m ändert sich die Wellenfunktion erneut und geht in $\psi_m(x)$ über. Für $E_m \neq E_n$ hat das Teilchen mit dem Messgerät
Energie ausgetauscht.

Messung der kinetischen Energie: Wir messen am anfänglichen Zustand $\psi_n(x)$ die kinetische
Energie. *Die gemessene kinetische Energie kann nicht negativ sein,* da $\hat{T}$ nur Eigenwerte $T \geq 0$ hat;
denn $\hat{T}$ ist der Hamiltonoperator freier Teilchen. Bei der Messung kollabiert die Wellenfunktion
wegen des kontinuierlichen Spektrums von $\hat{T}$ in eine kontinuierliche Überlagerung der Eigenfunktionen $\exp(\pm i p x/\hbar)$; dabei dominieren die Impulsbeiträge, deren kinetische Energien in der
Umgebung des Messwertes liegen. Infolgedessen ist die Fouriertransformierte $\tilde{\psi}(p)$ der neuen
Wellenfunktion schmal. Das gemessene Teilchen tauscht mit dem Messgerät Energie aus.

Nach der Messung von T hat die Wellenfunktion (näherungsweise) *die Eigenschaften ‚Impuls' und
‚kinetische Energie', nicht aber die Eigenschaften 'Ort', ‚potentielle Energie' und ‚Gesamtenergie'.*

Messung der potentiellen Energie: Wegen $\hat{V} := V(\hat{X}) = V(x)$ kollabiert die Wellenfunktion bei
der Messung des Energiewertes V_{mess} in die Umgebung des Ortes $\hat{x}$, für den $V(\bar{x}) = V_{\text{mess}}$ gilt.
Nur dann liefert eine unmittelbar nachfolgende, zweite Messung der potentiellen Energie mit Si-
cherheit einen Wert in der unmittelbaren Nähe des ersten Messwertes V_{mess}. Der Kollaps ist vergleichbar mit dem Kollaps bei einer Ortsmessung, so dass die restlichen Aussagen von oben übernommen werden können. (In Aufgabe 8–7c erhalten wir vergleichbare Ergebnisse.)

8–17 Sicherer Bombennachweis

Wir betrachten nacheinander die zwei Fälle „Ohne Bombe" und „Mit Bombe". Wir können den
Phasensprung π bei der Reflexion an einem Spiegel und auch die Phasenverschiebungen infolge
der zurückgelegten Wege außer Acht lassen, da sie auf beiden Wegen gleich groß sind.

Ohne Bombe: Das Photon wird nicht zwischen Spiegel 3 und Pol-Strahlteiler 2 abgefangen. Nach
der *Überlagerung* der beiden Wellenfunktions-Anteile, die auf verschiedenen, aber gleich langen
Wegen über Spiegel 2 bzw. über Spiegel 3 gelaufen sind, hat das Photon links von Pol-Strahlteiler 2
dieselbe, um den Winkel $\vartheta = \pi/(2N)$ gedrehte Polarisations-Richtung (kurz Pol-Richtung) wie
unmittelbar nach dem Pol-Dreher. *Ohne Bombe sind die beiden Pol-Strahlteiler und der Spiegel* 3
überflüssig und können entfernt werden. In den N Umläufen dreht der Pol-Dreher die Pol-Richtung
um den Winkel $N\vartheta = \pi/2$.

Nach der $(N-1)$– ten Reflexion wird der Schalt-Spiegel 2 auf durchlässig geschaltet und ein *horizontal polarisiertes Photon* gelangt zum Detektor.

Fazit: *Ohne Bombe kommt das vom Laser abgestrahlte Photon nach N Umläufen mit Sicherheit und
mit horizonaler Pol-Richtung zum Detektor.*

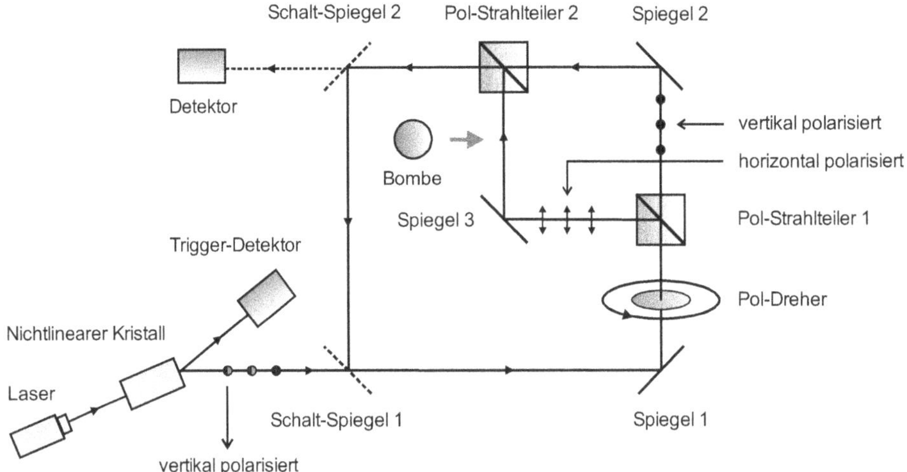

Abb. 1 In einem nichtlinearen Kristall erzeugt ein Photon zwei Photonen mit kleinerer Frequenz. Ein Photon läuft zum Trigger-Detektor und signalisiert die Ankunft des anderen Photons im MZI.

Der Schalt-Spiegel 1 lässt ein einzelnes, vertikal polarisiertes Photon passieren. Der Pol-Dreher dreht die Polarisationsrichtung des Photons verlustfrei um den kleinen Winkel $\vartheta = \pi/(2N)$. Zwei Pol-Strahlteiler transmittieren (reflektieren) vertikal (horizontal) polarisiertes Licht. Im N-ten Umlauf wird der Schalt-Spiegel 2 auf durchlässig geschaltet; das Photon gelangt links oben zum Detektor.

Mit Bombe: Eine kleine Vorüberlegung soll zuerst einmal unsere Erwartungen klarlegen: Wenn wir die Existenz der Bombe mit großer Wahrscheinlichkeit und mit einem nur kleinen Sprengungs-Risiko nachweisen wollen, dann muss das Photon am Ende mit sehr großer Wahrscheinlichkeit und mit einer vertikalen Polarisationsrichtung in den Detektor einlaufen.[4]

Wir betrachten den ersten Umlauf: Wenn eine Bombe zwischen Spiegel 3 und Pol-Strahlteiler 2 deponiert ist, dann läuft das Photon mit der Wahrscheinlichkeit $\cos^2\vartheta = \cos^2[\pi/(2N)]$ nur über Spiegel 2 und kommt nach einem Umlauf mit vertikaler, also *unveränderter* Pol-Richtung zum Schalt-Spiegel 1 zurück und der Prozess beginnt wieder von vorne. Die Wahrscheinlichkeit, dass das Photon im ersten Umlauf bei der Bombe gefunden wird und eine Sprengung auslöst, ist

$$1 - \cos^2\frac{\pi}{2N} = \sin^2\frac{\pi}{2N} \underset{\substack{\uparrow \\ \text{für } N \gg 1}}{=} \frac{\pi^2}{4N^2}$$

Anschließend erfolgt der zweite Umlauf. Erneut kommt das Photon mit der Wahrscheinlichkeit $\cos^2[\pi/(2N)]$ und mit *unveränderter* Pol-Richtung zum Schalt-Spiegel 1 zurück. Bis zum Ende des zweiten Umlaufs wurde die Bombe mit der Wahrscheinlichkeit $\cos^4[\pi/(2N)]$ nicht vom Photon gefunden. Die Wahrscheinlichkeit für eine Sprengung in den ersten zwei Umläufen ist daher insgesamt $1 - \cos^4[\pi/(2N)]$.

---

[4] Nach dem No-Cloning-Theorem (siehe Abschn. 23.2) können zwei Photonen gleicher Frequenz und gleicher Ausbreitungsrichtung nur sicher unterschieden werden, wenn ihre Pol-Zustände orthogonal sind.

Ich wiederhole mit anderen Worten:

- Ohne Bombe: Die Wellenfunktion wird in jedem Umlauf **aufgeteilt und** unverändert wieder im Pol-Strahlteiler 2 **zusammengesetzt**. Nach N Umläufen kommt das Photon mit horizontaler Polarisation zum Detektor.

- Mit Bombe: Das Photon wird in jedem Umlauf mit größter Wahrscheinlichkeit $\cos^2[\pi/(2N)]$ nicht bei der Bombe gefunden, so dass die Wellenfunktion im rechten, oberen Teilweg **kollabiert** – so, als wenn Pol-Dreher und Pol-Strahlteiler 1 nicht existieren würden.

Noch kürzer: Ohne Bombe wird die Wellenfunktion aufgeteilt und wieder zusammengesetzt; mit Bombe kollabiert die vertikal polarisierte Wellenfunktion mit größter Wahrscheinlichkeit in den rechten, oberen Teilweg. Wegen des Kollapses der Wellenfunktion taucht das Photon – stark vereinfacht ausgedrückt – gewissermaßen nicht vor der Bombe auf. Wegen des Kollapses ist die Bombensuche klassisch unerklärbar.

Rechtzeitig vor Ende des N-ten Umlaufs wird der Schalt-Spiegel 2 auf durchlässig geschaltet und ein *vertikal polarisiertes Photon* gelangt mit der Wahrscheinlichkeit

$$\left(\cos\frac{\pi}{2N}\right)^{2N} \underset{\substack{\uparrow \\ \text{für } N \gg 1}}{\approx} \left(1-\frac{1}{2}\frac{\pi^2}{4N^2}\right)^{2N} \underset{\substack{\uparrow \\ (1-\varepsilon)^m \approx 1-m\varepsilon}}{\approx} 1-\frac{\pi^2}{4N} \underset{\substack{\uparrow \\ \text{für } N \gg 1}}{\approx} 1$$

zum Detektor.[5] Die Bombe wurde mit der (für große N sehr kleinen) Wahrscheinlichkeit $1-\cos^{2N}[\pi/(2N)] \approx \pi^2/(4N) \approx 0$ gesprengt.

Für $N = 10; 15; 100; 1000$ ist $\cos^{2N}[\pi/(2N)] = 0{,}7805\ ; 0{,}8481\ ; 0{,}9756\ ; 0{,}9975$. Natürlich lassen sich diese theoretischen Werte wegen Absorptionen, Rauschen und nicht perfekter Geräte in der Praxis nicht erreichen.

Fazit : *Ohne Bombe fliegt ein horizontal polarisiertes Photon zum Detektor. Mit Bombe kommt das Photon nach vielen Umläufen ($N \gg 1$) mit der Wahrscheinlichkeit* $\cos^{2N}[\pi/(2N)] \approx 1$ *und mit vertikaler Pol-Richtung zum Detektor.* Für große N wird eine Sprengung nur mit sehr kleiner Wahrscheinlichkeit ausgelöst.

---

[5] Eine alternative Rechnung sieht wie folgt aus: Die Substitution $u := 1/(2N)$ führt auf

$$\lim_{u\to 0}\{\cos(\pi u)\}^{1/u} = \lim_{u\to 0}\exp\ln\left[\{\cos(\pi u)\}^{1/u}\right] = \exp\left[\lim_{u\to 0}\frac{\ln\cos(\pi u)}{u}\right] \underset{\substack{\uparrow \\ \text{Regel von de l' Hospital}}}{=}$$

$$= \exp\left[-\pi\lim_{u\to 0}\tan(\pi u)\right] = 1$$

Lösungen: 9 Der Drehimpuls

9-1 Gradient in Kugelkoordinaten

Folgende drei Gln. beschreiben den Wechsel von Kugelkoordinaten auf kartesische Koordinaten:

$$x = r \sin\vartheta \cos\varphi \quad y = r\sin\vartheta \sin\varphi \quad z = r\cos\vartheta$$

$$\Leftrightarrow \quad r = \sqrt{x^2+y^2+z^2} \qquad \cos\vartheta = \frac{z}{\sqrt{x^2+y^2+z^2}} \qquad \tan\varphi = \frac{y}{x}$$

$$\Rightarrow \quad \frac{\partial r}{\partial x} = \sin\vartheta \cos\varphi \qquad \frac{\partial\vartheta}{\partial x} = \frac{1}{r}\cos\vartheta\cos\varphi \qquad \frac{\partial\varphi}{\partial x} = -\frac{1}{r}\frac{\sin\varphi}{\sin\vartheta}$$

Für eine beliebige Funktion $f[r(x,y,z),\vartheta(x,y,z),\varphi(x,y)]$ gilt nach der Kettenregel:

$$\frac{\partial f}{\partial x} = \frac{\partial f}{\partial r}\frac{\partial r}{\partial x} + \frac{\partial f}{\partial\vartheta}\frac{\partial\vartheta}{\partial x} + \frac{\partial f}{\partial\varphi}\frac{\partial\varphi}{\partial x}$$

$$\Rightarrow \quad \partial_x = \frac{\partial}{\partial x} = \frac{\partial r}{\partial x}\frac{\partial}{\partial r} + \frac{\partial\vartheta}{\partial x}\frac{\partial}{\partial\vartheta} + \frac{\partial\varphi}{\partial x}\frac{\partial}{\partial\varphi} =$$

$$= \sin\vartheta\cos\varphi\,\partial_r + \frac{1}{r}\cos\vartheta\cos\varphi\,\partial_\vartheta - \frac{1}{r}\frac{\sin\varphi}{\sin\vartheta}\partial_\varphi \tag{1a}$$

$$\partial_y = \sin\vartheta\sin\varphi\,\partial_r + \frac{1}{r}\cos\vartheta\sin\varphi\,\partial_\vartheta + \frac{1}{r}\frac{\cos\varphi}{\sin\vartheta}\partial_\varphi \tag{1b}$$

$$\partial_z = \cos\vartheta\,\partial_r - \frac{1}{r}\sin\vartheta\,\partial_\vartheta \tag{1c}$$

Mit den Einheitsvektoren

$$\mathbf{e}_r = (e_{rx}\quad e_{ry}\quad e_{rz})^{\mathrm{T}} = (\sin\vartheta\cos\varphi \quad \sin\vartheta\sin\varphi \quad \cos\vartheta\ )^{\mathrm{T}} \tag{2a}$$

$$\mathbf{e}_\vartheta = (e_{\vartheta x}\quad e_{\vartheta y}\quad e_{\vartheta z})^{\mathrm{T}} = (\cos\vartheta\cos\varphi \quad \cos\vartheta\sin\varphi \quad -\sin\vartheta)^{\mathrm{T}} \tag{2b}$$

$$\mathbf{e}_\varphi = (e_{\varphi x}\quad e_{\varphi y}\quad e_{\varphi z})^{\mathrm{T}} = (-\sin\varphi \qquad \cos\varphi \qquad 0\ )^{\mathrm{T}} \tag{2c}$$

folgt
$$\partial_x = \mathrm{e}_{rx}\,\partial_r + \frac{1}{r}\mathrm{e}_{\vartheta x}\,\partial_\vartheta + \frac{1}{r}\frac{\mathrm{e}_{\varphi x}}{\sin\vartheta}\partial_\varphi$$

$$\partial_y = \mathrm{e}_{ry}\,\partial_r + \frac{1}{r}\mathrm{e}_{\vartheta y}\,\partial_\vartheta + \frac{1}{r}\frac{\mathrm{e}_{\varphi y}}{\sin\vartheta}\partial_\varphi \qquad \partial_z = \mathrm{e}_{rz}\,\partial_r + \frac{1}{r}\mathrm{e}_{\vartheta z}\,\partial_\vartheta$$

$$\Rightarrow \quad \nabla = \mathbf{e}_r\frac{\partial}{\partial r} + \mathbf{e}_\vartheta\frac{1}{r}\frac{\partial}{\partial\vartheta} + \mathbf{e}_\varphi\frac{1}{r\sin\vartheta}\frac{\partial}{\partial\varphi} \tag{3}$$

Übrigens: Anders als in kartesischen Koordinaten vertauschen die Komponenten des Gradienten nicht in Kugelkoordinaten. So gilt beispielsweise:

$$\left[\frac{\partial}{\partial r}, \frac{1}{r}\frac{\partial}{\partial\vartheta}\right]\psi(r,\vartheta,\varphi) = -\frac{1}{r^2}\frac{\partial}{\partial\vartheta}\psi(r,\vartheta,\varphi)$$

9–2 Klassische, schwingende Membran einer Trommel

a) $\qquad x = r\cos\varphi \qquad y = r\sin\varphi \qquad \Leftrightarrow \qquad r = \sqrt{x^2+y^2} \qquad \tan\varphi = \dfrac{y}{x}$

Für eine beliebige Funktion $f[\,r(x,y),\varphi(x,y)\,]$ gilt nach der Kettenregel:

$$\frac{\partial f}{\partial x} = \frac{\partial f}{\partial r}\frac{\partial r}{\partial x} + \frac{\partial f}{\partial\varphi}\frac{\partial\varphi}{\partial x} \qquad\Rightarrow\qquad \frac{\partial}{\partial x} = \frac{\partial r}{\partial x}\frac{\partial}{\partial r} + \frac{\partial\varphi}{\partial x}\frac{\partial}{\partial\varphi}$$

Die partielle Ableitung nach y lautet $\qquad \dfrac{\partial}{\partial y} = \dfrac{\partial r}{\partial y}\dfrac{\partial}{\partial r} + \dfrac{\partial\varphi}{\partial y}\dfrac{\partial}{\partial\varphi}$

Die ersten partiellen Ableitungen sind leicht zu berechnen:

$$\frac{\partial r}{\partial x} = \frac{x}{r} = \cos\varphi \qquad \frac{\partial r}{\partial y} = \frac{y}{r} = \sin\varphi$$

Mit ähnlichen Rechnungen folgen die restlichen Ableitungen:

$$\frac{\partial\varphi}{\partial x} = \frac{\partial}{\partial x}\arctan\frac{y}{x} \underset{\substack{\uparrow\\[2pt]\frac{d}{dx}\arctan x = \frac{1}{1+x^2}}}{=} \frac{1}{1+\left(\dfrac{y}{x}\right)^2}\cdot\frac{-y}{x^2} = -\frac{y}{x^2+y^2} = -\frac{\sin\varphi}{r}$$

Analog $\dfrac{\partial\varphi}{\partial y} = \dfrac{\cos\varphi}{r}$

$$\Rightarrow \qquad \frac{\partial}{\partial x} = \cos\varphi\frac{\partial}{\partial r} - \frac{\sin\varphi}{r}\frac{\partial}{\partial\varphi} \qquad \text{und} \qquad \frac{\partial}{\partial y} = \sin\varphi\frac{\partial}{\partial r} + \frac{\cos\varphi}{r}\frac{\partial}{\partial\varphi} \qquad (1/2)$$

$$\Rightarrow \qquad \frac{\partial^2}{\partial^2 x} = \left(\cos\varphi\frac{\partial}{\partial r} - \frac{\sin\varphi}{r}\frac{\partial}{\partial\varphi}\right)\left(\cos\varphi\frac{\partial}{\partial r} - \frac{\sin\varphi}{r}\frac{\partial}{\partial\varphi}\right) =$$

$$= \cos^2\varphi\frac{\partial^2}{\partial^2 r} + \frac{\sin^2\varphi}{r}\frac{\partial}{\partial r} + \frac{\sin^2\varphi}{r^2}\frac{\partial^2}{\partial^2\varphi} + \frac{2\sin\varphi\cos\varphi}{r}\left[\frac{1}{r}\frac{\partial}{\partial\varphi} - \frac{\partial}{\partial\varphi}\frac{\partial}{\partial r}\right]$$

Analog wird $\partial^2/\partial^2 y$ berechnet. Es folgt:

$$\frac{\partial^2}{\partial x^2} + \frac{\partial^2}{\partial y^2} = \frac{\partial^2}{\partial r^2} + \frac{1}{r}\frac{\partial}{\partial r} + \frac{1}{r^2}\frac{\partial^2}{\partial\varphi^2} \qquad (3)$$

Dieser Operator ist der **Laplace-Operator in Polarkoordinaten**. Die **Wellengl.** lautet daher:

$$\left(\frac{\partial^2}{\partial r^2} + \frac{1}{r}\frac{\partial}{\partial r} + \frac{1}{r^2}\frac{\partial^2}{\partial\varphi^2} - \frac{1}{c^2}\frac{\partial^2}{\partial t^2}\right)\psi(r,\varphi,t) = 0 \qquad (4)$$

b) Wir setzen den **Produktansatz**

$$\psi(r,\varphi,t) = u(r,\varphi)\,f(t) \qquad (5)$$

in die Dgl. (4) ein und erhalten

$$f(t)\left[\frac{\partial^2}{\partial r^2} + \frac{1}{r}\frac{\partial}{\partial r} + \frac{1}{r^2}\frac{\partial^2}{\partial\varphi^2}\right]u(r,\varphi) = \frac{1}{c^2}\,u(r,\varphi)\frac{\partial^2}{\partial t^2}f(t)$$

Division durch $u(r,\varphi)\,f(t)$ führt auf

$$\frac{1}{u(r,\varphi)}\left[\frac{\partial^2}{\partial r^2}+\frac{1}{r}\frac{\partial}{\partial r}+\frac{1}{r^2}\frac{\partial^2}{\partial\varphi^2}\right]u(r,\varphi)=\frac{1}{c^2}\frac{1}{f(t)}\frac{\partial^2}{\partial t^2}f(t)\tag{6}$$

Da die linke Seite nur von den Variablen r,φ und die rechte Seite nur von der Zeit t abhängt, müssen beide Seiten eine Konstante sein, die wir $-k^2<0$ nennen[1]. Die zeitabhängige Dgl.

$$\ddot{f}(t)=-k^2c^2f(t)$$

hat die einfache Lösung

$$f(t)=c_1\,e^{i\omega t}+c_2\,e^{-i\omega t}\qquad\text{mit}\qquad\omega:=kc\tag{7/8}$$

Viel schwieriger ist die Lösung der ortsabhängigen Dgl.

$$\left[\frac{\partial^2}{\partial r^2}+\frac{1}{r}\frac{\partial}{\partial r}+\frac{1}{r^2}\frac{\partial^2}{\partial\varphi^2}\right]u(r,\varphi)=-k^2\,u(r,\varphi)$$

Ein zweiter **Produktansatz**

$$u(r,\varphi)=R(r)\,\phi(\varphi)\tag{9}$$

und Multiplikation mit r^2 liefern (nach einer Umstellung der Terme)

$$\phi(\varphi)\left[r^2\frac{\partial^2}{\partial r^2}+r\frac{\partial}{\partial r}+k^2r^2\right]R(r)=-R(r)\frac{\partial^2}{\partial\varphi^2}\phi(\varphi)$$

Nach einer Division durch $R(r)\,\phi(\varphi)$ folgt

$$\frac{1}{R(r)}\left[r^2\frac{\partial^2}{\partial r^2}+r\frac{\partial}{\partial r}+k^2r^2\right]R(r)=-\frac{1}{\phi(\varphi)}\frac{\partial^2}{\partial\varphi^2}\phi(\varphi)$$

Wiederum hängen die rechte und linke Seite von verschiedenen unabhängigen Variablen ab und sind daher beide eine Konstante, die wir λ nennen. Die Dgl.

$$\phi''(\varphi)=-\lambda\,\phi(\varphi)$$

hat die einfache Lösung

$$\phi(\varphi)=d_1\,e^{i\sqrt{\lambda}\,\varphi}+d_2\,e^{-i\sqrt{\lambda}\,\varphi}$$

Wegen der Forderung nach Eindeutigkeit $\phi(\varphi)\overset{!}{=}\phi(\varphi+2\pi)$ muss $\sqrt{\lambda}$ eine ganze Zahl n sein.

$$\Rightarrow\qquad\phi(\varphi)=d_1\,e^{in\varphi}+d_2\,e^{-in\varphi}\qquad\text{mit}\qquad n=0,\pm1,\pm2,\dots\tag{10}$$

Die radiale Dgl. lautet jetzt:

$$\left[r^2\frac{\partial^2}{\partial r^2}+r\frac{\partial}{\partial r}+k^2r^2-n^2\right]R(r)=0$$

Die Substitution $x:=kr$ führt mit $J_n(x):=R(r)$ auf die **Besselsche Dgl.**

---

[1] Eine *positive* Konstante $k^2>0$ würde in Gl. (7) auf exponentiell fallende und exponentiell steigende Zeitabhängigkeiten führen und daher physikalisch keinen Sinn machen.

$$\left[x^2 \frac{\partial^2}{\partial x^2} + x \frac{\partial}{\partial x} + x^2 - n^2 \right] J_n(x) = 0 \tag{11}$$

Die Dgl. kann durch einen Potenzreihenansatz gelöst werden. Die Lösungen

$$J_n(x) = \left(\frac{x}{2} \right)^n \sum_{k=0}^{\infty} \frac{(-1)^k}{k!\,(n+k)!} \left(\frac{x}{2} \right)^{2k} \qquad \text{mit} \qquad x := k\,r \tag{12}$$

heißen **Bessel-Funktionen erster Art**. Sie sind für ganzzahlige n im Koordinatenursprung endlich und fallen für $x \to \infty$ mit $x^{-1/2}$ ab (siehe Abb. 1).

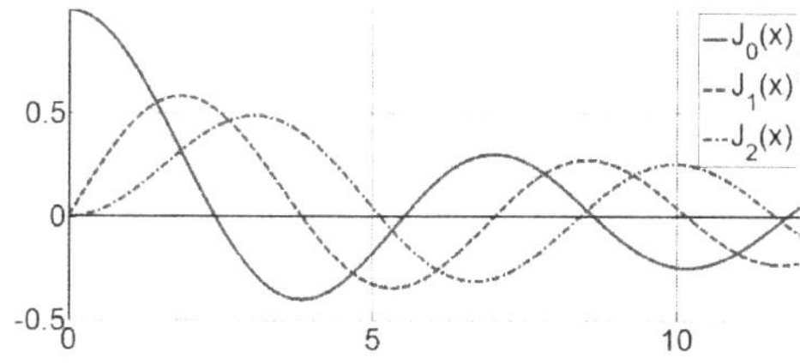

Abb.1 Besselfunktionen $J_n(x)$ erster Art.   **Abb.2** Besselfunktionen $Y_n(x)$ zweiter Art.

Die Besselfunktionen zweiter Art $Y_n(x)$ – auch **Neumann-Funktionen** $N_n(x)$ genannt – sind ebenfalls Lösungen der Besselschen Dgl. (11), gehen aber für $x \to 0$ gegen unendlich und sind daher für uns unbrauchbar (siehe Abb. 2).

Die Bessel- und Neumann-Funktionen dürfen nicht mit den sphärischen Bessel-Funktionen und den sphärischen Neumann-Funktionen verwechselt werden, die in Aufgabe 10–5 kurz vorgestellt werden und eine wichtige Rolle in Abschn. 24.2 spielen.

9–3 Drehimpulsoperator in Kugelkoordinaten

Nach Abb. 9.3–1 lauten die kartesischen Komponenten des Ortsvektors in Kugelkoordinaten:

$$x = r \sin\vartheta \cos\varphi \qquad y = r \sin\vartheta \sin\varphi \qquad z = r \cos\vartheta \tag{1a/b/c}$$

$$\Leftrightarrow \qquad r = \sqrt{x^2+y^2+z^2} \qquad \cos\vartheta = \frac{z}{\sqrt{x^2+y^2+z^2}} \qquad \tan\varphi = \frac{y}{x} \tag{2a/b/c}$$

Für eine beliebige Funktion $f[\,r(x,y,z),\vartheta(x,y,z),\varphi(x,y)\,]$ gilt nach der Kettenregel:

$$\frac{\partial f}{\partial x} = \frac{\partial f}{\partial r}\frac{\partial r}{\partial x} + \frac{\partial f}{\partial \vartheta}\frac{\partial \vartheta}{\partial x} + \frac{\partial f}{\partial \varphi}\frac{\partial \varphi}{\partial x}$$

$$\Rightarrow \qquad \frac{\partial}{\partial x} = \frac{\partial r}{\partial x}\frac{\partial}{\partial r} + \frac{\partial \vartheta}{\partial x}\frac{\partial}{\partial \vartheta} + \frac{\partial \varphi}{\partial x}\frac{\partial}{\partial \varphi} \tag{3a}$$

Diese Gl. sagt uns, wie die partielle Ableitung $\partial/\partial x$ in die drei partiellen Ableitungen nach den Kugelkoordinaten r, ϑ, φ umzurechnen ist. Die folgenden zwei Gln. ergeben sich analog:

$$\frac{\partial}{\partial y} = \frac{\partial r}{\partial y}\frac{\partial}{\partial r} + \frac{\partial \vartheta}{\partial y}\frac{\partial}{\partial \vartheta} + \frac{\partial \varphi}{\partial y}\frac{\partial}{\partial \varphi} \qquad\qquad \frac{\partial}{\partial z} = \frac{\partial r}{\partial z}\frac{\partial}{\partial r} + \frac{\partial \vartheta}{\partial z}\frac{\partial}{\partial \vartheta} + \frac{\partial \varphi}{\partial z}\frac{\partial}{\partial \varphi} \tag{3b/c}$$

Die partiellen Ableitungen lauten:

$$\frac{\partial r}{\partial x} = \frac{x}{r} = \sin\vartheta\,\cos\varphi \qquad \frac{\partial r}{\partial y} = \frac{y}{r} = \sin\vartheta\,\sin\varphi \qquad \frac{\partial r}{\partial z} = \frac{z}{r} = \cos\vartheta \qquad \text{(4a/b/c)}$$

$$\frac{\partial\vartheta}{\partial x} = \frac{\partial}{\partial x}\arccos\frac{z}{r} \underset{\underset{\frac{d}{dx}\arccos x = -(1-x^2)^{-0,5}}{\uparrow}}{=} -\frac{1}{\sqrt{1-(z/r)^2}}\cdot\frac{\partial}{\partial x}\frac{z}{\sqrt{x^2+y^2+z^2}} =$$

$$= -\frac{1}{\sqrt{1-(z/r)^2}}\cdot\frac{-zx}{r^3} = \frac{1}{\sin\vartheta}\frac{r\cos\vartheta\cdot r\sin\vartheta\,\cos\varphi}{r^3} = \frac{1}{r}\cos\vartheta\,\cos\varphi$$

Fazit:[2] $\qquad \dfrac{\partial\vartheta}{\partial x} = \dfrac{1}{r}\cos\vartheta\,\cos\varphi \qquad \dfrac{\partial\vartheta}{\partial y} = \dfrac{1}{r}\cos\vartheta\,\sin\varphi \qquad \dfrac{\partial\vartheta}{\partial z} = -\dfrac{1}{r}\sin\vartheta \qquad \text{(5a/b/c)}$

$$\frac{\partial\varphi}{\partial x} = -\frac{1}{r}\frac{\sin\varphi}{\sin\vartheta} \qquad \frac{\partial\varphi}{\partial y} = \frac{1}{r}\frac{\cos\varphi}{\sin\vartheta} \qquad \frac{\partial\varphi}{\partial z} = 0 \qquad \text{(6a/b/c)}$$

Abschließend können wir z. B. $\hat{L}_3$ berechnen:

$$\hat{L}_3 = \frac{\hbar}{i}\left[x\frac{\partial}{\partial y} - y\frac{\partial}{\partial x}\right] = \frac{\hbar}{i}\,r\sin\vartheta\,\cos\varphi\left(\frac{\partial r}{\partial y}\frac{\partial}{\partial r} + \frac{\partial\vartheta}{\partial y}\frac{\partial}{\partial\vartheta} + \frac{\partial\varphi}{\partial y}\frac{\partial}{\partial\varphi}\right) -$$

$$\frac{\hbar}{i}\,r\sin\vartheta\,\sin\varphi\left(\frac{\partial r}{\partial x}\frac{\partial}{\partial r} + \frac{\partial\vartheta}{\partial x}\frac{\partial}{\partial\vartheta} + \frac{\partial\varphi}{\partial x}\frac{\partial}{\partial\varphi}\right) =$$

$$= \frac{\hbar}{i}\,r\sin\vartheta\,\cos\varphi\left(\sin\vartheta\,\sin\varphi\frac{\partial}{\partial r} + \frac{\cos\vartheta\,\sin\varphi}{r}\frac{\partial}{\partial\vartheta} + \frac{1}{r}\frac{\cos\varphi}{\sin\vartheta}\frac{\partial}{\partial\varphi}\right) -$$

$$\frac{\hbar}{i}\,r\sin\vartheta\,\sin\varphi\left(\sin\vartheta\,\cos\varphi\frac{\partial}{\partial r} + \frac{\cos\vartheta\,\cos\varphi}{r}\frac{\partial}{\partial\vartheta} - \frac{1}{r}\frac{\sin\varphi}{\sin\vartheta}\frac{\partial}{\partial\varphi}\right) = \frac{\hbar}{i}\frac{\partial}{\partial\varphi}$$

Die beiden anderen Komponenten $\hat{L}_1, \hat{L}_2$ werden analog berechnet.[3]

9–4 Erzeugende von Drehungen

a) $\qquad \tilde{\psi}(\mathbf{r}) = \psi\left[\begin{pmatrix} x+y\,d\alpha \\ y-x\,d\alpha \\ z \end{pmatrix}\right] \underset{\underset{\text{Taylorentwicklung}}{\uparrow}}{\approx} \psi(x,y,z) + d\alpha\left(y\frac{\partial}{\partial x} - x\frac{\partial}{\partial y}\right)\psi(x,y,z) =$

---

[2] Mit den gebräuchlichen Abkürzungen $\partial_x := \partial/\partial x$, $\partial_\vartheta := \partial/\partial\vartheta$ usw. und mit der **Funktionalmatrix**

$$\frac{\partial(r,\vartheta,\varphi)}{\partial(x,y,z)} := \begin{pmatrix} \partial_x r & \partial_x\vartheta & \partial_x\varphi \\ \partial_y r & \partial_y\vartheta & \partial_y\varphi \\ \partial_z r & \partial_z\vartheta & \partial_z\varphi \end{pmatrix}$$

folgt $\quad \left(\partial_x\ \partial_y\ \partial_z\right)^{\mathrm{T}} = \dfrac{\partial(r,\vartheta,\varphi)}{\partial(x,y,z)}\left(\partial_r\ \partial_\vartheta\ \partial_\varphi\right)^{\mathrm{T}}$

[3] Wenn wir in umgekehrter Richtung, also von unten nach oben rechnen, dann erhalten wir das Ergebnis etwas schneller: Für die Funktion $f[x(r,\varphi,\vartheta), y(r,\varphi,\vartheta), z(r,\vartheta)]$ gilt:

$$\frac{\partial f}{\partial\varphi} = \frac{\partial f}{\partial x}\frac{\partial x}{d\varphi} + \frac{\partial f}{\partial y}\frac{\partial y}{d\varphi} = r\sin\vartheta\left(-\sin\varphi\frac{\partial}{\partial x} + \cos\varphi\frac{\partial}{\partial y}\right)f = \left(-y\frac{\partial}{\partial x} + x\frac{\partial}{\partial y}\right)f = \frac{i}{\hbar}\hat{L}_3 f$$

$$= \left(1 - \frac{i}{\hbar}\, d\alpha\, \hat{L}_3 \right) \psi(x,y,z) =: \hat{R}_3(d\alpha)\, \psi(x,y,z) \tag{1}$$

Hinweis: In Kugelkoordinaten lässt sich diese Gl. einfacher beweisen mit $\hat{L}_3 = -i\hbar\, \partial/\partial\varphi$.

b) Aus dem Hinweis in der Aufgabenstellung folgt:

$$\frac{d\hat{R}_3(\alpha)}{d\alpha} = \lim_{d\alpha \to 0} \frac{\hat{R}_3(\alpha + d\alpha) - \hat{R}_3(\alpha)}{d\alpha} = \lim_{d\alpha \to 0} \frac{\hat{R}_3(d\alpha) - 1}{d\alpha}\, \hat{R}_3(\alpha) \underset{\underset{\text{Gl. (1)}}{\uparrow}}{=} -\frac{i}{\hbar}\, \hat{L}_3\, \hat{R}_3(\alpha)$$

Diese Dgl. für den Operator $\hat{R}_3(\alpha)$ hat die Lösung

$$\hat{R}_3(\alpha) = \mathrm{e}^{-i\alpha \hat{L}_3/\hbar} \tag{2}$$

Die Gl. lässt sich für Drehachsen in Richtung eines beliebigen Einheitsvektors **n** verallgemeinern:

$$\hat{R}_{\mathbf{n}}(\alpha) = \mathrm{e}^{-i\alpha\, \mathbf{n}\cdot\hat{\mathbf{L}}/\hbar} = \exp\left[-i\alpha\left(n_1\hat{L}_1 + n_2\hat{L}_2 + n_3\hat{L}_3\right)/\hbar\right] \tag{3}$$

Beachte: Da die drei Komponenten $\hat{L}_k$ des Drehimpulsoperators nicht vertauschen, darf $\hat{R}_{\mathbf{n}}(\alpha)$ nicht als Produkt von drei Exponentialfunktionen geschrieben werden (siehe auch Aufgabe 3–3).

9–5 Allgemeine Leiteroperatoren

Sei $|n\rangle$ ein Eigenvektor des Operators $\hat{A}$ mit Eigenwert a_n:

$$\hat{A}|n\rangle = a_n|n\rangle \quad\Rightarrow\quad \hat{A}\,\hat{\Lambda}_\pm|n\rangle = \left(\hat{\Lambda}_\pm\hat{A} \pm \lambda\hat{\Lambda}_\pm\right)|n\rangle = \left(a_n \pm \lambda\right)\hat{\Lambda}_\pm|n\rangle$$

Daher ist $\hat{\Lambda}_\pm|n\rangle$ ein Eigenvektor des Operators $\hat{A}$ mit dem Eigenwert $a_n \pm \lambda$. Der Abstand benachbarter Eigenwerte ist λ.

9–6 Vertauschung mit der dritten Komponente des Drehimpulses

a) O. B. d. A. soll $\hat{A}$ mit den ersten zwei Komponenten von $\hat{\mathbf{L}}$ vertauschen:

$$\left[\hat{A}, \hat{L}_1\right] = \left[\hat{A}, \hat{L}_2\right] = 0$$

$$\Rightarrow \quad \left[\hat{A}, \hat{L}_3\right] = \frac{1}{i\hbar}\left[\hat{A}, \left[\hat{L}_1, \hat{L}_2\right]\right] = \frac{1}{i\hbar}\left[\hat{A}, \hat{L}_1\hat{L}_2\right] - \frac{1}{i\hbar}\left[\hat{A}, \hat{L}_2\hat{L}_1\right] \underset{\underset{\text{Gl.(3.3–19)}}{\uparrow}}{=} 0$$

b) Das Quadrat $\hat{\mathbf{L}}^2$ des Operators vertauscht mit allen Komponenten $\hat{L}_j$ mit $j=1,2,3$.

c) In Worten ist der Beweis kurz: Wenn kein Eigenwert von $\hat{A}$ entartet wäre, so wären alle Eigenvektoren von $\hat{A}$ eindeutig und müssten daher auch Eigenvektoren der drei Komponenten von $\hat{\mathbf{L}}$ sein. Folglich hätten die drei Komponenten von $\hat{\mathbf{L}}$ ein vollständiges System gemeinsamer Eigenvektoren. Das widerspricht den Vertauschungsrelationen (9.2–2a).

Bemerkung: Da $\hat{A}$ mindestens einen entarteten Eigenwert besitzt, hat $\hat{A}$ mit jeder Operatorkomponente $\hat{L}_i$ ein *individuelles*, gemeinsames, vollständiges System von Eigenfunktionen. Diese drei vollständigen Systeme unterscheiden sich voneinander.

Ein alternativer, rechnerischer Beweis sieht wie folgt aus: Da $\hat{A}$ mit $\hat{\mathbf{L}}^2$ und $\hat{L}_3$ vertauscht, hat $\hat{A}$ die Eigenfunktionen $|l,m\rangle$ mit den Eigenwertgln.

$$\hat{A}\,|\,l,m\rangle = a_{lm}\,|\,l,m\rangle$$

$$\Rightarrow \quad \hat{A}\,\hat{L}_{\pm}\,|\,l,m\rangle \underset{\substack{\uparrow \\ \text{Gl. (9.2–12)}}}{=} \hbar\sqrt{l(l+1)-m(m\pm 1)}\; a_{l\,m\pm 1}\,|\,l,m\pm 1\rangle \underset{\substack{\uparrow \\ [\hat{A},\hat{L}_{\pm}]=0}}{=}$$

$$= \hat{L}_{\pm}\,\hat{A}\,|\,l,m\rangle = \hbar\sqrt{l(l+1)-m(m\pm 1)}\; a_{lm}\,|\,l,m\pm 1\rangle \quad \Rightarrow \quad a_{lm}=a_{l\,m\pm 1}$$

Daher hängen die Eigenwerte von $\hat{A}$ nicht von der magnetischen Quantenzahl m ab und die Eigenwerte, die wir jetzt a_l nennen können, sind $2l+1$–fach entartet.

9–7 Gibt es halbzahlige Bahndrehimpulse?

a) Wir untersuchen die Hermitezität für halb- und ganzzahlige m, n:

$$\int_0^{2\pi} (e^{im\varphi})^* \frac{\hbar}{i}\frac{\partial}{\partial\varphi} e^{in\varphi}\,d\varphi = \frac{\hbar}{i}(e^{im\varphi})^*\, e^{in\varphi}\Big|_0^{2\pi} - \int_0^{2\pi} \frac{\hbar}{i}\left[\frac{\partial}{\partial\varphi}e^{im\varphi}\right]^* e^{in\varphi}\,d\varphi =$$

$$= \frac{\hbar}{i}\left[e^{i(n-m)2\pi}-1\right] + \int_0^{2\pi}\left[\frac{\hbar}{i}\frac{\partial}{\partial\varphi}e^{im\varphi}\right]^* e^{in\varphi}\,d\varphi \tag{1}$$

Wenn beide Quantenzahlen m, n halbzahlig oder beide ganzzahlig sind, so verschwindet der ausintegrierte Term. Daher $\hat{L}_3$ auch für halbzahlige Drehimpulse hermitesch.

b) Wie in Abschn. 9.3 berechnen wir auch hier die Startfunktion $Y_{1/2\,1/2}(\vartheta,\varphi)$ mit dem Aufsteigeoperator:

$$\hat{L}_+ Y_{1/2\,1/2}(\vartheta,\varphi) \underset{\substack{\uparrow \\ \text{Gl. (9.3–6)}}}{=} \hbar\, e^{i\varphi}\left(\frac{\partial}{\partial\vartheta}+i\cot\vartheta\,\frac{\partial}{\partial\varphi}\right) Y_{1/2\,1/2}(\vartheta,\varphi) \underset{\substack{\uparrow \\ \text{Gl.(9.3–4)}}}{=}$$

$$= \hbar\, e^{i\varphi}\left(\frac{\partial}{\partial\vartheta}+i\cot\vartheta\,\frac{\partial}{\partial\varphi}\right)\theta_{1/2\,1/2}(\vartheta)\,e^{i\varphi/2} \overset{!}{=} 0$$

Nach einer Fußnote im Haupttext hat die Dgl.

$$\left(\frac{\partial}{\partial\vartheta}-\frac{1}{2}\cot\vartheta\right)\theta_{1/2\,1/2}(\vartheta)=0$$

die Lösung

$$\theta_{1/2\,1/2}(\vartheta)\sim\sqrt{\sin\vartheta} \quad\Rightarrow\quad Y_{1/2\,1/2}(\vartheta,\varphi)=\frac{1}{\pi}\sqrt{\sin\vartheta}\; e^{i\varphi/2} \tag{2a}$$

In gleicher Weise führt die Forderung

$$\hat{L}_- Y_{1/2\,-1/2}(\vartheta,\varphi)=\hbar\, e^{-i\varphi}\left(-\frac{\partial}{\partial\vartheta}+i\cot\vartheta\,\frac{\partial}{\partial\varphi}\right) Y_{1/2\,-1/2}(\vartheta,\varphi) \overset{!}{=} 0$$

auf $\quad Y_{1/2\,-1/2}(\vartheta,\varphi)=\dfrac{1}{\pi}\sqrt{\sin\vartheta}\; e^{-i\varphi/2}$ $\hfill (2b)$

Die Funktionen $Y_{1/2\,\pm 1/2}(\vartheta,\varphi)=\sqrt{\sin\vartheta}\, e^{\pm i\varphi/2}/\pi$ sind Eigenfunktionen von $\hat{L}_3$ mit den Eigenwerten $\pm\hbar/2$ und Eigenfunktionen von $\hat{\mathbf{L}}^2$ mit dem Eigenwert $3\hbar^2/4$.

So weit, so gut. Aber es gibt mindestens einen, überraschenden Einwand gegen die halbzahlige Quantenzahl $l = 1/2$:

$$\hat{L}_- Y_{1/2\,1/2} = \hbar\, e^{-i\varphi} \left(-\frac{\partial}{\partial\vartheta} + i\cot\vartheta\, \frac{\partial}{\partial\varphi} \right) \frac{\sqrt{\sin\vartheta}}{\pi}\, e^{i\varphi/2} =$$

$$= -\frac{\hbar}{\pi}\, \frac{\cos\vartheta}{\sqrt{\sin\vartheta}}\, e^{-i\varphi/2} =: f(\vartheta,\varphi)$$

Zwar ist $f(\vartheta,\varphi)$ eine Eigenfunktion von $\hat{L}_3$ mit dem Eigenwert $-\hbar/2$ und eine Eigenfunktion von $\hat{\mathbf{L}}^2$ mit dem Eigenwert $3/4\,\hbar^2$. Aber $f(\vartheta,\varphi)$ ist *singulär* für $\vartheta = 0$ und $\vartheta = \pi$ und kein Vielfaches von $Y_{1/2\,-1/2}(\vartheta,\varphi)$ in Gl. (2b). $f(\vartheta,\varphi)$ ist keine physikalisch sinnvolle Funktion.

Angesichts dieser Ergebnisse ist es nicht überraschend, wenn halbzahlige Bahndrehimpuls-Quantenzahlen ausgeschlossen werden. (Siehe auch [Münster], Abschn. 9.3.2.)

9-8 Erwartungswerte, Streuungen, Messwerte

Die Kugelflächenfunktionen Y_{lm} sind Eigenfunktionen von $\hat{\mathbf{L}}^2$ und $\hat{L}_3$. Außerdem kennen wir mit Gl. (9.2-12) die Wirkung von $\hat{L}_\pm$ auf die Kugelflächenfunktionen. Da wir die Wirkung von $\hat{L}_1$ auf die Kugelflächenfunktionen nicht kennen, müssen wir $\hat{L}_1$ umrechnen in $\hat{L}_\pm$ oder aber umrechnen in den Kommutator $[\hat{L}_2, \hat{L}_3]$.

a) Mit $\hat{L}_1 \underset{\underset{\text{Gl.(9.2-5)}}{\uparrow}}{=} \frac{1}{2}(\hat{L}_+ + \hat{L}_-)$

folgt $\langle l,m\,|\,\hat{L}_1\,|\,l,m\rangle = \frac{1}{2}\langle l,m\,|\,\hat{L}_+ + \hat{L}_-\,|\,l,m\rangle = 0$

Eine alternative Berechnung sieht wie folgt aus:

$$\langle l,m\,|\,\hat{L}_1\,|\,l,m\rangle = \frac{1}{i\hbar}\langle l,m\,|\,[\hat{L}_2,\hat{L}_3]\,|\,l,m\rangle = \frac{1}{i\hbar}\langle l,m\,|\,\hat{L}_2\hat{L}_3 - \hat{L}_3\hat{L}_2\,|\,l,m\rangle = 0$$

Im letzten Schritt wurde die Hermitizität von $\hat{L}_3$ ausgenutzt.

b) $\hat{L}_1^2 \underset{\underset{\text{Gl.(9.2-5)}}{\uparrow}}{=} \frac{1}{4}(\hat{L}_+ + \hat{L}_-)^2 = \frac{1}{4}(\hat{L}_+^2 + \hat{L}_+\hat{L}_- + \hat{L}_-\hat{L}_+ + \hat{L}_-^2)$

$\Rightarrow (\Delta L_1)^2 \underset{\underset{\text{Gl.(8.2-2)}}{\uparrow}}{=} \langle \hat{L}_1^2\rangle - \langle \hat{L}_1\rangle^2 = \langle \hat{L}_1^2\rangle = \frac{1}{4}\langle l,m\,|\,\hat{L}_+^2 + \hat{L}_+\hat{L}_- + \hat{L}_-\hat{L}_+ + \hat{L}_-^2\,|\,l,m\rangle \underset{\underset{\text{Gl.(9.2-9)}}{\uparrow}}{=}$

$$= \frac{1}{2}\langle l,m\,|\,\hat{\mathbf{L}}^2 - \hat{L}_3^2\,|\,l,m\rangle = \frac{\hbar^2}{2}\left[l(l+1) - m^2\right] \tag{1}$$

$$\Rightarrow \quad \Delta L_1 = \frac{\hbar}{\sqrt{2}}\sqrt{l(l+1) - m^2} \underset{\underset{\text{wegen der Symmetrie}}{\uparrow}}{=} \Delta L_2 \tag{2}$$

Die Streuungen $\Delta L_1 = \Delta L_2$ sind minimal für $|m| = l$: $\Delta L_{1;\text{min}} = \hbar\sqrt{l/2}$. $\tag{3}$

Aus Gl. (3) folgt noch: Ein Zustand mit $\Delta L_1 = \Delta L_2 = \Delta L_3 = 0$ hat $l = 0$.

Hinweis: Gl. (1) kann auch einfacher bewiesen werden:

$$\langle l,m\mid \hat{L}_1^2+\hat{L}_2^2\mid l,m\rangle = \langle l,m\mid \hat{\mathbf{L}}^2-\hat{L}_3^2\mid l,m\rangle = \hbar^2\left[l(l+1)-m^2\right]$$

Wegen der Rotationssymmetrie bzgl. der z-Achse gilt $\langle \hat{L}_1^2\rangle = \langle \hat{L}_2^2\rangle$. Daraus folgt Gl. (2).

c) Die Zustände $\psi(r,\vartheta,\varphi)=f(r)\,Y_{00}(\vartheta,\varphi)=f(r)/(4\pi)^{1/2}$ mit $l=m=0$ haben $\Delta L_1=0$, $\Delta L_2=0$ und $\Delta L_3=0$. Daher sind die drei nicht kommutierenden Operatoren $\hat{L}_1,\hat{L}_2,\hat{L}_3$ in diesen Zuständen gleichzeitig messbar. Der Zustand $Y_{00}(\vartheta,\varphi)=1/(4\pi)^{1/2}$ ist die einzige gemeinsame Eigenfunktion von $\hat{L}_1,\hat{L}_2,\hat{L}_3$. Der gemeinsame Eigenwert ist null.

Beachte: Nur in Ausnahmefällen haben nicht kommutierende Observable einige wenige gemeinsame Eigenvektoren, die immer nur einen Teilraum des Hilbertraumes aufspannen, nie aber den ganzen Hilbertraum. Da diese Einzelfälle in der Quantenmechanik nur eine völlig untergeordnete Rolle spielen, werden sie in aller Regel nicht beachtet und *vereinfachend* (aber mathematisch nicht korrekt) wird oft ausgesagt: Operatoren, die nicht vertauschen, haben keine gemeinsamen Eigenvektoren.

Zur Erinnerung: In Abschn. 7.2 wurde gezeigt: Zwei Operatoren kommutieren genau dann, wenn ihre gemeinsamen Eigenvektoren den *ganzen* Hilbertraum aufspannen.

9–9 Matrixdarstellung des Drehimpulsoperators

a) Das Quantenobjekt befindet sich in einem Eigenzustand des Operators $\hat{\mathbf{L}}^2$ mit dem Eigenwert $2\,\hbar^2$. Dieser Eigenzustand kann wegen $l=1$ nur lauten:

$$\sum\nolimits_{m=-1}^{1} c_m\, Y_{1m}$$

Die Entwicklungskoeffizienten c_m sind wegen der nicht bekannten Vorgeschichte unbekannt.

b) Die Matrix von $\hat{\mathbf{L}}^2$ wird mit den drei Eigenwertgln. bestimmt:

$$\hat{\mathbf{L}}^2(1\ 0\ 0)^{\mathsf{T}}=2\,\hbar^2(1\ 0\ 0)^{\mathsf{T}}\qquad \hat{\mathbf{L}}^2(0\ 1\ 0)^{\mathsf{T}}=2\,\hbar^2(0\ 1\ 0)^{\mathsf{T}}\qquad \hat{\mathbf{L}}^2(0\ 0\ 1)^{\mathsf{T}}=2\,\hbar^2\big(0\ 0\ 1\big)^{\mathsf{T}}$$

Die erste Eigenwertgl. legt die erste Spalte von $\hat{\mathbf{L}}^2$ fest:

$$\hat{\mathbf{L}}^2 = 2\,\hbar^2\begin{pmatrix} 1 & .. & .. \\ 0 & .. & .. \\ 0 & .. & .. \end{pmatrix}$$

Die zweite und dritte Eigenwertgl. legen entsprechend die zweite und dritte Spalte von $\hat{\mathbf{L}}^2$ fest. Die Matrix von $\hat{L}_3$ wird auf die gleiche Art bestimmt. Insgesamt folgt:

$$\hat{\mathbf{L}}^2 = 2\,\hbar^2\begin{pmatrix} 1 & 0 & 0 \\ 0 & 1 & 0 \\ 0 & 0 & 1 \end{pmatrix}\qquad\qquad \hat{L}_3 = \hbar\begin{pmatrix} 1 & 0 & 0 \\ 0 & 0 & 0 \\ 0 & 0 & -1 \end{pmatrix}\qquad\text{(1a/b)}$$

Die zwei Gln. (1a/b) sind verständlich, da diagonalisierbare Matrizen bzgl. der Basis aus Eigenvektoren diagonal sind mit den Eigenwerten als Diagonalelemente. Weiterhin gilt:

$$\hat{L}_+ \underset{\underset{\text{Gl. (9.2–12)}}{\uparrow}}{=} \sqrt{2}\,\hbar\begin{pmatrix} 0 & 1 & 0 \\ 0 & 0 & 1 \\ 0 & 0 & 0 \end{pmatrix}\qquad\qquad \hat{L}_- \underset{\underset{\text{Gl. (9.2–12)}}{\uparrow}}{=} \sqrt{2}\,\hbar\begin{pmatrix} 0 & 0 & 0 \\ 1 & 0 & 0 \\ 0 & 1 & 0 \end{pmatrix}\qquad\text{(1c/d)}$$

$$\hat{L}_1 = \frac{\hat{L}_+ + \hat{L}_-}{2} = \frac{\hbar}{\sqrt{2}}\begin{pmatrix} 0 & 1 & 0 \\ 1 & 0 & 1 \\ 0 & 1 & 0 \end{pmatrix} \qquad \hat{L}_2 = \frac{\hat{L}_+ - \hat{L}_-}{2i} = \frac{\hbar}{\sqrt{2}}\begin{pmatrix} 0 & -i & 0 \\ i & 0 & -i \\ 0 & i & 0 \end{pmatrix} \qquad \text{(1e/f)}$$

c) Nach der zweiten Messung befindet sich das System im Zustand $Y_{11} = |z,1,1\rangle$. Aus Symmetriegründen hat $\hat{L}_1$ dieselben Eigenwerte wie $\hat{L}_3$, nämlich $\hbar m$ mit $m = 0, \pm 1$. Bei der Messung von $\hat{L}_1$ können diese drei Werte $\hbar m$ gemessen werden.

Wir berechnen die drei Eigenvektoren von $\hat{L}_1$. Die Eigenwertgl. des größten Eigenwertes $\hbar$ lautet:

$$\hat{L}_1|x,1,1\rangle = \frac{\hbar}{\sqrt{2}}\begin{pmatrix} 0 & 1 & 0 \\ 1 & 0 & 1 \\ 0 & 1 & 0 \end{pmatrix}\begin{pmatrix} e_1 \\ e_2 \\ e_3 \end{pmatrix} = \hbar\begin{pmatrix} e_1 \\ e_2 \\ e_3 \end{pmatrix}$$

$$\Rightarrow \qquad |x,1,1\rangle = \frac{1}{2}\begin{pmatrix} 1 & \sqrt{2} & 1 \end{pmatrix}^{\mathsf{T}} \qquad\qquad \text{(2a)}$$

In gleicher Weise berechnen sich die beiden anderen Eigenvektoren von $\hat{L}_1$:

$$|x,1,0\rangle = \frac{1}{\sqrt{2}}\begin{pmatrix} 1 & 0 & -1 \end{pmatrix}^{\mathsf{T}} \qquad\qquad |x,1,-1\rangle = \frac{1}{2}\begin{pmatrix} 1 & -\sqrt{2} & 1 \end{pmatrix}^{\mathsf{T}} \qquad \text{(2b/c)}$$

Die Wahrscheinlichkeit für die zwei Messwerte $m_x = \pm 1$ beträgt jeweils

$$\langle z,1,1|x,1,\pm 1\rangle^2 = \left[\begin{pmatrix} 1 & 0 & 0 \end{pmatrix}\cdot\frac{1}{2}\begin{pmatrix} 1 \\ \pm\sqrt{2} \\ 1 \end{pmatrix}\right]^2 = \frac{1}{4}$$

Die Wahrscheinlichkeit für den Messwert $m_x = 0$ ist

$$\langle z,1,1|x,1,0\rangle^2 = \left[\begin{pmatrix} 1 & 0 & 0 \end{pmatrix}\cdot\frac{1}{\sqrt{2}}\begin{pmatrix} 1 \\ 0 \\ -1 \end{pmatrix}\right]^2 = \frac{1}{2}$$

9–10 Die Drehimpulsquantenzahl l ist reell

Der Beweis erfolgt durch Widerspruch: Wir nehmen an, dass l komplex ist:

$$l = x + iy \quad \Rightarrow \quad l(l+1) = x(x+1) - y^2 + iy(2x+1) \overset{!}{\in} \mathbb{R}$$

$$\Rightarrow \qquad x = -1/2 \quad \text{oder} \quad y = 0$$

Für $x = -1/2$ folgt: $l(l+1) = -1/4 - y^2 < 0$. Dies ist ein Widerspruch zur Forderung $l(l+1) \geq 0$. Daher ist $y = 0$ und l ist reell.

9–11 Beweis der Gl. (9.3–8) mit vollständiger Induktion

Induktionsanfang: Wir wenden $\hat{L}_-$ *einmal* auf die Funktion $Y_{ll}(\vartheta,\varphi) \sim \sin^l(\vartheta)\,e^{il\varphi}$ an und müssen wegen $m = l-1$ folgende Gl. beweisen:

$$\hat{L}_- Y_{ll}(\vartheta,\varphi) \sim Y_{l\,l-1}(\vartheta,\varphi) \sim \frac{\hbar}{\sin^{l-1}\vartheta}\,\frac{d}{d\cos\vartheta}\,(1-\cos^2\vartheta)^l\,e^{i(l-1)\varphi} \qquad \text{(1)}$$

Der Beweis sieht folgendermaßen aus:

$$\hat{L}_- Y_{ll}(\vartheta,\varphi) \underset{\substack{\uparrow \\ \text{Gl. (9.3-6)}}}{\sim} \hbar\, e^{-i\varphi}\left(-\frac{\partial}{\partial\vartheta} + i\cot\vartheta\,\frac{\partial}{\partial\varphi}\right)\sin^l(\vartheta)\, e^{il\varphi} =$$

$$= -\hbar\, e^{i(l-1)\varphi}\left(\frac{\partial}{\partial\vartheta} + l\cot\vartheta\right)\sin^l(\vartheta) = -\hbar\, e^{i(l-1)\varphi}\,\frac{1}{\sin^l\vartheta}\,\frac{d}{d\vartheta}\sin^{2l}\vartheta$$

Mit $\quad \dfrac{d}{d\vartheta} = \dfrac{d\cos\vartheta}{d\vartheta}\,\dfrac{d}{d\cos\vartheta} = -\sin\vartheta\,\dfrac{d}{d\cos\vartheta}\quad$ und mit $\quad \sin^2\vartheta = 1 - \cos^2\vartheta$

folgt $\quad \hat{L}_- \sin^l(\vartheta)\, e^{il\varphi} \sim e^{i(l-1)\varphi}\,\dfrac{\hbar}{\sin^{l-1}\vartheta}\,\dfrac{d}{d\cos\vartheta}(1-\cos^2\vartheta)^l$ $\hfill (2)$

Damit ist Gl. (1) bewiesen.

Induktionsschritt: Wir nehmen an, dass die Gl. (9.3–8) richtig ist:

$$Y_{lm}(\vartheta,\varphi) \sim \hat{L}_-^{l-m}\, Y_{ll}(\vartheta,\varphi) \sim \frac{\hbar^{l-m}}{\sin^m\vartheta}\left(\frac{d}{d\cos\vartheta}\right)^{l-m}(1-\cos^2\vartheta)^l\, e^{im\varphi} \hfill (9.3\text{–}8)$$

Dann ist zu zeigen:

$$Y_{l\,m-1}(\vartheta,\varphi) \sim \hat{L}_-\, Y_{lm}(\vartheta,\varphi) \sim \frac{\hbar^{l-(m-1)}}{\sin^{m-1}\vartheta}\left(\frac{d}{d\cos\vartheta}\right)^{l-(m-1)}(1-\cos^2\vartheta)^l\, e^{i(m-1)\varphi} \hfill (3)$$

Hier sieht der Beweis wie folgt aus:

$$\hat{L}_- Y_{lm}(\vartheta,\varphi) \sim \hbar\, e^{-i\varphi}\left(-\frac{\partial}{\partial\vartheta} + i\cot\vartheta\,\frac{\partial}{\partial\varphi}\right)\frac{\hbar^{l-m}}{\sin^m\vartheta}\left(\frac{d}{d\cos\vartheta}\right)^{l-m}(1-\cos^2\vartheta)^l\, e^{im\varphi} =$$

$$= \hbar^{l-(m-1)}\, e^{i(m-1)\varphi}\left[\frac{m\cos\vartheta}{\sin^{m+1}\vartheta}\left(\frac{d}{d\cos\vartheta}\right)^{l-m}(1-\cos^2\vartheta)^l +\right.$$

$$\left. \frac{1}{\sin^{m-1}\vartheta}\left(\frac{d}{d\cos\vartheta}\right)^{l-(m-1)}(1-\cos^2\vartheta)^l - \frac{m\cot\vartheta}{\sin^m\vartheta}\left(\frac{d}{d\cos\vartheta}\right)^{l-m}(1-\cos^2\vartheta)^l\right] \hfill (4)$$

Der erste und der dritte Term heben sich gegenseitig auf, so dass Gl. (3) bewiesen wurde.

9–12 Probleme aufgrund mathematischer Sorglosigkeit

a) Wir starten mit einem Versuch: Alle Wellenfunktionen $\psi(\varphi)$ müssen die *Stetigkeitsbedingung* $\psi(\varphi=0) = \psi(\varphi=2\pi)$ erfüllen. Daher gilt für zwei beliebige Funktionen $\psi(\varphi), \chi(\varphi)$:

$$\int_0^{2\pi} \psi(\varphi)^*\,\frac{\hbar}{i}\,\frac{\partial}{\partial\varphi}\,\chi(\varphi)\,d\varphi = \frac{\hbar}{i}\,\psi^*(\varphi)\,\chi(\varphi)\Big|_0^{2\pi} - \int_0^{2\pi}\frac{\hbar}{i}\left[\frac{\partial}{\partial\varphi}\,\psi(\varphi)\right]^*\chi(\varphi)\,d\varphi =$$

$$= +\int_0^{2\pi}\left[\frac{\hbar}{i}\,\frac{\partial}{\partial\varphi}\,\psi(\varphi)\right]^*\chi(\varphi)\,d\varphi \hfill (1)$$

Folglich ist $\hat{L}_3$ hermitesch, weil die Differenz der Randterme bei 0 und 2π verschwindet. Daher fällt fehlende Hermitizität als Erklärung aus und unser erster Versuch ist gescheitert.

Die Ursache des Problems liegt woanders: In der Gl.

$$\left[\hat{L}_3, \hat{\phi}\right] e^{im\varphi} = \hat{L}_3\left(\varphi e^{im\varphi}\right) - \varphi\,\hat{L}_3\, e^{im\varphi}$$

wirkt $\hat{L}_3$ im ersten Beitrag auf die Funktionen $\zeta_m(\varphi) := \varphi \exp(im\varphi)$ (mit $m \in \mathbb{Z}$). Diese Funktionen erfüllen aber die *Stetigkeitsbedingung* $\zeta_m(0) = \zeta_m(2\pi)$ *nicht* und gehören deshalb nicht zum Hilbertraum. Wenn die Funktionen $\zeta_m(\varphi)$ zum Hilbertraum gehören würden, dann wäre $\hat{L}_3$ bzgl. dieser Funktionen nicht hermitesch; denn in diesem Fall wäre die Differenz der Randterme in Gl. (1) ungleich null.

b) Die Lösung des Problems steht in Teil a).

9–13 Kommutator Bahndrehimpuls-Coulombpotential

$$\left[\frac{1}{|\mathbf{r}_1 - \mathbf{r}_2|}, \hat{\mathbf{L}}_1 \right] = -\frac{\hbar}{i} \mathbf{r}_1 \times \nabla_1 \frac{1}{|\mathbf{r}_1 - \mathbf{r}_2|} = -\frac{\hbar}{i} \mathbf{r}_1 \times \frac{\mathbf{r}_1 - \mathbf{r}_2}{|\mathbf{r}_1 - \mathbf{r}_2|^3} =$$

$$= \frac{\hbar}{i} \frac{\mathbf{r}_1 \times \mathbf{r}_2}{|\mathbf{r}_1 - \mathbf{r}_2|^3} = -\left[\frac{1}{|\mathbf{r}_1 - \mathbf{r}_2|}, \hat{\mathbf{L}}_2 \right] \tag{9.5--8a}$$

Lösungen: 10 Das Wasserstoffatom

10–1 Beweis der Gl. (10.2–5/6/7)

a) Mit der Leipnizschen Produktregel

$$\frac{d^n}{dx^n}\big(f(x)\,g(x)\big) = \sum_{k=0}^{n} \binom{n}{k} f^{(n-k)}(x)\, g^{(k)}(x) \qquad \text{mit} \qquad g^{(k)}(x) = k\text{-te Ableitung von } g(x)$$

folgt
$$\frac{e^{\rho}\rho^{-m}}{n!}\frac{d^n}{d\rho^n}\big(\rho^{n+m}e^{-\rho}\big) = \frac{e^{\rho}\rho^{-m}}{n!}\sum_{k=0}^{n}\binom{n}{k}\big(\rho^{n+m}\big)^{(n-k)}(-1)^k e^{-\rho} =$$

$$= \frac{\rho^{-m}}{n!}\sum_{k=0}^{n}\binom{n}{k}(-1)^k (n+m)\,....\,\underbrace{[\,n+m-(n-k-1)\,]}_{=\,m+k+1}\,\rho^{m+k} =$$

$$= \frac{1}{n!}\sum_{k=0}^{n}\frac{n!}{k!(n-k)!}(-1)^k\frac{(n+m)!}{(m+k)!}\rho^k = \sum_{k=0}^{n}\binom{m+n}{m+k}\frac{1}{k!}(-\rho)^k \tag{10.2-5}$$

b)
$$\frac{d^m}{d\rho^m}\left[e^{\rho}\frac{d^n}{d\rho^n}\big(\rho^n e^{-\rho}\big)\right] = \frac{d^m}{d\rho^m}e^{\rho}\sum_{k=0}^{n}\binom{n}{k}\big(\rho^n\big)^{(n-k)}(-1)^k e^{-\rho} =$$

$$= \frac{d^m}{d\rho^m}\sum_{k=0}^{n}\binom{n}{k}n\,(n-1)\,....\,(k+1)\,\rho^k\,(-1)^k = \sum_{k=m}^{n}\binom{n}{k}\frac{n!}{k!}\frac{k!}{(k-m)!}\rho^{k-m}(-1)^{k-m}$$

Die letzte Summe beginnt bei $k=m$, da die m-fache Ableitung für $k<m$ verschwindet. Mit der Substitution $\hat{k}:=k-m$ folgt das gewünschte Ergebnis

$$\sum_{\hat{k}=0}^{n-m}(-1)^m\binom{n}{\hat{k}+m}\frac{n!}{(\hat{k}+m)!}\frac{(\hat{k}+m)!}{\hat{k}!}(-\rho)^{\hat{k}} \tag{10.2-6}$$

c)
$$\tilde{L}^m_{n+m}(\rho) = \sum_{k=0}^{n}(-1)^m\frac{[(n+m)!]^2}{(k+m)!\,k!\,(n-k)!}(-\rho)^k =$$

$$= (-1)^m\sum_{k=0}^{n}(n+m)!\binom{n+m}{k+m}\frac{1}{k!}(-\rho)^k = (-1)^m (n+m)!\,L^m_n(\rho) \tag{10.2-7}$$

10–2 Coulombpotential vor unendlich hoher Wand

a) Nach Gl. (10.1–10) lautet die radiale Dgl. des Wasserstoffatoms für $l=0$

$$\left[-\frac{\hbar^2}{2m_e}\frac{d^2}{dr^2} - \frac{Ze_0^2}{4\pi\varepsilon_0}\frac{1}{r}\right]f(r) = E\,f(r) \qquad \text{mit } r>0$$

In unserem Fall lautet die zeitunabhängige Schrödinger-Gl.:

$$\left[-\frac{\hbar^2}{2m}\frac{d^2}{dx^2} - \frac{\gamma}{x} \right]\psi(x) = E\,\psi(x) \qquad \text{mit } x > 0$$

Ein Vergleich dieser beiden Dgln. liefert mit Gl. (10.1–24) die Energien der gebundenen Zustände:

$$E_n = -\frac{m\,c^2}{2}\left(\frac{\gamma}{\hbar c} \right)^2 \frac{1}{n^2}$$

Beim Wasserstoffatom verschwindet die radiale Wahrscheinlichkeitsdichte

$$p_{n\,l}(r) = r^2 R_{n\,l}^2(r) \underset{\underset{\text{Gl. (10.1–9)}}{\uparrow}}{=} f^2(r) \tag{10.2–12}$$

an der Stelle $r = 0$. Daher ist die Randbedingung $\psi(x=0) = 0$ für das vorliegende System erfüllt.

b) Mit $k := \sqrt{-2mE}\big/\hbar \qquad q := 2m\,\gamma\big/\hbar^2$ beide mit der Einheit m^{-1} \hfill (1)

lautet die zeitunabhängige Schrödinger-Gl. [1]

$$\left(\frac{\partial^2}{\partial x^2} + \frac{q}{x} - k^2 \right)\psi(x) = 0 \tag{2}$$

Für sehr große x lautet die Dgl. ungefähr

$$\left(\frac{\partial^2}{\partial x^2} - k^2 \right)\psi(x) \approx 0 \quad \Rightarrow \quad \psi(x) \approx c_1\,\mathrm{e}^{-kx} + c_2\,\mathrm{e}^{kx} \qquad \text{für } x \to \infty$$

Die Normierbarkeit erfordert $c_2 = 0$, so dass

$$\psi(x) \approx c_1\,\mathrm{e}^{-kx} \qquad\qquad\qquad \text{für } x \to \infty$$

Wir wählen daher den **exakten Ansatz**

$$\psi(x) = \mathrm{e}^{-kx}\,u(x) \tag{3}$$

und setzen $\psi(x)$ und $\psi''(x)$ in die Dgl. (2) ein:

$$u'' - 2\,k\,u' + \frac{q}{x}\,u = 0$$

Der **Potenzreihenansatz**

$$u(x) = \sum_{n=1}^{\infty} a_n\,x^n \tag{4}$$

beginnt bei $n = 1$, um die Bedingung $u(0) = 0$ zu erfüllen. Sie führt auf die **Rekursionsgl.**

$$a_{n+1} = \frac{2\,k\,n - q}{n\,(n+1)}\,a_n \tag{5}$$

Für sehr große Indices n folgt näherungsweise

---

[1] Versuchsweise machen wir jetzt schon einen Potenzreihenansatz

$$\psi(x) = \sum_{n=1}^{\infty} a_n\,x^n$$

Er beginnt mit $n = 1$, damit die Randbedingung $\psi(0) = 0$ gilt. Der Ansatz führt auf die Rekursionsgl.

$$(n+1)(n+2)\,a_{n+2} + q\,a_{n+1} - k^2\,a_n = 0$$

Diese Gl. enthält *drei* Koeffizienten a_{n+2}, a_{n+1}, a_n und ist daher nicht einfach zu lösen (siehe Aufgabe 6–6).

$$a_{n+1} \approx \frac{2k}{n+1} a_n \qquad\qquad \text{für } n \to \infty \qquad\qquad (6)$$

Die Funktion $\psi(x) = e^{-kx} u(x)$ ist nur normierbar, wenn die Koeffizienten a_n für gsroße n genügend schnell abnehmen. Die Normierbarkeit der Wellenfunktion wird also durch die Koeffizienten a_n mit großem Index n entschieden. Daher dürfen wir (nur für die Untersuchung der Normierbarkeit) vorübergehend annehmen, dass die Gl. (6) für alle n exakt gilt:

$$a_n = \frac{2k}{n} a_{n-1} = \frac{(2k)^2}{n(n-1)} a_{n-2} = \ldots = \frac{(2k)^n}{n!} a_0$$

$$\Rightarrow \qquad u(x) = a_0 \sum_{n=1}^{\infty} \frac{1}{n!} (2kx)^n = a_0 \left(e^{2kx} - 1 \right) \quad \Rightarrow \quad \psi(x) \underset{\underset{\text{Gl. (3)}}{\uparrow}}{=} a_0 \left(e^{kx} - e^{-kx} \right)$$

$\psi(x)$ ist nur normierbar, wenn die Reihe (4) abbricht, wenn also nach (5) eine Zahl n existiert mit

$$2kn = q \quad \Rightarrow \quad E_n = -\frac{mc^2}{2} \left(\frac{\gamma}{\hbar c} \right)^2 \frac{1}{n^2} \qquad\qquad n = 1,2,3,\ldots$$

10-3 Energieentartung bei rotationssymmetrischen Potentialen

a) Wir nehmen an, dass die Eigenwerte E_{nlm} des Hamiltonoperators von den drei Quantenzahlen n,l,m abhängen, so dass $\hat{H}\,\psi_{nlm} = E_{nlm}\,\psi_{nlm}$ gilt.

$$\Rightarrow \qquad \hat{H}\left(\hat{L}_\pm \psi_{nlm} \right) \underset{\underset{\text{Gl. (9.2-12)}}{\uparrow}}{=} \hat{H}\left(c_{lm}^{(\pm)} \psi_{nlm\pm1} \right) = c_{lm}^{(\pm)} E_{nlm\pm1} \psi_{nlm\pm1} \underset{\underset{\left[\hat{H}, \hat{L}_\pm \right] = 0}{\uparrow}}{=}$$

$$= \hat{L}_\pm \left(\hat{H} \psi_{nlm} \right) = \hat{L}_\pm E_{nlm} \psi_{nlm} = E_{nlm}\, c_{lm}^{(\pm)} \psi_{nlm\pm1}$$

$$\Rightarrow \qquad E_{nlm\pm1} = E_{nlm}$$

b) Für die Erhaltungsgrößen $\hat{A}, \hat{B}$ gilt laut Definition in Abschn. 7.3:

$$\left[\hat{A}, \hat{H} \right] = 0 \qquad \left[\hat{B}, \hat{H} \right] = 0 \qquad \text{aber} \qquad \left[\hat{A}, \hat{B} \right] \neq 0$$

Daher haben $\hat{A}$ und $\hat{H}$ ein gemeinsames, vollständiges System von Eigenfunktionen. Ebenso haben auch $\hat{B}$ und $\hat{H}$ ein (anderes) gemeinsames, vollständiges System von Eigenfunktionen. Wenn die Energieniveaus nicht entartet wären, dann hätte $\hat{H}$ *eindeutige* Eigenfunktionen, die dann auch Eigenfunktionen von $\hat{A}$ und von $\hat{B}$ sein müssten. Letzteres steht im Widerspruch zu $\left[\hat{A}, \hat{B} \right] \neq 0$.

Für das Wasserstoffatom sind zwei der drei Drehimpulskomponenten $\hat{L}_k$ Beispiele für $\hat{A}, \hat{B}$.

10-4 Radiale Unschärfe

Nach den Gln. (10.2-13b/c) gilt für $l = n-1$:

$$\langle r \rangle = \frac{a_{\mathrm{B}}}{Z} n \left(n + \frac{1}{2} \right) \qquad\qquad \langle r^2 \rangle = \frac{a_{\mathrm{B}}^2 n^2}{2Z^2} \left(2n^2 + 3n + 1 \right) \qquad (10.2\text{-}13\text{b/c})$$

$$\Rightarrow \qquad \Delta r \underset{\underset{\text{Gl. (8.2-2)}}{\uparrow}}{=} \sqrt{\langle r^2 \rangle - \langle r \rangle^2} = \frac{a_{\mathrm{B}} n}{Z} \sqrt{\frac{1}{2}\left(n + \frac{1}{2} \right)} \qquad \text{für } \ l = n-1 \qquad (1)$$

$$\Rightarrow \qquad \frac{\Delta r}{\langle r \rangle} \approx \frac{1}{\sqrt{2n+1}} \qquad\qquad \text{für } \ l = n-1 \qquad (2)$$

Die relative Unschärfe des Radius wird mit zunehmender Hauptquantenzahl n immer kleiner. Selbst für die größte Hauptquantenzahl $n = 7$ der Elemente in der letzten, siebten Periode des Periodensystems ist die *relative radiale Unschärfe* $\Delta r / \langle r \rangle$ *mit etwa 0,26 so groß, dass man nicht von Elektronenbahnen sprechen kann.* An die Stelle des Begriffes „Elektronenbahn" tritt bei Atomen der Begriff **Orbital** (siehe Abschn. 17.2).

10–5 Freies Teilchen im unendlich tiefen, isotropen Potentialtopf

a) Nach Gl. (10.1–6) lautet die zeitunabhängige Schrödinger-Gl. für $r < R_0$ und $l = 0$

$$\left[-\frac{\hbar^2}{2m_e} \frac{1}{r} \frac{\partial^2}{\partial r^2} r + \frac{1}{2m_e r^2} \hat{\mathbf{L}}^2 \right] \psi_{n00}(r,\vartheta,\varphi) = E\,\psi_{n00}(r,\vartheta,\varphi) \tag{1}$$

Wir setzen den **Produktansatz für $l = 0$**

$$\psi_{n00}(r,\vartheta,\varphi) = R_{n0}(r)\, Y_{00}(\vartheta,\varphi) = R_{n0}(r)/\sqrt{4\pi}$$

in die Dgl. (1) ein und erhalten

$$-\frac{\hbar^2}{2m_e} \frac{1}{r} \frac{d^2}{dr^2} r R_{n0}(r) = E R_{n0}(r)$$

Mit $\qquad R_{n0}(r) = \dfrac{f_{n0}(r)}{r} \qquad$ und $\qquad k := \sqrt{2m_e E}\,/\hbar \tag{2/3}$

folgt nach Multiplikation mit r die Dgl.

$$\left[\frac{d^2}{dr^2} + k^2 \right] f_{n0}(r) = 0 \tag{4}$$

Die allgemeine Lösung ist einfach:

$$R_{n0}(r) = \frac{f_{n0}(r)}{r} = \frac{1}{r}\left[c_1 \cos(kr) + c_2 \sin(kr) \right] \tag{5}$$

Wegen des Faktors r^2 in dem infinitesimalen Volumenelement $dV = r^2\, dr \cdot \sin\vartheta\, d\vartheta \cdot d\varphi$ ist $\cos(kr)/r$ normierbar. Aber nach Hinweis 2) in der Aufgabenstellung muss $r R_{n0}(r) \to 0$ gehen für $r \to 0$. Folglich muss $c_1 = 0$ gelten. Die Randbedingung

$$R_{n0}(R_0) \stackrel{!}{=} 0 \qquad \Leftrightarrow \qquad \sin(kR_0) \stackrel{!}{=} 0$$

führt wie üblich auf Quantisierung der Wellenzahlen und der Energie:

$$k R_0 = n\pi \qquad \Rightarrow \qquad k = \frac{n\pi}{R_0} =: k_n$$

$$\Rightarrow \qquad E_n \underset{\underset{\text{Gl. (3)}}{\uparrow}}{=} \frac{\hbar^2 k_n^2}{2m_e} = \frac{\hbar^2 \pi^2}{2m_e R_0^2} n^2 \qquad \text{für} \qquad l = 0 \tag{6}$$

und $\qquad \psi_{n00}(r) = \dfrac{1}{\sqrt{4\pi}} R_{n0}(r) \sim \dfrac{1}{r} \sin\!\left(\dfrac{n\pi}{R_0} r \right) \tag{7}$

Die Energien sind für $l = 0$ genauso groß wie im eindimensionalen, unendlich tiefen Potentialtopf.

b) Mit den Gln. (10.1–2/6) lautet die zeitunabhängige Schrödinger-Gl. für $r < R_0$

$$\left[-\frac{\hbar^2}{2m_e}\left(\frac{\partial^2}{\partial r^2}+\frac{2}{r}\frac{\partial}{\partial r}\right)+\frac{1}{2m_e r^2}\hat{\mathbf{L}}^2 \right]\psi(r,\vartheta,\varphi)=E\,\psi(r,\vartheta,\varphi) \tag{8}$$

Wir setzen den bekannten **Produktansatz**

$$\psi_{nlm}(r,\vartheta,\varphi)=R_{nl}(r)\,Y_{lm}(\vartheta,\varphi)$$

in die Dgl. (8) ein und erhalten nach Multiplikation mit $-2m/\hbar^2$ und mit der Substitution

$$\rho:=k\,r \quad \text{und} \quad R_{ln}(r)=R_{ln}(\rho/k)=:\hat{R}_{ln}(\rho) \tag{9a/9b}$$

die **Besselsche Differentialgl.**

$$\left[\frac{d^2}{d\rho^2}+\frac{2}{\rho}\frac{d}{d\rho}-\frac{l(l+1)}{\rho^2}+1\right]\hat{R}_{ln}(\rho)=0 \tag{10}$$

Diese bekannte Dgl. hat für beliebige Drehimpulsquantenzahlen l die allgemeine Lösung

$$\tilde{R}_{nl}(\rho)=A\,j_l(\rho)+B\,n_l(\rho) \quad \text{bzw.} \quad R_{nl}(r)=A\,j_l(kr)+B\,n_l(kr) \tag{11}$$

mit den **sphärischen Bessel-Funktionen** l-ter Ordnung[2]

$$j_l(\rho)-(-\rho)^l\left(\frac{1}{\rho}\frac{d}{d\rho}\right)^l\frac{\sin\rho}{\rho} \tag{12}$$

und den **sphärischen Neumann-Funktionen** l-ter Ordnung

$$n_l(\rho)=-(-\rho)^l\left(\frac{1}{\rho}\frac{d}{d\rho}\right)^l\frac{\cos\rho}{\rho} \tag{13}$$

Für kleine $\rho\ll 1$ gilt nach Aufgabe 24-3a

$$j_l(\rho)\approx\frac{\rho^l}{(2l+1)!!} \qquad n_l(\rho)\approx-\frac{|2l-1|!!}{\rho^{l+1}}$$

Wegen Hinweis 2) in der Aufgabenstellung muss $B=0$ gelten:

$$\psi_{nlm}(r,\vartheta,\varphi)\sim j_l(kr)\,Y_{lm}(\vartheta,\varphi)$$

Die diskreten Energien E_{nl} werden durch die Bedingung $j_l(kR_0)=0$ festgelegt. Leider kann die n-te Nullstelle γ_{nl} der sphärischen Bessel-Funktion $j_l(kr)$ nur numerisch berechnet werden. Mit

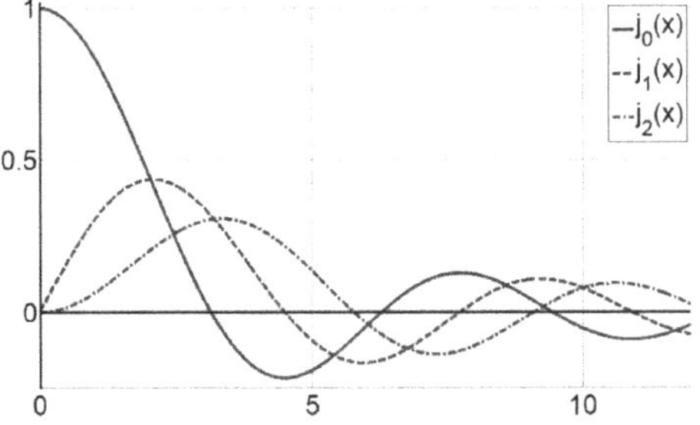

Abb.1 Die ersten drei sphärischen Bessel-Funktionen $j_n(x)$. Alle sphärischen Bessel- und Neumann-Funktionen fallen für $x\to\infty$ mit $1/x$.

---

[2] Die ersten drei sphärischen Bessel-Funktionen und sphärischen Neumann-Funktionen lauten

$$j_0(x)=\frac{\sin x}{x} \qquad j_1(x)=\frac{\sin x}{x^2}-\frac{\cos x}{x} \qquad j_2(x)=\left(\frac{3}{x^3}-\frac{1}{x}\right)\sin x-\frac{3}{x^2}\cos x$$

$$n_0(x)=-\frac{\cos x}{x} \qquad n_1(x)=-\frac{\cos x}{x^2}-\frac{\sin x}{x} \qquad n_2(x)=-\left(\frac{3}{x^3}-\frac{1}{x}\right)\cos x-\frac{3}{x^2}\sin x$$

$$k_{nl}\,R_0 = \gamma_{nl} \quad \Leftrightarrow \quad k_{nl} = \frac{\gamma_{nl}}{R_0}$$

und mit Gl. (3) finden wir

$$E_{nl} = \frac{\hbar^2}{2\,m_e\,R_0^2}\,\gamma_{nl}^2 \tag{14}$$

Die sphärischen Bessel- und die sphärischen Neumann-Funktionen können nach den Gln. (12/13) in geschlossener Form geschrieben werden. Sie dürfen nicht mit den Bessel-Funktionen und den Neumann-Funktionen verwechselt werden, die in Aufgabe 9–2 stehen und durch Reihen – und durch Integrale – dargestellt werden.

10-6 Dreidimensionaler, isotroper, harmonischer Oszillator

Wir berechnen die Energien wie beim Wasserstoffatom. Dazu setzen wir den **Produktansatz**

$$\psi(r,\vartheta,\varphi) = R(r)\,Y_{lm}(\vartheta,\varphi) = \frac{f(r)}{r}\,Y_{lm}(\vartheta,\varphi)$$

in die Schrödinger-Gl. (10.1–6) ein und multiplizieren mit r. Es folgt die radiale Gl.

$$\left[-\frac{\hbar^2}{2\,m_e}\frac{d^2}{dr^2} + \frac{\hbar^2 l\,(l+1)}{2\,m_e\,r^2} + \frac{1}{2}\,m_e\,\omega^2\,r^2 \right] f(r) = E\,f(r) \tag{1}$$

Zur Vermeidung von Verwechslungen wird die Masse m durch die Elektronenmasse m_e ersetzt.

Wie beim Wasserstoffatom betrachten wir auch hier **zwei Grenzfälle**:

1) Für kleine Radien $r \to 0$ folgt näherungsweise

$$-\frac{\hbar^2}{2\,m_e}\left[\frac{d^2}{dr^2} - \frac{l\,(l+1)}{r^2} \right] f(r) \approx 0 \qquad\qquad \text{für}\quad r \to 0$$

mit der allgemeinen Lösung

$$f(r) = A\,r^{l+1} + B\,r^{-l} \qquad\qquad \text{für}\quad r \to 0$$

Die zweite Lösung $B\,r^{-l}$ führt auf $R(r) = B\,r^{-l-1}$ für $r \to 0$. Wegen

$$R^2(r)\,dV = B^2\,r^{-2l-2}\,r^2\,dr\,\sin\vartheta\,d\vartheta\,d\varphi \sim r^{-2l}\,dr$$

verhindert die zweite Lösung die Normierbarkeit. Daher verbleibt nur die Lösung

$$f(r) = A\,r^{l+1} \qquad\qquad \text{für}\quad r \to 0 \qquad\qquad \blacksquare$$

2) Im Grenzübergang $r \to \infty$ lautet die Dgl. (1) mit

$$\alpha := \frac{m_e\,\omega}{\hbar} \qquad\qquad \text{mit der Einheit}\ \ m^{-2} \tag{2}$$

etwa
$$\left[\frac{d^2}{dr^2} - \alpha^2 r^2 \right] f(r) \approx 0 \qquad\qquad \text{für}\quad r \to \infty$$

Nach Gl. (6.1–4) in Kapitel „6 Der harmonische Oszillator" ist die normierbare Lösung ungefähr

$$f(r) \approx A\,e^{-\alpha r^2/2} \qquad\qquad \text{für}\quad r \to \infty \qquad\qquad \blacksquare$$

Der exakte Ansatz

$$f(r) = r^{l+1} e^{-\alpha r^2/2} u(r) \tag{3}$$

spaltet die beiden Grenzfälle ab. Wir leiten $f(r)$ zweimal nach r ab – dies ist eine längere, aber einfache Rechnung – und setzen $f''(r)$ sowie $f(r)$ in die Dgl. (1) ein:

$$u''(r) + 2\left[\frac{l+1}{r} - \alpha r\right] u'(r) - \left[(2l+3)\alpha - \frac{2 m_e E}{\hbar^2}\right] u(r) = 0 \quad\text{mit}\quad \alpha := \frac{m_e \omega}{\hbar}$$

Der Potenzreihenansatz

$$u(r) = \sum_{k=0}^{\infty} a_k r^k \tag{4}$$

ergibt $\displaystyle \sum_{k=2}^{\infty} k(k-1) a_k r^{k-2} + 2 \sum_{k=1}^{\infty}\left[\frac{l+1}{r} - \alpha r\right] k a_k r^{k-1} - \sum_{k=0}^{\infty}\left[(2l+3)\alpha - \frac{2 m_e E}{\hbar^2}\right] a_k r^k =$

$$= \sum_{k=0}^{\infty} (k+2)(k+1) a_{k+2} r^k + 2 \sum_{k=-1}^{\infty} (l+1)(k+2) a_{k+2} r^k -$$

$$2\alpha \sum_{k=0}^{\infty} k a_k r^k - \sum_{k=0}^{\infty}\left[(2l+3)\alpha - \frac{2 m_e E}{\hbar^2}\right] a_k r^k = 0 \tag{5}$$

Nur der erste Term $2(l+1)(-1+2) a_1 / r \sim 1/r$ in der zweiten Reihe, die mit $k = -1$ beginnt, ist für $r = 0$ singulär und wird durch keinen anderen Term kompensiert. Daher müssen a_1 und nach der folgenden Rekursionsgl. (7) auch *alle* weiteren *ungeraden Koeffizienten verschwinden:*[3]

$$a_1 = a_3 = a_5 = \dots 0 \quad\Leftrightarrow\quad a_{2k+1} = 0 \qquad k = 0, 1, 2, \dots \tag{6}$$

Wegen $a_{2k+1} = 0$ wird in Gl. (5) nur über die geraden Indices $k = 0, 2, 4, \dots$ summiert:

$$\sum_{k=0,2,4,\dots}^{\infty}\left[(k+2)\{(k+1) + 2(l+1)\} a_{k+2} - \{2\alpha k + (2l+3)\alpha - 2 m_e E / \hbar^2\} a_k\right] r^k = 0$$

Wegen der linearen Unabhängigkeit der Funktionen r^k verschwindet jede eckige Klammer:

$$a_{k+2} = \alpha \frac{2k + 2l + 3 - \dfrac{2E}{\hbar\omega}}{(k+2)(k+2l+3)} a_k \qquad\text{mit}\qquad k = 0, 2, 4, \dots \tag{7}$$

Aus dieser **Rekursionsgl.** folgt für große, gerade k die Beziehung

$$\frac{a_{k+2}}{a_k} \approx \frac{2\alpha}{k+2} \qquad\text{für große, gerade } k$$

Wir können nun unverändert die Argumentation nach der Gl. (6.1–12) übernehmen: Danach steigt die Potenzreihe (4) im Unendlichen wie $\exp(\alpha r^2)$. Daher kann die Normierbarkeit nur erreicht werden, wenn in der Potenzreihe (4) die geraden Koeffizienten a_k bei einem bestimmten k abbrechen. Folglich muss eine (nicht negative, gerade) ganze Zahl $k_{\max}$ existieren, so dass alle a_k mit $k > k_{\max}$ verschwinden. Das ist nach Gl. (7) genau dann der Fall, wenn

---

[3] Laut Rekursionsgl. (7) verbleibt nur die Integrationskonstante a_0 (siehe die Fußnote zu Gl. (10.1–20)).

$$2\,k_{\max} + 2\,l + 3 - \frac{2E}{\hbar\omega} \overset{!}{=} 0 \qquad \Leftrightarrow \qquad a_{k_{\max}+2} = 0$$

$$\Rightarrow \qquad E_n = \hbar\omega\left(n + \frac{3}{2}\right) \qquad \text{mit} \qquad n := k_{\max} + l \qquad k_{\max} = 0,2,4,\dots \tag{8/9}$$

Die Drehimpulsquantenzahl l geht hier also nicht – wie beim Wasserstoffatom – bis $n-1$, sondern bis n: $l = 0,1,2,\dots n$. Die Energien stimmen natürlich mit den Energien überein, die in Beispiel 6.1–3 viel einfacher und schneller in kartesischen Koordinaten berechnet werden (siehe Gl. (6.1–25)).

Behauptung: Die Entartung von E_n ist $(n+1)(n+2)/2$ in Übereinstimmung mit Gl. (6.1–26).

Beweis: Wir beschränken den Beweis auf gerade n: Dann kann die Drehimpulsquantenzahl l nach Gl. (9) nur die geraden Quantenzahlen $0,2,4,\dots n$ einnehmen, so dass $l/2 = 0,1,2,\dots n/2$. Mit der Summe $\sum_{r=0}^{n} r = n(n+1)/2$ folgt

$$\sum_{l=0,2,\dots}^{n} [\,2l+1\,] \underset{\uparrow}{=} \sum_{r=l/2}^{n/2} [\,4r+1\,] = 4\,\frac{1}{2}\frac{n}{2}\left(\frac{n}{2}+1\right) + \left(\frac{n}{2}+1\right) = \frac{1}{2}(n+1)(n+2) \qquad \blacksquare$$

10–7 Zweidimensionaler, isotroper, harmonischer Oszillator

a) Mit Gl. (3) in Aufgabe „9–2 Klassische, schwingende Membran" ergibt sich die zeitunabhängige Schrödinger-Gl. des zweidimensionalen, isotropen Oszillators zu

$$-\frac{\hbar^2}{2m_e}\left(\frac{\partial^2}{\partial r^2} + \frac{1}{r}\frac{\partial}{\partial r} + \frac{1}{r^2}\frac{\partial^2}{\partial\varphi^2}\right)\psi(r,\varphi) + \frac{1}{2}m_e\,\omega^2 r^2\,\psi(r,\varphi) = E\,\psi(r,\varphi)$$

b) Wir setzen den **Produktansatz** $\psi(r,\varphi) = R(r)\,\phi(\varphi)$ in die Schrödinger-Gl. ein

$$-\frac{\hbar^2}{2m_e}\phi(\varphi)\left[R''(r) + \frac{1}{r}R'(r)\right] - \frac{\hbar^2}{2m_e}\frac{R(r)}{r^2}\phi''(\varphi) + \frac{1}{2}m_e\,\omega^2 r^2 R(r)\phi(\varphi) = E\,R(r)\phi(\varphi) \tag{1}$$

und multiplizieren die Dgl. mit $r^2/[\,R(r)\,\phi(\varphi)\,]$:

$$-\frac{\hbar^2}{2m_e}\frac{r^2}{R(r)}\left[R''(r) + \frac{1}{r}R'(r)\right] + \frac{1}{2}m_e\,\omega^2 r^4 - E\,r^2 = \frac{\hbar^2}{2m_e}\frac{\phi''(\varphi)}{\phi(\varphi)}$$

Beide Seiten sind gleich einer Konstanten, die wir $-\kappa^2 < 0$ nennen [4].

$$\Rightarrow \qquad \phi''(\varphi) = -\frac{2m_e\kappa^2}{\hbar^2}\phi(\varphi) \qquad \Rightarrow \qquad \phi(\varphi) = \exp\!\left(\pm i\sqrt{2m_e/\hbar^2}\,\kappa\varphi\right)$$

Die Anschlussbedingung $\phi(\varphi) \overset{!}{=} \phi(\varphi+2\pi)$ führt auf

$$\sqrt{2m_e/\hbar^2}\,\kappa = s \qquad\qquad s = 0,\pm1,\pm2,\dots \tag{2}$$

$$\Rightarrow \qquad \phi(\varphi) = A\,e^{is\varphi} + B\,e^{-is\varphi} \tag{3}$$

Die radiale Dgl. für $R(r)$ lautet nach den Gln. (1) und (3):

---

[4] Die Konstante darf nicht $\kappa^2 > 0$ lauten, denn in diesem Fall würde der winkelabhängige Teil

$$\phi(\varphi) = \exp\!\left(\pm\sqrt{2m_e/\hbar^2}\,\kappa\varphi\right) \quad \text{die Anschlussbedingung nicht erfüllen.}$$

$$-\frac{\hbar^2}{2m_e}\left[R''(r) + \frac{1}{r}\,R'(r)\right] + \frac{\hbar^2 s^2}{2m_e}\,\frac{R(r)}{r^2} + \frac{1}{2}\,m_e\,\omega^2 r^2\,R(r) = E\,R(r)$$

Bemerkung: Ein Potenzreihenansatz führt auf eine komplizierte Rekursionsgl. mit den drei Koeffizienten a_{n-2}, a_n, a_{n+2}.

Laut Aufgabenstellung dürfen wir hier aufhören. Ich nenne noch (als Zugabe und ohne Beweis) die diskreten Energien des isotropen, zweidimensionalen Oszillators:

$$E_n = \hbar\,\omega\,(n+1) \qquad \text{mit} \qquad n = 0, 1, 2, 3, \ldots \tag{4}$$

10–8 Energieniveaus im kugelsymmetrischen Potential

Wir wollen die Rechnungen in Abschn. 10.1 weitgehend übernehmen. Nach dem Produktansatz

$$\psi(r, \vartheta, \varphi) = R(r)\,Y_{lm}(\vartheta, \varphi) = \frac{f(r)}{r}\,Y_{lm}(\vartheta, \varphi) \tag{10.1-7/9}$$

erhalten wir die radiale Dgl.

$$\left[-\frac{\hbar^2}{2m_e}\frac{d^2}{dr^2} + \frac{\hbar^2\,l(l+1)}{2m_e\,r^2} + \frac{a}{r^2} - \frac{b}{r}\right] f(r) = E\,f(r)$$

Diese Dgl. stimmt mit der Dgl. (10.1–10) überein, wenn wir definieren

$$s\,(s+1) := l\,(l+1) + \frac{2m_e\,a}{\hbar^2} \qquad \Leftrightarrow \qquad s_{1/2} = -\frac{1}{2} \pm \frac{1}{2}\sqrt{(2l+1)^2 + \frac{8m_e\,a}{\hbar^2}} \tag{1a/b}$$

Wir müssen in Gl. (1b) das positive Vorzeichen vor der Wurzel übernehmen, da nur für das positive Vorzeichen $s=l$ folgt für $a=0$. Die Abbruchbedingung in Gl. (10.1–22) lautet nun:

$$2\sqrt{-\frac{2m_e\,E}{\hbar^2}}\,(k_{max} + s + 1) = b\,\frac{2m_e}{\hbar^2}$$

$$\Rightarrow\; E_{k_{max},l} = -\frac{m_e}{2}\left(\frac{b}{\hbar}\right)^2 \frac{1}{(k_{max} + s + 1)^2} = -\frac{m_e}{2}\left(\frac{b}{\hbar}\right)^2 \frac{1}{\left(k_{max} + \frac{1}{2} + \frac{1}{2}\sqrt{(2l+1)^2 + \frac{8m_e\,a}{\hbar^2}}\right)^2}$$

Anders als beim Coulomb-Potential $V(r) \sim 1/r$ hängen die Energien hier von der Drehimpulsquantenzahl l ab. Die negativen Energien wachsen monoton mit l. (Warum ist das plausibel?)

10–9 Rotierende Moleküle

a) Nach Gl. (10.1–2) lautet der Laplace-Operator in Kugelkoordinaten

$$\Delta = \frac{1}{r}\frac{\partial^2}{\partial r^2}r - \frac{1}{\hbar^2}\frac{1}{r^2}\,\hat{\mathbf{L}}^2 \quad \underset{\substack{\uparrow \\ \text{für } r = R = \text{const}}}{\hat{=}} \quad -\frac{1}{\hbar^2}\frac{1}{R^2}\,\hat{\mathbf{L}}^2 \tag{1}$$

$$\Rightarrow \qquad \hat{H} = \frac{1}{2I}\,\hat{\mathbf{L}}^2 \qquad \text{mit} \qquad I = 2m_A\left(\frac{R}{2}\right)^2 = \frac{m_A}{2}\,R^2 = \text{Trägheitsmoment}$$

Die zeitunabhängige Schrödinger-Gl. rotierender, starrer Moleküle ist die Eigenwertgl. von $\hat{\mathbf{L}}^2$.

b)
$$E_l = \frac{\hbar^2}{2I}\, l(l+1) \qquad l = 0, 1, 2, \ldots \tag{2}$$

Die Energien von Rotatoren sind – anders als die Energien des Oszillators – *nicht äquidistant:*

$$\Delta E_l := E_l - E_{l-1} = \frac{\hbar^2}{I}\, l \tag{3}$$

Daher lassen *abstandsungleiche* Spektralterme auf Rotationsfreiheitsgrade schließen. Die Eigenfunktionen sind die Kugelfunktionen $\psi_{lm}(\vartheta,\varphi) = Y_{lm}(\vartheta,\varphi)$. Wegen $m = -l, \ldots\, l-1, l$ sind die Energien $2l+1$-fach entartet.

Unser Modell einer starren Molekülhantel mit konstanter Bindungslänge R ist sehr einfach. Messungen zeigen, dass $\Delta E_l / l$ im Widerspruch zu Gl. (3) für wachsende Drehimpulsquantenzahlen l fällt; dieser Effekt ist darauf zurückzuführen, dass die Molekülhantel – klassisch argumentiert – mit zunehmendem Drehimpuls durch die wachsende Fliehkraft gestreckt wird, so dass das Trägheitsmoment I zunimmt.

c) Nach den Gln. (9.3–19a/d/e) gilt:

$$\cos^2\vartheta = \frac{\sqrt{4\pi}}{3}\left[Y_{00} + \frac{2}{\sqrt{5}} Y_{20}(\vartheta) \right] \qquad \sin\vartheta\cos\vartheta\cos\varphi = \sqrt{\frac{2\pi}{15}}\left[Y_{2\,-1}(\vartheta,\varphi) - Y_{21}(\vartheta,\varphi) \right]$$

$$\Rightarrow \qquad \psi(\vartheta,\varphi) = A\,\frac{\sqrt{4\pi}}{3\sqrt{15}}\left[\sqrt{15}\,Y_{00} + 2\sqrt{3}\,Y_{20} + \frac{3}{\sqrt{2}}\left(Y_{2\,-1} - Y_{21} \right) \right]$$

Die Orthogonalitätsrelationen $\langle Y_{lm} \mid Y_{l'm'} \rangle = \delta_{ll'}\,\delta_{mm'}$ liefert die Normierungskonstante A:

$$\psi(\vartheta,\varphi) = \frac{1}{6}\left[\sqrt{15}\,Y_{00} + 2\sqrt{3}\,Y_{20} + \frac{3}{\sqrt{2}}\left(Y_{2\,-1} - Y_{21} \right) \right]$$

Mit der Wahrscheinlichkeit $P = 15/36$ wird die Energie $E_0 = 0$, mit $P = (12+9)/36 = 21/36$ wird die Energie $E_2 = 3\,\hbar^2/I$ gefunden.

d) Die Massen der beiden Atome sind

$$m_{\mathrm{H}} \approx 1{,}0079 \cdot u \approx 1{,}674 \cdot 10^{-27}\,\mathrm{kg} \qquad m_{\mathrm{I}} \approx 126{,}90 \cdot u \approx 2{,}107 \cdot 10^{-25}\,\mathrm{kg}$$

Dabei ist $u := m\left({}^{12}_{6}\mathrm{C} \right)/12 \approx 1{,}660539 \cdot 10^{-27}\,\mathrm{kg}$ die atomare Masseneinheit. Die reduzierte Masse des Moleküls errechnet sich zu

$$m_{\mathrm{red}} = \frac{m_{\mathrm{H}}\, m_{\mathrm{I}}}{m_{\mathrm{H}} + m_{\mathrm{I}}} \approx 1{,}660 \cdot 10^{-27}\,\mathrm{kg}$$

Das Trägheitsmoment der Iodwasserstoff-Moleküle beträgt für Drehungen um Achsen senkrecht zur Symmetrieachse des Moleküls

$$I = m_{\mathrm{red}}\, R^2 \approx 1{,}660 \cdot 10^{-27} \cdot \left(1{,}6 \cdot 10^{-10} \right)^2\,\mathrm{kg\,m^2} \approx 4{,}25 \cdot 10^{-47}\,\mathrm{kg\,m^2}$$

$$\Rightarrow \qquad E_l \approx 1{,}31 \cdot 10^{-22} \cdot l(l+1)\,\mathrm{J} \approx 8{,}18 \cdot 10^{-4} \cdot l(l+1)\,\mathrm{eV}$$

$$\Rightarrow \qquad \Delta E_l = E_l - E_{l-1} \approx 1{,}64 \cdot 10^{-3} \cdot l\,\mathrm{eV}$$

Ein Photon, das beim Übergang vom zweitniedrigsten Niveaus mit $l=1$ auf das tiefste Niveau mit $l=0$ abgestrahlt wird, hat die Frequenz

$$f = \frac{E_1 - E_0}{h} \approx 3{,}97 \cdot 10^{11}\,\text{Hz} = 397\,\text{GHz} \qquad \Rightarrow \qquad \lambda = 757\,\mu\text{m}$$

Diese Frequenz liegt im Mikrowellenbereich. Daher lässt sich die Rotation von Molekülen mit der Mikrowellenspektroskopie untersuchen. So lassen sich Bindungslängen und (bei nicht gestreckten Molekülen) auch Bindungswinkel sehr genau ermitteln.

Rotationsspektren treten aber nur bei Molekülen auf, die ein permanentes Dipolmoment besitzen. Moleküle mit zwei gleichen Atomen wie H_2- oder O_2- Moleküle oder die linearen CO_2- Moleküle zeigen keine Rotationsspektren.

e) $\quad \Delta \underset{\substack{\uparrow \\ \text{Gl. (1)}}}{=} -\frac{1}{\hbar^2}\frac{1}{R^2}\hat{\mathbf{L}}^2 \underset{\substack{\uparrow \\ \text{Gl. (9.3–2)}}}{=} \frac{1}{R^2}\left[\frac{1}{\sin\vartheta}\frac{\partial}{\partial\vartheta}\left(\sin\vartheta\frac{\partial}{\partial\vartheta}\right) + \frac{1}{\sin^2\vartheta}\frac{\partial^2}{\partial\varphi^2}\right]_{\vartheta=\pi/2} \underset{\uparrow}{=} \text{const}$

$$= \frac{1}{R^2}\frac{\partial^2}{\partial\varphi^2} \qquad \text{(Siehe auch Gl. (3) in Aufgabe 9–2.)} \tag{4}$$

$$\Rightarrow \qquad \hat{H}\,\psi(\varphi) = -\frac{\hbar^2}{m_A}\frac{1}{R^2}\frac{\partial^2}{\partial\varphi^2}\,\psi(\varphi) = -\frac{\hbar^2}{2I}\frac{\partial^2}{\partial\varphi^2}\,\psi(\varphi) = E\,\psi(\varphi)$$

$$\Rightarrow \qquad \psi(\varphi) = A\,\exp\!\left(i\sqrt{2IE}/\hbar\cdot\varphi\right) + B\,\exp\!\left(-i\sqrt{2IE}/\hbar\cdot\varphi\right) \tag{5}$$

Die **Übergangsbedingung** $\psi(\varphi) \overset{!}{=} \psi(\varphi+2\pi)$ führt auf

$$\sqrt{\frac{2IE}{\hbar^2}}\,2\pi \overset{!}{=} n\,2\pi \qquad \text{mit} \qquad n = 0,1,2,\dots$$

$$\Rightarrow \qquad E_n = \frac{\hbar^2}{2I}n^2 \qquad \text{mit} \qquad n = 0,1,2,\dots \tag{6}$$

$$\Rightarrow \qquad \psi_n(\varphi) = \frac{1}{\sqrt{2\pi}}\,e^{\pm i n\varphi} \qquad \Rightarrow \qquad \psi_n(\varphi,t) = \frac{1}{\sqrt{2\pi}}\,e^{i(\pm n\varphi - E_n t/\hbar)} \tag{7}$$

Die Energien E_n sind für $n > 0$ zweifach entartet. Das entspricht Drehungen im und entgegen dem Uhrzeigersinn. Die Lösungen $\psi_n(\varphi)$ sind der φ-abhängige Anteil der Kugelflächenfunktionen $Y_{lm}(\vartheta,\varphi)$.

Bemerkung: Fragen zur Unbestimmtheitsrelation des Zustandes $\psi_0(\varphi)$ werden in Aufgabe 8–12c beantwortet.

10–10 Komplexe Wellenfunktionen bei reellem Potential

Die Wellenfunktionen des Wasserstoffatoms sind über ihren Anteil $\exp(i\,m\,\varphi)$ komplex, weil sie nicht nur Eigenfunktionen von $\hat{H}$, sondern auch von $\hat{L}_3 = -i\hbar\,\partial_\varphi$ sind. Wegen der Linearität der Schrödinger-Gl. sind die Überlagerungen $\psi_{nlm}(r,\vartheta,\varphi) + \psi^*_{nlm}(r,\vartheta,\varphi)$ ebenfalls Wellenfunktionen – allerdings *reelle* Wellenfunktionen. Sie sind aber für $m \neq 0$ keine Eigenfunktionen von $\hat{L}_3$.

10–11 Hellmann-Feynman-Theorem

a) Wir multiplizieren die Eigenwertgl. $\hat{H}_\lambda\,|n_\lambda\rangle = E_{n\lambda}\,|n_\lambda\rangle$ mit dem Bra $\langle n_\lambda|$ und erhalten

$$\langle n_\lambda|\hat{H}_\lambda|n_\lambda\rangle = E_{n\lambda}\,\langle n_\lambda|n_\lambda\rangle = E_{n\lambda}$$

$$\Rightarrow \quad \frac{dE_{n\lambda}}{d\lambda} = \left\langle \frac{d}{d\lambda} n_\lambda \,\middle|\, \hat{H}_\lambda \,\middle|\, n_\lambda \right\rangle + \left\langle n_\lambda \,\middle|\, \hat{H}_\lambda \,\middle|\, \frac{d}{d\lambda} n_\lambda \right\rangle + \left\langle n_\lambda \,\middle|\, \frac{d}{d\lambda} \hat{H}_\lambda \,\middle|\, n_\lambda \right\rangle =$$

$$= E_{n\lambda} \underbrace{\frac{d}{d\lambda} \left\langle n_\lambda \,\middle|\, n_\lambda \right\rangle}_{=1} + \left\langle n_\lambda \,\middle|\, \frac{d}{d\lambda} \hat{H}_\lambda \,\middle|\, n_\lambda \right\rangle = \left\langle n_\lambda \,\middle|\, \frac{d}{d\lambda} \hat{H}_\lambda \,\middle|\, n_\lambda \right\rangle \tag{1}$$

b) Die Eigenfrequenz $\omega = \sqrt{D/m}$ soll die Stelle des Parameters λ einnehmen: $\lambda = \omega$. Dann gilt

$$\left[-\frac{\hbar^2}{2m} \frac{\partial^2}{\partial x^2} + \frac{m\omega^2}{2} x^2 \right] \psi_{n\omega}(x) = E_{n\omega}\, \psi_{n\omega}(x) = \hbar\omega \left(n + \frac{1}{2} \right) \psi_{n\omega}(x)$$

$$\Rightarrow \quad \frac{\partial E_{n\omega}}{\partial \omega} = \hbar \left(n + \frac{1}{2} \right) = \left\langle n_\omega \,\middle|\, \frac{\partial}{\partial \omega} \hat{H}_\omega \,\middle|\, n_\omega \right\rangle = m\omega \left\langle n_\omega \,\middle|\, x^2 \,\middle|\, n_\omega \right\rangle$$

$$\Rightarrow \quad \left\langle n_\omega \,\middle|\, x^2 \,\middle|\, n_\omega \right\rangle = \frac{\hbar}{m\omega} (n + 0{,}5) \tag{6.2--16}$$

c) Die Berechnung von $\langle 1/r \rangle$ benötigt einen Term im Hamiltonoperator mit $1/r$. Das Potential $V(r)$ erfüllt diese Bedingung. Daher wählen wir die Elementarladung e_0 als Parameter λ.

$$\Rightarrow \quad \frac{\partial \hat{H}_{e_0}}{\partial e_0} = -\frac{e_0}{2\pi\varepsilon_0} \frac{1}{r}$$

$$\frac{\partial E_{n e_0}}{\partial e_0} = -\frac{m_e c^2}{2} \frac{4 e_0^3}{(4\pi\varepsilon_0 \hbar c)^2} \frac{1}{n^2} = -\frac{e_0}{2\pi\varepsilon_0} \left\langle n,l,m \,\middle|\, r^{-1} \,\middle|\, n,l,m \right\rangle$$

$$\Rightarrow \quad \left\langle n,l,m \,\middle|\, r^{-1} \,\middle|\, n,l,m \right\rangle = \frac{m_e e_0^2}{4\pi\varepsilon_0 \hbar^2} \frac{1}{n^2} = \frac{1}{a_{\rm B}} \frac{1}{n^2} \tag{10.2--13d}$$

d) Die Berechnung von $\langle 1/r^2 \rangle$ benötigt einen Term im Hamiltonoperator mit $1/r^2$. Nur das Zentrifugalpotential $\hbar^2 l(l+1)/(2m_e r^2)$ erfüllt diese Bedingung. Daher wählen wir die Drehimpulsquantenzahl l als Parameter λ. In Gl. (10.1–23) wurde definiert: $n := k_{\max} + l + 1$.

$$\Rightarrow \quad E_l \underset{\text{Gl. (10.1--24)}}{=} -\frac{m_e c^2}{2} \alpha^2 \frac{1}{(k_{\max} + l + 1)^2} \quad \rightarrow \quad \frac{\partial E_l}{\partial l} - m_e c^2 \alpha^2 \frac{1}{n^3} \tag{2}$$

Weiterhin gilt:

$$\frac{\partial \hat{H}_l}{\partial l} \underset{\text{Gl. (10.1--6)}}{=} \frac{\partial}{\partial l} \left[-\frac{\hbar^2}{2m_e} \frac{1}{r} \frac{d^2}{dr^2} r + \frac{\hbar^2 l(l+1)}{2m_e r^2} - \frac{e_0^2}{4\pi\varepsilon_0} \frac{1}{r} \right] = \frac{\hbar^2 (2l+1)}{2m_e r^2} \tag{3}$$

Die Gln. (2/3) liefern

$$m_e c^2 \alpha^2 \frac{1}{n^3} = \frac{\hbar^2 (2l+1)}{2m_e} \left\langle n,l,m \,\middle|\, r^{-2} \,\middle|\, n,l,m \right\rangle$$

$$\Rightarrow \quad \left\langle n,l,m \,\middle|\, r^{-2} \,\middle|\, n,l,m \right\rangle = \frac{2 m_e^2 c^2}{\hbar^2 (2l+1)} \alpha^2 \frac{1}{n^3} = \frac{1}{a_{\rm B}^2} \frac{1}{n^3} \frac{1}{l + 1/2} \tag{10.2--13e}$$

10–12 Wahrscheinlichkeitsstrom im Wasserstoffatom

a) Nach Gl. (3.4–3b) lautet die Wahrscheinlichkeitsstromdichte des Elektrons im Wasserstoffatom mit $m_e =$ Elektronenmasse und $m = $ magnetische Quantenzahl:

$$\mathbf{j}_{nlm}(r,\vartheta,\varphi) = \frac{\hbar}{m_{\mathrm{e}}}\,\mathrm{Im}\left[\,\psi^{*}_{nlm}(r,\vartheta,\varphi)\,\nabla\,\psi_{nlm}(r,\vartheta,\varphi)\,\right] \qquad \overset{=}{\uparrow}$$

$$\text{Gl. (3) in Aufgabe 9--1}$$

$$= \frac{\hbar}{m_{\mathrm{e}}}\,\mathrm{Im}\left[\,\psi^{*}_{nlm}(r,\vartheta,\varphi)\left\{\mathbf{e}_r\,\partial_r + \mathbf{e}_\vartheta\,\frac{1}{r}\,\frac{\partial}{\partial\vartheta} + \mathbf{e}_\varphi\,\frac{1}{r\sin\vartheta}\,\frac{\partial}{\partial\varphi}\right\}\psi_{nlm}(r,\vartheta,\varphi)\,\right]$$

Wegen $\psi_{nlm}(r,\vartheta,\varphi) = R_{nl}(r)\,\Theta_{lm}(\vartheta)\,\mathrm{e}^{im\varphi}$ liefert nur die Ableitung nach φ einen komplexen Beitrag. Somit lautet der Wahrscheinlichkeitsstrom des Elektrons im Wasserstoffatom

$$\mathbf{j}_{nlm}(r,\vartheta,\varphi) = \frac{\hbar m}{m_{\mathrm{e}}\,r\sin\vartheta}\,|\psi_{nlm}(r,\vartheta,\varphi)|^2\,\mathbf{e}_\varphi =$$

$$= \frac{\hbar m}{m_{\mathrm{e}}\,r\sin\vartheta}\,R^2_{nl}(r)\,\Theta^2_{lm}(\vartheta)\,\mathbf{e}_\varphi \sim m\,\mathbf{e}_\varphi \tag{1}$$

Der Wahrscheinlichkeitsstrom fließt entlang der „Breitenkreise". Er rotiert für magnetische Quantenzahlen $m > 0$ ($m < 0$) *im Gegenuhrzeigersinn (Uhrzeigersinn) um die z-Achse.* Natürlich hat $\mathbf{j}$ keine radiale Komponente; andernfalls würden die Elektronen in den Kern fliegen oder immer weiter vom Kern weg und $\nabla\cdot\mathbf{j}$ wäre ungleich null – im Widerspruch zur Kontinuitätsgl. (3.4–4).

Hinweis: Mit der elektrischen Stromdichte $-e_0\,\mathbf{j}$ wird in Aufgabe 11–4 das magnetische Moment der Orbitale im Wasserstoffatom berechnet.

b) Das Verschwinden der Divergenz folgt sofort aus Gl. (1) und aus Gl. (3) in Aufgabe 9–1.

Lösungen: 11 Elektromagnetische Felder

11–1 Landau-Niveaus

a) Mit dem Winkel ϑ zwischen dem Ortsvektor $\mathbf{r}$ und dem Magnetfeld $\mathbf{B} = B\,\mathbf{e}_z$ erhalten wir

$$\mathbf{r}^2\mathbf{B}^2 - (\mathbf{r}\cdot\mathbf{B})^2 = r^2 B^2\,(1-\cos^2\vartheta) = (r\sin\vartheta)^2 B^2 = \rho^2 B^2$$

Dabei ist r eine der drei Kugelkoordinaten und ρ eine der drei Zylinderkoordinaten.

b) Die zeitunabhängige Schrödinger-Gl. ergibt sich sofort aus Gl. (11.2–4a):

$$\left[-\frac{\hbar^2}{2m_0}\Delta - \frac{qB}{2m_0}\hat{L}_3 + \frac{q^2 B^2}{8m_0}\rho^2 \right]\psi = E\,\psi \qquad \text{mit} \qquad \hat{L}_3 \underset{\underset{\text{Gl. (9.3–1c)}}{\uparrow}}{=} \frac{\hbar}{i}\frac{\partial}{\partial\varphi}$$

Gl. (3) in der Lösung von Aufgabe 9–2a liefert den **Laplace-Operator in Zylinderkoordinaten**

$$\Delta = \frac{\partial^2}{\partial\rho^2} + \frac{1}{\rho}\frac{\partial}{\partial\rho} + \frac{1}{\rho^2}\frac{\partial^2}{\partial\varphi^2} + \frac{\partial^2}{\partial z^2} \tag{1}$$

Der **Produktansatz**

$$\psi(\rho,\varphi,z) = R(\rho)\cdot e^{i\,m_l\,\varphi}\cdot e^{i\,k_3\,z} \tag{2}$$

ergibt
$$\left(\frac{d^2}{d\rho^2} + \frac{1}{\rho}\frac{d}{d\rho} - \frac{m_l^2}{\rho^2} - \frac{q^2 B^2}{4\hbar^2}\rho^2 \right) R(\rho) =$$

$$= -\frac{2m_0}{\hbar^2}\left(E - \frac{\hbar^2 k_3^2}{2m_0} + \frac{qB}{2m_0}\hbar\,m_l \right)R(\rho) =: \Gamma\,R(\rho) \tag{3}$$

Die *ganzzahlige* magnetische Quantenzahl m_l stellt die Bedingung $\psi(\rho,\varphi,z) = \psi(\rho,\varphi+2\pi,z)$ sicher. Laut Produktansatz ist die *Wahrscheinlichkeitsdichte* $|\psi|^2$ *zylindersymmetrisch* bzgl. der Richtung des Magnetfeldes. $\exp(i\,k_3\,z)$ beschreibt eine unendlich lange Welle in z-Richtung. *Durch kontinuierliche Überlagerungen lässt sich ein in z-Richtung wanderndes Wellenpaket* darstellen, das im Laufe der Zeit langsam in z-Richtung zerfließt (siehe Abschn. „4.2 Wellenpakete“).

Wir wenden uns nun dem schwierigsten Problem, der Lösung der radialen Dgl. (3) zu. Dazu führen wir die in der Aufgabenstellung vorgeschlagene, einheitslose Variable ξ ein:

$$\xi := \frac{qB}{2\hbar}\rho^2 \qquad \Rightarrow \qquad \frac{d\xi}{d\rho} = \frac{qB}{\hbar}\rho$$

Mit der Definition

$$\tilde{R}(\xi) = \tilde{R}(\xi(\rho)) := R(\rho) \tag{4}$$

folgt
$$\frac{dR}{d\rho} = \frac{d\tilde{R}(\xi)}{d\xi}\frac{d\xi}{d\rho} = \frac{d\tilde{R}(\xi)}{d\xi}\frac{qB}{\hbar}\rho \tag{5a}$$

und
$$\frac{d^2 R}{d\rho^2} = \frac{d}{d\rho}\left(\frac{d\tilde{R}(\xi)}{d\xi}\frac{qB}{\hbar}\rho \right) = \frac{qB}{\hbar}\left(\frac{d^2\tilde{R}(\xi)}{d\xi^2}\frac{qB}{\hbar}\rho^2 + \frac{d\tilde{R}(\xi)}{d\xi} \right) =$$

$$= \frac{qB}{\hbar} \left(\tilde{R}''(\xi)\, 2\,\xi + \tilde{R}'(\xi) \right) \tag{5b}$$

$$\Rightarrow \qquad R''(\rho) + \frac{1}{\rho}\, R'(\rho) = \frac{2qB}{\hbar} \left[\xi\, \tilde{R}''(\xi) + \tilde{R}'(\xi) \right] \tag{6}$$

Die Gln. (3/6) ergeben eine neue Dgl.:

$$\left[\xi\, \frac{d^2}{d\xi^2} + \frac{d}{d\xi} - \frac{m_l^2}{4}\, \frac{1}{\xi} - \frac{\xi}{4} \right] \tilde{R}(\xi) = \frac{\hbar\, \Gamma}{2qB}\, \tilde{R}(\xi) =: \kappa\, \tilde{R}(\xi) \tag{7}$$

Die weiteren Schritte sind identisch mit den Schritten in Abschn. „10.1 Spektrum des Wasserstoffatoms". Wie beim Wasserstoffatom untersuchen wir zuerst **zwei Grenzfälle**:

1) $\xi \to 0$: Im Grenzübergang $\xi \to 0$ lautet die Dgl. (7) näherungsweise

$$\left[\xi\, \frac{d^2}{d\xi^2} + \frac{d}{d\xi} - \frac{m_l^2}{4}\, \frac{1}{\xi} \right] \tilde{R}(\xi) = 0 \qquad \text{für} \quad \xi \to 0$$

mit der allgemeinen Lösung

$$\tilde{R}(\xi) = c_1\, \xi^{-m_l/2} + c_2\, \xi^{m_l/2} \qquad \underset{\substack{\uparrow \\ \text{Normierbarkeit}}}{\longrightarrow} \quad \begin{cases} c_2\, \xi^{m_l/2} & \text{für} \ \ m_l \geq 0 \\[2mm] c_1\, \xi^{-m_l/2} & \text{für} \ \ m_l < 0 \end{cases}$$

$$\Rightarrow \qquad \tilde{R}(\xi) \sim \xi^{|m_l|/2} \qquad \qquad \text{für} \quad \xi \to 0 \tag{8a}$$

2) $\xi \to \infty$: Im Grenzübergang $\xi \to \infty$ lautet die Dgl. (7) näherungsweise

$$\left[\xi\, \frac{d^2}{d\xi^2} - \frac{\xi}{4} \right] \tilde{R}(\xi) = 0 \qquad \text{für} \quad \xi \to \infty$$

mit der normierbaren Lösung

$$\tilde{R}(\xi) \sim e^{-\xi/2} \qquad \qquad \text{für} \quad \xi \to \infty \tag{8b}$$

*Der folgende (**exakte**) Ansatz berücksichtigt das asymptotische Verhalten in den Gln. (8a/b):*

$$\tilde{R}(\xi) = \xi^{|m_l|/2}\, e^{-\xi/2}\, u(\xi) \tag{9}$$

(Dieser Ansatz ist vergleichbar mit dem Ansatz (10.1–16).) Leichte, aber sehr mühsame Berechnungen der Ableitungen $\tilde{R}'(\xi)$ und $\tilde{R}''(\xi)$ führen auf die Dgl. für $u(\xi)$:

$$\xi\, u''(\xi) + (m_l + 1 - \xi)\, u'(\xi) - \left(\kappa + \frac{|m_l| + 1}{2} \right) u(\xi) = 0 \tag{10}$$

Diese sog. **Laguerre-Dgl.** hat die gleiche Form wie die Dgl. (10.1–17) des Wasserstoffatoms. Der **Potenzreihenansatz**

$$u(\xi) = \sum_{n=0}^{\infty} a_n\, \xi^n$$

ergibt $\displaystyle \sum_{n=0}^{\infty} \left[n\,(n-1)\, a_n\, \xi^{n-1} + n\,(m_l + 1)\, a_n\, \xi^{n-1} - n\, a_n\, \xi^n - \left(\kappa + \frac{|m_l| + 1}{2} \right) a_n\, \xi^n \right] = 0$

Auch hier müssen die Koeffizienten mit ξ^n einzeln verschwinden:

$$(n+1)\,n\,a_{n+1} + (n+1)\,(m_l+1)\,a_{n+1} - n\,a_n - \left(\kappa + \frac{|m_l|+1}{2}\right)a_n = 0$$

$$\Rightarrow \quad a_{n+1} = \frac{n+\kappa+\dfrac{|m_l|+1}{2}}{(n+1)\,(n+m_l+1)}\,a_n \underset{\substack{\uparrow \\ \text{für } n \gg 1}}{\approx} \frac{1}{n+1}\,a_n$$

(Vergleiche mit Gl. (10.1–20/21).) Wegen der Normierung muss die Potenzreihe wie beim Wasserstoffatom abbrechen, so dass für eine Zahl n gelten muss:

$$-\kappa \underset{\substack{\uparrow \\ \text{Gl. (7)}}}{=} -\frac{\hbar\,\Gamma}{2qB} \underset{\substack{\uparrow \\ \text{Gl. (3)}}}{=} \frac{m_0}{\hbar qB}\left(E - \frac{\hbar^2 k_3^2}{2m_0} + \frac{qB}{2m_0}\,\hbar m_l\right) \overset{!}{=} n + \frac{|m_l|+1}{2}$$

Mit der **Zyklotronfrequenz** $\omega = qB/m_0$ und mit $N := n + (|m_l| - m_l)/2 = $ ganze Zahl ≥ 0

folgt $\quad E_N(k_3) = \hbar\,\omega\left(N + \frac{1}{2}\right) + \frac{\hbar^2 k_3^2}{2m_0} \qquad$ mit $\qquad N = 0,1,2,3,\ldots.$ $\qquad$ (11)

Die Energie hat einen diskreten Anteil, der auf die Bewegung in der x,y-Ebene zurückgeht, und einen nicht diskreten Anteil, der von der freien Bewegung parallel zum Magnetfeld herkommt.

Die Energieniveaus $E_N(k_3)$ für freie Teilchen in zeitunabhängigen, homogenen Magnetfeldern heißen **Landau-Niveaus**. Die Landau-Niveaus sind wichtig für den Quanten-Hall-Effekt.

11–2 Kreisbahn um eine lange, stromdurchflossene Spule

a) Nach Gl. (3) in der Lösung von Aufgabe 9–1 lauten der Gradient und der Laplace-Operator für ein Teilchen auf einer Kreisbahn um die z-Achse mit Radius $r = R = \text{const}$

$$\nabla = \mathbf{e}_\varphi\,\frac{1}{R}\,\frac{\partial}{\partial\varphi} \qquad \Rightarrow \qquad \Delta = \frac{1}{R^2}\,\frac{\partial^2}{\partial\varphi^2} \tag{1/2}$$

Das Vektorpotential im Außenraum der Spule beträgt nach Gl. (11.3–3)

$$\mathbf{A}_{\text{außen}}(\mathbf{r}) = \frac{\phi_M}{2\pi r}\,\mathbf{e}_\varphi \tag{3}$$

mit dem magnetischen Fluss ϕ_M der Spule und mit dem Einheitsvektor $\mathbf{e}_\varphi$ in Gl. (11.3–4). Mit Gl. (11.1–6) folgt die Schrödinger-Gl.

$$\frac{1}{2m}\left[-\frac{\hbar^2}{R^2}\,\frac{\partial^2}{\partial\varphi^2} + i\,\frac{q\hbar\phi_M}{\pi R^2}\,\frac{\partial}{\partial\varphi}\right]\psi(\varphi) = \left[E - \frac{1}{2m}\left(\frac{q\phi_M}{2\pi R}\right)^2\right]\psi(\varphi) \qquad \text{für } \nabla\cdot\mathbf{A} = 0 \tag{4}$$

b) Gl. (4) ist eine lineare Dgl. zweiter Ordnung mit konstanten Koeffizienten. Wir lösen sie durch den bekannten Exponential-Ansatz

$$\psi(\varphi) = e^{i\lambda\varphi} \tag{5}$$

$$\Rightarrow \quad \frac{1}{2m}\left[\frac{\hbar^2}{R^2}\,\lambda^2 - \frac{q\hbar\phi_M}{\pi R^2}\,\lambda\right] = E - \frac{1}{2m}\left(\frac{q\phi_M}{2\pi R}\right)^2$$

$$\Rightarrow \quad \lambda_{1/2} = \frac{q\phi_M}{2\pi\hbar} \pm \frac{R}{\hbar}\sqrt{2mE}$$

Die **Anschlussbedingung**

$$e^{i\lambda\varphi} \overset{!}{=} e^{i\lambda(\varphi+2\pi)} \tag{6}$$

führt auf $\lambda = n \in \mathbb{Z}$. Daraus folgen die diskreten Energien

$$E_n = \frac{\hbar^2}{2mR^2}\left(n - \frac{q\,\phi_M}{2\pi\hbar}\right)^2 \qquad n = 0, \pm 1, \pm 2, \dots \tag{7}$$

Die Spule hebt die zweifache Entartung der Energien auf. *Die Energien des umlaufenden Teilchens hängen vom magnetischen Fluss* ϕ_M *in der Spule ab, obwohl am Teilchenort kein Magnetfeld ist.*

11–3 Hamiltonfunktion für Ladungen im elektromagnetischen Feld

Wir gehen von der gegebenen, klassischen Hamiltonfunktion aus:

$$H = \frac{1}{2m}\left(\mathbf{p} - q\mathbf{A}\right)^2 + q\,\Phi \tag{1}$$

In der folgenden Rechnung wird nach der Einsteinschen Summenkonvention über den doppelt auftretenden Index k von 1 bis 3 summiert.

Die Hamiltonfunktion in Gl. (1) liefert für $x, y, z = x_1, x_2, x_3$ die Hamiltonschen Gln. (siehe [Kuypers], Abschn. 16.2):

$$\dot{x}_i = \frac{\partial H}{\partial p_i} = \frac{1}{m}\left(p_i - q\,A_i\right) \tag{2}$$

und

$$\dot{p}_i = -\frac{\partial H}{\partial x_i} = \frac{q}{m}\left(p_k - q\,A_k\right)\frac{\partial A_k}{\partial x_i} - q\frac{\partial \Phi}{\partial x_i} \tag{3}$$

$$\Rightarrow \quad m\ddot{x}_i \underset{\substack{\uparrow \\ \text{Gl. (2)}}}{=} \frac{d}{dt}\left(p_i - q\,A_i\right) = \dot{p}_i - q\left(\frac{\partial A_i}{\partial x_k}\frac{dx_k}{dt} + \frac{\partial A_i}{\partial t}\right) =$$

$$\underset{\substack{\uparrow \\ \text{Gln.(2/3)}}}{=} \frac{q}{m}\underbrace{\left(m\frac{dx_k}{dt}\right)}_{= p_k - q\,A_k}\frac{\partial A_k}{\partial x_i} - q\frac{\partial \Phi}{\partial x_i} \underbrace{- q\left(\frac{\partial A_i}{\partial x_k}\frac{dx_k}{dt} + \frac{\partial A_i}{\partial t}\right)}_{= dp_i/dt} =$$

$$= -q\left(\frac{\partial \Phi}{\partial x_i} + \frac{\partial A_i}{\partial t}\right) - q\left(\frac{\partial A_i}{\partial x_k} - \frac{\partial A_k}{\partial x_i}\right)\frac{dx_k}{dt} =$$

$$= q\,\mathcal{E}_i + q\left[\mathbf{v}\times(\nabla\times\mathbf{A})\right]_i = q\,\mathcal{E}_i + q\left(\mathbf{v}\times\mathbf{B}\right)_i \qquad \text{mit} \quad \mathcal{E}_i = \text{Komponente von } \mathbf{E}$$

Die Richtigkeit dieser drei Gln. bestätigt die Korrektheit der Hamiltonfunktion in Gl. (1).

11–4 Magnetisches Moment eines Orbitals im H-Atom

a) Zuerst berechnen wir mit Gl. (11.2–5) $\mu = IA$ das infinitesimale Moment $d\mu$, das eine kreisrunde Stromröhre erzeugt, deren Symmetrieachse parallel zur z-Achse liegt, die den Radius $r\sin\vartheta$ und die (nahezu) rechteckige Querschnittsfläche $dA = dr \cdot r\,d\vartheta$ hat:

$$d\mu = \underbrace{dr \cdot r\,d\vartheta}_{= dA}\, e_0\, j_{nlm}(r,\vartheta,\varphi)\; \underbrace{\pi(r\sin\vartheta)^2}_{\text{umströmte Fläche}}$$

mit $\quad \mathbf{j}_{nlm}(r,\vartheta,\varphi) \underset{\underset{\text{Gl. (1) in Aufgabe 10–12}}{\uparrow}}{=} \dfrac{\hbar m}{m_e\, r \sin\vartheta}\, R_{nl}^2(r)\, \Theta_{lm}^2(\vartheta)\, \mathbf{e}_\varphi \qquad m_e = \text{Elektronenmasse}$

$$\Rightarrow \quad \mu = \dfrac{\hbar e_0\,\pi}{m_e}\, m \underbrace{\int_0^\infty r^2 R_{nl}^2(r)\, dr}_{=\,1\ \text{wegen Normierung}} \cdot \underbrace{\int_0^\pi \sin\vartheta\,\Theta_{lm}^2(\vartheta)\, d\vartheta}_{=\,1/(2\pi)\ \text{wegen Normierung}} = m\,\dfrac{e_0\,\hbar}{2m_e} = m\,\mu_B \qquad (1)$$

Gl. (1) stimmt mit den Gln. (11.2–7) überein.

b) Wir berechnen, wie oft das Elektron im Mittel durch die x,y-Halbebene mit $x>0$ läuft:

$$\int_0^\infty \int_0^\pi \underbrace{\mathbf{j}_{nlm}(r,\vartheta,\varphi)\, d\vartheta\, r\, dr}_{=\,dA} = \dfrac{\hbar}{m_e}\, m \int_0^\infty R_{nl}^2(r)\, dr \cdot \int_0^\pi \Theta_{lm}^2(\vartheta)\,\dfrac{d\vartheta}{\sin\vartheta} \underset{\underset{\text{Gln. (10.2–13a/e)}}{\uparrow}}{=}$$

$$= \dfrac{\hbar}{2\,\pi\, a_B^2\, m_e\, n^3} \underset{\underset{\text{Gl. (11.5–2)}}{\uparrow}}{=} \dfrac{1}{T_n}$$

11–5 Wahrscheinlichkeitsstromdichte in Magnetfeldern

Wir setzen die zeitabhängige Schrödinger-Gl. und ihre komplex konjugierte Gl.

$$i\hbar\,\dfrac{\partial\psi}{\partial t} = \left[\dfrac{1}{2m}\left(\dfrac{\hbar}{i}\nabla - q\mathbf{A}\right)^2 + q\,\Phi\right]\psi = \left[-\dfrac{\hbar^2}{2m}\Delta + \dfrac{i\hbar q}{2m}(\nabla\cdot\mathbf{A} + \mathbf{A}\cdot\nabla) + \dfrac{q^2\mathbf{A}^2}{2m} + q\,\Phi\right]\psi$$

$$-i\hbar\,\dfrac{\partial\psi^*}{\partial t} = \left[\dfrac{1}{2m}\left(\dfrac{\hbar}{i}\nabla + q\mathbf{A}\right)^2 + q\,\Phi\right]\psi^* = \left[-\dfrac{\hbar^2}{2m}\Delta - \dfrac{i\hbar q}{2m}(\nabla\cdot\mathbf{A} + \mathbf{A}\cdot\nabla) + \dfrac{q^2\mathbf{A}^2}{2m} + q\,\Phi\right]\psi^*$$

in $\quad \dfrac{\partial}{\partial t}|\psi|^2 = \left(\dfrac{\partial}{\partial t}\psi^*\right)\psi + \psi^*\,\dfrac{\partial}{\partial t}\psi$

ein: $\quad \dfrac{\partial}{\partial t}|\psi|^2 = -\dfrac{i\hbar}{2m}(\psi\,\Delta\psi^* - \psi^*\,\Delta\psi) + \dfrac{q}{m}\left[(\psi\psi^*)\nabla\cdot\mathbf{A} + \mathbf{A}\cdot\nabla(\psi^*\psi)\right] =$

$$= \dfrac{\hbar}{2mi}\,\nabla\cdot(\psi\,\nabla\psi^* - \psi^*\,\nabla\psi) + \dfrac{q}{m}\,\nabla\cdot(\mathbf{A}\psi^*\psi)$$

$$\Rightarrow \quad \mathbf{j}(\mathbf{r},t) = \dfrac{\hbar}{2mi}(\psi^*\,\nabla\psi - \psi\,\nabla\psi^*) - \dfrac{q}{m}(\mathbf{A}\psi^*\psi) \underset{\underset{\text{Gl. (3.4–3)}}{\uparrow}}{=} \qquad (1a)$$

$$= \dfrac{1}{m}\,\mathrm{Re}\left[\psi^*(\mathbf{r},t)\left\{\dfrac{\hbar}{i}\nabla - q\mathbf{A}(\mathbf{r},t)\right\}\psi(\mathbf{r},t)\right] \qquad (1b)$$

Wie in Gl. (11.1–3) liegt auch hier die sog. minimale Kopplung vor: Der Impulsoperator wird ersetzt durch $-i\hbar\nabla - q\,\mathbf{A}(\mathbf{r},t)$. Wegen der Gln. (11.1–8a/b) ändert sich die Wahrscheinlichkeitsstromdichte bei Eichtransformationen (natürlich) nicht.

Lösungen: 12 Der Spin

12-1 Gl. für Pauli-Matrizen

a)
$$(\hat{\boldsymbol{\sigma}}\cdot\mathbf{a})(\hat{\boldsymbol{\sigma}}\cdot\mathbf{b}) = \sum_{j,k=1}^{3} \hat{\sigma}_j\, a_j\, \hat{\sigma}_k\, b_k \underset{\underset{\text{Gl.}(12.7-2\mathrm{d})}{\uparrow}}{=} \sum_{j,k=1}^{3} a_j b_k \left[i \sum_{l=1}^{3} \varepsilon_{jkl}\, \hat{\sigma}_l + \delta_{jk}\, \hat{1} \right] =$$

$$= \sum_{l=1}^{3} i\,\hat{\sigma}_l \left[\sum_{j,k=1}^{3} \varepsilon_{jkl}\, a_j b_k \right] + \sum_{j=1}^{3} a_j b_j\, \hat{1} = \sum_{l=1}^{3} i\,\hat{\sigma}_l\,(\mathbf{a}\times\mathbf{b})_l + (\mathbf{a}\cdot\mathbf{b})\,\hat{1} \qquad (1)$$

b) Nach Aufgabe 7–3b gilt für eine hermitesche Matrix $\hat{A} = \hat{A}^{\dagger} = (\hat{A}^{\mathrm{T}})^{*}$, so dass ihre Elemente die Gl. $a_{mn}^{*} = a_{nm}^{\dagger}$ erfüllen. Daher hat eine hermitesche Matrix reelle Diagonalelemente und eine hermitesche $2\times2-$ Matrix mit Spur 1 kann allgemein geschrieben werden in der Form

$$\hat{A} = \frac{1}{2} \begin{pmatrix} 1+a_3 & a_1 - i a_2 \\ a_1 + i a_2 & 1 - a_3 \end{pmatrix} = \frac{1}{2} \left[\hat{1} + \mathbf{a}\cdot\hat{\boldsymbol{\sigma}} \right] \qquad (2)$$

mit $\mathbf{a} = (a_1, a_2, a_3)$ und $\hat{1} = $ Einheitsmatrix

Wegen Gl. (2) sagt man gelegentlich: „Die Operatoren $\hat{1}, \hat{\sigma}_k$ bilden eine Operatorbasis."

c)
$$[\hat{\boldsymbol{\sigma}}\cdot\mathbf{n}, \hat{\boldsymbol{\sigma}}\cdot\mathbf{u}] = \sum_{k,l=1}^{3} n_k u_l \left[\hat{\sigma}_k, \hat{\sigma}_l \right] = 2i \sum_{k,l,m=1}^{3} n_k u_l\, \varepsilon_{klm}\, \hat{\sigma}_m =$$

$$= 2i \sum_{m=1}^{3} (\mathbf{n}\times\mathbf{u})_m\, \hat{\sigma}_m = 2i\,(\mathbf{n}\times\mathbf{u})\cdot\hat{\boldsymbol{\sigma}} \qquad (3)$$

Diese Gl. ist eine Verallgemeinerung des bekannten Kommutators $[\hat{\sigma}_1, \hat{\sigma}_2] = 2i\hat{\sigma}_3$. Alternativ lässt sich Gl. (3) viel schneller mit Gl. (1) beweisen.

12-2 Spinmessungen in beliebigen Richtungen

a) Wir führen zuerst eine Drehung um die y-Achse mit dem Drehwinkel ϑ und anschließend eine Drehung um die z-Achse mit dem Winkel φ durch. Der erste Rotationsoperator lautet

$$\hat{R}_2(\vartheta) = e^{-i\vartheta\hat{S}_2/\hbar} = e^{-i\vartheta\hat{\sigma}_2/2} \underset{\underset{\hat{\sigma}_2^2 = \hat{1}}{\uparrow}}{=}$$

$$= \cos\left(\frac{\vartheta}{2}\right) \begin{pmatrix} 1 & 0 \\ 0 & 1 \end{pmatrix} - i\sin\left(\frac{\vartheta}{2}\right) \begin{pmatrix} 0 & -i \\ i & 0 \end{pmatrix} = \begin{pmatrix} \cos(\vartheta/2) & -\sin(\vartheta/2) \\ \sin(\vartheta/2) & \cos(\vartheta/2) \end{pmatrix} \qquad (1a)$$

Der zweite Rotationsoperator für die Drehung um die z-Achse lautet wegen $\hat{\sigma}_3^2 = \hat{1}$

$$\hat{R}_3(\varphi) = e^{-i\varphi\hat{\sigma}_3/2} = \cos\left(\frac{\varphi}{2}\right) \begin{pmatrix} 1 & 0 \\ 0 & 1 \end{pmatrix} - i\sin\left(\frac{\varphi}{2}\right) \begin{pmatrix} 1 & 0 \\ 0 & -1 \end{pmatrix} =$$

$$= \begin{pmatrix} e^{-i\varphi/2} & 0 \\ 0 & e^{i\varphi/2} \end{pmatrix} \qquad (1b)$$

$$\Rightarrow \quad \hat{R}_3(\varphi)\,\hat{R}_2(\vartheta) = \begin{pmatrix} \cos(\vartheta/2)\,e^{-i\varphi/2} & -\sin(\vartheta/2)\,e^{-i\varphi/2} \\[2mm] \sin(\vartheta/2)\,e^{i\varphi/2} & \cos(\vartheta/2)\,e^{i\varphi/2} \end{pmatrix} \tag{2a}$$

$$\Rightarrow \quad \left(\hat{R}_3(\varphi)\,\hat{R}_2(\vartheta)\right)^{-1} = \hat{R}_2^{-1}(\vartheta)\,\hat{R}_3^{-1}(\varphi) = \hat{R}_2(-\vartheta)\,\hat{R}_3(-\varphi) =$$

$$= \begin{pmatrix} \cos(\vartheta/2)\,e^{i\varphi/2} & \sin(\vartheta/2)\,e^{-i\varphi/2} \\[2mm] -\sin(\vartheta/2)\,e^{i\varphi/2} & \cos(\vartheta/2)\,e^{-i\varphi/2} \end{pmatrix} \tag{2b}$$

Dann lautet der *Spinoperator in Richtung des Einheitsvektors* $\mathbf{n} = (\sin\vartheta\cos\varphi,\,\sin\vartheta\sin\varphi,\,\cos\vartheta)$:

$$\hat{R}_3(\varphi)\,\hat{R}_2(\vartheta)\begin{pmatrix} 1 & 0 \\ 0 & -1 \end{pmatrix}\left(\hat{R}_3(\varphi)\,\hat{R}_2(\vartheta)\right)^{-1} = \begin{pmatrix} \cos\vartheta & \sin\vartheta\,e^{-i\varphi} \\[2mm] \sin\vartheta\,e^{i\varphi} & -\cos\vartheta \end{pmatrix} = \tag{3a}$$

$$= \sin\vartheta\cos\varphi\,\hat{\sigma}_1 + \sin\vartheta\sin\varphi\,\hat{\sigma}_2 + \cos\vartheta\,\hat{\sigma}_3 = \sum_{k=1}^{3} n_k\,\hat{\sigma}_k = \mathbf{n}\cdot\hat{\boldsymbol{\sigma}} \tag{3b}$$

b) Die Eigenwertgl. des Spinoperators $\mathbf{n}\cdot\hat{\boldsymbol{\sigma}}$ lautet:

$$\begin{pmatrix} \cos\vartheta & \sin\vartheta\,e^{-i\varphi} \\[2mm] \sin\vartheta\,e^{i\varphi} & -\cos\vartheta \end{pmatrix}\begin{pmatrix} \alpha \\ \beta \end{pmatrix} = \lambda\begin{pmatrix} \alpha \\ \beta \end{pmatrix} \tag{4}$$

Dieses Gleichungssystem hat genau dann nichttriviale Lösungen ($\alpha \neq 0$ oder $\beta \neq 0$), wenn die *charakteristische Gl.* erfüllt ist:

$$\begin{vmatrix} \cos\vartheta - \lambda & \sin\vartheta\,e^{-i\varphi} \\[2mm] \sin\vartheta\,e^{i\varphi} & -\cos\vartheta - \lambda \end{vmatrix} = \lambda^2 - 1 = 0 \qquad \Rightarrow \qquad \lambda = \pm 1$$

Wir setzen die beiden Eigenwerte $\lambda = \pm 1$ in die Eigenwertgl. (4) ein und erhalten die beiden orthonormierten Eigenvektoren des Operators $\mathbf{n}\cdot\hat{\boldsymbol{\sigma}}$ in der Richtung des Einheitsvektors $\mathbf{n}$:

$$|\mathbf{n},+\rangle = \frac{1}{\sqrt{2(1-\cos\vartheta)}}\begin{pmatrix} \sin\vartheta \\[2mm] (1-\cos\vartheta)\,e^{i\varphi} \end{pmatrix} \qquad \text{mit Eigenwert } \lambda = +1 \tag{5a}$$

$$|\mathbf{n},-\rangle = \frac{1}{\sqrt{2(1+\cos\vartheta)}}\begin{pmatrix} \sin\vartheta \\[2mm] -(1+\cos\vartheta)\,e^{i\varphi} \end{pmatrix} \qquad \text{mit Eigenwert } \lambda = -1 \tag{5b}$$

Die Gln.

$$\sin\vartheta = \pm\sqrt{1-\cos\vartheta}\,\sqrt{1+\cos\vartheta} \quad ; \quad \sqrt{1-\cos\vartheta} = \pm\sqrt{2}\,\sin\frac{\vartheta}{2} \quad ; \quad \sqrt{1+\cos\vartheta} = \pm\sqrt{2}\,\cos\frac{\vartheta}{2}$$

liefern (mit $0 \leq \vartheta \leq \pi$) die bekannteren Formen

$$|\mathbf{n},+\rangle = \begin{pmatrix} \cos(\vartheta/2) \\[2mm] \sin(\vartheta/2)\,e^{i\varphi} \end{pmatrix} \quad \text{für } \lambda = +1 \qquad |\mathbf{n},-\rangle = \begin{pmatrix} \sin(\vartheta/2) \\[2mm] -\cos(\vartheta/2)\,e^{i\varphi} \end{pmatrix} \quad \text{für } \lambda = -1 \tag{5'a/b}$$

Hinweise: **1)** Die unbestimmte Phase wurde in $|\mathbf{n},\pm\rangle$ so gewählt, dass die beiden Eigenvektoren $|\mathbf{n},\pm\rangle$ möglichst kurz sind. **2)** Bei der Raumspiegelung $\vartheta \to \pi-\vartheta$; $\varphi \to \varphi+\pi$ gehen $|\mathbf{n},\pm\rangle$ über in $|\mathbf{n},\mp\rangle$.

Alternative Berechnung: Natürlich lassen sich die Eigenvektoren $|\mathbf{n},\pm\rangle$ auch mit dem Rotationsoperator $\hat{R}_3(\varphi)\,\hat{R}_2(\vartheta)$ in Gl. (2a) erzeugen:

$$|\mathbf{n},+\rangle = \hat{R}_3(\varphi)\,\hat{R}_2(\vartheta)\begin{pmatrix} 1 \\ 0 \end{pmatrix} = e^{-i\varphi/2}\begin{pmatrix} \cos(\vartheta/2) \\ \sin(\vartheta/2)\,e^{i\varphi} \end{pmatrix}$$

und$\quad |\mathbf{n},-\rangle = \hat{R}_3(\varphi)\,\hat{R}_2(\vartheta)\begin{pmatrix} 0 \\ 1 \end{pmatrix} = -e^{-i\varphi/2}\begin{pmatrix} \sin(\vartheta/2) \\ -\cos(\vartheta/2)\,e^{i\varphi} \end{pmatrix}$

Bis auf die belanglosen Phasenfaktoren $\pm\exp(-i\varphi/2)$ finden wir die Eigenvektoren in (5'a/b).

c) Nach Gl. (8.1–3) gilt: Im Zustand $|z,+\rangle$ ist die Wahrscheinlichkeit, bei einer Messung des Spins $\mathbf{n}\cdot\hat{\boldsymbol{\sigma}}$ den Eigenwert $\lambda=+1$ zu finden, gleich dem *quadrierten Skalarprodukt des Zustandes* $|z,+\rangle$ *vor der Messung mit dem kollabierten Zustand* $|\mathbf{n},+\rangle$ *nach der Messung*:

$$p_+(\vartheta;\lambda=+1) = \left|\langle z,+|\mathbf{n},+\rangle\right|^2 \underset{\substack{\uparrow \\ \text{Gl.(5a)}}}{=} \left|(1\ \ 0)\begin{pmatrix} \cos(\vartheta/2) \\ \sin(\vartheta/2)\,e^{i\varphi} \end{pmatrix}\right|^2 =$$

$$= \cos^2\frac{\vartheta}{2} = \frac{1}{2}\left(1+\cos\vartheta\right) \tag{6a}$$

Entsprechend erhalten wir für den Spinzustand $|z,-\rangle$:

$$p_-(\vartheta;\lambda=+1) = \left|\langle z,-|\mathbf{n},+\rangle\right|^2 \underset{\substack{\uparrow \\ \text{Gl.(5a)}}}{=} \left|(0\ \ 1)\begin{pmatrix} \cos(\vartheta/2) \\ \sin(\vartheta/2)\,e^{i\varphi} \end{pmatrix}\right|^2 =$$

$$= \sin^2\frac{\vartheta}{2} = \frac{1}{2}\left(1-\cos\vartheta\right) \tag{6b}$$

Wir fassen die Ergebnisse, die wir in Abschn. „23.2 Die Bellschen Ungln." benötigen, zusammen:

An einem Spin-1/2-Teilchen im Zustand $|z,+\rangle$ oder $|z,-\rangle$ wird der Spin $\mathbf{n}\cdot\hat{\mathbf{S}}$ in Richtung des Einheitsvektors $\mathbf{n}=(\sin\vartheta\cos\varphi,\sin\vartheta\sin\varphi,\cos\vartheta)$ gemessen. Dann sind die Wahrscheinlichkeiten $p_\pm(\vartheta;+\hbar/2)$ für den positiven Messwert $+\hbar/2$

$$p_\pm(\vartheta;+\hbar/2) = \frac{1}{2}\left(1\pm\cos\vartheta\right) = \begin{cases} \cos^2(\vartheta/2) & \text{für Teilchen im Anfangszustand } |z,+\rangle \\ \sin^2(\vartheta/2) & \text{für Teilchen im Anfangszustand } |z,-\rangle \end{cases} \tag{7}$$

Hinweis: Nach Aufgabe 7–3c lautet ein Operator $\hat{A}$ mit den Eigenwert-Gln. $\hat{A}|a_n\rangle = a_n|a_n\rangle$ in der Spektraldarstellung $\hat{A} = \sum_n a_n|a_n\rangle\langle a_n|$.

Mit den Eigenvektoren $|\mathbf{n},\pm\rangle$ in den Gln. (5'a) und (5'b) und ihre Eigenwerten ±1 folgt:

$$\mathbf{n}\cdot\hat{\boldsymbol{\sigma}} = +|\mathbf{n},+\rangle\langle\mathbf{n},+| - |\mathbf{n},-\rangle\langle\mathbf{n},-| =$$

$$= \begin{pmatrix} \cos(\vartheta/2) \\ \sin(\vartheta/2)\,e^{i\varphi} \end{pmatrix}\Big(\cos(\vartheta/2)\ \ \sin(\vartheta/2)\,e^{-i\varphi}\Big) - \begin{pmatrix} \sin(\vartheta/2) \\ -\cos(\vartheta/2)\,e^{i\varphi} \end{pmatrix}\Big(\sin(\vartheta/2)\ \ -\cos(\vartheta/2)\,e^{-i\varphi}\Big) =$$

$$= \begin{pmatrix} \cos\vartheta & \sin\vartheta\,e^{-i\varphi} \\ \sin\vartheta\,e^{i\varphi} & -\cos\vartheta \end{pmatrix} \tag{3a}$$

d) Wegen der Normierungsbedingung $\alpha^2 + \beta^2 = 1$ lässt sich jeder Spinzustand mit reellen Koeffizienten α, β wie folgt schreiben:

$$|\chi\rangle = \begin{pmatrix} \alpha \\ \beta \end{pmatrix} = \begin{pmatrix} \cos(\vartheta/2) \\ \sin(\vartheta/2) \end{pmatrix} \qquad \text{für reelle Komponenten } \alpha, \beta$$

Bei komplexen Koeffizienten α, β müssen wir nur die *relative* Phase φ zwischen den zwei Komponenten berücksichtigen, nicht aber eine Gesamtphase von beiden Komponenten. Daher lässt sich ein beliebiger Spinor schreiben als

$$|\chi\rangle = \begin{pmatrix} \alpha \\ \beta \end{pmatrix} = \begin{pmatrix} \cos(\vartheta/2) \\ \sin(\vartheta/2)\, e^{i\varphi} \end{pmatrix}$$

Nach Gl. (5'a) ist dieser Zustand der Eigenvektor des Spinoperators $\mathbf{n}\cdot\hat{\boldsymbol{\sigma}}$ für den Eigenwert $+1$ in der Richtung des Einheitsvektors $\mathbf{n} = (\sin\vartheta\cos\varphi, \sin\vartheta\sin\varphi, \cos\vartheta)$. Deshalb lässt sich der Spinzustand $|\chi\rangle$ präparieren, indem man die Spin-1/2-Teilchen durch einen Stern-Gerlach-Magnet laufen lässt, der in die Richtung des Einheitsvektors $\mathbf{n}$ gedreht wurde und bei dem der Ausgang, der zum Eigenwert -1 gehört, versperrt ist. (Wir sprechen hier von einer selektiven Messung.)

12–3 Messungen eines allgemeinen Spinzustandes

a)
$$\left| \frac{1}{\sqrt{3}} \begin{pmatrix} 1 & 1+i \end{pmatrix} \cdot \frac{1}{\sqrt{2}} \begin{pmatrix} 1 \\ 1 \end{pmatrix} \right|^2 = \frac{5}{6}$$

Beachte unbedingt die Komplex-Konjugation des Zeilenvektors; sie wird gerne vergessen.

Die Wahrscheinlichkeiten für die Messwerte $\pm\hbar/2$ betragen daher 5/6 und 1/6.

b)
$$\left| \frac{1}{\sqrt{3}} \begin{pmatrix} 1 & 1+i \end{pmatrix} \cdot \begin{pmatrix} 1 \\ 0 \end{pmatrix} \right|^2 = \frac{1}{3}$$

Somit beträgt die Wahrscheinlichkeit für den Messwert $\hbar/2$ bzw. $-\hbar/2$ hier 1/3 bzw. 2/3.

c) Es gibt zwei Möglichkeiten, den Erwartungswert zu berechnen:

1. Möglichkeit (einfacher): Mit den Wahrscheinlichkeiten 5/6 und 1/6 erhalten wir:

$$\langle \chi | \hat{S}_1 | \chi \rangle = \frac{\hbar}{2}\frac{5}{6} + \left(-\frac{\hbar}{2} \right)\frac{1}{6} = \frac{\hbar}{3}$$

2. Möglichkeit: Wir rechnen mit dem Spinzustand $|\chi\rangle$ und der Pauli-Matrix σ_1:

$$\langle \chi | \hat{S}_1 | \chi \rangle = \frac{1}{\sqrt{3}} \begin{pmatrix} 1 & 1+i \end{pmatrix} \cdot \frac{\hbar}{2} \begin{pmatrix} 0 & 1 \\ 1 & 0 \end{pmatrix} \cdot \frac{1}{\sqrt{3}} \begin{pmatrix} 1 \\ 1-i \end{pmatrix} = \frac{\hbar}{3}$$

d)
$$\langle \chi | \hat{S}_3 | \chi \rangle = \frac{\hbar}{2}\frac{1}{3} + \left(-\frac{\hbar}{2} \right)\frac{2}{3} = -\frac{\hbar}{6}$$

12–4 Summe von zwei Hermiteschen Operatoren

a) Der Operator

$$\hat{S}_{13} := \hat{S}_1 + \hat{S}_3 = \frac{\hbar}{2} \begin{pmatrix} 1 & 1 \\ 1 & -1 \end{pmatrix}$$

ist eine reelle symmetrische Matrix und daher (natürlich) hermitesch. Generell gilt: Die Summe von hermiteschen Operatoren ist natürlich immer hermitesch.

b) Die Eigenwertgl. der Matrix $\hat{S}_{13}$ lautet

$$\frac{\hbar}{2}\begin{pmatrix} 1 & 1 \\ 1 & -1 \end{pmatrix}\begin{pmatrix} \alpha \\ \beta \end{pmatrix} = \lambda \begin{pmatrix} \alpha \\ \beta \end{pmatrix} \quad \Leftrightarrow \quad \begin{array}{l} (\hbar/2 - \lambda)\,\alpha + \quad \hbar/2\cdot\beta = 0 \\ \hbar/2\cdot\alpha - (\hbar/2 + \lambda)\,\beta = 0 \end{array}$$

Dieses Gleichungssystem für α,β hat genau dann nicht-triviale Lösungen (d. h. mindestens einer der beiden Koeffizienten α,β ist ungleich), wenn die Koeffizientendeterminante verschwindet:

$$\begin{vmatrix} \hbar/2 - \lambda & \hbar/2 \\ \hbar/2 & -(\hbar/2 + \lambda) \end{vmatrix} = -\frac{\hbar^2}{2} + \lambda^2 \overset{!}{=} 0 \quad \Rightarrow \quad \lambda = \pm\frac{\hbar}{\sqrt{2}}$$

$\hat{S}_{13}$ hat also die beiden reellen Eigenwerte $\pm\hbar/\sqrt{2}$. Die Eigenwertgln.

$$\frac{\hbar}{2}\begin{pmatrix} 1 & 1 \\ 1 & -1 \end{pmatrix}\begin{pmatrix} \alpha \\ \beta \end{pmatrix} = \pm\frac{\hbar}{\sqrt{2}}\begin{pmatrix} \alpha \\ \beta \end{pmatrix}$$

liefern die beiden orthonormierten Eigenvektoren von $\hat{S}_{13}$ (bis auf eine beliebige Phase):

$$|13,\pm\rangle = \frac{1}{\sqrt{4\mp 2\sqrt{2}}}\begin{pmatrix} 1 \\ \pm\sqrt{2}-1 \end{pmatrix}_{\text{für } \vartheta = \pi/4 \;;\; \varphi = 0} \overset{\uparrow}{=} |\mathbf{n},\pm\rangle \tag{1}$$

Der hermitesche Operator $\hat{S}_{13}$ kann natürlich nicht *zwei* nacheinander folgende Messungen von $\hat{S}_1$ und $\hat{S}_3$ darstellen. Nach Gl. (3a) in Aufgabe 12–2a ist $\hat{S}_{13}$ gleich $\hbar/\sqrt{2}$ mal dem Spinoperator $\mathbf{n}\cdot\hat{\boldsymbol{\sigma}}$ für die Richtung des Einheitsvektors $\mathbf{n} = (1\ 0\ 1)/\sqrt{2}$.

12–5 Unbestimmtheitsrelation für Spinzustände

$$\left[\hat{S}_1,\hat{S}_2\right] = i\,\hbar\,\hat{S}_3 \quad \Rightarrow \quad \frac{1}{2}\left|\langle z,+|\left[\hat{S}_1,\hat{S}_2\right]|z,+\rangle\right| = \frac{\hbar^2}{4}$$

Mit $\quad |z,+\rangle = \frac{1}{\sqrt{2}}\left(|x,+\rangle + |x,-\rangle\right) = \frac{1}{\sqrt{2}\,i}\left(|y,+\rangle - |y,-\rangle\right)$

und mit den verschwindenden Erwartungswerten

$$\langle z,+|\hat{S}_1|z,+\rangle = \langle\hat{S}_1\rangle = 0 \qquad \langle z,+|\hat{S}_2|z,+\rangle = \langle\hat{S}_2\rangle = 0$$

folgt: $(\Delta S_1)^2 = \langle z,+|\hat{S}_1^2|z,+\rangle = \frac{1}{2}\left(\langle x,+| + \langle x,-|\right)\Big|\hat{S}_1^2\Big|\left(|x,+\rangle + |x,-\rangle\right) =$

$$= \frac{1}{2}\left(\langle x,+| + \langle x,-|\right)\left(\frac{\hbar^2}{4}|x,+\rangle + \frac{\hbar^2}{4}|x,-\rangle\right) = \frac{\hbar^2}{4}$$

Aus Symmetriegründen hat $(\Delta S_2)^2$ denselben Wert. Daraus folgt $(\Delta S_1)(\Delta S_2) = \hbar^2/4$.

12–6 Spin-1-Matrizen

Der hermitesche Spinoperator $\hat{S}_3$ hat die drei Eigenwerte $0,\pm\hbar$. Wir wissen aus der linearen Algebra, dass seine *Matrix in der Basis seiner Eigenzustände diagonal* ist und dass die *Diagonalelemente die Eigenwerte* sind. Daher gilt in der Basis der Eigenzustände:

$$\hat{S}_3 = \hbar \begin{pmatrix} 1 & 0 & 0 \\ 0 & 0 & 0 \\ 0 & 0 & -1 \end{pmatrix} \tag{1a}$$

Die drei Eigenvektoren $\mathbf{e}_k$ von $\hat{S}_3$ haben jeweils die Elemente δ_{kl} mit $k,l = 1,2,3$

Die Matrizen der Operatoren $\hat{S}_1, \hat{S}_2$ werden mit den Leiteroperatoren berechnet. Die Gln.

$$\hat{S}_+ \begin{pmatrix} 1 \\ 0 \\ 0 \end{pmatrix} = 0 \qquad \hat{S}_+ \begin{pmatrix} 0 \\ 1 \\ 0 \end{pmatrix} = \sqrt{2}\,\hbar \begin{pmatrix} 1 \\ 0 \\ 0 \end{pmatrix} \qquad \hat{S}_+ \begin{pmatrix} 0 \\ 0 \\ 1 \end{pmatrix} = \sqrt{2}\,\hbar \begin{pmatrix} 0 \\ 1 \\ 0 \end{pmatrix}$$

$$\hat{S}_- \begin{pmatrix} 1 \\ 0 \\ 0 \end{pmatrix} = \sqrt{2}\,\hbar \begin{pmatrix} 0 \\ 1 \\ 0 \end{pmatrix} \qquad \hat{S}_- \begin{pmatrix} 0 \\ 1 \\ 0 \end{pmatrix} = \sqrt{2}\,\hbar \begin{pmatrix} 0 \\ 0 \\ 1 \end{pmatrix} \qquad \hat{S}_- \begin{pmatrix} 0 \\ 0 \\ 1 \end{pmatrix} = 0$$

$$\text{ergeben}\quad \hat{S}_+ = \sqrt{2}\,\hbar \begin{pmatrix} 0 & 1 & 0 \\ 0 & 0 & 1 \\ 0 & 0 & 0 \end{pmatrix} \qquad \hat{S}_- = \sqrt{2}\,\hbar \begin{pmatrix} 0 & 0 & 0 \\ 1 & 0 & 0 \\ 0 & 1 & 0 \end{pmatrix} = \hat{S}_+^\dagger$$

$$\Rightarrow \quad \hat{S}_1 = \frac{\hat{S}_+ + \hat{S}_-}{2} = \frac{\hbar}{\sqrt{2}} \begin{pmatrix} 0 & 1 & 0 \\ 1 & 0 & 1 \\ 0 & 1 & 0 \end{pmatrix} \qquad \hat{S}_2 = \frac{\hat{S}_+ - \hat{S}_-}{2i} = \frac{\hbar}{\sqrt{2}} \begin{pmatrix} 0 & -i & 0 \\ i & 0 & -i \\ 0 & i & 0 \end{pmatrix}$$

12–7 Vertauschungsrelationen der Pauli-Matrizen

Die Beweise ergeben sich durch einfache Matrizenmultiplikationen.

12–8 Vollständigkeitsrelation der Spin-Eigenfunktionen

Nach Abschn. „7.1 Der Hilbertraum" bildet die Menge $\{|n\rangle\}$ der Funktionen $|n\rangle$ genau dann ein vollständiges Orthonormalsystem, wenn $\sum_n |n\rangle\langle n|$ gleich dem Einheitsoperator $\hat{1}$ ist (siehe Gl. (7.1-9a)). Wir beweisen nur die Vollständigkeit der Eigenfunktionen $|y,\pm\rangle$ der Pauli-Matrix $\hat{\sigma}_2$:

$$\frac{1}{\sqrt{2}} \begin{pmatrix} 1 \\ i \end{pmatrix} \cdot \frac{1}{\sqrt{2}} (1 \quad -i) + \frac{1}{\sqrt{2}} \begin{pmatrix} 1 \\ -i \end{pmatrix} \cdot \frac{1}{\sqrt{2}} (1 \quad i) =$$

$$= \frac{1}{2} \begin{pmatrix} 1 & -i \\ i & 1 \end{pmatrix} + \frac{1}{2} \begin{pmatrix} 1 & i \\ -i & 1 \end{pmatrix} = \begin{pmatrix} 1 & 0 \\ 0 & 1 \end{pmatrix}$$

12–9 Klassischer Elektronenradius und Elektronenspin

a) Die klassische Energiedichte des elektrischen Feldes ist außerhalb des Elektrons

$$w(r) = \frac{\varepsilon_0}{2}\,\mathcal{E}^2(r) = \frac{\varepsilon_0}{2} \left(\frac{e_0}{4\pi\varepsilon_0}\,\frac{1}{r^2} \right)^2 = \frac{e_0^2}{32\,\pi^2\,\varepsilon_0}\,\frac{1}{r^4} \qquad \text{für} \qquad r \geq R_e$$

Dabei wird nur die Kugelsymmetrie der Ladungsverteilung vorausgesetzt. Eine elektrische Feld-energie im Innern des Elektrons ($r < R_e$) wird hier nicht angesetzt. Die gesamte Energie E des elektrischen Feldes eines Elektrons ergibt sich durch Integration über den gesamten Raum außerhalb des Elektrons. Mit dem Raumwinkel 4π finden wir:

$$E = 4\pi \int_{R_e}^{\infty} w(r)\, r^2\, dr = \frac{e_0^2}{8\pi\varepsilon_0} \int_{R_e}^{\infty} \frac{dr}{r^2} = \frac{e_0^2}{8\pi\varepsilon_0} \frac{1}{R_e}$$

Wir setzen diese Energie gleich $m_e c^2$ und erhalten den viel zu großen Radius

$$R_e = \frac{e_0^2}{8\pi\varepsilon_0} \frac{1}{m_e c^2} \approx 1{,}41 \cdot 10^{-15}\,\text{m} \tag{1}$$

b) Das klassische Trägheitsmoment einer Vollkugel mit Masse m_e und Radius R_e ist

$$I = \frac{2}{5} m_e R_e^2 \approx 7{,}1 \cdot 10^{-61}\,\text{kg m}^2 \qquad \text{(siehe [Kuypers], Aufgabe 12–1c)} \tag{3}$$

Der maximale Eigenwert von $\hat{S}_3$ lautet

$$\frac{\hbar}{2} = I\omega = I\frac{v_{\text{Äqua}}}{R_e} \quad \Rightarrow \quad v_{\text{Äqua}} = \frac{\hbar R_e}{2I} = \frac{5\hbar}{4 m_e R_e} \approx 343\,c \tag{4}$$

Der „Äquator des Elektrons" würde mit 343-facher Lichtgeschwindigkeit rotieren. Der Spin kann also nicht auf eine Eigenrotation zurückgehen – auch nicht bei anderen Elektronenradien R_e. *Der Spin ergibt sich aus der relativistischen Dirac-Gl. und ist daher eine relativistische, klassisch unverständliche Eigenschaft.* Trotzdem ist es oft hilfreich, sich den Spin wie eine Eigenrotation vorzustellen. Das ist u. a. auf die in Beispiel 12.4–1 berechnete Präzession des Spinerwartungswertes im homogenen Magnetfeld zurückzuführen.

c) Wir betrachten am Breitengrad φ einen dünnen Streifen der Hohlkugel mit Umfang $2\pi r = 2\pi R\cos\varphi$ und Breite $R\,d\varphi$.[1] Die Tiefe des dünnen Streifens ist gleich der Wandstärke des Hohlzylinders. $A = \pi(R\cos\varphi)^2$ ist die Fläche, die der dünne Streifen bzw. der in ihm fließende Strom umfasst. Der Streifen hat das infinitesimale magnetische Moment

$$d\mu = A\,dI = \pi(R\cos\varphi)^2 \frac{dq}{T_{\text{Umlauf}}} = \pi(R\cos\varphi)^2 \frac{dq}{2\pi/\omega}$$

$$\text{mit} \qquad dq = e_0 \frac{dA_{\text{Streifen}}}{A_{\text{Kugel}}} = e_0 \frac{2\pi R\cos\varphi \cdot R\,d\varphi}{4\pi R^2} = \frac{e_0}{2}\cos\varphi\,d\varphi$$

$$\Rightarrow \quad d\mu = \frac{e_0}{4} R^2 \omega \cos^3\varphi\,d\varphi \quad \Rightarrow \quad \mu = \frac{e_0}{4} R^2 \omega \int_{-\pi/2}^{\pi/2} \cos^3\varphi\,d\varphi = \frac{e_0}{3} R^2 \omega$$

$$\Rightarrow \quad \frac{\mu}{L} = \frac{e_0}{3} R^2 \omega \Big/ \left(\frac{2}{3} m R^2 \omega\right) = \frac{e_0}{2m} \quad \Rightarrow \quad g = 1$$

Das Ergebnis ist plausibel, da wir einen klassischen, elektrischen Strom betrachten.

12–10 Messung des magnetischen Momentes von Kaliumatomen

a) Die Masse der Kaliumatoms ergibt sich mit der Avogadro-Konstante $N_A \approx 6{,}022 \cdot 10^{23}/\text{mol}$ zu

$$m_K \approx \frac{39{,}1\,\text{g/mol}}{6{,}022 \cdot 10^{23}/\text{mol}} \approx 6{,}49 \cdot 10^{-26}\,\text{kg}$$

---

[1] Der Südpol, Äquator, Nordpol der Erde haben die Breitengrade $-90°, 0, +90°$.

Die konstante, magnetische Kraft auf das Valenzelektron mit Spin up beträgt nach Gl. (12.2–4)

$$\mathbf{F}_z = \mu_z \, \frac{\partial B_z}{\partial z} \, \mathbf{e}_z \underset{\underset{g=2}{\uparrow}}{=} 2 \, \frac{e_0}{2\,m_e} \, \frac{\hbar}{2} \cdot 1500 \, \frac{\mathrm{T}}{\mathrm{m}} \, \mathbf{e}_z \approx 1{,}4 \cdot 10^{-20} \, \mathrm{N} \, \mathbf{e}_z \tag{1}$$

Am Ende des Magneten beträgt die Ablenkung in z-Richtung

$$z_{\mathrm{End}} = \frac{a}{2} t^2 = \frac{F_z}{2\,m_K} \left(\frac{l_1}{v} \right)^2 \tag{2}$$

Hinter dem Magneten fliegen die Atome geradlinig weiter mit dem Steigungswinkel α. Dabei ist

$$\tan\alpha = \frac{v_z}{v_x} = \frac{a\,t}{v} = \frac{F_z\,l_1}{m_K\,v^2} \quad \Rightarrow \quad \Delta z = 2 \left[z_{\mathrm{End}} + l_2 \tan\alpha \right] \approx 1{,}9 \, \mathrm{mm}$$

Mit Δz der Aufspaltung konnten Stern und Gerlach das magnetische Moment der Atome bestimmen (mit einem Fehler von etwa 10%). Es stimmt mit dem Bohrschen Magneton überein.

Nach Gl. (4.2–11) verbreitet sich ein freies Gaußsches Kalium-Wellenpaket in der Flugzeit $t_F = (l_1 + l_2)/v = 0{,}1 \, \mathrm{ms}$ von der (willkürlich angenommenen) Anfangsbreite $a = 1 \cdot 10^{-8} \, \mathrm{m}$ auf

$$\Delta x(t_F) \approx \frac{\hbar \, t_F}{2\,a\,m_K} \approx 8 \cdot 10^{-6} \, \mathrm{m}$$

b) *Nach dem Ehrenfestschen Theorem* (siehe Abschn. 7.3) *bewegt sich der Erwartungswert des Ortes wie ein klassisches Teilchen*, wenn das Potential linear oder quadratisch ist oder wenn das Wellenpaket schmal ist. In Gl. (12.2–2) wird das Magnetfeld in erster Näherung berechnet, so dass sich die konstante Kraft in Gl. (1) ergibt. Eine konstante Kraft hat ein lineares Potential.

c) Die Durchführung gilt als unmöglich, da die Lorentzkraft $e_0\,\mathbf{v}\times\mathbf{B}$ die Kraft $\mathbf{F} = \nabla(\boldsymbol{\mu}\cdot\mathbf{B})$ auf die magnetischen Dipole um ein Vielfaches übertrifft. Daher ist die direkte Messung des Spins und des magnetischen Moments *freier* Elektronen mit der Stern-Gerlach-Apparatur unmöglich.

12–11 Spinpräzession im homogenen Magnetfeld

Nach dem Ehrenfestschen Theorem in Gl. (7.3–1) gilt (für $k=1,2,3$)

$$\frac{d\langle \hat{S}_k \rangle}{dt} = \frac{1}{i\hbar} \left\langle \left[\hat{S}_k, \hat{H} \right] \right\rangle \underset{\underset{\mathrm{Gl.\ (12.4-4)}}{\uparrow}}{=} \frac{1}{i\hbar} \frac{e_0}{m_e} \left\langle \left[\hat{S}_k, \hat{\mathbf{S}}\cdot\mathbf{B} \right] \right\rangle \underset{\underset{\mathbf{B}=B\,\mathbf{e}_z}{\uparrow}}{=}$$

$$= \frac{2\,\omega_L}{i\hbar} \left\langle \left[\hat{S}_k, \hat{S}_3 \right] \right\rangle = 2\,\omega_L \, \varepsilon_{k3l} \left\langle \hat{S}_l \right\rangle = -2\,\omega_L \, \varepsilon_{3kl} \left\langle \hat{S}_l \right\rangle$$

$$\Rightarrow \quad \frac{d\langle \hat{S}_3 \rangle}{dt} = 0 \qquad \frac{d\langle \hat{S}_1 \rangle}{dt} = -2\,\omega_L \left\langle \hat{S}_2 \right\rangle \qquad \frac{d\langle \hat{S}_2 \rangle}{dt} = 2\,\omega_L \left\langle \hat{S}_1 \right\rangle$$

$$\Rightarrow \quad \frac{d\langle \hat{\mathbf{S}} \rangle}{dt} = \frac{e_0}{m_e} \left\langle \hat{\mathbf{S}} \right\rangle \times \mathbf{B}$$

Diese Gl. hat dieselbe Form wie die Bewegungsgl. eines Elektrons im Magnetfeld:

$$\frac{d\mathbf{v}}{dt} = -\frac{e_0}{m_e} \mathbf{v} \times \mathbf{B} \qquad \text{(wegen } \mathbf{F}_L = -e_0\,\mathbf{v}\times\mathbf{B} \text{)}$$

Bei der Anfangsbedingung $\dot{z}(0) = 0$ macht das Elektron eine Kreisbahn in der x,y-Ebene mit der Winkelgeschwindigkeit $\omega = e_0\,B/m_e = 2\,\omega_L$. Diese bekannte Lösung können wir übernehmen.

12–12 Umklapp-Prozesse in x- und y-Richtung

a) Mit dem Quadrat des Skalarproduktes berechnen wir die Wahrscheinlichkeiten:

$$|\langle x,\pm|\chi(t)\rangle|^2 = \left| \frac{1}{\sqrt{2}}\,(1 \quad \pm 1) \begin{pmatrix} e^{-i\omega_L t}\cos(\vartheta/2) \\ e^{i\omega_L t}\sin(\vartheta/2) \end{pmatrix} \right|^2 \underset{\uparrow}{=} \quad 2\cos(\vartheta/2)\sin(\vartheta/2) = \sin\vartheta$$

$$= \frac{1}{2}\left[1 \pm \sin\vartheta\,\cos(2\,\omega_L t) \right] \tag{1}$$

b) $\quad |\langle y,\pm|\chi(t)\rangle|^2 = \dfrac{1}{2}\left[1 \pm \sin\vartheta\,\sin(2\,\omega_L t) \right]$ $\tag{2}$

12–13 Elektronenspin im homogenen, zeitabhängigen Magnetfeld

a) Nach Gl. (12.4–4) lautet der Wechselwirkungsoperator von Spin und Magnetfeld

$$\hat{V} = \frac{e_0}{m_e}\,\hat{\mathbf{S}}\cdot\mathbf{B} = \frac{e_0 B_0\,\hbar}{2 m_e}\cos(\omega t)\begin{pmatrix} 1 & 0 \\ 0 & -1 \end{pmatrix}$$

Die Ortsabhängigkeit der Wellenfunktion wird außer acht gelassen.

$$\Rightarrow \quad i\hbar\frac{\partial}{\partial t}\begin{pmatrix} \alpha(t) \\ \beta(t) \end{pmatrix} = \frac{e_0 B_0\,\hbar}{2 m_e}\cos(\omega t)\begin{pmatrix} 1 & 0 \\ 0 & -1 \end{pmatrix}\begin{pmatrix} \alpha(t) \\ \beta(t) \end{pmatrix}$$

b) $\quad \begin{pmatrix} \dot{\alpha}(t) \\ \dot{\beta}(t) \end{pmatrix} = -i\,\dfrac{e_0 B_0}{2 m_e}\cos(\omega t)\begin{pmatrix} \alpha(t) \\ -\beta(t) \end{pmatrix} \qquad \text{mit} \qquad \begin{pmatrix} \alpha(0) \\ \beta(0) \end{pmatrix} = \begin{pmatrix} \cos(\vartheta/2) \\ \sin(\vartheta/2) \end{pmatrix}$

Diese Dgl. entspricht der Dgl. (12.4–9) in Beispiel „12.4–1 Spinpräzession im homogenen Magnetfeld“.

Die zwei Dgln. für $\alpha(t), \beta(t)$ sind entkoppelt. Mit der **Larmor-Frequenz** (siehe Beispiel 12.4–1)

$$\omega_L = \frac{e_0 B_0}{2 m_e} \approx 8{,}8\cdot 10^{10}\,\frac{B_0}{\text{Ts}} \qquad (1\,\text{T} = 1\,\text{Tesla}) \tag{12.4–8}$$

liefert die erste Dgl. nach einer Trennung der Variablen α, t:

$$\frac{d\alpha}{\alpha} = -i\,\omega_L\cos(\omega t)\,dt \qquad \Rightarrow \qquad \int_{\alpha(0)}^{\alpha(t)}\frac{d\alpha}{\alpha} = -i\,\omega_L\int_0^t\cos(\omega t')\,dt'$$

$$\Rightarrow \quad \alpha(t) = \cos\frac{\vartheta}{2}\exp\left[-i\,\frac{\omega_L}{\omega}\sin(\omega t) \right]$$

Ebenso $\beta(t) = \sin\dfrac{\vartheta}{2}\exp\left[i\,\dfrac{\omega_L}{\omega}\sin(\omega t) \right]$

$$\Rightarrow \quad |\chi(t)\rangle = \begin{pmatrix} \alpha(t) \\ \beta(t) \end{pmatrix} = \begin{pmatrix} \cos\dfrac{\vartheta}{2}\exp\left[-i\,\dfrac{\omega_L}{\omega}\sin(\omega t) \right] \\[2ex] \sin\dfrac{\vartheta}{2}\exp\left[+i\,\dfrac{\omega_L}{\omega}\sin(\omega t) \right] \end{pmatrix} \tag{1}$$

Hinweis: Mit $\lim\limits_{\omega\to 0}\dfrac{\sin(\omega t)}{\omega} = t$ folgt im Grenzübergang $\omega\to 0$ die Gl. (12.4–10) in Beispiel 12.4–1.

Die Besetzungswahrscheinlichkeiten $|\alpha(t)|^2$ und $|\beta(t)|^2$ sind zeitlich konstant, so dass *keine Umklapp-Prozesse zwischen den Spin-up- und Spin-down-Zuständen auftreten* – wie in dem Beispiel „12.4–1 Spinpräzession", aber anders als im folgenden Beispiel „12–14 Spinresonanz und MRT".

Umklapp-Prozesse treten in z-Richtung nur auf, wenn das Magnetfeld eine x- oder y-Komponente hat (siehe auch Gl. (9) in der Lösung der Aufgabe 12–14).

c) Wie in Beispiel 12.4–1 berechnen wir auch hier die Erwartungswerte der drei Spinoperatoren:

$$\langle\,\hat{S}_1\,\rangle = \begin{pmatrix}\alpha^*(t) & \beta^*(t)\end{pmatrix}\frac{\hbar}{2}\begin{pmatrix}0 & 1 \\ 1 & 0\end{pmatrix}\begin{pmatrix}\alpha(t) \\ \beta(t)\end{pmatrix} = \frac{\hbar}{2}\left[\alpha^*(t)\,\beta(t) + \beta^*(t)\,\alpha(t)\right]$$

Mit $\cos(\vartheta/2)\sin(\vartheta/2) = 1/2\cdot\sin\vartheta$ folgt

$$\langle\,\hat{S}_1\,\rangle = \frac{\hbar}{2}\sin\vartheta\,\cos\left[\frac{2\,\omega_L}{\omega}\sin(\omega\,t)\right]$$

Ebenso erhalten wir mit $\cos^2(\vartheta/2) - \sin^2(\vartheta/2) = \cos\vartheta$ die zwei anderen Erwartungswerte.

$$\Rightarrow\qquad \langle\,\hat{\mathbf{S}}\,\rangle = \frac{\hbar}{2}\begin{pmatrix} \sin\vartheta\,\cos\left[\dfrac{2\,\omega_L}{\omega}\sin(\omega t)\right] \\[2ex] \sin\vartheta\,\sin\left[\dfrac{2\,\omega_L}{\omega}\sin(\omega t)\right] \\[2ex] \cos\vartheta \end{pmatrix} \tag{2}$$

Hinweis: Im Grenzübergang $\omega\to 0$ folgt die Gl. (12.4–13) in Beispiel 12.4–1.

Der Erwartungswert des Spinoperators bewegt sich auf einem Kreiskegel – oder auf dem Teil eines Kreiskegels – mit konstantem Öffnungswinkel ϑ. Die Bewegung ist nicht harmonisch, aber periodisch mit der Periode $2\pi/\omega$.

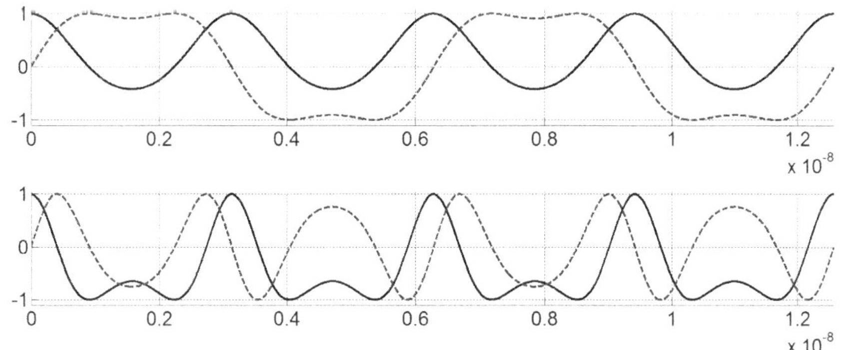

Abb. 1   Die Kurven zeigen die Erwartungswerte von $2\langle\hat{S}_1\rangle(t)/(\hbar\sin\vartheta)$ (durchgehend) und $2\langle\hat{S}_2\rangle(t)/(\hbar\sin\vartheta)$ (gestrichelt). Im oberen Fenster wird der Kreiskegel wegen $2\langle\hat{S}_1\rangle(t)/(\hbar\sin\vartheta) \geq \cos(2) \approx -0{,}42$ nicht vollständig durchlaufen.

Die beiden Kurven im oberen bzw. im unteren Fenster haben die Larmor-Frequenz

$$\omega_L = \omega = 10^{-9}\,\mathrm{s}^{-1} \qquad \text{bzw.} \qquad \omega_L = 2\,\omega = 2\cdot 10^{-9}\,\mathrm{s}^{-1}$$

12–14 Spinresonanz und MRT

a) Nach Gl. (12.4–4) lautet der Wechselwirkungsoperator von Spin und Magnetfeld

$$\hat{H}_{\text{Spin}} = \hat{V} = -\hat{\boldsymbol{\mu}}_{\text{Spin}} \cdot \mathbf{B} \underset{\underset{\text{Gl. (12.4–2)}}{\uparrow}}{=} \frac{g\,e_0}{2m}\,\hat{\mathbf{S}}\cdot\mathbf{B} = \hbar\,\frac{g\,e_0}{4m}\begin{pmatrix} B_0 & B_{\text{HF}}\,e^{-i\omega t} \\ B_{\text{HF}}\,e^{i\omega t} & -B_0 \end{pmatrix} \tag{1}$$

Nach Gl. (12.4–11) ist Energiedifferenz der Spinzustände $|z,\pm\rangle$ im Magnetfeld $\mathbf{B}_0 = B_0\,\mathbf{e}_z$

$$\Delta E = \hbar\,\frac{g\,e_0}{2m}\,B_0 \qquad \text{für} \qquad B_{\text{HF}} = 0 \tag{2}$$

Für Wasserstoffkerne (Protonen) ist $g = g_{\text{Proton}} \approx 5{,}586$ und $m = m_{\text{Proton}} \approx 1{,}673 \cdot 10^{-27}\,\text{kg}$.

Weitere Wechselwirkungen und die Ortsabhängigkeit der Wellenfunktion werden nicht beachtet.

$$\Rightarrow \qquad i\hbar\frac{\partial}{\partial t}\begin{pmatrix}\alpha(t)\\ \beta(t)\end{pmatrix} = \hbar\,\frac{g\,e_0}{4m}\begin{pmatrix} B_0 & B_{\text{HF}}\,e^{-i\omega t} \\ B_{\text{HF}}\,e^{i\omega t} & -B_0 \end{pmatrix}\begin{pmatrix}\alpha(t)\\ \beta(t)\end{pmatrix}$$

b)
$$\begin{pmatrix}\dot{\alpha}(t)\\ \dot{\beta}(t)\end{pmatrix} = \frac{g\,e_0}{4\,i\,m}\begin{pmatrix} B_0\,\alpha(t) + B_{\text{HF}}\,e^{-i\omega t}\,\beta(t) \\ B_{\text{HF}}\,e^{i\omega t}\,\alpha(t) - B_0\,\beta(t) \end{pmatrix} \tag{3}$$

Gl. (3) enthält zwei gekoppelte, lineare, **exakt lösbare Dgln.** erster Ordnung für $\alpha(t), \beta(t)$. Zur Berechnung von $\beta(t)$ leiten wir die zweite Dgl. nach der Zeit ab:

$$\ddot{\beta}(t) = \frac{g\,e_0}{4\,i\,m}\left[B_{\text{HF}}\,e^{i\omega t}\,\{i\,\omega\,\alpha(t) + \dot{\alpha}(t)\} - B_0\,\dot{\beta}(t)\right]$$

Die erste Zeile der Gl. (3) liefert $\dot{\alpha}(t)$ als Funktion von $\alpha(t)$ und $\beta(t)$. Die zweite Zeile der Gl. (3) liefert $\alpha(t)$ als Funktion von $\beta(t)$ und $\dot{\beta}(t)$. So ergibt sich eine lineare Dgl. für $\beta(t)$:

$$\ddot{\beta} = \frac{g\,e_0}{4m}\left[\omega\,B_0 - \frac{g\,e_0}{4m}\left(B_0^2 + B_{\text{HF}}^2\right)\right]\beta + i\,\omega\,\dot{\beta} \tag{4}$$

Bemerkung: Der Term $i\,\omega\,\dot{\beta}$ enthält die imaginäre Einheit i und verursacht daher keine Dämpfung – anders als die geschwindigkeitsproportionalen, *reellen* Reibungen klassischer mechanischer Oszillatoren.

Der bekannte Ansatz

$$\beta(t) \sim e^{i\,\omega_0\,t}$$

führt auf eine quadratische Gl. für ω_0. Wir definieren die Frequenz

$$\Omega := \sqrt{\left(\frac{\omega}{2}\right)^2 - \frac{g\,e_0}{4m}\left[\omega\,B_0 - \frac{g\,e_0}{4m}\left(B_0^2 + B_{\text{HF}}^2\right)\right]}$$

$$\Rightarrow \qquad \Omega = \frac{1}{2}\sqrt{\left(\omega - \frac{g\,e_0}{2m}\,B_0\right)^2 + \left(\frac{g\,e_0}{2m}\right)^2 B_{\text{HF}}^2} \tag{5}$$

$$\Rightarrow \quad \omega_{0\,1/2} = \frac{\omega}{2} \pm \Omega$$

Somit lautet die allgemeine Lösung der Dgl. (4):

$$\beta(t) = e^{i\,\omega/2\,\cdot\,t}\left[\,c_1\,e^{i\,\Omega\,t} + c_2\,e^{-i\,\Omega\,t}\,\right]$$

Die Anfangsbedingung $\beta(0) = 0$ liefert $c_2 = -c_1$, so dass

$$\beta(t) = 2\,i\,c_1\,e^{i\,\omega/2\,\cdot\,t}\,\sin(\Omega\,t) \tag{6}$$

Die Konstante c_1 ergibt sich mit der zweiten Zeile der Gl. (3):

$$\dot{\beta}(0) \underset{\underset{\text{Gl. (6)}}{\uparrow}}{=} 2\,i\,c_1\,\Omega \underset{\underset{\text{Gl.(3) mit }\beta(0)=0}{\uparrow}}{=} -i\,\frac{g\,e_0}{4\,m}\,B_{HF}\,\alpha(0) \underset{\underset{\alpha(0)=1}{\uparrow}}{=} -i\,\frac{g\,e_0}{4\,m}\,B_{HF}$$

$$\Rightarrow \quad \beta(t) = -i\,\frac{g\,e_0}{4\,m}\,\frac{B_{HF}}{\Omega}\,e^{i\,\omega/2\,\cdot\,t}\,\sin(\Omega\,t) \tag{7}$$

c) Wegen $\sin^2(\Omega\,t) = [\,1 - \cos(2\,\Omega\,t)\,]/2$ *schwankt die Übergangswahrscheinlichkeit für die An-fangsbedingung* $\beta(0) = 0$

$$|\beta(t)|^2 = \left(\frac{g\,e_0}{4\,m}\right)^2 \frac{B_{HF}^2}{\Omega^2}\,|\sin(\Omega\,t)|^2 = \left(\frac{g\,e_0}{4\,m}\right)^2 \frac{B_{HF}^2}{\Omega^2}\,\frac{1}{2}\left[\,1 - \cos(2\,\Omega\,t)\,\right] \tag{8}$$

mit der sog. **Rabi-Frequenz** $2\,\Omega$ *harmonisch zwischen null und einem Maximum hin und her.*[2] *Die Rabi-Oszillation ist ein dauernder Wechsel zwischen Energieabsorption und stimulierter Emission.*

Beachte: *Rabi-Frequenz* $= 2\,\Omega \neq \omega =$ *Frequenz des äußeren Hochfrequenzfeldes.*

$$\text{Wegen}\quad \frac{B_{HF}^2}{\Omega^2} \underset{\underset{\text{Gl. (5)}}{\uparrow}}{=} \frac{4\,B_{HF}^2}{\left(\omega - \dfrac{g\,e_0}{2\,m}\,B_0\right)^2 + \left(\dfrac{g\,e_0}{2\,m}\right)^2\,B_{HF}^2}\quad \text{und wegen}\quad B_0 \gg B_{HF}$$

ist $|\beta(t)|^2$ sehr klein – es sei denn, die Frequenz ω des hochfrequenten Magnetfeldes liegt in der Umgebung der **Resonanzfrequenz**

$$\omega_{Res} := \frac{g\,e_0}{2\,m}\,B_0 = \frac{\Delta E}{\hbar} \tag{10}$$

Nach der Gl. (2) *ist* $\hbar\,\omega_{Res}$ *die Energiedifferenz* ΔE *der beiden ungestörten Spineinstellungen* $|z,\pm\rangle$ ($B_{HF} = 0$) *parallel und antiparallel zum statischen Magnetfeld* B_0.

---

[2] Für $\omega = 0$ ist $\mathbf{B} = B_0\,\mathbf{e}_z + B_{HF}\,\mathbf{e}_x$. Mit $\Omega(\omega=0) = \dfrac{g\,e_0}{4\,m}\sqrt{B_0^2 + B_{HF}^2}$ folgt

$$|\beta(t)|^2 = \frac{B_{HF}^2}{B_0^2 + B_{HF}^2}\,\left|\sin\!\left(\frac{g\,e_0}{4\,m}\sqrt{B_0^2 + B_{HF}^2}\;t\right)\right|^2 \qquad \text{für}\qquad \omega = 0 \quad \text{und}\quad \beta(0) = 0 \tag{9}$$

Also treten auch dann Umklapp-Prozesse zwischen Spin-up- und Spin-down-Zuständen auf, wenn das Ge-samt-Magnetfeld $\mathbf{B} = B_0\,\mathbf{e}_z + B_{HF}\,\mathbf{e}_x$ zeit*un*abhängig ist. Die Umklapp-Prozesse fehlen nur für $B_{HF} = 0$.

Bei der Resonanz $\omega = \omega_{\text{Res}}$ *klappt der Wasserstoff-Kernspin vollständig um:*

$$\left|\,\beta(t)\,\right|^2 = \left|\sin\!\left(\underbrace{\frac{g\,e_0}{4m}B_{\text{HF}}\,t}_{=\,\Omega}\right)\right|^2 = \frac{1}{2}\left[1 - \cos\!\left(\underbrace{\frac{g\,e_0}{2m}B_{\text{HF}}\,t}_{=\,2\Omega}\right)\right] \qquad \text{für } \beta(0)=0 \text{ und für } \omega = \omega_{\text{Res}}$$

mit der Rabi-Frequenz $2\Omega \ll \omega_{\text{Res}}$:

$$2\Omega = \frac{g\,e_0}{2m}B_{\text{HF}} \underset{\underset{B_{\text{HF}} \ll B_0}{\uparrow}}{\ll} \omega_{\text{Res}} = \frac{g\,e_0}{2m}B_0$$

Die *Proportionalität von Resonanzfrequenz* ω_{Res} *und statischem Magnetfeld* B_0 *ermöglicht dreidimensionale Schichtendarstellungen.* Dazu wird nicht ein homogenes, sondern ein räumlich *inhomogenes*, statisches Magnetfeld B_0 verwendet. (Lokal, also im Bereich der winzigen Kerne kann das Magnetfeld als homogen angesehen werden.) Die Resonanzfrequenz ω_{Res} liefert nach Gl. (10) die Stärke $B_0 = 2m\,\omega_{\text{Res}}/(g\,e_0)$ des lokalen Magnetfeldes und das lokale Magnetfeld wiederum lässt auf die Tiefe der untersuchten Schicht schließen.

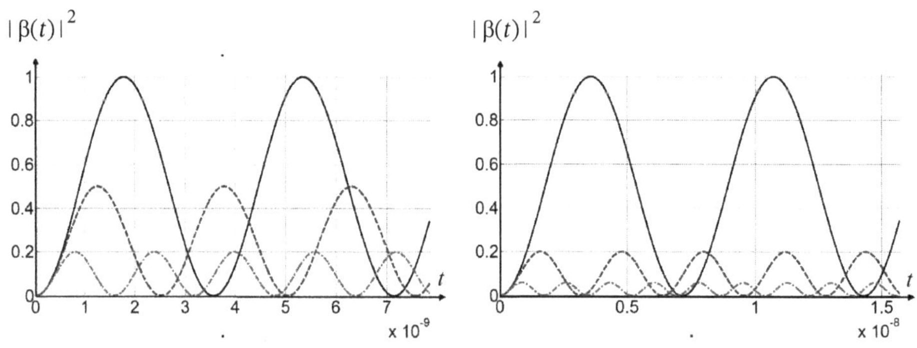

Abb. 1 Die Kurven $|\,\beta(t)\,|^2$ wurden gezeichnet für

$\omega = \omega_{\text{Res}}$ (durchgezogen) $\omega = 0{,}99\,\omega_{\text{Res}}$ (gestrichelt) $\omega = 0{,}98\,\omega_{\text{Res}}$ (Strich-Punkt)

Die beiden magnetischen Feldstärken betragen

Linkes Bild: $B_0 = 1\,\text{T}$ $B_{\text{HF}} = B_0/100$ Rechtes Bild: $B_0 = 1\,\text{T}$ $B_{\text{HF}} = B_0/200$

Das Ergebnis lässt sich auf andere Zwei-Niveau-Systeme verallgemeinern, z. B. auf Atome, die einem Laserstrahl ausgesetzt sind, dessen Frequenz auf den Energieunterschied von zwei bestimmten Niveaus abgestimmt ist. Bei Anregung durch resonante elektromagnetische Felder schwingen Zwei-Niveau-Systeme mit der Rabi-Frequenz zwischen den zwei Zuständen hin und her.

Wenn man $1/\Omega^2$ in Gl. (8) mit der Gl. (5) als Funktion von ω berechnet, erhält man

$$|\,\beta(t)\,|^2 = \left(\frac{g\,e_0}{4m}\right)^2 \frac{B_{\text{HF}}^2}{\Omega^2}\,\frac{1}{2}\left[1 - \cos(2\Omega t)\right] = A(\omega)\,\frac{1}{2}\left[1 - \cos(2\Omega t)\right]$$

mit der **Resonanzkurve**

$$A(\omega) = \left(\frac{g\,e_0}{4m}\right)^2 \frac{B_{\text{HF}}^2}{\Omega^2(\omega)} \tag{11}$$

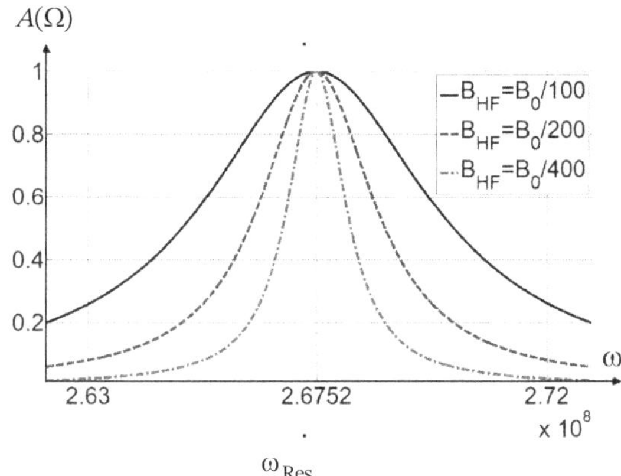

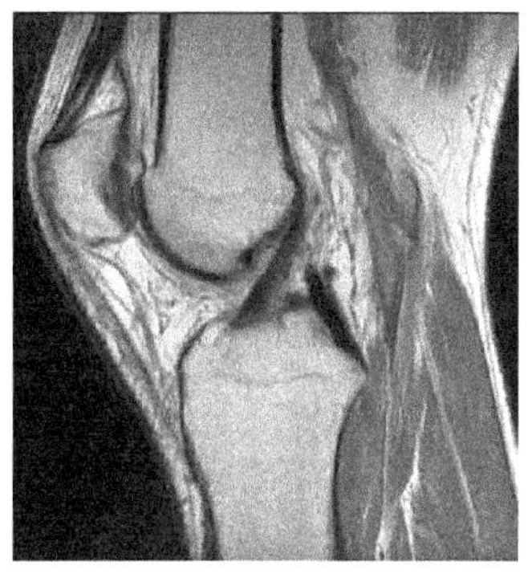

Abb. 2 Resonanzkurven $A(\Omega)$ für $B_0 = 1\,\text{T}$. Die hochfrequenten Magnetfelder betragen (von außen nach innen)

$$B_{\text{HF}} = B_0/100 \quad \text{bzw.} \quad B_0/200 \quad \text{bzw.} \quad B_0/400$$

Abb. 3 MRT-Aufnahme eines Kniegelenkes. Mit Genehmigung von John Wiley & Sons.

Die relative **Halbwertsbreite** $2B_{\text{HF}}/B_0$ der Resonanzkurven ist umso geringer, d. h. Kernspinresonanz-Experimente können umso genauer durchgeführt werden, je kleiner B_{HF}/B_0 ist (vergleiche die beiden Bilder in Abb. 1 und siehe Abb. 2).

Die Zeit t_π, in der ein Spin-down-Zustand für $\omega = \omega_{\text{Res}}$ vollständig in einen Spin-up-Zustand umklappt (oder umgekehrt), berechnet sich mit Gl. (8) zu

$$2\,\Omega\,t_\pi \overset{!}{=} \pi \quad \Rightarrow \quad t_\pi = \frac{\pi}{2\,\Omega} \underset{\omega\,=\,\omega_{\text{Res}}}{=} \frac{2\,\pi\,m}{g\,e_0\,B_{\text{HF}}} \tag{12}$$

Ein Lichtpuls der Länge t_π heißt **Pi-Puls**. *Ein Pi-Puls klappt den Spin vollständig um.* Für allgemeine Zwei-Niveau-Systeme gilt: *Ein Pi-Puls überführt den Grundzustand vollständig in den angeregten Zustand und umgekehrt.*

Bei der **Kernspintomographie** – meistens **Magnetresonanztomographie** oder kurz **MRT** genannt – *werden Atomkerne (meist Wasserstoffatomkerne, also Protonen* [3]*)* umgeklappt. Anfangs befinden sich die mit dem statischen Magnetfeld B_0 wechselwirkenden Protonenspins mehrheitlich im Grundzustand. Hochfrequenzspulen senden Pi-Pulse (oder Pi-Halbe-Pulse) aus, die die Spins verstärkt in den angeregten Zustand überführen. Nach Ende der Pulse kippen die Spins *infolge winziger fluktuierender Magnetfelder, die von benachbarten Atomkernen erzeugt werden, wieder in die Ausgangslage mit kleinerer Energie zurück.* Die dabei abgestrahlten Photonen werden registriert. *Die Abklingzeit* (Relaxationszeit), in der die von den Pulsen angeregten Kernspins teilweise in den Grundzustand zurückkippen, *hängt sehr empfindlich von der Dynamik und der Dichte der benachbarten Atome ab und lässt Rückschlüsse auf das biologische Gewebe zu.* Je nach Gewebetyp (Muskeln, Fett, Tumore, ...) und Ort in der Zelle liegen die Abklingzeiten zwischen etwa $50\,\text{ms}$ und wenigen Sekunden. Rechner setzen die Abklingzeiten in Farben oder Graustufen um.

---

[3] Die Spins der Elektronen und der Atomkerne anderer Elemente werden wegen $\omega_{\text{Res}} \sim 1/m$ nicht umgeklappt. Daher wird die Resonanz für Elektronen und andere Kerne weit verfehlt.

Bei der Kernspintomographie erzeugen die Knochen – anders als bei der Röntgenuntersuchung – keine Abschattung, weil Knochen nur wenig Wasserstoff enthalten. Die Kernspintomografie spielt nicht nur in der Medizin, sondern auch in der Chemie und Biologie eine große Rolle bei der Untersuchung komplexer Moleküle.

Abschließend sei noch kurz erwähnt, dass die magnetischen Momente der Elektronen – verursacht durch Bahndrehimpulse und Spins – am Ort der Wasserstoff-Atomkerne ein *inneres Magnetfeld* B_{in} erzeugen, das bisher noch nicht angesprochen wurde und das zu dem äußeren Magnetfeld B_0 addiert werden muss. Das gesamte, lokale Magnetfeld hängt daher auch von der chemischen Bindung des Wasserstoffatoms ab.

d) Nach Gl. (9) gilt:

$$g_{\text{Proton}} \approx \frac{2\,m_{\text{P}}}{e_0\,B_0}\,\omega_{\text{Res}} \approx \frac{2 \cdot 1{,}673 \cdot 10^{-27}}{1{,}602 \cdot 10^{-19} \cdot 1} \cdot 2{,}68 \cdot 10^8 \approx 5{,}598$$

12–15 Extremales Streuungsprodukt

$$\Delta\sigma_1 \cdot \Delta\sigma_2 \underset{\underset{\text{Gl. (8.2–8)}}{\uparrow}}{\geq} \frac{1}{2}\,|\langle\chi|[\hat{\sigma}_1,\hat{\sigma}_2]|\chi\rangle| = \frac{1}{2}\,|\langle\chi|2\,i\,\hat{\sigma}_3|\chi\rangle| =$$

$$= |\langle\chi|\hat{\sigma}_3|\chi\rangle| = ||\alpha|^2 - |\beta|^2| \underset{\underset{\text{wegen der Normierung}}{\uparrow}}{=} ||2\,\alpha|^2 - 1| \qquad (1)$$

Für $|\alpha|=1$ oder $|\alpha|=0$ ($\Leftrightarrow |\beta|=0$ oder $|\beta|=1$) ist die rechte Seite gleich Eins und damit maximal. Für $|\alpha|=|\beta|=1/\sqrt{2}$ ist die rechte Seite der Gl. (1) null und damit minimal. Dann ist

$$|\chi\rangle = \frac{1}{\sqrt{2}}\begin{pmatrix}1\\\pm 1\end{pmatrix} = |x,\pm\rangle \qquad \text{oder} \qquad |\chi\rangle = \frac{1}{\sqrt{2}}\begin{pmatrix}1\\\pm i\end{pmatrix} = |y,\pm\rangle$$

Hinweis: In Aufgabe 8–8 wird gezeigt, dass die Streuung ΔA eines Operators mit diskreten Eigenwerten genau dann verschwindet, wenn das System in einem Eigenzustand von $\hat{A}$ ist.

12–16 Präparation von zwei Strahlen mit Silberatomen

Ein erster (erfolgloser) Versuch zur Lösung könnte folgendermaßen aussehen: Ein in y-Richtung ausgerichteter Stern-Gerlach-Magnet – kurz y-SG-Magnet genannt – erzeugt zwei Teilstrahlen, deren Atome jeweils den gewünschten Spinzustand $|y,+\rangle$ bzw. $|y,-\rangle$ haben. Wegen der Unkenntnis der Vorgeschichte ist aber nicht sichergestellt, dass die beiden Teilstrahlen gleich stark sind. Wenn z. B. die Atome am Anfang den Spinzustand

$$\frac{3}{5}\,|y,+\rangle + \frac{4}{5}\,|y,-\rangle$$

hätten, dann wäre das Verhältnis der beiden Strahlintensitäten hinter dem y-SG-Magneten 9/16.

Ein zweiter (jetzt gelungener) Versuch sieht wie folgt aus: Wir verwenden *zwei* SG-Magnete: Der erste ist in z-Richtung orientiert. Hinter dem z-SG-Magnet werden alle Atome im Zustand $|z,-\rangle$ absorbiert und nur die Atome im Zustand $|z,+\rangle$ werden in einen y-SG-Magnet geführt. Wegen

$$|z,+\rangle = \frac{1}{\sqrt{2}}\big(|y,+\rangle + |y,-\rangle\big)$$

zerlegt der y-SG-Magnet den Strahl in zwei gleich starke Teilstrahlen mit den Spinoren $|y,\pm\rangle$.

12–17 Messungen an Spinzuständen

a) Ein einzelnses Teilchen, das im Spinzustand $|z,+\rangle$ in den y-SG-Magnet einläuft (siehe Abb. 2), wird durch ein Wellenpaket beschrieben. *Dieses Wellenpaket teilt sich in zwei gleich große Teil-Wellenpakete auf*, die zugleich den oberen und unteren Ausgang des y-SG-Magneten verlassen. *Die beiden Teil-Wellenpakete beschreiben zusammen immer noch ein einzelnes Teilchen* und nicht etwa zwei Teilchen – auch wenn die beiden Teil-Wellenpakete nicht überlappen (siehe hierzu Abb. 1, die aus Abschn. 4.3 entnommen wurde).

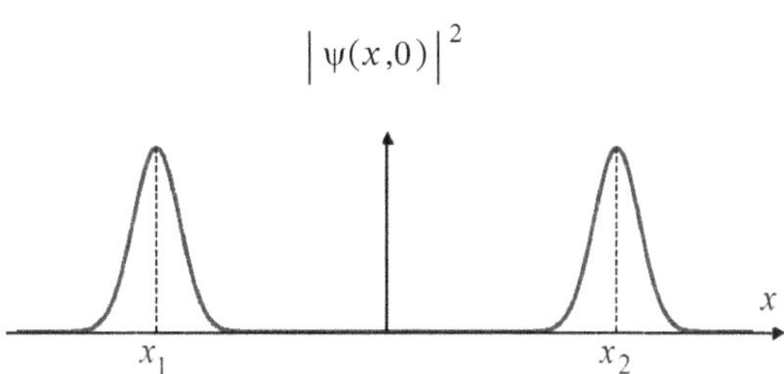

Abb. 1 Diese Abb. aus Abschn. 4.3 zeigt zur Zeit $t=0$ eine vergleichbare Wahrscheinlichkeitsdichte $|\psi(x,0)|^2$ eines *einzelnen* Teilchens. Eine Ortsmessung zur Zeit $t=0$ findet das Teilchen mit einer Wahrscheinlichkeit von je 50% in der Umgebung von x_1 bzw. von x_2.

Hinweis: Zur Vereinfachung der Argumentation wird meistens von Teilchenstrahlen und Teilchen gesprochen anstelle von Teil-Wellenpaketen.

Laut Voraussetzung ändern die magnetischen Umlenkungen den Spinzustand der Teilpakete nicht. Daher lautet die Spinorwellenfunktion des Teilchens hinter den zwei Ausgängen des y-SG-Magneten nach Gl. (12.3–11b) wie folgt:

$$\psi_+(\mathbf{r},t)|\,y,+\rangle + \psi_-(\mathbf{r},t)|\,y,-\rangle \tag{1}$$

Die beiden Teilpakete fliegen mit ihren Spineinstellungen $|\,y,\pm\rangle$ getrennt zu den beiden z-SG-Magneten. Das obere Teilpaket gelangt im Spinzustand

$$\frac{1}{\sqrt{2}}|\,y,+\rangle = \frac{1}{2}\left(|\,z,+\rangle + i\,|\,z,-\rangle\right) \tag{2a}$$

zum oberen z-SG-Magnet. Hinter seinen zwei Ausgängen werden je 25% der anfangs einfallenden Teilchen gemessen (siehe Abb. 2). Für das untere Teilpaket im Spinzustand

$$\frac{1}{\sqrt{2}}|\,y,-\rangle = \frac{1}{2}\left(|\,z,+\rangle - i\,|\,z,-\rangle\right) \tag{2b}$$

gilt dieselbe Aussage: Auch hier werden hinter den zwei Ausgängen je 25% der anfangs einfallenden Teilchen gemessen (siehe Abb. 2). Fazit: Der Fundort liegt mit je 25% Wahrscheinlichkeit hinter einem der vier Ausgänge.

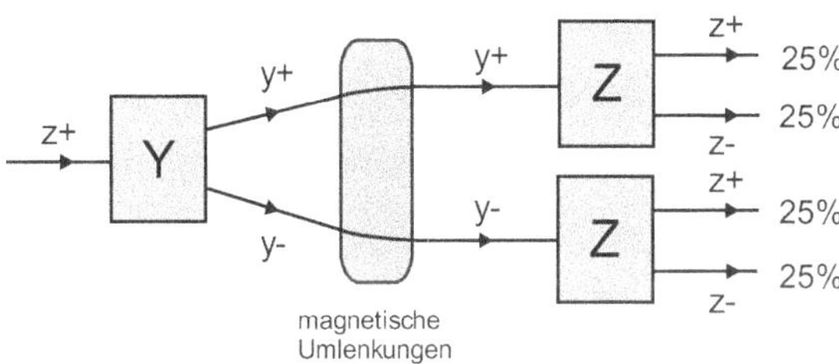

Abb. 2 Wie erwartet werden hinter jedem Ausgang etwa 25% der links einlaufenden Teilchen gemessen. Berechnung und Ergebnis liefern keine Überraschung. y$\pm$ steht für $|\,y,\pm\rangle$.

b) In Abb. 3 werden die beiden Teil-Wellenpakete mit den Spinzuständen $1/\sqrt{2}\,|\,y,\pm\rangle$ durch magnetische Umlenkungen wieder *zusammengeführt*. Von entscheidender Wichtigkeit ist, dass die Spinzustände bei dieser Zusammenführung nicht geändert werden.[4]

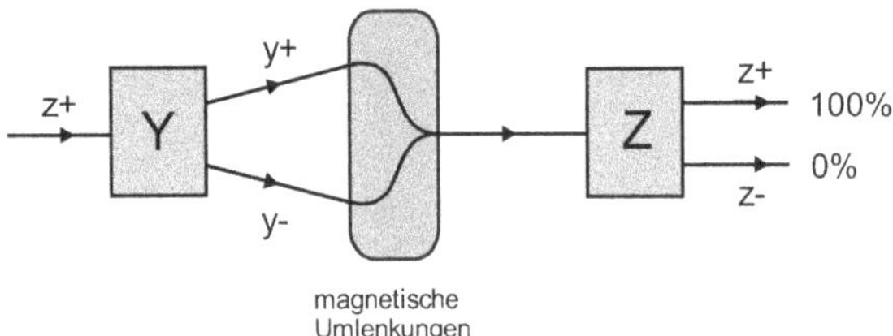

Abb. 3 Nach der Zusammenführung ist der frühere Weg nicht mehr erkennbar. Die beiden Zustände $|\,y,\pm\rangle$ überlagern sich bei der Zusammenführung wieder zum Ausgangszustand $|\,z,+\rangle$.

Der grundlegende Unterschied zu Abb. 2 besteht darin, dass man in Abb. 3 mit eventuell vorgenommenen Messungen vor dem Eingang des z-SG-Magneten nicht mehr feststellen kann, woher das gefundene Teilchen kommt bzw. welchen Weg es zuvor genommen hat. *Die Welcher-Weg-Information ging bei der Zusammenführung der Teil-Wellenpakete verloren* – so, als würde der y-SG-Magnet nicht existieren. Nach den Gln. (2a/b) lautet die Spinorwellenfunktion in Abb. 3 nach den magnetischen Umlenkungen

$$\psi(\mathbf{r},t)\,\frac{1}{\sqrt{2}}\left(\,|\,y,+\rangle + |\,y,-\rangle\,\right) = \psi(\mathbf{r},t)\,|\,z,+\rangle \tag{3}$$

Somit *interferieren die beiden Teil-Wellenpakete bei ihrer Überlagerung mit Auslöschung des Spinzustandes* $|\,z,-\rangle$. Am Ende kommen alle Teilchen am oberen Ausgang des z-SG-Magneten heraus.

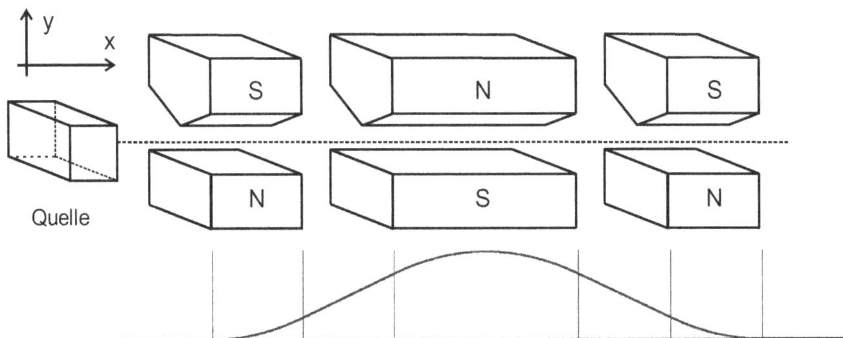

Abb. 4 Der zweite Magnet hat vertauschte Magnetpole und ist doppelt so lang wie der erste und wie der dritte Magnet. Die Kurve $y(x)$ zeigt die Flugbahn der Teilchen – mit stark vergrößerter y-Auslenkung. *Offensichtlich ändern der zweite und dritte Magnet den Spin der Teilchen nicht.*

---

[4] Bei den magnetischen Umlenkungen werden die zwei Teil-Wellenpakete einer einzelnen Einteilchen-Wellenfunktion und nicht zwei Teilchen zusammengeführt. Auch beim MZI in Abschn. „8.4 Wechselwirkungsfreie Messung" und auch in Aufgabe 8–1b werden jeweils Teilwellenpakete eines einzelnen Quantenobjekts zusammengeführt. Im Gegensatz dazu werden in Aufgabe 22–5c N verschiedene Wellenpakete von N gemessenen Teilchen zu einem Gemisch gebündelt. (Der Begriff „Gemisch" wird erst in Kapitel 21 eingeführt.)

c) Abb. 4 zeigt die Bahn des oberen Teilstrahles aus Abb. 3 – beginnend vor dem Eingang des y-SG-Magneten bis vor den Eingang des z-SG-Magneten. Die gesamte Umlenkung wird durch drei, hintereinander aufgestellte y-SG-Magnete durchgeführt, wobei der erste Magnet der normale, in Abb. 3 dargestellte y-SG-Magnet ist. Nach Aufgabe 12–10a besteht die Flugbahn aus drei gleich stark gekrümmten Parabeln und – zwischen den Magneten – aus zwei Geraden.

Der zweite und der dritte y-SG-Magnet machen die im ersten y-SG-Magnet erzielte Richtungsänderung und Verschiebung rückgängig, indem sie den oberen Teilstrahl auf die x-Achse zurückführen. Der zweite y-SG-Magnet ist doppelt so lang wie der erste und hat vertauschte Nord- und Südpole. Der dritte Magnet ist identisch mit dem ersten. Es gilt:

$$\frac{\partial B_y}{\partial y}\bigg|\text{1. Magnet} = -\frac{\partial B_y}{\partial y}\bigg|\text{2. Magnet} = \frac{\partial B_y}{\partial y}\bigg|\text{3. Magnet}$$

d) Wir betrachten Abb. 3: Wie beim Doppelspalt-Experiment tritt auch hier die verwunderlichste Eigentümlichkeit deutlich zutage, wenn *zu jeder Zeit nur ein einzelnes Silberatom unterwegs* ist und den y-SG-Magnet passiert. Wenn das Atom *entweder* nur den oberen Ausgang im Zustand $|y,+\rangle$ *oder* aber nur den unteren Ausgang im Zustand $|y,-\rangle$ verlassen würde (dieser Erklärungsversuch ist **falsch**!), dann könnte (natürlich) nach der magnetischen Umlenkung keine Interferenz auftreten und an jedem Ausgang des z-SG-Magneten würden – nach den Gln. (2a/b) – in einem großen Zeitintervall je 50% der Teilchen herauskommen. Die experimentelle (in Abb. 3 dargestellte) Beobachtung, dass *alle* Teilchen durch den oberen Ausgang des z-SG-Magneten laufen, kann nur so erklärt werden, dass

jedes Teilchen **zugleich** beide Ausgänge des y-SG-Magneten verlässt

mit der Spinorwellenfunktion in Gl. (1). Zum Vergleich: In Abschn. „2.6 Das Doppelspalt-Experiment" konnte die Interferenz auf dem Bildschirm nur dadurch erklärt werden, dass *jedes Teilchen zugleich beide Spalte passiert*.

Lösungen: 13 Addition von Drehimpulsen

13–1 Orthogonalität von Singulett- und Triplettzustand

a) Die Zustände $|1\,0\rangle$ und $|0\,0\rangle$ stehen senkrecht aufeinander, da sie Eigenzustände des *hermiteschen* Operators $\hat{\mathbf{S}}^2$ sind mit den *verschiedenen* Eigenwerten $2\,\hbar^2$ und 0.

b) $\quad \langle 1\,0|0\,0 \rangle = \dfrac{1}{2}\Big(\langle +-| + \langle -+| \Big)\Big(|+-\rangle - |-+\rangle \Big) =$

$$= \frac{1}{2}\Big(\langle +-|+-\rangle - \langle +-|-+\rangle \Big) + \frac{1}{2}\Big(\langle -+|+-\rangle - \langle -+|-+\rangle \Big) = \frac{1}{2}(1 - 0 + 0 - 1) = 0$$

13–2 Spin von Baryonen und Atomkernen

a) Offensichtlich kann die z-Komponente des Gesamtspins die Werte $3/2, 1/2, -1/2, -3/2$ annehmen. Folglich kann die Quantenzahl des Gesamtspins nur die Werte $1/2$ und $3/2$ haben. Eine alternative Begründung ist auch möglich: Zwei Baryonen haben die Spinquantenzahl 1 oder 0. Kommt ein drittes Baryon hinzu, so hat der Gesamtspin im ersten Fall die Quantenzahl $1 \pm 1/2$, also $3/2$ oder $1/2$. Im zweiten Fall ist der Gesamtspin $0 + 1/2 = 1/2$.

b) Atomkerne mit einer geraden (ungeraden) Nukleonenzahl haben einen ganzzahligen (halbzahligen) Spin.

13–3 Kommutatoren der Drehimpulsoperatoren

a) $\quad \left[\hat{L}_3, \hat{\mathbf{L}}\cdot\hat{\mathbf{S}} \right] = \sum_{j=1}^{3} \left[\hat{L}_3, \hat{L}_j \right] \hat{S}_j = i\,\hbar\left(\hat{L}_2 \hat{S}_1 - \hat{L}_1 \hat{S}_2 \right) \neq 0$ $\qquad$ (1a)

$\qquad\quad \left[\hat{S}_3, \hat{\mathbf{L}}\cdot\hat{\mathbf{S}} \right] = \sum_{j=1}^{3} \hat{L}_j \left[\hat{S}_3, \hat{S}_j \right] = i\,\hbar\left(\hat{L}_1 \hat{S}_2 - \hat{L}_2 \hat{S}_1 \right) \neq 0$ $\qquad$ (1b)

b) $\quad \left[\hat{L}_3 + \hat{S}_3, \hat{\mathbf{L}}\cdot\hat{\mathbf{S}} \right] \underset{\substack{\uparrow \\ \text{Gln. (1a/b)}}}{=} i\,\hbar\left(\hat{L}_2 \hat{S}_1 - \hat{L}_1 \hat{S}_2 \right) + i\,\hbar\left(\hat{L}_1 \hat{S}_2 - \hat{L}_2 \hat{S}_1 \right) = 0$

c) $\quad \left[\hat{\mathbf{L}}^2, \hat{\mathbf{L}}\cdot\hat{\mathbf{S}} \right] \underset{\substack{\uparrow \\ \text{Gl. (3.3–19)}}}{=} \sum_{j=1}^{3} \hat{L}_j \left[\hat{L}_j, \hat{\mathbf{L}}\cdot\hat{\mathbf{S}} \right] + \sum_{j=1}^{3} \left[\hat{L}_j, \hat{\mathbf{L}}\cdot\hat{\mathbf{S}} \right] \hat{L}_j =$

$$= \sum_{j,k=1}^{3} \hat{L}_j \left[\hat{L}_j, \hat{L}_k \right] \hat{S}_k + \sum_{j,k=1}^{3} \left[\hat{L}_j, \hat{L}_k \right] \hat{S}_k \hat{L}_j =$$

$$= i\,\hbar \sum_{j,k,l=1}^{3} \hat{L}_j\, \varepsilon_{jkl}\, \hat{L}_l \hat{S}_k + i\,\hbar \sum_{j,k,l=1}^{3} \varepsilon_{jkl}\, \hat{L}_l \hat{S}_k \hat{L}_j \underset{\substack{\uparrow \\ \varepsilon_{jkl} = -\varepsilon_{kjl}}}{=}$$

$$= -i\,\hbar \sum_{k,j,l=1}^{3} \hat{S}_k\, \varepsilon_{kjl} \left(\hat{L}_j \hat{L}_l + \hat{L}_l \hat{L}_j \right)$$

Für $k = 1$ (und entsprechend für $k = 2,3$) ergibt sich der Beitrag mit $\varepsilon_{1jl} = -\varepsilon_{1lj}$ zu

$$-i\,\hbar\,\hat{S}_1 \sum_{j,l=1}^{3} \varepsilon_{1jl} \left(\hat{L}_j \hat{L}_l + \hat{L}_l \hat{L}_j \right) = 0 \qquad\qquad (3)$$

Die Gln. $\left[\hat{\mathbf{S}}^2,\hat{\mathbf{L}}\cdot\hat{\mathbf{S}}\right]=0$ und $\left[\hat{\mathbf{J}}^2,\hat{\mathbf{L}}\cdot\hat{\mathbf{S}}\right]=0$ werden analog bewiesen.

d) $\qquad \left[\hat{\mathbf{J}}^2,\hat{\mathbf{L}}^2\right]=\left[\hat{\mathbf{L}}^2+\hat{\mathbf{S}}^2+2\hat{\mathbf{L}}\cdot\hat{\mathbf{S}},\hat{\mathbf{L}}^2\right]=2\sum_{j=1}^{3}\left[\hat{L}_j,\hat{\mathbf{L}}^2\right]\hat{S}_j=0$ $\hfill$ (4)

e) Nach Gl. (1) in der Lösung von Aufgabe 13–7 gilt:

$$\hat{\mathbf{J}}^2=\hat{\mathbf{L}}^2+\hat{\mathbf{S}}^2+2\hat{L}_3\hat{S}_3+\hat{L}_+\hat{S}_-+\hat{L}_-\hat{S}_+$$

$$\Rightarrow\qquad\left[\hat{\mathbf{J}}^2,\hat{S}_3\right]=\hat{L}_+\left[\hat{S}_-,\hat{S}_3\right]+\hat{L}_-\left[\hat{S}_+,\hat{S}_3\right]\underset{\underset{\text{Gl. (9.2–6)}}{\uparrow}}{=}\hbar\left(\hat{L}_+\hat{S}_--\hat{L}_-\hat{S}_+\right)\neq 0\qquad(5)$$

Das Ungleichheitszeichen am Ende der letzten Zeile ergibt sich bei Anwendung auf $|l,m\rangle\,|+\rangle$.

f) $\qquad\left[\hat{\mathbf{S}}_{(1)}^2+\hat{\mathbf{S}}_{(2)}^2+2\hat{\mathbf{S}}_{(1)}\cdot\hat{\mathbf{S}}_{(2)},\hat{S}_{(1)3}\right]=2\left[\hat{\mathbf{S}}_{(1)},\hat{S}_{(1)3}\right]\cdot\hat{\mathbf{S}}_{(2)}=$

$$=2i\hbar\left\{-\hat{S}_{(1)2}\hat{S}_{(2)1}+\hat{S}_{(1)1}\hat{S}_{(2)2}+0\right\}=2i\hbar\left(\hat{\mathbf{S}}_{(1)}\times\hat{\mathbf{S}}_{(2)}\right)_3\neq 0\qquad(6)$$

Allgemein gilt:

$$\left[\hat{\mathbf{S}}^2,\hat{\mathbf{S}}_{(1)}\right]=2i\hbar\,\hat{\mathbf{S}}_{(1)}\times\hat{\mathbf{S}}_{(2)}\neq 0\qquad(7)$$

13–4 Messung des Gesamtspins

Mit $\qquad|z,+\rangle_1\,|z,-\rangle_2=\dfrac{1}{\sqrt{2}}\left(|0\,0\rangle+|1\,0\rangle\right)$

ergeben sich die beiden Wahrscheinlichkeiten sofort zu jeweils $1/2$.

13–5 Addition von zwei Bahndrehimpulsen mit $l_1=l_2=1$

$$|2,2,1,1\rangle=|1,1\rangle_1\,|1,1\rangle_2\qquad(1a)$$

Weiter: $\hat{L}_-|2,2,1,1\rangle\underset{\underset{\text{Gl. (9.2–12)}}{\uparrow}}{=}2\hbar|2,1,1,1\rangle=$

$$=\left(\hat{L}_{(1)-}+\hat{L}_{(2)-}\right)|1,1\rangle_1\,|1,1\rangle_2=\sqrt{2}\,\hbar\left[\,|1,0\rangle_1\,|1,1\rangle_2+|1,1\rangle_1\,|1,0\rangle_2\right]$$

$$\Rightarrow\qquad|2,1,1,1\rangle=\frac{1}{\sqrt{2}}\left[\,|1,0\rangle_1\,|1,1\rangle_2+|1,1\rangle_1\,|1,0\rangle_2\right]\qquad(1b)$$

Weiter: $\hat{L}_-|2,1,1,1\rangle=\sqrt{6}\,\hbar|2,0,1,1\rangle=$

$$=\left(\hat{L}_{(1)-}+\hat{L}_{(2)-}\right)\frac{1}{\sqrt{2}}\left[\,|1,0\rangle_1\,|1,1\rangle_2+|1,1\rangle_1\,|1,0\rangle_2\right]=$$

$$=\hbar\left[\,|1,-1\rangle_1\,|1,1\rangle_2+2|1,0\rangle_1\,|1,0\rangle_2+|1,1\rangle_1\,|1,-1\rangle_2\right]$$

$$\Rightarrow\qquad|2,0,1,1\rangle=\frac{1}{\sqrt{6}}\left[\,|1,-1\rangle_1\,|1,1\rangle_2+2|1,0\rangle_1\,|1,0\rangle_2+|1,1\rangle_1\,|1,-1\rangle_2\right]\qquad(1c)$$

Durch zwei weitere Anwendungen des Operators $\hat{L}_-$ folgen die letzten Zustände für $l=2$:

$$|2,-1,1,1\rangle = \frac{1}{\sqrt{2}}\left[\,|1,0\rangle_1\,|1,-1\rangle_2 + |1,-1\rangle_1\,|1,0\rangle_2\,\right] \tag{1d}$$

und $|2,-2,1,1\rangle = |1,-1\rangle_1\,|1,-1\rangle_2$ $\tag{1e}$

Damit sind die fünf Zustände $|2,m,1,1\rangle$ bestimmt mit $m=\pm 2,\pm 1,0$.

Der Zustand $|1,1,1,1\rangle$ steht senkrecht auf dem Zustand $|2,1,1,1\rangle$ und lautet daher (bei geeigneter Wahl der beliebigen Phase)[1]

$$|1,1,1,1\rangle = \frac{1}{\sqrt{2}}\left[\,|1,0\rangle_1\,|1,1\rangle_2 - |1,1\rangle_1\,|1,0\rangle_2\,\right] \tag{2a}$$

Weiter: $\hat{L}_-|1,1,1,1\rangle = \sqrt{2}\,\hbar\,|1,0,1,1\rangle = (\hat{L}_{(1)-} + \hat{L}_{(2)-})\frac{1}{\sqrt{2}}\left[\,|1,0\rangle_1\,|1,1\rangle_2 - |1,1\rangle_1\,|1,0\rangle_2\,\right] =$

$$= \hbar\left[\,|1,-1\rangle_1\,|1,1\rangle_2 - |1,1\rangle_1\,|1,-1\rangle_2\,\right]$$

$\Rightarrow$ $|1,0,1,1\rangle = \frac{1}{\sqrt{2}}\left[\,|1,-1\rangle_1\,|1,1\rangle_2 - |1,1\rangle_1\,|1,-1\rangle_2\,\right]$ $\tag{2b}$

Weiter: $\hat{L}_-\,|1,0,1,1\rangle = \sqrt{2}\,\hbar\,|1,-1,1,1\rangle =$

$$= (\hat{L}_{(1)-} + \hat{L}_{(2)-})\frac{1}{\sqrt{2}}\left[\,|1,-1\rangle_1\,|1,1\rangle_2 - |1,1\rangle_1\,|1,-1\rangle_2\,\right] =$$

$$= \hbar\left[\,|1,-1\rangle_1\,|1,0\rangle_2 - |1,0\rangle_1\,|1,-1\rangle_2\,\right]$$

$\Rightarrow$ $|1,-1,1,1\rangle = \frac{1}{\sqrt{2}}\left[\,|1,-1\rangle_1\,|1,0\rangle_2 - |1,0\rangle_1\,|1,-1\rangle_2\,\right]$ $\tag{2c}$

Damit sind die drei Zustände $|1,m,1,1\rangle$ berechnet mit $m=\pm 1,0$.

Der letzte Zustandsvektor $|0,0,1,1\rangle$ ist Eigenvektor von $\hat{L}_3$ zum Eigenwert 0. Daher gilt:

$$|0,0,1,1\rangle = c_1\,|1,1\rangle_1\,|1,-1\rangle_2 + c_2\,|1,0\rangle_1\,|1,0\rangle_2 + c_3\,|1,-1\rangle_1\,|1,1\rangle_2$$

mit $|c_1|^2 + |c_2|^2 + |c_3|^2 = 1$

Außerdem gelten zwei Orthogonalitätsrelationen:

$$\langle 0,0,1,1\,|\,2,0,1,1\rangle = \frac{1}{\sqrt{6}}\,(c_1 + 2c_2 + c_3)\overset{!}{=}0$$

und $\langle 0,0,1,1\,|\,1,0,1,1\rangle = \frac{1}{\sqrt{2}}\,(-c_1 + c_3)\overset{!}{=}0$

$\Rightarrow$ $|0,0,1,1\rangle = \frac{1}{\sqrt{3}}\left[\,|1,1\rangle_1\,|1,-1\rangle_2 - |1,0\rangle_1\,|1,0\rangle_2 + |1,-1\rangle_1\,|1,1\rangle_2\,\right]$ $\tag{3}$

---

[1] Alle acht Zustände $|2,m,1,1\rangle$ (mit $m=0,\pm 1,\pm 2$) und $|1,m,1,1\rangle$ (mit $m=0,-1$) und $|0,0,1,1\rangle$ stehen senkrecht auf dem Zustand $|1,1,1,1\rangle$; aber nur die zwei orthogonalen Zustände $|2,1,1,1\rangle$ und $|1,1,1,1\rangle$ haben den gewünschten Eigenwert $1\cdot\hbar$ des Operators $\hat{L}_3 = \hat{L}_{(1)3} + \hat{L}_{(2)3}$. Wegen der zweifachen Entartung des Eigenwertes $1\cdot\hbar$ spannen diese zwei Eigenzustände von $\hat{L}_3$ einen zweidimensionalen Unterraum auf.

Aus den neun Gln. für $|j, m_j, 1, 1\rangle$ mit $j = 0, 1, 2$ und $-j \leq m_j \leq j$ können die Clebsch-Gordan-Koeffizienten sofort abgelesen werden.

13-6 Wasserstoffatom im gemischten Zustand

a) Man misst die Werte $-\hbar/2$ bzw. $\hbar/2$ mit den Wahrscheinlichkeiten $16/25$ bzw. $9/25$.

b) Nach den Gln. (13.3–7a/8a) gilt

$$\left| j, m_j, l, s \right\rangle = \left| \frac{3}{2}, \frac{1}{2}, 1, \frac{1}{2} \right\rangle = +\sqrt{\frac{2}{3}}\, Y_{10}\, |+\rangle + \sqrt{\frac{1}{3}}\, Y_{11}\, |-\rangle \tag{1a}$$

$$\text{und} \quad \left| j, m_j, l, s \right\rangle = \left| \frac{1}{2}, \frac{1}{2}, 1, \frac{1}{2} \right\rangle = -\sqrt{\frac{1}{3}}\, Y_{10}\, |+\rangle + \sqrt{\frac{2}{3}}\, Y_{11}\, |-\rangle \tag{1b}$$

$$\Rightarrow \quad Y_{11}\, |-\rangle = \sqrt{\frac{1}{3}} \left| \frac{3}{2}, \frac{1}{2}, 1, \frac{1}{2} \right\rangle + \sqrt{\frac{2}{3}} \left| \frac{1}{2}, \frac{1}{2}, 1, \frac{1}{2} \right\rangle$$

$$\text{und} \quad Y_{10}\, |+\rangle = \sqrt{\frac{2}{3}} \left| \frac{3}{2}, \frac{1}{2}, 1, \frac{1}{2} \right\rangle - \sqrt{\frac{1}{3}} \left| \frac{1}{2}, \frac{1}{2}, 1, \frac{1}{2} \right\rangle$$

Der Ausgangszustand lautet somit

$$\frac{4}{5} Y_{11}\, |-\rangle + \frac{3}{5} Y_{10}\, |+\rangle = \frac{4 + 3\sqrt{2}}{5\sqrt{3}} \left| \frac{3}{2}, \frac{1}{2}, 1, \frac{1}{2} \right\rangle - \frac{4\sqrt{2} - 3}{5\sqrt{3}} \left| \frac{1}{2}, \frac{1}{2}, 1, \frac{1}{2} \right\rangle$$

Die Messung der Quantenzahl j des Gesamtdrehimpulses $\hat{\mathbf{J}} = \hat{\mathbf{L}} + \hat{\mathbf{S}}$ liefert die Werte

$$j = \frac{3}{2} \quad \text{mit der Wahrscheinlichkeit} \quad \left(\frac{4 + 3\sqrt{2}}{5\sqrt{3}} \right)^2 \approx 0{,}906$$

$$j = \frac{1}{2} \quad \text{mit der Wahrscheinlichkeit} \quad \left(\frac{4\sqrt{2} - 3}{5\sqrt{3}} \right)^2 \approx 0{,}094$$

13-7 Beweis der Gl. (13.2–6a)

$$\hat{\mathbf{S}}^2 = \left(\hat{\mathbf{S}}_{(1)} + \hat{\mathbf{S}}_{(2)} \right)^2 = \hat{\mathbf{S}}_{(1)}^2 + \hat{\mathbf{S}}_{(2)}^2 + 2\, \hat{\mathbf{S}}_{(1)} \cdot \hat{\mathbf{S}}_{(2)} = \hat{\mathbf{S}}_{(1)}^2 + \hat{\mathbf{S}}_{(2)}^2 + 2 \sum_{j=1}^{3} \hat{S}_{(1)j}\, \hat{S}_{(2)j}$$

$$\text{Mit} \quad \hat{S}_{(k)1} = \frac{1}{2} \left(\hat{S}_{(k)+} + \hat{S}_{(k)-} \right) \qquad \hat{S}_{(k)2} = \frac{1}{2i} \left(\hat{S}_{(k)+} - \hat{S}_{(k)-} \right) \qquad k = 1, 2$$

$$\text{folgt} \quad \hat{\mathbf{S}}^2 = \hat{\mathbf{S}}_{(1)}^2 + \hat{\mathbf{S}}_{(2)}^2 + 2 \cdot \hat{S}_{(1)3}\, \hat{S}_{(2)3} + \hat{S}_{(1)+}\, \hat{S}_{(2)-} + \hat{S}_{(1)-}\, \hat{S}_{(2)+} \tag{1}$$

Die zwei Gln.

$$\hat{S}_{(k)+}\, |-\rangle_k = \hbar\, |+\rangle_k \qquad\qquad \hat{S}_{(k)-}\, |+\rangle_k = \hbar\, |-\rangle_k \qquad\qquad k = 1, 2$$

liefern: $\hat{\mathbf{S}}^2 \left(|+-\rangle + |-+\rangle \right) = \hbar^2 \left(\dfrac{3}{4} + \dfrac{3}{4} + 2 \cdot \dfrac{1}{2} \cdot \dfrac{-1}{2} + 1 \right) \left(|+-\rangle + |-+\rangle \right) =$

$$= \hbar^2\, 2 \left(|+-\rangle + |-+\rangle \right) \tag{13.2–6a}$$

Lösungen: 14 Zeitunabhängige Störungstheorie

14–1 Anharmonischer Oszillator

a) In der nicht entarteten Störungstheorie treten folgende Matrixelemente auf:

$$\langle \psi_k^{(0)} | \hat{H}^{(1)} | \psi_n^{(0)} \rangle = \gamma \langle \psi_k^{(0)} | x^3 | \psi_n^{(0)} \rangle \underset{\underset{\text{Gl. (6.2–5a)}}{\uparrow}}{=}$$

$$= \gamma \left(\frac{\hbar}{2m\omega} \right)^{3/2} \langle \psi_k^{(0)} | (\hat{a}_+ + \hat{a}_-)^3 | \psi_n^{(0)} \rangle \underset{\underset{\text{Gl. (6.2–6)}}{\uparrow}}{=}$$

$$= \gamma \left(\frac{\hbar}{2m\omega} \right)^{3/2} \langle \psi_k^{(0)} | \hat{a}_+^3 + \hat{a}_-^3 + 3\,\hat{a}_+\,\hat{a}_-^2 + 3\,\hat{a}_+^2\,\hat{a}_- + 3\,\hat{a}_- + 3\,\hat{a}_+ | \psi_n^{(0)} \rangle$$

Hinweis: Da die Leiteroperatoren $\hat{a}_+$ und $\hat{a}_-$ nicht vertauschen, darf $(\hat{a}_+ + \hat{a}_-)^3$ nicht einfach mit der binomischen Formel für $(a+b)^3$ berechnet werden.

Mit den Gln. (6.2–12a/b) finden wir

$$\gamma \langle \psi_k^{(0)} | x^3 | \psi_n^{(0)} \rangle = \gamma \left(\frac{\hbar}{2m\omega} \right)^{3/2} \begin{cases} \sqrt{(n+1)(n+2)(n+3)} & \text{für} \quad k = n+3 \\ 3(n+1)^{3/2} & \text{für} \quad k = n+1 \\ 3\,n^{3/2} & \text{für} \quad k = n-1 \\ \sqrt{n(n-1)(n-2)} & \text{für} \quad k = n-3 \end{cases} \tag{1}$$

Nur diese vier Matrixelemente sind ungleich null. Daraus folgt $E_n^{(1)} = 0$ und

$$E_n^{(2)} = \sum_{k \neq n} \frac{\left| \langle \psi_k^{(0)} | x^3 | \psi_n^{(0)} \rangle \right|^2}{E_n^{(0)} - E_k^{(0)}} =$$

$$= \gamma^2 \left(\frac{\hbar}{2m\omega} \right)^3 \left[-\frac{(n+1)(n+2)(n+3)}{3\hbar\omega} - \frac{9(n+1)^3}{\hbar\omega} + \frac{9\,n^3}{\hbar\omega} + \frac{n(n-1)(n-2)}{3\hbar\omega} \right] =$$

$$= -\gamma^2 \left(\frac{\hbar}{2m\omega} \right)^3 \frac{1}{\hbar\omega} (30\,n^2 + 30\,n + 11) = -\hbar\omega \cdot \frac{\gamma^2\hbar}{8\,m^3\,\omega^5} (30\,n^2 + 30\,n + 11)$$

Die Störung senkt die Energien. Der Abstand benachbarter Energien ist nicht mehr äquidistant.

Die zweite Näherung ist höchstens dann gut, wenn das Verhältnis der Energien zweiter und nullter Näherung

$$\left| \frac{E_n^{(2)}}{E_n^{(0)}} \right| = \frac{15}{4} \frac{\gamma^2\hbar}{m^3\omega^5} \frac{n^2 + n + 11/30}{n + 1/2} \approx \frac{15}{4} \frac{\gamma^2\hbar}{m^3\omega^5} n$$

deutlich kleiner ist als eins, wenn also gilt $n \ll 4\,m^3\omega^5/(15\gamma^2\hbar)$.

b) Mit den Matrixelementen in Gl. (1) und mit der Gl.

$$| \psi_n^{(1)} \rangle \underset{\underset{\text{Gl. (14.2–8)}}{\uparrow}}{=} \sum_{\substack{k=1 \\ k \neq n}}^{\infty} \frac{\langle \psi_k^{(0)} | \hat{H}^{(1)} | \psi_n^{(0)} \rangle}{E_n^{(0)} - E_k^{(0)}} | \psi_k^{(0)} \rangle \qquad \text{für nicht entartete Energien } E_n^{(0)}$$

folgt: $|\psi_n^{(1)}\rangle = \gamma \left(\dfrac{\hbar}{2m\omega}\right)^{3/2} \left[-\dfrac{\sqrt{(n+1)(n+2)(n+3)}}{3\hbar\omega}\,|\psi_{n+3}^{(0)}\rangle - \dfrac{3(n+1)^{3/2}}{\hbar\omega}\,|\psi_{n+1}^{(0)}\rangle + \right.$

$$\left. \dfrac{3n^{3/2}}{\hbar\omega}\,|\psi_{n-1}^{(0)}\rangle + \dfrac{\sqrt{n(n-1)(n-2)}}{3\hbar\omega}\,|\psi_{n-3}^{(0)}\rangle \right]$$

14–2 Unendlich tiefer Potentialtopf mit deltafunktionsartiger Störung

a) Die Energien des ungestörten, unendlich tiefen Potentialtopfes

$$E_n = \frac{\hbar^2 k_n^2}{2m} = \frac{\hbar^2 \pi^2}{2mL^2}\,n^2 = E_1\,n^2 \qquad \text{mit} \qquad n=1,2,3,\ldots \tag{5.1-7}$$

sind nicht entartet. Daher gilt nach Gl. (14.2–6)

$$E_n^{(1)} = \langle n^{(0)}|\hat{H}^{(1)}|n^{(0)}\rangle = \frac{2}{L}\int_0^L \sin^2\!\left(\frac{n\pi}{L}x\right)\tilde{V}\,\delta\!\left(x-\frac{L}{2}\right)dx =$$

$$= \frac{2\tilde{V}}{L}\sin^2\!\left(\frac{n\pi}{2}\right) = \frac{2\tilde{V}}{L}\begin{cases} 0 & \text{für gerade } n \\ 1 & \text{für ungerade } n \end{cases} \tag{1}$$

b) $E_1^{(2)} = \displaystyle\sum_{k=2}^{\infty} \frac{\left|\langle k^{(0)}|\hat{H}^{(1)}|1^{(0)}\rangle\right|^2}{E_1^{(0)}-E_k^{(0)}}$ $\hfill$ (14.2–9)

mit $\langle k^{(0)}|\hat{H}^{(1)}|1^{(0)}\rangle = \dfrac{2}{L}\displaystyle\int_0^L \sin\!\left(\dfrac{k\pi}{L}x\right)\tilde{V}\,\delta\!\left(x-\dfrac{L}{2}\right)\sin\!\left(\dfrac{\pi}{L}x\right)dx =$

$$= \frac{2\tilde{V}}{L}\sin\!\left(\frac{k\pi}{2}\right)\sin\!\left(\frac{\pi}{2}\right) = \frac{2\tilde{V}}{L}\sin\!\left(\frac{k\pi}{2}\right) \tag{2}$$

und $E_1^{(0)}-E_k^{(0)} \underset{\substack{\uparrow \\ \text{Gl. (5.1–7)}}}{=} \dfrac{\hbar^2\pi^2}{2mL^2}(1-k^2)$ $\hfill$ (3)

$\Rightarrow$ $E_1^{(2)} = \dfrac{8\hat{V}^2 m}{\hbar^2\pi^2}\displaystyle\sum_{\substack{k\geq 3 \\ k\text{ ungerade}}}^{\infty} \dfrac{1}{1-k^2} = \dfrac{4\hat{V}^2 m}{\hbar^2\pi^2}\displaystyle\sum_{\substack{k\geq 3 \\ k\text{ ungerade}}}^{\infty}\left[\dfrac{1}{k+1}-\dfrac{1}{k-1}\right] =$

$$\approx \frac{4\hat{V}^2 m}{\hbar^2\pi^2}\left(\frac{1}{4}+\frac{1}{6}+\frac{1}{8}+\ldots - \frac{1}{2}-\frac{1}{4}-\frac{1}{6}-\ldots\right) = -\frac{2\hat{V}^2 m}{\hbar^2\pi^2} \tag{4}$$

c) Die erste Korrektur des Grundzustandes lautet nach Gl. (14.2–8)

$$\psi_1^{(1)}(x) = \sum_{k=2}^{\infty} \frac{\langle k^{(0)}|\hat{H}^{(1)}|1^{(0)}\rangle}{E_1^{(0)}-E_k^{(0)}}\,\psi_k^{(0)}(x) \underset{\substack{\uparrow \\ \text{Gln. (2/3)}}}{=}$$

$$= \frac{4\hat{V}mL}{\hbar^2\pi^2}\sum_{k=2}^{\infty}\frac{1}{1-k^2}\sin\!\left(\frac{k\pi}{2}\right)\sqrt{\frac{2}{L}}\sin\!\left(\frac{k\pi}{L}x\right) \approx$$

$$\approx \sqrt{\frac{L}{2}} \, \frac{\hat{V} m}{\hbar^2 \pi^2} \left[\sin\left(\frac{3\pi}{L} x\right) - \frac{1}{3} \sin\left(\frac{5\pi}{L} x\right) + \frac{1}{6} \sin\left(\frac{7\pi}{L} x\right) \right]$$

14–3 Feinstruktur in der Dirac-Theorie

Die Terme in $E_{nj} = m c^2 \left[1 + \alpha^2 \left\{ n - j - \frac{1}{2} + \sqrt{(j+\frac{1}{2})^2 - \alpha^2} \right\}^{-2} \right]^{-1/2} - m c^2$ (1)

werden nacheinander nach Taylor entwickelt. Dazu benötigen wir die Potenzreihenentwicklungen

$$(1+\varepsilon)^{1/2} \approx 1 + \frac{1}{2}\varepsilon - \frac{1}{8}\varepsilon^2 + \dots \qquad (1+\varepsilon)^{-1/2} \approx 1 - \frac{1}{2}\varepsilon + \frac{3}{8}\varepsilon^2 + \dots \qquad (1+\varepsilon)^{-2} \approx 1 - 2\varepsilon + 3\varepsilon^2 + \dots$$

Da wir bis zur Potenz α^4 rechnen müssen und da vor der geschweiften Klammer in Gl. (1) α^2 steht, sind die ersten beiden Entwicklungen nur bis nach α^2 durchführen:

$$\sqrt{\left(j+\frac{1}{2}\right)^2 - \alpha^2} = \left(j+\frac{1}{2}\right)\sqrt{1 - \frac{\alpha^2}{\left(j+\frac{1}{2}\right)^2}} \approx \left(j+\frac{1}{2}\right) - \frac{\alpha^2}{2\left(j+\frac{1}{2}\right)}$$

$$\left\{ n - \frac{\alpha^2}{2\left(j+\frac{1}{2}\right)} \right\}^{-2} = \frac{1}{n^2}\left\{ 1 - \frac{\alpha^2}{2n\left(j+\frac{1}{2}\right)} \right\}^{-2} \approx \frac{1}{n^2}\left\{ 1 + \frac{\alpha^2}{n\left(j+\frac{1}{2}\right)} \right\}$$

Die folgende, letzte Taylorentwicklung wird bis zur Potenz α^4 durchgeführt:

$$\left[1 + \frac{\alpha^2}{n^2}\left\{ 1 + \frac{\alpha^2}{n\left(j+\frac{1}{2}\right)} \right\} \right]^{-1/2} \approx 1 - \frac{\alpha^2}{2n^2}\left\{ 1 + \frac{\alpha^2}{n\left(j+\frac{1}{2}\right)} \right\} + \frac{3}{8}\frac{\alpha^4}{n^4}$$

$$\Rightarrow \quad E_{nj} \approx -\alpha^2 \frac{mc^2}{2} \frac{1}{n^2}\left\{ 1 + \frac{\alpha^2}{n\left(j+\frac{1}{2}\right)} - \frac{3}{4}\frac{\alpha^2}{n^2} \right\} \qquad\qquad (14.4\text{–}14)$$

14–4 Der Stark-Effekt

a) Quadratischer Stark-Effekt: Wir benötigen die Wellenfunktionen des Wasserstoffatoms

$$|n\,l\,m\rangle = \psi_{nlm}(r,\vartheta,\varphi) = R_{nl}(r)\, Y_{lm}(\vartheta,\varphi) \qquad\qquad (10.2\text{–}9)$$

sowie das infinitesimale Volumenelement in Kugelkoordinaten

$$dV = r\,d\vartheta \cdot r \sin\vartheta\, d\varphi \cdot dr \quad \text{und die erste Kugelfunktion} \quad Y_{00}(\vartheta,\varphi) = 1/\sqrt{4\pi} \qquad (1a/b)$$

Der **Grundzustand** ($n=1$) des Wasserstoffatoms ist *nicht entartet*. Daher gilt nach Gl. (14.2–6)

$$E_1^{(1)} = e_0\,\mathcal{E}\,\langle 1\,0\,0 | r \cos\vartheta | 1\,0\,0 \rangle = e_0\,\mathcal{E}\,\langle R_{10}\, Y_{00} | r \cos\vartheta | R_{10}\, Y_{00} \rangle \sim$$

$$\underset{\substack{\uparrow \\ \text{Gl. (1a/b)}}}{\sim} \int_0^{2\pi} d\varphi \int_0^{\pi} d\vartheta \, \sin\vartheta \cos\vartheta = \pi \int_0^{\pi} d\vartheta \, \sin(2\vartheta) = 0$$

Dieses Ergebnis folgt auch sofort aus Aufgabe „7–4f Paritätsoperator", denn $\hat{Z}$ ist ein ungerader Operator.

In *erster Näherung* wird die Energie des Grundzustandes nicht geändert.

Die *zweite* Korrektur der Grundzustandsenergie lautet nach Gl. (14.2–9') in der Lösung von Aufgabe 14–10: [1]

$$E_1^{(2)} = \sum_{n>1} \sum_{l,m} \frac{|\langle nlm|\hat{H}^{(1)}|100\rangle|^2}{E_1^{(0)} - E_n^{(0)}} \tag{2}$$

Mit den Gln. (1a/b) finden wir:

$$\langle nlm|r\cos\vartheta|100\rangle = \langle nlm|r\sqrt{4\pi/3}\,Y_{10}|100\rangle =$$

$$= \int_0^\infty dr\, r^2 R_{nl}(r)\, r\, R_{10}(r) \cdot \frac{1}{\sqrt{3}} \langle Y_{lm}|Y_{10}\rangle = \frac{1}{\sqrt{3}} \int_0^\infty dr\, r^3 R_{nl}(r)\, R_{10}(r) \cdot \delta_{l1}\,\delta_{m0}$$

Wegen der Orthogonalität der Kugelflächenfunktionen tragen in der Dreifach-Summe in Gl. (2) nur die Zustände mit $l=1$ und $m=0$ zur Verschiebung des Grundzustandes in zweiter Näherung bei. Daher verbleibt in Gl. (2) nur die Summe über die Hauptquantenzahl n:

$$E_1^{(2)} = e_0^2\,\mathcal{E}^2 \sum_{n=2}^\infty \frac{\left|\displaystyle\int_0^\infty dr\, r^3 R_{n1}(r)\, R_{10}(r)\right|^2}{E_1^{(0)} - E_n^{(0)}} \sim \mathcal{E}^2$$

Die Integrale lassen sich berechnen mit der Formel

$$\int_0^\infty r^n\,\mathrm{e}^{-\kappa r}\,dr = n!/\kappa^{n+1} \tag{3}$$

Das ist für uns unnötig. *Wegen* $E_1^{(1)}=0$ *ist die Verschiebung des Grundniveaus proportional zu* $\mathcal{E}^2$.

b) Linearer Stark-Effekt: Der **erste angeregte Zustand** ($n=2$) ist *vierfach entartet* mit den (neu) nummerierten Eigenfunktionen

$$|1\rangle := |200\rangle = R_{20}(r)\,Y_{00} \quad = \quad 2\,\kappa^{3/2}(1-\kappa r)\,\mathrm{e}^{-\kappa r}\cdot\sqrt{1/(4\pi)} \tag{4a}$$

$$|2\rangle := |210\rangle = R_{21}(r)\,Y_{10} \quad = \quad \frac{2}{\sqrt{3}}\,\kappa^{3/2}\,\kappa r\,\mathrm{e}^{-\kappa r}\cdot\sqrt{3/(4\pi)}\,\cos\vartheta \tag{4b}$$

$$|3\rangle := |211\rangle = R_{21}(r)\,Y_{11} \quad = -\frac{2}{\sqrt{3}}\,\kappa^{3/2}\,\kappa r\,\mathrm{e}^{-\kappa r}\cdot\sqrt{3/(8\pi)}\,\sin\vartheta\,\mathrm{e}^{i\varphi} \tag{4c}$$

$$|4\rangle := |21{-}1\rangle = R_{21}(r)\,Y_{1-1} = \frac{2}{\sqrt{3}}\,\kappa^{3/2}\,\kappa r\,\mathrm{e}^{-\kappa r}\cdot\sqrt{3/(8\pi)}\,\sin\vartheta\,\mathrm{e}^{-i\varphi} \tag{4d}$$

In allen vier Gln. ist $\kappa = 1/(2a_B)$. Wir berechnen nun nach Gl. (14.3–6) die Matrixelemente

$$h_{\alpha\beta}^{(1)} = e_0\,\mathcal{E}\,\langle\alpha|r\cos\vartheta|\beta\rangle \qquad \text{mit} \qquad \alpha,\beta = 1,2,3,4 \tag{5}$$

---

[1] Eigentlich müssten in Gl. (2) auch Beiträge der Kontinuumszustände mit positiver Energie addiert werden. Denn in den Gln. (14.2–7/8/9) muss über ein *vollständiges* System von Eigenfunktionen des Operators $\hat{H}^{(0)}$ summiert werden. Der Kontinuumsbeitrag ist aber schwer zu berechnen, da er die komplizierten Kontinuumslösungen des Coulombpotentials enthält. In [Gasioro], Abschn. 11.3 wird eine obere Grenze der zweiten Energiekorrektur abgeschätzt. Wir beweisen die Proportionalität $E_1^{(2)} \sim \mathcal{E}^2$ nur für die diskreten Beiträge.

Wegen der Orthogonalitätsrelation der Kugelflächenfunktionen (siehe Gl. (9.3–14)) und wegen $\cos\vartheta \sim Y_{10}(\vartheta)$ sind nur folgende zwei Matrixelemente ungleich null:

$$h_{12}^{(1)} = h_{21}^{(1)} = e_0\,\mathcal{E}\,\langle 1|r\cos\vartheta|2\rangle =$$

$$= e_0\,\mathcal{E}\,\frac{4}{\sqrt{3}}\,\kappa^4 \int_0^\infty dr\,r^4\,(1-\kappa r)\,e^{-2\kappa r}\cdot\frac{\sqrt{3}}{4\pi}\int_0^\pi d\vartheta\,\sin\vartheta\cos^2\vartheta\cdot\int_0^{2\pi}d\varphi \underset{\substack{\uparrow \\ \text{Gl. (3)}}}{=}$$

$$= e_0\,\mathcal{E}\,\frac{4}{\sqrt{3}}\,\kappa^4\left(-\frac{9}{8\kappa^5}\right)\cdot\frac{\sqrt{3}}{4\pi}\frac{2}{3}\cdot 2\pi = -e_0\,\mathcal{E}\,\frac{3}{2\kappa} = -3\,e_0\,\mathcal{E}\,a_\mathrm{B}$$

mit $\kappa = 1/(2\,a_\mathrm{B})$. Die Säkulargl. (14.3–5)

$$\det\!\left(\mathbf{H}^{(1)} - E_2^{(1)}\mathbf{1}\right) = \det\begin{pmatrix} -E_2^{(1)} & -3e_0\,\mathcal{E}\,a_\mathrm{B} & 0 & 0 \\ -3e_0\,\mathcal{E}\,a_\mathrm{B} & -E_2^{(1)} & 0 & 0 \\ 0 & 0 & -E_2^{(1)} & 0 \\ 0 & 0 & 0 & -E_2^{(1)} \end{pmatrix} =$$

$$= \left[\left(-E_2^{(1)}\right)^2 - \left(-3e_0\,\mathcal{E}\,a_\mathrm{B}\right)^2\right]\left(-E_2^{(1)}\right)^2 = 0$$

liefert in erster Näherung die vier Energieverschiebungen:

$$E_2^{(1)} = 3\,e_0\,\mathcal{E}\,a_\mathrm{B} \qquad E_2^{(1)} = -3\,e_0\,\mathcal{E}\,a_\mathrm{B} \qquad E_2^{(1)} = 0 \qquad E_2^{(1)} = 0 \tag{6}$$

Die ersten zwei Energieverschiebungen sind proportional zu $\mathcal{E}$. Die letzten zwei Energiekorrekturen verschwinden und heben daher die Entartung nicht völlig auf (siehe Abb. 1). Der Grund lautet: Das Feld bricht die Kugelsymmetrie nicht völlig, sondern ersetzt sie durch eine *Zylindersymmetrie*.

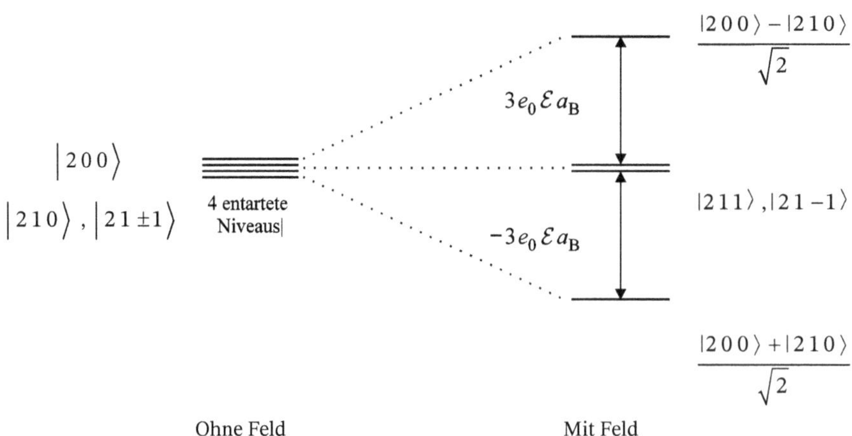

Abb. 1 Aufspaltung des ersten angeregten Wasserstoffniveaus im elektrischen Feld $\mathcal{E}$. Die rechts angegebenen „richtigen Funktionen" (ein von Landau et al. eingeführter Name) werden in Teil c) berechnet.

Das Wasserstoffatom verhält sich im ersten angeregten Zustand so, als wenn es das induzierte elektrische Dipolmoment $3e_0\,a_\mathrm{B}$ hat. In den zwei Zuständen $\left(|200\rangle\pm|210\rangle\right)\cdot 2^{-0,5}$ ist der Dipol parallel bzw. antiparallel zum äußeren elektrischen Feld ausgerichtet; in den beiden restlichen Zuständen steht der Dipol senkrecht zum äußeren Feld (siehe Abb. 1 und Teil c) dieser Aufgabe).

c) Wir setzen die berechneten Energiekorrekturen in Gl. (6) in die Säkulargl. $\mathbf{H}^{(1)}\mathbf{c} = E_2^{(1)}\mathbf{c}$ ein:

$$
\begin{pmatrix}
0 & -3e_0\mathcal{E}a_B & 0 & 0 \\
-3e_0\mathcal{E}a_B & 0 & 0 & 0 \\
0 & 0 & 0 & 0 \\
0 & 0 & 0 & 0
\end{pmatrix}
\begin{pmatrix} c_1 \\ c_2 \\ c_3 \\ c_4 \end{pmatrix}
= E_2^{(1)}
\begin{pmatrix} c_1 \\ c_2 \\ c_3 \\ c_4 \end{pmatrix}
$$

Für jede der vier Energien $E_2^{(1)}$ erhalten wir über die Berechnung der jeweils vier Komponenten c_i in nullter Näherung die „richtigen Funktionen":

$$c_1 = -c_2 \quad c_3 = c_4 = 0 \quad \Rightarrow \quad |\psi_1^{(0)}\rangle = \frac{1}{\sqrt{2}}\big(|2,0,0\rangle - |2,1,0\rangle\big) \quad \text{für } E_2^{(1)} = +3e_0\mathcal{E}a_B \tag{7a}$$

$$c_1 = +c_2 \quad c_3 = c_4 = 0 \quad \Rightarrow \quad |\psi_2^{(0)}\rangle = \frac{1}{\sqrt{2}}\big(|2,0,0\rangle + |2,1,0\rangle\big) \quad \text{für } E_2^{(1)} = -3e_0\mathcal{E}a_B \tag{7b}$$

$$c_1 = c_2 = 0 \quad c_3, c_4 \text{ beliebig} \underset{\text{z. B.}}{\Rightarrow} \quad |\psi_{3/4}^{(0)}\rangle = |2,1,\pm 1\rangle \qquad\qquad \text{für } E_2^{(1)} = 0 \tag{7c}$$

14–5 Wasserstoffähnliche Atome – Vergleich von exakter und genäherter Lösung

Nach Gl. (10.1–24) beträgt die *exakte* Energieänderung

$$\Delta E_1 = -\frac{m_e c^2}{2}\left(\frac{e_0^2}{4\pi\varepsilon_0\hbar c}\right)^2 \big[(Z+1)^2 - Z^2\big] = -\frac{m_e c^2}{2}\left(\frac{e_0^2}{4\pi\varepsilon_0\hbar c}\right)^2 (2Z+1) \tag{1}$$

Für die *Störungsrechnung* lautet der Störterm

$$\hat{H}^{(1)} = -\frac{e_0^2}{4\pi\varepsilon_0}\frac{1}{r}$$

$$\Rightarrow \quad \Delta E_1^{(1)} = -\frac{e_0^2}{4\pi\varepsilon_0}\langle 100|r^{-1}|100\rangle \underset{\substack{\uparrow \\ \text{Gl. (10.2–13d)}}}{=} -\frac{e_0^2}{4\pi\varepsilon_0}\frac{Z}{a_B} \underset{\substack{\uparrow \\ \text{Gl. (10.1–26)}}}{=}$$

$$= -\frac{m_e c^2}{2}\left(\frac{e_0^2}{4\pi\varepsilon_0\hbar c}\right)^2 2Z \tag{2}$$

Ein Vergleich der Gln. (1) und (2) zeigt, dass die Näherung in Gl. (2) nur für große Z gut ist. Das ist wegen $\Delta E_1^{(1)}/E_1 = 2/Z$ plausibel; denn nur für große Z ist die Störung relativ klein.

14–6 Harmonischer Oszillator mit quadratischer Störung

Wir berechnen die Matrixelemente des Störoperators bzgl. der ungestörten Lösungen $|n^{(0)}\rangle = \psi_n(x)$:

$$\langle k^{(0)}|\tfrac{1}{2}m\omega_2^2 x^2|n^{(0)}\rangle \underset{\substack{\uparrow \\ \text{Gl. (6.2–5a)}}}{=} \frac{\omega_2^2\hbar}{4\omega_1}\langle k^{(0)}|(\hat{a}_+ + \hat{a}_-)^2|n^{(0)}\rangle =$$

$$= \frac{\omega_2^2\, \hbar}{4\,\omega_1} \left\langle k^{(0)} \left| \hat{a}_+^2 + \hat{a}_+\,\hat{a}_- + \hat{a}_-\,\hat{a}_+ + \hat{a}_-^2 \right| n^{(0)} \right\rangle \underset{\uparrow}{=}$$

$$\text{Gl. (6.2–12a/b)}$$

$$= \frac{\omega_2^2\, \hbar}{4\,\omega_1} \left(\sqrt{(n+1)(n+2)}\;\delta_{k\,n+2} + (2n+1)\,\delta_{k\,n} + \sqrt{n(n-1)}\;\delta_{k\,n-2} \right)$$

Der Einfachheit halber berechnen wir nur die Energie des Grundzustandes ($n=0$):

$$E_0 \approx E_0^{(0)} + E_0^{(1)} + E_0^{(2)} = \frac{1}{2}\,\hbar\,\omega_1 \left[1 + \frac{1}{2}\,\frac{\omega_2^2}{\omega_1^2} - \frac{1}{8}\left(\frac{\omega_2^2}{\omega_1^2}\right)^2 \right]$$

Unter Berücksichtigung aller Ordnungen der Störungsrechnung folgt das exakte Ergebnis:

$$E_0 = \frac{1}{2}\,\hbar\,\omega_1 \left[1 + \frac{1}{2}\,\frac{\omega_2^2}{\omega_1^2} - \frac{1}{2\cdot 4}\left(\frac{\omega_2^2}{\omega_1^2}\right)^2 + \frac{1\cdot 3}{2\cdot 4\cdot 6}\left(\frac{\omega_2^2}{\omega_1^2}\right)^3 - \frac{1\cdot 3\cdot 5}{2\cdot 4\cdot 6\cdot 8}\left(\frac{\omega_2^2}{\omega_1^2}\right)^4 + \dots \right] =$$

$$= \frac{1}{2}\,\hbar\,\omega_1\,\sqrt{1 + \frac{\omega_2^1}{\omega_1^2}} = \frac{1}{2}\,\hbar\,\sqrt{\omega_1^2 + \omega_2^1} = \frac{1}{2}\,\hbar\,\omega$$

14–7 Einfluss endlicher Kernausdehnung auf Energieniveaus des Wasserstoffs

a) Elektrisches Feld und Potential *außerhalb* der Kugel sind allgemein bekannt und werden deshalb nicht berechnet.

Nach dem **Gaußschen Satz** der klassischen Elektrodynamik ist der Fluss des elektrischen Feldes durch eine *geschlossene* Fläche A gleich der *eingeschlossenen* Ladung Q_{ein} dividiert durch ε_0:

$$\oint_A \mathbf{E}\cdot d\mathbf{A} = Q_{\text{ein}}/\varepsilon_0$$

Hinweis: Der Gaußsche Satz folgt durch die Volumenintegration aus der Maxwellgl. $\nabla\cdot\mathbf{E} = \rho/\varepsilon_0$.

Wir integrieren über die geschlossene Oberfläche einer gedachten Kugel mit Radius $r \le R_0$:

$$\oint_A \mathbf{E}\cdot d\mathbf{A} = \oint_A E(r)\,\mathbf{e}_r\cdot d\mathbf{A} = E(r)\cdot 4\,\pi\,r^2 \underset{\underset{\text{Gaußscher Satz}}{\uparrow}}{=} \frac{Q_{\text{ein}}}{\varepsilon_0} = \frac{e_0}{\varepsilon_0}\,\frac{r^3}{R_0^3}$$

$$\Rightarrow \qquad E(r) = \frac{e_0}{4\,\pi\,\varepsilon_0\,R_0^3}\,r \qquad \text{für}\quad r \le R_0 \tag{1}$$

Wegen der *positiven* Protonladung $e_0 > 0$ zeigt das Feld radial nach außen: $\mathbf{E}(r) = E(r)\,\mathbf{e}_r$.

b) Das Potential im Innern der homogen geladenen Kugel ergibt sich durch Integration der Gl. (1). Nach allgemeiner Vereinbarung verschwindet das Potential einer (endlich ausgedehnten) Ladung im Unendlichen: $\varphi(\infty)=0$. Linienintegrale über elektrische Felder sind weg*un*abhängig. Daher integrieren wir (der Einfachheit wegen) in radialer Richtung von Unendlich über den Ortsvektor $\mathbf{R}_0 := R_0\,\mathbf{e}_r$ bis zum Ortsvektor $\mathbf{r} = r\,\mathbf{e}_r$ mit $r \le R_0$:

$$\varphi(r) - \varphi(\infty) = \varphi(r) = -\int_\infty^{\mathbf{r}} E(r)\,\mathbf{e}_r\cdot d\mathbf{r} =$$

$$= -\int_{\infty}^{R_0} E(r)\, \mathbf{e}_r \cdot d\mathbf{r} \;-\; \int_{R_0}^{r} E(r)\, \mathbf{e}_r \cdot d\mathbf{r} =$$

$$= -\frac{e_0}{4\pi\varepsilon_0} \int_{\infty}^{R_0} \frac{1}{\tilde r^2}\, d\tilde r \;-\; \frac{e_0}{4\pi\varepsilon_0 R_0^3} \int_{R_0}^{r} \tilde r\, d\tilde r =$$

$$= \frac{e_0}{4\pi\varepsilon_0}\frac{1}{R_0} \;-\; \frac{e_0}{8\pi\varepsilon_0 R_0^3}\left(r^2 - R_0^2\right)$$

$$\Rightarrow \quad \varphi(r) = \frac{e_0}{4\pi\varepsilon_0}\begin{cases} \dfrac{3}{2R_0} - \dfrac{r^2}{2R_0^3} & \text{für } r \le R_0 \\[2ex] 1/r & \text{für } r > R_0 \end{cases}$$

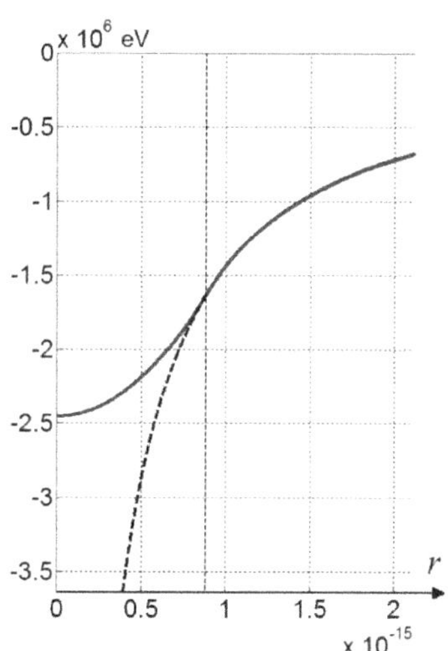

Abb. 1 Potentielle Energie $V(r)$ für $R_0 = 0{,}88 \cdot 10^{-15}\,$m. $V(r)$ hat bei $r=0$ *keine Singularität*.

Die gestrichelte Kurve beschreibt das Potential einer Punktladung.

c) Mit der potentiellen Energie $V(r) = -e_0\,\varphi(r)$ des Elektrons im elektrischen Feld des homogen geladenen Protons lautet der Störterm im Coulombfeld einer Punktladung:

$$\hat H^{(1)} = -\frac{e_0^2}{4\pi\varepsilon_0}\begin{cases} \dfrac{3}{2R_0} - \dfrac{r^2}{2R_0^3} - \dfrac{1}{r} & \text{für } r \le R_0 \\[2ex] 0 & \text{für } r > R_0 \end{cases}$$

Die Wellenfunktion des Grundzustandes

$$\psi_{100}(r,\vartheta,\varphi) = R_{10}(r)\cdot Y_{00}(\vartheta,\varphi) = 2\,\kappa^{3/2}\,e^{-\kappa r}/\sqrt{4\pi} \quad \text{mit} \quad \kappa = \frac{Z}{n}\frac{1}{a_B} \underset{Z=1;\,n=1}{=} \frac{1}{a_B}$$

hängt nicht von ϑ, φ ab. Daher ergeben die beiden Winkelintegrationen in Gl. (14.2–6) zusammen den Faktor 4π und wir erhalten die erste Korrektur der Energie des Grundzustandes zu

$$E_1^{(1)} = \left\langle 1,0,0 \,\middle|\, \hat H^{(1)} \,\middle|\, 1,0,0 \right\rangle = -\frac{e_0^2\,\kappa^3}{\pi\varepsilon_0}\int_0^{R_0}\left(\frac{3}{2R_0} - \frac{r^2}{2R_0^3} - \frac{1}{r}\right) r^2\, e^{-2\kappa r}\, dr$$

Wegen $2\kappa R_0 = \dfrac{2R_0}{a_B} \approx \dfrac{1{,}76\cdot 10^{-15}\,\text{m}}{5{,}29\cdot 10^{-11}\,\text{m}} \approx 3\cdot 10^{-5}$

dürfen wir die Exponentialfunktion im Integral gleich Eins setzen und erhalten

$$E_1^{(1)} \approx \frac{e_0^2}{4\pi\varepsilon_0}\,4\kappa^3 \int_0^{R_0}\left(\frac{3}{2R_0} - \frac{r^2}{2R_0^3} - \frac{1}{r}\right) r^2\, dr =$$

$$= \frac{e_0^2}{4\pi\varepsilon_0}\frac{4R_0^2}{10\,a_B^3} \underset{\text{Gln. (10.1–24/26)}}{=} \frac{4}{5}\,|E_1|\,\frac{R_0^2}{a_B^2} \approx$$

$$\underset{R_0 = 0{,}88\cdot 10^{-15}\text{m}}{\approx} 2{,}2\cdot 10^{-10}\,|E_1| \underset{E_1 \approx -13{,}6\ \text{eV}}{\approx} 3{,}0\cdot 10^{-9}\ \text{eV}$$

Die Energiekorrektur ist etwa 10^{-5} mal kleiner als die Feinstruktur-Korrektur des Grundzustandes. Der Volumeneffekt ist eine der Ursachen für die **Isotopieverschiebung** der Atomspektren; denn unterschiedlich große Atomkerne haben unterschiedliche Ladungsverteilungen. Die beiden anderen Ursachen sind verschiedene Massen und verschiedene magnetische Momente der Kerne.

14–8 Quantenperle auf einem Ring

Die Energiekorrektur des nicht entarteten Grundzustandes $\psi_0(x) = L^{-1/2}$ lautet nach Gl. (14.2–6)

$$E_0^{(1)} = \langle \psi_0 \mid \hat{H}^{(1)} \mid \psi_0 \rangle = \frac{V_0}{L} \int_0^L \exp\left[-\left(x - \frac{L}{2} \right)^2 / a^2 \right] dx \quad \underset{y \,:=\, x - L/2}{=}$$

$$= \frac{V_0}{L} \int_{-L/2}^{L/2} e^{-y^2/a^2} \, dy \quad \underset{\text{wegen } a \ll L}{\approx}$$

$$\approx \frac{V_0}{L} \int_{-\infty}^{\infty} e^{-y^2/a^2} \, dy = \sqrt{\pi}\, a \frac{V_0}{L} \qquad \text{für den Grundzustand } (n=0) \tag{1}$$

Die angeregten Zustände, die zu den *zweifach entarteten* Energien $E_n^{(0)}$ (mit $n > 0$) gehören, lauten

$$\mid n_1^{(0)} \rangle \triangleq \frac{1}{\sqrt{L}} e^{i 2\pi n x / L} \qquad \mid n_2^{(0)} \rangle \triangleq \frac{1}{\sqrt{L}} e^{-i 2\pi n x / L} \qquad n = 1, 2, 3, \ldots$$

Die Energiekorrekturen sind nach Gl. (14.3–8)

$$E_{n\pm}^{(1)} = \frac{1}{2}\left[h_{11}^{(1)} + h_{22}^{(1)} \pm \sqrt{ \left(h_{11}^{(1)} - h_{22}^{(1)} \right)^2 + 4 \left| h_{12}^{(1)} \right|^2 } \right] \tag{14.3–8}$$

mit $\qquad h_{\alpha\beta}^{(1)} := \langle n_\alpha^{(0)} \mid \hat{H}^{(1)} \mid n_\beta^{(0)} \rangle \qquad$ mit den Entartungszählern $\alpha, \beta = 1, 2$ $\qquad$ (14.3–6)

$$\Rightarrow \qquad h_{11}^{(1)} = h_{22}^{(1)} = \frac{V_0}{L} \int_{-L/2}^{L/2} e^{-y^2/a^2} \, dy \quad \underset{\text{Gl. (1)}}{\approx} \quad \sqrt{\pi}\, a \frac{V_0}{L}$$

$$h_{12}^{(1)} = \frac{V_0}{L} \int_{-L/2}^{L/2} e^{-y^2/a^2} \exp\left[-i \frac{4\pi n}{L}\left(y + \frac{L}{2} \right) \right] dy$$

Die Sinusfunktion ist ungerade. Daher erhalten wir mit der Euler-Formel und mit $\exp(2\pi i n) = 1$

$$h_{12}^{(1)} = h_{21}^{(1)} = 2\frac{V_0}{L} \int_0^{L/2} e^{-y^2/a^2} \cos\left(\frac{4\pi n}{L} y \right) dy$$

Wegen $a \ll L$ können wir die obere Integrationsgrenze nach $+\infty$ ausdehnen und kommen zu

$$h_{12}^{(1)} = h_{21}^{(1)} \approx \sqrt{\pi}\, a \frac{V_0}{L} \exp\left[-\left(\frac{2\pi a}{L} n \right)^2 \right]$$

$$\Rightarrow \qquad E_{n\pm}^{(1)} = h_{11}^{(1)} \pm h_{12}^{(1)} = \sqrt{\pi}\, a \frac{V_0}{L}\left[1 \pm \exp\left\{ -\left(\frac{2\pi a}{L} n \right)^2 \right\} \right] \qquad \text{für angeregte Zustände } (n \geq 1)$$

14–9 Wasserstoffatom mit Störterm

Die Matrixelemente des Störoperators lauten:

$$h^{(1)}{}_{(lm)(l'm')} = \frac{\hbar^2 \gamma}{2 m_e} \langle \psi^{(0)}_{nlm} \mid r^{-2} \mid \psi^{(0)}_{nl'm'} \rangle =$$

$$= \frac{\hbar^2 \gamma}{2 m_e} \langle R^{(0)}_{nl} \mid r^{-2} \mid R^{(0)}_{nl'} \rangle \cdot \delta_{ll'} \, \delta_{mm'} \underset{\underset{\text{Gl.}(10.2-13e)}{\uparrow}}{=} \frac{\hbar^2 \gamma}{2 m_e} \frac{1}{a_B^2 \, n^3} \frac{1}{l+1/2} \, \delta_{ll'} \, \delta_{mm'}$$

Wegen $\delta_{ll'} \, \delta_{mm'}$ ist die Matrix $\mathbf{H}^{(1)}$ *diagonal* und die Säkulargl. (14.3–5) ergibt sofort

$$E^{(1)}_n = \frac{\hbar^2 \gamma}{2 m_e} \frac{1}{a_B^2 \, n^3} \frac{1}{l+1/2} \underset{\underset{\text{Gl. }(10.1-26)}{\uparrow}}{=} \frac{m_e \, c^2}{2} \left(\frac{e_0^2}{4 \pi \varepsilon_0 \, \hbar c} \right)^2 \frac{\gamma}{n^3} \frac{1}{l+1/2} \underset{\underset{\text{Gl.}(10.1-24)}{\uparrow}}{=}$$

$$= - E^{(0)}_n \frac{\gamma}{n} \frac{1}{l+1/2} \tag{1}$$

$E^{(0)}_n = E_n$ ist die ungestörte Wasserstoffenergie in Gl. (10.1–24). Es gibt keine Entartung in l.

14–10 Störung nicht entarteter Niveaus bei Entartung der anderen Niveaus

Bis zur Gl. (14.2–6) einschließlich ändern sich die Rechnungen in Abschn. 14.2 nicht. Wir berechnen nun mit der Gl. (14.2–4b) die erste Korrektur $\mid n^{(1)} \rangle$ der Zustandsfunktion. Da die ungestörten Zustandsfunktionen $\mid k^{(0)}_\alpha \rangle$ ein vollständiges Orthonormalsystem bilden, können wir schreiben

$$\mid n^{(1)} \rangle = \sum_{\substack{k \\ k \neq n}} \sum_{\alpha=1}^{g_k} c_{nk\alpha} \mid k^{(0)}_\alpha \rangle \tag{14.2-7'}$$

Wir setzen Gl. (14.2–7') in die Gl. (14.2–4b) ein und erhalten

$$\left(\hat{H}^{(0)} - E^{(0)}_n \right) {\sum_{\substack{k \\ k \neq n}}}' \sum_{\alpha=1}^{g_k} c_{nk\alpha} \mid k^{(0)}_\alpha \rangle = {\sum_{\substack{k \\ k \neq n}}}' \left(E^{(0)}_k - E^{(0)}_n \right) \sum_{\alpha=1}^{g_k} c_{nk\alpha} \mid k^{(0)}_\alpha \rangle =$$

$$= \left(E^{(1)}_n - \hat{H}^{(1)} \right) \mid n^{(0)} \rangle \tag{14.2-5'}$$

Multiplikation mit dem bra $\langle j^{(0)}_\beta \mid$ führt (für $j \neq n$) auf

$$\left(E^{(0)}_j - E^{(0)}_n \right) c_{nj\beta} = - \langle j^{(0)}_\beta \mid \hat{H}^{(1)} \mid n^{(0)} \rangle$$

$$\Rightarrow \qquad c_{nj\beta} = - \frac{\langle j^{(0)}_\beta \mid \hat{H}^{(1)} \mid n^{(0)} \rangle}{E^{(0)}_j - E^{(0)}_n} \qquad \text{mit } \; j \neq n$$

Einsetzen in Gl. (14.2–7') liefert die erste Korrektur der Zustandsfunktion

$$\mid n^{(1)} \rangle = \sum_{\substack{k \\ k \neq n}} \sum_{\alpha=1}^{g_k} \frac{\langle k^{(0)}_\alpha \mid \hat{H}^{(1)} \mid n^{(0)} \rangle}{E^{(0)}_n - E^{(0)}_k} \mid k^{(0)}_\alpha \rangle \qquad \text{für nicht entartete Energien } E^{(0)}_n \tag{14.2-8'}$$

Die zweite Korrektur der Energie ergibt sich mit analogen Änderungen zu

$$E_n^{(2)} = \langle n^{(0)} | \hat{H}^{(1)} | n^{(1)} \rangle = \sum_{\substack{k \\ k \neq n}} \sum_{\alpha = 1}^{g_k} \frac{\left| \langle k_\alpha^{(0)} | \hat{H}^{(1)} | n^{(0)} \rangle \right|^2}{E_n^{(0)} - E_k^{(0)}} \quad \substack{\text{für nicht entartete} \\ \text{Energien } E_n^{(0)}} \qquad (14.2\text{-}9')$$

Lösungen: 15 Variationsprinzip

15–1 Grundzustand des Wasserstoffatoms

a) Mit dem Volumenelement $dV = dr \cdot r\, d\vartheta \cdot r \sin\vartheta\, d\varphi = \sin\vartheta\, d\vartheta\, d\varphi\, r^2\, dr$ lautet die Normierung:

$$\langle \psi_T \mid \psi_T \rangle = c^2 \underbrace{\int_0^\pi \sin\vartheta\, d\vartheta \cdot \int_0^{2\pi} d\varphi}_{=\,4\pi} \cdot \int_0^\infty dr\, r^2\, e^{-2\alpha r/a_B} = c^2\, 4\pi\, 2 \left(\frac{a_B}{2\alpha} \right)^3 \overset{!}{=} 1$$

$$\Rightarrow \quad c = \frac{1}{\sqrt{\pi}} \left(\frac{\alpha}{a_B} \right)^{3/2}$$

Nach Gl. (10.1–2) lautet der Laplaceoperator in Kugelkoordinaten

$$\Delta = \frac{\partial^2}{\partial r^2} + \frac{2}{r}\frac{\partial}{\partial r} - \frac{1}{\hbar^2}\frac{1}{r^2}\hat{\mathbf{L}}^2 = \frac{1}{r}\frac{\partial^2}{\partial r^2} r - \frac{1}{\hbar^2}\frac{1}{r^2}\hat{\mathbf{L}}^2 \tag{10.1–2}$$

Die Testfunktion ist kugelsymmetrisch und daher nicht winkelabhängig. Daher ist $\hat{\mathbf{L}}^2 \mid \psi_T \rangle = 0$. Die Erwartungswerte der kinetischen und der potentiellen Energie betragen

$$\langle \psi_T \mid \hat{T} \mid \psi_T \rangle = -\frac{\hbar^2}{2\,m_e} \langle \psi_T \mid \Delta \mid \psi_T \rangle =$$

$$= -\frac{\hbar^2}{2\,m_e} \frac{\alpha^3}{\pi\, a_B^3} \underbrace{\int_0^\pi \sin\vartheta\, d\vartheta \cdot \int_0^{2\pi} d\varphi}_{=\,4\pi} \cdot \int_0^\infty dr\, r^2\, e^{-\alpha r/a_B} \frac{1}{r}\frac{\partial^2}{\partial r^2} r\, e^{-\alpha r/a_B} =$$

$$= -\frac{2\hbar^2}{m_e} \left(\frac{\alpha}{a_B} \right)^3 \int_0^\infty dr \left[\left(\frac{\alpha}{a_B} \right)^2 r^2 - \frac{2\alpha}{a_B} r \right] e^{-2\alpha r/a_B} = \frac{1}{2}\frac{\hbar^2}{m_e} \left(\frac{\alpha}{a_B} \right)^2$$

$$\langle \psi_T \mid \hat{V} \mid \psi_T \rangle = -\frac{e_0^2}{4\pi\varepsilon_0} \langle \psi_T \mid r^{-1} \mid \psi_T \rangle = -\frac{e_0^2}{4\pi\varepsilon_0} 4 \left(\frac{\alpha}{a_B} \right)^3 \int_0^\infty dr\, r\, e^{-2\alpha r/a_B} =$$

$$= -\frac{e_0^2}{4\pi\varepsilon_0} \frac{\alpha}{a_B}$$

Der Erwartungswert des Hamiltonoperators lautet

$$\langle \psi_T \mid \hat{H} \mid \psi_T \rangle = \frac{1}{2}\frac{\hbar^2}{m_e} \left(\frac{\alpha}{a_B} \right)^2 - \frac{e_0^2}{4\pi\varepsilon_0} \frac{\alpha}{a_B}$$

Wir leiten den Erwartungswert nach α ab und setzen die Ableitung gleich null. Es folgt

$$\alpha = \frac{e_0^2}{4\pi\varepsilon_0} \frac{m_e\, a_B}{\hbar^2} \underset{\underset{\text{Gl.}(10.1-26)}{\uparrow}}{=} 1$$

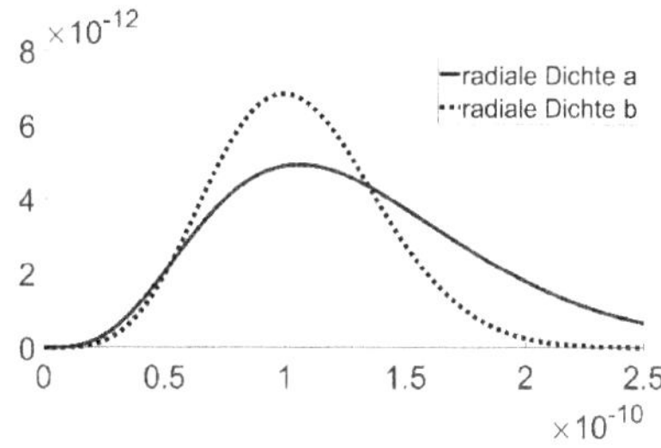

Abb. 1 Radiale Wahrscheinlichkeitsdichten $r^2\, \psi_T^2(\alpha, r)$ der beiden Testfunktionen.

Wir setzen $\alpha = 1$ in den Erwartungswert von $\hat{H}$ ein und finden mit a_B in Gl. (10.1–26)[1]

$$\langle \psi_T | \hat{H} | \psi_T \rangle = -\frac{m_e c^2}{2} \left(\frac{e_0^2}{4\pi\varepsilon_0 \hbar c} \right)^2 = E_1 \tag{1}$$

Das Ergebnis ist die *exakte Energie* des Grundzustandes. Das konnten wir erwarten, weil die Testfunktion für $\alpha = 1$ die exakte, radiale Funktion des Grundzustandes ist:

$$\psi_T(r) = R_{10}(r) = 2\,\kappa^{3/2}\,e^{-\kappa r} \qquad \text{mit} \qquad \kappa = 1/a_B \tag{10.2–10a}$$

b) $\qquad \langle \psi_T | \hat{T} | \psi_T \rangle = -\frac{\hbar^2}{2m_e} \underbrace{\int_0^\pi \sin\vartheta\, d\vartheta \cdot \int_0^{2\pi} d\varphi}_{= 4\pi} \cdot \int_0^\infty r^2 e^{-\alpha r^2} \Delta e^{-\alpha r^2}\, dr$

Mit $\quad \Delta e^{-\alpha r^2} \underset{\underset{\text{Gl.(10.1–2)}}{\uparrow}}{=} \left(\frac{\partial^2}{\partial r^2} + \frac{2}{r}\frac{\partial}{\partial r} \right) e^{-\alpha r^2} = -2\alpha(3 - 2\alpha r^2)\,e^{-\alpha r^2}$

folgt $\quad \langle \psi_T | \hat{T} | \psi_T \rangle = \frac{4\pi\hbar^2}{m_e}\,\alpha \int_0^\infty (3r^2 - 2\alpha r^4)\,e^{-2\alpha r^2}\, dr = ... = \frac{3\hbar^2}{2m_e}\,\alpha$

Der Erwartungswert der potentiellen Energie lautet

$$\langle \psi_T | \hat{V} | \psi_T \rangle = -\frac{e_0^2}{4\pi\varepsilon_0} \left(\frac{2\alpha}{\pi} \right)^{3/2} 4\pi \int_0^\infty e^{-2\alpha r^2} \frac{1}{r}\,r^2\, dr = -\frac{e_0^2}{4\pi\varepsilon_0} \sqrt{\frac{8\alpha}{\pi}}$$

$$\Rightarrow \qquad \langle \psi_T | \hat{H} | \psi_T \rangle = \frac{3\hbar^2}{2m_e}\,\alpha - \frac{e_0^2}{4\pi\varepsilon_0} \sqrt{\frac{8\alpha}{\pi}}$$

Wir leiten diesen Erwartungswert nach α ab und setzen die Ableitung gleich null. Es folgt

$$\alpha = \frac{8}{9\pi} \left(\frac{e_0^2}{4\pi\varepsilon_0} \frac{m_e}{\hbar^2} \right)^2$$

$$\Rightarrow \qquad \langle \psi_T | \hat{H} | \psi_T \rangle = -\frac{8}{3\pi} \frac{m_e c^2}{2} \left(\frac{e_0^2}{4\pi\varepsilon_0 \hbar c} \right)^2 \approx -0{,}849 \cdot 13{,}6\,\text{eV} > -13{,}6\,\text{eV} \tag{2}$$

15–2 Unendlich tiefer Potentialtopf

a) $\qquad \langle \psi_T | \hat{H} | \psi_T \rangle = -\frac{30}{L^5} \frac{\hbar^2}{2m} \int_0^L dx\, x(L-x) \frac{d^2}{dx^2} x(L-x) =$

$$= 10\frac{\hbar^2}{2mL^2} \approx 1{,}013 \cdot E_0 = 1{,}013 \cdot \frac{\hbar^2 \pi^2}{2mL^2}$$

Die Näherung ist hervorragend (1,3% Fehler), da die gewählte Testfunktion (15.3–1) nach Abb. 15.3–1 sehr gut mit der exakten Näherung übereinstimmt.

---

[1] Beachte: In Gl. (10.1–26) ist $\alpha \approx 1/137$ die Feinstrukturkonstante, nicht ein Variationsparameter.

b) $$\langle \psi_T | \hat{H} | \psi_T \rangle = \frac{2\alpha^2 + 3\alpha + 1}{8\alpha - 4} \frac{\hbar^2}{mL^2}$$

Wir leiten den Erwartungswert nach α ab, setzen die Ableitung gleich null und erhalten

$$\alpha = 1/2 + \sqrt{3/2}$$

$$\Rightarrow \quad \langle \psi_T | \hat{H} | \psi_T \rangle \approx 1{,}2374 \frac{8}{\pi^2} \frac{\hbar^2 \pi^2}{8mL^2} \underset{\substack{\uparrow \\ \text{Gl. (5.1–7) mit } L \to 2L}}{=} 1{,}2374 \frac{8}{\pi^2} E_1 = 1{,}003\, E_1$$

Die berechnete obere Schranke der Grundzustands-Energie E_1 ist nur 0,3% zu hoch.

15–3 Grundzustand des harmonischen Oszillators

a) $\langle \psi_T | \hat{H} | \psi_T \rangle = \dfrac{2\alpha}{5} \displaystyle\int_{-\infty}^{\infty} (1 + \alpha|x|)\, e^{-\alpha|x|} \left[-\frac{\hbar^2}{2m} \frac{d^2}{dx^2} + \frac{m\omega^2}{2} x^2 \right] (1 + \alpha|x|)\, e^{-\alpha|x|}\, dx =$

$$= \frac{4}{5} \left(\frac{\hbar^2 \alpha^2}{8m} + \frac{7 m\omega^2}{8\alpha^2} \right)$$

Wir leiten den Erwartungswert von $\hat{H}$ nach α ab und setzen die Ableitung gleich null:

$$\alpha = 7^{1/4} \sqrt{\frac{m\omega}{\hbar}} \quad \Rightarrow \quad \langle \psi_T | \hat{H} | \psi_T \rangle = \frac{\sqrt{7}}{5} \hbar\omega \approx 0{,}529 \cdot \hbar\omega \tag{1}$$

Die obere Grenze liegt knapp 6% über der exakten Energie des Grundzustandes in Gl. (6.1–14). Dieses gute Ergebnis ist angesichts der großen Ähnlichkeit von exakter Funktion und Testfunktion nicht erstaunlich (siehe Abb. 15.3–2).

b) $$\langle \psi_T | \hat{H} | \psi_T \rangle = \frac{7\hbar^2}{10\, m\alpha} + \frac{m}{10} \omega^2 \alpha \quad \Rightarrow \quad \alpha = \frac{\sqrt{7}\,\hbar}{m\omega}$$

$$\Rightarrow \quad \langle \psi_T | \hat{H} | \psi_T \rangle = \frac{\sqrt{7}}{5} \hbar\omega \approx 0{,}529 \cdot \hbar\omega \tag{2}$$

15–4 Harmonischer Oszillator mit fester Wand

$$\langle \psi_T | \hat{H} | \psi_T \rangle = \frac{4}{\alpha^3} \int_0^{\infty} x\, e^{-x/\alpha} \left(-\frac{\hbar^2}{2m} \frac{d^2}{dx^2} + \frac{m\omega^2}{2} x^2 \right) x\, e^{-x/\alpha}\, dx =$$

$$= \frac{4}{\alpha^3} \int_0^{\infty} e^{-2x/\alpha} \left(\frac{\hbar^2 x}{m\alpha} - \frac{\hbar^2 x^2}{2 m\alpha^2} + \frac{m\omega^2}{2} x^4 \right) dx =$$

$$= \frac{\hbar^2}{2m\alpha^2} + \frac{3}{2} m\omega^2 \alpha^2$$

Wir leiten diesen Erwartungswert nach α ab, setzen die Ableitung gleich null und erhalten

$$\alpha^2 = \frac{\hbar}{\sqrt{3}\, m\omega} \quad \Rightarrow \quad \langle \psi_T | \hat{H} | \psi_T \rangle = \sqrt{3}\, \hbar\omega \approx 1{,}732 \cdot \hbar\omega > \frac{3}{2} \hbar\omega = E_1$$

15–5 Beweis der Gl. 15.1–1 für entartete Energien

Die Eigenfunktionen $|\psi_n,\alpha\rangle$ des Hamiltonoperators zur Energie E_n seien g_n-fach entartet:

$$\hat{H}\,|\,\psi_n,\alpha\rangle = E_n\,|\,\psi_n,\alpha\rangle \qquad \text{mit} \qquad \alpha = 1,2,3,\dots g_n$$

Daher lässt sich jede Funktion $|\psi\rangle$ wie folgt schreiben

$$|\psi\rangle = \sum_{n=0}^{g_n} \sum_{\alpha=1} c_{n\alpha}\,|\,\psi_n,\alpha\rangle$$

$$\text{mit} \qquad \langle\psi|\psi\rangle = \sum_{n,m=0} \sum_{\alpha=1}^{g_n} \sum_{\beta=1}^{g_m} c_{n\alpha}^{*}\, c_{m\beta} \underbrace{\left\langle \psi_n,\alpha\,\middle|\,\psi_m,\beta\right\rangle}_{=\,\delta_{nm}\,\delta_{\alpha\beta}} = \sum_{n=0} \sum_{\alpha=1}^{g_n} |c_{n\alpha}|^{2} \overset{!}{=} 1$$

$$\Rightarrow \qquad \langle\psi|\hat{H}|\psi\rangle = \sum_{n,m=0} \sum_{\alpha=1}^{g_n} \sum_{\beta=1}^{g_m} c_{n\alpha}^{*}\, c_{m\beta} \underbrace{\left\langle \psi_n,\alpha\,|\,\hat{H}\,|\,\psi_m,\beta\right\rangle}_{=\,E_n\,\delta_{nm}\,\delta_{\alpha\beta}} = \sum_{n=0} \sum_{\alpha=1}^{g_n} E_n\,|c_{n\alpha}|^{2} \geq E_0$$

15–6 Vergleich der Abweichungen in Testfunktion und Energie

Wir nehmen an: Die Testfunktion weicht in erster Ordnung in λ vom exakten Grundzustand ab:

$$|\psi_T(\lambda)\rangle = |\psi_0\rangle + \lambda\,|\varphi\rangle \qquad \text{mit} \qquad \lambda \ll 1$$

Wegen der fehlenden Normierung der Testfunktion $|\psi_T(\lambda)\rangle$ lautet die obere Schranke für die Energie des Grundzustandes

$$\frac{\langle\psi_T|\hat{H}|\psi_T\rangle}{\langle\psi_T|\psi_T\rangle} = \frac{\langle\psi_0 + \lambda\varphi|\hat{H}|\psi_0 + \lambda\varphi\rangle}{\langle\psi_0 + \lambda\varphi|\psi_0 + \lambda\varphi\rangle} =$$

$$= \frac{\langle\psi_0|\hat{H}|\psi_0\rangle + \lambda\left[\langle\psi_0|\hat{H}|\varphi\rangle + \langle\varphi|\hat{H}|\psi_0\rangle\right] + \lambda^2\langle\varphi|\hat{H}|\varphi\rangle}{\langle\psi_0|\psi_0\rangle + \lambda\left[\langle\psi_0|\varphi\rangle + \langle\varphi|\psi_0\rangle\right] + \lambda^2\langle\varphi|\varphi\rangle} =$$

$$= E_0\,\frac{1 + \lambda\left[\langle\psi_0|\varphi\rangle + \langle\varphi|\psi_0\rangle\right] + \lambda^2\langle\varphi|\hat{H}|\varphi\rangle/E_0}{1 + \lambda\left[\langle\psi_0|\varphi\rangle + \langle\varphi|\psi_0\rangle\right] + \lambda^2\langle\varphi|\varphi\rangle}$$

Zähler und Nenner unterscheiden sich nur in den kleinen Termen, die proportional zur λ^2 sind. Mit der Taylorentwicklung $(1+\varepsilon x)^{-1} \approx 1-\varepsilon x$ (für $\varepsilon \ll 1$) folgt

$$\langle\psi_T|\hat{H}|\psi_T\rangle = E_0\left[1 + \mathcal{O}(\lambda^2)\right]$$

Lösungen: 16 Identische Teilchen

16–1 Berechnung von drei Integralen in Beispiel 16.3–3

a) Für $k \neq l$ gilt:

$$\langle \psi_{kl}^{\pm} \mid x_1^2 \mid \psi_{kl}^{\pm} \rangle = \frac{2}{L^2} \int_0^L dx_1\, x_1^2 \int_0^L dx_2 \left| \sin\left(\frac{k\pi}{L}x_1\right)\sin\left(\frac{l\pi}{L}x_2\right) \pm \sin\left(\frac{l\pi}{L}x_1\right)\sin\left(\frac{k\pi}{L}x_2\right) \right|^2 =$$

$$= \frac{1}{2}\frac{2}{L}\int_0^L x_1^2 \sin^2\left(\frac{k\pi}{L}x_1\right) dx_1 \cdot \underbrace{\frac{2}{L}\int_0^L \sin^2\left(\frac{l\pi}{L}x_2\right) dx_2}_{=1} +$$

$$\frac{1}{2}\frac{2}{L}\int_0^L x_1^2 \sin^2\left(\frac{l\pi}{L}x_1\right) dx_1 \cdot \underbrace{\frac{2}{L}\int_0^L \sin^2\left(\frac{k\pi}{L}x_2\right) dx_2}_{=1} \pm$$

$$\frac{2}{L}\int_0^L x_1^2 \sin\left(\frac{k\pi}{L}x_1\right)\sin\left(\frac{l\pi}{L}x_1\right) dx_1 \cdot \underbrace{\frac{2}{L}\int_0^L \sin\left(\frac{k\pi}{L}x_2\right)\sin\left(\frac{l\pi}{L}x_2\right) dx_2}_{=0\ \text{für}\ k \neq l} =$$

$$= L^2\left[\frac{1}{3} - \frac{1}{4\pi^2}\left(\frac{1}{k^2}+\frac{1}{l^2}\right)\right] \qquad \text{mit} \qquad k \neq l$$

Für $k = l$ ergibt sich

$$\langle \psi_{kk} \mid x_1^2 \mid \psi_{kk} \rangle = L^2\left(\frac{1}{3} - \frac{1}{2\pi^2}\frac{1}{k^2}\right)$$

Insgesamt finden wir

$$\langle \psi_{kl}^{\pm} \mid x_1^2 \mid \psi_{kl}^{\pm} \rangle = L^2\left[\frac{1}{3} - \frac{1}{4\pi^2}\left(\frac{1}{k^2}+\frac{1}{l^2}\right)\right] \qquad \text{für beliebige}\ k,l \qquad (1)$$

Alle hier auftretenden Integrale können *klassisch gedeutet* werden.

b) Für $k \neq l$ gilt:

$$2\langle \psi_{kl}^{\pm} \mid x_1 x_2 \mid \psi_{kl}^{\pm} \rangle = 2\int_0^L dx_1\, x_1 \int_0^L dx_2\, x_2 \left| \psi_{kl}^{\pm}(x_1,x_2)\right|^2 =$$

$$= \frac{4}{L^2}\int_0^L dx_1\, x_1 \int_0^L dx_2\, x_2 \left| \left[\sin\left(\frac{k\pi}{L}x_1\right)\sin\left(\frac{l\pi}{L}x_2\right) \pm \sin\left(\frac{l\pi}{L}x_1\right)\sin\left(\frac{k\pi}{L}x_2\right)\right]\right|^2 =$$

$$= \underbrace{\frac{2}{L}\int_0^L x_1 \sin^2\left(\frac{k\pi}{L}x_1\right) dx_1}_{=L/2} \cdot \underbrace{\frac{2}{L}\int_0^L x_2 \sin^2\left(\frac{l\pi}{L}x_2\right) dx_2}_{=L/2} +$$

$$\underbrace{\frac{2}{L}\int_0^L x_1 \sin^2\left(\frac{l\pi}{L}x_1\right) dx_1}_{=L/2} \cdot \underbrace{\frac{2}{L}\int_0^L x_2 \sin^2\left(\frac{k\pi}{L}x_2\right) dx_2}_{=L/2} \pm$$

$$\underbrace{\frac{4}{L}\int_0^L x_1 \sin\!\left(\frac{k\pi}{L}x_1\right)\sin\!\left(\frac{l\pi}{L}x_1\right)dx_1}_{\text{Wegen }k\neq l\text{ klassisch nicht interpretierbar}} \cdot \underbrace{\frac{2}{L}\int_0^L x_2 \sin\!\left(\frac{k\pi}{L}x_2\right)\sin\!\left(\frac{l\pi}{L}x_2\right)dx_2}_{\text{Wegen }k\neq l\text{ klassisch nicht interpretierbar}} =$$

$$= \frac{L^2}{2} \pm \frac{128\,L^2}{\pi^4}\frac{(k\,l)^2}{(k^2-l^2)^4}\begin{cases}1 & \text{für } k+l = \text{ungerade} \\ 0 & \text{für } k+l = \text{gerade}\end{cases}\qquad \text{mit } k\neq l$$

Für $k = l$ ergibt sich

$$2\left\langle \psi_{kk}\mid x_1 x_2 \mid \psi_{kk}\right\rangle = L^2/2$$

Insgesamt finden wir

$$2\left\langle \psi_{kl}^{\pm}\mid x_1 x_2 \mid \psi_{kl}^{\pm}\right\rangle = \frac{L^2}{2} \pm \frac{128\,L^2}{\pi^4}\frac{(k\,l)^2}{(k^2-l^2)^4}\begin{cases}1 & \text{für } k+l = \text{ungerade} \\ 0 & \text{für } k+l = \text{gerade}\end{cases}\qquad(2)$$

16–2 Störungsrechnung für zwei Teilchen mit Delta-Potential

a) Unterscheidbare Teilchen im Grundzustand: In nullter Näherung ist der Grundzustand

$$\psi_1^{(0)}(x_1,x_2) = \frac{2}{L}\sin\!\left(\frac{\pi}{L}x_1\right)\sin\!\left(\frac{\pi}{L}x_2\right)$$

Folglich lautet die erste Energiekorrektur des Grundzustandes nach Gl. (14.2–6)

$$E_1^{(1)} = \left\langle \psi_1^{(0)}\mid \tilde{V}\,\delta(x_1-x_2)\mid \psi_1^{(0)}\right\rangle = \tilde{V}\frac{4}{L^2}\int_0^L dx_1 \sin^4\!\left(\frac{\pi}{L}x_1\right) = \frac{3\tilde{V}}{2L}\qquad(1)$$

b) Unterscheidbare Teilchen im ersten angeregten Zustand: Als ‚willkürlich gewählte‘,
erste *angeregte* Funktionen zur *entarteten* Energie $E_1+E_2 = 5\hbar^2\pi^2/(2mL^2)$ ernennen wir

$$\psi_{2\alpha}^{(0)}(x_1,x_2) = \frac{2}{L}\sin\!\left(\frac{\pi}{L}x_1\right)\sin\!\left(\frac{2\pi}{L}x_2\right)\qquad \text{mit}\qquad \alpha := 1\,2$$

und $\quad\psi_{2\beta}^{(0)}(x_1,x_2) = \frac{2}{L}\sin\!\left(\frac{2\pi}{L}x_1\right)\sin\!\left(\frac{\pi}{L}x_2\right)\qquad \text{mit}\qquad \beta := 2\,1$

> Hinweis: Der Name ‚willkürlich gewählte Funktion‘ wurde von Landau et al. kreiert (siehe die Fußnote
> zu Beispiel 14.3–1).

Wegen der Entartung sind nach Abschn. 14.3 die Matrixelemente von $\hat{H}^{(1)}$ zu berechnen:

$$h_{11}^{(1)} = h_{22}^{(1)} = \left\langle \psi_{2\alpha}^{(0)}\mid \tilde{V}\,\delta(x_1-x_2)\mid \psi_{2\alpha}^{(0)}\right\rangle = \tilde{V}\frac{4}{L^2}\int_0^L dx_1 \sin^2\!\left(\frac{\pi}{L}x_1\right)\sin^2\!\left(\frac{2\pi}{L}x_1\right) = \frac{\tilde{V}}{L}$$

$$h_{12}^{(1)} = h_{21}^{(1)} = \left\langle \psi_{2\alpha}^{(0)}\mid \tilde{V}\,\delta(x_1-x_2)\mid \psi_{2\beta}^{(0)}\right\rangle =$$

$$= \frac{4\tilde{V}}{L^2}\int_0^L dx_1\int_0^L dx_2 \sin\!\left(\frac{\pi}{L}x_1\right)\sin\!\left(\frac{2\pi}{L}x_2\right)\cdot\sin\!\left(\frac{2\pi}{L}x_1\right)\sin\!\left(\frac{\pi}{L}x_2\right)\delta(x_1-x_2) = \frac{\tilde{V}}{L}$$

Aufgrund der Übereinstimmung der vier Matrixelemente $\hat{V}/L$ ist die Lösung der **charakteristischen Gl. (14.3–5)** sehr einfach:

$$E_{2\pm}^{(1)} = \frac{\tilde{V}}{L} \pm \frac{\tilde{V}}{L}$$

Damit ist die Entartung der Energie aufgehoben. Die Eigenwertgl. (14.3–4)

$$\begin{pmatrix} h_{11}^{(1)} & h_{12}^{(1)} \\ h_{21}^{(1)} & h_{22}^{(1)} \end{pmatrix} \begin{pmatrix} c_1 \\ c_2 \end{pmatrix} = \frac{\tilde{V}}{L} \begin{pmatrix} 1 & 1 \\ 1 & 1 \end{pmatrix} \begin{pmatrix} c_1 \\ c_2 \end{pmatrix} = E_{2\pm}^{(1)} \begin{pmatrix} c_1 \\ c_2 \end{pmatrix}$$

hat die zwei Lösungen $c_1 = c_2$ und $c_1 = -c_2$.

Für die Energiekorrekturen $E_{2\pm}^{(1)}$ lauten die **richtigen Funktionen** in nullter Näherung

$$\psi_{2\pm}^{(0)}(x_1, x_2) = \frac{1}{\sqrt{2}} \left[\sin\left(\frac{\pi}{L} x_1 \right) \sin\left(\frac{2\pi}{L} x_2 \right) \pm \sin\left(\frac{2\pi}{L} x_1 \right) \sin\left(\frac{\pi}{L} x_2 \right) \right] \tag{2}$$

> Hinweis: Auch der Name ,richtige Funktion' wurde von Landau et al. kreiert (siehe Fußnote zu Beispiel 14.3–1).

Die Energiekorrekturen dieser zwei Zustände sind verständlich:

- Die unter Teilchenvertauschung unsymmetrische Funktion $\psi_{2-}^{(0)}$ verschwindet für $x_1 = x_2$ und hat daher – wegen der Deltafunktion $\delta(x_1 - x_2)$ in $\hat{H}^{(1)}$ – in erster Näherung keine Energiekorrektur.
- Zwei Teilchen in symmetrischer Zustandsfunktion $\psi_{2+}^{(0)}$ werden mit erhöhter Wahrscheinlichkeit an benachbarten Stellen $x_1 \approx x_2$ gefunden und haben die erste Energiekorrektur $2\,\tilde{V}/L$.

c) **Identische Spin-0-Bosonen:** In nullter Näherung sind Grund- und 1. angeregter Zustand:

$$\psi_1^{(0)}(x_1, x_2) = \frac{2}{L} \sin\left(\frac{\pi}{L} x_1 \right) \sin\left(\frac{\pi}{L} x_2 \right)$$

$$\psi_2^{(0)}(x_1, x_2) = \frac{\sqrt{2}}{L} \left[\sin\left(\frac{\pi}{L} x_1 \right) \sin\left(\frac{2\pi}{L} x_2 \right) + \sin\left(\frac{2\pi}{L} x_1 \right) \sin\left(\frac{\pi}{L} x_2 \right) \right]$$

$$\Rightarrow E_1^{(1)} \underset{\substack{\uparrow \\ \text{Gl. (1)}}}{=} \frac{3\tilde{V}}{2L} \tag{2a}$$

$$E_2^{(1)} = \langle \psi_2^{(0)} | \tilde{V}\, \delta(x_1 - x_2) | \psi_2^{(0)} \rangle =$$

$$= \tilde{V} \frac{2}{L^2} \int_0^L dx_1 \int_0^L dx_2 \left[\sin\left(\frac{\pi}{L} x_1 \right) \sin\left(\frac{2\pi}{L} x_2 \right) + \sin\left(\frac{2\pi}{L} x_1 \right) \sin\left(\frac{\pi}{L} x_2 \right) \right]^2 \delta(x_1 - x_2) =$$

$$= \tilde{V} \frac{8}{L^2} \int_0^L dx_1\, \sin^2\left(\frac{\pi}{L} x_1 \right) \sin^2\left(\frac{2\pi}{L} x_1 \right) = \frac{2\tilde{V}}{L} \tag{2b}$$

16–3 Eigenschaften der Vertauschungsoperatoren

a) Konkrete Beispiele veranschaulichen diese Aussage sehr schnell. Darüber hinaus gilt für vier beliebige, aber *verschiedene* Indices i, j, k, l ganz offensichtlich:

$$\left[\hat{P}_{ij}, \hat{P}_{km} \right] = 0$$

b) Die Matrixelemente des Vertauschungsoperators $\hat{P}_{km}$ lauten in der gewählten Basis:

$$\langle \dots k, \alpha_k; \dots m, \alpha_m; \dots | \hat{P}_{km} | \dots k, \alpha_k'; \dots m, \alpha_m'; \dots \rangle =$$

$$= \langle \, ... \, k, \alpha_k \, ; \, ... \, m, \alpha_m \, ; \, ... \, | \, ... \, m, \alpha'_k \, ; \, ... \, , k, \alpha'_m \, ; \, ... \, \rangle = ... \, \delta_{\alpha_k \alpha'_m} \, ... \, \delta_{\alpha_m \alpha'_k} \, ... \, =$$

$$= \langle \, \hat{P}^\dagger_{km} \, (.... \, k, \alpha_k \, ; \, ... \, m, \alpha_m \, ; \, ... \,) \, | \, ... \, k, \alpha'_k \, ; \, ... \, , m, \alpha'_m \, ; \, ... \, \rangle$$

Andererseits gilt:

$$\langle \, \hat{P}_{km} \, (.... \, k, \alpha_k \, ; \, ... \, m, \alpha_m \, ; \, ... \,) \, | \, ... \, k, \alpha'_k \, ; \, ... \, , m, \alpha'_m \, ; \, ... \, \rangle =$$

$$\langle \, ... \, m, \alpha_k \, ; \, ... \, k, \alpha_m \, ; \, ... \, | \, ... \, k, \alpha'_k \, ; \, ... \, m, \alpha'_m \, ; \, ... \, \rangle = ... \, \delta_{\alpha_k \alpha'_m} \, ... \, \delta_{\alpha_m \alpha'_k} \, ...$$

Also macht es keinen Unterschied, ob im Ket oder im Bra das k-te mit dem m-ten Teilchen vertauscht wird. Daher sind Vertauschungsoperatoren hermitesch:

$$\hat{P}_{km} = \hat{P}^\dagger_{km} \tag{1}$$

c) $\qquad \hat{P}^\dagger_{km} \, \hat{P}_{km} \underset{\underset{\text{Gl. (1)}}{\uparrow}}{=} \hat{P}_{km} \, \hat{P}_{km} = \hat{1} \qquad \Rightarrow \qquad \hat{P}_{km} = \hat{P}^\dagger_{km} = \hat{P}^{-1}_{km} \tag{2}$

d) Wir betrachten zwei Teilchen im harmonischen Oszillator, die nicht miteinander wechselwirken, verschiedene Massen $m_1 \neq m_2$ haben und sich daher unterscheiden. Die Quantenzahlen n_1, n_2 der Teilchen sind verschieden: $n_1 \neq n_2$. Der Zustand $\psi\left(x_1, n_1 ; x_2, n_2\right)$ besagt, dass das erste (zweite) Teilchen mit Masse m_1 (m_2) im Zustand mit der Quantenzahl n_1 (n_2) ist. Mit $\omega_k = \sqrt{D/m_k}$ gilt:

$$\hat{P}_{12} \left[\hat{H}(1,2) \, \psi(x_1, n_1 ; x_2, n_2) \right] =$$

$$= \hat{P}_{12} \left[\hbar \omega_1 \, (n_1 + 0,5) + \hbar \omega_2 \, (n_2 + 0,5) \right] \psi(x_1, n_1 ; x_2, n_2) =$$

$$= \quad \left[\hbar \omega_1 \, (n_1 + 0,5) + \hbar \omega_2 \, (n_2 + 0,5) \right] \psi(x_1, n_2 ; x_2, n_1) \neq$$

$$\neq \hat{H}(1,2) \, \psi(x_1, n_2 ; x_2, n_1) = \left[\hbar \omega_1 \, (n_2 + 0,5) + \hbar \omega_2 \, (n_1 + 0,5) \right] \psi(x_1, n_2 ; x_2, n_1) =$$

$$= \hat{H}(1,2) \, \hat{P}_{12} \, \psi(x_1, n_1 ; x_2, n_2)$$

Folglich vertauschen $\hat{H}(1,2)$ und $\hat{P}_{12}$ nicht für verschiedene Massen $m_1 \neq m_2$. Bei gleichen Massen hingegen kommutieren Hamiltonoperator und Vertauschungsoperator.

e) Für die symmetrischen Funktionen $\psi^+(... \, \mathbf{r}_m, ... \, \mathbf{r}_n, ...)$ und die antisymmetrischen Funktionen $\psi^-(... \, \mathbf{r}_m, ... \, \mathbf{r}_n, ...)$ gilt:

$$\langle \psi^+ | \psi^- \rangle \underset{\underset{\text{Gl. (2)}}{\uparrow}}{=} \langle \psi^+ | \underbrace{\hat{P}^\dagger_{mn} \, \hat{P}_{mn}}_{= \hat{1}} | \psi^- \rangle = \langle \hat{P}_{mn} \, \psi^+ | \hat{P}_{mn} \, \psi^- \rangle = - \langle \psi^+ | \psi^- \rangle$$

$$\Rightarrow \qquad \langle \psi^+ | \psi^- \rangle = 0$$

f) $\qquad \langle \psi^+ | \hat{A} | \psi^- \rangle = - \langle \hat{P}_{mn} \, \psi^+ | \hat{A} | \hat{P}_{mn} \, \psi^- \rangle = - \langle \psi^+ | \hat{P}^\dagger_{mn} \, \hat{A} \, \hat{P}_{mn} | \psi^- \rangle \underset{\underset{\text{Gl. (16.2–3)}}{\uparrow}}{=}$

$$= - \langle \psi^+ | \hat{P}^\dagger_{mn} \, \hat{P}_{mn} \, \hat{A} | \psi^- \rangle \underset{\underset{\text{Gl. (2)}}{\uparrow}}{=} - \langle \psi^+ | \hat{A} | \psi^- \rangle$$

Nach den Aufgabenteilen e) und f) sind die Unterräume $\mathcal{H}_N^+$ und $\mathcal{H}_N^-$ orthogonal zueinander und kein Operator ermöglicht Übergänge zwischen ihnen. Mit anderen Worten: *Es gibt keine Wechselwirkung, die die (Anti)Symmetrie der Wellenfunktionen unter Teilchenvertauschungen ändert.* Zudem ändern sich die (Anti)Symmetrien der Wellenfunktionen im Laufe der Zeit nicht (siehe die folgende Aufgabe 16–4.)

Kurzum: *Die beiden Unterräume $\mathcal{H}_N^+$ und $\mathcal{H}_N^-$ sind streng getrennt.*

16–4 Einmal (anti)symmetrisch, immer (anti)symmetrisch

Nach Gl. (7.5–4b) entwickelt sich der Zustand zur Zeit t wie folgt aus dem Anfangszustand:

$$\psi_{\alpha_1\ldots\alpha_N}(\mathbf{r}_1,\ldots\mathbf{r}_N,t) = e^{-i\hat{H}t/\hbar}\,\psi_{\alpha_1\ldots\alpha_N}(\mathbf{r}_1,\ldots\mathbf{r}_N,0)$$

$$\Rightarrow \quad \hat{P}_{km}\,\psi_{\alpha_1\ldots\alpha_N}(\mathbf{r}_1,\ldots\mathbf{r}_N,t) \underset{\underset{\text{Gl. (16.2–3)}}{\uparrow}}{=} e^{-i\hat{H}t/\hbar}\,\hat{P}_{km}\,\psi_{\alpha_1\ldots\alpha_N}(\mathbf{r}_1,\ldots\mathbf{r}_N,0)$$

16–5 Energie-Erwartungswert von N wechselwirkenden, identischen Fermionen

Mit den drei Permutationsoperatoren $\hat{P},\hat{Q},\hat{R}$ für N-Teilchensysteme und den Zahlen p,q,r, die $+1$ für gerade und -1 für ungerade Permutationen sind, berechnen wir zuerst den Erwartungswert der Summe der Einteilchen-Hamiltonoperatoren:

$$\langle\Psi^-|\sum_{k=1}^N\hat{H}(k)|\Psi^-\rangle =$$

$$=\frac{1}{N!}\left\langle\sum_P(-1)^p\hat{P}\prod_{i=1}^N\psi(\mathbf{r}_i,\alpha_i)\,\bigg|\,\sum_{k=1}^N\hat{H}(k)\,\bigg|\,\sum_Q(-1)^q\hat{Q}\prod_{j=1}^N\psi(\mathbf{r}_j,\alpha_j)\right\rangle \underset{\underset{\hat{P}=\hat{P}^\dagger}{\uparrow}}{=}$$

$$=\frac{1}{N!}\sum_{P,Q}(-1)^{p+q}\left\langle\prod_{i=1}^N\psi(\mathbf{r}_i,\alpha_i)\,\bigg|\,\hat{P}\sum_{k=1}^N\hat{H}(k)\,\hat{Q}\,\bigg|\,\prod_{j=1}^N\psi(\mathbf{r}_j,\alpha_j)\right\rangle \tag{1}$$

Nach (16.3–2) sind Permutationsoperatoren $\hat{P}$ das Produkt von Vertauschungsoperatoren P_{mn}. Nach Gl. (16.2–3) gilt $[\hat{P}_{mn},\hat{H}(k)]=0$ für identische Teilchen. Daraus folgt $[\hat{P},\hat{H}(k)]=0$.

Die Doppelsumme über zwei Permutationen wird durch die Summe über eine einzelne Permutation ersetzt:

$$\frac{1}{N!}\sum_{P,Q}(-1)^{p+q}\hat{P}\hat{Q} = \sum_R(-1)^r\hat{R}$$

$$\Rightarrow \quad \left\langle\Psi^-\,\bigg|\,\sum_{k=1}^N\hat{H}(k)\,\bigg|\,\Psi^-\right\rangle = \sum_R(-1)^r\left\langle\prod_{i=1}^N\psi(\mathbf{r}_i,\alpha_i)\,\bigg|\,\sum_{k=1}^N\hat{H}(k)\,\bigg|\,\hat{R}\prod_{j=1}^N\psi(\mathbf{r}_j,\alpha_j)\right\rangle \tag{2}$$

Beweis: Wir beweisen Gl. (2) im Detail für $N=2$. Mit der Abkürzung $\psi_i(k):=\psi(\mathbf{r}_k,\alpha_i)$ gilt:

$$\langle\Psi^-|\sum_{k=1}^2\hat{H}(k)|\Psi^-\rangle=\frac{1}{2}\langle\psi_1(1)\psi_2(2)-\psi_1(2)\psi_2(1)\,|\,\sum_{k=1}^2\hat{H}(k)\,|\,\psi_1(1)\psi_2(2)-\psi_1(2)\psi_2(1)\rangle$$

$$=\frac{1}{2}\Big[\langle\psi_1(1)\psi_2(2)\,|\ldots|\,\psi_1(1)\psi_2(2)\rangle - \langle\psi_1(1)\psi_2(2)\,|\ldots|\,\psi_1(2)\psi_2(1)\rangle -$$

$$\langle\psi_1(2)\psi_2(1)\,|\ldots|\,\psi_1(1)\psi_2(2)\rangle + \langle\psi_1(2)\psi_2(1)\,|\ldots|\,\psi_1(2)\psi_2(1)\rangle\Big]$$

Infolge der Ununterscheidbarkeit der zwei Teilchen stimmen der erste und vierte Summand sowie der zweite und dritte Summand jeweils überein. Wir erhalten (mit Streichung des Faktors $1/2$)

$$\langle \Psi^- | \sum_{k=1}^2 \hat{H}(k) | \Psi^- \rangle = \langle \psi_1(1)\psi_2(2) | \dots | \psi_1(1)\psi_2(2) \rangle - \langle \psi_1(1)\psi_2(2) | \dots | \psi_1(2)\psi_2(1) \rangle =$$

$$= \langle \psi_1(1)\psi_2(2) | \sum_{k=1}^2 \hat{H}(k) | \sum_R (-1)^r \hat{R}\, \psi_1(1)\psi_2(2) \rangle \qquad \blacksquare$$

Wegen der Orthogonalität $\langle \psi(\mathbf{r}_i,\alpha_j) | \psi(\mathbf{r}_i,\alpha_k) \rangle = \delta_{jk}$ liefert in Gl. (2) nur die identische Permutation $\hat{R}=\hat{1}$ einen Beitrag. Folglich erhalten wir

$$\left\langle \Psi^- \left| \sum_{k=1}^N \hat{H}(k) \right| \Psi^- \right\rangle = \sum_{k=1}^N \left\langle \prod_{i=1}^N \psi(\mathbf{r}_i,\alpha_i) \left| \hat{H}(k) \right| \prod_{j=1}^N \psi(\mathbf{r}_j,\alpha_j) \right\rangle \qquad (3)$$

Der Hamiltonoperator $\hat{H}(k)$ wirkt nur auf die Wellenfunktion $\psi(\mathbf{r}_k,\alpha_k)$. Somit folgt mit der Orthonormierung der Wellenfunktionen

$$\langle \Psi^- | \sum_{k=1}^N \hat{H}(k) | \Psi^- \rangle = \sum_{k=1}^N \langle \psi(\mathbf{r}_k,\alpha_k) | \hat{H}(k) | \psi(\mathbf{r}_k,\alpha_k) \rangle \qquad (4)$$

Wegen der Orthogonalität $\langle \psi(\mathbf{r}_i,\alpha_j) | \psi(\mathbf{r}_i,\alpha_k) \rangle = \delta_{jk}$ *hat die Antisymmetrie der Wellenfunktion keinen Einfluss auf den Energie-Erwartungswert der Einteilchen-Hamiltonoperatoren. Die Austauschintegrale verschwinden beim Schritt von Gl. (3) nach Gl. (4).*

Hinweise: **1)** Wegen der Orthogonalität der Wellenfunktionen $\psi(\mathbf{r}_i,\alpha_i)$ ergibt die Summe über die Einteilchen-Hamiltonoperatoren $\hat{H}(k)$ dasselbe Ergebnis (4), wenn die Slater-Determinante $| \Psi^- \rangle$ von vornherein durch die einfache Produktfunktion

$$\prod_{i=1}^N \psi(\mathbf{r}_i,\alpha_i)$$

ersetzt wird und damit die Ununterscheidbarkeit der Teilchen ignoriert wird. (Bereits in den Beispielen 16.3–2b und 16.3–4c wurde die Bedeutung der Orthogonalität angesprochen.)

2) Im Gegensatz zu den Wellenfunktionen $\psi(\mathbf{r}_i,\alpha_i)$ sind die zwei Gaußschen Wellenpakete $\psi_1(x,t), \psi_2(x,t)$, die in Beispiel 16.3–2 zwei wechselwirkungsfreie Teilchen beschreiben, *nicht* orthogonal; daher sind die zwei Teilchen dort nach dem No-Cloning-Theorem (siehe Abschn. 22.2) ununterscheidbar. Somit erhalten wir in Beispiel 16.3–2 Austauschintegrale für *freie* Teilchen.

Nun berechnen wir mit Gl. (2) den Erwartungswert der Summe der Zweiteilchen-Hamiltonoperatoren:

$$\left\langle \Psi^- \left| \frac{1}{2} \sum_{k,l}^N \hat{H}(k,l) \right| \Psi^- \right\rangle = \frac{1}{2} \sum_{k,l=1}^N \sum_R (-1)^r \left\langle \prod_{i=1}^N \psi(\mathbf{r}_i,\alpha_i) \left| \hat{H}(k,l) \right| \hat{R} \prod_{j=1}^N \psi(\mathbf{r}_j,\alpha_j) \right\rangle$$

Da der Hamiltonoperator $\hat{H}(k,l)$ nur auf die zwei Wellenfunktionen $\psi(\mathbf{r}_k,\alpha_k)$ und $\psi(\mathbf{r}_l,\alpha_l)$ wirkt, liefern nur die identische Permutation $\hat{R}=\hat{1}$ und die Permutation $\hat{R}=\hat{P}_{kl}$, die das k-te mit dem l-ten Teilchen vertauscht, einen Beitrag. Wir erhalten

$$\frac{1}{2} \langle \Psi^- | \sum_{k,l}^N \hat{H}(k,l) | \Psi^- \rangle = \frac{1}{2} \sum_{k,l=1}^N \langle \psi(\mathbf{r}_k,\alpha_k)\psi(\mathbf{r}_l,\alpha_l) | \hat{H}(k,l) | \psi(\mathbf{r}_k,\alpha_k)\psi(\mathbf{r}_l,\alpha_l) \rangle -$$

$$\frac{1}{2} \sum_{k,l=1}^N \langle \psi(\mathbf{r}_k,\alpha_k)\psi(\mathbf{r}_l,\alpha_l) | \hat{H}(k,l) | \psi(\mathbf{r}_l,\alpha_k)\psi(\mathbf{r}_k,\alpha_l) \rangle$$

Der zweite Term ist die klassisch unerklärliche **Austauschenergie.**

16-6 Wellenfunktion für drei identische Teilchen

a)
$$\psi^{-}_{\alpha_1 \alpha_2 \alpha_3}(\mathbf{r}_1, \mathbf{r}_2, \mathbf{r}_3) = \frac{1}{\sqrt{3!}} \begin{vmatrix} \psi_{\alpha_1}(\mathbf{r}_1) & \psi_{\alpha_1}(\mathbf{r}_2) & \psi_{\alpha_1}(\mathbf{r}_3) \\ \psi_{\alpha_2}(\mathbf{r}_1) & \psi_{\alpha_2}(\mathbf{r}_2) & \psi_{\alpha_2}(\mathbf{r}_3) \\ \psi_{\alpha_3}(\mathbf{r}_1) & \psi_{\alpha_3}(\mathbf{r}_2) & \psi_{\alpha_3}(\mathbf{r}_3) \end{vmatrix} =$$

$$= \frac{1}{\sqrt{3!}} \psi_{\alpha_1}(\mathbf{r}_1) \left[\psi_{\alpha_2}(\mathbf{r}_2)\psi_{\alpha_3}(\mathbf{r}_3) - \psi_{\alpha_3}(\mathbf{r}_2)\psi_{\alpha_2}(\mathbf{r}_3) \right] -$$

$$\frac{1}{\sqrt{3!}} \psi_{\alpha_1}(\mathbf{r}_2) \left[\psi_{\alpha_2}(\mathbf{r}_1)\psi_{\alpha_3}(\mathbf{r}_3) - \psi_{\alpha_3}(\mathbf{r}_1)\psi_{\alpha_2}(\mathbf{r}_3) \right] +$$

$$\frac{1}{\sqrt{3!}} \psi_{\alpha_1}(\mathbf{r}_3) \left[\psi_{\alpha_2}(\mathbf{r}_1)\psi_{\alpha_3}(\mathbf{r}_2) - \psi_{\alpha_3}(\mathbf{r}_1)\psi_{\alpha_2}(\mathbf{r}_2) \right] \qquad (1)$$

b) Wenn wir in Gl. (1) alle Minuszeichen durch Pluszeichen ersetzen, erhalten wir die gesuchte Wellenfunktion für Bosonen.

c) Die Wellenfunktionen lassen sich immer als Produkte von Orts- und Spinanteilen schreiben, wenn das Potential im Hamiltonoperator aus Beiträgen (Summanden) besteht, die entweder nur ortsabhängig oder nur spinabhängig sind. Das ist z. B. bei der Spin-Bahn-Kopplung mit $V \sim \hat{\mathbf{S}} \cdot \hat{\mathbf{L}}/r^3$ nicht der Fall, so dass bei Berücksichtigung der Feinstruktur ein Produktansatz nicht möglich ist.

16-7 Bedeutung von Wahrscheinlichkeitsdichten

a) Bei identischen Teilchen ist einem bestimmten Teilchen kein bestimmter Quantensatz zugeordnet. *Fragen nach den Eigenschaften bzw. dem Quantensatz eines bestimmten Teilchens sind sinnlos.* Also ist

$$\mid \psi_{\alpha_1 \dots \alpha_N}(\mathbf{r}_1, \mathbf{r}_2, \dots \mathbf{r}_k, \dots \mathbf{r}_m, \dots) \mid^2 d^3 r_1 \dots d^3 r_N$$

die Wahrscheinlichkeit, ein Teilchen mit irgendeinem Quantensatz aus der Menge $\{\alpha_1, \alpha_2, \dots \alpha_N\}$ am Ort $\mathbf{r}_1$ im Volumenelement $d^3 r_1$ zu finden, ein zweites Teilchen mit irgendeinem anderen Quantensatz am Ort $\mathbf{r}_2$ im Volumenelement $d^3 r_2$ zu finden, ...

b)
$$\left[\int d^3 r_2 \dots \int d^3 r_N \mid \psi_{\alpha_1 \dots \alpha_N}(\mathbf{r}_1, \mathbf{r}_2 \dots \mathbf{r}_N)\mid^2 \right] \cdot d^3 r_1$$

ist die Wahrscheinlichkeit, irgendein Teilchen in $d^3 r_1$ zu finden. Die restlichen $N-1$ Teilchen sind irgendwo. Jeder der N Quantensätze $\alpha_1, \dots, \alpha_N$ wird bei genau einem Teilchen gefunden.

c)
$$\int d^3 r_1 \dots \int d^3 r_N \ \psi^{*}_{\alpha_1 \dots \alpha_N}(\mathbf{r}_1, \dots \mathbf{r}_N) \ \varphi_{\alpha'_1 \dots \alpha'_N}(\mathbf{r}_1, \dots \mathbf{r}_N)$$

16-8 Freies Elektronengas

a) Die Energien eines einzelnen Teilchens im unendlich tiefen Topf sind nach Abschn. 5.1

$$E_n = \frac{\hbar^2 \pi^2}{2mL^2} n^2 \qquad \text{mit} \quad n = 1, 2, 3, \dots \qquad (5.1\text{--}7)$$

Da jedes Energieniveau von zwei Spin-1/2-Fermionen besetzt werden kann, gilt

$$E_{\text{ges}} = 2 \cdot \frac{\hbar^2 \pi^2}{2mL^2} \sum_{n=1}^{N/2} n^2 = \frac{\hbar^2 \pi^2}{mL^2} \frac{\frac{N}{2}\left(\frac{N}{2}+1\right)(N+1)}{6} \underset{\underset{N \gg 1}{\uparrow}}{\approx} \frac{\hbar^2 \pi^2}{24\,mL^2} N^3$$

b) Da der Abstand benachbarter Gitterpunkte eins ist, können wir jedem Gitterpunkt ein Einheitsvolumen der Größe $1^3 = 1$ zuordnen. Deswegen ist die riesige Anzahl der positiven, ganzzahligen Zahlentripel $n_1, n_2, n_3 \geq 1$, die die folgende Ungleichung erfüllen

$$n^2 := n_1^2 + n_2^2 + n_3^2 \leq R^2 \tag{1}$$

gleich $\quad N_{\text{Tripel}} \approx \dfrac{1}{8} \dfrac{4\pi}{3} R^3 \tag{2}$

c) Nach Gl. (5.1–20) in Beispiel 5.1–4 lautet die diskrete Energie eines einzelnen Zustandes

$$E_{\mathbf{n}} = \frac{\hbar^2 \pi^2}{2mL^2} (n_1^2 + n_2^2 + n_3^2) = \frac{\hbar^2 \pi^2}{2mL^2} n^2 \qquad \text{mit} \qquad n_1, n_2, n_3 \geq 1 \tag{3}$$

Weil jedes Energieniveau von *zwei* Spin-1/2-Fermionen besetzt werden kann, ergibt sich die Gesamtenergie aller Fermionen, deren Quantenzahlen die Bedingung (1) erfüllen, zu

$$E_{\text{ges}} \approx 2 \cdot \frac{1}{8} \frac{\hbar^2 \pi^2}{2mL^2} \int_{|\mathbf{n}|=0}^{|\mathbf{n}|=R} n^2 \, d^3n \underset{\substack{\uparrow \\ \text{Kugelkoordinaten:} \\ d^3n = 4\pi n^2 dn}}{=} \frac{\hbar^2 \pi^2}{8mL^2} 4\pi \int_0^R n^4 \, dn = \frac{\hbar^2 \pi^3}{10mL^2} R^5$$

Gl. (2) liefert die Zahl der Fermionen, deren Quantenzahlen die Bedingung (1) erfüllen:

$$N_{\text{Fermion}} = 2N_{\text{Tripel}} \underset{\substack{\uparrow \\ \text{Gl. (2)}}}{=} 2 \cdot \frac{1}{8} \frac{4\pi}{3} R^3 \qquad \Leftrightarrow \qquad R \approx \left(\frac{3N_{\text{Fermion}}}{\pi} \right)^{1/3} \tag{4}$$

$$\Rightarrow \qquad E_{\text{ges}} = \frac{\hbar^2 \pi^3}{10mL^2} \left(\frac{3N_{\text{Fermion}}}{\pi} \right)^{5/3} = \frac{\hbar^2 \pi^3}{10m} \left(\frac{3N_{\text{Fermion}}}{\pi} \right)^{5/3} \frac{1}{V^{2/3}} \tag{5}$$

Die gesamte Fermionenenergie ist proportional zu $1/L^2 = V^{-2/3}$, weil die Höhe der einzelnen, diskreten Energieniveaus in Gl. (5.1–7) proportional zu $1/L^2$ ist. Diese mit den diskreten Energien E_n unter Beachtung des Pauli-Verbotes berechnete Energie E_{ges} des freien Elektronengases ist mit der inneren Energie U eines klassischen idealen Gases vergleichbar.

d) Bei einer Kompression von freien Fermionen wächst die Energie E_{ges} des Gases, so dass der Kompression der sog. **Entartungsdruck** entgegen wirkt mit

$$p_{\text{Ent}} = -\frac{\partial E_{\text{ges}}}{\partial V} = -\frac{\hbar^2 \pi^3}{10m} \left(\frac{3N}{\pi} \right)^{5/3} \frac{\partial}{\partial V} V^{-2/3} = \frac{\hbar^2 \pi^3}{15mL^5} \left(\frac{3N}{\pi} \right)^{5/3} \tag{6}$$

Der Entartungsdruck kann anschaulich erklärt werden: *Bei wachsender Kompression haben die Fermionen immer weniger Platz, so dass die einzelnen Energieniveaus nach Gl. (3) und damit auch die Gesamtenergie nach Gl. (5) proportional zu $1/L^2$ steigen.*

Der Anstieg der Gesamtenergie geht auf die *Heisenbergsche Unbestimmtheitsrelation*, wonach die diskreten Energien mit der Verringerung des Volumens zunehmen, und auf das *Pauli-Verbot*, wonach die Fermionen nicht auf bereits besetzte, niederenergetische Zustände ausweichen können, zurück. Der Entartungsdruck hat eine grundlegende Bedeutung für die Astronomie: *In Sonnen wirkt der Entartungsdruck dem Gravitationsdruck entgegen.*

e) Nach Gl. (5.1–20) ist die größte Energie

$$E_{\mathrm{F}} = \frac{\pi^2 \hbar^2}{2mL^2} \left(n_1^2 + n_2^2 + n_3^2 \right)_{\max} \underset{\text{Gl. (1)}}{=} \frac{\hbar^2 \pi^2}{2mL^2} R^2 \tag{7}$$

$$\Rightarrow \quad N \underset{\text{Gl. (4)}}{=} \frac{\pi}{3} R^3 \underset{\text{Gl. (7)}}{=} \frac{\pi}{3} \left(\frac{2mL^2}{\hbar^2 \pi^2} E_{\mathrm{F}} \right)^{3/2} = \frac{L^3}{3\pi^2} \left(\frac{2mE_{\mathrm{F}}}{\hbar^2} \right)^{3/2} \tag{8}$$

$$\Rightarrow \quad E_{\mathrm{F}} = \frac{\hbar^2}{2m} \left(3\pi^2 \frac{N}{L^3} \right)^{2/3}$$

Die Fermi-Energie hängt von der Teilchendichte N/L^3 ab.

Bemerkung: Nach Gl. (8) ist die Anzahl $n(E)$ der Elektronen, deren Energie kleiner als E ist, gleich

$$n(E) = \frac{L^3}{3\pi^2} \left(\frac{2mE}{\hbar^2} \right)^{3/2}$$

Die Zustandsdichte $\rho(E)$ ist definiert als die Anzahl der Zustände mit Energien im Intervall $[E, E+dE]$.

$$\Rightarrow \quad \rho(E) = \frac{dn(E)}{dE} = \frac{L^3}{2\pi^2} \left(\frac{2m}{\hbar^2} \right)^{3/2} \sqrt{E}$$

16–9 Eigenfunktionen von Vertauschungsoperatoren und Hamiltonoperator

Nach Aufgabe 16–3a kommutieren zwei Vertauschungsoperatoren $\hat{P}_{ik}$ und $\hat{P}_{im}$ ($k \neq m$) mit einem *gleichen* Index – in diesem Fall i – nicht: $\left[\hat{P}_{ik}, \hat{P}_{im} \right] \neq 0$

Daher haben die Vertauschungsoperatoren für $N \geq 3$ keine gemeinsame, vollständige Basis im Hilbertraum $\mathcal{H}_N$, *sondern nur in den Unterräumen* $\mathcal{H}_N^+$ *und* $\mathcal{H}_N^-$. Die Kommutatoren

$$\left[\hat{P}_{ik}, \hat{P}_{im} \right] \neq 0 \quad \text{und} \quad \left[\hat{P}_{mn}, \hat{H}(\dots m, \dots n, \dots) \right] = 0 \tag{1a/b}$$

besagen lediglich, dass jeder *einzelne* Vertauschungsoperator $\hat{P}_{mn}$ – also *feste* Nrn. m, n – und der Hamiltonoperator $\hat{H}$ ein gemeinsames, *vollständiges* System von Eigenfunktionen im Hilbertraum $\mathcal{H}_N$ haben. Das gemeinsame System der Eigenfunktionen von $\hat{P}_{mn}$ und $\hat{H}$ kann für jeden Vertauschungsoperator $\hat{P}_{mn}$, also für jedes Paar m, n – anders lauten.

Lediglich in den Unterräumen $\mathcal{H}_N^+$ der symmetrischen und $\mathcal{H}_N^-$ der antisymmetrischen Wellenfunktionen, die bei mehr als zwei Teilchen nicht den ganzen Hilbertraum $\mathcal{H}_N$ aufspannen

$$\mathcal{H}_N \neq \mathcal{H}_N^+ \oplus \mathcal{H}_N^- \quad \text{für} \quad N \geq 3$$

haben *alle* Vertauschungsoperatoren und der Hamiltonoperator ein einziges gemeinsames, vollständiges System von Eigenfunktionen.

16–10 Mittleres Abstandsquadrat im harmonischen Oszillator

Im Folgenden sind $| \psi_k \rangle$ die in Kapitel 6 berechneten Einteilchen-Wellenfunktionen des harmonischen Oszillators (siehe Gl. (6.1–17)). Wegen $(x_1 - x_2)^2 = x_1^2 + x_2^2 - 2x_1 x_2$ müssen wir die folgenden vier Einteilchen-Matrixelemente in den Gln. (1a/b) und (2a/b) berechnen:

$$\langle \psi_k | x | \psi_k \rangle = 0 \quad \text{(wegen der Symmetrie)} \tag{1a}$$

$$\langle \psi_k | x | \psi_l \rangle \underset{\substack{\uparrow \\ \text{Gl.(6.2–5a)}}}{=} \sqrt{\frac{\hbar}{2m\omega}} \langle \psi_k | \hat{a}_+ + \hat{a}_- | \psi_l \rangle \underset{\substack{\uparrow \\ \text{Gl.(6.2–12a/b)}}}{=}$$

$$= \sqrt{\frac{\hbar}{2m\omega}} \left(\sqrt{l+1}\, \delta_{k\,l+1} + \sqrt{l}\, \delta_{k\,l-1} \right) \underset{\substack{\uparrow \\ k,l-\text{Vertauschung}}}{=} \langle \psi_l | x | \psi_k \rangle \tag{1b}$$

$$\langle \psi_k | x^2 | \psi_k \rangle \underset{\substack{\uparrow \\ \text{Gl. (6.2–16)}}}{=} \frac{\hbar}{2m\omega}(2k+1) \tag{2a}$$

$$\langle \psi_k | x^2 | \psi_l \rangle \underset{\substack{\uparrow \\ \text{Gl. (6.2–5a)}}}{=} \frac{\hbar}{2m\omega} \left\langle \psi_k \left| \hat{a}_+^2 + \hat{a}_+ \hat{a}_- + \hat{a}_- \hat{a}_+ + \hat{a}_-^2 \right| \psi_l \right\rangle \underset{\substack{\uparrow \\ \text{Gl. (6.2–12a/b)}}}{=}$$

$$= \frac{\hbar}{2m\omega} \left(\sqrt{(l+1)(l+2)}\, \delta_{k\,l+2} + (2l+1)\, \delta_{k\,l} + \sqrt{l(l-1)}\, \delta_{k\,l-2} \right) \tag{2b}$$

a) Unterscheidbare Teilchen: Im Folgenden ist die hochgestellte Nr. in runden Klammern die Teilchennummer. Die Zweiteilchen-Wellenfunktion der unterscheidbaren Teilchen lautet

$$\psi_{kl}(x_1, x_2) = \psi_k^{(1)}(x_1)\, \psi_l^{(2)}(x_2)$$

$$\Rightarrow \quad \langle \psi_{kl} | (x_1 - x_2)^2 | \psi_{kl} \rangle = \underbrace{\langle \psi_k^{(1)} | x_1^2 | \psi_k^{(1)} \rangle}_{= \hbar(2k+1)/(2m\omega)} \underbrace{\langle \psi_l^{(2)} | \psi_l^{(2)} \rangle}_{= 1} +$$

$$\underbrace{\langle \psi_k^{(1)} | \psi_k^{(1)} \rangle}_{= 1} \underbrace{\langle \psi_l^{(2)} | x_2^2 | \psi_l^{(2)} \rangle}_{= \hbar(2l+1)/(2m\omega)} - 2 \underbrace{\langle \psi_k^{(1)} | x_1 | \psi_k^{(1)} \rangle}_{= 0} \underbrace{\langle \psi_l^{(2)} | x_2 | \psi_l^{(2)} \rangle}_{= 0}$$

$$\Rightarrow \quad \langle \psi_{kl} | (x_1 - x_2)^2 | \psi_{kl} \rangle = \frac{\hbar}{m\omega}(k+l+1) \quad \text{für unterscheidbare Teilchen} \tag{3}$$

b) Identische Spin-0-Bosonen: Für $k = l$ ist die Wellenfunktion der zwei identischen Bosonen

$$\psi_{kk}(x_1, x_2) = \psi_k^{(1)}(x_1)\, \psi_k^{(2)}(x_2)$$

$$\Rightarrow \quad \langle \psi_{kk} | (x_1 - x_2)^2 | \psi_{kk} \rangle = 2 \underbrace{\langle \psi_k^{(1)} | x_1^2 | \psi_k^{(1)} \rangle}_{= \hbar(2k+1)/(2m\omega)} \underbrace{\langle \psi_k^{(2)} | \psi_k^{(2)} \rangle}_{= 1} - 2 \cdot 0 \cdot 0 =$$

$$= \frac{\hbar}{m\omega}(2k+1) \quad \text{für zwei identische Spin-0-Bosonen mit } \boldsymbol{k = l} \tag{4a}$$

Für $\boldsymbol{k \neq l}$ lautet die Wellenfunktion der zwei identischen Bosonen

$$\psi_{kl}^+(x_1, x_2) = \frac{1}{\sqrt{2}} \left[\psi_k^{(1)}(x_1)\, \psi_l^{(2)}(x_2) + \psi_l^{(1)}(x_1)\, \psi_k^{(2)}(x_2) \right]$$

$$\Rightarrow \quad \langle \psi_{kl}^+ | x_1^2 | \psi_{kl}^+ \rangle = \langle \psi_{kl}^+ | x_2^2 | \psi_{kl}^+ \rangle =$$

$$= \frac{1}{2} \underbrace{\langle \psi_k^{(1)} | x_1^2 | \psi_k^{(1)} \rangle}_{= \hbar(2k+1)/(2m\omega)} \underbrace{\langle \psi_l^{(2)} | \psi_l^{(2)} \rangle}_{= 1} + \frac{1}{2} \underbrace{\langle \psi_k^{(1)} | x_1^2 | \psi_l^{(1)} \rangle \langle \psi_l^{(2)} | \psi_k^{(2)} \rangle}_{= 0 \text{ wegen } k \neq l} +$$

$$\frac{1}{2}\langle \psi_l^{(1)} \mid x_1^2 \mid \psi_k^{(1)}\rangle \underbrace{\langle \psi_k^{(2)} \mid \psi_l^{(2)}\rangle}_{=\,0} + \frac{1}{2}\underbrace{\langle \psi_l^{(1)} \mid x_1^2 \mid \psi_l^{(1)}\rangle}_{=\,\hbar\,(2l+1)\,/\,(2\,m\omega)}\underbrace{\langle \psi_k^{(2)} \mid \psi_k^{(2)}\rangle}_{=\,1} =$$

$$= \frac{\hbar}{2\,m\,\omega}(k+l+1)$$

Ebenso $\langle \psi_{kl}^{+} \mid 2x_1 x_2 \mid \psi_{kl}^{+}\rangle =$

$$\underbrace{\langle \psi_k^{(1)} \mid x_1 \mid \psi_k^{(1)}\rangle}_{=\,0}\underbrace{\langle \psi_l^{(2)} \mid x_2 \mid \psi_l^{(2)}\rangle}_{=\,0} + \langle \psi_k^{(1)} \mid x_1 \mid \psi_l^{(1)}\rangle\langle \psi_l^{(2)} \mid x_2 \mid \psi_k^{(2)}\rangle +$$

$$\langle \psi_l^{(1)} \mid x_1 \mid \psi_k^{(1)}\rangle\langle \psi_k^{(2)} \mid x_2 \mid \psi_l^{(2)}\rangle + \underbrace{\langle \psi_l^{(1)} \mid x_1 \mid \psi_l^{(1)}\rangle}_{=\,0}\underbrace{\langle \psi_k^{(2)} \mid x_2 \mid \psi_k^{(2)}\rangle}_{=\,0} =$$

$$= 2\langle \psi_l^{(1)} \mid x_1 \mid \psi_k^{(1)}\rangle^2 \underset{\substack{\uparrow \\ \text{Gl. (1b)}}}{=} \frac{\hbar}{m\,\omega}\left[\left(\sqrt{l+1}\,\delta_{k\,l+1} + \sqrt{l}\,\delta_{k\,l-1}\right)\right]^2 =$$

$$= \frac{\hbar}{m\,\omega}\left[(l+1)\,\delta_{k\,l+1} + l\,\delta_{k\,l-1}\right]$$

Das Abstandsquadrat für zwei **identische Spin-0-Bosonen** im Zustand $\mid \psi_{kl}^{+}\rangle$ mit $k \neq l$ lautet:

$$\langle \psi_{kl}^{+} \mid (x_1 - x_2)^2 \mid \psi_{kl}^{+}\rangle = \frac{\hbar}{m\,\omega}\left[(k+l+1) - (l+1)\,\delta_{k\,l+1} - l\,\delta_{k\,l-1}\right] \tag{4b}$$

c) Zwei identische Fermionen: Der räumliche Anteil der Wellenfunktion der beiden Neutronen stimmt im antisymmetrischen Singulettzustand (des Spins) mit der Wellenfunktion der beiden identischen, spinlosen Bosonen überein, so dass wir das Ergebnis in Gl. (4b) übernehmen können. Für zwei Neutronen im symmetrischen Triplettzustand des Spins ist der räumliche Anteil der Wellenfunktion antisymmetrisch. Bei einer Vorzeichenänderung der letzten zwei Termen in Gl. (4b) – sie enthalten je ein Kroneckersymbol – ergibt sich das mittlere Abstandsquadrat.

Fazit: Für $\mid k-l \mid \geq 2$ ist das mittlere Abstandsquadrat in allen drei Fällen gleich groß.

Für $\mid k-l \mid = \pm 1$ ergibt sich für identische Spin-0-Bosonen und für Neutronen im Singulettzustand ein kleineres mittleres Abstandsquadrat als für verschiedene Teilchen. Für Neutronen im Triplettzustand erhalten wir ein erhöhtes mittleres Abstandsquadrat.

In Beispiel 16.3–3 liefern zwei Teilchen im unendlich tiefen Potentialtopf vergleichbare Ergebnisse.

16–11 Energien von zwei wechselwirkungsfreien Teilchen im Potentialtopf

a) Unterscheidbare Teilchen: Der Grundzustand lautet

$$\psi_{11}(x_1, x_2) = \psi_1(x_1)\,\psi_1(x_2) = \frac{2}{L}\sin\left(\frac{\pi}{L}x_1\right)\sin\left(\frac{\pi}{L}x_2\right) \tag{1a}$$

mit $\quad E_{11} = 2\,\dfrac{\hbar^2\,\pi^2}{2\,m\,L^2} = 2\,E_1 \tag{1b}$

Im ersten angeregten Zustand sind ein Teilchen im Grundzustand und das andere Teilchen im ersten angeregten Zustand. Daher lautet der erste angeregte Zweiteilchen-Zustand entweder

$$\psi_{12}(x_1, x_2) = \psi_1(x_1)\,\psi_2(x_2) = \frac{2}{L}\sin\left(\frac{\pi}{L}x_1\right)\sin\left(\frac{2\pi}{L}x_2\right) \tag{2a}$$

oder $\psi_{21}(x_1,x_2) = \psi_2(x_1)\,\psi_1(x_2) = \dfrac{2}{L}\sin\left(\dfrac{2\pi}{L}x_1\right)\sin\left(\dfrac{\pi}{L}x_2\right)$ (2a')

Die zeitunabhängige Schrödinger-Gl. für den Zustand ψ_{12} lautet:

$$\left[-\frac{\hbar^2}{2m}\frac{\partial^2}{\partial x_1^2} + V(x_1) - \frac{\hbar^2}{2m}\frac{\partial^2}{\partial x_2^2} + V(x_2)\right]\psi_{12}(x_1,x_2) = 5\,E_1\,\psi_{12}(x_1,x_2)$$

$\Rightarrow\qquad E_{12} = E_{21} = 5\,\dfrac{\hbar^2\pi^2}{2mL^2} = 5\,E_1$ (2b)

b) Identische Spin-0-Bosonen oder Neutronen im Singulettzustand: Für den Grundzustand gelten wieder die Gln. (1a/b) für unterscheidbare Teilchen. Der erste angeregte Zustand lautet (ohne Spin):

$$\psi_{12}^{+}(x_1,x_2) = \frac{\sqrt{2}}{L}\left[\sin\left(\frac{\pi}{L}x_1\right)\sin\left(\frac{2\pi}{L}x_2\right) + \sin\left(\frac{2\pi}{L}x_1\right)\sin\left(\frac{\pi}{L}x_2\right)\right]$$ (3a)

mit $E_{12} = 5\,\dfrac{\hbar^2\pi^2}{2mL^2} = 5\,E_1$ (3b)

c) Neutronen im Triplettzustand: Der Grundzustand

$$\psi_{12}^{-}(x_1,x_2) = \frac{\sqrt{2}}{L}\left[\sin\left(\frac{\pi}{L}x_1\right)\sin\left(\frac{2\pi}{L}x_2\right) - \sin\left(\frac{2\pi}{L}x_1\right)\sin\left(\frac{\pi}{L}x_2\right)\right]\cdot|1\,m\rangle$$ (4a)

(mit $m = 0,\ \pm 1$) hat die Energie

$$E_{12} = 5\,\frac{\hbar^2\pi^2}{2mL^2} = 5\,E_1$$ (4b)

Der erste angeregte Zustand lautet

$$\psi_{13}^{-}(x_1,x_2) = \frac{\sqrt{2}}{L}\left[\sin\left(\frac{\pi}{L}x_1\right)\sin\left(\frac{3\pi}{L}x_2\right) - \sin\left(\frac{3\pi}{L}x_1\right)\sin\left(\frac{\pi}{L}x_2\right)\right]\cdot|1\,m\rangle$$ (5a)

mit $E_{13} = 10\,\dfrac{\hbar^2\pi^2}{2mL^2} = 10\,E_1$ (5b)

Fazit: Die unterschiedlichen mittleren Abstandsquadrate

$$\langle\,\psi_{kl}^{\pm}\,|\,(x_1 - x_2)^2\,|\,\psi_{kl}^{\pm}\,\rangle$$

die in Beispiel 16.3–3 berechnet wurden, haben keinen *Einfluss* auf die Energien, weil die Zwei-teilchen-Wellenfunktionen aus *orthogonalen* Einteilchen-Wellenfunktionen gebildet werden. Wegen dieser Orthogonalität treten in den Erwartungswerten $\langle\,\psi_{kl}^{\pm}\,|\,\hat{H}\,|\,\psi_{kl}^{\pm}\,\rangle$ keine Austausch-integrale auf.

Diese Aussage wird durch die Aufgabe 16–5 bestätigt (siehe auch eine Fußnote in Beispiel 16.3–4c).

Lösungen: 17 Mehrelektronenatome

17–1 Berechnung des Integrals in (17.1–8)

Wir führen im Integral

$$I := \int d^3 r_2 \int d^3 r_1 \, e^{-4(r_1 + r_2)/a_B} \, \frac{1}{|\mathbf{r}_1 - \mathbf{r}_2|}$$

zuerst die Integration über $\mathbf{r}_1$ aus. Dabei legen wir $\mathbf{r}_2$ in die z-Richtung, so dass der Winkel zwischen $\mathbf{r}_1$ und $\mathbf{r}_2$ der bekannte Kugelkoordinaten-Winkel ϑ_1 ist. Mit dem Kosinussatz

$$|\mathbf{r}_1 - \mathbf{r}_2| = \sqrt{r_1^2 + r_2^2 - 2\, r_1 r_2 \cos \vartheta_1}$$

und mit dem Volumenelement $d^3 r_1 = r_1^2 \, dr_1 \cdot d\varphi_1 \cdot \sin\vartheta_1 \, d\vartheta_1$ folgt

$$\int_0^{2\pi} d\varphi_1 \cdot \int_0^\infty dr_1 \, r_1^2 \, e^{-4 r_1/a_B} \cdot \int_0^\pi d\vartheta_1 \, \frac{\sin\vartheta_1}{\sqrt{r_1^2 + r_2^2 - 2\, r_1 r_2 \cos\vartheta_1}} =$$

$$= 2\pi \int_0^\infty dr_1 \, r_1^2 \, e^{-4 r_1/a_B} \, \frac{\sqrt{r_1^2 + r_2^2 - 2\, r_1 r_2 \cos\vartheta_1}}{r_1 r_2}\Bigg|_0^\pi =$$

$$= 2\pi \int_0^\infty dr_1 \, r_1^2 \, e^{-4 r_1/a_B} \, \frac{r_1 + r_2 - |r_1 - r_2|}{r_1 r_2} =$$

$$= 2\pi \int_0^\infty dr_1 \, r_1^2 \, e^{-4 r_1/a_B} \cdot \begin{cases} 2/r_2 & \text{für } r_1 < r_2 \\ 2/r_1 & \text{für } r_1 > r_2 \end{cases}$$

$$= \frac{4\pi}{r_2} \int_0^{r_2} dr_1 \, r_1^2 \, e^{-4 r_1/a_B} + 4\pi \int_{r_2}^\infty dr_1 \, r_1 \, e^{-4 r_1/a_B} =$$

$$= \frac{\pi a_B^3}{8 r_2} \left[1 - \left(1 + \frac{2 r_2}{a_B} \right) e^{-4 r_2/a_B} \right]$$

Abschließend integrieren wir über $\mathbf{r}_2$:

$$I = \frac{\pi a_B^3}{8} \int_0^{2\pi} d\varphi_2 \cdot \int_0^\pi d\vartheta_2 \sin\vartheta_2 \cdot \int_0^\infty dr_2 \, r_2 \left[1 - \left(1 + \frac{2 r_2}{a_B} \right) e^{-4 r_2/a_B} \right] e^{-4 r_2/a_B} =$$

$$= \frac{\pi^2 a_B^3}{2} \int_0^\infty dr_2 \left[r_2 \, e^{-4 r_2/a_B} - \left(r_2 + \frac{2 r_2^2}{a_B} \right) e^{-8 r_2/a_B} \right] = \frac{5\pi^2}{256} a_B^5$$

17–2 Energieniveaus in Atomen

a) Nach Gl. (10.1–24/27) ist die Energie wasserstoffähnlicher Atome

$$E_n = -13{,}6\,\text{eV} \cdot (Z/n)^2 \tag{1}$$

Wenn in Lithium ^{3}Li die Abschirmung des Kerns durch die beiden 1s-Elektronen vollständig wäre, dann hätte das 2s-Elektron die Energie

$$E_2 \underset{\underset{Z=1\ \ n=2}{\uparrow}}{=} -13{,}6\,\text{eV}\cdot(1/2)^2 = -3{,}4\,\text{eV}$$

Diese Energie wäre die Ionisierungsenergie. Die gemessene Ionisierungsenergie 5,4 eV führt auf

$$-5{,}4\,\text{eV} = -13{,}6\,\text{eV}\cdot\left(\frac{Z^*}{2}\right)^2 \quad\Rightarrow\quad Z^* = 2\sqrt{\frac{5{,}4}{13{,}6}} \approx 1{,}26$$

b) Wegen $\hat{\mathbf{S}}\cdot\hat{\mathbf{L}} = (\hat{\mathbf{J}}^2 - \hat{\mathbf{S}}^2 - \hat{\mathbf{L}}^2)/2$ ist die Energie des Elektrons umso niedriger, je kleiner die Quantenzahl J des Gesamtdrehimpulses ist.

17–3 Wie sähe die Welt ohne Pauli-Verbot aus?

a) Beim Wasserstoff bleibt alles beim Alten. Auch beim Helium ändert sich kaum etwas – abgesehen von den Spinstellungen. Ab dem Lithium aber sind die Folgen einschneidend und im Einzelnen wenig absehbar: *Im Grundzustand des Atoms würden alle Elektronen in die K-Schale mit den Quantenzahlen* $n = 1$, $l = 0$ *fallen.* (Wegen der gegenseitigen Abstoßung der drei Elektronen würde die K-Schale natürlich ganz anders aussehen als wir sie kennen.) *Das Periodensystem würde in sich zusammenbrechen* und die chemischen Eigenschaften der Elemente würden sich dramatisch ändern. Die Eigenschaften von Elementen mit vielen Elektronen in der niedrigsten Schale sind ohne aufwendige, numerische Berechnungen kaum abschätzbar.

b) Das einfache **Potentialtopf-Modell der Atomkerne** liefert eine folgenschwere Antwort, deren katastrophale Auswirkungen die in Teil a) geschilderten Effekte noch übertreffen, ja sogar bedeutungslos machen.

Da die Kernkraft zwischen den Nukleonen eine extrem kleine Reichweite hat (sie wirkt praktisch nur auf benachbarte Nukleonen), werden die Nukleonen im Kerninneren von allen Seiten gleich stark angezogen. Aus diesem Grund wird im Potentialtopf-Modell unterstellt, dass *das Kernpotential am Kernrand steil abfällt und im Kerninneren konstant ist.*

Die Protonen unterliegen zusätzlich dem mit der Kernladungszahl Z wachsendem Coulombpotential, so dass die Energieniveaus der Protonen höher liegen als die der Neutronen (siehe Abb.1).

Protonen und Neutronen sind Spin-1/2-Teilchen und können jedes diskrete Energieniveau maximal doppelt besetzen. *Die höchsten, noch besetzten Energieniveaus der Neutronen und Protonen sind ungefähr gleich hoch* (siehe Abb. 1). Das hat folgende zwei Gründe:

- Wenn ein Proton ein Energieniveau besetzt, das höher liegt als ein nicht

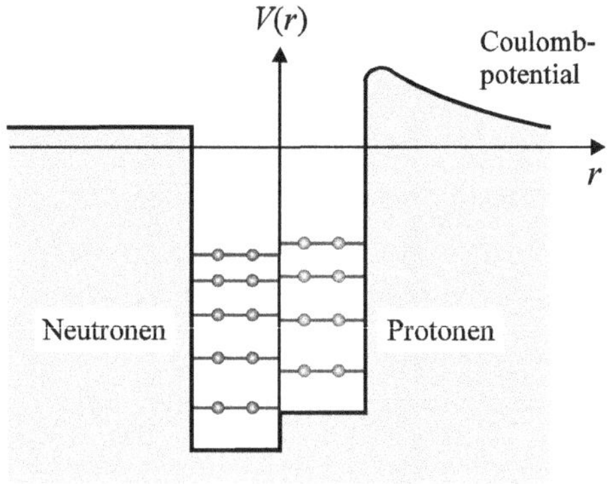

Abb. 1   Potentialtopf-Modell der Atomkerne. Wegen des Coulombpotentials liegen die Energieniveaus der Protonen höher als die der Neutronen.

aufgefülltes Neutronenniveau, dann wird das Proton aus der K-Schale ein Elektron einfangen und sich in ein Neutron umwandeln.

- Ein Neutron mit einem Energieniveau oberhalb eines (zumindest halb) leeren Protonenniveaus zerfällt durch einen Neutronenzerfall (Beta-minus-Zerfall) $n \rightarrow p + e^- + \bar{\nu}_e$ in ein Proton.

Wenn nun das Pauli-Verbot für Fermionen nicht gelten würde oder wenn die Nukleonen Bosonen wären, dann würden alle Neutronen in den Grundzustand fallen und die Protonen würden durch Elektroneneinfang zu Neutronen werden und ebenfalls in deren Grundzustand fallen. *Am Ende würden nur noch Neutronenkerne ohne Elektronenhülle übrigbleiben.* Dies wäre der (fiktive) kosmische Super-GAU.

Bemerkungen: 1) Der Zerfall eines Protons wurde bis heute trotz intensiver Suche nicht beobachtet. Nach derzeit gängigen Theorien ist ein Zerfall kaum möglich; die vorhergesagte Halbwertszeit ist viel größer als 10^{30} Jahre. 2) Die mittlere Lebensdauer von *freien* Neutronen beträgt 880 s.

17–4 Variationsrechnung für den Grundzustand von Helium und Lithium

a) Zur Vereinfachung – nicht aus physikalischen Gründen – unterteilen wir den Hamiltonoperator der zwei Heliumelektronen im Coulombfeld des ruhenden Kerns in zwei Anteile:

$$\hat{H} = -\frac{\hbar^2}{2m}(\Delta_1 + \Delta_2) - \frac{2e_0^2}{4\pi\varepsilon_0}\left(\frac{1}{r_1} + \frac{1}{r_2}\right) + \frac{e_0^2}{4\pi\varepsilon_0}\frac{1}{|\mathbf{r}_1 - \mathbf{r}_2|} = \hat{H}_1 + \hat{H}_2$$

$$\text{mit} \quad \hat{H}_1 := -\frac{\hbar^2}{2m}(\Delta_1 + \Delta_2) - \frac{\tilde{Z}e_0^2}{4\pi\varepsilon_0}\left(\frac{1}{r_1} + \frac{1}{r_2}\right) = \begin{cases} \text{Summe der Hamiltonoperatoren von zwei} \\ \text{wasserstoffähnl. Atomen mit Kernladung } \tilde{Z}e_0 \end{cases}$$

$$\hat{H}_2 := -\frac{e_0^2}{4\pi\varepsilon_0}\left(\frac{2-\tilde{Z}}{r_1} + \frac{2-\tilde{Z}}{r_2} - \frac{1}{|\mathbf{r}_1 - \mathbf{r}_2|}\right)$$

Der Vorteil dieser – auf den ersten Blick wohl überraschenden – Aufteilung besteht darin, dass die Testfunktion ψ_T eine Eigenfunktion von $\hat{H}_1$ ist, so dass sich die Berechnung des Erwartungswertes in der folgenden Gl. (1) vereinfacht. Der Erwartungswert der Energie beträgt

$$\langle \psi_T | \hat{H} | \psi_T \rangle = \underbrace{2\tilde{Z}^2 \cdot E_1}_{= \langle \psi_T | \hat{H}_1 | \psi_T \rangle} - \frac{e_0^2}{4\pi\varepsilon_0}\left[2(2-\tilde{Z})\left\langle\frac{1}{r}\right\rangle - \left\langle\frac{1}{|\mathbf{r}_1 - \mathbf{r}_2|}\right\rangle\right] \tag{1}$$

Dabei ist $E_1 \approx -13{,}6\,\text{eV}$ die Energie des Wasserstoff-Grundzustandes und

$$\frac{e_0^2}{4\pi\varepsilon_0}\left\langle\frac{1}{r}\right\rangle \underset{\underset{\text{Gl.(10.2–13d)}}{\uparrow}}{=} \frac{e_0^2}{4\pi\varepsilon_0}\frac{\tilde{Z}}{a_B} \underset{\underset{\text{Gl.(10.1–24/26)}}{\uparrow}}{=} -2\tilde{Z}E_1$$

Der letzte Term in Gl. (1) wird wie in Aufgabe 17–1 berechnet:

$$\frac{e_0^2}{4\pi\varepsilon_0}\left\langle|\mathbf{r}_1 - \mathbf{r}_2|^{-1}\right\rangle = \frac{e_0^2}{4\pi\varepsilon_0}\frac{5\tilde{Z}}{8a_B} = -\frac{5\tilde{Z}}{4}E_1$$

$$\Rightarrow \quad \langle \psi_T | \hat{H} | \psi_T \rangle = \left[2\tilde{Z}^2 + 4\tilde{Z}(2-\tilde{Z}) - \frac{5}{4}\tilde{Z}\right]E_1 \tag{2}$$

Zur Bestimmung des Minimums leiten wir diesen Erwartungswert nach dem Variationsparameter $\tilde{Z}$ ab, setzen die Ableitung gleich null und erhalten $\tilde{Z} = 27/16 \approx 1{,}69$.

Demnach werden $(5/16)/2 \cdot 100\% \approx 15{,}6\%$ der Kernladung abgeschirmt. Einsetzen von $\tilde{Z}$ in Gl. (2) liefert

$$\langle \psi_T | \hat{H} | \psi_T \rangle \approx -77{,}5\,\text{eV}$$

Das Ergebnis liegt nur knapp 2% über dem experimentellen Wert $E_{11\,\text{exp}} = -79{,}005\,\text{eV}$.

b) Wir stellen für das Lithiumatom eine Testfunktion mit Hilfe der Slater-Determinante auf:

$$\psi_T^-(\tilde{Z}_1,\tilde{Z}_2) = \frac{1}{\sqrt{3!}} \begin{vmatrix} \psi_{100}(\mathbf{r}_1,\tilde{Z}_1)|+\rangle_1 & \psi_{100}(\mathbf{r}_2,\tilde{Z}_1)|+\rangle_2 & \psi_{100}(\mathbf{r}_3,\tilde{Z}_1)|+\rangle_3 \\ \psi_{100}(\mathbf{r}_1,\tilde{Z}_1)|-\rangle_1 & \psi_{100}(\mathbf{r}_2,\tilde{Z}_1)|-\rangle_2 & \psi_{100}(\mathbf{r}_3,\tilde{Z}_1)|-\rangle_3 \\ \psi_{200}(\mathbf{r}_1,\tilde{Z}_2)|+\rangle_1 & \psi_{200}(\mathbf{r}_2,\tilde{Z}_2)|+\rangle_2 & \psi_{200}(\mathbf{r}_3,\tilde{Z}_2)|+\rangle_3 \end{vmatrix} =$$

$$= \frac{1}{\sqrt{3!}}\, \psi_{100}(\mathbf{r}_1,\tilde{Z}_1)|+\rangle_1 \Big[\psi_{100}(\mathbf{r}_2,\tilde{Z}_1)|-\rangle_2\, \psi_{200}(\mathbf{r}_3,\tilde{Z}_2)|+\rangle_3 -$$

$$\psi_{200}(\mathbf{r}_2,\tilde{Z}_2)|+\rangle_2\, \psi_{100}(\mathbf{r}_3,\tilde{Z}_1)|-\rangle_3 \Big] -$$

$$\frac{1}{\sqrt{3!}}\, \psi_{100}(\mathbf{r}_2,\tilde{Z}_1)|+\rangle_2 \Big[\psi_{100}(\mathbf{r}_1,\tilde{Z}_1)|-\rangle_1\, \psi_{200}(\mathbf{r}_3,\tilde{Z}_2)|+\rangle_3 -$$

$$\psi_{200}(\mathbf{r}_1,\tilde{Z}_2)\big|+\big\rangle_1\, \psi_{100}(\mathbf{r}_3,\tilde{Z}_1)\big|-\big\rangle_3 \Big] + \ldots\ldots$$

mit $\quad \psi_{100}(\mathbf{r},Z) = 2\,(Z/a_B)^{3/2}\,e^{-Zr/a_B}$ $\hfill$ (10.2–10a)

und $\quad \psi_{200}(\mathbf{r},Z) = 2\left(\dfrac{Z}{2a_B}\right)^{3/2}\left(1 - \dfrac{Z}{2a_B}r\right)e^{-Zr/(2a_B)}$ $\hfill$ (10.2–10b)

Die Berechnung des Erwartungswertes $\langle \psi_T^- | \hat{H} | \psi_T^- \rangle = \overline{E}(\tilde{Z}_1,\tilde{Z}_2)$ entspricht der Rechnung in Teil a), ist aber äußerst mühsam und das Endergebnis ist sehr lang. Eine numerische Minimierung liefert für $\tilde{Z}_1 = 2{,}67$ und $\tilde{Z}_2 = 1{,}37$ die obere Schranke $\overline{E} = -200{,}8\,\text{eV}$ der Grundzustandsenergie; sie liegt nur knapp über der gemessenen Energie $E_{\text{exp}} \approx -203{,}5\,\text{eV}$.

Lösungen: 18 Moleküle

18-1 Berechnung des Überlappungsintegrals in Gl. (18.1-4)

Mit $\quad d^3r = dr \cdot r\, d\vartheta \cdot r \sin\vartheta\, d\varphi \quad$ und $\quad |\mathbf{r} - \mathbf{R}| = \sqrt{r^2 + R^2 - 2rR\cos\vartheta}$

folgt: $\quad S = \dfrac{1}{\pi a_B^3} \int d^3r\, e^{-r/a_B}\, e^{-|\mathbf{r}-\mathbf{R}|/a_B} =$

$$= \frac{2}{a_B^3} \int_0^\infty dr\, r^2 e^{-r/a_B} \int_0^\pi d\vartheta \sin\vartheta \exp\!\left(-\sqrt{r^2 + R^2 - 2rR\cos\vartheta}\,/a_B\right)$$

Wir berechnen zuerst das Integral über ϑ und substituieren zu diesem Zweck

$$u := \sqrt{r^2 + R^2 - 2rR\cos\vartheta}$$

$$\Rightarrow \quad \frac{du}{d\vartheta} = \frac{rR\sin\vartheta}{\sqrt{r^2 + R^2 - 2rR\cos\vartheta}} = \frac{rR\sin\vartheta}{u} \quad \Rightarrow \quad \sin\vartheta\, d\vartheta = \frac{1}{rR}u\, du$$

Das ϑ-Integral geht nun über in

$$\frac{1}{rR} \int_{|r-R|}^{r+R} du\, u\, e^{-u/a_B} = -\frac{a_B^2}{rR}\left[\left(\frac{u}{a_B} + 1\right)e^{-u/a_B}\right]\Bigg|_{|r-R|}^{r+R} =$$

$$= -\frac{a_B}{rR}\left[(r + R + a_B)\, e^{-(r+R)/a_B} - (|r-R| + a_B)\, e^{-|r-R|/a_B}\right]$$

Die Integration über r ist uninteressant, aber mühsam und wird nicht vorgeführt. Wir erhalten

$$S - \left[1 + \frac{R}{a_B} + \frac{1}{3}(R/a_B)^2\right] e^{-R/a_R}$$

18-2 Berechnung der Integrale in Gl. (18.1-6)

a) $\quad I_1 = \langle \psi_{100}(r) \,|\, |\mathbf{r} - \mathbf{R}|^{-1} \,|\, \psi_{100}(r)\rangle \underset{\text{Symmetrie}}{=} \langle \psi_{100}(|\mathbf{r}-\mathbf{R}|) \,|\, r^{-1} \,|\, \psi_{100}(|\mathbf{r}-\mathbf{R}|)\rangle$

Mit $\quad \psi_{100}(r) = \dfrac{1}{\sqrt{\pi a_B^3}}\, e^{-r/a_B} \quad$ und $\quad d^3r = dr \cdot r\, d\vartheta \cdot r \sin\vartheta\, d\varphi$

folgt $\quad I_1 = \dfrac{1}{\pi a_B^3} \int_0^\infty dr\, r^2 \int_0^\pi d\vartheta \sin\vartheta \int_0^{2\pi} d\varphi \exp\!\left(-\dfrac{2\sqrt{r^2 + R^2 - 2rR\cos\vartheta}}{a_B}\right)\dfrac{1}{r} =$

$$= \frac{2\pi}{\pi a_B^3} \int_0^\infty dr\, r \left[\int_0^\pi d\vartheta \sin\vartheta \exp\!\left(-\frac{2\sqrt{r^2 + R^2 - 2rR\cos\vartheta}}{a_B}\right)\right]$$

Für die Berechnung des ϑ-Integrals in der eckigen Klammer substituieren wir

$$z := \sqrt{r^2 + R^2 - 2rR\cos\vartheta} \qquad \Rightarrow \qquad d\vartheta = \frac{z}{rR\sin\vartheta}\, dz$$

$$\Rightarrow \qquad [\,....\,] = \int\limits_{|r-R|}^{r+R} dz\,\frac{z}{rR}\,e^{-2z/a_B} = -\frac{a_B}{2rR}\,(z + a_B/2)\,e^{-2z/a_B}\,\Bigg|_{|r-R|}^{r+R} =$$

$$= -\frac{a_B}{2rR}\left[\left(r+R+\frac{a_B}{2}\right)e^{-2(r+R)/a_B} - \left(|r-R| + a_B/2\right)e^{-2|r-R|/a_B}\right]$$

$$\Rightarrow \qquad I_1 = -\frac{1}{Ra_B^2}\int\limits_0^\infty dr\left[\left(r+R+\frac{a_B}{2}\right)e^{-2(r+R)/a_B} - \left(|r-R| + \frac{a_B}{2}\right)e^{-2|r-R|/a_B}\right]$$

Mit $\quad \int x\,e^{\alpha x}\,dx = \dfrac{1}{\alpha^2}\,e^{\alpha x}\,(\alpha x - 1)$

ist die letzte Integration einfach, aber mühsam. Wir erhalten

$$I_1 = \left\langle\,\psi_{100}(r)\,|\,|\mathbf{r}-\mathbf{R}|^{-1}\,|\,\psi_{100}(r)\,\right\rangle = \frac{1}{R} - \left(\frac{1}{a_B} + \frac{1}{R}\right)e^{-2R/a_B} \tag{18.1-9a}$$

b) $\qquad I_2 := \left\langle\,\psi_{100}(r)\,|\,r^{-1}\,|\,\psi_{100}(|\mathbf{r}-\mathbf{R}|)\,\right\rangle =$

$$= \frac{2\pi}{\pi a_B^3}\int\limits_0^\infty dr\,r\,e^{-r/a_B}\left[\int\limits_0^\pi d\vartheta\,\sin\vartheta\,\exp\left(-\frac{\sqrt{r^2 + R^2 - 2rR\cos\vartheta}}{a_B}\right)\right]$$

Die ϑ-Integration wird wie in Teil a) dieser Aufgabe durchgeführt. Wir schenken uns die weitere Rechnung und erhalten

$$I_2 := \left\langle\,\psi_{100}(r)\,|\,r^{-1}\,|\,\psi_{100}(|\mathbf{r}-\mathbf{R}|)\,\right\rangle = \left(\frac{1}{a_B} + \frac{R}{a_B^2}\right)e^{-R/a_B} \tag{18.1-9b}$$

18–3 Berechnung des Tetraederwinkels

Der reguläre Methan-Tetraeder in Abb. 1 ist in einen Würfel mit Seitenlänge a gesetzt. Die beiden Ortsvektoren $\mathbf{r}_1, \mathbf{r}_2$ erstrecken sich vom Mittelpunkt des Tetraeders (Ort des Kohlenstoffatoms) zu zwei beliebigen Wasserstoffatomen und schließen den Tetraederwinkel α ein. Ihr Skalarprodukt lautet

$$\mathbf{r}_1 \cdot \mathbf{r}_2 = r_1\,r_2\cos\alpha = \left(\sqrt{3}\,\frac{a}{2}\right)^2\cos\alpha =$$

$$= \frac{a}{2}\,\big(1\ \ 1\ \ 1\big)\cdot\frac{a}{2}\begin{pmatrix}1\\-1\\-1\end{pmatrix} = -\frac{a^2}{4}$$

$$\Rightarrow \quad \alpha = \arccos(-1/3) \approx 109{,}47°$$

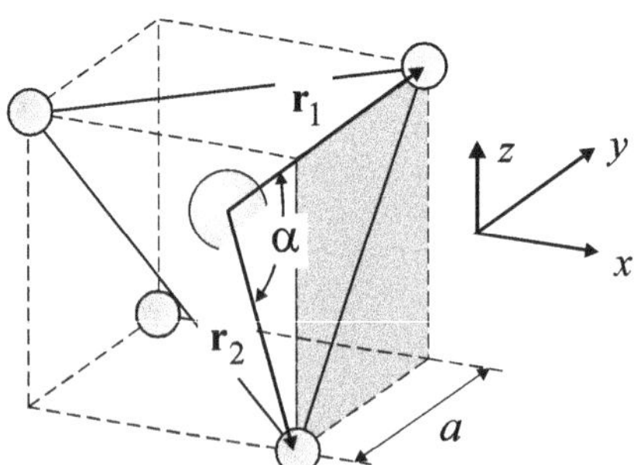

Abb. 1 Die beiden Ortsvektoren $\mathbf{r}_1, \mathbf{r}_2$ vom Mittelpunkt des Tetraeders zu zwei Tetraederecken schließen den Tetraederwinkel α ein.

18–4 Wechselwirkungsenergie von zwei elektrischen Dipolen

$$V = \frac{e_0^2}{4\pi\varepsilon_0}\left(\frac{1}{R} + \frac{1}{|\mathbf{R}+\mathbf{r}_B-\mathbf{r}_A|} - \frac{1}{|\mathbf{R}-\mathbf{r}_A|} - \frac{1}{|\mathbf{R}+\mathbf{r}_B|}\right) =$$

$$= \frac{e_0^2}{4\pi\varepsilon_0}\frac{1}{R}\left(1 + \frac{1}{\sqrt{1+\dfrac{2\mathbf{R}\cdot(\mathbf{r}_B-\mathbf{r}_A)}{R^2}+\dfrac{(\mathbf{r}_B-\mathbf{r}_A)^2}{R^2}}}\right) -$$

$$\frac{e_0^2}{4\pi\varepsilon_0}\frac{1}{R}\left(\frac{1}{\sqrt{1-\dfrac{2\mathbf{R}\cdot\mathbf{r}_A}{R^2}+\dfrac{\mathbf{r}_A^2}{R^2}}} + \frac{1}{\sqrt{1+\dfrac{2\mathbf{R}\cdot\mathbf{r}_B}{R^2}+\dfrac{\mathbf{r}_B^2}{R^2}}}\right) \overset{\underset{\mathbf{R}=R\,\mathbf{e}_z}{\uparrow}}{=}$$

$$= \frac{e_0^2}{4\pi\varepsilon_0}\frac{1}{R}\left(1 + \frac{1}{\sqrt{1+\dfrac{2(z_B-z_A)}{R}+\dfrac{(x_B-x_A)^2+(y_B-y_A)^2+(z_B-z_A)^2}{R^2}}}\right) -$$

$$\frac{e_0^2}{4\pi\varepsilon_0}\frac{1}{R}\left(\frac{1}{\sqrt{1-\dfrac{2z_A}{R}+\dfrac{r_A^2}{R^2}}} + \frac{1}{\sqrt{1+\dfrac{2z_B}{R}+\dfrac{r_B^2}{R^2}}}\right) \overset{\underset{\text{Gl. (18.6–3)}}{\uparrow}}{\approx}$$

$$\approx \frac{e_0^2}{4\pi\varepsilon_0}\frac{1}{R}\left(1 + 1 - \frac{(z_B-z_A)}{R} - \frac{(x_B-x_A)^2+(y_B-y_A)^2+(z_B-z_A)^2}{2R^2}\right) -$$

$$\frac{e_0^2}{4\pi\varepsilon_0}\frac{1}{R}\left(1 + \frac{z_A}{R} - \frac{r_A^2}{2R^2} + 1 - \frac{z_B}{R} - \frac{r_B^2}{2R^2}\right) - \frac{e_0^2}{4\pi\varepsilon_0}\frac{3z_Az_B}{R^3} -$$

$$= \frac{e_0^2}{4\pi\varepsilon_0}\frac{x_Ax_B+y_Ay_B-2z_Az_B}{R^3} \quad \text{für} \quad R \gg |\mathbf{r}_A|,|\mathbf{r}_B| \quad \text{und} \quad \mathbf{R}=R\,\mathbf{e}_z$$

Der letzte Term in der vorletzten Zeile kommt von der zweiten Näherung $1\cdot3\,\varepsilon^2/(2\cdot4)$ in der Taylorentwicklung (18.6–2). Die vernachlässigten Terme proportional zu $1/R^4$ und $1/R^5$ beschreiben die kleineren Dipol-Quadrupol- und die Quadrupol-Quadrupol-Wechselwirkungen.

Lösungen: 19 Bändermodell der Kristalle

19-1 Äquivalenz der zwei Formulierungen des Bloch-Theorems

a) Die zwei Formulierungen des Bloch-Theorems lauten:

$$\psi(x+a) = e^{iKa}\,\psi(x) \qquad \text{mit} \qquad 0 \le K < 2\pi/a \tag{19.2-2}$$

und $\quad \psi(x) = e^{iKx}\,u(x) \qquad \text{mit} \qquad u(x+a) = u(x) \tag{19.2-2'}$

Beweis für **(19.2-2)** $\rightarrow$ **(19.2-2')**: Jede Funktion $f(x)$ lässt sich in folgender Form schreiben:

$$f(x) = e^{iKx}\,u(x) \qquad \text{wobei } \textit{noch keine} \text{ Aussage über } u(x) \text{ gemacht wird} \tag{1}$$

Für die Wellenfunktionen von Systemen mit periodischen Potentialen gilt nach Gl. (19.2-2):

$$\underset{\underset{\text{Gl. (19.2-2)}}{\uparrow}}{\psi(x+a)} = e^{iKa}\,\underset{\underset{\text{Gl. (1)}}{\uparrow}}{\psi(x)} = e^{iKa}\,e^{iKx}\,u(x)$$

sowie $\quad \underset{\underset{\text{Gl. (1)}}{\uparrow}}{\psi(x+a)} = e^{iK(x+a)}\,u(x+a) = e^{iKa}\,e^{iKx}\,u(x+a) \quad \Rightarrow \quad u(x) = u(x+a)$ ∎

Beweis für **(19.2-2')** $\rightarrow$ **(19.2-2)**: Wir beweisen die umgekehrte Richtung. Aus Gl. (19.2-2') folgt

$$\psi(x+a) = e^{iK(x+a)}\,u(x+a) \underset{\underset{u(x)\,=\,u(x+a)}{\uparrow}}{=} e^{iKa}\,e^{iKx}\,u(x) = e^{iKa}\,\psi(x) \tag{19.2-2}$$ ∎

Bemerkung: Die Funktionen $\psi(x) = e^{iKx}\,u(x)$ mit $u(x+a) = u(x)$ heißen **Bloch-Wellen**. $\exp(iKx)$ ist eine ebene Welle mit der Wellenlänge $\lambda = 2\pi/K$. Mit der Länge der linearen Kette bzw. mit dem Umfang des Ringes $L := Na$ lautet die Gl. (19.2-8):

$$K = \frac{2\pi}{\lambda} = \frac{2\pi n}{L} \quad \Rightarrow \quad L = n\lambda$$

Ein ganzzahliges Vielfaches der Wellenlänge λ passt in die lineare Kette der Länge $L = Na$ – nicht aber in eine einzelne Zelle der Länge a.

b) Mit $\psi_K(x+a) = e^{iKa}\,\psi_K(x)$ folgt für $K' \neq K$ bzw. für $n' \neq n$:

$$\langle \psi_K \mid \psi_{K'} \rangle = \int_{-\infty}^{\infty} \psi_K^*(x)\,\psi_{K'}(x)\,dx = \int_{-\infty}^{\infty} \psi_K^*(x+a)\,\psi_{K'}(x+a)\,dx =$$

$$= e^{i(K'-K)a} \int_{-\infty}^{\infty} \psi_K^*(x)\,\psi_{K'}(x)\,dx \underset{\underset{\text{Gl. (19.2-8)}}{\uparrow}}{=} \exp\left[2\pi i\,\frac{n'-n}{N}\right] \langle \psi_K \mid \psi_{K'} \rangle \tag{2}$$

Wegen $n' \neq n$ und wegen $n', n = 0, 1, \dots N-1$ kann der Betrag $|n'-n|$ nur die Werte $1, \dots N-1$ annehmen. Daher ist $(n'-n)/N$ keine ganze Zahl und daher ist $\exp[2\pi i(n'-n)/N]$ für $n' \neq n$ ungleich eins. Folglich ist $\langle \psi_K \mid \psi_{K'} \rangle = 0$ für $K \neq K'$.

19-2 Dirac-Kamm mit negativen Kammspitzen

Für positive Energien $E > 0$ ändern sich die Rechnungen in Abschn. 19.2 nicht – mit Ausnahme des Vorzeichens von $\tilde{V}$.

Für negative Energien $E < 0$ sieht die Rechnung wie folgt aus: Mit $k := \sqrt{-2\,m\,E\,/\,\hbar^2} > 0$ (1)

hat die Schrödinger-Gl. in der ersten Zelle $-a < x < 0$

$$\psi_1''(x) = k^2\,\psi_1(x) \qquad\qquad \text{für}\quad -a < x < 0$$

die allgemeine Lösung

$$\psi_1(x) = A_1\,e^{kx} + B_1\,e^{-kx} \qquad\qquad \text{für}\quad -a < x < 0 \qquad (2)$$

Nach dem *Bloch-Theorem* lautet die Lösung für die zweite, rechts anschließende Zelle

$$\psi_2(x) = e^{iKa}\left[\,A_1\,e^{k(x-a)} + B_1\,e^{-k(x-a)}\,\right] \qquad \text{für}\quad 0 < x < a \qquad (3)$$

Die Stetigkeit bei $x = 0$ liefert die **erste Anschlussbedingung**:

$$\lim_{\varepsilon \to 0}\psi_1(-\varepsilon) = \lim_{\varepsilon \to 0}\psi_2(\varepsilon) \qquad\qquad (19.2\text{-}12)$$

$$\Rightarrow \qquad A_1 + B_1 = e^{iKa}\left[\,A_1\,e^{-ka} + B_1\,e^{ka}\,\right] \qquad\qquad (4)$$

Wegen des unendlich hohen Potentials an der Stelle $x = 0$ ist auch hier die Ableitung $\psi'(x)$ bei $x = 0$ unstetig; wie in Abschn. 19.2 lautet die **zweite Anschlussbedingung**:

$$\lim_{\varepsilon \to 0}\left[\,\psi_2'(\varepsilon) - \psi_1'(-\varepsilon)\,\right] = \frac{2\,m}{\hbar^2}\,\tilde{V}\,\psi(0) \qquad \text{mit} \qquad \tilde{V} < 0$$

$$\Rightarrow \qquad e^{iKa}\,k\left[\,A_1\,e^{-ka} - B_1\,e^{ka}\,\right] - k\left[\,A_1 - B_1\,\right] = \frac{2\,m}{\hbar^2}\,\tilde{V}\left[\,A_1 + B_1\,\right] \qquad (5)$$

Die beiden Gln. (4/5) lauten in Matrixform:

$$\begin{pmatrix} 1 - e^{-ka}\,e^{iKa} & 1 - e^{ka}\,e^{iKa} \\[2mm] e^{-ka}\,e^{iKa} - 1 - \dfrac{2\,m}{\hbar^2\,k}\,\tilde{V} & -e^{ka}\,e^{iKa} + 1 - \dfrac{2m}{\hbar^2\,k}\,\tilde{V} \end{pmatrix} \begin{pmatrix} A_1 \\[1mm] B_1 \end{pmatrix} = \begin{pmatrix} 0 \\[1mm] 0 \end{pmatrix}$$

Dieses Gleichungssystem hat genau dann nicht triviale Lösungen, wenn die Koeffizientendeterminante null ist. Daraus folgt nach kurzer Rechnung die reelle Gl.

$$\cos(ka) = \cosh(ka) + \frac{m\tilde{V}a}{\hbar^2}\,\frac{\sinh(ka)}{ka} =: f(k) \qquad\qquad (6)$$

Diese Gl. hat große Ähnlichkeit mit Gl. (19.2–16); auf der rechten Seite werden nur die trigonometrischen Funktionen durch die entsprechenden hyperbolischen Funktionen ersetzt und hier gilt $\tilde{V} < 0$.

Gl. (6) bestimmt die erlaubten Werte von k und damit über Gl. (1) die erlaubten Energiebereiche. Da die linke Seite $\cos(Ka)$ nur zwischen -1 und $+1$ liegen kann, sind nur die Werte von k erlaubt, bei denen auch die rechte Seite der Gl. (6) zwischen -1 und $+1$ liegt. Laut Abb. 1 gibt es für $\tilde{V} < 0$ nur ein ein-

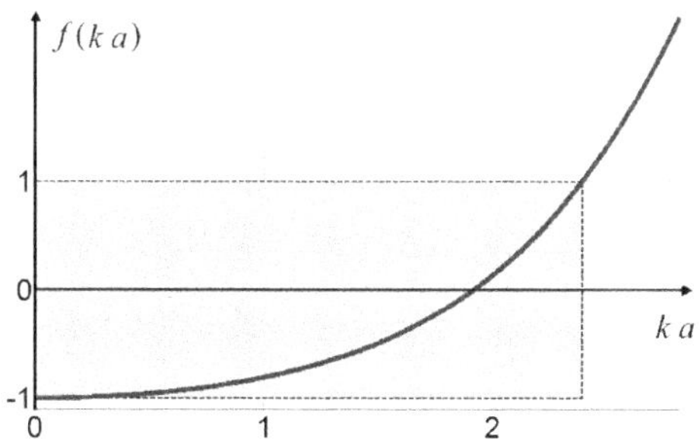

Abb. 1 Hier hat die Funktion $f(ka)$ den Parameter $m\tilde{V}a/\hbar^2 = -2$. Es gibt nur das *eine* grau markierte Energieband.

ziges erlaubtes Energieband; es ist grau markiert. Die Existenz nur eines einzigen Energiebandes ist verständlich, da (nach Aufgabe 5–13a) bei nur einer einzelnen negativen Kammspitze $V(x) = \tilde{V}\,\delta(x)$ (mit $\tilde{V} < 0$) nur ein einziger gebundener Zustand (mit $E < 0$) existiert. Wegen $k_{\min} = 0$ und $a\,k_{\max} \approx 2{,}40$ liegen die erlaubten Energien für $m\,\tilde{V}a/\hbar^2 = -2$ nach Gl. (1) zwischen

$$0 \quad \text{und} \quad -\frac{\hbar^2 k_{\max}^2}{2m} = -\frac{\hbar^2 \cdot 2{,}40^2}{2m a^2}$$

19–3 Periodisches Kastenpotential

Wir berechnen die Energiebänder im periodischen Kastenpotential

$$V(x) = \begin{cases} V_0 & \text{für} \quad nl - b < x \le nl \\ 0 & \text{sonst} \end{cases}$$

Eine Zelle hat die Länge $l = a + b$.

Wir betrachten zuerst den Fall $0 < E < V_0$ und definieren für die Bereiche 1 und 2 (siehe Abb. 1):

$$k_1 := \sqrt{2m\,(V_0 - E)/\hbar^2} \qquad (1a)$$

$$k_2 := \sqrt{2mE/\hbar^2} \qquad (1b)$$

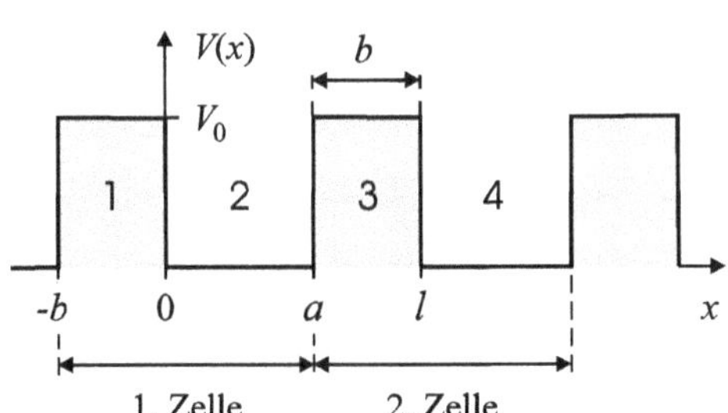

Abb. 1 Periodisches Kastenpotential

Die Wellenfunktion lautet in den Teilintervallen 1 und 2 (siehe Abb. 1), also in der **ersten Zelle**:

$$\psi_1(x) = A_1 e^{k_1 x} + B_1 e^{-k_1 x} \qquad \text{für} \qquad -b \le x \le 0$$

$$\psi_2(x) = A_2 e^{ik_2 x} + B_2 e^{-ik_2 x} \qquad \text{für} \qquad 0 \le x \le a$$

Nach dem Bloch-Theorem lautet die Wellenfunktion in den nächsten beiden Teilintervallen 3 und 4, also in der **zweiten Zelle**:

$$\psi_3(x) = e^{iKl}\,\psi_1(x-l) = e^{iKl}\left[A_1 e^{k_1(x-l)} + B_1 e^{-k_1(x-l)} \right] \qquad \text{für} \qquad a \le x \le l$$

$$\psi_4(x) = e^{iKl}\,\psi_2(x-l) = e^{iKl}\left[A_2 e^{ik_2(x-l)} + B_2 e^{-ik_2(x-l)} \right] \qquad \text{für} \qquad l \le x < l+a$$

Innerhalb der ersten Zelle müssen die Wellenfunktion und ihre Ableitung bei $x = 0$ stetig sein. Die **ersten zwei Anschlussbedingungen** (bei $x = 0$) lauten daher:

$$A_1 + B_1 = A_2 + B_2 \qquad\qquad k_1(A_1 - B_1) = i k_2 (A_2 - B_2) \qquad (2a/b)$$

Auch an der Grenze zwischen erster und zweiter Zelle bei $x = a$ müssen die Wellenfunktion und ihre Ableitung stetig sein. Die **nächsten zwei Anschlussbedingungen** (bei $x = a$) sind daher:

$$A_2 e^{ik_2 a} + B_2 e^{-ik_2 a} = e^{iKl}\left(A_1 e^{-k_1 b} + B_1 e^{k_1 b} \right) \qquad (2c)$$

$$i k_2 \left(A_2 e^{ik_2 a} - B_2 e^{-ik_2 a} \right) = k_1 e^{iKl}\left(A_1 e^{-k_1 b} - B_1 e^{k_1 b} \right) \qquad (2d)$$

Dieses Gleichungssystem (2a–d) für die vier Koeffizienten A_1, B_1, A_2, B_2 hat genau dann nicht-triviale Lösungen (d. h. mindestens ein Koeffizient ist ungleich null), wenn die Koeffizientendeterminante verschwindet. Eine sehr mühsame Rechnung führt auf die Bedingung (für $\mathbf{0 < E < V_0}$)

$$\cos(Kl) = \cos(k_2 a)\cosh(k_1 b) + \frac{ab}{2}\left(k_1^2 - k_2^2\right)\frac{\sin(k_2 a)}{k_2 a}\frac{\sinh(k_1 b)}{k_1 b} =: f(E) \tag{3a}$$

In der Funktion $f(E)$ werden k_1, k_2 mit den Gln. (1a/b) als Funktionen von E geschrieben. Für $\mathbf{E > V_0}$ muss k_1 durch $i\hat{k}_1$ ersetzt werden. Nun lautet die Bedingung

$$\cos(Kl) = \cos(k_2 a)\cos(\hat{k}_1 b) - \frac{ab}{2}\left(\hat{k}_1^2 + k_2^2\right)\frac{\sin(k_2 a)}{k_2 a}\frac{\sin(\hat{k}_1 b)}{\hat{k}_1 b} =: f(E) \tag{3b}$$

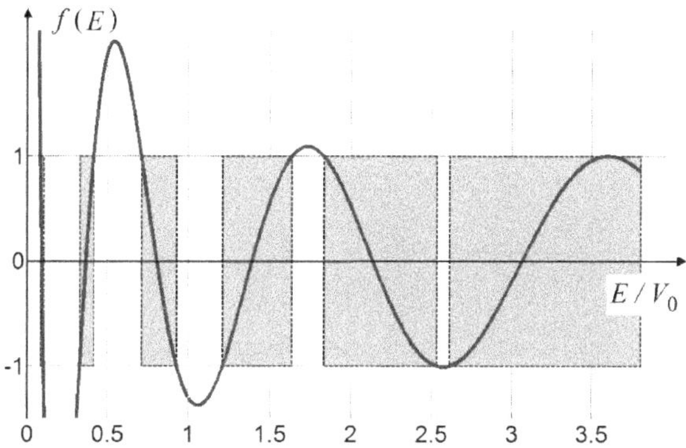

Abb. 2 Nach den Gln. (3a/b) sind nur die Energien erlaubt, für die $|f(E)| \leq 1$ ist. Die erlaubten Bereiche sind grau markiert.

Die Parameter in Abb. 2 lauten: $V_0 = 10^{-18}\,\text{J}$ $a = 4\,b = 6{,}4 \cdot 10^{-10}\,\text{m}$

Die Gl. (3a) bzw. (3b) bestimmt die erlaubten Energiewerte für $0 < E < V_0$ bzw. für $E > V_0 > 0$. Wegen $|\cos(Kl)| \leq 1$ sind nur die Energien erlaubt, bei denen $|f(E)| \leq 1$ ist. In Abb. 2 liegen die erlaubten Energien in den grau markierten Bereichen.

Lösungen: 20 Zeitabhängige Störungstheorie

20–1 Lebensdauer des angeregten Wasserstoff-Zustandes $|3,0,0\rangle$

Nach der zweiten Auswahlregel (20.3–5) $\Delta l = \pm 1$ gibt es nur die drei Zerfallsmöglichkeiten:

$$|3,0,0\rangle \rightarrow |2,1,0\rangle \quad \text{und} \quad |3,0,0\rangle \rightarrow |2,1,\pm 1\rangle$$

Für den ersten der drei Zerfallswege ist nach den Gln. (20.7–1a/b/c) in Aufgabe 20–8 nur folgendes Matrixelement ungleich null:

$$\langle 2,1,0 \,|\, z \,|\, 3,0,0 \rangle = \int_0^\infty dr\, r^2 \int_0^{2\pi} d\varphi \int_0^\pi d\vartheta\, \sin\vartheta \cdot R_{21}(r)\, Y_{10}^*(\vartheta,\varphi) \cdot \underbrace{r\cos\vartheta}_{=\,z} \cdot R_{30}(r)\, Y_{00}(\vartheta,\varphi) =$$

$$= \int_0^\infty dr\, r^3 R_{21}(r)\, R_{30}(r) \cdot \underbrace{\int_0^{2\pi} d\varphi \int_0^\pi d\vartheta\, \sin\vartheta\, Y_{10}^*(\vartheta,\varphi) \cdot \sqrt{\frac{4\pi}{3}}\, Y_{10}(\vartheta,\varphi) \cdot \sqrt{\frac{1}{4\pi}}}_{=\,1/\sqrt{3}} =$$

$$= \sqrt{\frac{2}{3}}\, \frac{2^7\, 3^4}{5^6}\, a_{\mathrm{D}}$$

Mit Gl. (20.4–9) folgt

$$A_{(3,0,0)\rightarrow(2,1,0)} = \frac{e_0^2\, \omega_0^3}{3\pi\varepsilon_0\, \hbar c^3}\, \big|\langle 2,1,0 \,|\, z \,|\, 3,0,0\rangle\big|^2 = \frac{e_0^2\, \omega_0^3}{3\pi\varepsilon_0\, \hbar c^3}\, \frac{2^{15}\, 3^7}{5^{12}}\, a_{\mathrm{B}}^2 \tag{1a}$$

In gleicher Weise berechnen sich die restlichen, nicht verschwindenden Übergangsraten:

$$\big|\langle 2,1,\pm 1 \,|\, x \,|\, 3,0,0\rangle\big| = \big|\langle 2,1,\pm 1 \,|\, y \,|\, 3,0,0\rangle\big| = \sqrt{\frac{2}{6}}\, \frac{2^7\, 3^4}{5^6}\, a_{\mathrm{B}}$$

$$\Rightarrow \quad A_{(3,0,0)\rightarrow(2,1,\pm 1)} = \frac{e_0^2\, \omega_0^3}{3\pi\varepsilon_0\, \hbar c^3}\left(\big|\langle 2,1,\pm 1 \,|\, x \,|\, 3,0,0\rangle\big|^2 + \big|\langle 2,1,\pm 1 \,|\, y \,|\, 3,0,0\rangle\big|^2 \right) =$$

$$= \frac{e_0^2\, \omega_0^3}{3\pi\varepsilon_0\, \hbar c^3} \cdot \frac{2^{15}\, 3^7}{5^{12}}\, a_{\mathrm{B}}^2 \tag{1b}$$

Die drei Übergangsraten in den Gln. (1a/b) sind gleich groß. Ihre Summe ergibt die gesamte Übergangsrate. Mit

$$\omega_0 = \frac{E_3 - E_2}{\hbar} = -\frac{5 E_1}{36\, \hbar} \qquad\qquad \text{mit} \qquad E_1 < 0$$

folgt $\quad A_{\text{gesamt}} = -3 \cdot \dfrac{e_0^2\, E_1^3}{3\pi\varepsilon_0\, \hbar^4 c^3}\, \dfrac{2^9\, 3}{5^9}\, a_{\mathrm{B}}^2 \approx 6{,}32 \cdot 10^6\, \dfrac{1}{\mathrm{s}} \qquad \text{mit} \qquad E_1 < 0$

Die Lebensdauer des Zustandes $|3,0,0\rangle$ ist bei spontanen Zerfällen $\tau \approx 1/6{,}32 \cdot 10^6\,\mathrm{s} \approx 0{,}158\,\mu\mathrm{s}$.

20-2 Vernachlässigbarkeit der Spin-Magnetfeld-Kopplung

Die Matrixelemente $\langle b|\hat{\mathbf{S}}|a\rangle$ des Spinoperators $\hat{\mathbf{S}}$ und $\langle b|\hat{Z}|a\rangle$ des Ortsoperators $\hat{Z}$ haben die Größenordnungen $\hbar$ und $a_{\mathrm{B}} =$ Bohrscher Radius. Bei elektromagnetischen Wellen sind die Amplituden des elektrischen und des magnetischen Feldes proportional zueinander: $\mathcal{E}_0 = c\,B_0$. Daher schätzen wir (mit der Feinstrukturkonstanten α) grob ab:

$$\left| \frac{\dfrac{e_0}{m_{\mathrm{e}}}\langle b|\hat{\mathbf{S}}\cdot\mathbf{B}|a\rangle}{\dfrac{\omega_{ba}}{\omega}\,e_0\,\mathcal{E}_0\,\langle b|\hat{Z}|a\rangle}\right| \approx \frac{\dfrac{e_0}{m_{\mathrm{e}}}\hbar\,B_0}{e_0\,\mathcal{E}_0\,a_{\mathrm{B}}} \underset{\mathcal{E}_0=c\,B_0}{\overset{\uparrow}{=}} \frac{1}{a_{\mathrm{B}}}\frac{\hbar}{m_{\mathrm{e}}\,c} \underset{a_{\mathrm{B}}=\frac{1}{\alpha}\frac{\hbar}{m_{\mathrm{e}}c}}{\overset{\uparrow}{=}} \alpha \approx \frac{1}{137}$$

20-3 Vergleich von exakter und genäherter Lösung

a) Die allgemeine Lösung der gestörten, zeitabhängigen Schrödinger-Gl. ist nach Gl. (20.1–5)

$$|\psi(t)\rangle = \sum_{n=1}^{2} c_n(t)\,\mathrm{e}^{-iE_n t/\hbar}\,|n\rangle$$

Die beiden Koeffizienten $c_n(t)$ unterliegen den zwei **exakten Dgln.** ($b = 1,2$)

$$i\,\hbar\,\frac{dc_b(t)}{dt} = \sum_{n=1}^{2} \mathrm{e}^{i\,\omega_{bn} t}\,h_{bn}^{(1)}(t)\,c_n(t) \qquad \text{mit} \qquad \omega_{bn} := \omega_b - \omega_n \tag{20.1–9}$$

Mit $\quad h_{11}^{(1)}(t) = h_{22}^{(1)}(t) = 0 \qquad h_{12}^{(1)}(t) = \hbar\,\omega_0\,\mathrm{e}^{i\,\omega t} \qquad h_{21}^{(1)}(t) = \hbar\,\omega_0\,\mathrm{e}^{-i\,\omega t}$ $\qquad$ (1a/b/c)

und $\qquad \Omega := \omega_{12} + \omega$ $\hspace{6cm}$ (1d)

folgen zwei *exakte, gekoppelte*, lineare Dgln. erster Ordnung mit *zeitabhängigen* Koeffizienten

$$\dot{c}_1 = -i\,\omega_0\,\mathrm{e}^{i\,\Omega t}c_2 \qquad \text{und} \qquad \dot{c}_2 = -i\,\omega_0\,\mathrm{e}^{-i\,\Omega t}c_1 \tag{2a/b}$$

Wir leiten Gl. (2b) nach der Zeit ab:

$$\ddot{c}_2 = -i\,\omega_0\,\mathrm{e}^{-i\,\Omega t}\left[-i\,\Omega\,c_1 + \dot{c}_1\right] =$$

$$= -i\,\omega_0\,\mathrm{e}^{-i\,\Omega t}\left[-i\,\Omega\,\underbrace{\frac{i}{\omega_0}\,\mathrm{e}^{i\,\Omega t}\dot{c}_2}_{=\,c_1} - \underbrace{i\,\omega_0\,\mathrm{e}^{i\,\Omega t}c_2}_{=\,dc_1/dt}\right]$$

$$\Rightarrow \qquad \ddot{c}_2 + i\,\Omega\,\dot{c}_2 + \omega_0^2\,c_2 = 0 \tag{3}$$

Bemerkung: Diese Dgl. hat dasselbe Aussehen wie die Dgl. (4) in Aufgabe „12–14 Spinresonanz und MRT".

Wir lösen diese Dgl. und berechnen anschließend $c_1(t)$ mit der Gl. (2b). Der bekannte Ansatz

$$c_2(t) = A\,\mathrm{e}^{\lambda\,t}$$

liefert $\quad \lambda_{1/2} = -i\left(\dfrac{\Omega}{2} \pm \sqrt{(\Omega/2)^2 + \omega_0^2}\right)$

$$\Rightarrow \qquad c_2(t) = \exp\!\left(-i\,\frac{\Omega}{2}\,t\right)\left[A_1\exp\!\left\{i\,\sqrt{(\Omega/2)^2 + \omega_0^2}\;t\right\} + A_2\exp\!\left\{-i\,\sqrt{(\Omega/2)^2 + \omega_0^2}\;t\right\}\right]$$

Die *Anfangsbedingung* $c_2(0) = 0$ führt auf $A_1 = -A_2 =: A$, so dass

$$c_2(t) = 2\,i\,A \exp\left(-i\,\frac{\Omega}{2}\,t\right) \sin\left\{\sqrt{(\Omega/2)^2 + \omega_0^2}\;t\right\} \tag{4a}$$

Nun liefert Gl. (2b) zusammen mit der anderen *Anfangsbedingung* $c_1(0) = 1$ den ersten Koeffizient

$$c_1(t) = \exp\left(i\,\frac{\Omega}{2}\,t\right)\left[\cos\left\{\sqrt{(\Omega/2)^2 + \omega_0^2}\;t\right\} - i\,\frac{\Omega}{2\sqrt{(\Omega/2)^2 + \omega_0^2}}\,\sin\left\{\sqrt{(\Omega/2)^2 + \omega_0^2}\;t\right\}\right] \tag{4b}$$

sowie $\quad A = -\omega_0 \Big/ \left(2\sqrt{(\Omega/2)^2 + \omega_0^2}\,\right)$

Die *exakte Übergangswahrscheinlichkeit* beträgt

$$P_{1\to2}(t) = |\,c_2(t)\,|^2 = \frac{\omega_0^2}{(\Omega/2)^2 + \omega_0^2}\,\sin^2\left\{\sqrt{(\Omega/2)^2 + \omega_0^2}\;t\right\} \tag{5}$$

Die exakte Übergangswahrscheinlichkeit des Systems im zweidimensionalen Hilbertraum variiert harmonisch in der Zeit zwischen null und einem Maximum ≤ 1. Man spricht von **Rabi-Oszillationen.**

Für $\quad \Omega = 0 \Leftrightarrow \omega_2 - \omega_1 = \omega\quad$ ist die Anregungsenergie $\hbar\,\omega$ exakt gleich der Energiedifferenz der beiden *ungestörten* Zustände. Wegen

$$|\,c_1(t)\,|^2 = \cos^2(\omega_0\,t) \qquad \text{und} \qquad |\,c_2(t)\,|^2 = \sin^2(\omega_0\,t) \tag{6}$$

sind die Übergänge *vollständig* und die beiden Zustände werden abwechselnd *voll* besetzt. Es handelt sich um eine **Resonanz.**

Bemerkungen: In Aufgabe „12–14 Spinresonanz und MRT" sind die Ergebnisse identisch: Bei der Resonanzfrequenz treten auch dort vollständige Oszillationen zwischen den beiden Besetzungszuständen des zweidimensionalen Hilbertraumes auf (siehe Abb. 1 in der Lösung von Aufgabe 12–14).

In [Cohen–2], Abschn. 13.7 wird gezeigt: Die Wahrscheinlichkeit, ein Quantenobjekt in einem diskreten Zustand zu finden, der über eine Störung an ein *Kontinuum* von Endzuständen gekoppelt ist, fällt exponentiell in der Zeit.

b) $\qquad |\,c_2^{(1)}(t)\,|^2 = \left|\,\frac{1}{\hbar}\int_0^t dt'\,e^{i\,\omega_{21}t'}\,h_{21}^{(1)}(t')\,\right|^2 \underset{\underset{\text{Gln. (1c/d)}}{\uparrow}}{=} \tag{20.1–15b}$

$$= \left|\,\omega_0\int_0^t dt'\,e^{-i\,\Omega\,t'}\,\right|^2 = \frac{\omega_0^2}{\Omega^2}\,|\,e^{-i\,\Omega\,t} - 1\,|^2 = \frac{\omega_0^2}{(\Omega/2)^2}\,\sin^2\left(\frac{\Omega}{2}\,t\right) \tag{7}$$

Für genügend kleine Störungen ist $\omega_0^2 \ll \Omega^2 \neq 0$. In diesem Fall stimmt die Näherung in Gl. (7) näherungsweise mit der exakten Gl. (5) überein.

20–4 Auswahlregeln des harmonischen Oszillators

Wegen $\hat{H}^{(1)} = q\,\mathcal{E}\,x$ lauten die entscheidenden Matrixelemente

$$\langle b\,|\,x\,|\,a\rangle \underset{\underset{\text{Gl. (6.2–5a)}}{\uparrow}}{=} \sqrt{\frac{\hbar}{2m\omega}}\,\langle b\,|\,\hat{a}_+ + \hat{a}_-\,|\,a\rangle \underset{\underset{\text{Gl. (6.2–12a/b)}}{\uparrow}}{=}$$

$$= \sqrt{\frac{\hbar}{2m\omega}}\left(\sqrt{a+1}\,\langle b\,|\,a+1\rangle + \sqrt{a}\,\langle b\,|\,a-1\rangle\right) = \sqrt{\frac{\hbar}{2m\omega}}\left(\sqrt{a+1}\,\delta_{b\,a+1} + \sqrt{a}\,\delta_{b\,a-1}\right)$$

20-5 Unendlich tiefer Potentialtopf mit zwei verschiedenen Störungen

a) Wir berechnen zuerst das Matrixelement des Störpotentials:

$$\langle n | \hat{H}^{(1)}(t) | 1 \rangle = \tilde{V} \sin(\omega t)\, \frac{2}{L} \int_0^L dx\, \sin\!\left(\frac{n\pi}{L} x\right)\!\left(x - \frac{L}{2}\right) \sin\!\left(\frac{\pi}{L} x\right) \qquad n > 1$$

Wegen der Orthogonalität $\langle n | 1 \rangle = \delta_{n1}$ liefert der zweite Term im Integral, der proportional zu $L/2$ ist, keinen Beitrag. Mit dem Hinweis in der Aufgabenstellung ergibt sich

$$\langle n | \hat{H}^{(1)}(t) | 1 \rangle = -\tilde{V} \sin(\omega t)\, \frac{8L}{\pi^2}\, \frac{n}{(n^2-1)^2} \begin{cases} 1 & \text{für } n = \text{gerade} \\ 0 & \text{für } n = \text{ungerade} \end{cases}$$

Die Übergangswahrscheinlichkeit verschwindet für ungerade n und lautet für *gerade n*

$$P_{1 \to n}(t,\omega) \approx |c_n^{(1)}(t)|^2 \underset{\underset{\text{Gl.}(20.2\text{–}12)}{\uparrow}}{\approx} \frac{1}{4\hbar^2} \left| \langle n | \tilde{V} x | 1 \rangle \right|^2 \frac{\sin^2\!\left[(\omega_{n1}-\omega)t/2\right]}{(\omega_{n1}-\omega)^2/4} =$$

$$= \left[\frac{\tilde{V}}{\hbar}\, \frac{4L}{\pi^2}\, \frac{n}{(n^2-1)^2} \right]^2 \frac{\sin^2\!\left[(\omega_{n1}-\omega)t/2\right]}{(\omega_{n1}-\omega)^2/4} \quad \text{mit} \quad \omega_{n1} := \frac{\hbar\pi^2}{2mL^2}(n^2-1)$$

b) $\qquad \langle b | V_0\, f(t) | a \rangle = V_0\, f(t)\, \langle b | a \rangle \sim \delta_{ba}$

Hier treten keine Übergänge zwischen den Zuständen auf. Auch in allen anderen Systemen mit zeitabhängigen, aber nicht ortsabhängigen Störungen treten wegen der Orthogonalität der Eigenfunktionen $|a\rangle, |b\rangle$ des ungestörten Hamiltonoperators keine Übergänge auf.

Bemerkungen: In diesem einfachen Fall können die **exakten** Dgln. (mit $\lambda = 1$)

$$\frac{dc_b(t)}{dt} = \frac{1}{i\hbar} \sum_n e^{i\,\omega_{bn} t}\, h_{bn}^{(1)}(t)\, c_n(t) \qquad\qquad \text{für alle } b \qquad\qquad (20.1\text{–}9)$$

exakt gelöst werden. Mit $h_{bn}^{(1)}(t) = V_0\, f(t)\, \delta_{bn}$ folgt

$$\dot{c}_b(t) = \frac{1}{i\hbar} V_0\, f(t)\, c_b(t) \quad \Rightarrow \quad c_b(t) = c_b(0)\, \exp\!\left[\frac{V_0}{i\hbar} \int_0^t f(t')\, dt' \right]$$

Folglich treten keine Übergänge, sondern nur zeitabhängige Phasenverschiebungen auf.

20-6 Fourierspektrum bei zeitlicher Begrenzung

Die Fouriertransformierte der zeitlich begrenzten Schwingung

$$f(t) = A\, e^{i\omega t} \cdot \begin{cases} 1 & \text{für } 0 \le t \le t_{\mathrm{E}} \\ 0 & \text{sonst} \end{cases} \tag{1}$$

lautet $\quad \tilde{f}(\Omega) = \dfrac{1}{\sqrt{2\pi}} \displaystyle\int_{-\infty}^{\infty} f(t)\, e^{-i\Omega t}\, dt = \dfrac{A}{\sqrt{2\pi}} \displaystyle\int_0^{t_{\mathrm{E}}} e^{-i(\Omega-\omega)t}\, dt =$

$$= \frac{A}{\sqrt{2\pi}}\, \frac{1}{i(\Omega-\omega)} \left[e^{-i(\Omega-\omega)t_{\mathrm{E}}} - 1 \right]$$

Mit $1 - \cos x = 2 \sin^2(x/2)$ folgt

$$\left|\tilde{f}(\Omega)\right|^2 = \frac{2A^2}{\pi} \frac{\sin^2\left[(\Omega - \omega)\, t_{\mathrm{E}}/2\right]}{(\Omega - \omega)^2} \tag{2}$$

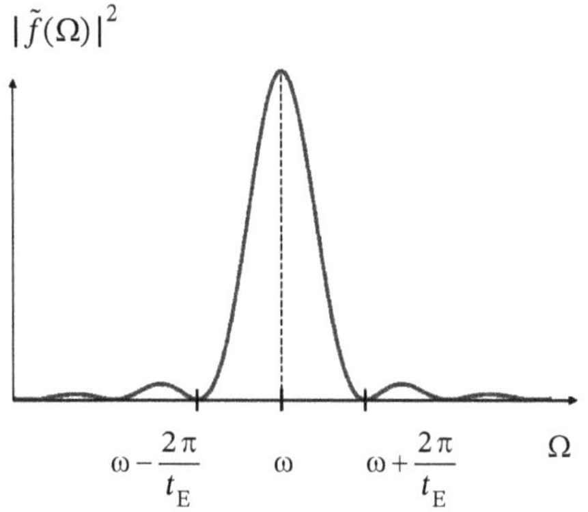

Abb. 1 $|\tilde{f}(\Omega)|^2$ in Gl. (2) hat die gleiche Form wie die Übergangswahrscheinlichkeit $P_{a\to b}(\omega)$ in Abb. 20.2–1.

Abb. 2 Für die Senderfrequenz $\omega = \omega_{ba} + 2\pi/t_{\mathrm{E}}$ ist $|\tilde{f}(\Omega = \omega_{ba})|^2 = 0$.

Die Gl. (2) sowie die Abbn. 1 und 2 führen zu zwei wichtigen Aussagen, die allgemein aus der Theorie der Fouriertransformationen bekannt sind:

1) Das Spektrum $|\tilde{f}(\Omega)|^2$ der zeitlich begrenzten Schwingung $f(t) \sim e^{i\omega t}$ enthält auch Frequenzen Ω in der Umgebung der Senderfrequenz ω. Der Frequenzbereich, in dem sich das Spektrum in der Umgebung von ω konzentriert, ist umso schmaler, je länger die Schwingung dauert, je größer also die Endzeit t_{E} ist.

2) Wegen $|\tilde{f}(\Omega)|^2 \sim \sin^2\left[(\Omega - \omega)\, t_{\mathrm{E}}/2\right]$ gilt für $\Omega \neq \omega$:

$$\left|\tilde{f}(\Omega)\right|^2 = 0 \quad \Leftrightarrow \quad (\Omega - \omega)\, t_{\mathrm{E}}/2 = n\,\pi \qquad \mathrm{mit} \qquad n = \pm 1, \pm 2, \pm 3, \dots.$$

Daher fehlen im Spektrum $|\tilde{f}(\Omega)|^2$ die diskreten Frequenzen

$$\Omega = \omega + n \cdot 2\pi/t_{\mathrm{E}} \qquad \mathrm{mit} \qquad n = \pm 1, \pm 2, \pm 3, \dots.$$

die sich um $n \cdot 2\pi/t_{\mathrm{E}}$ von der Senderfrequenz ω unterscheiden.[1]

Eine weitere Erkenntnis ist wichtig: Offensichtlich haben $|\tilde{f}(\Omega)|^2$ und die Übergangswahrscheinlichkeit $P_{a\to b}(t,\omega)$ in Gl. (20.2–12) dieselbe ω-Abhängigkeit. Diese Übereinstimmung erklärt sich wie folgt: Im Haupttext erfolgt die Integration in Gl. (20.1–15b) über t' von 0 bis t:

---

[1] Abb. 2 zeigt ein konkretes Beispiel: Wenn die zeitlich begrenzte Schwingung $f(t)$ die spezielle Frequenz $\omega = \omega_{ba} + 2\pi/t_{\mathrm{E}}$ hat, dann *fehlt* im Spektrum von $f(t)$ die Frequenz ω_{ba}.

$$P_{a \to b}(t) \underset{\text{Gl. (20.1–15b)}}{\approx} \frac{1}{\hbar^2} \left| \int_0^t dt'\, e^{i\omega_{ba}t'}\, h_{ba}^{(1)}(t') \right|^2 \underset{\text{Gl. (20.2–12)}}{=}$$

$$= \frac{|h_{ba}^Z|^2}{4\hbar^2} \frac{\sin^2\left[(|\omega_{ba}| - \omega)\frac{t}{2}\right]}{(|\omega_{ba}| - \omega)^2} \tag{20.2–12}$$

Dabei „wirkt" das Matrixelement

$$h_{ba}^{(1)}(t') = \langle b|\hat{H}^{(1)}(t')|a\rangle \underset{\text{Gl. (20.2–8/9)}}{\sim} \langle b|\hat{Z}|a\rangle\, e^{i\omega t}$$

des Störoperators nur bis zu dem Zeitpunkt t, für den die Übergangswahrscheinlichkeit $P_{a \to b}(t)$ berechnet wird. In Anbetracht dieser auf das Zeitintervall $[0,t]$ *beschränkten Wirkungszeit der elektromagnetischen Strahlung* kann es nicht überraschen, dass die Übergangswahrscheinlichkeit $P_{a \to b}(t,\omega)$ und (für $t_\mathrm{E}=t$) das Spektrum $|\tilde{f}(\Omega)|^2$ dieselbe Abhängigkeit von der Senderfrequenz ω haben. Denn sowohl die Schwingung $f(t)$ als auch die Störstrahlung werden zur Zeit $t = t_\mathrm{E}$ beendet.

Nach Gl. (20.2–12) verschwindet $P_{a \to b}(t)$ (für $\omega \neq |\omega_{ba}|$) genau dann, wenn

$$(|\omega_{ba}| - \omega)\frac{t}{2} = n\pi \quad \Leftrightarrow \quad \omega = |\omega_{ba}| + n \cdot \frac{2\pi}{t} \quad \text{mit} \quad n = \pm 1, \pm 2, \ldots$$

(Abb. 20.2–1 bestätigt diese Aussage.) Für diese Frequenzen ω fehlt im Spektrum des Störoperators $\hat{H}^{(1)}(t') \sim \exp[i(|\omega_{ba}| + n \cdot 2\pi/t)\,t']$ die Frequenz $\omega_{ba} = E_{ba}/\hbar$, die aufgrund der Energieerhaltung für den Übergang $|a\rangle \to |b\rangle$ erforderlich ist. (Siehe auch [Cohen-2], Abschn. 13.2.3.)

20–7 Vorbeiflug eines schweren, geladenen Teilchens

a) Wir nehmen an, dass das schwere Teilchen in x-Richtung fliegt und zur Zeit $t = 0$ den Punkt $(0,s,0)$ passiert. Dann lautet der Ortsvektor des schweren Teilchens

$$\mathbf{R}(t) = (v_0 t, s, 0) \quad \Rightarrow \quad R(t) = \sqrt{(v_0 t)^2 + s^2}$$

Mit dem Ortsvektor $\mathbf{r} = (x, y, z)$ des Wasserstoff-Elektrons folgt

$$\hat{H}^{(1)}(t) = -\frac{e_0^2}{4\pi\varepsilon_0} \frac{1}{\sqrt{(\mathbf{R}(t) - \mathbf{r})^2}} = -\frac{e_0^2}{4\pi\varepsilon_0} \frac{1}{R\sqrt{1 - \frac{2}{R^2}\mathbf{R}\cdot\mathbf{r} + \left(\frac{r}{R}\right)^2}} \underset{(1+\varepsilon)^\alpha \approx 1 + \alpha\varepsilon}{\approx}$$

$$\approx -\frac{e_0^2}{4\pi\varepsilon_0} \frac{1}{R}\left(1 + \frac{\mathbf{R}\cdot\mathbf{r}}{R^2}\right) = -\frac{e_0^2}{4\pi\varepsilon_0}\left[\frac{1}{R(t)} + \frac{v_0 t\, x + s\, y}{R^3(t)}\right] \tag{1}$$

Der erste Term in der eckigen Klammer ist unabhängig vom Ortsvektor $\mathbf{r}$ des Wasserstoff-Elektrons, so dass für $|b\rangle \neq |a\rangle$ gilt: $\langle b|1/R|a\rangle = 1/R\langle b|a\rangle = 0$. Daher gilt nach Gl. (20.1–15b/17):

$$P_{a \to b} \approx \frac{1}{\hbar^2}\left| \frac{e_0^2}{4\pi\varepsilon_0} \int_{-\infty}^{\infty} \frac{v_0 t\, \langle b|x|a\rangle + s\, \langle b|y|a\rangle}{\left[(v_0 t)^2 + s^2\right]^{3/2}}\, e^{i\omega_{ba}t}\, dt \right|^2 \tag{2}$$

mit $\quad |a\rangle = |n_a l_a m_a\rangle \qquad |b\rangle = |n_b l_b m_b\rangle$

b) $T_{St} = s/v_0$ kann als effektive Stoßzeit interpretiert werden, weil das Coulombpotential mit zunehmender Entfernung abfällt.

Für $T_{St} = s/v_0 \gg 1/\omega_{ba}$ (langsamer Vorbeiflug) oszilliert die Funktion $\exp(i\,\omega_{ba}\,t)$ während der effektiven Stoßzeit oft, so dass das Zeitintegral in Gl. (2) ungefähr null ist. In Übereinstimmung mit Beispiel 20.1-1 *verursachen langsame, also* **adiabatische Änderungen** *fast keine Übergänge*.

c) Für $T_{St} = s/v_0 \ll 1/\omega_{ba}$ (schneller Vorbeiflug) kann die Funktion $\exp(i\,\omega_{ba}\,t)$ in Gl. (2) ungefähr gleich eins gesetzt werden. Der erste Term im Zähler $v_0\,t\,\langle b|x|a\rangle$ ist eine ungerade Funktion der Zeit und liefert keinen Integrationsbeitrag. Demnach gilt

$$
P_{a\to b} \approx \frac{1}{\hbar^2}\left|\frac{e_0^2}{4\pi\varepsilon_0}\int_{-\infty}^{\infty}\frac{s\,\langle b|y|a\rangle}{\left[(v_0\,t)^2+s^2\right]^{3/2}}\,dt\right|^2 \quad \overset{\uparrow}{\underset{u:=v_0\,t/s}{=}}
$$

$$
= \frac{1}{\hbar^2}\left|\frac{e_0^2}{4\pi\varepsilon_0}\frac{\langle b|y|a\rangle}{s\,v_0}\frac{u}{\sqrt{u^2+1}}\right|_{-\infty}^{\infty}\Bigg|^2 = \frac{1}{\hbar^2}\left(\frac{e_0^2}{4\pi\varepsilon_0}\frac{2}{s\,v_0}\right)^2\,\left|\langle b|y|a\rangle\right|^2
$$

Nach Beispiel 20.3-1 ist das Matrixelement $\langle b|y|a\rangle = \langle n_b\,l_b\,m_b|y|n_a\,l_a\,m_a\rangle$ für H-Atome nur dann ungleich null, wenn sich die Drehimpulse l_a, l_b um eine ungerade Zahl unterscheiden.

20-8 Weitere „Auswahlregeln" der elektrischen Dipolstrahlung

a) Nach den Gln. $\left[\hat{L}_j, \hat{X}_k\right] = i\,\hbar\,\varepsilon_{jkl}\,\hat{X}_l$ ist $\left[\hat{L}_3, z\right] = 0$ (siehe Gl. (3.3-24a)). Daraus folgt

$$
0 = \langle n',l',m'|\left[\hat{L}_3, z\right]|n,l,m\rangle = \hbar\,(m'-m)\,\langle n',l',m'|z|n,l,m\rangle
$$

$\Rightarrow \qquad \langle n',l',m'|z|n,l,m\rangle = 0 \qquad \text{für} \qquad m' \neq m \qquad\qquad\qquad (20.7\text{–}1a)$

b)

$$
\langle n',l',m'|\left[\hat{L}_3, x\right]|n,l,m\rangle = \hbar\,(m'-m)\,\langle n',l',m'|x|n,l,m\rangle \qquad \overset{\uparrow}{\underset{[\hat{L}_3,x]=i\,\hbar\,y}{=}}
$$

$$
= i\,\hbar\,\langle n',l',m'|y|n,l,m\rangle
$$

$\Rightarrow \qquad \langle n',l',m'|y|n,l,m\rangle = -i\,(m'-m)\,\langle n',l',m'|x|n,l,m\rangle \qquad (20.7\text{–}1b)$

Mit den Gln. (20.7-1b) können die Matrixelemente von $\hat{X}$ mit den Matrixelementen von $\hat{Y}$ (und natürlich auch umgekehrt) berechnet werden. In gleicher Weise berechnet man:

$$
\langle n',l',m'|\left[\hat{L}_3, y\right]|n,l,m\rangle = \hbar\,(m'-m)\,\langle n',l',m'|y|n,l,m\rangle = -i\,\hbar\,\langle n',l',m'|x|n,l,m\rangle
$$

$\Rightarrow \qquad \langle n',l',m'|x|n,l,m\rangle = i\,(m'-m)\,\langle n',l',m'|y|n,l,m\rangle \qquad (20.7\text{–}1c)$

Wir setzen Gl. (20.7-1c) in (20.7-1b) ein und erhalten

$$
\langle n',l',m'|y|n,l,m\rangle = (m'-m)^2\,\langle n',l',m'|y|n,l,m\rangle
$$

$\Rightarrow \qquad \langle n',l',m'|y|n,l,m\rangle = 0 \qquad \text{für} \qquad m' \neq m \pm 1 \qquad (20.7\text{–}1d)$

Ebenso $\langle n',l',m'|x|n,l,m\rangle = 0 \qquad \text{für} \qquad m' \neq m \pm 1 \qquad (20.7\text{–}1e)$

Lösungen: 21 Der Dichteoperator

21-1 Basisunabhängigkeit der Spur

a) Wir verwenden die verschiedenen vollständigen Orthonormalsysteme $\{|u_n\rangle\}$ und $\{|v_n\rangle\}$.

$$\mathrm{Sp}(\hat{A}) := \sum_n \langle u_n | \hat{A} | u_n \rangle = \sum_n \sum_{m,k} \langle u_n | v_m \rangle \langle v_m | \hat{A} | v_k \rangle \langle v_k | u_n \rangle =$$

$$= \sum_n \sum_{m,k} \langle v_k | u_n \rangle \langle u_n | v_m \rangle \langle v_m | \hat{A} | v_k \rangle = \sum_k \langle v_k | \hat{A} | v_k \rangle \tag{1}$$

b) $$\mathrm{Sp}(\hat{A}\hat{B}) = \sum_n \langle u_n | \hat{A}\hat{B} | u_n \rangle = \sum_{n,m} \langle u_n | \hat{A} | u_m \rangle \langle u_m | \hat{B} | u_n \rangle =$$

$$= \sum_{n,m} \langle u_m | \hat{B} | u_n \rangle \langle u_n | \hat{A} | u_m \rangle = \sum_m \langle u_m | \hat{B}\hat{A} | u_m \rangle = \mathrm{Sp}(\hat{B}\hat{A}) \tag{2}$$

Daraus folgt insbesondere, dass die Spur aller Kommutatoren verschwindet.

Der Beweis der zyklischen Vertauschbarkeit der Reihenfolge von drei Operatoren ist einfach:

$$\mathrm{Sp}(\hat{A}\hat{B}\hat{C}) \underset{\hat{D}:=\hat{A}\hat{B}}{=} \mathrm{Sp}(\hat{D}\hat{C}) \underset{\mathrm{Gl.\,(2)}}{=} \mathrm{Sp}(\hat{C}\hat{D}) = \mathrm{Sp}(\hat{C}\hat{A}\hat{B})$$

c) Die Eigenwertgln. des Operators $\hat{A}$ lauten $\quad \hat{A}|n,\gamma\rangle = a_n |n,\gamma\rangle \qquad \gamma = 1,2,\ldots g_n$

$$\Rightarrow \quad \mathrm{Sp}(\hat{A}) = \sum_n \sum_{\gamma=1}^{g_n} \langle n,\gamma | \hat{A} | n,\gamma \rangle = \sum_n g_n a_n$$

21-2 Phasenfluktuationen löschen die Interferenzterme

a) $$\hat{\rho}_{\mathrm{Rein}} \underset{\mathrm{Gl.\,(21.2\text{--}12b)}}{=} \begin{pmatrix} c_{11}c_{11}^* & c_{11}c_{12}^* \\ c_{12}c_{11}^* & c_{12}c_{12}^* \end{pmatrix} = \begin{pmatrix} |c_1|^2 & |c_1 c_2| e^{-i\delta} \\ |c_2 c_1| e^{i\delta} & |c_2|^2 \end{pmatrix} \tag{1}$$

Bemerkung: Nach einer Diagonalisierung hat $\hat{\delta}_{\mathrm{Rein}}$ die zwei Diagonalelemente 0 und $|c_1|^2 + |c_2|^2$.

b) Bei schnellen, gleich verteilten Schwankungen von $\delta(t)$ im Intervall $[0,2\pi]$ verschwindet $\exp(i\delta)$ im zeitlichen Mittel. Daher lautet die Dichtematrix im zeitlichen Mittel

$$\hat{\rho}_{\mathrm{Fluktu}} = \begin{pmatrix} |c_1|^2 & 0 \\ 0 & |c_2|^2 \end{pmatrix} \tag{2}$$

Ein Vergleich der Gln. (1) und (2) zeigt, dass die *inkohärente Überlagerung* der beiden Zustände $|1\rangle, |2\rangle$ *die Nebendiagonalelemente der Dichtematrix verschwinden lässt*. Wir wissen vom Doppelspalt-Experiment und von Beispiel „3.2–1 Phasendifferenz und Doppelspalt-Experiment", dass die *inkohärente Überlagerung von zwei Strahlen keine Interferenzen liefert.*

Die Diagonalelemente (Populationen) sind unabhängig von Phasendifferenzen. Nach der Aussage in der folgenden Aufgabe 2–3 beschreibt $\hat{\rho}_{\mathrm{Fluktu}}$ eine gemischte Gesamtheit.

c) $\hat{\rho}_{\text{Misch}} = \begin{pmatrix} p_1 & 0 \\ 0 & p_2 \end{pmatrix}$ (3)

21–3 Zahl der Diagonalelemente der Dichtematrix

Nach Gl. (21.2–13) gilt für alle Dichtematrizen:

$$\sum_n \hat{\rho}_{nn} = 1 \qquad \text{und} \qquad 0 \le \hat{\rho}_{nn} \le 1 \tag{1a/b}$$

Nach Aufgabe 21–1 hängt die Spur eines Operators nicht vom verwendeten Orthonormalsystem ab und ändert sich daher nicht, wenn wir auf die diagonale Dichtematrix $\hat{\rho}^{\text{diag}}$ transformieren.

Für **reine Zustände** gilt:

$$1 \underset{\substack{\uparrow \\ \text{Gl. (21.2–9b)}}}{=} \text{Sp}(\hat{\rho}_{\text{Rein}}) = \text{Sp}(\hat{\rho}_{\text{Rein}}^{\text{diag}}) = \sum_n \hat{\rho}_{nn} \underset{\substack{\uparrow \\ \hat{\rho}_{\text{Rein}} = \hat{\rho}_{\text{Rein}}^2}}{=} \sum_n \hat{\rho}_{nn}^2 \tag{2}$$

Wegen der Gln. (1a/b) kann die Gl. $1 = \sum \hat{\rho}_{nn} = \sum \hat{\rho}_{nn}^2$ nur realisiert werden, wenn lediglich eine einzige Population $\hat{\rho}_{nn}$ der diagonalisierten Dichtematrix ungleich null ist.

Andererseits gilt für **gemischte Zustände**:

$$1 \underset{\substack{\uparrow \\ \text{Gl. (21.2–9b)}}}{=} \text{Sp}(\hat{\rho}_{\text{Misch}}) = \text{Sp}(\hat{\rho}_{\text{Misch}}^{\text{diag}}) = \sum_n \hat{\rho}_{nn} \underset{\substack{\gtrless \\ \text{Gl. (21.2–9e)}}}{}$$

$$> \text{Sp}(\hat{\rho}_{\text{Misch}}^{\text{diag}\,2}) = \sum_n \hat{\rho}_{nn}^2 \tag{3}$$

Wegen der Gl. (1a/b) kann die Ungleichung $1 = \sum \hat{\rho}_{nn} > \sum \hat{\rho}_{nn}^2$ nur realisiert werden, wenn mindestens zwei Diagonalelemente $\hat{\rho}_{nn}$ der diagonalisierten Dichtematrix ungleich null sind. Damit ist die in der Aufgabenstellung aufgestellte Vermutung bewiesen.

21–4 Verschiedene Gesamtheiten mit ein und derselben Dichtematrix

a) $\hat{\rho}_\chi = \dfrac{5}{8}\dfrac{1}{5}\begin{pmatrix} 2 \\ 1 \end{pmatrix}\begin{pmatrix} 2 & 1 \end{pmatrix} + \dfrac{1}{8}\begin{pmatrix} 0 \\ i \end{pmatrix}\begin{pmatrix} 0 & -i \end{pmatrix} + \dfrac{1}{4}\dfrac{1}{2}\begin{pmatrix} 1 \\ -1 \end{pmatrix}\begin{pmatrix} 1 & -1 \end{pmatrix} = \dfrac{1}{8}\begin{pmatrix} 5 & 1 \\ 1 & 3 \end{pmatrix}$ (1a)

b) $\hat{\rho}_\varphi = \dfrac{1}{4}\begin{pmatrix} 1 \\ 0 \end{pmatrix}\begin{pmatrix} 1 & 0 \end{pmatrix} + \dfrac{1}{2}\dfrac{1}{2}\begin{pmatrix} 1 \\ 1 \end{pmatrix}\begin{pmatrix} 1 & 1 \end{pmatrix} + \dfrac{1}{4}\dfrac{1}{2}\begin{pmatrix} -1 \\ 1 \end{pmatrix}\begin{pmatrix} -1 & 1 \end{pmatrix} = \dfrac{1}{8}\begin{pmatrix} 5 & 1 \\ 1 & 3 \end{pmatrix}$ (1b)

c) Die Gl. $\hat{\rho}_\chi = \hat{\rho}_\varphi$ zeigt, dass *verschiedene Gesamtheiten ein und dieselbe Dichtematrix haben können. Es lassen sich unendlich viele verschiedene Gesamtheiten mit derselben Dichtematrix beschreiben. Daher kann man einer Dichtematrix nicht ansehen, welche Gesamtheit ihr zugrunde liegt.* Nach der Berechnung einer Dichtematrix und nach dem Vergessen der Zustände $|\alpha_i\rangle$ und ihrer Wahrscheinlichkeiten p_i ist die Kenntnis der ursprünglichen Gesamtheit verloren.

Zur Veranschaulichung betrachten wir zwei Lichtstrahlen auf der x-Achse:

- Der erste Strahl enthält gleich viele y-linear und z-linear polarisierte Photonen. Mit den Basisvektoren $|y\rangle = (1\ 0)^{\text{T}}$ und $|z\rangle = (0\ 1)^{\text{T}}$ lautet der Dichteoperator (siehe auch Gl. (3.6–10))

$$\hat{\rho}_{yz} = \frac{1}{2}|y\rangle\langle y| + \frac{1}{2}|z\rangle\langle z| = \frac{1}{2}\begin{pmatrix} 1 \\ 0 \end{pmatrix}\begin{pmatrix} 1 & 0 \end{pmatrix} + \frac{1}{2}\begin{pmatrix} 0 \\ 1 \end{pmatrix}\begin{pmatrix} 0 & 1 \end{pmatrix} = \frac{1}{2}\begin{pmatrix} 1 & 0 \\ 0 & 1 \end{pmatrix} \tag{2a}$$

- Der zweite Strahl enthält gleich viele rechtszirkular und linkszirkular polarisierte Photonen. Mit

$$|R\rangle = \frac{1}{\sqrt{2}}\left(|y\rangle + i|z\rangle\right) = \frac{1}{\sqrt{2}}\begin{pmatrix} 1 \\ i \end{pmatrix} \qquad |L\rangle = \frac{1}{\sqrt{2}}\left(|y\rangle - i|z\rangle\right) = \frac{1}{\sqrt{2}}\begin{pmatrix} 1 \\ -i \end{pmatrix} \qquad (3.6\text{–}9a/b)$$

folgt der Dichteoperator der zweiten Gesamtheit:

$$\hat{\rho}_{RL} = \frac{1}{2}|R\rangle\langle R| + \frac{1}{2}|L\rangle\langle L| =$$

$$= \frac{1}{2}\frac{1}{\sqrt{2}}\begin{pmatrix} 1 \\ i \end{pmatrix} \cdot \frac{1}{\sqrt{2}}(1 \ -i) + \frac{1}{2}\frac{1}{\sqrt{2}}\begin{pmatrix} 1 \\ -i \end{pmatrix} \cdot \frac{1}{\sqrt{2}}(1 \ i) = \frac{1}{2}\begin{pmatrix} 1 & 0 \\ 0 & 1 \end{pmatrix} = \hat{\rho}_{yz} \qquad (2b)$$

Nach den Gln. (21.2–6/7) liefern gleiche Dichteoperatoren gleiche Erwartungswerte und gleiche Messwahrscheinlichkeiten. *Daher kann man mit keinem Experiment feststellen, ob die untersuchten Photonen mit gleicher Wahrscheinlichkeit y- und z-linear polarisiert oder aber mit gleicher Wahrscheinlichkeit rechts- und linkszirkular polarisiert sind.*

Hinweise: **1)** Sehr leicht lassen sich entsprechende Gln. mit den Spinzuständen von Elektronen aufstellen.

2) Dichteoperatoren enthalten alle *verfügbaren* Informationen. Da gemischte Gesamtheiten nur unvollständige Informationen enthalten, können verschiedene gemischte Gesamtheiten denselben Dichteoperator haben; in diesem Fall lassen sich verschiedene gemischte Gesamtheiten physikalisch nicht unterscheiden.

3) In [Audretsch-1], Abschn. 4.3 wird für zwei gleiche Dichteoperatoren gezeigt: Die Zustandsfunktionen der einen Gesamtheit lassen sich immer als spezielle Linearkombinationen der Zustandsfunktionen der anderen Gesamtheit schreiben. Zu jedem Dichteoperator gibt es unendlich viele verschiedene Gesamtheiten.

d) Nach Aufgabe 7–3c müssen wir zuerst die beiden Eigenwerte und Eigenvektoren von $\hat{\rho}_\chi = \hat{\rho}_\varphi$ berechnen. Die Dichtematrix $\hat{\rho}_\chi = \hat{\rho}_\varphi$ hat die zwei normierten, orthogonalen Eigenvektoren

$$|n_1\rangle = \frac{1}{4 - 2\sqrt{2}}\begin{pmatrix} 1 \\ \sqrt{2} - 1 \end{pmatrix} \qquad \text{mit dem Eigenwert} \qquad \lambda_1 = \frac{4 + \sqrt{2}}{8}$$

$$\text{und} \qquad |n_2\rangle = \frac{1}{4 + 2\sqrt{2}}\begin{pmatrix} 1 \\ \sqrt{2} + 1 \end{pmatrix} \qquad \text{mit dem Eigenwert} \qquad \lambda_2 = \frac{4 - \sqrt{2}}{8}$$

Nach Gl. (7.5–7b) lautet die Spektraldarstellung der Dichtematrix

$$\hat{\rho} = \sum_{i=1}^{2} \lambda_i |n_i\rangle\langle n_i| = \dots = \frac{1}{8}\begin{pmatrix} 4 & 1{,}25\sqrt{2} \\ 1{,}25\sqrt{2} & 1 \end{pmatrix} \qquad (3)$$

21–5 Bestimmung einer 2×2–Dichtematrix mit drei Erwartungswerten

a) Wir berechnen den Erwartungswert mit (21.2–6): $\langle \hat{A} \rangle = \text{Sp}(\hat{\rho}\hat{A})$. Laut Aufgabenstellung gilt:

$$\hat{\rho}\hat{A} = \frac{1}{2}\begin{pmatrix} 1 + a_3 & a_1 - i a_2 \\ a_1 + i a_2 & 1 - a_3 \end{pmatrix}\begin{pmatrix} 3 & 2 \\ 2 & 3 \end{pmatrix} =$$

$$= \frac{1}{2}\begin{pmatrix} 3 + 3a_3 + 2a_1 - 2ia_2 & 2 + 2a_3 + 3a_1 - 3ia_2 \\ 3a_1 + 3ia_2 + 2 - 2a_3 & 2a_1 + 2ia_2 + 3 - 3a_3 \end{pmatrix}$$

$$\Rightarrow \qquad \langle \hat{A} \rangle = \text{Sp}(\hat{\rho}\hat{A}) = 3 + 2a_1 = 4 \qquad (1a)$$

In gleicher Weise erhalten wir

$$\langle \hat{B} \rangle = \mathrm{Sp}(\hat{\rho}\,\hat{B}) = 2 - a_2 = 1,5 \qquad \text{und} \qquad \langle \hat{C} \rangle = \mathrm{Sp}(\hat{\rho}\,\hat{C}) = 2 - a_3 = 2 \qquad (1\text{b/c})$$

Die drei Gln. (1a/b/c) können sofort nach den unbekannten Koeffizienten a_k aufgelöst werden.

$$a_1 = a_2 = \frac{1}{2} \qquad a_3 = 0 \qquad \Rightarrow \qquad \hat{\rho} = \frac{1}{4}\begin{pmatrix} 2 & 1-i \\ 1+i & 2 \end{pmatrix} \qquad (2)$$

b) $\qquad \hat{\rho}^2 = \dfrac{1}{4}\begin{pmatrix} 1,5 & 1-i \\ 1+i & 1,5 \end{pmatrix} \neq \hat{\rho} \qquad \Rightarrow \qquad$ Wegen $\hat{\rho}^2 \neq \hat{\rho}$ liegt eine gemischte Gesamtheit vor.

21-6 Dichteoperator und kontinuierliche Spektren

$$\mathrm{Sp}(\hat{\rho}\,|x\rangle\langle x|) = \sum_{i,n} p_i \,\langle n|\alpha_i\rangle\langle\alpha_i|x\rangle\langle x|n\rangle =$$

$$= \sum_{i,n} p_i \,\langle x|n\rangle\langle n|\alpha_i\rangle\langle\alpha_i|x\rangle = \sum_i p_i \,\langle x|\alpha_i\rangle\langle\alpha_i|x\rangle \underset{\underset{\text{Gl. (7.1–19)}}{\uparrow}}{=}$$

$$= \sum_i p_i \,|\alpha_i(x)|^2 \qquad (1)$$

Gl. (1) gilt für *kontinuierliche* Spektren und entspricht – wie erwartet – der Gl. (21.2–8):

$$\mathrm{Sp}(\hat{\rho}\,\hat{P}_k) = \sum_i p_i \,\big|\langle\alpha_i|k\rangle\big|^2 \qquad (21.2\text{–}8)$$

für *diskrete* Spektren. Bei kontinuierlichen Spektren tritt die Wahrscheinlichkeitsdichte $|\alpha_i(x)|^2$ an die Stelle der Wahrscheinlichkeit $|\langle\alpha_i|k\rangle|^2$, bei der Messung von $\hat{A}$ den Eigenwert a_k zu finden.

In gleicher Weise berechnet sich

$$\mathrm{Sp}(\hat{\rho}\,|p\rangle\langle p|) = \sum_{i,n} p_i \,\langle n|\alpha_i\rangle\langle\alpha_i|p\rangle\langle p|n\rangle =$$

$$= \sum_i p_i \,\langle p|\alpha_i\rangle\langle\alpha_i|p\rangle \underset{\underset{\text{Gl. (7.1–20)}}{\uparrow}}{=} \sum_i p_i \,|\tilde{\alpha}_i(p)|^2 \qquad (2)$$

21-7 Reine Gesamtheit

a) Zur Zeit t lautet der Spinor

$$\chi(t) = c_1\,e^{-i\omega_1 t}\begin{pmatrix} 1 \\ 0 \end{pmatrix} + c_2\,e^{-i\omega_2 t}\begin{pmatrix} 0 \\ 1 \end{pmatrix} = \begin{pmatrix} c_1\,e^{-i\omega_1 t} \\ c_2\,e^{-i\omega_2 t} \end{pmatrix}$$

$$\Rightarrow \qquad \hat{\rho}(t) = |\chi(t)\rangle\langle\chi(t)| = \begin{pmatrix} c_1\,e^{-i\omega_1 t} \\ c_2\,e^{-i\omega_2 t} \end{pmatrix} \cdot \begin{pmatrix} c_1^*\,e^{i\omega_1 t} & c_2^*\,e^{i\omega_2 t} \end{pmatrix} =$$

$$= \begin{pmatrix} |c_1|^2 & c_1 c_2^*\,e^{i\omega t} \\ c_1^* c_2\,e^{-i\omega t} & |c_2|^2 \end{pmatrix} \qquad \text{mit} \qquad \omega := \omega_2 - \omega_1 \qquad (1)$$

b) Mit $|c_1|^2 + |c_2|^2 = 1$ folgt $\hat{\rho}^2(t) = \hat{\rho}(t)$. Dann gilt auch $\mathrm{Sp}(\hat{\rho}^2(t)) = |c_1|^2 + |c_2|^2 = 1$.

21-8 Messung am Spinzustand

a) Nach Aufgabe 21–3 gilt: Dichtematrizen *in Diagonalform* haben bei reinen Zuständen genau ein einziges Diagonalelement ungleich null und bei gemischten Zuständen mindestens zwei nicht verschwindende Diagonalelemente. Daher beschreibt unsere Dichtematrix für $a=0$ und für $a=1$ einen reinen Zustand, andernfalls einen gemischten Zustand.

b) Nach Gl. (21.2–7) berechnen wir den Projektionsoperator $\hat{P}_{x+}$ auf den Zustand $|x,+\rangle$:

$$\hat{P}_{x+} = |x,+\rangle\langle x,+| \underset{\substack{\uparrow \\ \text{Gl. (12.3–11a)}}}{=} \frac{1}{2}\begin{pmatrix}1\\1\end{pmatrix}(1\ \ 1) = \frac{1}{2}\begin{pmatrix}1 & 1\\ 1 & 1\end{pmatrix}$$

$$\Rightarrow\ p(\hbar/2) \underset{\substack{\uparrow \\ \text{Gl. (21.2–7)}}}{=} \mathrm{Sp}(\hat{\rho}\hat{P}_{x+}) = \mathrm{Sp}\left(\begin{pmatrix}a & 0\\ 0 & b\end{pmatrix}\frac{1}{2}\begin{pmatrix}1 & 1\\ 1 & 1\end{pmatrix}\right) = \frac{1}{2}\mathrm{Sp}\left(\begin{pmatrix}a & a\\ b & b\end{pmatrix}\right) = \frac{1}{2}(a+b) = \frac{1}{2}$$

21-9 Zeitliche Entwicklung des Dichteoperators

a) Wir sind (wie üblich) im Schrödinger-Bild. Die zeitabhängige Schrödinger-Gl.

$$i\hbar\frac{d}{dt}|n\rangle = \hat{H}|n\rangle \qquad \Leftrightarrow \qquad -i\hbar\frac{d}{dt}\langle n| = \langle n|\hat{H}$$

liefert $\quad \dfrac{d}{dt}\hat{\rho} = \dfrac{d}{dt}\sum_n p_n |n\rangle\langle n| = \sum_n p_n \dfrac{i}{\hbar}\left(-\hat{H}|n\rangle\langle n| + |n\rangle\langle n|\hat{H}\right) =$

$$= \frac{1}{i\hbar}\left[\hat{H},\hat{\rho}\right] \qquad \text{auch für zeitabhängige } \hat{H} \tag{1}$$

Der Dichteoperator ist genau dann zeit*un*abhängig, wenn er mit dem Hamiltonoperator vertauscht.

Projektions- und Dichteoperatoren bestehen aus Bras und Kets und sind daher im Heisenberg-Bild immer konstant, im Schrödinger Bild nur, wenn sie mit dem Hamiltonoperator vertauschen.

b) Nach Gl. (21.4–4) gilt für zeit*un*abhängige Hamiltonoperatoren:

$$\frac{d}{dt}\hat{\rho}_{kk}(t) = \frac{d}{dt}\langle k|\hat{\rho}(t)|k\rangle \underset{\substack{\uparrow \\ \text{Gl. (21.4–4)}}}{=} \frac{d}{dt}\langle k|\mathrm{e}^{-iE_k t/\hbar}\hat{\rho}(0)\,\mathrm{e}^{iE_k t/\hbar}|k\rangle =$$

$$= \frac{d}{dt}\langle k|\hat{\rho}(0)|k\rangle = 0$$

und $\quad \dfrac{d}{dt}\hat{\rho}_{kl}(t) = \dfrac{d}{dt}\langle k|\hat{\rho}(t)|l\rangle \underset{\substack{\uparrow \\ \text{Gl. (21.4–4)}}}{=} \dfrac{d}{dt}\langle k|\mathrm{e}^{-iE_k t/\hbar}\hat{\rho}(0)\,\mathrm{e}^{iE_l t/\hbar}|l\rangle =$

$$= -\frac{i}{\hbar}\left(E_k - E_l\right)\mathrm{e}^{-i(E_k - E_l)t/\hbar}\hat{\rho}_{kl}(0)$$

$$\Rightarrow\quad \hat{\rho}_{kk}(t) = \text{const} \quad \text{und} \quad \hat{\rho}_{kl}(t) = \hat{\rho}_{kl}(0)\,\mathrm{e}^{-i(E_k - E_l)t/\hbar} \quad \text{für} \quad k \neq l \tag{2a/b}$$

Die Populationen sind konstant und die Interferenzen oszillieren mit der Frequenz $(E_k - E_l)/\hbar$.

21-10 Dichteoperator eines Zweiteilchensystems

a)
$$\hat{\rho} = |\Psi\rangle\langle\Psi| = \sum_{k,l}\sum_{m,n} c_{kl}\, c_{mn}^{*}\, |k,l\rangle\langle m,n| \tag{1}$$

b) Wir müssen *zwei Spuren berechnen*: Je eine Spur über die Basisfunktionen jedes Teilchens:

$$\mathrm{Sp}(\hat{\rho}\,\hat{A}) = \sum_{i,j}\langle i,j|\hat{\rho}\,\hat{A}|i,j\rangle = \sum_{i,j}\sum_{k,l}\sum_{m,n} c_{kl}\, c_{mn}^{*}\, \underbrace{\langle i,j|k,l\rangle}_{=\,\delta_{ik}\delta_{jl}}\langle m,n|\hat{A}|i,j\rangle =$$

$$= \sum_{k,l}\sum_{m,n} c_{kl}\, c_{mn}^{*}\,\langle m,n|\hat{A}|k,l\rangle = \langle\Psi|\hat{A}|\Psi\rangle$$

21-11 Messtechnische Unterscheidung zwischen reinen/gemischten Zuständen

a) Ein Polarisationsfilter (kurz Polfilter), dessen Polachse mit der x-Achse den Winkel ϑ einschließt, lässt alle Photonen im Polzustand $|\nearrow\rangle$ passieren. Photonen mit gemischten Polzuständen werden in jedem Polfilter – unabhängig von der Polrichtung – teilweise gesperrt. Messungen mit geeigneten Polarisationsrichtungen können also reine von gemischten Polzuständen unterscheiden. Nur Photonen in linear polarisierten, reinen Polzuständen können (geeignet gedreht) Polfilter zu 100% passieren. Photonen in gemischten Zuständen werden bei jeder Polrichtung teilweise verschluckt.

b) Wegen $|c_1|^2+|c_2|^2=1$ können wir (abgesehen von einem belanglosen Phasenfaktor) schreiben:

$$|\chi\rangle = c_1|z,+\rangle + c_2|z,-\rangle = \cos\frac{\vartheta}{2}|z,+\rangle + \sin\frac{\vartheta}{2}\,e^{i\varphi}|z,-\rangle \underset{\uparrow}{=} |\mathbf{n},+\rangle$$

$$\text{Gl. (5a) in Aufgabe 12–2b}$$

Spinmessungen mit einem Stern-Gerlach-Magnet (siehe Abb. 12.2–1), der in die Richtung des Einheitsvektors $\mathbf{n}=(\sin\vartheta\cos\varphi,\,\sin\vartheta\sin\varphi,\,\cos\vartheta)^{T}$ ausgerichtet ist, liefern immer nur den einen Messwert $+\hbar/2$. Das ist bei gemischten Zuständen nicht möglich.

21-12 Änderung der Dichteoperatoren bei Messungen

a) Der Projektionsoperator auf den Eigenraum $\mathcal{H}_n$ des Eigenwertes a_n lautet

$$\hat{P}_n = \sum_{\alpha=1}^{g_n} |n,\alpha\rangle\langle n,\alpha| \tag{1}$$

b) Nach der Messung von a_n lautet der reine, neu normierte Zustand laut Gl. (5) in Aufgabse 8–6b

$$|\psi\rangle_{\mathrm{End}} = \frac{1}{\sqrt{\sum_{\alpha=1}^{g_n}|c_{n\alpha}|^2}}\sum_{\alpha=1}^{g_n} c_{n\alpha}|n,\alpha\rangle = \frac{1}{\sqrt{p_n}}\sum_{\alpha=1}^{g_n} c_{n\alpha}|n,\alpha\rangle \tag{2}$$

mit $p_n = $ *Wahrscheinlichkeit, den Eigenwert a_n zu messen* (siehe Gl. (4) in Aufgabe 8–6b). Nun gilt

$$\frac{1}{p_n}\,\hat{P}_n\,\hat{\rho}_{\mathrm{Anf}}\,\hat{P}_n =$$

$$= \frac{1}{p_n} \underbrace{\left(\sum_{\alpha=1}^{g_n} |n,\alpha\rangle\langle n,\alpha| \right)}_{= \hat{P}_n} \underbrace{\left(\sum_{k} \sum_{\gamma=1}^{g_k} c_{k\gamma} |k,\gamma\rangle \right)}_{= |\psi\rangle_{\mathrm{Anf}}} \underbrace{\left(\sum_{m} \sum_{\delta=1}^{g_m} c_{m\delta}^* \langle m,\delta| \right)}_{= {}_{\mathrm{Anf}}\langle\psi|} \underbrace{\left(\sum_{\beta=1}^{g_n} |n,\beta\rangle\langle n,\beta| \right)}_{= \hat{P}_n} =$$

$$= \frac{1}{p_n} \sum_{\alpha,\beta=1}^{g_n} c_{n\alpha} c_{n\beta}^* |n,\alpha\rangle\langle n,\beta| \underset{\underset{\mathrm{Gl.}\,(2)}{\uparrow}}{=} |\psi\rangle_{\mathrm{End}}\,{}_{\mathrm{End}}\langle\psi| = \hat{\rho}_{\mathrm{End}} \tag{3}$$

Hinweis: Zur Verdeutlichung betrachten wir abschließend nicht entartete Spektren ($g_n=1$). Mit den Wahrscheinlichkeiten $p_n = |c_n|^2$ und mit Gl. (8.1-7)

$$\frac{1}{\sqrt{p_n}} \hat{P} |\psi\rangle_{\mathrm{Anf}} = |\psi\rangle_{\mathrm{End}} \tag{8.1-7'}$$

folgt
$$\hat{\rho}_{\mathrm{End}} = |\psi\rangle_{\mathrm{End}}\,{}_{\mathrm{End}}\langle\psi| = |\psi\rangle_{\mathrm{End}} \left(|\psi\rangle_{\mathrm{End}}\right)^\dagger = \frac{1}{\sqrt{p_n}} \hat{P} |\psi\rangle_{\mathrm{Anf}} \left(\frac{1}{\sqrt{p_n}} \hat{P} |\psi\rangle_{\mathrm{Anf}} \right)^\dagger =$$

$$\underset{\underset{|\psi\rangle^\dagger = \langle\psi|}{\uparrow}}{=} \frac{1}{p_n} \hat{P} |\psi\rangle_{\mathrm{Anf}}\,{}_{\mathrm{Anf}}\langle\psi| \hat{P}^\dagger \underset{\underset{\hat{P} = \hat{P}^\dagger}{\uparrow}}{=} \frac{1}{p_n} \hat{P} |\psi\rangle_{\mathrm{Anf}}\,{}_{\mathrm{Anf}}\langle\psi| \hat{P} = \frac{1}{p_n} \hat{P} \hat{\rho}_{\mathrm{Anf}} \hat{P} \qquad \blacksquare$$

c) Nach Gl. (2) ist der Endzustand ein reiner Zustand. Die folgende Rechnung bestätigt das:

$$\hat{\rho}_{\mathrm{End}}^2 \underset{\underset{\mathrm{Gl.}\,(3)}{\uparrow}}{=} \frac{1}{p_n^2} \left(\sum_{\alpha,\beta=1}^{g_n} c_{n\alpha} c_{n\beta}^* |n,\alpha\rangle\langle n,\beta| \right) \left(\sum_{\gamma,\delta=1}^{g_n} c_{n\gamma} c_{n\delta}^* |n,\gamma\rangle\langle n,\delta| \right) \underset{\underset{\langle n,\beta|n,\gamma\rangle = \delta_{\beta\gamma}}{\uparrow}}{=}$$

$$= \frac{1}{p_n^2} \left(\sum_{\alpha,\beta=1}^{g_n} c_{n\alpha} c_{n\beta}^* |n,\alpha\rangle \right) \left(\sum_{\delta=1}^{g_n} c_{n\beta} c_{n\delta}^* \langle n,\delta| \right) =$$

$$= \underbrace{\frac{1}{p_n} \sum_{\beta=1}^{g_n} |c_{n\beta}|^2}_{=1\ \text{nach Aufgabe (8-6)}} \cdot \underbrace{\frac{1}{p_n} \sum_{\alpha,\delta=1}^{g_n} c_{n\alpha} c_{n\delta}^* |n,\alpha\rangle\langle n,\delta|}_{=\hat{\rho}_{\mathrm{End}}} \underset{\underset{\mathrm{Gl.}\,(3)}{\uparrow}}{=} \hat{\rho}_{\mathrm{End}}$$

Wegen $\hat{\rho}_{\mathrm{End}}^2 = \hat{\rho}_{\mathrm{End}}$ ist der Zustand nach der Messung des entarteten Messwertes a_n rein.

d) Nach der Filterung lautet der Dichteoperator

$$\hat{\rho}_{\mathrm{End}} \underset{\underset{\mathrm{Gl.}\,(21.4-5)}{\uparrow}}{=} \frac{1}{p_n} \hat{P}_n \hat{\rho}_{\mathrm{Anf}} \hat{P}_n = \frac{1}{p_n} \underbrace{|n\rangle\langle n|}_{=\hat{P}_n} \underbrace{\sum_k p_k |k\rangle\langle k|}_{\hat{\rho}_{\mathrm{Anf}}} \underbrace{|n\rangle\langle n|}_{=\hat{P}_n} =$$

$$= \frac{1}{p_n} |n\rangle\langle n| p_n |n\rangle\langle n| = |n\rangle\langle n| \tag{4}$$

Bei nicht entarteten Eigenwerten a_n macht die selektive Filterung (natürlich) aus dem gemischten Zustand einen reinen Zustand.

Lösungen: 22 Verschränkung

22-1 Produktzustand

a) Ein Produktzustand bleibt im Laufe der Zeit dann und nur dann ein Produktzustand, wird also nicht zu einer Überlagerung von Produktzuständen und damit nicht zu einem verschränkten Zustand, wenn die zwei Teilchen nicht miteinander wechselwirken und sich daher unabhängig voneinander entwickeln. In diesem Fall ist der Gesamt-Hamiltonoperator die Summe von zwei Einteilchen-Hamiltonoperatoren. Allgemein gilt: Mehrteilchensysteme, deren Teilchen untereinander wechselwirken, befinden sich in verschränkten Zuständen.

b) Nach der ersten Messung lautet der Spinzustand $|x,+\rangle_1 |z,-\rangle_2$. Die Messung der x-Komponente des Spins des zweiten Teilchens liefert mit je 50% Wahrscheinlichkeit die Werte $\pm \hbar/2$.

22-2 Singulettzustand in allen Richtungen

a) Nach den Gln. (12.3–11d) gilt: $|z,\pm\rangle = (|x,+\rangle \pm |x,-\rangle)/\sqrt{2}$. Daher kann der durch die Eigenfunktionen $|z,\pm\rangle$ ausgedrückte Singulettzustand $|0\,0\rangle_z$ wie folgt umgeschrieben werden:

$$\Rightarrow \quad |0\,0\rangle_z = \frac{1}{\sqrt{2}}\left[|z,+\rangle_1 |z,-\rangle_2 - |z,-\rangle_1 |z,+\rangle_2 \right] =$$

$$= \frac{1}{2\sqrt{2}}\left[|x,+\rangle_1 + |x,-\rangle_1 \right]\left[|x,+\rangle_2 - |x,-\rangle_2 \right] -$$

$$= \frac{1}{2\sqrt{2}}\left[|x,+\rangle_1 - |x,-\rangle_1 \right]\left[|x,+\rangle_2 + |x,-\rangle_2 \right] -$$

$$= \frac{1}{\sqrt{2}}\left[|x,+\rangle_1 - |x,-\rangle_2 - |x,+\rangle_2 + |x,-\rangle_2 \right] = -|00\rangle_x$$

In gleicher Weise erhält man mit den Gln. (12.3–11e/f):

$$|0\,0\rangle_z = \frac{1}{2\sqrt{2}}\left[|y,+\rangle_1 + |y,-\rangle_1 \right]\frac{1}{i}\left[|y,+\rangle_2 - |y,-\rangle_2 \right] -$$

$$= \frac{1}{2\sqrt{2}}\frac{1}{i}\left[|y,+\rangle_1 - |y,-\rangle_1 \right]\left[|y,+\rangle_2 + |y,-\rangle_2 \right] = i|0\,0\rangle_y$$

Fazit: $\quad |0\,0\rangle_z = -|0\,0\rangle_x = i|0\,0\rangle_y$ (1)

Der Singulettzustand ist also in jeder Richtung ein Singulettzustand. Er ist rotationsinvariant.

b) Für die drei Triplettzustände gelten entsprechende Beziehungen *nicht*:

$$|1\,0\rangle_z = \frac{1}{\sqrt{2}}\left[|z,+\rangle_1 |z,-\rangle_2 + |z,-\rangle_1 |z,+\rangle_2 \right] \underset{\text{Gl. (12.3–11d)}}{=}$$

$$= \frac{1}{\sqrt{2}}\frac{|x,+\rangle_1 + |x,-\rangle_1}{\sqrt{2}}\frac{|x,+\rangle_2 - |x,-\rangle_2}{\sqrt{2}} +$$

$$\frac{1}{\sqrt{2}} \frac{|x,+\rangle_1 - |x,-\rangle_1}{\sqrt{2}} \frac{|x,+\rangle_2 + |x,+\rangle_2}{\sqrt{2}} =$$

$$= \frac{1}{\sqrt{2}} \Big[|x,+\rangle_1 |x,+\rangle_2 - |x,-\rangle_1 |x,-\rangle_2 \Big]$$

$$\Rightarrow \quad |1\,0\rangle_z = \frac{1}{\sqrt{2}} \big(|++\rangle_x - |--\rangle_x \big) = \frac{1}{\sqrt{2}} \big(|1\,1\rangle_x - |1\,-1\rangle_x \big) \neq |1\,0\rangle_x \tag{2a}$$

Die Spins zeigen mit je 50% Wahrscheinlichkeit beide in die positive bzw. beide in die negative x-Richtung. Das ist plausibel, da die z-Komponente des Gesamtspins null ist.

$$\text{Analog } |1\,0\rangle_z = \frac{1}{\sqrt{2}\,i} \big(|++\rangle_y - |--\rangle_y \big) = \frac{1}{\sqrt{2}\,i} \big(|1\,1\rangle_y - |1\,-1\rangle_y \big) \neq |1\,0\rangle_y \tag{2b}$$

Weiterhin gilt:

$$|1\,1\rangle_z = |z,+\rangle_1 |z,+\rangle_2 = \frac{|x,+\rangle_1 + |x,-\rangle_1}{\sqrt{2}} \frac{|x,+\rangle_2 + |x,-\rangle_2}{\sqrt{2}} =$$

$$= \frac{1}{2} \big(|x,+\rangle_1 |x,+\rangle_2 + |x,+\rangle_1 |x,-\rangle_2 + |x,-\rangle_1 |x,+\rangle_2 + |x,-\rangle_1 |x,-\rangle_2 \big) =$$

$$= \frac{1}{2} \big(|1\,1\rangle_x + \sqrt{2}\,|1\,0\rangle_x + |1\,-1\rangle_x \big) \neq |1\,1\rangle_x \tag{2c}$$

$$\text{Analog } |1\,1\rangle_z = \frac{1}{2} \big(|1\,1\rangle_y + \sqrt{2}\,|1\,0\rangle_y + |1\,-1\rangle_y \big) \neq |1\,1\rangle_y \tag{2d}$$

c) Die Aussage, dass der Triplettzustand $|1\,1\rangle_z$ in z-Richtung kein Triplettzustand in x-Richtung ist, kann auch mit der Unschärferelation bewiesen werden: Wir führen einen Widerspruchsbeweis und nehmen an, dass $|1\,1\rangle_z \sim |1\,1\rangle_x$ gilt, so dass $|1\,1\rangle_z$ auch ein Eigenzustand der x-Komponente $\hat{S}_1$ des gesamten Spinoperators ist mit dem Eigenwert $\hbar$ und mit verschwindender Unschärfe $\Delta S_1 = 0$:

$$0 = \Delta S_1 \cdot \Delta S_2 \underset{\underset{\text{Gl. (8.2–8)}}{\uparrow}}{\geq} \frac{1}{2} \Big|_z\langle 1\,1|\big[\hat{S}_1,\hat{S}_2\big]|1\,1\rangle_z\Big| \underset{\underset{[\hat{S}_1,\hat{S}_2]=i\hbar\hat{S}_3}{\uparrow}}{=} \frac{\hbar}{2}\Big|_z\langle 1\,1|\hat{S}_3|1\,1\rangle_z\Big| = \frac{\hbar^2}{2}$$

Die Ungl. $0 \geq \hbar^2/2$ ist falsch; die Annahme führt also zu einem Widerspruch.

d) Wir schreiben den Zustand als Überlagerung der Eigenzustände der gemessenen Observable $\hat{S}_2$:

$$|z,+\rangle_1 |z,-\rangle_2 \underset{\underset{\text{Gl.(12.3–11e/f)}}{\uparrow}}{=} \frac{|y,+\rangle_1 + |y,-\rangle_1}{\sqrt{2}} \frac{|y,+\rangle_2 - |y,-\rangle_2}{\sqrt{2}\,i} =$$

$$= \frac{1}{2i} \Big[|++\rangle_y - |+-\rangle_y + |-+\rangle_y - |--\rangle_y \Big] = \tag{3a}$$

$$= \frac{1}{2i} \Big[|1\,1\rangle_y - \sqrt{2}\,|1\,0\rangle_y - |1\,-1\rangle_y \Big] \tag{3b}$$

Nach Gl. (3a) würden die zwei y-SG-Magnete alle vier denkbaren Spinkombinationen messen mit je 25% Wahrscheinlichkeit. Der erste und der vierte Term in Gl. (3a) stehen im *Widerspruch zur Drehimpulserhaltung*; denn der Anfangszustand $|0\,0\rangle$ hat keinen Gesamtspin.

Die Annahme, dass sich ein verschränkter Zustand ab einer bestimmten Entfernung der beiden Partner von alleine auflöst und in einen Produktzustand übergeht, ist unhaltbar. Verschränkte Teilchen bilden auch bei riesigen Entfernungen eine Einheit und gehen nicht von alleine in zwei voneinander unabhängige Zustände über. Nur Wechselwirkungen mit der Umgebung können Verschränkungen aufheben.

22–3 Klassische Socken und Quantensocken

Die Unterschiede zwischen klassischen Socken und farblich verschränkten Mikrosocken lauten:

- Der entscheidende Unterschied lautet: Jedes klassische Sockenpaar *alleine* hat schon *vor* der Sichtung (Messung) eine wohl bestimmte Farbe. In der Quantenmechanik hingegen sind die zwei Sockenpaare farblich verschränkt, so dass keines der zwei Paare vor der Messung eine Farbe hat. Vor der ersten Sichtung lautet der Quanten-Farbzustand der zwei Sockenpaare:

$$| \Psi \rangle = \frac{1}{\sqrt{2}} \left(| \text{schwarz} \rangle_{\text{Huber}} | \text{blau} \rangle_{\text{Schrank}} + | \text{blau} \rangle_{\text{Huber}} | \text{schwarz} \rangle_{\text{Schrank}} \right)$$

  Die zwei Quanten-Sockenpaare bilden eine Einheit mit dem gemeinsamen Farbzustand $| \Psi \rangle$. Vor der Messung hat ein einzelnes Sockenpaar wegen der Verschränkung keine eigene Farbe – anders als bei den klassischen Socken.

- Die Sekretärin wird durch das Sehen der Sockenfarbe augenblicklich über die Farbe der Socken im Schrank informiert. Anders als bei quantenmechanischen Verschränkungen wird diese Information nicht durch eine Änderung von Farbzuständen gewonnen.

22–4 Nicht-orthogonale Zustände sind nicht sicher unterscheidbar

Das Skalarprodukt der beiden Zustände $|\chi\rangle, |\varphi\rangle$ lautet:

$$\langle \chi | \varphi \rangle = \sum_{n,m} \sum_{\alpha=1}^{g_n} \sum_{\beta=1}^{g_m} b_{n\alpha}^{*} c_{m\beta} \underbrace{\langle \psi_n, \alpha | \psi_m, \beta \rangle}_{= \delta_{nm}\delta_{\alpha\beta}} = \sum_{n} \sum_{\alpha=1}^{g_n} b_{n\alpha}^{*} c_{n\alpha} \tag{1}$$

Weiterhin gilt: Die beiden bekannten Zustände $|\chi\rangle, |\varphi\rangle$ lassen sich stets durch eine einzelne $\hat{A}$-Messung (egal, welcher Messwart a_n gefunden wird) sicher unterscheiden $\Leftrightarrow$ In *jedem* Eigenraum $\mathcal{H}_n$ hat *höchstens* einer der beiden Zustandsfunktionen $|\chi\rangle, |\varphi\rangle$ nicht verschwindende Komponenten $b_{n\alpha}, c_{n\beta}$. Daraus folgt nach Gl. (1): $\langle \chi | \varphi \rangle = 0$

Beachte: Die sichere Unterscheidbarkeit der Zustände $|\chi\rangle, |\varphi\rangle$ bedeutet nicht, dass $\hat{A}$-Messungen die zwei Zustände *genau* bestimmen können. $\hat{A}$-Messungen können die Koeffizienten $b_{n\alpha}, c_{n\alpha}$ nicht ermitteln, weil der Operator $\hat{A}$ wegen der Entartung seiner Eigenwerte kein vSkO bildet.

Da die Aussage für beliebige Observable $\hat{A}$ gilt, ergibt sich:

$$\text{Eine Messung unterscheidet sicher zwischen } |\chi\rangle, |\varphi\rangle \;\Rightarrow\; \langle \chi | \varphi \rangle = 0$$

Nach den Gesetzen der Logik ist folgende Aussage äquivalent:

$$\langle \chi | \varphi \rangle \neq 0 \;\Rightarrow\; \text{Keine Messung unterscheidet sicher zwischen } |\chi\rangle, |\varphi\rangle.$$

Das heißt:

Keine Messung kann mit Sicherheit zwischen zwei nicht orthogonalen Zuständen unterscheiden. Daher ist eine Kopie unbekannter Zustände, die ja nicht unbedingt orthogonal sein müssen, unmöglich.

22–5 Selektive und nicht selektive Messungen

a) Nach der **selektiven Messung** mit dem nicht entarteten Messwert a_m sind die ausgewählten Systeme im normierten *Produktzustand*

$$\left| \Psi_m^{\text{End}} \right\rangle = \frac{1}{\sqrt{{}_2\langle u_m | u_m \rangle_2}} \sum_n c_{mn} | \Psi_m \rangle_1 | \varphi_n \rangle_2 =$$

$$= \frac{1}{\sqrt{{}_2\langle u_m | u_m \rangle_2}} | \Psi_m \rangle_1 | \Psi_m \rangle_2 = \frac{1}{\sqrt{{}_2\langle u_m | u_m \rangle_2}} |m, | u_m \rangle \tag{1}$$

$$\text{mit } | u_m \rangle_2 := \sum_n c_{mn} | \varphi_n \rangle_2 \tag{22.7-3}$$

Der Endzustand ist ein Produktzustand und daher *nicht verschränkt*.

Hinweis: Der Anfangszustand $| \Psi \rangle$ ist nach Beispiel 22.1–1a genau dann nicht verschränkt, wenn alle Koeffizienten c_{mn} faktorisiert werden können: $c_{mn} = d_m e_n \ \forall\, m,n$. In diesem Fall gilt

$$| u_m \rangle_2 := d_m \sum_n e_n | \varphi_n \rangle_2$$

Daher hängt der Zustand $| u_m \rangle_2$ des zweiten Teilchens bei nicht verschränkten Anfangszuständen $| \Psi \rangle$ nicht vom Ergebnis der Messung am ersten Teilchen ab.

Aber bei verschränkten Anfangszuständen hängt der Zustand $| u_m \rangle_2$ (wegen des Index m in c_{mn}) vom Ergebnis der Messung am ersten Teilchen ab. Das wissen wir ja bereits von den Messungen, die Alice und Bob am verschränkten Positron-Elektron-System in Abb. 22.1–1 vornehmen.

Die Wahrscheinlichkeit, den Messwert a_m zu finden, beträgt

$$p_m = \left| \left\langle \Psi_m^{\text{End}} \middle| \Psi \right\rangle \right|^2 \underset{\substack{\uparrow \\ \text{G ln. } (22.7-2)}}{=} \frac{1}{{}_2\langle u_m | u_m \rangle_2} \left| \left(\langle m, u_m | \right) \left(\sum_k | k, u_k \rangle \right) \right|^2 =$$

$$= {}_2\langle u_m | u_m \rangle_2 = \sum_n | c_{mn} |^2 \tag{2}$$

b) Gl. (1) beschreibt den Zustand nach der ersten Messung. Nach der Messung am zweiten Teilsystem mit dem Messwert b_k lautet der Zustand $| \psi_m \rangle_1 | \varphi_k \rangle_2$. Offensichtlich ist die Reihenfolge der Messungen vertauschbar. Die Vertauschbarkeit der Reihenfolge ist nicht verwunderlich, da zwei Operatoren, die verschiedene Teilsysteme messen, immer kommutieren: $[\hat{A}_{(1)}, \hat{B}_{(2)}] = 0$.

c) Die **nicht-selektiven Messungen** liefern gemischte Gesamtheiten.[1] Die Dichtematrix lautet nach den Gln. (1/2)

$$\hat{\rho} = \sum_m p_m \left| \Psi_m^{\text{End}} \right\rangle \left\langle \Psi_m^{\text{End}} \right| \underset{\substack{\uparrow \\ \text{G ln. } (1/2)}}{=} \sum_m \left| m, u_m \right\rangle \left\langle m, u_m \right| \tag{3}$$

Mit den relativen Zuständen $| u_m \rangle_2$ erhält der Dichteoperator (3) eine einfache Form. Er beschreibt ein *Gemisch* und enthält deshalb *keine Interferenzterme*.

Hinweis: Die Gln. (1/2/3) zeigen den Nutzen der relativen Zustände $| u_m \rangle_2$.

---

[1] Beachte den Unterschied zu den Aufgaben 8–1b und 12–17b. Dort und beim MZI in Abschn. „8.4 Wechselwirkungsfreie Messung" werden die Teil-Wellenpakete eines einzelnen Teilchens zusammengeführt. In dieser Aufgabe 22–5c hingegen werden N verschiedene Wellenpakete von N gemessenen Teilchen gebündelt.

22–6 Messung an polarisationsverschränkten Photonen

$$|R\rangle \underset{\substack{\uparrow \\ \text{Gl. (3.6–9a)}}}{=} \frac{1}{\sqrt{2}}\bigl(|x\rangle + i\,|y\rangle\bigr) \qquad\qquad |L\rangle \underset{\substack{\uparrow \\ \text{Gl. (3.6–9b)}}}{=} \frac{1}{\sqrt{2}}\bigl(|x\rangle - i\,|y\rangle\bigr)$$

Dabei sind $|x\rangle, |y\rangle$ in x- und y-Richtung linear polarisierte Photonenzustände.

$$\Rightarrow \quad |\Psi\rangle = \frac{1}{\sqrt{2}}\left[\frac{|x\rangle_1 + i\,|y\rangle_1}{\sqrt{2}} \otimes \frac{|x\rangle_2 - i\,|y\rangle_2}{\sqrt{2}} - \frac{|x\rangle_1 - i\,|y\rangle_1}{\sqrt{2}} \otimes \frac{|x\rangle_2 + i\,|y\rangle_2}{\sqrt{2}} \right] =$$

$$= -\frac{i}{\sqrt{2}}\left[\,|x\rangle_1 \otimes |y\rangle_2 - |y\rangle_1 \otimes |x\rangle_2\,\right] = -\frac{i}{\sqrt{2}}\left[\,|x,y\rangle - |y,x\rangle\,\right]$$

Nachdem Photon 1 durch den in x-Richtung gedrehten Polarisator gelaufen ist, befindet sich das Zwei-Photon-System im nicht-verschränkten Produktzustand $|x\rangle_1 \otimes |y\rangle_2$. Auch hier löst die Messung die Verschränkung auf.

22–7 Reduzierter Dichteoperator

Nach Gl. (22.3–9b) lautet der Dichteoperator des Gesamtsystems

$$\hat{\rho}_{\text{ges}} = |\Psi\rangle\langle\Psi| = = \frac{1}{2}\bigl(|\psi_+\rangle|+\rangle + |\psi_-\rangle|-\rangle\bigr)\bigl(\langle+|\langle\psi_+| + \langle-|\langle\psi_-|\bigr)$$

$$\Rightarrow \quad \hat{\rho}_{\text{Atom redu}} = \langle+|\,\hat{\rho}_{\text{ges}}\,|+\rangle + \langle-|\,\hat{\rho}_{\text{ges}}\,|-\rangle = \frac{1}{2}\bigl(|\psi_+\rangle\langle\psi_+| + |\psi_-\rangle\langle\psi_-|\bigr) = \tag{1a}$$

$$\underset{\substack{\uparrow \\ \text{Gl. (22.3–6a/b)}}}{=} \frac{1}{2}\bigl(|\psi_1\rangle\langle\psi_1| + |\psi_2\rangle\langle\psi_2|\bigr) \tag{1b}$$

Der reduzierte Dichteoperator beschreibt ein *Gemisch* der beiden Atomzustände $\psi_\pm(\mathbf{r})$ bzw. $\psi_{1/2}(\mathbf{r})$ mit den klassischen Wahrscheinlichkeiten $p_1 = p_2 = 1/2$.

Gl. (1a) muss näher erläutert werden: Die Maxima (-minima) des Interferenzmusters, das durch $\psi_+(\mathbf{r})$ erzeugt wird, fallen mit den Minima (Maxima) des Interferenzmusters zusammen, das von $\psi_-(\mathbf{r})$ erzeugt wird. Daher liefert die Summe der beiden Interferenzmuster, die durch die 50%ige Mischung der beiden Zustände $\psi_\pm(\mathbf{r})$ zustande kommt, eine gleichmäßige Intensität auf dem Schirm; ein Interferenzmuster tritt nicht auf.

Wenn wir die Hohlraumzustände nicht beachten, dann verhält sich jedes Atom so, als wenn es nur durch einen wohl definierten, aber uns unbekannten Spalt geflogen wäre.

Beachte aber: Die Quantenradierung, die am Ende des Abschn. (22.3) durchgeführt wird, und auch der *reine* Zustand (22.3–8a/b) zeigen, dass das *Gesamt*system den reinen, verschränkten Zustand $|\Psi\rangle$ hat und interferenzfähig ist.

zeigt, dass das letzte Integral in Gl. (3) proportional zu $1/r$ ist und daher für große r vernachlässigt werden kann. Mit

$$Y_{n0}(u=\pm 1)=(\pm 1)^n\sqrt{\frac{2n+1}{4\pi}} \qquad \text{und mit} \qquad e^{in\pi/2}=i^n \tag{4}$$

und mit Gl. (24.5–7a) ergibt sich für sehr große Radien r:

$$c_n\, j_n(kr)\underset{\substack{\uparrow\\ \text{für } kr\gg 1}}{\approx}c_n\frac{1}{kr}\frac{e^{i(kr-n\pi/2)}-e^{-i(kr-n\pi/2)}}{2i}\underset{\substack{\uparrow\\ \text{Gln. (3/4)}}}{=}$$

$$=\frac{2\pi}{ikr}\sqrt{\frac{2n+1}{4\pi}}\left[e^{ikr}-(-1)^n\,e^{-ikr}\right]+O(r^{-2})=$$

$$=\frac{4\pi}{kr}\sqrt{\frac{2n+1}{4\pi}}\,i^n\,\frac{e^{i(kr-n\pi/2)}-e^{-i(kr-n\pi/2)}}{2i}+O(r^{-2})$$

Im Grenzfall $r\to\infty$ entfällt der letzte Term $O(r^{-2})$. Der Vergleich der ersten Zeile mit der dritten Zeile liefert die r-unabhängigen Koeffizienten exakt zu

$$c_n=i^n\sqrt{4\pi(2n+1)}$$

Somit folgt die **exakte** Gl.

$$e^{ikz}=e^{ikr\cos\vartheta}=\sum_{l=0}^{\infty}i^l\sqrt{4\pi(2l+1)}\,j_l(kr)Y_{l0}(\vartheta)= \tag{24.5–1a}$$

$$=\sum_{l=0}^{\infty}i^l(2l+1)\,j_l(kr)P_l(\cos\vartheta) \tag{24.5–1b}$$

Bemerkung: Siehe hierzu die wichtigen Anmerkungen am Ende der Lösung von Aufgabe 24–2.

24–2 Lösung der freien Schrödinger-Gl.

Wir setzen den Produktansatz $R_l(r)Y_{lm}(\vartheta,\varphi)$ in die zeitunabhängige Schrödinger-Gl. ein und finden mit Gl. (10.1–2) die Dgl. für die Radialfunktionen $R_l(r)$:

$$\left[-\frac{\hbar^2}{2m}\left(\frac{d^2}{dr^2}+\frac{2}{r}\frac{d}{dr}\right)+\frac{\hbar^2 l(l+1)}{2mr^2}\right]R_l(r)=\frac{\hbar^2 k^2}{2m}R_l(r) \tag{1}$$

Nach Multiplikation mit $-2m/\hbar^2$ und mit der **Substitution**

$$\rho:=kr \quad \text{und} \quad R_l(r)=R_l(\rho/k)=:\hat{R}_l(\rho) \quad \text{finden wir die \textbf{Besselsche Dgl.}}^1$$

$$\left[\frac{d^2}{d\rho^2}+\frac{2}{\rho}\frac{d}{d\rho}-\frac{l(l+1)}{\rho^2}+1\right]\hat{R}_l(\rho)=0$$

---

[1] $\quad\dfrac{d}{d\rho}R(\rho/k)\underset{\substack{=\\ \uparrow\\ \text{Kettenregel}}}{}\dfrac{d}{d(\rho/k)}R(\rho/k)\dfrac{d}{d\rho}\dfrac{\rho}{k}\quad\Leftrightarrow\quad\dfrac{d}{d(\rho/k)}R(\rho/k)=k\dfrac{d}{d\rho}R(\rho/k)$

$\Rightarrow\quad r\dfrac{d}{dr}R_l(r)=\dfrac{\rho}{k}\dfrac{d}{d(\rho/k)}R_l(\rho/k)=\rho\dfrac{d}{d\rho}R_l(\rho/k)=\rho\dfrac{d}{d\rho}\hat{R}_l(\rho)$

Diese bekannte Dgl. hat für beliebige Drehimpulsquantenzahlen l die allgemeine Lösung

$$\hat{R}_l(\rho) = A\,j_l(\rho) + B\,n_l(\rho) \tag{2}$$

mit den sphärischen Bessel- und Neumann-Funktionen l-ter Ordnung

$$j_l(\rho) = (-\rho)^l \left(\frac{1}{\rho}\frac{d}{d\rho}\right)^l \frac{\sin\rho}{\rho} \qquad n_l(\rho) = -(-\rho)^l \left(\frac{1}{\rho}\frac{d}{d\rho}\right)^l \frac{\cos\rho}{\rho} \tag{3a/b}$$

Der Faktor $(-1)^l$ in den Gln. (3a/b) ist eine gebräuchliche Konvention.

Für kleine $\rho \ll 1$ gilt $j_l(\rho) \approx \rho^l/(2l+1)!!$ und $n_l(\rho) \approx -|2l-1|!!/\rho^{l+1}$ (siehe den Beweis in Aufgabe 24–3a). Die sphärischen Neumann-Funktionen sind also im Koordinatenursprung singulär, so dass wir in Gl. (2) $B=0$ setzen müssen:

$$R_l(r) = \hat{R}_l(kr) = j_l(kr) \tag{4}$$

Wichtige Anmerkungen: Die drei Operatoren $\hat{H}^{(0)} = -\hbar^2\Delta/(2m), \hat{\mathbf{L}}^2, \hat{L}_z$ bilden einen vollständigen Satz kommutierender Operatoren (vSkO). Ihre gemeinsamen, bei $r = 0$ *regulären* Eigenfunktionen sind

$$\psi_{klm}(r,\vartheta,\varphi) = j_l(kr)\,Y_{lm}(\vartheta,\varphi) \qquad \text{mit} \qquad 0 < k < \infty \tag{5}$$

Diese sog. **Partialwellen** zum Drehimpuls l bilden ein **vollständiges Orthonormalsystem** mit den Orthogonalitätsrelationen

$$\int d^3r\,\psi^*_{klm}(r,\vartheta,\varphi)\,\psi_{k'l'm'}(r,\vartheta,\varphi) \underset{\text{Gln. (9.3–14) \& (24.5–5)}}{\overset{=}{\uparrow}}$$

$$= \int\limits_0^\infty dr\,r^2 j_l(kr)\,j_{l'}(k'r) \int\limits_0^{2\pi} d\varphi \int\limits_0^\pi d\vartheta\,\sin\vartheta\,Y^*_{lm}(\vartheta,\varphi)\,Y_{l'm'}(\vartheta,\varphi) = \frac{\pi}{2kk'}\,\delta(k-k')\,\delta_{ll'}\,\delta_{mm'}$$

Die Gesamtheit der ebenen Wellen $e^{i\,\mathbf{p}\cdot\mathbf{r}/\hbar}$ bildet ein anderes, **vollständiges Orthonormalsystem**. Die ebenen Wellen sind die gemeinsamen (uneigentlichen) Eigenfunktionen des vSkO $\hat{P}_x, \hat{P}_y, \hat{P}_z$ mit den kontinuierlichen Eigenwerten p_x, p_y, p_z. Sie haben – anders als die Partialwellen in Gl. (5) – keinen bestimmten Drehimpuls l, da die Operatoren $\hat{P}_x, \hat{P}_y, \hat{P}_z$ nicht mit $\hat{\mathbf{L}}^2, \hat{L}_z$ vertauschen.

Da sowohl die Partialwellen (5) als auch die ebenen Wellen ein vollständiges Orthonormalsystem bilden, können die ebenen Wellen in Aufgabe 24–1 nach den Partialwellen entwickelt werden. (Natürlich ist auch die umgekehrte Entwicklung möglich.)

24–3 Asymptotisches Verhalten der sphärischen Bessel-Funktionen

a)
$$j_l(\rho) = (-\rho)^l \left(\frac{1}{\rho}\frac{d}{d\rho}\right)^l \frac{\sin\rho}{\rho} \underset{\text{Taylor}}{\overset{=}{\uparrow}} (-\rho)^l \left(\frac{1}{\rho}\frac{d}{d\rho}\right)^l \sum_{n=0}^\infty (-1)^n \frac{\rho^{2n}}{(2n+1)!} =$$

$$= (-\rho)^l \left(\frac{1}{\rho}\frac{d}{d\rho}\right)^{l-1} \sum_{n=1}^\infty (-1)^n (2n) \frac{\rho^{2n-1-1}}{(2n+1)!} =$$

$$= (-\rho)^l \left(\frac{1}{\rho}\frac{d}{d\rho}\right)^{l-2} \sum_{n=2}^\infty (-1)^n (2n)(2n-2) \frac{\rho^{2n-2-2}}{(2n+1)!} = \ldots =$$

$$= (-\rho)^l \sum_{n=l}^{\infty} (-1)^n \frac{(2n)(2n-2)\cdots\cdot[2n-2(l-1)]}{(2n+1)!} \rho^{2n-2l}$$

Für $\rho \ll 1$ dominiert der erste Term in der Reihe:

$$j_l(\rho) \underset{\substack{\uparrow \\ \rho\to 0}}{\approx} \frac{\rho^l}{(2l+1)!!} \qquad \text{für } \rho \to 0 \tag{1}$$

b) Wir verwenden die Produktregel

$$\frac{d}{dx}\left[u(x)\frac{1}{v(x)} \right] = \frac{u'}{v} - u\frac{v'}{v^2} \tag{2}$$

$$\Rightarrow \quad j_l(\rho) = (-\rho)^l\left(\frac{1}{\rho}\frac{d}{d\rho} \right)^l \frac{\sin\rho}{\rho} = (-\rho)^l\left(\frac{1}{\rho}\frac{d}{d\rho} \right)^{l-1} \frac{1}{\rho}\left(\frac{\cos\rho}{\rho} - \frac{\sin\rho}{\rho^2} \right)$$

Für $\rho \to \infty$ dominiert der Term, in dem die Sinus- oder (bei höheren Ableitungen) die Kosinusfunktion im Zähler abgeleitet wird. Denn die Ableitung von $1/\rho^n$ ist $-n/\rho^{n+1}$. Daher gilt

$$j_l(\rho) \underset{\substack{\uparrow \\ \rho\to\infty}}{\approx} (-\rho)^l\frac{1}{\rho^l}\frac{1}{\rho}\frac{d^l}{d\rho^l}\sin\rho = \frac{1}{\rho}\sin\left(\rho - l\frac{\pi}{2} \right) \qquad \text{für } \rho\to\infty \tag{3}$$

24–4 Greenfunktion der Schrödinger-Gl.

Die Greenfunktion wird durch die Dgl.

$$\left(\Delta + k^2\right)G(\mathbf{r}-\mathbf{r}') = \delta(\mathbf{r}-\mathbf{r}') \qquad \text{mit} \qquad k^2 = \frac{2mE}{\hbar^2} \tag{1}$$

bestimmt. Wir setzen die Fourierintegrale

$$G(\mathbf{r}-\mathbf{r}') = \frac{1}{(2\pi)^{3/2}} \iint \tilde{G}(\mathbf{q})\, e^{i\,\mathbf{q}\cdot(\mathbf{r}-\mathbf{r}')}\, d\mathbf{q}$$

und $\quad \delta(\mathbf{r}-\mathbf{r}') = \dfrac{1}{(2\pi)^3} \displaystyle\iint e^{i\,\mathbf{q}\cdot(\mathbf{r}-\mathbf{r}')}\, d\mathbf{q}$

in die Dgl. (1) ein und vergleichen die Integranden.

$$\Rightarrow \quad \tilde{G}(\mathbf{q}) = \frac{1}{(2\pi)^{3/2}}\frac{1}{k^2-q^2} \qquad \Rightarrow \quad G(\mathbf{r}-\mathbf{r}') = \frac{1}{(2\pi)^3}\iint \frac{e^{i\,\mathbf{q}\cdot(\mathbf{r}-\mathbf{r}')}}{k^2-q^2}\, d\mathbf{q} \tag{2}$$

Wir wechseln zu Kugelkoordinaten q,ϑ,φ im $\mathbf{q}$-Raum mit der q_3-Achse in die Richtung von $\mathbf{r}-\mathbf{r}'$.

$$\Rightarrow \quad \mathbf{q}\cdot(\mathbf{r}-\mathbf{r}') = q\,|\mathbf{r}-\mathbf{r}'|\cos\vartheta \qquad \text{und} \qquad d\mathbf{q} = q^2\,dq\cdot\sin\vartheta\,d\vartheta\cdot d\varphi$$

$$\Rightarrow \quad G(\mathbf{r}-\mathbf{r}') = \frac{1}{(2\pi)^2}\int_0^{\infty} dq\, q^2 \int_0^{\pi} \frac{e^{i\,q\,|\mathbf{r}-\mathbf{r}'|\cos\vartheta}}{k^2-q^2}\sin\vartheta\,d\vartheta$$

Die Substitution $u := \cos\vartheta \;\Rightarrow\; d\vartheta = -\,du/\sin\vartheta$ führt auf

$$G(\mathbf{r}-\mathbf{r}') = \frac{1}{(2\pi)^2} \int_0^\infty dq\, q^2 \int_{-1}^{+1} \frac{e^{iq|\mathbf{r}-\mathbf{r}'|u}}{k^2-q^2}\, du =$$

$$= \frac{1}{(2\pi)^2} \int_0^\infty dq\, \frac{q^2}{k^2-q^2}\, \frac{1}{iq|\mathbf{r}-\mathbf{r}'|} \left[e^{iq|\mathbf{r}-\mathbf{r}'|} - e^{-iq|\mathbf{r}-\mathbf{r}'|} \right] \qquad (3)$$

Wir führen im zweiten Integranden die Substitution $\hat{q}:=-q$ ein und erhalten:

$$G(\mathbf{r}-\mathbf{r}') = \frac{1}{(2\pi)^2}\, \frac{1}{i|\mathbf{r}-\mathbf{r}'|} \int_0^\infty dq\, \frac{1}{2}\left(\frac{1}{k-q} - \frac{1}{k+q} \right) e^{iq|\mathbf{r}-\mathbf{r}'|} +$$

$$\frac{1}{(2\pi)^2}\, \frac{1}{i|\mathbf{r}-\mathbf{r}'|} \int_0^{-\infty} d\hat{q}\, \frac{1}{2}\left(\frac{1}{k+\hat{q}} - \frac{1}{k-\hat{q}} \right) e^{i\hat{q}|\mathbf{r}-\mathbf{r}'|} =$$

$$= \frac{1}{8\pi^2}\, \frac{1}{i|\mathbf{r}-\mathbf{r}'|} \int_{-\infty}^\infty dq\, \underbrace{\left(\frac{1}{k-q} - \frac{1}{k+q} \right) e^{iq|\mathbf{r}-\mathbf{r}'|}}_{=:f(q)} \qquad (4)$$

Der Integrand $f(q)$ enthält an den Stellen $q=\pm k$ zwei Pole erster Ordnung mit $k>0$. Das Integral kann mit dem Residuensatz der Funktionentheorie ausgewertet werden. Dazu muss der Integrationsweg, der in Gl. (4) auf der reellen q-Achse liegt, in der komplexen q-Ebene derart zu einem *geschlossenen Weg* erweitert werden, dass der neue, zusätzliche Beitrag verschwindet. Wir schließen den Integrationsweg durch einen Halbkreis mit Radius r in der oberen, komplexen Halbebene. Dort hat iq einen negativen Realteil, so dass die Exponentialfunktion in Gl. (4) für den Halbkreisradius $r \to \infty$ verschwindet.

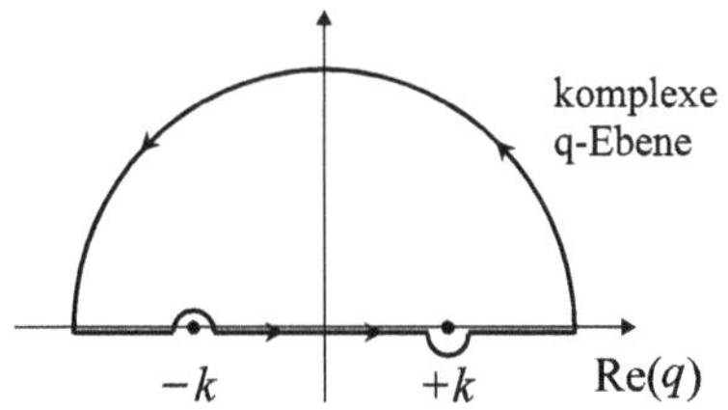

Abb. 1 Der Integrationsweg in der komplexen q-Ebene umschließt nur den Pol $q=+k$. (Siehe [Kuypers], Abschn. 15.2 und Aufgabe 15–2.)

Für die Umfahrung der zwei Polstellen $q=\pm k$ (unten herum oder oben herum) gibt es $2\times2=4$ Möglichkeiten. Nur der in Abb. 1 dargestellte Integrationsweg, der nur die *Polstelle $q=+k>0$* umschließt, führt auf eine auslaufende Kugelwelle. Mit dem **Residuensatz**[2] folgt:

$$\oint dq\, f(q) = 2\pi i \operatorname*{Res}_{q=k} f(q) = 2\pi i \lim_{q\to k} (q-k) f(q)$$

---

[2] Sei z_0 eine *isolierte, singuläre Stelle* und K_0 ein hinreichend kleiner Kreis um z_0, der nur die eine Singularität z_0 umschließt. Dann definiert man das Residuum

$$\operatorname*{Res}_{z=z_0} f(z) := \frac{1}{2\pi i} \oint_{K_0} f(z)\, dz$$

Wenn $f(z)$ an der Stelle z_0 einen isolierten Pol n-ter Ordnung hat, dann gilt

$$\operatorname*{Res}_{z=z_0} f(z) = \frac{1}{(n-1)!} \lim_{z\to z_0} \left[\frac{d^{n-1}}{dz^{n-1}} \left\{ (z-z_0)^n f(z) \right\} \right]$$

$$\Rightarrow \qquad G(\mathbf{r}-\mathbf{r}') = -\frac{1}{4\pi}\frac{1}{|\mathbf{r}-\mathbf{r}'|}\, e^{i k |\mathbf{r}-\mathbf{r}'|} \tag{5}$$

24–5 Streuung am Wasserstoffatom

a) Der nahezu punktförmige Kern erzeugt das Potential

$$V_{\mathrm{Kern}}(r) = -\frac{e_0^2}{4\pi\varepsilon_0}\frac{1}{r}$$

Das Wasserstoffelektron im Zustand

$$\psi_{100}(r') = R_{10}(r')Y_{00} = 2 a_{\mathrm{B}}^{-3/2}\, e^{-r'/a_{\mathrm{B}}}\Big/\sqrt{4\pi} \qquad\qquad a_{\mathrm{B}} = \text{Bohrscher Radius}$$

erzeugt das Potential

$$V_{\mathrm{Elek.}}(r) = +\frac{e_0^2}{4\pi\varepsilon_0}\int\limits_0^\infty d^3r'\, \frac{|\psi_{100}(r')|^2}{|\mathbf{r}-\mathbf{r}'|}$$

Wir gehen zu Kugelkoordinaten r', ϑ', φ' über, wobei die z'-Achse parallel zu $\mathbf{r}$ ist. Mit

$$|\mathbf{r}-\mathbf{r}'| \underset{\underset{\text{Kosinussatz}}{\uparrow}}{=} \sqrt{r^2+r'^2-2\,\mathbf{r}\cdot\mathbf{r}'} = \sqrt{r^2+r'^2-2\,r\,r'\cos\vartheta'}$$

und mit der Substitution $u' := \cos\vartheta'$ folgt

$$V_{\mathrm{Elek.}}(r) = \frac{e_0^2}{4\pi\varepsilon_0}\, 2\pi\,\frac{4}{a_{\mathrm{B}}^3}\frac{1}{4\pi}\int\limits_0^\infty dr'\, r'^2\, e^{-2r'/a_{\mathrm{B}}} \int\limits_{-1}^{+1} \frac{du'}{\sqrt{r^2+r'^2-2\,r\,r'u'}}$$

Für das Integral über u' ist eine Fallunterscheidung erforderlich:

$$\int\limits_{-1}^{+1} \frac{du'}{\sqrt{r^2+r'^2-2\,r\,r'u'}} = \frac{2}{r\,r'}\begin{cases} r' & \text{für } r\geq r' \\ r & \text{für } r\leq r' \end{cases}$$

$$\Rightarrow \qquad V_{\mathrm{Elek.}}(r) = \frac{e_0^2}{4\pi\varepsilon_0}\frac{2}{a_{\mathrm{B}}^3}\left[\frac{2}{r}\int\limits_0^r dr'\, r'^2\, e^{-2r'/a_{\mathrm{B}}} + 2\int\limits_r^\infty dr'\, r'\, e^{-2r'/a_{\mathrm{B}}}\right] =$$

$$= \frac{e_0^2}{4\pi\varepsilon_0}\frac{2}{a_{\mathrm{B}}^3}\frac{2}{r}\frac{a_{\mathrm{B}}^3}{4}\left[1-\left(1+\frac{r}{a_{\mathrm{B}}}\right)e^{-2r/a_{\mathrm{B}}}\right] = \frac{e_0^2}{4\pi\varepsilon_0}\frac{1}{r}\left[1-\left(1+\frac{r}{a_{\mathrm{B}}}\right)e^{-2r/a_{\mathrm{B}}}\right]$$

$$\Rightarrow \qquad V_{\mathrm{ges}}(r) = V_{\mathrm{Kern}}(r) + V_{\mathrm{Elek.}}(r) = -\frac{e_0^2}{4\pi\varepsilon_0}\left(\frac{1}{r}+\frac{1}{a_{\mathrm{B}}}\right)e^{-2r/a_{\mathrm{B}}} \tag{1}$$

Kontrolle: Für $r\to\infty$ gegen $V_{\mathrm{ges}}(r)$ gegen null. Für $r\to 0$ geht $V_{\mathrm{ges}}(r)$ gegen $V_{\mathrm{Kern}}(r)$.

b) Nach Gl. (24.3–13) gilt mit $K^2 = 4k^2\sin^2(\vartheta/2) = 2k^2(1-\cos\vartheta)$:

$$f^{(1)}(\vartheta) = -\frac{2m}{\hbar^2}\frac{1}{K}\int\limits_0^\infty dr'\, r'\, V(r')\sin(K r') = \tag{24.3–13}$$

$$= \frac{e_0^2}{4\pi\varepsilon_0}\,\frac{2m}{\hbar^2}\,\frac{a_B^2\left[8+a_B^2 K^2\right]}{\left[4+a_B^2 K^2\right]^2} \underset{\underset{\text{Gl. (2.3–8b)}}{\uparrow}}{=} 2a_B\,\frac{8+2a_B^2 k^2(1-\cos\vartheta)}{\left[4+2a_B^2 k^2(1-\cos\vartheta)\right]^2}$$

c)
$$\frac{d\sigma^{(1)}}{d\Omega}=|f^{(1)}(\vartheta)|^2=a_B^2\,\frac{\left[4+a_B^2 k^2(1-\cos\vartheta)\right]^2}{\left[2+a_B^2 k^2(1-\cos\vartheta)\right]^4}$$

$$\Rightarrow\quad \sigma_{\text{tot}}^{(1)}=\int|f^{(1)}(\vartheta)|^2\,d\Omega \underset{\underset{d\Omega=\sin\vartheta\,d\vartheta\,d\varphi}{\uparrow}}{=} 2\pi a_B^2\int_0^\pi d\vartheta\sin\vartheta\,\frac{\left[4+a_B^2 k^2(1-\cos\vartheta)\right]^2}{\left[2+a_B^2 k^2(1-\cos\vartheta)\right]^4}$$

Mit der Substitution $u:=a_B^2 k^2(1-\cos\vartheta)$ folgt

$$\sigma_{\text{tot}}^{(1)}=\frac{2\pi}{k^2}\int_0^{2a_B^2 k^2} du\,\frac{[4+u]^2}{[2+u]^4}=\pi a_B^2\,\frac{4+6a_B^2 k^2+\frac{7}{3}a_B^4 k^4}{(1+a_B^2 k^2)^3}$$

Nach [Nolting-2], Lösung der Aufgabe 9.3.4 ist dieses Ergebnis für $a_B\,k\ll 1$ (kleine Teilchenenergien) unbrauchbar und dürfte für $a_B\,k\gg 1$ (große Teilchenenergien) brauchbar sein.

d) Eine Antisymmetrisierung der beiden Elektronen-Wellenfunktionen ist überflüssig, da wir nur elastische Streuungen betrachten. Daher ist das Elektron, das anfangs im Wasserstoffatom ist, auch nach der Streuung noch im Wasserstoffatom. Daher können die Elektronen unterschieden werden, so dass eine Antisymmetrisierung der Wellenfunktionen nach Abschn. 16.3 überflüssig ist.

In der folgenden Aufgabe „24–6 Elektron-Elektron-Streuung" ist eine Antisymmetrisierung erforderlich.

24– 6 Elektron-Elektron-Streuung

Wir betrachten zuerst zwei Elektronen in *verschiedenen, unveränderlichen Spinzuständen*. Da die zwei Elektronen bei der Streuung jederzeit unterschieden werden können, gilt:

$$\frac{d\sigma}{d\Omega}=\left|f(\vartheta)\right|^2+\left|f(\pi-\vartheta)\right|^2 \tag{1}$$

Andererseits können zwei Elektronen, die *denselben Spinzustand* haben (z. B. beide den Zustand $|z,+\rangle$) *nicht unterschieden* werden und werden daher (nach Kap. „16 Identische Teilchen") durch Wellenfunktionen beschrieben, die unter Teilchenaustausch antisymmetrisch sind. Folglich lautet die auslaufende Wellenfunktion laut Sommerfeldscher Ausstrahlungsbedingung (24.1–5)

$$\left[f(\vartheta)-f(\pi-\vartheta)\right]e^{ikr}/r \qquad \text{für } kr\gg 1$$

Wir können $\hat{f}(\vartheta):=f(\vartheta)-f(\pi-\vartheta)$ als neue Streuamplitude ansehen. Mit Gl. (24.1–9) folgt:

$$\frac{d\sigma}{d\Omega}=\left|f(\vartheta)-f(\pi-\vartheta)\right|^2=\left|f(\vartheta)\right|^2+\left|f(\pi-\vartheta)\right|^2-2\,\mathrm{Re}\!\left(f^*(\vartheta)\,f(\pi-\vartheta)\right) \tag{2}$$

Für $\vartheta=90°$ tritt keine Streuung auf.

> Hinweise: Gl. (2) gilt auch für zwei Elektronen in einem Triplettzustand $|1\,m\rangle$ mit $m=0,\pm1$. Bei zwei identischen, spinlosen Bosonen oder bei zwei Elektronen im Singulettzustand werden die zwei Minuszeichen in Gl. (2) vor $f(\pi-\vartheta)$ durch Pluszeichen ersetzt.

Der dritte Term (Austauschterm) in Gl. (2) wird durch die Interferenz der zwei Streuamplituden $f(\vartheta)$ und $f(\pi-\vartheta)$ erzeugt und kann klassisch nicht erklärt werden. *Bei der Coulombstreuung von Fermionen im gleichen Spinzustand gibt es daher keine Übereinstimmung mit dem klassischen Rutherfordschen Wirkungsquerschnitt.* Der klassische Rutherfordsche Wirkungsquerschnitt für Coulombstreuung wird durch Gl. (1) beschrieben; denn klassische Streuexperimente unterscheiden nicht zwischen den zwei Teilchen, also nicht zwischen den zwei Streuungen, die in Abb. 16.2–1 dargestellt werden.

24–7 Streuung an weicher Kugel

$$f^{(1)}(\vartheta) \underset{\underset{\text{Gl. (24.3–13)}}{\uparrow}}{=} -\frac{2m}{\hbar^2}\frac{1}{K}\int_0^{R_0} dr'\,r'\,V_0 \sin(Kr') =$$

$$= -\frac{2mV_0}{\hbar^2}\frac{\sin(R_0 K) - R_0 K\cos(R_0 K)}{K^3} \quad \text{mit} \quad K = 2k\sin\frac{\vartheta}{2}$$

Aus $\quad d\vartheta = \dfrac{dK}{k\cos(\vartheta/2)} \quad$ folgt $\quad \sin\vartheta\, d\vartheta = 2\sin\dfrac{\vartheta}{2}\cos\dfrac{\vartheta}{2}\, d\vartheta = \dfrac{K}{k^2}\, dK \quad \dots$

$$\Rightarrow \quad \sigma_{\text{tot}}^{(1)} \underset{\underset{\text{Gl. (24.1–10)}}{\uparrow}}{=} 2\pi\int_0^{\pi} |f^{(1)}(\vartheta)|^2 \sin\vartheta\, d\vartheta =$$

$$= \frac{2\pi}{k^2}\left(\frac{2mV_0}{\hbar^2}\right)^2 \int_0^{2k} \frac{1}{K^5}\left[\sin(R_0 K) - R_0 K\cos(R_0 K)\right]^2 dK =$$

$$= \frac{\cancel{2}\pi}{k^2}\left(\frac{mV_0}{\hbar^2}\right)^2 \frac{1}{\cancel{2}K^4}\left[2R_0 K\left\{\sin(2R_0 K) - R_0 K\right\} + \cos(2R_0 K) - 1\right]\Big|_0^{2k} =$$

$$= \frac{\pi}{k^2}\left(\frac{mV_0}{\hbar^2}\right)^2 \frac{1}{16\,k^4}\left[4R_0 k\left\{\sin(4R_0 k) - 2R_0 k\right\} + \cos(4R_0 k) - 1 + 4\,(R_0 k)^4\right]$$

Der letzte Beitrag stammt von der unteren Integrationsgrenze. Für die niederenergetische Streuung ($R_0 k \ll 1$) folgt mit der Regel von de l'Hospital

$$\sigma_{\text{tot}}^{(1)} \approx 4\pi R_0^2 \left(\frac{2mV_0}{3\hbar^2}R_0^2\right)^2 \quad \text{für} \quad R_0 k \ll 1$$

24–8 Beispiel eines normierten Wellenpaketes

Nach Gl. (4.2–9) könnte die Wellenfunktion beispielsweise wie folgt aussehen:

$$\psi(x,y,z,t) = \frac{1}{(2\pi)^{3/4}\,a^{3/2}}\,\frac{1}{\left(1 + i\dfrac{\hbar t}{2a^2 m}\right)^{3/2}}\exp\left[\frac{-\dfrac{x^2+y^2+z^2}{4} + i\,a^2 k_0\left(z - \dfrac{\hbar k_0}{2m}t\right)}{a^2\left(1 + i\dfrac{\hbar t}{2a^2 m}\right)}\right]$$

Diese normierte Wellenfunktion beschreibt ein in alle Richtungen zerfließendes und in alle Richtungen glockenförmig abfallendes Wellenpaket, das mit der Gruppengeschwindigkeit $\hbar k_0/m$ in die positive z-Richtung läuft.

Literaturverzeichnis

A. **Aspect** et al. (1982). Phys. Rev. Letters 91–94

J. **Audretsch,** Verschränkte Systeme, 1. Auflage, Wiley-VCH (2005)

J. **Audretsch,** Verschränkte Welt, 1. Auflage, Wiley-VCH (2001)

D. J. **Blochinzew**, Grundlagen der Quantenmechanik, (1953)

C. **Cohen-Tannoudji**, B. **Diu**, **Frank Laloë**, Quantenmechanik, Band 1, 4. Auflage, de Gruyter (2009)

C. **Cohen-Tannoudji**, B. **Diu**, **Frank Laloë**, Quantenmechanik, Band 2, 4. Auflage, de Gruyter (2010)

R. **Courant** und D. **Hilbert** (1967). Methoden der Mathematischen Physik I, 3. Auflage, Springer

S. **Dürr** et al. (1998). Nature 395: 33

S. **Dürr** et al. (2000). Adv. In Atomik, Molekular and Optical Physics 42: 29

R. **Feynman**, Quantenmechanik, 5. Auflage, Oldenbourg (1989)

T. **Fließbach**, Quantenmechanik, 5. Auflage, Springer (2008)

St. **Gasiorowicz**, Quantenphysik, 10. Auflage, Oldenbourg

W. **Greiner**, Quantenmechanik, 6. Auflage, Harri Deutsch (2005)

D. J. **Griffiths**, Quantenmechanik, 2. Aufl., Pearson (2012)

F. **Kuypers**, Klassische Mechanik, 10. Auflage, Wiley-VCH (2016)

L. D. **Landau**, E. M. **Lifschitz**, Quantenmechanik, 9. Auflage, Harri Deutsch (1986)

H. **Lüth**, Quantenphysik in der Nanowelt, 1. Auflage, Springer, 2008

L. **Mandelstam** und I.G. **Tamm** (1945). Journal of Physics, IX(4): 249-254

A. **Messiah**, Quantenmechanik 1, 2. Auflage, de Gruyter (1991)

A. **Messiah**, Quantenmechanik 2, 3. Auflage, de Gruyter (1990)

G. **Münster**, Quantentheorie, 2. Auflage, de Gruyter (2009)

Noack (1985), Physikalische Blätter 41, Nr. 8 S.283–285 Siehe www.itp.uni-bremen.de/~noack/orb-ang.pdf

W. **Nolting**, Grundkurs Theoretische Physik 5/1, 8. Auflage, Springer (2013)

W. **Nolting**, Grundkurs Theoretische Physik 5/2, 7. Auflage, Springer (2011)

J. **Pade**, Quantenmechanik zu Fuß, Band 1, 1. Auflage, Springer (2012)

J. **Pade**, Quantenmechanik zu Fuß, Band 2, 1. Auflage, Springer (2012)

E. **Rebhan**, Quantenmechanik, 1. Auflage, Spektrum (2008)

H. **Reinhardt**, Quantenmechanik 1, 1. Auflage, Oldenbourg (2012)

J. J. **Sakurai**, **Jim Napolitano**, Modern Quantum Mechanics, 2. Edition, Pearson (2011)

F. **Scheck**, Theoretische Physik 2, 3. Auflage, Springer (2012)

P. **Schmüser**, Theoretische Physik für Studierende des Lehramts 1: Quanten-mechanik, Springer (2012)

M. O. **Skully** et al. (1991), Nature 351: 111

F. **Schwabl**, Quantenmechanik, 7. Auflage, Springer (2007)

J. M. **Schwindt**, Tutorium Quantenmechanik, 1. Auflage, Springer (2013)

Index